Springer-Taschenbuch der Mathematik

Herausgeber:
Prof. Dr. Eberhard Zeidler, Max-Planck-Institut für Mathematik in den Naturwissenschaften, Leipzig, Deutschland

Beitragsautoren:
Prof. Dr. Eberhard Zeidler, Max-Planck-Institut für Mathematik in den Naturwissenschaften, Leipzig (Kap. 0 bis 6)
Prof. Dr. Hans Schwarz, ETH Zürich (Kap. 7.1–7.6)
Prof. Dr. Wolfgang Hackbusch, Max-Planck-Institut für Mathematik in den Naturwissenschaften, Leipzig (Kap. 7.7)
Prof. Dr. Bernd Luderer, TU Chemnitz (Kap. 8.1, 8.13)
Prof. Dr. Jochen Blath, TU Berlin (Kap. 8.2, 8.3)
Prof. Dr. Alexander Schied, Universität Mannheim (Kap. 8.4, 8.5)
Prof. Dr. Stephan Dempe, TU Bergakademie Freiberg (Kap. 8.6–8.10)
Prof. Dr. Gert Wanka, TU Chemnitz (Kap. 8.11, 8.12)
Prof. Dr. Juraj Hromkovic, ETH Zürich (Kap. 9.1–9.9)
Prof. Dr. Siegfried Gottwald, Universität Leipzig (Kap. 9.10)

Springer-Taschenbuch der Mathematik

Begründet von I.N. Bronstein und K.A. Semendjaew
Weitergeführt von G. Grosche, V. Ziegler und D. Ziegler
Herausgegeben von E. Zeidler

3., neu bearbeitete und erweiterte Auflage

 Springer Spektrum

Herausgeber
Prof. Dr. Eberhard Zeidler
Max-Planck-Institut für Mathematik in den Naturwissenschaften
Leipzig
Deutschland

ISBN 978-3-8351-0123-4 ISBN 978-3-8348-2359-5 (eBook)
DOI 10.1007/978-3-8348-2359-5

Die Deutsche Nationalbibliothek verzeichnet diese Publikation in der Deutschen Nationalbibliografie; detaillierte bibliografische Daten sind im Internet über http://dnb.d-nb.de abrufbar.

Die erste und zweite Auflage dieses Werkes sind unter dem Namen „Teubner-Taschenbuch der Mathematik" erschienen.

Springer Spektrum
© Vieweg+Teubner Verlag | Springer Fachmedien Wiesbaden 1995, 2003, 2013

Planung und Lektorat: Ulrike Schmickler-Hirzebruch | Barbara Gerlach

Gedruckt auf säurefreiem und chlorfrei gebleichtem Papier

Springer Spektrum ist eine Marke von Springer DE.
Springer DE ist Teil der Fachverlagsgruppe Springer Science+Business Media.
www.springer-spektrum.de

Vorwort

Theoria cum praxi

Gottfried Wilhelm Leibniz (1646–1716)

Die Mathematik spielt eine wichtige Rolle in vielen Bereichen unserer modernen Gesellschaft. Sie ist eine Querschnittswissenschaft und zugleich eine Schlüsseltechnologie mit vielfältigen engen Verbindungen zu anderen Wissenschaften. Das betrifft die Naturwissenschaften, die Ingenieurwissenschaften, die Informatik und Informationstechnologie, die Wirtschafts- und Finanzwissenschaft sowie die Medizin. Mathematik ist abstrakt und zugleich sehr praktisch. Das vorliegende

SPRINGER-TASCHENBUCH DER MATHEMATIK

wendet sich an einen sehr großen Leserkreis:

- Studierende der Mathematik aller Studienrichtungen,
- Lehrende der Mathematik an Hochschulen und Gymnasien,
- Studierende der Naturwissenschaften, insbesondere der Physik, Studierende der Ingenieurwissenschaften, der Informatik und Informationstechnologie, der Wirtschafts- und Finanzwissenschaft sowie Studierende aller anderen Studienrichtungen, die mathematische Nebenfachkenntnisse erfordern,
- Praktiker, die in diesen Fachrichtungen tätig sind.

Die Bedürfnisse eines derart breiten Leserkreises werden berücksichtigt, indem der Bogen von elementaren Kenntnissen bis hin zu anspruchsvollen mathematischen Resultaten sehr weit gespannt wird und das Werk ein breites Spektrum mathematischer Gebiete überdeckt. Großer Wert wird dabei auf folgende Aspekte gelegt:

- ausführliche Motivation und Erläuterung der Grundideen,
- leichte Fasslichkeit, Anschaulichkeit, und Übersichtlichkeit,
- die Verbindung zwischen reiner und angewandter Mathematik,
- vielseitige Anwendungen der Mathematik und Praxisnähe, sowie
- die Diskussion des historischen Hintergrunds.

Es wird gezeigt, dass die Mathematik mehr ist als eine trockene Ansammlung von Formeln, Definitionen, Theoremen und Rechenrezepten. Sie ist ein unverzichtbarer Partner der modernen Technik, und sie hilft wesentlich bei der optimalen Gestaltung von Industrie- und Wirtschaftsprozessen. Gleichzeitig ist die Mathematik ein wichtiger Bestandteil unserer menschlichen Kultur und ein wundervolles Erkenntnisorgan des Menschen, das ihn etwa in der Hochtechnologie, der Elementarteilchenphysik und der Kosmologie in Bereiche vorstoßen lässt, die ohne Mathematik nicht zu verstehen sind, weil sie von unserer täglichen Erfahrungswelt extrem weit entfernt sind.

In einem einführenden Kapitel werden mathematische Grundkenntnisse zusammengestellt, die Schüler und Studierende, Physiker, Ingenieure und andere Praktiker häufig nachschlagen.

Zum Beispiel findet man einen Abschnitt über Standardverfahren der mathematischen Statistik für Praktiker. Dort ist auch an Medizinstudenten und ausgebildete Mediziner gedacht, welche rasch die von ihnen gemessenen Daten statistisch auswerten wollen, ohne sich zeitraubend zunächst mit den theoretischen Grundlagen der mathematischen Statistik vertraut machen zu müssen. Die Grundlagen der mathematischen Statistik findet der interessierte Leser in Kapitel 6. Am Ende des einführenden Kapitels befindet sich ein Abschnitt mit der Überschrift „Planetenbewegung – Triumph des Rechenstiftes im Weltall". Dieser Abschnitt ist so verfasst worden, dass er bereits von Schülern verstanden werden kann und ihnen aufzeigt, welche faszinierende Kraft die Mathematik über die Jahrhunderte hinweg entfaltet hat, um die Geheimnisse des Weltalls aufzudecken.

Die nächsten Kapitel sind den drei grundlegenden mathematischen Disziplinen

- Analysis,
- Algebra und
- Geometrie

gewidmet. Es folgt ein Kapitel über

- Grundlagen der Mathematik,

das die Beziehungen der Mathematik zu Logik und Mengenlehre aufzeigt. Die mathematische Logik spielt heute eine zentrale Rolle in der Informatik und Informationstechnologie. Die fünf letzten Kapitel dieses Taschenbuches beschäftigen sich mit wichtigen Anwendungsfeldern der Mathematik:

- Variationsrechnung und Physik,
- Stochastik – Mathematik des Zufalls,
- Numerik und Wissenschaftliches Rechnen,
- Wirtschafts- und Finanzmathematik,
- Algorithmik und Informatik.

Beispielsweise beruhen alle fundamentalen Theorien der Physik und viele technische Prozesse auf dem Prinzip der kleinsten Wirkung, das im Rahmen der Variationsrechnung formuliert und analysiert wird. Deshalb tritt die Variationsrechnung sehr früh im Studium der Physiker auf. Die Möglichkeiten von modernen Supercomputern haben die Numerik grundlegend verändert. Der Ingenieur und Naturwissenschaftler ist heute in der Lage, umfangreiche Simulationen am Computer vorzunehmen, mit denen er die Durchführung aufwendiger Experimente vermeiden kann. Das Kapitel über Numerik vermittelt einem breiten Leserkreis ein Bild von der modernen Numerik, die wegen ihrer neuen Ausrichtung „Wissenschaftliches Rechnen" (Scientific Computing) genannt wird und die Ingenieurmathematik revolutioniert hat und weiterhin revolutionieren wird.

Das Kapitel über Wirtschafts- und Finanzmathematik zeigt, wie mathematische Methoden in vielfältiger Weise im Zusammenhang mit der effektiven Gestaltung von ökonomischen Prozessen eingesetzt werden können. Dabei wird die Optimierungstheorie in der Wirtschaftsmathematik, in der Finanzmathematik und in der Versicherungsmathematik gebührend berücksichtigt.

Durch den Siegeszug des Computers ist eine neue Wissenschaft entstanden, die man mit den Stichworten „Algorithmik und Informatik" bezeichnen kann. Dabei geht es zum Beispiel um die Komplexität von Algorithmen, die die grundlegende Frage beantwortet, ob ein Problem in vernünftiger Zeit auf einem Computer gelöst werden kann. In diesem Springer-Taschenbuch betonen wir die Einheit zwischen Mathematik und Informatik. Das Verständnis von mathematischen Resultaten wird für den Lernenden wesentlich erleichtert, wenn er die historischen Zusammenhänge versteht. Deshalb findet man im Text häufig historische Bemerkungen, und am Ende des Springer-Taschenbuches befindet sich eine Tafel zur Geschichte der Mathematik. Die sorgfältig zusammengestellten Literaturangaben am Ende jedes Kapitels sollen dem Leser helfen, bei auftretenden Fragen geeignete moderne Bücher zu konsultieren, wobei zwischen einführender Literatur und anspruchsvollen Standardwerken gewählt werden kann.

Dieses Springer-Taschenbuch der Mathematik ist gezielt auf die Bedürfnisse der neuen Bachelor-Studiengänge zugeschnitten. Zur Studienvorbereitung und zur Planung für die Zeit nach dem Studium empfehlen wir die beiden folgenden Bücher:

> A. Kemnitz, Mathematik zum Studienbeginn: Grundlagenwissen für alle technischen, mathematisch-naturwissenschaftlichen und wirtschaftswissenschaftlichen Studiengänge, 10., aktualisierte Auflage. Vieweg+Teubner, Wiesbaden (2011).

> Berufs- und Karriere-Planer Mathematik: Schlüsselqualifikation für Technik, Wirtschaft und IT; für Abiturienten, Studierende und Hochschulabsolventen. Vieweg+Teubner, Wiesbaden (2008).

Parallel zum vorliegenden SPRINGER-TASCHENBUCH DER MATHEMATIK erscheint das umfassendere

SPRINGER-HANDBUCH DER MATHEMATIK.

Es enthält neben zusätzlichen, wesentlich vertiefenden Abschnitten zur Analysis, Algebra und Geometrie die folgenden Kapitel:

- Höhere Analysis: Tensoranalysis und spezielle Relativitätstheorie, Integralgleichungen, Distributionen und lineare partielle Differentialgleichungen der mathematischen Physik, moderne Maß- und Integrationstheorie.

- Lineare Funktionalanalysis, numerische Funktionalanalysis und ihre Anwendungen.

- Nichtlineare Funktionalanalysis und ihre Anwendungen.

- Dynamische Systeme und Chaos – Mathematik der Zeit.

- Nichtlineare partielle Differentialgleichungen in den Naturwissenschaften.

- Mannigfaltigkeiten.

- Riemannsche Geometrie und allgemeine Relativitätstheorie.

- Liegruppen, Liealgebren und Elementarteilchen - Mathematik der Symmetrie.

- Topologie - Mathematik des qualitativen Verhaltens.

- Krümmung, Topologie und Analysis (Eichheorie in Mathematik und Physik).

Hier werden im Rahmen der mathematischen Physik die Bedürfnisse der modernen Physik berücksichtigt. Während das Springer-Taschenbuch der Mathematik den Anforderungen des Bachelor-Studiums angepasst ist, bezieht sich das Springer-Handbuch der Mathematik sowohl auf das Bachelor-Studium als auch auf das weiterführende Master-Studium.

Bei den Anwendungen der Mathematik spielen Phänomene eine große Rolle, die in Natur und Technik auftreten. Das mathematische Verständnis dieser Phänomene erleichtert dem Anwender in den Naturwissenschaften und in den Ingenieurwissenschaften den Überblick über die Zusammenhänge zwischen unterschiedlichen mathematischen Disziplinen. Deshalb wird in diesem Springer-Taschenbuch der Mathematik und in dem weiterführenden Springer-Handbuch der Mathematik die Sicht auf wichtige Phänomene besonders betont. Das betrifft:

- Mathematik der Grenzübergänge (Analysis und Funktionalanalysis),

- Mathematik des Optimalen (Variationsrechnung, optimale Steuerung, lineare und nichtlineare Optimierung),

- Mathematik des Zufalls (Wahrscheinlichkeitsrechnung, mathematische Statistik und stochastische Prozesse),

- Mathematik der Zeit und des Chaos (dynamische Systeme),

- Mathematik der Stabilität von Gleichgewichtszuständen in Natur und Technik, von zeitab-
  hängigen Prozessen und von Algorithmen auf Computern,
- Mathematik der Symmetrie (Gruppentheorie),
- Mathematik der Systeme mit unendlich vielen Freiheitsgraden (Funktionalanalysis),
- Mathematik des qualitativen Verhaltens von Gleichgewichtszuständen und zeitabhängigen
  Prozessen in Natur und Technik (Topologie),
- Mathematik der Wechselwirkungskräfte in der Natur (nichtlineare partielle Differential-
  gleichungen und nichtlineare Funktionalanalysis, Differentialgeometrie der Faserbündel
  und Eichtheorie),
- Mathematik der Strukturen (Kategorientheorie).

Interessant ist die Tatsache, dass klassische Ergebnisse der Mathematik heutzutage im Rahmen
neuer Technologien völlig neue Anwendungen erlauben. Das betrifft etwa die Zahlentheorie,
die lange Zeit als ein reines Vergnügen des menschlichen Geistes galt. Beispielsweise wird die
berühmte Riemannsche Zetafunction der analytischen Zahlentheorie, die in Kapitel 2 betrachtet
wird, in der modernen Quantenfeldtheorie zur Berechnung von Streuprozessen von Elementarteilchen im Rahmen der Renormierungstheorie eingesetzt. Der klassische Satz von Fermat–Euler
über Teilbarkeitseigenschaften von Zahlen wird heute wesentlich benutzt, um die Übermittlung
von Nachrichten in raffinierter Weise zu verschlüsseln. Das wird im erweiterten Kapitel 2 des
Handbuches erläutert. Taschenbuch und Handbuch bilden eine Einheit. Um den Überblick zu
erleichtern, befinden sich im Taschenbuch eine Reihe von Verweisen auf zusätzliches Material,
das der interessierte Leser im Handbuch nachschlagen kann.

Sowohl das „Springer-Taschenbuch der Mathematik" als auch das „Springer-Handbuch der
Mathematik" knüpfen an eine lange Tradition an. Das „Taschenbuch der Mathematik" von
I. N. Bronstein und K. A. Semendjajew wurde von Dr. Viktor Ziegler aus dem Russischen ins
Deutsche übersetzt. Es erschien 1958 im Verlag B. G. Teubner in Leipzig, und bis zum Jahre 1978
lagen bereits 18 Auflagen vor. Unter der Herausgabe von Dr. Günter Grosche und Dr. Viktor
Ziegler und unter wesentlicher redaktioneller Mitarbeit von Frau Dorothea Ziegler erschien
1979 die völlig überarbeitete 19. Auflage, an der Wissenschaftler der Leipziger Universität und
anderer Hochschulen des mitteldeutschen Raumes mitwirkten.[1] Diese Neubearbeitung wurde
ins Russische übersetzt und erschien 1981 im Verlag für Technisch-Theoretische Literatur in
Moskau. Ferner wurden eine englische und eine japanische Übersetzung publiziert.

Motiviert durch die stürmische Entwicklung der Mathematik und ihrer Anwendungen erschien
in den Jahren 1995 und 1996 ein völlig neuverfasstes, zweibändiges „Teubner-Taschenbuch der
Mathematik" im Verlag B. G. Teubner, Stuttgart und Leipzig. [2]

Das daraus entstandene, vorliegende „Springer-Taschenbuch der Mathematik" enthält zwei
völlig neu geschriebene Kapitel über Wirtschafts-und Finanzmathematik sowie über Algorithmik
und Informatik.

Die moderne Konzeption und Koordination des Kapitels 8 über Wirtschafts-und Finanzmathematik lag in den erfahrenen Händen von Herrn Prof. Dr. Bernd Luderer (TU Chemnitz). In
das von Herrn Prof. Dr. Juraj Hromkovič (ETH Zürich) verfasste Kapitel 9 über Algorithmik
und Informatik flossen seine reichen Lehrerfahrungen ein. Im Mittelpunkt steht das zentrale
Problem der Komplexität von Algorithmen. Erinnert sei daran, dass eines der berühmten sieben
Milleniumsproblem der Mathematik aus dem Jahre 2000 eine tiefe Frage der Komplexitätstheorie
betrifft. Das Kapitel 7 über Numerik und Wissenschaftliches Rechnen wurde von Herrn Prof.
Dr. Wolfgang Hackbusch (Max-Planck-Institut für Mathematik in den Naturwissenschaften,

---

[1] Bis 1995 erschienen sieben weitere Auflagen.
[2] Die englische Übersetzung des ersten Bandes erschien 2003 im Verlag Oxford University Press, New York, als Oxford
Users' Guide to Mathematics.

Leipzig) wesentlich überarbeitet, und die übrigen Kapitel wurden aktualisiert. Der Herausgeber möchte den Kollegen Luderer, Hackbusch und Hromkovič sowie allen seinen Koautoren für ihre engagierte Arbeit sehr herzlich danken. Das betrifft:

- Prof. Dr. Hans Schwarz (7.1–7.6) und

  Prof. Dr. Wolfgang Hackbusch (7.7),

- Prof. Dr. Bernd Luderer (8.1, 8.13),

  Prof. Dr. Jochen Blath (8.2, 8.3),

  Prof. Dr. Alexander Schied (8.4, 8.5),

  Prof. Dr. Stephan Dempe (8.6–8.10) und

  Prof. Dr. Gert Wanka (8.11, 8.12),

- Prof. Dr. Juraj Hromkovič (9.1– 9.9) und

  Prof. Dr. Siegfried Gottwald (9.10).

Ein herzliches Dankeschön geht auch an Frau Micaela Krieger-Hauwede für das sorgfältige Anfertigen vieler Abbildungen im Springer-Taschenbuch der Mathematik, das Lesen der Korrekturen und die einfühlsame, ästhetisch gelungene Textgestaltung. Schließlich danke ich sehr herzlich Frau Ulrike Schmickler-Hirzebruch vom Verlag Springer Spektrum für die Koordination des gesamten Projekts und für die kompetente Aktualisierung des Literaturverzeichnisses. Gedankt sei ferner allen Lesern, die in der Vergangenheit durch ihre Hinweise zur Verbesserung der Darstellung beigetragen haben.

Alle Beteiligten hoffen, dass dieses Nachschlagewerk dem Leser in allen Phasen des Studiums und danach im Berufsleben ein nützlicher Begleiter sein wird.

Leipzig, im Sommer 2012   Der Herausgeber

Inhaltsverzeichnis

Einleitung

Die größten Mathematiker, wie Archimedes, Newton und Gauß, haben stets Theorie und Anwendung in gleicher Weise miteinander vereint.

Felix Klein (1849–1925)

Die Mathematik besitzt eine über 6000 Jahre alte Geschichte.[2] Sie stellt das mächtigste Instrument des menschlichen Geistes dar, um die Naturgesetze präzis zu formulieren. Auf diesem Weg eröffnet sich die Möglichkeit, in die Geheimnisse der Welt der Elementarteilchen und in die unvorstellbaren Weiten des Universiums vorzudringen. Zentrale Gebiete der Mathematik sind

- Algebra,
- Geometrie und
- Analysis.

Die Algebra beschäftigte sich in ihrer ursprünglichen Form mit dem Lösen von Gleichungen. Keilschrifttexte aus der Zeit des Königs Hammurapi (18. Jh. v. Chr.) belegen, dass das mathematische Denken der Babylonier zur Lösung praktischer Aufgaben stark algebraische Züge trug. Dagegen war das mathematische Denken im antiken Griechenland, das im Erscheinen der axiomatisch verfassten „Elemente" des Euklid (300 v. Chr.) gipfelte, von der Geometrie geprägt. Das analytische Denken, das auf dem Begriff des Grenzwerts basiert, wurde erst im siebzehnten Jahrhundert mit der Schaffung der Differential- und Integralrechnung durch Newton und Leibniz systematisch entwickelt.

Danach setzte eine explosionsartige Entwicklung der Mathematik ein, um den neuen Kalkül auf die Himmelsmechanik, die Hydrodynamik, die Elastizitätstheorie, die Thermodynamik/statistische Physik, die Gasdynamik und den Elektromagnetismus anzuwenden. Dieser Prozess bestimmte das achtzehnte und neunzehnte Jahrhundert. Im zwanzigsten Jahrhundert wurde die Physik revolutioniert: Das betraf Plancks Quantenphysik (Plancksches Strahlungsgesetz), Einsteins spezielle Relativitätstheorie (Einheit von Raum und Zeit) und Einsteins allgemeine Relativitätstheorie (Gravitationstheorie und Kosmologie), Heisenbergs und Schrödingers nichtrelativistische Quantenmechanik, Diracs relativistische Quantenmechanik und die Quantenfeldtheorie. Das gipfelte in der Schaffung des Standardmodells der Elementarteilchen und des Standardmodells für das expandierende Universum. Diese Entwicklung der Physik ging Hand in Hand mit der Schaffung immer mächtigerer mathematischer Theorien. Im zwanzigsten Jahrhundert vollzog der Computer seinen Siegeszug. Das führte zur Schaffung des Wissenschaftlichen Rechnens, der Informatik und der Informationstechnologie sowie der Wirtschafts- und Finanzmathematik. Wichtige Gebiete der angewandten Mathematik sind:

- gewöhnliche und partielle Differentialgleichungen,

---

[2]H. Wußing, 6000 Jahre Mathematik: eine kulturgeschichtliche Zeitreise. Bd. 1: Von den Anfängen bis Leibniz (1646–1716) und Newton (1643–1727), Bd. 2: Von Euler (1707–1783) bis zur Gegenwart. Springer, Heidelberg (2009).
E. Zeidler, Gedanken zur Zukunft der Mathematik. In: H. Wußing, Bd. 2, pp. 552–586.

- Variationsrechnung, optimale Steuerung und Optimierung,
- Integralgleichungen,
- Wahrscheinlichkeitsrechnung, stochastische Prozesse und mathematische Statistik,
- Numerische Mathematik und Wissenschaftliches Rechnen,
- Wirtschafts- und Finanzmathematik,
- Algorithmik und Komplexitätstheorie.

Alle diese Gebiete werden in diesem Taschenbuch behandelt. Dabei stellen Algorithmik und Komplexitiätstheorie eine enge Verbindung zwischen Mathematik und Informatik her.

Im neunzehnten und zwanzigsten Jahrhundert vollzog sich gleichzeitig eine stürmische Entwicklung der reinen Mathematik. Das umfasste die Algebra, die Zahlentheorie, die algebraische Geometrie, die Differentialgeometrie, die Theorie der Mannigfaltigkeiten und die Topologie. Ende des zwanzigsten Jahrhunderts löste sich, grob gesprochen, die von Physikern geschaffene Stringtheorie von der Idee des nulldimensionalen Elementarteilchens und ersetzte diese durch winzige, eindimensionale schwingende Saiten, die im Englischen „strings" heißen. Die Forschungen zur Stringtheorie führten zu einem außerordentlich fruchtbaren Fluss neuer Ideen von der Physik in die Mathematik und zurück.

In der zweiten Hälfte des neunzehnten Jahrhunderts und im zwanzigsten Jahrhundert begannen die Mathematiker, sich intensiv mit den Grundlagen der Mathematik zu beschäftigen. Diese Grundlagen umfassen

- mathematische Logik und
- Mengentheorie.

Die mathematische Logik untersucht die Möglichkeiten, aber auch die Grenzen mathematischer Beweise. Wegen ihrer stark formalisierten Ausprägung eignet sie sich sehr gut zur Beschreibung der in Computern ablaufenden Prozesse, die frei von jeder Subjektivität sind. Deshalb bildet die mathematische Logik das Fundament der theoretischen Informatik. Die Mengentheorie stellt in erster Linie eine leistungsfähige Sprache zur Formulierung der modernen Mathematik dar. Wir stellen in diesem Taschenbuch nicht die formalen Aspekte der Mengentheorie in den Vordergrund, sondern bemühen uns um ein lebensvolles und inhaltsreiches Bild der Mathematik. In dieser Form hat die Mathematik über die Jahrhunderte hinweg immer wieder Menschen fasziniert und begeistert.

In der heutigen Mathematik beobachtet man einerseits eine starke Spezialisierung. Andererseits stellen die Hochtechnologie, die Elementarteilchenphysik und die Kosmologie Fragen von großer Komplexität an die Mathematik. Diese Fragen können nur durch die Zusammenführung unterschiedlicher Gebiete in Angriff genommen werden. Das führt zu einer Vereinheitlichung der Mathematik und zu einer Beseitigung der künstlichen Trennung zwischen reiner und angewandter Mathematik. Hierbei ist die Rückbesinnung auf das Lebenswerk von Gauß (1777–1855) sehr aufschlussreich. Gauß hat nie zwischen reiner und angewandter Mathematik unterschieden. Er hat sowohl Meisterleistungen auf dem Gebiet der reinen Mathematik als auch auf dem Gebiet der angewandten Mathematik vollbracht, die bis zum heutigen Tag die Mathematik beeinflussen.

Die Geschichte der Mathematik ist voll des Auftretens neuer Ideen und Methoden. Es besteht berechtigter Grund zu der Annahme, dass sich diese Entwicklungstendenz auch in Zukunft fortsetzen wird.

WICHTIGE FORMELN, GRAPHISCHE DARSTELLUNGEN UND TABELLEN

Alles sollte so einfach wie möglich gemacht werden, aber nicht einfacher.

Albert Einstein (1879–1955)

0.1 Grundformeln der Elementarmathematik

0.1.1 Mathematische Konstanten

Tabelle 0.1

Symbol	Näherungswert	Bezeichnung
π	3,14159265	Ludolfsche Zahl pi
e	2,71828183	Eulersche[1] Zahl e
C	0,57721567	Eulersche Konstante
ln 10	2,30258509	natürlicher Logarithmus der Zahl 10

Fakultät: Häufig benutzt man das Symbol

$$n! := 1 \cdot 2 \cdot 3 \cdot \ldots \cdot n \, ,$$

das man als n-Fakultät bezeichnet. Ferner definieren wir $0! := 1$.

▶ BEISPIEL 1: $1! = 1$, $2! = 1 \cdot 2$, $3! = 1 \cdot 2 \cdot 3 = 6$, $4! = 24$, $5! = 120$ und $6! = 720$.

In der statistischen Physik benötigt man $n!$ für Zahlen n, die in der Größenordnung von 10^{23} liegen. Für derartig große Zahlen n kann man die *Stirlingsche Formel*

$$n! = \left(\frac{n}{e}\right)^n \sqrt{2\pi n} \tag{0.1}$$

als gute Näherung verwenden (vgl. 0.5.3.2).

---

[1]Leonhard Euler (1707–1783) war der produktivste Mathematiker aller Zeiten. Seine gesammelten Werke umfassen 72 Bände und zusätzlich fast 5000 Briefe. Mit seinem monumentalen Lebenswerk auf allen Gebieten der Mathematik hat er die Mathematik der Neuzeit wesentlich geprägt.

Am Ende dieses Taschenbuches findet man eine Tafel zur Geschichte der Mathematik, die es dem Leser erleichtern soll, die Lebensdaten bedeutender Mathematiker in den historischen Zusammenhang einzuordnen.

Unendliche Reihen für π und e : Der exakte Wert von π ergibt sich aus der Leibnizschen Reihe

$$\frac{\pi}{4} = 1 - \frac{1}{3} + \frac{1}{5} - \frac{1}{7} + \dots \tag{0.2}$$

Wegen des ständigen Vorzeichenwechsels dieser Reihe ist der Fehler stets durch das erste vernachlässigte Glied gegeben. Somit approximiert die rechte Seite in (0.2) die Zahl π bis auf einen Fehler, der kleiner als $1/9$ ist. Diese Reihe wird jedoch wegen ihrer langsamen Konvergenz nicht zur Berechnung von π auf Computern benutzt. Zur Zeit sind über 2 Milliarden Dezimalstellen von π mit wesentlich leistungsfähigeren Methoden bestimmt worden (vgl. die ausführliche Diskussion der Zahl π in 2.7.7 im Handbuch). Den Wert der Zahl e erhält man aus der unendlichen Reihe

$$e = 2 + \frac{1}{2!} + \frac{1}{3!} + \frac{1}{4!} + \dots$$

Für große Zahlen n gilt näherungsweise

$$e = \left(1 + \frac{1}{n}\right)^n . \tag{0.3}$$

Genauer strebt die rechte Seite von (0.3) für immer größer werdende natürliche Zahlen n gegen die Zahl e. Dafür schreibt man auch

$$\boxed{e = \lim_{n \to \infty} \left(1 + \frac{1}{n}\right)^n .}$$

In Worten: Die Zahl e ist der Grenzwert (Limes) der Folge der Zahlen $\left(1 + \frac{1}{n}\right)^n$, falls n gegen unendlich strebt. Mit Hilfe der Zahl e erhält man die wichtigste Funktion der Mathematik:

$$\boxed{y = e^x .} \tag{0.4}$$

Das ist die Eulersche e-Funktion (vgl. 0.2.5). Die Umkehrung von (0.4) ergibt den natürlichen Logarithmus

$$\boxed{x = \ln y}$$

(vgl. 0.2.6). Speziell für Zehnerpotenzen erhält man

$$\boxed{\ln 10^x = x \cdot \ln 10 = x \cdot 2{,}302585 .}$$

Dabei kann x eine beliebige reelle Zahl sein.

Kettenbruchentwicklung von π und e: Zur Untersuchung der Feinstruktur von Zahlen benutzt man nicht Dezimalbruchentwicklungen, sondern Kettenbruchentwicklungen (vgl. 2.7.5 im Handbuch). Die Kettenbruchentwicklungen von π und e sind in Tabelle 2.7 im Handbuch dargestellt.

Die Eulersche Konstante C: Der präzise Wert von C ergibt sich aus der Formel

$$C = \lim_{n \to \infty} \left(1 + \frac{1}{2} + \frac{1}{3} + \ldots + \frac{1}{n} - \ln(n+1) \right) = -\int_0^\infty e^{-t} \ln t \, dt.$$

Für große natürliche Zahlen n gilt deshalb die Näherungsformel

$$1 + \frac{1}{2} + \frac{1}{3} + \ldots + \frac{1}{n} = \ln(n+1) + C.$$

Die Eulersche Konstante C tritt bei erstaunlich vielen Formeln der Mathematik auf (vgl. 0.5).

0.1.2 Winkelmessung

Gradmaß: In Abbildung 0.1 sind einige häufig gebrauchte Winkel in Grad dargestellt. Einen Winkel von 90° bezeichnet man auch als *rechten Winkel*. Im alten Sumer zwischen Euphrat und Tigris benutzte man vor 4000 Jahren ein Zahlensystem zur Basis 60 (Sexagesimalsystem). Darauf ist es zurückzuführen, dass zum Beispiel die Zahlen 12, 24, 60 und 360 bei unserer Zeit- und Winkelmessung in herausgehobener Weise auftreten. Neben dem Grad benutzt man zum Beispiel in der Astronomie zusätzlich die folgenden kleineren Einheiten:

$$1' \quad \text{(Bogenminute)} = \frac{1°}{60},$$

$$1'' \quad \text{(Bogensekunde)} = \frac{1°}{3600}.$$

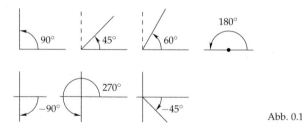

Abb. 0.1

▶ BEISPIEL 1 (Astronomie): Die Sonnenscheibe besitzt am Himmel einen Durchmesser von etwa 30' (ein halbes Grad).

Infolge der Bewegung der Erde um die Sonne verändern die Fixsterne ihre Position am Himmel. Die halbe maximale Veränderung innerhalb eines Jahres heißt *Parallaxe*. Diese ist gleich dem Winkel α, unter dem der maximale Abstand zwischen Erde und Sonne von dem Fixstern aus gesehen erscheint (vgl. Abb. 0.2 und Tabelle 0.2).

Einer Parallaxe von einer Bogensekunde entsprechen dabei 3,26 Lichtjahre ($3{,}1 \cdot 10^{13}$ km). Diese Entfernung bezeichnet man auch als ein *Parsec*.

Tabelle 0.2

Fixstern	Parallaxe	Entfernung
Proxima Centauri (nächster Fixstern)	0,765″	4,2 Lichtjahre
Sirius (hellster Fixstern)	0,371″	8,8 Lichtjahre

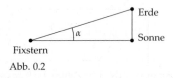

Abb. 0.2

Bogenmaß: Zu einem Winkel $\alpha°$ gehört das Bogenmaß

$$\alpha = 2\pi \left(\frac{\alpha°}{360°} \right).$$

Dabei ist α gleich der Länge des Bogens auf dem Einheitskreis, der dem Winkel $\alpha°$ entspricht (Abb. 0.3). In Tabelle 0.3 findet man einige häufig verwendete Werte.

Konvention: Falls wir nicht ausdrücklich darauf hinweisen, werden in diesem Taschenbuch alle Winkel in Bogenmaß gemessen.

Tabelle 0.3

Gradmaß	1°	45°	60°	90°	120°	135°	180°	270°	360°
Bogenmaß	$\frac{\pi}{180}$	$\frac{\pi}{4}$	$\frac{\pi}{3}$	$\frac{\pi}{2}$	$\frac{2\pi}{3}$	$\frac{3\pi}{4}$	π	$\frac{3\pi}{2}$	2π

$$1' = \frac{\pi}{10\,800} = 0{,}000291, \quad 1'' = \frac{\pi}{648\,000} = 0{,}000005$$

Abb. 0.3

Winkelsumme im Dreieck: In einem Dreieck beträgt die Winkelsumme stets π, also,

$$\alpha + \beta + \gamma = \pi$$

(vgl. Abb. 0.4).

Winkelsumme im Viereck: Da man ein Viereck in zwei Dreiecke zerlegen kann, ist die Winkelsumme im Viereck gleich 2π, d. h.,

$$\alpha + \beta + \gamma + \delta = 2\pi$$

(vgl. Abb 0.5).

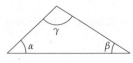

Abb. 0.4   Abb. 0.5

Winkelsumme im n-Eck: Allgemein gilt

> Summe der Innenwinkel im n-Eck $= (n-2)\pi$.

▶ BEISPIEL 2: Für ein Fünfeck (bzw. ein Sechseck) ist die Winkelsumme gleich 3π (bzw. 4π) (Abb. 0.6).

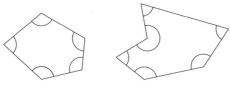

(a) Fünfeck **(b)** Sechseck Abb. 0.6

0.1.3 Flächeninhalt und Umfang ebener Figuren

In Tabelle 0.4 werden die wichtigsten ebenen Figuren zusammengefasst. Die Berechnung der auftretenden trigonometrischen Funktionen $\sin\alpha$ und $\cos\alpha$ wird ausführlich in 0.2.8 erläutert.

Tabelle 0.4

Figur		Flächeninhalt F	Umfang U
Quadrat		$F = a^2$ (a Seitenlänge)	$U = 4a$
Rechteck		$F = ab$ (a, b Seitenlängen)	$U = 2a + 2b$
Parallelogramm		$\boxed{F = ah = ab\sin\gamma}$ (a Länge der Grundlinie, b Länge der Seitenlinie, h Höhe)	$U = 2a + 2b$
Rhombus (gleichseitiges Parallelogramm)		$F = a^2 \sin\gamma$	$U = 4a$
Trapez (Viereck mit zwei parallelen Seiten)		$F = \dfrac{1}{2}(a+b)h$ (a, b Länge der parallelen Seiten, h Höhe)	$U = a + b + c + d$

Tabelle 0.4 (Fortsetzung)

Dreieck		$F = \dfrac{1}{2}ah = \dfrac{1}{2}ab\sin\gamma$	$U = a + b + c$
		(a Länge der Grundlinie, b, c Längen der übrigen Seiten, h Höhe, $s := U/2$)	
		Heronische Flächenformel:	
		$F = \sqrt{s(s-a)(s-b)(s-c)}$	
rechtwinkliges Dreieck		$F = \dfrac{1}{2}ab$	$U = a + b + c$
		Zusammenhang zwischen Seiten und Winkeln:	
		$a = c\sin\alpha, \quad b = c\cos\alpha,$ $a = b\tan\alpha$	
		(c Hypotenuse[2], a Gegenkathete, b Ankathete)	
		Satz des Pythagoras[3]: $a^2 + b^2 = c^2$	
		Höhensatz des Euklid: $h^2 = pq$ (h Höhe über der Hypotenuse, p, q Höhenabschnitte)	
gleichseitiges Dreieck		$F = \dfrac{\sqrt{3}}{4}a^2$	$U = 3a$
Kreis		$F = \pi r^2$ (r Radius)	$U = 2\pi r$
Kreissektor		$F = \dfrac{1}{2}\alpha r^2$	$U = L + 2r,$ $L = \alpha r$

---

[2]In einem rechtwinkligen Dreieck bezeichnet man diejenige Seite als Hypotenuse, die dem rechten Winkel gegenüberliegt. Die beiden anderen Seiten heißen *Katheten*.

[3]Pythagoras von Samos (um 500 v. Chr.) gilt als Gründer der berühmten Schule der Pythagoreer im antiken Griechenland. Der Satz des Pythagoras war jedoch bereits tausend Jahre zuvor den Babyloniern zur Zeit des Königs Hammurapi bekannt (1728–1686 v. Chr.).

Tabelle 0.4 (Fortsetzung)

Kreisring		$F = \pi(r^2 - \varrho^2)$ (r äußerer Radius, ϱ innerer Radius)	$U = 2\pi(r + \varrho)$
Parabelsektor[4]		$F = \dfrac{1}{3}xy$	
Hyperbelsektor		$F = \dfrac{1}{2}\left(xy - ab \cdot \operatorname{arcosh} \dfrac{x}{a}\right)$ ($b = a \tan \alpha$)	
Ellipsensektor		$F = \dfrac{1}{2}ab \cdot \operatorname{arcosh} \dfrac{x}{a}$	
Ellipse	(B Brennpunkt)	$\boxed{F = \pi ab}$ (a, b Längen der Halbachsen, $b < a$, ε numerische Exzentrizität)	$\boxed{U = 4aE(\varepsilon)}$ (vgl. (0.5))

Die Bedeutung elliptischer Integrale für die Berechnung des Umfangs einer Ellipse: Die numerische Exzentrizität ε einer Ellipse wird durch

$$\boxed{\varepsilon = \sqrt{1 - \frac{b^2}{a^2}}}$$

definiert. Die geometrische Bedeutung von ε besteht darin, dass der Brennpunkt der Ellipse vom Zentrum den Abstand εa besitzt. Für einen Kreis gilt $\varepsilon = 0$. Je größer die numerische Exzentrizität ε ist, um so flacher wird die Ellipse.

Bereits im 18. Jahrhundert bemerkte man, dass sich der *Umfang einer Ellipse nicht* elementar berechnen lässt. Dieser Umfang ist durch $U = 4aE(\varepsilon)$ gegeben, wobei wir mit

$$\boxed{E(\varepsilon) := \int_0^{\pi/2} \sqrt{1 - \varepsilon^2 \sin^2 \varphi}\, \mathrm{d}\varphi} \tag{0.5}$$

---

[4]Parabel, Hyperbel und Ellipse werden in 0.1.7 betrachtet. Die Funktion arcosh wird in 0.2.12 eingeführt.

das *vollständige elliptische Integral zweiter Gattung* von Legendre bezeichnen. Für eine Ellipse ist stets $0 \leq \varepsilon < 1$. Zu allen diesen Werten gehört die konvergente Reihenentwicklung

$$E(\varepsilon) = 1 - \left(\frac{1}{2}\right)^2 \varepsilon^2 - \left(\frac{1 \cdot 3}{2 \cdot 4}\right)^2 \frac{\varepsilon^4}{3} - \left(\frac{1 \cdot 3 \cdot 5}{2 \cdot 4 \cdot 6}\right)^2 \frac{\varepsilon^6}{5} - \cdots$$

$$= 1 - \frac{\varepsilon^2}{4} - \frac{3\varepsilon^4}{64} - \frac{5\varepsilon^6}{256} - \cdots$$

Die allgemeine Theorie der elliptischen Integrale wurde im 19. Jahrhundert geschaffen (vgl. 1.14.19 im Handbuch).

Regelmäßige Vielecke: Ein Vieleck heißt genau dann regelmäßig, wenn alle seine Seiten und Winkel gleich sind (Abb. 0.7).

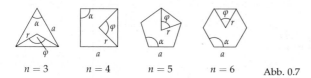

$$n = 3 \qquad n = 4 \qquad n = 5 \qquad n = 6 \qquad \text{Abb. 0.7}$$

Den Abstand des Zentrums von einem Eckpunkt bezeichnen wir mit r. Dann wird die Geometrie eines regelmäßigen n-Ecks durch folgende Aussagen beschrieben:

Zentriwinkel	$\varphi = \dfrac{2\pi}{n}$,
Innenwinkel	$\alpha = \pi - \varphi$,
Seitenlänge	$a = 2r \sin \dfrac{\varphi}{2}$,
Umfang	$U = na$,
Fläche	$F = \dfrac{1}{2}nr^2 \sin \varphi$.

Satz von Gauß: Ein n-Eck mit $n \leq 20$ kann man genau dann mit Hilfe von Zirkel und Lineal konstruieren, wenn

$$n = 3,\, 4,\, 5,\, 6,\, 8,\, 10,\, 12,\, 15,\, 16,\, 17,\, 20.$$

Eine derartige Konstruktion ist somit für $n = 7,\, 9,\, 11,\, 13,\, 14,\, 18,\, 19$ unmöglich. Dieses Ergebnis ist eine Konsequenz der Galoistheorie und wird in 2.6.6 genauer betrachtet.

0.1.4 Volumen und Oberflächen von Körpern

In Tabelle 0.5 werden die wichtigsten dreidimensionalen Figuren zusammengestellt.

Tabelle 0.5

Figur		Volumen V	Oberfläche O Mantelfläche M
Würfel		$V = a^3$ (a Seitenlänge)	$O = 6a^2$
Quader		$V = abc$ (a, b, c Seitenlänge)	$O = 2(ab + bc + ca)$
Kugel		$\boxed{V = \dfrac{4}{3}\pi r^3}$ (r Radius)	$\boxed{O = 4\pi r^2}$
Prisma		$\boxed{V = Gh}$ (G Grundfläche, h Höhe)	
Zylinder		$V = \pi r^2 h$ (r Radius, h Höhe)	$O = M + 2\pi r^2$, $M = 2\pi rh$
Hohlzylinder		$V = \pi h(r^2 - \varrho^2)$ (r äußerer Radius, ϱ innerer Radius, h Höhe)	

Tabelle 0.5 (Fortsetzung)

Pyramide		$V = \frac{1}{3}Gh$ (G Grundfläche, h Höhe)	
Kreiskegel		$V = \frac{1}{3}\pi r^2 h$ (r Radius, h Höhe, s Länge der Seitenlinie)	$O = M + \pi r^2,$ $M = \pi rs$
Pyramidenstumpf		$V = \frac{h}{3}(G + \sqrt{Gg} + g)$ (G Grundfläche, g Deckfläche)	
Kegelstumpf		$V = \frac{\pi h}{3}(r^2 + r\varrho + \varrho^2)$ (r, ϱ Radien, h Höhe, s Länge der Seitenlinie)	$O = M$ $\quad + \pi(r^2 + \varrho^2),$ $M = \pi s(r + \varrho)$
Obelisk		$V = \frac{1}{6}(ab + (a+c)(b+d)$ $\qquad\qquad\qquad + cd)$ (a, b, c, d Längen der Seiten)	
Keil (die Seiten sind gleichschenklige Dreiecke)		$V = \frac{\pi}{6}bh(2a + c)$ (a, b Grundseiten, c obere Kantenlinie, h Höhe)	
Kugelabschnitt (begrenzt durch einen Breitenkreis)		$V = \frac{\pi}{3}h^2(3r - h)$ (r Radius der Kugel, h Höhe)	$O = 2\pi rh$ (Kugelkappe)

Tabelle 0.5 (Fortsetzung)

Kugelschicht (begrenzt durch zwei Breitenkreise)		$V = \dfrac{\pi h}{6}(3R^2 + 3\varrho^2 + h^2)$ (r Radius der Kugel, h Höhe, R und ϱ Radien der Breitenkreise)	$O = 2\pi rh$ (Kugelzone)
Torus		$V = 2\pi r^2 \varrho$ (r Radius des Torus, ϱ Radius des Querschnitts)	$O = 4\pi^2 r\varrho$
Tonnenkörper (mit kreisförmigem Querschnitt)		$V = 0,0873\, h(2D + 2r)^2$ (D Durchmesser, h Höhe, r oberer Radius; Näherungsformel)	
Ellipsoid		$V = \dfrac{4}{3}\pi abc$ (a, b, c Länge der Achsen, $c < b < a$)	siehe die Formel von Legendre (L) für O

Die Bedeutung elliptischer Integrale für die Berechnung der Oberfläche eines Ellipsoids:
Die Oberfläche O eines Ellipsoids kann nicht elementar berechnet werden. Man benötigt dazu elliptische Integrale. Es gilt die Formel von Legendre

$$O = 2\pi c^2 + \frac{2\pi b}{\sqrt{a^2 - c^2}}\left(c^2 F(k, \varphi) + (a^2 - c^2)E(k, \varphi)\right) \tag{L}$$

mit

$$k = \frac{a}{b}\frac{\sqrt{b^2 - c^2}}{\sqrt{a^2 - c^2}}, \qquad \varphi = \arcsin\frac{\sqrt{a^2 - c^2}}{a}.$$

Die Formeln für die elliptischen Integrale $E(k, \varphi)$ und $F(k, \varphi)$ lauten

$$F(k, \varphi) = \int_0^{\varphi} \frac{d\psi}{\sqrt{1 - k^2 \sin^2 \psi}} = \int_0^{\sin \varphi} \frac{dx}{\sqrt{1 - x^2}\sqrt{1 - k^2 x^2}},$$

$$E(k, \varphi) = \int_0^{\varphi} \sqrt{1 - k^2 \sin^2 \psi}\, d\psi = \int_0^{\sin \varphi} \sqrt{\frac{1 - k^2 x^2}{1 - x^2}}\, dx,$$

$$K = F\left(k, \frac{\pi}{2}\right) = \int_0^{\pi/2} \frac{d\psi}{\sqrt{1 - k^2 \sin^2 \psi}} = \int_0^1 \frac{dx}{\sqrt{1 - x^2}\sqrt{1 - k^2 x^2}},$$

$$E = E\left(k, \frac{\pi}{2}\right) = \int_0^{\pi/2} \sqrt{1 - k^2 \sin^2 \psi}\, d\psi = \int_0^1 \sqrt{\frac{1 - k^2 x^2}{1 - x^2}}\, dx.$$

0.1.5 Volumen und Oberfläche der regulären Polyeder

Polyeder: Unter einem *Polyeder* versteht man einen Körper, der von Ebenenteilen begrenzt wird.

Die regelmäßigen Polyeder (auch Platonische Körper genannt) besitzen als Seitenflächen kongruente, regelmäßige Vielecke der Kantenlänge a, wobei in jedem Eckpunkt die gleiche Anzahl von Seitenflächen zusammenstößt. Es gibt genau 5 reguläre Polyeder, die in Tabelle 0.6 aufgeführt werden.

Tabelle 0.6

Reguläre Polyeder		Seitenflächen	Volumen	Oberfläche
Tetraeder		4 gleichseitige Dreiecke	$\dfrac{\sqrt{2}}{12} \cdot a^3$	$\sqrt{3}a^2$
Würfel		6 Quadrate	a^3	$6a^2$
Oktaeder		8 gleichseitige Dreiecke	$\dfrac{\sqrt{2}}{3} \cdot a^3$	$2\sqrt{3} \cdot a^2$

Tabelle 0.6 (Fortsetzung)

Dodekaeder		12 gleichseitige Fünfecke	$7,663 \cdot a^3$	$20,646 \cdot a^2$
Ikosaeder[5]		20 gleichseitige Dreiecke	$2,182 \cdot a^3$	$8,660 \cdot a^2$

Eulersche Polyederformel: Für die regulären Polyeder gilt:[6]

Anzahl der Eckpunkte E − Anzahl der Kanten K + Anzahl der Flächen $F = 2$.

Tabelle 0.7 bestätigt diese Formel.

Tabelle 0.7

Reguläres Polyeder	E	K	F	$E - K + F$
Tetraeder	4	6	4	2
Würfel	8	12	6	2
Oktaeder	6	12	8	2
Dodekaeder	20	30	12	2
Ikosaeder	12	30	20	2

0.1.6 Volumen und Oberfläche der n-dimensionalen Kugel

Die folgenden Formeln benötigt man in der statistischen Physik. Dabei liegt n in der Größenordnung von 10^{23}. Für solch große Werte von n benutzt man die Stirlingsche Näherungsformel für $n!$ (vgl. (0.1)).

Charakterisierung der Vollkugel durch eine Ungleichung: Die n-dimensionale Kugel $K_n(r)$ vom Radius r (mit dem Mittelpunkt im Ursprung) besteht definitionsgemäß aus genau allen

---

[5] Über die Symmetrien des Ikosaeders (Ikosaedergruppe) und ihre Beziehungen zu den Gleichungen 5. Grades hat Felix Klein ein berühmtes Buch geschrieben (vgl. [Klein 1884/1993])

[6] Diese Formel ist der Spezialfall eines allgemeinen topologischen Sachverhalts. Da die Ränder aller regulären Polyeder zur Kugeloberfläche homöomorph sind, ist ihr Geschlecht gleich null und ihre Eulersche Charakteristik gleich 2. Das wird ausführlicher in 18.1 und 18.2 im Handbuch dargestellt.

Punkten $(x_1, \ldots, x_n)$, die der Ungleichung

$$x_1^2 + \ldots + x_n^2 \leq r^2$$

genügen. Dabei sind $x_1, \ldots, x_n$ reelle Zahlen mit $n \geq 2$. Der Rand dieser Kugel wird von allen Punkten $(x_1, \ldots, x_n)$ gebildet, die die Gleichung

$$x_1^2 + \ldots + x_n^2 = r^2$$

erfüllen. Für das Volumen V_n und die Oberfläche O_n von $K_n(r)$ gelten die Formeln von Jacobi:

$$V_n = \frac{\pi^{n/2} r^n}{\Gamma\left(\frac{n}{2} + 1\right)},$$

$$O_n = \frac{2\pi^{n/2} r^{n-1}}{\Gamma\left(\frac{n}{2}\right)}.$$

Die Gammafunktion Γ wird in 1.14.16. betrachtet. Sie genügt der Rekursionsformel

$$\Gamma(x+1) = x\Gamma(x) \quad \text{für alle } x > 0$$

mit $\Gamma(1) = 1$ und $\Gamma\left(\dfrac{1}{2}\right) = \sqrt{\pi}$. Daraus erhält man für $m = 1, 2, \ldots$ die folgenden Formeln:

$$V_{2m} = \frac{\pi^m r^{2m}}{m!}, \qquad V_{2m+1} = \frac{2(2\pi)^m r^{2m+1}}{1 \cdot 3 \cdot 5 \cdot \ldots \cdot (2m+1)}$$

und

$$O_{2m} = \frac{2\pi^m r^{2m-1}}{(m-1)!}, \qquad O_{2m+1} = \frac{2^{2m+1} m! \pi^m r^{2m}}{(2m)!}.$$

▶ BEISPIEL: Im Spezialfall $n = 3$ und $m = 1$ ergeben sich die bekannten Formeln

$$V_3 = \frac{4}{3}\pi r^3, \qquad O_3 = 4\pi r^2$$

für das Volumen V_3 und die Oberfläche O_3 der dreidimensionalen Kugel vom Radius r.

0.1.7 Grundformeln der analytischen Geometrie in der Ebene

Die analytische Geometrie beschreibt geometrische Gebilde wie Geraden, Ebenen und Kegelschnitte durch Gleichungen für die Koordinaten und untersucht die geometrischen Eigenschaften durch Umformungen dieser Gleichungen. Diese Arithmetisierung und Algebraisierung der Geometrie geht auf den Philosophen, Naturwissenschaftler und Mathematiker René Descartes (1596–1650) zurück, nach dem die kartesischen Koordinaten benannt sind.

0.1.7.1 Geraden

Alle folgenden Formeln beziehen sich auf ein ebenes kartesisches Koordinatensystem, bei dem die y-Achse senkrecht auf der x-Achse steht. Die Koordinaten eines Punktes (x_1, y_1) ergeben sich wie in Abb. 0.8a. Die x-Koordinate eines Punktes links von der y-Achse ist negativ, und die y-Koordinate eines Punktes unterhalb der x-Achse ist ebenfalls negativ.

▶ BEISPIEL 1: Die Punkte $(2,2)$, $(2,-2)$, $(-2,-2)$ und $(-2,2)$ findet man in Abb. 0.8b.

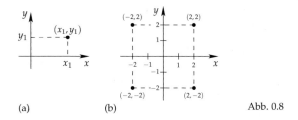

(a)   (b)   Abb. 0.8

Der Abstand d der beiden Punkte (x_1, y_1) und (x_2, y_2):

$$d = \sqrt{(x_2 - x_1)^2 + (y_2 - y_1)^2}$$

(Abb. 0.9). Diese Formel entspricht dem Satz des Pythagoras.

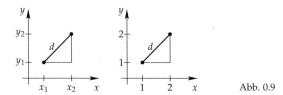

Abb. 0.9

▶ BEISPIEL 2: Der Abstand der beiden Punkte $(1, 1)$ und $(2, 2)$ beträgt

$$d = \sqrt{(2 - 1)^2 + (2 - 1)^2} = \sqrt{2}.$$

Die Gleichung einer Geraden:

$$y = mx + b.$$ (0.6)

Dabei ist b der Schnittpunkt der Geraden mit der y-Achse, und m bezeichnet den *Anstieg* der Geraden (Abb. 0.10). Für den *Anstiegswinkel* α erhält man

$$\tan \alpha = m.$$

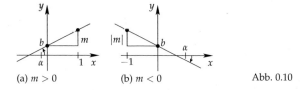

(a) $m > 0$ (b) $m < 0$ Abb. 0.10

(i) Kennt man einen Punkt (x_1, y_1) der Geraden und ihren Anstieg m, dann erhält man den fehlenden Wert b durch $b = y_1 - mx_1$.

(ii) Kennt man zwei verschiedene Punkte (x_1, y_1) und (x_2, y_2) auf der Geraden mit $x_1 \neq x_2$, dann gilt:

$$m = \frac{y_2 - y_1}{x_2 - x_1}, \qquad b = y_1 - mx_1. \tag{0.7}$$

▶ BEISPIEL 3: Die Gleichung der Geraden durch die beiden Punkte $(1,1)$ und $(3,2)$ lautet

$$y = \frac{1}{2}x + \frac{1}{2},$$

denn nach (0.7) erhalten wir $m = \dfrac{2-1}{3-1} = \dfrac{1}{2}$ und $b = 1 - \dfrac{1}{2} = \dfrac{1}{2}$ (Abb. 0.11).

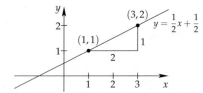

Abb. 0.11

Abschnittsgleichung einer Geraden: Dividiert man die Geradengleichung (0.6) durch b und setzt man $\dfrac{1}{a} := -\dfrac{m}{b}$, dann ergibt sich:

$$\frac{x}{a} + \frac{y}{b} = 1. \tag{0.8}$$

Für $y = 0$ (bzw. $x = 0$) liest man sofort ab, dass diese Gerade die x-Achse im Punkt $(a,0)$ (bzw. die y-Achse im Punkt $(0,b)$) schneidet (Abb. 0.12a).

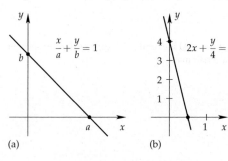

(a)   (b)   Abb. 0.12

▶ BEISPIEL 4: Dividieren wir die Geradengleichung

$$y = -8x + 4$$

durch 4, dann ergibt sich $\dfrac{y}{4} = -2x + 1$ und somit

$$2x + \frac{y}{4} = 1.$$

Setzen wir $y = 0$, dann erhalten wir $x = \dfrac{1}{2}$. Somit schneidet diese Gerade die x-Achse im Punkt $x = \dfrac{1}{2}$ (Abb. 0.12b).

Gleichung der y-Achse:

$$x = 0.$$

Diese Gleichung wird durch (0.6) nicht erfasst. Sie entspricht formal einem Anstieg $m = \infty$ (unendlicher Anstieg).

Allgemeine Geradengleichung: Alle Geraden ergeben sich durch die Gleichung

$$Ax + By + C = 0$$

mit reellen Konstanten A, B und C, die der Bedingung $A^2 + B^2 \neq 0$ genügen.

▶ BEISPIEL 5: Für $A = 1$, $B = C = 0$ erhält man die Gleichung $x = 0$ der y-Achse.

Anwendung der Vektorrechnung: Eine Reihe von Aufgaben der ebenen analytischen Geometrie behandelt man am durchsichtigsten mit Hilfe der Vektorrechnung. Das wird in 3.3. betrachtet.

0.1.7.2 Kreis

Die Gleichung eines Kreises vom Radius r mit dem Mittelpunkt (c, d) :

$$(x - c)^2 + (y - d)^2 = r^2 \tag{0.9}$$

(Abb. 0.13a).

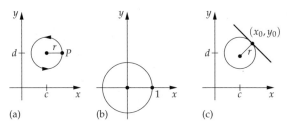

(a)　　　　(b)　　　　(c)　　　　　　Abb. 0.13

▶ BEISPIEL: Die Gleichung des Kreises vom Radius $r = 1$ mit dem Mittelpunkt im Nullpunkt $(0, 0)$ lautet (Abb. 0.13b):

$$x^2 + y^2 = 1.$$

Gleichung der Tangente an den Kreis :

$$(x - c)(x_0 - c) + (y - d)(y_0 - d) = r^2.$$

Das ist die Gleichung der Tangente an den Kreis (0.9) durch den Punkt (x_0, y_0) (Abb. 0.13c).

Parameterdarstellung des Kreises vom Radius r mit dem Mittelpunkt (c, d):

$$x = c + r \cos t, \qquad y = d + r \sin t, \qquad 0 \leq t < 2\pi.$$

Interpretiert man t als Zeit, dann entspricht der Anfangszeitpunkt $t = 0$ dem Punkt P in Abb. 0.13a. Im Zeitraum von $t = 0$ bis $t = 2\pi$ wird die Kreislinie genau einmal mit konstanter Geschwindigkeit entgegen dem Uhrzeigersinn durchlaufen (*mathematisch positiver Umlaufsinn*).

Krümmung eines Kreises vom Radius R: Definitionsgemäß gilt

$$K = \frac{1}{R}.$$

0.1.7.3 Ellipse

Die Gleichung einer Ellipse mit dem Mittelpunkt im Ursprung:

$$\frac{x^2}{a^2} + \frac{y^2}{b^2} = 1. \tag{0.10}$$

Wir nehmen $0 < b < a$. Dann liegt die Ellipse symmetrisch zum Nullpunkt. Die Länge der großen (bzw. der kleinen) Halbachse der Ellipse ist gleich a (bzw. b) (Abb. 0.14a). Ferner führt man folgende Größen ein:

$$\text{lineare Exzentrizität} \quad e = \sqrt{a^2 - b^2},$$

$$\text{numerische Exzentrizität} \quad \varepsilon = \frac{e}{a},$$

$$\text{Halbparameter} \quad p = \frac{b^2}{a}.$$

Die beiden Punkte $(\pm e, 0)$ heißen die *Brennpunkte* $B_\pm$ der Ellipse (Abb. 0.14a).

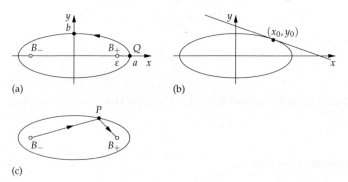

(a)　　(b)

(c)　　　　　　　　　　　　　　　　　　Abb. 0.14

Gleichung der Tangente an die Ellipse:

$$\frac{xx_0}{a^2} + \frac{yy_0}{b^2} = 1.$$

Das ist die Gleichung der Tangente an die Ellipse (0.10) durch den Punkt (x_0, y_0) (Abb. 0.14b).

Parameterdarstellung der Ellipse:

$$x = a\cos t, \qquad y = b\sin t, \qquad 0 \le t < 2\pi.$$

Durchläuft der Zeitparameter t die Werte von 0 bis 2π, dann wird die Ellipse in (0.10) entgegen dem Uhrzeigersinn durchlaufen. Der Anfangszeit $t = 0$ entspricht dabei der Kurvenpunkt Q (Abb. 0.14a).

Geometrische Charakterisierung der Ellipse: Eine Ellipse besteht definitionsgemäß aus genau allen Punkten P, deren Abstandssumme von zwei gegebenen Punkten B_- und B_+ konstant gleich $2a$ ist (vgl. Abb. 0.14c).

Diese Punkte heißen Brennpunkte.

Gärtnerkonstruktion: Um eine Ellipse zu konstruieren, gibt man sich die beiden Brennpunkte B_- und B_+ vor. Dann befestigt man die beiden Enden eines Fadens mit einer Reißzwecke in den Brennpunkten und bewegt einen Bleistift mit Hilfe des Fadens, wobei der Faden stets straff gespannt gehalten wird. Der Bleistift zeichnet dann eine Ellipse (Abb. 0.14c).

Physikalische Eigenschaft der Brennpunkte: Ein Lichtstrahl, der von dem Brennpunkt B_- ausgeht, wird im Punkt P der Ellipse so reflektiert, dass er durch den anderen Brennpunkt B_+ geht (Abb. 0.14c).

Flächeninhalt und Umfang einer Ellipse: Vgl. Tab. 0.4.

Die Gleichung einer Ellipse in Polarkoordinaten, Leitlinieneigenschaft und Krümmungsradien: Vgl. 0.1.7.6

0.1.7.4 Hyperbel

Die Gleichung einer Hyperbel mit dem Mittelpunkt im Ursprung:

$$\frac{x^2}{a^2} - \frac{y^2}{b^2} = 1. \tag{0.11}$$

Dabei sind a und b positive Konstanten.

Asymptoten der Hyperbel: Die Hyperbel schneidet die x-Achse in den Punkten $(\pm a, 0)$. Die beiden Geraden

$$y = \pm \frac{b}{a} x$$

heißen die Asymptoten der Hyperbel. Diesen Geraden nähern sich die Hyperbeläste immer mehr, je weiter sie sich vom Ursprung entfernen (Abb. 0.15b).

Brennpunkte: Wir definieren

$$\text{lineare Exzentrizität}\quad e = \sqrt{a^2 + b^2}\,,$$

$$\text{numerische Exzentrizität}\quad \varepsilon = \frac{e}{a}\,,$$

$$\text{Halbparameter}\quad p = \frac{b^2}{a}\,.$$

Die beiden Punkte $(\pm e, 0)$ heißen *Brennpunkte* $B_\pm$ der Hyperbel (Abb. 0.15a).

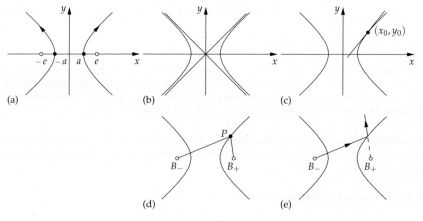

(a)   (b)   (c)

(d)   (e)

Abb. 0.15

Gleichung der Tangente an die Hyperbel:

$$\frac{xx_0}{a^2} - \frac{yy_0}{b^2} = 1\,.$$

Das ist die Gleichung der Tangente an die Hyperbel (0.11) durch den Punkt (x_0, y_0) (Abb. 0.15c).

Parameterdarstellung der Hyperbel[7]:

$$x = a \cosh t\,, \qquad y = b \sinh t\,, \qquad -\infty < t < \infty\,.$$

---

[7]Die Hyperbelfunktionen $\cosh t$ und $\sinh t$ werden in 0.2.10 ausführlich behandelt.

Durchläuft der Zeitparameter t alle reellen Werte, dann wird der rechte Hyperbelast in Abb. 0.15a in der dort angegebenen Pfeilrichtung durchlaufen. Der Anfangszeit $t = 0$ entspricht dabei der Hyperbelpunkt $(a, 0)$. Analog erhält man den linken Hyperbelast in Abb. 0.15a durch die Parameterdarstellung

$$x = -a \cosh t, \qquad y = b \sinh t, \qquad -\infty < t < \infty.$$

Geometrische Charakterisierung der Hyperbel: Eine Hyperbel besteht definitiongemäß aus genau allen Punkten P, deren Abstandsdifferenz von zwei gegebenen Punkten B_- und B_+ konstant gleich $2a$ ist (vgl. Abb. 0.15d). Diese Punkte heißen Brennpunkte.

Physikalische Eigenschaft der Brennpunkte: Ein Lichtstrahl, der von dem Brennpunkt B_- ausgeht, wird an der Hyperbel so reflektiert, dass seine rückwärtige Verlängerung durch den anderen Brennpunkt B_+ geht (Abb. 0.15e).

Flächeninhalt eines Hyperbelsektors: Vgl. Tabelle 0.4.

Gleichung einer Hyperbel in Polarkoordinaten, Leitlinieneigenschaft und Krümmungsradien: Vgl. 0.1.7.6.

0.1.7.5 Parabel

Die Gleichung einer Parabel:

$$y^2 = 2px.$$ \hfill (0.12)

Dabei ist p eine positive Konstante (Abb. 0.16). Wir definieren:

$$\text{lineare Exzentrizität} \quad e = \frac{p}{2},$$
$$\text{numerische Exzentrizität} \quad \varepsilon = 1.$$

Der Punkt $(e, 0)$ heißt der *Brennpunkt* der Parabel (Abb. 0.16a).

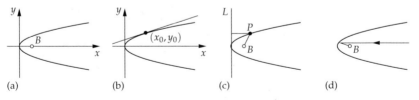

(a)　　　　　　　(b)　　　　　　　(c)　　　　　　　(d)

Abb. 0.16

Gleichung der Tangente an die Parabel:

$$yy_0 = p(x + x_0).$$

Das ist die Gleichung der Tangente an die Parabel (0.12) durch den Punkt (x_0, y_0) (Abb. 0.16b).

Geometrische Charakterisierung der Parabel: Eine Parabel besteht definitiongemäß aus genau allen Punkten P, deren Abstand von einem festen Punkt B (Brennpunkt) und einer festen Geraden L (Leitlinie) gleich ist (Abb. 0.16c).

Physikalische Eigenschaft des Brennpunktes (Parabolspiegel): Ein Lichtstrahl, der parallel zur x-Achse einfällt, wird an der Parabel so reflektiert, dass er durch den Brennpunkt geht (Abb. 0.16d).

Flächeninhalt des Parabolsektors: Vgl. Tabelle 0.4.

Gleichung einer Parabel in Polarkoordinaten und ihre Krümmungsradien: Vgl. 0.1.7.6.

0.1.7.6 Polarkoordinaten und Kegelschnitte

Polarkoordinaten: Anstelle von kartesischen Koordinaten benutzt man häufig Polarkoordinaten, um die Gleichungen der Symmetrie des Problems optimal anzupassen. Die Polarkoordinaten (r, φ) eines Punktes P der Ebene bestehen nach Abb. 0.17 aus dem Abstand r des Punktes P vom Nullpunkt O und dem Winkel φ der Strecke $\overline{OP}$ mit der x-Achse. Zwischen den kartesischen Koordinaten (x, y) von P und den Polarkoordinaten (r, φ) von P besteht die Beziehung:

$$x = r\cos\varphi, \qquad y = r\sin\varphi, \qquad 0 \leq \varphi < 2\pi. \tag{0.13}$$

Ferner ist

$$r = \sqrt{x^2 + y^2}, \qquad \tan\varphi = \frac{y}{x}.$$

Kegelschnitte: Definitionsgemäß erhält man einen Kegelschnitt, indem man einen doppelten Kreiskegel mit einer Ebene zum Schnitt bringt (Abb. 0.18). Dabei entstehen folgende Figuren:

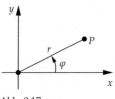

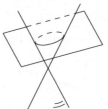

Abb. 0.17   Abb. 0.18

  (i) *Reguläre Kegelschnitte:* Kreis, Ellipse, Parabel oder Hyperbel.

  (ii) *Entartete Kegelschnitte:* zwei Geraden, eine Gerade oder ein Punkt.

Gleichung der regulären Kegelschnitte in Polarkoordinaten:

$$r = \frac{p}{1 - \varepsilon\cos\varphi}$$

(vgl. Tabelle 0.8). Die regulären Kegelschnitte sind durch die geometrische Eigenschaft charakterisiert, dass sie aus genau all den Punkten P bestehen, für die das Verhältnis

$$\frac{r}{d} = \varepsilon$$

konstant gleich ε ist, wobei r den Abstand von einem festen Punkt B (Brennpunkt) und d den Abstand von einer festen Geraden L (Leitlinie) bezeichnet.

Tabelle 0.8 Reguläre Kegelschnitte.

Figur	numerische Exzentrizität ε	Lineare Exzentrizität e	Halbparameter p	Leitlinieneigenschaft $\dfrac{r}{d} = \varepsilon$	
Hyperbel[8]	$\varepsilon > 1$	$e = \dfrac{\varepsilon p}{(1-\varepsilon)^2}$	$p = \dfrac{b^2}{a}$		
Parabel	$\varepsilon = 1$	$e = \dfrac{p}{2}$			
Ellipse	$0 \le \varepsilon < 1$	$e = \dfrac{\varepsilon p}{1-\varepsilon^2}$	$p = \dfrac{b^2}{a}$		
Kreis	$\varepsilon = 0$ (Grenzfall $d = \infty$)	$e = 0$	$p =$ Radius r		

[8]Wegen der Ungleichungen $\varepsilon > 1$, $\varepsilon = 1$ und $\varepsilon < 1$ führte der griechische Mathematiker Appolonius von Perga (etwa 260–190 v. Chr.) die Bezeichnung ὑπερβολή (hyperbolé, Überfluss), παραβολή (parabolé, Gleichheit) und ἔλλειψιζ (élleipsis, Mangel) ein.

Scheitelkreis und Krümmungsradius: Im Scheitelpunkt S eines regulären Kegelschnitts kann man einen Kreis so einbeschreiben, dass er den Kegelschnitt in S berührt. Den Radius dieses Scheitelkreises bezeichnet man als Krümmungsradius R im Punkt S. Die gleiche Konstruktion ist in jedem Kurvenpunkt $P(x_0, y_0)$ möglich (vgl. Tabelle 0.9). Die Krümmung K im Punkt P ergibt sich definitionsgemäß durch

$$K = \frac{1}{R_0}.$$

Tabelle 0.9

Figur	Gleichung	Krümmungsradius	
Ellipse	$\dfrac{x^2}{a^2} + \dfrac{y^2}{b^2} = 1$	$R_0 = a^2 b^2 \left(\dfrac{x_0^2}{a^4} + \dfrac{y_0^2}{b^4} \right)^{3/2}$, $R = \dfrac{b^2}{a} = p$	
Hyperbel	$\dfrac{x^2}{a^2} - \dfrac{y^2}{b^2} = 1$	$R_0 = a^2 b^2 \left(\dfrac{x_0^2}{a^4} + \dfrac{y_0^2}{b^4} \right)^{3/2}$, $R = \dfrac{b^2}{a} = p$	
Parabel	$y^2 = 2px$	$R_0 = \dfrac{(p + 2x_0)^{3/2}}{\sqrt{p}}$, $R = p$	

0.1.8 Grundformeln der analytischen Geometrie des Raumes

Kartesische Koordinaten im Raum: Ein räumliches kartesisches Koordinatensystem wird wie in Abb. 0.19 durch drei aufeinander senkrecht stehende Achsen gegeben, die wir der Reihe nach als x-Achse, y-Achse und z-Achse bezeichnen, und die wie Daumen, Zeigefinger und Mittelfinger der rechten Hand orientiert sind (rechtshändiges System). Die Koordinaten (x_1, y_1, z_1) eines Punktes ergeben sich durch senkrechte Projektion auf die Achsen.

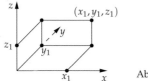

Abb. 0.19

Gleichung einer Geraden durch die beiden Punkte (x_1, y_1, z_1) **und** (x_2, y_2, z_2)**:**

$$x = x_1 + t(x_2 - x_1), \quad y = y_1 + t(y_2 - y_1), \quad z = z_1 + t(z_2 - z_1).$$

Der Parameter t durchläuft dabei alle reellen Zahlen und kann als Zeit interpretiert werden (Abb. 0.20a).

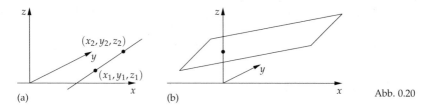

(a)   (b)   Abb. 0.20

Abstand d **der beiden Punkte** (x_1, y_1, z_1) **und** (x_2, y_2, z_2)**:**

$$d = \sqrt{(x_1 - x_2)^2 + (y_1 - y_2)^2 + (z_1 - z_2)^2}.$$

Gleichung einer Ebene:

$$Ax + By + Cz = D.$$

Die reellen Konstanten A, B und C müssen der Bedingung $A^2 + B^2 + C^2 \neq 0$ genügen (Abb. 0.20b).

Anwendung der Vektoralgebra auf Geraden und Ebenen im Raum: Vgl. 3.3.

0.1.9 Potenzen, Wurzeln und Logarithmen

Potenzgesetze: Für alle positiven reellen Zahlen a, b und alle reellen Zahlen x, y gilt:

$$a^x a^y = a^{x+y}, \quad (a^x)^y = a^{xy},$$
$$(ab)^x = a^x b^x, \quad \left(\frac{a}{b}\right)^x = \frac{a^x}{b^x}, \quad a^{-x} = \frac{1}{a^x}.$$

Es bedurfte eines langen historischen Entwicklungsweges, ehe man Potenzen a^x für *beliebige reelle Exponenten* x definieren konnte (vgl. 0.2.7).

Wichtige Spezialfälle: Für $n = 1, 2, \ldots$ gilt:

1. $a^0 = 1$, $\quad a^1 = a$, $\quad a^2 = a \cdot a$, $\quad a^3 = a \cdot a \cdot a$, $\quad \ldots$

2. $a^n = a \cdot a \cdot \ldots \cdot a \quad (n \text{ Faktoren}).$

3. $a^{-1} = \dfrac{1}{a}$, $\quad a^{-2} = \dfrac{1}{a^2}$, $\quad \ldots, \quad a^{-n} = \dfrac{1}{a^n}.$

4. $a^{\frac{1}{2}} = \sqrt{a}$, $\quad a^{\frac{1}{3}} = \sqrt[3]{a}.$

n-te Wurzeln: Gegeben sei die positive reelle Zahl a. Dann ist $x = a^{1/n}$ die eindeutige Lösung der Gleichung

$$x^n = a, \qquad x \geq 0.$$

In der älteren Literatur wird $a^{1/n}$ mit $\sqrt[n]{a}$ bezeichnet (n-te Wurzel). Bei Umformungen von Gleichungen empfiehlt es sich jedoch, stets mit $a^{1/n}$ zu rechnen, weil man dann die allgemeinen Potenzgesetze anwenden kann und sich nicht noch zusätzliche „Wurzelgesetze" zu merken hat.

▶ BEISPIEL: Aus $\left(a^{\frac{1}{n}} \right)^{\frac{1}{m}} = a^{\frac{1}{mn}}$ folgt das Wurzelgesetz $\sqrt[n]{\sqrt[m]{a}} = \sqrt[nm]{a}$.

Grenzwertbeziehung für allgemeine Potenz: Ist $x = \dfrac{m}{n}$ mit $m, n = 1, 2, \ldots$, dann gilt

$$a^x = \left(\sqrt[n]{a} \right)^m.$$

Ferner ist $a^{-x} = 1/a^x$. Somit kann man die Berechnung von a^x für beliebige *rationale Exponenten* x auf die Berechnung der Potenzen von Wurzeln *zurückführen*.

Gegeben sei jetzt eine beliebige reelle Zahl x. Wir wählen eine Zahlenfolge[9] (x_k) reeller Zahlen x_k mit

$$\lim_{k \to \infty} x_k = x.$$

Dann gilt

$$\lim_{k \to \infty} a^{x_k} = a^x.$$

Das ist die *Stetigkeit* der Exponentialfunktion (vgl. 1.3.1.2). Wählt man speziell eine Folge rationaler Zahlen x_k, dann kann man a^{x_k} durch Potenzen von Wurzeln ausdrücken, und a^x wird durch a^{x_k} für immer größer werdende Zahlen k immer besser angenähert.

▶ BEISPIEL: Es gilt $\pi = 3{,}14 \ldots$. Deshalb ist

$$a^{3{,}14} = a^{314/100} = \left(\sqrt[100]{a} \right)^{314}$$

eine Näherung von a^π. Immer bessere Näherungen für a^π erhält man, indem man immer mehr Dezimalstellen von $\pi = 3{,}14\,15\,92 \ldots$ berücksichtigt.

---

[9] Grenzwerte von Zahlenfolgen werden ausführlich in 1.2. betrachtet.

Der Logarithmus: Es sei a eine fest gegebene, positive, reelle Zahl mit $a \neq 1$. Für jede vorgegebene positive reelle Zahl y besitzt dann die Gleichung

$$y = a^x$$

eine eindeutige reelle Lösung x, die wir mit

$$x = \log_a y$$

bezeichnen und Logarithmus von y zur Basis a nennen.[10]

Die Logarithmengesetze: Für alle positiven reellen Zahlen c, d und alle reellen Zahlen x gilt:

$$\log_a(cd) = \log_a c + \log_a d, \qquad \log_a\left(\frac{c}{d}\right) = \log_a c - \log_a d,$$
$$\log_a c^x = x \log_a c, \qquad \log_a a = 1, \qquad \log_a 1 = 0.$$

Wegen $\log(cd) = \log c + \log d$ besitzt der Logarithmus die fundamentale Eigenschaft, dass man die Multiplikation zweier Zahlen auf die Addition ihrer Logarithmen zurückführen kann.

Historische Bemerkung: In seinem Buch *Arithmetica integra* (Gesamte Arithmetik) weist Michael Stifel 1544 darauf hin, dass der Vergleich von

$$1 \quad a \quad a^2 \quad a^3 \quad a^4 \quad \dots$$

$$0 \quad 1 \quad 2 \quad 3 \quad 4 \quad \dots$$

es erlaubt, anstelle der Multiplikation der Zahlen der ersten Reihe, die zugehörigen Exponenten der zweiten Reihe zu addieren. Das ist genau die Grundidee des logarithmischen Rechnens. Dazu bemerkte Stifel: „Man könnte ein ganz neues Buch über die wunderbaren Eigenschaften dieser Zahlen schreiben, aber ich muss mich an dieser Stelle bescheiden und mit geschlossenen Augen vorübergehen". Im Jahre 1614 veröffentlichte der schottische Edelmann Neper (oder Napier) die ersten noch sehr unvollkommenen Logarithmentafeln (mit einer zu $1/e$ proportionalen Basis). Diese Tafeln wurden dann schrittweise verbessert. In gemeinsamen Diskussionen einigten sich Neper und Briggs auf die Basiszahl 10. Im Jahre 1617 veröffentlichte Briggs seine 14stelligen Logarithmentafeln (zur Basis $a = 10$). Das Erscheinen von Logarithmentafeln war eine enorme Hilfe für Kepler bei der Fertigstellung seiner astronomischen „Rudolphinischen" Tafeln im Jahre 1624 (vgl. 0.1.12). Er propagierte auch mit Feuereifer die Vorteile dieses mächtigen neuen Rechenhilfsmittels.

Im heutigen Zeitalter der Taschenrechner und Computer sind Logarithmentafeln nur noch eine historische Episode.

Natürliche Logarithmen: Der Logarithmus $\log_e y$ zur Basis e wird als natürlicher Logarithmus $\ln y$ bezeichnet (logarithmus naturalis). Ist $a > 0$ eine beliebige Basis, dann hat man die Beziehung

$$a^x = e^{x \ln a}$$

---

[10]Das Wort Logarithmus besitzt eine griechische Wurzel und bedeutet „Verhältniszahl".

für alle reellen Zahlen x. Kennt man den natürlichen Logarithmus, dann kann man den Logarithmus zu jeder beliebigen Basis durch die Umrechnungsformel

$$\log_a y = \frac{\ln y}{\ln a}$$

erhalten.

▶ Beispiel: Für $a = 10$ ist $\ln a = 2,302585\ldots$ und $\dfrac{1}{\ln a} = 0,434294\ldots$.

Anwendungen: In 1.12.1 werden wir mit Hilfe der Differentialgleichungen Anwendungen der Funktion $y = e^x$ auf den radioaktiven Zerfall und auf Wachstumsprozesse betrachten. Diese Beispiele zeigen, dass die Eulersche Zahl $e = 2,718283\ldots$ die natürlichste Basis für die Exponentialfunktion darstellt. Die Umkehrung von $y = e^x$ ergibt $x = \ln y$. Das motiviert die Bezeichnung „natürlicher Logarithmus".

0.1.10 Elementare algebraische Formeln

0.1.10.1 Die geometrische und die arithmetische Reihe

Summensymbol und Produktsymbol: Wir definieren

$$\sum_{k=0}^{n} a_k := a_0 + a_1 + a_2 + \ldots + a_n$$

und

$$\prod_{k=0}^{n} a_k := a_0 a_1 a_2 \ldots a_n \,.$$

Die endliche geometrische Reihe:

$$a + aq + aq^2 + \ldots + aq^n = a\frac{1 - q^{n+1}}{1 - q}\,, \qquad n = 1, 2, \ldots \tag{0.14}$$

Diese Formel gilt für alle reellen oder komplexen Zahlen a und q mit $q \neq 1$. Die geometrische Reihe (0.14) ist dadurch charakterisiert, dass der *Quotient* zweier aufeinanderfolgender Glieder konstant ist. Mit Hilfe des Summensymbols kann man (0.14) in der Form

$$\sum_{k=0}^{n} aq^k = a\frac{1 - q^{n+1}}{1 - q}\,, \qquad q \neq 1, \quad n = 1, 2, \ldots$$

schreiben.

▶ Beispiel 1: $1 + q + q^2 = \dfrac{1 - q^3}{1 - q} \qquad (q \neq 1)$.

Die arithmetische Reihe:

$$a + (a + d) + (a + 2d) + \ldots + (a + nd) = \frac{n+1}{2}(a + (a + dn)).$$ (0.15)

Die arithmetische Reihe (0.15) ist dadurch charakterisiert, dass die *Differenz* zweier aufeinanderfolgender Glieder konstant ist. In Worten:

> *Die Summe einer arithmetischen Reihe ist gleich der Summe aus dem ersten und letzten Glied multipliziert mit der halben Anzahl der Reihenglieder.*

Mit Hilfe des Summensymbols lautet die Formel (0.15):

$$\sum_{k=0}^{n}(a + kd) = \frac{n+1}{2}(a + (a + nd)).$$

Die arithmetische Reihe findet man bereits auf Texten aus altbabylonischer und altägyptischer Zeit (2000 Jahre v. Chr.). Die geometrische Reihe wird in den *Elementen* des Euklid bewiesen (300 v. Chr.).

▶ BEISPIEL 2: Es wird berichtet, dass sich der Lehrer Büttner des kleinen Gauß (1777–1855) eine ruhigen Tag machen wollte, indem er die Schüler auf ihren Schiefertafeln die Zahlen von 1 bis 40 addieren ließ. Kaum hatte er jedoch diese Aufgabe gestellt, kam bereits der kleine Gauß mit seiner Tafeln und dem Ergebnis 820 zu ihm ans Pult. Für den Knirps (später einer der größten Mathematiker aller Zeiten) war offensichtlich sofort klar, dass man anstelle der ursprünglichen Summe $1 + 2 + \ldots + 40$ besser

$$\begin{array}{cccc} 1 & 2 & 3 & \ldots & 40 \\ 40 & 39 & 38 & \ldots & 1 \end{array}$$

betrachtet. Das sind 40 Paare mit der Summe 41. Folglich ist die Summe der ersten Reihe die Hälfte davon. Das ergibt die Summe $20 \cdot 41 = 820$.

Dies ist ein Beispiel für eine Gedankenblitz in der Mathematik. Ein scheinbar kompliziertes Problem wird durch geschickte Zurückführung auf ein anderes Problem plötzlich in einfacher Weise gelöst.

0.1.10.2 Das Rechnen mit dem Summen- und Produktzeichen

Summenzeichen: Die folgenden Operationen werden häufig benutzt:

1. $\sum_{k=0}^{n} a_k = \sum_{j=0}^{n} a_j$ (Umbenennung des Summationsindex).

2. $\sum_{k=0}^{n} a_k = \sum_{j=N}^{n+N} a_{j-N}$ (Verschiebung des Summationsindex; $j = k + N$).

3. $\sum_{k=0}^{n} a_k + \sum_{k=0}^{n} b_k = \sum_{k=0}^{n} (a_k + b_k)$ (Additionsregel).

4. $\left(\sum_{j=1}^{m} a_j\right)\left(\sum_{k=1}^{n} b_k\right) = \sum_{j=1}^{m} \sum_{k=1}^{n} a_j b_k$ (Distributivgesetz).

5. $\sum_{j=1}^{m} \sum_{k=1}^{n} a_{jk} = \sum_{k=1}^{n} \sum_{j=1}^{m} a_{jk}$ (Vertauschungsregel).

Produktzeichen: Analog zum Summenzeichen gilt folgendes:

1. $\displaystyle\prod_{k=0}^{n} a_k = \prod_{j=0}^{n} a_j$.

2. $\displaystyle\prod_{k=0}^{n} a_k = \prod_{j=N}^{n+N} a_{j-N}$.

3. $\displaystyle\prod_{k=0}^{n} a_k \prod_{k=0}^{n} b_k = \prod_{k=0}^{n} a_k b_k$.

4. $\displaystyle\prod_{j=1}^{m}\prod_{k=1}^{n} a_{jk} = \prod_{k=1}^{n}\prod_{j=1}^{m} a_{jk}$.

0.1.10.3 Die binomischen Formeln

Die drei klassischen binomischen Formeln:

$$
\begin{aligned}
(a+b)^2 &= a^2 + 2ab + b^2 && \text{(erste binomische Formel),}\\
(a-b)^2 &= a^2 - 2ab + b^2 && \text{(zweite binomische Formel),}\\
(a-b)(a+b) &= a^2 - b^2 && \text{(dritte binomische Formel).}
\end{aligned}
$$

Diese Formeln gelten für alle reellen oder komplexen Zahlen a und b. Die zweite binomische Formel ergibt sich aus der ersten binomischen Formel, indem man b durch $-b$ ersetzt.

Allgemeine dritte binomische Formel: Es gilt

$$
\sum_{k=0}^{n} a^{n-k}b^k = a^n + a^{n-1}b + \ldots + ab^{n-1} + b^n = \frac{a^{n+1} - b^{n+1}}{a-b}
$$

für alle $n = 1, 2, \ldots$ und alle reellen oder komplexen Zahlen a und b mit $a \neq b$.

Binomialkoeffizienten: Für alle $k = 1, 2, \ldots$ und alle reellen Zahlen α setzen wir

$$
\binom{\alpha}{k} := \frac{\alpha}{1} \cdot \frac{(\alpha-1)}{2} \cdot \frac{(\alpha-2)}{3} \cdot \ldots \cdot \frac{(\alpha-k+1)}{k} .
$$

Ferner sei

$$
\binom{\alpha}{0} := 1 .
$$

▶ BEISPIEL 1: $\displaystyle\binom{3}{2} = \frac{3 \cdot 2}{1 \cdot 2} = 3 , \quad \binom{5}{3} = \frac{5 \cdot 4 \cdot 3}{1 \cdot 2 \cdot 3} = 10$ .g

Allgemeine erste binomische Formel (binomischer Lehrsatz):

$$(a + b)^n = a^n + \binom{n}{1} a^{n-1} b + \binom{n}{2} a^{n-2} b^2 + \ldots + \binom{n}{n-1} ab^{n-1} + b^n. \tag{0.16}$$

Diese fundamentale Formel der Elementarmathematik gilt für alle $n = 1, 2, \ldots$ und alle reellen oder komplexen Zahlen a und b. Mit Hilfe des Summensymbols lautet (0.16):

$$(a + b)^n = \sum_{k=0}^{n} \binom{n}{k} a^{n-k} b^k. \tag{0.17}$$

Allgemeine zweite binomische Formel:

$$(a - b)^n = \sum_{k=0}^{n} \binom{n}{k} (-1)^k a^{n-k} b^k.$$

Diese Formel erhält man sofort aus (0.17), indem man b durch $-b$ ersetzt.

Pascalsches Dreieck: In Tabelle 0.10 ergibt sich jeder Koeffizient als Summe der beiden über ihm stehenden Koeffizienten. Daraus erhält man bequem die binomischen Formeln.

Tabelle 0.10 Pascalsches Dreieck

	Koeffizienten der binomischen Formel									
$n = 0$						1				
$n = 1$					1		1			
$n = 2$				1		2		1		
$n = 3$			1		3		3		1	
$n = 4$		1		4		6		4		1
$n = 5$	1		5		10		10		5		1

▶ BEISPIEL 2:

$$(a + b)^3 = a^3 + 3a^2 b + 3ab^2 + b^3,$$
$$(a + b)^4 = a^4 + 4a^3 b + 6a^2 b^2 + 4ab^3 + b^4,$$
$$(a + b)^5 = a^5 + 5a^4 b + 10a^3 b^2 + 10a^2 b^3 + 5ab^4 + b^5.$$

Das Pascalsche Dreieck ist nach Blaise Pascal (1623–1662) benannt, der als Zwanzigjähriger die erste Additionsmaschine baute. Ihm zu Ehren wird heute eine Programmiersprache *Pascal* genannt. Tatsächlich findet man das Pascalsche Dreieck für $n = 1, \ldots, 8$ bereits in dem chinesischen Werk *Der kostbare Spiegel der vier Elemente* von Chu Shih-Chieh aus dem Jahre 1303.

Newtons binomische Reihe für reelle Exponenten: Der 24jährige Newton (1643–1727) fand durch heuristische Überlegungen die allgemeine Reihenformel

$$(1+x)^\alpha = 1 + \binom{\alpha}{1}x + \binom{\alpha}{2}x^2 + \binom{\alpha}{3}x^3 + \ldots = \sum_{k=0}^{\infty} \binom{\alpha}{k}x^k.$$ (0.18)

Für $\alpha = 1, 2, \ldots$ bricht die unendliche Reihe (0.18) ab und geht in die binomische Formel über.

Satz von Euler (1774):   Die binomische Reihe konvergiert für alle *reellen Exponenten* α und alle komplexen Zahlen x mit $|x| < 1$.

Um den Konvergenzbeweis hat man sich lange Zeit bemüht. Erst dem 67jährigen Euler gelang einhundert Jahre nach Newtons Entdeckung der Konvergenzbeweis.

Der polynomische Lehrsatz: Dieser verallgemeinert den binomischen Lehrsatz auf mehrere Summanden. Speziell gilt:

$$(a+b+c)^2 = a^2 + b^2 + c^2 + 2ab + 2ac + 2bc,$$

$$\begin{aligned}(a+b+c)^3 = {} & a^3 + b^3 + c^3 + 3a^2b + 3a^2c + 3b^2c \\ & + 6abc + 3ab^2 + 3ac^2 + 3bc^2.\end{aligned}$$

Allgemein gilt für beliebige reelle oder komplexe Zahlen $a_1, \ldots, a_N$ ungleich null und natürliche Zahlen $n = 1, 2, \ldots$

$$(a_1 + a_2 + \ldots + a_N)^n = \sum_{m_1 + \ldots + m_N = n} \frac{n!}{m_1! m_2! \cdots m_N!} a_1^{m_1} a_2^{m_2} \cdots a_N^{m_N}.$$

Summiert wird dabei über alle N-Tupel $(m_1, m_2, \ldots, m_N)$ natürlicher Zahlen, die von 0 bis n laufen und deren Summe gleich n ist. Ferner gilt $n! = 1 \cdot 2 \cdot \ldots \cdot n$.

Eigenschaften der Binomialkoeffizienten: Für natürliche Zahlen n, k mit $0 \leq k \leq n$ und reelle oder komplexe Zahlen α, β gilt:

(i) *Symmetriesatz*

$$\binom{n}{k} = \binom{n}{n-k} = \frac{n!}{k!(n-k)!}.$$

(ii) *Additionstheoreme*[11]

$$\binom{\alpha}{k} + \binom{\alpha}{k+1} = \binom{\alpha+1}{k+1},$$ (0.19)

$$\binom{\alpha}{0} + \binom{\alpha+1}{1} + \ldots + \binom{\alpha+k}{k} = \binom{\alpha+k+1}{k},$$

$$\binom{\alpha}{0}\binom{\beta}{k} + \binom{\alpha}{1}\binom{\beta}{k-1} + \ldots + \binom{\alpha}{k}\binom{\beta}{0} = \binom{\alpha+\beta}{k}.$$

---

[11] Das Pascalsche Dreieck basiert auf der Formel (0.19).

▶ Beispiel 3: Setzen wir in der letzten Gleichung $\alpha = \beta = k = n$, dann folgt aus dem Symmetriesatz:

$$\binom{n}{0}^2 + \binom{n}{1}^2 + \ldots + \binom{n}{n}^2 = \binom{2n}{n}.$$

Aus dem binomischen Lehrsatz erhalten wir für $a = b = 1$ und $a = -b = 1$:

$$\binom{n}{0} + \binom{n}{1} + \ldots + \binom{n}{n} = 2^n,$$

$$\binom{n}{0} - \binom{n}{1} + \binom{n}{2} - \ldots + (-1)^n \binom{n}{n} = 0.$$

0.1.10.4 Potenzsummen und Bernoullische Zahlen

Summen natürlicher Zahlen:

$$\sum_{k=1}^{n} k = 1 + 2 + \ldots + n = \frac{n(n+1)}{2},$$

$$\sum_{k=1}^{n} 2k = 2 + 4 + \ldots + 2n = n(n+1),$$

$$\sum_{k=1}^{n} (2k-1) = 1 + 3 + \ldots + (2n-1) = n^2.$$

Quadratsummen:

$$\sum_{k=1}^{n} k^2 = 1^2 + 2^2 + \ldots + n^2 = \frac{n(n+1)(2n+1)}{6},$$

$$\sum_{k=1}^{n} (2k-1)^2 = 1^2 + 3^2 + \ldots + (2n-1)^2 = \frac{n(4n^2-1)}{3}.$$

Summen dritter und vierter Potenz:

$$\sum_{k=1}^{n} k^3 = 1^3 + 2^3 + \ldots + n^3 = \frac{n^2(n+1)^2}{4},$$

$$\sum_{k=1}^{n} k^4 = 1^4 + 2^4 + \ldots + n^4 = \frac{n(n+1)(2n+1)(3n^2+3n-1)}{30}.$$

Bernoullische Zahlen: Auf diese Zahlen stieß Jakob Bernoulli (1645–1705), als er empirisch nach einer Formel für die Berechnung von Potenzsummen

$$S_n^p := 1^p + 2^p + \ldots + n^p$$

natürlicher Zahlen suchte. Er fand für $n = 1, 2, \ldots$ und für die Exponenten $p = 1, 2, \ldots$ die allgemeine Formel:

$$S_n^p = \frac{1}{p+1} n^{p+1} + \frac{1}{2} n^p + \frac{B_2}{2} \binom{p}{1} n^{p-1} + \frac{B_3}{3} \binom{p}{2} n^{p-2} + \ldots + \frac{B_p}{p} \binom{p}{p-1} n.$$

Außerdem bemerkte er, dass die Summe der Koeffizienten immer gleich eins ist, d. h., es gilt

$$\frac{1}{p+1} + \frac{1}{2} + \frac{B_2}{2}\binom{p}{1} + \frac{B_3}{3}\binom{p}{2} + \ldots + \frac{B_p}{p}\binom{p}{p-1} = 1.$$

Daraus erhält man für $p = 2, 3, \ldots$ sukzessiv die Bernoullischen Zahlen $B_2, B_3, \ldots$. Außerdem setzen wir $B_0 := 1$ und $B_1 := -1/2$ (vgl. Tabelle 0.11). Für ungerade Zahlen $n \geq 3$ gilt $B_n = 0$. Die Rekursionsformel kann man auch in der folgenden Gestalt schreiben:

$$\sum_{k=0}^{p}\binom{p+1}{k}B_k = 0.$$

Symbolisch lautet diese Gleichung

$$(1+B)^{p+1} - B_{p+1} = 0,$$

falls man vereinbart, nach dem Ausmultiplizieren B^n durch B_n zu ersetzen.

Tabelle 0.11 Bernoullische Zahlen B_k ($B_3 = B_5 = B_7 = \ldots = 0$).

k	B_k	k	B_k	k	B_k	k	B_k
0	1	4	$-\dfrac{1}{30}$	10	$\dfrac{5}{66}$	16	$-\dfrac{3617}{510}$
1	$-\dfrac{1}{2}$	6	$\dfrac{1}{42}$	12	$-\dfrac{691}{2730}$	18	$\dfrac{43\,867}{798}$
2	$\dfrac{1}{6}$	8	$-\dfrac{1}{30}$	14	$\dfrac{7}{6}$	20	$-\dfrac{174\,611}{330}$

▶ Beispiel:

$$S_n^1 = \frac{1}{2}n^2 + \frac{1}{2}n,$$

$$S_n^2 = \frac{1}{3}n^3 + \frac{1}{2}n^2 + \frac{1}{6}n,$$

$$S_n^3 = \frac{1}{4}n^4 + \frac{1}{2}n^3 + \frac{1}{4}n^2,$$

$$S_n^4 = \frac{1}{5}n^5 + \frac{1}{2}n^4 + \frac{1}{3}n^3 - \frac{1}{30}n.$$

Ferner gilt:

$$\frac{S_n^p}{p!} = \frac{B_0(n+1)^{p+1}}{0!(p+1)!} + \frac{B_1(n+1)^p}{1!p!} + \frac{B_2(n+1)^{p-1}}{2!(p-1)!} + \ldots + \frac{B_p(n+1)}{p!1!}.$$

Bernoullische Zahlen und unendliche Reihen: Für alle komplexen Zahlen x mit $0 < |x| < 2\pi$ gilt:

$$\frac{x}{e^x - 1} = \frac{B_0}{0!} + \frac{B_1}{1!}x + \frac{B_2}{2!}x^2 + \ldots = \sum_{k=0}^{\infty}\frac{B_k}{k!}x^k.$$

Ferner treten die Bernoullischen Zahlen bei der Potenzreihenentwicklung der Funktionen

$$\tan x, \; \cot x, \; \tanh x, \; \coth x, \; \frac{1}{\sin x}, \; \frac{1}{\sinh x},$$
$$\ln|\tan x|, \; \ln|\sin x|, \; \ln\cos x$$

auf (vgl. 0.5.2).

Die Bernoullischen Zahlen spielen auch bei der Summation der Inversen von Potenzen natürlicher Zahlen eine wichtige Rolle. Euler entdeckte im Jahre 1734 die berühmte Formel

$$1 + \frac{1}{2^2} + \frac{1}{3^2} + \ldots = \sum_{n=1}^{\infty} \frac{1}{n^2} = \frac{\pi^2}{6}.$$

Allgemeiner fand Euler für $k = 1, 2, \ldots$ die Werte[12]:

$$1 + \frac{1}{2^{2k}} + \frac{1}{3^{2k}} + \ldots = \sum_{n=1}^{\infty} \frac{1}{n^{2k}} = \frac{(2\pi)^{2k}}{2(2k)!} |B_{2k}|.$$

Vor ihm hatten sich die Gebrüder Johann und Jakob Bernoulli lange Zeit vergeblich bemüht, diese Werte zu bestimmen.

0.1.10.5 Die Eulerschen Zahlen

Definierende Relation: Für alle komplexen Zahlen x mit $|x| < \dfrac{\pi}{2}$ konvergiert die unendliche Reihe

$$\frac{1}{\cosh x} = 1 + \frac{E_1}{1!} x + \frac{E_2}{2!} x^2 + \ldots = \sum_{k=0}^{\infty} \frac{E_k}{k!} x^k.$$

Die auftretenden Koeffizienten E_k heißen *Eulersche Zahlen* (vgl. Tabelle 0.12). Es ist $E_0 = 1$. Für ungerades n gilt $E_n = 0$. Die Eulerschen Zahlen genügen der symbolischen Gleichung

$$(E+1)^n + (E-1)^n = 0, \qquad n = 1, 2, \ldots.$$

Dabei wird vereinbart, dass nach dem Ausmultiplizieren E^n durch E_n ersetzt wird. Dadurch ergibt sich eine bequeme Rekursionsformel für E_n. Der Zusammenhang zwischen den Eulerschen und den Bernoullischen Zahlen lautet in symbolischer Form:

$$E_{2n} = \frac{4^{2n+1}}{2n+1} \left(B_n - \frac{1}{4} \right)^{2n+1}, \qquad n = 1, 2, \ldots$$

---

[12]Euler benutzte dabei die von ihm gefundene Produktformel

$$\sin \pi x = \pi x \prod_{m=1}^{\infty} \left(1 - \frac{x^2}{m^2} \right),$$

die für alle komplexen Zahlen x gilt und den Fundamentalsatz der Algebra (vgl. 2.1.6) auf die Sinusfunktion verallgemeinert.

Tabelle 0.12 Eulersche Zahlen E_k ($E_1 = E_3 = E_5 = \ldots = 0$)

k	E_k	k	E_k	k	E_k
0	1	6	-61	12	$2\,702\,765$
2	-1	8	$1\,385$	14	$-199\,360\,981$
4	5	10	$-50\,521$		

Eulersche Zahlen und unendliche Reihen: Die Eulerschen Zahlen treten bei den Potenzreihenentwicklungen der Funktionen

$$\frac{1}{\cosh x}\,,\quad \frac{1}{\cos x}$$

auf (vgl. 0.5.2). Für $k = 1, 2, \ldots$ gilt ferner

$$1 - \frac{1}{3^{2k+1}} + \frac{1}{5^{2k+1}} - \cdots = \sum_{n=0}^{\infty} \frac{(-1)^n}{(2n+1)^{2k+1}} = \frac{\pi^{2k+1}}{2^{2k+2}(2k)!}|E_{2k}|\,.$$

0.1.11 Wichtige Ungleichungen

Die Regeln für das Rechnen mit Ungleichungen findet man in 1.1.5.

Die Dreiecksungleichung[13]:

$$\Big||z| - |w|\Big| \leq |z - w| \leq |z| + |w|$$ für alle $z, w \in \mathbb{C}$.

Ferner hat man die für n komplexe Summanden $x_1, \ldots, x_n$ gültige Dreiecksungleichung

$$\left|\sum_{k=1}^{n} x_k\right| \leq \sum_{k=1}^{n} |x_k|\,.$$

Die Bernoullische Ungleichung: Für alle reellen Zahlen $x \geq -1$ und $n = 1, 2, \ldots$ gilt

$$(1 + x)^n \geq 1 + nx\,.$$

Die binomische Ungleichung:

$$|ab| \leq \frac{1}{2}\left(a^2 + b^2\right)$$ für alle $a, b \in \mathbb{R}$.

---

[13]Die Aussage „für alle $a \in \mathbb{R}$" bedeutet, dass die Formel für alle reellen Zahlen a gilt. Ferner bedeutet „für alle $z \in \mathbb{C}$" die Gültigkeit der Beziehung für alle komplexen Zahlen. Man beachte, dass jede reelle Zahl auch eine komplexe Zahl ist. Der Betrag $|z|$ einer reellen oder komplexen Zahl z wird in 1.1.2.1. eingeführt

Die Ungleichung für Mittelwerte: Für alle positiven reellen Zahlen c und d gilt:

$$\frac{2}{\dfrac{1}{c} + \dfrac{1}{d}} \leq \sqrt{cd} \leq \frac{c+d}{2} \leq \sqrt{\frac{c^2 + d^2}{2}} \, .$$

Die auftretenden Mittelwerte heißen von links nach rechts: harmonisches Mittel, geometrisches Mittel, arithmetisches Mittel und quadratisches Mittel. Alle diese Mittelwerte liegen zwischen $\min\{c,d\}$ und $\max\{c,d\}$, was die Bezeichnung Mittelwert rechtfertigt.[14]

Ungleichung für allgemeine Mittelwerte: Für positive reelle Zahlen $x_1, \ldots, x_n$ gilt:

$$\min\{x_1, \ldots, x_n\} \leq h \leq g \leq m \leq s \leq \max\{x_1, \ldots, x_n\} \, .$$

Dabei setzen wir:

$$m := \frac{x_1 + x_2 + \ldots + x_n}{n} = \frac{1}{n} \sum_{k=1}^{n} x_k \qquad \text{(arithmetisches Mittel oder Mittelwert)} \, ,$$

$$g := (x_1 x_2 \ldots x_n)^{1/n} = \left(\prod_{k=1}^{n} x_k \right)^{1/n} \qquad \text{(geometrisches Mittel)} \, ,$$

$$h := \frac{n}{\dfrac{1}{x_1} + \ldots + \dfrac{1}{x_n}} \qquad \text{(harmonisches Mittel)}$$

und

$$s := \left(\frac{1}{n} \sum_{k=1}^{n} x_k^2 \right)^{1/2} \qquad \text{(quadratisches Mittel)} \, .$$

Die Youngsche Ungleichung: Es gilt

$$|ab| \leq \frac{|a|^p}{p} + \frac{|b|^q}{q} \qquad \text{für alle } a, b \in \mathbb{C} \tag{0.20}$$

und alle reellen Exponenten p und q mit $p, q > 1$ und

$$\frac{1}{p} + \frac{1}{q} = 1 \, .$$

Im Spezialfall $p = q = 2$ geht die Youngsche Ungleichung in die binomische Ungleichung über. Ist $n = 2, 3, \ldots$, dann gilt die allgemeine Youngsche Ungleichung

$$\left| \prod_{k=1}^{n} x_k \right| \leq \sum_{k=1}^{n} \frac{|x_k|^{p_k}}{p_k} \qquad \text{für alle } x_k \in \mathbb{C} \tag{0.21}$$

und alle reellen Exponenten $p_k > 1$ mit $\sum_{k=1}^{n} \dfrac{1}{p_k} = 1$.

---

[14]Mit $\min\{c,d\}$ (bzw. $\max\{c,d\}$) bezeichnen wir die kleinste (bzw. die größte) der beiden Zahlen c und d.

Die Schwarzsche Ungleichung:

$$\left| \sum_{k=1}^{n} x_k y_k \right| \leq \left(\sum_{k=1}^{n} |x_k|^2 \right)^{1/2} \left(\sum_{k=1}^{n} |y_k|^2 \right)^{1/2} \quad \text{für alle } x_k, y_k \in \mathbb{C}.$$

Die Höldersche Ungleichung[15]**:**   Es gilt

$$|(x|y)| \leq \|x\|_p \|y\|_q \quad \text{für alle } x, y \in \mathbb{C}^N$$

und alle reellen Exponenten $p, q > 1$ mit $\dfrac{1}{p} + \dfrac{1}{q} = 1$. Dabei setzen wir

$$(x|y) := \sum_{k=1}^{N} \overline{x}_k y_k \quad \text{und} \quad \|x\|_p := \left(\sum_{k=1}^{N} |x_k|^p \right)^{1/p}$$

sowie

$$\|x\|_\infty := \max_{1 \leq k \leq N} |x_k|.$$

Mit $\overline{x}_k$ bezeichnen wir die konjugiert komplexe Zahl zu x_k (vgl. 1.1.2.).

Die Minkowskische Ungleichung:

$$\|x + y\|_p \leq \|x\|_p + \|y\|_p \quad \text{für alle } x, y \in \mathbb{C}^N, \ 1 \leq p \leq \infty.$$

Jensensche Ungleichung:

$$\|x\|_p \leq \|x\|_r \quad \text{für alle } x \in \mathbb{C}^N, \ 0 < r < p \leq \infty.$$

Integralungleichung: Die folgenden Ungleichungen gelten, falls die Integrale auf der rechten Seite existieren (und somit endlich sind)[16]. Ferner sollen die reellen Koeffizienten $p, q > 1$ der Bedingung $\dfrac{1}{p} + \dfrac{1}{q} = 1$ genügen:

(i) *Dreiecksungleichung*

$$\left| \int_G f \, dx \right| \leq \int_G |f(x)| \, dx.$$

---

[15]Die Aussage „für alle $x \in \mathbb{C}^N$" bedeutet „für alle N-Tupel $(x_1, \ldots, x_N)$ komplexer Zahlen x_k".

[16]Diese Formeln sind unter sehr allgemeinen Voraussetzungen gültig. Man kann das klassische eindimensionale Integral ($\int_G f \, dx = \int_a^b f \, dx$), das klassische mehrdimensionale Integral oder das in der modernen Analysis eingesetzte Lebesgueintegral verwenden (vgl. 10.5. im Handbuch). Die Funktionswerte $f(x)$ können reell oder komplex sein.

(ii) *Höldersche Ungleichung*

$$\left| \int_G f(x)g(x)\mathrm{d}x \right| \leq \left(\int_G |f(x)|^p \mathrm{d}x \right)^{1/p} \left(\int_G |g(x)|^q \mathrm{d}x \right)^{1/q}.$$

Im Spezialfall $p = q = 2$ ergibt sich die sogenannte Schwarzsche Ungleichung.

(iii) *Minkowskische Ungleichung* $(1 \leq r < \infty)$

$$\left(\int_G |f(x) + g(x)|^r \mathrm{d}x \right)^{1/r} \leq \left(\int_G |f(x)|^r \mathrm{d}x \right)^{1/r} + \left(\int_G |g(x)|^r \mathrm{d}x \right)^{1/r}.$$

(iv) *Jensensche Ungleichung* $(0 < p < r < \infty)$

$$\left(\int_G (|f(x)|^p)^{1/p} \mathrm{d}x \leq \left(\int_G |f(x)|^r \mathrm{d}x \right)^{1/r}.$$

Die Jensensche Konvexitätsungleichung: Es sei $m = 1, 2, \dots$. Ist die reelle Funktion $F : \mathbb{R}^N \to \mathbb{R}$ konvex, dann gilt

$$F \left(\sum_{k=1}^m \lambda_k x_k \right) \leq \sum_{k=1}^m \lambda_k F(x_k)$$

für alle $x_k \in \mathbb{R}^N$ und alle nichtnegativen reellen Koeffizienten λ_k mit $\sum_{k=1}^m \lambda_k = 1$ (vgl. 1.4.5.5.).

Die Jensensche Konvexitätsungleichung für Integrale:

$$F \left(\frac{\int_G p(x)g(x)\mathrm{d}x}{\int_G p(x)\mathrm{d}x} \right) \leq \frac{\int_G p(x)F(g(x))\mathrm{d}x}{\int_G p(x)\mathrm{d}x}. \tag{0.22}$$

Wir setzen dabei folgendes voraus:

(i) Die reelle Funktion $F \colon \mathbb{R} \to \mathbb{R}$ ist konvex.

(ii) Die nichtnegative Funktion $p \colon G \to \mathbb{R}$ soll auf der offenen Menge G des $\mathbb{R}^N$ integrierbar sein mit $\int_G p\,\mathrm{d}x > 0$.

(iii) Die Funktion $g \colon G \to \mathbb{R}$ soll so beschaffen sein, dass alle in (0.22) auftretenden Integrale existieren[17].

Beispielsweise kann man $p(x) \equiv 1$ wählen.

---

[17] Ist $G :=]a, b[$ ein offenes beschränktes Intervall, dann genügt es zum Beispiel, dass p und g auf $[a, b]$ stetig (oder allgemeiner fast überall stetig und beschränkt) sind. In diesem Fall gilt

$$\int_G \dots \mathrm{d}x = \int_a^b \dots \mathrm{d}x.$$

Ist G eine beschränkte offene (nichtleere) Menge $\mathbb{R}^N$, dann reicht es aus, dass p und g auf dem Abschluss $\overline{G}$ stetig (oder allgemeiner fast überall stetig und beschränkt) sind.

Die fundamentale Konvexitätsungleichung: Es sei $n = 1, 2, \ldots$. Für alle nichtnegativen reellen Zahlen x_k und λ_k mit $\lambda_1 + \lambda_2 + \ldots + \lambda_n = 1$ gilt

$$f^{-1}\left(\sum_{k=1}^{n} \lambda_k f(x_k) \right) \leq g^{-1}\left(\sum_{k=1}^{n} \lambda_k g(x_k) \right), \tag{0.23}$$

falls folgende Voraussetzungen erfüllt sind:

(i) Die Funktionen $f, g : [0, \infty[\to [0, \infty[$ sind streng monoton wachsend und surjektiv. Mit $f^{-1}, g^{-1} : [0, \infty[\to [0, \infty[$ bezeichnen wir die Umkehrfunktion zu f und g.

(ii) Die zusammengesetzte Funktion $y = g\left(f^{-1}(x)\right)$ ist *konvex* auf $[0, \infty[$.

Bis auf auf die Dreiecksungleichung erhält man alle oben angegebenen Ungleichungen aus (0.23). Dahinter verbirgt sich die für die gesamte Mathematik fruchtbare *Idee der Konvexität*.

▶ BEISPIEL 1: Wählen wir $f(x) := \ln x$ und $g(x) := x$, dann gilt $f^{-1}(x) = e^x$ und $g^{-1}(x) = x$. Aus (0.23) erhalten wir die Ungleichung für gewichtete Mittel

$$\prod_{k=1}^{n} x_k^{\lambda_k} \leq \sum_{k=1}^{n} \lambda_k x_k, \tag{0.24}$$

die für alle nichtnegativen reellen Zahlen x_k und λ_k mit $\displaystyle\sum_{k=1}^{n} \lambda_k = 1$ gilt. Diese Ungleichung ist zur Youngschen Ungleichung (0.21) äquivalent.

Im Spezialfall $\lambda_k = 1/n$ für alle k geht (0.24) in die Ungleichung $g \leq m$ zwischen dem geometrischen Mittel g und dem arithmetischen Mittel m über.

Die Dualitätsungleichung:

$$(x|y) \leq F(x) + F^*(y) \qquad \text{für alle } x, y \in \mathbb{R}^N. \tag{0.25}$$

Dabei ist die Funktion $F : \mathbb{R}^N \to \mathbb{R}$ gegeben, und durch

$$F^*(y) := \sup_{x \in \mathbb{R}^N} (x|y) - F(x)$$

wird die duale Funktion $F^* : \mathbb{R}^N \to \mathbb{R}$ erklärt.

▶ BEISPIEL 2: Es sei $N = 1, p > 1$ und $F(x) := \dfrac{|x|^p}{p}$ für alle $x \in \mathbb{R}$. Dann gilt

$$F^*(y) = \frac{|y|^q}{q} \qquad \text{für alle } y \in \mathbb{R},$$

wobei sich q aus der Gleichung $\dfrac{1}{p} + \dfrac{1}{q} = 1$ ergibt. In diesem Spezialfall entspricht (0.25) der Youngschen Ungleichung $xy \leq \dfrac{|x|^p}{p} + \dfrac{|y|^q}{q}$.

Standardliteratur: Eine Fülle von weiteren Ungleichungen findet man in den beiden Standardwerken [Hardy et al. 1978] und [Beckenbach und Bellman 1983].

0.1.12 Anwendung auf die Planetenbewegung – der Triumph der Mathematik im Weltall

Man kann dasjenige, was man besitzt, nicht rein erkennen, bis man das, was andere vor uns besessen, zu erkennen weiß.

Johann Wolfgang von Goethe (1749–1832)

Die Ergebnisse der vorangegangenen Abschnitte rechnet man heute mit Recht zur Elementarmathematik. Tatsächlich bedurfte es eines jahrtausendelangen mühevollen Erkenntnisprozesses, ehe diese heute als elementar geltenden Ergebnisse gewonnen wurden – immer im Wechselspiel mit der Beantwortung von wichtigen Fragen, die die Natur an den Menschen stellte. Wir möchten dies am Beispiel der Planetenbewegung erläutern.

Kegelschnitte wurden bereits intensiv in der Antike untersucht. Zur Beschreibung der Planetenörter am Himmel verwendeten die antiken Astronomen nach der Idee des Appolonius von Perga (etwa 260–190 v. Chr.) die *Epizykeltheorie*. Danach bewegt sich ein Planet auf einer kleinen Kreisbahn, die ihrerseits auf einer größeren Kreisbahn fortschreitet (vgl. Abb. 0.21a).

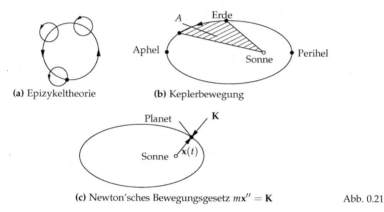

(a) Epizykeltheorie   **(b)** Keplerbewegung

(c) Newton'sches Bewegungsgesetz $m\mathbf{x}'' = \mathbf{K}$ Abb. 0.21

Diese Theorie stand im Rahmen der damaligen Beobachtungsgenauigkeit in guter Übereinstimmung mit der am Himmel beobachteten komplizierten jährlichen Bewegung der Planeten.

Das Kopernikanische Weltbild: Im Todesjahr 1543 von Nikolaus Kopernikus (geboren 1473 in der alten polnischen Hansestadt Toruń) erschien dessen epochales Werk „De revolutionibus orbium coelestium" (Über die Umläufe der himmlischen Kreise). Darin brach er mit dem aus der Antike stammenden ptolemäischen Weltbild, in dem die Erde im Mittelpunkt der Welt stand. Kopernikus ließ dagegen die Erde um die Sonne laufen; er hielt an der Idee der Kreisbahnen fest.

Die Keplerschen Gesetze: Auf der Basis von umfangreichem Beobachtungsmaterial des dänischen Astronomen Tycho Brahe (1564–1601) fand der im württembergischen Weil geborene Johannes Kepler (1571–1630) aufgrund von außerordentlich umfangreichen Rechnungen die folgenden drei Gesetze für die Planetenbewegung (Abb. 0.21b):

1. *Die Planeten bewegen sich auf Ellipsenbahnen, wobei die Sonne in einem Brennpunkt steht.*

2. *Der von der Sonne zum Planeten gerichtete Strahl überstreicht in gleichen Zeiträumen gleiche Flächen F.*

3. *Das Verhältnis zwischen dem Quadrat der Umlaufzeit T und der dritten Potenz der großen Halbachse a ist für alle Planeten konstant:*

$$\frac{T^2}{a^3} = \text{const}.$$

Die ersten beiden Gesetze veröffentlichte Kepler im Jahre 1609 in seiner „Astronomia nova" (Neue Astronomie). Zehn Jahre später erschien das dritte Gesetz in seinem Werk „Harmonices mundi" (Weltharmonien)[18].

Im Jahre 1624 beendete Kepler die ungeheure Rechenarbeit an den „Rudolphinischen Tafeln", die der deutsche Kaiser Rudolph II. bereits 1601 bei Kepler in Auftrag gegeben hatte. Diese Tafeln wurden 200 Jahre lang von Astronomen benutzt. Mit Hilfe dieser Tafeln war es möglich, die Planetenorte und die Finsternisse von Sonne und Mond zu allen Zeiten in Vergangenheit und Zukunft zu berechnen. Von der Rechenleistung Keplers können wir uns im heutigen Computerzeitalter kaum noch eine Vorstellung machen, denn in der Astronomie kann man sich nicht mit groben Näherungen begnügen, sondern man benötigt außerordentlich präzise Resultate. Man bedenke, dass Kepler zunächst ohne Logarithmentafeln arbeiten musste. Die ersten Logarithmentafeln veröffentlichte der schottische Edelmann Neper im Jahre 1614. Kepler erkannte sofort den immensen Nutzen dieses neuen mathematischen Hilfsmittels, das es erlaubte, Multiplikationen auf Additionen zurückzuführen. Kepler trug auch selbst durch eine von ihm verfasste Schrift zur raschen Verbreitung des logarithmischen Rechnens bei.

Die Newtonsche Mechanik: Genau einhundert Jahre nach dem Tod von Kopernikus wurde Isaac Newton im Jahre 1643 als Sohn eines Landpächters in einem kleinen Dorf an der Ostküste Mittelenglands geboren – einer der größten Geistesriesen der Menschheit. Lagrange schrieb: „Er ist der Glücklichste, das System der Welt kann man nur einmal entdecken". Im Alter von 26 Jahren wurde Newton Professor am berühmten Trinity College in Cambridge (England). Als Dreiundzwanzigjähriger benutzte er das dritte Keplersche Gesetz, um die Größe der Gravitationskraft abzuschätzen und fand, dass diese umgekehrt proportional zum Quadrat der Entfernung sein müsse. Im Jahre 1687 erschien sein berühmtes Buch „Philosophiae naturalis principia mathematica" (Mathematische Prinzipien der Naturwissenschaft), in dem er die klassische Mechanik begründete und sein grundlegendes *Bewegungsgesetz*

Kraft = Masse mal Beschleunigung

formulierte und anwendete. Parallel dazu entwickelte er die Differential- und Integralrechnung. In moderner Notation lautet die Newtonsche Differentialgleichung für die Bewegung eines Planeten:

$$m\mathbf{x}''(t) = \mathbf{K}(\mathbf{x}(t)). \tag{0.26}$$

Der Vektor $\mathbf{x}(t)$ beschreibt die Position des Planeten[19] zur Zeit t (Abb. 0.21c). Die zweite Zeitableitung $\mathbf{x}''(t)$ entspricht dem Beschleunigungsvektor des Planeten zur Zeit t, und die

---

[18]Kepler entdeckte das dritte Gesetz am 18. Mai 1618, fünf Tage vor dem Fenstersturz in Prag, der den Dreißigjährigen Krieg auslöste.

[19]Die Vektorrechnung wird ausführlich in 1.8. betrachtet.

positive Konstante m stellt die Masse des Planeten dar. Die Gravitationskraft der Sonne besitzt nach Newton die Form

$$\mathbf{K}(\mathbf{x}) = -\frac{GmM}{|\mathbf{x}|^2}\mathbf{e}$$

mit dem Einheitsvektor

$$\mathbf{e} = \frac{\mathbf{x}}{|\mathbf{x}|}\,.$$

Das negative Vorzeichen von $\mathbf{K}$ entspricht der Tatsache, dass die Gravitationskraft die Richtung $-\mathbf{x}(t)$ besitzt, also vom Planeten zur Sonne hin gerichtet ist. Ferner bezeichnet M die Masse der Sonne, und G ist eine universelle Naturkonstante, die man die *Gravitationskonstante* nennt:

$$G = 6,6726 \cdot 10^{-11}\,\mathrm{m^3 kg^{-1} s^{-2}}\,.$$

Newton fand als Lösung der Differentialgleichung (0.26) die Ellipsen

$$r = \frac{p}{1 - \varepsilon\cos\varphi}$$

(in Polarkoordinaten) mit der numerischen Exzentrizität ε und dem Halbparameter p gegeben durch die Gleichungen

$$\varepsilon = \sqrt{1 + \frac{2ED^2}{G^2 m^3 M^2}}\,,\qquad p = \frac{D^2}{G^2 m^3 M^2}\,.$$

Die Energie E und der Drehimpuls D ergeben sich aus der Position und der Geschwindigkeit des Planeten zu einem festen Zeitpunkt. Die Bahnbewegung $\varphi = \varphi(t)$ erhält man durch Auflösung der Gleichung

$$t = \frac{m}{D}\int_0^\varphi r^2(\varphi)\mathrm{d}\varphi$$

nach dem Winkel φ.

Gauß findet die Ceres wieder: In der Neujahrsnacht des Jahres 1801 wurde in Palermo ein winziges Sternchen 8. Größe entdeckt, das sich relativ rasch bewegte und dann wieder verloren ging. Eine Aufgabe von seltener Schwierigkeit türmte sich vor den Astronomen auf. Nur 9 Grad der Bahn waren bekannt. Die bis dahin benutzten Methoden der Bahnberechnung versagten. Dem vierundzwanzigjährigen Gauß gelang es jedoch, die mathematischen Schwierigkeiten einer Gleichung 8. Grades zu meistern und völlig neue Methoden zu entwickeln, die er 1809 in seinem Werk „Theoria motus corporum coelestium in sectionibus conicis Solem ambientium"[20] veröffentlichte.

Nach den Angaben von Gauß konnte Ceres in der Neujahrsnacht des Jahres 1802 wiederentdeckt werden. Die Ceres war der erste Planetoid, der beobachtet wurde. Zwischen Mars und Jupiter bewegen sich schätzungsweise 50 000 Planetoiden mit einer Gesamtmasse von einigen Tausendstel der Erdmasse. Der Durchmesser von Ceres beträgt 768 km. Sie ist der größte bekannte Planetoid.

---

[20]Die deutsche Übersetzung des Titels lautet: Die Theorie der Bewegung der Himmelskörper, die in Kegelschnitten die Sonne umlaufen.

Die Entdeckung des Neptun: In einer Märznacht des Jahres 1781 entdeckte Wilhelm Herschel einen neuen Planeten, der später Uranus genannt wurde und 84 Jahre benötigt, um einmal die Sonne zu umlaufen (vgl. Tabelle 0.13). Zwei junge Astronomen, John Adams (1819–1892) in Cambridge und Jean Leverrier (1811–1877) in Paris, führten unabhängig voneinander Bahnbestimmungen des Uranus durch und berechneten aus den beobachteten Störungen der Uranusbahn die Bahn eines neuen Planeten, der nach den Angaben von Leverrier durch Gottfried Galle im Jahre 1846 an der Berliner Sternwarte entdeckt wurde und den Namen Neptun erhielt. Das war ein Triumph der Newtonschen Mechanik und gleichzeitig ein Triumph des Rechenstifts im Weltall.

Aus den beobachteten Bahnstörungen des Neptun errechnete man die Bahn eines weiteren sehr sonnenfernen planetenartigen Himmelskörpers, der 1930 entdeckt und (nach dem römischen Gott der Unterwelt) Pluto genannt wurde (vgl. Tabelle 0.13).

Tabelle 0.13 Modell des Sonnensystems 1m $\hat{=}$ 10^6 km

Planet	Entfernung zur Sonne	Umlaufzeit	numerische Bahn-exzentrizität ε	Durchmesser des Planeten	Vergleich der Planeten
Sonne	–	–	–	1,4 m	–
Merkur	58 m	88 Tage	0,206	5 mm	Erbse
Venus	108 m	255 Tage	0,007	12 mm	Kirsche
Erde	149 m	1 Jahr	0,017	13 mm	Kirsche
Mars	229 m	2 Jahre	0,093	7 mm	Erbse
Jupiter	778 m	12 Jahre	0,048	143 mm	Kokosnuss
Saturn	1400 m	30 Jahre	0,056	121 mm	Kokosnuss
Uranus	2900 m	84 Jahre	0,047	50 mm	Apfel
Neptun	4500 m	165 Jahre	0,009	53 mm	Apfel
Pluto	5900 m	249 Jahre	0,249	10 mm	Kirsche

Die Periheldrehung des Merkur: Die Berechnung der Planetenbahnen wird dadurch kompliziert, dass man nicht nur die Gravitationskraft der Sonne, sondern auch die Gravitationskräfte der Planeten untereinander zu berücksichtigen hat. Das geschieht im Rahmen der mathematischen *Störungstheorie*, die allgemein die für die Praxis sehr wichtige Frage untersucht, wie sich Lösungen bei kleinen Störungen der Gleichungen verhalten. Trotz genauester Rechnungen ergab sich jedoch für die Bahn des sonnennächsten Planeten Merkur eine Drehung der großen Halbachse um 43 Bogensekunden im Jahrhundert, die nicht erklärt werden konnten. Das gelang erst im Jahre 1916 mit Hilfe der allgemeinen Relativitätstheorie von Albert Einstein (vgl. 16.5 im Handbuch).

Die Reststrahlung des Urknalls: Die Einsteinschen Gleichungen der allgemeinen Relativitätstheorie erlauben eine Lösung, die einem expandierenden Weltall entspricht (vgl. 16.5 im Handbuch). Den Anfangspunkt bezeichnet man als Urknall. Im Jahre 1965 entdeckten die beiden US-amerikanischen Physiker Penzias und Wilson am Bell Laboratorium in New Jersey eine sehr energiearme, völlig isotrope (richtungsunabhängige) Strahlung, die als ein Relikt des Urknalls und als experimenteller Beweis für den Urknall gilt. Das war eine wissenschaftliche Sensation. Beide erhielten für ihre Entdeckung den Nobelpreis. Da die Strahlung als ein Photonengas der absoluten Temperatur von 3 Grad Kelvin aufgefasst werden kann, spricht man von der 3K-Strahlung. Die völlige Isotropie der 3K-Strahlung bereitete jedoch den Kosmologen großes Kopfzerbrechen, weil sie im Widerspruch zur Entstehung von Galaxien stand. Im Jahre 1992 führte das über viele Jahre vorbereitete und von George Smoot geleitete US-amerikanische COBE-Satellitenprojekt zur Entdeckung einer vielfältig strukturierten Anisotropie der 3K-Strahlung, die uns einen Blick in die Materieverteilung 400 000 Jahre nach dem Urknall gestattet und deren Inhomoginität das Entstehen von Galaxien vor 10 Milliarden Jahren verständlich macht[21].

Die neuesten verbesserten Daten stammen von dem NASA Satellitenprojekt WMAP (Wilkinson Microwave Anisotropy Probe) aus dem Jahre 2007. Danach beträgt das Alter unseres Universums 13,7 Milliarden Jahre.

Astrophysik, Differentialgleichungen, Numerik, Hochleistungscomputer und der Tod der Sonne: Unsere lebenspendende Sonne entstand zusammen mit den Planeten vor etwa 5 Milliarden Jahren durch Verdichtung von Dunkelmaterie. Die moderne Mathematik ist in der Lage, die Entwicklung der Sonne und ihr Ende zu berechnen. Benutzt wird dabei ein Sonnenmodell, das aus einem komplizierten System von Differentialgleichungen besteht, an dessen Erstellung die Astrophysiker viele Jahrzehnte gearbeitet haben. Es besteht keine Chance, dieses Differentialglei-chungssystem der Sonnenevolution durch explizite Formeln zu lösen. Die moderne Numerik ist jedoch in der Lage, effektive Verfahren bereitzustellen, die auf Hochleistungsrechnern brauchbare Näherungslösungen liefern. Am Lehrstuhl von Roland Bulirsch an der Technischen Universität in München sind diese Rechnungen durchgeführt worden. Die dazu erstellten Filme zeigen eindrucksvoll, wie sich die Sonne etwa 11 Milliarden Jahre nach ihrer Geburt bis zur Venusbahn auszudehnen beginnt, wobei schon lange zuvor alles Leben auf der Erde durch die ungeheure Hitze vernichtet worden ist. Danach zieht sich die Sonne wieder zusammen und wird am Ende ein schwarzer Zwerg sein, von dem kein Lichtstrahl mehr ausgeht.

0.2 Elementare Funktionen und ihre graphische Darstellung

Grundidee: Eine reelle Funktion

$$y = f(x)$$

ordnet der reellen Zahl x in eindeutiger Weise eine reelle Zahl y zu. Man hat begrifflich zwischen der Funktion f als der Zuordnungsvorschrift und dem Wert $f(x)$ von f an der Stelle x zu unterscheiden.

(i) Die Menge aller x, für die diese Vorschrift existiert, heißt der *Definitionsbereich* $D(f)$ der Funktion f.

(ii) Die Menge aller zugehörigen Bildpunkte y heißt der *Wertevorrat*[22] $R(f)$ von f.

(iii) Die Menge aller Punkte $(x, f(x))$ heißt der *Graph* $G(f)$ von f.

Funktionen kann man durch eine *Wertetabelle* oder durch eine *graphische Darstellung* beschreiben.

---

[21]Die faszinierende Geschichte der modernen Kosmologie und des COBE-Projekts findet man in dem Buch [Smoot und Davidson 1993].

[22]Das Symbol $R(f)$ hängt mit dem englischen Wort range für Wertevorrat zusammen. Reelle Funktionen sind spezielle Abbildungen. Die Eigenschafen allgemeiner Abbildungen findet man in 4.3.3. Das Symbol $x \in D(f)$ bedeutet, dass x ein Element der Menge $D(f)$ ist.

▶ B<small>EISPIEL</small>: Für die Funktion $y = 2x + 1$ ergibt sich die Wertetabelle

x	0	1	2	3	4
y	1	3	5	7	9

Graphisch entspricht $y = 2x + 1$ einer Geraden durch die beiden Punkte $(0, 1)$ und $(1, 3)$.

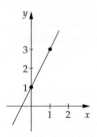

Abb. 0.22

Monotone Funktionen: Die Funktion f heißt genau dann *streng monoton wachsend*, wenn gilt:

$$\text{Aus} \quad x < u \quad \text{folgt stets} \quad f(x) < f(u). \tag{0.27}$$

Die Funktion f heißt monoton wachsend, streng monoton fallend oder monoton fallend, wenn man in (0.27) das Symbol „$f(x) < f(u)$" der Reihe nach durch

$$f(x) \le f(u), \qquad f(x) > f(u), \qquad f(x) \ge f(u)$$

ersetzt (vgl. Tabelle 0.14).

Tabelle 0.14

streng monoton wachsend	monoton wachsend	streng monoton fallend	monoton fallend
			

gerade	ungerade	periodisch	
			

Grundidee der Umkehrfunktion (der inversen Funktion):   Wir betrachten die Funktion

$$y = x^2, \qquad x \ge 0. \tag{0.28}$$

Die Gleichung (0.28) besitzt für jedes $y \geq 0$ genau eine Lösung $x \geq 0$, die man mit $\sqrt{y}$ bezeichnet:

$$x = \sqrt{y}.$$

Vertauschen wir x mit y, dann erhalten wir die Quadratwurzelfunktion

$$y = \sqrt{x}.$$ (0.29)

Man erhält den Graphen der Umkehrfunktion (0.29) aus dem Graphen der Ausgangsfunktion (0.28) durch Spiegelung an der Hauptdiagonalen (Abb. 0.23).

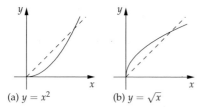

(a) $y = x^2$ (b) $y = \sqrt{x}$ Abb. 0.23

Diese Konstruktion lässt sich allgemein für stetige, streng monoton wachsende Funktionen durchführen (vgl. 1.4.4). Wie wir in den nächsten Abschnitten sehen werden, erhält man auf diese Weise viele wichtige Funktionen (z. B. $y = \ln x$, $y = \arcsin x$, $y = \arccos x$ usw.).

0.2.1 Transformation von Funktionen

Es genügt, gewisse Standardformen von Funktionen zu kennen. Daraus kann man durch Translation (Verschiebung), Streckung oder Spiegelung die graphische Darstellung vieler weiterer Funktionen gewinnen.

Translation: Der Graph der Funktion

$$y = f(x - a) + b$$

ergibt sich aus dem Graphen von $y = f(x)$ durch eine Translation, bei der jeder Punkt (x, y) in $(x + a, y + b)$ übergeht.

▶ BEISPIEL 1: Den Graphen von $y = (x - 1)^2 + 1$ erhält man aus dem Graphen von $y = x^2$ durch eine Translation, wobei der Punkt $(0, 0)$ in den Punkt $(1, 1)$ übergeht (Abb. 0.24).

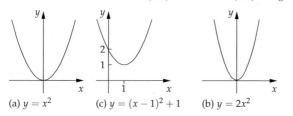

(a) $y = x^2$ (c) $y = (x - 1)^2 + 1$ (b) $y = 2x^2$ Abb. 0.24

Streckung der Achsen: Der Graph der Funktion

$$y = b f\left(\frac{x}{a}\right)$$

mit den festen Zahlen $a > 0$ und $b > 0$ ergibt sich aus dem Graphen von $y = f(x)$, indem man die x-Achse um den Faktor a und die y-Achse um den Faktor b streckt.

▶ BEISPIEL 2: Aus $y = x^2$ erhält man $y = 2x^2$ durch Streckung der y-Achse um den Faktor 2 (Abb. 0.24).

▶ BEISPIEL 3: Aus $y = \sin x$ erhält man $y = \sin 2x$, indem man die x-Achse um den Faktor $\frac{1}{2}$ „streckt" (Abb. 0.25).

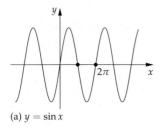

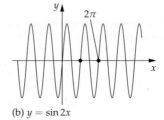

(a) $y = \sin x$ (b) $y = \sin 2x$ Abb. 0.25

Spiegelung: Den Graphen von

$$\boxed{y = f(-x)} \quad \text{bzw.} \quad \boxed{y = -f(x)}$$

erhält man aus dem Graphen von $y = f(x)$ durch Spiegelung an der y-Achse (bzw. an der x-Achse).

▶ BEISPIEL 4: Der Graph von $y = e^{-x}$ ergibt sich aus dem Graphen von $y = e^x$ durch Spiegelung an der y-Achse (Abb. 0.26).

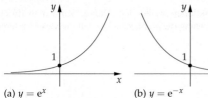

(a) $y = e^x$ (b) $y = e^{-x}$ Abb. 0.26

Gerade und ungerade Funktionen: Eine Funktion $y = f(x)$ heißt genau dann gerade (bzw. ungerade), wenn

$$f(-x) = f(x) \quad (\text{bzw. } f(-x) = -f(x))$$

für alle $x \in D(f)$ gilt (Tabelle 0.14).

Der Graph einer geraden (bzw. ungeraden) Funktion ist invariant unter Spiegelungen der x-Achse (bzw. Spiegelungen beider Achsen) am Nullpunkt.

▶ BEISPIEL 5: Die Funktion $y = x^2$ ist gerade, während $y = x^3$ ungerade ist.

Periodische Funktionen: Die Funktion f besitzt definitionsgemäß genau dann die *Periode p*, wenn

$$\boxed{f(x + p) = f(x) \quad \text{für alle } x \in \mathbb{R}}$$

gilt, d. h., diese Beziehung ist für alle reellen Zahlen x erfüllt. Der Graph einer periodischen Funktion ist invariant unter Translationen der x-Achse um p.

▶ BEISPIEL 6: Die Funktion $y = \sin x$ hat die Periode 2π (Abb. 0.25).

0.2.2 Die lineare Funktion

Die lineare Funktion

$$y = mx + b$$

stellt eine Gerade mit dem Anstieg m dar, die die y-Achse im Punkt b schneidet (vgl. Abb. 0.10 in 0.1.7.1).

0.2.3 Die quadratische Funktion

Die einfachste quadratische Funktion

$$y = ax^2 \qquad (0.30)$$

stellt für $a \neq 0$ eine Parabel dar (Abb. 0.27). Eine allgemeine quadratische Funktion

$$y = ax^2 + 2bx + c \qquad (0.31)$$

kann man auf die Form

$$y = a\left(x + \frac{b}{a}\right)^2 - \frac{D}{a} \qquad (0.32)$$

mit der Diskriminante $D := b^2 - ac$ bringen (*Methode der quadratischen Ergänzung*). Deshalb ergibt sich (0.31) aus (0.30) durch eine Translation, bei der der Scheitelpunkt $(0,0)$ in $\left(-\dfrac{b}{a}, -\dfrac{D}{a}\right)$ übergeht.

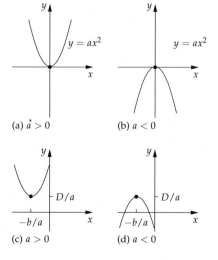

(a) $a > 0$ (b) $a < 0$

(c) $a > 0$ (d) $a < 0$ Abb. 0.27

Quadratische Gleichung: Die Gleichung

$$ax^2 + 2bx + c = 0$$

besitzt für reelle Koeffizienten a, b und c mit $a > 0$ die Lösungen

$$x_{\pm} = \frac{-b \pm \sqrt{D}}{a} = \frac{-b \pm \sqrt{b^2 - ac}}{a}\,.$$

Fall 1: $D > 0$. Es existieren zwei verschiedene reelle Nullstellen x_+ und x_-, denen zwei verschiedene Schnittpunkte der Parabel (0.31) mit der x-Achse entsprechen (Abb. 0.28a).

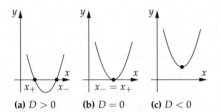

(a) $D > 0$ **(b)** $D = 0$ **(c)** $D < 0$ Abb. 0.28

Fall 2: $D = 0$. Es existiert eine Nullstelle $x_+ = x_-$. Die Parabel (0.31) berührt die x-Achse (Abb. 0.28b).

Fall 3: $D < 0$. Es existieren die beiden komplexen Nullstellen

$$x_{\pm} = \frac{-b \pm \mathrm{i}\sqrt{-D}}{a} = \frac{-b \pm \mathrm{i}\sqrt{ac - b^2}}{a}\,,$$

wobei i die imaginäre Einheit mit $\mathrm{i}^2 = -1$ bezeichnet (vgl. 1.1.2). In diesem Fall wird die x-Achse von der Parabel (0.31) nicht geschnitten (Abb. 0.28c).

▶ BEISPIEL 1: Die Gleichung $x^2 - 6x + 8 = 0$ besitzt die beiden Nullstellen

$$x_{\pm} = 3 \pm \sqrt{3^2 - 8} = 3 \pm 1\,,$$

also $x_+ = 4$ und $x_- = 2$.

▶ BEISPIEL 2: Die Gleichung $x^2 - 2x + 1 = 0$ besitzt die Nullstellen

$$x_{\pm} = 1 \pm \sqrt{1 - 1} = 1\,.$$

▶ BEISPIEL 3: Für $x^2 + 2x + 2 = 0$ erhalten wir die Nullstellen

$$x_{\pm} = -1 \pm \sqrt{1 - 2} = -1 \pm \mathrm{i}\,.$$

0.2.4 Die Potenzfunktion

Es sei $n = 2, 3, \ldots$. Die Funktion

$$y = ax^n$$

verhält sich für gerades n wie $y = ax^2$ und für ungerades n wie $y = ax^3$ (Tabelle 0.15).

Tabelle 0.15 Die Potenzfunktion $y = ax^n$.

$n \geq 2$:	gerade	ungerade
$a > 0$		
$a < 0$		

0.2.5 Die Eulersche e-Funktion

Der kürzeste Weg zwischen zwei reellen Größen geht über das Komplexe.

Jacques Hadamard (1865–1963)

Um wesentliche Zusammenhänge zu erkennen, ist es wichtig, dass man die Funktionen e^x, $\sin x$ und $\cos x$ sogleich für komplexe Zahlen x betrachtet. Komplexe Zahlen der Form $x = a + bi$ mit reellen Zahlen a und b werden in 1.1.2 behandelt. Man hat lediglich darauf zu achten, dass die imaginäre Einheit i der Relation

$$i^2 = -1$$

genügt. Jede reelle Zahl ist zugleich eine komplexe Zahl.

Definition: Für alle komplexen Zahlen x konvergiert die unendliche Reihe[23]

$$e^x := 1 + x + \frac{x^2}{2!} + \frac{x^3}{3!} + \ldots = \sum_{k=0}^{\infty} \frac{x^k}{k!} \cdot \tag{0.33}$$

Dadurch wird die Exponentialfunktion $y = e^x$ definiert, die die wichtigste Funktion der Mathematik darstellt. Für reelle Argumente x wurde diese Funktion von dem 33jährigen Newton im Jahre 1676 eingeführt (Abb. 0.29a).

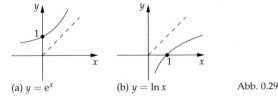

(a) $y = e^x$ (b) $y = \ln x$ Abb. 0.29

---

[23]Unendliche Reihen werden ausführlich in 1.10 betrachtet.

Additionstheorem: Für alle komplexen Zahlen x und z gilt die fundamentale Formel:

$$e^{x+z} = e^x e^z \,.$$

Euler machte etwa 75 Jahre nach Newton die höchst überraschende Entdeckung, dass zwischen der e-Funktion und den trigonometrischen Funktionen über die komplexen Zahlen ein sehr enger Zusammenhang besteht (vgl. die Eulersche Formel (0.35) in 0.2.8). Deshalb bezeichnet man die Exponentialfunktion $y = e^x$ als Eulersche e-Funktion. Für $x = 1$ erhalten wir

$$e = 1 + 1 + \frac{1}{2!} + \frac{1}{3!} + \dots$$

Außerdem gilt die Eulersche Grenzwertformel[24]

$$e^x = \lim_{n \to \infty} \left(1 + \frac{x}{n}\right)^n$$

für alle reellen Zahlen x. Es ist $e = 2{,}71828183$.

Strenge Monotonie: Die Funktion $y = e^x$ ist für alle reellen Argumente streng monoton wachsend und stetig.

Verhalten im Unendlichen[25]:

$$\lim_{x \to +\infty} e^x = +\infty, \qquad \lim_{x \to -\infty} e^x = 0 \,.$$

Für betragsmäßig sehr große negative Argumente nähert sich der Graph von $y = e^x$ asymptotisch der x-Achse (Abb. 0.29a). Die Grenzwertrelation

$$\lim_{x \to +\infty} \frac{e^x}{x^n} = +\infty, \qquad n = 1, 2, \dots,$$

besagt, dass die Exponentialfunktion für große Argumente *schneller als jede Potenzfunktion wächst*.

Die Komplexität von Computeralgorithmen: Hängt ein Algorithmus in einem Computer von einer natürlichen Zahl N ab (z. B. ist N die Anzahl der Gleichungen) und verhält sich die benötigte Rechenzeit wie e^N, dann explodiert die Rechenzeit für große N, und der Algorithmus kann für große Zahlen N auf dem Computer nicht realisiert werden. Derartige Untersuchungen werden in der modernen Komplexitätstheorie durchgeführt. Besonders hohe Komplexität besitzen viele Algorithmen der Computeralgebra.

Ableitung: Die Funktion $y = e^x$ ist für jede reelle und jede komplexe Zahl x beliebig oft differenzierbar mit der Ableitung[26]

$$\frac{d e^x}{dx} = e^x \,.$$

---

[24]Grenzwerte von Zahlenfolgen werden in 1.2 betrachtet.
[25]Grenzwerte von Funktionen werden in 1.3 untersucht.
[26]Den für die gesamte Analysis grundlegenden Begriff der Ableitung einer reellen (bzw. komplexen) Funktion findet man in 1.4.1 (bzw. 1.14.3).

Periodizität im Komplexen: Die Eulersche e-Funktion besitzt die komplexe Periode $2\pi i$, d. h., für alle komplexen Zahlen x gilt:

$$e^{x+2\pi i} = e^x.$$

Beschränkt man sich nur auf reelle Argumente, dann ist nichts von dieser Periodizität zu spüren (vgl. Abb. 0.29a).

Nullstellenfreiheit der e-Funktion: Es ist $e^x \neq 0$ für alle komplexen Zahlen x.[27]

0.2.6 Die Logarithmusfunktion

Umkehrung der e-Funktion: Da die e-Funktion für alle reellen Argumente streng monoton wachsend und stetig ist, besitzt die Gleichung

$$y = e^x$$

für jede reelle Zahl $y > 0$ eine eindeutig bestimmte reelle Zahl x als Lösung, die wir mit

$$x = \ln y$$

bezeichnen und den natürlichen Logarithmus von y nennen (logarithmus naturalis). Vertauschen wir x mit y, dann erhalten wir die Funktion

$$y = \ln x,$$

die die Umkehrfunktion der Funktion $y = e^x$ darstellt. Der Graph von $y = \ln x$ ergibt sich aus dem Graphen von $y = e^x$ durch Spiegelung der Hauptdiagonalen (Abb. 0.29b).

Aus dem Additionstheorem $e^{u+v} = e^u e^v$ folgt die fundamentale Eigenschaft der Logarithmusfunktion[28]

$$\ln(xy) = \ln x + \ln y$$

für alle positiven reellen Zahlen x und y.

Logarithmusgesetze: Vgl. 0.1.9.

Grenzwertbeziehungen:

$$\lim_{x \to +0} \ln x = -\infty, \qquad \lim_{x \to +\infty} \ln x = +\infty.$$

Für jede reelle Zahl $\alpha > 0$ gilt

$$\lim_{x \to +0} x^\alpha \ln x = 0.$$

Daraus folgt, dass die Funktion $y = \ln x$ in der Nähe von $x = 0$ nur außerordentlich langsam gegen (minus) unendlich geht.

---

[27]Genauer ist $x \longmapsto e^x$ eine surjektive Abbildung von der komplexen Ebene $\mathbb{C}$ auf $\mathbb{C} \setminus \{0\}$.

[28]Setzen wir $x := e^u$ und $y := e^v$, dann erhalten wir $xy = e^{u+v}$. Das ergibt $u = \ln x$, $v = \ln y$ und $u + v = \ln(xy)$.

Ableitung: Für alle reellen Zahlen $x > 0$ gilt

$$\frac{d \ln x}{dx} = \frac{1}{x}.$$

0.2.7 Die allgemeine Exponentialfunktion

Definition: Für jede positive reelle Zahl a und jede reelle Zahl x setzen wir

$$a^x := e^{x \ln a}.$$

Damit wird die allgemeine Exponentialfunktion a^x auf die e-Funktion zurückgeführt (Abb. 0.30).

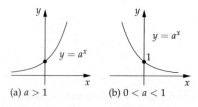

(a) $a > 1$ (b) $0 < a < 1$ Abb. 0.30

Potenzgesetze: Vgl. 0.1.9.

Allgemeine Logarithmusfunktion: Es sei a eine feste positive reelle Zahl mit $a \neq 1$. Für jede positive reelle Zahl y besitzt die Gleichung

$$y = a^x$$

eine eindeutige Lösung x, die wir mit $x = \log_a y$ bezeichnen. Vertauschen wir x und y, dann erhalten wir die Umkehrfunktion

$$y = \log_a x$$

zu $y = a^x$. Es gilt

$$\log_a y = \frac{\ln y}{\ln a}$$

(vgl. 0.1.9). Es ist $\ln a > 0$ für $a > 1$ und $\ln a < 0$ für $0 < a < 1$.

Zwei wichtige Funktionalgleichungen: Es sei $a > 0$.

(i) Die einzige stetige Funktion[29] $f : \mathbb{R} \longrightarrow \mathbb{R}$, die der Beziehung

$$f(x+y) = f(x)f(y) \quad \text{für alle } x, y \in \mathbb{R}$$

zusammen mit der Nomierungsbedingung $f(1) = a$ genügt, ist die Exponentialfunktion $f(x) = a^x$.

---

[29] Der Begriff der Stetigkeit wird in 1.3.1.2 eingeführt.

(ii) Die einzige stetige Funktion $g :]0, \infty[\longrightarrow \mathbb{R}$, die der Beziehung

$$g(xy) = g(x) + g(y) \qquad \text{für alle } x, y \in]0, \infty[$$

zusammen mit der Nomierungsbedingung $g(a) = 1$ genügt, ist die Logarithmusfunktion $g(x) = \log_a x$.

Die beiden Aussagen zeigen, dass es sich bei der Exponentialfunktion und bei der Logarithmusfunktion um sehr natürliche Funktionen handelt und die Mathematiker in der Vergangenheit notwendigerweise eines Tages auf diese beiden Funktionen stoßen mussten.

0.2.8 Die Sinus- und Kosinusfunktion

Analytische Definition: Vom heutigen Standpunkt aus ist es am bequemsten, die beiden Funktionen $y = \sin x$ und $y = \cos x$ durch unendliche Reihen

$$
\begin{aligned}
\sin x &= x - \frac{x^3}{3!} + \frac{x^5}{5!} - \ldots = \sum_{k=0}^{\infty} (-1)^k \frac{x^{2k+1}}{(2k+1)!}, \\
\cos x &= 1 - \frac{x^2}{2!} + \frac{x^4}{4!} - \ldots = \sum_{k=0}^{\infty} (-1)^k \frac{x^{2k}}{(2k)!}
\end{aligned}
\tag{0.34}
$$

zu definieren. Diese beiden Reihen konvergieren für alle komplexen Zahlen[30] x.

Eulersche Formel (1749): Für alle komplexen Zahlen x gilt die fundamentale Formel

$$e^{\pm ix} = \cos x \pm i \sin x, \tag{0.35}$$

die die gesamte Theorie der trigonometrischen Funktionen beherrscht. Die Relation (0.35) folgt sofort aus den Potenzreihenentwicklungen (0.33) und (0.34) für e^{ix}, $\cos x$ und $\sin x$, falls man $i^2 = -1$ betrachtet. Wichtige Anwendungen der Eulerschen Formel auf Schwingungen findet man in 1.3.3. Aus (0.35) erhalten wir

$$\sin x = \frac{e^{ix} - e^{-ix}}{2i}, \qquad \cos x = \frac{e^{ix} + e^{-ix}}{2}. \tag{0.36}$$

Diese Formeln liefern zusammen mit dem Additionstheorem $e^{u+v} = e^u e^v$ leicht die folgenden grundlegenden Additionstheoreme für die Sinus- und Kosinusfunktion.

Additionstheoreme: Für alle komplexen Zahlen x und y gilt:

$$
\begin{aligned}
\sin(x \pm y) &= \sin x \cos y \pm \cos x \sin y, \\
\cos(x \pm y) &= \cos x \cos y \mp \sin x \sin y.
\end{aligned}
\tag{0.37}
$$

---

[30]Vergleiche die einleitenden Bemerkungen zu 0.2.5 über komplexe Zahlen.

Anstelle des Symbols „sin x" spricht man „sinus von x" und anstelle von „cos x" spricht man „cosinus von x". Das lateinische Wort sinus bedeutet Ausbuchtung. In der älteren Literatur benutzte man auch die Funktionen

Sekans: $\sec x := \dfrac{1}{\cos x}$, *Kosekans:* $\operatorname{cosec} x := \dfrac{1}{\sin x}$.

Geradheit und Ungeradheit: Für alle komplexen Zahlen x gilt:

$$\sin(-x) = -\sin x, \qquad \cos(-x) = \cos x.$$

Geometrische Interpretation am rechtwinkligen Dreieck: Wir betrachten ein rechtwinkliges Dreieck mit dem Winkel x im Bogenmaß (vgl. 0.1.2). Dann ergeben sich $\sin x$ und $\cos x$ durch die in Tabelle 0.16 angegebenen Seitenverhältnisse.

Tabelle 0.16

Rechtwinkliges Dreieck	Sinus	Kosinus
$0 < x < \dfrac{\pi}{2}$	$\sin x = \dfrac{a}{c}$ (Gegenkathete a dividiert durch die Hypotenuse c)	$\cos x = \dfrac{b}{c}$ (Ankathete b dividiert durch die Hypotenuse c)

Geometrische Interpretation am Einheitskreis: Benutzt man den Einheitskreis, dann ergeben sich für $\sin x$ und $\cos x$ die in Abb. 0.31a–d angegebenen Strecken. Daraus erkennt man sofort, dass $\sin x$ und $\cos x$ nach einem Umlauf von 2π wieder die gleichen Werte erreichen. Das ist die geometrische Interpretation der 2π-Periodizität von $\sin x$ und $\cos x$:

$$\sin(x + 2\pi) = \sin x, \qquad \cos(x + 2\pi) = \cos x. \tag{0.38}$$

Diese Relationen gelten für alle komplexen Argumente x. Ferner liest man am Einheitskreis die Symmetrierelationen

$$\sin(\pi - x) = \sin x, \qquad \cos(\pi - x) = -\cos x \tag{0.39}$$

für $0 \leq x \leq \pi/2$ ab. Tatsächlich gelten diese Beziehungen für alle komplexen Zahlen x. Schließlich erhält man aus Abb. 0.31a und dem Lehrsatz des Pythagoras die Beziehung

$$\cos^2 x + \sin^2 x = 1, \tag{0.40}$$

die jedoch nicht nur für reelle Winkel x, sondern für alle komplexen Zahlen x gilt. Ebenfalls aus dem Lehrsatz des Pythagoras erhält man die in Tabelle 0.17 angegebenen speziellen Werte von $\sin x$ und $\cos x$ (vgl. 3.2.1.2.).

Die Gültigkeit von (0.38), (0.39) und (0.40) für alle komplexen Zahlen folgt leicht aus den Additionstheoremen (0.37) unter Beachtung von $\sin 0 = \sin 2\pi = 0$ und $\cos 0 = \cos 2\pi = 1$.

Negative Winkel: Die sich aus der geometrischen Deutung am Einheitskreis ergebenden Graphen der Funktionen $y = \sin x$ und $y = \cos x$ findet man in Abb. 0.31e,f. Dabei werden negative Winkel $x < 0$ wie in Abb. 0.32 eingeführt, d. h., positive Winkel misst man entgegen dem Uhrzeigersinn (*mathematisch positiver Sinn*), und negative Winkel werden im Uhrzeigersinn gemessen (*mathematisch negativer Sinn*).

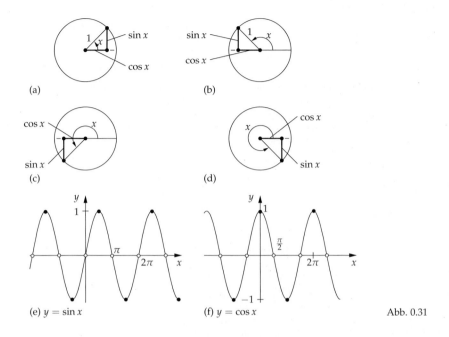

(a)

(b)

(c)

(d)

(e) $y = \sin x$

(f) $y = \cos x$

Abb. 0.31

Tabelle 0.17

x	0	$\dfrac{\pi}{6}$	$\dfrac{\pi}{4}$	$\dfrac{\pi}{3}$	$\dfrac{\pi}{2}$	$\dfrac{2\pi}{3}$	$\dfrac{3\pi}{4}$	$\dfrac{5\pi}{6}$	π	(Bogenmaß)
	0	30°	45°	60°	90°	120°	135°	150°	180°	(Gradmaß)
$\sin x$	0	$\dfrac{1}{2}$	$\dfrac{\sqrt{2}}{2}$	$\dfrac{\sqrt{3}}{2}$	1	$\dfrac{\sqrt{3}}{2}$	$\dfrac{\sqrt{2}}{2}$	$\dfrac{1}{2}$	0	
$\cos x$	1	$\dfrac{\sqrt{3}}{2}$	$\dfrac{\sqrt{2}}{2}$	$\dfrac{1}{2}$	0	$-\dfrac{1}{2}$	$-\dfrac{\sqrt{2}}{2}$	$-\dfrac{\sqrt{3}}{2}$	-1	

(a) $x = -\frac{\pi}{4}$

(b) $x = -\pi$

Abb. 0.32

Nullstellen: Aus Abb. 0.31e,f folgt:

(i) Die Funktion $y = \sin x$ besitzt die Nullstellen $x = k\pi$, wobei k eine beliebige ganze Zahl ist, d. h., die Nullstellen sind durch $x = 0$, $\pm\pi$, $\pm 2\pi$, ... gegeben.

(ii) Die Funktion $y = \cos x$ besitzt die Nullstellen $x = k\pi + \dfrac{\pi}{2}$, wobei k eine beliebige ganze Zahl ist.

(iii) Die beiden Funktionen $y = \sin x$ und $y = \cos x$ besitzen in der komplexen Zahlenebene nur reelle Nullstellen. Diese sind durch (i) und (ii) vollständig erfasst.

Der Verschiebungssatz: Es genügt, die Funktionswerte von $\sin x$ für alle Winkel x mit $0 \le x \le \frac{\pi}{2}$ zu kennen. Alle übrigen Werte ergeben sich aus den folgenden Formeln, die Konsequenzen der Additionstheoreme sind:

$$
\sin\left(\frac{\pi}{2} + x\right) = \cos x, \quad \sin(\pi + x) = -\sin x, \quad \sin\left(\frac{3\pi}{2} + x\right) = -\cos x,
$$
$$
\cos\left(\frac{\pi}{2} + x\right) = -\sin x, \quad \cos(\pi + x) = -\cos x, \quad \cos\left(\frac{3\pi}{2} + x\right) = \sin x.
$$

Die Formel von Moivre für Winkelvielfache[31]:   Es sei $n = 2, 3, \ldots$. Dann gilt für alle komplexen Zahlen x

$$
\cos nx + \mathrm{i}\sin nx = \sum_{k=0}^{n} \mathrm{i}^{k} \binom{n}{k} \cos^{n-k} x \sin^{k} x. \tag{0.41}
$$

Trennt man hier Real- und Imaginärteil, dann erhält man

$$
\cos nx = \cos^{n} x - \binom{n}{2} \cos^{n-2} x \sin^{2} x + \binom{n}{4} \cos^{n-4} x \sin^{4} x - \ldots \tag{0.42}
$$
$$
\sin nx = \binom{n}{1} \cos^{n-1} x \sin x - \binom{n}{3} \cos^{n-3} x \sin^{3} x + \binom{n}{5} \cos^{n-5} x \sin^{5} x - \ldots
$$

Für $n = 2, 3, 4$ erhalten wir die folgenden Spezialfälle:

$$
\begin{aligned}
\sin 2x &= 2\sin x \cos x, & \cos 2x &= \cos^{2} x - \sin^{2} x, \\
\sin 3x &= 3\sin x - 4\sin^{3} x, & \cos 3x &= 4\cos^{3} x - 3\cos x, \\
\sin 4x &= 8\cos^{3} x \sin x - 4\cos x \sin x, & \cos 4x &= 8\cos^{4} x - 8\cos^{2} x + 1.
\end{aligned}
$$

---

[31] Diese von Moivre (1667–1754) gefundene Formel führte Euler (1707–1783) zur Entdeckung seiner berühmten Formel

$$
\mathrm{e}^{\mathrm{i}x} = \cos x + \mathrm{i}\sin x.
$$

Heute geht man bequemerweise umgekehrt von der Eulerschen Formel aus. Dann ergibt sich (0.41) sofort aus

$$
\cos nx + \mathrm{i}\sin nx = \mathrm{e}^{\mathrm{i}nx} = \left(\mathrm{e}^{\mathrm{i}x}\right)^{n} = (\cos x + \mathrm{i}\sin x)^{n}
$$

und aus der binomischen Formel (vgl. 0.1.10.3).

Die Halbwinkelformeln: Für alle komplexen Zahlen x gilt:

$$\sin^2 \frac{x}{2} = \frac{1}{2}(1 - \cos x), \qquad \cos^2 \frac{x}{2} = \frac{1}{2}(1 + \cos x),$$

$$\sin \frac{x}{2} = \begin{cases} \sqrt{\frac{1}{2}(1 - \cos x)}, & 0 \le x \le \pi, \\ -\sqrt{\frac{1}{2}(1 - \cos x)}, & \pi \le x \le 2\pi, \end{cases}$$

$$\cos \frac{x}{2} = \begin{cases} \sqrt{\frac{1}{2}(1 + \cos x)}, & -\pi \le x \le \pi, \\ -\sqrt{\frac{1}{2}(1 + \cos x)}, & \pi \le x \le 3\pi. \end{cases}$$

Die Summenformeln: Für alle komplexen Zahlen x und y gilt:

$$\sin x \pm \sin y = 2 \sin \frac{x \pm y}{2} \cos \frac{x \mp y}{2},$$

$$\cos x + \cos y = 2 \cos \frac{x + y}{2} \cos \frac{x - y}{2},$$

$$\cos x - \cos y = 2 \sin \frac{x + y}{2} \sin \frac{y - x}{2},$$

$$\cos x \pm \sin x = \sqrt{2} \sin \left(\frac{\pi}{4} \pm x \right).$$

Die Produktformeln für zwei Faktoren:

$$\sin x \sin y = \frac{1}{2} \left(\cos(x - y) - \cos(x + y) \right),$$

$$\cos x \cos y = \frac{1}{2} \left(\cos(x - y) + \cos(x + y) \right),$$

$$\sin x \cos y = \frac{1}{2} \left(\sin(x - y) + \sin(x + y) \right).$$

Die Produktformeln für drei Faktoren:

$$\sin x \sin y \sin z = \frac{1}{4} \left(\sin(x + y - z) + \sin(y + z - x) \right. \\ \left. + \sin(z + x - y) - \sin(x + y + z) \right),$$

$$\sin x \cos y \cos z = \frac{1}{4} \left(\sin(x + y - z) - \sin(y + z - x) \right. \\ \left. + \sin(z + x - y) + \sin(x + y + z) \right),$$

$$\sin x \sin y \cos z = \frac{1}{4} \left(-\cos(x + y - z) + \cos(y + z - x) \right. \\ \left. + \cos(z + x - y) - \cos(x + y + z) \right),$$

$$\cos x \cos y \cos z = \frac{1}{4} \left(\cos(x + y - z) + \cos(y + z - x) \right. \\ \left. + \cos(z + x - y) + \cos(x + y + z) \right).$$

Die Potenzformeln:

$$\sin^2 x = \frac{1}{2}(1 - \cos 2x), \qquad \cos^2 x = \frac{1}{2}(1 + \cos 2x),$$

$$\sin^3 x = \frac{1}{4}(3 \sin x - \sin 3x), \qquad \cos^3 x = \frac{1}{4}(3 \cos x + \cos 3x),$$

$$\sin^4 x = \frac{1}{8}(\cos 4x - 4 \cos 2x + 3), \qquad \cos^4 x = \frac{1}{4}(\cos 4x + 4 \cos 2x + 3).$$

Allgemein folgen die Formeln für $\sin^n x$ und $\cos^n x$ aus der Formel von Moivre (0.42).

Additionstheoreme für drei Summanden:

$$\sin(x + y + z) = \sin x \cos y \cos z + \cos x \sin y \cos z$$
$$+ \cos x \cos y \sin z - \sin x \sin y \sin z,$$
$$\cos(x + y + z) = \cos x \cos y \cos z - \sin x \sin y \cos z$$
$$- \sin x \cos y \sin z - \cos x \sin y \sin z.$$

Alle diese Formeln erhält man, indem man $\cos x$ und $\sin x$ gemäß (0.36) durch Linearkombinationen von $e^{\pm ix}$ ausdrückt. Dann hat man nur elementare algebraische Identitäten nachzuprüfen. Man kann auch die Additionstheoreme (0.37) benutzen.

Die Eulersche Produktformel[32]:   Für alle komplexen Zahlen x gilt:

$$\sin \pi x = \pi x \prod_{k=1}^{\infty} \left(1 - \frac{x^2}{k^2}\right).$$

Aus dieser Formel liest man sofort ab, dass $\sin \pi x$ genau die Nullstellen $x = 0, \pm 1, \pm 2, \ldots$ besitzt. Diese sind außerdem einfach (vgl. 1.14.6.3 im Handbuch).

Partialbruchzerlegung: Für alle komplexen Zahlen x verschieden von $0, \pm 1, \pm 2, \ldots$ gilt

$$\frac{\cos \pi x}{\sin \pi x} = \frac{1}{x} + \sum_{k=1}^{\infty} \left(\frac{1}{x - k} + \frac{1}{x + k}\right).$$

Ableitungen: Für alle komplexen Zahlen x gilt:

$$\frac{d \sin x}{dx} = \cos x, \qquad \frac{d \cos x}{dx} = -\sin x.$$

Parameterdarstellung der Kreislinie mit Hilfe der trigonometrischen Funktionen: Vgl. 0.1.7.2.

Anwendungen trigonometrischer Funktionen in der ebenen Trigonometrie (Landvermessung) und sphärischen Trigonometrie (Schifffahrt und Flugverkehr):   Vgl. 3.2.

Historische Bemerkung: Die Entwicklung der Tringonometrie ist seit dem Altertum untrennbar mit der Landvermessung, der Schifffahrt, dem Kalenderwesen und der Astronomie verbunden. Eine Blütezeit erlebte die Trigonometrie in der arabischen Mathematik seit dem 8. Jahrhundert. Im Jahre 1260 erschien das Buch „Abhandlungen über das vollständige Vierseit" von at-Tusi – dem bedeutendsten islamischen Mathematiker auf dem Gebiet der Trigonometrie. Mit diesem Buch bildete sich die Trigonometrie als selbständiger Zweig der Mathematik heraus.

---

[32]Unendliche Produkte werden in 1.10.6 betrachtet.

Der bedeutendste Mathematiker des 15. Jahrhundert in Europa war Regiomontanus (1436–1476), der eigentlich Johannes Müller hieß. Erst lange nach seinem Tod erschien im Jahr 1533 sein Hauptwerk[33] „De triangulis omnimodis libri quinque", das eine vollständige Darstellung der ebenen und sphärischen Trigonometrie enthält. Damit begründete er die neue Trigonometrie. Allerdings werden dort alle Formeln noch in umständlicher Weise durch Worte ausgedrückt.[34] Da Regiomontanus noch keine Dezimalbrüche zur Verfügung hatte[35], benutzte er im Sinne von Tabelle 0.16 die Formel

$$a = c \sin x \qquad \text{mit} \quad c = 10\,000\,000 \,.$$

Seine Werte von a entsprechen einer Genauigkeit von $\sin x$ bis auf 7 Dezimalstellen (im heutigen Dezimalsystem). Erst Euler (1707–1783) ging zu $c = 1$ über.

Ende des 16. Jahrhunderts berechnete Vieta (1540–1603) in seinem „Canon" eine Tafel trigonometrischer Funktionen, die von Bogenminute zu Bogenminute fortschreitet.

Wie Logarithmentafeln sind auch die Tafeln trigonometrischer Funktionen im Zeitalter der Computer überflüssig geworden.

0.2.9 Die Tangens- und Kotangensfunktion

Analytische Definition: Für alle komplexen Zahlen x ungleich $\frac{\pi}{2} + k\pi$ mit $k \in \mathbb{Z}$ setzen wir[36]

$$\tan x := \frac{\sin x}{\cos x} \,.$$

Ferner definieren wir für alle komplexen Zahlen x ungleich $k\pi$ mit $k \in \mathbb{Z}$ die Funktion

$$\cot x := \frac{\cos x}{\sin x} \,.$$

Verschiebungssatz: Für alle komplexen Zahlen x mit $x \neq k\pi$, $k \in \mathbb{Z}$ gilt:

$$\cot x = \tan \left(\frac{\pi}{2} - x \right) \,.$$

Deshalb folgen alle Eigenschaften der Kotangensfunktion $\cot x$ sofort aus denen der Tangensfunktion $\tan x$.

Geometrische Interpretation am rechtwinkligen Dreieck: Wir betrachten ein rechtwinkliges Dreieck mit dem Winkel x im Bogenmaß (vgl. 0.1.2). Dann ergeben sich $\tan x$ und $\cot x$ durch die in Tabelle 0.18 angegebenen Seitenverhältnisse.

Geometrische Interpretation am Einheitskreis: Benutzt man den Einheitskreis, dann ergeben sich für $\tan x$ und $\cot x$ die in Abb. 0.33a,b angegebenen Strecken. Man erhält die in Tabelle 0.19 angegebenen speziellen Werte.

Nullstellen und Polstellen: Die Funktion $y = \tan x$ besitzt für komplexe Argumente x genau die Nullstellen $k\pi$ mit $k \in \mathbb{Z}$ und genau die Polstellen $k\pi + \frac{\pi}{2}$ mit $k \in \mathbb{Z}$. Alle diese Null- und Polstellen sind einfach (Abb. 0.33c).

---

[33]Die deutsche Übersetzung lautet: „Fünf Bücher über alle Arten von Dreiecken".
[34]Unsere heutige Formelsprache geht in ihren Anfängen auf Vietas „In artem analyticam isagoge" aus dem Jahre 1591 zurück.
[35]Dezimalbrüche wurden erst durch Stevin im Jahre 1585 mit seinem „La disme" (Das Zehnersystem) eingeführt. Dabei vereinheitlichte er das Messwesen des europäischen Festlandes, indem er es auf das Dezimalsystem umstellte.
[36]Mit $\mathbb{Z}$ bezeichnen wir die Menge aller ganzen Zahlen $k = 0, \pm 1, \pm 2, \dots$

Tabelle 0.18

Rechtwinkliges Dreieck	Tangens	Kotangens
$0 < x < \dfrac{\pi}{2}$	$\tan x = \dfrac{a}{b}$ (Gegenkathete a dividiert durch Ankathete b)	$\cot x = \dfrac{b}{a}$ (Ankathete b dividiert durch Gegenkathete a)

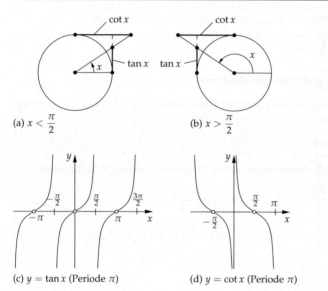

(a) $x < \dfrac{\pi}{2}$ (b) $x > \dfrac{\pi}{2}$

(c) $y = \tan x$ (Periode π)   (d) $y = \cot x$ (Periode π)   Abb. 0.33

Die Funktion $\cot x$ besitzt für komplexe Argumente x genau die Polstellen $k\pi$ mit $k \in \mathbb{Z}$ und genau die Nullstellen $k\pi + \dfrac{\pi}{2}$ mit $k \in \mathbb{Z}$. Alle diese Null- und Polstellen sind einfach (Abb. 0.33d).

Partialbruchzerlegung: Für alle komplexen Zahlen x mit $x \notin \mathbb{Z}$ gilt:

$$\cot \pi x = \frac{1}{x} + \sum_{k=1}^{\infty} \left(\frac{1}{x-k} + \frac{1}{x+k} \right).$$

Ableitung: Für alle komplexen Zahlen x mit $x \neq \frac{\pi}{2} + k\pi$ und $k \in \mathbb{Z}$ gilt:

$$\frac{\mathrm{d} \tan x}{\mathrm{d} x} = \frac{1}{\cos^2 x}.$$

Tabelle 0.19

x	0	$\dfrac{\pi}{6}$	$\dfrac{\pi}{4}$	$\dfrac{\pi}{3}$	$\dfrac{\pi}{2}$	$\dfrac{2\pi}{3}$	$\dfrac{3\pi}{4}$	$\dfrac{5\pi}{6}$	π	(Bogenmaß)
	0	30°	45°	60°	90°	120°	135°	150°	180°	(Gradmaß)
$\tan x$	0	$\dfrac{\sqrt{3}}{3}$	1	$\sqrt{3}$	–	$-\sqrt{3}$	-1	$-\dfrac{\sqrt{3}}{3}$	0	
$\cot x$	–	$\sqrt{3}$	1	$\dfrac{\sqrt{3}}{3}$	0	$-\dfrac{\sqrt{3}}{3}$	-1	$-\sqrt{3}$	–	

Für alle komplexen Zahlen x mit $x \neq k\pi$ und $k \in \mathbb{Z}$ gilt:

$$\frac{\mathrm{d}\cot x}{\mathrm{d}x} = -\frac{1}{\sin^2 x}.$$

Potenzreihen: Für alle komplexen Zahlen x mit $|x| < \frac{\pi}{2}$ gilt:

$$\tan x = x + \frac{x^3}{3} + \frac{2x^5}{15} + \frac{17x^7}{315} + \ldots = \sum_{k=1}^{\infty} 4^k (4^k - 1) \frac{|B_{2k}| x^{2k-1}}{(2k)!}.$$

Für alle komplexen Zahlen x mit $0 < |x| < \pi$ gilt:

$$\cot x = \frac{1}{x} - \frac{x}{3} - \frac{x^3}{45} - \frac{2x^5}{945} - \ldots$$
$$= \frac{1}{x} - \sum_{k=1}^{\infty} \frac{4^k |B_{2k}| x^{2k-1}}{(2k)!}.$$

Dabei bezeichnen B_{2k} die Bernoullischen Zahlen.

Konvention: Die folgenden Formeln gelten für alle komplexen Argumente x und y mit Ausnahme derjenigen Werte, für die Polstellen vorliegen.

Periodizität:

$$\tan(x + \pi) = \tan x, \qquad \cot(x + \pi) = \cot x.$$

Ungeradheit:

$$\tan(-x) = -\tan x, \qquad \cot(-x) = -\cot x.$$

Additionstheoreme:

$$\tan(x \pm y) = \frac{\tan x \pm \tan y}{1 \mp \tan x \tan y}, \qquad \cot(x \pm y) = \frac{\cot x \cot y \mp 1}{\cot y \pm \cot x},$$

$$\tan\left(\frac{\pi}{2} \pm x\right) = \mp \cot x, \qquad \tan(\pi \pm x) = \pm \tan x, \qquad \tan\left(\frac{3\pi}{2} \pm x\right) = \mp \cot x,$$

$$\cot\left(\frac{\pi}{2} \pm x\right) = \mp \tan x, \qquad \cot(\pi \pm x) = \pm \cot x, \qquad \cot\left(\frac{3\pi}{2} \pm x\right) = \mp \tan x.$$

Mehrfache Argumente:

$$\tan 2x = \frac{2\tan x}{1 - \tan^2 x} = \frac{2}{\cot x - \tan x},$$

$$\cot 2x = \frac{\cot^2 x - 1}{2\cot x} = \frac{\cot x - \tan x}{2},$$

$$\tan 3x = \frac{3\tan x - \tan^3 x}{1 - 3\tan^2 x},$$

$$\cot 3x = \frac{\cot^3 x - 3\cot x}{3\cot^2 x - 1},$$

$$\tan 4x = \frac{4\tan x - 4\tan^3 x}{1 - 6\tan^2 x + \tan^4 x},$$

$$\cot 4x = \frac{\cot^4 x - 6\cot^2 x + 1}{4\cot^3 x - 4\cot x}.$$

Halbe Argumente:

$$\tan \frac{x}{2} = \frac{\sin x}{1 + \cos x} = \frac{1 - \cos x}{\sin x},$$

$$\cot \frac{x}{2} = \frac{\sin x}{1 - \cos x} = \frac{1 + \cos x}{\sin x}.$$

Summen:

$$\tan x \pm \tan y = \frac{\sin(x \pm y)}{\cos x \cos y}, \qquad \cot x \pm \cot y = \pm \frac{\sin(x \pm y)}{\sin x \sin y},$$

$$\tan x + \cot y = \frac{\cos(x - y)}{\cos x \sin y}, \qquad \cot x - \tan y = \frac{\cos(x + y)}{\sin x \cos y}.$$

Produkte:

$$\tan x \tan y = \frac{\tan x + \tan y}{\cot x + \cot y} = -\frac{\tan x - \tan y}{\cot x - \cot y},$$

$$\cot x \cot y = \frac{\cot x + \cot y}{\tan x + \tan y} = -\frac{\cot x - \cot y}{\tan x - \tan y},$$

$$\tan x \cot y = \frac{\tan x + \cot y}{\cot x + \tan y} = -\frac{\tan x - \cot y}{\cot x - \tan y}.$$

Quadrate:

$\sin^2 x$	–	$1 - \cos^2 x$	$\dfrac{\tan^2 x}{1 + \tan^2 x}$	$\dfrac{1}{1 + \cot^2 x}$
$\cos^2 x$	$1 - \sin^2 x$	–	$\dfrac{1}{1 + \tan^2 x}$	$\dfrac{\cot^2 x}{1 + \cot^2 x}$
$\tan^2 x$	$\dfrac{\sin^2 x}{1 - \sin^2 x}$	$\dfrac{1 - \cos^2 x}{\cos^2 x}$	–	$\dfrac{1}{\cot^2 x}$
$\cot^2 x$	$\dfrac{1 - \sin^2 x}{\sin^2 x}$	$\dfrac{\cos^2 x}{1 - \cos^2 x}$	$\dfrac{1}{\tan^2 x}$	–

0.2.10 Die Hyperbelfunktionen $\sinh x$ und $\cosh x$

Sinus hyperbolicus und cosinus hyperbolicus: Für alle komplexen Zahlen x definieren wir die Funktionen:

$$\sinh x := \frac{e^x - e^{-x}}{2}, \quad \cosh x := \frac{e^x + e^{-x}}{2}.$$

Für reelle Werte x findet man die graphische Darstellung in 0.34.

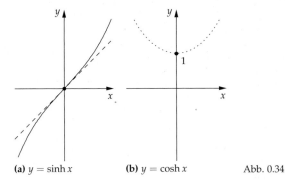

(a) $y = \sinh x$ **(b)** $y = \cosh x$ Abb. 0.34

Zusammenhang mit den trigonometrischen Funktionen: Für alle komplexen Zahlen x gilt:

$$\sinh ix = i \sin x, \quad \cosh ix = \cos x.$$

Wegen dieses Zusammenhangs kann man sofort jede Formel über trigonometrische Funktionen aus (0.2.8) in entsprechende Formeln für die Hyperbelfunktionen übersetzen. Beispielsweise folgt aus $\cos^2 ix + \sin^2 ix = 1$ die für alle komplexen Zahlen x gültige Formel:

$$\cosh^2 x - \sinh^2 x = 1.$$

Die Bezeichnung Hyperbelfunktion hängt damit zusammen, dass $x = a \cosh t$, $y = b \sinh t$, $t \in \mathbb{R}$, die Parameterdarstellung für eine Hyperbel ergibt (vgl. 0.1.7.4).

Die folgenden Formeln gelten für alle komplexen Zahlen x und y.

Geradheit und Ungeradheit:

$$\sinh(-x) = -\sinh x, \quad \cosh(-x) = \cosh x.$$

Periodizität im Komplexen:

$$\sinh(x + 2\pi i) = \sinh x, \quad \cosh(x + 2\pi i) = \cosh x.$$

Potenzreihen:

$$\sinh x = x + \frac{x^3}{3!} + \frac{x^5}{5!} + \frac{x^7}{7!} + \ldots, \quad \cosh x = 1 + \frac{x^2}{2!} + \frac{x^4}{4!} + \frac{x^6}{6!} + \ldots$$

Ableitung:

$$\frac{d \sinh x}{dx} = \cosh x, \quad \frac{d \cosh x}{dx} = \sinh x.$$

Additionstheoreme:

$$\sinh(x \pm y) = \sinh x \cosh y \pm \cosh x \sinh y \, ,$$
$$\cosh(x \pm y) = \cosh x \cosh y \pm \sinh x \sinh y \, .$$

Doppelte Argumente:

$$\sinh 2x = 2 \sinh x \cosh x \, ,$$
$$\cosh 2x = \sinh^2 x + \cosh^2 x \, .$$

Halbe Argumente:

$$\sinh \frac{x}{2} = \sqrt{\frac{1}{2}(\cosh x - 1)} \qquad \text{für} \quad x \geq 0 \, ,$$

$$\sinh \frac{x}{2} = -\sqrt{\frac{1}{2}(\cosh x - 1)} \qquad \text{für} \quad x < 0 \, ,$$

$$\cosh \frac{x}{2} = \sqrt{\frac{1}{2}(\cosh x + 1)} \qquad \text{für} \quad x \in \mathbb{R} \, .$$

Formel von Moivre:

$$(\cosh x \pm \sinh x)^n = \cosh nx \pm \sinh nx \, , \qquad n = 1, 2, \ldots$$

Summen:

$$\sinh x \pm \sinh y = 2 \sinh \frac{1}{2}(x \pm y) \cosh \frac{1}{2}(x \mp y) \, ,$$

$$\cosh x + \cosh y = 2 \cosh \frac{1}{2}(x + y) \cosh \frac{1}{2}(x - y) \, ,$$

$$\cosh x - \cosh y = 2 \sinh \frac{1}{2}(x + y) \sinh \frac{1}{2}(x - y) \, .$$

0.2.11 Die Hyperbelfunktionen $\tanh x$ und $\coth x$

Tangens hyperbolicus und cotangens hyperbolicus: Für alle komplexen Zahlen $x \neq \left(k\pi + \frac{\pi}{2}\right)$i mit $k \in \mathbb{Z}$ definieren wir die Funktion

$$\tanh x := \frac{\sinh x}{\cosh x} \, .$$

Für alle komplexen Zahlen $x \neq k\pi$i mit $k \in \mathbb{Z}$ definieren wir die Funktion

$$\coth x := \frac{\cosh x}{\sinh x} \, .$$

Die graphische Darstellung dieser beiden Funktionen für reelle Werte x findet man in Abb. 0.35.

Die folgenden Formeln gelten für alle komplexen Werte x und y, die keinen Polstellen entsprechen[37].

---

[37]In der älteren Literatur benutzte man auch die Funktionen

$$\operatorname{cosech} x := \tfrac{1}{\sinh x} \qquad \text{(Cosecans hyperbolicus)} \, ,$$
$$\operatorname{sech} x := \tfrac{1}{\cosh x} \qquad \text{(Secans hyperbolicus)} \, .$$

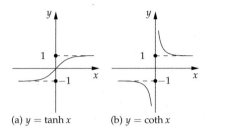

(a) $y = \tanh x$ (b) $y = \coth x$ Abb. 0.35

Zusammenhang mit trigonometrischen Funktionen:

$$\tanh x = -\mathrm{i}\tan\mathrm{i}x, \qquad \coth x = \mathrm{i}\cot\mathrm{i}x.$$

Tabelle 0.20 Null- und Polstellen der Hyperbelfunktionen und trigonometrischen Funktionen
(alle Null- und Polstellen sind einfach)

Funktion	Periode	Nullstellen ($k \in \mathbf{Z}$)	Polstellen ($k \in \mathbf{Z}$)	Parität
$\sinh x$	$2\pi\mathrm{i}$	$\pi k\mathrm{i}$	–	ungerade
$\cosh x$	$2\pi\mathrm{i}$	$\left(\pi k + \dfrac{\pi}{2}\right)\mathrm{i}$	–	gerade
$\tanh x$	$\pi\mathrm{i}$	$\pi k\mathrm{i}$	$\left(\pi k + \dfrac{\pi}{2}\right)\mathrm{i}$	ungerade
$\coth x$	$\pi\mathrm{i}$	$\left(\pi k + \dfrac{\pi}{2}\right)\mathrm{i}$	$\pi k\mathrm{i}$	ungerade
$\sin x$	2π	πk	–	ungerade
$\cos x$	2π	$\pi k + \dfrac{\pi}{2}$	–	gerade
$\tan x$	π	πk	$\pi k + \dfrac{\pi}{2}$	ungerade
$\cot x$	π	$\pi k + \dfrac{\pi}{2}$	πk	ungerade

Ableitung:

$$\frac{\mathrm{d}\tanh x}{\mathrm{d}x} = \frac{1}{\cosh^2 x}, \qquad \frac{\mathrm{d}\coth x}{\mathrm{d}x} = -\frac{1}{\sinh^2 x}.$$

Additionstheoreme:

$$\tanh(x \pm y) = \frac{\tanh x \pm \tanh y}{1 \pm \tanh x \tanh y}, \qquad \coth(x \pm y) = \frac{1 \pm \coth x \coth y}{\coth x \pm \coth y}.$$

Doppeltes Argument:

$$\tanh 2x = \frac{2\tanh x}{1 + \tanh^2 x}, \qquad \coth 2x = \frac{1 + \coth^2 x}{2\coth x}.$$

Halbes Argument:

$$\tanh \frac{x}{2} = \frac{\cosh x - 1}{\sinh x} = \frac{\sinh x}{\cosh x + 1},$$

$$\coth \frac{x}{2} = \frac{\sinh x}{\cosh x - 1} = \frac{\cosh x + 1}{\sinh x}.$$

Summen:

$$\tanh x \pm \tanh y = \frac{\sinh(x \pm y)}{\cosh x \cosh y}.$$

Quadrate:

$\sinh^2 x$	$-$	$\cosh^2 x - 1$	$\dfrac{\tanh^2 x}{1 - \tanh^2 x}$	$\dfrac{1}{\coth^2 x - 1}$
$\cosh^2 x$	$\sinh^2 x + 1$	$-$	$\dfrac{1}{1 - \tanh^2 x}$	$\dfrac{\coth^2 x}{\coth^2 x - 1}$
$\tanh^2 x$	$\dfrac{\sinh^2 x}{\sinh^2 x + 1}$	$\dfrac{\cosh^2 x - 1}{\cosh^2 x}$	$-$	$\dfrac{1}{\coth^2 x}$
$\coth^2 x$	$\dfrac{\sinh^2 x + 1}{\sinh^2 x}$	$\dfrac{\cosh^2 x}{\cosh^2 x - 1}$	$\dfrac{1}{\tanh^2 x}$	$-$

Potenzreihenentwicklung: Vgl. 0.5.2.

0.2.12 Die inversen trigonometrischen Funktionen (zyklometrische Funktionen)

Die Funktion Arkussinus : Die Gleichung

$$y = \sin x, \qquad -\frac{\pi}{2} \le x \le \frac{\pi}{2},$$

besitzt für jede reelle Zahl y mit $-1 \le y \le 1$ genau eine Lösung, die wir mit $x = \arcsin y$ bezeichnen. Vertauschen wir die Rollen von x und y, dann erhalten wir die Funktion

$$y = \arcsin x, \qquad -1 \le x \le 1.$$

Der Graph dieser Funktion ergibt sich aus dem Graphen von $y = \sin x$ durch Spiegelung an der Hauptdiagonalen[38] (vgl. Tabelle 0.21).

Transformationsformeln: Für alle reellen Zahlen x mit $-1 < x < 1$ gilt:

$$\arcsin x = -\arcsin(-x) = \frac{\pi}{2} - \arccos x = \arctan \frac{x}{\sqrt{1 - x^2}}.$$

---

[38] In der älteren Literatur wird mit Haupt- und Nebenzweigen der Funktion $y = \arcsin x$ gearbeitet. Diese Unterscheidung kann aber zu fehlerhaften Interpretationen von (mehrdeutigen) Formeln führen. Um das zu vermeiden, verwenden wir im Taschenbuch nur die durch eindeutige Vorschriften definierten Umkehrfunktionen, die den klassischen Hauptzweigen entsprechen (vgl. die Tabellen 0.21 und 0.22).

Der Ausdruck $y = \arcsin x$ bedeutet: y ist die Größe des Winkels y (im Bogenmaß), dessen Sinus den Wert x hat (lateinisch: arcus cuius sinus est x). Anstelle von $\arcsin x$, $\arccos x$, $\arctan x$ und $\text{arccot}\, x$ spricht man der Reihe nach von Arkussinus, Arkuskosinus, Arkustangens und Arkuskotangens (von x).

Für alle reellen Zahlen x gilt:

$$\arctan x = -\arctan(-x) = \frac{\pi}{2} - \operatorname{arccot} x = \arcsin \frac{x}{\sqrt{1+x^2}} .$$

Tabelle 0.21 Inverse trigonometrische Funktionen

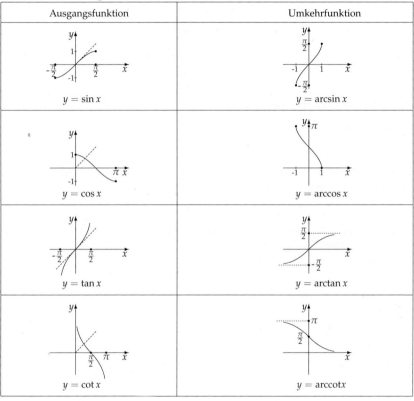

Ausgangsfunktion	Umkehrfunktion
$y = \sin x$	$y = \arcsin x$
$y = \cos x$	$y = \arccos x$
$y = \tan x$	$y = \arctan x$
$y = \cot x$	$y = \operatorname{arccot} x$

Tabelle 0.22

Gleichung	Gegeben	Lösungen ($k \in \mathbb{Z}$)
$y = \sin x$	$-1 \le y \le 1$	$x = \arcsin y + 2k\pi, \quad x = \pi - \arcsin y + 2\pi k,$
$y = \cos x$	$-1 \le y \le 1$	$x = \pm \arccos y + 2k\pi,$
$y = \tan x$	$-\infty < y < \infty$	$x = \arctan y + k\pi,$
$y = \cot x$	$-\infty < y < \infty$	$x = \operatorname{arccot} y + k\pi.$

Ableitung: Für alle reellen Zahlen x mit $-1 < x < 1$ gilt:

$$\frac{d\arcsin x}{dx} = \frac{1}{\sqrt{1 - x^2}}, \qquad \frac{d\arccos x}{dx} = -\frac{1}{\sqrt{1 - x^2}}.$$

Für alle reellen Zahlen x gilt:

$$\frac{d\arctan x}{dx} = \frac{1}{1 + x^2}, \qquad \frac{d\operatorname{arccot} x}{dx} = -\frac{1}{1 + x^2}.$$

Potenzreihen: Vgl. 0.5.2.

0.2.13 Die inversen Hyperbelfunktionen

Die Funktion Areasinus: Die Gleichung

$$y = \sinh x, \qquad -\infty < x < \infty,$$

besitzt für jede reelle Zahl y genau eine Lösung, die wir mit $x = \operatorname{arsinh} y$ bezeichnen. Vertauschen wir die rollen von x und y, dann erhalten wir die Funktion

$$y = \operatorname{arsinh} x, \qquad -\infty < x < \infty.$$

Der Graph dieser Funktion ergibt sich aus dem Graphen von $y = \sinh x$ durch Spiegelung an der Hauptdiagonalen[39] (vgl. Tabelle 0.23).

Ableitung:

$$\frac{d\operatorname{arsinh} x}{dx} = \frac{1}{\sqrt{1 + x^2}}, \qquad -\infty < x < \infty,$$

$$\frac{d\operatorname{arcosh} x}{dx} = \frac{1}{\sqrt{x^2 - 1}}, \qquad x > 1,$$

$$\frac{d\operatorname{artanh} x}{dx} = \frac{1}{1 - x^2}, \qquad |x| > 1,$$

$$\frac{d\operatorname{arcoth} x}{dx} = \frac{1}{1 - x^2}, \qquad |x| < 1.$$

Potenzreihe: Vgl. 0.5.2.

Transformationsformeln:

$$\operatorname{arsinh} x = (\operatorname{sgn} x)\operatorname{arcosh} \sqrt{1 + x^2} = \operatorname{artanh} \frac{x}{\sqrt{1 + x^2}}, \qquad -\infty < x < \infty,$$

$$\operatorname{arcosh} x = \operatorname{arsinh} \sqrt{x^2 - 1}, \qquad x \geq 1,$$

$$\operatorname{arcoth} x = \operatorname{artanh} \frac{1}{x}, \qquad -1 < x < 1.$$

---

[39] Anstelle von $\operatorname{arsinh} x$, $\operatorname{arcosh} x$, $\operatorname{artanh} x$ und $\operatorname{arcoth} x$ spricht man der Reihe nach von Areasinus, Areakosinus, Areatangens und Areakotangens (von x). Ferner benutzt man der Reihe nach auch die Beizeichnungen Area sinus hyperbolicus, Area cosinus hyperbolicus, Area tangens hyperbolicus und Area cotangens hyperbolicus (von x).

Tabelle 0.23 Inverse Hyperbelfunktionen

Ausgangsfunktion	Umkehrfunktion
$y = \sinh x$	$y = \operatorname{arsinh} x$
$y = \cosh x$	$y = \operatorname{arcosh} x$
$y = \tanh x$	$y = \operatorname{artanh} x$
$y = \coth x$	$y = \operatorname{arcoth} x$

Tabelle 0.24

Gleichung	Gegeben	Lösungen
$y = \sinh x$	$-\infty < y < \infty$	$x = \operatorname{arsinh} y = \ln\left(y + \sqrt{y^2 + 1}\right),$
$y = \cosh x$	$y \geq 1$	$x = \pm\operatorname{arcosh} y = \pm\ln\left(y + \sqrt{y^2 - 1}\right),$
$y = \tanh x$	$-1 < y < 1$	$x = \operatorname{artanh} y = \dfrac{1}{2}\ln\dfrac{1+y}{1-y},$
$y = \coth x$	$y > 1,\ y < -1$	$x = \operatorname{arcoth} y = \dfrac{1}{2}\ln\dfrac{y+1}{y-1}.$

0.2.14 Ganze rationale Funktionen

Unter einer reellen ganzen rationalen Funktion n-ten Grades $y = f(x)$ verstehen wir eine Funktion der Form

$$y = a_n x^n + a_{n-1} x^{n-1} + \ldots + a_1 x + a_0 \,. \tag{0.43}$$

Dabei ist $n = 0, 1, 2, \ldots$, und alle Koeffizienten a_k sind reelle Zahlen mit $a_n \neq 0$.

Glattheit: Die Funktion $y = f(x)$ in (0.43) ist in jedem Punkt $x \in \mathbb{R}$ stetig und beliebig oft differenzierbar. Die erste Ableitung lautet:

$$f'(x) = n a_n x^{n-1} + (n-1) a_{n-1} x^{n-2} + \ldots + a_1 \,.$$

Verhalten im Unendlichen: Die Funktion $y = f(x)$ in (0.43) verhält sich für $x \to \pm \infty$ wie die Funktion $y = a x^n$, d. h., für $n \geq 1$ gilt[40]:

$$\lim_{x \to +\infty} f(x) = \begin{cases} +\infty & \text{für} \quad a_n > 0, \\ -\infty & \text{für} \quad a_n < 0, \end{cases}$$

$$\lim_{x \to -\infty} f(x) = \begin{cases} +\infty & \text{für} \quad a_n > 0 \quad \text{und } n \text{ gerade} \\ & \text{oder für } a_n < 0 \text{ und } n \text{ ungerade}, \\ \\ -\infty & \text{für} \quad a_n > 0 \quad \text{und } n \text{ ungerade} \\ & \text{oder für } a_n < 0 \text{ und } n \text{ gerade}. \end{cases}$$

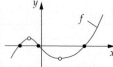
                        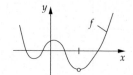

(a) Nullstellen und   (b) globales Minimum
     lokale Extrema

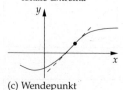

(c) Wendepunkt   Abb. 0.36

Nullstellen: Ist n ungerade, dann schneidet der Graph von $y = f(x)$ mindestens einmal die x-Achse (Abb. 0.36a). Diesem Schnittpunkt entspricht eine Lösung der Gleichung $f(x) = 0$.

Globales Minimum: Ist n gerade und $a_n > 0$, dann besitzt $y = f(x)$ ein globales Minimum, d. h., es existiert ein Punkt a mit $f(a) \leq f(x)$ für alle $x \in \mathbb{R}$ (Abb. 0.36b).

Ist n gerade und $a_n < 0$, dann besitzt $y = f(x)$ ein globales Maximum.

Lokale Extrema: Es sei $n \geq 2$. Dann hat die Funktion $y = f(x)$ höchstens $n - 1$ lokale Extrema, wobei sich lokale Maxima und lokale Minima abwechseln.

Wendepunkte: Es sei $n \geq 3$. Dann besitzt der Graph von $y = f(x)$ höchstens $n - 2$ Wendepunkte (Abb. 0.36c).

---

[40]Die Bedeutung des Grenzwertsymbols „lim" wird in 1.3.1.1 erläutert.

0.2.15 Gebrochen rationale Funktionen

0.2.15.1 Spezielle rationale Funktionen

Es sei $b > 0$ eine feste reelle Zahl. Die Funktion

$$y = \frac{b}{x}, \quad x \in \mathbb{R}, \quad x \neq 0,$$

stellt eine gleichseitige Hyperbel dar, die die x-Achse und die y-Achse als Asymptoten besitzt. Die Scheitelpunkte sind $S_{\pm} = \left(\pm\sqrt{b}, \pm\sqrt{b} \right)$ (Abb. 0.37).

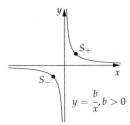

$$y = \frac{b}{x}, b > 0$$

Abb. 0.37

Verhalten im Unendlichen: $\quad \lim\limits_{x \to \pm\infty} \frac{b}{x} = 0$.

Polstelle im Punkt $x = 0$: $\quad \lim\limits_{x \to \pm 0} \frac{b}{x} = \pm\infty$.

0.2.15.2 Rationale Funktionen mit linearen Zählern und Nennern

Gegeben seien die reellen Zahlen a, b, c und d mit $c \neq 0$ und $\Delta := ad - bc \neq 0$. Die Funktion

$$y = \frac{ax + b}{cx + d}, \quad x \in \mathbb{R}, \; x \neq -\frac{d}{c} \tag{0.44}$$

geht durch die Transformation $x = u - \dfrac{d}{c}$, $y = w + \dfrac{a}{c}$ in die einfachere Gestalt

$$w = -\frac{\Delta}{c^2 u}$$

über. Somit ergibt sich (0.44) aus der Normalform $y = -\dfrac{\Delta}{c^2 x}$ durch eine Translation, bei welcher der Punkt $(0, 0)$ in den Punkt $P = \left(-\dfrac{d}{c}, \dfrac{a}{c} \right)$ verschoben wird (Abb. 0.38).

0.2.15.3 Spezielle rationale Funktionen mit einem Nenner n-ten Grades

Es sei $b > 0$ gegeben. Ferner sei $n = 1, 2, \ldots$. Die Funktion

$$y = \frac{b}{x^n}, \quad x \in \mathbb{R}, \; x \neq 0,$$

ist in Abb. 0.39 dargestellt.

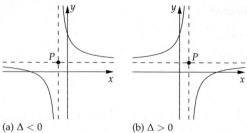

(a) $\Delta < 0$ (b) $\Delta > 0$ Abb. 0.38

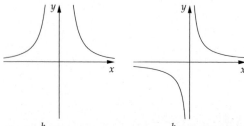

(a) $y = \dfrac{b}{x^n}$, n gerade   (b) $y = \dfrac{b}{x^n}$, n ungerade   Abb. 0.39

0.2.15.4 Rationale Funktionen mit quadratischem Nenner

Spezialfall 1:   Gegeben sei $d > 0$. Die Funktionen

$$y = \frac{1}{x^2 + d^2}, \qquad x \in \mathbb{R},$$

und

$$y = \frac{x}{x^2 + d^2}, \qquad x \in \mathbb{R},$$

sind in Abb. 0.40 dargestellt.

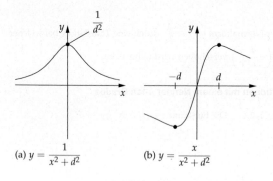

(a) $y = \dfrac{1}{x^2 + d^2}$ (b) $y = \dfrac{x}{x^2 + d^2}$ Abb. 0.40

Spezialfall 2:

Gegeben seien die beiden reellen Zahlen $x_\pm$ mit $x_- < x_+$. Die durch

$$y = \frac{1}{(x - x_+)(x - x_-)} \tag{0.45}$$

angegebene Funktion $y = f(x)$ kann man in der Form

$$y = \frac{1}{x_+ - x_-}\left(\frac{1}{x - x_+} - \frac{1}{x - x_-}\right)$$

darstellen. Das ist der Spezialfall einer sogenannten Partialbruchzerlegung (vgl. 2.1.7). Es gilt:

$$\lim_{x \to x_+ \pm 0} f(x) = \pm\infty, \quad \lim_{x \to x_- \pm 0} f(x) = \mp\infty, \quad \lim_{x \to \pm\infty} f(x) = 0.$$

Somit liegen an den Stellen x_+ und x_- Pole vor (vgl. Abb. 0.41).

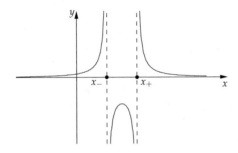

Abb. 0.41

Spezialfall 3:   Die Funktion

$$y = \frac{x - 1}{x^2 - 1} \tag{0.46}$$

ist zunächst an der Stelle $x = 1$ nicht definiert. Benutzt man jedoch die Zerlegung $x^2 - 1 = (x - 1)(x + 1)$, dann erhalten wir

$$y = \frac{1}{x + 1}, \quad x \in \mathbb{R}, \, x \neq -1.$$

Man sagt, dass die Funktion (0.46) an der Stelle $x = 1$ eine *hebbare Unstetigkeit* besitzt.

Allgemeiner Fall: Gegeben seien die reellen Zahlen a, b, c und d mit $a^2 + b^2 \neq 0$. Das Verhalten der durch

$$y = \frac{ax + b}{x^2 + 2cx + d} \tag{0.47}$$

angegebenen Funktion $y = f(x)$ hängt wesentlich vom Vorzeichen der *Diskriminante* $D := c^2 - d$ ab. Unabhängig davon ist stets

$$\lim_{x \to \pm\infty} f(x) = 0.$$

Fall 1: D > 0. Dann gilt

$$x^2 + 2cx + d = (x - x_+)(x - x_-)$$

mit $x_\pm = -c \pm \sqrt{D}$. Das ergibt die Partialbruchzerlegung

$$f(x) = \frac{A}{x - x_+} + \frac{B}{x - x_-}.$$

Die Konstanten A und B bestimmt man nach der Grenzwertmethode:

$$A = \lim_{x \to x_+} (x - x_+) f(x) = \frac{ax_+ + b}{x_+ - x_-}, \qquad B = \lim_{x \to x_-} (x - x_-) f(x) = \frac{ax_- + b}{x_- - x_+}.$$

In den Punkten $x_\pm$ liegen Pole vor.

Fall 2: D = 0. In diesem Fall ist $x_+ = x_-$. Wir erhalten somit

$$f(x) = \frac{ax + b}{(x - x_+)^2}.$$

Das liefert

$$\lim_{x \to x_+ \pm 0} f(x) = \begin{cases} +\infty, & \text{falls} \quad ax_+ + b > 0, \\ -\infty, & \text{falls} \quad ax_+ + b < 0, \end{cases}$$

d. h., im Punkt x_+ liegt ein Pol vor.

Fall 3: D < 0. Dann ist $x^2 + 2cx + d > 0$ für alle $x \in \mathbb{R}$. Folglich ist die Funktion $y = f(x)$ in (0.47) für alle Punkte $x \in \mathbb{R}$ stetig und beliebig oft differenzierbar, d. h., f ist glatt.

0.2.15.5 Die allgemeine rationale Funktion

Unter einer reellen rationalen Funktion $y = f(x)$ verstehen wir einen Ausdruck der Form

$$y = \frac{a_n x^n + \ldots + a_1 x + a_0}{b_m x^m + \ldots + b_1 x + b_0},$$

wobei im Zähler und Nenner reelle ganze rationale Funktionen stehen (vgl. 0.2.14).

Verhalten im Unendlichen: Wir setzen $c := a_n / b_m$. Dann gilt:

$$\lim_{x \to \pm\infty} f(x) = \lim_{x \to \pm\infty} cx^{n-m}.$$

Daraus ergibt sich eine Diskussion aller möglichen Situationen.

Fall 1: c > 0.

$$\lim_{x \to +\infty} f(x) = \begin{cases} c & \text{für } n = m, \\ +\infty & \text{für } n > m, \\ 0 & \text{für } n < m. \end{cases}$$

$$\lim_{x \to -\infty} f(x) = \begin{cases} c & \text{für } n = m, \\ +\infty & \text{für } n > m \text{ und } n - m \text{ gerade}, \\ -\infty & \text{für } n > m \text{ und } n - m \text{ ungerade}, \\ 0 & \text{für } n < m. \end{cases}$$

Fall 2: c < 0. Hier ist $\pm\infty$ durch $\mp\infty$ ersetzt.

Partialbruchzerlegung: Die genaue Struktur rationaler Funktionen ergibt sich durch Partialbruchzerlegung (vgl. 2.1.7).

0.3 Standardverfahren der mathematischen Statistik für Praktiker

Das Ziel dieses Abschnitts ist es, einen großen Leserkreis mit den Elementen der mathematischen Statistik und der praktischen Handhabung einiger wichtiger Verfahren vertraut zu machen. Dabei werden bewusst nur geringe mathematische Vorkenntnisse vorausgesetzt. Eine Diskussion der Grundlagen der mathematischen Statistik findet man in 6.3.

0.3.1 Die wichtigsten empirischen Daten für eine Messreihe

Viele Messvorgänge in der Technik, den Naturwissenschaften oder der Medizin besitzen die charakteristische Eigenschaft, dass sich die Messergebnisse von Versuch zu Versuch ändern. Man sagt, dass die Messergebnisse vom Zufall abhängen. Die zu messende Größe X heißt eine Zufallsvariable.

▶ BEISPIEL 1: Die Länge X eines Menschen hängt vom Zufall ab, d. h., X ist eine Zufallsvariable.

Messreihe: Messen wir eine zufällige Größe X, dann erhalten wir die Messwerte

$$x_1, \ldots, x_n.$$

▶ BEISPIEL 2: Die Tabellen 0.25 und 0.26 zeigen das Ergebnis der Messung der Körperlängen von 8 Männern in cm.

Tabelle 0.25

x_1	x_2	x_3	x_4	x_5	x_6	x_7	x_8	$\overline{x}$	Δx
168	170	172	175	176	177	180	182	175	4,8

Tabelle 0.26

x_1	x_2	x_3	x_4	x_5	x_6	x_7	x_8	$\overline{x}$	Δx
174	174	174	174	176	176	176	176	175	1,07

Empirischer Mittelwert und empirische Streuung: Zwei grundlegende Charakteristika einer Messreihe $x_1, \ldots, x_n$ sind der empirische Mittelwert

$$\overline{x} := \frac{1}{n}\left(x_1 + x_2 + \ldots + x_n\right)$$

und die empirische Streuung Δx. Für das Quadrat dieser nichtnegativen Größe erhält man[41]

$$(\Delta x)^2 := \frac{1}{n-1}\left[(x_1 - \overline{x})^2 + (x_2 - \overline{x})^2 + \ldots + (x_n - \overline{x})^2\right].$$

▶ BEISPIEL 3: Für die Werte von Tabelle 0.25 ergibt sich

$$\overline{x} = \frac{1}{8}\left(168 + 170 + 172 + 175 + 176 + 177 + 180 + 182\right) = 175.$$

---

[41]Das Auftreten des Nenners $n-1$ anstelle des sicher von vielen Lesern erwarteten Wertes n kann durch die allgemeine Schätztheorie begründet werden. Tatsächlich ist die empirische Streuung Δx eine *erwartungstreue Schätzung* für die theoretische Streuung ΔX einer Zufallsvariablen X (vgl. 6.3.2). Für große Zahlen n ist der Unterschied zwischen n und $n-1$ unerheblich.

Die Größe $(\Delta x)^2$ heißt empirische *Varianz*. Ferner bezeichnet man Δx auch als *Standardabweichung*.

Man sagt, dass die mittlere Größe der gemessenen Männer 175 cm beträgt. Den gleichen Mittelwert erhält man für die Werte von Tabelle 0.26. Ein Blick auf beide Tabellen zeigt jedoch, dass die Werte in Tabelle 0.25 gegenüber Tabelle 0.26 viel stärker streuen. Im Fall von Tabelle 0.26 erhalten wir

$$(\Delta x)^2 = \frac{1}{7} \left[(174 - 175)^2 + (174 - 175)^2 + \ldots + (176 - 175)^2 \right]$$

$$= \frac{1}{7} \left[1 + 1 + 1 + 1 + 1 + 1 + 1 + 1 \right] = \frac{8}{7},$$

also $\Delta x = 1{,}07$. Dagegen ergibt sich für die Werte von Tabelle 0.25 aus der Gleichung

$$(\Delta x)^2 = \frac{1}{7} \left[(168 - 175)^2 + (170 - 175)^2 + \ldots + (182 - 175)^2 \right]$$

$$= \frac{1}{7} \left[49 + 25 + 9 + 1 + 4 + 25 + 49 \right] = 23$$

die Streuung $\Delta x = 4{,}8$.

Faustregel:

> Je kleiner die empirische Streuung Δx ist, um so weniger, streuen die Messwerte um den empirischen Mittelwert $\bar{x}$.

Im Grenzfall $\Delta x = 0$ stimmen alle Messwerte x_j mit $\bar{x}$ überein.

Die Verteilung der Messwerte – das Histogramm: Um sich einen Überblick über die Verteilung der Messwerte zu machen, bedient man sich bei größeren Messreihen einer graphischen Darstellung, die man Histogramm nennt.

(i) Man teilt die Messwerte in Klassen $K_1, K_2, \ldots, K_s$ ein. Das sind aneinandergrenzende Intervalle.

(ii) Mit m_r bezeichnen wir die Anzahl der Messwerte, die zu der Klasse K_r gehören.

(iii) Liegen n Messwerte $x_1, \ldots, x_n$ vor, dann heißt $\dfrac{m_r}{n}$ die relative Häufigkeit der Messwerte bezüglich der Klasse K_r.

(iv) Über jeder Klasse K_r zeichnet man eine Säule der Höhe $\dfrac{m_r}{n}$.

▶ BEISPIEL 4: In Tabelle 0.27 findet man die Messwerte für die Längen von 100 Männern in cm. Das zugehörige Histogramm ist in Abb. 0.42 dargestellt.

Tabelle 0.27

Klasse K_r	Messintervall	Häufigkeit m_r	relative Häufigkeit $\dfrac{m_r}{100}$
K_1	$150 \leq x < 165$	2	0,02
K_2	$165 \leq x < 170$	18	0,18
K_3	$170 \leq x < 175$	30	0,30
K_4	$175 \leq x < 180$	32	0,32
K_5	$180 \leq x < 185$	16	0,16
K_6	$185 \leq x < 200$	2	0,02

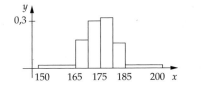

Abb. 0.42

0.3.2 Die theoretische Verteilungsfunktion

Die Messreihen für eine zufällige Variable X differieren in der Regel von Versuch zu Versuch. Zum Beispiel führen die Messungen der Körperlängen zu unterschiedlichen Ergebnissen, falls man etwa alle Männer eines Hauses, einer Stadt oder eines Landes misst. Um eine Theorie für zufällige Messgrößen aufzubauen, muss man den Begriff der theoretischen Verteilungsfunktion einführen.

Definition: Die theoretische Verteilungsfunktion Φ der zufälligen Variablen X ist durch die folgende Vorschrift definiert:

$$\Phi(x) := P\left(X < x\right) .$$

Dies bedeutet, dass der Wert $\Phi(x)$ gleich der Wahrscheinlichkeit ist, dass die Messwerte der zufälligen Variablen X kleiner als die Zahl x sind.

Die Normalverteilung: Viele Messgrößen sind normalverteilt. Um das zu erläutern, betrachten wir eine Gaußsche Glockenkurve

$$\varphi(x) := \frac{1}{\sigma\sqrt{2\pi}}e^{-(x-\mu)^2/2\sigma^2} . \tag{0.48}$$

Eine solche Kurve besitzt ihr Maximum im Punkt $x = \mu$. Sie ist um so stärker um den Punkt $x = \mu$ konzentriert, je kleiner der positive Wert σ ist. Man nennt μ den Mittelwert und σ die Streuung der Normalverteilung (Abb. 0.43a).

> Der schraffierte Flächeninhalt in Abb. 0.43b ist gleich der Wahrscheinlichkeit, dass der Messwert der Zufallsvariablen X in dem Intervall $[a,b]$ liegt.

Die Verteilungsfunktion Φ zur Normalverteilung (0.48) findet man in Abb. 0.43d. Der Wert $\Phi(a)$ in Abb. 0.43d ist gleich dem Flächeninhalt unter der Glockenkurve in Abb. 0.43b, der links von a liegt. Die Differenz

$$\Phi(b) - \Phi(a)$$

ist gleich dem schraffierten Flächeninhalt in Abb. 0.43b.

Vertrauensintervall: Dieser Begriff ist fundamental für die mathematische Statistik. Das α-Vertrauensintervall $[x_\alpha^-, x_\alpha^+]$ der Zufallsvariablen X wird so definiert, dass mit der Wahrscheinlichkeit $1 - \alpha$ alle Messwerte x der Zufallsvariablen X in diesem Intervall liegen, d. h., sie genügen der Ungleichung

$$x_\alpha^- \leq x \leq x_\alpha^+ .$$

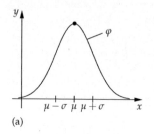

(a)

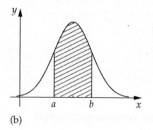

(b)

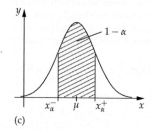

(c)

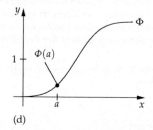

(d)   Abb. 0.43

In Abb. 0.43c werden x_α^+ und x_α^- so gewählt, dass sie symmetrisch zum Mittelwert μ liegen und der schraffierte Flächeninhalt gleich $1 - \alpha$ ist. Es gilt

$$x_\alpha^+ = \mu + \sigma z_\alpha, \qquad x_\alpha^- = \mu - \sigma z_\alpha.$$

Tabelle 0.28

α	0,01	0,05	0,1
z_α	2,6	2,0	1,6

Den Wert z_α findet man für die in der Praxis wichtigen Fälle $\alpha = 0{,}01\,, 0{,}05\,, 0{,}1$ in Tabelle 0.28.

> Die Messgröße X fällt mit der Wahrscheinlichkeit $1 - \alpha$ in das α-Vertrauensintervall.

▶ BEISPIEL: Es sei $\mu = 10$ und $\sigma = 2$. Für $\alpha = 0{,}01$ erhalten wir

$$x_\alpha^+ = 10 + 2 \cdot 2{,}6 = 15{,}2, \qquad x_\alpha^- = 10 - 2 \cdot 2{,}6 = 4{,}8.$$

Somit ist die Wahrscheinlichkeit $1 - \alpha = 0{,}99$, dass die Messwerte x zwischen 4,8 und 15,2 liegen. Anschaulich bedeutet das folgendes.

(a) Ist n eine große Zahl und führen wir n Messungen von X durch, dann liegen etwa $(1 - \alpha)n = 0{,}99n$ Messwerte zwischen 4,8 und 15,2.

(b) Messen wir beispielsweise 1000 mal die zufällige Größe X, dann liegen etwa 990 Messwerte zwischen 4,8 und 15,2.

0.3.3 Das Testen einer Normalverteilung

Viele Testverfahren in der Praxis basieren auf der Annahme, dass eine zufällige Größe X normalverteilt ist. Wir beschreiben ein einfaches graphische Testverfahren, um festzustellen, ob X normalverteilt ist.

(i) Wir zeichnen eine Gerade in ein (z, y)-Koordinatensystem ein, wobei dem Geradenpunkt über z die y-Koordinate $\Phi(z)$ zugeordnet wird, die wir Tabelle 0.29 entnehmen (Abb. 0.44). Man beachte, dass die Werte auf der y-Achse im vorliegenden Fall einer ungleichmäßigen Skala entsprechen.

(ii) Zu gegebenen Messwerten $x_1, \ldots, x_n$ von X bilden wir die Größen

$$z_j := \frac{x_j - \bar{x}}{\Delta x}, \qquad j = 1, \ldots, n.$$

(iii) Wir berechnen die Zahlen

$$\Phi_*(z_j) = \frac{1}{n} \left(\text{Anzahl der Messwerte } z_k, \text{ die kleiner als } z_j \text{ sind} \right)$$

und tragen die Punkte $\left(z_j, \Phi_*(z_j) \right)$ in Abb. 0.44 ein.

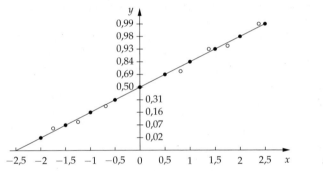

Abb. 0.44

Liegen diese Punkte angenähert auf der Geraden von (i), dann ist X angenähert normalverteilt.

▶ BEISPIEL: Die in Abb. 0.44 eingezeichneten offenen Kreise repräsentieren Messwerte, die angenähert normalverteilt sind.

Tabelle 0.29

z	$-2,5$	-2	$-1,5$	-1	$-0,5$	0	$0,5$	1	$1,5$	2	$2,5$
$\Phi(z)$	0,01	0,02	0,07	0,16	0,31	0,5	0,69	0,84	0,93	0,98	0,99

Eine genauere Tabelle der Werte von Φ findet man in der Tabelle in 0.4.6.2. Das Diagramm von Abb. 0.44 kann man als sogenanntes Wahrscheinlichkeitspapier kaufen.

Der χ^2-Anpassungstest für Normalverteilungen: Diesen Test, der wesentlich aussagekräftiger als die heuristische Methode des Wahrscheinlichkeitspapiers ist, findet man in 6.3.4.5.

0.3.4 Die statistische Auswertung einer Messreihe

Wir nehmen an, dass die Zufallsvariable X einer Normalverteilung (0.48) mit dem Mittelwert μ und der Streuung σ genügt.

Die Vertrauensgrenze für den Mittelwert μ:

(i) Wir führen n Messungen der Größe X durch und erhalten die Messwerte $x_1, \ldots, x_n$.

(ii) Wir geben uns eine kleine Zahl als Irrtumswahrscheinlichkeit α vor und bestimmen aus der Tabelle in 0.4.6.3 den Wert $t_{\alpha,m}$ mit $m = n - 1$.

Dann erfüllt der unbekannte Mittelwert μ der Normalverteilung die Ungleichung:

$$\overline{x} - t_{\alpha,m}\frac{\Delta x}{\sqrt{n}} \leq \mu \leq \overline{x} + t_{\alpha,m}\frac{\Delta x}{\sqrt{n}}\,.$$

Diese Aussage ist mit der Irrtumswahrscheinlichkeit α behaftet.

▶ BEISPIEL 1: Im Fall der in Tabelle 0.25 dargestellten Längenmessungen gilt $n = 8$, $\overline{x} = 175$, $\Delta x = 4{,}8$. Wählen wir $\alpha = 0{,}01$, dann erhalten wir aus 0.4.6.3 für $m = 7$ den Wert $t_{\alpha,m} = 3{,}5$. Setzen wir voraus, dass die Körperlängen normalverteilt sind, dann gilt mit der Irrtumswahrscheinlichkeit $\alpha = 0{,}01$ für den Mittelwert:

$$169 \leq \mu \leq 181\,.$$

Die Vertrauensgrenze für die Streuung σ: Mit der Irrtumswahrscheinlichkeit α gilt für die Streuung σ die Ungleichung:

$$\frac{(n-1)\,(\Delta x)^2}{b} \leq \sigma^2 \leq \frac{(n-1)\,(\Delta x)^2}{a}\,.$$

Die Werte $a := \chi^2_{1-\alpha/2}$ und $b := \chi^2_{\alpha/2}$ entnimmt man der Tabelle in 0.4.6.4 mit $m = n - 1$ Freiheitsgraden.

▶ BEISPIEL 2: Wir betrachten wiederum die in Tabelle 0.25 dargestellten Längenmessungen. Für $\alpha = 0{,}01$ und $m = 7$ erhalten wir $a = 1{,}24$ und $b = 20{,}3$ aus 0.4.6.4. Folglich ergibt sich mit der Irrtumswahrscheinlichkeit $\alpha = 0{,}01$ die Abschätzung

$$2{,}8 \leq \sigma \leq 11{,}40\,.$$

Es ist nicht verwunderlich, dass diese Abschätzungen sehr grob sind. Das liegt an der kleinen Anzahl der Messungen.

Eine genauere Begründung findet man in 6.3.3.

0.3.5 Der statistische Vergleich zweier Messreihen

Gegeben sind zwei Messreihen

$$x_1, \ldots, x_{n_1} \quad \text{und} \quad y_1, \ldots, y_{n_2} \tag{0.49}$$

der zufälligen Größen X und Y. Zwei grundlegende Fragen lauten:

(i) Gibt es eine Abhängigkeit zwischen den beiden Messreihen?

(ii) Besteht zwischen beiden Zufallsgrößen ein wesentlicher (signifikanter) Unterschied?

Zur Untersuchung von (i) benutzt man den Korrelationskoeffizienten. Eine Antwort auf (ii) geben der F-Test, der t-Test und der Wilcoxon-Test. Das wird im folgenden betrachtet.

0.3.5.1 Der empirische Korrelationskoeffizient

Der empirische Korrelationskoeffizient der beiden Messreihen (0.49) mit $n_1 = n_2 = n$ wird durch die Zahl

$$\varrho = \frac{(x_1 - \overline{x})(y_1 - \overline{y}) + (x_2 - \overline{x})(y_2 - \overline{y}) + \ldots + (x_n - \overline{x})(y_n - \overline{y})}{(n-1)\Delta x \Delta y}$$

definiert. Es gilt $-1 \leq \varrho \leq 1$. Für $\varrho = 0$ liegt keine Abhängigkeit zwischen den beiden Messreihen vor.

> Je größer ϱ^2 ist, um so stärker ist die Abhängigkeit zwischen den beiden Messreihen.

Regressionsgerade: Zeichnet man die Messpunkte (x_j, y_j) in ein kartesisches Koordinatensystem ein, dann passt sich die sogenannte Regressionsgerade

$$y = \overline{y} + \varrho \frac{\Delta y}{\Delta x}(x - \overline{x})$$

den Messpunkten am besten an (Abb. 0.45), d. h., diese Gerade löst das Minimumproblem

$$\sum_{j=1}^{n} \left(y_j - a - bx_j\right)^2 = \min!, \qquad a, b \text{ reell},$$

und der Minimalwert ist gleich $(\Delta y)^2 \left(1 - \varrho^2\right)$. Die Anpassung der Regressionsgeraden an die Messdaten ist deshalb für $\varrho^2 = 1$ optimal.

Tabelle 0.30

x_1	x_2	x_3	x_4	x_5	x_6	x_7	x_8	$\overline{x}$	Δx
168	170	172	175	176	177	180	182	175	5
y_1	y_2	y_3	y_4	y_5	y_6	y_7	y_8	$\overline{y}$	Δy
157	160	163	165	167	167	168	173	165	5

▶ BEISPIEL: Für die beiden Messreihen in Tabelle 0.30 erhält man den Korrelationskoeffizienten

$$\varrho = 0{,}96$$

mit der Regressionsgeraden

$$y = \overline{y} + 0{,}96 \left(x - \overline{x}\right). \tag{0.50}$$

Hier liegt eine sehr große Abhängigkeit zwischen den beiden Messreihen vor. Die Messwerte werden gut durch die Regressionsgerade (0.50) angenähert.

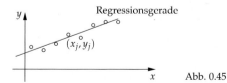

Abb. 0.45

0.3.5.2 Der Vergleich zweier Mittelwerte mit dem t-Test

Der t-Test wird sehr oft in der Praxis angewandt. Er erlaubt es festzustellen, ob die Mittelwerte zweier Messreihen wesentlich voneinander verschieden sind.

(i) Wir betrachten die beiden Messreihen $x_1, \ldots, x_{n_1}$ und $y_1, \ldots, y_{n_2}$ der beiden zufälligen Variablen X und Y, die wir als normalverteilt voraussetzen.

Zusätzlich nimmt man an, dass die Streuungen von X und Y gleich sind. Diese Annahme kann man mit Hilfe des F-Tests in 0.4.5.3 untermauern.

(ii) Wir berechnen die Zahl

$$t = \frac{\bar{x} - \bar{y}}{\sqrt{(n_1 - 1)(\Delta x)^2 + (n_2 - 1)(\Delta y)^2}} \sqrt{\frac{n_1 n_2 (n_1 + n_2 - 2)}{n_1 + n_2}} .$$

(iii) Wir fixieren die Irrtumswahrscheinlichkeit α. Zu α und $m = n_1 + n_2 - 1$ bestimmen wir den Wert $t_{\alpha,m}$ aus der Tabelle in 0.4.6.3.

Fall 1: Es gilt

$$\boxed{|t| > t_{\alpha,m} .}$$

Dann sind die Mittelwerte von X und Y unterschiedlich, d. h., die Unterschiede zwischen den gemessenen empirischen Mittelwerten $\bar{x}$ und $\bar{y}$ sind nicht zufällig, sondern haben einen tieferen Grund. Man sagt auch, dass ein signifikanter Unterschied zwischen den beiden Zufallsvariablen X und Y besteht (mit der Irrtumswahrscheinlichkeit α).

Fall 2: Es gilt

$$\boxed{|t| < t_{\alpha,m} .}$$

Dann darf man annehmen, dass die Mittelwerte von X und Y nicht unterschiedlich sind.

Es ist wichtig darauf hinzuweisen, dass für kleines α (zum Beispiel $\alpha = 0{,}01$) unsere Aussagen in seltenen Ausnahmefällen falsch sein können. Das ist ein typisches Phänomen für alle statistischen Tests. In Fall 1 besteht die Möglichkeit, dass unsere Aussage mit der Irrtumswahrscheinlichkeit α falsch ist. Das heißt, führt man den Test in 100 unterschiedlichen Situationen durch und liegt stets der Fall 1 vor, so besteht die Gefahr, dass der Test in $100 \cdot \alpha$ Situationen eine falsche Aussage liefert. Wir behaupten dann, dass die Mittelwerte von X und Y ungleich sind, obwohl sie tatsächlich gleich sind (Fehler erster Art).

In Fall 2 ist es möglich, dass unsere Annahme der Gleichheit der Mittelwerte von X und Y tatsächlich falsch ist (Fehler zweiter Art).

▶ BEISPIEL: Zwei Medikamente A und B werden an Patienten verabreicht, die an der gleichen Krankheit leiden. Die zufällige Variable ist die Anzahl der Tage X (bzw. Y) für Medikament A (bzw. B) bis zur Heilung. Tabelle 0.31 gibt die Messwerte an. Beispielsweise beträgt die mittlere Heildauer 20 Tage bei Verabreichung von Medikament A.

Tabelle 0.31

Medikament A :	$\bar{x} = 20$	$\Delta x = 5$	$n_1 = 15$ Patienten
Medikament B :	$\bar{y} = 26$	$\Delta y = 4$	$n_2 = 15$ Patienten.

Wir erhalten

$$t = \frac{26 - 20}{\sqrt{14 \cdot 25 + 14 \cdot 16}} \cdot \sqrt{\frac{15 \cdot 15 \,(30 - 2)}{15 + 15}} = 3{,}6 \,.$$

Der Tafel in 0.4.6.3 entnehmen wir für $\alpha = 0{,}01$ und $m = 15 + 15 - 1 = 29$ den Wert $t_{\alpha,m} = 2{,}8$.

Wegen $t > t_{\alpha,m}$ besteht zwischen beiden Medikamenten ein signifikanter Unterschied, d. h., Medikament A ist besser als B (mit der Irrtumswahrscheinlichkeit α).

0.3.5.3 Der F-Test

Dieser Test stellt fest, ob die Streuungen zweier normalverteilter zufälliger Größen voneinander verschieden sind.

(i) Wir betrachten die beiden Messreihen $x_1, \ldots, x_{n_1}$ und $y_1, \ldots, y_{n_2}$ der beiden zufälligen Variablen X und Y, die wir als normalverteilt voraussetzen.

(ii) Wir bilden den Quotienten

$$F := \begin{cases} \left(\dfrac{\Delta x}{\Delta y}\right)^2 , & \text{falls } \Delta x > \Delta y, \\[2mm] \left(\dfrac{\Delta y}{\Delta x}\right)^2 , & \text{falls } \Delta x \le \Delta y. \end{cases}$$

(iii) Wir fixieren die Irrtumswahrscheinlichkeit $\alpha = 0{,}02$ und schlagen in 0.4.6.5 den fettgedruckten Wert $F_{0,01;m_1 m_2}$ nach mit $m_1 := n_1 - 1$ und $m_2 := n_2 - 1$.

Fall 1: Es gilt

$$\boxed{F > F_{0,01;m_1 m_2} \,.}$$

Dann sind die Streuungen von X und Y (mit der Irrtumswahrscheinlichkeit $\alpha = 0{,}02$) *nicht* gleich, d. h., die Unterschiede zwischen den gemessenen empirischen Streuungen Δx und Δy sind nicht rein zufällig, sondern haben einen tieferen Grund.

Fall 2: Es gilt

$$\boxed{F \le F_{0,01;m_1 m_2} \,.}$$

Dann darf man annehmen, dass die Streuungen von X und Y gleich sind.

▶ BEISPIEL: Wir betrachten wiederum die in Tabelle 0.31 dargestellte Situation. Es gilt $F = (\Delta x / \Delta y)^2 = 1{,}6$. Der Tabelle in 0.4.6.5 mit $m_1 = m_2 = 14$ entnehmen wir $F_{0,01;m_1 m_2} = 3{,}7$. Wegen $F < F_{0,01;m_1 m_2}$ können wir annehmen, dass X und Y die gleiche Streuung besitzen.

0.3.5.4 Der Wilcoxon-Test

Der t-Test lässt sich nur auf normalverteilte zufällige Größen anwenden. Der viel allgemeinere Wilcoxon-Test erlaubt es dagegen festzustellen, ob zwei Messreihen zu Zufallsgrößen mit unterschiedlichen Verteilungsfunktionen gehören, d. h., ob beide Messgrößen wesentlich voneinander verschieden sind. Diesen Test findet man in 6.3.4.5.

0.3.6 Tabellen der mathematischen Statistik

0.3.6.1 Interpolation von Tabellen

Lineare Interpolation: Jede Tabelle besteht aus Eingängen und Tafelwerten. In Tabelle 0.32 bezeichnet x die Eingänge und $f(x)$ die Tafelwerte.

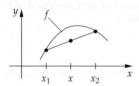

Abb. 0.46

Tabelle 0.32

x	$f(x)$
1	0,52
2	0,60
3	0,64

Erste Grundaufgabe: Interpolation des Tafelwerts $f(x)$ bei bekanntem Tafeleingang x:
Findet man einen Eingangswert x nicht in der Tabelle, dann kann man die Methode der linearen Interpolation anwenden, die in Abb. 0.46 graphisch dargestellt ist. Dabei wird die zu $y = f(x)$ gehörige Kurve zwischen zwei Kurvenpunkten durch die Sekante ersetzt. Den Näherungswert $f_*(x)$ für $f(x)$ erhält man aus der linearen Interpolationsformel:

$$f_*(x) = f(x_1) + \frac{f(x_2) - f(x_1)}{x_2 - x_1}(x - x_1).$$
(0.51)

▶ BEISPIEL 1: Es sei $x = 1{,}5$. In Tabelle 0.32 findet man die beiden benachbarten Werte

$$x_1 = 1 \quad \text{und} \quad x_2 = 2$$

mit $f(x_1) = 0{,}52$ und $f(x_2) = 0{,}60$. Aus der Interpolationsformel (0.51) folgt

$$f_*(x) = 0{,}52 + \frac{0{,}60 - 0{,}52}{1}(1{,}5 - 1)$$
$$= 0{,}52 + 0{,}08 \cdot 0{,}5 = 0{,}56.$$

Zweite Grundaufgabe: Interpolation des Tafeleingangs x bei bekanntem Tafelwert $f(x)$:
Zur Bestimmung von x aus $f(x)$ benutzt man die Formel:

$$x = x_1 + \frac{f(x) - f(x_1)}{f(x_2) - f(x_1)}(x_2 - x_1).$$
(0.52)

▶ BEISPIEL 2: Gegeben ist $f(x) = 0{,}62$. Die beiden benachbarten Tafelwerte in Tabelle 0.32 sind $f(x_1) = 0{,}60$ und $f(x_2) = 0{,}64$ mit $x_1 = 2$ und $x_2 = 3$. Aus (0.52) folgt

$$x = 2 + \frac{0{,}62 - 0{,}60}{0{,}64 - 0{,}60}(3 - 2) = 2 + \frac{0{,}02}{0{,}04} = 2{,}5.$$

Höhere Genauigkeit Die lineare Interpolation stellt ein approximatives Verfahren dar. Für die Zwecke der mathematischen Statistik reicht dieses Verfahren aus. Man sollte hier nicht durch Angabe von vielen Dezimalstellen eine Genauigkeit vortäuschen, die nicht in der Natur der mathematischen Statistik liegt.

In Physik und Technik benötigt man oft eine sehr hohe Genauigkeit. Früher verwendete man die Methode der quadratischen Interpolation. Im heutigen Computerzeitalter benutzt man Softwaresysteme, um sehr genaue Werte für spezielle Funktionen zu erhalten (z. B. das System Mathematica).

0.3.6.2 Normalverteilung

Tabelle 0.33 Dichtefunktion $\varphi(z) = \dfrac{1}{\sqrt{2\pi}}\,e^{-\frac{1}{2}z^2}$ der normierten und zentrierten Normalverteilung.

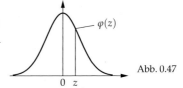

Abb. 0.47

z	0	1	2	3	4	5	6	7	8	9
0,0	3989^{-4}	3989	3989	3988	3986	3984	3982	3980	3977	3973
0,1	3970^{-4}	3965	3961	3956	3951	3945	3939	3932	3925	3918
0,2	3910^{-4}	3902	3894	3885	3876	3867	3857	3847	3836	3825
0,3	3814^{-4}	3802	3790	3778	3765	3752	3739	3725	3712	3697
0,4	3683^{-4}	3668	3653	3637	3621	3605	3589	3572	3555	3538
0,5	3521^{-4}	3503	3485	3467	3448	3429	3410	3391	3372	3352
0,6	3332^{-4}	3312	3292	3271	3251	3230	3209	3187	3166	3144
0,7	3123^{-4}	3101	3079	3056	3034	3011	2989	2966	2943	2920
0,8	2897^{-4}	2874	2850	2827	2803	2780	2756	2732	2709	2685
0,9	2661^{-4}	2637	2613	2589	2565	2541	2516	2492	2468	2444
1,0	2420^{-4}	2396	2371	2347	2323	2299	2275	2251	2227	2203
1,1	2179^{-4}	2155	2131	2107	2083	2059	2036	2012	1989	1965
1,2	1942^{-4}	1919	1895	1872	1849	1826	1804	1781	1758	1736
1,3	1714^{-4}	1691	1669	1647	1626	1604	1582	1561	1539	1518
1,4	1497^{-4}	1476	1456	1435	1415	1394	1374	1354	1334	1315
1,5	1295^{-4}	1276	1257	1238	1219	1200	1182	1163	1145	1127
1,6	1109^{-4}	1092	1074	1057	1040	1023	1006	9893^{-5}	9728	9566
1,7	9405^{-5}	9246	9089	8933	8780	8628	8478	8329	8183	8038
1,8	7895^{-5}	7754	7614	7477	7341	7206	7074	6943	6814	6687
1,9	6562^{-5}	6438	6316	6195	6077	5960	5844	5730	5618	5508
2,0	5399^{-5}	5292	5186	5082	4980	4879	4780	4682	4586	4491
2,1	4398^{-5}	4307	4217	4128	4041	3955	3871	3788	3706	3626
2,2	3547^{-5}	3470	3394	3319	3246	3174	3103	3034	2965	2898
2,3	2833^{-5}	2768	2705	2643	2582	2522	2463	2406	2349	2294
2,4	2239^{-5}	2186	2134	2083	2033	1984	1936	1888	1842	1797
2,5	1753^{-5}	1709	1667	1625	1585	1545	1506	1468	1431	1394
2,6	1358^{-5}	1323	1289	1256	1223	1191	1160	1130	1100	1071
2,7	1042^{-5}	1014	9871^{-6}	9606	9347	9094	8846	8605	8370	8140
2,8	7915^{-6}	7697	7483	7274	7071	6873	6679	6491	6307	6127
2,9	5953^{-6}	5782	5616	5454	5296	5143	4993	4847	4705	4567
3,0	4432^{-6}	4301	4173	4049	3928	3810	3695	3584	3475	3370
3,1	3267^{-6}	3167	3070	2975	2884	2794	2707	2623	2541	2461
3,2	2384^{-6}	2309	2236	2165	2096	2029	1964	1901	1840	1780
3,3	1723^{-6}	1667	1612	1560	1508	1459	1411	1364	1319	1275
3,4	1232^{-6}	1191	1151	1112	1075	1038	1003	9689^{-7}	9358	9037
3,5	8727^{-7}	8426	8135	7853	7581	7317	7061	6814	6575	6343
3,6	6119^{-7}	5902	5693	5490	5294	5105	4921	4744	4573	4408
3,7	4248^{-7}	4093	3944	3800	3661	3526	3396	3271	3149	3032
3,8	2919^{-7}	2810	2705	2604	2506	2411	2320	2232	2147	2065
3,9	1987^{-7}	1910	1837	1766	1698	1633	1569	1508	1449	1393
4,0	1338^{-7}	1286	1235	1186	1140	1094	1051	1009	9687^{-8}	9299
4,1	8926^{-8}	8567	8222	7890	7570	7263	6967	6683	6410	6147
4,2	5894^{-8}	5652	5418	5194	4979	4772	4573	4382	4199	4023
4,3	3854^{-8}	3691	3535	3386	3242	3104	2972	2845	2723	2606
4,4	2494^{-8}	2387	2284	2185	2090	1999	1912	1829	1749	1672
4,5	1598^{-8}	1528	1461	1396	1334	1275	1218	1164	1112	1062
4,6	1014^{-8}	9684^{-9}	9248	8830	8430	8047	7681	7331	6996	6676
4,7	6370^{-9}	6077	5797	5530	5274	5030	4796	4573	4360	4156
4,8	3961^{-9}	3775	3598	3428	3267	3112	2965	2824	2690	2561
4,9	2439^{-9}	2322	2211	2105	2003	1907	1814	1727	1643	1563

Bemerkung: 3989^{-4} bedeutet hier $3989 \cdot 10^{-4}$

Tabelle 0.34 Wahrscheinlichkeitsintegral $\Phi_0(z) = \int\limits_{0}^{z} \varphi(x)dx = \dfrac{1}{\sqrt{2\pi}} \int\limits_{0}^{z} e^{-\frac{1}{2}x^2}dx$ der normierten und zentrierten Normalverteilung. Die Verteilungsfunktion

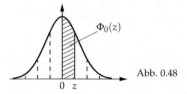

Abb. 0.48

$$\Phi(z) = \dfrac{1}{\sqrt{2\pi}} \int\limits_{-\infty}^{z} e^{-\frac{1}{2}x^2}dx$$

hängt mit $\Phi_0(z)$ durch die Beziehung $\Phi(z) = \frac{1}{2} + \Phi_0(z)$ zusammen; $\Phi_0(-z) = -\Phi_0(z)$.

z	0	1	2	3	4	5	6	7	8	9
0,0	0,0 000	040	080	120	160	199	239	279	319	359
0,1	398	438	478	517	557	596	636	675	714	753
0,2	793	832	871	910	948	987	·026	·064	·103	·141
0,3	0,1 179	217	255	293	331	368	406	443	480	517
0,4	554	591	628	664	700	736	772	808	844	879
0,5	915	950	985	·019	·054	·088	·123	·157	·190	·224
0,6	0,2 257	291	324	357	389	422	454	486	517	549
0,7	580	611	642	673	703	734	764	794	823	852
0,8	881	910	939	967	995	·023	·051	·078	·106	·133
0,9	0,3 159	186	212	238	264	289	315	340	365	389
1,0	413	438	461	485	508	531	554	577	599	621
1,1	643	665	686	708	729	749	770	790	810	830
1,2	849	869	888	907	925	944	962	980	997	·015
1,3	0,4 032	049	066	082	099	115	131	147	162	177
1,4	192	207	222	236	251	265	279	292	306	319
1,5	332	345	357	370	382	394	406	418	429	441
1,6	452	463	474	484	495	505	515	525	535	545
1,7	554	564	573	582	591	599	608	616	625	633
1,8	641	649	656	664	671	678	686	693	699	706
1,9	713	719	726	732	738	744	750	756	761	767
2,0	772	778	783	788	793	798	803	808	812	817
2,1	821	826	830	834	838	842	846	850	854	857
2,2	860	864	867	871	874	877	880	883	886	889
	966	*474*	*906*	*263*	*545*	*755*	*894*	*962*	*962*	*893*
2,3	892	895	898	900	903	906	908	911	913	915
	759	*559*	*296*	*969*	*581*	*133*	*625*	*060*	*437*	*758*
2,4	918	920	922	924	926	928	930	932	934	936
	025	*237*	*397*	*506*	*564*	*572*	*531*	*443*	*309*	*128*
2,5	937	939	941	942	944	946	947	949	950	952
	903	*634*	*323*	*969*	*574*	*139*	*664*	*151*	*600*	*012*
2,6	953	954	956	957	958	959	960	962	963	964
	388	*729*	*035*	*308*	*547*	*754*	*930*	*074*	*189*	*274*
2,7	965	966	967	968	969	970	971	971	972	973
	330	*358*	*359*	*333*	*280*	*202*	*099*	*972*	*821*	*646*
2,8	974	975	975	976	977	978	978	979	980	980
	449	*229*	*988*	*726*	*443*	*140*	*818*	*476*	*116*	*738*
2,9	981	981	982	983	983	984	984	985	985	986
	342	*929*	*498*	*052*	*589*	*111*	*618*	*110*	*588*	*051*

Bemerkung: 0,4 860 bedeutet 0,4 860 966.
     966

Tabelle 0.34 Fortsetzung

z	0	1	2	3	4	5	6	7	8	9
3,0	0,4 986 501	986 938	987 361	987 772	988 171	988 558	988 933	989 297	989 650	989 992
3,1	990 324	990 646	990 957	991 260	991 553	991 836	992 112	992 378	992 636	992 886
3,2	993 129	993 363	993 590	993 810	994 024	994 230	994 429	994 623	994 810	994 991
3,3	995 166	995 335	995 499	995 658	995 811	995 959	996 103	996 242	996 376	996 505
3,4	996 631	996 752	996 869	996 982	997 091	997 197	997 299	997 398	997 493	997 585
3,5	997 674	997 759	997 842	997 922	997 999	998 074	998 146	998 215	998 282	998 347
3,6	998 409	998 469	998 527	998 583	998 637	998 689	998 739	998 787	998 834	998 879
3,7	998 922	998 964	999 004	999 043	999 080	999 116	999 150	999 184	999 216	999 247
3,8	999 276	999 305	999 333	999 359	999 385	999 409	999 433	999 456	999 478	999 499
3,9	999 519	999 539	999 557	999 575	999 593	999 609	999 625	999 641	999 655	999 670
4,0	999 683	999 696	999 709	999 721	999 733	999 744	999 755	999 765	999 775	999 784
4,1	999 793	999 802	999 811	999 819	999 826	999 834	999 841	999 848	999 854	999 861
4,2	999 867	999 872	999 878	999 883	999 888	999 893	999 898	999 902	999 907	999 911
4,3	999 915	999 918	999 922	999 925	999 929	999 932	999 935	999 938	999 941	999 943
4,4	999 946	999 948	999 951	999 953	999 955	999 957	999 959	999 961	999 963	999 964
4,5	999 966	999 968	999 969	999 971	999 972	999 973	999 974	999 976	999 977	999 978
5,0	999 997									

0.3.6.3 Werte $t_{\alpha,m}$ der Studentschen t-Verteilung

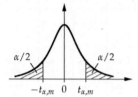

$\alpha/2$ $\alpha/2$

$-t_{\alpha,m}$ 0 $t_{\alpha,m}$ Abb. 0.49

m \ α	0, 10	0, 05	0, 025	0, 020	0, 010	0, 005	0, 003	0, 002	0, 001
1	6, 314	12, 706	25, 452	31, 821	63, 657	127, 3	212, 2	318, 3	636, 6
2	2, 920	4, 303	6, 205	6, 965	9, 925	14, 089	18, 216	22, 327	31, 600
3	2, 353	3, 182	4, 177	4, 541	5, 841	7, 453	8, 891	10, 214	12, 922
4	2, 132	2, 776	3, 495	3, 747	4, 604	5, 597	6, 435	7, 173	8, 610
5	2, 015	2, 571	3, 163	3, 365	4, 032	4, 773	5, 376	5, 893	6, 869
6	1, 943	2, 447	2, 969	3, 143	3, 707	4, 317	4, 800	5, 208	5, 959
7	1, 895	2, 365	2, 841	2, 998	3, 499	4, 029	4, 442	4, 785	5, 408
8	1, 860	2, 306	2, 752	2, 896	3, 355	3, 833	4, 199	4, 501	5, 041
9	1, 833	2, 262	2, 685	2, 821	3, 250	3, 690	4, 024	4, 297	4, 781
10	1, 812	2, 228	2, 634	2, 764	3, 169	3, 581	3, 892	4, 144	4, 587
12	1, 782	2, 179	2, 560	2, 681	3, 055	3, 428	3, 706	3, 930	4, 318
14	1, 761	2, 145	2, 510	2, 624	2, 977	3, 326	3, 583	3, 787	4, 140
16	1, 746	2, 120	2, 473	2, 583	2, 921	3, 252	3, 494	3, 686	4, 015
18	1, 734	2, 101	2, 445	2, 552	2, 878	3, 193	3, 428	3, 610	3, 922
20	1, 725	2, 086	2, 423	2, 528	2, 845	3, 153	3, 376	3, 552	3, 849
22	1, 717	2, 074	2, 405	2, 508	2, 819	3, 119	3, 335	3, 505	3, 792
24	1, 711	2, 064	2, 391	2, 492	2, 797	3, 092	3, 302	3, 467	3, 745
26	1, 706	2, 056	2, 379	2, 479	2, 779	3, 067	3, 274	3, 435	3, 704
28	1, 701	2, 048	2, 369	2, 467	2, 763	3, 047	3, 250	3, 408	3, 674
30	1, 697	2, 042	2, 360	2, 457	2, 750	3, 030	3, 230	3, 386	3, 646
∞	1, 645	1, 960	2, 241	2, 326	2, 576	2, 807	2, 968	3, 090	3, 291

0.3.6.4 Werte χ_α^2 der χ^2-Verteilung

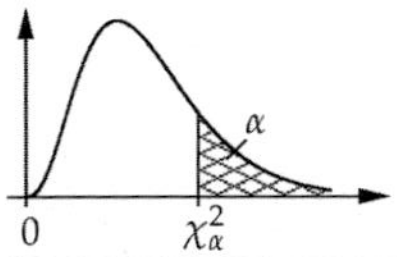

Abb. 0.50

Anzahl der Freiheitsgrade m	Wahrscheinlichkeit α															
	0,99	0,98	0,95	0,90	0,80	0,70	0,50	0,30	0,20	0,10	0,05	0,02	0,01	0,005	0,002	0,001
1	0,00016	0,0006	0,0039	0,016	0,064	0,148	0,455	1,07	1,64	2,7	3,8	5,4	6,6	7,9	9,5	10,83
2	0,020	0,040	0,103	0,211	0,446	0,713	1,386	2,41	3,22	4,6	6,0	7,8	9,2	10,6	12,4	13,8
3	0,115	0,185	0,352	0,584	1,005	1,424	2,366	3,67	4,64	6,3	7,8	9,8	11,3	12,8	14,8	16,3
4	0,30	0,43	0,71	1,06	1,65	2,19	3,36	4,9	6,0	7,8	9,5	11,7	13,3	14,9	16,9	18,5
5	0,55	0,75	1,14	1,61	2,34	3,00	4,35	6,1	7,3	9,2	11,1	13,4	15,1	16,8	18,9	20,5
6	0,87	1,13	1,63	2,20	3,07	3,83	5,35	7,2	8,6	10,6	12,6	15,0	16,8	18,5	20,7	22,5
7	1,24	1,56	2,17	2,83	3,82	4,67	6,35	8,4	9,8	12,0	14,1	16,6	18,5	20,3	22,6	24,3
8	1,65	2,03	2,73	3,49	4,59	5,53	7,34	9,5	11,0	13,4	15,5	18,2	20,1	22,0	24,3	26,1
9	2,09	2,53	3,32	4,17	5,38	6,39	8,34	10,7	12,2	14,7	16,9	19,7	21,7	23,6	26,1	27,9
10	2,56	3,06	3,94	4,86	6,18	7,27	9,34	11,8	13,4	16,0	18,3	21,2	23,2	25,2	27,7	29,6
11	3,1	3,6	4,6	5,6	7,0	8,1	10,3	12,9	14,6	17,3	19,7	22,6	24,7	26,8	29,4	31,3
12	3,6	4,2	5,2	6,3	7,8	9,0	11,3	14,0	15,8	18,5	21,0	24,1	26,2	28,3	30,9	32,9
13	4,1	4,8	5,9	7,0	8,6	9,9	12,3	15,1	17,0	19,8	22,4	25,5	27,7	29,8	32,5	34,5
14	4,7	5,4	6,6	7,8	9,5	10,8	13,3	16,2	18,2	21,1	23,7	26,9	29,1	31,3	34,0	36,1
15	5,2	6,0	7,3	8,5	10,3	11,7	14,3	17,3	19,3	22,3	25,0	28,3	30,6	32,8	35,6	37,7
16	5,8	6,6	8,0	9,3	11,2	12,6	15,3	18,4	20,5	23,5	26,3	29,6	32,0	34,3	37,1	39,3
17	6,4	7,3	8,7	10,1	12,0	13,5	16,3	19,5	21,6	24,8	27,6	31,0	33,4	35,7	38,6	40,8
18	7,0	7,9	9,4	10,9	12,9	14,4	17,3	20,6	22,8	26,0	28,9	32,3	34,8	37,2	40,1	42,3
19	7,6	8,6	10,1	11,7	13,7	15,4	18,3	21,7	23,9	27,2	30,1	33,7	36,2	38,6	41,6	43,8
20	8,3	9,2	10,9	12,4	14,6	16,3	19,3	22,8	25,0	28,4	31,4	35,0	37,6	40,0	43,0	45,3
21	8,9	9,9	11,6	13,2	15,4	17,2	20,3	23,9	26,2	29,6	32,7	36,3	38,9	41,4	44,5	46,8
22	9,5	10,6	12,3	14,0	16,3	18,1	21,3	24,9	27,3	30,8	33,9	37,7	40,3	42,8	45,9	48,3
23	10,2	11,3	13,1	14,8	17,2	19,0	22,3	26,0	28,4	32,0	35,2	39,0	41,6	44,2	47,3	49,7
24	10,9	12,0	13,8	15,7	18,1	19,9	23,3	27,1	29,6	33,2	36,4	40,3	43,0	45,6	48,7	51,2
25	11,5	12,7	14,6	16,5	18,9	20,9	24,3	28,2	30,7	34,4	37,7	41,6	44,3	46,9	50,1	52,6
26	12,2	13,4	15,4	17,3	19,8	21,8	25,3	29,2	31,8	35,6	38,9	42,9	45,6	48,3	51,6	54,1
27	12,9	14,1	16,2	18,1	20,7	22,7	26,3	30,3	32,9	36,7	40,1	44,1	47,0	49,6	52,9	55,5
28	13,6	14,8	16,9	18,9	21,6	23,6	27,3	31,4	34,0	37,9	41,3	45,4	48,3	51,0	54,4	56,9
29	14,3	15,6	17,7	19,8	22,5	24,6	28,3	32,5	35,1	39,1	42,6	46,7	49,6	52,3	55,7	58,3
30	15,0	16,3	18,5	20,6	23,4	25,5	29,3	33,5	36,3	40,3	43,8	48,0	50,9	53,7	57,1	59,7

0.3.6.5 Werte $F_{0,05;m_1 m_2}$ und Werte $F_{0,01;m_1 m_2}$ (fett) der F-Verteilung

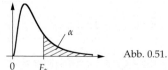

Abb. 0.51.

m_2	m_1											
	1	2	3	4	5	6	7	8	9	10	11	12
1	161	200	216	225	230	234	237	239	241	242	243	244
	4 052	**4 999**	**5 403**	**5 625**	**5 764**	**5 859**	**5 928**	**5 981**	**6 022**	**6 056**	**6 083**	**6 106**
2	18,51	19,00	19,16	19,25	19,30	19,33	19,35	19,37	19,38	19,39	19,40	19,41
	98,50	**99,00**	**99,17**	**99,25**	**99,30**	**99,33**	**99,36**	**99,37**	**99,39**	**99,40**	**99,41**	**99,42**
3	10,13	9,55	9,28	9,12	9,01	8,94	8,89	8,85	8,81	8,79	8,76	8,74
	34,12	**30,82**	**29,46**	**28,71**	**28,24**	**27,91**	**27,67**	**27,49**	**27,34**	**27,23**	**27,13**	**27,05**
4	7,71	6,94	6,59	6,39	6,26	6,16	6,09	6,04	6,00	5,96	5,94	5,91
	21,20	**18,00**	**16,69**	**15,98**	**15,52**	**15,21**	**14,98**	**14,80**	**14,66**	**14,55**	**14,45**	**14,37**
5	6,61	5,79	5,41	5,19	5,05	4,95	4,88	4,82	4,77	4,74	4,70	4,68
	16,26	**13,27**	**12,06**	**11,39**	**10,97**	**10,67**	**10,46**	**10,29**	**10,16**	**10,05**	**9,96**	**9,89**
6	5,99	5,14	4,76	4,53	4,39	4,28	4,21	4,15	4,10	4,06	4,03	4,00
	13,74	**10,92**	**9,78**	**9,15**	**8,75**	**8,47**	**8,26**	**8,10**	**7,98**	**7,87**	**7,79**	**7,72**
7	5,59	4,74	4,35	4,12	3,97	3,87	3,79	3,73	3,68	3,64	3,60	3,57
	12,25	**9,55**	**8,45**	**7,85**	**7,46**	**7,19**	**7,00**	**6,84**	**6,72**	**6,62**	**6,54**	**6,47**
8	5,32	4,46	4,07	3,84	3,69	3,58	3,50	3,44	3,39	3,35	3,31	3,28
	11,26	**8,65**	**7,59**	**7,01**	**6,63**	**6,37**	**6,18**	**6,03**	**5,91**	**5,81**	**5,73**	**5,67**
9	5,12	4,26	3,86	3,63	3,48	3,37	3,29	3,23	3,18	3,14	3,10	3,07
	10,56	**8,02**	**6,99**	**6,42**	**6,06**	**5,80**	**5,61**	**5,47**	**5,35**	**5,26**	**5,18**	**5,11**
10	4,96	4,10	3,71	3,48	3,33	3,22	3,14	3,07	3,02	2,98	2,94	2,91
	10,04	**7,56**	**6,55**	**5,99**	**5,64**	**5,39**	**5,20**	**5,06**	**4,94**	**4,85**	**4,77**	**4,71**
11	4,84	3,98	3,59	3,36	3,20	3,09	3,01	2,95	2,90	2,85	2,82	2,79
	9,65	**7,21**	**6,22**	**5,67**	**5,32**	**5,07**	**4,89**	**4,74**	**4,63**	**4,54**	**4,46**	**4,40**
12	4,75	3,89	3,49	3,26	3,11	3,00	2,91	2,85	2,80	2,75	2,72	2,69
	9,33	**6,93**	**5,95**	**5,41**	**5,06**	**4,82**	**4,64**	**4,50**	**4,39**	**4,30**	**4,22**	**4,16**
13	4,67	3,81	3,41	3,18	3,03	2,92	2,83	2,77	2,71	2,67	2,63	2,60
	9,07	**6,70**	**5,74**	**5,21**	**4,86**	**4,62**	**4,44**	**4,30**	**4,19**	**4,10**	**4,02**	**3,96**
14	4,60	3,74	3,34	3,11	2,96	2,85	2,76	2,70	2,65	2,60	2,57	2,53
	8,86	**6,51**	**5,56**	**5,04**	**4,70**	**4,46**	**4,28**	**4,14**	**4,03**	**3,94**	**3,86**	**3,80**
15	4,54	3,68	3,29	3,06	2,90	2,79	2,71	2,64	2,59	2,54	2,51	2,48
	8,68	**6,36**	**5,42**	**4,89**	**4,56**	**4,32**	**4,14**	**4,00**	**3,89**	**3,80**	**3,73**	**3,67**
16	4,49	3,63	3,24	3,01	2,85	2,74	2,66	2,59	2,54	2,49	2,46	2,42
	8,53	**6,23**	**5,29**	**4,77**	**4,44**	**4,20**	**4,03**	**3,89**	**3,78**	**3,69**	**3,62**	**3,55**
17	4,45	3,59	3,20	2,96	2,81	2,70	2,61	2,55	2,49	2,45	2,41	2,38
	8,40	**6,11**	**5,18**	**4,67**	**4,34**	**4,10**	**3,93**	**3,79**	**3,68**	**3,59**	**3,52**	**3,46**
18	4,41	3,55	3,16	2,93	2,77	2,66	2,58	2,51	2,46	2,41	2,37	2,34
	8,29	**6,01**	**5,09**	**4,58**	**4,25**	**4,01**	**3,84**	**3,71**	**3,60**	**3,51**	**3,43**	**3,37**
19	4,38	3,52	3,13	2,90	2,74	2,63	2,54	2,48	2,42	2,38	2,34	2,31
	8,18	**5,93**	**5,01**	**4,50**	**4,17**	**3,94**	**3,77**	**3,63**	**3,52**	**3,43**	**3,36**	**3,30**
20	4,35	3,49	3,10	2,87	2,71	2,60	2,51	2,45	2,39	2,35	2,31	2,28
	8,10	**5,85**	**4,94**	**4,43**	**4,10**	**3,87**	**3,70**	**3,56**	**3,46**	**3,37**	**3,29**	**3,23**
21	4,32	3,47	3,07	2,84	2,68	2,57	2,49	2,42	2,37	2,32	2,28	2,25
	8,02	**5,78**	**4,87**	**4,37**	**4,04**	**3,81**	**3,64**	**3,51**	**3,40**	**3,31**	**3,24**	**3,17**
22	4,30	3,44	3,05	2,82	2,66	2,55	2,46	2,40	2,34	2,30	2,26	2,23
	7,95	**5,72**	**4,82**	**4,31**	**3,99**	**3,76**	**3,59**	**3,45**	**3,35**	**3,26**	**3,18**	**3,12**
23	4,28	3,42	3,03	2,80	2,64	2,53	2,44	2,37	2,32	2,27	2,24	2,20
	7,88	**5,66**	**4,76**	**4,26**	**3,94**	**3,71**	**3,54**	**3,41**	**3,30**	**3,21**	**3,14**	**3,07**

14	16	20	24	30	40	50	75	100	200	500	∞	m_1 / m_2
245	246	248	249	250	251	252	253	253	254	254	254	1
6143	6169	6209	6235	6261	6287	6302	6323	6334	6352	6361	6366	
19,42	19,43	19,44	19,45	19,46	19,47	19,48	19,48	19,49	19,49	19,50	19,50	2
99,43	99,44	99,45	99,46	99,47	99,47	99,48	99,49	99,49	99,49	99,50	99,50	
8,71	8,69	8,66	8,64	8,62	8,59	8,58	8,57	8,55	8,54	8,53	8,53	3
26,92	26,83	26,69	26,60	26,50	26,41	26,35	26,27	26,23	26,18	26,14	26,12	
5,87	5,84	5,80	5,77	5,75	5,72	5,70	5,68	5,66	5,65	5,64	5,63	4
14,25	14,15	14,02	13,93	13,84	13,74	13,69	13,61	13,57	13,52	13,48	13,46	
4,64	4,60	4,56	4,53	4,50	4,46	4,44	4,42	4,41	4,39	4,37	4,36	5
9,77	9,68	9,55	9,47	9,38	9,29	9,24	9,17	9,13	9,08	9,04	9,02	
3,96	3,92	3,87	3,84	3,81	3,77	3,75	3,72	3,71	3,69	3,68	3,67	6
7,60	7,52	7,39	7,31	7,23	7,14	7,09	7,02	6,99	6,93	6,90	6,88	
3,53	3,49	3,44	3,41	3,38	3,34	3,32	3,29	3,27	3,25	3,24	3,23	7
6,36	6,27	6,16	6,07	5,99	5,91	5,86	5,78	5,75	5,70	5,67	5,65	
3,24	3,20	3,15	3,12	3,08	3,05	3,02	3,00	2,97	2,95	2,94	2,93	8
5,56	5,48	5,36	5,28	5,20	5,12	5,07	5,00	4,96	4,91	4,88	4,86	
3,03	2,99	2,93	2,90	2,86	2,83	2,80	2,77	2,76	2,73	2,72	2,71	9
5,00	4,92	4,81	4,73	4,65	4,57	4,52	4,45	4,42	4,36	4,33	4,31	
2,86	2,83	2,77	2,74	2,70	2,66	2,64	2,61	2,59	2,56	2,55	2,54	10
4,60	4,52	4,41	4,33	4,25	4,17	4,12	4,05	4,01	3,96	3,93	3,91	
2,74	2,70	2,65	2,61	2,57	2,53	2,51	2,47	2,46	2,43	2,42	2,40	11
4,29	4,21	4,10	4,02	3,94	3,86	3,81	3,74	3,71	3,66	3,62	3,60	
2,64	2,60	2,54	2,51	2,47	2,43	2,40	2,36	2,35	2,32	2,31	2,30	12
4,05	3,97	3,86	3,78	3,70	3,62	3,57	3,49	3,47	3,41	3,38	3,36	
2,55	2,51	2,46	2,42	2,38	2,34	2,31	2,28	2,26	2,23	2,22	2,21	13
3,86	3,78	3,66	3,59	3,51	3,43	3,38	3,30	3,27	3,22	3,19	3,17	
2,48	2,44	2,39	2,35	2,31	2,27	2,24	2,21	2,19	2,16	2,14	2,13	14
3,70	3,62	3,51	3,43	3,35	3,27	3,22	3,14	3,11	3,06	3,03	3,00	
2,42	2,38	2,33	2,29	2,25	2,20	2,18	2,15	2,12	2,10	2,08	2,07	15
3,56	3,49	3,37	3,29	3,21	3,13	3,08	3,00	2,98	2,92	2,89	2,87	
2,37	2,33	2,28	2,24	2,19	2,15	2,12	2,09	2,07	2,04	2,02	2,01	16
3,45	3,37	3,26	3,18	3,10	3,02	2,97	2,86	2,86	2,81	2,78	2,75	
2,33	2,29	2,23	2,19	2,15	2,10	2,08	2,04	2,02	1,99	1,97	1,96	17
3,35	3,27	3,16	3,08	3,00	2,92	2,87	2,79	2,76	2,71	2,68	2,65	
2,29	2,25	2,19	2,15	2,11	2,06	2,04	2,00	1,98	1,95	1,93	1,92	18
3,27	3,19	3,08	3,00	2,92	2,84	2,78	2,71	2,68	2,62	2,59	2,57	
2,26	2,21	2,15	2,11	2,07	2,03	2,00	1,96	1,94	1,91	1,90	1,88	19
3,19	3,12	3,00	2,92	2,84	2,76	2,71	2,63	2,60	2,55	2,51	2,49	
2,22	2,18	2,12	2,08	2,04	1,99	1,97	1,92	1,91	1,88	1,86	1,84	20
3,13	3,05	2,94	2,86	2,78	2,69	2,64	2,56	2,54	2,48	2,44	2,42	
2,20	2,16	2,10	2,05	2,01	1,96	1,94	1,89	1,88	1,84	1,82	1,81	21
3,07	2,99	2,88	2,80	2,72	2,64	2,58	2,51	2,48	2,42	2,38	2,36	
2,17	2,13	2,07	2,03	1,98	1,94	1,91	1,87	1,85	1,81	1,80	1,78	22
3,02	2,94	2,83	2,75	2,67	2,58	2,53	2,46	2,42	2,36	2,33	2,31	
2,15	2,11	2,05	2,00	1,96	1,91	1,88	1,84	1,82	1,79	1,77	1,76	23
2,97	2,89	2,78	2,70	2,62	2,54	2,48	2,41	2,37	2,32	2,28	2,26	

m_2	m_1											
	1	**2**	**3**	**4**	**5**	**6**	**7**	**8**	**9**	**10**	**11**	**12**
24	4,26	3,40	3,01	2,78	2,62	2,51	2,42	2,36	2,30	2,25	2,22	2,18
	7,82	**5,61**	**4,72**	**4,22**	**3,90**	**3,67**	**3,50**	**3,36**	**3,26**	**3,17**	**3,09**	**3,03**
25	4,24	3,39	2,99	2,76	2,60	2,49	2,40	2,34	2,28	2,24	2,20	2,16
	7,77	**5,57**	**4,68**	**4,18**	**3,86**	**3,63**	**3,46**	**3,32**	**3,22**	**3,13**	**3,06**	**2,99**
26	4,23	3,37	2,98	2,74	2,59	2,47	2,39	2,32	2,27	2,22	2,18	2,15
	7,72	**5,53**	**4,64**	**4,14**	**3,82**	**3,59**	**3,42**	**3,29**	**3,18**	**3,09**	**3,02**	**2,96**
27	4,21	3,35	2,96	2,73	2,57	2,46	2,37	2,31	2,25	2,20	2,16	2,13
	7,68	**5,49**	**4,60**	**4,11**	**3,78**	**3,56**	**3,39**	**3,26**	**3,15**	**3,06**	**2,99**	**2,93**
28	4,20	3,34	2,95	2,71	2,56	2,45	2,36	2,29	2,24	2,19	2,15	2,12
	7,64	**5,45**	**4,57**	**4,07**	**3,76**	**3,53**	**3,36**	**3,23**	**3,12**	**3,03**	**2,96**	**2,90**
29	4,18	3,33	2,93	2,70	2,55	2,43	2,35	2,28	2,22	2,18	2,14	2,10
	7,60	**5,42**	**4,54**	**4,04**	**3,73**	**3,50**	**3,33**	**3,20**	**3,09**	**3,00**	**2,93**	**2,87**
30	4,17	3,32	2,92	2,69	2,53	2,42	2,33	2,27	2,21	2,16	2,13	2,09
	7,56	**5,39**	**4,51**	**4,02**	**3,70**	**3,47**	**3,30**	**3,17**	**3,07**	**2,98**	**2,90**	**2,84**
32	4,15	3,29	2,90	2,67	2,51	2,40	2,31	2,24	2,19	2,14	2,10	2,07
	7,50	**5,34**	**4,46**	**3,97**	**3,65**	**3,43**	**3,25**	**3,13**	**3,02**	**2,93**	**2,86**	**2,80**
34	4,13	3,28	2,88	2,65	2,49	2,38	2,29	2,23	2,17	2,12	2,08	2,05
	7,44	**5,29**	**4,42**	**3,93**	**3,61**	**3,39**	**3,22**	**3,09**	**2,98**	**2,89**	**2,82**	**2,76**
36	4,11	3,26	2,87	2,63	2,48	2,36	2,28	2,21	2,15	2,11	2,07	2,03
	7,40	**5,25**	**4,38**	**3,89**	**3,57**	**3,35**	**3,18**	**3,05**	**2,95**	**2,86**	**2,79**	**2,72**
38	4,10	3,24	2,85	2,62	2,46	2,35	2,26	2,19	2,14	2,09	2,05	2,02
	7,35	**5,21**	**4,34**	**3,86**	**3,54**	**3,32**	**3,15**	**3,02**	**2,91**	**2,82**	**2,75**	**2,69**
40	4,08	3,23	2,84	2,61	2,45	2,34	2,25	2,18	2,12	2,08	2,04	2,00
	7,31	**5,18**	**4,31**	**3,83**	**3,51**	**3,29**	**3,12**	**2,99**	**2,89**	**2,80**	**2,73**	**2,66**
42	4,07	3,22	2,83	2,59	2,44	2,32	2,24	2,17	2,11	2,06	2,03	1,99
	7,28	**5,15**	**4,29**	**3,80**	**3,49**	**3,27**	**3,10**	**2,97**	**2,86**	**2,78**	**2,70**	**2,64**
44	4,06	3,21	2,82	2,58	2,43	2,31	2,23	2,16	2,10	2,05	2,01	1,98
	7,25	**5,12**	**4,26**	**3,78**	**3,47**	**3,24**	**3,08**	**2,95**	**2,84**	**2,75**	**2,68**	**2,62**
46	4,05	3,20	2,81	2,57	2,42	2,30	2,22	2,15	2,09	2,04	2,00	1,97
	7,22	**5,10**	**4,24**	**3,76**	**3,44**	**3,22**	**3,06**	**2,93**	**2,82**	**2,73**	**2,66**	**2,60**
48	4,04	3,19	2,80	2,57	2,41	2,30	2,21	2,14	2,08	2,03	1,99	1,96
	7,20	**5,08**	**4,22**	**3,74**	**3,43**	**3,20**	**3,04**	**2,91**	**2,80**	**2,72**	**2,64**	**2,58**
50	4,03	3,18	2,79	2,56	2,40	2,29	2,20	2,13	2,07	2,03	1,99	1,95
	7,17	**5,06**	**4,20**	**3,72**	**3,41**	**3,19**	**3,02**	**2,89**	**2,79**	**2,70**	**2,63**	**2,56**
55	4,02	3,16	2,78	2,54	2,38	2,27	2,18	2,11	2,06	2,01	1,97	1,93
	7,12	**5,01**	**4,16**	**3,68**	**3,37**	**3,15**	**2,98**	**2,85**	**2,75**	**2,66**	**2,59**	**2,53**
60	4,00	3,15	2,76	2,53	2,37	2,25	2,17	2,10	2,04	1,99	1,95	1,92
	7,08	**4,98**	**4,13**	**3,65**	**3,34**	**3,12**	**2,95**	**2,82**	**2,72**	**2,63**	**2,56**	**2,50**
65	3,99	3,14	2,75	2,51	2,36	2,24	2,15	2,08	2,03	1,98	1,94	1,90
	7,04	**4,95**	**4,10**	**3,62**	**3,31**	**3,09**	**2,93**	**2,80**	**2,69**	**2,61**	**2,53**	**2,47**
70	3,98	3,13	2,74	2,50	2,35	2,23	2,14	2,07	2,02	1,97	1,93	1,89
	7,01	**4,92**	**4,08**	**3,60**	**3,29**	**3,07**	**2,91**	**2,78**	**2,67**	**2,59**	**2,51**	**2,45**
80	3,96	3,11	2,72	2,49	2,33	2,21	2,13	2,06	2,00	1,95	1,91	1,88
	6,96	**4,88**	**4,04**	**3,56**	**3,26**	**3,04**	**2,87**	**2,74**	**2,64**	**2,55**	**2,48**	**2,42**
100	3,94	3,09	2,70	2,46	2,31	2,19	2,10	2,03	1,97	1,93	1,89	1,85
	6,90	**4,82**	**3,98**	**3,51**	**3,21**	**2,99**	**2,82**	**2,69**	**2,59**	**2,50**	**2,43**	**2,37**
125	3,92	3,07	2,68	2,44	2,29	2,17	2,08	2,01	1,96	1,91	1,87	1,83
	6,84	**4,78**	**3,94**	**3,47**	**3,17**	**2,95**	**2,79**	**2,66**	**2,55**	**2,50**	**2,40**	**2,33**
150	3,90	3,06	2,66	2,43	2,27	2,16	2,07	2,00	1,94	1,89	1,85	1,82
	6,81	**4,75**	**3,92**	**3,45**	**3,14**	**2,92**	**2,76**	**2,63**	**2,53**	**2,44**	**2,37**	**2,31**
200	3,89	3,04	2,65	2,42	2,26	2,14	2,06	1,98	1,93	1,88	1,84	1,80
	6,76	**4,71**	**3,88**	**3,41**	**3,11**	**2,89**	**2,73**	**2,60**	**2,50**	**2,41**	**2,34**	**2,27**
400	3,86	3,02	2,62	2,39	2,23	2,12	2,03	1,96	1,90	1,85	1,81	1,78
	6,70	**4,66**	**3,83**	**3,36**	**3,06**	**2,85**	**2,69**	**2,55**	**2,46**	**2,37**	**2,29**	**2,23**
1000	3,85	3,00	2,61	2,38	2,22	2,11	2,02	1,95	1,89	1,84	1,80	1,76
	6,66	**4,63**	**3,80**	**3,34**	**3,04**	**2,82**	**2,66**	**2,53**	**2,43**	**2,34**	**2,27**	**2,20**
∞	3,84	3,00	2,60	2,37	2,21	2,10	2,01	1,94	1,88	1,83	1,79	1,75
	6,63	**4,61**	**3,78**	**3,32**	**3,02**	**2,80**	**2,64**	**2,51**	**2,41**	**2,32**	**2,25**	**2,18**

	m_1												m_2
14	16	20	24	30	40	50	75	100	200	500	∞		
2,13	2,09	2,03	1,98	1,94	1,89	1,86	1,82	1,80	1,77	1,75	1,73		24
2,93	2,85	2,74	2,66	2,58	2,49	2,44	2,36	2,33	2,27	2,24	2,21		
2,11	2,07	2,01	1,96	1,92	1,87	1,84	1,80	1,78	1,75	1,73	1,71		25
2,89	2,81	2,70	2,62	2,54	2,45	2,40	2,32	2,29	2,23	2,19	2,17		
2,10	2,05	1,99	1,95	1,90	1,85	1,82	1,78	1,76	1,73	1,70	1,69		26
2,86	2,78	2,66	2,58	2,50	2,42	2,36	2,28	2,25	2,19	2,16	2,13		
2,08	2,04	1,97	1,93	1,88	1,84	1,81	1,76	1,74	1,71	1,68	1,67		27
2,82	2,75	2,63	2,55	2,47	2,38	2,33	2,25	2,22	2,16	2,12	2,10		
2,06	2,02	1,96	1,91	1,87	1,82	1,79	1,75	1,73	1,69	1,67	1,65		28
2,80	2,71	2,60	2,52	2,44	2,35	2,30	2,22	2,19	2,13	2,09	2,06		
2,05	2,01	1,94	1,90	1,85	1,80	1,77	1,73	1,71	1,67	1,65	1,64		29
2,77	2,69	2,57	2,49	2,41	2,33	2,27	2,19	2,16	2,10	2,06	2,03		
2,04	1,99	1,93	1,89	1,84	1,79	1,76	1,72	1,70	1,66	1,64	1,62		30
2,74	2,66	2,55	2,47	2,38	2,30	2,25	2,16	2,13	2,07	2,03	2,01		
2,01	1,97	1,91	1,86	1,82	1,77	1,74	1,69	1,67	1,63	1,61	1,59		32
2,70	2,62	2,50	2,42	2,34	2,25	2,20	2,12	2,08	2,02	1,98	1,96		
1,99	1,95	1,89	1,84	1,80	1,75	1,71	1,67	1,65	1,61	1,59	1,57		34
2,66	2,58	2,46	2,38	2,30	2,21	2,16	2,08	2,04	1,98	1,94	1,91		
1,98	1,93	1,87	1,82	1,78	1,73	1,69	1,65	1,62	1,59	1,56	1,55		36
2,62	2,54	2,43	2,35	2,26	2,17	2,12	2,04	2,00	1,94	1,90	1,87		
1,96	1,92	1,85	1,81	1,76	1,71	1,68	1,63	1,61	1,57	1,54	1,53		38
2,59	2,51	2,40	2,32	2,23	2,14	2,09	2,00	1,97	1,90	1,86	1,84		
1,95	1,90	1,84	1,79	1,74	1,69	1,66	1,61	1,59	1,55	1,53	1,51		40
2,56	2,48	2,37	2,29	2,20	2,11	2,06	1,97	1,94	1,87	1,83	1,80		
1,93	1,89	1,83	1,78	1,73	1,68	1,65	1,60	1,57	1,53	1,51	1,49		42
2,54	2,46	2,34	2,26	2,18	2,09	2,03	1,94	1,91	1,85	1,80	1,78		
1,92	1,88	1,81	1,77	1,72	1,67	1,63	1,58	1,56	1,52	1,49	1,48		44
2,52	2,44	2,32	2,24	2,15	2,06	2,01	1,92	1,89	1,82	1,78	1,75		
1,91	1,87	1,80	1,76	1,71	1,65	1,62	1,57	1,55	1,51	1,48	1,46		46
2,50	2,42	2,30	2,22	2,13	2,04	1,99	1,90	1,86	1,80	1,75	1,73		
1,90	1,86	1,79	1,75	1,70	1,64	1,61	1,56	1,54	1,49	1,47	1,45		48
2,48	2,40	2,28	2,20	2,12	2,03	1,97	1,88	1,84	1,78	1,73	1,70		
1,89	1,85	1,78	1,74	1,69	1,63	1,60	1,55	1,52	1,48	1,46	1,44		50
2,46	2,38	2,26	2,18	2,10	2,00	1,95	1,86	1,82	1,76	1,71	1,68		
1,88	1,83	1,76	1,72	1,67	1,61	1,58	1,52	1,50	1,46	1,43	1,41		55
2,43	2,34	2,23	2,15	2,06	1,96	1,91	1,82	1,78	1,71	1,67	1,64		
1,86	1,82	1,75	1,70	1,65	1,59	1,56	1,50	1,48	1,44	1,41	1,39		60
2,39	2,31	2,20	2,12	2,03	1,94	1,88	1,79	1,75	1,68	1,63	1,60		
1,85	1,80	1,73	1,69	1,63	1,58	1,54	1,49	1,46	1,42	1,39	1,37		65
2,37	2,29	2,18	2,09	2,00	1,90	1,85	1,76	1,72	1,65	1,60	1,56		
1,84	1,79	1,72	1,67	1,62	1,57	1,53	1,47	1,45	1,40	1,37	1,35		70
2,35	2,27	2,15	2,07	1,98	1,88	1,83	1,74	1,70	1,62	1,57	1,53		
1,82	1,77	1,70	1,65	1,60	1,54	1,51	1,45	1,43	1,38	1,35	1,32		80
2,31	2,23	2,12	2,03	1,94	1,85	1,79	1,70	1,66	1,58	1,53	1,49		
1,79	1,75	1,68	1,63	1,57	1,52	1,48	1,42	1,39	1,34	1,31	1,28		100
2,26	2,19	2,06	1,98	1,89	1,79	1,73	1,64	1,60	1,52	1,47	1,43		
1,77	1,72	1,65	1,60	1,55	1,49	1,45	1,39	1,36	1,31	1,27	1,25		125
2,23	2,15	2,03	1,94	1,85	1,75	1,69	1,59	1,55	1,47	1,41	1,37		
1,76	1,71	1,64	1,59	1,53	1,48	1,44	1,37	1,34	1,29	1,25	1,22		150
2,20	2,12	2,00	1,91	1,83	1,72	1,66	1,56	1,52	1,43	1,38	1,33		
1,74	1,69	1,62	1,57	1,52	1,46	1,41	1,35	1,32	1,26	1,22	1,19		200
2,17	2,09	1,97	1,88	1,79	1,69	1,63	1,53	1,48	1,39	1,33	1,28		
1,72	1,67	1,60	1,54	1,49	1,42	1,38	1,32	1,28	1,22	1,16	1,13		400
2,12	2,04	1,92	1,84	1,74	1,64	1,57	1,47	1,42	1,32	1,24	1,19		
1,70	1,65	1,58	1,53	1,47	1,41	1,36	1,30	1,26	1,19	1,13	1,08		1000
2,09	2,02	1,89	1,81	1,71	1,61	1,54	1,44	1,38	1,28	1,19	1,11		
1,69	1,64	1,57	1,52	1,46	1,39	1,35	1,28	1,24	1,17	1,11	1,00		∞
2,08	2,00	1,88	1,79	1,70	1,59	1,52	1,41	1,36	1,25	1,15	1,00		

0.3.6.6 Die Fischersche Z-Verteilung[42]

r_2	r_1									
	1	2	3	4	5	6	8	12	24	∞
1	4,1535	4,2585	4,2974	4,3175	4,3297	4,3379	4,3482	4,3585	4,3689	4,3794
2	2,2950	2,2976	2,2984	2,2988	2,2991	2,2992	2,2994	2,2997	2,2999	2,3001
3	1,7649	1,7140	1,6915	1,6786	1,6703	1,6645	1,6569	1,6489	1,6404	1,6314
4	1,5270	1,4452	1,4075	1,3856	1,3711	1,3609	1,3473	1,3327	1,3170	1,3000
5	1,3943	1,2929	1,2449	1,2164	1,1974	1,1838	1,1656	1,1457	1,1239	1,0997
6	1,3103	1,1955	1,1401	1,1068	1,0843	1,0680	1,0460	1,0218	0,9948	0,9643
7	1,2526	1,1281	1,0682	1,0300	1,0048	0,9864	0,9614	0,9335	0,9020	0,8658
8	1,2106	1,0787	1,0135	0,9734	0,9459	0,9259	0,8983	0,8673	0,8319	0,7904
9	1,1786	1,0411	0,9724	0,9299	0,9006	0,8791	0,8494	0,8157	0,7769	0,7305
10	1,1535	1,0114	0,9399	0,8954	0,8646	0,8419	0,8104	0,7744	0,7324	0,6816
11	1,1333	0,9874	0,9136	0,8674	0,8354	0,8116	0,7785	0,7405	0,6958	0,6408
12	1,1166	0,9677	0,8919	0,8443	0,8111	0,7864	0,7520	0,7122	0,6649	0,6061
13	1,1027	0,9511	0,8737	0,8248	0,7907	0,7652	0,7295	0,6882	0,6386	0,5761
14	1,0909	0,9370	0,8581	0,8082	0,7732	0,7471	0,7103	0,6675	0,6159	0,5500
15	1,0807	0,9249	0,8448	0,7939	0,7582	0,7314	0,6937	0,6496	0,5961	0,5269
16	1,0719	0,9144	0,8331	0,7814	0,7450	0,7177	0,6791	0,6339	0,5786	0,5064
17	1,0641	0,9051	0,8229	0,7705	0,7335	0,7057	0,6663	0,6199	0,5630	0,4879
18	1,0572	0,8970	0,8138	0,7607	0,7232	0,6950	0,6549	0,6075	0,5491	0,4712
19	1,0511	0,8897	0,8057	0,7521	0,7140	0,6854	0,6447	0,5964	0,5366	0,4560
20	1,0457	0,8831	0,7985	0,7443	0,7058	0,6768	0,6355	0,5864	0,5253	0,4421
21	1,0408	0,8772	0,7920	0,7372	0,6984	0,6690	0,6272	0,5773	0,5150	0,4294
22	1,0363	0,8719	0,7860	0,7309	0,6916	0,6620	0,6196	0,5691	0,5056	0,4176
23	1,0322	0,8670	0,7806	0,7251	0,6855	0,6555	0,6127	0,5615	0,4969	0,4068
24	1,0285	0,8626	0,7757	0,7197	0,6799	0,6496	0,6064	0,5545	0,4890	0,3967
25	1,0251	0,8585	0,7712	0,7148	0,6747	0,6442	0,6006	0,5481	0,4816	0,3872
26	1,0220	0,8548	0,7670	0,7103	0,6699	0,6392	0,5952	0,5422	0,4748	0,3784
27	1,0191	0,8513	0,7631	0,7062	0,6655	0,6346	0,5902	0,5367	0,4685	0,3701
28	1,0164	0,8481	0,7595	0,7023	0,6614	0,6303	0,5856	0,5316	0,4626	0,3624
29	1,0139	0,8451	0,7562	0,6987	0,6576	0,6263	0,5813	0,5269	0,4570	0,3550
30	1,0116	0,8423	0,7531	0,6954	0,6540	0,6226	0,5773	0,5224	0,4519	0,3481
40	0,9949	0,8223	0,7307	0,6712	0,6283	0,5956	0,5481	0,4901	0,4138	0,2922
60	0,9784	0,8025	0,7086	0,6472	0,6028	0,5687	0,5189	0,4574	0,3746	0,2352
120	0,9622	0,7829	0,6867	0,6234	0,5774	0,5419	0,4897	0,4243	0,3339	0,1612
∞	0,9462	0,7636	0,6651	0,5999	0,5522	0,5152	0,4604	0,3908	0,2913	0,0000

[42]Die Tafel enthält die Werte von z_0, für die die Wahrscheinlichkeit dafür, dass die Fischersche Zufallsvariabel Z mit (r_1, r_2) Freiheitsgraden nicht kleiner als z_0 ist, gleich 0,01 ist.

$$P(Z \geq z_0) = \int_{z_0}^{\infty} f(z) \, \mathrm{d}z = 0{,}01,$$

hierbei ist $f(z)$ durch die Formel

$$f(z) = \frac{2r_1^{\frac{r_1}{2}} r_2^{\frac{r_2}{2}}}{B\left(\frac{r_1}{2}, \frac{r_2}{2}\right)} \frac{\mathrm{e}^{r_1 z}}{(r_1 \mathrm{e}^{2z} + r_2)^{\frac{r_1 + r_2}{2}}}$$

bestimmt.

0.3.6.7 Kritische Zahlen für den Wilcoxon-Test

$$\alpha = 0{,}05$$

						n_2						
	4	5	6	7	8	9	10	11	12	13	14	n_1
	–	–	–	–	8,0	9,0	10,0	10,0	11,0	12,0	13,0	2
	–	7,5	8,0	9,5	10,0	11,5	12,0	13,5	14,0	15,5	16,0	3
	8,0	9,0	10,0	11,0	12,0	13,0	15,0	16,0	17,0	18,0	19,0	4
	9,0	10,5	12,0	12,5	14,0	15,5	17,0	18,5	19,0	20,5	22,0	5
		13,0	15,0	16,0	17,0	19,0	20,0	22,0	23,0	25,0		6
15	47,5				16,5	18,0	19,5	21,0	22,5	24,0	25,5	27,0 → 7
14	46,0	48,0				19,0	21,0	23,0	25,0	26,0	28,0	29,0 → 8
13	43,5	45,0	47,5				22,5	25,0	26,5	28,0	30,5	32,0 → 9
12	41,0	43,0	45,0	47,0				27,0	29,0	30,0	32,0	34,0 → 10
11	38,5	40,0	42,5	44,0	46,5				30,5	33,0	34,5	37,0 → 11
10	36,0	38,0	40,0	42,0	43,0	45,0				35,0	37,0	39,0 → 12
9	33,5	35,0	37,5	39,0	40,5	42,0	44,5				38,5	41,0 → 13
8	31,0	33,0	34,0	36,0	38,0	39,0	41,0	42,0				43,0 → 14
7	28,5	30,0	31,5	33,0	34,5	36,0	37,5	39,0	40,5			
6	26,0	27,0	29,0	30,0	32,0	33,0	34,0	36,0	37,0	38,0	39,0	
5	23,5	24,0	25,5	27,0	28,5	30,0	30,5	32,0	33,5	35,0	35,5	
4	20,0	21,0	23,0	24,0	25,0	26,0	27,0	28,0	29,0	30,0	32,0	
3	17,5	18,0	19,5	20,0	21,5	22,0	23,5	24,0	25,5	26,0	27,5	
2	14,0	15,0	15,0	16,0	17,0	18,0	18,0	19,0	20,0	21,0	22,0	
n_1	15	16	17	18	19	20	21	22	23	24	25	
						n_2						

$$\alpha = 0{,}01$$

						n_2						
	4	5	6	7	8	9	10	11	12	13	14	n_1
	–	–	–	–	–	13,5	15,0	16,5	17,0	18,5	20,0	3
	–	–	12,0	14,0	15,0	17,0	18,0	20,0	21,0	22,0	24,0	4
	–	12,5	14,0	15,5	18,0	19,5	21,0	22,5	24,0	25,5	28,0	5
			16,0	18,0	20,0	22,0	24,0	26,0	27,0	29,0	31,0	6
15	61,5				20,5	22,0	24,5	26,0	28,5	30,0	32,5	34,0 → 7
14	59,0	62,0				25,0	27,0	29,0	31,0	33,0	35,0	38,0 → 8
13	55,5	58,0	61,5				29,5	32,0	33,5	36,0	38,5	41,0 → 9
12	53,0	55,0	58,0	61,0				34,0	36,0	39,0	41,0	44,0 → 10
11	49,5	52,0	54,5	57,0	59,5				39,5	42,0	44,5	47,0 → 11
10	46,0	49,0	51,0	53,0	56,0	58,0				44,0	47,0	50,0 → 12
9	42,5	45,0	47,5	50,0	52,5	54,0	56,5				50,5	53,0 → 13
8	40,0	42,0	44,0	46,0	48,0	50,0	52,0	54,0				56,0 → 14
7	36,5	38,0	40,5	42,0	44,5	46,0	48,5	50,0	51,5			
6	33,0	35,0	36,0	38,0	40,0	42,0	44,0	45,0	47,0	49,0	51,0	
5	29,5	31,0	32,5	34,0	35,5	37,0	38,5	41,0	42,5	44,0	45,5	
4	25,0	27,0	28,0	30,0	31,0	32,0	34,0	35,0	37,0	38,0	40,0	
3	20,5	22,0	23,5	25,0	25,5	27,0	28,5	29,0	30,5	32,0	32,5	
2	–	–	–	–	19,0	20,0	21,0	22,0	23,0	24,0	25,0	
n_1	15	16	17	18	19	20	21	22	23	24	25	
						n_2						

0.3.6.8 Die Kolmogorow–Smirnowsche λ-Verteilung[43]

λ	$Q(\lambda)$	λ	$Q(\lambda)$	λ	$Q(\lambda)$	λ	$Q(\lambda)$	λ	$Q(\lambda)$	λ	$Q(\lambda)$
0,32	0,0000	0,66	0,2236	1,00	0,7300	1,34	0,9449	1,68	0,9929	2,00	0,9993
0,33	0,0001	0,67	0,2396	1,01	0,7406	1,35	0,9478	1,69	0,9934	2,01	0,9994
0,34	0,0002	0,68	0,2558	1,02	0,7508	1,36	0,9505	1,70	0,9938	2,02	0,9994
0,35	0,0003	0,69	0,2722	1,03	0,7608	1,37	0,9531	1,71	0,9942	2,03	0,9995
0,36	0,0005	0,70	0,2888	1,04	0,7704	1,38	0,9556	1,72	0,9946	2,04	0,9995
0,37	0,0008	0,71	0,3055	1,05	0,7798	1,39	0,9580	1,73	0,9950	2,05	0,9996
0,38	0,0013	0,72	0,3223	1,06	0,7889	1,40	0,9603	1,74	0,9953	2,06	0,9996
0,39	0,0019	0,73	0,3391	1,07	0,7976	1,41	0,9625	1,75	0,9956	2,07	0,9996
0,40	0,0028	0,74	0,3560	1,08	0,8061	1,42	0,9646	1,76	0,9959	2,08	0,9996
0,41	0,0040	0,75	0,3728	1,09	0,8143	1,43	0,9665	1,77	0,9962	2,09	0,9997
0,42	0,0055	0,76	0,3896	1,10	0,8223	1,44	0,9684	1,78	0,9965	2,10	0,9997
0,43	0,0074	0,77	0,4064	1,11	0,8299	1,45	0,9702	1,79	0,9967	2,11	0,9997
0,44	0,0097	0,78	0,4230	1,12	0,8374	1,46	0,9718	1,80	0,9969	2,12	0,9997
0,45	0,0126	0,79	0,4395	1,13	0,8445	1,47	0,9734	1,81	0,9971	2,13	0,9998
0,46	0,0160	0,80	0,4559	1,14	0,8514	1,48	0,9750	1,82	0,9973	2,14	0,9998
0,47	0,0200	0,81	0,4720	1,15	0,8580	1,49	0,9764	1,83	0,9975	2,15	0,9998
0,48	0,0247	0,82	0,4880	1,16	0,8644	1,50	0,9778	1,84	0,9977	2,16	0,9998
0,49	0,0300	0,83	0,5038	1,17	0,8706	1,51	0,9791	1,85	0,9979	2,17	0,9998
0,50	0,0361	0,84	0,5194	1,18	0,8765	1,52	0,9803	1,86	0,9980	2,18	0,9999
0,51	0,0428	0,85	0,5347	1,19	0,8823	1,53	0,9815	1,87	0,9981	2,19	0,9999
0,52	0,0503	0,86	0,5497	1,20	0,8877	1,54	0,9826	1,88	0,9983	2,20	0,9999
0,53	0,0585	0,87	0,5645	1,21	0,8930	1,55	0,9836	1,89	0,9984	2,21	0,9999
0,54	0,0675	0,88	0,5791	1,22	0,8981	1,56	0,9846	1,90	0,9985	2,22	0,9999
0,55	0,0772	0,89	0,5933	1,23	0,9030	1,57	0,9855	1,91	0,9986	2,23	0,9999
0,56	0,0876	0,90	0,6073	1,24	0,9076	1,58	0,9864	1,92	0,9987	2,24	0,9999
0,57	0,0987	0,91	0,6209	1,25	0,9121	1,59	0,9873	1,93	0,9988	2,25	0,9999
0,58	0,1104	0,92	0,6343	1,26	0,9164	1,60	0,9880	1,94	0,9989	2,26	0,9999
0,59	0,1228	0,93	0,6473	1,27	0,9206	1,61	0,9888	1,95	0,9990	2,27	0,9999
0,60	0,1357	0,94	0,6601	1,28	0,9245	1,62	0,9895	1,96	0,9991	2,28	0,9999
0,61	0,1492	0,95	0,6725	1,29	0,9283	1,63	0,9902	1,97	0,9991	2,29	0,9999
0,62	0,1632	0,96	0,6846	1,30	0,9319	1,64	0,9908	1,98	0,9992	2,30	0,9999
0,63	0,1778	0,97	0,6964	1,31	0,9354	1,65	0,9914	1,99	0,9993	2,31	1,0000
0,64	0,1927	0,98	0,7079	1,32	0,9387	1,66	0,9919				
0,65	0,2080	0,99	0,7191	1,33	0,9418	1,67	0,9924				

[43] Die Tabellen zur Wahrscheinlichkeitsrechnung und mathematischen Statistik wurden z. T. [Fisz 1970] und [Smirnow et al. 1963] entnommen.

0.3.6.9 Die Poissonsche Verteilung $P(X = r) = \dfrac{\lambda^r}{r!} e^{-\lambda}$

λ

r	0,1	0,2	0,3	0,4	0,5	0,6	0,7	0,8
0	0,904 837	0,818 731	0,740 818	0,670 320	0,606 531	0,548 812	0,496 585	0,449 329
1	0,090 484	0,163 746	0,222 245	0,268 128	0,303 265	0,329 287	0,347 610	0,359 463
2	0,004 524	0,016 375	0,033 337	0,053 626	0,075 816	0,098 786	0,121 663	0,143 785
3	0,000 151	0,001 092	0,003 334	0,007 150	0,012 636	0,019 757	0,028 388	0,038 343
4	0,000 004	0,000 055	0,000 250	0,000 715	0,001 580	0,002 964	0,004 968	0,007 669
5	–	0,000 002	0,000 015	0,000 057	0,000 158	0,000 356	0,000 696	0,001 227
6	–	–	0,000 001	0,000 004	0,000 013	0,000 036	0,000 081	0,000 164
7	–	–	–	–	0,000 001	0,000 003	0,000 008	0,000 019
8	–	–	–	–	–	–	0,000 001	0,000 002

λ

r	0,9	1,0	1,5	2,0	2,5	3,0	3,5	4,0
0	0,406 570	0,367 879	0,223 130	0,135 335	0,082 085	0,049 787	0,030 197	0,018 316
1	0,365 913	0,367 879	0,334 695	0,270 671	0,205 212	0,149 361	0,105 691	0,073 263
2	0,164 661	0,183 940	0,251 021	0,270 671	0,256 516	0,224 042	0,184 959	0,146 525
3	0,049 398	0,061 313	0,125 510	0,180 447	0,213 763	0,224 042	0,215 785	0,195 367
4	0,011 115	0,015 328	0,047 067	0,090 224	0,133 602	0,168 031	0,188 812	0,195 367
5	0,002 001	0,003 066	0,014 120	0,036 089	0,066 801	0,100 819	0,132 169	0,156 293
6	0,000 300	0,000 511	0,003 530	0,012 030	0,027 834	0,050 409	0,077 098	0,104 196
7	0,000 039	0,000 073	0,000 756	0,003 437	0,009 941	0,021 604	0,038 549	0,059 540
8	0,000 004	0,000 009	0,000 142	0,000 859	0,003 106	0,008 102	0,016 865	0,029 770
9	–	0,000 001	0,000 024	0,000 191	0,000 863	0,002 701	0,006 559	0,013 231
10	–	–	0,000 004	0,000 038	0,000 216	0,000 810	0,002 296	0,005 292
11	–	–	–	0,000 007	0,000 049	0,000 221	0,000 730	0,001 925
12	–	–	–	0,000 001	0,000 010	0,000 055	0,000 213	0,000 642
13	–	–	–	–	0,000 002	0,000 013	0,000 057	0,000 197
14	–	–	–	–	–	0,000 003	0,000 014	0,000 056
15	–	–	–	–	–	0,000 001	0,000 003	0,000 015
16	–	–	–	–	–	–	0,000 001	0,000 004
17	–	–	–	–	–	–	–	0,000 001

λ

r	4,5	5,0	6,0	7,0	8,0	9,0	10,0
0	0,011 109	0,006 738	0,002 479	0,000 912	0,000 335	0,000 123	0,000 045
1	0,049 990	0,033 690	0,014 873	0,006 383	0,002 684	0,001 111	0,000 454
2	0,112 479	0,083 224	0,044 618	0,022 341	0,010 735	0,004 998	0,002 270
3	0,168 718	0,140 374	0,089 235	0,052 129	0,028 626	0,014 994	0,007 567
4	0,189 808	0,175 467	0,133 853	0,091 226	0,057 252	0,033 737	0,018 917
5	0,170 827	0,175 467	0,160 623	0,127 717	0,091 604	0,060 727	0,037 833
6	0,128 120	0,146 223	0,160 623	0,149 003	0,122 138	0,091 090	0,063 055
7	0,082 363	0,104 445	0,137 677	0,149 003	0,139 587	0,117 116	0,090 079
8	0,046 329	0,065 278	0,103 258	0,130 377	0,139 587	0,131 756	0,112 599
9	0,023 165	0,036 266	0,068 838	0,101 405	0,124 077	0,131 756	0,125 110
10	0,010 424	0,018 133	0,041 303	0,070 983	0,099 262	0,118 580	0,125 110
11	0,004 264	0,008 242	0,022 529	0,045 171	0,072 190	0,097 020	0,113 736
12	0,001 599	0,003 434	0,011 264	0,026 350	0,048 127	0,072 765	0,094 780
13	0,000 554	0,001 321	0,005 199	0,014 188	0,029 616	0,050 376	0,072 908
14	0,000 178	0,000 472	0,002 228	0,007 094	0,016 924	0,032 384	0,052 077
15	0,000 053	0,000 157	0,000 891	0,003 311	0,009 026	0,019 431	0,034 718
16	0,000 015	0,000 049	0,000 334	0,001 448	0,004 513	0,010 930	0,021 699
17	0,000 004	0,000 014	0,000 118	0,000 596	0,002 124	0,005 786	0,012 764
18	0,000 001	0,000 004	0,000 039	0,000 232	0,000 944	0,002 893	0,007 091
19	–	0,000 001	0,000 012	0,000 085	0,000 397	0,001 370	0,003 732
20	–	–	0,000 004	0,000 030	0,000 159	0,000 617	0,001 866
21	–	–	0,000 001	0,000 010	0,000 061	0,000 264	0,000 889
22	–	–	–	0,000 003	0,000 022	0,000 108	0,000 404
23	–	–	–	0,000 001	0,000 008	0,000 042	0,000 176
24	–	–	–	–	0,000 003	0,000 016	0,000 073
25	–	–	–	–	0,000 001	0,000 006	0,000 029
26	–	–	–	–	–	0,000 002	0,000 011
27	–	–	–	–	–	0,000 001	0,000 004
28	–	–	–	–	–	–	0,000 001
29	–	–	–	–	–	–	0,000 001

0.4 Primzahltabelle

Die folgende Tabelle enthält alle Primzahlen kleiner als 4000.

2	3	5	7	11	13	17	19	23	29
31	37	41	43	47	53	59	61	67	71
73	79	83	89	97	101	103	107	109	113
127	131	137	139	149	151	157	163	167	173
179	181	191	193	197	199	211	223	227	229
233	239	241	251	257	263	269	271	277	281
283	293	307	311	313	317	331	337	347	349
353	359	367	373	379	383	389	397	401	409
419	421	431	433	439	443	449	457	461	463
467	479	487	491	499	503	509	521	523	541
547	557	563	569	571	577	587	593	599	601
607	613	617	619	631	641	643	647	653	659
661	673	677	683	691	701	709	719	727	733
739	743	751	757	761	769	773	787	797	809
811	821	823	827	829	839	853	857	859	863
877	881	883	887	907	911	919	929	937	941
947	953	967	971	977	983	991	997	1009	1013
1019	1021	1031	1033	1039	1049	1051	1061	1063	1069
1087	1091	1093	1097	1103	1109	1117	1123	1129	1151
1153	1163	1171	1181	1187	1193	1201	1213	1217	1223
1229	1231	1237	1249	1259	1277	1279	1283	1289	1291
1297	1301	1303	1307	1319	1321	1327	1361	1367	1373
1381	1399	1409	1423	1427	1429	1433	1439	1447	1451
1453	1459	1471	1481	1483	1487	1489	1493	1499	1511
1523	1531	1543	1549	1553	1559	1567	1571	1579	1583
1597	1601	1607	1609	1613	1619	1621	1627	1637	1657
1663	1667	1669	1693	1697	1699	1709	1721	1723	1733
1741	1747	1753	1759	1777	1783	1787	1789	1801	1811
1823	1831	1847	1861	1867	1871	1873	1877	1879	1889
1901	1907	1913	1931	1933	1949	1951	1973	1979	1987
1993	1997	1999	2003	2011	2017	2027	2029	2039	2053
2063	2069	2081	2083	2087	2089	2099	2111	2113	2129
2131	2137	2141	2143	2153	2161	2179	2203	2207	2213
2221	2237	2239	2243	2251	2267	2269	2273	2281	2287
2293	2297	2309	2311	2333	2339	2341	2347	2351	2357
2371	2377	2381	2383	2389	2393	2399	2411	2417	2423
2437	2441	2447	2459	2467	2473	2477	2503	2521	2531
2539	2543	2549	2551	2557	2579	2591	2593	2609	2617
2621	2633	2647	2657	2659	2663	2671	2677	2683	2687
2689	2693	2699	2707	2711	2713	2719	2729	2731	2741
2749	2753	2767	2777	2789	2791	2797	2801	2803	2819
2833	2837	2843	2851	2857	2861	2879	2887	2897	2903
2909	2917	2927	2939	2953	2957	2963	2969	2971	2999
3001	3011	3019	3023	3037	3041	3049	3061	3067	3079
3083	3089	3109	3119	3121	3137	3163	3167	3169	3181
3187	3191	3203	3209	3217	3221	3229	3251	3253	3257
3259	3271	3299	3301	3307	3313	3319	3323	3329	3331
3343	3347	3359	3361	3371	3373	3389	3391	3407	3413
3433	3449	3457	3461	3463	3467	3469	3491	3499	3511
3517	3527	3529	3533	3539	3541	3547	3557	3559	3571
3581	3583	3593	3607	3613	3617	3623	3631	3637	3643
3659	3671	3673	3677	3691	3697	3701	3709	3719	3727
3733	3739	3761	3767	3769	3779	3793	3797	3803	3821
3823	3833	3847	3851	3853	3863	3877	3881	3889	3907
3911	3917	3919	3923	3929	3931	3943	3947	3967	3989

0.5 Reihen- und Produktformeln

Für unendliche Reihen und unendliche Produkte spielt der Konvergenzbegriff eine grundlegende Rolle (vgl. 1.10.1 und 1.10.6).

0.5.1 Spezielle Reihen

Weitere wichtige Reihen erhält man, indem man in den in 0.5.2 angegebenen Potenzreihen oder in den in 0.5.4 angegebenen Fourierreihen spezielle Werte einsetzt.

0.5.1.1 Die Leibnizsche Reihe und verwandte Reihen

$$1 - \frac{1}{3} + \frac{1}{5} - \ldots = \sum_{n=0}^{\infty} \frac{(-1)^n}{2n+1} = \frac{\pi}{4} \qquad \text{(Leibniz, 1676)},$$

$$1 - \frac{1}{2} + \frac{1}{3} - \ldots = \sum_{n=1}^{\infty} \frac{(-1)^{n+1}}{n} = \ln 2,$$

$$\ln\left(1 - \frac{1}{2^2}\right) + \ln\left(1 - \frac{1}{3^2}\right) + \ldots = \sum_{k=2}^{\infty} \ln\left(1 - \frac{1}{k^2}\right) = -\ln 2,$$

$$2 + \frac{1}{2!} + \frac{1}{3!} + \ldots = \sum_{n=0}^{\infty} \frac{1}{n!} = e \qquad \text{(Eulersche Zahl)},$$

$$\frac{1}{2!} - \frac{1}{3!} + \frac{1}{4!} - \ldots = \sum_{n=2}^{\infty} \frac{(-1)^n}{n!} = \frac{1}{e},$$

$$1 + \frac{1}{2} + \frac{1}{4} + \frac{1}{8} + \ldots = \sum_{n=0}^{\infty} \frac{1}{2^n} = 2 \qquad \text{(geometrische Reihe)},$$

$$1 - \frac{1}{2} + \frac{1}{4} - \frac{1}{8} + \ldots = \sum_{n=0}^{\infty} \frac{(-1)^n}{2^n} = \frac{2}{3} \qquad \text{(alternierende geometrische Reihe)},$$

$$\frac{1}{1 \cdot 2} + \frac{1}{2 \cdot 3} + \frac{1}{3 \cdot 4} + \ldots = \sum_{n=1}^{\infty} \frac{1}{n(n+1)} = 1,$$

$$\frac{1}{1 \cdot 3} + \frac{1}{3 \cdot 5} + \frac{1}{5 \cdot 7} + \ldots = \sum_{n=1}^{\infty} \frac{1}{(2n-1)(2n+1)} = \frac{1}{2},$$

$$\frac{1}{1 \cdot 3} + \frac{1}{2 \cdot 4} + \frac{1}{3 \cdot 5} + \ldots = \sum_{n=2}^{\infty} \frac{1}{(n-1)(n+1)} = \frac{3}{4},$$

$$\frac{1}{3 \cdot 5} + \frac{1}{7 \cdot 9} + \frac{1}{11 \cdot 13} + \ldots = \sum_{n=1}^{\infty} \frac{1}{(4n-1)(4n+1)} = \frac{1}{2} - \frac{\pi}{8},$$

$$\frac{1}{1 \cdot 2 \cdot 3} + \frac{1}{2 \cdot 3 \cdot 4} + \frac{1}{3 \cdot 4 \cdot 5} + \ldots = \sum_{n=1}^{\infty} \frac{1}{n(n+1)(n+2)} = \frac{1}{4},$$

$$\frac{1}{1 \cdot 2 \cdot 3 \cdots k} + \frac{1}{2 \cdot 3 \cdots (k+1)} + \cdots$$

$$= \sum_{n=1}^{\infty} \frac{1}{n(n+1) \cdots (n+k-1)} = \frac{1}{(k-1)(k-1)!} , \qquad k = 2, 3, \ldots,$$

$$\sum_{n=p+1}^{\infty} \frac{1}{n^2 - p^2} = \frac{1}{2p} \left(1 + \frac{1}{2} + \ldots + \frac{1}{2p} \right), \quad p = 1, 2, \ldots \text{ (Jakob Bernoulli, 1689)}.$$

0.5.1.2 Spezielle Werte der Riemannschen ζ-Funktion und verwandte Reihen

Die Reihe

$$\zeta(s) = 1 + \frac{1}{2^s} + \frac{1}{3^s} + \ldots = \sum_{n=1}^{\infty} \frac{1}{n^s}$$

konvergiert für alle reellen Zahlen $s > 1$ und allgemeiner für alle komplexen Zahlen s mit $\operatorname{Re} s > 1$. Diese Funktion spielt eine fundamentale Rolle in der Theorie der Primzahlverteilungen (vgl. 2.7.3).

Die Formeln von Euler (1734)[44]:

$$\zeta(2k) = 1 + \frac{1}{2^{2k}} + \frac{1}{3^{2k}} + \ldots = \frac{(2\pi)^{2k}}{2(2k)!} B_{2k} , \qquad k = 1, 2, \ldots$$

Spezialfälle:

$$\zeta(2) = 1 + \frac{1}{2^2} + \frac{1}{3^2} + \ldots = \frac{\pi^2}{6} ,$$

$$\zeta(4) = \frac{\pi^4}{90} , \qquad \zeta(6) = \frac{\pi^6}{945} , \qquad \zeta(8) = \frac{\pi^8}{9\,450} .$$

$$1 - \frac{1}{2^{2k}} + \frac{1}{3^{2k}} - \frac{1}{4^{2k}} + \ldots = \sum_{n=1}^{\infty} \frac{(-1)^{n+1}}{n^{2k}} = \frac{\pi^{2k} \left(2^{2k} - 1 \right)}{(2k)!} |B_{2k}| , \qquad k = 1, 2, \ldots$$

Spezialfälle:

$$1 - \frac{1}{2^2} + \frac{1}{3^2} - \frac{1}{4^2} + \ldots = \sum_{n=1}^{\infty} \frac{(-1)^{n+1}}{n^2} = \frac{\pi^2}{12} ,$$

$$1 - \frac{1}{2^4} + \frac{1}{3^4} - \frac{1}{4^4} + \ldots = \sum_{n=1}^{\infty} \frac{(-1)^{n+1}}{n^4} = \frac{7\pi^4}{720} .$$

---

[44]Die Bernoullischen Zahlen B_k und die Eulerschen Zahlen E_k findet man in 0.1.10.4 und 0.1.10.5.

$$1 + \frac{1}{3^{2k}} + \frac{1}{5^{2k}} + \ldots = \sum_{n=0}^{\infty} \frac{1}{(2n+1)^{2k}} = \frac{\pi^{2k}\left(2^{2k-1}\right)}{2(2k)!} \, |B_{2k}|, \quad k = 1, 2, \ldots$$

Spezialfälle:

$$1 + \frac{1}{3^2} + \frac{1}{5^2} + \ldots = \frac{\pi^2}{8},$$

$$1 + \frac{1}{3^4} + \frac{1}{5^4} + \ldots = \frac{\pi^4}{96}.$$

$$1 - \frac{1}{3^{2k+1}} + \frac{1}{5^{2k+1}} - \ldots = \sum_{n=0}^{\infty} \frac{(-1)^n}{(2n+1)^{2k+1}} = \frac{\pi^{2k+1}}{2^{2k+2}(2k)!} \, |E_{2k}|, \quad k = 0, 1, 2, \ldots$$

Spezialfall:[45]

$$1 - \frac{1}{3^3} + \frac{1}{5^3} - \ldots = \frac{\pi^3}{32}.$$

0.5.1.3 Die Euler-MacLaurinsche Summenformel

Die asymptotische Formel von Euler (1734):

$$\lim_{n \to \infty} \left(1 + \frac{1}{2} + \frac{1}{3} + \ldots + \frac{1}{n} - \ln(n+1) \right) = C. \tag{0.53}$$

Die Eulersche Konstante C hat den Wert C = 0,577215664901532..., den bereits Euler berechnete. Die asymptotische Formel (0.53) ist Spezialfall der Eulerschen Summenformel (0.54).

Bernoullische Polynome:

$$B_n(x) := \sum_{k=0}^{\infty} \binom{n}{k} B_k x^{n-k}.$$

Modifizierte Bernoullische Polynome:[46]

$$C_n(x) := B_n\big(x - [x]\big).$$

Die Euler-MacLaurinsche Summenformel: Für $n = 1, 2, \ldots$ gilt

$$f(0) + f(1) + \ldots + f(n) = \int_0^n f(x)\,\mathrm{d}x + \frac{f(0) + f(n)}{2} + S_n \tag{0.54}$$

mit[47]

$$S_n := \left. \frac{B_2}{2!} f' + \frac{B_4}{4!} f^{(3)} + \ldots + \frac{B_{2p}}{(2p)!} f^{(2p-1)} \right|_1^n + R_p, \quad p = 2, 3, \ldots,$$

---

[45] Für $k = 0$ erhält man die Leibnizreihe $1 - \frac{1}{3} + \frac{1}{5} - \ldots$

[46] Mit $[x]$ bezeichnen wir die größte ganze Zahl $\leq x$. Die Funktion C_n stimmt auf dem Intervall $[0, 1[$ mit B_n überein und wird dann periodisch mit der Periode 1 fortgesetzt.

[47] Das Symbol $g\big|_0^n$ bedeutet $g(n) - g(0)$.

und dem Restglied

$$R_p = \frac{1}{(2p+1)!} \int_0^n f^{(2p+1)}(x) C_{2p+1}(x)\, dx.$$

Dabei wird vorausgesetzt, dass die Funktion $f\colon [0,n] \to \mathbb{R}$ hinreichend glatt ist, d. h., sie besitzt auf dem Intervall $[0,n]$ stetige Ableitungen bis zur Ordnung $2p+1$.

0.5.1.4 Unendliche Partialbruchzerlegungen

Die folgenden Reihen konvergieren für alle komplexen Zahlen x mit Ausnahme der Werte in denen die Nenner null werden[48]:

$$\cot \pi x = \frac{1}{x} + \sum_{k=1}^{\infty} \left(\frac{1}{x-k} + \frac{1}{x+k} \right),$$

$$\tan \pi x = -\sum_{k=1}^{\infty} \frac{1}{x - \left(k - \frac{1}{2}\right)} + \frac{1}{x + \left(k - \frac{1}{2}\right)},$$

$$\frac{\pi}{\sin \pi x} = \frac{1}{x} + \sum_{k=1}^{\infty} \frac{(-1)^k 2x}{x^2 - k^2},$$

$$\left(\frac{\pi}{\sin \pi x} \right)^2 = \sum_{k=-\infty}^{\infty} \frac{1}{(x-k)^2},$$

$$\left(\frac{\pi}{\cos \pi x} \right)^2 = \sum_{k=-\infty}^{\infty} \frac{1}{\left(x - k + \frac{1}{2}\right)^2}.$$

0.5.2 Potenzreihen

Hinweise zur Potenzreihentabelle: Die im folgenden angegebenen Potenzreihen konvergieren für alle komplexen Zahlen x, die den angegebenen Ungleichungen genügen. Die Eigenschaften von Potenzreihen werden in 1.10.3 betrachtet.

Die angegebenen ersten Reihenglieder können als Näherung der betreffenden Funktion benutzt werden, falls $|x|$ klein ist.

▶ BEISPIEL: Man hat

$$\sin x = x - \frac{x^3}{6} + \frac{x^5}{120} - \frac{x^7}{5040} + \dots = \sum_{k=0}^{\infty} \frac{(-1)^k x^{2k+1}}{(2k+1)!}.$$

Ist $|x|$ klein, dann erhält man näherungsweise $\sin x = x$. Eine bessere Näherung ergibt sich sukzessiv durch

$$\sin x = x - \frac{x^3}{6}, \qquad \sin x = x - \frac{x^3}{6} + \frac{x^5}{120} \qquad \text{usw.}$$

Für die häufig auftretenden Fakultäten kann man die folgende Tabelle benutzen:

n	0	1	2	3	4	5	6	7	8	9	10
$n!$	1	1	2	6	24	120	720	5040	40 320	362 880	3 628 800

---

[48]Diese Reihen sind Spezialfälle des Satzes von Mittag-Leffler (vgl. 1.14.6.4 im Handbuch).

Eine Summe $\sum_{k=-\infty}^{\infty} \dots$ steht für $\sum_{k=0}^{\infty} \dots + \sum_{k=-\infty}^{-1} \dots$

Bei den Entwicklungen von

$$\frac{x}{e^x - 1},\ \tan x,\ \cot x,\ \frac{1}{\sin x} \equiv \operatorname{cosec} x,\ \tanh x,\ \coth x,\ \frac{1}{\sinh x} \equiv \operatorname{cosec} x\ \text{bzw.}$$

$$\frac{1}{\cosh x} \equiv \operatorname{sech} x,\ \frac{1}{\cos x} \equiv \sec x,\ \ln \cos x,\ \ln |x| - \ln |\sin x|,$$

treten Bernoullische Zahlen B_k bzw. Eulersche Zahlen E_k auf (vgl. 0.1.10.4, 0.1.10.5).

Funktion	Potenzreihenentwicklung	Konvergenzbereich ($x \in \mathbb{C}$)
	geometrische Reihe	
$\dfrac{1}{1-x}$	$1 + x + x^2 + x^3 + \ldots = \displaystyle\sum_{k=0}^{\infty} x^k$	$|x| < 1$
$\dfrac{1}{1+x}$	$1 - x + x^2 - x^3 + \ldots = \displaystyle\sum_{k=0}^{\infty} (-1)^k x^k$	$|x| < 1$
	binomische Reihe von Newton	
$(1+x)^\alpha$	$1 + \dbinom{\alpha}{1} x + \dbinom{\alpha}{2} x^2 + \ldots = \displaystyle\sum_{k=0}^{\infty} \dbinom{\alpha}{k} x^k$ (α ist eine beliebige reelle Zahl[49])	$|x| < 1$ ($x = \pm 1$ für $\alpha > 0$)
$(a+x)^\alpha$	$a^\alpha \left(1 + \dfrac{x}{a}\right)^\alpha = a^\alpha + \alpha a^{\alpha-1} x + a^{\alpha-2} \dbinom{\alpha}{2} x^2 + \ldots$ $= \displaystyle\sum_{k=0}^{\infty} a^{\alpha-k} \dbinom{\alpha}{k} x^k$ (a ist eine positive reelle Zahl)	$|x| < a$ ($x = \pm a$ für $\alpha > 0$)
	binomische Reihe von Newton	
$(a+x)^n$	$a^n + \dbinom{n}{1} a^{n-1} x + \dbinom{n}{2} a^{n-2} x^2 + \ldots + \dbinom{n}{1} a x^{n-1} + x^n$ ($n = 1, 2, \ldots$; a und x sind beliebige komplexe Zahlen)	$|x| < \infty$
$(a+x)^{-n}$	$(a+x)^{-n} := \dfrac{1}{(a+x)^n}$,	
$(a+x)^{1/n}$	$(a+x)^{1/n} := \sqrt[n]{a+x}$,	
$(a+x)^{-1/n}$	$(a+x)^{-1/n} := \dfrac{1}{\sqrt[n]{a+x}}$.	

---

[49] Es ist $\dbinom{\alpha}{1} = \alpha$, $\dbinom{\alpha}{2} = \dfrac{\alpha(\alpha-1)}{1 \cdot 2}$, $\dbinom{\alpha}{3} = \dfrac{\alpha(\alpha-1)(\alpha-2)}{1 \cdot 2 \cdot 3}$ usw.

Spezialfälle der binomischen Reihe für ganzzahlige Exponenten
(a komplexe Zahl mit $a \neq 0$)

$\dfrac{1}{(a \pm x)^n}$	$\dfrac{1}{a^n} \mp \dfrac{nx}{a^{n+1}} + \dfrac{n(n+1)x^2}{2a^{n+2}} \mp \ldots$ $= \dfrac{1}{a^n} + \displaystyle\sum_{k=1}^{\infty} \dfrac{n(n+1)\ldots(n-k+1)}{k!a^{n+k}}(\mp x)^k$	$\|x\| < \|a\|$
$\dfrac{1}{a \pm x}$	$\dfrac{1}{a} \mp \dfrac{x}{a^2} + \dfrac{x^2}{a^3} \mp \dfrac{x^3}{a^4} + \ldots = \displaystyle\sum_{k=0}^{\infty} \dfrac{(\mp x)^k}{a^{k+1}}$	$\|x\| < \|a\|$
$(a \pm x)^2$	$a^2 \pm 2ax + x^2$	$\|x\| < \infty$
$\dfrac{1}{(a \pm x)^2}$	$\dfrac{1}{a^2} \mp \dfrac{2x}{a^3} + \dfrac{3x^2}{a^4} \mp \dfrac{4x^3}{a^5} + \ldots = \displaystyle\sum_{k=0}^{\infty} \dfrac{(k+1)(\mp x)^k}{a^{2+k}}$	$\|x\| < \|a\|$
$(a \pm x)^3$	$a^3 \pm 3a^2x + 3ax^2 \pm x^3$	$\|x\| < \infty$
$\dfrac{1}{(a \pm x)^3}$	$\dfrac{1}{a^3} \mp \dfrac{3x}{a^4} + \dfrac{6x^2}{a^5} \mp \dfrac{10x^3}{a^6} + \ldots$ $= \displaystyle\sum_{k=0}^{\infty} \dfrac{(k+1)(k+2)(\mp x)^k}{2a^{3+k}}$	$\|x\| < \|a\|$

Spezialfälle der binomischen Reihe für rationale Exponenten
(b positive reelle Zahl)

$\sqrt{b \pm x}$	$\sqrt{b} \pm \dfrac{x}{2\sqrt{b}} - \dfrac{x^2}{8b\sqrt{b}} \pm \dfrac{x^3}{16b^2\sqrt{b}} - \ldots$ $= \sqrt{b} \pm \dfrac{x}{2\sqrt{b}} + \displaystyle\sum_{k=2}^{\infty} \dfrac{1 \cdot 3 \cdot 5 \ldots (2k-3)(-1)^{k+1}(\pm x)^k}{(2 \cdot 4 \cdot 6 \ldots 2k)b^{k-1}\sqrt{b}}$	$\|x\| < b$
$\dfrac{1}{\sqrt{b \pm x}}$	$\dfrac{1}{\sqrt{b}} \mp \dfrac{x}{2b\sqrt{b}} + \dfrac{3x^2}{8b^2\sqrt{b}} \mp \dfrac{15x^3}{48b^3\sqrt{b}} + \ldots$ $= \dfrac{1}{\sqrt{b}} \mp \dfrac{x}{2b\sqrt{b}} + \displaystyle\sum_{k=2}^{\infty} \dfrac{1 \cdot 3 \cdot 5 \ldots (2k-1)(-1)^k(\pm x)^k}{(2 \cdot 4 \cdot 6 \ldots 2k)b^k\sqrt{b}}$	$\|x\| < b$
$\sqrt[3]{b \pm x}$	$\sqrt[3]{b} \pm \dfrac{x}{3\sqrt[3]{b^2}} - \dfrac{x^2}{9b\sqrt[3]{b^2}} \pm \dfrac{5x^3}{81b^2\sqrt[3]{b^2}} - \ldots$ $= \sqrt[3]{b} \pm \dfrac{x}{3\sqrt[3]{b^2}} + \displaystyle\sum_{k=2}^{\infty} \dfrac{2 \cdot 5 \cdot 8 \ldots (3k-4)(-1)^{k+1}(\pm x)^k}{(3 \cdot 6 \cdot 9 \ldots 3k)b^{k-1}\sqrt[3]{b^2}}$	$\|x\| < b$
$\dfrac{1}{\sqrt[3]{b \pm x}}$	$\dfrac{1}{\sqrt[3]{b}} \mp \dfrac{x}{3b\sqrt[3]{b}} + \dfrac{2x^2}{9b^2\sqrt[3]{b}} \mp \dfrac{14x^3}{81b^3\sqrt[3]{b}} + \ldots$ $= \dfrac{1}{\sqrt[3]{b}} + \displaystyle\sum_{k=1}^{\infty} \dfrac{4 \cdot 7 \cdot 10 \ldots (3k-2)(-1)^k(\pm x)^k}{(3 \cdot 6 \cdot 9 \ldots 3k)b^k\sqrt[3]{b}}$	$\|x\| < b$

Hypergeometrische Reihe (verallgemeinerte binomische Reihe) von Gauß

$F(\alpha, \beta, \gamma, x)$	$1 + \dfrac{\alpha\beta}{\gamma} x + \dfrac{\alpha(\alpha+1)\beta(\beta+1)}{2\gamma(\gamma+1)} x^2 + \ldots$	$|x| < 1$
	$= 1 + \displaystyle\sum_{k=1}^{\infty} \dfrac{\alpha(\alpha+1)\ldots(\alpha+k-1)\beta(\beta+1)\ldots(\beta+k-1)}{k!\,\gamma(\gamma+1)\ldots(\gamma+k-1)}\, x^k$	

Spezialfälle der hypergeometrischen Reihe

$(1+x)^\alpha$	$= F(-\alpha, 1, 1, -x)$	
$\arcsin x$	$= xF\left(\dfrac{1}{2}, \dfrac{1}{2}, \dfrac{3}{2}, x^2\right)$	
$\ln(1+x)$	$= xF(1, 1, 2, -x)$	
e^x	$= \lim_{\beta \to +\infty} F\left(1, \beta, 1, \dfrac{x}{\beta}\right)$	
$P_n(x)$	$= F\left(n+1, -n, 1, \dfrac{1-x}{2}\right), \qquad n = 0, 1, 2, \ldots$	
	(Legendresche Polynome)	
$Q_n(x)$	$= \dfrac{\sqrt{\pi}\,\Gamma(n+1)}{2^{n+1}\Gamma\left(n+\frac{3}{2}\right)} \cdot \dfrac{1}{x^{n+1}}\, F\left(\dfrac{n+1}{2}, \dfrac{n+2}{2}, \dfrac{2n+3}{2}, \dfrac{1}{x^2}\right)$	$|x| > 1$
	(Legendresche Funktionen)	

Exponentialfunktion

e^x	$1 + x + \dfrac{x^2}{2!} + \dfrac{x^3}{3!} + \ldots = \displaystyle\sum_{k=0}^{\infty} \dfrac{x^k}{k!}$	$|x| < \infty$
e^{bx}	$1 + bx + \dfrac{(bx)^2}{2!} + \dfrac{(bx)^3}{3!} + \ldots = \displaystyle\sum_{k=0}^{\infty} \dfrac{(bx)^k}{k!}$	$|x| < \infty$
	(b ist eine komplexe Zahl)	
a^x	$a^x = e^{bx}$ mit $b = \ln a$ (a reell und positiv)	
$\dfrac{x}{e^x - 1}$	$1 - \dfrac{x}{2} + \dfrac{x^2}{12} - \dfrac{x^4}{7200} + \ldots = \displaystyle\sum_{k=0}^{\infty} \dfrac{B_k}{k!} x^k$	$|x| < 2\pi$

Trigonometrische Funktionen und Hyperbelfunktionen

$\sin ix = i \sinh x$, $\cos ix = \cosh x$, $\sinh ix = i \sin x$, $\cosh ix = \cos x$ (für alle komplexen Zahlen x)

$\sin x$	$x - \dfrac{x^3}{3!} + \dfrac{x^5}{5!} - \dots = \displaystyle\sum_{k=0}^{\infty} (-1)^k \dfrac{x^{2k+1}}{(2k+1)!}$	$\lvert x \rvert < \infty$
$\sinh x$	$x + \dfrac{x^3}{3!} + \dfrac{x^5}{5!} + \dots = \displaystyle\sum_{k=0}^{\infty} \dfrac{x^{2k+1}}{(2k+1)!}$	$\lvert x \rvert < \infty$
$\cos x$	$1 - \dfrac{x^2}{2!} + \dfrac{x^4}{4!} - \dots = \displaystyle\sum_{k=0}^{\infty} (-1)^k \dfrac{x^{2k}}{(2k)!}$	$\lvert x \rvert < \infty$
$\cosh x$	$1 + \dfrac{x^2}{2!} + \dfrac{x^4}{4!} + \dots = \displaystyle\sum_{k=0}^{\infty} \dfrac{x^{2k}}{(2k)!}$	$\lvert x \rvert < \infty$
$\tan x$	$x + \dfrac{x^3}{3} + \dfrac{2x^5}{15} + \dfrac{17x^7}{315} + \dots = \displaystyle\sum_{k=1}^{\infty} 4^k \left(4^k - 1\right) \dfrac{\lvert B_{2k} \rvert x^{2k-1}}{(2k)!}$	$\lvert x \rvert < \dfrac{\pi}{2}$
$\tanh x$	$x - \dfrac{x^3}{3} + \dfrac{2x^5}{15} - \dfrac{17x^7}{315} + \dots = \displaystyle\sum_{k=1}^{\infty} 4^k \left(4^k - 1\right) \dfrac{B_{2k} x^{2k-1}}{(2k)!}$	$\lvert x \rvert < \dfrac{\pi}{2}$
$\dfrac{1}{x} - \cot x$	$\dfrac{x}{3} + \dfrac{x^3}{45} + \dfrac{2x^5}{945} + \dfrac{x^7}{4725} + \dots = \displaystyle\sum_{k=1}^{\infty} \dfrac{4^k \lvert B_{2k} \rvert x^{2k-1}}{(2k)!}$	$0 < \lvert x \rvert < \pi$
$\coth x - \dfrac{1}{x}$	$\dfrac{x}{3} - \dfrac{x^3}{45} + \dfrac{2x^5}{945} - \dfrac{x^7}{4725} + \dots = \displaystyle\sum_{k=1}^{\infty} \dfrac{4^k B_{2k} x^{2k-1}}{(2k)!}$	$0 < \lvert x \rvert < \pi$
$\dfrac{1}{\cos x}$	$1 + \dfrac{x^2}{2} + \dfrac{5x^4}{24} + \dfrac{61x^6}{720} + \dots = \displaystyle\sum_{k=0}^{\infty} \dfrac{\lvert E_k \rvert x^k}{k!}$	$\lvert x \rvert < \dfrac{\pi}{2}$
$\dfrac{1}{\cosh x}$	$1 - \dfrac{x^2}{2} + \dfrac{5x^4}{24} - \dfrac{61x^6}{720} + \dots = \displaystyle\sum_{k=0}^{\infty} \dfrac{E_k x^k}{k!}$	$\lvert x \rvert < \dfrac{\pi}{2}$
$\dfrac{1}{\sin x} - \dfrac{1}{x}$	$\dfrac{x}{6} + \dfrac{7x^3}{360} + \dfrac{31x^5}{15\,120} + \dfrac{127x^7}{604\,800} + \dots$ $= \displaystyle\sum_{k=1}^{\infty} \dfrac{2\left(2^{2k-1} - 1\right)}{(2k)!} \lvert B_{2k} \rvert x^{2k-1}$	$0 < \lvert x \rvert < \pi$
$\dfrac{1}{x} - \dfrac{1}{\sinh x}$	$\dfrac{x}{6} - \dfrac{7x^3}{360} + \dfrac{31x^5}{15\,120} - \dfrac{127x^7}{604\,800} + \dots$ $= \displaystyle\sum_{k=1}^{\infty} \dfrac{2\left(2^{2k-1} - 1\right)}{(2k)!} B_{2k} x^{2k-1}$	$0 < \lvert x \rvert < \pi$

Inverse trigonometrische Funktionen und inverse hyperbolische Funktionen

$\arctan x$	$x - \dfrac{x^3}{3} + \dfrac{x^5}{5} - \ldots = \displaystyle\sum_{k=0}^{\infty} (-1)^k \dfrac{x^{2k+1}}{2k+1}$	$|x| < 1$ (und $x = \pm 1$)
$\dfrac{\pi}{4} = \arctan 1$	$1 - \dfrac{1}{3} + \dfrac{1}{5} - \ldots$ **(Leibnizsche Reihe)**	
$\operatorname{artanh} x$	$x + \dfrac{x^3}{3} + \dfrac{x^5}{5} + \ldots = \displaystyle\sum_{k=0}^{\infty} \dfrac{x^{2k+1}}{2k+1}$	$|x| < 1$
$\dfrac{\pi}{2} - \operatorname{arccot} x$	$\dfrac{\pi}{2} - \operatorname{arccot} x = \arctan x$	
$\arctan \dfrac{1}{x}$	$\dfrac{\pi}{2} - x + \dfrac{x^3}{3} - \dfrac{x^5}{5} + \ldots$	$0 < x < 1$
$\arctan \dfrac{1}{x}$	$-\dfrac{\pi}{2} - x + \dfrac{x^3}{3} - \dfrac{x^5}{5} + \ldots$	$-1 < x < 0$
$\operatorname{arcoth} \dfrac{1}{x}$	$x + \dfrac{x^3}{3} + \dfrac{x^5}{5} + \ldots$	$0 < |x| < 1$
$\arcsin x$	$x + \dfrac{x^3}{6} + \dfrac{3x^5}{40} + \dfrac{15x^7}{336} + \cdots$ $= x + \displaystyle\sum_{k=1}^{\infty} \dfrac{1 \cdot 3 \cdot 5 \ldots (2k-1)x^{2k+1}}{2 \cdot 4 \cdot 6 \cdots 2k(2k+1)}$	$|x| < 1$
$\dfrac{\pi}{2} - \arccos x$	$\dfrac{\pi}{2} - \arccos x = \arcsin x$	
$\operatorname{arsinh} x$	$x - \dfrac{x^3}{6} + \dfrac{3x^5}{40} - \dfrac{15x^7}{336} + \cdots$ $= x + \displaystyle\sum_{k=1}^{\infty} \dfrac{1 \cdot 3 \cdot 5 \cdots (2k-1)(-1)^k x^{2k+1}}{2 \cdot 4 \cdot 6 \cdots (2k)(2k+1)}$	$|x| < 1$

Logarithmusfunktion

$\ln(1 + x)$	$x - \dfrac{x^2}{2} + \dfrac{x^3}{3} - \dfrac{x^4}{4} + \ldots = \displaystyle\sum_{k=1}^{\infty} (-1)^{k+1} \dfrac{x^k}{k}$	$|x| < 1$ (und $x = 1$)
$\ln 2$	$1 - \dfrac{1}{2} + \dfrac{1}{3} - \dfrac{1}{4} + \ldots$	
$-\ln(1 - x)$	$x + \dfrac{x^2}{2} + \dfrac{x^3}{3} + \dfrac{x^4}{4} + \ldots = \displaystyle\sum_{k=1}^{\infty} \dfrac{x^k}{k}$	$|x| < 1$ (und $x = -1$)
$\ln \dfrac{1+x}{1-x} = 2 \operatorname{artanh} x$	$2x + \dfrac{2x^3}{3} + \dfrac{2x^5}{5} + \dfrac{2x^7}{7} + \ldots = \displaystyle\sum_{k=1}^{\infty} \dfrac{2x^{2k+1}}{2k+1}$	$|x| < 1$

Logarithmusfunktion

$\ln\lvert x\rvert - \ln\lvert\sin x\rvert$	$\dfrac{x^2}{6} + \dfrac{x^4}{180} + \dfrac{x^6}{2835} + \ldots = \displaystyle\sum_{k=1}^{\infty} \dfrac{2^{2k-1}}{k(2k)!}\lvert B_{2k}\rvert x^{2k}$	$0 < \lvert x\rvert < \pi$
$-\ln\cos x$	$\dfrac{x^2}{2} + \dfrac{x^4}{12} + \dfrac{x^6}{45} + \dfrac{17x^8}{2520} + \ldots$ $= \displaystyle\sum_{k=1}^{\infty} \dfrac{2^{2k-1}\left(4^k - 1\right)}{k(2k)!}\lvert B_{2k}\rvert x^{2k}$	$\lvert x\rvert < \dfrac{\pi}{2}$
$\ln\lvert\tan x\rvert - \ln\lvert x\rvert$	$\dfrac{x^2}{3} + \dfrac{7x^4}{90} + \dfrac{62x^6}{2\,835} + \ldots$ $= \displaystyle\sum_{k=1}^{\infty} \dfrac{4^k\left(2^{2k-1} - 1\right)}{k(2k)!}\lvert B_{2k}\rvert x^{2k}$	$0 < \lvert x\rvert < \dfrac{\pi}{2}$

Vollständige elliptische Integrale

$K(k)$	$\displaystyle\int_0^{\pi/2} \dfrac{\mathrm{d}\varphi}{\sqrt{1 - k^2\sin^2\varphi}} = \dfrac{\pi}{2}\left(1 + \dfrac{k^2}{4} + \dfrac{9k^4}{64} + \ldots\right)$ $= \dfrac{\pi}{2}\left(1 + \displaystyle\sum_{n=1}^{\infty}\left(\dfrac{1\cdot 3\cdot 5\cdots(2n-1)}{2\cdot 4\cdot 6\cdots 2n}\right)^2 k^{2n}\right)$	$\lvert k\rvert < 1$
$E(k)$	$\displaystyle\int_0^{\pi/2} \sqrt{1 - k^2\sin^2\varphi}\,\mathrm{d}\varphi = \dfrac{\pi}{2}\left(1 - \dfrac{k^2}{4} + \dfrac{9k^4}{192} - \ldots\right)$ $= \dfrac{\pi}{2}\left(1 + \displaystyle\sum_{n=1}^{\infty}\left(\dfrac{1\cdot 3\cdot 5\cdots(2n-1)}{2\cdot 4\cdot 6\cdots 2n}\right)^2 \dfrac{(-1)^n k^{2n}}{2n-1}\right)$	$\lvert k\rvert < 1$

Eulersche Gammafunktion (allgemeine Fakultät)	$x \in \mathbb{C}$
$\Gamma(x+1) = x!, \quad \Gamma(x+1) = x\Gamma(x)$	$x \neq 0, -1,$ $-2, -3, \dots$

	$\displaystyle \Gamma(x) = \int_0^\infty e^{-t} t^{x-1} dt$	$\operatorname{Re} x > 0$
$\ln \Gamma(x+1)$	$\displaystyle -Cx + \frac{\zeta(2)x^2}{2} - \frac{\zeta(3)x^3}{3} + \dots = -Cx + \sum_{k=2}^\infty (-1)^k \frac{\zeta(k)x^k}{k}$ $\displaystyle = \frac{1}{2}\ln\frac{\pi x}{\sin \pi x} - \frac{1}{2}\ln\frac{1+x}{1-x} + (1-C)x$ $\displaystyle + \sum_{k=1}^\infty \frac{\left(1 - \zeta(2k+1)\right)x^{2k+1}}{2k+1} \quad \text{(Reihe von Legendre}^{50}\text{)}$	$\lvert x \rvert < 1$
$\Gamma(x+1)$	$\displaystyle \sqrt{\frac{\pi x}{\sin \pi x} \cdot \frac{1-x}{1+x}}\, e^{(1-C)x + \sum\limits_{k=1}^\infty \frac{(1-\zeta(2k+1))x^{2k+1}}{2k+1}}$	$\lvert x \rvert < 1$

Eulersche Betafunktion		
$B(x,y)$	$\displaystyle B(x,y) := \frac{\Gamma(x)\Gamma(y)}{\Gamma(x+y)}$	$x, y \in \mathbb{C},$ $x, y, x+y \neq$ $0, -1, -2, \dots$
	$\displaystyle B(x,y) = \int_0^1 t^{x-1}(1-t)^{y-1} dt$	$x > 0, y > 0$

Bessel-Funktionen (Zylinderfunktionen)		
$J_p(x)$	$\displaystyle \frac{x^p}{2^p \Gamma(p+1)}\left(1 - \frac{x^2}{4(p+1)} + \frac{x^4}{32(p+1)(p+2)} - \dots\right)$ $\displaystyle = \sum_{k=0}^\infty \frac{(-1)^k}{k!\,\Gamma(p+k+1)}\left(\frac{x}{2}\right)^{2k+p}$ Der Parameter p ist reell mit $p \neq -1, -2, \dots$	$\lvert x \rvert < \infty,$ $x \notin\,]-\infty, 0]$
$J_{-n}(x)$	$J_{-n}(x) = (-1)^n J_n(x), \qquad n = 1, 2, \dots$	$\lvert x \rvert < \infty$

---

^{50}Dabei bezeichnet C die Eulersche Konstante, und ζ ist die Riemannsche ζ-Funktion.

Neumannsche Funktionen

$N_p(x)$	$N_p(x) := \dfrac{J_p(x) \cos p\pi - J_{-p}(x)}{\sin p\pi}$ Der Parameter p ist reell mit $p \neq 0, \pm1, \pm2, \ldots$	$\|x\| < \infty,$ $x \notin \,]-\infty, 0]$
$N_m(x)$	$N_m(x) := \lim\limits_{p \to m} N_p(x) = \dfrac{1}{\pi} \left(\dfrac{\partial J_p(x)}{\partial p} - (-1)^m \dfrac{\partial J_{-p}(x)}{\partial p} \right)_{p=m}$ $m = 0, \pm1, \pm2, \ldots$	$0 < \|x\| < \infty$

Hankelsche Funktionen

$H_p^{(s)}(x)$	$H_p^{(1)}(x) := J_p(x) + iN_p(x)$ $H_p^{(2)}(x) := J_p(x) - iN_p(x)$ Der Parameter p ist reell.	$\|x\| < \infty,$ $x \notin \,]-\infty, 0]$

Bessel-Funktionen mit imaginärem Argument

$I_p(x)$	$I_p(x) := \dfrac{J_p(ix)}{i^n} = \sum\limits_{k=0}^{\infty} \dfrac{1}{k!\,\Gamma(p+k+1)} \left(\dfrac{x}{2} \right)^{2k+p}$ Der Parameter p ist reell.	$\|x\| < \infty,$ $x \notin \,]-\infty, 0]$

MacDonaldsche Funktionen

$K_p(x)$	$K_p(x) := \dfrac{\pi \left(I_{-p}(x) - I_p(x) \right)}{2 \sin p\pi}$ Der Parameter p ist reell mit $p \neq 0, \pm1, \pm2, \ldots$	$\|x\| < \infty,$ $x \notin \,]-\infty, 0]$
$K_m(x)$	$K_m(x) := \lim\limits_{p \to m} K_p(x) = \dfrac{(-1)^m}{2} \left(\dfrac{\partial I_{-p}(x)}{\partial p} - \dfrac{\partial I_p(x)}{\partial p} \right)_{p=m}$ $m = 0, \pm1, \pm2, \ldots$	$0 < \|x\| < \infty$

	Gaußsches Fehlerintegral $\quad \operatorname{erf} x := \dfrac{2}{\sqrt{\pi}} \displaystyle\int\limits_0^x e^{-t^2}\,dt$	
$\operatorname{erf} x$	$\dfrac{2}{\sqrt{\pi}}\left(x - \dfrac{x^3}{3} + \dfrac{x^5}{10} - \dots\right) = \dfrac{2}{\sqrt{\pi}}\displaystyle\sum_{k=0}^{\infty}\dfrac{(-1)^k x^{2k+1}}{k!(2k+1)}$	$|x| < \infty$

	Integralsinus $\quad \operatorname{Si}(x) = \displaystyle\int\limits_0^x \dfrac{\sin t}{t}\,dt = \dfrac{\pi}{2} - \displaystyle\int\limits_x^{\infty}\dfrac{\sin t}{t}\,dt$	
$\operatorname{Si}(x)$	$x - \dfrac{x^3}{18} + \dfrac{x^5}{600} - \dots = \displaystyle\sum_{k=0}^{\infty}\dfrac{(-1)^k x^{2k+1}}{(2k+1)!(2k+1)}$	$|x| < \infty$

	Integralkosinus $\quad \operatorname{Ci}(x) := -\displaystyle\int\limits_x^{\infty}\dfrac{\cos t}{t}\,dt$	$0 < x < \infty$
$\ln x - \operatorname{Ci}(x) + C$	$\dfrac{x^2}{4} - \dfrac{x^4}{96} + \dots = \displaystyle\sum_{k=1}^{\infty}\dfrac{(-1)^{k+1} x^{2k}}{(2k)!\,2k}$ (C Eulersche Konstante[51])	$|x| < \infty$

	Integralexponentialfunktion [52] $\quad \operatorname{Ei}(x) := \operatorname{PV}\displaystyle\int\limits_{-\infty}^x \dfrac{e^t}{t}\,dt$	$-\infty < x < \infty,$ $x \neq 0$
$\operatorname{Ei}(x) - \ln|x| - C$	$x + \dfrac{x^2}{4} + \dfrac{x^3}{18} + \dots = \displaystyle\sum_{k=1}^{\infty}\dfrac{x^k}{k!\,k}$	$|x| < \infty$

	Integrallogarithmus [53] $\quad \operatorname{li}(x) := \operatorname{PV}\displaystyle\int\limits_0^x \dfrac{dt}{\ln t}$	$0 < x < 1,$ $x > 1$
	$\operatorname{li}(x) = \operatorname{Ei}(\ln x)$	

[51]Die Funktion $\ln x - \operatorname{Ci}(x) + C$ ist zunächst nur für reelle positive Werte x erklärt. Die Potenzreihe konvergiert für alle komplexen Zahlen und stellt die analytische Fortsetzung von $\ln x - \operatorname{Ci}(x) + C$ dar.

[52]Mit $\operatorname{PV}\int \dots$ wird der Hauptwert des Integrals bezeichnet, d. h., es gilt

$$\operatorname{Ei}(x) = \lim_{\varepsilon \to +0}\left(\int\limits_{-\infty}^{-\varepsilon}\frac{e^t}{t}\,dt + \int\limits_{\varepsilon}^{x}\frac{e^t}{t}\,dt\right).$$

Für $x < 0$ stimmt im vorliegenden Fall der Hauptwert mit dem üblichen Integral überein.

[53]Für $0 < x < 1$ gilt $\operatorname{li} x := \int\limits_0^x \frac{dt}{\ln t}$. Für $x > 1$ hat man

$$\operatorname{li} x = \lim_{\varepsilon \to +0}\left(\int\limits_0^{1-\varepsilon}\frac{dt}{\ln t} + \int\limits_{1+\varepsilon}^{x}\frac{dt}{\ln t}\right).$$

	Legendresche Polynome[54] $n = 0, 1, 2, \ldots$	
$P_n(x)$	$\dfrac{1}{2^n n!} \dfrac{\mathrm{d}^n (x^2 - 1)^n}{\mathrm{d}x^n} = \dfrac{(2n)!}{2^n (n!)^2} \left(x^n - \dfrac{n(n-1)}{2(2n-1)} x^{n-2} \right.$ $\left. + \dfrac{n(n-1)(n-2)(n-3)}{2 \cdot 4 \cdot (2n-1)(2n-3)} x^{n-4} - \ldots \right)$ (Ist n gerade (bzw. ungerade), dann lautet der letzte Term x^0 (bzw. x)). *Orthogonalitätsrelationen:* $\displaystyle\int_{-1}^{1} P_n(x) P_m(x) \mathrm{d}x = \dfrac{2\delta_{nm}}{2n + 1}, \qquad n, m = 0, 1, \ldots$ *Spezialfälle:* $P_0(x) = 1, \quad P_1(x) = x, \quad P_2(x) = \dfrac{1}{2} \left(3x^2 - 1 \right),$ $P_3(x) = \dfrac{1}{2} \left(5x^3 - 3x \right), \quad P_4(x) = \dfrac{1}{8} \left(35x^4 - 30x^2 + 3 \right)$	$\|x\| < \infty$
$\dfrac{1}{\sqrt{1 - 2xz + z^2}}$	$P_0(x) + P_1(x)z + P_2(x)z^2 + \ldots = \displaystyle\sum_{k=0}^{\infty} P_k(x) z^n$	$\|z\| < 1$

	Legendresche Funktionen $n = 0, 1, 2, \ldots$	
$Q_n(x)$	$\dfrac{1}{2} P_n(x) \ln \dfrac{1+x}{1-x} - \displaystyle\sum_{k=1}^{N(n)} \dfrac{2n - 4k + 3}{(2k-1)(n-k+1)} P_{n-2k+1}(x)$ $N(n) := \begin{cases} \dfrac{n}{2} & \text{für gerades } n \\ \dfrac{n+1}{2} & \text{für ungerades } n \end{cases}$	$x \in \mathbb{C} \setminus [-1, 1]$

	Laguerresche Polynome $n = 0, 1, 2, \ldots$	
$L_n^\alpha(x)$	$\dfrac{\mathrm{e}^x x^{-\alpha}}{n!} \dfrac{\mathrm{d}^n \left(\mathrm{e}^{-x} x^{n+\alpha} \right)}{\mathrm{d}x^n} = \displaystyle\sum_{k=0}^{n} \binom{n+\alpha}{n-k} \dfrac{(-1)^k}{k!} x^k$ *Orthogonalitätsrelationen:* $\displaystyle\int_0^\infty x^\alpha \mathrm{e}^{-x} L_n^\alpha(x) L_m^\alpha(x) \mathrm{d}x = \delta_{nm} \Gamma(1 + \alpha) \binom{n+\alpha}{n},$ $n, m = 0, 1, \ldots, \; \alpha > -1$ *Spezialfälle:* $L_0^\alpha(x) = 1, \quad L_1^\alpha(x) = 1 - x + \alpha$	$\|x\| < \infty$

---

[54]Die tiefere Bedeutung der Polynome von Legendre, Hermite und Laguerre wird erst im Rahmen der Theorie vollständiger Orthonormalsysteme in Hilberträumen deutlich (vgl. 11.3.1 im Handbuch). Es gelten die Rekursionsformeln $(n + 2)P_{n+2}(x) = (2n+3)xP_{n-1}(x) - (n+1)P_n(x)$.

Laguerresche Funktionen

$$l_n(x) := (-1)^n e^{-x/2} L_n^{(0)}(x), \quad n = 0, 1, 2, \ldots \qquad |x| < \infty$$

Orthogonalitätsrelationen:

$$\int_0^\infty l_n(x) l_m(x) \mathrm{d}x = \delta_{nm}, \quad n, m = 0, 1, 2, \ldots$$

	Hermitesche Polynome $\quad n = 0, 1, 2, \ldots$	
$H_n(x)$	$\alpha_n (-1)^n e^{x^2} \dfrac{\mathrm{d}^n e^{-x^2}}{\mathrm{d}x^n}, \quad \alpha_n := 2^{-n/2} (n!)^{-1/2} \pi^{-1/4}$	$|x| < \infty$

Spezialfälle:
$$H_0(x) = \alpha_0, \quad H_1(x) = 2\alpha_1 x, \quad H_2(x) = \alpha_2 \left(4x^2 - 2 \right)$$

Hermitesche Funktionen $\quad h_n(x) := H_n(x) e^{-x^2/2}, \quad n = 0, 1, 2, \ldots$	$|x| < \infty$

Orthogonalitätsrelationen:

$$\int_{-\infty}^\infty h_n(x) h_m(x) \mathrm{d}x = \delta_{nm}, \quad n, m = 0, 1, 2, \ldots$$

0.5.3 Asymptotische Reihen

Unter asymptotischen Entwicklungen versteht man Darstellungen von Funktionen für sehr große Werte.

0.5.3.1 Konvergente Entwicklungen

Funktion	unendliche Reihe	Konvergenzgebiet
$\ln x$	$\dfrac{x-1}{x} + \dfrac{(x-1)^2}{2x^2} + \dfrac{(x-1)^3}{3x^3} + \ldots = \displaystyle\sum_{k=1}^\infty \dfrac{(x-1)^k}{kx^k}$	$x > \dfrac{1}{2}$ (x reell)
$\arctan x$	$\dfrac{\pi}{2} - \dfrac{1}{x} + \dfrac{1}{3x^3} - \dfrac{1}{5x^5} + \ldots$	$x > 1$ (x reell)
$\arctan x$	$-\dfrac{\pi}{2} - \dfrac{1}{x} + \dfrac{1}{3x^3} - \dfrac{1}{5x^5} + \ldots$	$x < -1$ (x reell)
$\ln 2x - \operatorname{arcosh} x$	$\dfrac{1}{4x^2} + \dfrac{3}{32x^4} + \dfrac{15}{288x^6} + \ldots$ $= \displaystyle\sum_{k=1}^\infty \dfrac{1 \cdot 3 \cdot 5 \cdots (2k-1)}{2 \cdot 4 \cdot 6 \cdots 2k(2k)} \cdot \dfrac{1}{x^{2k}}$	$x > 1$ (x reell)
$\operatorname{arcoth} x$	$\dfrac{1}{x} + \dfrac{1}{3x^3} + \dfrac{1}{5x^5} + \ldots$	$|x| > 1$ (x komplex)

0.5.3.2 Asymptotische Gleichheit

Wir schreiben genau dann

$$f(x) \cong g(x), \qquad x \to a,$$

wenn $\lim\limits_{x \to a} \dfrac{f(x)}{g(x)} = 1$ gilt.

$$\left(1 + \frac{1}{2} + \frac{1}{3} + \ldots + \frac{1}{n}\right) - \ln(n+1) \cong C, \quad n \to \infty \quad \text{(C Eulersche Konstante)},$$

$$n! \cong \left(\frac{n}{e}\right)^n \sqrt{2\pi n}, \quad n \to \infty \quad \text{(Stirling 1730)},$$

$$\ln n! \cong \left(n + \frac{1}{2}\right) \ln n - n + \frac{1}{2} \ln \sqrt{2\pi}, \quad n \to \infty.$$

0.5.3.3 Asymptotische Entwicklung im Sinne von Poincaré

Nach Poincaré (1854–1912) schreibt man genau dann

$$f(x) \sim \sum_{k=1}^{\infty} \frac{a_k}{x^k}, \qquad x \to +\infty, \tag{0.55}$$

wenn

$$f(x) = \sum_{k=1}^{n} \frac{a_k}{x^k} + o\left(\frac{1}{x^n}\right), \qquad x \to +\infty,$$

für alle $n = 1, 2, \ldots$ gilt.[55] Auf derartige Reihen stieß Poincaré bei seinen tiefgründigen Untersuchungen zur Himmelsmechanik Ende des 19. Jahrhunderts. Er erhielt dabei divergente Reihen der Gestalt (0.55). Gleichzeitig entdeckte er jedoch, dass solche Reihen trotzdem sehr nützlich sind, weil die Entwicklungsterme wichtige Informationen über die Funktion f enthalten.

Stirlingsche Reihe für die Gammafunktion:

$$\ln \Gamma(x+1) - \left(x + \frac{1}{2}\right) \ln x + x - \ln \sqrt{2\pi} \cong \sum_{k=1}^{\infty} \frac{B_{2k}}{(2k-1)2k} \cdot \frac{1}{x^{2k-1}}, \qquad x \to +\infty.$$

Dabei bezeichnen B_{2k} die Bernoullischen Zahlen.

Asymptotische Entwicklung des Eulerschen Integrals:

$$\int_{x}^{\infty} t^{-1} e^{x-t} \mathrm{d}t \cong \frac{1}{x} - \frac{1}{x^2} + \frac{2!}{x^3} - \frac{3!}{x^4} + \ldots, \qquad x \to +\infty.$$

---

[55]Das Symbol $o\,(\ldots)$ wird in 1.3.1.4 erklärt. Explizit gilt

$$\lim_{x \to +\infty} x^n \left(f(x) - \sum_{k=1}^{n} \frac{a_k}{x^k}\right) = 0 \qquad \text{für alle} \quad n = 1, 2, \ldots.$$

Asymptotische Darstellung der Besselschen und Neumannschen Funktion:

$$J_p(x) = \sqrt{\frac{2}{\pi x}} \left(\cos \left(x - \frac{p\pi}{2} - \frac{\pi}{4} \right) \right) + o \left(\frac{1}{\sqrt{x}} \right), \qquad x \to +\infty,$$

$$N_p(x) = \sqrt{\frac{2}{\pi x}} \left(\sin \left(x - \frac{p\pi}{2} - \frac{\pi}{4} \right) \right) + o \left(\frac{1}{\sqrt{x}} \right), \qquad x \to +\infty.$$

Der Parameter p ist reell.

Die Sattelpunktmethode (Methode der stationären Phase): Es gilt

$$\int_{-\infty}^{\infty} A(x) e^{i\omega p(x)} dx \cong \frac{b e^{ip(a)}}{\sqrt{\omega}} \sum_{k=0}^{\infty} \frac{A_k}{\omega^k}, \qquad \omega \to +\infty,$$

mit $b := \sqrt{2\pi i / p''(a)}$ (Re $b > 0$) und

$$A_k := \sum_{\substack{n-m=k \\ 2n \geq 3m \geq 0}} \frac{1}{i^k 2^n n! m! p''(a)} \frac{d^{n+1}}{dx^{n+1}} (P^m f)(a)$$

sowie $P(x) := p(x) - p(a) - \frac{1}{2}(x-a)^2 p''(a)$. Vorausgesetzt wird dabei, dass die folgenden Bedingungen erfüllt sind:

(i) Die komplexwertige Phasenfunktion $p: \mathbb{R} \to \mathbb{C}$ ist beliebig oft differenzierbar. Es ist Im $p(a) = 0$ und $p'(a) = 0$ mit $p''(a) \neq 0$.

(ii) Es gilt $p'(x) \neq 0$ für alle reellen Zahlen $x \neq a$. Der Imaginärteil Im $p(x)$ ist nicht negativ für alle reellen Zahlen x.

(iii) Die reelle Amplitudenfunktion $A: \mathbb{R} \to \mathbb{R}$ ist beliebig oft differenzierbar und verschwindet außerhalb eines beschränkten Intervalls.

Dieser Satz spielt eine wichtige Rolle in der klassischen Optik (Grenzverhalten für große Kreisfrequenzen ω und somit für kleine Wellenlängen λ) sowie in der modernen Theorie der Fourierintegraloperatoren (vgl. 10.4.7 im Handbuch).

0.5.4 Fourierreihen[56]

1. $y = x$ für $-\pi < x < \pi$; $\quad y = 2\left(\dfrac{\sin x}{1} - \dfrac{\sin 2x}{2} + \dfrac{\sin 3x}{3} - \dots\right)$

Für die Argumente $\pm k\pi$, $k = 0, 1, 2, \dots$ liefert die Reihe nach dem Dirichletschen Satz den Wert 0.

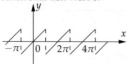

2. $y = |x|$ für $-\pi \le x \le \pi$; $\quad y = \dfrac{\pi}{2} - \dfrac{4}{\pi}\left(\cos x + \dfrac{\cos 3x}{3^2} + \dfrac{\cos 5x}{5^2} + \dfrac{\cos 7x}{7^2} + \dots\right)$

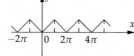

3. $y = x$ für $0 < x < 2\pi$; $\quad y = \pi - 2\left(\dfrac{\sin x}{1} + \dfrac{\sin 2x}{2} + \dfrac{\sin 3x}{3} + \dots\right)$

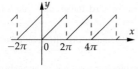

4. $y = \begin{cases} x & \text{für} & -\dfrac{\pi}{2} \le x \le \dfrac{\pi}{2} \\[2mm] \pi - x & \text{für} & \dfrac{\pi}{2} \le x \le \pi \\[2mm] -(\pi + x) & \text{für} & -\pi \le x \le -\dfrac{\pi}{2} \end{cases}$; $\quad y = \dfrac{4}{\pi}\left(\sin x - \dfrac{\sin 3x}{3^2} + \dfrac{\sin 5x}{5^2} - \dots\right)$

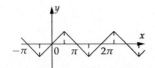

5. $y = \begin{cases} -a & \text{für} & -\pi < x < 0 \\[1mm] a & \text{für} & 0 < x < \pi \end{cases}$; $\quad y = \dfrac{4a}{\pi}\left(\sin x + \dfrac{\sin 3x}{3} + \dfrac{\sin 5x}{5} + \dots\right)$

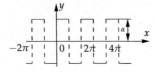

---

[56]Vgl. 1.11.2.

6. $y = \begin{cases} c_1 & \text{für} & -\pi < x < 0 \\ c_2 & \text{für} & 0 < x < \pi \end{cases}$;

$$y = \frac{c_1 + c_2}{2} - 2\frac{c_1 - c_2}{\pi}\left(\sin x + \frac{\sin 3x}{3} + \frac{\sin 5x}{5} + \dots\right)$$

7.

$$y = \begin{cases} 0 & \text{für} & -\pi < x < -\pi + \alpha, \quad -\alpha < x < \alpha, \quad \pi - \alpha < x < \pi \\ a & \text{für} & \alpha < x < \pi - \alpha \\ -a & \text{für} & -\pi + \alpha < x < -\alpha \end{cases} ;$$

$0 < \alpha < \dfrac{\pi}{2}$

$$y = \frac{4a}{\pi}\left(\cos\alpha\sin x + \frac{1}{3}\cos 3\alpha\sin 3x + \frac{1}{5}\cos 5\alpha\sin 5x + \dots\right)$$

8.

$$y = \begin{cases} \dfrac{ax}{\alpha} & \text{für} & -\alpha \le x \le \alpha \\ a & \text{für} & \alpha \le x \le \pi - \alpha \\ -a & \text{für} & -\pi + \alpha \le x \le -\alpha \\ \dfrac{a(\pi - x)}{\alpha} & \text{für} & \pi - \alpha \le x \le \pi \\ -\dfrac{a(x + \pi)}{\alpha} & \text{für} & -\pi \le x \le -\pi + \alpha \end{cases} ;$$

$$y = \frac{4a}{\pi\alpha}\left(\sin\alpha\sin x + \frac{1}{3^2}\sin 3\alpha\sin 3x + \frac{1}{5^2}\sin 5\alpha\sin 5x + \dots\right)$$

Insbesondere gilt für $\alpha = \dfrac{\pi}{3}$:

$$y = \frac{6a\sqrt{3}}{\pi^2}\left(\sin x - \frac{1}{5^2}\sin 5x + \frac{1}{7^2}\sin 7x - \frac{1}{11^2}\sin 11x + \dots\right)$$

9. $y = x^2$ für $-\pi \le x \le \pi$; $\quad y = \dfrac{\pi^2}{3} - 4\left(\cos x - \dfrac{\cos 2x}{2^2} + \dfrac{\cos 3x}{3^2} - \dots\right)$

10. $y = \begin{cases} -x^2 & \text{für} \quad -\pi < x \le 0 \\ x^2 & \text{für} \quad 0 \le x < \pi \end{cases}$;

$y = 2\pi \left(\sin x - \dfrac{\sin 2x}{2} + \dfrac{\sin 3x}{3} - \dots \right)$
$\quad - \dfrac{8}{\pi} \left(\dfrac{\sin x}{1^3} + \dfrac{\sin 3x}{3^3} + \dfrac{\sin 5x}{5^3} + \dots \right)$

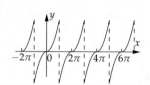

---

11. $y = x(\pi - x)$ für $0 \le x \le \pi$, gerade Fortsetzung in $(-\pi, 0)$;

$y = \dfrac{\pi^2}{6} - \left(\dfrac{\cos 2x}{1^2} + \dfrac{\cos 4x}{2^2} + \dfrac{\cos 6x}{3^2} + \dots \right)$

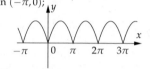

---

12. $y = x(\pi - x)$ für $0 \le x \le \pi$, ungerade Fortsetzung in $(-\pi, 0)$;

$y = \dfrac{8}{\pi} \left(\sin x + \dfrac{\sin 3x}{3^3} + \dfrac{\sin 5x}{5^3} + \dots \right)$

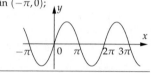

---

13. $y = Ax^2 + Bx + C$ für $-\pi < x < \pi$;

$y = \dfrac{A\pi^2}{3} + C + 4A \sum_{k=1}^{\infty} (-1)^k \dfrac{\cos kx}{k^2} - 2B \sum_{k=1}^{\infty} (-1)^k \dfrac{\sin kx}{k}$

---

14. $y = |\sin x|$ für $-\pi \le x \le \pi$;

$y = \dfrac{2}{\pi} - \dfrac{4}{\pi} \left(\dfrac{\cos 2x}{1 \cdot 3} + \dfrac{\cos 4x}{3 \cdot 5} + \dfrac{\cos 6x}{5 \cdot 7} + \dots \right)$

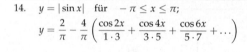

---

15. $y = \cos x$ für $0 < x < \pi$, ungerade Fortsetzung in $(-\pi, 0)$;

$y = \dfrac{4}{\pi} \left(\dfrac{2 \sin 2x}{1 \cdot 3} + \dfrac{4 \sin 4x}{3 \cdot 5} + \dfrac{6 \sin 6x}{5 \cdot 7} + \dots \right)$

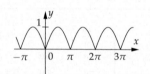

---

16. $y = \begin{cases} 0 & \text{für} \quad -\pi \le x \le 0 \\ \sin x & \text{für} \quad 0 \le x \le \pi \end{cases}$;

$y = \dfrac{1}{\pi} + \dfrac{1}{2} \sin x - \dfrac{2}{\pi} \left(\dfrac{\cos 2x}{1 \cdot 3} + \dfrac{\cos 4x}{3 \cdot 5} + \dfrac{\cos 6x}{5 \cdot 7} + \dots \right)$

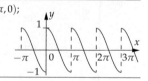

---

17. $y = \cos ux$ für $-\pi \le x \le \pi$, u beliebig reell, aber nicht ganz;

$y = \dfrac{2u \sin u\pi}{\pi} \left(\dfrac{1}{2u^2} - \dfrac{\cos x}{u^2 - 1} + \dfrac{\cos 2x}{u^2 - 4} - \dfrac{\cos 3x}{u^2 - 9} + \dots \right)$

---

18. $y = \sin ux$ für $-\pi < x < \pi$, u beliebig reell, aber nicht ganz;

$y = \dfrac{2 \sin u\pi}{\pi} \left(-\dfrac{\sin x}{u^2 - 1} + \dfrac{2 \sin 2x}{u^2 - 4} - \dfrac{3 \sin 3x}{u^2 - 9} + \dots \right)$

19. $y = x \cos x$ für $-\pi < x < \pi$;

$$y = -\frac{1}{2}\sin x + \frac{4\sin 2x}{2^2 - 1} - \frac{6\sin 3x}{3^2 - 1} + \frac{8\sin 4x}{4^2 - 1} - \cdots$$

20. $y = x \sin x$ für $-\pi \le x \le \pi$;

$$y = 1 - \frac{1}{2}\cos x - 2\left(\frac{\cos 2x}{2^2 - 1} - \frac{\cos 3x}{3^2 - 1} + \frac{\cos 4x}{4^2 - 1} - \cdots\right)$$

21. $y = \cosh ux$ für $-\pi \le x \le \pi$;

$$y = \frac{2u \sinh u\pi}{\pi}\left(\frac{1}{2u^2} - \frac{\cos x}{u^2 + 1^2} + \frac{\cos 2x}{u^2 + 2^2} - \frac{\cos 3x}{u^2 + 3^2} + \cdots\right)$$

22. $y = \sinh ux$ für $-\pi < x < \pi$;

$$y = \frac{2\sinh u\pi}{\pi}\left(\frac{\sin x}{u^2 + 1^2} - \frac{2\sin 2x}{u^2 + 2^2} + \frac{3\sin 3x}{u^2 + 3^2} - \cdots\right)$$

23. $y = e^{ax}$ für $-\pi < x < \pi$, $a \neq 0$;

$$y = \frac{2}{\pi}\sinh a\pi\left(\frac{1}{2a} + \sum_{k=1}^{\infty}\frac{(-1)^k}{a^2 + k^2}(a\cos kx - k\sin kx)\right)$$

Bei den folgenden Beispielen hat man weniger das Problem im Auge, eine gegebene Funktion in eine Fourierreihe zu entwickeln, als vielmehr die umgekehrte Frage, gegen welche Funktionen gewisse einfache trigonometrische Reihen konvergieren.

24. $\displaystyle\sum_{k=1}^{\infty}\frac{\cos kx}{k} = -\ln\left(2\sin\frac{x}{2}\right)$, $0 < x < 2\pi$

25. $\displaystyle\sum_{k=1}^{\infty}\frac{\sin kx}{k} = \frac{\pi - x}{2}$, $0 < x < 2\pi$

26. $\displaystyle\sum_{k=1}^{\infty}\frac{\cos kx}{k^2} = \frac{3x^2 - 6\pi x + 2\pi^2}{12}$, $0 \le x \le 2\pi$

27. $\displaystyle\sum_{k=1}^{\infty}\frac{\sin kx}{k^2} = -\int_{0}^{x}\ln\left(2\sin\frac{z}{2}\right)dz$, $0 \le x \le 2\pi$

28. $\displaystyle\sum_{k=1}^{\infty}\frac{\cos kx}{k^3} = \int_{0}^{x}dz\int_{0}^{z}\ln\left(2\sin\frac{t}{2}\right)dt + \sum_{k=1}^{\infty}\frac{1}{k^3}$, $0 \le x \le 2\pi$

$$\left(\sum_{k=1}^{\infty}\frac{1}{k^3} = \frac{\pi^3}{25{,}79436\ldots} = 1{,}20206\ldots\right)$$

29. $\displaystyle\sum_{k=1}^{\infty}\frac{\sin kx}{k^3} = \frac{x^3 - 3\pi x^2 + 2\pi^2 x}{12}$, $0 \le x \le 2\pi$

30. $\displaystyle\sum_{k=1}^{\infty}(-1)^{k+1}\frac{\cos kx}{k} = \ln\left(2\cos\frac{x}{2}\right)$, $-\pi < x < \pi$

31. $\displaystyle\sum_{k=1}^{\infty}(-1)^{k+1}\frac{\sin kx}{k} = \frac{x}{2}$, $-\pi < x < \pi$

32. $\displaystyle\sum_{k=1}^{\infty}(-1)^{k+1}\frac{\cos kx}{k^2}=\frac{\pi^2-3x^2}{12},\quad -\pi\le x\le\pi$

33. $\displaystyle\sum_{k=1}^{\infty}(-1)^{k+1}\frac{\sin kx}{k^2}=\int_0^x\ln\left(2\cos\frac{z}{2}\right)\,\mathrm{d}z,\quad -\pi\le x\le\pi$

34. $\displaystyle\sum_{k=1}^{\infty}(-1)^{k+1}\frac{\cos kx}{k^3}=\sum_{k=1}^{\infty}(-1)^{k+1}\cdot\frac{1}{k^3}-\int_0^x\mathrm{d}z\int_0^z\ln\left(2\cos\frac{t}{2}\right)\,\mathrm{d}t,\quad -\pi\le x\le\pi$

35. $\displaystyle\sum_{k=1}^{\infty}(-1)^{k+1}\frac{\sin kx}{k^3}=\frac{\pi^2 x-x^3}{12},\quad -\pi\le x\le\pi$

36. $\displaystyle\sum_{k=0}^{\infty}\frac{\cos(2k+1)\,x}{2k+1}=-\frac{1}{2}\ln\left(\tan\frac{x}{2}\right),\quad 0<x<\pi$

37. $\displaystyle\sum_{k=0}^{\infty}\frac{\sin(2k+1)\,x}{2k+1}=\frac{\pi}{4},\quad 0<x<\pi$

38. $\displaystyle\sum_{k=0}^{\infty}\frac{\cos(2k+1)\,x}{(2k+1)^2}=\frac{\pi^2-2\pi x}{8},\quad 0\le x\le\pi$

39. $\displaystyle\sum_{k=0}^{\infty}\frac{\sin(2k+1)\,x}{(2k+1)^2}=-\frac{1}{2}\int_0^x\ln\left(\tan\frac{z}{2}\right)\,\mathrm{d}z,\quad 0\le x\le\pi$

40. $\displaystyle\sum_{k=0}^{\infty}\frac{\cos(2k+1)\,x}{(2k+1)^3}=\frac{1}{2}\int_0^x\mathrm{d}z\int_0^z\ln\left(\tan\frac{t}{2}\right)\,\mathrm{d}t+\sum_{k=0}^{\infty}\frac{1}{(2k+1)^3},\quad 0\le x\le\pi$

41. $\displaystyle\sum_{k=0}^{\infty}\frac{\sin(2k+1)\,x}{(2k+1)^3}=\frac{\pi^2 x-\pi x^2}{8},\quad 0\le x\le\pi$

42. $\displaystyle\sum_{k=0}^{\infty}(-1)^k\frac{\cos(2k+1)\,x}{2k+1}=\frac{\pi}{4},\quad -\frac{\pi}{2}<x<\frac{\pi}{2}$

43. $\displaystyle\sum_{k=0}^{\infty}(-1)^k\frac{\sin(2k+1)\,x}{2k+1}=-\frac{1}{2}\ln\left[\tan\left(\frac{\pi}{4}-\frac{x}{2}\right)\right],\quad -\frac{\pi}{2}<x<\frac{\pi}{2}$

44. $\displaystyle\sum_{k=0}^{\infty}(-1)^k\frac{\cos(2k+1)\,x}{(2k+1)^2}=-\frac{1}{2}\int_0^{\frac{\pi}{2}-x}\ln\left(\tan\frac{z}{2}\right)\,\mathrm{d}z,\quad -\frac{\pi}{2}\le x\le\frac{\pi}{2}$

45. $\displaystyle\sum_{k=0}^{\infty}(-1)^k\frac{\sin(2k+1)\,x}{(2k+1)^2}=\frac{\pi x}{4},\quad -\frac{\pi}{2}\le x\le\frac{\pi}{2}$

46. $\displaystyle\sum_{k=0}^{\infty}(-1)^k\frac{\cos(2k+1)\,x}{(2k+1)^3}=\frac{\pi^3-4\pi x^2}{32},\quad -\frac{\pi}{2}\le x\le\frac{\pi}{2}$

47. $\displaystyle\sum_{k=0}^{\infty}(-1)^k\frac{\sin(2k+1)\,x}{(2k+1)^3}=\frac{1}{2}\int_0^{\frac{\pi}{2}-x}\mathrm{d}z\int_0^z\ln\left(\tan\frac{t}{2}\right)\,\mathrm{d}t+\sum_{k=0}^{\infty}\frac{1}{(2k+1)^3},\quad -\frac{\pi}{2}\le x\le\frac{\pi}{2}$

0.5.5 Unendliche Produkte

Die Konvergenz unendlicher Produkte wird in 1.10.6 betrachtet.

Funktion	unendliches Produkt		Konvergenzgebiet $(x \in \mathbb{C})$
$\sin \pi x$	$\pi x \prod\limits_{k=1}^{\infty} \left(1 - \dfrac{x^2}{k^2}\right)$	(Euler 1734)	$\|x\| < \infty$
$\dfrac{\pi}{2}$	$\prod\limits_{k=1}^{\infty} \dfrac{(2k)^2}{4k^2 - 1}$	(Wallis 1655)	
$\Gamma(x+1)$	$\prod\limits_{n=1}^{\infty} \dfrac{\left(1 + \frac{1}{n}\right)^x}{1 + \frac{x}{n}}$	(Euler)	$\|x\| < \infty$ $(x \neq -1, -2, \ldots)$
	$\lim\limits_{k \to \infty} \dfrac{k! k^x}{(x+1)(x+2)\ldots(x+k)}$	(Gauß)	
	$e^{-Cx} \prod\limits_{n=1}^{\infty} \dfrac{e^{x/n}}{1 + \frac{x}{n}}$	(Weierstrass; C Eulersche Konstante)	
$\zeta(x)$	$\prod\limits_{p} \left(1 - \dfrac{1}{p^x}\right)^{-1}$	(Euler[57])	$\|x\| > 1$

Weitere Beispiele:

$$\prod_{k=2}^{\infty} \left(1 - \frac{1}{k^2}\right) = \frac{1}{2}\,, \qquad \prod_{k=0}^{\infty} \left(1 + x^{2^k}\right) = \frac{1}{1-x} \qquad (x \in \mathbb{C},\ |x| < 1)\,,$$

$$\sqrt{\frac{1}{2}} \sqrt{\frac{1}{2} + \frac{1}{2}\sqrt{\frac{1}{2}}} \sqrt{\frac{1}{2} + \frac{1}{2}\sqrt{\frac{1}{2} + \frac{1}{2}\sqrt{\frac{1}{2}}}} \ldots = \frac{2}{\pi} \quad \text{(Produkt von Vieta 1579)},$$

$$\prod_{k=1}^{\infty} \left(1 - \frac{1}{(2k)^2}\right) = \frac{2}{\pi}\,, \qquad \prod_{k=1}^{\infty} \left(1 - \frac{1}{(2k+1)^2}\right) = \frac{\pi}{4}\,,$$

$$\left(\frac{2}{1}\right) \left(\frac{4}{3}\right)^{1/2} \left(\frac{6 \cdot 8}{5 \cdot 7}\right)^{1/4} \left(\frac{10 \cdot 12 \cdot 14 \cdot 16}{9 \cdot 11 \cdot 13 \cdot 15}\right)^{1/8} \ldots = e,$$

$$\prod_{k=1}^{\infty} \frac{\sqrt[k]{e}}{1 + \frac{1}{k}} = e^C \qquad \text{(Eulersche Konstante } C = 0{,}577215\ldots\text{)}.$$

---

[57] Das Produkt erstreckt sich über alle Primzahlen p, und $\zeta(s)$ bezeichnet die Riemannsche ζ-Funktion.

0.6 Tabellen zur Differentiation von Funktionen

0.6.1 Differentiation der elementaren Funktionen

Tabelle 0.35 Erste Ableitung

Funktion $f(x)$	Ableitung[58] $f'(x)$	Gültigkeitsbereich im Reellen[59]	Gültigkeitsbereich im Komplexen[59]
C (Konstante)	0	$x \in \mathbb{R}$	$x \in \mathbb{C}$
x	1	$x \in \mathbb{R}$	$x \in \mathbb{C}$
x^2	$2x$	$x \in \mathbb{R}$	$x \in \mathbb{C}$
x^n $(n = 1, 2, \ldots)$	nx^{n-1}	$x \in \mathbb{R}$	$x \in \mathbb{C}$
$\dfrac{1}{x}$	$-\dfrac{1}{x^2}$	$x \neq 0$	$x \neq 0$
$\dfrac{1}{x^n}$ $(n = 1, 2, \ldots)$	$-\dfrac{n}{x^{n+1}}$	$x \neq 0$	$x \neq 0$
$x^\alpha = \mathrm{e}^{\alpha \cdot \ln x}$ (α reell)	$\alpha x^{\alpha-1}$	$x > 0$	$x \neq 0, -\pi < \arg x < \pi$
$\sqrt{x} = x^{\frac{1}{2}}$	$\dfrac{1}{2\sqrt{x}}$	$x > 0$	$x \neq 0, -\pi < \arg x < \pi$
$\sqrt[n]{x} = x^{\frac{1}{n}}$ $(n = 2, 3, \ldots)$	$\dfrac{\sqrt[n]{x}}{nx}$	$x > 0$	$x \neq 0, -\pi < \arg x < \pi$
$\ln x$	$\dfrac{1}{x}$	$x > 0$	$x \neq 0, -\pi < \arg x < \pi$
$\log_a x = \dfrac{\ln x}{\ln a}$ $(a > 0,\ a \neq 1)$	$\dfrac{1}{x \ln a}$	$x > 0$	$x \neq 0, -\pi < \arg x < \pi$
e^x	e^x	$x \in \mathbb{R}$	$x \in \mathbb{C}$
$a^x = \mathrm{e}^{x \cdot \ln a}$ $(a > 0,\ a \neq 1)$	$a^x \ln a$	$x \in \mathbb{R}$	$x \in \mathbb{C}$
$\sin x$	$\cos x$	$x \in \mathbb{R}$	$x \in \mathbb{C}$
$\cos x$	$-\sin x$	$x \in \mathbb{R}$	$x \in \mathbb{C}$
$\sinh x$	$\cosh x$	$x \in \mathbb{R}$	$x \in \mathbb{C}$
$\cosh x$	$\sinh x$	$x \in \mathbb{R}$	$x \in \mathbb{C}$
$\tan x$	$\dfrac{1}{\cos^2 x}$	$x \neq k\pi + \dfrac{\pi}{2}, k \in \mathbb{Z}$	$x \neq k\pi + \dfrac{\pi}{2},\ k \in \mathbb{Z}$

---

[58] Anstelle von $f'(x)$ schreibt man auch $\dfrac{\mathrm{d}f(x)}{\mathrm{d}x}$ oder $\dfrac{\mathrm{d}y}{\mathrm{d}x}$.

[59] $x \in \mathbb{R}$ (bzw. $x \in \mathbb{C}$) bedeutet, dass die Ableitung für alle reellen (bzw. komplexen) Zahlen existiert. Ferner steht $k \in \mathbb{Z}$ für $k = 0, \pm 1, \pm 2, \ldots$

Tabelle 0.35 Fortsetzung

$\cot x$	$-\dfrac{1}{\sin^2 x}$	$x \neq k\pi, k \in \mathbb{Z}$	$x \neq k\pi,\ k \in \mathbb{Z}$
$\tanh x$	$\dfrac{1}{\cosh^2 x}$	$x \in \mathbb{R}$	$x \neq \mathrm{i}k\pi + \dfrac{\mathrm{i}\pi}{2},\ k \in \mathbb{Z}$
$\coth x$	$-\dfrac{1}{\sinh^2 x}$	$x \in \mathbb{R}$	$x \neq \mathrm{i}k\pi,\ k \in \mathbb{Z}$
$\arcsin x$	$\dfrac{1}{\sqrt{1 - x^2}}$	$-1 < x < 1$	$|x| < 1$
$\arccos x$	$-\dfrac{1}{\sqrt{1 - x^2}}$	$-1 < x < 1$	$|x| < 1$
$\arctan x$	$\dfrac{1}{1 + x^2}$	$x \in \mathbb{R}$	$|\operatorname{Im} x| < 1$
$\operatorname{arccot} x$	$-\dfrac{1}{1 + x^2}$	$x \in \mathbb{R}$	$|\operatorname{Im} x| < 1$
$\operatorname{arsinh} x$	$\dfrac{1}{\sqrt{1 + x^2}}$	$-1 < x < 1$	$|x| < 1$
$\operatorname{arcosh} x$	$\dfrac{1}{\sqrt{x^2 - 1}}$	$x > 1$	$-\pi < \arg(x^2 - 1) < \pi,$ $x \neq \pm 1$
$\operatorname{artanh} x$	$\dfrac{1}{1 - x^2}$	$|x| < 1$	$|x| < 1$
$\operatorname{arcoth} x$	$\dfrac{1}{1 - x^2}$	$|x| > 1$	$|x| \in \mathbb{C}\backslash[-1, 1]$

Tabelle 0.36 Höhere Ableitungen

Funktion $f(x)$	n-te Ableitung $f^{(n)}(x)$	Gültigkeitsbereich im Reellen	Gültigkeitsbereich im Komplexen
$x^m\ (m = 1, 2, \ldots)$	$m(m-1)\ldots(m-n+1)x^{m-n}$ $(= 0 \quad \text{für} \quad n > m)$	$x \in \mathbb{R}$	$x \in \mathbb{C}$
$x^\alpha\ (\alpha\ \text{reell})$	$\alpha(\alpha-1)\ldots(\alpha-n+1)x^{\alpha-n}$	$x > 0$	$x \neq 0,$ $-\pi < \arg x < \pi$
$\mathrm{e}^{ax}\ (a \in \mathbb{C})$	$a^n \mathrm{e}^{ax}$	$x \in \mathbb{R}$	$x \in \mathbb{C}$
$\sin bx\ (b \in \mathbb{C})$	$b^n \sin\left(bx + \dfrac{n\pi}{2}\right)$	$x \in \mathbb{R}$	$x \in \mathbb{C}$
$\cos bx\ (b \in \mathbb{C})$	$b^n \cos\left(bx + \dfrac{n\pi}{2}\right)$	$x \in \mathbb{R}$	$x \in \mathbb{C}$
$\sinh bx$	$b^n \sinh bx$ bei geradem n, $b^n \cosh bx$ bei ungeradem n	$x \in \mathbb{R}$	$x \in \mathbb{C}$

Tabelle 0.36 Fortsetzung

$\cosh bx$	$b^n \cosh bx$ bei geradem n, $b^n \sinh bx$ bei ungeradem n	$x \in \mathbb{R}$	$x \in \mathbb{C}$
a^{bx} $(a > 0, b \in \mathbb{C})$	$(b \cdot \ln a)^n a^{bx}$	$x \in \mathbb{R}$	$x \neq 0,\ -\pi < \arg x < \pi$
$\ln x$	$(-1)^{n-1} \dfrac{(n-1)!}{x^n}$	$x > 0$	$x \neq 0,\ -\pi < \arg x < \pi$
$\log_a x$ $(a > 0,\ a \neq 1)$	$(-1)^{n-1} \dfrac{(n-1)!}{x^n \ln a}$	$x > 0$	$x \neq 0,\ -\pi < \arg x < \pi$

0.6.2 Differentiationsregeln für Funktionen einer Variablen

Tabelle 0.37 [60]

Name	Formel
Summenregel	$\dfrac{d(f+g)}{dx} = \dfrac{df}{dx} + \dfrac{dg}{dx}$
Konstantenregel	$\dfrac{d(Cf)}{dx} = C\dfrac{df}{dx}$ (C Konstante)
Produktregel	$\dfrac{d(fg)}{dx} = \dfrac{df}{dx}g + f\dfrac{dg}{dx}$
Quotientenregel	$\dfrac{d\left(\frac{f}{g}\right)}{dx} = \dfrac{\frac{df}{dx}g - f\frac{dg}{dx}}{g^2}$
Kettenregel	$\dfrac{dy}{dx} = \dfrac{dy}{dz}\dfrac{dz}{dx}$
inverse Funktion	$\dfrac{dx}{dy} = \dfrac{1}{\left(\dfrac{dy}{dx}\right)}$

Anwendung der Summenregel:

▶ Beispiel 1: Unter Verwendung von Tabelle 0.35 erhalten wir

$$(e^x + \sin x)' = (e^x)' + (\sin x)' = e^x + \cos x, \quad x \in \mathbb{R},$$
$$(x^2 + \sinh x)' = (x^2)' + (\sinh x)' = 2x + \cosh x, \quad x \in \mathbb{R},$$
$$(\ln x + \cos x)' = (\ln x)' + (\cos x)' = \tfrac{1}{x} - \sin x, \quad x > 0.$$

Anwendung der Konstantenregel:

▶ Beispiel 2:

$$(2e^x)' = 2(e^x)' = 2e^x, \quad (3\sin x)' = 3(\sin x)' = 3\cos x, \quad x \in \mathbb{R},$$
$$(3x^4 + 5)' = (3x^4)' + (5)' = 3 \cdot 4x^3 = 12x^3, \quad x \in \mathbb{R}.$$

---

[60]Die genauen Voraussetzungen für die Gültigkeit dieser Regeln findet man in 1.4. Diese Regeln gelten für Funktionen einer reellen (oder einer komplexen) Variablen. Die Beispiele 1 bis 6 bleiben für komplexe Argumente x gültig.

Anwendung der Produktregel:

▶ BEISPIEL 3:

$$(xe^x)' = (x)'e^x + x(e^x)' = 1 \cdot e^x + xe^x = (1+x)e^x, \quad x \in \mathbb{R},$$
$$(x^2 \sin x)' = (x^2)' \sin x + x^2(\sin x)' = 2x \sin x + x^2 \cos x, \quad x \in \mathbb{R},$$
$$(x \ln x)' = (x)' \ln x + x(\ln x)' = \ln x + 1, \quad x > 0$$

Anwendung der Quotientenregel:

▶ BEISPIEL 4:

$$(\tan x)' = \left(\frac{\sin x}{\cos x}\right)' = \frac{(\sin x)' \cos x - \sin x(\cos x)'}{\cos^2 x}$$
$$= \frac{\cos^2 x + \sin^2 x}{\cos^2 x} = \frac{1}{\cos^2 x}.$$

Diese Ableitung existiert für alle x, in denen der Nenner $\cos x$ ungleich null ist, d. h., wir müssen $x \neq k\pi + \dfrac{\pi}{2}$ mit $k = 0, \pm 1, \pm 2, \ldots$ voraussetzen.

Anwendung der Kettenregel:

▶ BEISPIEL 5: Um

$$y = \sin 2x$$

zu differenzieren, schreiben wir

$$y = \sin z, \quad z = 2x.$$

Die Kettenregel ergibt

$$y' = \frac{dy}{dx} = \frac{dy}{dz}\frac{dz}{dx} = (\cos z) \cdot 2 = 2 \cos 2x.$$

▶ BEISPIEL 6: Die Differentiation von

$$y = \cos(3x^4 + 5)$$

erfolgt durch $y = \cos z, z = 3x^4 + 5$ und

$$y' = \frac{dy}{dx} = \frac{dy}{dz}\frac{dz}{dx} = (-\sin z) \cdot 12x^3 = -12x^3 \sin(3x^4 + 5).$$

Anwendung der Regel für inverse Funktionen: Umkehrung von

$$y = e^x, \quad -\infty < x < \infty,$$

ergibt

$$x = \ln y, \quad y > 0.$$

Daraus erhalten wir

$$\frac{d \ln y}{dy} = \frac{dx}{dy} = \frac{1}{\left(\dfrac{dy}{dx}\right)} = \frac{1}{e^x} = \frac{1}{y}, \quad y > 0.$$

0.6.3 Differentiationsregeln für Funktionen mehrerer Variabler

Partielle Ableitung: Hängt die Funktion $f = f(x, w, \dots)$ von x und weiteren Variablen $w, \dots$ ab, dann erhält man die partielle Ableitung

$$\frac{\partial f}{\partial x},$$

indem man nur x als Variable auffasst, alle anderen Variablen als Konstanten betrachtet und nach x differenziert.

▶ BEISPIEL 1: Es sei $f(x) = Cx$ mit der Konstanten C. Dann gilt

$$\frac{df(x)}{dx} = C.$$

In analoger Weise erhalten wir für $f(x, u, v) = (e^v \sin u)x$ die partielle Ableitung

$$\frac{\partial f(x, u, v)}{\partial x} = e^v \sin u.$$

Denn man hat u, v und somit $C = e^v \sin u$ als Konstante aufzufassen.

▶ BEISPIEL 2: Es sei $f(x) = \cos(3x^4 + C)$, wobei C eine Konstante bezeichnet. Nach Beispiel 6 in 0.6.2 gilt

$$\frac{df(x)}{dx} = -12x^3 \sin(3x^4 + C).$$

In der Funktion $f(x, u) = \cos(3x^4 + e^u)$ fassen wir u und somit $C = e^u$ als Konstante auf und erhalten

$$\frac{\partial f(x, u)}{\partial x} = -12x^3 \sin(3x^4 + e^u).$$

▶ BEISPIEL 3: Für $f(x, y) := xy$ ergibt sich

$$f_x(x, y) = \frac{\partial f(x, y)}{\partial x} = y, \qquad f_y(x, y) = \frac{\partial f(x, y)}{\partial y} = x.$$

▶ BEISPIEL 4: Im Fall $f(x, y) := \dfrac{x}{y} = xy^{-1}$ erhalten wir

$$f_x(x, y) = \frac{\partial f(x, y)}{\partial x} = y^{-1}, \qquad f_y(x, y) = \frac{\partial f(x, y)}{\partial y} = -xy^{-2}.$$

Tabelle 0.38 Kettenregel[61]

$f = f(x, y), \quad f_x := \dfrac{\partial f}{\partial x}, \quad f_y := \dfrac{\partial f}{\partial y}$	
Name	Formel
totales Differential	$df = f_x dx + f_y dy$
Kettenregel	$\dfrac{\partial f}{\partial w} = f_x \dfrac{\partial x}{\partial w} + f_y \dfrac{\partial y}{\partial w}$

Bei der Kettenregel in Tabelle 0.38 fassen wir $x = x(w, \ldots)$ und $y = y(w, \ldots)$ als Funktionen von w und (möglicherweise) weiteren Variablen auf. Eine analoge Regel gilt für Funktionen $f = f(x_1, \ldots, x_n)$. Dann hat man das totale Differential

$$df = f_{x_1} dx_1 + \ldots + f_{x_n} dx_n$$

und die Kettenregel

$$\frac{\partial f}{\partial w} = f_{x_1} \frac{\partial x_1}{\partial w} + \ldots + f_{x_n} \frac{\partial x_n}{\partial w},$$

falls die Funktionen $x_1, \ldots, x_n$ von w und weiteren Variablen abhängen. Sind $x_1, \ldots, x_n$ nur Funktionen der Variablen w, dann schreibt man $\frac{d}{dw}$ anstelle von $\frac{\partial}{\partial w}$. Das ergibt die spezielle Kettenregel

$$\frac{df}{dw} = f_{x_1} \frac{dx_1}{dw} + \ldots + f_{x_n} \frac{dx_n}{dw}.$$

Anwendung der Kettenregel:

▶ BEISPIEL 5: Wir setzen

$$f(t) := x(t) y(t).$$

Aus Beispiel 3 folgt das totale Differential

$$df = f_x dx + f_y dy = y dx + x dy.$$

Hieraus erhalten wir

$$f'(t) = \frac{df}{dt} = y \frac{dx}{dt} + x \frac{dy}{dt} = y(t) x'(t) + x(t) y'(t).$$

Das ist die *Produktregel*, die sich somit als ein Spezialfall der Kettenregel für Funktionen mehrerer Variabler erweist.

▶ BEISPIEL 6: Für die Funktion

$$f(t) := \frac{x(t)}{y(t)}$$

erhalten wir aus Beispiel 4 das totale Differential

$$df = f_x dx + f_y dy = y^{-1} dx - xy^{-2} dy$$

und $$f'(t) = \frac{df}{dt} = \frac{x'(t)}{y(t)} - \frac{x(t) y'(t)}{y(t)^2} = \frac{x'(t) y(t) - x(t) y'(t)}{y(t)^2}.$$

Das ist die *Quotientenregel*.

---

[61]Die genauen Voraussetzungen für die Gültigkeit dieser Regeln findet man in 1.5. Diese Regeln gelten für Funktionen reeller (oder komplexer) Variabler.

0.7 Tabellen zur Integration von Funktionen

Differentiation ist ein Handwerk — Integration ist eine Kunst.

Folklore

0.7.1 Integration der elementaren Funktionen

Die Formel

$$\int f(x)\, dx = F(x), \qquad x \in D,$$

bedeutet

$$F'(x) = f(x) \qquad \text{für alle} \quad x \in D.$$

Die Funktion F heißt eine *Stammfunktion* von f auf der Menge D. In diesem Sinne ist die Integration eine Umkehrung der Differentiation.

(i) Reeller Fall: Ist x eine reelle Variable und bezeichnet D ein Intervall, dann erhält man alle Stammfunktionen von f auf D, indem man zu einer fest gewählten Stammfunktion eine beliebige reelle Konstante hinzufügt. Um diesen Sachverhalt auszudrücken, schreibt man

$$\int f(x)\, dx = F(x) + C, \qquad x \in D.$$

(ii) Komplexer Fall: Es sei D ein Gebiet der komplexen Zahlenebene. Dann gelten alle obigen Aussagen unverändert, falls man C als komplexe Konstante wählt.

Tabelle 0.39 Die Grundintegrale

Funktion $f(x)$	Stammfunktion[62] $\int f(x)dx$	Gültigkeitsbereich im Reellen[63]	Gültigkeitsbereich im Komplexen[63]
C (Konstante)	Cx	$x \in \mathbb{R}$	$x \in \mathbb{C}$
x	$\dfrac{x^2}{2}$	$x \in \mathbb{R}$	$x \in \mathbb{C}$
x^n $(n = 1, 2, \ldots)$	$\dfrac{x^{n+1}}{n+1}$	$x \in \mathbb{R}$	$x \in \mathbb{C}$
$\dfrac{1}{x^n}$ $(n = 2, 3, \ldots)$	$\dfrac{1}{(1-n)x^{n-1}}$	$x \neq 0$	$x \neq 0$
$\dfrac{1}{x}$	$\ln x$	$x > 0$	$x \neq 0, -\pi < \arg x < \pi$
$\dfrac{1}{x}$	$\ln |x|$	$x \neq 0$	

---

[62]Es wird jeweils nur eine Stammfunktion angegeben.

[63]$x \in \mathbb{R}$ (bzw. $x \in \mathbb{C}$) bedeutet die Gültigkeit für alle reellen (bzw. komplexen) Zahlen. Ferner steht $k \in \mathbb{Z}$ für $k = 0, \pm 1, \pm 2, \ldots$ Für die Funktionen $\ln x$, $\sqrt{x}$ und x^{n+1} benutzen wir im Komplexen die Hauptzweige, die sich aus den Funktionswerten für $x > 0$ durch analytische Fortsetzung ergeben (vgl. 1.14.15).

Tabelle 0.39 Fortsetzung

x^α (α reell, $\alpha \neq -1$)	$\dfrac{x^{\alpha+1}}{\alpha+1}$	$x > 0$	$x \neq 0, -\pi < \arg x < \pi$
$\sqrt{x} = x^{\frac{1}{2}}$	$\dfrac{2}{3} x \sqrt{x}$	$x > 0$	$x \neq 0, -\pi < \arg x < \pi$
e^x	e^x	$x \in \mathbb{R}$	$x \in \mathbb{C}$
a^x ($a > 0$, $a \neq 1$)	$\dfrac{a^x}{\ln a}$	$x \in \mathbb{R}$	$x \in \mathbb{C}$
$\sin x$	$-\cos x$	$x \in \mathbb{R}$	$x \in \mathbb{C}$
$\cos x$	$\sin x$	$x \in \mathbb{R}$	$x \in \mathbb{C}$
$\tan x$	$-\ln|\cos x|$	$x \neq (2k+1)\dfrac{\pi}{2}$ $(k \in \mathbb{Z})$	
$\cot x$	$\ln|\sin x|$	$x \neq k\pi \quad (k \in \mathbb{Z})$	
$\dfrac{1}{\cos^2 x}$	$\tan x$	$x \neq (2k+1)\dfrac{\pi}{2}$	$x \neq (2k+1)\dfrac{\pi}{2} \quad (k \in \mathbb{Z})$
$\dfrac{1}{\sin^2 x}$	$-\cot x$	$x \neq k\pi$	$x \neq k\pi \quad (k \in \mathbb{Z})$
$\sinh x$	$\cosh x$	$x \in \mathbb{R}$	$x \in \mathbb{C}$
$\cosh x$	$\sinh x$	$x \in \mathbb{R}$	$x \in \mathbb{C}$
$\tanh x$	$\ln \cosh x$	$x \in \mathbb{R}$	
$\coth x$	$\ln|\sinh x|$	$x \neq 0$	
$\dfrac{1}{\cosh^2 x}$	$\tanh x$	$x \in \mathbb{R}$	$x \neq i(2k+1)\dfrac{\pi}{2} \quad (k \in \mathbb{Z})$
$\dfrac{1}{\sinh^2 x}$	$-\coth x$	$x \neq 0$	$x \neq ik\pi \quad (k \in \mathbb{Z})$
$\dfrac{1}{a^2 + x^2}$ $(a > 0)$	$\dfrac{1}{a} \arctan \dfrac{x}{a}$	$x \in \mathbb{R}$	
$\dfrac{1}{a^2 - x^2}$ $(a > 0)$	$\dfrac{1}{2a} \ln\left|\dfrac{a+x}{a-x}\right|$	$x \neq a$	
$\dfrac{1}{\sqrt{a^2 - x^2}}$ $(a > 0)$	$\arcsin \dfrac{x}{a}$	$|x| < a$	
$\dfrac{1}{\sqrt{a^2 + x^2}}$ $(a > 0)$	$\operatorname{arsinh} \dfrac{x}{a}$	$x \in \mathbb{R}$	
$\dfrac{1}{\sqrt{x^2 - a^2}}$ $(a > 0)$	$\operatorname{arcosh} \dfrac{x}{a}$	$|x| > a$	

0.7.2 Integrationsregeln

0.7.2.1 Unbestimmte Integrale

Die Regeln zur Berechnung bestimmter Integrale findet man in Tabelle 0.41.

Tabelle 0.40 [64]

Name der Regel	Formel
Summenregel	$\displaystyle\int (u+v)\,\mathrm{d}x = \int u\,\mathrm{d}x + \int v\,\mathrm{d}x$
Konstantenregel	$\displaystyle\int \alpha u\,\mathrm{d}x = \alpha \int u\,\mathrm{d}x \quad (\alpha \quad \text{Konstante})$
partielle Integration	$\displaystyle\int u'v\,\mathrm{d}x = uv - \int uv'\,\mathrm{d}x$
Substitutionsregel	$\displaystyle\int f(x)\,\mathrm{d}x = \int f(x(t))\frac{\mathrm{d}x}{\mathrm{d}t}\,\mathrm{d}t$
logarithmische Regel	$\displaystyle\int \frac{f'(x)}{f(x)}\,\mathrm{d}x = \ln|f(x)|$

Die Substitutionsregel benutzt man häufig in der *mnemotechnisch* sehr bequemen Formulierung[65]

$$\boxed{\int f(t(x))\,\mathrm{d}t(x) = \int f(t)\,\mathrm{d}t} \tag{0.56}$$

mit $\mathrm{d}t(x) = t'(x)\,\mathrm{d}x$. In vielen Fällen führt (0.56) rascher zum Ziel als die in Tabelle 0.40 angegebene Formulierung, bei der man zusätzlich $x'(t) \neq 0$ fordern muss, um die Existenz der Umkehrfunktion $t = t(x)$ zu garantieren.

In allen Fällen, in denen (0.56) zum Ziele führt, wird die Existenz der Umkehrfunktion *nicht* benötigt.

Beispiele zur Substitutionsregel:

▶ BEISPIEL 1: Wir wollen das Integral

$$J = \int \sin(2x+1)\,\mathrm{d}x$$

berechnen Hierzu setzen wir $t := 2x + 1$. Die Umkehrfunktion lautet

$$x = \frac{1}{2}(t-1)\,.$$

Daraus folgt $\dfrac{\mathrm{d}x}{\mathrm{d}t} = \dfrac{1}{2}$. Die Substitutionsregel in Tabelle 0.40 ergibt

$$J = \int (\sin t)\frac{1}{2}\,\mathrm{d}t = -\frac{1}{2}\cos t = -\frac{1}{2}\cos(2x+1)\,.$$

---

[64] Die präzisen Voraussetzungen werden in 1.6.4 und 1.6.5 formuliert.

[65] Vertauscht man die Rollen von x und t, dann erhält man nach der Substitutionsregel in Tabelle 0.40 die Formel

$\int f(t(x))t'(x)\,\mathrm{d}x = \int f(t)\,\mathrm{d}t\,,$

die (0.56) entspricht.

Wir benutzen jetzt die Formel (0.56) zur Berechnung von J.

Wegen $\dfrac{d(2x+1)}{dx} = 2$ gilt $d(2x+1) = 2\,dx$. Das liefert

$$\int \sin(2x+1)\,dx = \int \frac{1}{2}\sin(2x+1)\,d(2x+1) = \int \frac{1}{2}\sin t\,dt$$

$$= -\frac{1}{2}\cos t = -\frac{1}{2}\cos(2x+1)\,.$$

Bei einiger Übung wird man nur noch folgendes notieren:

$$\boxed{\int \sin(2x+1)\,dx = \int \frac{1}{2}\sin(2x+1)\,d(2x+1) = -\frac{1}{2}\cos(2x+1)\,.}$$

Man sollte stets zunächst probieren, ob eine Berechnung nach (0.56) möglich ist. Es gibt jedoch Situationen, wo (0.56) nicht unmittelbar angewandt werden kann (vgl. Beispiel 3 in 1.6.5).

▶ BEISPIEL 2: Aus $\dfrac{dx^2}{dx} = 2x$ folgt

$$\int e^{x^2}x\,dx = \int \frac{1}{2}e^{x^2}\,dx^2 = \int \frac{1}{2}e^t\,dt = \frac{1}{2}e^t = \frac{1}{2}e^{x^2}\,.$$

Ein erfahrener Rechner schreibt lediglich

$$\boxed{\int e^{x^2}x\,dx = \int \frac{1}{2}e^{x^2}\,dx^2 = \frac{1}{2}e^{x^2}\,.}$$

▶ BEISPIEL 3:

$$\int \frac{x\,dx}{1+x^2} = \int \frac{dx^2}{2(1+x^2)} = \frac{1}{2}\ln(1+x^2)\,.$$

Weitere Beispiele zur Substitutionsregel findet man in 0.7.4 und 1.6.5.

Beispiele zur partiellen Integration:

▶ BEISPIEL 4: Um $\displaystyle\int x\sin x\,dx$ zu berechnen, setzen wir

$$u' = \sin x, \qquad v = x,$$
$$u = -\cos x, \qquad v' = 1\,.$$

Das ergibt

$$\int x\sin x\,dx = \int u'v\,dx = uv - \int uv'\,dx$$

$$= -x\cos x + \int \cos x\,dx = -x\cos x + \sin x\,.$$

▶ BEISPIEL 5: Zur Berechnung von $\displaystyle\int \arctan x\,dx$ wählen wir

$$u' = 1, \qquad v = \arctan x,$$
$$u = x, \qquad v' = \frac{1}{1+x^2}\,.$$

Das liefert

$$\int \arctan x \, dx = \int u'v \, dx = uv - \int uv' \, dx$$

$$= x \arctan x - \int \frac{x \, dx}{1 + x^2}$$

$$= x \arctan x - \frac{1}{2} \ln(1 + x^2)$$

nach Beispiel 3.

Weitere Beispiele zur partiellen Integration findet man in 1.6.4.

0.7.2.2 Bestimmte Integrale

Die wichtigsten Regeln sind in Tabelle 0.41 zusammengestellt.

Tabelle 0.41. [66]

Name der Regel	Formel
Substitutionsregel	$\int\limits_{\alpha}^{\beta} f(x(t))x'(t) \, dt = \int\limits_{a}^{b} f(x) \, dx$ $(x(\alpha) = a, \quad x(\beta) = b, \quad x'(t) > 0)$
partielle Integration	$\int\limits_{a}^{b} u'v \, dx = uv\Big|_{a}^{b} - \int\limits_{a}^{b} uv' \, dx.$
Fundamentalsatz der Differential- und Integralrechnung von Newton und Leibniz	$\int\limits_{a}^{b} u' \, dx = u\Big|_{a}^{b}$

Der Fundamentalsatz der Differential- und Integralrechnung ergibt sich in Tabelle 0.41 aus der Formel der partiellen Integration, indem man dort $v = 1$ setzt.

▶ BEISPIEL: $\int\limits_{a}^{b} \sin x \, dx = -\cos x\Big|_{a}^{b} = -\cos b + \cos a.$

Denn für $u := -\cos x$ gilt $u' = \sin x$.

Weitere Beispiel findet man unter 1.6.4.

---

[66]Die genauen Voraussetzungen findet man in 1.6. Wir setzen $f\big|_{a}^{b} := f(b) - f(a)$.

0.7.2.3 Mehrdimensionale Integrale

Den Regeln von Tabelle 0.41 für eindimensionale Integrale entsprechen analoge Regeln für mehrdimensionale Integrale, die wir in Tabelle 0.42 zusammenstellen.

Tabelle 0.42[67]

Name der Regel	Formel
Substitutionsregel	$\displaystyle\int_{x(H)} f(x)\,dx = \int_H f(x(t))\lvert\det x'(t)\rvert\,dt$
partielle Integration	$\displaystyle\int_G (\partial_j u)v\,dx = \int_{\partial G} uvn_j\,dF - \int_G u\partial_j v\,dx$
Satz von Gauß	$\displaystyle\int_G \partial_j u\,dx = \int_{\partial G} un_j\,dF$
Satz von Gauß-Stokes	$\displaystyle\boxed{\int_M d\omega = \int_{\partial M} \omega}$
Satz von Fubini (iterierte Integration)	$\displaystyle\int_{\mathbb{R}^2} f(x,y)\,dxdy = \int_{-\infty}^{\infty}\left(\int_{-\infty}^{\infty} f(x,y)\,dx\right)dy$

Kommentar:

  (i) Der Satz von Gauß in Tabelle 0.42 ergibt sich aus der Formel der partiellen Integration, indem man dort $v = 1$ setzt.

 (ii) Der Satz von Gauß-Stokes verallgemeinert den Fundamentalsatz der Differential- und Integralrechnung auf Mannigfaltigkeiten (z. B. Kurven, Flächen, Gebiete).

(iii) Tatsächlich sind die Formeln der partiellen Integration und der Satz von Gauß Spezialfälle des Satzes von Gauß-Stokes, der einen der wichtigsten Sätze der Mathematik darstellt (vgl. 1.7.6).

Anwendungen dieser Regeln findet man in 1.7.1 ff.

0.7.3 Die Integration rationaler Funktionen

Jede echt gebrochene rationale Funktion lässt sich eindeutig als eine Summe von sogenannten Partialbrüchen

$$\boxed{\frac{A}{(x-a)^n}} \tag{0.57}$$

darstellen. Dabei gilt $n = 1, 2, \ldots$, und A und a sind reelle oder komplexe Zahlen (vgl. 2.1.7). Die Partialbrüche (0.57) lassen sich nach Tabelle 0.43 sofort integrieren.[68]

---

[67] Die genauen Voraussetzungen und die Erläuterung der Bezeichnungen findet man in 1.7.

[68] Die hier benutzte Methode ist besonders durchsichtig, weil sie den Weg über komplexe Zahlen nimmt. Scheut man diesen Weg, dann hat man umständliche Fallunterscheidungen in Kauf zu nehmen.

Tabelle 0.43 Integration von Partialbrüchen

$\displaystyle\int \frac{\mathrm{d}x}{(x-a)^n} = \frac{1}{(1-n)(x-a)^{n-1}}$	$x \in \mathbb{R}, \quad n = 2,3,\dots, \quad a \in \mathbb{C}$
$\displaystyle\int \frac{\mathrm{d}x}{x-a} = \ln|x-a|$	$x \in \mathbb{R}, \quad x \neq a, \quad a \in \mathbb{R}$
$\displaystyle\int \frac{\mathrm{d}x}{x-a} = \ln|x-a| + \mathrm{i}\arctan\dfrac{x-\alpha}{\beta}$	$x \in \mathbb{R}, \quad a = \alpha + \mathrm{i}\beta, \quad \beta \neq 0$

▶ BEISPIEL 1: Aus

$$\frac{1}{x^2-1} = \frac{1}{2}\left(\frac{1}{x-1} - \frac{1}{x+1}\right)$$

folgt

$$\int \frac{\mathrm{d}x}{x^2-1} = \frac{1}{2}\Big(\ln|x-1| - \ln|x+1|\Big) = \frac{1}{2}\ln\left|\frac{x-1}{x+1}\right|.$$

▶ BEISPIEL 2: Wegen

$$\frac{1}{x^2+1} = \frac{1}{2\mathrm{i}}\left(\frac{1}{x-\mathrm{i}} - \frac{1}{x+\mathrm{i}}\right)$$

erhalten wir

$$\int \frac{\mathrm{d}x}{x^2+1} = \frac{1}{2\mathrm{i}}\Big(\ln|x-\mathrm{i}| + \mathrm{i}\arctan x - \ln|x+\mathrm{i}| - \mathrm{i}\arctan(-x)\Big)$$
$$= \arctan x, \qquad x \in \mathbb{R}.$$

Man beachte $|x-\mathrm{i}| = |x+\mathrm{i}|$ und $\arctan(-x) = -\arctan x$ für $x \in \mathbb{R}$.

▶ BEISPIEL 3: Nach (2.30) gilt

$$f(x) := \frac{x}{(x-1)(x-2)^2} = \frac{1}{x-1} - \frac{1}{x-2} + \frac{2}{(x-2)^2}.$$

Daraus folgt

$$\int f(x)\,\mathrm{d}x = \ln|x-1| - \ln|x-2| - \frac{2}{x-2}.$$

Beliebige rationale Funktionen lassen sich stets als Summe aus einem Polynom und einer echt gebrochenen rationalen Funktion darstellen.

▶ BEISPIEL 4: $\dfrac{x^2}{1+x^2} = 1 - \dfrac{1}{1+x^2}$,

$$\int \frac{x^2\,\mathrm{d}x}{1+x^2} = \int \mathrm{d}x - \int \frac{\mathrm{d}x}{1+x^2} = x - \arctan x.$$

0.7.4 Wichtige Substitutionen

Wir geben einige Typen von Integralen an, die sich stets durch gewisse *universelle* Substitutionen lösen lassen. Im Einzelfall führen jedoch speziell angepasste Substitutionen oft rascher zum Ziel.

Nur eine beschränkte Anzahl von Integralen lässt sich in geschlossener Form durch elementare Funktionen ausdrücken.

Polynome mehrerer Variabler: Unter einem Polynom $P = P(x_1, \ldots, x_n)$ der Variablen $x_1, \ldots, x_n$ verstehen wir eine endliche Summe von Ausdrücken der Form

$$a_{i_1 \ldots i_n} x_1^{\alpha_1} x_2^{\alpha_2} \cdots x_n^{\alpha_n} \,.$$

Dabei ist $a_{\ldots}$ eine komplexe Zahl, und alle Exponenten α_j sind gleich einem der Werte $0, 1, 2, \ldots$.

Rationale Funktionen mehrerer Variabler: Unter einer rationalen Funktion $R = R(x_1, \ldots, x_n)$ der Variablen $x_1, \ldots, x_n$ verstehen wir den Quotienten

$$\boxed{R(x_1, \ldots, x_n) := \frac{P(x_1, \ldots, x_n)}{Q(x_1, \ldots, x_n)} \,,}$$

wobei P und Q Polynome sind.

Konvention: Im folgenden bezeichnet R stets eine rationale Funktion.

Typ 1: $\quad \boxed{\int R(\sinh x, \cosh x, \tanh x, \coth x, e^x)\, dx \,.}$

Lösung: Man drücke $\sinh x$ usw. durch e^x aus und benutze die Substitution

$$\boxed{t = e^x, \qquad dt = t\, dx \,.}$$

Dann ergibt sich eine rationale Funktion in t, die durch Partialbruchzerlegung gelöst werden kann (vgl. 0.7.3). Explizit gilt

$$\sinh x = \frac{1}{2}(e^x - e^{-x}), \quad \cosh x = \frac{1}{2}(e^x + e^{-x}),$$

$$\tanh x = \frac{\sinh x}{\cosh x}, \quad \coth x = \frac{\cosh x}{\sinh x} \,.$$

▶ BEISPIEL 1: $\quad J := \displaystyle\int \frac{dx}{2\cosh x} = \int \frac{dx}{e^x + e^{-x}} = \int \frac{dt}{t\left(t + \frac{1}{t}\right)}$

$$= \int \frac{dt}{t^2 + 1} = \arctan t = \arctan e^x \,.$$

▶ BEISPIEL 2: $\quad J := \int 8 \sinh^2 x\, dx = \int 2(e^{2x} - 2 + e^{-2x})\, dx$ Hier kommt man ohne die Substitution
$$= e^{2x} - 4x - e^{-2x} \,.$$
$t = e^x$ aus.

▶ BEISPIEL 3: Zur Berechnung von $J := \int \sinh^n x \cosh x\, dx$ empfiehlt sich die Verwendung von (0.56). Das ergibt

$$J = \int \sinh^n x\, d\sinh x = \frac{\sinh^{n+1} x}{n+1}, \qquad n = 1, 2, \ldots$$

Diese Vorgehensweise entspricht der Substitution $t = \sinh x$.

Typ 2: $\quad \boxed{\int R(\sin x, \cos x, \tan x, \cot x)\, dx \,.}$ $\hfill$ (0.58)

Lösung: Man drücke $\sin x$ usw. durch e^{ix} aus und benutze die Substitution

$$t = e^{ix}, \qquad dt = i t\, dx.$$

Dann ergibt sich eine rationale Funktion in t, die durch Partialbruchzerlegung gelöst werden kann (vgl. 0.7.3). Explizit gilt

$$\sin x = \frac{1}{2i}(e^{ix} - e^{-ix}), \quad \cos x = \frac{1}{2}(e^{ix} + e^{-ix}),$$

$$\tan x = \frac{\sin x}{\cos x}, \qquad \cot x = \frac{\cos x}{\sin x}.$$

Anstelle dieser Methode führt auch stets die Substitution

$$t = \tan \frac{x}{2}, \qquad -\pi < x < \pi \tag{0.59}$$

zum Ziel. Es gilt

$$\cos x = \frac{1 - t^2}{1 + t^2}, \qquad \sin x = \frac{2t}{1 + t^2}, \qquad dx = \frac{2\,dt}{1 + t^2}.$$

▶ BEISPIEL 4: $J := \int 8\cos^2 x\, dx = \int 2(e^{2ix} + 2 + e^{-2ix})\, dx$

$$= \frac{1}{i}(e^{2ix} - e^{-2ix}) + 4x = 2\sin 2x + 4x.$$

Im vorliegenden Fall kann man wegen $2\cos^2 x = \cos 2x + 1$ rascher so schließen:

$$J = \int (4\cos 2x + 4)\, dx = 2\sin 2x + 4x.$$

▶ BEISPIEL 5: Aus (0.56) folgt

$$\int \frac{\sin x\, dx}{\cos^2 x} = \int \frac{-d\cos x}{\cos^2 x} = -\frac{1}{\cos x}.$$

Typ 3: $\displaystyle \int R\left(x, \sqrt[n]{\frac{\alpha x + \beta}{\gamma x + \delta}}\right) dx,$ $\qquad \alpha\delta - \beta\gamma \neq 0, \quad n = 2, 3, \ldots$

Lösung: Man benutze die Substitution[69]

$$t = \sqrt[n]{\frac{\alpha x + \beta}{\gamma x + \delta}}, \quad x = \frac{\delta t^n - \beta}{\alpha - \gamma t^n}, \quad dx = n(\alpha\delta - \beta\gamma)\frac{t^{n-1}\, dt}{(\alpha - \gamma t^n)^2}.$$

Dann hat man eine rationale Funktion in t zu integrieren, wobei man die Methode der Partialbruchzerlegung benutzen kann (vgl. 0.7.3).

---

[69] Hängt das Integral von Wurzeln unterschiedlicher Ordnung ab, dann kann man diese auf Typ 3 zurückführen, indem man zum kleinsten gemeinsamen Vielfachen der Wurzelordnungen übergeht. Zum Beispiel gilt

$$\sqrt[3]{x} + \sqrt[4]{x} = (\sqrt[12]{x})^4 + (\sqrt[12]{x})^3.$$

▶ BEISPIEL 6: Die Substitution $t = \sqrt{x}$ liefert $x = t^2$ und $dx = 2t\,dt$. Das ergibt

$$\int \frac{x - \sqrt{x}}{x + \sqrt{x}}\,dx = \int \frac{t^2 - t}{1 + t} 2\,dt = 2 \int \left(t - 2 + \frac{2}{t + 1} \right) dt$$

$$= 2 \left(\frac{t^2}{2} - 2t + 2 \ln |t + 1| \right)$$

$$= 2 \left(\frac{x}{2} - 2\sqrt{x} + 2 \ln |1 + \sqrt{x}| \right).$$

Typ 4: $\boxed{\int R(x, \sqrt{\alpha x^2 + 2\beta x + \gamma})\,dx.}$

Es sei $\alpha \neq 0$. Mit Hilfe der quadratischen Ergänzung

$$\alpha x^2 + 2\beta x + \gamma = \alpha \left(x + \frac{\beta}{\alpha} \right)^2 - \frac{\beta^2}{\alpha} + \gamma$$

kann man diesen Typ stets auf einen der in Tabelle 0.44 angegebenen Fälle zurückführen. Es ist auch möglich, die Eulerschen Substitutionen zu verwenden (vgl. Tabelle 0.45).

Tabelle 0.44 Algebraische Funktionen zweiter Ordnung

Integral $(a > 0)$	Substitution	
$\int R(x, \sqrt{a^2 - (x + b)^2}\,dx$	$x + b = a \sin t$	$-\dfrac{\pi}{2} < t < \dfrac{\pi}{2}$, $dx = a \cos t\,dt$
$\int R(x, \sqrt{a^2 + (x + b)^2}\,dx$	$x + b = a \sinh t$	$-\infty < t < \infty$, $dx = a \cosh t\,dt$
$\int R(x, \sqrt{(x + b)^2 - a^2}\,dx$	$x + b = a \cosh t$	$t > 0$, $dx = a \sinh t\,dt$
	$\cos^2 t + \sin^2 t = 1,\qquad \cosh^2 t - \sinh^2 t = 1.$	

▶ BEISPIEL 7: $\displaystyle \int \frac{dx}{\sqrt{a^2 + x^2}} = \int \frac{a \cosh t\,dt}{\sqrt{a^2 + a^2 \sinh^2 t}} = \int \frac{a \cosh t\,dt}{a \cosh t}$

$$= \int dt = t = \operatorname{arsinh} \frac{x}{a}.$$

Tabelle 0.45 Die Eulerschen Substitutionen für $\int R(x, \sqrt{\alpha x^2 + 2\beta x + \gamma})\,dx$

Fallunterscheidung	Substitution
$\alpha > 0$	$\sqrt{\alpha x^2 + 2\beta x + \gamma} = t - x\sqrt{\alpha}$
$\gamma > 0$	$\sqrt{\alpha x^2 + 2\beta x + \gamma} = tx + \sqrt{\gamma}$
$\alpha x^2 + 2\beta x + \gamma = \alpha(x - x_1)(x - x_2)$ x_1, x_2 reell, $x_1 \neq x_2$	$\sqrt{\alpha x^2 + 2\beta x + \gamma} = t(x - x_1)$

Typ 5: $\boxed{\int R(x, \sqrt{\alpha x^4 + \beta x^3 + \gamma x^2 + \delta x + \mu})\,dx.}$

Hier sei $\alpha \neq 0$ oder $\alpha = 0$ und $\beta \neq 0$.

Diese sogenannten *elliptischen Integrale* lassen sich analog zu Tabelle 0.44 durch Substitutionen mit elliptischen Funktionen lösen (vgl. 1.14.19 im Handbuch).

Typ 6: $\boxed{\int R(x, w(x))\,dx.}$

Hier sei $w = w(x)$ eine algebraische Funktion, d. h., diese Funktion genügt einer Gleichung $P(x, w) = 0$, wobei P ein Polynom in x und w ist. Derartige Integrale heißen *Abelsche Integrale*.

▶ BEISPIEL 8: Für $w^2 - a^2 + x^2 = 0$ gilt $w = \sqrt{a^2 - x^2}$.

Die Theorie der Abelschen Integrale wurde im 19. Jahrhundert von Abel, Riemann und Weierstraß entwickelt und führte zu tiefliegenden Erkenntnissen der komplexen Funktionentheorie und Topologie (Riemannsche Flächen) und der algebraischen Geometrie (vgl. 3.8.1 sowie 19.8 im Handbuch).

Typ 7: $\boxed{\int x^m (\alpha + \beta x^n)^k\,dx.}$

Diese sogenannten binomischen Integrale lassen sich genau dann elementar integrieren, wenn einer der in Tabelle 0.46 angegebenen Fälle vorliegt. Die dort angegebenen Substitutionen führen auf Integrale über rationale Funktionen, die durch Partialbruchzerlegung integriert werden können (vgl. 0.7.3).

Tabelle 0.46 Binomische Integrale $\int x^m (\alpha + \beta x^n)^k\,dx$ (m, n, k rational)

Fallunterscheidung	Substitution
$k \in \mathbb{Z}^{70}$	$t = \sqrt[r]{x}$ (r kleinstes gemeinsames Vielfaches der Nenner von m und n)
$\dfrac{m+1}{n} \in \mathbb{Z}$	$t = \sqrt[q]{\alpha + \beta x^n}$ (q Nenner von k)
$\dfrac{m+1}{n} + k \in \mathbb{Z}$	$t = \sqrt[q]{\dfrac{\alpha + \beta x^n}{x^n}}$

0.7.5 Tabelle unbestimmter Integrale

Hinweise zur Benutzung dieser Tabelle:

1. Zur Vereinfachung ist die Integrationskonstante weggelassen. Tritt in einem Term der Ausdruck $\ln f(x)$ auf, so ist darunter stets $\ln |f(x)|$ zu verstehen.

2. Ist die Stammfunktion durch eine Potenzreihe dargestellt, so gibt es keinen elementaren Ausdruck für diese Stammfunktion.

3. Die mit $*$ gekennzeichneten Formeln gelten auch für Funktionen einer komplexen Variablen.

4. Es bezeichnet: $\mathbb{N}$ Menge der natürlichen Zahlen, $\mathbb{Z}$ Menge der ganzen Zahlen, $\mathbb{R}$ Menge der reellen Zahlen.

---

[70]Dies bedeutet, dass k eine ganze Zahl ist.

0.7.5.1 Integrale rationaler Funktionen

$$\boxed{L = ax + b,\ a \neq 0.}$$

1.* $\displaystyle\int L^n \mathrm{d}x = \frac{1}{a(n+1)} L^{n+1}$ $\qquad$ $(n \in \mathbb{N},\quad n \neq 0).$

2. $\displaystyle\int L^n \mathrm{d}x = \frac{1}{a(n+1)} L^{n+1}$ $\qquad$ $\Big(n \in \mathbb{Z};\quad n \neq 0,\ n \neq -1;$

$\qquad\qquad\qquad\qquad\qquad\qquad\qquad$ falls $n < 0,\ x \neq -\frac{b}{a}$; für $n = -1$, siehe Nr. 6$\Big).$

3. $\displaystyle\int L^s \mathrm{d}x = \frac{1}{a(s+1)} L^{s+1}$ $\qquad$ $(s \in \mathbb{R},\ s \neq 0,\ s \neq -1,\ L > 0).$

4.* $\displaystyle\int x \cdot L^n \mathrm{d}x = \frac{1}{a^2(n+2)} L^{n+2} - \frac{b}{a^2(n+1)} L^{n+1}$ $\quad$ $(n \in \mathbb{N},\ n \neq 0).$

5. $\displaystyle\int x \cdot L^n \mathrm{d}x = \frac{1}{a^2(n+2)} L^{n+2} - \frac{b}{a^2(n+1)} L^{n+1}$ $\quad$ $(n \in \mathbb{Z},\ n \neq 0,\ n \neq -1,\ n \neq -2;$

$\qquad\qquad\qquad\qquad\qquad\qquad\qquad$ falls $n < 0,\ x \neq -\frac{b}{a}\Big).$

6. $\displaystyle\int \frac{\mathrm{d}x}{L} = \frac{1}{a} \ln L$ $\qquad$ $\Big(x \neq -\frac{b}{a} \Big).$

7. $\displaystyle\int \frac{x\,\mathrm{d}x}{L} = \frac{x}{a} - \frac{b}{a^2} \ln L$ $\qquad$ $\Big(x \neq -\frac{b}{a} \Big).$

8. $\displaystyle\int \frac{x\,\mathrm{d}x}{L^2} = \frac{b}{a^2 L} + \frac{1}{a^2} \ln L$ $\qquad$ $\Big(x \neq -\frac{b}{a} \Big).$

9. $\displaystyle\int \frac{x\,\mathrm{d}x}{L^n} = \int x \cdot L^{-n} \mathrm{d}x$ $\qquad$ (siehe Nr. 5).

10. $\displaystyle\int \frac{x^2\,\mathrm{d}x}{L} = \frac{1}{a^3} \Big(\frac{1}{2}L^2 - 2bL + b^2 \ln L \Big)$ $\qquad$ $\Big(x \neq -\frac{b}{a} \Big).$

11. $\displaystyle\int \frac{x^2\,\mathrm{d}x}{L^2} = \frac{1}{a^3} \Big(L - 2b \ln L - \frac{b^2}{L} \Big)$ $\qquad$ $\Big(x \neq -\frac{b}{a} \Big).$

12. $\displaystyle\int \frac{x^2\,\mathrm{d}x}{L^3} = \frac{1}{a^3} \Big(\ln L + \frac{2b}{L} - \frac{b^2}{2L^2} \Big)$ $\qquad$ $\Big(x \neq -\frac{b}{a} \Big).$

13. $\displaystyle\int \frac{x^2\,\mathrm{d}x}{L^n} = \frac{1}{a^3} \Big(\frac{-1}{(n-3)L^{n-3}} + \frac{2b}{(n-2)L^{n-2}} - \frac{b^2}{(n-1)L^{n-1}} \Big)$ $\quad$ $\Big(n \in \mathbb{N},\ n > 3,\ x \neq -\frac{b}{a} \Big).$

14. $\int \dfrac{x^3 dx}{L} = \dfrac{1}{a^4}\left(\dfrac{L^3}{3} - \dfrac{3bL^2}{2} + 3b^2 L - b^3 \ln L\right)$ $\left(x \neq -\dfrac{b}{a}\right).$

15. $\int \dfrac{x^3 dx}{L^2} = \dfrac{1}{a^4}\left(\dfrac{L^2}{2} - 3bL + 3b^2 \ln L + \dfrac{b^3}{L}\right)$ $\left(x \neq -\dfrac{b}{a}\right).$

16. $\int \dfrac{x^3 dx}{L^3} = \dfrac{1}{a^4}\left(L - 3b \ln L - \dfrac{3b^2}{L} + \dfrac{b^3}{2L^2}\right)$ $\left(x \neq -\dfrac{b}{a}\right).$

17. $\int \dfrac{x^3 dx}{L^4} = \dfrac{1}{a^4}\left(\ln L + \dfrac{3b}{L} - \dfrac{3b^2}{2L^2} + \dfrac{b^3}{3L^3}\right)$ $\left(x \neq -\dfrac{b}{a}\right).$

18. $\int \dfrac{x^3 dx}{L^n} = \dfrac{1}{a^4}\left[\dfrac{-1}{(n-4)L^{n-4}} + \dfrac{3b}{(n-3)L^{n-3}} - \dfrac{3b^2}{(n-2)L^{n-2}} + \dfrac{b^3}{(n-1)L^{n-1}}\right]\left(x \neq -\dfrac{b}{a}, n \in \mathbb{N}, n > 4\right).$

19. $\int \dfrac{dx}{xL^n} = -\dfrac{1}{b^n}\left[\ln \dfrac{L}{x} - \sum\limits_{i=1}^{n-1}\binom{n-1}{i}\dfrac{(-a)^i x^i}{iL^i}\right]$ $\left(b \neq 0,\ x \neq -\dfrac{b}{a},\ x \neq 0,\ n \in \mathbb{N},\ n > 0\right).$

Für $n = 1$ entfällt die Summe hinter dem Summenzeichen.

20. $\int \dfrac{dx}{x^2 L} = -\dfrac{1}{bx} + \dfrac{a}{b^2}\ln \dfrac{L}{x}$ $\left(x \neq -\dfrac{b}{a},\ x \neq 0\right).$

21. $\int \dfrac{dx}{x^2 L^n} = -\dfrac{1}{b^{n+1}}\left[-\sum\limits_{i=2}^{n}\binom{n}{i}\dfrac{(-a)^i x^{i-1}}{(i-1)L^{i-1}} + \dfrac{L}{x} - na \ln \dfrac{L}{x}\right]$
$$\left(x \neq -\dfrac{b}{a},\ x \neq 0,\ n \in \mathbb{N},\ n > 1\right).$$

22. $\int \dfrac{dx}{x^3 L} = -\dfrac{1}{b^3}\left[a^2 \ln \dfrac{L}{x} - \dfrac{2aL}{x} + \dfrac{L^2}{2x^2}\right]$ $\left(x \neq -\dfrac{b}{a}\ x \neq 0\right).$

23. $\int \dfrac{dx}{x^3 L^2} = -\dfrac{1}{b^4}\left[3a^2 \ln \dfrac{L}{x} + \dfrac{a^3 x}{L} + \dfrac{L^2}{2x^2} - \dfrac{3aL}{x}\right]$ $\left(x \neq -\dfrac{b}{a}\ x \neq 0\right).$

24. $\int \dfrac{dx}{x^3 L^n} = -\dfrac{1}{b^{n+2}}\left[-\sum\limits_{i=3}^{n+1}\binom{n+1}{i}\dfrac{(-a)^i x^{i-2}}{(i-2)L^{i-2}} + \dfrac{a^2 L^2}{2x^2} - \dfrac{(n+1)aL}{x} + \dfrac{n(n+1)a^2}{2}\ln \dfrac{L}{x}\right]$

$$\left(x \neq -\dfrac{b}{a},\ x \neq 0,\ n \in \mathbb{N},\ n > 2\right).$$

Bemerkung: Es gilt $\int x^m L^n dx = \dfrac{1}{a^{m+1}}\int (L-b)^m L^n dx$; ist $n \in \mathbb{N}$, $n \neq 0$, so entwickelt man L^n in der linken Darstellung nach dem binomischen Satz (s. 2.2.2.1); ist $m \in \mathbb{N}$, $m \neq 0$, so entwickelt man $(L-b)^m$ in der rechten Darstellung nach dem binomischen Satz (s. 2.2.2.1); für $n \in \mathbb{N}$ und $m \in \mathbb{N}$ und $m < n$ ist die rechte Darstellung günstiger.

Integrale, die zwei lineare Funktionen $ax + b$ und $cx + d$ enthalten

$$L_1 = ax + b,\ L_2 = cx + d,\ D = bc - ad,\ a, c \neq 0,\ D \neq 0.$$

Ist $D = 0$, so gibt es eine Zahl s, für die gilt: $L_2 = s \cdot L_1$.

25. $\displaystyle\int \frac{L_1}{L_2}\,dx = \frac{ax}{c} + \frac{D}{c^2}\ln L_2$ $\qquad \left(x \neq -\dfrac{b}{a},\ x \neq -\dfrac{d}{c}\right).$

26. $\displaystyle\int \frac{dx}{L_1 L_2} = \frac{1}{D} + \ln \frac{L_2}{L_1}$ $\qquad \left(x \neq -\dfrac{b}{a},\ x \neq -\dfrac{d}{c}\right).$

27. $\displaystyle\int \frac{x\,dx}{L_1 L_2} = \frac{1}{D}\left(\frac{b}{a}\ln L_1 - \frac{d}{c}\ln L_2\right)$ $\qquad \left(x \neq -\dfrac{b}{a},\ x \neq -\dfrac{d}{c}\right).$

28. $\displaystyle\int \frac{dx}{L_1^2 L_2} = \frac{1}{D}\left(\frac{1}{L_1} + \frac{c}{D}\ln \frac{L_2}{L_1}\right)$ $\qquad \left(x \neq -\dfrac{b}{a},\ x \neq -\dfrac{d}{c}\right).$

29. $\displaystyle\int \frac{x\,dx}{L_1^2 L_2} = \frac{d}{D^2}\ln \frac{cL_1}{aL_2} - \frac{b}{aDL_1}$ $\qquad \left(x \neq -\dfrac{b}{a},\ x \neq -\dfrac{d}{c}\right).$

30. $\displaystyle\int \frac{x^2\,dx}{L_1^2 L_2} = \frac{b^2}{a^2 D L_1} + \frac{b(bc - 2ad)}{a^2 D^2}\ln\left(\frac{1}{a}L_1\right) + \frac{d^2}{cD^2}\ln\left(\frac{1}{c}L_2\right)$ $\qquad \left(x \neq -\dfrac{b}{a},\ x \neq -\dfrac{d}{c}\right).$

31. $\displaystyle\int \frac{dx}{L_1^2 L_2^2} = \frac{-1}{D^2}\left(\frac{a}{L_1} + \frac{c}{L_2} - \frac{2ac}{D}\ln \frac{cL_1}{aL_2}\right)$ $\qquad \left(x \neq -\dfrac{b}{a},\ x \neq -\dfrac{d}{c}\right).$

32. $\displaystyle\int \frac{x\,dx}{L_1^2 L_2^2} = \frac{1}{D^2}\left(\frac{b}{L_1} + \frac{d}{L_2} - \frac{cb + ad}{D}\ln \frac{cL_1}{aL_2}\right)$ $\qquad \left(x \neq -\dfrac{b}{a},\ x \neq -\dfrac{d}{c}\right).$

33. $\displaystyle\int \frac{x^2\,dx}{L_1^2 L_2^2} = \frac{-1}{D^2}\left(\frac{b^2}{aL_1} + \frac{d^2}{cL_2} - \frac{2bd}{D}\ln \frac{cL_1}{aL_2}\right)$ $\qquad \left(x \neq -\dfrac{b}{a},\ x \neq -\dfrac{d}{c}\right).$

Integrale, die die quadratische Funktion $ax^2 + bx + c$ enthalten

$$Q = ax^2 + bx + c,\ D = 4ac - b^2,\ a \neq 0,\ D \neq 0.$$

Für $D = 0$, ist Q das Quadrat einer linearen Funktion; tritt Q im Nenner eines Bruches auf, so dürfen die Nullstellen von Q nicht im Integrationsintervall liegen.

34. $\displaystyle\int \frac{dx}{Q} = \begin{cases} \dfrac{2}{\sqrt{D}}\arctan\dfrac{2ax + b}{\sqrt{D}} & \text{(für } D > 0\text{)}, \\[2ex] -\dfrac{2}{\sqrt{-D}}\operatorname{artanh}\dfrac{2ax + b}{\sqrt{-D}} & \text{(für } D < 0 \text{ und } |2ax + b| < \sqrt{-D}\text{)}, \\[2ex] \dfrac{1}{\sqrt{-D}}\ln\dfrac{2ax + b - \sqrt{-D}}{2ax + b + \sqrt{-D}} & \text{(für } D < 0 \text{ und } |2ax + b| > \sqrt{-D}\text{)}. \end{cases}$

35. $\displaystyle\int \frac{dx}{Q^n} = \frac{2ax+b}{(n-1)DQ^{n-1}} + \frac{(2n-3)2a}{(n-1)D} \int \frac{dx}{Q^{n-1}}.$

36. $\displaystyle\int \frac{xdx}{Q} = \frac{1}{2a} \ln Q - \frac{b}{2a} \int \frac{dx}{Q}$ (siehe Nr. 34).

37. $\displaystyle\int \frac{xdx}{Q^n} = -\frac{bx+2c}{(n-1)DQ^{n-1}} - \frac{b(2n-3)}{(n-1)D} \int \frac{dx}{Q^{n-1}}.$

38. $\displaystyle\int \frac{x^2 dx}{Q} = \frac{x}{a} - \frac{b}{2a^2} \ln Q + \frac{b^2-2ac}{2a^2} \int \frac{dx}{Q}$ (siehe Nr. 34).

39. $\displaystyle\int \frac{x^2 dx}{Q^n} = \frac{-x}{(2n-3)aQ^{n-1}} + \frac{c}{(2n-3)a} \int \frac{dx}{Q^n} - \frac{(n-2)b}{(2n-3)a} \int \frac{xdx}{Q^n}$ (siehe Nr. 35 und 37).

40. $\displaystyle\int \frac{x^m dx}{Q^n} = -\frac{x^{m-1}}{(2n-m-1)aQ^{n-1}} + \frac{(m-1)c}{(2n-m-1)a} \int \frac{x^{m-2}dx}{Q^n} - \frac{(n-m)b}{(2n-m-1)a} \int \frac{x^{m-1}dx}{Q^n}$

$(m \neq 2n-1;\ \text{für } m = 2n-1 \text{ siehe Nr. 41}).$

41. $\displaystyle\int \frac{x^{2n-1}dx}{Q^n} = \frac{1}{a} \int \frac{x^{2n-3}dx}{Q^{n-1}} - \frac{c}{a} \int \frac{x^{2n-3}dx}{Q^n} - \frac{b}{a} \int \frac{x^{2n-2}dx}{Q^n}.$

42. $\displaystyle\int \frac{dx}{xQ} = \frac{1}{2c} \ln \frac{x^2}{Q} - \frac{b}{2m} \int \frac{dx}{Q}$ (siehe Nr. 34).

43. $\displaystyle\int \frac{dx}{xQ^n} = \frac{1}{2c(n-1)Q^{n-1}} - \frac{b}{2c} \int \frac{dx}{Q^n} + \frac{1}{c} \int \frac{dx}{xQ^{n-1}}.$

44. $\displaystyle\int \frac{dx}{x^2 Q} = \frac{b}{2c^2} \ln \frac{Q}{x^2} - \frac{1}{cx} + \left(\frac{b^2}{2c^2} - \frac{a}{c}\right) \int \frac{dx}{Q}$ (siehe Nr. 34).

45. $\displaystyle\int \frac{dx}{x^m Q^n} = -\frac{1}{(m-1)cx^{m-1}Q^{n-1}} - \frac{(2n+m-3)a}{(m-1)c} \int \frac{dx}{x^{m-2}Q^n} - \frac{(n+m-2)b}{(m-1)c} \int \frac{dx}{x^{m-1}Q^n}$

$(m > 1).$

46. $\displaystyle\int \frac{dx}{(fx+g)Q} = \frac{1}{2(cf^2-gbf+g^2 a)} \left[f \ln \frac{(fx+g)^2}{Q} \right] + \frac{2ga-bf}{2(cf^2-gbf+g^2 a)} \int \frac{dx}{Q}$

(siehe Nr. 34).

Integrale, die die quadratische Funktion $a^2 \pm x^2$ enthalten

$$Q = a^2 \pm x^2, \quad P = \begin{cases} \arctan \dfrac{x}{a} & \text{für Vorzeichen „} + \text{",} \\[2mm] \operatorname{artanh} \dfrac{x}{a} = \dfrac{1}{2} \ln \dfrac{a+x}{a-x} & \text{für Vorzeichen „} - \text{" und } |x| < a, \\[2mm] \operatorname{arcoth} \dfrac{x}{a} = \dfrac{1}{2} \ln \dfrac{x+a}{x-a} & \text{für Vorzeichen „} - \text{" und } |x| > a. \end{cases}$$

Im Falle eines Doppelvorzeichens in einer Formel gehört das obere Vorzeichen zu $Q = a^2 + x^2$, das untere zu $Q = a^2 - x^2$, $a > 0$.

47. $\displaystyle \int \frac{\mathrm{d}x}{Q} = \frac{1}{a} P.$

48. $\displaystyle \int \frac{\mathrm{d}x}{Q^2} = \frac{x}{2a^2 Q} + \frac{1}{2a^3} P.$

49. $\displaystyle \int \frac{\mathrm{d}x}{Q^3} = \frac{x}{4a^2 Q^2} + \frac{3x}{8a^4 Q} + \frac{3}{8a^5} P.$

50. $\displaystyle \int \frac{\mathrm{d}x}{Q^{n+1}} = \frac{x}{2na^2 Q^n} + \frac{2n-1}{2na^2} \int \frac{\mathrm{d}x}{Q^n}.$

51. $\displaystyle \int \frac{x\,\mathrm{d}x}{Q} = \pm \frac{1}{2} \ln Q.$

52. $\displaystyle \int \frac{x\,\mathrm{d}x}{Q^2} = \mp \frac{1}{2Q}.$

53. $\displaystyle \int \frac{x\,\mathrm{d}x}{Q^3} = \mp \frac{1}{4Q^2}.$

54. $\displaystyle \int \frac{x\,\mathrm{d}x}{Q^{n+1}} = \mp \frac{1}{2nQ^n}. \quad (n \neq 0)$

55. $\displaystyle \int \frac{x^2\,\mathrm{d}x}{Q} = \pm x \mp aP.$

56. $\displaystyle \int \frac{x^2\,\mathrm{d}x}{Q^2} = \mp \frac{x}{2Q} \pm \frac{1}{2a} P.$

57. $\displaystyle \int \frac{x^2\,\mathrm{d}x}{Q^3} = \mp \frac{x}{4Q^2} \pm \frac{x}{8a^2 Q} \pm \frac{1}{8a^3} P.$

58. $\displaystyle \int \frac{x^2\,\mathrm{d}x}{Q^{n+1}} = \mp \frac{x}{2nQ^n} \pm \frac{1}{2n} \int \frac{\mathrm{d}x}{Q^n}. \quad (n \neq 0)$

59. $\displaystyle\int \frac{x^3 dx}{Q} = \pm\frac{x^2}{2} - \frac{a^2}{2}\ln Q.$

60. $\displaystyle\int \frac{x^3 dx}{Q^2} = \frac{a^2}{2Q} + \frac{1}{2}\ln Q.$

61. $\displaystyle\int \frac{x^3 dx}{Q^3} = -\frac{1}{2Q} + \frac{a^2}{4Q^2}.$

62. $\displaystyle\int \frac{x^3 dx}{Q^{n+1}} = -\frac{1}{2(n-1)Q^{n-1}} + \frac{a^2}{2nQ^n}. \quad (n > 1)$

63. $\displaystyle\int \frac{dx}{xQ} = \frac{1}{2a^2}\ln\frac{x^2}{Q}.$

64. $\displaystyle\int \frac{dx}{xQ^2} = \frac{1}{2a^2 Q} + \frac{1}{2a^4}\ln\frac{x^2}{Q}.$

65. $\displaystyle\int \frac{dx}{xQ^3} = \frac{1}{4a^2 Q^2} + \frac{1}{2a^4 Q} + \frac{1}{2a^6}\ln\frac{x^2}{Q}.$

66. $\displaystyle\int \frac{dx}{x^2 Q} = -\frac{1}{a^2 x} \mp \frac{1}{a^3}P.$

67. $\displaystyle\int \frac{dx}{x^2 Q^2} = -\frac{1}{a^4 x} \mp \frac{x}{2a^4 Q} \mp \frac{3}{2a^5}P.$

68. $\displaystyle\int \frac{dx}{x^2 Q^3} = -\frac{1}{a^6 x} \mp \frac{x}{4a^4 Q^2} \mp \frac{7x}{8a^6 Q} \mp \frac{15}{8a^7}P.$

69. $\displaystyle\int \frac{dx}{x^3 Q} = -\frac{1}{2a^2 x^2} \mp \frac{1}{2a^4}\ln\frac{x^2}{Q}.$

70. $\displaystyle\int \frac{dx}{x^3 Q^2} = -\frac{1}{2a^4 x^2} \mp \frac{1}{2a^4 Q} \mp \frac{1}{a^6}\ln\frac{x^2}{Q}.$

71. $\displaystyle\int \frac{dx}{x^3 Q^3} = -\frac{1}{2a^6 x^2} \mp \frac{1}{a^6 Q} \mp \frac{1}{4a^4 Q^2} \mp \frac{3}{2a^8}\ln\frac{x^2}{Q}.$

72. $\displaystyle\int \frac{dx}{(b+cx)Q} = \frac{1}{a^2 c^2 \pm b^2}\left[c\ln(b+cx) - \frac{c}{2}\ln Q \pm \frac{b}{a}P\right].$

Integrale, die die kubische Funktion $a^3 \pm x^3$ enthalten

$K = a^3 \pm x^3$; im Falle eines Doppelvorzeichens in einer Formel gehört das obere Vorzeichen zu $K = a^3 + x^3$, das untere zu $K = a^3 - x^3$.

73. $\int \dfrac{dx}{K} = \pm \dfrac{1}{6a^2} \ln \dfrac{(a \pm x)^2}{a^2 \mp ax + x^2} + \dfrac{1}{a^2 \sqrt{3}} \arctan \dfrac{2x \mp a}{a \sqrt{3}}.$

74. $\int \dfrac{dx}{K^2} = \dfrac{x}{3a^3 K} + \dfrac{2}{3a^3} \int \dfrac{dx}{K}$ (siehe Nr. 73).

75. $\int \dfrac{x dx}{K} = \dfrac{1}{6a} \ln \dfrac{a^2 \mp ax + x^2}{(a \pm x)^2} \pm \dfrac{1}{a \sqrt{3}} \arctan \dfrac{2x \mp a}{a \sqrt{3}}.$

76. $\int \dfrac{x dx}{K^2} = \dfrac{x^2}{3a^3 K} + \dfrac{1}{3a^3} \int \dfrac{x dx}{K}$ (siehe Nr. 75).

77. $\int \dfrac{x^2 dx}{K} = \pm \dfrac{1}{3} \ln K.$

78. $\int \dfrac{x^2 dx}{K^2} = \mp \dfrac{1}{3K}.$

79. $\int \dfrac{x^3 dx}{K} = \pm x \mp a^3 \int \dfrac{dx}{K}$ (siehe Nr. 73).

80. $\int \dfrac{x^3 dx}{K^2} = \mp \dfrac{x}{3K} \pm \dfrac{1}{3} \int \dfrac{dx}{K}$ (siehe Nr. 73).

81. $\int \dfrac{dx}{xK} = \dfrac{1}{3a^3} \ln \dfrac{x^3}{K}.$

82. $\int \dfrac{dx}{xK^2} = \dfrac{1}{3a^3 K} + \dfrac{1}{3a^6} \ln \dfrac{x^3}{K}.$

83. $\int \dfrac{dx}{x^2 K} = -\dfrac{1}{a^3 x} \mp \dfrac{1}{a^3} \int \dfrac{x dx}{K}$ (siehe Nr. 75).

84. $\int \dfrac{dx}{x^2 K^2} = -\dfrac{1}{a^6 x} \mp \dfrac{x^2}{3a^6 K} \mp \dfrac{4}{3a^6} \int \dfrac{x dx}{K}$ (siehe Nr. 75).

85. $\int \dfrac{dx}{x^3 K} = -\dfrac{1}{2a^3 x^2} \mp \dfrac{1}{a^3} \int \dfrac{dx}{K}$ (siehe Nr. 73).

86. $\int \dfrac{dx}{x^3 K^2} = -\dfrac{1}{2a^6 x^2} \mp \dfrac{x}{3a^6 K} \mp \dfrac{5}{3a^6} \int \dfrac{dx}{K}$ (siehe Nr. 73).

Integrale, die die biquadratische Funktion $a^4 \pm x^4$ enthalten

87. $\int \dfrac{dx}{a^4 + x^4} = \dfrac{1}{4a^3\sqrt{2}} \ln \dfrac{x^2 + ax\sqrt{2} + a^2}{x^2 - ax\sqrt{2} + a^2} + \dfrac{1}{2a^3\sqrt{2}} \left(\arctan\left(\dfrac{x\sqrt{2}}{a} + 1 \right) + \arctan\left(\dfrac{x\sqrt{2}}{a} - 1 \right) \right).$

88. $\int \dfrac{x\,dx}{a^4 + x^4} = \dfrac{1}{2a^2} \arctan \dfrac{x^2}{a^2}.$

89. $\int \dfrac{x^2\,dx}{a^4 + x^4} = -\dfrac{1}{4a\sqrt{2}} \ln \dfrac{x^2 + ax\sqrt{2} + a^2}{x^2 - ax\sqrt{2} + a^2} + \dfrac{1}{2a\sqrt{2}} \left(\arctan\left(\dfrac{x\sqrt{2}}{a} + 1 \right) + \arctan\left(\dfrac{x\sqrt{2}}{a} - 1 \right) \right).$

90. $\int \dfrac{x^3\,dx}{a^4 + x^4} = \dfrac{1}{4} \ln(a^4 + x^4).$

91. $\int \dfrac{dx}{a^4 - x^4} = \dfrac{1}{4a^3} \ln \dfrac{a + x}{a - x} + \dfrac{1}{2a^3} \arctan \dfrac{x}{a}.$

92. $\int \dfrac{x\,dx}{a^4 - x^4} = \dfrac{1}{4a^2} \ln \dfrac{a^2 + x^2}{a^2 - x^2}.$

93. $\int \dfrac{x^2\,dx}{a^4 - x^4} = \dfrac{1}{4a} \ln \dfrac{a + x}{a - x} - \dfrac{1}{2a} \arctan \dfrac{x}{a}.$

94. $\int \dfrac{x^3\,dx}{a^4 - x^4} = -\dfrac{1}{4} \ln(a^4 - x^4).$

Spezielle Fälle der Integration durch Partialbruchzerlegung

95. $\int \dfrac{dx}{(x + a)(x + b)(x + c)} = u \int \dfrac{dx}{x + a} + v \int \dfrac{dx}{x + b} + w \int \dfrac{dx}{x + c},$

$u = \dfrac{1}{(b - a)(c - a)}, \quad v = \dfrac{1}{(a - b)(c - b)}, \quad w = \dfrac{1}{(a - c)(b - c)},$

a, b, c paarweise verschieden.

96. $\int \dfrac{dx}{(x + a)(x + b)(x + c)(x + d)} = t \int \dfrac{dx}{x + a} + u \int \dfrac{dx}{x + b} + v \int \dfrac{dx}{x + c} + w \int \dfrac{dx}{x + d},$

$t = \dfrac{1}{(b - a)(c - a)(d - a)}, \quad u = \dfrac{1}{(a - b)(c - b)(d - b)},$

$v = \dfrac{1}{(a - c)(b - c)(d - c)}, \quad w = \dfrac{1}{(a - d)(b - d)(c - d)}, \quad a, b, c, d$ paarweise verschieden.

$$97. \int \frac{dx}{(a+bx^2)(c+dx^2)} = \frac{1}{bc-ad}\left(\int \frac{b\,dx}{a+bx^2} - \int \frac{d\,dx}{c+dx^2}\right) \qquad (bc-ad \neq 0).$$

$$98. \int \frac{dx}{(x^2+a)(x^2+b)(x^2+c)} = u\int \frac{dx}{x^2+a} + v\int \frac{dx}{x^2+b} + w\int \frac{dx}{x^2+c},$$

u, v, w, a, b, c siehe Nr. 95.

0.7.5.2 Integrale irrationaler Funktionen

Integrale, die die Quadratwurzel $\sqrt{x}$ und die lineare Funktion $a^2 \pm b^2 x$ enthalten

$$L = a^2 \pm b^2 x, \quad M = \begin{cases} \arctan \dfrac{b\sqrt{x}}{a} & \text{für Vorzeichen } „+", \\[2mm] \dfrac{1}{2}\ln \dfrac{a+b\sqrt{x}}{a-b\sqrt{x}} & \text{für Vorzeichen } „-". \end{cases}$$

Im Falle eines Doppelvorzeichens in einer Formel gehört das obere Vorzeichen zu $L = a^2 + b^2 x$, das untere zu $L = a^2 - b^2 x$.

$$99. \int \frac{\sqrt{x}\,dx}{L} = \pm 2\frac{\sqrt{x}}{b^2} \mp \frac{2a}{b^3}M.$$

$$100. \int \frac{\sqrt{x^3}\,dx}{L} = \pm \frac{2\sqrt{x^3}}{3b^2} - \frac{2a^2\sqrt{x}}{b^4} + \frac{2a^3}{b^5}M.$$

$$101. \int \frac{\sqrt{x}\,dx}{L^2} = \mp \frac{\sqrt{x}}{b^2 L} \pm \frac{1}{ab^3}M.$$

$$102. \int \frac{\sqrt{x^3}\,dx}{L^2} = \pm \frac{2\sqrt{x^3}}{b^2 L} + \frac{3a^2\sqrt{x}}{b^4 L} - \frac{3a}{b^5}M.$$

$$103. \int \frac{dx}{L\sqrt{x}} = \frac{2}{ab}M.$$

$$104. \int \frac{dx}{L\sqrt{x^3}} = -\frac{2}{a^2\sqrt{x}} \mp \frac{2b}{a^3}M.$$

$$105. \int \frac{dx}{L^2\sqrt{x}} = \frac{\sqrt{x}}{a^2 L} + \frac{1}{a^3 b}M.$$

$$106. \int \frac{dx}{L^2\sqrt{x^3}} = -\frac{2}{a^2 L\sqrt{x}} \mp \frac{3b^2\sqrt{x}}{a^4 L} \mp \frac{3b}{a^5}M.$$

Andere Integrale, die die Quadratwurzel $\sqrt{x}$ enthalten

107. $\int \dfrac{\sqrt{x}\,dx}{p^4 + x^2} = -\dfrac{1}{2p\sqrt{2}} \ln \dfrac{x + p\sqrt{2x} + p^2}{x - p\sqrt{2x} + p^2} + \dfrac{1}{p\sqrt{2}} \arctan \dfrac{p\sqrt{2x}}{p^2 - x}.$

108. $\int \dfrac{dx}{(p^4 + x^2)\sqrt{x}} = \dfrac{1}{2p^3\sqrt{2}} \ln \dfrac{x + p\sqrt{2x} + p^2}{x - p\sqrt{2x} + p^2} + \dfrac{1}{p^3\sqrt{2}} \arctan \dfrac{p\sqrt{2x}}{p^2 - x}.$

109. $\int \dfrac{\sqrt{x}\,dx}{p^4 - x^2} = \dfrac{1}{2p} \ln \dfrac{p + \sqrt{x}}{p - \sqrt{x}} - \dfrac{1}{p} \arctan \dfrac{\sqrt{x}}{p}.$

110. $\int \dfrac{dx}{(p^4 - x^2)\sqrt{x}} = \dfrac{1}{2p^3} \ln \dfrac{p + \sqrt{x}}{p - \sqrt{x}} + \dfrac{1}{p^3} \arctan \dfrac{\sqrt{x}}{p}.$

Integrale, die die Quadratwurzel $\sqrt{ax + b}$ enthalten

$$\boxed{L = ax + b}$$

111. $\int \sqrt{L}\,dx = \dfrac{2}{3a} \sqrt{L^3}.$

112. $\int x\sqrt{L}\,dx = \dfrac{2(3ax - 2b)\sqrt{L^3}}{15a^2}.$

113. $\int x^2\sqrt{L}\,dx = \dfrac{2(15a^2 x^2 - 12abx + 8b^2)\sqrt{L^3}}{105a^3}.$

114. $\int \dfrac{dx}{\sqrt{L}} = \dfrac{2\sqrt{L}}{a}.$

115. $\int \dfrac{x\,dx}{\sqrt{L}} = \dfrac{2(ax - 2b)}{3a^2} \sqrt{L}.$

116. $\int \dfrac{x^2\,dx}{\sqrt{L}} = \dfrac{2(3a^2 x^2 - 4abx + 8b^2)\sqrt{L}}{15a^3}.$

117. $\int \dfrac{dx}{x\sqrt{L}} = \begin{cases} \dfrac{1}{\sqrt{b}} \ln \dfrac{\sqrt{L} - \sqrt{b}}{\sqrt{L} + \sqrt{b}} & \text{für } b > 0, \\[2ex] \dfrac{2}{\sqrt{-b}} \arctan \sqrt{\dfrac{L}{-b}} & \text{für } b < 0. \end{cases}$

118. $\int \dfrac{\sqrt{L}}{x}\mathrm{d}x = 2\sqrt{L} + b\int \dfrac{\mathrm{d}x}{x\sqrt{L}}$ (siehe Nr. 117).

119. $\int \dfrac{\mathrm{d}x}{x^2\sqrt{L}} = -\dfrac{\sqrt{L}}{bx} - \dfrac{a}{2b}\int \dfrac{\mathrm{d}x}{x\sqrt{L}}$ (siehe Nr. 117).

120. $\int \dfrac{\sqrt{L}}{x^2}\mathrm{d}x = -\dfrac{\sqrt{L}}{x} + \dfrac{a}{2}\int \dfrac{\mathrm{d}x}{x\sqrt{L}}$ (siehe Nr. 117).

121. $\int \dfrac{\mathrm{d}x}{x^n\sqrt{L}} = -\dfrac{\sqrt{L}}{(n-1)bx^{n-1}} - \dfrac{(2n-3)a}{(2n-2)b}\int \dfrac{\mathrm{d}x}{x^{n-1}\sqrt{L}}.$

122. $\int \sqrt{L^3}\mathrm{d}x = \dfrac{2\sqrt{L^5}}{5a}.$

123. $\int x\sqrt{L^3}\mathrm{d}x = \dfrac{2}{35a^2}\left(5\sqrt{L^7} - 7b\sqrt{L^5}\right).$

124. $\int x^2\sqrt{L^3}\mathrm{d}x = \dfrac{2}{a^3}\left(\dfrac{\sqrt{L^9}}{9} - \dfrac{2b\sqrt{L^7}}{7} + \dfrac{b^2\sqrt{L^5}}{5}\right).$

125. $\int \dfrac{\sqrt{L^3}}{x}\mathrm{d}x = \dfrac{2\sqrt{L^3}}{3} + 2b\sqrt{L} + b^2\int \dfrac{\mathrm{d}x}{x\sqrt{L}}$ (siehe Nr. 117).

126. $\int \dfrac{x\mathrm{d}x}{\sqrt{L^3}} = \dfrac{2}{a^2}\left(\sqrt{L} + \dfrac{b}{\sqrt{L}}\right).$

127. $\int \dfrac{x^2\mathrm{d}x}{\sqrt{L^3}} = \dfrac{2}{a^3}\left(\dfrac{\sqrt{L^3}}{3} - 2b\sqrt{L} - \dfrac{b^2}{\sqrt{L}}\right).$

128. $\int \dfrac{\mathrm{d}x}{x\sqrt{L^3}} = \dfrac{2}{b\sqrt{L}} + \dfrac{1}{b}\int \dfrac{\mathrm{d}x}{x\sqrt{L}}$ (siehe Nr. 117).

129. $\int \dfrac{\mathrm{d}x}{x^2\sqrt{L^3}} = -\dfrac{1}{bx\sqrt{L}} - \dfrac{3a}{b^2\sqrt{L}} - \dfrac{3a}{2b^2}\int \dfrac{\mathrm{d}x}{x\sqrt{L}}$ (siehe Nr. 117).

130. $\int L^{\pm n/2}\mathrm{d}x = \dfrac{2L^{(2\pm n)/2}}{a(2\pm n)}.$

131. $\int xL^{\pm n/2}\mathrm{d}x = \dfrac{2}{a^2}\left(\dfrac{L^{(4\pm n)/2}}{4\pm n} - \dfrac{bL^{(2\pm n)/2}}{2\pm n}\right).$

132. $\int x^2L^{\pm n/2}\mathrm{d}x = \dfrac{2}{a^3}\left(\dfrac{L^{(6\pm n)/2}}{6\pm n} - \dfrac{2bL^{(4\pm n)/2}}{4\pm n} + \dfrac{b^2L^{(2\pm n)/2}}{2\pm n}\right).$

133. $\int \dfrac{L^{n/2}\mathrm{d}x}{x} = \dfrac{2L^{n/2}}{n} + b \int \dfrac{L^{(n-2)/2}}{x}\mathrm{d}x.$

134. $\int \dfrac{\mathrm{d}x}{xL^{n/2}} = \dfrac{2}{(n-2)bL^{(n-2)/2}} + \dfrac{1}{b} \int \dfrac{\mathrm{d}x}{xL^{(n-2)/2}}.$

135. $\int \dfrac{\mathrm{d}x}{x^2L^{n/2}} = -\dfrac{1}{bxL^{(n-2)/2}} - \dfrac{na}{2b} \int \dfrac{\mathrm{d}x}{xL^{n/2}}.$

Integrale, die die Quadratwurzeln $\sqrt{ax+b}$ und $\sqrt{cx+d}$ enthalten

$$L_1 = ax+b, \quad L_2 = cx+d, \quad D = bc-ad, \quad D \neq 0.$$

136. $\int \dfrac{\mathrm{d}x}{\sqrt{L_1 L_2}} = \begin{cases} \dfrac{2\,\mathrm{sgn}(a)\,\mathrm{sgn}(L_1)}{\sqrt{-ac}} \arctan \sqrt{-\dfrac{cL_1}{aL_2}} & \text{für } ac < 0,\ \mathrm{sgn}(L_1) = \dfrac{L_1}{|L_1|}, \\[3mm] \dfrac{2\,\mathrm{sgn}(a)\,\mathrm{sgn}(L_1)}{\sqrt{ac}} \operatorname{artanh}\sqrt{\dfrac{cL_1}{aL_2}} & \text{für } ac > 0 \text{ und } |cL_1| < |aL_2|. \end{cases}$

137. $\int \dfrac{x\mathrm{d}x}{\sqrt{L_1 L_2}} = \dfrac{\sqrt{L_1 L_2}}{ac} - \dfrac{ad+bc}{2ac} \int \dfrac{\mathrm{d}x}{\sqrt{L_1 L_2}}$ (siehe Nr. 136).

138. $\int \dfrac{\mathrm{d}x}{\sqrt{L_1}\sqrt{L_2^3}} = -\dfrac{2\sqrt{L_1}}{D\sqrt{L_2}}.$

139. $\int \dfrac{\mathrm{d}x}{L_2\sqrt{L_1}} = \begin{cases} \dfrac{2}{\sqrt{-Dc}} \arctan \dfrac{c\sqrt{L_1}}{\sqrt{-Dc}} & \text{für } Dc < 0, \\[3mm] \dfrac{1}{\sqrt{Dc}} \ln \dfrac{c\sqrt{L_1} - \sqrt{Dc}}{c\sqrt{L_1} + \sqrt{Dc}} & \text{für } Dc > 0. \end{cases}$

140. $\int \sqrt{L_1 L_2}\mathrm{d}x = \dfrac{D+2aL_2}{4ac} \sqrt{L_1 L_2} - \dfrac{D^2}{8ac} \int \dfrac{\mathrm{d}x}{\sqrt{L_1 L_2}}$ (siehe Nr. 136).

141. $\int \sqrt{\dfrac{L_2}{L_1}}\mathrm{d}x = \mathrm{sgn}(L_1)\left(\dfrac{1}{a}\sqrt{L_1 L_2} - \dfrac{D}{2a} \int \dfrac{\mathrm{d}x}{\sqrt{L_1 L_2}} \right)$ (siehe Nr. 136).

142. $\int \dfrac{\sqrt{L_1}\mathrm{d}x}{L_2} = \dfrac{2\sqrt{L_1}}{c} + \dfrac{D}{c} \int \dfrac{\mathrm{d}x}{L_2\sqrt{L_1}}$ (siehe Nr. 139).

143. $\int \dfrac{L_2^n\mathrm{d}x}{\sqrt{L_1}} = \dfrac{2}{(2n+1)a} \left(\sqrt{L_1}L_2^n - nD \int \dfrac{L_2^{n-1}\mathrm{d}x}{\sqrt{L_1}} \right).$

144. $\int \dfrac{\mathrm{d}x}{\sqrt{L_1}L_2^n} = -\dfrac{1}{(n-1)D} \left(\dfrac{\sqrt{L_1}}{L_2^{n-1}} + \left(n-\dfrac{3}{2}\right)a \int \dfrac{\mathrm{d}x}{\sqrt{L_1}L_2^{n-1}} \right).$

145. $\int \sqrt{L_1}L_2^n\mathrm{d}x = \dfrac{1}{(2n+3)c} \left(2\sqrt{L_1}L_2^{n+1} + D \int \dfrac{L_2^n\mathrm{d}x}{\sqrt{L_1}} \right)$ (siehe Nr. 143).

146. $\int \dfrac{\sqrt{L_1}\mathrm{d}x}{L_2^n} = \dfrac{1}{(n-1)c} \left(-\dfrac{\sqrt{L_1}}{L_2^{n-1}} + \dfrac{a}{2} \int \dfrac{\mathrm{d}x}{\sqrt{L_1}L_2^{n-1}} \right).$

Integrale, die die Quadratwurzel $\sqrt{a^2 - x^2}$ enthalten

$$Q = a^2 - x^2.$$

147. $\displaystyle\int \sqrt{Q}\,dx = \frac{1}{2}\left(x\sqrt{Q} + a^2 \arcsin\frac{x}{a}\right).$

148. $\displaystyle\int x\sqrt{Q}\,dx = -\frac{1}{3}\sqrt{Q^3}.$

149. $\displaystyle\int x^2\sqrt{Q}\,dx = -\frac{x}{4}\sqrt{Q^3} + \frac{a^2}{8}\left(x\sqrt{Q} + a^2 \arcsin\frac{x}{a}\right).$

150. $\displaystyle\int x^3\sqrt{Q}\,dx = \frac{\sqrt{Q^5}}{5} - a^2\frac{\sqrt{Q^3}}{3}.$

151. $\displaystyle\int \frac{\sqrt{Q}}{x}\,dx = \sqrt{Q} - a\ln\frac{a + \sqrt{Q}}{x}.$

152. $\displaystyle\int \frac{\sqrt{Q}}{x^2}\,dx = -\frac{\sqrt{Q}}{x} - \arcsin\frac{x}{a}.$

153. $\displaystyle\int \frac{\sqrt{Q}}{x^3}\,dx = -\frac{\sqrt{Q}}{2x^2} + \frac{1}{2a}\ln\frac{a + \sqrt{Q}}{x}.$

154. $\displaystyle\int \frac{dx}{\sqrt{Q}} = \arcsin\frac{x}{a}.$

155. $\displaystyle\int \frac{x\,dx}{\sqrt{Q}} = -\sqrt{Q}.$

156. $\displaystyle\int \frac{x^2\,dx}{\sqrt{Q}} = -\frac{x}{2}\sqrt{Q} + \frac{a^2}{2}\arcsin\frac{x}{a}.$

157. $\displaystyle\int \frac{x^3\,dx}{\sqrt{Q}} = \frac{\sqrt{Q^3}}{3} - a^2\sqrt{Q}.$

158. $\displaystyle\int \frac{dx}{x\sqrt{Q}} = -\frac{1}{a}\ln\frac{a + \sqrt{Q}}{x}.$

159. $\displaystyle\int \frac{dx}{x^2\sqrt{Q}} = -\frac{\sqrt{Q}}{a^2 x}.$

160. $\displaystyle\int \frac{dx}{x^3\sqrt{Q}} = -\frac{\sqrt{Q}}{2a^2 x^2} - \frac{1}{2a^3}\ln\frac{a + \sqrt{Q}}{x}.$

161. $\int \sqrt{Q^3}dx = \dfrac{1}{4}\left(x\sqrt{Q^3} + \dfrac{3a^2x}{2}\sqrt{Q} + \dfrac{3a^4}{2}\arcsin\dfrac{x}{a} \right)$.

162. $\int x\sqrt{Q^3}dx = -\dfrac{1}{5}\sqrt{Q^5}$.

163. $\int x^2\sqrt{Q^3}dx = -\dfrac{x\sqrt{Q^5}}{6} + \dfrac{a^2x\sqrt{Q^3}}{24} + \dfrac{a^4x\sqrt{Q}}{16} + \dfrac{a^6}{16}\arcsin\dfrac{x}{a}$.

164. $\int x^3\sqrt{Q^3}dx = \dfrac{\sqrt{Q^7}}{7} - \dfrac{a^2\sqrt{Q^5}}{5}$.

165. $\int \dfrac{\sqrt{Q^3}}{x}dx = \dfrac{\sqrt{Q^3}}{3} + a^2\sqrt{Q} - a^3\ln\dfrac{a+\sqrt{Q}}{x}$.

166. $\int \dfrac{\sqrt{Q^3}}{x^2}dx = -\dfrac{\sqrt{Q^3}}{x} - \dfrac{3}{2}x\sqrt{Q} - \dfrac{3}{2}a^2\arcsin\dfrac{x}{a}$.

167. $\int \dfrac{\sqrt{Q^3}}{x^3}dx = -\dfrac{\sqrt{Q^3}}{2x^2} - \dfrac{3\sqrt{Q}}{2} + \dfrac{3a}{2}\ln\dfrac{a+\sqrt{Q}}{x}$.

168. $\int \dfrac{dx}{\sqrt{Q^3}} = \dfrac{x}{a^2\sqrt{Q}}$.

169. $\int \dfrac{xdx}{\sqrt{Q^3}} = \dfrac{1}{\sqrt{Q}}$.

170. $\int \dfrac{x^2dx}{\sqrt{Q^3}} = \dfrac{x}{\sqrt{Q}} - \arcsin\dfrac{x}{a}$.

171. $\int \dfrac{x^3dx}{\sqrt{Q^3}} = \sqrt{Q} + \dfrac{a^2}{\sqrt{Q}}$.

172. $\int \dfrac{dx}{x\sqrt{Q^3}} = \dfrac{1}{a^2\sqrt{Q}} - \dfrac{1}{a^3}\ln\dfrac{a+\sqrt{Q}}{x}$.

173. $\int \dfrac{dx}{x^2\sqrt{Q^3}} = \dfrac{1}{a^4}\left(-\dfrac{\sqrt{Q}}{x} + \dfrac{x}{\sqrt{Q}} \right)$.

174. $\int \dfrac{dx}{x^3\sqrt{Q^3}} = -\dfrac{1}{2a^2x^2\sqrt{Q}} + \dfrac{3}{2a^4\sqrt{Q}} - \dfrac{3}{2a^5}\ln\dfrac{a+\sqrt{Q}}{x}$.

Integrale, die die Quadratwurzel $\sqrt{x^2 + a^2}$ enthalten

$$\boxed{Q = x^2 + a^2.}$$

175. $\int \sqrt{Q}\,dx = \dfrac{1}{2}\left(x\sqrt{Q} + a^2 \operatorname{arcsinh}\dfrac{x}{a}\right) = \dfrac{1}{2}[x\sqrt{Q} + a^2(\ln(x + \sqrt{Q}) - \ln a)].$

176. $\int x\sqrt{Q}\,dx = \dfrac{1}{3}\sqrt{Q^3}.$

177. $\int x^2\sqrt{Q}\,dx = \dfrac{x}{4}\sqrt{Q^3} - \dfrac{a^2}{8}\left(x\sqrt{Q} + a^2\operatorname{arsinh}\dfrac{x}{a}\right)$

$$= \dfrac{x}{4}\sqrt{Q^3} - \dfrac{a^2}{8}[x\sqrt{Q} + a^2(\ln(x + \sqrt{Q}) - \ln a)].$$

178. $\int x^3\sqrt{Q}\,dx = \dfrac{\sqrt{Q^5}}{5} - \dfrac{a^2\sqrt{Q^3}}{3}.$

179. $\int \dfrac{\sqrt{Q}}{x}\,dx = \sqrt{Q} - a\ln\dfrac{a + \sqrt{Q}}{x}.$

180. $\int \dfrac{\sqrt{Q}}{x^2}\,dx = -\dfrac{\sqrt{Q}}{x} + \operatorname{arsinh}\dfrac{x}{a} = -\dfrac{\sqrt{Q}}{x} + \ln(x + \sqrt{Q}) - \ln a.$

181. $\int \dfrac{\sqrt{Q}}{x^3}\,dx = -\dfrac{\sqrt{Q}}{2x^2} - \dfrac{1}{2a}\ln\dfrac{a + \sqrt{Q}}{x}.$

182. $\int \dfrac{dx}{\sqrt{Q}} = \operatorname{arsinh}\dfrac{x}{a} = \ln(x + \sqrt{Q}) - \ln a.$

183. $\int \dfrac{x\,dx}{\sqrt{Q}} = \sqrt{Q}.$

184. $\int \dfrac{x^2\,dx}{\sqrt{Q}} = \dfrac{x}{2}\sqrt{Q} - \dfrac{a^2}{2}\operatorname{arsinh}\dfrac{x}{a} = \dfrac{x}{2}\sqrt{Q} - \dfrac{a^2}{2}(\ln(x + \sqrt{Q}) - \ln a).$

185. $\int \dfrac{x^3\,dx}{\sqrt{Q}} = \dfrac{\sqrt{Q^3}}{3} - a^2\sqrt{Q}.$

186. $\int \dfrac{dx}{x\sqrt{Q}} = -\dfrac{1}{a}\ln\dfrac{a + \sqrt{Q}}{x}.$

187. $\int \dfrac{dx}{x^2\sqrt{Q}} = -\dfrac{\sqrt{Q}}{a^2 x}.$

188. $\int \dfrac{dx}{x^3\sqrt{Q}} = -\dfrac{\sqrt{Q}}{2a^2x^2} + \dfrac{1}{2a^3}\ln\dfrac{a+\sqrt{Q}}{x}.$

189. $\int \sqrt{Q^3}dx = \dfrac{1}{4}\left(x\sqrt{Q^3} + \dfrac{3a^2x}{2}\sqrt{Q} + \dfrac{3a^4}{2}\operatorname{arsinh}\dfrac{x}{a}\right)$

$\qquad = \dfrac{1}{4}\left(x\sqrt{Q^3} + \dfrac{3a^2x}{2}\sqrt{Q} + \dfrac{3a^4}{2}(\ln(x+\sqrt{Q}) - \ln a)\right).$

190. $\int x\sqrt{Q^3}dx = \dfrac{1}{5}\sqrt{Q^5}.$

191. $\int x^2\sqrt{Q^3}dx = \dfrac{x\sqrt{Q^5}}{6} - \dfrac{a^2x\sqrt{Q^3}}{24} - \dfrac{a^4x\sqrt{Q}}{16} - \dfrac{a^6}{16}\operatorname{arsinh}\dfrac{x}{a}$

$\qquad = \dfrac{x\sqrt{Q^5}}{6} - \dfrac{a^2x\sqrt{Q^3}}{24} - \dfrac{a^4x\sqrt{Q}}{16} - \dfrac{a^6}{16}(\ln(x+\sqrt{Q}) - \ln a).$

192. $\int x^3\sqrt{Q^3}dx = \dfrac{\sqrt{Q^7}}{7} - \dfrac{a^2\sqrt{Q^5}}{5}.$

193. $\int \dfrac{\sqrt{Q^3}}{x}dx = \dfrac{\sqrt{Q^3}}{3} + a^2\sqrt{Q} - a^3\ln\dfrac{a+\sqrt{Q}}{x}.$

194. $\int \dfrac{\sqrt{Q^3}}{x^2}dx = -\dfrac{\sqrt{Q^3}}{x} + \dfrac{3}{2}x\sqrt{Q} + \dfrac{3}{2}a^2\operatorname{arsinh}\dfrac{x}{a}$

$\qquad = -\dfrac{\sqrt{Q^3}}{x} + \dfrac{3}{2}x\sqrt{Q} + \dfrac{3}{2}a^2(\ln(x+\sqrt{Q}) - \ln a).$

195. $\int \dfrac{\sqrt{Q^3}}{x^3}dx = -\dfrac{\sqrt{Q^3}}{2x^2} + \dfrac{3}{2}\sqrt{Q} - \dfrac{3}{2}a\ln\left(\dfrac{a+\sqrt{Q}}{x}\right).$

196. $\int \dfrac{dx}{\sqrt{Q^3}} = \dfrac{x}{a^2\sqrt{Q}}.$

197. $\int \dfrac{xdx}{\sqrt{Q^3}} = -\dfrac{1}{\sqrt{Q}}.$

198. $\int \dfrac{x^2dx}{\sqrt{Q^3}} = -\dfrac{x}{\sqrt{Q}} + \operatorname{arsinh}\dfrac{x}{a} = -\dfrac{x}{\sqrt{Q}} + \ln(x+\sqrt{Q}) - \ln a.$

199. $\int \dfrac{x^3dx}{\sqrt{Q^3}} = \sqrt{Q} + \dfrac{a^2}{\sqrt{Q}}.$

200. $\int \dfrac{dx}{x\sqrt{Q^3}} = \dfrac{1}{a^2\sqrt{Q}} - \dfrac{1}{a^3}\ln\dfrac{a+\sqrt{Q}}{x}.$

201. $\int \dfrac{dx}{x^2 \sqrt{Q^3}} = -\dfrac{1}{a^4} \left(\dfrac{\sqrt{Q}}{x} + \dfrac{x}{\sqrt{Q}} \right).$

202. $\int \dfrac{dx}{x^3 \sqrt{Q^3}} = -\dfrac{1}{2a^2 x^2 \sqrt{Q}} - \dfrac{3}{2a^4 \sqrt{Q}} + \dfrac{3}{2a^5} \ln \dfrac{a + \sqrt{Q}}{x}.$

Integrale, die die Quadratwurzel $\sqrt{x^2 - a^2}$ enthalten

$$\boxed{Q = x^2 - a^2, \; x > a > 0.}$$

203. $\int \sqrt{Q}\, dx = \dfrac{1}{2} \left(x\sqrt{Q} - a^2 \operatorname{arcosh} \dfrac{x}{a} \right) = \dfrac{1}{2} [x\sqrt{Q} - a^2 (\ln(x + \sqrt{Q}) - \ln a)].$

204. $\int x\sqrt{Q}\, dx = \dfrac{1}{3} \sqrt{Q^3}.$

205. $\int x^2 \sqrt{Q}\, dx = \dfrac{x}{4} \sqrt{Q^3} + \dfrac{a^2}{8} \left(x\sqrt{Q} - a^2 \operatorname{arcosh} \dfrac{x}{a} \right)$

$$= \dfrac{x}{4} \sqrt{Q^3} + \dfrac{a^2}{8} [x\sqrt{Q} - a^2 (\ln(x + \sqrt{Q}) - \ln a)].$$

206. $\int x^3 \sqrt{Q}\, dx = \dfrac{\sqrt{Q^5}}{5} + \dfrac{a^2 \sqrt{Q^3}}{3}.$

207. $\int \dfrac{\sqrt{Q}}{x}\, dx = \sqrt{Q} - a \arccos \dfrac{a}{x} = \sqrt{Q} - a[\ln(x + \sqrt{Q}) - \ln a].$

208. $\int \dfrac{\sqrt{Q}}{x^2}\, dx = -\dfrac{\sqrt{Q}}{x} + \operatorname{arcosh} \dfrac{x}{a} = -\dfrac{\sqrt{Q}}{x} + \ln(x + \sqrt{Q}) - \ln a.$

209. $\int \dfrac{\sqrt{Q}}{x^3}\, dx = -\dfrac{\sqrt{Q}}{2x^2} + \dfrac{1}{2a} \arccos \dfrac{a}{x} = -\dfrac{\sqrt{Q}}{2x^2} + \dfrac{1}{2a} [\ln(x + \sqrt{Q}) - \ln a].$

210. $\int \dfrac{dx}{\sqrt{Q}} = \operatorname{arcosh} \dfrac{x}{a} = \ln(x + \sqrt{Q}) - \ln a.$

211. $\int \dfrac{x\, dx}{\sqrt{Q}} = \sqrt{Q}.$

212. $\int \dfrac{x^2 dx}{\sqrt{Q}} = \dfrac{x}{2} \sqrt{Q} + \dfrac{a^2}{2} \operatorname{arcosh} \dfrac{x}{a} = \dfrac{x}{2} \sqrt{Q} + \dfrac{a^2}{2} [\ln(x + \sqrt{Q}) - \ln a].$

213. $\int \dfrac{x^3 dx}{\sqrt{Q}} = \dfrac{\sqrt{Q^3}}{3} + a^2 \sqrt{Q}.$

214. $\int \dfrac{\mathrm{d}x}{x\sqrt{Q}} = \dfrac{1}{a}\arccos\dfrac{a}{x}.$

215. $\int \dfrac{\mathrm{d}x}{x^2\sqrt{Q}} = \dfrac{\sqrt{Q}}{a^2 x}.$

216. $\int \dfrac{\mathrm{d}x}{x^3\sqrt{Q}} = \dfrac{\sqrt{Q}}{2a^2 x^2} + \dfrac{1}{2a^3}\arccos\dfrac{a}{x}.$

217. $\int \sqrt{Q^3}\,\mathrm{d}x = \dfrac{1}{4}\left(x\sqrt{Q^3} - \dfrac{3a^2 x}{2}\sqrt{Q} + \dfrac{3a^4}{2}\mathrm{arcosh}\dfrac{x}{a} \right)$

$$= \dfrac{1}{4}\left(x\sqrt{Q^3} - \dfrac{3a^2 x}{2}\sqrt{Q} + \dfrac{3a^4}{2}[\ln(x+\sqrt{Q}) - \ln a] \right).$$

218. $\int x\sqrt{Q^3}\,\mathrm{d}x = \dfrac{1}{5}\sqrt{Q^5}.$

219. $\int x^2\sqrt{Q^3}\,\mathrm{d}x = \dfrac{x\sqrt{Q^5}}{6} + \dfrac{a^2 x\sqrt{Q^3}}{24} - \dfrac{a^4 x\sqrt{Q}}{16} + \dfrac{a^6}{16}\mathrm{arcosh}\dfrac{x}{a}$

$$= \dfrac{x\sqrt{Q^5}}{6} + \dfrac{a^2 x\sqrt{Q^3}}{24} - \dfrac{a^4 x\sqrt{Q}}{16} + \dfrac{a^6}{16}[\ln(x+\sqrt{Q}) - \ln a].$$

220. $\int x^3\sqrt{Q^3}\,\mathrm{d}x = \dfrac{\sqrt{Q^7}}{7} + \dfrac{a^2\sqrt{Q^5}}{5}.$

221. $\int \dfrac{\sqrt{Q^3}}{x}\,\mathrm{d}x = \dfrac{\sqrt{Q^3}}{3} - a^2\sqrt{Q} + a^3\arccos\dfrac{a}{x}.$

222. $\int \dfrac{\sqrt{Q^3}}{x^2}\,\mathrm{d}x = -\dfrac{\sqrt{Q^3}}{2} + \dfrac{3}{2}x\sqrt{Q} - \dfrac{3}{2}a^2\mathrm{arcosh}\dfrac{x}{a}$

$$= -\dfrac{\sqrt{Q^3}}{2} + \dfrac{3}{2}x\sqrt{Q} - \dfrac{3}{2}a^2\left[\ln(x+\sqrt{Q}) - \ln a\right].$$

223. $\int \dfrac{\sqrt{Q^3}}{x^3}\,\mathrm{d}x = -\dfrac{\sqrt{Q^3}}{2x^2} + \dfrac{3\sqrt{Q}}{2} - \dfrac{3}{2}a\arccos\dfrac{a}{x}.$

224. $\int \dfrac{\mathrm{d}x}{\sqrt{Q^3}} = -\dfrac{x}{a^2\sqrt{Q}}.$

225. $\int \dfrac{x\,\mathrm{d}x}{\sqrt{Q^3}} = -\dfrac{1}{\sqrt{Q}}.$

226. $\int \dfrac{x^2\,\mathrm{d}x}{\sqrt{Q^3}} = -\dfrac{x}{\sqrt{Q}} + \mathrm{arcosh}\dfrac{x}{a} = -\dfrac{x}{\sqrt{Q}} + \ln(x+\sqrt{Q}) - \ln a.$

227. $\int \dfrac{x^3 \mathrm{d}x}{\sqrt{Q^3}} = \sqrt{Q} - \dfrac{a^2}{\sqrt{Q}}.$

228. $\int \dfrac{\mathrm{d}x}{x\sqrt{Q^3}} = -\dfrac{1}{a^2\sqrt{Q}} - \dfrac{\mathrm{sgn}\,(x)}{a^3}\arccos\dfrac{a}{x};$ $\qquad \begin{aligned}\mathrm{sgn}\,(x) &= 1 && \text{für } x > 0, \\ \mathrm{sgn}\,(x) &= -1 && \text{für } x < 0.\end{aligned}$[71]

229. $\int \dfrac{\mathrm{d}x}{x^2\sqrt{Q^3}} = -\dfrac{1}{a^4}\left(\dfrac{\sqrt{Q}}{x} + \dfrac{x}{\sqrt{Q}}\right).$

230. $\int \dfrac{\mathrm{d}x}{x^3\sqrt{Q^3}} = \dfrac{1}{2a^2x^2\sqrt{Q}} - \dfrac{3}{2a^4\sqrt{Q}} - \dfrac{3}{2a^5}\arccos\dfrac{a}{x}.$

Integrale, die die Quadratwurzel $\sqrt{ax^2 + bx + c}$ enthalten

$$Q = ax^2 + bx + c,\ D = 4ac - b^2,\ d = \dfrac{4a}{D}.$$

231. $\int \dfrac{\mathrm{d}x}{\sqrt{Q}} = \begin{cases} \dfrac{1}{\sqrt{a}}\ln(2\sqrt{aQ} + 2ax + b) + C & \text{für } a > 0, \\[2mm] \dfrac{1}{\sqrt{a}}\mathrm{arsinh}\dfrac{2ax + b}{\sqrt{D}} + C_1 & \text{für } a > 0,\ D > 0, \\[2mm] \dfrac{1}{\sqrt{a}}\ln(2ax + b) & \text{für } a > 0,\ D = 0, \\[2mm] -\dfrac{1}{\sqrt{-a}}\arcsin\dfrac{2ax + b}{\sqrt{-D}} & \text{für } a < 0,\ D < 0. \end{cases}$

232. $\int \dfrac{\mathrm{d}x}{Q\sqrt{Q}} = \dfrac{2(2ax + b)}{D\sqrt{Q}}.$

233. $\int \dfrac{\mathrm{d}x}{Q^2\sqrt{Q}} = \dfrac{2(2ax + b)}{3D\sqrt{Q}}\left(\dfrac{1}{Q} + 2d\right).$

234. $\int \dfrac{\mathrm{d}x}{Q^{(2n+1)/2}} = \dfrac{2(2ax + b)}{(2n-1)DQ^{(2n-1)/2}} + \dfrac{2d(n-1)}{2n-1}\int \dfrac{\mathrm{d}x}{Q^{(2n-1)/2}}.$

235. $\int \sqrt{Q}\,\mathrm{d}x = \dfrac{(2ax + b)\sqrt{Q}}{4a} + \dfrac{1}{2d}\int \dfrac{\mathrm{d}x}{\sqrt{Q}} \qquad \text{(siehe Nr. 231).}$

236. $\int Q\sqrt{Q}\,\mathrm{d}x = \dfrac{(2ax + b)\sqrt{Q}}{8a}\left(Q + \dfrac{3}{2d}\right) + \dfrac{3}{8d^2}\int \dfrac{\mathrm{d}x}{\sqrt{Q}} \qquad \text{(siehe Nr. 231).}$

237. $\int Q^2\sqrt{Q}\,\mathrm{d}x = \dfrac{(2ax + b)\sqrt{Q}}{12a}\left(Q^2 + \dfrac{5Q}{4d} + \dfrac{15}{8d^2}\right) + \dfrac{5}{16d^3}\int \dfrac{\mathrm{d}x}{\sqrt{Q}} \qquad \text{(siehe Nr. 231).}$

---

[71]Dieses Integral gilt auch für $x < 0$, wenn $|x| > a$.

238. $\int Q^{(2n+1)/2} \mathrm{d}x = \dfrac{(2ax+b)Q^{(2n+1)/2}}{4a(n+1)} + \dfrac{2n+1}{2d(n+1)} \int Q^{(2n-1)/2}\,\mathrm{d}x.$

239. $\int \dfrac{x\,\mathrm{d}x}{\sqrt{Q}} = \dfrac{\sqrt{Q}}{a} - \dfrac{b}{2a} \int \dfrac{\mathrm{d}x}{\sqrt{Q}}$ (siehe Nr. 231).

240. $\int \dfrac{x\,\mathrm{d}x}{Q\sqrt{Q}} = -\dfrac{2(bx+2c)}{D\sqrt{Q}}.$

241. $\int \dfrac{x\,\mathrm{d}x}{Q^{(2n+1)/2}} = -\dfrac{1}{(2n-1)aQ^{(2n-1)/2}} - \dfrac{b}{2a} \int \dfrac{\mathrm{d}x}{Q^{(2n+1)/2}}$ (siehe Nr. 234).

242. $\int \dfrac{x^2\,\mathrm{d}x}{\sqrt{Q}} = \left(\dfrac{x}{2a} - \dfrac{3b}{4a^2}\right)\sqrt{Q} + \dfrac{3b^2-4ac}{8a^2} \int \dfrac{\mathrm{d}x}{\sqrt{Q}}$ (siehe Nr. 231).

243. $\int \dfrac{x^2\,\mathrm{d}x}{Q\sqrt{Q}} = \dfrac{(2b^2-4ac)x+2bc}{aD\sqrt{Q}} + \dfrac{1}{a} \int \dfrac{\mathrm{d}x}{\sqrt{Q}}$ (siehe Nr. 231).

244. $\int x\sqrt{Q}\,\mathrm{d}x = \dfrac{Q\sqrt{Q}}{3a} - \dfrac{b(2ax+b)}{8a^2}\sqrt{Q} - \dfrac{b}{4ad} \int \dfrac{\mathrm{d}x}{\sqrt{Q}}$ (siehe Nr. 231).

245. $\int xQ\sqrt{Q}\,\mathrm{d}x = \dfrac{Q^2\sqrt{Q}}{5a} - \dfrac{b}{2a} \int Q\sqrt{Q}\,\mathrm{d}x$ (siehe Nr. 236).

246. $\int xQ^{(2n+1)/2}\mathrm{d}x = \dfrac{Q^{(2n+3)/2}}{(2n+3)a} - \dfrac{b}{2a} \int Q^{(2n+1)/2}\mathrm{d}x$ (siehe Nr. 238).

247. $\int x^2\sqrt{Q}\,\mathrm{d}x = \left(x - \dfrac{5b}{6a}\right)\dfrac{Q\sqrt{Q}}{4a} + \dfrac{5b^2-4ac}{16a^2} \int \sqrt{Q}\,\mathrm{d}x$ (siehe Nr. 235).

248. $\int \dfrac{\mathrm{d}x}{x\sqrt{Q}} = \begin{cases} \dfrac{1}{\sqrt{c}} \ln \dfrac{-2\sqrt{cQ}+2c+bx}{2x} & \text{für } c > 0, \\[3mm] -\dfrac{1}{\sqrt{c}}\,\text{arsinh}\,\dfrac{bx+2c}{x\sqrt{D}} & \text{für } c > 0,\ D > 0, \\[3mm] -\dfrac{1}{\sqrt{c}} \ln \dfrac{bx+2c}{x} & \text{für } c > 0,\ D = 0, \\[3mm] \dfrac{1}{\sqrt{-c}}\,\arcsin \dfrac{bx+2c}{x\sqrt{-D}} & \text{für } c < 0,\ D < 0. \end{cases}$

249. $\int \dfrac{\mathrm{d}x}{x^2\sqrt{Q}} = -\dfrac{\sqrt{Q}}{cx} - \dfrac{b}{2c} \int \dfrac{\mathrm{d}x}{x\sqrt{Q}}$ (siehe Nr. 248).

250. $\int \dfrac{\sqrt{Q}\,\mathrm{d}x}{x} = \sqrt{Q} + \dfrac{b}{2} \int \dfrac{\mathrm{d}x}{\sqrt{Q}} + c \int \dfrac{\mathrm{d}x}{x\sqrt{Q}}$ (siehe Nr. 231 und 248).

251. $\int \dfrac{\sqrt{Q}\,dx}{x^2} = -\dfrac{\sqrt{Q}}{x} + a\int \dfrac{dx}{\sqrt{Q}} + \dfrac{b}{2}\int \dfrac{dx}{x\sqrt{Q}}$ (siehe Nr. 231 und 250).

252. $\int \dfrac{Q^{(2n+1)/2}}{x}\,dx = \dfrac{Q^{(2n+1)/2}}{2n+1} + \dfrac{b}{2}\int Q^{(2n-1)/2}\,dx + c\int \dfrac{Q^{(2n-1)/2}}{x}\,dx$

(siehe Nr. 238 und 248).

253. $\int \dfrac{dx}{x\sqrt{ax^2 + bx}} = -\dfrac{2}{bx}\sqrt{ax^2 + bx}.$

254. $\int \dfrac{dx}{\sqrt{2ax - x^2}} = \arcsin \dfrac{x - a}{a}.$

255. $\int \dfrac{x\,dx}{\sqrt{2ax - x^2}} = -\sqrt{2ax - x^2} + a\arcsin \dfrac{x - a}{a}.$

256. $\int \sqrt{2ax - x^2}\,dx = \dfrac{x - a}{2}\sqrt{2ax - x^2} + \dfrac{a^2}{2}\arcsin \dfrac{x - a}{a}.$

Integrale, die andere Wurzelausdrücke enthalten

257. $\int \dfrac{dx}{(ax^2 + b)\sqrt{cx^2 + d}}$

$$= \begin{cases} \dfrac{1}{\sqrt{b}\sqrt{ad - bc}}\arctan \dfrac{x\sqrt{ad - bc}}{\sqrt{b}\sqrt{cx^2 + d}} & (ad - bc > 0), \\[3mm] \dfrac{1}{2\sqrt{b}\sqrt{bc - ad}}\ln \dfrac{\sqrt{b}\sqrt{cx^2 + d} + x\sqrt{bc - ad}}{\sqrt{b}\sqrt{cx^2 + d} - x\sqrt{bc - ad}} & (ad - bc < 0). \end{cases}$$

258. $\int \sqrt[n]{ax + b}\,dx = \dfrac{n(ax + b)}{(n + 1)a}\sqrt[n]{ax + b}.$

259. $\int \dfrac{dx}{\sqrt[n]{ax + b}} = \dfrac{n(ax + b)}{(n - 1)a}\dfrac{1}{\sqrt[n]{ax + b}}.$

260. $\int \dfrac{dx}{x\sqrt{x^n + a^2}} = -\dfrac{2}{na}\ln \dfrac{a + \sqrt{x^n + a^2}}{\sqrt{x^n}}.$

261. $\int \dfrac{dx}{x\sqrt{x^n - a^2}} = \dfrac{2}{na}\arccos \dfrac{a}{\sqrt{x^n}}.$

262. $\int \dfrac{\sqrt{x}\,dx}{\sqrt{a^3 - x^3}} = \dfrac{2}{3}\arcsin \sqrt{\left(\dfrac{x}{a}\right)^3}.$

Rekursionsformel für das Integral spezieller Polynome

263.* $\int x^m (ax^n + b)^k \, dx$

$$= \frac{1}{m + nk + 1} \left[x^{m+1}(ax^n + b)^k + nkb \int x^m (ax^n + b)^{k-1} \, dx \right]$$

$$= \frac{1}{bn(k+1)} \left[-x^{m+1}(ax^n + b)^{k+1} + (m + n + nk + 1) \int x^m (ax^n + b)^{k+1} \, dx \right]$$

$$= \frac{1}{(m+1)b} \left[x^{m+1}(ax^n + b)^{k+1} - a(m + n + nk + 1) \int x^{m+n} (ax^n + b)^k dx \right]$$

$$= \frac{1}{a(m + nk + 1)} \left[x^{m-n+1}(ax^n + b)^{k+1} - (m - n + 1)b \int x^{m-n} (ax^n + b)^k dx \right].$$

0.7.5.3 Integrale trigonometrischer Funktionen[72]

Integrale, die die Funktion $\sin \alpha x$ enthalten (α reeller Parameter)

264.* $\int \sin \alpha x \, dx = -\frac{1}{\alpha} \cos \alpha x.$

265.* $\int \sin^2 \alpha x \, dx = \frac{1}{2}x - \frac{1}{4\alpha} \sin 2\alpha x.$

266.* $\int \sin^3 \alpha x \, dx = -\frac{1}{\alpha} \cos \alpha x + \frac{1}{3\alpha} \cos^3 \alpha x.$

267.* $\int \sin^4 \alpha x \, dx = \frac{3}{8}x - \frac{1}{4\alpha} \sin 2\alpha x + \frac{1}{32\alpha} \sin 4\alpha x.$

268.* $\int \sin^n \alpha x \, dx = -\frac{\sin^{n-1} \alpha x \cos \alpha x}{n\alpha} + \frac{n-1}{n} \int \sin^{n-2} \alpha x \, dx$ (n ganzzahlig > 0).

269.* $\int x \sin \alpha x \, dx = \frac{\sin \alpha x}{\alpha^2} - \frac{x \cos \alpha x}{\alpha}.$

270.* $\int x^2 \sin \alpha x \, dx = \frac{2x}{\alpha^2} \sin \alpha x - \left(\frac{x^2}{\alpha} - \frac{2}{\alpha^3} \right) \cos \alpha x.$

271.* $\int x^3 \sin \alpha x \, dx = \left(\frac{3x^2}{\alpha^2} - \frac{6}{\alpha^4} \right) \sin \alpha x - \left(\frac{x^3}{\alpha} - \frac{6x}{\alpha^3} \right) \cos \alpha x.$

272.* $\int x^n \sin \alpha x \, dx = -\frac{x^n}{\alpha} \cos \alpha x + \frac{n}{\alpha} \int x^{n-1} \cos \alpha x \, dx$ ($n > 0$).

273.* $\int \frac{\sin \alpha x}{x} \, dx = \alpha x - \frac{(\alpha x)^3}{3 \cdot 3!} + \frac{(\alpha x)^5}{5 \cdot 5!} - \frac{(\alpha x)^7}{7 \cdot 7!} + \cdots$

Das Integral $\int\limits_0^x \frac{\sin t}{t} \, dt$ heißt *Integralsinus* Si(x).

$$\text{Si}(x) = x - \frac{x^3}{3 \cdot 3!} + \frac{x^5}{5 \cdot 5!} - \frac{x^7}{7 \cdot 7!} + \cdots$$

---

[72]Integrale der Funktionen, die neben $\sin x$ und $\cos x$ Hyperbelfunktionen und e^{ax} enthalten, siehe Nr. 428 ff.

274. $\int \dfrac{\sin \alpha x}{x^2}\, dx = -\dfrac{\sin \alpha x}{x} + \alpha \int \dfrac{\cos \alpha x\, dx}{x}$ 　　　(siehe Nr. 312).

275. $\int \dfrac{\sin \alpha x}{x^n}\, dx = -\dfrac{1}{n-1} \dfrac{\sin \alpha x}{x^{n-1}} + \dfrac{\alpha}{n-1} \int \dfrac{\cos \alpha x}{x^{n-1}}\, dx$ 　　　(siehe Nr. 314).

276. $\int \dfrac{dx}{\sin \alpha x} = \int \operatorname{cosec} \alpha x\, dx = \dfrac{1}{\alpha} \ln \tan \dfrac{\alpha x}{2} = \dfrac{1}{\alpha} \ln \left(\operatorname{cosec} \alpha x - \cot \alpha x\right)$.

277. $\int \dfrac{dx}{\sin^2 \alpha x} = -\dfrac{1}{\alpha} \cot \alpha x$.

278. $\int \dfrac{dx}{\sin^3 \alpha x} = -\dfrac{\cos \alpha x}{2\alpha \sin^2 \alpha x} + \dfrac{1}{2\alpha} \ln \tan \dfrac{\alpha x}{2}$.

279. $\int \dfrac{dx}{\sin^n \alpha x} = -\dfrac{1}{\alpha(n-1)} \dfrac{\cos \alpha x}{\sin^{n-1} \alpha x} + \dfrac{n-2}{n-1} \int \dfrac{dx}{\sin^{n-2} \alpha x}$ 　　　$(n > 1)$.

280. $\int \dfrac{x\, dx}{\sin \alpha x} = \dfrac{1}{\alpha^2} \left(\alpha x + \dfrac{(\alpha x)^3}{3 \cdot 3!} + \dfrac{7(\alpha x)^5}{3 \cdot 5 \cdot 5!} + \dfrac{31(\alpha x)^7}{3 \cdot 7 \cdot 7!} + \dfrac{127(\alpha x)^9}{3 \cdot 5 \cdot 9!} + \dots \right.$

$\left. + \dfrac{2(2^{2n-1} - 1)}{(2n+1)!} B_{2n}(\alpha x)^{2n+1} + \dots \right)$. B_{2n} sind die Bernoullischen Zahlen (vgl. 0.1.10.4).

281. $\int \dfrac{x\, dx}{\sin^2 \alpha x} = -\dfrac{x}{\alpha} \cot \alpha x + \dfrac{1}{\alpha^2} \ln \sin \alpha x$.

282. $\int \dfrac{x\, dx}{\sin^n \alpha x} = \dfrac{-x \cos \alpha x}{(n-1)\,\alpha \sin^{n-1} \alpha x} - \dfrac{1}{(n-1)(n-2)\,\alpha^2 \sin^{n-2} \alpha x} + \dfrac{n-2}{n-1} \int \dfrac{x\, dx}{\sin^{n-2} \alpha x}$ $(n > 2)$.

283. $\int \dfrac{dx}{1 + \sin \alpha x} = -\dfrac{1}{\alpha} \tan \left(\dfrac{\pi}{4} - \dfrac{\alpha x}{2} \right)$.

284. $\int \dfrac{dx}{1 - \sin \alpha x} = \dfrac{1}{\alpha} \tan \left(\dfrac{\pi}{4} + \dfrac{\alpha x}{2} \right)$.

285. $\int \dfrac{x\, dx}{1 + \sin \alpha x} = -\dfrac{x}{\alpha} \tan \left(\dfrac{\pi}{4} - \dfrac{\alpha x}{2} \right) + \dfrac{2}{\alpha^2} \ln \cos \left(\dfrac{\pi}{4} - \dfrac{\alpha x}{2} \right)$.

286. $\int \dfrac{x\, dx}{1 - \sin \alpha x} = \dfrac{x}{\alpha} \cot \left(\dfrac{\pi}{4} - \dfrac{\alpha x}{2} \right) + \dfrac{2}{\alpha^2} \ln \sin \left(\dfrac{\pi}{4} - \dfrac{\alpha x}{2} \right)$.

287. $\int \dfrac{\sin \alpha x\, dx}{1 \pm \sin \alpha x} = \pm x + \dfrac{1}{\alpha} \tan \left(\dfrac{\pi}{4} \mp \dfrac{\alpha x}{2} \right)$.

288. $\int \dfrac{dx}{\sin \alpha x (1 \pm \sin \alpha x)} = \dfrac{1}{\alpha} \tan \left(\dfrac{\pi}{4} \mp \dfrac{\alpha x}{2} \right) + \dfrac{1}{\alpha} \ln \tan \dfrac{\alpha x}{2}$.

289. $\int \dfrac{dx}{(1 + \sin \alpha x)^2} = -\dfrac{1}{2\alpha} \tan \left(\dfrac{\pi}{4} - \dfrac{\alpha x}{2} \right) - \dfrac{1}{6\alpha} \tan^3 \left(\dfrac{\pi}{4} - \dfrac{\alpha x}{2} \right)$.

290. $\int \dfrac{dx}{(1 - \sin \alpha x)^2} = \dfrac{1}{2\alpha} \cot \left(\dfrac{\pi}{4} - \dfrac{\alpha x}{2} \right) + \dfrac{1}{6\alpha} \cot^3 \left(\dfrac{\pi}{4} - \dfrac{\alpha x}{2} \right)$.

291. $\int \dfrac{\sin \alpha x\, dx}{(1 + \sin \alpha x)^2} = -\dfrac{1}{2\alpha} \tan \left(\dfrac{\pi}{4} - \dfrac{\alpha x}{2} \right) + \dfrac{1}{6\alpha} \tan^3 \left(\dfrac{\pi}{4} - \dfrac{\alpha x}{2} \right)$.

292. $\int \dfrac{\sin \alpha x \, dx}{(1 - \sin \alpha x)^2} = -\dfrac{1}{2\alpha} \cot \left(\dfrac{\pi}{4} - \dfrac{\alpha x}{2}\right) + \dfrac{1}{6\alpha} \cot^3 \left(\dfrac{\pi}{4} - \dfrac{\alpha x}{2}\right).$

293. $\int \dfrac{dx}{1 + \sin^2 \alpha x} = \dfrac{1}{2\sqrt{2}\alpha} \arcsin \left(\dfrac{3 \sin^2 \alpha x - 1}{\sin^2 \alpha x + 1}\right).$

294. $\int \dfrac{dx}{1 - \sin^2 \alpha x} = \int \dfrac{dx}{\cos^2 \alpha x} = \dfrac{1}{\alpha} \tan \alpha x.$

295.* $\int \sin \alpha x \sin \beta x \, dx = \dfrac{\sin(\alpha - \beta) x}{2(\alpha - \beta)} - \dfrac{\sin(\alpha + \beta) x}{2(\alpha + \beta)}$ ($|\alpha| \neq |\beta|$; für $|\alpha| = |\beta|$ siehe Nr. 265).

296. $\int \dfrac{dx}{\beta + \gamma \sin \alpha x} = \begin{cases} \dfrac{2}{\alpha\sqrt{\beta^2 - \gamma^2}} \arctan \dfrac{\beta \tan \alpha x/2 + \gamma}{\sqrt{\beta^2 - \gamma^2}} & \text{für } \beta^2 > \gamma^2, \\[3mm] \dfrac{1}{\alpha \sqrt{\gamma^2 - \beta^2}} \ln \dfrac{\beta \tan \alpha x/2 + \gamma - \sqrt{\gamma^2 - \beta^2}}{\beta \tan \alpha x/2 + \gamma + \sqrt{\gamma^2 - \beta^2}} & \text{für } \beta^2 < \gamma^2. \end{cases}$

297. $\int \dfrac{\sin \alpha x \, dx}{\beta + \gamma \sin \alpha x} = \dfrac{x}{\gamma} - \dfrac{\beta}{\gamma} \int \dfrac{dx}{\beta + \gamma \sin \alpha x}$ (siehe Nr. 296).

298. $\int \dfrac{dx}{\sin \alpha x (\beta + \gamma \sin \alpha x)} = \dfrac{1}{\alpha \beta} \ln \tan \dfrac{\alpha x}{2} - \dfrac{\gamma}{\beta} \int \dfrac{dx}{\beta + \gamma \sin \alpha x}$ (siehe Nr. 296).

299. $\int \dfrac{dx}{(\beta + \gamma \sin \alpha x)^2} = \dfrac{\gamma \cos \alpha x}{\alpha(\beta^2 - \gamma^2)(\beta + \gamma \sin \alpha x)} + \dfrac{\beta}{\beta^2 - \gamma^2} \int \dfrac{dx}{\beta + \gamma \sin \alpha x}$
(siehe Nr. 296).

300. $\int \dfrac{\sin \alpha x \, dx}{(\beta + \gamma \sin \alpha x)^2} = \dfrac{\beta \cos \alpha x}{\alpha(\gamma^2 - \beta^2)(\beta + \gamma \sin \alpha x)} + \dfrac{\gamma}{\gamma^2 - \beta^2} \int \dfrac{dx}{\beta + \gamma \sin \alpha x}$
(siehe Nr. 296).

301. $\int \dfrac{dx}{\beta^2 + \gamma^2 \sin^2 \alpha x} = \dfrac{1}{\alpha \beta \sqrt{\beta^2 + \gamma^2}} \arctan \dfrac{\sqrt{\beta^2 + \gamma^2} \tan \alpha x}{\beta}$ ($\beta > 0$).

302. $\int \dfrac{dx}{\beta^2 - \gamma^2 \sin^2 \alpha x} = \begin{cases} \dfrac{1}{\alpha \beta \sqrt{\beta^2 - \gamma^2}} \arctan \dfrac{\sqrt{\beta^2 - \gamma^2} \tan \alpha x}{\beta} & \beta^2 > \gamma^2, \beta > 0, \\[3mm] \dfrac{1}{2\alpha \beta \sqrt{\gamma^2 - \beta^2}} \ln \dfrac{\sqrt{\gamma^2 - \beta^2} \tan \alpha x + \beta}{\sqrt{\gamma^2 - \beta^2} \tan \alpha x - \beta} & \gamma^2 > \beta^2, \beta > 0. \end{cases}$

Integrale, die die Funktion $\cos \alpha x$ enthalten

303.* $\int \cos \alpha x \, dx = \dfrac{1}{\alpha} \sin \alpha x.$

304.* $\int \cos^2 \alpha x \, dx = \dfrac{1}{2} x + \dfrac{1}{4\alpha} \sin 2\alpha x.$

305.* $\int \cos^3 \alpha x \, dx = \dfrac{1}{\alpha} \sin \alpha x - \dfrac{1}{3\alpha} \sin^3 \alpha x.$

306.* $\int \cos^4 \alpha x \, dx = \dfrac{3}{8} x + \dfrac{1}{4\alpha} \sin 2\alpha x + \dfrac{1}{32\alpha} \sin 4\alpha x.$

307.* $\displaystyle\int \cos^n \alpha x\,dx = \frac{\cos^{n-1} \alpha x \sin \alpha x}{n\alpha} + \frac{n-1}{n} \int \cos^{n-2} \alpha x\,dx$ ($n \in \mathbb{N}$).

308.* $\displaystyle\int x \cos \alpha x\,dx = \frac{\cos \alpha x}{\alpha^2} + \frac{x \sin \alpha x}{\alpha}$.

309.* $\displaystyle\int x^2 \cos \alpha x\,dx = \frac{2x}{\alpha^2} \cos \alpha x + \left(\frac{x^2}{\alpha} - \frac{2}{\alpha^3}\right) \sin \alpha x$.

310.* $\displaystyle\int x^3 \cos \alpha x\,dx = \left(\frac{3x^2}{\alpha^2} - \frac{6}{\alpha^4}\right) \cos \alpha x + \left(\frac{x^3}{\alpha} - \frac{6x}{\alpha^3}\right) \sin \alpha x$.

311.* $\displaystyle\int x^n \cos \alpha x\,dx = \frac{x^n \sin \alpha x}{\alpha} - \frac{n}{\alpha} \int x^{n-1} \sin \alpha x\,dx$ ($n \in \mathbb{N}$).

312. $\displaystyle\int \frac{\cos \alpha x}{x}\,dx = \ln(\alpha x) - \frac{(\alpha x)^2}{2 \cdot 2!} + \frac{(\alpha x)^4}{4 \cdot 4!} - \frac{(\alpha x)^6}{6 \cdot 6!} + \ldots$

Das uneigentliche Integral $-\displaystyle\int\limits_{x}^{\infty} \frac{\cos t}{t}\,dt$ heißt *Integralkosinus* Ci(x).

$\mathrm{Ci}(x) = \mathrm{C} + \ln x - \dfrac{x^2}{2 \cdot 2!} + \dfrac{x^4}{4 \cdot 4!} - \dfrac{x^6}{6 \cdot 6!} + \ldots,$

dabei ist C die Eulersche Konstante (vgl. 0.1.1).

313. $\displaystyle\int \frac{\cos \alpha x}{x^2}\,dx = -\frac{\cos \alpha x}{x} - \alpha \int \frac{\sin \alpha x\,dx}{x}$ (siehe Nr. 273).

314. $\displaystyle\int \frac{\cos \alpha x}{x^n}\,dx = -\frac{\cos \alpha x}{(n-1)x^{n-1}} - \frac{\alpha}{n-1} \int \frac{\sin \alpha x\,dx}{x^{n-1}}$ ($n \neq 1$),   (siehe Nr. 275).

315. $\displaystyle\int \frac{dx}{\cos \alpha x} = \int \sec \alpha x\,dx = \frac{1}{\alpha} \ln \tan\left(\frac{\alpha x}{2} + \frac{\pi}{4}\right) = \frac{1}{\alpha} \ln(\sec \alpha x + \tan \alpha x)$.

316. $\displaystyle\int \frac{dx}{\cos^2 \alpha x} = \frac{1}{\alpha} \tan \alpha x$.

317. $\displaystyle\int \frac{dx}{\cos^3 \alpha x} = \frac{\sin \alpha x}{2\alpha \cos^2 \alpha x} + \frac{1}{2\alpha} \ln \tan\left(\frac{\pi}{4} + \frac{\alpha x}{2}\right)$.

318. $\displaystyle\int \frac{dx}{\cos^n \alpha x} = \frac{1}{\alpha(n-1)} \frac{\sin \alpha x}{\cos^{n-1} \alpha x} + \frac{n-2}{n-1} \int \frac{dx}{\cos^{n-2} \alpha x}$ ($n > 1$).

319. $\displaystyle\int \frac{x\,dx}{\cos \alpha x} = \frac{1}{\alpha^2} \left(\frac{(\alpha x)^2}{2} + \frac{(\alpha x)^4}{4 \cdot 2!} + \frac{5(\alpha x)^6}{6 \cdot 4!} + \frac{61(\alpha x)^8}{8 \cdot 6!} + \frac{1\,385(\alpha x)^{10}}{10 \cdot 8!}\right.$

$\left. + \ldots + \frac{E_{2n}(\alpha x)^{2n+2}}{(2n+2)(2n)!} + \ldots\right)$ E_{2n} sind die Eulerschen Zahlen (vgl. 0.1.10.5).

320. $\displaystyle\int \frac{x\,dx}{\cos^2 \alpha x} = \frac{x}{\alpha} \tan \alpha x + \frac{1}{\alpha^2} \ln \cos \alpha x$.

321. $\displaystyle\int \frac{x\,dx}{\cos^n \alpha x} = \frac{x \sin \alpha x}{(n-1)\alpha \cos^{n-1} \alpha x} - \frac{1}{(n-1)(n-2)\alpha^2 \cos^{n-2} \alpha x}$

$+ \frac{n-2}{n-1} \int \frac{x\,dx}{\cos^{n-2} \alpha x}$ ($n > 2$).

322. $\int \dfrac{dx}{1 + \cos \alpha x} = \dfrac{1}{\alpha} \cot \left(\dfrac{\alpha x}{2} \right).$

323. $\int \dfrac{dx}{1 - \cos \alpha x} = -\dfrac{1}{\alpha} \cot \dfrac{\alpha x}{2}.$

324. $\int \dfrac{x\,dx}{1 + \cos \alpha x} = \dfrac{x}{\alpha} \tan \dfrac{\alpha x}{2} + \dfrac{2}{\alpha^2} \ln \cos \dfrac{\alpha x}{2}.$

325. $\int \dfrac{x\,dx}{1 - \cos \alpha x} = -\dfrac{x}{\alpha} \cot \dfrac{\alpha x}{2} + \dfrac{2}{\alpha^2} \ln \sin \dfrac{\alpha x}{2}.$

326. $\int \dfrac{\cos \alpha x\,dx}{1 + \cos \alpha x} = x - \dfrac{1}{\alpha} \tan \dfrac{\alpha x}{2}.$

327. $\int \dfrac{\cos \alpha x\,dx}{1 - \cos \alpha x} = -x - \dfrac{1}{\alpha} \cot \dfrac{\alpha x}{2}.$

328. $\int \dfrac{dx}{\cos \alpha x(1 + \cos \alpha x)} = \dfrac{1}{\alpha} \ln \tan \left(\dfrac{\pi}{4} + \dfrac{\alpha x}{2} \right) - \dfrac{1}{\alpha} \tan \dfrac{\alpha x}{2}.$

329. $\int \dfrac{dx}{\cos \alpha x(1 - \cos \alpha x)} = \dfrac{1}{\alpha} \ln \tan \left(\dfrac{\pi}{4} + \dfrac{\alpha x}{2} \right) - \dfrac{1}{\alpha} \cot \dfrac{\alpha x}{2}.$

330. $\int \dfrac{dx}{(1 + \cos \alpha x)^2} = \dfrac{1}{2\alpha} \tan \dfrac{\alpha x}{2} + \dfrac{1}{6\alpha} \tan^3 \dfrac{\alpha x}{2}.$

331. $\int \dfrac{dx}{(1 - \cos \alpha x)^2} = -\dfrac{1}{2\alpha} \cot \dfrac{\alpha x}{2} - \dfrac{1}{6\alpha} \cot^3 \dfrac{\alpha x}{2}.$

332. $\int \dfrac{\cos \alpha x\,dx}{(1 + \cos \alpha x)^2} = \dfrac{1}{2\alpha} \tan \dfrac{\alpha x}{2} - \dfrac{1}{6\alpha} \tan^3 \dfrac{\alpha x}{2}.$

333. $\int \dfrac{\cos \alpha x\,dx}{(1 - \cos \alpha x)^2} = \dfrac{1}{2\alpha} \cot \dfrac{\alpha x}{2} - \dfrac{1}{6\alpha} \cot^3 \dfrac{\alpha x}{2}.$

334. $\int \dfrac{dx}{1 + \cos^2 \alpha x} = \dfrac{1}{2\sqrt{2}\alpha} \arcsin \left(\dfrac{1 - 3\cos^2 \alpha x}{1 + \cos^2 \alpha x} \right).$

335. $\int \dfrac{dx}{1 - \cos^2 \alpha x} = \dfrac{dx}{\sin^2 \alpha x} = -\dfrac{1}{\alpha} \cot \alpha x.$

336.* $\int \cos \alpha x \cos \beta x\,dx = \dfrac{\sin(\alpha - \beta)\,x}{2(\alpha - \beta)} + \dfrac{\sin(\alpha + \beta)\,x}{2(\alpha + \beta)}$ ($|\alpha| \neq |\beta|$; für $|\alpha| = |\beta|$ siehe Nr. 304).

337. $\int \dfrac{dx}{\beta + \gamma \cos \alpha x} = \begin{cases} \dfrac{2}{\alpha \sqrt{\beta^2 - \gamma^2}} \arctan \dfrac{(\beta - \gamma) \tan \alpha x/2}{\sqrt{\beta^2 - \gamma^2}} & \text{für } \beta^2 > \gamma^2, \\[3mm] \dfrac{1}{\alpha \sqrt{\gamma^2 - \beta^2}} \ln \dfrac{(\gamma - \beta) \tan \alpha x/2 + \sqrt{\gamma^2 - \beta^2}}{(\gamma - \beta) \tan \alpha x/2 - \sqrt{\gamma^2 - \beta^2}} & \text{für } \beta^2 < \gamma^2. \end{cases}$

338. $\int \dfrac{\cos \alpha x\,dx}{\beta + \gamma \cos \alpha x} = \dfrac{x}{\gamma} - \dfrac{\beta}{\gamma} \int \dfrac{dx}{\beta + \gamma \cos \alpha x}$ (siehe Nr. 337).

339. $\int \dfrac{dx}{\cos \alpha x(\beta + \gamma \cos \alpha x)} = \dfrac{1}{\alpha \beta} \ln \tan \left(\dfrac{\alpha x}{2} + \dfrac{\pi}{4} \right) - \dfrac{\gamma}{\beta} \int \dfrac{dx}{\beta + \gamma \cos \alpha x}$ (siehe Nr. 337).

340. $\int \dfrac{dx}{(\beta + \gamma \cos \alpha x)^2} = \dfrac{\gamma \sin \alpha x}{\alpha(\gamma^2 - \beta^2)(\beta + \gamma \cos \alpha x)} - \dfrac{\beta}{\gamma^2 - \beta^2} \int \dfrac{dx}{\beta + \gamma \cos \alpha x}$ (siehe Nr. 337).

341. $\int \dfrac{\cos \alpha x \, dx}{(\beta + \gamma \cos \alpha x)^2} = \dfrac{\beta \sin \alpha x}{\alpha(\beta^2 - \gamma^2)(\beta + \gamma \cos \alpha x)} - \dfrac{\gamma}{\beta^2 - \gamma^2} \int \dfrac{dx}{\beta + \gamma \cos \alpha x}$ (siehe Nr. 337).

342. $\int \dfrac{dx}{\beta^2 + \gamma^2 \cos^2 \alpha x} = \dfrac{1}{\alpha\beta\sqrt{\beta^2 + \gamma^2}} \arctan \dfrac{\beta \tan \alpha x}{\sqrt{\beta^2 + \gamma^2}}$ $(\beta > 0)$.

343. $\int \dfrac{dx}{\beta^2 - \gamma^2 \cos^2 \alpha x} = \begin{cases} \dfrac{1}{\alpha\beta\sqrt{\beta^2 - \gamma^2}} \arctan \dfrac{\beta \tan \alpha x}{\sqrt{\beta^2 - \gamma^2}} & \beta^2 > \gamma^2, \beta > 0, \\[3mm] \dfrac{1}{2\alpha\beta\sqrt{\gamma^2 - \beta^2}} \ln \dfrac{\beta \tan \alpha x - \sqrt{\gamma^2 - \beta^2}}{\beta \tan \alpha x + \sqrt{\gamma^2 - \beta^2}} & \gamma^2 > \beta^2, \beta > 0. \end{cases}$

Integrale, die die Funktionen $\sin \alpha x$ und $\cos \alpha x$ enthalten

344.* $\int \sin \alpha x \cos \alpha x \, dx = \dfrac{1}{2\alpha} \sin^2 \alpha x$.

345.* $\int \sin^2 \alpha x \cos^2 \alpha x \, dx = \dfrac{x}{8} - \dfrac{\sin 4\alpha x}{32\alpha}$.

346.* $\int \sin^n \alpha x \cos \alpha x \, dx = \dfrac{1}{\alpha(n+1)} \sin^{n+1} \alpha x$ ($n \in \mathbb{N}$, vgl. Nr. 358).

347.* $\int \sin \alpha x \cos^n \alpha x \, dx = -\dfrac{1}{\alpha(n+1)} \cos^{n+1} \alpha x$ ($n \in \mathbb{N}$, vgl. Nr. 357).

348.* $\int \sin^n \alpha x \cos^m \alpha x \, dx = -\dfrac{\sin^{n-1} \alpha x \cos^{m-1} \alpha x}{\alpha(n+m)} + \dfrac{n-1}{n+m} \int \sin^{n-2} \alpha x \cos^m \alpha x \, dx$

$\qquad\qquad = \dfrac{\sin^{n+1} \alpha x \cos^{m-1} \alpha x}{\alpha(n+m)} + \dfrac{m-1}{n+m} \int \sin^n \alpha x \cos^{m-2} \alpha x \, dx$

$\qquad\qquad (m, n \in \mathbb{N}; n > 0;$ vgl. Nr. 359, Nr. 370, Nr. 381$)$.

349. $\int \dfrac{dx}{\sin \alpha x \cos \alpha x} = \dfrac{1}{\alpha} \ln \tan \alpha x$.

350. $\int \dfrac{dx}{\sin^2 \alpha x \cos \alpha x} = \dfrac{1}{\alpha}\left[\ln \tan\left(\dfrac{\pi}{4} + \dfrac{\alpha x}{2}\right) - \dfrac{1}{\sin \alpha x} \right]$.

351. $\int \dfrac{dx}{\sin \alpha x \cos^2 \alpha x} = \dfrac{1}{\alpha}\left(\ln \tan \dfrac{\alpha x}{2} + \dfrac{1}{\cos \alpha x} \right)$.

352. $\int \dfrac{dx}{\sin^3 \alpha x \cos \alpha x} = \dfrac{1}{\alpha}\left(\ln \tan \alpha x - \dfrac{1}{2 \sin^2 \alpha x} \right)$.

353. $\int \dfrac{dx}{\sin \alpha x \cos^3 \alpha x} = \dfrac{1}{\alpha}\left(\ln \tan \alpha x + \dfrac{1}{2 \cos^2 \alpha x} \right)$.

354. $\int \dfrac{dx}{\sin^2 \alpha x \cos^2 \alpha x} = -\dfrac{2}{\alpha} \cot 2\alpha x$.

355. $\int \dfrac{dx}{\sin^2 \alpha x \cos^3 \alpha x} = \dfrac{1}{\alpha}\left[\dfrac{\sin \alpha x}{2 \cos^2 \alpha x} - \dfrac{1}{\sin \alpha x} + \dfrac{3}{2} \ln \tan\left(\dfrac{\pi}{4} + \dfrac{\alpha x}{2}\right)\right].$

356. $\int \dfrac{dx}{\sin^3 \alpha x \cos^2 \alpha x} = \dfrac{1}{\alpha}\left(\dfrac{1}{\cos \alpha x} - \dfrac{\cos \alpha x}{2 \sin^2 \alpha x} + \dfrac{3}{2} \ln \tan \dfrac{\alpha x}{2}\right).$

357. $\int \dfrac{dx}{\sin \alpha x \cos^n \alpha x} = \dfrac{1}{\alpha(n-1) \cos^{n-1} \alpha x} + \int \dfrac{dx}{\sin \alpha x \cos^{n-2} \alpha x}$

$\qquad\qquad\qquad\qquad$ ($n \neq 1$, vgl. Nr. 347, siehe Nr. 351, Nr. 353).

358. $\int \dfrac{dx}{\sin^n \alpha x \cos \alpha x} = -\dfrac{1}{\alpha(n-1) \sin^{n-1} \alpha x} + \int \dfrac{dx}{\sin^{n-2} \alpha x \cos \alpha x}$

$\qquad\qquad\qquad\qquad$ ($n \neq 1$, vgl. Nr. 346, siehe Nr. 350, Nr. 352).

359. $\int \dfrac{dx}{\sin^n \alpha x \cos^m \alpha x} = -\dfrac{1}{\alpha(n-1)} \dfrac{1}{\sin^{n-1} \alpha x \cos^{m-1} \alpha x} + \dfrac{n+m-2}{n-1} \int \dfrac{dx}{\sin^{n-2} \alpha x \cos^m \alpha x}$

$\qquad\qquad\quad = \dfrac{1}{\alpha(m-1)} \dfrac{1}{\sin^{n-1} \alpha x \cos^{m-1} \alpha x} + \dfrac{n+m-2}{m-1} \int \dfrac{dx}{\sin^n \alpha x \cos^{m-2} \alpha x}$

$\qquad\qquad\qquad\qquad$ ($m, n \in \mathbb{N}; n > 0$; vgl. Nr. 348, Nr. 370, Nr. 381).

360. $\int \dfrac{\sin \alpha x\, dx}{\cos^2 \alpha x} = \dfrac{1}{\alpha \cos \alpha x} = \dfrac{1}{\alpha} \sec \alpha x.$

361. $\int \dfrac{\sin \alpha x\, dx}{\cos^3 \alpha x} = \dfrac{1}{2\alpha \cos^2 \alpha x} = \dfrac{1}{2\alpha} \tan^2 \alpha x + \dfrac{1}{2\alpha}.$

362. $\int \dfrac{\sin \alpha x\, dx}{\cos^n \alpha x} = \dfrac{1}{\alpha(n-1) \cos^{n-1} \alpha x}.$

363. $\int \dfrac{\sin^2 \alpha x\, dx}{\cos \alpha x} = -\dfrac{1}{\alpha} \sin \alpha x + \dfrac{1}{\alpha} \ln \tan\left(\dfrac{\pi}{4} + \dfrac{\alpha x}{2}\right).$

364. $\int \dfrac{\sin^2 \alpha x\, dx}{\cos^3 \alpha x} = \dfrac{1}{\alpha}\left[\dfrac{\sin \alpha x}{2 \cos^2 \alpha x} - \dfrac{1}{2} \ln \tan\left(\dfrac{\pi}{4} + \dfrac{\alpha x}{2}\right)\right].$

365. $\int \dfrac{\sin^2 \alpha x\, dx}{\cos^n \alpha x} = \dfrac{\sin \alpha x}{\alpha(n-1) \cos^{n-1} \alpha x} - \dfrac{1}{n-1} \int \dfrac{dx}{\cos^{n-2} \alpha x}$

$\qquad\qquad\qquad\qquad$ ($n \in \mathbb{N}, n > 1$, siehe Nr. 315, Nr. 316, Nr. 318).

366. $\int \dfrac{\sin^3 \alpha x\, dx}{\cos \alpha x} = -\dfrac{1}{\alpha}\left(\dfrac{\sin^2 \alpha x}{2} + \ln \cos \alpha x\right).$

367. $\int \dfrac{\sin^3 \alpha x\, dx}{\cos^2 \alpha x} = \dfrac{1}{\alpha}\left(\cos \alpha x + \dfrac{1}{\cos \alpha x}\right).$

368. $\int \dfrac{\sin^3 \alpha x\, dx}{\cos^n \alpha x} = \dfrac{1}{\alpha}\left[\dfrac{1}{(n-1) \cos^{n-1} \alpha x} - \dfrac{1}{(n-3) \cos^{n-3} \alpha x}\right] \qquad (n \in \mathbb{N}, n > 3).$

369. $\int \dfrac{\sin^n \alpha x}{\cos \alpha x}\, dx = -\dfrac{\sin^{n-1} \alpha x}{\alpha(n-1)} + \int \dfrac{\sin^{n-2} \alpha x\, dx}{\cos \alpha x} \qquad (n \in \mathbb{N}, n > 1).$

370. $\int \dfrac{\sin^n \alpha x}{\cos^m \alpha x} \mathrm{d}x = \dfrac{\sin^{n+1} \alpha x}{\alpha(m-1)\cos^{m-1} \alpha x} - \dfrac{n-m+2}{m-1} \int \dfrac{\sin^n \alpha x}{\cos^{m-2} \alpha x} \mathrm{d}x \quad (m,n \in \mathbb{N};\ m > 1),$

$\qquad = -\dfrac{\sin^{n-1} \alpha x}{\alpha(n-m)\cos^{m-1} \alpha x} + \dfrac{n-1}{n-m} \int \dfrac{\sin^{n-2} \alpha x\, \mathrm{d}x}{\cos^m \alpha x}$

$\qquad\qquad\qquad\qquad\qquad (m \neq n,\ \text{vgl. Nr. 348, Nr. 359, Nr. 381}),$

$\qquad = \dfrac{\sin^{n-1} \alpha x}{\alpha(m-1)\cos^{m-1} \alpha x} - \dfrac{n-1}{m-1} \int \dfrac{\sin^{n-2} \alpha x\, \mathrm{d}x}{\cos^{m-2} \alpha x} \quad (m,n \in \mathbb{N};\ m > 1).$

371. $\int \dfrac{\cos \alpha x\, \mathrm{d}x}{\sin^2 \alpha x} = -\dfrac{1}{\alpha \sin \alpha x} = -\dfrac{1}{\alpha} \operatorname{cosec} \alpha x.$

372. $\int \dfrac{\cos \alpha x\, \mathrm{d}x}{\sin^3 \alpha x} = -\dfrac{1}{2\alpha \sin^2 \alpha x} = -\dfrac{\cot^2 \alpha x}{2\alpha} - \dfrac{1}{2\alpha}.$

373. $\int \dfrac{\cos \alpha x\, \mathrm{d}x}{\sin^n \alpha x} = -\dfrac{1}{\alpha(n-1)\sin^{n-1} \alpha x}.$

374. $\int \dfrac{\cos^2 \alpha x\, \mathrm{d}x}{\sin \alpha x} = \dfrac{1}{\alpha}\left(\cos \alpha x + \ln \tan \dfrac{\alpha x}{2}\right).$

375. $\int \dfrac{\cos^2 \alpha x\, \mathrm{d}x}{\sin^3 \alpha x} = -\dfrac{1}{2\alpha}\left(\dfrac{\cos \alpha x}{\sin^2 \alpha x} + \ln \tan \dfrac{\alpha x}{2}\right).$

376. $\int \dfrac{\cos^2 \alpha x\, \mathrm{d}x}{\sin^n \alpha x} = -\dfrac{1}{(n-1)}\left(\dfrac{\cos \alpha x}{\alpha \sin^{n-1} \alpha x} + \int \dfrac{\mathrm{d}x}{\sin^{n-2} \alpha x}\right)$
$\quad (n \in \mathbb{N},\ n > 1,\ \text{siehe Nr. 279}).$

377. $\int \dfrac{\cos^3 \alpha x\, \mathrm{d}x}{\sin \alpha x} = \dfrac{1}{\alpha}\left(\dfrac{\cos^2 \alpha x}{2} + \ln \sin \alpha x\right).$

378. $\int \dfrac{\cos^3 \alpha x\, \mathrm{d}x}{\sin^2 \alpha x} = -\dfrac{1}{\alpha}\left(\sin \alpha x + \dfrac{1}{\sin \alpha x}\right).$

379. $\int \dfrac{\cos^3 \alpha x\, \mathrm{d}x}{\sin^n \alpha x} = \dfrac{1}{\alpha}\left[\dfrac{1}{(n-3)\sin^{n-3} \alpha x} - \dfrac{1}{(n-1)\sin^{n-1} \alpha x}\right] \quad (n \in \mathbb{N},\ n > 3).$

380. $\int \dfrac{\cos^n \alpha x}{\sin \alpha x} \mathrm{d}x = \dfrac{\cos^{n-1} \alpha x}{\alpha(n-1)} + \int \dfrac{\cos^{n-2} \alpha x\, \mathrm{d}x}{\sin \alpha x} \quad (n \neq 1).$

381. $\int \dfrac{\cos^n \alpha x\, \mathrm{d}x}{\sin^m \alpha x} = -\dfrac{\cos^{n+1} \alpha x}{\alpha(m-1)\sin^{m-1} \alpha x} - \dfrac{n-m+2}{m-1} \int \dfrac{\cos^n \alpha x\, \mathrm{d}x}{\sin^{m-2} \alpha x} \quad (m,n \in \mathbb{N};\ m > 1),$

$\qquad = \dfrac{\cos^{n-1} \alpha x}{\alpha(n-m)\sin^{m-1} \alpha x} + \dfrac{n-1}{n-m} \int \dfrac{\cos^{n-2} \alpha x\, \mathrm{d}x}{\sin^m \alpha x}$

$\qquad\qquad\qquad\qquad\qquad (m \neq n,\ \text{vgl. Nr. 348, Nr. 359, Nr. 370}),$

$\qquad = -\dfrac{\cos^{n-1} \alpha x}{\alpha(m-1)\sin^{m-1} \alpha x} - \dfrac{n-1}{m-1} \int \dfrac{\cos^{n-2} \alpha x\, \mathrm{d}x}{\sin^{m-2} \alpha x} \quad (m,n \in \mathbb{N};\ m > 1).$

382. $\int \dfrac{\mathrm{d}x}{\sin \alpha x (1 \pm \cos \alpha x)} = \pm \dfrac{1}{2\alpha(1 \pm \cos \alpha x)} + \dfrac{1}{2\alpha} \ln \tan \dfrac{\alpha x}{2}$.

383. $\int \dfrac{\mathrm{d}x}{\cos \alpha x (1 \pm \sin \alpha x)} = \mp \dfrac{1}{2\alpha(1 \pm \sin \alpha x)} + \dfrac{1}{2\alpha} \ln \tan \left(\dfrac{\pi}{4} + \dfrac{\alpha x}{2} \right)$.

384. $\int \dfrac{\sin \alpha x \, \mathrm{d}x}{\cos \alpha x (1 \pm \cos \alpha x)} = \dfrac{1}{\alpha} \ln \dfrac{1 \pm \cos \alpha x}{\cos \alpha x}$.

385. $\int \dfrac{\cos \alpha x \, \mathrm{d}x}{\sin \alpha x (1 \pm \sin \alpha x)} = \dfrac{1}{\alpha} \ln \dfrac{1 \pm \sin \alpha x}{\sin \alpha x}$.

386. $\int \dfrac{\sin \alpha x \, \mathrm{d}x}{\cos \alpha x (1 \pm \sin \alpha x)} = \dfrac{1}{2\alpha(1 \pm \sin \alpha x)} \pm \dfrac{1}{2\alpha} \ln \tan \left(\dfrac{\pi}{4} + \dfrac{\alpha x}{2} \right)$.

387. $\int \dfrac{\cos \alpha x \, \mathrm{d}x}{\sin \alpha x (1 \pm \cos \alpha x)} = -\dfrac{1}{2\alpha(1 \pm \cos \alpha x)} \pm \dfrac{1}{2\alpha} \ln \tan \dfrac{\alpha x}{2}$.

388. $\int \dfrac{\sin \alpha x \, \mathrm{d}x}{\sin \alpha x \pm \cos \alpha x} = \dfrac{x}{2} \mp \dfrac{1}{2\alpha} \ln(\sin \alpha x \pm \cos \alpha x)$.

389. $\int \dfrac{\cos \alpha x \, \mathrm{d}x}{\sin \alpha x \pm \cos \alpha x} = \pm \dfrac{x}{2} + \dfrac{1}{2\alpha} \ln(\sin \alpha x \pm \cos \alpha x)$.

390. $\int \dfrac{\mathrm{d}x}{\sin \alpha x \pm \cos \alpha x} = \dfrac{1}{\alpha \sqrt{2}} \ln \tan \left(\dfrac{\alpha x}{2} \pm \dfrac{\pi}{8} \right)$.

391. $\int \dfrac{\mathrm{d}x}{1 + \cos \alpha x \pm \sin \alpha x} = \pm \dfrac{1}{\alpha} \ln \left(1 \pm \tan \dfrac{\alpha x}{2} \right)$.

392. $\int \dfrac{\mathrm{d}x}{\beta \sin \alpha x + \gamma \cos \alpha x} = \dfrac{1}{\alpha \sqrt{\beta^2 + \gamma^2}} \ln \tan \dfrac{\alpha x + \phi}{2}$ $\qquad$ mit $\sin \phi = \dfrac{\gamma}{\sqrt{\beta^2 + \gamma^2}}$, $\tan \phi = \dfrac{\gamma}{\beta}$.

393. $\int \dfrac{\sin \alpha x \, \mathrm{d}x}{\beta + \gamma \cos \alpha x} = -\dfrac{1}{\alpha \gamma} \ln(\beta + \gamma \cos \alpha x)$.

394. $\int \dfrac{\cos \alpha x \, \mathrm{d}x}{\beta + \gamma \sin \alpha x} = \dfrac{1}{\alpha \gamma} \ln(\beta + \gamma \sin \alpha x)$.

395. $\int \dfrac{\mathrm{d}x}{\beta + \gamma \cos \alpha x + \delta \sin \alpha x} = \int \dfrac{\mathrm{d}\left(x + \frac{\phi}{\alpha} \right)}{\beta + \sqrt{\gamma^2 + \delta^2} \, \sin(\alpha x + \phi)}$

$\qquad\qquad$ mit $\sin \phi = \dfrac{\gamma}{\sqrt{\gamma^2 + \delta^2}}$ und $\tan \phi = \dfrac{\gamma}{\delta}$ (siehe Nr. 296).

396. $\int \dfrac{\mathrm{d}x}{\beta^2 \cos^2 \alpha x + \gamma^2 \sin^2 \alpha x} = \dfrac{1}{\alpha \beta \gamma} \arctan \left(\dfrac{\gamma}{\beta} \tan \alpha x \right)$.

397. $\int \dfrac{\mathrm{d}x}{\beta^2 \cos^2 \alpha x - \gamma^2 \sin^2 \alpha x} = \dfrac{1}{2\alpha \beta \gamma} \ln \dfrac{\gamma \tan \alpha x + \beta}{\gamma \tan \alpha x - \beta}$.

398. $\int \sin \alpha x \cos \beta x \, \mathrm{d}x = -\dfrac{\cos(\alpha + \beta) x}{2(\alpha + \beta)} - \dfrac{\cos(\alpha - \beta) x}{2(\alpha - \beta)}$ $\qquad$ ($\alpha^2 \neq \beta^2$, für $\alpha = \beta$ siehe Nr. 344).

Integrale, die die Funktion tan αx enthalten

399. $\int \tan \alpha x \, dx = -\dfrac{1}{\alpha} \ln \cos \alpha x.$

400. $\int \tan^2 \alpha x \, dx = \dfrac{\tan \alpha x}{\alpha} - x.$

401. $\int \tan^3 \alpha x \, dx = \dfrac{1}{2\alpha} \tan^2 \alpha x + \dfrac{1}{\alpha} \ln \cos \alpha x.$

402. $\int \tan^n \alpha x \, dx = \dfrac{1}{\alpha(n-1)} \tan^{n-1} \alpha x - \int \tan^{n-2} \alpha x \, dx.$

403. $\int x \tan \alpha x \, dx = \dfrac{\alpha x^3}{3} + \dfrac{\alpha^3 x^5}{15} + \dfrac{2\alpha^5 x^7}{105} + \dfrac{17\alpha^7 x^9}{2835} + \ldots + \dfrac{2^{2n}(2^{2n}-1)B_{2n}\alpha^{2n-1}x^{2n+1}}{(2n+1)!} + \ldots$

404. $\int \dfrac{\tan \alpha x \, dx}{x} = \alpha x + \dfrac{(\alpha x)^3}{9} + \dfrac{2(\alpha x)^5}{75} + \dfrac{17(\alpha x)^7}{2205} + \ldots + \dfrac{2^{2n}(2^{2n}-1)B_{2n}(\alpha x)^{2n-1}}{(2n-1)(2n)!} + \ldots$

B_{2n} sind die Bernoullischen Zahlen (vgl. 0.1.10.4).

405. $\int \dfrac{\tan^n \alpha x}{\cos^2 \alpha x} dx = \dfrac{1}{\alpha(n+1)} \tan^{n+1} \alpha x \qquad (n \neq -1).$

406. $\int \dfrac{dx}{\tan \alpha x \pm 1} = \pm \dfrac{x}{2} + \dfrac{1}{2\alpha} \ln(\sin \alpha x \pm \cos \alpha x).$

407. $\int \dfrac{\tan \alpha x \, dx}{\tan \alpha x \pm 1} = \dfrac{x}{2} \mp \dfrac{1}{2\alpha} \ln(\sin \alpha x \pm \cos \alpha x).$

Integrale, die die Funktion cot αx enthalten

408. $\int \cot \alpha x \, dx = \dfrac{1}{\alpha} \ln \sin \alpha x.$

409. $\int \cot^2 \alpha x \, dx = -\dfrac{\cot \alpha x}{\alpha} - x.$

410. $\int \cot^3 \alpha x \, dx = -\dfrac{1}{2\alpha} \cot^2 \alpha x - \dfrac{1}{\alpha} \ln \sin \alpha x.$

411. $\int \cot^n \alpha x \, dx = -\dfrac{1}{\alpha(n-1)} \cot^{n-1} \alpha x - \int \cot^{n-2} \alpha x \, dx \qquad (n \neq 1).$

412. $\int x \cot \alpha x \, dx = \dfrac{x}{\alpha} - \dfrac{\alpha x^3}{9} - \dfrac{\alpha^3 x^5}{225} - \ldots - \dfrac{2^{2n}B_{2n}\alpha^{2n-1}x^{2n+1}}{(2n+1)!} \ldots$

B_{2n} sind die Bernoullischen Zahlen (vgl. 0.1.10.4).

413. $\int \dfrac{\cot \alpha x \, dx}{x} = -\dfrac{1}{\alpha x} - \dfrac{\alpha x}{3} - \dfrac{(\alpha x)^3}{135} - \dfrac{2(\alpha x)^5}{4725} - \ldots - \dfrac{2^{2n}B_{2n}(\alpha x)^{2n-1}}{(2n-1)(2n)!} - \ldots$

B_{2n} sind die Bernoullischen Zahlen (vgl. 0.1.10.4).

414. $\int \dfrac{\cot^n \alpha x}{\sin^2 \alpha x} dx = -\dfrac{1}{\alpha(n+1)} \cot^{n+1} \alpha x \qquad (n \neq -1).$

415. $\int \dfrac{dx}{1 \pm \cot \alpha x} = \int \dfrac{\tan \alpha x \, dx}{\tan \alpha x \pm 1}$ (siehe Nr. 407).

0.7.5.4 Integrale, die andere transzendente Funktionen enthalten

Integrale, die $e^{\alpha x}$ enthalten

416.* $\int e^{\alpha x} dx = \frac{1}{\alpha} e^{\alpha x}.$

417.* $\int x e^{\alpha x} dx = \frac{e^{\alpha x}}{\alpha^2}(\alpha x - 1).$

418.* $\int x^2 e^{\alpha x} dx = e^{\alpha x}\left(\frac{x^2}{\alpha} - \frac{2x}{\alpha^2} + \frac{2}{\alpha^3}\right).$

419.* $\int x^n e^{\alpha x} dx = \frac{1}{\alpha} x^n e^{\alpha x} - \frac{n}{\alpha}\int x^{n-1} e^{\alpha x} dx.$

420. $\int \frac{e^{\alpha x}}{x} dx = \ln x + \frac{\alpha x}{1 \cdot 1!} + \frac{(\alpha x)^2}{2 \cdot 2!} + \frac{(\alpha x)^3}{3 \cdot 3!} + \ldots$

Das uneigentliche Integral $\int\limits_{-\infty}^{x} \frac{e^t}{t} dt$ heißt *Integralexponentialfunktion* Ei(x). Für $x > 0$ divergiert dieses Integral im Punkt $t = 0$; Ei(x) ist dann der Hauptwert des uneigentlichen Integrals (vgl. 0.5.2).

$$\int\limits_{-\infty}^{x} \frac{e^t}{t} dt = C + \ln x + \frac{x}{1 \cdot 1!} + \frac{x^2}{2 \cdot 2!} + \frac{x^3}{3 \cdot 3!} + \ldots + \frac{x^n}{n \cdot n!} + \ldots$$

(C ist die Eulersche Konstante, vgl. 0.1.1).

421. $\int \frac{e^{\alpha x}}{x^n} dx = \frac{1}{n-1}\left(-\frac{e^{\alpha x}}{x^{n-1}} + \alpha \int \frac{e^{\alpha x}}{x^{n-1}} dx\right) \qquad (n \in \mathbb{N}, n > 1).$

422. $\int \frac{dx}{1 + e^{\alpha x}} = \frac{1}{\alpha} \ln \frac{e^{\alpha x}}{1 + e^{\alpha x}}.$

423. $\int \frac{dx}{\beta + \gamma e^{\alpha x}} = \frac{x}{\beta} - \frac{1}{\alpha \beta} \ln(\beta + \gamma e^{\alpha x}).$

424. $\int \frac{e^{\alpha x} dx}{\beta + \gamma e^{\alpha x}} = \frac{1}{\alpha \gamma} \ln(\beta + \gamma e^{\alpha x}).$

425. $\int \frac{dx}{\beta e^{\alpha x} + \gamma e^{-\alpha x}} = \begin{cases} \dfrac{1}{\alpha \sqrt{\beta \gamma}} \arctan\left(e^{\alpha x}\sqrt{\dfrac{\beta}{\gamma}}\right) & (\beta\gamma > 0), \\[3mm] \dfrac{1}{2\alpha \sqrt{-\beta \gamma}} \ln \dfrac{\gamma + e^{\alpha x}\sqrt{-\beta\gamma}}{\gamma - e^{\alpha x}\sqrt{-\beta\gamma}} & (\beta\gamma < 0). \end{cases}$

426. $\int \frac{x e^{\alpha x} dx}{(1 + \alpha x)^2} = \frac{e^{\alpha x}}{\alpha^2(1 + \alpha x)}.$

427. $\int e^{\alpha x} \ln x\, dx = \frac{e^{\alpha x} \ln x}{\alpha} - \frac{1}{\alpha}\int \frac{e^{\alpha x}}{x} dx \qquad$ (siehe Nr. 420).

428.* $\int e^{\alpha x} \sin \beta x\, dx = \frac{e^{\alpha x}}{\alpha^2 + \beta^2}(\alpha \sin \beta x - \beta \cos \beta x).$

429.* $\displaystyle\int e^{\alpha x}\cos\beta x\,dx = \frac{e^{\alpha x}}{\alpha^2 + \beta^2}(\alpha\cos\beta x + \beta\sin\beta x).$

430.* $\displaystyle\int e^{\alpha x}\sin^n x\,dx = \frac{e^{\alpha x}\sin^{n-1}x}{\alpha^2 + n^2}(\alpha\sin x - n\cos x) + \frac{n(n-1)}{\alpha^2 + n^2}\int e^{\alpha x}\sin^{n-2}x\,dx$

$\qquad\qquad\qquad\qquad\qquad\qquad\qquad$ (siehe Nr. 416 und 428).

431.* $\displaystyle\int e^{\alpha x}\cos^n x\,dx = \frac{e^{\alpha x}\cos^{n-1}x}{\alpha^2 + n^2}(\alpha\cos x + n\sin x) + \frac{n(n-1)}{\alpha^2 + n^2}\int e^{\alpha x}\cos^{n-2}x\,dx$

$\qquad\qquad\qquad\qquad\qquad\qquad\qquad$ (siehe Nr. 416 und 429).

432.* $\displaystyle\int xe^{\alpha x}\sin\beta x\,dx = \frac{xe^{\alpha x}}{\alpha^2 + \beta^2}(\alpha\sin\beta x - \beta\cos\beta x) - \frac{e^{\alpha x}}{(\alpha^2 + \beta^2)^2}[(\alpha^2 - \beta^2)\sin\beta x - 2\alpha\beta\cos\beta x].$

433.* $\displaystyle\int xe^{\alpha x}\cos\beta x\,dx = \frac{xe^{\alpha x}}{\alpha^2 + \beta^2}(\alpha\cos\beta x + \beta\sin\beta x) - \frac{e^{\alpha x}}{(\alpha^2 + \beta^2)^2}[(\alpha^2 - \beta^2)\cos\beta x + 2\alpha\beta\sin\beta x].$

Integrale, die ln x enthalten

434. $\displaystyle\int \ln x\,dx = x(\ln x - 1).$

435. $\displaystyle\int (\ln x)^2 dx = x[(\ln x)^2 - 2\ln x + 2].$

436. $\displaystyle\int (\ln x)^3 dx = x[(\ln x)^3 - 3(\ln x)^2 + 6\ln x - 6].$

437. $\displaystyle\int (\ln x)^n dx = x(\ln x)^n - n\int (\ln x)^{n-1}dx \qquad (n \neq -1,\ n \in \mathbb{Z}).$

438. $\displaystyle\int \frac{dx}{\ln x} = \ln\ln x + \ln x + \frac{(\ln x)^2}{2\cdot 2!} + \frac{(\ln x)^3}{3\cdot 3!} + \ldots$

Das Integral $\displaystyle\int\limits_0^x \frac{dt}{\ln t}$ heißt *Integrallogarithmus* li(x). Für $x > 1$ divergiert dieses Integral im Punkt $t = 1$. In diesem Falle versteht man unter li(x) den Hauptwert des uneigentlichen Integrals (vgl. 0.5.2).

439. $\displaystyle\int \frac{dx}{(\ln x)^n} = -\frac{x}{(n-1)(\ln x)^{n-1}} + \frac{1}{n-1}\int \frac{dx}{(\ln x)^{n-1}} \qquad (n \in \mathbb{N},\ n > 1\ \text{siehe Nr. 438}).$

440. $\displaystyle\int x^m \ln x\,dx = x^{m+1}\left[\frac{\ln x}{m+1} - \frac{1}{(m+1)^2}\right] \qquad (m \in \mathbb{N},\ \text{vgl. Nr. 443}).$

441. $\displaystyle\int x^m (\ln x)^n dx = \frac{x^{m+1}(\ln x)^n}{m+1} - \frac{n}{m+1}\int x^m(\ln x)^{n-1}dx \qquad (m, n \in \mathbb{N},\ \text{vgl. Nr. 444, Nr. 446,}$
Nr. 450).

442. $\displaystyle\int \frac{(\ln x)^n}{x}dx = \frac{(\ln x)^{n+1}}{n+1}.$

443. $\displaystyle\int \frac{\ln x}{x^m}dx = -\frac{\ln x}{(m-1)x^{m-1}} - \frac{1}{(m-1)^2 x^{m-1}} \qquad (m \in \mathbb{N},\ m > 1).$

444. $\displaystyle\int \frac{(\ln x)^n}{x^m}\,dx = \frac{-(\ln x)^n}{(m-1)x^{m-1}} + \frac{n}{m-1}\int \frac{(\ln x)^{n-1}}{x^m}\,dx\,(m,n \in \mathbb{N},\, m > 1,\, \text{vgl. Nr. 441, Nr. 446}).$

445. $\displaystyle\int \frac{x^m\,dx}{\ln x} = \int \frac{e^{-y}}{y}\,dy$ mit $y = -(m+1)\ln x$ (siehe Nr. 420).

446. $\displaystyle\int \frac{x^m\,dx}{(\ln x)^n} = \frac{-x^{m+1}}{(n-1)(\ln x)^{n-1}} + \frac{m+1}{n-1}\int \frac{x^m\,dx}{(\ln x)^{n-1}}\,(m,n \in \mathbb{N},\, n > 1,\, \text{vgl. Nr. 441, Nr. 444}).$

447. $\displaystyle\int \frac{dx}{x\ln x} = \ln\ln x.$

448. $\displaystyle\int \frac{dx}{x^n \ln x} = \ln\ln x - (n-1)\ln x + \frac{(n-1)^2(\ln x)^2}{2\cdot 2!} - \frac{(n-1)^3(\ln x)^3}{3\cdot 3!} + \ldots$

449. $\displaystyle\int \frac{dx}{x(\ln x)^n} = \frac{-1}{(n-1)(\ln x)^{n-1}}$ $(n \in \mathbb{N},\, n > 1).$

450. $\displaystyle\int \frac{dx}{x^m(\ln x)^n} = \frac{-1}{x^{m-1}(n-1)(\ln x)^{n-1}} - \frac{m-1}{n-1}\int \frac{dx}{x^m(\ln x)^{n-1}}$

                                           $(m,n \in \mathbb{N},\, n > 1,\, \text{vgl. Nr. 441, Nr. 444, Nr. 446}).$

451. $\displaystyle\int \ln\sin x\,dx = x\ln x - x - \frac{x^3}{18} - \frac{x^5}{900} - \ldots - \frac{2^{2n-1}B_{2n}x^{2n+1}}{n(2n+1)!} - \ldots$

452. $\displaystyle\int \ln\cos x\,dx = -\frac{x^3}{6} - \frac{x^5}{60} - \frac{x^7}{315} - \ldots - \frac{2^{2n-1}(2^{2n}-1)B_{2n}}{n(2n+1)!}x^{2n+1} - \ldots$

453. $\displaystyle\int \ln\tan x\,dx = x\ln x - x + \frac{x^3}{9} + \frac{7x^5}{450} + \ldots + \frac{2^{2n}(2^{2n-1}-1)B_{2n}}{n(2n+1)!}x^{2n+1} + \ldots$

                         B_{2n} sind die Bernoullischen Zahlen (vgl. 0.1.10.4).

454. $\displaystyle\int \sin\ln x\,dx = \frac{x}{2}(\sin\ln x - \cos\ln x).$

455. $\displaystyle\int \cos\ln x\,dx = \frac{x}{2}(\sin\ln x + \cos\ln x).$

456. $\displaystyle\int e^{\alpha x}\ln x\,dx = \frac{1}{\alpha}e^{\alpha x}\ln x - \frac{1}{\alpha}\int \frac{e^{\alpha x}}{x}\,dx$ (vgl. Nr. 420).

Integrale, die Hyperbelfunktionen enthalten

457.* $\displaystyle\int \sinh\alpha x\,dx = \frac{1}{\alpha}\cosh\alpha x.$

458.* $\displaystyle\int \cosh\alpha x\,dx = \frac{1}{\alpha}\sinh\alpha x.$

459.* $\displaystyle\int \sinh^2\alpha x\,dx = \frac{1}{2\alpha}\sinh\alpha x\cosh\alpha x - \frac{1}{2}x.$

460.* $\displaystyle\int \cosh^2\alpha x\,dx = \frac{1}{2\alpha}\sinh\alpha x\cosh\alpha x + \frac{1}{2}x.$

461. $\displaystyle\int \sinh^n \alpha x \, dx =$

$$\begin{cases} \dfrac{1}{\alpha n} \sinh^{n-1} \alpha x \cosh \alpha x - \dfrac{n-1}{n} \displaystyle\int \sinh^{n-2} \alpha x \, dx & (n \in \mathbb{N}, n > 0)^{79}, \\[3mm] \dfrac{1}{\alpha(n+1)} \sinh^{n+1} \alpha x \cosh \alpha x - \dfrac{n+2}{n+1} \displaystyle\int \sinh^{n+2} \alpha x \, dx & (n \in \mathbb{Z}, \ n < -1). \end{cases}$$

462. $\displaystyle\int \cosh^n \alpha x \, dx =$

$$\begin{cases} \dfrac{1}{\alpha n} \sinh \alpha x \cosh^{n-1} \alpha x + \dfrac{n-1}{n} \displaystyle\int \cosh^{n-2} \alpha x \, dx & (n \in \mathbb{N}, n > 0)^{79}, \\[3mm] -\dfrac{1}{\alpha(n+1)} \sinh \alpha x \cosh^{n+1} \alpha x + \dfrac{n+2}{n+1} \displaystyle\int \cosh^{n+2} \alpha x \, dx & (n \in \mathbb{Z}, \ n < -1). \end{cases}$$

463.* $\displaystyle\int \sinh \alpha x \sinh \beta x \, dx = \frac{1}{\alpha^2 - \beta^2} (\alpha \sinh \beta x \cosh \alpha x - \beta \cosh \beta x \sinh \alpha x), \quad \alpha^2 \neq \beta^2.$

464.* $\displaystyle\int \cosh \alpha x \cosh \beta x \, dx = \frac{1}{\alpha^2 - \beta^2} (\alpha \sinh \alpha x \cosh \beta x - \beta \sinh \beta x \cosh \alpha x), \quad \alpha^2 \neq \beta^2.$

465.* $\displaystyle\int \cosh \alpha x \sinh \beta x \, dx = \frac{1}{\alpha^2 - \beta^2} (\alpha \sinh \beta x \sinh \alpha x - \beta \cosh \beta x \cosh \alpha x), \quad \alpha^2 \neq \beta^2.$

466.* $\displaystyle\int \sinh \alpha x \sin \alpha x \, dx = \frac{1}{2\alpha} (\cosh \alpha x \sin \alpha x - \sinh \alpha x \cos \alpha x).$

467.* $\displaystyle\int \cosh \alpha x \cos \alpha x \, dx = \frac{1}{2\alpha} (\sinh \alpha x \cos \alpha x + \cosh \alpha x \sin \alpha x).$

468.* $\displaystyle\int \sinh \alpha x \cos \alpha x \, dx = \frac{1}{2\alpha} (\cosh \alpha x \cos \alpha x + \sinh \alpha x \sin \alpha x).$

469.* $\displaystyle\int \cosh \alpha x \sin \alpha x \, dx = \frac{1}{2\alpha} (\sinh \alpha x \sin \alpha x - \cosh \alpha x \cos \alpha x).$

470.* $\displaystyle\int \frac{dx}{\sinh \alpha x} = \frac{1}{\alpha} \ln \tanh \frac{\alpha x}{2}.$

471. $\displaystyle\int \frac{dx}{\cosh \alpha x} = \frac{2}{\alpha} \arctan e^{\alpha x}.$

472. $\displaystyle\int x \sinh \alpha x \, dx = \frac{1}{\alpha} x \cosh \alpha x - \frac{1}{\alpha^2} \sinh \alpha x.$

473.* $\displaystyle\int x \cosh \alpha x \, dx = \frac{1}{\alpha} x \sinh \alpha x - \frac{1}{\alpha^2} \cosh \alpha x.$

474. $\displaystyle\int \tanh \alpha x \, dx = \frac{1}{\alpha} \ln \cosh \alpha x.$

475. $\displaystyle\int \coth \alpha x \, dx = \frac{1}{\alpha} \ln \sinh \alpha x.$

476. $\displaystyle\int \tanh^2 \alpha x \, dx = x - \frac{\tanh \alpha x}{\alpha}.$

477. $\displaystyle\int \coth^2 \alpha x \, dx = x - \frac{\coth \alpha x}{\alpha}.$

---

[79] In diesem Fall gilt die Formel auch für komplexe Zahlen x.

Integrale, die die inversen trigonometrischen Funktionen enthalten

478. $\int \arcsin \dfrac{x}{\alpha} dx = x \arcsin \dfrac{x}{\alpha} + \sqrt{\alpha^2 - x^2}$ $\quad (|x| < |\alpha|)$.

479. $\int x \arcsin \dfrac{x}{\alpha} dx = \left(\dfrac{x^2}{2} - \dfrac{\alpha^2}{4} \right) \arcsin \dfrac{x}{\alpha} + \dfrac{x}{4} \sqrt{\alpha^2 - x^2}$ $\quad (|x| < |\alpha|)$.

480. $\int x^2 \arcsin \dfrac{x}{\alpha} dx = \dfrac{x^3}{3} \arcsin \dfrac{x}{\alpha} + \dfrac{1}{9}(x^2 + 2\alpha^2)\sqrt{\alpha^2 - x^2}$ $\quad (|x| < |\alpha|)$.

481. $\int \dfrac{\arcsin \dfrac{x}{\alpha} dx}{x} = \dfrac{x}{\alpha} + \dfrac{1}{2 \cdot 3 \cdot 3} \dfrac{x^3}{\alpha^3} + \dfrac{1 \cdot 3}{2 \cdot 4 \cdot 5 \cdot 5} \dfrac{x^5}{\alpha^5} + \dfrac{1 \cdot 3 \cdot 5}{2 \cdot 4 \cdot 6 \cdot 7 \cdot 7} \dfrac{x^7}{\alpha^7} + \cdots$

482. $\int \dfrac{\arcsin \dfrac{x}{\alpha} dx}{x^2} = -\dfrac{1}{x} \arcsin \dfrac{x}{\alpha} - \dfrac{1}{\alpha} \ln \dfrac{\alpha + \sqrt{\alpha^2 - x^2}}{x}$ $\quad (|x| < |\alpha|)$.

483. $\int \arccos \dfrac{x}{\alpha} dx = x \arccos \dfrac{x}{\alpha} - \sqrt{\alpha^2 - x^2}$ $\quad (|x| < |\alpha|)$.

484. $\int x \arccos \dfrac{x}{\alpha} dx = \left(\dfrac{x^2}{2} - \dfrac{\alpha^2}{4} \right) \arccos \dfrac{x}{\alpha} - \dfrac{x}{4} \sqrt{\alpha^2 - x^2}$ $\quad (|x| < |\alpha|)$.

485. $\int x^2 \arccos \dfrac{x}{\alpha} dx = \dfrac{x^3}{3} \arccos \dfrac{x}{\alpha} - \dfrac{1}{9}(x^2 + 2\alpha^2)\sqrt{\alpha^2 - x^2}$ $\quad (|x| < |\alpha|)$.

486. $\int \dfrac{\arccos \dfrac{x}{\alpha} dx}{x} = \dfrac{\pi}{2} \ln x - \dfrac{x}{\alpha} - \dfrac{1}{2 \cdot 3 \cdot 3} \dfrac{x^3}{\alpha^3} - \dfrac{1 \cdot 3}{2 \cdot 4 \cdot 5 \cdot 5} \dfrac{x^5}{\alpha^5} - \dfrac{1 \cdot 3 \cdot 5}{2 \cdot 4 \cdot 6 \cdot 7 \cdot 7} \dfrac{x^7}{\alpha^7} - \cdots$

487. $\int \dfrac{\arccos \dfrac{x}{\alpha} dx}{x^2} = -\dfrac{1}{x} \arccos \dfrac{x}{\alpha} + \dfrac{1}{\alpha} \ln \dfrac{\alpha + \sqrt{\alpha^2 - x^2}}{x}$ $\quad (|x| < |\alpha|)$.

488. $\int \arctan \dfrac{x}{\alpha} dx = x \arctan \dfrac{x}{\alpha} - \dfrac{\alpha}{2} \ln(\alpha^2 + x^2)$.

489. $\int x \arctan \dfrac{x}{\alpha} dx = \dfrac{1}{2}(x^2 + \alpha^2) \arctan \dfrac{x}{\alpha} - \dfrac{\alpha x}{2}$.

490. $\int x^2 \arctan \dfrac{x}{\alpha} dx = \dfrac{x^3}{3} \arctan \dfrac{x}{\alpha} - \dfrac{\alpha x^2}{6} + \dfrac{\alpha^3}{6} \ln(\alpha^2 + x^2)$.

491. $\int x^n \arctan \dfrac{x}{\alpha} dx = \dfrac{x^{n+1}}{n+1} \arctan \dfrac{x}{\alpha} - \dfrac{\alpha}{n+1} \int \dfrac{x^{n+1} dx}{\alpha^2 + x^2}$ $\quad (n \in \mathbb{N}, \text{ vgl. Nr. 494})$.

492. $\int \dfrac{\arctan \dfrac{x}{\alpha} dx}{x} = \dfrac{x}{\alpha} - \dfrac{x^3}{3^2 \alpha^3} + \dfrac{x^5}{5^2 \alpha^5} - \dfrac{x^7}{7^2 \alpha^7} + \cdots$ $\quad (|x| < |\alpha|)$.

493. $\int \dfrac{\arctan \dfrac{x}{\alpha} dx}{x^2} = -\dfrac{1}{x} \arctan \dfrac{x}{\alpha} - \dfrac{1}{2\alpha} \ln \dfrac{\alpha^2 + x^2}{x^2}$.

494. $\int \dfrac{\arctan \dfrac{x}{\alpha} dx}{x^n} = -\dfrac{1}{(n-1)x^{n-1}} \arctan \dfrac{x}{\alpha} + \dfrac{\alpha}{n-1} \int \dfrac{dx}{x^{n-1}(\alpha^2 + x^2)}$ $\quad (n \in \mathbb{N}, \text{ vgl. Nr. 491})$.

495. $\int \operatorname{arccot} \dfrac{x}{\alpha} \, dx = x \operatorname{arccot} \dfrac{x}{\alpha} + \dfrac{\alpha}{2} \ln(\alpha^2 + x^2).$

496. $\int x \operatorname{arccot} \dfrac{x}{\alpha} \, dx = \dfrac{1}{2}(x^2 + \alpha^2) \operatorname{arccot} \dfrac{x}{\alpha} + \dfrac{\alpha x}{2}.$

497. $\int x^2 \operatorname{arccot} \dfrac{x}{\alpha} \, dx = \dfrac{x^3}{3} \operatorname{arccot} \dfrac{x}{\alpha} + \dfrac{\alpha x^2}{6} - \dfrac{\alpha^3}{6} \ln(\alpha^2 + x^2).$

498. $\int x^n \operatorname{arccot} \dfrac{x}{\alpha} \, dx = \dfrac{x^{n+1}}{n+1} \operatorname{arccot} \dfrac{x}{\alpha} + \dfrac{\alpha}{n+1} \int \dfrac{x^{n+1} \, dx}{\alpha^2 + x^2} \quad (n \in \mathbb{N}, \text{ vgl. Nr. 501}).$

499. $\int \dfrac{\operatorname{arccot} \dfrac{x}{\alpha} \, dx}{x} = \dfrac{\pi}{2} \ln x - \dfrac{x}{\alpha} + \dfrac{x^3}{3^2 \alpha^3} - \dfrac{x^5}{5^2 \alpha^5} + \dfrac{x^7}{7^2 \alpha^7} - \cdots$

500. $\int \dfrac{\operatorname{arccot} \dfrac{x}{\alpha} \, dx}{x^2} = -\dfrac{1}{x} \operatorname{arccot} \dfrac{x}{\alpha} + \dfrac{1}{2\alpha} \ln \dfrac{\alpha^2 + x^2}{x^2}.$

501. $\int \dfrac{\operatorname{arccot} \dfrac{x}{\alpha} \, dx}{x^n} = -\dfrac{1}{(n-1)x^{n-1}} \operatorname{arccot} \dfrac{x}{\alpha} - \dfrac{\alpha}{n-1} \int \dfrac{dx}{x^{n-1}(\alpha^2 + x^2)}$
$(n \in \mathbb{N}, \text{ vgl. Nr. 498}).$

0.7.5.4.1 Integrale, die inverse Hyperbelfunktionen enthalten

502. $\int \operatorname{arsinh} \dfrac{x}{\alpha} \, dx = x \operatorname{arsinh} \dfrac{x}{\alpha} - \sqrt{x^2 + \alpha^2}.$

503. $\int \operatorname{arcosh} \dfrac{x}{\alpha} \, dx = x \operatorname{arcosh} \dfrac{x}{\alpha} - \sqrt{x^2 - \alpha^2} \quad (|\alpha| < |x|).$

504. $\int \operatorname{artanh} \dfrac{x}{\alpha} \, dx = x \operatorname{artanh} \dfrac{x}{\alpha} + \dfrac{\alpha}{2} \ln(\alpha^2 - x^2) \quad (|x| < |\alpha|).$

505. $\int \operatorname{arcoth} \dfrac{x}{\alpha} \, dx = x \operatorname{arcoth} \dfrac{x}{\alpha} + \dfrac{\alpha}{2} \ln(x^2 - \alpha^2) \quad (|\alpha| < [x|).$

0.7.6 Tabelle bestimmter Integrale

0.7.6.1 Integrale, die Exponentialfunktionen enthalten

(kombiniert mit algebraischen, trigonometrischen und logarithmischen Funktionen)

1. $\int\limits_{0}^{\infty} x^n e^{-\alpha x} \, dx = \dfrac{\Gamma(n+1)}{\alpha^{n+1}} \quad (\alpha, n \in \mathbb{R}, \quad \alpha > 0, \quad n > -1).$

(Gammafunktion $\Gamma(n)$).

Für $n \in \mathbb{N}$ ist dieses Integral gleich $\dfrac{n!}{\alpha^{n+1}}.$

2. $\int\limits_0^\infty x^n e^{-\alpha x^2}\, dx = \begin{cases} \dfrac{\Gamma\left(\dfrac{n+1}{2}\right)}{2\alpha^{\left(\frac{n+1}{2}\right)}} & (n, \alpha \in \mathbb{R}, \quad \alpha > 0, \quad n > -1), \\[3mm] \dfrac{1 \cdot 3 \dots (2k-1)\sqrt{\pi}}{2^{k+1}\alpha^{k+1/2}} & (n = 2k, \quad k \in \mathbb{N}), \\[3mm] \dfrac{k!}{2\alpha^{k+1}} & (n = 2k+1, \quad k \in \mathbb{N}), \end{cases}$

(vgl. Nr. 1).

3. $\int\limits_0^\infty e^{-\alpha^2 x^2}\, dx = \dfrac{\sqrt{\pi}}{2\alpha}$ für $\alpha > 0$.

4. $\int\limits_0^\infty x^2 e^{-\alpha^2 x^2}\, dx = \dfrac{\sqrt{\pi}}{4\alpha^3}$ für $\alpha > 0$.

5. $\int\limits_0^\infty e^{-\alpha^2 x^2} \cos \beta x\, dx = \dfrac{\sqrt{\pi}}{2\alpha} e^{-\beta^2/4\alpha^2}$ für $\alpha > 0$.

6. $\int\limits_0^\infty \dfrac{x\, dx}{e^x - 1} = \dfrac{\pi^2}{6}$.

7. $\int\limits_0^\infty \dfrac{x\, dx}{e^x + 1} = \dfrac{\pi^2}{12}$.

8. $\int\limits_0^\infty \dfrac{e^{-\alpha x} \sin x}{x}\, dx = \operatorname{arccot} \alpha = \arctan \dfrac{1}{\alpha}$ für $\alpha > 0$.

9. $\int\limits_0^\infty e^{-x} \ln x\, dx = -C \approx -0{,}577\,2$.

10. $\int\limits_0^\infty e^{-x^2} \ln x\, dx = \dfrac{1}{4}\Gamma'\left(\dfrac{1}{2}\right) = -\dfrac{\sqrt{\pi}}{4}(C + 2\ln 2)$.

11. $\int\limits_0^\infty e^{-x^2} \ln^2 x\, dx = \dfrac{\sqrt{\pi}}{8}\left[(C + 2\ln 2)^2 + \dfrac{\pi^2}{2}\right]$.

C ist die Eulersche Konstante (vgl. 0.1.1).

12. $\int\limits_0^{\pi/2} \sin^{2a+1} x \cos^{2b+1} x\, dx = \begin{cases} \dfrac{\Gamma(a+1)\Gamma(b+1)}{2\Gamma(a+b+2)} = \dfrac{1}{2}B(a+1, b+1) & (a, b \in \mathbb{R}), \\[3mm] \dfrac{a!b!}{2(a+b+1)!} & (a, b \in \mathbb{N}). \end{cases}$

$B(x, y) = \dfrac{\Gamma(x) \cdot \Gamma(y)}{\Gamma(x+y)}$ ist die Betafunktion oder das Eulersche Integral erster Gattung, $\Gamma(x)$ die Gammafunktion oder das Eulersche Integral zweiter Gattung (vgl. Nr. 1).

13. $\displaystyle\int_{-\pi}^{\pi} \sin(mx)\sin(nx)\,\mathrm{d}x = \delta_{m,n}\cdot\pi \quad (m,n\in\mathbb{N}).^{80}$

14. $\displaystyle\int_{-\pi}^{\pi} \cos(mx)\sin(nx)\,\mathrm{d}x = 0 \quad (m,n\in\mathbb{N}).$

15. $\displaystyle\int_{-\pi}^{\pi} \cos(mx)\cos(nx)\,\mathrm{d}x = \delta_{m,n}\cdot\pi \quad (m,n\in\mathbb{N}).^{80}$

16. $\displaystyle\int_{0}^{\infty} \frac{\sin\alpha x}{x}\,\mathrm{d}x = \begin{cases} \dfrac{\pi}{2} & \text{für} \quad \alpha > 0, \\[2mm] -\dfrac{\pi}{2} & \text{für} \quad \alpha < 0. \end{cases}$

17. $\displaystyle\int_{0}^{\infty} \frac{\sin\beta x}{x^s}\,\mathrm{d}x = \frac{\pi\beta^{s-1}}{2\Gamma(s)\sin s\pi/2}, \quad 0 < s < 2.$

18. $\displaystyle\int_{0}^{a} \frac{\cos\alpha x\,\mathrm{d}x}{x} = \infty \quad (a\in\mathbb{R}).$

19. $\displaystyle\int_{0}^{\infty} \frac{\cos\beta x}{x^s}\,\mathrm{d}x = \frac{\pi\beta^{s-1}}{2\Gamma(s)\cos s\pi/2}, \quad 0 < s < 1.$

20. $\displaystyle\int_{0}^{\infty} \frac{\tan\alpha x\,\mathrm{d}x}{x} = \begin{cases} \dfrac{\pi}{2} & \text{für} \quad \alpha > 0, \\[2mm] -\dfrac{\pi}{2} & \text{für} \quad \alpha < 0. \end{cases}$

21. $\displaystyle\int_{0}^{\infty} \frac{\cos\alpha x - \cos\beta x}{x}\,\mathrm{d}x = \ln\frac{\beta}{\alpha}.$

22. $\displaystyle\int_{0}^{\infty} \frac{\sin x\cos\alpha x}{x}\,\mathrm{d}x = \begin{cases} \dfrac{\pi}{2} & \text{für} \quad |\alpha| < 1, \\[2mm] \dfrac{\pi}{4} & \text{für} \quad |\alpha| = 1, \\[2mm] 0 & \text{für} \quad |\alpha| > 1. \end{cases}$

23. $\displaystyle\int_{0}^{\infty} \frac{\sin x}{\sqrt{x}}\,\mathrm{d}x = \int_{0}^{\infty} \frac{\cos x}{\sqrt{x}}\,\mathrm{d}x = \sqrt{\frac{\pi}{2}}.$

24. $\displaystyle\int_{0}^{\infty} \frac{x\sin\beta x}{\alpha^2 + x^2}\,\mathrm{d}x = \operatorname{sgn}(\beta)\frac{\pi}{2}\mathrm{e}^{-|\alpha\beta|}, \quad (\operatorname{sgn}(\beta) = -1 \text{ für } \beta < 0,\ \operatorname{sgn}(\beta) = 1 \text{ für } \beta > 0).$

25. $\displaystyle\int_{0}^{\infty} \frac{\cos\alpha x}{1 + x^2}\,\mathrm{d}x = \frac{\pi}{2}\mathrm{e}^{-|\alpha|}.$

---

[80] $\delta_{m,n} = 0$ für $m \neq n$, $\delta_{m,n} = 1$ für $m = n$, Kroneckersymbol.

26. $\displaystyle\int\limits_{0}^{\infty} \frac{\sin^2 \alpha x}{x^2}\, \mathrm{d}x = \frac{\pi}{2}|\alpha|.$

27. $\displaystyle\int\limits_{-\infty}^{+\infty} \sin(x^2)\, \mathrm{d}x = \int\limits_{-\infty}^{+\infty} \cos(x^2)\, \mathrm{d}x = \sqrt{\frac{\pi}{2}}.$

28. $\displaystyle\int\limits_{0}^{\pi/2} \frac{\sin x\, \mathrm{d}x}{\sqrt{1 - a^2 \sin^2 x}} = \frac{1}{2a} \ln \frac{1+a}{1-a}$ für $|a| < 1.$

29. $\displaystyle\int\limits_{0}^{\pi/2} \frac{\cos x\, \mathrm{d}x}{\sqrt{1 - a^2 \sin^2 x}} = \frac{1}{a} \arcsin a$ für $|a| < 1.$

30. $\displaystyle\int\limits_{0}^{\pi/2} \frac{\sin^2 x\, \mathrm{d}x}{\sqrt{1 - a^2 \sin^2 x}} = \frac{1}{a^2}(K - E)$ für $|a| < 1.$

31. $\displaystyle\int\limits_{0}^{\pi/2} \frac{\cos^2 x\, \mathrm{d}x}{\sqrt{1 - a^2 \sin^2 x}} = \frac{1}{a^2}[E - (1 - a^2)K]$ für $|a| < 1.$

E und K sind vollständige elliptische Integrale:

$$E = \int\limits_{0}^{\pi/2} \sqrt{1 - k^2 \sin^2 \psi}\, d\psi \qquad\qquad K = \int\limits_{0}^{\pi/2} \frac{d\psi}{\sqrt{1 - k^2 \sin^2 \psi}}.$$

32. $\displaystyle\int\limits_{0}^{\pi} \frac{\cos \alpha x\, \mathrm{d}x}{1 - 2\beta \cos x + \beta^2} = \frac{\pi \beta^\alpha}{1 - \beta^2}$ $\alpha \in \mathbb{N},\quad |\beta| < 1.$

0.7.6.2 Integrale, die logarithmische Funktionen enthalten

33. $\displaystyle\int\limits_{0}^{1} \ln \ln x\, \mathrm{d}x = -C \approx -0{,}5772$, C ist die Eulersche Konstante (vgl. 0.1.1).

34. $\displaystyle\int\limits_{0}^{1} \frac{\ln x}{x - 1}\, \mathrm{d}x = \frac{\pi^2}{6}.$

35. $\displaystyle\int\limits_{0}^{1} \frac{\ln x}{x + 1}\, \mathrm{d}x = -\frac{\pi^2}{12}.$

36. $\displaystyle\int\limits_{0}^{1} \frac{\ln x}{x^2 - 1}\, \mathrm{d}x = \frac{\pi^2}{8}.$

37. $\displaystyle\int_0^1 \frac{\ln(1+x)}{x^2+1}\,dx = \frac{\pi}{8}\ln 2.$

38. $\displaystyle\int_0^1 \frac{(1-x^\alpha)(1-x^\beta)}{(1-x)\ln x}\,dx = \ln\frac{\Gamma(\alpha+1)\Gamma(\beta+1)}{\Gamma(\alpha+\beta+1)},\ (\alpha>-1,\ \beta>-1,\ \alpha+\beta>-1).$

39. $\displaystyle\int_0^1 \ln\left(\frac{1}{x}\right)^\alpha dx = \Gamma(\alpha+1)\quad(-1<\alpha<\infty).\ \Gamma(x)$ ist die Gammafunktion (vgl. Nr. 1).

40. $\displaystyle\int_0^1 \frac{x^{\alpha-1}-x^{-\alpha}}{(1+x)\ln x}\,dx = \ln\tan\frac{\alpha\pi}{2}\quad(0<\alpha<1).$

41. $\displaystyle\int_0^{\pi/2} \ln\sin x\,dx = \int_0^{\pi/2} \ln\cos x\,dx = -\frac{\pi}{2}\ln 2.$

42. $\displaystyle\int_0^\pi x\ln\sin x\,dx = -\frac{\pi^2\ln 2}{2}.$

43. $\displaystyle\int_0^{\pi/2} \sin x\ln\sin x\,dx = \ln 2 - 1.$

44. $\displaystyle\int_0^\infty \frac{\sin x}{x}\ln x\,dx = -\frac{\pi}{2}\,C.$

45. $\displaystyle\int_0^\infty \frac{\sin x}{x}\ln^2 x\,dx = \frac{\pi}{2}C^2 + \frac{\pi^3}{24},\ C$ ist die Eulersche Konstante (vgl. 0.1.1).

46. $\displaystyle\int_0^\pi \ln(\alpha\pm\beta\cos x)\,dx = \pi\ln\frac{\alpha+\sqrt{\alpha^2-\beta^2}}{2}\quad(\alpha\geq\beta).$

47. $\displaystyle\int_0^\pi \ln(\alpha^2-2\alpha\beta\cos x+\beta^2)\,dx = \begin{cases} 2\pi\ln\alpha & (\alpha\geq\beta>0),\\ 2\pi\ln\beta & (\beta\geq\alpha>0). \end{cases}$

48. $\displaystyle\int_0^{\pi/2} \ln\tan x\,dx = 0.$

49. $\displaystyle\int_0^{\pi/4} \ln(1+\tan x)\,dx = \frac{\pi}{8}\ln 2.$

0.7.6.3 Integrale, die algebraische Funktionen enthalten

50. $\displaystyle\int\limits_0^1 x^a(1-x)^b \, dx = 2\int\limits_0^1 x^{2a+1}(1-x^2)^b \, dx = \frac{\Gamma(a+1)\Gamma(b+1)}{\Gamma(a+b+2)} = B(a+1,b+1).$

$B(x,y) = \dfrac{\Gamma(x)\cdot\Gamma(y)}{\Gamma(x+y)}$ ist die Betafunktion oder das Eulersche Integral erster Gattung, $\Gamma(y)$ ist die Gammafunktion oder das Eulersche Integral zweiter Gattung (vgl. Nr. 1).

51. $\displaystyle\int\limits_0^\infty \frac{dx}{(1+x)x^\alpha} = \frac{\pi}{\sin\alpha\pi}$ für $\alpha < 1.$

52. $\displaystyle\int\limits_0^\infty \frac{dx}{(1-x)x^\alpha} = -\pi\cot\alpha\pi$ für $\alpha < 1.$

53. $\displaystyle\int\limits_0^\infty \frac{x^{\alpha-1}}{1+x^\beta} \, dx = \frac{\pi}{\beta\sin\dfrac{\alpha\pi}{\beta}}$ für $0 < \alpha < \beta.$

54. $\displaystyle\int\limits_0^1 \frac{dx}{\sqrt{1-x^\alpha}} = \frac{\sqrt{\pi}\,\Gamma\left(\dfrac{1}{\alpha}\right)}{\alpha\Gamma\left(\dfrac{2+\alpha}{2\alpha}\right)}.$

$\Gamma(x)$ ist die Gammafunktion (vgl. Nr. 1).

55. $\displaystyle\int\limits_0^1 \frac{dx}{1+2x\cos\alpha+x^2} = \frac{\alpha}{2\sin\alpha}$ $\left(0 < \alpha < \dfrac{\pi}{2}\right).$

56. $\displaystyle\int\limits_0^\infty \frac{dx}{1+2x\cos\alpha+x^2} = \frac{\alpha}{\sin\alpha}$ $\left(0 < \alpha < \dfrac{\pi}{2}\right).$

0.8 Tabellen zu den Integraltransformationen

0.8.1 Fouriertransformation

Definition einiger in den Tabellen vorkommender Symbole:

C: Eulersche Konstante (C= 0,577 215 67...)

$$\Gamma(z) = \int_0^\infty e^{-t} t^{z-1} dt, \qquad \text{Re } z > 0 \qquad \text{(Gamma-Funktion)},$$

$$J_\nu(z) = \sum_{n=0}^\infty \frac{(-1)^n (\frac{1}{2}z)^{\nu+2n}}{n!\,\Gamma(\nu+n+1)} \qquad \text{(Bessel-Funktion)},$$

$$K_\nu(z) = \frac{1}{2}\pi\big(\sin(\pi\nu)\big)^{-1}[I_{-\nu}(z) - I_\nu(z)] \quad \text{mit}$$

$$I_\nu(z) = e^{-\frac{1}{2}i\pi\nu} J_\nu(ze^{\frac{1}{2}i\pi}) \qquad \text{(modifizierte Bessel-Funktion)},$$

$$C(x) = \frac{1}{\sqrt{2\pi}} \int_0^x \frac{\cos t}{\sqrt{t}} dt$$

$$S(x) = \frac{1}{\sqrt{2\pi}} \int_0^x \frac{\sin t}{\sqrt{t}} dt \qquad \text{(Fresnel-Integrale)},$$

$$\text{Si}(x) = \int_0^x \frac{\sin t}{t} dt$$

$$\text{si}(x) = -\int_x^\infty \frac{\sin t}{t} dt = \text{Si}(x) - \frac{\pi}{2} \qquad \text{(Integralsinus)},$$

$$\text{Ci}(x) = -\int_x^\infty \frac{\cos t}{t} dt \qquad \text{(Integralkosinus)}.$$

0.8.1.1 Fourierkosinustransformierte

$f(x)$	$F(y) = \sqrt{\dfrac{2}{\pi}} \displaystyle\int\limits_{0}^{\infty} f(x)\cos(xy)\,\mathrm{d}x$
$\begin{aligned}&1, && 0 < x < a \\ &0, && x > a\end{aligned}$	$\sqrt{\dfrac{2}{\pi}}\,\dfrac{\sin(ay)}{y}$
$\begin{aligned}&x, && 0 < x < 1 \\ &2-x, && 1 < x < 2 \\ &0, && x > 2\end{aligned}$	$4\sqrt{\dfrac{2}{\pi}}\left(\cos y\,\sin^2\dfrac{y}{2}\right)y^{-2}$
$\begin{aligned}&0, && 0 < x < a \\ &\dfrac{1}{x}, && x > a\end{aligned}$	$-\sqrt{\dfrac{2}{\pi}}\mathrm{Ci}(ay)$
$\dfrac{1}{\sqrt{x}}$	$\dfrac{1}{\sqrt{y}}$
$\begin{aligned}&\dfrac{1}{\sqrt{x}}, && 0 < x < a \\ &0, && x > a\end{aligned}$	$\dfrac{2C(ay)}{\sqrt{y}}$
$\begin{aligned}&0, && 0 < x < a \\ &\dfrac{1}{\sqrt{x}}, && x > a\end{aligned}$	$\dfrac{1-2C(ay)}{\sqrt{y}}$
$(a+x)^{-1}, \quad a > 0$	$\sqrt{\dfrac{2}{\pi}}\left[-\mathrm{si}(ay)\sin(ay)-\mathrm{Ci}(ay)\cos(ay)\right]$
$(a-x)^{-1}, \quad a > 0$	$\sqrt{\dfrac{2}{\pi}}\left[\cos(ay)\mathrm{Ci}(ay)+\sin(ay)\left(\dfrac{\pi}{2}+\mathrm{Si}(ay)\right)\right]$
$(a^2+x^2)^{-1}$	$\sqrt{\dfrac{\pi}{2}}\,\dfrac{\mathrm{e}^{-ay}}{a}$
$(a^2-x^2)^{-1}$	$\sqrt{\dfrac{\pi}{2}}\,\dfrac{\sin(ay)}{y}$
$\dfrac{b}{b^2+(a-x)^2}+\dfrac{b}{b^2+(a+x)^2}$	$\sqrt{2\pi}\,\mathrm{e}^{-by}\cos(ay)$
$\dfrac{a+x}{b^2+(a+x)^2}+\dfrac{a-x}{b^2+(a-x)^2}$	$\sqrt{2\pi}\,\mathrm{e}^{-by}\sin(ay)$
$(a^2+x^2)^{-\frac{1}{2}}$	$\sqrt{\dfrac{2}{\pi}}\,K_0(ay)$
$\begin{aligned}&(a^2-x^2)^{-\frac{1}{2}}, && 0 < x < a \\ &0, && x > a\end{aligned}$	$\sqrt{\dfrac{\pi}{2}}\,J_0(ay)$

$f(x)$	$F(y) = \sqrt{\dfrac{2}{\pi}} \displaystyle\int_0^\infty f(x)\cos(xy)\,\mathrm{d}x$
$x^{-\nu}, \qquad 0 < \mathrm{Re}\,\nu < 1$	$\sqrt{\dfrac{2}{\pi}}\,\sin\left(\dfrac{\pi\nu}{2}\right)\Gamma(1-\nu)y^{\nu-1}$
e^{-ax}	$\sqrt{\dfrac{2}{\pi}}\,\dfrac{a}{a^2+y^2}$
$\dfrac{\mathrm{e}^{-bx}-\mathrm{e}^{-ax}}{x}$	$\dfrac{1}{\sqrt{2\pi}}\,\ln\left(\dfrac{a^2+y^2}{b^2+y^2}\right)$
$\sqrt{x}\,\mathrm{e}^{-ax}$	$\dfrac{\sqrt{2}}{2}(a^2+y^2)^{-\frac{3}{4}}\cos\left(\dfrac{3}{2}\arctan\left(\dfrac{y}{a}\right)\right)$
$\dfrac{\mathrm{e}^{-ax}}{\sqrt{x}}$	$\left(\dfrac{a+(a^2+y^2)^{\frac{1}{2}}}{a^2+y^2}\right)^{\frac{1}{2}}$
$x^n\mathrm{e}^{-ax}$	$\sqrt{\dfrac{2}{\pi}}\,n!\,a^{n+1}(a^2+y^2)^{-(n+1)}\cdot\displaystyle\sum_{0\leq 2m\leq n+1}(-1)^m\binom{n+1}{2m}\left(\dfrac{y}{a}\right)^{2m}$
$x^{\nu-1}\mathrm{e}^{-ax}$	$\sqrt{\dfrac{2}{\pi}}\,\Gamma(\nu)(a^2+y^2)^{-\frac{\nu}{2}}\cos\left(\nu\arctan\left(\dfrac{y}{a}\right)\right)$
$\dfrac{1}{x}\left(\dfrac{1}{2}-\dfrac{1}{x}+\dfrac{1}{\mathrm{e}^x-1}\right)$	$-\dfrac{1}{\sqrt{2\pi}}\,\ln(1-\mathrm{e}^{-2\pi y})$
e^{-ax^2}	$\dfrac{\sqrt{2}}{2}\,a^{-\frac{1}{2}}\mathrm{e}^{-\frac{y^2}{4a}}$
$x^{-\frac{1}{2}}\mathrm{e}^{-\frac{a}{x}}$	$\dfrac{1}{\sqrt{y}}\,\mathrm{e}^{-\sqrt{2ay}}\left(\cos\sqrt{2ay}-\sin\sqrt{2ay}\right)$
$x^{-\frac{3}{2}}\mathrm{e}^{-\frac{a}{x}}$	$\sqrt{\dfrac{2}{a}}\,\mathrm{e}^{-\sqrt{2ay}}\cos\sqrt{2ay}$
$\begin{aligned}\ln x, &\quad 0<x<1\\ 0, &\quad x>1\end{aligned}$	$-\sqrt{\dfrac{2}{\pi}}\,\dfrac{\mathrm{Si}(y)}{y}$
$\dfrac{\ln x}{\sqrt{x}}$	$-\dfrac{1}{\sqrt{y}}\left(C+\dfrac{\pi}{2}+\ln 4y\right)$
$(x^2-a^2)^{-1}\ln\left(\dfrac{x}{a}\right)$	$\sqrt{\dfrac{\pi}{2}}\cdot\dfrac{1}{a}\left(\sin(ay)\mathrm{Ci}(ay)-\cos(ay)\mathrm{si}(ay)\right)$
$(x^2-a^2)^{-1}\ln(bx)$	$\sqrt{\dfrac{\pi}{2}}\cdot\dfrac{1}{a}\left(\sin(ay)\left[\mathrm{Ci}(ay)-\ln(ab)\right]-\cos(ay)\mathrm{si}(ay)\right)$

$f(x)$	$F(y) = \sqrt{\dfrac{2}{\pi}} \displaystyle\int_0^\infty f(x)\cos(xy)\,\mathrm{d}x$
$\dfrac{1}{x}\ln(1+x)$	$\dfrac{1}{\sqrt{2\pi}}\left[\left(\mathrm{Ci}\left(\dfrac{y}{2}\right)\right)^2 + \left(\mathrm{si}\left(\dfrac{y}{2}\right)\right)^2\right]$
$\ln\left\|\dfrac{a+x}{b-x}\right\|$	$\sqrt{\dfrac{2}{\pi}}\cdot\dfrac{1}{y}\left\{\dfrac{\pi}{2}\left[\cos(by)-\cos(ay)\right]+\cos(by)\mathrm{Si}(by)\right.$ $\left.+\cos(ay)\mathrm{Si}(ay)-\sin(ay)\mathrm{Ci}(ay)-\sin(by)\mathrm{Ci}(by)\right\}$
$\mathrm{e}^{-ax}\ln x$	$-\sqrt{\dfrac{2}{\pi}}\,\dfrac{1}{a^2+y^2}\left[a\mathrm{C}+\dfrac{a}{2}\ln(a^2+y^2)+y\arctan\left(\dfrac{y}{a}\right)\right]$
$\ln\left(\dfrac{a^2+x^2}{b^2+x^2}\right)$	$\dfrac{\sqrt{2\pi}}{y}\left(\mathrm{e}^{-by}-\mathrm{e}^{-ay}\right)$
$\ln\left\|\dfrac{a^2+x^2}{b^2-x^2}\right\|$	$\dfrac{\sqrt{2\pi}}{y}\left(\cos(by)-\mathrm{e}^{-ay}\right)$
$\dfrac{1}{x}\ln\left(\dfrac{a+x}{a-x}\right)^2$	$-2\sqrt{2\pi}\,\mathrm{si}(ay)$
$\dfrac{\ln(a^2+x^2)}{\sqrt{a^2+x^2}}$	$-\sqrt{\dfrac{2}{\pi}}\left[\left(\mathrm{C}+\ln\left(\dfrac{2y}{a}\right)\right)K_0(ay)\right]$
$\ln\left(1+\dfrac{a^2}{x^2}\right)$	$\sqrt{2\pi}\,\dfrac{1-\mathrm{e}^{-ay}}{y}$
$\ln\left\|1-\dfrac{a^2}{x^2}\right\|$	$\sqrt{2\pi}\,\dfrac{1-\cos(ay)}{y}$
$\dfrac{\sin(ax)}{x}$	$\sqrt{\dfrac{\pi}{2}},\quad y<a$ $\dfrac{1}{2}\sqrt{\dfrac{\pi}{2}},\quad y=a$ $0,\quad y>a$
$\dfrac{x\sin(ax)}{x^2+b^2}$	$\sqrt{\dfrac{\pi}{2}}\,\mathrm{e}^{-ab}\cosh(by),\quad y<a$ $-\sqrt{\dfrac{\pi}{2}}\,\mathrm{e}^{-by}\sinh(ab),\quad y>a$
$\dfrac{\sin(ax)}{x(x^2+b^2)}$	$\sqrt{\dfrac{\pi}{2}}\,b^{-2}\left(1-\mathrm{e}^{-ab}\cosh(by)\right),\quad y<a$ $\sqrt{\dfrac{\pi}{2}}\,b^{-2}\mathrm{e}^{-by}\sinh(ab),\quad y>a$

$f(x)$	$F(y) = \sqrt{\dfrac{2}{\pi}} \displaystyle\int_0^\infty f(x) \cos(xy)\,\mathrm{d}x$
$\mathrm{e}^{-bx}\sin(ax)$	$\dfrac{1}{\sqrt{2\pi}}\left[\dfrac{a+y}{b^2+(a+y)^2} + \dfrac{a-y}{b^2+(a-y)^2}\right]$
$\dfrac{\mathrm{e}^{-x}\sin x}{x}$	$\dfrac{1}{\sqrt{2\pi}}\arctan\left(\dfrac{2}{y^2}\right)$
$\dfrac{\sin^2(ax)}{x}$	$\dfrac{1}{2\sqrt{2\pi}}\ln\left\|1 - 4\dfrac{a^2}{y^2}\right\|$
$\dfrac{\sin(ax)\sin(bx)}{x}$	$\dfrac{1}{\sqrt{2\pi}}\ln\left\|\dfrac{(a+b)^2 - y^2}{(a-b)^2 - y^2}\right\|$
$\dfrac{\sin^2(ax)}{x^2}$	$\sqrt{\dfrac{\pi}{2}}\left(a - \dfrac{1}{2}y\right), \quad y < 2a$ $\qquad\qquad 0, \quad y > 2a$
$\dfrac{\sin^3(ax)}{x^2}$	$\dfrac{1}{4\sqrt{2\pi}}\Big\{(y+3a)\ln(y+3a) + (y-3a)\ln\|y-3a\|$ $\qquad\qquad -(y+a)\ln(y+a) - (y-a)\ln\|y-a\|\Big\}$
$\dfrac{\sin^3(ax)}{x^3}$	$\dfrac{1}{4}\sqrt{\dfrac{\pi}{2}}\,(3a^2 - y^2), \quad 0 < y < a$ $\dfrac{1}{2}\sqrt{\dfrac{\pi}{2}}\,y^2, \quad\qquad y = a$ $\dfrac{1}{8}\sqrt{\dfrac{\pi}{2}}\,(3a-y)^2, \quad a < y < 3a$ $0, \qquad\qquad\qquad y > 3a$
$\dfrac{1-\cos(ax)}{x}$	$\dfrac{1}{\sqrt{2\pi}}\ln\left\|1 - \dfrac{a^2}{y^2}\right\|$
$\dfrac{1-\cos(ax)}{x^2}$	$\sqrt{\dfrac{\pi}{2}}\,(a-y), \quad y < a$ $\qquad\quad 0, \quad y > a$
$\dfrac{\cos(ax)}{b^2+x^2}$	$\sqrt{\dfrac{\pi}{2}}\,\dfrac{\mathrm{e}^{-ab}\cosh(by)}{b}, \quad y < a$ $\sqrt{\dfrac{\pi}{2}}\,\dfrac{\mathrm{e}^{-by}\cosh(ab)}{b}, \quad y > a$
$\mathrm{e}^{-bx}\cos(ax)$	$\dfrac{b}{\sqrt{2\pi}}\left[\dfrac{1}{b^2+(a-y)^2} + \dfrac{1}{b^2+(a+y)^2}\right]$

$f(x)$	$F(y) = \sqrt{\dfrac{2}{\pi}} \displaystyle\int_0^\infty f(x) \cos(xy)\mathrm{d}x$
$\mathrm{e}^{-bx^2} \cos(ax)$	$\dfrac{1}{\sqrt{2b}}\, \mathrm{e}^{-\frac{a^2+y^2}{4b}} \cosh\left(\dfrac{ay}{2b}\right)$
$\dfrac{x}{b^2+x^2} \tan(ax)$	$\sqrt{2\pi}\, \cosh(by)\left(1 + \mathrm{e}^{2ab}\right)^{-1}$
$\dfrac{x}{b^2+x^2} \cot(ax)$	$\sqrt{2\pi}\, \cosh(by)\left(\mathrm{e}^{2ab} - 1\right)^{-1}$
$\sin(ax^2)$	$\dfrac{1}{2\sqrt{a}}\left(\cos\left(\dfrac{y^2}{4a}\right) - \sin\left(\dfrac{y^2}{4a}\right)\right)$
$\sin\left[a(1-x^2)\right]$	$-\dfrac{1}{\sqrt{2a}}\, \cos\left(a + \dfrac{\pi}{4} + \dfrac{y^2}{4a}\right)$
$\dfrac{\sin(ax^2)}{x^2}$	$\sqrt{\dfrac{\pi}{2}}\, y\left[S\left(\dfrac{y^2}{4a}\right) - C\left(\dfrac{y^2}{4a}\right)\right] + \sqrt{2a}\, \sin\left(\dfrac{\pi}{4} + \dfrac{y^2}{4a}\right)$
$\dfrac{\sin(ax^2)}{x}$	$\sqrt{\dfrac{\pi}{2}}\left\{\dfrac{1}{2} - \left[C\left(\dfrac{y^2}{4a}\right)\right]^2 - \left[S\left(\dfrac{y^2}{4a}\right)\right]^2\right\}$
$\mathrm{e}^{-ax^2} \sin(bx^2)$	$\dfrac{1}{\sqrt{2}}(a^2+b^2)^{-\frac{1}{4}} \mathrm{e}^{-\frac{1}{4}ay^2(a^2+b^2)^{-1}}$ $\times \sin\left[\dfrac{1}{2}\arctan\left(\dfrac{b}{a}\right) - \dfrac{by^2}{4(a^2+b^2)}\right]$
$\cos(ax^2)$	$\dfrac{1}{2\sqrt{a}}\left[\cos\left(\dfrac{y^2}{4a}\right) + \sin\left(\dfrac{y^2}{4a}\right)\right]$
$\cos\left[a(1-x^2)\right]$	$\dfrac{1}{\sqrt{2a}}\, \sin\left(a + \dfrac{\pi}{4} + \dfrac{y^2}{4a}\right)$
$\mathrm{e}^{-ax^2} \cos(bx^2)$	$\dfrac{1}{\sqrt{2}}(a^2+b^2)^{-\frac{1}{4}} \mathrm{e}^{-\frac{1}{4}ay^2(a^2+y^2)^{-1}}$ $\times \cos\left[\dfrac{by^2}{4(a^2+b^2)} - \dfrac{1}{2}\arctan\left(\dfrac{b}{a}\right)\right]$
$\dfrac{1}{x} \sin\left(\dfrac{a}{x}\right)$	$\sqrt{\dfrac{\pi}{2}}\, J_0(2\sqrt{ay})$
$\dfrac{1}{\sqrt{x}} \sin\left(\dfrac{a}{x}\right)$	$\dfrac{1}{2\sqrt{y}}\left[\sin(2\sqrt{ay}) + \cos(2\sqrt{ay}) - \mathrm{e}^{-2\sqrt{ay}}\right]$
$\left(\dfrac{1}{\sqrt{x}}\right)^3 \sin\left(\dfrac{a}{x}\right)$	$\dfrac{1}{2\sqrt{a}}\left[\sin(2\sqrt{ay}) + \cos(2\sqrt{ay}) + \mathrm{e}^{-2\sqrt{ay}}\right]$
$\dfrac{1}{\sqrt{x}} \cos\left(\dfrac{a}{x}\right)$	$\dfrac{1}{2\sqrt{y}}\left[\cos(2\sqrt{ay}) - \sin(2\sqrt{ay}) + \mathrm{e}^{-2\sqrt{ay}}\right]$

$f(x)$	$F(y) = \sqrt{\dfrac{2}{\pi}} \displaystyle\int_0^\infty f(x)\cos(xy)\,dx$
$\left(\dfrac{1}{\sqrt{x}}\right)^3 \cos\left(\dfrac{a}{x}\right)$	$\dfrac{1}{2\sqrt{a}}\left[\cos(2\sqrt{ay}) - \sin(2\sqrt{ay}) + e^{-2\sqrt{ay}}\right]$
$\dfrac{1}{\sqrt{x}}\sin(a\sqrt{x})$	$\dfrac{2}{\sqrt{y}}\left[C\left(\dfrac{a^2}{4y}\right)\sin\left(\dfrac{a^2}{4y}\right) - S\left(\dfrac{a^2}{4y}\right)\cos\left(\dfrac{a^2}{4y}\right)\right]$
$e^{-bx}\sin(a\sqrt{x})$	$\dfrac{a}{\sqrt{2}}\left(b^2 + a^2\right)^{\frac{3}{4}} e^{-\frac{1}{4}a^2 b(b^2+y^2)^{-1}}$ $\times \cos\left[\dfrac{a^2 y}{4(b^2+y^2)} - \dfrac{3}{2}\arctan\left(\dfrac{y}{b}\right)\right]$
$\dfrac{\sin(a\sqrt{x})}{x}$	$\sqrt{2\pi}\left[S\left(\dfrac{a^2}{4y}\right) + C\left(\dfrac{a^2}{4y}\right)\right]$
$\dfrac{1}{\sqrt{x}}\cos(a\sqrt{x})$	$\sqrt{\dfrac{2}{y}}\,\sin\left(\dfrac{\pi}{4} + \dfrac{a^2}{4y}\right)$
$\dfrac{e^{-ax}}{\sqrt{x}}\cos(b\sqrt{x})$	$\sqrt{2}\left(a^2+y^2\right)^{-\frac{1}{4}} e^{-\frac{1}{4}ab^2(a^2+b^2)^{-1}}$ $\times \cos\left[\dfrac{b^2 y}{4(a^2+y^2)} - \dfrac{1}{2}\arctan\left(\dfrac{y}{a}\right)\right]$
$e^{-a\sqrt{x}}\cos(a\sqrt{x})$	$a\sqrt{2}\,(2y)^{-\frac{3}{2}} e^{-\frac{a^2}{2y}}$
$\dfrac{e^{-a\sqrt{x}}}{\sqrt{x}}\left[\cos(a\sqrt{x}) - \sin(a\sqrt{x})\right]$	$\dfrac{1}{\sqrt{y}}e^{-\frac{a^2}{2y}}$

0.8.1.2 Fouriersinustransformierte

$f(x)$	$F(y) = \sqrt{\dfrac{2}{\pi}} \displaystyle\int\limits_0^\infty f(x)\sin(xy)\mathrm{d}x$
$\begin{array}{ll} 1, & 0 < x < a \\ 0, & x > a \end{array}$	$\sqrt{\dfrac{2}{\pi}}\,\dfrac{1 - \cos(ay)}{y}$
$\begin{array}{ll} x, & 0 < x < 1 \\ 2 - x, & 1 < x < 2 \\ 0, & x > 2 \end{array}$	$4\sqrt{\dfrac{2}{\pi}}\,y^{-2}\sin y\,\sin^2\left(\dfrac{y}{2}\right)$
$\dfrac{1}{x}$	$\sqrt{\dfrac{\pi}{2}}$
$\begin{array}{ll} \dfrac{1}{x}, & 0 < x < a \\ 0, & x > a \end{array}$	$\sqrt{\dfrac{2}{\pi}}\,\mathrm{Si}(ay)$
$\begin{array}{ll} 0, & 0 < x < a \\ \dfrac{1}{x}, & x > a \end{array}$	$-\sqrt{\dfrac{2}{\pi}}\,\mathrm{si}(ay)$
$\dfrac{1}{\sqrt{x}}$	$\dfrac{1}{\sqrt{y}}$
$\begin{array}{ll} \dfrac{1}{\sqrt{x}}, & 0 < x < a \\ 0, & x > a \end{array}$	$\dfrac{2S(ay)}{\sqrt{y}}$
$\begin{array}{ll} 0, & 0 < x < a \\ \dfrac{1}{\sqrt{x}}, & x > a \end{array}$	$\dfrac{1 - 2S(ay)}{\sqrt{y}}$
$\left(\dfrac{1}{\sqrt{x}}\right)^3$	$2\sqrt{y}$
$(a + x)^{-1}, \quad a > 0$	$\sqrt{\dfrac{2}{\pi}}\left[\sin(ay)\mathrm{Ci}(ay) - \cos(ay)\mathrm{si}(ay)\right]$
$(a - x)^{-1}, \quad a > 0$	$\sqrt{\dfrac{2}{\pi}}\left[\sin(ay)\mathrm{Ci}(ay) - \cos(ay)\left(\dfrac{\pi}{2} + \mathrm{Si}(ay)\right)\right]$
$\dfrac{x}{a^2 + x^2}$	$\sqrt{\dfrac{\pi}{2}}\,\mathrm{e}^{-ay}$
$(a^2 - x^2)^{-1}$	$\sqrt{\dfrac{2}{\pi}}\cdot\dfrac{1}{a}\left[\sin(ay)\mathrm{Ci}(ay) - \cos(ay)\mathrm{Si}(ay)\right]$
$\dfrac{b}{b^2 + (a - x)^2} - \dfrac{b}{b^2 + (a + x)^2}$	$\sqrt{2\pi}\,\mathrm{e}^{-by}\sin(ay)$

$f(x)$	$F(y) = \sqrt{\dfrac{2}{\pi}} \displaystyle\int_0^\infty f(x)\,\sin(xy)\,\mathrm{d}x$
$\dfrac{a+x}{b^2+(a+x)^2} - \dfrac{a-x}{b^2+(a-x)^2}$	$\sqrt{2\pi}\,\mathrm{e}^{-by}\cos(ay)$
$\dfrac{x}{a^2-x^2}$	$-\sqrt{\dfrac{\pi}{2}}\,\cos(ay)$
$\dfrac{1}{x(a^2-x^2)}$	$\sqrt{\dfrac{\pi}{2}}\,\dfrac{1-\cos(ay)}{a^2}$
$\dfrac{1}{x(a^2+x^2)}$	$\sqrt{\dfrac{\pi}{2}}\,\dfrac{1-\mathrm{e}^{-ay}}{a^2}$
$x^{-\nu}, \qquad 0 < \operatorname{Re}\nu < 2$	$\sqrt{\dfrac{2}{\pi}}\,\cos\left(\dfrac{\pi\nu}{2}\right)\Gamma(1-\nu)y^{\nu-1}$
e^{-ax}	$\sqrt{\dfrac{2}{\pi}}\,\dfrac{y}{a^2+y^2}$
$\dfrac{\mathrm{e}^{-ax}}{x}$	$\sqrt{\dfrac{2}{\pi}}\,\arctan\left(\dfrac{y}{a}\right)$
$\dfrac{\mathrm{e}^{-ax}-\mathrm{e}^{-bx}}{x^2}$	$\sqrt{\dfrac{2}{\pi}}\left[\dfrac{1}{2}\,y\ln\left(\dfrac{b^2+y^2}{a^2+y^2}\right) + b\,\arctan\left(\dfrac{y}{b}\right) - a\,\arctan\left(\dfrac{y}{a}\right)\right]$
$\sqrt{x}\,\mathrm{e}^{-ax}$	$\dfrac{\sqrt{2}}{2}\,(a^2+y^2)^{-\frac{3}{4}}\sin\left[\dfrac{3}{2}\arctan\left(\dfrac{y}{a}\right)\right]$
$\dfrac{\mathrm{e}^{-ax}}{\sqrt{x}}$	$\left(\dfrac{(a^2+y^2)^{\frac{1}{2}}-a}{a^2+y^2}\right)^{\frac{1}{2}}$
$x^n\mathrm{e}^{-ax}$	$\sqrt{\dfrac{2}{\pi}}\,n!\,a^{n+1}(a^2+y^2)^{-(n+1)}\cdot\displaystyle\sum_{m=0}^{\left[\frac{1}{2}n\right]}(-1)^m\binom{n+1}{2m+1}\left(\dfrac{y}{a}\right)^{2m+1}$
$x^{\nu-1}\mathrm{e}^{-ax}$	$\sqrt{\dfrac{2}{\pi}}\,\Gamma(\nu)(a^2+y^2)^{-\frac{\nu}{2}}\sin\left(\nu\arctan\left(\dfrac{y}{a}\right)\right)$
$\mathrm{e}^{-\frac{1}{2}x}\left(1-\mathrm{e}^{-x}\right)^{-1}$	$-\dfrac{1}{\sqrt{2\pi}}\,\tanh(\pi y)$
$x\mathrm{e}^{-ax^2}$	$\sqrt{\dfrac{2}{a}}\,\dfrac{y}{4a}\,\mathrm{e}^{-\frac{y^2}{4a}}$
$x^{-\frac{1}{2}}\mathrm{e}^{-\frac{a}{x}}$	$\dfrac{1}{\sqrt{y}}\,\mathrm{e}^{-\sqrt{2ay}}\left[\cos\sqrt{2ay} + \sin\sqrt{2ay}\right]$

$f(x)$	$F(y) = \sqrt{\dfrac{2}{\pi}} \displaystyle\int_0^\infty f(x)\sin(xy)\,dx$
$x^{-\frac{3}{2}}e^{-\frac{a}{x}}$	$\sqrt{\dfrac{2}{a}}\, e^{-\sqrt{2ay}} \sin\sqrt{2ay}$
$\begin{aligned}\ln x, &\quad 0<x<1 \\ 0, &\quad\quad x>1\end{aligned}$	$\sqrt{\dfrac{2}{\pi}}\, \dfrac{\mathrm{Ci}(y) - C - \ln y}{y}$
$\dfrac{\ln x}{x}$	$-\sqrt{\dfrac{\pi}{2}}\,(C + \ln y)$
$\dfrac{\ln x}{\sqrt{x}}$	$\dfrac{1}{\sqrt{y}}\left[\dfrac{\pi}{2} - C - \ln 4y\right]$
$x(x^2-a^2)^{-1}\ln(bx)$	$\sqrt{\dfrac{\pi}{2}}\left[\cos(ay)\left[\ln(ab)-\mathrm{Ci}(ay)\right] - \sin(ay)\mathrm{si}(ay)\right]$
$x(x^2-a^2)^{-1}\ln\left(\dfrac{x}{a}\right)$	$-\sqrt{\dfrac{\pi}{2}}\left[\cos(ay)\mathrm{Ci}(ay) + \sin(ay)\mathrm{si}(ay)\right]$
$e^{-ax}\ln x$	$\sqrt{\dfrac{2}{\pi}}\,\dfrac{1}{a^2+y^2}\left[a\arctan\left(\dfrac{y}{a}\right) - Cy - \dfrac{1}{2}y\ln(a^2+y^2)\right]$
$\ln\left|\dfrac{a+x}{b-x}\right|$	$\begin{aligned}\sqrt{\dfrac{2}{\pi}}\cdot\dfrac{1}{y}\Big\{&\ln\left(\dfrac{a}{b}\right) + \cos(by)\mathrm{Ci}(by) - \cos(ay)\mathrm{Ci}(ay) \\ &+ \sin(by)\mathrm{Si}(by) - \sin(ay)\mathrm{Si}(ay) \\ &+ \dfrac{\pi}{2}\left[\sin(by) + \sin(ay)\right]\Big\}\end{aligned}$
$\ln\left|\dfrac{a+x}{a-x}\right|$	$\dfrac{\sqrt{2\pi}}{y}\,\sin(ay)$
$\dfrac{1}{x^2}\ln\left(\dfrac{a+x}{a-x}\right)^2$	$\dfrac{2\sqrt{2\pi}}{a}\left[1 - \cos(ay) - ay\,\mathrm{si}(ay)\right]$
$\ln\left(\dfrac{a^2+x^2+x}{a^2+x^2-x}\right)$	$\dfrac{2\sqrt{2\pi}}{y}\, e^{-y\sqrt{a^2-\frac{1}{4}}}\sin\left(\dfrac{y}{2}\right)$
$\ln\left|1-\dfrac{a^2}{x^2}\right|$	$\dfrac{2}{y}\sqrt{\dfrac{2}{\pi}}\left[C + \ln(ay) - \cos(ay)\mathrm{Ci}(ay) - \sin(ay)\mathrm{Si}(ay)\right]$
$\ln\left(\dfrac{a^2+(b+x)^2}{a^2+(b-x)^2}\right)$	$\dfrac{2\sqrt{2\pi}}{y}\, e^{-ay}\sin(by)$
$\dfrac{1}{x}\ln|1-a^2x^2|$	$-\sqrt{2\pi}\,\mathrm{Ci}\left(\dfrac{y}{a}\right)$
$\dfrac{1}{x}\ln\left|1-\dfrac{a^2}{x^2}\right|$	$\sqrt{2\pi}\left[C + \ln(ay) - \mathrm{Ci}(ay)\right]$

$f(x)$	$F(y) = \sqrt{\dfrac{2}{\pi}} \displaystyle\int_0^\infty f(x)\sin(xy)\,\mathrm{d}x$
$\dfrac{\sin(ax)}{x}$	$\dfrac{1}{\sqrt{2\pi}}\ln\left\|\dfrac{y+a}{y-a}\right\|$
$\dfrac{\sin(ax)}{x^2}$	$\sqrt{\dfrac{\pi}{2}}\,y,\qquad 0<y<a$ $\sqrt{\dfrac{\pi}{2}}\,a,\qquad y>a$
$\dfrac{\sin(\pi x)}{1-x^2}$	$\sqrt{\dfrac{2}{\pi}}\,\sin y,\qquad 0\le y\le \pi$ $0,\qquad y\ge \pi$
$\dfrac{\sin(ax)}{b^2+x^2}$	$\sqrt{\dfrac{\pi}{2}}\,\dfrac{\mathrm{e}^{-ab}}{b}\sinh(by),\qquad 0<y<a$ $\sqrt{\dfrac{\pi}{2}}\,\dfrac{\mathrm{e}^{-by}}{b}\sinh(ab),\qquad y>a$
$\mathrm{e}^{-bx}\sin(ax)$	$\dfrac{1}{\sqrt{2\pi}}\,b\left[\dfrac{1}{b^2+(a-y)^2}-\dfrac{1}{b^2+(a+y)^2}\right]$
$\dfrac{\mathrm{e}^{-bx}\sin(ax)}{x}$	$\dfrac{1}{4}\sqrt{\dfrac{2}{\pi}}\ln\left(\dfrac{b^2+(y+a)^2}{b^2+(y-a)^2}\right)$
$\mathrm{e}^{-bx^2}\sin(ax)$	$\dfrac{1}{\sqrt{2b}}\,\mathrm{e}^{-\frac{1}{4}\frac{a^2+y^2}{b}}\sinh\left(\dfrac{ay}{2b}\right)$
$\dfrac{\sin^2(ax)}{x}$	$\dfrac{1}{4}\sqrt{2\pi},\qquad 0<y<2a$ $\dfrac{1}{8}\sqrt{2\pi},\qquad y=2a$ $0,\qquad y>2a$
$\dfrac{\sin(ax)\sin(bx)}{x}$	$0,\qquad 0<y<a-b$ $\dfrac{1}{4}\sqrt{2\pi},\qquad a-b<y<a+b$ $0,\qquad y>a+b$
$\dfrac{\sin^2(ax)}{x^2}$	$\dfrac{1}{4}\sqrt{\dfrac{2}{\pi}}\left[(y+2a)\ln(y+2a)+(y-2a)\ln\|y-2a\|-\dfrac{1}{2}y\ln y\right]$
$\dfrac{\sin^2(ax)}{x^3}$	$\dfrac{1}{4}\sqrt{2\pi}\,y\left(2a-\dfrac{y}{2}\right),\qquad 0<y<2a$ $\sqrt{\dfrac{\pi}{2}}\,a^2,\qquad y>2a$

$f(x)$	$F(y) = \sqrt{\dfrac{2}{\pi}} \displaystyle\int\limits_{0}^{\infty} f(x)\sin(xy)\,\mathrm{d}x$
$\dfrac{\cos(ax)}{x}$	$\begin{aligned} &0, && 0 < y < a \\ &\tfrac{1}{4}\sqrt{2\pi}, && y = a \\ &\sqrt{\tfrac{\pi}{2}}, && y > a \end{aligned}$
$\dfrac{x\cos(ax)}{b^2 + x^2}$	$\begin{aligned} &-\sqrt{\tfrac{\pi}{2}}\,\mathrm{e}^{-ab}\sinh(by), && 0 < y < a \\ &\sqrt{\tfrac{\pi}{2}}\,\mathrm{e}^{-by}\cosh(ab), && y > a \end{aligned}$
$\sin(ax^2)$	$\dfrac{1}{\sqrt{a}}\left[\cos\left(\dfrac{y^2}{4a}\right)C\left(\dfrac{y^2}{4a}\right) + \sin\left(\dfrac{y^2}{4a}\right)S\left(\dfrac{y^2}{4a}\right)\right]$
$\dfrac{\sin(ax^2)}{x}$	$\sqrt{\dfrac{\pi}{2}}\left[C\left(\dfrac{y^2}{4a}\right) - S\left(\dfrac{y^2}{4a}\right)\right]$
$\cos(ax^2)$	$\dfrac{1}{\sqrt{a}}\left[\sin\left(\dfrac{y^2}{4a}\right)C\left(\dfrac{y^2}{4a}\right) - \cos\left(\dfrac{y^2}{4a}\right)S\left(\dfrac{y^2}{4a}\right)\right]$
$\dfrac{\cos(ax^2)}{x}$	$\sqrt{\dfrac{\pi}{2}}\left[C\left(\dfrac{y^2}{4a}\right) + S\left(\dfrac{y^2}{4a}\right)\right]$
$\mathrm{e}^{-a\sqrt{x}}\sin(a\sqrt{x})$	$\dfrac{a}{2y\sqrt{y}}\,\mathrm{e}^{-\frac{a^2}{2y}}$

0.8.1.3 Fouriertransformierte

$f(x)$	$F(y) = \dfrac{1}{\sqrt{2\pi}} \displaystyle\int\limits_{-\infty}^{\infty} f(x)\mathrm{e}^{-\mathrm{i}xy}\,\mathrm{d}y$
$\mathrm{e}^{-\frac{x^2}{2}}$	$\mathrm{e}^{-\frac{y^2}{2}}$
$\mathrm{e}^{-\frac{x^2}{4a}}, \quad \operatorname{Re} a > 0,\ \operatorname{Re}\sqrt{a} > 0$	$\sqrt{2a}\,\mathrm{e}^{-ay^2}$
$\begin{array}{ll} A & \text{für } a \le x \le b \\ 0 & \text{sonst} \end{array}$	$\dfrac{\mathrm{i}A}{y\sqrt{2\pi}}\left(\mathrm{e}^{-\mathrm{i}by} - \mathrm{e}^{-\mathrm{i}ay}\right) \quad \text{für } y \ne 0$
$\begin{array}{ll} \mathrm{e}^{-ax}\cos bx & \text{für } x \ge 0 \\ 0 & \text{für } x < 0 \end{array}$ $(b \ge 0,\ a > 0)$	$\dfrac{a + \mathrm{i}y}{\sqrt{2\pi}\left((a + \mathrm{i}y)^2 + b^2\right)}$
$\begin{array}{ll} \mathrm{e}^{-ax}\mathrm{e}^{\mathrm{i}bx} & \text{für } x \ge 0 \\ 0 & \text{für } x < 0 \end{array}$ $(b \ge 0,\ a > 0)$	$\dfrac{1}{\sqrt{2\pi}\left(a + \mathrm{i}(y - b)\right)}$
$\delta_\varepsilon(x) := \dfrac{\varepsilon}{\pi(x^2 + \varepsilon^2)} \qquad (\varepsilon > 0)$	$\dfrac{1}{\sqrt{2\pi}}\,\mathrm{e}^{-\varepsilon|x|}$
δ (Diracsche Deltadistribution)	$\dfrac{1}{\sqrt{2\pi}}$ (D)
$\dfrac{1}{\sqrt{|x|}}$	$\dfrac{1}{\sqrt{|y|}}$ (D)
$\dfrac{\operatorname{sgn} x}{\sqrt{|x|}}$	$-\mathrm{i}\,\dfrac{\operatorname{sgn} y}{\sqrt{|y|}}$ (D)

Die Formeln (D) sind im Sinne der Theorie der Distributionen zu verstehen (vgl. 10.4.6 im Handbuch).

Zahlreiche weitere Formeln erhält man aus der Relation

$$
\begin{aligned}
2F(y) &= \sqrt{\frac{2}{\pi}} \int\limits_0^{\infty} \left(f(x) + f(-x)\right)\cos(xy)\,\mathrm{d}x \\
&\quad -\mathrm{i}\sqrt{\frac{2}{\pi}} \int\limits_0^{\infty} \left(f(x) - f(-x)\right)\sin(xy)\,\mathrm{d}x,
\end{aligned}
$$

unter Benutzung der vorangegangenen Tabellen für Fouriersinus- und Fourierkosinustransformierte.

0.8.2 Laplacetransformation

0.8.2.1 Tabelle zur Rücktransformation gebrochen-rationaler Bildfunktionen

Die Tabelle ist nach dem Grad der Nennerfunktionen geordnet. Sie ist bis zum Grad 3 vollständig und enthält noch einige Funktionen mit Nenner höheren Grades.

$\mathcal{L}\{f(t)\} = \int\limits_{0}^{\infty} e^{-st} f(t)\, dt$	$f(t)$
$\dfrac{1}{s}$	1
$\dfrac{1}{s+\alpha}$	$e^{-\alpha t}$
$\dfrac{1}{s^2}$	t
$\dfrac{1}{s(s+\alpha)}$	$\dfrac{1}{\alpha}\left[1 - e^{-\alpha t}\right]$
$\dfrac{1}{(s+\alpha)(s+\beta)}$	$\dfrac{1}{\beta - \alpha}\left[e^{-\alpha t} - e^{-\beta t}\right]$
$\dfrac{s}{(s+\alpha)(s+\beta)}$	$\dfrac{1}{\alpha - \beta}\left[\alpha\, e^{-\alpha t} - \beta\, e^{-\beta t}\right]$
$\dfrac{1}{(s+\alpha)^2}$	$t\, e^{-\alpha t}$
$\dfrac{s}{(s+\alpha)^2}$	$e^{-\alpha t}(1 - \alpha t)$
$\dfrac{1}{s^2 - \alpha^2}$	$\dfrac{1}{\alpha}\sinh(\alpha t)$
$\dfrac{s}{s^2 - \alpha^2}$	$\cosh(\alpha t)$
$\dfrac{1}{s^2 + \alpha^2}$	$\dfrac{1}{\alpha}\sin(\alpha t)$
$\dfrac{s}{s^2 + \alpha^2}$	$\cos \alpha t$
$\dfrac{1}{(s+\beta)^2 + \alpha^2}$	$\dfrac{1}{\alpha}\, e^{-\beta t}\sin \alpha t$
$\dfrac{s}{(s+\beta)^2 + \alpha^2}$	$e^{-\beta t}\left[\cos \alpha t - \dfrac{\beta}{\alpha}\sin \alpha t\right]$
$\dfrac{1}{s^3}$	$\dfrac{1}{2}\, t^2$
$\dfrac{1}{s^2(s+\alpha)}$	$\dfrac{1}{\alpha^2}\left(e^{-\alpha t} + \alpha t - 1\right)$

$\mathcal{L}\{f(t)\} = \int\limits_{0}^{\infty} e^{-st} f(t)\, dt$	$f(t)$
$\dfrac{1}{s(s+\alpha)(s+\beta)}$	$\dfrac{1}{\alpha\beta(\alpha-\beta)}\left[(\alpha-\beta) + \beta e^{-\alpha t} - \alpha e^{-\beta t}\right]$
$\dfrac{1}{s(s+\alpha)^2}$	$\dfrac{1}{\alpha^2}\left[1 - e^{-\alpha t} - \alpha t\, e^{-\alpha t}\right]$
$\dfrac{1}{(s+\alpha)(s+\beta)(s+\gamma)}$	$\dfrac{1}{(\alpha-\beta)(\beta-\gamma)(\gamma-\alpha)}$ $\times \left[(\gamma-\beta)e^{-\alpha t} + (\alpha-\gamma)e^{-\beta t} + (\beta-\alpha)e^{-\gamma t}\right]$
$\dfrac{s}{(s+\alpha)(s+\beta)(s+\gamma)}$	$\dfrac{1}{(\alpha-\beta)(\beta-\gamma)(\gamma-\alpha)}$ $\times \left[\alpha(\beta-\gamma)e^{-\alpha t} + \beta(\gamma-\alpha)e^{-\beta t} + \gamma(\alpha-\beta)e^{-\gamma t}\right]$
$\dfrac{s^2}{(s+\alpha)(s+\beta)(s+\gamma)}$	$\dfrac{1}{(\alpha-\beta)(\beta-\gamma)(\gamma-\alpha)}$ $\times \left[-\alpha^2(\beta-\gamma)e^{-\alpha t} - \beta^2(\gamma-\alpha)e^{-\beta t} - \gamma^2(\alpha-\beta)e^{-\gamma t}\right]$
$\dfrac{1}{(s+\alpha)(s+\beta)^2}$	$\dfrac{1}{(\beta-\alpha)^2}\left[e^{-\alpha t} - e^{-\beta t} - (\beta-\alpha)t\, e^{-\beta t}\right]$
$\dfrac{s}{(s+\alpha)(s+\beta)^2}$	$\dfrac{1}{(\beta-\alpha)^2}\left[-\alpha e^{-\alpha t} + \left[\alpha + \beta t(\beta-\alpha)\right]e^{-\beta t}\right]$
$\dfrac{s^2}{(s+\alpha)(s+\beta)^2}$	$\dfrac{1}{(\beta-\alpha)^2}\left[\alpha^2 e^{-\alpha t} + \beta\left[\beta - 2\alpha - \beta^2 t + \alpha\beta t\right]e^{-\beta t}\right]$
$\dfrac{1}{(s+\alpha)^3}$	$\dfrac{t^2}{2}\, e^{-\alpha t}$
$\dfrac{s}{(s+\alpha)^3}$	$e^{-\alpha t}\, t\left[1 - \dfrac{\alpha}{2}t\right]$
$\dfrac{s^2}{(s+\alpha)^3}$	$e^{-\alpha t}\left[1 - 2\alpha t + \dfrac{\alpha^2}{2}t^2\right]$
$\dfrac{1}{s\left[(s+\beta)^2 + \alpha^2\right]}$	$\dfrac{1}{\alpha^2 + \beta^2}\left[1 - e^{-\beta t}\left(\cos\alpha t + \dfrac{\beta}{\alpha}\sin\alpha t\right)\right]$
$\dfrac{1}{s(s^2 + \alpha^2)}$	$\dfrac{1}{\alpha^2}\left(1 - \cos\alpha t\right)$
$\dfrac{1}{(s+\alpha)(s^2 + \beta^2)}$	$\dfrac{1}{\alpha^2 + \beta^2}\left[e^{-\alpha t} + \dfrac{\alpha}{\beta}\sin\beta t - \cos\beta t\right]$
$\dfrac{s}{(s+\alpha)(s^2 + \beta^2)}$	$\dfrac{1}{\alpha^2 + \beta^2}\left[-\alpha\, e^{-\alpha t} + \alpha\cos\beta t + \beta\sin\beta t\right]$

$\mathcal{L}\{f(t)\} = \int\limits_{0}^{\infty} e^{-st} f(t)\,dt$	$f(t)$
$\dfrac{s^2}{(s+\alpha)(s^2+\beta^2)}$	$\dfrac{1}{\alpha^2+\beta^2}\left[\alpha^2 e^{-\alpha t} - \alpha\beta \sin\beta t + \beta^2\cos\beta t\right]$
$\dfrac{1}{(s+\alpha)\left[(s+\beta)^2+\gamma^2\right]}$	$\dfrac{1}{(\beta-\alpha)^2+\gamma^2}\left[e^{-\alpha t} - e^{-\beta t}\cos\gamma t + \dfrac{\alpha-\beta}{\gamma}\,e^{-\beta t}\sin\gamma t\right]$
$\dfrac{s}{(s+\alpha)\left[(s+\beta)^2+\gamma^2\right]}$	$\dfrac{1}{(\beta-\alpha)^2+\gamma^2}\left[-\alpha e^{-\alpha t} + \alpha e^{-\beta t}\cos\gamma t \right. $ $\left. - \dfrac{\alpha\beta - \beta^2 - \gamma^2}{\gamma}\,e^{-\beta t}\sin\gamma t\right]$
$\dfrac{s^2}{(s+\alpha)\left[(s+\beta)^2+\gamma^2\right]}$	$\dfrac{1}{(\beta-\alpha)^2+\gamma^2}\left[\alpha^2 e^{-\alpha t} + ((\alpha-\beta)^2+\gamma^2-\alpha^2)e^{-\beta t}\cos\gamma t \right.$ $\left. - \left(\alpha\gamma + \beta\left(\gamma - \dfrac{(\alpha-\beta)\beta}{\gamma}\right)\right)e^{-\beta t}\sin\gamma t\right]$
$\dfrac{1}{s^4}$	$\dfrac{1}{6}t^3$
$\dfrac{1}{s^3(s+\alpha)}$	$\dfrac{1}{\alpha^3} - \dfrac{1}{\alpha^2}t + \dfrac{1}{2\alpha}t^2 - \dfrac{1}{\alpha^3}\,e^{-\alpha t}$
$\dfrac{1}{s^2(s+\alpha)(s+\beta)}$	$-\dfrac{\alpha+\beta}{\alpha^2\beta^2} + \dfrac{1}{\alpha\beta}t + \dfrac{1}{\alpha^2(\beta-\alpha)}\,e^{-\alpha t} + \dfrac{1}{\beta^2(\alpha-\beta)}\,e^{-\beta t}$
$\dfrac{1}{s^2(s+\alpha)^2}$	$\dfrac{1}{\alpha^2}t(1+e^{-\alpha t}) + \dfrac{2}{\alpha^3}\left(e^{-\alpha t}-1\right)$
$\dfrac{1}{(s+\alpha)^2(s+\beta)^2}$	$\dfrac{1}{(\alpha-\beta)^2}\left[e^{-\alpha t}\left(t+\dfrac{2}{\alpha-\beta}\right) + e^{-\beta t}\left(t-\dfrac{2}{\alpha-\beta}\right)\right]$
$\dfrac{1}{(s+\alpha)^4}$	$\dfrac{1}{6}t^3 e^{-\alpha t}$
$\dfrac{s}{(s+\alpha)^4}$	$\dfrac{1}{2}t^2 e^{-\alpha t} - \dfrac{\alpha}{6}t^3 e^{-\alpha t}$
$\dfrac{1}{(s^2+\alpha^2)(s^2+\beta^2)}$	$\dfrac{1}{\beta^2-\alpha^2}\left[\dfrac{1}{\alpha}\sin\alpha t - \dfrac{1}{\beta}\sin\beta t\right]$
$\dfrac{s}{(s^2+\alpha^2)(s^2+\beta^2)}$	$\dfrac{1}{\beta^2-\alpha^2}\left[\cos\alpha t - \cos\beta t\right]$
$\dfrac{s^2}{(s^2+\alpha^2)(s^2+\beta^2)}$	$\dfrac{1}{\beta^2-\alpha^2}\left[-\alpha\sin\alpha t + \beta\sin\beta t\right]$
$\dfrac{s^3}{(s^2+\alpha^2)(s^2+\beta^2)}$	$\dfrac{1}{\beta^2-\alpha^2}\left[-\alpha^2\cos\alpha t + \beta^2\cos\beta t\right]$

$\mathcal{L}\{f(t)\} = \int\limits_0^\infty e^{-st} f(t)\, dt$	$f(t)$
$\dfrac{1}{(s^2 - \alpha^2)(s^2 - \beta^2)}$	$\dfrac{1}{\beta^2 - \alpha^2}\left[\dfrac{1}{\beta}\sinh\beta t - \dfrac{1}{\alpha}\sinh\alpha t\right]$
$\dfrac{s}{(s^2 - \alpha^2)(s^2 - \beta^2)}$	$\dfrac{1}{\beta^2 - \alpha^2}\left[\cosh\beta t - \cosh\alpha t\right]$
$\dfrac{s^2}{(s^2 - \alpha^2)(s^2 - \beta^2)}$	$\dfrac{1}{\beta^2 - \alpha^2}\left[\beta\sinh\beta t - \alpha\sinh\alpha t\right]$
$\dfrac{s^3}{(s^2 - \alpha^2)(s^2 - \beta^2)}$	$\dfrac{1}{\beta^2 - \alpha^2}\left[\beta^2\cosh\beta t - \alpha^2\sinh\alpha t\right]$
$\dfrac{1}{(s^2 + \alpha^2)^2}$	$\dfrac{1}{2\alpha^2}\left[\dfrac{1}{\alpha}\sin\alpha t - t\cos\alpha t\right]$
$\dfrac{s}{(s^2 + \alpha^2)^2}$	$\dfrac{1}{2\alpha}\, t\sin\alpha t$
$\dfrac{s^2}{(s^2 + \alpha^2)^2}$	$\dfrac{1}{2\alpha}\left[\sin\alpha t + \alpha t\cos\alpha t\right]$
$\dfrac{s^3}{(s^2 + \alpha^2)^2}$	$\dfrac{1}{2}\left[2\cos\alpha t - \alpha t\sin\alpha t\right]$
$\dfrac{1}{(s^2 - \alpha^2)^2}$	$\dfrac{1}{2\alpha^2}\left[t\cosh\alpha t - \dfrac{1}{\alpha}\sinh\alpha t\right]$
$\dfrac{s}{(s^2 - \alpha^2)^2}$	$\dfrac{1}{2\alpha}\, t\sinh\alpha t$
$\dfrac{s^2}{(s^2 - \alpha^2)^2}$	$\dfrac{1}{2\alpha}\left[\sinh\alpha t + \alpha t\cosh\alpha t\right]$
$\dfrac{s^3}{(s^2 - \alpha^2)^2}$	$\dfrac{1}{2}\left[2\cosh\alpha t + \alpha t\sinh\alpha t\right]$
$\dfrac{1}{s^2(s^2 + \alpha^2)}$	$\dfrac{1}{\alpha^2}\left[t - \dfrac{1}{\alpha}\sin\alpha t\right]$
$\dfrac{1}{s^2(s^2 - \alpha^2)}$	$\dfrac{1}{\alpha^2}\left[\dfrac{1}{\alpha}\sinh\alpha t - t\right]$
$\dfrac{1}{s^4 + \alpha^4}$	$\dfrac{1}{\sqrt{2}\,\alpha^3}\left[\cosh\dfrac{\alpha}{\sqrt{2}}t\,\sin\dfrac{\alpha}{\sqrt{2}}t - \sinh\dfrac{\alpha}{\sqrt{2}}t\,\cos\dfrac{\alpha}{\sqrt{2}}t\right]$
$\dfrac{s}{s^4 + \alpha^4}$	$\dfrac{1}{\alpha^2}\sin\dfrac{\alpha}{\sqrt{2}}t\,\sinh\dfrac{\alpha}{\sqrt{2}}t$
$\dfrac{s^2}{s^4 + \alpha^4}$	$\dfrac{1}{\sqrt{2}\,\alpha}\left[\cos\dfrac{\alpha}{\sqrt{2}}t\,\sinh\dfrac{\alpha}{\sqrt{2}}t + \sin\dfrac{\alpha}{\sqrt{2}}t\,\cosh\dfrac{\alpha}{\sqrt{2}}t\right]$
$\dfrac{s^3}{s^4 + \alpha^4}$	$\cos\dfrac{\alpha}{\sqrt{2}}t\,\cosh\dfrac{\alpha}{\sqrt{2}}t$

$\mathcal{L}\{f(t)\} = \int\limits_{0}^{\infty} e^{-st} f(t)\, dt$	$f(t)$
$\dfrac{1}{s^4 - \alpha^4}$	$\dfrac{1}{2\alpha^3}\left[\sinh\alpha t - \sin\alpha t\right]$
$\dfrac{s}{s^4 - \alpha^4}$	$\dfrac{1}{2\alpha^2}\left[\cosh\alpha t - \cos\alpha t\right]$
$\dfrac{s^2}{s^4 - \alpha^4}$	$\dfrac{1}{2\alpha}\left[\sinh\alpha t + \sin\alpha t\right]$
$\dfrac{s^3}{s^4 - \alpha^4}$	$\dfrac{1}{2}\left[\cosh\alpha t + \cos\alpha t\right]$
$\dfrac{1}{s^2(s^2 + \alpha^2)}$	$\dfrac{1}{\alpha^2}\left[t - \dfrac{1}{\alpha}\sin\alpha t\right]$
$\dfrac{1}{s^2(s^2 - \alpha^2)}$	$\dfrac{1}{\alpha^2}\left[\dfrac{1}{\alpha}\sinh\alpha t - t\right]$
$\dfrac{1}{s^n}$	$\dfrac{1}{(n-1)!}\, t^{n-1}$
$\dfrac{1}{(s+\alpha)^n}$	$\dfrac{1}{(n-1)!}\, t^{n-1}e^{-\alpha t}$
$\dfrac{1}{s(s+\alpha)^n}$	$\dfrac{1}{\alpha^n}\left[1 - \sum\limits_{k=0}^{n-1}\dfrac{(\alpha t)^k}{k!}\, e^{-\alpha t}\right]$
$\dfrac{1}{s(\alpha s + 1)\ldots(\alpha s + n)}$	$\dfrac{1}{n!}\left(1 - e^{-\frac{t}{\alpha}}\right)^n$

0.8.2.2 Laplace-Transformierte einiger nichtrationaler Funktionen

Im folgenden bezeichnet γ die Konstante $\gamma = e^C$; C ist die Eulersche Konstante

$$C = \lim_{n \to \infty} \left(\sum_{\nu=1}^{n} \frac{1}{\nu} - \ln n \right) = 0{,}577\,215\,67\ldots$$

$\mathcal{L}\{f(t)\} = \displaystyle\int_0^\infty e^{-st} f(t)\, dt$	$f(t)$
$\dfrac{\ln s}{s}$	$-\ln \gamma t$
$-\dfrac{\ln \gamma s}{s}$	$\ln t$
$-\sqrt{\dfrac{\pi}{s}}\,\ln 4\gamma s$	$\dfrac{\ln t}{\sqrt{t}}$
$\dfrac{\ln s}{s^{n+1}}$	$\dfrac{t^n}{n!}\left[1 + \dfrac{1}{2} + \ldots + \dfrac{1}{n} - \ln \gamma t\right]$
$\dfrac{1}{s^{n+1}}\left[\displaystyle\sum_{\nu=1}^{n}\dfrac{1}{\nu} - \ln \gamma s\right]$	$\dfrac{t^n}{n!}\,\ln t$
$\dfrac{(\ln s)^2}{s}$	$(\ln \gamma t)^2 - \dfrac{\pi^2}{6}$
$\dfrac{(\ln \gamma s)^2}{s}$	$(\ln t)^2 - \dfrac{\pi^2}{6}$
$\dfrac{1}{s^\alpha \ln s}$	$\displaystyle\int_\alpha^\infty \dfrac{t^{u-1}}{\Gamma(u)}\, du \qquad \text{(auch für } \alpha = 0)$
$\ln\left(\dfrac{s+\alpha}{s-\alpha}\right)$	$\dfrac{2}{t}\sinh \alpha t$
$\ln\left(\dfrac{s-\alpha}{s-\beta}\right)$	$\dfrac{1}{t}\left(e^{\beta t} - e^{\alpha t}\right)$
$\ln\left(\dfrac{s^2+\alpha^2}{s^2+\beta^2}\right)$	$\dfrac{2}{t}\left(\cos \beta t - \cos \alpha t\right)$
$\dfrac{1}{\sqrt{s}}$	$\dfrac{1}{\sqrt{\pi t}}$
$\dfrac{1}{s\sqrt{s}}$	$2\sqrt{\dfrac{t}{\pi}}$

$\mathcal{L}\{f(t)\} = \int\limits_{0}^{\infty} e^{-st} f(t)\, dt$	$f(t)$
$\dfrac{s+\alpha}{s\sqrt{s}}$	$\dfrac{1+2\alpha t}{\sqrt{\pi t}}$
$\sqrt{s-\alpha} - \sqrt{s-\beta}$	$\dfrac{1}{2t\sqrt{\pi t}}\left(e^{\beta t} - e^{\alpha t}\right)$
$\sqrt{\sqrt{s^2+\alpha^2} - s}$	$\dfrac{\sin \alpha t}{t\sqrt{2\pi t}}$
$\sqrt{\dfrac{\sqrt{s^2+\alpha^2} - s}{s^2+\alpha^2}}$	$\sqrt{\dfrac{2}{\pi t}}\,\sin \alpha t$
$\sqrt{\dfrac{\sqrt{s^2+\alpha^2} + s}{s^2+\alpha^2}}$	$\sqrt{\dfrac{2}{\pi t}}\,\cos \alpha t$
$\sqrt{\dfrac{\sqrt{s^2-\alpha^2} - s}{s^2-\alpha^2}}$	$\sqrt{\dfrac{2}{\pi t}}\,\sinh \alpha t$
$\sqrt{\dfrac{\sqrt{s^2-\alpha^2} + s}{s^2-\alpha^2}}$	$\sqrt{\dfrac{2}{\pi t}}\,\cosh \alpha t$
$\dfrac{1}{\sqrt{s}}\sin\dfrac{\alpha}{s}$	$\dfrac{\sinh\sqrt{2\alpha t}\,\sin\sqrt{2\alpha t}}{\sqrt{\pi t}}$
$\dfrac{1}{s\sqrt{s}}\sin\dfrac{\alpha}{s}$	$\dfrac{\cosh\sqrt{2\alpha t}\,\sin\sqrt{2\alpha t}}{\sqrt{\alpha\pi}}$
$\dfrac{1}{\sqrt{s}}\cos\dfrac{\alpha}{s}$	$\dfrac{\cosh\sqrt{2\alpha t}\,\cos\sqrt{2\alpha t}}{\sqrt{\pi t}}$
$\dfrac{1}{s\sqrt{s}}\cos\dfrac{\alpha}{s}$	$\dfrac{\sinh\sqrt{2\alpha t}\,\cos\sqrt{2\alpha t}}{\sqrt{\alpha\pi}}$
$\dfrac{1}{\sqrt{s}}\sinh\dfrac{\alpha}{s}$	$\dfrac{\cosh 2\sqrt{\alpha t} - \cos 2\sqrt{\alpha t}}{2\sqrt{\pi t}}$
$\dfrac{1}{s\sqrt{s}}\sinh\dfrac{\alpha}{s}$	$\dfrac{\sinh 2\sqrt{\alpha t} - \sin 2\sqrt{\alpha t}}{2\sqrt{\alpha\pi}}$
$\dfrac{1}{\sqrt{s}}\cosh\dfrac{\alpha}{s}$	$\dfrac{\cosh 2\sqrt{\alpha t} + \cos 2\sqrt{\alpha t}}{2\sqrt{\pi t}}$
$\dfrac{1}{s\sqrt{s}}\cosh\dfrac{\alpha}{s}$	$\dfrac{\sinh 2\sqrt{\alpha t} + \sin 2\sqrt{\alpha t}}{2\sqrt{\alpha\pi}}$

$\mathcal{L}\{f(t)\} = \int\limits_0^\infty \mathrm{e}^{-st} f(t)\,dt$	$f(t)$
$\dfrac{1}{s^z},\quad (\operatorname{Re} z > 0)$	$\dfrac{t^{z-1}}{\Gamma(z)}$
$\dfrac{1}{\sqrt{s}}\,\mathrm{e}^{\frac{1}{s}}$	$\dfrac{\cosh 2\sqrt{t}}{\sqrt{\pi t}}$
$\dfrac{1}{s\sqrt{s}}\,\mathrm{e}^{\frac{1}{s}}$	$\dfrac{\sinh 2\sqrt{t}}{\sqrt{\pi}}$
$\arctan\dfrac{\alpha}{s}$	$\dfrac{\sin \alpha t}{t}$
$\dfrac{\sin\left(\beta + \arctan\frac{\alpha}{s}\right)}{\sqrt{s^2 + \alpha^2}}$	$\sin(\alpha t + \beta)$
$\dfrac{\cos\left(\beta + \arctan\frac{\alpha}{s}\right)}{\sqrt{s^2 + \alpha^2}}$	$\cos(\alpha t + \beta)$

0.8.2.3 Laplace-Transformierte einiger stückweise stetiger Funktionen

Im folgenden ist $[t]$ die größte natürliche Zahl n mit $n \le t$. Dementsprechend ist $f([t]) = f(n)$ für $n \le t < n+1;\ n = 0, 1, 2, \ldots$

$\mathcal{L}\{f(t)\} = \int\limits_0^\infty \mathrm{e}^{-st} f(t)\,dt$	$f(t)$
$\dfrac{1}{s(\mathrm{e}^s - 1)}$	$[t]$
$\dfrac{1}{s(\mathrm{e}^{\alpha s} - 1)}$	$\left[\dfrac{t}{\alpha}\right]$
$\dfrac{1}{(1 - \mathrm{e}^{-s})s}$	$[t] + 1$
$\dfrac{1}{(1 - \mathrm{e}^{-\alpha s})s}$	$\left[\dfrac{t}{\alpha}\right] + 1$
$\dfrac{1}{s(\mathrm{e}^s - \alpha)}\quad (\alpha \ne 1)$	$\dfrac{\alpha^{[t]} - 1}{\alpha - 1}$
$\dfrac{\mathrm{e}^s - 1}{s(\mathrm{e}^s - \alpha)}$	$\alpha^{[t]}$
$\dfrac{\mathrm{e}^s - 1}{s(\mathrm{e}^s - \alpha)^2}$	$[t]\,\alpha^{[t]-1}$

$\mathcal{L}\{f(t)\} = \int\limits_{0}^{\infty} e^{-st} f(t)\, dt$	$f(t)$
$\dfrac{e^s - 1}{s(e^s - \alpha)^3}$	$\dfrac{1}{2}[t]\,([t]-1)\alpha^{[t]-2}$
$\dfrac{e^s - 1}{s(e^s - \alpha)(e^s - \beta)}$	$\dfrac{\alpha^{[t]} - \beta^{[t]}}{\alpha - \beta}$
$\dfrac{e^s + 1}{s(e^s - 1)^2}$	$[t]^2$
$\dfrac{(e^s - 1)(e^s + \alpha)}{s(e^s - \alpha)^3}$	$[t]^2 \alpha^{[t]-1}$
$\dfrac{(e^s - 1)\sin\beta}{s(e^{2s} - 2e^s\cos\beta + 1)}$	$\sin\beta[t]$
$\dfrac{(e^s - 1)(e^s - \cos\beta)}{s(e^{2s} - 2e^s\cos\beta + 1)}$	$\cos\beta[t]$
$\dfrac{(e^s - 1)\alpha\sin\beta}{s(e^{2s} - 2\alpha e^s\cos\beta + \alpha^2)}$	$\alpha^{[t]}\sin\beta[t]$
$\dfrac{(e^s - 1)(e^s - \alpha\cos\beta)}{s(e^{2s} - 2\alpha e^s\cos\beta + \alpha^2)}$	$\alpha^{[t]}\cos\beta[t]$
$\dfrac{e^{-as}}{s}$	$\left\{\begin{array}{ll} 0 & \text{für}\ \ 0 < t < \alpha \\ 1 & \text{für}\ \ \alpha < t \end{array}\right\}$
$\dfrac{1 - e^{-as}}{s}$	$\left\{\begin{array}{ll} 1 & \text{für}\ \ 0 < t < \alpha \\ 0 & \text{für}\ \ \alpha < t \end{array}\right\}$
$\dfrac{e^{-as} - e^{-\beta s}}{s}$	$\left\{\begin{array}{ll} 0 & \text{für}\ \ 0 < t < \alpha \\ 1 & \text{für}\ \ \alpha < t < \beta \\ 0 & \text{für}\ \ \beta < t \end{array}\right\}$
$\dfrac{(1 - e^{-as})^2}{s}$	$\left\{\begin{array}{ll} 1 & \text{für}\ \ 0 < t < \alpha \\ -1 & \text{für}\ \ \alpha < t < 2\alpha \\ 0 & \text{für}\ \ 2\alpha < t \end{array}\right\}$
$\dfrac{(e^{-as} - e^{-\beta s})^2}{s}$	$\left\{\begin{array}{ll} 0 & \text{für}\ \ 0 < t < 2\alpha \\ 1 & \text{für}\ \ 2\alpha < t < \alpha + \beta \\ -1 & \text{für}\ \ \alpha + \beta < t < 2\beta \\ 0 & \text{für}\ \ 2\beta < t \end{array}\right\}$

$\mathcal{L}\{f(t)\} = \int\limits_0^\infty \mathrm{e}^{-st} f(t)\, dt$	$f(t)$
$\dfrac{(1 - \mathrm{e}^{-\alpha s})^2}{s^2}$	$\left\{ \begin{array}{ll} t & \text{für } 0 < t < \alpha \\ 2\alpha - t & \text{für } \alpha < t < 2\alpha \\ 0 & \text{für } 2\alpha < t \end{array} \right\}$
$\dfrac{(\mathrm{e}^{-\alpha s} - \mathrm{e}^{-\beta s})^2}{s^2}$	$\left\{ \begin{array}{ll} 0 & \text{für } 0 < t < 2\alpha \\ t - 2\alpha & \text{für } 2\alpha < t < \alpha + \beta \\ 2\beta - t & \text{für } \alpha + \beta < t < 2\beta \\ 0 & \text{für } 2\beta < t \end{array} \right\}$
$\dfrac{\beta \mathrm{e}^{-\alpha s}}{s(s + \beta)}$	$\left\{ \begin{array}{ll} 0 & \text{für } 0 < t < \alpha \\ 1 - \mathrm{e}^{-\beta(t-\alpha)} & \text{für } \alpha < t \end{array} \right\}$
$\dfrac{\mathrm{e}^{-\alpha s}}{s + \beta}$	$\left\{ \begin{array}{ll} 0 & \text{für } 0 < t < \alpha \\ \mathrm{e}^{-\beta(t-\alpha)} & \text{für } \alpha < t \end{array} \right\}$
$\dfrac{1 - \mathrm{e}^{-\alpha s}}{s^2}$	$\left\{ \begin{array}{ll} t & \text{für } 0 < t < \alpha \\ \alpha & \text{für } \alpha < t \end{array} \right\}$
$\dfrac{\mathrm{e}^{-\alpha s} - \mathrm{e}^{-\beta s}}{s^2}$	$\left\{ \begin{array}{ll} 0 & \text{für } 0 < t < \alpha \\ t - \alpha & \text{für } \alpha < t < \beta \\ \beta - \alpha & \text{für } \beta < t \end{array} \right\}$
$\dfrac{1}{s(1 + \mathrm{e}^{-\alpha s})}$	$\left\{ \begin{array}{l} 1 \text{ für } 2n\alpha < t < (2n+1)\alpha \\ 0 \text{ für } (2n+1)\alpha < t < (2n+2)\alpha \end{array} \right\}$ $n = 0, 1, 2, \dots$
$\dfrac{1}{s(1 + \mathrm{e}^{\alpha s})}$	$\left\{ \begin{array}{l} 0 \text{ für } 2n\alpha < t < (2n+1)\alpha \\ 1 \text{ für } (2n+1)\alpha < t < (2n+2)\alpha \end{array} \right\}$ $n = 0, 1, 2, \dots$
$\dfrac{1 - \mathrm{e}^{-\alpha s}}{s(1 + \mathrm{e}^{-\alpha s})}$	$\left\{ \begin{array}{l} 1 \text{ für } 2n\alpha < t < (2n+1)\alpha \\ -1 \text{ für } (2n+1)\alpha < t < (2n+2)\alpha \end{array} \right\}$ $n = 0, 1, 2, \dots$

$\mathcal{L}\{f(t)\} = \int\limits_{0}^{\infty} e^{-st} f(t)\, dt$	$f(t)$	
$\dfrac{e^{-as} - 1}{s(1 + e^{-as})}$	$\begin{cases} -1 \text{ für } 2n\alpha < t < (2n+1)\alpha \\ 1 \text{ für } (2n+1)\alpha < t < (2n+2)\alpha \end{cases}$ $n = 0, 1, 2, \ldots$	
$\dfrac{1 - e^{-as}}{s(1 + e^{as})}$	$\begin{cases} 0 \text{ für } 0 < t < \alpha \\ 1 \text{ für } (2n+1)\alpha < t < (2n+2)\alpha \\ -1 \text{ für } (2n+2)\alpha < t < (2n+3)\alpha \end{cases}$ $n = 0, 1, 2, \ldots$	
$\dfrac{1 - e^{-as}}{s(e^{as} + e^{-as})}$	$\begin{cases} 0 \text{ für } 2n\alpha < t < (2n+1)\alpha \\ 1 \text{ für } (4n+1)\alpha < t < (4n+2)\alpha \\ -1 \text{ für } (4n+3)\alpha < t < (4n+4)\alpha \end{cases}$ $n = 0, 1, 2, \ldots$	
$\dfrac{1 - e^{-\frac{\alpha}{v}s}}{s(1 - e^{-as})}$	$\begin{cases} 1 \text{ für } n\alpha < t < \left(n + \dfrac{1}{v}\right)\alpha \\ 0 \text{ für } \left(n + \dfrac{1}{v}\right)\alpha < t < (n+1)\alpha \end{cases}$ $v > 1; \quad n = 0, 1, 2, \ldots$	
$\dfrac{1 - e^{-as}}{s^2(1 + e^{-as})}$	$\begin{cases} \dfrac{t}{\alpha} - 2n & \text{für } 2n\alpha < t \\ & \qquad < (2n+1)\alpha \\ -\dfrac{t}{\alpha} + 2(n+1) & \text{für } (2n+1)\alpha < t \\ & \qquad < (2n+2)\alpha \end{cases}$ $n = 0, 1, 2, \ldots$	
$\dfrac{(1 - e^{-as})^2}{\alpha s^2(1 - e^{-4as})}$	$\begin{cases} \dfrac{t}{\alpha} - 4n & \text{für } 4n\alpha < t \\ & \qquad < (4n+1)\alpha \\ -\dfrac{t}{\alpha} + 4n + 2 & \text{für } (4n+1)\alpha < t \\ & \qquad < (4n+2)\alpha \\ 0 & \text{für } (4n+2)\alpha < t \\ & \qquad < (4n+4)\alpha \end{cases}$ $n = 0, 1, 2, \ldots$	
$\dfrac{\alpha s + 1 - e^{as}}{\alpha s^2(1 - e^{as})}$	$\dfrac{t}{\alpha} - n \text{ für } n\alpha < t < (n+1)\alpha$ $n = 0, 1, 2, \ldots$	
$\dfrac{1 - (1 + \alpha s)e^{-as}}{\alpha s^2(1 - e^{-2as})}$	$\begin{cases} \dfrac{t}{\alpha} - 2n \text{ für } 2n\alpha < t < (2n+1)\alpha \\ 0 \text{ für } (2n+1)\alpha < t \\ \qquad\qquad < (2n+2)\alpha \end{cases}$ $n = 0, 1, 2, \ldots$	

$\mathcal{L}\{f(t)\} = \int\limits_{0}^{\infty} e^{-st} f(t)\, dt$	$f(t)$
$\dfrac{2 - \alpha s - (2 + \alpha s)e^{-\alpha s}}{\alpha s^2 (1 - e^{-\alpha s})}$	$\dfrac{2t}{\alpha} - (2n+1)$ für $n\alpha < t < (n+1)\alpha$ $n = 0, 1, 2, \ldots$
$\dfrac{2(1 - e^{-\alpha s})}{\alpha s^2 (1 + e^{-\alpha s})} - \dfrac{1}{s}$	$\begin{cases} \dfrac{2t}{\alpha} - (4n+1) & \text{für } 2n\alpha < t \\ & \qquad < (2n+1)\alpha \\ -\dfrac{2t}{\alpha} + 4n + 3 & \text{für } (2n+1)\alpha < t \\ & \qquad < (2n+2)\alpha \end{cases}$ $n = 0, 1, 2, \ldots$
$\dfrac{\nu(\nu - 1) + \nu e^{-\alpha s} - \nu^2 e^{-\frac{\alpha s}{\nu}}}{(\nu - 1)\alpha s^2 (1 - e^{-\alpha s})}$	$\begin{cases} \dfrac{\nu t}{\alpha} - n \\ \qquad \text{für } n\alpha < t < \left(n + \dfrac{1}{\nu}\right)\alpha \\ \\ -\dfrac{\nu}{\alpha(\nu - 1)}t + \dfrac{\nu(n+1)}{\nu - 1} \\ \qquad \text{für } \left(n + \dfrac{1}{\nu}\right)\alpha < t < (n+1)\alpha \end{cases}$ $\nu > 1; \quad n = 0, 1, 2, \ldots$
$\dfrac{\nu - (\nu + \alpha s)e^{-\frac{\alpha s}{\nu}}}{\alpha s^2 (1 - e^{-\alpha s})}$	$\begin{cases} \dfrac{\nu}{\alpha}t - \nu n & \text{für } n\alpha < t < \left(n + \dfrac{1}{\nu}\right)\alpha \\ 0 & \text{für } \left(n + \dfrac{1}{\nu}\right)\alpha < t \\ & \qquad < (n+1)\alpha \end{cases}$ $\nu > 1; \quad n = 0, 1, 2, \ldots$

0.8.3 Z-Transformation

f_n	$\mathcal{Z}\{f_n\} = F(z) = \sum\limits_{n=0}^{\infty} \dfrac{f_n}{z^n}$
1	$\dfrac{z}{z - 1}$

---

[81] Die Polynome $N_k(z)$ können folgendermaßen rekursiv berechnet werden:

$$N_1(z) = z; \quad N_{k+1}(z) = (k+1)z N_k(z) - (z^2 - z)\frac{d}{dz} N_k(z).$$

f_n	$\mathcal{Z}\{f_n\} = F(z) = \displaystyle\sum_{n=0}^{\infty} \frac{f_n}{z^n}$
$(-1)^n$	$\dfrac{z}{z+1}$
n	$\dfrac{z}{(z-1)^2}$
n^2	$\dfrac{z(z+1)}{(z-1)^3}$
n^k	$\dfrac{N_k(z)}{(z-1)^{k+1}}$ $\quad$ 81
$(-1)^n n^k$	$\dfrac{(-1)^{k+1} N_k(-z)}{(z+1)^{k+1}}$
$\dbinom{n}{m}; \quad n \geq m-1$	$\dfrac{z}{(z-1)^{m+1}}$
$(-1)^n \dbinom{n}{m}; \quad n \geq m-1$	$\dfrac{(-1)^m z}{(z+1)^{m+1}}$
$\dbinom{n+k}{m}; \quad k \leq m$	$\dfrac{z^{k+1}}{(z+1)^{m+1}}$
a^n	$\dfrac{z}{z-a}$
$a^{n-1}; \quad n \geq 1$	$\dfrac{1}{z-a}$
$(-1)^n a^n$	$\dfrac{z}{z+a}$
$1 - a^n$	$\dfrac{z(1-a)}{(z-1)(z-a)}$
$n a^n$	$\dfrac{za}{(z-a)^2}$
$n^k a^n$	$\dfrac{a^{k+1} N_k\left(\frac{z}{a}\right)}{(z-a)^{k+1}}$
$\dbinom{n}{m} a^n; \quad n \geq m-1$	$\dfrac{a^m z}{(z-a)^{m+1}}$
$\dfrac{1}{n}; \quad n \geq 1$	$\ln \dfrac{z}{z-1}$

f_n	$\mathcal{Z}\{f_n\} = F(z) = \sum\limits_{n=0}^{\infty} \dfrac{f_n}{z^n}$
$\dfrac{(-1)^{n-1}}{n}; \quad n \geq 1$	$\ln\left(1 + \dfrac{1}{z}\right)$
$\dfrac{a^{n-1}}{n}; \quad n \geq 1$	$\dfrac{1}{a}\ln\dfrac{z}{z-a}$
$\dfrac{a^n}{n!}$	$e^{\frac{a}{z}}$
$\dfrac{n+1}{n!}a^n$	$\left(1 + \dfrac{a}{z}\right)e^{\frac{a}{z}}$
$\dfrac{(-1)^n}{(2n+1)!}$	$\sqrt{z}\,\sin\dfrac{1}{\sqrt{z}}$
$\dfrac{(-1)^n}{(2n)!}$	$\cos\dfrac{1}{\sqrt{z}}$
$\dfrac{1}{(2n+1)!}$	$\sqrt{z}\,\sinh\dfrac{1}{\sqrt{z}}$
$\dfrac{1}{(2n)!}$	$\cosh\dfrac{1}{\sqrt{z}}$
$\dfrac{a^n}{(2n+1)!}$	$\sqrt{\dfrac{z}{a}}\,\sinh\sqrt{\dfrac{a}{z}}$
$\dfrac{a^n}{(2n)!}$	$\cosh\sqrt{\dfrac{a}{z}}$
$e^{\alpha n}$	$\dfrac{z}{z - e^\alpha}$
$\sinh \alpha n$	$\dfrac{z\sinh\alpha}{z^2 - 2z\cosh\alpha + 1}$
$\cosh \alpha n$	$\dfrac{z(z - \cosh\alpha)}{z^2 - 2z\cosh\alpha + 1}$
$\sinh(\alpha n + \varphi)$	$\dfrac{z\big(z\sinh\varphi + \sinh(\alpha - \varphi)\big)}{z^2 - 2z\cosh\alpha + 1}$
$\cosh(\alpha n + \varphi)$	$\dfrac{z\big(z\cosh\varphi - \cosh(\alpha - \varphi)\big)}{z^2 - 2z\cosh\alpha + 1}$
$a^n \sinh \alpha n$	$\dfrac{za\sinh\alpha}{z^2 - 2za\cosh\alpha + a^2}$

f_n	$\mathcal{Z}\{f_n\} = F(z) = \displaystyle\sum_{n=0}^{\infty} \frac{f_n}{z^n}$
$a^n \cosh \alpha n$	$\dfrac{z(z - a\cosh\alpha)}{z^2 - 2za\cosh\alpha + a^2}$
$n \sinh \alpha n$	$\dfrac{z(z^2 - 1)\sinh\alpha}{(z^2 - 2z\cosh\alpha + 1)^2}$
$n \cosh \alpha n$	$\dfrac{z\big((z^2 + 1)\cosh\alpha - 2z\big)}{(z^2 - 2z\cosh\alpha + 1)^2}$
$\sin \beta n$	$\dfrac{z\sin\beta}{z^2 - 2z\cos\beta + 1}$
$\cos \beta n$	$\dfrac{z(z - \cos\beta)}{z^2 - 2z\cos\beta + 1}$
$\sin(\beta n + \varphi)$	$\dfrac{z\big(z\sin\varphi + \sin(\beta - \varphi)\big)}{z^2 - 2z\cos\beta + 1}$
$\cos(\beta n + \varphi)$	$\dfrac{z\big(z\cos\varphi - \cos(\beta - \varphi)\big)}{z^2 - 2z\cos\beta + 1}$
$e^{\alpha n} \sin \beta n$	$\dfrac{z\,e^{\alpha}\sin\beta}{z^2 - 2z\,e^{\alpha}\cos\beta + e^{2\alpha}}$
$e^{\alpha n} \cos \beta n$	$\dfrac{z(z - e^{\alpha}\cos\beta)}{z^2 - 2z\,e^{\alpha}\cos\beta + e^{2\alpha}}$
$(-1)^n e^{\alpha n} \sin \beta n$	$\dfrac{-z\,e^{\alpha}\sin\beta}{z^2 + 2e^{\alpha}\cos\beta + e^{2\alpha}}$
$(-1)^n e^{\alpha n} \cos \beta n$	$\dfrac{z(z + e^{\alpha}\cos\beta)}{z^2 + 2e^{\alpha}\cos\beta + e^{2\alpha}}$
$n \sin \beta n$	$\dfrac{z(z^2 - 1)\sin\beta}{(z^2 - 2z\cos\beta + 1)^2}$
$n \cos \beta n$	$\dfrac{z\big((z^2 + 1)\cos\beta - 2z\big)}{(z^2 - 2z\cos\beta + 1)^2}$
$\dfrac{\cos \beta n}{n};\quad n \geq 1$	$\ln\left(\dfrac{z}{\sqrt{z^2 - 2z\cos\beta + 1}}\right)$
$\dfrac{\sin \beta n}{n};\quad n \geq 1$	$\arctan\left(\dfrac{\sin\beta}{z - \cos\beta}\right)$

f_n	$\mathcal{Z}\{f_n\} = F(z) = \sum\limits_{n=0}^{\infty} \dfrac{f_n}{z^n}$
$(-1)^{n-1}\dfrac{\cos\beta n}{n};\quad n \geq 1$	$\ln\left(\dfrac{\sqrt{z^2 + 2z\cos\beta + 1}}{z}\right)$
$(-1)^{n-1}\dfrac{\sin\beta n}{n};\quad n \geq 1$	$\arctan\left(\dfrac{\sin\beta}{z + \cos\beta}\right)$

Anmerkung: Eine Ungleichung $n \geq \nu$ auf der linken Seite der Tabelle bedeutet, dass bei Bildung der Z-Transformierten die Summation bei ν beginnt, z. B. $\mathcal{Z}\{a^{n-1}\} = \sum\limits_{n=1}^{\infty} a^{n-1} z^{-n}$.

Literatur zu Kapitel 0

[Abramowitz und Stegun 1984] Abramowitz, M. und Stegun, I. (eds.): Handbook of Mathematical Functions with Formulas, Graphes, and Tables, National Bureau of Standards and Wiley. Washington DC and New York (1984)

[Beckenbach und Bellman 1983] Beckenbach, E., Bellman, R.: Inequalities. Springer, Berlin (1983)

[Fisz 1970] Fisz, M.: Wahrscheinlichkeitsrechnung und Mathematische Statistik. Deutscher Verlag der Wissenschaften, Berlin (1970)

[Hardy et al. 1978] Hardy, G., Littlewood, J., Pólya, G.: Inequalities. Cambridge University Press (1978)

[Klein 1993] Klein, F.: Vorlesungen über das Ikosaeder und die Gleichungen vom fünften Grade. Hrsg.: P. Slodowy. Birkhäuser, Basel und Teubner, Leipzig (1993)

[Olver et al. 2010] Olver, F., Lozier, D., Boisvert, R., Clark, C.(eds.): NIST Handbook of Mathematical Functions, Cambridge University Press (2010). Companion: NIST Digital Library of Mathematical Functions.

[Owen 1965] Owen, D.: Handbook of Statistical Tables. Addison-Wesley, Reading, Massachusetts (1965)

[Prudnikov et al. 1990] Prudnikov, A., Brychkov, Yu., Manichev, O.: Integrals and Series, Vols. 1–3. Gordon and Breach, New York (1990)

[Ryshik und Gradstein 1963] Ryshik, I., Gradstein, I.: Summen-, Produkt- und Integraltafeln, Bd. 1–3. Deutscher Verlag der Wissenschaften, Berlin (1963)

[Smirnow und Dunin-Barkovski 1963] Smirnow, N., Dunin-Barkovski, I.: Mathematische Statistik in der Technik. Deutscher Verlag der Wissenschaften, Berlin (1963)

[Smoot und Davidson 1995] Smoot, G., Davidson, K.: Das Echo der Zeit: Auf den Spuren der Entstehung des Universums. Thiemann, München (1995)

KAPITEL 1

ANALYSIS

Data aequatione quotcunque fluentes quantitae involvente flu-
xiones invernire et vice versa.[1]

Newton in einem Brief an Leibniz im Jahre 1676

Im Mittelpunkt der Analysis steht die Untersuchung von *Grenzwerten*. Viele wichtige mathematische und physikalische Begriffe lassen sich durch Grenzwerte definieren, z. B. Geschwindigkeit, Beschleunigung, Arbeit, Energie, Leistung, Wirkung, Volumen und Oberfläche eines Körpers, Länge und Krümmung einer Kurve, Krümmung einer Fläche usw. Das Herzstück der Analysis stellt die von Newton (1643–1727) und Leibniz (1646–1716) unabhängig voneinander geschaffene Differential- und Integralrechnung dar. Bis auf wenige Ausnahmen waren der antiken Mathematik der Begriff des Grenzwerts fremd. Heute stellt die Analysis eine wichtige Grundlage der mathematischen Beschreibung der Naturwissenschaften[2] dar (vgl. Abb. 1.1). Ihre volle Kraft entfaltet jedoch die Analysis erst im Zusammenwirken mit anderen mathematischen Disziplinen, wie zum Beispiel Algebra, Zahlentheorie, Geometrie, Stochastik und Numerik.

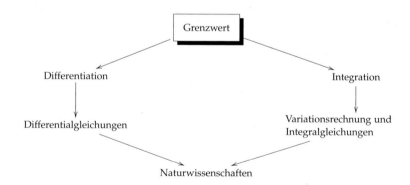

Abb. 1.1

---

[1]Die moderne Übersetzung lautet: Es ist nützlich, Funktionen zu differenzieren und Differentialgleichungen zu lösen. Tatsächlich verschlüsselte Newton den obigen lateinischen Satz in der Form des folgenden Anagramms (Buchstabenrätsel):

6a cc d ae 13e ff 7i 3l 9n 4o 4q rr 4s 9t 12v x,

d. h., der Buchstabe a kommt sechsfach vor usw. Newtons „fluentes" und „fluxiones" entsprechen unseren heutigen „Funktionen" und „Ableitungen". Es scheint, dass die Entzifferung dieses Anagramms mindestens ebensoviel Genialität erfordert hätte wie die Entdeckung der Differential- und Integralrechnung selbst.

[2]Eine ausführliche Darstellung des Verhältnisses zwischen Analysis und Naturwissenschaften findet man in Abschnitt 10.1. im Handbuch.

1.1 Elementare Analysis

Begriffe ohne Anschauung sind leer, Anschauung ohne Begriffe ist blind.

Immanuel Kant (1724–1804)

1.1.1 Reelle Zahlen

Anschauliche Einführung der reellen Zahlen: [3] Auf einer Geraden G zeichnen wir zwei Punkte 0 und 1 aus (Abb. 1.2a). Jedem Punkt a von G entspricht dann eine *reelle Zahl*, und auf diese Weise erhält man genau alle reellen Zahlen. Der Einfachheit halber benutzen wir die gleichen Symbole für die Punkte auf der Geraden G und für die entsprechenden reellen Zahlen. Die Strecke von 0 nach 1 heißt die Einheitsstrecke E von G.

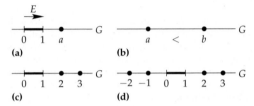

Abb. 1.2

Anordnung: Für zwei beliebige reelle Zahlen a und b schreiben wir genau dann das Symbol

$$a < b,$$

wenn der Punkt a echt links von b liegt, und sagen, dass a kleiner als b ist (Abb. 1.2b). Ferner schreiben wir genau dann $a \leq b$, wenn $a < b$ oder $a = b$ und sagen, dass a kleiner als oder gleich b ist.

Die reelle Zahl a heißt genau dann positiv (bzw. negativ oder nichtnegativ), wenn $0 < a$ (bzw. $a < 0$ oder $0 \leq a$) gilt.

Entwicklung des Zahlbegriffs: Der Zahlbegriff stellt eine großartige Abstraktionsleistung des menschlichen Geistes dar. Anstelle von zwei Steinen, zwei Bäumen oder zwei Fingern wurde eines Tages der abstrakte Begriff „zwei" verwendet. Das geschah vermutlich in der jüngeren Steinzeit (Neolithikum) vor etwa 10 000 Jahren, als in Asien und Europa die Eisdecke schmolz und die Menschen sesshaft wurden. Höhlenmalereien in Frankreich und Spanien, die vor etwa 15 000 Jahren entstanden, zeigen, dass die Menschen dieser Zeit bereits einen bemerkenswerten Sinn für Formen besaßen.

Im Zweistromland Mesopotamien zwischen Euphrat und Tigris (dem heutigen Irak) entwickelten sich um 3000 v. Chr. die ersten sumerischen Stadtstaaten. Das hohe Niveau der mesopotamischen Mathematik unter den Babyloniern und Assyrern geht auf die Leistung der Sumerer zurück. Die Sumerer benutzten ein Positionszahlsystem zur Basis 60 (Sexagesimalsystem). Die Babylonier übernahmen dieses Zahlsystem von den Sumerern und fügten etwa um 600 v. Chr. eine Leerstelle hinzu, die unserer heutigen Null entspricht.

---

[3]Eine strenge Begründung der Theorie der reellen Zahlen zusammen mit Bemerkungen über die Problematik irrationaler Zahlen in der Geschichte der Mathematik findet man in 1.2.2. Generell deuten die Zahlbezeichnungen „irrational" (unvernünftig), „imaginär" (eingebildet) und „transzendent" (übernatürlich) darauf hin, dass von den Mathematikern im Laufe der Jahrhunderte erhebliche erkenntnistheoretische Schwierigkeiten zu überwinden waren.

1.1.1.1 Natürliche und ganze Zahlen

Die Zahlen

$$0, 1, 2, 3, \ldots,$$

die dem sukzessiven Aneinanderlegen der Einheitsstrecke E entsprechen, heißen *natürliche Zahlen*[4] (Abb. 1.2c). Ferner bezeichnen wir

$$\ldots, -3, -2, -1, 0, 1, 2, 3, \ldots$$

als ganze Zahlen. Man kann sich die Gerade G als ein *Thermometer* vorstellen. Dann entsprechen die negativen Zahlen den negativen Temperaturen, d. h. Temperaturen unter dem Nullpunkt. Die Addition ganzer Zahlen entspricht der Addition von Temperaturen.

▶ Beispiel 1: Die Gleichung

$$-3 + 5 = 2$$

interpretieren wir folgendermaßen: Liegt am Morgen die Temperatur minus drei Grad vor und steigt die Temperatur bis zum Mittag um fünf Grad, dann haben wir am Mittag eine Temperatur von (plus) zwei Grad.

Die Multiplikation ganzer Zahlen erfolgt nach der Regel:

$$\text{„plus mal plus = minus mal minus = plus",} \\ \text{„plus mal minus = minus mal plus = minus".} \tag{1.1}$$

Die Division ganzer Zahlen erfolgt nach der Regel:

$$\text{„plus durch plus = minus durch minus = plus",} \\ \text{„plus durch minus = minus durch plus = minus".} \tag{1.2}$$

Wir schreiben dabei $+12$ anstelle von 12, usw.

▶ Beispiel 2:

$$3 \cdot 4 = (+3)(+4) = +12 = 12,$$

$$(-3)(+4) = -12, \qquad (+3)(-4) = -12, \qquad (-3)(-4) = 12,$$

$$(-12) : (+4) = -3, \qquad (-12) : (-4) = 3, \qquad 12 : (-4) = -3.$$

Aus $3 \cdot 4 = 12$ folgt $12 : 4 = 3$. Wie zu erwarten, zeigt ein Vergleich der zweiten Zeile mit der dritten Zeile, dass diese Umkehrung der Multiplikation auch für ganze Zahlen richtig bleibt.

---

[4]Unter dem Einfluss der Mengentheorie und der Computerwissenschaften hat es sich eingebürgert, die Zahl 0 zu den natürlichen Zahlen hinzunehmen. Die positiven natürlichen Zahlen 1, 2, 3, ... nennen wir *eigentliche natürliche Zahlen*.

1.1.1.2 Rationale Zahlen

Grundidee: Auf rationale Zahlen (auch Brüche genannt) wird man geführt, wenn man Bruchteile der Einheitsstrecke E beschreiben will.

▶ BEISPIEL 1: Es sei n eine positive Zahl. Teilen wir die Einheitsstrecke E in n gleiche Teile, dann erhalten wir Punkte, die wir der Reihe nach mit

$$\frac{1}{n}, \frac{2}{n}, \frac{3}{n}, \cdots, \frac{n-1}{n}, \frac{n}{n} = 1$$

bezeichnen. Speziell für $n = 2$ (bzw. $n = 4$) ergeben sich die Zahlen

$$\frac{1}{2}, \frac{2}{2} = 1 \qquad \text{bzw.} \qquad \frac{1}{4}, \frac{2}{4}, \frac{3}{4}, \frac{4}{4} = 1$$

(Abb. 1.3a). In einem Bruch $\frac{m}{n}$ heißt m (bzw. n) der *Zähler* (bzw. der *Nenner*).

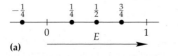

(a)   **(b)**   Abb. 1.3

Kürzen und Erweitern von Brüchen: Nach Abb. 1.3a gilt

$$\frac{2}{4} = \frac{1}{2}.$$

Diese Beziehung ist ein Spezialfall der folgenden allgemeinen Regel:

> Ein Bruch ändert sich nicht, wenn man den Zähler und Nenner mit der gleichen positiven Zahl n multipliziert (bzw. durch n dividiert).

Diesen Prozess nennt man „das Erweitern eines Bruches" (bzw. „das Kürzen eines Bruches").

▶ BEISPIEL 2: Das Erweitern von $\frac{2}{3}$ um 4 ergibt

$$\frac{2}{3} = \frac{2 \cdot 4}{3 \cdot 4} = \frac{8}{12}.$$

Das Kürzen von $\frac{8}{12}$ durch 4 liefert $\frac{8}{12} = \frac{8 : 4}{12 : 4} = \frac{2}{3}$.

Multiplikation von Brüchen: Brüche werden nach der folgenden Regel miteinander multipliziert:

> „Zähler mal Zähler und Nenner mal Nenner".

▶ BEISPIEL 3: $\frac{2}{3} \cdot \frac{3}{4} = \frac{2 \cdot 3}{3 \cdot 4} = \frac{6}{12}$.

Division von Brüchen: Den *Kehrwert* eines Bruches erhält man, indem man Zähler und Nenner miteinander vertauscht. Die Divisionsregel lautet:

> Division von Brüchen bedeutet Multiplikation mit dem Kehrwert des zweiten Faktors.

▶ Beispiel 4: Der Kehrwert von $\frac{3}{5}$ ist $\frac{5}{3}$. Deshalb gilt:

$$\frac{2}{7} : \frac{3}{5} = \frac{2}{7} \cdot \frac{5}{3} = \frac{2 \cdot 5}{7 \cdot 3} = \frac{10}{21}.$$

Addition von Brüchen: Man addiert zwei Brüche, indem man sie zunächst so erweitert, dass sie einen gemeinsamen Nenner besitzen und dann addiert.

▶ Beispiel 5: $\frac{1}{2} + \frac{3}{4} = \frac{2}{4} + \frac{3}{4} = \frac{5}{4}$.

Dieses Verfahren ist gleichbedeutend mit der allgemeinen Regel der sogenannten „kreuzweisen Multiplikation":

$$\frac{a}{b} + \frac{c}{d} = \frac{ad + bc}{bd}.$$

▶ Beispiel 6: $\frac{1}{2} + \frac{3}{4} = \frac{1 \cdot 4 + 2 \cdot 3}{2 \cdot 4} = \frac{4 + 6}{8} = \frac{10}{8}$. Durch Kürzen ergibt sich ferner $\frac{5}{4}$.

Negative Brüche: Sind m und n eigentliche natürliche Zahlen, dann erhält man den Punkt $-\frac{m}{n}$ durch *Spiegelung am Nullpunkt* (Abb. 1.3b). Das Vorzeichen eines Bruches ganzer Zahlen ermittelt man nach der Divisionsregel (1.2).

▶ Beispiel 7: $\frac{(-3)}{(-4)} = +\frac{3}{4} = \frac{3}{4}$, $\frac{(-3)}{4} = -\frac{3}{4}$, $\frac{3}{(-4)} = -\frac{3}{4}$. Die scheinbar willkürlichen Vorzeichenregeln (1.1) und (1.2) sind in Wahrheit zwingend, wenn man fordert, dass für die reellen Zahlen einfache Rechengesetze gelten sollen. Verlangt man zum Beispiel die Allgemeingültigkeit des Distributivgesetzes

$$a(b + c) = ab + ac,$$

dann folgt daraus etwa speziell für $a = 4$, $b = +3$ und $c = -3$

$$4(3 + (-3)) = 4 \cdot 0 = 0,$$

und

$$4(3 + (-3)) = 4 \cdot 3 + 4 \cdot (-3) = 12 + 4 \cdot (-3) = 0,$$

also $4(-3) = -12$, in Übereinstimmung mit der Regel „plus mal minus = minus".

Definition: Genau alle reellen Zahlen der Form $\frac{a}{b}$ mit ganzen Zahlen a, b und $b \neq 0$ heißen *rationale Zahlen*.

Genau diejenigen reellen Zahlen, die keine rationalen Zahlen sind, nennt man *irrationale* Zahlen. Zum Beispiel ist $\sqrt{2}$ eine irrationale Zahl; der klassische Beweis der Antike hierfür wird in 4.2.1. gegeben

Die folgenden Bezeichnungen haben sich in der modernen Literatur eingebürgert:

$\mathbb{N}$: = Menge der natürlichen Zahlen,
$\mathbb{Z}$: = Menge der ganzen Zahlen,
$\mathbb{Q}$: = Menge der rationalen Zahlen,
$\mathbb{R}$: = Menge der reellen Zahlen,
$\mathbb{C}$: = Menge der komplexen Zahlen.

Potenzen: Für eine reelle Zahl $a \neq 0$ setzen wir:

$$a^0 := 1, \qquad a^1 := a, \qquad a^2 := a \cdot a, \qquad a^3 := a \cdot a \cdot a, \quad \ldots,$$
$$a^{-1} := \frac{1}{a}, \qquad a^{-2} := \frac{1}{a^2}, \qquad a^{-3} := \frac{1}{a^3}, \quad \ldots$$

▶ BEISPIEL 8: $2^0 = 1, \quad 2^2 = 4, \quad 2^3 = 8, \quad 2^{-1} = \frac{1}{2}, \quad 2^{-2} = \frac{1}{4}.$

1.1.1.3 Dezimalzahlen

Grundidee: Im täglichen Leben wird das Dezimalsystem verwendet.[5] Das Zahlsymbol 123 steht dabei für die Summe.

$$1 \cdot 10^2 + 2 \cdot 10^1 + 3 \cdot 10^0.$$

Ferner entspricht das Symbol 2.43 der Summe:

$$2 \cdot 10^0 + 4 \cdot 10^{-1} + 3 \cdot 10^{-2}. \tag{1.3}$$

Schließlich steht das Symbol 2.43567... für diejenige (eindeutig bestimmbare) reelle Zahl x, die der folgenden *unendlichen Ungleichheitskette* genügt:

$$
\begin{aligned}
2.4 &\leq x < 2.4 + 10^{-1}, \\
2.43 &\leq x < 2.43 + 10^{-2}, \\
2.435 &\leq x < 2.435 + 10^{-3}, \\
&\ldots
\end{aligned} \tag{1.4}
$$

Dezimalbruchentwicklung: Im folgenden seien alle a_j ganze Zahlen mit $a_j = 0, 1, \ldots, 9$ und $a_n \neq 0$. Ferner sei $n = 0, 1, 2, \ldots$ und $m = 1, 2, \ldots$.

(i) Das Symbol

$$a_n a_{n-1} \ldots a_0 . a_{-1} a_{-2} \ldots a_{-m}$$

steht analog zu (1.3) für die Summe:

$$a_n \cdot 10^n + a_{n-1} \cdot 10^{n-1} + \ldots + a_0 \cdot 10^0 + a_{-1} \cdot 10^{-1} + a_{-2} \cdot 10^{-2} + \ldots + a_{-m} \cdot 10^{-m}.$$

(ii) Das Symbol $a_n a_{n-1} \ldots a_0 . a_{-1} a_{-2} \ldots$ steht für diejenige (eindeutig bestimmte) reelle Zahl x, die analog zu (1.4) der folgenden unendlichen Ungleichungskette genügt:

$$a_n \cdots a_0 . a_{-1} a_{-2} \ldots a_{-m} \leq x < a_n \cdots a_0 . a_{-1} a_{-2} \ldots a_{-m} + 10^{-m}, \; m = 1, 2, \ldots$$

Jede reelle Zahl lässt sich auf diese Weise eindeutig durch einen endlichen oder unendlichen Dezimalbruch darstellen.

Satz: Eine reelle Zahl ist genau dann rational, wenn ihre Dezimalbruchentwicklung endlich oder periodisch ist.

---

[5]Im Jahre 1585 erschien das Werk *La disme* (Das Dezimalsystem) von Simon Stevin. Damit wurden alle Messungen auf dem europäischen Festland einheitlich auf das Dezimalsystem umgestellt.

▶ BEISPIEL 1: Die Zahlen $\frac{1}{4} = 0.25$ und $\frac{1}{3} = 0.333333\cdots$ sind rational. Dagegen besitzt die Dezimalbruchentwicklung

$$\sqrt{2} = 1.414213562\cdots, \tag{1.5}$$

der irrationalen Zahl $\sqrt{2}$ keine Periode.

Rundungsregeln: Das Ziel des Rundungsprozesses ist es, von positiven unendlichen Dezimalbrüchen zu *endlichen* Dezimalbrüchen überzugehen, die eine Näherung darstellen.[6]

▶ BEISPIEL 2:

(i) Aufrunden von 2.3456... ergibt 2.346.

(ii) Abrunden von 2.3454... ergibt 2.345.

(iii) Aufrunden von 2.3455... ergibt 2.346.

(iv) Abrunden von 2.3465... ergibt 2.346.

Der Fehler ist in jedem Falle kleiner gleich 0.0005.

Es gilt die *Regel*: Die letzten Stellen 0, 1, 2, 3, 4 (bzw. 5, 6, 7, 8, 9)werden stets abgerundet (bzw. aufgerundet).

Ganzer Teil einer reellen Zahl: Mit $[a]$ bezeichnen wir nach Gauß den ganzen Teil der reellen Zahl a. Das ist definitionsgemäß die größte ganze Zahl g mit $g \leq a$.

▶ BEISPIEL 3: $[2] = 2,$ $[1.99] = 1,$ $[-2.5] = -3.$

1.1.1.4 Dualzahlen

Das Dualzahlsystem erhält man, indem man überall im vorangegangenen Abschnitt 1.1.1.3. die halbfett gedruckte Zahl **10** durch die Zahl 2 ersetzt und a_j gleich 0 oder 1 wählt. Jede reelle Zahl lässt sich dann in eindeutiger Weise durch einen endlichen oder unendlichen Dualzahlbruch darstellen, in dem nur die Symbole 0 und 1 vorkommen. Wegen dieser formalen Einfachheit wird das Dualzahlsystem in Computern verwendet.

▶ BEISPIEL: Im Dualzahlsystem steht das Symbol 1010.01 für die Summe

$$1 \cdot 2^3 + 0 \cdot 2^2 + 1 \cdot 2^1 + 0 \cdot 2^0 + 0 \cdot 2^{-1} + 1 \cdot 2^{-2},$$

die im Dezimalsystem der Zahl $8 + 2 + \frac{1}{4} = 10.25$ entspricht.

Andere Zahlsysteme: Ersetzt man die Zahl **10** in 1.1.1.3 durch eine fest gewählte natürliche Zahl $\beta \geq 2$, dann erhält man in analoger Weise ein Zahlsystem zur Basis β. Beispielsweise verwendeten die Sumerer im Zweistromland Mesopotamien (2000 v. Chr.) ein Sexagesimalsystem mit der Basiszahl 60. Unsere Einteilung einer Stunde in 60 Minuten und die eines Kreises in 360 Grad geht auf die Sumerer zurück.

Die Mayas in Mexiko und die Kelten in Europa verwendeten ein System mit der Basiszahl $\beta = 20$. Die alten Ägypter benutzten ein Dezimalsystem mit besonderen Zeichen für jede Dezimaleinheit. Das Zahlsystem der Römer beruhte auf dem gleichen Prinzip. Die römischen Ziffern

M, D, C, L, X, V und I

stehen der Reihe nach für 1000, 500, 100, 50, 10, 5 und 1. Das Symbol MDCLXVII entspricht beispielsweise der Zahl 1667. Ein derartiges Zahlsystem ist für die Durchführung komplizierter Rechnungen nicht geeignet.

---

[6]Runden ist durch DIN 1333 geregelt.

1.1.1.5 Intervalle

Es seien a und b reelle Zahlen mit $a < b$. Definitionsgemäß ist ein kompaktes Intervall (mit den Endpunkten a und b) gleich der Menge

$$[a,b] := \{x \in \mathbb{R} \mid a \leq x \leq b\}.$$

In Worten: $[a,b]$ besteht aus genau allen Elementen x der Menge $\mathbb{R}$ der reellen Zahlen mit der Eigenschaft $a \leq x \leq b$ (Abb. 1.4). Ferner definieren wir[7]

$$]a,b[:= \{x \in \mathbb{R} \mid a < x < b\}; \qquad \text{(offenes Intervall)}$$
$$[a,b[:= \{x \in \mathbb{R} \mid a \leq x < b\}; \qquad \text{(rechts halboffenes Intervall)}$$
$$]a,b] := \{x \in \mathbb{R} \mid a < x \leq b\}. \qquad \text{(links halboffenes Intervall.)}$$

Häufig benötigt man auch die folgenden unendlich großen Intervalle:

$$] - \infty, a] := \{x \in \mathbb{R} \mid x \leq a\}, \qquad] - \infty, a[:= \{x \in \mathbb{R} \mid x < a\},$$
$$[b, \infty[:= \{x \in \mathbb{R} \mid b \leq x\}, \qquad]b, \infty[:= \{x \in \mathbb{R} \mid b < x\}.$$

Die Menge $\mathbb{R}$ aller reellen Zahlen wird auch mit $] - \infty, \infty[$ bezeichnet.

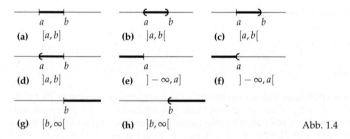

(a) $[a,b]$ **(b)** $]a,b[$ **(c)** $[a,b[$

(d) $]a,b]$ **(e)** $] - \infty, a]$ **(f)** $] - \infty, a[$

(g) $[b, \infty[$ **(h)** $]b, \infty[$ Abb. 1.4

1.1.2 Komplexe Zahlen

Formale Einführung der komplexe Zahlen: [8] Es gibt keine reelle Zahl x, die der Gleichung

$$x^2 = -1$$

genügt. Deshalb führte der italienische Mathematiker Raphael Bombelli Mitte des 16. Jahrhunderts ein Symbol $\sqrt{-1}$ ein. Euler (1707–1783) schrieb dafür i. Die sogenannte imaginäre Einheit genügt der Gleichung

$$\boxed{i^2 = -1.} \tag{1.6}$$

Euler entdeckte die für alle reellen Zahlen x und y gültige grundlegende Formel

$$\boxed{e^{x+iy} = e^x(\cos y + i \cdot \sin y),} \tag{1.7}$$

---

[7]Anstelle von $]a,b[$, $[a,b[$, $]a,b]$ schreibt man der Reihe nach auch (a,b), $[a,b)$, $(a,b]$. Die oben benutzte Schreibweise hat sich in der modernen Literatur eingebürgert, um Verwechslungen mit dem geordneten Paar (a,b) der beiden Zahlen a und b auszuschließen.

[8]Die strenge Einführung der komplexen Zahlen über die Algebra geordneter Paare (x,y) geschieht in 2.5.3. im Rahmen der Körpertheorie.

die einen überraschenden Zusammenhang zwischen der Exponentialfunktion und den trigonometrischen Funktionen herstellt.[9] Diese Formel wird zum Beispiel ständig in der Schwingungstheorie benutzt (vgl. 1.1.3.).

Kartesische Darstellung: Unter einer komplexen Zahl versteht man ein Symbol der Form

$$\boxed{x + iy}$$

wobei x und y reelle Zahlen sind. Reelle Zahlen entsprechen dem Spezialfall $y = 0$. Lange Zeit galten komplexe Zahlen als etwas Mystisches. Erst Gauß verschaffte ihnen im Jahre 1831 Bürgerrecht in der Mathematik, indem er $x + iy$ als Punkt der Ebene mit den kartesischen Koordinaten (x, y) deutete und zeigte, dass man das Rechnen mit komplexen Zahlen geometrisch interpretieren kann (Abb. 1.5). Heute spielen komplexe Zahlen in vielen Gebieten der Mathematik, Physik und Technik eine wichtige Rolle.

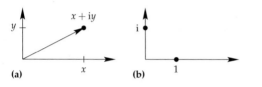

(a)   (b)   Abb. 1.5

Man rechnet mit komplexen Zahlen nach den üblichen Regeln, wobei man lediglich $i^2 = -1$ beachtet. Insbesondere bezeichnet man

$$\boxed{\overline{x + iy} := x - iy}$$

als *konjugierte komplex Zahl* zu $x + iy$.

▶ BEISPIEL 1 (Addition): $(2 + 3i) + (1 + 2i) = 3 + 5i$.

▶ BEISPIEL 2 (Multiplikation): $(2 + 3i)(1 + 2i) = 2 + 3i + 4i + 6i^2 = 2 + 7i - 6 = -4 + 7i$. Für alle reellen Zahlen x und y gilt:

$$\boxed{(x + iy)(x - iy) = x^2 + y^2.} \tag{1.8}$$

▶ BEISPIEL 3 (Division): Aus (1.8) folgt

$$\frac{1 + 2i}{3 + 2i} = \frac{(1 + 2i)(3 - 2i)}{(3 + 2i)(3 - 2i)} = \frac{3 + 6i - 2i - 4i^2}{9 + 4} = \frac{1}{13}(7 + 4i).$$

Diese Methode der Erweiterung mit der konjugiert komplexen Zahl des Nenners ist allgemein anwendbar.

---

[9]In der Elektrotechnik benutzt man j anstelle von i, um Verwechslungen mit der Bezeichnung für die Stromstärke auszuschließen.

1.1.2.1 Der Betrag

Definitionsgemäß ist der Betrag z einer komplexen Zahl $z = x + iy$ durch

$$|z| := \sqrt{x^2 + y^2}.$$

gegeben. Geometrisch ist das die Länge des zu z gehörigen Vektors (vgl. Abb. 1.6a).

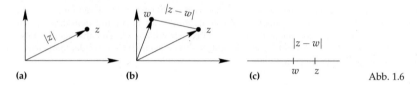

(a)   (b)   (c) w z Abb. 1.6

▶ BEISPIEL 1: Für eine reelle Zahl x gilt

$$|x| := \begin{cases} x, & \text{falls } x \geq 0, \\ -x, & \text{falls } x < 0. \end{cases}$$

Ferner ist $|i| = 1$, $|1 + i| = \sqrt{1^2 + 1^2} = \sqrt{2}$.

Abstand: Für zwei komplexe Zahlen z und w ist

$$|z - w|$$

gleich dem Abstand zwischen den zugehörigen Punkten (Abb. 1.6b,c). Speziell ist $|z|$ der Abstand des Punktes vom Nullpunkt.

Dreiecksungleichung: Für alle komplexen Zahlen z und w gilt die wichtige Dreiecksungleichung

$$\left| |z| - |w| \right| \leq |z \pm w| \leq |z| + |w|. \tag{1.9}$$

Speziell besagt $|z + w| \leq |z| + |w|$, dass die Länge der zu $z + w$ gehörigen Dreiecksseite kleiner als oder gleich der Summe der Längen der zu z und w gehörigen Dreiecksseiten ist (Abb. 1.8b). Ferner gilt

$$|zw| = |z||w|, \qquad \left| \frac{z}{w} \right| = \frac{|z|}{|w|}, \qquad |z| = |\bar{z}|,$$

wobei $w \neq 0$ im Fall der Division vorausgesetzt werden muss.

Komplexe Zahlen in Polarkoordinaten: Benutzen wir Polarkoordinaten, dann gilt für die komplexe Zahl $z = x + iy$:

$$z = r(\cos \varphi + i \cdot \sin \varphi), \qquad -\pi < \varphi \leq \pi, \quad r = |z|.$$

Dabei bezeichnet φ den Winkel dieses Vektors mit der x-Achse (Abb. 1.7). Die Eulersche Formel

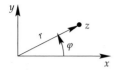

Abb. 1.7

(1.7) liefert die elegante Darstellung:

$$z = re^{i\varphi}, \quad -\pi < \varphi \leq \pi, \quad r = |z|.$$

Man nennt den Winkel $\arg z := \varphi$ den Hauptwert des *Arguments* von z. Durch die Forderung $-\pi < \varphi \leq \pi$ ist der Winkel φ durch z eindeutig festgelegt.

Alle Winkel ψ mit $z = re^{i\psi}$ heißen Argumente von z. Es gilt

$$\psi = \varphi + 2\pi k, \ k = 0, \pm 1, \pm 2, \ldots$$

▶ BEISPIEL 2: $i = e^{i\pi/2}$, $-1 = e^{i\pi}$, $|i| = |-1| = 1$, $\arg i = \dfrac{\pi}{2}$, $\arg(-1) = \pi$.

1.1.2.2 Geometrische Interpretation der Operation mit komplexen Zahlen

Es gilt: (i) Die *Addition* zweier komplexer Zahlen z und w entspricht der Addition der zugehörigen Vektoren (Abb. 1.8a).

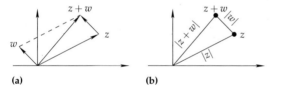

(a)   **(b)**   Abb. 1.8

(ii) Die *Multiplikation* zweier komplexer Zahlen

$$re^{i\varphi} \cdot \varrho e^{i\psi} = r\varrho e^{i(\varphi+\psi)}$$

entspricht einer Drehstreckung, d. h., die Längen der entsprechenden Vektoren werden multipliziert, und die entsprechenden Winkel werden addiert.

(iii) Die *Division* zweier komplexer Zahlen

$$\frac{re^{i\varphi}}{\varrho e^{i\psi}} = \frac{r}{\varrho} e^{i(\varphi-\psi)}$$

entspricht einer Division der Längen der zugehörigen Vektoren und einer Subtraktion der zugehörigen Winkel.

(iv) *Spiegelung.* Der Übergang von $z = x + iy$ zur konjugiert komplexen Zahl $\bar{z} = x - iy$ entspricht einer Spiegelung an der reellen Achse (Abb. 1.9a).

Der Übergang von z zu $-z$ entspricht einer Spiegelung am Nullpunkt (Abb. 1.9b).

Der Übergang von $z (\bar{z})^{-1}$ entspricht einer Spiegelung am Einheitskreis, d. h., der Bild- und Urbildpunkt liegen auf der gleichen Geraden durch den Nullpunkt, und das Produkt ihrer Abstände vom Nullpunkt ist gleich 1 (Abb. 1.9c).

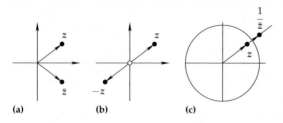

(a)   (b)   (c)   Abb. 1.9

1.1.2.3 Rechenregeln

Addition und Multiplikation: Für alle komplexen Zahlen a, b, c gilt.

$$a + (b + c) = (a + b) + c, \quad a(bc) = (ab)c, \quad \text{(Assoziativität)},$$
$$a + b = b + a, \quad ab = ba, \quad \text{(Kommutativität)},$$
$$a(b + c) = ab + ac, \quad \text{(Distributivität)}.$$

▶ BEISPIEL 1: $(a + b)^2 = (a + b)(a + b) = a^2 + ab + ba + b^2 = a^2 + 2ab + b^2$.

Vorzeichenregeln: Für alle komplexen Zahlen a, b gilt:

$$(-a)(-b) = ab, \quad (-a)\,b = -ab, \quad a(-b) = -ab,$$
$$-(-a) = a, \quad (-1)\,a = -a.$$

▶ BEISPIEL 2: $(a - b)^2 = (a - b)(a - b) = a^2 - ab - ba + b^2 = a^2 - 2ab + b^2$.

▶ BEISPIEL 3: $(a + b)(a - b) = a^2 + ab - ba - b^2 = a^2 - b^2$.

Das Rechnen mit Brüchen: Im folgenden wird angenommen, dass alle im Nenner stehenden komplexen Zahlen ungleich null sind. Für alle komplexen Zahlen a, b, c und d gilt:

$$\frac{a}{b} = \frac{c}{d} \iff ad = bc, \quad \text{(Gleichheit[10])},$$
$$\frac{a}{b} \cdot \frac{c}{d} = \frac{ac}{bd}, \quad \text{(Multiplikation)},$$
$$\frac{a}{b} \pm \frac{c}{d} = \frac{ad \pm bc}{bd}, \quad \text{(Addition und Subtraktion)},$$
$$\frac{\left(\frac{a}{b}\right)}{\left(\frac{c}{d}\right)} = \frac{ad}{bc}, \quad \text{(Division)}.$$

Übergang zu konjugiert komplexen Zahlen:

Sind a, b, c und d beliebige komplexe Zahlen mit $d \neq 0$, dann gilt:

$$\overline{a \pm b} = \overline{a} \pm \overline{b}, \quad \overline{ab} = \overline{a} \cdot \overline{b}, \quad \overline{\left(\frac{c}{d}\right)} = \frac{\overline{c}}{\overline{d}}.$$

---

[10]In Worten: Aus $\frac{a}{b} = \frac{c}{d}$ folgt $ad = cb$ und umgekehrt.

Es sei $z = x + iy$. Dann heißt x (bzw. y) der *Realteil* (bzw. *Imaginärteil*) von z. Wir schreiben $x = \operatorname{Re} z$ (bzw. $y = \operatorname{Im} z$). Es gilt:

$$\operatorname{Re} z = \frac{1}{2}(z + \bar{z}), \qquad \operatorname{Im} z = \frac{1}{2i}(z - \bar{z}).$$

1.1.2.4 Die n-ten Wurzeln

Gegeben sei die komplexe Zahl $a = |a| e^{i\varphi}$ mit $-\pi < \varphi \leq \pi$ und $a \neq 0$.

Satz: Für festes $n = 2, 3, \ldots$ besitzt die sogenannte *Kreisteilungsgleichung*

$$x^n = a$$

genau die Lösungen

$$x = \sqrt[n]{|a|} \left(\cos\left(\frac{2\pi k + \varphi}{n} \right) + i \cdot \sin\left(\frac{2\pi k + \varphi}{n} \right) \right), \qquad k = 0, 1, \ldots, n-1.$$

Diese Zahlen, die wir auch in der Form $x = \sqrt[n]{|a|} e^{i(2\pi k + \varphi)/n}, k = 0, \ldots, n-1$, schreiben können, heißen die n-ten Wurzeln der komplexen Zahl a. Diese n-ten Wurzeln teilen den Kreis vom Radius $\sqrt[n]{|a|}$ in n gleiche Teile.

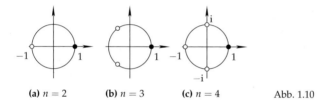

(a) $n = 2$ **(b)** $n = 3$ **(c)** $n = 4$ Abb. 1.10

▶ BEISPIEL 1: Für $a = 1$ und $n = 2, 3, 4$ sind die n-ten Wurzeln von 1 in Abb. 1.10 angegeben.

▶ BEISPIEL 2: Die 2-ten Wurzeln von $2i = 2e^{i\pi/2}$ lauten (vgl. Abb. 1.11):

$$x = \sqrt{2} \left(\cos\frac{\pi}{4} + i \cdot \sin\frac{\pi}{4} \right) = 1 + i,$$

$$x = \sqrt{2} \left(\cos\left(\pi + \frac{\pi}{4} \right) + i \cdot \sin\left(\pi + \frac{\pi}{4} \right) \right) = -(1 + i).$$

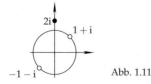

Abb. 1.11

1.1.3 Anwendungen auf Schwingungen

Gegeben sei eine Funktion f der *Periode* $T > 0$, d.h., es gilt:

$$f(t+T) = f(t) \qquad \text{für alle } t \in \mathbb{R}.$$

Wir nennen T auch die *Schwingungsdauer*. Außerdem definieren wir:

$$\nu := \frac{1}{T} \text{ (Frequenz)}, \qquad \omega := 2\pi\nu \text{ (Kreisfrequenz)}.$$

▶ BEISPIEL 1 (Sinusschwingungen): Die Funktion

$$y := A \cdot \sin(\omega t + \alpha)$$

beschreibt eine Schwingung der Kreisfrequenz ω mit der Amplitude A (Abb. 1.12a). Die Zahl α heißt *Phasenverschiebung*.

▶ BEISPIEL 2 (Sinuswelle): Gegeben seien $A > 0$ und $\omega > 0$. Die Funktion

$$y(x,t) = A \cdot \sin(\omega t + \alpha - kx) \tag{1.10}$$

beschreibt eine Welle der Amplitude A und der Wellenlänge $\lambda := 2\pi/k$, die sich mit der sogenannten Phasengeschwindigkeit

$$c := \frac{\omega}{k}.$$

von links nach rechts ausbreitet (Abb. 1.12b). Die Zahl k heißt *Wellenzahl*. Ein Punkt $(x, y(x,t))$, der sich nach dem Gesetz $kx = \omega t + \alpha - \dfrac{\pi}{2}$ im Laufe der Zeit t bewegt, entspricht einem sich mit der Geschwindigkeit c von links nach rechts bewegenden Wellenberg der Höhe A.

In Physik und Technik ist es üblich, derartige Wellen durch die komplexe Funktion

$$Y(x,t) := C \cdot e^{i(\omega t - kx)}$$

mit der *komplexen Amplitude* $C = Ae^{i\alpha}$ zu beschreiben. Der Imaginärteil von $Y(x,t)$ entspricht dann $y(x,t)$ in (1.10).

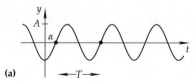

(a)

(b)   Abb. 1.12

1.1.4 Das Rechnen mit Gleichungen

Operationen mit einer Gleichung: Es seien a, b und c beliebige reelle (oder komplexe) Zahlen. Das Rechnen mit Gleichungen wird von den folgenden Regeln beherrscht:

$$
\begin{aligned}
a = b &\Rightarrow a + c = b + c, && \text{(Addition)}, \\
a = b &\Rightarrow a - c = b - c, && \text{(Subtraktion)}, \\
a = b &\Rightarrow ac = bc, && \text{(Multiplikation)}, \\
a = b,\ c \neq 0 &\Rightarrow \frac{a}{c} = \frac{b}{c}, && \text{(Division)}, \\
a = b,\ a \neq 0 &\Rightarrow \frac{1}{a} = \frac{1}{b}, && \text{(Kehrwert)}.
\end{aligned}
$$

In Worten:

(i) Zu einer Gleichung darf man links und rechts die gleiche Zahl addieren..

(ii) Eine Gleichung darf man links und rechts mit der gleichen Zahl multiplizieren.

(iii) Eine Gleichung darf man links und rechts durch die gleiche Zahl dividieren.

(iv) Von einer Gleichung darf man den Kehrwert bilden.

Im Fall (iii) und (iv) hat man zusätzlich darauf zu achten, dass gilt:

Division durch null ist verboten!

Anschaulich gesprochen entspricht eine Gleichung einer *Waage* im *Gleichgewicht*. Dieses Gleichgewicht wird nicht gestört, wenn man rechts und links das Gleiche tut.

Operationen mit zwei Gleichungen: Für alle reellen (oder komplexen) Zahlen a, b, c und d gilt:

$$
\begin{aligned}
a = b,\ c = d &\Rightarrow a + c = b + d, && \text{(Addition zweier Gleichungen)}, \\
a = b,\ c = d &\Rightarrow a - c = b - d, && \text{(Subtraktion zweier Gleichungen)}, \\
a = b,\ c = d &\Rightarrow ac = bd, && \text{(Multiplikation zweier Gleichungen)}, \\
a = b,\ c = d,\ c \neq 0 &\Rightarrow \frac{a}{c} = \frac{b}{d}, && \text{(Division zweier Gleichungen)}.
\end{aligned}
$$

Das Lösen von Gleichungen: Das Lösen der Gleichung

$$2x + 3 = 7 \tag{1.11}$$

bedeutet: Man bestimme eine Zahl, so dass (1.11) gilt, falls wir x durch diese Zahl ersetzen. Man nennt x eine Unbestimmte.

▶ BEISPIEL 1: Die Gleichung (1.11) besitzt die eindeutige Lösung $x = 2$.

Beweis: 1. Schritt: Angenommen, die Zahl x ist eine Lösung von (1.11). Subtrahieren wir von der rechten und linken Seite in (1.11) die Zahl 3, dann erhalten wir

$$2x = 4.$$

Division der rechten und linken Seite durch die Zahl 2 liefert

$$x = 2.$$

Damit haben wir gezeigt: Falls die Gleichung (1.11) eine Lösung besitzt, dann muss es die Zahl 2 sein.

2. Schritt: Wir zeigen, dass die Zahl 2 tatsächlich die Lösung darstellt. Das folgt aus $2 \cdot 2 + 3 = 7$.

$\square$

Den zweiten Schritt nennt man auch die „Probe". Mathematische Fehlschlüsse beruhen häufig darauf, dass der erste Schritt mit dem vollen Beweis verwechselt wird (vgl. 4.2.6.2.).

▶ BEISPIEL 2 (lineares Gleichungssystem): Gegeben seien die reellen (oder komplexen) Zahlen a, b, c, d, α, β mit $ad - bc \neq 0$. Das Gleichungssystem

$$\boxed{\begin{aligned} ax + by &= \alpha, \\ cx + dy &= \beta \end{aligned}} \tag{1.12}$$

besitzt dann die eindeutige Lösung

$$x = \frac{\alpha d - \beta b}{ad - bc}, \qquad y = \frac{a\beta - c\alpha}{ad - bc}. \tag{1.13}$$

Beweis:

1. Schritt: Angenommen, die Zahlen x und y genügen der Gleichung (1.12). Wir multiplizieren die erste (bzw. zweite) Gleichung von (1.12) mit d (bzw. $(-b)$). Das ergibt

$$adx + bdy = \alpha d,$$
$$-bcx - bdy = -b\beta.$$

Addition dieser beiden Gleichungen liefert

$$(ad - bc)x = \alpha d - \beta b.$$

Nach Division beider Seiten durch $ad - bc$ erhalten wir den in (1.13) angegebenen Ausdruck für x.

Wir multiplizieren die erste (bzw. zweite) Gleichung von (1.12) links und rechts mit $(-c)$ (bzw. a). Das ergibt

$$-cax - cby = -c\alpha,$$
$$acx + ady = a\beta.$$

Addition dieser beiden Gleichungen liefert

$$(ad - bc)y = a\beta - c\alpha.$$

Nach Division beider Seiten durch $ad - bc$ erhalten wir den in (1.13) angegebenen Ausdruck für y.

Wir haben somit gezeigt, dass jede Lösung von (1.12) die Gestalt (1.13) besitzt, falls sie existiert. Somit gibt es höchstens eine Lösung.

2. Schritt (Probe): Setzen wir für x und y die Ausdrücke von (1.13) in die Ausgangsgleichung (1.12) ein, dann zeigt eine kurze Rechnung, dass es sich tatsächlich um Lösungen handelt. $\square$

▶ BEISPIEL 3 (quadratische Gleichung): Es seien b und c reelle Zahlen mit $b^2 - c > 0$. Dann besitzt die quadratische Gleichung

$$x^2 + 2bx + c = 0 \tag{1.14}$$

genau die beiden Lösungen

$$x = -b \pm \sqrt{b^2 - c}. \tag{1.15}$$

Beweis: 1. Schritt: Angenommen, x ist eine Lösung von (1.14). Wir addieren $b^2 - c$ rechts und links zu (1.14) und erhalten

$$x^2 + 2bx + b^2 = b^2 - c.$$

Das ergibt $(x + b)^2 = b^2 - c$, und daraus erhalten wir $x + b = \pm\sqrt{b^2 - c}$. Addition von $(-b)$ rechts und links zu dieser Gleichung liefert (1.15).

Wir haben somit gezeigt, dass alle Lösungen von (1.14) die Gestalt (1.15) besitzen müssen, falls sie existieren.

2. Schritt (Probe): Setzen wir die Ausdrücke für x aus (1.15) in die Ausgangsgleichung (1.14) ein, dann zeigt eine kurze Rechnung, dass x tatsächlich Lösung von (1.14) ist. □

1.1.5 Das Rechnen mit Ungleichungen

Operationen mit Ungleichungen: Für beliebige reelle Zahlen a, b und c gelten folgende Regeln:

$$a \leq b \qquad \Rightarrow \qquad a + c \leq b + c, \quad \text{(Addition)},$$

$$a \leq b \qquad \Rightarrow \qquad a - c \leq b - c, \quad \text{(Subtraktion)},$$

$$a \leq b, \ c \geq 0 \quad \Rightarrow \qquad ac \leq bc,$$
$$\text{(Multiplikation)},$$
$$a \leq b, \ c < 0 \quad \Rightarrow \qquad bc \leq ac,$$

$$a \leq b, \ c > 0 \quad \Rightarrow \qquad \frac{a}{c} \leq \frac{b}{c},$$
$$\text{(Division)},$$
$$a \leq b, \ c < 0 \quad \Rightarrow \qquad \frac{b}{c} \leq \frac{a}{c},$$

$$0 < a \leq b \qquad \Rightarrow \qquad \frac{1}{b} \leq \frac{1}{a}, \quad \text{(Kehrwert)}.$$

Das heißt: Ungleichungen dürfen links und rechts mit einer reellen Zahl addiert, subtrahiert, multipliziert und dividiert werden, wobei sich im Falle der Multiplikation und Division mit einer negativen Zahl das Ungleichheitszeichen umkehrt.

Operationen mit zwei Ungleichungen: Für alle reellen Zahlen a, b, c und d gilt:

$$a \leq b, \ c \leq d \qquad \Rightarrow \qquad a + c \leq b + d, \quad \text{(Addition)},$$
$$a \leq b, \ 0 \leq c \leq d \quad \Rightarrow \qquad ac \leq bd, \quad \text{(Multiplikation)}.$$

> Alle diese Ungleichheitsregeln bleiben richtig, wenn man überall das Symbol $\leq$ durch $<$ ersetzt.

▶ BEISPIEL 1: Für alle reellen Zahlen a und b gilt die Ungleichung

$$ab \leq \frac{1}{2}(a^2 + b^2).$$

Beweis: Aus $0 \leq (a-b)^2$ folgt nach der binomischen Formel

$$0 \leq a^2 - 2ab + b^2.$$

Addition von $2ab$ auf beiden Seiten ergibt $2ab \leq a^2 + b^2$. Daraus folgt die Behauptung, indem man beide Seiten durch 2 dividiert.   □

▶ BEISPIEL 2: Für alle reellen Zahlen a gilt die Ungleichung:

$$\frac{a^4}{1 + a^2} \leq a^4.$$

Beweis: Aus $1 \leq 1 + a^2$ folgt $\dfrac{1}{1 + a^2} \leq 1$ nach der Kehrwertregel, und Multiplikation beider Seiten dieser letzten Ungleichung mit a^4 ergibt die Behauptung.   □

▶ BEISPIEL 3: Es seien a und b reelle Zahlen mit $a \neq 0$. Wir wollen die lineare Ungleichung

$$ax - b \geq 0 \tag{1.16}$$

für reelle Zahlen x untersuchen.

(i) Für $a > 0$ gilt (1.16) genau dann, wenn $x \geq \dfrac{b}{a}$.

(ii) Für $a < 0$ gilt (1.16) genau dann, wenn $x \leq \dfrac{b}{a}$.

▶ BEISPIEL 4: Für gegebene reelle Zahlen a, b und c mit $a > 0$ betrachten wir die quadratische Ungleichung

$$ax^2 + 2bx + c \geq 0 \tag{1.17}$$

mit der sogenannten Diskriminante $D := b^2 - ac$.

(i) Für $D \leq 0$ ist jede reelle Zahl x eine Lösung von (1.17).

(ii) Für $D > 0$ besteht die Lösungsmenge von (1.17) aus genau allen reellen Zahlen x, die der Ungleichung

$$x \leq \frac{-b - \sqrt{D}}{a} \quad \text{oder} \quad x \geq \frac{-b + \sqrt{D}}{a}.$$

genügen.

Eine Zusammenstellung wichtiger Ungleichungen findet man in 0.1.11.

1.2 Grenzwerte von Zahlenfolgen

1.2.1 Grundideen

Zahlenfolgen: *Beispiel 1:* Wir betrachten die reelle Zahlenfolge (a_n) mit

$$a_n := \frac{1}{n}, \qquad n = 1, 2, \ldots$$

Wird n immer größer, dann nähert sich a_n immer mehr der Zahl 0 (vgl. Tab. 1.1). Dafür schreiben wir

$$\boxed{\lim_{n \to \infty} a_n = 0}$$

und sagen, dass der Grenzwert (Limes) der Folge (a_n) gleich null ist.

Tabelle 1.1

n	1	2	10	100	1000	10000	...
a_n	1	0.5	0.1	0.01	0.001	0.0001	...

▶ Beispiel 2: Die Zahlenfolge (b_n) mit $b_n := \dfrac{n}{n+1}$ nähert sich für große n immer mehr der Zahl 1. Wir schreiben: $\lim\limits_{n \to \infty} b_n = 1$.

Funktionen: Bei vielen Anwendungen der Mathematik in Naturwissenschaft, Technik und Wirtschaft spielen Grenzwerte eine große Rolle. Der Grenzwert für Funktionen wird in natürlicher Weise auf den Begriff des Grenzwerts für Zahlenfolgen zurückgeführt.

▶ Beispiel 3: Wir betrachten die Funktion

$$f(x) := \begin{cases} x^2 & \text{für alle reellen Zahlen } x \neq 0, \\ 1 & \text{für } x = 0 \end{cases}$$

(Abb. 1.13).

Abb. 1.13

Wir schreiben genau dann

$$\boxed{\lim_{x \to a} f(x) = b,}$$

wenn für jede Folge (a_n) mit $a_n \neq a$ für alle n gilt:

$$\boxed{\text{Aus } \lim_{n \to \infty} a_n = a \text{ folgt stets } \lim_{n \to \infty} f(a_n) = b.}$$

Im vorliegenden Spezialfall ist beispielsweise

$$\lim_{x \to 0} f(x) = 0, \tag{1.18}$$

denn aus $a_n \neq 0$ für alle n und $\lim\limits_{n \to \infty} a_n = 0$ folgt $\lim\limits_{n \to \infty} f(a_n) = \lim\limits_{n \to \infty} a_n^2 = 0$.

Die Beziehung (1.18) entspricht unserer anschaulichen Vorstellung: Nähert sich der Punkt x von rechts (oder links) dem Nullpunkt, dann streben die entsprechenden Funktionswerte auch gegen null. Der Wert der Funktion f im Nullpunkt ist für diesen Grenzwert ohne Belang.

Da der Grenzwert einer Folge rationaler Zahlen eine irrationale Zahl sein kann, benötigt man für einen strengen Aufbau der Grenzwerttheorie einen strengen Aufbau der Theorie der reellen Zahlen, den wir im folgenden Abschnitt beschreiben.

1.2.2 Die Hilbertsche Axiomatik der reellen Zahlen

Um 500 v. Chr. entdeckte ein Angehöriger der pythagoreischen Schule im antiken Griechenland, dass die Länge d der Diagonalen des Einheitsquadrats zur Seitenlänge des Quadrats inkommensurabel ist, d. h., das Verhältnis zwischen der Länge der Diagonalen und der Seitenlänge ist nicht eine rationale Zahl. Aus dem Satz des Pythagoras folgt nach Abb. 1.14 die Beziehung

$$d^2 = 1^2 + 1^2,$$

die $d = \sqrt{2}$ ergibt. In unserer heutigen Terminologie entdeckte somit ein Pythagoreer die Irrationalität von $\sqrt{2}$ (vgl. 4.2.1). Diese Entdeckung störte das harmonische Weltbild der Pythagoreer und löste einen tiefen Schock aus. Die Legende berichtet, dass der Entdecker dieser Erkenntnis von Angehörigen der pythagoreischen Schule bei einer Seefahrt ins Meer geworfen wurde.

Die Schwierigkeiten irrationaler Zahlen meisterte der nach Archimedes (281–212 v. Chr.) wohl bedeutendste Mathematiker der Antike – Eudoxos von Knidos (etwa 410 bis 350 v. Chr.). Erst über 2000 Jahre später wurden die Ideen des Eudoxos von Dedekind im Jahre 1872 wieder aufgegriffen, um eine allen Anforderungen mathematischer Strenge genügende Theorie der Irrationalzahlen zu schaffen.

Abb. 1.14

Nach dem Vorbild der „Elemente" des Euklid (um 300 v. Chr.) werden mathematische Theorien axiomatisch aufgebaut, d. h., man stellt einige sehr einfache Prinzipien an die Spitze einer Theorie. Diese Prinzipien (Axiome) brauchen nicht bewiesen zu werden. In der Regel sind die Axiome jedoch das Ergebnis eines langen und mühevollen mathematischen Erkenntnisprozesses. Aus den Axiomen erhält man dann allein durch logische Schlüsse (Beweise) die gesamte Theorie.

1.2.2.1 Die Axiome

Wir postulieren die Existenz einer Menge $\mathbb{R}$, deren Elemente reelle Zahlen heißen und die folgenden Eigenschaften (K), (A) und (V) besitzen.

(K) *Körperaxiom.* Die Menge $\mathbb{R}$ bildet einen Körper mit dem neutralen Element 0 der Addition und dem neutralen Element 1 der Multiplikation.

(A) *Anordnungsaxiom.* Für zwei beliebig vorgegebene reelle Zahlen a, b liegt genau eine der drei folgenden Relationen vor:

$$a < b, \quad a = b, \quad b < a, \qquad \text{(Trichotomie)}.$$

Für beliebige reelle Zahlen a, b und c gilt:

(i) Aus $a < b$ und $b < c$ folgt $a < c$,   (Transitivität).

(ii) Aus $a < b$ folgt $a + c < b + c$,   (Monotonie der Addition).

(iii) Aus $a < b$ und $0 < c$ folgt $ac < bc$,   (Monotonie der Multiplikation).

Unter einem *Dedekindschen Schnitt* (A, B) versteht man ein geordnetes Paar von nichtleeren Mengen A und B reeller Zahlen, so dass jede reelle Zahl in A oder B liegt und aus $a \in A$ und $b \in B$ stets $a < b$ folgt.

(V) *Vollständigkeitsaxiom.* Zu jedem Dedekindschen Schnitt (A, B) gibt es genau eine reelle Zahl α mit der Eigenschaft

$$\boxed{a \le \alpha \le b \quad \text{für alle } a \in A, \ b \in B.}$$

Anschaulich bedeutet (V), dass die Zahlengerade keine Lücken enthält (Abb. 1.15).

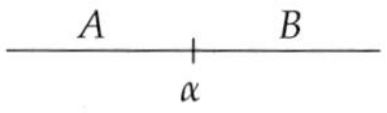

Abb. 1.15

Das Axiom (K) besagt, dass die Menge $K = \mathbb{R}$ den folgenden Bedingungen genügt.

Definition eines Körpers: Eine Menge K heißt genau dann ein Körper, wenn folgendes gilt.

Addition. Zwei beliebigen Elementen a und b aus K wird eindeutig ein drittes Element aus K zugeordnet, das wir mit $a + b$ bezeichnen. Für alle a, b und c aus K gilt:

$$\boxed{\begin{aligned} (a + b) + c &= a + (b + c), \quad \text{(Assoziativität)}, \\ a + b &= b + a, \quad \text{(Kommutativität)}. \end{aligned}}$$

Es gibt genau ein Element aus K, das wir mit 0 bezeichnen, so dass

$$\boxed{a + 0 = a}$$

für alle Elemente a von K gilt (Existenz des neutralen Elements der Addition).

Zu jedem Element a aus K gibt es genau ein Element b aus K, so dass

$$\boxed{a + b = 0.}$$

gilt (Existenz des inversen Elements der Addition). Anstelle von b schreiben wir auch $(-a)$.

Multiplikation. Zwei beliebigen Elementen a und b aus K wird ein eindeutig bestimmtes Element aus K zugeordnet, das wir mit ab (oder auch $a \cdot b$) bezeichnen. Für alle a, b und c aus K gilt:

$$\boxed{\begin{aligned} (ab)c &= a(bc), \quad \text{(Assoziativität)}, \\ (ab) &= (ba), \quad \text{(Kommutativität)}, \\ a(b + c) &= ab + ac, \quad \text{(Distributivität)}. \end{aligned}}$$

Es gibt genau ein Element aus K, das wir mit 1 bezeichnen, so dass $1 \neq 0$ und

$$\boxed{a \cdot 1 = a}$$

für alle Elemente a von K gilt (Existenz des neutralen Elements der Multiplikation).

Zu jedem Element a aus K mit $a \neq 0$ gibt es genau ein Element b aus K, so dass

$$\boxed{ab = 1.}$$

gilt (Existenz des inversen Elements der Multiplikation). Anstelle von b schreiben wir auch a^{-1}.

Der Begriff des Körpers gehört zu den Grundbegriffen der modernen Mathematik. Zahlreiche mathematische Objekte sind Körper (vgl. 2.5.3). In der allgemeinen Körpertheorie verwendet man oft das Symbol e anstelle von 1.

Folgerungen aus den Axiomen: Alle Rechenregeln für reelle Zahlen (Vorzeichenregeln, Regeln für das Rechnen mit Brüchen, Gleichungen und Ungleichungen), die wir in 1.1.2.1 bereitgestellt haben, lassen sich aus den Axiomen beweisen.

Die Axiome (K) und (A) gelten auch für die Menge der rationalen Zahlen. Dagegen trifft das Vollständigkeitsaxiom (V) auf die Menge der rationalen Zahlen nicht zu.

Eindeutigkeit: Genügen zwei Mengen $\mathbb{R}$ und $\mathbb{R}'$ allen Axiomen (K), (A) und (V), dann ist der Körper $\mathbb{R}$ isomorph zu $\mathbb{R}'$ unter Respektierung der Anordnungsrelation. Explizit heißt das: Es gibt eine bijektive Abbildung $\varphi : \mathbb{R} \longrightarrow \mathbb{R}'$, so dass für alle $a, b \in \mathbb{R}$ gilt:

(i) $\varphi(a + b) = \varphi(a) + \varphi(b)$.

(ii) $\varphi(ab) = \varphi(a)\varphi(b)$.

(iii) Aus $a \leq b$ folgt $\varphi(a) \leq \varphi(b)$.

Dies bedeutet, dass man in $\mathbb{R}$ und $\mathbb{R}'$ in gleicher Weise rechnen kann.

1.2.2.2 Das Induktionsgesetz

Anschaulich erhält man die natürlichen Zahlen 0, 1, 2, ... durch die fortgesetzte Addition 0, $0 + 1$, $1 + 1$, usw. Bei einer mathematisch sauberen Definition muss man jedoch einen anderen (scheinbar komplizierteren) Weg gehen.

Induktive Mengen: Eine Menge M reeller Zahlen heißt genau dann induktiv, wenn sie die Zahl 0 enthält und aus $a \in M$ stets auch $a + 1 \in M$ folgt.

Definitionsgemäß besteht die Menge der natürlichen Zahlen $\mathbb{N}$ aus dem Durchschnitt aller induktiven Mengen. Somit ist $\mathbb{N}$ die kleinste induktive Menge.

Induktionsgesetz: Gegeben sei eine Menge A natürlicher Zahlen mit den folgenden Eigenschaften:

(i) $0 \in A$;

(ii) aus $n \in A$ folgt $n + 1 \in A$.

Dann gilt $A = \mathbb{N}$.

Beweis: Die Menge A ist induktiv. Da $\mathbb{N}$ die kleinste induktive Menge ist, muss A gleich $\mathbb{N}$ sein.

Viele Beweise der Mathematik beruhen auf dem Induktionsgesetz. Das wird ausführlich in 4.2.2 betrachtet

1.2.2.3 Supremum und Infimum

Satz: Die Menge $\mathbb{R}$ der reellen Zahlen ist archimedisch geordnet, d. h., zu jeder reellen Zahl x gibt es eine reelle Zahl y mit $x < y$.

Schranken: Eine Menge M reeller Zahlen heißt genau dann *nach oben* (bzw. nach unten) *beschränkt*, wenn es eine reelle Zahl S gibt, so dass gilt

$$x \leq S \quad \text{für alle} \quad x \in M.$$

(bzw. $S \leq x$ für alle $x \in M$). Die Zahl S heißt *obere Schranke* von M (bzw. *untere Schranke* von M).

Eine Menge reeller Zahlen heißt genau dann beschränkt, wenn sie sowohl nach oben als auch nach unten beschränkt ist.

Supremum: Jede nach oben beschränkte, nichtleere Menge M reeller Zahlen besitzt eine kleinste obere Schranke. Diese wird mit

$$\sup M$$

bezeichnet. Das Supremum $\sup M$ braucht nicht zu M zu gehören.

Für eine nach oben unbeschränkte, nichtleere Menge M reeller Zahlen setzen wir $\sup M :=
+\infty$.

▶ BEISPIEL 1: Für $M := \{0, 1\}$ besteht die Menge der oberen Schranken aus allen reellen Zahlen S mit $S \geq 1$. Deshalb gilt $\sup M = 1$.

▶ BEISPIEL 2: Für das offene Intervall $M := {]}1, 2{[}$ besteht die Menge der oberen Schranken aus allen reellen Zahlen S mit $S \geq 2$. Somit gilt $\sup M = 2$. Hier gehört das Supremum nicht zu M (Abb. 1.16).

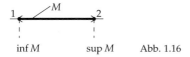

$$\inf M \qquad\qquad \sup M \qquad \text{Abb. 1.16}$$

Infimum: Jede nach unten beschränkte, nichtleere Menge M reeller Zahlen besitzt eine größte untere Schranke. Diese wird mit

$$\inf M$$

bezeichnet. Das Infimum $\inf M$ braucht nicht zu M zu gehören.

Für eine nach unten unbeschränkte, nichtleere Menge M reeller Zahlen setzen wir $\inf M :=
-\infty$.

▶ BEISPIEL 3: Für die Menge $M := \{0, 1\}$ besteht die Menge der unteren Schranken aus allen reellen Zahlen S mit $S \leq 0$. Deshalb gilt $\inf M = 0$.

▶ BEISPIEL 4: Für das offene Intervall $M := {]}1, 2{[}$ besteht die Menge der unteren Schranken aus allen reellen Zahlen S mit $S \leq 1$. Somit gilt $\inf M = 1$ (Abb. 1.16). Hier gehört das Infimum nicht zu M.

▶ BEISPIEL 5: $\inf \mathbb{R} = -\infty$, $\sup \mathbb{R} = +\infty$, $\inf \mathbb{N} = 0$ und $\sup \mathbb{N} = +\infty$.

1.2.3 Reelle Zahlenfolgen

Die moderne Analysis benutzt bei der Formulierung des Grenzwertbegriffs die geometrische Sprache der Umgebungen. In dieser Form lässt sich der Grenzwertbegriff für sehr allgemeine Situationen im Rahmen der Topologie formulieren (vgl. 11.2.1 im Handbuch).

1.2.3.1 Endliche Grenzwerte

Umgebungen: Unter der ε-Umgebung $U_\varepsilon(a)$ einer reellen Zahl a verstehen wir die Menge aller reellen Zahlen x, die von a einen Abstand kleiner als ε haben, d. h., es gilt

$$U_\varepsilon(a) := \{x \in \mathbb{R} : |x - a| < \varepsilon\}$$

(Abb. 1.17a). Eine Menge $U(a)$ reeller Zahlen heißt genau dann eine Umgebung der reellen Zahl a, wenn sie irgendeine ε-Umgebung von a enthält, d. h., es ist

$$\boxed{U_\varepsilon(a) \subseteq U(a)}$$

für irgendeine Zahl $\varepsilon > 0$.

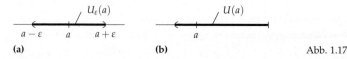

(a)   **(b)**   Abb. 1.17

Benutzt man den Intervallbegriff, dann gilt $U_\varepsilon(a) = \,]a - \varepsilon, a + \varepsilon[$. Im Unterschied dazu braucht eine Umgebung $U(a)$ kein Intervall zu sein, sondern $U(a)$ muss lediglich irgendein offenes Intervall $]a - \varepsilon, a + \varepsilon[$ mit $\varepsilon > 0$ enthalten.

Die fundamentale Grenzwertdefinition: Es sei (a_n) eine Folge reeller Zahlen[11]. Wir schreiben genau dann

$$\boxed{\lim_{n \to \infty} a_n = a,}\tag{1.19}$$

wenn jede ε-Umgebung der reellen Zahl a alle a_n bis auf endlich viele enthält. In diesem Fall sagen wir, dass die Folge (a_n) gegen den Grenzwert a *konvergiert*.

Mit anderen Worten: Die Grenzwertbeziehung (1.19) gilt genau dann, wenn es zu jeder reellen Zahl $\varepsilon > 0$ eine natürliche Zahl $n_0(\varepsilon)$ gibt mit

$$\boxed{|a_n - a| < \varepsilon \qquad \text{für alle } n \geq n_0(\varepsilon).}$$

▶ BEISPIEL 1: Wir setzen $a_n := \dfrac{1}{n}$ für $n = 1, 2, \ldots$ Dann gilt:

$$\lim_{n \to \infty} \frac{1}{n} = 0.$$

Beweis: Zu jeder reellen Zahl $\varepsilon > 0$ gibt es eine natürliche Zahl $n_0(\varepsilon)$ mit $n_0(\varepsilon) > \dfrac{1}{\varepsilon}$. Folglich gilt

$$|a_n| = \frac{1}{n} < \varepsilon \quad \text{für alle } n \geq n_0(\varepsilon). \qquad \square$$

---

[11]Das bedeutet, jeder natürlichen Zahl n wird eine reelle Zahl a_n zugeordnet

▶ BEISPIEL 2: Für eine konstante Folge mit $a_n = a$ für alle n ergibt sich $\lim\limits_{n\to\infty} a_n = a$.

Satz:

(i) Der Grenzwert ist eindeutig bestimmt.

(ii) Der Grenzwert ändert sich nicht, wenn man endlich viele Glieder der Folge abändert.

Rechenregeln: Für zwei Folgen (a_n) und (b_n), die gegen einen endlichen Grenzwert konvergieren, gilt:

$$\lim_{n\to\infty} (a_n + b_n) = \lim_{n\to\infty} a_n + \lim_{n\to\infty} b_n, \qquad \text{(Summenregel)},$$

$$\lim_{n\to\infty} (a_n b_n) = \lim_{n\to\infty} a_n \lim_{n\to\infty} b_n, \qquad \text{(Produktregel)},$$

$$\lim_{n\to\infty} \frac{a_n}{b_n} = \frac{\lim\limits_{n\to\infty} a_n}{\lim\limits_{n\to\infty} b_n}, \qquad \text{(Quotientenregel}^{12}\text{)},$$

$$\lim_{n\to\infty} |a_n| = \left| \lim_{n\to\infty} a_n \right|, \qquad \text{(Betragsregel)},$$

$$\text{aus } a_n \le b_n \text{ für alle } n \text{ folgt } \lim_{n\to\infty} a_n \le \lim_{n\to\infty} b_n, \qquad \text{(Ungleichungsregel)}.$$

▶ BEISPIEL 3 (Produktregel): $\lim\limits_{n\to\infty} \dfrac{1}{n^2} = \lim\limits_{n\to\infty} \dfrac{1}{n} \lim\limits_{n\to\infty} \dfrac{1}{n} = 0.$

▶ BEISPIEL 4 (Summenregel): $\lim\limits_{n\to\infty} \dfrac{n+1}{n} = \lim\limits_{n\to\infty} \left(1 + \dfrac{1}{n} \right) = \lim\limits_{n\to\infty} 1 + \lim\limits_{n\to\infty} \dfrac{1}{n} = 1.$

1.2.3.2 Unendliche Grenzwerte

Umgebungen: Wir setzen

$$U_E(+\infty) :=]E, \infty[, \qquad U_E(-\infty) :=]-\infty, E[.$$

Eine Menge $U(+\infty)$ reeller Zahlen heißt genau dann eine Umgebung von $+\infty$, wenn es eine reelle Zahl E gibt mit

$$U_E(+\infty) \subseteq U(+\infty).$$

Analog ist $U(-\infty)$ eine Menge mit $U_E(-\infty) \subseteq U(-\infty)$ für eine feste reelle Zahl E (Abb. 1.18).

$U(+\infty)$ $\qquad\qquad\qquad$ $U(-\infty)$

E $\qquad\qquad\qquad\qquad\qquad$ E

(a) $\qquad\qquad\qquad$ **(b)** $\qquad\qquad\qquad$ Abb. 1.18

Definition: Es sei (a_n) eine Folge reeller Zahlen. Wir schreiben genau dann

$$\lim_{n\to\infty} a_n = +\infty, \tag{1.20}$$

wenn in jeder Umgebung $U(+\infty)$ alle a_n bis auf endlich viele liegen.

---

^{12}Hier muss zusätzlich $\lim_{n\to\infty} b_n \ne 0$ vorausgesetzt werden.

Mit anderen Worten: Die Grenzwertbeziehung (1.20) gilt genau dann, wenn es zu jeder reellen Zahl E eine natürliche Zahl $n_0(E)$ gibt mit

$$a_n > E \quad \text{für alle } n \geq n_0(E).$$

▶ BEISPIEL 1: $\lim\limits_{n\to\infty} n = +\infty$.

In analoger Weise schreiben wir genau dann

$$\lim_{n\to\infty} a_n = -\infty,$$

wenn jede Umgebung $U(-\infty)$ alle a_n bis auf endlich viele enthält.[13]

Spiegelungskriterium: Es gilt genau dann $\lim\limits_{n\to\infty} a_n = -\infty$, wenn $\lim\limits_{n\to\infty} (-a_n) = +\infty$.

▶ BEISPIEL 2: $\lim\limits_{n\to\infty} (-n) = -\infty$.

Rechenregeln: Es sei $-\infty < a < \infty$. Dann gilt:

$$
\begin{aligned}
\textit{Addition:} \quad & a + \infty = +\infty, \quad +\infty + \infty = +\infty, \\
& a - \infty = -\infty, \quad -\infty - \infty = -\infty. \\[2mm]
\textit{Multiplikation:} \quad & a(\pm\infty) = \begin{cases} \pm\infty & \text{für } a > 0, \\ \mp\infty & \text{für } a < 0, \end{cases} \\
& (+\infty)(+\infty) = +\infty, \\
& (-\infty)(-\infty) = +\infty, \\
& (+\infty)(-\infty) = -\infty. \\[2mm]
\textit{Division:} \quad & \frac{a}{\pm\infty} = 0, \quad \frac{\pm\infty}{a} = \begin{cases} \pm\infty & \text{für } a > 0, \\ \mp\infty & \text{für } a < 0. \end{cases}
\end{aligned}
$$

Beispielsweise bedeutet die symbolische Schreibweise „$a + \infty = +\infty$", dass aus

$$\lim_{n\to\infty} a_n = a \quad \text{und} \quad \lim_{n\to\infty} b_n = +\infty \tag{1.21}$$

stets

$$\lim_{n\to\infty} (a_n + b_n) = +\infty$$

folgt. Ferner heißt „$a(+\infty) = +\infty$ für $a > 0$", dass aus (1.21) mit $a > 0$ stets

$$\lim_{n\to\infty} a_n b_n = +\infty.$$

folgt.

▶ BEISPIEL 3: $\lim\limits_{n\to\infty} n^2 = \lim\limits_{n\to\infty} n \lim\limits_{n\to\infty} n = +\infty$.

---

[13]Es sei $\lim_{n\to\infty} a_n = a$. In der älteren Literatur spricht man im Fall $a \in \mathbb{R}$ von Konvergenz und im Fall $a = \pm\infty$ von bestimmter Divergenz.

In der modernen Mathematik hat man einen allgemeinen Konvergenzbegriff zur Verfügung. In diesem Sinne konvergiert (a_n) für jedes a mit $-\infty \leq a \leq +\infty$ (vgl. Beispiel 4 in 1.3.2.1).

Diese moderne Betrachtungsweise, der wir uns hier anschließen, hat bereits bei klassischen Konvergenzkriterien den Vorteil, dass lästige Fallunterscheidungen vermieden werden (vgl. 1.2.4).

Rationale Ausdrücke: Wir setzen

$$a := \frac{\alpha_k n^k + \alpha_{k-1} n^{k-1} + \ldots + \alpha_0}{\beta_m n^m + \beta_{m-1} n^{m-1} + \ldots + \beta_0}, \qquad n = 1, 2, \ldots$$

für festes $k, m = 0, 1, 2 \ldots$ und feste reelle Zahle α_r, β_s mit $\alpha_k \neq 0$ und $\beta_m \neq 0$. Dann gilt:

$$\lim_{n \to \infty} a_n = \begin{cases} \dfrac{\alpha_k}{\beta_m} & \text{für } k = m, \\ 0 & \text{für } k < m, \\ +\infty & \text{für } k > m \text{ und } \alpha_k / \beta_m > 0, \\ -\infty & \text{für } k > m \text{ und } \alpha_k / \beta_m < 0. \end{cases}$$

▶ BEISPIEL 4: $\displaystyle \lim_{n \to \infty} \frac{n^2 + 1}{n^3 + 1} = 0.$

Unbestimmte Ausdrücke: Im Fall von

$$\boxed{+\infty - \infty, \quad 0 \cdot (\pm\infty), \quad \frac{0}{0}, \quad \frac{\infty}{\infty}, \quad 0^0, \quad 0^\infty, \quad \infty^0} \qquad (1.22)$$

ist größte Vorsicht geboten. Hier gibt es keine allgemeinen Regeln. Unterschiedliche Folgen können zu unterschiedlichen Ergebnissen führen.

▶ BEISPIEL 5 $(+\infty - \infty)$:

$$\lim_{n \to \infty} (2n - n) = +\infty, \quad \lim_{n \to \infty} (n - 2n) = -\infty, \quad \lim_{n \to \infty} ((n+1) - n) = 1.$$

▶ BEISPIEL 6 $(0 \cdot \infty)$:

$$\lim_{n \to \infty} \left(\frac{1}{n} \cdot n \right) = 1, \quad \lim_{n \to \infty} \left(\frac{1}{n} \cdot n^2 \right) = \lim_{n \to \infty} n = +\infty.$$

Zur Berechnung von unbestimmten Ausdrücken der Form (1.22) benutzt man die Regel von de l'Hospital (vgl. 1.3.1.3).

1.2.4 Konvergenzkriterien für Zahlenfolgen

Grundideen: *Beispiel 1:* Wir betrachten das Iterationsverfahren

$$a_{n+1} = \frac{a_n}{2} + \frac{1}{a_n}, \qquad n = 0, 1, 2, \ldots, \qquad (1.23)$$

mit einem fest vorgegebenen Anfangswert $a_0 := 2$. Um den Grenzwert von (a_n) zu berechnen, nehmen wir an, dass der Grenzwert

$$\boxed{\lim_{n \to \infty} a_n = a} \qquad (1.24)$$

existiert mit $a > 0$. Aus (1.23) folgt dann

$$\lim_{n \to \infty} a_{n+1} = \lim_{n \to \infty} \left(\frac{a_n}{2} + \frac{1}{a_n} \right),$$

also $a = \dfrac{a}{2} + \dfrac{1}{a}$. Das ergibt $2a^2 = a^2 + 2$, d. h. $a^2 = 2$ und somit $a = \sqrt{2}$. Folglich erhalten wir

$$\lim_{n\to\infty} a_n = \sqrt{2}. \tag{1.25}$$

Das folgende Beispiel enthält einen Fehlschluss.

▶ BEISPIEL 2: Wir betrachten das Iterationsverfahren

$$a_{n+1} = -a_n, \qquad n = 0, 1, 2, \ldots \tag{1.26}$$

mit dem Startwert $a_o := 1$. Die gleiche Methode liefert

$$\lim_{n\to\infty} a_{n+1} = -\lim_{n\to\infty} a_n.$$

Das ergibt $a = -a$, also $a = 0$, d. h. $\lim_{n\to\infty} a_n = 0$.

Andererseits folgt aus (1.26) sofort $a_n = (-1)^n$ für alle n, und diese Folge konvergiert nicht! Wo steckt der Fehler? Die Antwort lautet:

> Diese bequeme Methode der Berechnung des Grenzwerts eines Iterationsverfahrens funktioniert nur dann, wenn die Existenz des Grenzwerts gesichert ist.

Somit ist es wichtig, theoretische Konvergenzkriterien zur Verfügung zu haben. Derartige Kriterien werden in 1.2.4.1 bis 1.2.4.3 betrachtet.

Satz: Das Iterationsverfahren (1.23) konvergiert, d. h., es ist $\lim_{n\to\infty} a_n = \sqrt{2}$.

Beweisskizze: Man zeigt

$$a_0 \geq a_1 \geq a_2 \geq \ldots \geq 1. \tag{1.27}$$

Somit ist die Folge (a_n) monoton fallend und nach unten beschränkt. Das Monotoniekriterium in 1.2.4.1 ergibt dann die Existenz des Grenzwerts (1.24), was die gewünschte Behauptung (1.25) liefert[14].

Beschränkte Folgen: Eine reelle Zahlenfolge (a_n) heißt genau dann *nach oben beschränkt* (bzw. *nach unten beschränkt*), wenn es eine reelle Zahl S gibt mit

$$a_n \leq S \qquad \text{für alle } n$$

(bzw. $S \leq a_n$ für alle n). Ferner heißt die Folge (a_n) genau beschränkt, wenn sie nach oben und unten beschränkt ist..

Beschränktheitskriterium: Jede reelle Zahlenfolge, die gegen einen endlichen Grenzwert konvergiert, ist beschränkt.

Folgerung: Eine unbeschränkte reelle Zahlenfolge kann nicht gegen einen endlichen Grenzwert konvergieren.

▶ BEISPIEL 3: Die Folge (n) der natürlichen Zahlen ist nach oben unbeschränkt. Deshalb konvergiert diese Folge nicht gegen einen endlichen Grenzwert.

---

[14]Den ausführlichen Beweis von (1.27) werden wir als eine Anwendung des Induktionsgesetzes in 4.2.4 angeben

1.2.4.1 Das Monotoniekriterium

Definition: Eine reelle Zahlenfolge (a_n) heißt genau dann monoton wachsend (bzw. monoton fallend), wenn gilt

$$\text{aus } n \leq m \text{ folgt } a_n \leq a_m$$

(bzw. aus $n \leq m$ folgt $a_n \geq a_m$).

Das Monotoniekriterium: Jede monoton wachsende Folge reeller Zahlen (a_n) konvergiert gegen einen endlichen oder unendlichen Grenzwert[15].

(i) Ist (a_n) nach oben beschränkt, dann gilt $\lim_{n\to\infty} a_n = a$ mit $a \in \mathbb{R}$.

(ii) Ist (a_n) nach oben unbeschränkt, dann hat man $\lim_{n\to\infty} a_n = +\infty$.

Setzt man $M := \{a_n : n \in \mathbb{N}\}$, dann ist $\lim_{n\to\infty} a_n = \inf M$.

▶ BEISPIEL: Wir wählen $a_n := 1 - \dfrac{1}{n}$. Diese Folge ist monoton wachsend und nach oben beschränkt. Es gilt $\lim\limits_{n\to\infty} a_n = 1$.

1.2.4.2 Das Cauchykriterium

Definition: Eine reelle Zahlenfolge (a_n) heißt genau dann eine *Cauchyfolge*, wenn es zu jeder reellen Zahl $\varepsilon > 0$ eine natürliche Zahl $n_0(\varepsilon)$ gibt mit

$$|a_n - a_m| < \varepsilon \qquad \text{für alle } n, m \geq n_0(\varepsilon).$$

Cauchykriterium: Eine reelle Zahlenfolge konvergiert genau dann gegen eine reelle Zahl, wenn sie eine Cauchyfolge ist.

1.2.4.3 Das Teilfolgenkriterium

Teilfolgen: Es sei (a_n) eine reelle Zahlenfolge. Wir wählen Indizes $k_0 < k_1 < k_2 < \cdots$ und setzen

$$b_n := a_{k_n}, \qquad n = 0, 1, \ldots$$

Dann heißt (b_n) eine Teilfolge[16] von (a_n).

▶ BEISPIEL 1: Es sei $a_n := (-1)^n$. Setzen wir $b_n := a_{2n}$, dann ist (b_n) eine Teilfolge von (a_n). Explizit gilt:

$$a_0 = 1, \quad a_1 = -1, \quad a_2 = 1, \quad a_3 = -1, \quad \ldots,$$

$$b_0 = a_0 = 1, \quad b_1 = a_2 = 1, \ldots, \quad b_n = a_{2n} = 1, \quad \ldots$$

---

[15]In analoger Weise gilt: Jede monoton fallende Folge reeller Zahlen (a_n) konvergiert gegen einen endlichen oder unendlichen Grenzwert.
  (i) Ist (a_n) nach unten beschränkt, dann gilt $\lim_{n\to\infty} a_n = a$ mit $a \in \mathbb{R}$.
  (ii) Ist (a_n) nach unten unbeschränkt, dann hat man $\lim_{n\to\infty} a_n = -\infty$.
  Setzt man $M := \{a_n : n \in \mathbb{N}\}$, dann ist $\lim_{n\to\infty} a_n = \inf M$.
[16]Oft ist es bequem. die Teilfolge mit $(a_{n'})$ zu bezeichnen, d. h., wir setzen $a_{1'} := b_1, a_{2'} := b_2$ usw.

Häufungswert: Es sei $-\infty \leq a \leq +\infty$. Genau dann heißt a ein Häufungswert der reellen Zahlenfolge (a_n), wenn es eine Teilfolge $(a_{n'})$ gibt mit

$$\lim_{n \to \infty} a_{n'} = a.$$

Die Menge aller Häufungswerte von (a_n) bezeichnen wir als die Limesmenge von (a_n).

Satz von Bolzano-Weierstraß: (i) Jede reelle Zahlenfolge besitzt einen Häufungswert.

(ii) Jede beschränkte reelle Zahlenfolge besitzt eine reelle Zahl als Häufungswert.

Der Limes superior: Es sei (a_n) eine reelle Zahlenfolge. Wir setzen[17].

$$\overline{\lim_{n \to \infty}} a_n := \text{größter Häufungswert von } (a_n)$$

und $\underset{n \to \infty}{\underline{\lim}}\, a_n := $ kleinster Häufungswert von (a_n).

Teilfolgenkriterium: Es sei $-\infty \leq a \leq \infty$. Für eine reelle Zahlenfolge (a_n) gilt genau dann

$$\lim_{n \to \infty} a_n = a,$$

wenn

$$\overline{\lim_{n \to \infty}} a_n = \underline{\lim_{n \to \infty}} a_n = a.$$

▶ BEISPIEL 2: Es sei $a_n := (-1)^n$. Für die beiden Teilfolgen (a_{2n}) und (a_{2n+1}), gilt

$$\lim_{n \to \infty} a_{2n} = 1 \quad \text{und} \quad \lim_{n \to \infty} a_{2n+1} = -1.$$

Deshalb sind $a = 1$ und $a = -1$ Häufungswerte von (a_n). Weitere Häufungswerte gibt es nicht. Folglich gilt

$$\overline{\lim_{n \to \infty}} a_n = 1, \quad \underline{\lim_{n \to \infty}} a_n = -1.$$

Da diese beiden Werte voneinander verschieden sind, kann die Folge (a_n) nicht konvergieren.

▶ BEISPIEL 3: Für $a_n := (-1)^n n$ gilt $\lim_{n \to \infty} a_{2n} = +\infty$ und $\lim_{n \to \infty} a_{2n+1} = -\infty$. Weitere Häufungswerte gibt es nicht. Deshalb erhalten wir

$$\overline{\lim_{n \to \infty}} a_n = +\infty, \quad \underline{\lim_{n \to \infty}} a_n = -\infty.$$

Da diese beiden Werte voneinander verschieden sind, kann nicht $\lim_{n \to \infty} a_n = a$ gelten.

Spezialfälle: Es sei (a_n) eine reelle Zahlenfolge, und es sei $-\infty \leq a \leq \infty$.

(i) Gilt $\lim_{n \to \infty} a_n = a$, dann ist a der einzige Häufungswert von (a_n), und jede Teilfolge von (a_n) konvergiert ebenfalls gegen a.

(ii) Konvergiert eine Teilfolge einer Cauchyfolge (a_n) gegen eine reelle Zahl a, dann ist a der einzige Häufungswert von (a_n), und die gesamte Folge konvergiert gegen a, d. h., es ist $\lim_{n \to \infty} a_n = a$.

---

[17]Diese Definition ist sinnvoll, weil (a_n) (Berücksichtigung von $+\infty$ und $-\infty$) tatsächlich einen größten und kleinsten Häufungswert besitzt. Man bezeichnet $\overline{\lim_{n \to \infty}} a_n$ (bzw. $\underline{\lim_{n \to \infty}} a_n$) als oberen Limes oder limes superior (bzw. unteren Limes oder limes inferior) der Folge (a_n).

1.3 Grenzwerte von Funktionen

1.3.1 Funktionen einer reellen Variablen

Wir betrachten Funktionen $y = f(x)$ der reellen Variablen x mit reellen Werten $f(x)$.

1.3.1.1 Grenzwerte

Definition: Es sei $-\infty \leq a, b \leq \infty$. Wir schreiben genau dann

$$\lim_{x \to a} f(x) = b,$$

wenn für jede Folge (x_n) aus dem Definitionsbereich von f mit $x_n \neq a$ für alle gilt[18]

$$\text{Aus } \lim_{n \to \infty} x_n = a \quad \text{folgt} \quad \lim_{n \to \infty} f(x_n) = b.$$

Speziell schreiben wir

$$\lim_{x \to a+0} f(x) = b \qquad \text{bzw.} \qquad \lim_{x \to a-0} f(x) = b,$$

falls nur Folgen (x_n) mit $x_n > a$ für alle n (bzw. $x_n < a$ für alle n) betrachtet werden ($a \in \mathbb{R}$).

Rechenregeln. Da der Begriff des Grenzwerts einer Funktion auf den Begriff des Grenzwerts von Zahlenfolgen zurückgeführt wird, kann man die Rechenregeln für Zahlenfolgen benutzen. Speziell für $-\infty \leq a \leq \infty$ gilt:

$$\lim_{x \to a}(f(x) + g(x)) = \lim_{x \to a} f(x) + \lim_{x \to a} g(x),$$
$$\lim_{x \to a} f(x)g(x) = \lim_{x \to a} f(x) \lim_{x \to a} g(x),$$
$$\lim_{x \to a} \frac{f(x)}{h(x)} = \frac{\lim_{x \to a} f(x)}{\lim_{x \to a} h(x)}.$$

Dabei wird zusätzlich vorausgesetzt, dass alle rechts stehenden Grenzwerte existieren und endlich sind. Ferner sei $\lim_{x \to a} h(x) \neq 0$.

Diese Rechenregeln bleiben auch gültig für $x \longrightarrow a + 0$ und $x \longrightarrow a - 0$ für $a \in \mathbb{R}$.

▶ BEISPIEL 1: Es sei $f(x) := x$. Für alle $a \in \mathbb{R}$ gilt:

$$\lim_{x \to a} f(x) = a.$$

Denn aus, $\lim_{n \to \infty} x_n = a$ folgt $\lim_{n \to \infty} f(x_n) = a$.

▶ BEISPIEL 2: Es sei $f(x) := x^2$. Dann gilt

$$\lim_{x \to a} x^2 = \lim_{x \to a} x \lim_{x \to a} x = a^2.$$

---

[18]Die Funktion f braucht nicht im Punkt a definiert zu sein. Wir verlangen lediglich, dass der Definitionsbereich von f mindestens eine Folge (x_n) mit der oben geforderten Grenzwerteigenschaft enthält.

▶ BEISPIEL 3: Wir definieren

$$f(x) := \begin{cases} 1 & \text{für } x > a, \\ 2 & \text{für } x = a, \\ -1 & \text{für } x < a \end{cases}$$

(Abb. 1.19). Dann gilt

$$\lim_{x \to a+0} f(x) = 1, \qquad \lim_{x \to a-0} = -1.$$

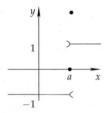

Abb. 1.19

Man bezeichnet $\lim_{x \to a+0} f(x)$ (bzw. $\lim_{x \to a-0} f(x)$) als rechtsseitigen (bzw. linksseitigen) Grenzwert der Funktion f an der Stelle x.

1.3.1.2 Stetigkeit

Anschaulich versteht man unter einer stetigen Funktion f eine Funktion ohne Sprünge (Abb. 1.20).

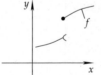

(a) stetige Funktion   (b) unstetige Funktion   Abb. 1.20

Definition: Es sei $a \in M$. Die Funktion $f : M \subseteq \mathbb{R} \to \mathbb{R}$ heißt genau dann im Punkt a stetig, wenn es zu jeder Umgebung $U(f(a))$ des Bildpunktes $f(a)$ eine Umgebung $U(a)$ mit der folgenden Eigenschaft gibt[19]

> Aus $x \in U(a)$ und $x \in M$ folgt $f(x) \in U(f(a))$.

Mit anderen Worten: f ist genau dann im Punkt a stetig, wenn es zu jeder reellen Zahl $\varepsilon > 0$ eine reelle Zahl $\delta > 0$ gibt, so dass

$$|f(x) - f(a)| < \varepsilon \qquad \text{für alle } x \in M \quad \text{mit } |x - a| < \delta \text{ gilt.}$$

---

[19]Dafür schreibt man auch kurz: $f(U(a)) \subseteq U(f(a))$.

Grenzwertkriterium: f ist genau dann im Punkt a stetig, wenn[20]

$$\lim_{x \to a} f(x) = f(a).$$

Rechenregeln: Sind die Funktionen $f, g : M \subseteq \mathbb{R} \longrightarrow \mathbb{R}$ im Punkt a stetig, dann gilt

(i) Die Summe $f + g$ und das Produkt fg sind im Punkt a stetig.

(ii) Der Quotient $\dfrac{f}{g}$ ist im Punkt a stetig, wenn $g(a) \neq 0$.

Wir betrachten die zusammengesetzte Funktion

$$H(x) := F(f(x)).$$

Dafür schreiben wir auch $H = F \circ f$.

Kompositionssatz: Die Funktion H ist im Punkt a stetig, wenn f im Punkt a stetig ist und F im Punkt $f(a)$ stetig ist.

Differenzierbarkeit und Stetigkeit: Ist die Funktion $f : M \subseteq \mathbb{R} \to \mathbb{R}$ im Punkt a differenzierbar, dann ist sie im Punkt a auch stetig (vgl. 1.4.1).

▶ BEISPIEL: Die Funktion $y = \sin x$ ist in jedem Punkt $a \in \mathbb{R}$ differenzierbar und somit auch stetig. Daraus folgt

$$\lim_{x \to a} \sin x = \sin a.$$

Analoge Aussagen gelten für $y = \cos x$, $y = e^x$, $y = \cosh x$, $y = \sinh x$, $y = \arctan x$ und für jedes Polynom $y = a_0 + a_1 x + \ldots + a_n x^n$ mit reellen Koeffizienten $a_0, \ldots, a_n$.

Die folgenden Sätze zeigen, dass stetige Funktionen sehr übersichtliche Eigenschaften besitzen. Es sei $-\infty < a < b < \infty$.

Satz von Weierstraß: Jede stetige Funktion $f : [a, b] \to \mathbb{R}$ besitzt ein Minimum und ein Maximum.

Genauer heißt das; Es gibt Punkte $\alpha, \beta \in [a, b]$ mit

$$f(\beta) \leq f(x) \quad \text{für alle } x \in [a, b]$$

(Minimum) und $f(\alpha) \leq f(\beta)$ für alle $x \in [a, b]$ (Maximum) (Abb. 1.21).

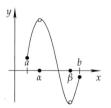

Abb. 1.21

---

[20]Das bedeutet: Es ist $\lim_{n \to \infty} f(x_n) = f(a)$ für jede Folge (x_n) in M mit $\lim_{n \to \infty} x_n = a$.

Nullstellensatz von Bolzano: Ist die Funktion $f : [a,b] \to \mathbb{R}$ stetig mit $f : [a,b] \longrightarrow \mathbb{R}$, dann besitzt die Gleichung

$$\boxed{f(x) = 0, \quad x \in [a,b]}$$

eine Lösung (Abb. 1.22).

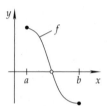

Abb. 1.22

Zwischenwertsatz von Bolzano: Ist die Funktion $f : [a,b] \to \mathbb{R}$ stetig, dann besitzt die Gleichung

$$\boxed{f(x) = \gamma, \quad x \in [a,b]}$$

für jedes γ mit $\min\limits_{a \leq x \leq b} f(x) \leq \gamma \leq \max\limits_{a \leq x \leq b} f(x)$ eine Lösung.

1.3.1.3 Die Regel von de l'Hospital

Diese wichtige Regel zur Berechnung von unbestimmten Ausdrücken der Form $\dfrac{0}{0}$ und $\dfrac{\infty}{\infty}$ lautet:

$$\boxed{\lim_{x \to a} \frac{f(x)}{g(x)} = \lim_{x \to a} \frac{f'(x)}{g'(x)}.} \tag{1.28}$$

Vorausgesetzt wird:

(i) Es existieren die Grenzwerte $\lim\limits_{x \to a} f(x) = \lim\limits_{x \to a} g(x) = b$ mit $b = 0$ oder $b = \pm\infty$, und es gilt $-\infty \leq a \leq \infty$.

(ii) Es gibt eine Umgebung $U(a)$, so dass die Ableitungen $f'(x)$ und $g'(x)$ für alle $x \in U(a)$ mit $x \neq a$ existieren.

(iii) Es ist $g'(x) \neq 0$ für alle $x \in U(a)$, $x \neq a$.

(iv) Es existiert der in (1.28) rechts stehende Grenzwert. [21]

▶ Beispiel 1 $\left(\dfrac{0}{0} \right)$: Es gilt $\lim\limits_{x \to 0} \sin x = \lim\limits_{x \to 0} x = 0$. Aus (1.28) folgt

$$\lim_{x \to 0} \frac{\sin x}{x} = \lim_{x \to 0} \frac{\cos x}{1} = \cos 0 = 1$$

wegen der Stetigkeit der Funktion $\cos x$.

---

[21] Eine analoge Aussage gilt für $x \to a + 0$ (bzw. $x \to a - 0$) mit $a \in \mathbb{R}$. Dann benötigt man die Voraussetzungen (ii) und (iii) nur für diejenigen Punkte x aus $U(a)$ mit $x > a$ (bzw. $x < a$).
Der Begriff der Ableitung $f'(x)$ wird in 1.4.1 eingeführt.

▶ Beispiel 2 $\left(\frac{\infty}{\infty}\right)$:

$$\lim_{x\to+\infty} \frac{\ln x}{x} = \lim_{x\to+\infty} \frac{\frac{1}{x}}{1} = 0,$$

$$\lim_{x\to+\infty} \frac{e^x}{x} = \lim_{x\to+\infty} \frac{e^x}{1} = +\infty.$$

Varianten der Regel von de l'Hospital: Manchmal führt erst wiederholte Anwendung der Regel von de l'Hospital zum Ziel:

$$\lim_{x\to a} \frac{f(x)}{g(x)} = \lim_{x\to a} \frac{f'(x)}{g'(x)} = \ldots = \lim_{x\to a} \frac{f^{(n)}(x)}{g^{(n)}(x)}.$$

▶ Beispiel 3: $\displaystyle\lim_{x\to+\infty} \frac{e^x}{x^2} = \lim_{x\to+\infty} \frac{e^x}{2x} = \lim_{x\to+\infty} \frac{e^x}{2} = +\infty.$

Ausdrücke der Form $0 \cdot \infty$ bringt man auf die Gestalt $\frac{\infty}{\infty}$.

▶ Beispiel 4: $\displaystyle\lim_{x\to+0} x\ln x = \lim_{x\to+0} \frac{\ln x}{\frac{1}{x}} = \lim_{x\to+0} \frac{\frac{1}{x}}{\left(-\frac{1}{x^2}\right)} = \lim_{x\to+0} (-x) = 0.$

Ausdrücke der Gestalt $\infty - \infty$ führt man auf $\infty \cdot a$ zurück.

▶ Beispiel 5: $\displaystyle\lim_{x\to+\infty} (e^x - x) = \lim_{x\to+\infty} e^x \left(1 - \frac{x}{e^x}\right) = \lim_{x\to+\infty} e^x \lim_{x\to+\infty} \left(1 - \frac{x}{e^x}\right) = \lim_{x\to+\infty} e^x = +\infty.$
Denn aus Beispiel 2 folgt

$$\lim_{x\to+\infty} \left(1 - \frac{x}{e^x}\right) = 1.$$

Sehr nützlich ist auch die Formel

$$a^x = e^{x\cdot\ln a}.$$

um unbestimmte Ausdrücke der Form 0^0, ∞^0 oder 0^∞ zu behandeln.

▶ Beispiel 6 (∞^0): Aus $x^{1/x} = e^{\frac{\ln x}{x}}$ und Beispiel 2 folgt

$$\lim_{x\to+\infty} x^{1/x} = e^0 = 1.$$

1.3.1.4 Die Größenordnung von Funktionen

Für viele Betrachtungen spielt nur das qualitative Verhalten von Funktionen eine Rolle. Dabei ist es bequem, die Landauschen Ordnungssymbole $O(g(x))$ und $o(g(x))$ zu benutzen. Es sei $-\infty \le a \le \infty$.

Definition: (asymptotische Gleichheit): Wir schreiben genau dann

$$f(x) \cong g(x), \qquad x \to a,$$

wenn $\displaystyle\lim_{x\to a} \frac{f(x)}{g(x)} = 1.$

▶ Beispiel 1: Aus $\displaystyle\lim_{x\to 0} \frac{\sin x}{x} = 1$ folgt $\sin x \cong x$, $x \to 0$.

Definition: Wir schreiben genau dann

$$f(x) = O(g(x)), \quad x \to a, \qquad (1.29)$$

wenn es eine Umgebung $U(a)$ und eine reelle Zahl K gibt, so dass

$$\left| \frac{f(x)}{g(x)} \right| \leq K \qquad \text{für alle } x \in U(a) \quad \text{mit } x \neq a \text{ gilt.} \qquad (1.29^*)$$

Satz: Man hat (1.29), falls der endliche Grenzwert $\lim_{x \to a} \dfrac{f(x)}{g(x)}$ existiert.

▶ BEISPIEL 2: Aus $\lim_{x \to +\infty} \dfrac{3x^2 + 1}{x^2} = 3$ folgt $3x^2 + 1 = O(x^2)$, $x \to +\infty$.

Definition: Wir schreiben genau dann[22]

$$f(x) = o(g(x)), \quad x \to a,$$

wenn $\lim_{x \to a} \dfrac{f(x)}{g(x)} = 0$.

▶ BEISPIEL 3: Es ist $x^n = o(x)$, $x \to 0$ für $n = 2, 3, \ldots$

▶ BEISPIEL 4:

(i) $\dfrac{x^2}{x^2 + 2} \cong 1$, $x \to \infty$.

(ii) $\dfrac{1}{x^2 + 2} \cong \dfrac{1}{x^2}$, $x \to +\infty$.

(iii) $\sin x = O(1)$ für $x \to a$ und alle a mit $-\infty \leq a \leq \infty$.

(iv) $\ln x = o\left(\frac{1}{x}\right)$ für $x \to +0$ und $\ln x = o(x)$ für $x \to +\infty$.

(v) $x^n = o(e^x)$ für $x \to +\infty$ und $n = 1, 2, \ldots$

Die letzte Aussage (v) bedeutet, dass die Funktion $y = e^x$ für $x \to +\infty$ schneller als jede Potenz x^n wächst.

1.3.2 Metrische Räume und Punktmengen

Motivation: Ein Wesenszug der modernen Mathematik besteht darin, grundlegende Begriffe und Methoden auf immer allgemeinere Situationen zu übertragen. Das ermöglicht die übersichtliche Lösung immer komplizierterer Probleme und schärft den Blick für Zusammenhänge zwischen scheinbar unterschiedlichen Aufgabenstellungen. Diese Vorgehensweise ist auch sehr denkökonomisch, weil man nicht eine Fülle von immer neuen Begriffsbildungen einführen muss, sondern sich lediglich einige fundamentale Definitionen zu merken hat.

Um den Grenzwertbegriff auf Funktionen mehrerer Variabler zu übertragen, ist es günstig, metrische Räume einzuführen. Die volle Kraft dieser modernen Betrachtungsweise wird in der Funktionalanalysis deutlich (vgl. Kapitel 11 im Handbuch).

---

[22]Es sei $a \in \mathbb{R}$. In analoger Weise werden die Symbole $f(x) \cong g(x)$, $f(x) = O(g(x))$ und $f(x) = o(g(x))$ für $x \to a + 0$ (bzw. $x \to a - 0$). erklärt. Die Ungleichung (1.29*) braucht dann nur für alle $x \in U(a)$ mit $x > a$ (bzw. $x < a$) zu gelten.

1.3.2.1 Abstandsbegriff und Konvergenz

Metrische Räume: In einem metrischen Raum hat man einen Abstandsbegriff zur Verfügung. Eine nichtleere Menge X heißt genau dann ein metrischer Raum, wenn jedem geordneten Paar (x, y) von Punkten x und y aus X stets eine reelle Zahl $d(x, y) \geq 0$ zugeordnet wird, so dass für alle $x, y, z \in X$ gilt:

(i) $d(x, y) = 0$ genau dann, wenn $x = y$.

(ii) $d(x, y) = d(y, x)$ (Symmetrie).

(iii) $d(x, z) \leq d(x, y) + d(y, z)$ (Dreiecksungleichung).

Die Zahl $d(x, y)$ heißt der *Abstand* zwischen den Punkten x und y. Definitionsgemäß ist auch die leere Menge ein metrischer Raum.

Satz: Jede Teilmenge eines metrischen Raumes ist wiederum ein metrischer Raum mit dem gleichen Abstandsbegriff.

Grenzwerte: Es sei (x_n) eine Folge in dem metrischen Raum X. Wir schreiben genau dann

$$\lim_{n \to \infty} x_n = x,$$

wenn $\lim_{n \to \infty} d(x_n, x) = 0$ gilt, d. h., der Abstand zwischen dem Punkt x_n und dem Punkt x geht für $n \to \infty$ gegen null.

Eindeutigkeitssatz: Existiert der Grenzwert, dann ist er eindeutig bestimmt.

▶ BEISPIEL 1: Die Menge $\mathbb{R}$ der reellen Zahlen wird durch

$$d(x, y) := |x - y| \qquad \text{für alle } x, y \in \mathbb{R}$$

zu einem metrischen Raum, in dem der Grenzwertbegriff mit der klassischen Definition übereinstimmt (vgl. 1.2.3.1).

▶ BEISPIEL 2: Die Menge $\mathbb{R}^N$ besteht definitionsgemäß aus allen N-Tupel $x = (\xi_1, \ldots, \xi_N)$ reeller Zahlen ξ_j. Ferner sei $y = (\eta_1, \ldots, \eta_N)$. Bezüglich der Abstandsfunktion

$$d(x, y) := \sqrt{\sum_{j=1}^{N} (\xi_j - \eta_j)^2}$$

wird $\mathbb{R}^N$ zu einem metrischen Raum. Für $N = 1, 2, 3$ entspricht dieser Abstandsbegriff dem anschaulichen Abstandsbegriff (Abb. 1.23).

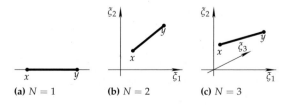

(a) $N = 1$ **(b)** $N = 2$ **(c)** $N = 3$ Abb. 1.23

Außerdem definieren wir

$$|x - y| := d(x, y)$$

und bezeichnen $|x| = \sqrt{\sum\limits_{j=1}^{N} \zeta_j^2}$ als *Euklidische Norm* von x. Anschaulich ist $|x|$ der Abstand zwischen dem Punkt x und dem Nullpunkt.

Es sei eine Folge (x_n) in $\mathbb{R}^N$ gegeben mit $x_n = (\zeta_{1n}, \dots, \zeta_{Nn})$, und es sei $x = (\zeta_1, \dots, \zeta_N)$. Dann ist die Konvergenz

$$\lim_{n \to \infty} x_n = x$$

in dem metrischen Raum $\mathbb{R}^N$ gleichbedeutend mit der Komponentenrelation

$$\lim_{n \to \infty} \zeta_{jn} = \zeta_j \quad \text{für alle } j = 1, \dots, N.$$

▶ BEISPIEL 3: Im Spezialfall $N = 2$ entspricht $\lim_{n \to \infty} x_n = x$ der anschaulichen Tatsache, dass sich die Punkte x_n immer mehr dem Punkt x nähern (Abb. 1.24).

Abb. 1.24

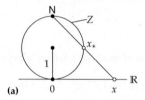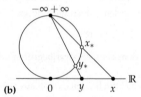

(a)   (b)   Abb. 1.25

▶ BEISPIEL 4 (der Zahlkreis): Wir betrachten die in Abb. 1.25 dargestellte Situation. Jedem Punkt x der Zahlengeraden $\mathbb{R}$ entspricht genau ein Punkt x_* des Zahlkreises Z vom Radius 1. Dem Nordpol N entspricht dabei kein Punkt von $\mathbb{R}$. Es ist üblich, den Nordpol N durch zwei Punkte $+\infty$ und $-\infty$ zu ersetzen. Wir definieren

$$\overline{\mathbb{R}} := \mathbb{R} \cup \{+\infty, -\infty\}.$$

Die Menge $\overline{\mathbb{R}}$ wird zu einem metrischen Raum durch die Festsetzung

$$d(x, y) := \text{Bogenlänge zwischen } x_* \text{ und } y_* \text{ auf dem Zahlkreis } Z.$$

Dabei vereinbaren wir

$$d(-\infty, \infty) := 2\pi.$$

Beispielsweise gilt $d(\pm\infty, 0) = \pi$. Es sei (x_n) eine reelle Zahlenfolge. Die Konvergenz

$$\lim_{n \to \infty} x_n = x$$

mit $-\infty \le x \le +\infty$ im Sinne der Metrik d auf $\mathbb{R}$ bedeutet, dass die zugehörigen Punkte $(x_n)_*$ auf dem Zahlkreis Z gegen x_* konvergieren. Das ist gleichbedeutend mit der klassischen Konvergenz (vgl. 1.2.3).

Somit ergibt sich die klassische Konvergenz gegen endliche oder unendliche Grenzwerte in einheitlicher Weise aus der Konvergenz auf dem metrischen Raum „Zahlkreis".

1.3.2.2 Spezielle Mengen

Es sei M eine Teilmenge eines metrischen Raumes X.

Beschränkte Mengen: Die nichtleere Menge M heißt genau dann beschränkt, wenn es eine Zahl $R > 0$ gibt mit

$$\boxed{d(x,y) \le R \qquad \text{für alle } x,y \in M.}$$

Die leere Menge ist definitionsgemäß beschränkt.

Umgebungen: Es sei $\varepsilon > 0$. Wir setzen

$$U_\varepsilon(a) := \{x \in X \mid d(a,x) < \varepsilon\},$$

d. h., die ε-Umgebung $U_\varepsilon(a)$ des Punktes a besteht aus genau allen Punkten x des metrischen Raumes X, die von a einen Abstand $< \varepsilon$ besitzen (Abb. 1.26).

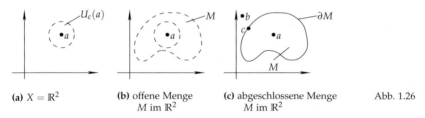

| (a) $X = \mathbb{R}^2$ | (b) offene Menge M im $\mathbb{R}^2$ | (c) abgeschlossene Menge M im $\mathbb{R}^2$ | Abb. 1.26 |

Eine Menge $U(a)$ heißt genau dann eine Umgebung des Punktes a, wenn sie irgendeine ε-Umgebung $U_\varepsilon(a)$ enthält

Offene Mengen: Eine Menge M heißt genau dann offen, wenn es zu jedem Punkt $a \in M$ eine Umgebung $U(a)$ mit $U(a) \subseteq M$ gibt.

Abgeschlossene Mengen: Die Menge M heißt genau dann abgeschlossen, wenn das Komplement $X \backslash M$ offen ist.

Inneres und Äußeres: Der Punkt $a \in X$ heißt genau dann ein *innerer Punkt* von M, wenn es eine Umgebung $U(a)$ mit $U(a) \subseteq M$ gibt (Abb. 1.26c).

Der Punkt b heißt genau dann ein *äußerer Punkt* von M, wenn es eine Umgebung $U(b)$ gibt, die nicht zu M gehört (d. h., es ist $U(b) \subseteq (X \backslash M)$).

Der Punkt c heißt genau dann ein *Randpunkt* von M, wenn c weder ein innerer noch ein äußerer Punkt von M ist (Abb. 1.26c).

Die Menge aller inneren (bzw. äußeren) Punkte von M wird mit int M (bzw. ext M) bezeichnet[23].

---

[23] int M bzw. ext M steht für interior (Inneres) bzw. exterior (Äußeres).

Rand und Abschluss: Die Menge ∂M aller Randpunkte von M heißt der Rand von M (Abb. 1.26c). Ferner bezeichnet man die Menge

$$\overline{M} := M \cup \partial M$$

als den Abschluss von M.

Satz: (i) Das Innere int M der Menge M ist die größte offene Menge, die in M enthalten ist.

(ii) Der Abschluss $\overline{M}$ der Menge M ist die kleinste abgeschlossene Menge, die M enthält.

(iii) Man hat die disjunkte Zerlegung

$$X = \text{int } M \cup \text{ext } M \cup \partial M,$$

d. h., jeder Punkt $x \in X$ gehört zu genau einer der drei Mengen int M, ext M oder ∂M.

Häufungspunkte: Ein Punkt $a \in X$ heißt genau dann ein Häufungspunkt der Menge M, wenn jede Umgebung von a einen Punkt von M enthält, der verschieden von a ist.

Satz von Bolzano-Weierstraß: Jede unendliche beschränkte Menge des $\mathbb{R}^N$ besitzt einen Häufungspunkt.

1.3.2.3 Kompaktheit

Der Begriff der Kompaktheit gehört zu den wichtigsten Begriffen der Analysis.

Eine Teilmenge M eines metrischen Raumes heißt genau dann *kompakt*, wenn jede Überdeckung von N durch offene Mengen die Eigenschaft besitzt, dass M bereits von endlich vielen dieser offenen Mengen überdeckt wird.

Eine Menge heißt genau dann *relativ kompakt*, wenn ihr Abschluss kompakt ist.

Satz: (i) Jede kompakte Menge ist abgeschlossen und beschränkt.

(ii) Jede relativ kompakte Menge ist beschränkt.

Charakterisierung durch konvergente Folgen: Es sei M eine Teilmenge eines metrischen Raumes.

(i) M ist genau dann abgeschlossen, wenn für jede konvergente Folge (x_n) aus M auch der Grenzwert zu M gehört.

(ii) M ist genau dann relativ kompakt, wenn jede Folge in M eine konvergente Teilfolge besitzt.

(iii) M ist genau dann kompakt, wenn jede Folge in M eine konvergente Teilfolge besitzt, deren Grenzwert zu M gehört.

Teilmengen des $\mathbb{R}^N$:   Es sei M eine Teilmenge des $\mathbb{R}^N$. Dann sind die folgenden drei Aussagen äquivalent:

(i) M ist kompakt.

(ii) M ist abgeschlossen und beschränkt.

(iii) Jede Folge in M besitzt eine konvergente Teilfolge, deren Grenzwert zu M gehört.

Ferner sind die folgenden drei Aussagen äquivalent:

(a) M ist relativ kompakt.

(b) M ist beschränkt.

(c) Jede Folge in M besitzt eine konvergente Teilfolge.

1.3.2.4 Zusammenhang

Eine Teilmenge M eines metrischen Raumes heißt genau dann *bogenweise zusammenhängend*, wenn sich zwei beliebige Punkte x und y aus M stets durch eine stetige Kurve in M verbinden lassen[24] (Abb. 1.27).

Abb. 1.27

Gebiete: Eine Teilmenge eines metrischen Raumes heißt genau dann ein Gebiet, wenn sie offen, bogenweise zusammenhängend und nicht leer ist.

Einfach zusammenhängende Mengen: Eine Teilmenge M eines metrischen Raumes heißt genau dann einfach zusammenhängend, wenn sie bogenweise zusammenhängend ist und sich jede geschlossene stetige Kurve in M stetig auf einen Punkt zusammenziehen lässt[25] (Abb. 1.28).

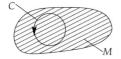
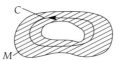

(a) einfach   **(b)** nicht einfach   Abb. 1.28
     zusammenhängend   zusammenhängend

1.3.2.5 Beispiele

▶ Beispiel 1 ($X = \mathbb{R}$): Es sei $-\infty < a < b < +\infty$.

(i) Das Intervall $[a, b]$ ist eine kompakte Menge in $\mathbb{R}$. Ferner ist $[a, b]$ abgeschlossen und beschränkt.

(ii) Das Intervall $]a, b[$ ist offen und beschränkt.

(iii) Eine Teilmenge von $\mathbb{R}$ ist genau dann bogenweise zusammenhängend, wenn sie ein Intervall ist.

---

[24]Das heißt: Es gibt eine stetige Abbildung $h : [0, 1] \to M$ mit $h(0) = x$ und $h(1) = y$. Die Stetigkeit von h bedeutet, dass

$$\lim_{n \to \infty} h(t_n) = h(t)$$

für jede Folge (t_n) in $[0, 1]$ mit $\lim_{n \to \infty} t_n = t$ gilt.

[25]Explizit bedeutet dies, dass es zu jeder stetigen Funktion $h : [0, 2\pi] \to M$ mit $h(0) = h(2\pi)$ eine stetige Funktion $H = H(t, x)$ von $[0, 1] \times [0, 2\pi]$ in M gibt mit

$$H(0, x) = h(x) \quad \text{und} \quad H(1, x) = x_0$$

für alle $x \in M$, wobei x_0 ein fester Punkt in M ist. Ferner sei $H(t, 0) = H(t, 2\pi)$ für alle $t \in [0, 1]$.

(iv) Jede reelle Zahl ist Häufungspunkt der Menge der rationalen Zahlen.

(v) Das halboffene Intervall $[a,b[$ ist weder offen noch abgeschlossen. Es ist jedoch beschränkt und relativ kompakt.

▶ BEISPIEL 2 ($X = \mathbb{R}^2$): Es sei $r > 0$. Wir setzen

$$M := \{(\xi_1, \xi_2) \in \mathbb{R}^2 \mid \xi_1^2 + \xi_2^2 < r^2\}.$$

Dann ist M ein offener Kreis vom Radius r mit dem Mittelpunkt im Ursprung (Abb. 1.29a).
Ferner sind der Rand ∂M und der Abschluss $\overline{M}$ durch

$$\begin{aligned} \partial M &= \{(\xi_1, \xi_2) \in \mathbb{R}^2 \mid \xi_1^2 + \xi_2^2 = r^2\}, \\ \overline{M} &= \{(\xi_1, \xi_2) \in \mathbb{R}^2 \mid \xi_1^2 + \xi_2^2 \leq r^2\} \end{aligned}$$

gegeben (Abb. 1.29b).

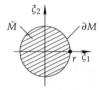

(a) offener Kreis M **(b)** $\overline{M} = M \cup \partial M$ Abb. 1.29

(i) Die Menge M ist *offen*, beschränkt, bogenweise zusammenhängend, einfach zusammenhängend und relativ kompakt.

(ii) Die Menge M ist ein einfach zusammenhängendes Gebiet.

(iii) Die Menge M ist nicht abgeschlossen und nicht kompakt.

(iv) Die Menge $\overline{M}$ ist abgeschlossen, beschränkt, kompakt, bogenweise zusammenhängend und einfach zusammenhängend.

(v) Der Rand ∂M ist abgeschlossen, beschränkt, kompakt und bogenweise zusammenhängend, aber nicht einfach zusammenhängend.

▶ BEISPIEL 3 (Zahlkreis): Die Menge $\mathbb{R}$ ist bezüglich des klassischen Abstands unbeschränkt und folglich nicht kompakt (vgl. Beispiel 1 in 1.3.2.1).

Dagegen ist der in Beispiel 4 von 1.3.2.1 eingeführte metrische Raum $\mathbb{R} \cup \{\pm\infty\}$ beschränkt und kompakt. Diese Tatsache ist der tiefere Grund dafür, dass man endliche und unendliche Grenzwerte in einheitlicher Weise behandeln kann.

Weitere wichtige Eigenschaften metrischer und allgemeinerer topologischer Räume findet man in 11.2.1 und 11.2.2 im Handbuch.

1.3.3 Funktionen mehrerer reeller Variabler

Die meisten in den Anwendungen auftretenden Funktionen hängen von mehreren Variablen ab, z. B. von Orts- und Zeitkoordinaten. Dafür schreiben wir kurz $y = f(x)$ mit $x = (\xi_1, \ldots, \xi_N)$, wobei alle ξ_j Variable sind, die reelle Zahlenwerte annehmen.

1.3.3.1 Grenzwerte

Es sei $f : M \to Y$ eine Funktion zwischen den beiden metrischen Räumen[26] M und Y. Wir schreiben genau dann

$$\lim_{x \to a} f(x) = b,$$

wenn für jede Folge (x_n) aus dem Definitionsbereich von f mit $x_n \neq a$ für alle n gilt[27]:

$$\text{Aus} \quad \lim_{n \to \infty} x_n = a \quad \text{folgt} \quad \lim_{n \to \infty} f(x_n) = b.$$

▶ BEISPIEL 1: Für die Funktion $f : \mathbb{R}^2 \longrightarrow \mathbb{R}$ mit $f(u,v) := u^2 + v^2$ gilt

$$\lim_{(u,v) \to (a,b)} f(u,v) = a^2 + b^2.$$

Denn für eine beliebige Folge (u_n, v_n) mit $\lim_{n \to \infty} (u_n, v_n) = (a,b)$ gilt $\lim_{n \to \infty} u_n = a$ und $\lim_{n \to \infty} v_n = b$. Folglich ist,

$$\lim_{n \to \infty} (u_n^2 + v_n^2) = a^2 + b^2.$$

▶ BEISPIEL 2: Für die Funktion

$$f(u,v) := \begin{cases} \dfrac{u}{v} & \text{für } (u,v) \neq (0,0), \\ 0 & \text{für } (u,v) = (0,0) \end{cases}$$

existiert der Grenzwert $\lim_{(u,v) \to (0,0)} f(u,v)$ nicht. Denn für die Folge $(u_n, v_n) = \left(\dfrac{1}{n}, \dfrac{1}{n} \right)$ erhalten wir

$$\lim_{n \to \infty} f(u_n, v_n) = 1.$$

Dagegen ergibt sich für $(u_n, v_n) = \left(\dfrac{1}{n^2}, \dfrac{1}{n} \right)$ der Wert

$$\lim_{n \to \infty} f(u_n, v_n) = \lim_{n \to \infty} \dfrac{1}{n} = 0.$$

1.3.3.2 Stetigkeit

Definition: Die Abbildung $f : M \to Y$ zwischen den beiden metrischen Räumen M und Y heißt genau dann im Punkt a stetig, wenn es zu jeder Umgebung $U(f(a))$ des Bildpunktes $f(a)$ eine Umgebung $U(a)$ des Urbildpunktes a gibt mit der Eigenschaft:

$$f(U(a)) \subseteq U(f(a)).$$

Das bedeutet: Aus $x \in U(a)$ folgt $f(x) \in U(f(a))$.

---

[26]Die Definition und die Eigenschaften von allgemeinen Funktionen findet man in 4.3.3.
[27]Die Funktion f braucht nicht im Punkt a definiert zu sein. Wir verlangen lediglich, dass der Definitionsbereich von f mindestens eine Folge (x_n) mit der oben geforderten Grenzwerteigenschaft enthält.

Die Funktion $f : M \to Y$ heißt genau dann stetig, wenn sie in jedem Punkt $a \in M$ stetig ist.

Grenzwertkriterium: Für eine Funktion $f : M \to Y$ mit $a \in M$ sind die folgenden drei Aussagen äquivalent[28]

(i) f ist im Punkt a stetig.

(ii) $\boxed{\lim_{x \to a} f(x) = f(a).}$

(iii) Zu jedem $\varepsilon > 0$ existiert ein $\delta > 0$, so dass $d(f(x), f(a)) < \varepsilon$ für alle x mit $d(x, a) < \delta$.

Satz: Die Funktion $f : M \to Y$ ist genau dann stetig, wenn die Urbilder offener Mengen wieder offen sind.

Kompositionsgesetz: Sind $f : M \to Y$ und $F : Y \to Z$ stetig, dann ist auch die zusammengesetzte Abbildung

$$\boxed{F \circ f : M \to Z}$$

stetig. Dabei gilt $(F \circ f)(x) := F(f(x))$.

Rechenregeln: Sind die Funktionen $f, g : M \to \mathbb{R}$ im Punkt a stetig, dann gilt:

$f + g$	ist in a stetig	(Summenregel),
fg	ist in a stetig	(Produktregel),
$\dfrac{f}{g}$	ist in a stetig, falls $g(a) \neq 0$	(Quotientenregel).

Komponentenregel: Es sei $f(x) = (f_1(x), \ldots, f_k(x))$. Dann sind die beiden folgenden Aussagen äquivalent:

(i) $f_j : M \longrightarrow \mathbb{R}$ ist für jedes j im Punkt a stetig.

(ii) $f : M \longrightarrow \mathbb{R}^k$ ist im Punkt a stetig.

▶ BEISPIEL: Es sei $x = (\xi_1, \xi_2)$. Jedes Polynom

$$p(x) = \sum_{j,k=0}^{m} a_{jk} \xi_1^j \xi_2^k$$

mit reellen Koeffizienten a_{jk} ist in jedem Punkt $x \in \mathbb{R}^2$ stetig.

Eine analoge Aussage gilt für Polynome in N Variablen.

Invarianzprinzip: Es sei $f : M \to Y$ eine stetige Abbildung zwischen den beiden metrischen Räumen M und Y. Dann gilt

---

[28]Die Bedingung (ii) bedeutet: Es ist

$$\lim_{n \to \infty} f(x_n) = f(a)$$

für jede Folge (x_n) in M mit $\lim_{x \to \infty} x_n = a$.

(i) f bildet kompakte Mengen auf kompakte Mengen ab.

(ii) f bildet bogenweise zusammenhängende Mengen auf bogenweise zusammenhängende Mengen ab.

Satz von Weierstraß: Eine stetige Funktion $f : M \to \mathbb{R}$ auf der nichtleeren kompakten Teilmenge M eines metrischen Raumes besitzt ein Maximum und ein Minimum.

Speziell gilt diese Aussage, falls M eine nichtleere, beschränkte und abgeschlossene Menge des $\mathbb{R}^N$ ist.

Nullstellensatz von Bolzano: Es sei $f : M \to \mathbb{R}$ eine stetige Funktion auf der bogenweise zusammenhängenden Menge M eines metrischen Raumes. Kennt man zwei Punkte $a, b \in M$ mit $f(a)f(b) \le 0$, dann besitzt die Gleichung

$$f(x) = 0, \qquad x \in M$$

eine Lösung.

Zwischenwertsatz: Ist $f : M \to \mathbb{R}$ auf der bogenweise zusammenhängenden Menge M stetig, dann ist die Bildmenge $f(M)$ ein Intervall.

Gilt speziell $f(a) < f(b)$ für zwei feste Punkte $a, b \in M$, dann besitzt die Gleichung

$$f(x) = \gamma, \qquad x \in M$$

für jede reelle Zahl γ mit $f(a) \le \gamma \le f(b)$ eine Lösung.

1.4 Differentiation von Funktionen einer reellen Variablen

1.4.1 Die Ableitung

Definition: Wir betrachten eine reelle Funktion $y = f(x)$ der reellen Variablen x, die in einer Umgebung des Punktes p definiert ist. Die Ableitung $f'(p)$ von f im Punkt p wird durch den endlichen Grenzwert

$$f'(p) = \lim_{h \to 0} \frac{f(p + h) - f(p)}{h}$$

erklärt.

Geometrische Interpretation: Die Zahl

$$\frac{f(p + h) - f(p)}{h}$$

gibt den Anstieg der Sekante in Abb. 1.30a an. Für $h \to 0$ geht die Sekante anschaulich in die Tangente über. Deshalb definieren wir

$$f'(p) \text{ ist der Anstieg der Tangente des Graphen von } f \text{ im Punkt } (p, f(p)).$$

Die zugehörige Gleichung der Tangente lautet:

$$y = f'(p)(x - p) + f(p).$$

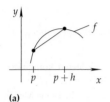

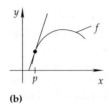

(a)   (b)   Abb. 1.30

▶ BEISPIEL 1: Für die Funktion $f(x) := x^2$ erhalten wir

$$f'(p) = \lim_{h \to 0} \frac{(p+h)^2 - p^2}{h} = \lim_{h \to 0} \frac{2ph + h^2}{h} = \lim_{h \to 0} (2p + h) = 2p.$$

Tabelle wichtiger Ableitungen: Vgl. 0.6.1.

Die Leibnizsche Notation: Es sei $y = f(x)$. Anstelle von $f'(p)$ schreibt man auch

$$f'(p) = \frac{\mathrm{d}f}{\mathrm{d}x}(p) \quad \text{oder} \quad f'(p) = \frac{\mathrm{d}y}{\mathrm{d}x}(p).$$

Setzen wir $\Delta f := f(x) - f(p)$ und $\Delta x := x - p$ sowie $\Delta y = \Delta f$, dann gilt

$$\boxed{\frac{\mathrm{d}f}{\mathrm{d}x}(p) = \lim_{\Delta x \to 0} \frac{\Delta f}{\Delta x} = \lim_{\Delta x \to 0} \frac{\Delta y}{\Delta x}.}$$

Diese Bezeichnungsweise wurde von Leibniz (1646–1716) außerordentlich glücklich gewählt, weil sich wichtige Rechenregeln für Ableitungen und Integrale aus dieser Bezeichnung „von selbst" ergeben. Das ist eine Eigenschaft, die man von jedem guten mathematischen Kalkül erwartet.

Der Zusammenhang zwischen Stetigkeit und Differenzierbarkeit: Ist f im Punkt p differenzierbar, dann ist f im Punkt p auch stetig.

Die umgekehrte Behauptung ist falsch. Beispielsweise ist die Funktion $f(x) := |x|$ im Punkt $x = 0$ stetig, aber nicht differenzierbar, denn der Graph von f besitzt im Punkt $(0,0)$ keine Tangente (Abb. 1.31).

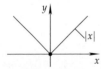

Abb. 1.31

Höhere Ableitungen: Setzen wir $g(x) := f'(x)$, dann gilt definitionsgemäß

$$\boxed{f''(p) := g'(p).}$$

Wir schreiben dafür auch $f^{(2)}(p)$ oder

$$f''(p) = \frac{\mathrm{d}^2 f}{\mathrm{d}x^2}(p).$$

Analog werden die n-ten Ableitungen $f^{(n)}(p)$ für $n = 2, 3, \ldots$ erklärt.

▶ BEISPIEL 2: Für $f(x) := x^2$ gilt

$$f'(x) = 2x, \quad f''(x) = 2, \quad f'''(x) = 0, \quad f^{(n)}(x) = 0 \quad \text{für } n = 4, 5, \ldots$$

(vgl. 0.6.1).

Rechenregeln: Die Funktionen f und g seien im Punkt x differenzierbar, und α, β seien reelle Zahlen. Dann gilt:

$$\begin{aligned}
(\alpha f + \beta g)'(x) &= \alpha f'(x) + \beta g'(x), &\text{(Summenregel)}, \\
(fg)'(x) &= f'(x)g(x) + f(x)g'(x), &\text{(Produktregel)}, \\
\left(\frac{f}{g}\right)'(x) &= \frac{f'(x)g(x) - f(x)g'(x)}{g(x)^2}, &\text{(Quotientenregel)}.
\end{aligned}$$

Im Fall der Quotientenregel muss zusätzlich $g(x) \neq 0$ vorausgesetzt werden.

Beispiele findet man in 0.6.2.

Die Leibnizsche Produktregel: Sind f und g im Punkt x n-fach differenzierbar, dann gilt für $n = 1, 2, \ldots$ die Beziehung

$$(fg)^{(n)}(x) = \sum_{k=0}^{n} \binom{n}{k} f^{(n-k)}(x) g^{(k)}(x).$$

Diese Differentiationsregel ähnelt dem binomischen Lehrsatz (vgl. 0.1.10.3.). Speziell für $n = 2$ gilt

$$(fg)''(x) = f''(x)g(x) + 2f'(x)g'(x) + f(x)g''(x).$$

▶ BEISPIEL 3: Wir betrachten $h(x) := x \cdot \sin x$. Setzen wir $f(x) := x$ und $g(x) := \sin x$, dann gilt $f'(x) = 1$, $f''(x) = 0$ und $g'(x) = \cos x$, $g''(x) = -\sin x$. Folglich erhalten wir

$$h''(x) = 2\cos x - x\sin x.$$

Die Funktionsklasse $C[a, b]$: Es sei $[a, b]$ ein kompaktes Intervall. Mit $C[a, b]$ bezeichnen wir die Menge aller stetigen Funktion $f : [a, b] \longrightarrow \mathbb{R}$. Außerdem setzen wir[29]

$$||f|| := \max_{a \leq x \leq b} |f(x)|.$$

Die Funktionsklasse $C^k[a, b]$: Diese Klasse besteht aus allen Funktionen $f \in C[a, b]$, die auf dem offenen Intervall $]a, b[$ stetige Ableitungen $f', f'', \ldots, f^{(k)}$ besitzen, die sich zu stetigen Funktionen auf $[a, b]$ fortsetzen lassen.

Wir definieren[30]

$$||f||_k := \sum_{j=0}^{k} \max_{a \leq x \leq b} |f^{(j)}(x)|.$$

Typ C^k: Wir sagen, dass eine Funktion auf einer Umgebung des Punktes p vom Typ C^k ist, wenn sie auf einer offenen Umgebung von p stetige Ableitungen bis zur Ordnung k besitzt

---

[29]Bezüglich der Norm $||f||$ wird $C[a, b]$ ein Banachraum (vgl. 11.2.4.1 im Handbuch).

[30]Dabei setzen wir $f^{(0)}(x) := f(x)$. Der Raum $C^k[a, b]$ wird bezüglich der Norm $||f||_k$ ein Banachraum.

1.4.2 Die Kettenregel

Die fundamentale Kettenregel merkt man sich nach Leibniz am besten in der folgenden sehr suggestiven Form:

$$\frac{dy}{dx} = \frac{dy}{du}\frac{du}{dx}. \tag{1.30}$$

▶ BEISPIEL 1: Um die Funktion $y = f(x) = \sin x^2$ zu differenzieren, schreiben wir

$$y = \sin u, \quad u = x^2.$$

Nach 0.6.1 gilt

$$\frac{dy}{du} = \cos u, \quad \frac{du}{dx} = 2x.$$

Aus (1.30) folgt deshalb

$$f'(x) = \frac{dy}{dx} = \frac{dy}{du}\frac{du}{dx} = 2x\cos u = 2x\cos x^2.$$

▶ BEISPIEL 2: Es sei $b > 0$. Für die Funktion $f(x) := b^x$ gilt

$$f'(x) = b^x \ln b, \quad x \in \mathbb{R}.$$

Beweis: Es gilt $f(x) = e^{x \ln b}$. Wir setzen $y = e^u$ und $u = x \ln b$. Nach 0.6.1. gilt

$$\frac{dy}{du} = e^u, \quad \frac{du}{dx} = \ln b.$$

Aus (0.30) folgt

$$f'(x) = \frac{dy}{dx} = \frac{dy}{du}\frac{du}{dx} = e^u \ln b = b^x \ln b. \tag{$\square$}$$

Die präzise Formulierung von (1.30) lautet folgendermaßen.

Satz (Kettenregel): Für die zusammengesetzte Funktion $F(x) := g(f(x))$ existiert die Ableitung im Punkt p mit

$$F'(p) = g'(f(p))f'(p)$$

falls folgendes gilt:

(i) Die Funktion $f : M \to \mathbb{R}$ ist in einer Umgebung $U(p)$ erklärt, und es existiert die Ableitung $f'(p)$.

(ii) Die Funktion $g : N \to \mathbb{R}$ ist in einer Umgebung $U(f(p))$ erklärt, und es existiert die Ableitung $g'(f(p))$.

Denkbarrieren: Die Kettenregel zeigt, dass präzise mathematische Formulierungen unglücklicherweise schwerfälliger sein können als suggestive Regeln. Das führt leider häufig zu Barrieren zwischen Ingenieuren, Physikern und Mathematikern, um deren Beseitigung man sich bemühen muss. Tatsächlich ist es nützlich, sowohl die formalen Regeln als auch die präzisen Formulierungen zu kennen, um einerseits Rechnungen sehr denkökonomisch durchführen zu können, andererseits aber auch vor fehlerhafter Anwendung formaler Regeln gesichert zu sein.

1.4.3 Monotone Funktionen

Monotoniekriterium: Es sei $-\infty \le a < b \le +\infty$, und $f :]a, b[\longrightarrow \mathbb{R}$ sei differenzierbar.

(i) f ist genau dann monoton wachsend (bzw. monoton fallend), wenn

$$f'(x) \ge 0 \qquad \text{für alle } x \in]a, b[$$

(bzw. $f'(x) \le 0$ für alle $x \in]a, b[$).

(ii) Aus $f'(x) > 0$ für alle $x \in]a, b[$ folgt, dass f auf $]a, b[$ streng monoton wachsend ist[31].

(iii) Aus $f'(x) < 0$ für alle $x \in]a, b[$ folgt dass f auf $]a, b[$ streng monoton fallend ist.

▶ BEISPIEL 1: Es sei $f(x) := e^x$. Aus $f'(x) = e^x > 0$ für alle $x \in \mathbb{R}$ folgt, dass f auf $\mathbb{R}$ streng monoton wachsend ist (Abb. 1.32a).

▶ BEISPIEL 2: Wir wählen $f(x) := \cos x$. Aus $f'(x) = -\sin x < 0$ für alle $x \in]0, \pi[$ folgt, dass f auf dem Intervall $]0, \pi[$ streng monoton fallend ist (Abb. 1.32b).

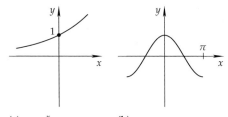

(a) $y = e^x$ **(b)** $y = \cos x$ Abb. 1.32

Mittelwertsatz: Es sei $-\infty < a < b < \infty$. Ist die stetige Funktion $f : [a, b] \to \mathbb{R}$ auf dem offenen Intervall $]a, b[$ differenzierbar, dann gibt es eine Zahl $\xi \in]a, b[$ mit

$$\frac{f(b) - f(a)}{b - a} = f'(\xi).$$

Anschaulich bedeutet dies in Abb. 1.33, dass die Sekante den gleichen Anstieg wie die Tangente im Punkt ξ besitzt.

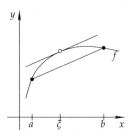

Abb. 1.33

---

[31] Die Definition monotoner Funktionen findet man in Tabelle 0.14.

Struktursatz von Lebesgue: Es sei $-\infty \le a < b \le \infty$. Für eine monoton wachsende Funktion $f :]a, b[\to \mathbb{R}$ gilt:

(i) f ist stetig bis auf höchstens abzählbar viele Sprungstellen, in denen die rechts- und linksseitigen Grenzwerte existieren.

(ii) f ist fast überall differenzierbar[32] (Abb. 1.34).

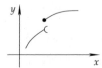

Abb. 1.34

1.4.4 Inverse Funktionen

Viele wichtige Funktionen ergeben sich durch die Umkehrung von Funktionen (vgl. (0.28)).

1.4.4.1 Der lokale Satz über inverse Funktionen

Die Differentiationsregel für inverse Funktionen merkt man sich nach Leibniz am besten in der folgenden sehr suggestiven Form:

$$\frac{\mathrm{d}x}{\mathrm{d}y} = \frac{1}{\frac{\mathrm{d}y}{\mathrm{d}x}}. \tag{1.31}$$

▶ BEISPIEL 1: Die inverse Funktion zu $y = x^2$ lautet

$$x = \sqrt{y}, \qquad y > 0.$$

Es ist $\frac{\mathrm{d}y}{\mathrm{d}x} = 2x$. Nach (1.31) gilt

$$\frac{\mathrm{d}\sqrt{y}}{\mathrm{d}y} = \frac{\mathrm{d}x}{\mathrm{d}y} = \frac{1}{\frac{\mathrm{d}y}{\mathrm{d}x}} = \frac{1}{2x} = \frac{1}{2\sqrt{y}}.$$

▶ BEISPIEL 2: Für die Funktion $f(x) := \sqrt{x}$ gilt

$$f'(x) = \frac{1}{2\sqrt{x}}, \qquad x > 0.$$

Das folgt aus Beispiel 1, indem wir dort y mit x vertauschen.

▶ BEISPIEL 3: Die inverse Funktion zu $y = e^x$ lautet

$$x = \ln y, \quad y > 0$$

(vgl. 0.2.6). Es gilt $\frac{\mathrm{d}y}{\mathrm{d}x} = e^x$. Aus (1.31) ergibt sich deshalb

$$\frac{\mathrm{d}\ln y}{\mathrm{d}y} = \frac{\mathrm{d}x}{\mathrm{d}y} = \frac{1}{\frac{\mathrm{d}y}{\mathrm{d}x}} = \frac{1}{e^x} = \frac{1}{y}.$$

---

[32]Dies bedeutet, dass es eine Menge M vom eindimensionalen Lebesguemaß null gibt, so dass f für alle $x \in]a, b[$ mit $x \notin M$ differenzierbar ist (vgl. 1.7.2.).

▶ BEISPIEL 4: Für die Funktion $f(x) := \ln x$ erhalten wir

$$f'(x) = \frac{1}{x}, \qquad x > 0.$$

Das ergibt sich aus Beispiel 3, wenn wir dort x mit y vertauschen.

Die präzise Fassung von (1.31) lautet folgendermaßen.

Lokaler Satz über inverse Funktionen: Die Funktion $f : M \subseteq \mathbb{R} \to \mathbb{R}$ sei in einer Umgebung $U(p)$ erklärt und im Punkt p differenzierbar mit $f'(p) \neq 0$. Dann gilt:

(i) Die inverse Funktion g zu f existiert in einer Umgebung des Punktes[33].

(ii) Die inverse Funktion g ist im Punkt $f(p)$ differenzierbar mit der Ableitung

$$\boxed{g'(f(p)) = \frac{1}{f'(p)}.}$$

(a) lokal   **(b)** global   Abb. 1.35

1.4.4.2 Der globale Satz über inverse Funktionen

In der Mathematik unterscheidet man zwischen

(a) lokalem Verhalten (d. h. Verhalten in der Umgebung eines Punktes oder Verhalten im *Kleinen*) und

(b) globalem Verhalten (d. h. Verhalten im Großen). In der Regel sind globale Resultate wesentlich schwieriger zu beweisen als lokale Resultate. Ein mächtiges Instrument der globalen Mathematik stellt die Topologie dar (vgl. Kapitel 18 im Handbuch).

Satz: Es sei $-\infty < a < b < \infty$. Ist die Funktion $f : [a,b] \to \mathbb{R}$ streng monoton wachsend, dann existiert die inverse Funktion

$$f^{-1} : [f(a), f(b)] \to [a, b],$$

d. h., die Gleichung

$$\boxed{f(x) = y, \qquad x \in [a, b]}$$

besitzt für jedes $y \in [f(a), f(b)]$ eine eindeutige Lösung x, die wir mit $x = f^{-1}(y)$ bezeichnen (Abb. 1.35b).

Ist f stetig, dann ist auch f^{-1} stetig.

Der Satz über globale inverse Funktionen: Es sei $-\infty < a < b < \infty$. Ist die stetige Funktion $f : [a, b] \to \mathbb{R}$ auf dem offenen Intervall $]a, b[$ differenzierbar mit

$$\boxed{f'(x) > 0 \quad \text{für alle } x \in]a, b[,}$$

---

[33] Das heißt, die Gleichung $y = f(x)$, $x \in U(p)$, lässt sich für $y \in U(f(p))$ eindeutig umkehren und ergibt $x = g(y)$ (Abb. 1.35a). Anstelle von g schreiben wir auch f^{-1}.

dann existiert die stetige inverse Funktion $f^{-1} : [f(a), f(b)] \longrightarrow [a, b]$ mit der Ableitung

$$(f^{-1})'(y) = \frac{1}{f'(x)}, \qquad y = f(x),$$

für alle $y \in]f(a), f(b)[$.

1.4.5 Der Taylorsche Satz und das lokale Verhalten von Funktionen

Viele Aussagen über das lokale Verhalten einer reellen Funktion $y = f(x)$ in der Umgebung des Punktes p kann man aus dem Taylorschen Satz gewinnen.

1.4.5.1 Grundideen

Um das Verhalten einer Funktion in einer Umgebung des Punktes $x = 0$ zu untersuchen, gehen wir von dem Ansatz

$$f(x) = a_0 + a_1 x + a_2 x^2 + \dots$$

aus. Um die Koeffizienten $a_0, a_1, \dots$ zu bestimmen, differenzieren wir formal:

$$\begin{aligned}
f'(x) &= a_1 + 2a_2 x + 3a_3 x^2 + \dots, \\
f''(x) &= 2a_2 + 2 \cdot 3a_3 x + \dots, \\
f'''(x) &= 2 \cdot 3a_3 + \dots
\end{aligned}$$

Für $x = 0$ erhalten wir daraus formal

$$a_0 = f(0), \quad a_1 = f'(0), \quad a_2 = \frac{f''(0)}{2}, \quad a_3 = \frac{f'''(0)}{2 \cdot 3}, \quad \dots$$

Das liefert die grundlegende Formel

$$f(x) = f(0) + f'(0)x + \frac{f''(0)}{2!}x^2 + \frac{f'''(0)}{3!}x^3 + \dots \tag{1.32}$$

Lokales Verhalten im Punkt $x = 0$: Aus (1.32) kann man das lokale Verhalten von f im Punkt $x = 0$ ablesen, wie die folgenden Beispiele erläutern sollen. Wir benutzen dabei das in Tabelle 0.15 dargestellte Verhalten der Potenzfunktion $y = x^n$.

▶ BEISPIEL 1 (Tangente): Aus der ersten Näherung $f(x) = f(0) + f'(0)x$ erhalten wir, dass sich f lokal in $x = 0$ wie die Gerade

$$y = f(0) + f'(0)x.$$

verhält. Das ist die Gleichung der Tangente zu f im Punkt $x = 0$ (Abb. 1.36).

▶ BEISPIEL 2 (lokales Minimum oder Maximum): Es sei $f'(0) = 0$ und $f''(0) \neq 0$. Dann verhält sich f lokal in $x = 0$ wie

$$f(0) + \frac{f''(0)}{2}x^2.$$

Für $f''(0) > 0$ (bzw. $f''(0) < 0$) liegt deshalb in $x = 0$ ein lokales Minimum (bzw. ein lokales Maximum) vor (Abb. 1.37).

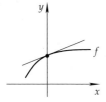

Abb. 1.36

(a) lokales Minimum
$(f''(0) > 0)$

(b) lokales Maximum
$(f''(0) < 0)$

Abb. 1.37

▶ Beispiel 3 (horizontaler Wendepunkt): Ist $f'(0) = f''(0) = 0$ und $f'''(0) \neq 0$, dann verhält sich f lokal in $x = 0$ wie

$$f(0) + \frac{f'''(0)}{3!} x^3.$$

Das entspricht einem horizontalen Wendepunkt in $x = 0$ (Abb. 1.38).

▶ Beispiel 4 (lokales Minimum): Es sei $f^{(n)}(0) = 0$ für $n = 1, \ldots, 125$ und $f^{(126)}(0) > 0$. Dann verhält sich f lokal in $x = 0$ wie

$$f(0) + ax^{126}$$

mit $a := f^{(126)}(0)/126!$. Wichtig ist lediglich, dass x^{126} eine gerade Potenz von x darstellt und a positiv ist. Folglich verhält sich f lokal in $x = 0$ wie in Abb. 1.37a dargestellt, d. h., f besitzt in $x = 0$ ein lokales Minimum.

Dieses Beispiel demonstriert die *universelle Anwendbarkeit* dieser Methode auch in Fällen, in denen sehr viele Ableitungen verschwinden.

Lokale Krümmungsverhältnisse: Die Funktion

$$g(x) := f(x) - (f(0) + f'(0)x)$$

beschreibt die Differenz zwischen f und der Tangente im Punkt $x = 0$. Nach (1.32) gilt

$$g(x) = \frac{f''(0)}{2!} x^2 + \frac{f'''(0)}{3!} x^3 \ldots$$

Deshalb kann man den Ableitungen $f''(0), f'''(0), \ldots$ ansehen, wie der Graph von f im Punkt $x = 0$ zur Tangente im Punkt $x = 0$ liegt. Dadurch erhält man Auskunft über die *Krümmung* von f.

▶ Beispiel 5 (lokale Konvexität und lokale Konkavität): Es sei $f''(0) \neq 0$, dann verhält sich g lokal in $x = 0$ wie

$$\frac{f''(0)}{2!} x^2.$$

(a) horizontaler
Wendepunkt
$(f'''(0) > 0)$

(b) horizontaler
Wendepunkt
$(f'''(0) < 0)$ Abb. 1.38

a) lokale Konvexität
$(f''(0) > 0)$

(b) lokale Konkavität
$(f''(0) < 0)$

(c) Wendepunkt
$(f''(0) = 0, f'''(0) > 0)$

(d) Wendepunkt
$(f''(0) = 0, f'''(0) < 0)$ Abb. 1.39

Somit gilt (Abb. 1.39).

(i) Für $f''(0) > 0$ liegt der Graph von f lokal in $x = 0$ oberhalb der Tangente (lokale Konvexität).

(ii) Für $f''(0) < 0$ liegt der Graph von f lokal in $x = 0$ unterhalb der Tangente (lokale Konkavität).

▶ Beispiel 6 (Wendepunkt): Es sei $f''(0) = 0$ und $f'''(0) \neq 0$. Dann verhält sich g lokal in $x = 0$ wie

$$\frac{f'''(0)}{3!} x^3.$$

Deshalb liegt der Graph von f lokal in $x = 0$ auf beiden Seiten der Tangente, d. h., in $x = 0$ liegt ein Wendepunkt vor (Abb. 1.39c,d).

Regel von de l'Hospital: Die in 1.3.3. dargestellte Regel ergibt sich formal sofort aus (1.32). Um das zu erläutern, notieren wir

$$f(x) = f(0) + f'(0)x + \frac{f''(0)}{2!}x^2 + \frac{f'''(0)}{3!}x^3 + \dots,$$
$$g(x) = g(0) + g'(0)x + \frac{g''(0)}{2!}x^2 + \frac{g'''(0)}{3!}x^3 + \dots.$$

▶ BEISPIEL 7 $\left(\dfrac{0}{0}\right)$: Es sei $f(0) = g(0) = 0$ und $g'(0) \neq 0$. Dann erhalten wir

$$\lim_{x \to 0} \frac{f(x)}{g(x)} = \lim_{x \to 0} \frac{x\left(f'(0) + \frac{f''(0)}{2}x + \ldots\right)}{x\left(g'(0) + \frac{g''(0)}{2}x + \ldots\right)} = \frac{f'(0)}{g'(0)}.$$

1.4.5.2 Das Restglied

Die formalen Überlegungen in 1.4.5.1. kann man dadurch streng rechtfertigen, dass man den Fehler in (1.32) abschätzt. Das geschieht mit Hilfe der fundamentalen Formel

$$f(x) = f(p) + f'(p)(x - p) + \frac{f''(p)}{2!}(x - p)^2 + \ldots$$
$$+ \frac{f^{(n)}(p)}{n!}(x - p)^n + R_{n+1}(x).$$

(1.33)

Dabei besitzt das Restglied (Fehlerglied) die Gestalt

$$R_{n+1}(x) = \frac{f^{(n+1)}(p + \vartheta(x - p))}{(n + 1)!}(x - p)^{n+1}, \qquad 0 < \vartheta < 1.$$

(1.34)

Mit Hilfe des Summensymbols lautet (1.33):

$$f(x) = \sum_{k=0}^{n} \frac{f^{(k)}(p)}{k!}(x - p)^k + R_{n+1}(x).$$

Taylorscher Satz: Es sei J ein offenes Intervall mit $p \in J$, und die reelle Funktion $f : J \to \mathbb{R}$ sei $(n + 1)$-fach differenzierbar auf J. Dann gibt es zu jedem $x \in J$ eine Zahl $\vartheta \in]0, 1[$, so dass die Darstellung (1.33) mit dem Restglied (1.34) gilt.

Das ist der wichtigste Satz der lokalen Analysis.

Anwendung auf unendliche Reihen[34]: Es gilt

$$f(x) = \sum_{k=0}^{\infty} \frac{f^{(k)}(p)}{k!}(x - p)^k,$$

(1.35)

falls die folgenden Voraussetzungen erfüllt sind:

(i) Die Funktion $f : J \to \mathbb{R}$ ist auf dem offenen Intervall J beliebig oft differenzierbar. Es gilt $p \in J$.

(ii) Für festes $x \in J$ und jedes $n = 1, 2, \ldots$ gibt es Zahlen $\alpha_n(x)$, so dass die *Majorantenbedingung*

$$\left| \frac{f^{(n+1)}(p + \vartheta(x - p))}{(n + 1)!}(x - p)^{n+1} \right| \leq \alpha_n(x) \qquad \text{für alle } \vartheta \in]0, 1[$$

mit $\lim_{n \to \infty} \alpha_n(x) = 0$ erfüllt ist.

---

[34]Unendliche Reihen werden ausführlich in 1.10. betrachtet

▶ Beispiel (Entwicklung der Sinusfunktion): Es sei $f(x) := \sin x$. Dann gilt:

$$f'(x) = \cos x, \quad f''(x) = -\sin x, \quad f'''(x) = -\cos x, \quad f^{(4)}(x) = \sin x,$$

also $f'(0) = 1$, $f''(0) = 0$, $f'''(0) = -1$, $f^{(4)}(0) = 0$ usw. Aus (1.33) mit $p = 0$ erhalten wir deshalb

$$\sin x = x - \frac{x^3}{3!} + \frac{x^5}{5!} - \ldots + \frac{(-1)^{n-1}x^{2n-1}}{(2n-1)!} + R_{2n}(x)$$

für alle $x \in \mathbb{R}$ und $n = 1, 2, \ldots$ mit der *Fehlerabschätzung*:[35]

$$|R_{2n}(x)| = \left| \frac{f^{(2n)}(\vartheta x)}{(2n)!} x^{2n} \right| \leq \frac{|x|^{2n}}{(2n)!}.$$

Wegen $\lim\limits_{n \to \infty} \dfrac{|x|^{2n}}{(2n)!} = 0$ erhalten wir daraus

$$\sin x = x - \frac{x^3}{3!} + \ldots = \sum_{n=1}^{\infty} \frac{(-1)^{n-1}x^{2n-1}}{(2n-1)!} \quad \text{für alle } x \in \mathbb{R}.$$

Das integrale Restglied: Ist die Funktion $f : J \to \mathbb{R}$ vom Typ C^{n+1} auf dem offenen Intervall J mit $p \in J$, dann gilt (1.33) für alle $x \in J$, wobei

$$R_{n+1}(x) = \left(\int_0^1 (1-t)^n f^{(n+1)}(p + (x-p)t)\,\mathrm{d}t \right) \frac{(x-p)^{n+1}}{n!}.$$

1.4.5.3 Lokale Extrema und kritische Punkte

Definition: Eine Funktion $f : M \to \mathbb{R}$ auf dem metrischen Raum M besitzt genau dann im Punkt $a \in M$ ein *lokales Minimum* (bzw. ein *lokales Maximum*), wenn es eine Umgebung $U(a)$ gibt mit

$$f(a) \leq f(x) \quad \text{für alle } x \in U(a) \tag{1.36}$$

(bzw. $f(x) \leq f(a)$ für alle $x \in U(a)$).

Die Funktion f besitzt in a genau dann *ein strenges lokales Minimum*, wenn anstelle von (1.36) die stärkere Bedingung

$$f(a) < f(x) \quad \text{für alle } x \in U(a) \quad \text{mit } x \neq a$$

erfüllt ist. .

Lokale Extrema sind definitionsgemäß lokale Minima oder lokale Maxima (vgl. Abb. 1.40a,b).

Grundsituation: Wir betrachten Funktionen

$$f :]a, b[\longrightarrow \mathbb{R}$$

---

[35]Man beachte $f^{(k)}(\vartheta x) = \pm\sin\vartheta x, \pm\cos\vartheta x$ und $|\sin\vartheta x| \leq 1$ sowie $|\cos\vartheta x| \leq 1$ für alle reellen Zahlen x und ϑ.

mit $p \in]a, b[$.

Kritischer Punkt: Der Punkt p heißt genau dann ein kritischer Punkt von f, wenn die Ableitung $f'(p)$ existiert mit

$$f'(p) = 0.$$

Das bedeutet anschaulich, dass die Tangente im Punkt p horizontal ist.

Horizontaler Wendepunkt: Darunter verstehen wir einen kritischen Punkt p von f, der weder ein lokales Minimum noch ein lokales Maximum von f ist (Abb. 1.40).

(a) lokales Minimum   **(b)** lokales Maximum

(c) horizontaler Wendepunkt   Abb. 1.40

Notwendige Bedingung für ein lokales Extremum: Besitzt die Funktion f im Punkt p ein lokales Extremum und existiert die Ableitung $f'(p)$, dann ist p ein kritischer Punkt von f, d. h., es gilt $f'(p) = 0$.

Hinreichende Bedingung für ein lokales Extremum: Ist f vom Typ C^{2n}, $n \geq 1$, in einer offenen Umgebung des Punktes p und gilt:

$$f'(p) = f''(p) = \ldots = f^{(2n-1)}(p) = 0$$

zusammen mit

$$f^{(2n)}(p) > 0,$$

(bzw. $f^{(2n)}(p) < 0$), dann besitzt f in p ein lokales Minimum (bzw. ein lokales Maximum).

Hinreichende Bedingung für einen horizontalen Wendepunkt: Ist f vom Typ C^{2n+1}, $n \geq 1$, in einer offenen Umgebung des Punktes p und gilt

$$f'(p) = f''(p) = \ldots = f^{(2n)}(p) = 0$$

zusammen mit

$$f^{(2n+1)}(p) \neq 0,$$

dann besitzt f in p einen horizontalen Wendepunkt.

▶ BEISPIEL 1: Für $f(x) := \cos x$ hat man $f'(x) = -\sin x$ und $f''(x) = -\cos x$. Das ergibt

$f'(0) = 0$ und $f''(0) < 0$.

Folglich besitzt f in $x = 0$ ein lokales Maximum. Wegen

$\cos x \leq 1$ für alle $x \in \mathbb{R}$

besitzt die Funktion $y = \cos x$ sogar ein globales Maximum in $x = 0$ (Abb. 1.41a).

▶ BEISPIEL 2: Für $f(x) := x^3$ erhalten wir $f'(x) = 3x^2$, $f''(x) = 6x$ und $f'''(x) = 6$. Somit gilt.

$f'(0) = f''(0) = 0$ und $f'''(0) \neq 0$.

Folglich besitzt f in $x = 0$ einen horizontalen Wendepunkt (Abb. 1.41b).

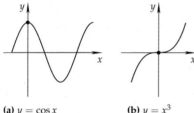

(a) $y = \cos x$ **(b)** $y = x^3$ Abb. 1.41

1.4.5.4 Krümmungsverhalten

Die relative Lage des Graphen zur Tangente: Die Funktion

$$g(x) := f(x) - f(p) - f'(p)(x - p)$$

beschreibt die Differenz zwischen der Funktion f und der Tangente im Punkt p. Wir definieren:

(i) Die Funktion f ist genau dann *lokal konvex* im Punkt p, wenn die Funktion g in p ein lokales Minimum besitzt.

(ii) f ist genau dann *lokal konkav* in p, wenn g in p ein lokales Maximum besitzt.

(iii) f besitzt genau dann in p einen Wendepunkt, wenn g in p einen horizontalen Wendepunkt hat.

In (i) (bzw. (ii)) liegt der Graph von f im Punkt p lokal oberhalb (bzw. lokal unterhalb) der Tangente.

In (iii) liegt der Graph von f lokal im Punkt p auf beiden Seiten der Tangente (Abb. 1.42).

Notwendige Bedingung für einen Wendepunkt: Ist f in einer Umgebung von p vom Typ C^2 und besitzt f in p einen Wendepunkt, dann gilt

$f''(p) = 0$.

Hinreichende Bedingung für einen Wendepunkt: Es sei f in einer Umgebung des Punktes p vom Typ C^k mit

$$f''(p) = f'''(p) = \ldots = f^{(k-1)}(p) = 0 \tag{1.37}$$

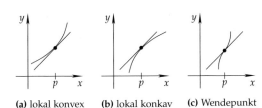

(a) lokal konvex   **(b)** lokal konkav   **(c)** Wendepunkt   Abb. 1.42

für ungerades $k \geq 3$, und es sei $f^{(k)}(p) \neq 0$. Dann besitzt f in p einen Wendepunkt.

Hinreichende Bedingung für lokale Konvexität: Es sei f in einer Umgebung des Punktes p vom Typ C^k. Dann ist f im Punkt p lokal konvex, falls eine der beiden folgenden Bedingungen erfüllt ist

(i) $f''(p) > 0$ und $k = 2$.

(ii) $f^{(k)}(p) > 0$ und (1.37) für gerades $k \geq 4$.

Hinreichende Bedingung für lokale Konkavität: Es sei f in einer Umgebung des Punktes p vom Typ C^k. Dann ist f im Punkt p lokal konkav, falls eine der beiden folgenden Bedingungen erfüllt ist:

(i) $f''(p) < 0$ und $k = 2$.

(ii) $f^{(k)}(p) < 0$ und (1.37) für gerades $k \geq 4$.

▶ BEISPIEL: Es sei $f(x) := \sin x$. Dann gilt $f'(x) = \cos x$, $f''(x) := -\sin x$ und $f'''(x) = \cos x$.

(i) Wegen $f''(0) = 0$ und $f'''(0) \neq 0$ ist $x = 0$ ein Wendepunkt.

(ii) Für $x \in]0, \pi[$ gilt $f''(x) < 0$, deshalb ist f dort lokal konkav.

(iii) Für $x \in]\pi, 2\pi[$, gilt $f''(x) > 0$, deshalb ist f dort lokal konvex.

(iv) Wegen $f''(\pi) = 0$ und $f'''(\pi) \neq 0$ ist $x = \pi$ ein Wendepunkt (Abb. 1.43).

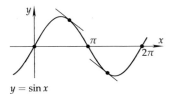

$y = \sin x$ Abb. 1.43

1.4.5.5 Konvexe Funktionen

Konvexität stellt die einfachste Nichtlinearität dar. Energie und negative Entropie sind häufig konvexe Funktionen. Ferner spielen konvexe Funktionen eine besondere Rolle in der Variationsrechnung und Optimierungstheorie (vgl. Kapitel 5).

Definition: Eine Menge M eines linearen Raumes heißt genau dann konvex, wenn aus $x, y \in M$ stets auch

$$tx + (1 - t)y \in M \quad \text{für alle} \quad t \in [0, 1]$$

folgt. Geometrisch bedeutet dies, dass neben zwei Punkten x, y auch ihre Verbindungsstrecke zu M gehört (Abb. 1.44).

Abb. 1.44

Eine Funktion $f : M \to \mathbb{R}$ heißt genau dann konvex, wenn die Menge M konvex ist und

$$f(tx + (1 - t)y) \le tf(x) + (1 - t)f(y) \tag{1.38}$$

für alle Punkte $x, y \in M$ und alle reellen Zahlen $t \in \,]0, 1[$ gilt. Hat man (1.38) mit „$<$" anstelle von „$\le$", dann heißt f **streng konvex** (Abb. 1.45).

Eine Funktion $f : M \to \mathbb{R}$ heißt genau dann **konkav** (bzw. **streng konkav**), wenn $-f$ konvex (bzw. streng konvex) ist.

▶ Beispiel: Die reelle Funktion $f : M \to \mathbb{R}$ auf einem Intervall M ist genau dann konvex (bzw. streng konvex), wenn die Sekante durch zwei Punkte des Graphen von f stets oberhalb (bzw. echt oberhalb) des Graphen von f liegt (vgl. Abb. 1.45).

(a) streng konvex   **(b)** konvex   Abb. 1.45

Konvexitätskriterien: Eine Funktion $f : J \to \mathbb{R}$ auf dem offenen Intervall J besitzt die folgenden Eigenschaften:

(i) Ist f konvex, dann ist f auf J stetig.

(ii) Ist J konvex, dann existieren in jedem Punkt $x \in J$ die rechtsseitige Ableitung[36] $f_+(x)$ und die linksseitige Ableitung $f_-(x)$ mit

$$f_-(x) \le f_+(x).$$

(iii) Existiert die erste Ableitung f' auf J, dann gilt[37]

$$f \text{ ist (streng) konvex auf } J \iff f' \text{ ist (streng) monoton wachsend auf } J.$$

---

[36] $f'_\pm(x) := \lim\limits_{h \to \pm 0} \dfrac{f(x+h) - f(x)}{h}$.

[37] Das Symbol $A \Rightarrow B$ bedeutet, dass B aus A folgt. Ferner steht $A \iff B$ für $A \Rightarrow B$ und $B \Rightarrow A$.

(iv) Existiert die zweite Ableitung f'' auf J, dann gilt:

$$f''(x) \geq 0 \text{ auf } J \iff f \text{ ist konvex auf } J,$$
$$f''(x) > 0 \text{ auf } J \implies f \text{ ist streng konvex auf } J.$$

1.4.5.6 Anwendung auf Kurvendiskussionen

Um den Verlauf des Graphen einer Funktion $f : M \subseteq \mathbb{R} \longrightarrow \mathbb{R}$ zu bestimmen, geht man folgendermaßen vor:

(i) Man bestimmt die Stetigkeits- und Unstetigkeitsstellen von f.

(ii) Man bestimmt das Verhalten von f in den Unstetigkeitsstellen a durch Berechnung der einseitigen Grenzwerte $\lim\limits_{x \to a \pm 0} f(x)$, falls diese existieren.

(iii) Man bestimmt das Verhalten von f im Unendlichen durch Berechnung der Grenzwerte $\lim\limits_{x \to \pm\infty} f(x)$, falls diese existieren.

(iv) Man bestimmt die Nullstellen von f durch Lösung der Gleichung $f(x) = 0$.

(v) Man bestimmt die kritischen Punkte von f durch Lösung der Gleichung $f'(x) = 0$.

(vi) Man klassifiziert die kritischen Punkte von f (lokale Extrema, horizontale Wendepunkte; vgl. 1.4.5.3).

(vii) Man bestimmt das Monotonieverhalten von f durch Untersuchung des Vorzeichens der ersten Ableitung f' (vgl. 1.4.3).

(viii) Man bestimmt das Krümmungsverhalten von f durch Untersuchung des Vorzeichens von f'' (lokale Konvexität, lokale Konkavität; vgl. 1.4.5.4).

(ix) Man bestimmt die Nullstellen der zweiten Ableitung von f'' und untersucht, ob dort Wendepunkte vorliegen (vgl. 1.4.5.4).

▶ BEISPIEL: Wir wollen die Gestalt des Graphen der Funktion

$$f(x) := \begin{cases} \dfrac{x^2 + 1}{x^2 - 1} & \text{für } x \leq 2, \\[2mm] \dfrac{5}{3} & \text{für } x > 2. \end{cases}$$

ermitteln.

(i) Wegen

$$\lim_{x \to 2 \pm 0} f(x) = \frac{5}{3}$$

ist die Funktion f im Punkt $x = 2$ stetig. Somit ist f für alle $x \in \mathbb{R}$ mit $x \neq \pm 1$ stetig und für alle $x \in \mathbb{R}$ mit $x \neq \pm 1$ und $x \neq 2$ differenzierbar.

(ii) Aus

$$f(x) = \frac{2}{(x - 1)(x + 1)} + 1 \quad \text{für } x \leq 2$$

folgt

$$\lim_{x \to 1 \pm 0} f(x) = \pm\infty, \qquad \lim_{x \to -1 \pm 0} f(x) = \mp\infty.$$

(iii) $\lim\limits_{x \to -\infty} f(x) = 1$ und $\lim\limits_{x \to +\infty} f(x) = \dfrac{5}{3}$.

(iv) Die Gleichung $f(x) = 0$ besitzt keine Lösung, folglich schneidet der Graph f nicht die x-Achse.

(v) Es sei $x \neq \pm 1$. Differentiation ergibt

$$f'(x) = -\frac{4x}{(x^2 - 1)^2} \qquad \text{für } x < 2,$$

$$f''(x) = \frac{4(3x^2 + 1)}{(x^2 - 1)^3} \qquad \text{für } x < 2,$$

und $f'(x) = f''(x) = 0$ für $x > 2$. Aus

$$\lim\limits_{x \to 2-0} f'(x) = -\frac{8}{9}, \qquad \lim\limits_{x \to 2+0} f'(x) = 0$$

folgt, dass im Punkt $x = 2$ keine Tangente existiert. Die Gleichung

$$f'(x) = 0, \qquad x < 2$$

besitzt genau die Lösung $x = 0$.

(vi) Wegen $f'(0) = 0$ und $f''(0) < 0$ liegt in $x = 0$ ein lokales Maximum vor.

(vii) Aus

$$f'(x) \begin{cases} > 0 & \text{auf }]-\infty, -1[\text{ und }]-1, 0[, \\ < 0 & \text{auf }]0, 1[\text{ und }]1, 2[\end{cases}$$

folgt: f ist streng monoton wachsend auf $]-\infty, -1[$ und $]-1, 0[$, f ist streng monoton fallend auf $]0, 1[$ und $]1, 2[$.

(viii) Aus

$$f''(x) \begin{cases} > 0 & \text{auf }]-\infty, -1[\text{ und }]1, 2[, \\ < 0 & \text{auf }]-1, 1[\end{cases}$$

folgt: f ist streng konvex auf $]-\infty, -1[$ und $]1, 2[$, f ist streng konkav auf $]-1, 1[$.

(ix) Die Gleichung $f''(x) = 0$, $x < 2$, besitzt keine Lösung. Deshalb existiert für $x < 2$ kein Wendepunkt.

Zusammenfassend erhalten wir, dass der Graph von f das in Abb. 1.46 dargestellte Verhalten besitzt.

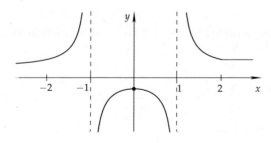

Abb. 1.46

1.4.6 Komplexwertige Funktionen

Wir betrachten Funktionen $f : M \subseteq \mathbb{R} \to \mathbb{C}$, die auf einem Intervall M reeller Zahlen erklärt sind und komplexe Werte $f(x)$ besitzen. Zerlegen wir $f(x)$ in Real- und Imaginärteil, dann erhalten wir

$$f(x) = \alpha(x) + \beta(x)\mathrm{i} \tag{1.39}$$

mit $\alpha(x), \beta(x) \in \mathbb{R}$. Die Ableitung wird durch den Grenzwert

$$f'(x) = \lim_{h \to 0} \frac{f(x+h) - f(x)}{h}$$

erklärt[38].

Satz: Die Ableitung $f'(x)$ existiert genau dann, wenn die Ableitungen $\alpha'(x)$ und $\beta'(x)$ existieren. Dann ist

$$f'(x) = \alpha'(x) + \beta'(x)\mathrm{i}. \tag{1.40}$$

▶ BEISPIEL: Für $f(x) := \mathrm{e}^{\mathrm{i}x}$ gilt

$$f'(x) = \mathrm{i}\mathrm{e}^{\mathrm{i}x}, \qquad x \in \mathbb{R}.$$

Beweis: Aus der Eulerschen Formel $f(x) = \cos x + \mathrm{i} \sin x$ und (1.40) folgt $f'(x) = -\sin x + \mathrm{i} \cos x = \mathrm{i}(\cos x + \mathrm{i} \sin x)$. □

1.5 Differentiation von Funktionen mehrerer reeller Variabler

In diesem Abschnitt bezeichnen wir die Punkt von $\mathbb{R}^N$ mit $x = (x_1, \ldots, x_N)$, wobei alle x_j reelle Zahlen sind. Wir schreiben $y = f(x)$ anstelle von $y = f(x_1, \ldots, x_N)$.

1.5.1 Partielle Ableitungen

Grundidee: Für die Funktion $f(u) := u^2 C$ mit der Konstanten C erhalten wir nach 0.6.2. die Ableitung

$$\frac{\mathrm{d}f}{\mathrm{d}u} = 2uC. \tag{1.41}$$

Es sei

$$f(u, v) := u^2 v^3.$$

---

[38]Die Bedeutung des Grenzwerts ergibt sich wie für reellwertige Funktionen, indem man die Konvergenz von Folgen reeller Funktionswerte durch die Konvergenz von Folgen komplexer Funktionswerte ersetzt (vgl. 1.14.2.). Explizit bedeutet dies

$$f'(x) = \lim_{n \to \infty} \frac{f(x + h_n) - f(x)}{h_n}$$

für alle Folgen (h_n) in M mit $\lim_{n \to \infty} h_n = 0$ und $h_n \neq 0$ für alle n.

Fassen wir v als Konstante auf und differenzieren wir bezüglich u, dann erhalten wir analog zu (1.41) die sogenannte partielle Ableitung

$$\frac{\partial f}{\partial u} = 2uv^3 \qquad (1.42)$$

bezüglich der Variablen u. Betrachten wir dagegen u als Konstante und differenzieren wir f bezüglich v, dann ergibt sich

$$\frac{\partial f}{\partial v} = 3u^2v^2. \qquad (1.43)$$

Kurz zusammengefasst:

> Bei partiellen Ableitungen wird nur bezüglich einer festgewählten Variablen differenziert; alle anderen Variablen werden wie Konstanten behandelt.

Höhere partielle Ableitungen ergeben sich in analoger Weise, Fassen wir zum Beispiel u in (1.42) als Konstante auf, dann gilt

$$\frac{\partial^2 f}{\partial v \partial u} = \frac{\partial}{\partial v}\left(\frac{\partial f}{\partial u}\right) = 6uv^2.$$

Betrachten wir dagegen v in (1.43) als Konstante, dann ergibt sich

$$\frac{\partial^2 f}{\partial u \partial v} = \frac{\partial}{\partial u}\left(\frac{\partial f}{\partial v}\right) = 6uv^2.$$

Wir schreiben:

$$f_u := \frac{\partial f}{\partial u}, \quad f_v := \frac{\partial f}{\partial v}, \quad f_{uv} := (f_u)_v = \frac{\partial^2 f}{\partial v \partial u}, \quad f_{vu} := (f_v)_u = \frac{\partial^2 f}{\partial u \partial v}.$$

Für hinreichend glatte Situationen gilt die für Rechnungen sehr bequeme Vertauschungsrelation

$$f_{uv} = f_{vu}$$

(vgl. den Satz von Schwarz (1.44)).

Definition: Es sei $f : M \subseteq \mathbb{R}^N \to \mathbb{R}$ eine Funktion, wobei p innerer Punkt von M sei. Existiert der Grenzwert

$$\frac{\partial f}{\partial x_1}(p) := \lim_{h \to 0} \frac{f(p_1 + h, p_2, \ldots, p_N) - f(p_1, \ldots, p_N)}{h},$$

dann sagen wir, dass f im Punkt p eine partielle Ableitung bezüglich x_1 besitzt. Analog werden partielle Ableitungen bezüglich x_j definiert.

Die folgende Terminologie wird sehr häufig in der modernen Analysis benutzt.

Die Klasse $C^k(G)$ glatter Funktionen: Es sei G eine offene Menge des $\mathbb{R}^N$. Dann besteht $C^k(G)$ aus allen stetigen Funktionen $f : G \to \mathbb{R}$, die stetige partielle Ableitungen bis zur Ordnung k besitzen ($k = 1, 2, \ldots$).

Ist $f \in C^k(G)$, dann sagen wir, dass f auf G *vom Typ C^k* ist.

Die Klasse $C^k(\overline{G})$: Mit $\overline{G} = G \cup \partial G$ bezeichnen wir den Abschluss von G (vgl. 1.3.2.2.). Die Menge $C^k(\overline{G})$ besteht aus allen stetigen Funktionen $f : \overline{G} \to \mathbb{R}$ mit $f \in C^k(G)$, wobei sich alle partiellen Ableitungen von f bis zur Ordnung k stetig auf den Abschluss $\overline{G}$ fortsetzen lassen.[39]

Satz von Schwarz: Ist die Funktion $f : M \subseteq \mathbb{R}^n \mapsto \mathbb{R}$ auf einer offenen Umgebung des Punktes p vom Typ C^2, dann gilt:

$$\frac{\partial^2 f(p)}{\partial x_j \partial x_m} = \frac{\partial^2 f(p)}{\partial x_m \partial x_j}, \qquad j, m = 1, \dots, N. \tag{1.44}$$

Ist f allgemeiner auf einer offenen Umgebung $U(p)$ vom Typ C^k mit $k \geq 2$, dann spielt die Reihenfolge der partiellen Ableitungen bis zur Ordnung k auf $U(p)$ keine Rolle.

▶ BEISPIEL 1: Für $f(u,v) = u^4 v^2$ gilt $f_u = 4u^3 v^2$, $f_v = 2u^4 v$ und

$$f_{uv} = f_{vu} = 8u^3 v.$$

Ferner ist $f_{uu} = 12u^2 v^2$ und

$$f_{uuv} = f_{uvu} = 24u^2 v.$$

Symbolik: Um die Bezeichnungen zu vereinfachen, setzen wir

$$\partial_j f := \frac{\partial f}{\partial x_j}.$$

▶ BEISPIEL 2: Gleichung (1.44) bedeutet $\partial_j \partial_m f(p) = \partial_m \partial_j f(p)$.

1.5.2 Die Fréchet-Ableitung

Grundidee: Wir wollen den Begriff der Ableitung $f'(p)$ für Funktionen $f : M \subseteq \mathbb{R}^N \longrightarrow \mathbb{R}^K$ erklären. Ausgangspunkt ist die Relation

$$f(p+h) - f(p) = f'(p)h + r(h) \tag{1.45}$$

für alle h in einer Umgebung $U(0)$ des Nullpunktes mit

$$\lim_{h \to 0} \frac{r(h)}{|h|} = 0. \tag{1.46}$$

Die allgemeine Philosophie der modernen Mathematik, die sich hinter dieser Definition verbirgt, lautet:

$$\text{Differentiation bedeutet Linearisierung.} \tag{1.47}$$

---

[39] Mit $C(G)$ (bzw. $C(\overline{G})$ bezeichnen wir die Menge aller stetigen Funktionen $f : G \to \mathbb{R}$ (bzw. aller stetigen Funktionen $f : \overline{G} \to \mathbb{R}$).
Für $k = 0$ setzen wir $C^k(G) = C(G)$ und $C^k(\overline{G}) = C(\overline{G})$. Ferner besteht $C^\infty(G)$ aus genau allen Funktionen, die zu $C^k(G)$ für alle k gehören. Analog wird $C^\infty(\overline{G})$ definiert.

Der eindimensionale klassische Spezialfall: Es sei J eine offenes Intervall mit $p \in J$. Die Funktion $f : J \to \mathbb{R}$ besitzt genau dann eine Ableitung $f'(p)$, wenn die Zerlegung (1.45) mit (1.46) gilt.

Beweis: Existiert die klassische Ableitung

$$f'(p) = \lim_{h \to 0} \frac{f(p+h) - f(p)}{h} \tag{1.48}$$

dann definieren wir

$$\varepsilon(h) := \frac{f(p+h) - f(p)}{h} - f'(p) \qquad \text{für } h \neq 0$$

und $\varepsilon(0) := 0$ sowie $r(h) := h\varepsilon(h)$. Aus (1.48) folgt (1.45) mit (1.46).

Hat man umgekehrt eine Zerlegung der Gestalt (1.45) mit einer festen Zahl $f'(p)$ und (1.46), dann ergibt sich (1.48). $\qquad \square$

Der moderne Standpunkt: Um den Ableitungsbegriff $f'(p)$ auf Funktionen mehrerer Variabler und allgemeinere Abbildungen zu übertragen, ist die klassische Definition (1.48) völlig ungeeignet, weil man es in der Regel mit Größen h zu tun hat, durch die man nicht dividieren kann (z. B. $h \in \mathbb{R}^N$). Dagegen lässt sich die *Zerlegungsformel* (1.45) stets verwenden. Deshalb basiert die moderne Theorie der Differentiation auf der Formel (1.45) und der allgemeinen Strategie[40] (1.47).

Differentiation von Abbildungen zwischen $\mathbb{R}^N$ und $\mathbb{R}^K$: Die Teilmenge M des $\mathbb{R}^N$ enthalte eine Umgebung des Punktes p. Eine Abbildung

$$\boxed{f : M \subseteq \mathbb{R}^N \to \mathbb{R}^K} \tag{1.49}$$

besitzt die Gestalt $y = f(x)$ mit den Spaltenmatrizen[41]

$$x = \begin{pmatrix} x_1 \\ \vdots \\ x_N \end{pmatrix}, \quad f(x) = \begin{pmatrix} f_1(x) \\ \vdots \\ f_K(x) \end{pmatrix}, \quad y = \begin{pmatrix} y_1 \\ \vdots \\ y_K \end{pmatrix}, \quad h = \begin{pmatrix} h_1 \\ \vdots \\ h_N \end{pmatrix}.$$

Für h definieren wir die Euklidische Norm

$$|h| := \left(\sum_{j=1}^{N} h_j^2 \right)^{1/2}.$$

Definition: Die Abbildung f in (1.49) ist genau dann im Punkt p Fréchet-differenzierbar, wenn es eine

$$\boxed{(K \times N)\text{-matrix } f'(p)}$$

gibt, so dass die Zerlegung (1.45) mit (1.46) gilt.

Dann heißt die Matrix $f'(p)$ die Fréchet-Ableitung von f im Punkt p.

---

[40]Dieser elegante Zugang lässt sich auch sofort auf Operatoren in (unendlichdimensionalen) Hilbert- und Banachräumen übertragen und bildet ein wichtiges Element der nichtlinearen Funktionalanalysis zur Lösung von nichtlinearen Differential- und Integralgleichungen (vgl. 12.3 im Handbuch). Kurz zusammengefasst:

> Die moderne Differentialrechnung approximiert nichtlineare Operatoren durch lineare Operatoren und führt dadurch nichtlineare Probleme auf die Untersuchung viel einfacherer Probleme der linearen Algebra zurück.

[41]Wir benutzen Spaltenmatrizen, um die Gleichung (1.45) bequem als Matrizengleichung lesen zu können. Matrizen und Determinanten werden ausführlich in 2.1. betrachtet. Mit Hilfe transponierter Matrizen können wir auch kurz $x = (x_1, \ldots, x_N)^\mathsf{T}$ und $f(x) = (f_1(x), \ldots, f_K(x))^\mathsf{T}$ schreiben.

Konvention: Anstelle von Fréchet-Ableitung sprechen wir in Zukunft kurz von F-Ableitung[42].

Hauptsatz: Ist die Funktion f aus (1.49) in einer offenen Umgebung des Punktes p vom Typ C^1, dann existiert die F-Ableitung $f'(p)$, und es gilt $f'(p) = (\partial_j f_k(p))$. Explizit entspricht das der Matrix

$$f'(p) = \begin{pmatrix} \partial_1 f_1(p), & \partial_2 f_1(p), & \ldots, & \partial_N f_1(p) \\ \partial_1 f_2(p), & \partial_2 f_2(p), & \ldots, & \partial_N f_2(p) \\ \ldots & & & \\ \partial_1 f_K(p), & \partial_2 f_K(p), & \ldots, & \partial_N f_K(p) \end{pmatrix}$$

der ersten partiellen Ableitungen der Komponenten f_k von f. Die Matrix $f'(p)$ bezeichnet man auch als Jacobische *Funktionalmatrix* von f im Punkt p.

Jacobische Funktionaldeterminante: Es sei $K = N$. Die Determinante $\det f'(p)$ der Matrix $f'(p)$ bezeichnet man als (Jacobische) Funktionaldeterminante und schreibt

$$\frac{\partial(f_1,\ldots,f_N)}{\partial(x_1,\ldots,x_N)} := \det f'(p).$$

▶ BEISPIEL 1 ($K = 1$): Für eine reelle Funktion $f : M \subseteq \mathbb{R}^N \longrightarrow \mathbb{R}$ mit N reellen Variablen hat man

$$f'(p) = (\partial_1 f(p),\ldots,\partial_N f(p)).$$

Ist etwa $f(x) := x_1 \cos x_2$, dann gilt $\partial_1 f(x) = \cos x_2$, $\partial_2 f(x) = -x_1 \sin x_2$, also

$$f'(0,0) = (\partial_1 f(0,0),\partial_2 f(0,0)) = (1,0).$$

Um den Zusammenhang mit der Idee der Linearisierung zu erläutern, benutzen wir die Taylorentwicklung

$$\cos h_2 = 1 - \frac{(h_2)^2}{2} + \ldots$$

Für $p = (0,0)^{\mathsf{T}}$, $h = (h_1,h_2)^{\mathsf{T}}$ und kleine Werte h_1, h_2 erhalten wir deshalb

$$f(p+h) - f(h) = h_1 + r(h),$$

wobei r Terme von höherer als erster Ordnung bezeichnet. Wegen $f'(p) = (1,0)$ gilt auch

$$f(p+h) - f(p) = f'(p)h + r(h) = (1,0)\begin{pmatrix} h_1 \\ h_2 \end{pmatrix} + r(h).$$

Wir können $f'(p)h = h_1$ als lineare Approximation für $f(h) = h_1 \cos h_2$ im Fall kleiner Werte h_1 und h_2 auffassen.

---

[42] Dieser Ableitungsbegriff wurde von dem französischen Mathematiker René Maurice Fréchet (1878–1956) zu Beginn des zwanzigsten Jahrhunderts eingeführt. Fréchet, auf den die Theorie der metrischen Räume zurückgeht, ist neben David Hilbert einer der Väter des modernen analytischen Denkens (vgl. die Kapitel 11 und 12 über Funktionalanalysis im Handbuch).

► Beispiel 2: Wir setzen

$$x = \begin{pmatrix} x_1 \\ x_2 \end{pmatrix}, \qquad f(x) = \begin{pmatrix} f_1(x) \\ f_2(x) \end{pmatrix}.$$

Dann gilt

$$f'(p) = \begin{pmatrix} \partial_1 f_1(p) & \partial_2 f_1(p) \\ \partial_1 f_2(p) & \partial_2 f_2(p) \end{pmatrix}$$

und

$$\frac{\partial(f_1, f_2)}{\partial(x_1, x_2)} = \det f'(p) = \begin{vmatrix} \partial_1 f_1(p) & \partial_2 f_1(p) \\ \partial_1 f_2(p) & \partial_2 f_2(p) \end{vmatrix},$$

also

$$\det f'(p) = \partial_1 f_1(p) \partial_2 f_2(p) - \partial_2 f_1(p) \partial_1 f_2(p).$$

Im Spezialfall $f_1(x) = ax_1 + bx_2$, $f_2(x) = cx_1 + dx_2$, ergibt sich

$$f(x) = \begin{pmatrix} a & b \\ c & d \end{pmatrix} \begin{pmatrix} x_1 \\ x_2 \end{pmatrix}$$

und

$$f'(p) = \begin{pmatrix} a & b \\ c & d \end{pmatrix}, \qquad \det f'(p) = \begin{vmatrix} a & b \\ c & d \end{vmatrix} = ad - bc.$$

Wie zu erwarten ist die Linearisierung einer linearen Abbildung gleich dieser Abbildung selbst, also $f'(p)x = f(x)$.

1.5.3 Die Kettenregel

Die sehr häufig benutzte Kettenregel erlaubt die Differentiation zusammengesetzter Funktionen. Im Sinne der allgemeinen Linearisierungsstrategie (1.47) besagt die Kettenregel

Die Linearisierung zusammengesetzter Abbildungen ist gleich der Zusammensetzung der Linearisierungen.

(1.50)

1.5.3.1 Grundidee

Es sei

$$z = F(u, v), \qquad u = u(x), \qquad v = v(x).$$

Unser Ziel ist es, die zusammengesetzte Funktion $z = F(u(x), v(x))$ nach x zu differenzieren. Nach Leibniz erhält man die Kettenregel formal aus der Formel

$$dF = F_u du + F_v dv$$

(1.51)

durch Division:

$$\frac{dF}{dx} = F_u \frac{du}{dx} + F_v \frac{dv}{dx}.$$

(1.52)

Hängen u und v neben x noch von weiteren Variablen ab, also

$$u = u(x, y, \ldots), \qquad v = v(x, y, \ldots),$$

dann muss man in (1.52) die gewöhnlichen Ableitungen durch partielle Ableitungen ersetzen. Das ergibt

$$\boxed{\frac{\partial F}{\partial x} = F_u \frac{\partial u}{\partial x} + F_v \frac{\partial v}{\partial x}.} \tag{1.53}$$

Ersetzen wir x durch y, dann erhalten wir

$$\frac{\partial F}{\partial y} = F_u \frac{\partial u}{\partial y} + F_v \frac{\partial v}{\partial y}.$$

Hängt F von weiteren Variablen ab, d. h., es ist $y = F(u, v, w, \ldots)$, dann benutzt man

$$dF = F_u du + F_v dv + F_w dw + \ldots$$

und verfährt analog.

▶ BEISPIEL: Es sei $F(u, v) := uv^2$ und $u = x^2$, $v = x$. Wir setzen

$$F(x) := F(u(x), v(x)) = x^4. \tag{1.54}$$

Benutzen wir (1.52), dann erhalten wir

$$\frac{dF}{dx} = F_u \frac{du}{dx} + F_v \frac{dv}{dx} = v^2(2x) + 2uv = 4x^3.$$

Das gleiche Ergebnis ergibt sich direkt aus $F'(x) = 4x^3$.

Bequeme Bezeichnungskonvention: Die Formel (1.52) ist deshalb besonders suggestiv, weil wir eine Inkonsequenz in der Bezeichnung in Kauf nehmen. Tatsächlich bezeichnen wir in (1.54) zwei völlig unterschiedliche Funktionen mit dem gleichen Buchstaben, denn F steht einerseits für $F(u, v) = uv^2$ und andererseits für $F(x) = x^4$. Wollen wir konsequent sein, dann müssen wir eine neue Bezeichnung einführen. Zum Beispiel können wir

$$H(x) := F(u(x), v(x))$$

setzen. Dann lautet die präzise Formulierung der Kettenregel (1.52) unter vollständiger Angabe der Argumente

$$\boxed{H'(x) = F_u(u(x), v(x))u'(x) + F_v(u(x), v(x))v'(x).} \tag{1.55}$$

Für

$$H(x, y) := F(u(x, y), v(x, y))$$

erhalten wir

$$H_x(x, y) = F_u(u(x, y), v(x, y))u_x(x, y) + F_v(u(x, y), v(x, y))v_x(x, y). \tag{1.56}$$

Da die Formeln (1.55) und (1.56) gegenüber (1.52) und (1.53) viel schwerfälliger sind, werden sie in der Praxis bei Rechnungen nicht benutzt. Man benötigt sie jedoch, wenn man mathematische Sätze unter genauer Angabe der Gültigkeitsgrenzen der Formeln aufschreiben will.

Die Notation der Physiker in der Thermodynamik: Mit E bezeichnen wir die Energie eines Systems. Dann bedeutet das Symbol

$$\left(\frac{\partial E}{\partial V} \right)_T ,$$

dass man $E = E(V, T)$ als Funktion von V (Volumen) und T (Temperatur) auffasst und die partielle Ableitung bezüglich V bildet. Dagegen bedeutet,

$$\left(\frac{\partial E}{\partial p} \right)_V ,$$

dass man $E = E(p, V)$ als Funktion von p (Druck) und V (Volumen) auffasst und die partielle Ableitung bezüglich p bildet. Auf diese Weise kann man die Energie E stets mit dem gleichen Buchstaben bezeichnen, vermeidet Mißverständnisse bezüglich der aktuellen Variablen und kann die Vorteile des eleganten Leibnizschen Kalküls (1.51) bis (1.53) voll ausnutzen.

1.5.3.2 Differentiation zusammengesetzter Funktionen

Basisformeln: Wir betrachten die zusammengesetzte Funktion

$$H(x) := F(f(x)).$$

Explizit bedeutet das

$$H_m(x) := F_m(f_1(x), \ldots, f_K(x)), \qquad m = 1, \ldots M,$$

mit $x = (x_1, \ldots, x_N)$. Unser Ziel ist die Kettenregel

$$\frac{\partial H_m}{\partial x_n}(p) = \sum_{k=1}^{K} \frac{\partial F_m}{\partial f_k}(f(p)) \frac{\partial f_k}{\partial x_n}(p) \tag{1.57}$$

für $m = 1, \ldots, M$ und $n = 1, \ldots, N$. In Matrizenschreibweise entspricht (1.57) der Formel,

$$H'(p) = F'(f(p)) f'(p). \tag{1.58}$$

Wegen $H = F \circ f$ kann man auch schreiben

$$(F \circ f)'(p) = F'(f(p)) f'(p), \tag{1.59}$$

was dem Linearisierungsprinzip (1.50) entspricht.

Eine Funktion heißt genau dann in einem Punkt p lokal vom Typ C^k, wenn die Funktion in einer offenen Umgebung von p vom Typ C^k ist.

Kettenregel: Es gelten die Formeln (1.57) bis (1.59) und die zusammengesetzte Funktion $H = F \circ I$ ist lokal im Punkt p vom Typ C^1, falls die folgenden Voraussetzungen erfüllt sind:

(i) Die Funktion $f : D(f) \subseteq \mathbb{R}^N \longrightarrow \mathbb{R}^K$ ist lokal im Punkt p vom Typ C^1.

(ii) Die Funktion $F : D(F) \subseteq \mathbb{R}^K \longrightarrow \mathbb{R}^M$ ist lokal im Punkt $f(p)$ vom Typ C^1.

Produktformel für Funktionaldeterminanten: Im Fall $M = K = N$ ergibt sich aus (1.58) die Determinantenformel

$$\det H'(p) = \det F'(f(p))\det f'(p).$$

Das ist gleichbedeutend mit der Jacobischen Produktformel

$$\frac{\partial(H_1,\ldots,H_N)}{\partial(x_1,\ldots,x_N)}(p) = \frac{\partial(F_1,\ldots,F_N)}{\partial(f_1,\ldots,f_N)}(f(p))\frac{\partial(f_1,\ldots,f_N)}{\partial(x_1,\ldots,x_N)}(p).$$

1.5.4 Anwendung auf die Transformation von Differentialoperatoren

Differentialgleichungen werden häufig dadurch vereinfacht, dass man zu geeigneten neuen Koordinaten übergeht. Wir erläutern das am Beispiel von Polarkoordinaten. Die Überlegungen lassen sich jedoch in gleicher Weise auf beliebige Koordinatentransformationen anwenden.

Abb. 1.47

Polarkoordinaten: Anstelle der kartesischen Koordinaten x, y führen wir durch

$$x = r\cos\varphi, \qquad y = r\sin\varphi, \qquad -\pi < \varphi \le \pi, \tag{1.60}$$

Polarkoordinaten r, φ ein (Abb. 1.47). Setzen wir

$$\alpha := \arctan\frac{y}{x}, \qquad x \ne 0,$$

dann lautet die Umkehrformel

$$r = \sqrt{x^2 + y^2}, \tag{1.61}$$

$$\varphi = \begin{cases} \alpha & \text{für } x > 0,\ y \in \mathbb{R}, \\ \pm\pi + \alpha & \text{für } x < 0,\ y \gtrless 0, \\ \pm\dfrac{\pi}{2} & \text{für } x = 0,\ y \gtrless 0, \\ \pi & \text{für } x < 0,\ y = 0. \end{cases}$$

Transformation einer Funktion auf Polarkoordinaten: Die Transformation einer Funktion $F = F(x, y)$ von kartesischen Koordinaten x, y auf Polarkoordinaten r, φ geschieht durch

$$f(r, \varphi) := F(x(r, \varphi), y(r, \varphi)). \tag{1.62}$$

Transformation des Laplaceoperators: Die Funktion $F : \mathbb{R}^2 \to \mathbb{R}$ sei vom Typ C^2. Dann geht

$$\Delta F := F_{xx} + F_{yy}, \qquad (x, y) \in \mathbb{R}^2, \tag{1.63}$$

über in den Ausdruck

$$\Delta f = f_{rr} + \frac{1}{r^2} f_{\varphi\varphi} + \frac{1}{r} f_r, \qquad r > 0. \tag{1.64}$$

Folgerung: Aus (1.64) ergibt sich sofort, dass die Funktion

$$f(r) := \ln r, \qquad r > 0,$$

eine Lösung der partiellen Differentialgleichung $\Delta f = 0$ ist. Daraus erhalten wir, dass die Funktion

$$F(x,y) = \ln \sqrt{x^2 + y^2}, \qquad x^2 + y^2 \neq 0,$$

eine Lösung von $\Delta F = 0$ darstellt.

Bezeichnungskonvention: Häufig verwendet man anstelle von f das Symbol F in (1.64). Diese Bezeichnung ist inkonsequent, aber sehr bequem bei Anwendungen in Physik und Technik.

Wir beschreiben jetzt zwei Methoden zur Gewinnung der transformierten Gleichung (1.64).

Erste Methode: Wir gehen aus von der Identität

$$F(x,y) = f(r(x,y), \varphi(x,y)).$$

Differentiation bezüglich x und y mit Hilfe der Kettenregel ergibt

$$F_x(x,y) = f_r(r(x,y), \varphi(x,y)) r_x(x,y) + f_\varphi(r(x,y), \varphi(x,y)) \varphi_x(x,y),$$
$$F_y(x,y) = f_r(r(x,y), \varphi(x,y)) r_y(x,y) + f_\varphi(r(x,y), \varphi(x,y)) \varphi_y(x,y).$$

Nochmalige Differentiation bezüglich x und y mit Hilfe der Produktregel und der Kettenregel liefert

$$F_{xx} = (f_{rr} r_x + f_{r\varphi} \varphi_x) r_x + f_r r_{xx} + (f_{\varphi r} r_x + f_{\varphi\varphi} \varphi_x) \varphi_x + f_\varphi \varphi_{xx},$$
$$F_{yy} = (f_{rr} r_y + f_{r\varphi} \varphi_y) r_y + f_r r_{yy} + (f_{\varphi r} r_y + f_{\varphi\varphi} \varphi_y) \varphi_y + f_\varphi \varphi_{yy}.$$

Damit erhalten wir

$$\begin{aligned} F_{xx} + F_{yy} = \ & f_{rr}(r_x^2 + r_y^2) + f_{\varphi\varphi}(\varphi_x^2 + \varphi_y^2) + 2f_{r\varphi}(\varphi_x r_x + \varphi_y r_y) \\ & + f_r(r_{xx} + r_{yy}) + f_\varphi(\varphi_{xx} + \varphi_{yy}). \end{aligned} \tag{1.65}$$

Zunächst sei $x \neq 0$. Aus der Umkehrformel (1.61) folgt

$$r_x = \frac{x}{\sqrt{x^2 + y^2}} = \cos\varphi, \qquad r_y = \frac{y}{\sqrt{x^2 + y^2}} = \sin\varphi,$$
$$\varphi_x = -\frac{y}{x^2 + y^2} = -\frac{\sin\varphi}{r}, \qquad \varphi_y = \frac{x}{x^2 + y^2} = \frac{\cos\varphi}{r}.$$

Erneute Differentiation bezüglich x und y nach der Kettenregel liefert

$$r_{xx} = (-\sin\varphi)\varphi_x = \frac{\sin^2\varphi}{r}, \qquad r_{yy} = (\cos\varphi)\varphi_y = \frac{\cos^2\varphi}{r},$$
$$\varphi_{xx} = \frac{2\cos\varphi\sin\varphi}{r^2} = -\varphi_{yy}.$$

Diese Relationen zusammen mit (1.65) ergeben die transformierte Formel (1.64) für $x \neq 0$. Der Fall $x = 0$, $y \neq 0$ ergibt sich dann sofort aus (1.64) durch den Grenzübergang $x \to 0$.

Zweite Methode: Wir benutzen jetzt die Identität

$$f(r, \varphi) = F(x(r, \varphi), y(r, \varphi)).$$

Um die Symbolik zu vereinfachen, schreiben wir f anstelle von F. Differentiation bezüglich r und φ nach der Kettenregel ergibt

$$f_r = f_x x_r + f_y y_r = f_x \cos \varphi + f_y \sin \varphi,$$
$$f_\varphi = f_x x_\varphi + f_y y_\varphi = -f_x r \sin \varphi + f_y r \cos \varphi.$$

Durch Auflösung dieser Gleichungen erhalten wir

$$f_x = A f_r + B f_\varphi, \qquad f_y = C f_r + D f_\varphi \tag{1.66}$$

mit

$$A = \cos \varphi, \qquad B = -\frac{\sin \varphi}{r}, \qquad C = \sin \varphi, \qquad D = \frac{\cos \varphi}{r}.$$

Wir schreiben $\partial_x = \dfrac{\partial}{\partial x}$, usw. Dann ist (1.66) äquivalent zu der *Schlüsselformel*

$$\partial_x = A \partial_r + B \partial_\varphi, \qquad \partial_y = C \partial_r + D \partial_\varphi.$$

Daraus erhalten wir

$$\partial_x^2 = (A \partial_r + B \partial_\varphi)(A \partial_r + B \partial_\varphi)$$
$$= A \partial_r (A \partial_r) + B \partial_\varphi (A \partial_r) + A \partial_r (B \partial_\varphi) + B \partial_\varphi (B \partial_\varphi).$$

Nach der Produktregel ist $\partial_r(A \partial_r) = (\partial_r A) \partial_r + A \partial_r^2$ usw. Deshalb gilt

$$\partial_x^2 = A A_r \partial_r + A^2 \partial_r^2 + B A_\varphi \partial_r + 2 A B \partial_\varphi \partial_r + A B_r \partial_\varphi + B B_\varphi \partial_\varphi + B^2 \partial_\varphi^2.$$

Vertauschung von A mit C und B mit D ergibt analog

$$\partial_y^2 = C C_r \partial_r + C^2 \partial_r^2 + D C_\varphi \partial_r + 2 C D \partial_\varphi \partial_r + C D_r \partial_\varphi + D D_\varphi \partial_\varphi + D^2 \partial_\varphi^2.$$

Wegen

$$A_r = C_r = 0, \qquad A_\varphi = -\sin \varphi, \qquad C_\varphi = \cos \varphi,$$
$$B_r = \frac{\sin \varphi}{r^2}, \qquad B_\varphi = -\frac{\cos \varphi}{r}, \qquad D_r = -\frac{\cos \varphi}{r^2}, \qquad D_\varphi = -\frac{\sin \varphi}{r}$$

erhalten wir

$$\Delta = \partial_x^2 + \partial_y^2 = \partial_r^2 + \frac{1}{r^2} \partial_\varphi^2 + \frac{1}{r} \partial_r,$$

Das ist die transformierte Formel (1.64).

Bei der zweiten Methode wird die Umkehrformel (1.61) überhaupt nicht benötigt. Das kann bei komplizierteren Problemen von großem Vorteil sein.

1.5.5 Anwendung auf die Abhängigkeit von Funktionen

Definition: Gegeben seien die C^1-Funktionen $f_k : G \longrightarrow \mathbb{R}$, $k = 1, \ldots, K + 1$, wobei G eine nichtleere offene Menge des $\mathbb{R}^N$ ist. Genau dann, wenn es eine C^1-Funktion $F : \mathbb{R}^K \longrightarrow \mathbb{R}$ gibt mit

$$\boxed{f_{K+1}(x) = F(f_1(x), \ldots, f_K(x)) \qquad \text{für alle } x \in G}$$

sagen wir, dass f_{K+1} von $f_1, \ldots, f_K$ auf G abhängig ist.

Satz: Diese Abhängigkeitsbedingung ist erfüllt, falls der Rang der beiden Matrizen[43]

$$(f_1'(x), \ldots, f_{K+1}'(x)) \quad \text{und} \quad (f_1'(x), \ldots, f_K'(x))$$

auf G konstant gleich r ist mit $1 \leq r \leq K$.

▶ BEISPIEL: Es sei $f_1(x) := e^{x_1}$, $f_2(x) := e^{x_2}$ und $f_3(x) := e^{x_1 + x_2}$. Dann gilt

$$f_1'(x) = \begin{pmatrix} \partial_1 f_1(x) \\ \partial_2 f_1(x) \end{pmatrix} = \begin{pmatrix} e^{x_1} \\ 0 \end{pmatrix}, \qquad f_2'(x) = \begin{pmatrix} 0 \\ e^{x_2} \end{pmatrix}.$$

Wegen $\det(f_1'(x), f_2'(x)) = e^{x_1} e^{x_2} \neq 0$ erhalten wir

$$\text{Rang}\,(f_1'(x), f_2'(x)) = \text{Rang}\,(f_1'(x), f_2'(x), f_3'(x)) = 2$$

für alle $x = (x_1, x_2)$ in $\mathbb{R}^2$. Folglich ist f_3 von f_1 und f_2 auf $\mathbb{R}^2$ abhängig. Tatsächlich gilt explizit

$$f_3(x) = f_1(x) f_2(x).$$

1.5.6 Der Satz über implizite Funktionen

1.5.6.1 Eine Gleichung mit zwei reellen Variablen

Wir wollen die Gleichung

$$\boxed{F(x, y) = 0} \tag{1.67}$$

mit $x, y \in \mathbb{R}$ und $F(x, y) \in \mathbb{R}$ nach y auflösen. Das heißt, wir suchen eine Funktion $y = y(x)$ mit

$$F(x, y(x)) = 0.$$

Wir nehmen an, dass wir einen festen Lösungspunkt (q, p) kennen, d. h., es ist

$$\boxed{F(q, p) = 0.} \tag{1.68}$$

Ferner fordern wir

$$\boxed{F_y(q, p) \neq 0} \tag{1.69}$$

Satz über implizite Funktionen: Ist die Funktion $F : D(F) \subseteq \mathbb{R}^2 \to \mathbb{R}$ in einer offenen Umgebung des Punktes (q, p) vom Typ C^k, $k \geq 1$, und sind die beiden Bedingungen (1.68) und (1.69) erfüllt, dann ist die Gleichung (1.67) im Punkt (q, p) lokal eindeutig nach y auflösbar[44] (Abb. 1.48).

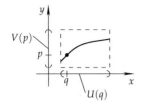

Abb. 1.48

Die Lösung $y = y(x)$ ist lokal in q vom Typ C^k.

Die Methode der impliziten Differentiation: Um die Ableitungen der Lösung $y = y(x)$ zu berechnen, differenzieren wir die Gleichung

$$F(x, y(x)) = 0$$

bezüglich x nach der Kettenregel. Das ergibt

$$F_x(x, y(x)) + F_y(x, y(x))y'(x) = 0 \qquad (1.70)$$

also

$$\boxed{y'(x) = -F_y(x, y(x))^{-1}F_x(x, y(x)).} \qquad (1.71)$$

Aus (1.71) erhält man durch Differentiation die zweite Ableitung $y''(x)$ usw. Bequemer ist es jedoch, die Gleichung (1.70) nach x zu differenzieren. Das ergibt

$$F_{xx}(x, y(x)) + 2F_{xy}(x, y(x))y'(x) + F_{yy}(x, y(x))y'(x)^2 + F_y(x, y(x))y''(x) = 0.$$

Daraus erhält man $y''(x)$. Analog verfährt man bei höheren Ableitungen.

Näherungsformel: Nach dem Taylorschen Satz gilt für die Lösung von $F(x, y) = 0$ die Näherungsformel

$$\boxed{y = p + y'(q)(x - q) + \frac{y''(q)}{2!}(x - q)^2 + \dots.}$$

▶ Beispiel: Es sei $F(x, y) := e^y \sin x - y$. Dann ist $F(0, 0) = 0$ und $F_y(x, y) = e^y \sin x - 1$, also $F_y(0, 0) \neq 0$. Folglich lässt sich die Gleichung

$$e^y \sin x - y = 0 \qquad (1.72)$$

in $(0, 0)$ lokal eindeutig nach y auflösen. Um eine Näherungsformel für die Lösung $y = y(x)$ zu finden, gehen wir aus von dem Ansatz

$$y(x) = a + bx + cx^2 + \dots$$

Wegen $y(0) = 0$ ist $a = 0$. Benutzen wir die Potenzreihenentwicklungen

$$e^y = 1 + y + \dots, \qquad \sin x = x - \frac{x^3}{3!} + \dots, \qquad (1.73)$$

---

[43] Wir schreiben $f_j'(x)$ als Spaltenmatrix.
[44] Das bedeutet: Es gibt offene Umgebungen $U(q)$ und $V(p)$, so dass die Ausgangsgleichung (1.67) für jedes $x \in U(q)$ genau eine Lösung $y(x) \in V(p)$ besitzt.

dann erhalten wir aus (1.72) und (1.73) die Gleichung

$$x - bx + x^2(\ldots) + x^3(\ldots) + \ldots = 0.$$

Koeffizientenvergleich ergibt $b = 1$, also

$$y = x + \ldots$$

Bifurkation: Es sei $F(x,y) := x^2 - y^2$. Dann gilt $F(0,0) = 0$ und $F_y(0,0)^{\cdot} = 0$. Wegen der Verletzung von (1.69) kann die Gleichung $F(x,y) = 0$ in $(0,0)$ nicht lokal eindeutig nach y auflösbar sein. Tatsächlich besitzt die Gleichung

$$\boxed{x^2 - y^2 = 0}$$

die Lösungen $y = \pm x$. Somit liegt im Punkt $(0,0)$ eine Lösungsverzweigung (Bifurkation) vor[45] (vgl. Abb. 1.49).

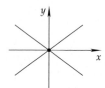

Abb. 1.49

1.5.6.2 Gleichungssysteme

Der Kalkül der F-Ableitung ist so flexibel, dass er sofort den Übergang von einer nichtlinearen Gleichung zu einem nichtlinearen Gleichungssystem

$$\boxed{F(x,y) = 0} \tag{1.74}$$

mit $x \in \mathbb{R}^N$, $y \in \mathbb{R}^M$ und $F(x,y) \in \mathbb{R}^M$ erlaubt. Man hat lediglich zu beachten, dass $F_y(q,p)$ jetzt eine Matrix ist und die entscheidende Bedingung $F_y(q,p) \neq 0$ durch

$$\boxed{\det F_y(q,p) \neq 0} \tag{1.75}$$

ersetzt werden muss. Ferner sei

$$\boxed{F(q,p) = 0,} \quad q \in \mathbb{R}^N,\ p \in \mathbb{R}^M. \tag{1.76}$$

Satz über implizite Funktionen: Ist die Funktion $F : D(F) \subseteq \mathbb{R}^{N+M} \to \mathbb{R}^M$ in einer offenen Umgebung des Punktes (q,p) vom Typ C^k, $k \geq 1$, und sind die beiden Bedingungen (1.75) und (1.76) erfüllt, dann ist die Gleichung (1.74) im Punkt (q,p) lokal eindeutig nach y auflösbar.

Die Lösung $y = y(x)$ ist lokal in q vom Typ C^k. Die Formel (1.71) für die F-Ableitung $y'(x)$ bleibt als Matrizengleichung bestehen.

---

[45]Die Bifurkationstheorie erlaubt viele interessante physikalische Anwendungen (vgl. 12.6 im Handbuch).

Explizite Formulierung: Das System (1.74) lautet explizit

$$F_k(x_1, \ldots, x_N, y_1, \ldots, y_M) = 0, \qquad k = 1, \ldots, M, \tag{1.77}$$

und $F_y(x, y)$ ist gleich der Matrix der ersten partiellen Ableitungen der F_k nach den y_m. Ersetzt man y_m durch $y_m(x, \ldots, x_n)$ in (1.77) und differenziert man nach x_n, dann erhält man

$$\frac{\partial F_k}{\partial x_n}(x, y(x)) + \sum_{m=1}^{M} \frac{\partial F_k}{\partial y_m}(x, y(x)) \frac{\partial y_m}{\partial x_n}(x) = 0, \qquad n = 1, \ldots, N.$$

Auflösung dieser Gleichung nach $\partial y_m / \partial x_n$ ergibt die Matrizengleichung (1.71).

1.5.7 Inverse Abbildungen

1.5.7.1 Homöomorphismen

Definition: X und Y seien metrische Räume (z. B. Teilmengen des $\mathbb{R}^N$). Die Abbildung $f : X \to Y$ heißt genau dann ein *Homöomphismus*, wenn f bijektiv ist und sowohl f als auch die inverse Abbildung f^{-1} stetig ist (vgl. 4.3.3).

Homöomorphiesatz: Eine bijektive stetige Abbildung $f : X \to Y$ auf einer kompakten Menge X ist ein Homöomorphismus.

Dieser Satz verallgemeinert den globalen Satz über inverse reelle Funktionen auf einem kompakten Intervall (vgl. 1.4.4.2).

1.5.7.2 Lokale Diffeomorphismen

Definition: X und Y seien nichtleere offene Mengen des $\mathbb{R}^N$, $N \geq 1$. Die Abbildung $f : X \to Y$ heißt genau dann ein C^k-*Diffeomorphismus*, wenn f bijektiv ist und sowohl f als auch die inverse Abbildung f^{-1} vom Typ C^k ist.

Hauptsatz über lokale Diffeomorphismen: Es sei $1 \leq k \leq \infty$. Die Abbildung $f : M \subseteq \mathbb{R}^N \to \mathbb{R}^N$ sei auf einer offenen Umgebung $V(p)$ des $\mathbb{R}^N$ vom Typ C^k mit

$$\boxed{\det f'(p) \neq 0.}$$

Dann ist f ein lokaler C^k-Diffeomorphismus[46] im Punkt p.

▶ Beispiel: Wir betrachten die Abbildung

$$\boxed{u = g(x, y), \qquad v = h(x, y)} \tag{1.78}$$

mit $u_0 := g(x_0, y_0)$, $v_0 := h(x_0, y_0)$. Die Funktionen g und h seien in einer Umgebung des Punktes (x_0, y_0) vom Typ C^k, $1 \leq k \leq \infty$, und es gelte

$$\boxed{\begin{vmatrix} g_u(x_0, y_0) & g_v(x_0, y_0) \\ h_u(x_0, y_0) & h_v(x_0, y_0) \end{vmatrix} \neq 0.}$$

Dann ist die Abbildung (1.78) ein lokaler C^k-Diffeomorphismus im Punkt (x_0, y_0).

---

[46]Das heißt, f ist ein C^k-Diffeomorphismus von einer (geeignet gewählten) offenen Umgebung $U(p)$ auf eine offene Umgebung $U(f(p))$.

Das bedeutet, dass sich die in Abb. 1.50 dargestellte Abbildung (1.78) in einer Umgebung des Punktes (u_0, v_0) umkehren lässt und die Umkehrabbildung

$$x = x(u, v), \qquad y = y(u, v)$$

in einer Umgebung von (u_0, v_0) glatt ist, d. h., sie ist dort vom Typ C^k.

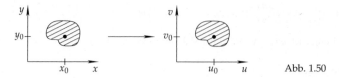

Abb. 1.50

1.5.7.3 Globale Diffeomorphismen

Satz von Hadamard über globale Diffeomorphismen: Es sei $1 \leq k \leq \infty$. Die C^k-Abbildung $f : \mathbb{R}^N \longrightarrow \mathbb{R}^N$ genüge den beiden Bedingungen

$$\lim_{|x| \to \infty} |f(x)| = +\infty, \quad \text{und} \quad \det f'(x) \neq 0 \quad \text{für alle} \quad x \in \mathbb{R}^N. \tag{1.79}$$

Dann ist f ein C^k-Diffeomorphismus[47].

▶ BEISPIEL: Es sei $N = 1$. Für $f(x) := \sinh x$ ist (1.79) wegen $f'(x) = \cos hx > 0$ erfüllt. Deshalb stellt $f : \mathbb{R} \to \mathbb{R}$ einen C^∞-Diffeomorphismus dar (Abb. 1.51).

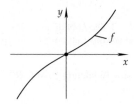

Abb. 1.51

1.5.7.4 Generisches Lösungsverhalten

Satz: Die Abbildung $f : \mathbb{R}^N \to \mathbb{R}^N$ sei vom Typ C^1 mit $\lim_{|x| \to \infty} |f(x)| = \infty$. Dann gibt es eine offene und dichte[48] Menge D in $\mathbb{R}^N$, so dass die Gleichung

$$\boxed{f(x) = y, \quad x \in \mathbb{R}^N,} \tag{1.80}$$

für jedes $y \in D$ höchstens endlich viele Lösungen besitzt.

Man sagt kurz: In den meisten Fällen (oder generisch) existieren höchstens endlich viele Lösungen. Genauer hat man die folgende sehr übersichtliche Situation.

---

[47] Im Fall $N = 1$ gilt $\det f'(x) = f'(x)$.
[48] Die Menge D ist genau dann dicht in $\mathbb{R}^N$, wenn $\overline{D} = \mathbb{R}^N$ gilt, d. h., der Abschluss von D ist gleich $\mathbb{R}^N$.

(i) *Störungen.* Ist ein Wert $y_0 \in \mathbb{R}^N$ gegeben, dann gibt es in jeder Umgebung von y_0 einen Punkt $y \in \mathbb{R}^N$, für den die Gleichung (1.80) höchstens endlich viele Lösungen besitzt, d. h., durch kleinste Störungen von y_0 kann man das günstige Lösungsverhalten erreichen.

(ii) *Stabilität.* Besitzt die Gleichung (1.80) für einen Punkt $y_1 \in D$ höchstens endlich viele Lösungen, dann gibt es eine Umgebung $U(y_1)$, so dass (1.80) auch für alle $y \in U(y_1)$ nur höchstens endlich viele Lösungen hat.

1.5.8 Die *n*-te Variation und der Taylorsche Satz

***n*-te Variation:** Die Funktion $f : U(p) \subseteq \mathbb{R}^N \to \mathbb{R}$ sei in einer Umgebung des Punktes p erklärt. Gegeben sei $h \in \mathbb{R}^N$. Wir setzen

$$\varphi(t) := f(p + th),$$

wobei der reelle Parameter t in einer hinreichend kleinen Umgebung des Punktes $t = 0$ variieren soll. Existiert die n-te Ableitung $\varphi^{(n)}(0)$, dann heißt die Zahl

$$\boxed{\delta^n f(p;h) := \varphi^{(n)}(0)}$$

die n-te Variation der Funktion f im Punkt p in Richtung von h.

Richtungsableitung: Für $n = 1$ setzen wir $\delta f(p;h) := \delta^1 f(p;h)$ und bezeichnen diesen Ausdruck als Richtungsableitung von f im Punkt p in Richtung von h. Explizit gilt

$$\delta f(p;h) = \lim_{t \to 0} \frac{f(p + th) - f(p)}{t}.$$

Satz: Es sei $n \geq 1$. Ist $f : U(p) \subseteq \mathbb{R}^N \to \mathbb{R}$ auf einer offenen Umgebung des Punktes p vom Typ C^n, dann gilt

$$\boxed{\delta f(p;h) = \sum_{k=1}^{N} h_k \frac{\partial f(p)}{\partial x_k}}$$

und

$$\boxed{\delta^r f(p;h) = \left(\sum_{k=1}^{N} h_k \frac{\partial}{\partial x_k} \right)^r f(p), \qquad r = 1, \ldots, n.}$$

▶ BEISPIEL: Für $N = n = 2$ gilt

$$\left(h_1 \frac{\partial}{\partial x_1} + h_2 \frac{\partial}{\partial x_2} \right)^2 = h_1^2 \frac{\partial^2}{\partial x_1^2} + 2 h_1 h_2 \frac{\partial^2}{\partial x_1 \partial x_2} + h_2^2 \frac{\partial^2}{\partial x_2^2}.$$

Benutzen wir die bequeme Notation $\partial_j = \partial / \partial x_j$, dann ergibt sich

$$\delta f(p;h) = h_1 \partial_1 f(p) + h_2 \partial_2 f(p),$$
$$\delta^2 f(p;h) = h_1^2 \partial_1^2 f(p) + 2 h_1 h_2 \partial_1 \partial_2 f(p) + h_2^2 \partial_2^2 f(p).$$

Der allgemeine Taylorsche Satz: Die Funktion $f : U \subseteq \mathbb{R}^N \to \mathbb{R}$ sei vom Typ C^{n+1} auf der offenen konvexen Menge U. Für alle Punkte $x, x + h \in U$ gilt dann

$$f(x + h) = f(x) + \sum_{k=1}^{n} \frac{\delta^k f(x; h)}{k!} + R_{n+1}$$

mit dem Restglied

$$R_{n+1} = \frac{\delta^{n+1} f(x + \vartheta h; h)}{(n+1)!},$$

wobei die von x abhängige Zahl ϑ der Bedingung $0 < \vartheta < 1$ genügt. Ferner gilt

$$R_{n+1} = \int\limits_0^1 \frac{(1 - \tau)^n}{n!} \delta^{n+1} f(x + \tau h; h) \mathrm{d}\tau.$$

Lokales Verhalten von Funktionen: Analog zu 1.4.5. kann man den Taylorschen Satz benutzen, um das lokale Verhalten von Funktionen zu studieren. Wichtige Resultate findet man in 5.4.1.

1.5.9 Anwendungen auf die Fehlerrechnung

Physikalische Messungen sind in der Regel mit Messfehlern behaftet. Die Fehlerrechnung erlaubt es, aus den Fehlern der unabhängigen Variablen einer Funktion auf den Fehler der abhängigen Variablen zu schließen.

Funktionen einer reellen Variablen: Wir betrachten die Funktion

$$y = f(x)$$

und setzen:

$\Delta x =$ Fehler der unabhängigen Variablen x,

$\Delta f = f(x + \Delta x) - f(x) =$ Fehler des Funktionswertes $f(x)$,

$\dfrac{\Delta f}{f(x)} =$ relativer Fehler des Funktionswertes $f(x)$.

Aus dem Taylorschen Satz folgt

$$\Delta f = f'(x)\Delta x + \frac{f''(x + \vartheta \Delta x)}{2}(\Delta x)^2$$

mit $0 < \vartheta < 1$. Daraus erhalten wir die *Fehlerabschätzung*:

$$|\Delta f - f'(x)\Delta x| \le \frac{(\Delta x)^2}{2} \sup_{0 < \eta < 1} |f''(x + \eta \Delta x)|.$$

▶ Beispiel 1: Für $f(x) := \sin x$ gilt $f''(x) = -\sin x$, also

$$|\Delta f - \Delta x \cdot \cos x| \le \frac{(\Delta x)^2}{2}.$$

Im Spezialfall $\Delta x = 10^{-3}$ ist beispielsweise $(\Delta x)^2 = 10^{-6}$.

Für hinreichend kleine Fehler Δx benutzt man die allgemeine Näherungsformel

$$\Delta f = f'(x)\Delta x.$$

Funktionen mehrerer reeller Variabler: Für die Funktion $y = f(x_1, \ldots, x_N)$ setzen wir

$$\Delta f := f(x_1 + \Delta x_1, \ldots, x_N + \Delta x_N) - f(x_1, \ldots, x_N).$$

Die Näherungsformel lautet:

$$\Delta f = \sum_{j=1}^{N} \frac{\partial f(x)}{\partial x_j} \Delta x_j.$$

Kettenregel: Für eine zusammengesetzte Funktion $H(x) = F(f_1(x), \ldots, f_m(x))$ mit $x = (x_1, \ldots, x_N)$ gilt:

$$\Delta H = \sum_{k=1}^{m} \frac{\partial F}{\partial f_k} (f_1(x), \ldots, f_m(x))\Delta f_k.$$

▶ BEISPIEL 2 (Summenregel): Für $H(x) = \sum_{k=1}^{m} f_k(x)$ erhalten wir

$$\Delta H = \sum_{k=1}^{m} \Delta f_k,$$

d. h., die absoluten Fehler addieren sich.

▶ BEISPIEL 3 (Produktregel): Für $H(x) = \prod_{k=1}^{m} f_k(x)$ ergibt sich

$$\frac{\Delta H}{H(x)} = \sum_{k=1}^{m} \frac{\Delta f_k}{f_k(x)},$$

d. h., die relativen Fehler addieren sich.

▶ BEISPIEL 4 (Quotientenregel): Für $H(x) = \dfrac{f(x)}{g(x)}$ gilt

$$\frac{\Delta H}{H(x)} = \frac{\Delta f}{f(x)} - \frac{\Delta g}{g(x)},$$

d. h., die relativen Fehler werden subtrahiert.

Das Gaußsche Fehlerfortpflanzungsgesetz: Wir betrachten eine Funktion

$$z = f(x, y).$$

Gegeben seien Messungen

$$x_1, \ldots, x_n \quad \text{und} \quad y_1, \ldots, y_m$$

der beiden Größen x und y. Daraus erhalten wir Werte $z_{jk} = f(x_j, y_k)$ von z. Definitionsgemäß ergeben sich die empirischen Mittelwerte $\bar{x}, \bar{y}$ und die empirischen Streuquadrate σ_x^2, σ_y^2 durch

$$\bar{x} = \frac{1}{n} \sum_{j=1}^{n} x_j, \qquad \bar{y} = \frac{1}{m} \sum_{k=1}^{m} y_k,$$

$$\sigma_x^2 = \frac{1}{n-1} \sum_{j=1}^{n} (x_j - \bar{x})^2, \qquad \sigma_y^2 = \frac{1}{m-1} \sum_{k=1}^{m} (y_k - \bar{y})^2.$$

Nach Gauß gilt dann für hinreichend große Zahlen n und m näherungsweise:

$$\boxed{\begin{array}{l} \bar{z} = f(\bar{x}, \bar{y}), \\[2mm] \sigma_z^2 = f_x(\bar{x}, \bar{y})^2 \sigma_x^2 + f_y(\bar{x}, \bar{y})^2 \sigma_y^2. \end{array}}$$

Diese Relationen heißen *Gaußsches Fehlerfortpflanzungsgesetz*.

1.5.10 Das Fréchet-Differential

Es ist wichtig darauf zu achten, dass die Bezeichnungen Entdeckungen erleichtern. In wundervoller Weise kann man so die Arbeit des Geistes reduzieren.

Gottfried Wilhelm Leibniz (1646–1716)

Leibnizscher Differentialkalkül: Für die moderne Analysis, Geometrie und mathematische Physik ist der Begriff des Differentials von fundamentaler Bedeutung. Für Leibniz handelte es sich bei Differentialen df um *unendlich kleine Größen*, die seine philosophischen Vorstellungen von kleinsten geistigen Bausteinen der Welt (Monaden) reflektierten. Die unscharfe, aber für das formale Rechnen sehr bequeme Begriffswelt der unendlich kleinen Größen findet man noch heute in der physikalischen und technischen Literatur. Um dem eleganten Leibnizschen Differentialkalkül eine strenge Basis zu geben, verwendet man das Fréchet-Differential $df(x)$. Dieses wurde zu Beginn des zwanzigsten Jahrhunderts von dem französischen Mathematiker Maurice Fréchet (1878–1956) eingeführt. Für eine Funktion

$$f : \mathbb{R}^N \longrightarrow \mathbb{R}$$

ist

$$df(x) : \mathbb{R}^N \longrightarrow \mathbb{R}$$

eine geeignet zu definierende *lineare Abbildung*, die jedem Element $h \in \mathbb{R}^N$ eine reelle Zahl $df(x)h$ zuordnet, wobei zusätzlich die Linearitätsbedingung

$$df(x)(\alpha h + \beta k) = \alpha df(x)h + \beta df(x)k$$

für alle $\alpha, \beta \in \mathbb{R}$ und alle $h, k \in \mathbb{R}^N$ erfüllt ist (vgl. 1.5.10.2).

$$\boxed{\text{Differentiale sind lineare Abbildungen.}}$$

Cartanscher Differentialkalkül: Dieser Begriff des Differentials liegt auch dem eleganten Cartanschen Differentialkalkül zugrunde, der Ende des 19. Jahrhunderts von dem großen französischen Geometer Élie Cartan (1869–1961) eingeführt wurde und den Leibnizschen Kalkül wirksam erweitert. Der Cartansche Kalkül ist eines der mächtigsten und am häufigsten benutzten Instrumente der modernen Mathematik und Physik[49].

Vorteile für die Praxis: Sowohl der Leibnizsche Differentialkalkül als auch der Cartansche Differentialkalkül besitzen den entscheidenden praktischen Vorzug, dass man sich nur einige wenige, sehr einfache Regeln zu merken hat. Dann arbeitet der Kalkül von selbst. Um diesen Aspekt besonders zu betonen, stellen wir diese Kalküle zunächst rein formal vor, ehe wir auf ihre strenge Rechtfertigung eingehen. Für praktische Rechnungen braucht man nur die formalen Regeln zu benutzen.

1.5.10.1 Der formale Leibnizsche Differentialkalkül

Gegeben sei eine Funktion $y = f(x)$ mit $x = (x_1, \ldots, x_N)$. Nach Leibniz rechnet man mit Differentialen in der folgenden Weise:

(i)	$\mathrm{d}f = \sum_{j=1}^{N} \dfrac{\partial f}{\partial x_j} \mathrm{d}x_j,$	(totales Differential);
(ii)	$\mathrm{d}(f + g) = \mathrm{d}f + \mathrm{d}g,$	(Summenregel);
(iii)	$\mathrm{d}(fg) = (\mathrm{d}f)g + f\mathrm{d}g,$	(Produktregel);
(iv)	$\mathrm{d}^2 x_j = 0,$	(„unendliche Kleinheit").

Man beachte, dass die letzte Regel (iv) nur für *unabhängige* Variable gilt.

Dieser Leibnizsche Kalkül hat sich in der Geschichte der Analysis als außerordentlich flexibel erwiesen.

Leibnizsche Transformationsregel für Differentiale: Besonders häufig wird dieser Kalkül bei der Transformation von Funktionen auf neue Variable verwendet. Gilt

$$x_j = x_j(u_1, \ldots, u_M), \qquad j = 1, \ldots, N,$$

dann erhalten wir aus der Regel für das totale Differential das fundamentale *Transformationsgesetz für Differentiale:*

$$\mathrm{d}x_j = \sum_{m=1}^{M} \frac{\partial x_j}{\partial u_m} \mathrm{d}u_m. \tag{1.81}$$

Das liefert

$$\mathrm{d}f = \sum_{j=1}^{N} \frac{\partial f}{\partial x_j} \mathrm{d}x_j = \sum_{j=1}^{N} \sum_{m=1}^{M} \frac{\partial f}{\partial x_j} \frac{\partial x_j}{\partial u_m} \mathrm{d}u_m. \tag{1.82}$$

---

[49]Dem Leibnizschen Begriff der unendlichen kleinen Größe wird in der Nichtstandardanalysis eine strenge Grundlage gegeben, indem man die Menge der reellen Zahlen durch Hinzufügen neuer Elemente erweitert, die man unendlich kleine Zahlen bzw. unendlich große Zahlen nennt und mit denen man (im Rahmen einer erweiterten Logik) streng rechnen kann (vgl. [Landers und Rogge 1994]).

Durch Vergleich mit

$$\mathrm{d}f = \sum_{m=1}^{M} \frac{\partial f}{\partial u_m} \mathrm{d}u_m$$

erhalten wir

$$\frac{\partial f}{\partial u_m} = \sum_{j=1}^{N} \frac{\partial f}{\partial x_j} \frac{\partial x_j}{\partial u_m}.$$

Der Leibnizsche Differentialkalkül ergibt auf diese Weise automatisch die *Kettenregel*.

▶ BEISPIEL 5 (Kettenregel für höhere Ableitungen): Es sei $h(x) := f(z), z = g(x)$. Als unabhängige Variable wählen wir x, d. h., es ist

$$\mathrm{d}^2 x = 0.$$

Aus der Produktregel erhalten wir

$$\mathrm{d}z = g'\mathrm{d}x,$$
$$\mathrm{d}^2 z = \mathrm{d}(\mathrm{d}z) = \mathrm{d}(g'\mathrm{d}x) = \mathrm{d}g'\mathrm{d}x + g'\mathrm{d}^2 x = \mathrm{d}g'\mathrm{d}x = g''(\mathrm{d}x)^2$$

sowie

$$\mathrm{d}f = f'\mathrm{d}z,$$
$$\mathrm{d}^2 f = \mathrm{d}(\mathrm{d}f) = (\mathrm{d}f')\mathrm{d}z + f'\mathrm{d}^2 z$$
$$= f''(\mathrm{d}z)^2 + f'g''(\mathrm{d}x)^2 = (f''g'^2 + f'g'')(\mathrm{d}x)^2.$$

Daraus folgt

$$\boxed{\frac{\mathrm{d}^2 f(x)}{\mathrm{d}x^2} = f''(z)g'(x)^2 + f'(z)g''(x), \qquad z = g(x).}$$
(1.83)

Strenger Beweis von (1.83): Differentiation von $h(x) = f(g(x))$ nach der Kettenregel ergibt

$$h'(x) = f'(g(x))g'(x).$$

Nochmalige Differentiation nach x unter Verwendung der Kettenregel und der Produktregel liefert

$$h''(x) = f''(g(x))g'(x)^2 + f'(g(x))g''(x).$$

Das ist (1.83).   □

Bei Funktionen mehrerer Variabler erweist sich das Arbeiten mit Differentialen häufig viel günstiger als die Verwendung von partiellen Ableitungen. Deshalb wird der Leibnizsche Differentialkalkül bevorzugt in der physikalischen und technischen Literatur benutzt.

1.5.10.2 Fréchet-Differentiale und höhere Fréchet-Ableitungen

Fréchet-Differentiale (kurz F-Differentiale) werden in strenger Form über Zerlegungen der Funktionen mit geeigneten Restgliedern erklärt. Aus historischen Gründen benutzt man in der Literatur sowohl F-Differentiale als auch F-Ableitungen. Tatsächlich sind beide Begriffsbildungen identisch.

Wir betrachten eine Funktion

$$f : U(x) \subseteq \mathbb{R}^N \to \mathbb{R},$$

die auf einer Umgebung des Punktes x definiert ist. Ferner setzen wir

$$\partial_j f := \frac{\partial f}{\partial x_j}, \qquad \partial_j \partial_k f := \frac{\partial^2 f}{\partial x_j \partial x_k} \quad \text{usw.}$$

Das F-Differential $df(x)$: Definitionsgemäß besitzt die Funktion f genau dann im Punkt x ein F-Differential, wenn es eine Zerlegung

$$f(x + h) - f(x) = df(x)h + r(h)$$

für alle $h \in \mathbb{R}^N$ in einer Nullumgebung gibt, wobei gilt:

(i) $df(x) : \mathbb{R}^N \longrightarrow \mathbb{R}$ ist eine lineare Abbildung.

(ii) Das Restglied genügt der Kleinheitsbeziehung[50] $r(h) = o(|h|)$, $h \to 0$.

Zusammenhang mit der F-Ableitung: Man bezeichnet $df(x)$ auch als F-Ableitung $f'(x)$. Ferner nennen wir

$$df(x)h = f'(x)h, \qquad h \in \mathbb{R}^N,$$

den Wert des F-Differentials der Funktion f im Punkt x in Richtung von h.

Zusammenhang mit der ersten Variation: Existiert das F-Differential $df(x)$, dann existiert auch die erste Variation von f im Punkt x in jeder Richtung h, und es ist

$$\delta f(x; h) = df(x)h, \quad h \in \mathbb{R}^N.$$

Existenzsatz[51]: Ist die Funktion f in einer offenen Umgebung des Punktes x vom Typ C^1, dann gilt

$$df(x)h = \sum_{j=1}^{N} \partial_j f(x) h_j. \tag{1.84}$$

---

[50]Das heißt: $\lim\limits_{h \to 0} \dfrac{r(h)}{|h|} = 0$ mit $|h| = \left(\sum\limits_{j=1}^{N} h_j^2 \right)^{1/2}$.

[51]Für praktische Zwecke genügt es, sich die Formeln (1.84), (1.85) und (1.86) einzuprägen. Die hier gegebenen allgemeinen Definitionen werden angeführt, weil sie sich in dieser Form sofort auf abstrakte Operatoren übertragen lassen, was für die moderne theoretische und numerische Behandlung von nichtlinearen Differential- und Integralgleichungen sehr wichtig ist (vgl. 12.3 im Handbuch).

Das zweite F-Differential $d^2 f(x)$:   Definitionsgemäß besitzt die Funktion f genau dann im Punkt x ein zweites F-Differential, wenn es eine Zerlegung der Differentiale

$$df(x+h)k - df(x)k = d^2 f(x)(k,h) + r(h,k)$$

für alle $h \in \mathbb{R}^N$ in einer Nullumgebung und alle $k \in \mathbb{R}^N$ gibt, wobei gilt:

(i) $d^2 f(x) : \mathbb{R}^N \times \mathbb{R}^N \longrightarrow \mathbb{R}$ ist eine bilineare Abbildung.

(ii) Das Restglied genügt der Kleinheitsbeziehung $\sup_{|k| \leq 1} |r(h,k)| = o(|h|)$, $h \to 0$. Um die Bezeichnung zu vereinfachen, schreibt man kurz $d^2 f(x)hk := d^2 f(x)(h,k)$ und $d^2 f(x)h^2 := d^2 f(x)(h,h)$.

Die zweite F-Ableitung $f''(x)$:   Man bezeichnet $d^2 f(x)$ auch als zweite F-Ableitung $f''(x)$ der Funktion f im Punkt x. Ferner nennen wir

$$\boxed{d^2 f(x)hk = f''(x)hk, \qquad h,k \in \mathbb{R}^N,}$$

den Wert des zweiten F-Differentials der Funktion f im Punkt x bezüglich der Richtungen h und k.

Zusammenhang mit der zweiten Variation: Existiert das zweite F-Differential $d^2 f(x)$, dann existiert auch die zweite Variation von f im Punkt x in jeder Richtung h mit

$$\delta^2 f(x;h) = d^2 f(x)h^2, \qquad h \in \mathbb{R}^N.$$

Die n-ten F-Differentiale $d^n f(x)$ werden analog erklärt.

Existenzsatz: Es sei $n \geq 2$. Ist f auf einer offenen Umgebung des Punktes x vom Typ C^n, dann gilt:

$$\boxed{d^2 f(x)hk = \sum_{r,s=1}^{N} \partial_r \partial_s f(x) h_r h_s} \tag{1.85}$$

und allgemein

$$\boxed{d^n f(x)h^{(1)} \ldots h^{(n)} = \sum_{r_1,\ldots,r_n=1}^{N} \partial_{r_1} \partial_{r_2} \ldots \partial_{r_n} f(x) h_{r_1}^{(1)} h_{r_2}^{(2)} \ldots h_{r_n}^{(n)}.} \tag{1.86}$$

Speziell hat man die Symmetrierelation

$$d^2 f(x)hk = d^2 f(x)kh \qquad \text{für alle } h,k \in \mathbb{R}^N.$$

Ebenso ändert sich $d^n f(x)h^{(1)} \ldots h^{(n)}$ nicht bei einer Permutation von $h^{(1)}, \ldots, h^{(n)}$, die zu $\mathbb{R}^N$ gehören.

1.5.10.3 Strenge Rechtfertigung des Leibnizschen Differentialkalküls

Versteht man die Leibniz-Differentiale als Fréchet-Differentiale, dann kann man den formalen Leibnizschen Differentialkalkül ohne Schwierigkeiten streng rechtfertigen.

Die Leibnizsche Formel für das totale Differential: Ist die Funktion f in einer offenen Umgebung des Punktes x vom Typ C^1, dann gilt[52]

$$df(x) = \sum_{j=1}^{N} \partial_j f(x)dx_j \qquad\qquad (1.87)$$

mit

$$dx_j h = h_j \ \text{ für alle } \ h \in \mathbb{R}^N.$$

Beweis: Wir setzen $f(x) := x_j$. Aus (1.84) erhalten wir

$$dx_j(x)h = \sum_{k=1}^{N} \partial_k f(x)h_k = h_j$$

unter Berücksichtigung von $\partial_k f(x) = \dfrac{\partial x_j}{\partial x_k} = \delta_{kj}$. Die Behauptung (1.87) besagt

$$df(x)h = \sum_{j=1}^{N} \partial_j f(x)dx_j h = \sum_{j=1}^{N} \partial_j f(x)h_j.$$

Das ist jedoch gleichbedeutend mit (1.84). $\qquad\qquad\qquad\qquad\qquad$ $\square$

Der Differentiationsoperator d: Wir definieren

$$d := \sum_{j=1}^{N} dx_j \partial_j.$$

Die Beziehung (1.87) bedeutet:

$$df(x) = d \otimes f(x),$$

falls wir $\partial_j \otimes f(x) := \partial_j f(x)$ vereinbaren.

Die Leibnizsche Produktformel: Die Funktionen $f, g : U(x) \subseteq \mathbb{R}^N \to \mathbb{R}$ seien in einer offenen Umgebung des Punktes x vom Typ C^1. Dann gilt

$$d(fg)(x) = g(x)df(x) + f(x)dg(x).$$

Beweis: Das folgt aus (1.87) und der Produktregel für partielle Ableitungen: $\partial_j(fg) = g\partial_j f + f\partial_j g$.

---

[52]Wir schreiben kurz dx_j anstelle von $dx_j(x)$.

Die Leibnizsche Transformationsformel: Wir nehmen an, es gilt

$$x_j = x_j(u_1, \ldots, u_M), \qquad j = 1, \ldots, N,$$

d. h., die Größen x_j hängen von den Variablen u_m ab. Ferner setzen wir F(u) := f(x(u)). Dann hat man

$$\mathrm{d}x_j(u) := \sum_{m=1}^{M} \frac{\partial x_j(u)}{\partial u_m} \mathrm{d}u_m \tag{1.88}$$

und

$$\mathrm{d}F(u) = \sum_{j=1}^{N} \frac{\partial f}{\partial x_j}(x(u))\mathrm{d}x_j(u). \tag{1.89}$$

Das entspricht (1.81) und (1.82).

Beweis: Die Formel (1.88) folgt aus (1.87).

Wendet man (1.87) auf die Funktion F an, dann ergibt die Kettenregel

$$\mathrm{d}F(u) = \sum_{m=1}^{M} \frac{\partial F(u)}{\partial u_m}\mathrm{d}u_m = \sum_{m=1}^{M}\sum_{j=1}^{N} \frac{\partial f}{\partial x_j}(x(u))\frac{\partial x_j(u)}{\partial u_m}\mathrm{d}u_m.$$

Das ist (1.89).   □

Die Leibnizsche Formel für das zweite Differential: Die Funktion f sei auf einer offenen Umgebung des Punktes x vom Typ C^2. Dann gilt

$$\mathrm{d}^2 f(x) = \mathrm{d} \otimes \mathrm{d}f(x). \tag{1.90}$$

Explizit bedeutet das

$$\mathrm{d}^2 f(x) = \sum_{j,m=1}^{N} \partial_j\partial_m f(x)\mathrm{d}x_j \otimes \mathrm{d}x_m \tag{1.91}$$

und

$$\mathrm{d}^2 x_j(x) = 0. \tag{1.92}$$

Dabei benutzen wir das Tensorprodukt, d. h., es ist

$$(\mathrm{d}x_r \otimes \mathrm{d}x_s)(h,k) := (\mathrm{d}x_r h)(\mathrm{d}x_s k) = h_r k_s. \tag{1.93}$$

Beweis: Die Formel (1.91) folgt aus (1.85) zusammen mit (1.93). Setzen wir $f(x) := x_j$, dann sind die zweiten partiellen Ableitungen von f nach $x_1, x_2, \ldots$ alle identisch gleich null. Deshalb folgt (1.92) aus (1.85).   □

Vergleich des Leibnizschen Differentialkalküls mit dem Cartanschen Differentialkalkül: In der multilinearen Algebra spielen das Tensorprodukt $\otimes$ und das alternierende Produkt $\wedge$ eine besondere Rolle (vgl. 2.4.2).

(i) Der Leibnizsche Differentialkalkül basiert auf dem Operator d und dem Tensorprodukt $\otimes$. Man hat das Produkt d^2 im Sinne von

$$d^2 = d \otimes d$$

zu verstehen.

(ii) Der Cartansche Differentialkalkül basiert auf dem Operator d und dem alternierenden Produkt $\wedge$. Man hat das Produkt d^2 im Sinne von

$$d^2 = d \wedge d$$

zu verstehen. An die Stelle von (1.93) tritt im Cartanschen Differentialkalkül die Relation

$$(dx_r \wedge dx_s)(h,k) = (dx_r h)(dx_s k) - (dx_r k)(dx_s h) = h_r k_s - k_r h_s \tag{1.94}$$

für alle $h, k \in \mathbb{R}^N$.

1.5.10.4 Der formale Cartansche Differentialkalkül

Um die Bezeichnungen zu vereinfachen, vereinbaren wir, über zwei gleiche Indizes von 1 bis N zu summieren. Beispielsweise gilt:

$$a_j dx_j = \sum_{j=1}^{N} a_j dx_j.$$

Das Produktsymbol $\wedge$:   Der Cartansche Differentialkalkül ergibt sich, indem man dem Leibnizschen Differentialkalkül ein Produkt $\wedge$ hinzufügt, wobei unter Beachtung von

$$dx_j \wedge dx_m = -dx_m \wedge dx_j \tag{1.95}$$

nach den üblichen Regeln gerechnet wird. Aus (1.95) folgt $dx_m \wedge dx_m = -dx_m \wedge dx_m$, also

$$dx_m \wedge dx_m = 0.$$

▶ BEISPIEL 1: $dx_1 \wedge dx_2 \wedge dx_3 = -dx_2 \wedge dx_1 \wedge dx_3 = dx_2 \wedge dx_3 \wedge dx_1$.

▶ BEISPIEL 2: $dx_1 \wedge dx_1 \wedge dx_2 = 0$.

Permutationsregel: Das Produkt

$$dx_{j_1} \wedge dx_{j_2} \wedge \ldots \wedge dx_{j_r} \tag{1.96}$$

ändert sich nicht bei einer geraden Permutation der Faktoren, es ändert das Vorzeichen bei einer ungeraden Permutation der Faktoren, und es ist gleich null bei zwei gleichen Faktoren.

Differentialformen: Unter einer Differentialform r-ten Grades versteht man Linearkombinationen von Produkten der Form (1.96).

Funktionen sind definitionsgemäß Differentialformen 0-ten Grades.

▶ BEISPIEL 3:

$$\omega = a_j \mathrm{d}x_j, \qquad \text{(erster Grad)};$$

$$\omega = a_{jk} \mathrm{d}x_j \wedge \mathrm{d}x_k, \qquad \text{(zweiter Grad)};$$

$$\omega = a_{jkm} \mathrm{d}x_j \wedge \mathrm{d}x_k \wedge \mathrm{d}x_m, \qquad \text{(dritter Grad)}.$$

Die Koeffizienten a_j, a_{jk} und a_{jkm} sind Funktionen von $x = (x_1, \ldots, x_N)$.

Die drei Grundregeln:

(i) *Addition:* Differentialformen werden in üblicher Weise addiert und mit Funktionen multipliziert.

(ii) *Multiplikation:* Differentialformen werden in üblicher Weise bezüglich $\wedge$ miteinander multipliziert.

(iii) *Differentiation:* Für eine Funktion f gilt die Leibnizsche Regel

$$\boxed{\mathrm{d}f = (\partial_j f)\mathrm{d}x_j.} \tag{1.97}$$

Für eine Form $\omega = a_{j_1 \ldots j_r} \mathrm{d}x_{j_1} \wedge \cdots \wedge \mathrm{d}x_{j_r}$ gilt die Cartansche Regel:

$$\boxed{\mathrm{d}\omega = \mathrm{d}a_{j_1 \ldots j_r} \wedge \mathrm{d}x_{j_1} \wedge \ldots \wedge \mathrm{d}x_{j_r}.} \tag{1.98}$$

Diese drei Grundregeln beherrschen vollständig das Rechnen mit Differentialformen.

▶ BEISPIEL 4: Für $a = a(x,y)$ und $b = b(x,y)$ gilt

$$\mathrm{d}a = a_x \mathrm{d}x + a_y \mathrm{d}y, \qquad \mathrm{d}b = b_x \mathrm{d}x + b_y \mathrm{d}y.$$

▶ BEISPIEL 5: Für $\omega = a\mathrm{d}x + b\mathrm{d}y$ ergibt sich

$$\begin{aligned}
\mathrm{d}\omega &= \mathrm{d}a \wedge \mathrm{d}x + \mathrm{d}b \wedge \mathrm{d}y = (a_x \mathrm{d}x + a_y \mathrm{d}y) \wedge \mathrm{d}x + (b_x \mathrm{d}x + b_y \mathrm{d}y) \wedge \mathrm{d}y \\
&= (b_x - a_y)\mathrm{d}x \wedge \mathrm{d}y.
\end{aligned}$$

Man beachte

$$\mathrm{d}x \wedge \mathrm{d}x = \mathrm{d}y \wedge \mathrm{d}y = 0 \quad \text{und} \quad \mathrm{d}x \wedge \mathrm{d}y = -\mathrm{d}y \wedge \mathrm{d}x.$$

▶ BEISPIEL 6: Es sei $c = c(x,y)$. Für $\omega = c\mathrm{d}x \wedge \mathrm{d}y$ erhalten wir

$$\mathrm{d}\omega = \mathrm{d}c \wedge \mathrm{d}x \wedge \mathrm{d}y = (c_x \mathrm{d}x + c_y \mathrm{d}y) \wedge \mathrm{d}x \wedge \mathrm{d}y = 0.$$

Man beachte, dass ein $\wedge$-Produkt mit zwei gleichen Faktoren stets gleich null ist.

▶ BEISPIEL 7: Es sei

$$\omega = a\mathrm{d}x + b\mathrm{d}y + c\mathrm{d}z,$$

wobei a, b und c von x, y und z abhängen. Dann ist[53]

$$\boxed{\mathrm{d}\omega = (b_x - a_y)\mathrm{d}x \wedge \mathrm{d}y + (c_y - b_z)\mathrm{d}y \wedge \mathrm{d}z + (a_z - c_x)\mathrm{d}z \wedge \mathrm{d}x.}$$

---

[53]Man beachte die große Symmetrie aller Formeln. Die Summanden ergeben sich durch zyklische Vertauschung von a, b, c und x, y, z.

Das folgt aus

$$
\begin{aligned}
\mathrm{d}\omega &= \mathrm{d}a \wedge \mathrm{d}x + \mathrm{d}b \wedge \mathrm{d}y + \mathrm{d}c \wedge \mathrm{d}z \\
&= (a_x\mathrm{d}x + a_y\mathrm{d}y + a_z\mathrm{d}z) \wedge \mathrm{d}x + (b_x\mathrm{d}x + b_y\mathrm{d}y + b_z\mathrm{d}z) \wedge \mathrm{d}y \\
&\quad + (c_x\mathrm{d}x + c_y\mathrm{d}y + c_z\mathrm{d}z) \wedge \mathrm{d}z.
\end{aligned}
$$

▶ BEISPIEL 8: Für

$$
\omega = a\mathrm{d}y \wedge \mathrm{d}z + b\mathrm{d}z \wedge \mathrm{d}x + c\mathrm{d}x \wedge \mathrm{d}y
$$

erhalten wir

$$
\boxed{\mathrm{d}\omega = (a_x + b_y + c_z)\mathrm{d}x \wedge \mathrm{d}y \wedge \mathrm{d}z.}
$$

Das ergibt sich aus

$$
\begin{aligned}
\mathrm{d}\omega &= (a_x\mathrm{d}x + a_y\mathrm{d}y + a_z\mathrm{d}z) \wedge \mathrm{d}y \wedge \mathrm{d}z + (b_x\mathrm{d}x + b_y\mathrm{d}y + b_z\mathrm{d}z) \wedge \mathrm{d}z \wedge \mathrm{d}x \\
&\quad + (c_x\mathrm{d}x + c_y\mathrm{d}y + c_z\mathrm{d}z) \wedge \mathrm{d}x \wedge \mathrm{d}y.
\end{aligned}
$$

Transformation von Differentialformen auf neue Variable: Man benutze hierzu die Leibniz-regel. Die Anzahl der alten und neuen Variablen spielt dabei keine Rolle.

▶ BEISPIEL 9: Wenden wir die Variablentransformation

$$
x = x(t), \quad y = y(t), \quad z = z(t)
$$

auf

$$
\omega = a\mathrm{d}x + b\mathrm{d}y + c\mathrm{d}z
$$

an, dann erhalten wir $\mathrm{d}x = x'\,\mathrm{d}t$ usw. Das ergibt

$$
\boxed{\omega(ax' + by' + cz')\mathrm{d}t.}
$$

▶ BEISPIEL 10: Die Variablentransformation

$$
x = x(u,v), \quad y = y(u,v)
$$

angewandt auf

$$
\omega = a\mathrm{d}x \wedge \mathrm{d}y
$$

mit $a = a(x,y)$ ergibt

$$
\omega = a(x_u y_v - x_v y_u)\mathrm{d}u \wedge \mathrm{d}v.
$$

Diese Formel folgt aus

$$
\mathrm{d}x = x_u\mathrm{d}u + x_v\mathrm{d}v, \qquad \mathrm{d}y = y_u\mathrm{d}u + y_v\mathrm{d}v
$$

und $\omega = (x_u\mathrm{d}u + x_v\mathrm{d}v) \wedge (y_u\mathrm{d}u + y_v\mathrm{d}v)$. Mit Hilfe der Funktionaldeterminante

$$
\frac{\partial(x,y)}{\partial(u,v)} = \begin{vmatrix} x_u & x_v \\ y_u & y_v \end{vmatrix} = x_u y_v - x_v y_u
$$

kann man das auch in der Form

$$\omega = a \frac{\partial(x,y)}{\partial(u,v)} du \wedge dv.$$ (1.99)

schreiben.

▶ BEISPIEL 11: Durch die Variablentransformation

$$x = x(u,v,w), \quad y = y(u,v,w), \quad z = z(u,v,w)$$

ergibt sich aus

$$\omega = a dx \wedge dy \wedge dz$$

der Ausdruck

$$\omega = a \frac{\partial(x,y,z)}{\partial(u,v,w)} du \wedge dv \wedge dw$$ (1.100)

mit der Funktionaldeterminante

$$\frac{\partial(x,y,z)}{\partial(u,v,w)} = \begin{vmatrix} x_u & x_v & x_w \\ y_u & y_v & y_w \\ z_u & z_v & z_w \end{vmatrix}.$$

Das folgt aus $\omega = a dx \wedge dy \wedge dz$ und

$$dx = x_u du + x_v dv + x_w dw,$$
$$dy = y_u du + y_v dv + y_w dw,$$
$$dz = z_u du + z_v dv + z_w dw.$$

▶ BEISPIEL 12: Durch die Variablentransformation

$$x = x(u,v), \quad y = y(u,v), \quad z = z(u,v)$$

erhalten wir aus

$$\omega = a dy \wedge dz + b dz \wedge dx + c dx \wedge dy$$

den Ausdruck

$$\omega = \left(a \frac{\partial(y,z)}{\partial(u,v)} + b \frac{\partial(z,x)}{\partial(u,v)} + c \frac{\partial(x,y)}{\partial(u,v)} \right) du \wedge dv.$$

Rechenregeln: Mit ω, μ und ϑ bezeichnen wir beliebige Differentialformen vom Grad ≥ 0. Wir setzen

$$a \wedge \omega := a\omega, \quad \omega \wedge a := a\omega,$$

falls a eine Funktion ist.

(i) *Assoziativität*

$$\omega \wedge (\mu \wedge \vartheta) = (\omega \wedge \mu) \wedge \vartheta.$$

(ii) *Distributivität*

$$\omega \wedge (\mu + \vartheta) = \omega \wedge \mu + \omega \wedge \vartheta.$$

(iii) *Superkommutativität*

$$\omega \wedge \mu = (-1)^{rs} \mu \wedge \omega \qquad (r \text{ Grad von } \omega, \ s \text{ Grad von } \mu).$$

(iv) *Produktregel der Differentiation*

$$d(\omega \wedge \mu) = d\omega \wedge \mu + (-1)^r \omega \wedge d\mu.$$

(v) *Regel von Poincaré:* Es gilt $d^2 = 0$, d. h.

$$d(d\omega) = 0.$$

(vi) *Vertauschungsregel:* Die Operationen der Differentiation und des Variablenwechsels können miteinander vertauscht werden[54].

Mnemotechnik: Die grundlegende Differentiationsformel (1.98) kann man sich gut merken, wenn man $d \wedge \omega$ anstelle von $d\omega$ schreibt. Dann gilt formal:

$$\begin{aligned} d \wedge \omega &= dx_j \partial_j \wedge a_{j_1 \ldots j_r} dx_{j_1} \wedge \ldots \wedge dx_{j_r} \\ &= \partial_j a_{j_1 \ldots j_r} dx_j \wedge dx_{j_1} \wedge \ldots \wedge dx_{j_r} = da_{j_1 \ldots j_r} \wedge dx_{j_1} \wedge \ldots \wedge dx_{j_r}. \end{aligned}$$

Die Regel von Poincaré $d(d\omega) = 0$ folgt dann formal sofort aus

$$\begin{aligned} d \wedge (d \wedge \omega) &= (d \wedge d) \wedge \omega = (\partial_j dx_j) \wedge (\partial_k dx_k) \wedge \omega \\ &= \tfrac{1}{2}(\partial_j \partial_k - \partial_k \partial_j) dx_j \wedge dx_k \wedge \omega = 0 \end{aligned}$$

wegen $\partial_j \partial_k - \partial_k \partial_j = 0$.

1.5.10.5 Strenge Rechtfertigung des Cartanschen Differentialkalküls und seine Anwendungen

Um den vorangegangenen Überlegungen eine strenge mathematische Grundlage zu geben, hat man lediglich das $\wedge$-Produkt im Sinne der multilinearen Algebra zu verstehen, d. h., man hat (1.94) zu benutzen. Dann ist die Differentiationsformel (1.98) eine Definition für $d\omega$ und die übrigen Aussagen lassen sich durch direktes Nachrechnen beweisen.

Der Cartansche Kalkül erlaubt die folgenden *Anwendungen:*

(i) Mehrfache Integrale und Integrale auf Kurven und m-dimensionalen Flächen (vgl. 1.7.6.).

(ii) Der Integralsatz von Stokes $\int_{\partial M} \omega = \int_M d\omega$, der den Fundamentalsatz der Differential- und Integralrechnung auf höhere Dimensionen verallgemeinert und die klassischen Integralsätze von Gauß, Green und Stokes der Vektoranalysis als Spezialfälle enthält (vgl. 1.7.6.ff).

---

[54]Das bedeutet, es ist gleichgültig, ob man zuerst $d\omega$ bildet und dann $d\omega$ auf neue Variable transformiert oder ob man zunächst ω auf neue Variable transformiert und dann $d\omega$ bezüglich der neuen Variablen bildet.
Diese Tatsache ist wesentlich für die Geschmeidigkeit des Cartanschen Kalküls verantwortlich.

(iii) Der Satz von Poincaré über die Lösung der Gleichung $d\omega = \mu$ und Anwendungen in der Vektoranalysis (vgl. 1.9.11).

(iv) Der Satz von Cartan-Kähler über die Lösung von Systemen für Differentialformen

$$\omega_1 = 0, \ \omega_2 = 0, \ldots, \ \omega_k = 0,$$

die allgemeine Systeme von partiellen Differentialgleichungen als Spezialfall enthalten (vgl. 1.13.5.4 im Handbuch).

(v) Tensoranalysis (vgl. 10.2 im Handbuch).

(vi) Spezielle Relativitätstheorie und Elektrodynamik (vgl. 10.2 im Handbuch).

(vii) Differential- und Integralrechnung auf Mannigfaltigkeiten (vgl. Kapitel 15 im Handbuch).

(viii) Thermodynamik (vgl. 15.5 im Handbuch).

(ix) Symplektische Geometrie, klassische Mechanik und klassische statistische Physik (vgl. 15.6 im Handbuch).

(x) Riemannsche Geometrie, Einsteins allgemeine Relativitätstheorie und Kosmologie (vgl. Kapitel 16 im Handbuch).

(xi) Liegruppen und Symmetrie (vgl. Kapitel 17 im Handbuch).

(xii) Differentialtopologie und de Rhamsche Kohomologie (vgl. Kapitel 18 im Handbuch).

(xiii) Moderne Differentialgeometrie, Krümmung von Hauptfaserbündeln und Eichfeldtheorien in der Elementarteilchenphysik (vgl. Kapitel 19 im Handbuch).

Diese Liste von Anwendungen macht deutlich, dass der Cartansche Differentialkalkül eine wichtige Rolle in der modernen Mathematik und Physik spielt.

1.6 Integration von Funktionen einer reellen Variablen

> Zahlreiche Methoden zur Berechnung von Integralen und eine umfangreiche Liste bekannter Integrale findet man in 0.7.

1.6.1 Grundideen

Die genauen mathematischen Formulierungen der folgenden Überlegungen findet man in 1.6.2.ff.

Im eindimensionalen Fall unterscheidet man zwischen dem bestimmten Integral (1.101) und dem unbestimmten Intergal (1.104). Der grundlegende Zusammenhang zwischen Differentiation und Integration wird durch die Formel (1.102) von Newton und Leibniz gegeben (Fundamentalsatz der Differential- und Integralrechnung). Im mehrdimensionalen Fall ist das bestimmte Integral die entscheidende Größe. Vom allgemeinen Standpunkt aus sind Integrale Grenzwerte von Summen, was dem bestimmten Integral entspricht.

Grenzwert einer Summe: Das Integral

$$\int_a^b f(x)\mathrm{d}x$$

ist gleich dem Flächeninhalt der in Abb. 1.52a schraffiert dargestellten Fläche unterhalb des Graphen von f. Diesen Flächeninhalt kann man berechnen, indem man eine Approximation durch Rechtecke wie in Abb. 1.52b wählt und die Zerlegung immer feiner werden lässt. Das bedeutet[55]

$$\int_a^b f(x)\mathrm{d}x = \lim_{n\to\infty} \sum_{k=1}^n f(x_k)\Delta x. \tag{1.101}$$

Dabei zerlegen wir das kompakte Intervall $[a, b]$ in n gleiche Teile. Die Teilpunkte sind dann durch

$$x_k = a + k\Delta x, \qquad k = 0, 1, 2, \ldots n,$$

gegeben mit

$$\Delta x := \frac{b-a}{n}.$$

Speziell ist $x_0 = a$ und $x_n = b$.

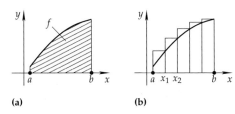

(a)   **(b)**   Abb. 1.52

Praktische Berechnung von Integralen: Newton und Leibniz entdeckten die grundlegende Formel

$$\int_a^b F'(x)\mathrm{d}x = F(b) - F(a), \tag{1.102}$$

die man den Fundamentalsatz der Differential- und Integralrechnung nennt.[56] Diese Formel zeigt, dass man die Integration als Umkehrung der Differentiation auffassen kann. In Zukunft schreiben wir

$$F(x)\big|_a^b := F(b) - F(a).$$

---

[55]Der Flächeninhalt eines Rechtecks der Breite Δx und der Höhe $f(x_k)$ ist gleich $f(x_k)\Delta x$. Folglich stellt

$$\sum_{k=1}^n f(x_k)\Delta x$$

den Gesamtflächeninhalt der in Abb. 1.52b gezeichneten Rechtecke dar.

[56]Eine formale Motivation von (1.102) ergibt sich durch Übergang zu endlichen Summen:

$$\sum \frac{\Delta F}{\Delta x}\Delta x = \sum \Delta F = F(b) - F(a).$$

Im Leibnizschen Kalkül erhält man parallel dazu formal die Formel:

$$\int_a^b \frac{\mathrm{d}F}{\mathrm{d}x}\mathrm{d}x = \int_a^b \mathrm{d}F$$

▶ BEISPIEL 1: Es sei $F(x) := x^2$. Aus $F'(x) = 2x$ folgt

$$\int_a^b 2x\,dx = x^2\big|_a^b = b^2 - a^2.$$

▶ BEISPIEL 2: Es sei $F(x) := \sin x$. Aus $F'(x) = \cos x$ erhalten wir

$$\int_a^b \cos x\,dx = \sin x\big|_a^b = \sin b - \sin a.$$

Stammfunktion: Es sei J ein offenes Intervall. Eine Funktion $F : J \to \mathbb{R}$ heißt genau dann Stammfunktion von f auf J, wenn gilt:

$$F'(x) = f(x) \qquad \text{für alle } x \in J.$$

Satz: Ist F eine Stammfunktion von f auf J, dann erhält man alle Stammfunktionen von f auf J durch

$$F + C,$$

wobei C eine beliebige reelle Konstante ist.

Man schreibt dafür auch

$$\int f(x)\,dx = F(x) + C \qquad \text{auf } J \tag{1.104}$$

und nennt die Gesamtheit der in (1.104) rechts stehenden Stammfunktionen das *unbestimmte Integral* von f auf J. Aus (1.102) folgt

$$\int_a^b f(x)\,dx = F\big|_a^b. \tag{1.105}$$

Die Berechnung von Integralen ist damit auf die Berechnung von Stammfunktionen zurückgeführt.

Tabelle wichtiger Stammfunktionen: Diese findet man in 0.7.1.

▶ BEISPIEL 3: Wegen $(-\cos x)' = \sin x$ gilt

$$\int \sin x\,dx = -\cos x + C$$

und

$$\int_a^b \sin x\,dx = -\cos x\big|_a^b = \cos a - \cos b.$$

und

$$\int_a^b dF = F(b) - F(a). \tag{1.103}$$

Eine strenge Rechtfertigung von (1.103) geschieht im Rahmen des allgemeinen Maßintegrals, wobei auch eine gewisse Klasse unstetiger Funktionen F zugelassen ist (vgl. 10.5.6 im Handbuch).

▶ BEISPIEL 4: Es sei α eine reelle Zahl mit $\alpha \neq 0$. Aus $(x^\alpha)' = \alpha x^{\alpha-1}$ folgt

$$\int \alpha x^{\alpha-1} \mathrm{d}x = x^\alpha + C$$

und

$$\int_a^b \alpha x^{\alpha-1} \mathrm{d}x = x^\alpha \Big|_a^b = b^\alpha - a^\alpha.$$

Integration unstetiger Funktionen: Eine differenzierbare Funktion ist stets stetig, deshalb lassen sich nur hinreichend glatte Funktionen differenzieren.

Im Unterschied dazu kann man auch große Klassen unstetiger Funktionen integrieren.

▶ BEISPIEL 5: Wir setzen

$$f(x) := \begin{cases} 1 & \text{für} \quad x < 2, \\ 3 & \text{für} \quad x > 2, \\ c & \text{für} \quad x = 2. \end{cases}$$

Wegen der Additivität von Flächeninhalten erwarten wir nach Abb. 1.53 die Beziehung:

$$\int_0^4 f \mathrm{d}x = \int_0^2 f \mathrm{d}x + \int_2^4 f \mathrm{d}x = 2 \cdot 1 + 2 \cdot 3 = 8.$$

Dabei spielt der Wert von f an der Unstetigkeitsstelle $x = 2$ keine Rolle. Anschaulich ändert sich der Flächeninhalt unterhalb von f in Abb. 1.52a nicht, wenn man die Funktion f in endlich vielen Punkten abändert.

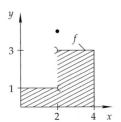

Abb. 1.53

Integration über unbeschränkte Intervalle: Das Integral $\int_0^\infty \dfrac{\mathrm{d}x}{1+x^2}$ entspricht anschaulich dem in Abb. 1.54a schraffiert dargestellten Flächeninhalt. Diesen Flächeninhalt berechnen wir in naheliegender Weise durch den Grenzwert

$$\boxed{\int_0^\infty \frac{\mathrm{d}x}{1+x^2} = \lim_{b \to +\infty} \int_0^b \frac{\mathrm{d}x}{1+x^2} = \frac{\pi}{2}}$$

(Abb. 1.54b). Wir benutzen dabei die Formel

$$\int_0^b \frac{\mathrm{d}x}{1+x^2} = \arctan x \Big|_0^b = \arctan b - \arctan 0 = \arctan b.$$

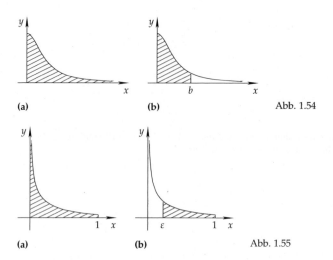

(a)   (b)   Abb. 1.54

(a)   (b)   Abb. 1.55

Integration über unbeschränkte Funktionen: Das Integral $\int_0^1 \dfrac{dx}{\sqrt{x}}$ entspricht dem in Abb. 1.55a dargestellten schraffierten Flächeninhalt.

Diesen Flächeninhalt berechnen wir durch den Grenzübergang

$$\int\limits_0^1 \frac{dx}{\sqrt{x}} = \lim_{\varepsilon \to +0} \int\limits_\varepsilon^1 \frac{dx}{\sqrt{x}} = 2$$

(Abb. 1.55b). Dabei verwenden wir die Formel

$$\int\limits_\varepsilon^1 \frac{dx}{\sqrt{x}} = 2\sqrt{x}\Big|_\varepsilon^1 = 2 - 2\sqrt{\varepsilon}.$$

Maß und Integral: Der größte Mathematiker der Antike Archimedes (287–212 v. Chr.) berechnete den Umfang des Einheitskreises, indem er die Kreislinie durch ein 96-Eck approximierte. Dabei erhielt er den Näherungswert 6,28 für 2π. Nach ihm haben sich viele Mathematiker und Physiker um die Berechnung von „Maßen" für Mengen bemüht (Kurvenlängen Oberflächenmaße, Volumina, Massen, Ladungen usw.). Anfang des zwanzigsten Jahrhunderts schuf der französische Mathematiker Henri Lebesgue (1875–1941) eine allgemeine Maßtheorie, die es erlaubt, Teilmengen einer gegebenen Menge ein Maß zuzuordnen, mit dem man in übersichtlicher Weise rechnen kann, insbesondere auch Grenzübergänge durchführen kann. Damit löste Lebesgue vollständig das seit der Antike bestehende Problem des „Messens" von Mengen. Zum Lebesgueschen Maßbegriff gehört ein allgemeines Maßintegral (Lebesgueintegral), welches das klassische Integral (1.101) als Spezialfall enthält.

Aus didaktischen Gründen wird das klassische Integral immer noch in der Schule und in den Anfängervorlesungen behandelt. Tatsächlich benötigt man jedoch in der modernen Mathematik und mathematischen Physik die volle Kraft des allgemeinen Maßintegrals (z. B. in der Wahrscheinlichkeitstheorie, der Variationsrechnung, der Theorie der partiellen Differentialgleichungen, der Quantentheorie usw.). Der Grund für die Überlegenheit des modernen Lebesgueintegrals besteht darin, dass die grundlegende *Grenzwertformel*

$$\lim_{n\to\infty} \int_a^b f_n(x)\mathrm{d}x = \int_a^b \lim_{n\to\infty} f_n(x)\mathrm{d}x \qquad (1.106)$$

unter sehr allgemeinen Voraussetzungen für das Lebesgueintegral, aber nicht für das klassische Integral gilt. Es kann nämlich passieren, dass die in (1.106) links stehenden Integrale als klassische Integrale existieren, während die Grenzfunktion $\lim_{n\to\infty} f(x)$ in so starkem Maße unstetig ist, dass die rechte Seite von (1.106) nicht im klassischen Sinne, sondern nur im Sinne des Lebesgueintegrals existiert.

Im vorliegenden Teil I des Taschenbuches betrachten wir den klassischen Integralbegriff. Das moderne Maßintegral findet man in 10.5 im Handbuch. Alle folgenden Aussagen über bestimmte eindimensionale Integrale $\int_a^b f(x)\,\mathrm{d}x$ lassen sich direkt auf mehrfache Integrale verallgemeinern (vgl. 1.7).

1.6.2 Existenz des Integrals

Es sei $-\infty < a < b < \infty$.

Erster Existenzsatz: Ist die Funktion $f : [a,b] \to \mathbb{C}$ stetig, dann existiert das Integral $\int_a^b f(x)\mathrm{d}x$ im Sinne von (1.101).

Mengen vom eindimensionalen Maß null: Eine Teilmenge M von $\mathbb{R}$ heißt genau dann vom eindimensionalen Lebesguemaß null, wenn es zu jeder reellen Zahl $\varepsilon > 0$ eine höchstens abzählbare Menge von Intervallen $J_1, J_2, \ldots$ gibt, die die Menge M überdecken und deren Gesamtlänge kleiner als ε ist.

▶ BEISPIEL 1: Jede Menge M, die aus endlich vielen oder abzählbar vielen reellen Zahlen besteht, besitzt das eindimensionale Lebesguemaß null.

Da die Menge $\mathbb{Q}$ der rationalen Zahlen abzählbar ist, besitzt $\mathbb{Q}$ das eindimensionale Lebesguemaß null.

Fast überall stetige Funktionen: Eine Funktion $f : [a,b] \to \mathbb{R}$ heißt genau dann fast überall stetig, wenn es eine Menge M vom eindimensionalen Lebesguemaß null gibt, so dass f für alle Punkte $x \in [a,b]\backslash M$ stetig ist.

▶ BEISPIEL 1: Die in Abb. 1.56 dargestellte Funktion besitzt endlich viele Unstetigkeiten und ist deshalb fast überall stetig.

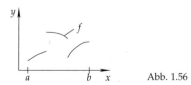

Abb. 1.56

Zweiter Existenzsatz: Ist die Funktion $f : [a,b] \to \mathbb{R}$ beschränkt und fast überall stetig[57], dann existiert das Integral $\int_a^b f(x)\mathrm{d}x$ im Sinne von (1.101).

---

[57]Die Beschränktheit von f bedeutet $|f(x)| \leq$ const für alle $x \in [0,b]$.

Komplexwertige Funktionen: Eine komplexwertige Funktion $f : [a,b] \to \mathbb{C}$ lässt sich in der Form

$$f(x) = \varphi(x) + i\psi(x)$$

darstellen, wobei $\varphi(x)$ der Realteil und $\psi(x)$ der Imaginärteil der komplexen Zahl $f(x)$ ist. Die Funktion f ist genau dann im Punkt x stetig, wenn φ und ψ in x stetig sind.

Die beiden obigen Existenzsätze bleiben unverändert für komplexwertige Funktionen $f : [a,b] \to \mathbb{C}$ bestehen. Dabei ist f genau dann fast überall stetig und beschränkt, wenn φ und ψ diese Eigenschaft besitzen. Für das Integral erhält man die Formel:

$$\int_a^b f(x)\mathrm{d}x = \int_a^b \varphi(x)\mathrm{d}x + i \int_a^b \psi(x)\mathrm{d}x.$$

Rechenregeln: Es sei $-\infty < a < c < b < \infty$, die Funktionen $f,g : [a,b] \longrightarrow \mathbb{C}$ seien beschränkt und fast überall stetig, und es sei $\alpha, \beta \in \mathbb{C}$.

(i) *Linearität:*

$$\int_a^b (\alpha f(x) + \beta g(x))\mathrm{d}x = \alpha \int_a^b f(x)\mathrm{d}x + \beta \int_a^b g(x)\mathrm{d}x.$$

(ii) *Dreiecksungleichung:*

$$\left| \int_a^b f(x)\mathrm{d}x \right| \leq \int_a^b |f(x)|\mathrm{d}x \leq (b-a) \sup_{a \leq x \leq b} |f(x)|.$$

(iii) *Intervalladdition:*

$$\int_a^c f(x)\mathrm{d}x + \int_c^b f(x)\mathrm{d}x = \int_a^b f(x)\mathrm{d}x.$$

(iv) *Invarianzprinzip:* Das Integral $\int_a^b f(x)\mathrm{d}x$ ändert sich nicht, wenn man f in den Punkten einer Menge vom eindimensionalen Lebesguemaß null abändert.

(v) *Monotonie:* Sind f und g reelle Funktionen, dann folgt aus $f(x) \leq g(x)$ für alle $x \in [a,b]$ die Ungleichung

$$\int_a^b f(x)\mathrm{d}x \leq \int_a^b g(x)\mathrm{d}x.$$

Mittelwertsatz der Integralrechnung: Es gilt

$$\int_a^b f(x)g(x)\mathrm{d}x = f(\xi) \int_a^b g(x)\mathrm{d}x$$

für eine geeignete Zahl $\xi \in [a, b]$, falls die Funktion $f : [a, b] \to \mathbb{R}$ stetig ist und die nichtnegative Funktion $g : [a, b] \to \mathbb{R}$ beschränkt und fast überall stetig ist.

▶ BEISPIEL 2: Speziell für $g(x) \equiv 1$ erhalten wir

$$\int_a^b f(x)\mathrm{d}x = f(\xi)(b - a).$$

▶ BEISPIEL 3: Ist $f : [a, b] \to \mathbb{R}$ fast überall stetig und gilt $m \leq f(x) \leq M$ für alle $x \in [a, b]$ dann folgt

$$\int_a^b m\,\mathrm{d}x \leq \int_a^b f(x)\mathrm{d}x \leq \int_a^b M\,\mathrm{d}x,$$

d. h., $(b - a)m \leq \int_a^b f(x)\mathrm{d}x \leq (b - a)M$.

1.6.3 Der Fundamentalsatz der Differential- und Integralrechnung

Fundamentalsatz: Es sei $-\infty < a < b < \infty$. Für die C^1-Funktion $F : [a, b] \to \mathbb{C}$ gilt:[58]

$$\int_a^b F'(x)\mathrm{d}x = F(b) - F(a).$$

▶ BEISPIEL: Wegen $(e^{\alpha x})' = \alpha e^{\alpha x}$ für alle $x \in \mathbb{R}$ mit der komplexen Zahl α gilt

$$\alpha \int_a^b e^{\alpha x}\mathrm{d}x = e^{\alpha x}\big|_a^b = e^{\alpha b} - e^{\alpha a}.$$

Im folgenden sei $f : [a, b] \to \mathbb{C}$ eine stetige Funktion.

Differentiation nach der oberen Grenze: Setzen wir

$$F_0(x) := \int_a^x f(t)\mathrm{d}t, \qquad a \leq x \leq b,$$

dann gilt

$$F'(x) = f(x) \qquad \text{für alle } x \in {]a, b[} \tag{1.107}$$

mit $F = F_0$.

Existenz einer Stammfunktion:

(i) Die Funktion $F_0 : [a, b] \to \mathbb{C}$ ist die eindeutige C^1-Lösung der Differentialgleichung (1.107) mit $F_0(a) = 0$. Insbesondere ist F_0 Stammfunktion zu f auf $]a, b[$.

---

[58]Dies bedeutet, dass der Real- und Imaginärteil von F zu $C^1[a, b]$ gehören (vgl. 1.4.1).

(ii) Alle C^1-Lösungen $F_0 : [a, b] \to \mathbb{C}$ von (1.107) erhält man durch

$$F_0(x) + C,$$

wobei C eine beliebige komplexe Konstante ist.

(iii) Ist $F : [a, b] \longrightarrow \mathbb{R}$ eine C^1-Lösung von (1.107), dann gilt

$$\int_a^b f(x)\mathrm{d}x = F(b) - F(a).$$

1.6.4 Partielle Integration

Satz: Es sei $-\infty < a < b < \infty$. Für die C^1-Funktionen $u, v : [a, b] \longrightarrow \mathbb{C}$ gilt:

$$\int_a^b u'v\,\mathrm{d}x = uv\big|_a^b - \int_a^b uv'\,\mathrm{d}x. \tag{1.108}$$

Beweis: Aus dem Fundamentalsatz der Differential- und Integralrechnung zusammen mit der Produktregel der Differentiation folgt:

$$\int_a^b (u'v + uv')\,\mathrm{d}x = \int_a^b (uv)'\,\mathrm{d}x = uv\big|_a^b. \qquad \square$$

▶ BEISPIEL 1: Um das Integral

$$A := \int_1^2 2x \ln x\,\mathrm{d}x$$

zu berechnen, setzen wir

$$u' = 2x, \quad v = \ln x,$$
$$u = x^2, \quad v' = \frac{1}{x}.$$

Aus (1.108) erhalten wir

$$A = x^2 \ln x\big|_1^2 - \int_1^2 x\,\mathrm{d}x = x^2 \ln x - \frac{x^2}{2}\bigg|_1^2 = 4\ln 2 - \frac{3}{2}.$$

▶ BEISPIEL 2: Um den Wert des Integrals

$$A = \int_a^b x \sin x\,\mathrm{d}x$$

zu erhalten, setzen wir

$$u' = \sin x, \quad v = x,$$
$$u = -\cos x, \quad v' = 1.$$

Nach (1.108) ergibt sich

$$A = -x \cos x \Big|_a^b + \int\limits_a^b \cos x \, dx = -x \cos x + \sin x \Big|_a^b.$$

▶ BEISPIEL 3 (mehrfache partielle Integration): Um das Integral

$$B = \int\limits_a^b \frac{1}{2} x^2 \cos x \, dx$$

zu bestimmen, setzen wir

$$u' = \cos x, \qquad v = \frac{1}{2} x^2,$$
$$u = \sin x, \qquad v' = x.$$

Aus (1.108) erhalten wir

$$B = \frac{1}{2} x^2 \sin x \Big|_a^b - \int\limits_a^b x \sin x \, dx.$$

Das letzte Integral bestimmt man nach Beispiel 2 durch erneute partielle Integration.

Unbestimmte Integrale: Unter den gleichen Voraussetzungen wie für (1.108) gilt:

$$\boxed{\int u'v \, dx = uv - \int uv' \, dx \qquad \text{auf }]a, b[.}$$

1.6.5 Die Substitutionsregel

Grundidee: Wir wollen das Integral $\int\limits_a^b f(x) \, dx$ durch die Substitution

$$\boxed{x = x(t)}$$

auf die neue Variable t transformieren. Nach Leibniz benutzen wir die formale Regel

$$dx = \frac{dx}{dt} dt$$

Das ergibt die Formel

$$\boxed{\int\limits_a^b f(x) \, dx = \int\limits_\alpha^\beta f(x(t)) \frac{dx}{dt}(t) \, dt,} \tag{1.109}$$

die wir streng rechtfertigen können (Abb. 1.57).

Satz: Die Formel (1.109) gilt unter den folgenden Voraussetzungen:

(a) Die Funktion $f : [a, b] \longrightarrow \mathbb{C}$ ist fast überall stetig und beschränkt.

(b) Die C^1-Funktion $x : [\alpha, \beta] \to \mathbb{R}$ genügt den Bedingungen[59]

$$x'(t) > 0 \text{ für alle } t \in]\alpha, \beta[\qquad\qquad (1.110)$$

und $x(\alpha) = a$, $x(\beta) = b$.

Die wichtige Bedingung (1.110) sichert die strenge Monotonie der Funktion $x = x(t)$ auf $[\alpha, \beta]$ und damit die eindeutige Umkehrung $t = t(x)$ des Variablenwechsels. Ohne Beachtung von (1.110) können sich völlig falsche Ergebnisse ergeben.

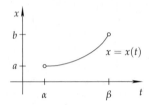

Abb. 1.57

▶ BEISPIEL 1: Um das Integral

$$A = \int\limits_a^b e^{2x} dx$$

zu berechnen, setzen wir $t = 2x$. Das ergibt

$$x = \frac{t}{2}, \qquad \frac{dx}{dt} = \frac{1}{2}.$$

Für $x = a, b$ ergibt sich $t = 2a, 2b$, also $\alpha = 2a$ und $\beta = 2b$. Aus (1.109) folgt

$$A = \int\limits_\alpha^\beta \frac{1}{2} e^t dt = \frac{1}{2} e^t \Big|_\alpha^\beta = \frac{1}{2} e^{2x} \Big|_a^b = \frac{e^{2b} - e^{2a}}{2}.$$

Die Substitutionsregel für unbestimmte Integrale: Nach Leibniz lautet die formale Regel

$$\int f(x) dx = \int f(x(t)) \frac{dx}{dt} dt. \qquad\qquad (1.111)$$

Man hat nun zwei Fälle zu unterscheiden:

(i) Im Laufe der Rechnung benötigt man keine Umkehrfunktion.

(ii) Man benötigt die Umkehrfunktion.

Im unkritischen Fall (i) kann man stets (1.111) verwenden. Dagegen darf man im kritischen Fall (ii) nur solche Intervalle verwenden, in denen die Umkehrfunktion zu $x = x(t)$ existiert.

Fühlt man sich unsicher, dann sollte man in jedem Fall nach der Rechnung $\int f(x) dx = F(x)$ die Probe $F'(x) = f(x)$ durchführen.

---

[59]Gilt $x'(t) < 0$ für alle $t \in]a, b[$, dann muss man von $x(t)$ zu $-x(t)$ übergehen.

▶ BEISPIEL 2: Um das Integral

$$A = \int e^{x^2} 2x \, dx$$

zu berechnen, setzen wir $t = x^2$. Aus $\dfrac{dt}{dx} = 2x$ folgt

$$\boxed{2x \, dx = dt.}$$

Das ergibt[60]

$$A = \int e^t \, dt = e^t + C = e^{x^2} + C \quad \text{auf } \mathbb{R}.$$

Die Probe liefert $\left(e^{x^2}\right)' = e^{x^2} 2x$.

▶ BEISPIEL 3: Zur Bestimmung des Integrals

$$B = \int \frac{dx}{\sqrt{1 - x^2}}$$

wählen wir die Substitution $x = \sin t$. Dann gilt $\dfrac{dx}{dt} = \cos t$, und wir erhalten

$$B = \int \frac{\cos t}{\sqrt{1 - \sin^2 t}} \, dt = \int \frac{\cos t}{\cos t} \, dt = \int dt = t + C = \arcsin x + C.$$

Bei dieser formalen Betrachtung haben wir die Umkehrfunktion $t = \arcsin x$ benutzt, deshalb müssen wir sorgfältiger schließen, um insbesondere zu erkennen, auf welchem Intervall der Ausdruck für B gilt.

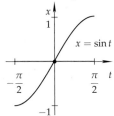

Abb. 1.58

Wir starten mit der Substitution

$$\boxed{x = \sin t, \qquad -\frac{\pi}{2} < t < \frac{\pi}{2}}$$

(Abb. 1.58). Die zugehörige Umkehrfunktion lautet

$$t = \arcsin x, \qquad -1 < x < 1.$$

---

[60]Mnemotechnisch ist folgende Schreibweise besonders günstig:

$$\int e^{x^2} 2x \, dx = \int e^{x^2} \, dx^2 = \int e^t \, dt = e^t + C = e^{x^2} + C.$$

Nach einiger Erfahrung benutzt man die noch kürzere Version:

$$\int e^{x^2} 2x \, dx = \int e^{x^2} \, dx^2 = e^{x^2} + C.$$

Für alle $t \in \left] -\dfrac{\pi}{2}, \dfrac{\pi}{2} \right[$ gilt $\cos t > 0$. Deshalb ist

$$\sqrt{1 - \sin^2 t} = \sqrt{\cos^2 t} = \cos t.$$

Somit erhalten wir

$$B = \int \frac{dx}{\sqrt{1 - x^2}} = \arcsin x + C, \quad -1 < x < 1.$$

Liste wichtiger Substitutionen: Diese findet man in 0.7.4.

1.6.6 Integration über unbeschränkte Intervalle

Integrale über unbeschränkte Intervalle werden dadurch berechnet, dass man von beschränkten Intervallen ausgeht und einen Grenzübergang durchführt.[61]

Es sei $a \in \mathbb{R}$. Dann gilt:

$$\int_a^\infty f(x)dx = \lim_{b \to +\infty} \int_a^b f(x)dx, \tag{1.112}$$

$$\int_{-\infty}^a f(x)dx = \lim_{b \to -\infty} \int_b^a f(x)dx \tag{1.113}$$

und

$$\int_{-\infty}^\infty f(x)dx = \int_{-\infty}^a f(x)dx + \int_a^\infty f(x)dx. \tag{1.114}$$

Majorantenkriterium: Die Funktion $f : J \to \mathbb{C}$ sei fast überall stetig und genüge der Majorantenbedingung:

$$|f(x)| \leq \frac{\text{const}}{(1 + |x|)^\alpha} \qquad \text{für alle } x \in J$$

und festes $\alpha > 1$. Dann gilt:

(i) Ist $J = [a, \infty[$ (bzw. $J =]-\infty, a]$), dann existiert der endliche Grenzwert in (1.112) bzw. in (1.113).

(ii) Ist $J =]-\infty, \infty[$, dann existieren die endlichen Grenzwerte in (1.112) und (1.113) für alle $a \in \mathbb{R}$, und die in (1.114) rechts stehende Summe ist unabhängig von der Wahl von a.

---

[61] In der älteren Literatur spricht man von „uneigentlichen" Integralen. Diese Bezeichnung ist irreführend. Tatsächlich gibt es nur einen einzigen Integralbegriff (das Lebesgueintegral) mit einheitlichen Regeln. Dieser Integralbegriff umfasst sowohl beschränkte als auch unbeschränkte Integranden und Integrationsgebiete (vgl. 1.7.2. und 10.5 im Handbuch).

▶ BEISPIEL:
$$\int\limits_{0}^{\infty} \frac{\mathrm{d}x}{1+x^2} = \lim_{b\to+\infty} \int\limits_{0}^{b} \frac{\mathrm{d}x}{1+x^2} = \lim_{b\to+\infty} \arctan b = \frac{\pi}{2};$$

$$\int\limits_{-\infty}^{0} \frac{\mathrm{d}x}{1+x^2} = \lim_{b\to-\infty} (-\arctan b) = \frac{\pi}{2};$$

$$\int\limits_{-\infty}^{\infty} \frac{\mathrm{d}x}{1+x^2} = \int\limits_{-\infty}^{0} \frac{\mathrm{d}x}{1+x^2} + \int\limits_{0}^{\infty} \frac{\mathrm{d}x}{1+x^2} = \frac{\pi}{2} + \frac{\pi}{2} = \pi.$$

1.6.7 Integration unbeschränkter Funktionen

Es sei $-\infty < a < b < \infty$. Ausgangspunkt ist die Grenzwertrelation

$$\int\limits_{a}^{b} f(x)\mathrm{d}x = \lim_{\varepsilon\to+0} \int\limits_{a-\varepsilon}^{b} f(x)\mathrm{d}x. \qquad (1.115)$$

Majorantenkriterium: Die Funktion $f : \,]a,b] \to \mathbb{C}$ sei fast überall stetig und genüge der Majorantenbedingung:

$$|f(x)| \le \frac{\mathrm{const}}{|x-a|^\alpha} \quad \text{für alle} \quad x \in \,]a,b]$$

und festes $\alpha < 1$. Dann existiert der endliche Grenzwert (1.115).

▶ BEISPIEL: Es sei $0 < \alpha < 1$. Aus

$$\int\limits_{\varepsilon}^{1} \frac{\mathrm{d}x}{x^\alpha} = \frac{x^{1-\alpha}}{1-\alpha}\bigg|_{\varepsilon}^{1} = \frac{1}{1-\alpha}(1-\varepsilon^{1-\alpha})$$

folgt

$$\int\limits_{0}^{1} \frac{\mathrm{d}x}{x^\alpha} = \lim_{\varepsilon\to+0} \int\limits_{\varepsilon}^{1} \frac{\mathrm{d}x}{x^\alpha} = \frac{1}{1-\alpha}.$$

In analoger Weise behandelt man den Fall

$$\int\limits_{a}^{b} f(x)\mathrm{d}x = \lim_{\varepsilon\to+0} \int\limits_{a}^{b-\varepsilon} f(x)\mathrm{d}x. \qquad (1.116)$$

Majorantenkriterium: Die Funktion $f : [a,b[\to \mathbb{C}$ sei fast überall stetig und genüge der Majorantenbedingung:

$$|f(x)| \le \frac{\mathrm{const}}{|x-b|^\alpha} \quad \text{für alle} \quad x \in [a,b[$$

und festes $\alpha < 1$. Dann existiert der endliche Grenzwert (1.116).

1.6.8 Der Cauchysche Hauptwert

Es sei $-\infty < a < c < b < \infty$. Wir definieren den sogenannten Cauchyschen Hauptwert[62]

$$PV \int\limits_a^b \frac{dx}{x-c} = \lim_{\varepsilon \to +0} \left(\int\limits_a^{c-\varepsilon} \frac{dx}{x-c} + \int\limits_{c+\varepsilon}^b \frac{dx}{x-c} \right). \tag{1.117}$$

Es sei $\varepsilon > 0$ eine hinreichend kleine Zahl. Wegen

$$\int\limits_a^{c-\varepsilon} \frac{dx}{x-c} = \ln|x-c| \Big|_a^{c-\varepsilon} = \ln \varepsilon - \ln(c-a),$$

$$\int\limits_{c+\varepsilon}^b \frac{dx}{x-c} = \ln|x-c| \Big|_{c+\varepsilon}^b = \ln(b-c) - \ln \varepsilon,$$

erhalten wir

$$PV \int\limits_a^b \frac{dx}{x-c} = \ln(b-c) - \ln(c-a) = \ln \frac{b-c}{c-a}.$$

Es ist $\ln \varepsilon \to \infty$ für $\varepsilon \to +0$. Durch die spezielle Wahl des Grenzübergangs in (1.117) heben sich jedoch die gefährlichen Terme $\ln \varepsilon$ weg.

Das Integral $\int_a^b \frac{dx}{x-c}$ existiert weder im klassischen Sinne noch als Lebesgueintegral. Deshalb stellt der Cauchysche Hauptwert eine echte Erweiterung des Integralbegriffs dar.

1.6.9 Anwendung auf die Bogenlänge

Bogenlänge einer ebenen Kurve: Die Bogenlänge s einer Kurve

$$x = x(t), \quad y = y(t), \quad a \le t \le b, \tag{1.118}$$

ist definitionsgemäß gleich

$$s := \int\limits_a^b \sqrt{x'(t)^2 + y'(t)^2}\, dt. \tag{1.119}$$

Standardmotivation: Nach dem Vorbild des Archimedes von Syracus (287–212 v. Chr.) approximieren wir die Kurve durch einen Polygonzug (Abb. 1.59a).

Der *Satz des Pythagoras* ergibt für die Länge Δs einer Polygonteilstrecke

$$(\Delta s)^2 = (\Delta x)^2 + (\Delta y)^2$$

(Abb. 1.59b). Daraus folgt

$$\frac{\Delta s}{\Delta t} = \sqrt{\left(\frac{\Delta x}{\Delta t}\right)^2 + \left(\frac{\Delta y}{\Delta t}\right)^2}. \tag{1.120}$$

---

[62]Das Symbol PV steht für „principal value" (Hauptwert).

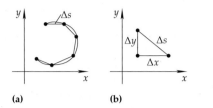

(a)   **(b)**   Abb. 1.59

Die Länge des Polygonzugs ist angenähert gleich

$$s = \sum \Delta s = \sum \frac{\Delta s}{\Delta t} \Delta t. \tag{1.121}$$

Lassen wir die Teilstücke des Polygonzugs immer kleiner werden, dann ergibt sich für $\Delta t \to 0$ der Integralausdruck (1.119) als kontinuierliches Analogon zu (1.121).

Verfeinerte Motivation: Wir nehmen an, dass die Kurve eine Bogenlänge besitzt und bezeichnen mit $s(\tau)$ die Bogenlänge zwischen den zu $t = a$ und $t = \tau$ gehörigen Kurvenpunkten (vgl. Abb. 1.60b mit $s(\tau) = m(\tau)$). Aus (1.120) folgt für $\Delta t \to 0$ die Differentialgleichung:

$$s'(\tau) = \sqrt{x'(\tau)^2 + y'(\tau)^2}, \qquad a \leq \tau \leq b,$$
$$s(a) = 0, \tag{1.122}$$

die nach (1.107) die eindeutige Lösung

$$s(\tau) = \int\limits_a^\tau \sqrt{x'(t)^2 + y'(t)^2}\, dt$$

besitzt.

▶ BEISPIEL: Für die Länge des Einheitskreises

$$x = \cos t, \qquad y = \sin t, \qquad 0 \leq t \leq 2\pi,$$

erhalten wir

$$s = \int\limits_0^{2\pi} \sqrt{x'(t)^2 + y'(t)^2}\, dt = \int\limits_0^{2\pi} \sqrt{\sin^2 t + \cos^2 t}\, dt = \int\limits_0^{2\pi} dt = 2\pi.$$

1.6.10 Eine Standardargumentation in der Physik

Masse einer Kurve: Es sei $\varrho = \varrho(s)$ die Massendichte der Kurve (1.118) pro Bogenlänge. Definitionsgemäß ist dann die Masse $m(\sigma)$ eines Teilstücks der Länge σ gleich

$$m(\sigma) = \int\limits_0^\sigma \varrho(s)\, ds. \tag{1.123}$$

Beziehen wir diesen Ausdruck auf den Kurvenparameter t, dann erhalten wir für die Masse des Kurvenstücks zwischen den zu $t = 0$ und $t = \tau$ gehörigen Punkten die Formel

$$m(s(\tau)) = \int\limits_0^\tau \varrho(s(t)) \frac{ds}{dt} dt.$$

Das ergibt

$$m(s(\tau)) = \int\limits_0^\tau \varrho(s(t)) \sqrt{x'(t)^2 + y'(t)^2}\, dt. \tag{1.124}$$

Standardmotivation: Wir zerlegen die Kurve in kleine Teilstücke mit der Masse Δm und der Bogenlänge Δs (Abb. 1.60a). Dann gilt näherungsweise $\Delta m = \varrho\Delta s$. Die Gesamtmasse m der Kurve ist somit angenähert gleich

$$m = \sum \Delta m = \sum \frac{\Delta m}{\Delta s}\Delta s = \sum \varrho\Delta s = \sum \varrho\frac{\Delta s}{\Delta t}\Delta t. \tag{1.125}$$

Lassen wir diese Teilstücke immer kleiner werden, dann ist die Formel (1.124) für $\Delta t \to 0$ das kontinuierliche Analogon zu (1.125).

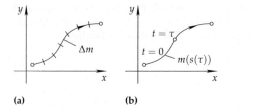

(a)   (b)   Abb. 1.60

  Ähnliche Überlegungen werden seit den Zeiten von Newton in der Physik immer wieder benutzt, um Formeln für physikalische Größen zu motivieren, die durch Integralausdrücke definiert werden.

Verfeinerte Motivation: Wir starten mit einer Massefunktion $m = m(s)$ und nehmen an, dass sie die Integraldarstellung (1.123) mit einer stetigen Funktion ϱ erlaubt. Differentiation von (1.123) an der Stelle $\sigma = s$ ergibt

$$m'(s) = \varrho(s)$$

(vgl. (1.107). Die Funktion ϱ stellt somit die Ableitung der Masse nach der Bogenlänge dar und wird deshalb Längendichte genannt. Die Formel (1.124) ergibt sich dann aus (1.123) mit Hilfe der Substitutionsregel für Integrale.

1.7 Integration von Funktionen mehrerer reeller Variabler

Die Integralrechnung untersucht Grenzwerte von endlichen Summen, die beispielsweise bei der Berechnung von Volumina, Flächenmaßen, Kurvenlängen, Massen, Ladungen, Schwerpunkten, Trägheitsmomenten oder auch Wahrscheinlichkeiten auftreten. Allgemein gilt:

> Differentiation = Linearisierung von Funktionen (oder Abbildungen),
> Integral = Grenzwert von Summen

Die wichtigsten Ergebnisse der Integrationstheorie sind durch die folgenden Stichworte gegeben:

(i) Prinzip des Cavalieri (Satz von Fubini),

(ii) Substitutionsregel,

(iii) Fundamentalsatz der Differential- und Integralrechnung (Satz von Gauß-Stokes),

(iv) partielle Integration (Spezialfall von (iii)).

Das Prinzip (i) erlaubt die Berechnung mehrfacher Integrale durch Zurückführung auf eindimensionale Integrale.

In der älteren Literatur benutzt man neben Volumenintegralen eine Reihe von weiteren Integralbegriffen: Kurvenintegrale erster und zweiter Art, Oberflächenintegrale erster und zweiter Art usw. Bei Übergang zu höheren Dimensionen $n = 4, 5, \ldots$, wie man sie z. B. in der Relativitätstheorie und der statistischen Physik benötigt, wird die Situation scheinbar noch unübersichtlicher. Derartige Bezeichnungen sind unglücklich gewählt und verdecken vollständig das folgende allgemeine einfache Prinzip:

> Integration über Integrationsgebiete M beliebiger Dimension (Gebiete, Kurven, Flächen usw.) entspricht der Integration $\int_M \omega$ von Differentialformen ω.

Stellt man sich auf diesen Standpunkt, dann hat man sich nur wenige Regeln einzuprägen, um alle wichtigen Formeln im Rahmen des Cartanschen Differentialkalküls in mnemotechnisch sehr einfacher Form zu erhalten.

1.7.1 Grundideen

Die folgenden heuristischen Überlegungen werden in 1.7.2.ff streng gerechtfertigt.

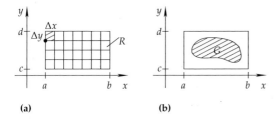

(a)   **(b)**   Abb. 1.61

Die Masse eines Rechtecks: Es sei $-\infty < a < b < \infty$ und $-\infty < c < d < \infty$. Wir betrachten das Rechteck $R := \{(x, y) : a \leq x \leq b,\ c \leq y \leq d\}$, das mit einer Masse der Flächendichte ϱ bedeckt sein soll (Abb. 1.61a). Um die Masse von R zu berechnen, setzen wir

$$\Delta x := \frac{b - a}{n}, \qquad \Delta y := \frac{d - c}{n}, \qquad n = 1, 2, \ldots$$

und $x_j := a + j\Delta x$, $y_k := c + k\Delta y$ mit $j, k = 0, \ldots, n$. Wir zerlegen das Rechteck R in kleine Teilrechtecke mit dem rechten oberen Eckpunkt (x_j, y_k) und den Seitenlängen $\Delta x, \Delta y$. Die Masse eines solchen Teilrechtecks ist dann angenähert durch

$$\Delta m = \varrho(x_j, y_k)\Delta x \Delta y$$

gegeben. Es ist deshalb sinnvoll, die Masse von R durch die Grenzwertbeziehung

$$\int_R \varrho(x,y)\mathrm{d}x\mathrm{d}y := \lim_{n\to\infty} \sum_{j,k=1}^{n} \varrho(x_j,y_k)\Delta x \Delta y \tag{1.126}$$

zu definieren.

Iterierte Integration (Satz von Fubini):   Durch die Formel

$$\int_R \varrho(x,y)\mathrm{d}x\mathrm{d}y = \int_c^d \left(\int_a^b \varrho(x,y)\mathrm{d}x \right)\mathrm{d}y = \int_a^b \left(\int_c^d \varrho(x,y)\mathrm{d}y \right)\mathrm{d}x \tag{1.127}$$

kann man die Berechnung des Integrals über R auf die iterierte Berechnung eindimensionaler Integrale zurückführen, was von großer praktischer Bedeutung ist.[63]

▶ BEISPIEL 1: $\int_R \mathrm{d}x\mathrm{d}y = \int_c^d \left(\int_a^b \mathrm{d}x \right)\mathrm{d}y = \int_c^d (b-a)\mathrm{d}y = (b-a)(d-c)$. Das ist der Flächeninhalt von R.

▶ BEISPIEL 2: Aus

$$\int_a^b 2xy\mathrm{d}x = 2y\int_a^b x\mathrm{d}x = yx^2\big|_a^b = y(b^2 - a^2)$$

folgt

$$\int_R 2xy\mathrm{d}x\mathrm{d}y = \int_c^d \left(\int_a^b 2xy\mathrm{d}x \right)\mathrm{d}y = \int_c^d y(b^2 - a^2)\mathrm{d}y = \frac{1}{2}(d^2 - c^2)(b^2 - a^2).$$

Die Masse eines beschränkten Gebietes: Um die Masse eines Gebietes G mit der Flächenmassendichte ϱ zu berechnen, wählen wir ein Rechteck R, das G enthält und setzen

$$\int_G \varrho(x,y)\mathrm{d}x\mathrm{d}y := \int_R \varrho_*(x,y)\mathrm{d}x\mathrm{d}y \tag{1.128}$$

mit

$$\varrho_*(x,y) := \begin{cases} \varrho(x,y) & \text{für } (x,y) \in G \\ 0 & \text{außerhalb von } G.[64] \end{cases}$$

Diese Überlegungen lassen sich in völlig analoger Weise auf höhere Dimensionen übertragen. Anstelle von Rechtecken hat man dann Quader zu wählen (vgl. Abb. 1.61b).

---

[63]Die Formel (1.127) ergibt sich für $n \to \infty$ aus der Vertauschungsformel für Summen

$$\sum_{j,k=1}^{n} \varrho\Delta x\Delta y = \sum_{k=1}^{n} \left(\sum_{j=1}^{n} \varrho\Delta x \right)\Delta y = \sum_{j=1}^{n} \left(\sum_{k=1}^{n} \varrho\Delta y \right)\Delta x,$$

wobei ϱ anstelle von $\varrho(x_j,y_k)$ steht.

[64]Nimmt ϱ auch negative Werte an, dann kann man ϱ als Flächenladungsdichte interpretieren, und $\int_G \varrho(x,y)\mathrm{d}x\mathrm{d}y$ stellt die Ladung des Gebietes G dar.

Für $\varrho \equiv 1$ ist $\int_G \mathrm{d}x\mathrm{d}y$ gleich dem Flächeninhalt von G.

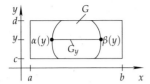

Abb. 1.62

Das Prinzip des Cavalieri: Wir betrachten die in Abb. 1.62 dargestellte Situation. Es gilt

$$\int_a^b \varrho_*(x,y)\mathrm{d}x = \int_{\alpha(y)}^{\beta(y)} \varrho_*(x,y)\mathrm{d}x = \int_{\alpha(y)}^{\beta(y)} \varrho(x,y)\mathrm{d}x.$$

Man beachte, dass $\varrho_*(x,y)$ für festes y auf dem Intervall $[\alpha(y),\beta(y)]$ mit $\varrho(x,y)$ übereinstimmt und außerhalb dieses Intervalls gleich null ist. Aus (1.127) und (1.128) folgt deshalb

$$\int_G \varrho(x,y)\mathrm{d}x\mathrm{d}y = \int_c^d \left(\int_{\alpha(y)}^{\beta(y)} \varrho(x,y)\mathrm{d}x \right)\mathrm{d}y.$$

Diese Formel kann man auch kurz in der Gestalt

$$\int_G \varrho(x,y)\mathrm{d}x\mathrm{d}y = \int_c^d \left(\int_{G_y} \varrho(x,y)\mathrm{d}x \right)\mathrm{d}y \qquad (1.129)$$

schreiben mit dem sogenannten y-Schnitt von G:

$$G_y = \{ x \in \mathbb{R} \mid (x,y) \in G \}.$$

Die Formel (1.129) hängt nicht von der in Abb. 1.62 dargestellten speziellen Form des Gebietes[65] G ab (vgl. Abb. 1.63a).

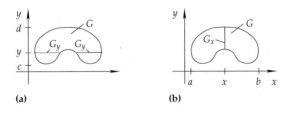

(a)   **(b)**   Abb. 1.63

    Die Gleichung (1.129) lässt sich völlig analog auch auf höhere Dimensionen verallgemeinern und entspricht einem allgemeinen Prinzip der Integrationstheorie, das in seiner Urform noch vor Newton und Leibniz von dem Galilei-Schüler Francesco Cavalieri (1598–1647) in seinem 1653 erschienen Hauptwerk „Geometria indivisibilius continuorum" aufgestellt wurde.

---

[65]Führen wir den x-Schnitt von G durch $G_x := \{ y \in \mathbb{R} : (x,y) \in G \}$ ein, dann gilt analog zu (1.129) die Formel:

$$\int_G \varrho(x,y)\mathrm{d}x\mathrm{d}y = \int_a^b \left(\int_{G_x} \varrho(x,y)\mathrm{d}y \right)\mathrm{d}x$$

(vgl. Abb. 1.63b).

▶ Beispiel 3 (Volumen eines Kreiskegels): Es sei G ein Kreiskegel vom Radius R und der Höhe h. Für das Volumen von G gilt:

$$V = \frac{1}{3}\pi R^2 h.$$

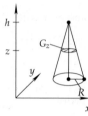

(a)   **(b)**   Abb. 1.64

Um diese Formel zu erhalten, benutzen wir das Prinzip des Cavalieri:

$$V = \int\limits_G \mathrm{d}x\mathrm{d}y\mathrm{d}z = \int\limits_0^h \left(\int\limits_{G_z} \mathrm{d}x\mathrm{d}y\right)\mathrm{d}z.$$

Der z-Schnitt G_z ist ein Kreis vom Radius R_z (Abb. 1.64a). Somit gilt

$$\int\limits_{G_z} \mathrm{d}x\mathrm{d}y = \text{Flächeninhalt eines Kreises vom Radius } A = \pi R_z^2$$

(vgl. Beispiel 4). Aus Abb. 1.64b folgt

$$\frac{R_z}{R} = \frac{h-z}{h}.$$

Somit erhalten wir

$$V = \int\limits_0^h \frac{\pi R^2}{h^2}(h-z)^2\mathrm{d}z = -\frac{\pi R^2}{3h^2}(h-z)^3\Big|_0^h = \frac{1}{3}\pi R^2 h.$$

Die Substitutionsregel und der Cartansche Differentialkalkül: Wir betrachten eine Abbildung

$$x = x(u,v) \qquad y = y(u,v), \qquad\qquad (1.130)$$

die das Gebiet H der (u,v)-Ebene auf das Gebiet G der (x,y)-Ebene abbildet (Abb. 1.65).

Das richtige Transformationsgesetz für das Integral $\int_G \varrho(x,y)\mathrm{d}x\mathrm{d}y$ erhält man in formaler Weise unmittelbar aus dem Cartanschen Kalkül. Wir schreiben hierzu

$$\int\limits_G \varrho(x,y)\mathrm{d}x\mathrm{d}y = \int\limits_G \omega$$

mit

$$\omega = \varrho\mathrm{d}x \wedge \mathrm{d}y.$$

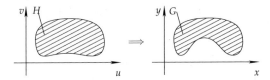

Abb. 1.65

Benutzen wir die Transformation (1.130), dann erhalten wir

$$\omega = \varrho \frac{\partial(x,y)}{\partial(u,v)} \mathrm{d}u \wedge \mathrm{d}v$$

(vgl. Beispiel 10 in 1.5.10.4). Somit erhalten wir formal die grundlegende Substitutionsregel

$$\int\limits_G \varrho(x,y)\mathrm{d}x\mathrm{d}y = \int\limits_H \varrho(x(u,v),y(u,v)) \frac{\partial(x,y)}{\partial(u,v)} \mathrm{d}u\mathrm{d}v, \qquad (1.131)$$

die streng gerechtfertigt werden kann. Dabei muss

$$\frac{\partial(x,y)}{\partial(u,v)}(u,v) > 0 \qquad \text{für alle } (u,v) \in H.$$

vorausgesetzt werden.[66]

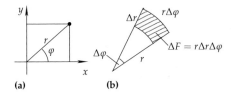

(a)   **(b)**   Abb. 1.66

Anwendung auf Polarkoordinaten: Durch die Transformation

$$x = r\cos\varphi, \qquad y = r\sin\varphi, \qquad -\pi < \varphi \le \pi,$$

gehen wir von kartesischen Koordinaten x, y zu Polarkoordinaten r, φ über (Abb. 1.66a). Dann gilt:

$$\int\limits_G \varrho(x,y)\mathrm{d}x\mathrm{d}y = \int\limits_H \varrho r\, \mathrm{d}r\mathrm{d}\varphi. \qquad (1.132)$$

Das folgt aus (1.131) mit[67]

$$\frac{\partial(x,y)}{\partial(r,\varphi)} = \begin{vmatrix} x_r & x_\varphi \\ y_r & y_\varphi \end{vmatrix} = \begin{vmatrix} \cos\varphi & -r\sin\varphi \\ \sin\varphi & r\cos\varphi \end{vmatrix} = r(\cos^2\varphi + \sin^2\varphi) = r.$$

---

[66]Es kann zugelassen werden, dass $\dfrac{\partial(x,y)}{\partial(u,v)}$ in endlich vielen Punkten gleich null ist.

[67]Eine anschauliche Motivation von (1.132) ergibt sich dadurch, dass man da, Gebiet in kleine Elemente $\Delta F = r\Delta r\Delta\varphi$ zerlegt und in der Summe

$$\sum \varrho\Delta F = \sum \varrho r\Delta r\Delta\varphi.$$

den Grenzübergang $\Delta F \to 0$ ausführt (Abb. 1.66b).

▶ Beispiel 4 (Flächeninhalt eines Kreises): Es sei G ein Kreis vom Radius R. Für den Flächeninhalt F von G erhalten wir (vgl. Abb. 1.67):

$$A = \int_G dxdy = \int_H r\, drd\varphi = \int_{r=0}^{R} \left(\int_{\varphi=-\pi}^{\pi} r\, d\varphi \right) dr = 2\pi \int_0^R r\, dr = \pi R^2.$$

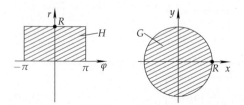

Abb. 1.67

Der Fundamentalsatz der Differential- und Integralrechnung und der Cartansche Differentialkalkül: Im eindimensionalen Fall lautet der Fundamentalsatz von Newton und Leibniz:

$$\int_a^b F'(x)dx = F\big|_a^b.$$

Wir schreiben diese Formel in der Gestalt

$$\int_M d\omega = \int_{\partial M} \omega \tag{1.133}$$

mit $\omega = F$ und $M =]a, b[$. Man beachte $d\omega = dF = F'(x)dx$.

Die wundervolle Eleganz des Cartanschen Differentialkalküls besteht darin, dass (1.133) für Gebiete, Kurven und Flächen beliebiger Dimensionen gilt (vgl. 1.7.6).

Da (1.133) die klassischen Sätze von Gauß und Stokes der Feldtheorie (Vektoranalysis) als Spezialfälle enthält, wird (1.133) als Satz von Gauß-Stokes (oder kurz als allgemeiner Satz von Stokes) bezeichnet.

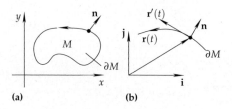

(a)   **(b)**   Abb. 1.68

▶ Beispiel 5 (Satz von Gauß in der Ebene): Es sei M ein ebenes Gebiet mit der Randkurve ∂M, die die Parameterstellung

$$x = x(t), \qquad y = y(t), \qquad \alpha \le t \le \beta,$$

besitzt und wie in Abb. 1.68 im mathematisch positiven Sinne orientiert ist. Wir wählen die 1-Form

$$\omega = a\mathrm{d}x + b\mathrm{d}y.$$

Dann gilt

$$\mathrm{d}\omega = (b_x - a_y)\mathrm{d}x \wedge \mathrm{d}y$$

(vgl. Beispiel 5 in 1.5.10.4.). Die Formel (1.133) lautet

$$\int_M (b_x - a_y)\mathrm{d}x \wedge \mathrm{d}y = \int_{\partial M} a\mathrm{d}x + b\mathrm{d}y. \tag{1.134}$$

Der Cartansche Differentialkalkül sagt uns zugleich, wie diese Integrale zu berechnen sind. Im linken Integral von (1.134) hat man lediglich $\mathrm{d}x \wedge \mathrm{d}y$ durch $\mathrm{d}x\mathrm{d}y$ zu ersetzen (diese Regel gilt für beliebige Gebietsintegrale). Im rechten Integral von (1.134) beziehen wir ω auf die Parameterdarstellung von ∂M. Das ergibt

$$\omega = \left(a\frac{\mathrm{d}x}{\mathrm{d}t} + b\frac{\mathrm{d}y}{\mathrm{d}t}\right)\mathrm{d}t$$

und

$$\int_{\partial M} \omega = \int_\alpha^\beta (ax' + by')\,\mathrm{d}t.$$

Somit lautet (1.134) in klassischer Notation:[68]

$$\int_M (b_x - a_y)\,\mathrm{d}x\mathrm{d}y = \int_\alpha^\beta (ax' + by')\,\mathrm{d}t. \tag{1.135}$$

Das ist der Satz von Gauß in der Ebene.

Anwendung auf die partielle Integration: Es gilt

$$\int_M u_x v\mathrm{d}x\mathrm{d}y = \int_{\partial M} uvn_x\mathrm{d}s - \int_M uv_x\mathrm{d}x\mathrm{d}y,$$

$$\int_M u_y v\mathrm{d}x\mathrm{d}y = \int_{\partial M} uvn_y\mathrm{d}s - \int_M uv_y\mathrm{d}x\mathrm{d}y. \tag{1.136}$$

Dabei ist $\mathbf{n} = n_x\mathbf{i} + n_y\mathbf{j}$ der äußere Normaleneinheitsvektor in einem Randpunkt, und s bezeichnet die Bogenlänge der (hinreichend regulären) Randkurve. Die Formeln (1.136) verallgemeinern die eindimensionale Formel

$$\int_\alpha^\beta u'v\mathrm{d}x = uv\big|_\alpha^\beta - \int_\alpha^\beta uv'\mathrm{d}x.$$

---

[68]Bei Beachtung der Argumente besitzt (1.135) ausführlicher die folgende Gestalt:

$$\int_M (b_x(x,y) - a_y(x,y))\,\mathrm{d}x\mathrm{d}y = \int_\alpha^\beta (a(x(t),y(t))x'(t) + b(x(t),y(t))y'(t))\,\mathrm{d}t.$$

Wir wollen zeigen, dass (1.136) leicht aus (1.135) folgt. Wir fassen den Kurvenparameter t der Randkurve ∂M als Zeit auf. Bewegt sich ein Punkt auf ∂M, dann lautet die Bewegungsgleichung

$$\mathbf{r}(t) = x(t)\mathbf{i} + y(t)\mathbf{j}$$

mit dem Geschwindigkeitsvektor

$$\mathbf{r}'(t) = x'(t)\mathbf{i} + y'(t)\mathbf{j}.$$

Der Vektor $\mathbf{N} = y'(t)\mathbf{i} - x'(t)\mathbf{j}$ steht wegen $\mathbf{r}'(t)\mathbf{N} = x'(t)y'(t) - y'(t)x'(t) = 0$ senkrecht auf dem Tangentialvektor $\mathbf{r}'(t)$ und zeigt in das Äußere von M. Für den zugehörigen Einheitsvektor $\mathbf{n}$ erhalten wir deshalb den Ausdruck

$$\mathbf{n} = \frac{\mathbf{N}}{|\mathbf{N}|} = \frac{y'(t)\mathbf{i} - x'(t)\mathbf{j}}{\sqrt{x'(t)^2 + y'(t)^2}} = n_x\mathbf{i} + n_y\mathbf{j}$$

(vgl. Abb. 1.68a). Ferner ist $\dfrac{\mathrm{d}s}{\mathrm{d}t} = \sqrt{x'(t)^2 + y'(t)^2}$ (vgl. 1.6.9). Folglich ist

$$n_x\frac{\mathrm{d}s}{\mathrm{d}t} = y'(t).$$

Setzen wir $b := uv$ und $a \equiv 0$ in (1.135), dann erhalten wir

$$\int\limits_M (uv)_x \mathrm{d}x\mathrm{d}y = \int\limits_\alpha^\beta uvy'\mathrm{d}t = \int\limits_\alpha^\beta uvn_x\frac{\mathrm{d}s}{\mathrm{d}t}\mathrm{d}t = \int\limits_{\partial M} uvn_x\mathrm{d}s.$$

Wegen der Produktregel $(uv)_x = u_x v + u v_x$ ist das die erste Formel in (1.136). Die zweite Formel erhält man in analoger Weise, indem man $a := uv$ setzt.

Integration über unbeschränkte Gebiete: Wie im eindimensionalen Fall ergibt sich das Integral über ein unbeschränktes Gebiet G, indem man G durch beschränkte Gebiete approximiert und zur Grenze übergeht:

$$\int\limits_G f\mathrm{d}x\mathrm{d}y = \lim_{n\to\infty} \int\limits_{G_n} f\mathrm{d}x\mathrm{d}y.$$

Dabei seien $G_1 \subseteq G_2 \subseteq \cdots$ beschränkte Gebiete mit $G = \bigcup_{n=1}^\infty G_n$.

▶ BEISPIEL 6: Wir setzen $r := \sqrt{x^2 + y^2}$. Es sei

$$G := \{(x,y) \in \mathbb{R}^2 \mid 1 < r < \infty\}$$

das Äußere des Einheitskreises. Wir approximieren G durch die Kreisringe (Abb. 1.69a)

$$G_n = \{(x,y) \mid 1 < r < n\}.$$

Für $\alpha > 2$ gilt

$$\int\limits_G \frac{\mathrm{d}x\mathrm{d}y}{r^\alpha} = \lim_{n\to\infty} \int\limits_{G_n} \frac{\mathrm{d}x\mathrm{d}y}{r^\alpha} = \frac{2\pi}{\alpha - 2}.$$

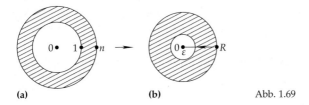

Unter Benutzung von Polarkoordinaten folgt das aus der Relation

$$\int\limits_{G_n} \frac{\mathrm{d}x\mathrm{d}y}{r^\alpha} = \int\limits_{r=1}^{n} \left(\int\limits_{\varphi=0}^{2\pi} \frac{r\,\mathrm{d}r\mathrm{d}\varphi}{r^\alpha} \right) = 2\pi \int\limits_{1}^{n} r^{1-\alpha}\mathrm{d}r = 2\pi \frac{r^{2-\alpha}}{2-\alpha}\bigg|_1^n = \frac{2\pi}{\alpha-2}\left(1 - \frac{1}{n^{\alpha-2}}\right).$$

Integration über unbeschränkte Funktionen: Wie im eindimensionalen Fall approximiert man das Integrationsgebiet G durch Gebiete, in denen der Integrand beschränkt ist.

▶ BEISPIEL 7: Es sei $G := \{(x,y) \in \mathbb{R}^2 \,|\, r \le R\}$ ein Kreis vom Radius R. Wir approximieren diesen Kreis durch die Kreisringe (Abb. 1.69b)

$$G_\varepsilon := G\backslash U_\varepsilon(0),$$

wobei $U_\varepsilon(0) := \{(x,y) \in \mathbb{R}^2 \,|\, r < \varepsilon\}$ ein Kreis um den Nullpunkt vom Radius ε ist. Für $0 < \alpha < 2$ gilt:

$$\int\limits_{G} \frac{\mathrm{d}x\mathrm{d}y}{r^\alpha} = \lim_{\varepsilon \to 0} \int\limits_{G_\varepsilon} \frac{\mathrm{d}x\mathrm{d}y}{r^\alpha} = \frac{2\pi R^{2-\alpha}}{2-\alpha}.$$

Unter Verwendung von Polarkoordinaten folgt das aus der Beziehung

$$\int\limits_{G_\varepsilon} \frac{\mathrm{d}x\mathrm{d}y}{r^\alpha} = \int\limits_{r=\varepsilon}^{R} \left(\int\limits_{\varphi=0}^{2\pi} \frac{r\,\mathrm{d}r\mathrm{d}\varphi}{r^\alpha} \right) = 2\pi \int\limits_{\varepsilon}^{R} r^{1-\alpha}\mathrm{d}r = \frac{2\pi}{2-\alpha}(R^{2-\alpha} - \varepsilon^{2-\alpha}).$$

1.7.2 Existenz des Integrals

Es sei $N = 1,2,\ldots$ Die Punkte des $\mathbb{R}^N$ bezeichnen wir mit $x = (x_1,\ldots,x_n)$, Ferner sei $|x| :=$

$$\sqrt{\left(\sum_{j=1}^{N} x_j^2 \right)}.$$

Das Reduktionsprinzip: Durch die Formel

$$\int\limits_{G} f(x)\mathrm{d}x := \int\limits_{\mathbb{R}^N} f_*(x)\mathrm{d}x$$

führen wir die Integration über Teilmengen G des $\mathbb{R}^N$ auf die Integration über den gesamten Raum $\mathbb{R}^N$ zurück. Dabei setzen wir

$$f_*(x) := \begin{cases} f(x) & \text{auf } G \\ 0 & \text{außerhalb von } G. \end{cases}$$

Die Funktion f_* ist in der Regel in den Randpunkten von G unstetig (Sprung auf null), Deshalb werden wir in natürlicher Weise auf die Integration von (vernünftigen) unstetigen Funktionen geführt.

Mengen vom N-dimensionalen Maß null: Eine Teilmenge M des $\mathbb{R}^N$ besitzt definitionsgemäß genau dann das N-dimensionale Lebesguemaß null, wenn es zu jeder reellen Zahl $\varepsilon > 0$ eine höchstens abzählbare Menge von N-dimensionalen Quadern $R_1, R_2, \ldots$ gibt, die die Menge M überdecken und deren Gesamtmaß kleiner als ε ist.[69]

▶ BEISPIEL 1: Eine Menge von endlich vielen oder abzählbar vielen Punkten des $\mathbb{R}^N$ besitzt stets das N-dimensionale Lebesguemaß null.

▶ BEISPIEL 2: (i) Jede vernünftige (beschränkte oder unbeschränkte) Kurve des $\mathbb{R}^2$ besitzt das 2-dimensionale Lebesguemaß null.

(ii) Jede vernünftige (beschränkte oder unbeschränkte) Fläche des $\mathbb{R}^3$ besitzt das 3-dimensionale Lebesguemaß null.

(iii) Jede vernünftige (beschränkte oder unbeschränkte) Teilmenge des $\mathbb{R}^N$ mit einer *Dimension* $< N$ besitzt das N-dimensionale Lebesguemaß null.

Fast überall gültige Eigenschaften: Eine Eigenschaft gilt „fast überall" auf einer Teilmenge M des $\mathbb{R}^N$, wenn sie für alle Punkte von M mit (möglicher) Ausnahme einer Menge vom N-dimensionalen Lebesguemaß null gilt.

▶ BEISPIEL 3: Fast alle reellen Zahlen sind irrational, denn die Ausnahmemenge der rationalen Zahlen ist eine Teilmenge von $\mathbb{R}$, die das eindimensionale Lebesguemaß null besitzt.

Zulässige Integrationsbereiche: Eine Menge G des $\mathbb{R}^N$ heißt genau dann zulässig, wenn ihr Rand das N-dimensionale Lebesguemaß null besitzt.

Zulässige Funktionen: Eine reelle oder komplexwertige Funktion $f : G \subseteq \mathbb{R}^N \to \mathbb{C}$ heißt genau dann zulässig, wenn f fast überall stetig auf der zulässigen Menge G ist und eine der beiden folgenden Bedingungen erfüllt ist:

(i) Es sei $\alpha > N$. Für alle Punkte $x \in G$ gilt die *Majorantenbedingung*:

$$\boxed{|f(x)| \leq \frac{\text{const}}{(1 + |x|)^\alpha}.} \tag{1.137}$$

(ii) Es sei $0 < \beta < N$. Es gibt höchstens endlich viele Punkte $p_1, \ldots, p_J$ und beschränkte Umgebungen $U(p_1), \ldots, U(p_J)$ in $\mathbb{R}^N$, so dass für alle Punkte $x \in U(p_j) \cap G$ mit $x \neq p_j$ die folgende *Majorantenbedingung* gilt:

$$\boxed{|f(x)| \leq \frac{\text{const}}{|x - p_j|^\beta}, \qquad j = 1, \ldots, J.} \tag{1.138}$$

Ferner ist die Majorantenbedingung (1.137) für alle Punkte x in G erfüllt, die außerhalb aller Umgebungen $U(p_j)$ liegen.

---

[69]Ein N-dimensionaler Quader ist eine Menge der Form

$$R := \{x \in \mathbb{R}^N \mid -\infty < a_j \leq x_j \leq b_j < \infty, \ j = 1, \ldots, N\}$$

Das klassische Volumen (Maß) von R ist definitionsgemäß gegeben durch $\text{meas}(G) := (b_1 - a_1)(b_2 - a_2) \cdots (b_N - a_N)$

Kommentar: (a) Ist die Funktion f beschränkt auf der beschränkten Menge G, d. h., es gilt $\sup\limits_{x \in G} |f(x)| < \infty$, dann ist die Bedingung (i) automatisch erfüllt.

(b) Ist die Menge G unbeschränkt, dann besagt (i), dass $|f(x)|$ für $|x| \to \infty$ rasch genug gegen null geht.

(c) Im Fall (ii) besitzt die Funktion f möglicherweise Singularitäten in den Punkten $p_1, \ldots, p_j$, wobei $|f(x)|$ für $x \to p_j$ *nicht* zu rasch gegen unendlich geht.[70]

Existenzsatz: Für jede zulässige Funktion $f : G \subseteq \mathbb{R}^N \to \mathbb{C}$ existiert das Integral $\int_G f(x) \mathrm{d}x$.

Konstruktion des Integrals: Zunächst sei $N = 2$.

(a) Für ein Rechteck R existiert der Grenzwert[71]

$$\int_R f_*(x) \mathrm{d}x := \lim_{n \to \infty} \sum_{j,k=1}^{n} f_*(x_{1j}, x_{2k}) \Delta x_1 \Delta x_2.$$

(b) Wir wählen eine Folge $R_1 \subseteq R_2 \subseteq \ldots$ von Rechtecken mit $\mathbb{R}^2 = \bigcup_{m=1}^{\infty} R_m$. Dann existiert der Grenzwert

$$\int_{\mathbb{R}^2} f_*(x) \mathrm{d}x := \lim_{m \to \infty} \int_{R_m} f_*(x) \mathrm{d}x$$

und ist unabhängig von der Wahl der Rechtecke.

(c) Wir setzen $\int_G f(x) \mathrm{d}x := \int_{\mathbb{R}^2} f_*(x) \mathrm{d}x$.

Im allgemeinen Fall $N \geq 1$ verfährt man analog, indem man Rechtecke durch N-dimensionale Quader ersetzt.

Für die leere Menge $G = \emptyset$ definieren wir $\int_G f(x) \mathrm{d}x = 0$.

Zusammenhang mit dem Lebesgueintegral: Für zulässige Funktionen stimmt das so konstruierte Integral $\int_G f(x) \mathrm{d}x$ mit dem Wert des allgemeineren Lebesgueintegrals bezüglich des Lebesguemaßes auf $\mathbb{R}^N$ überein (vgl. 10.5 im Handbuch).

Standardbeispiele:

(i) Es existiert das Integral

$$\int_{\mathbb{R}^N} e^{-|x|^2} \mathrm{d}x.$$

Nach Beispiel 3 in 1.7.4. ist der Wert dieses Integrals gleich $(\sqrt{\pi})^N$.

(ii) Es sei G eine zulässige beschränkte Teilmenge des $\mathbb{R}^3$. Ist die Funktion $\varrho : G \longrightarrow \mathbb{R}$ fast überall stetig und beschränkt, dann existieren für alle Punkte $p \in \mathbb{R}^3$ die Integrale

$$U(p) = -G \int_G \frac{\varrho(x)}{|x - p|} \mathrm{d}x$$

---

[70]In den Punkten p_j braucht f nicht erklärt zu sein. Dort setzen wir $f_*(p_j) := 0$, $j = 1, \ldots, J$.
[71]Wir benutzen die in (1.126) eingeführten Bezeichnungen.

und

$$K_j(p) := G \int\limits_G \frac{\varrho(x)(x_j - p_j)}{|x - p|^3} dx, \qquad j = 1, 2, 3.$$

Interpretieren wir $\varrho(x)$ als Massendichte im Punkt x, dann ist die Funktion U das Gravitationspotential, und der Vektor

$$\mathbf{K}(p) = K_1(p)\mathbf{i} + K_2(p)\mathbf{j} + K_3(p)\mathbf{k}$$

stellt die im Punkt p wirkende Graviationskraft dar, die von der zu ϱ gehörigen Massenverteilung erzeugt wird. Ferner gilt,

$$\mathbf{K}(p) = -\mathbf{grad}\, U(p) \qquad \text{für alle } p \in \mathbb{R}^3.$$

Mit G bezeichnen wir die *Gravitationskonstante*.

Maß einer Menge: Ist G eine beschränkte Teilmenge des $\mathbb{R}^N$, deren Rand ∂G das N-dimensionale Lebesguemaß null hat, dann existiert das Integral

$$\boxed{\text{meas}\,(G) := \int\limits_G dx} \tag{1.139}$$

und ist definitionsgemäß gleich dem Maß[72] der Menge G.

1.7.3 Rechenregeln

Mit G und G_n bezeichnen wir zulässige Mengen des $\mathbb{R}^N$. Die Funktionen $f, g : G \subseteq \mathbb{R}^N \to \mathbb{C}$ seien zulässig, und es sei $\alpha, \beta \in \mathbb{C}$. Dann hat man die folgenden Rechenregeln.

(i) *Linearität:*

$$\int\limits_G (\alpha f(x) + \beta g(x))dx = \alpha \int\limits_G f(x)dx + \beta \int\limits_G g(x)dx.$$

(ii) *Dreiecksungleichung:*[73]

$$\boxed{\left| \int\limits_G f(x)dx \right| \leq \int\limits_G |f(x)|dx.}$$

(iii) *Invarianzprinzip:* Das Integral $\int_G f(x)dx$ ändert sich nicht, wenn man f in den Punkten einer Menge vom N-dimensionalen Lebesguemaß null abändert.

---

[72]Das Symbol meas(G) steht für „measure of G" (Maß von G).
    Der Wert meas(G) stimmt mit dem Lebesguemaß von G überein. Eine Menge G besitzt genau dann ein Lebesguemaß, wenn das Integral (1.139) als Lebesgueintegral existiert.
[73]Sind G und f beschränkt, dann gilt zusätzlich

$$\int\limits_G |f(x)|dx \leq \text{meas}(G) \cdot \sup_{x \in G} |f(x)|.$$

(iv) *Gebietsaddition:* Es gilt

$$\int\limits_{G} f(x)\mathrm{d}x = \int\limits_{G_1} f(x)\mathrm{d}x + \int\limits_{G_2} f(x)\mathrm{d}x,$$

falls sich G als disjunkte Vereinigung von G_1 und G_2 darstellen lässt.

(v) *Monotonie:* Sind f und g reelle Funktionen, dann folgt aus $f(x) \leq g(x)$ für alle $x \in G$ die Ungleichung

$$\boxed{\int\limits_{G} f(x)\mathrm{d}x \leq \int\limits_{G} g(x)\mathrm{d}x.}$$

Mittelwertsatz der Integralrechnung: Es gilt

$$\boxed{\int\limits_{G} f(x)g(x)\mathrm{d}x = f(\xi) \int\limits_{G} g(x)\mathrm{d}x}$$

für einen geeigneten Punkt $\xi \in \overline{G}$, falls die Funktion $f : \overline{G} \to \mathbb{R}$ auf der kompakten, bogenweise zusammenhängenden Menge G stetig ist, und die nichtnegative Funktion $g : G \to \mathbb{R}$ zulässig ist.

Gebietskonvergenz: Es gilt

$$\boxed{\int\limits_{G} f(x)\mathrm{d}x = \lim_{n\to\infty} \int\limits_{G_n} f(x)\mathrm{d}x}$$

falls $G = \bigcup_{n=1}^{\infty} G_n$ mit $G_1 \subseteq G_2 \subseteq \cdots$ vorliegt und die Funktion $f : G \to \mathbb{C}$ zulässig ist.

Konvergenz des Integranden: Es gilt

$$\boxed{\lim_{n\to\infty} \int\limits_{G} f_n(x)\mathrm{d}x = \int\limits_{G} \lim_{n\to\infty} f_n(x)\mathrm{d}x,}$$

falls folgende Voraussetzungen erfüllt sind:

(i) Alle Funktionen $f_n : G \to \mathbb{C}$ sind fast überall stetig.

(ii) Es gibt eine zulässige Funktion $h : G \to \mathbb{R}$ mit

$|f_n(x)| \leq h(x)$ für fast all $x \in G$ und alle n.

(iii) Der Grenzwert $f(x) := \lim_{n\to\infty} f_n(x)$ existiert für fast alle $x \in G$, und die Grenzfunktion f ist auf G fast überall stetig.[74]

---

[74]In den Punkten, in denen der Grenzwert nicht existiert, kann der Wert von f willkürlich definiert werden.

1.7.4 Das Prinzip des Cavalieri (iterierte Integration)

Es sei $\mathbb{R}^N = \mathbb{R}^K \times \mathbb{R}^M$, d. h. $\mathbb{R}^N = \{(y, z) \mid y \in \mathbb{R}^K, \, z \in \mathbb{R}^M\}$.

Satz des Fubini: Ist die Funktion $f : \mathbb{R}^N \longrightarrow \mathbb{C}$ zulässig, dann gilt:

$$\int\limits_{\mathbb{R}^N} f(y, z)\mathrm{d}y\mathrm{d}z = \int\limits_{\mathbb{R}^M} \left(\int\limits_{\mathbb{R}^K} f(y, z)\mathrm{d}y \right)\mathrm{d}z = \int\limits_{\mathbb{R}^K} \left(\int\limits_{\mathbb{R}^M} f(y, z)\mathrm{d}z \right)\mathrm{d}y. \qquad (1.140)$$

▶ BEISPIEL 1: Für $N = 2$ und $K = M = 1$ erhalten wir

$$\int\limits_{\mathbb{R}^2} f(y, z)\,\mathrm{d}y\mathrm{d}z = \int\limits_{-\infty}^{\infty} \left(\int\limits_{-\infty}^{\infty} f(y, z)\mathrm{d}y \right)\mathrm{d}z.$$

Im Fall $N = 3$ ergibt sich deshalb für die Variablen $x, y, z \in \mathbb{R}$ die Formel

$$\int\limits_{\mathbb{R}^3} f(x, y, z)\mathrm{d}x\mathrm{d}y\mathrm{d}z = \int\limits_{\mathbb{R}^2} \left(\int\limits_{\mathbb{R}} f(x, y, z)\mathrm{d}x \right)\mathrm{d}y\mathrm{d}z = \int\limits_{-\infty}^{\infty} \left(\int\limits_{-\infty}^{\infty} \left(\int\limits_{-\infty}^{\infty} f(x, y, z)\mathrm{d}x \right)\mathrm{d}y \right)\mathrm{d}z.$$

In analoger Weise kann man ein Integral über den $\mathbb{R}^N$ auf die sukzessive Berechnung eindimensionaler Integrale zurückführen.

Hat man speziell die Produktdarstellung $f(y, z) = a(y)b(z)$, dann gilt

$$\int\limits_{\mathbb{R}^2} a(y)b(z)\mathrm{d}y\mathrm{d}z = \int\limits_{-\infty}^{\infty} a(y)\mathrm{d}y \int\limits_{-\infty}^{\infty} b(z)\mathrm{d}z.$$

Eine analoge Formel hat man im $\mathbb{R}^N$ zur Verfügung.

▶ BEISPIEL 2 (Gaußsche Normalverteilung): Es gilt

$$A := \int\limits_{-\infty}^{\infty} \mathrm{e}^{-x^2}\mathrm{d}x = \sqrt{\pi}.$$

Beweis: Wir benutzen einen eleganten klassischen Trick. Iterierte Integration ergibt

$$B := \int\limits_{\mathbb{R}^2} \mathrm{e}^{-x^2-y^2}\mathrm{d}x\mathrm{d}y = \int\limits_{\mathbb{R}^2} \mathrm{e}^{-x^2}\mathrm{e}^{-y^2}\mathrm{d}x\mathrm{d}y = \int\limits_{-\infty}^{\infty} \mathrm{e}^{-x^2}\mathrm{d}x \int\limits_{-\infty}^{\infty} \mathrm{e}^{-y^2}\mathrm{d}y = A^2.$$

Benutzung von Polarkoordinaten liefert

$$B = \int\limits_{r=0}^{\infty} \left(\int\limits_{0}^{2\pi} \mathrm{e}^{-r^2} r\,\mathrm{d}\varphi \right)\mathrm{d}r = 2\pi \int\limits_{0}^{\infty} \mathrm{e}^{-r^2} r\,\mathrm{d}r = \lim_{r \to R} 2\pi \int\limits_{0}^{R} \mathrm{e}^{-r^2} r\,\mathrm{d}r$$

$$= \lim_{R \to \infty} -\pi \mathrm{e}^{-r^2}\Big|_{0}^{R} = \lim_{R \to \infty} \pi \left(1 - \mathrm{e}^{-R^2} \right) = \pi. \qquad \qquad \square$$

▶ BEISPIEL 3: Es ist

$$\int\limits_{\mathbb{R}^N} \mathrm{e}^{-|x|^2}\mathrm{d}x = (\sqrt{\pi})^N.$$

Beweis: Für $N = 3$ gilt $e^{-|x|^2} = e^{-u^2-v^2-w^2}$ und somit

$$\int_{\mathbb{R}^3} e^{-u^2} e^{-v^2} e^{-w^2} \, du \, dv \, dw = \left(\int_{-\infty}^{\infty} e^{-u^2} \, du \right) \left(\int_{-\infty}^{\infty} e^{-v^2} \, dv \right) \left(\int_{-\infty}^{\infty} e^{-w^2} \, dw \right) = (\sqrt{\pi})^3.$$

Analog schließt man für beliebiges N.

Prinzip des Cavalieri: Ist die Funktion $f : G \subseteq \mathbb{R}^N \longrightarrow \mathbb{C}$ zulässig, dann gilt

$$\int_G f(y, z) \, dy \, dz = \int_{\mathbb{R}^M} \left(\int_{G_z} f_*(y, z) \, dy \right) dz. \tag{1.141}$$

Dabei wird der z-Schnitt G_z von G durch

$$G_z := \{ y \in \mathbb{R}^K : (y, z) \in G \}$$

eingeführt.

Dieses Prinzip folgt aus (1.140), indem man dort die Funktion $f : G \to \mathbb{C}$ durch ihre triviale Erweiterung

$$f_*(y, z) := \begin{cases} f(y, z) & \text{auf } G, \\ 0 & \text{sonst} \end{cases}$$

auf den $\mathbb{R}^N$ ersetzt. Anwendungen dieses Prinzips findet man in 1.7.1.

1.7.5 Die Substitutionsregel

Satz: Es seien H und G offene Mengen des $\mathbb{R}^N$. Dann gilt

$$\int_G f(x) \, dx = \int_H f(x(u)) |\det x'(u)| \, du, \tag{1.142}$$

falls die Funktion $f : G \to \mathbb{C}$ zulässig ist und die durch $x = x(u)$ gegebene Abbildung einen C^1-Diffeomorphismus von H auf G darstellt.

Setzen wir $x = (x_1, \ldots, x_N)$ und $u = (u_1, \ldots, u_N)$, dann ist $\det x'(u)$ gleich der Jacobischen Funktionaldeterminante, d. h.

$$\det x'(u) = \frac{\partial(x_1, \ldots, x_N)}{\partial(u_1, \ldots, u_N)}$$

(vgl. 1.5.2).

Anwendungen auf Polarkoordinaten, Zylinderkoordinaten und Kugelkoordinaten:
Vgl. 1.7.9.

Anwendungen auf Differentialformen: Für $\omega = f(x) dx_1 \wedge \cdots \wedge dx_N$ definieren wir

$$\int_G \omega := \int_G f(x) \, dx.$$

Dabei steht $\int_G f(x)\mathrm{d}x$ für $\int_G f(x_1,\ldots,x_N)\mathrm{d}x_1\cdots\mathrm{d}x_N$.

Transformationsprinzip: Es sei $x = x(u)$ wie im Zusammenhang mit (1.142) gegeben. Dann bleibt $\int_G \omega$ unverändert, wenn man ω auf die neuen Koordinaten u transformiert, vorausgesetzt diese Transformation erhält die Orientierung, d. h., es ist $\det x'(u) > 0$ auf H.

Beweis: Es gilt

$$\omega = f(x(u))\det x'(u)\mathrm{d}u_1 \wedge \mathrm{d}u_2 \wedge \ldots \wedge \mathrm{d}u_N$$

(vgl. Beispiel 11 in 1.5.10.4.). Die Substitutionsregel (1.142) ergibt

$$\int_G f(x)\mathrm{d}x_1 \wedge \ldots \wedge \mathrm{d}x_N = \int_H f(x(u))\det x'(u)\mathrm{d}u_1 \wedge \ldots \wedge \mathrm{d}u_N. \qquad \square$$

1.7.6 Der Fundamentalsatz der Differential- und Integralrechnung (Satz von Gauß-Stokes)

> *Man kann sich fragen, welches das tiefste mathematische Theorem ist, für welches es eine konkrete unzweifelhafte physikalische Interpretation gibt. Für mich ist der erste Kandidat hierfür der allgemeine Satz von Stokes.*
>
> René Thom (1923–2002)

Die grundlegende Formel des allgemeinen Satzes von Stokes[75] lautet:

$$\boxed{\int_M \mathrm{d}\omega = \int_{\partial M} \omega.} \tag{1.143}$$

Diese außerordentlich elegante Formel verallgemeinert den klassischen Fundamentalsatz der Differential- und Integralrechnung von Newton und Leibniz,

$$\int_a^b F'(x)\mathrm{d}x = F\big|_a^b,$$

auf höhere Dimensionen.

Satz von Stokes: Es sei M eine n-dimensionale reelle orientierte kompakte Mannigfaltigkeit mit dem kohärent orientierten Rand ∂M, und ω sei eine $(n-1)$-Form auf ∂M der Glattheit C^1 mit $n \geq 1$. Dann gilt (1.143).

Kommentar: Die in diesem Satz vorkommenden Begriffe werden exakt in Kapitel 15 im Handbuch eingeführt. Wir empfehlen dem Leser jedoch zunächst einen naiven Umgang mit der fundamentalen Formel (1.143), ehe er sich der exakten Formulierung zuwendet.

(i) Unter M stelle man sich eine beschränkte Kurve, eine beschränkte m-dimensionale Fläche ($m = 2, 3, \ldots$) oder den Abschluss einer beschränkten offenen Menge des $\mathbb{R}^N$ vor.

(ii) *Parameter:* Man beziehe M und den Rand ∂M auf beliebige lokale Koordinaten (Parameter).

---

[75]Man bezeichnet diesen Satz auch als Satz von Gauß-Stokes oder kurz als Satz von Stokes.

(iii) *Zerlegungsprinzip:* Ist es nicht möglich, M (bzw. ∂M) durch eine einzige Parameterdarstellung zu beschreiben, dann zerlege man M (bzw. ∂M) in disjunkter Weise in endlich viele Teilstücke und verwende für jedes dieser Teilstücke eine Parameterdarstellung. Die Integrale über die Teilstücke werden anschließend addiert.

Dann gilt:

> Der Cartansche Differentialkalkül arbeitet von selbst.

Man muss lediglich darauf achten, dass die lokalen Parameter von M in der Nähe eines Randpunktes P und die lokalen Randparameter in P miteinander *synchronisiert* sind (kohärent orientierter Rand). Das wird in den folgenden Beispielen anschaulich erläutert[76].

1.7.6.1 Anwendungen auf den klassischen Integralsatz von Gauß

Wir betrachten die 2-Form

$$\omega = a\,dy \wedge dz + b\,dz \wedge dx + c\,dx \wedge dy.$$

Nach Beispiel 8 in 1.5.10.4. gilt

$$d\omega = (a_x + b_y + c_z)dx \wedge dy \wedge dz.$$

Damit $\int_{\partial M} \omega$ sinnvoll ist, muss ∂M zweidimensional sein. Wir nehmen deshalb an, dass M der Abschluss einer beschränkten offenen (nichtleeren) Menge des $\mathbb{R}^3$ ist mit einer hinreichend glatten Randfläche ∂M, die die Parameterdarstellung

$$x = x(u,v), \qquad y = y(u,v), \qquad z = z(u,v)$$

besitzen soll. Beziehen wir ω auf die Parameter u und v, dann erhalten wir

$$\omega = \left(a\frac{\partial(y,z)}{\partial(u,v)} + b\frac{\partial(z,x)}{\partial(u,v)} + c\frac{\partial(x,y)}{\partial(u,v)} \right) du \wedge dv$$

(vgl. Beispiel 12 in 1.5.10.4). Die Formel $\int_M d\omega = \int_{\partial M} \omega$ ergibt in klassischer Notation den Satz von Gauß für dreidimensionale Bereiche M:

$$\int\limits_M (a_x + b_y + c_z)\,dxdydz = \int\limits_{\partial M} \left(a\frac{\partial(y,z)}{\partial(u,v)} + b\frac{\partial(z,x)}{\partial(u,v)} + c\frac{\partial(x,y)}{\partial(u,v)} \right) dudv. \tag{1.144}$$

Übergang zur Vektornotation: Wir führen den Ortsvektor $\mathbf{r} := x\mathbf{i} + y\mathbf{j} + z\mathbf{k}$ ein. Dann ist

$$\mathbf{r}_u(u,v) = x_u(u,v)\mathbf{i} + y_u(u,v)\mathbf{j} + z_u(u,v)\mathbf{k}$$

ein Tangentenvektor an die Koordinatenlinie $v = $ const durch den Punkt $P(u,v)$ von ∂M (Abb. 1.70b). Analog ist $\mathbf{r}_v(u,v)$ ein Tangentialvektor an die Koordinatenlinie $u = $ const durch den Punkt $P(u,v)$. Die Gleichung der *Tangentialebene* im Punkt $P(u,v)$ lautet

$$\mathbf{r} = \mathbf{r}(u,v) + p\mathbf{r}_u(u,v) + q\mathbf{r}_v(u,v),$$

---

[76]Das allgemeine Synchronisierungsprinzip für beliebige Dimensionen findet man in 10.2.7 im Handbuch.

wobei p, q reelle Parameter sind und $\mathbf{r}(u, v)$ den Ortsvektor zum Punkt P bezeichnet. Damit die Tangentialvektoren $\mathbf{r}_u(u, v)$ und $\mathbf{r}_v(u, v)$ eine Ebene aufspannen, müssen wir $\mathbf{r}_u(u, v) \times \mathbf{r}_v(u, v) \neq 0$ voraussetzen, d. h., diese beiden Vektoren sind nicht parallel oder antiparallel. Der Einheitsvektor

$$\mathbf{n} := \frac{\mathbf{r}_u(u, v) \times \mathbf{r}_v(u, v)}{|\mathbf{r}_u(u, v) \times \mathbf{r}_v(u, v)|} \tag{1.145}$$

steht senkrecht auf der Tangentialebene im Punkt $P(u, v)$ und ist somit ein Normalenvektor. Kohärente Orientierung der dreidimensionalen Menge M und ihres Randes ∂M heißt, dass $\mathbf{n}$ nach außen zeigt (Abb. 1.70a).

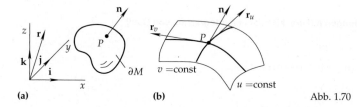

(a)   **(b)**   Abb. 1.70

Führen wir das Vektorfeld $\mathbf{J} := a\mathbf{i} + b\mathbf{j} + c\mathbf{k}$ ein, dann kann der Satz von Gauß (1.144) für dreidimensionale Bereiche M kurz in der folgenden klassischen Form geschrieben werden:

$$\int_M \operatorname{div} \mathbf{J} \, dx = \int_{\partial M} \mathbf{J} \mathbf{n} \, dF. \tag{1.146}$$

Dabei ist

$$dF = |\mathbf{r}_u \times \mathbf{r}_v| du dv = \sqrt{\left(\frac{\partial(x, y)}{\partial(u, v)}\right)^2 + \left(\frac{\partial(y, z)}{\partial(u, v)}\right)^2 + \left(\frac{\partial(z, x)}{\partial(u, v)}\right)^2} \, du dv.$$

Anschaulich ist die Fläche ΔF eines kleinen Elements von ∂M näherungsweise durch

$$\Delta F = |\mathbf{r}_u(u, v) \times \mathbf{r}_v(u, v)| \Delta u \Delta v \tag{1.147}$$

gegeben[77] (Abb. 1.71a).

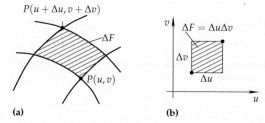

(a)   **(b)**   Abb. 1.71

---

[77] Im ebenen Spezialfall ist $x = u$, $y = v$ und $z = 0$. Dann gilt $\Delta F = \Delta u \Delta v$ (vgl. Abb. 1.71b).

Die physikalische Interpretation von (1.146) findet man in 1.9.7. Das Integral $\int\limits_{\partial M} g\,dF$ ergibt sich anschaulich durch Zerlegung der Fläche ∂M in kleine Teilstücke ΔF und Verfeinerung der Zerlegung. Dafür schreiben wir kurz

$$\int\limits_{\partial M} g\,dF = \lim_{\Delta F \to 0} \sum g\Delta F. \tag{1.148}$$

Flächen im dreidimensionalen Raum: Die obigen Formeln für die Tangentialebene, den Normaleneinheitsvektor und das Flächenelement gelten für beliebige (hinreichend glatte) Flächen im $\mathbb{R}^3$.

1.7.6.2 Anwendungen auf den klassischen Integralsatz von Stokes

Wir betrachten die 1-Form

$$\omega = a\,dx + b\,dy + c\,dz.$$

Nach Beispiel 7 in 1.5.10.4. gilt

$$d\omega = (c_y - b_z)dy \wedge dz + (a_z - c_x)dz \wedge dx + (b_x - a_y)dx \wedge dy.$$

Damit $\int_{\partial M} \omega$ sinnvoll ist, muss der Rand ∂M eindimensional, also eine Kurve sein, die die Fläche M berandet (Abb. 1.72). Die Fläche M besitze die Parameterdarstellung

$$x = x(u,v), \qquad y = y(u,v), \qquad z = z(u,v),$$

und die Parameterdarstellung der Randkurve laute:

$$x = x(t), \qquad y = y(t), \qquad z = z(t), \qquad \alpha \le t \le \beta.$$

Nach Abb. 1.72 besteht die kohärente Orientierung von M und ∂M darin, dass sich der durch (1.145) gegebene Normalenvektor $\mathbf{n}$ zusammen mit der orientierten Kurve ∂M wie Daumen und übrige Finger der rechten Hand verhalten (rechte Handregel).

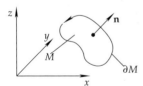

Abb. 1.72

Beziehen wir ω (bzw. $d\omega$) auf die entsprechenden Parameter t (bzw. (u,v)), dann ergibt sich

$$\omega = \left(a\frac{dx}{dt} + b\frac{dy}{dt} + c\frac{dz}{dt}\right)dt,$$

$$d\omega = \left((c_y - b_z)\frac{\partial(y,z)}{\partial(u,v)} + (a_z - c_x)\frac{\partial(z,x)}{\partial(u,v)} + (b_x - a_y)\frac{\partial(x,y)}{\partial(u,v)}\right)du \wedge dv$$

(vgl. Beispiel 12 in 1.5.10.4.). Die Formel $\int_M d\omega = \int_{\partial M} \omega$ ergibt dann in klassischer Notation den Satz von Stokes für Flächen im $\mathbb{R}^3$:

$$\int\limits_M \left((c_y - b_z)\frac{\partial(y,z)}{\partial(u,v)} + (a_z - c_x)\frac{\partial(z,x)}{\partial(u,v)} + (b_x - a_y)\frac{\partial(x,y)}{\partial(u,v)}\right)du\,dv$$

$$= \int\limits_{\partial M} (ax' + by' + cz')dt.$$

Setzen wir $\mathbf{B} = a\mathbf{i} + b\mathbf{j} + c\mathbf{k}$, dann erhalten wir

$$\int\limits_M (\operatorname{rot} \mathbf{B})\mathbf{n}\, dF = \int\limits_\alpha^\beta \mathbf{B}(\mathbf{r}(t))\mathbf{r}'(t)\, dt. \tag{1.149}$$

Eine physikalische Interpretation dieses Satzes von Stokes geben wir in 1.9.8.

1.7.6.3 Anwendungen auf Kurvenintegrale

Die Potentialformel: Wir betrachten die 0-Form $\omega = U$ im $\mathbb{R}^3$ mit der Funktion $U = U(x,y,z)$. Dann gilt:

$$dU = U_x dx + U_y dy + U_z dz.$$

Wir wählen eine Kurve M mit der Parameterdarstellung:

$$x = x(t), \qquad y = y(t), \qquad z = z(t), \qquad \alpha \le t \le \beta. \tag{1.150}$$

Transformation von U auf den Parameter t liefert:

$$dU = \left(U_x(P(t))\frac{dx}{dt} + U_y(P(t))\frac{dy}{dt} + U_z(P(t))\frac{dz}{dt} \right) dt.$$

Der Satz von Stokes ergibt die sogenannte Potentialformel:

$$\int\limits_M dU = U(P) - U(Q). \tag{1.151}$$

Dabei ist Q der Anfangspunkt, und P ist der Endpunkt der Kurve M. Explizit lautet die Potentialformel:

$$\int\limits_\alpha^\beta (U_x x' + U_y y' + U_z z')dt = U(P) - U(Q).$$

Benutzen wir die Sprache der Vektoranalysis, dann gilt $dU = \operatorname{\mathbf{grad}} U\, d\mathbf{r}$, und wir erhalten

$$\int\limits_M \operatorname{\mathbf{grad}} U\, d\mathbf{r} = U(P) - U(Q)$$

sowie

$$\int\limits_\alpha^\beta (\operatorname{\mathbf{grad}} U)(\mathbf{r}(t))\mathbf{r}'(t)dt = U(\mathbf{r}(\beta)) - U(\mathbf{r}(\alpha))$$

mit $\mathbf{r}(t) = x(t)\mathbf{i} + y(t)\mathbf{j} + z(t)\mathbf{k}$. Die physikalische Interpretation dieser Formel findet man in 1.9.5.

Integrale über 1-Formen (Kurvenintegrale): Gegeben seien die 1-Form

$$\omega = a dx + b dy + c dz$$

und die Kurve M mit der Parameterdarstellung (1.150). Das Integral

$$\int\limits_M \omega = \int\limits_\alpha^\beta (ax' + by' + cz')\mathrm{d}t$$

heißt ein Kurvenintegral.[78]

Wegunabhängigkeit eines Kurvenintegrals: Es sei G ein kontrahierbares[79] Gebiet des $\mathbb{R}^3$, und M sei eine Kurve in G mit der C^1-Parameterdarstellung (1.150). Ferner sei

$$\omega = a\mathrm{d}x + b\mathrm{d}y + c\mathrm{d}z$$

eine 1-Form vom Glattheitstyp C^2, d. h., a, b und c sind reelle C^2-Funktionen auf G. Dann gilt:

(i) Wir nehmen an, dass es eine C^1-Funktion $U : G \to \mathbb{R}$ gibt mit

$$\boxed{\omega = \mathrm{d}U \qquad \text{auf } G,} \tag{1.152}$$

d. h., es ist:

$$a = U_x, \qquad b = U_y, \qquad c = U_z \qquad \text{auf } G.$$

Abb. 1.73

Dann ist das Integral $\int_M \omega$ vom Weg unabhängig, d. h., wegen der Potentialformel $\int_M \mathrm{d}U = U(P) - U(Q)$ hängt das Integral nur vom Anfangspunkt Q und Endpunkt P der Kurve M ab (Abb. 1.73).

(ii) Die Gleichung (1.152) besitzt genau dann eine C^1-Lösung U, wenn die Integrabilitätsbedingung

$$\boxed{\mathrm{d}\omega = 0 \qquad \text{auf } G}$$

erfüllt ist. Nach 1.7.6.2. ist das gleichbedeutend mit der Bedingung

$$c_y = b_z, \qquad a_z = c_x, \qquad b_x = c_y \qquad \text{auf } G.$$

(iii) Die Gleichung (1.152) besitzt genau dann eine C^1-Lösung U, wenn das Integral $\int_M \omega$ für jede C^1-Kurve in G vom Weg M unabhängig ist.

---

[78]Ausführlich lautet diese Formel:

$$\int\limits_M \omega = \int\limits_\alpha^\beta (a(P(t))x'(t) + b(P(t))y'(t) + c(P(t))z'(t))\mathrm{d}t$$

mit $P(t) := (x(t), y(t), z(t))$.

[79]Anschaulich bedeutet dies, dass sich das Gebiet G stetig auf einen Punkt zusammenziehen lässt. Die präzise Definition wird in 1.9.11. gegeben.

Die Aussage (ii) ist ein Spezialfall des Lemmas von Poincaré (vgl. 1.9.11.). Ferner stellt (iii) einen Spezialfall des Theorems von de Rham dar (vgl. 18.6.4 im Handbuch). Ein tieferes Verständnis dieser Resultate ist im Rahmen der Differentialtopologie möglich (de Rhamsche Kohomologie; vgl. Kapitel 18 im Handbuch).

Die physikalische Interpretation dieses Resultats findet man in 1.9.5.

▶ BEISPIEL: Wir wollen die 1-Form

$$\omega = x\,dx + y\,dy + z\,dz$$

längs der Geraden M : $x = t$, $y = t$, $z = t$ mit $0 \leq t \leq 1$ integrieren. Dann gilt $\omega = tx'\,dt + ty'\,dt + tz'\,dt = 3t\,dt$, also

$$\int_M \omega = \int_0^1 3t\,dt = \frac{3}{2}t^2 \Big|_0^1 = \frac{3}{2}.$$

Wegen $d\omega = dx \wedge dx + dy \wedge dy + dz \wedge dz = 0$ ist dieses Integral auf dem $\mathbb{R}^3$ vom Weg unabhängig. Tatsächlich gilt $\omega = dU$ mit $U = \frac{1}{2}(x^2 + y^2 + z^2)$. Das liefert

$$\int_M \omega = \int_M dU = U(1,1,1) - U(0,0,0) = \frac{3}{2}.$$

Eigenschaften von Kurvenintegralen:

(i) *Addition von Kurven:*

$$\int_A \omega + \int_B \omega = \int_{A+B} \omega.$$

Dabei bezeichnet $A + B$ diejenige Kurve, die entsteht, wenn man zunächst A und dann B durchläuft (Abb. 1.74a).

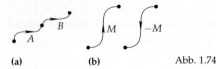

(a)   **(b)**   Abb. 1.74

(ii) *Umorientierung von Kurven:*

$$\int_{-M} \omega = -\int_M \omega.$$

Hier bezeichnet $-M$ diejenige Kurve, die aus M durch Orientierungswechsel entsteht (Abb. 1.74b).

Alle in diesem Abschnitt angegebenen Eigenschaften von Kurvenintegralen $\int_M \omega$ gelten in analoger Weise auch für Kurven $x_j = x_j(t)$, $\alpha \leq t \leq \beta$, im $\mathbb{R}^N$, mit $j = 1, \ldots, N$.

1.7.7 Das Riemannsche Flächenmaß

Nach Riemann (1826–1866) folgen aus der Kenntnis der Bogenlänge sofort der Ausdruck für das Oberflächenmaß einer Fläche und der Ausdruck für das Volumen eines Gebietes in krummlinigen Koordinaten.

Es sei G ein Gebiet des $\mathbb{R}^m$. Durch die Parameterdarstellung

$$x = x(u), \qquad u \in G,$$

mit $u = (u_1, \ldots, u_m)$ und $x = (x_1, \ldots, x_N)$ ist ein m-dimensionales Flächenstück $\mathbb{F}$ im $\mathbb{R}^N$ gegeben (vgl. Abb. 1.75 mit $u_1 = u$, $u_2 = v$ und $x_1 = x$, $x_2 = y$, $x_3 = z$).

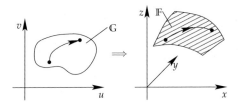

Abb. 1.75

Definition: Für eine Kurve $x = x(t)$, $\alpha \leq t \leq \beta$, im $\mathbb{R}^N$ ist die Bogenlänge zwischen den Kurvenpunkten mit den Parametern $t = \alpha$ und $t = \tau$ durch die Formel

$$s(\tau) = \int_\alpha^\tau \left(\sum_{j=1}^N x_j'(t)^2 \right)^{1/2} dt$$

gegeben. Eine Motivation für diese Definition findet man in 1.6.9.

Satz: Jeder Kurve $u = u(t)$ auf dem Parametergebiet G entspricht eine Kurve

$$x = x(u(t))$$

auf dem Flächenstück $\mathbb{F}$, deren Bogenlänge der Differentialgleichung

$$\left(\frac{ds(t)}{dt} \right)^2 = \sum_{j,k=1}^m g_{jk}(u(t)) \frac{du_j(t)}{dt} \frac{du_k(t)}{dt} \tag{1.153}$$

genügt. Dabei bezeichnet man

$$g_{jk}(u) := \sum_{n=1}^N \frac{\partial x_n(u)}{\partial u_j} \frac{\partial x_n(u)}{\partial u_k}$$

als die Komponenten des metrischen Tensors. Anstelle von (1.153) schreibt man symbolisch:

$$ds^2 = g_{jk} du_j du_k.$$

Das entspricht der Näherungsformel $(\Delta s)^2 = g_{jk} \Delta u_j \Delta u_k$, wobei wir +ber $j, k = 1, \ldots, m$ summieren.

Beweis: Setzen wir $x_j(t) = x_j(u(t))$, dann gilt

$$s'(t)^2 = \sum_{n=1}^{N} x'_n(t) x'_n(t),$$

und die Kettenregel ergibt $x'_n(t) = \sum_{j=1}^{m} \dfrac{\partial x_n}{\partial u_j} \dfrac{du_j}{dt}$.   □

Volumenform: Wir setzen $g := \det(g_{jk})$ und erklären die Volumenform μ des Flächenstücks $\mathbb{F}$ durch

$$\mu := \sqrt{g}\, du_1 \wedge \ldots \wedge du_m.$$

Oberflächenintegral: Wir definieren

$$\int_{\mathbb{F}} \varrho\, dF := \int_{\mathbb{F}} \varrho\mu.$$

In klassischer Notation entspricht das der Formel:

$$\int_{\mathbb{F}} \varrho\, dF = \int_{G} \varrho \sqrt{g}\, du_1 du_2 \ldots du_m.$$

Physikalische Interpretation: Fassen wir ϱ als Massendichte (bzw. Ladungsdichte) auf, dann ist $\int_{\mathbb{F}} \varrho\, dF$ gleich der auf $\mathbb{F}$ vorhandenen Masse (bzw. Ladung). Für $\varrho \equiv 1$ ist $\int_{\mathbb{F}} \varrho\, dF$ gleich dem Flächenmaß von G.

Anwendung auf Flächen im $\mathbb{R}^3$: Gegeben sei eine Fläche $\mathbb{F}$ im $\mathbb{R}^3$ mit der Parameterdarstellung

$$x = x(u,v), \qquad y = y(u,v), \qquad z = z(u,v), \qquad (u,v) \in \mathbb{D}$$

in kartesischen Koordinaten x, y und z (Abb. 1.75). Dann gilt

$$ds^2 = E\, du^2 + 2F\, du\, dv + G\, dv^2$$

mit

$$E := \mathbf{r}_u^2 = x_u^2 + y_u^2 + z_u^2, \quad G := \mathbf{r}_v^2 = x_v^2 + y_v^2 + z_v^2,$$
$$F := \mathbf{r}_u \mathbf{r}_v = x_u x_v + y_u y_v + z_u z_v,$$

also $g = EG - F^2$. Die Volumenform lautet $\mu = \sqrt{EG - F^2}\, du \wedge dv$. Das Oberflächenintegral hat die Gestalt

$$\int_{\mathbb{F}} \varrho\, dF = \int_{\mathbb{F}} \varrho\mu = \int_{G} \varrho \sqrt{EG - F^2}\, du\, dv.$$

Verallgemeinerung auf Riemannsche Mannigfaltigkeiten: Vgl. Kapitel 16 im Handbuch.

1.7.8 Partielle Integration

Oberflächenintegrale spielen eine zentrale Rolle, um die klassische Formel der partiellen Integration,

$$\int\limits_a^b uv'\,\mathrm{d}x = uv\Big|_a^b - \int\limits_a^b u'v\,\mathrm{d}x,$$

auf höhere Dimensionen zu verallgemeinern. An die Stelle der gewöhnlichen Ableitung tritt eine partielle Ableitung, und der Randterm $uv\big|_a^b$ wird durch ein Randintegral ersetzt. Das ergibt:

$$\int\limits_G u\partial_j v\,\mathrm{d}x = \int\limits_{\partial G} uvn_j\,\mathrm{d}F - \int\limits_G v\partial_j u\,\mathrm{d}x. \qquad (1.154)$$

Satz: Es sei G eine beschränkte offene nichtleere Menge des $\mathbb{R}^N$ mit einem stückweise glatten Rand[80] ∂G und dem äußeren Einheitsnormalenvektor $\mathbf{n} = (n_1, \ldots, n_N)$. Dann gilt für alle C^1-Funktionen $u, v : \overline{G} \to \mathbb{C}$ die Formel der partiellen Integration (1.154).

Kommentar: Die Formel

$$\int\limits_G \partial_j w\,\mathrm{d}x = \int\limits_{\partial G} wn_j\,\mathrm{d}F \qquad (1.155)$$

folgt aus dem allgemeinen Satz von Stokes $\int_G \mathrm{d}\omega = \int_{\partial G} \omega$, falls man für ω eine $(N-1)$-Form wählt. Das ergibt sich in analoger Weise zum Integralsatz von Gauß in 1.7.6.1. Die Formel (1.154) erhält man dann sofort aus (1.155), indem man $w = uv$ wählt und die Produktregel $\partial_j(uv) = v\partial_j u + u\partial_j v$ benutzt.

Anwendung auf die Greensche Formel: Es sei $\Delta u := u_{xx} + u_{yy} + u_{zz}$ der Laplaceoperator im $\mathbb{R}^3$. Dann gilt die *Greensche Formel*:

$$\int\limits_G (v\Delta u - u\Delta v)\,\mathrm{d}x = \int\limits_{\partial G} \left(v\frac{\partial u}{\partial n} - u\frac{\partial v}{\partial n} \right)\,\mathrm{d}F.$$

Hier bezeichnet $\dfrac{\partial u}{\partial n} = n_1 u_x + n_2 u_y + n_3 u_z$ die äußere Normalableitung mit dem äußeren Normaleneinheitsvektor $\mathbf{n} = n_1\mathbf{i} + n_2\mathbf{j} + n_3\mathbf{k}$ (Abb. 1.70a).

Beweis: Wir schreiben $\mathrm{d}V$ für $\mathrm{d}x\mathrm{d}y\mathrm{d}z$. Partielle Integration ergibt

$$\int\limits_G uv_{xx}\,\mathrm{d}V = \int\limits_{\partial G} uv_x n_1\,\mathrm{d}F - \int\limits_G u_x v_x\,\mathrm{d}V,$$

$$\int\limits_G u_x v_x\,\mathrm{d}V = \int\limits_{\partial G} u_x v n_1\,\mathrm{d}F - \int\limits_G u_{xx} v\,\mathrm{d}V.$$

Analoge Formeln gelten für y und z. Summation liefert dann (1.154). $\qquad\square$

Die Formel der partiellen Integration spielt eine grundlegende Rolle in der modernen Theorie der partiellen Differentialgleichungen, weil sie es erlaubt, den Begriff der verallgemeinerten Ableitung einzuführen. Damit im Zusammenhang stehen Distributionen und Sobolewräume (vgl. 10.4 und 11.2.6 im Handbuch). Distributionen sind Objekte, die den Begriff der klassischen Funktion verallgemeinern und die exzellente Eigenschaft besitzen, beliebig oft differenzierbar zu sein.

---

[80]Dieser Rand darf vernünftige Ecken und Kanten haben. Die präzise Voraussetzung lautet $\partial G \in C^{0,1}$ (vgl. 11.2.6 im Handbuch.)

1.7.9 Krummlinige Koordinaten

Mit $\mathbf{i}, \mathbf{j}$ und $\mathbf{k}$ bezeichnen wir die Achseneinheitsvektoren eines kartesischen (x, y, z)-Koordinatensystems. Außerdem sei $\mathbf{r} = x\mathbf{i} + y\mathbf{j} + z\mathbf{k}$ (Abb. 1.70a).

1.7.9.1 Polarkoordinaten

Koordinatentransformation   (Abb. 1.76):

$$x = r \cos \varphi, \quad y = r \sin \varphi, \quad -\pi < \varphi \le \pi, \quad r \ge 0.$$

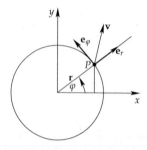

Abb. 1.76

Natürliche Basisvektoren $\mathbf{e}_r, \mathbf{e}_\varphi$ im Punkt P:

$$\mathbf{e}_r = \mathbf{r}_r = x_r\mathbf{i} + y_r\mathbf{j} = \cos\varphi\,\mathbf{i} + \sin\varphi\,\mathbf{j},$$
$$\mathbf{e}_\varphi = \mathbf{r}_\varphi = x_\varphi\mathbf{i} + y_\varphi\mathbf{j} = -r\sin\varphi\,\mathbf{i} + r\cos\varphi\,\mathbf{j}.$$

1.7.9.2 Zylinderkoordinaten

Koordinatentransformation   (Abb. 1.76):

$$x = r \cos \varphi, \quad y = r \sin \varphi, \quad z = z, \quad -\pi < \varphi \le \pi, \quad r \ge 0.$$

Natürliche Basisvektoren $\mathbf{e}_r, \mathbf{e}_\varphi, \mathbf{e}_z$ im Punkt P:

$$\mathbf{e}_r = \mathbf{r}_r = x_r\mathbf{i} + y_r\mathbf{j} = \cos\varphi\,\mathbf{i} + \sin\varphi\,\mathbf{j},$$
$$\mathbf{e}_\varphi = \mathbf{r}_\varphi = x_\varphi\mathbf{i} + y_\varphi\mathbf{j} = -r\sin\varphi\,\mathbf{i} + r\cos\varphi\,\mathbf{j},$$
$$\mathbf{e}_z = \mathbf{r}_z = \mathbf{k}.$$

Koordinatenlinien:

(i) r =variabel, φ=const, z =const   Halbstrahl senkrecht zur z-Achse.

(ii) φ =variabel, r =const, z =const: Breitenkreis auf dem Zylindermantel $r = $ const,

(iii) z =variabel, r =const , φ =const: Gerade parallel zur z-Achse.

Durch jeden Punkt P, der verschieden vom Ursprung ist, gehen genau drei Koordinatenlinien mit den Tangentialvektoren $\mathbf{e}_r, \mathbf{e}_\varphi, \mathbf{e}_z$, die aufeinander senkrecht stehen (Abb. 1.77).

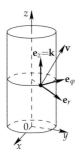

Abb. 1.77

Zerlegung eines Vektors v im Punkt P:

$$\mathbf{v} = v_1\mathbf{e}_r + v_2\mathbf{e}_\varphi + v_3\mathbf{e}_z.$$

Wir nennen v_1, v_2, v_3 die natürlichen Komponenten des Vektors $\mathbf{v}$ im Punkt P in Zylinderkoordinaten.

Bogenelement: $\quad \mathrm{d}s^2 = \mathrm{d}r^2 + r^2\mathrm{d}\varphi^2 + \mathrm{d}z^2.$

Volumenform: $\quad \mu := r\,\mathrm{d}r \wedge \mathrm{d}\varphi \wedge \mathrm{d}z = \mathrm{d}x \wedge \mathrm{d}y \wedge \mathrm{d}z.$

Volumenintegral:

$$\int \varrho\mu = \int \varrho r\,\mathrm{d}r\mathrm{d}\varphi\mathrm{d}z = \int \varrho\,\mathrm{d}x\mathrm{d}y\mathrm{d}z.$$

Diese Formel entspricht der Substitutionsregel.

Zylindermantel: Auf dem Zylindermantel $r = \mathrm{const}$ ergibt sich für die Bogenlänge die Formel

$$\mathrm{d}s^2 = r^2\mathrm{d}\varphi^2 + \mathrm{d}z^2$$

mit der Volumenform $\mu = r\mathrm{d}\varphi \wedge \mathrm{d}z$ und dem Oberflächenintegral

$$\int \varrho\,\mathrm{d}F = \int \varrho\mu = \int \varrho r\,\mathrm{d}\varphi\mathrm{d}z.$$

▶ BEISPIEL: Die Oberfläche eines Zylinders vom Radius r und der Höhe h ergibt sich aus

$$\int\limits_{z=0}^{h} \left(\int\limits_{\varphi=-\pi}^{\pi} r\mathrm{d}\varphi \right)\mathrm{d}z = 2\pi r h.$$

1.7.9.3 Kugelkoordinaten

Koordinatentransformation:

$$x = r\cos\varphi\cos\theta, \qquad y = r\sin\varphi\cos\theta, \qquad z = r\sin\theta,$$

mit $-\pi < \varphi \leq \pi$, $-\dfrac{\pi}{2} \leq \theta \leq \dfrac{\pi}{2}$ und $r \geq 0$.

Natürliche Basisvektoren e_φ, e_θ, e_r im Punkt P:

$$e_\varphi = r_\varphi = -r\sin\varphi\cos\theta\mathbf{i} + r\cos\varphi\cos\theta\mathbf{j},$$

$$e_\theta = r_\theta = -r\cos\varphi\sin\theta\mathbf{i} - r\sin\varphi\sin\theta\mathbf{j} + r\cos\theta\mathbf{k},$$

$$e_r = r_r = \cos\varphi\cos\theta\mathbf{i} + \sin\varphi\cos\theta\mathbf{j} + \sin\theta\mathbf{k}.$$

Die Fläche $r = $ const entspricht der Oberfläche S_r einer Kugel um den Ursprung vom Radius r.

Koordinatenlinien:

(i) $\varphi =$ variabel, $r =$ const, $\theta =$ const: Breitenkreis auf S_r
der geographischen Breite θ.

(ii) $\theta =$ variabel, $r =$ const, $\varphi =$ const: Längenhalbkreis auf S_r der
geographischen Länge φ.

(iii) $r =$ variabel, $\varphi =$ const, $\theta =$ const: Radialstrahl.

Durch jeden Punkt P, der verschieden vom Ursprung ist, gehen genau drei Koordinatenlinien mit den Tangentialvektoren e_φ, e_θ, e_r, die aufeinander senkrecht stehen (Abb. 1.78).

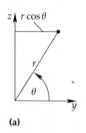
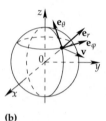

(a)   **(b)**   Abb. 1.78

Zerlegung eines Vektors v im Punkt P:

$$\mathbf{v} = v_1 e_\varphi + v_2 e_\theta + v_3 e_r.$$

Wir nennen v_1, v_2 und v_3 die natürlichen Komponenten des Vektors $\mathbf{v}$ im Punkt P in Kugelkoordinaten.

Bogenelement: $ds^2 = r^2\cos^2\theta d\varphi^2 + r^2 d\theta^2 + dr^2$.

Volumenform: $\mu := r^2\cos\theta d\varphi \wedge d\theta \wedge dr = dx \wedge dy \wedge dz$.

Volumenintegral:

$$\boxed{\int \varrho\mu = \int \varrho r^2\cos\theta\, d\varphi d\theta dr = \int \varrho\, dxdydz.}$$

Diese Formel entspricht der Substitutionsregel.

Kugeloberfläche: Auf S_r ergibt sich für die Bogenlänge die Formel

$$ds^2 = r^2\cos^2\theta d\varphi^2 + r^2 d\theta^2$$

mit der Volumenform $\mu = r^2\cos\theta d\varphi \wedge d\theta$ und dem Oberflächenintegral

$$\boxed{\int \varrho\, dF = \int \varrho\mu = \int \varrho r^2\cos\theta\, d\varphi d\theta.}$$

▶ BEISPIEL: Die Oberfläche F einer Kugel vom Radius r erhält man aus

$$F = \int\limits_{\theta=-\pi/2}^{\pi/2} \int\limits_{\varphi=-\pi}^{\pi} r^2 \cos\theta \, \mathrm{d}\varphi \mathrm{d}\theta = 2\pi r^2 \int\limits_{-\pi/2}^{\pi/2} \cos\theta \, \mathrm{d}\theta = 4\pi r^2.$$

Tabelle 1.2 Krummlinige Koordinaten

	Polarkoordinaten	Zylinderkoordinaten	Kugelkoordinaten
Bogenlänge $\mathrm{d}s^2$	$\mathrm{d}r^2 + r^2\mathrm{d}\varphi^2$	$\mathrm{d}r^2 + r^2\mathrm{d}\varphi^2 + \mathrm{d}z^2$	$\mathrm{d}r^2 + r^2\mathrm{d}\theta^2 + r^2\cos^2\theta\mathrm{d}\varphi^2$
räumliches Volumenelement		$r\mathrm{d}\varphi\mathrm{d}z\mathrm{d}r$	$r^2\cos\theta\mathrm{d}\varphi\mathrm{d}\theta\mathrm{d}r$
Flächenelement	$r\mathrm{d}r\mathrm{d}\varphi$ (ebene Fläche)	$r\mathrm{d}\varphi\mathrm{d}z$ (Zylindermantel vom Radius r)	$r^2\cos\theta\mathrm{d}\varphi\mathrm{d}\theta$ (Sphäre vom Radius r)

1.7.10 Anwendungen auf den Schwerpunkt und das Trägheitsmoment

Die Formeln für Masse, Schwerpunkt und Trägheitsmoment findet man in Tabelle 1.3.

▶ BEISPIEL 1 (Kugel): Wir betrachten eine Vollkugel vom Radius R mit dem Mittelpunkt im Ursprung eines kartesischen (x, y, z)-Systems (Abb. 1.79a).

Volumen:

$$M = \int r^2 \cos\theta \, \mathrm{d}\theta \, \mathrm{d}\varphi \mathrm{d}r = \int\limits_0^R r^2\mathrm{d}r \int\limits_{-\pi}^{\pi} \mathrm{d}\varphi \int\limits_{-\pi/2}^{\pi/2} \cos\theta \, \mathrm{d}\theta = \frac{4\pi R^3}{3}.$$

Wir benutzen dabei Kugelkoordinaten (vgl. Tab. 1.2).

Schwerpunkt: Mittelpunkt der Kugel.

Trägheitsmoment (bezüglich der z-Achse):

$$\Theta_z = \int (r\cos\theta)^2 r^2 \cos\theta \, \mathrm{d}\theta\mathrm{d}\varphi\mathrm{d}r = \int\limits_0^R r^4\mathrm{d}r \int\limits_{-\pi}^{\pi} \mathrm{d}\varphi \int\limits_{-\pi/2}^{\pi/2} \cos^3\theta \, \mathrm{d}\theta = \frac{2}{5}R^2M.$$

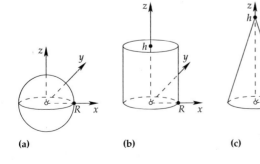

(a)   (b)   (c)   Abb. 1.79

Tabelle 1.3

	Masse M (ϱ Dichte)	Ortsvektor des Schwerpunkts ($\mathbf{r} = x\mathbf{i} + y\mathbf{j} + z\mathbf{k}$)	Trägheitsmoment bezüglich der z-Achse
Kurve $\mathbb{C}$	$M = \displaystyle\int_{\mathbb{C}} \varrho\,ds$ (Länge von $\mathbb{C}$ für $\varrho \equiv 1$)	$\mathbf{r}_S = \dfrac{1}{M}\displaystyle\int_{\mathbb{C}} \mathbf{r}\varrho\,ds$	$\Theta_z = \displaystyle\int_{\mathbb{C}} (x^2 + y^2)\varrho\,ds$
Fläche $\mathbb{F}$	$M = \displaystyle\int_{\mathbb{F}} \varrho\,dF$ (Flächenmaß von $\mathbb{F}$ für $\varrho \equiv 1$)	$\mathbf{r}_S = \dfrac{1}{M}\displaystyle\int_{\mathbb{F}} \mathbf{r}\varrho\,dF$	$\Theta_z = \displaystyle\int_{\mathbb{F}} (x^2 + y^2)\varrho\,dF$
Körper $\mathbb{G}$ ($dV = dxdydz$)	$M = \displaystyle\int_{\mathbb{G}} \varrho\,dV$ (Volumen von $\mathbb{G}$ für $\varrho \equiv 1$)	$\mathbf{r}_S = \dfrac{1}{M}\displaystyle\int_{\mathbb{G}} \mathbf{r}\varrho\,dV$	$\Theta_z = \displaystyle\int_{\mathbb{G}} (x^2 + y^2)\varrho\,dV$

▶ BEISPIEL 2 (Kreiszylinder): Wir betrachten einen Kreiszylinder vom Radius R und der Höhe h (Abb. 1.79b).

Volumen:

$$M = \int r\,drd\varphi dz = \int_0^R r\,dr \int_{-\pi}^{\pi} d\varphi \int_0^h dz = \pi R^2 h.$$

Wir benutzen dabei Zylinderkoordinaten (vgl. Tab. 1.2).

Schwerpunkt: $z_S = \dfrac{h}{2}$, $x_S = y_S = 0$.

Trägheitsmoment bezüglich der z-Achse:

$$\Theta_z = \int r^2 \cdot r\,d\varphi drdz = \int_0^R r^3 dr \int_{-\pi}^{\pi} d\varphi \int_0^h dz = \frac{1}{2} R^2 M.$$

▶ BEISPIEL 3 (Kreiskegel): Wir betrachten einen Kreiskegel vom Radius R und der Höhe h (Abb. 1.79c).

Volumen:

$$M = \int_{z=0}^{h} \left(\int_{G_z} dxdydz \right) = \int_0^h \pi R_z^2 dz = \frac{1}{3} \pi R^2 h.$$

Wir benutzen dabei das Prinzip des Cavalieri. Nach Beispiel 3 in 1.7.1. hat man $R_z = (h - z)R/h$.

Schwerpunkt:

$$z_S = \frac{1}{M} \int_{z=0}^{h} \left(\int_{G_z} z dxdy \right) dz = \frac{1}{M} \int_0^h z\pi R_z^2 dz = \frac{h}{4}, \qquad x_S = y_S = 0.$$

Trägheitsmoment bezüglich der z-Achse::

$$\Theta = \int (x^2 + y^2)\mathrm{d}x\mathrm{d}y\mathrm{d}z = \int\limits_0^h \left(\int\limits_{G_z} r^3 \mathrm{d}r\mathrm{d}\varphi \right)\mathrm{d}z = \int\limits_0^h \left(\int\limits_0^{R_z} r^3 \mathrm{d}r \right) \left(\int\limits_{-\pi}^{\pi} \mathrm{d}\varphi \right)\mathrm{d}z$$

$$= \int\limits_0^h \frac{\pi}{2} R_z^4 \, \mathrm{d}z = \frac{3}{10} MR^2.$$

1. Guldinsche Regel: Das Volumen eines Rotationskörpers findet man, indem man die Fläche F des auf einer Seite der Drehachse gelegenen Meridianschnittes S mit der Länge des Weges multipliziert, den der Schwerpunkt von S bei einer Umdrehung zurücklegt (vgl. Abb. 1.80).

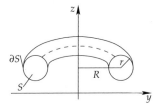

Abb. 1.80

2. Guldinsche Regel: Die Oberfläche eines Rotationskörpers findet man, indem man die Länge des Randes ∂S des Meridianschnitts S mit der Länge des Weges multipliziert, den der Schwerpunkt des Randes ∂S bei einer Umdrehung zurücklegt.

▶ Beispiel 4 (Torus): Der Meridianschnitt S eines Torus ist ein Kreis vom Radius r mit der Fläche $F = \pi r^2$ und dem Umfang $U = 2\pi r$ (Abb. 1.80). Der Schwerpunkt von S und ∂S ist der Mittelpunkt des Kreises, der von der z-Achse den Abstand R hat. Nach der *Guldinschen Regel* gilt:

Volumen des Torus $= 2\pi RF = 2\pi^2 Rr^2$,
Oberfläche des Torus $= 2\pi RU = 4\pi^2 Rr$.

1.7.11 Parameterintegrale

Wir betrachten die Funktion

$$F(p) = \int\limits_G f(x, p)\mathrm{d}x, \qquad p \in P,$$

wobei G eine zulässige Menge des $\mathbb{R}^N$ und P eine offene Menge des $\mathbb{R}^M$ ist. Wir nennen p einen Parameter. Ferner sei $\partial_j := \partial/\partial p_j$.

Stetigkeit: Die Funktion $F : P \to \mathbb{C}$ ist stetig, falls gilt:

(i) Die Funktion $f(., p) : G \to \mathbb{C}$ ist zulässig und stetig für jeden Parameter $p \in P$.

(ii) Es gibt eine zulässige Funktion $h : G \to \mathbb{R}$ mit

$$|f(x, p)| \le h(x) \qquad \text{für alle } x \in G, \, p \in P.$$

Differenzierbarkeit: Die Funktion $F : P \longrightarrow \mathbb{C}$ ist vom Typ C^1 mit

$$\partial_j F(p) = \int\limits_G \partial_j f(x, p) \mathrm{d}x, \qquad j = 1, \ldots, N,$$

für alle $p \in P$, falls zusätzlich zu (i) und (ii) folgendes gilt:

(a) Die Funktion $f(., p) : G \to \mathbb{C}$ ist vom Typ C^1 für jeden Parameter $p \in P$.

(b) Es gibt zulässige Funktionen $h_j : G \to \mathbb{R}$ mit

$$|\partial_j f(x, p)| \leq h_j(x) \qquad \text{für alle } x \in G, \ p \in P \text{ und } j = 1, \ldots N.$$

Mit $f(., p)$ bezeichnen wir diejenige Funktion, die (bei festem p) jedem Punkt x den Punkt $f(x, p)$ zuordnet.

Integration: Es sei P eine zulässige Menge des $\mathbb{R}^M$. Dann existiert das Integral

$$\int\limits_P F(p) \mathrm{d}p = \int\limits_{G \times P} f(x, p) \, \mathrm{d}x \mathrm{d}p,$$

falls $f : P \times G \longrightarrow \mathbb{R}$ zulässig ist.

▶ BEISPIEL: Es sei $-\infty < a < b < \infty$ und $-\infty < c < d < \infty$. Wir setzen $Q := \{(x, y) \in \mathbb{R}^2 : a \leq x \leq b, \ c \leq y \leq d\}$ und wählen $p := y$ als Parameter.

(i) Ist $f : Q \longrightarrow \mathbb{C}$ stetig, dann ist die Funktion

$$F(p) := \int\limits_a^b f(x, p) \mathrm{d}x$$

für jeden Parameterwert $p \in [c, d]$ stetig. Ferner gilt

$$\int\limits_c^d F(p) \, \mathrm{d}p = \int\limits_Q f(x, p) \, \mathrm{d}x \mathrm{d}p.$$

(ii) Ist $f : Q \longrightarrow \mathbb{C}$ vom Typ C^1, dann ist auch F auf $[c, d]$ vom Typ C^1, und wir erhalten die Ableitung $F'(p)$ durch Differentiation unter dem Integralzeichen:

$$F'(p) = \int\limits_a^b f_p(x, p) \mathrm{d}x \qquad \text{für alle } p \in]c, d[.$$

Anwendung auf Integraltransformationen: Vgl. 1.11

1.8 Vektoralgebra

Skalare, Ortsvektoren und freie Vektoren.   Größen, deren Werte durch reelle Zahlen ausgedrückt werden, heißen *Skalare* (z. B. Masse, Ladung, Temperatur, Arbeit, Energie, Leistung). Die Größen dagegen, die durch eine Zahlenangabe und zusätzlich eine Richtung im Raum charakterisiert sind, nennt man *Vektoren* (z. B. Geschwindigkeitsvektor, Beschleunigungsvektor,

Kraft, elektrische oder magnetische Feldstärke). In der Physik spielt der Angriffspunkt häufig eine zusätzliche Rolle. Das führt auf den Begriff des Ortsvektors. Ist der Angriffspunkt unwichtig, dann hat man es mit sogenannten freien Vektoren zu tun.

Definition von Ortsvektoren: Unter einem im Punkt O angreifenden Ortsvektor $\mathbf{K}$ verstehen wir einen Pfeil, der im Punkt O angetragen wird (Abb. 1.81).

Die Länge dieses Pfeils wird mit $|\mathbf{K}|$ bezeichnet. Ist P der Endpunkt des Pfeils, dann schreiben wir auch $\mathbf{K} = \overrightarrow{OP}$. Der Vektor $\mathbf{0} = \overrightarrow{OO}$ heißt der *Nullvektor* im Punkt O. Vektoren der Länge eins nennt man *Einheitsvektoren.* .

Physikalische Interpretation: Man kann $\mathbf{K}$ als eine Kraft auffassen, die im Punkt O angreift.

1.8.1 Linearkombinationen von Vektoren

Definition der Multiplikation eines Vektors mit einer reellen Zahl (Abb. 1.81): Gegeben sei ein im Punkt O angreifender Ortsvektor $\mathbf{K}$ und eine reelle Zahl α.

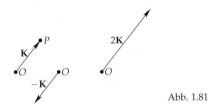

Abb. 1.81

(i) $-\mathbf{K}$ ist ein im Punkt O angreifender Ortsvektor, der die gleiche Länge, aber die entgegengesetzte Richtung wie $\mathbf{K}$ besitzt.

(ii) Für $\alpha > 0$ ist $\alpha\mathbf{K}$ ein im Punkt O angreifender Ortsvektor, der die gleiche Richtung wie $\mathbf{K}$ und die Länge $\alpha|\mathbf{K}|$ besitzt.

(iii) Für $\alpha < 0$ sei $\alpha\mathbf{K} := |\alpha|(-\mathbf{K})$, und für $\alpha = 0$ sei $\alpha\mathbf{K} := \mathbf{0}$.

Definition der Vektoraddition: Sind $\mathbf{K}_1$ und $\mathbf{K}_2$ zwei Ortsvektoren, die im gleichen Punkt O angreifen, dann ist die Summe

$$\boxed{\mathbf{K}_1 + \mathbf{K}_2}$$

definitionsgemäß ein im Punkt O angreifender Ortsvektor, der sich aus der in Abb. 1.82 angegebenen Parallelogrammkonstruktion ergibt.

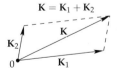

Abb. 1.82

Physikalische Interpretation: Sind $\mathbf{K}_1$ und $\mathbf{K}_2$ zwei im Punkt O angreifende Kräfte, dann ist $\mathbf{K}_1 + \mathbf{K}_2$ die resultierende Kraft (Parallelogramm der Kräfte).

Die Differenz $b - a$ wird durch $b + (-a)$ erklärt. Es gilt $a + (b - a) = b$ (Abb. 1.83).

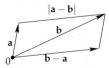

Abb. 1.83

Rechenregeln: Sind a, b, c Ortsvektoren, die im Punkt O angreifen, und sind α, β reelle Zahlen, dann gilt:

$$\begin{array}{ll} a + b = b + a, & (a + b) + c = a + (b + c), \\ \alpha(\beta a) = (\alpha\beta)a, & (\alpha + \beta)a = \alpha a + \beta a, \qquad \alpha(a + b) = \alpha a + \alpha b. \end{array}$$

(1.156)

Wir nennen $\alpha a + \beta b$ eine Linearkombination der Vektoren a und b. Ferner hat man:

$$|a| = 0 \quad \text{genau dann wenn} \quad a = 0;$$

$$|\alpha a| = |\alpha|\,|a|;$$

$$||a| - |b|| \leq |a \pm b| \leq |a| + |b|.$$

(1.157)

Mit $V(O)$ bezeichnen wir die Menge der im Punkt O angreifenden Ortsvektoren. Benutzt man die Sprache der mathematischen Strukturen, dann besagt (1.156), dass $V(O)$ ein reeller linearer Raum ist (vgl. 2.3.2). Wegen (1.157) ist $V(O)$ zusätzlich ein normierter Raum (vgl. 11.2.4 im Handbuch). Durch den Abstand

$$d(a, b) := |b - a|$$

(1.158)

wird $V(O)$ zugleich ein metrischer Raum. Dabei ist $|b - a|$ der Abstand der Endpunkte von b und a (Abb. 1.83).

Lineare Unabhängigkeit: Die Vektoren $K_1, \ldots, K_m$ aus $V(O)$ heißen genau dann linear unabhängig, wenn aus

$$\alpha_1 K_1 + \ldots + \alpha_r K_r = 0$$

mit reellen Zahlen $\alpha_1, \ldots, \alpha_r$ stets $\alpha_1 = \cdots = \alpha_r = 0$ folgt.

▶ BEISPIEL: (i) Zwei von null verschiedene Vektoren aus $V(O)$ sind genau dann linear unabhängig, wenn sie nicht auf einer Geraden liegen, d. h., sie sind nicht kollinear.

(ii) Drei von null verschiedene Vektoren aus $V(O)$ sind genau dann linear unabhängig, wenn sie nicht in einer Ebene liegen, d. h., sie sind nicht komplanar.

1.8.2 Koordinatensysteme

Die Maximalzahl linear unabhängiger Vektoren in $V(O)$ ist gleich drei. Man sagt deshalb, dass der lineare Raum $V(O)$ die Dimension drei besitzt.

Basis: Sind e_1, e_2, e_3 drei linear unabhängige Vektoren in $V(O)$, dann kann man jeden Vektor r aus $V(O)$ in eindeutiger Weise in der Form

$$r = x_1 e_1 + x_2 e_2 + x_3 e_3$$

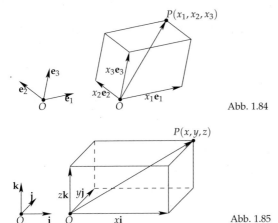

Abb. 1.84

Abb. 1.85

darstellen. Die reellen Zahlen x_1, x_2, x_3 heißen die Komponenten von $\mathbf{r}$ bezüglich der Basis $\mathbf{e}_1, \mathbf{e}_2, \mathbf{e}_3$. Zugleich heißen x_1, x_2, x_3 die Koordinaten des Endpunkts P von $\mathbf{r}$ (Abb. 1.84).

Ein kartesisches Koordinatensystem ergibt sich dadurch, dass man drei aufeinander senkrecht stehende Einheitsvektoren $\mathbf{i}, \mathbf{j}, \mathbf{k}$ aus $V(O)$ wählt, die ein *rechtshändiges System* bilden, d. h., sie sind wie Daumen, Zeigefinger und Mittelfinger der rechten Hand orientiert. Jeder Vektor $\mathbf{r}$ aus $V(O)$ besitzt dann die eindeutige Darstellung

$$\mathbf{r} = x\mathbf{i} + y\mathbf{j} + z\mathbf{k},$$

wobei x, y und z die kartesischen Koordinaten des Endpunkts P von $\mathbf{r}$ heißen (Abb. 1.85). Ferner gilt.

$$|\mathbf{r}| := \sqrt{x^2 + y^2 + z^2}.$$

Die zugehörige ebene Situation ist in Abb. 1.86 dargestellt.

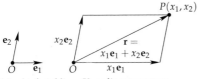

(a) schiefwinkliges Koordinatensystem

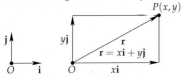

(b) kartesisches Koordinatensystem   Abb. 1.86

Freie Vektoren: Zwei Ortsvektoren, die im gleichen Punkt oder in zwei verschiedenen Punkten angreifen, heißen genau dann äquivalent, wenn sie die gleiche Richtung und die gleiche Länge besitzen. Wir schreiben

$$a \sim c$$

(Abb. 1.87). Mit [a] bezeichnen wir die Äquivalenzklasse zu **a**, d. h., [a] besteht aus allen Ortsvektoren **c**, die zu **a** äquivalent sind. Alle Elemente von [a] heißen Repräsentanten von [a]. Jede Klasse [a] heißt ein freier Vektor.

Geometrische Interpretation: Ein freier Vektor [a] stellt eine Translation des Raumes dar. Jeder Repräsentant $c = \overrightarrow{QP}$ gibt an, dass der Punkt Q bei der Translation in den Punkt P übergeht (Abb. 1.87).

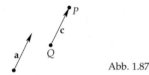

Abb. 1.87

Addition freier Vektoren: Wir definieren

$$[a] + [b] := [a + b].$$

Das bedeutet, freie Vektoren werden repräsentantenweise addiert, und diese Operation ist unabhängig von der Wahl der Repräsentanten. Analog definieren wir

$$\alpha[a] := [\alpha a].$$

Konvention: Um die Bezeichnungsweise zu vereinfachen, schreibt man **a** = **c** anstelle von **a** ∼ **c** sowie **a** + **b** (bzw. α**a**) anstelle von [a] + [b] (bzw. α[a]).

Das entspricht der Vorgehensweise, dass man mit Ortsvektoren arbeitet und diese als gleich ansieht, wenn sie gleiche Richtung und gleiche Länge besitzen. Anstelle von freien Vektoren sprechen wir in Zukunft kurz von Vektoren.

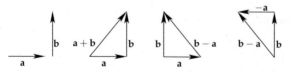

Abb. 1.88

▶ BEISPIEL: Die Summe **a** + **b** zweier Vektoren **a** und **b** ergibt sich, indem man **a** und **b** nach geeigneter Parallelverschiebung aneinandersetzt (Abb. 1.88). Analog erhält man **a** + **b** + **c** durch Aneinandersetzung (Abb. 1.89).

Gravitationskraft der Sonne: Befindet sich die Sonne mit der Masse M im Punkt S und befindet sich ein Planet mit der Masse m im Punkt P, dann wirkt auf den Punkt P die Gravitationskraft der Sonne

$$K(P) = \frac{GmM(r_S - r)}{|r_S - r|^3} \tag{1.159}$$

mit $r := \overrightarrow{OP}$, $r_S := \overrightarrow{OS}$ und der Gravitationskonstante G (Abb. 1.90).

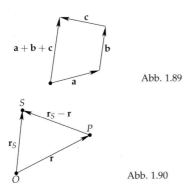

Abb. 1.89

Abb. 1.90

1.8.3 Multiplikation von Vektoren

Definition des Skalarprodukts: Unter dem Skalarprodukt **ab** der beiden Vektoren **a** und **b** versteht man die Zahl

$$\mathbf{ab} := |\mathbf{a}|\,|\mathbf{b}|\cos\varphi,$$

wobei φ einen der Winkel zwischen **a** und **b** bezeichnet, der so zu wählen ist, dass $0 \le \varphi \le \pi$ gilt (Abb. 1.91).

Orthogonalität: Zwei Vektoren **a** und **b** heißen genau dann *orthogonal*, wenn

$$\mathbf{ab} = 0$$

gilt.[81] Im Fall $\mathbf{a} \ne 0$ und $\mathbf{b} \ne 0$ entspricht das $\varphi = \pi/2$.

Der Nullvektor ist zu allen Vektoren orthogonal.

Abb. 1.91

Definition des Vektorprodukts: Unter dem Vektorprodukt $\mathbf{a} \times \mathbf{b}$ der beiden Vektoren **a** und **b** versteht man einen Vektor der Länge

$$|\mathbf{a}|\,|\mathbf{b}|\sin\varphi$$

(Flächeninhalt des von **a** und **b** aufgespannten Parallelogramms), der auf **a** und **b** senkrecht steht und zwar so, dass **a**, **b** und $\mathbf{a} \times \mathbf{b}$ ein rechtshändiges System bilden, falls $\mathbf{a} \ne 0$ und $\mathbf{b} \ne 0$ gilt (Abb. 1.92).

---

[81]Man sagt auch, dass **a** auf **b** senkrecht steht.

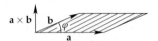

Abb. 1.92

Rechenregeln: Für beliebige Vektoren **a**, **b** und **c** und beliebige reelle Zahlen α gilt:

$\mathbf{ab} = \mathbf{ba}$,	$\mathbf{a} \times \mathbf{b} = -(\mathbf{b} \times \mathbf{a})$,
$\alpha(\mathbf{ab}) = (\alpha\mathbf{a})\mathbf{b}$,	$\alpha(\mathbf{a} \times \mathbf{b}) = (\alpha\mathbf{a}) \times \mathbf{b}$,
$\mathbf{a}(\mathbf{b} + \mathbf{c}) = \mathbf{ab} + \mathbf{ac}$,	$\mathbf{a} \times (\mathbf{b} + \mathbf{c}) = (\mathbf{a} \times \mathbf{b}) + (\mathbf{a} \times \mathbf{c})$,
$\mathbf{a}^2 := \mathbf{aa} = |\mathbf{a}|^2$,	$\mathbf{a} \times \mathbf{a} = \mathbf{0}$.

Ferner gilt:

(i) Es ist $\mathbf{a} \times \mathbf{b} = 0$ genau dann, wenn entweder einer der beiden Faktoren null ist oder **a** und **b** parallel oder antiparallel sind.

(ii) Es ist $\mathbf{a} \times \mathbf{b} = 0$ genau dann, wenn **a** und **b** linear abhängig sind.

(iii) Das Vektorprodukt ist *nicht kommutativ*, d. h., im Fall $\mathbf{a} \times \mathbf{b} \neq 0$ hat man $\mathbf{a} \times \mathbf{b} \neq \mathbf{b} \times \mathbf{a}$.

Mehrfache Produkte von Vektoren:

Entwicklungssatz:

$$\mathbf{a} \times (\mathbf{b} \times \mathbf{c}) = \mathbf{b}(\mathbf{ac}) - \mathbf{c}(\mathbf{ab}).$$

Identität von Lagrange:

$$(\mathbf{a} \times \mathbf{b})(\mathbf{c} \times \mathbf{d}) = (\mathbf{ac})(\mathbf{bd}) - (\mathbf{bc})(\mathbf{ad}).$$

Spatprodukt: Wir definieren

$$(\mathbf{abc}) := (\mathbf{a} \times \mathbf{b})\mathbf{c}.$$

Bei einer Permutation von $\mathbf{a}, \mathbf{b}, \mathbf{c}$ multipliziert sich $(\mathbf{abc})$ mit dem Vorzeichen der Permutation, d. h., man hat

$$(\mathbf{abc}) = (\mathbf{bca}) = (\mathbf{cab}) = -(\mathbf{acb}) = -(\mathbf{bac}) = -(\mathbf{acb}).$$

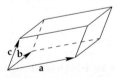

Abb. 1.93

Geometrisch ist das Spatprodukt $(\mathbf{abc})$ gleich dem Volumen des Parallelepipeds, das von $\mathbf{a}, \mathbf{b}$ und **c** aufgespannt wird (Abb. 1.93). Ferner gilt:

$$(\mathbf{abc})(\mathbf{efg}) = \begin{vmatrix} \mathbf{ae} & \mathbf{af} & \mathbf{ag} \\ \mathbf{be} & \mathbf{bf} & \mathbf{bg} \\ \mathbf{ce} & \mathbf{cf} & \mathbf{cg} \end{vmatrix}.$$

Die Vektoren $\mathbf{a}, \mathbf{b}, \mathbf{c}$ sind genau dann linear unabhängig, wenn eine der beiden Bedingungen gilt:

(a) $(\mathbf{abc}) \neq 0$.

(b) $\begin{vmatrix} \mathbf{aa} & \mathbf{ab} & \mathbf{ac} \\ \mathbf{ba} & \mathbf{bb} & \mathbf{bc} \\ \mathbf{ca} & \mathbf{cb} & \mathbf{cc} \end{vmatrix} \neq 0$ (Gramsche Determinante).

Ausdrücke in einem kartesischen Koordinatensystem: Aus

$$\mathbf{a} = a_1 \mathbf{i} + a_2 \mathbf{j} + a_3 \mathbf{k}, \quad \mathbf{b} = b_1 \mathbf{i} + b_2 \mathbf{j} + b_3 \mathbf{k}, \quad \mathbf{c} = c_1 \mathbf{i} + c_2 \mathbf{j} + c_3 \mathbf{k},$$

folgt:

$$\mathbf{ab} = a_1 b_1 + a_2 b_2 + a_3 b_3,$$

$$\mathbf{a} \times \mathbf{b} = \begin{vmatrix} \mathbf{i} & \mathbf{j} & \mathbf{k} \\ a_1 & a_2 & a_3 \\ b_1 & b_2 & b_3 \end{vmatrix} = (a_2 b_3 - a_3 b_2)\mathbf{i} + (a_3 b_1 - a_1 b_3)\mathbf{j} + (a_1 b_2 - a_2 b_1)\mathbf{k},$$

$$(\mathbf{abc}) = \begin{vmatrix} a_1 & a_2 & a_3 \\ b_1 & b_2 & b_3 \\ c_1 & c_2 & c_3 \end{vmatrix}.$$

Ausdrücke in schiefwinkligen Koordinaten: Es seien $\mathbf{e}_1, \mathbf{e}_2, \mathbf{e}_3$ linear unabhängige Vektoren. Dann bezeichnen wir

$$\mathbf{e}^1 := \frac{\mathbf{e}_2 \times \mathbf{e}_3}{(\mathbf{e}_1 \mathbf{e}_2 \mathbf{e}_3)}, \qquad \mathbf{e}^2 := \frac{\mathbf{e}_3 \times \mathbf{e}_1}{(\mathbf{e}_1 \mathbf{e}_2 \mathbf{e}_3)}, \qquad \mathbf{e}^3 := \frac{\mathbf{e}_1 \times \mathbf{e}_2}{(\mathbf{e}_1 \mathbf{e}_2 \mathbf{e}_3)}$$

als reziproke Basis zur Basis $\mathbf{e}_1, \mathbf{e}_2, \mathbf{e}_3$. Jeder Vektor $\mathbf{a}$ erlaubt die beiden eindeutigen Zerlegungen

$$\mathbf{a} = a^1 \mathbf{e}_1 + a^2 \mathbf{e}_2 + a^3 \mathbf{e}_3 \quad \text{und} \quad \mathbf{a} = a_1 \mathbf{e}^1 + a_2 \mathbf{e}^2 + a_3 \mathbf{e}^3.$$

Wir nennen a^1, a^2, a^3 die *kontravarianten* Koordinaten und a_1, a_2, a_3 die *kovarianten* Koordinaten von $\mathbf{a}$. Dann gilt:

$$\mathbf{ab} = a_1 b^1 + a_2 b^2 + a_3 b^3,$$

$$\mathbf{a} \times \mathbf{b} = (\mathbf{e}_1 \mathbf{e}_2 \mathbf{e}_3) \begin{vmatrix} \mathbf{e}^1 & \mathbf{e}^2 & \mathbf{e}^3 \\ a^1 & a^2 & a^3 \\ b^1 & b^2 & b^3 \end{vmatrix},$$

$$(\mathbf{abc}) = (\mathbf{e}_1 \mathbf{e}_2 \mathbf{e}_3) \begin{vmatrix} a^1 & a^2 & a^3 \\ b^1 & b^2 & b^3 \\ c^1 & c^2 & c^3 \end{vmatrix}.$$

In einem kartesischen Koordinatensystem hat man die Relationen:

$$\mathbf{i} = \mathbf{e}_1 = \mathbf{e}^1, \quad \mathbf{j} = \mathbf{e}_2 = \mathbf{e}^2, \quad \mathbf{k} = \mathbf{e}_3 = \mathbf{e}^3, \quad a_j = a^j, \quad j = 1, 2, 3.$$

Speziell fallen kontravariante und kovariante Koordinaten zusammen.

Anwendungen der Vektoralgebra in der Geometrie: Vgl. 3.3.

1.9 Vektoranalysis und physikalische Felder

> *Wir brauchen eine Analysis, die geometrischer Natur ist und*
> *Situationen unmittelbar beschreibt, so wie die Algebra Größen*
> *ausdrückt.*
>
> *Gottfried Wilhelm Leibniz* (1646–1716)

Die Vektoranalysis untersucht Vektorfunktionen mit den Mitteln der Differential- und Integralrechnung. Sie stellt das grundlegende mathematische Instrument zur Beschreibung klassischer physikalischer Felder dar (Hydrodynamik, Elastizitätstheorie, Wärmeleitung und Elektrodynamik). Die Feldtheorien der modernen Physik (spezielle und allgemeine Relativitätstheorie, Eichfeldtheorien der Elementarteilchen) basieren auf dem Cartanschen Differentialkalkül und der Tensoranalysis, die beide die klassische Vektoranalysis als Spezialfall enthalten (vgl. 10.2 im Handbuch).

Charakteristische Invarianzeigenschaft: Alle im folgenden eingeführten Operationen mit Vektoren sind vom gewählten Koordinatensystem unabhängig. Das erklärt, warum die Vektoranalysis eine so wichtige Rolle bei der Beschreibung geometrischer Eigenschaften und physikalischer Phänomene spielt.

1.9.1 Geschwindigkeit und Beschleunigung

Grenzwerte: Ist $(\mathbf{a}_n)$ eine Folge von Ortsvektoren und ist $\mathbf{a}$ ein fester Ortsvektor, wobei $\mathbf{a}_n$ und $\mathbf{a}$ im Punkt O angreifen, dann schreiben wir genau dann

$$\mathbf{a} = \lim_{n \to \infty} \mathbf{a}_n,$$

wenn $\lim_{n \to \infty} |\mathbf{a}_n - \mathbf{a}| = 0$, gilt, d. h., der Abstand zwischen den Endpunkten von $\mathbf{a}_n$ und $\mathbf{a}$ geht gegen null für $n \to \infty$ (Abb. 1.94).

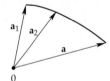

           Abb. 1.94

Mit Hilfe dieses Grenzwertbegriffs kann man viele Eigenschaften, die für reelle Funktionen erklärt sind, sofort auf Vektorfunktionen übertragen.

Bahnkurve: Wir wählen einen festen Punkt O. Es sei $\mathbf{r}(t) := \overrightarrow{OP(t)}$. Durch die Gleichung

$$\mathbf{r} = \mathbf{r}(t), \qquad \alpha \le t \le \beta,$$

wird die Bewegung eines Massenpunktes beschrieben, der sich zur Zeit t im Punkt $P(t)$ befindet.

Stetigkeit: Die Vektorfunktion $\mathbf{r} = \mathbf{r}(t)$ heißt genau dann im Punkt t stetig, wenn $\lim_{s \to t} \mathbf{r}(s) = \mathbf{r}(t)$ gilt.

Geschwindigkeitsvektor: Wir definieren die Ableitung

$$\mathbf{r}'(t) := \lim_{\Delta t \to 0} \frac{\Delta \mathbf{r}}{\Delta t}$$

mit $\Delta \mathbf{r} := \mathbf{r}(t + \Delta t) - \mathbf{r}(t)$ (Abb. 1.95). Der Vektor $\mathbf{r}'(t)$ besitzt die Richtung der Tangente an die Bahnkurve im Punkt $P(t)$ (in Richtung wachsender t-Werte). In der Physik heißt $\mathbf{r}'(t)$ der Geschwindigkeitsvektor im Punkt $P(t)$, und seine Länge $|\mathbf{r}'(t)|$ ist definitionsgemäß die Geschwindigkeit des Massenpunktes zur Zeit t.

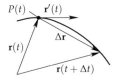

Abb. 1.95

Beschleunigungsvektor: Die zweite Ableitung

$$\mathbf{r}''(t) := \lim_{\Delta t \to 0} \frac{\mathbf{r}'(t + \Delta t) - \mathbf{r}'(t)}{\Delta t}$$

ist definitionsgemäß der Beschleunigungsvektor des Massenpunktes zur Zeit t, und $|\mathbf{r}''(t)|$ ist die Beschleunigung zur Zeit t.

Das fundamentale Newtonsche Bewegungsgesetz der klassischen Mechanik:

$$m\mathbf{r}''(t) = \mathbf{K}(\mathbf{r}(t), t).$$ (1.160)

Dabei bezeichnet m die Masse des bewegten Punktes, und $\mathbf{K}(\mathbf{r}, t)$ ist die Kraft, die im Endpunkt des Ortsvektors $\mathbf{r}$ zur Zeit t angreift. In Worten lautet Gleichung (1.160):

Kraft ist gleich Masse mal Beschleunigung.

Dieses Gesetz bleibt bestehen, falls die Kraft auch von der Geschwindigkeit abhängt, d. h., es ist $\mathbf{K} = \mathbf{K}(\mathbf{r}, \mathbf{r}', t)$.

▶ BEISPIEL (harmonischer Oszillator): Die Bewegung des Endpunktes der Masse m einer Feder auf einer Geraden wird durch $\mathbf{r}(t) = x(t)\mathbf{i}$ mit der rücktreibenden Kraft $\mathbf{K} := -kx\mathbf{i}$ und der Federkonstanten $k > 0$ beschrieben.[82] Das ergibt die Newtonsche Bewegungsgleichung

$$mx''(t)\mathbf{i} = -kx(t)\mathbf{i}.$$

---

[82] Dieses Kraftgesetz ergibt sich aus der folgenden allgemeinen Überlegung. Nach dem Taylorschen Satz hat man für kleine Auslenkungen x die Näherungsformel

$$\mathbf{K}(x) = \mathbf{K}(0) + x\mathbf{a} + x^2\mathbf{b} + x^3\mathbf{c} + \dots$$

Liegt keine Auslenkung vor, dann soll auch keine Kraft auftreten. Das bedeutet $\mathbf{K}(0) = 0$. Ferner erwarten wir die Symmetrieeigenschaft $\mathbf{K}(-x) = -\mathbf{K}(x)$. Daraus folgt $\mathbf{b} = 0$. Da die Kraft rücktreibend ist, muss sie in entgegengesetzter Richtung des Einheitsvektors $\mathbf{i}$ wirken. Das ergibt $\mathbf{a} = -k\mathbf{i}$ und $\mathbf{c} = -l\mathbf{i}$ mit positiven Konstanten k und l. Somit erhalten wir das Kraftgesetz

$$\mathbf{K}(x) = -kx\mathbf{i} - lx^3\mathbf{i}$$

für den sogenannten anharmonischen Oszillator. Der harmonische Oszillator entspricht $l = 0$.

Setzen wir $\omega^2 = k/m$, dann erhalten wir die Differentialgleichung des harmonischen Oszillators:

$$x'' + \omega^2 x = 0$$

(Abb. 1.96). Diese Differentialgleichung wird in 1.11.1.2 gelöst.

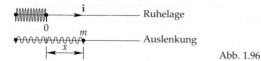

Abb. 1.96

Koordinatendarstellung: Wählen wir ein kartesisches (x, y, z)-System mit dem Punkt O im Ursprung, dann gilt für einen im Punkt O angreifenden Ortsvektor

$$\mathbf{r}(t) = x(t)\mathbf{i} + y(t)\mathbf{j} + z(t)\mathbf{k}$$

und

$$\mathbf{r}^{(n)}(t) = x^{(n)}(t)\mathbf{i} + y^{(n)}(t)\mathbf{j} + z^{(n)}(t)\mathbf{k},$$
$$|\mathbf{r}^{(n)}(t)| = \sqrt{x^{(n)}(t)^2 + y^{(n)}(t)^2 + z^{(n)}(t)^2}.$$

Speziell ist $\mathbf{r}'(t) = \mathbf{r}^{(1)}(t)$, $\mathbf{r}''(t) = \mathbf{r}^{(2)}(t)$ usw. Das heißt, die n-te Ableitung $\mathbf{r}^{(n)}(t)$ existiert genau dann, wenn die n-ten Ableitungen $x^{(n)}(t)$, $y^{(n)}(t)$ und $z^{(n)}(t)$ existieren. Es sei $\mathbf{a}_n = \alpha_n\mathbf{i} + \beta_n\mathbf{j} + \gamma_n\mathbf{k}$ und $\mathbf{a} = \alpha\mathbf{i} + \beta\mathbf{j} + \gamma\mathbf{k}$. Dann gilt

$$\lim_{n\to\infty} \mathbf{a}_n = \mathbf{a},$$

genau dann, wenn, $\alpha_n \longrightarrow \alpha$, $\beta_n \longrightarrow \beta$ und $\gamma_n \longrightarrow \gamma$ für $n \longrightarrow \infty$ vorliegt (Konvergenz der Koordinaten).

Glattheit: Die C^k-Eigenschaft von $\mathbf{r} = \mathbf{r}(t)$ wird wie für reelle Funktionen erklärt (vgl. 1.4.1.).

Die Funktion $\mathbf{r} = \mathbf{r}(t)$ ist genau dann vom Typ C^k auf dem Intervall $[a, b]$, wenn alle Komponentenfunktionen $x = x(t)$, $y = y(t)$ und $z = z(t)$ in irgendeinem fest gewählten kartesischen Koordinatensystem zu $C^k[a, b]$ gehören.

Taylorentwicklung: Ist $\mathbf{r} = \mathbf{r}(t)$ vom Typ C^{n+1} auf dem Intervall $[a, b]$, dann gilt:

$$\mathbf{r}(t + h) = \mathbf{r}(t) + h\mathbf{r}'(t) + \frac{h^2}{2}\mathbf{r}''(t) + \ldots + \frac{h^n}{n!}\mathbf{r}^{(n)}(t) + \mathbf{R}_{n+1}$$

für alle t, $t + h \in [a, b]$, mit der Restgliedabschätzung

$$|\mathbf{R}_{n+1}| \leq \frac{h^{n+1}}{(n+1)!} \sup_{s \in [a,b]} |\mathbf{r}^{(n+1)}(s)|.$$

1.9.2 Gradient, Divergenz und Rotation

Wie üblich bezeichnen U_x, U_{xx} usw. partielle Ableitungen.

Gradient: In einem kartesischen Koordinatensystem mit dem Ursprung O betrachten wir die Funktion

$$T = T(P)$$

mit $P = (x, y, z)$ und definieren den Gradienten von T im Punkt P durch

$$\boxed{\mathbf{grad}\ T(P) = T_x(P)\mathbf{i} + T_y(P)\mathbf{j} + T_z(P)\mathbf{k}.}$$

Häufig schreibt man auch $T(\mathbf{r})$ anstelle von $T(P)$ mit dem Ortsvektor $\mathbf{r} = \overrightarrow{OP}$.

Richtungsableitung: Ist $\mathbf{n}$ ein Einheitsvektor, dann ist die Ableitung von T im Punkt P in Richtung von $\mathbf{n}$ definiert durch

$$\frac{\partial T(P)}{\partial \mathbf{n}} := \lim_{h \to 0} \frac{T(\mathbf{r} + h\mathbf{n}) - T(\mathbf{r})}{h}.$$

Es gilt

$$\boxed{\frac{\partial T(P)}{\partial \mathbf{n}} = \mathbf{n}(\mathbf{grad}\ T(P)),}$$

falls T in einer Umgebung des Punktes P vom Typ C^1 ist. Bezeichnet $\mathbf{n}$ den Normaleneinheitsvektor einer Fläche, dann heißt $\partial T / \partial \mathbf{n}$ Normalenableitung.

Physikalische Interpretation: Stellt $T(P)$ die Temperatur im Punkt P dar, dann gilt:

(i) Der Vektor $\mathbf{grad}\ T(P)$ steht im Punkt P senkrecht auf der Fläche konstanter Temperatur $T = $ const und zeigt in Richtung wachsender Temperatur.[83]

(ii) Die Länge $|\mathbf{grad}\ T(P)|$ ist gleich der Normalenableitung $\dfrac{\partial T(P)}{\partial \mathbf{n}}$ (Abb. 1.97).

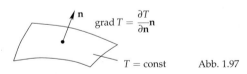

$$\mathrm{grad}\ T = \frac{\partial T}{\partial \mathbf{n}}\mathbf{n}$$

$T = $ const   Abb. 1.97

Die Funktion $f(h) := T(\mathbf{r} + h\mathbf{n})$ beschreibt die Temperatur auf der Geraden durch den Punkt P in Richtung von $\mathbf{n}$. Es gilt

$$\frac{\partial T(P)}{\partial \mathbf{n}} = f'(0).$$

Skalare Felder: Reelle Funktionen werden in der Physik auch als skalare Felder bezeichnet (z. B. spricht man von einem skalaren Temperaturfeld).

---

[83]Die Fläche $T = $ const heißt Niveaufläche der Funktion T.

Divergenz und Rotation: Gegeben sei ein Vektorfeld

$$\mathbf{K} = \mathbf{K}(P),$$

d. h., jedem Punkt P wird ein Vektor $\mathbf{K}(P)$ zugeordnet. Zum Beispiel kann $\mathbf{K}(P)$ eine Kraft sein, die im Punkt P angreift. Anstelle von $\mathbf{K}(P)$ schreibt man auch häufig $\mathbf{K}(\mathbf{r})$ mit $\mathbf{r} = \overrightarrow{OP}$. In einem kartesischen Koordinatensystem haben wir die Darstellung

$$\mathbf{K}(P) = a(P)\mathbf{i} + b(P)\mathbf{j} + c(P)\mathbf{k}.$$

Wir definieren die Divergenz des Vektorfeldes $\mathbf{K}$ im Punkt P durch

$$\boxed{\operatorname{div} \mathbf{K}(P) := a_x(P) + b_y(P) + c_z(P).}$$

Ferner definieren wir die *Rotation* des Vektorfeldes $\mathbf{K}$ im Punkt P durch

$$\boxed{\operatorname{rot} \mathbf{K}(P) := (c_y - b_z)\mathbf{i} + (a_z - c_x)\mathbf{j} + (b_x - a_y)\mathbf{k},}$$

wobei c_y für $c_y(P)$ steht usw.

Vektorgradient: Für einen festen Vektor $\mathbf{v}$ definieren wir

$$\boxed{(\mathbf{v}\,\mathbf{grad})\mathbf{K}(P) := \lim_{h\to 0} \frac{\mathbf{K}(\mathbf{r}+h\mathbf{v}) - \mathbf{K}(\mathbf{r})}{h}}$$

mit $\mathbf{r} = \overrightarrow{OP}$. Ist speziell $\mathbf{n}$ ein Einheitsvektor, dann heißt

$$\boxed{\frac{\partial \mathbf{K}(P)}{\partial \mathbf{n}} := (\mathbf{n}\,\mathbf{grad})\mathbf{K}(P)}$$

die *Ableitung des Vektorfeldes* $\mathbf{K}$ im Punkt P in Richtung von $\mathbf{n}$. In einem kartesischen Koordinatensystem hat man

$$(\mathbf{v}\,\mathbf{grad})\mathbf{K}(P) = (\mathbf{v}\,\mathbf{grad}\,a(P))\mathbf{i} + (\mathbf{v}\,\mathbf{grad}\,b(P))\mathbf{j} + (\mathbf{v}\,\mathbf{grad}\,c(P))\mathbf{k}.$$

Laplaceoperator: Wir definieren

$$\boxed{\Delta T(P) := \operatorname{div} \mathbf{grad}\, T(P)}$$

und

$$\boxed{\Delta \mathbf{K}(P) := \mathbf{grad}\operatorname{div} \mathbf{K}(P) - \operatorname{rot}\operatorname{rot} \mathbf{K}(P).}$$

In einem kartesischen Koordinatensystem gilt:

$$\Delta T(P) = T_{xx}(P) + T_{yy}(P) + T_{zz}(P),$$
$$\Delta \mathbf{K}(P) = \mathbf{K}_{xx}(P) + \mathbf{K}_{yy}(P) + \mathbf{K}_{zz}(P).$$

Aus $\mathbf{K} = a\mathbf{i} + b\mathbf{j} + z\mathbf{k}$ folgt $\Delta \mathbf{K} = (\Delta a)\mathbf{i} + (\Delta b)\mathbf{j} + (\Delta c)\mathbf{k}$.

Invarianz: Die Ausdrücke $\mathbf{grad}\,T$, $\operatorname{div}\mathbf{K}$, $\operatorname{rot}\mathbf{K}$, $(\mathbf{v}\,\mathbf{grad})\mathbf{K}$, ΔT und $\Delta\mathbf{K}$ besitzen eine vom gewählten kartesischen Koordinatensystem unabhängige Bedeutung. In allen kartesischen Koordinatensystemen werden sie durch die gleichen Formeln beschrieben. Die folgende Definition besitzt ebenfalls eine invariante Bedeutung.

Ein Vektorfeld $\mathbf{K} = \mathbf{K}(P)$ auf einer offenen Menge G des $\mathbb{R}^3$ heißt genau dann dort vom Typ C^k, wenn alle Komponenten a, b, c in einem (fest gewählten) kartesischen Koordinatensystem auf G vom Typ C^k sind.

Krummlinige Koordinaten: Die Formeln für $\mathbf{grad}\,T$, $\operatorname{div}\mathbf{K}$ und $\operatorname{rot}\mathbf{K}$ in Zylinderkoordinaten und Kugelkoordinaten findet man in Tabelle 1.5. Die entsprechenden Formeln in beliebigen krummlinigen Koordinaten lassen sich elegant mit Hilfe der Tensoranalysis beschreiben (vgl. 10.2.5 im Handbuch).

Physikalische Interpretationen: Vgl. 1.9.3. bis 1.9.10.

1.9.3 Anwendungen auf Deformationen

Die Operationen $\operatorname{div}\mathbf{u}$ und $\operatorname{rot}\mathbf{u}$ spielen eine fundamentale Rolle bei der Beschreibung des lokalen Verhaltens von Deformationen. Die Deformation eines elastischen Körpers unter dem Einfluss von Kräften wird durch

$$\mathbf{y}(\mathbf{r}) = \mathbf{r} + \mathbf{u}(\mathbf{r})$$

beschrieben. Dabei sind $\mathbf{r} := \overrightarrow{OP}$ und $\mathbf{y}(\mathbf{r})$ Ortsvektoren, die im Punkt O angreifen (Abb. 1.98). Zur Vereinfachung der Bezeichnungen identifizieren wir den Ortsvektor $\mathbf{r}$ mit seinem Endpunkt P.

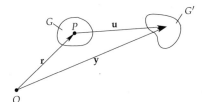

Abb. 1.98

Durch die Deformation geht der Endpunkt von $\mathbf{r}$ in den Endpunkt von $\mathbf{y}(\mathbf{r}) = \mathbf{r} + \mathbf{u}(\mathbf{r})$ über. Wir setzen

$$\omega := \frac{1}{2}\operatorname{rot}\mathbf{u}(P)\,.$$

Mit A bezeichnen wir eine Gerade durch den Punkt O in Richtung von ω.

Satz: Es sei $\mathbf{u} = \mathbf{u}(P)$ ein C^1-Vektorfeld auf dem Gebiet G des $\mathbb{R}^3$. Dann gilt:

(i) Ein kleines Volumenelement im Punkt P wird in erster Näherung um den Winkel $|\omega|$ bezüglich der Achse A gedreht. Außerdem wird es in Richtung der Hauptachsen gedehnt. Hinzu kommt eine Translation.

(ii) Sind die ersten partiellen Ableitungen der Koordinaten von $\mathbf{u}$ hinreichend klein, dann ist $\operatorname{div}\mathbf{u}(P)$ in erster Näherung gleich der relativen Volumenänderung eines kleinen Volumenelements im Punkt P.

Das erklärt die Bezeichnung „Rotation von **u**" für **rot u**. Die Bezeichnung "Divergenz von **u**„ (Quellen) hängt damit zusammen, dass bei chemischen Substanzen die von chemischen Reaktionen verursachten Masseänderungen durch div **J** gemessen werden (vgl. 1.9.7.).

Wir wollen diesen Satz diskutieren. Ausgangspunkt ist die Zerlegung.

$$\mathbf{y}(\mathbf{r}+\mathbf{h}) = \mathbf{r} + \mathbf{u}(\mathbf{r}) + (\mathbf{h} + \boldsymbol{\omega}\times\mathbf{h}) + D(\mathbf{r})\mathbf{h} + \mathbf{R},$$

mit dem Restglied $|\mathbf{R}| = o(|\mathbf{h}|)$ für $|\mathbf{h}| \longrightarrow 0$.

Infinitesimale Drehung: Mit $T(\boldsymbol{\omega})\mathbf{h}$ bezeichnen wir den im Punkt O angreifenden Ortsvektor, der sich aus **h** durch eine Drehung bezüglich der Achse A um einen Winkel $\varphi := |\boldsymbol{\omega}|$ ergibt (Abb. 1.99). Dann gilt

$$T(\boldsymbol{\omega})\mathbf{h} = \mathbf{h} + \boldsymbol{\omega}\times\mathbf{h} + o(\varphi), \qquad \varphi \to 0.$$

Deshalb bezeichnet man $\boldsymbol{\omega}\times\mathbf{h}$ als eine infinitesimale Drehung von **h**.

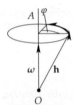

                          Abb. 1.99

Dehnung: Es gibt drei paarweise aufeinander senkrechtstehende Einheitsvektoren $\mathbf{b}_1, \mathbf{b}_2, \mathbf{b}_3$ im Punkt P und positive Zahlen $\lambda_1, \lambda_2, \lambda_3$, so dass gilt:

$$D(\mathbf{r})\mathbf{h} = \sum_{j=1}^{3} \lambda_j(\mathbf{h}\mathbf{b}_j)\mathbf{b}_j.$$

Folglich gilt $D(\mathbf{r})\mathbf{b}_j = \lambda_j\mathbf{b}_j$, $j = 1,2,3$. Man bezeichnet $\mathbf{b}_j$, $j = 1,2,3$, als die Hauptachsen der Dehnung im Punkt P. Betrachten wir ein kartesisches Koordinatensystem, dann sind λ_1, λ_2, λ_3 die Eigenwerte der Matrix (d_{jk}) mit den Elementen

$$d_{jk} := \frac{1}{2}\left(\frac{\partial u_k}{\partial x_j} + \frac{\partial u_j}{\partial x_k}\right).$$

Dabei gilt $\mathbf{u} = u_1\mathbf{i} + u_2\mathbf{j} + u_3\mathbf{k}$. Ferner sind die Spalteneigenvektoren der Matrix (d_{jk}) Koordinaten der Hauptachsenvektoren $\mathbf{b}_1$, $\mathbf{b}_2$, $\mathbf{b}_3$.

Anwendungen auf die Gleichungen der Hydrodynamik und der Elastizitätstheorie: Vgl. 14.4. und 14.6 im Handbuch.

1.9.4 Der Nablakalkül

Der Nablaoperator: In Tabelle 1.4 findet man zahlreiche Formeln der Vektoranalysis. Diese Formeln kann man durch direkte Rechnungen in kartesischen Koordinaten bestätigen. Wesentlich kürzer erhält man jedoch diese Formeln mit Hilfe des Nablakalküls.[84] Hierzu führt man den sogenannten Nablaoperator ∇ ein

$$\nabla := \mathbf{i}\frac{\partial}{\partial x} + \mathbf{j}\frac{\partial}{\partial y} + \mathbf{k}\frac{\partial}{\partial z}.$$

Dann gilt:

$$\boxed{\mathbf{grad}\, T = \nabla T, \qquad \mathrm{div}\,\mathbf{K} = \nabla\mathbf{K}, \qquad \mathbf{rot}\,\mathbf{K} = \nabla \times \mathbf{K}.}$$

Mitunter benutzt man auch das Symbol $\dfrac{\partial}{\partial \mathbf{r}}$ anstelle von ∇.

Regeln des Nablakalküls:

(i) Man schreibt den gewünschten Ausdruck als formales Produkt mit Hilfe von ∇.

(ii) Linearkombinationen werden formal ausmultipliziert:

$$\nabla(\alpha X + \beta Y) = \alpha\nabla X + \beta\nabla Y.$$

Dabei sind X, Y Funktionen oder Vektoren, während α und β reelle Zahlen bezeichnen.

(iii) Ein Produkt der Form $\nabla(XY)$ schreibe man folgendermaßen:

$$\nabla(XY) = \nabla(\overline{X}Y) + \nabla(X\overline{Y}). \tag{1.161}$$

Dabei ist es gleichgültig, ob X und Y Funktionen oder Vektoren sind. Der Querstrich bezeichnet jeweils den Faktor, der differenziert wird.

(iv) Man forme die Ausdrücke $\nabla(\overline{X}Y)$, $\nabla(X\overline{Y})$ streng nach den Regeln der Vektoralgebra so um, dass alle Größen *ohne* Querstrich *links* von ∇ stehen (und sich alle Größen mit Querstrich rechts von ∇ befinden). Dabei behandle man ∇ als *Vektor*.

(v) Abschließend schreibe man die formalen Produkte mit ∇ wieder als Ausdrücke der Vektoranalysis, z. B.

$$U(\nabla\overline{V}) = U(\mathbf{grad}\,V), \quad \mathbf{v} \times (\nabla \times \overline{\mathbf{w}}) = \mathbf{v} \times \mathbf{rot}\,\mathbf{w} \text{ usw.}$$

Die Querstriche entfallen dabei.

Dieser formale Kalkül berücksichtigt, dass ∇ einerseits ein Vektor und andererseits ein Differentialoperator ist. Hinter (1.161) verbirgt sich die Produktregel der Differentiation. Für drei Faktoren benutze man die Regel

$$\nabla(XYZ) = \nabla(\overline{X}YZ) + \nabla(X\overline{Y}Z) + \nabla(XY\overline{Z}).$$

▶ Beispiel 1: $\mathbf{grad}(U + V) = \nabla(U + V) = \nabla U + \nabla V = \mathbf{grad}\,U + \mathbf{grad}\,V$.

▶ Beispiel 2: $\mathbf{grad}(UV) = \nabla(\overline{U}V) + \nabla(U\overline{V}) = V(\nabla\overline{U}) + U(\nabla\overline{V}) = V\mathbf{grad}\,U + U\mathbf{grad}\,V$.

▶ Beispiel 3: $\mathrm{div}\,\mathbf{grad}\,U = \nabla(\nabla U) = (\nabla\nabla)U = \left(\dfrac{\partial^2}{\partial x^2} + \dfrac{\partial^2}{\partial y^2} + \dfrac{\partial^2}{\partial z^2}\right)U = \Delta U$.

---

[84]Die Bezeichnung „Nabla" und das Symbol ∇ erinnern an ein phönizisches Saiteninstrument.

Tabelle 1.4 Rechenregeln für die Vektordifferentiation

Gradient

$\mathbf{grad}\, c = 0, \quad \mathbf{grad}(cU) = c\, \mathbf{grad}\, U$ $\qquad$ $(c = \text{const})$,

$\mathbf{grad}(U + V) = \mathbf{grad}\, U + \mathbf{grad}\, V, \quad \mathbf{grad}(UV) = U\, \mathbf{grad}\, V + V\, \mathbf{grad}\, U,$

$\mathbf{grad}\,(\mathbf{vw}) = (\mathbf{v}\, \mathbf{grad}\,)\mathbf{w} + (\mathbf{w}\, \mathbf{grad})\mathbf{v} + \mathbf{v} \times \mathbf{rot}\, \mathbf{w} + \mathbf{w} \times \mathbf{rot}\, \mathbf{v},$

$\mathbf{grad}(\mathbf{cr}) = \mathbf{c}$ $\qquad$ $(\mathbf{c} = \text{const})$,

$\mathbf{grad}\, U(r) = U'(r)\dfrac{\mathbf{r}}{r}$ $\qquad$ (Zentralfeld; $r = |\mathbf{r}|$),

$\mathbf{grad}\, F(U) = F'(U)\, \mathbf{grad}\, U,$

$\dfrac{\partial U}{\partial \mathbf{n}} = \mathbf{n}(\mathbf{grad}\, U)$ $\qquad$ (Ableitung in Richtung des Einheitsvektors $\mathbf{n}$),

$U(\mathbf{r} + \mathbf{a}) = U(\mathbf{r}) + \mathbf{a}(\mathbf{grad}\, U(r)) + \ldots$ $\qquad$ (Taylorentwicklung).

Divergenz

$\text{div}\, \mathbf{c} = 0, \quad \text{div}(c\mathbf{v}) = c\, \text{div}\, \mathbf{v}$ $\qquad$ $(c, \mathbf{c} = \text{const})$,

$\text{div}(\mathbf{v} + \mathbf{w}) = \text{div}\, \mathbf{v} + \text{div}\, \mathbf{w}, \quad \text{div}(U\mathbf{v}) = U\text{div}\, \mathbf{v} + \mathbf{v}(\mathbf{grad}\, U),$

$\text{div}(\mathbf{v} \times \mathbf{w}) = \mathbf{w}(\mathbf{rot}\, \mathbf{v}) - \mathbf{v}(\mathbf{rot}\, \mathbf{w}),$

$\text{div}(U(r)\mathbf{r}) = 3U(r) + rU'(r)$ $\qquad$ (Zentralfeld; $r = |\mathbf{r}|$),

$\text{div}\, \mathbf{rot}\, \mathbf{v} = 0.$

Rotation

$\mathbf{rot}\, \mathbf{c} = 0, \quad \mathbf{rot}(c\mathbf{v}) = c\, \mathbf{rot}\, \mathbf{v}$ $\qquad$ $(c, \mathbf{c} = \text{const})$,

$\mathbf{rot}(\mathbf{v} + \mathbf{w}) = \mathbf{rot}\, \mathbf{v} + \mathbf{rot}\, \mathbf{w}, \quad \mathbf{rot}(U\mathbf{v}) = U\, \mathbf{rot}\, \mathbf{v} + (\mathbf{grad}\, U) \times \mathbf{v},$

$\mathbf{rot}(\mathbf{v} \times \mathbf{w}) = (\mathbf{w}\, \mathbf{grad})\mathbf{v} - (\mathbf{v}\, \mathbf{grad})\mathbf{w} + \mathbf{v}\, \text{div}\, \mathbf{w} - \mathbf{w}\, \text{div}\, \mathbf{v},$

$\mathbf{rot}(\mathbf{c} \times \mathbf{r}) = 2\mathbf{c},$

$\mathbf{rot}\, \mathbf{grad}\, \mathbf{v} = 0,$

$\mathbf{rot}\, \mathbf{rot}\, \mathbf{v} = \mathbf{grad}\, \text{div}\, \mathbf{v} - \Delta \mathbf{v}.$

Laplaceoperator

$\Delta U = \text{div}\, \mathbf{grad}\, U,$

$\Delta \mathbf{v} = \mathbf{grad}\, \text{div}\, \mathbf{v} - \mathbf{rot}\, \mathbf{rot}\, \mathbf{v}.$

Vektorgradient

$2(\mathbf{v}\, \mathbf{grad})\mathbf{w} = \mathbf{rot}(\mathbf{w} \times \mathbf{v}) + \mathbf{grad}(\mathbf{vw}) + \mathbf{v}\, \text{div}\, \mathbf{w} - \mathbf{w}\, \text{div}\, \mathbf{v} - \mathbf{v} \times \mathbf{rot}\, \mathbf{w} - \mathbf{w} \times \mathbf{rot}\, \mathbf{v},$

$\mathbf{w}(\mathbf{r} + \mathbf{a}) = \mathbf{w}(\mathbf{r}) + (\mathbf{a}\, \mathbf{grad})\mathbf{w}(\mathbf{r}) + \ldots$ $\qquad$ (Taylorentwicklung).

Tabelle 1.5 Verschiedene Koordinatensysteme

Kartesische Koordinaten x, y, z (Abb. 1.86)

$$\boxed{\mathbf{v} = a\mathbf{i} + b\mathbf{j} + c\mathbf{k}} \quad \text{(natürliche Zerlegung),}$$

$$\nabla = \mathbf{i}\partial_x + \mathbf{j}\partial_y + \mathbf{k}\partial_z \quad \text{(Nablaoperator)} \quad (\partial_x = \frac{\partial}{\partial x} \text{ usw.}),$$

$$\mathbf{grad}\, U = U_x\mathbf{i} + U_y\mathbf{j} + U_z\mathbf{k} = \nabla U,$$

$$\operatorname{div}\mathbf{v} = a_x + b_y + c_z = \nabla \mathbf{v},$$

$$\operatorname{rot}\mathbf{v} = \nabla \times \mathbf{v} = \begin{vmatrix} \mathbf{i} & \mathbf{j} & \mathbf{k} \\ \partial_x & \partial_y & \partial_z \\ a & b & c \end{vmatrix} = (c_y - b_z)\mathbf{i} + (a_z - c_x)\mathbf{j} + (b_x - a_y)\mathbf{k},$$

$$\Delta U = U_{xx} + U_{yy} + U_{zz} = (\nabla\nabla)U, \quad \Delta\mathbf{v} = \mathbf{v}_{xx} + \mathbf{v}_{yy} + \mathbf{v}_{zz} = (\nabla\nabla)\mathbf{v},$$

$$(\mathbf{v}\,\mathbf{grad})\mathbf{w} = (\mathbf{v}\,\mathbf{grad}\, w_1)\mathbf{i} + (\mathbf{v}\,\mathbf{grad}\, w_2)\,\mathbf{j} + (\mathbf{v}\,\mathbf{grad}\, w_3)\mathbf{k} \quad (\mathbf{w} = w_1\mathbf{i} + w_2\mathbf{j} + w_3\mathbf{k}).$$

Zylinderkoordinaten (vgl. 1.7.9.2)

$$x = r\cos\varphi, \quad y = r\sin\varphi, \quad z = z,$$

$$\mathbf{e}_r = \cos\varphi\mathbf{i} + \sin\varphi\mathbf{j} = \mathbf{b}_r, \quad \mathbf{e}_\varphi = -r\sin\varphi\mathbf{i} + r\cos\varphi\mathbf{j} = r\mathbf{b}_\varphi, \quad \mathbf{e}_z = \mathbf{k} = \mathbf{b}_z,$$

$$\boxed{\mathbf{v} = A\mathbf{b}_r + B\mathbf{b}_\varphi + C\mathbf{b}_z} \quad \text{(natürliche Zerlegung),}$$

$$A = \mathbf{v}\mathbf{b}_r, \quad B = \mathbf{v}\mathbf{b}_\varphi, \quad C = \mathbf{v}\mathbf{b}_z,$$

$$\mathbf{grad}\, U = U_r\mathbf{b}_r + \frac{1}{r}U_\varphi\mathbf{b}_\varphi + U_z\mathbf{b}_z \quad \left[U_r = \frac{\partial U}{\partial r} \text{ etc.}\right],$$

$$\operatorname{div}\mathbf{v} = \frac{1}{r}(rA)_r + \frac{1}{r}B_\varphi + C_z,$$

$$\operatorname{rot}\mathbf{v} = \left[\frac{1}{r}C_\varphi - B_z\right]\mathbf{b}_r + (A_z - C_r)\mathbf{b}_\varphi + \left[\frac{1}{r}(rB)_r - \frac{1}{r}A_\varphi\right]\mathbf{b}_z,$$

$$\Delta U = \frac{1}{r}(rU_r)_r + \frac{1}{r^2}U_{\varphi\varphi} + U_{zz},$$

zylindersymmetrisches Feld: $B = C = 0$.

Kugelkoordinaten (vgl. 1.7.9.3)[85]

$$x = r\cos\varphi\cos\theta, \quad y = r\sin\varphi\cos\theta, \quad z = r\sin\theta, \quad -\frac{\pi}{2} \le \theta \le \frac{\pi}{2},$$

$$\mathbf{e}_\varphi = -r\sin\varphi\cos\theta\mathbf{i} + r\cos\varphi\cos\theta\mathbf{j} = r\cos\theta\,\mathbf{b}_\varphi,$$

$$\mathbf{e}_\theta = -r\cos\varphi\sin\theta\mathbf{i} - r\sin\varphi\sin\theta\mathbf{j} + r\cos\theta\mathbf{k} = r\mathbf{b}_\theta,$$

$$\mathbf{e}_r = \cos\varphi\cos\theta\mathbf{i} + \sin\varphi\cos\theta\mathbf{j} + \sin\theta\mathbf{k} = \mathbf{b}_r,$$

$$\boxed{\mathbf{v} = A\mathbf{b}_\varphi + B\mathbf{b}_\theta + C\mathbf{b}_r} \quad \text{(natürliche Zerlegung),}$$

$$A = \mathbf{v}\mathbf{b}_\varphi, \quad B = \mathbf{v}\mathbf{b}_\theta, \quad C = \mathbf{v}\mathbf{b}_r,$$

$$\mathbf{grad}\, U = \frac{1}{r}U_\theta\mathbf{b}_\theta + \frac{1}{r\cos\theta}U_\varphi\mathbf{b}_\varphi + U_r\mathbf{b}_r,$$

$$\operatorname{div}\mathbf{v} = \frac{1}{r^2}(r^2C)_r + \frac{1}{r\cos\theta}A_\varphi + \frac{1}{r\cos\theta}(B\cos\theta)_\theta,$$

$$\operatorname{rot}\mathbf{v} = \left[-\frac{1}{r\cos\theta}C_\varphi + \frac{1}{r}(rA)_r\right]\mathbf{b}_\theta + \left[-\frac{1}{r}(rB)_r + \frac{1}{r}C_\theta\right]\mathbf{b}_\varphi + \frac{1}{r\cos\theta}(-(A\cos\theta)_\theta + B_\varphi)\mathbf{b}_r,$$

$$\Delta U = U_{rr} + \frac{2}{r}U_r + \frac{1}{r^2\cos^2\theta}U_{\varphi\varphi} + \frac{1}{r^2}U_{\theta\theta} + \frac{\tan\theta}{r^2}U_\theta,$$

kugelsymmetrisches Feld (Zentralfeld): $A = B = 0$.

---

[85]Man beachte, dass die Größe r in Zylinderkoordinaten und in Kugelkoordinaten eine unterschiedliche Bedeutung besitzt. Die Vektoren $\mathbf{b}_r, \mathbf{b}_\varphi, \mathbf{b}_z, \mathbf{b}_\theta$ sind Einheitsvektoren.

▶ BEISPIEL 4: $\operatorname{div}(\mathbf{v} \times \mathbf{w}) = \nabla(\overline{\mathbf{v}} \times \mathbf{w}) + \nabla(\mathbf{v} \times \overline{\mathbf{w}}) = \mathbf{w}(\nabla \times \overline{\mathbf{v}}) - \mathbf{v}(\nabla \times \overline{\mathbf{w}}) = \mathbf{w} \operatorname{rot} \mathbf{v} - \mathbf{v} \operatorname{rot} \mathbf{w}.$

▶ BEISPIEL 5: Im folgenden beachte man den Entwicklungssatz

$$\mathbf{b}(\mathbf{ac}) = (\mathbf{ab})\mathbf{c} + \mathbf{a} \times (\mathbf{b} \times \mathbf{c}). \tag{1.162}$$

Es gilt

$$\begin{aligned} \operatorname{grad}(\mathbf{vw}) = \nabla(\mathbf{vw}) &= \nabla(\overline{\mathbf{v}}\mathbf{w}) + \nabla(\mathbf{v}\overline{\mathbf{w}}) \\ &= (\mathbf{w}\nabla)\overline{\mathbf{v}} + \mathbf{w} \times (\nabla \times \overline{\mathbf{v}}) + (\mathbf{v}\nabla)\overline{\mathbf{w}} + \mathbf{v} \times (\nabla \times \overline{\mathbf{w}}) \\ &= (\mathbf{w} \operatorname{grad})\mathbf{v} + \mathbf{w} \times \operatorname{rot} \mathbf{v} + (\mathbf{v} \operatorname{grad})\mathbf{w} + \mathbf{v} \times \operatorname{rot} \mathbf{w}. \end{aligned}$$

▶ BEISPIEL 6: Aus dem Entwicklungssatz (1.162) ergibt sich ferner

$$\operatorname{rot} \operatorname{rot} \mathbf{v} = \nabla \times (\nabla \times \mathbf{v}) = \nabla(\nabla\mathbf{v}) - (\nabla\nabla)\mathbf{v} = \operatorname{grad} \operatorname{div} \mathbf{v} - \Delta\mathbf{v}.$$

▶ BEISPIEL 7: Aus $\mathbf{a}(\mathbf{a} \times \mathbf{b}) = 0$ und $\mathbf{a} \times \mathbf{a} = 0$ folgt

$$\boxed{\begin{aligned} \operatorname{div} \operatorname{rot} \mathbf{v} &= \nabla(\nabla \times \mathbf{v}) = 0, \\ \operatorname{rot} \operatorname{grad} U &= \nabla \times (\nabla U) = \mathbf{0}. \end{aligned}}$$

Feldlinien: Ist $\mathbf{K} = \mathbf{K}(P)$ ein Vektorfeld, dann bezeichnet man die Kurven $\mathbf{r} = \mathbf{r}(t)$, die der Differentialgleichung

$$\boxed{\mathbf{r}'(t) = \mathbf{K}(\mathbf{r}(t))}$$

genügen, als Feldlinien. In jedem Punkt P ist $\mathbf{K}(P)$ Tangentialvektor an die Feldlinie durch P.

Stellt $\mathbf{K} = \mathbf{K}(P)$ ein Kraftfeld dar, dann heißen die Feldlinien auch Kraftlinien (Abb. 1.100a).

Ist $\mathbf{v} = \mathbf{v}(P, t)$ das Geschwindigkeitsfeld einer Flüssigkeitsströmung, dann bewegen sich die Flüssigkeitsteilchen entlang der Feldlinien, die in diesem Fall auch Stromlinien heißen; $\mathbf{v}(P, t)$ ist der Geschwindigkeitsvektor desjenigen Teilchens, das sich zur Zeit t im Punkt P befindet (Abb. 1.100b).

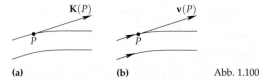

(a)   (b)   Abb. 1.100

1.9.5 Arbeit, Potential und Kurvenintegrale

Arbeit: Bewegt sich ein Punkt der Masse m längs eines C^1-Weges $M : \mathbf{r} = \mathbf{r}(t)$, $\alpha \le t \le \beta$, dann ist die dabei von dem Kraftfeld $\mathbf{K} = \mathbf{K}(\mathbf{r})$ geleistete Arbeit A definitionsgemäß gleich dem Kurvenintegral:[86]

$$\boxed{A := \int_M \mathbf{K} \, d\mathbf{r},}$$

---

[86]Näherungsweise gilt $A = \sum\limits_{j=1}^{n} \mathbf{K}(\mathbf{r}_j)\Delta\mathbf{r}_j$ (Abb. 1.101).

welches durch die Formel

$$A = \int_\alpha^\beta \mathbf{K}(\mathbf{r}(t))\mathbf{r}'(t)\,\mathrm{d}t.$$

berechnet wird.[87]

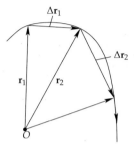

Abb. 1.101

Potential: Ein besonders wichtiger Spezialfall liegt vor, wenn es eine Funktion U gibt mit

$$\mathbf{K} = -\mathbf{grad}\,U \quad \text{auf}\,G.$$

Dann heißt U ein Potential des Vektorfeldes $\mathbf{K} = \mathbf{K}(\mathbf{r})$ auf G, und es gilt

$$A = U(Q) - U(P),$$

wobei Q der Anfangspunkt und P der Endpunkt des Weges ist (Abb. 1.102a). Man bezeichnet U auch als potentielle Energie.

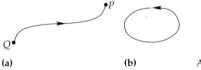

(a)   (b)   Abb. 1.102

▶ BEISPIEL: Es sei $\mathbf{K} = -mg\mathbf{k}$ die Kraft, die in einem kartesischen Koordinatensystem auf einen Stein der Masse m im Schwerefeld der Erde wirkt (g Schwerebeschleunigung). Dann erhalten wir die potentielle Energie:

$$U = mgz.$$

---

[87]Setzen wir $\mathbf{K} = a\mathbf{i} + b\mathbf{j} + c\mathbf{k}$ und $\mathrm{d}\mathbf{r} = \mathrm{d}x\mathbf{i} + \mathrm{d}y\mathbf{j} + \mathrm{d}z\mathbf{k}$, dann ist $\omega := \mathbf{K}\mathrm{d}\mathbf{r}$. In der Sprache der Differentialformen erhalten wir

$$A = \int_M \omega$$

(vgl. 1.7.6.3).

Denn es gilt $\mathbf{grad}\, U = U_z \mathbf{k} = -\mathbf{K}$. Fällt ein Stein von der Höhe $z > 0$ auf das Niveau $z = 0$, dann ist $A = U = mgz$ die vom Schwerefeld geleistete Arbeit, die beim Aufprall in Wärmeenergie umgesetzt wird.

Hauptsatz: Es sei $\mathbf{K}$ ein C^2-Kraftfeld auf dem kontrahierbaren Gebiet G des $\mathbb{R}^3$. Dann sind die folgenden vier Bedingungen einander äquivalent:

(i) $\mathbf{K}$ besitzt ein C^1-Potential auf G.

(ii) $\mathbf{rot}\,\mathbf{K} = 0$ auf G.

(iii) Die Arbeit $W = \displaystyle\int_M \mathbf{K}\mathrm{d}\mathbf{r}$ ist unabhängig vom Weg, d. h., sie hängt nur vom Anfangs- und Endpunkt des Weges ab.

(iv) Es ist $\displaystyle\int_M \mathbf{K}\mathrm{d}\mathbf{r} = 0$ für jeden geschlossenen C^1-Weg M (Abb. 1.102b).

Existiert ein Potential U zu $\mathbf{K}$ auf G, dann ist es bis auf eine Konstante eindeutig bestimmt.

1.9.6 Anwendungen auf die Erhaltungsgesetze der Mechanik

Die allgemeine Newtonsche Bewegungsgleichung der klassischen Mechanik für N Massenpunkte:

$$\boxed{m_j \mathbf{r}_j''(t) = \mathbf{K}_j(\mathbf{r}_1,\ldots,\mathbf{r}_N,\mathbf{r}_1',\ldots,\mathbf{r}_N',t), \qquad j = 1,\ldots,N.}$$ (1.163)

Dabei ist m_j die Masse des j-ten Massenpunktes, und $\mathbf{K}_j$ bezeichnet die Kraft, die auf den j-ten Massenpunkt wirkt. Gesucht werden die Bahnkurven $\mathbf{r}_j = \mathbf{r}_j(t)$, $j = 1,\ldots,N$. Zur Anfangszeit $t = 0$ werden ferner die Anfangslagen und die Anfangsgeschwindigkeiten der Teilchen vorgeschrieben:

$$\mathbf{r}_j(0) = \mathbf{r}_{j0}, \quad \mathbf{r}_j'(0) = \mathbf{r}_{j1}, \quad j = 1,\ldots,N.$$ (1.164)

Zur Vereinfachung der Bezeichnungen setzen wir $\mathbf{r} := (\mathbf{r}_1,\ldots,\mathbf{r}_N)$.

Existenz- und Eindeutigkeitssatz: Handelt es sich um Kraftfelder, die in einer Umgebung der Anfangskonfiguration $(\mathbf{r}(0),\mathbf{r}'(0),0)$ vom Typ C^1 sind, dann existieren in einem gewissen Zeitintervall eindeutig bestimmte Bahnkurven für (1.163), (1.164).

Komplikationen können sich dadurch ergeben, dass es Zusammenstöße der Teilchen gibt oder dass die Kräfte so groß sind, dass die Teilchen in endlicher Zeit das Unendliche erreichen.

Für die Kräfte nehmen wir eine Zerlegung der folgenden Form an:

$$\mathbf{K}_j = -\mathbf{grad}_{\mathbf{r}_j} U(\mathbf{r}) + \mathbf{K}_{j*}.$$

Die längs einer Bewegung $\mathbf{r} = \mathbf{r}(t)$, $\alpha \le t \le \beta$, geleistete Arbeit A erhält man aus der Gleichung:

$$A = U(\mathbf{r}(\alpha)) - U(\mathbf{r}(\beta)) + \int_\alpha^\beta \sum_{j=1}^N \mathbf{K}_{j*}(\mathbf{r}(t),\mathbf{r}'(t),t)\mathbf{r}_j'(t)\mathrm{d}t.$$

Die Kräfte heißen genau dann konservativ, falls U so gewählt werden kann, dass alle $\mathbf{K}_{j*}$, gleich null sind.

Definitionen:

Gesamtmasse: $M := \sum_{j=1}^{N} m_j.$

Schwerpunkt: $\mathbf{r}_S := \dfrac{1}{M} \sum_{j=1}^{N} m_j \mathbf{r}_j.$

Gesamtimpuls: $\mathbf{P} := \sum_{j=1}^{N} m_j \mathbf{r}'_j.$

Gesamtdrehimpuls: $\mathbf{D} := \sum_{j=1}^{N} \mathbf{r}_j \times m_j \mathbf{r}'_j.$

Gesamtkraft: $\mathbf{K} := \sum_{j=1}^{N} \mathbf{K}_j.$

Gesamtdrehmoment: $\mathbf{M} := \sum_{j=1}^{N} \mathbf{r}_j \times \mathbf{K}_j.$

Kinetische Gesamtenergie: $T := \sum_{j=1}^{N} \dfrac{1}{2} m_j \mathbf{r}'^2_j.$

Potentielle Gesamtenergie: U.

Unter einer zulässigen Bahnbewegung verstehen wir eine Lösung $\mathbf{r} = \mathbf{r}(t)$ von (1.163).

Bilanzgleichungen: Längs jeder zulässigen Bahnbewegung gilt:

$\dfrac{\mathrm{d}}{\mathrm{d}t}(T + U) = \sum_{j=1}^{N} \mathbf{K}_{j*}\mathbf{r}'_j$ (Energiebilanz),

$\dfrac{\mathrm{d}}{\mathrm{d}t}\mathbf{P} = \mathbf{K}$ (Impulsbilanz),

$\dfrac{\mathrm{d}}{\mathrm{d}t}\mathbf{D} = \mathbf{M}$ (Drehimpulsbilanz),

$M\mathbf{r}''_S = \mathbf{K}$ (Bewegung des Schwerpunkts).

Die Impulsbilanz und die Gleichung für die Bewegung des Schwerpunkts sind identisch.

Erhaltungssätze: Die folgenden Aussagen beziehen sich auf zulässige Bahnbewegungen.

(i) *Energieerhaltung:* Sind alle Kräfte konservativ, dann ist

$$\boxed{T + U = \text{const.}}$$

Man nennt $E := T + U$ die Gesamtenergie des Systems.

(ii) *Impulserhaltung:* Verschwindet die Gesamtkraft $\mathbf{K}$, dann gilt

$$\boxed{\mathbf{P} = \text{const.}}$$

(iii) *Drehimpulserhaltung:* Verschwindet das Gesamtdrehmoment, dann ist

$$\boxed{\mathbf{D} = \text{const.}}$$

Planetenbewegung: Entsprechen die N Teilchen der Sonne und $N - 1$ Planeten, dann wirkt auf das j-te Teilchen die Gravitationskraft der übrigen Teilchen, d. h., es ist

$$\mathbf{K}_j := \sum_{k=1, k \neq j}^{N} \frac{G m_j m_k (\mathbf{r}_k - \mathbf{r}_j)}{|\mathbf{r}_k - \mathbf{r}_j|^3},$$

wobei G die Gravitationskonstante bezeichnet. In diesem Fall hat man Erhaltung von Energie, Impuls und Drehimpuls. Ferner bewegt sich der Schwerpunkt des Planetensystems mit konstanter Geschwindigkeit auf einer Geraden.

Die potentielle Energie ergibt sich aus

$$U = - \sum_{i,j=1, i \neq j}^{N} \frac{G m_j m_k}{|\mathbf{r}_j - \mathbf{r}_k|}.$$

1.9.7 Masseströmungen, Erhaltungsgesetze und der Integralsatz von Gauß

Satz von Gauß[88]:

$$\int_G \operatorname{div} \mathbf{J} \, dx = \int_{\partial G} \mathbf{J} \mathbf{n} \, dF.$$

Dabei sei G ein beschränktes Gebiet des $\mathbb{R}^3$ mit stückweise glattem Rand[89] und dem äußeren Normaleneinheitsvektor $\mathbf{n}$ (Abb. 1.103).

Abb. 1.103

Ferner sei $\mathbf{J}$ ein C^1-Vektorfeld auf $\overline{G}$.

Volumenableitung: Ist die reelle Funktion g auf einer Umgebung des Punktes P stetig, dann gilt:

$$g(P) = \lim_{n \to \infty} \frac{\int_{G_n} g(x) dx}{\operatorname{meas} G_n}. \tag{1.165}$$

Dabei ist (G_n) eine Folge von zulässigen Gebieten (z. B. Kugeln), die alle den Punkt P enthalten und deren Durchmesser für $n \to \infty$ gegen null gehen. Der in (1.165) rechts stehende Ausdruck heißt Volumenableitung.

Die fundamentale Massenbilanzgleichung:

$$\rho_t + \operatorname{div} \mathbf{J} = F \quad \text{auf } \Omega. \tag{1.166}$$

---

[88] Dieser Satz wird auch als Satz von Gauß-Ostrogradski bezeichnet.
[89] Die präzise Voraussetzung lautet $\partial G \in C^{0,1}$ (vgl. 11.2.6 im Handbuch).

Motivation: Die Gleichung (1.166) beschreibt folgende Situation. Es sei G ein Teilgebiet des Grundgebietes Ω, in dem sich mehrere Substanzen $S, \ldots$, befinden, die chemisch miteinander reagieren können. Wir definieren

$A(t)$ Masse einer chemischen Substanz S, die sich zur Zeit t in G befindet,

$B(t)$ Masse von S, die im Zeitintervall $[0, t]$ aus G herausfließt,

$C(t)$ Masse von S, die im Zeitintervall $[0, t]$ in G durch chemische Reaktionen erzeugt wird.

Das Gesetz von der Erhaltung der Masse liefert die Gleichung

$$A(t + \Delta t) - A(t) = -(B(t + \Delta t) - B(t)) + (C(t + \Delta t) - C(t)).$$

Division durch Δt und der Grenzübergang $\Delta t \to 0$ ergeben

$$A'(t) = -B'(t) + C'(t). \tag{1.167}$$

Wir nehmen nun an, dass sich diese Größen durch Dichten beschreiben lassen:

$$A(t) = \int_G \rho(x, t)\mathrm{d}x, \qquad B'(t) = \int_{\partial G} \mathbf{J}\mathbf{n}\mathrm{d}F, \qquad C'(t) = \int_G F(x, t)\mathrm{d}x$$

mit den kartesischen Koordinaten $x = (x_1, x_2, x_3)$. In der Physik benutzt man hierfür folgende Bezeichnungen:

$\rho(x, t)$ Massendichte im Punkt x zur Zeit t (Masse pro Volumen),

$\mathbf{J}(x, t)$ Stromdichtevektor des Masseflusses im Punkt x zur Zeit t (Masse pro Fläche und Zeit),

$F(x, t)$ Leistungsdichte der in x zur Zeit t produzierten Masse (erzeugte Masse pro Volumen und Zeit).

Die fundamentale Bedeutung des Satzes von Gauß besteht darin, dass wir

$$B(t) = \int_{\partial G} \mathbf{J}\mathbf{n}\mathrm{d}F = \int_G \operatorname{div}\mathbf{J}\mathrm{d}x,$$

erhalten, d. h., das Randintegral lässt sich in ein Volumenintegral verwandeln. Aus (1.167) folgt deshalb

$$\int_G \rho_t \mathrm{d}x = -\int_G \operatorname{div}\mathbf{J}\mathrm{d}x + \int_G F(x, t)\,\mathrm{d}x.$$

Die Volumenableitung ergibt dann (1.166).

Flüssigkeitsströmungen: Ist $\mathbf{v} = \mathbf{v}(x, t)$ das Geschwindigkeitsfeld der Flüssigkeitsteilchen der chemischen Substanz S, dann gilt (1.166) mit dem Stromdichtevektor

$$\boxed{\mathbf{J} = \rho\mathbf{v}.} \tag{1.168}$$

Gibt es keine Massenproduktion, dann erhält man die sogenannte Kontinuitätsgleichung:

$$\boxed{\rho_t + \operatorname{div}\rho\,\mathbf{v} = 0.} \tag{1.169}$$

Im Spezialfall einer inkompressiblen Strömung ist $\rho = $ const. Daraus erhalten wir div $\mathbf{v} \equiv 0$, was besagt, dass inkompressible Strömungen volumentreu sind.

Ladungsströmungen: Ersetzt man Masse durch Ladung und gibt es keine Ladungsproduktion, dann erhält man (1.169) mit der Ladungsdichte ρ.

Wärmeströmungen: Die Grundgleichung lautet:

$$s\mu T_t - \kappa \Delta T = F. \qquad (1.170)$$

Dabei bezeichnet $T(x, t)$ die Temperatur im Punkt x zur Zeit t, und $F(x, t)$ ist die Leistungsdichte der Wärmeproduktion im Punkt x zur Zeit t (produzierte Wärmemenge pro Volumen und Zeit). Die Konstanten μ, s und κ stehen der Reihe nach für Massendichte, spezifische Wärme und Wärmeleitfähigkeitszahl.

Motivation: Wir betrachten ein kleines Teilgebiet Ω mit dem Volumen ΔV. Zur Zeit befinde sich darin die Wärmemenge $Q(t)$. Das bedeutet näherungsweise

$$Q(t) = \rho(x, t)\Delta V,$$

wobei $\rho(x, t)$ die Wärmedichte im Punkt x zur Zeit t bezeichnet. Für die Änderung der Wärmemenge ΔQ bei einer Temperaturänderung ΔT gilt die Relation:

$$\Delta Q = s\mu \Delta V \Delta T,$$

die man als Definitionsgleichung für die spezifische Wärme s auffassen kann. Setzen wir $\Delta Q = Q(t + \Delta t) - Q(t)$ und $\Delta T = T(x, t + \Delta t) - T(x, t)$, dann erhalten wir

$$\frac{\rho(x, t + \Delta t) - \rho(x, t)}{\Delta t} = s\mu \frac{T(x, t + \Delta t) - T(x, t)}{\Delta t}.$$

Der Grenzübergang $\Delta t \to 0$ liefert

$$\rho_t = s\mu T_t.$$

Nach Fourier (1768–1830) ergibt sich der Wärmestromdichtevektor in erster Näherung aus

$$\mathbf{J} = -\kappa \,\mathbf{grad}\, T.$$

Dies bedeutet, dass $\mathbf{J}$ senkrecht auf den Flächen konstanter Temperatur steht, proportional dem Temperaturgefälle ist und in Richtung fallender Temperatur zeigt. Setzt man die Ausdrücke für ρ_t und $\mathbf{J}$ in die Bilanzgleichung (1.166) ein, dann erhält man (1.170).

1.9.8 Zirkulation, geschlossene Feldlinien und der Integralsatz von Stokes

Das Nichtverschwinden von $\mathbf{rot}\,\mathbf{v}$ hängt mit der Existenz geschlossener Feldlinien zusammen.

Integralsatz von Stokes:

$$\int_M (\mathbf{rot}\,\mathbf{v})\mathbf{n}\,\mathrm{d}F = \int_{\partial M} \mathbf{v}\,\mathrm{d}\mathbf{r}. \qquad (1.171)$$

Diese Formel gilt unter der Voraussetzung, dass **v** ein C^1-Vektorfeld auf der beschränkten, hinreichend regulären Fläche[90] M im $\mathbb{R}^3$ ist mit dem Normaleneinheitsvektor **n** und der in Abb. 1.104 dargestellten kohärenten Orientierung der Randkurve ∂M.

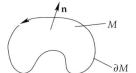

Abb. 1.104

Zirkulation: Wir bezeichnen $\displaystyle\int_{\partial M}$ **v** d**r** als Zirkulation des Vektorfeldes **v** längs der geschlossenen Kurve ∂M. Zum Beispiel kann man **v** als Geschwindigkeitsfeld einer Flüssigkeitsströmung auffassen.

Satz: (i) Ist ∂M eine geschlossene Feldlinie, dann ist die Zirkulation längs ∂M ungleich null, und **rot v** kann auf M nicht identisch verschwinden.

(ii) Ist **rot v** $\equiv 0$ auf einem dreidimensionalen Gebiet G, dann kann es in G keine geschlossenen Feldlinien des Vektorfeldes **v** geben.

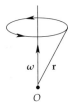

O Abb. 1.105

▶ BEISPIEL: Gegeben sei der Vektor ω. Das Geschwindigkeitsfeld

$$\boxed{\mathbf{v}(\mathbf{r}) := \omega \times \mathbf{r}}$$

entspricht einer Rotation von Flüssigkeitspartikeln um die Achse ω mit der Winkelgeschwindigkeit $|\omega|$ im mathematisch positiven Sinne. Die Feldlinien sind konzentrische Kreise um die Achse ω (Abb. 1.105). Ferner hat man

$$\boxed{\mathbf{rot}\,\mathbf{v} = 2\omega.}$$

Somit besitzt **rot v** die Richtung der Drehachse, und die Länge von **rot v** ist gleich der doppelten Winkelgeschwindigkeit der Partikel.

---

[90]In präziser Weise kann man zum Beispiel voraussetzen, dass M eine zweidimensionale reelle orientierte kompakte Mannigfaltigkeit mit kohärent orientiertem Rand ist (vgl. 15.4.3 im Handbuch).

1.9.9 Bestimmung eines Vektorfeldes aus seinen Quellen und Wirbeln (Hauptsatz der Vektoranalysis)

Vorgabe der Quellen: Gegeben sei die C^1-Funktion $\rho : G \to \mathbb{R}$ auf dem kontrahierbaren Gebiet G des $\mathbb{R}^3$. Dann existiert stets ein C^2-Feld $\mathbf{D}$, das der Gleichung

$$\operatorname{div} \mathbf{D} = \rho \qquad \text{auf } G.$$

genügt. Die allgemeine Lösung dieser Gleichung besitzt die Form

$$\mathbf{D} = \mathbf{D}_{\text{spez}} + \operatorname{rot} \mathbf{A},$$

wobei $\mathbf{D}_{\text{spez}}$ eine spezielle Lösung und $\mathbf{A}$ ein beliebiges C^3-Feld auf G ist.

Vorgabe der Wirbel: Gegeben sei das C^1-Feld $\mathbf{J}$ auf dem kontrahierbaren Gebiet G des $\mathbb{R}^3$. Es existiert genau dann ein C^2-Feld $\mathbf{H}$ mit

$$\operatorname{rot} \mathbf{H} = \mathbf{J} \qquad \text{auf } G,$$

falls die Bedingung $\operatorname{div} \mathbf{J} = 0$ auf G erfüllt ist. Die allgemeine Lösung besitzt die Form

$$\mathbf{H} = \mathbf{H}_{\text{spez}} + \operatorname{grad} U,$$

wobei $\mathbf{H}_{\text{spez}}$ eine spezielle Lösung und $U : G \to \mathbb{R}$ eine beliebige C^3-Funktion ist.

Explizite Lösungsformeln: Es sei $G = \mathbb{R}^3$, und ρ sowie $\mathbf{J}$ seien vom Typ C^1 auf $\mathbb{R}^3$ und außerhalb einer gewissen Kugel gleich null. Ferner sei $\operatorname{div} \mathbf{J} \equiv 0$ auf $\mathbb{R}^3$. Wir führen das sogenannte *Volumenpotential*

$$V(x) := \int\limits_{\mathbb{R}^3} \frac{\rho(y)\mathrm{d}y}{4\pi |x - y|}$$

und das Vektorpotential

$$\mathbf{C}(x) := \int\limits_{\mathbb{R}^3} \frac{\mathbf{J}(y)\mathrm{d}y}{4\pi |x - y|}.$$

ein. Ferner setzen wir

$$\mathbf{D}_{\text{spez}} := -\operatorname{grad} V, \qquad \mathbf{H}_{\text{spez}} := \operatorname{rot} \mathbf{C}.$$

Dann gilt:

$$\operatorname{div} \mathbf{D}_{\text{spez}} = \rho, \quad \operatorname{rot} \mathbf{D}_{\text{spez}} = 0 \quad \text{auf } \mathbb{R}^3$$

und

$$\operatorname{div} \mathbf{H}_{\text{spez}} = 0, \quad \operatorname{rot} \mathbf{H}_{\text{spez}} = \mathbf{J} \quad \text{auf } \mathbb{R}^3.$$

Somit löst das Feld $\mathbf{v} := \mathbf{D}_{\text{spez}} + \mathbf{H}_{\text{spez}}$ die beiden Gleichungen

$$\operatorname{div} \mathbf{v} = \rho \quad \text{und} \quad \operatorname{rot} \mathbf{v} = \mathbf{J} \quad \text{auf } \mathbb{R}^3. \tag{1.172}$$

Der Hauptsatz der Vektoranalysis: Das Problem

$$\boxed{\begin{aligned} \operatorname{div}\mathbf{v} &= \rho \quad \text{und} \quad \mathbf{rot}\,\mathbf{v} = \mathbf{J} \quad \text{auf } G, \\ \mathbf{v}\mathbf{n} &= g \quad \text{auf } \partial G \end{aligned}}$$

(1.173)

besitzt eine eindeutige Lösung $\mathbf{v}$ vom Typ C^2 auf $\overline{G}$, falls folgende Voraussetzungen erfüllt sind:

(i) G ist ein beschränktes Gebiet des $\mathbb{R}^3$ mir glattem Rand, wobei $\mathbf{n}$ den äußeren Normaleneinheitsvektor am Rand bezeichnet.

(ii) Gegeben sind die hinreichend glatten Funktionen $\rho, \mathbf{J}$ auf $\overline{G}$ und die hinreichend glatte Funktion g auf ∂G.

(iii) Es ist

$$\operatorname{div}\mathbf{J} = 0 \quad \text{auf } G \quad \text{und} \quad \int_G \rho\,\mathrm{d}x = \int_{\partial G} g\,\mathrm{d}F.$$

Physikalische Interpretation: Ein Vektorfeld $\mathbf{v}$ (z. B. ein Geschwindigkeitsfeld) ist durch die Vorgabe seiner Quellen und Wirbel und durch seine Normalkomponente auf dem Rand eindeutig bestimmt.

1.9.10 Anwendungen auf die Maxwellschen Gleichungen des Elektromagnetismus

Die Maxwellschen Gleichungen für die Wechselwirkungen zwischen elektrischen Ladungen und elektrischen Strömen im Vakuum findet man in Tabelle 1.6 Dabei ist ε_0 die Dielektrizitätskonstante des Vakuums, und μ_0 ist die Permeabilitätskonstante des Vakuums.

Beide Konstanten hängen über

$$c^2 = \frac{1}{\varepsilon_0\mu_0}$$

mit der Lichtgeschwindigkeit c im Vakuum zusammen. Ferner ist ρ die elektrische Ladungsdichte, und $\mathbf{j}$ bezeichnet den elektrischen Stromdichtevektor.

Integralform der Maxwellschen Gleichungen: Benutzt man die Integralsätze von Gauß und Stokes, dann erhält man für hinreichend reguläre Gebiete G und Flächen M folgende Gleichungen im Vakuum (Abb. 1.106):

$$\boxed{\begin{aligned} \int_{\partial G} \mathbf{D}\mathbf{n}\,\mathrm{d}F &= \int_G \rho\,\mathrm{d}x, \qquad \int_{\partial G} \mathbf{B}\mathbf{n}\,\mathrm{d}F = 0, \\ \int_{\partial M} \mathbf{E}\,\mathrm{d}r &= -\frac{\mathrm{d}}{\mathrm{d}t}\int_M \mathbf{B}\mathbf{n}\,\mathrm{d}F, \qquad \int_{\partial M} \mathbf{H}\,\mathrm{d}r = \int_M \mathbf{j}\mathbf{n}\,\mathrm{d}F + \frac{\mathrm{d}}{\mathrm{d}t}\int_M \mathbf{D}\mathbf{n}\,\mathrm{d}F, \\ \frac{\mathrm{d}}{\mathrm{d}t}\int_G \rho\,\mathrm{d}x &= -\int_{\partial G} \mathbf{j}\mathbf{n}\,\mathrm{d}F. \end{aligned}}$$

Die letzte Gleichung ist eine Konsequenz der übrigen Gleichungen. Die Bedeutung der Symbole findet man in Tabelle 1.6.

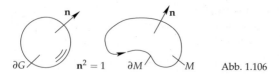

∂G $\mathbf{n}^2 = 1$ ∂M M Abb. 1.106

Tabelle 1.6 Maxwellsche Gleichungen im MKSA-System ($\mathbf{D} = \varepsilon_0\mathbf{E}$, $\mathbf{B} = \mu_0\mathbf{H}$)

Gleichung	physikalische Interpretation	
$\operatorname{div}\mathbf{D} = \rho$	Ladungen sind die Quellen des elektrischen Feldes **E**.	
$\operatorname{rot}\mathbf{E} = -\mathbf{B}_t$	Zeitlich veränderliche Magnetfelder **B** erzeugen Wirbel des elektrischen Feldes **E** (Induktionsgesetz).	
$\operatorname{div}\mathbf{B} = 0$	Es gibt keine magnetischen Einzelladungen, sondern nur Dipole.	
$\operatorname{rot}\mathbf{H} = \mathbf{j} + \mathbf{D}_t$	Wirbel des Magnetfeldes können durch elektrische Ströme oder durch zeitlich veränderliche elektrische Felder erzeugt werden.	
$\rho_t + \operatorname{div}\mathbf{j} = 0$	Ladungserhaltung (folgt aus den übrigen Gleichungen).	

E elektrischer Feldstärkevektor, *B* magnetischer Feldstärkevektor, ρ elektrische Ladungsdichte
j elektrischer Stromdichtevektor

Historische Bemerkung: Die Maxwellschen Gleichungen wurden von James Clerk Maxwell (1831–1879) im Jahre 1865 publiziert. Es ist erstaunlich, dass diese wenigen, außerordentlich eleganten Gleichungen die Fülle der elektromagnetischen Erscheinungen in der Natur beherrschen. Maxwells Theorie basierte auf den Experimenten Michael Faradays (1791–1867). Während man es in Newtons Mechanik mit Fernkräften und Fernwirkungen zu tun hatte, sah die geniale physikalische Intuition Faradays elektrische und magnetische Felder, die die Wechselwirkung lokal durch Nahwirkung übertragen. Diese Vorstellung Faradays liegt heute der gesamten Physik zugrunde. Alle modernen physikalischen Theorien sind Feldtheorien mit Nahwirkung.

Die moderne Formulierung der Maxwellschen Gleichungen in der Sprache der Differentialformen: Die Maxwellschen Gleichungen sind trotz ihrer Einfachheit und Schönheit nicht das letzte Wort. Es entsteht die fundamentale Frage: In welchen Bezugssystemen gelten die Maxwellschen Gleichungen, und wie transformieren sich das elektrische Feld E und das magnetische

Feld H beim Übergang zu einem anderen Bezugssystem? Dieses Problem löste erst Einsteins spezielle Relativitätstheorie aus dem Jahre 1905. Die moderne Formulierung der Maxwellschen Gleichungen benutzt den Cartanschen Differentialkalkül und die Sprache der Hauptfaserbündel. In dieser Formulierung sind die Maxwellschen Gleichungen der Ausgangspunkt für die Eichfeldtheorien der modernen Elementarteilchenphysik. Das wird ausführlich in 10.2.9 im Handbuch diskutiert.

1.9.11 Der Zusammenhang der klassischen Vektoranalysis mit dem Cartanschen Differentialkalkül

Der Cartansche Differentialkalkül umfasst die folgenden grundlegenden Resultate für Differentialformen im $\mathbb{R}^n$:

(i) *Satz von Stokes:* $\int\limits_M d\omega = \int\limits_{\partial M} \omega.$

(ii) *Regel von Poincaré:* $dd\omega = 0.$

(iii) *Lemma von Poincaré:* Die Gleichung $dw = b$ auf dem kontrahierbaren Gebiet G besitzt genau dann eine Lösung ω, wenn $db = 0$ gilt.

Ein Gebiet G heißt genau dann kontrahierbar, wenn es sich stetig auf einen Punkt $x_0 \in G$ zusammenziehen lässt, d. h., es gibt eine stetige Abbildung $H = H(x,t)$ von $G \times [0,1]$ auf G mit

$$H(x,0) = x \quad \text{und} \quad H(x,1) = x_0 \quad \text{für alle } x \in G$$

(Abb. 1.107).

Abb. 1.107

Spezialisierung: Die klassischen Integralsätze von Gauß und Stokes sind Spezialfälle von (i), während (ii) die Identitäten

$$\operatorname{div} \operatorname{rot} \mathbf{H} \equiv 0, \qquad \operatorname{rot} \operatorname{grad} V \equiv 0$$

umfasst. Schließlich beinhaltet (iii) im $\mathbb{R}^3$ die Gleichungen

$$\operatorname{grad} V = \mathbf{K} \qquad \text{auf } G,$$

$$\operatorname{rot} \mathbf{H} = \mathbf{J} \qquad \text{auf } G,$$

$$\operatorname{div} \mathbf{D} = \rho \qquad \text{auf } G.$$

Das wird in 10.2.7 im Handbuch diskutiert.

1.10 Unendliche Reihen

> Eine umfangreiche Tabelle von Reihen findet man in 0.5.

Besonders wichtige unendliche Reihen sind Potenzreihen und Fourierreihen.

Definition: Es sei $a_0, a_1, \ldots$ eine Folge komplexer Zahlen. Das Symbol $\sum\limits_{n=0}^{\infty} a_n$ steht für die Folge (s_k) der *Partialsummen*

$$s_k := \sum_{n=0}^{k} a_n.$$

Die Zahlen a_n heißen *Glieder* der Reihe. Wir schreiben genau dann

$$\sum_{n=0}^{\infty} a_n = a,$$

wenn es eine komplexe Zahl a gibt mit $\lim\limits_{k\to\infty} s_k = a$. Wir sagen, dass die unendliche Reihe gegen a konvergiert. Anderenfalls heißt die Reihe divergent.[91]

Notwendige Konvergenzbedingung: Für eine konvergente Reihe gilt

$$\lim_{n\to\infty} a_n = 0.$$

Ist diese Bedingung verletzt, dann divergiert die Reihe $\sum\limits_{n=0}^{\infty} a_n$.

▶ BEISPIEL: Die Reihe $\sum\limits_{n=1}^{\infty} \left(1 - \dfrac{1}{n}\right)$ divergiert, denn $\lim\limits_{n\to\infty} \left(1 - \dfrac{1}{n}\right) = 1$.

Die geometrische Reihe: Für jede komplexe Zahl z mit $|z| < 1$ gilt

$$\sum_{n=0}^{\infty} z^n = 1 + z + z^2 + \ldots = \frac{1}{1-z}.$$

Im Fall $|z| > 1$ divergiert die Reihe $\sum\limits_{n=0}^{\infty} z^n$.

Beweis: Für $|z| < 1$ gilt $\lim\limits_{k\to\infty} |z|^{k+1} = 0$. Das ergibt

$$\lim_{k\to\infty} \sum_{n=0}^{k} z^n = \lim_{k\to\infty} \frac{1 - z^{k+1}}{1-z} = \frac{1}{1-z}.$$

Für $|z| > 1$ hat man $\lim\limits_{n\to\infty} |z|^n = \infty$. Deshalb geht die Folge (z_n) nicht gegen null. □

---

[91] Die Konvergenz komplexer Zahlenfolgen wird in 1.14.2 betrachtet. Die Benutzung komplexer Zahlen ist zum Beispiel für ein tieferes Verständnis des Verhaltens von Potenzreihen sehr wichtig.

Cauchysches Prinzip: Die Reihe $\sum\limits_{n=0}^{\infty} a_n$ konvergiert genau dann, wenn es zu jeder reellen Zahl $\varepsilon > 0$ eine natürliche Zahl $n_0(\varepsilon)$ gibt mit

$$|a_n + a_{n+1} + \ldots + a_{n+m}| < \varepsilon$$

für alle $n \geq n_0(\varepsilon)$ und alle $m = 1, 2, \ldots$

Änderungsprinzip: Das Konvergenzverhalten einer unendlichen Reihe bleibt unbeeinflusst, wenn man endlich viele Glieder ändert.

Absolute Konvergenz: Eine Reihe $\sum\limits_{n=0}^{\infty} a_n$ konvergiert definitionsgemäß genau dann absolut, wenn $\sum\limits_{n=0}^{\infty} |a_n|$ konvergiert.

Satz: Aus der absoluten Konvergenz einer Reihe folgt ihre Konvergenz.

1.10.1 Konvergenzkriterien

Beschränktheitskriterium: Die Reihe $\sum\limits_{n=0}^{\infty} a_n$ konvergiert genau dann absolut, wenn

$$\sup_k \sum_{n=0}^{k} |a_n| < \infty.$$

Insbesondere konvergiert eine Reihe $\sum\limits_{n=0}^{\infty} a_n$ mit nichtnegativen Gliedern genau dann, wenn die Folge der Partialsummen beschränkt ist.

Majorantenkriterium: Es sei

$$|a_n| \leq b_n \quad \text{für alle } n.$$

Dann folgt aus der Konvergenz der Majorantenreihe $\sum\limits_{n=0}^{\infty} b_n$ die absolute Konvergenz der Reihe $\sum\limits_{n=0}^{\infty} a_n$.

Quotientenkriterium: Existiert der Grenzwert

$$q := \lim_{n \to \infty} \left| \frac{a_{n+1}}{a_n} \right|,$$

dann gilt:

(i) Aus $q < 1$ folgt die absolute Konvergenz der Reihe $\sum\limits_{n=0}^{\infty} a_n$.

(ii) Aus $q > 1$ folgt die Divergenz der Reihe $\sum\limits_{n=0}^{\infty} a_n$.

Im Fall $q = 1$ kann Konvergenz oder Divergenz vorliegen.

▶ BEISPIEL 1 (Exponentialfunktion): Für $a_n := \dfrac{z^n}{n!}$ gilt

$$\lim_{n \to \infty} \left| \frac{a_{n+1}}{a_n} \right| = \lim_{n \to \infty} \frac{|z|}{n+1} = 0.$$

Deshalb konvergiert die Reihe

$$e^z = \sum_{n=0}^{\infty} \frac{z^n}{n!} = 1 + z + \frac{z^2}{2!} + \frac{z^3}{3!} + \dots$$

absolut für alle komplexen Zahlen z.

Wurzelkriterium: Wir setzen

$$q := \varlimsup_{n \to \infty} \sqrt[n]{|a_n|}.$$

(i) Aus $q < 1$ folgt die absolute Konvergenz der Reihe $\sum\limits_{n=0}^{\infty} a_n$.

(ii) Aus $q > 1$ folgt die Divergenz der Reihe $\sum\limits_{n=0}^{\infty} a_n$.

Im Fall $q = 1$ kann Konvergenz oder Divergenz vorliegen.

▶ BEISPIEL 2: Es sei $a_n := nz^n$. Wegen $\lim\limits_{n \to \infty} \sqrt[n]{|a_n|} = |z| \lim\limits_{n \to \infty} \sqrt[n]{n} = |z|$ konvergiert die Reihe

$$\sum_{n=1}^{\infty} nz^n = z + 2z^2 + 3z^3 + \dots$$

für alle $z \in \mathbb{C}$ mit $|z| < 1$ und divergiert für $|z| > 1$.

Integralkriterium: Es sei $f : [1, \infty[\to \mathbb{R}$ eine stetige, monoton fallende, positive Funktion. Die Reihe

$$\sum_{n=1}^{\infty} f(n)$$

konvergiert genau dann, wenn das Integral $\int\limits_1^{\infty} f(x)\mathrm{d}x$ konvergiert.

▶ BEISPIEL 3: Die Reihe

$$\sum_{n=1}^{\infty} \frac{1}{n^\alpha}$$

konvergiert für $\alpha > 1$ und divergiert für $\alpha \leq 1$.

Beweis: Es ist

$$\int\limits_1^{\infty} \frac{\mathrm{d}x}{x^\alpha} = \lim_{b \to \infty} \int\limits_1^{b} \frac{\mathrm{d}x}{x^\alpha} = \lim_{b \to \infty} \frac{1}{(1-\alpha)x^{\alpha-1}} \Bigg|_1^b = \begin{cases} \dfrac{1}{\alpha - 1} & \text{für} \quad \alpha > 1 \\ +\infty & \text{für} \quad \alpha < 1 \end{cases}$$

und

$$\int\limits_1^\infty \frac{\mathrm{d}x}{x} = \lim_{b\to\infty} \ln x \Big|_1^b = \lim_{b\to\infty} \ln b = \infty. \qquad \square$$

Das Leibnizsche Kriterium für alternierende Reihen: Die unendliche Reihe

$$a_0 - a_1 + a_2 - a_3 + \ldots = \sum_{n=0}^\infty (-1)^n a_n$$

konvergiert, falls $a_0 \geq a_1 \geq a_2 \geq \ldots \geq 0$ und $\lim\limits_{n\to\infty} a_n = 0$.

Für den Fehler $d_k := \sum\limits_{n=0}^\infty a_n - \sum\limits_{n=0}^k a_n$ gilt:

$$0 \leq (-1)^{k+1} d_k \leq a_{k+1}, \qquad k = 1, 2, \ldots$$

▶ Beispiel 4: Die berühmte Leibnizsche Reihe

$$1 - \frac{1}{3} + \frac{1}{5} - \frac{1}{7} + \frac{1}{9} - \frac{1}{11} + \ldots$$

konvergiert. Nach Beispiel 2 in 1.10.3. ist der Grenzwert gleich $\frac{\pi}{4}$. Beispielsweise hat man die Fehlerabschätzung

$$0 < \frac{\pi}{4} - \left(1 - \frac{1}{3} + \frac{1}{5} - \frac{1}{7}\right) < \frac{1}{9}$$

und

$$0 < \left(1 - \frac{1}{3} + \frac{1}{5} - \frac{1}{7} + \frac{1}{9}\right) - \frac{\pi}{4} < \frac{1}{11}.$$

1.10.2 Das Rechnen mit unendlichen Reihen

Die Bedeutung der absoluten Konvergenz: Mit absolut konvergenten Reihen kann man wie mit endlichen Summen rechnen.

1.10.2.1 Algebraische Operationen

Addition: Zwei konvergente Reihen dürfen addiert und mit einer komplexen Zahl α multipliziert werden:

$$\sum_{n=0}^\infty a_n + \sum_{n=0}^\infty b_n = \sum_{n=0}^\infty (a_n + b_n),$$

$$\alpha \sum_{n=0}^\infty a_n = \sum_{n=0}^\infty \alpha\, a_n.$$

Setzen von Klammern: In einer konvergenten Reihe darf man Klammern setzen, ohne dass sich die Konvergenz und die Reihensumme ändern.

Umordnung: Eine absolut konvergente Reihe darf umgeordnet werden, ohne dass sich die absolute Konvergenz und die Reihensumme ändern.

Multiplikation: Zwei absolut konvergente Reihen dürfen miteinander multipliziert werden.

Die Produktreihe ist wieder absolut konvergent und darf umgeordnet werden. Speziell kann man die *Cauchysche Produktreihe* benutzen:

$$\sum_{n=0}^{\infty} a_n \sum_{n=0}^{\infty} b_n = \sum_{n=0}^{\infty} \sum_{r=0}^{n} a_r b_{n-r}.$$

Doppelsummen (großer Umordnungssatz): Es gilt

$$\sum_{n,m=0}^{\infty} a_{nm} = \sum_{n=0}^{\infty} \left(\sum_{m=0}^{\infty} a_{nm} \right),$$

falls eine der beiden folgenden Bedingungen erfüllt ist:

(i) $\sup\limits_{r} \sum\limits_{n+m \leq r} |a_{nm}| < \infty$,

(ii) $\sum\limits_{n=0}^{\infty} \left(\sum\limits_{m=0}^{\infty} |a_{nm}| \right)$ konvergiert.

Dann darf $\sum\limits_{n,m=0}^{\infty} a_{nm}$ durch beliebige Summation der a_{nm} berechnet werden, und die Reihensumme ist unabhängig von der Reihenfolge der Summation.

1.10.2.2 Funktionenfolgen

Die Bedeutung der gleichmäßigen Konvergenz für die Vertauschung von Grenzprozessen: Bei gleichmäßiger Konvergenz darf die Grenzwertrelation

$$f(x) := \lim_{n \to \infty} f_n(x), \qquad a \leq x \leq b, \tag{1.174}$$

gliedweise integriert und differenziert werden. Das bedeutet

$$\int_a^b f(x)\,dx = \lim_{n \to \infty} \int_a^b f_n(x)\,dx \tag{1.175}$$

und

$$f'(x) = \lim_{n \to \infty} f_n'(x). \qquad a \leq x \leq b. \tag{1.176}$$

Definition: Es sei $-\infty < a < b < \infty$. Der Grenzübergang (1.174) ist genau dann gleichmäßig, wenn

$$\lim_{n \to \infty} \sup_{a \leq x \leq b} |f(x) - f_n(x)| = 0.$$

Stetigkeit der Grenzfunktion: Sind alle Funktionen $f_n : [a, b] \to \mathbb{C}$ im Punkt $x \in [a, b]$ stetig und verläuft der Grenzübergang in (1.174) gleichmäßig, dann ist auch die Grenzfunktion f im Punkt x stetig.

Integrierbarkeit der Grenzfunktion: Sind alle Funktionen $f_n : [a, b] \to \mathbb{C}$ fast überall stetig und beschränkt und verläuft der Grenzübergang in (1.174) gleichmäßig, dann gilt (1.175).[92]

Differenzierbarkeit der Grenzfunktion: Sind alle Funktionen $f_n : [a, b] \to \mathbb{C}$ auf $[a, b]$ differenzierbar und konvergieren die beiden Folgen (f_n) und (f_n') gleichmäßig auf $[a, b]$ gegen Funktionen f und g, dann ist auch die Grenzfunktion f auf $[a, b]$ differenzierbar, und es gilt (1.176).

Das folgende Beispiel zeigt, dass die gleichmäßige Konvergenz wichtig ist.

▶ BEISPIEL: Die Funktionen f_n in Abb. 1.108 sind alle stetig. Die Grenzfunktion $f(x) = \lim_{n \to \infty} f_n(x)$ ist jedoch im Punkt $x = 0$ nicht stetig.

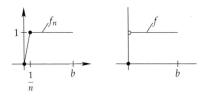

Abb. 1.108

Diese Konvergenz verläuft nicht gleichmäßig auf dem Intervall $[0, b]$ mit $b > 0$.

1.10.2.3 Differentiation und Integration

Die Rolle von Majorantenkriterien: Unendliche Reihen sind spezielle Funktionenfolgen (Folgen der Partialsummenfunktionen). Die gleichmäßige Konvergenz ergibt sich hier häufig bequem aus Majorantenkriterien.

Es sei $-\infty < a < b < \infty$. Wir betrachten die Reihe

$$f(x) := \sum_{n=0}^{\infty} f_n(x), \qquad a \leq x \leq b, \tag{1.177}$$

mit $f_n(x) \in \mathbb{C}$, $n = 0, 1, 2, \ldots$, für alle $x \in [a, b]$ und formulieren zwei Majorantenbedingungen:

(M1) Es ist $|f_n(x)| \leq a_n$ auf $[a, b]$ für alle n, und die Majorantenreihe $\sum_{n=0}^{\infty} a_n$ konvergiert.

(M2) Es ist $|f_n'(x)| \leq b_n$ auf $[a, b]$ für alle n, und die Majorantenreihe $\sum_{n=0}^{\infty} b_n$ konvergiert.

Aus (M1) folgt, dass der Grenzübergang (1.177) gleichmäßig auf $[a, b]$ verläuft.

Stetigkeit der Grenzfunktion: Sind alle Funktionen $f_n : [a, b] \to \mathbb{C}$ im Punkt x stetig und gilt (M1), dann ist auch die Grenzfunktion f im Punkt x stetig.

---

[92]Das bedeutet insbesondere, dass alle Integrale und der Grenzwert in (1.175) existieren.

Integrierbarkeit der Grenzfunktion: Sind alle Funktionen $f_n : [a, b] \to \mathbb{C}$ fast überall stetig und beschränkt und gilt die Majorantenbedingung (M1), dann ist auch die Grenzfunktion f integrierbar, und man hat

$$
\int_a^b f(x)\,\mathrm{d}x = \sum_{n=0}^{\infty} \int_a^b f_n(x)\,\mathrm{d}x.
$$

Differenzierbarkeit der Grenzfunktion: Sind alle Funktionen $f_n : [a, b] \to \mathbb{C}$ auf $[a, b]$ differenzierbar und sind die beiden Majorantenbedingungen (M1), (M2) erfüllt, dann ist auch die Grenzfunktion f auf $[a, b]$ differenzierbar, und man hat

$$
f'(x) = \sum_{n=0}^{\infty} f_n'(x), \qquad a \le x \le b.
$$

1.10.3 Potenzreihen

Eine umfangreiche Tabelle von Potenzreihen findet man in 0.5.2.

Potenzreihen stellen ein außerordentlich leistungsfähiges und elegantes Instrument zur Untersuchung von Funktionen dar.

Definition: Unter einer Potenzreihe mit dem Mittelpunkt z_0 versteht man eine unendliche Reihe der Gestalt

$$
f(z) = \sum_{n=0}^{\infty} a_n (z - z_0)^n, \tag{1.178}
$$

wobei alle a_n und z_0 feste komplexe Zahlen sind, während die komplexe Zahl z variiert. Mit Potenzreihen kann man in sehr übersichtlicher Weise rechnen.[93]

Identitätssatz für Potenzreihen: Stimmen zwei Potenzreihen mit dem Mittelpunkt z_0 auf einer unendlichen Menge von komplexen Zahlen überein, die gegen den Punkt z_0 konvergieren, dann besitzen beide Reihen die gleichen Koeffizienten und sind somit identisch.

Konvergenzradius: Wir setzen $\varrho := \varlimsup\limits_{n \to \infty} \sqrt[n]{|a_n|}$ und[94]

$$
r := \frac{1}{\varrho}.
$$

Ferner betrachten wir den Kreis $K_r := \{ z \in \mathbb{C} : |z - z_0| < r \}$ für $0 < r \le \infty$.

Im Fall $r = 0$ besteht K_0 definitionsgemäß aus dem Punkt z_0. Dann gilt:

(i) Die Potenzreihe (1.178) konvergiert absolut für alle Punkte z des sogenannten *Konvergenzkreises* K_r, und sie divergiert für alle z außerhalb des Abschlusses $\overline{K}_r$ des Konvergenzkreises (Abb. 1.109a).

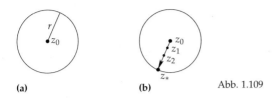

(a)   **(b)**   Abb. 1.109

(ii) In den Randpunkten des Konvergenzkreises kann die Potenzreihe konvergieren oder divergieren.

Satz von Abel: Konvergiert die Potenzreihe (1.178) in einem Randpunkt z, des Konvergenzkreises, dann gilt

$$\lim_{k\to\infty} \sum_{n=0}^{\infty} a_n(z_k - z_0)^n = \sum_{n=0}^{\infty} a_n(z_* - z_0)^n$$

für jede Folge (z_k) die sich für $k \to \infty$ von innen her radial dem Randpunkt z_* nähert (Abb. 1.109b).

Eigenschaften von Potenzreihen:

Im Innern des Konvergenzkreises darf man Potenzreihen addieren, multiplizieren, umordnen, beliebig oft gliedweise differenzieren und gliedweise integrieren. Bei der Differentiation und Integration ändert sich der Konvergenzkreis nicht.

Das Holomorphieprinzip: Ist eine Funktion $f : U(z_0) \subseteq \mathbb{C} \to \mathbb{C}$ auf einer offenen Umgebung des Punktes z_n holomorph (vgl. 1.14.3), dann lässt sie sich in eine Potenzreihe um den Punkt z_0 entwickeln. Der Konvergenzkreis ist der größte Kreis, der in $U(z_0)$ enthalten ist.

Die Potenzreihe stimmt mit der Taylorreihe überein:

$$f(z) = f(z_0) + f'(z_0)(z - z_0) + \frac{f''(z_0)}{2!}(z - z_0)^2 + \ldots$$

Jede Potenzreihe stellt eine Funktion dar, die im Innern des Konvergenzkreises holomorph ist.

▶ BEISPIEL 1: Es sei

$$f(z) := \frac{1}{1 - z}.$$

Diese Funktion besitzt in $z = 1$ eine Singularität. Sie lässt sich somit um den Punkt $z = 0$ in eine Potenzreihe entwickeln mit dem Konvergenzradius $r = 1$ (Abb. 1.110a). Wegen

$$f'(z) = \frac{1}{(1 - z)^2}, \qquad f''(z) = \frac{2}{(1 - z)^3}, \qquad \ldots,$$

erhalten wir $f'(0) = 1$, $f''(0) = 2!$, $f'''(0) = 3!, \ldots$ Somit gilt

$$f(z) = 1 + z + z^2 + z^3 \ldots = \frac{1}{1 - z} \tag{1.179}$$

---

[93]Dieser Abschnitt steht im engen Zusammenhang mit 1.14. (komplexe Funktionentheorie).
[94]Für $\varrho = 0$ (bzw. $\varrho = \infty$) sei $r = \infty$ (bzw. $r = 0$).

für alle $z \in \mathbb{C}$ mit $|z| < 1$.

(i) Gliedweise Differentiation von (1.179) ergibt

$$f'(z) = 1 + 2z + 3z^2 + \ldots = \frac{1}{(1-z)^2}$$

für alle $z \in \mathbb{C}$ mit $|z| < 1$.

(ii) Es sei $t \in \mathbb{R}$ mit $|t| < 1$. Gliedweise Integration von (1.179) liefert

$$\int\limits_0^t f(z)\mathrm{d}z = t + \frac{t^2}{2} + \frac{t^3}{3} + \ldots = -\ln(1-t). \tag{1.180}$$

(iii) Anwendung des Satzes von Abel im Randpunkt t= −1. Die Reihe (1.180) konvergiert in $t = -1$ nach dem Leibnizkriterium für alternierende Reihen. Der Grenzübergang $t \to -1 + 0$ in (1.180) ergibt

$$1 - \frac{1}{2} + \frac{1}{3} - \frac{1}{4} + \ldots = \ln 2.$$

(iv) Wegen (ii) definieren wir $\ln(1 - t)$ für alle komplexen Argumente t mit $|t| < 1$ durch die Relation (1.180). Das entspricht dem Prinzip der analytischen Fortsetzung (vgl. 1.14.15).

▶ Beispiel 2: Die Gleichung $1 + z^2 = 0$ besitzt die beiden Nullstellen $z = \pm\mathrm{i}$. Es sei

$$f(z) := \frac{1}{1 + z^2}.$$

Diese Funktion besitzt in $z = \pm\mathrm{i}$ Singularitäten. Sie lässt sich somit um den Punkt $z = 0$ in eine Potenzreihe entwickeln mit dem Konvergenzradius $r = 1$ (Abb. 1.110b). Aus der geometrischen Reihe folgt

$$f(z) = \frac{1}{1 - (-z^2)} = 1 - z^2 + z^4 - z^6 + \ldots \tag{1.181}$$

für alle $z \in \mathbb{C}$ mit $|z| < 1$.

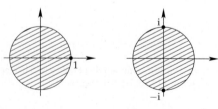

(a)   (b)   Abb. 1.110

(i) Gliedweise Differentiation von (1.181) liefert

$$f'(z) = -\frac{2z}{(1 + z^2)^2} = -2z + 4z^3 - 6z^5 + \ldots$$

für alle $z \in \mathbb{C}$ mit $|z| < 1$.

(ii) Es sei $t \in \mathbb{R}$ mit $|t| < 1$. Gliedweise Integration von (1.181) ergibt

$$\int_0^t \frac{dz}{1+z^2} = \arctan t = t - \frac{t^3}{3} + \frac{t^5}{5} - \dots \tag{1.182}$$

(iii) Anwendung des Satzes von Abel im Randpunkt $t = 1$. Die Reihe (1.182) konvergiert für $t = 1$ nach dem Leibnizkriterium für alternierende Reihen. Der Grenzübergang $t \to 1 - 0$ in (1.182) ergibt wegen $\arctan 1 = \frac{\pi}{4}$ die berühmte Leibnizsche Reihe

$$1 - \frac{1}{3} + \frac{1}{5} - \frac{1}{7} + \dots = \frac{\pi}{4}.$$

(iv) Die Formel (1.182) erlaubt die Definition von $\arctan t$ für alle komplexen Argument t mit $|t| < 1$. Das entspricht dem Prinzip der analytischen Fortsetzung (vgl. 1.14.15).

1.10.4 Fourierreihen

Eine umfangreiche Tabelle wichtiger Fourierreihen findet man in 0.5.4.

Grundidee: Ausgangspunkt ist die berühmte klassische Formel

$$f(t) = \frac{a_0}{2} + \sum_{k=1}^{\infty} (a_k \cos k\omega t + b_k \sin k\omega t) \tag{1.183}$$

mit der Kreisfrequenz $\omega = 2\pi/T$, der Schwingungsdauer $T > 0$ und den sogenannten *Fourierkoeffizienten*[95]:

$$a_k := \frac{2}{T} \int_0^T f(t) \cos k\omega t \, dt,$$

$$b_k := \frac{2}{T} \int_0^T f(t) \sin k\omega t \, dt,$$

Wir setzen dabei voraus, dass die Funktion $f : \mathbb{R} \to \mathbb{C}$ die Periode $T > 0$ besitzt, d. h., für alle Zeiten t gilt

$$f(t + T) = f(t).$$

---

[95]Die Formeln für a_k und b_k erhält man formal aus dem Ansatz (1.183), indem man diesen mit $\cos k\omega t$ oder $\sin k\omega t$ multipliziert und anschließend über das Intervall $[0, T]$ integriert. Dabei wird wesentlich ausgenutzt, dass die Orthogonalitätsrelation

$$\int_0^T f g \, dt = 0$$

für zwei verschiedene derartige Kosinus- und Sinusfunktionen gilt.
Diese Methode hängt eng mit Orthonormalsystemen in Hilberträumen zusammen (vgl. 11.1.3 im Handbuch).

Symmetrie: Ist f gerade (bzw. ungerade), dann gilt $b_k = 0$ (bzw. $a_k = 0$) für alle k.

Superpositionsprinzip: Wir können f als einen *Schwingungsvorgang* der Periode T interpretieren. Die Ausgangsformel (1.183) beschreibt dann f als eine Superposition von Kosinus- und Sinusschwingungen mit den Perioden

$$T, \frac{T}{2}, \frac{T}{3}, \dots,$$

d. h., diese Basisschwingungen oszillieren immer rascher (Abb. 1.111).

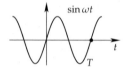 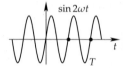

Abb. 1.111

Dominierend sind dabei diejenigen Sinus- und Kosinusschwingungen, deren Fourierkoeffizienten betragsmäßig sehr groß sind. Euler (1707–1783) bezweifelte noch, dass man durch eine Superposition der Form (1.183) allgemeine T-periodische Funktionen darstellen könne. Die Universalität des Ansatzes (1.183) vertrat der französische Mathematiker Fourier (1768–1830) in seinem großen Werk „Théorie analytique de la chaleur" (Analytische Theorie der Wärme). Das kontinuierliche Analogon zu (1.183) lautet

$$f(t) = \int\limits_{-\infty}^{\infty} (a(\nu) \cos \nu t + b(\nu) \sin \nu t) \, d\nu.$$

Diese Formel, die äquivalent zum Fourierintegral ist, erlaubt die Zerlegung einer beliebigen (unperiodischen) Funktion in Kosinus- und Sinusschwingungen (vgl. 1.11.2.).

> Fourierreihen und Fourierintegrale sowie ihre Verallgemeinerungen[96] stellen ein grundlegendes Hilfsmittel der mathematischen Physik und der Wahrscheinlichkeitsrechnung dar (Spektralanalyse).

Konvergenzproblem: Vom mathematischen Standpunkt aus hat man die Konvergenz der Formel (1.183) unter möglichst allgemeinen Bedingungen zu zeigen. Das erwies sich als ein schwieriges Problem des 19. Jahrhunderts, das erst endgültig im 20. Jahrhundert mit Hilfe des Lebesgueintegrals und der Funktionalanalysis gelöst werden konnte (vgl. 11.1.3 im Handbuch). Hier geben wir ein für viele praktische Zwecke ausreichendes klassisches Kriterium an.

Monotoniekriterium von Dirichlet (1805–1859): Wir setzen voraus (Abb. 1.112):

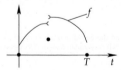

Abb. 1.112

(i) Die Funktion $f : \mathbb{R} \longrightarrow \mathbb{C}$ besitzt die Periode $T > 0$.

---

[96]Ein tieferes Verständnis ist erst im Rahmen der Funktionalanalysis (Spektraltheorie) möglich (vgl. Kapitel 11 im Handbuch).

(ii) Es gibt Punkte $t_0 := 0 < t_1 < \ldots < t_m := T$ so dass Real- und Imaginärteil von f auf jedem offenen Teilinterval $]t_j, t_{j+1}[$ monoton und stetig sind.

(iii) In den Punkten t_j existieren die einseitigen Grenzwerte

$$f(t_j \pm 0) := \lim_{\varepsilon \to +0} f(t_j \pm \varepsilon).$$

Dann konvergiert die Fourierreihe von f in jedem Punkt $t \in \mathbb{R}$ gegen den Mittelwert

$$\boxed{\frac{f(t+0) + f(t-0)}{2}.}$$

Dieser Wert ist gleich $f(t)$ in den Stetigkeitspunkten t von f.

▶ BEISPIEL: Die Funktion $f : \mathbb{R} \to \mathbb{R}$ besitze die Periode $T = 2\pi$, und es sei $f(t) := |t|$ auf $[-\pi, \pi]$ (Abb. 1.113). Dann hat man die Konvergenz

$$f(t) = \frac{\pi}{2} - \frac{4}{\pi} \left(\cos t + \frac{\cos 3t}{3^2} + \frac{\cos 5t}{5^2} + \ldots \right)$$

für alle $t \in \mathbb{R}$.

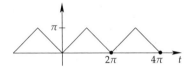

Abb. 1.113

Glattheitskriterium: Ist die T-periodische Funktion $f : \mathbb{R} \to \mathbb{C}$ vom Typ C^m mit $m \geq 2$, dann gilt:

$$\boxed{|a_k| + |b_k| \leq \frac{\text{const}}{k^m} \qquad \text{für alle} \quad k = 1, 2, \ldots}$$

Für jedes $t \in \mathbb{R}$ hat man die absolut und gleichmäßig konvergente Entwicklung (1.183), die gliedweise integriert werden darf.

Ist $r := m - 2 > 0$, dann darf man (1.183) in jedem Punkt $t \in \mathbb{R}$ r-fach gliedweise differenzieren.

Fouriermethode: Das vorangegangene Resultat wird bei der Fouriermethode zur Lösung partieller Differentialgleichung benutzt – zum Beispiel bei der Behandlung der schwingenden Saite (vgl. 1.13.2.2).

Die Gaußsche Methode der kleinsten Quadrate: Es sei $f : \mathbb{R} \to \mathbb{C}$ eine fast überall stetige und beschränkte Funktion der Periode $T > 0$. Dann besitzt das Minimumproblem

$$\int_0^T \left| f(t) - \frac{\alpha_0}{2} - \sum_{k=1}^m (\alpha_k \cos k\omega t + \beta_k \sin k\omega t) \right|^2 dt = \min!,$$

$$\alpha_0, \ldots, \alpha_m, \beta_1, \ldots, \beta_m \in \mathbb{C},$$

die Fourierkoeffizienten als eindeutige Lösung. Ferner hat man die *Konvergenz im quadratischen Mittel*:

$$\lim_{m \to \infty} \int_0^T \left| f(t) - \frac{a_0}{2} - \sum_{k=1}^{m} (a_k \cos k\omega t + b_k \sin k\omega t) \right|^2 dt = 0,$$

die den Schlüssel zur modernen funktionalanalytischen Behandlung der Fourierreihen darstellt (vgl. 11.1.3 im Handbuch).

Die komplexe Form der Fourierreihe: Die Theorie der Fourierreihen gestaltet sich wesentlich eleganter, wenn man von dem Ansatz

$$f(t) = \sum_{k=-\infty}^{\infty} c_k e^{ik\omega t} \tag{1.184}$$

mit $\omega := 2\pi/T$ ausgeht.[97] Die Fourierkoeffizienten lauten jetzt:

$$c_k := \frac{1}{T} \int_0^T f(t) e^{-ik\omega t} dt. \tag{1.185}$$

Motivation: Es ist

$$\int_0^T e^{ir\omega t} dt = \begin{cases} T & \text{für } r = 0, \\ 0 & \text{for } r = \pm 1, \pm 2, \ldots \end{cases}$$

Wir multiplizieren formal (1.184) mit $e^{is\omega t}$ und integrieren über $[0, T]$. Das ergibt (1.185).

Reelle Funktionen: Ist $f(t)$ reell für alle t, dann hat man $c_{-k} = \bar{c}_k$ für alle k.

Konvergenz: Das Dirichletkriterium und das Glattheitskriterium bleiben für (1.184) bestehen.

Ist $f : \mathbb{R} \longrightarrow \mathbb{C}$ fast überall stetig und beschränkt, dann hat man die Konvergenz im quadratischen Mittel:

$$\lim_{m \to \infty} \int_0^T \left| f(t) - \sum_{k=-m}^{m} c_k e^{ik\omega t} \right|^2 dt = 0.$$

1.10.5 Summation divergenter Reihen

Die Philosophie der Summationsverfahren besteht darin, dass auch divergente Reihen (z. B. divergente Fourierreihen) Informationen enthalten, die man durch verallgemeinerte Konvergenz (Summation) erschließen möchte.

Permanenzprinzip: Ein Summationsverfahren heißt genau dann zulässig (oder permanent), wenn es für alle konvergenten Reihen den klassischen Grenzwert als Summationswert ergibt.

---

[97] Wir setzen $\displaystyle\sum_{k=-\infty}^{\infty} \alpha_k := \alpha_0 + \sum_{k=1}^{\infty} (\alpha_k + \alpha_{-k})$.

Im Folgenden seien $a_0, a_1, \ldots$ komplexe Zahlen, und es sei $s_k := \sum\limits_{n=0}^{k} a_n$ die k-te Partialsumme.

Das Verfahren des arithmetischen Mittels: Wir setzen

$$\sum_{n=0}^{\infty} \mathbb{M} a_n := \lim_{k \to \infty} \frac{s_0 + s_1 + \ldots + s_{k-1}}{k},$$

falls dieser Grenzwert existiert. Dieses Summationsverfahren ist zulässig.

▶ BEISPIEL 1 (Satz von Féjer (1904)): Im Jahre 1871 konstruierte Du Bois-Reymond eine stetige 2π-periodische Funktion, deren Fourierreihe in einem Punkt divergiert. Man kann jedoch stetige periodische Funktionen vollständig aus ihren Fourierreihen rekonstruieren, wenn man das Summationsverfahren des arithmetischen Mittels benutzt.

Ist $f : \mathbb{R} \longrightarrow \mathbb{C}$ stetig und T-periodisch mit $T > 0$, dann gilt

$$f(t) = \frac{a_0}{2} + \sum_{n=0}^{\infty} \mathbb{M}(a_n \cos n\omega t + b_n \sin n\omega t)$$

für alle $t \in \mathbb{R}$. Diese Konvergenz ist gleichmäßig auf $[0, T]$.

Das Abelsche Summationsverfahren: Wir definieren

$$\sum_{n=0}^{\infty} \mathbb{A} a_n = \lim_{x \to 1-0} \sum_{n=0}^{\infty} a_n x^n.$$

Dieses Summationsverfahren ist zulässig.

▶ BEISPIEL 2:

$$\sum_{n=0}^{\infty} \mathbb{A} (-1)^n = (1 - 1 + 1 - \ldots)^{\mathbb{A}} = \frac{1}{2}.$$

Zusätzlich gilt: $\lim\limits_{x \to 1-0}(1 - x + x^2 - \ldots) = \lim\limits_{x \to 1-0} \frac{1}{1+x} = \frac{1}{2}.$ □

In der Geschichte der Mathematik hat die Reihe $1 - 1 + 1 - \ldots$ immer wieder zu Kontroversen und philosophischen Spekulationen geführt. Der Wert $\frac{1}{2}$ wurde ihr schon im 17. Jahrhundert zugewiesen als arithmetisches Mittel der Folge der Partialsummen $1, 0, 1, 0, 1, \ldots$

Asymptotische Reihen: Vgl. 0.5.3.

1.10.6 Unendliche Produkte

Eine Tabelle unendlicher Produkte findet man in 0.5.5.

Definition: Es seien $b_0, b_1, \ldots$ komplexe Zahlen. Das Symbol $\prod\limits_{n=0}^{\infty} b_n$ steht für die Folge (p_k) der Partialprodukte mit

$$p_k := \prod_{n=0}^{k} b_n.$$

Wir schreiben genau dann

$$\prod_{n=0}^{\infty} b_n = b,$$ (1.186)

wenn b eine komplexe Zahl ist und $\lim_{k\to\infty} p_k = b$ gilt.

Konvergenz: Ein unendliches Produkt heißt genau dann konvergent, wenn entweder (1.186) mit $b \neq 0$ vorliegt, oder diese Situation lässt sich nach Weglassen von endlich vielen Faktoren b_n erreichen, die alle gleich null sind. Anderenfalls heißt das Produkt divergent.

Ein konvergentes unendliches Produkt ist genau dann gleich null, wenn ein Faktor gleich null ist.

▶ BEISPIEL 1: $\displaystyle\prod_{n=2}^{\infty} \left(1 - \frac{1}{n^2}\right) = \frac{1}{2}$.

Beweis: Unter Beachtung von $n^2 - 1 = (n+1)(n-1)$ erhalten wir

$$p_k = \left(1 - \frac{1}{2^2}\right)\left(1 - \frac{1}{3^2}\right)\cdots\left(1 - \frac{1}{k^2}\right) = \frac{k+1}{2k} \longrightarrow \frac{1}{2} \quad \text{für} \quad k \longrightarrow \infty. \qquad \square$$

▶ BEISPIEL 2 (Wallissches Produkt):

$$\frac{\pi}{2} = \prod_{n=1}^{\infty} \frac{(2n)^2}{4n^2 - 1}.$$

Änderungsprinzip: Das Konvergenzverhalten eines unendlichen Produkts wird nicht beeinflusst, wenn man endlich viele Faktoren ändert.

Notwendiges Konvergenzkriterium: Konvergiert $\displaystyle\prod_{n=0}^{\infty} b_n$, dann gilt

$$\lim_{n\to\infty} b_n = 1.$$

Absolute Konvergenz: $\displaystyle\prod_{n=0}^{\infty}(1 + a_n)$ konvergiert definitionsgemäß genau dann absolut, wenn $\displaystyle\prod_{n=0}^{\infty}(1 + |a_n|)$ konvergiert.

Satz: Absolut konvergente unendliche Produkte sind konvergent.

Hauptsatz: Das Produkt $\displaystyle\prod_{n=0}^{\infty}(1 + a_n)$ ist genau dann absolut konvergent, wenn die Reihe $\displaystyle\sum_{n=0}^{\infty} a_n$ absolut konvergent ist.

▶ BEISPIEL 3: Für alle komplexen Zahlen z gilt die berühmte Formel von Euler:

$$\sin z = z \prod_{n=1}^{\infty} \left(1 - \frac{z^2}{n^2 \pi^2}\right).$$

Die absolute Konvergenz dieses Produkts folgt aus der Konvergenz der Reihe

$$\sum_{n=1}^{\infty} \frac{|z|^2}{n^2 \pi^2}$$

für alle $z \in \mathbb{C}$.

Satz: (i) Das Produkt $\prod_{n=0}^{\infty} (1 + a_n)$ konvergiert, falls die beiden Reihen $\sum_{n=0}^{\infty} a_n$ und $\sum_{n=0}^{\infty} a_n^2$ konvergieren.

(ii) Ist $a_n \geq 0$ für alle n, dann konvergiert das Produkt $\prod_{n=0}^{\infty} (1 - a_n)$ genau dann, wenn die Reihe $\sum_{n=0}^{\infty} a_n$ konvergiert.

1.11 Integraltransformationen

Vereinfachung mathematischer Operationen: Ordnet man Operationen nach ihrem Schwierigkeitsgrad, dann ergibt sich die Reihenfolge:

(i) Addition und Subtraktion;

(ii) Multiplikation und Division;

(iii) Differentiation und Integration.

Eine wichtige Strategie der Mathematik besteht darin, komplizierte Operationen durch einfachere Operationen zu ersetzen. Vermöge der Relation

$$\ln(ab) = \ln a + \ln b$$

kann man beispielsweise Multiplikationen auf Additionen zurückführen. Diese Anfang des 17. Jahrhunderts entdeckte Logarithmenrechnung war eine enorme Erleichterung für Kepler (1571–1630) bei der Bewältigung seiner außerordentlich umfangreichen Rechnungen zur Erstellung der Planetentafeln.

> Integraltransformationen reduzieren Differentiationen auf Multiplikationen.

Die wichtigste Integraltransformation ist die auf Fourier (1768–1830) zurückgehende Fouriertransformation. Die von Regelungstechnikern ständig benutzte Laplacetransformation ist ein wichtiger Spezialfall der Fouriertransformation.

Lösungsstrategie für Differentialgleichungen:

(S1) Aus einer Differentialgleichung (D) entsteht durch Integraltransformation eine lineare Gleichung (A), die sich in der Regel einfach lösen lässt.

(S2) Rücktransformation der Lösung von (A) ergibt die Lösung der Ausgangsdifferentialgleichung (D).

Um Differenzengleichungen analog zu (S1), (S2) zu lösen, benutzt man die Z-Transformation.

Die Fouriertransformation stellt das wichtigste analytische Instrument für die moderne Theorie der linearen partiellen Differentialgleichungen dar. Die Stichworte sind: Distributionen (verallgemeinerte Funktionen), Pseudodifferentialoperatoren und Fourierintegraloperatoren. Das findet man in 10.4 im Handbuch.

Spektralanalyse: Die physikalische Grundidee der Fouriertransformation besteht darin, dass man elektromagnetische Wellen (z. B. Licht oder Radiowellen aus dem Weltall) in einzelne Frequenzbestandteile zerlegt und deren Intensität untersucht. Auf diese Weise erhalten die Astronomen und Astrophysiker immer neue Erkenntnisse über den Aufbau der Sterne, der Galaxien und des gesamten Kosmos.

Erdbebenwarten benutzen die Fouriertransformation, um die sehr unregelmäßig ankommenden Signale in periodische Schwingungen unterschiedlicher Frequenzen zu zerlegen. Mit Hilfe der Frequenzen und Amplituden der dominierenden Schwingungen kann man dann den Ort des Erdbebens und seine Stärke bestimmen.

Der Heaviside-Kalkül: Um beispielsweise die Differentialgleichung

$$y - \frac{dy}{dt} = f(t),$$

zu lösen, benutzte der englische Elektroingenieur Heaviside Ende des 19. Jahrhunderts die folgende formale geniale Methode:

(i) Aus

$$\left(1 - \frac{d}{dt}\right) y = f$$

folgt nach Division:

$$y = \frac{f}{1 - \frac{d}{dt}}.$$

(ii) Die geometrische Reihe $\frac{1}{1-q} = 1 + q + q^2 + \cdots$ mit $q = \frac{d}{dt}$ liefert

$$y = \left(1 + \frac{d}{dt} + \frac{d^2}{dt^2} + \ldots\right) f.$$

Das ergibt die Lösungsformel:

$$\boxed{y = f(t) + f'(t) + f''(t) + \ldots} \tag{1.187}$$

Für jedes Polynom f stellt die so gewonnene Formel (1.187) tatsächlich eine Lösung der Ausgangsgleichung dar.

▶ BEISPIEL: Für $f(t) := t$ erhalten wir $y = t + 1$. Tatsächlich gilt:

$$y - y' = t + 1 - 1 = t.$$

Die Philosophie Heavisides bestand darin, dass man mit Differentialoperatoren in der gleichen Weise wie mit algebraischen Größen umgehen kann. Diese Idee ist heute im Rahmen der Theorie der Pseudodifferentialoperatoren als strenge mathematische Theorie realisiert (vgl. 10.4.7 im Handbuch). Einen noch allgemeineren Rahmen für das Rechnen mit beliebigen Operatoren stellt die Funktionalanalysis bereit, die zum Beispiel das mathematische Fundament der modernen Quantentheorie bildet (vgl. Kapitel 11 im Handbuch).

1.11.1 Die Laplacetransformation

> Eine umfangreiche Tabelle von Laplacetransformierten findet man man in 0.8.2.

Wie der Mathematiker Doetsch einige Jahrzehnte nach Heaviside bemerkte, kann man den Heaviside-Kalkül mit Hilfe einer auf Laplace (1749–1827) zurückgehenden Transformation streng rechtfertigen. Die Grundformel lautet:

$$F(s) := \int\limits_0^\infty e^{-st} f(t) dt, \qquad s \in H_\gamma.$$

Dabei bezeichnet $H_\gamma := \{s \in \mathbb{C} \,|\, \mathrm{Re}\, s > \gamma\}$ einen Halbraum der komplexen Zahlenebene (Abb. 1.114). Man nennt die Funktion F die Laplacetransformierte von f und schreibt auch $F = \mathcal{L}(f)$.

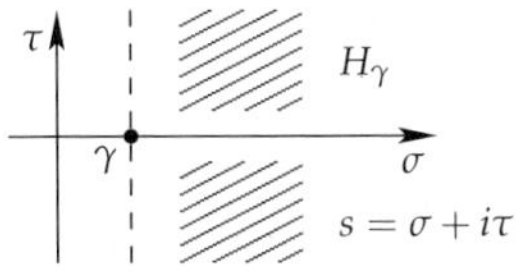

Abb. 1.114

Die Klasse K_γ zulässiger Funktionen: Es sei γ eine reelle Zahl. Definitionsgemäß besteht K_γ aus genau allen stetigen Funktionen $f : [0.\infty[\to \mathbb{C}$, die der (schwachen) Wachstumsbeschränkung

$$|f(t)| \leq \mathrm{const}\, e^{\gamma t} \qquad \text{für alle } t \geq 0$$

genügen.

Existenzsatz: Für $f \in K_\gamma$ existiert die Laplacetransformierte F von f und ist auf dem Halbstreifen H_γ holomorph, d.h., beliebig oft differenzierbar. Die Ableitungen erhält man durch Differentiation unter dem Integralzeichen. Beispielsweise gilt:

$$F'(s) = \int\limits_0^\infty e^{-st}(-tf(t)) dt \qquad \text{für alle } s \in H_\gamma.$$

Eindeutigkeitssatz: Stimmen für zwei Funktionen $f, g \in K_\gamma$ die Laplacetransformierten auf H_γ überein, dann ist $f = g$.

Faltung: Mit dem Symbol R bezeichnen wir die Gesamtheit aller stetigen Funktionen $f : [0, \infty[\to \mathbb{C}$. Für $f, g \in R$ definieren wir die Faltung $f * g \in R$ durch

$$(f * g)(t) := \int\limits_0^t f(\tau) g(t - \tau) d\tau \qquad \text{für alle } t \geq 0.$$

Für alle $f, g, h \in R$ gilt:[98]

---

[98] Die Eigenschaften (i) bis (iv) besagen, dass R bezüglich der „Multiplikation" $*$ und der üblichen Addition einen nullteilerfreien kommutativen Ring darstellt.

(i) $f * g = g * f$ (Kommutativität),

(ii) $f * (g * h) = (f * g) * h$ (Assoziativität),

(iii) $f * (g + h) = f * g + f * h$ (Distributivität).

(iv) Aus $f * g = 0$ folgt $f = 0$ oder $g = 0$.

1.11.1.1 Die Grundregeln

Regel 1   (Exponentialfunktion):

$$\mathcal{L}\left\{\frac{t^n}{n!}e^{\alpha t}\right\} = \frac{1}{(s-\alpha)^{n+1}}, \qquad n = 0, 1, \ldots, s \in H_\sigma.$$

Dabei sei α eine beliebige komplexe Zahl mit dem Realteil σ.

▶ BEISPIEL 1: $\mathcal{L}\{e^{\alpha t}\} = \dfrac{1}{s-\alpha}$, $\qquad \mathcal{L}\{te^{\alpha t}\} = \dfrac{1}{(s-\alpha)^2}$.

Regel 2   (Linearität): Für $f, g \in K_\gamma$ und $a, b \in \mathbb{C}$ hat man

$$\mathcal{L}\{af + bg\} = a\mathcal{L}\{f\} + b\mathcal{L}\{g\}.$$

Regel 3   (Differentiation): Die Funktion $f \in K_\gamma$ sei vom Typ C^n, $n \geq 1$. Wir setzen $F := \mathcal{L}\{f\}$. Dann gilt für alle $s \in H_\gamma$:

$$\mathcal{L}\{f^{(n)}\}(s) := s^n F(s) - s^{n-1}f(0) - s^{n-2}f'(0) - \ldots - f^{(n-1)}(0).$$

▶ BEISPIEL 2: $\mathcal{L}\{f'\} = sF(s) - f(0)$, $\qquad \mathcal{L}\{f''\} = s^2 F(s) - sf(0) - f'(0)$.

Regel 4   (Faltungsregel): Für $f, g \in K_\gamma$ gilt:

$$\mathcal{L}\{f * g\} = \mathcal{L}\{f\}\mathcal{L}\{g\}.$$

1.11.1.2 Anwendungen auf Differentialgleichungen

Universelle Methode: Die Laplacetransformation stellt ein universelles Hilfsmittel dar, um

> gewöhnliche Differentialgleichungen beliebiger Ordnung mit konstanten Koeffizienten und Systeme solcher Gleichungen

sehr elegant zu lösen. Derartige Gleichungen treten zum Beispiel sehr häufig in der Regelungstechnik auf.

Man benutzt die folgenden Lösungsschritte:

(i) Transformation der gegebenen Differentialgleichung (D) in eine algebraische Gleichung (A) mit Hilfe der Linearitäts- und Differentiationsregel (Regel 2 und 3).

(ii) Die Gleichung (A) ist eine lineare Gleichung oder ein lineares Gleichungssystem und lässt sich in einfacher Weise lösen. Diese Lösung ist eine gebrochen rationale Funktion und wird in Partialbrüche zerlegt.

(iii) Diese Partialbrüche werden mit Hilfe der Regel 1 (Exponentialfunktion) zurücktransformiert.

(iv) Inhomogene Terme der Differentialgleichung ergeben Produktterme im Bildraum, die mit Hilfe der Faltungsregel zurücktransformiert werden (Regel 4).

Um die Partialbruchzerlegung zu erhalten, muss man die Nullstellen des Nennerpolynoms bestimmen, die bei der Rücktransformation den Frequenzen der Eigenschwingungen des Systems entsprechen.

▶ BEISPIEL 1 (harmonischer Oszillator): Die Auslenkung $x = f(t)$ einer Feder zur Zeit t unter dem Einfluss der äußeren Kraft $k = k(t)$ wird durch die Differentialgleichung

$$
\boxed{\begin{aligned}
&f'' + \omega^2 f = k, \\
&f(0) = a, \quad f'(0) = b,
\end{aligned}}
\tag{1.188}
$$

mit $\omega > 0$ beschrieben (vgl. 1.9.1).

Wir setzen $F := \mathcal{L}\{f\}$ und $K := \mathcal{L}\{k\}$. Aus der ersten Zeile von (1.188) folgt

$$\mathcal{L}\{f''\} + \omega^2 \mathcal{L}\{f\} = \mathcal{L}\{k\}$$

wegen der Linearität der Laplacetransformation (Regel 2). Die Differentiationsregel (Regel 3) ergibt

$$s^2 F - as - b + \omega^2 F = K$$

mit der Lösung

$$F = \frac{as + b}{s^2 + \omega^2} + \frac{K}{s^2 + \omega^2}.$$

Partialbruchzerlegung liefert

$$F = \frac{a}{2}\left(\frac{1}{s - i\omega} + \frac{1}{s + i\omega}\right) + \frac{b}{2i\omega}\left(\frac{1}{s - i\omega} - \frac{1}{s + i\omega}\right) + \frac{K}{2i\omega}\left(\frac{1}{s - i\omega} - \frac{1}{s + i\omega}\right).$$

Nach der Exponentialfunktionsregel (Regel 1) und der Faltungsregel (Regel 4) folgt

$$f(t) = a\left(\frac{e^{i\omega t} + e^{-i\omega t}}{2}\right) + b\left(\frac{e^{i\omega t} - e^{-i\omega t}}{2i\omega}\right) + K * \left(\frac{e^{i\omega t} - e^{-i\omega t}}{2i\omega}\right).$$

Die Eulersche Formel $e^{i\omega t} = \cos \omega t \pm i \sin \omega t$ ergibt die Lösung:

$$
\boxed{f(t) = f(0)\cos \omega t + \frac{f'(0)}{\omega}\sin \omega t + \frac{1}{\omega}\int_0^t (\sin \omega(t - \tau))k(\tau)\,d\tau.}
$$

Diese Lösungsdarstellung zeigt dem Ingenieur und Physiker, wie die einzelnen Größen das Verhalten des Systems beeinflussen. Reine Kosinusschwingungen der Kreisfrequenz ω erhält man zum Beispiel, falls $f'(0) = 0$ und $k \equiv 0$ gilt, d. h., das System befindet sich zur Anfangszeit $t = 0$ in Ruhe, und es wirkt keine äußere Kraft.

Im Fall $f(0) = f'(0) = 0$ (keine Auslenkung und Ruhe zur Zeit $t = 0$) wird das System nur von der äußeren Kraft K beeinflusst, und wir erhalten

$$f(t) = \int_0^t G(t, \tau) k(\tau) d\tau.$$

Die Funktion $G(t, \tau) := \dfrac{1}{\omega} \sin \omega(t - \tau)$ nennt man die Greensche Funktion des harmonischen Oszillators.

▶ BEISPIEL 2 (harmonischer Oszillator mit Reibungsdämpfung):

$$f'' + 2f' + f = 0,$$
$$f(0) = 0, \qquad f'(0) = b.$$

Laplacetransformation ergibt

$$s^2 F - b + 2sF + F = 0,$$

also

$$F = \frac{b}{s^2 + 2s + 1} = \frac{b}{(s + 1)^2}.$$

Rücktransformation (Regel 1) liefert die Lösung

$$f(t) = f'(0) t e^{-t}.$$

Es ist $\lim\limits_{t \to +\infty} f(t) = 0$. Dies bedeutet, dass das System wegen der Reibungsdämpfung nach hinreichend langer Zeit wieder zur Ruhe kommt.

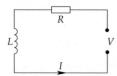

Abb. 1.115

▶ BEISPIEL 3 (Schwingkreis): Wir betrachten einen elektrischen Schwingkreis mit einem Widerstand R, einer Spule der Induktivität L und der äußeren Spannung $V = V(t)$ (Abb. 1.115). Die Differentialgleichung für die Stromstärke $I(t)$ zur Zeit t lautet:

$$LI' + RI = V,$$
$$I(0) = a.$$

Wir setzen $F := \mathcal{L}\{I\}$ und $K := \mathcal{L}\{V\}$. Zur Vereinfachung der Bezeichnung sei $L = 1$. Analog zu Beispiel 1 erhalten wir

$$sF - I(0) + RF = K$$

mit der Lösung

$$F = \frac{I(0)}{s+R} + K\left(\frac{1}{s+R}\right).$$

Aus Regel 3 und 4 folgt die Lösung:

$$I(t) = I(0)e^{-Rt} + \int\limits_0^t e^{-R(t-\tau)}V(\tau)d\tau.$$

Man erkennt, dass der Widerstand $R > 0$ eine dämpfende Wirkung hat.

▶ BEISPIEL 4: Wir betrachten die Differentialgleichung

$$\begin{aligned} f^{(n)} &= g, \\ f(0) &= f'(0) = \ldots = f^{(n-1)}(0) = 0, \qquad n = 1, 2, \ldots \end{aligned}$$

Laplacetransformation ergibt

$$s^n F = G,$$

also $F = G\left(\dfrac{1}{s^n}\right)$. Nach der Exponentialregel (Regel 1) gilt $\mathcal{L}\left\{\dfrac{t^{n-1}}{(n-1)!}\right\} = \dfrac{1}{s^n}$. Die Faltungsregel (Regel 4) liefert deshalb die Lösung

$$f(t) = \int\limits_0^t \frac{(t-\tau)^{n-1}}{(n-1)!} g(\tau)d\tau.$$

Im Spezialfall $n = 1$ ergibt sich $f(t) = \int_0^t g(\tau)d\tau$.

▶ BEISPIEL 5 (Differentialgleichungssystem):

$$\begin{aligned} f' + g' &= 2k, \qquad f' - g' = 2h, \\ f(0) &= g(0) = 0. \end{aligned}$$

Laplacetransformation liefert das *lineare Gleichungssystem*

$$sF + sG = 2K, \qquad sF - sG = 2H$$

mit der Lösung

$$F = (K+H)\frac{1}{s}, \qquad G = (K-H)\frac{1}{s}.$$

Nach Regel 1 gilt $\mathcal{L}\{1\} = \dfrac{1}{s}$. Rücktransformation unter Benutzung der Faltungsregel ergibt $f = (k+h) * 1$ und $g = (k-h) * 1$. Das bedeutet:

$$f(t) = \int\limits_0^t (k(\tau) + h(\tau))d\tau, \qquad g(t) = \int\limits_0^t (k(\tau) - h(\tau))d\tau.$$

1.11.1.3 Weitere Rechenregeln

Verschiebungssatz: $\mathcal{L}\{f(t-b)\} = e^{-bs}\mathcal{L}\{f(t)\}$ für $b \in \mathbb{R}$.

Dämpfungssatz: $\mathcal{L}\{e^{-\alpha t}f(t)\} = F(s+\alpha)$ für $\alpha \in \mathbb{C}$.

Ähnlichkeitssatz: $\mathcal{L}\{f(at)\} = \dfrac{1}{a}F\left(\dfrac{s}{a}\right)$ für $a > 0$.

Multiplikationssatz: $\mathcal{L}\{t^n f(t)\} = (-1)^n F^{(n)}(s)$ für $n = 1, 2, \ldots$

Rücktransformation: Ist $f \in K_\gamma$, dann gilt

$$f(t) = \frac{1}{2\pi} \int\limits_{-\infty}^{\infty} e^{(\sigma+i\tau)t}F(\sigma+i\tau)d\tau \qquad \text{für alle } t \geq 0,$$

wobei σ irgendeine feste Zahl ist mit $\sigma > \gamma$ und F die Laplacetransformierte von f bezeichnet. Das Integral $\int_{-\infty}^{\infty} \ldots$ ist im Sinne von $\lim\limits_{T \to \infty} \int\limits_{-T}^{T} \ldots$ zu verstehen.

1.11.2 Die Fouriertransformation

Umfangreiche Tabellen von Fouriertransformierten findet man in 0.8.1.

1.11.2.1 Grundideen

Die Grundformel lautet:

$$f(t) = \frac{1}{\sqrt{2\pi}} \int\limits_{-\infty}^{\infty} F(\omega)e^{i\omega t}d\omega \tag{1.189}$$

mit der Amplitudenfunktion

$$F(\omega) = \frac{1}{\sqrt{2\pi}} \int\limits_{-\infty}^{\infty} f(t)e^{-i\omega t}dt. \tag{1.190}$$

Wir setzen $\mathcal{F}\{f\} := F$ und nennen F die Fouriertransformierte von f. Ferner bilden alle Fouriertransformierten definitionsgemäß den Fourierraum. Die grundlegende Eigenschaft der Fouriertransformation ergibt sich, indem man (1.189) nach t differenziert:

$$f'(t) = \frac{1}{\sqrt{2\pi}} \int\limits_{-\infty}^{\infty} i\omega F(\omega)e^{i\omega t}d\omega. \tag{1.191}$$

Somit geht die Ableitung f' in eine Multiplikation $i\omega F$ im Bildraum über.

Physikalische Interpretation: Es sei t die Zeit. Die Formel (1.189) stellt den zeitlichen Vorgang $f = f(t)$ als kontinuierliche Superposition von Schwingungen

$$F(\omega)e^{i\omega t}$$

der Kreisfrequenz ω und der Amplitude $F(\omega)$ dar.

Der Einfluss der Kreisfrequenz ω auf das Verhalten der Funktion f ist um so stärker, je größer der Betrag $|F(\omega)|$ ist.

▶ BEISPIEL 1 (Rechteckimpuls): Die Fouriertransformierte der Funktion

$$f(t) := \begin{cases} 1 & \text{für} \quad -a \le t \le a, \\ 0 & \text{sonst} \end{cases}$$

lautet

$$F(\omega) = \frac{1}{\sqrt{2\pi}} \int_{-a}^{a} e^{-i\omega t} dt = \begin{cases} \dfrac{2\sin a\omega}{\omega\sqrt{2\pi}} & \text{für} \quad \omega \ne 0, \\[3mm] \dfrac{2a}{\sqrt{2\pi}} & \text{für} \quad \omega = 0. \end{cases}$$

▶ BEISPIEL 2 (gedämpfte Schwingungen): Es seien α und β positive Zahlen. Die Fouriertransformierte der Funktion

$$f(t) := \begin{cases} e^{-\alpha t}e^{i\beta t} & \text{für} \quad t \ge 0, \\ 0 & \text{für} \quad t < 0 \end{cases}$$

lautet:

$$F(\omega) = \frac{1}{\sqrt{2\pi}} \frac{1}{\alpha + i(\omega - \beta)}$$

mit

$$|F(\omega)| = \frac{1}{\sqrt{2\pi}\,(\alpha^2 + (\omega - \beta)^2)}.$$

Nach Abb. 1.116 besitzt die Amplitudenfunktion $|F|$ ein Maximum für die dominierende Frequenz $\omega = \beta$. Dieses Maximum ist um so schärfer, je geringer die Dämpfung ist, d. h., je kleiner α ist.

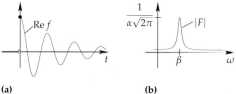

(a)   **(b)**   Abb. 1.116

▶ BEISPIEL 3 (Gaußsche Normalverteilung): Die nicht normierte Gaußsche Normalverteilung $f(t) := e^{-t^2/2}$ besitzt die hervorstechende Eigenschaft, dass sie mit ihrer Fouriertransformierten übereinstimmt.

Die Diracsche „Deltafunktion", weißes Rauschen und verallgemeinerte Funktionen: Es
sei $\epsilon > 0$. Die Fouriertransformierte der Funktion

$$\delta_\epsilon(t) := \frac{\epsilon}{\pi(\epsilon^2 + t^2)}$$

lautet

$$F_\epsilon(\omega) = \frac{1}{\sqrt{2\pi}} e^{-\epsilon|\omega|}$$

(Abb. 1.117). Die folgenden Überlegungen sind fundamental für das Verständnis der modernen
physikalischen Literatur.

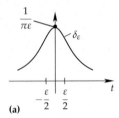
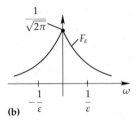

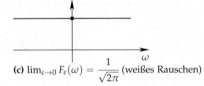

(c) $\lim_{\epsilon \to 0} F_\epsilon(\omega) = \frac{1}{\sqrt{2\pi}}$ (weißes Rauschen)   Abb. 1.117

(i) *Grenzübergang $\epsilon \to 0$ im Fourierraum.* Wir erhalten

$$\lim_{\epsilon \to +0} F_\epsilon(\omega) = \frac{1}{\sqrt{2\pi}} \quad \text{für alle } \omega \in \mathbb{R}.$$

Somit ist die Amplitude konstant für alle Frequenzen ω. Man spricht von „weißem Rauschen".

(ii) *Formaler Grenzübergang $\epsilon \to 0$ im Urbildraum.* Den Physiker interessiert naturgemäß, welcher
reale Prozess

$$\delta(t) := \lim_{\epsilon \to 0} \delta_\epsilon(t)$$

dem weißen Rauschen entspricht. Formal erhalten wir

$$\delta(t) := \begin{cases} +\infty & \text{für} \quad t = 0, \\ 0 & \text{für} \quad t \neq 0 \end{cases} \tag{1.192}$$

und

$$\delta(t) = \frac{1}{2\pi} \int_{-\infty}^{\infty} e^{i\omega t} d\omega. \tag{1.193}$$

Ferner folgt aus $\int\limits_{-\infty}^{\infty} \delta_\varepsilon(t)\mathrm{d}t = 1$ formal die Relation

$$\int\limits_{-\infty}^{\infty} \delta(t)\mathrm{d}t = 1. \tag{1.194}$$

(iii) *Strenge Rechtfertigung.* Es gibt *keine klassische Funktion* $y = \delta(t)$ mit den Eigenschaften (1.192) und (1.194). Ferner divergiert das Integral (1.193). Trotzdem arbeiten die Physiker seit etwa 1930 erfolgreich mit dieser von dem großen theoretischen Physiker Paul Dirac eingeführten Diracschen Deltafunktion.

Die Erfahrung der Geschichte der Mathematik zeigt, dass erfolgreiche formale Kalküle sich stets in einer geeigneten Formulierung streng rechtfertigen lassen. Im vorliegenden Fall geschah das um 1950 durch den französischen Mathematiker Laurent Schwartz im Rahmen seiner Theorie der Distributionen (verallgemeinerte Funktionen). Das sind mathematische Objekte, die stets beliebig oft differenzierbar sind und mit denen man viel bequemer als mit klassischen Funktionen rechnen kann. An die Stelle der Diracschen Deltafunktion tritt die Schwartzsche Deltadistribution. Diese wundervolle moderne Erweiterung der klassischen Differentialrechnung von Newton und Leibniz findet man in 10.4 im Handbuch.

Fourierkosinus- und Fouriersinustransformation: Für $\omega \in \mathbb{R}$ definieren wir die Fourierkosinustransformation

$$\boxed{F_c(\omega) := \sqrt{\frac{2}{\pi}} \int\limits_0^{\infty} f(t) \cos \omega t\, \mathrm{d}t}$$

und die Fouriersinustransformation

$$\boxed{F_s(\omega) := \sqrt{\frac{2}{\pi}} \int\limits_0^{\infty} f(t) \sin \omega t\, \mathrm{d}t.}$$

Wir schreiben auch $\mathcal{F}_c\{f\}$ bzw. $\mathcal{F}_s\{f\}$ für F_c bzw. F_s.

Existenzsatz: Die Funktion $f : \mathbb{R} \to \mathbb{C}$ sei fast überall stetig, und es sei

$$\int\limits_{-\infty}^{\infty} |f(t)t^n|\mathrm{d}t < \infty$$

für festes $n = 0, 1, \ldots$. Dann gilt:

(i) Im Fall $n = 0$ sind $\mathcal{F}\{f\}, \mathcal{F}_c\{f\}$ und $\mathcal{F}_s\{f\}$ stetig auf $\mathbb{R}$ und

$$\boxed{2\mathcal{F}\{f\} = \mathcal{F}_c\{f(t) + f(-t)\} - \mathrm{i}\mathcal{F}_s\{f(t) - f(-t)\}.}$$

(ii) Im Fall $n \geq 1$ sind $\mathcal{F}\{f\}, \mathcal{F}_c\{f\}$ und $\mathcal{F}_s\{f\}$ vom Typ C^n auf $\mathbb{R}$. Die Ableitungen erhält man durch Differentiation unter dem Integralzeichen. Beispielsweise hat man für alle $\omega \in \mathbb{R}$ die

Formeln:

$$F(\omega) = \frac{1}{\sqrt{2\pi}} \int\limits_{-\infty}^{\infty} f(t) e^{-i\omega t} dt,$$

$$F'(\omega) = \frac{1}{\sqrt{2\pi}} \int\limits_{-\infty}^{\infty} f(t)(-it) e^{-i\omega t} dt.$$

1.11.2.2 Der Hauptsatz

Die Räume $\mathcal{L}_p$: Zum Raum $\mathcal{L}_p$ gehören definitionsgemäß genau alle Funktionen $f : \mathbb{R} \to \mathbb{C}$, die fast überall stetig sind und deren p-te Potenz des Betrages integrierbar ist, d. h., es gilt

$$\int\limits_{-\infty}^{\infty} |f(t)|^p dt < \infty.$$

Der Schwartzraum $\mathcal{S}$: Eine Funktion $f : \mathbb{R} \to \mathbb{C}$ gehört genau dann zum Raum $\mathcal{S}$, wenn f beliebig oft differenzierbar ist und

$$\sup_{t \in \mathbb{R}} |t^k f^{(n)}(t)| < \infty$$

für alle $k, n = 0, 1, \ldots$ gilt, d. h., die Funktion f und alle ihre Ableitungen gehen für $t \to \pm\infty$ sehr rasch gegen null.

Der klassische Satz von Dirichlet-Jordan: Die Funktion $f \in \mathcal{L}_1$ besitze die folgenden zusätzlichen Eigenschaften:

(i) Jedes Intervall enthält endlich viele Punkte $t_0 < t_1 < \ldots < t_m$, wobei der Real- und Imaginärteil von f in allen offenen Teilintervallen $]t_j, t_{j+1}[$ monoton und stetig ist.

(ii) In den Punkten t_j existieren die einseitigen Grenzwerte $f(t_j \pm 0) := \lim\limits_{\varepsilon \to +0} f(t_j \pm \varepsilon)$.

Dann existiert die Fouriertransformierte F von f, und für alle $t \in \mathbb{R}$ hat man

$$\boxed{\frac{f(t+0) + f(t-0)}{2} = \frac{1}{\sqrt{2\pi}} \int\limits_{-\infty}^{\infty} F(\omega) e^{i\omega t} d\omega.}$$

In den Stetigkeitspunkten t von f ist die linke Seite dieses Ausdrucks gleich $f(t)$.

Korollar: (i) Die Fouriertransformation (1.190) stellt eine bijektive Abbildung $\mathcal{F} : \mathcal{S} \to \mathcal{S}$ dar, die jeder Funktion f ihre Fouriertransformierte F zuordnet. Die Umkehrtransformation ist durch die klassische Formel (1.189) gegeben.

(ii) Bei dieser Transformation gehen Differentiationen in Multiplikationen über und umgekehrt. Genauer gesprochen hat man für alle $f \in \mathcal{S}$ und alle $n = 1, 2, \ldots$ die Beziehungen

$$\boxed{\mathcal{F}\{f^{(n)}\}(\omega) = (i\omega)^n F(\omega)} \qquad \text{für alle } \omega \in \mathbb{R} \qquad (1.195)$$

und

$$\mathcal{F}\{(-\mathrm{i}t)^n f\}(\omega) = F^{(n)}(\omega) \qquad \text{für alle } \omega \in \mathbb{R}. \qquad (1.196)$$

Allgemeiner gilt die Formel (1.195) für jede Funktion $f : \mathbb{R} \to \mathbb{C}$ vom Typ C^n mit $f, f', \dots, f^{(n)} \in \mathcal{L}_1$. Ferner gilt die Relation (1.196) unter der schwächeren Voraussetzung, dass die beiden Funktionen f und $t^n f(t)$ zu $\mathcal{L}_1$ gehören.

1.11.2.3 Rechenregeln

Differentiations- und Multiplikationsregel: Vgl. (1.195) und (1.196).

Linearität: Für alle $f, g \in \mathcal{L}_1$ und $a, b \in \mathbb{C}$ gilt:

$$\mathcal{F}\{af + bg\} = a\mathcal{F}\{f\} + b\mathcal{F}\{g\}.$$

Verschiebungssatz: Es seien a, b und c reelle Zahlen mit $a \neq 0$. Für jede Funktion $f \in \mathcal{L}_1$ hat man die Beziehung:

$$\mathcal{F}\{\mathrm{e}^{\mathrm{i}ct} f(at + b)\}(\omega) = \frac{1}{a}\mathrm{e}^{\mathrm{i}b(\omega-c)/a} F\left(\frac{\omega - c}{a}\right) \qquad \text{für alle } \omega \in \mathbb{R}.$$

Faltungssatz: Gehören f und g sowohl zu $\mathcal{L}_1$ als auch zu $\mathcal{L}_2$, dann gilt

$$\mathcal{F}\{f * g\} = \mathcal{F}\{f\}\mathcal{F}\{g\}$$

mit der Faltung

$$(f * g)(t) := \int\limits_{-\infty}^{\infty} f(\tau) g(t - \tau) \mathrm{d}\tau.$$

Die Parsevalsche Gleichung: Für alle Funktionen $f \in \mathcal{S}$ gilt:

$$\int\limits_{-\infty}^{\infty} |f(t)|^2 \mathrm{d}t = \int\limits_{-\infty}^{\infty} |F(\omega)|^2 \mathrm{d}\omega.$$

Dabei ist F die Fouriertransformierte von f.

Der Zusammenhang zwischen der Fouriertransformation und der Laplacetransformation:

Es sei σ eine reelle Zahl. Wir setzen

$$f(t) := \begin{cases} \mathrm{e}^{-\sigma t}\sqrt{2\pi}\, g(t) & \text{für } t \geq 0, \\ 0 & \text{für } t < 0. \end{cases}$$

Ferner sei $s := \sigma + \mathrm{i}\omega$. Die Fouriertransformation dieser speziellen Funktionenklasse lautet

$$F(s) = \int\limits_{0}^{\infty} \mathrm{e}^{-\mathrm{i}\omega t}\mathrm{e}^{-\sigma t} g(t)\mathrm{d}t = \int\limits_{0}^{\infty} \mathrm{e}^{-st} g(t)\mathrm{d}t.$$

Das ist die Laplacetransformierte von g.

1.11.3 Die Z-Transformation

> Eine umfangreiche Tabelle von Z-Transformierten findet man in 0.8.3.

Die Z-Transformation kann man als eine diskrete Version der Laplacetransformation auffassen. Sie wird benutzt, um Differenzengleichungen mit konstanten Koeffizienten zu lösen.

Wir betrachten komplexe Zahlenfolgen

$$f = (f_0, f_1, \ldots).$$

Die Grundformel lautet:

$$F(z) := \sum_{n=0}^{\infty} \frac{f_n}{z^n}.$$

Man nennt F die Z-Transformierte von f und schreibt auch $F = \mathcal{Z}\{f\}$.

▶ BEISPIEL: Es sei $f := (1, 1, \ldots)$. Die geometrische Reihe ergibt

$$F(z) = 1 + \frac{1}{z} + \frac{1}{z^2} + \ldots = \frac{z}{z-1}$$

für alle $z \in \mathbb{C}$ mit $|z| > 1$.

Die Klasse $\mathcal{K}_\gamma$ zulässiger Folgen: Es sei $\gamma \geq 0$. Definitionsgemäß besteht $\mathcal{K}_\gamma$ aus genau allen Folgen f, die der Bedingung

$$|f_n| \leq \mathrm{const}\, e^{\gamma n}, \qquad n = 0, 1, 2, \ldots$$

genügen.

Mit $R_\gamma := \{z \in \mathbb{C} : |z| > \gamma\}$ bezeichnen wir das Äußere des Kreises vom Radius γ um den Nullpunkt.

Existenzsatz: Für $f \in \mathcal{K}_\gamma$ existiert die Z-Transformierte F von f und ist auf R_γ holomorph.

Eindeutigkeitssatz: Stimmen für zwei Folgen $f, g \in \mathcal{K}_\gamma$ die Z-Transformierten auf R, überein, dann ist $f = g$.

Umkehrformel: Ist $f \in \mathcal{K}_\gamma$, dann erhält man f aus der Z-Transformierten F durch die Formel

$$f_n = \frac{1}{2\pi i} \int_C F(z) z^{n-1} dz, \qquad n = 0, 1, 2, \ldots$$

Integriert wird über einen Kreis $C := \{z \in \mathbb{C} : |z| = r\}$ mit einem Radius $r > \gamma$.

Faltung: Für zwei Folgen f, g definieren wir die Faltung $f * g$ durch

$$(f * g)_n := \sum_{k=0}^{n} f_k g_{n-k}, \qquad n = 0, 1, 2, \ldots$$

Es ist $f * g = g * f$.

Verschiebungsoperator: Wir definieren Tf durch

$$(Tf)_n := f_{n+1}, \qquad n = 0, 1, 2, \ldots .$$

Dann gilt $(T^k f) = f_{n+k}$ für $n = 0, 1, 2, \ldots$ und $k = 0, \pm 1, \pm 2, \ldots$

1.11.3.1 Die Grundregeln

Es sei F die $\mathcal{Z}$-Transformierte von f.

Regel 1 (Linearität): Für $f, g \in \mathcal{K}_\gamma$ und $a, b \in \mathbb{C}$ hat man

$$\mathcal{Z}\{af + bg\} = a\mathcal{Z}\{f\} + b\mathcal{Z}\{g\}.$$

Regel 2 (Verschiebungsregel): Für $k = 1, 2, \ldots$ gilt:

$$\mathcal{Z}\{T^k f\} = z^k F(z) - \sum_{j=0}^{k-1} f_j z^{k-j}$$

und

$$\mathcal{Z}\{T^{-k} f\} = z^{-k} F(z).$$

▶ BEISPIEL:
$$\begin{aligned} \mathcal{Z}\{Tf\} &= zF(z) - f_0 z, \\ \mathcal{Z}\{T^2 f\} &= z^2 F(z) - f_0 z^2 - f_1 z. \end{aligned}$$

Regel 3 (Faltungsregel): Für $f, g \in \mathcal{K}_\gamma$ gilt:

$$\mathcal{Z}\{f * g\} = \mathcal{Z}\{f\}\mathcal{Z}\{g\}.$$

Regel 4 (Taylorsche Regel): Setzen wir $G(\zeta) := F(1/\zeta)$, dann hat man

$$f_n = \frac{G^{(n)}(0)}{n!}, \qquad n = 0, 1, 2, \ldots$$

Regel 5 (Partialbruchregel): Für $a \in \mathbb{C}$ gilt:

$$\begin{aligned} F(z) &= \frac{1}{z-a}, & f &= (0, 1, a, a^2, a^3, \ldots), \\[2mm] F(z) &= \frac{1}{(z-a)^2}, & f &= (0, 0, 1, 2a, 3a^2, 4a^3, \ldots), \\[2mm] F(z) &= \frac{1}{(z-a)^3}, & f &= \left(0, 0, 0, 1, \binom{3}{2}a, \binom{4}{2}a^2, \ldots\right), \\[2mm] F(z) &= \frac{1}{(z-a)^4}, & f &= \left(0, 0, 0, 0, 1, \binom{4}{3}a, \binom{5}{3}a^2, \ldots\right). \end{aligned} \qquad (1.197)$$

Nach dem gleichen Bildungsgesetz erhält man die Rücktransformation von $\dfrac{1}{(z-a)^5}$, $\dfrac{1}{(z-a)^6}, \ldots$

Die Rücktransformation von $\dfrac{z}{(z-a)^n}$ ergibt sich aus der Partialbruchzerlegung:

$$F(z) = \frac{z}{(z-a)^n} = \frac{a}{(z-a)^n} + \frac{1}{(z-a)^{n-1}}, \qquad n = 2, 3, \ldots$$

Beweis von Regel 5: Die geometrische Reihe liefert

$$\frac{1}{z-a} = \frac{1}{z}\left(\frac{1}{1-\frac{a}{z}}\right) = \frac{1}{z} + \frac{a}{z^2} + \frac{a^2}{z^3} + \dots \qquad (1.198)$$

Daraus folgt nach Definition der Z-Transformation der Ausdruck für f in (1.197). Differentiation von (1.198) nach z liefert

$$\frac{1}{(z-a)^2} = \frac{1}{z^2} + \frac{2a}{z^3} + \frac{3a^2}{z^4} + \dots$$

usw.

1.11.3.2 Anwendungen auf Differenzengleichungen

Universelle Methode: Die Z-Transformation stellt ein universelles Hilfsmittel dar, um Gleichungen der Form

$$\begin{aligned} &f_{n+k} + a_{k-1}f_{n+k-1} + \dots + a_0 f_n = h_n, \qquad n = 0, 1, \dots, \\ &f_r = \beta_r, \qquad r = 0, 1, \dots, k-1 \quad \text{(Anfangsbedingung)} \end{aligned} \qquad (1.199)$$

zu lösen. Gegeben sind die komplexen Zahlen $\beta_0, \dots, \beta_{k-1}$ und $h_0, h_1, \dots$. Gesucht sind die komplexen Zahlen $f_k, f_{k+1}, \dots$. Setzen wir

$$\Delta f_n := f_{n+1} - f_n,$$

dann gilt

$$\Delta^2 f_n = \Delta(\Delta f_n) = \Delta(f_{n+1} - f_n) = f_{n+2} - f_{n+1} - (f_{n+1} - f_n) = f_{n+2} - 2f_{n+1} + f_n,$$

usw. Deshalb kann man (1.199) als eine Linearkombination von $f_n, \Delta f_n, \dots, \Delta^k f_n$ ausdrücken. Folglich nennt man (1.199) eine Differenzengleichung k-ter Ordnung mit den konstanten komplexen Koeffizienten $a_0, \dots, a_{k-1}$.

Man benutzt die folgenden Lösungsschritte:

(i) Durch Anwendung der Linearitäts- und Verschiebungsregel (Regel 1 und 2) erhält man eine Gleichung für die Z-Transformierte F, die sich sofort lösen lässt und eine gebrochen rationale Funktion F ergibt.

(ii) Partialbruchzerlegung und Regel 5 liefern die Lösung f des ursprünglichen Problems (1.199).

Zur Rücktransformation kann man auch die in 0.8.3. angegebene Tabelle benutzen.

▶ BEISPIEL: Die Lösung der Differenzengleichung 2. Ordnung

$$\begin{aligned} &f_{n+2} - 2f_{n+1} + f_n = h_n, \qquad n = 0, 1, \dots \\ &f_0 = 0, \qquad f_1 = \beta \end{aligned} \qquad (1.200)$$

lautet:

$$f_n = n\beta + \sum_{k=2}^{n} (k-1)h_{n-k}, \qquad n = 2, 3, \dots \qquad (1.201)$$

Um diesen Ausdruck zu erhalten, schreiben wir die Gleichung (1.200) zunächst in der Form

$$T^2 f - 2Tf + f = h.$$

Die Verschiebungsregel (Regel 2) ergibt

$$\mathcal{Z}\{Tf\} = zF(z), \qquad \mathcal{Z}\{T^2 f\} = z^2 F(z) - \beta z.$$

Daraus erhalten wir

$$(z^2 - 2z + 1)F = \beta z + H,$$

also

$$F(z) = \frac{\beta z}{(z-1)^2} + \frac{H}{(z-1)^2}.$$

Die zugehörige Partialbruchzerlegung lautet:

$$F(z) = \frac{\beta}{(z-1)^2} + \frac{\beta}{z-1} + \frac{H}{(z-1)^2}.$$

Regel 5 ergibt die Rücktransformationen:

$$\frac{1}{z-1} \Rightarrow \varphi := (0,1,1,1,\ldots), \qquad \frac{1}{(z-1)^2} \Rightarrow \psi := (0,0,1,2,\ldots).$$

Nach der Faltungsregel (Regel 3) erhalten wir

$$f = \beta\psi + \beta\varphi + \psi * h.$$

Das ist die in (1.201) angegebene Lösung.

1.11.3.3 Weitere Rechenregeln

Multiplikationsregel: $\mathcal{Z}\{nf_n\} = -zF'(z).$

Ähnlichkeitsregel: Für jede komplexe Zahl $\alpha \neq 0$ gilt:

$$\boxed{\mathcal{Z}\{\alpha^n f_n\} = F\left(\frac{z}{\alpha}\right).}$$

Differenzenregel: Für $k = 1, 2, \ldots$ und $F := \mathcal{Z}\{f\}$ hat man

$$\boxed{\mathcal{Z}\{\Delta^k f\} = (z-1)^k F(z) - z \sum_{r=0}^{k-1} (z-1)^{k-r-1} \Delta^r f_0}$$

mit $\Delta^r f_0 := f_0$ für $r = 0$.

Summationsregel: $\mathcal{Z}\left\{\sum_{k=0}^{n-1} f_k\right\} = \frac{F(z)}{z-1}.$

Residuenregel: Ist die Z-Transformierte F eine gebrochen rationale Funktion mit den Polen $a_1, \ldots, a_J$, dann gilt:

$$f_n = \sum_{j=1}^{J} \operatorname*{Res}_{a_j} (F(z) z^{n-1}), \qquad n = 0, 1, \ldots$$

Das Residuum einer Funktion g mit einem Pol der Ordnung m im Punkt a berechnet sich nach der Formel:

$$\operatorname*{Res}_{a} g(z) = \frac{1}{(m-1)!} \lim_{z \to a} \frac{d^{m-1}}{dz^{m-1}} (g(z)(z-a)^m).$$

1.12 Gewöhnliche Differentialgleichungen

Differentialgleichungen bilden die Grundlage des naturwissenschaftlich-mathematischen Weltbildes.

Wladimir Igorewitsch Arnold

Eine umfangreiche Liste von gewöhnlichen und partiellen Differentialgleichungen, deren Lösung explizit bekannt ist, findet man in dem Klassiker [Kamke 1983, Band 1,2].

Glattheit: Wir nennen eine Funktion genau dann glatt, wenn sie vom Typ C^∞ ist, d. h., sie besitzt stetige partielle Ableitungen beliebiger Ordnung.

Unter einem glatt berandeten Gebiet Ω verstehen wir ein Gebiet des $\mathbb{R}^N$, dessen Rand $\partial\Omega$ glatt ist, d. h., das Gebiet Ω liegt lokal auf einer Seite des Randes $\partial\Omega$, und die Randfläche wird lokal durch glatte Funktionen beschrieben (Abb. 1.118a).[99] Glatt berandete Gebiete besitzen keine Ecken und Kanten.

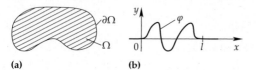

(a)   (b)   Abb. 1.118

Mit $C_0^\infty(\Omega)$ bezeichnen wir die Klasse der glatten Funktionen auf dem Gebiet Ω, die außerhalb einer kompakten Teilmenge von Ω gleich null sind, d. h., diese Funktionen verschwinden außerhalb von Ω und in einem Randstreifen von Ω.

▶ BEISPIEL: Die in Abb. 1.118b dargestellte Funktion φ gehört zu $C_0^\infty(0,l)$. Sie ist glatt und verschwindet außerhalb des Intervalls $]0,l[$ und in einer Umgebung der Randpunkte $x = 0$ und $x = l$.

1.12.1 Einführende Beispiele

1.12.1.1 Radioaktiver Zerfall

Wir betrachten eine radioaktive Substanz (z. B. Radium, das 1898 von dem Ehepaar Curie in der Pechblende entdeckt wurde). Eine solche Substanz besitzt die Eigenschaft, dass im Laufe der Zeit gewisse Atome zerfallen

---

[99]Die präzise Definition wird in 11.2.6 im Handbuch gegeben (Gebiete der Klasse $\partial\Omega \in C^\infty$).

Es sei $N(t)$ die Anzahl der unzerfallenen Atome zur Zeit t. Dann gilt:

$$N'(t) = -\alpha N(t),$$
$$N(0) = N_0 \quad \text{(Anfangsbedingung)}.$$

(1.202)

Diese Gleichung enthält eine Ableitung der gesuchten Funktion und wird deshalb eine Differentialgleichung genannt. Die Anfangsbedingung beschreibt die Tatsache, dass zur Anfangszeit $t = 0$ die Anzahl der unzerfallenen Atome gleich N_0 sein soll. Die positive Konstante α heißt Zerfallskonstante.

Existenz- und Eindeutigkeitssatz: Das Problem (1.202) besitzt die eindeutige Lösung (Abb. 1.119a):

$$N(t) = N_0 e^{-\alpha t}, \quad t \in \mathbb{R}.$$

(1.203)

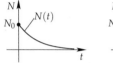

(a) radioaktiver Zerfall   **(b)** Wachstum   **(c)** gebremstes Wachstum   Abb. 1.119

Beweis: (i) (Existenz). Differentiation ergibt

$$N'(t) = -\alpha N_0 e^{-\alpha t} = -\alpha N(t).$$

Ferner gilt $N(0) = N_0$.

(ii) (Eindeutigkeit). Die rechte Seite der Differentialgleichung $N' = -\alpha N$ ist vom Typ C^1 bezüglich N. Das globale Eindeutigkeitstheorem in 1.12.4.2. ergibt dann die Eindeutigkeit der Lösung.   □

Allgemeine Lösung: Die allgemeine Lösung der Differentialgleichung (1.202) erhält man, indem man für N_0 eine beliebige Zahl wählt. Das liefert (1.203) mit der willkürlichen Konstante.

In analoger Weise werden alle folgenden Beispiele behandelt.

Motivation der Differentialgleichung: Es ist interessant, dass man die Differentialgleichung (1.202) herleiten kann, ohne etwas über den genaueren Mechanismus des radioaktiven Zerfalls zu wissen. Hierzu gehen wir aus von der Taylorentwicklung

$$N(t + \Delta t) - N(t) = A\Delta t + B(\Delta t)^2 + \cdots.$$

(1.204)

Unsere Annahme besteht darin, dass A proportional zur vorhandenen Menge $N(t)$ ist. Wegen des Zerfalls gilt $N(t + \Delta t) - N(t) < 0$ für $\Delta t > 0$. Deshalb muss A negativ sein, und wir setzen

$$A = -\alpha N(t).$$

(1.205)

Aus (1.204) erhalten wir dann

$$N'(t) = \lim_{\Delta t \to 0} \frac{N(t + \Delta t) - N(t)}{\Delta t} = A = -\alpha N(t).$$

Korrektheit der Problemstellung: Kleine Änderungen der Anfangsmenge N_0 ergeben kleine Änderungen der Lösungen.

Um das präzis zu beschreiben, führen wir die Norm

$$||N|| := \max_{0 \leq t \leq \mathcal{T}} |N(t)|$$

ein. Für zwei Lösungen N und N_* der Differentialgleichung (1.202) gilt dann

$$\boxed{||N - N_*|| \leq |N(0) - N_*(0)|.}$$

Stabilität: Die Lösung ist asymptotisch stabil, d. h., für große Zeiten strebt sie gegen einen Gleichgewichtszustand. Genauer gilt:

$$\boxed{\lim_{t \to +\infty} N(t) = 0.}$$

Dies bedeutet, dass nach langer Zeit alle Atome zerfallen sind.

1.12.1.2 Die Wachstumsgleichung

Mit $N(t)$ bezeichnen wir die Anzahl einer bestimmten Art von Krankheitserregern zur Zeit t. Wir nehmen an, dass die Vermehrung dieser Erreger so erfolgt, dass (1.204) mit $A = \alpha N(t)$ gilt. Daraus erhalten wir die *Wachstumsgleichung*:

$$\boxed{\begin{aligned} N'(t) &= \alpha N(t), \\ N(0) &= N_0 \quad \text{(Anfangsbedingung).} \end{aligned}} \tag{1.206}$$

Existenz- und Eindeutigkeitssatz: Das Problem (1.206) besitzt die eindeutige Lösung (Abb. 1.119b):

$$\boxed{N(t) = N_0 e^{\alpha t}, \quad t \in \mathbb{R}.} \tag{1.207}$$

Inkorrektheit der Problemstellung: Kleine Änderungen der Anfangsmenge N_0 werden im Laufe der Zeit immer mehr vergrößert:

$$\boxed{||N - N_*|| = e^{\alpha \mathcal{T}} |N(0) - N_*(0)|.}$$

Instabilität:

$$\lim_{t \to +\infty} N(t) = +\infty.$$

> Prozesse mit konstanter Wachstumsgeschwindigkeit sprengen im Laufe der Zeit jede Schranke und führen bereits nach relativ kurzer Zeit zu einer Katastrophe.

1.12.1.3 Gebremstes Wachstum (logistische Gleichung)

Die Gleichung

$$N'(t) = \alpha N(t) - \beta N(t)^2,$$
$$N(0) = N_0 \quad \text{(Anfangsbedingung)}$$

(1.208)

mit den positiven Konstanten α und β unterscheidet sich von der Wachstumsgleichung (1.206) um einen Bremsterm, der die Nahrungsprobleme einer Überpopulation berücksichtigt. Gleichung (1.208) ist der Spezialfall einer sogenannten Riccatischen Differentialgleichung (vgl. 1.12.4.7.).[100]

Reskalierung: Wir ändern die Einheiten für die Teilchenzahl N und die Zeit t, d. h., wir führen die neuen Größen $\mathcal{N}$ und τ ein mit

$$N(t) = \gamma \mathcal{N}(\tau), \quad t = \delta \tau.$$

Dann erhalten wir aus (1.208) die Gleichung

$$\frac{dN}{dt} = \frac{d(\gamma\mathcal{N})}{d\tau}\frac{d\tau}{dt} = \gamma\mathcal{N}'(\tau)\frac{1}{\delta}$$
$$= \alpha\gamma\mathcal{N}(\tau) - \beta\gamma^2\mathcal{N}(\tau)^2.$$

Wählen wir $\delta := 1/\alpha$ und $\gamma := \alpha/\beta$, dann ergibt sich die neue Gleichung

$$\mathcal{N}'(\tau) = \mathcal{N}(\tau) - \mathcal{N}(\tau)^2,$$
$$\mathcal{N}(0) = \mathcal{N}_0 \quad \text{(Anfangsbedingung)}.$$

(1.209)

Bestimmung der Gleichgewichtspunkte: Die zeitunabhängigen Lösungen (Gleichgewichtspunkte) von (1.209) sind durch

$$\mathcal{N}(\tau) \equiv 0 \quad \text{und} \quad \mathcal{N}(\tau) \equiv 1$$

gegeben.

Beweis: Aus $\mathcal{N}(\tau) = \text{const}$ und (1.209) folgt $\mathcal{N}^2 - \mathcal{N} = 0$, also $\mathcal{N} = 0$ oder $\mathcal{N} = 1$. $\square$

Existenz- und Eindeutigkeitssatz: Es sei $0 < \mathcal{N}_0 \leq 1$. Dann besitzt das Problem (1.209) die für alle Zeiten τ eindeutige Lösung (Abb. 1.119c)

$$\mathcal{N}(\tau) = \frac{1}{1 + Ce^{-\tau}}$$

mit $C := (1 - \mathcal{N}_0)/\mathcal{N}_0$.

Für $\mathcal{N}_0 = 0$ besitzt das Problem (1.209) die für alle Zeiten τ eindeutige Lösung $\mathcal{N}(\tau) \equiv 0$.

Stabilität: Ist $0 < \mathcal{N}_0 \leq 1$, dann geht das System für große Zeiten in den Gleichgewichtszustand $\mathcal{N} \equiv 1$ über, d. h.

$$\lim_{\tau \to +\infty} \mathcal{N}(\tau) = 1.$$

(1.210)

---

[100]Die logistische Gleichung (1.208) wurde bereits 1838 von dem belgischen Mathematiker Verhulst als Gleichung für das Bevölkerungswachstum der Erde vorgeschlagen.

Der Gleichgewichtszustand $\mathcal{N} \equiv 1$ ist stabil, d. h., eine kleine Änderung der Teilchenzahl zur Anfangszeit $\tau = 0$ führt wegen (1.210) nach hinreichend langer Zeit wieder zu diesem Gleichgewichtszustand.

Der Gleichgewichtszustand $\mathcal{N} \equiv 0$ ist dagegen instabil. Kleine Änderungen der Teilchenzahl zur Zeit $\tau = 0$ führen nach (1.210) im Laufe der Zeit zu drastischen Zustandsänderungen.

1.12.1.4 Explosionen in endlicher Zeit (blowing-up)

Die Differentialgleichung

$$\boxed{N'(t) = 1 + N(t)^2, \quad N(0) = 0,}$$ (1.211)

hat die auf dem Zeitinterval $] - \pi/2, \pi/2[$ eindeutige Lösung

$$N(t) = \tan t$$

(Abb. 1.120). Es gilt

$$\boxed{\lim_{t \to \frac{\pi}{2} - 0} N(t) = +\infty.}$$

Das Bemerkenswerte ist, dass die Lösung in endlicher Zeit unendlich wird. Das ist ein Modell für einen Selbsterregungsprozess, der zum Beispiel von Ingenieuren in Chemieanlagen gefürchtet wird.

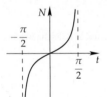

Abb. 1.120

1.12.1.5 Der harmonische Oszillator und Eigenschwingungen

Der Federschwinger: Wir betrachten einen Massenpunkt der Masse m, der sich auf der x-Achse unter dem Einfluss einer zur Auslenkung proportionalen, rücktreibenden Federkraft $\mathbf{K}_0 := -kx\mathbf{i}$ und der äußeren Kraft $\mathbf{K}_1 := \mathcal{K}(t)\mathbf{i}$ bewegt. Das Newtonsche Bewegungsgesetz *Kraft ist gleich Masse mal Beschleunigung*, $m\mathbf{x}'' = \mathbf{K}_0 + \mathbf{K}_1$ mit $\mathbf{x} = x\mathbf{i}$, ergibt die Differentialgleichung:

$$\boxed{\begin{aligned} x''(t) + \omega^2 x(t) &= K(t), \\ x(0) &= x_0 \quad \text{(Anfangslage)}, \\ x'(0) &= v \quad \text{(Anfangsgeschwindigkeit)}. \end{aligned}}$$ (1.212)

Dabei ist $\omega := \sqrt{k/m}$ und $K := \mathcal{K}/m$. Die Kraftfunktion $K : [0, \infty[\to \mathbb{R}$ ist stetig.

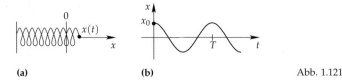

(a) (b) Abb. 1.121

Existenz- und Eindeutigkeitssatz: Das Problem (1.212) besitzt die für alle Zeiten eindeutige Lösung[101]

$$x(t) = x_0 \cos \omega t + \frac{v}{\omega} \sin \omega t + \int_0^t G(t,\tau) K(\tau) d\tau \qquad (1.213)$$

mit der Greenschen Funktion $G(t,\tau) := \frac{1}{\omega} \sin \omega(t-\tau)$.

Eigenschwingungen: Wirkt keine äußere Kraft, d. h., es ist $K \equiv 0$, dann bezeichnet man die Lösung (1.213) als Eigenschwingung des harmonischen Oszillators. Diese ergibt sich als Superposition einer Sinusschwingung mit einer Kosinusschwingung der Kreisfrequenz ω und der Schwingunsdauer

$$T = \frac{2\pi}{\omega}.$$

▶ BEISPIEL: Abb. 1.121b zeigt die Eigenschwingung $x = x(t)$, die entsteht, falls ein Massenpunkt auf der x-Achse zur Zeit $t = 0$ ausgelenkt ist und zu diesem Zeitpunkt ruht, d. h., es ist $x_0 \neq 0$ und $v = 0$.

Korrektheit des gestellten Problems: Kleine Änderungen der Anfangslage x_0, der Anfangsgeschwindigkeit v und der äußeren Kraft K führen nur zu kleinen Änderungen der Bewegung. Genauer gilt für zwei Lösungen x und x_* von (1.212) die Ungleichung

$$||x - x_*|| \leq |x(0) - x_*(0)| + \frac{1}{\omega}|x'(0) - x_*'(0)| + \frac{\mathcal{T}}{\omega} \max_{0 \leq t \leq \mathcal{T}} |K(t) - K_*(t)|$$

mit

$$||x - x_*|| := \max_{0 \leq t \leq \mathcal{T}} |x(t) - x_*(t)|.$$

Dabei ist $[0, \mathcal{T}]$ ein beliebiges Zeitintervall.

Eigenwertproblem: Die Aufgabe

$$\begin{aligned} -x''(t) &= \lambda x(t), \\ x(0) &= x(l) = 0 \quad \text{(Randbedingung)} \end{aligned}$$

heißt ein Eigenwertproblem. Die Zahl $l > 0$ ist gegeben. Unter einer Eigenlösung (x, λ) verstehen wir eine nichttriviale Lösung $x \neq 0$. Die zugehörige Zahl λ heißt dann ein Eigenwert.

---

[101] Diese Lösung kann man mit Hilfe der Laplacetransformation berechnen (vgl. (1.188)).

Satz: Alle Eigenlösungen sind durch

$$x(t) = C\sin(n\omega_0 t), \quad \lambda = n^2\omega_0^2, \quad \omega_0 = \frac{\pi}{l}, \quad n = 1, 2, \dots$$

gegeben. Dabei ist C eine beliebige Konstante ungleich null.

Beweis: Wir benutzen die Lösung $x(t) = \dfrac{v}{\omega}\sin\omega t$ nach (1.213) mit $x_0 = 0$, $K \equiv 0$ und bestimmen die Frequenz ω so, dass der Massenpunkt zur Zeit l im Nullpunkt eintrifft (Abb. 1.122).

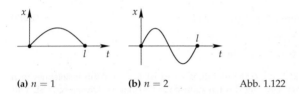

(a) $n = 1$ **(b)** $n = 2$ Abb. 1.122

Aus $\sin(\omega l) = 0$ erhalten wir $\omega l = n\pi$ mit $n = 1, 2, \dots$. Das ergibt $\omega = n\dfrac{\pi}{l} = n\omega_0$. Differentiation von $x(t) = C\sin(n\omega_0 t)$ liefert dann

$$x''(t) = -\lambda x(t)$$

mit $\lambda = n^2\omega_0^2$.

1.12.1.6 Gefährliche Resonanzeffekte

Wir betrachten den harmonischen Oszillator (1.212) mit der periodischen äußeren Kraft

$$K(t) := \sin\alpha t.$$

Definition: Diese äußere Kraft steht genau dann mit den Eigenschwingungen des harmonischen Oszillators in *Resonanz*, wenn $\alpha = \omega$ gilt, d. h., die Kreisfrequenz α der äußeren Erregung stimmt mit der Kreisfrequenz ω der Eigenschwingung überein.

In diesem Fall verstärkt die äußere Kraft ständig die Eigenschwingungen. Dieser Effekt wird von Ingenieuren gefürchtet. Beim Bau von Brücken hat man beispielsweise darauf zu achten, dass die vom Autostrom erzeugten Schwingungen nicht in Resonanz mit den Eigenschwingungen der Brücke stehen. Der Bau von (fast) erdbebensicherer Hochhäuser beruht darauf, dass man Resonanzeffekte der Erdbebenschwingungen zu vermeiden versucht.

Die folgenden Betrachtungen zeigen, wie Resonanzeffekte mathematisch entstehen.

Der Nichtresonanzfall: Es sei $\alpha \neq \omega$. Dann lautet die für alle Zeiten t eindeutige Lösung von (1.212) mit der periodischen äußeren Kraft $K(t) := \sin\alpha t$:

$$x(t) = x_0\cos\omega t + \frac{v}{\omega}\sin\omega t + \frac{\sin\alpha t + \sin\omega t}{2(\alpha + \omega)\omega} - \frac{\sin\alpha t - \sin\omega t}{2(\alpha - \omega)\omega}. \qquad (1.214)$$

Diese Lösung ist für alle Zeiten beschränkt.

Der Resonanzfall: Es sei $\alpha = \omega$. Dann lautet die für alle Zeiten eindeutige Lösung von (1.212) mit $K(t) = \sin \omega t$:

$$x(t) = x_0 \cos \omega t + \frac{v}{\omega} \sin \omega t + \frac{\sin \omega t}{2\omega^2} - \frac{t}{2\omega} \cos \omega t. \tag{1.215}$$

Gefährlich ist der letzte Term $t \cdot \cos \omega t$, der für wachsendes t einer Schwingung mit der

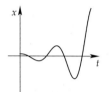
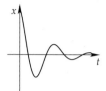

(a) Resonanz **(b)** gedämpfte Schwingung Abb. 1.123

Kreisfrequenz ω der äußeren Kraft entspricht, deren Amplitude proportional zur Zeit t immer größer wird und damit in der Praxis zur Zerstörung des Geräts führt (Abb. 1.123a).

Das Auftreten des gefährlichen Resonanzterms $t \cos \omega t$ wird verständlich, wenn man beachtet, dass sich die Resonanzlösung (1.215) aus der Nichtresonanzlösung (1.214) durch den Grenzübergang $\alpha \to \omega$ ergibt.

1.12.1.7 Dämpfungseffekte

Wirkt auf den Massenpunkt in 1.12.1.5. zusätzlich eine Reibungskraft $\mathbf{K}_2 = -\gamma \mathbf{x}'$, $\gamma > 0$ die um so größer ist, je größer die Geschwindigkeit des Punktes ist, dann erhalten wir aus der Bewegungsgleichung $m\mathbf{x}'' = \mathbf{K}_0 + \mathbf{K}_2 = -k\mathbf{x} - \gamma \mathbf{x}'$ die Differentialgleichung

$$x''(t) + \omega^2 x(t) + 2\beta x'(t) = 0,$$
$$x(0) = x_0, \qquad x'(0) = v \tag{1.216}$$

mit der positiven Konstanten $\beta := \gamma/2m$.

Die Ansatzmethode: Wir gehen aus von dem Ansatz

$$x = e^{\lambda t}.$$

Aus (1.216) ergibt sich $(\lambda^2 + \omega^2 + 2\beta\lambda)e^{\lambda t} = 0$, also

$$\lambda^2 + \omega^2 + 2\beta\lambda = 0$$

mit der Lösung $\lambda_\pm = -\beta \pm i\sqrt{\omega^2 - \beta^2}$. Sind C und D beliebige Konstanten, dann ist die Funktion

$$x = Ce^{\lambda_+ t} + De^{\lambda_- t}$$

Lösung von (1.216). Die Konstanten C und D bestimmen wir aus den Anfangsbedingungen. Ferner benutzen wir die Eulersche Formel $e^{(a+ib)t} = e^{at}(\cos bt + i \sin bt)$.

Existenz- und Eindeutigkeitssatz: Es sei $0 < \beta < \omega$. Dann besitzt das Problem (1.216) die
für alle Zeiten t eindeutig bestimmte Lösung[102]

$$
x = x_0 e^{-\beta t} \cos \omega_* t + \frac{v + \beta x_0}{\omega_*} e^{-\beta t} \sin \omega_* t \tag{1.217}
$$

mit $\omega_* := \sqrt{\omega^2 - \beta^2}$. Das sind gedämpfte Schwingungen.

▶ BEISPIEL: Ruht der ausgelenkte Punkt zur Anfangszeit $t = 0$, d. h., ist $x_0 \neq 0$ und $v = 0$, dann
findet man die gedämpfte Schwingung (1.217) in Abb. 1.123b.

1.12.1.8 Chemische Reaktionen und das inverse Problem der chemischen Reaktionskinetik

Gegeben seien m chemische Substanzen $A_1, \ldots, A_m$ und eine chemische Reaktion zwischen
diesen Substanzen der Form

$$
\sum_{j=1}^{m} \nu_j A_j = 0
$$

mit den sogenannten stöchiometrischen Koeffizienten ν_j. Ferner sei N_j die Anzahl der Moleküle[103] der Substanz A_j. Mit

$$
c_j := \frac{N_j}{V}
$$

bezeichnen wir die Teilchendichte von A_j. Dabei ist V das Gesamtvolumen, in dem die Reaktion
stattfindet.

▶ BEISPIEL: Die Reaktion

$$
2A_1 + A_2 \longrightarrow 2A_3
$$

bedeutet, dass sich zwei Moleküle von A_1 mit einem Molekül von A_2 durch einen Stoßprozess
zu zwei Molekülen A_3 verbinden. Dafür schreiben wir:

$$
\nu_1 A_1 + \nu_2 A_2 + \nu_3 A_3 = 0
$$

mit $\nu_1 = -2$, $\nu_2 = -1$ und $\nu_3 = 2$. Ein Beispiel hier für ist die Reaktion

$$
2H_2 + O_2 \longrightarrow 2H_2O,
$$

die die Bildung von zwei Wassermolekülen aus 2 Wasserstoffmolekülen und einem Sauerstoff-
molekül beschreibt.

Die Grundgleichung der chemischen Reaktionskinetik:

$$
\frac{1}{\nu_j} \frac{dc_j}{dt} = k c_1^{n_1} c_2^{n_2} \cdots c_m^{n_m}, \quad j = 1, \ldots, m,
$$

$$
c_j(0) = c_{j0} \quad \text{(Anfangsbedingungen)}. \tag{1.218}
$$

---

[102]Diese Lösung kann man auch mit Hilfe der Laplacetransformation gewinnen (vgl. 1.11.1.2.).
[103]Die Anzahl wird in der Chemie in mol gemessen, wobei 1 mol der Anzahl von L Teilchen entspricht. Dabei ist $L = 6{,}023 \cdot 10^{23}$ die Loschmidtzahl.

Dabei ist k die positive *Reaktionsgeschwindigkeitskonstante*, die vom Druck p und der Temperatur T abhängt. Die Zahlen $n_1, n_2, \ldots$ heißen die *Reaktionsordnungen*. Gesucht wird die zeitliche Änderung $c_j = c_j(t)$ der Teilchendichten.

Kommentar: Chemische Reaktionen laufen in der Regel über Zwischenprodukte ab. Dabei entstehen riesige Systeme der Form (1.218). Tatsächlich kennt man in vielen Fällen weder alle Zwischenreaktionen noch die Reaktionsgeschwindigkeitskonstanten k und die Reaktionsordnungen n_j. Dann entsteht das schwierige Problem, aus Messungen von $c_j = c_j(t)$ auf k und n_j über (1.218) zu schließen. Das ist ein sogenanntes inverses Problem.[104]

Anwendungen in der Biologie: Gleichungen der Form (1.218) oder Varianten davon treten auch häufig in der Biologie auf. Dann ist N_j die Anzahl von Lebewesen einer gewissen Art (vgl. zum Beispiel die Wachstumsgleichung (1.206) und die gebremste Wachstumsgleichung (1.208)).[105]

In den folgenden beiden Abschnitten betrachten wir eine Reihe grundlegender Phänomene, die bei gewöhnlichen und partiellen Differentialgleichungen gemeinsam auftreten. Die Kenntnis dieser Phänomene ist für ein Verständnis der Theorie der Differentialgleichungen sehr hilfreich.

1.12.2 Grundideen

Sehr viele Prozesse in Natur und Technik lassen sich durch Differentialgleichungen beschreiben.

(i) Systeme mit *endlich vielen Freiheitsgraden* entsprechen gewöhnlichen Differentialgleichungen (z. B. die Bewegung von endlich vielen Punktmassen in der Newtonschen Mechanik).

(ii) Systeme mit *unendlich vielen Freiheitsgraden* entsprechen partiellen Differentialgleichungen (z. B. die Bewegung von elastischen Körpern, Flüssigkeiten, Gasen, elektromagnetischen Feldern und Quantensystemen, die Beschreibung von Reaktions- und Diffusionsprozessen in Biologie und Chemie oder die zeitliche Entwicklung unseres Kosmos).

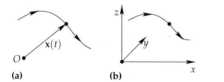

(a) (b) Abb. 1.124

Die Grundgleichungen der unterschiedlichen physikalischen Disziplinen sind Differentialgleichungen. Den Ausgangspunkt bildete das *Newtonsche Bewegungsgesetz der Mechanik* für die Bewegung eines Punktes (z. B. eines Himmelskörpers) der Masse m:

$$m\mathbf{x}''(t) = \mathbf{K}(\mathbf{x}(t), t).$$ (1.219)

Dieses Gesetz lautet in Worten: Masse mal Beschleunigung ist gleich der wirkenden Kraft. Gesucht wird eine Bahnkurve

$$\mathbf{x} = \mathbf{x}(t),$$

die der Gleichung (1.219) genügt (Abb. 1.124). Typisch für eine Differentialgleichung ist, dass sie neben der unbekannten Funktion auch einige von deren Ableitungen enthält.

---

[104] Am Konrad-Zuse-Zentrum in Berlin sind unter der Leitung von Prof. Dr. Peter Deuflhard sehr effektive Computerprogramme für derartige inverse Probleme entwickelt worden.

[105] In komplizierteren Fällen treten in (1.218) noch weitere Terme hinzu.

Gewöhnliche Differentialgleichungen: Hängt die gesuchte Funktion nur von einer reellen Variablen ab (etwa der Zeit t), so heißt eine zugehörige Differentialgleichung gewöhnlich.

▶ BEISPIEL 1: In (1.219) handelt es sich um eine gewöhnliche Differentialgleichung.

Partielle Differentialgleichungen: In den physikalischen Feldtheorien hängen die Größen (z. B. die Temperatur oder das elektromagnetische Feld) von mehreren Variablen ab (z. B. von Ort und Zeit). Eine zugehörige Differentialgleichung enthält dann partielle Ableitungen der gesuchten Funktionen und wird deshalb partielle Differentialgleichung genannt.

▶ BEISPIEL 2: Das Temperaturfeld $T = T(x, y, z, t)$ eines Körpers genügt in vielen Fällen der *Wärmeleitungsgleichung*

$$\boxed{T_t - \kappa \Delta T = 0} \tag{1.220}$$

mit $\Delta T := T_{xx} + T_{yy} + T_{zz}$. Dabei bezeichnet $T(x, y, z, t)$ die Temperatur am Ort (x, y, z) zur Zeit t. Die Materialkonstante κ charakterisiert die Wärmeleitfähigkeit des Körpers.

1.12.2.1 Die „infinitesimale" Erkenntnisstrategie in den Naturwissenschaften

Die Differentialgleichung (1.219) beschreibt das Verhalten der Bahnkurve auf „infinitesimaler Ebene", d. h., für extrem kleine Zeiten.[106] Es gehört zu den erstaunlichsten erkenntnistheoretischen Phänomenen, dass grob gesprochen folgendes gilt:

> Auf der „infinitesimalen Ebene" (d. h., für extrem kleine Zeiten und extrem kleine räumliche Ausdehnungen) werden alle Prozesse in der Natur sehr einfach und lassen sich durch wenige Grundgleichungen beschreiben.

In diesen Grundgleichungen sind ungeheuer viele Informationen kodiert. Es ist die Aufgabe der Mathematik, diese Informationen zu dekodieren, d. h., die Differentialgleichungen für vernünftig lange Zeiträume und vernünftig große räumliche Gebiete zu lösen.

Mit der Schaffung der Infinitesimalrechnung (Differential- und Integralrechnung) haben uns Newton und Leibniz den Schlüssel zum tieferen Verständnis naturwissenschaftlicher Phänomene in die Hand gegeben. Diese Leistung des menschlichen Geistes kann nicht hoch genug eingeschätzt werden.

1.12.2.2 Die Rolle von Anfangsbedingungen

Die Newtonsche Differentialgleichung (1.219) beschreibt alle möglichen Bewegungen eines Punktes der Masse m. Tatsächlich interessiert den Astronomen die Berechnung der Bahn eines bestimmten Himmelskörpers. Um diese Bahnberechnung durchzuführen, muss man die Newtonsche Differentialgleichung durch Informationen über die Situation des Himmelskörpers zu einer fest gewählten Anfangszeit t_0 ergänzen. Genauer hat man das folgende Problem zu betrachten:

$$\begin{aligned}
m\mathbf{x}''(t) &= \mathbf{K}(\mathbf{x}(t), t) && \text{(Bewegungsgleichung),} \\
\mathbf{x}(t_0) &= \mathbf{x}_0 && \text{(Anfangslage),} \\
\mathbf{x}'(t_0) &= \mathbf{v}_0 && \text{(Anfangsgeschwindigkeit).}
\end{aligned} \tag{1.221}$$

---

[106]Seit Newton (1643–1727) und Leibniz (1766–1716) spricht man von „infinitesimalen" oder „unendlich kleinen" Zeiten und räumlichen Entfernungen. Eine präzise mathematische Interpretation dieser Begriffe ist in der modernen Nonstandardanalysis möglich (vgl. [Landers und Rogge 1994]). In der traditionellen Mathematik wird der Begriff des „unendlich Kleinen" nicht verwendet, sondern durch die Betrachtung von Grenzprozessen ersetzt.

Existenz- und Eindeutigkeitssatz: Wir setzen voraus::

(i) Zur Anfangszeit t_0 sind die Lage x_0 und der Geschwindigkeitsvektor v_0 des Punktes (Himmelskörpers) gegeben.

(ii) Das Kraftfeld $K = K(x, t)$ ist für alle Positionen x in einer Umgebung der Anfangsposition x_0 und für alle Zeiten t in einer Umgebung der Anfangszeit t_0 hinreichend glatt (z. B. vom Typ C^1).

Dann gibt es eine räumliche Umgebung $U(x_0)$ und eine zeitliche Umgebung $J(t_0)$, so dass das Problem (1.221) genau eine Bahnkurve

$$x = x(t),$$

als Lösung besitzt, die für alle Zeiten $t \in J(t_0)$ in der Umgebung $U(x_0)$ verbleibt.[107]

Dieses Resultat sichert überraschenderweise die Existenz einer Bahnbewegung nur für eine hinreichend kleine Zeit. Mehr kann man jedoch im allgemeinen Fall nicht erwarten. Es ist möglich, dass

$$\lim_{t \to t_1} |x(t)| = \infty$$

gilt, d. h., die Kraft K ist so stark, dass der Massenpunkt in der endlichen Zeit t_1 das „Unendliche" erreicht.

▶ Beispiel (Modellproblem): Für die Kraft $F(x) := 2mx(1 + x^2)$ besitzt die Differentialgleichung

$$mx'' = F(x),$$
$$x(0) = 0, \qquad x'(0) = 1$$

die eindeutige Lösung

$$x(t) = \tan t, \qquad -\frac{\pi}{2} < t < \frac{\pi}{2}.$$

Dabei gilt

$$\lim_{t \to \frac{\pi}{2} - 0} x(t) = +\infty.$$

Um zu sichern, dass eine Lösung für alle Zeiten existiert, benutzt man das folgende allgemeine Prinzip

A-priori-Abschätzungen sichern globale Lösungen.

Das findet man in 1.12.9.8.

1.12.2.3 Die Rolle der Stabilität

Das Kraftfeld der Sonne besitzt die Form

$$K = -\frac{GMm}{|x|^3} x \tag{1.222}$$

(M Masse der Sonne, m Masse des Himmelskörpers, G Gravitationskonstante). Im Sonnenmittelpunkt $x = 0$ besitzt dieses Kraftfeld eine Singularität.

---

[107]Das ist ein Spezialfall des allgemeinen Existenz- und Eindeutigkeitssatzes von Picard-Lindelöf (vgl. 1.12.4.1).

Das berühmte Stabilitätsproblem für unser Sonnensystem: Dieses Problem lautet:

(a) Sind die Bahnen der Planeten stabil, d. h., verändern sich diese Bahnen im Laufe sehr langer Zeiträume nur wenig?

(b) Ist es möglich, dass ein Planet in die Sonne stürzt oder das Sonnensystem verlässt?

Mit diesem Problem haben sich seit Lagrange (1736–1813) viele große Mathematiker beschäftigt. Zunächst versuchte man die Lösungen für die Bahnen der Planeten in geschlossener Form durch „elementare Funktionen" auszudrucken. Ende des 19. Jahrhunderts erkannte man jedoch, dass dies nicht möglich ist. Das führte zu zwei völlig neuen Entwicklungslinien in der Mathematik.

(I) Abstrakte Existenzbeweise und Topologie: Da es nicht gelang, die Lösungen explizit niederzuschreiben, versuchte man wenigstens ihre Existenz durch abstrakte Überlegungen nachzuweisen. Das führte zur Entwicklung der Fixpunkttheorie, die wir in Kapitel 12 im Handbuch darstellen. Eines der topologischen Hauptprinzipien zum Nachweis der Existenz von Lösungen gewöhnlicher und partieller Differentialgleichungen stellt das berühmte *Leray-Schauder-Prinzip* aus dem Jahre 1934 dar:

A-priori-Abschätzungen sichern die Existenz von Lösungen.

(II) Dynamische Systeme und Topologie: Den Naturwissenschaftler und Ingenieur interessiert häufig nicht die genaue Gestalt der Lösung, sondern er ist nur an den wesentlichen Zügen ihres Verhaltens interessiert (z. B. die Existenz von stabilen Gleichgewichtszuständen bzw. von stabilen periodischen Schwingungen oder der mögliche Übergang zum Chaos). Diesem Problemkreis widmet sich die Theorie der dynamischen Systeme, die wir in Kapitel 13 im Handbuch darstellen.

Diejenige mathematische Disziplin, die sich allgemein mit dem qualitativen Verhalten von Objekten beschäftigt, ist die Topologie, die in Kapitel 18 im Handbuch betrachtet wird. Sowohl die Topologie als auch die Theorie dynamischer Systeme wurden von dem großen französischen Mathematiker Henri Poincaré (1854–1912) im Zusammenhang mit seinen fundamentalen Untersuchungen zur Himmelsmechanik geschaffen.[108]

Elemente der Stabilitätstheorie wurden Mitte des 19. Jahrhunderts von Ingenieuren entwickelt. Diese interessierten sich dafür, wie Maschinen, Gebäude und Brücken zu konstruieren sind, damit sie stabil sind und nicht leicht durch äußere Einflüsse (z. B. Wind) zerstört werden können.

Grundlegende allgemeine mathematische Ergebnisse zur Stabilitätstheorie erzielte der russische Mathematiker Ljapunow im Jahre 1892. Damit wurde die Stabilitätstheorie als mathematische Disziplin geschaffen, an deren Ausbau noch heute intensiv gearbeitet wird. Für viele komplizierte Probleme kennt man noch nicht die Stabilitätseigenschaften der Lösungen. Man beachte:

Mathematisch korrekte Lösungen können für die Praxis völlig bedeutungslos sein, weil sie instabil sind und in der Natur deshalb nicht realisiert werden.

Eine analoge Aussage gilt für numerische Verfahren auf Computern. Nur *stabile numerische Verfahren*, d. h. gegenüber Rundungsfehlern robuste Verfahren sind brauchbar.

Das Stabilitätsproblem für unser Sonnensystem ist bis heute ungelöst. In den Jahren um 1955 zeigten Kolmogorow und später Arnold und Moser, dass die Störung quasiperiodischer

---

[108]Im Jahre 1892 begann Poincaré mit der Veröffentlichung seines dreibändigen Werkes *Les méthodes nouvelles de la mécanique céleste* (Neue Methoden der Himmelsmechanik). Er setzte damit eine große Tradition fort, die durch *La mécanique analytique* von Lagrange (1788) und die fünfbändige *La mécanique céleste* von Laplace (1799) begründet worden war.

Bewegungen (z. B. die Bewegung des Sonnensystems) sehr sensibel von der Art der Störung abhängt und zu Chaos führen kann (KAM-Theorie). Ein Staubkorn ist möglicherweise in der Lage, Veränderungen des Bewegungsablaufs zu bewirken. Deshalb wird man die Frage nach der Stabilität unseres Sonnensystems nie durch theoretische Überlegungen entscheiden können. Wochenlange Rechnungen mit Supercomputern (z. B. am berühmten Massachusetts Institute of Technology (MIT) in Boston (USA)) haben ergeben, dass unser Sonnensystem noch viele Millionen Jahre stabil bleiben wird.

1.12.2.4 Die Rolle von Randbedingungen und die fundamentale Idee der Greenschen Funktion

Neben Anfangsbedingungen können auch Randbedingungen auftreten.

▶ Beispiel 3 (elastischer Stab): Die Auslenkung $y = y(x)$ eines elastischen Stabes unter der Einwirkung einer äußeren Kraft wird durch das folgende Problem beschrieben:

$$
\begin{aligned}
-\kappa y''(x) &= k(x) \quad \text{(Kräftegleichgewicht)}, \\
y(0) &= y(l) = 0 \quad \text{(Randbedingung)}.
\end{aligned}
\tag{1.223}
$$

Dabei bezeichnet, $\left(\int_a^b k(x)\mathrm{d}x \right)$ j die Kraft, die im Intervall $[a, b]$ auf den Stab in Richtung der y-Achse wirkt, d. h., $k(x)$ ist die Dichte der äußeren Kraft im Punkt x. Die positive Materialkonstante κ beschreibt die elastischen Eigenschaften des Stabes. Die Randbedingung besagt, dass der Stab in den Punkten $x = 0$ und $x = l$ eingespannt ist (Abb. 1.125a).

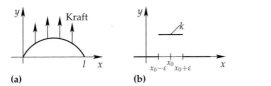

(a) **(b)** Abb. 1.125

Zusammenhang mit der Variationsrechnung:

> Das Auftreten von Randbedingungen ist typisch für Probleme, die mit Variationsaufgaben zusammenhängen.

Beispielsweise ergibt sich (1.223) als Euler-Lagrangesche Gleichung aus dem Prinzip der stationären Wirkung

$$
\begin{aligned}
\int_0^l L(y(x), y'(x))\mathrm{d}x &= \text{stationär!}, \\
y(0) &= y(l) = 0
\end{aligned}
$$

mit der Lagrangefunktion $L := \dfrac{\kappa}{2} y'^2 - f y$ (vgl. 5.1.2). Dabei gilt:

$$
\int_0^l L\mathrm{d}x = \text{elastische Energie des Stabes minus von der Kraft geleistete Arbeit.}
$$

Darstellung der Lösung mit Hilfe der Greenschen Funktion: Die eindeutige Lösung von (1.223) wird durch die Formel

$$y(x) = \int_0^l G(x, \xi) k(\xi) \mathrm{d}\xi. \tag{1.224}$$

gegeben. Dabei ist

$$G(x, \xi) := \begin{cases} \dfrac{(l - \xi)x}{l\kappa} & \text{für } 0 \le x \le \xi \le l, \\ \dfrac{(l - x)\xi}{l\kappa} & \text{für } 0 \le \xi < x \le l. \end{cases}$$

die sogenannte Greensche Funktion des Problems (1.223).

Physikalische Interpretation der Greenschen Funktion: Wir wählen die Kraftdichte

$$f_\varepsilon(x) = \begin{cases} \dfrac{1}{2\varepsilon} & \text{für } x_0 - \varepsilon \le x \le x_0 + \varepsilon \\ 0 & \text{sonst,} \end{cases}$$

die für immer kleiner werdendes ε immer stärker im Punkt x_0 konzentriert ist und einer Gesamtkraft

$$\int_0^l k_\varepsilon(x) \mathrm{d}x = 1$$

entspricht (Abb. 1.125b). Die zugehörige Auslenkung des Stabes wird mit y_ε bezeichnet. Dann gilt

$$\lim_{\varepsilon \to 0} y_\varepsilon(x) = G(x, x_0).$$

Der formale Gebrauch der Diracschen Deltafunktion: Physiker schreiben formal

$$\delta(x - x_0) = \lim_{\varepsilon \to 0} k_\varepsilon(x) = \begin{cases} +\infty & \text{für } x = x_0, \\ 0 & \text{sonst} \end{cases}$$

und sagen, dass $y(x) := G(x, x_0)$ eine Lösung des Ausgangsproblems (1.223) für die Punktkraftdichte $k(x) := \delta(x - x_0)$ darstellt. Die Funktion $\delta(x - x_0)$ heißt *Diracsche Deltafunktion*. In diesem formalen Sinne gilt

$$\begin{aligned} -\kappa G_{xx}(x, x_0) &= \delta(x - x_0) & &\text{auf }]0, l[, \\ G(0, x_0) &= G(l, x_0) = 0 & &\text{(Randbedingung).} \end{aligned} \tag{1.225}$$

Die präzise mathematische Formulierung im Rahmen der Theorie der Distributionen: Die Greensche Funktion ist eine Lösung des Randwertproblems:

$$\begin{aligned} -\kappa G_{xx}(x, x_0) &= \delta_{x_0} & &\text{auf }]0, l[, \\ G(0, x_0) &= G(l, x_0) = 0 & &\text{(Randbedingung).} \end{aligned} \tag{1.226}$$

Dabei stellt δ_{x_0} die Deltadistribution dar, und die Gleichung (1.226) ist im Sinne der Theorie der Distributionen zu verstehen.[109]

Greensche Funktionen wurden um 1830 von dem englischen Mathematiker und Physiker George Green (1793–1841) eingeführt. Die allgemeine Strategie lautet:

> Die Greensche Funktion beschreibt physikalische Effekte, die durch scharf konzentrierte äußere Einflüsse $\mathbb{E}$ erzeugt werden.
> Die Wirkung allgemeiner äußerer Einflüsse ergibt sich durch die Superposition von äußeren Einflüssen der Struktur $\mathbb{E}$.

Die Methode der Greenschen Funktion wird in allen Zweigen der Physik intensiv genutzt, weil sie eine Lokalisierung physikalischer Effekte erlaubt und zeigt, aus welchen Bausteinen allgemeine physikalische Effekte aufgebaut sind. In der Quantenfeldtheorie werden beispielsweise Greensche Funktionen mit Hilfe von Feynmanintegralen (Pfadintegralen) berechnet.

Die Lösungsformel (1.224) stellt die Wirkung einer beliebigen Kraft als Superposition der Einzelkräfte

$$G(x,\xi)f(\xi)$$

dar, die im Punkt ξ lokalisiert sind.

1.12.2.5 Die Rolle von Rand-Anfangsbedingungen

In physikalischen Feldtheorien muss man die Struktur der Felder zur Anfangszeit t_0 und am Rand des Gebietes vorschreiben. Oft wählt man $t_0 := 0$.

▶ BEISPIEL (Wärmeleitung): Um die Temperaturverteilung in einem Körper eindeutig zu bestimmen, muss man den Temperaturverlauf zur Anfangszeit $t = 0$ und den Temperaturverlauf am Rand für alle Zeiten $t \geq 0$ vorschreiben. Deshalb hat man die Wärmeleitungsgleichung (1.220) in der folgenden Weise zu ergänzen:

$$
\begin{aligned}
T_t - \kappa\Delta T &= 0, & P &\in G,\ t \geq 0,\\
T(P,0) &= T_0(P), & P &\in G, & \text{(Anfangstemperatur)},\\
T(P,t) &= T_1(P,t), & P &\in \partial G,\ t \geq 0 & \text{(Randtemperatur)}.
\end{aligned}
\tag{1.228}
$$

Dabei sei $P := (x,y,z)$.

Existenz- und Eindeutigkeitssatz: Ist G ein beschränktes, glatt berandetes Gebiet des $\mathbb{R}^3$ und sind die vorgegebene Anfangstemperatur T_0 und die vorgegebene Randtemperatur T_1 glatt, dann besitzt das Wärmeleitungsproblem (1.228) eine eindeutig bestimmte glatte Temperaturlösung T im Gebiet G für alle Zeiten $t \geq 0$.

---

[109]Die Theorie der Distributionen, die um 1950 von dem französischen Mathematiker Laurent Schwartz geschaffen wurde, findet man in 10.4 im Handbuch. Gleichung (1.226) bedeutet dann

$$-\kappa\int_0^l G(x,x_0)\varphi''(x)\mathrm{d}x = \delta_{x_0}(\varphi) = \varphi(x_0) \tag{1.227}$$

für alle Testfunktionen $\varphi \in C_0^\infty(0,l)$. Die Gleichung (1.227) ergibt sich formal, indem man (1.225) mit φ multipliziert, zweimal partiell über $[0,l]$ integriert und

$$\int_0^l \delta(x-x_0)\varphi(x)\mathrm{d}x = \varphi(x_0)$$

benutzt.

1.12.2.6 Korrekt gestellte Probleme

Damit ein mathematisches Modell in Form einer Differentialgleichung zur Beschreibung naturwissenschaftlicher Phänomene brauchbar ist, muss die Differentialgleichung die folgenden Lösungseigenschaften besitzen:

(i) Es existiert genau eine Lösung.

(ii) Kleine Änderungen der Nebenbedingungen führen nur zu kleinen Änderungen der Lösung.

Probleme mit derartigen Eigenschaften heißen korrekt gestellt. Dabei hat man in jedem Fall noch zu präzisieren, was man unter kleinen Änderungen zu verstehen hat.

Bei zeitabhängigen Problemen interessiert man sich noch zusätzlich für die globale Stabilität:

(iii) Die Lösung existiert für alle Zeiten $t \geq t_0$ und strebt für $t \to +\infty$ einem Gleichgewichtszustand zu.

▶ Beispiel 1: Das Anfangswertproblem

$$y' = -y, \qquad y(0) = \varepsilon \tag{1.229}$$

ist für $\varepsilon = 0$ korrekt gestellt, denn (1.229) besitzt für jedes ε die eindeutige Lösung

$$y(t) = \varepsilon e^{-t}, \qquad t \in \mathbb{R}. \tag{1.230}$$

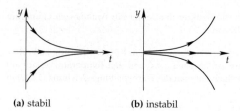

(a) stabil   **(b)** instabil   Abb. 1.126

Im Fall $\varepsilon = 0$ entsteht die Gleichgewichtslösung $y(l) \equiv 0$. Für kleine Störungen ε ändert sich die Lösung (1.230) nur wenig und strebt wegen

$$\lim_{t \to +\infty} \varepsilon e^{-t} = 0$$

für große Zeiten t dem Gleichgewichtszustand $y \equiv 0$ zu (Abb. 1.126a).

▶ Beispiel 2: Das Anfangswertproblem

$$y' = y, \qquad y(0) = \varepsilon$$

ist für $\varepsilon = 0$ nicht global stabil. Denn die eindeutig bestimmten Lösungen

$$y(t) = \varepsilon e^t$$

explodieren für jeden noch so kleinen Anfangswert $\varepsilon \neq 0$ (Abb. 1.126b).

▶ Beispiel 3 (inkorrekt gestelltes inverses Problem): Ein Satellit misst das Schwerefeld der Erde. Daraus möchte man die Dichte ϱ der Erde bestimmen, insbesondere interessiert man sich für die Lokalisierung von Erdöllagern.

Dieses Problem ist nicht korrekt gestellt, d. h., die Dichte ϱ kann aus den Messdaten nicht eindeutig bestimmt werden.

1.12.2.7 Zurückführung auf Integralgleichungen

▶ BEISPIEL 1: Das Problem

$$y'(t) = g(t), \qquad y(0) = a,$$

besitzt die eindeutige Lösung

$$y(t) = a + \int_0^t g(\tau) d\tau.$$

Deshalb kann man die allgemeinere Aufgabe

$$y'(t) = f(t, y(t)), \qquad y(0) = a,$$

auf das äquivalente Problem

$$y(t) = a + \int_0^t f(\tau, y(\tau)) d\tau$$

zurückführen. Diese Gleichung enthält die unbekannte Funktion y unter dem Integralzeichen und wird deshalb eine Integralgleichung genannt. Diese Integralgleichung kann man durch das Iterationsverfahren

$$y_{n+1}(t) = a + \int_0^t f(\tau, y_n(\tau)) d\tau, \qquad y_0(t) \equiv a, \quad n = 0, 1, 2, \ldots$$

lösen.

▶ BEISPIEL 2: Das Randwertproblem

$$-\kappa y''(x) = f(x, y(x)),$$
$$y(0) = y(l) = 0,$$

kann man wegen der Lösungsformel (1.224) auf die äquivalente Integralgleichung

$$y(x) = \int_0^l G(x, \xi) f(\xi, y(\xi)) d\xi$$

zurückführen.

Integralgleichungen werden systematisch in 10.3 im Handbuch studiert. In der klassischen Theorie der partiellen Differentialgleichungen ging man früher durch die Benutzung Greenscher Funktionen zu äquivalenten Integralgleichungen über. Dieser Weg erwies sich jedoch bei komplizierteren Aufgaben als mühevoll oder nicht gangbar. In der modernen funktionalanalytischen Theorie partieller Differentialgleichungen, die um 1935 entstand, werden partielle Differentialgleichungen direkt als Gleichungen für Differentialoperatoren behandelt, ohne den Umweg über Integralgleichungen zu gehen (vgl. Kapitel 11 im Handbuch).

1.12.2.8 Die Bedeutung von Integrabilitätsbedingungen

Für C^2-Funktionen $u = u(x,y)$ gilt die Vertauschungsregel der partiellen Differentiation:

$$u_{xy} = u_{yx}.$$

Diese Beziehung spielt eine wichtige Rolle bei vielen Fragen der Theorie partieller Differentialgleichungen.

▶ BEISPIEL 1: Die Gleichung

$$u_x = x, \qquad u_y = x$$

kann keine Lösung besitzen. Denn für eine Lösung u müsste $u_{xy} = u_{yx}$ gelten, was wegen $u_{xy} = 0$ und $u_{yx} = 1$ unmöglich ist.

▶ BEISPIEL 2: Gegeben seien die C^1-Funktionen $f = f(x,y)$, $g = g(x,y)$ in einem Gebiet G des $\mathbb{R}^2$. Wir betrachten die Gleichung

$$u_x(x,y) = f(x,y), \qquad u_y(x,y) = g(x,y) \quad \text{auf } G.$$

Existiert eine C^2-Lösung u, dann muss wegen $u_{xy} = u_{yx}$ die sogenannte Integrabilitätsbedingung

$$f_y(x,y) = g_x(x,y) \quad \text{auf } G$$

erfüllt sein. Diese Bedingung ist hinreichend für die Existenz einer Lösung, wenn G einfach zusammenhängend ist. Die Lösung ergibt sich dann durch das Kurvenintegral

$$u(x,y) = \text{const} + \int_{(x_0,y_0)}^{(x,y)} f\mathrm{d}x + g\mathrm{d}y,$$

das vom Weg unabhängig ist.

Wählt man G als kleinen Kreis um einen Punkt, dann ist G einfach zusammenhängend. Deshalb ist das Erfülltsein der Integrabilitätsbedingungen hinreichend, um das Ausgangsproblem $u_x = f$, $u_y = g$ lokal zu lösen.

Es ist eine allgemeine Erfahrung, dass in der Regel die notwendigen Integrabilitätsbedingungen für die lokale Lösbarkeit auch hinreichend sind. Dagegen hängt die *globale* Lösbarkeit noch entscheidend von der Struktur (Topologie) der Gebiete ab.[110] Integrabilitätsbedingungen spielen eine bedeutende Rolle in den Anwendungen:

(i) Das fundamentale theorema egregium von Gauß stellt eine Integrabilitätsbedingung für die Ableitungsgleichungen einer Fläche dar (vgl. 3.6.3.3).

(ii) Die beiden Tatsachen, dass jedes wirbelfreie Kraftfeld (wie zum Beispiel das Gravitationsfeld) ein Potential besitzt und sich das elektromagnetische Feld als Ableitung eines Viererpotentials ergibt, sind Konsequenzen von Integrabilitätsbedingungen.

(iii) Wichtige Relationen der Thermodynamik folgen aus den Integrabilitätsbedin-gungen für die Gibbssche Gleichung, die eng mit dem ersten und zweiten Hauptsatz der Thermodynamik zusammenhängt (vgl. 1.13.1.10).

Den geeigneten Apparat zur eleganten Behandlung von Integrabilitätsbedingungen stellt der Satz von Cartan-Kähler für Differentialformen bereit (vgl. 1.13.5.4 im Handbuch).

---

[110]Ein tiefliegendes Resultat in dieser Richtung ist der Satz von de Rham (vgl. 18.6.4 im Handbuch).

1.12.3 Die Klassifikation von Differentialgleichungen

Ordnung einer Differentialgleichung: Die höchste vorkommende Ableitungsordnung in einer Differentialgleichung heißt deren Ordnung.

▶ BEISPIEL 1: Die Newtonsche Bewegungsgleichung

$$m\mathbf{x}'' = \mathbf{K}$$

enthält zweite Zeitableitungen und ist deshalb von zweiter Ordnung.
Die Wärmeleitungsgleichung

$$T_t - \kappa(T_{xx} + T_{yy} + T_{zz}) = 0 \tag{1.231}$$

enthält eine Zeitableitung erster Ordnung und Ableitungen zweiter Ordnung bezüglich der räumlichen Variablen. Deshalb ist diese partielle Differentialgleichung von zweiter Ordnung.

Systeme von Differentialgleichungen: Die Wärmeleitungsgleichung (1.231) ist eine Differentialgleichung für die gesuchte Temperaturfunktion T.

Hat man es mit mehreren Gleichungen für eine oder mehrere gesuchte Funktionen zu tun, dann sprechen wir von einem Differentialgleichungssystem.

▶ BEISPIEL 2: Benutzen wir kartesische Koordinaten, dann gilt für den Ortsvektor $\mathbf{x} := x\mathbf{i} + y\mathbf{j} + z\mathbf{k}$. Zerlegen wir ferner den Kraftvektor $\mathbf{K} := X\mathbf{i} + Y\mathbf{j} + Z\mathbf{k}$, dann lauten die in Beispiel 1 betrachteten Newtonschen Bewegungsgleichungen:

$$mx''(t) = X(P(t), t), \quad my''(t) = Y(P(t), t), \quad mz''(t) = Z(P(t), t)$$

mit $P := (x, y, z)$. Das ist ein System zweiter Ordnung.

1.12.3.1 Das Reduktionsprinzip

> Jede Differentialgleichung und jedes Differentialgleichungssystem beliebiger Ordnung lässt sich durch die Einführung neuer Variabler auf ein äquivalentes Differentialgleichungssystem erster Ordnung zurückführen.

▶ BEISPIEL 1: Die Differentialgleichung zweiter Ordnung

$$y'' + y' + y = 0$$

geht durch Einführung der neuen Variablen $p := y'$ in das äquivalente System erster Ordnung

$$y' = p,$$
$$p' + p + y = 0$$

über. Analog entsteht aus

$$y''' + y'' + y' + y = 0$$

durch Einführung der neuen Variablen $p := y'$ und $q := y''$ das äquivalente System erster Ordnung

$$p = y', \quad q = p',$$
$$q' + q + p + y = 0.$$

▶ BEISPIEL 2: Die Laplacegleichung

$$u_{xx} + u_{yy} = 0$$

geht durch Einführung von $p := u_x,\ a := u_y$ in das äquivalente System erster Ordnung

$$p = u_x, \quad q = u_y,$$
$$p_x + q_y = 0$$

über.

1.12.3.2 Lineare Differentialgleichungen und das Superpositionsprinzip

Eine lineare Differentialgleichung für die unbekannte Funktion u besitzt definitionsgemäß die Gestalt

$$\boxed{Lu = f,} \tag{1.232}$$

wobei die rechte Seite f von den gleichen Variablen wie u abhängt und der Differentialoperator L die charakteristische Eigenschaft

$$\boxed{L(\alpha u + \beta v) = \alpha Lu + \beta Lv} \tag{1.233}$$

für alle (hinreichend regulären) Funktionen u, v und alle reellen Zahlen α, β besitzt.

▶ BEISPIEL 1: Die gewöhnliche Differentialgleichung

$$u''(t) = f(t)$$

ist linear. Um das zu zeigen, setzen wir

$$Lu := \frac{\mathrm{d}^2 u}{\mathrm{d}t^2}.$$

Häufig schreibt man kurz $L := \dfrac{\mathrm{d}^2}{\mathrm{d}t^2}$. Wegen der Summenregel der Differentiation erhalten wir

$$L(\alpha u + \beta v) = (\alpha u + \beta v)'' = \alpha u'' + \beta v'' = \alpha Lu + \beta Lv.$$

Folglich ist die Linearitätsbeziehung (1.233) erfüllt.

▶ BEISPIEL 2: Die allgemeinste gewöhnliche lineare Differentialgleichung n-ter Ordnung für die Funktion $u = u(t)$ besitzt die Gestalt

$$\boxed{a_0 u + a_1 u' + a_2 u'' + \ldots + a_n u^{(n)} = f,}$$

wobei alle Koeffizienten a_j und f Funktionen der Zeit t sind und $a_n \neq 0$.

   Die allgemeinste lineare partielle Differentialgleichung ergibt sich durch eine Linearkombination von partiellen Ableitungen mit Koeffizienten, die von den gleichen Variablen wie die gesuchte Funktion abhängen.

▶ BEISPIEL 3: Es sei $u = u(x, y)$. Die Differentialgleichung

$$a u_{xx} + b u_{yy} = f \tag{1.234}$$

ist linear, falls $a = a(x,y)$, $b = b(x,y)$ und $f = f(x,y)$ nur Funktionen der unabhängigen Variablen x und y sind.

Hängt etwa die rechte Seite $f = f(x,y,u)$ auch von der unbekannten Funktion u ab, dann ist (1.234) eine nichtlineare Differentialgleichung.

Homogene Gleichungen: Eine lineare Differentialgleichung (1.232) heißt genau dann *homogen*, wenn $f \equiv 0$ gilt, ansonsten nennt man sie *inhomogen*.

Das Superpositionsprinzip: (i) Für eine *homogene* Differentialgleichung ist neben zwei Lösungen u und v auch jede Linearkombination $\alpha u + \beta v$ eine Lösung.

(ii) Für eine *inhomogene* lineare Differentialgleichung gilt die wichtige Regel:

> allgemeine Lösung der inhomogenen Gleichung
> = eine spezielle Lösung der inhomogenen Gleichung
> + die allgemeine Lösung der homogenen Gleichung. $\qquad$ (1.235)

▶ BEISPIEL 4: Wir betrachten die Differentialgleichung

> $u' = 1 \quad$ auf $\mathbb{R}$.

Eine spezielle Lösung ist $u = t$. Die allgemeinste Lösung der homogenen Gleichung $u' = 0$ lautet $u = \text{const}$. Somit erhalten wir die allgemeine Lösung

$$u = t + \text{const.}$$

1.12.3.3 Nichtlineare Differentialgleichungen

> Nichtlineare Differentialgleichungen beschreiben Prozesse mit Wechselwirkung.

Die meisten Prozesse in der Natur sind Prozesse mit Wechselwirkung. Daraus erklärt sich die Bedeutung von nichtlinearen Differentialgleichungen für die Naturbeschreibung. Eine scheinbare Ausnahme bilden die linearen Maxwellschen Differentialgleichungen der Elektrodynamik. Diese enthalten jedoch nur einen Teil der elektromagnetischen Phänomene. Die vollen Gleichungen der *Quantenelektrodynamik* beschreiben die Wechselwirkung zwischen elektromagnetischen Wellen (Photonen), Elektronen und Positronen. Diese Gleichungen sind nichtlinear (vgl. 14.8.4 im Handbuch).

> Für nichtlineare Differentialgleichungen gilt nicht das Superpositionsprinzip.

▶ BEISPIEL 1: Die Newtonschen Bewegungsgleichungen für einen Planeten im Gravitationsfeld der Sonne lauten

$$m\mathbf{x}''(t) = -\frac{GmM}{|\mathbf{x}(t)|^3}\mathbf{x}(t).$$

Diese Gleichungen sind nichtlinear und beschreiben die Gravitationswechselwirkung zwischen der Sonne und dem Planeten.

Semilineare Gleichungen: Ist L ein linearer Differentialoperator der Ordnung n wie in (1.232), dann versteht man unter einer semilinearen Differentialgleichung eine Gleichung der Form

$$Lu = f(u)$$

wobei die rechte Seite f von der gesuchten Funktion u und ihren Ableitungen bis zur Ordnung $n - 1$ abhängt.

▶ BEISPIEL 2: Die Gleichung $u_{xx} + u_{yy} = f(u, u_x, u_y, x, y)$ ist semilinear.

Quasilineare Gleichungen: Eine solche Gleichung ist definitionsgemäß in den höchsten Ableitungen linear.

▶ BEISPIEL 3: Die Gleichung $au_{xx} + bu_{yy} = f$ ist quasilinear, falls a, b und f von x, y, u, u_x und u_y abhängen.

1.12.3.4 Instationäre und stationäre Prozesse

Ein Prozess, der von der Zeit t abhängt, heißt instationär. Stationäre Prozesse sind definitionsgemäß zeitunabhängige Prozesse.

> Stationäre Prozesse entsprechen Gleichgewichtszuständen in Natur, Technik und Wirtschaft.

1.12.3.5 Gleichgewichtszustände

Stabile Gleichgewichtszustände: Ein Gleichgewichtszustand heißt genau dann stabil, wenn das System bei kleinen Störungen des Gleichgewichts nach einer gewissen Zeit wieder in den Gleichgewichtszustand übergeht.

> In der Realität treten nur stabile Gleichgewichtszustände auf.

Das Gleichgewichtsprinzip: Ist eine zeitabhängige Differentialgleichung für einen instationären Prozess vorgelegt, dann erhält man die stationären Zustände (Gleichgewichtszustände) des Systems, indem man in der Differentialgleichung alle Zeitableitungen gleich null setzt und diese neue Differentialgleichung löst.

▶ BEISPIEL 1: Aus der instationären Wärmeleitungsgleichung

$$\boxed{T_t - \kappa \Delta T = 0} \tag{1.236}$$

erhalten wir die Gleichgewichtszustände, indem wir Lösungen $T = T(x, y, z)$ suchen, die nicht von der Zeit t abhängen. Dann gilt $T_t = 0$. Das ergibt die stationäre Wärmeleitungsgleichung

$$\boxed{-\kappa \Delta T = 0.} \tag{1.237}$$

Man erwartet, dass eine instationäre (zeitabhängige) Wärmeverteilung unter vernünftigen Bedingungen für $t \to +\infty$ gegen einen Gleichgewichtszustand strebt, d. h., gewisse Lösungen von (1.236) gehen für $t \to +\infty$ (große Zeiten) gegen eine Lösung von (1.237).

Diese Erwartung kann unter geeigneten Voraussetzungen für allgemeine Situationen mathematisch streng gerechtfertigt werden.

Wir erläutern das anhand eines sehr einfachen Modellproblems.

▶ BEISPIEL 2: Es sei $a \neq 0$. Um die Gleichgewichtslösungen der Differentialgleichung

$$y'(t) = ay(t)$$

zu finden, nehmen wir an, dass die Lösung nicht von der Zeit t abhängt. Das ergibt $y'(t) = 0$ und somit

$$y(t) = 0 \quad \text{für alle } t.$$

Nach Beispiel 1 und 2 in 1.12.2.6. ist dieser Gleichgewichtszustand für $a = -1$ stabil und für $a = 1$ instabil (vgl. Abb. 1.126).

1.12.3.6 Die Methode des Koeffizientenvergleichs – eine allgemeine Lösungsstrategie

▶ BEISPIEL 1: Um die Gleichung

$$u'' = u + 1$$

zu lösen, benutzen wir die Taylorentwicklung

$$u(t) = u(0) + u'(0)t + u''(0)\frac{t^2}{2} + u'''(0)\frac{t^3}{3!} + \dots.$$

als Ansatz. Kennen wir $u(0)$ und $u'(0)$, dann können wir alle weiteren Ableitungen $u''(0), u'''(0), \dots$ aus der Differentialgleichung berechnen. Damit ergibt sich gleichzeitig, dass wir die folgenden Anfangsbedingungen hinzufügen müssen, um eine eindeutig bestimmte Lösung zu erhalten

$$u'' = u + 1, \quad u(0) = a, \quad u'(0) = b.$$

Dann erhalten wir

$$u''(0) = u(0) + 1 = a + 1, \quad u'''(0) = u'(0) = b,$$
$$u^{(2n)}(0) = a + 1, \quad u^{(2n+1)}(0) = b, \quad n = 1, 2, \dots$$

> In analoger Weise kann man mit jedem gewöhnlichen Differentialgleichungssystem verfahren, das nach den höchsten Ableitungen aufgelöst werden kann.

Die gleiche Methode lässt sich auch auf partielle Differentialgleichungen anwenden. Hier tritt jedoch ein neuer Effekt auf, der mit der Existenz von Charakteristiken zusammenhängt.

▶ BEISPIEL 2: Gegeben sei die Funktion $\varphi = \varphi(x)$. Gesucht wird die Funktion $u := u(x, y)$ als Lösung des folgenden Anfangswertproblems:

$$u_y = u,$$
$$u(x, 0) = \varphi(x) \quad \text{(Anfangsbedingung)},$$

d. h., wir geben uns die Werte von u längs der x-Achse vor. Als Ansatz wählen wir die Taylorentwicklung um den Nullpunkt

$$u(x,y) = u(0,0) + u_x(0,0)x + u_y(0,0)y + \dots.$$

Damit diese Methode zu einem eindeutigen Ausdruck führt, müssen wir alle partiellen Ableitungen von u aus der Anfangsbedingung und aus der Differentialgleichung bestimmen können. Das ist hier tatsächlich möglich. Die Anfangsbedingung $u(x,0) = \varphi(x)$ liefert uns zunächst alle partiellen Ableitungen nach x:

$$u(0,0) = \varphi(0), \quad u_x(0,0) = \varphi'(0), \quad u_{xx}(0,0) = \varphi''(0) \quad \text{usw.}$$

Aus der Differentialgleichung $u_y = u$ erhalten wir

$$u_y(0,0) = u(0,0) = \varphi(0).$$

Alle restlichen Ableitungen ergeben sich dann durch Differentiation der Differentialgleichung:

$$u_{yx}(0,0) = u_x(0,0) \quad \text{usw.}$$

▶ BEISPIEL 3: Die Situation ändert sich dramatisch für das Anfangswertproblem

$$\boxed{\begin{aligned} u_y &= u, \\ u(0,y) &= \psi(y) \quad \text{(Anfangsbedingung),} \end{aligned}}$$

bei dem wir die Funktion u längs der y-Achse vorgeben.

In diesem Fall erhalten wir keinerlei Informationen über die x-Ableitungen. Tatsächlich können sich die Differentialgleichung und die vorgegebenen Anfangswerte widersprechen, so dass keine Lösung existiert. Denn für eine Lösung muss $u_y(0,0) = \psi'(0)$ und $u_y(0,0) = u(0,0) = \psi(0)$ gelten, also

$$\boxed{\psi(0) = \psi'(0).}$$

Ist diese sogenannte Kompatibilitätsbedingung (Verträglichkeitsbedingung) verletzt, dann existiert keine Lösung.

▶ BEISPIEL 4: Gegeben sei die Gerade $g : y = \alpha x$ mit $\alpha \neq 0$. Um das Anfangswertproblem

$$\boxed{\begin{aligned} u_y &= u, \\ u \text{ ist längs } g \text{ bekannt (Anfangsbedingung)} \end{aligned}}$$

zu lösen, wählen wir g als ξ-Koordinatenachse und führen neue (schiefwinklige) Koordinaten ξ, y ein (Abb. 1.127b).

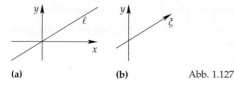

(a)   (b)   Abb. 1.127

Beziehen wir die Funktion u auf diese neuen Koordinaten, dann entsteht das Problem

$$u_y = u,$$
$$u(\xi, 0) = \varphi(\xi),$$

das wir völlig analog zu Beispiel 2 behandeln können.[111]

Charakteristiken: Aufgrund der Beispiele 2 bis 4 sagt man, dass die y-Achse charakteristisch für die Differentialgleichung

$$u_y = u$$

ist, während alle anderen durch den Nullpunkt gehenden Geraden nicht charakteristisch sind.

Die allgemeine Theorie der Charakteristiken und ihre physikalische Interpretation wird in 1.13.3 im Handbuch betrachtet. Das Verhalten der Charakteristiken einer Differentialgleichung führt zugleich zu wichtigen Klassifikationen von partiellen Differentialgleichungen (elliptischer, parabolischer und hyperbolischer Typ; vgl. 1.13.3.2 im Handbuch).

Grob gesprochen gilt:

> Charakteristiken entsprechen Anfangszuständen von Systemen, die die Lösung nicht eindeutig bestimmen oder keine Lösungen zulassen.

Vom physikalischen Standpunkt aus sind Charakteristiken deshalb besonders wichtig, weil sie Wellenfronten beschreiben. Die Ausbreitung von Wellen ist der wichtigste Mechanismus in der Natur, um Energie zu transportieren.

▶ Beispiel 5: Die Gleichung

$$u(x, t) = \varphi(x - ct) \tag{1.238}$$

beschreibt die Ausbreitung einer Welle mit der Geschwindigkeit c von links nach rechts (Abb. 1.128).

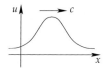

Abb. 1.128

(i) Schreiben wir die Werte von u zur Anfangszeit $t = 0$ vor, dann erhalten wir aus $u(x, 0) = \varphi(x)$ die Funktion φ in eindeutiger Weise.

(ii) Schreiben wir dagegen u längs der Geraden $x - ct = \text{const} = a$ vor, dann ist nur der Wert $\varphi(a)$ bekannt, der die Funktion φ in keiner Weise eindeutig festlegt.

---

[111]Die strenge Rechtfertigung der Potenzreihenmethode geschieht für gewöhnliche und partielle Differentialgleichungen mit Hilfe der Sätze von Cauchy und Cauchy-Kowalewskaja (vgl. 1.12.9.3 und 1.13.5.1 im Handbuch).

1.12.3.7 Wichtige Informationen, die man aus Differentialgleichungen erhalten kann, ohne diese zu lösen

In vielen Fällen gelingt es nicht, die Lösung eines Differentialgleichungssystems explizit aufzuschreiben. Deshalb ist es von besonderer Bedeutung, möglichst viele physikalisch relevante Informationen direkt aus der Differentialgleichung zu erhalten. Dazu gehören:

(i) Erhaltungssätze (z. B. die Energieerhaltung);

(ii) Stabilitätskriterien (vgl. 1.12.7).

(iii) Gleichungen für die Wellenfronten (Charakteristiken) (vgl. 1.13.3.1 im Handbuch);

(iv) Maximumprinzipien (vgl. 1.13.4.2 im Handbuch);

▶ Beispiel (Energieerhaltung): Es sei $x = x(t)$ eine Lösung der Differentialgleichung

$$mx''(t) = -U'(x(t)).$$

Setzen wir

$$E(t) := \frac{mx'(t)^2}{2} + U(x(t)),$$

dann gilt

$$\frac{dE(t)}{dt} = mx''(t)x'(t) + U'(x(t))x'(t) = 0,$$

also

$$\boxed{E(t) = \text{const.}}$$

Das ist der Satz von der Erhaltung der Energie.

Bei diesem Argument wurde nur die Differentialgleichung und nicht die Gestalt einer konkreten Lösung benutzt.

1.12.3.8 Symmetrie und Erhaltungssätze

▶ Beispiel 1 (Energieerhaltung): Für die Lagrangefunktion $L = L(q, q')$ betrachten wir die Euler-Lagrangesche Gleichung

$$\boxed{\frac{d}{dt}L_{q'}(P(t)) - L_q(P(t)) = 0} \tag{1.239}$$

mit $P(t) := (q(t), q'(t))$. Setzen wir

$$E(t) := q'(t)L_{q'}(P(t)) - L(P(t)),$$

dann gilt für jede Lösung von (1.239) der Satz von der Erhaltung der Energie:

$$\boxed{E(t) = \text{const.}} \tag{1.240}$$

Erhaltungssätze spielen in der Natur eine fundamentale Rolle und sind wesentlich dafür verantwortlich, dass wir einen stabilen Reichtum an Formen um uns herum beobachten. Eine Welt ohne Erhaltungssätze wäre ein einziges Chaos.

Was ist der tiefere Grund für das Auftreten von Erhaltungsgesetzen? Die Antwort lautet:

> Symmetrien unserer Welt sind für Erhaltungsgesetze verantwortlich.

Die streng mathematische Formulierung dieses grundlegenden erkenntnistheoretischen Prinzips ist der Inhalt des berühmten Theorems von Emmy Noether aus dem Jahre 1918. Dieses für die theoretische Physik äußerst wichtige Theorem wird in 14.5.3 im Handbuch betrachtet.

▶ Beispiel 2: Die Energieerhaltung (1.240) ist ein Spezialfall des Noethertheorems. Die zugehörige Symmetrieeigenschaft ergibt sich daraus, dass die Lagrangefunktion L nicht von der Zeit t abhängt. Das führt dazu, dass die Gleichung (1.239) invariant ist unter Zeittranslationen. Das bedeutet: Ist

$$q = q(t)$$

eine Lösung von (1.239), dann gilt das auch für die Funktion

$$q = q(t + t_0)$$

falls t_0 eine beliebige Zeitkonstante ist.

Definition: Man bezeichnet ein physikalisches System als invariant unter Zeittranslationen (oder homogen in der Zeit), wenn gilt: Ist ein physikalischer Prozess $\mathcal{P}$ möglich, dann ist auch jeder Prozess möglich, der sich aus $\mathcal{P}$ durch eine konstante Zeitverschiebung ergibt.

> Systeme, die invariant unter Translationen der Zeit sind, besitzen eine Erhaltungsgröße, die man Energie nennt.

▶ Beispiel 3: Das Gravitationsfeld der Sonne ist zeitunabhängig. Deshalb ist neben jeder existierenden Bewegung der Planeten auch eine Bewegung möglich, die sich durch eine konstante Zeitverschiebung ergibt. Daraus folgt die Erhaltung der Energie.

Würde sich das Gravitationsfeld der Sonne zeitlich ändern, dann würde die Wahl der Anfangszeit eine entscheidende Rolle für den Ablauf der Bewegung spielen. In diesem Fall hätte man keine Erhaltung der Energie für die Planetenbewegung (vgl. 1.9.6.).

> Systeme, die invariant unter Drehungen sind, besitzen eine Erhaltungsgröße, die man Drehimpuls nennt.

Drehinvarianz bedeutet: Ist ein Prozess $\mathcal{P}$ möglich, dann gilt das auch für jeden Prozess, der sich aus $\mathcal{P}$ durch eine Drehung ergibt.

▶ Beispiel 4: Das Gravitationsfeld unserer Sonne ist rotationssymmetrisch. Deshalb liegt Drehinvarianz vor. Daraus folgt die Erhaltung des Drehimpulses für unser Sonnensystem (vgl. 1.9.6.).

> Systeme, die invariant unter Translationen sind, besitzen eine Erhaltungsgröße, die man Impuls nennt.

▶ Beispiel 5: Fixiert man nicht den Ort der Sonne im Ursprung, sondern behandelt man die Sonne wie einen Planeten, dann ist das Sonnensystem invariant unter Translationen. Daraus folgt die Erhaltung des Impulses für unser Sonnensystem. Das ist äquivalent zu der Aussage, dass sich der Schwerpunkt des Sonnensystems geradlinig und mit konstanter Geschwindigkeit bewegt (vgl. 1.9.6.).

1.12.3.9 Strategien zur Gewinnung von Eindeutigkeitsaussagen

Für gewöhnliche Differentialgleichungen kann man eine allgemeine Eindeutigkeitsaussage sehr einfach formulieren (vgl. 1.12.4.2.). Für partielle Differentialgleichungen ist die Situation komplizierter. Man hat man die folgenden beiden Methoden zur Verfügung:

(i) Die Energiemethode, die auf dem Erhaltungssatz der Energie basiert (vgl. 1.13.4.1 im Handbuch) und

(ii) Maximumprinzipien (vgl. 1.13.4.2 im Handbuch).

Wir erläutern die Grundidee an zwei einfachen Beispielen.

Energiemethode:

▶ BEISPIEL 1: Das Anfangswertproblem

$$mx'' = -x, \quad x(0) = a, \quad x'(0) = b \tag{1.241}$$

besitzt höchstens eine Lösung.

Beweis: Angenommen es existieren die beiden Lösungen x_1 und x_2. Wie bei allen Eindeutigkeitsbeweisen betrachten wir die Differenz

$$y(t) := x_1(t) - x_2(t).$$

Wir sind fertig, wenn wir $y(t) \equiv 0$ gezeigt haben.

Um dieses Ziel zu erreichen, notieren wir zunächst die Gleichung für y, die sich durch Subtraktion der Ausgangsgleichung (1.241) für $x = x_1$ und $x = x_2$ ergibt:

$$my'' = -y, \quad y(0) = y'(0) = 0.$$

Aus der Energieerhaltung in 1.12.3.7. mit $U = y^2/2$ folgt

$$\frac{my'(t)^2}{2} + \frac{y(t)^2}{2} = \text{const} = E.$$

Betrachten wir den Anfangszeitpunkt $t = 0$, dann ergibt sich aus $y(0) = y'(0) = 0$ die Beziehung $E = 0$, also

$$y(t) \equiv 0.$$

Die einfache physikalische Idee hinter dieser Beweismethode ist die folgende sofort einleuchtende Tatsache:

> Befindet sich ein System mit Energieerhaltung zur Anfangszeit in Ruhe, dann besitzt dieses System keine Energie und bleibt deshalb für alle Zeiten in Ruhe.

Maximumprinzip:

▶ BEISPIEL 2: Es sei Ω ein beschränktes Gebiet des $\mathbb{R}^3$. Jede Lösung T der stationären Wärmeleitungsgleichung

$$T_{xx} + T_{yy} + T_{zz} = 0 \quad \text{auf } \Omega, \tag{1.242}$$

die auf dem Abschluss $\overline{\Omega} = \Omega \cup \partial\Omega$, vom Typ C^2 ist, nimmt ihr Maximum und Minimum auf dem Rand $\partial\Omega$ an.

Gilt speziell $T = 0$ auf $\partial\Omega$ für eine Lösung von (1.242), dann ist $T \equiv 0$ auf $\overline{\Omega}$.

Physikalische Interpretation: Ist die Temperatur auf dem Rand gleich null, dann kann es im Innern keinen Punkt P geben mit $T(P) \neq 0$. Anderenfalls würde das Temperaturgefälle zu einem zeitabhängigen Wärmestrom führen, was der Stationarität (Zeitunabhängigkeit) der Situation widerspricht.

▶ BEISPIEL 3 (Eindeutigkeitsaussage): Gegeben sei die Funktion T_0. Das Randwertprobem

$$T_{xx} + T_{yy} + T_{zz} = 0 \qquad \text{auf } \Omega,$$
$$T = T_0 \qquad \text{auf } \partial\Omega \tag{1.243}$$

besitzt höchstens eine Lösung T.

Beweis: Sind T_1 und T_2 Lösungen, dann genügt die Differenz $T := T_1 - T_2$ der Gleichung (1.243) mit $T_0 = 0$. Daraus folgt $T \equiv 0$ nach Beispiel 2. ☐

1.12.4 Elementare Lösungsmethoden

Laplacetransformation: Jede lineare gewöhnliche Differentialgleichung beliebiger Ordnung mit *konstanten Koeffizienten* und jedes System derartiger Gleichungen kann man mit Hilfe der Laplacetransformation lösen (vgl. 1.11.1.2).

Quadraturen: Eine Differentialgleichung lässt sich definitionsgemäß genau dann durch Quadraturen lösen, wenn man die Lösung durch die Berechnung von Integralen erhalten kann. Die im folgenden angeführten sogenannten elementaren Lösungsmethoden sind von diesem Typ.[112]

1.12.4.1 Der lokale Existenz- und Eindeutigkeitssatz

$$x'(t) = f(t, x(t)),$$
$$x(t_0) = x_0 \quad \text{(Anfangsbedingung)}. \tag{1.244}$$

Definition: Gegeben sei der Punkt $(t_0, x_0) \in \mathbb{R}^2$. Das Anfangswertproblem (1.244) ist genau dann lokal eindeutig lösbar, wenn es ein Rechteck $R := \{(t_0, x) \in \mathbb{R}^2 : |t - t_0| \leq \alpha, \ |x - x_0| \leq \beta\}$ gibt, so dass in R eine eindeutige Lösung $x = x(t)$ von (1.244) existiert (Abb. 1.129).[113]

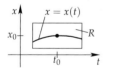

Abb. 1.129

Der Satz von Picard (1890) und Lindelöf (1894): Ist f in einer Umgebung des Punktes (t_0, x_0) vom Typ C^1, dann ist das Anfangswertproblem lokal eindeutig lösbar. Diese Lösung kann man durch das Iterationsverfahren

$$x_{n+1}(t) = x_0 + \int_{t_0}^{t} f(\tau, x_n(\tau)) d\tau, \quad n = 0, 1, \ldots$$

berechnen.[114] Die nullte Näherung ist die konstante Funktion $x_0(t) \equiv x_0$.

---

[112]Die meisten gewöhnlichen Differentialgleichungen sind nicht durch Quadraturen lösbar.
  Ein allgemeines Symmetrieprinzip, das die Lösung von Differentialgleichungen durch Quadraturen erlaubt, wurde von dem großen norwegischen Mathematiker Sophus Lie (1842–1899) entdeckt. Dieses Prinzip, das die Theorie der Transformationsgruppen benutzt, findet man in 17.11.3 im Handbuch.

[113]Das heißt, es gibt genau eine Lösung $x = x(t)$ von (1.244) mit $|x(t) - x_0| \leq \beta$ für alle Zeiten t mit $|t - t_0| \leq \alpha$.

[114]Der Beweis beruht auf dem Fixpunktsatz von Banach. Diesen Beweis findet man in 12.1.1 im Handbuch.

Abschwächung der Voraussetzungen: Es genügt, dass eine der beiden folgenden Voraussetzungen erfüllt ist:

(i) f und die partielle Ableitung f_x sind in einer Umgebung U des Punktes (t_0, x_0) stetig.

(ii) f ist in einer Umgebung U des Punktes (t_0, x_0) stetig und Lipschitzstetig bezüglich x, d. h., es gilt

$$|f(t, x) - f(t, y)| \leq \text{const}|x - y|$$

für alle Punkte (t, x) und (t, y) in U.

Tatsächlich ist (i) ein Spezialfall von (ii).

Der Satz von Peano (1890):   Ist f in einer Umgebung des Punktes (t_0, x_0) stetig, dann ist das Anfangswertproblem (1.244) lokal lösbar.

Die Eindeutigkeit der Lösung kann jedoch jetzt nicht garantiert werden.[115]

Verallgemeinerung auf Systeme: Alle diese Aussagen bleiben gültig, wenn (1.244) ein System darstellt. Dann ist $x = (x_1, \ldots, x_n)$ und $f = f(f_1, \ldots, f_n)$. Explizit lautet (1.244) in diesem Fall:[116]

$$\boxed{\begin{aligned} x_j'(t) &= f_j(t, x(t)), \quad j = 1, \ldots, n, \\ x_j(t_0) &= x_{j0}. \end{aligned}} \tag{1.245}$$

Nach dem Reduktionsprinzip kann man jedes explizite System beliebiger Ordnung auf (1.245) zurückführen (vgl. 1.12.3.1.).

Verallgemeinerung auf komplexe Differentialgleichungssysteme: Alle Aussagen bleiben sinngemäß bestehen, wenn alle x_j komplexe Variable sind und die Werte $f_j(t, x)$ komplex sind.

Globaler Existenz- und Eindeutigkeitssatz: Vgl. 1.12.9.1.

1.12.4.2 Der globale Eindeutigkeitssatz

Satz: Ist $x = x(t)$, $t_1 < t < t_2$, eine Lösung von (1.244), so dass es zu jedem Punkt $(t, x(t))$ eine Umgebung U gibt, in der f vom Typ C^1 ist, dann besitzt das Anfangswertproblem (1.244) keine weitere Lösung auf dem Zeitintervall $]t_1, t_2[$ (Abb. 1.130).[117]

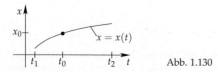

Abb. 1.130

---

[115]Den Satz von Peano beweist man mit Hilfe des Fixpunktsatzes von Schauder, der auf dem Begriff der Kompaktheit basiert (vgl. 12.1.2 im Handbuch).

[116]Mit f_x bezeichnen wir jetzt die Matrix $(\partial f_i / \partial x_k)$ der ersten partiellen Ableitungen nach $x_1, \ldots, x_n$ und wir setzen

$$|x| := \left(\sum_{j=1}^{n} |x_j|^2 \right)^{\frac{1}{2}}.$$

[117]Es genügt, dass eine der folgenden beiden Bedingungen erfüllt ist:
  (i) f und f_x sind auf U stetig.
  (ii) f ist auf U stetig und zusätzlich Lipschitzstetig bezüglich x.

Beweisidee: Eine weitere Lösung müsste in irgendeinem Punkt der bekannten Lösung abzweigen, was nach dem Satz von Picard-Lindelöf unmöglich ist.

Verallgemeinerung: Ein analoges Resultat gilt für reelle und komplexe Differentialgleichungssysteme.

1.12.4.3 Eine allgemeine Lösungsstrategie

Physiker und Ingenieure (sowie die Mathematiker im siebzehnten und achtzehnten Jahrhundert) haben im Laufe der Zeit mnemotechnisch sehr einfache formale Methoden zur Lösung von Differentialgleichungen entwickelt (vgl. zum Beispiel 1.12.4.4.). Hat man mit Hilfe einer derartigen Methode eine "Lösung„ gewonnen, dann ergeben sich zwei wichtige Fragen:

(a) Ist das tatsächlich eine Lösung?

(b) Ist das die einzige Lösung oder gibt es noch weitere Lösungen, die die formale Methode nicht erfasst?

Die Antwort lautet:

(a) Man prüfe durch Differentiation nach, dass es sich tatsächlich um eine Lösung handelt.

(b) Man benutze das globale Eindeutigkeitsprinzip aus 1.12.4.2.

Anwendungen dieser Strategie werden im nächsten Abschnitt betrachtet.

1.12.4.4 Die Methode der Trennung der Variablen

$$\frac{dx}{dt} = f(t)g(x),$$

$$x(t_0) = x_0 \quad \text{(Anfangsbedingung)}. \tag{1.246}$$

Formale Methode: Der Leibnizsche Differentialkalkül liefert in eleganter Weise sofort

$$\frac{dx}{g(x)} = f(t)dt$$

und

$$\int \frac{dx}{g(x)} = \int f(t)dt.$$

Will man die Anfangsbedingung berücksichtigen, dann schreibt man:

$$\int_{x_0}^{x} \frac{dx}{g(x)} = \int_{t_0}^{t} f(t)dt. \tag{1.247}$$

Satz: Ist f in einer Umgebung von t_0 stetig und ist g in einer Umgebung von x_0 vom Typ C^1 mit $g(x_0) \neq 0$, dann ist das Anfangswertproblem (1.246) lokal eindeutig lösbar. Die Lösung erhält man, indem man die Gleichung (1.247) nach x auflöst.

Kommentar: Dieser Satz sichert nur die Lösung für Zeiten, die in einer kleinen Umgebung der Anfangszeit liegen. Mehr kann man im allgemeinen Fall auch nicht zeigen (vgl. Beispiel 2).

Bei einem konkreten Problem erhält man jedoch durch diese Methode in der Regel einen Lösungskandidaten $x = x(t)$, der für einen großen Zeitraum existiert. Hier kann man mit Vorteil die Lösungstrategie aus 1.12.4.3. anwenden.

▶ BEISPIEL 1: Wir betrachten das Anfangswertproblem

$$\frac{dx}{dt} = ax(t),$$
$$x(0) = x_0 \quad \text{(Anfangsbedingung)}.$$
(1.248)

Hier sei a eine reelle Konstante. Die eindeutig bestimmte Lösung von (1.248) lautet

$$x(t) = x_0 e^{at}, \quad t \in \mathbb{R}.$$
(1.249)

Formale Methode: Wir nehmen zunächst an, dass $x_0 > 0$ gilt. Trennung der Variablen ergibt

$$\int_{x_0}^{x} \frac{dx}{x} = \int_0^t a\,dt.$$

Daraus folgt $\ln x - \ln x_0 = at$, also $\ln \dfrac{x}{x_0} = at$, d. h., $\dfrac{x}{x_0} = e^{at}$.

Exakte Lösung: Differentiation von (1.249) ergibt

$$x' = ax_0 e^{at} = ax,$$

d. h., die Funktion x in (1.249) stellt tatsächlich eine Lösung von (1.248) dar.

Da die rechte Seite $f(x, t) := ax$ vom Typ C^1 ist, gibt es nach dem globalen Eindeutigkeitssatz in 1.12.4.2. keine weitere Lösung.

Diese Überlegung gilt für alle $x_0 \in \mathbb{R}$, während beispielsweise die formale Methode für $x_0 = 0$ wegen „$\ln 0 = -\infty$" versagt.

▶ BEISPIEL 2:

$$\frac{dx}{dt} = \frac{(1 + x^2)}{\varepsilon},$$
$$x(0) = 0 \quad \text{(Anfangsbedingung)}.$$
(1.250)

Dabei sei $\varepsilon > 0$ eine Konstante. Die eindeutig bestimmte Lösung von (1.250) lautet:

$$x(t) = \tan\frac{t}{\varepsilon}, \quad -\frac{\varepsilon\pi}{2} < t < \frac{\varepsilon\pi}{2}.$$

Ferner gilt $x(t) \to +\infty$ für $t \to \dfrac{\varepsilon\pi}{2} - 0$. Je kleiner ε wird, um so kürzere Zeit existiert diese Lösung bevor sie explodiert (Abb. 1.131).

Formale Methode: Trennung der Variablen ergibt

$$\int_0^x \frac{dx}{1 + x^2} = \int_0^t \frac{dt}{\varepsilon},$$

also $\arctan x = t/\varepsilon$, d. h., $x = \tan(t/\varepsilon)$.

Exakte Lösung: Man schließe wie in Beispiel 1. □

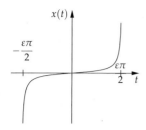

$$x(t)$$

$$-\frac{\varepsilon\pi}{2}$$

$$\frac{\varepsilon\pi}{2} \quad t$$

Abb. 1.131

1.12.4.5 Die lineare Differentialgleichung und der Propagator

$$
\begin{aligned}
x' &= A(t)x + B(t),\\
x(0) &= x_0 \quad \text{(Anfangsbedingung)}.
\end{aligned}
\tag{1.251}
$$

Satz: Sind $A, B : J \to \mathbb{R}$ auf dem offenen Intervall J stetig, dann besitzt das Anfangswertproblem (1.251) auf J die eindeutige Lösung

$$
x(t) = P(t,t_0)x_0 + \int_{t_0}^{t} P(t,\tau)B(\tau)\mathrm{d}\tau
\tag{1.252}
$$

mit dem sogenannten Propagator

$$
P(t,\tau) := e^{\int_{\tau}^{t} A(s)\mathrm{d}s}.
$$

Für den Propagator gilt

$$
P_t(t,\tau) = A(t)P(t,\tau), \quad P(\tau,\tau) = 1,
\tag{1.253}
$$

und $P(t_3,t_1) = P(t_3,t_2)P(t_2,t_1)$, falls $t_1 < t_2 < t_3$.

Beweis: Differentiation von (1.252) ergibt

$$
x'(t) = P_t(t,t_0)x_0 + \int_{t_0}^{t} P_t(t,\tau)B(\tau)\mathrm{d}\tau + P(t,t)B(t).
$$

Beachtung von (1.253) liefert

$$
x'(t) = A(t)x(t) + B(t).
$$

Die Eindeutigkeit folgt aus dem globalen Eindeutigkeitssatz in 1.12.4.2. □

Die fundamentale Bedeutung des Propagators für allgemeine physikalische Prozesse wird in 1.12.6.1. erläutert

Auf die Lösungsformel (1.252) wird man geführt, wenn man die Methode der Variation der Konstanten benutzt, die Lagrange (1736–1813) für die Behandlung von Problemen der Himmelsmechanik ersonnen hat.

Variation der Konstanten: 1. Schritt: Lösung des homogenen Problems. Setzen wir $B \equiv 0$, dann erhalten wir aus (1.251) durch Trennung der Variablen den Ausdruck

$$
\int_{x_0}^{x} \frac{\mathrm{d}x}{x} = \int_{t_0}^{t} A(s)\mathrm{d}s.
$$

Für $x_0 > 0$ ergibt das $\ln \dfrac{x}{x_0} = \displaystyle\int_{t_0}^t A(s)\mathrm{d}s$, also

$$x = C\,\mathrm{e}^{\int_{t_0}^t A(s)\mathrm{d}s} \tag{1.254}$$

mit der Konstanten $C = x_0$.

2. Schritt: *Lösung des inhomogenen Problems.* Die Idee von Lagrange bestand darin, dass das Einschalten der Störung B dazu führt, dass sich die Konstante $C = C(t)$ zeitlich verändert. Wir gehen deshalb von dem Ansatz (1.254) mit $C = C(t)$ aus. Differentiation von (1.254) liefert

$$x' = C'\,\mathrm{e}^{\int_{t_0}^t A(s)\mathrm{d}s} + Ax.$$

Durch Vergleich mit der vorgelegten Differentialgleichung $x' = Ax + B$ erhalten wir die Differentialgleichung

$$C'(t) = \mathrm{e}^{-\int_{t_0}^t A(s)\mathrm{d}s}\, B(t)$$

mit der Lösung

$$C(t) = x_0 + \int_{t_0}^t \mathrm{e}^{-\int_{t_0}^\tau A(s)\mathrm{d}s}\, B(\tau)\mathrm{d}\tau.$$

Das ergibt (1.252).

Anwendung des Superpositionsprinzips: *Beispiel 3:* Man errät leicht, dass die Differentialgleichung

$$x' = x - 1. \tag{1.255}$$

die spezielle Lösung $x = 1$ besitzt. Die homogene Gleichung $x' = x$ hat nach (1.248) die allgemeine Lösung $x = \text{const} \cdot \mathrm{e}^t$. Deshalb besitzt die Differentialgleichung (1.255) nach dem Superpositionsprinzip in 1.12.3.2. die allgemeine Lösung

$$x = \text{const} \cdot \mathrm{e}^t + 1.$$

1.12.4.6 Die Bernoullische Differentialgleichung

$$\boxed{x' = A(t)x + B(t)x^\alpha, \quad \alpha \neq 1.}$$

Durch die Substitution $y = x^{1-\alpha}$. erhält man daraus die lineare Differentialgleichung

$$y' = (1 - \alpha)Ay + (1 - \alpha)B.$$

Diese Differentialgleichung wurde von Jakob Bernoulli (1654–1705) studiert.

1.12.4.7 Die Riccatische Differentialgleichung und Steuerungsprobleme

$$\boxed{x' = A(t)x + B(t)x^2 + C(t).} \tag{1.256}$$

Kennt man eine spezielle Lösung x_*, dann ergibt sich durch die Substitution $x = x_* + \dfrac{1}{y}$ die lineare Differentialgleichung

$$-y' = (A + 2x_* B)y + B. \tag{1.257}$$

▶ BEISPIEL: Die inhomogene logistische Gleichung

$$x' = x - x^2 + 2$$

besitzt die spezielle Lösung $x = 2$. Die zugehörige Differentialgleichung (1.257) lautet $y' = 3y + 1$ und hat die allgemeine Lösung $y = \dfrac{1}{3}(Ke^{3t} - 1)$. Daraus ergibt sich die allgemeine Lösung

$$x = 2 + \frac{3}{Ce^{3t} - 1}, \quad t \in \mathbb{R},$$

von (1.256) mit der Konstanten K.

Das Doppelverhältnis: Kennt man drei Lösungen x_1, x_2 und x_3 von (1.256), dann erhält man die allgemeine Lösung $x = x(t)$ von (1.256) aus der Bedingung, dass das *Doppelverhältnis* dieser vier Funktionen konstant ist:

$$\boxed{\frac{x(t) - x_2(t)}{x(t) - x_1(t)} : \frac{x_3(t) - x_2(t)}{x_3(t) - x_1(t)} = \text{const.}}$$

Diese von Riccati (1676 -1754) untersuchte Gleichung spielt heute eine zentrale Rolle in der linearen Steuerungstheorie mit quadratischer Kostenfunktion (vgl. 5.3.2.).

1.12.4.8 Die in der Orts- und Zeitvariablen homogene Differentialgleichung

$$\boxed{x' = F(x,t).}$$

Gilt $F(\lambda x, \lambda t) = F(x,t)$ für alle $\lambda \in \mathbb{R}$, dann ist $F(x,t) = f\left(\dfrac{x}{t}\right)$, Die Substitution

$$y = \frac{x}{t}$$

ergibt dann die Differentialgleichung

$$\frac{dy}{dt} = \frac{f(y) - y}{t},$$

die durch Trennung der Variablen gelöst werden kann.

▶ BEISPIEL: Die Differentialgleichung

$$x' = \frac{x}{t} \tag{1.258}$$

geht durch die Substitution $y = x/t$ in $y' = 0$ über mit der Lösung $y = \text{const.}$ Deshalb ist,

$$x = \text{const} \cdot t$$

die allgemeine Lösung von (1.258).

1.12.4.9 Die exakte Differentialgleichung

$$\frac{dx}{dt} = \frac{f(x,t)}{g(x,t)},$$
$$x(t_0) = x_0 \quad \text{(Anfangsbedingung)}.$$

(1.259)

Es sei $g(x_0, t_0) \neq 0$.

Definition: Die Differentialgleichung (1.259) heißt genau dann exakt, wenn die Funktionen f und g in einer Umgebung U von (t_0, x_0) vom Typ C^1 sind und auf U der Integrabilitätsbedingung

$$f_x(x,t) = -g_t(x,t)$$

(1.260)

genügen.

Satz: Im Fall der Exaktheit ist (1.259) lokal eindeutig lösbar. Die Lösung erhält man aus der Gleichung.

$$\int_{x_0}^{x} g(\xi, t_0) d\xi = \int_{t_0}^{t} f(x_0, \tau) d\tau$$

(1.261)

durch Auflösen nach x.

Das ist eine Verallgemeinerung der Methode der Trennung der Variablen (vgl. 1.12.4.4).

Totales Differential: Die Lösungsformel (1.261) ist äquivalent zum folgenden Vorgehen.

(i) Man schreibt die Differentialgleichung (1.259) in der Form

$$g dx - f dt = 0.$$

(ii) Man bestimmt eine Funktion F als Lösung der Gleichung

$$dF = g dx - f dt.$$

Die Lösbarkeitsbedingung $d(dF) = 0$ ist wegen $d(dF) = (g_t + f_x) dt \wedge dx$ und (1.260) erfüllt.

(iii) Man löst die Gleichung

$$F(x,t) = F(x_0, t_0)$$

nach x auf und erhält die Lösung $x = x(t)$ von (1.259). Explizit gilt

$$F(x,t) = \int_{x_0}^{x} g(\xi, t_0) d\xi - \int_{t_0}^{t} f(x_0, \tau) d\tau + \text{const}.$$

Daraus folgt (1.261).

In einfachen Fällen benutzt man nicht die Formel (1.261), sondern man errät rasch die Funktion F, wie das folgende Beispiel demonstriert.

▶ BEISPIEL: Die Gleichung

$$\frac{dx}{dt} = -\frac{3x^2 t^2 + x}{2xt^3 + t}$$

(1.262)

schreiben wir in der Form

$$(2xt^3 + t)dx + (3x^2t^2 + x)dt = 0.$$

Man errät leicht, dass die Gleichung

$$dF = F_x dx + F_t dt = (2xt^3 + t)dx + (3x^2t^2 + x)dt$$

die Lösung $F(x,t) = x^2t^3 + xt$ besitzt. Die Gleichung $F(x,t) = $ const., d. h.

$$\boxed{x^2t^3 + xt = \text{const.}}$$

beschreibt eine Kurvenschar, die die allgemeine Lösung von (1.262) darstellt.

1.12.4.10 Der Eulersche Multiplikator

Ist die Differentialgleichung (1.261) nicht exakt, dann kann man versuchen, durch Erweiterung mit $M(x,y)$ zu einer neuen Differentialgleichung

$$\boxed{\dfrac{dx}{dt} = \dfrac{M(x,t)f(x,t)}{M(x,t)g(x,t)}}$$

überzugehen, die exakt ist. Leistet der Faktor M das, dann heißt er ein Eulerscher Multiplikator.

▶ BEISPIEL: Erweitern wir die Gleichung

$$\boxed{\dfrac{dx}{dt} = -\dfrac{3x^4t^3 + x^3t}{2x^3t^4 + t^2x^2}}$$

mit $M = 1/x^2t$, dann erhalten wir die exakte Differentialgleichung (1.262).

1.12.4.11 Differentialgleichungen höherer Ordnung

Typ 1 (Energietrick):

$$\boxed{x'' = f(x).} \tag{1.263}$$

Es sei $F(x) = \int f\,dx$, d. h., F ist eine Stammfunktion zu f. Die Gleichung (1.263) ist für nichtkonstante Lösungen äquivalent zu der sogenannten Energieerhaltungsgleichung

$$\boxed{\dfrac{x'^2}{2} - F(x) = \text{const.}} \tag{1.264}$$

Denn Differentiation ergibt

$$\boxed{\dfrac{d}{dt}\left(\dfrac{x'^2}{2} - F(x)\right) = \left(x'' - f(x)\right)x'.}$$

Folglich ist jede Lösung von (1.263) auch eine Lösung von (1.264). Die Umkehrung gilt für nichtkonstante Lösungen.

Eine Anwendung auf die Bestimmung der kosmischen Grenzgeschwindigkeit für die Erde wird in 1.12.5.1. betrachtet.

Typ 2:

$$x'' = f(x', t), \quad x(t_0) = x_0, \quad x'(t_0) = v.$$ (1.265)

Durch die Substitution $y = x'$ erhält man die Gleichung erster Ordnung

$$y' = f(y, t), \quad y(t_0) = v,$$

aus deren Lösung $y = y(t)$ sich die Lösung

$$x(t) = x_0 + \int_{t_0}^{t} y(\tau) d\tau$$

von (1.265) ergibt.

Typ 3 (Trick der inversen Funktion):

$$x'' = f(x, x'), \quad x(t_0) = x_0, \quad x'(t_0) = v.$$ (1.266)

Wir benutzen den formalen Leibnizschen Kalkül und setzen

$$p := \frac{dx}{dt}.$$

Aus (1.266) folgt dann

$$\frac{dp}{dt} = f(x, p).$$

Die Kettenregel $\dfrac{dp}{dx} = \dfrac{dp}{dt}\dfrac{dt}{dx} = \dfrac{dp}{dt}\dfrac{1}{p}$ ergibt

$$\frac{dp}{dx} = \frac{f(x, p)}{p}, \quad p(x_0) = v.$$

Aus der Lösung $p = p(x)$ dieser Gleichung erhalten wir wegen $\dfrac{dt}{dx} = \dfrac{1}{p}$ die Funktion

$$t(x) = t_0 + \int_{x_0}^{x} \frac{d\xi}{p(\xi)}.$$

Die Umkehrung von $t = t(x)$ ergibt die gesuchte Lösung $x = x(t)$ von (1.266).

Diese formale Überlegung lässt sich streng rechtfertigen.

Typ 4 (Variation der Konstanten):

$$a(t)x'' + b(t)x' + c(t)x = d(t).$$

Kennt man eine spezielle Lösung x_* der homogenen Gleichung mit $d \equiv 0$, dann liefert der Ansatz

$$x(t) = C(t)x_*(t)$$

die lineare Differentialgleichung erster Ordnung

$$ax_* y' + (2ax'_* + bx_*)y = d$$

mit $C = y'$, also $C = \int y \mathrm{d}t.$

Typ 5 (Euler-Lagrangesche Gleichung):

$$\frac{\mathrm{d}}{\mathrm{d}t}L_{x'} - L_x = 0.$$

Dabei ist $L = L(x, x', t)$. Alle Differentialgleichungen, die sich aus Variationsproblemen ergeben, haben diese Gestalt. Spezielle Methoden zur Lösung dieser Gleichung findet man in 5.1.1.

1.12.4.12 Die geometrische Interpretation von Differentialgleichungen erster Ordnung

Gegeben sei die Differentialgleichung

$$x' = f(t, x)$$ (1.267)

Diese Gleichung ordnet jedem Punkt (t, x) eine Zahl $m := f(t, x)$ zu.

In jedem Punkt (t, x) tragen wir eine kleine Strecke durch diesen Punkt mit dem Anstieg m an. Dadurch entsteht ein Richtungsfeld (Abb. 1.132a). Die Lösungen von (1.267) sind genau die Kurven $x = x(t)$, die auf dieses Richtungsfeld passen, d. h., der Anstieg der Kurve im Punkt $(x(t), t)$ ist gleich $m = f(t, x(t))$ (Abb. 1.132b).

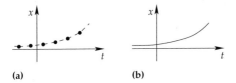

(a)   **(b)**   Abb. 1.132

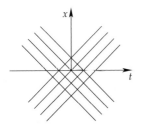

Abb. 1.133

Lösungsverzweigung (Bifurkation):   Im Falle einer impliziten Differentialgleichung

$$F(t, x, x') = 0$$ (1.268)

ist es möglich, dass es zu einem Punkt (t, x) mehrere Richtungselemente m gibt, die der Gleichung $F(t, x, m) = 0$ genügen. Durch solche Punkte können mehrere Lösungskurven gehen.

▶ BEISPIEL: Die Differentialgleichung

$$x'^2 = 1$$

besitzt die beiden Geradenscharen $x = \pm t + \text{const}$ als Lösungskurven (Abb. 1.133).

1.12.4.13 Einhüllende und singuläre Lösung

Satz: Besitzt eine Differentialgleichung (1.268) eine Lösungsschar mit einer Ein- hüllenden, dann ist auch die Einhüllende Lösung der Differentialgleichung und heißt *singuläre Lösung*.

Konstruktion: Falls eine singuläre Lösung von (1.268) existiert, dann erhält man sie, indem man das Gleichungssystem

$$F(t, x, C) = 0, \quad F_{x'}(t, x, C) = 0 \tag{1.269}$$

auflöst und die Konstante C eliminiert.[118]

▶ BEISPIEL: Die Clairautsche Differentialgleichung[119]

$$x = tx' - \frac{1}{2}x'^2 \tag{1.270}$$

besitzt die Geradenschar

$$x = tC - \frac{1}{2}C^2 \tag{1.271}$$

mit der Konstanten C als Lösungsschar. Ihre Einhüllende ergibt sich nach 3.7.1., indem man (1.271) nach C differenziert, also

$$0 = t - C$$

benutzt, um C in (1.271) zu eliminieren. Das ergibt

$$x = \frac{1}{2}t^2 \tag{1.272}$$

als singuläre Lösung von (1.270). Alle Lösungen von (1.270) erhält man aus der Parabel (1.272) und ihrer Tangentenschar (1.271) (Abb. 1.134).

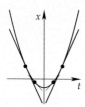

Abb. 1.134

Das gleiche Ergebnis liefert die Methode (1.269).

---

[118]Wir setzen dabei stillschweigend voraus, dass eine derartige (lokale) Auflösung nach dem Satz über implizite Funktionen möglich ist.
[119]Der französische Mathematiker, Physiker und Astronom Alexis Claude Clairaut (1713–1765) arbeitete in Paris.

1.12.4.14 Die Methode der Berührungstransformation von Legendre

Grundidee: Die Berührungstransformation von Legendre (1752–1833) wird benutzt, wenn die vorgelegte Differentialgleichung

$$f(t, x, x') = 0 \tag{1.273}$$

für die gesuchte Funktion $x = x(t)$ bezüglich der Ableitung x' kompliziert ist, aber bezüglich der gesuchten Funktion x eine einfache Struktur besitzt. Dann ist die transformierte Differentialgleichung

$$F(\tau, \xi, \xi') = 0 \tag{1.274}$$

für die gesuchte Funktion $\xi = \xi(\tau)$ einfach bezüglich der Ableitung ξ'. Die Ableitung x' wird bei der Legendretransformation zur abhängigen Variablen τ.

Definition: Die Legendretransformation $(t, x, x') \mapsto (\tau, \xi, \xi')$ lautet:

$$\tau = x', \quad \xi = tx' - x, \quad \xi' = t. \tag{1.275}$$

Dabei werden alle Größen als reelle Variable aufgefasst. Die Umkehrtransformation ist in symmetrischer Weise durch

$$t = \xi', \quad x = \tau\xi' - \xi, \quad x' = \tau. \tag{1.276}$$

gegeben. Zu (1.276) gehört in natürlicher Weise die Transformation der Funktion $f = f(t, x, x')$:

$$F(\tau, \xi, \xi') := f(\xi', \tau\xi' - \xi, \tau).$$

Die fundamentale Invarianzeigenschaft der Legendretransformation:

> Lösungen von Differentialgleichungen sind invariant unter Legendretransformationen.

Satz: (i) Ist $x = x(t)$ eine Lösung der Ausgangsdifferentialgleichung (1.273), dann ist die durch die Parameterdarstellung

$$\tau = x'(t), \quad \xi - tx'(t) - x(t)$$

gegebene Funktion $\xi = \xi(\tau)$ eine Lösung der transformierten Differentialgleichung (1.274).

(ii) Ist umgekehrt $\xi = \xi(\tau)$ eine Lösung der transformierten Differentialgleichung (1.274), dann ist die durch die Parameterdarstellung

$$t = \xi'(\tau), \quad x = \tau\xi'(\tau) - \xi(\tau) \tag{1.277}$$

gegebene Funktion $x = x(t)$ eine Lösung der Ausgangsdifferentialgleichung (1.273).

Anwendung auf die Clairautsche Differentialgleichung: Die Differentialgleichung

$$\boxed{x - tx' = g(x')}$$ (1.278)

geht durch die Legendretransformation (1.275) in die Gleichung

$$\boxed{-\xi = g(\tau)}$$

über. Diese Gleichung, die keine Ableitungen mehr enthält, lässt sich in trivialer Weise sofort lösen. Aus der Rücktransformation (1.277) erhalten wir die Parameterdarstellung

$$t = -g'(\tau), \quad x = -\tau g'(\tau) + g(\tau)$$

einer Lösung von (1.278). Daraus ergibt sich die Lösungsschar

$$\boxed{x = \tau t + g(\tau)}$$

von (1.278) mit dem Parameter τ. Das ist eine Geradenschar.

Anwendung auf die Lagrangesche Differentialgleichung:

$$\boxed{a(x')t + b(x')x + c(x') = 0.}$$ (1.279)

Die Legendretransformation (1.276) ergibt die lineare Differentialgleichung

$$\boxed{a(\tau)\xi' + b(\tau)(\tau\xi' - \xi) + c(\tau) = 0}$$

die sich leicht lösen lässt (vgl. 1.12.4.5.). Die Rücktransformation (1.277) liefert dann die Lösung $x = x(t)$ von (1.279).

Die geometrische Deutung der Legendretransformation:

> Die geometrische Grundidee besteht darin, eine Kurve C nicht als Gesamtheit ihrer Punkte, sondern als die Einhüllende ihrer Tangenten aufzufassen.

Die Gleichung dieser Tangentenschar ist dann die Gleichung der Kurve C in Tangentenkoordinaten (Abb. 1.135). Wir wollen diese Idee analytisch fassen.

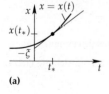

(a)

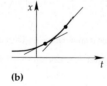

(b)   Abb. 1.135

Gegeben sei die Gleichung

$$\boxed{x = x(t)}$$

einer Kurve C in Punktkoordinaten (t, x). Die Gleichung der *Tangente* an diese Kurve im festen Kurvenpunkt $(t_*, x(t_*))$ lautet

$$x = \tau t - \xi \qquad (1.280)$$

mit dem Anstieg τ und dem Schnittpunkt $-\xi$ auf der x-Achse (Abb. 1.135a). Somit gilt:

$$\begin{aligned} \tau &= x'(t_*), \\ \xi &= t_* x'(t_*) - x(t_*). \end{aligned} \qquad (1.281)$$

Jede Tangente ist eindeutig durch die Tangentenkoordinaten (τ, ξ) charakterisiert. Die Gesamtheit aller Tangenten der Kurve C wird durch eine Gleichung

$$\xi = \xi(\tau) \qquad (1.282)$$

beschrieben.

(i) Die Gleichung (1.282) der Kurve C in Tangentenkoordinaten ergibt sich aus (1.281) durch Elimination des Parameters t_*.

(ii) Ist umgekehrt die Gleichung (1.282) von C in Tangentenkoordinaten gegeben, dann erhält man nach (1.281) die Tangentenschar von C in der Form

$$x = \tau t - \xi(\tau).$$

Die Einhüllende dieser Schar berechnet sich durch Elimination des Parameters r aus dem System

$$x = \tau t - \xi(\tau), \quad \xi'(\tau) - t = 0$$

(vgl. 3.7.1.). Das ergibt die Gleichung $x = x(t)$ von C.

Der Übergang von Punktkoordinaten zu Tangentenkoordinaten entspricht genau der Legendretransformation.

▶ BEISPIEL: Die Gleichung der Kurve $x = e^t$, $t \in \mathbb{R}$, lautet in Tangentenkoordinaten (Abb. 1.136):

$$\xi = \tau \ln \tau - \tau, \quad \tau > 0.$$

Entscheidend ist die folgende Tatsache:

> Die Legendretransformation überführt Richtungselemente (t, x, x') von Kurven wieder in Richtungselemente (τ, ξ, ξ') von Kurven (Abb. 1.136).

Deshalb bezeichnet man die Legendretransformation als eine Berührungstransformation (vgl. 1.13.1.11).

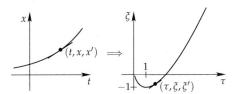

Abb. 1.136

Die folgende Überlegung stellt den analytischen Kern der Legendretransformation dar und lässt sich in universeller Weise auf beliebige Systeme gewöhnlicher und partieller Differentialgleichungen anwenden. Dabei zeigt sich die Eleganz und Flexibilität des Cartanschen Differentialkalküls.

Differentialformen und der Produkttrick von Legendre: Setzen wir $\tau = x'$, dann können wir die Ausgangsdifferentialgleichung

$$F(t, x, x') = 0 \tag{1.283}$$

in der äquivalenten Gestalt

$$\boxed{\begin{aligned} &F(t, x, \tau) = 0, \\ &\mathrm{d}x - \tau \mathrm{d}t = 0 \end{aligned}} \tag{1.284}$$

schreiben. Wir werden in (1.287) erläutern, dass die Form (1.284) aus rein geometrischen Gründen viel sachgemäßer ist als (1.283). Der Trick von Legendre besteht nun darin, die Produktregel für Differentiale zu benutzen:[120]

$$\boxed{\mathrm{d}(\tau t) = \tau \mathrm{d}t + t \mathrm{d}\tau.} \tag{1.285}$$

Damit entsteht aus (1.284) die neue Gleichung

$$\begin{aligned} &F(t, x, \tau) = 0, \\ &\mathrm{d}(\tau t - x) - t \mathrm{d}\tau = 0 \end{aligned} \tag{1.286}$$

Diese Gleichung wird besonders einfach, wenn wir

$$\boxed{\zeta := \tau t - x.}$$

als neue Variable einführen. Aus (1.286) folgt dann $\mathrm{d}\zeta - t\,\mathrm{d}\tau = 0$, also $\zeta' = t$. Wir erhalten somit

$$\tau = x', \quad \zeta = x't - x, \quad \zeta' = t.$$

Damit geht (1.286) in die Gleichung

$$\boxed{\begin{aligned} &F(\zeta', \tau t - \zeta, \tau) = 0, \\ &\mathrm{d}\zeta - t \mathrm{d}\tau = 0 \end{aligned}}$$

über, die gleichbedeutend ist mit der transformierten Gleichung

$$G(\tau, \zeta, \zeta') = 0.$$

Der Vorteil der Formulierung von Differentialgleichungen in der Sprache des Cartanschen Differentialkalküls:

▶ BEISPIEL 1: Die Differentialgleichung

$$\frac{\mathrm{d}x}{\mathrm{d}t} = \frac{x}{t} \tag{1.287}$$

ist schlecht formuliert, denn sie enthält den Ausnahmepunkt $t = 0$. Außerdem reflektiert (1.287) nicht vollständig die geometrische Situation, wonach ein radiales Richtungsfeld gegeben ist, wie in Abb. 1.137 dargestellt.

---

[120]Dieser wirkungsvolle allgemeine Trick ist auch die Basis der Legendretransformation in der Mechanik und in der Thermodynamik (vgl. 1.13.1.11.).

Abb. 1.137

Auf dieses Richtungsfeld passen die Kurven $x = \text{const} \cdot t$ und $t = 0$. Die Lösung $t = 0$ tritt jedoch in (1.287) nicht auf. Die geometrisch sachgemäße Formulierung besteht darin, dass wir die Lösung in der Parameterform

$$x = x(p), \quad t = t(p)$$

schreiben und anstelle von (1.287) die Gleichung

$$\frac{dx(p)}{dp}t(p) - x(p)\frac{dt(p)}{dp} = 0.$$

betrachten. Dafür kann man auch kurz

$$t\,dx - x\,dt = 0.$$

schreiben. Das entspricht dem Vorgehen in (1.284), wobei wir zweckmäßigerweise die Variable τ eliminiert haben.

Die volle Kraft entfaltet die Formulierung beliebiger Systeme partieller Differentialgleichungen in der Sprache der Differentialformen im Zusammenhang mit dem fundamentalen Existenzsatz von Cartan-Kähler (vgl. 1.13.5.4 im Handbuch).

Anwendung auf Differentialgleichungen zweiter Ordnung: In diesem Fall benutzt man die Legendretransformation

$$\boxed{\tau = x', \quad \xi = tx' - x, \quad \xi' = t, \quad \xi'' = \frac{1}{x''}}$$

mit der Umkehrtransformation

$$\boxed{t = \xi', \quad x = \tau\xi' - \xi, \quad x' = \tau, \quad x'' = \frac{1}{\xi''}.}$$

▶ Beispiel 2: Legendretransformation von

$$x''x' = 1 \tag{1.288}$$

ergibt

$$\xi'' = \tau$$

mit der allgemeinen Lösung

$$\xi = \frac{\tau^3}{6} + C\tau + D.$$

Wegen Parametergestalt $x = \tau\xi' - \xi$ und $t = \xi'$ erhalten wir daraus die Lösung von (1.288) in der Parametergestalt

$$x = \frac{\tau^3}{3} - D, \quad t = \frac{\tau^2}{2} + C$$

mit dem Parameter τ und den Konstanten C und D.

1.12.5 Anwendungen

1.12.5.1 Die kosmische Fluchtgeschwindigkeit für die Erde

Die radiale Bewegung $r = r(t)$ einer Rakete im Gravitationsfeld der Erde mit dem Radius R wird durch die Newtonsche Bewegungsgleichung

$$mr'' = -\frac{GMm}{r^2}, \quad r(0) = R, \quad r'(0) = v \qquad (1.289)$$

beschrieben (m Masse der Rakete, M Masse der Erde, G Gravitationskonstante). Der Energiesatz (1.264) liefert

$$r'^2 = \frac{2GM}{r} + \text{const.}$$

Die Berücksichtigung der Anfangsbedingung ergibt

$$r'^2 = \frac{2GM}{r} + \left(v^2 - \frac{2GM}{R}\right).$$

Wir wollen die Startgeschwindigkeit v der Rakete so bestimmen, dass die Rakete nicht zur Erde zurückkehrt, d. h., es ist $r'(t) > 0$ für alle Zeiten (Abb. 1.138). Der kleinste derartige Wert für v ergibt sich aus der Gleichung $v^2 - 2GM/R = 0$, also

$$v = \sqrt{\frac{2GM}{R}} = 11{,}2 \,\text{km/s}.$$

Das ist die gesuchte kosmische Fluchtgeschwindigkeit für die Erde. Dieser Startgeschwindigkeit v entspricht die Raketenbewegung

$$r(t) = \left(R^{3/2} + \frac{3}{2}\sqrt{2GM}\, t\right)^{2/3}.$$

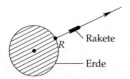

Abb. 1.138

1.12.5.2 Das Zweikörperproblem

Das Zweikörperproblem der Himmelsmechanik lässt sich durch Zurückführung auf ein Einkörperproblem für die Relativbewegung vollständig behandeln und ergibt die Keplerschen Gesetze.

Die Newtonsche Bewegungsgleichung: Wir untersuchen die Bewegung

$$\mathbf{x}_1 = \mathbf{x}_1(t) \quad \text{and} \quad \mathbf{x}_2 = \mathbf{x}_2(t)$$

von zwei Himmelskörpern mit den Massen m_1 und m_2 und der Gesamtmasse $m = m_1 + m_2$. Zum Beispiel ist m_1 die Masse der Sonne und m_2 die Masse eines Planeten (Abb. 1.139). Die Bewegungsgleichung lautet

$$\boxed{\begin{aligned} &m_1\mathbf{x}_1'' = \mathbf{K}, \quad m_2\mathbf{x}_2'' = -\mathbf{K}, \\ &\mathbf{x}_j(0) = \mathbf{x}_{j0}, \quad \mathbf{x}_j'(0) = \mathbf{v}_j, \quad j = 1,2 \quad \text{(Anfangsbedingung)} \end{aligned}} \tag{1.290}$$

mit der Newtonschen Gravitationskraft

$$\mathbf{K} = G\frac{m_1 m_2 (\mathbf{x}_2 - \mathbf{x}_1)}{\left| \mathbf{x}_2 - \mathbf{x}_1 \right|^3}$$

(G Gravitationskonstante.) Das Auftreten der Kräfte $\mathbf{K}$ und $-\mathbf{K}$ in (1.290) entspricht dem Newtonschen Gesetz *actio = reactio*.

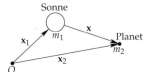

Abb. 1.139

Separation der Schwerpunktsbewegung: Für den Schwerpunkt

$$\mathbf{y} := \frac{1}{m}(m_1\mathbf{x}_1 + m_2\mathbf{x}_2)$$

dieses Systems und den Gesamtimpuls $\mathbf{P} = m\mathbf{y}'$ ergibt sich aus (1.290) die *Erhaltung des Gesamtimpulses*

$$\mathbf{P}' = 0,$$

also $m\mathbf{y}'' = 0$ mit der Lösung

$$\mathbf{y}(t) = \mathbf{y}(0) + t\mathbf{y}'(0).$$

Der Schwerpunkt bewegt sich somit geradlinig und mit konstanter Geschwindigkeit. Explizit gilt

$$\mathbf{y}(0) = \frac{1}{m}(m_1\mathbf{x}_{10} + m_2\mathbf{x}_{20}), \quad \mathbf{y}'(0) = \frac{1}{m}(m_1\mathbf{v}_1 + m_2\mathbf{v}_2).$$

Für die Relativbewegung bezüglich des Schwerpunkts

$$\mathbf{y}_j := \mathbf{x}_j - \mathbf{y}$$

erhalten wir die Bewegungsgleichungen

$$m_1\mathbf{y}_1'' = \mathbf{K}, \quad m_2\mathbf{y}_2'' = -\mathbf{K}, \quad m_1\mathbf{y}_1 + m_2\mathbf{y}_2 = 0.$$

Im Fall des Systems Sonne-Planet liegt der Schwerpunkt $\mathbf{y}$ in der Sonne.

Die Relativbewegung der beiden Himmelskörper zueinander: Für

$$\mathbf{x} := \mathbf{x}_2 - \mathbf{x}_1$$

ergibt sich wegen $\mathbf{x} = \mathbf{y}_2 - \mathbf{y}_1$ die Bewegungsgleichung

$$m_2\mathbf{x}'' = -\frac{Gmm_2\mathbf{x}}{|\mathbf{x}|^3},$$
$$\mathbf{x}(0) = \mathbf{x}_{20} - \mathbf{x}_{10}, \quad \mathbf{x}'(0) = \mathbf{v}_2 - \mathbf{v}_1. \tag{1.291}$$

Das ist ein Einkörperproblem für einen Körpers mit der Masse m_2 im Gravitationsfeld eines Körpers mit der Masse m.

Kennt man die Lösung von (1.291), dann erhält man die Lösung des Ausgangsproblems (1.290) durch

$$\mathbf{x}_1(t) = \mathbf{y}(t) - \frac{m_2}{m}\mathbf{x}(t), \quad \mathbf{x}_2(t) = \mathbf{y}(t) + \frac{m_1}{m}\mathbf{x}(t).$$

Erhaltungsgesetze: Aus (1.291) folgt die *Erhaltung der Energie und des Drehimpulses*

$$\frac{m_2}{2}\mathbf{x}'(t)^2 + U(\mathbf{x}(t)) = \text{const} = E, \tag{1.292}$$

$$m_2\mathbf{x}(t) \times \mathbf{x}'(t) = \text{const} = \mathbf{N} \tag{1.293}$$

mit

$$U(\mathbf{x}) = -\frac{Gmm_2}{|\mathbf{x}|}, \quad E = \frac{m_2}{2}\mathbf{x}'(0)^2 + U(\mathbf{x}(0)), \quad \mathbf{N} = m_2\mathbf{x}(0) \times \mathbf{x}'(0)$$

(vgl. 1.9.6). Wir wählen solche Anfangsbedingungen, dass $\mathbf{N} \neq 0$ gilt.

Ebene Bewegung: Aus der Drehimpulserhaltung (1.293) folgt $\mathbf{x}(t)\mathbf{N} = 0$ für alle Zeiten t. Deshalb verläuft die Bewegung in einer Ebene senkrecht zu dem Vektor $\mathbf{N}$. Wir wählen ein kartesisches (x, y, z)-Koordinatensystem mit der z-Achse in Richtung des Vektors $\mathbf{N}$. Dann liegt $\mathbf{x}(t)$ in der (x, y)-Ebene, d. h., es gilt

$$\mathbf{x}(t) = x(t)\mathbf{i} + y(t)\mathbf{j}.$$

Polarkoordinaten   (Abb. 1.140): Wir wählen Polarkoordinaten

$$x = r\cos\varphi, \quad y = r\sin\varphi$$

und führen die Einheitsvektoren

$$\mathbf{e}_r := \cos\varphi\mathbf{i} + \sin\varphi\mathbf{j}, \quad \mathbf{e}_\varphi := -\sin\varphi\mathbf{i} + \cos\varphi\mathbf{j}.$$

ein. Die Bewegung wird dann durch $\varphi = \varphi(t), r = r(t)$ beschrieben. Wir wählen außerdem die x-Achse so, dass $\varphi(0) = 0$ gilt.

Abb. 1.140

Differentiation von $\mathbf{e}_r$ bezüglich der Zeit t ergibt

$$\mathbf{e}_r' = (-\sin\varphi\mathbf{i} + \cos\varphi\mathbf{j})\varphi' = \varphi'\mathbf{e}_\varphi.$$

Aus der Bahnbewegung

$$\mathbf{x}(t) = r(t)\mathbf{e}_r(t)$$

folgt $\mathbf{x}' = r'\mathbf{e}_r + r\varphi'\mathbf{e}_\varphi$. Wegen $\mathbf{e}_r\mathbf{e}_\varphi = 0$ gilt $\mathbf{x}'^2 = (r')^2 + (r')^2(\varphi')^2$. Deshalb erhalten wir aus (1.292) das System

$$m_2\left(r'^2 + r^2\varphi'^2 - \frac{2Gm}{r}\right) = 2E,$$
$$m_2 r^2\varphi' = |\mathbf{N}|.$$

(1.294)

Satz: Die Lösung von (1.294) lautet

$$r = \frac{p}{1 + \varepsilon\cos\varphi}.$$

(1.295)

Der zeitliche Ablauf der Bewegung wird durch

$$t = \frac{m_2}{|\mathbf{N}|}\int_0^\varphi r(\varphi)^2\,\mathrm{d}\varphi,$$

(1.296)

beschrieben mit den Konstanten

$$p := \mathbf{N}^2/\alpha m_2, \quad \varepsilon := \sqrt{1 + 2E\mathbf{N}^2/m_2\alpha^2}, \quad \alpha := Gmm_2.$$

(1.297)

Beweis: Man bestätigt das durch Differentiation.[121]   □
Wir diskutieren den Fall $0 \le \varepsilon < 1$.

Erstes Keplersches Gesetz: Die Planeten bewegen sich auf Ellipsen, wobei die Sonne in einem Brennpunkt steht (Abb. 1.141).

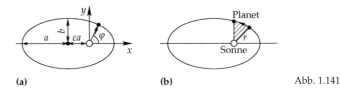

(a)   **(b)**   Abb. 1.141

Beweis: In kartesischen Koordinaten x, y geht die Gleichung (1.295) für die Bahnkurve in

$$\frac{(x + \varepsilon a)^2}{a^2} + \frac{y^2}{b^2} = 1$$

---

[121] Auf die Formel (1.295) wird man geführt, indem man

$$\frac{\mathrm{d}\varphi}{\mathrm{d}r} = \frac{\varphi'(t)}{r'(t)} = F(r)$$

benutzt und diese Differentialgleichung durch Trennung der Variablen integriert. Die Funktion $F(r)$ folgt aus der ersten Gleichung in (1.294). Ferner ergibt sich (1.296) aus der zweiten Gleichung in (1.294). In 1.13.1.5. werden wir die elegante Methode von Jacobi zur Berechnung der Lösung benutzen.

über. Dabei gilt $a := p/(1 - \varepsilon^2)$ und $b := p/\sqrt{1 - \varepsilon^2}$. Die Sonne steht im Brennpunkt $(0,0)$ der Ellipse. □

Zweites Keplersches Gesetz: Der von der Sonne ausgehende Leitstrahl überstreicht in gleichen Zeiten gleiche Flächen der Bahnellipse.

Beweis: Im Zeitintervall $[s, t]$ wird die Fläche

$$\frac{1}{2} \int_s^t r^2 \varphi' \mathrm{d}t = \frac{(t-s)|\mathbf{N}|}{2m_2} \tag{1.298}$$

überstrichen. □

Drittes Keplersches Gesetz: Das Verhältnis aus dem Quadrat der Umlaufzeit T und der dritten Potenz der großen Halbachse a ist für jeden Planeten konstant.

Beweis: Der Flächeninhalt der Bahnellipse ist gleich πab. Aus (1.298) mit $t = T$ und $s = 0$ erhalten wir

$$\frac{1}{2} \pi ab = \frac{T|\mathbf{N}|}{2m_2}.$$

Wegen $a = p/(1 - \varepsilon^2)$ und (1.297) erhalten wir daraus

$$\frac{T^2}{a^3} = \frac{4\pi^2}{G(m_1 + m_2)}. \tag{1.299}$$

Da die Sonnenmasse m_1 sehr groß gegenüber der Planetenmasse m_2 ist, können wir m_2 in (1.299) in erster Näherung vernachlässigen. □

Unsere Betrachtung zeigt, dass das dritte Keplersche Gesetz nur näherungsweise gilt. Kepler (1571–1630) erhielt seine Gesetze durch das Studium von umfangreichen Daten, die aus Planetenbeobachtungen resultierten. Seine empirisch gewonnenen Gesetze und die später von Newton (1643–1727) gefundene mathematische Begründung stellen eine Glanztat der Mathematik und Physik dar.

1.12.6 Lineare Differentialgleichungssysteme und der Propagator

Für lineare Differentialgleichungssysteme mit variablen stetigen Koeffizienten existiert eine perfekte Lösungstheorie. Im Fall konstanter Koeffizienten stellt die Laplacetransformation eine universelle Lösungsmethode bereit (vgl. 1.11.1.2.).

1.12.6.1 Lineare Systeme erster Ordnung

$$\boxed{\begin{aligned} x' &= A(t)x + B(t), \quad t \in J, \\ x(t_0) &= a \quad \text{(Anfangsbedingung).} \end{aligned}} \tag{1.300}$$

Dabei ist $x = (x_1, \ldots, x_n)^\mathsf{T}$ eine Spaltenmatrix mit komplexen Zahlen x_j. Ferner ist $A(t)$ eine komplexe $(n \times n)$-Matrix, und $B(t)$ ist eine komplexe n-Spaltenmatrix. Mit J bezeichnen wir ein offenes Intervall in $\mathbb{R}$ mit $t_0 \in J$ (z. B. $J = \mathbb{R}$). In Komponentenschreibweise lautet (1.300):

$$x_j' = \sum_{k=1}^n a_{jk}(t)x_k + b_j(t), \quad j = 1, \ldots, n.$$

Existenz- und Eindeutigkeitssatz: Sind die Komponenten von A und B stetige Funktionen auf J, dann besitzt das Anfangswertproblem für jedes $a \in \mathbb{C}^n$ genau eine Lösung $x = x(t)$ auf J.

Sind A, B und a reell, dann ist die Lösung auch reell.

Propagator: Die Lösung besitzt die übersichtliche Darstellung

$$x(t) = P(t, t_0)a + \int_{t_0}^{t} P(t, \tau)B(\tau)\mathrm{d}t \tag{1.301}$$

mit dem sogenannten Propagator P.

Konstante Koeffizienten: Ist $A(t) = \text{const}$, dann gilt[122]

$$P(t, \tau) = e^{(t-\tau)A}.$$

Die fundamentale Formel von Dyson: Im allgemeinen Fall besitzt der Propagator die konvergente Reihendarstellung

$$P(t, \tau) := I + \sum_{k=1}^{\infty} \int_{\tau}^{t} \int_{\tau}^{t_1} \cdots \int_{\tau}^{t_{k-1}} A(t_1)A(t_2)\ldots A(t_k)\mathrm{d}t_k \ldots \mathrm{d}t_2\mathrm{d}t_1.$$

Führt man den Zeitordnungsoperator $\mathcal{T}$ ein, d. h.

$$\mathcal{T}(A(t)A(s)) := \begin{cases} A(t)A(s) & \text{für} \quad t \geq s, \\ A(s)A(t) & \text{für} \quad s \geq t, \end{cases}$$

dann gilt

$$P(t, \tau) := I + \sum_{k=1}^{\infty} \frac{1}{k!} \int_{\tau}^{t} \int_{\tau}^{t} \cdots \int_{\tau}^{t} \mathcal{T}(A(t_1)A(t_2)\ldots A(t_k))\,\mathrm{d}t_k \ldots \mathrm{d}t_2\mathrm{d}t_1.$$

Dafür schreibt man kurz und elegant:

$$P(t, \tau) = \mathcal{T}\left(\exp \int_{\tau}^{t} A(s)\mathrm{d}s\right).$$

Diese Formel von Dyson lässt sich auf Operatorgleichungen in Banachräumen übertragen. Sie spielt die Schlüsselrolle bei der Konstruktion der S-Matrix (Streumatrix) in der Quantenfeldtheorie. Die S-Matrix enthält alle Informationen über Streuprozesse von Elementarteilchen, die in modernen Teilchenbeschleunigern ablaufen.

Kommentar: Ist $B(0) \equiv 0$, dann beschreibt der Propagator die Lösung $x(t) = P(t, t_0)a$ der homogenen Gleichung. Die Formel (1.301) zeigt, dass gilt:

Der Propagator des homogenen Problems erlaubt die Konstruktion der Lösung des inhomogenen Problems durch Superposition.

Das ist ein fundamentales physikalisches Prinzip, das weit über den Rahmen des speziellen Problems (1.300) hinausgeht und sich deshalb zum Beispiel auf partielle Differentialgleichungen und allgemeine Operatorgleichungen in unendlichdimensionalen Räumen übertragen lässt.

---

[122]Die Reihe

$$e^{(t-\tau)A} = I + (t-\tau)A + \frac{(t-\tau)^2}{2}A^2 + \frac{(t-\tau)^3}{3!}A^3 + \cdots$$

konvergiert für alle $t, \tau \in \mathbb{R}$ komponentenweise.

Die Propagatorgleichung: Für beliebige Zeiten t und $t_1 \leq t_2 \leq t_3$ gilt:

$$P(t_1, t_3) = P(t_1, t_2) P(t_2, t_3)$$

mit $P(t, t) = I$.

Die folgenden klassischen Betrachtungen sind an die spezielle Struktur von (1.300) gebunden und lassen sich im Unterschied zu den vorangegangenen Überlegungen nicht verallgemeinern.

Fundamentallösung: Wir betrachten eine $(n \times n)$-Matrix

$$X(t) := (X_1(t), \ldots, X_n(t))$$

mit den Spaltenmatrizen X_j, wobei gilt:

(i) Jede Spalte X_j ist eine Lösung der homogenen Differentialgleichung $X_j' = A X_j$.

(ii) $\det X(t_0) \neq 0$.[123]

Dann heißt $X = X(t)$ eine Fundamentallösung von $x' = A(t)x$.

Satz: Für eine Fundamentallösung gilt:

(i) Die allgemeine Lösung von $x' = A(t)x$ besitzt die Gestalt

$$x(t) = \sum_{j=1}^{n} C_j X_j(t) \tag{1.302}$$

mit beliebigen Konstanten $C_1, \ldots, C_n$.

(ii) Der Propagator besitzt die Gestalt[124]

$$P(t, \tau) = X(t) X(\tau)^{-1}.$$

▶ BEISPIEL: Das System

$$\begin{aligned} x_1' &= x_2 + b_1(t), \quad x_2' = -x_1 + b_2(t), \\ x_1(t_0) &= a_1, \quad x_2(t_0) = a_2 \end{aligned} \tag{1.303}$$

lautet in Matrizenschreibweise

$$\begin{pmatrix} x_1' \\ x_2' \end{pmatrix} = \begin{pmatrix} 0 & 1 \\ -1 & 0 \end{pmatrix} \begin{pmatrix} x_1 \\ x_2 \end{pmatrix} + \begin{pmatrix} b_1 \\ b_2 \end{pmatrix},$$

oder kurz $x' = Ax' + b$. Man erkennt sofort, dass $x_1 = \cos(t - t_0)$, $x_2 = -\sin(t - t_0)$ und $x_1 = \sin(t - t_0)$, $x_2 = \cos(t - t_0)$ Lösungen von (1.303) mit $b_1 \equiv 0$ und $b_2 \equiv 0$ sind. Diese Lösungen bilden die Spalten der Fundamentallösung

$$X(t) = \begin{pmatrix} \cos(t - t_0) & \sin(t - t_0) \\ -\sin(t - t_0) & \cos(t - t_0) \end{pmatrix}.$$

---

[123]Man bezeichnet $\det X(t)$ als Wronskideterminante. Aus (ii) folgt $\det X(t) \neq 0$ für alle t.
[124]Die Lösungsformel (1.301) erhält man durch den Ansatz

$$x(t) = \sum_{j=1}^{n} C_j X_j(t).$$

Das ist die Methode der Variation der Konstanten von Lagrange (vgl. 1.12.4.5.).

Wegen $X(t_0) = I$ (Einheitsmatrix) erhalten wir daraus den Propagator

$$P(t, t_0) = X(t).$$

Das inhomogene Problem (1.303) besitzt die Lösung

$$x(t) = P(t, t_0)a + \int_{t_0}^{t} P(t, \tau)b(\tau)\mathrm{d}\tau.$$

Für $t_0 = 0$ entspricht das der expliziten Lösungsformel:

$$x_1(t) = a_1 \cos t + a_2 \sin t + \int_0^t (b_1(\tau)\cos(t - \tau) + b_2(\tau)\sin(t - \tau))\,\mathrm{d}\tau,$$

$$x_2(t) = -a_1 \sin t + a_2 \cos t + \int_0^t (-b_1(\tau)\sin(t - \tau) + b_2(\tau)\cos(t - \tau))\,\mathrm{d}\tau.$$

Das gleiche Ergebnis würde man mit Hilfe der Laplacetransformation erhalten.

Die Propagatorformel

$$P(t, \tau) = P(t, s)P(s, \tau)$$

ist äquivalent zu den Additionstheoremen für die Sinus- und Kosinusfunktion. Da (1.303) der Bewegung eines harmonischen Oszillators entspricht (vgl. 1.12.6.2.), ergibt sich für die Additionstheoreme eine unmittelbare physikalische Interpretation.

1.12.6.2 Lineare Differentialgleichungen beliebiger Ordnung

$$y^{(n)} + a_{n-1}(t)y^{(n-1)}(t) + \ldots + a_0(t)y = f(t),$$
$$y(t_0) = \alpha_0, \quad y'(t_0) = \alpha_1, \ldots, y^{(n-1)}(t_0) = \alpha_{n-1}.$$

Dieses Problem lässt sich durch Einführung der neuen Variablen $x_1 = y$, $x_2 = y', \ldots, x_n = y^{(n-1)}$ auf ein lineares System erster Ordnung der Gestalt (1.300) zurückführen. In analoger Weise verfährt man bei linearen Systemen beliebiger Ordnung.

▶ Beispiel: Die Gleichung des harmonischen Oszillators

$$y'' + y = f(t),$$
$$y(t_0) = a_1, \quad y'(t_0) = a_2,$$

geht durch $x_1 = y$, $x_2 = y'$ in (1.303) über mit $b_1 = 0$ und $b_2 = f$.

1.12.7 Stabilität

$$x' = Ax + b(x, t),$$
$$x(0) = a \quad \text{(Anfangsbedingung)}.$$

$$(1.304)$$

Dabei sei $x = (x_1, \ldots, x_n)^\mathsf{T}$, A sei eine reelle, zeitunabhängige $(n \times n)$-Matrix, und die Komponenten von $b = (b_1, \ldots, b_n)^\mathsf{T}$ seien reelle C^1-Funktionen für alle x in einer Umgebung des Nullpunktes und für alle Zeiten $t \geq 0$. Ferner sei

$$b(0, t) \equiv 0.$$

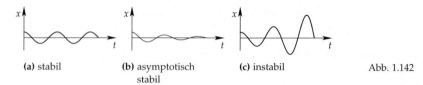

(a) stabil   **(b)** asymptotisch   **(c)** instabil   Abb. 1.142
                        stabil

Deshalb ist $x(t) \equiv 0$ eine Lösung von (1.304), die einem Gleichgewichtszustand des Systems entspricht. Wir sprechen kurz von dem Gleichgewichtspunkt $x = 0$.

Definition: (i) *Stabilität* (Abb. 1.142a): Der Gleichgewichtspunkt $x = 0$ ist genau dann stabil, wenn es zu jedem $\varepsilon > 0$ eine Zahl $\delta > 0$ gibt, so dass aus

$$|a| < \delta$$

die Existenz einer eindeutigen Lösung $x = x(t)$ von (1.304) folgt mit

$$|x(t)| < \varepsilon \quad \text{für alle Zeiten} \quad t \geq 0.$$

Dies bedeutet, dass hinreichend kleine Störungen der Gleichgewichtslage zur Zeit $t = 0$ für alle Zeiten $t \geq 0$ klein bleiben.

(ii) *Asymptotische Stabilität* (Abb. 1.142b): Der Gleichgewichtspunkt $x = 0$ ist genau dann asymptotisch stabil, wenn er stabil ist und es zusätzlich eine Zahl $\delta_* > 0$ gibt, so dass für jede Lösung mit $|x(0)| < \delta_*$ die Grenzwertbeziehung

$$\lim_{t \to \infty} x(t) = 0$$

gilt. Dies bedeutet, dass kleine Störungen der Gleichgewichtslage zur Zeit $t = 0$ dazu führen, dass das System nach hinreichend langer Zeit wieder in die Gleichgewichtslage zurückkehrt.

(iii) *Instabilität* (Abb. 1.142c): Der Gleichgewichtspunkt $x = 0$ heißt genau dann instabil, wenn er nicht stabil ist.

Der Stabilitätssatz von Ljapunow (1892):   Die Störung b des linearen Systems $x' = Ax$ mit konstanten Koeffizienten sei klein, d. h., es ist

$$\lim_{|x| \to 0} \left(\sup_{t \geq 0} \frac{|b(x,t)|}{|x|} \right) = 0. \tag{1.305}$$

Dann gilt:

(i) Der Gleichgewichtspunkt $x = 0$ ist *asymptotisch stabil*, wenn alle Eigenwerte $\lambda_j, \ldots, \lambda_m$ der Matrix A in der linken offenen Halbebene liegen, d. h., es ist $\operatorname{Re} \lambda_j < 0$ für alle j (Abb. 1.143a).

(ii) Der Gleichgewichtspunkt $x = 0$ ist *instabil*, wenn ein Eigenwert von A in der rechten komplexen Halbebene liegt, d. h., es ist $\operatorname{Re} \lambda_j > 0$ für ein j (Abb. 1.143b).

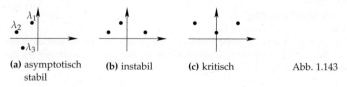

(a) asymptotisch   **(b)** instabil   **(c)** kritisch   Abb. 1.143
stabil

Liegt ein Eigenwert von A auf der imaginären Achse, dann muss man die Methode der Zentrumsmannigfaltigkeit anwenden (vgl. 13.6 im Handbuch).

Um das Stabilitätskriterium von Ljapunow effektiv auf komplizierte Probleme der Regelungstechnik anzuwenden, benötigt man ein Kriterium, um von der Gleichung $\det(A - \lambda I) = 0$ ohne *Berechnung der Lösung* zu entscheiden, ob alle Nullstellen in der linken offenen Halbebene liegen. Dieses im Jahre 1868 von Maxwell gestellte Problem wurde 1875 von dem englischen Physiker Routh und unabhängig davon 1895 von dem deutschen Mathematiker Hurwitz gelöst.

Das Kriterium von Routh-Hurwitz: Alle Nullstellen des Polynoms

$$a_n\lambda^n + a_{n-1}\lambda^{n-1} + \ldots + a_1\lambda + a_0 = 0$$

mit reellen Koeffizienten a_j und $a_n > 0$ liegen genau dann in der linken offenen Halbebene, wenn alle Determinanten

$$a_1, \quad \begin{vmatrix} a_1 & a_0 \\ a_3 & a_2 \end{vmatrix}, \quad \begin{vmatrix} a_1 & a_0 & 0 \\ a_3 & a_2 & a_1 \\ a_5 & a_4 & a_3 \end{vmatrix}, \ldots, \quad \begin{vmatrix} a_1 & a_0 & 0 & 0\ldots 0 \\ a_3 & a_2 & a_1 & 0\ldots 0 \\ & \cdots & & \ddots \\ a_{2n-1} & a_{2n-2} & a_{2n-3} & \ldots a_n \end{vmatrix}$$

(mit $a_m = 0$ für $m > n$) positiv sind.

Anwendung: Der Gleichgewichtspunkt $x = 0$ der Differentialgleichung

$$a_n x^{(n)} + a_{n-1}x^{(n-1)} + \ldots + a_1 x' + a_0 x = b(x, t)$$

mit $b(0, t) \equiv 0$ ist asymptotisch stabil, falls die Kleinheitsbedingung (1.305) und das Kriterium von Routh-Hurwitz erfüllt sind.

▶ BEISPIEL 1: Der Gleichgewichtspunkt $x = 0$ der Differentialgleichung

$$x'' + 2x' + x = x^n, \quad n = 1, 2, \ldots$$

ist asymptotisch stabil.

Beweis: Es gilt

$$a_1 = 2 > 0, \quad \begin{vmatrix} a_1 & a_0 \\ a_3 & a_2 \end{vmatrix} = \begin{vmatrix} 2 & 1 \\ 0 & 1 \end{vmatrix} = 2 > 0. \qquad \Box$$

Verallgemeinerung: Um die Stabilität einer beliebigen Lösung y_* der Differentialgleichung

$$y' = f(y, t)$$

zu untersuchen, macht man den Ansatz $y = y_* + x$. Das ergibt eine Differentialgleichung

$$x' = g(x, t)$$

mit dem Gleichgewichtspunkt $x = 0$. Dessen Stabilitätsverhalten ist definitionsgemäß gleich dem Stabilitätsverhalten von y_*.

▶ BEISPIEL 2: Die Lösung $y(t) \equiv 1$ der Differentialgleichung

$$y'' + 2y' + y - 1 - (y - 1)^n = 0, \quad n = 2, 3, \ldots$$

ist asymptotisch stabil.

Beweis: Setzen wir $y = x + 1$, dann genügt x der Differentialgleichung in Beispiel 1, und $x = 0$ ist asymptotisch stabil. $\qquad \Box$

1.12.8 Randwertaufgaben und die Greensche Funktion

Im folgenden wird die klassische Theorie dargestellt, die in ihrem Kern auf Sturm (1803–1855) und Liouville (1809–1882) zurückgeht und deren Verallgemeinerung auf partielle Differential-gleichungen eine wichtige Rolle bei der Entwicklung der Analysis des 20. Jahrhunderts gespielt hat.[125]

1.12.8.1 Das inhomogene Problem

$$-\left(p(x)y'\right)' + q(x)y = f(x), \quad a \leq x \leq b,$$
$$y(a) = y(b) = 0. \tag{1.306}$$

Die gegebenen reellen Funktionen p und q seien glatt auf dem kompakten Intervall $[a, b]$ mit $p(x) > 0$ auf $[a, b]$. Die gegebene reelle Funktion f sei stetig auf $[a, b]$. Gesucht wird die reelle Funktion $y = y(x)$.

Das Problem (1.306) heißt genau dann homogen, wenn $f(x) \equiv 0$.

Die Fredholmsche Alternative: (i) Besitzt das homogene Problem (1.306) nur die triviale Lösung $y \equiv 0$, dann hat das inhomogene Problem (1.306) für jedes f genau eine Lösung. Diese Lösung besitzt die Darstellung

$$y(x) = \int_a^b G(x, \xi) f(\xi) d\xi$$

mit der stetigen symmetrischen Greenschen Funktion G, d. h., es ist

$$G(x, \xi) = G(\xi, x) \quad \text{für alle} \quad x, \xi \in [a, b].$$

(ii) Besitzt das homogene Problem (1.306) eine nichttriviale Lösung y_*, dann hat das inhomogene Problem (1.306) genau dann eine Lösung, wenn die Lösbarkeitsbedingung

$$\int_a^b y_*(x) f(x) dx = 0$$

für die rechte Seite f erfüllt ist.

Eindeutigkeitsbedingungen: (a) Sind y und z nichttriviale Lösungen der Gleichung $-(py')' + qy = 0$, die sich nicht durch eine multiplikative Konstante unterscheiden, so liegt der Fall (i) genau dann vor, wenn $y(a)z(b) - y(b)z(a) \neq 0$ gilt.

(b) Die Bedingung $\max\limits_{a \leq x \leq b} q(x) \geq 0$ ist hinreichend für das Eintreten von Fall (i).

Konstruktion der Greenschen Funktion: Es liege Fall (i) vor. Wir wählen Funktionen y_1 und y_2 mit

$$-(py_j')' + qy_j = 0 \quad \text{auf} \quad [a, b], \quad j = 1, 2,$$

und den Anfangsbedingungen

$$y_1(a) = 0, \quad y_1'(a) = 1 \quad \text{sowie} \quad y_2(b) = 0, \quad y_2'(b) = \frac{1}{p(b)y_1(b)}.$$

---

[125]Den Zusammenhang mit der Integralgleichungstheorie und der Funktionalanalysis (Hilbert-Schmidt-Theorie) findet man in 10.3.9 und 11.3.3 im Handbuch. Die Theorie der singulären Randwertaufgaben von Hermann Weyl (1885–1955) und ihre moderne Weiterentwicklung, die eine Perle der Mathematik darstellt, wird in 11.8 im Handbuch dargestellt.

Dann gilt:

$$G(x,\xi) := \begin{cases} y_1(x)y_2(\xi) & \text{für} \quad a \le x \le \xi \le b, \\ y_2(x)y_1(\xi) & \text{für} \quad a \le \xi \le x \le b. \end{cases}$$

▶ BEISPIEL 1: Die Randwertaufgabe

$$-y'' = f(x) \quad \text{auf} \quad [0,1], \quad y(0) = y(1) = 0,$$

besitzt für jede stetige Funktion $f : [0,1] \to \mathbb{R}$ die eindeutige Lösung

$$y(x) = \int_0^1 G(x,\xi)f(\xi)d\xi$$

mit der Greenschen Funktion

$$G(x,\xi) = \begin{cases} x(1-\xi) & \text{für} \quad 0 \le x \le \xi \le 1, \\ \xi(1-x) & \text{für} \quad 0 \le \xi \le x \le 1. \end{cases}$$

Die Eindeutigkeit der Lösung folgt aus (b).

Nullstellensatz von Sturm: Es sei J ein endliches oder unendliches Intervall. Dann besitzt jede nichttriviale Lösung y der Differentialgleichung

$$-\left(p(x)y'\right)' + q(x)y = 0 \quad \text{auf } J \tag{1.307}$$

nur einfache Nullstellen und zwar höchstens abzählbar viele, die sich nicht im Endlichen häufen können.

Trennungssatz von Sturm: Ist y eine Lösung von (1.307), und ist z eine Lösung von

$$-\left(p(x)z'\right)' + q^*(x)z = 0 \quad \text{auf } J \tag{1.308}$$

mit $q^*(x) \le q(x)$ auf J, dann liegt zwischen zwei Nullstellen von z eine Nullstelle von y.

▶ BEISPIEL 2: Es sei $\gamma \in \mathbb{R}$. Dann besitzt jede Lösung $v = v(\xi)$ *der Besselschen Differentialgleichung*

$$\xi^2 v'' + \xi v' + (\xi^2 - \gamma^2)v = 0$$

auf dem Intervall $]0,\infty[$ abzählbar viele Nullstellen.

Beweis: Durch die Substitution $x := \ln \xi$ und $y(x) := v(e^x)$ erhalten wir die Differentialgleichung (1.307) mit $q(x) := e^{2x} - \gamma^2$. Wir setzen $q^*(x) := 1$ und wählen eine Zahl x_0 so, dass

$$q^*(x) \le q(x) \quad \text{für alle} \quad x_0 \le x \text{ gilt.}$$

Die Funktion $z := \sin x$ genügt der Differentialgleichung (1.308) und besitzt auf dem Intervall $J := [x_0, \infty[$ abzählbar viele Nullstellen. Deshalb folgt die Behauptung aus dem Trennungssatz. □

Oszillationssatz: Jede nichttriviale Lösung y der Differentialgleichung

$$y'' + q(x)y = 0$$

besitzt abzählbar viele Nullstellen, falls die Funktion q auf dem Intervall $J := [a,\infty[$ stetig ist und eine der beiden folgenden Bedingungen erfüllt ist:

(a) $q(x) \ge 0$ auf J und $\int_J q\,dx = \infty$.

(b) $\int_J |q(x) - \alpha|\,dx < \infty$ für eine feste Zahl $\alpha > 0$.

Im Fall (b) ist außerdem y auf J beschränkt.

1.12.8.2 Das zugehörige Variationsproblem

Wir setzen

$$F(y) := \int_a^b (py'^2 + qy^2 - 2fy)\mathrm{d}x.$$

Mit Y bezeichnen wir die Gesamtheit aller C^2-Funktionen $y : [a, b] \to \mathbb{R}$, die der Randbedingung $y(a) = y(b) = 0$ genügen.

Satz: Das Variationsproblem

$$\boxed{F(y) : = \min!, \quad y \in Y} \tag{1.309}$$

ist äquivalent zum Ausgangsproblem (1.306).

Die Näherungsmethode von Ritz: Wir wählen Funktionen $y_1, \dots, y_n \in Y$ und betrachten anstelle von (1.309) das Näherungsproblem

$$\boxed{F(c_1 y_1 + \dots + c_n y_n) = \min!, \quad c_1, \dots, c_n \in \mathbb{R}.} \tag{1.310}$$

Das ist ein Problem der Form $G(c) = \min!, c \in \mathbb{R}^n$. Die notwendige Bedingung für eine Lösung von (1.310) lautet:

$$\frac{\partial G(c)}{\partial c_j} = 0, \quad j = 1, \dots, n.$$

Das ergibt für c das eindeutig lösbare lineare Gleichungssystem

$$\boxed{Ac = b} \tag{1.311}$$

mit $c = (c_1, \dots, c_n)^{\mathrm{T}}$, $A = (a_{jk})$ und $b = (b_1, \dots, b_n)^{\mathrm{T}}$, sowie

$$a_{jk} := \int_a^b (py_j' y_k' + qy_j y_k)\mathrm{d}x, \quad b_k := \int_a^b fy_k \mathrm{d}x.$$

Die Näherungslösung y von (1.306) und (1.309) lautet dann

$$\boxed{y = c_1 y_1 + \dots + c_n y_n.} \tag{1.312}$$

Das Ritzsche Verfahren für das Eigenwertproblem: Aus den Lösungen des Matrizeneigenwertproblems

$$\boxed{Ac = \lambda c}$$

erhält man nach (1.312) Näherungswerte λ und y für die Eigenwerte und die Eigenfunktionen des folgenden Problems (1.313).

1.12.8.3 Das Eigenwertproblem

$$- \left(p(x)y'\right)' + q(x)y = \lambda y, \quad a \leq x \leq b,$$
$$y(a) = y(b) = 0. \tag{1.313}$$

Eine reelle Zahl λ heißt genau dann Eigenwert von (1.313), wenn es eine nichttriviale Lösung y von (1.313) gibt. Man bezeichnet dann y als Eigenfunktion. Der Eigenwert λ heißt genau dann einfach,wenn sich alle zugehörigen Eigenfunktionen nur um eine multiplikative Konstante unterscheiden.

▶ BEISPIEL: Das Problem

$$-y'' = \lambda y, \quad 0 \leq x \leq \pi, \quad y(0) = y(\pi) = 0,$$

besitzt die Eigenfunktionen $y_n = \sin nx$ und die Eigenwerte $\lambda_n = n^2$, $n = 1, 2, \ldots$

Existenzsatz: (i) Alle Eigenwerte von (1.313) bilden eine Folge

$$\lambda_1 < \lambda_2 < \cdots \quad \text{mit} \quad \lim_{n \to \infty} \lambda_n = +\infty.$$

(ii) Diese Eigenwerte sind alle einfach. Die zugehörigen Eigenfunktionen $y_1, y_2, \ldots$ lassen sich so normieren, dass

$$\int_a^b y_j(x)y_k(x)\mathrm{d}x = \delta_{jk}, \quad j, k = 1, 2, \ldots$$

(iii) Die n-te Eigenfunktion y_n besitzt im Innern des Intervalls $[a, b]$ genau $n - 1$ Nullstellen, und diese Nullstellen sind alle einfach.

(iv) $\lambda_1 > \min_{a \leq x \leq b} q(x)$.

Der fundamentale Entwicklungssatz: (i) Jede C^1-Funktion $f : [a, b] \to \mathbb{R}$, die die Randbedingungen $f(a) = f(b) = 0$ erfüllt, lässt sich durch die absolut und gleichmäßig konvergente Reihe

$$f(x) = \sum_{n=1}^{\infty} c_n y_n(x), \quad a \leq x \leq b, \tag{1.314}$$

darstellen mit den *verallgemeinerten Fourierkoeffizienten*

$$c_n := \int_a^b y_n(x)f(x)\mathrm{d}x.$$

(ii) Ist die Funktion $f : [a, b] \to \mathbb{R}$ lediglich fast überall stetig und gilt $\int_a^b f(x)^2\mathrm{d}x < \infty$, dann konvergiert die verallgemeinerte Fourierreihe (1.314) im Sinne der Konvergenz im quadratischen Mittel, d. h., man hat

$$\lim_{n \to \infty} \int_a^b \left(f(x) - \sum_{k=1}^{n} c_k y_k\right)^2 \mathrm{d}x = 0.$$

Asymptotisches Verhalten der Eigenlösungen: Für $n \to +\infty$ gilt

$$\lambda_n = \frac{n^2 \pi^2}{\varphi(b)^2} + O(1)$$

und

$$y_n(x) = \frac{\sqrt{2}}{\sqrt{\varphi(b)} \sqrt[4]{p(x)}} \sin \frac{n\pi\varphi(x)}{\varphi(b)} + O\left(\frac{1}{n}\right).$$

Dabei setzen wir

$$\varphi(x) := \int_a^x \sqrt{\frac{1}{p(\xi)}} \, d\xi.$$

Das Minimumprinzip: Es sei

$$F(y) := \frac{1}{2} \int_a^b (py'^2 + qy^2) \, dx, \quad (y|z) := \int_a^b yz \, dx.$$

Ferner sei Y die Menge aller C^2-Funktionen $y : [a,b] \longrightarrow \mathbb{R}$ mit $y(a) = y(b) = 0$.

(i) Die erste Eigenfunktion y_1 ergibt sich aus dem Minimumproblem:

$$F(y) = \min!, \quad (y|y) = 1, \quad y \in Y.$$

(ii) Die zweite Eigenfunktion y_2 erhält man aus dem Minimumproblem:

$$F(y) = \min!, \quad (y|y) = 1, \quad (y|y_1) = 0, \quad y \in Y.$$

(iii) Die n-te Eigenfunktion y_n ist Lösung des Minimumproblems:

$$F(y) = \min!, \quad (y|y) = 1, \quad (y|y_k) = 0, \quad k = 1, \ldots, n-1, \quad y \in Y.$$

Für den n-ten Eigenwert gilt $\lambda_n := F(y_n)$.

Das Courantsche Maximum-Minimumprinzip: Den n-ten Eigenwert λ_n erhält man direkt aus

$$\boxed{\lambda_n = \max_{Y_n} \min_{y \in Y_n} F(y), \quad n = 2, 3, \ldots} \tag{1.315}$$

Das ist im folgenden Sinne zu verstehen. Wir wählen feste Funktionen $z_1, \ldots, z_{n-1}$ in Y. Dann besteht Y_n aus genau allen Funktionen $y \in Y$ mit

$$(y|y) = 1 \quad \text{und} \quad (y|z_k) = 0, \quad k = 1, 2, \ldots, n-1.$$

Für jede Wahl von Y_n berechnen wir den Minimalwert $F(y)$ auf Y_n. Dann ist λ_n das Maximum aller dieser möglichen Minimalwerte.

Vergleichssatz: Aus $p(x) \leq p^*(x)$ und $q(x) \leq q^*(x)$ auf $[a,b]$ folgt

$$\boxed{\lambda_n \leq \lambda_n^*, \quad n = 1, 2, \ldots}$$

für die entsprechenden Eigenwerte des Ausgangsproblems (1.313).

Das ist eine unmittelbare Konsequenz von (1.315).

1.12.9 Allgemeine Theorie

1.12.9.1 Der globale Existenz- und Eindeutigkeitssatz

$$x'(t) = f(t, x(t)),$$
$$x(t_0) = x_0 \quad \text{(Anfangsbedingung).}$$

(1.316)

Es sei $x = (x_1, \ldots, x_n)$ und $f = (f_1, \ldots, f_n)$. Für dieses System erster Ordnung benutzen wir die gleichen Bezeichnungen wie in (1.245).

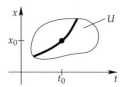

Abb. 1.144

Satz: Die Funktion $f : U \subseteq \mathbb{R}^{n+1} \to \mathbb{R}$ sei auf der offenen Menge U vom Typ C^1, und der Punkt (x_0, t_0) gehöre zu U. Dann besitzt das Anfangswertproblem (1.316) eine eindeutig bestimmte *maximale Lösung*

$$x = x(t),$$

(1.317)

d. h., diese Lösung läuft von Rand zu Rand in U und lässt sich deshalb in U nicht fortsetzen (Abb. 1.144).

Korollar: Es genügt, dass eine der beiden folgenden Bedingungen erfüllt ist:

(i) f und f_x sind auf U stetig.

(ii) f ist stetig auf U, und f ist lokal Lipschitzstetig[126] auf U bezüglich x.

1.12.9.2 Differenzierbare Abhängigkeit von Anfangsdaten und Parametern

Wir bezeichnen die maximale Lösung (1.317) mit

$$x = X(t; x_0, t_0; p),$$

(1.318)

wobei wir die Möglichkeit zulassen, dass die rechte Seite $f = f(x, t, p)$ in (1.316) zusätzlich von Parametern $p = (p_1, \ldots, p_m)$ abhängt, die in einer offenen Menge P des $\mathbb{R}^m$ variieren.

Satz: Ist f auf $U \times P$ vom Typ C^k mit $k \geq 1$, dann ist X in (1.318) bezüglich aller Variablen (t, x_0, t_0, p) auch vom Typ C^k im Existenzbereich der maximalen Lösungen.

1.12.9.3 Potenzreihen und der Satz von Cauchy

Satz von Cauchy: Ist f in U analytisch[127], dann ist auch die maximale Lösung $x = x(t)$ von (1.316) analytisch.

---

[126] Zu jedem Punkt in U gibt es eine Umgebung V, so dass $|f(x, t) - f(y, t)| \leq \text{const}|x - y|$ für alle $(t, y) \in V$ gilt.

[127] Dies heißt, dass es zu jedem Punkt von U eine Umgebung gibt, in der sich f in eine absolut konvergente Potenzreihe nach allen Variablen entwickeln lässt

Die lokalen Potenzreihenentwicklungen von $x = x(t)$ erhält man durch Ansatz und Koeffizientenvergleich.

▶ BEISPIEL: Für das Anfangswertproblem

$$x' = x, \quad x(0) = 1$$

erhalten wir $x'(0) = 1$ und analog $x^{(n)}(0) = 1$ für alle n. Daraus folgt die Lösung

$$x(t) = x(0) + x'(0)t + x''(0)\frac{t^2}{2!} + \dots$$

$$= 1 + t + \frac{t^2}{2!} + \dots = e^t.$$

Bemerkung: Der Satz von Cauchy bleibt gültig für komplexe Variable $t, x_1, \dots, x_n$ und komplexe Funktionen $f_1, \dots, f_n$.

1.12.9.4 Integralungleichungen

$$x(t) \leq \alpha + \int_0^t f(s)x(s)\mathrm{d}s \quad \text{auf} \quad J. \tag{1.319}$$

Dabei sei $J := [0, T]$.

Das Lemma von Gronwall (1918): Die stetige Funktion $x : J \to \mathbb{R}$ genüge der Integralungleichung (1.319) mit der reellen Zahl α und der nichtnegativen stetigen Funktion $f : J \to \mathbb{R}$. Dann gilt

$$x(t) \leq \alpha e^{F(t)} \quad \text{auf } J$$

mit $F(t) := \int_0^t f(s)\mathrm{d}s$.

1.12.9.5 Differentialungleichungen

$$\begin{aligned} x'(t) &\leq f(x(t)) \quad \text{auf } J, \\ y'(t) &= f(y(t)) \quad \text{auf } J, \\ x(0) &\leq y(0). \end{aligned} \tag{1.320}$$

Dabei sei $J := [0, T]$ und $f : [0, \infty[\longrightarrow [0, \infty[$ sei eine monoton wachsende Funktion vom Typ C^1.

Satz: Genügen die C^1-Funktionen x und y der Relation (1.320) mit $x(t) > 0$ auf J, dann gilt

$$x(t) \leq y(t) \quad \text{auf } J.$$

Korollar: Genügen die C^1-Funktionen x und y den Relationen

$$\begin{aligned} x'(t) &\geq f(x(t)) \quad \text{auf } J, \\ y'(t) &= f(y(t)) \quad \text{auf } J, \\ 0 &\leq y(0) \leq x(0), \end{aligned}$$

und gilt $x(t) \geq 0$ auf J, dann hat man

$$0 \leq y(t) \leq x(t) \quad \text{auf } J.$$

▶ BEISPIEL: Es sei $x = x(t)$ eine Lösung der Differentialgleichung

$$x'(t) = F(x(t)), \quad x(0) = 0$$

mit $F(x) \geq 1 + x^2$ für alle $x \in \mathbb{R}$. Dann gilt

$$x(t) \geq \tan t, \quad 0 \leq t \leq \frac{\pi}{2},$$

also $\lim\limits_{t \to \frac{\pi}{2} - 0} x(t) = +\infty$.

Beweis: Wir setzen $f(y) := 1 + y^2$. Für $y(t) := \tan t$ erhalten wir

$$y'(t) = 1 + y^2.$$

Die Behauptung folgt dann aus dem Korollar. □

1.12.9.6 Explosionen von Lösungen in endlicher Zeit (blowing-up)

Wir betrachten das reelle System erster Ordnung

$$\boxed{\begin{aligned} x'(t) &= f(x(t), t), \\ x(0) &= x_0. \end{aligned}} \tag{1.321}$$

Dabei sei $x = (x_1, \ldots, x_n)$, $f = (f_1, \ldots, f_n)$ und $\langle x | y \rangle = \sum\limits_{j=1}^{n} x_j y_j$.

Wir setzen voraus:

(A1) Die Funktion $f : \mathbb{R}^{n+1} \longrightarrow \mathbb{R}$ ist vom Typ C^1.

(A2) Es ist $\langle f(x,t) | x \rangle \geq 0$ für alle $(x,t) \in \mathbb{R}^{n+1}$.

(A3) Es gibt Konstanten $b > 0$ und $\beta > 2$, so dass $\langle f(x,t) | x \rangle \geq b|x|^{\beta}$ für alle $(x,t) \in \mathbb{R}^{n+1}$ mit $|x| \geq |x_0| > 0$ gilt.

Satz: Es gibt eine Zahl $T > 0$ mit

$$\lim_{t \to T - 0} |x(t)| = \infty,$$

d. h., die Lösung explodiert in endlicher Zeit.

1.12.9.7 Die Existenz globaler Lösungen

Entscheidend für die Lösungsexplosion ist das superlineare Wachstum von f in (A3). Die Situation ändert sich dramatisch, falls höchstens lineares Wachstum vorliegt.

(A4) Es gibt positive Konstanten c und d mit

$$|f(x,t)| \leq c|x| + d \quad \text{für alle} \quad (x,t) \in \mathbb{R}^{n+1}.$$

Satz: Sind die Voraussetzungen (A1) und (A4) erfüllt, dann besitzt das Anfangswertproblem (1.321) eine eindeutige Lösung, die für alle Zeiten t existiert.

1.12.9.8 Das Prinzip der a-priori-Abschätzungen

Wir setzen voraus:

(A5) Existiert eine Lösung des Anfangswertproblems (1.321) auf einem offenen Intervall $]t_0 - T, t_0 + T[$, dann gilt

$$\boxed{|x(t)| \leq C} \tag{1.322}$$

mit einer Konstanten C, die von T abhängen kann.

Satz: Unter den Voraussetzungen (A1) und (A5) besitzt das Anfangswertproblem (1.321) eine eindeutige Lösung, die für alle Zeiten t existiert.

Kommentar: Man bezeichnet (1.322) als eine a-priori-Abschätzung. Der obige Satz ist Spezialfall eines fundamentalen allgemeinen Prinzips der Mathematik:[128]

A-priori-Abschätzungen sichern die Existenz von Lösungen.

▶ BEISPIEL: Das Anfangswertproblem

$$x' = \sin x, \quad x(0) = x_0$$

besitzt für jedes $x_0 \in \mathbb{R}$ eine eindeutige Lösung, die für alle Zeiten existiert.

Beweis: Ist $x = x(t)$ eine Lösung auf $[-T, T]$, dann gilt

$$x(t) = x_0 + \int_{-T}^{T} \sin x(t)\mathrm{d}t.$$

Wegen $|\sin x| \leq 1$ für alle x folgt daraus die a-priori-Abschätzung:

$$|x(t)| \leq |x_0| + \int_{-T}^{T} \mathrm{d}t = |x_0| + 2T. \qquad \square$$

Zur Gewinnung von a-priori-Abschätzungen kann man Differentialungleichungen benutzen.

1.13 Partielle Differentialgleichungen

Unter allen Disziplinen der Mathematik ist die Theorie der Differentialgleichungen die wichtigste. Alle Zweige der Physik stellen uns Probleme, die auf die Integration von Differentialgleichungen hinauskommen. Es gibt ja überhaupt die Theorie der Differentialgleichungen den Weg zur Erklärung aller Naturphänomene, die Zeit brauchen.

Sophus Lie (1842–1899)

In diesem Abschnitt betrachten wir die Elemente der Theorie partieller Differentialgleichungen. Die moderne Theorie basiert auf dem Begriff der verallgemeinerten Ableitungen und dem Einsatz von Sobolewräumen im Rahmen der Funktionalanalysis. Das wird ausführlich in Kapitel 14 im Handbuch betrachtet. Da partielle Differentialgleichungen die unterschiedlichsten Prozesse beschreiben, die in der Natur ablaufen, ist es nicht verwunderlich, dass diese Theorie noch keineswegs abgeschlossen ist. Eine Fülle tiefliegender Fragen kann bis heute nicht befriedigend beantwortet werden.

---

[128]Eine allgemeine Aussage in dieser Richtung ist das Leray-Schauder-Prinzip (vgl. 12.9 im Handbuch).

Die gemeinsamen Grundideen der Theorie der gewöhnlichen und partiellen Differentialgleichungen findet man in 1.12.1.

Die große Lösungsvielfalt partieller Differentialgleichungen: Partielle Differentialgleichungen besitzen in der Regel Klassen von Funktionen als Lösungen.

▶ Beispiel 1: Es sei Ω eine nichtleere offene Menge des $\mathbb{R}^N$. Die Differentialgleichung

$$u_{x_1}(x) = 0 \text{ auf } \Omega$$

besitzt genau alle die Funktionen als Lösung, die nicht von x_1 abhängen.

▶ Beispiel 2: Die Differentialgleichung

$$u_{xy} = 0 \text{ auf } \mathbb{R}^2$$

besitzt als glatte Lösungen genau die Funktionen der Form

$$u(x,y) := f(x) + g(y),$$

wobei f und g glatt sind..

Für physikalische Problemstellungen ist nicht das Aufsuchen der allgemeinsten Lösung von Interesse, sondern zur Beschreibung eines konkreten Prozesses fügt man zu den Differentialgleichungen noch Nebenbedingungen hinzu, die den Zustand des Systems zur Anfangszeit und am Rand beschreiben.

Viele Phänomene der Theorie der partiellen Differentialgleichungen werden anschaulich, wenn man sie physikalisch interpretiert. Dieser Weg wird hier systematisch beschritten.

1.13.1 Gleichungen erster Ordnung der mathematischen Physik

1.13.1.1 Erhaltungssätze und die Charakteristikenmethode

$$\boxed{E_t + f(x,t)E_x = 0.}$$ (1.323)

Es sei $x = (x_1, \ldots, x_n)$ und $f = (f_1, \ldots, f_n)$. Neben dieser linearen homogenen partiellen Differentialgleichung erster Ordnung für die gesuchte Funktion $E = E(x,t)$ betrachten wir das gewöhnliche Differentialgleichungssystem erster Ordnung:[129]

$$x' = f(x,t).$$ (1.324)

Die Lösungen $x = x(t)$ von (1.324) heißen die Charakteristiken von (1.323).

Die Funktion $f : \Omega \subseteq \mathbb{R}^{n+1} \longrightarrow \mathbb{R}$ sei glatt in einem Gebiet Ω. Unter einer Erhaltungsgröße (oder einem Integral) von (1.324) verstehen wir eine Funktion $E = E(x,t)$, die längs jeder Lösung von (1.324), also längs jeder Charakteristik, konstant ist.

Erhaltungsgrößen: Eine glatte Funktion E ist genau dann eine Lösung von (1.323), wenn sie eine Erhaltungsgröße für die Charakteristiken darstellt.

---

[129]Explizit hat man

$$E_t + \sum_{j=1}^{n} f_j(x,t)E_{x_j} = 0$$

und

$$x'_j(t) = f_j(x(t),t), \quad j = 1, \ldots, n.$$

▶ Beispiel 1: Wir setzen $x = (y, z)$. Die Gleichung

$$E_t + zE_y - yE_z = 0 \tag{1.325}$$

besitzt die glatten Lösungen

$$E = g(y^2 + z^2) \tag{1.326}$$

mit einer beliebigen glatten Funktion g, Das ist die allgemeinste glatte Lösung von (1.325).

Beweis: Die Gleichung für die Charakteristiken $y = y(t)$, $z = z(t)$ lautet

$$\begin{aligned} y' &= z, \quad z' = -y, \\ y(0) &= y_0, \quad z(0) = z_0, \end{aligned} \tag{1.327}$$

mit der Lösung

$$y = y_0 \cos t + z_0 \sin t, \quad z = -y_0 \sin t + z_0 \cos t. \tag{1.328}$$

Das sind Kreise $y^2 + z^2 = y_0^2 + z_0^2$. Somit ist (1.326) die allgemeinste Erhaltungsgröße.

□

Das Anfangswertproblem:

$$\boxed{\begin{aligned} E_t + f(x,t)E_x &= 0, \\ E(x,0) &= E_0(x) \quad \text{(Anfangsbedingung)}. \end{aligned}} \tag{1.329}$$

Satz: Ist die gegebene Funktion E_0 in einer Umgebung des Punktes $x = p$ glatt, dann besitzt das Problem (1.329) in einer kleinen Umgebung von $(p, 0)$ genau eine Lösung, und diese Lösung ist glatt.

Variieren wir E_0, dann erhalten wir die allgemeine Lösung in einer kleinen Umgebung von $(p, 0)$.

Konstruktion der Lösung mit Hilfe der Charakteristikenmethode: Durch jeden Punkt $x = x_0$, $t = 0$ geht eine Charakteristik, die wir mit

$$x = x(t, x_0) \tag{1.330}$$

bezeichnen (Abb. 1.145). Die Lösung E von (1.329) muss längs dieser Charakteristik konstant sein, d. h., es gilt

$$E(x(t, x_0), t) = E_0(x_0).$$

Lösen wir die Gleichung (1.330) nach x_0 auf, dann erhalten wir $x_0 = x_0(x, t)$ und

$$E(x,t) = E_0(x_0(x,t)).$$

Das ist die gesuchte Lösung.

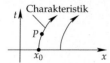

Abb. 1.145

▶ BEISPIEL 2: Das Anfangswertproblem

$$E_t + zE_y - yE_z = 0,$$
$$E(y,z,0) = E_0(y,z) \quad \text{(Anfangsbedingung)} \tag{1.331}$$

besitzt für jede glatte Funktion $E_0 : \mathbb{R}^2 \to \mathbb{R}$ die eindeutige Lösung

$$E(y,z,t) = E_0(y\cos t - z\sin t, z\cos t + y\sin t)$$

für alle $x,y,t \in \mathbb{R}$.

Beweis: Nach Beispiel 1 sind die Charakteristiken Kreise. Lösen wir die Gleichung (1.328) der Charakteristiken nach den Anfangswerten y_0, z_0 auf, dann ergibt sich

$$y_0 = y\cos t - z\sin t, \quad z_0 = z\cos t + y\sin t.$$

Die Lösung von (1.331) erhalten wir aus $E(x,y,t) = E_0(y_0,z_0)$. $\qquad\square$

Historische Bemerkung: Kennt man n linear unabhängige[130] Erhaltungsgrößen $E_1, \ldots, E_n$ der Charakteristikengleichung $x' = f(x,t)$, und sind $C_1, \ldots, C_n$ Konstanten, dann erhält man durch Auflösung der Gleichung

$$E_j(x,t) = C_j, \quad j = 1, \ldots, n,$$

lokal die allgemeine Lösung $x = x(t;C)$ von $x' = f(x,t)$.

Auf diesem Wege versuchte man im 19. Jahrhundert das Dreikörperproblem der Himmelsmechanik zu lösen. Dieses Problem wird durch ein System zweiter Ordnung für die 9 Komponenten der Bahnvektoren beschrieben. Das ist äquivalent zu einem System erster Ordnung mit 18 Unbekannten. Man benötigt deshalb 18 Erhaltungsgrößen. Die Erhaltung von Impuls (Bewegung des Schwerpunkts), Drehimpuls und Energie liefern jedoch nur 10 (skalare) Erhaltungsgrößen. In den Jahren 1887 und 1889 zeigten Bruns und Poincaré, dass man in umfangreichen Funktionsklassen keine weiteren Integrale finden kann. Damit erwies es sich als unmöglich, eine durchsichtige explizite Lösung des Dreikörperproblems auf dem Weg über Erhaltungsgrößen zu finden. Der tiefere Grund hierfür liegt darin, dass ein Dreikörpersystem sich chaotisch verhalten kann.

Bei der Behandlung des n-Körperproblems mit $n \geq 3$ benutzt man heute im Zeitalter der Raumsonden die abstrakten Existenz- und Eindeutigkeitssätze und darauf basierende effektive numerische Verfahren zur Berechnung der Bahnkurven auf Computern.

1.13.1.2 Erhaltungsgleichungen, Schockwellen und die Entropiebedingung von Lax

Obwohl die Differentialgleichungen, nach welchen sich die Bewegung der Gase bestimmt, längst aufgestellt worden sind, so ist doch ihre Integration fast nur für den Fall ausgeführt worden, wenn die Druckverschiedenheiten unendlich klein sind.

Bernhard Riemann (1860)[131]

In der Gasdynamik treten Schockwellen (Verdichtungsstöße) auf, die zum Beispiel als scharfe Knallgeräusche von Überschallfliegern erzeugt werden. Derartige Schockwellen, die Unstetigkeiten der Massendichte ρ entsprechen, komplizieren die mathematische Behandlung der

---

[130]Das heißt $\det E'(x) \neq 0$ auf Ω mit $E'(x) = (\partial_k E/\partial x_j)$.

[131]In seiner fundamentalen Arbeit *Über die Fortpflanzung ebener Luftwellen von endlicher Schwingungsweite* legte Riemann den Grundstein zur mathematischen Gasdynamik und zur Theorie der nichtlinearen hyperbolischen Differentialgleichungen, die nichtlineare Wellenprozesse beschreiben. Diese Arbeit zusammen mit einem Kommentar von Peter Lax findet man in den gesammelten Werken [Riemann 1990].

Gasdynamik außerordentlich. Die Gleichung

$$\rho_t + f(\rho)_x = 0,$$
$$\rho(x,0) = \rho_0(x) \quad \text{(Anfangsbedingung)}$$

(1.332)

stellt das einfachste mathematische Modell dar, um Eigenschaften von Schockwellen zu verstehen. Die Funktion $f : \mathbb{R} \to \mathbb{R}$ sei glatt.

▶ BEISPIEL 1: Im Spezialfall $f(\rho) = \rho^2/2$, entsteht die sogenannte *Burgersgleichung*

$$\rho_t + \rho\rho_x = 0, \quad \rho(x,0) = \rho_0.$$

(1.333)

Physikalische Interpretation: Wir betrachten eine Massenverteilung auf der x-Achse; $\rho(x,t)$ sei die Massendichte im Punkt x zur Zeit t. Führen wir den Massestromdichtevektor

$$\mathbf{J}(x,t) := f(\rho(x,t))\mathbf{i}$$

ein, dann können wir (1.332) in der Form $\rho_t + \operatorname{div} \mathbf{J} = 0$ darstellen, d. h., die Gleichung (1.332) beschreibt die Erhaltung der Masse (vgl. 1.9.7).

Charakteristiken: Die Geraden

$$x = v_0 t + x_0 \quad \text{mit} \quad v_0 := f'(\rho_0(x_0))$$

(1.334)

heißen Charakteristiken. Es gilt:

> Jede glatte Lösung ρ der Erhaltungsgleichung (1.332) ist längs der Charakteristiken konstant.

Das erlaubt die folgende physikalische Interpretation: Ein Massenpunkt, der sich zur Zeit $t = 0$ in x_0 befindet, bewegt sich gemäß (1.334) mit der konstanten Geschwindigkeit v_0. Zusammenstöße von solchen Massenpunkten führen zu Unstetigkeiten von ρ, die wir als Schocks bezeichnen.

Schocks: Es sei $f''(\rho) > 0$ für alle $\rho \in \mathbb{R}$, d. h., die Funktion f' ist streng monoton wachsend. Gilt $x_0 < x_1$ und

> $$\rho_0(x_0) > \rho_0(x_1),$$

dann ist $v_0 > v_1$ in (1.334), d. h., das in x_0 startende Teilchen holt das in x_1 startende Teilchen ein. Im (x,t)-Diagramm schneiden sich die entsprechenden Charakteristiken in einem Punkt P (Abb. 1.146). Da die Dichte ρ längs der Charakteristiken konstant ist, muss ρ in P unstetig werden. Definitionsgemäß liegt in P ein Schock vor.

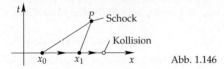

Abb. 1.146

Lösung des Anfangswertproblems: Ist die Anfangsdichte ρ_0 glatt, dann erhalten wir eine Lösung ρ des Ausgangsproblems (1.332), indem wir

$$\rho(x,t) := \rho_0(x_0)$$

setzen, wobei (x,t) und x_0 über (1.334) zusammenhängen.

Diese Lösung ist dort eindeutig und glatt, wo sich keine Charakteristiken in der (x, t)-Ebene schneiden.

> Gilt $f''(\rho) > 0$ auf $\mathbb{R}$, dann besitzt die Erhaltungsgleichung (1.332) trotz glatter Anfangsfunktion ρ_0 keine glatte Lösung ρ für alle Zeiten $t \geq 0$.

Die Unstetigkeiten entwickeln sich durch Schocks.

Verallgemeinerte Lösungen: Um das Verhalten von Unstetigkeiten präzis zu erfassen, bezeichnen wir die Funktion ρ genau dann als eine verallgemeinerte Lösung der Gleichung (1.332), wenn

$$\int_{\mathbb{R}^2_+} (\rho \varphi_t + f(\rho)\varphi_x) \mathrm{d}x \mathrm{d}t = 0 \tag{1.335}$$

für alle Testfunktionen $\varphi \in C_0^\infty(\mathbb{R}^2_+)$ gilt.[132]

Die Sprungbedingung entlang einer Schockwelle: Gegeben seien eine Charakteristik

$$\mathcal{S} : x = v_0 t + x_0$$

und eine verallgemeinerte Lösung ρ von (1.332), die bis auf Sprünge entlang der Charakteristik glatt ist. Die einseitigen Grenzwerte von ρ rechts und links der Charakteristik bezeichnen wir mit ρ_+ und ρ_- (Abb. 1.147). Dann gilt die fundamentale Sprungbedingung

$$v_0 = \frac{f(\rho_+) - f(\rho_-)}{\rho_+ - \rho_-}. \tag{1.336}$$

Derartige Sprungbedingungen wurden erstmalig in der Gasdynamik von Riemann im Jahre 1860 und dann einige Jahre später in allgemeinerer Form von Rankine und Hugoniot formuliert. Die Relation (1.336) verbindet die Geschwindigkeit v_0 der Schockwelle mit dem Dichtesprung.

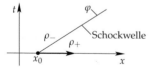

Abb. 1.147

Die Entropiebedingung von Lax (1957): Die Sprungbedingung (1.336) lässt auch Verdünnungsstöße zu. Diese werden jedoch durch die sogenannte Entropiebedingung

$$f'(\rho_-) > v_0 > f'(\rho_+). \tag{1.337}$$

ausgeschlossen.

Physikalische Diskussion: Wir betrachten ein Metallrohr mit einem beweglichen Kolben und zwei Gasen unterschiedlicher Dichte ρ_+ und ρ_-. Der Kolben wird sich nur dann von links nach

---

[132]Die Funktion φ ist glatt und verschwindet außerhalb einer kompakten Teilmenge von $\mathbb{R}^2_+ := \{(x,t) \in \mathbb{R}^2 : t > 0\}$. Die Relation (1.335) folgt, indem wir die Gleichung (1.332) mit φ multiplizieren und partiell integrieren.

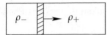

Abb. 1.148

rechts bewegen, wenn $\rho_- > \rho_+$ gilt. Das ist ein Verdichtungsstoß (Abb. 1.148). Verdünnungsstöße mit $\rho_- < \rho_+$, bei denen die Dichte vor dem sich bewegenden Kolben kleiner ist als hinter dem Kolben, werden in der Realität nicht beobachtet.

> Der zweite Hauptsatz der Thermodynamik entscheidet, ob ein Prozess in der Natur möglich oder unmöglich ist.

Es sind nur solche Prozesse in einem abgeschlossenen System möglich, bei denen die Entropie nicht abnimmt. Die Entropiebedingung (1.337) ist ein Ersatz für den zweiten Hauptsatz der Thermodynamik im Modell (1.332).

Anwendung auf die Burgersgleichung: Wir betrachten das Anfangswertproblem (1.333).

▶ Beispiel 2: Die Anfangsdichte sei durch

$$\rho_0(x) := \begin{cases} 1 & \text{für } x \le x_0, \\ 0 & \text{für } x > x_0 \end{cases}$$

gegeben. Es ist $f(\rho) := \rho^2/2$ und $\rho_- = 1$ sowie $\rho_+ = 0$. Die Sprungbedingung (1.336) liefert

$$v_0 = \frac{f(\rho_+) - f(\rho_-)}{\rho_+ - \rho_-} = \frac{1}{2}.$$

Die Schockwelle bewegt sich deshalb mit der Geschwindigkeit $v_0 = 1/2$ von links nach rechts. Vor der Schockwelle (bzw. dahinter) ist die Dichte $\rho_+ = 0$ (bzw. $\rho_- = 1$). Das ist ein Verdichtungsstoß, für den wegen $f(\rho) = \rho$ die Entropiebedingung

$$\rho_- > v_0 > \rho_+$$

erfüllt ist (Abb. 1.149).

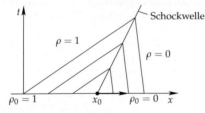

Abb. 1.149

▶ Beispiel 3: Bei gegebener Anfangsdichte

$$\rho_0(x) := \begin{cases} 0 & \text{für } x \le x_0 \\ 1 & \text{für } x > x_0, \end{cases} \tag{1.338}$$

ergibt sich die gleiche Schockwelle wie in Beispiel 2. Jetzt ist jedoch die Dichte vor der Welle (bzw. dahinter) gleich $\rho_+ = 1$ (bzw. $\rho_- = 0$). Das ist ein physikalisch nicht erlaubter Verdünnungsstoß, für den die Entropiebedingung verletzt ist (Abb. 1.150b).

Die Charakteristiken zur Anfangsbedingung (1.338) findet man in Abb. 1.150a. Dort gibt es ein schraffiertes Gebiet, das von Charakteristiken nicht überdeckt wird und in dem die Lösung unbestimmt ist. Es gibt viele Möglichkeiten, diese Lücke so zu füllen, dass eine verallgemeinerte Lösung entsteht. Diese Lösungen sind jedoch alle physikalisch nicht sinnvoll.

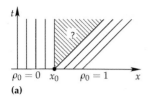

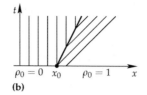

(a)   (b)   Abb. 1.150

1.13.1.3 Die Hamilton-Jacobische Differentialgleichung

Gegeben sei eine Hamiltonfunktion $H = H(q, \tau, p)$. Neben den *kanonischen Gleichungen*

$$\boxed{q' = H_p, \quad p' = -H_q} \tag{1.339}$$

für die gesuchten Bahnkurven $q = q(\tau)$, $p = p(\tau)$ betrachten wir nach dem Vorbild von Jacobi die *Hamilton-Jacobische partielle Differentialgleichung*

$$\boxed{S_\tau + H(q, \tau, S_q) = 0} \tag{1.340}$$

für die gesuchte Funktion $S = S(q, \tau)$. Es sei $q = (q_1, \ldots, q_n)$ und $p = (p_1, \ldots, p_n)$.

Hängt H nicht von τ ab, dann ist H eine Erhaltungsgröße für (1.339). In der Mechanik ist H dann die Energie des Systems.

Die Theorie wird besonders elegant, wenn man sie in der Sprache der symplektischen Geometrie formuliert. Hierzu benötigt man die kanonische Differentialform

$$\boxed{\sigma := p\, dq} \tag{1.341}$$

und die zugehörige symplektische Form [133]

$$\boxed{\omega = -d\sigma.}$$

Die fundamentale Dualität zwischen Lichtstrahlen und Wellenfronten: In der geometrischen Optik sind die Kurven

$$\boxed{q = q(\tau)} \tag{1.342}$$

die *Lichtstrahlen*, wobei q und τ räumliche Variablen bezeichnen. Die Gleichung (1.340) heißt Eikonalgleichung. Die Flächen

$$\boxed{S = \text{const}} \tag{1.343}$$

---

[133]In Komponentendarstellung gilt

$$q'_j = H_{p_j}, \quad p'_j = -H_{q_j}.$$

Ferner ist $S_q = (S_{q_1}, \ldots, S_{q_n})$ und

$$\sigma = \sum_{j=1}^{n} p_j dq_j, \quad \omega = \sum_{j=1}^{n} dq_j \wedge dp_j.$$

entsprechen Wellenfronten, auf denen die Lichtstrahlen senkrecht Stehen. Nehmen wir das Integral

$$S(q,\tau) = \int\limits_{(q_0,\tau_0)}^{(q,\tau)} \left(p(\sigma)q'(\sigma) - H(q(\sigma),\sigma,p(\sigma)) \right) d\sigma \tag{1.344}$$

längs eines Lichtstrahls $q = q(\sigma)$, $p = p(\sigma)$ der die Punkte (q_0,τ_0) und (q,τ) miteinander verbindet, dann ist $S(q,\tau)$ gleich der Zeit, die der Lichtstrahl für den Weg zwischen diesen beiden Punkten benötigt.

Da zwischen Lichtstrahlen und Wellenfronten ein enger physikalischer Zusammenhang besteht, erwartet man einen engen Zusammenhang zwischen (1.339) und (1.340). Die folgenden beiden berühmten Sätze von Jacobi und Lagrange bestätigen das.[134]

Die Hamiltonsche Analogie zwischen Mechanik und geometrischer Optik: Es war die Idee des irischen Mathematikers und Physikers Hamilton (1805–1865), die Methoden der geometrischen Optik auf die Mechanik zu übertragen. In der Mechanik entspricht $q = q(\tau)$ der Bewegung eines Punktsystems im Laufe der Zeit τ. Das Integral (1.344) stellt die Wirkung dar, die längs einer Bahnkurve transportiert wird. Wirkung ist eine fundamentale physikalische Größe von der Dimension Energie mal Zeit (vgl. 5.1.3.)

Mit $Q = (Q_1,\ldots,Q_m)$ und $P = (P_1,\ldots,P_m)$ bezeichnen wir reelle Parameter. Der folgende Satz beinhaltet eine wichtige Methode, um die Bewegungsgleichungen der Himmelsmechanik in komplizierten Fällen zu lösen. Im Sinne der geometrischen Optik zeigt dieser Satz, wie man aus Scharen von Wellenfronten leicht Scharen von Lichtstrahlen gewinnt.

Der Satz von Jacobi (1804–1851):   Kennt man eine glatte Lösung $S = S(q,\tau,Q)$ der Hamilton-Jacobischen Differentialgleichung (1.340), dann erhält man aus

$$\boxed{-S_Q(q,\tau,Q) = P, \quad S_q(q,\tau,Q) = p} \tag{1.345}$$

eine Lösungsschar[135]

$$q = q(\tau;Q,P), \quad p = p(\tau;Q,P)$$

der kanonischen Gleichungen (1.339), die von Q und P, also von $2m$ reellen Parametern abhängt. Anwendungen werden in 1.13.1.4 und 1.13.1.5 betrachtet.

Die Grundidee des folgenden, Satzes besteht darin, die Eikonalfunktion der Wellenfronten aus Scharen von Lichtstrahlen zu konstruieren. Dieses Ziel kann man nicht mit jeder Schar von Lichtstrahlen erreichen, sondern nur mit solchen, die eine Lagrangesche Mannigfaltigkeit bilden.

Die Hamiltonfunktion H sei glatt.

Der Satz von Lagrange (1736–1813) und symplektische Geometrie: Gegeben sei eine Lösungsschar

$$q = q(\tau,Q), \quad p = p(\tau,Q) \tag{1.346}$$

der kanonischen Differentialgleichungen (1.339) mit $q_Q(\tau_0,Q_0) \neq 0$. Dann lässt sich die Gleichung $q = q(\tau,Q)$ in einer Umgebung von (τ_0,Q_0) nach Q auflösen, wobei sich $Q = Q(\tau,q)$ ergibt.

---

[134]Der allgemeinste Zusammenhang zwischen beliebigen nichtlinearen partiellen Differentialgleichungen erster Ordnung und Systemen gewöhnlicher Differentialgleichungen erster Ordnung wird durch den Satz von Cauchy in 1.13.5.2 im Handbuch beschrieben.

[135]Dabei wird vorausgesetzt, dass wir die Gleichung $S_Q(q,\tau,Q) = P$ nach q auflösen können. Das ist lokal der Fall, wenn $\det S_{Qq}(q_0,\tau_0,Q) \neq 0$ gilt.

Die Schar (1.346) bilde zur Anfangszeit τ_0 in der Umgebung des Punktes Q_0 eine Lagrangesche Mannigfaltigkeit, d.h., die symplektische Form ω verschwinde für τ_0 identisch auf dieser Schar.[136]

Wir betrachten das Kurvenintegral

$$\mathcal{S}(Q,\tau) = \int\limits_{(Q_0,\tau_0)}^{(Q,\tau)} (pq_\tau - H)\, dt + pq_Q\, dQ,$$

wobei q und p durch (1.346) gegeben sind. Dieses Kurvenintegral ist vom Weg unabhängig und ergibt durch

$$S(q,\tau) := \mathcal{S}(Q(q,\tau),\tau)$$

eine Lösung S der Hamilton-Jacobischen Differentialgleichung (1.340).

Korollar: Die Kurvenschar (1.346) ist für jeden Zeitpunkt τ eine Lagrangesche Mannigfaltigkeit.

Die Lösung des Anfangswertproblems:

$$S_\tau + H(q,S_q,\tau) = 0,$$
$$S(q,0) = 0 \quad \text{(Anfangsbedingung).}^{137}$$

(1.347)

Satz: Die Hamiltonfunktion $H = H(q,\tau,p)$ sei glatt in einer Umgebung des Punktes $(q_0,0,0)$. Dann besitzt das Anfangswertproblem (1.347) in einer hinreichend kleinen Umgebung des Punktes $(q_0,0,0)$ eine eindeutige Lösung, und diese Lösung ist glatt.

Konstruktion der Lösung: Wir lösen das Anfangswertproblem

$$q' = H_p, \quad p' = -H_q, \quad q(\tau_0) = Q, \quad p(\tau_0) = 0$$

für die kanonischen Gleichungen. Die zugehörige Lösungsschar $q = q(\tau,Q)$, $p = p(\tau,Q)$ ergibt nach dem Satz von Lagrange die Lösung S von (1.347).

---

[136]Wegen $\omega = \sum\limits_{i=1}^{n} dq_i \wedge dp_i$, bedeutet diese Bedingung, dass

$$\sum\limits_{j,k=1}^{n} [Q_j,Q_k]\, dQ_j \wedge dQ_k = 0$$

gilt, also

$$[Q_j,Q_k](t_0,Q) = 0, \quad k,j = 1,\ldots,n,$$

für alle Parameter Q. Dabei benutzen wir die von Lagrange eingeführten Klammern

$$[Q_j,Q_k] := \sum\limits_{i=1}^{n} \frac{\partial q_i}{\partial Q_j}\frac{\partial p_i}{\partial Q_k} - \frac{\partial q_i}{\partial Q_k}\frac{\partial p_i}{\partial Q_j}.$$

Implizit war bereits Lagrange die Bedeutung der symplektischen Geometrie für die klassische Mechanik bekannt. Explizit wurde diese Geometrie jedoch erst seit etwa 1960 systematisch eingesetzt, um den tieferen Sinn vieler klassischer Überlegungen zu verstehen und um neue Erkenntnisse zu gewinnen, Das wird in 1.13.1.7 und allgemeiner in 15.6 im Handbuch dargestellt. Das moderne Standardwerk zur symplektischen Geometrie und ihren vielfältigen Anwendungen ist die Monographie [Hofer und Zehnder 1994].

[137]Das allgemeinere Anfangswertproblem mit der Anfangsbedingung $S(q,0) = S_0(q)$ kann man sofort auf den Fall (1.347) zurückführen, indem man S durch die Differenz $S - S_0$ ersetzt.

1.13.1.4 Anwendungen in der geometrischen Optik

Die Bewegung eines Lichtstrahls $q = q(\tau)$ in der (τ, q)-Ebene ergibt sich aus dem Prinzip von Fermat (1601–1665):

$$\int_{\tau_0}^{\tau_1} \frac{n(q(\tau))}{c} \sqrt{1 + q'(\tau)^2} d\tau = \min!,$$
$$q(\tau_0) = q_0, \quad q(\tau_1) = q_1.$$

(1.348)

($n(\tau, q)$ Brechungsindex im Punkt (τ, q), c Lichtgeschwindigkeit im Vakuum). Ein Lichtstrahl bewegt sich so, dass er die kürzeste Zeit zwischen zwei Punkten benötigt.

Die Euler-Lagrangesche Gleichung:

Führen wir die Lagrangefunktion $L(q, q', \tau) := \frac{n(q)}{c} \sqrt{1 + (q')^2}$ ein, dann genügt jede Lösung $q = q(\tau)$ von (1.348) der gewöhnlichen Differentialgleichung zweiter Ordnung

$$\frac{d}{d\tau} L_{q'} - L_q = 0,$$

also

$$\frac{d}{d\tau} \frac{nq'}{\sqrt{1 + q'^2}} = n_q \sqrt{1 + q'^2}.$$

(1.349)

Zur Vereinfachung der Bezeichnungen wählen wir Maßeinheiten mit $c = 1$.

Die Hamiltonschen kanonischen Gleichungen: Die Legendretransformation

$$p = L_{q'}(q, q', \tau), \quad H = pq' - L$$

ergibt die Hamiltonfunktion

$$H(q, p, \tau) = -\sqrt{n(q, \tau)^2 - p^2}.$$

Die Hamiltonschen kanonischen Gleichungen $q' = H_p$, $p' = -H_q$ lauten:

$$q' = \frac{p}{\sqrt{n^2 - p^2}}, \quad p' = \frac{n_q n}{\sqrt{n^2 - p^2}}.$$

(1.350)

Das ist ein System gewöhnlicher Differentialgleichungen erster Ordnung.

Die Hamilton-Jacobische Differentialgleichung:

Die Gleichung $S_\tau + H(q, S_q, \tau) = 0$ lautet

$$S_\tau - \sqrt{n^2 - S_q^2} = 0.$$

Das entspricht der Eikonalgleichung

$$S_\tau^2 + S_q^2 = n^2.$$

(1.351)

Die Lösungsmethode von Jacobi: Wir betrachten den Spezialfall $n \equiv 1$, der der Ausbreitung des Lichts im Vakuum entspricht. Offensichtlich ist

$$S = Q\tau + \sqrt{1 - Q^2}\, q$$

eine Lösung von (1.351), die von dem Parameter Q abhängt. Nach (1.345) erhalten wir durch $-S_Q = P$, $p = S_q$ eine Lösungsschar der kanonischen Gleichungen

$$\frac{Qq}{\sqrt{1 - Q^2}} - \tau = P, \quad p = \sqrt{1 - Q^2},$$

die von den zwei Konstanten Q und P abhängt, also die allgemeine Lösung darstellt. Das ist eine Geradenschar $q = q(\tau)$ von Lichtstrahlen, die auf den geradlinigen Wellenfronten $S = $ const senkrecht steht (Abb. 1.151).

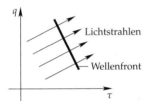

Abb. 1.151

1.13.1.5 Anwendungen auf das Zweikörperproblem

Die Newtonsche Bewegungsgleichung: Nach 1.12.5.2. führt das Zweikörperproblem (etwa für die Sonne und einen Planeten) auf die Gleichung

$$\boxed{m_2 \mathbf{q}'' = \mathbf{K}} \tag{1.352}$$

für die ebene Relativbewegung $\mathbf{q} = \mathbf{q}(t)$ zurück, wobei sich die Sonne im Ursprung befindet (Abb. 1.152). Dabei bezeichnet m_1 die Masse der Sonne, m_2 die Masse des Planeten, $m = m_1 + m_2$ die Gesamtmasse, und G ist die Gravitationskonstante. Die Kraft ist durch

$$\mathbf{K} = -\mathbf{grad}\; U = -\frac{\alpha \mathbf{q}}{|\mathbf{q}|^3} \quad \text{mit} \quad U := -\frac{\alpha}{|\mathbf{q}|}, \quad \alpha := Gm_2 m$$

gegeben.

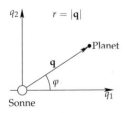

Abb. 1.152

Die Gesamtenergie E: Diese setzt sich aus der kinetischen Energie und der potentiellen Energie zusammen. Das ergibt

$$E = \frac{1}{2} m_2 (\mathbf{q}')^2 + U(\mathbf{q}).$$

Die Hamiltonschen kanonischen Gleichungen: Wir führen den Impuls $\mathbf{p} = m_2\mathbf{q}'$ ein (Masse mal Geschwindigkeit). Aus der Energie E erhalten wir die Hamiltonfunktion

$$H = \frac{\mathbf{p}^2}{2m_2} + U(\mathbf{q}).$$

Setzen wir $\mathbf{q} = q_1\mathbf{i} + q_2\mathbf{j}$ und $\mathbf{p} = p_1\mathbf{i} + p_2\mathbf{j}$, dann lauten die kanonischen Gleichungen $q'_j = H_{p_j}$, $p'_j = -H_{q_j}$ in Vektornotation:

$$\boxed{\mathbf{q}' = \frac{\mathbf{p}}{m_2}, \quad \mathbf{p}' = -\operatorname{grad} U.}$$

Diese Gleichung ist äquivalent zur Newtonschen Bewegungsgleichung (1.352).

Die Hamilton-Jacobische Gleichung: Für die gesuchte Funktion $S = S(q, t)$ lautet $S_t + H(q, S_q) = 0$ explizit:

$$S_t + \frac{S_q^2}{2m_2} + U(\mathbf{q}) = 0$$

mit $S_q = \operatorname{grad} S$. Um diese Gleichung bequem lösen zu können, ist es wichtig, zu *Polarkoordinaten* r, φ überzugehen. Das ergibt

$$\boxed{S_t + \frac{1}{2m_2}\left(S_r^2 + \frac{S_\varphi^2}{r^2}\right) - \frac{\alpha}{r} = 0.} \qquad (1.353)$$

Die Lösungsmethode von Jacobi: Wir suchen eine zweiparametrige Lösungsschar $S = S(r, \varphi, t, Q_1, Q_2)$ von (1.353) mit den Parametern Q_1 und Q_2. Der Ansatz

$$S = -Q_1 t + Q_2 \varphi + s(r)$$

ergibt mittels (1.353) die gewöhnliche Differentialgleichung

$$-Q_1 + \frac{1}{2m_2}\left(s'(r)^2 + \frac{Q_2^2}{r^2}\right) - \frac{\alpha}{r} = 0.$$

Das bedeutet $s'(r) = f(r)$ mit

$$f(r) := \sqrt{2m_2\left(Q_1 + \frac{\alpha}{r}\right) - \frac{Q_2^2}{r^2}}.$$

Somit erhalten wir

$$s(r) = \int f(r)\,\mathrm{d}r.$$

Nach (1.345) ergibt sich die Bahnbewegung aus der Gleichung $-S_{Q_j} = P_j$ mit Konstanten P_j. Das liefert

$$P_1 = t - \int \frac{m_2\,\mathrm{d}r}{f(r)}, \quad P_2 = -\varphi + \int \frac{Q_2\,\mathrm{d}r}{r^2 f(r)}.$$

Zur Vereinfachung der Bezeichnungen setzen wir $Q_1 = E$ und $Q_2 = N$. Integration der zweiten Gleichung ergibt

$$\varphi = \arccos \frac{\dfrac{N}{r} - \dfrac{m_2\alpha}{N}}{\sqrt{2m_2E + \dfrac{m_2^2\alpha^2}{N}}} + \text{const.}$$

Wir können const $= 0$ wählen. Dann erhalten wir die Bahnkurve

$$r = \frac{p}{1 + \varepsilon \cos \varphi} \tag{1.354}$$

mit $p := N^2/m_2\alpha$ und $\varepsilon := \sqrt{1 + 2EN^2/m_2\alpha^2}$. Die Berechnung der Energie und des Drehimpulses dieser Bewegung ergeben, dass die Konstante E die Energie und die Konstante N den Betrag $|\mathbf{N}|$ des Drehimpulsvektors $\mathbf{N}$ darstellt.

Die Bahnkurven (1.354) sind Kegelschnitte, speziell Ellipsen für $0 < \varepsilon < 1$. Aus dieser Lösung ergeben sich die Keplerschen Gesetze (vgl. 1.12.5.2).

1.13.1.6 Die kanonischen Transformationen von Jacobi

Kanonische Transformationen: Ein Diffeomorphismus

$$Q = Q(q, p, t), \quad P = P(q, p, t), \quad T = t,$$

heißt genau dann eine kanonische Transformation der kanonischen Gleichung

$$q' = H_p, \quad p' = -H_q, \tag{1.355}$$

wenn diese in eine neue kanonische Gleichung

$$Q' = \mathcal{H}_P, \quad P' = -\mathcal{H}_Q \tag{1.356}$$

übergeht.

Die Idee besteht darin, durch eine geschickte Wahl einer kanonischen Transformation die Lösung von (1.355) auf ein einfacheres Problem (1.356) zurückzuführen. Das ist die wichtigste Methode, um komplizierte Aufgaben der Himmelsmechanik zu lösen.

Die erzeugende Funktion von Jacobi: Gegeben sei eine Funktion $S = S(q, Q, t)$. Durch

$$dS = p \, dq - P \, dQ + (\mathcal{H} - H)dt \tag{1.357}$$

wird eine kanonische Transformation erzeugt. Explizit gilt:

$$P = -S_Q(q, Q, t), \quad p = S_q(q, Q, t), \tag{1.358}$$

und

$$\mathcal{H} = S_t + H.$$

Wir setzen dabei voraus, dass sich die Gleichung $p = S_q(q, Q, t)$ nach dem Satz über implizite Funktionen eindeutig nach Q auflösen lässt.

Die Lösungsmethode von Jacobi: Wählen wir S als Lösung der Hamilton-Jacobischen Differentialgleichung $S_t + H = 0$, dann gilt $\mathcal{H} \equiv 0$. Die transformierte kanonische Gleichung (1.356) wird trivial und besitzt die Lösungen $Q = $ const und $P = $ const. Deshalb entspricht (1.358) der Methode von Jacobi in (1.345).

Symplektische Transformationen: Die Transformation $Q = Q(q, p)$, $P = P(q, p)$ sei symplektisch, d. h., sie genüge der Bedingung

$$d(P\,dQ) = d(p\,dq).$$

Dann ist diese Transformation kanonisch mit $\mathcal{H} = H$.

Beweis: Wegen $d(p\,dq - P\,dQ) = 0$ besitzt die Gleichung

$$dS = p\,dq - P\,dQ$$

nach dem Lemma von Poincaré in 1.9.11. lokal eine Lösung S, die nach (1.357) eine kanonische Transformation erzeugt. $\qquad\square$

1.13.1.7 Die hydrodynamische Deutung der Hamiltonschen Theorie und symplektische Geometrie

> *Die Wechselwirkung zwischen Mathematik und Physik hat zu allen Zeiten eine wichtige Rolle gespielt. Der Physiker, der nur vage mathematische Kenntnisse besitzt, ist sehr im Nachteil. Der Mathematiker, der kein Interesse an physikalischen Anwendungen besitzt, verbaut sich Motivationen und tiefere Einsichten.*
>
> Martin Schechter,
> University of California

Eine besonders anschauliche und elegante Deutung der Hamiltonschen Theorie ergibt sich, indem man ein hydrodynamisches Bild im (q, p)-Phasenraum und die Sprache der Differentialformen benutzt. Eine entscheidende Rolle spielen dabei die Hamiltonfunktion H und die drei Differentialformen

$$\boxed{\sigma := p\,dq, \quad \omega := -d\sigma, \quad \sigma - H\,dt.}$$

Die symplektische Form ω ist dafür verantwortlich, dass die symplektische Geometrie alle Fäden zusammenhält.

Im folgenden seien alle auftretenden Funktionen und Kurven glatt. Ferner werden nur beschränkte Gebiete mit glatten Rändern betrachtet. Pathologische Kurven und Gebiete werden ausgeschlossen.

Klassische Strömungen im $\mathbb{R}^3$

Stromlinien: Gegeben sei ein Geschwindigkeitsfeld $\mathbf{v} = \mathbf{v}(x, t)$. Die Linien $x = x(t)$, die der Differentialgleichung

$$\boxed{x'(t) = \mathbf{v}(x(t), t), \quad x(0) = x_0}$$

genügen, heißen Stromlinien. Diese Linien beschreiben den Transport der Flüssigkeits- teilchen (Abb. 1.153a). Wir setzen

$$F_t(x_0) := x(t),$$

d. h., F_t ordnet jedem Flüssigkeitspunkt P den Punkt P_t zu, den ein zur Anfangszeit $t = 0$ in P startendes Flüssigkeitsteilchen im Zeitpunkt t erreicht. Man bezeichnet F_t als Strömungsoperator zur Zeit t.[138]

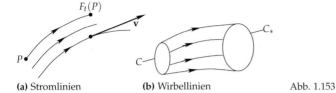

(a) Stromlinien   **(b)** Wirbellinien   Abb. 1.153

Das Transporttheorem:

$$\frac{\mathrm{d}}{\mathrm{d}t} \int_{F_t(\Omega)} h(x,t)\,\mathrm{d}x = \int_{F_t(\Omega)} (h_t + (\mathbf{div}\,h\mathbf{v})(x,t)\,\mathrm{d}x. \qquad (1.359)$$

▶ Beispiel: Ist $h = \rho$ die Massendichte, dann bedeutet die Massenerhaltung, dass das in (1.359) links stehende Integral gleich null ist. Ziehen wir das Gebiet Ω auf einen Punkt zusammen, dann folgt aus dem Verschwinden des rechts in (1.359) stehenden Integrals die sogenannte Kontinuitätsgleichung

$$\rho_t + \mathrm{div}(\rho\mathbf{v}) = 0.$$

Wirbellinien: Die Linien $x = x(t)$ mit

$$x'(t) = \frac{1}{2}(\mathbf{rot}\,\mathbf{v})(x(t), t)$$

bezeichnet man als Wirbellinien. Das Kurvenintegral

$$\int_C \mathbf{v}\,\mathrm{d}x$$

längs einer geschlossenen Kurve C heißt die Zirkulation des Geschwindigkeitsfeldes $\mathbf{v}$ längs C. Ist das Feld $\mathbf{v}$ wirbelfrei, d. h., es gilt $\mathbf{rot}\,\mathbf{v} \equiv 0$, dann ist die Zirkulation längs jeder geschlossenen Kurve gleich null. Denn aus dem Satz von Stokes folgt

$$\int_{\partial F} \mathbf{v}\,\mathrm{d}x = \int_F (\mathbf{rot}\,\mathbf{v})\mathbf{n}\,\mathrm{d}F = 0,$$

wenn C gleich dem Rand ∂F der Fläche F ist. Im allgemeinen Fall ist die Zirkulation ungleich null und ein Maß für die Stärke der Wirbel in der Flüssigkeit. Es gibt zwei wichtige Erhaltungssätze für die Zirkulation. Das sind die Wirbelsätze von Helmholtz und Kelvin.

---

[138] Die allgemeine Theorie der Strömungen (Flüsse) auf Mannigfaltigkeiten wird in 15.4.5 im Handbuch dargestellt. Beim Aufbau der Theorie der Lieschen Gruppen und der zugehörigen Liealgebren bediente sich Sophus Lie (1842–1899) wesentlich des Bildes der Strömungen (einparametrige Untergruppen; vgl. 17.5.5 im Handbuch).
Zur Vereinfachung der Bezeichnung identifizieren wir den Ortsvektor x mit seinem Endpunkt P.

Der Wirbelsatz von Helmholtz (1821–1894):   Es gilt

$$\int_C \mathbf{v}\,dx = \int_{C_*} \mathbf{v}\,dx,$$

wenn sich die Kurve C_* aus C durch Transport längs der Wirbellinien ergibt (Abb. 1.153b).

Der Wirbelsatz von Kelvin (1824–1907):   In einer idealen Flüssigkeit gilt

$$\int_C \mathbf{v}\,dx = \int_{F_t(C)} \mathbf{v}\,dx.$$

Dabei besteht $F_t(C)$ aus genau den Flüssigkeitsteilchen zur Zeit t, die im Zeitpunkt $t = 0$ zur geschlossenen Kurve C gehören. Somit bleibt die Zirkulation einer geschlossenen Kurve, die aus individuellen Flüssigkeitsteilchen besteht, im Laufe der Zeit konstant.

Ideale Flüssigkeiten: Im Unterschied zum Wirbelsatz von Helmholtz muss im Satz von Kelvin das Geschwindigkeitsfeld $\mathbf{v}$ Lösung der *Eulerschen Bewegungsgleichung* für eine ideale Flüssigkeit sein. Diese Gleichungen lauten:

$$
\begin{aligned}
&\rho \mathbf{v}_t + \rho(\mathbf{v}\,\mathbf{grad})\mathbf{v} = -\rho\,\mathbf{grad}\,U - \mathbf{grad}\,p \quad \text{(Bewegungsungleichung)}, \\
&\rho_t + \operatorname{div}(\rho\mathbf{v}) = 0 \quad \text{(Massenerhaltung)}, \\
&\rho(x,t) = f(p(x,t)) \quad \text{(Druck-Dichte-Gesetz } \rho = f(p)).
\end{aligned}
\tag{1.360}
$$

Dabei gilt: ρ Dichte, p Druck, $\mathbf{k} = -\mathbf{grad}\,U$ Kraftdichte.

Inkompressible Flüssigkeiten: Im Fall konstanter Dichte $\rho = \text{const}$ spricht man von einer inkompressiblen Flüssigkeit. Dann folgt aus der Kontinuitätsgleichung (Massenerhaltung) in (1.360) die sogenannte *Inkompressibilitätsbedingung*

$$\operatorname{div}\mathbf{v} = 0.$$

Volumentreue: In einer inkompressiblen Flüssigkeit ist die Strömung volumentreu, d. h., die Flüssigkeitsteilchen, die sich zur Zeit $t = 0$ in einem Gebiet Ω befinden, sind zur Zeit t im Gebiet $F_t(\Omega)$, und beide Gebiete haben das gleiche Volumen (Abb. 1.154). Analytisch bedeutet das

$$\int_\Omega dx = \int_{F_t(\Omega)} dx.$$

Beweis: Das folgt aus der Transportgleichung (1.359) mit $h \equiv 1$ und $\operatorname{div}\mathbf{v} = O$.   □

Die Hamiltonsche Strömung

Der Phasenraum: Es sei $q = (q_1, \ldots, q_n)$ und $p = (p_1, \ldots, p_n)$, also $(q, p) \in \mathbb{R}^{2n}$. Wir bezeichnen diesen (q, p)-Raum als Phasenraum. Ferner sei $q = q(t)$, $p = p(t)$ eine Lösung der kanonischen Gleichung

$$
\begin{aligned}
&q'(t) = H_p(q(t), p(t)), \quad p'(t) = -H_q(q(t), p(t)), \\
&q(0) = q_0, \qquad\qquad\quad\ p(0) = p_0.
\end{aligned}
$$

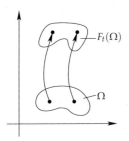

Abb. 1.154

Wir setzen

$$F_t(q_0, p_0) := (q(t), p(t)).$$

Auf diese Weise entsteht definitionsgemäß die Hamiltonsche Strömung im Phasenraum (Abb. 1.155).

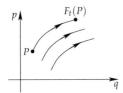

Abb. 1.155

Die Erhaltung der Energie: Die Hamiltonfunktion ist konstant längs jeder Stromlinie der Hamiltonschen Strömung.

Der Satz von Liouville (1809–1882):   Die Hamiltonsche Strömung ist volumentreu.

Kommentar: Dieser Satz besagt

$$\int_\Omega dq\, dp = \int_{F_t(\Omega)} dq\, dp. \tag{1.361}$$

Die Differentialform $\theta := dq_1 \wedge dq_2 \wedge \ldots \wedge dq_n \wedge dp_1 \wedge \ldots \wedge dp_n$ stellt die *Volumenform* des Phasenraumes dar. Der wichtige Zusammenhang mit der symplektischen Form ω ergibt sich durch die Formel

$$\boxed{\theta = \alpha_n \omega \wedge \omega \wedge \ldots \wedge \omega}$$

mit n Faktoren und einer Konstanten α_n. Die Relation (1.361) entspricht dann der Formel

$$\boxed{\int_\Omega \theta = \int_{F_t(\Omega)} \theta.}$$

Der verallgemeinerte Wirbelsatz von Helmholtz und das Hilbertsche invariante Integral:
Sind C und C_* zwei geschlossene Kurven, deren Punkte durch Stromlinien der Hamiltonschen

Strömung miteinander verbunden sind, dann gilt

$$\int_C p\,\mathrm{d}q - H\mathrm{d}t = \int_{C_*} p\,\mathrm{d}q - H\mathrm{d}t.$$

Dieses Integral heißt das Hilbertsche invariante Integral (oder die *absolute Integralinvariante von Poincaré-Cartan*).

Der verallgemeinerte Wirbelsatz von Kelvin: Ist C eine geschlossene Kurve im Phasenraum, dann gilt

$$\int_C p\,\mathrm{d}q = \int_{F_t(C)} p\,\mathrm{d}q.$$

Dieses Integral heißt die *relative Integralinvariante von Poincaré*.

Der durch die Hamiltonsche Strömung erzeugte Transport von Kurven und Tangentialvektoren (Abb. 1.156): Gegeben sei eine Kurve

$$C : q = q(\alpha), \quad p = p(\alpha)$$

im Phasenraum, die für den Parameterwert $\alpha = 0$ durch den P geht. Die Hamiltonsche Strömung überführt den Punkt P in den Punkt

$$P_t := F_t(P)$$

und die Kurve C in die Kurve C_t. Ferner wird der Tangentenvektor v an die Kurve C im Punkt P in den Tangentenvektor v_t an die Kurve C_t im Punkt P_t transformiert. Haben die beiden Kurven C und C' im Punkt P den gleichen Tangentenvektor, dann besitzen die Bildkurven C_t und C'_t im Bildpunkt P_t auch den gleichen Tangentenvektor v_t. Auf diese Weise entsteht eine Transformation $v \mapsto v_t$. Wir schreiben

$$v_t = F'_t(P)v \quad \text{für alle } v \in \mathbb{R}^{2n} .[139]$$

Die durch die Hamiltonsche Strömung erzeugte natürliche Transformation von Differentialformen: Es sei μ eine 1-Form. Wir definieren die 1-Form $F_t^* \mu$ durch die natürliche Relation

$$(F_t^* \mu)_P(v) := \mu_{P_t}(v_t) \quad \text{für alle } v \in \mathbb{R}^{2n}.$$

---

[139] Es handelt sich hierbei um eine Differentiation, denn es gilt

$$v = \left(\frac{\mathrm{d}q(0)}{\mathrm{d}\alpha}, \frac{\mathrm{d}p(0)}{\mathrm{d}\alpha} \right)$$

und

$$v_t = \frac{\mathrm{d}}{\mathrm{d}\alpha} F_t(q(\alpha), p(\alpha))\Big|_{\alpha=0} .$$

Man bezeichnet $F'_t(P)$ auch als Linearisierung des Strömungsoperators im Punkt P. Tatsächlich ist $F'_t(P)$ die Frechetableitung von F_t im Punkt P.

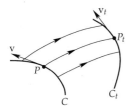

Abb. 1.156

Man bezeichnet $F_t^* \mu$ als die (relativ zur Strömung) zurücktransportierte Form von μ (pull-back). Denn die Werte von $F_t^* \mu$ im Punkt P hängen von der Form μ im Punkt P_t ab (Abb. 1.156).

In gleicher Weise wird das pull-back für beliebige Differentialformen erklärt. Für eine 2-Form ω gilt zum Beispiel:

$$(F_t^* \omega)_P(\mathrm{v,w}) := \omega_{P_t}(\mathrm{v}_t, \mathrm{w}_t) \quad \text{für alle } \mathrm{v,w} \in \mathbb{R}^{2n}.$$

Analog wird das pull-back eingeführt, wenn man F_t durch einen Diffeomorphismus F ersetzt.

Das pull-back wird benutzt, um Invarianzeigenschaften von Differentialformen bezüglich der Strömung in sehr eleganter Weise auszudrücken.

Transporttheorem: Für beliebige Differentialformen μ und ν gilt[140]

$$\boxed{F_t^*(\mu \wedge \nu) = F_t^* \mu \wedge F_t^* \nu} \tag{1.362}$$

und

$$\int_\Omega F_t^* \mu = \int_{F_t(\Omega)} \mu. \tag{1.363}$$

Diese Aussagen bleiben gültig, wenn man F_t durch einen beliebigen Diffeomorphismus ersetzt.

Symplektische Transformationen

Es sei $F : \Omega \subseteq \mathbb{R}^{2n} \longrightarrow F(\Omega)$ ein Diffeomorphismus auf einem Gebiet Ω des Phasenraums $\mathbb{R}^{2n}$ der Gestalt

$$F : P = P(q,p), \quad Q = Q(q,p).$$

Wir nennen F genau dann eine symplektische Transformation, wenn F die symplektische Form ω invariant lässt, d. h., es gilt

$$\boxed{F^* \omega = \omega.}$$

Das heißt in Komponentendarstellung:

$$\boxed{\sum_{i=1}^{n} \mathrm{d}Q_i \wedge \mathrm{d}P_i = \sum_{i=1}^{n} \mathrm{d}q_i \wedge \mathrm{d}p_i.}$$

Satz 1: Ist F eine symplektische Transformation, dann gilt:

(i) $F^* \theta = \theta.$

---

[140]Den allgemeinen Kalkül findet man in Abschnitt 15.4 im Handbuch (invariante Analysis auf Mannigfaltigkeiten).

(ii) $\int\limits_{\Omega} \theta = \int\limits_{F(\Omega)} \theta$ (Volumentreue).

(iii) Für die kanonische Form σ gibt es lokal eine Funktion S mit

$$F^*\sigma - \sigma = dS. \tag{1.364}$$

(iv) Für eine geschlossene Kurve C gilt:

$$\int\limits_{C} \sigma = \int\limits_{F(C)} \sigma.$$

Diese zentralen Aussagen ergeben sich sehr kurz und elegant aus dem Cartanschen Differential-kalkül.

Beweis: Zu (i): Aus (1.362) folgt

$$F^*\theta = F^*(\omega \wedge \ldots \wedge \omega) = F^*\omega \wedge \ldots \wedge F^*\omega = \omega \wedge \ldots \wedge \omega = \theta.$$

Zu (ii): Das Transporttheorem (1.363) ergibt

$$\int\limits_{\Omega} \theta = \int\limits_{\Omega} F^*\theta = \int\limits_{F(\Omega)} \theta.$$

Zu (iii): Es ist $d(F^*\sigma - \sigma) = F^*d\sigma - d\sigma = -F^*\omega + \omega = 0$. Deshalb besitzt die Gleichung (1.364) nach dem Lemma von Poincaré lokal eine Lösung S (vgl. 1.9.11.).

Zu (iv): Es ist $\int\limits_{C} dS = 0$. Das Transporttheorem liefert

$$\int\limits_{C} F^*\sigma = \int\limits_{F(C)} \sigma.$$

Deshalb folgt (iv) aus (iii).   □

Der Hauptsatz der Hamiltonschen Theorie:

> Für jeden Zeitpunkt t ist die durch die Hamiltonsche Strömung erzeugte Abbildung F_t *symplektisch*.

Deshalb darf man in Satz 1 überall F durch F_t ersetzen.

Die kanonischen Gleichungen: Das Geschwindigkeitsfeld v der Hamiltonschen Strömung genügt der Gleichung:[141]

$$\boxed{v \lrcorner\, \omega = dH.} \tag{1.365}$$

Das ist die eleganteste Formulierung der Hamiltonschen kanonischen Gleichungen. Das Auftreten der symplektischen Form ω in diesen Gleichungen ist der Schlüssel für die Anwendung symplektischer Methoden in der klassischen Mechanik.

---

[141] Das Symbol $v \lrcorner\, w$ bezeichnet das sogenannte innere Produkt von v mit w. Das ist ein lineares Funktional, welches durch

$$(v \lrcorner\, \omega)(w) = \omega(v, w) \quad \text{für alle} \ \ \omega \in \mathbb{R}^{2n}$$

definiert ist. Anstelle von $v \lrcorner\, \omega$ schreibt man auch $i_v(\omega)$.

Symplektische Invarianz der kanonischen Gleichungen: Die kanonischen Gleichungen (1.365) sind invariant unter symplektischen Transformationen, d. h., unter symplektischen Transformationen gehen die kanonischen Gleichungen

$$q' = H_p, \quad p' = -H_q$$

in die neuen kanonischen Gleichungen

$$Q' = H_P, \quad P' = -H_Q$$

über.

Beweis von (1.365): Es sei $q = q(t)$, $p = p(t)$ eine Stromlinie der Hamiltonschen Strömung. Dann gilt für den Geschwindigkeitsvektor v zur Zeit t die Beziehung

$$v = (q'(t), p'(t)).$$

Ferner setzen wir $w = (a, b)$ mit $a, b \in \mathbb{R}^n$. Die Gleichung (1.365) besagt

$$\omega(v, w) = dH(w) \quad \text{für alle} \quad w \in \mathbb{R}^{2n}.$$

Wegen $\omega = \sum_i dq_i \wedge dp_i$ und

$$(dq_i \wedge dp_i)(v, w) = dq_i(v)dp_i(w) - dq_i(w)dp_i(v) = q_i'(t)a_i - p_i'(t)b_i$$

erhalten wir

$$\sum_{i=1}^n q_i'(t)a_i - p_i'(t)b_i = \sum_{i=1}^n H_{q_i}a_i + H_{p_i}b_i$$

für alle a_i, $b_i \in \mathbb{R}$. Koeffizientenvergleich ergibt

$$q_i' = H_{p_i}, \quad p_i' = -H_{q_i}.$$

Das sind die kanonischen Gleichungen. □

Lagrangesche Mannigfaltigkeiten: Es sei G eine offene Menge des $\mathbb{R}^n$. Eine n-dimensionale Fläche

$$\mathcal{F} : q = q(C), \quad p = p(C), \quad C \in G,$$

die in jedem Punkt eine Tangentialebene besitzt[142], heißt genau dann eine Lagrangesche Mannigfaltigkeit, wenn ω auf $\mathcal{F}$ verschwindet, d. h., man hat

$$\boxed{\omega_P(v, w) = 0, \quad P \in \mathcal{F},} \tag{1.366}$$

für alle Tangentialvektoren v und w von $\mathcal{F}$ im Punkt P.[143] Geometrisch gesprochen ist somit jeder Tangentialraum von $\mathcal{F}$ isotrop bezüglich der auf ihm durch ω erzeugten symplektischen Geometrie (vgl. 3.9.8).

Invarianzeigenschaft: Lagrangesche Mannigfaltigkeiten gehen unter symplektischen Transformationen wieder in Lagrangesche Mannigfaltigkeiten über.

---

[142]Das bedeutet Rang $(q'(C), p'(C)) = n$ auf G.

[143]Benutzt man die in 1.13.1.3. eingeführten Lagrangeschen Klammern, dann ist (1.366) äquivalent zur Gleichung

$$[C_j, C_k](P) = 0 \quad \text{für alle} \quad P \in \mathcal{F} \quad \text{für alle} \quad j, k.$$

1.13.1.8 Poissonklammern und integrable Systeme

Wir betrachten die kanonischen Gleichungen

$$p' = -H_q(q, p), \quad q' = H_p(q, p) \tag{1.367}$$

für die gesuchte Bewegung $q = q(t)$, $p = p(t)$ mit $q, p \in \mathbb{R}^n$. Es ist unser Ziel, Bedingungen dafür anzugeben, dass das Ausgangssystem (1.367) Lösungen besitzt, die nach einer geeigneten Variablentransformation die einfache Gestalt

$$\varphi_j(t) = \omega_j t + \text{const}, \quad j = 1, \ldots, n \tag{1.368}$$

besitzen. Dabei sind alle φ_j Winkelvariable der Periode 2π, d. h. $(\varphi_1, \ldots, \varphi_n)$ und $(\varphi_1 + 2\pi, \ldots, \varphi_n + 2\pi)$ beschreiben den gleichen Zustand des Systems.

Quasiperiodische Bewegungen: In (1.368) entspricht jeder Koordinate φ_j eine periodische Bewegung mit der Kreisfrequenz ω_j. Da diese Frequenzen $\omega_1, \ldots, \omega_n$ verschieden sein können, heißt die Bewegung insgesamt quasiperiodisch. Die Menge

$$T := \{\varphi \in \mathbb{R}^n \,|\, 0 \le \varphi_j \le 2\pi, \; j = 1, \ldots, 2\pi\}$$

heißt ein n-dimensionaler Torus. Dabei werden Randpunkte genau dann miteinander identifiziert, wenn ihre Koordinaten φ_j gleich sind oder sich um 2π unterscheiden. Die Bewegung (1.368) verläuft auf dem n-dimensionalen Torus T.

▶ BEISPIEL 1: Für $n = 2$ beschreibt Abb. 1.157a die Situation. Hier hat man in natürlicher Weise die Punkte gegenüberliegender Seiten von T miteinander zu identifizieren. Verklebt man diese Punkte von T, dann entsteht der in Abb. 1.157b dargestellte geometrische Torus $\mathcal{T}$.

(i) Ist das Verhältnis ω_1/ω_2 eine rationale Zahl, dann besteht die Bahnkurve $\varphi_1 = \omega_1 t + \text{const}$, $\varphi_2 = \omega_2 t + \text{const}$ aus endlich vielen Strecken, die zum Ausgangspunkt zurückkehren. Die entsprechende Kurve auf $\mathcal{T}$ kehrt nach endlich vielen Umschlingungen von $\mathcal{T}$ zum Ausgangspunkt zurück.

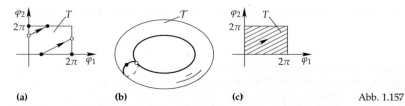

(a)   **(b)**   **(c)**   Abb. 1.157

(ii) Ist ω_1/ω_2 eine irrationale Zahl, dann überdeckt die Bahnkurve die Mengen T und $\mathcal{T}$ dicht ohne zum Ausgangspunkt zurückzukehren (Abb. 1.157c).

Poissonklammern: [144]. Für zwei glatte Funktionen $f = f(q, p)$ und $g = g(q, p)$ definieren wir die Poissonklammer

$$\{f, g\} := \sum_{j=1}^{n} \frac{\partial f}{\partial p_j} \frac{\partial g}{\partial q_j} - \frac{\partial f}{\partial q_j} \frac{\partial g}{\partial p_j}.$$

---

[144]Parallel zur Hamiltonschen Mechanik kann man eine Poissonsche Mechanik aufbauen, die die Poissonklammern benutzt (vgl. 5.1.3.). Die Poissonsche Mechanik basiert auf der Tatsache, dass die Vektorfelder einer Mannigfaltigkeit eine Liealgebra bilden, während die Hamiltonsche Mechanik ausnutzt, dass die Kotangentialbündel einer Mannigfaltigkeit eine natürliche symplektische Struktur trägt (vgl. 15.6 im Handbuch). Die Poissonsche Mechanik spielte die entscheidende Rolle bei der Quantisierung der klassischen Mechanik durch Heisenberg im Jahre 1924, womit er die Quantenmechanik schuf (vgl. 5.1.3.)

Satz von Liouville (1809–1882):   Gegeben seien n glatte Erhaltungsgrößen $F_1, \ldots, F_n \colon \mathbb{R}^{2n} \to$ $\mathbb{R}$ der kanonischen Gleichungen (1.367) mit $F_1 = H$, die in Involution stehen, d. h., es gilt

$$\{F_j, F_k\} \equiv 0 \quad \text{für} \quad j, k = 1, \ldots, n.$$

Ferner nehmen wir an, dass die Menge M_α aller Punkte $(q, p) \in \mathbb{R}^{2n}$ mit

$$F_j(q, p) = \alpha_j, \quad j = 1, \ldots, n,$$

für festes $Q \in \mathbb{R}^n$ eine kompakte zusammenhängende n-dimensionale Mannigfaltigkeit bildet, d. h., die Matrix $(\partial_k F_j)$ der ersten partiellen Ableitungen besitzt in jedem Punkt von M_α den Rang n.

Dann ist M_α diffeomorph zu dem n-dimensionalen Torus T, wobei die Lösungs- trajektorien $q = q(t)$, $p = p(t)$ des kanonischen Gleichungssystems (1.367) auf M_α der quasiperiodischen Bewegung (1.368) entsprechen.

Die Foliation durch invariante Tori: Es existiert eine offene Umgebung U von α, so dass eine Umgebung von M_α im Phasenraum $\mathbb{R}^{2n}$ diffeomorph ist zu dem Produkt

$$\boxed{T \times U.}$$

Dabei ist die Menge $Tx\{I\}$ mit $I \in U$ diffeomorph zu M_I. Speziell gehört zu M_α der Parameterwert $I = \alpha$. Durch diesen Diffeomorphismus

$$\varphi = \varphi(q, p), \quad I = I(q, p) \tag{1.369}$$

geht die kanonische Ausgangsgleichung (1.367) in die neue kanonische Gleichung

$$\boxed{I' = -\mathcal{H}_\varphi(I) = 0, \quad \varphi' = \mathcal{H}_I(I)} \tag{1.370}$$

über. Die zugehörige Lösung lautet

$$I_j = \text{const}, \quad \varphi_j = \omega_j t + \text{const}, \quad j = 1, \ldots, n. \tag{1.371}$$

Dabei gilt $\omega_j := \partial H(I)/\partial I_j$. Die Variable I heißt *Wirkungsvariable*.

Der Kurve (1.371) entspricht eine Bewegung auf M_I. Dabei ist M_I die Menge aller Punkte $(q, p) \in \mathbb{R}^{2n}$ im Phasenraum mit

$$F_j(q, p) = I_j, \quad j = 1, \ldots, n.$$

Wir nennen M_I einen invarianten Torus. Liegt I in einer hinreichend kleinen Umgebung von α, dann ergibt sich M_I aus M_α durch eine kleine Deformation.

▶ BEISPIEL 2: Im Fall $n = 1$ liegt die Situation von Abb. 1.158 vor. Hier gilt $T := \{\varphi \in \mathbb{R} : 0 \leq \varphi \leq 2\pi\}$, wobei die Punkte $\varphi = 0$ und $\varphi = 2\pi$ miteinander identifiziert werden. Die geschlossenen Kurven im (q, p)-Phasenraum gehen in die Kreisschar

$$x = I \cos \varphi, \quad y = I \sin \varphi$$

über mit den Radien $I \in U$. Dabei entspricht M_I dem Kreis $\mathcal{T}_I$ mit dem Radius I (Wirkungsvariable).

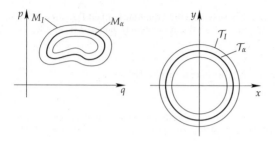

Abb. 1.158

1.13.1.9 Die Störung integrabler Systeme (KAM-Theorie)

Die entscheidende Frage lautet: Wie verhält sich ein integrables System bei einer kleinen Störung? Die naheliegende Antwort, dass die Situation nur leicht deformiert wird, ist leider falsch. Der Grund besteht darin, dass Resonanzen zwischen den Kreisfrequenzen $\omega_1, \ldots, \omega_n$ auftreten können.

Anstelle des integrablen Systems (1.370) betrachten wir das gestörte System

$$I' = -H_\varphi(I, \varphi, \varepsilon), \quad \varphi' = H_I(I, \varphi, \varepsilon) \tag{1.372}$$

mit der gestörten Hamiltonfunktion $H := \mathcal{H}(I) + \varepsilon \mathcal{H}_*(I, \varphi)$ und dem kleinen reellen Parameter ε. Die Kolmogorow-Arnold-Moser-Theorie (KAM-Theorie), die von Kolmogorow 1953 initiiert und einige Jahre später von Arnold und Moser wesentlich ausgebaut wurde, beschäftigt sich mit dem Verhalten des gestörten Systems (1.372).

Definition: Ein invarianter Torus $T \times \{I\}$, auf dem die Lösungsschar (1.371) existiert, heißt genau dann resonant, wenn es rationale Zahlen $r_1, \ldots, r_n$ gibt, die nicht alle gleich null sind, so dass

$$r_1 \omega_1 + \ldots + r_n \omega_n = 0$$

gilt. Die folgenden Aussagen beziehen sich auf nichtentartete Systeme, d. h., die Determinante $\det(\partial^2 \mathcal{H}(I_0)/\partial I_j \partial I_k)$ der zweiten partiellen Ableitungen der ungestörten Hamiltonfunktion $\mathcal{H}$ ist ungleich null.

Satz: Ist der Störparameter ε hinreichend klein, dann werden die meisten nichtresonanten Tori des ungestörten Systems bei der Störung nur wenig deformiert und die Bahnkurven auf diesen Tori behalten ihr qualitatives Verhalten bei.

Die Kompliziertheit der Situation besteht jedoch darin, dass auch gewisse nichtresonante Tori zerstört werden können. Ferner liegen im ungestörten Fall resonante und nichtresonante Tori dicht nebeneinander.

> Durch kleinste Störungen kann sich das Verhalten einer Trajektorie dramatisch verändern. Es ist möglich, dass eine chaotische Bewegung entsteht.

Anwendung auf die Stabilität des Sonnensystems: Vernachlässigt man zunächst die Wechselwirkung der Planeten untereinander und die Rückwirkung der Planeten auf die Sonne, dann vollführt jeder Planet eine ebene periodische Bewegung mit unterschiedlichen Umlaufzeiten

(Frequenzen). Diese Situation entspricht einer quasiperiodischen Bewegung. Das Einschalten der Wechselwirkungskraft zwischen den Planeten führt zu einer Störung dieser quasiperiodischen Bewegung. Nach der KAM-Theorie kann es prinzipiell keinen theoretischen Beweis für die Stabilität unseres Sonnensystems für alle Zeiten geben, denn das Verhalten des gestörten Systems hängt sehr sensibel von den Anfangsdaten ab, die nur bis auf einen Messfehler bekannt sind.

Viele Aspekte der klassischen und modernen Himmelsmechanik findet man in dem Enzyklopädieband [Arnold 1988] zusammengestellt.

1.13.1.10 Die Gibbssche Grundgleichung der Thermodynamik

Erster Hauptsatz der Thermodynamik:

$$E'(t) = Q'(t) + A'(t).$$
(1.373)

Zweiter Hauptsatz der Thermodynamik:

$$Q'(t) \leq T(t)S'(t).$$
(1.374)

Diese Gleichungen beschreiben das zeitliche Verhalten allgemeiner thermodynamischer Systeme. Das sind Systeme, die aus einer großen Zahl von Teilchen bestehen (z. B. Molekülen oder Photonen). Dabei gilt:

$Q(t)$ Wärmeenergie, die dem System im Zeitintervall $[0, t]$ zugeführt wird;

$A(t)$ Arbeit, die dem System im Zeitintervall $[0, t]$ zugeführt wird;

$E(t), S(t), T(t)$ innere Energie, Entropie, absolute Temperatur des Systems zur Zeit t.

Gilt $Q'(t) = T(t)S'(t)$ für alle Zeiten, dann heißt der Prozess *reversibel*. Sonst nennt man den Prozess *irreversibel*.

Ist das System abgeschlossen, dann bedeutet das speziell, dass ihm keine Wärme von außen zugeführt wird, d. h. $Q(t) \equiv 0$. Aus dem zweiten Hauptsatz (1.374) folgt in diesem Fall

$$S'(t) \geq 0.$$

Somit gilt:

> In einem abgeschlossenen thermodynamischen System kann die Entropie niemals abnehmen.

In einem abgeschlossenen System ist ein Prozess genau dann reversibel, wenn $S'(t) \equiv 0$ gilt, d. h., die Entropie bleibt konstant.

Die folgende Gleichung erfasst eine wichtige Klasse thermodynamischer Systeme.

Die Grundgleichung von Gibbs:

$$dE = T\,dS - p\,dV + \sum_{j=1}^{r} \mu_j dN_j.$$
(1.375)

Diese Gleichung gilt für thermodynamische Systeme, deren Zustand durch die folgenden Parameter charakterisiert werden kann:

T absolute Temperatur, V Volumen, N_j: Teilchenzahl der j-ten Substanz.

Die anderen Größen sind dann Funktionen dieser Parameter:

$$E = E(T, V, N) \qquad \text{(innere Energie)},$$
$$S = S(T, V, N) \qquad \text{(Entropie)},$$
$$p = p(T, V, N) \qquad \text{(Druck)},$$
$$\mu_j = \mu_j(T, V, N) \qquad \text{(chemisches Potential der } j\text{-ten Substanz)}.$$

Dabei gilt $N = (N_1, \ldots, N_r)$. Die Gleichung (1.375) ist äquivalent zu dem System partieller Differentialgleichungen erster Ordnung:

$$\boxed{E_T = TS_T, \quad E_V = TS_V - p, \quad E_{N_j} = TS_{N_j} + \mu_j, \quad j = 1, \ldots, r.}$$

Ein thermodynamischer Prozess wird in dieser Situation durch die Gleichung

$$T = T(t), \quad V = V(t), \quad N = N(t), \quad t_0 \leq t \leq t_1 \tag{1.376}$$

beschrieben. Dazu gehören die Funktionen

$$E(t) := E(\mathcal{P}(t)), \quad S(t) := S(\mathcal{P}(t)) \tag{1.377}$$

mit $\mathcal{P}(t) := (T(t), V(t), N(t))$. Ferner erhalten wir $Q = Q(t)$ und $A = A(t)$ durch Integration von

$$Q'(t) = T(t)S'(t),$$
$$A'(t) = -p(\mathcal{P}(t))V'(t) + \sum_{j=1}^{r} \mu_j(\mathcal{P}(t))N_j'(t) \tag{1.378}$$

mit $Q(t_0) = A(t_0) = 0$.

Satz 1:   Kennt man eine Lösung der Gibbsschen Grundgleichung (1.375), dann erfüllt der thermodynamische Prozess (1.376) bis (1.378) den ersten und zweiten Hauptsatz der Thermodynamik. Dieser Prozess ist reversibel.

Der Spezialfall eines Gases oder einer Flüssigkeit: Wir betrachten ein System, das aus N Molekülen einer Teilchensorte mit der Molekülmasse m besteht. Dann ist $M = mN$ die Gesamtmasse. Die Gibbssche Grundgleichung lautet jetzt

$$\boxed{dE = T\, dS - p\, dV + \mu\, dN.} \tag{1.379}$$

Wir führen die folgenden Größen ein:

$$\rho := \frac{M}{V} \quad \textit{Massendichte},$$

$$e := \frac{E}{M} \quad \textit{spezifische innere Energie},$$

$$s := \frac{S}{M} \quad \textit{spezifische Entropie}.$$

Dann sind e, s, p und μ Funktionen von T und ρ. Ferner definieren wir die spezifische Wärme durch $c(T, \rho) := e_T(T, \rho)$.

Satz 2: Für $T > 0$ und $\rho > 0$ seien die beiden glatten Funktionen

$$\boxed{p = p(T, \rho) \quad \text{und} \quad c = c(T, \rho)}$$

gegeben, die zusätzlich der Nebenbedingung $c_\rho = -p_{TT} T / \rho^2$ genügen. Ferner seien die Werte $e(T_0, \rho_0)$ und $s(T_0, \rho_0)$ gegeben. Dann lautet die eindeutige Lösung der Gibbsschen Gleichung (1.379):

$$e(T, \rho) = e(T_0, \rho_0) + \int\limits_{(T_0, \rho_0)}^{(T, \rho)} c\, dT + \rho^{-2}(p - p_T T)\, d\rho,$$

$$s(T, \rho) = s(T_0, \rho_0) + \int\limits_{(T_0, \rho_0)}^{(T, \rho)} T^{-1} c\, dT - \rho^{-2} p_T \, d\rho,$$

$$\mu(T, \rho) = e(T, \rho) - Ts(T, \rho) + \frac{p(T, \rho)}{\rho}.$$

Alle diese Kurvenintegrale sind vom Weg unabhängig.

Kommentar: Experimentell hat man die Zustandsgleichung $p = p(T, \rho)$ und die spezifische Wärme $c(T, \rho)$ zu bestimmen. Daraus folgen dann alle anderen thermodynamischen Größen e, s und μ.

▶ BEISPIEL 1: Für ein ideales Gas bei Zimmertemperatur T gilt:

$$p = r\rho T \quad \text{(Zustandsgleichung)}, \qquad c = \frac{\alpha r}{2} \quad \text{(spezifische Wärme)}.$$

Dabei heißt r die Gaskonstante, und α entspricht der Anzahl der angeregten Freiheitsgrade (in der Regel gilt $\alpha = 3, 5, 6$ für einatomige, zweiatomige und n-atomige Gase mit $n \geq 3$). Daraus folgt

$$e = cT + \text{const}, \quad s = c\ln(T\rho^{1-\gamma}) + \text{const},$$

$$\mu = e - Ts + \frac{p}{\rho} \quad \text{(chemischen Potential)}$$

mit $\gamma := 1 + r/c$.

Die Legendretransformation und thermodynamische Potentiale: In der Thermodynamik muss man häufig die Variablen wechseln. Das kann man sehr elegant mit Hilfe der Gibbsschen Gleichung bewerkstelligen.

▶ BEISPIEL 2: Die Gibbssche Gleichung

$$dE = T\, dS - p\, dV + \mu\, dN$$

zeigt, dass S, V und N die natürlichen Variablen der *inneren Energie* sind. Aus $E = E(S, V, N)$ folgt

$$T = E_S, \quad p = -E_V, \quad \mu = E_N.$$

Wegen $E_{SV} = E_{VS}$ usw. erhält man daraus die Integrabilitätsbedingungen

$$T_V(\mathcal{P}) = -p_S(\mathcal{P}), \quad p_N(\mathcal{P}) = -\mu_V(\mathcal{P}), \quad T_N(\mathcal{P}) = \mu_S(\mathcal{P}),$$

wobei wir $\mathcal{P} := (S, V, N)$ setzen.

▶ BEISPIEL 3: Die Funktion $F := E - TS$ heißt freie Energie. Wegen $dF = dE - T\,dS - S\,dT$ gilt

$$dF = -S\,dT - p\,dV + \mu\,dN.$$

Somit sind T, V und N die natürlichen Variablen von F. Aus $F = F(T, V, N)$ erhalten wir

$$S = -F_T, \quad p = -F_V, \quad \mu = F_N.$$

Man bezeichnet E und F auch als thermodynamische Potentiale, weil man aus ihnen durch Differentiation alle anderen wichtigen thermodynamischen Größen erhalten kann. Weitere thermodynamische Potentiale findet man in Tab.1.7.

Tabelle 1.7 Thermodynamische Potentiale

Potential	totales Differential	natürliche Variable	Bedeutung der Ableitungen
innere Energie E	$dE = T\,dS - p\,dV + \mu\,dN$	$E(S, V, N)$	$E_S = T$, $E_V = -p$, $E_N = \mu$
freie Energie $F = E - TS$	$dF = -S\,dT - p\,dV + \mu\,dN$	$F(T, V, N)$	$F_T = -S$, $F_V = -p$, $F_N = \mu$
Entropie S	$T\,dS = dE + p\,dV - \mu\,dN$	$S(E, V, N)$	$TS_E = 1$, $TS_V = p$, $TS_N = -\mu$
Enthalpie $H = E + pV$	$dH = T\,dS - V\,dp + \mu\,dN$	$H(S, p, N)$	$H_S = T$, $H_p = -V$, $H_N = \mu$
freie Enthalpie $G = F + pV$	$dG = -S\,dT - V\,dp + \mu\,dN$	$G(T, p, N)$	$G_T = -S$, $G_p = -V$, $G_N = \mu$
statistisches Potential $\Omega = F - \mu N$	$d\Omega = -S\,dT - p\,dV - N\,d\mu$	$\Omega(T, V, \mu)$	$\Omega_T = -S$, $\Omega_V = -p$, $\Omega_\mu = -N$

1.13.1.11 Die Berührungstransformationen von Lie

> *Indem ich Plückers Ideen über den Wechsel des Raumelements weiter verfolgte, gelangte ich schon 1868 zu dem allgemeinen Begriff der Berührungstransformation.*
>
> Sophus Lie (1842–1899)

In der Mathematik vereinfacht man häufig die Probleme, indem man geeignete Transformationen ausführt. Für Differentialgleichungen stellen die Lieschen Berührungstransformationen die geeignete Transformationsklasse dar. Es handelt sich dabei um eine Verallgemeinerung der Legendretransformation, deren anschauliche geometrische Bedeutung in 1.12.4.14. diskutiert worden ist. Wichtig ist, dass gilt:

> Bei Berührungstransformationen gehen Lösungen von Differentialgleichungen in Lösungen der transformierten Differentialgleichungen über.

Zusätzlich zu traditionellen Transformationen der abhängigen und unabhängigen Variablen können bei Berührungstransformationen auch Ableitungen zu unabhängigen Variablen werden.

Definition: Es sei $x = (x_1, \ldots, x_n)$ und $p = (p_1, \ldots, p_n)$. Ferner sei $X = (X_1, \ldots, X_n)$ und $P = (P_1, \ldots, P_n)$. Unter einer *Berührungstransformation*

$$X = X(x, u, p), \quad P = P(x, u, p), \quad U = U(x, u, p) \tag{1.380}$$

verstehen wir einen Diffeomorphismus von einer offenen Menge G des $\mathbb{R}^{2n+1}$ auf eine offene Menge Ω des $\mathbb{R}^{2n+1}$, so dass die Relation

$$\boxed{\mathrm{d}U - \sum_{j=1}^{n} P_j \mathrm{d}X_j = \rho(x,u,p)\left(\mathrm{d}u - \sum_{j=1}^{n} p_j \mathrm{d}x_j\right)} \qquad (1.381)$$

auf G gilt, wobei die glatte Funktion ρ auf G ungleich null ist.

Satz: Ist $u = u(x)$ eine Lösung der Differentialgleichung

$$f(x,u,u') = 0 \qquad (1.382)$$

mit $u' = (u_{q_1}, \ldots, u_{q_n})$, dann ist $U = U(X)$ eine Lösung der Differentialgleichung

$$F(X,U,U') = 0,$$

die sich aus (1.382) mit Hilfe der Berührungstransformation (1.380) ergibt, wobei wir

$$p_j = \frac{\partial u}{\partial x_j}, \quad j = 1,\ldots,n$$

setzen. Dann erhält man zusätzlich $P_j = \partial U/\partial X_j$, $j = 1,\ldots,n$.

Die allgemeine Legendretransformation:

$$\boxed{\begin{aligned} U &= \sum_{j=1}^{k} p_j x_j - u, \quad X_j = p_j, \quad P_j = x_j, \quad j = 1,\ldots,k, \\ X_r &= x_r, \quad P_r = p_r, \quad r = k+1,\ldots,n. \end{aligned}} \qquad (1.383)$$

Dabei gilt $1 \leq k \leq n$. Für $k = n$ entfällt die letzte Zeile. Aus der Produktregel $\mathrm{d}(p_j x_j) = p_j \mathrm{d}x_j + x_j \mathrm{d}p_j$ folgt (1.383) mit $\rho = -1$. Deshalb stellt (1.383) eine Berührungstransformation dar.

▶ BEISPIEL 1: Die Legendretransformationen der Thermodynamik ergeben sich aus (1.383) mit $k = 1$. Beispielsweise gilt dann $E = u$ (innere Energie) und $F = -U$ (freie Energie) (vgl. 1.13.1.10).

▶ BEISPIEL 2: Die Legendretransformation der Mechanik entspricht (1.383) mit der Lagrangefunktion $L = u$ und der Hamiltonfunktion $H = U$ (vgl. 5.1.3). In diesem Falle gilt $x_j = q'_j$ (Geschwindigkeitskoordinaten).

1.13.2 Gleichungen zweiter Ordnung der mathematischen Physik

Die Gleichungen für die Bewegung der Wärme gehören ebenso wie die für die Schwingungen tönender Körper und von Flüssigkeiten zu einem erst jüngst erschlossenen Gebiet der Analysis, welches es Wert ist, auf das sorgfältigste durchforscht zu werden.

Jean Baptiste Joseph Fourier,
Théorie analytique de la chaleur[145], 1822

1.13.2.1 Die universelle Fouriermethode

Die Grundidee der Fouriermethode besteht darin, die Lösung von partiellen Differentialgleichungen zweiter Ordnung in der Form

$$u(x,t) = \sum_{k=0}^{\infty} a_k(x) b_k(t) \qquad (1.384)$$

---

[145]Analytische Theorie der Wärme.

darzustellen. In wichtigen Fällen entspricht dabei jeder Term $a_k(x)b_k(t)$ Eigenschwingungen des physikalischen Systems. Hinter (1.384) verbirgt sich das folgende allgemeine Prinzip:

> Die Zeitentwicklung vieler physikalischer Systeme ergibt sich durch Superposition von Eigenzuständen (z. B. Eigenschwingungen).

Dieses Prinzip wurde im Jahre 1730 zuerst von Daniel Bernoulli benutzt, um Schwingungen von Stäben und Saiten zu behandeln. Der Klang jedes Musikinstruments oder jedes Sängers wird mathematisch durch Ausdrücke der Gestalt (1.384) beschrieben, wobei $a_k(x)b_k(t)$ den Grund- und Oberschwingungen entsprechen, deren Intensität die Klangfarbe bestimmt. Interessanterweise glaubte Euler (1707–1783) nicht an die von Daniel Bernoulli aufgestellte Behauptung, dass man mit Hilfe von (1.384) die allgemeine Zeitentwicklung erhalten kann. Man muss bedenken, dass es zu diesem Zeitpunkt noch keinen allgemein akzeptierten Begriff einer Funktion und der Konvergenz unendlicher Reihen gab.

In seinem Werk „Analytische Theorie der Wärme" aus dem Jahre 1822 wurde die Methode (1.384) von Fourier als wichtiges Instrument der mathematischen Physik entwickelt. Ein tieferes Verständnis der Fouriermethode ergab sich jedoch erst zu Beginn des 20. Jahrhunderts auf der Basis funktionalanalytischer Methoden. Das wird ausführlich in 11.1.3. sowie in 13.16–13.18 im Handbuch dargestellt.

1.13.2.2 Anwendungen auf die schwingende Saite

$$
\begin{aligned}
&\frac{1}{c^2}u_{tt} - u_{xx} = 0, && 0 < x < L, t > 0 && \text{(Differentialgleichung)},\\
&u(0,t) = u(L,t) = 0, && t \geq 0 && \text{(Randbedingung)},\\
&u(x,0) = u_0(x), && 0 \leq x \leq L && \text{(Anfangslage)},\\
&u_t(x,0) = u_1(x), && 0 \leq x \leq L && \text{(Anfangsgeschwindigkeit)}.
\end{aligned}
\tag{1.385}
$$

Dieses Problem beschreibt die Bewegung einer Saite der Länge L, die am Rand fest eingespannt ist. Dabei gilt: $u(x,t) = $ Auslenkung der Saite am Ort x zur Zeit t (Abb. 1.159). Die Zahl c entspricht der Ausbreitungsgeschwindigkeit von Saitenwellen.

Zur Vereinfachung der Bezeichnungen sei $L = \pi$ und $c = 1$.

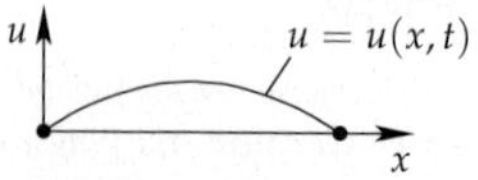

Abb. 1.159

Existenz- und Eindeutigkeitssatz: Gegeben seien die glatten ungeraden Funktionen u_0 und u_1 der Periode 2π. Dann besitzt das Problem (1.385) die eindeutige Lösung

$$
u(x,t) = \sum_{k=1}^{\infty} (a_k \sin kt + b_k \cos kt) \sin kx.
\tag{1.386}
$$

Dabei gilt

$$
u_0(x) = \sum_{k=1}^{\infty} b_k \sin kx, \quad u_1(x) = \sum_{k=1}^{\infty} ka_k \sin kx,
\tag{1.387}
$$

d. h., b_k (bzw. ka_k) sind die Fourierkoeffizienten von u_0 (bzw. u_1). Explizit bedeutet das

$$b_k = \frac{2}{\pi} \int\limits_0^\pi u_0(x) \sin kx \, dx, \quad a_k = \frac{2}{k\pi} \int\limits_0^\pi u_1(x) \sin kx \, dx.$$

Physikalische Interpretation: Die Lösung (1.386) entspricht einer Superposition von Eigenschwingungen

$$u(x,t) = \sin kt \sin kx \quad \text{und} \quad u(x,t) = \cos kt \sin kx$$

der eingespannten Saite mit der Kreisfrequenz $\omega = k$.

Die folgenden Überlegungen sind typisch für alle Anwendungen der Fouriermethode.

Motivation der Lösung: (i) Wir suchen zunächst spezielle Lösungen des Ausgangsproblems (1.385) in der *Produktform*

$$\boxed{u(x,t) = \varphi(x)\psi(t).}$$

(ii) Die *Randbedingungen* $u(0,t) = u(\pi,t) = 0$ können wir durch

$$\varphi(0) = \varphi(\pi) = 0$$

erfüllen.

(iii) *Der λ-Trick:* Aus der *Differentialgleichung* $u_{tt} - u_{xx} = 0$ erhalten wir

$$\varphi(x)\psi''(t) = \varphi''(x)\psi(t).$$

Diese Gleichung können wir befriedigen, indem wir

$$\frac{\psi''(t)}{\psi(t)} = \frac{\varphi''(x)}{\varphi(x)} = \lambda$$

mit einer unbekannten reellen Zahl λ setzen. Damit erhalten wir die beiden Gleichungen

$$\boxed{\varphi''(x) = \lambda\varphi(x), \quad \varphi(0) = \varphi(\pi) = 0} \tag{1.388}$$

und

$$\psi''(t) = \lambda\psi(t). \tag{1.389}$$

Man bezeichnet (1.388) als Rand-Eigenwertaufgabe mit dem Eigenwertparameter λ.

(iv) *Nichttriviale Lösungen* von (1.388) sind

$$\boxed{\varphi(x) = \sin kx, \quad \lambda = -k^2, \quad k = 1, 2, \ldots}$$

Setzen wir $\lambda = -k^2$ in (1.389), dann erhalten wir die Lösungen

$$\psi(t) = \sin kt, \quad \cos kt.$$

(v) *Superposition* dieser speziellen Lösungen liefert

$$u(x,t) = \sum_{j=1}^\infty (a_k \sin kt + b_k \cos kt) \sin kx$$

mit unbekannten Konstanten a_k und b_k. Differentiation nach t ergibt

$$u_t(x,t) = \sum_{k=1}^{\infty} (ka_k \cos kt - kb_k \sin kt) \sin kx.$$

(vi) Aus den *Anfangsbedingungen* $u(x,0) = u_0$ und $u_t(x,0) = u_1(x)$ erhalten wir dann die Gleichungen (1.387) zur Bestimmung von a_k und b_k.

1.13.2.3 Anwendungen auf den wärmeleitenden Stab

$$
\begin{array}{lll}
T_t - \alpha T_{xx} = 0, & 0 < x < L, t > 0 & \text{(Differentialgleichung)}, \\
T(0,t) = T(L,t) = 0, & t \geq 0 & \text{(Randtemperatur)}, \\
T(x,0) = T_0(x), & 0 \leq x \leq L & \text{(Anfangstemperatur)}.
\end{array}
\tag{1.390}
$$

Dieses Problem beschreibt die Temperaturverteilung in einem Stab der Länge L. Dabei gilt: $T(x,t)$ = Temperatur des Stabes am Ort x zur Zeit t. Die positive Zahl α ist eine Materialkonstante.

Zur Vereinfachung der Bezeichnungen sei $L = \pi$ und $\alpha = 1$.

Existenz- und Eindeutigkeitssatz: Gegeben sei die glatte ungerade Funktion T_0 der Periode 2π. Dann besitzt das Problem (1.390) die eindeutige Lösung:

$$T(x,t) = \sum_{k=1}^{\infty} b_k \mathrm{e}^{-k^2 t} \sin kx.$$

Dabei gilt

$$T_0(x) = \sum_{j=1}^{\infty} b_k \sin kx,$$

d. h., b_k sind die Fourierkoeffizienten von T_0. Explizit bedeutet das

$$b_k = \frac{2}{\pi} \int_0^\pi T_0(x) \sin kx \, \mathrm{d}x.$$

Dieses Ergebnis erhält man analog zu 1.13.2.2.

1.13.2.4 Die instationäre Wärmeleitungsgleichung

$$
\begin{array}{lll}
s\mu T_t - \kappa \Delta T = 0, & x \in \Omega, t > 0 & \text{(Differentialgleichung)}, \\
T(x,t) = T_0(x), & x \in \partial\Omega, t \geq 0 & \text{(Randtemperatur)}, \\
T(x,0) = T_1(x), & x \in \Omega & \text{(Anfangstemperatur)}.
\end{array}
\tag{1.391}
$$

Dieses Problem beschreibt die Temperaturverteilung in einem beschränkten Gebiet Ω des $\mathbb{R}^3$ mit glattem Rand $\partial\Omega$. Dabei gilt: $T(x,t)$ = Temperatur im Punkt $x = (x_1, x_2, x_3)$ zur Zeit t. Die physikalische Bedeutung der Konstanten s, μ und κ findet man in (1.170). Der Operator

$$\Delta T := \sum_{j=1}^{3} \frac{\partial^2 T}{\partial x_j^2} \tag{1.392}$$

heißt *Laplaceoperator*.

Existenz- und Eindeutigkeitssatz: Gegeben seien die glatten Funktionen T_0 und T_1. Dann besitzt das Problem (1.391) eine eindeutige Lösung. Diese Lösung ist glatt.

Wärmequellen: Ein analoger Satz gilt, wenn man die Differentialgleichung in (1.391) durch

$$s\mu T_t - \kappa\Delta T = f, \qquad x \in \Omega, \quad t > 0 \tag{1.393}$$

mit einer glatten Funktion $f = f(x,t)$ ersetzt. Die Funktion f beschreibt Wärmequellen (vgl. (1.170)).

Das Anfangswertproblem für den gesamten Raum:

$$\boxed{\begin{aligned} T_t - \alpha\Delta T &= 0, \quad && x \in \mathbb{R}^3, t > 0 \quad \text{(Differentialgleichung)}, \\ T(x,0) &= T_0(x), \quad && x \in \mathbb{R}^3 \quad \text{(Anfangstemperatur)}. \end{aligned}} \tag{1.394}$$

Existenz- und Eindeutigkeitssatz: Gegeben sei die stetige beschränkte Funktion T_0. Dann besitzt das Problem (1.394) die eindeutige Lösung

$$\boxed{T(x,t) = \frac{1}{(4\pi\alpha t)^{3/2}} \int_{\mathbb{R}^3} e^{-|x-y|^2/4\alpha t}\, T_0(y)\, dy} \tag{1.395}$$

für alle $x \in \mathbb{R}^3$ und $t > 0$.[146] Ferner gilt

$$\lim_{x \to +0} T(x,t) = T_0(x) \qquad \text{für alle} \quad x \in \mathbb{R}^3.$$

Kommentar: Die Lösung T in (1.395) ist für alle Zeiten $t > 0$ glatt, obwohl die Anfangstemperatur T_0 zur Zeit $t = 0$ nur stetig ist. Dieser Glättungseffekt ist für alle Ausgleichsprozesse typisch (z. B. Wärmeleitung und Diffusion).

1.13.2.5 Die instationäre Diffusionsgleichung

Die Gleichung (1.391) beschreibt auch Diffusionsprozesse. Dann ist T die Teilchenzahldichte (Anzahl der Moleküle pro Volumen). In analoger Weise entsprechen (1.394) und (1.395) einem Diffusionsprozess im $\mathbb{R}^3$.

▶ Beispiel: Die Anfangsteilchendichte T in (1.394) sei eng im Ursprung konzentriert, d. h., es gilt

$$T_0(x) = \begin{cases} \dfrac{3N}{4\pi\varepsilon^3} & \text{für } |x| \leq \varepsilon, \\ 0 & \text{sonst.} \end{cases}$$

Das entspricht genau N Teilchen in der Nähe des Ursprungs. Dann folgt aus (1.395) nach dem Grenzübergang $\varepsilon \to 0$ die Lösung

$$\boxed{T(x,t) = \frac{N}{(4\pi\alpha t)^{3/2}}\, e^{-|x|^2/4\alpha t}, \qquad t > 0, x \in \mathbb{R}^3,} \tag{1.396}$$

wobei T die Teilchenzahldichte bezeichnet. Die Teilchen, die zunächst im Nullpunkt konzentriert sind, diffundieren auf den gesamten Raum. Auf mikroskopischer Ebene stellt das einen stochastischen Prozess für die Brownsche Bewegung der Teilchen dar (vgl. 6.4.4).

---

[146]Um die Eindeutigkeit der Lösung zu sichern, muss man zusätzlich

$$\sup_{x\in\mathbb{R}^3, 0\leq t\leq\tau} |T(x,t)| < \infty$$

für alle $\tau > 0$ verlangen, d. h., die Temperatur T bleibt auf jedem Zeitintervall $[0, \tau]$ beschränkt.

1.13.2.6 Die stationäre Wärmeleitungsgleichung

Hängt die Temperatur T nicht von der Zeit t ab, dann entsteht aus der instationären Wärmeleitungsgleichung (1.393) die stationäre Wärmeleitungsgleichung

$$-\kappa \Delta T = f, \quad x \in \Omega,$$
(1.397)

die man auch als *Poissongleichung* bezeichnet. Der Wärmestromdichtevektor ist durch

$$\mathbf{J} = -\kappa \, \mathbf{grad} \, T$$

gegeben. Dabei sei Ω ein beschränktes Gebiet des $\mathbb{R}^3$ mit glattem Rand an. Zusätzlich zur Differentialgleichung (1.397) kann man drei verschiedene Randbedingungen betrachten.

(i) Erste Randwertaufgabe

$$T = T_0 \quad \text{auf} \quad \partial \Omega.$$

(ii) Zweite Randwertaufgabe

$$\mathbf{Jn} = g \quad \text{auf} \quad \partial \Omega.$$

Dabei bezeichnet $\mathbf{n}$ den äußeren Normaleneinheitsvektor auf dem Rand $\partial \Omega$.

(iii) Dritte Randwertaufgabe

$$\mathbf{Jn} = hT + g \quad \text{auf} \quad \partial \Omega.$$

Hier sei $h > 0$ auf $\partial \Omega$. Ferner gilt

$$\mathbf{Jn} \equiv -\kappa \frac{\partial T}{\partial n} \quad \text{auf} \quad \partial \Omega.$$

Physikalische Interpretation: Bei der ersten Randwertaufgabe wird die Randtemperatur T_0 vorgegeben, während bei der zweiten Randwertaufgabe die äußere Normalenkomponente $\mathbf{Jn}$ des Wärmestromdichtevektors auf dem Rand $\partial \Omega$ bekannt ist (Abb. 1.160).

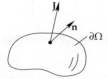

Abb. 1.160

Existenz- und Eindeutigkeitssatz: Gegeben seien die glatten Funktionen F, g, h.

(i) Die erste und dritte Randwertaufgabe für die Poissongleichung (1.397) ist eindeutig lösbar.

(ii) Die zweite Randwertaufgabe für die Poissongleichung (1.397) ist genau dann lösbar, wenn

$$\int_{\Omega} f \, dV = \int_{\partial \Omega} g \, dF$$

gilt. Die Lösung T ist dann bis auf eine additive Konstante eindeutig bestimmt.

Variationsprinzipien: (i) Jede glatte Lösung des Minimumproblems

$$\int_\Omega \left(\frac{\kappa}{2} (\mathbf{grad}\, T)^2 - FT \right) \, dx = \text{min!,}$$

$$T = T_0 \quad \text{auf} \quad \partial\Omega,$$
\hfill (1.398)

ist eine Lösung der ersten Randwertaufgabe für die Poissongleichung (1.397).

(ii) Jede glatte Lösung des Minimumproblems

$$\int_\Omega \left(\frac{\kappa}{2} (\mathbf{grad}\, T)^2 - fT \right) \, dx + \int_{\partial\Omega} \left(\frac{1}{2} hT^2 + gT \right) \, dF = \text{min!}$$

ist eine Lösung der dritten Randwertaufgabe für die Poissongleichung (1.397). Im Fall $h \equiv 0$ ergibt sich eine Lösung der zweiten Randwertaufgabe.

Die erste Randwertaufgabe für die Kugel:

$$\Delta T = 0 \quad \text{auf} \quad K_R, \qquad T = T_0 \quad \text{auf} \quad \partial K_R. \tag{1.399}$$

Es sei K_R eine offene Kugel des $\mathbb{R}^3$ vom Radius R mit dem Mittelpunkt im Ursprung. Ist T_0 stetig auf dem Rand ∂K_R, dann besitzt das Problem (1.399) die eindeutige Lösung

$$T(x) = \frac{1}{4\pi R} \int_{\partial K_R} \frac{R^2 - |x|^2}{|x - y|^3} T_0(y) \, dF_y \quad \text{für alle } x \in K_R.$$

Die Funktion T ist stetig auf der abgeschlossenen Kugel $\overline{K}_R$.

Kommentar: Obwohl die Randtemperatur T_0 nur stetig ist, besitzt die Temperatur T im Inneren der Kugel Ableitungen beliebiger Ordnung. Dieser Glättungseffekt ist typisch für stationäre Prozesse.

1.13.2.7 Eigenschaften harmonischer Funktionen

Es sei Ω ein Gebiet des $\mathbb{R}^3$.

Definition: Eine Funktion $T : \Omega \to \mathbb{R}$ heißt genau dann *harmonisch*, wenn $\Delta T = 0$ auf Ω gilt.

Wir können T als eine stationäre Temperaturverteilung in Q (ohne Wärmequellen) interpretieren.

Glattheit: Jede harmonische Funktion $T : \Omega \to \mathbb{R}$ ist glatt.

Lemma von Weyl: Sind die Funktionen $T_n : \Omega \to \mathbb{R}$ harmonisch und gilt

$$\lim_{n \to \infty} \int_\Omega T_n \varphi \, dx = \int_\Omega T \varphi \, dx \quad \text{für alle } \varphi \in C_0^\infty(\Omega) \tag{1.400}$$

mit einer stetigen Funktion $T : \Omega \to \mathbb{R}$, dann ist T harmonisch.

Die Bedingung (1.400) ist insbesondere erfüllt, wenn die Folge (T_n) auf jeder kompakten Teilmenge von Ω gleichmäßig gegen T konvergiert.

Mittelwerteigenschaft: Eine stetige Funktion $T : \Omega \to \mathbb{R}$ ist genau dann harmonisch, wenn

$$T(x) = \frac{1}{4\pi R^2} \int\limits_{|x-y|=R} T(y) \, dF$$

für alle Kugeln in Ω gilt.

Maximumprinzip: Eine nichtkonstante harmonische Funktion $T : \Omega \to \mathbb{R}$ besitzt auf Ω weder ein Minimum noch ein Maximum.

Korollar 1: Ist die nichtkonstante stetige Funktion $T : \overline{\Omega} \to \mathbb{R}$ auf dem beschränkten Gebiet Ω harmonisch, dann nimmt sie ihr Minimum und Maximum nur auf dem Rand $\partial\Omega$ an.

Physikalische Motivation: Gäbe es eine maximale Temperatur in Ω, dann würde das zu einem instationären Wärmestrom führen, was im Widerspruch zur Stationarität der Situation steht.

Korollar 2: Es sei Ω ein beschränktes Gebiet mit dem Außengebiet $\Omega_* := \mathbb{R}^3 \setminus \overline{\Omega}$. Ist die Funktion $T : \overline{\Omega}_* \longrightarrow \mathbb{R}$ stetig und auf Ω_* harmonisch mit $\lim\limits_{|x|\to\infty} T(x) = 0$, dann gilt

$$|T(x)| \le \max_{y\in\partial\Omega} |T(y)| \quad \text{für alle } x \in \overline{\Omega}.$$

Die Harnacksche Ungleichung: Ist T auf der Kugel $K_R := \{x \in \mathbb{R}^3 : |x| < R\}$, harmonisch und nichtnegativ, dann gilt

$$\frac{R(R-|x|)}{(R+|x|)^2} T(0) \le T(x) \le \frac{R(R+|x|)}{(R-|x|)^2} T(0) \quad \text{für alle } x \in K_R.$$

1.13.2.8 Die Wellengleichung

Die eindimensionale Wellengleichung

$$\boxed{\frac{1}{c^2} u_{tt} - u_{xx} = 0, \qquad x, t \in \mathbb{R}.} \tag{1.401}$$

Wir interpretieren $u = u(x,t)$ als Auslenkung einer schwingenden unendlichen Saite am Ort x zur Zeit t.

Satz: Die allgemeine glatte Lösung von (1.401) hat die Gestalt

$$u(x,t) = f(x - ct) + g(x + ct)$$

mit beliebigen glatten Funktionen $f, g : \mathbb{R} \longrightarrow \mathbb{R}$.

Physikalische Interpretation: Die Lösung $u(x,t) = f(x - ct)$ entspricht einer Welle, die sich von links nach rechts mit der Geschwindigkeit c ausbreitet und zur Zeit $t = 0$ die Gestalt $u(x,0) = f(x)$ besitzt (Abb. 1.161a). Analog entspricht $u(x,t) = g(x + ct)$ einer Welle, die sich von rechts nach links mit der Geschwindigkeit c ausbreitet.

Der Existenz- und Eindeutigkeitssatz für das Anfangswertproblem: Sind $u_0, u_1 : \mathbb{R} \to \mathbb{R}$ und $f : \mathbb{R}^2 \to \mathbb{R}$ gegebene glatte Funktionen, dann besitzt das Problem

$$\boxed{\begin{aligned} &\frac{1}{c^2} u_{tt} - u_{xx} = f(x,t), && x, t \in \mathbb{R}, \\ &u(x,0) = u_0(x), \quad u_t(x,0) = u_1(x), && x \in \mathbb{R}, \end{aligned}}$$

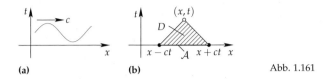

(a)   (b)   Abb. 1.161

die eindeutige Lösung

$$u(x,t) = \frac{1}{2}(u_0(x-ct) + u_0(x+ct)) + \frac{1}{2c}\int\limits_{\mathcal{A}} u_1(\xi)\, d\xi + \frac{c}{2}\int\limits_{D} f\, dx\, dt.$$

Dabei ist $\mathcal{A} := [x-ct, x+ct]$ und D entspricht dem in Abb. 1.161b dargestellten Dreieck. Die Geraden $x = \pm cl + \text{const}$ heißen Charakteristiken. Die vom Punkt (x,t) ausgehenden Seiten von D gehören zu Charakteristiken.

Abhängigkeitsgebiet: Es sei $f \equiv 0$. Dann hängt die Lösung u im Punkt x zur Zeit t nur von den Anfangswerten u_0 und u_1 auf $\mathcal{A}$ ab. Deshalb bezeichnet man $\mathcal{A}$ als Abhängigkeitsgebiet des Punktes (x,t) (Abb. 1.161b).

Kommentar: Typisch für Wellenprozesse ist, dass im Gegensatz zu Ausgleichsprozessen und stationären Prozessen keine Glättung der Anfangssituation eintritt.

Die zweidimensionale Wellengleichung

Existenz- und Eindeutigkeitssatz: Sind $u_0, u_1 : \mathbb{R}^2 \to \mathbb{R}$ glatte Funktionen, dann besitzt das Anfangswertproblem

$$\begin{aligned}
&\frac{1}{c^2}u_{tt} - \Delta u = 0, && x \in \mathbb{R}, \ t > 0, \\
&u(x,0) = u_0(x), \quad u_t(x,0) = u_1(x), && x \in \mathbb{R}^2,
\end{aligned} \tag{1.402}$$

die eindeutige Lösung

$$u(x,t) = \frac{1}{2\pi c}\int\limits_{K_{ct}(x)} \frac{u_1(y)}{(c^2t^2 - |y-x|^2)^{1/2}}\, dy + \frac{\partial}{\partial t}\left(\frac{1}{2\pi c}\int\limits_{K_{ct}(x)} \frac{u_0(y)}{(c^2t^2 - |y-x|^2)^{1/2}}\, dy\right).$$

Dabei ist $K_{ct}(x)$ eine Kugel vom Radius ct mit dem Mittelpunkt x.

Die dreidimensionale Wellengleichung

Existenz- und Eindeutigkeitssatz: Sind $u_0, u_1 : \mathbb{R}^3 \to \mathbb{R}$ und $f : \mathbb{R}^4 \to \mathbb{R}$ glatte Funktionen, dann besitzt das Anfangswertproblem

$$\begin{aligned}
&\frac{1}{c^2}u_{tt} - \Delta u = f(x,t), && x \in \mathbb{R}^3, \ t > 0, \\
&u(x,t) = u_0(x), \quad u_t(x,0) = u_1(x), && x \in \mathbb{R}^3
\end{aligned} \tag{1.403}$$

die eindeutige Lösung

$$u(x,t) = t\mathcal{M}_{ct}^x(u_1) + \frac{\partial}{\partial t}(t\mathcal{M}_{ct}^x(u_0)) + \frac{1}{4\pi} \int\limits_{K_{ct}(x)} \frac{f\left(t - \frac{|y-x|}{c}, y\right)}{|y-x|} \mathrm{d}y.$$

Dabei benutzen wir den Mittelwert

$$\mathcal{M}_r^x(u) := \frac{1}{4\pi r^2} \int\limits_{\partial K_r(x)} u \, \mathrm{d}F.$$

Mit $\partial K_r(x)$ bezeichnen wir den Rand einer Kugel $K_r(x)$ vom Radius r und dem Mittelpunkt x.

Abhängigkeitsgebiet: Es sei $f \equiv 0$. Dann hängt die Lösung u im Punkt x zur Zeit t nur von den Werten von u_0, u_1 und den ersten Ableitungen von u_0 auf der Menge $\mathcal{A} := \partial K_{ct}(x)$ ab die wir deshalb das Abhängigkeitsgebiet von (x,t) nennen.

Scharfe Signalübertragung und Huygenssches Prinzip im $\mathbb{R}^3$: Explizit besteht $\mathcal{A}$ aus genau allen Punkten y mit

$$|y - x| = ct.$$

Das entspricht einer scharfen Signalübertragung mit der Geschwindigkeit c. Anstelle von scharfer Signalübertragung spricht man auch von der Gültigkeit des Huygensschen Prinzips im $\mathbb{R}^3$. Sind u_0 und u_1 zur Zeit $t = 0$ in einer kleinen Umgebung des Ursprungs $x = 0$ konzentriert, dann breitet sich diese Störung mit der Geschwindigkeit c aus und ist deshalb zur Zeit t nur in einer kleinen Umgebung der Kugeloberfläche $\partial K_{ct}(0)$ konzentriert (Abb. 1.162a).

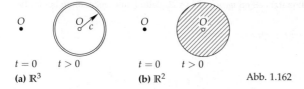

$t = 0$ $t > 0$ $t = 0$ $t > 0$

(a) $\mathbb{R}^3$ **(b) $\mathbb{R}^2$**   Abb. 1.162

Verletzung des Huygensschen Prinzips im $\mathbb{R}^2$: Hier ist das Abhängigkeitsgebiet des Punktes x zur Zeit t durch $\mathcal{A} = K_{ct}(x)$ gegeben. Deshalb liegt keine scharfe Signalübertragung vor. Eine kleine Störung, die zur Zeit $t = 0$ im Ursprung $x = 0$ konzentriert ist, kann sich zur Zeit t auf den Vollkreis $K_{ct}(0)$ ausgebreitet haben (vgl. Abb. 1.162b). Um diese Situation durch ein Bild zu veranschaulichen, betrachten wir zweidimensionale Wesen. Die Verletzung des Huygensschen Prinzips in ihrer zweidimensionalen Welt macht einen Radio- und Fernsehempfang für sie unmöglich. Denn alle Sendesignale kommen durch die ständigen Überlagerungen von früher ausgesendeten Impulsen mit später ausgesendeten Impulsen nur völlig verzerrt an.

1.13.2.9 Die Maxwellschen Gleichungen der Elektrodynamik

Das Anfangswertproblem für die Maxwellschen Gleichungen besteht darin, dass man zur Zeit $t = 0$ das elektrische Feld und das magnetische Feld vorgibt. Ferner hat man die elektrische Ladungsdichte ρ und den elektrischen Stromdichtevektor $\mathbf{j}$ für alle Zeiten auf dem gesamten Raum vorzugeben, wobei die Kontinuitätsgleichung

$$\rho_t + \mathbf{div}\,\mathbf{j} = 0$$

erfüllt sein muss. Sind diese Vorgaben glatt, dann ergeben sich daraus eindeutig das elektrische und magnetische Feld für alle Zeiten im gesamten Raum. Die explizite Lösungsdarstellung zusammen mit einer ausführlichen Untersuchung der Maxwellschen Gleichungen findet man in 10.2.9 im Handbuch.

1.13.2.10 Elektrostatik und die Greensche Funktion

Die Grundgleichung der Elektrostatik:

$$\begin{array}{|ll|}\hline -\varepsilon_0 \Delta U = \rho & \text{auf } \Omega, \\[4pt] U = U_0 & \text{auf } \partial\Omega. \\ \hline \end{array} \tag{1.404}$$

Es sei Ω ein beschränktes Gebiet des $\mathbb{R}^3$ mit glattem Rand. Gesucht wird das elektrostatische Potential U bei gegebenen Randwerten U_0 und gegebener äußerer Ladungsdichte ρ. Im Spezialfall $U_0 \equiv 0$ besteht der Rand $\partial\Omega$ aus einem elektrischen Leiter (ε_0 Dielektrizitätskonstante des Vakuums).

Satz 1: Sind die Funktionen $\rho : \overline{\Omega} \longrightarrow \mathbb{R}$ und $U_0 : \partial\Omega \longrightarrow \mathbb{R}$ glatt, dann besitzt das Problem (1.404) genau eine Lösung U. Das zugehörige elektrische Feld lautet $\mathbf{E} = -\mathbf{grad}\, U$.

Die Greensche Funktion G:

$$\begin{array}{|ll|}\hline -\varepsilon_0 \Delta G(x,y) = 0 & \text{auf } \Omega,\ x \neq y, \\[4pt] G(x,y) = 0 & \text{auf } \partial\Omega, \\[4pt] G(x,y) = \dfrac{1}{4\pi\varepsilon_0|x-y|} + V(x). & \\ \hline \end{array} \tag{1.405}$$

Wir fixieren den Punkt $y \in \Omega$. Die Funktion V sei glatt auf $\overline{\Omega}$.

Satz 2: (i) Für jeden festen Punkt $y \in \Omega$ besitzt das Problem (1.405) eine eindeutige Lösung G.

(ii) Es ist $G(x,y) = G(y,x)$ für alle $x, y \in \Omega$.

(iii) Die eindeutige Lösung von (1.404) erhält man durch die Formel

$$\begin{array}{|c|}\hline U(x) = \displaystyle\int\limits_{\Omega} G(x,y)\rho(y)\,\mathrm{d}y - \int\limits_{\partial\Omega} \frac{\partial G(x,y)}{\partial n_y} U_0(y)\,\mathrm{d}F_y. \\ \hline \end{array}$$

Mit $\partial/\partial n_y$ bezeichnen wir die äußere Normalenableitung bezüglich y.

Physikalische Interpretation: Die Greensche Funktion $x \mapsto G(x,y)$ entspricht dem elektrostatischen Potential einer Punktladung der Stärke $Q = 1$ im Punkt y in einem Gebiet Ω, das durch einen elektrischen Leiter berandet wird. In der Sprache der Distributionen gilt:

$$\begin{aligned} -\varepsilon_0 \Delta G(x,y) &= \delta_y \quad \text{auf } \Omega, \\ G(x,y) &= 0 \quad \text{auf } \partial\Omega. \end{aligned} \tag{1.406}$$

Dabei bezeichnet δ_y die Diracsche Deltadistribution (vgl. 10.4 im Handbuch). Die erste Zeile von (1.406) ist gleichbedeutend mit der Relation

$$-\varepsilon_0 \int\limits_{\Omega} G(x,y)\Delta\varphi(x)\,\mathrm{d}x = \varphi(y) \quad \text{für alle } \varphi \in C_0^\infty(\Omega).$$

▶ BEISPIEL 1: Die Greensche Funktion für die Kugel $K_R := \{x \in \mathbb{R}^3 : |x| < R\}$ lautet

$$G(x,y) = \frac{1}{4\pi\varepsilon_0|x-y|} - \frac{R}{4\pi\varepsilon_0|y||x-y_*|} \quad \text{für alle } x, y \in K_R.$$

Der Punkt $y_* := \dfrac{R^2}{|y|^2} y$ ergibt sich aus y durch Spiegelung an der Sphäre ∂K_R.

▶ BEISPIEL 2: Die Greensche Funktion für den Halbraum $H_+ := \{x \in \mathbb{R}^3 : x_3 > 0\}$ besitzt die Gestalt

$$G(x,y) = \frac{1}{4\pi\varepsilon_0|x-y|} - \frac{1}{4\pi\varepsilon_0|x-y_*|} \quad \text{für alle } x, y \in H_+.$$

Der Punkt y_* ergibt sich aus y durch Spiegelung an der Ebene $x_3 = 0$.

1.13.2.11 Die Schrödingergleichung der Quantenmechanik und das Wasserstoffatom

Klassische Bewegung: Für ein Teilchen der Masse m in einem Kraftfeld $\mathbf{K} = -\operatorname{grad} U$ mit dem Potential U lautet die Newtonsche Bewegungsgleichung:

$$mx'' = \mathbf{K}.$$

Die Energie E der Bewegung ist durch

$$E = \frac{\mathbf{p}^2}{2m} + U(x) \tag{1.407}$$

gegeben. Dabei bezeichnet $\mathbf{p} = mx'$ den Impuls.

Quantisierte Bewegung: In der Quantenmechanik wird die Bewegung des Teilchens durch die *Schrödingergleichung*

$$\mathrm{i}\hbar\psi_t = -\frac{\hbar^2}{2m}\Delta\psi + U\psi \tag{1.408}$$

beschrieben (h Plancksches Wirkungsquantum, $\hbar := h/2\pi$). Die komplexwertige Wellenfunktion $\psi = \psi(x,t)$ des Teilchens hat zusätzlich der Normierungsbedingung

$$\int_{\mathbb{R}^3} |\psi(x,t)|^2 \, dx = 1$$

zu genügen. Die Zahl

$$\int_{\Omega} |\psi(x,t)|^2 \, dx$$

ist gleich der Wahrscheinlichkeit, das Teilchen in dem Gebiet Ω zur Zeit t zu finden.

Quantisierungsregel: Die Schrödingergleichung (1.408), die 1926 von Schrödinger formuliert wurde, erhält man aus der klassischen Energieformel (1.407), indem man dort die Ersetzung

$$E \Leftrightarrow \mathrm{i}\hbar\frac{\partial}{\partial t}, \quad \mathbf{p} \Leftrightarrow \frac{\hbar}{\mathrm{i}}\operatorname{grad}$$

vornimmt. Dann geht $\mathbf{p}^2$ in $-\hbar^2\operatorname{grad}^2 = \hbar^2\Delta$ über.

Zustände mit scharfer Energie: Wir bezeichnen den Differentialoperator

$$H := -\frac{\hbar^2}{2m}\Delta + U$$

als den *Hamiltonoperator* des quantenmechanischen Systems. Ist die Funktion $\varphi = \varphi(x)$ eine Eigenfunktion von H zum Eigenwert E, d. h. gilt

$$H\varphi = E\varphi,$$

dann ist die Funktion

$$\psi(x,t) = e^{-itE/\hbar}\,\varphi(x)$$

eine Lösung der Schrödingergleichung (1.408). Definitionsgemäß entspricht ψ einem Zustand des Teilchens mit der Energie E.

Das Wasserstoffatom: Die Bewegung eines Elektrons der Masse m und der Ladung $e < 0$ um den Kern des Wasserstoffatoms der Ladung $|e|$ entspricht dem Potential

$$U(x) = -\frac{e^2}{4\pi\varepsilon_0}$$

(ε_0 Dielektrizitätskonstante des Vakuums). Die zugehörige Schrödingergleichung besitzt in Kugelkoordinaten die Lösungen

$$\psi = e^{-iE_n t/\hbar}\frac{1}{r}\sqrt{\frac{2}{nr_0}}L_{n-l-1}^{2l+1}\left(\frac{2r}{nr_0}\right)Y_l^m(\varphi,\theta) \qquad (1.409)$$

mit den sogenannten Quantenzahlen $n = 1, 2, \ldots$ und $l = 0, 1, 2, \ldots, n-1$ sowie $m = l, l-1, \ldots, -l$. Die Funktionen ψ in (1.409) entsprechen Zuständen des Elektrons mit der Energie

$$E_n = -\frac{\gamma}{n^2}.$$

Dabei gilt $\gamma := e^4 m/8\varepsilon_0^2 h^2$. Ferner ist $\rho_0 := 4\pi\varepsilon_0 h^2/me^2 = 5 \cdot 10^{-11}$ m der Bohrsche Atomradius. Die Definition der in (1.409) auftretenden speziellen Funktionen wird in 1.13.2.13 erläutert.

Orthogonalität: Zwei Funktionen ψ und ψ_* der Form (1.409), die zu unterschiedlichen Quantenzahlen gehören, sind orthogonal, d. h., es gilt

$$\int_{\mathbb{R}^3} \overline{\psi(x,t)}\psi_*(x,t)\,dx = 0 \qquad \text{für alle } t \in \mathbb{R}.$$

Im Fall $\psi = \psi_*$ ist dieses Integral gleich 1.

Das Spektrum des Wasserstoffatoms: Springt ein Elektron von dem Energieniveau E_n, auf das niedrigere Energieniveau E_k, dann wird ein Photon der Energie $\Delta E = E_n - E_k$ ausgestrahlt mit der durch

$$\Delta E = h\nu$$

gegebenen Frequenz ν.

Ein tieferes Verständnis der Quantentheorie ist nur im Rahmen der Funktionalanalysis möglich. Das findet man in 13.18 im Handbuch.

1.13.2.12 Der harmonische Oszillator in der Quantenmechanik und das Plancksche Strahlungsgesetz

Klassische Bewegung: Die Gleichung

$$mx'' = -m\omega^2 x$$

entspricht der Schwingungsbewegung eines Punktes der Masse m auf der x-Achse mit der Energie

$$\boxed{E = \frac{p^2}{2m} + \frac{m\omega^2}{2}}$$

und dem Impuls $p = mx'$.

Quantisierte Bewegung: In der Quantenmechanik wird die Bewegung des Teilchens durch die Schrödingergleichung

$$\boxed{\mathrm{i}\hbar\psi_t = -\frac{\hbar^2}{2m}\psi_{xx} + \frac{m\omega^2}{2}\psi} \tag{1.410}$$

zusammen mit der Normierungsbedingung

$$\int_{\mathbb{R}} |\psi(x,t)|^2 \, \mathrm{d}x = 1$$

beschrieben. Die Zahl

$$\int_a^b |\psi(x,t)|^2 \, \mathrm{d}x$$

ist gleich der Wahrscheinlichkeit, das Teilchen in dem Intervall $[a,b]$ zu finden. Die Schrödingergleichung (1.410) besitzt die Lösungen

$$\psi = \mathrm{e}^{-\mathrm{i}E_n t/\hbar}\frac{1}{x_0}H_n\left(\frac{x}{x_0}\right)$$

mit $n = 0, 1, \ldots$ und $x_0 := \sqrt{\hbar/m\omega}$ (vgl. 1.13.2.13). Das sind Zustände der Energie

$$\boxed{E_n = \hbar\omega\left(n + \frac{1}{2}\right).} \tag{1.411}$$

Für $\Delta E := E_{n+1} - E_n$ erhalten wir

$$\boxed{\Delta E = \hbar\omega.} \tag{1.412}$$

Das Plancksche Strahlungsgesetz aus dem Jahre 1900:   Gleichung (1.412) enthält die berühmte *Plancksche Quantenformel* aus dem Jahre 1900, die am Beginn der Quantenphysik stand und im Unterschied zu vergeblichen Versuchen im Rahmen der klassischen Physik das richtige

Strahlungsgesetz ergab. Die Energie E, die von einem Stern der Temperatur T und der Oberfläche F im Zeitintervall Δt abgestrahlt wird, ist nach Planck durch

$$E = 2\pi h c^2 F \Delta t \int_0^\infty \frac{d\lambda}{\lambda^5 (e^{hc/kT\lambda} - 1)}$$

gegeben (λ Wellenlänge des Lichts, h Plancksches Wirkungsquantum, c Lichtgeschwindigkeit, k Boltzmannkonstante).

Die Heisenbergsche Nullpunktsenergie: Die Formel (1.411) wurde von Heisenberg im Jahre 1924 im Rahmen seiner Matrizenmechanik gewonnen. Damit schuf Heisenberg die Quantenmechanik. Bemerkenswert an der Formel (1.411) ist die Tatsache, dass dem Grundzustand $n = 0$ eine Energie $E_0 = \hbar\omega/2$ zukommt. Dies führt dazu, dass der Grundzustand eines Quantenfeldes mit seinen unendlich vielen Freiheitsgraden eine „unendlich große" Energie besitzt. Dieser Sachverhalt ist eine der Ursachen für die sich auftürmenden Schwierigkeiten beim Aufbau einer mathematisch strengen Quantenfeldtheorie.

1.13.2.13 Spezielle Funktionen der Quantenmechanik

Orthonormalsystem: Ist X ein Hilbertraum mit dem Skalarprodukt (u, v), dann bilden die Elemente $u_0, u_1, \ldots$ genau dann ein vollständiges Orthonormalsystem in X, wenn

$$(u_k, u_m) = \delta_{km}$$

für alle $k, m = 0, 1, 2, \ldots$ gilt und sich jedes Element $u \in X$ in der Form

$$u = \sum_{k=0}^\infty (u_k, u) u_k$$

darstellen lässt. Das bedeutet

$$\lim_{n \to \infty} ||u - \sum_{k=0}^n (u_k, u) u_k|| = 0$$

mit $||v|| := (v, v)^{1/2}$. Im folgenden sei $x \in \mathbb{R}$.

Hermitesche Funktionen:

$$\mathcal{H}_n(x) := \frac{(-1)^n}{\sqrt{2^n n! \sqrt{\pi}}} e^{x^2/2} \frac{d^n}{dx^n} e^{-x^2}.$$

Für $n = 0, 1, 2, \ldots$ genügen diese Funktionen der Differentialgleichung

$$-y'' + x^2 y = (2n + 1)y$$

und bilden ein vollständiges Orthonormalsystem in dem Hilbertraum $L_2(-\infty, \infty)$ mit dem Skalarprodukt[147]

$$(u, v) := \int_{-\infty}^\infty u(x) v(x) \, dx.$$

---

[147] Eine Funktion $u : \mathbb{R} \to \mathbb{R}$ gehört genau dann zu $L_2(-\infty, \infty)$, wenn $(u, u) < \infty$ gilt, wobei das Integral im Sinne von Lebesgue aufzufassen ist (vgl. 10.5 im Handbuch). Speziell gehört eine stetige oder fast überall stetige Funktion $u : \mathbb{R} \to \mathbb{R}$ genau dann zu $L_2(-\infty, \infty)$, wenn $(u, u) < \infty$ ist. In analoger Weise werden die Räume $L_2(-1, 1)$ usw. erklärt.

Normierte Legendrepolynome:

$$\mathcal{P}_n(x) := \sqrt{\frac{2n+1}{2^{2n+1}(n!)^2}} \frac{\mathrm{d}^n(1-x^2)^n}{\mathrm{d}x^n}.$$

Für $n = 0, 1, \ldots$ genügen diese Funktionen der Differentialgleichung

$$-((1-x^2)y')' = n(n+1)y$$

und bilden ein vollständiges Orthonormalsystem in dem Hilbertraum $L_2(-1, 1)$ mit dem Skalarprodukt

$$(u, v) = \int\limits_{-1}^{1} u(x)v(x)\,\mathrm{d}x.$$

Verallgemeinerte Legendrepolynome:

$$\mathcal{P}_l^k(x) := \sqrt{\frac{(l-k)!}{(l+k)!}}(1-x^2)^{l/2}\frac{\mathrm{d}^k\mathcal{P}_l(x)}{\mathrm{d}x^k}.$$

Für $k = 0, 1, 2, \ldots$ und $l = k, k+1, k+2, \ldots$ genügen diese Funktionen der Differentialgleichung

$$-((l-x^2)y')' + k^2(1-x^2)^{-1}y = l(l+1)y$$

und bilden ein vollständiges Orthonormalsystem in dem Hilbertraum $L_2(-1, 1)$.

Normierte Laguerresche Funktionen:

$$\mathcal{L}_n^\alpha(x) := c_n^\alpha e^{x/2}x^{-\alpha/2}\frac{\mathrm{d}^n}{\mathrm{d}x^n}(e^{-x}x^{n+\alpha}).$$

Für festes $\alpha > -1$ und $n = 0, 1, \ldots$ genügen diese Funktionen der Differentialgleichung

$$-4(xy')' + \left(x + \frac{\alpha^2}{x}\right)y = 2(2n+1+\alpha)y$$

und bilden ein vollständiges Orthonormalsystem im Hilbertraum $L_2(0, \infty)$ mit dem Skalarprodukt

$$(u, v) := \int\limits_{0}^{\infty} u(x)v(x)\,\mathrm{d}x.$$

Die positiven Konstanten c_n^α sind so zu wählen, dass $(L_n^\alpha, L_n^\alpha) = 1$ gilt.

Kugelflächenfunktionen:

$$\mathcal{Y}_l^m(\varphi, \theta) := \frac{1}{\sqrt{2\pi}}\mathcal{P}_l^{|m|}(\sin\theta)e^{im\varphi}.$$

Hier bedeuten r, φ und θ Kugelkoordinaten. Für $l = 0, 1, \ldots$ und $m = l, l-1, \ldots, -l$ bilden diese Funktionen ein vollständiges Orthonormalsystem im Hilbertraum $L^2(S^2)_\mathbb{C}$ der auf der Einheitssphäre $S^2 := \{x \in \mathbb{R}^3 : |x| = 1\}$ komplexwertigen Funktionen mit dem Skalarprodukt

$$(u, v) := \int\limits_{S^2} \overline{u(x)}v(x)\,\mathrm{d}F.$$

1.13.2.14 Nichtlineare partielle Differentialgleichungen in den Naturwissenschaften

Die Grenze ist der Ort der Erkenntnis.

Paul Tillich

Wichtige Prozesse in der Natur werden durch komplizierte nichtlineare partielle Differentialgleichungen beschrieben. Dazu gehören die Gleichungen der Hydrodynamik, der Gasdynamik, der Elastizitätstheorie, der chemischen Prozesse, der allgemeinen Relativitätstheorie (Kosmologie), der Quantenelektrodynamik und der Eichfeldtheorien (Standardmodell der Elementarteilchen). Die auftretenden nichtlinearen Terme entsprechen dabei Wechselwirkungen.

Bei diesen Problemen versagen die Methoden der klassischen Mathematik. Man benötigt dazu die moderne Funktionalanalysis. Ein zentrales Hilfsmittel sind dabei Sobolewräume. Das sind Räume von nicht glatten Funktionen, die lediglich verallgemeinerte Ableitungen (im Sinne der Distributionstheorie) besitzen. Diese Sobolewräume sind zugleich das sachgemäße Werkzeug, um die Konvergenz moderner numerischer Verfahren zu untersuchen.

Diese Fragen werden ausführlich in Kapitel 11 und Kapitel 14 im Handbuch betrachtet.

1.14 Komplexe Funktionentheorie

Die Einführung der komplexen Größen in die Mathematik hat ihren Ursprung und nächsten Zweck in der Theorie einfacher durch Größenoperationen ausgedrückter Abhängigkeitsgesetze zwischen veränderlichen Größen. Wendet man nämlich diese Abhängigkeitsgesetze in einem erweiterten Umfange an, indem man den veränderlichen Größen, auf welche sie sich beziehen, komplexe Werte gibt, so tritt eine sonst versteckt bleibende Harmonie und Regelmäßigkeit hervor.

Bernhard Riemann, 1851

Riemann (1826–1866) ist der Mann der glänzenden Intuition. Durch seine umfassende Genialität überragt er alle seine Zeitgenossen. Wo sein Interesse geweckt ist, beginnt er neu, ohne sich durch Tradition beirren zu lassen und ohne einen Zwang der Systematik anzuerkennen. Weierstraß (1815–1897) ist in erster Linie Logiker; er geht langsam, systematisch, schrittweise vor. Wo er arbeitet, erstrebt er die abschließende Form.

Felix Klein (1849–1925)

Die Entwicklung der Theorie der Funktionen einer komplexen Variablen vollzog sich auf sehr verschlungenen Wegen, im Gegensatz zu der heute vorliegenden äußerst eleganten Theorie, die zum Schönsten und ästhetisch Vollkommensten gehört, was die Mathematik hervorgebracht hat. Diese Theorie reicht in alle Gebiete der Mathematik und Physik hinein. Die Formulierung der modernen Quantentheorie basiert beispielsweise wesentlich auf dem Begriff der komplexen Zahl.

Die komplexen Zahlen wurden von dem italienischen Mathematiker Bombielli Mitte des 16. Jahrhunderts ersonnen, um Gleichungen dritten Grades zu lösen. Euler (1707–1783) führte an Stelle von $\sqrt{-1}$ das Symbol i ein und entdeckte die Formel

$$e^{x+iy} = e^x(\cos y + i \sin y), \qquad x, y \in \mathbb{R},$$

die einen überraschenden und außerordentlich wichtigen Zusammenhang zwischen den trigonometrischen Funktionen und der Exponentialfunktion herstellte.

In seiner Dissertation aus dem Jahre 1799 gab Gauß erstmalig einen (fast) vollständigen Beweis des Fundamentalsatzes der Algebra. Dabei benötigte er die komplexen Zahlen als ein wesentliches Hilfsmittel. Gauß beseitigte die Mystik, die die komplexen Zahlen $x + iy$ bis dahin umgab, und zeigte, dass man sie als Punkte (x, y) der (Gaußschen) Zahlenebene interpretieren kann (vgl. 1.1.2). Vieles spricht dafür, dass Gauß bereits zu Beginn des 19. Jahrhunderts viele wichtige Eigenschaften komplexwertiger Funktionen kannte, insbesondere im Zusammenhang mit elliptischen Integralen. Allerdings hat er hierzu nichts veröffentlicht.

In seinem berühmten *Cours d'analyse* (Kurs der Analysis) behandelte Cauchy im Jahre 1821 Potenzreihen und zeigte, dass jede derartige Reihe im Komplexen einen *Konvergenzkreis* besitzt. In einer fundamentalen Arbeit aus dem Jahre 1825 beschäftigte sich Cauchy mit komplexen Kurvenintegralen und entdeckte deren *Wegunabhängigkeit*. In diesem Zusammenhang entwickelte er später den *Residuenkalkül* zur einfachen Berechnung scheinbar komplizierter Integrale.

Einen entscheidenden weiteren Schritt zum Aufbau einer Theorie komplexer Funktionen vollzog Riemann im Jahre 1851 in seiner Göttinger Dissertation *Grundlagen für eine allgemeine Theorie der Funktionen einer veränderlichen komplexen Größe*. Damit begründete er die sogenannte geometrische Funktionentheorie, die *konforme Abbildungen* benutzt und sich durch große Anschaulichkeit und ihre Nähe zur Physik auszeichnet.

Parallel zu Riemann entwickelte Weierstraß einen streng analytischen Aufbau der Funktionentheorie auf der Basis von Potenzreihen. Im Mittelpunkt der Bemühungen von Riemann und Weierstraß stand das Ringen um ein tieferes Verständnis der elliptischen und der allgemeineren Abelschen Integrale für algebraische Funktionen. In diesem Zusammenhang verdankt man Riemann völlig neue Ideen, aus denen die moderne Topologie – die Mathematik des qualitativen Verhaltens – hervorging (vgl. die Kapitel 18 und 19 im Handbuch).

Im letzten Viertel des 19. Jahrhunderts schufen Felix Klein und Henri Poincaré das mächtige Gebäude der automorphen Funktionen. Diese Funktionenklasse stellt eine weitreichende Verallgemeinerung der periodischen und doppeltperiodischen (elliptischen) Funktionen dar und steht im engen Zusammenhang mit Abelschen Integralen.

Im Jahre 1907 bewiesen Koebe und Poincaré unabhängig voneinander den berühmten Uniformisierungssatz, der den Höhepunkt der klassischen Funktionentheorie darstellt und die Struktur der Riemannschen Flächen völlig aufklärt. Diesen Uniformisierungssatz, um den Poincaré viele Jahre gerungen hat, findet man in 19.8.3 im Handbuch.

Eine abgerundete Darstellung der klassischen Funktionentheorie gab erstmalig der junge Hermann Weyl mit seinem 1913 erschienenen Buch *Die Idee der Riemannschen Fläche*, das eine Perle der mathematischen Weltliteratur darstellt.[160]

Wesentlich neue Impulse erhielt die Funktionentheorie mehrerer komplexer Variabler um 1950 durch die von den französischen Mathematikern Jean Leray und Henri Cartan geschaffene Garbentheorie, die in Kapitel 19 im Handbuch dargestellt wird.

1.14.1 Grundideen

Das Lokal-Global-Prinzip der Analysis: [161] Die Eleganz der komplexen Funktionentheorie basiert auf den folgenden drei fundamentalen Tatsachen:

(i) Jede differenzierbare komplexe Funktion auf einer offenen Menge lässt sich lokal in Potenzreihen entwickeln, d. h., diese Funktion ist analytisch.

(ii) Das Integral über analytische Funktionen in einem einfach zusammenhängenden Gebiet ist vom Weg unabhängig.

---

[160]Ein Nachdruck dieses Klassikers zusammen mit Kommentaren ist 1997 im Teubner-Verlag erschienen (vgl. [Weyl 1997]).
[161]Das Lokal-Global-Prinzip der Zahlentheorie findet man in 2.7.10.2 im Handbuch (*p*-adische Zahlen).

(iii) Jede in einer Umgebung eines Punktes lokal gegebene analytische Funktion lässt sich eindeutig zu einer globalen analytischen Funktion fortsetzen, falls man den Begriff der Riemannschen Fläche als Definitionsbereich einführt. Somit gilt:

Das lokale Verhalten einer analytischen Funktion bestimmt eindeutig ihr globales Verhalten. (1.451)

Derartig günstige Eigenschaften trifft man bei reellen Funktionen in der Regel nicht an.

▶ BEISPIEL 1: Die reelle Funktion $f(x) := x$ für $x \in [0, \varepsilon]$ lässt sich auf unendlich viele Arten zu einer differenzierbaren Funktion fortsetzen (Abb. 1.167). Die eindeutige Fortsetzung zu einer komplexwertigen analytischen Funktion lautet:

$$f(z) = z, \quad z \in \mathbb{C}. \tag{1.452}$$

▶ BEISPIEL 2: Die in Abb. 1.167b,c dargestellten differenzierbaren reellen Funktionen lassen sich nicht zu analytischen Funktionen ins Komplexe fortsetzen. Denn lokal (in einer Umgebung des Nullpunktes) stimmen sie mit der Funktion in (1.452) überein, aber nicht global.

Das Prinzip (1.451) ist für die Physik sehr wichtig. Weiß man, dass eine physikalische Größe analytisch ist, dann braucht man ihr Verhalten nur in einem kleinen Messbereich zu studieren, um das globale Verhalten zu verstehen. Das trifft zum Beispiel auf die Elemente der S-Matrix zu, die die Streuprozesse für Elementarteilchen in modernen Teilchenbeschleunigern beschreiben. Daraus ergeben sich sogenannte Dispersionsrelationen.

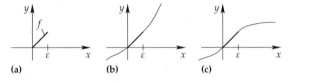

(a)　　　　(b)　　　　(c)　　　　　　　Abb. 1.167

1.14.2 Komplexe Zahlenfolgen

Jede komplexe Zahl z lässt sich eindeutig in der Form

$z = x + iy$

---

mit reellen Zahlen x und y darstellen. Es gilt

$i^2 = -1.$

Wir schreiben $\operatorname{Re} z := x$ (Realteil von z) und $\operatorname{Im} z := y$ (Imaginärteil von z). Die Menge der komplexen Zahlen wird mit $\mathbb{C}$ bezeichnet. Das Rechnen mit komplexen Zahlen findet man in 1.1.2.

Die Metrik der komplexen Zahlenebene $\mathbb{C}$:　Sind z und w zwei komplexe Zahlen, dann definieren wir ihren *Abstand* durch

---

$d(z, w) := |z - w|.$

Das ist der klassische Abstand zweier Punkte in der Ebene (Abb. 1.168). Damit wird $\mathbb{C}$ zu einem metrischen Raum, und auf $\mathbb{C}$ stehen alle Begriffe für metrische Räume zur Verfügung (vgl. 1.3.2.).

Abb. 1.168

Konvergenz komplexer Zahlenfolgen: Die Konvergenz

$$\lim_{n\to\infty} z_n = z$$

der komplexen Zahlenfolge (z_n) liegt genau dann vor, wenn

$$\lim_{n\to\infty} |z_n - z| = 0$$

gilt. Das ist äquivalent zu

$$\lim_{n\to\infty} \mathrm{Re}\, z_n = \mathrm{Re}\, z \quad \text{und} \quad \lim_{n\to\infty} \mathrm{Im}\, z_n = \mathrm{Im}\, z.$$

▶ BEISPIEL 3: Es gilt

$$\lim_{n\to\infty} \left(\frac{1}{n} + \frac{n}{n+1}\mathrm{i} \right) = \mathrm{i},$$

denn wir haben $1/n \longrightarrow 0$ und $n/(n+1) \longrightarrow 1$ für $n \longrightarrow \infty$.

Konvergenz von Reihen mit komplexen Gliedern: Diese Konvergenz wird durch

$$\sum_{k=0}^{\infty} a_k = \lim_{n\to\infty} \sum_{k=0}^{n} a_k.$$

definiert. Derartige Reihen werden in 1.10. untersucht.

Konvergenz komplexer Funktionen: Der Grenzwert

$$\lim_{z\to a} f(z) = b$$

ist so zu verstehen, dass für jede komplexe Zahlenfolge (z_n) mit $z_n \neq a$ für alle n und $\lim_{n\to\infty} z_n = a$ stets $\lim_{n\to\infty} f(z_n) = b$ gilt.

1.14.3 Differentiation

Der Zusammenhang zwischen der komplexen Differentiation und der Theorie der partiellen Differentialgleichungen wird durch die fundamentalen Cauchy-Riemannschen Differentialgleichungen gegeben.

Definition: Die Funktion $f : U \subseteq \mathbb{C} \to \mathbb{C}$ sei in einer Umgebung U des Punktes z_0 definiert. Die Funktion f ist genau dann im Punkt z_0 *komplex differenzierbar*, wenn der Grenzwert

$$f'(z_0) := \lim_{h \to 0} \frac{f(z_0 + h) - f(z_0)}{h}$$

existiert. Die komplexe Zahl $f'(z_0)$ heißt die Ableitung von f im Punkt z_0, Wir setzen

$$\frac{\mathrm{d}f(z_0)}{\mathrm{d}z} := f'(z_0).$$

▶ BEISPIEL 1: Für $f(z) := z$ erhalten wir $f'(z) = 1$.

Wir setzen $z = x + \mathrm{i}y$ mit $x, y \in \mathbb{R}$ und

$$f(z) = u(x, y) + \mathrm{i}v(x, y),$$

d. h., $u(x, y)$ (bzw. $v(x, y)$) ist der Realteil (bzw. der Imaginärteil) von $f(z)$.

Hauptsatz von Cauchy (1814) und Riemann (1851): Die Funktion $f : U \subseteq \mathbb{C} \to \mathbb{C}$ ist genau dann im Punkt z_0 komplex differenzierbar, wenn sowohl u als auch v im Punkt (x_0, y_0) Fréchet-differenzierbar sind und die *Cauchy-Riemannschen Differentialgleichungen*

$$u_x = v_y, \qquad u_y = -v_x \tag{1.453}$$

im Punkt (x_0, y_0). erfüllt sind. Dann gilt

$$f'(z_0) = u_x(x_0, y_0) + \mathrm{i}v_x(x_0, y_0).$$

Holomorphe Funktionen: Eine Funktion $f : U \subseteq \mathbb{C} \to \mathbb{C}$ heißt genau dann auf der offenen Menge U holomorph, wenn f in jedem Punkt z von U komplex differenzierbar ist (z. B. der Real- und Imaginärteil von f ist glatt auf U, und es gilt (1.453)).

Differentiationsregeln: Wie im Reellen gelten für komplexe Ableitungen die Summenregel, die Produktregel, die Quotientenregel und die Kettenregel (vgl. 0.6.2.).

Die Differentiationsregel für inverse Funktionen wird in 1.14.10. betrachtet

Potenzreihen: Eine Funktion:

$$f(z) = a_0 + a_1(z - a) + a_2(z - a)^2 + a_3(z - a)^3 + \ldots$$

lässt sich für jeden Punkt z im Innern des *Konvergenzkreises* dieser Potenzreihe komplex differenzieren (vgl. 1.10.3). Die Ableitung erhält man in bequemer Weise durch gliedweise Differentiation, d. h., es gilt

$$f'(z) = a_1 + 2a_2(z - a) + 3a_3(z - a)^2 + \ldots .$$

▶ BEISPIEL 2: Es sei $f(z) := \mathrm{e}^z$. Aus

$$f(z) = 1 + z + \frac{z^2}{2!} + \frac{z^3}{3!} + \ldots$$

folgt

$$f'(z) = 1 + z + \frac{z^2}{2!} + \ldots = \mathrm{e}^z \qquad \text{für alle } z \in \mathbb{C}.$$

Tabelle von Ableitungen: Für alle Funktionen, die sich in Potenzreihen entwickeln lassen, stimmen die reellen und komplexen Ableitungen überein. Eine Tabelle von Ableitungen wichtiger elementarer Funktionen findet man in 0.6.1.

Die Differentiationsoperatoren ∂_z und $\partial_{\bar{z}}$ von Poincaré: Setzen wir

$$\partial_z := \frac{1}{2}\left(\frac{\partial}{\partial x} - i\frac{\partial}{\partial y}\right) \quad \text{und} \quad \partial_{\bar{z}} := \frac{1}{2}\left(\frac{\partial}{\partial x} + i\frac{\partial}{\partial y}\right),$$

dann kann man die Cauchy-Riemannschen Differentialgleichungen (1.453) elegant in der Form

$$\boxed{\partial_{\bar{z}}f(z_0) = 0}$$

schreiben.

Es sei $f : U \subseteq \mathbb{C} \longrightarrow \mathbb{C}$ eine beliebige komplexe Funktion. Wir setzen $z = x + iy$ und $\bar{z} = x - iy$ sowie

$$dz := dx + idy \quad \text{und} \quad d\bar{z} := dx - idy.$$

Schreibt man $f(x,y)$ anstelle von $f(z)$, dann gilt

$$df = u_x dx + u_y dy + i(v_x dx + v_y dy).$$

Daraus folgt

$$\boxed{df = \partial_z f dz + \partial_{\bar{z}} f d\bar{z}.}$$

Ist f im Punkt z_0 komplex differenzierbar, dann hat man

$$df = \partial_z f dz.$$

1.14.4 Integration

Die wichtigste Integrationseigenschaft holomorpher Funktionen f ist die Wegunabhängigkeit des Integrals $\int_K f(z)dz$ auf *einfach zusammenhängenden Gebieten* (Integralsatz von Cauchy).

Kurven in der komplexen Zahlenebene $\mathbb{C}$: Eine Kurve K in $\mathbb{C}$ wird durch eine Funktion

$$\boxed{z = z(t), \ a \leq t \leq b} \tag{1.454}$$

gegeben (Abb. 1.169a). Dabei sei $-\infty < a < b < \infty$. Setzen wir $z := x + iy$, dann entspricht das der reellen Kurve

$$x = x(t), \quad y = y(t), \quad a \leq t \leq b.$$

Die Kurve K heißt genau dann vom Typ C^1, wenn die Funktionen $x = x(t)$ und $y = y(t)$ auf $[a,b]$ vom Typ C^1 sind.

Jordankurven: Eine Kurve K nennt man genau dann eine Jordankurve, wenn die durch $t \mapsto z(t)$ gegebene Abbildung A ein Homöomorphismus auf $[0,b]$ ist.[162]

---

[162]Dies bedeutet, dass A bijektiv und sowohl A als auch A^{-1} stetig sind. Wegen der Kompaktheit von $[0,b]$ genügt es, die Bijektivität und Stetigkeit von A zu fordern.

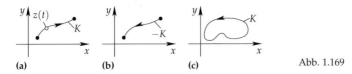

(a) (b) (c) Abb. 1.169

Die Kurve K in (1.454) heißt genau dann eine geschlossene Kurve, wenn $z(a) = z(b)$ gilt. Unter einer geschlossenen Jordankurve verstehen wir eine homöomorphe Abbildung von der Kreislinie $\{z \in \mathbb{C} : |z| = 1\}$ in die komplexe Zahlenebene $\mathbb{C}$.

Jordankurven verhalten sich regulär, d. h., es treten keine Selbstüberschneidungen auf (Abb. 1.169c).

Definition komplexer Kurvenintegrale: Ist die Funktion $f : U \subseteq \mathbb{C} \to \mathbb{C}$ stetig auf der offenen Menge U und ist $K : z = z(t)$, $a \le t \le b$ eine C^1-Kurve, dann definieren wir das Kurvenintegral durch

$$\int_K f(z)\mathrm{d}z := \int_a^b f(z(t))z'(t)\mathrm{d}t.$$

Diese Definition ist unabhängig von der Parametrisierung der orientierten Kurve K.[163]

Dreiecksungleichung:

$$\left| \int_K f\,\mathrm{d}z \right| \le (\text{Länge von } K) \sup_{z \in C} |f(z)|.$$

Umorientierung: Bezeichnen wir mit $-K$ die Kurve, welche sich aus K durch Umorientierung ergibt, dann gilt (Abb. 1.169b):

$$\int_{-K} f\,\mathrm{d}z = - \int_K f\,\mathrm{d}z.$$

Hauptsatz von Cauchy (1825) und Morera (1886): Die stetige Funktion $f : U \subseteq \mathbb{C} \to \mathbb{C}$ auf dem *einfach zusammenhängenden Gebiet* U ist genau dann holomorph, wenn das Integral $\int_K f\,\mathrm{d}z$ auf U vom Weg unabhängig ist.[164]

▶ BEISPIEL 1: In Abb. 1.170a gilt $\int_K f\mathrm{d}z = \int_L f\mathrm{d}z$. Der fundamentale Begriff des einfach zusammenhängenden Gebiets wird in 1.3.2.4 eingeführt. Anschaulich gesprochen besitzen einfach zusammenhängende Gebiete *keine Löcher*.

---

[163]Es sind C^1-Parameterwechsel $t = t(\tau)$, $\alpha \le \tau \le \beta$, erlaubt, wobei $t'(\tau) > 0$ für alle τ gilt, d. h., $t = t(\tau)$ ist streng monoton wachsend.

[164]Als Wege lassen wir C^1-Kurven und Kurven zu, die sich aus endlich vielen C^1-Kurven zusammensetzen (Abb. 1.170b). Damit werden beispielsweise auch Polygonzüge erfasst.

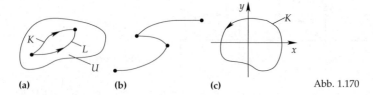

(a)   **(b)**   **(c)**   Abb. 1.170

Korollar: Die stetige Funktion $f : U \subseteq \mathbb{C} \to \mathbb{C}$ auf dem *einfach zusammenhängenden Gebiet* U ist genau dann holomorph, wenn

$$\int_K f \, dz = 0 \tag{1.455}$$

für alle geschlossenen C^1-Jordankurven K in U gilt.

▶ BEISPIEL 2: Ist K eine geschlossene C^1-Jordankurve (z. B. eine Kreislinie) um den Nullpunkt, die im mathematisch positiven Sinne orientiert ist (d. h. entgegen dem Uhrzeigersinn), dann gilt

$$\int_K z^k dz = \begin{cases} 0 & \text{für } k = 0, 1, 2, \ldots \\ 2\pi i & \text{für } k = -1, \\ 0 & \text{für } k = -2, -3, \ldots \end{cases} \tag{1.456}$$

Im Falle $k = 0, 1, 2, \ldots$ ist die Funktion $f(z) := z^k$ auf $\mathbb{C}$ holomorph. Deshalb folgt (1.456) aus (1.455). Für $k = -1$ ist die Funktion $f(z) := z^{-1}$ in dem nicht einfach zusammenhängenden Gebiet $\mathbb{C} \backslash \{0\}$ holomorph, während sie auf $\mathbb{C}$ nicht holomorph ist. Die sich aus (1.456) ergebende Relation

$$\boxed{\int_K \frac{dz}{z} = 2\pi i,}$$

zeigt deshalb, dass die Voraussetzung des einfachen Zusammenhangs von U in (1.455) wesentlich ist (Abb. 1.170c).

Mit K bezeichnen wir im folgenden eine C^1-Kurve in U mit dem Anfangspunkt z_0 und dem Endpunkt z.

Der Fundamentalsatz der Differential- und Integralrechnung: Gegeben sei eine stetige Funktion $f : U \subseteq \mathbb{C} \to \mathbb{C}$ auf dem Gebiet U. Ferner sei F eine Stammfunktion zu f auf U, d. h., man hat $F' = f$ auf U. Dann gilt

$$\boxed{\int_K f \, dz = F(z) - F(z_0).}$$

Zwei Stammfunktionen von f auf U unterscheiden sich nur durch eine Konstante.

▶ BEISPIEL 3: $\displaystyle\int_K e^z dz = e^z - e^{z_0}$.

Korollar: Ist die Funktion $f : U \subseteq \mathbb{C} \to \mathbb{C}$ holomorph auf dem einfach zusammenhängenden Gebiet U, dann ist die Funktion

$$F(z) := \int_{z_0}^{z} f(\zeta)\,\mathrm{d}\zeta$$

eine Stammfunktion von f auf U.[165]

Eine fundamentale (topologische) Eigenschaft der Integrale über holomorphe Funktionen besteht darin, dass sie beim Übergang zu C^1-homotopen und C^1-homologen Wegen unverändert bleiben.

C^1-homotope Wege: Gegeben sei ein Gebiet U der komplexen Zahlenebene $\mathbb{C}$. Zwei C^1-Kurven K und L heißen genau dann C^1-homotop, wenn gilt:

(i) K und L besitzen den gleichen Anfangs- und Endpunkt.

(ii) K lässt sich in L stetig differenzierbar deformieren (Abb. 1.170a).[166]

Satz 1: Ist $f : U \subseteq \mathbb{C} \to \mathbb{C}$ auf dem Gebiet U holomorph, dann gilt

$$\boxed{\int_K f\,\mathrm{d}z = \int_L f\,\mathrm{d}z,} \tag{1.457}$$

falls die Kurven K und L C^1-homotop sind.

C^1-homologe Wege: Zwei C^1-Kurven K und L in dem Gebiet U heißen genau dann C^1-homolog, wenn sie sich um einen Rand unterscheiden, d.h., es gibt ein Gebiet Ω, dessen Abschluss in U liegt, so dass

$$\boxed{K = L + \partial\Omega.}$$

gilt. Die Randkurve $\partial\Omega$ wird dabei so orientiert, dass das Gebiet Ω zur Linken dieser Kurve liegt (Abb. 1.171a). Wir schreiben $K \sim L$.

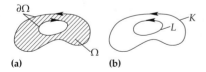

(a)   **(b)**   Abb. 1.171

▶ Beispiel 4: Die Randkurve $\partial\Omega$ des Gebiets Ω in Abb. 1.171 besteht aus den beiden Kurven K und $-L$, d.h., es gilt $\partial\Omega = K - L$, also $K = L + \partial\Omega$.

In analoger Weise folgt $K \sim L$ in Abb. 1.172.

Satz 2: Die Gleichung (1.457) bleibt für C^1-homologe Wege K und L bestehen.

---

[165] $\int_{z_0}^{z} f\,\mathrm{d}\zeta$ steht für $\int_K f\,\mathrm{d}\zeta$. Wegen der Wegunabhängigkeit des Integrals kann man irgendeine Kurve K wählen, die in U den Punkt z_0 mit z verbindet.

[166] Das heißt, es existiert eine C^1-Funktion $z = z(t,\tau)$ von $[a,b] \times [0,1]$ in U, so dass sich für $\tau = 0$ die Kurve K, und für $\tau = 1$ die Kurve L ergibt.

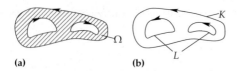

(a)   (b)   Abb. 1.172

Die Integralformel von Cauchy (1831):   Es sei U ein Gebiet der komplexen Zahlenebene, das den Kreis $\Omega := \{z \in \mathbb{C} : |z - a| < r\}$ zusammen mit seiner (mathematisch positiv orientierten) Randkurve K enthält. Ist die Funktion $f : U \to \mathbb{C}$ holomorph, dann gelten für alle Punkte $z \in \Omega$ die Beziehungen

$$f(z) = \frac{1}{2\pi \mathrm{i}} \int_K \frac{f(\zeta)}{\zeta - z} \, \mathrm{d}\zeta$$

und

$$f^{(n)}(z) = \frac{n!}{2\pi \mathrm{i}} \int_K \frac{f(\zeta)}{(\zeta - z)^{n+1}} \, \mathrm{d}\zeta, \qquad n = 1, 2, \ldots .$$

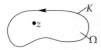

Abb. 1.173

Dieses Resultat bleibt gültig, wenn Ω ein Gebiet ist, dessen Randkurve K eine (mathematisch positiv orientierte) geschlossene C^1-Jordankurve darstellt. Außerdem sollen Ω und K in U liegen (vgl. Abb. 1.173).

> Die komplexe Funktionentheorie enthält den Keim der allgemeinen Homotopie- und Homologietheorie der algebraischen Topologie, die von Poincaré Ende des 19. Jahrhunderts geschaffen wurde.

Der algebraischen Topologie sind die Kapitel 18 und 19 im Handbuch gewidmet.

1.14.5 Die Sprache der Differentialformen

> *Das also war des Pudels Kern!*
> *Faust*

Ein tieferes Verständnis der Hauptsätze von Cauchy-Riemann und Cauchy-Morera in den beiden vorangegangenen Abschnitten wird möglich, wenn man die Sprache der Differentialformen benutzt. Ausgangspunkt ist die 1-Form

$$\omega = f(z)\mathrm{d}z.$$

Wir benutzen die Zerlegungen $z = x + \mathrm{i}y$ und $f(z) = u(x, y) + \mathrm{i}v(x, y)$ in Real- und Imaginärteil.[167]

---

[167]Schreiben wir $f(x, y)$ für $f(z)$, dann gilt
$$\omega = f(x, y)(\mathrm{d}x + \mathrm{i}\mathrm{d}y).$$

Tieferliegende Fragen der Funktionentheorie wie der Satz von Riemann-Roch erfordern das Arbeiten auf Riemannschen Flächen. Dann werden Differentialformen zu fundamentalen und unverzichtbaren Objekten (vgl. 19.8.2 im Handbuch).

Satz 1: $\displaystyle\int_K f(z)\mathrm{d}z = \int_K \omega.$

Dieser Satz zeigt, dass die Definition des Integrals $\displaystyle\int_K f\mathrm{d}z$ in 1.14.4 genau dem Ausdruck entspricht, der sich bei Verwendung der Sprache der Differentialformen ergibt.

Beweis:

$$\int_K \omega = \int_K (u+\mathrm{i}v)(\mathrm{d}x+\mathrm{i}\mathrm{d}y) = \int_a^b (u+\mathrm{i}v)(x'(t)+\mathrm{i}y'(t))\mathrm{d}t = \int_a^b f(z(t))z'(t)\mathrm{d}t. \qquad \square$$

Satz 2: Gegeben seien die beiden C^1-Funktionen $u,v : U \to \mathbb{R}$ auf der offenen Menge U. Dann sind die folgenden beiden Aussagen äquivalent:

(i) $\mathrm{d}\omega = 0$ auf U.

(ii) f ist holomorph auf U.

Das ist der Satz von Cauchy-Riemann in 1.14.3.

Beweis: Wegen $\mathrm{d}u = u_x\mathrm{d}x + u_y\mathrm{d}y$ und $\mathrm{d}v = v_x\mathrm{d}x + v_y\mathrm{d}y$ gilt

$$\mathrm{d}\omega = (\mathrm{d}u + \mathrm{i}\mathrm{d}v)(\mathrm{d}x + \mathrm{i}\mathrm{d}y) = \{(u_y + v_x) + \mathrm{i}(v_y - u_x)\}\mathrm{d}y \wedge \mathrm{d}x.$$

Deshalb ist $\mathrm{d}\omega = 0$ äquivalent zu den Cauchy-Riemannschen Differentialgleichungen

$$u_y + v_x = 0, \qquad v_y - u_x = 0. \qquad \square$$

Satz 3: Gegeben seien die beiden C^1-Funktionen u und v auf dem einfach zusammenhängenden Gebiet U. Dann sind die beiden folgenden Aussagen äquivalent:

(i) $\mathrm{d}\omega = 0$ auf U.

(ii) $\displaystyle\int_K \omega$ ist in U vom Weg unabhängig.

Das ist der Satz von Cauchy-Morera in 1.14.4. (bis auf eine zusätzliche Regularitätsvoraussetzung).

Beweisskizze: (i) $\Rightarrow$ (ii). Wir betrachten die in Abb. 1.174 dargestellte Situation. Es gilt $\partial\Omega = K - L$. Ist $\mathrm{d}\omega = 0$ auf U, dann ergibt der *Satz von Stokes*

$$0 = \int_\Omega \mathrm{d}\omega = \int_{\partial\Omega} \omega = \int_K \omega - \int_L \omega.$$

Dies bedeutet $\displaystyle\int_K \omega = \int_L \omega$, d. h., das Integral über ω in U ist in U vom Weg unabhängig.

(ii) $\Rightarrow$ (i). Ist umgekehrt das Integral über ω in U vom Weg unabhängig, dann gilt

$$\int_{\partial\Omega} \omega = 0$$

für alle Gebiete Ω in U, die durch geschlossene C^1-Jordankurven $\partial\Omega$ berandet werden. Daraus folgt $\mathrm{d}\omega = 0$ auf U nach dem Satz von de Rham (vgl. 18.6.4 im Handbuch). $\qquad \square$

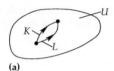 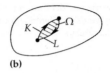

(a) **(b)** Abb. 1.174

Satz 4: Ist $f : U \subseteq \mathbb{C} \to \mathbb{C}$ auf dem Gebiet U holomorph, dann gilt

$$\int_K \omega = \int_L \omega$$

für C^1-homologe Wege K und L in U.

Beweis: Aus $d\omega = 0$ auf U und $K = L + \partial\Omega$ folgt

$$\int_K \omega = \int_L \omega + \int_{\partial\Omega} \omega = \int_L \omega,$$

denn aus dem *Satz von Stokes* ergibt sich $\int_{\partial\Omega} \omega = \int_{\Omega} d\omega = 0$. □

Die vorangegangenen Überlegungen bilden den Keim für die de Rhamsche Kohomologietheorie, die im Zentrum der modernen Differentialtopologie steht und wichtige Anwendungen in der modernen Elementarteilchenphysik besitzt (vgl. die Kapitel 18 und 19 im Handbuch).

Die symplektische Geometrie auf der komplexen Zahlenebene $\mathbb{C}$: Der Raum $\mathbb{R}^2$ trägt eine symplektische Struktur, die durch die Volumenform

$$\mu = dx \wedge dy$$

gegeben ist. Durch die Abbildung $(x, y) \mapsto x + iy$ können wir $\mathbb{R}^2$ mit $\mathbb{C}$ identifizieren. Damit wird auch $\mathbb{C}$ zu einem symplektischen Raum. Es gilt

$$\boxed{\mu = \frac{i}{2} dz \wedge d\bar{z},}$$

denn $dz \wedge d\bar{z} = (dx + idy) \wedge (dx - idy) = -2i dx \wedge dy$.

Die Riemannsche Metrik der komplexen Zahlenebene $\mathbb{C}$: Die klassische euklidische Metrik von $\mathbb{R}^2$ wird durch die symmetrische Bilinearform

$$g := dx \otimes dx + dy \otimes dy$$

gegeben. Ist $u = (u_1, u_2)$ ein Punkt des $\mathbb{R}^2$, dann gilt $dx(u) = u_1$ und $dy(u) = u_2$. Daraus erhalten wir

$$g(u, v) = u_1 v_1 + u_2 v_2 \quad \text{für alle } u, v \in \mathbb{R}^2.$$

Das ist das übliche Skalarprodukt des $\mathbb{R}^2$.

Durch die Identifizierung von $\mathbb{R}^2$ mit $\mathbb{C}$ wird auch $\mathbb{C}$ zu einer Riemannschen Mannigfaltigkeit. Aus $z = x + iy$ und $\bar{z} = x - iy$ folgt

$$\boxed{g = \frac{1}{2}(dz \otimes d\bar{z} + d\bar{z} \otimes dz).}$$

Die komplexe Zahlenebene $\mathbb{C}$ als Kählermannigfaltigkeit: Der Raum $\mathbb{R}^2$ trägt eine fast komplexe Struktur, die durch den linearen Operator $J : \mathbb{R}^2 \longrightarrow \mathbb{R}^2$ mit

$$J(x,y) := (-y,x) \qquad \text{für alle } (x,y) \in \mathbb{R}^2$$

gegeben ist. Identifiziert man (x,y) mit $z = x + iy$, dann entspricht J der Abbildung $z \mapsto iz$ (Muliplikation mit der Zahl i). Die Metrik g ist mit der fast komplexen Struktur J verträglich, d. h., es gilt

$$\mathbf{g}(Ju, Jv) = \mathbf{g}(u,v) \qquad \text{für alle } u,v \in \mathbb{R}^2.$$

Ferner bezeichnet man die 2-Form

$$\Phi(u,v) := \mathbf{g}(u, Jv) \qquad \text{für alle } u,v \in \mathbb{R}^2$$

als die *Fundamentalform* von g. Es gilt $\Phi(u,v) = u_2 v_1 - u_1 v_2$ für alle $u,v \in \mathbb{R}^2$, d. h.

$$\Phi = dy \wedge dx.$$

Daraus folgt $d\Phi = 0$. Damit wird der Raum $\mathbb{R}^2$ zu einer Kählermannigfaltigkeit.[168]

Identifizieren wir $\mathbb{C}$ mit $\mathbb{R}^2$, dann wird auch die komplexe Zahlenebene $\mathbb{C}$ zu einer Kählermannigfaltigkeit. Derartige Mannigfaltigkeiten spielen als Zustandsräume der Strings eine zentrale Rolle in der modernen Stringtheorie, die es sich zum Ziel setzt, alle fundamentalen Wechselwirkungen der Natur (einschließlich der Gravitation) einheitlich zu beschreiben (vgl. 19.13 im Handbuch).

Ein wichtiger Satz über Kählermannigfaltigkeiten ist der berühmte Satz von Yau Shing-Tung, für den dieser (im Zusammenhang mit anderen Resultaten) im Jahre 1982 die Fieldsmedaille erhielt (vgl. 19.10.4 im Handbuch).

1.14.6 Darstellung von Funktionen

1.14.6.1 Potenzreihen

Eine umfangreiche Liste wichtiger Potenzreihenentwicklungen enthält 0.5.2. Die Eigenschaften von Potenzreihen findet man in 1.10.3. zusammengestellt.

Definition: Eine Funktion $f : U \subseteq \mathbb{C} \to \mathbb{C}$ auf der offenen Menge U heißt genau dann *analytisch*, wenn es zu jedem Punkt von U eine Umgebung gibt, in der sich f in eine Potenzreihe entwickeln lässt.

Hauptsatz von Cauchy (1831): Eine Funktion $f : U \subseteq \mathbb{C} \to \mathbb{C}$ ist genau dann analytisch, wenn sie holomorph ist.

Folgerung: Eine auf U holomorphe Funktion besitzt Ableitungen beliebiger Ordnung.

Darstellungsformel von Cauchy: Ist die Funktion f in einer Umgebung des Punktes $a \in \mathbb{C}$ holomorph, dann hat man die Potenzreihenentwicklung

$$f(z) = f(a) + f'(a)(z-a) + \frac{f''(a)}{2!}(z-a)^2 + \dots .$$

Der Konvergenzkreis ist der größte offene Kreis um den Punkt a, in dem die Funktion f holomorph ist.

---

[168]Die allgemeine Definition einer Kählermannigfaltigkeit findet man in 16.4 im Handbuch. Diese Mannigfaltigkeiten wurden von Erich Kähler (1906–2000) im Jahre 1932 eingeführt.

▶ BEISPIEL 1: Es sei $f(z) := \dfrac{1}{1-z}$. Der größte offene Kreis um den Nullpunkt, in dem f holomorph ist, hat den Radius $r = 1$. Deshalb besitzt die geometrische Reihe

$$\frac{1}{1-z} = 1 + z + z^2 + \ldots$$

den Konvergenzradius $r = 1$.

Die analytische Landschaft: Jeder komplexwertigen Funktion $w = f(z)$ ordnen wir über der komplexen Ebene eine sogenannte analytische Landschaft zu, indem wir ein kartesisches (x, y, ζ)-System wählen und den Wert $\zeta := |f(z)|$ als Höhe der Landschaft über dem Punkt $z = x + iy$ auffassen.

▶ BEISPIEL 2: Die analytische Landschaft der Funktion $f(z) := z^2$ ist das Paraboloid $\zeta = x^2 + y^2$ (Abb. 1.175).

Abb. 1.175

Das Maximumprinzip: Ist die nichtkonstante Funktion $f : U \subseteq \mathbb{C} \to \mathbb{C}$ auf der offenen Menge U holomorph, dann nimmt die Funktion $\zeta = |f(z)|$ auf U kein Maximum an.

Besitzt die Funktion $\zeta = |f(z)|$ auf U in einem Punkt a ein absolutes Minimum, dann gilt $f(a) = 0$.

Anschaulich bedeutet dies, dass die analytische Landschaft von f über U keinen höchsten Gipfel besitzt. Liegt ein absolut tiefster Punkt vor, dann besitzt er die Höhe null.

Folgen holomorpher Funktionen: Die Funktionen $f_n : U \subseteq \mathbb{C} \longrightarrow \mathbb{C}$ seien holomorph auf der offenen Menge U. Konvergiert die Folge

$$\lim_{n \to \infty} f_n(z) = f(z) \quad \text{für alle } z \in U$$

und zwar *gleichmäßig*[169] auf U, dann ist auch die Grenzfunktion f holomorph auf U. Ferner gilt

$$\lim_{n \to \infty} f_n^{(k)}(z) = f^{(k)}(z) \quad \text{für alle } z \in U$$

und alle Ableitungsordnungen $k = 1, 2, \ldots$.

1.14.6.2 Laurentreihen und Singularitäten

Es sei $0 \le r < \varrho < R \le \infty$. Wir betrachten das Ringgebiet $\Omega := \{z \in \mathbb{C} \mid r < |z| < R\}$.

Der Entwicklungssatz von Laurent (1843):   Ist die Funktion $f : \Omega \to \mathbb{C}$ holomorph, dann hat man für alle $z \in \Omega$ die absolut konvergente Reihenentwicklung

$$\boxed{\begin{aligned} f(z) = a_0 + a_1(z-a) + a_2(z-a)^2 + \ldots \\ + \frac{a_{-1}}{(z-a)} + \frac{a_{-2}}{(z-a)^2} + \frac{a_{-3}}{(z-a)^3} + \ldots \end{aligned}} \tag{1.458}$$

---

[169]Dies bedeutet $\lim\limits_{n \to \infty} \sup\limits_{z \in U} |f_n(z) - f(z)| = 0$.

Dabei kann man die Entwicklungskoeffizienten durch die Formeln

$$a_k = \frac{1}{2\pi i} \int_K f(\zeta)(\zeta - a)^{-k-1} d\zeta, \qquad k = 0, \pm 1, \pm 2, \dots$$

berechnen. Mit K bezeichnen wir einen Kreis vom Radius ϱ um den Mittelpunkt a.

Die sogenannte *Laurentreihe* (1.458) darf man in Ω gliedweise integrieren und beliebig oft gliedweise differenzieren.

Isolierte Singularitäten: Der Punkt a heißt genau dann eine isolierte Singularität der Funktion f, wenn es eine offene Umgebung U von a gibt, so dass f auf $U\backslash\{a\}$ holomorph ist. Dann gilt (1.458) mit $r = 0$ und einer hinreichend kleinen Zahl R.

(i) Der Punkt a heißt genau dann ein *Pol m-ter Ordnung* von f, wenn (1.458) gilt mit $a_{-m} \neq 0$ und $a_{-k} = 0$ für alle $k > m$.

(ii) Der Punkt a heißt genau dann eine *hebbare Singularität*, wenn (1.458) gilt mit $a_{-k} = 0$ für alle $k \geq 1$. Dann wird f durch die Festsetzung $f(a) := a_0$ zu einer auf U holomorphen Funktion.

(iii) Der Punkt a heißt genau dann eine *wesentliche Singularität*, wenn die Fälle (i) und (ii) nicht vorliegen, d. h., die Laurentreihe (1.458) enthält unendlich viele Glieder mit negativen Exponenten.

Der Koeffizient a_{-1} in (1.458) heißt das *Residuum* von f im Punkt a und wird mit

$$\boxed{\operatorname{Res}_a f := a_{-1}.}$$

bezeichnet.

▶ BEISPIEL 1: Die Funktion

$$f(z) := z + \frac{a}{z-1} + \frac{b}{(z-1)^2}$$

besitzt in $z = 1$ einen Pol zweiter Ordnung mit dem Residuum $a_{-1} = a$.

▶ BEISPIEL 2: Die Funktion

$$\sin\frac{1}{z} = \frac{1}{z} - \frac{1}{3!z^3} + \frac{1}{5!z^5} - \cdots$$

hat im Punkt $z = 0$ eine wesentliche Singularität mit dem Residuum $a_{-1} = 1$.

Beschränkte Funktionen: Eine Funktion $f : V \subseteq \mathbb{C} \to \mathbb{C}$ heißt genau dann beschränkt, wenn es eine Zahl S gibt mit $|f(z)| \leq S$ für alle $z \in U$.

Satz: Die Funktion f besitze im Punkt a eine Singularität.

(i) Ist die Funktion f in einer Umgebung von a beschränkt, dann besitzt sie im Punkt a eine hebbare Singularität.

(ii) Gilt $|f(z)| \longrightarrow \infty$ für $z \to a$ dann hat die Funktion f im Punkt a einen Pol.

Satz von Picard (1879): Besitzt die Funktion f im Punkt a eine wesentliche Singularität, dann nimmt f auf jeder Umgebung von a jeden komplexen Zahlenwert mit höchstens einer Ausnahme an.

Dies bedeutet, dass sich Funktionen in der Umgebung einer wesentlich singulären Stelle außerordentlich pathologisch verhalten.

▶ BEISPIEL 3: Die Funktion $w = e^{1/z}$ besitzt im Punkt $z = 0$ eine wesentliche Singularität und nimmt in jeder Nullumgebung jeden komplexen Zahlenwert mit Ausnahme von $w = 0$ an.

1.14.6.3 Ganze Funktionen und ihre Produktdarstellung

Ganze Funktionen verallgemeinern Polynome.

Definition: Genau die auf der gesamten komplexen Zahlenebene holomorphen Funktionen nennt man *ganze Funktionen*.

▶ BEISPIEL 1: Die Funktionen $w = e^z$, $\sin z$, $\cos z$, $\sinh z$ und $\cosh z$ sowie jedes Polynom sind ganz.

Satz von Liouville (1847):   Eine ganze beschränkte Funktion ist konstant.

Anschaulich bedeutet dies, dass die Höhe der analytischen Landschaft einer nichtkonstanten ganzen Funktion unbegrenzt wächst.

Satz von Picard: Eine nichtkonstante ganze Funktion nimmt jeden Wert mit höchstens einer Ausnahme an.

▶ BEISPIEL 2: Die Funktion $w = e^z$ nimmt jeden komplexen Zahlenwert mit Ausnahme von $w = 0$ an.

Nullstellensatz: Für eine ganze Funktion $f : \mathbb{C} \to \mathbb{C}$ gilt:

(i) Entweder ist $f \equiv 0$ oder f besitzt in jedem Kreis höchstens endlich viele Nullstellen.

(ii) Die Funktion f ist genau dann ein Polynom, wenn sie insgesamt höchstens endlich viele Nullstellen hat.

Vielfachheit einer Nullstelle: Ist die Funktion f in einer Umgebung des Punktes a holomorph mit $f(a) = 0$, dann besitzt die Nullstelle a von f definitionsgemäß genau dann die Vielfachheit m, wenn die Potenzreihenentwicklung von f in einer Umgebung des Punktes a die Gestalt

$$f(z) = a_m(z - a)^m + a_{m+1}(z - a)^{m+1} + \ldots$$

hat mit $a_m \neq 0$. Das ist äquivalent zu der Bedingung

$$f^{(m)}(a) \neq 0 \quad \text{und} \quad f'(a) = f''(a) = \ldots = f^{(m-1)}(a) = 0.$$

Der *Fundamentalsatz der Algebra* besagt für ein nichtkonstantes Polynom f, dass

$$f(z) = a \prod_{k=1}^{n} (z - z_k)^{m_k} \qquad \text{für alle } z \in \mathbb{C}$$

gilt. Dabei sind $z_1, \ldots, z_n$ die Nullstellen von f mit den entsprechenden Vielfachheiten $m_1, \ldots, m_n$, und a bezeichnet eine komplexe Zahl ungleich null.

Der folgende Satz verallgemeinert diesen Sachverhalt.

Der Produktsatz von Weierstraß (1876): Es sei $f : \mathbb{C} \to \mathbb{C}$ eine nichtkonstante ganze Funktion, welche die unendlich vielen Nullstellen $z_1, z_2, \ldots$ mit den entsprechenden Vielfachheiten $m_1, m_2, \ldots$ besitzt. Dann gilt

$$f(z) = e^{g(z)} \prod_{k=1}^{\infty} (z - z_k)^{m_k} e^{p_k(z)} \qquad \text{für alle } z \in \mathbb{C}. \qquad (1.459)$$

Dabei sind $p_1, p_2, \ldots$ Polynome, und g bezeichnet eine ganze Funktion.[170]

▶ BEISPIEL 3: $\sin \pi z = \pi z \prod_{k=1}^{\infty} \left(1 - \dfrac{z^2}{k^2} \right)$ für alle $z \in \mathbb{C}$. Diese Formel wurde von dem jungen Euler (1707–1783) gefunden.

Korollar: Schreibt man höchstens abzählbar viele Nullstellen und deren Vielfachheiten vor, dann existiert eine ganze Funktion, die dazu passt.

1.14.6.4 Meromorphe Funktionen und ihre Partialbruchzerlegung

Meromorphe Funktionen verallgemeinern rationale Funktionen (Quotienten von Polynomen).

Definition: Eine Funktion f heißt genau dann *meromorph*, wenn sie auf $\mathbb{C}$ holomorph ist bis auf isolierte Singularitäten, die alle Pole sind.

In den Polstellen ordnen wir f den Wert ∞ zu. Ferner setzen wir $\overline{\mathbb{C}} := \mathbb{C} \cup \{\infty\}$.

▶ BEISPIEL 1: Die Funktionen $w = \tan z$, $\cot z$, $\tanh z$ und $\coth z$ sowie jede rationale und jede ganze Funktion sind meromorph.

Polstellensatz: Für eine meromorphe Funktion $f : \mathbb{C} \longrightarrow \overline{\mathbb{C}}$ gilt:

(i) Die Funktion f besitzt in jedem Kreis höchstens endlich viele Polstellen.

(ii) Die Funktion f ist genau dann eine rationale Funktion, wenn sie insgesamt höchstens endlich viele Pole und höchstens endlich viele Nullstellen hat.

(iii) Jede meromorphe Funktion ist der Quotient zweier ganzer Funktionen.

(iv) Die meromorphen Funktionen bilden einen Körper, welcher der Quotientenkörper des Rings der ganzen Funktionen ist.

Der Satz über die *Partialbruchzerlegung* besagt, dass man jede rationale Funktion f als endliche Linearkombination eines Polynoms mit Ausdrücken der Gestalt

$$\frac{b}{(z - a)^k},$$

darstellen kann, wobei die Punkte a den Polen von f entsprechen und b eine komplexe Zahl ist, die von a abhängt.

Satz von Mittag-Leffler (1877): Es sei $f : \mathbb{C} \longrightarrow \overline{\mathbb{C}}$ eine meromorphe Funktion, welche die unendlich vielen Polstellen $z_1, z_2, \ldots$ mit $|z_1| \leq |z_2| \leq \cdots$ besitzt. Dann gilt

$$f(z) = \sum_{k=1}^{\infty} g_k \left(\frac{1}{z - z_k} \right) - p_k(z) \qquad (1.460)$$

---

[170]Es ist $e^w \neq 0$ für alle $w \in \mathbb{C}$. Deshalb liefern die e-Faktoren in (1.459) keinen Beitrag zu den Nullstellen, sondern erzwingen lediglich die Konvergenz des Produkts.

für alle $z \in \mathbb{C}$ mit Ausnahme der Polstellen von f. Dabei sind $g_1, g_2, \ldots$ und $p_1, p_2, \ldots$ Polynome.

▶ Beispiel 2: Es ist

$$\frac{1}{\sin \pi z} = \frac{1}{z} + \sum_{k=1}^{\infty} (-1)^k \left(\frac{1}{z-k} + \frac{1}{z+k} \right)$$

für alle komplexen Zahlen z verschieden von den Nullstellen $k \in \mathbb{Z}$ der Funktion $w = \sin \pi z$.

Korollar: Schreibt man die Pole und deren Hauptteile in der Laurententwicklung vor (d. h. die Terme mit negativen Potenzen), dann gibt es eine meromorphe Funktion, die dazu passt.

1.14.6.5 Dirichletreihen

Dirichletreihen spielen eine zentrale Rolle in der analytischen Zahlentheorie.

Definition: Die unendliche Reihe

$$f(s) := \sum_{n=1}^{\infty} a_n e^{-\lambda_n s} \qquad (1.461)$$

heißt genau dann eine Dirichletreihe, wenn alle a_n komplexe Zahlen sind und die reellen Exponenten λ_n eine streng monoton wachsende Folge bilden mit $\lim_{n \to \infty} \lambda_n = +\infty$.

Wir setzen

$$\sigma_0 := \varlimsup_{N \to \infty} \frac{\ln |A(N)|}{\lambda_N}.$$

Dabei gilt

$$A(N) := \begin{cases} \sum_{n=1}^{N} a_n, & \text{falls } \sum_{n=1}^{\infty} a_n \text{ divergiert}, \\ \sum_{n=N}^{\infty} a_n, & \text{falls } \sum_{n=1}^{\infty} a_n \text{ konvergiert}. \end{cases}$$

Ferner sei $H = H_{\sigma_0} := \{ s \in \mathbb{C} \mid \operatorname{Re} s > \sigma_0 \}$.

▶ Beispiel 1: Im Fall $\lambda_n := \ln n$ und $a_n := 1$ erhalten wir die Riemannsche ζ-Funktion

$$\zeta(s) = \sum_{n=1}^{\infty} \frac{1}{n^s}$$

mit $\sigma_0 = \lim_{N \to \infty} \frac{\ln N}{\ln N} = 1$. Die folgenden drei Aussagen treffen zum Beispiel auf die ζ-Funktion zu.

Satz: (i) Die Dirichletreihe (1.461) konvergiert in dem offenen Halbraum H und divergiert in dem komplementären offenen Halbraum $\mathbb{C} \backslash \bar{H}$.

Die Konvergenz ist gleichmäßig auf kompakten Teilmengen von H.

(ii) Die Funktion f ist auf H holomorph. Die Reihe (1.461) darf auf H beliebig oft gliedweise differenziert werden.

(iii) Gilt $a_n \geq 0$ für alle n, dann besitzt f im Punkt $s = \sigma_0$ eine Singularität, falls $\lambda_n = \ln n$ für alle n gilt.

Der Zusammenhang mit der Primzahltheorie: Eine auf der Menge $\mathbb{N}_+$ der positiven natürlichen Zahlen erklärte Funktion $g : \mathbb{N}_+ \to \mathbb{C}$ heißt genau dann multiplikativ, wenn $g(nm) = g(n)g(m)$ für alle relativ primen natürlichen Zahlen n und m gilt. Ist die Reihe

$$f(s) = \sum_{n=1}^{\infty} \frac{g(n)}{n^s}$$

absolut konvergent, dann hat man die Eulersche Produktformel

$$f(s) = \prod_{p} \left(1 + \frac{g(1)}{p^s} + \frac{g(2)}{p^{2s}} + \dots \right),$$

wobei das Produkt über alle Primzahlen p läuft. Dieses Produkt ist stets absolut konvergent.

▶ BEISPIEL 2: Im Spezialfall $g \equiv 1$ erhalten wir

$$\zeta(s) = \prod_{p} \left(1 - \frac{1}{p^s} \right)^{-1} \qquad \text{für alle } s \in \mathbb{C} \text{ mit } \operatorname{Re} s > 1.$$

Eine genauere Diskussion der Riemannschen ζ-Funktion und der berühmten Riemannschen Vermutung findet man in 2.7.3

1.14.7 Der Residuenkalkül zur Berechnung von Integralen

Mathematik ist die Kunst, Rechnungen zu vermeiden.

Folklore

Der folgende Satz ist von außerordentlicher Wichtigkeit. Er zeigt, dass es bei der Berechnung komplexer Integrale nur auf das Verhalten des Integranden in den Singularitäten ankommt, die im Inneren der Integrationskurve liegen. Die Berechnung von Integralen kann sehr langwierig sein. Es muss Cauchy wie eine Offenbarung vorgekommen sein, als er seinen wundervollen Residuentrick entdeckte, der die Rechenarbeit in vielen Fällen auf ein Mindestmaß reduziert.

Der Residuensatz von Cauchy (1826): Die Funktion $f : U \subseteq \mathbb{C} \to \mathbb{C}$ sei holomorph auf der offenen Menge U bis auf endlich viele Pole in den Punkten $z_1, \dots, z_n$. Dann gilt

$$\int_K f \, dz = 2\pi i \sum_{k=1}^{n} \operatorname{Res}_{z_k} f. \qquad (1.462)$$

Dabei ist K eine geschlossene C^1-Jordankurve in U, die alle Punkte $z_1, \dots, z_2$ in ihrem Inneren enthält und im mathematisch positiven Sinne orientiert ist (Abb. 1.176).

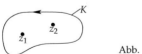

Abb. 1.176

▶ BEISPIEL 1: Es sei

$$f(z) = \frac{1}{z-1} - \frac{2}{z+1},$$

also $\operatorname{Res}_{z=1} f = 1$ und $\operatorname{Res}_{z=-1} = -2$. Für eine Kreislinie K, die die beiden Punkte $z = \pm 1$ umschlingt, gilt dann

$$\int_K f \, dz = 2\pi i (\operatorname{Res}_{z=1} f + \operatorname{Res}_{z=-1} f) = -2\pi i.$$

Rechenregel: Besitzt die Funktion f im Punkt a einen Pol m-ter Ordnung, dann gilt

$$\mathrm{Res}_a f = \lim_{z \to a}(z - a)f(z) \quad \text{für } m = 1 \tag{1.463}$$

und

$$\mathrm{Res}_a f = \lim_{z \to a} F^{(m-1)}(z) \quad \text{für } m \geq 2$$

mit $F(z) := (z - a)^m f(z)/(m - 1)!$.

▶ BEISPIEL 2: Eine rationale Funktion $\dfrac{g(z)}{h(z)}$ mit $g(a) \neq 0$ besitzt genau dann im Punkt a einen Pol m-ter Ordnung, wenn das Nennerpolynom h in a eine Nullstelle m-ter Ordnung hat.

Standardbeispiel: Es gilt

$$\int_{-\infty}^{\infty} \frac{g(x)}{h(x)}\,dx = 2\pi i \sum_{k=1}^{n} \mathrm{Res}_{z_k} \frac{g}{h}. \tag{1.464}$$

Bei der Berechnung dieses reellen Integrals wird vorausgesetzt, dass g und h Polynome sind mit $\mathrm{Grad}\, h \geq \mathrm{Grad}\, g + 2$. Das Nennerpolynom h soll keine Nullstellen auf der reellen Achse besitzen. Mit $z_1, \ldots, z_n$ bezeichnen wir alle Nullstellen von h in der oberen Halbebene.

▶ BEISPIEL 3: $\displaystyle\int_{-\infty}^{\infty} \frac{dx}{1 + x^2} = \pi.$

Beweis: Das Polynom $h(z) := 1 + z^2$ besitzt wegen $h(z) = (z - i)(z + i)$ die einfache Nullstelle $z = i$ in der oberen Halbebene. Aus (1.463) folgt

$$\mathrm{Res}_i \frac{1}{1 + z^2} = \lim_{z \to i} \frac{z - i}{(z + i)(z - i)} = \frac{1}{2i}.$$

Die Relation (1.464) ergibt deshalb

$$\int_{-\infty}^{\infty} \frac{dx}{1 + x^2} = 2\pi i\,\mathrm{Res}_i \frac{1}{1 + z^2} = \pi. \qquad \square$$

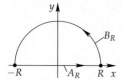

Abb. 1.177

Beweisskizze zu (1.464): Wir setzen $f := \dfrac{g}{h}$. Der Rand $A_R + B_R$ des Halbkreises in Abb. 1.177 wird so groß gewählt, dass er alle Nullstellen von h in der oberen Halbebene enthält. Aus (1.462) folgt

$$\int_{A_R} f\,dz + \int_{B_R} f\,dz = \int_{A_R + B_R} f\,dz = 2\pi i \sum_{k=1}^{n} \mathrm{Res}_{z_k} f. \tag{1.465}$$

Ferner ist

$$\lim_{R \to \infty} \int_{A_R} f \, \mathrm{d}z = \int_{-\infty}^{\infty} f(x) \mathrm{d}x$$

und

$$\lim_{R \to \infty} \int_{B_R} f \, \mathrm{d}z = 0. \tag{1.466}$$

Die Behauptung (1.464) folgt deshalb aus (1.465) für $R \longrightarrow \infty$.

Die Grenzwertbeziehung (1.466) erhält man aus der Abschätzung[171]

$$|f(z)| \leq \frac{\mathrm{const}}{|z^2|} = \frac{\mathrm{const}}{R^2} \qquad \text{für alle } z \text{ mit } |z| = R,$$

die sich aus der Gradrelation Grad $h \geq$ Grad $g + 2$ ergibt, und aus der Dreiecksungleichung für Kurvenintegrale:

$$\left| \int_{B_R} f \, \mathrm{d}z \right| \leq (\text{Länge des Halbkreises } B_R) \sup_{z \in B_R} |f(z)|$$

$$\leq \frac{\pi R \cdot \mathrm{const}}{R^2} \longrightarrow 0 \qquad \text{für } R \longrightarrow \infty. \qquad \square$$

1.14.8 Der Abbildungsgrad

Gegeben sei ein beschränktes Gebiet Ω der komplexen Zahlenebene $\mathbb{C}$, dessen Rand $\partial\Omega$ aus endlich vielen geschlossenen C^1-Jordankurven besteht, die so orientiert sind, dass das Gebiet Ω zu ihrer Linken liegt (Abb. 1.178). Wir schreiben genau dann $f \in \mathbb{C}(\Omega)$, wenn gilt:

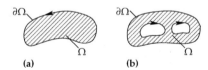

(a)   **(b)**   Abb. 1.178

(i) Die Funktion f ist in einer offenen Umgebung von $\overline{\Omega}$ holomorph bis auf endlich viele Pole, die alle in Ω liegen.

(ii) Auf dem Rand $\partial\Omega$ liegen keine Nullstellen von f.

Definition: Der Abbildungsgrad von f auf Ω wird durch

$$\boxed{\mathrm{Grad}\,(f,\Omega) := N - P}$$

definiert. Dabei ist N (bzw. P) die Summe der Vielfachheiten der Nullstellen (bzw. Pole) von f in Ω.

▶ Beispiel: Für $f(z) := z^k$ und den Kreis $\Omega := \{z \in \mathbb{C} : |z| < R\}$ gilt

$$\mathrm{Grad}\,(f,\Omega) = k, \quad k = 0, \pm 1, \pm 2, \dots$$

---

[171] Die Konstante ist unabhängig von R.

Satz: Es sei $f, g \in \mathbb{C}(\Omega)$. Dann gilt:

(i) *Darstellungsformel:*

$$\text{Grad}\,(f, \Omega) = \frac{1}{2\pi i} \int\limits_{\partial\Omega} \frac{f'(z)}{f(z)}\,dz.$$

(ii) *Existenzprinzip:* Ist $\text{Grad}\,(f, \Omega) \neq 0$, dann besitzt die Funktion f eine Nullstelle oder einen Pol auf Ω.

(iii) *Stabilität des Abbildungsgrades:* Aus

$$|g(z)| < \max_{z \in \partial\Omega} |f(z)| \tag{1.467}$$

folgt der $\text{Grad}\,(f, \Omega) = \text{Grad}\,(f + g, \Omega)$.

Das Nullstellenprinzip von Rouché (1862): Die beiden Funktionen f, g seien auf einer offenen Umgebung von $\overline{\Omega}$ holomorph, und es gelte (1.467).

Besitzt f eine Nullstelle auf Ω, dann trifft das auch auf $f + g$ zu.

Beweis: Da f eine Nullstelle und keine Pole besitzt, gilt $\text{Grad}\,(f, \Omega) \neq 0$. Aus (iii) folgt $\text{Grad}\,(f + g, \Omega) \neq 0$, und (ii) ergibt die Behauptung. □

Die allgemeine Theorie des Abbildungsgrades, die man in 12.9 im Handbuch findet, erlaubt es, für große Poblemklassen der Mathematik (Gleichungssysteme, gewöhnliche und partielle Differentialgleichungen, Integralgleichungen) die Existenz von Lösungen nachzuweisen, ohne diese explizit berechnen zu müssen.

1.14.9 Anwendungen auf den Fundamentalsatz der Algebra

> *Vom heutigen Standpunkt aus würden wir zum Beweis des Fundamentalsatzes der Algebra von Gauß (1799) sagen: er ist im Prinzip richtig, aber nicht vollständig.*
>
> Felix Klein (1849–1925)

> *Aber – so fragen wir – wird es bei der Ausdehnung des mathematischen Wissens für den einzelnen Forscher schließlich unmöglich, alle Teile dieses Wissens zu umfassen? Ich möchte als Antwort darauf hinweisen, wie sehr es im Wesen der mathematischen Wissenschaft liegt, dass jeder wirkliche Fortschritt stets Hand in Hand geht mit der Auffindung schärferer Hilfsmittel und einfacherer Methoden, die zugleich das Verständnis früherer Theorien erleichtern und umständliche ältere Entwicklungen beseitigen, und dass es daher dem einzelnen Forscher, indem er sich diese schärferen Hilfsmittel und einfacheren Methoden zu eigen macht, leichter gelingt, sich in den verschiedenen Wissenszweigen der Mathematik zu orientieren, als dies für irgendeine andere Wissenschaft der Fall ist.*
>
> David Hilbert,
> Pariser Vortrag, 1900

Fundamentalsatz der Algebra: Jedes Polynom

$$p(z) := z^n + a_{n-1}z^{n-1} + \ldots + a_1 z + a_0$$

vom Grad $n \geq 1$ mit komplexen Koeffizienten a_j besitzt eine Nullstelle.

Gauß benutzte die Zerlegung $p(z) = u(x, y) + iv(x, y)$ in Real- und Imaginärteil und untersuchte den Verlauf der ebenen algebraischen Kurven $u(x, y) = 0$ und $v(x, y) = 0$. Ein derartiger

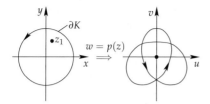

Abb. 1.179

Beweis ist notgedrungen mühsam und erfordert einen ausgearbeiteten Apparat für algebraische Kurven, der heute vorhanden ist, Gauß aber in keiner Weise zur Verfügung stand.

Die sehr anschauliche Grundidee des auf dem Abbildungsgrad beruhenden Beweises des Fundamentalsatzes der Algebra ist die folgende: Wir betrachten den Kreis

$$K := \{z \in \mathbb{C} : |z| < R\}.$$

Das Polynom p vermittelt eine Abbildung

$$p : \overline{K} \longrightarrow \mathbb{C},$$

wobei die mathematisch positiv orientierte Randkurve ∂K in eine Kurve $p(\partial K)$ übergeht, die den Nullpunkt n-fach im mathematisch positiven Sinn umschlingt (vgl. Abb. 1.179) für $n = 2$). Somit muss es einen Punkt $z_1 \in K$ geben, der durch p in den Nullpunkt abgebildet wird, d. h., es ist $p(z_1) = 0$. Um zu zeigen, dass die Bildkurve $p(\partial K)$ den Nullpunkt n-fach umschlingt, betrachten wir zunächst das Polynom $w = f(z)$ mit $f(z) := z^n$, Aus $z = \mathrm{Re}^{i\varphi}$ folgt

$$w = R^n e^{in\varphi}, \qquad 0 \leq \varphi \leq 2\pi.$$

Somit geht die Kreislinie ∂K vom Radius R in eine Kreislinie $f(\partial K)$ vom Radius R^n über, die den Nullpunkt n-fach umschlingt. Ist R hinreichend groß, dann bleibt dieses Umschlingungsverhalten für p erhalten, weil sich p und f nur um Terme niedrigerer Ordnung unterscheiden.

Der folgende Beweis ist eine strenge Fassung dieser Idee.

Erster Beweis des Fundamentalsatzes der Algebra (Abbildungsgrad):   Wir schreiben

$$p(z) := f(z) + g(z)$$

mit $f(z) := z^n$. Für alle z mit $|z| = R$ gilt

$$|f(z)| = R^n \quad \text{und} \quad |g(z)| \leq \text{const} \cdot R^{n-1}.$$

Ist R hinreichend groß, dann hat man

$$|g(z)| < |f(z)| \quad \text{für alle } z \text{ mit } |z| = R.$$

Die Funktion f besitzt offensichtlich eine Nullstelle. Nach dem Satz von Rouché in 1.14.8. hat dann auch die Funktion $f + g = p$ eine Nullstelle. $\qquad \Box$

Der folgende Beweis ist noch kürzer.

Zweiter Beweis des Fundamentalsatzes der Algebra (Satz von Liouville):   Angenommen das Polynom p besitzt keine Nullstelle. Dann ist die inverse Funktion $1/p$ eine ganze Funktion, die wegen

$$\lim_{|z| \to \infty} \left| \frac{1}{p(z)} \right| = 0,$$

beschränkt ist. Nach dem Satz von Liouville muss $1/p$ konstant sein. Das ist der gesuchte Widerspruch. □

Folgerung: Die Potenzreihenentwicklung von p an der Stelle z_1 ergibt wegen $p(z_1) = 0$ den Ausdruck

$$p(z_1) = a_1(z - z_1) + a_2(z - z_2)^2 + \ldots,$$

also $p(z) = (z - z_1)q(z)$. Das Polynom q besitzt eine Nullstelle z_2, also $q(z) = (z - z_2)r(z)$ usw. Insgesamt erhalten wir die Faktorisierung

$$p(z) = (z - z_1)(z - z_2)\ldots(z - z_n).$$

1.14.10 Biholomorphe Abbildungen und der Riemannsche Abbildungssatz

Die Klasse der biholomorphen Abbildungen besitzt die wichtige Eigenschaft, dass sie holomorphe Funktionen wieder in holomorphe Funktionen transformiert. Außerdem sind biholomorphe Abbildungen winkeltreu (konform).

Definition: Es seien U und V offene Mengen der komplexen Zahlenebene $\mathbb{C}$. Eine Funktion $f : U \to V$ heißt genau dann *biholomorph*, wenn sie bijektiv ist und sowohl f als auch f^{-1} holomorph sind.

Lokaler Satz über inverse Funktionen: Gegeben sei eine holomorphe Funktion $f : U \subseteq \mathbb{C} \to \mathbb{C}$ auf einer Umgebung des Punktes a mit

$$f'(a) \neq 0.$$

Dann ist f eine biholomorphe Abbildung von einer Umgebung des Punktes a auf eine Umgebung des Punktes $f(a)$.

Für die Umkehrfunktion zu $w = f(z)$ hat man wie im Reellen die Leibnizsche Regel

$$\frac{\mathrm{d}z(w)}{\mathrm{d}w} = \frac{1}{\frac{\mathrm{d}w(z)}{\mathrm{d}z}}. \tag{1.468}$$

Globaler Satz über inverse Funktionen: Die Funktion $f : U \subseteq \mathbb{C} \to \mathbb{C}$ sei holomorph und injektiv auf dem Gebiet U. Dann ist die Bildmenge $f(U)$ wiederum ein Gebiet, und f ist eine biholomorphe Abbildung von U auf $f(U)$.

Ferner gilt $f'(z) \neq 0$ auf U, und die Ableitung der zu f inversen Funktion auf $f(U)$ erhält man durch die Formel (1.468).

Das Verpflanzungsprinzip: Gegeben sei die holomorphe Funktion

$$f : U \subseteq \mathbb{C} \to \mathbb{C}$$

auf der offenen Menge U. Ferner sei $b : U \to V$ eine biholomorphe Abbildung. Dann wird f in natürlicher Weise auf die Menge V verpflanzt.[172] Für diese verpflanzte Funktion f_* gilt:

(i) $f_* : V \subseteq \mathbb{C} \longrightarrow \mathbb{C}$ ist holomorph.

---

[172]Explizit hat man $f_* := f \circ b^{-1}$, d. h., es ist $f_*(w) = f(b^{-1}(w))$.

(ii) Das Integral bleibt invariant, d. h., es gilt

$$\int_K f(z)\mathrm{d}z = \int_{K_*} f_*(w)\mathrm{d}w$$

für alle C^1-Kurven K in U und $K_* := b(K)$.

Kommentar: Dieser wichtige Satz erlaubt es, komplexe Mannigfaltigkeiten einzuführen. Grob gesprochen gilt.

(i) Eine eindimensionale komplexe Mannigfaltigkeit M wird so konstruiert, dass man jedem Punkt $P \in M$ eine Umgebung zuordnet, die durch lokale Koordinaten z beschrieben wird, welche in einer offenen Menge U der komplexen Zahlenebene $\mathbb{C}$ liegen.

(ii) Der Wechsel von den lokalen Koordinaten z zu den lokalen Koordinaten w wird durch eine biholomorphe Abbildung $w = b(z)$ von der offenen Menge U auf die offene Menge V beschrieben.

(iii) Nur solche Eigenschaften von M sind bedeutungsvoll, die invariant unter einem Wechsel der lokalen Koordinaten sind.

(iv) Das Verpflanzungsprinzip zeigt, dass sich die Begriffe *holomorphe Funktion* und *Integral* auf komplexen Mannigfaltigkeiten in invarianter Weise erklären lassen.

(v) Zusammenhängende eindimensionale komplexe Mannigfaltigkeiten heißen auch *Riemann-sche Flächen*.

Die präzisen Definitionen findet man in 15.1.1 im Handbuch.

Der Hauptsatz von Riemann (1851) (Riemannscher Abbildungssatz): Jedes einfach zu-sammenhängende Gebiet der komplexen Zahlenebene $\mathbb{C}$, welches nicht gleich $\mathbb{C}$ ist, lässt sich biholomorph auf das Innere des Einheitskreises abbilden.[173]

1.14.11 Beispiele für konforme Abbildungen

Um die Eigenschaften holomorpher Funktionen $f : U \subseteq \mathbb{C} \to \mathbb{C}$ geometrisch zu interpretieren, fassen wir

$$w = f(z)$$

als eine Abbildung auf, die jedem Punkt z der z-Ebene einen Punkt w der w-Ebene zuordnet.

Konforme Abbildung: Die durch f vermittelte Abbildung heißt genau dann im Punkt $z = a$ *winkeltreu* (oder konform), wenn der Schnittwinkel zweier durch den Punkt a gehenden C^1-Kurven (einschließlich seines Richtungssinns) bei der Abbildung erhalten bleibt (Abb. 1.180).

Eine Abbildung heißt genau dann winkeltreu (oder konform), wenn sie in jedem Punkt ihres Definitionsbereichs winkeltreu ist.

---

[173]Jede biholomorphe Abbildung ist winkeltreu (konform).

Der tiefliegende Uniformisierungssatz von Koebe und Poincaré aus dem Jahre 1907 verallgemeinert den Abbildungssatz von Riemann in der folgenden Weise: Jede einfach zusammenhängende Riemannsche Fläche lässt sich biholomorph auf genau eine der drei folgenden Riemannschen Standardflächen abbilden: das Innere des Einheitskreises, die komplexe Zahlenebene $\mathbb{C}$, die abgeschlossene komplexe Zahlenebene $\overline{\mathbb{C}}$ (Riemannsche Zahlenkugel). Das findet man in 19.8.3 im Handbuch.

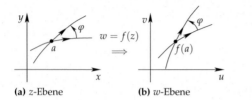

(a) z-Ebene　　　　　　**(b)** w-Ebene　　　　　Abb. 1.180

Satz:　Eine holomorphe Funktion $f : U \subseteq \mathbb{C} \to \mathbb{C}$ auf einer Umgebung U des Punktes a vermittelt genau dann eine winkeltreue (konforme) Abbildung im Punkt a, wenn $f'(a) \neq 0$ gilt. Jede biholomorphe Abbildung $f : U \longrightarrow V$ ist winkeltreu.

1.14.11.1 Die Gruppe der Ähnlichkeitstransformationen

Es seien a und b feste komplexe Zahlen mit $a \neq 0$. Dann stellt

$$\boxed{w = az + b \quad \text{für alle } z \in \mathbb{C}} \tag{1.469}$$

eine biholomorphe (und somit konforme) Abbildung $w : \mathbb{C} \to \mathbb{C}$ der komplexen Zahlenebene $\mathbb{C}$ auf sich selbst dar.

▶ BEISPIEL 1: Für $a = 1$ ist (1.469) eine Translation.

▶ BEISPIEL 2: Wir setzen $z = re^{i\varphi}$. Ist $b = 0$ und $a = |a|e^{i\alpha}$, dann gilt

$$w = |a|r\,e^{i(\varphi+\alpha)}.$$

Folglich entspricht die Abbildung $w = az$ einer Drehung um den Winkel α und einer Streckung um den Faktor $|a|$.

Im Fall $b = 0$ und $a > 0$ entsteht eine eigentliche Ähnlichkeitstransformation (Streckung um den Faktor a).

Die Gesamtheit aller Transformationen (1.469) bildet die Gruppe der orientierungstreuen Ähnlichkeitstransformationen der komplexen Zahlenebene $\mathbb{C}$ auf sich.

1.14.11.2 Inversion am Einheitskreis

Die Abbildung

$$\boxed{w = \frac{1}{z} \quad \text{für alle } z \in \mathbb{C} \text{ mit } z \neq 0}$$

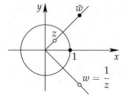

Abb. 1.181

ist eine biholomorphe (und somit konforme) Abbildung der punktierten komplexen Zahlenebene $\mathbb{C}\backslash\{0\}$ auf sich selbst. Setzen wir $z = r\,e^{i\varphi}$, dann gilt

$$w = \frac{1}{r}e^{-i\varphi}.$$

Wegen $|w| = \dfrac{1}{|z|}$ ergibt sich der Punkt w aus z durch eine Spiegelung am Einheitskreis und eine Spiegelung an der reellen Achse (Abb. 1.181).

1.14.11.3 Die abgeschlossene komplexe Zahlenebene

Wir setzen

$$\boxed{\overline{\mathbb{C}} := \mathbb{C} \cup \{\infty\},}$$

d. h., wir fügen der komplexen Zahlenebene $\mathbb{C}$ einen Punkt ∞ hinzu und nennen $\overline{\mathbb{C}}$ die abgeschlossene komplexe Zahlenebene. Die folgende Konstruktion ist typisch für den Aufbau komplexer Mannigfaltigkeiten. Unser Ziel ist es, auf $\overline{\mathbb{C}}$ lokale komplexe Koordinaten ζ einzuführen.

Definition lokaler Koordinaten: (i) Einem Punkt $a \in \mathbb{C}$ ordnen wir die Menge $\mathbb{C}$ als Umgebung zu mit den lokalen Koordinaten $\zeta := z$ für $z \in \mathbb{C}$.

(ii) Dem Punkt ∞ ordnen wir die Menge $\overline{\mathbb{C}}\backslash\{0\}$ als Umgebung zu mit den lokalen Koordinaten

$$\zeta := \begin{cases} \dfrac{1}{z} & \text{für } z \in \mathbb{C} \text{ mit } z \neq 0, \\ 0 & \text{für } z = \infty. \end{cases}$$

Abbildungen auf der abgeschlossenen Zahlenebene: Die Eigenschaften einer Abbildung

$$\boxed{f : U \subseteq \overline{\mathbb{C}} \longrightarrow \overline{\mathbb{C}}}$$

werden durch Übergang zu lokalen Koordinaten definiert. Beispielsweise ist f genau dann holomorph, wenn das durch Übergang zu lokalen Koordinaten der Fall ist.

▶ BEISPIEL 1: Es sei $n = 1, 2, \ldots$ Die Abbildung

$$f(z) = \begin{cases} z^n & \text{für } z \in \mathbb{C}, \\ \infty & \text{für } z = \infty \end{cases}$$

ist eine holomorphe Abbildung $f : \overline{\mathbb{C}} \longrightarrow \overline{\mathbb{C}}$.

Beweis: Zunächst ist f auf $\mathbb{C}$ holomorph. Der Übergang von der Gleichung

$$w = f(z), \qquad z \in \overline{\mathbb{C}} - \{0\}$$

zu lokalen Koordinaten $\zeta = \dfrac{1}{z}$ und $\mu = \dfrac{1}{w}$ ergibt $\dfrac{1}{\mu} = \dfrac{1}{\zeta^n}$, also

$$\boxed{\mu = \zeta^n.} \tag{1.470}$$

Das ist eine holomorphe Funktion auf $\mathbb{C}$. Folglich ist f definitionsgemäß auf $\overline{\mathbb{C}}\backslash\{0\}$ holomorph. □

Nach Gleichung (1.470) liegt in lokalen Koordinaten eine Nullstelle der Ordnung n vor. Da $\zeta = 0$ dem Punkt $z = \infty$ entspricht und $f(\infty) = \infty$ gilt, sagen wir, dass f im Punkt ∞ eine Unendlichkeitsstelle (Polstelle) der Ordnung n besitzt.

▶ BEISPIEL 2: Die Abbildung

$$f(z) = \begin{cases} z & \text{für } z \in \mathbb{C}, \\ \infty & \text{für } z = \infty \end{cases}$$

ist eine biholomorphe Abbildung $f : \overline{\mathbb{C}} \longrightarrow \overline{\mathbb{C}}$.

Beweis: Nach Beispiel 1 ist f holomorph. Ferner ist $f : \overline{\mathbb{C}} \to \overline{\mathbb{C}}$ bijektiv und $f^{-1} = f$. Somit ist auch $f^{-1} : \overline{\mathbb{C}} \to \overline{\mathbb{C}}$ holomorph. □

▶ BEISPIEL 3: Ist $w = p(z)$ ein Polynom n-ten Grades und setzen wir $p(\infty) := \infty$, dann ist $p : \overline{\mathbb{C}} \to \overline{\mathbb{C}}$ eine holomorphe Funktion mit einem Pol n-ter Ordnung im Punkt $z = \infty$.

▶ BEISPIEL 4: Es sei $n = 1, 2, \ldots$ Wir setzen

$$f(z) = \begin{cases} \dfrac{1}{z^n} & \text{für alle } z \in \mathbb{C} \text{ mit } z \neq 0, \\ \infty & \text{für } z = 0, \\ 0 & \text{für} z = \infty. \end{cases}$$

Dann ist $f : \overline{\mathbb{C}} \to \overline{\mathbb{C}}$ eine holomorphe Abbildung mit einer Polstelle n-ter Ordnung im Punkt $z = 0$ und einer Nullstelle n-ter Ordnung im Punkt $z = \infty$.

Für $n = 1$ ist $f : \overline{\mathbb{C}} \longrightarrow \overline{\mathbb{C}}$ biholomorph.

Beweis: Um etwa $w = f(z)$ in einer Umgebung von $z = 0$ zu untersuchen, benutzen wir die lokalen Koordinaten $w = 1/\mu$ und $\zeta = z$. Die so entstehende Funktion

$$\mu = \zeta^n$$

ist in einer Umgebung von $\zeta = 0$ holomorph und besitzt im Punkt $\zeta = 0$ eine Nullstelle n-ter Ordnung. Folglich hat f im Punkt $z = 0$ eine Unendlichkeitsstelle (Polstelle) n-ter Ordnung. □

Umgebungen: Es sei $\varepsilon > 0$. Für jeden Punkt $p \in \overline{\mathbb{C}}$ definieren wir seine ε-Umgebung durch

$$U_\varepsilon(p) := \{z \in \mathbb{C} : |z - p| < \varepsilon\} \quad \text{im Fall } p \in \mathbb{C},$$

und $U_\varepsilon(\infty)$ sei gleich der Menge aller komplexen Zahlen z mit $|z| > \varepsilon^{-1}$ zusammen mit dem Punkt ∞.

Offene Mengen: Eine Menge U der abgeschlossenen Zahlenkugel $\overline{\mathbb{C}}$ heißt genau dann offen, wenn sie mit jedem Punkt auch eine seiner ε-Umgebungen enthält.

Kommentar: (i) Mit Hilfe dieser offenen Mengen wird die abgeschlossene Zahlenebene $\overline{\mathbb{C}}$ zu einem topologischen Raum, und es stehen alle Begriffe für topologische Räume zur Verfügung (vgl. 11.2.1 im Handbuch). Insbesondere ist $\overline{\mathbb{C}}$ kompakt und zusammenhängend.

(ii) Bezüglich der eingeführten lokalen Koordinaten wird $\overline{\mathbb{C}}$ zu einer eindimensionalen komplexen Mannigfaltigkeit, und es stehen alle Begriffe für Mannigfaltigkeiten auf $\overline{\mathbb{C}}$ zur Verfügung (vgl. Kapitel 15 im Handbuch).

(iii) Definitionsgemäß heißen zusammenhängende eindimensionale komplexe Mannigfaltigkeiten Riemannsche Flächen. Deshalb ist $\overline{\mathbb{C}}$ eine *kompakte Riemannsche* Fläche.

Riemann arbeitete Mitte des 19. Jahrhunderts in sehr intuitiver Weise mit dem Begriff der Riemannschen Fläche (vgl. 1.14.11.6.). Historisch gesehen hat das Bemühen um eine mathematisch strenge Fassung des Begriffs „Riemannsche Fläche" wesentlich zur Entwicklung der Topologie und der Theorie der Mannigfaltigkeiten beigetragen. Einen entscheidenden Schritt vollzog dabei Hermann Weyl mit seinem Buch *Die Idee der Riemannschen Fläche*, das im Jahre 1913 erschien.

1.14.11.4 Die Riemannsche Zahlenkugel

Gegeben sei ein kartesisches (x, y, ζ)-Koordinatensystem. Die Sphäre

$$S^2 := \{ (x, y, \zeta) \in \mathbb{R}^3 \mid x^2 + y^2 + \zeta^2 = 1 \}$$

heißt Riemannsche Zahlenkugel. Die stereographische Projektion

$$\boxed{\varphi : S^2 - \{N\} \longrightarrow \mathbb{C}}$$

ergibt sich, indem man jedem Punkt P auf S^2 (verschieden vom Nordpol N) den Schnittpunkt $z = \varphi(P)$ der Verbindungsgraden NP mit der (x, y)-Ebene zuordnet (Abb. 1.182 zeigt den Schnitt von S^2 mit der (x, ζ)-Ebene). Ferner ordnen wir dem Nordpol N den Punkt ∞ zu, d. h. $\varphi(N) := \infty$.

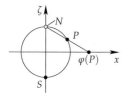

Abb. 1.182

▶ BEISPIEL: Der Südpol S von S^2 wird durch φ auf den Nullpunkt der komplexen Zahlenebene $\mathbb{C}$ abgebildet, und der Äquator von S^2 geht in die Einheitskreislinie von $\mathbb{C}$ über.

Satz: Die Abbildung $\varphi : S^2 \to \overline{\mathbb{C}}$ ist ein Homöomorphismus, der $S^2 \backslash \{N\}$ winkeltreu auf $\mathbb{C}$ abbildet.

Korollar: Übertragen wir die lokalen Koordinaten von $\overline{\mathbb{C}}$ auf S^2, dann wird die Riemannsche Zahlenkugel S^2 zu einer eindimensionalen komplexen Mannigfaltigkeit, und die Abbildung $\varphi : S^2 \to \overline{\mathbb{C}}$ ist biholomorph.

Genauer wird S^2 zu einer kompakten Riemannschen Fläche.

1.14.11.5 Die automorphe Gruppe (Möbiustransformationen)

Definition: Die Gesamtheit aller biholomorphen Abbildungen $f : \overline{\mathbb{C}} \to \overline{\mathbb{C}}$ bildet eine Gruppe, die man die automorphe Gruppe $\text{Aut}(\overline{\mathbb{C}})$ nennt.

Konforme Geometrie auf $\overline{\mathbb{C}}$. Die Gruppe $\text{Aut}(\overline{\mathbb{C}})$ bestimmt die konforme Symmetrie der abgeschlossenen Zahlenebene $\overline{\mathbb{C}}$. Eine Eigenschaft gehört genau dann zur konformen Geometrie von $\overline{\mathbb{C}}$, wenn sie invariant unter den Transformationen der Gruppe $\text{Aut}(\overline{\mathbb{C}})$ ist.

▶ BEISPIEL 1: Unter einer verallgemeinerten Kreislinie auf $\overline{\mathbb{C}}$ verstehen wir eine Kreislinie auf $\mathbb{C}$ oder eine Gerade auf $\mathbb{C}$ zusammen mit dem Punkt ∞.

Die Elemente von Aut $(\overline{\mathbb{C}})$ transformieren verallgemeinerte Kreislinien wieder in verallgemeinerte Kreislinien.

Möbiustransformationen: Sind a, b, c, d komplexe Zahlen mit $ad - bc \neq 0$, dann heißt die Transformation

$$\boxed{f(z) := \frac{az + b}{cz + d}}$$ (1.471)

eine Möbiustransformation, wobei wir zusätzlich die folgenden natürlichen Vereinbarungen treffen:

(i) Für $c = 0$ sei $f(\infty) := \infty$.

(ii) Für $c \neq 0$ sei $f(\infty) := a/c$ und $f(-d/c) := \infty$.

Diese Transformationen wurden von August Ferdinand Möbius (1790–1868) studiert.

Satz 1:   Die automorphe Gruppe Aut $(\mathbb{C})$ besteht genau aus den Möbiustransformationen.

▶ BEISPIEL 2: Genau alle Möbiusrransformationen, die die obere Halbebene $H_+ := \{z \in \mathbb{C} : \operatorname{Im} z > 0\}$ konform auf sich abbilden, haben die Gestalt (1.471), wobei a, b, c und d reelle Zahlen sind mit $ad - bc > 0$.

▶ BEISPIEL 3: Genau alle Möbiustransformationen, die die obere Halbebene konform auf das Innere des Einheitskreises abbilden, besitzen die Gestalt

$$a \frac{z - p}{z - \overline{p}}$$

mit komplexen Zahlen a und p, für die $|a| = 1$ und $\operatorname{Im} p > 0$ gilt.

▶ BEISPIEL 4: Genau alle Möbiustransformationen, die das Innere des Einheitskreises konform auf sich abbilden, erhält man durch

$$a \frac{z - p}{\overline{p}z - 1}$$

mit komplexen Zahlen a und p, für die $|a| = 1$ und $|p| < 1$ gilt.

Eigenschaften der Möbiustransformationen: Für eine Möbiustransformation f gilt:

(i) f kann man aus einer Translation, einer Drehung, einer eigentlichen Ähnlichkeitstransformation und einer Inversion am Einheitskreis zusammensetzen.

Umgekehrt ist jede derartige Zusammensetzung eine Möbiustransformation.

(ii) f ist konform und bildet verallgemeinerte Kreislinien wieder auf solche ab.

(iii) f lässt das Doppelverhältnis

$$\frac{z_4 - z_3}{z_4 - z_2} : \frac{z_1 - z_3}{z_1 - z_2}$$

von vier Punkten auf $\overline{\mathbb{C}}$ invariant.[174]

(iv) Eine nicht identische Möbiustransformation besitzt mindestens einen und höchstens zwei Fixpunkte.

---

[174]Mit dem Punkt ∞ rechnet man dabei in natürlicher Weise, d. h., es ist $1/\infty = 0$, $1/0 = \infty$ und $\infty \pm z = \infty$ für $z \in \mathbb{C}$.

Mit $GL(2, \mathbb{C})$ bezeichnen wir die Gruppe aller komplexen invertierbaren (2×2)-Matrizen. Ferner sei D die Untergruppe aller komplexen zweireihigen Matrizen λI mit $\lambda \neq 0$ in $GL(2, \mathbb{C})$.

Satz 2: Die durch

$$\begin{pmatrix} a & b \\ c & d \end{pmatrix} \mapsto \frac{az + b}{cz + d}$$

vermittelte Abbildung ist ein Gruppenmorphismus von $GL(2, \mathbb{C})$ auf $\mathrm{Aut}\,(\overline{\mathbb{C}})$ mit dem Kern D. Folglich hat man den Gruppenisomorphismus

$$GL(2, \mathbb{C})/D \cong \mathrm{Aut}(\overline{\mathbb{C}}),$$

d. h., $\mathrm{Aut}(\overline{\mathbb{C}})$ ist isomorph zur komplexen projektiven Gruppe $PGL(2, \mathbb{C})$.

1.14.11.6 Die Riemannsche Fläche der Quadratwurzel

Die geniale Idee Riemanns bestand darin, *mehrdeutige* komplexe Funktionen auf der komplexen Zahlenebene $\mathbb{C}$ (wie zum Beispiel $z = \sqrt{w}$) dadurch *eindeutig* werden zu lassen, dass man ein komplizierteres Gebilde als Definitionsbereich D wählt. In einfachen Fällen ergibt sich D, indem man mehrere Exemplare der komplexen Zahlenebene längs Strecken aufschneidet und die Schnittufer geeignet miteinander verheftet. Das führt zum Begriff der (anschaulichen) Riemannschen Fläche.

Die Abbildung $w = z^2$: Setzen wir $z = re^{i\varphi}$, $-\pi < \varphi \leq \pi$, dann gilt

$$\boxed{w = r^2 e^{2i\varphi}.}$$

Die Abbildung $w = z^2$ quadriert somit den Abstand r des Punktes z vom Nullpunkt und verdoppelt die Winkelargumente φ von z.

Um das Verhalten der Abbildung $w = z^2$ genauer zu studieren, betrachten wir in der z-Ebene eine Kreislinie K um den Nullpunkt vom Radius r, wobei K im mathematisch positiven Sinn orientiert sei. Durchläuft man K in der z-Ebene, dann ist die Bildkurve eine Kreislinie vom Radius r^2, die in der w-Ebene zweimal im mathematisch positiven Sinne durchlaufen wird.

Im Hinblick auf das Studium der Umkehrabbildung $z = \sqrt{w}$ ist es vorteilhaft, zwei Exemplare der w-Ebene zu wählen und diese längs der *negativen reellen* Achse aufzuschneiden (Abb. 1.183).

(i) Durchlaufen wir K in der z-Ebene vom Punkt $z = r$ zum Punkt $z = ir$, dann durchlaufen die Bildpunkte im ersten Blatt einen Halbkreis vom Punkt r^2 zum Punkt $-r^2$.

(ii) Wir fahren fort, die Kreislinie K in der z-Ebene vom Punkt ir zum Punkt $-ir$ zu durchlaufen. Die Bildpunkte durchlaufen jetzt im *zweiten Blatt* eine Kreislinie von $-r^2$ über r^2 bis $-r^2$.

(iii) Durchlaufen wir zum Abschluss K von $-ir$ bis r, dann durchlaufen die Bildpunkte im *ersten Blatt* den Halbkreisbogen von $-r^2$ bis r^2.

Die Umkehrabbildung $z = \sqrt{w}$: Entscheidend ist die folgende Beobachtung:

> Zu jedem Punkt $w \neq 0$ in einem der beiden Blätter der w-Ebene gibt es genau einen Punkt z der z-Ebene mit $w = z^2$.

Damit ist die Funktion $z = \sqrt{w}$ auf den beiden Blättern eindeutig. Explizit gilt für einen Punkt $w = R\,e^{i\psi}$ mit $-\pi < \psi \leq \pi$ die Beziehung

$$\sqrt{w} := \begin{cases} \sqrt{R}\,e^{i\psi/2} & \text{für } w \text{ im ersten Blatt,} \\ -\sqrt{R}\,e^{i\psi/2} & \text{für } w \text{ im zweiten Blatt.} \end{cases}$$

Dabei ist $\sqrt{R} \geq 0$. Den Wert von $\sqrt{w}$ auf dem ersten Blatt nennen wir den *Hauptwert* von $\sqrt{w}$ und bezeichnen ihn mit $_{+}\sqrt{w}$.

Die anschauliche Riemannsche Fläche $\mathcal{F}$ von $z = \sqrt{w}$: Verheften wir die beiden Blätter in Abb. 1.183b kreuzweise längs der Schnittufer S und T, dann entsteht die anschauliche Riemannsche Fläche $\mathcal{F}$ von $z = \sqrt{w}$.

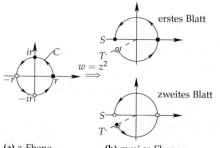

(a) z-Ebene   (b) zwei w-Ebenen   Abb. 1.183

Der topologische Typ der Riemannschen Fläche $\mathcal{F}$: Die Situation wird wesentlich durchsichtiger, wenn man anstelle der beiden w-Ebenen Riemannsche Zahlenkugeln benutzt, diese vom Südpol bis zum Nordpol (längs eines Halbmeridians) aufschneidet und die entsprechenden Schnittufer S und T miteineinander verklebt (Abb. 1.184). Das so entstehende Gebilde kann man wie einen Luftballon zu einer Sphäre aufblasen. Deshalb ist $\mathcal{F}$ homöomorph zu einer Sphäre, die ihrerseits zur Riemannschen Zahlenkugel homöomorph ist.

> Die anschauliche Riemannsche Fläche $\mathcal{F}$ von $z = \sqrt{w}$ ist homöomorph zur Riemannschen Zahlenkugel.

Analog kann man die Abbildung $w = z^n$, $n = 3, 4, \ldots$, behandeln. Dann benötigt man n Exemplare der w-Ebene, um die anschauliche Riemannsche Fläche der Umkehrfunktion $z = \sqrt[n]{w}$ zu konstruieren.

Abb. 1.184

Kommentar: Die Darstellung Riemannscher Flächen mit Papier, Schere, Heftfaden oder Leim ist für einfache Fälle sehr anschaulich. Für komplizierte Funktionen sind jedoch dieser Methode

Grenzen gesetzt. Eine mathematisch befriedigende Konstruktion der Riemannschen Fläche einer beliebigen analytischen Funktion findet man in 19.8.4 im Handbuch.

1.14.11.7 Die Riemannsche Fläche des Logarithmus

Die Gleichung

$$w = e^z$$

besitzt eine mehrdeutige Umkehrfunktion, die wir mit $z = \mathrm{Ln}\, w$ bezeichnen. Um diese Funktion zu beschreiben, wählen wir für jede ganze Zahl k ein Exemplar B_k der w-Ebene, welches wir längs der negativen reellen Achse aufschneiden. Für $w = R\,e^{i\psi}$ mit $-\pi < \psi \le \pi$ und $w \ne 0$ setzen wir

$$\mathrm{Ln}\, w := \ln R + i\psi + 2k\pi i \quad \text{auf } B_k, \ k = 0, \pm 1, \pm 2, \ldots$$

Verheften wir das Blatt B_k mit dem Blatt B_{k+1} längs der Schnittufer S in Abb. 1.185 und lassen wir k alle ganzen Zahlen durchlaufen, dann erhalten wir eine „unendliche Wendeltreppe" $\mathcal{F}$, auf der $z = \mathrm{Ln}\, w$ eindeutig erklärt ist. Wir nennen $\mathcal{F}$ die anschauliche Riemannsche Fläche des Logarithmus.

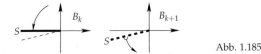

Abb. 1.185

Verzweigungspunkt: Wir bezeichnen $w = 0$ als einen Verzweigungspunkt der Riemannschen Fläche $\mathcal{F}$ von unendlich hoher Ordnung. Im Fall der Funktion $z = \sqrt{w}$ heißt $w = 0$ ein Verzweigungspunkt der zugehörigen Riemannschen Fläche von zweiter Ordnung.

Hauptwert des Logarithmus: Es sei $w = R\,e^{i\psi}$ mit $-\pi < \psi \le \pi$ und $w \ne 0$. Wir setzen

$$\ln w := \ln R + i\psi$$

und nennen $\ln w$ den Hauptwert des Logarithmus von w. Dieser Wert entspricht $\mathrm{Ln}\, w$ auf dem Blatt B_0.

▶ BEISPIEL 1: Für alle $z \in \mathbb{C}$ mit $|z| < 1$ gilt

$$\ln(1 + z) = z - \frac{z^3}{3} + \frac{z^5}{5} - \ldots$$

Den Hauptwert von $\sqrt[n]{w}$ für $w = Re^{i\psi}$ mit $-\pi < \psi \le \pi$ und $n = 2, 3, \ldots$ definieren wir durch $\sqrt[n]{R}e^{i\psi/n}$.

▶ BEISPIEL 2: Für alle $z \in \mathbb{C}$ mit $|z| < 1$ gilt

$$\sqrt[n]{1 + z} = 1 + \alpha z + \binom{\alpha}{2}z^2 + \binom{\alpha}{3}z^3 + \ldots$$

mit $\alpha = 1/n$ im Sinne des Hauptwerts der n-ten Wurzel.

1.14.11.8 Die Schwarz-Christoffelsche Abbildungsformel

$$w = \int\limits_{i}^{z} (\zeta - z_1)^{\gamma_1 - 1}(\zeta - z_2)^{\gamma_2 - 1} \cdots (\zeta - z_n)^{\gamma_n - 1} d\zeta.$$

Diese Funktion bildet die obere Halbebene $\{z \in \mathbb{C} : \operatorname{Im} z > 0\}$ biholomorph (und somit konform) auf das Innere eines n-Ecks ($n \geq 3$) mit den Innenwinkeln $\gamma_j \pi$, $j = 1, \ldots, n$, ab (Abb. 1.186 zeigt den Fall $n = 3$). Vorausgesetzt wird, dass alle z_j reelle Zahlen sind mit $z_1 < z_2 < \cdots < z_n$. Ferner sei $0 < \gamma_j \pi < 2\pi$ für alle j und $\gamma_1 \pi + \cdots + \gamma_n \pi = (n-2)\pi$ (Winkelsumme im n-Eck). Die Punkte $z_1, \ldots, z_n$ werden in die Eckpunkte des n-Ecks abgebildet.

   Abb. 1.186

1.14.12 Anwendungen auf harmonische Funktionen

Es sei Ω ein Gebiet des $\mathbb{R}^2$. Wir identifizieren den $\mathbb{R}^2$ mit der komplexen Zahlenebene $\mathbb{C}$, indem wir $z = x + iy$ mit (x, y) identifizieren.

Definition: Eine Funktion $u : \Omega \to \mathbb{R}$ heißt genau dann *harmonisch*, wenn

$$\Delta u = 0 \quad \text{auf } \Omega$$

gilt. Dabei setzen wir $\Delta u := u_{xx} + u_{yy}$. Wir benutzen ferner die Zerlegung

$$f(z) = u(x, y) + iv(x, y)$$

einer komplexwertigen Funktion f in ihren Realteil u und ihren Imaginärteil v.

Satz 1:   (i) Ist die Funktion $f : \Omega \subseteq \mathbb{C} \longrightarrow \mathbb{C}$ holomorph auf dem Gebiet Ω, dann sind u und v harmonisch auf Ω.[175]

Sind $f, g : \Omega \to \mathbb{C}$ holomorphe Funktionen mit gleichem Realteil u auf Ω, dann unterscheiden sich die Imaginärteile v von f und g um eine Konstante.

(ii) Ist umgekehrt die Funktion $u : \Omega \to \mathbb{R}$ harmonisch auf dem *einfach zusammenhängenden* Gebiet Ω, dann ist das Kurvenintegral

$$v(x, y) = \int\limits_{z_0}^{z} -u_y dx + u_x dy + \text{const}$$

bei fest gewähltem Anfangspunkt $z_0 \in \Omega$ in Ω vom Weg unabhängig, und die Funktion $f = u + iv$ ist holomorph auf Ω.

Die Funktion v nennt man eine *konjugierte harmonische Funktion* zu u.

---

[175]Denn aus den Cauchy-Riemannschen Differentialgleichungen

$$u_x = v_y, \quad u_y = -v_x$$

folgt $u_{xx} = v_{yx}$ und $u_{yy} = -v_{xy}$, also $u_{xx} + u_{yy} = 0$.

▶ BEISPIEL 1: Es sei $\Omega = \mathbb{C}$. Für $f(z) = z$ erhalten wir wegen $z = x + iy$ die auf Ω harmonischen Funktionen $u(x,y) = x$ und $v(x,y) = y$.

▶ BEISPIEL 2: Es sei $\Omega = \mathbb{C} \setminus \{0\}$ und $z = re^{i\varphi}$ mit $-\pi < \varphi \leq \pi$. Für den Hauptwert der Logarithmusfunktion gilt

$$\ln z = \ln r + i\varphi.$$

Somit ist

$$u(x,y) := \ln r, \qquad r = \sqrt{x^2 + y^2},$$

eine harmonische Funktion auf Ω. Die Funktion $v(x,y) := \varphi$ ist in jedem Teilgebiet Ω' von Ω harmonisch, das die negative reelle Achse A nicht enthält. Dagegen ist v auf Ω unstetig mit einem Sprung längs A.

Dieses Beispiel zeigt, dass die Voraussetzung des einfachen Zusammenhangs von Ω in Satz 1 (ii) wichtig ist.

Die Greensche Funktion: Es sei Ω ein beschränktes Gebiet in der komplexen Zahlenebene $\mathbb{C}$ mit glattem Rand. Die Greensche Funktion $w = G(z, z_0)$ von Ω ist definitionsgemäß eine Funktion mit den folgenden Eigenschaften:

(i) Für jeden festen Punkt $z_0 \in \Omega$ gilt

$$G(z, z_0) = -\frac{1}{2\pi} \ln |z - z_0| + h(z)$$

mit einer stetigen Funktion $h : \Omega \to \mathbb{R}$, die auf Ω harmonisch ist.

(ii) $G(z, z_0) = 0$ für alle $z \in \partial\Omega$.

In der *Sprache der Distributionen* gilt für jeden festen Punkt $z_0 \in \Omega$:

$$-\Delta G(z, z_0) = \delta_{z_0} \text{ auf } \Omega,$$
$$G = 0 \quad \text{auf } \partial\Omega.$$

Die erste Gleichung bedeutet

$$-\int_\Omega G(z, z_0)\Delta\varphi(x,y)\mathrm{d}x\mathrm{d}y = \varphi(z_0) \quad \text{für alle } \varphi \in C_0^\infty(\Omega).$$

Satz 2:   (a) Es existiert eine eindeutig bestimmte Greensche Funktion G zu Ω.

(b) Man hat die Symmetrieeigenschaft

$$G(z, z_0) = G(z_0, z)$$

und die Positivitätseigenschaft $G(z, z_0) > 0$ für alle $z, z_0 \in \Omega$ mit $z \neq z_0$.

(c) Ist $g : \partial\Omega \longrightarrow \mathbb{R}$ eine gegebene stetige Funktion, dann besitzt die erste Randwertaufgabe

$$\boxed{\Delta u = 0 \text{ auf } \Omega \text{ und } u = g \text{ auf } \partial\Omega} \tag{1.472}$$

eine eindeutige Lösung u, die auf $\overline{\Omega}$ stetig und auf Ω glatt ist. Für alle $z \in \Omega$ hat man die Darstellungsformel:

$$u(z) = -\int_{\partial\Omega} g(\zeta) \frac{\partial G(z,\zeta)}{\partial n_\zeta} ds. \tag{1.473}$$

Dabei bezeichnet $\partial/\partial n_\zeta$ die äußere Normalenableitung bezüglich ζ, und s ist die Bogenlänge der Randkurve $\partial\Omega$, die so orientiert wird, dass das Gebiet Ω zur Linken liegt.

Hauptsatz: Es sei Ω ein beschränktes, einfach zusammenhängendes Gebiet der komplexen Zahlenebene mit glattem Rand. Gegeben sei ferner eine biholomorphe (und somit konforme) Abbildung f von Ω auf das Innere des Einheitskreises mit $f(z_0) = 0$. Dann stellt

$$G(z, z_0) = -\frac{1}{2\pi} \ln |f(z)|$$

die Greensche Funktion von Ω dar.

▶ BEISPIEL 3: Es sei $\Omega := \{z \in \mathbb{C} : |z| < 1\}$. Die Möbiustransformation

$$f(z) = \frac{z - z_0}{\bar{z}_0 z - 1}$$

bildet den Einheitskreis Ω auf sich ab mit $f(z_0) = 0$. Die Lösungsformel (1.473) lautet explizit für den *Einheitskreis* Ω:

$$u(z) = \frac{1}{2\pi} \int_{-\pi}^{\pi} \frac{g(\varphi)(1 - r^2)}{1 + r^2 - 2r\cos\varphi} d\varphi.$$

Das ist die sogenannte *Poissonsche Formel*. Dabei setzen wir $z = r e^{i\varphi}$ mit $0 \leq r < 1$.

Das Dirichletprinzip: Eine glatte Lösung u des Variationsproblems

$$\int_{\Omega} (u_x^2 + u_y^2) dx dy = \min!,$$
$$u = g \text{ auf } \partial\Omega \tag{1.474}$$

ist die eindeutige Lösung der ersten Randwertaufgabe (1.472).

Dieses Resultat geht auf Gauß und Dirichlet zurück.

Historische Bemerkung: Die vorangegangenen Überlegungen zeigen, dass es einen sehr engen Zusammenhang zwischen harmonischen Funktionen und konformen Abbildungen gibt. Dieser Zusammenhang wurde wesentlich von Riemann im Jahre 1851 bei seinem Aufbau der geometrischen Funktionentheorie ausgenutzt. In 1.14.10. findet man den berühmten Riemannschen Abbildungssatz. Den Beweis dieses Satzes reduzierte Riemann auf die erste Randwertaufgabe für die Laplacegleichung (1.472). Um diese zu lösen, benutzte er das Variationsproblem (1.474). Dabei sah er die Existenz einer Lösung von (1.474) aus physikalischen Gründen als evident an.

Weierstraß machte auf diese entscheidende Lücke aufmerksam. Erst ein halbes Jahrhundert nach Riemanns Argumentation konnte Hilbert im Jahre 1900 in einer berühmten Arbeit einen Existenzbeweis für das Variationsproblem (1.474) erbringen. Diese Arbeit Hilberts bildete den Ausgangspunkt für die stürmische Entwicklung der direkten Methoden der Variationsrechnung im Rahmen der Funktionalanalysis. Eine genauere Diskussion findet man in 11.1.4 im Handbuch.

1.14.13 Anwendungen in der Hydrodynamik

Die Grundgleichungen für ebene Strömungen:

$$\varrho(\mathbf{v}\,\mathbf{grad}\,)\mathbf{v} = \mathbf{f} - \mathbf{grad}\,\,p,$$
$$\mathrm{div}\,\mathbf{v} = 0, \quad \mathbf{rot}\,\mathbf{v} = 0 \quad \text{auf}\,\,\Omega.$$

$$(1.475)$$

Diese Gleichungen beschreiben eine ebene stationäre (zeitunabhängige) wirbelfreie Strömung einer idealen[176] Flüssigkeit der konstanten Dichte ϱ. Wir identifizieren den Punkt (x, y) mit $z = x + \mathrm{i}y$. Es gilt: $\mathbf{v}(z)$ Geschwindigkeitsvektor des Flüssigkeitsteilchens im Punkt z, $p(z)$ Druck im Punkt z, $\mathbf{k} = -\mathbf{grad}\,W$ Dichte der äußeren Kraft mit dem Potential W.

Zirkulation und Quellstärke: Es sei K eine geschlossene, im mathematisch positiven Sinne orientierte Kurve. Die Zahl

$$Z(K) := \int_K \mathbf{v}\,\mathrm{d}x$$

heißt die *Zirkulation* von K. Ferner nennt man

$$Q(K) := \int_K \mathbf{v}\mathbf{n}\,\mathrm{d}s$$

die *Quellstärke* des von K umschlossenen Gebiets ($\mathbf{n}$ äußerer Normaleneinheitsvektor, s Bogenlänge).

Stromlinien: Die Flüssigkeitsteilchen bewegen sich längs der Stromlinien, d. h., die Geschwindigkeitsvektoren $\mathbf{v}$ sind Tangentenvektoren an die Stromlinien.

Im folgenden identifizieren wir den Geschwindigkeitsvektor $\mathbf{v} = a\mathbf{i} + b\mathbf{j}$ mit der komplexen Zahl $a + b\mathrm{i}$.

Zusammenhang mit holomorphen Funktionen: Jeder holomorphen Funktion

$$f(z) = U(z) + \mathrm{i}V(z)$$

auf dem Gebiet Ω der komplexen Zahlenebene $\mathbb{C}$ entspricht eine ebene Strömung, d. h. eine Lösung der Grundgleichung (1.475), die sich in folgender Weise ergibt:

(i) Das *Geschwindigkeitsfeld* $\mathbf{v}$ erhalten wir durch $\mathbf{v} = -\mathbf{grad}\,U$, also

$$\mathbf{v}(z) = -\overline{f'(z)}.$$

Die Funktion U heißt Geschwindigkeitspotential; f nennt man *komplexes Geschwindigkeitspotential*. Ferner ist $|\mathbf{v}(z)| = |f'(z)|$.

(ii) Der Druck p berechnet sich aus der *Bernoullischen Gleichung:*

$$\frac{\mathbf{v}^2}{2} + \frac{p}{\varrho} + \frac{U}{\varrho} = \text{const auf}\,\,\Omega.$$

Die Konstante ergibt sich, indem man den Druck p in einem festen Punkt vorschreibt.

---

[176]Bei idealen Flüssigkeiten wird die innere Reibung vernachlässigt

(iii) Die Linien $V(x,y) =$ const sind die *Stromlinien.*

(iv) Die Linien $U(x,y) =$ const heißen *Äquipotentiallinien.* In den Punkten z mit $f'(z) \neq 0$ sind die Stromlinien orthogonal zu den Äquipotentiallinien.

(v) *Zirkulation* und *Quellstärke* folgen aus der Formel

$$Z(K) + \mathrm{i}Q(K) = - \int_K f'(z)\mathrm{d}z.$$

Dieses Integral kann man bequem mit Hilfe des Residuenkalküls berechnen.

Reine Parallelströmung   (Abb. 1.187a): Es sei $c > 0$. Der Funktion

$$\boxed{f(z) := -cz}$$

mit $U = -cx$ und $V = -cy$ entspricht die Parallelströmung

$$\mathbf{v}(z) = -\overline{f'(z)} = c\,.$$

Das ergibt den Vektor $\mathbf{v} = c\mathbf{i}$. Die Geraden $y =$ const sind die Stromlinien, und die Geraden $x =$ const stellen die dazu senkrechten Äquipotentiallinien dar.

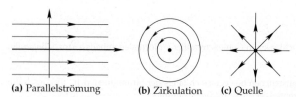

(a) Parallelströmung   **(b)** Zirkulation   **(c)** Quelle   Abb. 1.187

Reine Zirkulationsströmung   (Abb. 1.187b): Es sei Γ eine reelle Zahl. Wir setzen $z = r\,\mathrm{e}^{\mathrm{i}\varphi}$. Für die Funktion

$$\boxed{f(z) := -\frac{\Gamma}{2\pi \mathrm{i}}\ln z,}$$

hat man $U = -\dfrac{\Gamma}{2\pi}\varphi$, $V = \dfrac{\Gamma}{2\pi}\ln r$ und $\mathbf{v} = -\overline{f'(z)}$. Das ergibt das Geschwindigkeitsfeld

$$\mathbf{v}(z) = \frac{\mathrm{i}\Gamma z}{2\pi r^2}\,.$$

Es sei K eine Kreislinie um den Nullpunkt, Für die Zirkulation erhalten wir nach dem Residuensatz

$$Z(C) = \frac{\Gamma}{2\pi \mathrm{i}} \int_C \frac{\mathrm{d}z}{z} = \Gamma.$$

Die Stromlinien $U =$ const sind konzentrische Kreise um den Nullpunkt, und die Äquipotentiallinien $U =$ const sind Strahlen durch den Nullpunkt.

Reine Quellströmung   (Abb. 1.187c): Es sei $q > 0$, Die Funktion

$$f(z) = -\frac{q}{2\pi}\ln z$$

entspricht einer Quellströmung mit dem Geschwindigkeitsfeld

$$\mathbf{v}(z) = \frac{qz}{2\pi r^2},$$

dem Geschwindigkeitspotential $U = -\dfrac{q}{2\pi} \ln r$ und der Quellstärke

$$Q(C) = \frac{q}{2\pi i} \int_C \frac{dz}{z} = q.$$

Die Stromlinien sind Strahlen durch den Nullpunkt, und die Äquipotentiallinien sind konzentrische Kreise um den Nullpunkt.

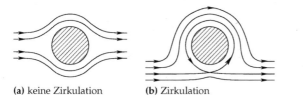

(a) keine Zirkulation **(b)** Zirkulation Abb. 1.188

Umströmung eines Kreises (Abb. 1.188): Es sei $c > 0$ und $\Gamma \geq 0$, Die Funktion

$$f(z) = -c\left(z + \frac{R^2}{z}\right) - \frac{\Gamma}{2\pi i} \ln z \qquad (1.476)$$

beschreibt die Umströmung eines Kreises vom Radius R durch eine Strömung, die eine Überlagerung aus einer Parallelströmung mit der Geschwindigkeit c und der Zirkulation Γ darstellt.

Der Trick konformer Abbildungen: Da biholomorphe Abbildungen holomorphe Funktionen wiederum in holomorphe Funktionen transformieren, erhält man zugleich eine Abbildung von Strömungen, bei denen Stromlinien wieder in Stromlinien übergehen. Biholomorphe Abbildungen sind stets konform.

Daraus ergibt sich die zentrale Bedeutung konformer Abbildungen für Physik und Technik. Das gleiche Prinzip kann man auch in der Elektrostatik und Magnetostatik anwenden (vgl. 1.14.14).

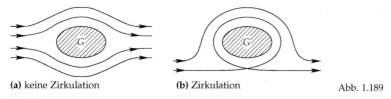

(a) keine Zirkulation **(b)** Zirkulation Abb. 1.189

Umströmung eines Gebiets G (Abb. 1.189): Gegeben sei ein einfach zusammenhängendes Gebiet G mit glattem Rand. Ferner sei g eine biholomorphe Abbildung von G auf das Innere des Einheitskreises, Eine derartige Abbildung gibt es stets nach dem Riemannschen Abbildungssatz. Wir wählen die Funktion f wie in (1.476) mit $R = 1$. Dann entspricht die zusammengesetzte Funktion

$$w = f(g(z))$$

einer Umströmung des Gebiets G.

1.14.14 Anwendungen in der Elektrostatik und Magnetostatik

Die Grundgleichungen der ebenen Elektrostatik:

$$\boxed{\operatorname{div} \mathbf{E} = 0, \quad \operatorname{rot} \mathbf{E} = 0 \text{ auf } \Omega.}$$ (1.477)

Das sind die Maxwellschen Gleichungen für ein stationäres elektrisches Feld **E** bei Abwesenheit von elektrischen Ladungen und Strömen sowie bei Abwesenheit eines Magnetfelds.

Das Analogieprinzip: Jeder Flüssigkeitsströmung aus 1.14.13. entspricht ein elektrostatisches Feld, wenn man folgende Übersetzungstabelle benutzt:

Geschwindigkeitsfeld **v**	$\Rightarrow$	elektrisches Feld **E**,
Geschwindigkeitspotential U	$\Rightarrow$	elektrisches Potential (Spannung) U,
Stromlinie	$\Rightarrow$	Feldlinie von **E**,
Quellstärke $Q(K)$	$\Rightarrow$	ebene Ladung q in dem von der Kurve K
		umschlossenen Gebiet,
Zirkulation $Z(K)$	$\Rightarrow$	Zirkulation $Z(K)$.

Auf einen Punkt der Ladung Q wirkt die Kraft $Q\mathbf{E}$ in Richtung der Feldlinien. Der elektrische Feldvektor steht senkrecht auf den Äquipotentiallinien. Elektrische Leiter (wie Metalle) entsprechen konstanten Werten des Potentials U.

> Eine der Stärken der Mathematik besteht darin, dass der gleiche mathematische Apparat auf völlig unterschiedliche Situationen in der Natur angewandt werden kann.

Punktladung: Die reine Quellströmung $f(z) := -\dfrac{q}{2\pi} \ln z$ in 1.14.13. entspricht einem elektrostatischen Feld **E** mit dem Potential

$$U(z) = -\frac{q}{2\pi} \ln r.$$

Das Feld $\mathbf{E}(z) = \dfrac{qz}{2\pi r^2}$ wird von einer ebenen Ladung der Stärke q im Nullpunkt erzeugt (Abb. 1.187c).

Metallischer Kreiszylinder vom Radius R: Das elektrische Feld eines derartigen Zylinders entspricht in jeder Ebene senkrecht zur Zylinderachse einer Quellströmung

$$f(z) = -\frac{q}{2\pi} \ln z$$

mit dem elektrischen Potential $U = -\dfrac{q}{2\pi} \ln r$ für $r \geq R$. Die Äquipotentiallinien sind konzentrische Kreise. Im Zylinder gilt $U = \text{const} = U(R)$ (Abb. 1.190).

Magnetostatik: Ersetzt man in (1.477) das elektrische Feld **E** durch das magnetische Feld **B**, dann ergeben sich die Grundgleichungen der Magnetostatik.

1.14.15 Analytische Fortsetzung und das Permanenzprinzip

Eine der wundervollsten Eigenschaften holomorpher Funktionen besteht darin, dass man Gleichungen und Differentialgleichungen in eindeutiger Weise auf einen größeren Gültigkeitsbereich analytisch fortsetzen kann und dabei die Gestalt dieser Gleichungen erhalten bleibt.

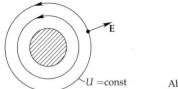

$U = \text{const}$ Abb. 1.190

Definition: Gegeben seien die beiden holomorphen Funktionen $f : U \subseteq \mathbb{C} \to \mathbb{C}$ und $F : V \subseteq \mathbb{C} \longrightarrow \mathbb{C}$ auf den Gebieten U und V mit $U \subset V$. Gilt

$$f = F \text{ auf } U,$$

dann ist F durch f eindeutig bestimmt und heißt die analytische Fortsetzung von f.

▶ BEISPIEL 1: Wir setzen

$$f(z) := 1 + z + z^2 + \ldots \qquad \text{für alle } z \in \mathbb{C} \text{ mit } |z| < 1.$$

Ferner sei

$$F(z) := \frac{1}{1-z} \qquad \text{für alle } z \in \mathbb{C} \text{ mit } z \neq 1.$$

Dann ist F die analytische Fortsetzung von f auf $\mathbb{C} \setminus \{1\}$.

Permanenzprinzip: Gegeben seien zwei holomorphe Funktionen $f, g : \Omega \longrightarrow \mathbb{C}$ auf dem Gebiet Ω, und es sei

$$\boxed{f(z_n) = g(z_n) \qquad \text{für alle } n = 1, 2, \ldots ,}$$

wobei (z_n) eine Folge ist mit $z_n \to a$ für $n \to \infty$ und $a \in \Omega$. Ferner sei $z_n \neq a$ für alle n.

Dann gilt $f = g$ auf Ω.

▶ BEISPIEL 2: Angenommen wir haben das Additionstheorem

$$\sin(x + y) = \sin x \cos y + \cos x \sin y \tag{1.478}$$

für alle $x, y \in\ ] - \alpha, \alpha[$ in einem kleinen Winkelbereich mit $\alpha > 0$ bewiesen. Da $w = \sin z$ und $w = \cos z$ holomorphe Funktionen auf $\mathbb{C}$ sind, wissen wir (ohne Rechnung), dass das Additionstheorem für alle komplexen Zahlen x und y gilt.

▶ BEISPIEL 3: Angenommen wir haben die Ableitungsformel

$$\frac{\mathrm{d}\sin x}{\mathrm{d}x} = \cos x$$

für alle $x \in\ ] - \alpha, \alpha[$ bewiesen. Dann folgt daraus sofort die Gültigkeit dieser Formel für alle komplexen Zahlen x.

Analytische Fortsetzung mit Hilfe des Kreiskettenverfahrens: Gegeben sei die Potenzreihe

$$f(z) = a_0 + a_1(z - a) + a_2(z - a)^2 + \ldots \tag{1.479}$$

mit dem Konvergenzkreis $K = \{z \in \mathbb{C} : |z - a| < r\}$. Wir wählen einen Punkt $b \in K$ und setzen $z - a = (z - b) + b - a$. Die Reihe (1.479) darf dann umgeordnet werden, und wir erhalten eine neue Potenzreihe

$$g(z) = b_0 + b_1(z - b) + b_2(z - b)^2 + \ldots$$

mit dem Konvergenzkreis $M := \{z \in \mathbb{C} : |z - b| < R\}$ (Abb. 1.191a). Dabei gilt $f = g$ auf $K \cap M$. Enthält M Punkte, die nicht zu K gehören, dann erhalten wir eine analytische Fortsetzung F von f auf $K \cup M$, indem wir

$$F := f \text{ auf } K \quad \text{und} \quad F := g \text{ auf } M$$

setzen. Man kann nun versuchen, dieses Verfahren fortzusetzen (Abb. 1.191b).

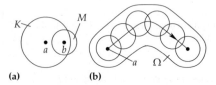

(a)   (b)   Abb. 1.191

▶ BEISPIEL 4: Die Funktion

$$f(z) := \sum_{n=1}^{\infty} z^{2^n}$$

ist im Innern des Einheitskreises holomorph. Sie lässt sich jedoch nicht auf ein größeres Gebiet analytisch fortsetzen.[177]

Monodromiesatz: Gegeben sei ein *einfach zusammenhängendes* Gebiet Ω und eine Funktion f, die in einer offenen Kreisumgebung des Punktes $a \in \Omega$ holomorph ist und sich deshalb dort in eine Potenzreihe entwickeln lässt.

Kann man die Funktion f mit Hilfe des Kreiskettenverfahrens längs jeder C^1-Kurve in Ω analytisch fortsetzen, dann ergibt sich dadurch eine eindeutig bestimmte holomorphe Funktion F in Ω (Abb. 1.191b).

Analytische Fortsetzung und Riemannsche Flächen: Ist das Gebiet Ω nicht einfach zusammenhängend, dann ist es möglich, dass die analytische Fortsetzung mehrdeutige Funktionen ergibt.

▶ BEISPIEL 5: Es sei K die im mathematisch positiven Sinne orientierte Einheitskreislinie in der w-Ebene. Wir starten das Kreiskettenverfahren für den Hauptwert der Funktion

$$z = {}_+\sqrt{w}$$

in einer Umgebung des Punktes $w = 1$. Das Kreiskettenverfahren längs K ergibt nach einem Umlauf von K im Punkt $w = 1$ die Potenzreihenentwicklung von $-{}_+\sqrt{w}$ (negativer Hauptwert). Nach einem nochmaligem Umlauf längs K kehren wir zur Potenzreihenentwicklung des Hauptwerts $+\sqrt{w}$ zurück.

Diese Situation wird verständlich, wenn man die anschauliche Riemannsche Fläche der mehrdeutigen Funktion $z = \sqrt{w}$ benutzt (vgl. 1.14.11.6). Wir starten im Punkt $w = 1$ im ersten Blatt und landen nach einem Umlauf von K im zweiten Blatt. Nach einem nochmaligen Umlauf von K kehren wir ins erste Blatt zurück.

▶ BEISPIEL 6: Starten wir das Kreiskettenverfahren mit der Potenzreihenentwicklung des Hauptwerts

$$z = \ln w$$

---

[177]Das Symbol z^{2^n} steht für $z^{(2^n)}$ und ist von $(z^2)^n = z^{2 \cdot n}$ zu unterscheiden. Allgemein ist a^{b^c} gleichbedeutend mit $a^{(b^c)}$.

in einer Umgebung des Punktes $w = 1$, dann erhalten wir nach m Umläufen von K im Punkt n die Potenzreihenentwicklung von

$$z = \ln w + 2\pi m\mathrm{i}, \qquad m = 0, \pm 1, \pm 2, \ldots$$

Dabei entspricht die Zahl $m = -1$ einem Umlauf von K im negativen mathematischen Sinne usw. Dieses Verfahren ergibt die mehrdeutige Funktion $z = \mathrm{Ln}\, w$.

Mit Hilfe der anschaulichen Riemannschen Fläche von $z = \mathrm{Ln}\, w$ in 1.14.11.7 lässt sich unser Kreiskettenverfahren folgendermaßen interpretieren. Wir starten im Punkt $w = 1$ im nullten Blatt, landen nach einem Umlauf von K im Punkt $w = 1$ des ersten Blattes, nach zwei Umläufen im Punkt $w = 1$ des zweiten Blattes usw.

Allgemein kann man diese Prozedur benutzen, um zu einer gegebenen Potenzreihenentwicklung f die Riemannsche Fläche der maximalen (möglicherweise mehrdeutigen) analytischen Fortsetzung von f zu erhalten. Das findet man in 19.8.4 im Handbuch.

Analytische Fortsetzung mit Hilfe des Schwarzschen Spiegelungsprinzips: Gegeben sei ein Gebiet

$$\Omega = \Omega_+ \cup \Omega_- \cup S,$$

das aus zwei Gebieten Ω_+, Ω_- und einer Strecke S besteht. Dabei soll sich Ω_- aus Ω_+ durch Spiegelung an der Strecke S ergeben (Abb. 1.192). Wir setzen folgendes voraus:

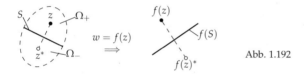

Abb. 1.192

(i) Die Funktion f ist in Ω_+ holomorph und in $\Omega_+ \cup S$ stetig.

(ii) Das Bild $f(S)$ der Strecke S unter der Abbildung $w = f(z)$ ist eine Strecke in der w-Ebene.

(iii) Wir setzen

$$\boxed{f(z^*) := f(z)^*}\quad \text{für alle } z \in \Omega_+.$$

Dabei bedeutet der Stern die Spiegelung an der Strecke S in der z-Ebene (bzw. an der Strecke $f(S)$ in der w-Ebene).

Durch diese Konstruktion ergibt sich die analytische Fortsetzung von f auf das gesamte Gebiet Ω.

Die allgemeine Potenzfunktion: Es sei $\alpha \in \mathbb{C}$. Dann gilt

$$\boxed{z^\alpha = \mathrm{e}^{\alpha \ln z}}\quad \text{für alle } z \in \mathbb{R} \text{ mit } z > 0.$$

Die rechts stehende Funktion lässt sich analytisch fortsetzen. Dadurch ergibt sich die Funktion $w = z^\alpha$.

(i) $w = z^\alpha$ ist eindeutig auf $\mathbb{C}$, wenn $\mathrm{Re}\,\alpha$ und $\mathrm{Im}\,\alpha$ ganze Zahlen sind.

(ii) $w = z^\alpha$ ist endlichvieldeutig, wenn $\mathrm{Re}\,\alpha$ und $\mathrm{Im}\,\alpha$ rationale Zahlen sind und nicht der Fall (i) vorliegt.

(iii) $w = z^\alpha$ ist unendlichvieldeutig, wenn $\mathrm{Re}\,\alpha$ oder $\mathrm{Im}\,\alpha$ eine irrationale Zahl ist.

Im Fall (ii) stimmt die anschauliche Riemannsche Fläche von $w = z^\alpha$ mit derjenigen der Funktion $w = \sqrt[n]{z}$ für eine geeignete natürliche Zahl $n \geq 2$ überein.

Im Fall (iii) stimmt die anschauliche Riemannsche Fläche von $w = z^\alpha$ mit derjenigen der Funktion $w = \mathrm{Ln}\,z$ überein.

1.14.16 Anwendungen auf die Eulersche Gammafunktion

Wir definieren

$$\Gamma(n+1) := n!, \qquad n = 0, 1, 2, \ldots$$

Dann gilt

$$\boxed{\Gamma(z+1) = z\Gamma(z)} \tag{1.480}$$

für $z = 1, 2, \ldots$ Euler (1707–1783) stellte sich die Frage, ob man die Fakultät $n!$ für weitere Werte in sinnvoller Weise definieren kann. Hierzu suchte er eine Lösung Γ der Funktionalgleichung (1.480) und fand das konvergente Integral

$$\Gamma(x) := \int_0^\infty e^{-t} t^{x-1} dt \quad \text{für alle } x \in \mathbb{R} \ \text{ mit } \ x > 0 \tag{1.481}$$

als Lösung.

Analytische Fortsetzung: Die so definierte reelle Funktion Γ lässt sich eindeutig zu einer auf der komplexen Zahlenebene $\mathbb{C}$ definierten meromorphen Funktion analytisch fortsetzen. Genau in den Punkten $z = 0, -1, -2, \ldots$ liegen Pole vor. Diese Pole sind von erster Ordnung.

Die Laurentreihe in einer Umgebung der Polstelle $z = -n$ mit $n = 0, 1, 2, \ldots$ lautet

$$\Gamma(z) = \frac{(-1)^n}{n!(z+n)} + \text{Potenzreihe in } (z+n).$$

Nach dem Permanenzprinzip gilt die Funktionalgleichung (1.480) für alle komplexen Zahlen z, in denen Γ keinen Pol besitzt.

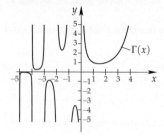

Abb. 1.193

Für reelle Werte x findet man die Gammafunktion in Abb. 1.193 dargestellt.

Die Gaußsche Produktdarstellung: Die Funktion Γ besitzt keine Nullstellen. Die reziproke Funktion $1/\Gamma$ ist deshalb eine ganze Funktion. Man hat die Produktformel

$$\frac{1}{\Gamma(z)} = \lim_{n \to \infty} \frac{1}{n^z n!} z(z+1) \cdots (z+n) \quad \text{für alle } z \in \mathbb{C}.$$

Die Gaußsche Multiplikationsformel: Es sei $k = 1, 2, \ldots$. Für alle $z \in \mathbb{C}$, die keine Pole der Gammafunktion sind, gilt:

$$\Gamma\left(\frac{z}{k}\right) \Gamma\left(\frac{z+1}{k}\right) \cdots \Gamma\left(\frac{z+k-1}{k}\right) = \frac{(2\pi)^{(k-1)/2}}{k^{z-1/2}} \Gamma(z).$$

Speziell für $k = 2$ ergibt sich die *Verdopplungsformel von Legendre*:

$$\Gamma\left(\frac{z}{2}\right) \Gamma\left(\frac{z}{2} + \frac{1}{2}\right) = \frac{\sqrt{\pi}}{2^{z-1}} \Gamma(z).$$

Der Ergänzungssatz von Euler: Für alle komplexen Zahlen z, die keine ganzen Zahlen sind, hat man

$$\Gamma(z)\Gamma(1-z) = \frac{\pi}{\sin \pi z}.$$

Die Stirlingsche Formel: Zu jeder positiven reellen Zahl x gibt es eine Zahl $\vartheta(x)$ mit $0 < \vartheta(x) < 1$, so dass gilt:

$$\Gamma(x+1) = \sqrt{2\pi}\, x^{x+1/2} e^{-x} e^{\vartheta(x)/12x}.$$

Für jede komplexe Zahl z mit $\operatorname{Re} z > 0$ hat man $|\Gamma(z)| \leq |\Gamma(\operatorname{Re} z)|$. Speziell ergibt sich

$$n! = \sqrt{2\pi n} \left(\frac{n}{e}\right)^n e^{\vartheta(n)/12n}, \quad n = 1, 2, \ldots$$

Weitere Eigenschaften der Gammafunktion: (i) Die Eulersche Integraldarstellung (1.481) gilt für alle komplexen Zahlen z mit $\operatorname{Re} z > 0$.

(ii) $\Gamma(1) = 1$, $\Gamma(1/2) = \sqrt{\pi}$, $\Gamma(-1/2) = -2\sqrt{\pi}$.

(iii) $\Gamma(z)\Gamma(-z) = -\dfrac{\pi}{z \sin(\pi z)}$ für alle komplexen Zahlen z, die keine ganzen Zahlen sind.

(iv) $\Gamma\left(\dfrac{1}{2} + z\right) \Gamma\left(\dfrac{1}{2} - z\right) = \dfrac{\pi}{\cos(\pi z)}$ für alle komplexen Zahlen z, für welche $z + \dfrac{1}{2}$ keine ganze Zahl ist.

Der Eindeutigkeitssatz von Wielandt (1939): Gegeben sei ein Gebiet Ω der komplexen Zahlenebene $\mathbb{C}$, das den Vertikalstreifen $S := \{z \in \mathbb{C} \mid 1 \leq \operatorname{Re} z < 2\}$ enthält. Die holomorphe Funktion $f : \Omega \longrightarrow \mathbb{C}$ besitze die folgenden Eigenschaften:

(i) $f(z+1) = zf(z)$ für alle komplexen Zahlen z in Ω, für welche auch $z+1$ zu Ω gehört.

(ii) f ist auf S beschränkt und $f(1) = 1$.

Dann ist die Funktion f gleich der Eulerschen Gammafunktion Γ.

Literatur zu Kapitel 1

[Agricola und Friedrich 2010] Agricola, I., Friedrich, T.: Vektoranalysis. 2. Auflage. Vieweg+Teubner, Wiesbaden (2010)

[Alt 2006] Alt, H. W.: Lineare Funktionalanalysis. 5. Auflage. Springer, Heidelberg (2006)

[Amann und Escher 2002] Amann, H., Escher, J., Analysis I—III. Birkhäuser, Basel (2002).

[Amann 1995] Amann, H.: Gewöhnliche Differentialgleichungen. 2. Auflage. De Gruyter, Berlin (1995)

[Appell 2009] Appell, J.: Analysis in Beispielen und Gegenbeispielen. Eine Einführung in die Theorie reeller Funktionen, Springer, Berlin (2009)

[Behrends 2011] Behrends, E.: Analysis Band 1. 5. Auflage. Vieweg+Teubner, Wiesbaden (2011)

[Behrends 2007] Behrends, E.: Analysis Band 2. 2. Auflage. Vieweg, Wiesbaden (2007)

[Bryant et al. 1991] Bryant, R. et al.: Exterior Differential Systems,Springer, New York (1991)

[Burg et al. 2011] Burg, K., Haf, H., Wille, F., Meister, A.: Höhere Mathematik für Ingenieure Band I. Analysis. 9. Auflage. Vieweg+Teubner, Wiesbaden (2011)

[Burg et al. 2010, 1] Burg, K., Haf, H., Wille, F., Meister, A.: Höhere Mathematik für Ingenieure Band III. Gewöhnliche Differentialgleichungen, Distributionen, Integraltransformationen. 5. Auflage. Vieweg+Teubner, Wiesbaden (2010)

[Burg et al. 2004] Burg, K., Haf, H., Wille, F.: Funktionentheorie. B.G. Teubner, Wiesbaden (2004)

[Burg et al. 2010, 2] Burg, K., Haf, H., Wille, F., Meister, A.: Partielle Differentialgleichungen und funktionalanalytische Grundlagen. 5. Auflage. Vieweg+Teubner, Wiesbaden (2010)

[Burg et al. 2006] Burg, K., Haf, H., Wille, F.: Vektoranalysis. B.G: Teubner, Wiesbaden (2006)

[Denk und Racke 2011] Denk, R., Racke, R.: Kompendium der Analysis. Vieweg+Teubner, Wiesbaden (2011)

[Doetsch 1971–73] Doetsch, G.: Handbuch der Laplace-Transformation, Bd. 1—3, Birkhäuser, Basel (1971–73)

[Dziuk 2011] Dziuk, G.: Theorie und Numerik partieller Differentialgleichungen. De Gruyter, Berlin (2011)

[Evans 1998] Evans, L.: Partial Differential Equations. Amer. Math. Soc., Providence, Rhode Island (1998)

[Fischer und Lieb 2010] Fischer, W., Lieb, I.: Einführung in die Komplexe Analysis. Vieweg+Teubner, Wiesbaden (2010)

[Fischer und Lieb 2005] Fischer, W., Lieb, I.: Funktionentheorie. Vieweg, Wiesbaden (2005)

[Forster 2011, 1] Forster, O.: Analysis 1. 10. Auflage. Vieweg+Teubner, Wiesbaden (2011)

[Forster 2011, 2] Forster, O.: Analysis 2. 9. Auflage. Vieweg+Teubner, Wiesbaden (2011)

[Forster 2010] Forster, O.: Analysis 3. 6. Auflage. Vieweg+Teubner, Wiesbaden (2010)

[Forster und Wessoly 2011] Forster, O., Wessoly, R.: Übungsbuch zur Analysis 1. 5. Auflage. Vieweg+Teubner, Wiesbaden (2011)

[Forster und Szymczak 2011] Forster, O., Szymczak, T.: Übungsbuch zur Analysis 2. 7. Auflage. Vieweg+Teubner, Wiesbaden (2011)

[Freitag und Busam 2006] Freitag, E., Busam, R.: Funktionentheorie 1. 4. Auflage. Springer, Heidelberg (2006)

[Grüne und Junge 2009] Grüne, L., Junge, O.: Gewöhnliche Differentialgleichungen. Vieweg+Teubner, Wiesbaden (2009)

[Haak und Wendlandt 1969] Haak, W., Wendlandt, W.: Vorlesungen über partielle und Pfaffsche Differentialgleichungen, Birkhäuser, Basel (1969)

[Heuser 2008] Heuser, H.: Lehrbuch der Analysis. Teil 2. 14. Auflage. Vieweg+Teubner, Wiesbaden (2008)

[Heuser 2009, 1] Heuser, H.: Lehrbuch der Analysis. Teil 1. 17. Auflage. Vieweg+Teubner, Wiesbaden (2009)

[Heuser 2009, 2] Heuser, H.: Gewöhnliche Differentialgleichungen. 6. Auflage. Vieweg+Teubner, Wiesbaden (2009)

[Hildebrandt 2006] Hildebrandt, S.: Analysis 1. 2. Auflage. Springer, Heidelberg (2006)

[Hildebrandt 2003] Hildebrandt, S.: Analysis 2. Springer, Heidelberg (2003)

[Hofer und Zehnder 1994] Hofer, H., Zehnder, E.: Symplectic Invariants and Hamiltonian Dynamics. Birkhäuser, Basel (1994)

[Jänich 2004] Jänich, K.: Funktionentheorie. 6. Auflage. Springer, Heidelberg (2004)

[Jost 1998] Jost, J.: Partielle Differentialgleichungen. Springer, Heidelberg (1998)

[Königsberger 2004, 1] Königsberger, K.: Analysis 1. 8. Auflage. Springer, Heidelberg (2004)

[Königsberger 2004, 2] Königsberger, K.: Analysis 2. 5. Auflage. Springer, Heidelberg (2004)

[Landers und Rogge 1994] Landers, D., Rogge, I.: Nichtstandardanalysis, Springer, Berlin (1994)

[Remmert und Schumacher 2002] Remmert, R., Schumacher, G.: Funktionentheorie 1. 5. Auflage. Springer, Heidelberg (2002)

[Remmert und Schumacher 2007] Remmert, R., Schumacher, G.: Funktionentheorie 2. 3. Auflage. Springer, Heidelberg (2007)

[Riemann 1990] Riemann, B.: Gesammelte mathematische Werke (mit Kommentaren führender Mathematiker),Springer, Heidelberg und Teubner, Leipzig (1990)

[Rudin 2009] Rudin, W.: Analysis. 4. Auflage. Oldenbourg Wissenschaftsverlag, München (2009)

[Sauvigny 2005] Sauvigny, F.: Partielle Differentialgleichungen der Geometrie und der Physik, Bd. 1, 2, Springer, Berlin (2005).

[Smirnow 1959] Smirnow, W.: Lehrgang der höheren Mathematik, Bd. III/2, Deutscher Verlag der Wissenschaften, Berlin (1959)

[Sneddon 1972] Sneddon, I.: The Use of Integral Transforms. McGraw-Hill (1972)

[Walter 2004] Walter, W.: Analysis 1. 7. Auflage. Springer, Heidelberg (2004)

[Walter 2002] Walter, W.: Analysis 2. Springer, 5. Auflage. Heidelberg (2002)

[Walter 2000] Walter, W.: Gewöhnliche Differentialgleichungen. Springer, 7. Auflage. Heidelberg (2000)

[Werner 2011] Werner, D.: Funktionalanalysis. 7. Auflage. Springer, Heidelberg (2011)

[Weyl 1913] Weyl, H.: Die Idee der Riemannschen Fläche. Teubner-Verlag, Leipzig (1913). Neuauflage mit Kommentaren herausgegeben von R. Remmert, Teubner-Verlag, Stuttgart (1997)

KAPITEL 2

ALGEBRA

Algebra ist die Lehre von den vier Grundrechenarten – Addition, Subtraktion, Multiplikation und Division – und der Auflösung der in diesem Zusammenhang entstehenden Gleichungen. Eine solche Lehre wird dadurch möglich, dass die Dinge, auf die jene Operationen wirken, weitgehend unbestimmt gelassen werden.

Die alte Algebra sah in den Zeichen, die sie an Stelle der Zahlen in ihren Rechnungen setzte, nur unbestimmt gelassene Zahlen. Sie ließ also nur die Quantität unbestimmt, während die Qualität der Gegenstände ihrer algebraischen Rechnungen feststand.

Es kennzeichnet die neue, im letzten Jahrhundert entstandene Algebra und insbesondere ihre heutige als „abstrakte Algebra" bekannte Form, dass sie auch die Qualität der Gegenstände ihrer Rechnungen unbestimmt lässt und somit zu einer wirklichen Operationenlehre geworden ist.

Erich Kähler (1953)

Eine wichtige formale Voraussetzung für die Entwicklung des algebraischen Denkens war der Übergang von der Zahlenrechnung zur Buchstabenrechnung mit unbestimmten Ausdrücken. Diese Revolution in der Mathematik wurde von François Viète (Vieta) in der zweiten Hälfte des 16. Jahrhunderts vollzogen.

Die moderne algebraische Strukturtheorie geht auf Vorlesungen von Emmy Noether (1882–1935) in Göttingen und Emil Artin (1898–1962) in Hamburg Mitte der zwanziger Jahr zurück und wurde von Bartel Leendert van der Waerden im Jahr 1930 in dessen „Moderner Algebra" erstmalig in Buchform dargestellt. Dieses Buch hat viele Auflagen erlebt und ist noch heute ein sehr gut lesbares Standardwerk der Algebra.

Der Grundstein wurde jedoch bereits im 19. Jahrhundert gelegt. Wichtige Impulse verdankt man Gauß (Kreisteilungskörper), Abel (algebraische Funktionen), Galois (Gruppentheorie und algebraische Gleichungen), Riemann (Geschlecht und Divisoren algebraischer Funktionen), Kummer und Dedekind (Idealtheorie), Kronecker (Zahlkörper), Jordan (Gruppentheorie) und Hilbert (Zahlkörper und Invariantentheorie).

2.1 Elementare Methoden

2.1.1 Kombinatorik

Die Kombinatorik untersucht, auf wieviel Arten man gewisse Elemente anordnen kann. Man verwendet dabei das Symbol

$$n! := 1 \cdot 2 \cdot 3 \cdot \ldots \cdot n, \qquad 0! := 1, \qquad n = 1, 2, \ldots$$

(sprich: n Fakultät für $n!$) und die Binomialkoeffizienten[1]

$$\binom{n}{k} := \frac{n(n-1)\ldots(n-k+1)}{1 \cdot 2 \cdot \ldots \cdot k}, \qquad \binom{n}{0} := 1.$$

▶ BEISPIEL 1: $3! = 1 \cdot 2 \cdot 3 = 6$, $\quad 4! = 1 \cdot 2 \cdot 3 \cdot 4 = 24$, $\quad \binom{4}{2} = \frac{4 \cdot 3}{1 \cdot 2} = 6$,

$$\binom{4}{3} = \frac{4 \cdot 3 \cdot 2}{1 \cdot 2 \cdot 3} = 4.$$

Binomialkoeffizienten und der binomische Lehrsatz: Vgl. 0.1.10.3.

Fakultät und Gammafunktion: Vgl. 1.14.6.

Grundaufgaben der Kombinatorik: Diese lauten:[2]

  (i) Permutationen,

  (ii) Permutationen mit Wiederholung (*das Buchproblem*),

  (iii) Kombinationen ohne Wiederholung

     (a) ohne Berücksichtigung der Anordnung (*das Lottoproblem*),

     (b) mit Berücksichtigung der Anordnung (*das modifizierte Lottoproblem*)

  (iv) Kombinationen mit Wiederholung

     (a) ohne Berücksichtigung der Anordnung (*das modifizierte Wortproblem*),

     (b) mit Berücksichtigung der Anordnung (*das Wortproblem*).

Permutationen: Es gibt genau

$$n! \tag{2.1}$$

unterschiedliche Möglichkeiten, n verschiedene Elemente hintereinander anzuordnen.

▶ BEISPIEL 2: Für die beiden Zahlen 1 und 2 gibt es $2! = 1 \cdot 2$ Möglichkeiten der Anordnung. Diese lauten:

   12,   21.

Für die drei Zahlen 1,2,3 gibt es $3! = 1 \cdot 2 \cdot 3$ Möglichkeiten der Anordnung. Diese lauten:

$$
\begin{array}{lll}
123, & 213, & 312, \\
132, & 231, & 321.
\end{array} \tag{2.2}
$$

Das Buchproblem: Gegeben sind n nicht notwendig verschiedene Bücher, die in $m_1, \ldots, m_s$ Exemplaren auftreten. Dann gibt es

$$\frac{n!}{m_1! m_2! \ldots m_s!}$$

unterschiedliche Möglichkeiten, diese Bücher hintereinander anzuordnen, wobei gleiche Exemplare nicht unterschieden werden sollen.

---

[1] Diese Definition gilt für reelle oder komplexe Zahlen n und für $k = 0, 1, \ldots$

[2] Kombinationen mit Berücksichtigung der Anordnung werden auch *Variationen* genannt.

▶ BEISPIEL 3: Für drei Bücher, von denen zwei gleich sind, gibt es

$$\frac{3!}{2! \cdot 1!} = \frac{1 \cdot 2 \cdot 3}{1 \cdot 2} = 3$$

Möglichkeiten der Anordnung. Man erhält diese Anordnungen, indem man in (2.2) die Zahl 2 durch 1 ersetzt und doppelt vorkommende Anordnungen streicht. Das ergibt:

113,   311,   131.

Das Wortproblem: Aus k Buchstaben kann man genau

$$\boxed{k^n}$$

verschiedene Wörter der Länge n bilden.

Bezeichnet man zwei Wörter genau dann als äquivalent, wenn sie sich nur um eine Permutation der Buchstaben unterscheiden, dann ist die Anzahl der Klassen äquivalenter Wörter gleich

$$\boxed{\binom{n+k-1}{n}}$$

(modifiziertes Wortproblem).

▶ BEISPIEL 4: Aus den beiden Zeichen 0 und 1 kann man $2^2 = 4$ Wörter der Länge 2 bilden:

00,   01,   10,   11.

Die Anzahl A der Klassen äquivalenter Wörter ist $\binom{n+k-1}{n}$ mit $n = k = 2$, also $A = \binom{3}{2} =$

$\frac{3 \cdot 2}{1 \cdot 2} = 3$. Repräsentanten sind:

00,   01,   11.

Ferner gibt es $2^3 = 8$ Wörter der Länge 3:

000,   001,   010,   011,
100,   101,   110,   111.

Die Anzahl der Klassen äquivalenter Wörter ist $A = \binom{n+k-1}{n}$ mit $n = 3$, $k = 2$, also

$A = \binom{4}{3} = \frac{4 \cdot 3 \cdot 2}{1 \cdot 2 \cdot 3} = 4$. Als Repräsentanten können wir wählen:

000,   001,   011,   111.

Das Lottoproblem: Es gibt

$$\boxed{\binom{n}{k}}$$

Möglichkeiten, aus n Zahlen genau k Zahlen ohne Berücksichtigung der Anordnung auszuwählen.

Berücksichtigt man die Anordnung, dann gibt es

$$\binom{n}{k} k! = n(n-1)\ldots(n-k+1)$$

Möglichkeiten.

▶ BEISPIEL 5: Bei dem Spiel 6 aus 49 hat man genau

$$\binom{49}{6} = \frac{49\cdot 48\cdot 47\cdot 46\cdot 45\cdot 44}{1\cdot 2\cdot 3\cdot 4\cdot 5\cdot 6} = 13\,983\,816$$

Lottoscheine auszufüllen, um mit Sicherheit genau einen richtigen Tip zu haben.

▶ BEISPIEL 6: Es gibt $\binom{3}{2} = 3$ Möglichkeiten, aus den drei Zahlen 1,2,3 zwei Zahlen ohne Berücksichtigung der Anordnung auszuwählen:

12,   13,   23.

Berücksichtigt man die Anordnung, dann gibt es $\binom{3}{2}\cdot 2! = 6$ Möglichkeiten:

12,   21,   13,   31,   23,   32.

Das Vorzeichen einer Permutation: Gegeben seien n Zahlen $1, 2, \ldots, n$. Die natürliche Anordnung $12\ldots n$ wird als gerade Permutation dieser Zahlen bezeichnet.

Eine Permutation dieser Zahlen heißt genau dann *gerade* (bzw. *ungerade*), wenn man sie aus der natürlichen Anordnung durch eine gerade (bzw. ungerade) Anzahl von Vertauschungen zweier Elemente erhält.[3] Definitionsgemäß ist das *Vorzeichen* einer geraden (bzw. ungeraden) Permutation gleich 1 (bzw. gleich -1).

▶ BEISPIEL 7: Die Permutation 12 der Zahlen 1, 2 ist gerade und 21 ist ungerade.

Für die Permutation von drei Elementen 1, 2, 3 gilt:

(i) gerade Permutationen 123, 312, 231;

(ii) ungerade Permutationen 213, 132, 321.

Das Dirichletsche Schubfachprinzip: Bei einer Verteilung von mehr als n Dingen auf n Schubfächer liegen in mindestens einem Fach mindestens zwei Dinge.

Dieses einfache Prinzip wird nach dem Vorbild von Dirichlet (1805–1859) in der Zahlentheorie mit Erfolg angewandt.

2.1.2 Determinanten

Grundidee: Eine zweireihige Determinante berechnet man nach der Formel

$$\begin{vmatrix} a & b \\ c & d \end{vmatrix} := ad - bc. \tag{2.3}$$

Die Berechnung dreireihiger Determinanten wird durch die sehr regelmäßig aufgebaute Entwicklungsformel nach der ersten Zeile

$$\begin{vmatrix} a & b & c \\ d & e & f \\ g & h & k \end{vmatrix} := a\begin{vmatrix} e & f \\ h & k \end{vmatrix} - b\begin{vmatrix} d & f \\ g & k \end{vmatrix} + c\begin{vmatrix} d & e \\ g & h \end{vmatrix} \tag{2.4}$$

---

[3]Diese Definition ist unabhängig von der Wahl der Vertauschungen.

auf die Berechnung zweireihiger Determinanten zurückgeführt. Dabei ergibt sich beispielsweise die bei a stehende Determinante durch Streichen der Zeile und Spalte von a usw. Analog kann man vierreihige Determinanten auf dreireihige Determinanten zurückführen usw. Das ist ein Spezialfall des Laplaceschen Entwicklungssatzes (vgl. (2.6)).

▶ BEISPIEL 1: Es gilt

$$\begin{vmatrix} 2 & 3 \\ 1 & 4 \end{vmatrix} := 2 \cdot 4 - 3 \cdot 1 = 8 - 3 = 5$$

und

$$\begin{vmatrix} 1 & 2 & 3 \\ 2 & 2 & 3 \\ 4 & 1 & 4 \end{vmatrix} = 1 \cdot \begin{vmatrix} 2 & 3 \\ 1 & 4 \end{vmatrix} - 2 \cdot \begin{vmatrix} 2 & 3 \\ 4 & 4 \end{vmatrix} + 3 \cdot \begin{vmatrix} 2 & 2 \\ 4 & 1 \end{vmatrix}$$

$$= 1 \cdot 5 - 2 \cdot (-4) + 3 \cdot (-6) = 5 + 8 - 18 = -5.$$

Definition: Unter der *Determinante*

$$\begin{vmatrix} a_{11} & a_{12} & a_{13} & \cdots & a_{1n} \\ a_{21} & a_{22} & a_{23} & \cdots & a_{2n} \\ \cdots & & & & \\ a_{n1} & a_{n2} & a_{n3} & \cdots & a_{nn} \end{vmatrix} \qquad (2.5)$$

verstehen wir die Zahl

$$D := \sum_{\pi} \operatorname{sgn} \pi \, a_{1m_1} a_{2m_2} \cdots a_{nm_n}.$$

Summiert wird dabei über alle Permutationen $m_1 m_2 \ldots m_n$ der Zahlen $1, 2, \ldots, n$, wobei $\operatorname{sgn} \pi$ das Vorzeichen der betreffenden Permutationen bezeichnet.

Alle a_{jk} sind reelle oder komplexe Zahlen.

▶ BEISPIEL 2: Für $n = 2$ haben wir die gerade Permutation 12 und die ungerade Permutation 21. Deshalb gilt

$$D = a_{11}a_{22} - a_{12}a_{21}.$$

Das stimmt mit Formel (2.3) überein.

Eigenschaften von Determinanten:

(i) Eine Determinante ändert sich nicht, wenn man Zeilen und Spalten miteinander vertauscht.[4]

(ii) Eine Determinante ändert ihr Vorzeichen, wenn man zwei Zeilen oder zwei Spalten miteinander vertauscht.

(iii) Eine Determinante ist gleich null, wenn sie zwei gleiche Zeilen oder zwei gleiche Spalten besitzt.

(iv) Eine Determinante ändert sich nicht, wenn man zu einer Zeile das Vielfache einer anderen Zeile addiert.

(v) Eine Determinante ändert sich nicht, wenn man zu einer Spalte das Vielfache einer anderen Spalte addiert.

---

[4]Das ist gleichbedeutend mit einer Spiegelung an der Hauptdiagonalen, die durch $a_{11}, a_{22}, \ldots, a_{nn}$ gegeben ist.

(vi) Eine Determinante multipliziert man mit einer Zahl, indem man eine fest gewählte Zeile (oder Spalte) mit dieser Zahl multipliziert.

Beispiel 3:

(a) $\qquad \begin{vmatrix} a & b \\ c & d \end{vmatrix} = \begin{vmatrix} a & c \\ b & d \end{vmatrix} \qquad$ (nach (i));

(b) $\qquad \begin{vmatrix} a & b \\ c & d \end{vmatrix} = - \begin{vmatrix} c & d \\ a & b \end{vmatrix} \qquad$ (nach (ii)); $\qquad \begin{vmatrix} a & b \\ a & b \end{vmatrix} = 0$ (nach (iii));

(c) $\qquad \begin{vmatrix} a & b \\ c & d \end{vmatrix} = \begin{vmatrix} a & b \\ c + \lambda a & d + \lambda b \end{vmatrix} \qquad$ (nach (iv));

(d) $\qquad \begin{vmatrix} \alpha a & \alpha b \\ c & d \end{vmatrix} = \alpha \begin{vmatrix} a & b \\ c & d \end{vmatrix} \qquad$ (nach (vi)).

Dreiecksgestalt: Sind in (2.5) alle Elemente unterhalb der Hauptdiagonalen (bzw. oberhalb der Hauptdiagonalen) gleich null, dann gilt

$$D = a_{11}a_{22} \cdots a_{nn}.$$

▶ BEISPIEL 4:

$$\begin{vmatrix} a & \alpha & \beta \\ 0 & b & \gamma \\ 0 & 0 & c \end{vmatrix} = abc, \qquad \begin{vmatrix} a & 0 & 0 \\ \alpha & b & 0 \\ \beta & \gamma & c \end{vmatrix} = abc.$$

Eine wichtige **Strategie** zur Berechnung großer Determinanten besteht darin, durch Anwendung der Operationen (ii) und (iii) eine Dreiecksgestalt zu erreichen. Das ist stets möglich.

▶ BEISPIEL 5: Für $\lambda = -2$ gilt

$$\begin{vmatrix} 2 & 3 \\ 4 & 1 \end{vmatrix} = \begin{vmatrix} 2 & 3 \\ 4 + 2\lambda & 1 + 3\lambda \end{vmatrix} = \begin{vmatrix} 2 & 3 \\ 0 & -5 \end{vmatrix} = -10.$$

Laplacescher Entwicklungssatz: Für die Determinante D in (2.5) gilt:

$$\boxed{D = a_{k1}A_{k1} + a_{k2}A_{k2} \ldots + a_{kn}A_{kn}.} \qquad (2.6)$$

Dabei ist k irgendeine fest gewählte Zeilennummer.[5] Ferner bezeichnet A_{kj} die sogenannte *Adjunkte* zu dem Element a_{kj}. Definitionsgemäß besteht A_{kj} aus derjenigen Determinante, die durch Streichen der k-ten Zeile und j-ten Spalte in (2.5) entsteht, multipliziert mit dem Vorzeichen $(-1)^{j+k}$.

▶ BEISPIEL 6: Die Formel (2.4) ist ein Spezialfall dieses Entwicklungssatzes.

Multiplikation zweier Determinanten: Sind $A = (a_{jk})$ und $B = (b_{jk})$ zwei quadratische Matrizen der Zeilenlänge n, dann gilt:

$$\boxed{\det A \det B = \det (AB).}$$

---

[5]Eine analoge Aussage gilt für die Entwicklung nach der k-ten Spalte.

Dabei bezeichnet $\det A$ die Determinante von A (d. h., es ist $\det A = D$ in (2.5)), und AB bezeichnet das Matrizenprodukt. Ferner gilt

$$\det A = \det A^{\mathsf{T}},$$

wobei A^{T} die transponierte Matrix zu A bezeichnet (vgl. 2.1.3).

Differentiation einer Determinante: Hängen die Elemente einer Determinante von einer Variablen t ab, dann erhält man die Ableitung $D'(t)$ der Determinante $D(t)$, indem man der Reihe nach jede Zeile bezüglich t differenziert und alle diese Determinanten addiert.

▶ BEISPIEL 7: Für die Ableitung von

$$D(t) := \begin{vmatrix} a(t) & b(t) \\ c(t) & d(t) \end{vmatrix}$$

ergibt sich

$$D'(t) := \begin{vmatrix} a'(t) & b'(t) \\ c(t) & d(t) \end{vmatrix} + \begin{vmatrix} a(t) & b(t) \\ c'(t) & d'(t) \end{vmatrix}.$$

Multiplikationsregel für Funktionaldeterminanten: Es gilt

$$\frac{\partial(f_1,\ldots,f_n)}{\partial(u_1,\ldots,u_n)} = \frac{\partial(f_1,\ldots,f_n)}{\partial(v_1,\ldots,v_n)} \cdot \frac{\partial(v_1,\ldots,v_n)}{\partial(u_1,\ldots,u_n)}.$$

Dabei bezeichnet $\dfrac{\partial(f_1,\ldots,f_n)}{\partial(u_1,\ldots,u_n)}$ die Determinante der ersten partiellen Ableitungen $\partial f_j / \partial u_k$ (vgl. 1.5.3).

Die Vandermondsche Determinante:

$$\begin{vmatrix} 1 & a & a^2 \\ 1 & b & b^2 \\ 1 & c & c^2 \end{vmatrix} = (b-a)(c-a)(c-b).$$

Allgemeiner ist die Determinante

$$\begin{vmatrix} 1 & a_1 & a_1^2 & a_1^3 & \ldots & a_1^{n-1} \\ 1 & a_2 & a_2^2 & a_2^3 & \ldots & a_2^{n-1} \\ \ldots & & & & & \\ 1 & a_n & a_n^2 & a_n^3 & \ldots & a_n^{n-1} \end{vmatrix}$$

gleich dem Differenzenprodukt

$$(a_2 - a_1)(a_3 - a_1)(a_4 - a_1)\ldots(a_n - a_1)\times$$
$$(a_3 - a_2)(a_4 - a_2)\ldots(a_n - a_2)\times$$
$$\ldots\ldots\ldots\ldots\ldots$$
$$(a_n - a_{n-1}).$$

2.1.3 Matrizen

Definition: Unter einer Matrix A vom Typ (m, n) versteht man ein rechteckiges Schema von Zahlen

$$A = \begin{pmatrix} a_{11} & a_{12} & a_{13} & \ldots & a_{1n} \\ a_{21} & a_{22} & a_{23} & \ldots & a_{2n} \\ \ldots & \ldots & \ldots & \ldots & \ldots \\ a_{m1} & a_{m2} & a_{m3} & \ldots & a_{mn} \end{pmatrix}.$$

mit m Zeilen und n Spalten. Dabei sind die Elemente a_{jk} reelle oder komplexe Zahlen.[6] Die Matrix A heißt genau dann quadratisch, wenn $m = n$ gilt.

Die Gesamtheit aller Matrizen vom Typ (m, n) bezeichnen wir mit $\mathrm{Mat}(m, n)$.

Zielstellung: Wir wollen für derartige Matrizen algebraische Operationen wie Addition und Multiplikation erklären. Diese Operationen besitzen nicht mehr alle diejenigen Eigenschaften, die wir von den reellen oder komplexen Zahlen her gewohnt sind. Zum Beispiel gilt für die Matrizenmultiplikation in der Regel nicht $AB = BA$, im Gegensatz zum Kommutativgesetz für die Multiplikation reeller oder komplexer Zahlen.

Addition zweier Matrizen: Gehören A und B zu $\mathrm{Mat}(m, n)$, dann erklären wir die Summenmatrix $A + B$ durch Addition der entsprechenden Elemente. Dann gehört $A + B$ wieder zu $\mathrm{Mat}(m, n)$.

▶ Beispiel 1:

$$\begin{pmatrix} a & b & c \\ d & e & z \end{pmatrix} + \begin{pmatrix} \alpha & \beta & \gamma \\ \delta & \varepsilon & \zeta \end{pmatrix} = \begin{pmatrix} a+\alpha & b+\beta & c+\gamma \\ d+\delta & e+\varepsilon & z+\zeta \end{pmatrix};$$

$$(a, b) + (\alpha, \beta) = (a + \alpha, b + \beta), \qquad (1, 2) + (3, 1) = (4, 3).$$

Multiplikation einer Matrix mit einer Zahl: Gehört A zu $\mathrm{Mat}(m, n)$, dann erklären wir das Produkt αA von A mit der Zahl α, indem wir jedes Element von A mit α multiplizieren. Dann gehört αA wiederum zu $\mathrm{Mat}(m, n)$.

▶ Beispiel 2:

$$\alpha \begin{pmatrix} a & b & c \\ d & e & z \end{pmatrix} = \begin{pmatrix} \alpha a & \alpha b & \alpha c \\ \alpha d & \alpha e & \alpha z \end{pmatrix}, \qquad 4 \begin{pmatrix} 1 & 3 & 2 \\ 1 & 2 & 1 \end{pmatrix} = \begin{pmatrix} 4 & 12 & 8 \\ 4 & 8 & 4 \end{pmatrix}.$$

Nullmatrix: Die $(m \times n)$-Matrix

$$O := \begin{pmatrix} 0 & 0 & \ldots & 0 \\ \ldots & \ldots & \ldots & \ldots \\ 0 & 0 & \ldots & 0 \end{pmatrix},$$

deren Elemente alle gleich null sind, heißt *Nullmatrix*.

Rechenregeln: Für A, B, $C \in \mathrm{Mat}(m, n)$ und $\alpha \in \mathbb{C}$ gilt:

$$A + B = B + A, \qquad (A + B) + C = A + (B + C), \qquad A + O = A,$$
$$\alpha(A + B) = \alpha A + \alpha B.$$

---

[6]Die Matrix A heißt genau dann reell, wenn alle ihre Elemente a_{jk} reelle Zahlen sind. Anstelle von einer Matrix vom Typ (m, n) sprechen wir auch von einer $(m \times n)$-Matrix.

Genauer gesprochen bildet Mat(m, n) einen linearen Raum über dem Körper der komplexen Zahlen (vgl. 2.3.2).

Multiplikation von zwei Matrizen: Die Grundidee der Matrizenmultiplikation ist in der Formel

$$(a, b) \begin{pmatrix} \alpha \\ \beta \end{pmatrix} := a\alpha + b\beta \tag{2.7}$$

enthalten.

▶ BEISPIEL 3: Es gilt $(1, 3) \begin{pmatrix} 2 \\ 4 \end{pmatrix} = 1 \cdot 2 + 3 \cdot 4 = 2 + 12 = 14$.

Die natürliche Verallgemeinerung von Definition (2.7) lautet:

$$(a_1, a_2, \ldots, a_n) \begin{pmatrix} \alpha_1 \\ \alpha_2 \\ \vdots \\ \alpha_n \end{pmatrix} := a_1\alpha_1 + a_2\alpha_2 + \ldots + a_n\alpha_n.$$

Die Multiplikation einer Matrix $A \in \text{Mat}(m, n)$ mit einer Matrix $B \in \text{Mat}(n, p)$ ergibt eine Matrix $C = AB \in \text{Mat}(m, p)$, deren Elemente c_{jk} definitionsgemäß durch die folgende Vorschrift gegeben sind:

$$c_{jk} := j\text{-te Zeile von } A \text{ mal } k\text{-te Spalte von } B. \tag{2.8}$$

Bezeichnen wir die Elemente von A (bzw. B) mit $a_{..}$ (bzw. $b_{..}$), dann gilt

$$c_{jk} = \sum_{s=1}^{n} a_{js} b_{sk}.$$

▶ BEISPIEL 4: Es sei

$$A := \begin{pmatrix} 1 & 2 \\ 3 & 4 \end{pmatrix}, \qquad B := \begin{pmatrix} 2 & 1 \\ 4 & 1 \end{pmatrix}.$$

Die Produktmatrix $C := AB$ schreiben wir in der Form

$$C := \begin{pmatrix} c_{11} & c_{12} \\ c_{21} & c_{22} \end{pmatrix}.$$

Dann gilt

$$c_{11} = \text{erste Zeile von } A \text{ mal erste Spalte von } B = (1, 2) \begin{pmatrix} 2 \\ 4 \end{pmatrix} = 1 \cdot 2 + 2 \cdot 4 = 10,$$

$$c_{12} = \text{erste Zeile von } A \text{ mal zweite Spalte von } B = (1, 2) \begin{pmatrix} 1 \\ 1 \end{pmatrix} = 1 \cdot 1 + 2 \cdot 1 = 3,$$

$$c_{21} = \text{zweite Zeile von } A \text{ mal erste Spalte von } B = (3, 4) \begin{pmatrix} 2 \\ 4 \end{pmatrix} = 3 \cdot 2 + 4 \cdot 4 = 22,$$

$$c_{22} = \text{zweite Zeile von } A \text{ mal zweite Spalte von } B = (3, 4) \begin{pmatrix} 1 \\ 1 \end{pmatrix} = 3 \cdot 1 + 4 \cdot 1 = 7.$$

Insgesamt erhalten wir:

$$AB = C = \begin{pmatrix} 10 & 3 \\ 22 & 7 \end{pmatrix}.$$

Ferner ergibt sich

$$\begin{pmatrix} 1 & 2 \\ 0 & 1 \end{pmatrix} \begin{pmatrix} 1 & 0 & 2 \\ 0 & 1 & 1 \end{pmatrix} = \begin{pmatrix} 1 & 2 & 4 \\ 0 & 1 & 1 \end{pmatrix}.$$

Denn es gilt

$$(1,2) \begin{pmatrix} 1 \\ 0 \end{pmatrix} = 1 \cdot 1 + 2 \cdot 0 = 1, \qquad (0,1) \begin{pmatrix} 1 \\ 0 \end{pmatrix} = 0 \cdot 1 + 1 \cdot 0 = 0 \quad \text{usw.}$$

Das Matrizenprodukt AB existiert genau dann, wenn A mit B *verkettet* ist, d. h., die Anzahl der Spalten von A ist gleich der Anzahl der Zeilen von B.

Einheitsmatrix: Die quadratische (3×3)-Matrix

$$E := \begin{pmatrix} 1 & 0 & 0 \\ 0 & 1 & 0 \\ 0 & 0 & 1 \end{pmatrix}$$

heißt (3×3)-Einheitsmatrix. Analog sind die Elemente der quadratischen $(n \times n)$-Einheitsmatrix gleich eins in der Hauptdiagonalen, und sonst sind sie gleich null.

Rechenregeln für quadratische Matrizen: Es sei A, B, $C \in \mathrm{Mat}(n,n)$; E bezeichne die $(n \times n)$-Einheitsmatrix, und O bezeichne die $(n \times n)$-Nullmatrix. Dann gilt:

$$A(BC) = (AB)C, \qquad A(B+C) = AB + AC,$$
$$AE = EA = A, \qquad AO = OA = O, \qquad A + O = A.$$

Genauer gesprochen bildet $\mathrm{Mat}(n,n)$ einen (nichtkommutativen) Ring und zusätzlich eine Algebra über dem Körper der komplexen Zahlen (vgl. 2.4.1 und 2.5.2).

Nullteiler des Matrizenprodukts: Für A, $B \in \mathrm{Mat}(n,n)$ mit $n \geq 2$ gilt nicht stets $AB = BA$.

▶ BEISPIEL 5: Es ist

$$\begin{pmatrix} 0 & 1 \\ 0 & 0 \end{pmatrix} \begin{pmatrix} 1 & 0 \\ 0 & 0 \end{pmatrix} = \begin{pmatrix} 0 & 0 \\ 0 & 0 \end{pmatrix}, \qquad \text{aber} \qquad \begin{pmatrix} 1 & 0 \\ 0 & 0 \end{pmatrix} \begin{pmatrix} 0 & 1 \\ 0 & 0 \end{pmatrix} = \begin{pmatrix} 0 & 1 \\ 0 & 0 \end{pmatrix}.$$

Nullteiler des Matrizenprodukts: Gilt $AB = O$ für zwei Matrizen A und B, dann folgt daraus nicht notwendigerweise, dass $A = O$ oder $B = O$ gilt. Es sei $A, B \in \mathrm{Mat}(n,n)$. Ist $AB = O$ für $A \neq O$ und $B \neq O$, dann heißen die Matrizen A und B Nullteiler im Ring $\mathrm{Mat}(n,n)$.

▶ BEISPIEL 6: Für

$$A := \begin{pmatrix} 0 & 1 \\ 0 & 0 \end{pmatrix}$$

gilt $A \neq O$, aber $AA = O$. Denn es ist

$$\begin{pmatrix} 0 & 1 \\ 0 & 0 \end{pmatrix} \begin{pmatrix} 0 & 1 \\ 0 & 0 \end{pmatrix} = \begin{pmatrix} 0 & 0 \\ 0 & 0 \end{pmatrix}.$$

Inverse Matrix: Es sei $A \in \text{Mat}(n, n)$. Unter einer inversen Matrix zu A verstehen wir eine Matrix $B \in \text{Mat}(n, n)$ mit

$$AB = BA = E,$$

wobei E die $(n \times n)$-Einheitsmatrix bezeichnet. Eine derartige Matrix B existiert genau dann, wenn $\det A \neq 0$ gilt, d. h., wenn die Determinante von A ungleich null ist. In diesem Fall ist B eindeutig bestimmt und wird mit A^{-1} bezeichnet. Somit gilt im Fall $\det A \neq 0$:

$$\boxed{AA^{-1} = A^{-1}A = E.}$$

▶ BEISPIEL 7: Die inverse Matrix A^{-1} zu der Matrix

$$A := \begin{pmatrix} a & b \\ c & d \end{pmatrix}$$

existiert genau dann, wenn $\det A \neq 0$, also $ad - bc \neq 0$ gilt. Dann ist

$$A^{-1} = \frac{1}{ad - bc} \begin{pmatrix} d & -b \\ -c & a \end{pmatrix}.$$

Denn es gilt

$$AA^{-1} = A^{-1}A = \begin{pmatrix} 1 & 0 \\ 0 & 1 \end{pmatrix}.$$

Satz: Für eine beliebige $(n \times n)$-Matrix A mit $\det A \neq 0$ hat man

$$\boxed{(A^{-1})_{jk} = (\det A)^{-1} A_{kj}.}$$

Dabei bezeichnet $(A^{-1})_{jk}$ das Element von A^{-1} in der j-ten Zeile und k-ten Spalte. Ferner ist A_{kj} die Adjunkte zu a_{kj} in der Determinante von A (vgl. 2.1.2).

Die Gruppe $Gl(n, \mathbb{C})$: Eine Matrix $A \in \text{Mat}(n, n)$ heißt genau dann regulär, wenn $\det A \neq 0$ gilt und somit die inverse Matrix A^{-1} existiert. Die Menge aller regulären $(n \times n)$-Matrizen wird mit $Gl(n, \mathbb{C})$ bezeichnet.

Genauer gesprochen bildet $Gl(n, \mathbb{C})$ eine Gruppe, die man die allgemeine (komplexe) lineare Gruppe nennt[7] (vgl. 2.5.1).

Anwendung auf lineare Gleichungssysteme: Vgl. 2.1.4.

Transponierte und adjungierte Matrizen: Gegeben sei die reelle oder komplexe $(m \times n)$-Matrix $A = (a_{jk})$. Die transponierte Matrix A^{T} von A ergibt sich, indem man die Zeilen und Spalten von A miteinander vertauscht. Geht man zusätzlich zu den konjugiert komplexen Elementen über, dann erhält man die *adjungierte Matrix* A^* zu A.

Bezeichnet man die Elemente von A^{T} (bzw. A^*) mit a_{kj}^{T} (bzw. a_{kj}^*), dann gilt:

$$a_{kj}^{\mathsf{T}} := a_{jk}, \qquad a_{kj}^* := \overline{a_{jk}}, \qquad k = 1, \ldots, n, \quad j = 1, \ldots, m.$$

Somit sind A^{T} und A^* $(n \times m)$-Matrizen.

---

[7]Analog bildet die Gesamtheit $Gl(n, \mathbb{R})$ aller reellen regulären $(n \times n)$-Matrizen die sogenannte allgemeine reelle lineare Gruppe. Sowohl $Gl(n, \mathbb{C})$ als auch $Gl(n, \mathbb{R})$ sind sehr wichtige Beispiele für Liegruppen und werden in Kapitel 17 im Handbuch zusammen mit Anwendungen in der Elementarteilchenphysik ausführlich untersucht.

▶ BEISPIEL 8:

$$A := \begin{pmatrix} 1 & 2 & 3i \\ 4 & 5 & 6 \end{pmatrix}, \qquad A^\mathsf{T} = \begin{pmatrix} 1 & 4 \\ 2 & 5 \\ 3i & 6 \end{pmatrix}, \qquad A^* = \begin{pmatrix} 1 & 4 \\ 2 & 5 \\ -3i & 6 \end{pmatrix}.$$

Für alle reellen oder komplexen Zahlen α und β gilt:

$$\begin{aligned}
(A^\mathsf{T})^\mathsf{T} &= A, & (A^*)^* &= A, \\
(\alpha A + \beta B)^\mathsf{T} &= \alpha A^\mathsf{T} + \beta B^\mathsf{T}, & (\alpha A + \beta B)^* &= \bar{\alpha} A^* + \bar{\beta} B^*, \\
(CD)^\mathsf{T} &= D^\mathsf{T} C^\mathsf{T}, & (CD)^* &= D^* C^*, \\
(Q^{-1})^\mathsf{T} &= (Q^\mathsf{T})^{-1}, & (Q^{-1})^* &= (Q^*)^{-1}.
\end{aligned}$$

Dabei setzen wir voraus, dass die Matrizen A und B die gleiche Anzahl von Zeilen und die gleiche Anzahl von Spalten besitzen und dass das Matrizenprodukt CD existiert. Ferner soll die inverse Matrix Q^{-1} der quadratischen Matrix Q existieren. Dann existieren auch die inversen Matrizen zu Q^T und Q^*.

Die Matrix $(Q^{-1})^\mathsf{T}$ heißt *kontragredient* zu Q.

Die Spur einer Matrix: Unter der Spur $\operatorname{tr} A$ der $(n \times n)$-Matrix $A = (a_{jk})$ versteht man die Summe der Hauptdiagonalelemente[8] von A, d. h.

$$\operatorname{tr} A := a_{11} + a_{22} + \ldots + a_{nn}.$$

▶ BEISPIEL 9:

$$\operatorname{tr} \begin{pmatrix} a & 2 \\ 3 & b \end{pmatrix} = a + b.$$

Für alle komplexe Zahlen α, β und alle $(n \times n)$-Matrizen A, B gilt:

$$\begin{aligned}
\operatorname{tr}(\alpha A + \beta B) &= \alpha \operatorname{tr} A + \beta \operatorname{tr} B, & \operatorname{tr}(AB) &= \operatorname{tr}(BA), \\
\operatorname{tr} A^\mathsf{T} &= \operatorname{tr} A, & \operatorname{tr} A^* &= \overline{\operatorname{tr} A}.
\end{aligned}$$

▶ BEISPIEL 10: Ist die $(n \times n)$-Matrix C invertierbar, dann hat man $\operatorname{tr}(C^{-1}AC) = \operatorname{tr}(ACC^{-1}) = \operatorname{tr} A$.

2.1.4 Lineare Gleichungssysteme

Grundideen: Lineare Gleichungssysteme können lösbar oder unlösbar sein. Im Fall der Lösbarkeit ist die Lösung eindeutig, oder es existiert eine Lösungsschar, die von endlich vielen Parametern abhängt.

▶ BEISPIEL 1 (parameterabhängige Lösung): Um das lineare Gleichungssystem

$$\begin{aligned}
3x_1 + 3x_2 + 3x_3 &= 6, \\
2x_1 + 4x_2 + 4x_3 &= 8
\end{aligned} \tag{2.9}$$

---

[8] Das englische Wort für Spur ist *trace*.

durch reelle Zahlen zu lösen, multiplizieren wir die erste Zahl mit $-2/3$. Das liefert

$$-2x_1 - 2x_2 - 2x_3 = -4.$$

Diesen Ausdruck addieren wir zur zweiten Zeile von (2.9). Damit entsteht aus (2.9) das neue System

$$\begin{aligned} 3x_1 + 3x_2 + 3x_3 &= 6, \\ 2x_2 + 2x_3 &= 4. \end{aligned} \tag{2.10}$$

Aus der zweiten Gleichung von (2.10) folgt $x_2 = 2 - x_3$. Setzen wir diesen Ausdruck in die erste Gleichung von (2.10) ein, dann erhalten wir $x_1 = 2 - x_2 - x_3 = 0$. Die allgemeine reelle Lösung von (2.9) lautet[9] somit:

$$x_1 = 0, \quad x_2 = 2 - p, \quad x_3 = p. \tag{2.11}$$

Dabei ist p eine beliebige reelle Zahl.

Wählt man p als eine beliebige komplexe Zahl, dann stellt (2.11) die allgemeine komplexe Lösung von (2.9) dar.

▶ BEISPIEL 2 *(eindeutige Lösung):* Wenden wir die Methode von Beispiel 1 auf das System

$$\begin{aligned} 3x_1 + 3x_2 &= 6, \\ 2x_1 + 4x_2 &= 8 \end{aligned}$$

an, dann erhalten wir

$$\begin{aligned} 3x_1 + 3x_2 &= 6, \\ 2x_2 &= 4 \end{aligned}$$

mit der eindeutigen Lösung $x_2 = 2$, $x_1 = 0$.

▶ BEISPIEL 3 (keine Lösung): Angenommen, das System

$$\begin{aligned} 3x_1 + 3x_2 + 3x_3 &= 6, \\ 2x_1 + 2x_2 + 2x_3 &= 8 \end{aligned} \tag{2.12}$$

besitzt eine Lösung x_1, x_2, x_3. Anwendung der Methode von Beispiel 1 liefert den Widerspruch:

$$\begin{aligned} 3x_1 + 3x_2 + 3x_3 &= 6, \\ 0 &= 4. \end{aligned}$$

Somit besitzt (2.12) keine Lösung.

2.1.4.1 Das Superpositionsprinzip

Ein reelles lineares Gleichungssystem besitzt die Gestalt:

$$\begin{aligned} a_{11}x_1 + a_{12}x_2 + \ldots + a_{1n}x_n &= b_1, \\ a_{21}x_1 + a_{22}x_2 + \ldots + a_{2n}x_n &= b_2, \\ \ldots \\ a_{m1}x_1 + a_{m2}x_2 + \ldots + a_{mn}x_n &= b_m. \end{aligned} \tag{2.13}$$

Gegeben sind die reellen Zahlen a_{jk}, b_j. Gesucht werden die reellen Zahlen $x_1, \ldots, x_n$. Das System (2.13) entspricht der Matrizengleichung

$$\boxed{Ax = b.} \tag{2.14}$$

---

[9]Unsere Überlegungen ergeben zunächst, dass jede Lösung von (2.9) die Gestalt (2.11) besitzen muss. Die Umkehrung dieser Überlegungen zeigt dann, dass (2.11) tatsächlich eine Lösung von (2.9) darstellt.

Ausführlich lautet diese Gleichung:

$$
\begin{pmatrix}
a_{11} & a_{12} & \cdots & a_{1n} \\
a_{21} & a_{22} & \cdots & a_{2n} \\
\vdots & \vdots & \cdots & \vdots \\
a_{m1} & a_{m2} & \cdots & a_{mn}
\end{pmatrix}
\begin{pmatrix}
x_1 \\ x_2 \\ \vdots \\ x_n
\end{pmatrix}
=
\begin{pmatrix}
b_1 \\ b_2 \\ \vdots \\ b_n
\end{pmatrix}.
$$

Definition: Das System (2.13) heißt genau dann *homogen*, wenn alle rechten Seiten b_j gleich null sind. Anderenfalls heißt (2.13) *inhomogen*. Ein homogenes System besitzt stets die triviale Lösung $x_1 = x_2 = \ldots = x_n = 0$.

Superpositionsprinzip: Kennt man eine spezielle Lösung x_{spez} des inhomogenen Systems (2.14), dann erhält man alle Lösungen von (2.14) durch

$$
\boxed{x_1 = x_{\text{spez}} + y,}
$$

wobei y eine beliebige Lösung des homogenen Systems $Ay = 0$ darstellt. Kurz:

> allgemeine Lösung des inhomogenen Systems
> = spezielle Lösung des inhomogenen Systems
> + allgemeine Lösung des homogenen Systems.

Dieses Prinzip gilt für alle linearen Probleme der Mathematik (z. B. lineare Differential- oder Integralgleichungen).

2.1.4.2 Der Gaußsche Algorithmus

Der Gaußsche Algorithmus stellt eine universelle Methode dar, um die allgemeine Lösung von (2.13) zu bestimmen oder die Unlösbarkeit von (2.13) festzustellen. Es handelt sich dabei um eine naheliegende Verallgemeinerung der in (2.9) bis (2.12) benutzten Methode.

Dreiecksgestalt: Die Idee des Gaußschen Algorithmus besteht darin, das Ausgangssystem (2.13) in das folgende äquivalente System mit Dreiecksgestalt zu überführen:

$$
\begin{aligned}
\alpha_{11}y_1 + \alpha_{12}y_2 + \ldots + \alpha_{1n}y_n &= \beta_1, \\
\alpha_{22}y_2 + \ldots + \alpha_{2n}y_n &= \beta_2, \\
&\ldots \\
\alpha_{rr}y_r + \ldots + \alpha_{rn}y_n &= \beta_r, \\
0 &= \beta_{r+1}, \\
&\ldots \\
0 &= \beta_m.
\end{aligned}
\tag{2.15}
$$

Dabei gilt $y_k = x_k$ für alle k oder $y_1, \ldots, y_n$ ergeben sich aus $x_1, \ldots, x_n$ durch Umnummerierung (Permutation der Indizes). Ferner hat man

$$
\alpha_{11} \neq 0, \quad \alpha_{22} \neq 0, \quad \ldots, \quad \alpha_{rr} \neq 0.
$$

Das System (2.15) ergibt sich in der folgenden Weise.

(i) Es sei mindestens ein a_{jk} ungleich null. Nach eventueller Umnummerierung der Zeilen und Spalten können wir annehmen, dass $a_{11} \neq 0$ gilt.

(ii) Wir multiplizieren die erste Zeile von (2.13) mit $-a_{k1}/a_{11}$ und addieren sie zur k-ten Zeile mit $k = 2, \ldots, m$. Das ergibt ein System, dessen erste und zweite Zeile die Gestalt von (2.15) mit $a_{11} \neq 0$ besitzt.

(iii) Wir wenden die gleiche Prozedur auf die zweite bis m-te Zeile des neuen Systems an usw.

Berechnung der Lösung: Die Lösung von (2.15) lässt sich leicht berechnen. Daraus ergibt sich dann die Lösung der Ausgangsgleichung (2.13).

Fall 1: Es ist $r < m$, und nicht alle $\beta_{r+1}, \beta_{r+2}, \ldots, \beta_m$ sind gleich null. Dann besitzen die Gleichungen (2.15) und (2.13) keine Lösung.

Fall 2: Es ist $r = m$. Wegen $\alpha_{rr} \neq 0$ können wir die r-te Gleichung in (2.15) nach y_r auflösen, wobei $y_{r+1}, \ldots, y_n$ als Parameter aufgefasst werden. Anschließend benutzen wir die $(r - 1)$-te Gleichung, um y_{r-1} zu berechnen. In analoger Weise erhalten wir der Reihe nach $y_{r-2}, \ldots, y_1$. Somit hängt die allgemeine Lösung der Gleichungen (2.15) und (2.13) von $n - r$ reellen Parametern ab.

Fall 3: Es ist $r < m$ und $\beta_{r+1} = \ldots = \beta_m = 0$. Wir verfahren analog zu Fall 2 und erhalten wiederum eine allgemeine Lösung der Gleichungen (2.15) und (2.13), die von $n - r$ reellen Parametern abhängt.

Die Zahl r ist gleich dem Rang der Matrix A (vgl. 2.1.4.5).

2.1.4.3 Die Cramersche Regel

Satz: Es sei $n = m$ und $\det A \neq 0$. Dann besitzt das lineare Gleichungssystem (2.13) die eindeutige Lösung

$$\boxed{x = A^{-1}b.}$$

Explizit gilt:

$$\boxed{x_j = \frac{(\det A)_j}{\det A}, \qquad j = 1, \ldots, n.} \tag{2.16}$$

Dabei entsteht die Determinante $(\det A)_j$ aus der Determinante der Matrix A, indem man dort die j-te Spalte durch b ersetzt. Man bezeichnet die Lösungsformel (2.16) als *Cramersche Regel*.

▶ Beispiel: Das lineare Gleichungssystem

$$a_{11}x_1 + a_{12}x_2 = b_1,$$
$$a_{21}x_1 + a_{22}x_2 = b_2$$

besitzt im Fall $a_{11}a_{22} - a_{12}a_{21} \neq 0$ die folgende eindeutige Lösung:

$$x_1 = \frac{\begin{vmatrix} b_1 & a_{12} \\ b_2 & a_{22} \end{vmatrix}}{\begin{vmatrix} a_{11} & a_{12} \\ a_{21} & a_{22} \end{vmatrix}} = \frac{b_1 a_{22} - a_{12} b_2}{a_{11}a_{22} - a_{12}a_{21}},$$

$$x_2 = \frac{\begin{vmatrix} a_{11} & b_1 \\ a_{21} & b_2 \end{vmatrix}}{\begin{vmatrix} a_{11} & a_{12} \\ a_{21} & a_{22} \end{vmatrix}} = \frac{a_{11} b_2 - b_1 a_{21}}{a_{11}a_{22} - a_{12}a_{21}}.$$

2.1.4.4 Die Fredholmsche Alternative

Satz: Das lineare Gleichungssystem $Ax = b$ besitzt genau dann eine Lösung x, wenn

$$\boxed{b^\mathsf{T} y = 0}$$

für alle Lösungen y der homogenen dualen Gleichung $A^\mathsf{T} y = 0$ gilt.

2.1.4.5 Das Rangkriterium

Linear unabhängige Zeilenmatrizen: Gegeben seien die m Zeilenmatrizen $A_1, \ldots, A_m$ der Länge n mit reellen Elementen. Besteht die Gleichung

$$\alpha_1 A_1 + \ldots + \alpha_m A_m = 0$$

für reelle Zahlen α_j nur dann, wenn $\alpha_1 = \alpha_2 \cdots = \alpha_m = 0$ gilt, dann heißen $A_1, \ldots, A_m$ *linear unabhängig*. Anderenfalls nennen wir $A_1, \ldots, A_m$ *linear abhängig*.

Eine analoge Definition gilt für Spaltenmatrizen.

▶ BEISPIEL 1: (i) *Lineare Unabhängigkeit.* Für $A_1 := (1, 0)$ und $A_2 := (0, 1)$ folgt aus

$$\alpha_1 A_1 + \alpha_2 A_2 = 0$$

die Gleichung $(\alpha_1, \alpha_2) = (0, 0)$, also $\alpha_1 = \alpha_2 = 0$. Somit sind A_1 und A_2 linear unabhängig.

(ii) *Lineare Abhängigkeit.* Für $A_1 := (1, 1)$ und $A_2 := (2, 2)$ gilt

$$2A_1 - A_2 = (2, 2) - (2, 2) = 0,$$

d. h., A_1 und A_2 sind linear abhängig.

Definition: Der *Rang* einer Matrix A ist gleich der Maximalzahl der linear unabhängigen Spaltenmatrizen.

Jede Determinante, die sich aus einer Matrix A durch Streichen von Zeilen und Spalten ergibt, heißt *Unterdeterminante* von A.

Satz: (i) Der Rang einer Matrix ist gleich der Maximalzahl der linear unabhängigen Zeilenmatrizen, d. h., Rang $(A) = $ Rang (A^T).

(ii) Der Rang einer Matrix ist gleich der maximalen Länge der von null verschiedenen Unterdeterminanten.

Der Rangsatz: Ein lineares Gleichungssystem $Ax = b$ besitzt genau dann eine Lösung, wenn der Rang der Koeffizientenmatrix A gleich dem Rang der um die Spalte b erweiterten Matrix (A, b) ist.

Dann hängt die allgemeine Lösung von $n - r$ reellen Parametern ab, wobei n die Anzahl der Unbekannten und r den Rang von A bezeichnet.

▶ BEISPIEL 2: Wir betrachten das Gleichungssystem

$$
\begin{aligned}
x_1 + x_2 &= 2, \\
2x_1 + 2x_2 &= 4.
\end{aligned}
\tag{2.17}
$$

Dann gilt

$$A := \begin{pmatrix} 1 & 1 \\ 2 & 2 \end{pmatrix}, \qquad (A, b) := \begin{pmatrix} 1 & 1 & 2 \\ 2 & 2 & 4 \end{pmatrix}.$$

(i) *Lineare Abhängigkeit der Zeilenmatrizen.* Die zweite Zeile von A ist gleich dem 2-fachen der ersten Zeile, d. h.,

$$2(1,1) - (2,2) = 0.$$

Somit sind die erste und zweite Zeile von A linear abhängig. Folglich ist $r = \text{Rang}(A) = 1$. Analog ergibt sich $\text{Rang}(A, b) = 1$. Es ist $n - r = 2 - 1 = 1$.

Das Gleichungssystem (2.17) besitzt deshalb eine Lösung, die von einem reellen Parameter abhängt.

Dieses Resultat ergibt sich leicht direkt. Da die zweite Gleichung in (2.17) gleich dem 2-fachen der ersten Gleichung ist, kann man die zweite Gleichung weglassen. Die erste Gleichung in (2.17) besitzt die allgemeine Lösung

$$x_1 = 2 - p, \qquad x_2 = p$$

mit dem reellen Parameter p.

(ii) *Determinantenkriterium.* Wegen

$$\begin{vmatrix} 1 & 1 \\ 2 & 2 \end{vmatrix} = 0, \qquad \begin{vmatrix} 1 & 2 \\ 2 & 4 \end{vmatrix} = 0,$$

verschwinden alle Unterdeterminanten von A und (A, b) der Länge 2. Es gibt jedoch von null verschiedene Unterdeterminanten der Länge 1. Deshalb ist $\text{Rang}(A) = \text{Rang}(A, b) = 1$.

Algorithmus zur Rangbestimmung: Wir betrachten die Matrix

$$\begin{pmatrix} a_{11} & a_{12} & \cdots & a_{1n} \\ \cdots & & & \\ a_{m1} & a_{m2} & \cdots & a_{mn} \end{pmatrix}.$$

Sind alle a_{jk} gleich null, dann gilt $\text{Rang}(A) = 0$.

Anderenfalls kann man durch Vertauschen von Zeilen und Spalten sowie durch Addition des Vielfachen einer Zeile zu einer anderen Zeile stets eine Dreiecksgestalt

$$\begin{pmatrix} \alpha_{11} & \alpha_{12} & & \cdots & \alpha_{1n} \\ 0 & \alpha_{22} & & \cdots & \alpha_{2n} \\ & & \ddots & & \\ 0 & \cdots & 0 & \alpha_{rr} & \cdots & \alpha_{rn} \\ 0 & \cdots & 0 & 0 & \cdots & 0 \\ \cdots & & & & & \\ 0 & \cdots & 0 & 0 & \cdots & 0 \end{pmatrix}$$

erreichen, wobei alle α_{jj} ungleich null sind. Dann gilt $\text{Rang}(A) = r$.

▶ BEISPIEL 3: Gegeben sei

$$A := \begin{pmatrix} 1 & 1 & 1 \\ 2 & 4 & 2 \end{pmatrix}.$$

Subtrahieren wir das 2-fache der ersten Zeile von der zweite Zeile, dann erhalten wir

$$\begin{pmatrix} 1 & 1 & 1 \\ 0 & 2 & 0 \end{pmatrix},$$

d. h., $\text{Rang}(A) = 2$.

Komplexe Gleichungssysteme: Sind die Koeffizienten a_{jk} und b_j des linearen Gleichungssystems (2.13) komplexe Zahlen, dann suchen wir komplexe Zahlen $x_1, \ldots, x_n$ als Lösungen. Alle Aussagen bleiben dann bestehen. Lediglich bei der Definition der linearen Unabhängigkeit muss man komplexe Zahlen $\alpha_1, \ldots, \alpha_k$ zulassen.

2.1.5 Das Rechnen mit Polynomen

Unter einem *Polynom vom Grad n* mit reellen (bzw. komplexen) Koeffizienten versteht man einen Ausdruck

$$a_0 + a_1 x + a_2 x^2 + \ldots + a_n x^n. \tag{2.18}$$

Dabei sind $a_0, \ldots, a_n$ reelle (bzw. komplexe) Zahlen mit[10] $a_n \neq 0$.

Gleichheit: Definitionsgemäß ist

$$a_0 + a_1 x + \ldots + a_n x^n = b_0 + b_1 x + \ldots + b_m x^m$$

genau dann, wenn $n = m$ und $a_j = b_j$ für alle j gelten (gleicher Grad und gleiche Koeffizienten).

Addition und Multiplikation: Man benutze die üblichen Regeln (vgl. 1.1.4) und fasse Terme mit gleichen Potenzen von x zusammen.

▶ BEISPIEL 1: $(x^2 + 1) + (2x^3 + 4x^2 + 3x + 2) = 2x^3 + 5x^2 + 3x + 3$,

$(x + 1)(x^2 - 2x + 2) = x^3 - 2x^2 + 2x + x^2 - 2x + 2 = x^3 - x^2 + 2$.

Division: Anstelle von $7 : 2 = 3$ mit Rest 1 kann man $7 = 2 \cdot 3 + 1$ oder auch $\dfrac{7}{2} = 3 + \dfrac{1}{2}$ schreiben. Analog verfährt man mit Polynomen.

Es seien $Z(x)$ und $N(x)$ Polynome, wobei der Grad des Polynoms $N(x)$ größer gleich eins sei. Dann gibt es eindeutig bestimmte Polynome $Q(x)$ und $R(x)$, so dass

$$Z(x) = N(x)Q(x) + R(x) \tag{2.19}$$

gilt, wobei der Grad des „Restpolynoms" $R(x)$ kleiner als der Grad des „Nennerpolynoms" $N(x)$ ist. Anstelle von (2.19) schreiben wir auch

$$\frac{Z(x)}{N(x)} = Q(x) + \frac{R(x)}{N(x)}. \tag{2.20}$$

Man bezeichnet $Z(x)$ als „Zählerpolynom" und $Q(x)$ als „Quotientenpolynom".

▶ BEISPIEL 2 (Division ohne Rest): Für $Z(x) := x^2 - 1$ und $N(x) := x - 1$ gilt (2.19) mit $Q(x) = x + 1$ und $R(x) = 0$. Denn es ist $x^2 - 1 = (x - 1)(x + 1)$. Das bedeutet

$$\frac{x^2 - 1}{x - 1} = x + 1.$$

▶ BEISPIEL 3 (Division mit Rest): Es gilt

$$\frac{3x^4 - 10x^3 + 22x^2 - 24x + 10}{x^2 - 2x + 3} = 3x^2 - 4x + 5 + \frac{-2x - 5}{x^2 - 2x + 3}.$$

Um die zugehörige Zerlegung

$$3x^4 - 10x^3 + 22x^2 - 24x + 10 = (x^2 - 2x + 3)(3x^2 - 4x + 5) + (-2x - 5)$$

---

[10]Bei einem streng formalen Aufbau der Mathematik stellt (2.18) eine Zeichenreihe dar, der man eine komplexe Zahl zuordnen kann, falls man für $a_0, \ldots, a_n, x$ feste komplexe Zahlen einsetzt. Man sagt auch, dass $a_0, \ldots, a_n, x$ durch komplexe Zahlen belegt werden.

mit dem Restpolynom $R(x) := -2x - 5$ zu erhalten, benutzen wir das folgende Schema:

$$3x^4 \quad -10x^3 \quad +22x^2 \quad -24x \quad +10 \qquad \text{(Division } 3x^4 : \mathbf{x}^2 = \boxed{3x^2}\,)$$
$$\underline{3x^4 \quad - 6x^3 \quad + 9x^2} \qquad\qquad\qquad \text{(Rückmultiplikation } (x^2 - 2x + 3)\boxed{3x^2}\,)$$

$$\quad - 4x^3 \quad +13x^2 \quad -24x \quad +10 \qquad \text{(Subtraktion)(Division } - 4x^3 : \mathbf{x}^2 = \boxed{-4x}\,)$$
$$\quad \underline{- 4x^3 \quad + 8x^2 \quad -12x} \qquad\qquad\quad \text{(Rückmultiplikation } (x^2 - 2x + 3)\boxed{(-4x)}\,)$$

$$\qquad\qquad\quad 5x^2 \quad -12x \quad +10 \qquad \text{(Subtraktion)(Division } 5x^2 : \mathbf{x}^2 = \boxed{5}\,)$$
$$\qquad\qquad\quad \underline{5x^2 \quad -10x \quad +15} \qquad \text{(Rückmultiplikation } (x^2 - 2x + 3)\boxed{5}\,)$$

$$\qquad\qquad\qquad\qquad\quad - 2x \quad - 5 \qquad \text{(Subtraktion).}$$

Die Methode lautet kurz: Division der Terme höchster Ordnung, Rückmultiplikation, Subtraktion, Division der neuen Terme höchster Ordnung usw. Man beendet das Verfahren, wenn eine Division der Terme höchster Ordnung nicht mehr möglich ist.

▶ BEISPIEL 4: Die Zerlegung

$$x^3 - 1 = (x - 1)(x^2 + x + 1)$$

folgt aus dem Schema:

$$x^3 \quad -1$$
$$\underline{x^3 \quad -x^2}$$
$$\quad x^2 \quad -1$$
$$\quad \underline{x^2 \quad -x}$$
$$\qquad\quad x \quad -1.$$

Der größte gemeinsame Teiler zweier Polynome (Euklidischer Algorithmus): Es seien $Z(x)$ und $N(x)$ Polynome vom Grad größer gleich eins. Analog zu (2.19) bilden wir die Divisionskette mit Rest:

$$Z(x) = N(x)Q(x) + R_1(x),$$
$$N(x) = R_1(x)Q_1(x) + R_2(x),$$
$$R_1(x) = R_2(x)Q_2(x) + R_3(x) \qquad \text{usw.}$$

Wegen Grad $(R_{j+1}) <$ Grad (R_j) erhalten wir nach endlich vielen Schritten erstmalig ein verschwindendes Restpolynom, d. h., es ist

$$R_m(x) = R_{m+1}(x)Q_{m+1}(x).$$

Dann ist $R_{m+1}(x)$ der größte gemeinsame Teiler von $Z(x)$ und $N(x)$.

▶ BEISPIEL 5: Für $Z(x) := x^3 - 1$ und $N(x) := x^2 - 1$ erhalten wir:

$$x^3 - 1 = (x^2 - 1)x + x - 1,$$
$$x^2 - 1 = (x - 1)(x + 1).$$

Somit ist $x - 1$ der größte gemeinsame Teiler von $x^3 - 1$ und $x^2 - 1$.

2.1.6 Der Fundamentalsatz der klassischen Algebra von Gauß

Fundamentalsatz: Jedes Polynom n-ten Grades $p(x) := a_0 + a_1x + \cdots + a_nx^n$ mit komplexen Koeffizienten und $a_n \neq 0$ besitzt die *Produktdarstellung*

$$p(x) = a_n(x - x_1)(x - x_2) \cdot \ldots \cdot (x - x_n).$$ (2.21)

Die komplexen Zahlen $x_1, \ldots, x_n$ sind bis auf die Reihenfolge eindeutig bestimmt.

Dieser berühmte Satz wurde von Gauß in seiner Dissertation 1799 bewiesen. Allerdings enthielt dieser Beweis noch eine Lücke. Einen sehr eleganten funktionentheoretischen Beweis geben wir in 1.14.9.

Nullstellen: Die Gleichung

$$p(x) = 0$$

besitzt genau die Lösungen $x = x_1, \ldots, x_n$. Die Zahlen x_j heißen die Nullstellen von $p(x)$. Kommt eine Zahl x_j in der Zerlegung (2.21) genau m-fach vor, dann heißt m die *Vielfachheit der Nullstelle* x_j.

Satz: Sind die Koeffizienten von $p(x)$ reell, dann ist mit x_j auch die konjugiert komplexe Zahl $\bar{x}_j$ eine Nullstelle von $p(x)$, und beide Nullstellen besitzen die gleiche Vielfachheit.

▶ BEISPIEL 1: (i) Für $p(x) := x^2 - 1$ gilt $p(x) = (x - 1)(x + 1)$. Somit besitzt $p(x)$ die einfachen Nullstellen $x = 1$ und $x = -1$.

(ii) Für $p(x) = x^2 + 1$ gilt $p(x) = (x - i)(x + i)$. Folglich hat $p(x)$ die einfachen Nullstellen $x = i$ und $x = -i$.

(iii) Das Polynom $p(x) := (x - 1)^3(x + 1)^4(x - 2)$ besitzt die 3-fache Nullstelle $x = 1$, die vierfache Nullstelle $x = -1$ und die einfache Nullstelle $x = 2$.

Die Divisionsmethode zur Nullstellenbestimmung: Kennen wir eine Nullstelle x_1 des Polynoms $p(x)$, dann können wir $p(x)$ ohne Rest durch $x - x_1$ dividieren, d. h., es ist

$$p(x) = (x - x_1)q(x).$$

Die übrigen Nullstellen von $p(x)$ sind dann gleich den Nullstellen von $q(x)$. Auf diese Weise kann man das Problem der Nullstellenbestimmung auf eine Gleichung niedrigeren Grades reduzieren.

▶ BEISPIEL 2: Es sei $p(x) := x^3 - 4x^2 + 5x - 2$. Offensichtlich ist $x_1 := 1$ eine Nullstelle von $p(x)$. Division nach (2.19) ergibt

$$p(x) = (x - 1)q(x) \quad \text{mit} \quad q(x) := x^2 - 3x + 2.$$

Die Nullstellen der quadratischen Gleichung $q(x) = 0$ lassen sich nach 2.1.6.1 berechnen. Da man jedoch im vorliegenden Fall leicht erkennt, dass $x_2 = 1$ eine Nullstelle von $q(x)$ ist, ergibt erneute Division

$$q(x) = (x - 1)(x - 2).$$

Somit gilt $p(x) = (x - 1)^2(x - 2)$, d. h., $p(x)$ besitzt die zweifache Nullstelle $x = 1$ und die einfache Nullstelle $x = 2$.

Explizite Lösungsformeln: Für Gleichungen n-ten Grades mit $n = 2, 3, 4$ kennt man seit dem 16. Jahrhundert explizite Lösungsformeln mit Hilfe von Wurzelausdrücken (vgl. 2.1.6.1ff). Für $n \geq 5$ existieren derartige Lösungsformeln nicht mehr (Satz von Abel (1825)). Das allgemeine Instrument zur Untersuchung von algebraischen Gleichungen stellt die Galoistheorie dar (vgl. 2.6).

2.1.6.1 Quadratische Gleichungen

Die Gleichung

$$x^2 + 2px + q = 0 \qquad (2.22)$$

mit komplexen Koeffizienten p und q besitzt die beiden Lösungen

$$x_{1,2} = -p \pm \sqrt{D}\,.$$

Dabei ist $D := p^2 - q$ die sogenannte *Diskriminante*. Ferner bezeichnet $\sqrt{D}$ eine fest gewählte Lösung der Gleichung $y^2 = D$. Es gilt stets

$$-2p = x_1 + x_2, \quad q = x_1 x_2, \quad 4D = (x_1 - x_2)^2 \qquad \text{(Satz von Vieta).}$$

Das folgt aus $(x - x_1)(x - x_2) = x^2 + 2px + q$. Den Satz von Vieta kann man als Probe zur Nullstellenbestimmung benutzen.

Das Lösungsverhalten von (2.22) für reelle Koeffizienten findet man in Tabelle 2.1:

Tabelle 2.1 Quadratische Gleichung mit reellen Koeffizienten

$D > 0$	zwei reelle Nullstellen
$D = 0$	eine zweifache reelle Nullstelle
$D < 0$	zwei konjugiert komplexe Nullstellen.

▶ BEISPIEL: Die Gleichung $x^2 - 2x - 3 = 0$ besitzt die Diskriminante $D = 4$ und die beiden Lösungen $x_{1,2} = 1 \pm 2$, also $x_1 = 3$ und $x_2 = -1$.

2.1.6.2 Kubische Gleichungen

Normalform: Die allgemeine kubische Gleichung

$$x^3 + ax^2 + bx + c = 0 \qquad (2.23)$$

mit komplexen Koeffizienten a, b, c geht durch die Substitution $y = x + \dfrac{a}{3}$ in die Normalform

$$y^3 + 3py + 2q = 0 \qquad (2.24)$$

über. Dabei gilt:

$$2q = \frac{2a^3}{27} - \frac{ab}{3} + c, \qquad 3p = b - \frac{a^2}{3}\,.$$

Tabelle 2.2 Kubische Gleichung mit reellen Koeffizienten

$D > 0$	eine reelle und zwei konjugiert komplexe Nullstellen
$D < 0$	drei verschiedene reelle Nullstellen
$D = 0,\ q \neq 0$	zwei reelle Nullstellen, von denen eine zweifach ist
$D = 0,\ q = 0$	eine dreifache reelle Nullstelle.

Die Größe $D := p^3 + q^2$ heißt Diskriminante von (2.24). Tabelle 2.2 zeigt das Lösungsverhalten von (2.24) und somit auch von (2.23).

Die Cardanoschen Lösungsformeln: Die Lösungen von (2.24) lauten:

$$y_1 = u_+ + u_-, \quad y_2 = \rho_+ u_+ + \rho_- u_-, \quad y_3 = \rho_- u_+ + \rho_+ u_-. \tag{2.25}$$

Dabei gilt

$$u_\pm := \sqrt[3]{-q \pm \sqrt{D}}, \qquad \rho_\pm := \frac{1}{2}(-1 \pm i\sqrt{3}).$$

Für eine reelle Diskriminante $D \geq 0$ sind u_+ und u_- eindeutig festgelegt. Im allgemeinen Fall hat man die beiden komplexen dritten Wurzeln $u_\pm$ so zu bestimmen, dass $u_+ u_- = -p$ gilt.

▶ BEISPIEL 1: Für die kubische Gleichung

$$y^3 + 9y - 26 = 0$$

ergibt sich $p = 3$, $q = -13$, $D = p^3 + q^2 = 196$. Nach (2.25) gilt

$$u_\pm = \sqrt[3]{13 \pm 14}, \qquad u_+ = 3, \qquad u_- = -1.$$

Daraus folgen die Nullstellen $y_1 = u_+ + u_- = 2$, $y_{2,3} = -1 \pm 2i\sqrt{3}$.

▶ BEISPIEL 2: Die Gleichung $x^3 - 6x^2 + 21x - 52 = 0$ geht durch die Substitution $x = y + 2$ in die Gleichung von Beispiel 1 über. Die Nullstellen sind deshalb $x_j = y_j + 2$, d. h. $x_1 = 4$, $x_{2,3} = 1 \pm 2i\sqrt{3}$.

Die Bedeutung des „casis irreducibilis" in der Geschichte der Mathematik: Die Formel (2.25) für y_1 wurde von dem italienischen Mathematiker Cardano in seinem 1545 erschienen Buch „Ars Magna" (Große Kunst) veröffentlicht. In seiner 1550 erschienenen „Geometrie" führte Raffael Bombelli das Symbol $\sqrt{-1}$ ein, um den sogenannten *„casus irreducibilis"* behandeln zu können. Dieser entspricht reellen Koeffizienten p, q mit $D < 0$. Obwohl in diesem Fall die Nullstellen y_1, y_2, y_3 reell sind, bauen sie sich aus den komplexen Größen u_+ und u_- auf. Dieser überraschende Umstand hat wesentlich zur Einführung komplexer Zahlen im 16. Jahrhundert beigetragen.

Der Weg über das Komplexe kann vermieden werden, wenn man die trigonometrischen Lösungsformeln von Tabelle 2.3 benutzt.

Satz von Vieta: Für die Lösungen y_1, y_2, y_3 von (2.24) gilt:

$$y_1 + y_2 + y_3 = 0, \quad y_1 y_2 + y_1 y_3 + y_2 y_3 = 3p, \quad y_1 y_2 y_3 = -2q,$$

$$(y_1 - y_2)^2 (y_1 - y_3)^2 (y_2 - y_3)^2 = -108D.$$

Die trigonometrischen Lösungsformeln: Im Fall reeller Koeffizienten kann man zur Lösung von (2.24) die Tabelle 2.3 benutzen.

Tabelle 2.3 Kubische Gleichung (p, q reell, $q \neq 0$, $P := (\mathrm{sgn}\, q)\sqrt{|p|}$)

	$p < 0,\ D \leq 0$	$p < 0,\ D > 0$	$p > 0$
	$\beta := \dfrac{1}{3}\arccos\dfrac{q}{P^3}$	$\beta := \dfrac{1}{3}\mathrm{arcosh}\dfrac{q}{P^3}$	$\beta := \dfrac{1}{3}\mathrm{arsinh}\dfrac{q}{P^3}$
y_1	$-2P\cos\beta$	$-2P\cosh\beta$	$-2P\sinh\beta$
$y_{2,3}$	$2P\cos\left(\beta \pm \dfrac{\pi}{3}\right)$	$P(\cosh\beta \pm \mathrm{i}\sqrt{3}\sinh\beta)$	$P(\sinh\beta \pm \mathrm{i}\sqrt{3}\cosh\beta)$

2.1.6.3 Biquadratische Gleichungen

Biquadratische Gleichungen lassen sich auf die Lösung kubischer Gleichungen zurückführen. Das findet man bereits in Cardanos „Ars Magna".

Normalform: Die allgemeine Gleichung 4. Grades

$$x^4 + ax^3 + bx^2 + cx + d = 0$$

mit komplexen Koeffizienten a, b, c, d lässt sich durch die Substitution $y = x + \dfrac{a}{4}$ in die Normalform

$$\boxed{y^4 + py^2 + qy + r = 0} \qquad (2.26)$$

überführen. Das Lösungsverhalten von (2.26) ist abhängig vom Lösungsverhalten der sogenannten *kubischen Resolvente*:

$$z^3 + 2pz^2 + (p^2 - 4r)z - q^2 = 0.$$

Bezeichnen α, β, γ die Lösungen dieser kubischen Gleichung, dann erhält man die Nullstellen $y_1, \ldots, y_4$ von (2.26) durch die Formel:

$$\boxed{2y_1 = u + v + w, \quad 2y_2 = u - v + w, \quad 2y_3 = -u + v + w, \quad 2y_4 = -u - v - w.}$$

Dabei sind u, v, w Lösungen der Gleichungen $u^2 = \alpha$, $v^2 = \beta$, $w^2 = \gamma$, wobei zusätzlich $uvw = q$ gefordert wird.

Tabelle 2.4 gibt das Lösungsverhalten von (2.26) im Fall reeller Koeffizienten an.

Tabelle 2.4 Lösungsverhalten biquadratischer Gleichungen mit reellen Koeffizienten

kubische Resolvente	biquadratische Gleichung
α, β, $\gamma > 0$	vier reelle Nullstellen
$\alpha > 0$, β, $\gamma < 0$	zwei Paare von konjugiert komplexen Nullstellen
α reell, β und γ konjugiert komplex	zwei reelle und zwei konjugiert komplexe Nullstellen

▶ Beispiel: Vorgelegt sei die biquadratische Gleichung

$$y^4 - 25y^2 + 60y - 36 = 0.$$

Die zugehörige kubische Resolvente $z^3 - 50z^2 + 769z - 3600$, besitzt die Nullstellen $\alpha = 9$, $\beta = 16$, $\gamma = 25$. Daraus folgt $u = 3$, $v = 4$, $w = 5$. Damit erhalten wir die Nullstellen:

$$y_1 = \frac{1}{2}(u + v - w) = 1, \qquad y_2 = 2, \quad y_3 = 3, \quad y_4 = -6.$$

2.1.6.4 Allgemeine Eigenschaften algebraischer Gleichungen

Wir betrachten die Gleichung

$$p(x) := a_0 + a_1 x + \ldots + a_{n-1} x^{n-1} + x^n = 0 \tag{2.27}$$

mit $n = 1, 2, \ldots$. Wichtige Lösungseigenschaften algebraischer Gleichungen beliebiger Ordnung kann man an den Koeffizienten $a_0, \ldots, a_{n-1}$ ablesen. Wir nehmen zunächst an, dass alle Koeffizienten reell sind. Dann gilt:

(i) Mit x_j ist auch die konjugiert komplexe Zahl $\bar{x}_j$ eine Nullstelle von (2.27).

(ii) Ist der Grad n ungerade, dann besitzt (2.27) mindestens eine reelle Nullstelle.

(iii) Ist n gerade und gilt $a_0 < 0$, dann besitzt (2.27) mindestens zwei reelle Nullstellen mit unterschiedlichen Vorzeichen.

(iv) Ist n gerade und besitzt (2.27) keine reellen Nullstellen, dann ist $p(x) > 0$ für alle reellen Zahlen x.

Die Zeichenregel von Descartes (1596–1650): (i) Die Anzahl der (in ihrer Vielfachheit) gezählten positiven Nullstellen von (2.27) ist gleich der Anzahl der Vorzeichenwechsel A in der Folge $1, a_{n-1}, \ldots, a_0$ oder um eine gerade Zahl kleiner.

(ii) Besitzt die Gleichung (2.27) nur reelle Nullstellen, dann ist A gleich der Anzahl der positiven Nullstellen.

▶ Beispiel 1: Für

$$p(x) := x^4 + 2x^3 - x^2 + 5x - 1$$

besitzt die Folge $1, 2, -1, 5, -1$ der Koeffizienten drei Vorzeichenwechsel. Somit besitzt $p(x)$ eine oder drei positive Nullstellen.

Ersetzen wir x durch $-x$, d. h., gehen wir zu $q(x) := p(-x) = x^4 - 2x^3 - x^2 - 5x - 1$ über, dann gibt es einen Vorzeichenwechsel in der Koeffizientenfolge $1, -2, -1, -5, -1$. Deshalb besitzt $q(x)$ eine positive Nullstelle, d. h., $p(x)$ besitzt mindestens eine negative Nullstelle.

Ersetzen wir x durch $x + 1$, d. h., betrachten wir $r(x) := p(x+1) = x^4 + 6x^3 + 11x^2 + 13x + 6$, dann hat $r(x)$ nach der Zeichenregel keine positive Nullstelle, d. h., $p(x)$ besitzt keine Nullstelle $> 1.$

Die Regel von Newton (1643–1727): Die reelle Zahl S ist eine obere Schranke für alle reellen Nullstellen von (2.27), falls gilt:

$$p(S) > 0, \quad p'(S) > 0, \quad p''(S) > 0, \quad \ldots, \quad p^{(n-1)}(S) > 0. \tag{2.28}$$

▶ Beispiel 2: Es sei $p(x) := x^4 - 5x^2 + 8x - 8$. Daraus folgt

$$p'(x) = 4x^3 - 10x + 8, \quad p''(x) = 12x^2 - 10, \quad p'''(x) = 24x.$$

Wegen

$$p(2) > 0, \quad p'(2) > 0, \quad p''(2) > 0, \quad p'''(2) > 0$$

ist $S = 2$ eine obere Schranke für alle reellen Nullstellen von $p(x)$.

Wendet man dieses Verfahren auf $q(x) := p(-x)$ an, dann erhält man, dass alle reellen Nullstellen von $q(x)$ kleiner als oder gleich 3 sind.

Somit liegen alle reellen Nullstellen von $p(x)$ im Intervall $[-3, 2]$.

Die Regel von Sturm (1803–1855): Es sei $p(a) \neq 0$ und $p(b) \neq 0$ mit $a < b$. Wir wenden eine leichte Modifikation des Euklidischen Algorithmus (vgl. 2.1.5) auf das Ausgangspolynom $p(x)$ und seine Ableitung $p'(x)$ an:

$$p = p'q - R_1,$$
$$p' = R_1q_1 - R_2,$$
$$R_1 = R_2q_2 - R_3,$$
$$\ldots$$
$$R_m = R_{m+1}q_{m+1}.$$

Mit $W(a)$ bezeichnen wir die Anzahl der Vorzeichenwechsel in der Folge $p(a)$, $p'(a)$, $R_1(a), \ldots, R_{m+1}(a)$. Dann ist $W(a) - W(b)$ gleich der Anzahl der verschiedenen Nullstellen des Polynoms $p(x)$ im Intervall $[a, b]$, wobei mehrfache Nullstellen hier nur einmal gezählt werden.

Ist R_{m+1} eine reelle Zahl, dann besitzt p keine mehrfachen Nullstellen.

▶ BEISPIEL 3: Für das Polynom $p(x) := x^4 - 5x^2 + 8x - 8$ kann man $a = -3$ und $b = 2$ wählen (vgl. Beispiel 2). Wir erhalten

$$p'(x) = 4x^3 - 10x + 8,$$
$$R_1(x) = 5x^2 - 12x + 16, \quad R_2(x) = -3x + 284, \quad R_3(x) = -1.$$

Da R_3 eine Zahl ist, besitzt $p(x)$ keine mehrfachen Nullstellen. Die Sturmsche Folge $p(x)$, $p'(x)$, $R_1(x), \ldots, R_3(x)$ ergibt 4, -70, 97, 293, -1 für $x = -3$ mit drei Vorzeichenwechseln, also $W(-3) = 3$. Analog erhält man für $x = 2$ die Folge 4, 20, 12, 278, -1, also $W(2) = 1$.

Wegen $W(-3) - W(2) = 2$ besitzt das Polynom $p(x)$ zwei reelle Nullstellen in $[-3, 2]$. Nach Beispiel 2 liegen alle reellen Nullstellen von $p(x)$ in $[-3, 2]$.

Eine analoge Überlegung ergibt $W(0) = 2$. Aus $W(-3) - W(0) = 1$ und $W(0) - W(2) = 1$ erhalten wir, dass das Polynom $p(x)$ jeweils genau eine Nullstelle in $[-3, 0]$ und $[0, 2]$ besitzt. Die übrigen Nullstellen von $p(x)$ sind nicht reell, sondern konjugiert komplex.

Elementarsymmetrische Funktionen: Die Funktionen

$$e_1 := x_1 + \ldots + x_n,$$
$$e_2 := \sum_{j<k} x_j x_k = x_1 x_2 + x_2 x_3 + \ldots + x_{n-1} x_n,$$
$$e_3 := \sum_{j<k<m} x_j x_k x_m = x_1 x_2 x_3 + \ldots + x_{n-2} x_{n-1} x_n,$$
$$\ldots\ldots$$
$$e_n := x_1 x_2 \cdot \ldots \cdot x_n$$

heißen elementarsymmetrische Funktionen der Variablen $x_1, \ldots, x_n$.

Satz von Vieta (1540–1603): Sind $x_1, \ldots, x_n$ die komplexen Nullstellen des Polynoms $p(x) := a_0 + a_1 x + \cdots + a_{n-1} x^{n-1} + x^n$ mit komplexen Koeffizienten, dann gilt:

$$\boxed{a_{n-1} = -e_1, \quad a_{n-2} = e_2, \quad \ldots, \quad a_0 = (-1)^n e_n.}$$

Das folgt aus $p(x) = (x - x_1) \cdots (x - x_n)$. Somit lassen sich die Koeffizienten eines Polynoms stets durch seine Nullstellen ausdrücken.

Ein Polynom heißt genau dann *symmetrisch*, wenn es bei einer beliebigen Permutation der Variablen unverändert bleibt. Die Polynome $e_1, \ldots, e_n$ sind beispielsweise symmetrisch.

Hauptsatz über symmetrische Polynome: Jedes symmetrische Polynom in den Variablen $x_1, \ldots, x_n$ mit komplexen Koeffizienten lässt sich als Polynom (mit komplexen Koeffizienten) der elementarsymmetrischen Funktionen $e_1, \ldots, e_n$ ausdrücken.

Anwendung auf die Diskriminante: Das symmetrische Polynom

$$\Delta := \prod_{j<k}(x_j - x_k)^2$$

heißt (normierte) Diskriminante.

Bezeichnen $x_1, \ldots, x_n$ die Nullstellen des Polynoms p, dann heißt Δ die (normierte) Diskriminante von p. Diese Größe lässt sich stets durch die Koeffizienten von p ausdrücken.

▶ BEISPIEL 4: Für $n = 2$ gilt $\Delta = (x_1 - x_2)^2$ und somit

$$\Delta = (x_1 + x_2)^2 - 4x_1x_2 = e_1^2 - 4e_2.$$

Für $p(x) := a_0 + a_1x + x^2$ gilt $p(x) = (x - x_1)(x - x_2) = x^2 - (x_1 + x_2)x + x_1x_2$. Deshalb ist $a_1 = -(x_1 + x_2) = -e_1$ und $a_0 = x_1x_2 = e_2$, also

$$\boxed{\Delta = a_1^2 - 4a_0.}$$

Für die in 2.1.6.1 benutzte (nichtnormierte) Diskriminante gilt $D = \Delta/4$.

Die Resultante zweier Polynome: Gegeben seien die beiden Polynome

$$p(x) := a_0 + a_1x + \ldots + a_nx^n, \qquad q(x) := b_0 + b_1x + \ldots + b_mx^m$$

mit komplexen Koeffizienten und $n, m \geq 1$ sowie $a_n \neq 0$ und $b_m \neq 0$. Die Resultante $R(p,q)$ von p und q wird durch die folgende Determinante definiert:

$$R(p,q) := \begin{vmatrix} a_n & a_{n-1} & \ldots & a_0 & & & & \\ & a_n & a_{n-1} & \ldots & a_0 & & & \\ & & \ldots & \ldots & \ldots & & & \\ & & & a_n & a_{n-1} & \ldots & a_0 & \\ b_m & b_{m-1} & \ldots & b_0 & & & & \\ & b_m & b_{m-1} & \ldots & b_0 & & & \\ & & \ldots & \ldots & \ldots & & & \\ & & & b_m & b_{m-1} & \ldots & b_0 & \end{vmatrix}. \tag{2.29}$$

Die hier frei gelassenen Stellen entsprechen der Zahl null.

Hauptsatz über gemeinsame Nullstellen: Die beiden Polynome p und q besitzen genau dann eine gemeinsame komplexe Nullstelle, wenn eine der beiden folgenden Bedingungen erfüllt ist:

(i) p und q haben einen größten gemeinsamen Teiler mit einem Grad $n \geq 1$.

(ii) $R(p,q) = 0$.

Der größte gemeinsame Teiler kann mit Hilfe des Euklidischen Algorithmus bequem bestimmt werden (vgl. 2.1.5).

Hauptsatz über mehrfache Nullstellen: Das Polynom p besitzt genau dann eine mehrfache Nullstelle, wenn eine der folgenden drei Bedingungen erfüllt ist:

(i) Der größte gemeinsame Teiler von p und der Ableitung p' besitzen einen Grad $n \geq 1$.

(ii) Die Diskriminante Δ von p ist gleich null.

(iii) $R(p, p') = 0$.

Bis auf einen nichtverschwindenden Faktor stimmt Δ mit $R(p, p')$ überein.

2.1.7 Partialbruchzerlegung

Die Methode der Partialbruchzerlegung erlaubt die additive Darstellung von gebrochen rationalen Funktionen durch Polynome und Terme der Form

$$\frac{A}{(x-a)^k}.$$

Grundideen: Um die Funktion $f(x) := \dfrac{x}{(x-1)(x-2)^2}$ zu zerlegen, gehen wir aus von dem Ansatz

$$f(x) = \frac{A}{x-1} + \frac{B}{x-2} + \frac{C}{(x-2)^2}.$$

Multiplikation mit dem Nennerpolynom $(x-1)(x-2)^2$ liefert:

$$x = A(x-2)^2 + B(x-1)(x-2) + C(x-1). \tag{2.30}$$

1. Methode (Koeffizientenvergleich): Aus (2.30) folgt

$$x = A(x^2 - 4x + 4) + B(x^2 - 3x + 2) + C(x-1).$$

Vergleich der Koeffizienten bei $x^2, x, 1$ ergibt

$$0 = A + B, \quad 1 = -4A - 3B + C, \quad 0 = 4A + 2B - C.$$

Dieses lineare Gleichungssystem besitzt die Lösung $A = 1$, $B = -1$, $C = 2$.

2. Methode (Einsetzen spezieller Werte): Wählen wir der Reihe nach $x = 2, 1, 0$ in (2.30), dann erhalten wir das lineare Gleichungssystem

$$2 = C, \quad 1 = A, \quad 0 = 4A + 2B - C$$

mit der Lösung $A = 1$, $C = 2$, $B = -1$. Die zweite Methode führt in der Regel rascher zum Ziel.

Definition: Unter einer *echt gebrochen rationalen Funktion* verstehen wir einen Ausdruck

$$f(x) := \frac{Z(x)}{N(x)},$$

wobei Z und N Polynome mit komplexen Koeffizienten sind und die Bedingung $0 \le \text{Grad}\,(Z) < \text{Grad}\,(N)$ erfüllt ist.

Das Nennerpolynom N besitze die paarweise verschiedenen Nullstellen $x_1, \ldots, x_r$ mit den entsprechenden Vielfachheiten $\alpha_1, \ldots, \alpha_r$, d. h., es ist

$$N(x) = (x - x_1)^{\alpha_1} \ldots (x - x_r)^{\alpha_r}.$$

Satz: Es sei f eine echt gebrochene rationale Funktion. Für alle komplexen Zahlen $x \ne x_1, \ldots, x_r$ gilt die Zerlegung

$$f(x) = \sum_{j=1}^{r} \left(\sum_{\beta=1}^{\alpha_j} \frac{A_{j\beta}}{(x - x_j)^\beta} \right)$$

mit den eindeutig bestimmten komplexen Zahlen $A_{j\beta}$.

Besitzen Z und N reelle Koeffizienten, dann treten die Nullstellen von N paarweise konjugiert komplex mit gleichen Vielfachheiten auf. Die entsprechenden Koeffizienten $A_{j\beta}$ sind dann auch konjugiert komplex zueinander.

Die Koeffizienten $A_{j\beta}$ lassen sich in jedem Fall nach den beiden oben angegebenen Methoden berechnen.

Allgemeine gebrochen rationale Funktionen: Gilt Grad $(Z) \geq$ Grad (N), dann liefert der Euklidische Divisionsalgorithmus aus 2.1.5 die Zerlegung

$$\frac{Z(x)}{N(x)} = P(x) + \frac{z(x)}{N(x)}$$

in ein Polynom $P(x)$ und eine echt gebrochene rationale Funktion $z(x)/N(x)$.

▶ BEISPIEL:

$$\frac{x^2}{x^2+1} = 1 - \frac{1}{x^2+1} = 1 - \frac{1}{2i}\left(\frac{1}{x-i} - \frac{1}{x+i}\right).$$

2.2 Matrizenkalkül

Elementare Operationen mit Matrizen findet man in 2.1.3. Alle tieferliegenden Aussagen über Matrizen basieren auf deren Spektrum. Die Spektraltheorie für Matrizen erlaubt tiefliegende Verallgemeinerungen auf Operatorgleichungen (z. B. Differential- und Integralgleichungen) im Rahmen der Funktionalanalysis. Das findet man in Kapitel 11 im Handbuch.

2.2.1 Das Spektrum einer Matrix

Bezeichnung: Mit $\mathbb{C}_S^n$ bezeichnen wir die Menge aller Spaltenmatrizen

$$\begin{pmatrix} \alpha_1 \\ \vdots \\ \alpha_n \end{pmatrix}$$

mit komplexen Zahlen $\alpha_1, \ldots, \alpha_n$. Dagegen steht $\mathbb{C}^n$ für die Menge aller Zeilenmatrizen $(\alpha_1, \ldots, \alpha_n)$ mit komplexen Elementen. Sind $\alpha_1, \ldots, \alpha_n$ reell, dann ergeben sich in analoger Weise die Mengen $\mathbb{R}_S^n$ und $\mathbb{R}^n$.

Eigenwerte und Eigenvektoren: Es sei A eine komplexe $(n \times n)$-Matrix. Die komplexe Zahl λ heißt genau dann ein Eigenwert der Matrix A, wenn die Gleichung

$$\boxed{Ax = \lambda x}$$

eine Lösung $x \in \mathbb{C}_S^n$ besitzt mit $x \neq 0$. Wir nennen dann x einen zu λ gehörigen Eigenvektor von A.

Spektrum: Die Menge aller Eigenwerte von A heißt *Spektrum* $\sigma(A)$ von A. Die komplexen Zahlen, welche nicht zu $\sigma(A)$ gehören, bilden definitionsgemäß die *Resolventenmenge* $\rho(A)$ von A.

Der größte Wert $|\lambda|$ aller Eigenwerte λ von A heißt der *Spektralradius* $r(A)$ von A.

▶ Beispiel 1: Aus

$$\begin{pmatrix} a & 0 \\ 0 & b \end{pmatrix} \begin{pmatrix} 1 \\ 0 \end{pmatrix} = a \begin{pmatrix} 1 \\ 0 \end{pmatrix}, \qquad \begin{pmatrix} a & 0 \\ 0 & b \end{pmatrix} \begin{pmatrix} 0 \\ 1 \end{pmatrix} = b \begin{pmatrix} 0 \\ 1 \end{pmatrix}$$

folgt, dass die Matrix $A := \begin{pmatrix} a & 0 \\ 0 & b \end{pmatrix}$ die Eigenwerte $\lambda = a$, b mit den zugehörigen Eigenvektoren $x = (1,0)^\mathsf{T}$, $(0,1)^\mathsf{T}$ besitzt. Die $(n \times n)$-Einheitsmatrix E hat $\lambda = 1$ als einzigen Eigenwert. Jeder Spaltenvektor $x \neq 0$ der Länge n ist Eigenvektor von E.

Charakteristische Gleichung: Die Eigenwerte λ von A sind genau die Nullstellen der sogenannten charakteristischen Gleichung

$$\det(A - \lambda E) = 0$$

Die Vielfachheit der Nullstelle λ heißt die *algebraische Vielfachheit* des Eigenwerts λ.

Die inverse Matrix $(A - \lambda E)^{-1}$ existiert genau dann, wenn λ zur Resolventenmenge von A gehört. Man bezeichnet $(A - \lambda E)^{-1}$ als Resolvente von A. Die Gleichung

$$Ax - \lambda x = y \qquad (2.31)$$

besitzt für eine gegebene rechte Seite $y \in \mathbb{C}_S^n$ das folgende Lösungsverhalten:

(i) *Regulärer Fall:* Ist die komplexe Zahl λ kein Eigenwert von A, d. h., λ liegt in der Resolventenmenge von A, dann hat (2.31) die eindeutige Lösung $x = (A - \lambda E)^{-1}y$.

(ii) *Singulärer Fall:* Ist λ ein Eigenwert von y, d. h., λ liegt im Spektrum von A, dann besitzt (2.31) keine Lösung, oder die vorhandene Lösung ist nicht eindeutig.

▶ Beispiel 2: Es sei $A := \begin{pmatrix} 0 & 1 \\ 1 & 0 \end{pmatrix}$. Wegen $\det(A - \lambda E) = \begin{vmatrix} -\lambda & 1 \\ 1 & -\lambda \end{vmatrix} = \lambda^2 - 1$ lautet die charakteristische Gleichung

$$\lambda^2 - 1 = 0.$$

Die Nullstellen $\lambda = \pm 1$ sind die Eigenwerte von A mit der algebraischen Vielfachheit eins. Die zugehörigen Eigenvektoren sind $x_+ = (1,1)^\mathsf{T}$ und $x_- = (1,-1)^\mathsf{T}$.

Spezielle Matrizen: Es sei A eine komplexe $(n \times n)$-Matrix. Mit A^* bezeichnen wir die adjungierte Matrix.

(i) A heißt genau dann *selbstadjungiert*, wenn $A = A^*$.

(ii) A heißt genau dann *schiefadjungiert*, wenn $A = -A^*$.

(iii) A heißt genau dann *unitär*, wenn $AA^* = A^*A = E$.

(iv) A heißt genau dann *normal*, wenn $AA^* = A^*A$.

Die Matrizen in (i) bis (iii) sind normal.

Die Matrix AA^* ist stets selbstadjungiert. Die Matrix A ist genau dann schiefadjungiert, wenn iA selbstadjungiert ist.

Ist A reell, dann gilt $A^* = A^\mathsf{T}$. In diesem Fall spricht man in (i), (ii), (iii) der Reihe nach auch von *symmetrischen, schiefsymmetrischen und orthogonalen* Matrizen.[11]

---

[11] Eine Tabelle weiterer wichtiger spezieller Matrizen (klassische Liealgebra und Liegruppen) findet man in 17.1 im Handbuch.

▶ BEISPIEL 3: Wir betrachten die Matrizen

$$A := \begin{pmatrix} a_{11} & a_{12} \\ a_{21} & a_{22} \end{pmatrix}, \qquad U := \begin{pmatrix} \cos\varphi & \sin\varphi \\ -\sin\varphi & \cos\varphi \end{pmatrix}.$$

Sind alle a_{jk} reell, dann ist A genau dann *symmetrisch*, wenn $a_{12} = a_{21}$ gilt. Sind die Elemente a_{jk} komplexe Zahlen, dann ist A genau dann *selbstadjungiert*, wenn $a_{jk} = \bar{a}_{kj}$ für alle j, k gilt. Speziell sind dann a_{11} und a_{22} reell.

Für jede reelle Zahl φ ist U orthogonal (und unitär). Das Spektrum von U besteht aus den Zahlen $e^{\pm i\varphi}$.

Die Transformation $x' = Ux$, d. h.,

$$x'_1 = x_1 \cos\varphi + x_2 \sin\varphi,$$
$$x'_2 = -x_1 \sin\varphi + x_2 \cos\varphi,$$

entspricht einer Drehung eines kartesischen Koordinatensystems um den Winkel φ im mathematisch positiven Sinn (vgl. 3.4.1).

Spektralsatz:

(i) Das Spektrum einer selbstadjungierten Matrix liegt auf der reellen Achse.

(ii) Das Spektrum einer schiefadjungierten Matrix liegt auf der imaginären Achse.

(iii) Das Spektrum einer unitären Matrix liegt auf dem Rand des Einheitskreises.

Satz von Perron: Sind alle Elemente der reellen quadratischen Matrix A positiv, dann ist der Spektralradius $r(A)$ ein Eigenwert von A der algebraischen Vielfachheit eins, und alle übrigen Eigenwerte von A liegen im Innern des Kreises vom Radius $r(A)$ um den Nullpunkt.

Zu $r(A)$ gehört ein Eigenvektor, dessen Elemente alle positiv sind.

2.2.2 Normalformen von Matrizen

Grundidee: Sind A und B komplexe $(n \times n)$-Matrizen, dann heißen sie genau dann ähnlich, wenn es eine komplexe invertierbare $(n \times n)$-Matrix C gibt, so dass gilt:

$$C^{-1}AC = B.$$

Die Matrix A nennt man genau dann *diagonalisierbar*, wenn es eine Diagonalmatrix B gibt, die zu A ähnlich ist. Dann stehen in der Diagonalen von B genau die Eigenwerte von A (entsprechend ihrer algebraischen Vielfachheit).

Satz: Die $(n \times n)$-Matrix ist genau dann diagonalisierbar, wenn sie n linear unabhängige Eigenvektoren besitzt. Dann gilt:

$$C^{-1}AC = \begin{pmatrix} \lambda_1 & & 0 \\ & \ddots & \\ 0 & & \lambda_n \end{pmatrix}. \tag{2.32}$$

Dann sind $\lambda_1, \ldots, \lambda_n$ die Eigenwerte von A.

Anwendung: Die lineare Transformation

$$x^+ = Ax$$

geht durch die Einführung der neuen Koordinaten $y = C^{-1}x$ in

$$y^+ = (C^{-1}AC)y \qquad (2.33)$$

über. $x = (\xi_1, \ldots, \xi_n)^\mathsf{T}$ und $z = (\eta_1, \ldots, \eta_n)^\mathsf{T}$. Wegen (2.32) ergibt sich in den neuen Koordinaten die besonders einfache Gestalt der Transformation:

$$\boxed{\eta_j^+ = \lambda_j \eta_j, \qquad j = 1, \ldots, n.}$$

Derartige Überlegungen werden oft in der Geometrie benutzt, um zum Beispiel Drehungen oder projektive Abbildungen zu vereinfachen.

Jede normale Matrix ist diagonalisierbar. Das Ziel der Normalformtheorie für quadratische Matrizen besteht darin, in jedem Fall durch Ähnlichkeitstransformation eine besonders einfache Normalform herzustellen (Jordansche Normalform). Dadurch lassen sich viele geometrische Aussagen gewinnen.

2.2.2.1 Die Hauptachsentransformation für selbstadjungierte Matrizen

Die Normalformtheorie selbstadjungierter (und normaler) Matrizen wird vom Begriff der Orthogonalität beherrscht. Die folgenden Überlegungen erlauben es beispielsweise, durch Wahl neuer Koordinatenachsen, Kegelschnitte und Flächen zweiter Ordnung in besonders einfache Normalformen zu überführen. Diese sogenannten Hauptachsen stehen senkrecht aufeinander (vgl. 3.4.2 und 3.4.3).

Die funktionalanalytische Verallgemeinerung der Hauptachsentransformation durch Hilbert und von Neumann stellt die mathematische Grundlage der Quantentheorie dar (vgl. 11.6.2 und 13.18 im Handbuch).

Orthogonalität: Für x, $y \in \mathbb{C}_S^n$ definieren wir[12]

$$\boxed{(x|y) := x^* y} \qquad (2.34)$$

und $||x|| := \sqrt{(x|x)}$.

Wir nennen x und y genau dann *orthogonal*, wenn $(x|y) = 0$ ist. Ferner bilden $x_1, \ldots, x_n$ definitionsgemäß genau dann ein *Orthonormalsystem*, wenn

$$\boxed{(x_j|x_k) = \delta_{jk}}$$

für j, $k = 1, \ldots, r$ gilt.[13] Im Fall $r = n$ sprechen wir von einer *Orthonormalbasis*.

---

[12]Gilt $x = (\xi_1, \ldots, \xi_n)^\mathsf{T}$ und $y = (\eta_1, \ldots, \eta_n)^\mathsf{T}$, dann ist
$$(x|y) = \bar{\xi}_1 \eta_1 + \cdots + \bar{\xi}_n \eta_n.$$

[13]Das sogenannte *Kroneckersymbol* wird durch
$$\delta_{jk} = \begin{cases} 1 & \text{für} \quad j = k \\ 0 & \text{für} \quad j \neq k \end{cases}$$
erklärt

Schmidtsches Orthogonalisierungsverfahren: Sind $x_1, \ldots, x_r \in \mathbb{C}^n_S$ linear unabhängig, dann kann man daraus durch Übergang zu geeigneten Linearkombinationen ein Orthonormalsystem $y_1, \ldots, y_r$ konstruieren. Explizit wählen wir $z_1 := x_1$ und definieren $k = 2, \ldots, r$ der Reihe nach

$$z_k := x_k - \sum_{j=1}^{k-1} \frac{(x_k | z_j)}{(z_j | z_j)} z_j.$$

Schließlich setzen wir $y_j := z_j / \|z_j\|$ für $j = 1, \ldots, r$.

Hauptsatz: Für jede selbstadjungierte $(n \times n)$-Matrix A gilt:

(i) Alle Eigenwerte sind reell.

(ii) Eigenvektoren zu verschiedenen Eigenwerten sind orthogonal.

(iii) Zu einem Eigenwert der algebraischen Vielfachheit s gehören genau s linear unabhängige Eigenvektoren.

(iv) Wendet man in (iii) das Schmidtsche Orthogonalisierungsverfahren an, dann entsteht eine Orthonormalbasis von Eigenvektoren $x_1, \ldots, x_n$ zu den Eigenwerten $\lambda_1, \ldots, \lambda_n$.

(v) Setzen wir $U := (x_1, \ldots, x_n)$, dann gilt

$$U^{-1} A U = \begin{pmatrix} \lambda_1 & & 0 \\ & \ddots & \\ 0 & & \lambda_n \end{pmatrix}. \tag{2.35}$$

Dabei ist U unitär, d. h. $U^{-1} = U^*$.

(vi) $\det A = \lambda_1 \lambda_2 \cdots \lambda_n$ und $\operatorname{tr} A = \lambda_1 + \cdots + \lambda_n$.

(vii) Ist A reell, dann sind auch alle Eigenvektoren $x_1, \ldots, x_n$ reell, und die Matrix U ist orthogonal, d. h., U ist reell und $U^{-1} = U^{\mathsf{T}}$.

▶ BEISPIEL 1: Die symmetrische Matrix $A := \begin{pmatrix} 0 & 1 \\ 1 & 0 \end{pmatrix}$ besitzt die Eigenwerte $\lambda_\pm = \pm 1$ und die Eigenvektoren $x_+ = (1, 1)^{\mathsf{T}}$, $x_- = (1, -1)^{\mathsf{T}}$. Wegen $\|x_\pm\| = \sqrt{2}$ lautet die zugehörige Orthonormalbasis $x_1 = x_+ / \sqrt{2}$, $x_2 = x_- / \sqrt{2}$. Die Matrix

$$U := (x_1, x_2) = \frac{1}{\sqrt{2}} \begin{pmatrix} 1 & 1 \\ 1 & -1 \end{pmatrix}$$

ist orthogonal und

$$U^{-1} A U = \begin{pmatrix} 1 & 0 \\ 0 & -1 \end{pmatrix}.$$

Morseindex und Signatur: Die Anzahl m der negativen Eigenwerte von A bezeichnet man als den Morseindex[14] von A.

Die Anzahl der von null verschiedenen Eigenwerte von A ist gleich dem Rang r von A. Somit besitzt A genau m negative und $r - m$ positive Eigenwerte. Das Paar $(r - m, m)$ heißt die Signatur von A.

---

[14] Die Bedeutung des Morseindex für die Katastrophentheorie und die topologische Theorie der Extremalprobleme von Funktionen auf Mannigfaltigkeit findet man in 13.13 und 18.2.3 im Handbuch.

Gegeben sei die reelle symmetrische $(n \times n)$-Matrix $A := (a_{jk})$. Die Signatur von A kann man direkt aus den Koeffizienten von A bestimmen. Wir betrachten hierzu die sogenannten s-reihigen Hauptunterdeterminanten von A

$$D_s := \det(a_{jk}), \qquad j, k = 1, \ldots, s.$$

Eventuell nach gleichzeitiger Umnummerierung der Zeilen und Spalten von A können wir erreichen, dass gilt:

$$D_1 \neq 0, \quad D_2 \neq 0, \quad \ldots, \quad D_\rho \neq 0, \quad D_{\rho+1} = \ldots = D_n.$$

Signaturkriterium von Jacobi: Der Rang von A ist gleich ρ, der Morseindex m von A ist gleich der Anzahl der Vorzeichenwechsel in der Folge $1, D_1, \ldots, D_\rho$. Ferner gilt Signatur$(A) = (\rho - m, m)$.

▶ BEISPIEL 2: Für $A := \begin{pmatrix} 1 & 2 \\ 2 & 1 \end{pmatrix}$ ist $D_1 = 1$ und $D_2 = \begin{vmatrix} 1 & 2 \\ 2 & 1 \end{vmatrix} = -3$. Die Folge $1, D_1, D_2$ enthält genau einen Vorzeichenwechsel. Das ergibt Morseindex $(A) = 1$ und Signatur $(A) = (1, 1)$. Tatsächlich besitzt A die Eigenwerte $\lambda = 3, -1$.

Anwendung auf quadratische Formen: Wir betrachten die reelle Gleichung

$$x^\mathsf{T} A x = b \tag{2.36}$$

mit der reellen *symmetrischen* $(n \times n)$-Matrix $A = (a_{jk})$, der reellen Spaltenmatrix $x = (x_1, \ldots, x_n)^\mathsf{T}$ und der reellen Zahl b. Explizit lautet (2.36)

$$\sum_{j,k=1}^n a_{jk} x_j x_k = b. \tag{2.37}$$

Die reellen Koeffizienten a_{jk} genügen der Symmetriebedingung $a_{jk} = a_{kj}$ für alle j, k. Das ist für $n = 2$ (bzw. $n = 3$) die Gleichung eines Kegelschnitts (bzw. einer Fläche zweiter Ordnung) (vgl. 3.4.2 und 3.4.3).

Durch die Transformation $x = Uy$ entsteht aus (2.36) unter Berücksichtigung von $U^{-1} = U^\mathsf{T}$ die Gleichung $(y^\mathsf{T} U^\mathsf{T}) A U y = y^\mathsf{T} U^{-1} A U y = b$. Nach (2.35) folgt daraus die Quadratsummengleichung

$$\lambda_1 y_1^2 + \ldots + \lambda_n y_n^2 = b.$$

Um diese Gleichung weiter zu vereinfachen, setzen wir $z_j := \sqrt{\lambda_j} y_j$ für $\lambda_j \geq 0$ und $z_j := -\sqrt{-\lambda_j} y_j$ für $\lambda_j < 0$. Eventuell nach Umnummerierung der Variablen entsteht dann aus (2.37) endgültig die *Normalform*:

$$-z_1^2 - \ldots - z_m^2 + z_{m+1}^2 + \ldots + z_r^2 = b. \tag{2.38}$$

Dabei gilt Morseindex$(A) = m$, Rang$(A) = r$, Signatur$(A) = (r - m, m)$.

Eindeutigkeit der Normalform (Trägheitsgesetz von Sylvester): Hat man durch eine andere Transformation $x = Bz$ mit der reellen invertierbaren $(n \times n)$-Matrix B eine Normalform

$$\alpha_1 z_1^2 + \ldots + \alpha_n z_n^2 = b \tag{2.39}$$

von (2.37) mit $\alpha_j = \pm 1$ oder $\alpha_j = 0$ hergestellt, dann stimmt (2.39) mit (2.38) überein (eventuell nach Umnummerierung der Variablen).

Definitheit: Die quadratische Form $x^\mathsf{T}Ax$ in (2.36) ist genau dann *positiv definit*, d. h., es gilt

$$x^\mathsf{T}Ax > 0 \qquad \text{für alle } x \neq 0,$$

wenn eine der beiden folgenden Bedingungen erfüllt ist:

(i) Alle Eigenwerte von A sind positiv.

(ii) Alle Hauptunterdeterminanten von A sind positiv.

2.2.2.2 Normale Matrizen

Hauptsatz: Jede normale $(n \times n)$-Matrix A besitzt eine vollständige Orthonormalbasis $x_1, \ldots, x_n$ von Eigenvektoren zu den Eigenwerten $\lambda_1, \ldots, \lambda_n$. Setzen wir $U := (x_1, \ldots, x_n)$, dann ist U unitär, und es gilt

$$U^{-1}AU = \begin{pmatrix} \lambda_1 & & 0 \\ & \ddots & \\ 0 & & \lambda_n \end{pmatrix}. \tag{2.40}$$

Jede selbstadjungierte, schiefadjungierte, unitäre Matrix und jede reelle symmetrische, schiefsymmetrische oder orthogonale Matrix ist normal.

Anwendung auf orthogonale Matrizen (Drehungen): Ist die reelle $(n \times n)$-Matrix A orthogonal, dann erhält man (2.40), wobei die Eigenwerte λ_j gleich ± 1 sind oder paarweise in der Form $e^{\pm i\varphi}$ mit der reellen Zahl φ auftreten. Die Matrix U ist in der Regel nicht reell.

Es gibt jedoch auch stets eine reelle orthogonale Matrix B, so dass gilt:

$$B^{-1}AB = \begin{pmatrix} A_1 & & 0 \\ & \ddots & \\ 0 & & A_s \end{pmatrix}. \tag{2.41}$$

Die Matrizen A_j bestehen entweder aus der Zahl 1 bzw. -1, oder es gilt

$$A_j = \begin{pmatrix} \cos\varphi & \sin\varphi \\ -\sin\varphi & \cos\varphi \end{pmatrix}, \tag{2.42}$$

wobei φ reell ist. Die auftretenden Zahlen ± 1 sind Eigenwerte von A. Im Fall von (2.42) ist $e^{\pm i\varphi}$ ein konjugiert komplexes Eigenwertpaar von A. Die Kästchen A_j treten entsprechend der algebraischen Vielfachheit der Eigenwerte auf.

Für beliebige orthogonale Matrizen A gilt $\det A = \pm 1$.

Die allgemeinste orthogonale (2×2)-Matrix A mit $\det A = 1$ hat die Gestalt (2.42), wobei φ eine beliebige reelle Zahl ist.

▶ BEISPIEL: Für $n = 3$ und $\det A = 1$ erhält man die Normalform

$$B^{-1}AB = \begin{pmatrix} 1 & 0 & 0 \\ 0 & \cos\varphi & \sin\varphi \\ 0 & -\sin\varphi & \cos\varphi \end{pmatrix}. \tag{2.43}$$

Geometrisch entspricht das der Tatsache, dass jede Drehung des dreidimensionalen Raumes um einen festen Punkt als Drehung um eine feste Achse mit dem Winkel φ dargestellt werden kann. Die Drehachse ist der Eigenvektor von A zum Eigenwert $\lambda = 1$ (Satz von Euler-d'Alembert).

Im Fall $\det A = -1$ hat man die Zahl 1 in (2.43) durch -1 zu ersetzen. Das entspricht einer zusätzlichen Spiegelung an der Drehebene, die durch den Drehpunkt geht und senkrecht zur Drehachse steht.

Anwendung auf schiefsymmetrische Matrizen: Die reelle $(n \times n)$-Matrix $A = (a_{jk})$ sei schiefsymmetrisch,[15] d. h., es gilt $a_{jj} = 0$ für alle j und $a_{jk} = -a_{kj}$ für alle j, k mit $j \neq k$. Dann erhält man (2.40), wobei die Eigenwerte λ_j gleich null sind oder paarweise in der Form $\pm\lambda i$ auftreten. Die Matrix U ist in der Regel nicht reell.

Es gibt jedoch auch stets eine reelle invertierbare Matrix B mit

$$B^{-1}AB = \begin{pmatrix} A_1 & & 0 \\ & \ddots & \\ 0 & & A_s \end{pmatrix}.$$

Die Matrizen A_j bestehen entweder aus der Zahl 0, oder es gilt

$$A_j = \begin{pmatrix} 0 & 1 \\ -1 & 0 \end{pmatrix}.$$

Die Gesamtlänge dieser 2-Kästchen ist gleich dem Rang von A.

Anwendung auf symplektische Formen: Wir betrachten die reelle Gleichung

$$x^{\mathsf{T}}Ay = b \tag{2.44}$$

mit der reellen *schiefsymmetrischen* $(n \times n)$-Matrix, den reellen Spaltenvektoren x, y sowie der reellen Zahl b. Explizit lautet (2.44):

$$\sum_{j,k=1}^{n} a_{jk}x_j y_k = b.$$

Die reellen Koeffizienten a_{jk} genügen der Bedingung $a_{jj} = 0$ für alle j und $a_{jk} = -a_{kj}$ für alle $j \neq k$. Es existiert dann eine reelle invertierbare Matrix B, so dass die Gleichung durch die Koordinatentransformation $u = Bx$, $v = By$ in die folgende Normalform übergeht:

$$(v_2 u_1 - u_2 v_1) + (v_4 u_3 - u_4 v_3) + \ldots + (v_{2s} u_{2s-1} - u_{2s} v_{2s-1}) = b. \tag{2.45}$$

Dabei ist $2s$ der Rang von A.

Wir nennen $x^{\mathsf{T}}Ay$ eine symplektische Form, wenn A zusätzlich invertierbar ist. Dann ist n gerade, und es gilt die Normalform (2.45) mit $2s = n$.

Symplektische Formen bilden die Grundlage der symplektischen Geometrie (vgl. 3.9.8), die der klassischen Mechanik und geometrischen Optik sowie der Theorie der Fourierintegraloperatoren zugrunde liegt (vgl. 15.6 im Handbuch). Viele physikalische Theorien lassen sich parallel zur klassischen Hamiltonschen Mechanik als Hamiltonsche Gleichungen formulieren. Alle diese Theorien basieren auf einer symplektischen Geometrie.

---

[15]Die allgemeinste schiefsymmetrische (2×2)-Matrix hat die Gestalt

$$\begin{pmatrix} 0 & a \\ -a & 0 \end{pmatrix},$$

wobei a eine beliebige reelle Zahl ist.

Gemeinsame Diagonalisierung: Es seien $A_1, \ldots, A_r$ komplexe $(n \times n)$-Matrizen, die paarweise miteinander vertauschbar sind, d. h., es ist $A_j A_k = A_k A_j$ für alle j, k. Dann haben alle diese Matrizen einen gemeinsamen Eigenvektor.

Sind zusätzlich alle diese Matrizen *normal*, dann besitzen sie eine gemeinsame Orthonormalbasis $x_1, \ldots, x_n$ von Eigenvektoren. Bilden wir die Matrix $U := (x_1, \ldots, x_n)$, dann ist U unitär, und die Matrizen

$$U^{-1} A_j U$$

besitzen für alle j Diagonalgestalt, wobei die Eigenwerte von A_j in der Diagonale stehen.

2.2.2.3 Die Jordansche Normalform

Die Jordansche Normalform stellt die allgemeinste Normalform für komplexe Matrizen dar. Sie geht auf den französischen Mathematiker Camille Jordan (1838–1922) zurück. Die Theorie der Elementarteiler wurde von Karl Weierstraß (1815–1897) im Jahre 1868 geschaffen.

Jordankästchen: Die Matrizen

$$\begin{pmatrix} \lambda & 1 \\ 0 & \lambda \end{pmatrix} \quad \text{bzw.} \quad \begin{pmatrix} \lambda & 1 & 0 \\ 0 & \lambda & 1 \\ 0 & 0 & \lambda \end{pmatrix}$$

heißen Jordankästchen der Länge 2 bzw. 3. Die Zahl λ ist der einzige Eigenwert dieser Matrizen. Allgemein bezeichnet man

$$J(\lambda) := \begin{pmatrix} \lambda & 1 & & & 0 \\ & \lambda & 1 & & \\ & & \ddots & \ddots & \\ & & & \ddots & 1 \\ 0 & & & & \lambda \end{pmatrix}$$

als Jordankästchen.

Hauptsatz: Zu einer beliebigen komplexen $(n \times n)$-Matrix A existiert eine invertierbare komplexe $(n \times n)$-Matrix C, so dass gilt:

$$C^{-1} A C = \begin{pmatrix} J_1(\lambda_1) & & 0 \\ & \ddots & \\ 0 & & J_s(\lambda_s) \end{pmatrix}. \tag{2.46}$$

Dabei gibt es zu jedem Eigenwert λ_j von A ein oder mehrere Jordankästchen.

Die in (2.46) rechts stehende Matrix heißt die Jordansche Normalform von A. Diese ist eindeutig (bis auf Permutation der Jordankästchen).

Geometrische und algebraische Vielfachheit eines Eigenwerts: Definitionsgemäß ist die geometrische Vielfachheit eines Eigenwerts λ von A gleich der Anzahl der linear unabhängigen Eigenvektoren zu λ. Diese geometrische Vielfachheit von λ ist gleich der Anzahl der Jordankästchen in (2.46). Dagegen ist die algebraische Vielfachheit von λ gleich der Gesamtlänge aller Jordankästchen zu λ.

▶ BEISPIEL 1: Die Matrix

$$
A := \begin{pmatrix} \lambda_1 & 1 & 0 & 0 \\ 0 & \lambda_1 & 0 & 0 \\ 0 & 0 & \lambda_1 & 0 \\ 0 & 0 & 0 & \lambda_2 \end{pmatrix}
$$

liegt bereits in Jordanscher Normalform vor. Die Zahlen λ_1, λ_2 sind Eigenwerte von A, wobei $\lambda_1 = \lambda_2$ möglich ist.

Es sei $\lambda_1 \neq \lambda_2$. Dann hat λ_1 die algebraische Vielfachheit 3 und die geometrische Vielfachheit 2. Für λ_2 ist die algebraische und geometrische Vielfachheit gleich 1.

Bei vielen Betrachtungen ist die algebraische Vielfachheit eines Eigenwerts wichtiger als seine geometrische Vielfachheit.

Die Länge der Jordankästchen kann man aus den Koeffizienten der Matrix A bestimmen, wie jetzt gezeigt werden soll.

Elementarteiler: Der größte gemeinsame Teiler $\mathbb{D}_s(\lambda)$ aller s-reihigen Unterdeterminanten der charakteristischen Matrix $A - \lambda E$ heißt der s-te Determinantenteiler[16] von A. Wir setzen $\mathbb{D}_0 := 1$. Die Quotienten $\mathbb{J}_s(\lambda) := \mathbb{D}_s(\lambda)/\mathbb{D}_{s-1}(\lambda)$, $s = 1, \ldots, n$ sind Polynome und heißen die zusammengesetzten Elementarteiler von A. Die Faktoren der Produktzerlegung

$$
\boxed{\; \mathbb{J}_s(\lambda) = (\lambda - \alpha_1)^{r_1} \cdot \ldots \cdot (\lambda - \alpha_k)^{r_k} \;}
$$

werden *Elementarteiler* von A genannt. Die Zahlen $\alpha_1, \ldots, \alpha_n$ sind stets Eigenwerte von A.

Korollar zum Hauptsatz: Zu jedem Elementarteiler $(\lambda - \lambda_m)^r$ von A gehört ein Jordankästchen $J(\lambda_m)$ der Länge r in der Jordanschen Normalform (2.46). Auf diese Weise erhält man alle Jordankästchen.

Diagonalisierungskriterium: Die Jordansche Normalform der quadratischen Matrix A besitzt genau dann Diagonalgestalt, wenn eine der folgenden drei Bedingungen erfüllt ist:

(i) Alle Elementarteiler von A haben den Grad 1.

(ii) Für alle Eigenwerte von A stimmen algebraische und geometrische Vielfachheit überein.

(iii) Die Anzahl der linear unabhängigen Eigenvektoren von A ist gleich der Zeilenanzahl von A.

Spursatz: Die Spur $\operatorname{tr} A$ einer quadratischen Matrix A ist gleich der Summe aller Eigenwerte von A (gezählt entsprechend ihrer algebraischen Vielfachheit).

Das folgt aus (2.46) und $\operatorname{tr} A = \operatorname{tr}(C^{-1} A C)$.

Determinantensatz: Die Determinante $\det A$ einer quadratischen Matrix A ist gleich dem Produkt aller Eigenwerte (gezählt entsprechend ihrer algebraischen Vielfachheit).

Ähnlichkeitssatz: Zwei komplexe quadratische Matrizen A und B sind genau dann ähnlich, wenn sie die gleichen Elementarteiler besitzen.

Methoden zur Berechnung der Jordanschen Normalform: Derartige Methoden findet man in [Zurmühl und Falk 1992].

---

[16]$\mathbb{D}_s$ ist ein Polynom in λ, dessen höchstes Glied vereinbarungsgemäß den Koeffizienten 1 besitzen soll.

2.2.3 Matrizenfunktionen

In diesem Abschnitt seien A, B, C komplexe $(n \times n)$-Matrizen, und $r(A)$ (bzw. $\sigma(A)$) bezeichne den Spektralradius (bzw. das Spektrum) von A (vgl. 2.2.1).

2.2.3.1 Potenzreihen

Definition: Gegeben sei die Potenzreihe

$$f(z) := a_0 + a_1 z + a_2 z^2 + \ldots$$

mit dem Konvergenzradius ρ um den Nullpunkt. Gilt $r(A) < \rho$, dann definieren wir

$$f(A) := a_0 E + a_1 A + a_2 A^2 + \ldots . \tag{2.47}$$

Diese Reihe konvergiert absolut für jedes Matrixelement von $f(A)$.

Ist speziell $\rho = \infty$ (z. B. $f(z) = e^z$, $\sin z$, $\cos z$ oder $f(z) = $ Polynom in z), dann gilt (2.47) für alle quadratischen Matrizen A.

Satz: (i) $C^{-1} f(A) C = f(C^{-1} A C)$, falls C^{-1} existiert.

(ii) $f(A)^{\mathsf{T}} = f(A^{\mathsf{T}})$, $A f(A) = f(A) A$.

(iii) $f(A)^* = f^*(A^*)$, wobei $f^*(z) := \overline{f(\overline{z})}$.

(iv) Sind $\lambda_1, \ldots, \lambda_n$ die Eigenwerte von A, dann sind $f(\lambda_1), \ldots, f(\lambda_n)$ die Eigenwerte von $f(A)$ (gezählt entsprechend ihrer algebraischen Vielfachheit).

Diagonalisierbare Matrizen: Aus

$$C^{-1} A C = \begin{pmatrix} \lambda_1 & & 0 \\ & \ddots & \\ 0 & & \lambda_n \end{pmatrix} \tag{2.48}$$

folgt

$$f(A) = C \begin{pmatrix} f(\lambda_1) & & 0 \\ & \ddots & \\ 0 & & f(\lambda_n) \end{pmatrix} C^{-1}. \tag{2.49}$$

Die Exponentialfunktion: Für jede quadratische Matrix A und jede komplexe Zahl t gilt[17]:

$$e^{tA} = E + tA + \frac{t^2}{2!} A^2 + \frac{t^3}{3!} A^3 + \ldots .$$

Die Exponentialfunktion besitzt folgende Eigenschaften:

(i) $e^A e^B = e^{A+B}$, falls $AB = BA$ (Additionstheorem),

---

[17] Wichtige Anwendungen von e^{tA} auf gewöhnliche Differentialgleichungen (bzw. Liegruppen und Lialgebren) findet man in 1.12.6 (bzw. in 17.1 im Handbuch).

(ii) $\det \mathrm{e}^A = \mathrm{e}^{\mathrm{tr}\,A}$ (Determinantenformel),

(iii) $(\mathrm{e}^A)^{-1} = \mathrm{e}^{-A}$, $(\mathrm{e}^A)^{\mathsf{T}} = \mathrm{e}^{A^{\mathsf{T}}}$, $(\mathrm{e}^A)^* = \mathrm{e}^{A^*}$.

▶ BEISPIEL: Für $A = \begin{pmatrix} 0 & 1 \\ 0 & 0 \end{pmatrix}$ gilt $A^2 = A^3 = \cdots = 0$, also $\mathrm{e}^{tA} = E + tA$.

Die Logarithmusfunktion: Ist $r(B) < 1$, dann existiert

$$\ln(E + B) = B - \frac{1}{2}B^2 + \frac{1}{3}B^3 - \ldots = \sum_{k=1}^{\infty} \frac{(-1)^{k+1}}{k} B^k.$$

Die Gleichung

$$\boxed{\mathrm{e}^C = E + B}$$

besitzt dann die eindeutige Lösung $C = \ln(E + B)$.

2.2.3.2 Funktionen normaler Matrizen

Ist A normal, dann existiert eine vollständige Orthonormalbasis $x_1, \ldots, x_n$ von Eigenvektoren zu den Eigenwerten $\lambda_1, \ldots, \lambda_n$. Setzen wir $C := (x_1, \ldots, x_n)$, dann ist C unitär, und es gilt (2.48).

Definition: Für eine beliebige Funktion $f : \sigma(A) \longrightarrow \mathbb{C}$ definieren[18] wir $f(A)$ durch (2.49).

Diese Definition ist unabhängig von der Wahl der vollständigen Orthonormalbasis der Eigenvektoren von A.

Satz: (i) Die Aussagen des Satzes in 2.2.3.1 bleiben bestehen.

(ii) Ist A selbstadjungiert und ist f reell für reelle Argumente, dann ist auch $f(A)$ selbstadjungiert.

Die Quadratwurzel: Besitzt die selbstadjungierte Matrix A nur nichtnegative Eigenwerte, dann existiert $\sqrt{A}$. Diese Matrix ist ebenfalls selbstadjungiert.

Polarzerlegung: Jede quadratische komplexe $(n \times n)$-Matrix A lässt sich in der Form

$$\boxed{A = US}$$

darstellen. Dabei ist U eine unitäre $(n \times n)$-Matrix, und S ist eine selbstadjungierte $(n \times n)$-Matrix, deren Eigenwerte alle größer gleich null sind.

Ist A zusätzlich reell, dann sind auch U und S reell.

Ist A invertierbar, dann kann man $S := \sqrt{AA^*}$ und $U := AS^{-1}$ wählen.

---

[18]Liegt gleichzeitig die Situation 2.2.3.1 vor, dann stimmen beide Definitionen von $f(A)$ überein.

2.3 Lineare Algebra

2.3.1 Grundideen

Die Idee der Linearität: Differentiation und Integration von Funktionen sind lineare Operationen, d. h., es gilt

$$(\alpha f + \beta g)'(x) = \alpha f'(x) + \beta g'(x),$$

$$\int\limits_G (\alpha f + \beta g)\mathrm{d}x = \alpha \int\limits_G f \, \mathrm{d}x + \beta \int\limits_G g \, \mathrm{d}x,$$

wobei α und β Zahlen sind. Allgemein genügt eine lineare Operation L der Beziehung

$$L(\alpha f + \beta g) = \alpha L f + \beta L g,$$

wobei f, g Funktionen, Vektoren, Matrizen usw. sein können.

Die *Idee der Linearität* spielt bei vielen mathematischen und physikalischen Fragen eine wichtige Rolle. Die *lineare Algebra* fasst in einheitlicher und sehr effektiver Form die vielfältigen Erfahrungen der Mathematiker und Physiker mit linearen Strukturen zusammen.

Das Superpositionsprinzip: Definitionsgemäß gilt für ein physikalisches System genau dann das Superpositionsprinzip, wenn neben zwei Zuständen auch deren Linearkombination ein Zustand ist. Sind beispielsweise die beiden Funktionen $x = f(t)$, $g(t)$ Lösungen der Differentialgleichung

$$x'' + \omega^2 x = 0$$

des harmonischen Oszillators, dann gilt das auch für die Linearkombination $\alpha f + \beta g$.

Das Linearisierungsprinzip: Ein wichtiges und häufig in der Mathematik benutztes Prinzip besteht in der Linearisierung von Problemen. Ein typisches Beispiel hierfür ist der Begriff der Ableitung einer Funktion. Im engen Zusammenhang damit stehen Tangenten an Kurven, Tangentialebenen an Flächen oder allgemeiner Tangentialräume an Mannigfaltigkeiten. Die Grundidee des Linearisierungsprinzips ist in der Taylorentwicklung

$$f(x) = f(x_0) + f'(x_0)(x - x_0) + \ldots$$

enthalten, wobei die rechte Seite eine lineare Approximation der Funktion f in einer Umgebung des Punktes x_0 darstellt. In höherer Ordnung ergeben sich durch

$$f(x) = f(x_0) + f'(x_0)(x - x_0) + \frac{f''(x_0)}{2}(x - x_0)^2 + \ldots$$

zusätzlich quadratische Terme und Terme höherer Ordnung. Derartige multilineare Strukturen werden in der multilinearen Algebra betrachtet (vgl. 2.4 im Handbuch).

Die Topologie beschäftigt sich mit dem qualitativen Verhalten von Systemen. Eine wichtige Methode besteht darin, topologischen Räumen gewisse lineare Räume (z. B. de Rhamsche Kohomologiegruppen) oder Vektorraumbündel zuzuordnen und deren Eigenschaften mit Methoden der linearen Algebra zu untersuchen (vgl. die Kapitel 18 und 19 im Handbuch).

Unendlichdimensionale Funktionenräume und Funktionalanalysis: In der klassischen Geometrie hat man es mit endlichdimensionalen linearen Räumen zu tun (vgl. Kapitel 3). Die modernen Untersuchungsmethoden von Differential- und Integralgleichungen im Rahmen der Funktionalanalysis basieren auf unendlichdimensionalen linearen Räumen, deren Elemente

Funktionen sind (z. B. Banachräume, Hilberträume, lokalkonvexe Räume; vgl. Kapitel 11 im Handbuch).

Quantensysteme und Hilberträume: Versieht man einen linearen Raum zusätzlich mit einem Skalarprodukt, dann entstehen Hilberträume, die für die mathematische Beschreibung von Quantensystemen von fundamentaler Bedeutung sind. Dabei entsprechen die Zustände eines Quantensystems gewissen Elementen eines Hilbertraumes $\mathbb{H}$ und die physikalischen Größen werden durch geeignete lineare Operatoren von $\mathbb{H}$ beschrieben (vgl. 13.18 im Handbuch).

Die Anfänge der linearen Algebra gehen auf die Bücher „Der Baryzentrische Kalkül" von August Ferdinand Möbius (1790–1868) aus dem Jahre 1827 und „Die lineare Ausdehnungslehre"von Hermann Graßmann (1809–1877) aus dem Jahre 1844 zurück.

2.3.2 Lineare Räume

Das Symbol $\mathbb{K}$ steht im folgenden für $\mathbb{R}$ (Menge der reellen Zahlen) oder $\mathbb{C}$ (Menge der komplexen Zahlen). In einem linearen Raum X über $\mathbb{K}$ sind Linearkombinationen

$$\boxed{\alpha u + \beta v}$$

erklärt mit $u, v \in X$ und $\alpha, \beta \in \mathbb{K}$.

Definition: Eine Menge X heißt genau dann ein *linearer Raum* über $\mathbb{K}$, wenn jedem geordneten Paar (u, v) mit $u \in X$ und $v \in X$ eindeutig ein durch $u + v$ bezeichnetes Element von X zugeordnet wird und jedem geordneten Paar (α, u) mit $\alpha \in \mathbb{K}$ und $u \in X$ eindeutig ein mit αu bezeichnetes Element von X zugeordnet wird, so dass für alle $u, v, w \in X$ und alle $\alpha, \beta \in \mathbb{K}$ folgendes gilt[19]:

(i) $u + v = v + u$ (Kommutativität).

(ii) $(u + v) + w = u + (v + w)$ (Assoziativität).

(iii) Es existiert ein eindeutig bestimmtes Element von X, das wir mit o bezeichnen, so dass

$$z + o = z \qquad \text{für alle } z \in X \text{ gilt (Nullelement).}$$

(iv) Zu jedem $z \in X$ gibt es ein eindeutig bestimmtes Element in X, das wir mit $(-z)$ bezeichnen, so dass

$$z + (-z) = o \qquad \text{für alle } z \in X \text{ gilt (inverses Element).}$$

(v) $\alpha(u + v) = \alpha u + \alpha v$ und $(\alpha + \beta)u = \alpha u + \beta u$ (Distributivität).

(vi) $(\alpha\beta)u = \alpha(\beta u)$ (Assoziativität) und $1u = u$.

Lineare Räume über $\mathbb{R}$ (bzw. $\mathbb{C}$) bezeichnet man auch als reelle (bzw. komplexe) Räume.

Lineare Unabhängigkeit: Die Elemente $u_1, \ldots, u_n$ eines linearen Raumes über $\mathbb{K}$ heißen genau dann linear unabhängig, wenn aus

$$\alpha_1 u_1 + \ldots + \alpha_n u_n = 0, \qquad \alpha_1, \ldots, \alpha_n \in \mathbb{K}$$

stets $\alpha_1 = \cdots = \alpha_n$ folgt. Anderenfalls nennt man $u_1, \ldots, u_n$ *linear abhängig*.

---

[19]Anstelle von $u + (-v)$ schreiben wir in Zukunft kurz $u - v$. Man kann ferner zeigen, dass sich aus den obigen Eigenschaften die Beziehungen „$0u = o$ für alle $u \in X$" und „$\alpha o = o$ für alle $\alpha \in \mathbb{K}$"ergeben. Deshalb werden wir für das Nullelement „0" in $\mathbb{K}$ und das Nullelement „o" in X von jetzt an das gleiche Symbol „0" verwenden. Wegen der geltenden Regeln kann es dabei nicht zu Widersprüchen kommen. In analoger Weise werden lineare Räume über beliebigen Körpern $\mathbb{K}$ definiert.

Dimension: Die Maximalzahl linear unabhängiger Elemente eines linearen Raumes X wird seine Dimension genannt und mit $\dim X$ bezeichnet. Das Symbol $\dim X = \infty$ bedeutet, dass beliebig viele linear unabhängige Elemente in X existieren. Besteht X nur aus dem Nullelement, dann ist $\dim X = 0$.

Basis: Es sei $\dim X < \infty$. Ein System $b_1, \ldots, b_n$ von Elementen des linearen Raumes X über $\mathbb{K}$ heißt genau dann eine Basis von X, wenn sich jedes $u \in X$ eindeutig in der Form

$$u = \alpha_1 b_1 + \ldots + \alpha_n b_n, \qquad \alpha_1, \ldots, \alpha_n \in \mathbb{K}$$

darstellen lässt. Wir nennen dann $\alpha_1, \ldots, \alpha_n$ die *Koordinaten* von u bezüglich dieser Basis.

Basissatz: Es sei n eine eigentliche natürliche Zahl. Es gilt genau dann $\dim X = n$, wenn jedes System von n linear unabhängigen Elementen eine Basis von X bildet.

Der Austauschsatz von Steinitz: Bildet $b_1, \ldots, b_n$ eine Basis des linearen Raumes X und sind $u_1, \ldots, u_r$ linear unabhängige Elemente in X, dann stellt

$$u_1, \ldots, u_r, b_{r+1}, \ldots, b_n$$

eine neue Basis von X dar (eventuell nach Umnummerierung der Basiselemente $b_1, \ldots, b_n$).

▶ BEISPIEL 1 (der lineare Raum $\mathbb{R}^n$): Wir bezeichnen mit $\mathbb{R}^n$ die Menge aller n-Tupel $(\xi_1, \ldots, \xi_n)$ reeller Zahlen ξ_j. Durch

$$\boxed{\alpha(\xi_1, \ldots, \xi_n) + \beta(\eta_1, \ldots, \eta_n) = (\alpha\xi_1 + \beta\eta_1, \ldots, \alpha\xi_n + \beta\eta_n)}$$

für alle $\alpha, \beta \in \mathbb{R}$ wird $\mathbb{R}^n$ zu einem n-dimensionalen reellen Raum. Als Basis kann man

$$b_1 := (1, 0, \ldots, 0), \quad b_2 := (0, 1, 0, \ldots, 0), \quad \ldots, \quad b_n := (0, 0 \ldots, 0, 1)$$

wählen, denn es gilt

$$(\xi_1, \ldots, \xi_n) = \xi_1 b_1 + \ldots + \xi_n b_n.$$

Lässt man komplexe Zahlen ξ_j, η_j, α und β zu, dann entsteht der n-dimensionale komplexe lineare Raum $\mathbb{C}^n$.

▶ BEISPIEL 2: Es sei n eine eigentliche natürliche Zahl. Die Menge aller Polynome

$$a_0 + a_1 x + \ldots + a_{n-1} x^{n-1}$$

mit reellen (bzw. komplexen) Koeffizienten $a_0, \ldots, a_{n-1}$ bildet einen reellen (bzw. komplexen) n-dimensionalen linearen Raum. Eine Basis wird durch $1, x, x^2, \ldots, x^{n-1}$ gegeben.

▶ BEISPIEL 3: Die Menge aller Funktionen $f : \mathbb{R} \longrightarrow \mathbb{R}$ bildet bezüglich der üblichen Linearkombination $\alpha f + \beta g$ einen reellen linearen Raum. Dieser ist unendlichdimensional, denn die Potenzfunktionen $b_j(x) := x^j$, $j = 0, 1, \ldots, n$, sind für jedes n linear unabhängig, d. h., aus

$$\alpha_0 b_0(x) + \ldots + \alpha_n b_n(x) = 0, \qquad \alpha_0, \ldots, \alpha_n \in \mathbb{R},$$

folgt $\alpha_0 = \cdots = \alpha_n = 0$.

▶ BEISPIEL 4: Alle stetigen Funktionen $f : [a, b] \longrightarrow \mathbb{R}$ auf dem kompakten Intervall $[a, b]$ bilden einen reellen (unendlichdimensionalen) linearen Raum $C[a, b]$.

Hinter dieser Aussage verbirgt sich der Satz, dass die Linearkombination $\alpha f + \beta g$ stetiger Funktionen f und g wiederum stetig ist.

Linearkombinationen von Mengen: Es sei $\alpha, \beta \in \mathbb{K}$. Sind U und V nichtleere Mengen des linearen Raumes X über $\mathbb{K}$, dann setzen wir

$$\alpha U + \beta V := \{\alpha u + \beta v : u \in U \text{ und } v \in V\}.$$

Unterraum: Eine Teilmenge Y eines linearen Raumes X über $\mathbb{K}$ heißt genau dann ein Unterraum (oder Teilraum) von X, wenn

$$\boxed{\alpha u + \beta v \in Y}$$

für alle $u, v \in Y$ und alle $\alpha, \beta \in \mathbb{K}$ gilt.

▶ BEISPIEL 5: Wir tragen die beiden Vektoren $\mathbf{a}$ und $\mathbf{b}$ im Punkt P an (Abb. 2.1). Die Menge $\{\alpha \mathbf{a} + \beta \mathbf{b} \,|\, \alpha,\ \beta \in \mathbb{R}\}$ aller reellen Linearkombinationen bildet einen linearen Raum X welcher der von $\mathbf{a}$ und $\mathbf{b}$ aufgespannten Ebene durch den Punkt P entspricht. Der Unterraum $Y :=$ $\{\alpha \mathbf{a} \,|\, \alpha \in \mathbb{R}\}$ wird von der Geraden durch P in Richtung von $\mathbf{a}$ gebildet.

Abb. 2.1

Es ist $\dim X = 2$ und $\dim Y = 1$.

Dimensionssatz: Sind Y und Z Unterräume des linearen Raumes X, dann gilt:

$$\boxed{\dim (Y + Z) + \dim (Y \cap Z) = \dim Y + \dim Z.}$$

Dabei sind die Summe $Y + Z$ und der Durchschnitt $Y \cap Z$ wieder Unterräume von X.

Kodimension: Es sei Y ein Unterraum von X. Neben der Dimension $\dim Y$ spielt auch die Kodimension $\operatorname{codim} Y$ von Y eine wichtige Rolle. Definitionsgemäß gilt[20] $\operatorname{codim} Y := \dim X/Y$. Im Fall $\dim X < \infty$ hat man

$$\boxed{\operatorname{codim} Y = \dim X - \dim Y.}$$

2.3.3 Lineare Operatoren

Definition: Sind X und Y lineare Räume über $\mathbb{K}$, dann versteht man unter einem linearen Operator $A : X \longrightarrow Y$ eine Abbildung mit der Eigenschaft

$$\boxed{A(\alpha u + \beta v) = \alpha A u + \beta A v}$$

für alle $u, v \in X$ und alle $\alpha, \beta \in \mathbb{K}$.

Isomorphie: Die linearen Räume X und Y heißen genau dann isomorph, wenn es eine lineare bijektive Abbildung $A : X \longrightarrow Y$ gibt. Derartige Abbildungen heißen lineare Isomorphien.[21]

---

[20]Der Faktorraum X/Y wird in 2.3.4.2 eingeführt.
[21]Das griechische Wort „isomorph" bedeutet „gleiche Gestalt".

In isomorphen linearen Räumen kann man in gleicher Weise rechnen. Deshalb lassen sich isomorphe lineare Räume vom abstrakten Standpunkt aus nicht unterscheiden.

Satz: Zwei endlichdimensionale lineare Räume über $\mathbb{K}$ sind genau dann isomorph, wenn sie die gleiche Dimension besitzen.

Somit stellt die Dimension die *einzige Charakteristik* endlichdimensionaler linearer Räume dar.

Ist $b_1, \ldots, b_n$ eine Basis in dem n-dimensionalen linearen Raum X über $\mathbb{K}$, dann entsteht durch

$$A(\alpha_1 b_1 + \ldots + \alpha_n b_n) := (\alpha_1, \ldots, \alpha_n)$$

eine lineare Isomorphie von X auf $\mathbb{K}^n$.

▶ BEISPIEL 1: Es sei $[a, b]$ ein kompaktes Intervall. Setzen wir

$$Au := \int\limits_a^b u(x)\mathrm{d}x,$$

dann ist $A : C[a, b] \longrightarrow \mathbb{R}$ ein linearer Operator.

▶ BEISPIEL 2: Wir definieren den Ableitungsoperator durch

$$(Au)(x) := u'(x) \qquad \text{für alle } x \in \mathbb{R}.$$

Dann ist $A : X \longrightarrow Y$ ein linearer Operator, falls X den Raum aller differenzierbaren Funktionen $u : \mathbb{R} \longrightarrow \mathbb{R}$ und Y den Raum aller Funktionen $v : \mathbb{R} \longrightarrow \mathbb{R}$ bezeichnet.

▶ BEISPIEL 3 (Matrizen): Es bezeichne $\mathbb{R}_S^n$ den reellen linearen n-dimensionalen Raum der reellen Spaltenmatrizen

$$u = \begin{pmatrix} u_1 \\ \vdots \\ u_n \end{pmatrix}.$$

Die Linearkombination $\alpha u + \beta v$ entspricht der üblichen Matrizenoperation. Genau alle linearen Operatoren $A : \mathbb{R}_S^n \longrightarrow \mathbb{R}_S^m$ sind durch reelle $(m \times n)$-Matrizen $A = (a_{jk})$ gegeben. Die Gleichung $Au = v$ entspricht der Matrizengleichung

$$\begin{pmatrix} a_{11} & a_{12} & \cdots & a_{1n} \\ a_{21} & a_{22} & \cdots & a_{2n} \\ \cdots & & & \\ a_{m1} & a_{m2} & \cdots & a_{mn} \end{pmatrix} \begin{pmatrix} u_1 \\ u_2 \\ \vdots \\ u_n \end{pmatrix} = \begin{pmatrix} v_1 \\ v_2 \\ \vdots \\ v_m \end{pmatrix}.$$

2.3.3.1 Das Rechnen mit linearen Operatoren

Wir betrachten lineare Operatoren $A, B : X \longrightarrow Y$ und $C : Y \longrightarrow Z$, wobei X, Y und Z lineare Räume über $\mathbb{K}$ bezeichnen.

Linearkombinationen: Gegeben sei $\alpha, \beta \in \mathbb{K}$. Wir definieren den linearen Operator $\alpha A + \beta B : X \longrightarrow Y$ durch

$$\boxed{(\alpha A + \beta B)u := \alpha Au + \beta Bu \qquad \text{für alle } u \in X.}$$

Produkt: Das Produkt $AC : X \longrightarrow Z$ ist ein linearer Operator, der sich durch Hintereinander-ausführung ergibt, d. h., es ist

$$(AC)u = A(Cu) \quad \text{für alle } u \in X.$$

Identischer Operator: Der durch $Iu := u$ für alle $u \in X$ definierte lineare Operator $I : X \longrightarrow X$ heißt identischer Operator und wird auch mit id_X bezeichnet. Für alle linearen Operatoren $A : X \longrightarrow X$ gilt

$$AI = IA = A.$$

2.3.3.2 Lineare Operatorgleichungen

Gegeben sei der lineare Operator $A : X \longrightarrow Y$. Wir betrachten die Gleichung

$$Au = v. \tag{2.50}$$

Nullraum und Bildraum: Wir definieren den Nullraum $N(A)$ und den Bildraum $R(A)$ durch[22]

$$N(A) := \{u \in X \mid Au = 0\} \quad \text{und} \quad R(A) := \{Au \mid u \in X\}.$$

Definition:

(i) A heißt genau dann *surjektiv*, wenn $R(A) = Y$ gilt, d. h., die Gleichung (2.50) besitzt für jedes $v \in Y$ eine Lösung $u \in X$.

(ii) A heißt genau dann *injektiv*, wenn (2.50) für jedes $v \in Y$ höchstens eine Lösung $u \in X$ besitzt.

(iii) A heißt genau dann *bijektiv*, wenn A surjektiv und injektiv ist, d. h., die Gleichung (2.50) besitzt für jedes $v \in Y$ genau eine Lösung $u \in X$.

Dann wird durch $A^{-1}v := u$ der lineare inverse Operator $A^{-1} : Y \longrightarrow X$ erklärt.

Superpositionsprinzip: Ist u_0 eine spezielle Lösung von (2.50), dann stellt $u_0 + N(A)$ die Menge aller Lösungen von (2.50) dar.

Speziell für $v = 0$ bildet der Unterraum $N(A)$ den Lösungsraum von (2.50). Somit gilt: Sind u und w Lösungen der homogenen Gleichung (2.50) mit $v = 0$, dann trifft das auch für jede Linearkombination $\alpha u + \beta w$ mit $\alpha, \beta \in \mathbb{K}$ zu.

Surjektivitätskriterium: Der lineare Operator A ist genau dann surjektiv, wenn es einen linearen Operator $B : Y \longrightarrow Y$ gibt mit

$$AB = I_Y.$$

Injektivitätskritierium: Der lineare Operator $A : X \longrightarrow Y$ ist genau dann injektiv, wenn eine der beiden folgenden Bedingungen erfüllt ist:

(a) Aus $Au = 0$ folgt $u = 0$, d. h., $N(A) = \{0\}$.

---

[22]Anstelle von $N(A)$ (bzw. $R(A)$) schreibt man auch ker A (bzw. im A). Diese Bezeichnung geht auf die englischen Worte kernel (Kern) und image (Bild) zurück.

(b) Es existiert ein linearer Operator $B : Y \longrightarrow X$ mit

$$BA = I_X.$$

Rang und Index: Wir setzen

$$\text{Rang}\,(A) := \dim R(A) \quad \text{und} \quad \text{ind}\,(A) := \dim N(A) - \text{codim}\,R(A).$$

Der Index ind (A) ist nur erklärt, falls nicht $\dim N(A)$ und codim $R(A)$ beide unendlich sind.

▶ BEISPIEL 1: Für einen linearen Operator $A : X \longrightarrow Y$ zwischen den endlichdimensionalen linearen Räumen X und Y gilt:

$$\text{ind}\,(A) = \dim X - \dim Y, \quad \dim N(A) = \dim X - \text{Rang}\,(A).$$

(a) Die zweite Aussage beinhaltet, dass die Dimension der linearen Lösungsmannigfaltigkeit $u_0 + N(A)$ von (2.50) gleich $\dim X - \text{Rang}\,(A)$ ist (vgl. 2.3.4.2).

(b) Gilt ind $(A) = 0$, dann folgt aus $\dim N(A) = 0$ sofort $R(A) = Y$. Folglich ist A bijektiv, d. h., die Gleichung $Au = v$ besitzt für jedes $v \in Y$ die eindeutige Lösung $u = A^{-1}v$.

Bedeutung des Index: Der Index spielt eine fundamentale Rolle. Das ergibt sich erst in voller Deutlichkeit bei der Untersuchung des Lösungsverhaltens von Differential- und Integralgleichungen im Fall von unendlichdimensionalen linearen Räumen (vgl. 11.3.4 im Handbuch). Eines der tiefsten Ergebnisse der Mathematik des 20. Jahrhunderts ist das *Atiyah-Singer-Indextheorem*. Es besagt, dass man den Index von wichtigen Klassen linearer Differential- und Integraloperatoren auf kompakten Mannigfaltigkeiten allein durch topologische (qualitative) Eigenschaften der Mannigfaltigkeit und des sogenannten Symbols des Operators ausdrücken kann. Das hat zur Konsequenz, dass der Index eines Operators unter beträchtlichen Störungen des Operators und der Mannigfaltigkeit unverändert bleibt (vgl. 19.1 im Handbuch).

2.3.3.3 Exakte Sequenzen

Die moderne lineare Algebra und algebraische Topologie werden in der Sprache der exakten Sequenzen formuliert. Eine Sequenz

$$X \xrightarrow{A} Y \xrightarrow{B} Z$$

von linearen Operatoren A und B heißt genau dann *exakt*, wenn $R(A) = N(B)$ gilt, d. h.

$$\text{im}A = \ker B.$$

Allgemeiner heißt

$$\ldots \longrightarrow X_k \xrightarrow{A_k} X_{k+1} \xrightarrow{A_{k+1}} X_{k+2} \longrightarrow \ldots$$

genau dann exakt, wenn $\text{im}A_k = \ker A_{k+1}$ für alle k ist.

Satz: Für einen linearen Operator $A : X \longrightarrow Y$ gilt[23]:

(i) A ist genau dann surjektiv, wenn die Sequenz $X \xrightarrow{A} Y \longrightarrow 0$ exakt ist.

(ii) A ist genau dann injektiv, wenn $0 \longrightarrow X \xrightarrow{A} Y$ exakt ist.

(iii) A ist genau dann bijektiv, wenn $0 \longrightarrow X \xrightarrow{A} Y \longrightarrow 0$ exakt ist.

---

[23]Mit 0 bezeichnen wir den trivialen Raum $\{0\}$. Ferner stehen $0 \longrightarrow X$ und $Y \longrightarrow 0$ für Nulloperatoren.

2.3.3.4 Der Zusammenhang mit dem Matrizenkalkül

Die einem linearen Operator A zugeordnete Matrix $\mathbb{A}$:   Es sei $A : X \longrightarrow Y$ ein linearer Operator, wobei X und Y endlichdimensionale lineare Räume über $\mathbb{K}$ sind.

Wir wählen eine feste Basis $b_1, \ldots, b_n$ in X und eine feste Basis $c_1, \ldots, c_m$ in Y. Für $u \in X$ und $v \in Y$ gelten dann die eindeutigen Zerlegungen

$$u = u_1 b_1 + \ldots + u_n b_n, \qquad v = v_1 c_1 + \ldots + v_m c_m$$

und

$$Ab_k = \sum_{j=1}^{m} a_{jk} c_j, \qquad k = 1, \ldots, n.$$

Dabei ist b_j, c_k, $a_{jk} \in \mathbb{K}$. Wir bezeichnen die $(m \times n)$-Matrix

$$\mathbb{A} := (a_{jk}), \qquad j = 1, \ldots, m, \quad k = 1, \ldots, n,$$

als die zu A gehörige Matrix (bezüglich der gewählten Basen). Ferner führen wir die zu u bzw. v gehörigen Koordinatenspaltenmatrizen ein:

$$\mathbb{U} := (u_1, \ldots, u_n)^\mathsf{T} \qquad \text{und} \qquad \mathbb{V} := (v_1, \ldots, v_m)^\mathsf{T}.$$

Dann entspricht der Operatorgleichung

$$Au = v$$

die Matrizengleichung:

$$\mathbb{A}\mathbb{U} = \mathbb{V}.$$

Satz: Die Summe (bzw. das Produkt) linearer Operatoren entspricht der Summe (bzw. dem Produkt) der zugehörigen Matrizen.

Der Rang eines linearen Operators ist gleich dem Rang der zugeordneten Matrix.

Basiswechsel: Durch die Transformationsformeln

$$b_k = \sum_{r=1}^{n} t_{rk} b'_r, \qquad c_j = \sum_{i=1}^{m} s_{ij} c'_i, \qquad k = 1, \ldots, n, \quad j = 1, \ldots, m,$$

gehen wir zu einer *neuen Basis* $b'_1, \ldots, b'_n$ (bzw. $c'_1, \ldots, c'_m$) in X (bzw. Y) über. Dabei seien die $(n \times n)$-Matrix $\mathbb{T} = (t_{rk})$ und die $(m \times m)$-Matrix $\mathbb{S} = (s_{ij})$ invertierbar. Die neuen Koordinaten u'_k (bzw. v'_j) von u (bzw. v) ergeben sich durch die Zerlegungen:

$$u = u'_1 b'_1 + \ldots + u'_n b'_n, \qquad v = v'_1 c'_1 + \ldots + v'_m c'_m.$$

Daraus erhalten wir die Transformationsformeln für die Koordinaten von u bzw. v:

$$\mathbb{U} = \mathbb{T}\mathbb{U}', \quad \mathbb{V} = \mathbb{S}\mathbb{V}'.$$

Der Operatorengleichung $Au = v$ entspricht die Matrizengleichung $\mathbb{A}'\mathbb{U}' = \mathbb{V}'$ mit

$$\mathbb{A}' = \mathbb{S}^{-1}\mathbb{A}\mathbb{T}.$$

Im Spezialfall $X = Y$ und $b_j = c_j$ für alle j gilt $S = T$. Dann erhalten wir die Ähnlichkeitstransformation $A' = T^{-1}AT$ der Matrix A.

Spur und Determinante: Es sei dim $X < \infty$. Wir definieren die Spur tr A und die Determinante det A des linearen Operators $A : X \longrightarrow X$ durch

$$\operatorname{tr} A := \operatorname{tr}(a_{jk}), \qquad \det A := \det(a_{jk}).$$

Diese Definitionen sind unabhängig von der Basiswahl.

Satz: Für lineare Operatoren $A, B : X \longrightarrow X$ gilt:

(i) $\det(AB) = (\det A)(\det B)$.

(ii) A ist genau dann bijektiv, wenn $\det A \neq 0$ gilt.

(iii) $\operatorname{tr}(\alpha A + \beta B) = \alpha \operatorname{tr} A + \beta \operatorname{tr} B$ für alle $\alpha, \beta \in \mathbb{K}$.

(iv) $\operatorname{tr}(AB) = \operatorname{tr}(BA)$.

(v) $\operatorname{tr} I_X = \dim X$.

2.3.4 Das Rechnen mit linearen Räumen

Aus gegebenen linearen Räumen kann man neue lineare Räume gewinnen. Die folgenden Konstruktionen sind Vorbilder für alle algebraischen Strukturen (z. B. Gruppen, Ringe und Körper). Tensorprodukte linearer Räume werden in 2.4.3.1 im Handbuch betrachtet.

2.3.4.1 Kartesische Produkte

Sind X und Y lineare Räume über $\mathbb{K}$, dann wird die Produktmenge $X \times Y := \{(u,v) \mid u \in X$ und $v \in Y\}$ durch

$$\alpha(u,v) + \beta(w,z) := (\alpha u + \beta w, \alpha v + \beta z), \qquad \alpha, \beta \in \mathbb{K},$$

zu einem linearen Raum über $\mathbb{K}$, den man das kartesische Produkt zwischen X und Y nennt.

Sind X und Y endlichdimensional, dann gilt die Dimensionsformel

$$\dim(X \times Y) = \dim X + \dim Y.$$

▶ Beispiel: Für $X = Y = \mathbb{R}$ gilt $X \times Y = \mathbb{R}^2$.

2.3.4.2 Faktorräume

Lineare Mannigfaltigkeiten: Es sei Y ein Unterraum des linearen Raumes X über $\mathbb{K}$. Jede Menge

$$u + Y := \{u + v \mid v \in Y\}$$

mit festem $u \in X$ heißt eine lineare Mannigfaltigkeit (parallel zu Y). Es ist

$$u + Y = w + Y$$

genau dann, wenn $u - w \in Y$ gilt. Wir setzen $\dim(u + Y) := \dim Y$.

Faktorraum: Mit X/Y bezeichnen wir die Menge aller linearen Mannigfaltigkeiten in X parallel zu Y. Durch die Linearkombination für Mengen

$$\alpha U + \beta V$$

mit U, $V \in X/Y$ und α, $\beta \in \mathbb{K}$ wird X/Y zu einem linearen Raum, den man den Faktorraum von X modulo Y nennt. Explizit gilt

$$\alpha(u + Y) + \beta(v + Y) = (\alpha u + \beta v) + Y.$$

Für $\dim X < \infty$ hat man

$$\boxed{\dim X/Y = \dim X - \dim Y.}$$

▶ Beispiel: Es sei $X := \mathbb{R}^2$. Ist Y eine Gerade durch den Nullpunkt, dann besteht X/Y aus allen Geraden parallel zu Y (Abb. 2.2).

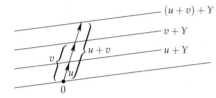

Abb. 2.2

Alternative Definition: Es sei u, $w \in X$. Wir schreiben

$$u \sim w \qquad \text{genau dann, wenn} \quad u - w \in Y \text{ gilt.}$$

Das ist eine Äquivalenzrelation auf X (vgl. 4.3.5.1). Die zugehörigen Äquivalenzklassen $[u] := u + Y$ bilden X/Y. Durch

$$\alpha[u] + \beta[z] := [\alpha u + \beta z]$$

wird X/Y zu einem linearen Raum. Diese Definition hängt nicht von der Wahl der Repräsentanten u und z ab.

Die Abbildung $u \mapsto [u]$ heißt die *kanonische Abbildung* von X auf X/Y.

Isomorphiesatz: Sind Y und Z Unterräume von X, dann hat man die Isomorphie

$$\boxed{(Y + Z)/Z \cong Y/(Y \cap Z).}$$

Im Fall $Y \subseteq Z \subseteq X$ gilt zusätzlich

$$\boxed{X/Y \cong (X/Z)/(Z/Y).}$$

2.3.4.3 Direkte Summen

Definition: Es seien Y und Z zwei Unterräume des linearen Raumes X. Wir schreiben genau dann

$$\boxed{X = Y \oplus Z,}$$

wenn sich jedes $u \in X$ eindeutig in der Form

$$u = y + z, \quad y \in Y, z \in Z$$

darstellen lässt. Man nennt Z auch algebraisches Komplement von Y in X. Es gilt

$$\dim (Y \oplus Z) = \dim Y + \dim Z.$$

Satz: (i) Aus $X = Y \oplus Z$ folgt die Isomorphie $Z \cong X/Y$.

(ii) Es ist $\dim Z = \operatorname{codim} Y$.

Anschaulich gesprochen ist die Kodimension $\operatorname{codim} Y$ gleich der Anzahl der Dimensionen, die dem Unterraum Y fehlen, um den gesamten Raum X aufzuspannen.

▶ BEISPIEL 1: Für $X = \mathbb{R}^3$ besitzen der Nullpunkt 0, eine Gerade durch 0, eine Ebene durch 0 der Reihe nach die Dimensionen 0, 1, 2 und die Kodimensionen 3, 2, 1.

▶ BEISPIEL 2: In Abb. 2.3 gilt $\mathbb{R}^2 = Y \oplus Z$.

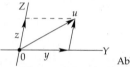

Abb. 2.3

Existenzsatz: Zu jedem Unterraum Y eines linearen Raumes X gibt es ein algebraisches Komplement Z, d. h., es ist $X = Y \oplus Z$.

Lineare Hülle: Ist M eine Menge in dem linearen Raum X über $\mathbb{K}$, dann nennen wir die Menge

$$\operatorname{span} M := \{\alpha u_1 + \ldots + \alpha_n u_n \mid u_j \in M, \alpha_j \in \mathbb{K}, j = 1, \ldots, n \text{ und } n \geq 1\}$$

die lineare Hülle von M.

$\operatorname{span} M$ ist der kleinste Unterraum von X, der M enthält.

Konstruktionssatz: Es sei Y ein m-dimensionaler Unterraum des n-dimensionalen linearen Raumes X mit $0 < m < n < \infty$. Wir wählen eine Basis $u_1, \ldots, u_n$ von Y und ergänzen diese zu einer Basis $u_1, \ldots, u_n$ von X. Dann gilt

$$X = Y \oplus \operatorname{span}\{u_{m+1}, \ldots, u_n\}.$$

Die direkte Summe beliebig vieler Unterräume: Es sei $\{X_\alpha\}_{\alpha \in A}$ eine Familie von Unterräumen X_α des linearen Raumes X. Wir schreiben genau dann

$$X = \bigoplus_{\alpha \in A} X_\alpha,$$

wenn sich jedes $x \in X$ eindeutig in der Form

$$x = \sum_{\alpha \in A} x_\alpha, \quad x_\alpha \in X_\alpha,$$

darstellen lässt, wobei nur endlich viele Summanden auftreten. Ist die Indexmenge A endlich, dann hat man die Dimensionsformel

$$\dim X = \sum_{\alpha \in A} \dim X_\alpha.$$

Die äußere direkte Summe linearer Räume: Es sei $\{X_\alpha\}_{\alpha \in A}$ eine Familie linearer Räume X_α über $\mathbb{K}$. Dann besteht das kartesische Produkt $\prod_{\alpha \in A} X_\alpha$ aus der Menge aller Tupel (x_α), die komponentenweise addiert und komponentenweise mit Zahlen aus $\mathbb{K}$ multipliziert werden. Als äußere direkte Summe

$$\bigoplus_{\alpha \in A} X_\alpha$$

der linearen Räume X_α bezeichnen wir denjenigen Unterraum von $\prod_{\alpha \in A} X_\alpha$, der aus allen Tupeln (x_α) besteht, die nur an *endlich vielen Stellen* von null verschieden sind.

Identifiziert man X_β mit allen Tupeln (x_α), für die $x_\alpha = 0$ im Fall $\alpha \neq \beta$ gilt, dann entspricht $\bigoplus_{\alpha \in A} X_\alpha$ der direkten Summe der Unterräume X_α.

Graduierung: Man sagt, dass $\bigoplus_{\alpha \in A} X_\alpha$ durch die Räume X_α *graduiert* ist.

2.3.4.4 Anwendung auf lineare Operatoren

Der Rangsatz: Gegeben sei der lineare Operator $A : X \longrightarrow Y$. Wählen wir irgendeine Zerlegung $X = N(A) \oplus Z$, dann ist

$$A : Z \longrightarrow R(A)$$

bijektiv. Daraus folgt

$$\operatorname{codim} N(A) = \dim R(A) = \operatorname{Rang}(A).$$

Invariante Unterräume: Gegeben sei der lineare Operator $A : X \longrightarrow X$, wobei X einen linearen Raum über $\mathbb{K}$ bezeichnet. Der Unterraum Y von X heißt genau dann invariant bezüglich A, wenn aus $u \in Y$ stets $Au \in Y$ folgt.

Zusätzlich heißt Y irreduzibel, wenn Y keinen echten, vom Nullraum verschiedenen invarianten Unterraum bezüglich A besitzt.

Der fundamentale Zerlegungssatz: Gilt $\dim X < \infty$, dann gibt es zu A eine Zerlegung

$$X = X_1 \oplus X_2 \oplus \ldots \oplus X_k$$

von X in (vom Nullraum verschiedene) *irreduzible* invariante Unterräume $X_1, \ldots, X_k$, d.h., wir erhalten Operatoren $A : X_j \longrightarrow X_j$ für alle j.

Ist X ein komplexer linearer Raum, dann kann man in jedem Unterraum X eine Basis wählen, so dass die zu A auf X_j gehörige Matrix einem Jordankästchen entspricht. Die zu A auf X gehörige Matrix besitzt dann Jordansche Normalform.

Die Längen der Jordankästchen sind gleich den Dimensionen der Räume X_j. Diese Längen können nach der in 2.2.2.3 angegebenen Elementarteilermethode berechnet werden, indem man diese Methode auf irgendeine zu A gehörige Matrix anwendet.

2.3.5 Dualität

Der Begriff der Dualität spielt in vielen Bereichen der Mathematik (z. B. in der projektiven Geometrie und in der Funktionalanalysis) eine wichtige Rolle.[24]

Lineare Funktionale: Unter einem linearen Funktional auf dem linearen Raum X über $\mathbb{K}$ verstehen wir eine lineare Abbildung $u^* : X \longrightarrow \mathbb{K}$.

▶ BEISPIEL 1: Durch

$$u^*(u) := \int_a^b u(x)\mathrm{d}x$$

entsteht ein lineares Funktional auf dem Raum $C[a,b]$ der stetigen Funktionen $u : [a,b] \longrightarrow \mathbb{R}$.

Der duale Raum: Mit $X^\top$ bezeichnen wir die Menge aller linearen Funktionale auf X. Durch die Linearkombination $\alpha u^* + \beta v^*$ mit

$$(\alpha u^* + \beta v^*)(u) := \alpha u^*(u) + \beta v^*(u)$$

für alle $u \in X$ wird $X^\top$ zu einem linearen Raum über $\mathbb{K}$, den wir den zu X dualen Raum nennen. Wir setzen $X^{\top\top} := (X^\top)^\top$.

▶ BEISPIEL 2: Es sei X ein n-dimensionaler linearer Raum über $\mathbb{K}$. Dann hat man die Isomorphie

$$\boxed{X^\top \cong X,}$$

die sich jedoch nicht in natürlicher Weise ergibt, sondern von der Wahl einer Basis $b_1, \ldots, b_n$ auf X abhängt. Um das zu zeigen, setzen wir

$$b_j^*(u_1 b_1 + \ldots + u_n b_n) := u_j, \qquad j = 1, \ldots, n.$$

Dann bilden die linearen Funktionale $b_1^*, \ldots, b_n^*$ eine Basis des dualen Raumes $X^\top$, die wir die *duale Basis* zu $b_1, \ldots, b_n$ nennen.

Jedes lineare Funktional u^* auf X lässt sich in der Form

$$u^* = \alpha_1 b_1^* + \ldots + \alpha_n b_n^*, \qquad \alpha_1, \ldots, \alpha_n \in \mathbb{K}$$

darstellen. Setzen wir $A(u^*) := \alpha_1 b_1 + \cdots + \alpha_n b_n$, dann ist $A : X^\top \longrightarrow X$ eine lineare bijektive Abbildung, die die Isomorphie $X^\top \cong X$ ergibt.

Dagegen erhält man die Isomorphie

$$\boxed{X^{\top\top} \cong X}$$

in natürlicher (basisunabhängiger) Weise, indem man

$$u^{**}(u^*) := u^*(u) \qquad \text{für alle } u^* \in X^\top$$

---

[24]Eine ausführlichere Untersuchung der Dualitätstheorie für lineare Räume und ihre Anwendungen findet man in 11.2 im Handbuch.

setzt. Dann wird jedem $u \in X$ ein $u^{**} \in X^{\top\top}$ zugeordnet, und diese Abbildung von X auf $X^{\top\top}$ ist linear und bijektiv.

Für unendlichdimensionale lineare Räume ist das Verhältnis zwischen X und $X^{\top}$, $X^{\top\top}$ in der Regel nicht mehr so durchsichtig wie im endlichdimensionalen Fall (vgl. z. B. die Theorie reflexiver Banachräume in 11.2.4.3 im Handbuch).

Der duale Operator: Es sei $A : X \longrightarrow Y$ ein linearer Operator, wobei X und Y lineare Räume über $\mathbb{K}$ bezeichnen. Definieren wir $A^{\top}$ durch

$$(A^{\top} v^*)(u) := v^*(Au) \qquad \text{für alle } u \in X,$$

dann ist $A^{\top} : Y^{\top} \longrightarrow X^{\top}$ ein linearer Operator, den man den zu A dualen Operator nennt.

Produktregel: Sind $A : X \longrightarrow Y$ und $B : Y \longrightarrow Z$ lineare Operatoren, dann gilt

$$\boxed{(AB)^{\top} = B^{\top} A^{\top}.}$$

2.5 Algebraische Strukturen

Reelle Zahlen kann man addieren und multiplizieren. Derartige Operationen lassen sich jedoch auch für viele andere mathematische Objekte erklären. Das führt auf die Begriffe Gruppe, Ring und Körper, die sich im Zusammenhang mit der Lösung algebraischer Gleichungen und der Lösung zahlentheoretischer und geometrischer Probleme im 19. Jahrhundert herauskristallisiert haben.

2.5.1 Gruppen

Gruppen sind Mengen, in denen ein Produkt gh erklärt ist. Man benutzt Gruppen, um das Phänomen der Symmetrie mathematisch zu beschreiben.

Definition: Unter einer *Gruppe G* versteht man eine Menge, in der in jedem geordneten Paar (g, h) von Elementen g und h aus G ein gh bezeichnetes Element aus G zugeordnet wird, so dass gilt:

(i) $g(hk) = (gh)k$ für alle $g, h, k \in G$ (*Assoziativgesetz*).

(ii) Es gibt genau ein Element e mit $eg = ge = g$ für alle $g \in G$ (*neutrales Element*).

(iii) Zu jedem $g \in G$ existiert genau ein Element $h \in G$ mit $gh = hg = e$. Anstelle von h schreiben wir g^{-1} (*inverses Element*).

Eine Gruppe heißt genau dann *kommutativ* (oder *Abelsch*), wenn das Kommutativgesetz $gh = hg$ für alle $g, h \in G$ gilt.

▶ BEISPIEL 1 (Zahlengruppen): Die Menge aller von null verschiedenen reellen Zahlen bildet bezüglich der Multiplikation eine kommutative Gruppe, die man die multiplikative Gruppe der reellen Zahlen nennt.

▶ BEISPIEL 2 (Matrizengruppen): Die Menge $GL(n, \mathbb{R})$ aller reellen $(n \times n)$-Matrizen A mit nichtverschwindender Determinante bildet bezüglich der Matrizenmultiplikation AB eine Gruppe, die für $n \geq 2$ nichtkommutativ ist. Das neutrale Element entspricht der Einheitsmatrix E.

Symmetrie   (Drehgruppe): Die Menge $\mathbb{D}$ aller Drehungen des dreidimensionalen Raumes um einen festen Punkt O bildet eine nichtkommutative Gruppe, die man die dreidimensionale

Drehgruppe nennt. Das neutrale Element ist diejenige Transformation, die alle Punkte fest lässt, während das inverse Element der inversen Drehung entspricht.

Die anschauliche Symmetrie einer Kugel K mit dem Mittelpunkt O kann gruppentheoretisch dadurch beschrieben werden, dass K unter allen Elementen (Drehungen) von $\mathbb{D}$ in sich überführt wird.

Transformationsgruppen: Ist X eine nichtleere Menge, dann bilden alle bijektiven Abbildungen $g : X \longrightarrow X$ eine Gruppe $G(X)$. Die Gruppenmultiplikation entspricht der Hintereinanderausführung der Abbildungen, d. h., für $g, h \in G(X)$ und alle $x \in X$ gilt

$$\boxed{(gh)(x) := g(h(x)).}$$

Dem neutralen Element entspricht die identische Abbildung $\text{id} : X \longrightarrow X$ mit $\text{id}(x) = x$ für alle $x \in X$. Ferner repräsentiert das inverse Element g^{-1} die zu g inverse Abbildung (vgl. 4.3.3).

Permutationsgruppen: Es sei $X = \{1, \ldots, n\}$. Die Menge aller bijektiven Abbildungen $\pi : X \longrightarrow X$ bezeichnet man als die symmetrische Gruppe S_n. Man nennt S_n auch die Permutationsgruppe von n Elementen. Jedes Element π von S_n kann man durch ein Symbol

$$\pi = \begin{pmatrix} 1 & 2 & \ldots & n \\ i_1 & i_2 & \ldots & i_n \end{pmatrix}$$

beschreiben, was besagt, dass k in i_k übergeht, d. h., es ist $\pi(k) = i_k$ für alle k. Das Produkt zweier Permutationen $\pi_2 \pi_1$ entspricht der Hintereinanderausführung der beiden Permutationen, d. h. zunächst wird π_1 und dann wird π_2 ausgeführt. Das neutrale Element e und das inverse Element π^{-1} ergeben sich durch

$$e = \begin{pmatrix} 1 & 2 & \ldots & n \\ 1 & 2 & \ldots & n \end{pmatrix} \quad \text{und} \quad \pi^{-1} = \begin{pmatrix} i_1 & i_2 & \ldots & i_n \\ 1 & 2 & \ldots & n \end{pmatrix}.$$

Im Spezialfall $n = 3$ erhält man beispielsweise für

$$\pi_2 = \begin{pmatrix} 1 & 2 & 3 \\ 1 & 3 & 2 \end{pmatrix}, \quad \pi_1 = \begin{pmatrix} 1 & 2 & 3 \\ 3 & 2 & 1 \end{pmatrix}$$

das Produkt

$$\pi_2 \pi_1 = \begin{pmatrix} 1 & 2 & 3 \\ 2 & 3 & 1 \end{pmatrix},$$

denn π_1 bildet 1 in 3 und π_2 bildet 3 in 2 ab, d. h. $(\pi_2\pi_1)(1) = \pi_2(\pi_1(1)) = \pi_2(3) = 2$. Für $n \geq 3$ ist S_n nicht kommutativ.

Transposition: Unter einer Transposition (km) mit $k \neq m$ versteht man eine Permutation, die k in m und m in k überführt, während alle übrigen Elemente fest bleiben. Jede Permutation π kann als Produkt von r Transpositionen geschrieben werden, wobei r stets entweder gerade oder ungerade ist. Deshalb können wir das Vorzeichen von π durch

$$\text{sgn}\,\pi := (-1)^r$$

definieren. Für $\pi_1, \pi_2 \in S_n$ gilt

$$\boxed{\text{sgn}\,(\pi_1\pi_2) = \text{sgn}\,\pi_1\,\text{sgn}\,\pi_2.} \tag{2.61}$$

Im Sinne von 2.5.1.2 bedeutet dies, dass die Abbildung $\pi \mapsto \operatorname{sgn}\pi$ einen Morphismus der Permutationsgruppe S_n in die multiplikative Gruppe der reellen Zahlen darstellt.

Die Permutation π heißt genau dann *gerade* (bzw. ungerade), wenn $\operatorname{sgn}\pi = 1$ (bzw. $\operatorname{sgn}\pi = -1$) gilt. Jede Transposition ist ungerade.

Zyklen: Mit (abc) bezeichnen wir eine Permutation, die a in b, b in c und c in a überführt. Analog werden Zyklen $(z_1 z_2 \ldots z_k)$ erklärt. Jede Permutation π lässt sich (bis auf die Reihenfolge) eindeutig als Produkt von Zyklen schreiben. Beispielsweise erhält man die $3! = 6$ Elemente von S_3 durch

$$(1), \quad (12), \quad (13), \quad (23), \quad (123), \quad (132).$$

2.5.1.1 Untergruppen

Definition: Eine Teilmenge von H einer Gruppe G heißt genau dann eine Untergruppe, wenn H (bezüglich der von G induzierten Multiplikation) eine Gruppe darstellt. Das ist äquivalent dazu, dass aus $g, h \in H$ stets $gh^{-1} \in H$ folgt.

Normalteiler: Unter einem *Normalteiler* H von G versteht man eine Untergruppe H von G mit der zusätzlichen Eigenschaft:

$$\boxed{\quad ghg^{-1} \in H \qquad \text{für alle } g \in, \ h \in H. \quad}$$

Die Gruppe G selbst und $\{e\}$ sind stets Normalteiler von G, die man triviale Normalteiler von G nennt.

Jede Untergruppe einer kommutativen Gruppe ist ein Normalteiler.

Einfachheit: Eine Gruppe G heißt genau dann einfach, wenn sie nur triviale Normalteiler besitzt.

▶ BEISPIEL 1: Alle positiven reellen Zahlen bilden eine Untergruppe (und einen Normalteiler) der multiplikativen Gruppe aller von null verschiedenen reellen Zahlen.

Unter der Ordnung $\operatorname{ord} G$ einer endlichen Gruppe G versteht man die Anzahl ihrer Elemente.

Ordnungssatz von Lagrange: Die Ordnung jeder Untergruppe einer endlichen Gruppe ist ein Teiler der Gruppenordnung.

▶ BEISPIEL 1 (Permutationen): Die geraden Permutationen von S_n bilden eine Untergruppe $\mathbb{A}_n$ von S_n, die man *alternierende n-Gruppe* nennt. Für $n \geq 2$ gilt:

$$2 \operatorname{ord} \mathbb{A}_n = \operatorname{ord} S_n = n!.$$

$\mathbb{A}_n$ ist ein Normalteiler von S_n.

(i) Die Gruppe S_2 besteht aus den Elementen (1), (12) und besitzt nur die trivialen Normalteiler $\mathbb{A}_2 = (1)$ und S_2.

(ii) Alle sechs Untergruppen von S_3 lauten:

$$S_3: \ (1), (12), (13), (23), (123), (132), \quad \mathbb{E}: (1),$$
$$\mathbb{A}_3: \ (1), (123), (132),$$
$$S_2: \ (1), (12), \quad S_2': (1), (13), \quad S_2'': (1), (23).$$

Dabei ist $\mathbb{A}_3$ der einzige nichttriviale Normalteiler von S_3.

(iii) S_4 besitzt $\mathbb{A}_4$ und die kommutative *Kleinsche Vierergruppe*

$$\mathbb{K}_4: \ (1), (12)(34), (13)(24), (14)(23)$$

als nichttriviale Normalteiler.

(iv) Für $n \geq 5$ ist $\mathbb{A}_n$ der einzige nichttriviale Normalteiler von S_n, und $\mathbb{A}_n$ ist einfach.

Additive Gruppen: Unter einer derartigen Gruppe versteht man eine Menge G, in der jedem geordneten Paar (g, h) von Elementen g und h aus G ein mit $g + h$ bezeichnetes Element aus G zugeordnet wird, so dass gilt:

(i) $g + (h + k) = (g + h) + k$ für alle $g, h, k \in G$ (*Assoziativgesetz*).

(ii) Es gibt genau ein Element 0 mit $0 + g = g + 0 = g$ für alle $g \in G$ (*Neutrales Element*).

(iii) Zu jedem $g \in G$ existiert genau ein Element $h \in G$ mit $g + h = h + g = 0$. Anstelle von h schreiben wir $-g$ (*inverses Element*).

(iv) $g + h = h + g$ für alle $g, h \in G$ (*Kommutativität*).

Somit stellt eine additive Gruppe eine kommutative Gruppe dar, wobei $a + b$ anstelle von ab geschrieben und das neutrale Element mit 0 bezeichnet wird.

▶ BEISPIEL 2: Die Menge $\mathbb{R}$ der reellen Zahlen ist eine additive Gruppe. Die Menge $\mathbb{Z}$ der ganzen Zahlen ist eine additive Untergruppe von $\mathbb{R}$.

▶ BEISPIEL 3: Jeder lineare Raum stellt eine additive Gruppe dar.

2.5.1.2 Morphismen von Gruppen

Definition: Unter einem *Morphismus*[26] zwischen den beiden Gruppen G und H versteht man eine Abbildung $\varphi : G \longrightarrow H$, die die Gruppenoperation respektiert, d. h., es ist

$$\boxed{\varphi(gh) = \varphi(g)\varphi(h) \qquad \text{für alle } g, h \in G.}$$

Genau die bijektiven Morphismen heißen *Isomorphismen*.

Zwei Gruppen G und H heißen genau dann isomorph, wenn es einen Isomorphismus $\varphi : G \longrightarrow H$ gibt. Isomorphe Gruppen besitzen die gleiche Struktur und können miteinander identifiziert werden.

Surjektive (bzw. injektive) Morphismen werden auch *Epimorphismen* (bzw. *Monomorphismen*) genannt. Unter einem Automorphismus einer Gruppe G versteht man einen Isomorphismus von G auf sich selbst.

▶ BEISPIEL 1: Die Gruppe $G := \{1, -1\}$ ist isomorph zur Gruppe $H := \{E, -E\}$ mit

$$E := \begin{pmatrix} 1 & 0 \\ 0 & 1 \end{pmatrix}.$$

Der Isomorphismus $\varphi : G \longrightarrow H$ wird durch $\varphi(\pm 1) := \pm E$ gegeben.

Die Symmetrien einer Gruppe: Bezüglich der Hintereinanderausführung bilden alle Automorphismen von G eine Gruppe, die man die Automorphismengruppe $\text{Aut}(G)$ von G nennt. Diese Gruppe beschreibt die Symmetrien von G.

Innere Automorphismen: Es sei g ein festes Element der Gruppe G. Wir setzen

$$\varphi_g(h) := ghg^{-1} \qquad \text{für alle } h \in G.$$

Dann ist $\varphi_g : G \longrightarrow G$ ein Automorphismus von G. Genau die so konstruierten Automorphismen heißen innere Automorphismen von G.

---

[26]In der älteren Literatur werden Morphismen auch als Homomorphismen bezeichnet. Der Begriff des Morphismus wird in der modernen Mathematik im Rahmen der Kategorientheorie auf beliebige Strukturen angewandt (vgl. 17.2.4 im Handbuch).

Die inneren Automorphismen von G bilden eine Untergruppe von $\mathrm{Aut}(G)$. Eine Untergruppe H von G ist genau dann ein Normalteiler von G, wenn sie durch alle inneren Automorphismen von G in sich abgebildet wird.

Faktorengruppe: Es sei N ein Normalteiler der Gruppe G. Für $g, h \in G$ schreiben wir genau dann

$$g \sim h$$

wenn $gh^{-1} \in N$ gilt. Das ist eine Äquivalenzrelation auf der Gruppe G (vgl. 4.3.5.1). Die zugehörigen Äquivalenzklassen $[g]$ werden durch

$$[g][f] := [gf]$$

zu einer Gruppe, die man die Faktorgruppe G/N nennt.[27] Im Fall einer additiven Gruppe G schreiben wir $g \sim h$ genau dann, wenn $g - h \in N$ gilt. Dann ergibt sich G/N aus $[g] + [h] := [g + h]$.

▶ BEISPIEL 2: Es sei G die multiplikative Gruppe der reellen Zahlen, und es sei $N := \{x \in \mathbb{R} \mid x > 0\}$. Dann gilt $g \sim h$ genau dann, wenn g und h das gleiche Vorzeichen besitzen. Somit besteht G/N aus den beiden Elementen $[1]$ und $[-1]$ mit der Multiplikationsregel $[1][-1] = [-1]$ usw. Das bedeutet, dass G/N isomorph zur Gruppe $\{1, -1\}$ ist.

Ist N ein Normalteiler der endlichen Gruppe G, dann gilt:

$$\mathrm{ord}\,(G/N) = \frac{\mathrm{ord}\,G}{\mathrm{ord}\,N}\,.$$

Die Bedeutung der Faktorgruppe besteht darin, dass sie (bis auf die Isomorphie) alle epimorphen Bilder von G beschreiben, wie der folgende Satz zeigt.

Morphismensatz[28] für Gruppen:

(i) Ist $\varphi : G \longrightarrow H$ ein Epimorphismus der Gruppe G, dann stellt der sogenannte Kern $\ker \varphi := \varphi^{-1}(e)$ einen Normalteiler von G dar, und man erhält die Isomorphie

$$H \cong G/\ker \varphi.$$

(ii) Ist umgekehrt N ein Normalteiler von G, dann ergibt sich durch

$$\varphi(g) := [g]$$

ein Epimorphismus $\varphi : G \longrightarrow G/N$ mit $\ker \varphi = N$.

Speziell ist eine Gruppe G genau dann einfach, wenn jedes epimorphe Bild von G isomorph zu G oder zu $\{e\}$ ist, d. h., G besitzt nur triviale epimorphe Bilder.

▶ BEISPIEL 3: Es sei $\mathbb{Z}$ die additive Gruppe der ganzen Zahlen. Eine Gruppe H ist genau dann epimorphes Bild von $\mathbb{Z}$, wenn sie zyklisch ist (vgl. 2.5.1.3).

Erster Isomorphiesatz für Gruppen: Ist N ein Normalteiler der Gruppe G und ist H eine Untergruppe von G, dann ist $N \cap H$ ein Normalteiler von G, und man hat die Isomorphie:

$$HN/N \cong H/(H \cap N).$$

Dabei setzen wir $HN := \{hg \mid h \in H,\ g \in N\}$.

---

[27] Die Definition von $[g][f]$ hängt nicht von der Wahl der Repräsentanten g und f ab.
[28] Dieser Satz wird auch als Homomormhiesatz für Gruppen bezeichnet.

Zweiter Isomorphiesatz für Gruppen: Es seien N und H Normalteiler der Gruppe G mit $N \subseteq H \subseteq G$. Dann ist H/N ein Normalteiler von G/N, und man erhält die Isomorphie:

$$G/H \cong (G/N)/(H/N).$$

2.5.1.3 Zyklische Gruppen

Eine Gruppe G heißt genau dann zyklisch, wenn sich jedes $g \in G$ in der Form

$$g = a^n, \qquad n = 0, \pm 1, \dots .$$

darstellen lässt.[29] Dabei heißt a das erzeugende Element von G.

(i) Gilt $a^n \neq e$ für alle natürlichen Zahlen $n \geq 1$, dann besteht G aus unendlich vielen Elementen.

(ii) Gilt $a^n = e$ für eine natürliche Zahl $n \geq 1$, dann besteht G aus endlich vielen Elementen.

Zu jeder natürlichen Zahl $m \geq 1$ gibt es eine zyklische Gruppe der Ordnung m.

Zwei zyklische Gruppen sind genau dann isomorph, wenn sie die gleiche (endliche oder unendliche) Anzahl von Elementen besitzen. Der Isomorphismus ergibt sich dann durch $a^n \mapsto b^n$, wobei a und b die entsprechenden erzeugenden Elemente sind.

Satz: (a) Jede zyklische Gruppe ist kommutativ.

(b) Jede endliche Gruppe von Primzahlordnung ist zyklisch.

(c) Zwei endliche Gruppen der gleichen Primzahlordnung sind zyklisch und zueinander isomorph.

▶ Beispiel 1: Eine zyklische Gruppe der Ordnung 2 besteht aus den beiden Elementen e und a mit

$$a^2 = e.$$

Dann gilt $a^{-1} = a$. Eine zyklische Gruppe der Ordnung 3 besteht aus den Elementen e, a, a^2, wobei $a^3 = e$ gilt. Daraus folgt $a^{-1} = a^2$ und $a^{-2} = a$.

▶ Beispiel 2: Die additive Gruppe $\mathbb{Z}$ der ganzen Zahlen ist eine unendliche additive zyklische Gruppe, die von 1 erzeugt wird.

▶ Beispiel 3: Eine additive zyklische Gruppe der Ordnung $m \geq 2$ erhalten wir durch die Symbole $0, a, 2a, \dots, (m-1)a$, mit denen wir in üblicher Weise unter Beachtung von $a \neq 0$ und

$$ma = 0$$

rechnen.[30]

Der Hauptsatz über additive Gruppen: Es sei G eine additive Gruppe mit endlich vielen Erzeugenden $a_1, \dots, a_s \in G$, d. h., jedes G lässt sich als Linearkombination $m_1 a_1 + \dots + m_r a_r$ mit ganzzahligen Koeffizienten m_j darstellen. Dann ist G die direkte Summe[31]

$$G = G_1 \oplus G_2 \oplus \dots \oplus G_r \oplus G_{r+1} \oplus \dots \oplus G_s$$

---

[29]Wir setzen $a^0 := e$, $a^{-2} := (a^{-1})^2$ usw.
[30]Diese Gruppe ist isomorph zur Gaußschen Restklassengruppe $\mathbb{Z}/m\mathbb{Z}$ (vgl. 2.5.2).
[31]Jedes $g \in G$ besitzt eine eindeutige Zerlegung $g = g_1 + \dots + g_s$ mit $g_j \in G_j$ für alle j.

von (endlich vielen) additiven zyklischen Gruppen G_j. Dabei gilt:

(i) $G_1, \ldots, G_r$ ist isomorph zu $\mathbb{Z}$.

(ii) $G_{r+1}, \ldots, G_{r+s}$ ist zyklisch von der (entsprechenden) endlichen Ordnung $\tau_{r+1}, \ldots, \tau_{r+s}$, wobei τ_j ein Teiler von τ_{j+1} für alle j ist.

Man bezeichnet r als Rang von G, und $\tau_{r+1}, \ldots, \tau_{r+s}$ heißen die Torsionskoeffizienten von G.

Zwei additive Gruppen mit endlich vielen Erzeugenden sind genau dann isomorph, wenn sie den gleichen Rang und die gleichen Torsionskoeffizienten besitzen.

In der klassischen kombinatorischen Topologie ist G eine Bettische Gruppe (Homologiegruppe). Dann heißt r auch die Bettische Zahl von G.

2.5.1.4 Auflösbare Gruppen

Auflösbare Gruppen: Eine Gruppe G heißt genau dann auflösbar, wenn es eine Folge

$$G_0 \subseteq G_1 \subseteq \ldots \subseteq G_{n-1} \subseteq G_n := G$$

von Untergruppen G_j in G gibt mit $G_0 = \{e\}$ und $G_n := G$, wobei für alle j gilt:

> G_j ist Normalteiler von G_{j+1} und G_{j+1}/G_j ist kommutativ.

▶ BEISPIEL 1: Jede kommutative Gruppe ist auflösbar.

▶ BEISPIEL 2 (Permutationsgruppe) :

(i) Die kommutative Gruppe $\mathbb{S}_2$ ist auflösbar.

(ii) Die Gruppe $\mathbb{S}_3$ ist auflösbar. Man wähle $\{e\} \subseteq \mathbb{A}_3 \subseteq \mathbb{S}_3$.

(iii) Die Gruppe $\mathbb{S}_4$ ist auflösbar. Man wähle $\{e\} \subseteq \mathbb{K}_4 \subseteq \mathbb{A}_4 \subseteq \mathbb{S}_4$.

Man beachte $\mathrm{ord}(\mathbb{A}_3) = 3$, $\mathrm{ord}(\mathbb{S}_j/\mathbb{A}_j) = 2$ und $\mathrm{ord}(\mathbb{A}_4/\mathbb{K}_4) = 3$. Das sind Primzahlen. Deshalb sind alle diese Gruppen zyklisch und somit kommutativ.

(iv) Die Gruppe $\mathbb{S}_n$ ist für $n \geq 5$ nicht auflösbar. Das beruht wesentlich auf der Einfachheit von $\mathbb{A}_5$.

Diese Aussagen sind aufgrund der Galoistheorie dafür verantwortlich, dass Gleichungen vom Grad ≥ 5 nicht durch geschlossene Formeln darstellbar sind (vgl. 2.6.5).

2.5.2 Ringe

In einem Ring sind eine Summe $a + b$ und ein Produkt ab erklärt. In Ringen kann man eine Teilbarkeitslehre aufbauen (vgl. 2.7.11).

Definition: Eine Menge R heißt genau dann ein Ring, wenn R eine additive Gruppe ist und jedem geordneten Paar (a, b) mit $a, b \in R$ ein durch ab bezeichnetes Element von R zugeordnet wird, so dass für alle $a, b, c \in R$ gilt:

(i) $a(bc) = (ab)c$ (Assoziativgesetz).

(ii) $a(b + c) = ab + ac$ und $(b + c)a = ba + ca$ (Distributivgesetze).

Der Ring R heißt genau dann kommutativ, wenn $ab = ba$ für alle $a, b \in R$ gilt.

Besitzt R ein Element e mit $ae = ea = a$ für alle $a \in R$, dann ist e durch diese Eigenschaft eindeutig bestimmt und heißt das Einselement von R.

Der Ring R heißt genau dann nullteilerfrei, wenn aus $ab = 0$ stets $a = 0$ oder $b = 0$ folgt.

Integritätsbereiche: Genau die kommutativen nullteilerfreien Ringe heißen Integritätsbereiche.

▶ BEISPIEL 1: Die Menge $\mathbb{Z}$ aller ganzen Zahlen bildet einen Integritätsbereich mit Einselement.

▶ BEISPIEL 2: Die Menge aller reellen $(n \times n)$-Matrizen bildet einen Ring mit der Einheitsmatrix als Einselement. Für $n \geq 2$ ist dieser Ring weder nullteilerfrei noch kommutativ. Beispielsweise ist für $n = 2$ das Produkt

$$\begin{pmatrix} 0 & 1 \\ 0 & 0 \end{pmatrix} \begin{pmatrix} 1 & 0 \\ 0 & 0 \end{pmatrix} = \begin{pmatrix} 0 & 0 \\ 0 & 0 \end{pmatrix}$$

gleich null, aber die beiden Faktoren links sind ungleich null.

Unterringe: Eine Teilmenge U eines Rings R heißt genau dann ein Unterring von R, wenn U (bezüglich der durch R induzierten Operationen) selbst ein Ring ist. Das ist äquivalent dazu, dass aus $a, b \in U$ stets $a - b \in U$ und $ab \in U$ folgt.

Ideale: Eine Teilmenge J des Ringes R heißt genau dann ein Ideal, wenn J ein Unterring ist mit der zusätzlichen Eigenschaft:

> Aus $r \in R$ und $a \in J$ folgt $ra, ar \in J$.

▶ BEISPIEL 3: Alle Ideale in $\mathbb{Z}$ erhält man durch $m\mathbb{Z} := \{mz \mid z \in \mathbb{Z}\}$ mit einer beliebigen natürlichen Zahl m.

Polynomring $P[x]$: Es sei P ein Ring. Durch $P[x]$ bezeichnen wir die Gesamtheit aller Ausdrücke der Form

$$a_0 + a_1 x + a_2 x^2 + \ldots + a_k x^k$$

mit $k = 0, 1, \ldots$ und $a_k \in P$ für alle k. Bezüglich der üblichen Addition und Multiplikation wird $P[x]$ zu einem Ring.

Ist P ein Integritätsbereich, dann hat auch der Polynomring $P[x]$ diese Eigenschaft.

Morphismen eines Ringes: Unter einem Morphismus $\varphi : R \longrightarrow S$ zwischen den beiden Ringen R und S versteht man eine Abbildung, die die Ringoperationen respektiert, d. h., es gilt

> $\varphi(ab) = \varphi(a)\varphi(b)$ und $\varphi(a + b) = \varphi(a) + \varphi(b)$ für alle $a, b \in R$.

Genau die bijektiven Morphismen heißen Isomorphismen. Man kann isomorphe Ringe miteinander identifizieren.

Surjektive (bzw. injektive) Morphismen heißen auch Epimorphismen (bzw. Monomorphismen). Isomorphismen eines Ringes auf sich werden Automorphismen genannt.

Faktorringe: Es sei J ein Ideal des Ringes R. Für $a, b \in R$ schreiben wir genau dann

$$a \sim c$$

wenn $a - c \in J$ gilt. Das ist eine Äquivalenzrelation auf dem Ring R (vgl. 4.3.5.1). Die zugehörigen Äquivalenzklassen $[a]$ werden durch

> $[a][b] := [ab]$ und $[a] + [b] := [a + b]$

zu einem Ring, den man den Faktorring R/J nennt.[32]

---

[32]Die Definition von $[a][b]$ und $[a] + [b]$ hängt nicht von der Wahl der Repräsentanten a und b ab.

Der Gaußsche Restklassenring $\mathbb{Z}/m\mathbb{Z}$: Es sei $\mathbb{Z}$ die additive Gruppe der ganzen Zahlen, und es sei $m \in \mathbb{Z}$ mit $m > 0$. Wir wählen das Ideal $m\mathbb{Z}$. Dann gilt

$$z \sim w$$

genau dann, wenn $z - w \in m\mathbb{Z}$ zutrifft, d. h., die Differenz $z - w$ ist durch m teilbar. Mit Gauß schreiben wir dafür auch[33]

$$\boxed{z \equiv w \bmod m.}$$

Für die Restklassen hat man genau dann $[z] = [w]$, wenn die Differenz $z - w$ durch m teilbar ist. Der Restklassenring $\mathbb{Z}/m\mathbb{Z}$ besteht aus genau den m Klassen

$$[0], [1], \ldots, [m - 1],$$

mit denen gemäß

$$[a] + [b] = [a + b], \quad \text{und} \quad [a][b] = [ab]$$

gerechnet wird.

▶ BEISPIEL 4: Für $m = 2$ besteht $\mathbb{Z}/2\mathbb{Z}$ aus den beiden Restklassen $[0]$ und $[1]$. Es ist genau dann $[z] = [w]$, wenn $z - w$ durch 2 teilbar ist. Somit entspricht $[0]$ (bzw. $[1]$) der Menge der geraden (bzw. ungeraden) ganzen Zahlen. Alle möglichen Operationen in $\mathbb{Z}/2\mathbb{Z}$ lauten:

$$[1] + [1] = [2] = [0], \quad [0] + [0] = [0], \quad [0] + [1] = [1] + [0] = [1],$$
$$[1][1] = [1], \quad [0][1] = [1][0] = [0][0] = [0].$$

Für $m = 3$ besteht $\mathbb{Z}/3\mathbb{Z}$ aus den drei Restklassen $[0]$, $[1]$, $[2]$. Es gilt genau dann $[z] = [w]$, wenn die Differenz $z - w$ durch 3 teilbar ist. Beispielsweise erhält man

$$[2][2] = [4] = [1].$$

Für $m = 4$ besteht $\mathbb{Z}/4\mathbb{Z}$ aus den Restklassen $[0]$, $[1]$, $[2]$, $[3]$. Aus der Zerlegung $4 = 2 \cdot 2$ folgt $[2][2] = [4]$ und somit

$$[2][2] = [0],$$

d. h., $\mathbb{Z}/4\mathbb{Z}$ besitzt Nullteiler.

Der Restklassenring $\mathbb{Z}/m\mathbb{Z}$ mit $m \geq 2$ ist genau dann nullteilerfrei, wenn m eine Primzahl ist. In diesem Fall ist $\mathbb{Z}/m\mathbb{Z}$ sogar ein Körper.

Der folgende Satz zeigt, dass man alle Epimorphismen eines Ringes R konstruieren kann, wenn man alle seine Ideale kennt.

Morphismensatz[34] für Ringe:

(i) Ist $\varphi : R \longrightarrow S$ ein Epimorphismus des Ringes R, dann stellt der sogenannte Kern $\ker \varphi := \varphi^{-1}(0)$ ein Ideal von R dar, und S ist isomorph zum Faktorring $R/\ker \varphi$.

(ii) Ist umgekehrt J ein Ideal von R, dann ergibt sich durch

$$\varphi(a) := [a]$$

ein Epimorphismus $\varphi : R \longrightarrow R/J$ mit $\ker \varphi = J$.

---

[33]Lies: z ist kongruent w modulo m.
[34]Dieser Satz heißt auch Homomorphiesatz.

2.5.3 Körper

Körper sind Mengen, in denen eine Addition $a + b$ und eine Multiplikation ab erklärt sind, wobei die für reelle Zahlen üblichen algebraischen Regeln gelten. In einem gewissen Sinne sind Körper die perfektesten algebraischen Strukturen. Ein zentrales Thema der Körpertheorie stellen die Körpererweiterungen dar. Die Galoistheorie führt die Untersuchung von algebraischen Gleichungen auf Körpererweiterungen und deren Symmetriegruppen zurück.

Definition: Eine Menge K heißt genau dann ein *Schiefkörper*, wenn gilt:

(i) K ist eine additive Gruppe mit dem Nullelement 0.

(ii) $K \setminus \{0\}$ ist eine multiplikative Gruppe mit dem Einselement e.

(iii) K ist ein Ring.

Unter einem Körper verstehen wir einen Schiefkörper mit kommutativer Multiplikation.

Gleichungen: Es sei K ein Schiefkörper. Gegeben seien $a, b, c, d \in K$ mit $a \neq 0$. Dann besitzen die Gleichungen

$$ax = b, \quad ya = b, \quad c + z = d, \quad z + c = d$$

eindeutig Lösungen in K, die durch $x = a^{-1}b$, $y = ba^{-1}$ und $z = d - c$ gegeben sind.

Unterkörper: Eine Teilmenge U eines Schiefkörpers K heißt genau dann ein Unterkörper von K, wenn U (bezüglich der durch K induzierten Operationen) ein Schiefkörper ist.

Ein Unterkörper von K heißt genau dann echt, wenn er ungleich $\{e\}$ und ungleich K ist.

Charakteristik: Ein Schiefkörper K besitzt definitionsgemäß genau dann die Charakteristik null, wenn

$$ne \neq 0 \qquad \text{für alle } n = 1, 2, \ldots$$

gilt. Ein Schiefkörper besitzt genau dann die Charakteristik $m > 0$, wenn

$$me = 0 \quad \text{und} \quad ne \neq 0 \qquad \text{für } n = 1, \ldots, m - 1$$

gilt. In diesem Fall ist m stets eine Primzahl.

▶ BEISPIEL 1: Die Menge $\mathbb{R}$ der reellen Zahlen und die Menge $\mathbb{Q}$ der rationalen Zahlen sind Körper der Charakteristik null; $\mathbb{Q}$ ist ein Unterkörper von $\mathbb{R}$.

▶ BEISPIEL 2: Es sei $p \geq 2$ eine Primzahl. Dann ist der Gaußsche Restklassenring $\mathbb{Z}/p\mathbb{Z}$ ein Körper der Charakteristik p (vgl. 2.5.2).

Morphismen von Schiefkörpern: Unter einem Morphismus $\varphi : K \longrightarrow M$ von dem Schiefkörper K in den Schiefkörper M versteht man einen Morphismus der entsprechenden Ringe. Für alle $a, b, c \in K$ gilt dann

$$\varphi(a + b) = \varphi(a) + \varphi(b), \quad \varphi(ab) = \varphi(a)\varphi(b), \quad \varphi(c^{-1}) = \varphi(c)^{-1},$$

falls $c \neq 0$ existiert. Ferner ist $\varphi(e) = e$ und $\varphi(0) = 0$.

Genau die bijektiven Morphismen heißen Isomorphismen. Man kann isomorphe Schiefkörper miteinander identifizieren.

Surjektive (bzw. injektive) Morphismen heißen auch Epimorphismen (bzw. Monomorphismen). Isomorphismen eines Körpers auf sich selbst werden Automorphismen genannt.

Primkörper: Ein Schiefkörper heißt genau dann ein Primkörper, wenn er keinen echten Unterkörper besitzt.

(i) In jedem Schiefkörper gibt es genau einen Unterkörper, der Primkörper ist.

(ii) Dieser Primkörper ist isomorph zu $\mathbb{Q}$ oder zu $\mathbb{Z}/p\mathbb{Z}$ (p beliebige Primzahl).

(ii) Die Charakteristik eines Schiefkörpers ist gleich 0 (bzw. p), wenn sein Primkörper isomorph zu $\mathbb{Q}$ (bzw. $\mathbb{Z}/p\mathbb{Z}$) ist.

Galoisfelder: Genau die endlichen Schiefkörper heißen Galoisfelder.

Jedes Galoisfeld ist ein Körper.

Zu jeder Primzahl p und zu $n = 1, 2, \ldots$ gibt es einen Körper mit p^n Elementen. Auf diese Weise erhält man alle Galoisfelder.

Zwei Galoisfelder sind genau dann isomorph, wenn sie die gleiche Anzahl von Elementen besitzen.

Komplexe Zahlen: Wir wollen zeigen, wie man nach dem Vorbild von Hamilton (1805–1865) algebraische Objekte konstruieren kann, die die Theorie der komplexen Zahlen auf eine gesicherte Grundlage stellen. Mit $\mathbb{C}$ bezeichnen wir die Gesamtheit aller geordneten Paar (a, b) mit $a, b \in \mathbb{R}$. Durch die Operationen

$$(a, b) + (c, d) := (a + c, b + d)$$

und

$$(a, b)(c, d) := (ac - bd, ad + bc)$$

wird $\mathbb{C}$ zu einem Körper. Setzen wir

$$i := (0, 1),$$

dann gilt $i^2 = (-1, 0)$. Für jedes Element (a, b) aus $\mathbb{C}$ hat man die eindeutige Zerlegung

$$(a, b) = (a, 0) + (b, 0)i.$$

Die Abbildung $\varphi(a) := (a, 0)$ ist ein Monomorphismus von $\mathbb{R}$ in $\mathbb{C}$. Deshalb können wir $a \in \mathbb{R}$ mit $(a, 0)$ identifizieren. In diesem Sinne kann jedes Element (a, b) aus $\mathbb{C}$ eindeutig in der Form

$$a + b i$$

mit $a, b \in \mathbb{R}$ geschrieben werden. Speziell gilt

$$i^2 = -1.$$

Damit ist der Anschluss an die übliche Notation hergestellt, und $\mathbb{C}$ enthält $\mathbb{R}$ als Unterkörper.

Quaternionen: Die Menge $\mathbb{H}$ der Quaternionen $\alpha + \beta i + \gamma j + \delta k$ mit $\alpha, \beta, \gamma, \delta \in \mathbb{R}$ ist ein Schiefkörper, der den Körper $\mathbb{C}$ der komplexen Zahlen als Unterkörper enthält. Für $\alpha^2 + \beta^2 + \gamma^2 + \delta^2 \neq 0$ erhält man das inverse Element durch

$$(\alpha + \beta i + \gamma j + \delta k)^{-1} = \frac{\alpha - \beta i - \gamma j - \delta k}{\alpha^2 + \beta^2 + \gamma^2 + \delta^2}$$

(vgl. Beispiel 1 in 2.4.3.4 im Handbuch).

Quotientenkörper $Q(P)$:　Es sei P ein Integritätsbereich, der nicht nur aus dem Nullelement besteht (vgl. 2.5.2). Dann gibt es einen Körper $Q(P)$ mit den beiden folgenden Eigenschaften:

(i) P ist in $Q(P)$ enthalten.

(ii) Ist P in dem Körper K enthalten, dann ist der kleinste Unterkörper von K, der P enthält, isomorph zu $Q(P)$.

Explizit ergibt sich $Q(P)$ in folgender Weise. Wir betrachten alle geordneten Paare (a, b) mit $a, b \in P$ und $b \neq 0$. Wir schreiben

$$(a, b) \sim (c, d) \quad \text{genau dann, wenn} \quad ad = bc$$

gilt. Das ist eine Äquivalenzrelation (vgl. 4.3.5.1). Die Menge $Q(P)$ der zugehörigen Äquivalenzklassen $[(a, b)]$ bildet bezüglich der Operationen

$$[(a, b)][(c, d)] := [(ac, bd)],$$
$$[(a, b)] + [(c, d)] = [(ad + bc, bd)]$$

einen Körper.[35] Anstelle von $[(a, b)]$ schreibt man auch $\dfrac{a}{b}$. Dann besteht $Q(P)$ aus genau allen Symbolen

$$\boxed{\dfrac{a}{b}}$$

mit $a, b \in P$ und $b \neq 0$, wobei mit diesen Symbolen wie mit Brüchen gerechnet wird, d. h., es gilt

$$\frac{a}{b} = \frac{c}{d} \quad \text{genau dann, wenn} \quad ad = bc$$

und

$$\frac{a}{b}\frac{c}{d} = \frac{ac}{bd}, \qquad \frac{a}{b} + \frac{c}{d} = \frac{ad + bc}{bd}.$$

Wählen wir ein r aus P mit $r \neq 0$ und setzen wir $\varphi(a) := \dfrac{ar}{r}$, dann ergibt sich ein Monomorphismus $\varphi : P \longrightarrow Q(P)$, der unabhängig von der Wahl von r ist. In diesem Sinne können wir die Elemente a von P mit $\dfrac{ar}{r}$ identifizieren. Dann ist $\dfrac{r}{r}$ gleich dem Einselement in $Q(P)$ und

$$\boxed{\dfrac{a}{b} = ab^{-1}.}$$

Wie bei der Einführung der komplexen Zahlen wird der scheinbar komplizierte Weg über die Restklassen $[(a, b)]$ nur gewählt, um sicherzustellen, dass das formale Rechnen mit den Brüchen $\dfrac{a}{b}$ nicht zu Widersprüchen führt.

▶ BEISPIEL 3: Der Quotientenkörper zum Integritätsbereich $\mathbb{Z}$ der ganzen Zahlen ist der Körper $\mathbb{Q}$ der rationalen Zahlen.

▶ BEISPIEL 4: Es sei $P[x]$ der Polynomring über dem Integritätsbereich $P \neq \{0\}$. Dann ist der zugehörige Quotientenkörper $\mathbb{R}_P[x]$ zu $P(x)$ gleich dem Körper der rationalen Funktionen mit Koeffizienten in P, d. h., die Elemente von $\mathbb{R}_P[x]$ sind Quotienten

$$\frac{p(x)}{q(x)}$$

von Polynomen $p(x)$ und $q(x)$ mit Koeffizienten in P (vgl. 2.5.2), wobei $q \neq 0$ gilt, d. h. $q(x)$ ist nicht das Nullpolynom.

---

[35]Diese Operationen sind von der Wahl der Repräsentanten unabhängig.

2.6 Galoistheorie und algebraische Gleichungen

> *Das Pariser Milieu mit seiner intensiven mathematischen Tätigkeit brachte um 1830 mit Evariste Galois ein Genie ersten Ranges hervor, das wie ein Komet ebenso plötzlich verschwand, wie es erschienen war.*[36]
>
> *Dirk J. Struik*

2.6.1 Die drei berühmten Probleme der Antike

In der griechischen Mathematik des Altertums gab es drei berühmte Probleme, deren Unlösbarkeit erst im 19. Jahrhundert gezeigt wurde:

(i) die Quadratur des Kreises,

(ii) das Delische Problem der Würfelverdopplung

(iii) und die Dreiteilung eines beliebigen Winkels.

In allen drei Fällen sind nur Konstruktionen mit Zirkel und Lineal erlaubt. In (i) ist ein Quadrat zu konstruieren, dessen Flächeninhalt gleich dem Flächeninhalt eines gegebenen Kreises ist. In (ii) soll aus einem gegebenen Würfel die Kantenlänge eines neuen Würfels mit doppeltem Volumen konstruiert werden.[37]

Daneben spielte in der Antike die Frage nach der Konstruierbarkeit regelmäßiger Vielecke mit Zirkel und Lineal eine wichtige Rolle.

Alle diese Probleme können auf die Lösung algebraischer Gleichungen zurückgeführt werden (vgl. 2.6.6). Die Untersuchung des Lösungsverhaltens algebraischer Gleichungen geschieht mit Hilfe einer allgemeinen Theorie, die von dem französischen Mathematiker Galois (1811–1832) geschaffen wurde. Die Galoistheorie ebnete den Weg für das moderne algebraische Denken.

Als Spezialfälle enthält die Galoistheorie die Ergebnisse des jungen Gauß (1777–1855) über Kreisteilungskörper und die Konstruktion regelmäßiger Vielecke sowie den Satz des norwegischen Mathematikers Niels Henrik Abel (1802–1829) über die Unmöglichkeit der Auflösung der allgemeinen Gleichung fünften und höheren Grades durch Radikale (vgl. 2.6.5 und 2.6.6).

2.6.2 Der Hauptsatz der Galoistheorie

Körpererweiterungen: Unter einer Körpererweiterung $K \subseteq E$ verstehen wir einen Körper E, der einen gegebenen Körper K als Unterkörper enthält. Jeder Unterkörper Z von E mit

$$\boxed{K \subseteq Z \subseteq E}$$

heißt *Zwischenkörper* der Erweiterung $K \subseteq E$. Unter einer Körpererweiterungskette

$$K_0 \subseteq K_1 \subseteq \ldots \subseteq E$$

verstehen wir eine Menge von Unterkörpern K_j des Körpers E mit den angegebenen Inklusionsbeziehungen.

---

[36]Die tragische Lebensgeschichte von Galois, der mit 21 Jahren bei einem Duell getötet wurde und am Vorabend des Duells wichtige Resultate seiner Theorie in einem Brief an einen Freund niederschrieb, findet man in dem Buch des Einsteinschülers Leopold Infeld *Wenn die Götter lieben*, Schönbrunn-Verlag, Wien 1954.

[37]Auf der griechischen Insel Delos im Ägäischen Meer befand sich im Altertum ein berühmtes Heiligtum der Artemis und des Apollo. Das Delische Problem soll sich aus der Aufgabe ergeben haben, einen Altar mit doppeltem Volumen zu bauen. Mit diesem Problem hat sich auch Giovanni Casanova (1725–1798) beschäftigt, der Protagonist von Mozarts „Don Giovanni".

Die Grundidee der Galoistheorie: Die Galoistheorie behandelt eine wichtige Klasse von Körpererweiterungen (Galoiserweiterungen) und bestimmt *alle Zwischenkörper* mit Hilfe aller Untergruppen der Symmetriegruppe (Galoisgruppe) dieser Körpererweiterung.

Damit wird ein körpertheoretisches Problem auf ein wesentlich einfacheres gruppentheoretisches Problem zurückgeführt.

Es ist eine allgemeine Strategie der modernen Mathematik, die Untersuchung komplizierter Strukturen auf die Untersuchung zugeordneter einfacherer Strukturen zurückzuführen. Beispielsweise kann man topologische Probleme auf die Lösung algebraischer Fragen reduzieren, und die Untersuchung kontinuierlicher (Liescher) Gruppen wird auf das Studium von Liealgebren zurückgeführt (vgl. die Kapitel 17 und 18 im Handbuch).

Der Grad der Körpererweiterung: Ist $K \subseteq E$ eine Körpererweiterung, dann stellt E einen linearen Raum über K dar. Die Dimension dieses Raumes heißt der Grad$(K \subseteq E)$ der Körpererweiterung[38]. Genau dann, wenn dieser Grad endlich ist, sprechen wir von einer endlichen Körpererweiterung.

▶ BEISPIEL 1: Die Erweiterung $\mathbb{Q} \subseteq \mathbb{R}$ vom Körper der rationalen Zahlen $\mathbb{Q}$ zum Körper der reellen Zahlen $\mathbb{R}$ ist unendlich.

▶ BEISPIEL 2: Die Erweiterung $\mathbb{R} \subseteq \mathbb{C}$ vom Körper $\mathbb{R}$ der reellen Zahlen zum Körper $\mathbb{C}$ der komplexen Zahlen ist endlich und vom Grad 2.

Denn jede komplexe Zahl lässt sich in der Form $a + bi$ mit $a, b \in \mathbb{R}$ darstellen, und aus $a + bi = 0$ folgt $a = b = 0$. Somit bilden die beiden Elemente 1 und i eine Basis des Vektorraums $\mathbb{C}$ über $\mathbb{R}$.

Im Sinne von 2.6.3 ist überdies $\mathbb{Q} \subseteq \mathbb{R}$ eine transzendente Erweiterung, während $\mathbb{R} \subseteq \mathbb{C}$ eine einfache algebraische Erweiterung darstellt.

Gradsatz: Ist Z ein Zwischenkörper der endlichen Körpererweiterung $K \subseteq E$, dann ist auch $K \subseteq Z$ eine endliche Körpererweiterung, und es gilt:

$$\text{Grad}\,(K \subseteq E) = \text{Grad}\,(K \subseteq Z)\,\text{Grad}\,(Z \subseteq E).$$

Symmetriegruppe einer Körpererweiterung: Ist $K \subseteq E$ eine Körpererweiterung, dann besteht die Symmetriegruppe $G(K \subseteq E)$ dieser Erweiterung definitionsgemäß aus genau allen Automorphismen des Erweiterungskörpers E, die die Elemente des Grundkörpers K fest lassen.

Eine Körpererweiterung $K \subseteq E$ heißt genau dann *galoissch*, wenn sie endlich ist und

$$\text{ord}\,G(K \subseteq E) = \text{Grad}\,(K \subseteq E)$$

gilt, d. h., die Symmetriegruppe der Körpererweiterung besteht aus genau so vielen Elementen wie der Grad der Erweiterung angibt.

Die Symmetriegruppe einer galoisschen Körpererweiterung heißt die *Galoisgruppe* dieser Erweiterung.

Hauptsatz der Galloistheorie: Es sei $K \subseteq E$ eine galoissche Körpererweiterung.

Dann kann man jedem Zwischenkörper Z dieser Erweiterung eine Untergruppe der Galoisgruppe zuordnen, die aus genau den Automorphismen des Erweiterungskörpers E besteht, die die Elemente des Zwischenkörpers Z fest lassen.

Auf diese Weise ergibt sich eine *bijektive Abbildung* von der Menge aller Zwischenkörper auf die Menge aller Untergruppen der Galoisgruppe.

---

[38]Man benutze die in der linearen Algebra eingeführten Begriffe und ersetze dort $\mathbb{K}$ durch K (vgl. 2.3.2)

Einfache Körpererweiterung: $K \subseteq E$ heißt genau dann einfach, wenn es keine echten Zwischenkörper gibt.

Eine galoissche Körpererweiterung ist genau dann einfach, wenn die zugehörige Galoisgruppe einfache ist.

▶ BEISPIEL 3: Wir betrachten die klassische Körperweiterung

$$\boxed{\; \mathbb{R} \subseteq \mathbb{C} \;}$$

vom Körper $\mathbb{R}$ der reellen Zahlen zum Körper $\mathbb{C}$ der komplexen Zahlen.

Zunächst bestimmen wir die Symmetriegruppe $G(\mathbb{R} \subseteq \mathbb{C})$ dieser Körpererweiterung. Es sei $\varphi : \mathbb{C} \longrightarrow \mathbb{C}$ ein Automorphismus, der jede reelle Zahl fest lässt. Aus $i^2 = -1$ folgt dann $\varphi(i)^2 = -1$. Somit gilt $\varphi(i) = i$ oder $\varphi(i) = -i$. Diese beiden Möglichkeiten entsprechen dem identischen Automorphismus $\mathrm{id}(a + bi) := a + bi$ auf $\mathbb{C}$ und dem Automorphismus

$$\boxed{\; \varphi(a + bi) := a - bi \;}$$

von $\mathbb{C}$ (Übergang zur konjugiert komplexen Zahl).

Somit gilt $G(\mathbb{R} \subseteq \mathbb{C}) = \{\mathrm{id}, \varphi\}$ mit $\varphi^2 = \mathrm{id}$. Nach Beispiel 2 hat man

Grad $(\mathbb{R} \subseteq \mathbb{C}) = \mathrm{ord}\, G(\mathbb{R} \subseteq \mathbb{C}) = 2$.

Folglich ist die Körpererweiterung $\mathbb{R} \subseteq \mathbb{C}$ galoissch.

Die Galoisgruppe $G(\mathbb{R} \subseteq \mathbb{C})$ ist zyklisch von der Ordnung zwei. Aus der Einfachheit der Galoisgruppe folgt die Einfachheit der Körpererweiterung $\mathbb{R} \subseteq \mathbb{C}$.

▶ BEISPIEL 4: Die Gleichung

$$\boxed{\; x^2 - 2 = 0 \;}$$

besitzt in $\mathbb{Q}$ keine Lösung. Um einen Körper zu konstruieren, in dem diese Gleichung eine Lösung besitzt, setzen wir $\vartheta := \sqrt{2}$. Mit $\mathbb{Q}(\vartheta)$ bezeichnen wir den kleinsten Unterkörper von $\mathbb{C}$, der $\mathbb{Q}$ und ϑ enthält. Dann gilt $\vartheta, -\vartheta \in \mathbb{Q}(\vartheta)$ und

$$x^2 - 2 = (x - \vartheta)(x + \vartheta),$$

d. h., $\mathbb{Q}$ ist der Zerfällungskörper von $x^2 - 2$ (vgl. 2.6.3). Dieser Körper besteht aus allen Ausdrücken

$$\frac{p(\vartheta)}{q(\vartheta)}$$

wobei p und q Polynome über $\mathbb{Q}$ sind mit $q \neq 0$. Wegen $\vartheta^2 = 2$ und $(c + d\vartheta)(c - d\vartheta) = c^2 - 2d^2$ kann man alle diese Ausdrücke auf

$$\boxed{\; a + b\vartheta, \qquad a, b \in \mathbb{Q} \;}$$

reduzieren.[39] Analog zu Beispiel 3 erhält man, dass die Körpererweiterung $\mathbb{Q} \subseteq \mathbb{Q}(\vartheta)$ galoissch vom Grad 2 und somit einfach ist. Die zugehörige Galoisgruppe

$$G(\mathbb{R} \subseteq \mathbb{C}) = \{\mathrm{id}, \varphi\} \qquad \text{mit} \quad \varphi^2 = \mathrm{id}$$

---

[39] Zum Beispiel ist $\dfrac{1}{1 + 2\vartheta} = \dfrac{1 - 2\vartheta}{(1 + 2\vartheta)(1 - 2\vartheta)} = -\dfrac{1}{7} + \dfrac{2\vartheta}{7}$.

wird durch die Permutation der Nullstellen ϑ, $-\vartheta$ von $x^2 - 2$ erzeugt. Der identischen Permutation entspricht der identische Automorphismus $\mathrm{id}(a + b\vartheta) := a + b\vartheta$ von $\mathbb{Q}(\vartheta)$. Dagegen gehört zur Vertauschung von ϑ mit $-\vartheta$ der Automorphismus $\varphi(a + b\vartheta) := a - b\vartheta$ von $\mathbb{Q}(\vartheta)$.

▶ BEISPIEL 5 (Kreisteilungsgleichung): Ist p eine Primzahl, dann besitzt die Gleichung

$$x^p - 1 = 0, \quad x \in \mathbb{Q}$$

die Lösung $x = 1$. Um den kleinsten Körper E zu konstruieren, in dem alle Lösungen dieser Gleichung liegen, setzen wir $\vartheta := e^{2\pi i/p}$ und bezeichnen mit $\mathbb{Q}(\vartheta)$ den kleinsten Körper in $\mathbb{C}$, der $\mathbb{Q}$ und ϑ enthält. Wegen

$$x^p - 1 = (x - 1)(x - \vartheta) \ldots (x - \vartheta^{p-1})$$

stellt $E := \mathbb{Q}(\vartheta)$ den Zerfällungskörper des Polynoms $x^p - 1$ dar (vgl. 2.6.3).

Der Körper $\mathbb{Q}(\vartheta)$ besteht aus allen Ausdrücken

$$a_0 + a_1\vartheta + a_2\vartheta^2 + \ldots + a_{p-1}\vartheta^{p-1}, \quad a_j \in \mathbb{Q},$$

die unter Beachtung von $\vartheta^p = 1$ in üblicher Weise addiert und multipliziert werden. Da die Elemente $1, \vartheta, \ldots, \vartheta^{p-1}$ über $\mathbb{Q}$ linear unabhängig sind, gilt $\mathrm{Grad}\,(\mathbb{Q} \subseteq \mathbb{Q}(\vartheta)) = p$. Ferner ist $\mathbb{Q} \subseteq \mathbb{Q}(\vartheta)$ eine galoissche Körpererweiterung. Die zugehörige Galoisgruppe $G(\mathbb{Q} \subseteq \mathbb{Q}(\theta)) = \{\varphi_0, \ldots, \varphi_{p-1}\}$ besteht aus Automorphismen $\varphi_k : \mathbb{Q}(\vartheta) \longrightarrow \mathbb{Q}(\vartheta)$, die durch

$$\varphi_k(\vartheta) := \vartheta^k.$$

erzeugt werden. Es gilt $\mathrm{id} = \varphi_0$ und $\varphi_1^k = \varphi_k$, $k = 1, \ldots, p - 1$ sowie $\varphi_1^p = \mathrm{id}$.

Somit ist die Galoisgruppe $G(\mathbb{Q} \subseteq \mathbb{Q}(\theta))$ zyklisch von der Primzahlordnung p und einfach, was die Einfachheit der Körpererweiterung $\mathbb{Q} \subseteq \mathbb{Q}(\vartheta)$ impliziert.

2.6.3 Der verallgemeinerte Fundamentalsatz der Algebra

Algebraische und transzendente Elemente: Es sei $K \subseteq E$ eine Körpererweiterung. Durch $K[x]$ bezeichnen wir den Ring aller Polynome

$$p(x) := a_0 + a_1 x + \ldots + a_n x^n$$

mit $a_k \in K$ für alle k. Genau diese Ausdrücke heißen Polynome über K. Ferner bezeichne $\mathbb{R}_K(x)$ den Körper aller rationalen Funktionen

$$\frac{p(x)}{q(x)},$$

wobei p und q Polynome über K sind mit $q \neq 0$.

Ein Element ϑ von E heißt genau dann algebraisch über K, wenn ϑ Nullstelle eines Polynoms über K ist. Andernfalls heißt ϑ transzendent über K.

Die Körpererweiterung $K \subseteq E$ heißt genau dann *algebraisch* über K, wenn jedes Element von E algebraisch über K ist. Anderenfalls wird die Körpererweiterung *transzendent* genannt.

Ein Polynom über K heißt genau dann *irreduzibel*, wenn es sich nicht als Produkt zweier Polynome über K vom Grad ≥ 1 darstellen lässt. Ein wichtiges Ziel der Algebra besteht darin, einen solchen Erweiterungskörper E zu finden, in dem ein vorgegebenes Polynom $p(x)$ über K in Linearfaktoren

$$p(x) = a_n(x - x_1)(x - x_2) \cdot \ldots \cdot (x - x_n)$$

mit $x_j \in E$ für alle j zerfällt.

Algebraischer Abschluss: Ein Erweiterungskörper E von K heißt genau dann algebraisch abgeschlossen, wenn jedes Polynom über K bezüglich E in Linearfaktoren zerfällt.

Unter einem algebraischen Abschluss von K versteht man einen algebraisch abgeschlossenen Erweiterungskörper E von K, der keinen echten Unterkörper mit dieser Eigenschaft besitzt.

Der verallgemeinerte Fundamentalsatz der Algebra von Steinitz (1910): Jeder Körper K besitzt einen (bis auf Isomorphie[40]) eindeutigen algebraischen Abschluss $\overline{K}$.

Zerfällungskörper eines Polynoms: Der kleinste Unterkörper von $\overline{K}$, in dem ein Polynom $p(x)$ in Linearfaktoren zerfällt, heißt der Zerfällungskörper dieses Polynoms.

▶ BEISPIEL: Der Körper $\mathbb{C}$ der komplexen Zahlen ist der algebraische Abschluss des Körpers $\mathbb{R}$ der reellen Zahlen. Wegen

$$\boxed{x^2 + 1 = (x - \mathrm{i})(x + \mathrm{i})}$$

ist $\mathbb{C}$ zugleich der Zerfällungskörper des über $\mathbb{R}$ irreduziblen Polynoms $x^2 + 1$.

2.6.4 Klassifikation von Körpererweiterungen

Die Begriffe endliche, einfache, algebraische und transzendente Körpererweiterung wurden bereits in 2.6.2 und 2.6.3 eingeführt.

Definition: Es sei $K \subseteq E$ eine Körpererweiterung.

(a) Ein irreduzibles Polynom über K heißt genau dann *separabel*, wenn es (im algebraischen Abschluss $\overline{K}$) keine mehrfachen Nullstellen besitzt.

(b) $K \subseteq E$ heißt genau dann separabel, wenn diese Erweiterung algebraisch ist und jedes Element von E Nullstelle eines irreduziblen separablen Polynoms über K ist.

(c) $K \subseteq E$ heißt genau dann *normal*, wenn diese Erweiterung algebraisch ist und jedes irreduzible Polynom über K entweder keine Nullstelle in E besitzt oder in E vollständig in Linearfaktoren zerfällt.

Satz: (i) Jede endliche Körpererweiterung ist algebraisch.

(ii) Jede endliche separable Erweiterung ist einfach.

(iii) Jede algebraische Erweiterung eines Körpers der Charakteristik null oder eines endlichen Körpers ist separabel.

Charakterisierung galoisscher Körpererweiterungen: Für Körpererweiterung $K \subseteq E$ gilt:

(i) $K \subseteq E$ ist genau dann galoissch, wenn diese Erweiterung endlich, separabel und normal ist.

---

[40]Dieser Isomorphismus lässt die Elemente von K fest.

(ii) $K \subseteq E$ ist genau dann galoissch, wenn E der Zerfällungskörper eines über K irreduziblen separablen Polynoms ist.

(iii) Besitzt der Körper K die Charakteristik null oder ist K endlich, dann ist $K \subseteq E$ genau dann galoissch, wenn E der Zerfällungskörper eines Polynoms über K ist.

Die folgenden Resultate geben eine vollständige Übersicht über alle einfachen Körpererweiterungen.

Einfache transzendente Körpererweiterungen: Jede einfache transzendente Erweiterung eines Körpers K ist isomorph zum Körper $\mathbb{R}_K(x)$ der rationalen Funktionen über K.

Einfache algebraische Körpererweiterungen: Es sei $p(x)$ ein irreduzibles Polynom über dem Körper K. Wir betrachten ein Symbol ϑ und alle Ausdrücke

$$a_0 + a_1\vartheta + \ldots + a_m\vartheta^m, \qquad a_j \in K, \tag{2.62}$$

die wir unter Beachtung von $p(\vartheta) = 0$ in üblicher Weise addieren und miteinander multiplizieren. Dann ergibt sich ein Körper $K(\vartheta)$, der eine einfache algebraische Erweiterung von K darstellt und die wichtige Eigenschaft besitzt, dass ϑ Nullstelle des Polynoms $p(x)$ ist. Ferner gilt

$$\text{Grad}\,(K \subseteq E) = \text{Grad}\,p(x).$$

Bezeichnet $(p(x))$ die Menge aller Polynome über K, die sich in der Form $q(x)p(x)$ mit einem Polynom $q(x)$ darstellen lassen, dann ist der Faktorring $K[x]/(p(x))$ ein Körper und zu $K(\vartheta)$ isomorph.

Wählt man alle über K irreduziblen Polynome $p(x)$, dann erhält man auf diese Weise (bis auf Isomorphie) alle einfachen algebraischen Körpererweiterungen von K.

▶ BEISPIEL: Es sei K der Körper der reellen Zahlen. Wir wählen $p(x) := x^2 + 1$. Benutzen wir die Ausdrücke (2.62) mit $p(\vartheta) = 0$, dann gilt $\vartheta^2 = -1$. Folglich entspricht ϑ der imaginären Einheit i.

Der Erweiterungskörper $K(\vartheta)$ ist der Körper $\mathbb{C}$ der komplexen Zahlen, wobei $\mathbb{C} = \mathbb{R}[x]/(x^2 + 1)$ gilt (im Sinne einer Isomorphie).

2.6.5 Der Hauptsatz über Gleichungen, die durch Radikale lösbar sind

Es sei K ein gegebener Körper. Wir betrachten die Gleichung

$$p(x) := a_0 + a_1 x + \ldots + a_{n-1}x^{n-1} + x^n = 0 \tag{2.63}$$

mit $a_j \in K$ für alle j. Wir setzen voraus, dass das Polynom $p(x)$ über K irreduzibel und separabel[41] ist. Mit E bezeichnen wir den Zerfällungskörper von $p(x)$, d. h., es gilt

$$p(x) = (x - x_1)(x - x_2) \cdot \ldots \cdot (x - x_n)$$

mit $x_j \in E$ für alle j.

Zielstellung: Man möchte die Nullstellen $x_1, \ldots, x_n$ der Ausgangsgleichung (2.63) in möglichst einfacher Weise durch die Elemente des Grundkörpers K und gewisser zusätzlicher Größen

---

[41]Besitzt der Grundkörper K die Charakteristik null (z. B. $K = \mathbb{R}, \mathbb{Q}$) oder ist K endlich, dann ist jedes irreduzible Polynom über K auch separabel.

$\vartheta_1, \ldots, \vartheta_k$ ausdrücken. Die klassischen Auflösungsformeln für die Gleichungen zweiten, dritten und vierten Grades kommen mit Ausdrücken ϑ_j aus, die Wurzeln der Koeffizienten $a_0, \ldots, a_n$ sind. Nachdem man diese Auflösungsformeln im 16. Jahrhundert gefunden hatte, ergab sich die Aufgabe, analoge Formeln auch für die Gleichungen von höherem als vierten Grad zu finden. Im Anschluss an Untersuchungen von Lagrange (1736–1813) und Cauchy (1789–1857) bewies der zweiundzwanzigjährige norwegische Mathematiker Abel im Jahre 1824 erstmalig, dass für Gleichungen fünften Grades keine derartigen Lösungsformeln existieren. Das gleiche Resultat fand Galois im Jahre 1830 unabhängig von Abel.

Definition: Die Gleichung (2.63) heißt genau dann durch Radikale lösbar, wenn der Zerfällungskörper E durch sukzessives Hinzufügen von endlich vielen Größen $\vartheta_1, \ldots, \vartheta_k$ erzeugt werden kann, die einer Gleichung der Form

$$\boxed{\vartheta_j^{n_j} = c_j} \qquad (2.64)$$

genügen, wobei $n_j \geq 2$ gilt und c_j in dem bereits konstruierten Erweiterungskörper liegt. Ist die Charakteristik p des Grundkörpers K ungleich null, dann fordern wir zusätzlich, dass p kein Teiler von n_j ist.

Kommentar: Anstelle von (2.64) schreibt man auch

$$\vartheta_j = \sqrt[n_j]{c_j}.$$

Das rechtfertigt die Bezeichnung Radikal (Wurzel). Die obige Definition entspricht dann einer Körpererweiterungskette

$$\boxed{K =: K_1 \subseteq K_2 \subseteq \ldots \subseteq K_{k+1} =: E}$$

mit $K_{j+1} = K_j(\vartheta_j)$ und $c_j \in K_j$ für $j = 1, \ldots, k$. Da alle Nullstellen $x_1, \ldots, x_n$ von (2.63) in E liegen, erhalten wir

$$\boxed{x_j = P_j(\vartheta_1, \ldots, \vartheta_k), \qquad j = 1, \ldots, n,}$$

wobei P_j ein Polynom in $\vartheta_1, \ldots, \vartheta_n$ ist, dessen Koeffizienten im Grundkörper K liegen.

Hauptsatz: Die algebraische Gleichung (2.63) lässt sich genau dann durch Radikale lösen, wenn die Galoisgruppe der Körpererweiterung $K \subseteq E$ auflösbar ist.

Definition: Unter der allgemeinen Gleichung n-ten Grades verstehen wir die Gleichung (2.63) über dem Körper $K := \mathbb{R}_{\mathbb{Z}}(a_0, \ldots, a_{n-1})$, der aus allen rationalen Funktionen

$$\frac{p(a_0, \ldots, a_{n-1})}{q(a_0, \ldots, a_{n-1})}$$

besteht, wobei p und q Polynome bezüglich der Variablen $a_0, \ldots, a_{n-1}$ mit ganzzahligen Koeffizienten sind und q nicht das Nullpolynom ist.

Satz von Abel-Galois: Die allgemeine Gleichung n-ten Grades ist für $n \geq 5$ nicht durch Radikale auflösbar.

Beweisskizze: Wir fassen $x_1, \ldots, x_n$ als Variable auf und betrachten den Körper $E := \mathbb{R}_{\mathbb{Z}}(x_1, \ldots, x_n)$ aller rationalen Funktionen

$$\frac{P(x_1, \ldots, x_n)}{Q(x_1, \ldots, x_n)} \qquad (2.65)$$

mit ganzzahligen Koeffizienten. Durch Multiplikation und Koeffizientenvergleich in

$$p(x) = (x - x_1)(x - x_2) \cdot \ldots \cdot (x - x_n)$$
$$= a_0 + a_1 x + \ldots + a_{n-1} x^{n-1} + x^n$$

erhalten wir die Größen $a_0, \ldots, a_{n-1}$ (bis auf das Vorzeichen) als elementarsymmetrische Funktionen von $x_1, \ldots, x_n$ (vgl. 2.1.6.4). Zum Beispiel ergibt sich

$$-a_{n-1} = x_1 + \ldots + x_n.$$

Alle Ausdrücke der Form (2.65) mit der Eigenschaft, dass P und Q symmetrisch bezüglich $x_1, \ldots, x_n$ sind, bilden einen Unterkörper von E, der isomorph zu K ist und folglich mit K identifiziert werden kann.

Das Polynom $p(x)$ ist irreduzibel und separabel in K. Es besitzt E als Zerfällungskörper. Die Körpererweiterung $K \subseteq E$ ist galoissch. Durch eine Permutation von $x_1, \ldots, x_n$ ergibt sich ein Automorphismus von E, der die Elemente von K fest lässt. Zu zwei verschiedenen derartigen Permutationen gehören unterschiedliche Automorphismen von E. Deshalb ist die Galoisgruppe der Körpererweiterung $K \subseteq E$ isomorph zur Permutationsgruppe von n Elementen, d. h., es gilt

$$\boxed{G(K \subseteq E) \cong S_n.}$$

Für $n = 2, 3, 4$ ist S_n auflösbar, während S_n für $n \geq 5$ nicht auflösbar ist (vgl. 2.5.1.4.). Der Satz von Abel-Galois ist deshalb eine Konsequenz des Hauptsatzes.

2.6.6 Konstruktionen mit Zirkel und Lineal

Es ist jedem Anfänger der Geometrie bekannt, dass verschiedene ordentliche Vielecke, namentlich das Dreieck, Fünfeck, Fünfzehneck und die, welche durch Verdopplung der Seitenzahl eines derselben entstehen, sich geometrisch konstruieren lassen. So weit war man schon zu Euklids Zeit, und es scheint, man habe sich seitdem allgemein überredet, dass das Gebiet der Elementargeometrie sich nicht weiter erstrecke: wenigstens kenne ich keinen geglückten Versuch, ihre Grenzen auf dieser Seite zu erweitern.

Desto mehr dünkt mich, verdient die Entdeckung Aufmerksamkeit, dass außer jenen ordentlichen Vielecken noch eine Menge anderer, z. B. das Siebzehneck, einer geometrischen Konstruktion fähig ist. Diese Entdeckung ist eigentlich nur ein Corollarium einer noch nicht ganz vollendeten Theorie von größerem Umfange, und sie soll, sobald diese ihre Vollendung erhalten hat, dem Publikum vorgelegt werden

C. F. Gauß, a. Braunschweig
Stud. der Mathematik zu Göttingen
(Intelligenzblatt der allgemeinen Literaturzeitung vom 1. Juni 1796)

Wir betrachten in der Ebene ein kartesischen Koordinatensystem und endlich viele Punkte

$$P_1 = (x_1, y_1), \ \ldots, \ P_n = (x_n, y_n).$$

Wir können das Koordinatensystem immer so wählen, dass $x_1 = 1$ und $y_1 = 0$ gilt. Mit K bezeichnen wir den kleinsten Unterkörper des Körpers der reellen Zahlen, der alle Zahlen x_j, y_j enthält. Ferner sei $\mathbb{Q}(y)$ der kleinste Unterkörper von $\mathbb{R}$, der alle rationalen Zahlen und die reelle Zahl y enthält.

Hauptsatz: Ein Punkt (x, y) lässt sich genau dann aus den Punkten $P_1, \ldots, P_n$ mit Zirkel und Lineal konstruieren, wenn x und y zu einem galoisschen Erweiterungskörper E von K gehören mit

$$\text{Grad} \, (K \subseteq E) = 2^m,\qquad\qquad (2.66)$$

wobei m eine natürliche Zahl ist.

Eine Strecke ϑ lässt sich genau dann aus einer Strecke der Länge y und aus der Einheitsstrecke mit Zirkel und Lineal konstruieren, wenn ϑ zu einem galoisschen Erweiterungskörper E von $K := \mathbb{Q}(y)$ gehört mit (2.66).

Die Unlösbarkeit des Problems der Quadratur des Kreises: Mit Zirkel und Lineal soll ein Quadrat konstruiert werden, das den gleichen Flächeninhalt wie der Einheitskreis besitzt. Bezeichnet ϑ die Seitenlänge dieses Quadrats, dann gilt

$$\boxed{\vartheta^2 = \pi}$$

(vgl. Abb. 2.4a). Im Jahre 1882 bewies der dreißigjährige Ferdinand Lindemann (der Lehrer von Hilbert) die Transzendenz der Zahl π über dem Körper $\mathbb{Q}$ der rationalen Zahlen. Folglich kann π (und somit auch ϑ) nicht einem algebraischen Erweiterungskörper von $\mathbb{Q}$ angehören.

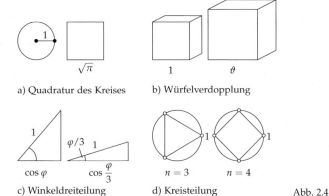

a) Quadratur des Kreises   b) Würfelverdopplung

c) Winkeldreiteilung   d) Kreisteilung   Abb. 2.4

Die Unlösbarkeit des Delischen Problems der Würfelverdopplung: Die Kantenlänge ϑ eines Würfels vom Volumen 2 ist eine Lösung der Gleichung

$$\boxed{x^3 - 2 = 0.}$$

Das Delische Problems fordert, aus der Einheitsstrecke (Kante des Einheitswürfels) die Strecke ϑ mit Zirkel und Lineal zu konstruieren (Abb. 2.4b). Das Delische Problem ist nach dem Hauptsatz genau dann lösbar, wenn ϑ einem galoisschen Erweiterungskörper E von $\mathbb{Q}$ angehört, wobei $\text{Grad} \, (\mathbb{Q} \subseteq E) = 2^m$ gilt. Da das Polynom $x^3 - 2$ über $\mathbb{Q}$ irreduzibel ist, hat man die Körpererweiterungskette

$$\mathbb{Q} \subset \mathbb{Q}(\vartheta) \subseteq E$$

mit Grad $(\mathbb{Q} \subseteq \mathbb{Q}(\vartheta)) = 3$. Aus dem Gradsatz folgt

$$\text{Grad}\,(\mathbb{Q} \subseteq E) = \text{Grad}\,(\mathbb{Q} \subseteq \mathbb{Q}(\vartheta))\text{Grad}\,(\mathbb{Q}(\vartheta) \subseteq E) = 3\text{Grad}\,(\mathbb{Q}(\vartheta) \subseteq E)$$

(vgl. 2.6.2). Deshalb kann Grad $(\mathbb{Q} \subseteq E)$ nicht gleich 2^m sein.

Die Unlösbarkeit des Problems der allgemeinen Winkeldreiteilung mit Zirkel und Lineal:
Diese Aufgabe kann nach Abb. 2.4c darauf zurückgeführt werden, aus der Strecke $\cos \varphi$ und der Einheitsstrecke die Strecke $\vartheta = \cos \dfrac{\varphi}{3}$ zu konstruieren; ϑ ist eine Lösung der Gleichung

$$4x^3 - 3x - \cos \varphi = 0. \tag{2.67}$$

Für $\varphi = 60°$ gilt $\cos \varphi = \dfrac{1}{2}$, und das in (2.67) links stehende Polynom ist irreduzibel über $\mathbb{Q}$. Das gleiche Gradargument wie beim Delischen Problem zeigt, dass ϑ nicht einem Erweiterungskörper E von $\mathbb{Q}$ vom Grad 2^m angehören kann. Folglich lässt sich die Dreiteilung eines Winkels von $60°$ nicht mit Zirkel und Lineal durchführen.

Die Konstruktion regelmäßiger Vielecke mit Zirkel und Lineal: Die komplexen Lösungen der sogenannten Kreisteilungsgleichung

$$x^n - 1 = 0$$

enthalten die Zahl 1 und teilen den Einheitskreis in n gleiche Teile (vgl. Abb. 2.4d). Der obige Hauptsatz zusammen mit Eigenschaften der Kreisteilungsgleichung ergeben das folgende Resultat.

Satz von Gauß: Ein regelmäßiges n-Eck lässt sich genau dann mit Zirkel und Lineal konstruieren, wenn

$$n = 2^m p_1 p_2 \cdots p_r \tag{2.68}$$

gilt. Dabei ist m eine natürliche Zahl, und alle p_j sind paarweise verschiedene Primzahlen der Form[42]

$$2^{2^k} + 1, \qquad k = 0, 1, \dots . \tag{2.69}$$

Bis heute ist bekannt, dass sich für $k = 0, 1, 2, 3, 4$ Primzahlen ergeben.[43] Folglich kann man jedes regelmäßige n-Eck mit Zirkel und Lineal konstruieren, falls in der Primzahlzerlegung von n nur die Zahlen

$$2, \quad 3, \quad 5, \quad 17, \quad 257, \quad 65\,537$$

vorkommen. Für $n \leq 20$ lassen sich somit genau alle regelmäßigen n-Ecke mit $n = 3, 4, 5, 6, 8, 10, 12, 15, 16, 17, 20$ durch Zirkel und Lineal konstruieren.

---

[42]Unter 2^{2^k} versteht man $2^{(2^k)}$.

[43]Fermat (1601–1665) vermutete, dass alle Zahlen (2.69) Primzahlen sind. Euler entdeckte jedoch, dass sich für $k = 5$ in (2.69) die Zahl $641 \cdot 6700417$ ergibt.

2.7 Zahlentheorie

> *Ihre „Disquisitiones arithmeticae" haben Sie sogleich unter die ersten Mathematiker eingereiht, und ich ersehe, dass der letzte Abschnitt[44]die allerschönste analytische Entdeckung enthält, die seit langer Zeit gemacht worden ist.*
>
> *Der fast siebzigjährige Lagrange an den jungen Gauß im Jahre 1804*
>
> *Fermat hat bekanntlich behauptet, dass die diophantische Gleichung – außer in gewissen selbstverständlichen Fällen –*
>
> $$x^n + y^n = z^n$$
>
> *in ganzen Zahlen x, y, z unlösbar sei; das Problem, diese Unmöglichkeit nachzuweisen, bietet ein schlagendes Beispiel dafür, wie fördernd ein sehr spezielles und scheinbar unbedeutendes Problem auf die Wissenschaft einwirken kann. Denn durch die Fermatsche Aufgabe angeregt, gelangte Kummer zu der Einführung der idealen Zahlen und zur Entdeckung des Satzes von der eindeutigen Zerlegung der Zahlen eines Kreisteilungskörpers in ideale Primfaktoren – eines Satzes, der heute in der ihm durch Dedekind und Kronecker erteilten Verallgemeinerung auf beliebige algebraische Zahlbereiche im Mittelpunkt der modernen Zahlentheorie steht und dessen Bedeutung weit über die Grenzen der Zahlentheorie hinaus in das Gebiet der Algebra und der Funktionentheorie reicht[45].*
>
> *David Hilbert (Paris 1900)*

Die Zahlentheorie wird oft als Königin der Mathematik bezeichnet. Zahlentheoretische Probleme lassen sich häufig sehr einfach formulieren, aber nur sehr schwer beweisen. Für den Beweis der Fermatschen Vermutung benötigte die Mathematik 350 Jahre. Erst nach einer völligen Umstrukturierung der Mathematik im 20. Jahrhundert durch die Schaffung höchst abstrakter Methoden konnte Andrew Wiles (Princeton, USA) im Jahre 1994 die von Fermat ausgesprochene Behauptung beweisen.

Das berühmteste offene Problem der Mathematik – die Riemannsche Vermutung – hängt sehr eng mit der Verteilung der Primzahlen zusammen (vgl. 2.7.3). Die größten Mathematiker aller Zeiten haben immer wieder ihre Kräfte an der Beantwortung zahlentheoretischer Fragen gemessen und dabei wichtige neue mathematische Methoden entwickelt, die andere Gebiete der Mathematik befruchteten.

Drei grundlegende Werke zur Zahlentheorie sind Diophants „Arithmetika" aus der Antike, die „Disquisitiones arithmeticae" aus dem Jahre 1801, mit denen der vierundzwanzigjährige Gauß die moderne Zahlentheorie begründet hat, und Hilberts „Zahlbericht" aus dem Jahre 1897 über algebraische Zahlkörper. Die Zahlentheorie des 20. Jahrhunderts ist entscheidend von den Versuchen geprägt worden, die von Hilbert im Jahre 1900 auf dem zweiten mathematischen Weltkongress in Paris gestellten Probleme zu lösen.

2.7.1 Grundideen

2.7.1.1 Unterschiedliche Formen mathematischen Denkens

Man unterscheidet in der Mathematik:

(i) kontinuierliches Denken (z. B. reelle Zahlen und Grenzwerte);

(ii) diskretes Denken (z. B. natürliche Zahlen und Zahlentheorie).

---

[44]Dieser Abschnitt beschäftigt sich mit Kreisteilungskörpern und der Konstruktion regelmäßiger Vielecke mit Zirkel und Lineal (vgl. 2.6.6).

[45]Fermat (1601–1665), Gauß (1777–1855), Kummer (1810–1893), Kronecker (1823–1891), Dedekind (1831–1916) und Hilbert (1862–1943).

Erfahrungsgemäß lassen sich kontinuierliche Probleme häufig einfacher als diskrete Probleme behandeln. Die großen Erfolge kontinuierlicher Denkmethoden basieren auf dem Grenzwertbegriff und den damit zusammenhängenden Theorien (Differential- und Integralrechnung, Differentialgleichungen, Integralgleichungen und Variationsrechnung) mit vielfältigen Anwendungen in der Physik und in den Naturwissenschaften (vgl. 10.1 im Handbuch).

Dagegen ist die Zahlentheorie der Prototyp für die Schaffung wirkungsvoller mathematischer Methoden zur Beherrschung diskreter Strukturen, denen man heute in der Informatik, in der Optimierung diskreter Systeme und in den Gittermodellen der statistischen Physik begegnet (vgl. die Kapitel 8 und 9).

Die epochale Entdeckung von Max Planck im Jahre 1900, dass die Energie eines harmonischen Oszillators nicht kontinuierlich, sondern diskret (gequantelt) ist, hat zu der wichtigen mathematischen Aufgabe geführt, aus kontinuierlichen Strukturen durch einen nichttrivialen „Quantisierungsprozess" diskrete Strukturen zu erzeugen (vgl. 13.8 im Handbuch).

2.7.1.2 Die moderne Strategie der Zahlentheorie

Ende des 19. Jahrhunderts stellte Hilbert das Programm auf, die gut ausgearbeiteten Methoden der komplexen Funktionentheorie (algebraische Funktionen, Topologie Riemannscher Flächen; vgl. 19.8 im Handbuch) auf zahlentheoretische Fragen zu übertragen. Es handelt sich hier um die Aufgabe, Begriffe des kontinuierlichen Denkens so zu fassen, dass sie sich auch auf diskrete Strukturen anwenden lassen. Die Zahlentheorie des 20. Jahrhunderts ist durch diese Strategie geprägt worden, die zu sehr abstrakten, aber auch zu sehr schlagkräftigen Methoden geführt hat. Wesentliche Impulse in dieser Richtung verdankt man André Weil (geb. 1902) sowie Alexandre Grothendieck (geb. 1928), der die algebraische Geometrie und Zahlentheorie mit seiner Theorie der Schemata revolutionierte.

Höhepunkte der Zahlentheorie des 20. Jahrhunderts sind:

(a) der Beweis des allgemeinen Reziprozitätsgesetzes für algebraische Zahlkörper durch Emil Artin im Jahre 1928,

(b) der Beweis der von André Weil ausgesprochenen Variante der Riemannschen Vermutung für die ζ-Funktion algebraischer Varietäten über einem endlichen Körper durch Pierre Deligne im Jahre 1973 (Fields-Medaille 1978)[46],

(c) der Beweis der Mordellschen Vermutung für diophantische Gleichungen durch Gerd Faltings im Jahre 1983 (Fields-Medaille 1986) und

(d) der Beweis der Fermatschen Vermutung durch Andrew Wiles im Jahre 1994.

2.7.1.3 Anwendungen der Zahlentheorie

Heutzutage setzt man Supercomputer ein, um zahlentheoretische Vermutungen zu testen. Seit 1978 benutzt man zahlentheoretische Methoden zur raffinierten Verschlüsselung von Daten und Informationen (vgl. 2.7.8.1 im Handbuch). Klassische Aussagen über die Approximation von irrationalen Zahlen durch rationale Zahlen spielen heute eine wichtige Rolle bei der Untersuchung von chaotischen und nichtchaotischen Zuständen dynamischer Systeme (z. B. in der Himmelsmechanik). Eine Brücke zwischen Zahlentheorie und moderner Physik wird in den letzten Jahren durch die Superstringtheorie geschlagen, die zu einem fruchtbaren Ideenstrom

---

[46]Die Fields-Medaille wird seit 1936 aller vier Jahre auf den mathematischen Weltkongressen für bahnbrechende neue mathematische Ergebnisse vergeben. Sie kann mit dem Nobelpreis verglichen werden. Im Unterschied zum Nobelpreis dürfen jedoch die Empfänger nicht älter als 40 Jahre sein. Für das Lebenswerk der bedeutendsten Mathematiker unserer Zeit wird in Israel der *Wolf-Preis* und in Norwegen der *Abel-Preis* verliehen.

von der Physik in die reine Mathematik und in umgekehrter Richtung geführt hat[47]) (vgl. 19.13 im Handbuch).

2.7.1.4 Komprimierung von Information in Mathematik und Physik

Um die Fruchtbarkeit der Wechselwirkungen zwischen Zahlentheorie und Physik philosophisch zu verstehen, sei darauf hingewiesen, dass die Mathematiker in einem mühevollen Erkenntnisprozess gelernt haben, Informationen über die Struktur diskreter Systeme in sehr komprimierter Form zu kodieren, um daraus wesentliche Aussagen über die Systeme zu gewinnen. Ein typisches Beispiel hierfür sind die Riemannsche ζ-Funktion, die die Struktur der Menge aller Primzahlen kodiert, und der Primzahlverteilungssatz. Andere wichtige Beispiele sind die Dirichletschen L-Reihen (vgl. 2.7.3.) und die Modulformen, die aus der Theorie der elliptischen Funktionen heraus erwachsen sind (vgl. 1.14.18 im Handbuch). Die wesentlichen Informationen über die Feinstruktur einer reellen Zahl sind in ihrem Kettenbruch kodiert (vgl. 2.7.5 im Handbuch).

Auf einem völlig anderem Weg sind die Physiker auf den Begriff der Zustandssumme gestoßen, die das Verhalten von physikalischen Systemen mit großer Teilchenzahl kodiert. Kennt man die Zustandssumme, dann kann man daraus alle physikalischen Eigenschaften des Systems berechnen[48]. Die Riemannsche ζ-Funktion kann man als eine spezielle Zustandssumme auffassen.

Der fruchtbare Austausch von Ideen zwischen Mathematik und Physik beruht beispielsweise darauf, dass ein mathematisches Problem der physikalischen Intuition zugänglich wird, wenn man es in die Sprache der Physiker übersetzt. Ein Pionier auf diesem Gebiet ist Edward Witten (Institute for Advanced Study in Princeton, USA), der als Physiker im Jahre 1990 die Fields-Medaille für Mathematik erhielt. Es ist interessant, dass viele große Zahlentheoretiker wie Fermat, Euler, Lagrange, Legendre, Gauß und Minkowski auch bedeutende Leistungen in der Physik vollbracht haben. Das Erscheinen der „Disquisitiones arithmeticae" von Gauß im Jahre 1801 markiert eine Wende von der Mathematik als einer universellen Wissenschaft, wie sie Gauß noch vertrat, hin zu Spezialdisziplinen. Insbesondere ging die Zahlentheorie lange Zeit ihre eigenen Wege. Zur Zeit beobachtet man jedoch wieder einen erfreulichen Trend der Zusammenführung zwischen Mathematik und Physik.

2.7.2 Der Euklidische Algorithmus

Teiler: Sind a, b und c ganze Zahlen mit

$$c = ab,$$

dann heißen a und b Teiler von c. Zum Beispiel folgt aus $12 = 3 \cdot 4$, dass die Zahlen 3 und 4 Teiler der Zahl 12 sind.

Eine ganze Zahl heißt genau dann *gerade*, wenn sie durch zwei teilbar ist, anderenfalls bezeichnet man sie als ungerade.

▶ BEISPIEL 1: Gerade Zahlen sind $2, 4, 6, 8, \ldots$ Ungerade Zahlen sind $1, 3, 5, 7, \ldots$

Elementares Teilbarkeitskriterium: Die folgenden Aussagen gelten für die Dezimaldarstellung natürlicher Zahlen n.

(i) n ist genau dann durch 3 teilbar, wenn die Quersumme von n durch 3 teilbar ist.

---

[47]Zahlreiche Anwendungen der Zahlentheorie in den Naturwissenschaften und in der Informatik findet man in [Schroeder 1984]. Der Zusammenhang zwischen Zahlentheorie und moderner Physik wird in [Waldschmidt u.a. 1992] dargestellt.
[48]In der Quantenfeldtheorie stellt das Feynmansche Pfadintegral die Zustandssumme dar.

(ii) n ist genau dann durch 4 teilbar, wenn die aus den letzten beiden Ziffern von n bestehende Zahl durch 4 teilbar ist.

(iii) n ist genau dann durch 5 teilbar, wenn die letzte Ziffer eine 5 oder eine 0 ist.

(iv) n ist genau dann durch 6 teilbar, wenn n gerade und die Quersumme von n durch 3 teilbar ist.

(v) n ist genau dann durch 9 teilbar, wenn die Quersumme von n durch 9 teilbar ist.

(vi) n ist genau dann durch 10 teilbar, wenn die letzte Ziffer von n eine 0 ist.

▶ BEISPIEL 2: Die Quersumme der Zahl 4656 ist $4 + 6 + 5 + 6 = 21$. Die Quersumme von 21 ergibt $2 + 1 = 3$. Folglich ist 21 und damit auch 4656 durch 3 teilbar, aber nicht durch 9.

Die Quersumme der Zahl $n = 1234656$ lautet $1 + 2 + 3 + 4 + 6 + 5 + 6 = 27$. Die erneute Quersummenbildung liefert $2 + 7 = 9$. Somit sind 27 und n durch 9 teilbar.

Die letzten beiden Ziffern der Zahl $m = 1\,234\,567\,897\,216$ bilden die durch 4 teilbare Zahl 16. Deshalb ist m durch 4 teilbar. Die Zahl $1\,456\,789\,325$ ist durch 5 teilbar, aber nicht durch 10.

Primzahlen: Ein natürliche Zahl p heißt genau dann eine Primzahl, wenn $p \geq 2$ gilt und p außer den Zahlen 1 und p keine weiteren natürlichen Zahlen $n \geq 2$ als Teiler besitzt. Die ersten Primzahlen lauten $2, 3, 5, 7, 11$.

Das Sieb des Eratosthenes (um 300 v. Chr.): Gegeben sei die natürliche Zahl $n > 11$. Um alle Primzahlen

$$p \leq n$$

zu bestimmen, geht man folgendermaßen vor:

(i) Man schreibt alle natürlichen Zahlen $\leq n$ auf (und zwar bequemerweise sofort ohne die durch 2, 3 und 5 teilbaren Zahlen).

(ii) Man betrachtet alle Zahlen $\leq \sqrt{n}$ und unterstreicht der Reihe nach deren Vielfache. Alle nicht unterstrichenen Zahlen sind dann Primzahlen.

▶ BEISPIEL 3: Es sei $n = 100$. Alle Primzahlen $\leq \sqrt{100}$ sind durch 2, 3, 5, 7 gegeben. Wir haben hier lediglich die durch 7 teilbaren Zahlen zu unterstreichen und erhalten:

$2 \quad 3 \quad 5 \quad 7;\quad 11 \quad 13 \quad 17 \quad 19 \quad 23 \quad 29 \quad 31 \quad 37 \quad 41$
$43 \quad 47 \quad \underline{49} \quad 53 \quad 59 \quad 61 \quad 67 \quad 71 \quad 73 \quad \underline{77} \quad 79 \quad 83 \quad 89 \quad \underline{91} \quad 97.$

Alle Primzahlen ≤ 100 erhält man durch die nicht unterstrichenen Zahlen.

Eine Tabelle der Primzahlen < 4000 findet man in 0.6.

Satz des Euklid (um 300 v. Chr.): Es gibt unendlich viele Primzahlen.

Diesen Satz bewies Euklid in seinen „Elementen". Den folgenden Satz findet man dort nur implizit. Er wurde zuerst streng von Gauß bewiesen.

Fundamentalsatz der Arithmetik: Jede natürliche Zahl $n \geq 2$ ist das Produkt von Primzahlen. Diese Darstellung ist eindeutig, wenn man die Primzahlen im Produkt ihrer Größe nach ordnet.

▶ BEISPIEL 4: Es gilt

$24 = 2 \cdot 2 \cdot 2 \cdot 3$ und $28 = 2 \cdot 2 \cdot 7$.

Kleinstes gemeinsames Vielfaches: Sind m und n zwei positive natürliche Zahlen, dann erhält man das kleinste gemeinsame Vielfache

$$\text{kgV}(m, n)$$

von n und m, indem man alle Primzahlen in der Zerlegung von n und m miteinander multipliziert, wobei gemeinsame Faktoren nur einmal berücksichtigt werden.

▶ BEISPIEL 5: Aus Beispiel 4 folgt

$$\mathrm{kgV}(24, 28) = 2 \cdot 2 \cdot 2 \cdot 3 \cdot 7 = 168.$$

Größter gemeinsamer Teiler: Sind m und n zwei positive natürliche Zahlen, dann bezeichnet man mit

$$\boxed{\mathrm{ggT}(m, n)}$$

den größten gemeinsamen Teiler von m und n. Man erhält diesen, indem man in den Primzahlzerlegungen von m und n alle gemeinsamen Primzahlen aufsucht und diese miteinander multipliziert.

▶ BEISPIEL 6: Aus Beispiel 4 folgt $\mathrm{ggT}(24, 28) = 2 \cdot 2 = 4$.

Der Euklidische Algorithmus zur Berechnung des größten gemeinsamen Teilers: Sind n und m zwei gegebene ganze Zahlen ungleich null, dann setzen wir $r_0 := |m|$ und benutzen das folgende Verfahren der Division mit Rest:

$$
\begin{aligned}
n &= \alpha_0 r_0 + r_1, \quad 0 \le r_1 < r_0, \\
r_0 &= \alpha_1 r_1 + r_2, \quad 0 \le r_2 < r_1, \\
r_1 &= \alpha_2 r_2 + r_3, \quad 0 \le r_3 < r_2 \quad \text{etc.}
\end{aligned}
$$

Dabei sind $\alpha_0, \alpha_1, \ldots$ und die Reste $r_1, r_2, \ldots$ eindeutig bestimmte ganze Zahlen. Nach endlich vielen Schritten erhält man erstmalig $r_k = 0$. Daraus ergibt sich

$$\boxed{\mathrm{ggT}(m, n) = r_{k-1}.}$$

Kurz:

Der größte gemeinsame Teiler ist der letzte nicht verschwindende Rest im Euklidischen Algorithmus.

▶ BEISPIEL 7: Für $m = 14$ und $n = 24$ erhält man:

$$
\begin{aligned}
24 &= 1 \cdot \mathbf{14} + \mathbf{10} \quad (\text{Rest} \quad 10), \\
\mathbf{14} &= 1 \cdot \mathbf{10} + 4 \quad (\text{Rest} \quad 4), \\
\mathbf{10} &= 2 \cdot 4 + \boxed{2} \quad (\text{Rest} \quad 2), \\
4 &= 2 \cdot \mathbf{2} \qquad\qquad (\text{Rest} \quad 0).
\end{aligned}
$$

Folglich gilt $\mathrm{ggT}(14, 24) = 2$.

Relativ prime Zahlen: Zwei positive natürliche Zahlen m und n heißen genau dann relativ prim, wenn

$$\boxed{\mathrm{ggT}(m, n) = 1.}$$

▶ BEISPIEL 8: Die Zahl 5 ist relativ prim zu 6, 7, 8, 9 (aber nicht zu 10).

Die Eulersche φ-Funktion: Es sei n eine positive natürliche Zahl. Mit $\varphi(n)$ bezeichnen wir die Anzahl aller positiven natürlichen Zahlen m mit $m \leq n$, die relativ prim zu n sind. Für $n = 1, 2, \ldots$ gilt:

$$\varphi(n) = n \prod_{p \mid n} \left(1 - \frac{1}{p} \right).$$

Das Produkt ist dabei über alle Primzahlen p zu nehmen, die Teiler von n sind.

▶ BEISPIEL 9: Es ist $\varphi(1) = 1$. Für $n \geq 2$ gilt genau dann $\varphi(n) = n - 1$, wenn n eine Primzahl ist. Aus $\mathrm{ggT}(1,4) = \mathrm{ggT}(3,4) = 1$ und $\mathrm{ggT}(2,4) = 2$, $\mathrm{ggT}(4,4) = 4$, folgt

$$\varphi(4) = 2.$$

Die Möbiussche Funktion: Es sei n eine positive natürliche Zahl. Wir setzen

$$\mu(n) := \begin{cases} 1 & \text{für } n = 1 \\ (-1)^r & \text{falls die Primzahlzerlegung von } n \text{ lauter verschiedene} \\ & \text{Primzahlen enthält } (r \text{ Stück}) \\ 0 & \text{sonst.} \end{cases}$$

▶ BEISPIEL 10: Aus $10 = 2 \cdot 5$ folgt $\mu(10) = 1$. Wegen $8 = 2 \cdot 2 \cdot 2$ ist $\mu(8) = 0$.

Die Berechnung zahlentheoretischer Funktionen aus ihren Summen: Gegeben sei eine Funktion f, die jeder positiven natürlichen Zahl n eine ganze Zahl $f(n)$ zuordnet. Dann gilt

$$f(n) = \sum_{d \mid n} \mu \left(\frac{n}{d} \right) s(d) \qquad \text{für } n = 1, 2, \ldots$$

mit

$$s(d) := \sum_{c \mid d} f(c).$$

Summiert wird dabei jeweils über alle Teiler $d \geq 1$ von n und alle Teiler $c \geq 1$ von d (Umkehrformel von Möbius (1790–1868)).

Dieser Satz besagt, dass man $f(n)$ aus den Summen $s(d)$ rekonstruieren kann.

2.7.3 Die Verteilung der Primzahlen

Meinen Dank für die Auszeichnung, welche mir die Berliner Akademie durch die Aufnahme unter ihre Korrespondenten hat zu Theil werden lassen, glaube ich am besten dadurch zu erkennen zu geben, dass ich von der hierdurch erhaltenen Erlaubnis baldigst Gebrauch mache durch Mittheilung einer Untersuchung über die Häufigkeit der Primzahlen; ein Gegenstand, welcher durch das Interesse, welches Gauss und Dirichlet demselben längere Zeit geschenkt haben, einer solchen Mittheilung vieleicht nicht ganz unwerth erscheinen.[49]

Bernhard Riemann (1859)

---

[49]So beginnt eine der berühmtesten Arbeiten in der Geschichte der Mathematik. Auf nur 8 Seiten entwickelt Riemann seine neuen Ideen und formuliert die „Riemannsche Vermutung". Die gesammelten Werke von Riemann, die man mit ausführlichen modernen Kommentaren versehen in [Riemann 1990] findet, umfassen nur einen einzigen Band. Jede dieser Arbeiten ist jedoch eine Perle der Mathematik. Mit seinem Ideenreichtum hat Riemann die Mathematik des 20. Jahrhunderts nachhaltig beeinflusst.

Eines der Hauptprobleme der Zahlentheorie besteht darin, Gesetzmäßigkeiten für die Verteilung der Primzahlen festzustellen.

Lückensatz: Die Zahlen $n! + 2, n! + 3, \ldots, n! + n$ sind für $n = 2, 3, 4, \ldots$ keine Primzahlen, und diese Kette aufeinanderfolgender natürlicher Zahlen wird für wachsendes n immer länger.

Satz von Dirichlet (1837) über arithmetische Progressionen: Die Folge[50]

$$a, \quad a + d, \quad a + 2d, \quad a + 3d, \quad \ldots \qquad\qquad (2.70)$$

enthält unendlich viele Primzahlen, falls a und d zwei teilerfremde positive natürliche Zahlen sind.

▶ BEISPIEL 1: Man kann $a = 3$ und $d = 5$. wählen. Dann enthält die Sequenz

$$3, \quad 8, \quad 13, \quad 18, \quad 23, \quad \ldots$$

unendlich viele Primzahlen.

Korollar: Für eine beliebige reelle Zahl $x \geq 2$ definieren wir

$$P_{a,d}(x) := \text{Menge aller Primzahlen } p \text{ in (2.70) mit } p \leq x.$$

Dann gilt:

$$\sum_{p \in P_{a,d}(x)} \frac{\ln p}{p} = \frac{1}{\varphi(d)} \ln x + O(1), \qquad x \to +\infty, \qquad\qquad \text{(P)}$$

wobei φ die Eulersche Funktion bezeichnet (vgl. 2.7.2). Das Restglied $O(1)$ hängt nicht von a ab. In Beispiel 1 hat man $\varphi(d) = 4$.

Die Formel (P) präzisiert die Aussage, dass alle Folgen (2.70) mit gleicher Differenz d unabhängig vom Anfangsglied a „asymptotisch gleichviele" Primzahlen enthalten.

Speziell für $a = 2$ und $d = 1$ enthält (2.70) alle Primzahlen. Dann ist $\varphi(d) = 1$.

Analytische Zahlentheorie: Beim Beweis seines Satzes führte Dirichlet völlig neue Methoden in die Zahlentheorie ein (Fourierreihen, Dirichletreihen und L-Reihen), die sich auch in der Theorie der algebraischen Zahlen als grundlegend erwiesen haben. Damit begründete er einen neuen Zweig der Mathematik – die analytische Zahlentheorie.[51]

2.7.3.1 Der Primzahlsatz

Primzahlverteilungsfunktion: Für eine beliebige reelle Zahl $x \geq 2$ definieren wir

$$\pi(x) := \text{Anzahl der Primzahlen} \leq x.$$

---

[50] In (2.70) handelt es sich um eine arithmetische Progression, d. h., die Differenz zweier aufeinanderfolgender Glieder ist konstant.
Sind a und d nicht teilerfremd, dann treten in (2.70) trivialerweise überhaupt keine Primzahlen auf, falls a keine Primzahl ist

[51] Nach dem Tod von Gauß im Jahre 1855 wurde Dirichlet (1805–1859) dessen Nachfolger in Göttingen. Im Jahre 1859 übernahm Riemann diesen berühmten Göttinger Lehrstuhl. Von 1886 bis zu seinem Tod im Jahre 1925 wirkte Felix Klein in Göttingen; 1895 holte Felix Klein David Hilbert nach Göttingen, der dort bis zu seiner Emeritierung im Jahre 1930 wirkte.
In den zwanziger Jahren war Göttingen das führende Zentrum der Mathematik und Physik in der Welt. Im Jahre 1933 emigrierten viele führende Wissenschaftler und Göttingen büßte seine führende Rolle ein.

Satz von Legendre (1798): $\displaystyle\lim_{x\to\infty} \frac{\pi(x)}{x} = 0.$

Somit gibt es wesentlich weniger Primzahlen als natürliche Zahlen.

Der fundamentale Primzahlsatz: Für große Zahlen x hat man die folgende asymptotische Gleichheit:[52]

$$\pi(x) \sim \frac{x}{\ln x} \sim \operatorname{li} x, \qquad x \to +\infty.$$

Das ist die berühmteste asymptotische Formel der Mathematik. Tabelle 2.5 vergleicht $\pi(x)$ mit $\operatorname{li} x$.

Tabelle 2.5

x	$\pi(x)$	$\operatorname{li} x$
10^3	168	178
10^6	78 498	78 628
10^9	50 847 534	50 849 235

Noch Euler (1707–1783) glaubte, dass die Primzahlen völlig unregelmäßig verteilt sind. Das asymptotische Verteilungsgesetz für $\pi(x)$ fanden unabhängig voneinander der dreiunddreißigjährige Legendre im Jahre 1785 und der vierzehnjährige Gauß im Jahre 1792 durch das umfangreiche Studium von Logarithmentafeln.

Den strengen Beweis für den Primzahlsatz gaben unabhängig voneinander der dreißigjährige Hadamard und der dreißigjährige de la Vallee-Poussin im Jahre 1896. Bezeichnet p_n die n-te Primzahl, dann gilt:

$$p_n \sim n \cdot \ln n, \qquad n \to +\infty.$$

Fehlerabschätzung: Es gibt positive Konstanten A und B, so dass für alle $x \geq 2$ die Beziehung

$$\pi(x) = \frac{x}{\ln x}(1 + r(x))$$

gilt mit

$$\frac{A}{\ln x} \leq r(x) \leq \frac{B}{\ln x}.$$

Aussage von Riemann: Die wesentlich schärfere Fehlerabschätzung

$$|\pi(x) - \operatorname{li} x| \leq \text{const} \cdot \sqrt{x} \ln x \qquad \text{für alle } x \geq 2$$

gilt, falls sich die Riemannsche Vermutung (2.72) als richtig erweist.[53]

---

[52] Explizit entspricht das der Grenzwertbeziehung

$$\lim_{x\to+\infty} \frac{\pi(x)}{\left(\frac{x}{\ln x}\right)} = \lim_{x\to+\infty} \frac{\pi(x)}{\operatorname{li} x} = 1.$$

Die Definition des Integralalgorithmus lautet:

$$\operatorname{li} x := \operatorname{PV} \int_0^x \frac{dt}{\ln t} = \lim_{\varepsilon\to+0}\left(\int_0^{1-\varepsilon} \frac{dt}{\ln t} + \int_{1+\varepsilon}^x \frac{dt}{\ln t} \right).$$

[53] Im Jahre 1914 bewies Littlewood, dass die Differenz $\pi(x) - \operatorname{li} x$ für wachsendes x unendlich oft das Vorzeichen wechselt.

Die Riemannsche ζ-Funktion: Es sei

$$\zeta(s) := \sum_{n=1}^{\infty} \frac{1}{n^s}, \qquad s \in \mathbb{C}, \ \mathrm{Re}\, s > 1.$$

Der überraschende Zusammenhang mit der Primzahltheorie ergibt sich aus dem folgenden Resultat.

Der fundamentale Satz von Euler (1737): Für alle reellen Zahlen $s > 1$ gilt

$$\prod_{p} \left(1 - \frac{1}{p^s}\right)^{-1} = \zeta(s), \tag{2.71}$$

wobei das Produkt über alle Primzahlen p zu nehmen ist. Das bedeutet:

Die Riemannsche ζ-Funktion kodiert die Struktur der Menge aller Primzahlen.

Der fundamentale Satz von Riemann (1859):

(i) Die ζ-Funktion lässt sich analytisch zu einer auf $\mathbb{C}\backslash\{1\}$ holomorphen Funktion fortsetzen, die im Punkt $s = 1$ einen Pol erster Ordnung mit dem Residuum gleich eins besitzt, d. h., für alle komplexen Zahlen $s \neq 1$ gilt:

$$\zeta(s) = \frac{1}{s-1} + \text{Potenzreihe in } s.$$

Beispielsweise ist $\zeta(0) = -\dfrac{1}{2}$.

(ii) Für alle komplexen Zahlen $s \neq 1$ hat man die Funktionalgleichung

$$\pi^{-s/2}\Gamma\left(\frac{s}{2}\right)\zeta(s) = \pi^{(s-1)/2}\Gamma\left(\frac{1}{2} - \frac{s}{2}\right)\zeta(1-s).$$

(iii) Die ζ-Funktion besitzt die sogenannten trivialen Nullstellen $s = -2k$ mit $k = 1, 2, 3, \ldots$ (Abb. 2.5).

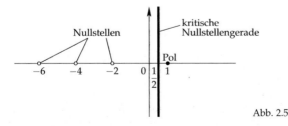

Abb. 2.5

Bezeichnet x_0 die Stelle des ersten Vorzeichenwechsels, dann gilt nach Skewes (1955) die Abschätzung $10^{700} < x_0 < 10^{10^{10^{34}}}$.

2.7.3.2 Die berühmte Riemannsche Vermutung

In Jahre 1859 formulierte Riemann die folgende Vermutung:

> Alle nichttrivialen Nullstellen der ζ-Funktion liegen in der komplexen Ebene auf der Geraden $\operatorname{Re} s = \frac{1}{2}$. (2.72)

Satz von Hardy (1914): Auf der kritischen Geraden $\operatorname{Re} s = \frac{1}{2}$ liegen unendlich viele Nullstellen der Riemannschen ζ-Funktion.[54]

Man kennt heute eine Reihe unterschiedlicher Aussagen, die zur Riemannschen Vermutung äquivalent sind. Umfangreiche geistvolle Experimente auf Supercomputern haben bisher keinen Hinweis auf die Falschheit der Riemannschen Vermutung ergeben. Die Rechnungen liefern Milliarden von Nullstellen auf der kritischen Geraden. Exakte asymptotische Abschätzungen ergeben, dass mindestens ein Drittel aller Nullstellen der ζ-Funktion auf der kritischen Geraden liegen müssen.

2.7.3.3 Riemannsche ζ-Funktion und statistische Physik

Eine fundamentale Erkenntnis der statistischen Physik besteht darin, dass man alle physikalischen Eigenschaften eines statistischen Systems mit den Energiezuständen $E_1, E_2, \ldots$ bei fester Teilchenzahl aus der Zustandssumme

$$Z = \sum_{n=1}^{\infty} e^{-E_n/kT}$$ (2.73)

erhält. Dabei bezeichnet T die absolute Temperatur des Systems, und k ist die Boltzmannkonstante (vgl. 15.7.1 im Handbuch). Setzen wir

$$E_n := kTs \cdot \ln n, \qquad n = 1, 2, \ldots,$$

dann gilt

> $Z = \zeta(s)$.

Dies bedeutet, dass die Riemannsche ζ-Funktion eine spezielle Zustandssumme darstellt. Daraus erklärt sich, dass Funktionen vom Typ der ζ-Funktion außerordentlich wichtig sind, um Modelle der statistischen Physik exakt behandeln zu können (und nicht nur approximativ auf Supercomputern).

2.7.3.4 Riemannsche ζ-Funktion und Renormierung in der Physik

In der statistischen Physik und in der Quantenfeldtheorie treten unglücklicherweise häufig divergente Ausdrücke auf. Die Physiker haben in diesem Zusammenhang geistvolle Verfahren entwickelt, um zunächst sinnlosen (divergenten) Ausdrücken doch einen Sinn zu geben. Das ist das weite Feld der physikalischen Renormierungstheorie, die im Rahmen der Quantenelektrodynamik und des Standardmodells der Elementarteilchen trotz zweifelhafter mathematischer Argumente in phantastischer Übereinstimmung mit dem physikalischen Experiment steht.[55]

---

[54]In Riemanns Nachlass in der Göttinger Universitätsbibliothek wurde entdeckt, dass dieser Satz bereits von Riemann bewiesen, aber nicht veröffentlicht wurde.

[55]Euler hat häufig mit divergenten Reihen gerechnet. Sein ausgeprägter mathematischer Instinkt führte ihn jedoch zu richtigen Ergebnissen. Die Renormierungstheorie knüpft in einem gewissen Sinn an die Eulersche Vorgehensweise an. Ein berühmtes offenes Problem der mathematischen Physik stellt der Aufbau einer strengen Quantenfeldtheorie dar, in der die heuristische Renormierungstheorie tiefer verstanden und gerechtfertigt wird.

▶ BEISPIEL: Die Spur der $(n \times n)$-Einheitsmatrix I_n hat den Wert

tr $I_n = 1 + 1 + \ldots + 1 = n$.

Für die unendliche Einheitsmatrix I erhalten wir daraus

tr $I = \lim_{n \to \infty} n = \infty$.

Um tr I in nichttrivialer Weise einen endlichen Wert zuzuordnen, betrachten wir die Gleichung

$$\zeta(s) = \sum_{n=1}^{\infty} \frac{1}{n^s}. \tag{2.74}$$

Für $\operatorname{Re} s > 1$ ist das eine korrekte Formel im Sinne konvergenter Reihen. Die linke Seite besitzt nach Riemann (im Sinne einer analytischen Fortsetzung) für jede komplexe Zahl $s \neq 1$ einen eindeutig bestimmten Wert. Diese Tatsache benutzen wir, um die rechte Seite von (2.74) für alle komplexen Zahlen $s \neq 1$ zu definieren. Im Spezialfall $s = 0$ ist die rechte Seite von (2.74) formal gleich $1 + 1 + 1 + \ldots$ Deshalb können wir den renormierten Wert von tr I durch

$$\boxed{(\operatorname{tr} I)_{\mathrm{ren}} := \zeta(0) = -\frac{1}{2}}$$

definieren. Eine „unendliche Summe" $1 + 1 + 1 + \ldots$ positiver Zahlen ist hier überraschenderweise gleich einer negativen Zahl!

2.7.3.5 Das Lokalisierungsprinzip für Primzahlen modulo m von Dirichlet

Es sei m eine eigentliche natürliche Zahl. Um seinen fundamentalen Primzahlsatz über arithmetische Progressionen zu beweisen, verallgemeinerte Dirichlet den Eulerschen Satz (2.71) in der Form:

$$\boxed{\prod_{p} \left(1 - \frac{\chi_m(p)}{p^s} \right)^{-1} = L(s, \chi_m) \qquad \text{für alle } s > 1.}$$

Das Produkt erstreckt sich über alle Primzahlen p. Dabei setzen wir

$$L(s, \chi_m) := \sum_{n=1}^{\infty} \frac{\chi_m(n)}{n^s}.$$

Diese Reihe heißt *Dirichletsche L-Reihe*. Dabei ist χ_m ein Charakter mod m. Definitionsgemäß heißt das folgendes:

(i) Die Abbildung $\chi' : \mathbb{Z}/m\mathbb{Z} \longrightarrow \mathbb{C} \setminus \{0\}$ ist ein Gruppenmorphismus.[56]

(ii) Für alle $g \in \mathbb{Z}$ wählen wir

$$\chi_m(g) := \begin{cases} \chi'([g]) & \text{falls} \quad \mathrm{ggT}(g, m) = 1, \\ 0 & \text{sonst.} \end{cases}$$

▶ BEISPIEL: Im Fall $m = 1$ erhalten wir $\chi_1(g) = 1$ für alle $g \in \mathbb{Z}$. Dann gilt

$$L(s, \chi_1) = \zeta(s) \qquad \text{für alle } s > 1.$$

---

[56]Bezeichnet $[g] = g + m\mathbb{Z}$ die zu $g \in \mathbb{Z}$ gehörige Restklasse modulo m (vgl. 2.5.2), dann gilt $\chi'([g]) \neq 0$ und $\chi'([g][h]) = \chi'([g])\chi'([h])$ für alle $g, h \in \mathbb{Z}$.

Somit verallgemeinert die Dirichletsche L-Funktion die Riemannsche ζ-Funktion. Grob gesprochen gilt:

> Die Dirichletsche Funktion $L(\cdot, \chi_m)$ kodiert die Struktur der Menge der Primzahlen modulo m.

Die Theorie der L-Funktion lässt sich auf viel allgemeinere Zahlbereiche ausdehnen (algebraische Zahlkörper).

2.7.3.6 Die Vermutung über Primzahlzwillinge

Zwei Primzahlen, deren Differenz gleich zwei ist, heißen Primzahlzwillinge. Beispielsweise sind 3, 5 sowie 5, 7 und 11, 13 derartige Zwillinge. Es wird vermutet, dass es unendlich viele Primzahlzwillinge gibt.

Literatur zu Kapitel 2

[Aigner 2011] Aigner, M.: Zahlentheorie. Vieweg+Teubner. Wiesbaden (2011)

[Apostol 1986] Apostol, T.: Introduction to Analytic Number Theory. Springer, New York (1986)

[Apostol 1990] Apostol, T.: Modular Functions and Dirichlet Series in Number Theory. Springer, New York (1990)

[Berndt 1985/95] Berndt, B. (ed.): Ramanujan's Notebook. Part I–IV. Springer, New York (1985/95)

[Beutelspacher 2010] Beutelspacher, A.: Lineare Algebra. 7. Auflage. Vieweg+Teubner, Wiesbaden (2010)

[Bewersdorff 2009] Bewersdorff, J.: Algebra für Einsteiger. 4. Auflage. Vieweg+Teubner, Wiesbaden (2009)

[Birkhoff und Bartee 1970] Birkhoff, G., Bartee, T.: Modern Applied Algebra. McGraw-Hill, New York(1970)

[Borwein et al. 1989] Borwein, J., Borwein, P.: Ramanujan, modular equations, and approximations to π, or how to compute one billion digits of π. The American Mathematical Monthly **96**, 201–219 (1989)

[Bosch 2009] Bosch, S.: Algebra. 7. Auflage. Springer, Heidelberg (2009)

[Bosch 2008] Bosch, S.: Lineare Algebra. 4. Auflage. Springer, Heidelberg (2008)

[Brüdern 1995] Brüdern, J.: Einführung in die analytische Zahlentheorie. Springer, Berlin (1995)

[Bundschuh 2008] Bundschuh, P.: Einführung in die Zahlentheorie. 6. Auflage. Springer, Heidelberg (2008)

[Burg et al. 2008] Burg, K., Haf, H., Wille, F., Meister, A.: Höhere Mathematik für Ingenieure Band II. Lineare Algebra. 6. Auflage. Teubner, Wiesbaden (2008)

[Diamond und Shurman 2005] Diamond, F., Shurman, J.: A First Course in Modular Forms. Springer, New York (2005)

[Fischer 2011, 1] Fischer, G.: Lehrbuch der Algebra. 2. Auflage. Vieweg+Teubner, Wiesbaden (2011)

[Fischer 2011, 2] Fischer, G.: Lernbuch Lineare Algebra und Analytische Geometrie. Vieweg+Teubner, Wiesbaden (2011)

[Fischer 2011, 3] Fischer, G.: Lineare Algebra. 17. Auflage. Vieweg+Teubner, Wiesbaden (2011)

[Greub 1967] Greub, W.: Multilineare Algebra. Springer, Berlin (1967)

[Huppert und Willems 2010] Huppert, B., Willems, W.: Lineare Algebra. 2. Auflage. Vieweg+Teubner, Wiesbaden (2010)

[Jänich 2008] Jänich, K.: Lineare Algebra. 11. Auflage. Springer, Heidelberg (2008)
http://www.springer.com/mathematics/algebra/book/978-3-540-75501-2

[Jantzen und Schwermer 2006] Jantzen, J. C., Schwermer, J.: Algebra. Springer, Heidelberg (2006)

[Kanigel 1995] Kanigel, R.: Der das Unendlich kannte. Das Leben des genialen indischen Mathematikers Srinivasa Ramanujan. 2. Auflage, Vieweg, Wiesbaden (1995)

[Kühnel 2011] Kühnel, W.: Matrizen und Lie-Gruppen. Vieweg+Teubner, Wiesbaden (2011)

[Karpfinger et al. 2010] Karpfinger, C., Meyberg, K.: Algebra. 2. Auflage. Spektrum Akademischer Verlag, Heidelberg (2010)

[Kowalsky und Michler 2003] Kowalsky, H.-J., Michler, G.: Lineare Algebra. 12. Auflage. De Gruyter, Berlin (2003)

[Lang 1995] Lang, S.: An Introduction to Diophantine Approximations. Springer, New York (1995)

[Lang 2002] Lang, S.: Algebra, Springer, New York (2002)

[Müller-Stach und Piontkowski 2011] Müller-Stach, S., Piontkowski, J.: Elementare und algebraische Zahlentheorie. 2. Auflage. Vieweg+Teubner, Wiesbaden (2011)

[Perron 1977] Perron, O.: Die Lehre von den Kettenbrüchen, Bd. 1, 2, Teubner, Stuttgart (1977)

[Scharlau und Opolka 1980] Scharlau, W., Opolka, H.: Von Fermat bis Minkowski. Springer, Berlin (1980)

[Scheid und Frommer 2006] Scheid, H., Frommer, A.: Zahlentheorie. 4. Auflage. Spektrum Akademischer Verlag (2006)

[Schroeder 1986] Schroeder, M.: Number Theory in Science and Communication. With Applications in Crytography, Physics, Biology, Digital Communication, and Computing. Springer, Berlin (1986)

[Schulze-Pillot 2008] Schulze-Pillot, R.: Einführung in Algebra und Zahlentheorie. 2. Auflage. Springer, Heidelberg (2008) http://www.springer.com/mathematics/algebra/book/978-3-540-79569-8

[Stoppel und Griese 2011] Stoppel, H., Griese, B.: Übungsbuch zur Linearen Algebra. 7. Auflage. Vieweg+Teubner, Wiesbaden (2011)

[Strang 2003] Strang, G.: Lineare Algebra. Springer, Heidelberg (2003)

[van der Waerden 1993] van der Waerden, B.: Algebra. 6. Auflage, Bd. 1, 2, Springer, Berlin (1993)

[Varadarajan 2006] Varadarajan, V.: Euler through Time: A New Look at Old Themes. Amer. Math. Soc., Providence, Rhode Island (2006)

[Waldschmidt et al. 1992] Waldschmidt, M. et al.: From Number Theory to Physics. Springer, Berlin (1992)

[Wolfart 2011] Wolfart, J.: Einführung in die Zahlentheorie und Algebra. 2. Auflage. Vieweg+Teubner, Wiesbaden (2011)

[Wüstholz 2004] Wüstholz, G.: Algebra. Vieweg, Wiesbaden (2004)

[Zagier 1981] Zagier, D.: Zetafunktionen und quadratische Körper: Eine Einführung in die höhere Zahlentheorie. Springer, Berlin (1981)

Allgemeine Literaturhinweise

[Deiser 2008] Deiser, O.: Reelle Zahlen. 2. Auflage. Springer, Heidelberg (2008) http://www.springer.com/mathematics/book/978-3-540-79375-5

[Deiser 2010, 1] Deiser, O.: Einführung in die Mengenlehre. 3. Auflage. Springer, Heidelberg (2010)

[Deiser 2010, 2] Deiser, O.: Grundbegriffe der wissenschaftlichen Mathematik. Springer, Heidelberg (2010)

[Ebbinghaus et al. 1992] Ebbinghaus, H.-D., Hermes, H., Hirzebruch, F., Koecher, M., Mainzer, K., Neukirch, J., Prestel, A., Remmert, R.: Zahlen. 3. Auflage. Springer, Heidelberg (1992)

[Luderer et al. 2011] Luderer, B., Nollau, V., Vetters, K.: Mathematische Formeln für Wirtschaftswissenschaftler. 7. Auflage. Vieweg+Teubner, Wiesbaden (2011)

[Papula 2009] Papula, L.: Mathematische Formelsammlung. 10. Auflage. Vieweg+Teubner, Wiesbaden (2009)

[Rade und Westergren 2011] Rade, L., Westergren, B.: Springers Mathematische Formeln. 3. Auflage, Springer, Heidelberg (2000)

KAPITEL 3

GEOMETRIE

Wer die Geometrie versteht, der versteht alles in der Welt.

Galileo Galilei (1564–1642)

Geometrie ist die Invariantentheorie von Transformationsgruppen.

Felix Klein,
Erlanger Programm 1872

3.1 Die Grundidee der Geometrie (Erlanger Programm)

Die Geometrie der Antike war die euklidische Geometrie, die über 2000 Jahre lang die Mathematik beherrschte. Die berühmte Frage nach der Existenz nichteuklidischer Geometrien führte im 19. Jahrhundert zur Entwicklung einer Reihe von unterschiedlichen Geometrien. Daraus ergab sich das Problem der Klassifizierung von Geometrien. Der dreiundzwanzigjährige Felix Klein löste das Problem und zeigte im Jahre 1872 mit seinem Erlanger Programm, wie man Geometrien mit Hilfe der Gruppentheorie übersichtlich klassifizieren kann. Man benötigt dazu eine Gruppe G von Transformationen. Jede Eigenschaft oder Größe, die bei Anwendung von G invariant (d. h. unverändert) bleibt, ist eine Eigenschaft der zu G gehörigen Geometrie, die man auch G-Geometrie nennt. Von diesem Klassifizierungsprinzip werden wir in diesem Kapitel ständig Gebrauch machen. Wir wollen die Grundidee am Beispiel der euklidischen Geometrie und der Ähnlichkeitsgeometrie erläutern.

Euklidische Geometrie (Geometrie der Bewegungen):   Wir betrachten eine Ebene E. Mit $\mathrm{Aut}\,(E)$ bezeichnen wir die Gesamtheit aller Abbildungen von E auf E, die sich aus folgenden Transformationen zusammensetzen:

(i) Verschiebungen (Translationen),

(ii) Drehungen um irgendeinen Punkt und

(iii) Spiegelungen an einer festen Geraden (Abb. 3.1).

Genau alle Zusammensetzungen derartiger Transformationen heißen *Bewegungen*[1] von E. Durch das Produktsymbol

$$\boxed{hg}$$

bezeichnen wir diejenige Bewegung, die sich ergibt, wenn wir zunächst die Bewegung g und dann die Bewegung h ausführen. Mit dieser Multiplikation hg wird

$$\boxed{\mathrm{Aut}\,(E)}$$

---

[1]Alle Transformationen von E, die sich nur aus Verschiebungen und Drehungen zusammensetzen, heißen *eigentliche* Bewegungen von E.

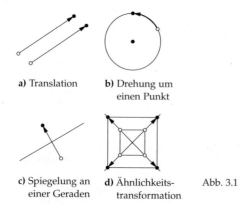

a) Translation **b)** Drehung um
einen Punkt

c) Spiegelung an **d)** Ähnlichkeits- Abb. 3.1
einer Geraden transformation

zu einer *Gruppe*. Das neutrale Element e in Aut(E) entspricht der Ruhe (keine Bewegung).

Definitionsgemäß gehören alle diejenigen Eigenschaften und Größen zur *euklidischen Geometrie* der Ebene E, die bei Bewegungen invariant bleiben. Das sind zum Beispiel die Begriffe „Länge einer Strecke" und „Kreis vom Radius".

Kongruenz: Zwei Teilmengen der Ebene (z. B. Dreiecke) heißen genau dann *kongruent*, wenn sie sich durch eine Bewegung ineinander überführen lassen. Die Kongruenzsätze für Dreiecke sind Sätze der euklidischen Geometrie (vgl. 3.2.1.5).

Ähnlichkeitsgeometrie: Unter einer speziellen Ähnlichkeitstransformation der Ebene E verstehen wir eine Abbildung von E auf E, bei der alle Geraden durch einen festen Punkt P wieder in sich übergehen und dabei alle Abstände P mit einem festen positiven Faktor multipliziert werden. Der Punkt P heißt das Ähnlichkeitszentrum. Mit Ähnlich (E) bezeichnen wir die Gesamtheit aller Abbildungen von E auf E, die sich aus Bewegungen und speziellen Ähnlichkeitstransformationen zusammen setzen. Dann bildet

$$\boxed{\text{Ähnlich(E)}}$$

bezüglich der Zusammensetzung hg eine Gruppe, die man die Gruppe der Ähnlichkeitstransformationen von E nennt.

Der Begriff „Länge einer Strecke" ist kein Begriff der Ähnlichkeitsgeometrie. Dagegen ist „das Verhältnis zweier Strecken" ein Begriff der Ähnlichkeitsgeometrie.

Ähnlichkeit: Zwei Teilmengen von E (z. B. Dreiecke) heißen genau dann *ähnlich*, wenn sie sich durch eine Ähnlichkeitstransformation ineinander überführen lassen. Die Ähnlichkeitssätze für Dreiecke sind Sätze der Ähnlichkeitsgeometrie (vgl. 3.2.1.6).

Jede technische Zeichnung ist ein ähnliches Bild der Wirklichkeit.

3.2 Elementare Geometrie

Wenn nicht ausdrücklich das Gegenteil betont wird, beziehen sich alle Winkelangaben auf das Bogenmaß (vgl. 0.1.2).

3.2.1 Ebene Trigonometrie

Bezeichnungen: Ein ebenes Dreieck besteht aus drei Punkte, die nicht auf einer Geraden liegen, und den zugehörigen Verbindungsstrecken. Die den Seiten a, b, c gegenüberliegenden Winkel werden der Reihe nach mit α, β, γ bezeichnet (Abb. 3.2). Ferner setzen wir:

$$s = \frac{1}{2}(a + b + c) \qquad \text{(halber Umfang)},$$

F Flächeninhalt, h_a Höhe des Dreiecks über der Seite a,

R Umkreisradius, r Inkreisradius.

Der Umkreis ist der kleinste Kreis, in dem das Dreieck enthalten ist und der durch die drei Eckpunkte geht. Der Inkreis ist der größte Kreis, den das Dreieck enthält.

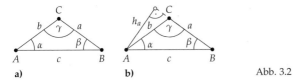

a)   b)   Abb. 3.2

3.2.1.1 Vier fundamentale Gesetze für Dreiecke

Winkelsummensatz: $\boxed{\alpha + \beta + \gamma = \pi.}$ (3.1)

Kosinussatz: $\boxed{c^2 = a^2 + b^2 - 2ab \cos\gamma.}$ (3.2)

Sinussatz: $\boxed{\dfrac{a}{b} = \dfrac{\sin\alpha}{\sin\beta}.}$ (3.3)

Tangenssatz: $\boxed{\dfrac{a-b}{a+b} = \dfrac{\tan\frac{\alpha-\beta}{2}}{\tan\frac{\alpha+\beta}{2}} = \dfrac{\tan\frac{\alpha-\beta}{2}}{\cot\frac{\gamma}{2}}.}$ (3.4)

Dreiecksgleichung: $c < a + b$.

Umfang: $C = a + b + c = 2s$.

Höhe: Für die Höhe des Dreiecks über der Seite a gilt (Abb. 3.2b):

$$h_a = b \sin\gamma = c \sin\beta.$$

Flächeninhalt: Man hat die Höhenformel

$$\boxed{F = \frac{1}{2}h_a\, a = \frac{1}{2}ab \cdot \sin\gamma.}$$

In Worten: Der Flächeninhalt eines Dreiecks ist gleich dem halben Produkt aus Seite und Höhe.

Ferner kann man auch die *Heronische Formel*[2] benutzen:

$$F = \sqrt{s(s-a)(s-b)(s-c)} = rs.$$

In Worten: Der Flächeninhalt eines Dreiecks ist gleich dem halben Produkt aus Inkreisradius und Umfang.

Weitere Dreiecksformeln:

Halbwinkelsätze: $\quad \sin\dfrac{\gamma}{2} = \sqrt{\dfrac{(s-a)(s-b)}{ab}}$,

$$\cos\frac{\gamma}{2} = \sqrt{\frac{s(s-c)}{ab}}, \quad \tan\frac{\gamma}{2} = \frac{\sin\frac{\gamma}{2}}{\cos\frac{\gamma}{2}}.$$

Mollweidsche Formeln: $\quad \dfrac{a+b}{c} = \dfrac{\cos\frac{\alpha-\beta}{2}}{\cos\frac{\alpha+\beta}{2}} = \dfrac{\cos\frac{\alpha-\beta}{2}}{\sin\frac{\gamma}{2}}$,

$$\frac{a-b}{c} = \frac{\sin\frac{\alpha-\beta}{2}}{\sin\frac{\alpha+\beta}{2}} = \frac{\sin\frac{\alpha-\beta}{2}}{\cos\frac{\gamma}{2}}.$$

Tangensformel: $\quad \tan\gamma = \dfrac{c\sin\alpha}{b - c\cos\alpha} = \dfrac{c\sin\beta}{a - c\cos\beta}.$

Projektionssatz: $\quad c = a\cos\beta + b\cos\alpha.$ $\hfill (3.5)$

Zyklische Vertauschung: Weitere Formeln erhält man aus den Formeln (3.1) bis (3.5) durch zyklische Vertauschung der Seiten und Winkel:

$$a \longrightarrow b \longrightarrow c \longrightarrow a \quad\text{und}\quad \alpha \longrightarrow \beta \longrightarrow \gamma \longrightarrow \alpha.$$

Spezielle Dreiecke: Ein Dreieck heißt genau *rechtwinklig*, wenn ein Winkel gleich $\pi/2$ (d. h., gleich $90°$) ist (Abb. 3.3).

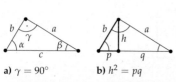

a) $\gamma = 90°$ $\qquad$ **b)** $h^2 = pq$

Abb. 3.3 Rechtwinkliges Dreieck.

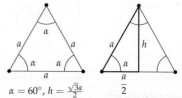

$\alpha = 60°$, $h = \dfrac{\sqrt{3}a}{2}$

Abb. 3.4 Gleichseitiges Dreieck.

Ferner heißt ein Dreieck genau dann *gleichschenklig* (bzw. *gleichseitig*) wenn zwei (bzw. drei) Seiten gleich sind (Abb. 3.5 und Abb. 3.4).

Spitze und stumpfe Winkel: Der Winkel γ heißt genau dann spitz (bzw. stumpf), wenn γ zwischen 0 und $90°$ (bzw. zwischen $90°$ und $180°$) liegt.

Dreiecksberechnung auf einem Taschenrechner: Um die im folgenden angegebenen Formeln anwenden zu können, benötigt man die Werte für $\sin\alpha$, $\cos\alpha$ usw. Diese findet man auf jedem Taschenrechner.

---

[2]Diese Formel ist nach Heron von Alexandria (1. Jahrhundert) benannt, der einer der bedeutendsten angewandten Mathematiker der Antike war und zahlreiche Bücher zur angewandten Mathematik und Ingenieurwissenschaft veröffentlichte.

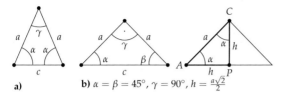

a)   b) $\alpha = \beta = 45°$, $\gamma = 90°$, $h = \frac{a\sqrt{2}}{2}$ Abb. 3.5 Gleichschenkliges Dreieck.

3.2.1.2 Das rechtwinklige Dreieck

Im rechtwinkligen Dreieck heißt die dem rechten Winkel gegenüberliegende Seite *Hypotenuse*. Die beiden anderen Seiten nennt man *Katheten*. Beide Worte kommen aus dem Griechischen. Wir benutzen im Folgenden die in Abb. 3.3 verwendeten Bezeichnungen.

Flächeninhalte:

$$F = \frac{1}{2}ab = \frac{a^2}{2}\tan\beta = \frac{c^2}{4}\sin 2\beta.$$

Satz des Pythagoras:

$$c^2 = a^2 + b^2. \tag{3.6}$$

In Worten: Das Quadrat über der Hypotenuse ist gleich der Summe der beiden Kathetenquadrate. Wegen $\gamma = \pi/2$ und $\cos\gamma = 0$, ist (3.6) ein Spezialfall des Kosinussatzes (3.2).

Höhensatz des Euklid:

$$h^2 = pq.$$

In Worten: Das Höhenquadrat ist gleich dem Produkt der Hypotenusenabschnitte, die durch Projektion der Katheten auf die Hypotenuse entstehen.

Kathetensätze des Euklid:

$$a^2 = qc, \qquad b^2 = pc.$$

In Worten: Das Kathetenquadrat ist gleich dem Produkt aus der Hypotenuse und der Projektion dieser Kathete auf die Hypotenuse.

Winkelrelationen:

$$\sin\alpha = \frac{a}{c}, \qquad \cos\alpha = \frac{b}{c}, \qquad \tan\alpha = \frac{a}{b}, \qquad \cot\alpha = \frac{b}{a},$$

$$\sin\beta = \cos\alpha, \qquad \cos\beta = \sin\alpha, \qquad \alpha + \beta = \frac{\pi}{2}. \tag{3.7}$$

Wegen $\sin\beta = \cos\alpha$ geht der Sinussatz (3.3) in $\tan\alpha = \frac{a}{b}$ über. Man bezeichnet a (bzw. b) als Gegenkathete (bzw. Ankathete) zum Winkel α.

Tabelle 3.1

Gegebene Größen	Bestimmung der übrigen Größen in einem rechtwinkligen Dreieck

a, b	$\alpha = \arctan \dfrac{a}{b}, \quad c = \dfrac{a}{\sin\alpha}, \quad \beta = \dfrac{\pi}{2} - \alpha$
a, c	$\alpha = \arcsin \dfrac{a}{c}, \quad b = c\cos\alpha, \quad \beta = \dfrac{\pi}{2} - \alpha$
b, c	$\alpha = \arccos \dfrac{b}{c}, \quad a = b\tan\alpha, \quad \beta = \dfrac{\pi}{2} - \alpha$
a, α	$b = a\cot\alpha, \quad c = \dfrac{a}{\sin\alpha}, \quad \beta = \dfrac{\pi}{2} - \alpha$
a, β	$\alpha = \dfrac{\pi}{2} - \beta, \quad b = a\cot\alpha, \quad c = \dfrac{a}{\sin\alpha}$
b, α	$a = b\tan\alpha, \quad c = \dfrac{a}{\sin\alpha}, \quad \beta = \dfrac{\pi}{2} - \alpha$
b, β	$\alpha = \dfrac{\pi}{2} - \beta, \quad a = b\tan\alpha, \quad c = \dfrac{a}{\sin\alpha}$

Berechnung rechtwinkliger Dreiecke: Alle an einem rechtwinkligen Dreieck auftretenden Aufgaben kann man mit Hilfe von (3.7) lösen (vgl. Tabelle 3.1).

▶ BEISPIEL 1 (Abb. 3.5b): In einem *gleichschenkligen rechtwinkligen* Dreieck gilt für die Höhe über der Seite c:

$$h_c = \frac{a\sqrt{2}}{2}.$$

Beweis: Das Dreieck APC in Abb. 3.5b ist rechtwinklig. Da die Winkelsumme im Dreieck 180° beträgt, gilt $\alpha = \beta = 45°$. Wegen $\dfrac{\gamma}{2} = 45°$ ist das Dreieck APC rechtwinklig und gleichschenklig. Somit ergibt der Satz des Pythagoras: $a^2 = h^2 + h^2$. Daraus folgt $h^2 = a^2/2$, also $h = a/\sqrt{2} = a\sqrt{2}/2$. □

Ferner erhalten wir

$$\sin 45° = \frac{h}{a} = \frac{\sqrt{2}}{2}, \qquad \cos 45° = \sin 45°.$$

▶ BEISPIEL 2 (Abb. 3.4b): In einem *gleichseitigen* Dreieck gilt für die Höhe über der Seite c:

$$h_c = \frac{a\sqrt{3}}{2}.$$

Beweis: Der Satz des Pythagoras ergibt $a^2 = h^2 + \left(\dfrac{a}{2}\right)^2$. Daraus folgt $4a^2 = 4h^2 + a^2$, also $4h^2 = 3a^2$. Das liefert $2h = \sqrt{3}a$.

Ferner erhalten wir

$$\sin 60^\circ = \frac{h}{a} = \frac{\sqrt{3}}{2}, \qquad \cos 30^\circ = \sin 60^\circ.$$

3.2.1.3 Vier Grundaufgaben der Dreiecksberechnung

Aus der Gleichung $\sin \alpha = d$ lässt sich der Winkel α nicht eindeutig bestimmen, da α spitz oder stumpf sein kann und $\sin(\pi - \alpha) = \sin \alpha$ gilt. Die folgenden Methoden für die erste bis dritte Grundaufgabe ergeben jedoch alle Winkel in eindeutiger Weise.

Erste Grundaufgabe: Gegeben sind die Seite c und die beiden anliegenden Winkel α, β. Gesucht werden die übrigen Seiten und Winkel des Dreiecks (Abb. 3.2).

(i) Der Winkel $\gamma = \pi - \alpha - \beta$ folgt aus dem Winkelsummensatz.

(ii) Die beiden Seiten a und b folgen aus dem Sinussatz:

$$a = c \frac{\sin \alpha}{\sin \gamma}, \qquad b = c \frac{\sin \beta}{\sin \gamma}.$$

(iii) Flächeninhalt: $F = \frac{1}{2} ab \sin \gamma$.

Zweite Grundaufgabe: Gegeben sind die beiden Seiten a und b und der eingeschlossene Winkel γ.

(i) Man berechnet $\dfrac{\alpha - \beta}{2}$ eindeutig aus dem Tangenssatz:

$$\tan \frac{\alpha - \beta}{2} = \frac{a - b}{a + b} \cot \frac{\gamma}{2}, \qquad -\frac{\pi}{4} < \frac{\alpha - \beta}{2} < \frac{\pi}{4}.$$

(ii) Aus dem Winkelsummensatz folgt:

$$\alpha = \frac{\alpha - \beta}{2} + \frac{\pi - \gamma}{2}, \qquad \beta = \frac{\pi - \gamma}{2} - \frac{\alpha - \beta}{2}.$$

(iii) Die Seite c folgt aus dem Sinussatz:

$$c = \frac{\sin \gamma}{\sin \alpha} a.$$

(iv) Flächeninhalt: $F = \frac{1}{2} ab \sin \gamma$.

Dritte Grundaufgabe: Gegeben sind alle drei Seiten a, b und c.

(i) Man berechnet den halben Umfang $s = \frac{1}{2}(a + b + c)$ und den Inkreisradius

$$r = \sqrt{\frac{(s - a)(s - b)(s - c)}{s}}.$$

(ii) Die Winkel α und β ergeben sich eindeutig aus den Gleichungen:

$$\tan \frac{\alpha}{2} = \frac{r}{s - a}, \qquad \tan \frac{\beta}{2} = \frac{r}{s - b}, \qquad 0 < \frac{\alpha}{2}, \frac{\beta}{2} < \frac{\pi}{2}.$$

(iii) Der Winkel $\gamma = \pi - \alpha - \beta$ folgt aus dem Winkelsummensatz.

(iv) Flächeninhalt $F = rs$.

Vierte Grundaufgabe: Gegeben sind die Seiten a und b und der der Seite gegenüberliegende Winkel α .

(i) Wir bestimmen den Winkel β.

Fall 1: $a > b$. Dann gilt $\beta < 90°$, und β folgt nach dem Sinussatz eindeutig aus der Gleichung

$$\sin\beta = \frac{b}{a}\sin\alpha\,. \tag{3.8}$$

Fall 2: $a = b$. Hier gilt $\alpha = \beta$.

Fall 3: $a < b$. Wenn $b\sin\alpha < a$, dann liefert die Gleichung (3.8) einen spitzen und einen stumpfen Winkel β als Lösung. Im Fall $b\sin\alpha = b$ ist $\beta = 90°$. Für $b\sin\alpha > a$ existiert kein Dreieck zu den Vorgaben.

(ii) Der Winkel $\gamma = \pi - \alpha - \beta$ folgt aus dem Winkelsummensatz.

(iii) Die Seite c folgt aus dem Sinussatz:

$$c = \frac{\sin\gamma}{\sin\alpha}\,a\,.$$

(iv) Flächeninhalt: $F = \frac{1}{2}ab\sin\gamma$.

3.2.1.4 Spezielle Linien im Dreieck

Seitenhalbierende und Schwerpunkt: Eine Seitenhalbierende geht definitionsgemäß durch einen Eckpunkt und den Mittelpunkt der gegenüberliegenden Seite.

Alle drei Seitenhalbierenden eines Dreiecks schneiden sich im Schwerpunkt des Dreiecks. Zusätzlich weiß man, dass der Schwerpunkt jede Seitenhalbierende im Verhältnis 2 : 1 teilt (vom Eckpunkt aus gerechnet; vgl. Abb. 3.6a).

a) Seitenhalbierende

b) Mittelsenkrechte   **c)** Winkelhalbierende   Abb. 3.6

Länge der zur Seite c gehörenden Seitenhalbierenden:

$$s_c = \frac{1}{2}\sqrt{a^2 + b^2 + 2ab\cos\gamma} = \frac{1}{2}\sqrt{2(a^2 + b^2) - c^2}\,.$$

Mittelsenkrechte und Umkreis: Eine Mittelsenkrechte steht definitionsgemäß auf einer Dreiecksseite senkrecht und geht durch den Mittelpunkt dieser Seite. Die drei Mittelsenkrechten eines Dreiecks schneiden sich im Mittelpunkt des Umkreises.

Radius des Umkreises: $R = \dfrac{a}{2\sin\alpha}$.

Winkelhalbierende und Inkreis: Eine Winkelhalbierende geht durch einen Eckpunkt und halbiert den zum Eckpunkt gehörigen Winkel.

Alle drei Winkelhalbierenden schneiden sich im Mittelpunkt des Inkreises.

Radius des Inkreises: $r = (s - a) \tan \dfrac{\alpha}{2} = \dfrac{F}{s} = \sqrt{\dfrac{(s-a)(s-b)(s-c)}{s}}$,

$$r = s \tan \frac{\alpha}{2} \tan \frac{\beta}{2} \tan \frac{\gamma}{2} = 4R \sin \frac{\alpha}{2} \sin \frac{\beta}{2} \sin \frac{\gamma}{2}.$$

Länge der Winkelhalbierenden zum Winkel γ:

$$w_\gamma = \frac{2ab}{a+b} \cos \frac{\gamma}{2} = \frac{\sqrt{ab\left((a+b)^2 - c^2\right)}}{a+b}.$$

Satz des Thales[3]: Liegen drei Punkte auf einem Kreis (mit dem Mittelpunkt M), dann ist der Zentriwinkel 2γ gleich dem doppelten Peripheriewinkel γ (Abb. 3.7).

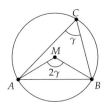

Abb. 3.7

3.2.1.5 Kongruenzsätze

Zwei Dreiecke sind genau dann kongruent (d. h., sie gehen durch eine in 3.1 erklärte Bewegung ineinander über), wenn einer der folgenden vier Fälle vorliegt (Abb. 3.8a):

(i) Zwei Seiten und der eingeschlossene Winkel sind gleich.

(ii) Eine Seite und die beiden anliegenden Winkel sind gleich.

(iii) Drei Seiten sind gleich.

(iv) Zwei Seiten und der der größeren dieser beiden Seiten gegenüberliegende Innenwinkel sind gleich.

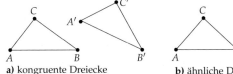

a) kongruente Dreiecke b) ähnliche Dreiecke   Abb. 3.8

3.2.1.6 Ähnlichkeitssätze

Zwei Dreiecke sind genau dann ähnlich (d. h., sie lassen sich durch eine in 3.1 eingeführte Ähnlichkeitstransformation ineinander überführen), wenn einer der folgenden vier Fälle vorliegt (Abb. 3.8b):

(i) Zwei Winkel sind gleich.

(ii) Zwei Seitenverhältnisse sind gleich.

---

[3]Thales von Milet (624–548 v. Chr.) gilt als der Vater der griechischen Mathematik.

(iii) Ein Seitenverhältnis und der eingeschlossene Winkel sind gleich.

(iv) Ein Seitenverhältnis und der der größeren dieser beiden Seiten gegenüberliegende Innenwinkel sind gleich.

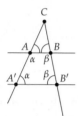

Abb. 3.9

Der Ähnlichkeitssatz des Thales (Strahlensatz): Gegeben seien zwei Geraden, die sich im Punkt C schneiden. Werden diese von zwei parallelen Geraden geschnitten, dann sind die so entstehenden Dreiecke ABC und $A'B'C$ ähnlich (Abb. 3.9).

Deshalb sind die Winkel beider Dreiecke gleich und die Verhältnisse entsprechender Seiten sind gleich. Zum Beispiel gilt:

$$\frac{CA}{CA'} = \frac{CB}{CB'} .$$

3.2.2 Anwendungen in der Geodäsie

Die Geodäsie beschäftigt sich mit der Vermessung von Punkten der Erde. Dabei werden Dreiecke benutzt (Triangulation). Streng genommen handelt es sich dabei um Dreiecke auf einer Kugeloberfläche (sphärische Dreiecke). Sind diese Dreiecke jedoch hinreichend klein, dann kann man sie als eben ansehen und die Formeln der *ebenen Trigonometrie* anwenden. Das trifft für die üblichen Vermessungsaufgaben zu. Im Schiffs- und Flugverkehr sind jedoch die Dreiecke so groß, dass man die Formeln der sphärischen Trigonometrie benutzen muss (vgl. 3.2.4).

Höhe eines Turmes: Gesucht wird die Höhe h eines Turms (Abb. 3.10).

Abb. 3.10

Berechnung: $h = d \tan \alpha$.

Entfernung zu einem Turm: Wir messen den Erhebungswinkel α und kennen die Höhe h des Turmes.

Messgrößen: Wir messen die Entfernung d zum Turm und den Erhebungswinkel α.

Berechnung: $d = h \cot \alpha$.

Die Grundformel der Geodäsie: Gegeben sind zwei Punkte A und B mit den kartesischen Koordination (x_A, y_A) und (x_B, y_B), wobei $x_A < x_B$ gelten soll (Abb. 3.11). Dann erhalten wir für die Entfernung $d = AB$ und den Winkel α die Formeln:

$$d = \sqrt{(x_A - x_B)^2 + (y_A - y_B)^2}, \qquad \alpha = \arctan \frac{y_B - y_A}{x_B - x_A} .$$

3.2.2.1 Die erste Grundaufgabe (Vorwärtschreiben)

Problem: Gegeben sind zwei Punkte A und B mit den kartesischen Koordinaten (x_A, y_A) und (x_B, y_B). Gesucht sind die kartesischen Koordinaten (x, y) eines dritten Punktes P.

Messgrößen: Wir messen die Winkel α und β (vgl. Abb. 3.12).

Berechnung: Wir bestimmen b, δ durch

$$c = \sqrt{(x_B - x_A)^2 + (y_B - y_A)^2},$$

$$b = c\,\frac{\sin\beta}{\sin(\alpha + \beta)}, \qquad \delta = \arctan\frac{y_B - y_A}{x_B - x_A}$$

und erhalten

$$\boxed{x = x_A + b\,\cos(\alpha + \delta), \qquad y = y_A + b\,\sin(\alpha + \delta).}$$

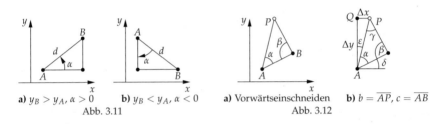

a) $y_B > y_A, \alpha > 0$ b) $y_B < y_A, \alpha < 0$ a) Vorwärtseinschneiden   b) $b = \overline{AP}, c = \overline{AB}$

Abb. 3.11   Abb. 3.12

Beweis: Wir benutzen das rechtwinklige Dreieck APQ in Abb. 3.12 Dann gilt

$$x = x_A + \triangle x = x_A + b\,\sin\varepsilon, \qquad y = y_A + \triangle y = y_A + b\,\cos\varepsilon.$$

Wegen $\varepsilon = \dfrac{\pi}{2} - \alpha - \delta$ hat man $\sin\varepsilon = \cos(\alpha + \delta)$ und $\cos\varepsilon = \sin(\alpha + \delta)$. Aus dem Sinussatz folgt

$$b = c\,\frac{\sin\beta}{\sin\gamma}.$$

Schließlich ist $\gamma = \pi - \alpha - \beta$, also $\sin\gamma = \sin(\alpha + \beta)$. $\qquad\square$

3.2.2.2 Die zweite Grundaufgabe (Rückwärtseinschneiden)

Problem: Gegeben sind drei Punkte A, B und C mit den kartesischen Koordinaten (x_A, y_A), (x_B, y_B) und (x_C, y_C). Gesucht sind die kartesischen Koordinaten (x, y) des Punktes P.

Messgrößen: Gemessen werden die Winkel α und β (vgl. Abb. 3.13).

Das Problem ist nur lösbar, wenn die vier Punkte A, B, C und P nicht auf einem Kreis liegen.

Berechnung: Aus den Hilfsgrößen

$$x_1 = x_A + (y_C - y_A)\cot\alpha, \qquad y_1 = y_A + (x_C - x_A)\cot\alpha,$$

$$x_2 = x_B + (y_B - y_C)\cot\beta, \qquad y_2 = y_B + (x_B - x_C)\cot\beta,$$

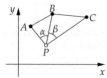

Abb. 3.13

berechnen wir μ und η durch

$$\mu = \frac{y_2 - y_1}{x_2 - x_1}, \qquad \eta = \frac{1}{\mu}$$

und erhalten

$$y = y_1 + \frac{x_C - x_1 + (y_C - y_1)\mu}{\mu + \eta},$$

$$x = \begin{cases} x_C - (y - y_C)\mu & \text{für } \mu < \eta \\ x_1 + (y - y_1)\eta & \text{für } \eta < \mu. \end{cases}$$

3.2.2.3 Die dritte Grundaufgabe (Berechnung einer unzugänglichen Entfernung)

Problem: Gesucht ist die Entfernung $d = \overline{PQ}$ zwischen den beiden Punkten P und Q, die zum Beispiel durch einen See getrennt sind. Deshalb kann man die Entfernung nicht direkt messen.

Messgrößen: Man misst die Entfernung $c = \overline{AB}$ zwischen zwei anderen Punkten A und B, sowie die vier Winkel α, β, γ und δ (vgl. Abb. 3.14).

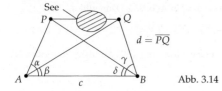

$$d = \overline{PQ}$$

Abb. 3.14

Berechnung: Aus den Hilfsgrößen

$$\varrho = \frac{1}{\cot\alpha + \cot\delta}, \qquad \sigma = \frac{1}{\cot\beta + \cot\gamma}$$

und $x = \sigma \cot\beta - \varrho \cot\alpha$, $y = \sigma - \varrho$ erhalten wir

$$d = \sqrt{x^2 + y^2}.$$

3.2.3 Sphärische Trigonometrie

Die sphärische Trigonometrie beschäftigt sich mit der Geometrie auf einer Sphäre (Kugelo-berfläche). Im Fall der Erdoberfläche kann man näherungsweise die Methoden der ebenen Trigonometrie anwenden, falls es sich um kleine Entfernungen handelt (z. B. bei der Vermessung von Grundstücken). Handelt es sich jedoch um größere Entfernungen (z. B. Transatlantikflüge oder längere Schiffsreisen), dann spielt die Krümmung der Erdoberfläche eine wichtige Rolle, d. h., man muss bei der Navigation die Methoden der sphärischen Trigonometrie einsetzen.

3.2.3.1 Entfernungsmessung und Großkreise

Wir betrachten eine Kugel vom Radius R und bezeichnen deren Oberfläche mit S_R (Sphäre vom Radius R).

> An die Stelle der Geraden in der Ebene treten auf der Sphäre die Großkreise.

Definition: Sind A und B Punkte auf S_R, dann erhält man den Großkreis durch A und B, indem man die Ebene A, B und den Kugelmittelpunkt M mit der Sphäre S_R zum Schnitt bringt (Abb. 3.15).

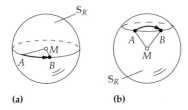

(a)   **(b)**   Abb. 3.15

▶ Beispiel 1: Der Äquator und die Längenkreise der Erde sind Großkreise. Breitenkreise sind keine Großkreise.

Entfernungsmessung auf einer Sphäre: Die kürzeste Verbindung zwischen den Punkte A und B auf S_R erhält man, indem man einen Großkreis durch A und B betrachtet und den kürzeren der beiden Großkreisbögen wählt (Abb. 3.15).

> Die Entfernung zwischen zwei Punkten A und B auf einer Sphäre ist definitionsgemäß gleich dem kürzesten Abstand der beiden Punkte auf der Sphäre.

▶ Beispiel 2: Will ein Schiff (oder ein Flugzeug) die kürzeste Route vom Punkt A und B wählen, dann muss es sich auf einen Großkreisbogen g bewegen.

(i) Liegen A und B auf dem Äquator, dann muss das Schiff entlang des Äquators fahren (Abb. 3.15a).

(ii) Befinden sich dagegen A und B auf einem Breitenkreis, dann ist die Route entlang des Breitenkreises weiter als entlang des Großkreisbogens (Abb. 3.15b).

Eindeutigkeit der kürzesten Verbindungskurve: Liegen A und B nicht diametral zueinander, dann gibt es eine eindeutig bestimmte kürzeste Verbindungslinie.

Sind dagegen A und B diametral gelegene Punkte, dann gibt es unenendlich viele kürzeste Verbindungslinien zwischen A und B.

▶ Beispiel 3: Eine kürzeste Verbindungslinie zwischen Nord- und Südpol ergibt sich, indem man irgendeinen Längenkreishalbbogen benutzt.

Geodätische Linien: Alle Teilkurven von Großkreisen heißen geodätische Linien.

3.2.3.2 Winkelmessung

Definition: Schneiden sich zwei Großkreise in einem Punkt A, dann ist der Winkel zwischen ihnen gleich dem Winkel zwischen den Tangenten an die Großkreise im Punkt A (Abb. 3.16).

Kugelzweieck: Verbindet man zwei diametrale Punkte A und B auf S_R durch zwei Großkreisbögen, dann entsteht ein sogenanntes Kugelzweieck mit dem Flächeninhalt

$$F = 2R^2\alpha,$$

wobei α den Winkel zwischen den beiden Großkreisbögen bezeichnet (Abb. 3.17).

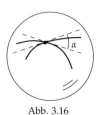 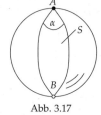 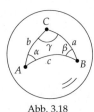

Abb. 3.16   Abb. 3.17   Abb. 3.18

3.2.3.3 Sphärische Dreiecke

Definition: Ein sphärisches Dreieck wird durch drei Punkte A, B und C auf S_R und den kürzesten Verbindungslinien zwischen diesen Punkten gebildet.[4] Die Winkel bezeichnen wir mit α, β und γ. Die Längen der Seiten seien a, b und c (Abb. 3.18).

Zyklische Vertauschung: Alle weiteren Formeln bleiben richtig, wenn man die folgenden zyklischen Vertauschungen vornimmt:

$$a \longrightarrow b \longrightarrow c \longrightarrow a \quad \text{und} \quad \alpha \longrightarrow \beta \longrightarrow \gamma \longrightarrow \alpha.$$

Flächeninhalt eines sphärischen Dreiecks:

$$F = (\alpha + \beta + \gamma - \pi)R^2.$$

Traditionsgemäß heißt ein sphärisches Dreieck genau dann regulär (oder vom Eulerschen Typ), wenn die Länge seiner Seiten kleiner als πR ist (Länge des halben Äquators). Deshalb ist der Flächeninhalt eines regulären sphärischen Dreiecks kleiner als der Oberflächeninhalt $2\pi R^2$ einer Halbkugel. Aus $0 < F < 2\pi R^2$ erhalten wir für die Winkelsumme in einem regulären sphärischen Dreieck die Ungleichung

$$\pi < \alpha + \beta + \gamma < 3\pi.$$

---

[4]Wir setzen zusätzlich voraus, dass kein Punktepaar diametral ist und dass die drei Punkte A, B und C nicht auf einem gemeinsamen Großkreis liegen.

Weiß man nicht, ob man auf einer Ebene oder einer Sphäre lebt, dann kann man diese Frage allein durch Messung der Winkelsumme im Dreieck entscheiden. Für ebene Dreiecke gilt stets $\alpha + \beta + \gamma = \pi$.

Die Differenz $\alpha + \beta + \gamma - \pi$ heißt sphärischer Exzess.

▶ BEISPIEL 1: Das Dreieck in Abb. 3.19 wird vom Nordpol C und zwei Punkten A und B auf dem Äquator gebildet. Hier gilt $\alpha = \beta = \pi/2$. Für die Winkelsumme erhalten wir $\alpha + \beta + \gamma = \pi + \gamma$. Der Flächeninhalt ist durch $F = R^2 \gamma$ gegeben.

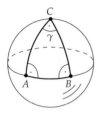

Abb. 3.19

Dreiecksungleichung:

$$|a - b| < c < a + b.$$

Größenverhältnisse der Seiten: Der größeren Seite liegt stets der größere Winkel gegenüber. Explizit gilt:

$$\alpha < \beta \iff a < b, \qquad \alpha > \beta \iff a > b, \qquad \alpha = \beta \iff a = b.$$

Konvention: [5] Wir setzen

$$a_* := \frac{a}{R}, \qquad b_* := \frac{b}{R}, \qquad c_* := \frac{c}{R}.$$

Sinussatz: [6]

$$\frac{\sin \alpha}{\sin \beta} = \frac{\sin a_*}{\sin b_*}.$$

(3.9)

Seitenkosinussatz und Winkelkosinussatz: [6]

$$\cos c_* = \cos a_* \, \cos b_* + \sin a_* \sin b_* \cos \gamma,$$

(3.10)

$$\cos \gamma = \sin \alpha \, \sin \beta \, \cos c_* - \cos \alpha \, \cos \beta.$$

(3.11)

---

[5]Häufig wählt man $R = 1$. Dann ist $a_* = a$ usw. Wir führen den Kugelradius R in Formeln mit, um den Grenzübergang $R \to \infty$ (euklidische Geometrie) und die Ersetzung $R \mapsto iR$ (Übergang zur nichteuklidischen hyperbolischen Geometrie) vornehmen zu können (vgl. 3.2.8).

[6]Ist α (bzw. γ) ein rechter Winkel, dann gilt $\sin \alpha = 1$ (bzw. $\cos \gamma = 0$).

Halbwinkelsatz: Wir setzen $s_* := \frac{1}{2}(a_* + b_* + c_*)$. Dann gilt:

$$\tan\frac{\gamma}{2} = \sqrt{\frac{\sin(s_* - a_*)\,\sin(s_* - b_*)}{\sin s_*\,\sin(s_* - c_*)}}\,, \qquad 0 < \gamma < \pi\,, \tag{3.12}$$

$$\sin\frac{\gamma}{2} = \sqrt{\frac{\sin(s_* - a_*)\,\sin(s_* - b_*)}{\sin a_*\,\sin b_*}}\,, \qquad \cos\frac{\gamma}{2} = \sqrt{\frac{\sin s_*\,\sin(s_* - c_*)}{\sin a_*\,\sin b_*}}\,.$$

Formel für den Flächeninhalt F des sphärischen Dreiecks:

$$\tan\frac{F}{4} = \sqrt{\tan\frac{s_*}{2}\,\tan\frac{s_* - a_*}{2}\,\tan\frac{s_* - b_*}{2}\,\tan\frac{s_* - c_*}{2}}$$

(verallgemeinerte Heronische Flächenformel).

Halbseitensatz: Es sei $\sigma := \frac{1}{2}(\alpha + \beta + \gamma)$. Dann gilt:

$$\tan\frac{c_*}{2} = \sqrt{\frac{-\cos\sigma\,\cos(\sigma - \gamma)}{\cos(\sigma - \alpha)\,\cos(\sigma - \beta)}}\,, \qquad 0 < c_* < \pi\,, \tag{3.13}$$

$$\sin\frac{c_*}{2} = \sqrt{-\frac{\cos\sigma\,\cos(\sigma - \gamma)}{\sin\alpha\,\sin\beta}}\,, \qquad \cos\frac{c_*}{2} = \sqrt{\frac{\cos(\sigma - \alpha)\,\cos(\sigma - \beta)}{\sin\alpha\,\sin\beta}}\,.$$

Nepersche Formeln:

$$\tan\frac{c_*}{2}\,\cos\frac{\alpha - \beta}{2} = \tan\frac{a_* + b_*}{2}\,\cos\frac{\alpha + \beta}{2}\,,$$

$$\tan\frac{c_*}{2}\,\sin\frac{\alpha - \beta}{2} = \tan\frac{a_* - b_*}{2}\,\sin\frac{\alpha + \beta}{2}\,,$$

$$\cot\frac{\gamma}{2}\,\cos\frac{a_* - b_*}{2} = \tan\frac{\alpha + \beta}{2}\,\cos\frac{a_* + b_*}{2}\,,$$

$$\cot\frac{\gamma}{2}\,\sin\frac{a_* - b_*}{2} = \tan\frac{\alpha - \beta}{2}\,\sin\frac{a_* + b_*}{2}\,.$$

Mollweidsche Formeln:

$$\sin\frac{\gamma}{2}\,\sin\frac{a_* + b_*}{2} = \sin\frac{c_*}{2}\,\cos\frac{\alpha - \beta}{2}\,,$$

$$\sin\frac{\gamma}{2}\,\cos\frac{a_* + b_*}{2} = \cos\frac{c_*}{2}\,\cos\frac{\alpha + \beta}{2}\,,$$

$$\cos\frac{\gamma}{2}\,\sin\frac{a_* - b_*}{2} = \sin\frac{c_*}{2}\,\sin\frac{\alpha - \beta}{2}\,,$$

$$\cos\frac{\gamma}{2}\,\cos\frac{a_* - b_*}{2} = \cos\frac{c_*}{2}\,\sin\frac{\alpha + \beta}{2}\,.$$

Inkreisradius r und Umkreisradius ϱ eines sphärischen Dreiecks:

$$\tan r = \sqrt{\frac{\sin(s_* - a_*)\,\sin(s_* - b_*)\,\sin(s_* - c_*)}{\sin s_*}} = \tan\frac{\alpha}{2}\,\sin(s_* - a_*)\,,$$

$$\cot\varrho = \sqrt{-\frac{\cos(\sigma - \alpha)\,\cos(\sigma - \beta)\,\cos(\sigma - \gamma)}{\cos\sigma}} = \cot\frac{a_*}{2}\,\cos(\sigma - \alpha)\,.$$

Grenzübergang zur ebenen Trigonometrie: Führt man in den obigen Formeln den Grenzübergang $R \to \infty$ durch (der Kugelradius geht gegen unendlich), dann wird die Krümmung der Kugelfläche immer kleiner. Im Grenzfall ergeben sich die Formeln der ebenen Trigonometrie.

▶ BEISPIEL 2: Aus dem Seitenkosinussatz (3.10) folgt wegen $\cos x = 1 - \dfrac{x^2}{2} + o(x^2)$, $x \to 0$, und $\sin x = x + o(x)$, $x \to 0$ die Beziehung

$$1 - \frac{c^2}{2R^2} + \ldots = \left(1 - \frac{a^2}{2R^2} + \ldots\right)\left(1 - \frac{b^2}{2R^2} + \ldots\right) + \left(\frac{a}{R} + \ldots\right)\left(\frac{b}{R} + \ldots\right)\cos\gamma.$$

Nach Multiplikation mit R^2 erhalten wir für $R \to +\infty$ den Ausdruck

$$c^2 = a^2 + b^2 - 2ab\,\cos\gamma.$$

Das ist der Kosinussatz der ebenen Trigonometrie.

3.2.3.4 Die Berechnung sphärischer Dreiecke

Man beachte $a_* := a/R$ usw. Wir betrachten hier nur Dreiecke, bei denen alle Winkel und Seiten zwischen Null und π liegen.

1. Grundaufgabe: Gegeben sind zwei Seiten a, b und der eingeschlossene Winkel γ. Dann berechnet man die restliche Seite c und die übrigen Winkel α, β mit Hilfe des Seitenkosinussatzes:

$$\cos c_* = \cos a_* \, \cos b_* + \sin a_* \sin b_* \, \cos\gamma,$$

$$\cos\alpha = \frac{\cos a_* - \cos b_* \, \cos c_*}{\sin b_* \, \sin c_*},$$

$$\cos\beta = \frac{\cos b_* - \cos c_* \, \cos a_*}{\sin c_* \, \sin a_*}.$$

2. Grundaufgabe: Gegeben sind die drei Seiten a, b und c, die alle zwischen 0 und π liegen sollen. Die Winkel α, β und γ ergeben sich dann aus den Halbwinkelsätzen:

$$\tan\frac{\alpha}{2} = \sqrt{\frac{\sin(s_* - b_*)\,\sin(s_* - c_*)}{\sin s_*\,\sin(s_* - a_*)}} \qquad \text{usw.}$$

Die Formeln für $\tan\dfrac{\beta}{2}$ und $\tan\dfrac{\gamma}{2}$ erhält man aus $\tan\dfrac{\alpha}{2}$ durch zyklische Vertauschung.

3. Grundaufgabe: Gegeben sind die drei Winkel α, β und γ. Die Seiten a, b und c erhält man dann aus den Halbseitensätzen:

$$\tan\frac{a_*}{2} = \sqrt{\frac{-\cos\sigma\,\cos(\sigma - \alpha)}{\cos(\sigma - \beta)\,\cos(\sigma - \gamma)}} \qquad \text{usw.} \tag{3.14}$$

Die Formeln für $\tan\dfrac{b_*}{2}$ und $\tan\dfrac{c_*}{2}$ ergeben sich aus $\tan\dfrac{a_*}{2}$ durch zyklische Vertauschung.

4. Grundaufgabe: Gegeben sind die Seite c und die beiden anliegenden Winkel α und β. Den fehlenden dritten Winkel γ erhalten wir aus dem Winkelkosinussatz:

$$\cos\gamma = \sin\alpha \, \sin\beta \, \cos c_* - \cos\alpha \, \cos\beta.$$

Die restlichen Seiten a und b folgen dann aus (3.14).

3.2.4 Anwendungen im Schiffs- und Flugverkehr

Um das Prinzip zu verdeutlichen, rechnen wir mit gerundeten Werten.

Eine Schiffsfahrt von San Diego (Kalifornien) nach Honolulu (Hawaii):   Wie weit ist die kürzeste Entfernung zwischen diese beiden Hafenstädten? Mit welchem Winkel β muss das Schiff in San Diego starten?

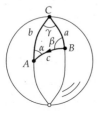

Abb. 3.20

Antwort: Wir betrachten Abb. 3.20:

$$c = \text{Entfernung} = 4\,100\,\text{km}, \qquad \beta = 97^\circ.$$

Lösung: Beide Städte besitzen die folgenden geographischen Koordinaten:

A (Honolulu) :   22° nördliche Breite, 157° westliche Länge,
B (SanDiego) :   33° nördliche Breite, 117° westliche Länge.

Wir benutzen das Winkelmaß. Mit den Bezeichnungen von Abb. 3.20 gilt:

$$\gamma = 157^\circ - 117^\circ = 40^\circ, \qquad a_* = 90^\circ - 33^\circ = 57^\circ, \qquad b_* = 90^\circ - 22^\circ = 68^\circ.$$

Die 1. Grundaufgabe in 3.2.3.4 liefert:

$$\cos c_* = \cos a_* \, \cos b_* + \sin a_* \, \sin b_* \, \cos \gamma, \tag{3.15}$$

$$\cos \beta = \frac{\cos b_* - \cos a_* \, \cos c_*}{\sin a_* \, \sin c_*}. \tag{3.16}$$

Das ergibt $c_* = 37^\circ$ und $\beta = 97^\circ$. Der Radius der Erde beträgt $R = 6370$ km. Somit ist die Dreieckseite c gegeben durch

$$c = R\,\frac{2\pi c_*^\circ}{360^\circ} = 4100.$$

Transatlantikflug von Kopenhagen nach Chicago: Wie weit ist die kürzeste Entfernung zwischen diese beiden Städten? Mit welchem Winkel β muss das Flugzeug starten?

Antwort: Wir betrachten wiederum Abb. 3.20

$$c = \text{Entfernung} = 6\,000\,\text{km}, \qquad \beta = 82^\circ.$$

Lösung: Beide Städte besitzen die folgenden geographischen Koordinaten:

A (Chicago) :   42° nördliche Breite, 88° westliche Länge,
B (Kopenhagen) :   56° nördliche Breite, 12° östliche Länge.

Wir verwenden das Winkelmaß. Mit den Bezeichnungen in Abb. 3.20 gilt:

$$\gamma = 12° + 88° = 100°, \qquad a_* = 90° - 56° = 34°, \qquad b_* = 90° - 42° = 38°.$$

Aus (3.15) folgt $c_* = 54°$, also $c = R\dfrac{2\pi c_*^{\circ}}{360°} = 6000$. Der Winkel β ergibt sich aus (3.16).

3.2.5 Die Hilbertschen Axiome der Geometrie

So fängt denn alle menschliche Erkenntnis mit Anschauungen an, geht von da zu Begriffen und endigt mit Ideen.

Immanuel Kant (1724–1804)
Kritik der reinen Vernunft, Elementarlehre

Die Geometrie bedarf – ebenso wie die Arithmetik der Zahlen – zu ihrem folgerichtigen Aufbau nur weniger und einfacher Grundsätze. Diese Grundsätze heißen Axiome der Geometrie. Die Aufstellung der Axiome der Geometrie und die Erforschung ihres Zusammenhangs ist eine Aufgabe, die seit Euklid in zahlreichen vortrefflichen Abhandlungen der Mathematik sich erörtert findet. Die bezeichnete Aufgabe läuft auf die logische Analyse unserer räumlichen Anschauung hinaus.

David Hilbert (1862–1943)
Grundlagen der Geometrie

Den ersten systematischen Aufbau der Geometrie findet man in den berühmten *Elementen* des Euklid (365 v. Chr.–300 v. Chr.), die 2 000 Jahre lang unverändert gelehrt wurden. Eine allen Anforderungen mathematischer Strenge genügende Axiomatik der Geometrie wurde 1899 von David Hilbert in seinem Buch *Grundlagen der Geometrie* geschaffen, das nichts von seiner intellektuellen Frische eingebüßt hat und 1987 die 13. Auflage im Teubner-Verlag erlebte. Die folgenden sehr formal und trocken erscheinenden Axiome sind das Ergebnis eines langen, mühevollen und mit Irrtümern beladenen Erkenntnisprozesses der Mathematik, der im engen Zusammenhang mit dem euklidischen Parallelenaxiom stand, das wir in 3.2.6 diskutieren werden. Der Übersichtlichkeit halber beschränken wir uns hier auf die Axiome der ebenen Geometrie. Zur Veranschaulichung der Axiome fügen wir Abbildungen hinzu. Wir weisen jedoch ausdrücklich darauf hin, dass derartige Veranschaulichungen 2 000 Jahre lang die Mathematiker genarrt und das wahre Wesen der Geometrie verschleiert haben (vgl. 3.2.6 bis 3.2.8).

Grundbegriffe der ebenen Geometrie:

Punkt, Gerade, inzidieren,[7] zwischen, kongruent.

Beim Aufbau der Geometrie werden diese Grundbegriffe *nicht inhaltlich erläutert.* Dieser radikale Standpunkt, den zuerst Hilbert betonte, ist heute die Basis für jede axiomatische mathematische Theorie. Die fehlende inhaltliche Interpretation des modernen axiomatischen Aufbaus der Geometrie scheint eine philosophische Schwäche zu sein; tatsächlich ist sie jedoch die entscheidende Stärke dieses Zugangs und spiegelt das Wesen mathematischen Denkens wider. Durch den Verzicht auf eine allgemeingültige inhaltliche Deutung der Grundbegriffe kann man mit einem

---

[7]Anstelle der Aussage „der Punkt P inzidiert die Gerade g" benutzt man aus stilistischen Gründen auch „P liegt auf g" oder „g geht durch P". Liegt P auf den Geraden g und h, dann sagt man, dass sich die Geraden g und h im Punkt P schneiden.

Schlag unterschiedliche anschauliche Situationen einheitlich behandeln und logisch analysieren (vgl. 3.2.6 bis 3.2.8).

Inzidenzaxiome   (Abb. 3.21a): (i) *Zu zwei verschiedenen Punkten A und B gibt es genau eine Gerade g, die durch A und B geht.*
(ii) *Auf einer Geraden liegen mindestens zwei verschiedene Punkte.*
(iii) *Es gibt drei Punkte, die nicht auf einer Geraden liegen.*

Anordnungsaxiom   (Abb. 3.21b): (i) *Wenn ein Punkt B zwischen den Punkten A und C liegt, dann sind A, B und C drei verschiedene Punkte, die auf einer Geraden liegen und der Punkt B liegt auch zwischen C und A.*
(ii) *Zu zwei verschiedenen Punkten A und C gibt es einen Punkt B, der zwischen A und C liegt.*
(iii) *Liegen drei verschiedene Punkte auf einer Geraden, dann gibt es genau einen dieser Punkte, der zwischen den beiden anderen liegt.*

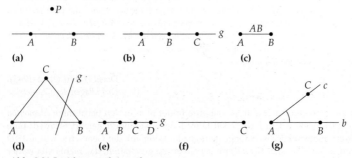

Abb. 3.21 Inzidenz und Anordnung.

Definition einer Strecke   (Abb. 3.21c): Es seien A und B zwei verschiedene Punkte, die auf der Geraden g liegen. Unter der Strecke AB versteht man die Menge aller Punkte von g, die zwischen A und B liegen. Hinzu werden die Punkte A und B genommen.

Das Axiom von Pasch (Abb. 3.21d): *Es seien A, B und C drei verschiedene Punkte, die nicht alle auf einer Geraden liegen. Ferner sei g eine Gerade, auf der keiner der Punkte A, B und C liegt. Wenn g die Strecke AB schneidet, dann schneidet g auch die Strecke BC oder die Strecke AC.*

Definition von Halbstrahlen   (Abb. 3.21 e,f): Es seien A, B, C und D vier verschiedene Punkte, die auf einer Geraden g liegen, wobei C zwischen A und D, aber nicht zwischen A und B liegt. Dann sagen wir, dass die Punkte A und B auf der *gleichen Seite* von C liegen, während A und D auf verschiedenen Seiten von C liegen.

Die Menge aller auf einer Seite von C liegenden Punkte der Geraden g heißt ein Halbstrahl.

Definition eines Winkels   (Abb. 3.21g): Unter einem Winkel $\angle(b, c)$ verstehen wir eine Menge $\{b, c\}$ von zwei Halbstrahlen b und c, die zu verschiedenen Geraden gehören und vom gleichen Punkt A ausgehen. Anstelle von $\angle(b, c)$ benutzen wir auch die Bezeichnung $\angle(c, b)$.[8]

---

[8]Bei dieser Konvention sind die beiden Halbstrahlen b und c gleichberechtigt. Anschaulich wird immer derjenige von b und c gebildete Winkel gewählt, der kleiner als 180° ist.

Ist B (bzw. C) ein Punkt auf dem Halbstrahl b (bzw. c), wobei B und C von A verschieden sind, dann schreiben wir auch $\angle BAC$ oder $\angle CAB$ anstelle von $\angle(b,c)$.

Mit Hilfe der bisherigen Axiome kann man das folgende Resultat beweisen.

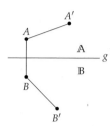

Abb. 3.22

Der Satz über die Zerlegung der Ebene durch eine Gerade (Abb. 3.22): Ist g eine Gerade, dann liegen alle Punkte entweder auf g oder in einer der beiden disjunkten Mengen $\mathbb{A}, \mathbb{B}$ mit den folgenden Eigenschaften:

(i) Liegt der Punkt A in $\mathbb{A}$ und liegt Punkt B in $\mathbb{B}$, dann schneidet die Strecke AB die Gerade g.

(ii) Liegen zwei Punkte A und A' (bzw. B und B') in $\mathbb{A}$ (bzw. $\mathbb{B}$), dann schneidet die Strecke AA' (bzw. BB') nicht die Gerade g.

Definition: Die Punkte von $\mathbb{A}$ (bzw. $\mathbb{B}$) liegen jeweils auf einer der Seiten der Geraden g.

Bei der *Kongruenz* von Strecken und Winkeln handelt es sich um Grundbegriffe, die nicht näher erläutert werden. Anschaulich entsprechen kongruente Gebilde solchen, die durch eine Bewegung ineinander überführt werden können. Das Symbol

$$AB \simeq CD$$

bedeutet, dass die Strecke AB kongruent zur Strecke CD ist, und

$$\angle ABC \simeq \angle EFG$$

bedeutet, dass der Winkel $\angle ABC$ kongruent zum Winkel $\angle EFG$ ist.

Kongruenzaxiome für Strecken (Abb. 3.23a,b): (i) *Die beiden Punkte A und B mögen auf der Geraden g liegen, und der Punkt C liege auf der Geraden h. Dann gibt es einen Punkt D auf h, so dass*

$$AB \simeq CD.$$

(ii) *Wenn zwei Strecken zu einer dritten Strecke kongruent sind, dann sind sie auch untereinander kongruent.*

(iii) *Es seien AB und BC zwei Strecken auf der Geraden g, die außer B keine gemeinsamen Punkte besitzen. Ferner seien $A'B'$ und $B'C'$ zwei Strecken auf der Geraden g', die außer B' keine gemeinsamen Punkte besitzen. Dann folgt aus*

$$AB \simeq A'B' \quad and \quad BC \simeq B'C'$$

stets

$$AC \simeq A'C'.$$

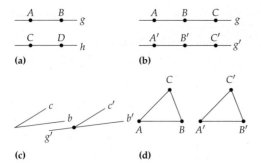

(a)   **(b)**

(c)   **(d)**   Abb. 3.23

Definition eines Dreiecks: Ein Dreieck ABC besteht aus drei verschiedenen Punkten A, B und C, die nicht alle auf einer Geraden liegen.

Kongruenzaxiome für Winkel   (Abb. 3.23c,d): (i) *Jeder Winkel ist sich selbst kongruent, d.h.,* $\angle(b,c) \simeq \angle(b,c)$.
(ii) Es sei $\angle(b,c)$ *ein Winkel. Ferner sei* b' *ein Halbstrahl auf der Geraden* g'. *Dann gibt es einen Halbstrahl* c' *mit*

$$\angle(b,c) \simeq \angle(b',c'),$$

und alle inneren Punkte von $\angle(b',c')$ *liegen auf einer Seite der Geraden* g'. *(iii) Gegeben seien zwei Dreiecke* ABC *und* $A'B'C'$. *Dann folgt aus*

$$AB \simeq A'B', \qquad AC \simeq A'C' \quad und \quad \angle BAC \simeq B'A'C'$$

stets

$$\angle ABC \simeq \angle A'B'C'.$$

Das Axiom des Archimedes   (Abb. 3.24): *Sind* AB *und* CD *zwei gegebene Strecken, dann gibt es auf der durch* A *und* B *gehenden Geraden Punkte*

$$A_1, A_2, \ldots, A_n$$

so dass die Strecken $AA_1, A_1A_2, \ldots, A_{n-1}A_n$ *alle der Strecke* CD *kongruent sind und* B *zwischen* A *und* A_n *liegt.*[9]

Vollständigkeitsaxiom: *Es ist nicht möglich, durch Hinzunahme von neuen Punkten oder neuen Geraden das System so zu erweitern, dass alle Axiome ihre Gültigkeit behalten.*

Der Satz von Hilbert (1899):   Ist die Theorie der reellen Zahlen widerspruchsfrei, dann ist auch die Geometrie widerspruchsfrei.

---

[9]Anschaulich bedeutet dies, dass sich durch n-faches Abtragen der Strecke CD eine Strecke ergibt, die die Strecke AB enthält.
  Es gibt Geometrien, in denen alle Axiome außer dem Axiom des Archimedes gelten. Derartige Geometrien heißen *nichtarchimedisch*.

Abb. 3.24   Abb. 3.25

3.2.6 Das Parallelenaxiom des Euklid

Definition von Parallelen: Zwei Geraden g und h heißen genau dann *parallel*, wenn sie sich nicht in einem Punkt schneiden.

> **Euklidisches Parallelaxiom**   (Abb. 3.25): *Liegt der Punkt P nicht auf der Geraden g, dann gibt es zu g genau eine Parallele p durch den Punkt P.*

Historischer Kommentar: Das Parallelenproblem lautete:

> Kann man das Parallelenaxiom aus den übrigen Axiomen des Euklid beweisen?

Über 2 000 Jahre lang war das ein berühmtes ungelöstes Problem der Mathematik. Carl-Friedrich Gauß (1777–1855) erkannte als erster, dass man das Parallelenaxiom nicht mit Hilfe der übrigen Axiome des Euklid beweisen kann. Um jedoch möglichen unsachlichen Streitigkeiten aus dem Weg zu gehen, veröffentlichte er seine Erkenntnisse nicht. Der russische Mathematiker Nikolai Iwanowitsch Lobatschewski (1793–1856) publizierte 1830 ein Buch über eine neuartige Geometrie, in der das Parallelenaxioms des Euklid nicht gilt. Das ist die Lobatschewskische Geometrie (oder hyperbolische nichteuklidische Geometrie). Zu ähnlichen Resultaten gelangte unabhängig davon zur gleichen Zeit der ungarische Mathematiker Janos Bólyai (1802–1860).

Die Euklidische Geometrie der Ebene: Die Hilbertschen Axiome aus 3.2.5 gelten einschließlich des euklidischen Parallelenaxioms für die übliche Geometrie der Ebene, wie sie in den Abbildungen 3.21 bis 3.25 dargestellt ist.

Anschauung kann irreführen: Die Abbildung 3.25 suggeriert, dass das Parallelenaxiom offensichtlich richtig ist. Diese Ansicht ist jedoch falsch! Sie beruht darauf, dass wir mit dem Wort „Gerade" die Vorstellung von ungekrümmten Linien verbinden. Davon ist jedoch in den Axiomen der Geometrie keine Rede. Die folgenden beiden Modelle der Geometrie in 3.2.7 und 3.2.8 verdeutlichen das.

3.2.7 Die nichteuklidische elliptische Geometrie

Wir betrachten eine Sphäre S vom Radius $R = 1$. Als „Grundebene" E_{ellip} wählen wir die nördliche Halbkugel einschließlich des Äquators.

     (i) „Punkte" sind entweder klassische Punkte, die nicht auf dem Äquator liegen oder diametral gelegene Punktepaare $\{A, B\}$ auf dem Äquator.

     (ii) „Geraden" sind Großkreisbögen.

     (iii) „Winkel" sind die üblichen Winkel zwischen Großkreisen (Abb. 3.26).

Satz: In dieser Geometrie gibt es keine Parallelen.

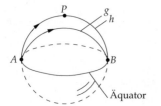

Abb. 3.26

▶ BEISPIEL: Gegeben sei die „Gerade" g und der nicht auf g liegende Punkt P (Nordpol). Jede „Gerade" durch P ist der Bogen eines Längenkreises. Alle diese „Geraden" schneiden g in einem „Punkt". In Abb. 3.26 schneidet beispielsweise die „Gerade" g die „Gerade" h im „Punkt" $\{A, B\}$.

Kongruenz: „Bewegungen" in dieser Geometrie sind die Drehungen um die durch den Nordpol und den Südpol gehende Achse. Kongruente Strecken und Winkel sind definitionsgemäß solche, die durch eine „Bewegung" ineinander übergehen.

Diese Geometrie erfüllt alle Hilbertschen Axiome der Geometrie bis auf das euklidische Parallelenaxiom. Deshalb nennt man diese Geometrie nichteuklidisch. Es ist erstaunlich, dass 2 000 Jahre lang kein Mathematiker auf die Idee kam, dieses einfache Modell zu benutzen, um zu zeigen, dass das euklidische Parallelenaxiom nicht aus den übrigen Axiomen des Euklid folgen kann. Offensichtlich gab es hier eine Denkbarriere. „Punkte" hatten übliche Punkt zu sein und „Geraden" durften nicht gekrümmt sein. Tatsächlich spielen derartige inhaltliche Vorstellungen beim Beweis von geometrischen Sätzen mit Hilfe der Axiome und den Gesetzen der Logik keine Rolle.

3.2.8 Die nichteuklidische hyperbolische Geometrie

Das Poincaré-Modell: Wir wählen ein kartesisches (x, y)-Koordinatensystem und betrachten die offene obere Halbebene

$$E_{\text{hyp}} := \{(x, y) \in \mathbb{R}^2 \mid y > 0\},$$

die wir als *hyperbolische Ebene* bezeichnen. Wir treffen folgende Konventionen:

(i) „Punkte" sind klassische Punkte der oberen Halbebene.

(ii) „Geraden sind Halbkreise der oberen Halbebene, deren Mittelpunkt auf der x-Achse liegt (Abb. 3.27).

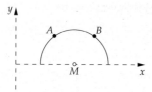

Abb. 3.27

Satz (Abb. 3.28): (i) Durch zwei Punkte A und B von E_{hyp} geht genau eine „Gerade" g.

(ii) Ist g eine „Gerade", dann gehen durch jeden Punkt P außerhalb von g unendlich viele „Geraden" p, die g nicht schneiden, d. h., es gibt zu g unendlich viele Parallelen p durch P.

> Das euklidische Parallelenaxiom ist in der hyperbolischen Geometrie nicht erfüllt.

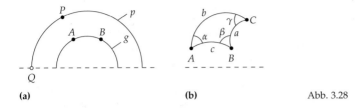

(a)   (b)   Abb. 3.28

Winkelmessung: Der „Winkel" zwischen zwei „Geraden" ist gleich dem Winkel zwischen den entsprechenden Kreisbögen (Abb. 3.28b).

Entfernungsmessung: Die Länge L einer Kurve $y = y(x)$, $a \leq x \leq b$ in der hyperbolischen Ebene E_{hyp} ist durch das Integral

$$L = \int\limits_a^b \frac{\sqrt{1 + y'(x)^2}}{y(x)} \, dx.$$

gegeben.

Die „Geraden" sind bezüglich dieser Längenmessung die kürzesten Verbindungslinien (geodätische Linien).

▶ BEISPIEL 1: Die Entfernung zwischen den Punkten P und Q in Abb. 3.28a ist unenendlich. Deshalb bezeichnet man die x-Achse in Abb. 3.28a als die *unendlich ferne Gerade* der hyperbolischen Ebene.

Hyperbolische Trigonometrie: Darunter versteht man die Berechnung von Dreiecken der hyperbolischen Geometrie. Alle Formeln der hyperbolischen Geometrie kann man sehr elegant aus den Formeln der sphärischen Geometrie erhalten, indem man das folgende *Übertragungsprinzip* benutzt:

> Man ersetze in den Formeln der sphärischen Geometrie den Radius R durch iR mit der imaginären Einheit $i^2 = -1$ und wähle dann $R = 1$.

▶ BEISPIEL 2: Aus dem Seitenkosinussatz der sphärischen Trigonometrie

$$\cos \frac{c}{R} = \cos \frac{a}{R} \cos \frac{b}{R} + \sin \frac{a}{R} \sin \frac{b}{R} \cos \gamma$$

folgt durch Ersetzung $R \mapsto iR$ die Beziehung[10]

$$\cosh \frac{c}{R} = \cosh \frac{a}{R} \cosh \frac{b}{R} - \sinh \frac{a}{R} \sinh \frac{b}{R} \cos \gamma.$$

Für $R = 1$ erhalten wir den *Seitenkosinussatz der hyperbolischen Geometrie*:

$$\cosh c = \cosh a \cosh b - \sinh a \sinh b \cos \gamma.$$

Ist γ ein rechter Winkel, dann gilt $\cos \gamma = 0$, und wir erhalten den *Satz des Pythagoras der hyperbolischen Geometrie*

> $$\cosh c = \cosh a \cosh b.$$

Weitere wichtige Formeln findet man in Tab. 3.2. Die Formeln der elliptischen Geometrie entsprechen dabei denen der sphärischen Trigonometrie auf einer Kugel vom Radius $R = 1$.

---

[10]Man beachte $\cos ix = \cosh x$ und $\sin ix = i \sinh x$.

Tabelle 3.2

	euklidische Geometrie	elliptische Geometrie	hyperbolische Geometrie
Winkelsumme im Dreieck (F Flächeninhalt)	$\alpha + \beta + \gamma = \pi$	$\alpha + \beta + \gamma = \pi + F$	$\alpha + \beta + \gamma = \pi - F$
Flächeninhalt eines Kreises vom Radius r	πr^2	$2\pi(1 - \cos r)$	$2\pi(\cosh r - 1)$
Umfang eines Kreises vom Radius r	$2\pi r$	$2\pi \sin r$	$2\pi \sinh r$
Lehrsatz des Pythagoras	$c^2 = a^2 + b^2$	$\cos c = \cos a \cos b$	$\cosh c = \cosh a \cosh b$
Kosinussatz	$c^2 = a^2 + b^2 - 2ab \cos\gamma$	$\cos c = \cos a \cos b + \sin a \sin b \cos\gamma$	$\cosh c = \cosh a \cosh b - \sinh a \sinh b \cos\gamma$
Sinussatz	$\dfrac{\sin\alpha}{\sin\beta} = \dfrac{a}{b}$	$\dfrac{\sin\alpha}{\sin\beta} = \dfrac{\sin a}{\sin b}$	$\dfrac{\sin\alpha}{\sin\beta} = \dfrac{\sinh a}{\sinh b}$
Gaußsche Krümmung	$K = 0$	$K = 1$	$K = -1$

Weitere Formeln erhält man durch die zyklischen Vertauschungen

$$a \longrightarrow b \longrightarrow c \longrightarrow a \qquad \text{and} \qquad \alpha \longrightarrow \beta \longrightarrow \gamma \longrightarrow \alpha.$$

Bewegungen: Wir setzen $z = x + iy$ und $z' = x' + iy'$. Die „Bewegungen" der hyperbolischen Ebene werden dann durch die speziellen Möbiustransformationen

$$z' = \frac{\alpha z + \beta}{\gamma z + \delta}$$

mit reellen Zahlen α, β, γ und δ gegeben, wobei zusätzlich $\alpha\delta - \beta\gamma > 0$ gilt. Alle diese Transformationen bilden eine Gruppe, die man die Bewegungsgruppe der hyperbolischen Ebene nennt.

(i) Durch die „Bewegungen" gehen „Geraden" wieder in „Geraden" über.

(ii) „Bewegungen" sind winkeltreu und „längentreu".

Nach dem Erlanger Programm von Felix Klein versteht man unter einer Eigenschaft der hyperbolischen Geometrie E_{hyp} eine solche, die invariant ist unter allen „Bewegungen".

Satz: Die hyperbolische Geometrie erfüllt alle Hilbertschen Axiome der Geometrie mit Ausnahme des euklidischen Parallelenaxioms.

Riemannsche Geometrie: Die hyperbolische Geometrie ist eine Riemannsche Geometrie der Metrik

$$ds^2 = \frac{dx^2 + dy^2}{y^2}, \qquad y > 0$$

und der (negativen) konstante Gaußschen Krümmung $K = -1$ (vgl. 16.1.5. im Handbuch).

Physikalische Interpretation: Eine einfache Interpretation des Poincaré-Modells im Rahmen der geometrische Optik findet man in 5.1.2.

3.3 Anwendungen der Vektoralgebra in der analytischen Geometrie

Die Entdeckung der Methode der kartesischen Koordinaten durch Descartes (1596–1650) und Fermat (1601–1665), die zu Ende des 18. Jahrhunderts „analytische Geometrie" genannt wurde, erhöhte die Bedeutung der Algebra bei geometrischen Fragestellungen.

Jean Dieudonné (1906–1992)

Die Vektoralgebra gestattet es, geometrische Gebilde durch Gleichungen zu beschreiben, die unabhängig von einem speziell gewählten Koordinatensystem sind.

Es sei O ein fest gewählter Punkt. Mit $\mathbf{r} = \overrightarrow{OP}$ bezeichnen wir den Radiusvektor des Punktes P. Wählen wir drei paarweise aufeinander senkrecht stehende Einheitsvektoren $\mathbf{i}, \mathbf{j}, \mathbf{k}$, die ein rechtshändiges System bilden, dann gilt

$$\boxed{\mathbf{r} = x\mathbf{i} + y\mathbf{j} + z\mathbf{k}.}$$

Die reellen Zahlen x, y, z heißen *die kartesischen Koordinaten* des Punktes P (Abb. 3.29 und Abb. 1.85). Ferner sei $\mathbf{a} = a_1\mathbf{i} + a_2\mathbf{j} + a_3\mathbf{k}$ usw.

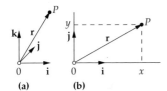

(a)   (b)   Abb. 3.29

Alle folgenden Formeln enthalten die vektorielle Formulierung und die Darstellung in kartesischen Koordinaten.

3.3.1 Geraden in der Ebene

Gleichung einer Geraden durch den Punkt $P_0(x_0, y_0)$ in Richtung des Vektors v (Abb. 3.30a):

$$\boxed{\mathbf{r} = \mathbf{r}_0 + t\mathbf{v}, \qquad -\infty < t < \infty,}$$

$$x = x_0 + tv_1, \qquad y = y_0 + tv_2.$$

Fassen wir den reellen Parameter t als Zeit auf, dann ist das die Gleichung für die Bewegung eines Punktes mit dem Geschwindigkeitsvektor $\mathbf{v} = v_1\mathbf{i} + v_2\mathbf{j}$ und $\mathbf{r}_j = x_j\mathbf{i} + y_j\mathbf{j}$.

Gleichung einer Geraden durch die beiden Punkte $P_j(x_j, y_j)$, $j = 0, 1$ (Abb. 3.30b):

$$\boxed{\mathbf{r} = \mathbf{r}_0 + t(\mathbf{r}_1 - \mathbf{r}_0), \qquad -\infty < t < \infty,}$$

$$x = x_0 + t(x_1 - x_0), \qquad y = y_0 + t(y_1 - y_0).$$

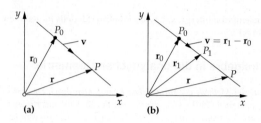

(a)   (b)   Abb. 3.30

Gleichung der Geraden g durch den Punkt $P_0(x_0, y_0)$ senkrecht zum Einheitsvektor n (Abb. 3.31a):

$$\mathbf{n}(\mathbf{r} - \mathbf{r}_0) = 0,$$

$$n_1(x - x_0) + n_2(y - y_0) = 0.$$

Dabei gilt $\sqrt{n_1^2 + n_2^2} = 1$.

Abstand eines Punktes P_* von der Geraden g:

$$d = \mathbf{n}(\mathbf{r}_* - \mathbf{r}_0),$$

$$d = n_1(x_* - x_0) + n_2(y_* - y_0).$$

Dabei gilt $\mathbf{r}_* = \overrightarrow{OP_*}$. Es ist $d > 0$ (bzw. $d < 0$), falls der Punkt P_* relativ zu n auf der positiven (bzw. negativen) Seite der Geraden g liegt (Abb. 3.31b). Ferner ist $\mathbf{n} = n_1\mathbf{i} + n_2\mathbf{j}$.

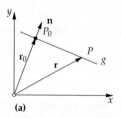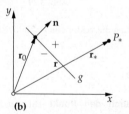

(a)   (b)   Abb. 3.31

Abstand der beiden Punkte P_1 und P_0 (Abb. 3.32a):

$$d = |\mathbf{r}_1 - \mathbf{r}_0|,$$

$$d = \sqrt{(x_1 - x_0)^2 + (y_1 - y_0)^2}\,.$$

Flächeninhalt eines Dreiecks durch die drei Punkte $P_j(x_j, y_j)$, $j = 0, 1, 2$ (Abb. 3.32b):

$$F = \frac{1}{2}\mathbf{k}\big((\mathbf{r}_1 - \mathbf{r}_0) \times (\mathbf{r}_2 - \mathbf{r}_0)\big).$$

Explizit gilt:

$$F = \frac{1}{2} \begin{vmatrix} x_1 - x_0 & y_1 - y_0 \\ x_2 - x_0 & y_2 - y_0 \end{vmatrix}.$$

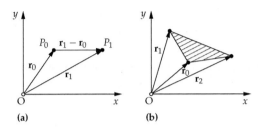

(a)   (b)   Abb. 3.32

3.3.2 Geraden und Ebenen im Raum

Gleichung einer Geraden durch den Punkt $P_0(x_0, y_0, z_0)$ in Richtung des Vektors v (Abb. 3.33a):

$$\boxed{\mathbf{r} = \mathbf{r}_0 + t\mathbf{v}, \qquad -\infty < t < \infty,}$$

$$x = x_0 + tv_1, \qquad y = y_0 + tv_2, \qquad z = z_0 + tv_3.$$

Fassen wir den reellen Parameter t als Zeit auf, dann ist das die Gleichung für die Bewegung eines Punktes mit dem Geschwindigkeitsvektor $\mathbf{v} = v_1\mathbf{i} + v_2\mathbf{j} + v_3\mathbf{k}$ and $\mathbf{r} = x\mathbf{i} + y\mathbf{j} + z\mathbf{k}$.

Gleichung einer Geraden durch die beiden Punkte $P_j(x_j, y_j, z_j)$, $j = 0, 1$ (Abb. 3.33a):

$$\boxed{\mathbf{r} = \mathbf{r}_0 + t(\mathbf{r}_1 - \mathbf{r}_0), \qquad -\infty < t < \infty,}$$

$$x = x_0 + t(x_1 - x_0), \qquad y = y_0 + t(y_1 - y_0), \qquad z = z_0 + t(z_1 - z_0).$$

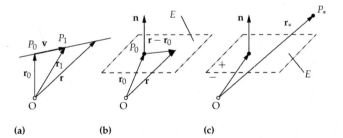

(a)   (b)   (c)   Abb. 3.33

Gleichung einer Ebene durch die drei Punkte $P(x_j, y_j, z_j)$, $j = 0, 1, 2$:

$$\boxed{\mathbf{r} = \mathbf{r}_0 + t(\mathbf{r}_1 - \mathbf{r}_0) + s(\mathbf{r}_2 - \mathbf{r}_0), \quad -\infty < t, s < \infty,}$$

$$x = x_0 + t(x_1 - x_0) + s(x_2 - x_0),$$

$$y = y_0 + t(y_1 - y_0) + s(y_2 - y_0),$$

$$z = z_0 + t(z_1 - z_0) + s(z_2 - z_0).$$

Gleichung einer Ebene E **durch den Punkt** $P(x_0, y_0, z_0)$ **senkrecht zu dem Einheitsvektor n** (Abb. 3.33b):

$$\boxed{\mathbf{n}(\mathbf{r} - \mathbf{r}_0) = 0,}$$

$$n_1(x - x_0) + n_2(y - y_0) + n_3(z - z_0) = 0.$$

Dabei gilt $\sqrt{n_1^2 + n_2^2 + n_3^2} = 1$. Man bezeichnet $\mathbf{n}$ als Einheitsnormalenvektor der Ebene E. Sind drei Punkte P_1, P_2 und P_3 auf E gegeben, dann erhält man $\mathbf{n}$ durch

$$\mathbf{n} = \frac{(\mathbf{r}_1 - \mathbf{r}_0) \times (\mathbf{r}_2 - \mathbf{r}_0)}{|(\mathbf{r}_1 - \mathbf{r}_0) \times (\mathbf{r}_2 - \mathbf{r}_0)|}.$$

Abstand eines Punktes P_* **von der Ebene** E:

$$\boxed{d = \mathbf{n}(\mathbf{r}_* - \mathbf{r}_0),}$$

$$d = n_1(x_* - x_0) + n_2(y_* - y_0) + n_3(z_* - z_0).$$

Es ist $d > 0$ (bzw. $d < 0$) wenn der Punkt P_* relativ zu $\mathbf{n}$ auf der positiven (bzw. negativen) Seite der Ebene E liegt (Abb. 3.33c).

Abstand zwischen den beiden Punkten P_0 **und** P_1:

$$\boxed{d = |\mathbf{r}_1 - \mathbf{r}_0|,}$$

$$d = \sqrt{(x_1 - x_0)^2 + (y_1 - y_0)^2 + (z_1 - z_0)^2}.$$

Winkel φ **zwischen den beiden Vektoren a und b:**

$$\boxed{\cos \varphi = \frac{\mathbf{ab}}{|\mathbf{a}|\,|\mathbf{b}|},}$$

$$\cos \varphi = \frac{a_1 b_1 + a_2 b_2 + a_3 b_3}{\sqrt{a_1^2 + a_2^2 + a_3^2}\,\sqrt{b_1^2 + b_2^2 + b_3^2}}.$$

3.3.3 Volumina

Volumen des von den Vektoren a, b und c aufgespannten Parallelepipeds (Abb. 3.34a):

$$\boxed{V = (\mathbf{a} \times \mathbf{b})\mathbf{c},}$$

$$V = \begin{vmatrix} a_1 & a_2 & a_3 \\ b_1 & b_2 & b_3 \\ c_1 & c_2 & c_3 \end{vmatrix}.$$

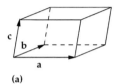

(a)   (b)   Abb. 3.34

Es gilt $V > 0$ (bzw. $V < 0$) falls $\mathbf{a}$, $\mathbf{b}$, $\mathbf{c}$ ein rechtshändiges (bzw. linkshändiges) System bilden.

Volumen des von den Punkten $P_j(x_j, y_j, z_j)$, $j = 0, 1, 2, 3$, **aufgespannten Parallelepipeds:**
Setze $\mathbf{a} := \mathbf{r}_1 - \mathbf{r}_0$, $\mathbf{b} := \mathbf{r}_2 - \mathbf{r}_0$, $\mathbf{c} := \mathbf{r}_3 - \mathbf{r}_0$.

Flächeninhalt des von den Vektoren a und b aufgespannten Dreiecks (Abb. 3.34b):

$$\boxed{F = \frac{1}{2}\,|\mathbf{a} \times \mathbf{b}|,}$$

$$F = \sqrt{\begin{vmatrix} a_2 & a_3 \\ b_2 & b_3 \end{vmatrix}^2 + \begin{vmatrix} a_3 & a_1 \\ b_3 & b_1 \end{vmatrix}^2 + \begin{vmatrix} a_1 & a_2 \\ b_1 & b_2 \end{vmatrix}^2}.$$

3.4 Euklidische Geometrie (Geometrie der Bewegungen)

3.4.1 Die euklidische Bewegungsgruppe

Mit x_1, x_2, x_3 and x_1', x_2', x_3' bezeichnen wir zwei kartesische Koordinatensysteme. Unter einer *euklidischen Bewegung* verstehen wir eine Transformation

$$\boxed{x' = Dx + a}$$

mit einem konstanten Spaltenvektor $a = (a_1, a_2, a_3)^\mathsf{T}$ und einer reellen orthogonalen (3×3) Matrix D, d. h., $DD^\mathsf{T} = D^\mathsf{T}D = E$ (Einheitsmatrix.) Explizit lautet diese Transformation:

$$x_j' = d_{j1}x_1 + d_{j2}x_2 + d_{j3}x_3 + a_j, \qquad j = 1, 2, 3.$$

Klassifikation: (i) *Translation:* $D = E$.

(ii) *Drehung:* $\det D = 1$, $a = 0$.

(iii) *Drehspiegelung:* $\det D = -1$, $a = 0$.

(iv) *eigentliche Bewegung:* $\det D = 1$.

Definition: Die Gesamtheit aller Bewegungen bildet bezüglich der Hintereinanderausführung eine Gruppe, die man die euklidische Bewegungsgruppe nennt.

Alle Drehungen bilden eine Gruppe, die man die Drehgruppe nennt.[11]

Alle Translationen (bzw. alle eigentlichen Bewegungen) bilden eine Untergruppe der euklidischen Bewegungsgruppe, die man die Translationsgruppe (bzw. die eigentliche euklidische Bewegungsgruppe) nennt.

▶ BEISPIEL 1: Eine Drehung um die ζ-Achse mit dem Drehwinkel φ im mathematisch positiven Sinne in einem kartesischen (ξ, η, ζ)-System lautet:

$$\xi' = \xi \cos\varphi + \eta \sin\varphi, \qquad \zeta' = \zeta,$$
$$\eta' = -\xi \sin\varphi + \xi \cos\varphi.$$

Abb. 3.35 zeigt die Drehung in der (ξ, η)-Ebene.

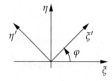

Abb. 3.35

▶ BEISPIEL 2: Eine Spiegelung an der (ξ, η)-Ebene lautet:

$$\xi' = \xi, \qquad \eta' = \eta, \qquad \zeta' = -\zeta.$$

Struktursatz: (i) Jede Drehung lässt sich in einem geeigneten kartesischen Koordinatensystem als Drehung um die ζ-Achse darstellen.

(ii) Jede Drehspiegelung lässt sich in einem geeigneten (ξ, η, ζ)-Koordinatensystem als Zusammensetzung aus einer Drehung um die ζ-Achse und einer Spiegelung an der (ξ, η)-Ebene darstellen.

Euklidische Geometrie: Nach dem Erlanger Programm von Felix Klein sind die Eigenschaften der euklidischen Geometrie genau solche Eigenschaften, die invariant unter euklidischen Bewegungen bleiben (z. B. die Länge einer Strecke).

3.4.2 Kegelschnitte

Die elementare Theorie der Kegelschnitte findet man in 0.1.7.

Quadratische Formen: Wir betrachten die Gleichung

$$x^{\mathsf{T}} A x = b.$$

Explizit lautet diese Gleichung

$$a_{11} x_1^2 + 2a_{12} x_1 x_2 + a_{22} x_2^2 = b \tag{3.17}$$

mit der reellen symmetrischen Matrix $A = \begin{pmatrix} a_{11} & a_{12} \\ a_{21} & a_{22} \end{pmatrix}$. Es sei $A \neq 0$. Dann gilt $\det A = a_{11}a_{22} - a_{12}a_{21}$ und $\operatorname{tr} A = a_{11} + a_{22}$.

---

[11]Das ist eine reelle dreidimensionale Liegruppe (vgl. 17.1 im Handbuch).

Satz: Durch eine Drehung des kartesischen (x_1, x_2)-Koordinatensystems kann man stets die Normalform

$$\boxed{\lambda x^2 + \mu y^2 = b} \qquad (3.18)$$

erreichen. Dabei sind λ und μ die Eigenwerte von A, d. h., es ist

$$\begin{vmatrix} a_{11} - \zeta & a_{12} \\ a_{21} & a_{22} - \zeta \end{vmatrix} = 0$$

mit $\zeta = \lambda, \mu$. Es gilt $\det A = \lambda\mu$ und $\operatorname{tr} A = \lambda + \mu$.

Beweis: Wir bestimmen zwei Eigenvektoren u und v der Matrix A, d. h.,

$$Au = \lambda u \quad \text{und} \quad Av = \mu v.$$

Dabei kann man u und v so wählen, dass $u^{\mathsf{T}}v = 0$ und $u^{\mathsf{T}}u = v^{\mathsf{T}}v = 1$ gilt. Wir setzen $D := (u, v)$. Dann ist

$$x = Dx'$$

eine Drehung. Aus (3.17) folgt

$$b = x^{\mathsf{T}}Ax = x'^{\mathsf{T}}(D^{\mathsf{T}}AD)x' = x'^{\mathsf{T}}\begin{pmatrix} \lambda & 0 \\ 0 & \mu \end{pmatrix}x' = \lambda {x'_1}^2 + \mu {x'_2}^2. \qquad \square$$

Allgemeine Kegelschnitte: Wir studieren jetzt die Gleichung

$$\boxed{x^{\mathsf{T}}Ax + x^{\mathsf{T}}a + a_{33} = 0}$$

mit $a = (a_{13}, a_{23})^{\mathsf{T}}$, also

$$a_{11}x_1^2 + 2a_{12}x_1x_2 + a_{22}x_2^2 + a_{13}x_1 + a_{23}x_2 + a_{33} = 0 \qquad (3.19)$$

mit den reellen symmetrischen Matrizen

$$A = \begin{pmatrix} a_{11} & a_{12} \\ a_{21} & a_{22} \end{pmatrix}, \qquad \mathbb{A} = \begin{pmatrix} a_{11} & a_{12} & a_{13} \\ a_{21} & a_{22} & a_{23} \\ a_{31} & a_{32} & a_{33} \end{pmatrix}.$$

Hauptfall 1: Mittelpunktsgleichungen. Ist $\det A \neq 0$, dann besitzt das lineare Gleichungssystem

$$a_{11}\alpha_1 + a_{12}\alpha_2 + a_{13} = 0,$$
$$a_{21}\alpha_1 + a_{22}\alpha_2 + a_{23} = 0$$

eine eindeutige Lösung (α_1, α_2). Durch die Translation $X_j := x_j - \alpha_j$, $j = 1, 2$, geht (3.19) in die Gleichung

$$a_{11}X_1^2 + 2a_{12}X_1X_2 + a_{22}X_2^2 = -\frac{\det \mathbb{A}}{\det A}.$$

über. Analog zu (3.17) erhalten wir daraus durch eine Drehung:

$$\boxed{\lambda x^2 + \mu y^2 = -\frac{\det \mathbb{A}}{\det A}.}$$

Tabelle 3.3 Mittelpunktskurven

det A	det $\mathbb{A}$	Normalform $(a > 0,\ b > 0,\ c > 0)$	Name	graphische Darstellung
> 0	< 0	$\dfrac{x^2}{a^2} + \dfrac{y^2}{b^2} = 1$	Ellipse	
	> 0	$\dfrac{x^2}{a^2} + \dfrac{y^2}{b^2} = -1$	imaginäre Ellipse	
	$= 0$	$\dfrac{x^2}{a^2} + \dfrac{y^2}{b^2} = 0$	doppelter Punkt	
< 0	< 0	$\dfrac{x^2}{a^2} - \dfrac{y^2}{b^2} = 1$	Hyperbel	
	> 0	$\dfrac{y^2}{b^2} - \dfrac{x^2}{a^2} = 1$	Hyperbel	
	$= 0$	$\dfrac{x^2}{a^2} - \dfrac{y^2}{b^2} = 0$	Doppelgerade	

Wegen det $A = \lambda\mu$ und tr $A = \lambda + \mu$ erhält man so die in Tab. 3.3 angegebenen Normalformen.

Hauptfall 2: Keine Mittelpunktsgleichung. Es sei det $A = 0$, also $\lambda \neq 0$ und $\mu = 0$. Durch eine Drehung von (3.19) ergibt sich

$$\lambda x^2 + 2qx + py + c = 0.$$

Die quadratische Ergänzung liefert

$$\lambda \left(x + \frac{q}{\lambda} \right)^2 + py + c - \frac{q^2}{\lambda} = 0.$$

1. Ist $p \neq 0$, dann liegt eine Parabel vor.
2. Ist $p = 0$, dann erhält man nach Translation $x^2 = 0$ oder $x^2 = \pm a^2$ (vgl. Tab. 3.4).

Tabelle 3.4 Keine Mittelpunktskurve ($\det A = 0$).

Normalform ($a > 0$)	Name	graphische Darstellung
$y = ax^2$	Parabel	
$y^2 = 0$	Doppelgerade	
$y^2 = a^2$	zwei Geraden $y = \pm a$	
$y^2 = -a^2$	zwei imaginäre Geraden	

3.4.3 Flächen zweiter Ordnung

Quadratische Formen: Wir betrachten die Gleichung

$$x^\mathsf{T} A x = b\,.$$

Explizit lautet diese Gleichung

$$a_{11}x_1^2 + 2a_{12}x_1x_2 + 2a_{13}x_1x_3 + 2a_{23}x_2x_3 + a_{22}x_2^2 + a_{33}x_3^2 = b \tag{3.20}$$

mit der reellen symmetrischen Matrix $A = (a_{jk})$. Es sei $A \neq 0$. Dann gilt $\operatorname{tr} A = a_{11} + a_{22} + a_{33}$.

Satz: Durch eine Drehung des kartesischen (x_1, x_2, x_3)-Koordinatensystems kann man stets die Normalform

$$\lambda x^2 + \mu y^2 + \zeta z^2 = b\,.$$

erreichen. Dabei sind λ, μ und ζ die Eigenwerte von A, d. h., es ist $\det(A - \nu E) = 0$ mit $\nu = \lambda, \mu, \zeta$. Es gilt $\det A = \lambda\mu\zeta$ und $\operatorname{tr} A = \lambda + \mu + \zeta$.

Beweis: Wir bestimmen drei Eigenvektoren u, v und w der Matrix A, d. h.,

$$Au = \lambda u, \qquad Av = \mu v, \qquad Aw = \zeta w\,.$$

Dabei kann man u, v und w so wählen, dass $u^\mathsf{T}v = u^\mathsf{T}w = v^\mathsf{T}w = 0$ und $u^\mathsf{T}u = v^\mathsf{T}v = w^\mathsf{T}w = 1$ gilt. Wir setzen $D := (u, v, w)$. Dann ist

$$x = Dx'$$

eine Drehung. Aus (3.20) folgt

$$b = x^\mathsf{T} A x = x'^\mathsf{T}(D^\mathsf{T}AD)x' = x'^\mathsf{T} \begin{pmatrix} \lambda & 0 & 0 \\ 0 & \mu & 0 \\ 0 & 0 & \zeta \end{pmatrix} x' = \lambda x_1'^2 + \mu x_2'^2 + \zeta x_3'^2\,. \qquad \square$$

Allgemeine Flächen zweiter Ordnung: Wir studieren jetzt die Gleichung

$$x^\mathsf{T} A x + x^\mathsf{T} a + a_{44} = 0$$

mit $a = (a_{14}, a_{24}, a_{34})^\mathsf{T}$. Explizit lautet diese Gleichung

$$a_{11}x_1^2 + 2a_{12}x_1x_2 + 2a_{13}x_1x_3 + 2a_{23}x_2x_3 + a_{22}x_2^2 + a_{33}x_3^2$$
$$+ a_{14}x_1 + a_{24}x_2 + a_{34}x_3 + a_{44} = 0 \tag{3.21}$$

mit den reellen symmetrischen Matrizen

$$A = \begin{pmatrix} a_{11} & a_{12} & a_{13} \\ a_{21} & a_{22} & a_{23} \\ a_{31} & a_{32} & a_{33} \end{pmatrix}, \qquad \mathbb{A} = \begin{pmatrix} a_{11} & a_{12} & a_{13} & a_{14} \\ a_{21} & a_{22} & a_{23} & a_{24} \\ a_{31} & a_{32} & a_{33} & a_{34} \\ a_{41} & a_{42} & a_{43} & a_{44} \end{pmatrix}.$$

Hauptfall 1:   Mittelpunktsflächen. Ist $\det A \neq 0$, dann besitzt das lineare Gleichungssystem

$$a_{11}\alpha_1 + a_{12}\alpha_2 + a_{13}\alpha_3 + a_{14} = 0,$$
$$a_{21}\alpha_1 + a_{22}\alpha_2 + a_{23}\alpha_3 + a_{24} = 0,$$
$$a_{31}\alpha_1 + a_{32}\alpha_2 + a_{33}\alpha_3 + a_{34} = 0$$

eine eindeutige Lösung $(\alpha_1, \alpha_2, \alpha_3)$. Durch die Translation $X_j := x_j - \alpha_j$, $j = 1, 2, 3$, geht (3.21) in die Gleichung

$$a_{11}X_1^2 + 2a_{12}X_1X_2 + 2a_{13}X_1X_3 + 2a_{23}X_2X_3 + a_{22}X_2^2 + a_{33}X_3^2 = -\frac{\det \mathbb{A}}{\det A}$$

über. Analog zu (3.20) erhalten wir daraus durch eine Drehung:

$$\lambda x^2 + \mu y^2 + \zeta z^2 = -\frac{\det \mathbb{A}}{\det A}.$$

Hauptfall 2:   Keine Mittelpunktsfläche. Durch eine Drehung von (3.21) ergibt sich

$$\lambda x^2 + \mu y^2 + px + ry + sz + c = 0.$$

Bildung der quadratischen Ergänzung und Translationen liefern dann die in Tab. 3.6 angegebenen Normalformen.

Tabelle 3.5 Mittelpunktsflächen

Normalform $(a > 0,\ b > 0,\ c > 0)$	Name	graphische Darstellung
$\dfrac{x^2}{a^2} + \dfrac{y^2}{b^2} + \dfrac{z^2}{c^2} = 1$	Ellipsoid	
$\dfrac{x^2}{a^2} + \dfrac{y^2}{b^2} + \dfrac{z^2}{c^2} = -1$	imaginäres Ellipsoid	
$\dfrac{x^2}{a^2} + \dfrac{y^2}{b^2} + \dfrac{z^2}{c^2} = 0$	Nullpunkt	
$\dfrac{x^2}{a^2} + \dfrac{y^2}{b^2} - \dfrac{z^2}{c^2} = 1$	einschaliges Hyperboloid	
$\dfrac{x^2}{a^2} + \dfrac{y^2}{b^2} - \dfrac{z^2}{c^2} = 0$	Doppelkegel	
$\dfrac{z^2}{c^2} - \dfrac{x^2}{a^2} - \dfrac{y^2}{b^2} = 1$	zweischaliges Hyperboloid	

Tabelle 3.6 Keine Mittelpunktsfläche ($\det A = 0$).

Normalform $(a > 0,\ b > 0,\ c > 0)$	Name	graphische Darstellung
$\dfrac{x^2}{a^2} + \dfrac{y^2}{b^2} = 2cz$	elliptisches Paraboloid	
$\dfrac{x^2}{a^2} - \dfrac{y^2}{b^2} = 2cz$	hyperbolisches Paraboloid (Sattelfläche)	
$\dfrac{x^2}{a^2} + \dfrac{y^2}{b^2} = 1$	elliptischer Zylinder	
$\dfrac{x^2}{a^2} - \dfrac{y^2}{b^2} = 1$	hyperbolischer Zylinder	
$\dfrac{x^2}{a^2} - \dfrac{y^2}{b^2} = 0$	zwei sich schneidende Ebenen	
$x = 2cy^2$	parabolischer Zylinder	

Tabelle 3.6 (Fortsetzung)

Normalform $(a > 0,\ b > 0,\ c > 0)$	Name	graphische Darstellung
$x^2 = a^2$	zwei parallele Ebenen $(x = \pm a)$	
$x^2 = 0$	Doppelebene	
$\dfrac{x^2}{a^2} + \dfrac{y^2}{b^2} = -1$	imaginärer elliptischer Zylinder	
$\dfrac{x^2}{a^2} + \dfrac{y^2}{b^2} = 0$	ausgearteter elliptischer Zylinder (die z-Achse)	

3.6 Differentialgeometrie

> *Es gibt keine Wissenschaft, die sich nicht aus der Kenntnis der Phänomene entwickelt, aber um Gewinn aus den Kenntnissen ziehen zu können, ist es unerlässlich, Mathematiker zu sein.*
>
> Daniel Bernoulli (1700–1782)

Die Differentialgeometrie untersucht die Eigenschaften von Kurven und Flächen mit den Methoden der Differential- und Integralrechnung. Die wichtigste differentialgeometrische Eigenschaft ist die *Krümmung*. Im 19. und 20. Jahrhundert haben die Mathematiker versucht, diesen Begriff unserer Anschauung auf höhere Dimensionen und auf immer abstraktere Situationen zu verallgemeinern (Theorie der Hauptfaserbündel).

Die Physiker bemühten sich dagegen seit Newton, die in unserer Welt wirkenden Kräfte zu verstehen. Überraschenderweise basieren die heute bekannten vier fundamentalen Kräfte im Kosmos und im Bereich der Elementarteilchen (Gravitation, starke, schwache und elektromagnetische Wechselwirkung) auf der fundamentalen Relation

> Kraft = Krümmung,

die den zur Zeit bekannten *tiefsten Zusammenhang* zwischen Mathematik und Physik darstellt. Das wird ausführlich in 14.9 und 19 im Handbuch erläutert.

In diesem Abschnitt betrachten wir die klassische Differentialgeometrie der Kurven und Flächen im dreidimensionalen Raum. Die Kurventheorie wurde im 18. Jahrhundert von Clairaut, Monge und Euler geschaffen und im 19. Jahrhundert von Cauchy, Frenet und Serret weiterentwickelt. In den Jahren 1821 bis 1825 führte Gauß unter großen körperlichen Strapazen im Königreich Hannover umfangreiche Landvermessungsarbeiten durch. Das veranlasste ihn, der stets Theorie und Praxis in vorbildlicher Weise miteinander vereinte, zu umfangreichen Untersuchungen über gekrümmte Flächen. Im Jahre 1827 erschien sein epochales Werk *Disquisitiones generales circa superficies curvas*, mit dem er die Differentialgeometrie der Flächen schuf, in deren Mittelpunkt das *„theorema egregium"* steht. Dieses tiefe mathematische Theorem besagt, dass man die Krümmung einer Fläche allein durch Messungen auf der Fläche bestimmen kann, ohne den umgebenden Raum zu benutzen. Damit legte Gauß den Grundstein für das imposante Gebäude der Differentialgeometrie, dessen Weiterentwicklung durch Riemann und Élie Cartan in der allgemeinen Relativitätstheorie Einsteins für die Gravitation (Kosmologie) und im modernen Standardmodell der Elementarteilchen gipfelt. Dieses Standardmodell basiert auf einer Eichfeldtheorie, die vom mathematischen Standpunkt aus der Krümmungstheorie eines geeigneten Hauptfaserbündels entspricht.

Lokales Verhalten: Um das lokale Verhalten von Kurven und Flächen in der Umgebung eines Punktes zu untersuchen, benutzt man die *Taylorentwicklung*.[17] Das führt auf die Begriffe „Tangente, Krümmung und Windung" einer Kurve sowie auf die Begriffe „Tangentialebene und Krümmung" einer Fläche.

Globales Verhalten: Neben diesem Verhalten im Kleinen interessiert das Verhalten im Großen. Ein typisches Resultat hierfür ist der Satz von Gauß-Bonnet der Flächentheorie, der den Ausgangspunkt für die moderne Differentialtopologie im Rahmen der Theorie der charakteristischen Klassen darstellt (vgl. 19.10 im Handbuch).

3.6.1 Ebene Kurven

Parameterdarstellung: Eine ebene Kurve wird durch eine Gleichung der Form

$$x = x(t), \quad y = y(t), \quad a \leq t \leq b, \qquad (3.22)$$

in kartesischen (x, y)-Koordinaten gegeben (Abb. 3.42).

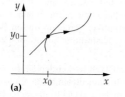
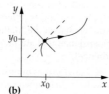

(a)　　　　　(b)　　　　　Abb. 3.42

Interpretieren wir den reellen Parameter t als Zeit, dann beschreibt (3.22) die Bewegung eines Punktes, der sich zur Zeit t am Ort $(x(t), y(t))$ befindet.

▶ BEISPIEL 1: Im Spezialfall $t = x$ entsteht die Kurvengleichung $y = y(x)$.

---

[17]Es wird stets stillschweigend vorausgesetzt, dass alle auftretenden Funktionen hinreichend glatt sind.

Bogenlänge s der Kurve:

$$s = \int_a^b \sqrt{x'(t)^2 + y'(t)^2}\, dt.$$

Gleichung der Tangente im Punkt (x_0, y_0) (Abb. 3.42a):

$$x = x_0 + (t - t_0)x_0', \quad y = y_0 + (t - t_0)y_0', \quad -\infty < t < \infty.$$

Dabei setzen wir $x_0 := x(t_0)$, $x_0' := x'(t_0)$, $y_0 := y(t_0)$, $y_0' := y'(t_0)$.

Gleichung der Normalen im Punkt (x_0, y_0) (Abb. 3.42b):

$$x = x_0 - (t - t_0)y_0', \quad y = y_0 + (t - t_0)x_0', \quad -\infty < t < \infty. \tag{3.23}$$

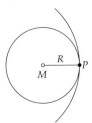

Abb. 3.43

Krümmungsradius R: Ist die Kurve (3.22) vom Typ C^2 in einer Umgebung des Punktes $P(x_0, y_0)$, dann gibt es einen eindeutig bestimmten Kreis vom Radius R mit dem Mittelpunkt $M(\xi, \eta)$, der mit der Kurve im Punkt P in zweiter Ordnung übereinstimmt (Abb. 3.43).[18]

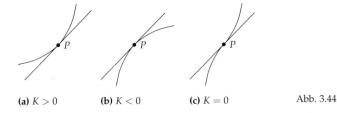

(a) $K > 0$ **(b)** $K < 0$ **(c)** $K = 0$ Abb. 3.44

Krümmung K: Diese Größe wird so eingeführt, dass

$$|K| := \frac{1}{R}.$$

---

[18]Dies bedeutet, dass die Taylorentwicklungen für die Kurve und den Kreis im Punkt „P" bis zu den quadratischen Termen übereinstimmen.

gilt. Das Vorzeichen von K im Punkt P ist definitionsgemäß positiv (bzw. negativ), falls die Kurve im Punkt „P" oberhalb (bzw. unterhalb) der Tangente liegt (Abb. 3.44). Für die Kurve (3.22) gilt

$$K = \frac{x_0' y_0'' - y_0' x_0''}{\left(x_0'^2 + y_0'^2\right)^{3/2}}$$

mit dem Krümmungsmittelpunkt $M(\xi, \eta)$:

$$\xi = x_0 - \frac{y_0'(x_0'^2 + y_0'^2)}{x_0' y_0'' - y_0' x_0''}, \qquad \eta = y_0 + \frac{x_0'(x_0'^2 + y_0'^2)}{x_0' y_0'' - y_0' x_0''}.$$

Wendepunkt: Definitionsgemäß besitzt eine Kurve in P einen Wendepunkt, wenn $K(P) = 0$ gilt und K in P das Vorzeichen wechselt (Abb. 3.44c).

Scheitelpunkt: Kurvenpunkte, in denen die Krümmung K ein Maximum oder Minimum besitzt, heißen Scheitelpunkte.

Winkel φ zwischen zwei Kurven $x = x(t)$, $y = y(t)$ **und** $X = X(\tau)$, $Y = Y(\tau)$ **im Schnittpunkt:**

$$\cos \varphi = \frac{x_0' X_0' + y_0' Y_0'}{\sqrt{x_0'^2 + y_0'^2}\, \sqrt{X_0'^2 + Y_0'^2}}, \qquad 0 \le \varphi < \pi.$$

Dabei ist φ gleich dem Winkel zwischen den Tangenten im Schnittpunkt gemessen im mathematisch positiven Sinn (Abb. 3.45).

Abb. 3.45

Die Werte x_0, X_0 usw. beziehen sich auf den Schnittpunkt.

Anwendungen:

▶ BEISPIEL 2: Die Gleichung eines Kreises vom Radius R mit dem Mittelpunkt $(0,0)$ lautet:

$$x = R \cos t, \quad y = R \sin t, \qquad 0 \le t < 2\pi$$

(Abb. 3.46). Der Punkt $(0,0)$ ist der Krümmungsmittelpunkt, und R der Krümmungsradius. Das ergibt die Krümmung

$$K = \frac{1}{R}.$$

Aus den Ableitungen $x'(t) = -R \sin t$ und $y'(t) = R \cos t$ erhalten wir die Gleichung der Tangente in Parameterform:

$$x = x_0 - (t - t_0) y_0, \quad y = y_0 + (t - t_0) x_0, \qquad -\infty < t < \infty.$$

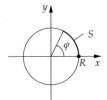

Abb. 3.46

Für die Bogenlänge s ergibt sich wegen $\cos^2 t + \sin^2 t = 1$ die Beziehung

$$s = \int\limits_0^\varphi \sqrt{x'(t)^2 + y'(t)^2}\, dt = R\varphi\,.$$

Schreiben wir die Kreisgleichung in der impliziten Form

$$x^2 + y^2 = R^2\,,$$

dann folgt aus Tab. 3.8 mit $F(x,y) := x^2 + y^2 - R^2$ die Gleichung der Tangente im Punkt (x_0, y_0):

$$x_0(x - x_0) + y_0(y - y_0) = 0,$$

d. h., $x_0 x + y_0 y = R^2$. In Polarkoordinaten lautet die Kreisgleichung

$$r = R\,.$$

Tabelle 3.7

Kurvengleichungen	$y = y(x)$ (explizite Form)	$r = r(\varphi)$ (Polarkoordinaten)
Bogenlänge	$s = \int\limits_a^b \sqrt{1 + y'(x)^2}\, dx$	$\int\limits_\alpha^\beta \sqrt{r^2 + r'^2}\, d\varphi$
Gleichung der Tangente im Punkt $P(x_0, y_0)$	$y = x_0 + y_0'(x - x_0)$	
Gleichung der Normalen im Punkt $P(x_0, y_0)$	$-y_0'(y - y_0) = x - x_0$	
K im Punkt $P(x_0, y_0)$	$\dfrac{y_0''}{\left(1 + y_0'^2\right)^{3/2}}$	$\dfrac{r^2 + 2r'^2 - rr''}{\left(r^2 + r'^2\right)^{3/2}}$
Krümmungsmittelpunkt	$\xi = x_0 - \dfrac{y_0'(1 + y_0'^2)}{y_0''}$ $\eta = y_0 + \dfrac{1 + y_0'^2}{y_0''}$	$\xi = x_0 - \dfrac{(r^2 + r'^2)(x_0 + r'\sin\varphi)}{r^2 + 2r'^2 - rr''}$ $\eta = y_0 - \dfrac{(r^2 + r'^2)(y_0 - r'\cos\varphi)}{r^2 + 2r'^2 - rr''}$

Tabelle 3.8

implizite Kurvengleichung	$F(x,y) = 0$
Tangentengleichung im Punkt $P(x_0, y_0)$	$F_x(P)(x - x_0) + F_y(P)(y - y_0) = 0$
Normalengleichung im Punkt $P(x_0, y_0)$	$F_x(P)(y - y_0) - F_y(P)(x - x_0) = 0$
Krümmung K im Punkt P ($F_x := F_x(P)$ usw.)	$\dfrac{-F_y^2 F_{xx} + 2F_x F_y F_{xy} - F_x^2 F_{yy}}{\left(F_x^2 + F_y^2\right)^{3/2}}$
Krümmungsmittelpunkt	$\xi = x_0 - \dfrac{F_x(F_x^2 + F_y^2)}{F_y^2 F_{xx} - 2F_x F_y F_{xy} + F_x^2 F_{yy}}$ $\eta = y_0 - \dfrac{F_y(F_x^2 + F_y^2)}{F_y^2 F_{xx} - 2F_x F_y F_{xy} + F_x^2 F_{yy}}$

▶ BEISPIEL 3: Die Parabel

$$y = \frac{1}{2} a x^2$$

mit $a > 0$ besitzt nach Tab. 3.7 im Punkt $x = 0$ die Krümmung $K = a$.

▶ BEISPIEL 4: Es sei $y = x^3$. Aus Tab. 3.7 erhalten wir

$$K = \frac{y''(x)}{\left(1 + y'(x)^2\right)^{3/2}} = \frac{6x}{\left(1 + 9x^4\right)^{3/2}}.$$

Im Punkt $x = 0$ wechselt das Vorzeichen von K. Deshalb liegt dort ein Wendepunkt vor.

Singuläre Punkte: Wir betrachten die Kurve $x = x(t)$, $y = y(t)$. Definitionsgemäß heißt $(x(t_0), y(t_0))$ genau dann ein singulärer Punkt der Kurve, wenn

$$x'(t_0) = y'(t_0) = 0.$$

gilt. In einem solchen Punkt existiert keine Tangente. Die Untersuchung des Verhaltens der Kurve in der Umgebung eines singulären Punktes geschieht mit Hilfe der Taylorentwicklung

$$x(t) = x(t_0) + \frac{(t - t_0)^2}{2} x''(t_0) + \frac{(t - t_0)^3}{6} x'''(t_0) + \dots,$$

$$y(t) = y(t_0) + \frac{(t - t_0)^2}{2} y''(t_0) + \frac{(t - t_0)^3}{6} y'''(t_0) + \dots.$$

▶ BEISPIEL 5: Für

$$x = x_0 + (t - t_0)^2 + \dots, \qquad y = y_0 + (t - t_0)^3 + \dots$$

liegt ein Rückkehrpunkt vor (Abb. 3.47a). Im Fall

$$x = x_0 + (t - t_0)^2 + \dots, \qquad y = y_0 + (t - t_0)^2 + \dots$$

endet die Kurve im Punkt (x_0, y_0) (Abb. 3.47b).

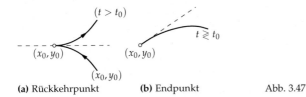

(a) Rückkehrpunkt   **(b)** Endpunkt   Abb. 3.47

Singuläre Punkte für implizit gegebene Kurven: Ist die Kurve durch die Gleichung $F(x, y) = 0$ gegeben mit $F(x_0, y_0) = 0$, dann ist (x_0, y_0) definitionsgemäß genau dann ein singulärer Punkt der Kurve, wenn

$$F_x(x_0, y_0) = F_y(x_0, y_0) = 0$$

gilt. Das Verhalten der Kurve in einer Umgebung von (x_0, y_0) untersucht man mit Hilfe der Taylorentwicklung

$$F(x, y) = a(x - x_0)^2 + 2b(x - x_0)(y - y_0) + c(y - y_0)^2 + \dots . \tag{3.24}$$

Dabei setzen wir $a := \frac{1}{2}F_{xx}(x_0, y_0)$, $b := \frac{1}{2}F_{xy}(x_0, y_0)$ und $c := \frac{1}{2}F_{yy}(x_0, y_0)$. Ferner sei $D := ac - b^2$.

Fall 1: $D > 0$. Dann ist (x_0, y_0) ein isolierter Punkt (Abb. 3.48a).

Fall 2: $D < 0$. Hier schneiden sich zwei Kurvenzweige im Punkt (x_0, y_0) (Abb. 3.48b).

Gilt $D = 0$, dann muss man Terme höherer Ordnung in (3.24) berücksichtigen. Beispielsweise können die folgenden Situationen auftreten: Berührung, Rückkehrpunkt, Endpunkt, dreifacher Punkt oder allgemeiner n-facher Punkt (vgl. Abb. 3.47 und Abb. 3.48).

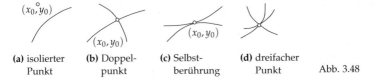

(a) isolierter Punkt   **(b)** Doppelpunkt   **(c)** Selbstberührung   **(d)** dreifacher Punkt   Abb. 3.48

Katastrophentheorie: Eine Diskussion von Singularitäten im Rahmen der Katastrophentheorie findet man in 13.13 im Handbuch.

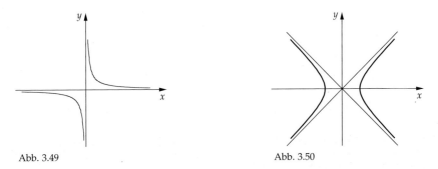

Abb. 3.49   Abb. 3.50

Asymptoten: Nähert sich eine Kurve bei immer größer werdender Entfernung vom Koordinatenursprung einer Geraden, dann heißt diese Gerade eine Asymptote.

▶ BEISPIEL 6: Die x-Achse und die y-Achse sind Asymptoten der Hyperbel $xy = 1$ (Abb. 3.49).

Es sei $a \in \mathbb{R}$. Wir betrachten die Kurve $x = x(t)$, $y = y(t)$ und den Grenzübergang $t \to t_0 + 0$.

(i) Für $y(t) \to \pm\infty$, $x(t) \to a$ ist die Gerade $x = a$ eine vertikale Asymptote.

(ii) Für $x(t) \to \pm\infty$, $y(t) \to a$ ist die Gerade $y = a$ eine horizontale Asymptote.

(iii) Es sei $x(t) \to +\infty$ und $y(t) \to +\infty$. Existieren die beiden Grenzwerte

$$m = \lim_{t \to t_0+0} \frac{y(t)}{x(t)} \quad \text{and} \quad c = \lim_{t \to t_0+0} \big(y(t) - mx(t)\big),$$

dann ist die Gerade $y = mx + c$ eine Asymptote.

Analog verfährt man für $t \to t_0 - 0$ und $t \to \pm\infty$.

▶ BEISPIEL 7: Die Hyperbel

$$\frac{x^2}{a^2} - \frac{y^2}{b^2} = 1$$

besitzt die Parameterdarstellung $x = a \cosh t$, $y = b \sinh t$. Die beiden Geraden

$$y = \pm\frac{b}{a} x$$

sind Asymptoten (Abb. 3.50).

Beweis: Beispielsweise gilt

$$\lim_{t \to +\infty} \frac{b \sinh t}{a \cosh t} = \frac{b}{a}, \qquad \lim_{t \to +\infty} (b \sinh t - b \cosh t) = 0.$$

3.6.2 Raumkurven

Parameterdarstellung: Es seien x, y und z kartesische Koordinaten mit den Basisvektoren $\mathbf{i}, \mathbf{j}, \mathbf{k}$ und dem Radiusvektor $\mathbf{r} = \overrightarrow{OP}$ des Punktes P. Eine Raumkurve ist durch die Gleichung

$$\boxed{\mathbf{r} = \mathbf{r}(t), \qquad a \le t \le b,}$$

gegeben, d. h., $x = x(t)$, $y = y(t)$, $z = z(t)$ $a \le t \le b$.

Gleichung der Tangente im Punkt $\mathbf{r}_0 := \mathbf{r}(t_0)$:

$$\boxed{\mathbf{r} = \mathbf{r}_0 + (t - t_0)\mathbf{r}'(t_0), \qquad t \in \mathbb{R}.}$$

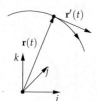

Abb. 3.51

Physikalische Interpretation: Bezeichnet t die Zeit, dann beschreibt die Raumkurve $\mathbf{r} = \mathbf{r}(t)$ die Bewegung eines Massenpunktes mit dem Geschwindigkeitsvektor $\mathbf{r}'(t)$ und dem Beschleunigungsvektor $\mathbf{r}''(t)$ zur Zeit t (Abb. 3.51).

3.6.2.1 Krümmung und Windung

Bogenlänge s der Kurve:

$$s := \int_a^b |\mathbf{r}'(t)|\,\mathrm{d}t = \int_a^b \sqrt{x'(t)^2 + y'(t)^2 + z'(t)^2}\;\mathrm{d}t\,.$$

Ersetzt man b durch t_0, dann erhält man die Bogenlänge zwischen dem Anfangspunkt und dem Kurvenpunkt zur Zeit t_0.

Wir beziehen jetzt die Raumkurve $\mathbf{r}(s)$ auf die Bogenlänge s als Parameter und bezeichnen mit $\mathbf{r}'(s)$ die Ableitung nach s.

Taylorentwicklung:

$$\mathbf{r}(s) = \mathbf{r}(s_0) + (s - s_0)\mathbf{r}'(s_0) + \frac{(s - s_0)^2}{2}\mathbf{r}''(s_0) + \frac{(s - s_0)^3}{6}\mathbf{r}'''(s_0) + \dots. \tag{3.25}$$

Auf dieser Formel basieren die folgenden Definitionen.

Tangenteneinheitsvektor:

$$\mathbf{t} := \mathbf{r}'(s_0).$$

Krümmung:

$$k := |\mathbf{r}''(s_0)|.$$

Die Zahl $R := 1/k$ heißt Krümmungsradius.

Hauptnormalenvektor:

$$\mathbf{n} := \frac{1}{k}\mathbf{r}''(s_0).$$

Binormalenvektor:

$$\mathbf{b} := \mathbf{t} \times \mathbf{n}.$$

Windung:

$$w := R\mathbf{b}\mathbf{r}'''(s_0).$$

Geometrische Deutung: Die drei Vektoren $\mathbf{t}, \mathbf{n}, \mathbf{b}$ bilden das sogenannte *begleitende Dreibein* im Kurvenpunkt P_0. Das ist ein rechtshändiges System von paarweise aufeinander senkrecht stehenden Einheitsvektoren (Abb. 3.53).

(i) Von $\mathbf{t}$ und $\mathbf{n}$ wird die *Schmiegebene* der Kurve im Punkt P_0 aufgespannt.

(ii) Von $\mathbf{n}$ und $\mathbf{b}$ wird die *Normalebene* im Punkt P_0 aufgespannt.

(iii) Von $\mathbf{t}$ und $\mathbf{b}$ wird die *rektifizierende Ebene* im Punkt P_0 aufgespannt.

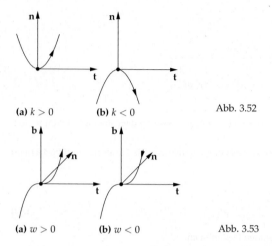

(a) $k > 0$ **(b)** $k < 0$ Abb. 3.52

(a) $w > 0$ **(b)** $w < 0$ Abb. 3.53

Nach (3.25) liegt die Kurve im Punkt P_0 in zweiter Ordnung in der Schmiegebene (Abb. 3.52).

Hat man $w = 0$ im Punkt P_0, dann ist die Kurve nach (3.25) in dritter Ordnung in P_0 eben.

Ist $w > 0$ (bzw. $w < 0$) in P_0, dann bewegt sich die Kurve in einer Umgebung von P_0 in Richtung von $\mathbf{b}$ (bzw. $-\mathbf{b}$) (Abb. 3.53).

Allgemeine Parameterform: Liegt die Kurve in der Gestalt $\mathbf{r} = \mathbf{r}(t)$ mit dem beliebigen Parameter t vor, dann gilt:

$$k^2 = \frac{1}{R^2} = \frac{\mathbf{r}'^2\mathbf{r}''^2 - (\mathbf{r}'\mathbf{r}'')^2}{(\mathbf{r}'^2)^3}$$

$$= \frac{(x'^2 + y'^2 + z'^2)(x''^2 + y''^2 + z''^2) - (x'x'' + y'y'' + z'z'')^2}{(x'^2 + y'^2 + z'^2)^3},$$

$$w = R^2\frac{(\mathbf{r}' \times \mathbf{r}'')\mathbf{r}'''}{(\mathbf{r}'^2)^3} = R^2\frac{\begin{vmatrix} x' & y' & z' \\ x'' & y'' & z'' \\ x''' & y''' & z''' \end{vmatrix}}{(x'^2 + y'^2 + z'^2)^3}. \tag{3.26}$$

▶ BEISPIEL: Wir betrachten die Schraubenlinie

$$x = a\cos t, \quad y = a\sin t, \quad z = bt, \qquad t \in \mathbb{R}$$

mit $a > 0$ und $b > 0$ (Rechtsschraube; Abb. 3.54) bzw. $b < 0$ (Linksschraube). Es gilt:

$$k = \frac{1}{R} = \frac{a}{a^2 + b^2}, \qquad w = \frac{b}{a^2 + b^2}.$$

Beweis: Wir ersetzen den Parameter t durch die Bogenlänge

$$s = \int\limits_0^t \sqrt{\dot{x}^2 + \dot{y}^2 + \dot{z}^2} \, \mathrm{d}t = t\sqrt{a^2 + b^2}.$$

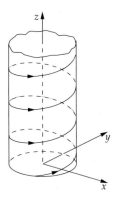

Abb. 3.54

Dann gilt

$$x = a \cos \frac{s}{\sqrt{a^2 + b^2}}, \qquad y = a \sin \frac{s}{\sqrt{a^2 + b^2}}, \qquad z = \frac{bs}{\sqrt{a^2 + b^2}},$$

also

$$k = \frac{1}{R} = \sqrt{\left(\frac{d^2x}{ds^2}\right)^2 + \left(\frac{d^2y}{ds^2}\right)^2 + \left(\frac{d^2z}{ds^2}\right)^2} = \frac{a}{a^2 + b^2}.$$

Die Krümmung k ist somit konstant. Für die Windung ergibt sich nach (3.26) der Wert

$$w = \left(\frac{a^2 + b^2}{a}\right)^2 \frac{\begin{vmatrix} -a\sin t & a\cos t & b \\ -a\cos t & -a\sin t & 0 \\ a\sin t & -a\cos t & 0 \end{vmatrix}}{\left[(-a\sin t)^2 + (a\cos t)^2 + b^2\right]^3} = \frac{b}{a^2 + b^2}.$$

Die Windung ist ebenfalls konstant. □

3.6.2.2 Der Hauptsatz der Kurventheorie

Frenetsche Formeln: Für die Ableitungen der Vektoren $\mathbf{t}, \mathbf{n}, \mathbf{b}$ nach der Bogenlänge gilt:

$$\mathbf{t}' = k\mathbf{n}, \qquad \mathbf{n}' = -k\mathbf{t} + w\mathbf{b}, \qquad \mathbf{b}' = -w\mathbf{n}. \tag{3.27}$$

Hauptsatz: Gibt man sich im Intervall $a \le s \le b$ zwei stetige Funktionen

$$k = k(s) \qquad \text{und} \qquad w = w(s)$$

mit $k(s) > 0$ für alle s vor, dann existiert, abgesehen von der räumlichen Lage, genau ein Kurvenstück $\mathbf{r} = \mathbf{r}(s)$, $a \le s \le b$, das s als Bogenlänge besitzt und dessen Krümmung (bzw. Windung) mit k (bzw. w) übereinstimmt.

Konstruktion der Kurve: (i) Die Gleichung (3.27) beinhaltet ein System von neun gewöhnlichen Differentialgleichungen für die jeweils drei Komponenten von $\mathbf{t}, \mathbf{n}$ und $\mathbf{b}$. Durch Vorgabe von $\mathbf{t}(0), \mathbf{n}(0)$ und $\mathbf{b}(0)$ (Vorgabe des begleitenden Dreibeins im Punkt $s = 0$) ist die Lösung von (3.27) eindeutig festgelegt.

(ii) Gibt man ferner den Ortsvektor $\mathbf{r}(0)$ vor, dann erhält man

$$\mathbf{r}(s) = \mathbf{r}(0) + \int\limits_0^s \mathbf{t}(s)\,\mathrm{d}s\,.$$

3.6.3 Die lokale Gaußsche Flächentheorie

Es sind von Zeit zu Zeit in der Weltgeschichte hochbegabte, selten bevorzugte Naturen aus dem Dunkel ihrer Umgebung hervorgetreten, welche durch die schöpferische Kraft ihrer Gedanken und durch die Energie ihres Wirkens einen so hervorragenden Einfluss auf die geistige Entwicklung der Völker ausgeübt haben, dass sie gleichsam als Marksteine zwischen den Jahrhunderten dastehen... Als solche bahnbrechenden Geister haben wir in der Geschichte der Mathematik und der Naturwissenschaften für das Altertum Archimedes von Syracus, nach dem Schlusse des Mittelalters Newton und für unsere Tage Gauß hervorzuheben, dessen glänzende, ruhmvolle Laufbahn vollendet ist, nachdem am 23. Februar dieses Jahres die kalte Hand des Todes seine einst tiefdenkende Stirn berührt hat.

Sartorius von Waltershausen, 1855
Gauß zum Gedächtnis

Parameterdarstellung einer Fläche: Es seien x, y und z kartesische Koordinaten mit den Basisvektoren $\mathbf{i}, \mathbf{j}, \mathbf{k}$ und dem Radiusvektor $\mathbf{r} = \overrightarrow{OP}$ des Punktes P. Eine Fläche ist durch eine Gleichung

$$\boxed{\mathbf{r} = \mathbf{r}(u, v)}$$

mit den reellen Parametern u und v gegeben, d. h.,

$$x = x(u, v), \qquad y = y(u, v), \qquad z = z(u, v).$$

Das begleitende Dreibein: Wir setzen

$$\boxed{\mathbf{e}_1 := \mathbf{r}_u(u_0, v_0), \qquad \mathbf{e}_2 := \mathbf{r}_v(u_0, v_0), \qquad \mathbf{N} = \frac{\mathbf{e}_1 \times \mathbf{e}_2}{|\mathbf{e}_1 \times \mathbf{e}_2|}\,.}$$

Dann ist $\mathbf{e}_1$ (bzw. $\mathbf{e}_2$) der Tangentenvektor an die Koordinatenlinie $v = \mathrm{const}$ (bzw. $u = \mathrm{const}$) durch den Flächenpunkt $P_0(u_0, v_0)$. Ferner ist $\mathbf{N}$ der Normaleneinheitsvektor in P_0 (Abb. 3.55).

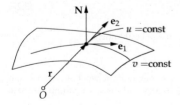

Abb. 3.55

Explizit gilt

$$\mathbf{e}_1 = x_u(u_0, v_0)\mathbf{i} + y_u(u_0, v_0)\mathbf{j} + z_u(u_0, v_0)\mathbf{k},$$
$$\mathbf{e}_2 = x_v(u_0, v_0)\mathbf{i} + y_v(u_0, v_0)\mathbf{j} + z_v(u_0, v_0)\mathbf{k}.$$

Gleichung der Tangentialebene im Punkt P_0:

$$\mathbf{r} = \mathbf{r}_0 + t_1\mathbf{e}_1 + t_2\mathbf{e}_2, \qquad t_1, t_2 \in \mathbb{R}.$$

Implizite Flächengleichung: Ist die Fläche durch die Gleichung $F(x, y, z) = 0$ gegeben, dann erhält man den Normaleneinheitsvektor im Punkt $P_0(x_0, y_0, z_0)$ durch

$$\mathbf{N} = \frac{\operatorname{grad} F(P_0)}{|\operatorname{grad} F(P_0)|}.$$

Die Gleichung der Tangentialebene im Punkt P_0 lautet:

$$\operatorname{grad} F(P_0)(\mathbf{r} - \mathbf{r}_0) = 0.$$

Explizit bedeutet das

$$F_x(P_0)(x - x_0) + F_y(P_0)(y - y_0) + F_z(P_0)(z - z_0) = 0.$$

Explizite Flächengleichung: Die Gleichung $z = z(x, y)$ kann man in der Form $F(x, y, z) = 0$ schreiben mit $F(x, y, z) := z - z(x, y)$.

▶ BEISPIEL 1: Die Gleichung der Oberfläche einer Kugel vom Radius R lautet:

$$x^2 + y^2 + z^2 = R^2.$$

Setzen wir $F(x, y, z) := x^2 + y^2 + z^2 - R^2$, dann erhalten wir die Gleichung der Tangentialebene im Punkt P_0:

$$x_0(x - x_0) + y_0(y - y_0) + z_0(z - z_0) = 0$$

mit dem Einheitsnormalenvektor $\mathbf{N} = \mathbf{r}_0/|\mathbf{r}_0|$.

Singuläre Flächenpunkte: Für eine Fläche $\mathbf{r} = \mathbf{r}(u, v)$ ist der Punkt $P_0(u_0, v_0)$ genau dann singulär, wenn $\mathbf{e}_1$ und $\mathbf{e}_2$ keine Ebene aufspannen.

Im Fall der impliziten Gleichung $F(x, y, z) = 0$ ist P_0 definitionsgemäß genau dann singulär, wenn kein Einheitsnormalenvektor existiert, d. h., es gilt $\operatorname{grad} F(P_0) = 0$. Explizit heißt das

$$F_x(P_0) = F_y(P_0) = F_z(P_0) = 0.$$

▶ BEISPIEL 2: Der Kegel $x^2 + y^2 - z^2 = 0$ besitzt den singulären Punkt $x = y = z = 0$, der der Kegelspitze entspricht.

Parameterwechsel und Tensorkalkül: Wir setzen $u^1 = u$, $u^2 = v$. Sind auf der Fläche zwei Funktionen $a_\alpha(u^1, u^2)$, $\alpha = 1, 2$, gegeben, die sich beim Übergang vom u^α-System zu einem u'^α-System auf der Fläche gemäß

$$a'_\alpha(u'^1, u'^2) = \frac{\partial u^\gamma}{\partial u'^\alpha}\, a_\gamma(u^1, u^2) \tag{3.28}$$

transformieren, dann nennen wir $a_\alpha(u^1, u^2)$ ein *einfach kovariantes Tensorfeld* auf der Fläche. In (3.28) wird (wie in dem gesamten Abschnitt 3.6.3) die *Einsteinsche Summenkonvention* in der Form angewandt, dass über gleiche obere und untere kleine griechische Indizes von 1 bis 2 summiert wird.

Die $2k + 2l$ Funktionen $a_{\alpha_1 \cdots \alpha_k}^{\beta_1 \cdots \beta_l}(u^1, u^2)$ bilden definitionsgemäß ein *k-fach kovariantes* und *l-fach kontravariantes Tensorfeld* auf der Fläche, wenn sie sich beim Übergang vom u^α System zu einem u'^α-System nach

$$a'^{\beta_1 \cdots \beta_l}_{\alpha_1 \cdots \alpha_k}(u'^1, u'^2) = \frac{\partial u^{\gamma_1}}{\partial u'^{\alpha_1}} \frac{\partial u^{\gamma_2}}{\partial u'^{\alpha_2}} \cdots \frac{\partial u^{\gamma_k}}{\partial u'^{\alpha_k}} \frac{\partial u'^{\beta_1}}{\partial u^{\delta_1}} \cdots \frac{\partial u'^{\beta_l}}{\partial u^{\delta_l}} a^{\delta_1 \cdots \delta_l}_{\gamma_1 \cdots \gamma_k}(u^1, u^2)$$

transformieren.

Vorteil des Tensorkalküls: Wendet man den Tensorkalkül auf die Flächentheorie an, dann erkennt man sofort, wann ein Ausdruck eine geometrische Bedeutung besitzt, d. h. unabhängig von der gewählten Parametrisierung ist. Dieses Ziel wird durch die Verwendung von Tensoren und die Konstruktion von Skalaren erreicht (vgl. 10.2 im Handbuch).

3.6.3.1 Die erste Gaußsche Fundamentalform und die metrischen Eigenschaften von Flächen

Erste Fundamentalform: Diese besitzt nach Gauß für eine Fläche $\mathbf{r} = \mathbf{r}(u, v)$ die Gestalt

$$\boxed{ds^2 = E du^2 + F du dv + G dv^2}$$

mit

$$E = \mathbf{r}_u^2 = x_u^2 + y_u^2 + z_u^2, \qquad G = \mathbf{r}_v^2 = x_v^2 + y_v^2 + z_v^2,$$
$$F = \mathbf{r}_u \mathbf{r}_v = x_u x_v + y_u y_v + z_u z_v.$$

Ist die Fläche in der Form $z = z(x, y)$, gegeben, dann hat man $E = 1 + z_x^2$, $G = 1 + z_y^2$, $F = z_x z_y$.

> Die erste Fundamentalform beinhaltet alle metrischen Eigenschaften der Fläche.

Bogenlänge: Die Bogenlänge einer Kurve $\mathbf{r} = \mathbf{r}(u(t), v(t))$ auf der Fläche zwischen den Punkten mit den Parameterwerten t_0 und t ist gleich

$$s = \int_{t_0}^{t} ds = \int_{t_0}^{t} \sqrt{E \left(\frac{du}{dt}\right)^2 + 2F \frac{du}{dt} \frac{dv}{dt} + G \left(\frac{dv}{dt}\right)^2} \, dt.$$

Flächeninhalt: Das Flächenstück, das entsteht, wenn die Parameter u, v ein Gebiet D der u, v-Ebene durchlaufen, besitzt den Flächeninhalt

$$\iint_D \sqrt{EG - F^2} \, du dv.$$

Winkel zwischen zwei Flächenkurven: Sind $\mathbf{r} = \mathbf{r}(u_1(t), v_1(t))$ und $\mathbf{r} = \mathbf{r}(u_2(t), v_2(t))$ zwei Kurven auf der Fläche $\mathbf{r} = \mathbf{r}(u, v)$ die sich im Punkt P schneiden, dann ergibt sich der Schnittwinkel α (Winkel zwischen den positiven Tangentenrichtungen in P) zu

$$\cos \alpha = \frac{E \dot{u}_1 \dot{u}_2 + F(\dot{u}_1 \dot{v}_2 + \dot{v}_1 \dot{u}_2) + G \dot{v}_1 \dot{v}_2}{\sqrt{E \dot{u}_1^2 + 2F \dot{u}_1 \dot{v}_1 + G \dot{v}_1^2} \sqrt{E \dot{u}_2^2 + 2F \dot{u}_2 \dot{v}_2 + G \dot{v}_2^2}}.$$

Dabei sind $\dot{u}_1$ bzw. $\dot{u}_2$ die ersten Ableitungen von $u_1(t)$ bzw. $u_2(t)$ in den P entsprechenden Parameterwerten usw.

Abbildungen zwischen zwei Flächen: Es mögen zwei Flächen

$$\mathbb{F}_1 : \mathbf{r} = \mathbf{r}_1(u, v) \quad \text{und} \quad \mathbb{F}_2 : \mathbf{r} = \mathbf{r}_2(u, v)$$

vorliegen, die beide (eventuell nach einer Parameteränderung) auf die gleichen Parameter u und v bezogen sind. Ordnet man dem Punkt P_1 von $\mathbb{F}_1$ mit dem Radiusvektor $\mathbf{r}_1(u, v)$ den Punkt P_2 von $\mathbb{F}_2$ mit dem Radiusvektor $\mathbf{r}_2(u, v)$ zu, dann entsteht eine bijektive Abbildung $\varphi : \mathbb{F}_1 \longrightarrow \mathbb{F}_2$ zwischen den beiden Flächen.

(i) φ heiße genau dann *längentreu*, wenn die Länge eines beliebigen Kurvenstücks ungeändert bleibt.

(ii) φ heißt genau dann *winkeltreu* (konform), wenn die Winkel zwischen zwei beliebigen sich schneidenden Kurven ungeändert bleiben.

(iii) φ heißt genau dann *flächentreu*, wenn die Flächeninhalte beliebiger Flächenstücke ungeändert bleiben.

In Tab. 3.9 sind E_j, F_j, G_j die Koeffizienten der ersten Fundamentalform von $\mathbb{F}_j$, bezogen auf die gleichen Parameter u und v. Die in Tab. 3.9 angegebenen Bedingungen müssen in jedem Flächenpunkt gelten.

Satz: (i) Jede längentreue Abbildung ist konform und flächentreu.

(ii) Jede flächentreue und konforme Abbildung ist längentreu.

(iii) Bei einer längentreuen Abbildung bleibt die Gaußsche Krümmung K in jedem Punkt unverändert (vgl. 3.6.3.3).

Tabelle 3.9

Abbildung	Notwendige und hinreichende Bedingung an die erste Fundamentalform			
längentreu	$E_1 = E_2,$	$F_1 = F_2,$	$G_1 = G_2$	
winkeltreu (konform)	$E_1 = \lambda E_2,$	$F_1 = \lambda F_2,$	$G_1 = \lambda G_2,$	$\lambda(u, v) > 0$
flächentreu	$E_1 G_1 - F_1^2 = E_2 G_2 - F_2^2$			

Der metrische Tensor $g_{\alpha\beta}$:   Setzt man $u^1 = u$, $u^2 = v$, $g_{11} = E$, $g_{12} = g_{21} = F$ und $g_{22} = G$, dann kann man mit der Einsteinschen Summenkonvention schreiben:

$$\boxed{\mathrm{d}s^2 = g_{\alpha\beta}\mathrm{d}u^\alpha \mathrm{d}u^\beta \, .}$$

Beim Übergang zu einem anderen krummlinigen u'^α-Koordinatensystem auf der Fläche gilt $\mathrm{d}s^2 = g'_{\alpha\beta}\mathrm{d}u'^\alpha \mathrm{d}u'^\beta$ mit

$$g'_{\alpha\beta} = \frac{\partial u^\gamma}{\partial u'^\alpha} \frac{\partial u^\delta}{\partial u'^\beta} g_{\gamma\delta} \, .$$

Die $g_{\alpha\beta}$ bilden somit die Koordinaten eines zweifach kovarianten Tensorfeldes (*metrischer Tensor*).

Ferner setzt man

$$g = \det g_{\alpha\beta} = EG - F^2$$

und

$$g^{11} = \frac{G}{g}, \qquad g^{12} = g^{21} = \frac{-F}{g}, \qquad g^{22} = \frac{E}{g} \, .$$

Es gilt $g^{\alpha\beta}g_{\beta\gamma} = \delta^\alpha_\gamma$. Beim Übergang vom u^α-System zu einem u'^α-System transformieren sich $g^{\alpha\beta}$ bzw. g wie

$$g'^{\alpha\beta} = \frac{\partial u'^\alpha}{\partial u^\gamma}\frac{\partial u'^\beta}{\partial u^\delta}g^{\gamma\delta}$$

(zweifach kontravariantes Tensorfeld) bzw.

$$g' = \left(\frac{\partial(u^1, u^2)}{\partial(u'^1, u'^2)}\right)^2 g$$

mit der Funktionaldeterminante

$$\frac{\partial(u^1, u^2)}{\partial(u'^1, u'^2)} = \frac{\partial u^1}{\partial u'^1}\frac{\partial u^2}{\partial u'^2} - \frac{\partial u^2}{\partial u'^1}\frac{\partial u^1}{\partial u'^2}.$$

Um krummlinigen Koordinatensystemen auf der Fläche eine *Orientierung* $\eta = \pm 1$ zuzuordnen, zeichnet man ein festes u^α_0-System als positiv aus ($\eta = +1$) und erklärt η für ein beliebiges u^α-System durch das Vorzeichen der Funktionaldeterminante $\eta = \mathrm{sgn}\,\dfrac{\partial(u^1, u^2)}{\partial(u^1_0, u^2_0)}$. Setzen wir $\varepsilon^{11} = \varepsilon^{22} = 0$ und $\varepsilon^{12} = -\varepsilon^{21} = 1$, dann transformieren sich die *Levi-Civita-Tensoren*

$$E^{\alpha\beta} := \frac{\eta}{\sqrt{g}}\varepsilon^{\alpha\beta} \qquad \text{bzw.} \qquad E_{\alpha\beta} := \eta\sqrt{g}\,\varepsilon^{\alpha\beta}$$

wie $g^{\alpha\beta}$ bzw. $g_{\alpha\beta}$.

3.6.3.2 Die zweite Gaußsche Fundamentalform und die Krümmungseigenschaften von Flächen

Zweite Fundamentalform: Diese besitzt für eine Fläche $\mathbf{r} = \mathbf{r}(u, v)$ nach Gauß die Gestalt

$$\boxed{-d\mathbf{N}d\mathbf{r} = L\,du^2 + 2M\,du\,dv + N\,dv^2}$$

mit

$$L = \mathbf{r}_{uu}\mathbf{N} = \frac{l}{\sqrt{EG - F^2}}, \qquad N = \mathbf{r}_{vv}\mathbf{N} = \frac{n}{\sqrt{EG - F^2}}, \qquad M = \frac{m}{\sqrt{EG - F^2}}$$

und

$$l := \begin{vmatrix} x_{uu} & y_{uu} & z_{uu} \\ x_u & y_u & z_u \\ x_v & y_v & z_v \end{vmatrix}, \qquad n := \begin{vmatrix} x_{vv} & y_{vv} & z_{vv} \\ x_u & y_u & z_u \\ x_v & y_v & z_v \end{vmatrix}, \qquad m := \begin{vmatrix} x_{uv} & y_{uv} & z_{uv} \\ x_u & y_u & z_u \\ x_v & y_v & z_v \end{vmatrix}.$$

Setzt man $u^1 = u$, $u^2 = v$ und $b_{11} = L$, $b_{12} = b_{21} = M$, $b_{22} = N$, dann kann man

$$-d\mathbf{N}d\mathbf{r} = b_{\alpha\beta}du^\alpha du^\beta$$

schreiben. Beim Übergang vom u^α-System zu einem u'^α-System gilt $-d\mathbf{N}d\mathbf{r} = b'_{\alpha\beta}du'^\alpha du'^\beta$ mit

$$b'_{\alpha\beta} = \varepsilon\,\frac{\partial u^\gamma}{\partial u'^\alpha}\frac{\partial u^\delta}{\partial u'^\beta}b_{\gamma\delta},$$

wobei ε das Vorzeichen der Funktionaldeterminante ist: $\varepsilon = \mathrm{sgn}\ \dfrac{\partial(u'^1, u'^2)}{\partial(u^1, u^2)}$. Folglich bilden $b_{\alpha\beta}$ die Koordinaten eines zweifach kovarianten Pseudotensors. Ferner erklärt man $b := \det b_{\alpha\beta} = LN - M^2$. Die Größe b transformiert sich nach dem gleichen Transformationsgesetz wie g.

> Die zweite Fundamentalform enthält die Krümmungseigenschaften der Fläche.

Das kanonische kartesische Koordinatensystem im Flächenpunkt P_0: Zu P_0 kann man stets ein kartesisches x, y, z-System wählen, dessen Ursprung in P_0 liegt und dessen x, y-Ebene mit der Tangentialebene durch P_0 übereinstimmt (Abb. 3.56). In diesem x, y, z-System besitzt die Fläche (in einer Umgebung von P_0) die Darstellung $z = z(x, y)$ mit $z(0,0) = z_x(0,0) = z_y(0,0) = 0$. Das zugehörige begleitende Dreibein im Punkt P_0 besteht aus den drei Einheitsvektoren $\mathbf{i}, \mathbf{j}$ und $\mathbf{N} = \mathbf{i} \times \mathbf{j}$. Die Taylorentwicklung in einer Umgebung von P_0 lautet:

$$z = \frac{1}{2} z_{xx}(0,0)x^2 + z_{xy}(0,0)xy + \frac{1}{2} z_{yy}(0,0)y^2 + \dots .$$

Durch eine zusätzliche Drehung dieses kartesischen Koordinatensystems um die z-Achse kann man stets erreichen, dass gilt:

$$z = \frac{1}{2}(k_1 x^2 + k_2 y^2) + \dots .$$

Dieses x, y-System heißt das kanonische kartesische Koordinatensystem der Fläche im Punkt P_0. Man bezeichnet die x-Achse und die y-Achse als *Hauptkrümmungsrichtungen* und k_1, k_2 als *Hauptkrümmungen* der Fläche im Punkt P_0.

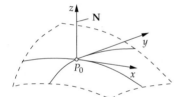

Abb. 3.56

Ferner heißen $R_1 := 1/k_1$ und $R_2 := 1/k_2$ die *Hauptkrümmungsradien* im Punkt P_0.

Die Gaußsche Krümmung K im Punkt P_0: Wir definieren

$$K := k_1 k_2 .$$

Das ist die fundamentale Krümmungsgröße einer Fläche.

▶ BEISPIEL: Für eine Kugel vom Radius R gilt $R_1 = R_2 = R$ und $K = 1/R^2$.

Flächen mit $K = \mathrm{const}$ heißen Flächen von konstanter Gaußscher Krümmung. Beispiele hierzu sind:

(a) $K > 0$ (Kugel).

(b) $K < 0$ (Pseudosphäre, die durch Rotation einer Traktrix entsteht; vgl. Abb. 3.57).

Die mittlere Krümmung H im Punkt P_0: Wir setzen

$$H := \frac{1}{2}(k_1 + k_2)$$

Flächen mit $H \equiv 0$ heißen *Minimalflächen* (vgl. 19.12 im Handbuch).

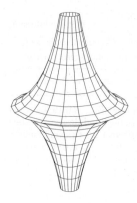

Abb. 3.57

Gehen wir durch die Transformation $x \mapsto y$, $y \mapsto x$, $z \mapsto -z$ einem neuen kanonischen Koordinatensystem über, dann gilt $k_1 \mapsto -k_2$ und $k_2 \mapsto -k_1$. Daraus folgt $K \mapsto K$ und $H \mapsto -H$. Das bedeutet, K stellt eine echte geometrische Größe dar, während das nicht für H, sondern nur für $|H|$ zutrifft.

Tabelle 3.10 gibt die geometrische Bedeutung des Vorzeichens von K an.

Tabelle 3.10

Bezeichnung des Punktes P_0	analytische Definition	Verhalten der Fläche in Umgebung von P_0 in zweiter Ordnung wie
elliptischer Punkt	$K = k_1 k_2 > 0$ (d. h. $LN - M^2 > 0$)	Ellipsoid
Nabelpunkt	$K = k_1 k_2 > 0$, $k_1 = k_2$	Kugel
hyperbolischer Punkt	$K = k_1 k_2 < 0$ (d. h. $LN - M^2 < 0$)	einschaliges Hyperboloid
parabolischer Punkt	$K = k_1 k_2 = 0$ (d. h. $LN - M^2 = 0$) (a) $k_1^2 + k_2^2 \neq 0$ (b) $k_1 = k_2 = 0$	Zylinder Ebene

Satz: Die Fläche sei in der Parametergestalt $\mathbf{r} = \mathbf{r}(u, v)$ gegeben.

(i) Es gilt

$$K = \frac{LN - M^2}{EG - F^2}, \qquad H = \frac{LG - 2FM + EN}{2(EG - F^2)} .$$

(ii) Die Hauptkrümmungen k_1, k_2 sind die Lösungen der quadratischen Gleichung

$$k^2 - 2Hk + K = 0.$$

(iii) Bezeichnet e_1, e_2, N das begleitende Dreibein, dann erhält man die Hauptkrümmungsrichtungen durch $\lambda_1 e_1 + \mu e_2$, wobei λ und μ Lösungen der Gleichung

$$\lambda^2(FN - GM) + \lambda\mu(EN - GL) + \mu^2(EM - FL) = 0 \tag{3.29}$$

sind.

Beweisskizze: In dem kanonischen kartesischen Koordinatensystem erhält man für die erste und zweite Fundamentalform die einfachen Ausdrücke:

$$ds^2 = dx^2 + dy^2, \qquad -dNdr = k_1 dx^2 + k_2 dy^2.$$

Daraus ergibt sich

$$K = \frac{b}{g}, \qquad H = \frac{1}{2} g^{\alpha\beta} b_{\alpha\beta}.$$

Aus dem Tensorkalkül folgt, dass diese Ausdrücke in einem beliebigen u^α-System gültig bleiben, denn K ist ein Skalar, und H ist ein Pseudoskalar. Die Gleichung (3.29) entspricht $E^{\alpha\beta} g_{\alpha\sigma} b_{\beta\mu} \lambda^\sigma \lambda^\mu = 0$.

Abwickelbare Regelflächen: Eine Fläche nennt man *Regelfläche*, wenn man sie durch Bewegung einer Geraden im Raum erzeugen kann (z. B. Kegel, Zylinder, einschaliges Hyperboloid, hyperbolisches Paraboloid). Lässt sich die Regelfläche sogar in eine Ebene abwickeln, dann spricht man von einer *abwickelbaren Fläche* (z. B. Kegel, Zylinder). In allen Punkten einer abwickelbaren Fläche gilt $K = 0$, also $LN - M^2 = 0$.

Flächenschnitte: Es sei e_1, e_2, N das begleitende Dreibein der Fläche $r = r(u, v)$ im Punkt P_0. Wir schneiden die Fläche mit einer Ebene E, die durch den Punkt P_0 und die von $\lambda e_1 + \mu e_2$ erzeugte Gerade geht. Ferner bilde E mit dem Normalenvektor N den Winkel γ. Dann gilt für die vorzeichenbehaftete Krümmung k der Schnittkurve im Punkt P_0 Beziehung

$$\boxed{k = \frac{k_N}{\cos\gamma}}$$

mit

$$k_N = \frac{L\lambda^2 + 2M\lambda\mu + N\mu^2}{E\lambda^2 + 2F\lambda\mu + G\mu^2}.$$

Krümmung einer Flächenkurve: Eine Kurve auf der Fläche besitzt im Punkt P_0 die gleiche vorzeichenbehaftete Krümmung k wie der von ihrer Schmiegebene erzeugte Flächenschnitt. Bildet die Schmiegebene mit N den Winkel γ und mit der zu k_1 gehörigen Hauptkrümmungsrichtung den Winkel α, dann gilt

$$\boxed{k = \frac{k_1 \cos^2 \alpha + k_2 \sin^2 \alpha}{\cos\gamma}}$$

(Satz von Euler-Meusnier).

3.6.3.3 Der Hauptsatz der Flächentheorie und das theorerna egregiurn von Gauß

Die Ableitungsgleichungen von Gauß und Weingarten: Die Änderung des begleitenden Dreibeins wird beschrieben durch die sogenannten *Ableitungsgleichungen*:

$$\frac{\partial \mathbf{e}_\alpha}{\partial u^\beta} = \Gamma^\sigma_{\alpha\beta} \mathbf{e}_\sigma + b_{\alpha\beta} \mathbf{N} \quad \text{(Gauß)},$$

$$\frac{\partial \mathbf{N}}{\partial u^\alpha} = -g^{\sigma\gamma} b_{\gamma\alpha} \mathbf{e}_\sigma \quad \text{(Weingarten)}.$$

Alle Indizes durchlaufen die Werte 1 und 2. Über gleiche obere und untere Indizes wird von 1 bis 2 summiert. Die *Christoffelsymbole* $\Gamma^\sigma_{\alpha\beta}$ werden durch

$$\Gamma^\sigma_{\alpha\beta} := \frac{1}{2} g^{\sigma\delta} \left(\frac{\partial g_{\alpha\delta}}{\partial u^\beta} + \frac{\partial g_{\beta\delta}}{\partial u^\alpha} - \frac{\partial g_{\alpha\beta}}{\partial u^\delta} \right)$$

erklärt. Sie besitzen keinen Tensorcharakter. Die Ableitungsgleichungen stellen ein System von 18 partiellen Differentialgleichungen erster Ordnung für die jeweils drei Komponenten von $\mathbf{e}_1, \mathbf{e}_2, \mathbf{N}$ dar, die mit Hilfe des Satzes von Frobenius gelöst werden (vgl. 1.13.5.3 im Handbuch).

Integrabilitätsbedingungen: Aus $\dfrac{\partial^2 \mathbf{e}_\alpha}{\partial u^\beta \partial u^\gamma} = \dfrac{\partial^2 \mathbf{e}_\alpha}{\partial u^\gamma \partial u^\beta}, \dfrac{\partial^2 \mathbf{N}}{\partial u^\alpha \partial u^\beta} = \dfrac{\partial^2 \mathbf{N}}{\partial u^\beta \partial u^\alpha}$ ergeben sich die sogenannten *Integrabilitätsbedingungen*

$$\frac{\partial b_{11}}{\partial u^2} - \frac{\partial b_{12}}{\partial u^1} - \Gamma^1_{12} b_{11} + (\Gamma^1_{11} - \Gamma^2_{12}) b_{12} + \Gamma^2_{11} b_{22} = 0,$$

$$\frac{\partial b_{12}}{\partial u^2} - \frac{\partial b_{22}}{\partial u^1} - \Gamma^1_{22} b_{11} + (\Gamma^1_{12} - \Gamma^2_{22}) b_{12} + \Gamma^2_{12} b_{22} = 0 \tag{3.30}$$

(*Gleichungen von Mainardi-Codazzi*) und

$$K = \frac{R_{1212}}{g} \tag{3.31}$$

(*theorema egregium von Gauß*).

Dabei ist $R_{\alpha\beta\gamma\delta} = R^{\cdots\nu}_{\alpha\beta,\gamma} \cdot g_{\nu\delta}$ der *Riemannsche Krümmungstensor* mit

$$R^{\cdots\nu}_{\alpha\beta,\gamma} = \frac{\partial \Gamma^\nu_{\alpha\gamma}}{\partial x^\beta} + \Gamma^\nu_{\beta\sigma} \Gamma^\sigma_{\alpha\gamma} - \frac{\partial \Gamma^\nu_{\beta\gamma}}{\partial x^\alpha} - \Gamma^\nu_{\alpha\sigma} \Gamma^\sigma_{\beta\gamma}.$$

Hauptsatz: Gibt man sich die Funktionen

$$g_{11}(u^1, u^2) \equiv E(u,v), \quad g_{12}(u^1, u^2) = g_{21}(u^1, u^2) \equiv F(u,v), \quad g_{22}(u^1, u^2) \equiv G(u,v)$$

(zweimal stetig differenzierbar) und

$$b_{11}(u^1, u^2) \equiv L(u,v), \quad b_{12}(u^1, u^2) = b_{21}(u^1, u^2) \equiv M(u,v), \quad b_{22}(u^1, u^2) \equiv N(u,v)$$

(einmal stetig differenzierbar) vor, so dass diese den Integrabilitätsbedingungen (3.30), (3.31) genügen und außerdem für beliebige reelle Zahlen λ, μ mit $\lambda^2 + \mu^2 \neq 0$ stets $E\lambda^2 + 2F\lambda\mu + G\mu^2 > 0$ ist, dann gibt es eine Fläche $\mathbf{r} = \mathbf{r}(u,v)$ (dreimal stetig differenzierbar), deren Koeffizienten der ersten und zweiten Fundamentalform gerade mit den vorgegebenen Funktionen übereinstimmen. Die Fläche ist bis auf Translationen und Drehungen eindeutig bestimmt.

Die Konstruktion dieser Fläche geschieht folgendermaßen: 1. Aus den Ableitungsformeln von Gauß und Weingarten erhält man eindeutig das begleitende Dreibein $\mathbf{e}_1, \mathbf{e}_2, \mathbf{N}$, wenn man dieses in einem festen Punkt $P_0(u_0, v_0)$ vorgibt. 2. Wegen $\partial \mathbf{r} / \partial u^\alpha = \mathbf{e}_\alpha$ kann dann $\mathbf{r}(u, v)$ berechnet werden; $\mathbf{r}(u, v)$ ist eindeutig festgelegt, wenn man fordert, dass die Fläche durch P_0 geht.

Das fundamentale theorema egregium: Die Gaußsche Krümmung K einer Fläche wurde in 3.6.3.2 mit Hilfe des sie umgebenden dreidimensionalen Raumes eingeführt. Nach (3.29) hängt jedoch K nur vom metrischen Tensor $g_{\alpha\beta}$ und seinen Ableitungen ab, also nur von der ersten Fundamentalform.

> Die Gaußsche Krümmung K kann allein durch Messungen auf der Fläche bestimmt werden.

Damit ist die Krümmung K eine *innere Eigenschaft* der Fläche, d. h., sie ist unabhängig vom sie umgebenden Raum. Das ist der Ausgangspunkt für die Krümmungstheorie von Mannigfaltigkeiten. In der allgemeinen Relativitätstheorie ist beispielsweise die Krümmung der vierdimensionalen Raum-Zeit-Mannigfaltigkeit für die Gravitationskraft verantwortlich (vgl. 14.9 im Handbuch).

Um das theorema egregium (das vorzügliche Theorem) hat Gauß hart gerungen. Es stellt den Höhepunkt seiner Flächentheorie dar.

▶ Beispiel: Bei einer längentreuen Abbildung bleiben die erste Fundamentalform und damit die Gaußsche Krümmung erhalten. Für die Kugeloberfläche (bzw. die Ebene) hat man $K = 1/R^2$ (bzw. $K = 0$). Deshalb kann man die Kugeloberfläche nicht längentreu auf eine Ebene abbilden. Folglich gibt es keine längentreuen Landkarten der Erdoberfläche.

Man kann jedoch winkeltreue Landkarten anfertigen. Das ist für die Seefahrt sehr wichtig.

3.6.3.4 Geodätische Linien

Geodätische Linien: Eine Flächenkurve heißt genau dann eine *geodätische Linie*, wenn in jedem Punkt die Hauptnormale der Kurve und die Flächennormale parallel bzw. antiparallel sind. Die kürzeste Verbindungslinie zwischen zwei Punkten auf der Fläche ist stets Teil einer geodätischen Linie. In der Ebene sind genau die Geraden geodätische Linien. Auf der Kugel bilden die Großkreise (z. B. Längenkreise und Äquator) geodätische Linien. Die geodätischen Linien entsprechen somit auf gekrümmten Flächen den Geraden der Ebene. Die geodätischen Linien $\mathbf{r} = \mathbf{r}(u^1(s), u^2(s))$ (s Bogenlänge) genügen den Differentialgleichungen

$$\frac{\mathrm{d}^2 u^\alpha}{\mathrm{d}s^2} + \Gamma^\alpha_{\beta\gamma} \frac{\mathrm{d}u^\beta}{\mathrm{d}s} \frac{\mathrm{d}u^\gamma}{\mathrm{d}s} = 0, \qquad \alpha = 1, 2,$$

und umgekehrt stellen die Lösungen dieser Differentialgleichungen stets geodätische Linien dar.

Liegt die Fläche in der Form $z = z(x, y)$, vor, dann lautet die Differentialgleichung der geodätischen Linien $z = z(x, y(x))$:

$$(1 + z_x^2 + z_y^2)y'' = z_x z_{yy}(y')^3 + (2z_x z_{xy} - z_y z_{yy})(y')^2 + (z_x z_{xx} - 2z_y z_{xy})y' - z_y z_{xx}.$$

Geodätische Krümmung: Für eine Flächenkurve $\mathbf{r} = \mathbf{r}(u(s), v(s))$ (s Bogenlänge) existiert stets eine Zerlegung der Form

$$\frac{\mathrm{d}^2 \mathbf{r}}{\mathrm{d}s^2} = k_N \mathbf{N} + k_g \left(\mathbf{N} \times \frac{\mathrm{d}\mathbf{r}}{\mathrm{d}s} \right)$$

mit

$$k_N = \mathbf{N}\,\frac{\mathrm{d}^2\mathbf{r}}{\mathrm{d}s^2}, \quad k_g = \left(\mathbf{N} \times \frac{\mathrm{d}\mathbf{r}}{\mathrm{d}s}\right)\frac{\mathrm{d}^2\mathbf{r}}{\mathrm{d}s^2}\,.$$

Die Zahl k_g heißt *geodätische Krümmung*. Eine Flächenkurve ist genau dann eine geodätische Linie, wenn $k_g \equiv 0$ gilt.

3.6.4 Globale Gaußsche Flächentheorie

Der Satz von Gauß (1827) über die Winkelsumme im Dreieck: Gegeben sei ein geodätisches Dreieck D auf einer Fläche mit den Winkeln α, β und γ, d. h., die Seiten seien geodätische Linien. Dann gilt:

$$\int_D K\,\mathrm{d}F = \alpha + \beta + \gamma - \pi \tag{3.32}$$

wobei $\mathrm{d}F$ das Oberflächenmaß bezeichnet (Abb. 3.58).

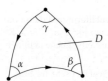

Abb. 3.58

▶ BEISPIEL: Für die Einheitssphäre ist $K = 1$, d. h., $\int_D K\mathrm{d}F$ ist gleich dem Flächeninhalt des Dreiecks.

Die Gesamtkrümmung: Für jede Kugeloberfläche F gilt

$$\int_F K\,\mathrm{d}F = 4\pi. \tag{3.33}$$

Diese Relation bleibt für jede geschlossene glatte Fläche F richtig, die diffeomorph zu einer Kugeloberfläche ist. In diesem fundamentalen Ergebnis begegnen sich Differentialgeometrie und Topologie. Der Zusammenhang mit der Eulerschen Charakteristik und der Theorie der charakteristischen Klassen wird in 18.2 und 19.10 im Handbuch erläutert.

Ist die Fläche F ein Torus oder diffeomorph zu einem Torus, dann hat man in (3.33) „$= 4\pi$" durch „$= 0$" zu ersetzen.

Der Satz von Bonnet (1848):   Sind die Dreiecksseiten in Abb. 3.58 beliebige Kurven mit der Bogenlänge s, dann hat man (3.32) durch die Relation

$$\int_D K\,\mathrm{d}F + \int_{\partial D} k_g\,\mathrm{d}s = \alpha + \beta + \gamma - \pi$$

zu ersetzen, wobei die Randkurve ∂D im mathematisch positiven Sinne zu durchlaufen ist.

Literatur zu Kapitel 3

[Abhyankar 1990] Abhyankar, S.: Algebraic Geometry for Scientists and Engineers. Amer. Math. Soc., Providence, Rhode Island (1990)

[Abhyankar 1988] Abhyankar, S.: Resolution of Singularities of Embedded Algebraic Surfaces. Springer, New York (1988)

[Abraham und Marsden 1978] Abraham, R., Marsden J.: Foundations of Mechanics (based on symplectic geometry). Benjamin, Reading Massachusetts (1978)

[Adams 1995] Adams, C.: Das Knotenbuch. Einführung in die mathematische Theorie der Knoten. Spektrum Akademischer Verlag, Heidelberg (1995)

[Agricola und Friedrich 2010] Agricola, I, Friedrich, T.: Vektoranalysis. Vieweg+Teubner, Wiesbaden (2010)

[Agricola und Friedrich 2011] Agricola, I, Friedrich, T.: Elementargeometrie. Vieweg+Teubner, Wiesbaden (2011)

[Bär 2010] Bär, C.: Elementare Differentialgeometrie. De Gruyter, Berlin (2010)

[Benn und Tucker 1987] Benn, I., Tucker, R.: An Introduction to Spinors and Geometry with Applications in Physics. Adam Hilger, Bristol (1987)

[Berger 1987] Berger, M.: Geometry I, II. Springer, Berlin (1987)

[Berger und Gostiaux 1988] Berger, M., Gostiaux, B.: Differential Geometry. Springer, Berlin (1988)

[Beutelspacher und Rosenbaum 2004] Beutelspacher, A., Rosenbaum, U.: Projektive Geometrie. Von den Grundlagen bis zur Anwendung. Vieweg+Teubner, Wiesbaden (2004)

[Boltjanskij und Efrimovič 1986] Boltjanskij, V., Efrimovič, V.: Anschauliche kombinatorische Topologie. Deutscher Verlag der Wissenschaften, Berlin (1986)

[Bredon 1993] Bredon, G.: Topology and Geometry, Springer, New York (1993)

[Brieskorn 1983] Brieskorn, E., Lineare Algebra und analytische Geometrie. Vieweg , Wiesbaden (1983)

[Brieskorn und Knörrer 1981] Brieskorn, E., Knörrer, H.: Ebene algebraische Kurven. Birkhäuser, Basel (1981)

[Choquet-Bruhat et al. 1986] Choquet-Bruhat, Y., DeWitt-Morette, C., Dillard-Bleick, M.: Analysis, Manifolds, and Physics. Vol. 1: Basics. Vol 2: 92 Applications. Elsevier, Amsterdam (1996)

[Coxeter 1996] Coxeter, H.: Unvergängliche Gemetrie. 2, Auflage. Birkhäuser, Boston (1996)

[Coxeter 1995] Coxeter, H.: Projective Geometry. Springer, New York (1995).

[Cox et al. 1996] Cox, D., Little, J., O'Shea, D.: Ideals, Varieties, and Algorithms. An Introduction to Computational Algebraic Geometry and Commutative Algebra. Springer, New York (1996)

[Crantz und Hauptmann 1962, 1] Crantz, P., Hauptmann, M.: Ebene Trigonometrie. 11. Auflage. Teubner, Leipzig (1962)

[Crantz und Hauptmann 1962, 2] Crantz, P, Hauptmann, M.: Sphärische Trigonomterie. 8. Auflage. Teubner, Leipzig (1962)

[Diamond und Shurman 2005] Diamond, F., Shurman, J.: A First Course in Modular Forms. Springer. Berlin (2005)

[Dubrovin et al. 1992] Dubrovin, B., Fomenko, A., Novikov, S.: Modern Geometry: Methods and Applications, Vols. 1–3. Springer, New York (1992)

[Eisenbud 1994] Eisenbud, D.: Commutative Algebra with a View Toward Algebraic Geometry. Springer, New York (1994)

[Farmelo 2003] Farmelo, G. (ed.): It Must be Beautiful. Great Equations of Modern Science. Granta Publications, London (2003)

[Felsager 1997] Felsager, B.: Geometry, Particles, and Fields. Springer, New York (1997)

[Fischer 2001] Fischer, G.: Analytische Geometrie. Vieweg+Teubner, Wiesbaden (2001)

[Fischer 1994] Fischer, G.: Ebene algebraische Kurven. Vieweg, Wiesbaden (1994)

[Frankel 2004] Frankel, T.: The Geometry of Physics. 2nd edition. Cambridge University Press, Cambridge, United Kingdom (2004)

[Friedrich 1997] Friedrich, T.: Dirac-Operatoren in der Riemannschen Geometrie. Vieweg, Braunschweig (1997)

[Fucke et al. 2007] Fucke, R., Kirch, K., Nickel, H.: Darstellende Geometrie für Ingenieure. Carl Hanser Verlag, München (2007)

[Fuchs und Tabachnikov 2011] Fuchs, D., Tabachnikov, S.: Ein Schaubild der Mathematik. Springer, Berlin (2011)

[Gilbert und Murray 1991] Gilbert, J., Murray, M.: Clifford Algebras and Dirac Operators in Harmonic Analysis. Cambridge University Press, Cambridge, United Kingdom (1991)

[Glaeser 2007] Glaeser, G.: Geometrie und ihre Anwendungen in Kunst, Natur und Technik. Spektrum Akademischer Verlag, Heidelberg (2007)

[Glaeser und Polthier 2010] Glaeser, G., Polthier, K.: Bilder der Mathematik. Spektrum Akademischer Verlag, Heidelberg (2010)

[Görtz und Wedhorn 2010/11] Görtz, U., Wedhorn, T.: Algebraic Geometry I, II. Vieweg+Teubner, Wiesbaden (2010/11)

[Greene 2006] Greene, B.: Das elegante Universum. Superstrings, verborgene Dimensionen und die Suche nach der Weltformel. 6. Auflage. Goldmann, München (2006)

[Griffith und Harris 1978] Griffith, P., Harris, J.: Prinicples of Algebraic Geometry, Wiley. New York (1978)

[Griffiths und Harris 2006/2011] Griffiths, P., Harris, J.: Geometry of Algebraic Curves. Vols. I, II. Springer, New York (2006/11)

[Guillemin und Pollack 1974] Guillemin, V., Pollack, A.: Differential Topology. Prentice Hall, Englewood Cliffs, New Jersey (1974)

[Guillemin und Sternberg 1989] Guillemin, V., Sternberg, S.: Geometric Asymptotics. Amer. Math. Soc. Providence, Rhode Island (1989)

[Guillemin und Sternberg 1990] Guillemin, V., Sternberg, S.: Symplectic Techniques in Physics. Cambridge University Press, Cambridge, United Kingdom (1990)

[Harder 2011] Harder, G.: Lectures on Algebraic Geometry I, II. Vieweg+Teubner, Wiesbaden (2011/12)

[Hartshorne 1997] Hartshorne, R.: Algebraic Geometry, Springer, New York (1997)

[Hellegouarch 2002] Hellegouarch, Y.: Invitation to the Mathematics of Fermat–Wiles. Academic Press, New York (2002)

[Henkel 1999] Henkel, M.:. Conformal Invariance and Critical Phenomena (in Physics). Springer, Berlin (1999)

[Hilbert 1999] Hilbert, D.: Grundlagen der Geometrie. Mit Supplementen von P. Bernays. 13. Auflage. Teubner, Leipzig (1999)

[Hilbert und Cohn-Vossen] Hilbert, D., Cohn-Vossen, S.: Anschauliche Geometrie, Springer, Berlin (1932)

[Hofer und Zehnder 1994] Hofer, H., Zehnder, E.: Sympletcic Invariants and Hamiltonian Dynamics. Birkhäuser, Basel (1994)

[Hulek 2000] Hulek, K.: Elementare algebraische Geometrie. Vieweg, Wiesbaden (2000)

[Husemoller 2004] Husemoller, D.: Elliptic Curves. Springer, New York (2004)

[Joswig und Theobald 2007] Joswig, M., Theobald, T.: Algorithmische Geometrie. Vieweg+Teubner, Wiesbaden (2007)

[Jost und Eschenburg 2007] Jost, J., Eschenburg, J.-H.: Differentialgeometrie und Minimalflächen. Springer, Berlin (2007)

[Jost 2011] Jost, J., Riemannian Geometry and Geometric Analysis. 6th edition, Springer, Berlin (2011)

[Jost 2009] Jost, J.: Geometry and Physics. Springer, Berlin (2009)

[Klein 1968] Klein, F.: Vorlesungen über höhere Geometrie. Springer, Berlin (1968)

[Klein 2009] Klein, F.: Einleitung in die höhere Geometrie, BiblioBazaar, Charlston (2009)

[Klein 1979] Klein, F.: Vorlesungen über die Entwicklung der Mathematik im 19. Jahrhundert, Bd. 1, 2. Springer, Berlin (1979)

[Kock und Vainsencher 2006] Kock, J., Vainsencher, I. (2006): An Invitation to Quantum Cohomology. Kontsevich's Formula for Plane Curves. Birkhäuser, Basel (2006)

[Kostrikin und Manin 1989] Kostrikin, A., Manin, Yu.: Linear Algebra and Geometry. Gordon and Breach, New York (1989)

[Kosyakov 2007] Kosyakov, B.: Introduction to the Classical Theory of Particles and Fields. Springer, Berlin (2007)

[Knörrer 2006] Knörrer, H.: Geometrie. Geometrische Anschauung auf hohem Niveau. Vieweg+Teubner, Wiesbaden (2006)

[Koecher und Krieg 2007] Koecher, M., Krieg, A.: Ebene Geometrie. Springer, Berlin (2007)

[Kühnel 2010] Kühnel, W.: Differentialgeometrie. Vieweg+Teubner, Wiesbaden (2010)

[Kunz 2010] Kunz, E.: Einführung in die algebraische Geometrie. Vieweg+Teubner, Wiesbaden (2010)

[Lang 1995, 1] Lang, S.: Introduction to Diophantine Approximation. Springer, Berlin (1995)

[Lang 1995, 2] Lang, S.: Introduction to Algebraic and Abelian Functions. 2nd edition. Springer, New York (1995)

[Lang 1995, 3] Lang, S.: Introduction to Modular Forms. 2nd edition. Springer, New York (1995)

[Lang 1999] Lang, S.: Fundamentals of Differential Geometry, Springer, New York (1999)

[Laures und Szymik 2009] Laures, G., Szymik, M.: Grundkurs Topologie. Spektrum Akademischer Verlag, Heidelberg (2009)

[Lawson und Michelsohn 1989] Lawson, H., Michelsohn, H.: Spin Geometry. Princeton University Press, Princeton, New Jersey (1989)

[Livingstone 1995] Livingstone, C.: Knotentheorie für Einsteiger. Vieweg Verlagsgesellschaft (1995)

[Lück 2005] Lück, W.: Algebraische Topologie, Vieweg+Teubner, Wiesbaden (2005)

[Massey 1987] Massey, W.: Algebraic Topology: An Introduction. 7th printing. Springer, New York (1987)

[Massey 1980] Massey, W.: Singular Homology Theory. Springer, New York (1980)

[Matthews 1993] Matthews, V.: Vermessungskunde, Bd. 1, 2. 16. Auflage. Teubner, Stuttgart (1993)

[Nakahara 2003] Nakahara, M.: Geometry, Topology and Physics. 2n edition. Institute of Physics Publishing, Bristol (2003)

[Nash und Sen 2011] Nash, C., Sen, S.: Topology and Geometry for Physicists. Dover, Mineola, New York (2011)

[Novikov und Fomenko 1978] Novikov, S., Fomenko, A.: Basic Elements of Differential Geometry and Topology. Kluwer, Dordrecht (1978)

[Novikov und Taimanov 2006] Novikov, S., Taimanov, T.: Geometric Structures and Fields in Physics. Amer. Math. Soc., Providence, Rhode Island (2006)

[Oloff 2010] Oloff, R.: Geometrie und Raumzeit. Vieweg+Teubner, Wiesbaden (2010)

[O'Shea 2007] O'Shea, D.: Die Poincaré-Vermutung. Fischer, Frankfurt/Main (2007)

[Ossa 2009] Ossa, E.: Topologie, Vieweg+Teubner, Wiesbaden (2009)

[Scharlau und Opolka 1980] Scharlau, W., Opolka, H.: Von Fermat bis Minkowski. Springer, Berlin (1980)

[Scheid und Schwarz 2006] Scheid, H., Schwarz, W.: Elemente der Geometrie. Spektrum Akademischer Verlag, Heidelberg (2006)

[Scriba und Schreiber 2003] Scriba, C., Schreiber, P.: 5000 Jahre Geometrie. Geschichte, Kulturen, Menschen. Springer, Berlin (2003)

[Shafarevich 1994] Shafarevich, I..: Basic Algebraic Geometry. Vol 1: Varieties in Projective Space. Vol 2: Schemes and Complex Manifolds. Springer, Berlin (1994)

[Singh 2001] Singh, S.: Fermats letzter Satz. Die abenteuerliche Geschichte eines mathematischen Rätsels, das die größten Geister über 385 Jahre lang beschäftigte. 6. Auflage. Hanser Verlag, München (2001)

[Singh 2005] Singh, S.: Big bang. Der Ursprung des Kosmos und die Erfindung der modernen Naturwissenschaft. Hanser Verlag, München (2005)

[Smith und Kahanpää 2000] Smith, K., Kahanpää, L., Kekäläinen, P., Traves, W.: An Invitation to Algebraic Geometry, Springer, New York (2000)

[Spivak 1979] Spivak, M.: A Comprehensive Introduction to Differential Geometry. Vols. 1–5. Publish or Perish, Boston (1979)

[Straumann 2004] Straumann, N.: General Relativity with Applications to Astrophysics. Springer, New York (2004)

[Triebel 2011] Triebel, H.: Anmerkungen zur Mathematik. Drei Vorträge. 1. Über das Verhältnis von Geometrie und Realität im Wandel der Zeiten (anläßlich des 100. Geburtstages von Einstein), Jena 1979. 2. Mathematische Modellbildung, Berlin 1993. 3. Grundlagen der Mathematik, Leipzig 2011. EAGLE, Leipzig (2011)

[Weinberg 2008] Weinberg, S.: Cosmology. Oxford University Press, Oxford (2008)

[Wünsch 1997] Wünsch, V.: Differentialgeometrie der Kurven und Flächen. Teubner, Leipzig (1997). 2. Auflage, Wissenschaftsverlag Thüringen, Ilmenau (2012)

[Wussing 2011] Wussing, H.: Carl Friedrich Gauß. Biographie und Dokumente. EAGL, Leipzig (2011), 2. Aufl., Wissenschaftsverlag, Thüringen (2012)

[Yau und Nadis 2010] Yau, S., Nadis, S.: The Shape of Inner Space. String Theory and the Geometry of the Universe's Hidden Dimensions. Basic Books, New York (2010)

[Zeidler 1997] Zeidler, E.: Nonlinear Functional Analysis and its Applications. Vol. 4: Applications to Mathematical Physics. 2nd edition. Springer, New York (1997)

[Zeidler 2011] Zeidler, E.: Quantum Field Theory. A Bridge between Mathematicians and Physicists. Vol. 3: Gauge Theory (from Gauss' theorema egregium on the curvature of surfaces to both Einstein's theory of gravitation and the modern theory of elementary particles). Springer, Berlin (2011)

KAPITEL 4

GRUNDLAGEN DER MATHEMATIK

Wir müssen wissen,
Wir werden wissen.[1]
David Hilbert (1862–1943)

4.1 Der Sprachgebrauch in der Mathematik

Im Unterschied zur Umgangssprache benutzt die Mathematik eine sehr präzise Sprache, deren Grundbegriffe wir hier erläutern wollen.

4.1.1 Wahre und falsche Aussagen

Unter einer Aussage versteht man ein sinnvolles sprachliches Gebilde, das entweder wahr oder falsch sein kann.

Die Alternative: Bezeichnen A und B Aussagen, dann ist die zusammengesetzte Aussage

$$A \text{ oder } B$$

wahr, wenn mindestens eine der beiden Aussagen wahr ist. Sind beide Aussagen A und B falsch, dann ist auch die zusammengesetzte Aussage „A oder B" falsch.

▶ BEISPIEL 1: Die Aussage „2 teilt 4 oder 3 teilt 5" ist wahr, denn die erste Aussage ist wahr.

Dagegen ist die Aussage „2 teilt 5 oder 3 teilt 7" falsch, denn keine der beiden Aussagen ist wahr.

Die strenge Alternative: Die Aussage

$$\text{entweder } A \text{ oder } B$$

ist wahr, wenn eine der beiden Aussagen wahr und die andere falsch ist. Anderenfalls ist die zusammengesetzte Aussage falsch.

▶ BEISPIEL 2: Es sei m eine ganze Zahl. Die Aussage „entweder ist m gerade oder m ist ungerade" ist wahr.

Dagegen ist die Aussage „entweder ist m gerade oder m ist durch 3 teilbar" falsch.

Die Konjunktion: Die Aussage

$$A \text{ und } B$$

---

[1]Diese Worte Hilberts stehen auf seinem Grabstein in Göttingen. Obwohl sich Hilbert sehr wohl der Grenzen menschlicher Erkenntnis bewusst war, drückt dieser Satz seine optimistische erkenntnistheoretische Grundhaltung aus.

ist wahr, wenn beide Aussagen wahr sind. Anderenfalls ist diese Aussage falsch.

▶ BEISPIEL 3: Die Aussage „2 teilt 4 und 3 teilt 5" ist falsch.

Negation: Die Aussage

> nicht $\mathcal{A}$

ist wahr (bzw. falsch) wenn $\mathcal{A}$ falsch (bzw. wahr) ist.

Existenzaussagen: Es sei D ein festumrissener Bereich von Dingen. Zum Beispiel kann D die Menge der reellen Zahlen bedeuten.

Anstelle der Aussage

> es gibt ein Ding x in D mit der Eigenschaft E

schreibt man kurz:

> $\exists\, x \in D : E$ (oder $\exists\, x \in D \,|\, E$).

Eine solche Aussage ist wahr, wenn es ein Ding x in D mit der Eigenschaft E gibt, und diese Aussage ist falsch, wenn es kein Ding x in D mit der Eigenschaft E gibt.

▶ BEISPIEL 4: Die Aussage „es gibt eine reelle Zahl x mit $x^2 + 1 = 0$" ist falsch.

Generalisatoren: An Stelle der Aussage

> alle Dinge x aus D haben die Eigenschaft E

schreiben wir kurz:

> $\forall\, x \in D : E$ (oder $\forall\, x \in D \,|\, E$).

Diese Aussage ist wahr, wenn alle Dinge x in D die Eigenschaft E haben, und diese Aussage ist falsch, wenn es ein Ding x in D gibt, das die Eigenschaft E nicht hat.

▶ BEISPIEL 5: Die Aussage „alle ganzen Zahlen sind Primzahlen" ist falsch, denn 4 ist keine Primzahl.

4.1.2 Implikationen

Anstelle der Aussage

> aus $\mathcal{A}$ folgt $\mathcal{B}$

benutzen wir auch das Zeichen

> $\mathcal{A} \Rightarrow \mathcal{B}.$ (4.1)

Man nennt eine solche zusammengesetzte Aussage eine *Schlussfolgerung* (Implikation). Anstelle von (4.1) haben sich auch die folgenden beiden festen Sprechweisen eingebürgert:

(i) $\mathcal{A}$ ist hinreichend für $\mathcal{B}$;

(ii) $\mathcal{B}$ ist notwendig für $\mathcal{A}$.

Die Implikation „$\mathcal{A} \Rightarrow \mathcal{B}$" ist falsch, wenn die Voraussetzung $\mathcal{A}$ wahr und die Behauptung $\mathcal{B}$ falsch ist. Anderenfalls ist die Implikation stets wahr. Das entspricht der zunächst überraschenden Konvention in der Mathematik, Schlussfolgerungen aus falschen Voraussetzungen stets als wahr anzusehen. Kurz: Mit Hilfe einer falschen Voraussetzung kann man alles beweisen. Das folgende Beispiel zeigt, dass diese Konvention sehr natürlich ist und der üblichen Formulierung mathematischer Sätze entspricht.

▶ BEISPIEL 1: Es sei m eine ganze Zahl. Die Aussage $\mathcal{A}$ (bzw. $\mathcal{B}$) laute: m ist durch 6 teilbar (bzw. m ist durch 2 teilbar). Die zusammengesetzte Aussage $\mathcal{A} \Rightarrow \mathcal{B}$ kann dann so formuliert werden:

$$\boxed{\text{Aus der Teilbarkeit von } m \text{ durch 6 folgt die Teilbarkeit von } m \text{ durch 2.}} \qquad (4.2)$$

Man sagt auch:

(a) Die Teilbarkeit von m durch 6 ist hinreichend für die Teilbarkeit von m durch 2.

(b) Die Teilbarkeit von m durch 2 ist notwendig für die Teilbarkeit von m durch 6.

Wir haben das Gefühl, dass die Aussage (4.2) stets wahr ist, d. h., sie stellt einen *mathematischen Satz* dar.

Tatsächlich müssen wir zwei Fälle unterscheiden.

Fall 1: m ist durch 6 teilbar.

Dann gibt es eine ganze Zahl k mit $m = 6k$. Daraus folgt $m = 2(3k)$, d. h., m ist auch durch 2 teilbar.

Fall 2: m ist nicht durch 6 teilbar. Dann ist die Voraussetzung falsch, und die Schlussfolgerung (4.2) ist nach unserer Konvention richtig.

Insgesamt ist also die Aussage (4.2) stets wahr. Die vorangegangene Argumentation nennt man einen *Beweis*.

Logische Äquivalenzen: Es ist falsch, aus $\mathcal{A} \Rightarrow \mathcal{B}$ auf $\mathcal{B} \Rightarrow \mathcal{A}$ zu folgern. Beispielsweise darf man die Aussage (4.2) nicht umkehren. Man sagt auch, die Teilbarkeit von m durch 2 ist notwendig, aber nicht hinreichend für die Teilbarkeit von m durch 6.

Eine Aussage der Form

$$\boxed{\mathcal{A} \Longleftrightarrow \mathcal{B}} \qquad (4.3)$$

steht für $\mathcal{A} \Rightarrow \mathcal{B}$ und $\mathcal{B} \Rightarrow \mathcal{A}$. Anstelle der sogenannten logischen Äquivalenz (4.3) verwendet man in der Mathematik die folgende feststehende Sprechweise:

(i) $\mathcal{A}$ gilt genau dann, wenn $\mathcal{B}$ gilt.

(ii) $\mathcal{A}$ ist hinreichend und notwendig für $\mathcal{B}$.

(iii) $\mathcal{B}$ ist hinreichend und notwendig für $\mathcal{A}$.

▶ BEISPIEL 2: Es sei m eine ganze Zahl. Die Aussage $\mathcal{A}$ (bzw. $\mathcal{B}$) laute: „m ist durch 6 teilbar" (bzw. „m ist durch 2 und 3 teilbar"). Dann bedeutet $\mathcal{A} \Longleftrightarrow \mathcal{B}$:

$$\boxed{\begin{array}{l} \text{Die ganze Zahl } m \text{ ist genau dann durch 6 teilbar, wenn } m \text{ durch 2 und 3} \\ \text{teilbar ist.} \end{array}}$$

Man kann auch sagen: Die Teilbarkeit von m durch 2 und 3 ist hinreichend und notwendig für die Teilbarkeit von m durch 6.

Mathematische Aussagen in der Form von logischen Äquivalenzen enthalten stets ein gewisses abschließendes Resultat und sind deshalb für die Mathematik von besonderer Bedeutung.

Kontraposition einer Implikation: Aus der Implikation $\mathcal{A} \Rightarrow \mathcal{B}$ folgt stets die neue Implikation:

> nicht $\mathcal{B} \Rightarrow$ nicht $\mathcal{A}$.

▶ BEISPIEL 3: Aus der Aussage (4.2) erhalten wir die neue Aussage: Ist m nicht durch 2 teilbar, dann ist m auch nicht durch 6 teilbar.

Kontraposition einer logischen Äquivalenz: Aus der logischen Äquivalenz $\mathcal{A} \iff \mathcal{B}$ erhalten wir die neue logische Äquivalenz

> nicht $\mathcal{A} \iff$ nicht $\mathcal{B}$.

▶ BEISPIEL 4: Es sei (a_n) eine monotone reelle Zahlenfolge. Wir betrachten den Satz:[2]

(a_n) ist konvergent $\iff (a_n)$ ist beschränkt.

Daraus erhalten wir durch Negation den neuen Satz:

(a_n) ist nicht konvergent $\iff (a_n)$ ist nicht beschränkt.

In Worten: (i) Eine monotone Folge ist genau dann konvergent, wenn sie beschränkt ist.

(ii) Eine monotone Folge ist genau dann nicht konvergent, wenn sie unbeschränkt ist.

4.1.3 Tautologien und logische Gesetze

Tautologien sind zusammengesetzte Aussagen, die unabhängig vom Wahrheitswert der einzelnen Aussagen *stets wahr sind*. Unser gesamtes logisches Denken, das die Basis für die Mathematik darstellt, beruht auf der Anwendung von Tautologien. Solche Tautologien kann man auch als logische Gesetze auffassen. Die wichtigsten Tautologien lauten folgendermaßen.

(i) Die Distributivgesetze für Alternativen und Konjunktionen:

$\mathcal{A}$ und $(\mathcal{B}$ oder $\mathcal{C}) \iff (\mathcal{A}$ und $\mathcal{B})$ oder $(\mathcal{A}$ und $\mathcal{C})$,
$\mathcal{A}$ oder $(\mathcal{B}$ und $\mathcal{C}) \iff (\mathcal{A}$ oder $\mathcal{B})$ und $(\mathcal{A}$ oder $\mathcal{C})$.

(ii) Negation der Negation:

nicht (nicht $\mathcal{A}$) $\iff \mathcal{A}$.

(iii) Kontraposition einer Implikation:

$(\mathcal{A} \Rightarrow \mathcal{B}) \iff ($nicht $\mathcal{B} \Rightarrow$ nicht $\mathcal{A})$.

(iv) Kontraposition einer logischen Äquivalenz:

$(\mathcal{A} \iff \mathcal{B}) \iff ($nicht $\mathcal{A} \iff$ nicht $\mathcal{B})$.

---

[2]Unter einer konvergenten Folge verstehen wir hier eine Folge, die einen endlichen Grenzwert besitzt.

(v) Negation einer Alternative (*de Morgansche Regel*):

$$\text{nicht}\,(\mathcal{A}\,\textit{oder}\,\mathcal{B}\,)\ \Longleftrightarrow\ (\,\text{nicht}\,\mathcal{A}\,\textit{und}\,\text{nicht}\,\mathcal{B}\,).$$

(vi) Negation einer Konjunktion (*de Morgansche Regel*):

$$\text{nicht}\,(\mathcal{A}\,\textit{und}\,\mathcal{B}\,)\ \Longleftrightarrow\ (\,\text{nicht}\,\mathcal{A}\,\textit{oder}\,\text{nicht}\,\mathcal{B}\,).$$

(vii) Negation einer Existenzaussage:

$$(\text{nicht}\,\exists x\mid E\,)\ \Longleftrightarrow\ (\forall x\mid\text{nicht}\,E).$$

(viii) Negation einer generalisierenden Aussage:

$$(\text{nicht}\,\forall x\mid E)\ \Longleftrightarrow\ (\exists x\mid\text{nicht}\,E).$$

(ix) Negation einer Implikation:

$$\text{nicht}\,(\mathcal{A}\Rightarrow\mathcal{B}\,)\ \Longleftrightarrow\ \{\mathcal{A}\,\text{und}\,\text{nicht}\,\mathcal{B}\,\}.$$

(x) Negation einer *logischen Äquivalenz*:

$$\text{nicht}\,(\mathcal{A}\Longleftrightarrow\mathcal{B}\,)\ \Longleftrightarrow\ \{(\mathcal{A}\,\text{und}\,\text{nicht}\,\mathcal{B}\,)\,\text{oder}\,(\mathcal{B}\,\text{und}\,\text{nicht}\,\mathcal{A}\,)\}.$$

(xi) Die fundamentale Abtrennungsregel (modus ponens) des Theophrast von Eresos (372 v. Chr. bis 287 v. Chr.):

$$\{(\mathcal{A}\Rightarrow\mathcal{B}\,)\,\text{und}\,\mathcal{A}\,\}\Rightarrow\mathcal{B}.$$

Die beiden Tautologien in (i) sind verantwortlich für die Distributivgesetze (bezüglich Durchschnitt und Vereinigung) in der Mengenlehre (vgl. 4.3.2).

Das Gesetz der Negation der Negation besagt, dass die doppelte Verneinung einer Aussage zur ursprünglichen Aussage logisch äquivalent ist.

Die Tautologien (iii) und (iv) haben wir bereits in den Beispielen 3 und 4 von 4.1.2 benutzt. Die Tautologien (iv) bis (x) werden sehr oft bei indirekten mathematischen Beweisen verwendet (vgl. 4.2.1).

Die Abtrennungsregel (xi) enthält das folgende logische Gesetz, das sehr oft in der Mathematik benutzt wird und deshalb den Rang eines *logischen Hauptgesetzes* besitzt:

Folgt die Behauptung $\mathcal{B}$ aus der Voraussetzung $\mathcal{A}$ und ist die Voraussetzung $\mathcal{A}$ erfüllt, dann gilt auch die Behauptung $\mathcal{B}$.

Die de Morgansche Regel (v) beinhaltet das folgende logische Gesetz:

Die Negation einer Alternative ist logisch äquivalent zur Konjunktion der negierten Alternativaussagen.

▶ BEISPIEL: Es sei m eine ganze Zahl. Dann gilt:

(i) Trifft auf die Zahl m nicht zu, dass sie gerade *oder* durch 3 teilbar ist, dann ist m nicht gerade *und* m nicht durch 3 teilbar.

(ii) Trifft auf die Zahl m nicht zu, dass sie gerade *und* durch 3 teilbar ist, dann ist m nicht gerade *oder* m nicht durch 3 teilbar.

Die Tautologie (vii) lautet in Worten: Gibt es kein Ding x mit der Eigenschaft E, dann besitzen alle Dinge x nicht die Eigenschaft E und umgekehrt.

Die Tautologie (viii) lautet explizit: Stimmt es nicht, dass alle Dinge x die Eigenschaft E haben, dann gibt es ein Ding x, das die Eigenschaft E nicht besitzt und umgekehrt.

4.2 Beweismethoden

4.2.1 Indirekte Beweise

Viele Beweise in der Mathematik werden so geführt: Man nimmt an, dass die Behauptung falsch ist und führt diese Annahme zum Widerspruch.

Den folgenden Beweis findet man bereits bei Aristoteles.

▶ BEISPIEL: Die Zahl $\sqrt{2}$ ist nicht rational.

Beweis (direkt): Wir nehmen an, dass die Behauptung falsch ist. Dann ist $\sqrt{2}$ eine rationale Zahl und lässt sich in der Form

$$\sqrt{2} = \frac{m}{n} \tag{4.4}$$

mit ganzen Zahlen m und $n \neq 0$ darstellen. Wir dürfen ferner annehmen, dass die beiden Zahlen m und n keinen echten gemeinsamen Teiler besitzen. Das lässt sich stets durch Kürzen des Bruches in (4.4) erreichen.

Wir benutzen nun die folgenden beiden elementaren Tatsachen für eine beliebige ganze Zahl p.

(i) Ist p gerade, dann ist p^2 durch 4 teilbar.

(ii) Ist p ungerade, dann ist auch p^2 ungerade.[3]

Quadrieren von (4.4) ergibt

$$2n^2 = m^2. \tag{4.5}$$

Die Quadratzahl m^2 ist somit gerade. Folglich muss auch m gerade sein. Dann ist m^2 durch 4 teilbar, und n^2 ist nach (4.5) gerade. Somit sind m und n gerade. Das widerspricht jedoch der Tatsache, dass m und n keine echten gemeinsamen Teiler besitzen.

Dieser Widerspruch zeigt, dass unsere ursprüngliche Annahme „$\sqrt{2}$ ist rational" falsch war. Folglich ist $\sqrt{2}$ nicht rational. □

4.2.2 Induktionsbeweise

Das Induktionsgesetz aus 1.2.2.2 wird sehr oft in der folgenden Form angewandt. Gegeben sei eine Aussage $\mathcal{A}(n)$, die von der ganzen Zahl n mit $n \geq n_0$ abhängt. Ferner gelte folgendes:

(i) Die Aussage $\mathcal{A}(n)$ ist für $n = n_0$ richtig.

(ii) Aus der Richtigkeit der Aussage $\mathcal{A}(n)$ folgt die Richtigkeit von $\mathcal{A}(n+1)$.

---

[3]Das folgt aus $(2k)^2 = 4k^2$ und $(2k+1)^2 = 4k^2 + 4k + 1$.

Dann ist die Aussage $\mathcal{A}(n)$ für alle ganzen Zahlen n mit $n \geq n_0$ richtig.

▶ BEISPIEL: Es ist

$$1 + 2 + \ldots + n = \frac{n(n+1)}{2} \tag{4.6}$$

für alle positiven natürlichen Zahlen n, d. h., für $n = 1, 2, \ldots$

Beweis: Die Aussage $\mathcal{A}(n)$ lautet: Es gilt (4.6) für die positive natürliche Zahl n.

1. Schritt (Induktionsanfang): $\mathcal{A}(n)$ ist offensichtlich für $n = 1$ richtig.

2. Schritt (Induktionsschritt): Es sei n irgendeine fest gewählte positive natürliche Zahl. Wir nehmen an, dass $\mathcal{A}(n)$ gilt und haben zu zeigen, dass daraus die Gültigkeit von $\mathcal{A}(n+1)$ folgt.

Addieren wir $n + 1$ zu beiden Seiten von (4.6), dann erhalten wir

$$1 + 2 + \ldots + n + (n+1) = \frac{n(n+1)}{2} + n + 1 \,.$$

Ferner gilt

$$\frac{(n+1)(n+2)}{2} = \frac{n^2 + n + 2n + 2}{2} = \frac{n(n+1)}{2} + n + 1 \,.$$

Daraus folgt

$$1 + 2 + \ldots + n + (n+1) = \frac{(n+1)(n+2)}{2} \,.$$

Das entspricht $\mathcal{A}(n+1)$.

3. Schritt (Induktionsschluss): Die Aussage $\mathcal{A}(n)$ gilt für alle natürlichen Zahlen n mit $n \geq 1$. □

4.2.3 Eindeutigkeitsbeweise

Eine Eindeutigkeitsaussage beinhaltet, dass es höchstens ein mathematisches Objekt mit einer vorgegebenen Eigenschaft gibt.

▶ BEISPIEL: Es gibt höchstens eine positive reelle Zahl x mit

$$x^2 + 1 = 0 \,. \tag{4.7}$$

Beweis: Angenommen, die beiden positiven reellen Zahlen a und b sind Lösungen. Aus $a^2 + 1 = 0$ und $b^2 + 1 = 0$ folgt $a^2 - b^2 = 0$. Das ergibt

$$(a - b)(a + b) = 0 \,.$$

Wegen $a > 0$ und $b > 0$ erhalten wir $a + b > 0$. Division durch $a + b$ liefert $a - b = 0$. Folglich ist $a = b$. □

4.2.4 Existenzbeweise

Man muss streng zwischen Eindeutigkeit und Existenz einer Lösung unterscheiden. Die Gleichung (4.7) besitzt höchstens eine positive reelle Lösung. Tatsächlich besitzt die Gleichung (4.7) keine reelle Lösung. Denn wäre x eine reelle Lösung von (4.7), dann würde aus $x^2 \geq 0$ sofort $x^2 + 1 > 0$ folgen, was im Widerspruch zu $x^2 + 1 = 0$ steht. Existenzbeweise sind in der Regel wesentlich schwieriger als Eindeutigkeitsbeweise zu führen. Man unterscheidet zwischen

(i) abstrakten Existenzbeweisen und

(ii) konstruktiven Existenzbeweisen.

▶ BEISPIEL 1: Die Gleichung

$$x^2 = 2 \tag{4.8}$$

besitzt eine reelle Zahl x als Lösung.

Abstrakter Existenzbeweis: Wir setzen

$$A := \{a \in \mathbb{R} : a < 0 \quad \text{oder} \quad \{a \geq 0 \quad \text{und} \quad a^2 \leq 2\}\},$$
$$B := \{a \in \mathbb{R} : a \geq 0 \quad \text{und} \quad a^2 > 2\}.$$

In Worten: Die Menge A besteht aus genau allen reellen Zahlen a, die einer der beiden Bedingungen „$a < 0$" oder „$a \geq 0$ und $a^2 \leq 2$" genügen.

Analog besteht die Menge B aus genau allen reellen Zahlen a mit $a \geq 0$ und $a^2 > 2$.

Offensichtlich gehört jede reelle Zahl a entweder zu A oder zu B. Wegen $0 \in A$ und $2 \in B$ sind die beiden Mengen A und B nicht leer. Deshalb gibt es nach dem Vollständigkeitsaxiom in 1.2.2.1 eine reelle Zahl α mit der Eigenschaft:

$$a \leq \alpha \leq b \quad \text{für alle } a \in A \text{ und alle } b \in B. \tag{4.9}$$

Wir zeigen, dass $\alpha^2 = 2$ gilt. Anderenfalls haben wir wegen $(\pm\alpha)^2 = \alpha^2$ die beiden folgenden Fälle zu unterscheiden.

Fall 1: $\alpha^2 < 2$ und $\alpha > 0$.

Fall 2: $\alpha^2 > 2$ und $\alpha > 0$.

Im Fall 1 wählen wir die Zahl $\varepsilon > 0$ so klein, dass

$$(\alpha + \varepsilon)^2 = \alpha^2 + 2\varepsilon\alpha + \varepsilon^2 < 2.$$

gilt.[4] Dann ist $\alpha + \varepsilon \in A$. Nach (4.9) müsste dann $\alpha + \varepsilon \leq \alpha$ gelten, was unmöglich ist. Deshalb scheidet Fall 1 aus. Analog ergibt sich, dass auch Fall 2 ausscheidet. □

Eindeutigkeitsbeweis: Wie in 4.2.3 zeigt man, dass die Gleichung (4.8) höchstens eine positive Lösung x besitzt.

Die Existenz- und Eindeutigkeitsaussage: Damit haben wir gezeigt, dass die Gleichung $x^2 = 2$ genau eine positive reelle Lösung x besitzt, die man üblicherweise mit $\sqrt{2}$ bezeichnet.

Konstruktiver Existenzbeweis: Wir zeigen, dass das Iterationsverfahren

$$a_{n+1} = \frac{a_n}{2} + \frac{1}{a_n}, \quad n = 1, 2, \ldots \tag{4.10}$$

mit $a_1 := 2$ gegen $\sqrt{2}$ konvergiert, d. h., $\lim_{n \to \infty} a_n = \sqrt{2}$.

1. Schritt: Wir zeigen, dass $a_n > 0$ für $n = 1, 2, \ldots$ gilt.

Das ist für $n = 1$ richtig. Ferner folgt aus $a_n > 0$ für ein festes n und aus (4.10), dass auch $a_{n+1} > 0$ gilt. Nach dem Induktionsgesetz ergibt sich deshalb $a_n > 0$ für $n = 1, 2, \ldots$

2. Schritt: Wir zeigen, dass $a_n^2 \geq 2$ für $n = 1, 2, \ldots$ gilt.

---

[4] Man kann beispielsweise $\varepsilon = \min\left(\dfrac{2 - \alpha^2}{2\alpha + 1}, 1\right)$ wählen.

Diese Aussage ist für $n = 1$ richtig. Gilt $a_n^2 \geq 2$ für ein festes n, dann folgt aus der Bernoullischen Ungleichung:[5]

$$a_{n+1}^2 = a_n^2 \left(1 + \frac{2 - a_n^2}{2a_n^2}\right)^2 \geq a_n^2 \left(1 + \frac{2 - a_n^2}{a_n^2}\right) = 2.$$

Somit ist $a_{n+1}^2 \geq 2$. Nach dem Induktionsgesetz gilt dann $a_n^2 \geq 2$ für $n = 1, 2, \ldots$

3. Schritt: Aus (4.10) folgt

$$a_n - a_{n+1} = a_n - \frac{1}{2}\left(a_n + \frac{2}{a_n}\right) = \frac{1}{2a_n}\left(a_n^2 - 2\right) \geq 0, \qquad n = 1, 2, \ldots$$

Somit ist die Folge (a_n) *monoton fallend* und nach unten beschränkt. Das Monotoniekriterium in 1.2.4.1 liefert die Existenz des Grenzwerts

$$\lim_{n \to \infty} a_n = x.$$

Gehen wir in Gleichung (4.10) zum Grenzwert über, dann erhalten wir

$$x = \lim_{n \to \infty} a_{n+1} = \frac{x}{2} + \frac{1}{x}.$$

Das bedeutet $2x^2 = x^2 + 2$, also

$$x^2 = 2.$$

Aus $a_n \geq 0$ für alle n ergibt sich ferner $x \geq 0$. Somit gilt $x = \sqrt{2}$. $\qquad\Box$

4.2.5 Die Notwendigkeit von Beweisen im Computerzeitalter

Man könnte meinen, dass theoretische Überlegungen in der Mathematik durch Höchstleistungsrechner überflüssig geworden sind. Das Gegenteil ist jedoch der Fall. Hat man ein mathematisches Problem vorliegen, dann kann man es in der folgenden Form bearbeiten:

(i) Existenz der Lösung (abstrakter Existenzbeweis);

(ii) Eindeutigkeit der Lösung (Eindeutigkeitsbeweis);

(iii) Stabilität der Lösung gegenüber kleinen Störungen von Einflussgrößen des vorgelegten Problems;

(iv) Entwicklung eines Algorithmus zur Berechnung der Lösung auf dem Computer;

(v) Konvergenzbeweis für den Algorithmus, d. h., man zeigt, dass der Algorithmus unter gewissen Voraussetzungen gegen die eindeutige Lösung konvergiert;

(vi) Beweis von Fehlerabschätzungen für den Algorithmus;

(vii) Untersuchung der Konvergenzgeschwindigkeit des Algorithmus;

(viii) Beweis der numerischen Stabilität des Algorithmus.

Im Fall von (v) und (vi) ist es wichtig, dass die Existenz einer eindeutigen Lösung des Problems durch abstrakte (möglicherweise nichtkonstruktive) Überlegungen gesichert ist; anderenfalls kann ein Verfahren auf dem Computer eine Lösung vortäuschen, die gar nicht vorhanden ist (sogenannte Geisterlösung).

---

[5]Für alle reellen Zahlen r mit $r \geq -1$ und alle natürlichen Zahlen n hat man

$$(1 + r)^n \geq 1 + nr.$$

Ein Problem heißt genau dann *korrekt gestellt*, wenn (i), (ii) und (iii) vorliegen. Bei Fehlerabschätzungen unterscheidet man zwischen

(a) *a priori* Fehlerabschätzungen und

(b) *a posteriori* Fehlerabschätzungen.

Diese Bezeichnungen sind der Philosophie von Immanuel Kant (1724–1804) entlehnt. Eine *a priori* Fehlerabschätzung liefert eine Information über den Fehler der Näherungslösung *vor der Rechnung* auf dem Computer. Dagegen nutzen *a posteriori* Fehlerabschätzungen die Informationen aus, die man auf Grund *durchgeführter Rechnungen* auf dem Computer besitzt. Es gilt die Faustregel:

> *A posteriori* Fehlerabschätzungen sind genauer als *a priori* Fehlerabschätzungen.

Algorithmen müssen numerisch stabil sein, d. h., sie müssen robust gegenüber auftretenden Rundungsfehlern im Computer sein. Besonders vorteilhaft bezüglich der numerischen Stabilität sind Iterationsverfahren.

▶ BEISPIEL: Wir betrachten die Folge (a_n) aus (4.10) zur iterativen Berechnung von $\sqrt{2}$. Den absoluten Fehler $a_n - \sqrt{2}$ bezeichnen wir mit Δ_n. Für $n = 1, 2, \ldots$ gelten die folgenden Abschätzungen.

(i) Konvergenzgeschwindigkeit:

$$\Delta_{n+1} \leq \Delta_n^2 \,.$$

Es liegt somit eine sogenannte *quadratische Konvergenz* vor, d. h., das Verfahren konvergiert sehr rasch.[6]

(ii) A priori Fehlerabschätzung:

$$\Delta_{n+2} \leq 10^{-2^n} \,.$$

(iii) A posteriori Fehlerabschätzung:

$$\frac{2}{a_n} \leq \sqrt{2} \leq a_n \,.$$

Nach Tabelle 4.1 gilt deshalb

$$\sqrt{2} = 1{,}414213562 \pm 10^{-9} \,.$$

Tabelle 4.1: $\sqrt{2}$

n	a_n	$\dfrac{2}{a_n}$
1	2	1
2	1,5	1,33
3	1,4118	1,4116
4	1,414215	1,414211
5	1,414213562	1,414213562

---

[6]Die Iterationsmethode (4.10) entspricht dem Newton-Verfahren für die Gleichung $f(x) := x^2 - 2 = 0$ (vgl. 7.4.1).

4.2.6 Falsche Beweise

Die beiden häufigsten Typen fehlerhafter Beweise beruhen auf der „Division durch null" und auf Beweisen „in der falschen Richtung".

4.2.6.1 Division durch null

Bei allen Umformungen von Gleichungen hat man darauf zu achten, dass niemals durch null dividiert wird.

Falsche Behauptung: Die Gleichung

$$(x-2)(x+1)+2 = 0 \tag{4.11}$$

besitzt genau die reelle Lösung $x = 1$.

Falscher Beweis: Die Probe zeigt, dass $x = 1$ der Gleichung (4.11) genügt. Um nachzuweisen, dass es keine weitere Lösungen gibt, nehmen wir an, dass x_0 eine Lösung von (4.11) ist. Dann gilt

$$x_0^2 - 2x_0 + x_0 - 2 + 2 = 0.$$

Das liefert $x_0^2 - x_0 = 0$, also

$$x_0(x_0 - 1) = 0. \tag{4.12}$$

Division durch x_0 ergibt $x_0 - 1 = 0$. Das bedeutet $x_0 = 1$.

Die Behauptung ist offensichtlich falsch, denn neben $x = 1$ ist auch $x = 0$ eine Lösung von (4.11). Der Fehler im Beweis besteht darin, dass in (4.12) nur unter der Voraussetzung $x_0 \neq 0$ durch x_0 dividiert werden darf.

Richtige Behauptung: Die Gleichung (4.11) besitzt genau die beiden Lösungen $x = 0$ und $x = 1$.

Beweis: Ist x eine Lösung von (4.11), dann folgt daraus (4.12), was $x = 0$ oder $x - 1 = 0$ impliziert.

Die Probe zeigt, dass $x = 0$ und $x = 1$ tatsächlich Lösungen von (4.11) sind.   □

4.2.6.2 Beweis in der falschen Richtung

Ein häufiger Fehlschluss besteht darin, dass man zum Beweis von

$$\boxed{\mathcal{A} \Rightarrow \mathcal{B}}$$

irrtümlicherweise die Richtigkeit der *umgekehrten* Implikation $\mathcal{B} \Rightarrow \mathcal{A}$ zeigt. Hierzu gehören die sogenannten „$0 = 0$"-Beweise. Wir erläutern das an dem folgenden Beispiel.

Falsche Behauptung: Jede reelle Zahl x ist eine Lösung der Gleichung

$$x^2 - 4x + 3x + 1 = (x-1)^2 + 3x. \tag{4.13}$$

Falscher Beweis: Es sei $x \in \mathbb{R}$. Aus (4.13) folgt

$$x^2 - x + 1 = x^2 - 2x + 1 + 3x = x^2 + x + 1. \tag{4.14}$$

Addition von $-x^2 - 1$ auf beiden Seiten ergibt

$$-x = x. \tag{4.15}$$

Durch Quadrieren erhalten wir daraus

$$x^2 = x^2 \,. \tag{4.16}$$

Das liefert

$$0 = 0 \,. \tag{4.17}$$

Diese korrekte Schlusskette besagt:

$$(4.13) \Rightarrow (4.14) \Rightarrow (4.15) \Rightarrow (4.16) \Rightarrow (4.17) \,.$$

Das ist allerdings kein Beweis für (4.13). Um diese Aussage zu beweisen, müssten wir die umgekehrte Schlusskette benutzen:

$$(4.17) \Rightarrow (4.16) \Rightarrow (4.15) \Rightarrow (4.14) \Rightarrow (4.13) \,.$$

Das ist jedoch unmöglich, weil wir den Schluss (4.15) $\Rightarrow$ (4.16) nicht umkehren können. Die Implikation (4.16) $\Rightarrow$ (4.15) ist nur für $x = 0$ gültig.

Richtige Behauptung: Die Gleichung (4.13) besitzt die eindeutige Lösung $x = 0$.

Beweis:1. Schritt: Angenommen, die reelle Zahl x ist eine Lösung von (4.13). Die obige Schlusskette ergibt:

$$(4.13) \Rightarrow (4.14) \Rightarrow (4.15) \Rightarrow x = 0 \,.$$

Somit kann die Gleichung (4.13) höchstens die Zahl $x = 0$ als Lösung besitzen.

2. Schritt: Wir zeigen

$$x = 0 \Rightarrow (4.15) \Rightarrow (4.14) \Rightarrow (4.13) \,.$$

Diese Schlussweise ist korrekt.   □

   Bei diesem einfachen Beispiel könnte man den zweiten Schritt einsparen und direkt durch Einsetzen überprüfen, dass $x = 0$ eine Lösung von (4.13) darstellt. In komplizierteren Fällen verfährt man häufig so, dass man darauf achtet, nur logisch äquivalente Umformungen vorzunehmen, d. h., alle Implikationen können auch umgekehrt werden. Der obige Beweis lautet dann folgendermaßen:

$$\boxed{(4.13) \iff (4.14) \iff (4.15) \iff x = 0 \,.}$$

4.3 Anschauliche Mengentheorie

In diesem Abschnitt beschreiben wir den Umgang mit Mengen in naiver Weise. Eine axiomatische Begründung der Mengentheorie findet man in 4.4.3

4.3.1 Grundideen

Gesamtheiten und Elemente: Unter einer Gesamtheit versteht man eine Zusammenfassung von Dingen. Das Symbol

$$\boxed{a \in A}$$

bedeutet, dass das Ding a Element der Gesamtheit A ist. Dagegen bedeutet

$$a \notin A,$$

dass das Ding a nicht Element von A ist. Es gilt entweder $a \in A$ oder $a \notin A$ Gesamtheiten heißen auch *Klassen*.

In der Mathematik fasst man häufig Gesamtheiten zu neuen Gesamtheiten zusammen. Zum Beispiel stellt eine Ebene eine Gesamtheit von Punkten dar; die Gesamtheit aller Ebenen durch den Nullpunkt im dreidimensionalen Raum bildet eine sogenannte Graßmann-Mannigfaltigkeit usw. Es gibt zwei Arten von Gesamtheiten (Abb. 4.1):

(i) Eine Gesamtheit heißt genau dann eine *Menge*, wenn sie Element einer neuen Gesamtheit sein kann.

(i) Eine Gesamtheit heißt genau dann eine *Unmenge*, wenn sie nicht Element einer neuen Gesamtheit sein kann.

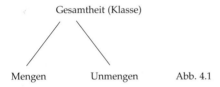

Gesamtheit (Klasse)

Mengen   Unmengen   Abb. 4.1

Anschaulich hat man sich unter Unmengen Gesamtheiten vorzustellen, die so riesig sind, dass keine weitere Gesamtheit sie zu fassen vermag. Zum Beispiel stellt die Gesamtheit aller Mengen eine Unmenge dar.

Die Mengentheorie wurde von Georg Cantor (1845–1918) im letzten Viertel des 19. Jahrhunderts geschaffen. Die kühnste Idee Cantors war die Strukturierung des Unendlichen durch die Einführung transfiniter Mächtigkeiten (vgl. 4.3.4) und durch die Entwicklung einer Arithmetik für transfinite Ordinal- und Kardinalzahlen (vgl. 4.4.4). Cantor definierte:

„Eine Menge ist eine Zusammenfassung von bestimmten wohlunterschiedenen Objekten unseres Denkens oder unserer Anschauung (welche die Elemente der Menge genannt werden) zu einem Ganzen."

Im Jahre 1901 entdeckte der englische Philosoph und Mathematiker Bertrand Russel dass der Begriff der „Menge aller Mengen" widersprüchlich ist (Russelsche Antinomie). Das löste eine Grundlagenkrise der Mathematik aus, die jedoch durch

(i) die Unterscheidung zwischen Mengen und Unmengen und

(ii) einen axiomatischen Aufbau der Mengentheorie behoben werden konnte.

Der Russelsche Widerspruch löst sich dadurch, dass die Gesamtheit aller Mengen *keine Menge*, sondern eine *Unmenge* ist. Das werden wir in 4.4.3 beweisen.

Teilmengen und Mengengleichheit: Sind A und B Mengen, dann bedeutet das Symbol

$$A \subseteq B$$

dass jedes Element von A zugleich ein Element von B ist. Man sagt auch, dass A eine Teilmenge von B ist (Abb. 4.2). Zwei Mengen A und B heißen genau dann gleich, in Zeichen,

$$A = B,$$

wenn $A \subseteq B$ und $B \subseteq A$ gilt. Ferner schreiben wir genau dann

$$A \subset B,$$

wenn $A \subseteq B$ zusammen mit $A \neq B$ vorliegt. Für Mengen A, B und C gilt:

Abb. 4.2

(i) $A \subseteq A$ (Reflexivität).

(ii) Aus $A \subseteq B$ und $B \subseteq C$ folgt $A \subseteq C$ (Transitivität).

(iii) Aus $A \subseteq B$ und $B \subseteq A$ folgt $A = B$ (Antisymmetrie).

Die Beziehung (iii) wird benutzt, um die Gleichheit zweier Mengen zu beweisen (vgl. das Beispiel in 4.3.2).

Mengendefinition: Die wichtigste Methode zur Definition einer Menge wird durch die Vorschrift

$$A := \{x \in B \mid \text{für } x \text{ gilt die Aussage } \mathcal{A}(x)\}$$

gegeben. Das heißt, die Menge A besteht aus genau den Elementen der Menge B, für die die Aussage $\mathcal{A}(x)$ wahr ist.

▶ BEISPIEL: Bezeichnet $\mathbb{Z}$ die Menge der ganzen Zahlen, dann wird durch

$$A := \{x \in \mathbb{Z} \mid x \text{ ist durch 2 teilbar}\}$$

die Menge A der geraden Zahlen definiert. Sind a und b Dinge, dann bezeichnet $\{a\}$ (bzw. $\{a, b\}$) diejenige Menge, die genau a (bzw. genau a und b) enthält.

Leere Menge: Das Symbol $\emptyset$ bezeichnet die leere Menge, die nichts enthält.

4.3.2 Das Rechnen mit Mengen

In diesem Abschnitt seien A, B, C, X Mengen.

Durchschnitt zweier Mengen: Der Durchschnitt

$$A \cap B$$

der beiden Mengen A und B besteht definitionsgemäß genau aus den Elementen, die zu A und B gehören (Abb. 4.3a). Kurz: $A \cap B := \{x \mid x \in A \text{ und } x \in B\}$.

Die beiden Mengen A und B heißen genau dann *durchschnittsfremd* (oder *disjunkt*), wenn $A \cap B = \emptyset$ gilt.

Vereinigung zweier Mengen: Die Vereinigungsmenge

$$A \cup B$$

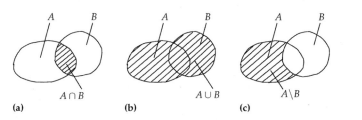

(a)   (b)   (c)   Abb. 4.3

besteht definitionsgemäß aus genau den Elementen, die zu A oder zu B gehören (Abb. 4.3b).
Kurz: $A \cup B := \{x: x \in A \text{ oder } x \in B\}$. Man hat die Inklusionsbeziehungen

$$(A \cap B) \subseteq A \subseteq (A \cup B).$$

Ferner ist $A \subseteq B$ äquivalent zu $A \cap B = A$ (bzw. $A \cup B = B$).

Der Durchschnitt $A \cap B$ ((bzw. die Vereinigung $A \cup B$) verhalten sich analog zu einem Produkt
(bzw. zu einer Summe) zweier Zahlen; die leere Menge $\emptyset$ übernimmt die Rolle der Zahl Null.
Explizit gellen die folgenden Regeln:

(i) Kommutativgesetze:

$$A \cap B = B \cap A, \quad A \cup B = B \cup A.$$

(ii) Assoziativgesetze:

$$A \cap (B \cap C) = (A \cap B) \cap C, \quad A \cup (B \cup C) = (A \cup B) \cup C.$$

(iii) Distributivgesetze:

$$A \cap (B \cup C) = (A \cap B) \cup (A \cap C), \quad A \cup (B \cap C) = (A \cup B) \cap (A \cup C).$$

(iv) Nullelement:

$$A \cap \emptyset = \emptyset, \quad A \cup \emptyset = A.$$

▶ Beispiel 1: Wir wollen $A \cap B = B \cap A$ beweisen.

1. Schritt: Wir zeigen $(A \cap B) \subseteq (B \cap A)$. Tatsächlich gilt:

$$a \in (A \cap B) \implies (a \in A \text{ und } a \in B) \implies (a \in B \text{ und } a \in A) \implies a \in (B \cap A).$$

2. Schritt: Wir zeigen $(B \cap A) \subseteq (A \cap B)$. Das folgt analog zum 1. Schritt.

Aus beiden Beweisschritten ergibt sich $A \cap B = B \cap A$.   □

Differenz zweier Mengen: Die Differenzmenge

$$A \backslash B$$

besteht definitionsgemäß aus genau den Elementen von A die nicht zu B gehören (Abb. 4.3c).
Kurz: $A \backslash B := \{x \in A \mid x \notin B\}$. Neben der Inklusionsbeziehung

$$A \backslash B \subseteq A$$

und $A \backslash A = \emptyset$ gelten die folgenden Regeln.

(i) Distributivgesetze:

$$(A \cap B) \backslash C = (A \backslash C) \cap (B \backslash C), \quad (A \cup B) \backslash C = (A \backslash C) \cup (B \backslash C).$$

(ii) Verallgemeinerte Distributivgesetze:

$$A \backslash (B \cap C) = (A \backslash B) \cap (A \backslash C). \quad A \backslash (B \cup C) = (A \backslash B) \cap (A \backslash C).$$

(iii) Verallgemeinerte Assoziativgesetze:

$$(A \backslash B) \backslash C = A \backslash (B \cup C), \quad A \backslash (B \backslash C) = (A \backslash B) \cup (A \cap C).$$

Das Komplement einer Menge: A und B seien Teilmengen der Menge X. Das Komplement

$$C_X A$$

besteht definitionsgemäß aus genau den Elementen von X die nicht zu A gehören, d. h., $C_X A :=$ $X \backslash A$ (Abb. 4.4b). Man hat die disjunkte Zerlegung:

$$X = A \cup C_X A, \quad A \cap C_X A = \emptyset.$$

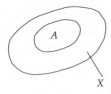 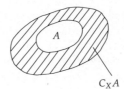

(a) $A \subseteq X$ **(b)** $X = A \cup C_X A$ Abb. 4.4

Ferner gelten die sogenannten de Morganschen Regeln:

$$C_X(A \cap B) = C_X A \cup C_X B, \quad C_X(A \cup B) = C_X A \cap C_X B.$$

Außerdem hat man $C_X X = \emptyset$, $C_X \emptyset = X$ und $C_X(C_X A) = A$. Die Inklusion $A \subseteq B$ ist äquivalent zu $C_X B \subseteq C_X A$.

Geordnete Paare: Anschaulich gesprochen versteht man unter einem geordneten Paar (a, b) eine Zusammenfassung der Dinge a und b, wobei a vor b angeordnet sein soll. Die präzise mengentheoretische Definition lautet:[7]

$$(a, b) := \{a, \{a, b\}\}.$$

Daraus folgt: Es ist $(a, b) = (c, d)$ genau dann, wenn $a = c$ und $b = d$ gilt.

Für $n = 1, 2, 3, 4, \ldots$ definiert man dann sukzessiv n-Tupel durch die Beziehungen:

$$(a_1, \ldots, a_n) := \begin{cases} a_1 & \text{für } n = 1, \\ (a_1, a_2) & \text{für } n = 2, \\ ((a_1, \ldots, a_{n-1}), a_n) & \text{für } n > 2. \end{cases}$$

---

[7]Dies bedeutet, dass (a, b) eine Menge ist. die aus der Einermenge $\{a\}$ und der Zweiermenge $\{a, b\}$ besteht.

Das kartesische Produkt zweier Mengen: Sind A und B Mengen, dann besteht das kartesische Produkt

$$\boxed{A \times B}$$

definitionsgemäß aus genau allen geordneten Paaren (a, b) mit $a \in A$ und $b \in B$. Für beliebige Mengen A, B, C, D gelten die folgenden *Distributivgesetze*:

$$A \times (B \cup C) = (A \times B) \cup (A \times C), \quad A \times (B \cap C) = (A \times B) \cap (A \times C),$$

$$(B \cup C) \times A = (B \times A) \cup (C \times A), \quad (B \cap C) \times A = (B \times A) \cap (C \times A),$$

$$A \times (B \backslash C) = (A \times B) \backslash (A \times C), \quad (B \backslash C) \times A = (B \times A) \backslash (C \times A).$$

Es ist $A \times B = \emptyset$ genau dann, wenn $A = \emptyset$ oder $B = \emptyset$ gilt.

In analoger Weise wird für $n = 1, 2, \ldots$ das kartesische Produkt

$$\boxed{A_1 \times \cdots \times A_n}$$

als die Menge aller n-Tupel $(a_1, \ldots, a_n)$ mit $a_j \in A_j$ für $j = 1, \ldots, n$ definiert. Dafür schreibt man auch $\prod\limits_{j=1}^{n} A_j$.

Disjunkte Vereinigung: Unter der disjunkten Vereinigung,

$$\boxed{A \cup_{\mathrm{d}} B}$$

verstehen wir die Vereinigungsmenge $(A \times \{1\}) \cup (B \times \{2\})$.

▶ BEISPIEL 2: Für $A := \{a, b\}$ gilt $A \cup A = A$, aber

$$A \cup_{\mathrm{d}} A = \{(a, 1), (b, 1), (a, 2), (b, 2)\}.$$

4.3.3 Abbildungen

Anschauliche Definition: Unter einer *Abbildung*

$$\boxed{f : X \longrightarrow Y}$$

von der Menge X in die Menge Y verstehen wir die Vorschrift, die jedem Element x von X ein eindeutig bestimmtes Element y von Y zuordnet, das wir mit $f(x)$ bezeichnen und den *Bildpunkt* von x nennen. Abbildungen werden auch *Funktionen* genannt.

Gilt $A \subseteq X$, dann definieren wir die Bildmenge von A durch

$$f(A) := \{f(a) \,|\, a \in A\}.$$

Die Menge X heißt der *Definitionsbereich* von f, und die Menge $f(X)$ bezeichnet man als den *Wertevorrat* von f.

Der Definitionsbereich von f wird auch mit $D(f)$ oder dom f bezeichnet. Für den Wertevorrat[8] benutzt man auch die Bezeichnungen $R(f)$ oder im f.

---

[8]Die Bezeichnungen dom f, $R(f)$ und im f entsprechen der Reihe nach den englischen Worten domain, range, image.

Die Menge

$$G(f) := \{(x, f(x)) \mid x \in X\}$$

heißt der *Graph* von f.

Beispiel 1: Durch die Vorschrift $f(x) := x^2$ für alle reellen Zahlen x ergibt sich eine Funktion $f : \mathbb{R} \longrightarrow \mathbb{R}$ mit $D(f) = \mathbb{R}$ und $R(f) = [0, \infty[$. Der Graph $G(f)$ entspricht der in Abb. 4.5 dargestellten Parabelmenge.

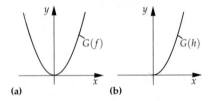

(a)   (b)   Abb. 4.5

Klassifikation von Funktionen: Gegeben sei die Abbildung $f : X \longrightarrow Y$. Wir betrachten die Gleichung

$$f(x) = y \,. \tag{4.18}$$

(i) f heißt genau dann *surjektiv*, wenn die Gleichung (4.18) für jedes $y \in Y$ eine Lösung $x \in X$ besitzt, d. h. $f(X) = Y$.

(ii) f heißt genau dann *injektiv*, wenn die Gleichung (4.18) für jedes $y \in Y$ höchstens eine Lösung besitzt, d. h., aus $f(x) = f(z)$ folgt stets $x = z$.

(iii) f heißt genau dann *bijektiv*, wenn f sowohl surjektiv als auch injektiv ist, d. h., die Gleichung (4.18) besitzt für jedes $y \in Y$ genau eine Lösung $x \in X$.[9]

Inverse Abbildung: Ist die Abbildung $f : X \longrightarrow Y$ injektiv, dann bezeichnen wir die eindeutige Lösung x von (4.18) mit $f^{-1}(y)$ und nennen $f^{-1} : f(X) \longrightarrow X$ die inverse Abbildung zu f.

▶ BEISPIEL 2: Es sei $X := \{a, b\}$, $Y := \{c, d, e\}$. Wir setzen

$$f(a) := c \,, \quad f(b) := d \,.$$

Dann ist $f : X \longrightarrow Y$ injektiv, aber nicht surjektiv. Die inverse Abbildung $f^{-1} : f(X) \longrightarrow X$ ist durch

$$f^{-1}(c) = a \,, \quad f^{-1}(d) = b \,.$$

gegeben.

▶ BEISPIEL 3: Setzen wir $f(x) := x^2$ für alle reellen Zahlen x, dann ist die Abbildung $f : \mathbb{R} \longrightarrow [0, \infty[$ surjektiv, aber nicht injektiv, weil zum Beispiel die Gleichung $f(x) = 4$ die beiden Lösungen $x = 2$ und $x = -2$ besitzt, also nicht eindeutig lösbar ist (Abb. 4.5a).

Definieren wir dagegen $h(x) := x^2$ für alle nichtnegativen reellen Zahlen, dann ist die Abbildung $h : [0, \infty[\longrightarrow [0, \infty[$ bijektiv. Die zugehörige inverse Abbildung ist durch $h^{-1}(y) = \sqrt{y}$ gegeben (Abb. 4.5b).

---

[9]In der älteren Literatur bezeichnet man surjektive, injektive, bijektive Abbildungen der Reihe nach als „Abbildungen von X auf Y", „eineindeutige Abbildungen", „eineindeutige Abbildungen von X auf Y".

► BEISPIEL 4: Setzen wir $\mathrm{pr}_1(a,b) := a$, dann ist die sogenannte Projektionsabbildung pr_1 : $A \times B \longrightarrow A$ surjektiv.

Rechenregeln: Die durch

$$\mathrm{id}_X(x) := x \quad \text{für alle} \quad x \in X$$

definierte Abbildung $id_X : X \to X$ heißt die identische Abbildung auf X. Sie wird mitunter auch durch I bezeichnet. Sind

$$f : X \to Y \quad \text{und} \quad g : Y \to Z$$

zwei Abbildungen, dann wird die zusammengesetzte Abbildung $g \circ f : X \longrightarrow Z$ durch

$$\boxed{(g \circ f)(x) := g(f(x))}$$

erklärt. Es gilt das Assoziativgesetz:

$$h \circ (g \circ f) = (h \circ g) \circ f.$$

Kommutative Diagramme: Viele Relationen zwischen Abbildungen kann man sich bequem mit Hilfe sogenannter kommutativer Diagramme verdeutlichen. Ein Diagramm

heißt genau dann kommutativ, wenn $h = g \circ f$ gilt, d. h., es ist gleichgültig, ob man das Diagramm von X über Y nach Z oder direkt von X nach Z durchläuft. Analog wird beispielsweise das Diagramm

genau dann kommutativ genannt, wenn $g \circ f = s \circ r$ gilt.

► BEISPIEL 5: Ist die Abbildung $f : X \longrightarrow Y$ bijektiv, dann hat man

$$f^{-1} \circ f = \mathrm{id}_X \quad \text{und} \quad f \circ f^{-1} = \mathrm{id}_Y.$$

Satz: Gegeben sei die Abbildung $f : X \longrightarrow Y$. Dann gilt:

(i) f ist genau dann *surjektiv*, wenn es eine Abbildung $g : Y \longrightarrow X$ gibt mit

$$f \circ g = \mathrm{id}_Y,$$

d. h., das Diagramm in Abb. 4.6a ist kommutativ.

(ii) f ist genau dann *injektiv*, wenn es eine Abbildung $h : Y \longrightarrow X$ gibt mit

$$h \circ f = \mathrm{id}_X,$$

d. h., das Diagramm in Abb. 4.6b ist kommutativ.

(iii) f ist genau dann *bijektiv*, wenn es Abbildungen $g : Y \longrightarrow X$ und $h : Y \longrightarrow X$ gibt mit

$$f \circ g = \mathrm{id}_Y \quad \text{und} \quad h \circ f = \mathrm{id}_X,$$

d. h., die beiden Diagramme in Abb. 4.6 sind kommutativ. Dann gilt $h = g = f^{-1}$.

   (a) f ist surjektiv   **(b)** f ist injektiv   Abb. 4.6

Urbildmengen: Es sei $f : X \longrightarrow Y$ eine Abbildung, und B sei eine Teilmenge von Y. Wir setzen

$$f^{-1}(B) := \{x : f(x) \in B\},$$

d. h., $f^{-1}(B)$ besteht aus genau allen Punkten von X, deren Bilder in der Menge B liegen. Wir nennen $f^{-1}(B)$ die Urbildmenge von B.

Für beliebige Teilmengen B und C von Y gilt:

$$f^{-1}(B \cup C) = f^{-1}(B) \cup f^{-1}(C), \quad f^{-1}(B \cap C) = f^{-1}(B) \cap f^{-1}(C).$$

Aus $B \subseteq C$ folgt $f^{-1}(B) \subseteq f^{-1}(C)$ und $f^{-1}(C \backslash B) = f^{-1}(C) \backslash f^{-1}(B)$.

Potenzmenge: Ist A eine Menge, dann bezeichnet 2^A die Potenzmenge von A, d. h., 2^A ist die Menge aller Teilmengen von A.

Korrespondenzen: Unter einer Korrespondenz K zwischen den beiden Mengen A und B verstehen wir eine Abbildung

$$\boxed{c : A \longrightarrow 2^B}$$

von der Menge A in die Potenzmenge 2^B, d. h., jedem Punkt $a \in A$ wird eine eindeutig bestimmte Teilmenge von B zugeordnet, die wir mit $K(a)$ bezeichnen.

Unter dem Nachbereich von K verstehen wir diejenige Teilmenge von B, die sich durch Vereinigung aller Mengen $K(a)$ mit $a \in A$ ergibt.

Die präzise mengentheoretische Definition einer Abbildung: Unter einer Abbildung f von X nach Y verstehen wir eine Teilmenge f des kartesischen Produkts $X \times Y$ mit den beiden folgenden Eigenschaften:

(i) Für jedes $x \in X$ gibt es ein $y \in Y$ mit $(x, y) \in f$.

(ii) Aus $(x, y_1) \in f$ und $(x, y_2) \in f$ folgt $y_1 = y_2$.

Das durch (ii) eindeutig bestimmte Element y bezeichnen wir mit $f(x)$. Anstelle von f schreiben wir auch $f : X \longrightarrow Y$ oder $G(f)$.

4.3.4 Gleichmächtige Mengen

Definition: Zwei Mengen A und B heißen genau dann gleichmächtig, in Zeichen

$$A \cong B$$

wenn es eine bijektive Abbildung $\varphi : A \longrightarrow B$ gibt.

Für beliebige Mengen A, B, C gilt:

(i) $A \cong A$ (Reflexivität).

(ii) Aus $A \cong B$ folgt $B \cong A$ (Symmetrie).

(iii) Aus $A \cong B$ und $B \cong C$ folgt $A \cong C$ (Transitivität).

Endliche Mengen: Eine Menge A heißt genau dann endlich, wenn sie entweder leer ist oder es eine positive natürliche Zahl n, gibt, so dass A gleichmächtig zur Menge $B := \{k \in \mathbb{N} \mid 1 \leq k \leq n\}$ ist. Im letzteren Fall heißt n die Anzahl der Elemente von A.

Besteht A aus n Elementen, dann besitzt die Potenzmenge 2^A genau 2^n Elemente.

Unendliche Mengen: Eine Menge heißt genau dann unendlich, wenn sie nicht endlich ist.

▶ BEISPIEL 1: Die Menge der natürlichen Zahlen ist unendlich

Satz: Eine Menge ist genau dann unendlich, wenn sie zu einer echten Teilmenge gleichmächtig ist.

Eine Menge ist genau dann unendlich, wenn sie eine unendliche Teilmenge enthält.

Abzählbare Mengen: Eine Menge A heißt genau dann abzählbar, wenn sie zur Menge der natürlichen Zahlen gleichmächtig ist.

Eine Menge heißt genau dann höchstens abzählbar, wenn sie endlich oder abzählbar ist.

Eine Menge heißt genau dann überabzählbar, wenn sie nicht höchstens abzählbar ist.

Abzählbare und überabzählbare Mengen sind unendlich.

▶ BEISPIEL 2: (a) Die folgenden Mengen sind *abzählbar*: die Menge der ganzen Zahlen, die Menge der rationalen Zahlen, die Menge der algebraischen reellen Zahlen.

(b) Die folgenden Mengen sind *überabzählbar*: die Menge der reellen Zahlen, die Menge der irrationalen reellen Zahlen, die Menge der transzendenten reellen Zahlen, die Menge der komplexen Zahlen.

(c) Die Vereinigung von n abzählbaren Mengen $M_1, \ldots, M_n$ ist wieder abzählbar.

(d) Die Vereinigung $M_1, M_2, \ldots$ von abzählbar vielen abzählbaren Mengen ist wieder abzählbar.

▶ BEISPIEL 3: Die Menge $\mathbb{N} \times \mathbb{N}$ ist abzählbar.

Beweis: Wir ordnen die Paare (m, n) mit $n, m \in \mathbb{N}$ in Gestalt einer Matrix

$$
\begin{array}{llll}
(0,0) & \longrightarrow & (0,1) & \quad (0,2) \; \ldots \\
& & \downarrow & \quad\;\; \downarrow \\
(1,0) & \longleftarrow & (1,1) & \quad (1,2) \; \ldots \\
& & & \quad\;\; \downarrow \\
(2,0) & \longleftarrow & (2,1) & \longleftarrow \; (2,2) \; \ldots \\
\ldots & \ldots & \ldots
\end{array}
$$

an. Durchläuft man nun die Matrixelemente der Reihe nach in der durch die Pfeile angegebenen Weise, dann kann man jedem Matrixelement eine natürliche Zahl zuordnen, und umgekehrt entspricht jeder natürlichen Zahl ein Matrixelement.   □

Wir schreiben genau dann

$$A \precsim B$$

wenn B eine Teilmenge enthält, die gleichmächtig zu A ist. Wir sagen genau dann, dass B mächtiger als A ist, wenn $A \precsim B$ gilt und A nicht gleichmächtig zu B ist.

Satz von Schröder-Bernstein: Für beliebige Mengen A, B, gilt:

(i) $A \precsim A$ (Reflexivität).

(ii) Aus $A \precsim B$ und $B \precsim A$ folgt $A \cong B$ (Antisymmetrie).

(iii) Aus $A \precsim B$ und $B \precsim C$ folgt $A \precsim C$ (Transitivität).

Satz von Cantor: Die Potenzmenge einer Menge ist stets mächtiger als die Menge selbst.

4.3.5 Relationen

Anschaulich versteht man unter einer Relation in einer Menge X eine Beziehung, die zwischen zwei Elementen x und y aus X besteht oder nicht besteht. Formal definiert man eine Relation in X als eine Teilmenge R der Produktmenge $X \times X$.

▶ BEISPIEL: Die Menge R bestehe aus allen geordneten Paaren (x, y) reeller Zahlen x und y mit $x \leq y$. Dann entspricht die Teilmenge R von $\mathbb{R} \times \mathbb{R}$ der Ordnungsrelation der reellen Zahlen.

4.3.5.1 Äquivalenzrelationen

Definition: Unter einer Äquivalenzrelation in der Menge X versteht man eine Teilmenge $X \times X$ mit den folgenden drei Eigenschaften.

(i) Es ist $(x, x) \in R$ für alle $x \in X$ (Reflexivität).

(ii) Aus $(x, y) \in R$ folgt $(y, x) \in R$ (Symmetrie).

(iii) Aus $(x, y) \in R$ und $(y, z) \in R$ folgt $(x, z) \in R$ (Transitivität).

Anstelle von $(x, y) \in R$ schreibt man häufig $x \sim y$. Mit dieser Notation gilt:

(a) Es ist $x \sim x$ für alle $x \in X$ (Reflexivität).

(b) Aus $x \sim y$ folgt $y \sim x$ (Symmetrie).

(c) Aus $x \sim y$ und $y \sim z$ folgt $x \sim z$ (Transitivität).

Es sei $x \in X$. Unter der zu x gehörigen Äquivalenzklasse $[x]$ verstehen wir die Menge aller zu x äquivalenten Elemente von X, d. h.,

$$[x] := \{ y \in X \mid x \sim y \} \,.$$

Die Elemente von $[x]$ heißen Repräsentanten von $[x]$

Satz: Die Menge X zerfällt in paarweise disjunkte Äquivalenzklassen.

Faktormenge: Mit $X / \sim$ bezeichnen wir die Menge aller Äquivalenzklassen. Diese Menge heißt häufig auch Faktormenge (oder Faktorraum).

Sind auf X Operationen erklärt, dann kann man diese auf den Faktorraum übertragen, falls die Operationen mit der Äquivalenzrelation verträglich sind. Das ist ein allgemeines Prinzip der Mathematik zur Konstruktion neuer Strukturen (Faktorstrukturen[10]).

▶ BEISPIEL: Sind x und y ganze Zahlen, dann schreiben wir genau dann $x \sim y$ wenn $x - y$ durch 2 teilbar ist. Es gilt:

$$[0] = \{0, \pm 2, \pm 4, \ldots\}, \quad [1] = \{\pm 1, \pm 3, \ldots\},$$

d. h., die Äquivalenzklasse $[0]$ (bzw. $[1]$) besteht aus den geraden (bzw. ungeraden) ganzen Zahlen.

Ferner folgt aus $x \sim y$ und $u \sim v$ stets $x + u \sim y + v$. Deshalb ist die Definition

$$[x] + [y] := [x + y]$$

unabhängig von der Wahl der Repräsentanten. Somit gilt:

$$[0] + [1] = [1] + [0] = [1], \quad [1] + [1] = [0], \quad [0] + [0] = [0].$$

Jeder Erkenntnisprozess basiert darauf, dass man unterschiedliche Dinge miteinander identifiziert und Aussagen über die zugehörigen Identifizierungsklassen trifft (z. B. die Klassifizierung von Tieren durch die übergeordneten Begriffe Säugetier, Fisch, Vogel usw.). Äquivalenzrelationen stellen die präzise mathematische Fassung derartiger Abstraktionen dar.

4.3.5.2 Ordnungsrelationen

Definition: Unter einer Ordnungsrelation in der Menge X versteht man eine Teilmenge R von $X \times X$ mit den folgenden drei Eigenschaften.

(i) Es ist $(x, x) \in R$ für alle $x \in X$ (*Reflexivität*).

(ii) Aus $(x, y) \in R$ und $(y, x) \in R$ folgt $x = y$ (Antisymmetrie).

(iii) Aus $(x, y) \in R$ und $(y, z) \in R$ folgt $(x, y) \in R$ (Transitivität).

Anstelle von (x, y) schreibt man $x \leq y$. Mit dieser Notation gilt:

(a) Es ist $x \leq x$ für alle $x \in X$ (Reflexivität).

(b) Aus $x \leq y$ und $y \leq x$ folgt $x = y$ (Antisymmetrie).

(c) Aus $x \leq y$ und $y \leq z$ folgt $x \leq z$ (Transitivität).

Das Symbol $x < y$ bedeutet $x \leq y$ **und** $x \neq y$.

Eine geordnete Menge X heißt genau dann total geordnet, wenn für alle Elemente x und y von X die Beziehung $x \leq y$ oder $y \leq x$ gilt.

Gegeben sei $x \in X$. Folgt aus $x \leq z$ stets $x = z$, dann heißt x ein maximales Element von X. Es sei $M \subseteq X$. Gilt $y \leq s$ für alle $y \in M$ und festes $s \in X$, dann heißt s eine obere Schranke von M.

Schließlich heißt u genau dann ein kleinstes Element von M, wenn $u \in M$ und $u \leq z$ für alle $z \in M$ gilt.

Lemma von Zorn: Die geordnete Menge X besitzt ein maximales Element, falls jede total geordnete Teilmenge von X eine obere Schranke hat.

---

[10]Beispielsweise werden in 2.5.1.2 Faktorgruppen betrachtet.

Wohlordnung: Eine geordnete Menge heißt genau dann wohlgeordnet, wenn jede ihrer nichtleeren Teilmengen ein kleinstes Element enthält.

▶ BEISPIEL: Die Menge der natürlichen Zahlen ist bezüglich der üblichen Ordnungsrelation wohlgeordnet.

Dagegen ist die Menge der reellen Zahlen $\mathbb{R}$ bezüglich der üblichen Ordnungsrelation nicht wohlgeordnet, denn die Menge $]0,1]$ enthält kein kleinstes Element.

Wohlordnungssatz von Zermelo: Jede Menge kann wohlgeordnet werden.

Das Prinzip der transfiniten Induktion: Es sei M eine Teilmenge einer geordneten Menge X. Dann ist $M = X$ falls für alle $a \in X$ gilt:

Gehört die Menge $\{x \in X \mid x < a\}$ zu M, dann gehört auch a zu M.

Ordnungstreue Abbildungen: Eine Abbildung $\varphi : X \longrightarrow Y$ zwischen zwei geordneten Mengen X und Y heißt genau dann ordnungstreu, wenn aus $x \leq y$ stets $\varphi(x) \leq \varphi(y)$ folgt.

Zwei geordnete Mengen X und Y heißen genau dann *gleichgeordnet*, wenn es eine bijektive Abbildung $\varphi : X \longrightarrow Y$ gibt, wobei φ und φ^{-1} ordnungstreu sind.

4.3.5.3 n-stellige Relationen

Unter einer n-*stelligen Relation* R auf der Menge X versteht man eine Teilmenge des n-fachen Produkts $X \times \cdots \times X$.

Derartige Relationen werden häufig benutzt, um Operationen zu beschreiben.

▶ BEISPIEL: Die Menge R bestehe aus allen 3-Tupeln (a,b,c) reeller Zahlen a,b,c mit $ab = c$. Dann entspricht die 3-stellige Relation $R \subseteq \mathbb{R} \times \mathbb{R} \times \mathbb{R}$ der Multiplikation reeller Zahlen.

4.3.6 Mengensysteme

Unter einem *Mengensystem* $\mathcal{M}$ versteht man eine Menge $\mathcal{M}$ von Mengen X. Die Vereinigung

besteht definitionsgemäß aus genau den Elementen, die zu mindestens einer der Mengen X von $\mathcal{M}$ gehören.

Enthält $\mathcal{M}$ mindestens eine Menge, dann besteht der Durchschnitt

definitionsgemäß aus genau den Elementen, die zu allen Mengen X von $\mathcal{M}$ gehören.

Definitionsgemäß ist eine *Mengenfamilie* $(X_\alpha)_{\alpha \in A}$ eine Funktion, die auf der sogenannten Indexmenge A definiert ist und jedem $\alpha \in A$ eine Menge X_α zuordnet.

Unter einem A-Tupel (x_α) (oder auch $(x_\alpha)_{\alpha \in A}$) verstehen wir eine Funktion auf A die jedem $\alpha \in A$ ein Element $x_\alpha \in X_\alpha$ zuordnet. Definitionsgemäß besteht das kartesische Produkt

$$\prod_{\alpha \in A} X_\alpha$$

aus genau allen A-Tupeln (x_α). Man bezeichnet (x_α) auch als eine *Auswahlfunktion*. Unter der Vereinung

$$\bigcup_{\alpha \in A} X_\alpha$$

verstehen wir genau alle diejenigen Elemente, die mindestens einer Menge X_α angehören.

Es sei A nicht leer. Der Durchschnitt

$$\bigcap_{\alpha \in A} X_\alpha$$

besteht definitionsgemäß aus genau den Elementen, die zu allen Mengen X_α gehören.

4.4 Mathematische Logik

Wahrheit ist Übereinstimmung von Gedanken und Wirklichkeit,

Aristoteles (384–322 v. Chr.)

Die theoretische Logik, auch mathematische oder symbolische Logik genannt, ist eine Ausdehnung der formalen Methode der Mathematik auf das Gebiet der Logik. Sie wendet für die Logik eine ähnliche Formelsprache an, wie sie zum Ausdruck mathematischer Beziehungen schon seit langem gebräuchlich ist.[11]

David Hilbert und Wilhelm Ackermann (1928)

Die Logik ist die Wissenschaft vom Denken. Die mathematische Logik stellt die präziseste Form der Logik dar. Dazu wird ein streng formalisierter Kalkül benutzt, der im heutigen Computerzeitalter die Grundlage der theoretischen Informatik bildet.

4.4.1 Aussagenlogik

Grundzeichen: Wir benutzen die Symbole $q_1, q_2, \ldots$ und $(,)$ sowie

$$\neg, \quad \wedge, \quad \vee, \quad \longrightarrow, \quad \longleftrightarrow . \tag{4.19}$$

Anstelle der Aussagenvariablen q_j schreiben wir auch $q, p, r \ldots$

Ausdrücke: (i) Jede Zeichenreihe, die nur aus einer Aussagenvariablen besteht, heißt ein Ausdruck.

(ii) Sind A und B Ausdrücke, dann sind auch die Zeichenreihen

$$\neg A, \quad (A \wedge B), \quad (A \vee B), \quad (A \longrightarrow B), \quad (A \longleftrightarrow B)$$

Ausdrücke.

Diese Ausdrücke heißen der Reihe nach Negation, Konjunktion, Alternative, Implikation, Äquivalenz.

(iii) Eine Zeichenreihe ist nur dann ein Ausdruck, wenn das auf Grund von (i) und (ii) der Fall ist.

---

[11] Aus dem Vorwort zur ersten Auflage der „Grundzüge der theoretischen Logik".

▶ Beispiel 1: Ausdrücke sind

$$(p \longrightarrow q), \quad ((p \longrightarrow q) \longleftrightarrow r), \quad ((p \wedge q) \longrightarrow r), \quad ((p \wedge q) \vee r). \tag{4.20}$$

Weglassen von Klammern: Für reelle Zahlen a, b, c bindet das Produktzeichen stärker als das Summenzeichen. Deshalb können wir anstelle von $((ab) + c)$ kurz $ab + c$ schreiben.

In analoger Weise vereinbaren wir, dass die Bindung der Symbole in (4.19) von links nach rechts schwächer wird und wir die dadurch überflüssig werdenden Klammern weglassen.

▶ Beispiel 2: Anstelle von (4.20) schreiben wir:

$$p \longrightarrow q, \quad p \longrightarrow q \longleftrightarrow r, \quad p \wedge q \longrightarrow r, \quad p \wedge q \vee r.$$

Die Wahrheitsfunktionen: Wir setzen

$$\text{non(W)}:=\text{F}, \quad \text{non(F)}:=\text{W}. \tag{4.21}$$

Die Symbole W bzw. F stehen für wahr bzw. falsch. Hinter (4.21) verbirgt sich, dass die Negation einer wahren (bzw. falschen) Aussage falsch (bzw. wahr) ist.

Ferner erklären wir die Funktionen et, vel, seq, äq durch die Tabelle 4.3.

Tabelle 4.3

X	Y	$\text{et}(X, Y)$	$\text{vel}(X, Y)$	$\text{seq}(X, Y)$	$\text{äq}(X, Y)$
W	W	W	W	W	W
W	F	F	W	F	F
F	W	F	W	W	F
F	F	F	F	W	W

Dabei entsprechen $\text{et}(X, Y)$, $\text{vel}(X, Y)$, $\text{seq}(X, Y)$ und $\text{äq}(X, Y)$ der Reihe nach „X und Y", „X oder Y", „aus X folgt Y", „X ist äquivalent zu Y". Beispielsweise bedeutet $\text{et}(\text{W}, \text{F}) = \text{F}$, dass für eine wahre Aussage X und eine falsche Aussage Y die zusammengesetzte Aussage „X und Y" falsch ist.

Wahrheitswerte von Ausdrücken: Eine Abbildung

$$b: \{q_1, q_2, \ldots\} \longrightarrow \{\text{W,F}\},$$

die jeder Aussagenvariablen q_j den Wert W (wahr) oder F (falsch) zuordnet, heißt eine *Belegungsfunktion*. Ist b gegeben, dann kann man jedem Ausdruck $A, B, \ldots$ den Wert W oder F zuordnen, indem man die folgenden Regeln benutzt:

   (i) Wert $(q_j) := b(q_j)$.

   (ii) Wert $(\neg A) := \text{non}(\text{Wert}(A))$.

   (iii) Wert $(A \wedge B) := \text{et}(\text{Wert}(A), \text{Wert}(B))$.

   (iv) Wert $(A \vee B) := \text{vel}(\text{Wert}(A), \text{Wert}(B))$.

   (v) Wert $(A \longrightarrow B) := \text{seq}(\text{Wert}(A), \text{Wert}(B))$.

   (vi) Wert $(A \longleftrightarrow B) := \text{äq}(\text{Wert}(A), \text{Wert}(B))$.

▶ Beispiel 1: Für $b(q) := W$ und $b(p) := F$ erhalten wir Wert $(\neg p) = \text{non(F)} = \text{W}$ und

$$\text{Wert}(q \longrightarrow \neg p) = \text{seq(W,W)=W}.$$

Tautologien: Ein Ausdruck heißt genau dann eine Tautologie, wenn er für jede Belegungsfunktion den Wert W (wahr) besitzt.

▶ BEISPIEL 2: Der Ausdruck

$$q \vee \neg q$$

ist eine Tautologie.

Beweis: Für $b(q) = W$ erhalten wir

$$\text{Wert}(q \vee \neg q) = \text{vel}(W,F)=W \, ,$$

und $b(q) = F$ ergibt

$$\text{Wert}(q \vee \neg q) = \text{vel}(F,W)=W \, . \qquad \square$$

Äquivalente Ausdrücke: Zwei Ausdrücke A und B heißen genau dann (logisch) äquivalent, in Zeichen

$$\boxed{A \cong B \, ,}$$

wenn sie für jede Belegungsfunktion den gleichen Wert ergeben.

Satz: Es gilt $A \cong B$ genau dann, wenn $A \longleftrightarrow B$ eine Tautologie ist.

▶ BEISPIEL 3:

$$\boxed{p \longrightarrow q \cong \neg p \vee q \, .}$$

Somit ist

$$p \longrightarrow q \longleftrightarrow \neg p \vee q$$

eine Tautologie.

Wichtige Tautologien der klassischen Logik findet man in 4.1.3.

4.4.1.1 Die Axiome

Das Ziel der Aussagenlogik ist es, alle Tautologien zu erfassen. Das geschieht in rein formaler Weise durch sogenannte Axiome und Ableitungsregeln. Die Axiome lauten:

(A1) $p \longrightarrow \neg\neg p$

(A2) $\neg\neg p \longrightarrow p$

(A3) $p \longrightarrow (q \longrightarrow p)$

(A4) $((p \longrightarrow q) \longrightarrow p) \longrightarrow p$

(A5) $(p \longrightarrow q) \longrightarrow ((q \longrightarrow r) \longrightarrow (p \longrightarrow r))$

(A6) $p \wedge q \longrightarrow p$

(A7) $p \wedge q \longrightarrow q$

(A8) $(p \longrightarrow q) \longrightarrow ((q \longrightarrow r) \longrightarrow (p \longrightarrow q \wedge r))$

(A9) $p \longrightarrow p \vee q$

(A10) $q \longrightarrow p \vee q$

(A11) $(p \longrightarrow r) \longrightarrow ((q \longrightarrow r) \longrightarrow (p \vee q \longrightarrow r))$

(A12) $(p \longleftrightarrow q) \longrightarrow (p \longrightarrow q)$

(A13) $(p \longleftrightarrow q) \longrightarrow (q \longrightarrow p)$

(A14) $(p \longrightarrow q) \longrightarrow ((q \longrightarrow p) \longrightarrow (p \longleftrightarrow q))$

(A15) $(p \longrightarrow q) \longrightarrow (\neg q \longrightarrow \neg p)$.

4.4.1.2 Die Ableitungsregeln

Mit A, B, C werden Ausdrücke bezeichnet. Die Herleitungsregeln lauten:

(R1) Jedes Axiom ist ableitbar.

(R2) (Abtrennungsregel – modus ponens). Sind $(A \longrightarrow B)$ und A aus den Axiomen ableitbar, dann ist auch B aus den Axiomen ableitbar.

(R3) (Einsetzungsregel). Ist A aus den Axiomen ableitbar und entsteht B dadurch, dass man in A eine Aussagenvariable q_j überall durch einen festen Ausdruck C ersetzt, dann ist auch B aus den Axiomen ableitbar.

(R4) Ein Ausdruck ist nur dann aus den Axiomen ableitbar, wenn er das auf Grund der Regeln (R1), (R2), (R3) ist.

4.4.1.3 Der Hauptsatz der Aussagenlogik

(i) *Vollständigkeit des Axiomensystems:* Ein Ausdruck ist genau dann eine Tautologie, wenn er aus den Axiomen abgeleitet werden kann.

Speziell sind alle Axiome Tautologien.

(ii) *Klassische Widerspruchsfreiheit des Axiomensystems:* Aus den Axiomen kann man nicht einen Ausdruck und zugleich seine Negation ableiten.[12]

(iii) *Unabhängigkeit der Axiome:* Keines der Axiome kann aus den übrigen Axiomen abgeleitet werden.

(iv) *Entscheidbarkeit:* Es gibt einen Algorithmus, der in endlich vielen Schritten entscheiden kann, ob ein Ausdruck eine Tautologie ist oder nicht.

4.4.2 Prädikatenlogik

Anschaulich gesprochen werden im Prädikatenkalkül Eigenschaften von Individuen und deren Beziehungen untersucht. Dabei benutzt man die Aussagen „für alle Individuen gilt ..." und „es gibt ein Individuum mit ...".

Individuenbereich: Formal geht man von einer Menge M aus, die man den Individuenbereich nennt. Die Elemente von M heißen Individuen.

Relationen: Eigenschaften und Beziehungen zwischen Individuen werden durch n-stellige Relationen auf der Menge M beschrieben. Eine solche Relation R ist eine Teilmenge des n-fachen kartesischen Produkts $M \times \cdots \times M$. Das Symbol

$$(a_1, \ldots, a_n) \in R$$

---

[12]Ein Axiomensystem heißt genau dann *semantisch widerspruchsfrei*, wenn man aus ihm nur Tautologien ableiten kann. Ferner heißt ein Axiomensystem genau dann *syntaktisch widerspruchsfrei*, wenn man aus ihm nicht alle Ausdrücke ableiten kann.

Das Axiomensystem (A1) bis (A15) ist semantisch und syntaktisch widerspruchsfrei.

besagt definitionsgemäß, dass zwischen den Individuen $a_1, \ldots, a_n$ die Beziehung R besteht. Im Fall $n = 1$ sagt man auch, dass a_1 die Eigenschaft R besitzt.

▶ BEISPIEL 1: Der Individuenbereich M sei die Menge $\mathbb{R}$ der reellen Zahlen. Ferner sei R gleich der Menge $\mathbb{N}$ der natürlichen Zahlen. Dann besagt

$$a \in R$$

dass die reelle Zahl a die Eigenschaft besitzt, eine natürliche Zahl zu sein.

Bezeichnet x eine sogenannte Individuenvariable, dann ist die Aussage

$$\boxed{\forall x\, Rx}$$

wahr, wenn alle Individuen in M zu R gehören (d. h. die „Eigenschaft" R besitzen). Dagegen ist diese Aussage falsch, wenn es ein Individuum in M gibt, das nicht zu R gehört. Ferner ist die Aussage

$$\boxed{\exists x\, Rx}$$

wahr, wenn ein Individuum aus M in R liegt. Dagegen ist diese Aussage falsch, wenn kein Individuum aus M in R liegt. Analog verfährt man mit 2-stelligen Relationen

$$\forall x \forall y\, Rxy \quad \text{usw.}$$

▶ BEISPIEL 2: Als Individuenbereich wählen wir die Menge $\mathbb{R}$ der reellen Zahlen, und wir setzen $R := \{(a,a),\ |\, a \in \mathbb{R}\}$. Dann ist R eine Teilmenge von $\mathbb{R} \times \mathbb{R}$. Das Symbol Rab bedeutet $(a,b) \in R$, und die Formalisierung

$$\forall a\, \forall b\, (Rab \longrightarrow Rba)$$

bedeutet: Für alle reellen Zahlen a und b folgt aus $a = b$ stets $b = a$.

Grundzeichen: Im Prädikatenkalkül der ersten Stufe verwendet man folgende Grundzeichen:

(a) Individuenvariable $x_1, x_2, \ldots$;

(b) Relationsvariable $R_1^{(k)}, R_2^{(k)}, \ldots$ mit $k = 1, 2, \ldots$;

(c) aussagenlogische Funktoren $\neg, \wedge, \vee, \longrightarrow, \longleftrightarrow$;

(d) den Generalisator $\forall$ und Partikularisator $\exists$;

(e) Klammern (,).

Die Relationsvariable $R_n^{(k)}$ wirkt definitionsgemäß auf n Individuenvariable, z. B. $R_2^{(k)} x_1 x_2$.

Ausdrücke: (i) Jede Zeichenreihe $R_n^{(k)} x_{i_1} x_{i_2} \cdots x_{i_n}$ ist ein Ausdruck ($k, n = 1, 2, \ldots$).

(ii) Sind A, B Ausdrücke, dann sind auch

$$\neg A, \quad (A \wedge B), \quad (A \vee B), \quad (A \longrightarrow B), \quad (A \longleftrightarrow B)$$

Ausdrücke.

(iii) Ist $A(x_j)$ ein Ausdruck, in dem die Individuenvariable x_j *vollfrei* vorkommt[13], dann sind auch $\forall x_j A(x_j)$ und $\exists x_j A(x_j)$ Ausdrücke.

---

[13]Das heißt, es tritt x_j auf, aber weder $\forall x_j$ noch $\exists x_j$ sind Teilzeichenreihen.

(iv) Ein Zeichenreihe ist nur dann ein Ausdruck, wenn das auf Grund von (i) bis (iii) der Fall ist.

Vollständigkeitssatz von Gödel (1930): Im Prädikatenkalkül der ersten Stufe gibt es explizit angebbare Axiome und explizit angebbare Ableitungsregeln, so dass ein Ausdruck genau dann eine Tautologie ist, wenn man ihn aus den Axiomen ableiten kann.

Die Situation ist somit analog zum Aussagenkalkül[14] in 4.4.1.3.

Satz von Church (1936): Im Unterschied zur Aussagenlogik gibt es im Prädikatenkalkül der ersten Stufe keinen Algorithmus, der nach endlich vielen Schritten entscheiden kann, ob eine Aussage eine Tautologie ist oder nicht.

4.4.3 Die Axiome der Mengentheorie

Bei einem streng axiomatischen Aufbau der Mengentheorie nach Zermelo (1908) und Fraenkel (1925) benutzt man die Grundbegriffe „Menge" und „Element einer Menge", die den folgenden Axiomen genügen sollen.[15]

(i) *Existenzaxiom:* Es gibt eine Menge.

(ii) *Extensionalitätsaxiom:* Zwei Mengen sind genau dann gleich, wenn sie die gleichen Elemente haben.

(iii) *Aussonderungsaxiom:* Zu jeder Menge M und jeder Aussage $\mathcal{A}(x)$, gibt es eine Menge A, deren Elemente genau jene Elemente x von M sind, für die die Aussage $\mathcal{A}(x)$ wahr ist.[16]

▶ BEISPIEL 1: Wir wählen eine Menge M, und $\mathcal{A}(x)$ soll der Bedingung $x \neq x$ entsprechen. Dann existiert eine Menge A, die genau alle Elemente x von M mit $x \neq x$. enthält. Diese Menge wird mit $\emptyset$ bezeichnet und *leere Menge* genannt. Nach dem Extensionalitätsaxiom gibt es genau eine derartige leere Menge.

▶ BEISPIEL 2: Es gibt keine Menge aller Mengen.

Beweis: Angenommen, es existiert die Menge M aller Mengen. Nach dem Aussonderungsaxiom ist dann

$$A := \{ x \in M \mid x \notin x \}$$

eine Menge.

Fall 1: Es gilt $A \notin A$. Nach Konstruktion von A folgt daraus $A \in A$.

Fall 2: Es gilt $A \in A$. Nach Konstruktion von A folgt daraus $A \notin A$.

In beiden Fällen erhalten wir einen Widerspruch. $\qquad\square$

(iv) *Paarbildungsaxiom:* Sind M und N Mengen, dann gibt es stets eine Menge, die genau M und N als Elemente enthält.

(v) *Vereinigungsmengenaxiom:* Zu jedem Mengensystem $\mathcal{M}$ gibt es eine Menge, die genau alle Elemente enthält, die zu mindestens einer Menge von $\mathcal{M}$ gehören.

(vi) *Potenzmengenaxiom:* Zu jeder Menge M existiert ein Mengensystem $\mathcal{M}$ das genau alle Teilmengen von M als Elemente enthält.

---

[14]Die Einzelheiten findet man in [Asser 1975, Bd. 2].

[15]Einen Aufbau der Mengentheorie, bei dem auch Unmengen zugelassen sind, findet man in [Klaua, 1964]. Aus stilistischen Gründen benutzt man anstelle des Begriffs „Menge von Mengen" das Wort Mengensystem. Das Symbol $x \in M$ bedeutet. dass x ein Element der Menge M ist.

[16]Dabei setzen wir in natürlicher Weise voraus, dass x in $\mathcal{A}(x)$ mindestens an einer Stelle nicht durch die Zeichen $\forall$ oder $\exists$ gebunden ist, d. h., x ist frei.

Unter dem Nachfolger X^+ einer Menge X verstehen wir die Menge[17]

$$X^+ := X \cup \{X\}.$$

(vii) *Unendlichkeitsaxiom:* Es gibt ein Mengensystem $\mathcal{M}$, das die leere Menge und mit einer Menge zugleich auch deren Nachfolger enthält.

(viii) *Auswahlaxiom:* Das kartesische Produkt einer nichtleeren Familie von nichtleeren Mengen ist nicht leer.[18]

(ix) *Ersetzungsaxiom:* Es sei $\mathcal{A}(a,b)$ eine Aussage, so dass für jedes Element a einer Menge A die Menge $M(a) := \{b \mid \mathcal{A}(a,b)\}$ gebildet werden kann.

Dann existiert genau eine Funktion F mit dem Definitionsbereich A, so dass $F(a) = M(a)$ für alle $a \in A$ gilt.

Den Aufbau der Mengentheorie aus diesen Axiomen findet man in [Halmos 1974]. Die Pedanterie bei der Formulierung der Axiome soll die Mengen von den Unmengen abgrenzen, um Antinomien wie zum Beispiel die Russelsche Antinomie der Menge aller Mengen zu vermeiden.

4.4.4 Cantors Strukturierung des Unendlichen

Bei seinem Aufbau der Mengentheorie führte Cantor transfinite Ordinalzahlen und Kardinalzahlen ein. Ordinalzahlen entsprechen unserer Vorstellung vom „Weiterzählen", während Kardinalzahlen „die Anzahl der Elemente" beschreiben.

4.4.4.1 Ordinalzahlen

Die Menge ω: Wir setzen

$$0 := \varnothing, \quad 1 := 0^+, \quad 2 := 1^+, \quad 3 := 2^+, \quad \ldots,$$

wobei $x^+ = x \cup \{x\}$ den Nachfolger von x bezeichnet. Dann gilt[19]

$$1 = \{0\}, \quad 2 = \{0,1\}, \quad 3 = \{0,1,2\}, \quad \ldots$$

Eine Menge M heißt genau dann eine Nachfolgemenge, wenn sie die leere Menge und mit einer Menge auch zugleich deren Nachfolger enthält. Es gibt genau eine Nachfolgemenge ω, die Teilmenge jeder Nachfolgemenge ist.

Definition: Die Elemente von ω heißen natürliche Zahlen.

Rekursionssatz von Dedekind: Gegeben seien eine Funktion $\varphi : X \longrightarrow X$ auf der Menge X und ein festes Element m von X. Dann gibt es genau eine Funktion

$$\boxed{R : \omega \longrightarrow X}$$

mit $R(0) = m$ und $R(n^+) = \varphi(R(n))$. Man nennt R eine rekursive Funktion.

▶ BEISPIEL 1 (Addition natürlicher Zahlen): Wir wählen $X := \omega$, und φ sei durch $\varphi(x) := x^+$ für alle $x \in \omega$ gegeben. Dann existiert zu jeder natürlichen Zahl m genau eine Funktion $R : \omega \longrightarrow \omega$ mit $R(0) = m$ und $R(n^+) = R(n)^+$ für alle $n \in \omega$. Wir setzen $m + n := R(n)$. Das bedeutet

$$\boxed{m + 0 = m \quad \text{und} \quad m + n^+ = (m+n)^+}$$

---

[17]Mit $\{X\}$ bezeichnen wir jene Menge, die genau X als Element enthält.
[18]Funktionen, Mengenfamilien und kartesische Produkte werden wie in 4.3 definiert.
[19]Man beachte $1 = \varnothing \cup \{\varnothing\} = \{\varnothing\} = \{0\}$, $2 = 1 \cup \{1\} = \{0\} \cup \{1\} = \{0,1\}$ usw.

für alle natürlichen Zahlen n und m. Speziell gilt $m + 1 = m^+$, denn es ist $m + 1 = m + 0^+ = (m + 0)^+ = m^+$.

Auf diesem Weg ist es möglich, mit Hilfe der Axiome der Mengentheorie die Menge ω der natürlichen Zahlen einzuführen[20] und darauf eine Addition zu erklären. In analoger Weise ergibt sich die Multiplikation natürlicher Zahlen. Durch Konstruktion geeigneter Äquivalenzklassen kann man dann aus ω der Reihe nach die Menge der ganzen, rationalen, reellen und komplexen Zahlen konstruieren (vgl. [Oberschelp 1968]).

▶ BEISPIEL 2 (ganze Zahlen): Die Menge der ganzen Zahlen kann durch folgende Konstruktion erhalten werden. Wir betrachten alle Paare (m, n) mit $m, n \in \omega$ und schreiben

$$(m, n) \sim (a, b) \quad \text{genau dann, wenn} \quad m + b = a + n \text{ gilt.}$$

Die zugehörigen Äquivalenzklassen $[(m, n)]$ heißen ganze Zahlen.[21] Beispielsweise gilt $(1, 3) \sim (2, 4)$.

Definition: Unter einer *Ordinalzahl* versteht man eine wohlgeordnete Menge X mit der Eigenschaft, dass für alle $a \in X$ die Menge

$$\{x \in X : x < a\}$$

gleich a ist.

▶ BEISPIEL 3: Die oben definierten Mengen $0, 1, 2 \ldots$ und ω sind Ordinalzahlen. Ferner sind

$$\omega + 1 := \omega^+, \quad \omega + 2 := (\omega + 1)^+, \quad \ldots$$

Ordinalzahlen. Sie entsprechen dem Weiterzählen nach ω.

Sind α und β Ordinalzahlen, so schreiben wir genau dann

$$\boxed{\alpha < \beta,}$$

wenn α eine Teilmenge von β ist.

Satz: (i) Für zwei Ordinalzahlen α und β gilt genau eine der drei Beziehungen $\alpha < \beta$, $\alpha = \beta$, $\alpha > \beta$.

(ii) Jede Menge von Ordinalzahlen ist wohlgeordnet

(iii) Jede wohlgeordnete Menge X ist zu genau einer Ordinalzahl gleichgeordnet, die wir mit ord X bezeichnen und die Ordinalzahl von X nennen.

Ordinale Summe: Sind A und B zwei disjunkte wohlgeordnete Mengen, dann erklären wir die ordinale Summe

$$\text{„}A \cup B\text{"}$$

als die Vereinigungsmenge $A \cup B$ mit der folgenden natürlichen Ordnung:

$$a \leq b \quad \text{für} \quad a \in A \quad \text{und} \quad b \in B.$$

Ferner entspricht $a \leq b$ der Ordnungsrelation auf A (bzw. B) falls a und b beide zu A (bzw. zu B) gehören.

---

[20] Um den Ordinalzahlcharakter zu betonen, benutzen wir hier (der mengentheoretischen Tradition folgend) das Symbol ω anstelle von $\mathbb{N}$.
[21] Intuitiv entspricht $[(m, n)]$ der Zahl $m - n$.

Ordinales Produkt: Sind A und B zwei wohlgeordnete Mengen, dann ist das ordinale Produkt

$$„A \times B"$$

gleich der Produktmenge $A \times B$ versehen mit der lexikographischen Ordnung, d. h., es ist $(a, b) < (c, d)$ genau dann, wenn entweder $a < c$ oder $a = c$ und $b < d$ gilt.

Ordinalzahlarithmetik: Es seien α und β zwei Ordinalzahlen. Dann gibt es genau eine Ordinalzahl γ, die zur ordinalen Summe „$\alpha \cup \beta$" gleichgeordnet ist. Wir erklären die *Ordinalzahlsumme* durch

$$\alpha + \beta := \gamma.$$

▶ BEISPIEL 4: Es ist $\alpha + 1 = \alpha^+$ für alle Ordinalzahlen α.

Ferner gibt es genau eine Ordinalzahl δ, die zum ordinalen Produkt „$\alpha \times \beta$" gleichgeordnet ist. Wir erklären das *Ordinalzahlprodukt* durch

$$\alpha\beta := \delta.$$

▶ BEISPIEL 5: Wir betrachten die lexikographisch geordnete Menge $\omega \times \omega$:

$$
\begin{array}{ccccc}
(0,0) & (0,1) & (0,2) & (0,3) & \dots \\
(1,0) & (1,1) & (1,2) & (1,3) & \dots \\
\dots
\end{array}
$$

(i) Die erste Zeile ist gleichgeordnet mit ω, d. h., die Ordinalzahl der ersten Zeile ist ω.

(ii) Die erste Zeile zusammen mit $(1,0)$ ist gleichgeordnet zu $\omega + 1$, d. h., die Ordinalzahl dieser Menge ist $\omega + 1$.

(iii) Die Ordinalzahl der ersten Zeile zusammen mit der zweiten Zeile ist 2ω.

(iv) Versehen wir die erste und zweite Spalte mit der lexikographischen Ordnung $(0,0)$, $(0,1)$, $(1,0)$, $(1,1), \dots$, dann entsteht eine Menge M deren Ordinalzahl $\omega 2$ ist. Andererseits ist M gleichgeordnet zur Menge der natürlichen Zahlen. Somit gilt $\omega 2 = \omega$, d. h., $2\omega \neq \omega 2$.

(v) Die Ordinalzahl der gesamten Matrix ist $\omega\omega$, d. h., $\operatorname{ord}(\omega \times \omega) = \omega\omega$.

Antinomie von Burali-Forti: Die Gesamtheit aller Ordinalzahlen ist keine Menge.

4.4.4.2 Kardinalzahlen

Gegeben sei eine beliebige Menge A. Alle Ordinalzahlen, die zu A gleich mächtig sind, bilden eine wohlgeordnete Menge. Die kleinste Ordinalzahl dieser Menge heißt die Kardinalzahl card A, von A.

Die Relation card $A \leq$ card B entspricht definitionsgemäß der Ordinalzahlordnung.

Satz: (i) Es ist card $A =$ card B genau dann, wenn A gleichmächtig zu B ist.

(ii) Es ist card $A <$ card B genau dann, wenn B mächtiger als A ist.

▶ BEISPIEL: Für eine endliche Menge A ist card A gleich der Anzahl der Elemente von A.

Kardinalzahlarithmetik: Sind A und B disjunkte Mengen, dann erklären wir die *Kardinalzahlsumme* durch

$$\text{card } A + \text{card } B := \text{card}(A \cup B).$$

Für zwei beliebige Mengen A und B definieren wir das *Kardinalzahlprodukt* durch

$$(\operatorname{card} A)(\operatorname{card} B) := \operatorname{card}(A \times B).$$

Diese Definitionen sind unabhängig von der Wahl der Repräsentanten A und B.

Antinomie von Cantor: Die Gesamtheit aller Kardinalzahlen ist keine Menge.

4.4.4.3 Die Kontinuumshypothese

Die Kardinalzahl $\operatorname{card} \omega$ der Menge der natürlichen Zahl ω bezeichnet[22] man mit $\aleph_0$. Es gibt eine kleinste Kardinalzahl $\aleph_1$, die echt größer als $\aleph_0$ ist. Die folgenden beiden Fälle sind denkbar:

(i) $\aleph_0 < \aleph_1 = \operatorname{card} \mathbb{R}$.

(ii) $\aleph_0 < \aleph_1 < \operatorname{card} \mathbb{R}$.

Man bezeichnet die Kardinalzahl $\operatorname{card} \mathbb{R}$ der Menge der reellen Zahlen als die *Mächtigkeit des Kontinuums.* Cantor versuchte vergeblich, die sogenannte Kontinuumshypothese (i) zu beweisen. Anschaulich besagt (i), dass es zwischen der Mächtigkeit der Menge der natürlichen Zahlen und der Mächtigkeit des Kontinuums keine weitere Mächtigkeit gibt.

Im Jahre 1940 bewies Gödel, dass die Kontinuumshypothese (i) mit den übrigen Axiomen der Mengentheorie verträglich ist; 1963 zeigte Cohen, dass das auch für (ii) gilt.

Satz von Gödel-Cohen: Das Auswahlaxiom und die Kontinuumshypothese sind unabhängig von den übrigen Axiomen der Mengentheorie.

Genauer bedeutet das: Sind die Axiome der Mengentheorie in 4.4.3 widerspruchsfrei, dann kann man (i) oder (ii) hinzunehmen, ohne einen Widerspruch zu erhalten. Das gleiche Resultat bleibt bestehen, wenn man in 4.4.3 das Auswahlaxiom durch seine Negation ersetzt.

Dieses überraschende Ergebnis zeigt, dass es nicht eine Mengentheorie, sondern mehrere Mengentheorien gibt und dass die sehr einleuchtenden Axiome in 4.4.3 entgegen unseren Erwartungen die Strukturierung des Unendlichen nicht eindeutig festlegen.

Es ist eine wesentliche Erkenntnis der Physik und Mathematik des 20. Jahrhunderts, dass der sogenannte „gesunde Menschenverstand" versagt, sobald wir in Erkenntnisbereiche vorstoßen, die weit von unserer täglichen Erfahrungswelt entfernt sind. Das betrifft die Quantentheorie (atomare Dimensionen), die Relativitätstheorie (hohe Geschwindigkeiten und kosmische Maßstäbe) sowie die Mengentheorie (der Begriff des Unendlichen).

4.5 Geschichte der axiomatischen Methode und ihr Verhältnis zur philosophischen Erkenntnistheorie

> *Bevor man axiomatisiert, muss mathematische Substanz vorhanden sein.*
>
> *Hermann Weyl* [23] (1885–1955)

In der Geschichte der Mathematik beobachtet man zwei grundlegende Tendenzen:

(i) die Wechselwirkung mit den Naturwissenschaften und

---

[22]Das Symbol $\aleph$ ist der erste Buchstabe aleph des hebräischen Alphabets.

[23]Hermann Weyl wurde im Jahre 1930 der Nachfolger von David Hilbert in Göttingen. 1933 emigrierte er in die USA und arbeitete zusammen mit Albert Einstein am weltberühmten Institute for Advanced Study in Princeton (New Jersey). Richard Courant, der ebenfalls 1933 emigrierte, gründete in New York das heute nach ihm benannte ebenfalls weltberühmte Courant-Institut in New York.

(ii) die Wechselwirkung mit der philosophischen Erkenntnistheorie.
In diesem Abschnitt werden wir uns mit (ii) beschäftigen. Eine ausführliche Diskussion von (i) findet man in 10.1 im Handbuch. Der Abschnitt 14.9 des Handbuchs ist der faszinierenden Wechselwirkung zwischen Geometrie und moderner Physik gewidmet (Elementarteilchen und Kosmologie). Eine Tafel zur Geschichte der Mathematik findet man am Ende dieses Taschenbuches.

Axiome: Die axiomatische Darstellung einer mathematischen Disziplin entspricht dem folgenden Schema:

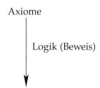

An der Spitze stehen sogenannte Postulate oder Axiome. Das sind Annahmen, die nicht bewiesen werden brauchen. Tatsächlich ergeben sich die Axiome nicht in willkürlicher Weise, sondern sie sind das Ergebnis eines langen mathematischen Erkenntnisprozesses. Aus den Axiomen gewinnt man mit Hilfe logischer Schlüsse, die man Beweise nennt, sogenannte mathematische Sätze. Besonders wichtige Sätze heißen Hauptsätze oder Theoreme.[24]

Definitionen vergeben einen Namen für einen häufig wiederkehrenden Sachverhalt.

Die „Elemente" des Euklid: Das Vorbild für die axiomatische Darstellung einer mathematischen Disziplin waren 2000 Jahre lang die „Elemente" des Euklid, die dieser etwa 325 v. Chr. in Alexandria niedergeschrieben hat. Die „Elemente" beginnen mit den folgenden Definitionen: 1. Ein Punkt ist, was keine Teile hat. 2. Eine Linie ist breitenlose Länge. 3 ...

Berühmt geworden ist das sogenannte *Parallelenaxiom*. Es lautet in einer äquivalenten modernen Fassung:

(P) Liegt der Punkt P nicht auf der Geraden g, dann gibt es in der von P und g aufgespannten Ebene genau eine Gerade durch den Punkt P, die die Gerade g nicht schneidet.

Erst im 19. Jahrhundert bewiesen Bolyai, Gauß und Lobatschewski, dass das Parallelenaxiom unabhängig von den übrigen Axiomen des Euklid ist. Das heißt, es existiert eine Geometrie, in der (P) gilt, und es gibt Geometrien, in denen (P) nicht gilt (vgl. 3.2.7).

Hilberts Grundlagen der Geometrie: Die moderne axiomatische Methode wurde von Hilbert mit seinen „Grundlagen der Geometrie" im Jahre 1899 geschaffen. Hilbert nimmt hier gegenüber Euklid einen viel radikaleren Standpunkt ein. Er versucht nicht, etwa den Begriff des Punktes zu definieren, sondern er stellt die Grundbegriffe „Punkt, Gerade, Ebene" und Wortkombinationen wie „geht durch", „kongruent", „liegt zwischen" ohne inhaltliche Erläuterungen an die Spitze und formuliert damit die Axiome. Sein erstes Axiom lautet beispielsweise: Durch zwei verschiedene Punkte geht stets eine Gerade. Das eröffnet die Möglichkeit, völlig *unterschiedliche Modelle* zu betrachten. Zum Beispiel entspricht im Poincaré-Modell der hyperbolischen Geometrie der Begriff „Gerade" einem Kreis mit dem Mittelpunkt auf der x-Achse (vgl. 3.2.8).

Hilberts Beweis der relativen Widerspruchsfreiheit der Geometrie: Unter der Voraussetzung, dass gewisse Teile der Algebra und Analysis widerspruchsfrei sind, konnte Hilbert die Widerspruchsfreiheit der Geometrie nachweisen, indem er kartesische Koordinaten benutzte und dadurch Aussagen der Geometrie in Aussagen der Algebra und Analysis übersetzte. Zum

---

[24]Zur Strukturierung von Beweisen ist es oft nützlich, Zwischenergebnisse als Hilfssätze zu formulieren. Ein häufig benutzter Hilfssatz wird auch Lemma genannt.

Beispiel entspricht der Satz der ebenen euklidischen Geometrie „zwei nichtparallele Geraden schneiden sich in genau einem Punkt" der Tatsache, dass das Gleichungssystem

$$Ax + By + C = 0,$$
$$Dx + Ey + F = 0$$

für gegebene reelle Zahlen A, B, C, D, E, F mit $AE - BD \neq 0$ genau ein reelles Lösungspaar (x, y) besitzt.

Hilberts Programm eines absoluten Beweises für die Widerspruchsfreiheit der Mathematik: Um 1920 entwickelte Hilbert ein Programm mit dem Ziel, die Widerspruchsfreiheit der gesamten Mathematik zu beweisen. Das Vorbild für die Hilbertsche Beweistheorie ist der Hauptsatz der Aussagenlogik in 4.4.1.3. Die wesentliche Idee besteht darin, dass man alle „Sätze einer Theorie" als einer festen Zahl von Axiomen durch Anwendung einer festen Zahl von Ableitungsregeln in rein formaler Weise erhalten kann.

Der Gödelsche Unvollständigkeitssatz: Im Jahre 1932 erschien die grundlegende Arbeit von Kurt Gödel „Über formal unentscheidbare Sätze der Principia Mathematica und verwandte Sätze". Dort wurde gezeigt, dass es in einem hinreichend reichhaltigen Axiomensystem, das die Theorie der Zahlen umfasst, stets Sätze gibt, die nicht aus den Axiomen abgeleitet werden können, obwohl diese Sätze (von einer höheren Warte aus betrachtet) wahr sind.

Ferner zeigte Gödel, dass man die Widerspruchsfreiheit eines derartigen Axiomensystems nur beweisen kann, indem man zu einem umfassenderen System übergeht. Damit erwies sich das Hilbertsche Programm eines absoluten Beweises für die Widerspruchsfreiheit der Mathematik als undurchführbar. Mathematik ist nach Gödels Erkenntnissen mehr als ein formales System von Axiomen und Ableitungsregeln.

Mathematische Logik: Gödels Arbeit stellt einen Höhepunkt der mathematischen Logik dar. Die formale Logik – als wichtiger Bestandteil der Philosophie – geht bereits auf Aristoteles (384–322 v. Chr.) zurück.

Das erste Grundprinzip des Denkens stellt nach Aristoteles der Satz vom Widerspruch dar. Er schreibt: „Man kann nicht akzeptieren, dass ein und dasselbe Ding existiert und nicht existiert".

Das zweite Grundprinzip des Aristoteles ist der *Satz vom ausgeschlossenen Dritten:* „Eine Aussage ist entweder wahr oder falsch". Alle indirekten Beweise der Mathematik benutzen dieses Prinzip in der folgenden Form: Ist die Negation einer Aussage falsch, dann muss die Aussage wahr sein.[25]

Der Terminus *Logik* wurde von dem Stoiker Zenon (336–264 v. Chr.) eingeführt. Das griechische Wort *logos* steht für Wort, Rede, Denken, Vernunft.

Leibniz (1646–1716) sprach den Gedanken aus, eine mathematische Symbolik in die Logik einzuführen. Das erste System einer solchen Symbolschrift schuf der englische Mathematiker George Boole (1815–1869). Mit der 1879 erschienenen „Begriffsschrift" von Gottlob Frege (1848–1925) begann die mathematische Logik heutiger Prägung. Das in den Jahren 1910 bis 1913 erschienene monumentale dreibändige Werk „Principia Mathematica" von Bertrand Russel (1872–1970) und Alfred Whitehead (1861–1947) enthielt erstmalig die Hilfsmittel, um die gesamte Mathematik in formaler Symbolschrift darzustellen. Diese Entwicklung fand einen gewissen Abschluss mit dem Erscheinen der „Grundzüge der theoretischen Logik" von Hilbert und Ackermann im Jahre 1928 und dem Erscheinen der zweibändigen „Grundlagen der Mathematik" von Hilbert und Bernays aus den Jahren 1934 und 1939.

---

[25]Die Anwendung dieses Prinzips wird nicht von allen Mathematikern akzeptiert. Um 1920 begründete Brouwer die sogenannte intuitionistische Mathematik, die indirekte Beweise strikt ablehnt und nur konstruktive Beweise zulässt.

Als moderne Einführung in die mathematische Logik empfehlen wir [Manin 1977]. Das fruchtbare Zusammenspiel zwischen mathematischer Logik und Informatik wird in Kapitel 9 dargestellt.

Unter dem Einfluss der Quantentheorie und den Bedürfnissen der Informatik ist eine mehrwertige Logik geschaffen worden, die neben „wahr" und „falsch" noch weitere Wahrheitswerte zulässt (z. B. „möglich"). Die zugehörige Mengentheorie führt auf unscharfe Mengen (fuzzy sets). Dieser moderne Zweig der theoretischen Informatik wird in 9.10 betrachtet.

Literatur zu Kapitel 4

[Aigner et al. 2009] Aigner, M., Ziegler, G., Hofmann, K.: Das BUCH der Beweise, Springer, Berlin (2009)

[Asser 1975/81] Asser, G.: Einführung in die mathematische Logik. Bd. 1-3. 6., 2., 1. Auflage, Teubner, Leipzig (1975/81)

[Beckermann 2010] Beckermann, A.: Einführung in die Logik. De Gruyter, Berlin (2010)

[Deiser 2010, 1] Deiser, O.: Einführung in die Mengenlehre. Springer, Berlin (2010)

[Deiser 2010, 2] Deiser, O.: Grundbegriffe der wissenschaftlichen Mathematik. Springer, Berlin (2010)

[Deiser et al. 2011] Deiser, O., Lasser, C., Voigt, E., Werner, D.: 12 × 12 Schlüsselkonzepte zur Mathematik, Spektrum Akademischer Verlag, Heidelberg (2011)

[Ebbinghaus 2003] Ebbinghaus, H.: Einführung in die Mengenlehre. Spektrum Akademischer Verlag, Heidelberg (2003)

[Ebbinghaus et al. 2007] Ebbinghaus, H., Flum, J., Thomas, W.: Einführung in die mathematische Logik. Spektrum Akademischer Verlag, Heidelberg (2007)

[Ebbinghaus et al. 1992] Ebbinghaus, H., Hirzebruch, F., Koecher, M., Mainzer, K., Neukirch, J., Prestel, A., Remmert, R.: Zahlen. Springer, Berlin (1992)

[Euklid 2003] Euklid.: Die Elemente. Band I–V, Harry Deutsch, Frankfurt/Main (2003)

[Halmos 1974] Halmos, P.: Naive Set Theory. Springer, Berlin (1974)

[Hermes 1991] Hermes, H.: Einführung in die mathematische Logik. Klassische Prädikatenlogik, Teubner, Stuttgart (1991)

[Hilbert und Bernays 1968/70] Hilbert, D., Bernays, P.: Grundlagen der Mathematik. Bd. 1, 2. Springer Berlin (1968/70)

[Hilbert und Ackermann 1967] Hilbert, D., Ackermann, W.: Grundzüge der theoretischen Logik, Springer, Berlin (1967)

[Hoffmann 2011] Hoffmann, D., Grenzen der Mathematik. Eine Reise durch die Kerngebiete der mathematischen Logik. Spektrum Akademischer Verlag, Heidelberg (2011)

[Hofstadter 1995] Hofstadter, D.: Gödel, Escher, Bach: Ein endloses geflochtenes Band. 14. Auflage. Klett-Cotta, Stuttgart (1995)

[Klaua 1964] Allgemeine Mengenlehre, Akademie-Verlag, Berlin (1964)

[Manin 2010] Manin, Yu.: A Course in Mathematical Logic for Mathematicians. Springer, New York (2010)

[Oberschelp 1968] Oberschelp, A.: Aufbau des Zahlensystems, Vandenhoeck & Ruprecht, Göttingen (1969)

[Paech 2010] Paech, F:. Mathematik – anschaulich und unterhaltsam. Zur Vorbereitung und Begleitung des Studiums. Carl Hanser Verlag, München (2010)

[Potter 1984] Potter, M.: Mengentheorie. Spektrum Akademischer Verlag, Heidelberg (1994)

[Rautenberg 2008] Rautenberg, W.: Einführung in die Mathematische Logik. Vieweg+Teubner, Wiesbaden (2008)

[Smith 2007] Smith, P.: An Introduction to Gödel's Theorems. Cambridge University Press, Cambridge, United Kingdom (2007)

[Tarski 1977] Tarski, A.: Einführung in die mathematische Logik. Vanderhoeck & Ruprecht, Göttingen (1977)

[Wilenkin 1986] Wilenkin, N.: Unterhaltsame Mengenlehre. Teubner, Leipzig (1986)

KAPITEL 5

VARIATIONSRECHNUNG UND PHYSIK

Da nämlich der Plan des Universums der vollkommenste ist, kann kein Zweifel bestehen, dass alle Wirkungen in der Welt aus den Ursachen mit Hilfe der Methode der Maxima und Minima gleich gut bestimmt werden können.

Leonhard Euler (1707–1783)

Die Mathematik kennt neben der konkurrenzlosen Epoche der Griechen keine glücklichere Konstellation als diejenige, unter der Leonhard Euler geboren wurde. Es ist ihm vorbehalten gewesen, der Mathematik eine völlig veränderte Gestalt zu geben und sie zu dem mächtigen Gebäude auszugestalten, welches sie heute ist.

Andreas Speiser (1885–1970)

Indem er die Eulersche Methode der Variationsrechnung verallgemeinerte, entdeckte Lagrange (1736–1813), wie man in einer einzigen Zeile die Grundgleichung für alle Probleme der analytischen Mechanik aufschreiben kann.

Carl Gustav Jakob Jacobi (1804–1851)

Echte Optimierung ist der revolutionäre Beitrag der modernen mathematischen Forschung zur effektiven Gestaltung von Entscheidungsprozessen.

George Bernhardt Dantzig (1914–2005)[1]

In diesem Kapitel betrachten wir die Elemente der Variationsrechnung, der Steuerungstheorie und der Optimierungstheorie. Weiterführende Resultate findet man in den Kapiteln 12 und 14 im Handbuch. Insbesondere erläutern wir dort den Zusammenhang mit der nichtlinearen Funktionalanalysis. der Theorie nichtlinearer partieller Differentialgleichungen und der modernen Physik. Ferner werden im Kapitel 8 Anwendungen der Optimierungstheorie in der Wirtschaftsmathematik betrachtet.[2]

---

[1]Dantzig entwickelte um 1950 in den USA den grundlegenden Simplexalgorithmus zur linearen Optimierung. Das war der Ausgangspunkt für die moderne Optimierungstheorie, deren Entwicklung eng mit dem Einsatz von leistungsfähigen Computern verbunden ist.

[2]Eine umfassende einheitliche moderne Darstellung der Variationsrechnung, der Steuerungstheorie und der Optimierungstheorie findet man in [Zeidler 1984, Vol. 3). Das einigende Band zwischen diesen scheinbar sehr unterschiedlichen Fragestellungen sind die Prinzipien der nichtlinearen Funktionalanalysis, die den Aufbau einer geschlossenen Theorie der „Mathematik des Optimalen" ermöglicht haben.

5.1 Variationsrechnung für Funktionen einer Variablen

5.1.1 Die Euler-Lagrangeschen Gleichungen

Gegeben seien die reellen Zahlen t_0, t_1, q_0, q_1 mit $t_0 < t_1$. Wir betrachten das Minimumproblem

$$\int_{t_0}^{t_1} L\big(q(t), q'(t), t\big)\, dt = \text{min!},$$

$$q(t_0) = a, \qquad q(t_1) = b,$$

(5.1)

und das allgemeinere Problem

$$\int_{t_0}^{t_1} L\big(q(t), q'(t), t\big)\, dt = \text{stationär!},$$

$$q(t_0) = a, \qquad q(t_1) = b.$$

(5.2)

Die sogenannte *Lagrangefunktion* L sei hinreichend regulär.[3]

Hauptsatz: Ist $q = q(t)$, $t_0 \le t \le t_1$ eine C^2-Lösung von (5.1) oder (5.2), dann gilt die Euler–Lagrangesche Gleichung[4]

$$\frac{d}{dt} L_{q'} - L_q = 0.$$

(5.3)

Dieser berühmte Satz wurde von Euler im Jahre 1744 in seinem Werk *Methodus inveniendi lineas curvas maximi minimive proprietate gaudentes, sive solutio problematis isoperimetrici la tissimo sensu accepti* bewiesen.[5] Damit schuf er die Variationsrechnung als mathematische Disziplin. Im Jahre 1762 vereinfachte Lagrange die Eulersche Herleitung und war damit in der Lage, die Gleichung (5.3) auf Funktionen mehrerer Variabler zu verallgemeinern (vgl. (5.46)). Carathéodory (1873–1950) bezeichnete die Eulersche Variationsrechnung als „eines der schönsten mathematischen Werke, das je geschrieben worden ist". Beispiele werden in 5.1.2 betrachtet.

Kommentar: Die Euler-Lagrangesche Gleichung (5.3) ist äquivalent zu dem Problem (5.2). Dagegen stellt die Euler–Lagrangesche Gleichung (5.3) nur eine notwendige Bedingung für das Minimumproblem (5.1) dar. Jede Lösung von (5.1) genügt (5.3). Die umgekehrte Behauptung ist jedoch nicht richtig. In 5.1.5 geben wir hinreichende Bedingungen dafür an, dass Lösungen der Euler–Lagrangeschen Gleichung (5.3) tatsächlich Lösungen des Minimumproblems (5.1) sind.

Verallgemeinerung auf Systeme: Ist $q = (q_1, \ldots, q_F)$ in (5.1) oder (5.2), dann muss man (5.3) durch das System der Euler-Lagrangeschen Gleichungen ersetzen:

$$\frac{d}{dt} L_{q'_j} - L_{q_j} = 0, \qquad j = 1, \ldots, F.$$

(5.4)

---

[3] Diese Bedingung ist beispielsweise erfüllt, wenn $L : \mathbb{R} \times \mathbb{R} \times [t_0, t_1] \longrightarrow \mathbb{R}$ vom Typ C^2 ist.

[4] Ausführlich geschrieben hat diese Gleichung die folgende Gestalt:

$$\frac{d}{dt} \frac{\partial L\big(q(t), q'(t), t\big)}{\partial q'} - \frac{\partial L\big(q(t), q'(t), t\big)}{\partial q} = 0.$$

[5] Die Übersetzung dieses lateinischen Titels lautet: *Eine Methode, um Kurven zu finden, denen eine Eigenschaft im höchsten oder geringsten Grade zukommt oder Lösung des isoperimetrischen Problems, wenn es im weitesten Sinne des Wortes aufgefasst wird.*

Die Lagrangeschen Bewegungsgleichungen der Mechanik: In der Mechanik hat man im Fall zeitunabhängiger Kräfte, die ein Potential besitzen, die Lagrangefunktion

$$L = \text{kinetische Energie} - \text{potentielle Energie}$$

zu wählen. Dann stellt das System (5.4) die berühmten *Lagrangeschen Bewegungsgleichungen* dar. Der Parameter t entspricht der Zeit, und q sind beliebige Ortskoordinaten.

Das zugehörige Variationsproblem (5.2) heißt *Hamiltonsches Prinzip der stationären Wirkung.*

Hat man es mit der Bewegung von Massenpunkten auf Kurven oder Flächen zu tun (z. B. Kreis- oder Kugelpendel), dann muss man in den Newtonschen Bewegungsgleichungen Zwangskräfte hinzufügen, die das Teilchen auf der Kurve oder der Fläche halten. Dieser Apparat ist schwerfällig. Nach der genialen Idee von Lagrange (1736–1813) ist es viel eleganter, durch Einführung geeigneter Koordinaten, die Nebenbedingungen vollständig zu eliminieren. Das führt auf (5.4) (vgl. z. B. das Kreispendel in 5.1.2). Die Newtonschen Gleichungen der Mechanik *Kraft gleich Masse mal Beschleunigung* lassen sich nicht auf weiterführende physikalische Theorien verallgemeinern (z. B. Elektrodynamik, allgemeine Relativitätstheorie und Kosmologie, Elementarteilchentheorie usw.). Dagegen gilt:

Der Zugang von Lagrange lässt sich auf alle Feldtheorien der Physik verallgemeinern.

Das findet man in Kapitel 14 im Handbuch.

Interpretation der Lösung des Variationsproblems: Wir betrachten eine Kurvenschar

$$q = q(t) + \varepsilon h(t), \qquad t_0 \leq t \leq t_1, \tag{5.5}$$

die durch die Punkte (t_0, q_0) und (t_1, q_1) geht, d. h., es gilt $h(t_0) = h(t_1) = 0$ (Abb. 5.1). Ferner sei ε ein kleiner reeller Parameter. Setzen wir diese Kurvenschar in das Integral (5.1) ein, dann erhalten wir den Ausdruck

$$\varphi(\varepsilon) := \int_{t_0}^{t_1} L\big(q(t) + \varepsilon h(t)\,,\, q'(t) + \varepsilon h'(t)\,,\, t\big)\,\mathrm{d}t.$$

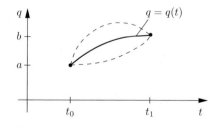

Abb. 5.1

(i) Ist $q = q(t)$ eine Lösung des Minimumproblems (5.1), dann besitzt die Funktion $\varphi = \varphi(\varepsilon)$ im Punkt $\varepsilon = 0$ ein Minimum, d. h., es gilt

$$\varphi'(0) = 0. \tag{5.6}$$

(ii) Das Problem (5.2) bedeutet definitionsgemäß, dass die Funktion $\varphi = \varphi(\varepsilon)$ in $\varepsilon = 0$ einen kritischen Punkt besitzt. Daraus folgt wiederum (5.6).

Aus (5.6) erhält man die Euler-Lagrangesche Gleichung. Das wird in 14.5.1 im Handbuch ausführlich bewiesen.

Wir setzen

$$J(q) := \int_{t_0}^{t_1} L\big(q(t), q'(t), t\big)\, dt$$

und

$$\|q\|_k := \sum_{j=0}^{k} \max_{t_0 \leq t \leq t_1} |q^{(j)}(t)|$$

mit $q^0(t) := q(t)$. Dann gilt $\varphi(\varepsilon) = J(q + \varepsilon h)$. Definitionsgemäß ist die *erste Variation* des Integrals J durch $\delta J(q)h := \varphi'(0)$ gegeben. Die Gleichung (5.6) bedeutet dann

$$\boxed{\delta J(q)h = 0}$$

(Verschwinden der ersten Variation). In der Physik schreibt man dafür kurz $\delta J = 0$ (vgl. 14.5.1 im Handbuch). Die zweite Variation wird durch

$$\delta^2 J(q)h^2 := \varphi''(0)$$

definiert.

Die folgende Begriffsbildung ist fundamental.

Starkes und schwaches lokales Minimum: Gegeben sei eine C^1-Funktion $q = q(t)$ auf $[t_0, t_1]$ mit $q(t_0) = a$ und $q(t_1) = b$. Definitionsgemäß ist die Funktion q genau dann ein starkes (bzw. schwaches) lokales Minimum von (5.1), wenn es eine Zahl $\eta > 0$ gibt, so dass

$$\boxed{J(q_*) \geq J(q)}$$

gilt für alle C^1-Funktionen q_* auf $[t_0, t_1]$ mit $q_*(t_0) = a$, $q_*(t_1) = b$ und

$$\|q_* - q\|_k < \eta$$

für $k = 0$ (bzw. $k = 1$).

Diese Definition lässt sich in analoger Weise auf Systeme übertragen. Jedes schwache (oder starke) lokale Minimum ist eine Lösung der Euler-Lagrangeschen Gleichungen.

Erhaltungssätze: Die Euler-Lagrangesche Gleichung (5.3) für $L = L(q, q', t)$, d. h.,

$$\frac{d}{dt} L_{q'} - L_q = 0$$

lautet explizit:

$$L_{q'q'}q'' + L_{q'q}q' + L_{q't} - L_q = 0. \tag{5.7}$$

Die Größe

$$p(t) := L_{q'}\big(q(t), q'(t), t\big)$$

nennen wir (verallgemeinerten) Impuls.

(i) *Erhaltung der Energie:* Hängt die Lagrangefunktion L nicht von der Zeit t ab (Homogenität des Systems bezüglich der Zeit), dann kann (5.7) in der Gestalt

$$\frac{d}{dt}(q'L_{q'} - L) = 0$$

geschrieben werden. Daraus folgt

$$\boxed{q'(t)p(t) - L\big(q(t), q'(t)\big) = \text{const.}} \qquad (5.8)$$

Die links stehende Größe entspricht in der Mechanik der Energie des Systems.

(ii) *Erhaltung des Impulses:* Hängt L nicht vom Ort q ab (Homogenität des Systems bezüglich des Orts), dann ist

$$\frac{d}{dt}L_{q'} = 0,$$

also

$$\boxed{p(t) = \text{const.}} \qquad (5.9)$$

(iii) *Erhaltung der Geschwindigkeit:* Ist L vom Ort q und von der Zeit t unabhängig, dann gilt $L_{q'}(q'(t)) = \text{const}$ mit der Lösung

$$q'(t) = \text{const.} \qquad (5.10)$$

Daraus folgt, dass die Geradenschar $q(t) = \alpha + \beta t$ Lösung von (5.7) ist.

Das Noethertheorem und die Erhaltungsgesetze in der Natur: Allgemein erhält man in der Variationsrechnung Erhaltungssätze aus Symmetrieeigenschaften der Lagrangefunktion und damit des Variationsintegrals. Das ist der Inhalt des berühmten Theorems von Emmy Noether aus dem Jahre 1918. Dieses Theorem findet man in 14.5.3 im Handbuch.

Verallgemeinerung auf Variationsprobleme mit höheren Ableitungen: Hängt die Lagrangefunktion L von Ableitungen bis zur Ordnung n ab, dann hat man die Euler-Lagrangeschen Gleichungen (5.4) durch die folgenden Relationen zu ersetzen:

$$\boxed{L_{q_j} - \frac{d}{dt}L_{q'_j} + \frac{d^2}{dt^2}L_{q''_j} - \ldots + (-1)^n \frac{d^n}{dt^n}L_{q_j^{(n)}} = 0, \qquad j = 1, \ldots, F.}$$

Im Prinzip der stationären Wirkung muss man dann die Werte von $q_j^{(k)}$, $k = 0, 1, \ldots, n-1$, in den Randpunkten t_0 und t_1 vorschreiben.

5.1.2 Anwendungen

Kürzeste Verbindungslinie: Das Variationsproblem

$$\boxed{\begin{aligned} \int_{t_0}^{t_1} &\sqrt{1 + q'(t)^2}\ dt = \text{min!}, \\ &q(t_0) = a, \qquad q(t_1) = b, \end{aligned}} \qquad (5.11)$$

bedeutet, dass wir die kürzeste Verbindungslinie zwischen den beiden Punkten (t_0, q_0) und (t_1, q_1). bestimmen. Die Euler-Lagrangesche Gleichung $(L_{q'})' - L_q = 0$ besitzt nach (5.10) die Geradenschar

$$q(t) = \alpha + \beta t$$

als Lösung. Die freien Konstanten α und β bestimmen sich eindeutig aus den Randbedingungen $q(t_0) = a$ und $q(t_1) = b$.

Satz: Eine Lösung von (5.11) muss die Gestalt

$$q(t) = a + \frac{b - a}{t_1 - t_0}(t - t_0)$$

besitzen. Das sind Geraden.

Lichtstrahlen in der geometrischen Optik (Fermatsches Prinzip):   Das Variationsproblem

$$\int_{x_0}^{x_1} \frac{n(x, y(x))}{c} \sqrt{1 + y'(x)^2} \, dx = \text{min!},$$

$$y(x_0) = y_0, \qquad y(x_1) = y_1,$$

(5.12)

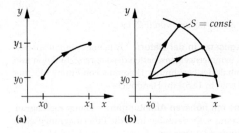

(a)   **(b)**   Abb. 5.2

stellt das *Grundproblem der geometrischen Optik* dar. Dabei ist $y = y(x)$ die Bahnkurve eines Lichtstrahls (c Lichtgeschwindigkeit im Vakuum, $n(x, y)$ Brechungsindex im Punkt (x, y)). Das in (5.12) links stehende Integral ist gleich der Zeit, die das Licht in dem brechenden Medium benötigt, um vom Punkt (x_0, y_0) zum Punkt (x_1, y_1) zu gelangen (Abb. 5.2a). Somit stellt (5.12) das Prinzip von Fermat (1601–1665) dar:

Lichtstrahlen bewegen sich so zwischen zwei Punkten, dass sie die kürzeste Zeit benötigen.

Die zu (5.12) gehörigen Euler-Lagrangeschen Gleichungen sind die *Grundgleichungen der geometrischen Optik*::

$$\frac{d}{dx}\left(\frac{n(x, y(x))y'(x)}{\sqrt{1 + y'(x)^2}} \right) - n_y(x, y)\sqrt{1 + y'(x)^2} = 0.$$

(5.13)

Spezialfall: Hängt der Brechungsindex $n = n(y)$ nicht von der Ortsvariablen x ab, dann folgt nach (5.8) aus der Gleichung (5.13) die Beziehung

$$\frac{n(y(x))}{\sqrt{1 + y'(x)^2}} = \text{const.} \tag{5.14}$$

Das Eikonal S und Wellenfronten: Wir fixieren den Punkt (x_0, y_0) und setzen

$$S(x_1, y_1) := \int_{x_0}^{x_1} \frac{n(x,y)}{c} \sqrt{1 + y'(x)^2} \, dx.$$

Dabei ist $y = y(x)$ die Lösung des Variationsproblems (5.12), d. h., $S(x_1, y_1)$ entspricht der Zeit, die das Licht benötigt, um vom Punkt (x_0, y_0) zum Punkt (x_1, y_1) zu gelangen.

Die Funktion S heißt Eikonal und genügt der *Eikonalgleichung*

$$S_x(x,y)^2 + S_y(x,y)^2 = \frac{n(x,y)^2}{c^2}, \tag{5.15}$$

die einen Spezialfall der Hamilton-Jacobischen Differentialgleichung darstellt (vgl. 5.1.3).

Die durch die Gleichung

$$S(x,y) = \text{const}$$

bestimmten Kurven $y = w(x)$ heißen *Wellenfronten*. Sie bestehen aus den Punkten, die vom festen Ausgangspunkt (x_0, y_0) durch Lichtstrahlen in der gleichen Zeit erreicht werden können (Abb. 5.2b).

Transversalität: Alle vom Punkt (x_0, y_0) ausgehenden Lichtstrahlen schneiden die Wellenfront transversal (d. h., der Schnittwinkel ist ein rechter Winkel).

▶ BEISPIEL: Gilt $n(x,y) \equiv 1$ für den Brechungsindex, dann sind die Lichtstrahlen nach (5.14) Geraden. Die Wellenfronten sind hier Kreise (Abb. 5.3).

Abb. 5.3

Abb. 5.4

Das Prinzip von Huygens (1629–1695) (Abb. 5.4): Betrachtet man eine Wellenfront

$$S(x, w_1(x)) = S_1$$

und lässt man von jedem Punkt dieser Wellenfront Lichtstrahlen starten, dann erreichen diese nach der Zeit t eine zweite Wellenfront

$$S(x, w_2(x)) = S_2$$

mit $S_2 := S_1 + t$. Diese zweite Wellenfront kann man als Einhüllende von „Elementarwellen" erhalten. Das sind diejenigen Wellenfronten, die von einem festen Punkt nach Ablauf der Zeit t erzeugt werden.

Nichteuklidische hyperbolische Geometrie und Lichtstrahlen: Das Variationsproblem

$$\int_{x_0}^{x_1} \frac{\sqrt{1 + y'(x)^2}}{y} \, dx = \min!,$$
$$y(x_0) = y_0, \qquad y(x_1) = y_1,$$

(5.16)

erlaubt zwei Interpretationen.

(i) Im Rahmen der geometrischen Optik beschreibt (5.16) die Bewegung von Lichtstrahlen in einem Medium mit dem Brechungsindex $n = 1/y$. Aus (5.14) ergibt sich, dass die Lichtstrahlen die Gestalt

$$(x - a)^2 + y^2 = r^2$$

(5.17)

besitzen. Das sind Kreise mit dem Mittelpunkt auf der x-Achse (Abb. 5.5).

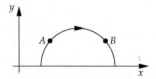

Abb. 5.5

(ii) Wir führen auf der oberen Halbebene die Metrik

$$ds^2 = \frac{dx^2 + dy^2}{y^2}$$

ein. Wegen

$$\int ds = \int \frac{\sqrt{1 + y'(x)^2}}{y} \, dx$$

stellt (5.16) das Problem der kürzesten Verbindungslinie zwischen den beiden Punkten $A(x_0, y_0)$ und $B(x_1, y_1)$ dar. Die Kreise (5.17) sind die „Geraden" dieser Geometrie, die mit der nichteuklidischen hyperbolischen Geometrie des Poincaré-Modells identisch ist (vgl. 3.2.8).

Das berühmte Brachystochronenproblem von Johann Bernoulli aus dem Jahre 1696:   Im Juniheft der Leipziger Acta Eruditorum (Zeitschrift der Gelehrten) veröffentlichte Johann Bernoulli das folgende Problem. *Gesucht wird die Bahnkurve eines Massenpunktes, der sich unter dem Einfluss der Schwerkraft in kürzester Zeit vom Punkt A zum Punkt B bewegt* (Abb. 5.6).

Abb. 5.6

Dieses Problem markiert den Beginn der Variationsrechnung. Bernoulli stand noch nicht die Euler-Lagrangesche Gleichung zur Verfügung, die wir jetzt benutzen werden.

Lösung: Das Variationsproblem lautet

$$\int_0^a \frac{\sqrt{1+y'(x)^2}}{\sqrt{-y}}\,dx = \text{min!},$$

$$y(0) = 0, \qquad y(a) = -h.$$

(5.18)

Die zugehörige Euler-Lagrangesche Gleichung (5.14) ergibt die Lösung

$$x = C(u - \sin u), \qquad y = C(\cos u - 1), \qquad 0 \le u \le u_0,$$

wobei die Konstanten C und u_0 aus der Bedingung $y(a) = -h$ zu bestimmen sind. Das ist ein *Zykloidenbogen*.

Das Fallgesetz für einen Stein: Die Lagrangefunktion lautet:

$L = $ kinetische Energie minus potentielle Energie

$$= \frac{1}{2} m y'^2 - mgy$$

(m Masse des Steins, g Schwerebeschleunigung). Daraus ergibt sich die Euler-Lagrangesche Gleichung

$$my'' + mg = 0$$

mit der Lösung $y(t)$ für die Höhe des Steins zur Zeit t:

$$y(t) = h - vt - \frac{gt^2}{2}.$$

Dabei ist h die Höhe und v die Geschwindigkeit des Steins zur Anfangszeit $t = 0$. Das ist das *Fallgesetz* von Galilei (1564–1642).

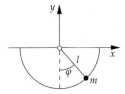

Abb. 5.7 Kreispendel

Das Kreispendel und die Methode der dem Problem angepassten Koordinaten von Lagrange (Abb. 5.7): Für die Bewegung $x = x(t)$, $y = y(t)$ eines Kreispendels im Schwerefeld der Erde in kartesischen Koordinaten lautet die Lagrangefunktion:

$L = $ kinetische Energie $-$ potentielle Energie

$$= \frac{1}{2} m(x'^2 + y'^2) - mgy.$$

Bei dem zugehörigen Variationsproblem ist jedoch die Nebenbedingung

$$x(t)^2 + y(t)^2 = l^2$$

zu berücksichtigen (m Pendelmasse, l Pendellänge, g Schwerebeschleunigung). Bei diesem Zugang muss man die Methode der Lagrangeschen Multiplikatoren benutzen (vgl. 5.1.6).

Die Behandlung dieses Problems wird jedoch viel einfacher, wenn man Polarkoordinaten verwendet. Dann wird die Bewegung allein durch die Winkelgleichung

$$\varphi = \varphi(t)$$

beschrieben, wobei die *Nebenbedingungen völlig entfallen*. Es gilt

$$x(t) = l \sin \varphi(t), \qquad y(t) = -l \cos \varphi(t).$$

Wegen $x'(t) = l\varphi'(t) \cos \varphi(t)$, $y'(t) = l\varphi'(t) \sin \varphi(t)$ und $\sin^2 \varphi + \cos^2 \varphi = 1$ erhalten wir für die Lagrangefunktion den Ausdruck

$$L = \frac{1}{2} m l^2 \varphi'^2 + mgl \cos \varphi.$$

Die Euler-Lagrangesche Gleichung

$$\frac{\mathrm{d}}{\mathrm{d}t} L_{\varphi'} - L_{\varphi} = 0$$

ergibt

$$\varphi'' + \omega^2 \sin \varphi = 0$$

mit $\omega^2 = g/l$. Ist φ_0 der maximale Ausschlag des Pendels ($0 < \varphi_0 < \pi$), dann ergibt sich die Bewegung $\varphi = \varphi(t)$ aus der Gleichung

$$2\omega t = \int_0^{\varphi} \frac{\mathrm{d}\zeta}{\sqrt{k^2 - \sin^2 \frac{\zeta}{2}}}$$

mit $k = \sin \frac{\varphi_0}{2}$. Die Substitution $\sin \frac{\varphi}{2} = k \sin \psi$ liefert das elliptische Integral

$$\omega t = \int_0^{\psi} \frac{\mathrm{d}\eta}{\sqrt{1 - k^2 \sin^2 \eta}}.$$

Die Schwingungsdauer T des Pendels erhält man durch die berühmte Formel:

$$T = 4\sqrt{\frac{l}{g}} K(k)$$

mit dem vollständigen elliptischen Integral erster Gattung:

$$K(k) = \int_0^{\frac{\pi}{2}} \frac{d\psi}{\sqrt{1 - k^2 \sin^2 \psi}} = \frac{\pi}{2} \left(1 + \frac{k^2}{4} + \mathcal{O}(k^4)\right), \qquad k \to 0.$$

Die Näherungsformel

$$T = 2\pi \sqrt{\frac{l}{g}} \left(1 + \frac{\varphi_0^2}{16}\right)$$

ist bei maximalen Amplituden φ_0 die kleiner als $70°$ sind, mindestens bis auf 1 Prozent richtig.

Das Kreispendel für kleine Ausschläge und der harmonische Oszillator: Für kleine Ausschläge φ des Pendels gilt $\cos \varphi = 1 + \frac{\varphi^2}{2} + \ldots$ Bis auf eine unwesentliche Konstante lautet dann die Lagrangefunktion näherungsweise

$$L = \frac{1}{2} ml^2 \varphi'^2 - \frac{1}{2} mgl\varphi^2.$$

Das zugehörige Variationsproblem

$$\int_{t_0}^{t_1} L \, dt = \text{stationär!},$$

$$\varphi(t_0) = a, \qquad \varphi(t_1) = b,$$

führt auf die Euler-Lagrangesche Gleichung

$$\boxed{\varphi'' + \omega^2 \varphi = 0}$$

mit $\omega^2 = g/l$ und der Lösung

$$\varphi(t) = \varphi_0 \sin(\omega t + \alpha),$$

wobei die maximale Amplitude φ_0 und die Phase α aus den Anfangsbedingungen $\varphi(0) = \beta$ und $\varphi'(0) = \gamma$ folgen. Für die Schwingungsdauer ergibt sich jetzt

$$\boxed{T = 2\pi \sqrt{\frac{l}{g}}.}$$

Weitere wichtige Variationsprobleme der Geometrie und Physik:

(i) Minimalflächen (vgl. 5.2.2 und 19.12 im Handbuch).

(ii) Kapillarflächen und Raumfahrtexperimente (vgl. 19.12 im Handbuch).

(iii) Stringtheorie und Elementarteilchen (vgl. 19.13 im Handbuch).

(iv) Geodätische Linien in der Riemannschen Geometrie (vgl. 16.2.5 im Handbuch).

(v) Nichtlineare Elastizitätstheorie (vgl. 14.6 im Handbuch).

(vi) Balkenbiegung und Bifurkation (vgl. 14.6.5 im Handbuch).

(vii) Nichtlineare stationäre Erhaltungsgleichungen der Rheologie für sehr zähe Flüssigkeiten und plastische Materialien (vgl. 14.5.4 im Handbuch).

(viii) Bewegung eines Teilchens in der Einsteinschen speziellen und allgemeinen Relativitäts-theorie (vgl. 16.5.2 im Handbuch).

(ix) Die Grundgleichungen der allgemeinen Relativitätstheorie für das Gravitationsfeld (vgl. 16.5.2 im Handbuch).

(x) Die Maxwellschen Gleichungen der Elektrodynamik (vgl. 10.2.9 im Handbuch).

(xi) Quantenelektrodynamik für Elektronen, Positronen und Photonen (vgl. 14.8 im Handbuch).

(xii) Eichfeldtheorie und Elementarteilchen (vgl. 14.8 im Handbuch).

5.1.3 Die Hamiltonschen Gleichungen

Es liegt im Wesen der Mathematik, dass jeder wirkliche Fortschritt stets Hand in Hand geht mit der Auffindung schärferer Hilfsmittel und einfacherer Metho-den... Der einheitliche Charakter der Mathematik liegt im inneren Wesen dieser Wissenschaft begründet; denn die Mathematik ist die Grundlage alles exakten naturwissenschaftlichen Erkennens.

David Hilbert
Pariser Vortrag, 1900

Im Anschluss an die Arbeiten von Euler und Lagrange im 18. Jahrhundert hatte Hamilton (1805–1865) die geniale Idee, die Methoden der geometrischen Optik auf die Lagrangesche Mechanik zu übertragen. Das führt zu dem folgenden Schema:

Lichtstrahlen	$\longrightarrow$ Bahnkurven von Teilchen,
	Hamiltonsche kanonische Gleichungen
Eikonal S	$\longrightarrow$ Wirkungsfunktion S
Eikonalgleichung und Wellenfronten	$\longrightarrow$ Hamilton–Jacobische Differentialgleichung
Fermatsches Prinzip	$\longrightarrow$ Hamiltonsches Prinzip der stationären Wirkung.

Die Euler-Lagrangeschen Differentialgleichungen zweiter Ordnung werden durch ein neues System erster Ordnung ersetzt,

> die Hamiltonschen kanonischen Gleichungen.

Dadurch wird es möglich, auf die klassische Mechanik den Apparat der Theorie dynamischer Systeme auf Mannigfaltigkeiten (Phasenräumen) anzuwenden. Es zeigt sich dabei, dass hinter der klassischen Mechanik eine Geometrie steht, die sogenannte symplektische Geometrie (vgl. 1.13.1.7 und 15.6 im Handbuch). Ende des 19. Jahrhunderts erkannte Gibbs (1839–1903), dass man die Hamiltonsche Formulierung der Mechanik bequem benutzen kann, um Systeme mit großer Teilchenzahl (z. B. Gase) im Rahmen der statistischen Physik zu behandeln. Ausgangspunkt ist dabei die aus der symplektischen Geometrie resultierende Tatsache, dass die Hamiltonsche Strömung das Phasenraumvolumen invariant lässt (Satz von Liouville).

Die Wirkung als fundamentale Größe in der Natur : Unter Wirkung versteht man eine physi-kalische Größe, die die Dimension

> Wirkung = Energie mal Zeit

besitzt. Im Jahre 1900 formulierte Max Planck (1858–1947) seine epochale Quantenhypothese, wonach die Wirkungen in unserer Welt nicht beliebig klein sein können. Die kleinste Einheit der

Wirkung ist das Plancksche Wirkungsquantum

$$h = 6.626 \cdot 10^{-34} Js.$$

Das war der Schlüssel zur Schaffung der Quantentheorie, die neben der Einsteinschen Relativitätstheorie aus dem Jahre 1905 die Physik völlig revolutionierte (vgl. 1.13.2.11ff und 14.9 im Handbuch).

Der Hamiltonsche Formalismus stellt eine fundamentale Formulierung physikalischer Gesetze dar, die der *Ausbreitung von Wirkung* in unserer Welt besonders gut angepasst ist. Die Fruchtbarkeit dieses Formalismus zeigt sich darin, dass man ihn zur Quantisierung von klassischen Feldtheorien im Rahmen der Quantenmechanik und allgemeiner im Rahmen der Quantenfeldtheorie benutzen kann (kanonische Quantisierung oder Feynmansche Quantisierung unter Verwendung des Pfadintegrals).

> Der tiefere Sinn der Mechanik wird erst deutlich, wenn man nach Hamilton Ort und Impuls als Einheit auffasst und die Ausbreitung der Wirkung studiert.

Das enge Verhältnis zwischen Ort und Impuls wird in der Quantenmechanik besonders deutlich. Danach kann man Ort q und Impuls p nicht gleichzeitig genau messen. Die Dispersionen Δq und Δp genügen vielmehr der Ungleichung

$$\Delta q \Delta p \geq \frac{\hbar}{2}.$$

(Heisenbergsche Unschärferelation). Dabei setzen wir $\hbar := h/2\pi$.

Zusammenhang mit der modernen Steuerungstheorie: Die Hamiltonsche Mechanik war zugleich in den Jahren um 1960 das Vorbild für die Schaffung der optimalen Steuerungstheorie auf der Basis des Pontrjaginschen Maximumprinzips (vgl. 5.3.3).

Im Folgenden beschreiben wir die Bewegung von Teilchen durch eine Gleichung der Form

$$q = q(t)$$

mit der Zeit t und den Lagekoordinaten $q = (q_1, \ldots, q_F)$. Dabei heißt F die Anzahl der Freiheitsgrade des Systems. Die Koordinaten q_j sind in der Regel keine kartesischen Koordinaten, sondern dem Problem angepasste Koordinaten (z. B. der Auslenkungswinkel φ beim Kreispendel; vgl. Abb. 5.7).

Das Hamiltonsche Prinzip der stationären Wirkung:

$$\int_{t_0}^{t_1} L(q(t), q'(t), t) \, dt = \text{stationär!},$$
$$q(t_0) = a, \qquad q(t_1) = b.$$

(5.19)

Dabei sind t_0, $t_1 \in \mathbb{R}$ und a, $b \in \mathbb{R}^F$ fest vorgegeben. Das links stehende Integral besitzt die Dimension einer Wirkung.

Euler-Lagrangesche Gleichungen: Für eine hinreichend reguläre Situation ist das Problem
(5.19) äquivalent zu den folgenden Gleichungen:

$$\frac{d}{dt} L_{q'_j}\big(q(t), q'(t), t\big) - L_{q_j}\big(q(t), q'(t), t\big) = 0, \qquad j = 1, \dots, F.$$ (5.20)

Legendretransformation: Wir führen neue Variable

$$p_j := \frac{\partial L}{\partial q'_j}(q, q', t), \qquad j = 1, \dots, F$$ (5.21)

ein, die wir *verallgemeinerte Impulse* nennen. Ferner setzen wir voraus, dass wir die Gleichung
(5.21) nach q' auflösen können:[6]

$$q' = q'(q, p, t).$$

Anstelle der Lagrangefunktion L, wird die Hamiltonsche Funktion $H = H(q, p, t)$ benutzt:

$$H(q, p, t) := \sum_{j=1}^{F} q'_j p_j - L(q, q', t).$$

Dabei ist q' durch $q'(q, p, t)$ zu ersetzen. Die Transformation

$$(q, q', t) \;\mapsto\; (q, p, t),$$
$$\text{Lagrangefunktion } L \;\mapsto\; \text{Hamiltonfunktion } H$$ (5.22)

heißt *Legendretransformation*. Wir bezeichnen den F-dimensionalen q-Raum M als Konfigurationsraum und den $2F$-dimensionalen (q, p)-Raum als *Phasenraum*. Wir fassen dabei M als eine offene Menge des $\mathbb{R}^F$ und den Phasenraum als eine offene Menge des $\mathbb{R}^{2F}$ auf. Die volle Kraft der Theorie kommt erst zum Tragen, wenn man die Sprache der Mannigfaltigkeiten benutzt.[7]

Die Hamiltonschen kanonischen Gleichungen: Aus den Euler-Lagrangeschen Gleichungen
folgt durch die Legendretransformation das neue System erster Ordnung[8]

$$p'_j = -H_{q_j}, \qquad q'_j = H_{p_j}, \qquad j = 1, \dots, F.$$ (5.23)

---

[6]Ist die strenge Legendrebedingung

$$\det\left(\frac{\partial^2 L}{\partial q'_j \partial q'_k}(q_0, q'_0, t_0)\right) > 0$$

erfüllt, dann lässt sich (5.21) nach dem Satz über implizite Funktionen in einer Umgebung von (q_0, q'_0, t_0) eindeutig nach q' auflösen.

[7]Dann ist M eine reelle F-dimensionale Mannigfaltigkeit, und der Phasenraum entspricht dem Kotangentialbündel T^*M von M. Die tiefere Bedeutung der Legendretransformation besteht darin, dass sie einen Übergang vom Tangentialbündel TM der Konfigurationsmannigfaltigkeit M zum Kotangentialbündel T^*M bewirkt und T^*M eine natürliche symplektische Struktur trägt (vgl. 15.6 im Handbuch).

[8]Ausführlich geschrieben lautet (5.23):

$$p'_j(t) = -\frac{\partial H}{\partial q_j}(q(t), p(t), t), \qquad q'_j(t) = \frac{\partial H}{\partial p_j}(q(t), p(t), t).$$

Die Hamilton-Jacobische Differentialgleichung:

$$S_t(q,t) + H\big(q, S_q(q,t), t\big) = 0.$$ (5.24)

Zwischen dem System gewöhnlicher Differentialgleichungen (5.23) und der partiellen Differentialgleichung erster Ordnung (5.24) besteht ein enger Zusammenhang.

(i) Aus einer mehrparametrigen Lösung von (5.24) kann man Lösungen von (5.23) aufbauen.

(ii) Umgekehrt erhält man aus Lösungsscharen von (5.23) Lösungen von (5.24).

Das findet man in 1.13.1.3 In der geometrischen Optik steht hinter (i) die Konstruktion von Lichtstrahlen aus Wellenfronten, während (ii) dem Aufbau von Wellenfronten aus Scharen von Lichtstrahlen entspricht.

Die Hamiltonsche Strömung: Wir nehmen an, dass die Hamiltonfunktion H nicht von der Zeit t abhängt, und interpretieren die Lösungen

$$q = q(t), \qquad p = p(t)$$ (5.25)

der kanonischen Gleichungen als Bahnkurven der Flüssigkeitsteilchen einer Strömung (Abb. 5.8).

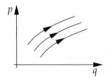

Abb. 5.8 Hamiltonsche Strömung im Phasenraum

(i) *Erhaltung der Energie:* Die Funktion H ist eine Erhaltungsgröße der Hamiltonschen Strömung, d. h., es gilt

$$H\big(q(t), p(t)\big) = \text{const.}$$

Die Funktion H besitzt die Bedeutung der Energie des Systems.

(ii) *Erhaltung des Phasenvolumens (Satz von Liouville):* Die Hamiltonsche Strömung ist volumentreu.[9]

Somit verhält sich die Hamiltonsche Strömung wie eine inkompressible Flüssigkeit.

Die Bedeutung der Wirkungsfunktion S: Wir fixieren einen Punkt q_* zur Zeit t_0 und setzen

$$S(q_{**}, t_1) := \int\limits_{t_0}^{t_1} L\big(q(t), q'(t), t\big)\, \mathrm{d}t.$$

Im Integranden wählen wir eine Lösung $q = q(t)$ der Euler-Lagrangeschen Gleichung (5.20), die den Randbedingungen

$$q(t_0) = q_*, \qquad q(t_1) = q_{**}$$

genügt. Wir nehmen an, dass diese Lösung eindeutig bestimmt ist.

---

[9]Die Flüssigkeitsteilchen eines Gebiets G_0 zur Zeit $t = 0$ befinden sich zur Zeit t in einem Gebiet G_t welches das gleiche Volumen wie G_0 besitzt.

Satz: Liegt eine hinreichend reguläre Situation vor, dann ist die Wirkungsfunktion S eine Lösung der Hamilton-Jacobischen Differentialgleichung (5.24).

Irreguläre Situationen entsprechen in der geometrischen Optik dem Schneiden oder Berühren von Wellenfronten (Kaustiken).

Poissonklammern und Erhaltungsgrößen: Sind $A = A(q, p, t)$ und $B = B(q, p, t)$ Funktionen, dann definieren wir die Poissonklammer durch

$$\{A, B\} := \sum_{j=1}^{F} A_{p_j} B_{q_j} - A_{q_j} B_{p_j}.$$

Es gilt

$$\{A, B\} = -\{B, A\},$$

also speziell $\{A, A\} = 0$. Ferner hat man die Jacobi-Identität

$$\{A, \{B, C\}\} + \{B, \{C, A\}\} + \{C, \{A, B\}\} = 0.$$

Liealgebra: Die reellen C^∞-Funktionen $A = A(q, p)$ bilden auf dem Phasenraum bezüglich der Addition, der Multiplikation mit reellen Zahlen und bezüglich der Poissonklammer $\{A, B\}$ eine unendlichdimensionale Liealgebra.

Poissonsche Bewegungsgleichung: Entlang der Bahnkurven (5.25) einer Hamiltonschen Strömung gilt für jede hinreichend glatte Funktion $A = A(q, p, t)$ die Beziehung [10]

$$\frac{dA}{dt} = \{H, A\} + A_t. \tag{5.26}$$

Satz: Hängt A nicht von t ab und gilt $\{H, A\} = 0$, dann ist A eine Erhaltungsgröße, d. h., man hat

$$A(q(t), p(t)) = \text{const}$$

entlang der Bahnkurven der Hamiltonschen Strömung.

▶ Beispiel 1: Hängt die Hamiltonfunktion $H = H(q, p)$ nicht von der Zeit ab, dann ist H eine Erhaltungsgröße der Hamiltonschen Strömung. Das ergibt sich aus der trivialen Beziehung $\{H, H\} = 0$.

▶ Beispiel 2: Für die Poissonklammern zwischen Ort und Impuls gilt

$$\{p_j, q_k\} = \delta_{jk}, \qquad \{q_j, q_k\} = 0, \qquad \{p_j, p_k\} = 0. \tag{5.27}$$

Aus (5.26) folgt ferner

$$q_j' = \{H, q_j\}, \qquad p_j' = \{H, p_j\}, \qquad j = 1, \ldots, F. \tag{5.28}$$

Das sind die Hamiltonschen kanonischen Gleichungen.

---

[10]Explizit entspricht das der Gleichung
$$\frac{d}{dt} A(q(t), p(t), t) = \{A, H\}(q(t), p(t), t) + A_t(q(t), p(t), t).$$

Die quasiklassische Quantisierungsregel von Bohr und Sommerfeld (1913):

> Der (q, p)-Phasenraum besteht aus Zellen der Größe h^F. (5.29)

Diese Regel wird dadurch motiviert, dass $\Delta q \Delta p$ die Dimension einer Wirkung hat und das Plancksche Wirkungsquantum h die kleinste Einheit der Wirkung darstellt.

Heisenbergklammern: Für lineare Operatoren A und B definieren wir

$$[A, B]_{\mathcal{H}} := \frac{\hbar}{i}(AB - BA).$$

Die fundamentale Quantisierungsregel von Heisenberg (1924):

> Ein klassisches mechanisches System wird quantisiert, indem man die Orts-variablen q_j und die Impulsvariablen p_j zu Operatoren werden lässt und die Poissonklammern durch Heisenbergklammern ersetzt.

Um eine derartig allgemeine Quantisierungsregel hatten die Physiker seit Plancks Quantenhypothese im Jahre 1900 lange Zeit gerungen. Aus (5.27) und (5.28) folgen die Grundgleichungen der Heisenbergschen Quantenmechanik:

$$
\begin{aligned}
p_j' &= [H, p_j]_{\mathcal{H}}, \qquad q_j' = [H, q_j]_{\mathcal{H}}, \qquad j, k = 1, \dots, F, \\
[p_j, q_k]_{\mathcal{H}} &= \delta_{jk}, \qquad [p_j, p_k]_{\mathcal{H}} = [q_j, q_k]_{\mathcal{H}} = 0.
\end{aligned}
\tag{5.30}
$$

Im Jahre 1925 entdeckte Schrödinger eine scheinbar völlig andersartige Quantisierungsregel, die auf eine partielle Differentialgleichung führt – die Schrödingergleichung (vgl. 1.13.2.11). Tatsächlich kann man jedoch zeigen, dass die beiden Quantenmechaniken von Heisenberg und Schrödinger äquivalent sind. Sie stellen zwei Realisierungen der gleichen abstrakten Theorie in einem Hilbertraum dar.

5.1.4 Anwendungen

Eindimensionale Bewegungen: Wir betrachten eine eindimensionale Bewegung $q = q(t)$ eines Teilchens mit der Masse m auf der q-Achse (Abb. 5.9). Ist $U = U(q)$ seine potentielle Energie, dann lautet die Lagrangefunktion:

$$L = \text{kinetische Energie} - \text{potentielle Energie} = \frac{mq'^2}{2} - U(q).$$

Das Prinzip der stationären Wirkung

$$\int_{t_0}^{t_1} L\big(q(t), q'(t), t\big)\, dt = \text{stationär!},$$

$$q(t_0) = a, \qquad q(t_1) = b$$

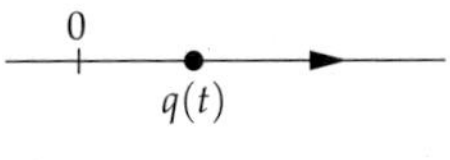

Abb. 5.9

führt auf die Euler-Lagrangesche Differentialgleichung $(L_{q'})' - L_q = 0$, also

$$mq'' = -U'(q).$$ (5.31)

Das ist gleichzeitig die *Newtonsche Bewegungsgleichung* mit der Kraft $K(q) = -U'(q)$. Wir setzen

$$p := L_{q'}(q, q') \quad \text{und} \quad E := q'p - L.$$

Dann ist $p = mq'$ der klassische Impuls (Masse mal Geschwindigkeit).

(i) *Energieerhaltung:* Die Größe

$$E = \frac{1}{2} mq'^2 + U(q)$$

stimmt mit der klassischen Energie überein (kinetische Energie plus potentielle Energie). Nach (5.8) ist E eine Erhaltungsgröße, d.h., es gilt

$$\frac{1}{2} mq'(t)^2 + U(q(t)) = \text{const}$$

längs jeder Bewegung (Lösung von (5.31)).

(ii) *Legendretransformation:* Die Hamiltonfunktion $H = H(q, p)$ ergibt sich durch $H(q, p) := q'p - L$, also

$$H(p, q) := \frac{p^2}{2m} + U(q).$$

Dieser Ausdruck ist identisch mit der Energie E.

(iii) *Kanonische Gleichungen:*

$$p' = -H_q, \quad q' = H_p.$$

Diese Gleichungen entsprechen $q' = p/m$ und der Newtonschen Bewegungsgleichung $mq'' = -U'(q)$.

Anwendung auf den harmonischen Oszillator:

Der harmonische Oszillator stellt das einfachste nichttriviale mathematische Modell der Mechanik dar. Dieses Modell erlaubt jedoch bereits weitreichende physikalische Schlussfolgerungen. Zum Beispiel ergibt sich aus der Quantisierung des harmonischen Oszillators die Einsteinsche Photonentheorie und damit das Plancksche Strahlungsgesetz, das wesentlich für die Entwicklung unseres Kosmos nach dem Urknall verantwortlich ist (vgl. [Zeidler 1990, Vol.4]).

Wir betrachten eine eindimensionale Bewegung mit den folgenden Eigenschaften:

(a) Es werden nur kleine Auslenkungen betrachtet.

(b) Bei verschwindender Auslenkung tritt keine Kraft auf.

(c) Die potentielle Energie ist positiv.

Taylorentwicklung ergibt

$$U(q) = U(0) + U'(0) q + \frac{U''(0)}{2} q^2 + \dots .$$

Aus (b) folgt $0 = K(0) = -U'(0)$. Da die Konstante $U(0)$ wegen $K(q) = -U'(q)$) für die Kraft und somit für die Bewegungsgleichung $mq'' = K$ keine Rolle spielt, setzen wir $U'(0) := 0$. Damit erhalten wir die potentielle Energie des sogenannten harmonischen Oszillators:

$$U(q) = \frac{kq^2}{2}$$

mit $k := U''(0) > 0$.

(iv) *Newtonsche Bewegungsgleichung:* Aus (5.31) folgt:

$$q'' + \omega^2 q = 0,$$
$$q(0) = q_0 \quad \text{(Anfangslage)}, \qquad q'(0) = q_1 \quad \text{(Anfangsgeschwindigkeit)}$$

mit $\omega := \sqrt{k/m}$. Die eindeutige Lösung lautet:

$$q(t) = q_0 \cos \omega t + \frac{q_1}{\omega} \sin \omega t.$$

(v) *Die Hamiltonsche Strömung im Phasenraum:* Die Hamiltonsche Funktion (Energiefunktion) lautet:

$$H(q, p) = \frac{p^2}{2m} + \frac{kq^2}{2}.$$

Daraus ergeben sich die kanonischen Gleichungen $p' = -H_q$, $q' = H_p$, d. h.,

$$p' = -kq, \qquad q' = \frac{p}{m}.$$

Die zugehörigen Lösungskurven

$$q(t) = q_0 \cos \omega t + \frac{p_0}{m} \sin \omega t,$$
$$p(t) = -q_0 m \omega \sin \omega t + p_0 \cos \omega t$$

beschreiben die Bahnkurven der Hamiltonschen Strömung im (q, p)-Phasenraum ($p_0 := q_1/m$). Wegen der Energieerhaltung gilt

$$\frac{p(t)^2}{2m} + \frac{\omega^2 m q(t)^2}{2} = E,$$

d. h., die Bahnkurven sind Ellipsen, die mit wachsender Energie E immer größer werden (Abb. 5.10a).

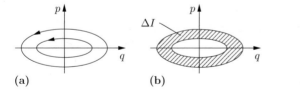

(a) **(b)** Abb. 5.10

(vi) *Wirkungsvariable I und Winkelvariable φ:* Wir definieren

$$I := \frac{1}{2\pi} \quad \text{(Flächeninhalt der Ellipse im } (q, p) \text{ Phasenraum zur Energie } E).$$

Dann gilt

$$I = \frac{E}{\omega}.$$

Folglich lautet die Hamiltonfunktion $H = \dfrac{\omega I}{2\pi}$. Dann genügen $I = \text{const}$ und $\varphi := \omega t$ neuen Hamiltonschen Gleichungen

$$\varphi' = H_I, \qquad I' = -H_\varphi.$$

(vii) *Die Quantisierungsregel von Bohr und Sommerfeld* (1913): Danach besteht der Flächeninhalt des (q, p)-Phasenraumes aus Zellen der Größe h. Betrachten wir zwei Bahnkurven zu den Energien E_2 und E_1 mit $E_2 > E_1$, dann gilt für den Flächeninhalt zwischen den beiden Ellipsen die Beziehung

$$2\pi I_2 - 2\pi I_1 = h$$

(Abb. 5.10b). Setzen wir $\Delta E = E_2 - E_1$, dann erhalten wir die Gleichung

$$\Delta E = \hbar\omega.$$

Das ist die berühmte Quantenhypothese von Planck aus dem Jahre 1900.

Einstein postulierte 1905, dass das Licht aus Quanten besteht, die er Photonen nannte. Für Licht der Frequenz ν und Kreisfrequenz $\omega = 2\pi\nu$ ist die Energie eines Photons nach Einstein durch

$$\varepsilon = \hbar\omega$$

gegeben. Für seine Photonentheorie des Lichts erhielt Einstein 1921 den Nobelpreis für Physik (und interessanterweise nicht für seine spezielle und allgemeine Relativitätstheorie).

(viii) *Die Quantisierungsregel von Heisenberg* (1924): Mit seinem Kalkül berechnete Heisenberg die exakten Energieniveaus des gequantelten harmonischen Oszillators:

$$E = \hbar\omega \left(n + \frac{1}{2} \right), \qquad n = 0, 1, 2, \dots . \tag{5.32}$$

Wir zeigen in 1.13.2.12, wie sich (5.32) aus der Schrödingergleichung ergibt.

Interessanterweise entspricht der Grundzustand $n = 0$ einer nichtverschwindenden $E = \frac{1}{2}\hbar\omega$. Diese Tatsache ist fundamental für die Quantenfeldtheorie. Sie führt dazu, dass der Grundzustand eines Quantenfeldes eine unendlich große Energie besitzt. Durch spontane Übergänge von Teilchen aus dem Grundzustand in angeregte Zustände ergeben sich interessante Phänomene, wie zum Beispiel das Verdampfen schwarzer Löcher im Kosmos.

5.1.5 Hinreichende Bedingungen für ein lokales Minimum

Neben dem Minimumproblem

$$\int_{t_0}^{t_1} L\big(q(t), q'(t), t\big)\, dt = \min!,$$
$$q(t_0) = a, \qquad q(t_1) = b, \tag{5.33}$$

für die gesuchte reelle Funktion $q = q(t)$ betrachten wir die Euler-Lagrangesche Gleichung

$$\frac{d}{dt} L_{q'} - L_q = 0 \tag{5.34}$$

und das *Jacobische Eigenwertproblem*

$$-(Rh')' + Ph = \lambda h, \qquad t_0 \leq t \leq t_1,$$
$$h(t_0) = h(t_1) = 0 \tag{5.35}$$

mit $Q := (q(t), q'(t), t)$ und

$$R(t) := L_{q'q'}(Q), \qquad P(t) := L_{qq}(Q) - \frac{\mathrm{d}}{\mathrm{d}t} L_{qq'}(Q).$$

Ferner betrachten wir das Jacobische Anfangswertproblem

$$\boxed{\begin{aligned} -(Rh')' + Ph &= 0, & t_0 \leq t \leq t_1, \\ h(t_0) &= 0, & h'(t_0) = 1. \end{aligned}} \tag{5.36}$$

Die kleinste Nullstelle t_* der Lösung $h = h(t)$ von (5.36) mit $t_* > t_0$ heißt *konjugierter Punkt* zu t_0.

Die reelle Zahl λ ist definitionsgemäß genau dann ein Eigenwert von (5.35), wenn diese Gleichung eine nicht identisch verschwindende Lösung h besitzt.

Glattheit: Wir setzen voraus, dass die Lagrangefunktion L hinreichend glatt ist (z. B. vom Typ C^3).

Extremalen: Jede C^2–Lösung der Euler-Lagrangeschen Gleichung (5.34) heißt Extremale. Eine Extremale muss nicht einem lokalen Minimum in (5.33) entsprechen. Hierzu bedarf es zusätzlicher Bedingungen.

Die Weierstraßsche E-Funktion: Diese Funktion wird durch

$$\boxed{E(q, q', u, t) := L(q, u, t) - L(q, q', t) - (u - q')L_{q'}(q, q', t)}$$

definiert.

Konvexität der Lagrangefunktion: Eine besondere Rolle spielt die Konvexität von L bezüglich q'. Diese Eigenschaft von L liegt vor, falls eine der folgenden beiden äquivalenten Bedingungen erfüllt ist:

(i) $L_{q'q'}(q, q', t) \geq 0$ für alle $q, q' \in \mathbb{R}$ und alle $t \in [t_0, t_1]$.

(ii) $E(q, q', u, t) \geq 0$ für alle $q, q', u \in \mathbb{R}$ und alle $t \in [t_0, t_1]$.

5.1.5.1 Die hinreichende Bedingung von Jacobi

Notwendige Bedingung von Legendre (1788): Stellt die C^2-Funktion $q = q(t)$ ein schwaches lokales Minimum von (5.33) dar, dann genügt sie der *Legendrebedingung*

$$\boxed{L_{q'q'}(q(t), q'(t), t) \geq 0} \qquad \text{für alle} \quad t \in [t_0, t_1].$$

Bedingung von Jacobi (1837): Es sei $q = q(t)$ eine Extremale mit $q(t_0) = a$ und $q(t_1) = b$, die der strengen Legendrebedingung

$$\boxed{L_{q'q'}(q(t), q'(t), t) > 0} \qquad \text{für alle} \quad t \in [t_0, t_1]$$

genügt. Dann ist q ein schwaches lokales Minimum von (5.33), falls eine der beiden zusätzlichen Bedingungen erfüllt ist:

(i) Alle Eigenwerte λ der Jacobischen Eigenwertgleichung (5.35) sind positiv.

(ii) Die Lösung h des Jacobischen Anfangswertproblems (5.36) enthält keine Nullstellen auf dem Intervall $]t_0, t_1[$, d. h., dieses Intervall enthält keine zu t_0 konjugierten Punkte.

▶ BEISPIEL: (a) Die Funktion $q(t) \equiv 0$ ist ein schwaches lokales Minimum des Problems der kürzesten Verbindungslinie (Abb. 5.12):

$$\int_{t_0}^{t_1} \sqrt{1 + q'(t)^2}\, dt = \min!,$$

$$q(t_0) = q(t_1) = 0.$$

(5.37)

(b) Die Gerade $q(t) \equiv 0$ ist ein globales Minimum von (5.37).

Beweis von (a): Es gilt $L = \sqrt{1 + q'^2}$. Daraus folgt

$$L_{q'q'} = \frac{1}{\sqrt{(1 + q'^2)^3}} \geq 0, \qquad L_{qq'} = L_{qq} = 0.$$

Das Jacobische Anfangswertproblem

$$-h'' = 0 \quad \text{auf} \quad [t_0, t_1], \qquad h(t_0) = 0, \quad h'(t_0) = 1$$

besitzt die Lösung $h(t) = t - t_0$, die außer t_0 keine weitere Nullstelle hat.

Das Jacobische Eigenwertproblem

$$-h'' = \lambda h \quad \text{auf} \quad [t_0, t_1], \qquad h(t_0) = h(t_1) = 0$$

besitzt die Eigenlösungen

$$h(t) = \sin \frac{n\pi(t - t_0)}{t_1 - t_0}, \qquad \lambda = \frac{n^2 \pi^2}{(t_1 - t_0)^2}, \qquad n = 1, 2, \ldots ,$$

d. h. alle Eigenwerte λ sind positiv.

Beweis von (b): Wir betten die Extremale $q(t) \equiv 0$ in die Extremalenschar $q(t) = \text{const}$ ein. Da die Lagrangefunktion L wegen $L_{q'q'} \geq 0$ konvex bezüglich q' ist, folgt die Aussage aus dem nächsten Abschnitt 5.1.5.2   □

5.1.5.2 Die hinreichende Bedingung von Weierstraß

Gegeben sei eine glatte Extremalenschar

$$q = q(t, \alpha),$$

mit dem reellen Parameter α, die ein Gebiet G des (t, q)-Raumes in regulärer Weise überdeckt, d. h., es gibt keine Schnitt- oder Berührungspunkte.

(i) Diese Schar soll eine Extremale q_* enthalten, die durch die Punkte (t_0, a) und (t_1, b) geht (Abb. 5.11a).

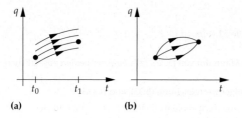

(a)   (b)   Abb. 5.11

(ii) Die Lagrangefunktion L sei bezüglich q' konvex.

Dann ist q_* ein starkes lokales Minimum von (5.33).

Korollar: Existiert die Extremalenschar $q = q(t, \alpha)$ im gesamten (t, q)-Raum, d. h., man hat $G = \mathbb{R}^2$), dann ist q_* ein globales Minimum von (5.33).

Interpretation in der geometrischen Optik: Extremalenscharen entsprechen in der geometrischen Optik Scharen von Lichtstrahlen. Gefährlich sind Schnittpunkte (Brennpunkte) und Berührungspunkte (Kaustiken) von Lichtstrahlen. Abb. 5.11b zeigt zwei Brennpunkte. Nicht jeder Lichtstrahl muss hier notwendigerweise der kürzesten zurückgelegten Zeit entsprechen.

Die Jacobische Bedingung in 5.1.5.1 kann verletzt sein, wenn eine Extremale durch zwei Brennpunkte geht, die man auch konjugierte Punkte nennt.

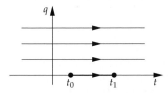

Abb. 5.12

5.1.6 Probleme mit Nebenbedingungen und Lagrangesche Multiplikatoren

Es sei $q = (q_1, \ldots, q_F)$. Wir betrachten das Minimumproblem

$$\int_{t_0}^{t_1} L\big(q(t), q'(t), t\big) \, dt = \min!,$$

$$q(t_0) = a, \qquad q(t_1) = b \quad \text{(Randbedingungen)} \tag{5.38}$$

zusammen mit einer der folgenden Nebenbedingungen:

(i) *Integrale Nebenbedingungen*

$$\int_{t_0}^{t_1} N_k\big(q(t), q'(t), t\big) \, dt = \text{const}, \qquad k = 1, \ldots, K. \tag{5.39}$$

(ii) *Nebenbedingungen* in Gleichungsform

$$N_k\big(q(t), q'(t), t\big) = 0 \qquad \text{auf} \quad [t_0, t_1], \qquad k = 1, \ldots, K. \tag{5.40}$$

Die Funktionen L und N_k seien hinreichend glatt.

Die Idee der Lagrangeschen Multiplikatoren: Wir ersetzen die Lagrangefunktion L durch die modifizierte Lagrangefunktion

$$\mathcal{L} := L + \sum_{k=1}^{K} \lambda_k(t) N_k$$

und schreiben $\mathcal{L}$ anstelle von L in den Euler-Lagrangeschen Gleichungen:[11]

$$\frac{\mathrm{d}}{\mathrm{d}t}\mathcal{L}_{q'_k} - \mathcal{L}_{q_k} = 0, \qquad k = 1, \ldots, K. \tag{5.41}$$

Die Funktionen $\lambda_k = \lambda_k(t)$ heißen Lagrangesche Multiplikatoren. Zu bestimmen sind $q = q(t)$ und $\lambda_k = \lambda_k(t)$, $k = 1, \ldots, K$ aus (5.41) und aus den Neben- und Randbedingungen.

Hauptsatz: Vorgelegt sei das Minimumproblem (5.38) mir einer der Nebenbedingungen (i) oder (ii). Gegeben sei eine C^2-Lösung $q = q(t)$, und es liege eine nichtentartete Situation vor.[12] Dann gibt es hinreichend glatte Lagrangesche Multiplikatoren λ_k so dass (5.41) gilt.

Zusatz: Bei integralen Nebenbedingungen sind die Lagrangeschen Multiplikatoren reelle Zahlen und keine Funktionen.

5.1.7 Anwendungen

Das klassische isoperimetrische Problem der Königin Dido: Der Sage nach durfte die Königin Dido bei der Gründung von Karthago nur soviel Land in Besitz nehmen, wie von einer Stierhaut umspannt werden konnte. Die listige Königin zerschnitt die Stierhaut in dünne Streifen und bildete damit eine Kreislinie.

Satz: Unter allen zweidimensionalen Gebieten G die von einer glatten Kurve der Länge l berandet werden, besitzt der Kreis den größten Flächeninhalt.

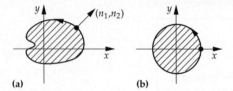

(a)   (b)   Abb. 5.13

Um diesen Satz zu motivieren, betrachten wir das Minimumproblem

$$-\int_G \mathrm{d}x\,\mathrm{d}y = \min! \qquad \text{(negativer Flächeninhalt)},$$

$$\int_{\partial G} \mathrm{d}s = l \qquad \text{(Länge der Randkurve)}.$$

Wir suchen die Randkurve in der Gestalt $x = x(t)$, $y = y(t)$, $t_0 \leq t \leq t_1$ (Abb. 5.13a). Dann besitzt der äußere Normaleneinheitsvektor die Komponenten

$$n_1 = \frac{y'(t)}{\sqrt{x'(t)^2 + y'(t)^2}}, \qquad n_2 = -\frac{x'(t)}{\sqrt{x'(t)^2 + y'(t)^2}}.$$

---

[11]Explizit lautet diese Gleichung

$$\frac{\mathrm{d}}{\mathrm{d}t}\mathcal{L}_{q'_k}(q(t), q'(t), t) - \mathcal{L}_{q_k}(q(t), q'(t), t) = 0.$$

[12]Man hat gewisse Entartungsfälle auszuschließen, die jedoch bei vernünftig gestellten Aufgaben der Praxis nicht auftreten. Eine genaue Formulierung des Hauptsatzes findet man in [Zeidler 1984, Vol. III, Abschnitt 37.41].

Partielle Integration ergibt

$$2 \int\limits_{G} dx\, dy = \int\limits_{G} \left(\frac{\partial x}{\partial x} + \frac{\partial y}{\partial y} \right) dx\, dy = \int\limits_{\partial G} (xn_1 + yn_2)\, ds.$$

Folglich erhalten wir das neue Problem:

$$\int\limits_{t_0}^{t_1} \left(-y'(t)x(t) + x'(t)y(t) \right) dt = \min!,$$

$$x(t_0) = x(t_1) = R, \quad y(t_0) = y(t_1) = 0,$$

$$\int\limits_{t_0}^{t_1} \sqrt{x'(t)^2 + y'(t)^2}\, dt = l.$$

Dabei ist R ein Parameter. Für die modifizierte Lagrangefunktion $\mathcal{L} := -y'x + x'y + \lambda \sqrt{x'^2 + y'^2}$ ergeben sich die Euler-Lagrangeschen Gleichungen

$$\frac{d}{dt} \mathcal{L}_{x'} - \mathcal{L}_x = 0, \qquad \frac{d}{dt} \mathcal{L}_{y'} - \mathcal{L}_y = 0,$$

d. h.,

$$2y' + \lambda \frac{d}{dx} \frac{x'}{\sqrt{x'^2 + y'^2}} = 0, \qquad -2x' + \lambda \frac{d}{dx} \frac{y'}{\sqrt{x'^2 + y'^2}} = 0.$$

Für $\lambda = -2$ ist die Kreislinie $x = R\cos t$, $y = R\sin t$ mit $l = 2\pi R$ eine Lösung.

Terminologie: Nach dem Vorbild von Jakob Bernoulli (1655–1705) bezeichnet man jedes Variationsproblem mit integralen Nebenbedingungen als ein isoperimetrisches Problem.

Das hängende Seil: Gesucht wird die Gestalt $y = y(x)$ eines Seils der Länge l unter dem Einfluss der Schwerkraft. Das Seil sei in den beiden Punkten $(-a, 0)$ und $(a, 0)$ aufgehängt (Abb. 5.14).

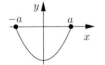

Abb. 5.14

Lösung: Das Prinzip der minimalen potentiellen Energie ergibt das folgende Variationsproblem:

$$\int\limits_{-a}^{a} \rho g y(x) \sqrt{1 + y'(x)^2}\, dx = \min!,$$

$$y(-a) = y(a) = 0,$$

$$\int\limits_{-a}^{a} \sqrt{1 + y'(x)^2}\, dx = l.$$

(ρ konstante Dichte des Seils g Schwerebeschleunigung). Zur Vereinfachung der Formeln setzen wir $\rho g = 1$. Die modifizierte Lagrangefunktion $\mathcal{L} := (y + \lambda)\sqrt{1 + y'^2}$ mit der reellen Zahl λ als Lagrangeschen Multiplikator führt auf eine Euler-Lagrangegleichung, die nach (5.8) die Beziehung

$$y' \mathcal{L}_{y'} - \mathcal{L} = \text{const}$$

ergibt, also $\dfrac{y + \lambda}{\sqrt{1 + y'^2}} = c$ mit der Lösungsschar

$$y = c \cosh\left(\frac{x}{c} + b\right) - \lambda.$$

Das sind Kettenlinien. Die Konstanten b, c und λ ergeben sich aus der Rand- und Nebenbedingung.

Geodätische Linien: Gesucht wird auf der Fläche $M(x, y, z) = 0$ die kürzeste Verbindungslinie $x = x(t)$, $y = y(t)$, $z = z(t)$, $t_0 \leq t \leq t_1$ zwischen den beiden Punkten $A(x_0, y_0, z_0)$ und $B(x_1, y_1, z_1)$ (Abb. 5.15).

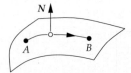

Abb. 5.15

Lösung: Das Variationsproblem lautet:

$$\int_{t_0}^{t_1} \sqrt{x'(t)^2 + y'(t)^2 + z'(t)^2}\, dt = \min!,$$

$$x(t_0) = x_0, \quad y(t_0) = y_0, \quad z(t_0) = z_0,$$
$$x(t_1) = x_1, \quad y(t_1) = y_1, \quad z(t_1) = z_1,$$

$$M(x, y, z) = 0 \quad \text{(Nebenbedingung)}.$$

Die Euler-Lagrangeschen Gleichungen

$$\frac{d}{dt}\mathcal{L}_{x'} - \mathcal{L}_x = 0, \qquad \frac{d}{dt}\mathcal{L}_{y'} - \mathcal{L}_y = 0, \qquad \frac{d}{dt}\mathcal{L}_{z'} - \mathcal{L}_z = 0$$

für die modifizierte Lagrangefunktion $\mathcal{L} := \sqrt{x'^2 + y'^2 + z'^2} + \lambda(t)M(x, y, z)$ lautet nach Übergang zur Bogenlänge s als Parameter:

$$\mathbf{r}''(s) = \mu(s)\left(\mathbf{grad}\, M\right)(\mathbf{r}(s)).$$

Dies bedeutet geometrisch, dass der Hauptnormalenvektor der Kurve $\mathbf{r} = \mathbf{r}(s)$ parallel oder antiparallel zum Flächennormalenvektor $\mathbf{N}$ liegt.

Das Kreispendel und seine Zwangskräfte (Abb. 5.16):   Ist $x = x(t)$, $y = y(t)$ die Bewegung eines Kreispendels der Länge l und der Masse m, dann ergibt das Prinzip der stationären Wirkung für die Lagrangefunktion:

$$L = \text{kinetische Energie minus potentielle Energie}$$

$$= \frac{1}{2} m(x'^2 + y'^2) - mgy$$

das folgende Variationsproblem:

$$\int_{t_0}^{t_1} L\big(x(t), y(t), x'(t), y'(t), t\big) \, dt = \text{stationär!},$$

$$x(t_0) = x_0, \quad y(t_0) = y_0, \quad x(t_1) = x_1, \quad y(t_1) = y_1,$$

$$x(t)^2 + y(t)^2 - l^2 = 0 \qquad \text{(Nebenbedingung)}.$$

Für die modifizierte Lagrangefunktion $\mathcal{L} := L - \lambda(x^2 + y^2 - l^2)$ mit der reellen Zahl λ erhalten wir die Euler-Lagrangeschen Gleichungen

$$\frac{d}{dt}\mathcal{L}_{x'} - \mathcal{L}_x = 0, \qquad \frac{d}{dt}\mathcal{L}_{y'} - \mathcal{L}_y = 0.$$

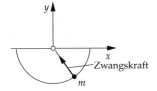

Zwangskraft

m Abb. 5.16

Das ergibt

$$mx'' = -2\lambda x, \qquad my'' = -mg - 2\lambda y.$$

Benutzen wir den Ortsvektor $\mathbf{r} = x\mathbf{i} + y\mathbf{j}$, dann erhalten wir die *Bewegungsgleichung für das Kreispendel*

$$m\mathbf{r}'' = -g\mathbf{j} - 2\lambda\mathbf{r}.$$

Dabei entspricht $-g\mathbf{j}$ der Schwerkraft, und $-2\lambda\mathbf{r}$ ist die zusätzlich wirkende *Zwangskraft*, die in (negativer) Richtung der Pendelstange wirkt und den Massenpunkt auf der Kreisbahn hält.

5.1.8 Natürliche Randbedingungen

Probleme mit freiem Endpunkt: Eine hinreichend glatte Lösung des Variationsproblems

$$\int_{x_0}^{x_1} L\big(y(x), y'(x), x\big) \, dx = \text{min!},$$

$$y(x_0) = a$$

genügt der Euler-Lagrangeschen Gleichung

$$\frac{d}{dx} L_{y'} - L_y = 0 \tag{5.42}$$

und der zusätzlichen Randbedingung

$$\boxed{L_{y'}\big(y(x_1), y'(x_1), x_1\big) = 0.}$$

Diese Bedingung heißt *natürliche Randbedingung*, weil sie im ursprünglichen Variationsproblem nicht auftritt.

Probleme mit Endpunkt auf einer Kurve: Liegt der Endpunkt $(x_1, y(x_1))$ auf der Kurve $C: x = X(\tau), \; y = Y(\tau)$, dann erhalten wir das Problem:

$$\int_{x_0}^{X(\tau)} L\big(y(x), y'(x), x\big) \, dx = \text{min!},$$

$$y(x_0) = a, \qquad y\big(X(\tau)\big) = Y(\tau),$$

wobei der Parameterwert τ des Schnittpunkts P der Lösungskurve $y = y(x)$ mit der gegebenen Kurve C ebenfalls gesucht wird (Abb. 5.17).

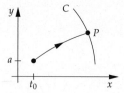

Abb. 5.17

Jede hinreichend glatte Lösung dieses Problems genügt der Euler-Lagrangeschen Gleichung (5.42) und der verallgemeinerten *Transversalitätsbedingung* im Schnittpunkt P:

$$\boxed{L_{y'}(Q)Y'(\tau) + \big[L(Q) - L_{y'}(Q)y'(x_1)\big]X'(\tau) = 0.} \tag{5.43}$$

Dabei sei $Q := \big(y(x_1), y'(x_1), x_1\big)$ und $x_1 := X(\tau)$.

▶ BEISPIEL: In der geometrischen Optik gilt $L = n(x, y)\sqrt{1 + y'^2}$. Dann geht (5.43) in die Bedingung

$$y'(x_1)Y'(\tau) + X'(\tau) = 0$$

über, d. h., der Lichtstrahl schneidet die Kurve C in einem rechten Winkel. Das trifft insbesondere für eine Wellenfront C zu (Abb. 5.17).

5.2 Variationsrechnung für Funktionen mehrerer Variabler

5.2.1 Die Euler-Lagrangeschen Gleichungen

Gegeben sei ein beschränktes Gebiet G des $\mathbb{R}^N$ und eine Funktion ψ auf dem Rand ∂G. Wir betrachten das Minimumproblem

$$\int_G L(x, q, \partial q)\, dx = \min!,$$
$$q = \psi \quad \text{auf} \quad \partial G$$

(5.44)

und das allgemeinere Problem

$$\int_G L(x, q, \partial q)\, dx \overset{!}{=} \text{stationär},$$
$$q = \psi \quad \text{auf} \quad \partial G.$$

(5.45)

Dabei setzen wir $\partial_j := \partial / \partial x_j$ und

$$x = (x_1, \ldots, x_N), \qquad q = (q_1, \ldots, q_K), \qquad \partial q = (\partial_j q_k).$$

Die Funktionen L, ψ und der Rand ∂G seien hinreichend glatt.

Hauptsatz: Ist $q = q(t)$ eine Lösung von (5.44) oder (5.45), dann genügt sie den Euler-Lagrangeschen Gleichungen auf G:[13]

$$\sum_{j=1}^{N} \partial_j L_{\partial_j q_k} - L_{q_k} = 0, \qquad k = 1, \ldots, K.$$

(5.46)

Diese berühmten Gleichungen wurden 1762 von Lagrange aufgestellt. Alle Feldtheorien der Physik lassen sich mit Hilfe von (5.46) formulieren, wobei (5.45) dem *Prinzip der stationären Wirkung* entspricht.

Korollar: Für hinreichend glatte Funktionen q ist Problem (5.45) äquivalent zu (5.46).

5.2.2 Anwendungen

Ebenes Problem: Eine notwendige Lösbarkeitsbedingung für das Minimumproblem

$$\int_G L\big(q(x,y), q_x(x,y), q_y(x,y), x, y\big)\, dx\, dy = \min!,$$
$$q = \psi \quad \text{auf} \quad \partial G$$

(5.47)

---

[13]Ausführlich geschrieben hat man

$$\sum_{j=1}^{N} \frac{\partial}{\partial x_j} \frac{\partial L(Q)}{\partial(\partial_j q_k)} - \frac{\partial L(Q)}{\partial q_k} = 0, \qquad k = 1, \ldots, K,$$

mit $Q = (x, q(x), \partial q(x))$

ist die Euler-Lagrangesche Gleichung:

$$\frac{\partial}{\partial x}L_{q_x} + \frac{\partial}{\partial y}L_{q_y} - L_q = 0. \tag{5.48}$$

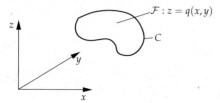

Abb. 5.18

Minimalflächen (Abb. 5.18):   Gesucht wird eine Fläche $\mathcal{F} : z = q(x,y)$ mit minimaler Oberfläche, die durch eine vorgegebene Randkurve C geht. Das zugehörige Variationsproblem lautet

$$\int\limits_G \sqrt{1 + z_x(x,y)^2 + z_y(x,y)^2}\, dx\, dy = \min!,$$

$$q = \psi \quad \text{auf} \quad \partial G$$

mit der Euler-Lagrangeschen Gleichung auf G:

$$\frac{\partial}{\partial x}\left(\frac{q_x}{\sqrt{1 + q_x^2 + q_y^2}}\right) + \frac{\partial}{\partial y}\left(\frac{q_y}{\sqrt{1 + q_x^2 + q_y^2}}\right) = 0. \tag{5.49}$$

Alle Lösungen dieser Gleichung heißen Minimalflächen. Gleichung (5.49) bedeutet geometrisch, dass die mittlere Krümmung der Fläche identisch verschwindet, d. h., es ist $H \equiv 0$ auf ∂G.

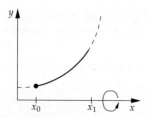

Abb. 5.19

Katenoid (Abb. 5.19):   Wir lassen eine Kurve $y = y(x)$ um die x-Achse rotieren. Dabei soll eine Fläche mit kleinster Oberfläche entstehen. Das zugehörige Variationsproblem lautet

$$\int\limits_{x_0}^{x_1} L(y(x), y'(x), x)\, dx = \min!, \qquad y(x_0) = y_0, \quad y(x_1) = y_1$$

mit $L = y\sqrt{1 + y'^2}$. Nach (5.8) ergibt sich $y'L_{y'} - L = \text{const}$ aus der Euler-Lagrangeschen Gleichung, d. h., wir erhalten

$$\frac{y(x)}{\sqrt{1 + y'(x)^2}} = \text{const}.$$

Die Kettenlinien $y = c \cosh\left(\dfrac{x}{c} + b\right)$ sind Lösungen.

Das Katenoid ist die einzige Minimalfläche, die durch Rotation entsteht.

Die erste Randwertaufgabe für die Poissongleichung: Jede hinreichend glatte Lösung des Minimumproblems

$$\int_G \frac{1}{2}\left(q_x^2 + q_y^2 - 2fq\right) dx\,dy = \min!, \qquad q = \psi \quad \text{auf} \quad \partial G, \tag{5.50}$$

genügt nach (5.48) der Euler-Lagrangeschen Gleichung

$$\begin{aligned} -q_{xx} - q_{yy} &= f \quad \text{auf} \quad G, \\ q &= \psi \quad \text{auf} \quad \partial G. \end{aligned} \tag{5.51}$$

Das ist die erste Randwertaufgabe für die Poissongleichung.

Elastische Membran: Physikalisch entspricht (5.50) dem Prinzip der minimalen potentiellen Energie für eine Membran $z = q(x,y)$, die in eine Randkurve C eingespannt ist (Abb. 5.18). Dabei entspricht f der Dichte einer äußeren Kraft. Für die Schwerkraft hat man $f(x,y) = -\rho g$ zu wählen (ρ Dichte, g Schwerebeschleunigung).

Die zweite und dritte Randwertaufgabe für die Poissongleichung: Jede hinreichend glatte Lösung des Minimumproblems

$$\int_G \left(q_x^2 + q_y^2 - 2fq\right) dx\,dy + \int_{\partial G} \left(aq^2 - 2bq\right) ds \overset{!}{=} \min \tag{5.52}$$

genügt der Euler-Lagrangeschen Gleichung

$$-q_{xx} - q_{yy} = f \quad \text{auf} \quad G, \tag{5.53}$$

$$\frac{\partial q}{\partial n} + aq = b \quad \text{auf} \quad \partial G. \tag{5.54}$$

Dabei bezeichnet s die Bogenlänge der im mathematisch positiven Sinne orientierten Randkurve, und

$$\frac{\partial q}{\partial n} = n_1 q_x + n_2 q_y$$

bedeutet die äußere Normalenableitung, wobei $\mathbf{n} = n_1 \mathbf{i} + n_2 \mathbf{j}$ der äußere Einheitsnormalenvektor ist (Abb. 5.20).

Abb. 5.20

Für $a \equiv 0$ (bzw. $a \not\equiv 0$) bezeichnet man (5.53), (5.54) als zweite (bzw. dritte) Randwertaufgabe für die Poissongleichung.

Die Randbedingung (5.54) tritt im Variationsproblem (5.52) nicht auf. Man nennt sie deshalb eine *natürliche Randbedingung*. Für $a \equiv 0$ können die Funktionen f und b nicht beliebig vorgegeben werden, sondern sie müssen der Lösbarkeitsbedingung

$$\int_G f \, dx \, dy + \int_{\partial G} b \, ds = 0 \tag{5.55}$$

genügen.

Beweisskizze: Es sei q eine Lösung von (5.52).

1. *Schritt:* Wir ersetzen q durch $q + \varepsilon h$ mit dem kleinen reellen Parameter ε und erhalten

$$\varphi(\varepsilon) := \int_G \left[(q_x + \varepsilon h_x)^2 + (q_y + \varepsilon h_y)^2 - 2f(q + \varepsilon h) \right] dx \, dy$$

$$+ \int_{\partial G} \left[a(q + \varepsilon h)^2 - 2(q + \varepsilon h)b \right] ds.$$

Wegen (5.52) besitzt die Funktion φ im Punkt $\varepsilon = 0$ ein Minimum, d. h., es ist $\varphi'(0) = 0$. Das ergibt

$$\frac{1}{2}\varphi'(0) = \int_G (q_x h_x + q_y h_y - fh) \, dx \, dy + \int_{\partial G} (aqh - bh) \, ds = 0. \tag{5.56}$$

Im Fall $a \equiv 0$ folgt (5.55) aus (5.56), indem man $h \equiv 1$ wählt.

2. *Schritt:* Partielle Integration liefert

$$- \int_G (q_{xx} + q_{yy} + f)h \, dx \, dy + \int_{\partial G} \left(\frac{\partial q}{\partial n} + aq - b \right) h \, ds = 0. \tag{5.57}$$

3. *Schritt:* Wir benutzen nun ein heuristisches Argument, das streng gerechtfertigt werden kann. Die Gleichung (5.57) gilt für alle glatten Funktionen h.

(i) Wir betrachten zunächst alle glatten Funktionen h mit $h = 0$ auf ∂G. Dann verschwindet das Randintegral in (5.57). Wegen der freien Wahl von h erhalten wir

$$q_{xx} + q_{yy} + f = 0 \quad \text{auf} \quad G.$$

(ii) Damit verschwindet das Integral über G in (5.57). Da wir Funktionen h mit beliebigen Randwerten wählen können, erhalten wir

$$\frac{\partial q}{\partial n} + aq - b = 0 \quad \text{auf} \quad \partial G. \qquad \square$$

Bemerkung: Im Fall des Variationsproblems (5.50) kann man ähnlich schließen. Wegen $q = \psi$ auf ∂G darf man jetzt jedoch nur Funktionen h mit „$h = 0$ auf ∂G" wählen. Der Schluss (i) ergibt (5.51).

Das Prinzip der stationären Wirkung für die schwingende Saite: Die Gleichung $q = q(x, t)$ beschreibe die Auslenkung einer Saite zur Zeit t am Ort x (Abb. 5.21a). Wir setzen $G := \{ (x, t) \in \mathbb{R}^2 : 0 \leq x \leq l, \, t_0 \leq t \leq t_1 \}$.

Für die Lagrangefunktion

$$L = \text{kinetische Energie minus potentielle Energie}$$

$$= \frac{1}{2} \rho q_t^2 - \frac{1}{2} k q_x^2$$

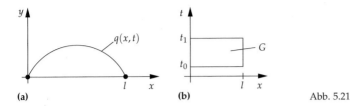

(a) (b) Abb. 5.21

(ρ Dichte, k Materialkonstante) lautet das *Prinzip der stationären Wirkung*

$$\int_G L \, dx \, dt = \text{stationär!},$$

q ist fest vorgegeben auf dem Rand ∂G.

Die zugehörige Euler-Lagrangesche Gleichung $(L_{q_t})_t + (L_{q_x})_x = 0$ ergibt die Gleichung der schwingenden Saite

$$\frac{1}{c^2} q_{tt} - q_{xx} = 0 \tag{5.58}$$

mit $c^2 = k/\rho$.

Satz: Die allgemeinste C^2-Lösung der Gleichung (5.58) lautet:

$$q(x,t) = a(x - ct) + b(x + ct), \tag{5.59}$$

wobei a und b beliebige C^2-Funktionen sind. Die Lösung (5.59) entspricht der Superposition zweier Wellen, die sich mit der Geschwindigkeit c von links nach rechts und von rechts nach links ausbreiten.

5.2.3 Probleme mit Nebenbedingungen und Lagrangesche Multiplikatoren

Wir erläutern diese Technik an einem wichtigen Beispiel.

Das Eigenwertproblem für die Laplacegleichung: Um das Variationsproblem

$$\int_G (q_x^2 + q_y^2) \, dx \, dy = \text{min!}, \qquad q = 0 \quad \text{auf} \quad \partial G,$$
$$\int_{\partial G} q^2 \, ds = 1, \tag{5.60}$$

zu lösen, wählen wir analog zu 5.1.6 die modifizierte Lagrangefunktion

$$\mathcal{L} := L + \lambda q^2 = q_x^2 + q_y^2 + \lambda q^2.$$

Die reelle Zahl λ heißt Lagrangescher Multiplikator. Die Euler-Lagrangesche Gleichung für $\mathcal{L}$ lautet:

$$\frac{\partial}{\partial x} \mathcal{L}_{q_x} + \frac{\partial}{\partial y} \mathcal{L}_{q_y} - \mathcal{L}_q = 0.$$

Das entspricht dem Eigenwertproblem

$$q_{xx} + q_{yy} = \lambda q \quad \text{auf} \quad G, \quad q = 0 \quad \text{auf} \quad \partial G.$$ (5.61)

Man kann zeigen, dass (5.61) eine notwendige Bedingung für eine C^2-Lösung von (5.60) darstellt. Der Lagrangesche Multiplikator λ wird hier ein Eigenwert.

5.3 Steuerungsprobleme

Zielstellung: Die Steuerungstheorie stellt mathematische Methoden bereit, um technische Prozesse durch die geeignete Wahl von Steuerungsgrößen optimal zu gestalten.

▶ BEISPIEL 1: Kommt ein Raumschiff vom Mond zurück, dann muss man die Bahnkurve so steuern, dass sich der Hitzeschild nur minimal erhitzt. Hierzu konnten keine Experimente durchgeführt werden, sondern die NASA musste auf die Modellgleichungen ihrer Ingenieure und auf die numerischen Berechnungen der Mathematiker vertrauen. Diese Computerrechnungen erwiesen sich als sehr sensibel gegenüber Änderungen der Steuerungsparameter. Tatsächlich gibt es nur einen sehr schmalen Korridor für das Raumschiff. Wird dieser Korridor verfehlt, dann verglüht das Raumschiff, oder es wird wieder in das Weltall zurückgeschleudert. Abb. 5.22 zeigt die Bahnkurve. Unerwarteterweise taucht das Raumschiff zunächst tief ein, um dann nochmals nach oben zu steigen bis eine ungefährliche Kreisbahn erreicht ist, von der aus dann die endgültige Landung erfolgt.[14]

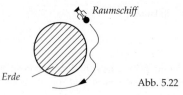

Abb. 5.22

▶ BEISPIEL 2: Der Start einer Rakete soll mit minimalem Treibstoffverbrauch erfolgen, um eine gewisse Höhe zu erreichen. Dieses Problem wird in 11.5.1.2 im Handbuch betrachtet.

▶ BEISPIEL 3: Die Mondfähre musste so gesteuert werden, dass die Landung möglichst sanft erfolgte und möglichst wenig Treibstoff kostete.

▶ BEISPIEL 4: Der Flug einer Sonde zum Mars ist so zu bestimmen, dass der Treibstoffverbrauch minimal ist. Dabei werden die Bahnen auf dem Computer so berechnet, dass Beschleunigungseffekte der anderen Planeten optimal ausgenutzt werden.

Zwei unterschiedliche Strategien in der Steuerungstheorie: Die moderne Steuerungstheorie wurde in den Jahren zwischen 1950 und 1960 geschaffen. Dabei verallgemeinerte man die klassische Variationsrechnung in zwei Richtungen:

Hamilton-Jacobische Differentialgleichung für die Wirkungsfunktion S	$\longrightarrow$	Bellmansche dynamische Optimierung
Hamiltonsche kanonische Gleichungen für die Energiefunktion H	$\longrightarrow$	Pontrjaginsches Maximumprinzip.

---

[14]Die Behandlung dieses Problems mit Hilfe des Pontrjaginschen Maximumprinzips findet man in [Zeidler 1984, Vol. III, Abschnitt 48.10].

5.3.1 Bellmansche dynamische Optimierung

Das Grundproblem: Wir betrachten das Minimumproblem

$$F\big(z(t_1), t_1\big) = \min! \tag{5.62}$$

Hinzu kommen die folgenden Nebenbedingungen.

(i) *Steuerungsgleichung für den Zustand z:*

$$z'(t) = f\big(z(t), u(t), t\big).$$

(ii) *Anfangsbedingung für den Zustand:*

$$z(t_0) = a.$$

(iii) *Endbedingung für den Zustand:*

$$t_1 \in \mathcal{T}, \qquad z(t_1) \in \mathcal{Z}.$$

(iv) *Steuerungsbeschränkungen*

$$u(t) \in \mathcal{U} \qquad \text{auf} \quad [t_0, t_1].$$

Der Parameter t entspricht der Zeit. Gesucht werden die Endzeit t_1 sowie

eine Zustandskurve $z = z(t)$ und eine optimale Steuerung $u = u(t)$.

Dabei ist $z = (z_1, \ldots, z_N)$ sowie $u = (u_1, \ldots, u_M)$. Gegeben sind die Anfangszeit t_0, der Anfangspunkt a, das Zeitintervall $\mathcal{T}$ und die Mengen $\mathcal{Z} \subseteq \mathbb{R}^N$, $\mathcal{U} \subseteq \mathbb{R}^M$.

Zulässige Paare: Ein Paar von Funktionen

$$z = z(t), \qquad u = u(t), \qquad t_0 \leq t \leq t_1,$$

heißt genau dann zulässig, wenn diese Funktionen bis auf endlich viele Sprünge stetig sind und den Nebenbedingungen (i) bis (iv) genügen. Die Menge aller dieser zulässigen Paare wird mit $Z(t_0, a)$ bezeichnet.

Die Bellmansche Wirkungsfunktion S: Wir definieren

$$S(t_0, a) := \inf_{(z,u) \in Z(t_0,a)} F\big(z(t_1), t_1\big),$$

d. h., wir bilden das Infimum über alle zulässigen Paare. Im folgenden wird das Verhalten der Funktion S studiert, wenn die Anfangsbedingungen (t_0, a) variieren.

Hauptsatz (notwendige Bedingung): Es sei (z^*, u^*) eine Lösung des vorgegebenen Steuerungsproblems (5.62). Dann sind die folgenden drei Bedingungen erfüllt.

(i) Die Funktion $S = S\big(z(t), t\big)$ ist auf $[t_0, t_1]$ monoton fallend für alle zulässigen Paare (z, u).

(ii) Die Funktion $S = S\big(z^*(t), t\big)$ ist konstant auf $[t_0, t_1^*]$.

(iii) Es ist $S(b, t_1) = F(b, t_1)$ für alle $b \in \mathcal{Z}$, $t_1 \in \mathcal{T}$.

Korollar (hinreichende Bedingung):   Kennt man eine Funktion S und ein zulässiges Paar (z^*, u^*) mit (i), (ii), (iii), dann ist (z^*, u^*) eine Lösung des Steuerungsproblems (5.62).

Die Gleichung von Hamilton-Jacobi-Bellman: Wir nehmen an, dass die Wirkungsfunktion S hinreichend glatt ist. Für jedes zulässige Paar (z, u) gilt dann die Ungleichung

$$S_t\big(z(t), t\big) + S_z\big(z(t), t\big)\, f\big(z(t), u(t), t\big) \geq 0 \tag{5.63}$$

auf $[t_0, t_1]$. Für eine Lösung des Steuerungsproblems (5.62) ergibt sich in (5.63) überall das Gleichheitszeichen.

5.3.2 Anwendungen

Lineares Steuerungsproblem mit quadratischer Kostenfunktion:

$$\int_{t_0}^{t_1} \big(x(t)^2 + u(t)^2\big)\, dt \overset{!}{=} \min., \tag{5.64}$$

$$x'(t) = Ax(t) + Bu(t), \qquad x(t_0) = a. \tag{5.65}$$

Dabei sind A und B reelle Zahlen.

Satz: Ist die Funktion w eine Lösung der Riccatischen Differentialgleichung

$$w'(t) = -2Aw(t) + B^2 w(t)^2 - 1$$

auf $[t_0, t_1]$ mit $w(t_1) = 0$, dann erhält man die Lösung $x = x(t)$ des Steuerungsproblems, indem man die Differentialgleichung

$$x'(t) = Ax(t) + B\big(-w(t)Bx(t)\big), \qquad x(t_0) = a \tag{5.66}$$

löst. Die optimale Steuerung $u = u(t)$ ergibt sich dann aus

$$u(t) = -w(t)Bx(t). \tag{5.67}$$

Feedback control: Die Gleichung (5.67) beschreibt eine Rückkopplung zwischen dem Zustand $x(t)$ und der optimalen Steuerung $u(t)$ (feedback control). Derartige optimale Steuerungen lassen sich in der Technik besonders günstig realisieren und werden auch in biologischen Systemen häufig angetroffen. Die Gleichung (5.66) ergibt sich, indem man die Rückkopplungsbeziehung (5.67) in die Steuerungsgleichung (5.65) einsetzt.

Beweis: 1. Schritt: Reduktionstrick. Wir führen durch

$$y'(t) = x(t)^2 + u(t)^2, \qquad y(t_0) = 0$$

eine neue Funktion $y(.)$ ein. Dann entsteht das äquivalente Problem

$$y(t_1) = \min!,$$
$$y'(t) = x(t)^2 + u(t)^2, \quad y(t_0) = 0,$$
$$x'(t) = Ax(t) + Bu(t), \quad x(t_0) = a.$$

Ferner setzen wir $z := (x, y)$.

2. Schritt: Für die Bellmansche Wirkungsfunktion S machen wir den Ansatz

$$S(x, y, t) := w(t)x^2 + y.$$

3. Schritt: Wir prüfen die Voraussetzungen des Korollars in 5.3.1 nach.

(i) Ist $w = w(t)$ eine Lösung der Riccatischen Gleichung und genügen $x = x(t)$, $u = u(t)$ der Steuerungsgleichung (5.65), dann gilt

$$\frac{\mathrm{d}S\big(x(t), y(t), t\big)}{\mathrm{d}t} = w'(t)x(t)^2 + 2w(t)x(t)x'(t) + y'(t)$$
$$= \big(u(t) + w(t)Bx(t)\big)^2 \geq 0.$$

Somit ist die Funktion $S = S(x(t), y(t), t)$ monoton fallend bezüglich der Zeit t.

(ii) Ist die Rückkopplungsbedingung (5.67) erfüllt, dann steht in (i) das Gleichheitszeichen, d. h., $S(x(t), y(t), t) = $ const.

(iii) Aus $w(t_1) = 0$ folgt $S(x(t_1), y(t_1), t_1) = y(t_1)$.   □

5.3.3 Das Pontrjaginsche Maximumprinzip

Das Steuerungsproblem: Wir betrachten das Minimumproblem

$$\int_{t_0}^{t_1} L\big(q(t), u(t), t\big)\, \mathrm{d}t = \min! \tag{5.68}$$

Hinzu kommen die folgenden Nebenbedingungen:

(i) *Steuerungsgleichung für die Bahnkurve q:*

$$q'(t) = f\big(q(t), u(t), t\big).$$

(ii) *Anfangsbedingung für die Bahnkurve q:*

$$q(t_0) = a.$$

(iii) *Bedingung für die Bahnkurve q zur Endzeit:*

$$h\big(q(t_1), t_1\big) = 0.$$

(iv) *Steuerungsbeschränkung:*

$$u(t) \in \mathcal{U} \qquad \text{für alle Zeiten} \quad t \in [t_0, t_1].$$

Kommentar: Zur Konkurrenz sind alle endlichen Zeitintervalle $[t_0, t_1]$ zugelassen. Die Steuerungen $u = u(t)$ sollen bis auf endlich viele Sprünge stetig sein. Ferner sollen die Bahnkurven stetig sein und bis auf endlich viele Sprünge stetige erste Zeitableitungen besitzen. Wir setzen

$$q = (q_1, \ldots, q_N), \quad u = (u_1, \ldots, u_M), \quad f = (f_1, \ldots, f_N), \quad h = (h_1, \ldots, h_N).$$

Gegeben sind die Anfangszeit t_0, der Anfangspunkt $a \in \mathbb{R}^N$ und die Steuerungsmenge $\mathcal{U} \subset \mathbb{R}^M$. Ferner sollen die gegebenen Funktionen L, f und h vom Typ C^1 sein.

Die verallgemeinerte Hamiltonfunktion $\mathcal{H}$:   Wir definieren

$$\mathcal{H}(q, u, p, t, \lambda) := \sum_{j=1}^{N} p_j f_j(q, u, t) - \lambda\, L(q, u, t).$$

Hauptsatz: Ist q, u, t_1 eine Lösung des vorgelegten Steuerungsproblems (5.68), dann gibt es eine Zahl $\lambda = 1$ oder $\lambda = 0$, einen Vektor $\alpha \in \mathbb{R}^N$ und stetige Funktionen $p_j = p_j(t)$ auf $[t_0, t_1]$ so dass die folgenden Bedingungen erfüllt sind.

(a) *Pontrjaginsches Maximumprinzip:*

$$\mathcal{H}\big(q(t), u(t), p(t), t, \lambda\big) = \max_{w \in \mathcal{U}} \mathcal{H}\big(q(t), w, p(t), t, \lambda\big).$$

(b) *Verallgemeinerte kanonische Gleichungen:*[15]

$$p_j' = -\mathcal{H}_{q_j}, \qquad q_j' = \mathcal{H}_{p_j}, \qquad j = 1, \dots, N.$$

(c) *Bedingung zur Endzeit:*[16]

$$p(t_1) = -h_q\big(q(t_1), t_1\big)\alpha.$$

Es ist entweder $\lambda = 1$ oder man hat $\lambda = 0$ und $\alpha \neq 0$. Im Fall $h \equiv 0$ gilt $\lambda = 1$.

Korollar: Setzen wir

$$p_0(t) := \mathcal{H}\big(q(t), u(t), p(t), t, \lambda\big)$$

in den Stetigkeitspunkten t der rechten Seite, dann lässt sich p_0 zu einer stetigen Funktion auf $[t_0, t_1]$ fortsetzen. Ferner gilt[17]

$$p_0' = \mathcal{H}_t \qquad\qquad (5.69)$$

und

$$p_0(t_1) = h_t\big(q(t_1), t_1\big)\alpha.$$

Die Gleichungen (a), (b) und (5.69) gelten für alle Zeitpunkte t auf $[t_0, t_1]$, in denen die optimale Steuerung $u = u(t)$ stetig ist.

5.3.4 Anwendungen

Die optimale Steuerung eines idealisierten Autos: Ein Wagen W der Masse $m = 1$ sei zur Anfangszeit $t_0 = 0$ im Punkt $x = -b$ in Ruhe. Der Wagen bewege sich auf der x-Achse unter dem Einfluss der Motorkraft $u = u(t)$. Gesucht wird eine Bewegung $x = x(t)$, so dass W in der kürzest möglichen Zeit t_1 den Punkt $x = b$ erreicht und dort zum Stehen kommt (Abb. 5.23). Wichtig dabei ist. dass die Motorkraft der Einschränkung $|u| \leq 1$ unterliegen soll.

Abb. 5.23

---

[15]Das bedeutet

$$p_j'(t) = -\frac{\partial \mathcal{H}}{\partial q_j}(Q), \qquad q_j'(t) = \frac{\partial \mathcal{H}}{\partial p_j}(Q)$$

mit $Q := \big(q(t), u(t), p(t), \lambda\big)$.

[16]Das bedeutet $p_k(t_1) = -\sum_{j=1}^{N} \dfrac{\partial h_j}{\partial q_k}\big(q(t_1), t_1\big)\alpha_j$.

[17]Das bedeutet $p_0'(t) = \mathcal{H}_t\big(q(t), u(t), p(t), \lambda\big)$.

Mathematische Formulierung:

$$\int\limits_{t_0}^{t_1} dt \overset{!}{=} \min., \quad x''(t) = u(t), \quad |u| \leq 1,$$

$$x(0) = -b, \quad x'(0) = 0, \quad x(t_1) = b, \quad x'(t_1) = 0,$$

Bang-bang control: Wir werden zeigen, dass die optimale Steuerung einem hau-ruck Verfahren entspricht. Man benutze die maximale Motorkraft $u = 1$ bis zum Erreichen der halben Strecke $x = 0$ und bremse dann mit $u = -1$ maximal.

Beweis mit Hilfe des Pontrjaginschen Maximumprinzips: Wir setzen $q_1 := x$, $q_2 := x'$. Das ergibt

$$\int\limits_{t_0}^{t_1} dt \overset{!}{=} \min., \quad |u(t)| \leq 1,$$

$$q_1' = q_2, \quad q_2' = u,$$

$$q_1(0) = -b, \quad q_2(0) = 0, \quad q_1(t_1) - b = 0, \quad q_2(t_1) = 0.$$

Nach 5.3.3 lautet die verallgemeinerte Hamiltonsche Funktion:

$$\mathcal{H} := p_1 q_2 + p_2 u - \lambda.$$

Es sei $q = q(t)$ und $u = u(t)$ eine Lösung. Wir setzen

$$p_0(t) := p_1(t)q_2(t) + p_2(t)u(t) - \lambda.$$

Nach 5.3.3 gilt:

(i) $p_0(t) = \max\limits_{|w| \leq 1} \left(p_1(t)q_2(t) + p_2(t)w - \lambda \right).$

(ii) $p_1'(t) = -\mathcal{H}_{q_1} = 0, \quad p_1(t_1) = -\alpha_1.$

(iii) $p_2'(t) = -\mathcal{H}_{q_2} = -p_1(t), \quad p_2(t_1) = -\alpha_2.$

(iv) $p_0'(t) = \mathcal{H}_t = 0, \quad p_0(t_1) = 0.$

Aus (ii) bis (iv) folgt $p_0(t) = 0$, $p_1(t) = -\alpha_1$, $p_2(t) = \alpha_1(t - t_1) - \alpha_2$.

Fall 1: Es sei $\alpha_1 = \alpha_2 = 0$. Dann gilt $\lambda = 1$. Das widerspricht jedoch (i) mit $p_0(t) = p_1(t) = p_2(t) = 0$. Deshalb kann dieser Fall nicht vorliegen.

Fall 2: $\alpha_1^2 + \alpha_2^2 \neq 0$. Dann hat man $p_2 \neq 0$. Aus (i) folgt

$$p_2(t)u(t) = \max\limits_{|w| \leq 1} p_2(t)w.$$

Das ergibt

$$u(t) = 1 \quad \text{für} \quad p_2(t) > 0, \quad u(t) = -1 \quad \text{für} \quad p_2(t) < 0.$$

Da p_2 eine lineare Funktion ist, kann diese nur einmal das Vorzeichen wechseln. Das geschehe zum Zeitpunkt t_*. Da zur Zeit t_1 ein Bremsvorgang vorliegen muss, erhalten wir

$$u(t) = 1 \quad \text{für} \quad 0 \leq t < t_*, \quad u(t) = -1 \quad \text{für} \quad t_* < t \leq t_1.$$

Aus der Bewegungsgleichung $x''(t) = u(t)$ ergibt sich

$$x(t) = \begin{cases} \dfrac{1}{2}t^2 - b & \text{für} \quad 0 \leq t < t_*, \\[2mm] -\dfrac{1}{2}(t - t_1)^2 + b & \text{für} \quad t_* \leq t \leq t_1. \end{cases}$$

Zur Umschaltzeit t_* müssen beide Positionen und Geschwindigkeiten übereinstimmen. Daraus folgt

$$x'(t_*) = t_* = t_1 - t_*,$$

also $t_* = t_1/2$. Ferner erhalten wir aus

$$x(t_*) = \frac{t_1^2}{8} - b = -\frac{t_1^2}{8} + b$$

die Beziehung $x(t_*) = 0$. Das bedeutet, es muss umgeschaltet werden, wenn sich der Wagen im Ursprung $x = 0$ befindet.   □

5.4 Extremwertaufgaben

5.4.1 Lokale Minimumprobleme

Gegeben sei eine Funktion

$$\boxed{f : U \subseteq \mathbb{R}^N \to \mathbb{R},}$$

die auf einer Umgebung U des Punktes x^* erklärt ist. Es genügt Minimumprobleme zu studieren, weil man jedes Maximumproblem durch Übergang von f zu $-f$ in ein äquivalentes Minimumproblem verwandeln kann. Es sei $x = (x_1, \ldots, x_N)$.

Definition: Die Funktion f besitzt genau dann im Punkt x^* ein *lokales Minimum*, wenn es eine Umgebung V von x^* gibt, so dass gilt:

$$\boxed{f(x^*) \leq f(x) \qquad \text{für alle } \quad x \in V.} \tag{5.70}$$

Ist $f(x^*) < f(x)$ für alle $x \in V$ mit $x \neq x^*$, dann sprechen wir von einem *strengen lokalen Minimum*.

Notwendige Bedingung: Ist f vom Typ C^1 und besitzt f im Punkt x^* ein lokales Minimum, dann gilt

$$\boxed{f'(x^*) = 0.}$$

Das ist äquivalent[18] zu $\partial_j f(x^*) = 0$, $j = 1, \ldots, N$.

Hinreichende Bedingung: Ist f vom Typ C^2 mit $f'(x^*) = 0$, dann besitzt f in x^* in strenges lokales Minimum, wenn gilt:

(D) Die Matrix $f''(x^*)$ der zweiten partiellen Ableitungen von f im Punkt x^* besitzt nur positive Eigenwerte.

Die Bedingung (D) ist dazu äquivalent, dass alle Hauptunterdeterminanten

$$\det\left(\partial_j \partial_k f(x^*)\right), \qquad j, k = 1, \ldots, M,$$

für $M = 1, \ldots, N$ positiv sind.

---

[18]$\partial_j := \partial/\partial x_j$.

▶ BEISPIEL: Die Funktion $f(x) := \frac{1}{2}(x_1^2 + x_2^2) + x_1^3$ besitzt in $x^* = (0,0)$ ein strenges lokales Minimum.

Beweis: Es ist: $\partial_1 f(x) = x_1 + 3x_1^2$, $\partial_2 f(x) = x_2$, $\partial_1^2 f(0,0) = \partial_2^2 f(0,0) = 1$ und $\partial_1 \partial_2 f(0,0) = 0$. Daraus folgt

$$\partial_1 f(0,0) = \partial_2 f(0,0) = 0$$

sowie

$$\partial_1^2 f(0,0) > 0, \qquad \begin{vmatrix} \partial_1^2 f(0,0) & \partial_1 \partial_2 f(0,0) \\ \partial_1 \partial_2 f(0,0) & \partial_2^2 f(0,0) \end{vmatrix} = \begin{vmatrix} 1 & 0 \\ 0 & 1 \end{vmatrix} > 0.$$

5.4.2 Globale Minimumprobleme und Konvexität

Satz: Für eine konvexe Funktion $f : K \subseteq \mathbb{R}^N \longrightarrow \mathbb{R}$ auf der konvexen Menge K ist jedes lokale Minimum ein globales Minimum.

Ist f streng konvex, dann besitzt f höchstens ein globales Minimum.

Konvexitätskriterium: Eine C^2-Funktion $f : U \subset \mathbb{R}^N \longrightarrow \mathbb{R}$ auf der offenen konvexen Menge U ist streng konvex, wenn die Matrix $f''(x)$ in jedem Punkt x nur positive Eigenwerte besitzt.

▶ BEISPIEL: Die Funktion $f(x) = \sum_{j=1}^{n} x_j \ln x_j$ ist *streng konvex* auf der Menge $U := \{x \in \mathbb{R}^N \mid x_j > 0$ für alle $j\}$. Folglich ist $-f$ streng konkav auf U. Von diesem Typ ist die Entropiefunktion (vgl. 5.4.6).

Beweis: Alle Determinanten

$$\det\left(\partial_j \partial_k f(x)\right) = \begin{vmatrix} x_1^{-1} & 0 & \dots & 0 \\ 0 & x_2^{-1} & \dots & 0 \\ \dots & & & \\ 0 & & \dots & x_M^{-1} \end{vmatrix} = x_1^{-1} x_2^{-1} \cdots x_M^{-1}$$

mit $M = 1, \dots, N$ sind positiv für $x \in U$.

Stetigkeitskriterium: Jede konvexe Funktion $f : U \subset \mathbb{R}^N \longrightarrow \mathbb{R}$ auf einer offenen konvexen Menge U ist stetig.

Existenzsatz: Ist $f : \mathbb{R}^N \longrightarrow \mathbb{R}$ konvex und gilt $f(x) \longrightarrow +\infty$ für $|x| \longrightarrow +\infty$, dann besitzt die Funktion f ein globales Minimum.

5.4.3 Anwendungen auf die Methode der kleinsten Quadrate von Gauß

Gegeben seien die N Messpunkte

$$x_1, y_1; \quad x_2, y_2; \quad \dots; \quad x_N, y_N.$$

Die Parameter $a_1, \dots, a_M$ einer gegebenen Kurvenschar

$$y = f(x; a_1, \dots, a_M)$$

sollen diesen Daten möglichst gut angepasst werden. Wir verwenden hierzu das folgende Minimumproblem:

$$\sum_{j=1}^{N} \left(y_j - f(x_j; a_1, \ldots, a_M) \right)^2 = \text{min!} \tag{5.71}$$

Satz: Eine Lösung $a = (a_1, \ldots, a_M)$ von (5.71) genügt dem Gleichungssystem

$$\sum_{j=1}^{N} \left(y_j - f(x_j, a) \right) \frac{\partial f}{\partial a_m}(x_j, a) = 0, \qquad m = 1, \ldots, M. \tag{5.72}$$

Beweis: Man differenziere (5.71) nach a_m und setze diese Ableitung gleich null.   □

Diese Methode der kleinsten Quadrate ersann der 18jährige Gauß im Jahre 1795. Er verwendete sie später immer wieder kunstvoll bei seinen astronomischen Bahnberechnungen und seinen Vermessungsarbeiten.

Die numerische Lösung von (5.72) wird in 7.2.4 betrachtet.

5.4.4 Anwendungen auf Pseudoinverse

Gegeben sei eine reelle $(n \times m)$-Matrix A und eine reelle $(n \times 1)$-Spaltenmatrix b. Gesucht wird eine reelle $(m \times 1)$-Spaltenmatrix x, so dass

$$|b - Ax|^2 \overset{!}{=} \text{min.} \tag{5.73}$$

Das bedeutet, wir lösen die Aufgabe $Ax = b$ im Sinne der Methode der kleinsten Quadrate von Gauß.[19] Die Aufgabe (5.73) ist jedoch nicht immer eindeutig lösbar.

Satz: Unter allen Lösungen von (5.73) gibt es ein eindeutig bestimmtes Element x für das $|x|$ am kleinsten ist. Diese spezielle Lösung x erlaubt für jedes b die Darstellung

$$x = A^+ b$$

mit einer eindeutig bestimmten reellen $(m \times n)$-Matrix A^+, die wir die *Pseudoinverse* zu A nennen.

Bezeichnet b_j eine $(n \times 1)$-Spaltenmatrix, die an der j-ten Stelle eine Eins und sonst Nullen besitzt, und bezeichnet x_j die eindeutig bestimmte spezielle Lösung von (5.73) mit $b = b_j$, dann gilt

$$A^+ = (x_1, \ldots, x_n).$$

▶ BEISPIEL: Besitzt die quadratische Matrix A eine Inverse A^{-1}, dann hat das Problem (5.73) die eindeutige Lösung $x = A^{-1} b$ und es gilt $A^+ = A^{-1}$.

---

[19] $|b - Ax|^2 = \sum_{i=1}^{n} \left(b_i - \sum_{k=1}^{m} a_{ik} x_k \right)^2$ und $|x|^2 = \sum_{k=1}^{m} x_k^2$.

5.4.5 Probleme mit Nebenbedingungen und Lagrangesche Multiplikatoren

Wir betrachten das Minimumproblem

$$\boxed{\begin{aligned} f(x) &\overset{!}{=} \min., \\ g_j(x) &= 0, \quad j = 1, \ldots, J. \end{aligned}} \tag{5.74}$$

Dabei sei $x = (x_1, \ldots, x_N)$ mit $N > J$.

(H) Die Funktionen $f, g_j : U \subseteq \mathbb{R}^N \longrightarrow \mathbb{R}$ seien in einer Umgebung U des Punktes x^* vom Typ C^n wobei die wichtige Rangbedingung[20]

$$\text{Rang } g'(x^*) = J$$

erfüllt sei. Ferner sei $g_j(x^*) = 0$ für $j = 1, \ldots, J$.

Notwendige Bedingung: Es gelte (H) mit $n = 1$. Ist x^* ein lokales Minimum in (5.74), dann gibt es reelle Zahlen $\lambda_1, \ldots, \lambda_J$ (Lagrangesche Multiplikatoren), so dass

$$\boxed{\mathcal{F}'(x^*) = 0} \tag{5.75}$$

für $\mathcal{F} := f - \lambda^{\mathsf{T}} g$ gilt.[21]

Hinreichende Bedingung: Es gelte (H) mit $n = 2$. Gibt es Zahlen $\lambda_1, \ldots, \lambda_J$ mit $\mathcal{F}'(x^*) = 0$, wobei die Matrix $\mathcal{F}''(x^*)$ nur positive Eigenwerte besitzt, dann ist x^* ein *strenges lokales Minimum* von (5.74).

Kürzeste Entfernung eines Punktes von einer Kurve:

$$\boxed{\begin{aligned} f(x_1, x_2) &:= x_1^2 + x_2^2 = \min!, \\ C &: g(x_1, x_2) = 0. \end{aligned}} \tag{5.76}$$

Die Funktion g sei vom Typ C^1. Wir suchen hier einen Punkt x^* auf der Kurve C der vom Ursprung $(0,0)$ die kürzeste Entfernung besitzt (Abb. 5.24a).

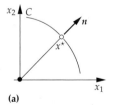 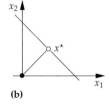

(a)   (b)   Abb. 5.24

Die Rangbedingung Rang $g'(x) = 1$ bedeutet $g_{x_1}(x)^2 + g_{x_2}(x)^2 \neq 0$, d. h., die Kurvennormale **n** existiert im Punkt x. Wir setzen

$$\mathcal{F}(x) := f(x) - \lambda g(x).$$

---

[20]Dies heißt, dass die Matrix $(\partial_k g_j(x^*))$ der ersten partiellen Ableitungen in x^* maximalen Rang besitzt.

[21]Explizit bedeutet dies $\mathcal{F}(x) := f(x) - \sum_{j=1}^{J} \lambda_j g_j(x)$ und $\partial_j \mathcal{F}(x^*) = 0$ für $j = 1, \ldots, J$.

Die notwendige Bedingung für ein lokales Minimum in (5.76) lautet $\mathcal{F}'(x^*) = 0$, also

$$2x_1^* = \lambda g_{x_1}(x^*), \qquad 2x_2^* = \lambda g_{x_2}(x^*). \tag{5.77}$$

Dies bedeutet, dass die Verbindungsgerade zwischen dem Ursprung und dem Punkt x^* die Kurve C im rechten Winkel schneidet.

▶ BEISPIEL: Wählen wir die Gerade $g(x_1, x_2) := x_1 + x_2 - 1 = 0$, dann lautet die Lösung von (5.76):

$$\boxed{x_1^* = x_2^* = \frac{1}{2}.} \tag{5.78}$$

Beweis: (i) Notwendige Bedingung. Aus (5.77) erhalten wir

$$2x_1^* = \lambda, \qquad 2x_2^* = \lambda,$$

also $x_1^* = x_2^*$. Aus $x_1^* + x_2^* - 1 = 0$ ergibt sich (5.78) und $\lambda = 1$.

(ii) Hinreichende Bedingung. Wir wählen $\mathcal{F}(x) = f(x) - \lambda(x_1 + x_2 - 1)$ mit $\lambda = 1$. Dann ist

$$\mathcal{F}''(x^*) = \det\left(\partial_j \partial_k \mathcal{F}(x^*)\right) = \begin{vmatrix} 2 & 0 \\ 0 & 2 \end{vmatrix} > 0. \qquad\qquad \square$$

5.4.6 Anwendungen auf die Entropie

Wir wollen zeigen, dass die absolute Temperatur T eines Gases als Lagrangescher Multiplikator aufgefasst werden kann.

Das Grundproblem der statistischen Physik:

$$
\begin{array}{c}
\text{Entropie } S \stackrel{!}{=} \max, \\[2mm]
\sum_{j=1}^{n} w_j = 1, \qquad \sum_{j=1}^{n} w_j E_j = E, \qquad \sum_{j=1}^{n} w_j N_j = N, \\[2mm]
0 \le w_j \le 1, \qquad j = 1, \ldots, n.
\end{array}
\tag{5.79}
$$

Interpretation: Wir betrachten ein thermodynamisches System Σ (z. B. ein Gas mit variabler Teilchenzahl auf Grund von chemischen Reaktionen). Wir nehmen an, dass Σ mit der Wahrscheinlichkeit w_j die Energie E_j und die Teilchenzahl N_j besitzt. Definitionsgemäß heißt

$$S := -k \sum_{j=1}^{n} w_j \ln w_j$$

die Entropie (oder Information) von Σ, wobei k die Boltzmannkonstante bezeichnet. Gegeben seien die mittlere Gesamtenergie E und die mittlere Gesamtteilchenzahl N. Das Problem (5.79) entspricht dem *Prinzip der maximalen Entropie*. Es gelte

$$\text{Rang} \begin{pmatrix} 1 & 1 & \ldots & 1 \\ E_1 & E_2 & \ldots & E_n \\ N_1 & N_2 & \ldots & N_n \end{pmatrix} = 3.$$

Satz: Ist $(w_1, \ldots, w_n)$ eine Lösung von (5.79) mit $0 < w_j < 1$ für alle j, dann gibt es reelle Zahlen γ und δ, so dass für $j = 1, \ldots, n$ gilt:

$$w_j = \frac{e^{(\gamma E_j + \delta N_j)}}{\sum\limits_{j=1}^{n} e^{(\gamma E_j + \delta N_j)}}. \tag{5.80}$$

Kommentar: In der statistischen Physik setzt man

$$\gamma = -\frac{1}{kT}, \qquad \delta = \frac{\mu}{kT}$$

und nennt T die *absolute Temperatur* und μ das *chemische Potential*. Setzt man w_j in die Nebenbedingungen von (5.79) ein, dann erhält man T und μ als Funktionen von E und N. Die Formel (5.80) ist der Ausgangspunkt für die gesamte klassische und moderne statistische Physik (vgl. 15.7 im Handbuch).

Beweis: Wir setzen

$$\mathcal{F}(w) := S(w) + \alpha \left(\sum w_j - 1 \right) + \gamma \left(\sum w_j E_j - E \right) + \delta \left(\sum w_j N_j - N \right).$$

Summiert wird über j von 1 bis n. Die Zahlen α, γ und δ sind Lagrangesche Multiplikatoren. Aus $\mathcal{F}'(w) = 0$ folgt das Verschwinden der ersten partiellen Ableitungen von $\mathcal{F}$ nach w_j, d. h.,

$$-k(\ln w_j + 1) + \alpha + \gamma E_j + \delta N_j = 0.$$

Das ergibt $w_j = \text{const} \cdot e^{(\gamma E_j + \delta N_j)}$. Die Konstante erhält man aus $\sum w_j = 1$. $\qquad\square$

5.4.7 Der Subgradient

Subgradienten sind ein wichtiges Instrument der modernen Optimierungstheorie. Sie ersetzen die Ableitung im Fall nichtglatter Situationen.[22]

Definition: Gegeben sei eine Funktion $f : \mathbb{R}^N \longrightarrow \mathbb{R}$. Dann besteht das *Subdifferential* $\partial f(x^*)$ aus genau allen $p \in \mathbb{R}^N$ mit[23]

$$f(x) \geq f(x^*) + \langle p | x - x^* \rangle \qquad \text{für alle} \quad x \in \mathbb{R}^N.$$

Die Elemente p von $\partial f(x^*)$ heißen *Subgradienten* von f im Punkt x^*.

Minimumprinzip: Die Funktion f besitze genau dann ein Minimum im Punkt x^*, wenn die verallgemeinerte Eulersche Gleichung

$$0 \in \partial f(x^*) \tag{5.81}$$

erfüllt ist.

Satz: Ist f in einer Umgebung des Punktes x^* vom Typ C^1, dann besteht $\partial f(x^*)$ nur aus der Ableitung $f'(x^*)$, und (5.81) geht in die klassische Gleichung $f'(x^*) = 0$ über.

---

[22]Eine ausführliche Darstellung der Theorie der Subgradienten zusammen mit zahlreichen Anwendungen findet man in [Zeidler 1984, Vol. III].

[23]$\langle p | x \rangle := \sum\limits_{j=1}^{n} p_j x_j$.

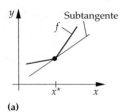 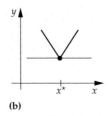

(a)   **(b)**   Abb. 5.25

▶ BEISPIEL: Es sei $y = f(x)$ eine reelle Funktion. Unter einer *Subtangente* in x^* verstehen wir eine Gerade durch den Punkt $(x^*, f(x^*))$ wobei der Graph von f oberhalb dieser Geraden liegt (Abb. 5.25a). Dabei wird nicht vorausgesetzt, dass eine Tangente im Punkt $(x^*, f(x^*))$ existiert. Es gilt:

> Das Subdifferential $\partial f(x^*)$ besteht aus den Anstiegen p aller Subtangenten in x^*.

Die Gleichung (5.81) besagt, dass es in einem Minimalpunkt x^* von f eine horizontale Subtangente gibt (Abb. 5.25b).

5.4.8 Dualitätstheorie und Sattelpunkte

Neben dem vorgelegten Minimumproblem

$$\inf_{x \in X} F(x) = \alpha \qquad (5.82)$$

wollen wir ein zugehöriges Maximumproblem

$$\sup_{y \in Y} G(y) = \beta \qquad (5.83)$$

konstruieren, das uns eine hinreichende Lösbarkeitsbedingung für (5.82) liefert. Zu diesem Zweck wählen wir eine Funktion $L = L(x, y)$ und nehmen an, dass sich F in der Gestalt

$$F(x) := \sup_{y \in Y} L(x, y)$$

darstellen lässt. Dann wird G durch

$$G(y) := \inf_{x \in X} L(x, y).$$

definiert. Dabei sei $L : X \times Y \longrightarrow \mathbb{R}$ eine Funktion, wobei X und Y beliebige nichtleere Mengen sein können.

Sattelpunkt: Definitionsgemäß ist (x^*, y^*) genau dann ein Sattelpunkt von L, wenn

$$\max_{y \in Y} L(x^*, y) = L(x^*, y^*) = \min_{x \in X} L(x, y^*)$$

gilt.

Hauptsatz: Kennt man Punkte $x^* \in X$ und $y^* \in Y$ mit

> $$F(x^*) \leq G(y^*),$$

dann ist x^* eine Lösung des Ausgangsproblems (5.82), und y^* ist eine Lösung des dualen Problems (5.83).

Korollar: (i) Wählt man Punkte $x \in X$ und $y \in Y$, dann erhält man die Abschätzung für den Minimalwert α:

$$G(y) \leq \alpha \leq F(x).$$

Ferner gilt $G(y) \leq \beta \leq F(x)$. Es ist stets $\beta \leq \alpha$.

(ii) Es ist genau dann x^* eine Lösung von (5.82) und y^* eine Lösung von (5.83), wenn (x^*, y^*) ein Sattelpunkt von L ist.

Diese einfachen Prinzipien erlauben eine Fülle von wichtigen Anwendungen. Das findet man in [Zeidler 1984, Vol. III, Kap. 49 bis Kap. 52].

Literatur zu Kapitel 5

[Aigner 2009] Aigner, M.: Diskrete Mathematik. Teubner+Vieweg, Wiesbaden (2009)

[Aubin 1998] Aubin, J.: Optima and Equilibria. Springer, New York (1998)

[Bellmann 1957] Bellmann, A.: Dynamic Programming. Princeton University Press, Princeton, New Jersey (1957)

[Borgwardt 2010] Borgwardt, K.: Aufgabensammlung und Klausurtrainer zur Optimierung. Vieweg+Teubner, Wiesbaden (2010)

[Carathéodory 1994] Carathéodory, C.: Variationsrechnung und partielle Differentialgleichungen erster Ordnung, Teubner, Leipzig (1994)

[Dantzig 1966] Dantzig, G.: Lineare Programmierung und Erweiterungen. Springer, Berlin (1966)

[Dierkes et al. 2010, 1] Dierkes, U., Hildebrandt, S., Sauvigny, F.: Minimal Surfaces. Vol. 1. Springer, Berlin (2010)

[Dierkes et al. 2010, 2] Dierkes, U., Hildebrandt, S., Tromba, T.: Minimal Surfaces. Vol. 2: Regularity of Minimal Surfaces. Vol. 3: Global Analysis of Minimal Surfaces, Berlin, Springer (2010)

[Giaquinta und Hildebrandt 1996] Giaquinta, M., Hildebrandt, S.: Calculus of Variations. Vols. 1, 2. Springer, Berlin (1996)

[Grötschel et al. 1993] Grötschel, M., Lovasz, L., Schijver, A.: Geometric Algorithms and Combinatorical Optimization. Springer, New York (1993)

[Hildebrandt und Tromba 1987] Hildebrandt, S., Tromba, T.: Panoptimum. Mathematische Grundmuster des Vollkommenen. Spektrum Akademischer Verlag, Heidelberg (1987)

[Hußmann und Lutz-Westphal 2007] Hußmann, S., Lutz-Westphal, H.: Kombinatorische Optimierung erleben. Vieweg+Teubner, Wiesbaden (2007)

[Jarre 2003] Jarre, F.: Optimierung. Springer, Berlin (2003)

[Jost und Li-Jost 1998] Jost, J., Xianqing Li-Jost: Calculus of Variations. Cambridge University Press, Cambridge, United Kingdom (1998)

[Kielhöfer 2010] Kielhöfer, H.: Variationsrechnung. Eine Einführung in die Theorie einer unabhängigen Variablen mit Beispielen und Aufgaben. Vieweg +Teubner, Wiesbaden (2010)

[Koop 2007] Koop, A., Moocke, H.: Lineare Optimierung. Spektrum Akademischer Verlag, Heidelberg (2007)

[Kosmol 1993] Kosmol, P.: Methoden zur numerischen Behandlung nichtlinearer Gleichungen und Optimierungsaufgaben. Teubner, Stuttgart (1993)

[Kosmol 2010] Kosmol, P.: Optimierung und Approximation. De Gruyter, Berlin (2010)

[Lions 1971] Lions, J.: Optimal Control of Systems Governed by Partial Differential Equations. Springer, New York (1971)

[Lueneberger 1969] Lueneberger, D.: Optimization by Vector Space Methods. Wiley, New York (1969)

[Marx 2010] Marx, B.: Dynamische Systeme. Theorie und Numerik. Spektrum Akademischer Verlag, Heidelberg (2010)

[Struwe 1990] Struwe, M.: Variational Methods. Springer, New York (1990)

[Suhl und Mellauli 2009] Suhl, L., Mellauli, T.: Optimierungssysteme: Modelle, Verfahren, Software, Anwendungen. Springer, Berlin (2009)

[Unger und Dempe 2010] Unger, T., Dempe, S.: Lineare Optimierung. Vieweg +Teubner, Wiesbaden (2010)

[Werners 2008] Werners, B.: Grundlagen des Operations Research. Mit Aufgaben und Lösungen. Springer, Berlin (2008)

[Zeidler 1984] Zeidler, E.: Nonlinear Functional Analysis and Its Applications. Vol. 3: Variational Methods and Optimization. Springer, New York (1984)

[Zeidler 1997] Zeidler, E.: Nonlinear Functional Analysis and Its Applications. Vol. 4: Applications to Mathematical Physics. 2nd edition. Springer, New York (1997)

[Zeidler 1997, 1] Zeidler, E.: Applied Functional Analysis, Applications to Mathematical Physics, Vol. 108. 2nd edition. Springer, New York (1997)

[Zeidler 1997, 2] Zeidler, E.: Applied Functional Analysis. Main Principles and Their Application. Applied Mathematical Sciences, Vol. 109. Springer, New York (1997)

KAPITEL 6

STOCHASTIK – MATHEMATIK DES ZUFALLS

> *Ich denke, dass der Leser bei einem aufmerksamen Studium des Gegenstands bemerkt, dass es nicht nur um Glücksspiele geht, sondern dass hier die Grundlagen einer sehr interessanten und ergiebigen Theorie entwickelt werden.*
>
> Christian Huygens (1654)
> De Ratiociniis in Aleae Ludo [1]
>
> *Die wahre Logik dieser Welt liegt in der Wahrscheinlichkeitstheorie.*
>
> James Clerk Maxwell (1831–1897)

Die Stochastik beschäftigt sich mit den *mathematischen Gesetzmäßigkeiten des Zufalls*. Während sich die Wahrscheinlichkeitstheorie den theoretischen Grundlagen widmet, entwickelt die mathematische Statistik auf der Basis der Wahrscheinlichkeitstheorie leistungsfähige Methoden, um aus umfangreichen Messdaten Erkenntnisse über Gesetzmäßigkeiten des untersuchten Gegenstands zu gewinnen. Deshalb ist die mathematische Statistik ein unverzichtbares mathematisches Instrument für alle Wissenschaften, die mit empirischem Material arbeiten (Medizin, Naturwissenschaften, Sozialwissenschaften und Wirtschaftswissenschaften).

> Eine nutzerfreundliche Zusammenstellung von wichtigen Verfahren der *mathematischen Statistik*, die ein Minimum an mathematischen Vorkenntnissen voraussetzt und sich an einen besonders großen Leserkreis von Praktikern wendet, findet man in 0.3

Typisch für die Wahrscheinlichkeitstheorie und die mathematische Statistik ist die Aufstellung und Untersuchung von Modellen für unterschiedliche konkrete Situationen. Wie in anderen Wissenschaften spielt deshalb die *sorgfältige Auswahl* des entsprechenden Modells eine wichtige Rolle. Die Verwendung unterschiedlicher Modelle kann zu unterschiedlichen Resultaten führen.

Im 19. Jahrhundert wurde von James Clerk Maxwell (1831–1897) und Ludwig Boltzmann die statistische Physik geschaffen. Dabei benutzten sie Methoden der Wahrscheinlichkeitsrechnung, um *Systeme mit großen Teilchenzahlen* zu beschreiben (z. B. Gase). Bei diesem Ansatz gingen die Physiker des 19. Jahrhunderts davon aus, dass sich die Teilchen nach den Gesetzen der klassischen Mechanik auf wohlbestimmten Bahnen bewegen. Diese Bahnen sind durch Anfangslage und Anfangsgeschwindigkeit eindeutig für alle Zeiten festgelegt. Tatsächlich kennt man jedoch nicht

---

[1] Die Übersetzung dieses Buchtitels lautet: *Über Berechnungen im Glücksspiel*. Das ist das erste Buch zur Wahrscheinlichkeitsrechnung. Die mathematische Untersuchung von Glücksspielen (z. B. Würfelspielen) begannen italienische Mathematiker bereits im 15. Jahrhundert.

Die Wahrscheinlichkeitstheorie als mathematische Disziplin begründete Jakob Bernoulli mit seiner berühmten Arbeit *Ars Conjectandi*, in der er das „Gesetz der großen Zahl" mathematisch bewies. Diese Arbeit erschien 1713, also erst acht Jahre nach dem Tod von Jakob Bernoulli.

Das klassische Standardwerk der Wahrscheinlichkeitsrechnung ist die *Théorie analytique des probabilités* (analytische Theorie der Wahrscheinlichkeit) des französischen Mathematikers und Physikers Pierre Simon Laplace (1812). Die moderne axiomatische Wahrscheinlichkeitsrechnung wurde von dem russischen Mathematiker Andrei Nikolajewitsch Kolmogorow im Jahre 1933 mit seinem Buch *Die Grundbegriffe der Wahrscheinlichkeitstheorie* geschaffen.

die Anfangsbedingungen für die etwa 10^{23} Teilchenbahnen der Moleküle eines Gases. Um diese Unkenntnis zu kompensieren, benutzten die Physiker Methoden der mathematischen Statistik. Die Situation änderte sich radikal mit der Schaffung der Quantenmechanik durch Heisenberg und Schrödinger um 1925. Diese Theorie ist von vornherein statistischer Natur. Nach der Heisenbergschen Unschärferelation kann man Ort und Geschwindigkeit eines Teilchens nicht gleichzeitig genau messen (vgl. 13.18 im Handbuch). Die meisten Physiker sind heute davon überzeugt, dass die fundamentalen Elementarteilchenprozesse in der Natur ihrem *Wesen* nach stochastischen Charakter besitzen und nicht auf der Unkenntnis versteckter Parameter beruhen. Deshalb besitzt die Stochastik für die moderne Physik eine entscheidende Bedeutung.

Grundbegriffe: In der Wahrscheinlichkeitstheorie hat man es mit den folgenden Grundbegriffen zu tun:

(i) zufälliges Ereignis (z. B. die Geburt eines Mädchen oder eines Knaben),

(ii) zufällige Variable (z. B. die Länge eines Menschen) und

(iii) zufällige Funktion (z. B. der Temperaturverlauf in München innerhalb eines Jahres).

Im Fall von (iii) spricht man auch von stochastischen Prozessen. Hinzu kommt der Begriff „unabhängig", der sich auf (i) bis (iii) beziehen kann.

Standardbezeichnungen:

> $P(A)$ bezeichnet die Wahrscheinlichkeit für das Auftreten des Ereignisses A.

Es ist eine Konvention, dass Wahrscheinlichkeiten zwischen null und eins liegen.

(a) Im Fall $P(A) = 0$ heißt das Ereignis A „fast unmöglich".

(b) Im Fall $P(A) = 1$ heißt das Ereignis A „fast sicher".

▶ Beispiel 1: Die Wahrscheinlichkeit für die Geburt eines Mädchen (bzw. eines Knaben) ist $p = 0.485$ (bzw. $p = 0.515$). Das bedeutet, dass sich unter 1 000 Geburten etwa 485 Mädchen und 515 Jungen befinden.

Die Untersuchung des Verhältnisses zwischen Wahrscheinlichkeit und Häufigkeit ist eine der Aufgaben der mathematischen Statistik (vgl. 6.3).

▶ Beispiel 2: Lässt man eine Nadel senkrecht auf einen Tisch fallen, dann ist es „fast unmöglich", einen bestimmten Punkt Q zu treffen, und es ist „fast sicher", diesen Punkt nicht zu treffen.

Es sei X eine zufällige Variable.

> $P(a \leq X \leq b)$ bezeichnet die Wahrscheinlichkeit dafür, dass bei einer Messung von X der Messwert x der Ungleichung $a \leq x \leq b$ genügt.

Mathematisierung von Phänomenen: *Die Wahrscheinlichkeitstheorie (Stochastik) ist ein typisches Beispiel dafür, wie ein Phänomen unserer täglichen Erfahrung („der Zufall") mathematisiert werden kann und wie wir dadurch zu tiefen Einsichten über die Wirklichkeit geführt werden.*

6.1 Elementare Stochastik

Wir erläutern einige grundlegende Gesetzmäßigkeiten der Wahrscheinlichkeitstheorie, die in der Geschichte dieser mathematischen Disziplin eine grundlegende Rolle gespielt haben.

6.1.1 Das klassische Wahrscheinlichkeitsmodell

Grundmodell: Wir betrachten ein Zufallsexperiment und bezeichnen die möglichen Ergebnisse dieses Experiments durch

$$e_1, e_2, \ldots, e_n.$$

Wir nennen $e_1, \ldots, e_n$ die *Elementarereignisse* dieses Zufallsexperiments.
Wir benutzen ferner die folgenden Bezeichnungen:
(i) *Gesamtereignis E:* Menge aller e_j.
(ii) *Ereignis A:* jede Teilmenge von E.
Jedem Ereignis A wird durch

$$P(A) := \frac{\text{Anzahl der Elemente von } A}{n} \tag{6.1}$$

eine *Wahrscheinlichkeit* $P(A)$ zugeordnet.[2] In der klassischen Literatur bezeichnet man die zu A gehörigen Elementarereignisse als „günstige Fälle", während beliebige Elementarereignisse „mögliche Fälle" genannt werden. Dann gilt:

$$P(A) = \frac{\text{Anzahl der günstigen Fälle}}{\text{Anzahl der möglichen Fälle}}. \tag{6.2}$$

Diese Formulierung des Wahrscheinlichkeitsbegriffs wurde Ende des 17. Jahrhunderts von Jakob Bernoulli eingeführt. Wir betrachten einige Beispiele.

Werfen eines Würfels: Der mögliche Ausgang dieses zufälligen Versuchs besteht aus den Elementarereignissen

$$e_1, e_2, \ldots, e_6,$$

wobei e_j dem Erscheinen der Zahl j entspricht.

(i) Das Ereignis $A := \{e_1\}$ besteht im Auftreten der Zahl 1. Nach (6.1) gilt $P(A) = \frac{1}{6}$.

(ii) Das Ereignis $B := \{e_2, e_4, e_6\}$ besteht im Erscheinen einer geraden Zahl. Nach (6.1) erhalten wir $P(B) = \frac{3}{6} = \frac{1}{2}$.

Werfen von zwei Würfeln: Der mögliche Ausgang dieses zufälligen Versuchs besteht aus den Elementarereignissen

$$e_{ij}, \qquad i,j = 1, \ldots, 6.$$

Dabei bedeutet e_{23} dass der erste Würfel die Zahl 2 und der zweite Würfel die Zahl 3 anzeigt usw. Es gibt 36 Elementarereignisse.

(i) Für $A := \{e_{ij}\}$ erhalten wir $P(A) = \frac{1}{36}$ aus (6.1).

(ii) Das Ereignis $B := \{e_{11}, e_{22}, e_{33}, e_{44}, e_{55}, e_{66}\}$ besteht darin, dass beide Würfel die gleiche Zahlen anzeigen. Aus (6.1) folgt $P(B) = \frac{6}{36} = \frac{1}{6}$.

Das Lottoproblem: Wir betrachten das Spiel 6 aus 45. Wie groß ist die Wahrscheinlichkeit, n richtige Tipps zu haben? Das Ergebnis findet man in Tabelle 6.1.

---

[2]Die Bezeichnung $P(A)$ geht auf das französische Wort *probabilité* für Wahrscheinlichkeit zurück.

Tabelle 6.1 Das Lottospiel 6 aus 45.

Anzahl der richtigen Tipps	Wahrscheinlichkeit	Anzahl der Gewinner bei 10 Millionen Mitspielern
6	$a := \dfrac{1}{\binom{45}{6}}$ $= 10^{-7}$	1
5	$\binom{6}{5} 39a$ $= 2 \cdot 10^{-5}$	200
4	$\binom{6}{4}\binom{39}{2} a = 10^{-3}$	10 000
3	$\binom{6}{3}\binom{39}{3} a = 2 \cdot 10^{-2}$	200 000

Die Elementarereignisse besitzen die Gestalt

$$e_{i_1 i_2 \dots i_6}$$

mit $i_j = 1, \dots, 45$ und $i_1 < i_2 < \cdots < i_6$. Es gibt $\binom{45}{6}$ derartige Elementarereignisse (vgl.
Beispiel 5 in 2.1.1). Werden etwa die Zahlen $1, 2, 3, 4, 5, 6$ gezogen, dann entspricht $A := \{e_{123456}\}$
der Situation von 6 richtigen Tipps. Nach (6.1) gilt:

$$P(A) = \frac{1}{\binom{45}{6}}.$$

Um alle Elementarereignisse zu bestimmen, die fünf richtig getippten Zahlen entsprechen, müssen wir aus den gezogenen Zahlen $1, 2, 3, 4, 5, 6$ genau 5 auswählen. Von den 39 falschen Zahlen
$7, 8, \dots, 45$ haben wir genau eine Zahl auszuwählen. Das ergibt $\binom{6}{5} \cdot 39$ günstige Elementarereignisse.

In analoger Weise erhält man die in Tabelle 6.1 angegebenen Wahrscheinlichkeiten.

Multipliziert man die Wahrscheinlichkeiten mit der Anzahl der Spieler, dann erhält man
angenähert die Anzahl der Gewinner in den einzelnen Spielklassen (vgl. Tab. 6.1).

Das Geburtstagsproblem: Auf einer Party befinden sich n Gäste. Wie groß ist die Wahrscheinlichkeit p dass mindestens zwei Gäste am gleichen Tag Geburtstag haben? Nach Tabelle 6.2 kann
man bereits bei 30 Gästen ohne allzu großes Risiko eine Wette eingehen. Man erhält

$$p = \frac{365^n - 365 \cdot 364 \dots (365 - n + 1)}{365^n}. \tag{6.3}$$

Die Elementarereignisse sind durch

$$e_{i_1 \dots i_n}, \quad i_j = 1, \dots, 365.$$

gegeben. Zum Beispiel bedeutet $e_{12,14,\dots}$ dass der erste Gast am 12. Tag und der zweite Gast
am 14. Tag des Jahres Geburtstag hat usw. Es gibt 365^n Elementarereignisse. Ferner gibt es
$365 \cdot 364 \cdots (365 - n + 1)$ Elementarereignisse, die der Situation entsprechen, dass alle Gäste
lauter verschiedene Geburtstage haben. Der Zähler von (6.3) enthält somit die Anzahl der
günstigen Elementarereignisse.

Tabelle 6.2

Anzahl der Gäste	20	23	30	40	
Wahrscheinlichkeit dafür, dass mindestens zwei Gäste am gleichen Tag Geburtstag haben	0.4	0.5	0.7	0.9	

6.1.2 Das Gesetz der großen Zahl von Jakob Bernoulli

Eine fundamentale Erfahrungstatsache besteht darin, dass bei häufiger Wiederholung eines Zufallsexperiments die relativen Häufigkeiten durch die Wahrscheinlichkeiten angenähert werden können. Darauf beruhen sehr viele Anwendungen der Wahrscheinlichkeitsrechnung. Mathematisch kann diese Erfahrungstatsache mit Hilfe des Gesetzes der großen Zahl von Bernoulli bewiesen werden. Das soll am Beispiel des Münzwurfs erläutert werden.

Münzwurf: Wir werfen eine Münze. Die Elementarereignisse sind

$$e_1, e_2, \tag{6.4}$$

wobei e_1 dem Auftreten von Wappen und e_2 dem Auftreten von Zahl entspricht. Das Ereignis $A = \{e_1\}$ entspricht dem Auftreten von Wappen. Nach (6.1) gilt

$$P(A) = \frac{1}{2}.$$

Relative Häufigkeit: Die Erfahrung zeigt, dass beim n-maligen Werfen für große n Wappen und Zahl beide angenähert $n/2$-mal auftreten. Das soll jetzt mathematisch diskutiert werden.

n-maliger Münzwurf: Die Elementarereignisse sind

$$e_{i_1 i_2 \ldots i_n}, \quad i_1, \ldots, i_n = 1, 2.$$

Dieses Symbol bedeutet, dass beim ersten Wurf das Elementarereignis e_{i_1} aus (6.4) und beim zweiten Wurf das Elementarereignis e_{i_2} aus (6.4) auftritt usw. Dabei gilt $i_j = 1$ oder $i_j = 2$ usw. Jedem Elementarereignis ordnen wir eine *relative Häufigkeit* H zu:

$$H(e_{i_1 i_2 \ldots i_n}) := \frac{\text{Anzahl des Auftretens von Wappen}}{\text{Anzahl der Würfe } n}.$$

Die Anzahl des Auftretens von Wappen ist gleich der Anzahl der Indizes von $e_{\ldots}$, die den Wert 1 annehmen.

Das Gesetz der großen Zahl von Jakob Bernoulli: [3] Gegeben sei eine beliebige reelle Zahl $\varepsilon > 0$. Mit A_n bezeichnen wir die Gesamtheit aller Elementarereignisse $e_{\ldots}$, für die

$$\left| H(e_{\ldots}) - \frac{1}{2} \right| < \varepsilon$$

gilt. Das sind genau diejenigen n-maligen Münzwürfe, bei denen die relative Häufigkeit des Auftretens von Wappen sich von dem Wert $\frac{1}{2}$ höchstens um ε unterscheidet. Jakob Bernoulli berechnete die Wahrscheinlichkeit $P(A_n)$ nach der Regel (6.1) und zeigte:

$$\lim_{n \to \infty} P(A_n) = 1.$$

---

[3]Dieses berühmte Gesetz wurde erst 8 Jahre nach dem Tod von Jakob Bernoulli veröffentlicht.

Dafür schreibt man auch kurz:

$$\lim_{n\to\infty} P\left(\left|H_n - \frac{1}{2}\right| < \varepsilon\right) = 1.$$

6.1.3 Der Grenzwertsatz von Moivre

Eine der wesentlichen Erkenntnisse der Wahrscheinlichkeitstheorie besteht darin, dass man übersichtliche Ergebnisse erhält, falls man den Grenzübergang $n \to \infty$, durchführt, wobei n die Anzahl der Versuche eines Zufallsexperiments ist. Wir wollen das am Beispiel des Münzwurfs im vorangegangenen Abschnitt 6.1.2 erläutern. Mit $A_{n,k}$ bezeichnen wir die Menge aller Elementarereignisse $e_{i_1 i_2 \dots i_n}$ bei denen der Index 1 genau k-fach auftritt. Das entspricht allen n-maligen Münzwürfen, bei denen das Wappen genau k-mal auftritt, d. h., für die relative Häufigkeit H_n des Auftretens von Wappen gilt die Beziehung

$$H_n = \frac{k}{n}.$$

Man hat $P(A_{n,k}) = \binom{n}{k}\frac{1}{2^n}$. Dafür schreiben wir kurz:

$$P\left(H_n = \frac{k}{n}\right) = \binom{n}{k}\frac{1}{2^n}.$$

Das ist die Wahrscheinlichkeit dafür, dass bei n-maligem Münzwurf die relative Häufigkeit H_n gleich k/n ist.

Satz von Moivre (1730):   Für eine große Anzahl n von Münzwürfen hat man die asymptotische Gleichheit[4]

$$P\left(H_n = \frac{k}{n}\right) \sim \frac{1}{\sigma\sqrt{2\pi}}\,e^{-(k-\mu)^2/2\sigma^2}, \qquad k = 1, 2, \dots, n, \tag{6.5}$$

mit den Parametern $\mu = n/2$ und $\sigma = \sqrt{n/4}$. In (6.5) steht rechts eine sogenannte Gaußsche Normalverteilung (vgl. Abb. 6.1). Wie zu erwarten, ist die Wahrscheinlichkeit P in (6.5) für $k = n/2$ am größten.

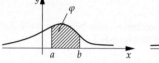
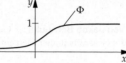

(a) Wahrscheinlichkeitsdichte   **(b)** Verteilungsfunktion   Abb. 6.1

---

[4]Der Quotient der beiden Ausdrücke in (6.5) geht bei jedem festem k für $n \longrightarrow \infty$ gegen eins.

6.1.4 Die Gaußsche Normalverteilung

Das Grundmodell eines Messprozesses: Gegeben sei eine stetige (oder allgemeiner fast überall stetige) nichtnegative Funktion $\varphi : \mathbb{R} \longrightarrow \mathbb{R}$ mit

$$\int\limits_{-\infty}^{\infty} \varphi \, dx = 1 \, .$$

Diese Situation erlaubt die folgende wahrscheinlichkeitstheoretische Interpretation:

(i) Gegeben sei eine zufällige Messgröße X, die reellen Messwerten entspricht. Zum Beispiel kann X die Größe eines Menschen sein.

(ii) Wir setzen

$$P(a \leq X \leq b) := \int\limits_{a}^{b} \varphi(x) \, dx \, ,$$

wobei dieser Ausdruck definitionsgemäß gleich der Wahrscheinlichkeit ist, dass der Messwert von X im Intervall $[a, b]$ liegt. Anschaulich entspricht $P(a \leq X \leq b)$ dem Flächeninhalt unterhalb der Kurve φ im Intervall $[a, b]$ (vgl. Abb. 6.1). Man bezeichnet φ als eine *Wahrscheinlichkeitsdichte*. Die Funktion

$$\Phi(x) := \int\limits_{-\infty}^{x} \varphi(\xi) \, d\xi \, , \qquad x \in \mathbb{R} \, ,$$

heißt die Verteilungsfunktion zu φ.

(iii) Die Größe

$$\overline{X} := \int\limits_{-\infty}^{\infty} x \varphi(x) \, dx$$

heißt der *Mittelwert* (oder Erwartungswert) von X. Ferner bezeichnet man

$$(\Delta X)^2 := \int\limits_{-\infty}^{\infty} \left(x - \overline{X} \right)^2 \varphi(x) \, dx$$

als *Varianz* oder Streuungsquadrat und die nichtnegative Zahl ΔX als *Streuung* von X.

Interpretiert man φ als Massendichte, dann ist $\overline{X}$ der Schwerpunkt der Massenverteilung.

Die Tschebyschewsche Ungleichung: Für alle $\beta > 0$ gilt:

$$P(|X - \overline{X}| > \beta \Delta X) \leq \frac{1}{\beta^2} \, .$$

Speziell für $\Delta X = 0$ ist $P(X = \overline{X}) = 1$.

Vertrauensintervall: Es sei $0 < \alpha < 1$. Der Messwert der zufälligen Größe X liegt mit einer Wahrscheinlichkeit $> 1 - \alpha$ innerhalb des Intervalls

$$\left[\overline{X} - \frac{\Delta X}{\sqrt{\alpha}}, \overline{X} + \frac{\Delta X}{\sqrt{\alpha}} \right] .$$

▶ BEISPIEL 1: Es sei $\alpha = 1/16$. Der Messwert von X liegt mit einer Wahrscheinlichkeit $> \dfrac{15}{16}$ im Intervall $[\overline{X} - 4\Delta X, \overline{X} + 4\Delta X]$.

Das präzisiert die Bedeutung von Mittelwert und Streuung:

> Je kleiner die Streuung ΔX ist, um so mehr konzentrieren sich die Messwerte von X um den Mittelwert $\overline{X}$.

Die Gaußsche Normalverteilung $N(\mu, \sigma)$: Diese Verteilung ist durch die Wahrscheinlichkeitsdichte

$$\varphi(x) := \frac{1}{\sigma\sqrt{2\pi}} e^{-(x-\mu)^2/2\sigma^2}, \qquad x \in \mathbb{R},$$

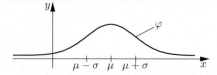

Abb. 6.2

mit den reellen Parametern μ und $\sigma > 0$ gegeben (Abb. 6.2). Es gilt:

$$\overline{X} = \mu, \qquad \Delta X = \sigma.$$

Diese Normalverteilung stellt die wichtigste Verteilung der Wahrscheinlichkeitstheorie dar. Der Grund hierfür liegt im *zentralen Grenzwertsatz*. Danach ist jede zufällige Größe angenähert normalverteilt, die sich durch Superposition sehr vieler unabhängiger zufälliger Größen ergibt (vgl. 6.2.4).

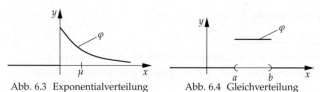

Abb. 6.3 Exponentialverteilung   Abb. 6.4 Gleichverteilung

Exponentialverteilung: Diese findet man in Tabelle 6.3. Man verwendet diese Verteilung zum Beispiel, um die Lebensdauer X eines Produkts zu beschreiben (z. B. einer Glühbirne). Dann ist

$$\int_a^b \frac{1}{\mu} e^{-x/\mu} \, dx$$

Tabelle 6.3 Stetige Wahrscheinlichkeitsverteilungen

Name der Verteilung	Wahrscheinlichkeitsdichte φ	Mittelwert $\overline{X}$	Streuung ΔX
Normalverteilung $N(\mu,\sigma)$	$\dfrac{1}{\sigma\sqrt{2\pi}}e^{-(x-\mu)^2/2\sigma^2}$	μ	σ
Exponentialverteilung (Abb. 6.3)	$\dfrac{1}{\mu}e^{-x/\mu}$ für $x \geq 0$ $(\mu > 0)$ 0 für $x < 0$	μ	μ
Gleichverteilung (Abb. 6.4)	$\dfrac{1}{b-a}$ für $a \leq x \leq b$ 0 sonst	$\dfrac{b+a}{2}$	$\dfrac{b-a}{\sqrt{12}}$

die Wahrscheinlichkeit dafür, dass die Lebensdauer des Produkts im Intervall $[a,b]$ liegt. Die mittlere Lebensdauer ist gleich μ.

Mittelwerte von Funktionen einer zufälligen Variablen: Es sei $Z = F(X)$ eine Funktion der zufälligen Variablen X. Jede Messung von X ergibt auch einen Wert Z. Den Mittelwert $\overline{Z}$ und das Streuungsquadrat $(\Delta Z)^2$ von Z erhält man durch

$$\overline{Z} = \int_{-\infty}^{\infty} F(x)\varphi(x)\,dx, \qquad (\Delta Z)^2 = \int_{-\infty}^{\infty} (F(x) - \overline{Z})^2\varphi(x)\,dx.$$

▶ BEISPIEL 2: $(\Delta X)^2 = \overline{(X - \overline{X})^2} = \displaystyle\int_{-\infty}^{\infty} (x - \overline{X})^2\varphi(x)\,dx.$

Additionsformel für die Mittelwerte:

$$\overline{F(X) + G(X)} = \overline{F(X)} + \overline{G(X)}.$$

6.1.5 Der Korrelationskoeffizient

Die wichtigsten Kenngrößen für beliebige Messprozesse sind Mittelwert, Streuung und Korrelationskoeffizient r mit $-1 \leq r \leq 1$. Dabei gilt:

Je größer der Betrag $|r|$ des Korrelationskoeffizienten ist, um so abhängiger sind zwei Messgrößen

Anstelle von starker Abhängigkeit spricht man auch von starker *Korrelation*

Das Grundmodell für die Messung zweier Zufallsvariablen: Gegeben sei eine fast überall stetige, nichtnegative Funktion $\varphi : \mathbb{R}^2 \longrightarrow \mathbb{R}$ mit der Eigenschaft

$$\int_{\mathbb{R}^2} \varphi(x,y)\,dxdy = 1.$$

Diese Situation erlaubt die folgende wahrscheinlichkeitstheoretische Interpretation:

(i) Gegeben sind zwei zufällige Größen X und Y, die bei einer Messung reelle Werte annehmen. Man bezeichnet (X, Y) als *Zufallsvektor*.

(ii) Wahrscheinlichkeit: Wir setzen

$$P((X, Y) \in G) := \int_G \varphi(x, y)\, dx dy.$$

Das ist die Wahrscheinlichkeit dafür, dass bei einer Messung der Werte X und Y der Punkt (X, Y) in der Menge G liegt. Wir nennen φ die Wahrscheinlichkeitsdichte des Zufallsvektors (X, Y).

(iii) Wahrscheinlichkeitsdichten φ_X und φ_Y von X und Y:

$$\varphi_X(x) := \int_{-\infty}^{\infty} \varphi(x, y)\, dy, \qquad \varphi_Y(y) := \int_{-\infty}^{\infty} \varphi(x, y)\, dx.$$

(iv) Mittelwert $\overline{X}$ und Streuungsquadrat $(\Delta X)^2$ von X:

$$\overline{X} = \int_{-\infty}^{\infty} x\varphi_X(x)\, dx, \qquad (\Delta X)^2 = \int_{-\infty}^{\infty} (x - \overline{X})^2\, \varphi_X(x)\, dx.$$

In analoger Weise berechnet man $\overline{Y}$ und $(\Delta Y)^2$.

(v) Mittelwert einer Funktion $Z = F(X, Y)$:

$$\overline{Z} := \int_{\mathbb{R}^2} F(x, y)\varphi(x, y)\, dx dy.$$

(vi) Streuungsquadrat $(\Delta Z)^2$ von $Z = F(X, Y)$:

$$(\Delta Z)^2 := \overline{\left(Z - \overline{Z}\right)^2} = \int_{\mathbb{R}^2} \left(F(x, y) - \overline{Z}\right)^2 \varphi(x, y)\, dx dy.$$

(vii) Additionsformel für die Mittelwerte:

$$\overline{F(X, Y) + G(X, Y)} = \overline{F(X, Y)} + \overline{G(X, Y)}.$$

Kovarianz: Die Zahl

$$\text{Cov}(X, Y) := \overline{(X - \overline{X})(Y - \overline{Y})}$$

heißt die Kovarianz von X und Y. Explizit gilt:

$$\text{Cov}(X, Y) = \int_{\mathbb{R}^2} (x - \overline{X})(y - \overline{Y})\varphi(x, y)\, dx dy.$$

Der Korrelationskoeffizient: Eine fundamentale Frage lautet: *Hängen X und Y stark oder schwach voneinander ab?* Die Antwort ergibt sich aus dem Wert des Korrelationskoeffizienten r, den wir durch

$$r = \frac{\text{Cov}(X, Y)}{\Delta X \Delta Y}.$$

definieren. Es ist stets $-1 \leq r \leq 1$, d. h., $r^2 \leq 1$.

Definition: Je größer r^2 ist, um so stärker sind X und Y voneinander abhängig.

Motivation: Wir betrachten das Minimumproblem

$$\overline{(Y - a - bX)^2} = \text{min!}, \qquad a, b \in \mathbb{R}. \tag{6.6}$$

Dies bedeutet, dass wir eine lineare Funktion $a + bX$ suchen, die sich Y besonders gut anpasst. Das Minimumproblem entspricht der Methode der kleinsten Quadrate von Gauß.

(a) Die Lösung von (6.6) ist die sogenannte *Regressionsgerade*

$$\overline{Y} + r \frac{\Delta Y}{\Delta X}(X - \overline{X}).$$

(b) Für diese Lösung gilt

$$\overline{(Y - a - bX)^2} = (\Delta Y)^2 (1 - r^2).$$

Die beste (bzw. schlechteste) Anpassung hat man für $r^2 = 1$ (bzw. $r = 0$).

▶ Beispiel: In der Praxis hat man Messwerte $x_1, \ldots, x_n$ und $y_1, \ldots, y_n$ von X und Y zur Verfügung. Diese Messpunkte (x_j, y_j) tragen wir in ein (x, y)-Diagramm ein. Die Regressionsgerade

$$y = \overline{Y} + r \frac{\Delta Y}{\Delta X}(x - \overline{X})$$

ist diejenige Gerade, die sich diesen Messpunkten am besten anpasst (Abb. 6.5).

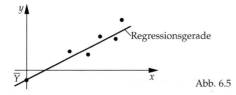

Abb. 6.5

Die wahren Größen ΔX, ΔY und r kennen wir nicht. Wir können sie aber aus unseren Messdaten aufgrund der folgenden Näherungsformeln schätzen:

$$\overline{X} = \frac{1}{n} \sum_{j=1}^{n} x_j, \qquad (\Delta X)^2 = \frac{1}{n-1} \sum_{j=1}^{n} (x_j - \overline{X})^2,$$

$$r = \frac{1}{(n-1)\Delta X \Delta Y} \sum_{j=1}^{n} (x_j - \overline{X})(y_j - \overline{Y}).$$

Unabhängigkeit von zufälligen Variablen: Definitionsgemäß heißen die zufälligen Variablen genau dann voneinander unabhängig, wenn die Wahrscheinlichkeitsdichte φ eine Produktzerlegung der Form

$$\varphi(x,y) = a(x)b(y), \qquad (x,y) \in \mathbb{R}^2$$

besitzt. Dann gilt:

(i) $\varphi_X(x) = a(x)$ und $\varphi_Y(y) = b$.

(ii) Produktformel für die Wahrscheinlichkeiten:

$$P(a \leq X \leq b, c \leq Y \leq d) = P(a \leq X \leq b)P(c \leq Y \leq d).$$

(iii) Produktformel für die Mittelwerte:

$$\overline{F(X)G(Y)} = \overline{F(X)} \cdot \overline{G(X)}.$$

(iv) Der Korrelationskoeffizient r ist gleich null.[5]

(v) Additionsformel für die Streuungsquadrate:

$$(\Delta(X+Y))^2 := (\Delta X)^2 + (\Delta Y)^2.$$

Die Gaußsche Normalverteilung:

$$\varphi(x,y) := \frac{1}{\sigma_x\sqrt{2\pi}}e^{-(x-\mu_x)/2\sigma_x^2} \cdot \frac{1}{\sigma_y\sqrt{2\pi}}e^{-(y-\mu_y)^2/2\sigma_y^2}.$$

Diese Verteilung, die ein Produkt von eindimensionalen Normalverteilungen darstellt, ist eine Wahrscheinlichkeitsdichte, die zwei unabhängigen zufälligen Variablen X und Y entspricht. Es gilt

$$\overline{X} = \mu_x, \qquad \Delta X = \sigma_x, \qquad \overline{Y} = \mu_y, \qquad \Delta Y = \sigma_y$$

und

$$(\Delta(X+Y))^2 = \sigma_x^2 + \sigma_y^2.$$

6.1.6 Anwendungen auf die klassische statistische Physik

Die gesamte klassische statistische Physik lässt sich mit Hilfe der Resultate des vorangegangenen Abschnitts sehr elegant und kurz beschreiben. Wir betrachten ein System, das aus N Teilchen der Masse m besteht. Ausgangspunkt ist der Ausdruck für die Energie E des Systems:

$$E = H(q,p).$$

---

[5]Das folgt aus $\overline{X - \overline{X}} = 0$ und $\overline{(X - \overline{X})(Y - \overline{Y})} = \overline{(X - \overline{X})} \cdot \overline{(Y - \overline{Y})} = 0$.

Die Funktion H heißt die *Hamiltonfunktion* des Systems. Jedes Teilchen soll f Freiheitsgrade besitzen (z. B. drei Translationsfreiheitsgrade oder zusätzliche Rotations- und Schwingungsfreiheitsgrade). Wir setzen

$$q = (q_1, \ldots, q_{fN}), \qquad p = (p_1, \ldots, p_{fN}).$$

Dabei bezeichnen wir mit q_j Lagekoordinaten; und p_j sind (verallgemeinerte) Impulskoordinaten, die mit der Geschwindigkeit der Teilchen zusammenhängen.

Klassische Mechanik: Die Gleichungen für die Bewegung $q = q(t)$, $p = p(t)$ der Teilchen im Laufe der Zeit t lauten:

$$\boxed{q'_j(t) = H_{p_j}(q(t), p(t)), \qquad p'_j(t) = -H_{q_j}(q(t), p(t)), \qquad j = 1, \ldots, fN.}$$

Die Variablen (q, p) mögen in einem Gebiet Π des $\mathbb{R}^{fN}$, variieren, das wir den Phasenraum des Systems nennen.

Klassische statistische Mechanik: Wir starten mit der Wahrscheinlichkeitsdichte

$$\boxed{\varphi(q, p) := C e^{-H(q,p)/kT},}$$

wobei die Konstante C so zu bestimmen ist, dass $\int_{\Pi} \varphi \, dq dp = 1$. gilt. Dabei ist T die absolute Temperatur des Systems, und k ist eine Naturkonstante, die man die *Boltzmannkonstante* nennt. Diese Konstante sorgt dafür, dass H/kT eine dimensionslose Größe ist. Mit Hilfe von φ kann man nunmehr die folgenden fundamentalen Größen einführen:

(i) Das System befindet sich mit der *Wahrscheinlichkeit* $P(G)$ im Teilgebiet G des Phasenraumes:

$$\boxed{P(G) = \int_G \varphi(q, p) dq dp\,.} \qquad (6.7)$$

(ii) *Mittelwert* und *Streuungsquadrat* der Funktion $F = F(q, p)$:

$$\overline{F} = \int_{\Pi} F(q, p) \varphi(q, p) dq dp\,, \qquad (\Delta F)^2 = \int_{\Pi} (F(q, p) - \overline{F})^2 \varphi(q, p) dq dp\,.$$

(iii) *Korrelationskoeffizient* r für die Funktionen $A = A(q, p)$ und $B = B(q, p)$ ist:

$$\boxed{r = \frac{1}{\Delta A \Delta B} \overline{(A - \overline{A})(B - \overline{B})}\,.}$$

(iv) *Entropie* des Systems bei der absoluten Temperatur T ist:[6]

$$\boxed{S = -k \overline{\ln \varphi}\,.}$$

Anwendung auf die Maxwellsche Geschwindigkeitsverteilung: Wir betrachten ein ideales Gas, das aus N Teilchen der Masse m, besteht und sich in einem beschränkten Gebiet Ω des $\mathbb{R}^3$

---

[6]Man beachte, dass φ von T abhängt.

bewegt. Das Volumen von Ω sei V. Das j-te Teilchen werde durch den Ortsvektor $\mathbf{x}_j = \mathbf{x}_j(t)$ und den Impulsvektor

$$\mathbf{p}_j(t) = m\mathbf{x}_j'(t)$$

beschrieben, wobei $\mathbf{x}_j'(t)$ den Geschwindigkeitsvektor zur Zeit t darstellt. Bezeichnet v irgendeine Komponente des Geschwindigkeitsvektors des j-ten Teilchens in einem kartesischen Koordinatensystem, dann gilt:

$$P(a \le mv \le b) = \int_a^b \frac{1}{\sigma\sqrt{2\pi}} e^{-x^2/2\sigma^2} dx. \tag{6.8}$$

Das ist die Wahrscheinlichkeit dafür, dass mv im Intervall $[a, b]$ liegt. Die zugehörige Wahrscheinlichkeitsdichte ist eine Gaußsche Normalverteilung mit dem Mittelwert $\overline{mv} = 0$ und der Streuung

$$\Delta(mv) = \sigma = \sqrt{mkT}.$$

Dieses Gesetz wurde 1860 von Maxwell aufgestellt. Er bahnte damit Boltzmann den Weg für die Schaffung der statistischen Mechanik.

Begründung: In einem kartesischen Koordinatensystem setzen wir $\mathbf{p}_1 = p_1\mathbf{i} + p_2\mathbf{j} + p_3\mathbf{k}$, $\mathbf{p}_2 = p_4\mathbf{i} + p_5\mathbf{j} + p_6\mathbf{k}, \ldots$ und $\mathbf{x}_1 = q_1\mathbf{i} + q_2\mathbf{j} + q_3\mathbf{k}, \ldots$ Die Gesamtenergie E eines idealen Gases besteht wegen der fehlenden Wechselwirkung zwischen den Teilchen aus der Summe der kinetischen Energien aller Teilchen:

$$E = \frac{\mathbf{p}_1^2}{2m} + \ldots + \frac{\mathbf{p}_N^2}{2m} = \sum_{j=1}^{3N} \frac{p_j^2}{2m}.$$

Wir betrachten etwa $p_1 = mv$. Nach (6.7) gilt

$$P(a \le p_1 \le b) = C \int_a^b e^{-\frac{p_1^2}{2mkT}} dp_1 \cdot J,$$

wobei sich die Zahl J aus den Integrationen über $p_2 \cdots p_{3N}$ von $-\infty$ bis ∞ und aus den Integrationen über die Ortsvariablen q_j ergibt. Den Wert von CJ erhält man aus der Normierungsbedingung $P(-\infty < p < \infty) = 1$. Das ergibt (6.8).

Das Fluktuationsprinzip: Eine entscheidende Frage lautet: Warum kann man nur mit sehr feinen Messtechniken den statistischen Charakter eines Gases feststellen? Die Antwort liegt in der fundamentalen Formel

$$\frac{\Delta E}{\overline{E}} = \frac{1}{\sqrt{N}} \frac{\Delta\varepsilon}{\overline{\varepsilon}} \tag{6.9}$$

für ein ideales Gas. Dabei gilt: N Teilchenzahl, E Gesamtenergie, ε Energie eines Teilchens. Da $\Delta\varepsilon/\overline{\varepsilon}$ in der Größenordnung von eins und N in der Größenordnung von 10^{23} liegt, sind die relativen Energieschwankungen $\Delta E/\overline{E}$ eines Gases extrem klein und spielen im täglichen Leben keine Rolle.

Begründung: Da die Teilchen eines idealen Gases nicht miteinander wechselwirken, sind die Energien der einzelnen Teilchen *unabhängige* zufällige Größen. Wir können deshalb die Additionsformeln für Mittelwert und Streuungsquadrat anwenden. Das ergibt:

$$\overline{E} = N\varepsilon, \qquad (\Delta E)^2 = N(\Delta\varepsilon)^2.$$

Daraus folgt (6.9).

Systeme mit veränderlicher Teilchenzahl und das chemische Potential: Bei chemischen Reaktionen ändert sich die Teilchenzahl. Die zugehörige statistische Physik arbeitet dann neben dem Parameter T (absolute Temperatur) mit dem Parameter μ (chemisches Potential). Das findet man in 15.7 im Handbuch. Dort wird ein allgemeines Schema betrachtet, das sich auch auf die moderne Quantenstatistik anwenden lässt (Statistik von Atomen, Molekülen, Photonen und Elementarteilchen).

6.2 Die Kolmogorowschen Axiome der Wahrscheinlichkeitsrechnung

Das allgemeine Wahrscheinlichkeitsmodell von Kolmogorow: Gegeben sei eine nichtleere Menge E die wir das *Gesamtereignis* nennen. Die Elemente e von E bezeichnen wir als *Elementarereignisse*. Auf E sei ein Maß P gegeben mit

$$\boxed{P(E) = 1.}$$

Genau diejenigen Teilmengen A von E, denen ein Maß $P(A)$ zugeordnet ist, heißen *Ereignisse*.

Zusammenhang mit der Maßtheorie: Damit wird die Wahrscheinlichkeitsrechnung zu einen Teilgebiet der modernen Maßtheorie, die wir in 10.5 im Handbuch darstellen. Ein Maß auf einer beliebigen Menge E mit der Eigenschaft $P(E) = 1$ heißt ein *Wahrscheinlichkeitmaß*. Die Ereignisse entsprechen den messbaren Mengen. Im folgenden formulieren wir explizit die Definition eines Wahrscheinlichkeitsmaßes.

Explizite Formulierung der Kolmogorowschen Axiome: Auf der Menge E sei ein System S von Teilmengen A gegeben, das die folgenden Eigenschaften besitzt:

(i) Die leere Menge $\emptyset$ und die Menge E sind Elemente von S.

(ii) Gehören A und B zu S, dann gilt das auch für die Vereinigung $A \cup B$, den Durchschnitt $A \cap B$, die Differenzmenge $A \backslash B$ und das Komplement $C_E A := E \backslash A$.

(iii) Gehören $A_1, A_2, \ldots$ zu S, dann gehören auch die Vereinigung $\displaystyle\bigcup_{n=1}^{\infty} A_n$ und der Durchschnitt $\displaystyle\bigcap_{n=1}^{\infty} A_n$ zu S.

Genau die Mengen, die zu S gehören, heißen *Ereignisse*. Jedem Ereignis wird eine reelle Zahl $P(A)$ zugeordnet, wobei folgendes gilt:

(a) $0 \leq P(A) \leq 1$.

(b) $P(E) = 1$ und $P(\emptyset) = 0$.

(c) Für zwei Ereignisse A und B mit $A \cap B = \emptyset$ gilt:

$$\boxed{P(A \cup B) = P(A) + P(B).}$$

(d) Sind $A_1, A_2, \ldots$ abzählbar viele Ereignisse mit $A_j \cap A_k = \emptyset$ für alle Indizes $j \neq k$, dann gilt:

$$P\left(\bigcup_{n=1}^{\infty} A_n\right) = \sum_{n=1}^{\infty} P(A_n).$$ (6.10)

Interpretation: Die Elementarereignisse entsprechen den möglichen Ausgängen eines Zufallsexperiments, und $P(A)$ ist die *Wahrscheinlichkeit* für das Eintreten des Ereignisses.

Philosophische Deutung: Bei diesem von Kolmogorow im Jahre 1933 vorgeschlagenen allgemeinen Zugang zur modernen Wahrscheinlichkeitsrechnung wird angenommen, dass Ereignissen auch ohne irgendeinen durchgeführten Messprozess eine Wahrscheinlichkeit zukommt.

Versuche, die Wahrscheinlichkeitsrechnung auf der Basis von Messungen und den sich daraus ergebenden relativen Häufigkeiten aufzubauen, haben sich nicht erfolgreich durchgesetzt.

Im Sinne der Philosophie von Immanuel Kant (1724–1804) geht der moderne Aufbau der Wahrscheinlichkeitsrechnung davon aus, dass Wahrscheinlichkeiten *a priori* existieren. Relative Häufigkeiten werden durch Experimente *a posteriori* festgestellt.

Drei Erfahrungstatsachen: Im täglichen Leben benutzen wir die folgenden grundlegenden Erfahrungstatsachen:

(i) Ereignisse mit kleinen Wahrscheinlichkeiten kommen selten vor.

(ii) Wahrscheinlichkeiten kann man durch relative Häufigkeiten schätzen.

(iii) Relative Häufigkeiten stabilisieren sich, je umfangreicher das verwendete Datenmaterial ist.

Die Gesetze der großen Zahl zeigen mathematisch, dass (ii) und (iii) aus (i) hergeleitet werden können.

▶ BEISPIEL 1: Die Wahrscheinlichkeit für einen Sechsertip im Spiel 6 aus 45 ist gleich 10^{-7}. Jedermann weiß, dass seine Gewinnchancen gering sind.

▶ BEISPIEL 2: Lebensversicherungen benötigen die Sterbewahrscheinlichkeiten für Menschen in Abhängigkeit vom Lebensalter. Diese Wahrscheinlichkeiten kann man nicht wie in 6.1.1 mit kombinatorischen Methoden berechnen, sondern man ist auf die Auswertung von umfangreichem Datenmaterial angewiesen. Um die Wahrscheinlichkeit p dafür festzustellen, dass ein Mensch älter als 70 wird, hat man n Menschen auszuwählen. Sind davon k Menschen älter als 70 Jahre geworden, dann gilt angenähert:

$$p = \frac{k}{n}.$$

▶ BEISPIEL 3: Um die Wahrscheinlichkeit für die Geburt eines Mädchens oder eines Jungen angenähert zu bestimmen, muss man ebenfalls experimentelle Methoden benutzen. Bereits Laplace (1749–1827) untersuchte umfangreiches Datenmaterial der Städte London, Berlin, St. Petersburg und von ganz Frankreich. Er fand für die relative Häufigkeit einer Mädchengeburt einheitlich den Wert

$$p = 0{,}49.$$

Dagegen ergab sich für Paris der größere Wert $p = 0{,}5$. Im Vertrauen auf die Universalität von Zufallsgesetzen fahndete Laplace nach der Ursache für diese Diskrepanz. Er entdeckte dabei, dass in Paris auch die Findelkinder berücksichtigt wurden, wobei die Pariser hauptsächlich Mädchen aussetzten. Als er die Findelkinder aus der Statistik ausschloss, ergab sich auch für Paris der Wert $p = 0{,}49$.

Das endliche Wahrscheinlichkeitsfeld: Besitzt das zufällige Experiment eine endliche Anzahl n von möglichen Versuchsausgängen, dann wählen wir eine Menge E mit den Elementen

$$e_1, \ldots, e_n$$

und ordnen jedem Elementarereignis eine Zahl $P(e_j)$ zu mit $0 \le P(e_j) \le 1$ und

$$P(e_1) + P(e_2) + \ldots + P(e_n) = 1.$$

Alle Teilmengen A von E heißen Ereignisse. Jedem Ereignis $A = \{e_{i_1}, \ldots, e_{i_k}\}$ ordnen wir die Wahrscheinlichkeit

$$P(A) := P(e_{i_1}) + \ldots + P(e_{i_k})$$

zu.

▶ BEISPIEL 4 (Werfen eines Würfels): Dieses Experiment entspricht dem Fall $n = 6$. Ist

$$P(e_j) = \frac{1}{6}, \qquad j = 1, \ldots, 6,$$

dann handelt es sich um einen fairen Würfel; andere Würfel werden von Falschspielern benutzt.

Das Nadelexperiment, unendliche Wahrscheinlichkeitsfelder und die Monte-Carlo-Methode: Wir werfen eine Nadel senkrecht auf das Einheitsquadrat $E : \{(x,y) \mid 0 \le x, y \le 1\}$. Die Wahrscheinlichkeit dafür, eine Teilmenge A von E zu treffen, lautet:

$$P(A) := \text{Flächeninhalt von } A$$

(Abb. 6.6a). Die Menge E heißt Gesamtereignis. Die Elementarereignisse e sind die unendlich vielen Punkte von E. In diesem Fall beobachtet man zwei überraschende Tatsachen:

(i) Nicht jede Teilmenge A von E ist ein Ereignis.

(ii) Es gilt $P(\{e\}) = 0$.

Tatsächlich ist es nicht möglich, allen Teilmengen A von E einen Flächeninhalt zuzuordnen, so dass ein Maß entsteht, das die entscheidende Beziehung (6.10) erfüllt. Ein geeignetes Maß ist das Lebesguesche Maß auf dem $\mathbb{R}^2$. Für hinreichend vernünftige Mengen A stimmt $P(A)$ mit dem klassischen Flächeninhalt überein. Es gibt jedoch „wilde" Teilmengen A von E, die kein Lebesguemaß besitzen und somit kein Ereignis sind. Diesen Mengen kann man nicht in sinnvoller Weise eine Trefferwahrscheinlichkeit zuordnen (vgl. 10.5.1 im Handbuch).

Eine nur aus einem Punkt bestehende Menge $\{e\}$ besitzt das Lebesguemaß null. Die Wahrscheinlichkeit dafür, einen Punkt e zu treffen, ist deshalb gleich null. Man sagt, dass es fast unmöglich ist, den Punkt e mit der Nadel zu treffen.

Betrachten wir die Menge A, die aus dem Einheitsquadrat E durch Entfernen eines Punktes e entsteht, dann gilt

$$P(A) = 1 - P(\{e\}) = 1.$$

Man sagt, dass es fast sicher ist, die Menge A mit der Nadel zu treffen.

Das motiviert die folgenden beiden Definitionen.

Fast unmögliche Ereignisse:　Ein Ereignis A heißt genau dann fast unmöglich, wenn $P(A) = 0$ ist.

Fast sichere Ereignisse:　Ein Ereignis A heißt genau dann fast sicher, wenn $P(A) = 1$ ist.

▶ BEISPIEL 5: Wir wählen einen Kreis A vom Radius r. Dann gilt $P(A) = \pi r^2$. Deshalb kann man durch Nadelwurf die Zahl π experimentell bestimmen (Abb. 6.6b).

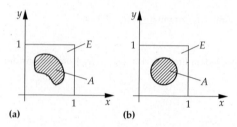

(a)　　　　　　　　(b)　　　　　　　　Abb. 6.6

Der Wurf einer Nadel lässt sich mit Hilfe der Erzeugung von Zufallszahlen auf einem Computer simulieren. Das ist die Grundidee der numerischen Monte-Carlo-Methode, um hochdimensionale Integrale der Kernphysik, Elementarteilchenphysik und Quantenchemie auf Computern zu berechnen.

▶ BEISPIEL 6 (Buffonsche Nadelaufgabe): Im Jahre 1777 stellte der französische Naturforscher Buffon die folgende Aufgabe. In der Ebene werden parallele Geraden vom Abstand d gezogen (Abb. 6.7). Auf die Ebene werde eine Nadel der Länge L mit $L < d$ geworfen. Wie groß ist die Wahrscheinlichkeit dafür, dass die Nadel eine Gerade trifft? Die Antwort lautet:

$$p = \frac{2L}{d\pi} \, .$$

Im Jahre 1850 warf der Astronom Wolf in Zürich 5 000 mal die Nadel und bestimmte dadurch die Wahrscheinlichkeit p. Daraus erhielt den Wert $\pi \sim 3.16$, der den wahren Wert 3,14 relativ gut approximiert.

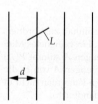

Abb. 6.7

6.2.1 Das Rechnen mit Ereignissen und Wahrscheinlichkeiten

Ereignisse sind Mengen. Jeder mengentheoretischen Operation entspricht eine wahrscheinlichkeitstheoretische Interpretation, die man in Tabelle 6.4 findet. Das Rechnen mit Ereignissen geschieht nach den Regeln der Mengenalgebra (vgl. 4.3.2).

Monotonieeigenschaft der Wahrscheinlichkeit: Sind $A_1, A_2, \ldots$ Ereignisse, dann hat man die Ungleichung

$$P\left(\bigcup_{n=1}^{N} A_n\right) \le \sum_{n=1}^{N} P(A_n)$$

für $N = 1, 2, \ldots$ und $N = \infty$. Nach (6.10) gilt das Gleichheitszeichen, wenn A_j und A_k für alle $k \ne j$ keine gemeinsamen Elemente besitzen, d. h., diese Ereignisse sind miteinander unvereinbar.

Grenzwerteigenschaften:

(i) Aus $A_1 \subseteq A_2 \subseteq \ldots$ folgt $\lim\limits_{n \to \infty} P(A_n) = P\left(\bigcup_{n=1}^{\infty} A_n\right)$.

(ii) Aus $A_1 \supseteq A_2 \supseteq \ldots$ folgt $\lim\limits_{n \to \infty} P(A_n) = P\left(\bigcap_{n=1}^{\infty} A_n\right)$.

Tabelle 6.4 Algebra der Ereignisse

Ereignis	Interpretation	Wahrscheinlichkeit
E	Gesamtereignis	$P(E) = 1$
$\varnothing$	unmögliches Ereignis	$P(\varnothing) = 0$
A	beliebiges Ereignis	$0 \le P(A) \le 1$
$A \cup B$	Es treten die Ereignisse A oder B ein.	$P(A \cup B) = P(A) + P(B) - P(A \cap B)$
$A \cap B$	Es treten A und B ein.	$P(A \cap B) = P(A) + P(B) - P(A \cup B)$
$A \cap B = \varnothing$	Die Ereignisse A und B können nicht gemeinsam eintreten.	$P(A \cup B) = P(A) + P(B)$
$A \setminus B$	Es tritt A und *nicht* B ein.	$P(A \setminus B) = P(A) - P(B)$
$C_E A$	Das Ereignis A tritt nicht ein ($C_E A := E \setminus A$)	$P(C_E A) = 1 - P(A)$
$A \subseteq B$	Tritt das Ereignis A ein, dann tritt auch das Ereignis B ein.	$P(A) \le P(B)$
	Die Ereignisse A und B sind voneinander unabhängig.	$P(A \cap B) = P(A)P(B)$

6.2.1.1 Bedingte Wahrscheinlichkeiten

Wir wählen ein festes Gesamtereignis E und betrachten Ereignisse $A, B, \ldots$ die zu E gehören.

Definition: Es sei $P(B) \ne 0$. Die Zahl

$$P(A|B) := \frac{P(A \cap B)}{P(B)} \tag{6.11}$$

heißt die *bedingte Wahrscheinlichkeit* für das Auftreten des Ereignisses A unter der Voraussetzung, dass das Ereignis B mit Sicherheit eingetreten ist.

Motivation: Wir wählen die Menge B als neues Gesamtereignis und betrachten die Teilmengen $A \cap B$ von B, wobei A ein Ereignis bezüglich E ist (Abb. 6.8).

Wir konstruieren ein Wahrscheinlichkeitsmaß P_B auf B mit $P_B(B) := 1$ und $P_B(A \cap B) := P(A \cap B)/P(B)$. Dann gilt $P(A|B) = P_B(A)$.

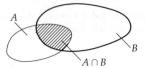

Abb. 6.8

▶ BEISPIEL 1 (Werfen von zwei Münzen): Wir betrachten zwei Ereignisse A und B.

A: Beide Münzen zeigen Wappen.

B: Die erste Münze zeigt Wappen.

Dann gilt:

$$P(A) = \frac{1}{4}, \qquad P(A|B) = \frac{1}{2}.$$

(i) Anschauliche Bestimmung der Wahrscheinlichkeiten: Die Versuchsausgänge (Elementarereignisse) sind durch

$$WW, WZ, ZW, ZZ$$

gegeben. Dabei bedeutet WZ, dass die erste Münze Wappen und die zweite Münze Zahl zeigt usw. Es gilt:

$$A = \{WW\}, \qquad B = \{WW, WZ\}.$$

Daraus folgt $P(A) = 1/4$. Weiß man dagegen, dass B eingetreten ist, dann sind nur noch WW und WZ zur Konkurrenz zugelassen. Das ergibt $P(A|B) = 1/2$.

(ii) Benutzung der Definition (6.11): Aus $A \cap B = \{WW\}$ und $P(A \cap B) = 1/4$ sowie $P(B) = 1/2$ folgt

$$P(A|B) = \frac{P(A \cap B)}{P(B)} = \frac{1}{2}.$$

Man muss streng zwischen Wahrscheinlichkeiten und bedingten Wahrscheinlichkeiten unterscheiden.

Der Satz von der totalen Wahrscheinlichkeit: Unter der Voraussetzung

$$E = \bigcup_{j=1}^{n} B_j \quad \text{mit} \quad B_j \cap B_k = \varnothing \quad \text{für alle} \quad j \neq k \tag{6.12}$$

gilt für jedes Ereignis A die Beziehung

$$P(A) = \sum_{j=1}^{n} P(B_j) P(A|B_j).$$

▶ BEISPIEL 2: Wir ziehen eine Kugel aus einer von zwei gleichberechtigten Urnen.
(i) Die erste Urne enthalte eine weiße und vier schwarze Kugeln.
(ii) Die zweite Urne enthalte eine weiße und zwei schwarze Kugeln.
Wir betrachten die folgenden Ereignisse:
A: Die gezogene Kugel ist schwarz.
B: Die gezogene Kugel kommt aus der j-ten Urne.
Für die Wahrscheinlichkeit $P(A)$, eine schwarze Kugel zu ziehen, erhalten wir:

$$P(A) = P(B_1)P(A|B_1) + P(B_2)P(A|B_2) = \frac{1}{2} \cdot \frac{4}{5} + \frac{1}{2} \cdot \frac{2}{3} = \frac{11}{15}.$$

Der Satz von Bayes (1763): Es sei $P(A) \neq 0$. Unter der Voraussetzung (6.12) gilt:

$$P(B_j|A) = \frac{P(B_j)P(A|B_j)}{P(A)}.$$

▶ BEISPIEL 3: In Beispiel 2 sei eine schwarze Kugel gezogen worden. Wie groß ist die Wahrscheinlichkeit, dass sie aus der ersten Urne stammt?
Wegen $P(B_1) = 1/2$, $P(A|B_1) = 4/5$ und $P(A) = 11/15$ gilt:

$$P(B_1|A) = \frac{P(B_1)P(A|B_1)}{P(A)} = \frac{6}{11}.$$

6.2.1.2 Unabhängige Ereignisse

Eine der wichtigen Aufgaben der Wahrscheinlichkeitsrechnung besteht darin, den intuitiven Begriff der Unabhängigkeit von Ereignissen streng mathematisch zu erfassen.

Definition: Zwei Ereignisse A und B eines Wahrscheinlichkeitsfeldes E heißen genau dann voneinander *unabhängig,,* wenn

$$P(A \cap B) = P(A)P(B)$$

gilt. Analog dazu heißen n Ereignisse $A_1, \ldots, A_n$ von E genau dann voneinander unabhängig, wenn die Produkteigenschaft

$$P(A_{j_1} \cap A_{j_2} \cap \cdots \cap A_{j_m}) = P(A_{j_1})P(A_{j_2}) \cdots P(A_{j_m})$$

für alle möglichen m-Tupel von Indizes $j_1 < j_2 < \cdots < j_m$ und alle $m = 2, \ldots, n$ gilt.

Satz: Es sei $P(B) \neq 0$. Dann sind die Ereignisse A und B genau dann voneinander unabhängig, wenn für die bedingte Wahrscheinlichkeit die Beziehung

$$P(A|B) = P(A)$$

gilt.

Motivation: Im täglichen Leben arbeitet man mit Häufigkeiten anstelle von Wahrscheinlichkeiten. Wir erwarten, dass von n Fällen das Ereignis A (bzw. B) etwa mit der Häufigkeit $nP(A)$ (bzw. $nP(B)$) auftritt.

Sind A und B unabhängig voneinander, dann sagt uns unsere Intuition, dass das Ereignis „A und B treten gemeinsam ein" die Häufigkeit $(nP(A)) \cdot P(B)$ besitzt.

▶ BEISPIEL: Wir werfen zwei Würfel und betrachten die beiden folgenden Ereignisse.

A: Der erste Würfel zeigt 1.

B: Der zweite Würfel zeigt 3 oder 6.

Es gibt 36 Elementareignisse

$$(i,j), \qquad i,j = 1,\ldots,6.$$

Dabei bedeutet (i,j), dass der erste Würfel i und der zweite Würfel j anzeigt. Den Ereignissen A, B und $A \cap B$ sind die folgenden Elementarereignisse zugeordnet:

$A:$ $\quad$ $(1,1),\ (1,2),\ (1,3),\ (1,4),\ (1,5),\ (1,6)$.
$B:$ $\quad$ $(1,3),\ (2,3),\ (3,3),\ (4,3),\ (5,3),\ (6,3),(1,6),\ (2,6),\ (3,6),\ (4,6),\ (5,6),\ (6,6)$.
$A \cap B:$ $\quad$ $(1,3),\ (1,6)$.

Deshalb gilt $P(A) = 6/36 = 1/6$, $P(B) = 12/36 = 1/3$ und $P(A \cap B) = 2/36 = 1/18$. Tatsächlich ist $P(A \cap B) = P(A)P(B)$.

6.2.2 Zufällige Variable

Mit dem Begriff der zufälligen Variablen X wollen wir Messgrößen modellieren, deren Messwerte dem Zufall unterliegen (z. B. die Länge eines Menschen).

6.2.2.1 Grundideen

Ist $E = \{e_1,\ldots,e_n\}$ ein endliches Wahrscheinlichkeitsfeld mit den Wahrscheinlichkeiten $p_1,\ldots,p_n$ für die Versuchsausgänge $e_1,\ldots,e_n$, dann ordnet eine zufällige Funktion

$$X : E \longrightarrow \mathbb{R}$$

jedem Elementarereignis e_j eine reelle Zahl $X(e_j) := x_j$ zu. Bei einer Messung von X wird der Wert x_j mit der Wahrscheinlichkeit p_j realisiert. Die entscheidenden Kenngrößen sind der Mittelwert $\overline{X}$ und das *Streuungsquadrat* $(\Delta X)^2$:

$$\overline{X} := \sum_{j=1}^{n} x_j p_j, \qquad (\Delta X)^2 := \overline{(X - \overline{X})^2} = \sum_{j=1}^{n} \left(x_j - \overline{X}\right)^2 p_j.$$

Das Streuungsquadrat heißt auch *Varianz*. Die Größe $\Delta X = \sqrt{(\Delta X)^2}$ nennt man Streuung.

Aus der Tschebyschewschen Ungleichung ergibt sich als Spezialfall folgende Aussage, die die Bedeutung von Mittelwert und Streuung deutlich macht: Bei einer Messung von X ist die Wahrscheinlichkeit größer als 0,93, dass der Messwert im Intervall

$$\left[\overline{X} - 4\Delta X,\ \overline{X} + 4\Delta X\right] \tag{6.13}$$

liegt (vgl. 6.2.2.4).

▶ BEISPIEL: Ein (fiktives) Spielcasino lässt einen Spieler mit einem Würfel werfen und zahlt die in Tab. 6.5 angegebenen Geldbeträge an den Spieler aus.

Tabelle 6.5

gewürfelte Zahl	1	2	3	4	5	6
Betrag in Euro	1	2	3	-4	-5	-6
x_j	x_1	x_2	x_3	x_4	x_5	x_6

Negative (bzw. positive) Beträge sind Gewinne (bzw. Verluste) für das Casino. Am Tag finden 10 000 Spiele statt.

Wieviel gewinnt das Casino im Mittel am Tag?

Antwort: Wir konstruieren das Wahrscheinlichkeitsfeld

$$E = \{e_1, \ldots, e_n\}.$$

Dabei bedeutet e_i das Erscheinen der Zahl 1 auf dem Würfel usw. Ferner setzen wir

$$X(e_j) := \text{Gewinn des Casinos beim Erscheinen der Zahl } j.$$

Als Mittelwert erhalten wir

$$\overline{X} = \sum_{j=1}^{6} x_j p_j = (x_1 + \ldots + x_6)\frac{1}{6} = -1.5.$$

Am Tag gewinnt somit das Casino im Mittel $1,5 \cdot 10\,000$ Euro $= 15\,000$ Euro.

Da jedoch die Streuung $\Delta X = 3,6$ sehr groß ist, kann der Gewinn des Casinos großen Schwankungen ausgesetzt sein, und der Besitzer des Casinos wird ein für ihn wesentlich günstigeres Spiel wählen.

Der fundamentale Begriff des Mittelwerts (Erwartungswerts) $\overline{X}$ kristallisierte sich im Zusammenhang mit Glücksspielen im 17. Jahrhundert heraus. Dabei spielte ein berühmter Briefwechsel zwischen Pascal (1623–1662) und Fermat (1601–1665) eine wichtige Rolle.

6.2.2.2 Die Verteilungsfunktion

Definition: Es sei (E, S, P) ein Wahrscheinlichkeitsfeld. Unter einer zufälligen Variablen E verstehen wir eine Funktion $X : E \longrightarrow \mathbb{R}$, so dass für jede reelle Zahl x die Menge

$$A_x := \{e \in E : X(e) < x\}$$

ein Ereignis darstellt.[7] Somit ist die Verteilungsfunktion

$$\boxed{\Phi(x) := P(X < x)}$$

korrekt definiert. Dabei steht $P(X < x)$ für $P(A_x)$.

Strategie: Die Untersuchung zufälliger Variabler wird vollständig auf die Untersuchung von Verteilungsfunktionen zurückgeführt.

Anschauliche Interpretation von Verteilungsfunktionen: Wir nehmen an, dass die reelle Achse mit Masse belegt ist, wobei die Gesamtmasse gleich eins ist. Der Wert $\Phi(x)$ der Verteilungsfunktion gibt an, wieviel Masse sich im offenen Intervall $J :=]-\infty, x[$ befindet. Diese Masse

---

[7]X ist genau dann eine zufällige Variable, wenn das Urbild $X^{-1}(M)$ für jede Menge M aus der Borelalgebra $\mathbb{B}(\mathbb{R})$ ein Ereignis darstellt.

ist gleich der Wahrscheinlichkeit, dass der Messwert von X in J liegt.

Je größer $\Phi(x)$ ist, um so größer ist die Wahrscheinlichkeit, dass der Messwert von X im Intervall $]-\infty, x[$ liegt.

▶ BEISPIEL 1: Befindet sich im Punkt x_1 eine Masse $p = 1$, dann besitzt die zugehörige Verteilungsfunktion Φ das in Abb. 6.9 dargestellte Verhalten.

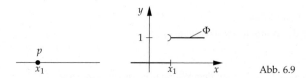

Abb. 6.9

▶ BEISPIEL 2: Sind in x_1 und x_2 Massen p_1 und p_2 vorhanden mit $p_1 + p_2 = 1$, dann ergibt sich die in Abb. 6.10 dargestellte Verteilungsfunktion Φ.

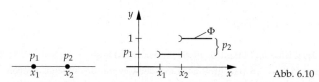

Abb. 6.10

Explizit gilt:

$$\Phi(x) = \begin{cases} 0 & \text{für } x \leq x_1 \\ p_1 & \text{für } x_1 < x \leq x_2 \\ p_1 + p_2 = 1 & \text{für } x_2 < x. \end{cases}$$

▶ BEISPIEL 3: Ist die Verteilungsfunktion $\Phi : \mathbb{R} \longrightarrow \mathbb{R}$ stetig differenzierbar, dann stellt die Ableitung

---
$$\varphi(x) := \Phi'(x)$$

---

eine stetige Massendichte $\varphi : \mathbb{R} \longrightarrow \mathbb{R}$ dar, und es gilt

---
$$\Phi(x) = \int\limits_{-\infty}^{x} \varphi(\xi)\, d\xi, \qquad x \in \mathbb{R}.$$

Die Masse, die sich im Intervall $[a, b]$ befindet, ist gleich dem Flächeninhalt der in Abb. 6.11 schraffierten Fläche.

Man bezeichnet φ als Massendichte (oder *Wahrscheinlichkeitsdichte*). Ein Standardbeispiel stellt die Gaußsche Normalverteilung dar

---
$$\varphi(x) := \frac{1}{\sigma\sqrt{2\pi}} e^{-(x-\mu)^2/2\sigma^2}.$$

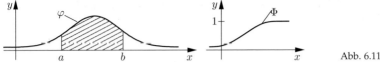

Abb. 6.11

Diskrete und stetige Zufallsgrößen: Eine zufällige Variable X heißt genau dann *diskret*, wenn ihre Verteilungsfunktion nur endlich viele Werte annimmt.

Ferner heißt X genau dann eine *stetige Zufallsgröße*, wenn die Situation von Beispiel 3 vorliegt.

Wir setzen $\Phi(x \pm 0) := \lim\limits_{t \to x \pm 0} \Phi(t)$.

Satz 1:   Eine Verteilungsfunktion $\Phi : \mathbb{R} \longrightarrow \mathbb{R}$ besitzt die folgenden Eigenschaften:

(i) Φ ist monoton wachsend und von links stetig, d. h., es ist $\Phi(x - 0) = \Phi(x)$ für alle $x \in \mathbb{R}$.

(ii) $\lim\limits_{x \to -\infty} \Phi(x) = 0$ und $\lim\limits_{x \to +\infty} \Phi(x) = 1$.

Satz 2:   Für alle reellen Zahlen a und b mit $a < b$ gilt:

(i) $P(a \le X < b) = \Phi(b) - \Phi(a)$.

(ii) $P(a \le X \le b) = \Phi(b + 0) - \Phi(a)$.   •

(iii) $P(X = a) = \Phi(a + 0) - \Phi(a - 0)$.

Das Stieltjes-Integral: Für das Rechnen mit zufälligen Variablen stellt das Stieltjes-Integral

$$S := \int\limits_{-\infty}^{\infty} f(x)\, d\Phi(x)$$

das grundlegende Instrument dar (vgl. 6.2.2.3). Dieses Integral ist ein Maßintegral bezüglich der zu Φ gehörigen Masseverteilung auf der reellen Achse. In anschaulicher Weise gilt näherungsweise

$$S = \sum_j f(x_j)\Delta m_j\,.$$

Das bedeutet, wir zerlegen die reelle Achse in Intervalle $[x_j, x_{j+1}[$ mit der Masse Δm_j, bilden das Produkt $f(x_j)\Delta m_j$ und summieren über alle diese Intervalle (Abb. 6.12). Anschließend führen wir einen Grenzübergang durch, bei dem die Intervalle in geeigneter Weise immer kleiner werden. Deshalb gilt:

$$\boxed{\int\limits_{-\infty}^{\infty} d\Phi = \text{Gesamtmasse auf } \mathbb{R} = 1\,.}$$

Die strenge Definition des Stieltjes-Integrals findet man in 10.5.6 im Handbuch. Für praktische Belange genügt das folgende Resultat.

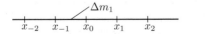

Abb. 6.12

Berechnung von Stieltjes-Integralen: Die Funktion $f : \mathbb{R} \longrightarrow \mathbb{R}$ sei stetig.

(i) Ist die Verteilungsfunktion $\Phi : \mathbb{R} \longrightarrow \mathbb{R}$ stetig differenzierbar, dann gilt

$$\int_{-\infty}^{\infty} f(x)\,d\Phi = \int_{-\infty}^{\infty} f(x)\Phi'(x)\,d(x)\,,$$

falls das rechts stehende klassische Integral konvergiert.

(ii) Nimmt Φ nur endlich viele Werte an, dann gilt

$$\int_{-\infty}^{\infty} f(x)\,d\Phi = \sum_{j=1}^{n} f(x_j)(\Phi(x_j+0) - \Phi(x_j - 0))\,,$$

wobei über alle Sprungstellen x_n die Beziehung $x_1, \ldots, x_n$ von Φ summiert wird.

(iii) Nimmt Φ nur abzählbar viele Werte an, wobei für die Sprungstellen x_n die Beziehung $\lim_{n \to \infty} x_n = +\infty$ gilt, dann ist

$$\int_{-\infty}^{\infty} f(x)\,d\Phi = \sum_{j=1}^{\infty} f(x_j)(\Phi(x_j+0) - \Phi(x_j - 0))\,,$$

falls die rechts stehende unendliche Reihe konvergiert.

(iv) Ist die Verteilungsfunktion Φ bis auf endlich viele Sprungstellen $x_1, \ldots, x_n$ stetig differenzierbar, dann gilt

$$\int_{-\infty}^{\infty} f(x)\,d\Phi = \int_{-\infty}^{\infty} f(x)\Phi'(x)\,dx + \sum_{j=1}^{n} f(x_j)(\Phi(x_j+0) - \Phi(x_j - 0))\,,$$

falls das rechts stehende Integral konvergiert.

6.2.2.3 Der Mittelwert

Der Mittelwert ist die wichtigste Kenngröße einer Zufallsvariablen. Alle weiteren Kenngrößen werden durch Bildung geeigneter Mittelwerte gebildet (z. B. Streuung, höhere Momente, Korrelationskoeffizient, Kovarianz).

Definition: Der Mittelwert $\overline{X}$ einer zufälligen Variablen $X : E \longrightarrow \mathbb{R}$ wird durch

$$\overline{X} = \int_{E} X(e)\,dP \tag{6.14}$$

definiert, falls dieses Integral existiert. Der Mittelwert wird auch *Erwartungswert* genannt.

Dieses Integral ist im Sinne des abstrakten Maßintegrals zu verstehen (vgl. 10.5 im Handbuch). Es lässt sich jedoch auf ein Stieltjes-Integral bezüglich der Verteilungsfunktion Φ von X

zurückzuführen. Dabei gilt:

$$\overline{X} = \int\limits_{-\infty}^{\infty} x \, d\Phi \, .$$

Anschauliche Deutung: Der Mittelwert $\overline{X}$ ist gleich dem Schwerpunkt der zu Φ gehörigen Massenverteilung.

Rechenregeln: (i) *Additivität:* Sind X und Y zufällige Variable auf E, dann gilt

$$\overline{X + Y} = \overline{X} + \overline{Y} \, .$$

(ii) *Funktionen zufälliger Variabler:* Es sei $X : E \longrightarrow \mathbb{R}$ eine zufällige Variable mit der Verteilungsfunktion Φ. Ist $F : \mathbb{R} \longrightarrow \mathbb{R}$ eine stetige Funktion, dann ist auch die zusammengesetzte Funktion $Z := F(X)$ eine zufällige Variable auf E mit dem Mittelwert

$$\overline{Z} = \int\limits_{E} F(X(e)) \, dP = \int\limits_{-\infty}^{\infty} F(x) \, d\Phi \, ,$$

falls das rechts stehende Integral existiert.

6.2.2.4 Die Streuung und die Ungleichung von Tschebyschew

Definition: Ist $X : E \longrightarrow \mathbb{R}$ eine zufällige Variable, dann definieren wir das Streuungsquadrat von X durch

$$(\Delta X)^2 := \overline{\left(X - \overline{X}\right)^2} \, .$$

Man nennt $(\Delta X)^2$ auch *Varianz.* Bezeichnet Φ die Verteilungsfunktion von X, dann gilt

$$(\Delta X)^2 = \int\limits_{E} (X(e) - \overline{X})^2 \, dP = \int\limits_{-\infty}^{\infty} (x - \overline{X})^2 \, d\Phi \, ,$$

falls das letzte Integral konvergiert.

Die *Streuung* ΔX von X wird durch

$$\Delta X := \sqrt{(\Delta X)^2}$$

erklärt. Man bezeichnet ΔX auch als *Standardabweichung.*

▶ BEISPIEL 1 (stetige Zufallsvariable): Besitzt Φ die stetige Ableitung $\varphi = \Phi'$ auf $\mathbb{R}$, dann gilt

$$\overline{X} = \int\limits_{-\infty}^{\infty} x \varphi(x) \, dx \, , \qquad (\Delta X)^2 = \int\limits_{-\infty}^{\infty} (x - \overline{X})^2 \varphi(x) \, dx \, .$$

▶ BEISPIEL 2 (diskrete Zufallsvariable): Nimmt X nur endlich viele Werte $x_1, \ldots, x_n$ an und setzen wir $p_j := P(X = x_j)$, dann gilt:

$$\overline{X} = \sum_{j=1}^{n} x_j p_j, \qquad (\Delta X)^2 = \sum_{j=1}^{n} (x_j - \overline{X})^2 p_j.$$

Die Ungleichung von Tschebyschew (1821–1894): Ist $X : E \longrightarrow \mathbb{R}$ eine zufällige Variable mit $\Delta X < \infty$, dann gilt für jede reelle Zahl $\beta > 0$ die fundamentale Ungleichung:

$$P\left(|X - \overline{X}| > \beta \Delta X\right) \leq \frac{1}{\beta^2}.$$

Speziell für $\Delta X = 0$ ist $P(X = \overline{X}) = 1$.

Anwendung auf Vertrauensintervalle: Wählen wir eine Zahl α mit $0 < \alpha < 1$, dann liegen die Messwerte von X mit einer Wahrscheinlichkeit $> 1 - \alpha$ in dem Intervall

$$\left[\overline{X} - \frac{\Delta X}{\sqrt{\alpha}}, \overline{X} + \frac{\Delta X}{\sqrt{\alpha}}\right].$$

▶ BEISPIEL 3 ($4\Delta X$-Regel): Es sei $\alpha = 1/16$. Mit einer Wahrscheinlichkeit $> 0,93$ liegen alle Messwerte von X in dem Intervall

$$\left[\overline{X} - 4\Delta X, \overline{X} + 4\Delta X\right].$$

Momente einer zufälligen Variablen: Durch den Mittelwert

$$\alpha_k := \overline{X^k}, \quad k = 0, 1, 2, \ldots$$

definieren wir das k-te Moment von X. Bezeichnet Φ die Verteilungsfunktion von X, dann gilt:

$$\mu_k = \int_E X^k \, dP = \int_{-\infty}^{\infty} x^k \, d\Phi.$$

Das berühmte Momentenproblem lautete: Bestimmt die Kenntnis aller Momente die Verteilungsfunktion in eindeutiger Weise? Unter geeigneten Bedingungen kann diese Frage bejaht werden (vgl. 11.5.1 im Handbuch).

6.2.3 Zufallsvektoren

Um Messreihen einer zufälligen Variablen im Rahmen der mathematischen Statistik zu behandeln, benötigt man Zufallsvektoren $(X_1, \ldots, X_n)$. In anschaulicher Weise entspricht dann X_j der Messung der Zufallsvariablen X_j im j-ten Versuch.

6.2.3.1 Die gemeinsame Verteilungsfunktion

Definition: Es sei (E, S, P) ein Wahrscheinlichkeitsfeld. Unter einem Zufallsvektor (X, Y) auf E verstehen wir zwei Funktionen $X, Y : E \longrightarrow \mathbb{R}$, so dass für jedes Paar (x, y) reeller Zahlen x und y die Menge

$$A_{x,y} := \{e \in E : X(e) < x, \, Y(e) < y\}$$

ein Ereignis darstellt. Somit ist die Verteilungsfunktion

$$\boxed{\Phi(x, y) := P(X < x, \, Y < y)}$$

korrekt definiert. Dabei steht $P(X < x, \, Y < y)$ für $P(A_{x,y})$.

Strategie: Die Untersuchung von Zufallsvektoren wird vollständig auf die Untersuchung von Verteilungsfunktionen zurückgeführt.

Anschauliche Interpretation der Verteilungsfunktion: Wir nehmen an, dass die Ebene mit Masse belegt ist, wobei die Gesamtmasse der Ebene gleich eins ist. Der Wert $\Phi(x_0, y_0)$ der Verteilungsfunktion gibt an, wieviel Masse sich auf der Menge

$$\{(x, y) \in \mathbb{R}^2 : x < x_0, \, y < y_0\}$$

befindet (Abb. 6.13). Diese Masse ist gleich der Wahrscheinlichkeit, dass sich die Messwerte von X und Y in den entsprechenden offenen Intervallen $]-\infty, x_0[$ und $]-\infty, y_0[$ befinden.

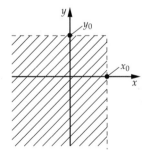

Abb. 6.13

Satz: Die Komponenten X und Y eines Zufallsvektors sind zufällige Variable mit den Verteilungsfunktionen

$$\Phi_X(x) = \lim_{y \to +\infty} \Phi(x, y), \qquad \Phi_Y(y) = \lim_{x \to +\infty} \Phi(x, y).$$

Wahrscheinlichkeitsdichte: Gibt es eine stetige nichtnegative Funktion $\varphi : \mathbb{R} \longrightarrow \mathbb{R}$ mit $\int_{\mathbb{R}^2} \varphi(x, y) dx dy = 1$ und

$$\Phi(x, y) = \int\limits_{-\infty}^{x} \int\limits_{-\infty}^{y} \varphi(\xi, \eta) \, d\xi d\eta, \qquad x, y \in \mathbb{R},$$

dann nennen wir φ eine Wahrscheinlichkeitsdichte des Zufallsvektors (X, Y). In diesem Fall besitzen X und Y Wahrscheinlichkeitsdichten mit

$$\varphi_X(x) := \int\limits_{-\infty}^{\infty} \varphi(x, y) \, dy, \qquad \varphi_Y(y) := \int\limits_{-\infty}^{\infty} \varphi(x, y) \, dx.$$

Zufallsvektoren $(X_1, \ldots, X_n)$:   Alle vorangegangenen Überlegungen lassen sich unmittelbar auf Zufallsvektoren mit n Komponenten verallgemeinern.

6.2.3.2 Unabhängige Zufallsgrößen

Definition: Zwei Zufallsvariable $X, Y : E \longrightarrow \mathbb{R}$ heißen genau dann *unabhängig,*, wenn (X, Y) einen Zufallsvektor mit der Produkteigenschaft

$$\Phi(x, y) = \Phi_X(x)\Phi_Y(y) \quad \text{für alle} \quad x, y \in \mathbb{R}. \tag{6.15}$$

darstellt. Dabei bezeichnen Φ, Φ_X und Φ_Y der Reihe nach die Verteilungsfunktionen von (X, Y), X und Y.

Rechenregeln: Für unabhängige zufällige Variable X und Y gilt:

(i) $\overline{XY} = \overline{X}\,\overline{Y}$.

(ii) $(\Delta(X + Y))^2 = (\Delta X)^2 + (\Delta Y)^2$.

(iii) Der Korrelationskoeffizient r ist gleich null.

(iv) Sind J und K reelle Intervalle, dann gilt:

$$P(X \in J, Y \in K) = P(X \in J)P(Y \in K).$$

Satz: Besitzt der Zufallsvektor (X, Y) eine stetige Wahrscheinlichkeitsdichte φ, dann sind X und Y genau dann unabhängig, wenn die Produktdarstellung

$$\varphi(x, y) = \varphi_X(x)\varphi_Y(y),$$

für alle $x, y \in \mathbb{R}$ vorliegt.

Abhängigkeit zufälliger Größen: In der Praxis vermutet man häufig aufgrund inhaltlicher Überlegungen eine Abhängigkeit zwischen den zufälligen Variablen X und Y. Zur mathematischen Erfassung dieser Abhängigkeit hat man die folgenden beiden Möglichkeiten:

(i) Korrelationskoeffizient (vgl. 6.2.3.3);

(ii) Abhängigkeitskurve (vgl. 6.2.3.4).

6.2.3.3 Abhängige Zufallsgrößen und der Korrelationskoeffizient

Definition: Für einen Zufallsvektor (X, Y) definieren wir die *Kovarianz*

$$\mathrm{Cov}(X, Y) := \overline{(X - \overline{X})(Y - \overline{Y})}$$

und den *Korrelationskoeffizienten*

$$r := \frac{\mathrm{Cov}(X, Y)}{\Delta X \Delta Y}.$$

Es ist stets $-1 \leq r \leq 1$.

Definition: Je größer r^2 ist, um so größer ist die Abhängigkeit zwischen X und Y.

Motivation: Das Minimumproblem

$$\overline{\left(Y - a - bX\right)^2} = \min!, \quad a, b \in \mathbb{R}$$

besitzt die sogenannte Abhängigkeitsgerade (*Regressionsgerade*):

$$\overline{Y} + r \frac{\Delta Y}{\Delta X}(X - \overline{X})$$

mit dem Minimalwert $(\Delta Y)^2(1 - r^2)$ als Lösung (vgl. die Diskussion in 6.1.5).
Für die Kovarianz gilt

$$\text{Cov}(X, Y) := \int_E (X(e) - \overline{X})(Y(e) - \overline{Y})\, dP = \int_{\mathbb{R}^2} (x - \overline{X})(y - \overline{Y})\, d\Phi,$$

wobei Φ die Verteilungsfunktion von (X, Y) bezeichnet.

▶ BEISPIEL 1 (diskreter Zufallsvektor): Nimmt Φ nur endlich viele Werte (x_j, y_k) mit der entsprechenden Wahrscheinlichkeit $p_{jk} := P(X = x_j, Y = y_k)$ an, dann gilt:

$$\text{Cov}(X, Y) = \sum_{j=1}^{n} \sum_{k=1}^{m} (x_j - \overline{X})(y_k - \overline{Y}) p_{jk}$$

mit

$$\overline{X} = \sum_{j=1}^{n} x_j p_j, \quad (\Delta X)^2 = \sum_{j=1}^{n} (x_j - \overline{X})^2 p_j, \quad p_j := \sum_{k=1}^{m} p_{jk},$$

und

$$\overline{Y} = \sum_{k=1}^{m} y_k q_k, \quad (\Delta Y)^2 = \sum_{k=1}^{m} (x_k - \overline{Y})^2 q_k, \quad q_k := \sum_{j=1}^{n} p_{jk}.$$

▶ BEISPIEL 2: Besitzt (X, Y) eine stetige Wahrscheinlichkeitsdichte φ, dann berechnet man $\text{Cov}(X, Y)$ und r wie in 6.1.5.

Die Kovarianzmatrix: Ist $(X_1, \ldots, X_n)$, ein Zufallsvektor, dann sind die Elemente der $(n \times n)$-*Kovarianzmatrix* $C = (c_{jk})$ definitionsgemäß die Zahlen

$$c_{jk} := \text{Cov}(X_j, X_k), \quad j, k = 1, \ldots, n.$$

Diese Matrix ist symmetrisch; alle ihre Eigenwerte sind nichtnegativ.

Interpretation: (i) $c_{jj} = (\Delta X_j)^2, j = 1, \ldots, n.$
(ii) Für $j \neq k$ stellt die Zahl

$$r_{jk}^2 := \frac{c_{jk}^2}{c_{jj} c_{kk}}$$

das Quadrat des Korrelationskoeffizienten zwischen X_j und X_k dar:
(iii) Sind $(X_1, \ldots, X_n)$ unabhängig, dann gilt $c_{jk} = 0$ für alle $j \neq k$, d. h., die Kovarianzmatrix C ist eine Diagonalmatrix.

Die allgemeine Gaußverteilung: Es sei A eine reelle, symmetrische, positiv definite $(n \times n)$-Matrix. Definitionsgemäß beschreibt die Wahrscheinlichkeitsdichte

$$\varphi(x) := K e^{-Q(x,x)}, \qquad x \in \mathbb{R}^n$$

mit $Q(x,x) := \dfrac{1}{2} x^\mathsf{T} A x$ und $K^2 := \dfrac{\det A}{(2\pi)^n}$ eine allgemeine Gaußverteilung des Zufallsvektors $(X_1, \ldots, X_n)$ mit der *Kovarianzmatrix*

$$(\mathrm{Cov}(X_j, X_k)) = A^{-1}$$

und den Mittelwerten $\overline{X}_j = 0$ für alle j.

Ist $A = \mathrm{diag}\,(\lambda_1, \ldots, \lambda_n)$ eine Diagonalmatrix mit den Eigenwerten λ_j, dann sind die zufälligen Variablen $X_1, \ldots, X_n$ unabhängig. Ferner gilt:

$$\mathrm{Cov}(X_j, X_k) = \begin{cases} (\Delta X_j)^2 = \lambda_j^{-1} & \text{für } j = k, \\ 0 & \text{für } j \neq k. \end{cases}$$

6.2.3.4 Die Abhängigkeitskurve zwischen zwei Zufallsgrößen

Bedingte Verteilungsfunktion: Es sei (X, Y) ein Zufallsvektor. Wir fixieren eine reelle Zahl x und setzen

$$\Phi_x(y) := \lim_{h \to +0} \frac{P(x \leq X < x + h, Y < y)}{P(x \leq X < x + h)} \qquad \text{für alle } \; y \in \mathbb{R}.$$

Falls dieser Grenzwert existiert, heißt Φ_x die bedingte Verteilungsfunktion der zufälligen Größe Y unter der Voraussetzung, dass die zufällige Größe X den Wert x annimmt.

Abhängigkeitskurve (Regressionskurve):   Die durch

$$\overline{y}(x) := \int\limits_{-\infty}^{\infty} y \, \mathrm{d}\Phi_x(y)$$

gegebene Kurve $y = \overline{y}(x)$ heißt die Abhängigkeitskurve der zufälligen Variablen Y bezüglich der zufälligen Variablen X.

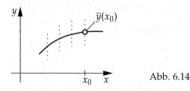

Abb. 6.14

Interpretation: Die Zahl $\overline{y}(x)$ ist der Mittelwert von Y unter der Voraussetzung, dass X den Wert x annimmt (Abb. 6.14). Liegen für $x = x_0$ die Messwerte $y_1, \ldots, y_n$ vor, dann kann man

$$\frac{y_1 + \ldots + y_n}{n}$$

als empirische Näherung für $\overline{y}(x_0)$ wählen (Abb. 6.14).

Wahrscheinlichkeitsdichte: Besitzt (X, Y) die stetige Wahrscheinlichkeitsdichte φ, dann hat man

$$\Phi_x(y) = \frac{\int\limits_{-\infty}^{y} \varphi(x, \eta) d\eta}{\int\limits_{-\infty}^{\infty} \varphi(x, y) dy}$$

und

$$\overline{y}(x) = \frac{\int\limits_{-\infty}^{\infty} y\varphi(x, y) \, dy}{\int\limits_{-\infty}^{\infty} \varphi(x, y) \, dy}.$$

6.2.4 Grenzwertsätze

Grenzwertsätze verallgemeinern das klassische Gesetz der großen Zahl von Jakob Bernoulli aus dem Jahre 1713 und gehören zu den wichtigsten Ergebnissen der Wahrscheinlichkeitstheorie.

6.2.4.1 Das schwache Gesetz der großen Zahl

Satz von Tschebyschew (1867): Es seien $X_1, X_2, \ldots$ unabhängige Zufallsvariablen auf einem Wahrscheinlichkeitsfeld. Wir setzen

$$Z_n := \frac{1}{n} \sum_{j=1}^{n} (X_j - \overline{X}_j).$$

Bleiben die Streuungen gleichmäßig beschränkt (d. h., $\sup\limits_{n} \Delta X_n < \infty$), dann gilt

$$\lim_{n \to \infty} P(|Z_n| < \varepsilon) = 1 \tag{6.16}$$

für beliebige kleine Zahlen $\varepsilon > 0$.

Dieser Satz verallgemeinert das Gesetz der großen Zahl von Jakob Bernoulli (vgl. 6.2.5.7).

6.2.4.2 Das starke Gesetz der großen Zahl

Satz von Kolmogorow (1930): Es seien $X_1, X_2, \ldots$ unabhängige Zufallsgrößen auf einem Wahrscheinlichkeitsfeld, deren Streuungen der Beziehung

$$\sum_{n=1}^{\infty} \frac{(\Delta X_n)^2}{n^2} < \infty$$

genügen (z. B. $\sup\limits_{n} \Delta X_n < \infty$). Dann gilt fast sicher die Grenzwertrelation[8]

$$\lim_{n \to \infty} Z_n = 0. \tag{6.17}$$

Ferner ist (6.16) eine Folge von (6.17).

---

[8]Bezeichnet A die Menge aller Elementarereignisse e mit
$$\lim_{n \to \infty} Z_n(e) = 0,$$
dann gilt $P(A) = 1$.

Eine schwächere Aussage wurde bereits 1905 von Borel und 1917 von Cantelli bewiesen.

Die Bedeutung des Mittelwertes: Sind die Voraussetzungen des Satzes von Kolmogorow erfüllt und ist $\overline{X}_j = \mu$ für alle j, dann gilt fast sicher die Aussage:

$$\lim_{n \to \infty} \frac{1}{n} \sum_{j=1}^{n} X_j = \mu.$$

6.2.4.3 Der zentrale Grenzwertsatz

Es seien $X_1, X_2, \ldots$ unabhängige Zufallsvariablen auf einem Wahrscheinlichkeitsfeld. Wir setzen

$$Y_n := \frac{1}{\Delta_n \sqrt{n}} \sum_{j=1}^{n} (X_j - \overline{X}_j)$$

mit der mittleren Streuung $\Delta_n := \left(\dfrac{1}{n} \displaystyle\sum_{j=1}^{n} (\Delta X_j)^2 \right)^{1/2}$.

Zentraler Grenzwertsatz: [9] Die folgenden beiden Bedingungen sind äquivalent:

(i) Die Verteilungsfunktionen Φ_n von Y_n konvergieren für $n \to \infty$ gegen die Normalverteilung $N(0, 1)$, d. h.

$$\lim_{n \to \infty} \Phi_n(x) = \frac{1}{\sqrt{2\pi}} \int_{-\infty}^{x} e^{-t^2/2} dt \quad \text{für alle } x \in \mathbb{R}.$$

(ii) Die Verteilungsfunktionen Φ_n von X_n genügen der Lindebergschen Bedingung:

$$\lim_{n \to \infty} \frac{1}{n \Delta_n^2} \sum_{j=1}^{n} \int_{|x - \overline{X}_j| > \tau n \Delta_n} (x - \overline{X}_j)^2 \, d\Phi_j(x) = 0 \tag{L}$$

für alle $\tau > 0$.

Kommentar: Die Lindebergsche Bedingung (L) ist erfüllt, wenn alle X_j die gleiche Verteilungsfunktion Φ mit dem Mittelwert μ und der Streuung σ besitzen. Dann ist (L) gleichbedeutend mit

$$\lim_{n \to \infty} \frac{1}{\sigma^2} \int_{|x - \mu| > n \tau \sigma} (x - \mu)^2 \, d\Phi(x) = 0.$$

Die Lindebergsche Bedingung (L) ist ferner erfüllt, wenn alle Verteilungsfunktionen F_k von X_k hinsichtlich Mittelwert, Streuung und Verhalten im Unendlichen eine ähnliche Struktur besitzen.

Die Bedeutung des zentralen Grenzwertsatzes: Der zentrale Grenzwertsatz stellt das wichtigste Resultat der Wahrscheinlichkeitstheorie dar. Er erklärt, warum die Gaußsche Normalverteilung so häufig auftritt. Der zentrale Grenzwertsatz präzisiert das folgende heuristische Prinzip:

Ergibt sich eine zufällige Variable X als Superposition sehr vieler gleichberechtigter zufälliger Variabler, dann ist X normalverteilt.

---

[9]Dieser fundamentale Satz besitzt eine lange Geschichte. Beiträge hierzu stammen von Tschebyschew (1887), Markow (1898), Ljapunow (1900), Lindeberg (1922) und Feller (1934).

6.2.5 Anwendungen auf das Bernoullische Modell für Folgen unabhängiger Versuche

Das folgende von Jakob Bernoulli stammende Modell lässt sich in sehr vielen Situationen der Praxis anwenden und gehört zu den wichtigsten Modellen der Wahrscheinlichkeitstheorie. Insbesondere erlaubt dieses klassische Modell eine Untersuchung des Zusammenhangs zwischen Wahrscheinlichkeit und relativer Häufigkeit.

6.2.5.1 Die Grundidee

Anschauliche Situation:

(i) Wir führen einen Grundversuch durch, der die beiden möglichen Ergebnisse

$$e_1,\ e_2$$

besitzt. Die Wahrscheinlichkeit für das Auftreten von e_j sei p_j. Ferner setzen wir $p_1 := p$. Dann gilt $p_2 = 1 - p$. Wir nennen p die *Wahrscheinlichkeit des Grundversuchs*.

(ii) Wir führen den Grundversuch n-mal durch.

(iii) Alle diese Versuche sind voneinander unabhängig, d. h., ihre Ergebnisse beeinflussen sich nicht gegenseitig.

▶ BEISPIEL: Der Grundversuch besteht im Werfen einer Münze, wobei e_1 dem Auftreten von Wappen und e_2 dem Auftreten von Zahl entspricht. Im Fall $p = 1/2$ handelt es sich um eine faire Münze; für $p \neq 1/2$ nennen wir die Münze unfair. Solche Münzen werden von Falschspielern benutzt. Wir werden in 6.2.5.5 zeigen, wie man durch Auswertung einer Versuchsfolge einen Falschspieler enttarnen kann.

6.2.5.2 Das Wahrscheinlichkeitsmodell

Das Wahrscheinlichkeitsfeld: Das Gesamtereignis E bestehe aus den Elementarereignissen

$$e_{i_1 i_2 \ldots i_n}, \quad i_j = 1, 2 \quad \text{und} \quad j = 1, \ldots, n$$

mit den Wahrscheinlichkeiten

$$P(e_{i_1 i_2 \ldots i_n}) := p_{i_1} p_{i_2} \cdots p_{i_n}. \tag{6.18}$$

Interpretation: $e_{121\ldots}$ bedeutet, dass bei der Versuchsfolge der Reihe nach $e_1, e_2, e_1, \ldots$ usw. auftreten. Beispielsweise gilt $P(e_{121}) = p(1-p)p = p^2(1-p)$.

Unabhängigkeit der Versuche: Wir definieren das Ereignis

$$A_i^{(k)} : \text{Im } k\text{-ten Versuch tritt das Ergebnis } e_i \text{ ein.}$$

Dann sind die Ereignisse

$$A_{i_1}^{(1)},\ A_{i_2}^{(2)},\ \ldots,\ A_{i_n}^{(n)}$$

für alle möglichen Indizes $i_1, \ldots, i_n$ unabhängig.

Beweis: Wir betrachten den Spezialfall $n = 2$. Das Ereignis $A_i^{(1)} = \{e_{i1}, e_{i2}\}$ besteht aus den Elementarereignissen e_{i1} und e_{i2}. Somit gilt

$$P(A_i^{(1)}) = P(e_{i1}) + P(e_{i2}) = p_i p_1 + p_i p_2 = p_i.$$

Wegen $A_j^{(2)} = \{e_{1j}, e_{2j}\}$ gilt $A_i^{(1)} \cap A_j^{(2)} = \{e_{ij}\}$. Aus (6.18) folgt die gewünschte Produkteigenschaft

$$P(A_i^{(1)} \cap A_j^{(2)}) = P(A_i^{(1)}) P(A_j^{(2)}),$$

denn links steht $P(e_{ij}) = p_i p_j$ und rechts steht ebenfalls $p_i p_j$.   □

Die relative Häufigkeit als zufällige Variable auf E: Wir definieren eine Funktion $H_n : E \longrightarrow \mathbb{R}$ durch

$$\boxed{H_n(e_{i_1} \dots e_{i_n}) = \frac{1}{n} \cdot \left(\text{Anzahl der Indizes von } e_{\dots} \text{ die gleich 1 sind} \right).}$$

Dann ist H_n die relative Häufigkeit für das Auftreten des Ergebnisses e_1 in der Versuchsfolge (z. B. die relative Anzahl der Wappen bei einem Münzwurf).

Unser Ziel ist die Untersuchung der Zufallsvariablen H_n.

Satz 1:   (i) $P\left(H_n = \dfrac{k}{n}\right) = \dbinom{n}{k} p^k (1-p)^{n-k}$ für $k = 0, \dots, n$.

(ii) $\overline{H}_n = p$ (Mittelwert).

(iii) $\Delta H_n = \dfrac{\sqrt{p(1-p)}}{\sqrt{n}}$ (Streuung).

(iv) $P(|H_n - p| \le \varepsilon) \ge 1 - \dfrac{p(1-p)}{n\varepsilon^2}$ (Ungleichung von Tschebyschew).

In (iv) muss $\varepsilon > 0$ hinreichend klein sein. Man erkennt. dass die relative Häufigkeit mit wachsender Anzahl n der Versuche immer weniger um den Mittelwert p streut, der gleich der Wahrscheinlichkeit für das Eintreten von e_1 im Grundversuch ist. Beim Wurf einer fairen Münze gilt beispielsweise $p = 1/2$.

Dieses Wahrscheinlichkeitsmodell wurde von Jakob Bernoulli (1654–1705) betrachtet. Mit dem Ausdruck in (i) rechnet es sich sehr unbequem. Deshalb haben Moivre (1667–1754), Laplace (1749–1827) und Poisson (1781–1840) nach geeigneten Approximationen gesucht (vgl. 6.2.5.3). Die Ungleichung von Tschebyschew (1821–1894) gilt für beliebige Zufallsvariable (vgl. 6.2.2.4).

Die absolute Häufigkeit: Die Funktion $A_n := n H_n$ gibt an, wie oft in der Versuchsfolge das Ergebnis e_1 auftritt (z. B. Anzahl der Wappen bei einem Münzwurf).

Satz 2:   (i) $P(A_n = k) = P\left(H_n = \dfrac{k}{n}\right) = \dbinom{n}{k} p^k (1-p)^{n-k}$ für $k = 0, \dots, n$.

(ii) $\overline{A}_n = n H_n = np$ (Mittelwert).

(iii) $\Delta A_n = \sqrt{np(1-p)}$ (Streuung).

Die Indikatorfunktion: Wir definieren die zufällige Variable $X_j : E \longrightarrow \mathbb{R}$ durch die folgende Vorschrift:

$$X_j(e_{i_1 \cdots i_n}) := \begin{cases} 1, & \text{falls } i_j = 1, \\ 0, & \text{sonst.} \end{cases}$$

Somit ist X_j genau dann gleich eins, wenn im j-ten Versuch das Ergebnis e_1 eintritt.

Satz 3:   (i) $P(X_j = 1) = p$.

(ii) $\overline{X}_j = p$ und $\Delta X_j = \sqrt{p(1-p)}$.

(iii) $X_1, \ldots, X_n$ sind unabhängig.

(iv) $H_n = \dfrac{1}{n}(X_1 + \ldots + X_n)$.

(v) $A_n = X_1 + \ldots + X_n$.

Die Häufigkeit A_n ist somit die Superposition von gleichberechtigten unabhängigen Zufallsgrößen. Deshalb erwarten wir nach dem zentralen Grenzwertsatz, dass A_n für große n angenähert normalverteilt ist. Diese Aussage ist der Inhalt des Satzes von Moivre-Laplace.

6.2.5.3 Approximationssätze

Das Gesetz der großen Zahl von Jakob Bernoulli: Für jedes $\varepsilon > 0$ gilt

$$\lim_{n \to \infty} P(|H_n - p| < \varepsilon) = 1. \tag{6.19}$$

Jakob Bernoulli fand dieses Gesetz durch aufwendige Berechnungen. Tatsächlich ergibt sich (6.19) sofort aus der Tschebyschewschen Ungleichung (Satz 1 in 6.2.5.2).

Benutzt man Satz 3 (iv) in 6.2.5.2, dann ist (6.19) ein Spezialfall des schwachen Gesetzes der großen Zahl von Tschebyschew (vgl. 6.2.4.1).

Der lokale Grenzwertsatz von Moivre-Laplace: Im Fall $n \to \infty$, hat man für die absolute Häufigkeit die asymptotische Gleichheit

$$P(A_n = k) \sim \frac{1}{\sigma\sqrt{2\pi}} e^{-(k-\mu)^2/2\sigma^2} \tag{6.20}$$

mit $\mu = \overline{A}_n = np$ und $\sigma = \Delta A_n = \sqrt{np(1-p)}$.

Dies bedeutet, dass für jedes $k = 0, 1, \ldots$ der Quotient aus den in (6.20) links und rechts stehenden Größen für $n \to \infty$ gegen eins geht.[10]

Wir untersuchen jetzt die normierte relative Häufigkeit

$$\mathbb{H}_n := \frac{H_n - \overline{H}_n}{\Delta H_n}.$$

Dann gilt $\overline{\mathbb{H}}_n = 0$ und $\Delta \mathbb{H}_n = 1$. Die Verteilungsfunktion von $\mathbb{H}_n$ bezeichnen wir mit Φ_n. Ferner sei Φ die Verteilungsfunktion der Gaußschen Normalverteilung $N(0,1)$ mit dem Mittelwert $\mu = 0$ und der Streuung $\sigma = 1$. Die normierte absolute Häufigkeit

$$\mathbb{A}_n := \frac{A_n - \overline{A}_n}{\Delta A_n}$$

---

[10]Beim Beweis benutzte der in London lebende Abraham de Moivre (1667–1754) für große n die Näherungsformel

$$n! = C\sqrt{n}\left(\frac{n}{e}\right)^n, \qquad n \to \infty \tag{6.21}$$

mit dem Näherungswert $C \approx 2.5074$. Von Moivre um Hilfe gebeten, fand Stirling (1692–1770) den präzisen Wert $C = \sqrt{2\pi}$. Die entsprechende Formel (6.21) wird Stirlingsche Formel genannt.

ist gleich der normierten relativen Häufigkeit $\mathbb{H}_n$ und besitzt deshalb ebenfalls Φ_n als Verteilungsfunktion.

Der globale Grenzwertsatz von Moivre-Laplace: [11] Für alle $x \in \mathbb{R}$ gilt:

$$\lim_{n \to \infty} \Phi_n(x) = \Phi(x).$$

Für alle Intervalle $[a, b]$ folgt daraus

$$\lim_{n \to \infty} P(a \le \mathbb{H}_n \le b) = \frac{1}{\sqrt{2\pi}} \int\limits_a^b e^{-z^2/2} \, dz. \tag{6.22}$$

Tatsächlich hat man die sehr präzise Abschätzung:

$$\sup_{x \in \mathbb{R}} |\Phi_n(x) - \Phi(x)| \le \frac{p^2 + (1-p)^2}{\sqrt{np(1-p)}}, \quad n = 1, 2, \ldots \tag{6.23}$$

Kommentar: Für große n ist die relative Häufigkeit angenähert normalverteilt mit dem Mittelwert $\overline{H}_n = p$ und der Streuung $\Delta H_n = \sqrt{p(p-1)/n}$. Für jedes Intervall $[a, b]$ und große n gilt deshalb angenähert die fundamentale Beziehung

$$P(p + a\Delta H_n \le H_n \le p + b\Delta H_n) = \Phi_0(b) - \Phi_0(a) = \frac{1}{\sqrt{2\pi}} \int\limits_a^b e^{-z^2/2} \, dz. \tag{6.24}$$

Links steht die Wahrscheinlichkeit dafür, dass der Messwert der relativen Häufigkeit H_n in dem Intervall $[p + a\Delta H_n, p + b\Delta H_n]$ liegt. Diese Aussage präzisiert das Gesetz der großen Zahl von Bernoulli.

> Die Werte von Φ_0 findet man in Tabelle 0.34

Für negative Zahlen z ist $\Phi_0(z) = -\Phi_0(-z)$.

Die Formel (6.24) ist gleichbedeutend mit der Aussage

$$P(x \le H_n \le y) = \Phi_0\left(\frac{y - p}{\Delta H_n}\right) - \Phi_0\left(\frac{x - p}{\Delta H_n}\right).$$

Die absolute Häufigkeit A_n genügt dann wegen $A_n = nH_n$ der Beziehung

$$P(u \le A_n \le v) = \Phi_0\left(\frac{v - np}{\sqrt{np(1-p)}}\right) - \Phi_0\left(\frac{u - np}{\sqrt{np(1-p)}}\right).$$

Dabei hat man $-\infty < x < y < \infty$ und $-\infty < u < v < \infty$.

Kleine Wahrscheinlichkeiten p des Grundversuchs: Ist die Versuchswahrscheinlichkeit p sehr klein, dann zeigt die Formel (6.23), dass die Approximation durch die Normalverteilung erst

---

[11]Moivre fand diese Formel für $p = 1/2$ und die symmetrischen Grenzen $b = -a$. Die allgemeine Formel bewies Laplace in seinem 1812 erschienenen grundlegenden Werk „Théorie analytique des probabilités" (analytische Theorie der Wahrscheinlichkeit).

für eine große Anzahl n von Versuchen hinreichend genau wird. Poisson (1781–1840) entdeckte, dass man für kleine p eine günstigere Approximation finden kann.

Definition der Poissonverteilung: In den Punkten $x = 0, 1, 2, \ldots$ der reellen Achse bringen wir Massen $m_0, m_1, \ldots$ an, wobei gilt:

$$m_r := \frac{\lambda^r}{r!} e^{-\lambda}, \qquad r = 0, 1, \ldots$$

Die Zahl $\lambda > 0$ ist ein Parameter. Die zugehörige Massenverteilungsfunktion

$$\Phi(x) := \text{Masse auf } \ ] - \infty, x[$$

heißt Poissonverteilungsfunktion (Abb. 6.15).

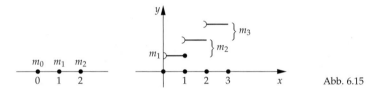

Abb. 6.15

Satz: Genügt eine zufällige Variable x einer Poissonverteilung, dann gilt:

$$\overline{X} = \lambda \quad \text{(Mittelwert)} \quad \text{und} \quad \Delta X = \sqrt{\lambda} \quad \text{(Streuung)}.$$

Der Approximationssatz von Poisson (1837): Ist die Wahrscheinlichkeit p des Grundversuchs klein, dann gilt für die absolute Häufigkeit A_n näherungsweise:

(i) $P(A_n = r) = \dfrac{\lambda^r}{r!} e^{-\lambda}$ mit $\lambda = np$ und $r = 0, 1, \ldots, n$.

(ii) Die Verteilungsfunktion Φ_n von A_n ist angenähert eine Poissonverteilung Φ mit dem Parameterwert $\lambda = np$. Genauer hat man die Abschätzung

$$\sup_{x \in \mathbb{R}} |\Phi_n(x) - \Phi(x)| \leq 3\sqrt{\frac{\lambda}{n}}.$$

Die Werte von $\dfrac{\lambda^r}{r!} e^{-\lambda}$ findet man in 0.3.6.9

6.2.5.4 Anwendungen auf die Qualitätskontrolle

Ein Werk stelle ein Produkt $\mathbb{P}$ her (z. B. Glühlampen). Die Wahrscheinlichkeit dafür, dass $\mathbb{P}$ fehlerhaft ist, sei p (z. B. $p = 0{,}001$). In einer Frachtsendung befinden sich n derartige Produkte.

(i) Nach dem in 6.2.5.2 betrachteten Modell ist die Wahrscheinlichkeit dafür, dass die Sendung genau r fehlerhafte Produkte enthält, durch die folgende Formel gegeben:

$$P(A_n = r) = \binom{n}{r} p^r (1 - p)^{n-r}.$$

(ii) Die Wahrscheinlichkeit dafür, dass die Anzahl der fehlerhaften Produkte der Sendung zwischen k und m liegt erhält man aus der Beziehung:

$$P(k \le A_n \le m) = \sum_{r=k}^{m} P(A_n = r).$$

Approximation: Um praktikable Formeln zu erhalten, beachten wir, dass p klein ist. Die Poissonapproximation ergibt:

$$P(A_n \doteq r) = \frac{\lambda^r}{r!} e^{-\lambda}$$

mit $\lambda = np$. Diese Werte findet man in 0.3.6.9.

▶ BEISPIEL 1: In einem Container befinden sich 1 000 Glühlampen. Die Ausschusswahrscheinlichkeit für die Produktion einer Glühlampe sei $p = 0,001$. Aus 0.3.6.9 mit $\lambda = np = 1$ erhalten wir

$$P(A_{1000} = 0) = 0,37,$$
$$P(A_{1000} = 1) = 0,37,$$
$$P(A_{1000} \doteq 2) = 0,18.$$

Daraus folgt

$$P(A_{1000} \le 2) = 0,37 + 0,37 + 0,18 = 0,92.$$

Die Wahrscheinlichkeit dafür, dass keine fehlerhafte Glühlampe in dem Container ist, beträgt somit 0,37. Mit der Wahrscheinlichkeit 0,92 befinden sich höchstens zwei fehlerhafte Glühlampen in dem Container.

Ist n hinreichend groß, dann können wir annehmen, dass A_n normalverteilt ist. Aus (6.24ff) folgt

$$P(k \le A_n \le m) = \Phi_0\left(\frac{m - np}{\sqrt{np(1-p)}}\right) - \Phi_0\left(\frac{k - np}{\sqrt{np(1-p)}}\right).$$

Den Wert von Φ_0 findet man in Tab. 0.34.

▶ BEISPIEL 2: Die Ausschusswahrscheinlichkeit für eine Glühlampe sei 0,005. Die Wahrscheinlichkeit dafür, dass sich in einer Sendung von 10 000 Glühlampen höchsten 100 fehlerhafte Exemplare befinden, ergibt sich aus[12]

$$P(A_{10\,000} \le 100) = \Phi_0(7) - \Phi_0(-7) = 2\Phi_0(7) = 1.$$

Somit können sich in der Sendung höchstens 100 fehlerhafte Glühlampen befinden.

6.2.5.5 Anwendungen auf das Testen einer Hypothese

Unser Ziel ist es, einen Falschspieler, der eine präparierte Münze benutzt, mit Hilfe einer hinreichend langen Versuchsfolge zu enttarnen. Wir benutzen dabei eine mathematische Argumentation, die *typisch für die mathematische Statistik* ist. Ein Wesenszug der mathematischen Statistik besteht dabei darin, dass die „Enttarnung des Falschspielers" nur mit einer gewissen Irrtumswahrscheinlichkeit α erfolgen kann. Führt man für $\alpha = 0,05$ beispielsweise 100 erfolgreiche Enttarnungsversuche durch, dann wird man sich im Mittel in 5 Fällen irren und 5 faire Spieler ungerechterweise des Falschspiels bezichtigen.

---

[12]Den Wert $\Phi_0(7)$ findet man nicht mehr in der Tabelle 0.34. Er liegt sehr nahe bei 0,5.

Enttarnungsversuch: Wir werfen eine Münze n mal. Das Wappen erscheine genau k mal. Wir nennen $h_n = k/n$ eine Realisierung der Zufallsvariablen H_n (relative Häufigkeit). Mit p bezeichnen wir die Wahrscheinlichkeit für das Auftreten von Wappen. Unsere Hypothese lautet:

(H) *Die Münze ist fair, d. h., es gilt $p = 1/2$.*

Grundprinzip der mathematischen Statistik: Die Hypothese (H) wird mit der Irrtumswahrscheinlichkeit α abgelehnt, falls gilt:

$$h_n \text{ liegt nicht im Vertrauensintervall } \left[\frac{1}{2} - z_\alpha \Delta H_n , \frac{1}{2} + z_\alpha \Delta H_n\right] . \qquad (6.25)$$

Dabei ist $\Delta H_n := 1/2\sqrt{n}$. Die Zahl z_α bestimmt sich nach Tab. 0.34 aus der Gleichung $2\Phi_0(z_\alpha) = 1 - \alpha$. Für $\alpha = 0{,}01$ (bzw. 0,05 und 0,1) gilt $z_\alpha = 1{,}6$ (bzw. 2,0 und 2,6).

Begründung: Nach (6.24) ist die Wahrscheinlichkeit dafür, dass der Messwert h_n von H_n in dem Vertrauensintervall (6.25) liegt für große Zahlen n gleich

$$\Phi_0(z_\alpha) - \Phi_0(-z_\alpha) = 1 - \alpha .$$

Liegt der Messwert nicht in diesem Vertrauensintervall, dann lehnen wir die Hypothese (mit der Irrtumswahrscheinlichkeit α) ab.

▶ Beispiel: Für $n = 10\,000$ Würfe hat man $\Delta H_n = 1/200 = 0{,}005$. Das Vertrauensintervall ist im Fall der Irrtumswahrscheinlichkeit $\alpha = 0{,}05$ durch

$$[0.49, 0.51] \qquad (6.26)$$

gegeben. Tritt bei $10\,000$ Würfen einer Münze genau $5\,200$ mal das Wappen auf, dann gilt $h_n = 0{,}52$. Dieser Wert liegt außerhalb des Vertrauensintervalls (6.26). Mit der Irrtumswahrscheinlichkeit 0,05, können wir deshalb sagen, dass es sich um eine unfaire Münze handelt.

Tritt dagegen bei $10\,000$ Würfen das Wappen genau $5\,050$ mal auf, dann erhalten wir $h_n = 0{,}505$. Folglich liegt h_n im Vertrauensintervall (6.26), und wir haben keine Veranlassung, die Hypothese der fairen Münze abzulehnen.

6.2.5.6 Anwendungen auf das Vertrauensintervall für die Versuchswahrscheinlichkeit p

Wir betrachten eine Münze. Die Wahrscheinlichkeit für das Auftreten von Wappen sei p. Wir werfen die Münze n mal und messen die relative Häufigkeit h_n des Auftretens von Wappen.

Grundprinzip der mathematischen Statistik: Mit der Irrtumswahrscheinlichkeit α liegt die unbekannte Wahrscheinlichkeit p im Intervall

$$[p_- , p_+] .$$

Dabei gilt:[13]

$$\left(1 + \frac{z_\alpha^2}{n}\right) p_\pm = h_n + \frac{z_\alpha^2}{2n} \pm \sqrt{\frac{h_n z_\alpha^2}{n} + \frac{z_\alpha^2}{4n^2}} .$$

Diese Aussage gilt allgemein für das Schätzen der Wahrscheinlichkeit p im Bernoullischen Versuchsmodell (vgl. 6.2.5.2).

---

[13]Die Bedeutung von α und z_α wird in 6.2.5.5 erklärt.

Begründung: Nach (6.24) ergibt sich für große n die Ungleichung

$$\left| \frac{h_n - p}{\Delta H_n} \right| < z_\alpha \tag{6.27}$$

mit der Wahrscheinlichkeit $\Phi_0(z_\alpha) - \Phi_0(-z_\alpha) = 1 - \alpha$. Wegen $(\Delta H_n)^2 = p(1-p)/n$ ist (6.27) äquivalent zu

$$(h_n - p)^2 < z_\alpha^2 \frac{p(1-p)}{n},$$

also

$$p^2 \left(1 + \frac{z_\alpha^2}{n} \right) - \left(2h_n + \frac{z_\alpha^2}{n} \right) p + h_n^2 < 0. \tag{6.28}$$

Diese Ungleichung gilt genau dann. wenn p zwischen den Nullstellen p_- und p_+ der entsprechenden quadratischen Gleichung liegt.

▶ BEISPIEL: Bei 10 000 Würfen einer Münze trete 5 010 mal Wappen auf. Dann ist $h_n = 0,501$, und die unbekannte Wahrscheinlichkeit p für das Auftreten von Wappen liegt im Intervall $[0,36,0,64]$ (mit der Irrtumswahrscheinlichkeit $\alpha = 0,05$).

Diese Schätzung ist noch sehr grob. Bei 1 000 000 Würfen und einer relativen Häufigkeit von 0,501 für Wappen liegt jedoch p bereits in dem Intervall $[0,500,0,503]$ (mit der Irrtumswahrscheinlichkeit $\alpha = 0,05$).

6.2.5.7 Das starke Gesetz der großen Zahl

Die unendliche Versuchsfolge: Bisher haben wir das Bernoullische Versuchsmodell für n Versuche betrachtet. Um das starke Gesetz der großen Zahl formulieren zu können, müssen wir zu unendlich vielen Versuchen übergehen.

Das Gesamtereignis E besteht aus den Elementarereignissen

$$\boxed{e_{i_1 i_2 \cdots},}$$

wobei jeder Index i_j die Werte 1 oder 2 annehmen kann. Hier bedeutet $e_{12\cdots}$ dass im ersten Versuch e_1, im zweiten Versuch e_2 auftritt usw. Mit $A_{i_1 \cdots i_n}$ bezeichnen wir die Menge aller Elementarereignisse der Form $e_{i_1 \cdots i_n \cdots}$. Wir setzen

$$\boxed{P(A_{i_1 i_2 \cdots i_n}) = p_{i_1 i_2 \cdots i_n}} \tag{6.29}$$

mit $p_1 := p$ und $p_2 := 1 - p$ (vgl. 6.18). Durch S bezeichnen wir die kleinste σ-Algebra von E, die alle Mengen $A_{i_1 \cdots i_n}$ für beliebiges n enthält.

Satz: Es gibt ein eindeutig bestimmtes Wahrscheinlichkeitsmaß P auf den Teilmengen von S, das die Eigenschaft (6.29) besitzt. Damit wird (E, S, P) zu einem *Wahrscheinlichkeitsfeld*.

Relative Häufigkeit: Wir definieren die Zufallsvariable $H_n : E \longrightarrow \mathbb{R}$ durch

$$H_n(e_{i_1 \cdots i_n \cdots}) = \frac{1}{n} \cdot \left(\text{Anzahl der Indizes mit } i_j = 1 \text{ und } 1 \leq j \leq n \right).$$

Das starke Gesetz der großen Zahl von Borel (1909) und Cantelli (1917): Die Grenzwertbeziehung

$$\lim_{n \to \infty} H_n = p$$

gilt fast sicher[14] auf E.

6.3 Mathematische Statistik

Traue keiner Statistik, die Du nicht selbst gefälscht hast.

Folklore

Die mathematische Statistik untersucht die Eigenschaften zufälliger Erscheinungen unserer Welt auf der Basis von Messreihen zufälliger Variabler. Das erfordert einen sehr verantwortungsvollen Umgang mit den statistischen Verfahren. Unterschiedliche Modelle und Methoden können zu völlig unterschiedlichen Aussagen führen. Deshalb muss man stets die folgende *goldene Regel der mathematischen Statistik* beachten:

> Jede Aussage der mathematischen Statistik beruht auf gewissen Voraussetzungen. Ohne Angabe dieser Voraussetzungen ist die Aussage wertlos.

6.3.1 Grundideen

Vertrauensintervalle: Es sei Φ die Verteilungsfunktion einer zufälligen Variablen X. Ein α-Vertrauensintervall $[x_\alpha^-, x_\alpha^+]$ ergibt sich definitionsgemäß aus der Gleichung

$$P(x_\alpha^- \leq X \leq x_\alpha^+) = 1 - \alpha.$$

Interpretation: Bei einer Messung von X liegt der Messwert mit der Wahrscheinlichkeit $1 - \alpha$ im Vertrauensintervall $[x_\alpha^-, x_\alpha^+]$.

▶ BEISPIEL 1: Besitzt X die stetige Wahrscheinlichkeitsdichte φ, dann ist der schraffierte Flächeninhalt über dem Vertrauensintervall $[x_\alpha^-, x_\alpha^+]$ in Abb. 6.16 gleich $1 - \alpha$, d. h., es gilt

$$\int_{x_\alpha^-}^{x_\alpha^+} \varphi(x) \, dx = 1 - \alpha.$$

▶ BEISPIEL 2: Für eine Normalverteilung $N(\mu, \sigma)$ mit dem Mittelwert μ und der Streuung σ ist das Vertrauensintervall $[x_\alpha^- x_\alpha^+]$ durch

$$x_\alpha^\pm = \mu \pm \sigma z_\alpha$$

gegeben. Der Wert z_α ergibt sich aus der Gleichung $\Phi_0(z_\alpha) = \frac{1-\alpha}{2}$ mit Hilfe von Tab. 0.34. Speziell ist $z_\alpha = 1,6,\ 2,0; 2.6$ für $\alpha = 0,01,\ 0,05; 0,1$.

---

[14]Bezeichnet A die Menge aller e aus E mit $\lim_{n \to \infty} H_n(e) = p$, dann ist $P(A) = 1$.

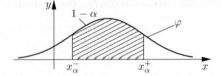

Abb. 6.16

Messreihen: Gegeben sei eine zufällige Variable X. In der Praxis wird X in einer Versuchsfolge n mal gemessen, und man erhält die n reellen Zahlen

$$x_1, x_2, \ldots, x_n$$

als Messwerte. Unsere grundlegende Annahme besteht darin, dass die Messungen voneinander unabhängig sind, d. h., die einzelnen Messvorgänge beeinflussen sich nicht gegenseitig.

Mathematische Stichprobe: Das Messergebnis variiert von Versuchsfolge zu Versuchsfolge. Um diese Tatsache mathematisch zu beschreiben, betrachten wir einen Zufallsvektor

$$(X_1, \ldots, X_n)$$

unabhängiger Variabler, wobei alle X_j die gleiche Verteilungsfunktion wie X besitzen.

Die Grundstrategie der mathematischen Statistik:

(i) Wir gehen aus von der Hypothese (H):

> Die Verteilungsfunktion Φ von X besitzt die Eigenschaft $\mathbb{E}$.   (H)

(ii) Wir konstruieren eine sogenannte Stichprobenfunktion

$$Z = Z(X_1, \ldots, X_n)$$

und bestimmen deren Verteilungsfunktion Φ_Z unter der Voraussetzung (H).

(iii) Nach ausgeführter Versuchsfolge mit den Messwerten $x_1, \ldots, x_n$ berechnen wir die reelle Zahl $z := Z(x_1, \ldots, x_n)$. Wir nennen z eine Realisierung der Stichprobenfunktion Z.

(iv) Die Hypothese (H) wird mit der Irrtumswahrscheinlichkeit α abgelehnt, falls z nicht im α-Vertrauensintervall von Z liegt.

(v) Liegt z im α-Vertrauensintervall von Z, dann sagen wir, dass das Beobachtungsmaterial auf dem Signifikanzniveau α der Hypothese nicht widerspricht.

▶ BEISPIEL 3: Die Hypothese (H) kann lauten: Φ ist eine Normalverteilung.

Parameterschätzung: Hängt die Verteilungsfunktion Φ von Parametern ab, dann will man häufig Intervalle wissen, in denen diese Parameter liegen. Ein typisches Beispiel hierfür findet man in 6.2.5.6.

Vergleich zweier Messreihen: Sind zwei zufällige Variable X und Y, gegeben, dann besteht die Hypothese (H) in einer Annahme über die Verteilungsfunktionen von X und Y. Die Stichprobenfunktion besitzt dann die Gestalt

$$Z = Z(X_1, \ldots, X_n, Y_1, \ldots, Y_n).$$

Die Messwerte $x_1, \ldots, x_n, y_1, \ldots, y_n$ ergeben die Realisierung $z := Z(x_1, \ldots, x_n, y_1, \ldots, y_n)$. Daraus erhalten wir wie im Fall einer unabhängigen Variablen mit der Irrtumswahrscheinlichkeit α die Ablehnung der Hypothese oder die Aussage, dass das Beobachtungsmaterial der Hypothese nicht widerspricht.

6.3.2 Wichtige Schätzfunktionen

Es sei $(X_1, \ldots, X_n)$ eine mathematische Stichprobe für die Zufallsvariable X.

Schätzen des Mittelwerts: Die Stichprobenfunktion

$$M := \frac{1}{n} \sum_{j=1}^{n} X_j$$

heißt Schätzfunktion für den Mittelwert $\overline{X}$ von X.

(i) Die Schätzfunktion M ist erwartungstreu, d. h.

$$\overline{M} = \overline{X}.$$

(ii) Ist X normalverteilt vom Typ $N(\mu, \sigma)$, dann ist M normalverteilt vom Typ $N(\mu, \sigma/\sqrt{n})$.

(iii) Es sei $\Delta X < \infty$. Bezeichnet Φ_n die Verteilungsfunktion von M, dann ist die Grenzfunktion

$$\Phi(x) := \lim_{n \to \infty} \Phi_n(x)$$

normalverteilt vom Typ $N(\overline{X}, \Delta X/\sqrt{n})$.

Schätzen der Streuung: Die Stichprobenfunktion

$$S^2 = \frac{1}{n-1} \sum_{j=1}^{n} (X_j - \overline{X})^2$$

heißt Schätzfunktion für das Streuungsquadrat (Varianz).

(i) Diese Schätzfunktion ist erwartungstreu, d. h.

$$\overline{S^2} = (\Delta X)^2.$$

(ii) Ist X normalverteilt vom Typ $N(\mu, \sigma)$, dann ist die Verteilungsfunktion von

$$T := \frac{M - \mu}{S} \sqrt{n}$$

eine t-Verteilung mit $n - 1$ Freiheitsgraden. Ferner ist die Verteilungsfunktion von

$$\chi^2 := \frac{(n-1)S^2}{\sigma^2}$$

eine χ^2-Verteilung mit $n - 1$ Freiheitsgraden (vgl. Tab. 6.6).

Tabelle 6.6

Name der Verteilung	Wahrscheinlichkeitsdichte
t-Verteilung mit n Freiheitsgraden	$\dfrac{\Gamma(\frac{n+1}{2})}{\sqrt{\pi n}\,\Gamma\left(\frac{n}{2}\right)}\left(1+\dfrac{x^2}{n}\right)^{-\frac{n+1}{2}}$
χ^2-Verteilung mit n Freiheitsgraden	$\dfrac{x^{(n/2)-1}e^{-x/2}}{2^{n/2}\Gamma\left(\frac{n}{2}\right)}$

6.3.3 Die Untersuchung normalverteilter Messgrößen

In der Praxis nimmt man sehr häufig an, dass die zufällige Größe X normalverteilt ist. Die theoretische Rechtfertigung hierfür liefert der zentrale Grenzwertsatz (vgl. 6.2.4.3).

Beispiele zu den folgenden Verfahren findet man in 0.3.

6.3.3.1 Das Vertrauensintervall für den Mittelwert

Voraussetzung: X ist normalverteilt vom Typ $N(\mu, \sigma)$.

Messreihe: Aus den Messwerten $x_1, \ldots, x_n$ von X berechnen wir den empirischen Mittelwert

$$\overline{x} = \frac{1}{n}\sum_{j=1}^{n} x_j$$

und die empirische Streuung

$$\Delta x = \sqrt{\frac{1}{n-1}\sum_{j=1}^{n}(x_j - \overline{x})^2}\ .$$

Statistische Aussage: Mit der Irrtumswahrscheinlichkeit α gilt für den Mittelwert μ die Ungleichung:

$$\boxed{\ |\overline{x} - \mu| \leq \frac{\Delta x}{\sqrt{n}} t_{\alpha, n-1}\ .\ } \tag{6.30}$$

Den Wert $t_{\alpha, n-1}$ findet man in 0.3.6.3.

Begründung: Die zufällige Größe $\sqrt{n}(M - \mu)/S$ ist t-verteilt mit $n-1$ Freiheitsgraden. Es gilt $P(|T| \leq t_{\alpha, n-1}) = 1 - \alpha$. Folglich ist die Ungleichung

$$\frac{|\overline{x} - \mu|}{\Delta x}\sqrt{n} \leq t_{\alpha, n-1}$$

mit der Wahrscheinlichkeit $1 - \alpha$. erfüllt. Das ergibt (6.30).

6.3.3.2 Das Vertrauensintervall für die Streuung

Voraussetzung: X ist normalverteilt vom Typ $N(\mu, \sigma)$.

Statistische Aussage: Mit der Irrtumswahrscheinlichkeit α gilt für die Streuung σ die Ungleichung:

$$\frac{(n-1)(\Delta x)^2}{b} \leq \sigma^2 \leq \frac{(n-1)(\Delta x)^2}{a} . \qquad (6.31)$$

Die Werte $a := \chi^2_{1-\alpha/2}$ und $b := \chi^2_{\alpha/2}$ entnimmt man 0.3.6.4 mit $m = n - 1$ Freiheitsgraden.

Begründung: Die Größe $A := (n-1)S^2/\sigma^2$ genügt einer χ^2-Verteilung mit $n - 1$ Freiheitsgraden. Nach Abb. 0.50 gilt $P(a \leq A \leq b) = P(A \geq b) - P(A \geq a) = 1 - \frac{\alpha}{2} - \frac{\alpha}{2} = 1 - \alpha$. Deshalb ist die Ungleichung

$$a \leq \frac{(n-1)(\Delta x)^2}{\sigma^2} \leq b$$

mit der Wahrscheinlichkeit $1 - \alpha$ erfüllt. Daraus folgt (6.31).

6.3.3.3 Der fundamentale Signifikanztest (*t*-Test)

Das Ziel dieses Tests ist es, anhand von Messreihen der zufälligen Variablen X und Y festzustellen, ob X und Y unterschiedliche Mittelwerte besitzen, d. h., ob ein wesentlicher (signifikanter) Unterschied zwischen X und Y besteht.

Voraussetzung: X und Y sind normalverteilt mit gleichen Streuungen.[15]

Hypothese: X und Y besitzen gleiche Mittelwerte.

Messreihe: Aus den Messwerten

$$x_1, \ldots, x_{n_1} \quad \text{and} \quad y_1, \ldots, y_{n_2} \qquad (6.32)$$

von X und Y berechnen wir die empirischen Mittelwerte $\bar{x}$ und $\bar{y}$ sowie die empirischen Streuungen Δx und Δy (vgl. 6.3.3.1). Ferner berechnen wir die Zahl

$$t := \frac{\bar{x} - \bar{y}}{\sqrt{(n_1 - 1)(\Delta x)^2 + (n_2 - 1)(\Delta y)^2}} \sqrt{\frac{n_1 n_2 (n_1 + n_2 - 2)}{n_1 + n_2}} . \qquad (6.33)$$

Statistische Aussage: Mit der Irrtumswahrscheinlichkeit α ist die Hypothese falsch, d. h., X und Y besitzen einen signifikanten Unterschied, falls gilt:

$$|t| > t_{\alpha,m} .$$

Den Wert $t_{\alpha,m}$ findet man in 0.3.6.3 mit $m = n_1 + n_2 - 1$.

Begründung: Ersetzen wir in (6.33) der Reihe nach $\bar{x}, \bar{y}, (\Delta x)^2, (\Delta y)^2$ durch $\overline{X}, \overline{Y}, S_X^2, S_Y^2$, dann erhält man eine zufällige Variable T, deren Verteilungsfunktion eine t-Verteilung mit m Freiheitsgraden ist. Es gilt $P(|T| > t_\alpha) = \alpha$. Deshalb wird die Hypothese abgelehnt, falls $|t| > t_\alpha$ gilt.

---

[15]Diese Voraussetzung kann man durch den F-Test untermauern (vgl. 6.3.3.4).

Fehlerquellen statistischer Tests: Verwirft man aufgrund eines statistischen Tests eine Hypothese, obwohl sie richtig ist, dann spricht man von einem Fehler erster Art. Akzeptiert man dagegen eine Hypothese, obwohl sie falsch ist, dann spricht man von einem Fehler zweiter Art. Die Irrtumswahrscheinlichkeit bezieht sich auf die Fehler erster Art.

Liegt beispielsweise beim t-Test die Ungleichung $S(t) > t_{\alpha,m}$ vor, dann wird die Hypothese der Gleichheit der Mittelwerte von X und Y mit der Irrtumswahrscheinlichkeit α verworfen. Hat man dagegen die Ungleichung

$$S|t| \leq t_{\alpha,m},$$

dann kann man nur schließen, dass der Test keine Begründung für die Ablehnung der Hypothese (von der Gleichheit der Mittelwerte von X und Y) liefert. Da diese Aussage von der Wahl der Größe α abhängt, sagen wir kurz, dass die Hypothese auf dem Signifikanzniveau α gültig ist. Die Erfahrung zeigt, dass die Fehler erster Art von statistischen Tests immer geringer werden, je kleiner α ist (vgl. 0.4.5.2).

6.3.3.4 Der F-Test

Das Ziel dieses Tests ist es festzustellen, ob zwei normalverteilte zufällige Größen unterschiedliche Streuungen besitzen.

Voraussetzung: Die beiden zufälligen Größen X und Y sind normalverteilt.

Hypothese: X und Y haben die gleichen Streuungen.

Messwerte: Aus den Messwerten (6.32) berechnen wir die empirischen Streuungen Δx und Δy. Es sei $\Delta x \geq \Delta y$.

Statistische Aussage: Die Hypothese wird mit der Irrtumswahrscheinlichkeit α abgelehnt, falls gilt:

$$\left(\frac{\Delta x}{\Delta y}\right)^2 > F_{\frac{\alpha}{2}}. \tag{6.34}$$

Den Wert $F_{\frac{\alpha}{2}}$ entnimmt man 0.3.6.5 mit $m_1 = n_1 - 1$ und $m_2 = n_2 - 1$.

Gilt dagegen in (6.34) das Zeichen „$\leq F_{\alpha/2}$", dann steht das Beobachtungsmaterial (auf dem Signifikanzniveau α) nicht im Widerspruch zur Hypothese.

Begründung: Die Zufallsvariable $F := S_X^2/S_Y^2$ genügt bei Gültigkeit der Hypothese einer F-Verteilung mit den Freiheitsgraden (m_1, m_2). Es gilt $P(F \geq F_\alpha) = \alpha$. Deshalb wird im Fall (6.34) die Hypothese mit der Irrtumswahrscheinlichkeit α abgelehnt.

6.3.3.5 Der Korrelationstest

Der Korrelationstest erlaubt es festzustellen, ob zwischen zwei zufälligen Größen X und Y eine Abhängigkeit besteht.

Voraussetzung: X und Y sind normalverteilt.

Hypothese: Für den Korrelationskoeffizienten gilt $r = 0$, d. h., es liegt keine Abhängigkeit zwischen X und Y vor.

Messwerte: Aus den Messwerten

$$x_1, \ldots, x_n \quad \text{und} \quad y_1, \ldots, y_n \qquad (6.35)$$

berechnen wir den empirischen Korrelationskoeffizienten

$$\rho = \frac{m_{XY}}{\Delta x \Delta y}$$

mit der empirischen Kovarianz $m_{XY} := \dfrac{1}{n-1} \sum\limits_{j=1}^{n} (x_j - \bar{x})(y_j - \bar{y})$.

Statistische Aussage: Mit der Irrtumswahrscheinlichkeit α wird die Unabhängigkeitshypothese abgelehnt, falls gilt

$$\boxed{\frac{\rho\sqrt{n-2}}{\sqrt{1-\rho^2}} > t_{\alpha,m}.} \qquad (6.36)$$

Den Wert $t_{\alpha,m}$ mit $m = n - 2$ findet man in 0.3.6.3.

Begründung: Wir setzen

$$R := \frac{\sum\limits_{j=1}^{n}(X_j - \bar{X})(Y_j - \bar{Y})}{\left(\sum\limits_{j=1}^{n}(X_j - \bar{X})^2 \sum\limits_{j=1}^{n}(Y_j - \bar{Y})^2 \right)^{1/2}}.$$

Die Zufallsvariable $\dfrac{R\sqrt{n-2}}{\sqrt{1-R^2}}$ genügt einer t-Verteilung mit $n-2$ Freiheitsgraden. Die Messung (6.35) liefert eine Realisierung ρ von R. Es ist $P(|R| \geq t_\alpha) = \alpha$. Deshalb wird die Hypothese im Fall von (6.36) mit der Irrtumswahrscheinlichkeit α abgelehnt.

Test auf Normalverteilung: Um festzustellen, ob eine Normalverteilung vorliegt, kann man den χ^2-Anpassungstest benutzen (vgl. 6.3.4.4).

6.3.4 Die empirische Verteilungsfunktion

Die empirische Verteilungsfunktion ist eine Approximation der tatsächlichen Verteilungsfunktion einer zufälligen Größe. Diese Aussage wird durch den Hauptsatz der mathematischen Statistik präzisiert.

6.3.4.1 Der Hauptsatz der mathematischen Statistik und der Kolmogorow-Smirnow-Test für Verteilungsfunktionen

Definition: Gegeben seien die Messwerte $x_1, \ldots, x_n$ der zufälligen Variablen X. Wir setzen

$$\boxed{F_n(x) := \frac{1}{n} \cdot (\text{Anzahl der Messwerte} < x)}$$

und nennen die Treppenfunktion F_n die *empirische Verteilungsfunktion*.

▶ BEISPIEL: Die Messwerte seien $x_1 = x_2 = 3{,}1, x_3 = 5{,}2$ und $x_4 = 6{,}4$. Die empirische Verteilungsfunktion lautet (Abb. 6.17):

$$F_4(x) = \begin{cases} 0 & \text{für } x \leq 3{,}1, \\ \dfrac{1}{2} & \text{für } 3{,}1 < x \leq 5{,}2, \\ \dfrac{3}{4} & \text{für } 5{,}2 < x \leq 6{,}4, \\ 1 & \text{für } 6{,}4 < x\,. \end{cases}$$

Die Abweichung der empirischen Verteilungsfunktion F_n von der tatsächlichen Verteilungsfunktion Φ der zufälligen Variablen X wird durch die Größe

$$d_n := \sup_{x \in \mathbb{R}} |F_n(x) - \Phi(x)|.$$

gemessen.

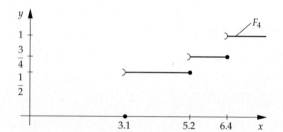

Abb. 6.17

Der Hauptsatz der mathematischen Statistik von Glivenko (1933):   Fast sicher gilt

$$\lim_{n \to \infty} d_n = 0\,.$$

Der Satz von Kolmogorow–Smirnow: Für alle reellen Zahlen λ hat man

$$\lim_{n \to \infty} P(\sqrt{n} d_n < \lambda) = Q(\lambda)$$

mit $Q(\lambda) := \displaystyle\sum_{k=-\infty}^{\infty} (-1)^k e^{-2k^2 \lambda^2}\,.$

Der Kolmogorow-Smirnow-Test: Wir wählen eine Verteilungsfunktion $\Phi : \mathbb{R} \longrightarrow \mathbb{R}$. Mit der Irrtumswahrscheinlichkeit α wird Φ als Verteilungsfunktion von X abgelehnt, falls

$$\sqrt{n} d_n > \lambda_\alpha$$

gilt. Dabei wird λ_α als Lösung der Gleichung $Q(\lambda_\alpha) = 1 - \alpha$ nach 0.3.6.8 bestimmt.

Im Fall $\sqrt{n} d_n \leq \lambda_\alpha$ steht das Beobachtungsmaterial (auf dem Signifikanzniveau α) nicht im Widerspruch zu der Annahme, dass Φ die Verteilungsfunktion von X ist.

Dieser Test kann nur für eine große Anzahl n von Messwerten benutzt werden. Ferner darf man nicht parameterabhängige Verteilungsfunktionen Φ benutzen, deren Parameterwerte aufgrund des Materials geschätzt werden. Deshalb verwendet man zum Beispiel für Normalverteilungen den χ^2-Test (vgl. 6.3.4.4).

Anwendungen auf die Gleichverteilung: Eine zufällige Variable X nehme die Werte $a_1 <$ $a_2 < \cdots < a_k$, an, wobei eine Gleichverteilung vorliegen soll, d. h., jeder Wert a_j wird mit der Wahrscheinlichkeit $\frac{1}{k}$ angenommen. In diesem Fall arbeitet der Kolmogorow-Smirnow-Test in der folgenden Weise:

(i) Wir bestimmen die Messwerte $x_1, \ldots, x_n$.

(ii) Es sei m_r die Anzahl der Messwerte im Intervall $[a_r, a_{r+1}[$.

(iii) Zu der vorgegebenen Irrtumswahrscheinlichkeit α bestimmen wir λ_α aus Tab. 0.3.6.8 in der Weise, dass $Q(\lambda_\alpha) = 1 - \alpha$ gilt.

(iv) Wir berechnen die Testgröße

$$d_n := \max_{r=1,\ldots,k} \left| \frac{m_r}{n} - \frac{1}{k} \right|.$$

Statistische Aussage: Gilt $\sqrt{n}d_n > \lambda_\alpha$, dann kann mit der Irrtumswahrscheinlichkeit α keine Gleichverteilung vorliegen.

Im Fall $\sqrt{n}d_n \leq \lambda_\alpha$ haben wir (auf dem Signifikanzniveau α) keine Veranlassung, an der Gleichverteilung zu zweifeln.

Das Testen eines Ziehungsgerätes für das Spiel 6 aus 45: Zu diesem Zweck werden 6 Kugeln mit den Zahlen $r = 1, \ldots, 6$ in das Ziehungsgerät gelegt und 600 Ziehungen durchgeführt. Die auftretenden Häufigkeiten m_r für die r-te Kugel findet man in Tab. 6.7.

Tabelle 6.7

r	1	2	3	4	5	6
m_r	99	102	101	103	98	97

Es sei $\alpha = 0{,}05$. Nach 0.3.6.8 folgt aus $Q(\lambda_\alpha) = 0{,}95$ die Beziehung $\lambda_\alpha = 1{,}36$. Aus Tab. 6.7 erhalten wir $d_n = \frac{3}{600} = 0{,}005$. Wegen $\sqrt{600}d_n = 0{,}12 < \lambda_\alpha$ haben wir (auf dem Signifikanzniveau $\alpha = 0{,}05$) keine Veranlassung, an der Korrektheit des Ziehungsgeräts zu zweifeln.

6.3.4.2 Das Histogramm

Histogramme entsprechen empirischen Wahrscheinlichkeitsdichten.

Definition: Gegeben seien die Messwerte

$$x_1, \ldots, x_n$$

Wir wählen Zahlen $a_1 < a_2 < \cdots < a_k$ mit den zugehörigen Intervallen $\Delta_r := [a_r, a_{r+1}[$, so dass jeder Messwert in mindestens einem dieser Intervalle liegt. Die Größe

$$\boxed{m_r := \text{Anzahl der Messwerte im Intervall } \Delta_r}$$

heißt Häufigkeit der r-ten Klasse. Die empirische Verteilungsfunktion wird durch

$$\varphi_n(x) := \frac{m_r}{n} \qquad \text{für alle} \quad x \in \Delta_r$$

definiert. Ihre graphische Darstellung heißt Histogramm.

Tabelle 6.8

x_1	x_2	x_3	x_4	x_5	x_6	x_7	x_8	x_9	x_{10}
1	1,2	2,1	2,2	2,3	2,3	2,8	2,9	3,0	4,9

Tabelle 6.9

r	Δ_r	m_r	$\dfrac{m_r}{n}$ $(n = 10)$
1	$1 \leq x < 2$	2	$\dfrac{2}{10}$
2	$2 \leq x < 3$	6	$\dfrac{6}{10}$
3	$3 \leq x < 5$	2	$\dfrac{2}{10}$

▶ BEISPIEL: Liegen die Messwerte $x_1, \ldots, x_{10}$ wie in Tabelle 6.8 vor, dann liefert Tabelle 6.9 eine mögliche Klasseneinteilung der Messwerte, und das Histogramm ist in Abb. 6.18 dargestellt.

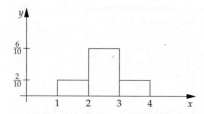

Abb. 6.18

6.3.4.3 Der χ^2-Anpassungstest für Verteilungsfunktionen

Der χ^2-Anpassungstest erlaubt es festzustellen, ob eine Funktion Φ die Verteilungsfunktion einer zufälligen Größe X ist.

Hypothese: X besitzt die Verteilungsfunktion Φ.

Messreihe: (i) Wir messen die Werte $x_1, \ldots, x_n$ von X und nehmen eine Einteilung der Messwerte in Klassen $\Delta_r := [a_r, a_{r+1}[$ vor mit $r = 1, \ldots, k$.

(ii) Wir bestimmen die Anzahl m_r der Messwerte in dem Intervall Δ_r.

(iii) Wir setzen $p_r := \Phi(a_{r+1}) - \Phi(a_r)$ und berechnen die Testgröße

$$c^2 = \sum_{r=1}^{k} \frac{(m_r - np_r)^2}{np_r}.$$

(iv) Wir geben uns die Irrtumswahrscheinlichkeit α vor und bestimmen den Wert χ_α^2 aus 0.3.6.4 mit $m = k - 1$ Freiheitsgraden.

Statistische Aussage: Gilt $c^2 > \chi_\alpha^2$ dann ist Φ mit der Irrtumswahrscheinlichkeit α nicht die Verteilungsfunktion von X.

Im Fall $c^2 \leq \chi_a^2$ kann man (auf dem Signifikanzniveau α) annehmen, dass Φ die Verteilungsfunktion von X ist.

Begründung: Für $n \to \infty$ genügt die Testgröße c^2 einer χ^2-Verteilung mit $m = k - 1$ Freiheitsgraden.

χ^2-Test für parameterabhängige Verteilungen: Hängt die Verteilungsfunktion Φ noch von Parametern $\beta_1, \dots, \beta_s$ ab, dann müssen diese aufgrund des Beobachtungsmaterials geschätzt werden.

Bei k Klassen für die Messwerte muss man dann bei der Bestimmung von χ_a^2 in 0.3.6.4 mit $m = k - 1 - s$ arbeiten.

▶ BEISPIEL: Mittelwert und Streuung einer Normalverteilung können durch den empirischen Mittelwert $\bar{x}$ und die empirische Streuung Δx geschätzt werden (vgl. 6.3.4.4).

Im allgemeinen Fall kann man die Maximum-Likelihood-Methode zur Parameterschätzung verwenden (vgl. 6.3.5).

6.3.4.4 Der χ^2-Anpassungstest für Normalverteilungen

In der Praxis nimmt man sehr häufig an, dass eine zufällige Größe X normal verteilt ist. Diese Tatsache kann man in folgender Weise testen.

(i) Wir messen die Werte $x_1, \dots, x_n$ von X und bestimmen den empirischen Mittelwert $\bar{x}$ und die empirische Streuung Δx:

$$\bar{x} = \frac{1}{n} \sum_{j=1}^{n} x_j, \quad (\Delta x)^2 = \frac{1}{n-1} \sum_{j=1}^{n} (x_j - \bar{x})^2.$$

(ii) Wir geben uns Werte $a_1 < a_2 < \cdots < a_k$ vor und bestimmen die Anzahl m_r, der Messwerte, die der Ungleichung $[a_r, a_{r+1}[$ genügen.

(iii) Mit Hilfe von Tab. 0.34 berechnen wir

$$p_r := \Phi\left(\frac{a_{r+1} - \bar{x}}{\Delta x}\right) - \Phi\left(\frac{a_r - \bar{x}}{\Delta x}\right).$$

(iv) Wir bilden die Testgröße

$$c^2 = \sum_{r=1}^{k} \frac{(m_r - np_r)^2}{np_r}.$$

(v) Zu vorgegebener Irrtumswahrscheinlichkeit α bestimmen wir mit Hilfe von 0.3.6.4 für $m = k - 3$ Freiheitsgrade die Zahl χ_a^2.

Statistische Aussage: Gilt

$$\boxed{c^2 \leq \chi_a^2,}$$

dann können wir (auf dem Signifikanzniveau α) akzeptieren, dass X normalverteilt ist.

Im Fall $c^2 > \chi_a^2$ müssen wir mit der Irrtumswahrscheinlichkeit α ablehnen, dass X normalverteilt ist.

Man muss darauf achten, dass $np_r \geq 5$ gilt. Das lässt sich stets durch eine geeignete Wahl der Größen a_r erreichen.

Die Messfehler eines Geräts: Wir betrachten eine Apparatur, die eine Größe misst (z. B. die Länge eines Gegenstands). Wir wollen nachweisen, dass die Messfehler normalverteilt sind. Zu diesem Zweck messen wir 100 mal einen geeichten Gegenstand und tragen die Messfehler x in Tabelle 6.10 ein (z. B. in Mikrometer). Dabei sei $\bar{x} = 1$ und $\Delta x = 10$. Beispielsweise erhalten wir dann

$$p_8 = \Phi\left(\frac{15 - \bar{x}}{\Delta x}\right) - \Phi\left(\frac{10 - \bar{x}}{\Delta x}\right) = \Phi_0(1,4) - \Phi_0(0,9) = 0,42 - 0,32 = 0,10$$

nach Tab. 0.34 Wählen wir die Irrtumswahrscheinlichkeit $\alpha = 0,05$, dann ergibt 0.3.6.4 für $m = 10 - 3 = 7$ Freiheitsgrade den Wert $\chi_\alpha^2 = 14,1$. Wegen $c^2 < 14,1$, können wir (auf dem Signifikanzniveau $\alpha = 0,05$) annehmen, dass die Messfehler des Geräts normalverteilt sind.

Streng genommen ist die Bedingung $np_r \geq 5$ in Tab. 6.10 nicht immer erfüllt. Um das zu erreichen, müssen wir die Gruppen $r = 1, 2, 3$ sowie $r = 9, 10$ zusammenfassen.

6.3.4.5 Der Vergleich zweier Verteilungsfunktionen mit dem Wilcoxon-Test

Der Wilcoxon-Test erlaubt die Aussage, dass zwei Messreihen zu völlig unterschiedlichen statistischen Größen gehören. Der entscheidende Vorteil dieses Tests besteht darin, dass er keine Annahmen über die Verteilungsfunktionen enthält und sehr einfach zu handhaben ist.

Hypothese: Die Verteilungsfunktionen der zufälligen Variablen X und Y sind gleich.

Tabelle 6.10

r	Intervall des Messwerts	Häufigkeit m_r des Messwerts	p_r	np_r	$\dfrac{(m_r - np_r)^2}{np_r}$
1	$x < -20$	1	0,01	1	0
2	$-20 \leq x < -15$	4	0,03	3	0,3
3	$-15 \leq x < -10$	9	0,09	9	0
4	$-10 \leq x < -5$	10	0,14	14	1,1
5	$-5 \leq x < 0$	24	0,19	19	1,3
6	$0 \leq x < 5$	26	0,20	20	1,8
7	$5 \leq x < 10$	16	0,16	16	0
8	$10 \leq x < 15$	6	0,10	10	1,6
9	$15 \leq x < 20$	2	0,06	6	2,7
10	$20 \leq x$	2	0,02	2	0
Summe		100	1.0	100	$c^2 = 8,8$

Messprozess: Die Messwerte von X und Y seien

$$x_1, \ldots, x_{n_1} \quad \text{und} \quad y_1, \ldots, y_{n_2}.$$

Definitionsgemäß befindet sich ein Wertepaar (x_j, y_k) genau dann in Inversion, wenn $y_k < x_j$ gilt. Wir messen die Größe

$$u := \text{Anzahl der Inversionen.}$$

Zu einer Irrtumswahrscheinlichkeit α bestimmen wir u_α aus 0.3.6.7. [16].

---

[16]Für große n_1 und n_2 hat man

$$u_\alpha = z_\alpha \sqrt{\frac{n_1 n_2 (n_1 + n_2 + 1)}{12}}.$$

Statistische Aussage: Gilt

$$\left| u - \frac{n_1 n_2}{2} \right| > u_\alpha \, ,$$

dann wird die Hypothese mit der Irrtumswahrscheinlichkeit α abgelehnt, d. h., die zufälligen Größen sind wesentlich (signifikant) voneinander verschieden.

Das Testen zweier Medikamente: Die gleiche Krankheit wird mit den beiden Medikamenten A und B behandelt. Tab. 6.11 zeigt die Anzahl der Tage bis zum Heilerfolg.

Tabelle 6.11

Medikament A	x_1	x_2	x_3	x_4	x_5
	3	3	3	4	4
Medikament B	y_1	y_2	y_3	y_4	–
	2	1	2	1	–

Dabei steht jedes y_j mit allen x_k in Inversion. Die Anzahl der Inversionen ist somit gleich $u = 4 \cdot 5 = 20$. Aus 0.3.6.7 mit $\alpha = 0{,}05$ und $n_1 = 5$ und $n_2 = 4$ folgt $u_\alpha = 9$. Wegen

$$\left| u - \frac{n_1 n_2}{2} \right| = |20 - 10| = 10 > u_\alpha$$

kann man mit der Irrtumswahrscheinlichkeit 0,05 sagen, dass sich beide Medikamente in ihrer Wirkung wesentlich unterscheiden, d. h., die kürzere Heildauer von Medikament B ist nicht nur ein Produkt des Zufalls.

6.3.5 Die Maximum-Likelihood-Methode zur Gewinnung von Parameterschätzungen

Die fundamentale Maximum-Likelihood-Methode der mathematischen Statistik erlaubt es, in einem gewissen Sinne optimale Schätzfunktionen für unbekannte Parameter zu gewinnen.

Stetige Zufallsvariable: Es sei $\varphi = \varphi(x, \beta)$ eine Wahrscheinlichkeitsdichte der Zufallsvariablen X, die von den Parametern $(\beta_1, \ldots, \beta_k)$ abhängt, die wir kurz mit β bezeichnen. Dann erhält man eine Maximum-Likelihood-Schätzfunktion für $\beta = \beta(x_1, \ldots, x_n)$ durch Auflösung des Gleichungssystems[17]

$$\sum_{j=1}^{n} \frac{1}{\varphi(x_j, \beta)} \frac{\partial \varphi(x_j, \beta)}{\partial \beta_r} = 0 \, , \qquad r = 1, \ldots, k \tag{6.37}$$

nach $\beta_1, \ldots, \beta_k$. Die Größen $x_1, \ldots, x_n$ stehen für Messwerte.

Dabei bestimmt sich z nach Tab. 0.34 aus der Gleichung

$$\Phi_0(z_\alpha) = \frac{1}{2}(1 - \alpha) \, .$$

[17] Der Name dieser Methode rührt davon her, dass die Bedingung

$$L = \text{max!}$$

für die sogenannte Likelihood-Funktion $L = \varphi(x_1, \beta) \varphi(x_2, \beta) \cdots \varphi(x_n, \beta)$ auf die Gleichung

$$\frac{\partial L}{\partial \beta_r} = 0 \, , \quad r = 1, \ldots, k,$$

führt, die nach Division durch L mit (6.37) identisch ist.

▶ Beispiel 1 (Normalverteilung): Es sei

$$\varphi(x, \mu, \sigma) = \frac{1}{\sigma\sqrt{2\pi}} e^{-(x-\mu)^2/2\sigma^2}$$

die Wahrscheinlichkeitsdichte einer Normalverteilung mit dem Mittelwert μ und der Streuung σ. Wegen

$$\frac{\partial \varphi}{\partial \mu} = \frac{\mu - x}{\sigma^2} \varphi, \qquad \frac{\partial \varphi}{\partial \sigma} = \left(-\frac{1}{\sigma} + \frac{(x-\mu)^2}{\sigma^3}\right)\varphi$$

entsprechen die Gleichungen (6.37) mit $\beta_1 = \mu$ und $\beta_2 = \sigma$ dem System

$$\sum_{j=1}^{n}(\mu - x_j) = 0, \qquad -\frac{n}{\sigma} + \sum_{j=1}^{n}\frac{(x_j - \sigma)^2}{\sigma^3} = 0.$$

Daraus folgen die Maximum-Likelihood-Schätzfunktionen

$$\mu = \frac{1}{n}\sum_{j=1}^{n} x_j, \qquad \sigma^2 = \frac{1}{n}\sum_{j=1}^{n}(x_j - \mu)^2$$

Diskrete Zufallsvariable: Die Zufallsfunktion X nehme die endlich vielen Werte $a_1, \ldots, a_k$ mit den Wahrscheinlichkeiten $p_1(\beta), \ldots, p_k(\beta)$ an. Mit h_j bezeichnen wir die relative Häufigkeit für das Auftreten von a_j in einer Messreihe $x_1, \ldots, x_n$. Dann ergeben sich die Maximum-Likelihood-Schätzfunktionen $\beta_r = \beta_r(x_1, \ldots, x_n)$, $r = 1, \ldots, k$ aus der Gleichung

$$\sum_{j=1}^{k}\frac{h_j}{p_j(\beta)}\frac{\partial p_j(\beta)}{\partial \beta_r} = 0, \qquad r = 1, \ldots, k \tag{6.38}$$

mit $h_1 + \cdots + h_k = 1$.

▶ Beispiel 2: Das Ereignis A trete mit der Wahrscheinlichkeit p. auf. Wir setzen

$$X := \begin{cases} 1, & \text{falls } A \text{ eintritt,} \\ 0, & \text{falls } A \text{ nicht eintritt.} \end{cases}$$

Dann ist X eine Zufallsvariable mit $P(X = 1) = p$ und $P(X = 0) = 1 - p$. Als Parameter benutzen wir $\beta = p$. Aus (6.38) folgt

$$\frac{h_1}{p} - \frac{h_2}{1-p} = 0, \qquad h_1 + h_2 = 1.$$

Das ergibt die Maximum-Likelihood-Schätzfunktion

$$p = h_1.$$

Dies bedeutet, dass die Wahrscheinlichkeit p durch die relative Häufigkeit h_1 für das Auftreten des Ereignisses A in einer Messreihe geschätzt wird.

▶ Beispiel 3: Die zufällige Größe X nehme die Werte $j = 0, 1, \ldots$ mit den Wahrscheinlichkeiten

$$p_j := \frac{\beta^j}{j!} e^{-\beta}, \qquad j = 0, 1, \ldots,$$

an, d. h., X genügt einer Poissonverteilung. Ist h_j die relative Häufigkeit für das Auftreten von j innerhalb der Messwerte $x_1, \ldots, x_n$ von X, dann lautet die Maximum-Likelihood-Schätzung für β:

$$\beta = \frac{1}{n} \sum_{j=1}^{n} x_j. \tag{6.39}$$

Begründung: Gleichung (6.38) lautet:

$$\sum_{j=0}^{n} \left(\frac{j}{\beta} - 1 \right) h_j = 0.$$

Das ergibt $\beta = \sum_{j=0}^{\infty} h_j j$, was (6.39) entspricht, denn nh_j ist die Anzahl der Messwerte x_r die gleich j sind.

6.3.6 Multivariate Analysen

Liegt umfangreiches Datenmaterial vor, dann lautet die zentrale Frage:

> Ergeben sich die Messdaten rein zufällig oder werden sie von einer endlichen Anzahl von Größen wesentlich beeinflusst?

Zur Beantwortung dieser Frage benutzt man die Methoden der multivariaten Statistik, die auf den bedeutenden amerikanischen Statistiker Ronald Fischer (1890–1962) zurückgehen. Die wesentlichen Einflussgrößen werden mitunter auch *Faktoren* genannt.

Im folgenden beschränken wir uns auf eine Beschreibung der Grundideen. Zur praktischen Durchführung der multivariaten Analysen verweisen wir auf die Literaturangaben am Ende dieses Kapitels.

6.3.6.1 Varianzanalyse

Bekannte Faktoren und Messgruppen: Die Methoden der Varianzanalyse werden benutzt, um den Einfluss *bekannter Faktoren* auf das Datenmaterial zu untersuchen. Hierzu werden die Messergebnisse in *Messgruppen* aufgeteilt.

Die Grundidee besteht darin, dass die Streuung (Varianz) der Faktoren wesentlich größer sein muss als die Streuung (Varianz) der zufälligen Störungen der Messergebnisse. Vom theoretischen Standpunkt aus ist die Varianzanalyse mit dem F-Test verwandt (vgl. 6.3.3.4).

▶ BEISPIEL: Wir wollen untersuchen, ob Düngemittel den jährlichen Weizenertrag beeinflussen können. Hierzu wählen wir n Düngemittelsorten

$$F_1, \ldots, F_n$$

aus und streuen unterschiedliche Mengen davon auf die Felder.

Es wird zugelassen, dass mehrere Düngemittelsorten auf das gleiche Feld gestreut werden dürfen.

(i) Die *Faktoren* sind die Düngemittelsorten $F_1, \ldots, F_n$.

(ii) Die *Messgröße* ist der jährliche Weizenertrag.

(iii) Alle Felder, die genau den gleichen Dünger (gleiche Düngemittelsorten und gleiche Mengen) erhalten, werden in einer *Messgruppe* zusammengefasst.

Die Varianzanalyse erlaubt es zunächst festzustellen, ob die Messgröße (d. h. der jährliche Ertrag) überhaupt durch die Düngung beeinflusst wird.

Ist das der Fall, dann kann man mit Hilfe der Methode des multiplen Mittelwertvergleichs diejenigen Messgruppen bestimmen, die durch die Düngung stark beeinflusst werden.

6.3.6.2 Faktoranalyse

Faktoren: Im Unterschied zur Varianzanalyse sind bei der Faktoranalyse die Faktoren im allgemeinen nicht bekannt. Das Ziel ist es, die zahlreichen Variablen des umfangreichen Datenmaterials durch möglichst wenig Hintergrundvariable (Faktoren) darzustellen. Dabei werden die Variablen, die stark untereinander korrelieren, jeweils zu einem Faktor zusammengefasst.

▶ BEISPIEL: Wir möchten wissen, von welchen Faktoren Waldschäden abhängen. Zu diesem Zweck werden k Merkmale

$$M_1, \ldots, M_k$$

ausgewählt und an Wäldern gemessen (z. B. die Anzahl der Blätter an einem Baum, die Dicke der Rinde, der Säuregehalt des Bodens usw.).

Die Faktoranalyse erlaubt es, anhand der Messwerte festzustellen, dass n Faktoren

$$F_1, \ldots, F_n$$

die Daten wesentlich beeinflussen. Im Dialog mit dem Computer können dabei verschiedene Werte von n getestet werden.

Es ist wichtig darauf hinzuweisen, dass die Statistik zunächst keine Angaben über die Art der Faktoren liefert. Um die Faktoren zu interpretieren, bedarf es großer Erfahrung des Experimentators. Dabei liefert die Statistik jedoch eine zusätzliche wichtige Hilfestellung: die sogenannten *Faktorladungen* geben an, in welcher Stärke die Merkmale $M_1, \ldots, M_k$ von den Faktoren $F_1, \ldots, F_n$ abhängen.

6.3.6.3 Clusteranalyse

Einteilung in Gruppen: Um ein vorgelegtes Datenmaterial in Gruppen einzuteilen, bedient man sich der Clusteranalyse. Die Gruppen (Cluster) sollen dabei Daten mit ähnlichem Verhalten zusammenfassen.

▶ BEISPIEL: Eine Bank möchte ihre Kunden in vier Gruppen einteilen:

$$G_1, G_2, G_3, G_4 \, .$$

Diese Gruppen entsprechen der Reihe nach der Kundenklassifikation *sehr kreditwürdig, kreditwürdig,, bedingt kreditwürdig, nicht kreditwürdig.* Die Gruppen werden auch Cluster genannt.

Um diese Gruppeneinteilung zu erreichen, werden umfangreiche Informationen über die Kunden eingeholt (z. B. Verschuldung bei anderen Banken, Alter, Verdienst usw.). Die Clusteranalyse erlaubt dann die Zusammenfassung des Datenmaterials in Gruppen, wobei die Anzahl der Gruppen variiert werden kann.

6.3.6.4 Diskriminanzanalyse

An die Clusteranalyse kann man eine Diskriminanzanalyse anschließen. Dieses statistische Verfahren erlaubt es, aufgrund des vorliegenden Datenmaterials diejenigen Merkmale zu ermitteln, die die einzelnen Gruppen in möglichst optimaler Weise charakterisieren. Neue Daten können dann sofort der entsprechenden Gruppe zugeordnet werden. Wichtige Voraussetzung für die Diskriminanzanalyse ist in jedem Fall, dass bereits eine Gruppeneinteilung vorliegt.

▶ BEISPIEL 1: Hat man wie in 6.3.6.3 eine Einteilung der Bankkunden in Gruppen gemäß ihrer Kreditwürdigkeit vorgenommen, dann erlaubt die Diskriminanzanalyse festzustellen, welche Messgrößen die Kreditwürdigkeit eines Kunden besonders beeinflussen. Von einem neuen Bankkunden kann man dann sofort feststellen, zu welcher Gruppe er gehört.

▶ BEISPIEL 2: Die Diskriminanzanalyse wird auch häufig in der Medizin eingesetzt. Die an einer bestimmten Krankheit leidenden Patienten kann man etwa in die bei den Gruppen „Heilerfolg" und „schlechter Heilerfolg" einteilen. Die Merkmale entsprechen Messdaten der Patienten (Fieberhöhe, Zusammensetzung des Blutes usw.). Die Diskriminanzanalyse erlaubt es dann, den Heilerfolg eines neuen Patienten zu prognostizieren.

6.3.6.5 Multiple Regression

Gegeben seien die zufälligen Variablen

$$X_1, \ldots, X_n \quad \text{and} \quad Y_1, \ldots, Y_m.$$

Gesucht werden funktionale Zusammenhänge

$$Y_j = F_j(X_1, \ldots, X_n) + \varepsilon_j, \qquad j = 1, \ldots, m.$$

Zur Schätzung der Funktionen $F_1, \ldots, F_m$ im Rahmen einer vorgegebenen Funktionenklasse werden Messwerte für $X_1, \ldots, X_n$ und $Y_1, \ldots, Y_m$ benutzt. Die zufälligen Größen ε_j beschreiben kleine Störungen.

Lineare Regression: Sind alle Funktionen F_j linear, dann ergeben sich die Gleichungen

$$Y_j = \sum_{k=1}^{m} a_{jk} X_k + b_j + \varepsilon_j, \qquad j = 1, \ldots, m.$$

Die reellen Koeffizienten a_{jk} und b_j müssen mit Hilfe der Messdaten geschätzt werden. Hier handelt es sich um eine Verallgemeinerung der Regressionsgeraden und des Korrelationskoeffizienten (vgl. 6.2.3.3).

Die Computerprogramme sind sehr flexibel und erlauben es, die wesentlichen Einflussgrößen zu ermitteln, indem Koeffizienten a_{jk} und b_j, die unter vorgebbaren Schranken liegen, weggelassen werden.

Hinweis für Praktiker: Um zu entscheiden, welches statistische Verfahren für ein vorgelegtes Problem besonders gut geeignet ist, bedarf es großer Erfahrungen. Zu beachten ist, dass jedes statistische Verfahren an gewisse Voraussetzungen geknüpft ist, die häufig nur näherungsweise erfüllt sind.

Wenn man sich selbst unsicher fühlt, dann sollte man unbedingt einen Experten an einem Universitätsrechenzentrum oder an einer anderen Wissenschaftlichen Institution um Rat fragen.

Literatur zu Kapitel 6

[Arnold 1973] Arnold, L.: Stochastische Differentialgleichungen. Theorie und Anwendung. Oldenbourg, München (1973)

[Bauer 1992] Bauer, H.: Maß- und Integrationstheorie. De Gruyter, Berlin (1992)

[Bauer 2001] Bauer, H.: Wahrscheinlichkeitstheorie. De Gruyter, Berlin (2001)

[Beichelt und Montgomery 2003] Beichelt, F., Montgomery, D: Teubner-Taschenbuch der Stochastik. Teubner, Wiesbaden (2003)

[Bewersdorff 2011] Bewersdorff, J.: Statistik - wie und warum sie funktioniert. Vieweg+Teubner, Wiesbaden (2011)

[Bosch 2010] Bosch, K.: Elementare Einführung in die angewandte Statistik. Mit Aufgaben und Lösungen, Vieweg+Teubner, Wiesbaden (2010)

[Bosch 2011] Bosch, K.: Elementare Einführung in die Wahrscheinlichkeitsrechnung. Mit 82 Beispielen und Übungsaufgaben mit vollständigem Lösungsweg. Vieweg+Teubner, Wiesbaden (2011)

[Bühl 2011] Bühl, A.: SPSS 20. Einführung in die moderne Datenanalyse. Pearson Studium, München (2011)

[Chung 1985] Chung, K.: Elementare Wahrscheinlichkeitstheorie und stochastische Prozesse. Springer, Berlin (1985)

[Chung und Zhao 1995] Chung, K., Zhao, Z.: From Brownian Motion to Schrödinger's Equation. Springer, Berlin (1995)

[Czado und Schmidt 2011] Czado, C., Schmidt, T.: Mathematische Statistik, Springer. Berlin (2011)

[Dehling und Haupt 2004] Dehling, H., Haupt, B.: Einführung in die Wahrscheinlichkeitstheorie und Statistik. Springer, Berlin (2004)

[Doob 1990] Doob, J.: Stochastic Processes. Wiley, New York (1990)

[Dürr und Mayer 2008] Dürr, W., Mayer, H.: Wahrscheinlichkeitsrechnung und schließende Statistik. Carl Hanser Verlag, München (2008)

[Fahrmeir et al. 2010] Fahrmeir, L., Künstler, R., Pigeot, I., Tutz, G.: Statistik. Springer, Berlin (2010)

[Falk et al. 2003] Falk, M., Becker, R., Marohn, F.: Angewandte Statistik. Eine Einführung mit Programmbeispielen in SAS. Springer, Berlin (2003)

[Feller 1991] Feller, W.: An Introduction to Probability Theory and Its Applications. Wiley, New York (1991)

[Georgii 2009] Georgii, H.-O.: Stochastik. Einführung in die Wahrscheinlichkeitstheorie und Statistik. De Gruyter, Berlin (2009)

[Groß 2010] Groß, J.: Grundlegende Statistik mit R. Vieweg+Teubner, Wiesbaden (2010)

[Grundmann und Luderer 2010] Grundmann, W., Luderer, B.: Finanzmathematik, Versicherungsmathematik, Wertpapieranalyse. Formeln und Begriffe. Vieweg+Teubner, Wiesbaden (2010)

[Hackenbroch und Thalmeier 1994] Hackenbroch, W., Thalmeier, A.: Stochastische Analysis. Eine Einführung in die Theorie der stetigen Semimartingale. Teubner, Stuttgart (1994)

[Hassler 2007] Hassler, U.: Stochastische Integration und Zeitreihenmodellierung. Springer, Berlin (2007).

[Henze 2009] Henze, N., Stochastik für Einsteiger. Eine Einführung in die faszinierene Welt des Zufalls. Vieweg+Teubner, Wiesbaden (2009)

[Hesse 2009] Hesse, C.: Wahrscheinlichkeitstheorie. Eine Einführung mit Beispielen und Anwendungen. Vieweg+Teubner, Wiesbaden (2009)

[Hübner 2009] Hübner, G.: Stochastik. Vieweg+Teubner, Wiesbaden (2009)

[Irle 2005] Irle, A.: Wahrscheinlichkeitstheorie und Statistik. Vieweg+Teubner, Wiesbaden (2005)

[Kersting und Wakolbinger 2010] Kersting, G., Wakolbinger, A.: Elementare Stochastik. Springer, Basel (2010)

[Kersting und Wakolbinger 2011] Kersting, G., Wakolbinger, A.: Zufallsvariable und Stochastische Prozesse. Springer, Basel (2011)

[Klenke 2008] Klenke, A.: Wahrscheinlichkeitstheorie. Springer, Berlin (2008)

[Kloeden und Platen 1999] Kloeden, P., Platen, E.: Numerical Solution of Stochastic Differential Equations. Springer, Berlin (1999)

[Kolmogorov 1977] Kolmogorov, A.: Grundbegriffe der Wahrscheinlichkeitsrechnung, 2. Nachdruck. Springer, Berlin (1977)

[Krengel 2005] Krengel, U.: Einführung in die Wahrscheinlichkeitstheorie und Statistik. Vieweg+Teubner, Wiesbaden (2005)

[Krickeberg und Ziezold 1995] Krickeberg, K., Ziezold, H.: Stochastische Methoden. 4. Auflage. Springer, Berlin (1995)

[Lehn und Wegmann 2006] Lehn, J., Wegmann, H.: Einführung in die Statistik. Teubner+Vieweg, Wiesbaden (2006)

[Meintrup und Schäffler 2005] Meintrup, D., Schäffler, S.: Stochastik. Theorie und Anwendungen. Springer, Berlin (2005)

[Mosler und Schmid 2010] Mosler, K., Schmid, D.: Wahrscheinlichkeitsrechnung und schließende Statistik. Springer, Berlin (2010)

[Neusser 2011] Neusser, K.: Zeitreihenanalyse in den Wirtschaftswissenschaften. Vieweg+Teubner, Wiesbaden (2011)

[Pfanzagl 1991] Pfanzagl, J.: Elementare Wahscheinlichkeitsrechnung. De Gruyter, Berlin (1991)

[Platen und Bruti-Liberati 2010] Platen, E., Bruti-Liberati, N.: Numerical Solution of Stochastic Differential Equations with Jumps in Finance. Springer, Berlin (2010)

[Precht et al. 2005] Precht, M., Kraft, R., Bachmaier, M.: Angewandte Statistik. Oldenbourg, München (2005)

[Ross 2006] Ross, S.: Statistik für Ingenieure und Naturwissenschaftler. Spektrum Akademischer Verlag, Heidelberg (2006)

[Sachs 2009] Sachs, L.: Angewandte Statistik. Methodensammlung mit R. Springer, Berlin (2009)

[Sachs 1993] Sachs, L.. Statistische Methoden. Planung und Auswertung. Springer, Berlin (1993)

[Širjaev 1988] Širjaev, A.: Wahrscheinlichkeitsrechnung. Deutscher Verlag der Wissenschaften, Berlin (1988)

[Stahel 2008] Stahel, W.: Statistische Datenanalyse. Vieweg+Teubner, Wiesbaden (2008)

[Überla 1977] Überla, K.: Faktorenanalyse. Springer, Berlin (1977)

[Zeidler 1995] Zeidler, E.: Applied Functional Analysis. Applications to Mathematical Physics, Vol. 109. 2nd edition. Springer, New York (1995)

KAPITEL 7

NUMERIK UND WISSENSCHAFTLICHES RECHNEN

> *Erstaunlich war schon früh die Beherrschung der Zahlenwelt durch Gauß*
> *(1777–1855). Wahrhaft souverän schaltete und waltete er in ihr.*
> *Von jeder der*
> *Zahlen der ersten Tausender wusste er nach Angaben seines Freundes Sartorius*
> *von Waltershausen „sofort oder nach sehr kurzem Bedenken ihre Eigentüm-*
> *lichkeiten anzugeben." Das Wissen um diese nutzte er äußerst geschickt zum*
> *Rechnen aus. Immer neue Kunstgriffe ließ es ihn erfinden, durch die er Tage,*
> *ja Wochen während Rechnungen ständig neu zu beleben verstand. Auch ein*
> *bewundernswertes Zahlengedächtnis kam ihm dabei zu Hilfe. So waren ihm die*
> *ersten Dezimalstellen aller Logarithmen stets gegenwärtig, und Sartorius von*
> *Waltershausen erzählt, er habe sich für „approximative Überschläge derselben*
> *beim Kopfrechnen bedient". Selten hat er so gigantische Berechnungen durchge-*
> *führt wie in der zweiten Hälfte des Jahres 1812. Sie galten der Bestimmung der*
> *Masse von Planeten auf Grund der Störungen, die sie an den Bahnen anderer*
> *Planeten hervorriefen, und man hat festgestellt, dass sich damals die tägliche*
> *Rechenleistung zwischen nicht weniger als 2 600 bis 4 400 Ziffern bewegte.*
>
> *Erich Worbs*
> *Gauß-Biographie*

Die Grunderfahrung der numerischen Mathematik: Viele mathematische Methoden, die
ihrem Wesen nach konstruktiver Natur sind, eignen sich *nicht* für numerische Rechnungen auf
Computern. Um wirkungsvolle numerische Verfahren zu entwickeln, bedarf es spezifischer
Kenntnisse und großer Erfahrung.

Eine Faustregel besagt:

> Zu jedem noch so eleganten numerischen Verfahren gibt es *Gegenbeispiele*, für
> welche die Methode völlig versagt.

Deshalb darf man nicht blind den Softwaresystemen auf Computern vertrauen, sondern man
muss die Struktur numerischer Verfahren und ihre Grenzen kennen. Damit beschäftigt sich
dieses Kapitel.

> Die wichtigste Eigenschaft eines guten numerischen Verfahrens ist seine
> *numerische Stabilität.*

Darauf hat John von Neumann bereits 1947 ausdrücklich hingewiesen. Unter numerischer
Stabilität versteht man, dass sich die Methode gegenüber Störungen (Fehler der Eingabedaten
und Rundungsfehler während der Rechnung) sehr robust verhält.

Komplexität: Hängt die Rechenzeit $Z(p)$ eines numerischen Verfahrens von einem Parameter p
ab, dann heißt das Verfahren komplex, wenn $Z(p) = O(e^p)$ $(p \to +\infty)$ gilt. Das entspricht einem

exponentiellen Anwachsen der Rechenzeit für wachsende Parameterwerte p. Solche komplexen Algorithmen sind für große Werte von p nicht brauchbar, weil die Rechenzeit Milliarden von Jahre betragen kann. Die moderne Komplexitätstheorie untersucht die fundamentale Frage nach der Komplexität von Algorithmen zur Lösung einer vorgegebenen Aufgabenklasse. Dabei bemüht man sich um die Konstruktion von optimalen Algorithmen mit minimaler Rechenzeit, oder man zeigt, dass solche Algorithmen prinzipiell nicht existieren.[1]

7.1 Numerisches Rechnen und Fehleranalyse

7.1.1 Begriff des Algorithmus

Ein wichtiges Ziel der numerischen Mathematik besteht darin, konstruktive Verfahren zu entwickeln und bereitzustellen, mit denen Aufgaben der angewandten Mathematik aus allen Bereichen der Naturwissenschaften und Technik erfolgreich und möglichst effizient bearbeitet und zahlenmäßig zu einer Lösung geführt werden können. Zu diesem Zweck sind präzis formulierte Rechenvorschriften in der Form von *Algorithmen* anzugeben, die auf Computern als Programme implementiert und auf diese Art angewendet werden können. Ein Algorithmus besteht aus einer wohldefinierten Folge von elementaren Rechenoperationen, um aus einer bestimmten Menge von *Eingabedaten* (Input) das gewünschte Resultat als *Ausgabedaten* (Output) zu erzeugen. Ein solcher Algorithmus muss folgende Anforderungen erfüllen:

(a) Jeder Schritt ist eindeutig festgelegt, wobei alle möglichen Situationen exakt erfasst und insbesondere die notwendigen Maßnahmen in Ausnahmesituationen genau spezifiziert sind.

(b) Das Resultat wird nach endlich vielen elementaren, d. h. auf dem Computer verfügbaren Operationen mit einer gewünschten oder wenigstens größtmöglichen Genauigkeit geliefert. Im letzten Fall sind Angaben über die erreichte Genauigkeit erwünscht.

(c) Die Rechenvorschrift ist allgemein zur Lösung von Aufgaben eines Problemkreises anwendbar. Verschiedene Aufgaben erfordern nur die Änderung der Eingabedaten.

(d) Die Aufgabe wird auf Grund der gegebenen Eingabedaten einerseits mit der bestmöglichen Genauigkeit und andererseits mit dem geringsten Aufwand gelöst.

Die Implementierung eines Rechenverfahrens auf einem Computer wirft aber eine Reihe von grundlegenden Fragen auf, welche mit der endlichen Zahldarstellung im Computer zusammenhängen und die Erfüllung der genannten Postulate erschweren. Deshalb spielt das Studium der Fehlerquellen, der Fehlerfortpflanzung im Verlauf des Algorithmus und der Auswirkungen auf das berechnete Resultat eine zentrale Rolle in der numerischen Mathematik. Unter diesem Aspekt ist ein einfacher Algorithmus oder einer mit dem kleinsten Aufwand an Rechenoperationen oft nicht die geeigneteste Methode. Zudem sind mathematisch elegante Lösungsverfahren in Form von geschlossenen Formeln aus Formelsammlungen häufig unbrauchbar.

7.1.2 Zahldarstellung in Computern

Computer verwenden in der Regel verschiedene Darstellungen für ganze und reelle Zahlen. Wir betrachten im Folgenden nur die für Rechenverfahren wichtigere Zahldarstellung für reelle Zahlen. Um einen möglichst großen Wertbereich zu erfassen, wird für eine Zahl $x \in \mathbb{R}$ die *normalisierte Gleitkommadarstellung* $\bar{x}$ (englisch: floating point representation) als Näherung verwendet

$$\bar{x} = fl(x) = \sigma \cdot (.a_1 a_2 \ldots a_t)_\beta \cdot \beta^e = \sigma \cdot \beta^e \sum_{\nu=1}^{t} a_\nu \beta^{-\nu},$$

---

[1]Die Komplexitätstheorie wird in Kapitel 9 betrachtet.

wobei $\beta \in \mathbb{N}$ die Basis des Zahlsystems, $\sigma \in \{1, -1\}$ das *Vorzeichen*, $a_j \in \{0, 1, \ldots, \beta-1\}$ die Ziffern der *Mantisse*, t die *Mantissenlänge* und $e \in \mathbb{Z}$ den *Exponenten* bedeuten. Dabei wird stets $a_1 \neq 0$, vorausgesetzt, und man spricht dann von einer t-stelligen Darstellung der Zahl x zur Basis β. Für $x = 0$ wird $\sigma = \pm 1$, $a_i = 0$ ($1 \leq i \leq t$) und $e = 0$ als normalisierte Darstellung gewählt (vgl. 1.1.1.3 und 1.1.1.4).

Als Basis β werden in Rechnern am häufigsten Zweierpotenzen verwendet, nämlich $\beta = 2$ (*Dualsystem*), $\beta = 8$ (*Oktalsystem*) und $\beta = 16$ (*Hexadezimalsystem*), seltener $\beta = 10$ (*Dezimalsystem*). Die Mantissenlänge t ist in der Regel eine vom Computer abhängige, feste Zahl, und der Exponentenbereich für e ist beschränkt durch $L \leq e \leq U$ mit festen Zahlen L und U, sodass der Bereich der darstellbaren Zahlen $x \neq 0$ ebenfalls einer Beschränkung unterliegt gemäß $x_{\min} \leq |x| \leq x_{\max}$.

Besitzt eine reelle Zahl $x \neq 0$ die nicht abbrechende Darstellung zur Basis β

$$x = \sigma \cdot (.a_1 a_2 \ldots a_t a_{t+1} \ldots)_\beta \cdot \beta^e, \qquad L \leq e \leq U, \qquad a_1 \neq 0,$$

wird in einigen Computern die Ziffer a_{t+1} weggelassen. Für x wird die *abgeschnittene* (englisch: chopped) *Zahldarstellung*

$$\bar{x} = fl(x) = \sigma \cdot (.a_1 a_2 \ldots a_t)_\beta \cdot \beta^e$$

als Näherungswert in der Maschine verwendet. Das Abschneiden der Ziffer a_{t+1} in der normalisierten Gleitkommadarstellung wird auch angewandt nach Ausführung jeder arithmetischen Operation. Die *Rundung* der Zahl x ist dargestellt durch

$$\bar{x} = fl(x) = \begin{cases} \sigma \cdot (.a_1 a_2 \ldots a_t)_\beta \cdot \beta^e, & a_{t+1} < \beta/2, \\ \sigma \cdot \left[(.a_1 a_2 \ldots a_t)_\beta + (.00 \ldots 01)_\beta\right] \cdot \beta^e, & a_{t+1} \geq \beta/2. \end{cases}$$

Im zweiten Fall der Rundungsvorschrift wird mit $(.00 \ldots 01)_\beta = \beta^{-t}$ die Ziffer a_t um eins erhöht. Dies entspricht der üblichen Rundung im Dezimalsystem.

Für die meisten reellen Zahlen x gilt somit $fl(x) \neq x$, und für $x \neq 0$ spielt der *relative Fehler* der Zahldarstellung, definiert als

$$\varepsilon := \frac{fl(x) - x}{x},$$

eine zentrale Rolle. Im Fall der abgeschnittenen Zahldarstellung gilt $|\varepsilon| \leq \beta^{-t+1}$, und für die Rundung gilt $|\varepsilon| \leq \frac{1}{2} \beta^{-t+1}$. In beiden Fällen lässt sich der Zusammenhang in der Form

$$fl(x) = x(1 + \varepsilon),$$

schreiben, sodass $fl(x)$ als eine kleine relative Störung von x betrachtet werden kann. Diese auf *Wilkinson* [Wilkinson] zurückgehende Definition stellt den Schlüssel dar zum eingehenden Studium der Fehler und der Analyse ihrer Fortpflanzung in Algorithmen. Den maximalen Betrag des relativen Fehlers der Zahldarstellung nennt man die *relative Rechengenauigkeit* der t-stelligen Gleitkomma-Arithmetik, und dieser Wert ist gleich der kleinsten positiven Gleitkommazahl δ, für welche

$$fl(1 + \delta) > 1.$$

gilt. Diese für jeden Rechner charakteristische Größe ist abhängig von der angewandten Abrundung oder Rundung.

7.1.3 Fehlerquellen, Fehlererfassung, Kondition und Stabilität

Wir geben eine grobe Übersicht über die möglichen Fehlerquellen, die sich bei der Lösung eines Problems ergeben können. Im Folgenden werden exakte Werte mit $a, b, \ldots, x, y, z$ bezeichnet, während die tatsächlich berechneten Werte $\bar{a}, \bar{b}, \ldots, \bar{x}, \bar{y}, \bar{z}$ sein sollen. Anstelle des relativen Fehlers von x verwendet man im Dezimalsystem das Konzept der *signifikanten Stellen*: $\bar{x}$ hat m signifikante Dezimalstellen in Bezug auf $x \neq 0$, falls gilt:

$$|(x - \bar{x})/x| < 0.5 \cdot 10^{-m}.$$

Als erste Fehlerquelle eines Algorithmus sind die *Eingabefehler* zu nennen. Diese sind durch die t-stellige Gleitkommadarstellung für reelle Zahlen x bedingt, wodurch ein relativer Fehler bis zur Größenordnung δ eingeführt wird, und andererseits können die Eingabedaten von fehlerbehafteten Messungen stammen oder bereits das Resultat eines anderen Rechenverfahrens sein.

Fehler können sodann bei arithmetischen Operationen mit Gleitkommazahlen $\bar{x}$ und $\bar{y}$ entstehen. Bedeutet $\circ$ eine der Rechenoperationen $+, -, \cdot, :$, dann braucht im Allgemeinen $\bar{x} \circ \bar{y}$ keine t-stellige Gleitkommadarstellung zu haben, vielmehr gilt dann

$$fl(\bar{x} \circ \bar{y}) = (\bar{x} \circ \bar{y})(1 + \varepsilon) \qquad \text{mit} \quad |\varepsilon| \leq \delta$$

unter der Voraussetzung, dass der Wert $\bar{x} \circ \bar{y}$ zuerst hinreichend genau berechnet und anschließend dem Rundungsprozess unterworfen wird. Diese *Rundungsfehler* pflanzen sich im Verlauf eines Algorithmus fort und wirken sich auf die Zahl der signifikanten Stellen des Resultates aus. Analysiert man die einzelnen Rechenschritte eines Verfahrens und schätzt man bei jedem Schritt die Rundungsfehler bis zum Ergebnis ab, so spricht man von einer *Vorwärtsfehleranalyse*. Die resultierenden Abschätzungen des Fehlers sind meistens recht pessimistisch, doch können sie qualitative Aufschlüsse geben über die kritischen Schritte, welche den größten Einfluss auf die Endfehler haben. Die *Intervallarithmetik* ist ein Hilfsmittel, die Vorwärtsfehleranalyse automatisch vom Computer ausführen zu lassen, indem mit Intervallen $[x_a, x_b]$ gearbeitet wird, welche garantiert den richtigen Wert x enthalten (vgl. [Alefeld-Herzberger]).

Eine andere Technik, die Fehlerfortpflanzung zu erfassen, beruht auf der *Rückwärtsfehleranalyse*. Das Prinzip besteht darin, dass man ausgehend vom Ergebnis eines Algorithmus in jedem Schritt untersucht, aus welchen möglichst wenig veränderten Daten ein Zwischenergebnis bei exakter Rechnung entstanden sein könnte, und diese Störungen abschätzt. So gelangt man zu qualitativen Aussagen, aus welcher Menge von Eingabedaten das Resultat ohne Rundungsfehler hervorgegangen sein muss. Die Schätzung der Größe dieser Störungen gibt Auskunft über ihr Verhältnis zu den unvermeidlichen oder problembedingten Eingabefehlern.

Damit stellt sich das Problem, wie sich Störungen der Eingabegrößen auf das Resultat auswirken können. Dabei ist zu unterscheiden zwischen der gegebenen mathematischen Aufgabenstellung und dem die Lösung realisierenden Algorithmus. Das Verhältnis zwischen den möglichen Änderungen der exakten Lösung eines Problems und den Störungen der Eingabedaten nennt man die *Kondition* des Problems. Dieses Maß kann eine einzige, generell gültige Konditionszahl für alle Lösungskomponenten im Sinn einer Norm sein oder in Verfeinerung aus einem Satz von individuellen, komponentenweise gültigen Konditionszahlen bestehen. Man bezeichnet ein Rechenverfahren als stabil, falls sich (kleine) relative Fehler der Eingabegrößen nur in geringem Maß auf solche der Ausgabegrößen auswirken. Die *numerische Stabilität* eines Algorithmus entscheidet letztin über seine Brauchbarkeit, denn ein mathematisches Problem kann durchaus gut konditioniert sein, während ein verwendetes Lösungsverfahren instabil sein kann.

Außer der erwähnten Fehlerquellen im Algorithmusablauf ist auch der Möglichkeit einer Bereichsüberschreitung der Gleitkommazahlen als *Überlauf* (overflow) oder *Unterlauf* (underflow)

Beachtung zu schenken, welche die Resultate eventuell sinnlos machen können. Ihre Vermeidung erfordert eine Umformulierung des Algorithmus.

Abschließend ist noch auf *Verfahrensfehler* hinzuweisen, die darin bestehen, dass exakte Werte nur approximativ berechnet werden können. Diese Situation tritt beispielsweise auf, wenn eine Iteration nach endlich vielen Schritten abgebrochen wird oder ein Grenzprozess numerisch nicht vollzogen werden kann und etwa eine Ableitung durch einen Differenzenquotienten approximiert wird. Die Analyse des Verfahrensfehlers ist Bestandteil der Beschreibung der entsprechenden Rechenverfahren.

7.2 Lineare Algebra

7.2.1 Lineare Gleichungssysteme – direkte Methoden

Ein inhomogenes lineares Gleichungssystem

$$\boxed{\mathbf{Ax} + \mathbf{b} = \mathbf{0},} \qquad \text{d. h.} \qquad \sum_{k=1}^{n} a_{ik} x_k + b_i = 0 \qquad (i = 1, 2, \ldots, n),$$

in n Gleichungen mit n Unbekannten $x_1, \ldots, x_n$ sei zu lösen unter der Voraussetzung, dass die $n \times n$-Matrix $\mathbf{A}$ regulär sei, d. h. $\det \mathbf{A} \neq 0$ gilt, sodass die Existenz und Eindeutigkeit eines Lösungsvektors $\mathbf{x}$ für jeden Vektor $\mathbf{b}$ sind (vgl. 2.1.4.3). Zur numerischen Bestimmung von $\mathbf{x}$ werden im Folgenden direkte Eliminationsmethoden betrachtet.

7.2.1.1 Der Gauß-Algorithmus

Das Gaußsche Eliminationsverfahren (vgl. 2.1.4.2) wird in einer für die Realisierung auf einem Computer geeigneten Form dargestellt. Die zu lösenden Gleichungen werden in der selbsterklärenden schematischen Form, konkret für $n = 4$, aufgeschrieben:

x_1	x_2	x_3	x_4	1
a_{11}	a_{12}	a_{13}	a_{14}	b_1
a_{21}	a_{22}	a_{23}	a_{24}	b_2
a_{31}	a_{32}	a_{33}	a_{34}	b_3
a_{41}	a_{42}	a_{43}	a_{44}	b_4

Der erste Teil des *Gauß-Algorithmus* besteht darin, das Gleichungssystem sukzessive auf ein solches von Rechtsdreiecksgestalt zu transformieren. Die dabei entstehenden neuen Matrixelemente und Werte des Vektors sollen wieder gleich bezeichnet werden.

Im ersten typischen Schritt wird geprüft, ob $a_{11} \neq 0$ gilt. Ist $a_{11} = 0$, so existiert ein $a_{p1} \neq 0$ mit $p > 1$, und dann wird die p-te mit der ersten Zeile im Schema vertauscht. Die erste Gleichung wird damit zur *Endgleichung*, und a_{11} wird zum *Pivotelement*. Mit Hilfe der Quotienten

$$l_{i1} := a_{i1} / a_{11} \qquad (i = 2, 3, \ldots, n)$$

werden sodann für $i = 2, 3, \ldots, n$ das l_{i1}-Fache der ersten Zeile von der i-ten Zeile subtrahiert. Es resultiert das neue Schema

x_1	x_2	x_3	x_4	1
a_{11}	a_{12}	a_{13}	a_{14}	b_1
0	a_{22}	a_{23}	a_{24}	b_2
0	a_{32}	a_{33}	a_{34}	b_3
0	a_{42}	a_{43}	a_{44}	b_4

mit
$$a_{ik} := a_{ik} - l_{i1} \cdot a_{1k}, \quad i, k = 2, 3, \ldots, n,$$
$$b_i := b_i - l_{i1} \cdot b_1, \quad i = 2, 3, \ldots, n.$$

Mit den letzten $n-1$ Zeilen, welche einem inhomogenen linearen Gleichungssystem für die $n-1$ Unbekannten $x_2, \ldots, x_n$ entsprechen, wird der Prozess analog fortgesetzt. Auf Grund der vorausgesetzten Regularität von $\mathbf{A}$ existiert im allgemeinen k-ten Eliminationsschritt unter $a_{kk}, a_{k+1,k}, \ldots, a_{nk}$ ein von Null verschiedenes Element, sodass durch eine Zeilenvertauschung $a_{kk} \neq 0$ als Pivotelement verfügbar ist.

Nach $n-1$ Schritten besteht das Schema aus n Endgleichungen. Die Matrixelemente der Endgleichungen seien mit r_{ik}, die Werte der rechten Spalte mit c_i bezeichnet. Anstelle der durch die Elimination entstehenden Nullwerte unterhalb der Diagonale werden die anfallenden Quotienten l_{ik} mit $i > k$ aufgeschrieben. Das resultierende Schema der Endgleichungen lautet demzufolge

x_1	x_2	x_3	x_4	1
r_{11}	r_{12}	r_{13}	r_{14}	c_1
l_{21}	r_{22}	r_{23}	r_{24}	c_2
l_{31}	l_{32}	r_{33}	r_{34}	c_3
l_{41}	l_{42}	l_{43}	r_{44}	c_4

Aus dem System der Endgleichungen berechnen sich die Unbekannten im zweiten Teil des Gauß-Algorithmus mit dem Prozess des *Rückwärtseinsetzens* gemäß

$$x_n = -c_n / r_{nn}, \qquad x_k = -\left(c_k + \sum_{j=k+1}^{n} r_{kj} x_j \right) / r_{kk} \qquad (k = n-1, n-2, \ldots, 1).$$

Die im Schema der Endgleichungen auftretenden Größen stehen mit dem gegebenen Gleichungssystem $\mathbf{Ax} + \mathbf{b} = \mathbf{0}$ in folgendem Zusammenhang (vgl. [Schwarz]). Mit der *Rechtsdreiecksmatrix* $\mathbf{R}$ und der *Linksdreiecksmatrix* $\mathbf{L}$

$$\mathbf{R} := \begin{pmatrix} r_{11} & r_{12} & r_{13} & \ldots & r_{1n} \\ 0 & r_{22} & r_{23} & \ldots & r_{2n} \\ 0 & 0 & r_{33} & \ldots & r_{3n} \\ \vdots & \vdots & \vdots & \ldots & \vdots \\ 0 & 0 & 0 & \ldots & r_{nn} \end{pmatrix}, \qquad \mathbf{L} := \begin{pmatrix} 1 & 0 & 0 & \ldots & 0 \\ l_{21} & 1 & 0 & \ldots & 0 \\ l_{31} & l_{32} & 1 & \ldots & 0 \\ \vdots & \vdots & \vdots & \ldots & \vdots \\ l_{n1} & l_{n2} & l_{n3} & \ldots & 1 \end{pmatrix}$$

gilt mit einer Permutationsmatrix $\mathbf{P}$, welche die Zeilenvertauschungen des Gauß-Algorithmus beschreibt,

$$\mathbf{P} \cdot \mathbf{A} = \mathbf{L} \cdot \mathbf{R} \qquad \text{(LR-Zerlegung).}$$

Der Gauß-Algorithmus liefert somit für eine in geeigneter Weise zeilenpermutierte, reguläre Matrix $\mathbf{A}$ eine Zerlegung in das Produkt einer regulären Linksdreiecksmatrix $\mathbf{L}$ mit Einsen in der Diagonale und einer regulären Rechtsdreiecksmatrix $\mathbf{R}$. Der Gauß-Algorithmus für $\mathbf{P}(\mathbf{Ax} + \mathbf{b}) = \mathbf{PAx} + \mathbf{Pb} = \mathbf{LRx} + \mathbf{Pb} = -\mathbf{Lc} + \mathbf{Pb} = \mathbf{0}$ mit $\mathbf{Rx} = -\mathbf{c}$ kann auf Grund dieser LR-Zerlegung wie folgt beschrieben werden:

1. $\mathbf{PA} = \mathbf{LR}$ (LR-Zerlegung),
2. $\mathbf{Lc} - \mathbf{Pb} = \mathbf{0}$ (Vorwärtseinsetzen $\to \mathbf{c}$),
3. $\mathbf{Rx} + \mathbf{c} = \mathbf{0}$ (Rückwärtseinsetzen $\to \mathbf{x}$).

Dieser Algorithmus ist besonders dann zweckmäßig, wenn für verschiedene Vektoren $\mathbf{b}$, aber dieselbe Matrix $\mathbf{A}$, Gleichungssysteme zu lösen sind, da die Zerlegung von $\mathbf{A}$ nur einmal erfolgen muss.

Der Rechenaufwand an wesentlichen Operationen, d. h. an Multiplikationen und Divisionen, beträgt für die LR-Zerlegung $Z_{LR} = (n^3 - n)/3$ und für die Prozesse des Vorwärts- und Rückwärtseinsetzens zusammen $Z_{VR} = n^2$. Der Gauß-Algorithmus zur Lösung von n Gleichungen in n Unbekannten erfordern somit

$$Z_{Gauss} = \tfrac{1}{3}(n^3 + 3n^2 - n)$$

wesentliche Operationen.

Damit der Gauß-Algorithmus möglichst stabil ist, wird eine *Pivotstrategie* benötigt, welche in jedem Schritt die Wahl des Pivotelementes festlegt. Die *Diagonalstrategie*, bei der keine Zeilen vertauscht werden, ist nur unter Zusatzvoraussetzungen wie *starker diagonaler Dominanz* der Matrix $\mathbf{A}$, d. h. $|a_{kk}| > \sum_{j \neq k} |a_{kj}|$ $(1 \leq k \leq n)$, oder für positiv definite Matrizen sinnvoll. In der Regel wird die *Spaltenmaximumstrategie* angewandt, bei welcher ein Betragsgrößtes unter den in Frage kommenden Matrixelementen der k-ten Spalte zum Pivotelement bestimmt wird. Im k-ten Eliminationsschritt wird ein Index p aufgesucht mit

$$\max_{j \geq k} |a_{jk}| = |a_{pk}|.$$

Im Fall $p \neq k$ werden die k-te und p-te Zeile vertauscht. Diese Strategie setzt aber voraus, dass die gegebene Matrix *zeilenskaliert* ist, d. h. dass die Summen der Beträge der Elemente jeder Zeile gleich sind. Da die Zeilenskalierung zur Vermeidung von zusätzlichen Eingangsfehlern nicht explizit ausgeführt werden soll, führt dies zur *relativen Spaltenmaximumstrategie*, bei der ein Pivotelement gewählt wird, welches betragsmäßig am größten ist im skaliert gedachten reduzierten System.

7.2.1.2 Das Verfahren von Gauß-Jordan

Eine Variante des Gauß-Algorithmus besteht darin, dass im k-ten Eliminationsschritt mit $k \geq 2$ die Unbekannte x_k nicht nur in den nachfolgenden, sondern auch in den vorhergehenden Gleichungen eliminiert wird. Nach Wahl des Pivotelementes und den notwendigen Zeilenvertauschungen werden die Quotienten

$$l_{ik} := a_{ik}/a_{kk} \qquad (i = 1, 2, \ldots, k-1, k+1, \ldots, n)$$

gebildet und das l_{ik}-Fache der k-ten Zeile des Schemas von der i-ten Zeile subtrahiert, womit in der k-ten Spalte nur das einzige, von null verschiedene Pivotelement a_{kk} stehenbleibt. Die Rechenvorschrift für die neu zu berechnenden Elemente des k-ten Eliminationsschrittes des *Gauß-Jordan-Verfahrens* lautet

$$\begin{aligned} a_{ij} &:= a_{ij} - l_{ik} \cdot a_{kj}, &(i &= 1, \ldots, k-1, k+1, \ldots, n, \quad j = k+1, \ldots, n), \\ b_i &:= b_i - l_{jk} \cdot b_k, &(i &= 1, \ldots, k-1, k+1, \ldots, n). \end{aligned}$$

Da nach n Schritten im Schema eine Diagonalmatrix mit den von null verschiedenen Diagonalelementen a_{kk} resultiert, ergeben sich die Unbekannten direkt aus

$$x_k = -b_k/a_{kk}, \qquad k = 1, 2, \ldots, n.$$

In diesem Algorithmus werden zwar im Vergleich zum Gauß-Algorithmus mehr, nämlich $Z_{GJ} = \tfrac{1}{2}(n^3 + 2n^2 - n)$ wesentliche Operationen benötigt, doch ist der Aufbau einfacher und bietet insbesondere Vorteile auf Vektorrechnern.

7.2.1.3 Determinantenberechnung

Aus der LR-Zerlegung des Gauß-Algorithmus folgt wegen $\det \mathbf{L} = 1$, $\det \mathbf{R} = \prod_{k=1}^{n} r_{kk}$ und $\det \mathbf{P} = (-1)^{V}$, wobei r_{kk} das k-te Pivotelement und V die Totalzahl der Zeilenvertauschungen bedeuten, für die Determinante einer $n \times n$-Matrix $\mathbf{A}$

$$\det \mathbf{A} = (-1)^{V} \cdot \prod_{k=1}^{n} r_{kk}.$$

Die Rechenvorschrift, $\det \mathbf{A}$ als Produkt der Pivotelemente des Gauß-Algorithmus zu bestimmen, ist effizient und stabil. Die Auswertung der Definitionsgleichung für die Determinante aus 2.1.2 ist zu aufwändig und instabil.

7.2.1.4 Matrizeninversion

Falls die inverse Matrix $\mathbf{A}^{-1}$ einer regulären, quadratischen Matrix $n \times n$-$\mathbf{A}$ wirklich benötigt wird, sicher nicht zur Lösung von linearen Gleichungssystemen, ist das *Austauschverfahren* ein zweckmäßiger Algorithmus. Der Rechenaufwand beträgt n^3 wesentliche Operationen (vgl. [Schwarz, §1.4]).

7.2.1.5 Das Verfahren von Cholesky

Zur Lösung von inhomogenen linearen Gleichungssystemen $\mathbf{A}\mathbf{x} + \mathbf{b} = \mathbf{0}$ mit einer symmetrischen und positiv definiten Matrix $\mathbf{A}$ existiert ein geeigneterer, effizienterer Algorithmus, welcher die genannten Eigenschaften ausnützt. Es existiert eine eindeutige *Cholesky-Zerlegung*

$$\mathbf{A} = \mathbf{L}\mathbf{L}^{\mathsf{T}},$$

wo $\mathbf{L}$ eine reguläre *Linksdreiecksmatrix* (untere Dreiecksmatrix) mit positiven Diagonalelementen l_{kk} ist. Aus der Matrixgleichung

$$\begin{pmatrix} a_{11} & a_{12} & \dots & a_{1n} \\ a_{21} & a_{22} & \dots & a_{2n} \\ \vdots & \vdots & \ddots & \vdots \\ a_{n1} & a_{n2} & \dots & a_{nn} \end{pmatrix} = \begin{pmatrix} l_{11} & 0 & \dots & 0 \\ l_{21} & l_{22} & \dots & 0 \\ \vdots & \vdots & \ddots & \vdots \\ l_{n1} & l_{n2} & \dots & l_{nn} \end{pmatrix} \begin{pmatrix} l_{11} & l_{21} & \dots & l_{n1} \\ 0 & l_{22} & \dots & l_{n2} \\ \vdots & \vdots & \ddots & \vdots \\ 0 & 0 & \dots & l_{nn} \end{pmatrix},$$

bestimmen sich die Elemente von $\mathbf{L}$ aus den Beziehungen

$$a_{ii} = l_{i1}^2 + l_{i2}^2 + \dots + l_{ii}^2,$$

$$a_{ik} = l_{i1}l_{k1} + l_{i2}l_{k2} + \dots + l_{i,k-1}l_{k,k-1} + l_{ik}l_{kk} \qquad (i > k)$$

sukzessive nach Zeilen gemäß der Rechenvorschrift

$$l_{11} = \sqrt{a_{11}},$$

$$\left.\begin{array}{l} l_{ik} = \left(a_{ik} - \sum_{j=1}^{k-1} l_{ij}l_{kj}\right)\Big/ l_{kk} \quad (k = 1, 2, \dots, i-1) \\[3mm] l_{ii} = \left(a_{ii} - \sum_{j=1}^{i-1} l_{ij}^2\right)^{\frac{1}{2}} \end{array}\right\} \qquad (i = 2, 3, \dots, n).$$

Für die Durchführung der Cholesky-Zerlegung einer symmetrischen und positiv definiten Matrix $\mathbf{A}$ werden nur ihre Elemente in und unterhalb der Hauptdiagonalen gebraucht, und die Matrix $\mathbf{L}$

kann am Platz von A aufgebaut werden. Bei entsprechender Speicherung von A ist das Verfahren nicht nur speicherökonomisch, sondern auch effizient, denn sein Rechenaufwand beläuft sich auf

$$Z_{LL^T} = \tfrac{1}{6}\left(n^3 + 3n^2 - 4n\right)$$

wesentliche Operationen und die untergeordnete Zahl von n Quadratwurzeln. Im Vergleich zur LR-Zerlegung einer allgemeinen Matrix ist der Aufwand nur etwa halb so groß. Zudem ist die Cholesky-Zerlegung stabil, weil die Matrixelemente von L auf Grund der obigen Beziehungen betragsmäßig beschränkt sind und nicht beliebig anwachsen können.

Mit Hilfe der Cholesky-Zerlegung von A beschreibt sich das *Verfahren von Cholesky* zur Lösung von $Ax + b = 0$ durch die drei Lösungsschritte:

1. $A = LL^T$	(Cholesky-Zerlegung),
2. $Lc - b = 0$	(Vorwärtseinsetzen $\to c$),
3. $L^T x + c = 0$	(Rückwärtseinsetzen $\to x$).

Der Rechenaufwand für das Vorwärts- und Rückwärtseinsetzen beträgt insgesamt $Z_{VRCh} = n^2 + n$ wesentliche Operationen.

7.2.1.6 Tridiagonale Gleichungssysteme

Der wichtige Sonderfall *tridiagonaler* Gleichungssysteme soll nur im Spezialfall behandelt werden, dass der Gauß-Algorithmus mit *Diagonalstrategie* anwendbar sei. Dann sind die Matrizen L und R der LR-Zerlegung beide *bidiagonal*, sodass gilt

$$A = \begin{pmatrix} a_1 & b_1 & & \\ c_1 & a_2 & b_2 & \\ & c_2 & a_3 & b_3 \\ & & c_3 & a_4 \end{pmatrix} = \begin{pmatrix} 1 & & & \\ l_1 & 1 & & \\ & l_2 & 1 & \\ & & l_3 & 1 \end{pmatrix} \cdot \begin{pmatrix} m_1 & b_1 & & \\ & m_2 & b_2 & \\ & & m_3 & b_3 \\ & & & m_4 \end{pmatrix} = LR.$$

Koeffizientenvergleich liefert die LR-Zerlegung einer tridiagonalen $n \times n$-Matrix A:

$$m_1 = a_1, \quad l_i = c_i/m_i, \quad m_{i+1} = a_{i+1} - l_i b_i \qquad (i = 1, 2, \ldots, n-1).$$

Für das Gleichungssystem $Ax - d = 0$ lautet das *Vorwärtseinsetzen* $Ly - d = 0$ zur Berechnung des Hilfsvektors y:

$$y_1 = d_1, \qquad y_i = d_i - l_{i-1} y_{i-1} \qquad (i = 2, 3, \ldots, n).$$

Die Lösung x ergibt sich aus $Rx + y = 0$ durch *Rückwärtseinsetzen*:

$$x_n = -\frac{y_n}{m_n}, \qquad x_i = -\frac{y_i + b_i x_{i+1}}{m_i} \qquad (i = n-1, n-2, \ldots, 1).$$

Der äußerst einfache Algorithmus benötigt nur $Z_{trid} - 5n - 4$ wesentliche Operationen, d. h. der Rechenaufwand wächst nur linear mit n.

7.2.1.7 Kondition eines linearen Gleichungssystems

Bedingt durch die unvermeidlichen Eingabefehler lösen die dargestellten Algorithmen nur benachbarte Probleme. Aber auch bei exakten Eingabedaten erhält man infolge der Rundungsfehler nicht die exakte Lösung. Ermittelt man mit der berechneten Lösung $\bar{x}$ den Defekt oder das Residuum $r := A\bar{x} + b$, dann kann $\bar{x}$ als exakte Lösung eines gestörten Gleichungssystems

$A\bar{x} + (b - r) = 0$ angesehen werden. Wegen $Ax + b = 0$ erfüllt der Fehlervektor $z := x - \bar{x}$ das System $Az + r = 0$.

Sind $||x||$ eine Vektornorm und $||A||$ eine dazu verträgliche Matrixnorm (vgl. [Schwarz 1993], [Hackbusch 1993, §2.6]), dann gelten die Ungleichungen

$$||b|| \leq ||A|| \cdot ||x||, \qquad ||z|| \leq ||A^{-1}|| \cdot ||r||.$$

Für den relativen Fehler ergibt sich somit

$$\frac{||z||}{||x||} = \frac{||x - \bar{x}||}{||x||} \leq ||A|| \cdot ||A^{-1}|| \cdot \frac{||r||}{||b||} := \kappa(A) \cdot \frac{||r||}{||b||}.$$

Die Größe $\kappa(A) := ||A|| \cdot ||A^{-1}||$ heißt *Konditionszahl* der Matrix A. In der betrachteten Situation beschreibt $\kappa(A)$, wie sich eine relative Änderung des Vektors b auf die relative Änderung der Lösung auswirken kann. Ein relativ kleiner Defekt braucht also im Allgemeinen nichts über die Genauigkeit der berechneten Lösung x auszusagen.

Die Größe der Änderung der Lösung x von $Ax + b = 0$ unter Störungen ΔA und Δb der Eingabedaten zum System $(A + \Delta A)(x + \Delta x) + (b + \Delta b) = 0$ wird abgeschätzt durch

$$\frac{||\Delta x||}{||x||} \leq \frac{\kappa(A)}{1 - \kappa(A) \cdot ||\Delta A|| / ||A||} \left\{ \frac{||\Delta A||}{||A||} + \frac{||\Delta b||}{||b||} \right\},$$

falls $\kappa(A) \cdot ||\Delta A|| / ||A|| < 1$. gilt. Daraus folgt die wichtige Regel: Wird $Ax + b = 0$ mit d-stelliger Dezimalgleitkommarechnung gelöst bei einer Konditionszahl $\kappa(A) \sim 10^\alpha$, so sind infolge der unvermeidlichen Eingabefehler von $\bar{x}$ in der betragsgrößten Komponente nur $d - \alpha - 1$ Stellen signifikant. In den betragskleineren Unbekannten kann der relative Fehler entsprechend größer sein.

7.2.2 Iterative Lösung linearer Gleichungssysteme

Iterative Methoden eignen sich insbesondere zur Lösung von großen Gleichungssystemen, bei denen die Matrix schwach besetzt ist. Hierauf wird in 7.7.7 eingegangen.

7.2.3 Eigenwertprobleme

Zur Berechnung der Eigenwerte λ_j und der zugehörigen Eigenvektoren x_j einer Matrix A, sodass

$$\boxed{Ax_j = \lambda_j x_j}$$

gilt, existieren verschiedene Verfahren, die entweder der speziellen Aufgabenstellung oder aber den spezifischen Eigenschaften der Matrix A Rechnung tragen. Im Folgenden wird das Eigenwertproblem nur unter der Annahme betrachtet, dass die Matrix A vollbesetzt ist und alle Eigenpaare (λ_j, x_j) gesucht werden.

7.2.3.1 Das charakteristische Polynom

Der in der Theorie (vgl. 2.2.1) verwendete Weg, die Eigenwerte λ_j als Nullstellen des charakteristischen Polynoms $P_A(\lambda) = \det(A - \lambda E)$ zu berechnen und anschließend die Eigenvektoren x_j aus dem zugehörigen homogenen linearen Gleichungssystem $(A - \lambda_j E)x_j = 0$ zu ermitteln, ist numerisch instabil (vgl. [Schwarz], [Wilkinson]). Die Behandlung der Eigenwertaufgabe muss mit anderen Methoden erfolgen.

7.2.3.2 Jacobi-Verfahren

Die Eigenwerte λ_j einer reellen, symmetrischen $n \times n$-Matrix $\mathbf{A}$ sind bekanntlich reell, und die n Eigenvektoren $\mathbf{x}_j$ bilden ein System von orthonormierten Vektoren (vgl. Abschnitt 2.2.2.1). Deshalb existiert eine *orthogonale* $n \times n$-Matrix $\mathbf{X}$, deren Spalten die Eigenvektoren $\mathbf{x}_j$ sind, mit welcher sich $\mathbf{A}$ auf Grund der *Hauptachsentransformation* ähnlich auf Diagonalform bringen lässt, sodass gilt

$$\mathbf{X}^{-1}\mathbf{A}\mathbf{X} = \mathbf{X}^\mathsf{T}\mathbf{A}\mathbf{X} = \mathbf{D} = \operatorname{diag}(\lambda_1, \lambda_2, \ldots, \lambda_n).$$

Die Jacobi-Verfahren realisieren die Hauptachsentransformation iterativ, indem eine geeignete Folge von orthogonalen Ähnlichkeitstransformationen ausgeführt wird mit *elementaren Jacobi-Rotationsmatrizen*

$$\mathbf{U}(p, q, \varphi) := \begin{pmatrix} 1 \\ & \ddots \\ & & 1 \\ & & & \cos\varphi & & & \sin\varphi \\ & & & & 1 \\ & & & & & \ddots \\ & & & & & & 1 \\ & & & -\sin\varphi & & & \cos\varphi \\ & & & & & & & & 1 \\ & & & & & & & & & \ddots \\ & & & & & & & & & & 1 \end{pmatrix} \begin{array}{l} \\ \\ \\ \longleftarrow p \\ \\ \\ \\ \longleftarrow q \\ \\ \\ \\ \end{array} \quad \begin{array}{l} u_{ii} = 1,\ i \neq p, q, \\[4pt] u_{pp} = u_{qq} = \cos\varphi, \\[4pt] u_{pq} = \sin\varphi, \\[4pt] u_{qp} = -\sin\varphi, \\[4pt] u_{ij} = 0 \quad \text{sonst.} \end{array}$$

Das Indexpaar (p, q) mit $1 \le p < q \le n$ heißt Rotationsindexpaar und $\mathbf{U}(p, q, \varphi)$ eine (p, q)-Rotationsmatrix. In der transformierten Matrix $\mathbf{A}'' := \mathbf{U}^{-1}\mathbf{A}\mathbf{U} = \mathbf{U}^\mathsf{T}\mathbf{A}\mathbf{U}$ werden nur die Elemente der p-ten und q-ten Zeilen und Spalten geändert. Für die Elemente von $\mathbf{A}' := \mathbf{U}^\mathsf{T}\mathbf{A}$ gelten

$$\left. \begin{aligned} a'_{pj} &= a_{pj}\cos\varphi - a_{qj}\sin\varphi \\ a'_{qj} &= a_{pj}\sin\varphi + a_{qj}\cos\varphi \\ a'_{ij} &= a_{ij} \quad \text{für } i \neq p, q \end{aligned} \right\} \qquad j = 1, 2, \ldots, n.$$

Daraus ergeben sich die Matrixelemente von $\mathbf{A}'' = \mathbf{A}'\mathbf{U}$ gemäß

$$\left. \begin{aligned} a''_{ip} &= a'_{ip}\cos\varphi - a'_{iq}\sin\varphi \\ a''_{iq} &= a'_{ip}\sin\varphi + a'_{iq}\cos\varphi \\ a''_{ij} &= a'_{ij} \quad \text{für } j \neq p, q \end{aligned} \right\} \qquad i = 1, 2, \ldots, n.$$

Die Matrixelemente an den Kreuzungsstellen der p-ten und q-ten Zeilen und Spalten sind definiert durch

$$\begin{aligned} a''_{pp} &= a_{pp}\cos^2\varphi - 2a_{pq}\cos\varphi\sin\varphi + a_{qq}\sin^2\varphi, \\ a''_{qq} &= a_{pp}\sin^2\varphi + 2a_{pq}\cos\varphi\sin\varphi + a_{qq}\cos^2\varphi, \\ a''_{pq} &= a''_{qp} = (a_{pp} - a_{qq})\cos\varphi\sin\varphi + a_{pq}(\cos^2\varphi - \sin^2\varphi). \end{aligned}$$

Der Winkel φ einer (p, q)-Rotationsmatrix $\mathbf{U}(p, q, \varphi) = \mathbf{U}$ wird so gewählt, dass in der transformierten Matrix $\mathbf{A}''$ die beiden Nichtdiagonalelemente $a''_{pq} = a''_{qp} = 0$ werden:

$$\cot(2\varphi) = \frac{a_{qq} - a_{pp}}{2a_{pq}} \qquad \text{mit} \qquad -\frac{\pi}{4} < \varphi \le \frac{\pi}{4}.$$

Im *klassischen Jacobi-Verfahren* wird mit der Startmatrix $\mathbf{A}^{(0)} := \mathbf{A}$ die Folge von orthogonal-ähnlichen Matrizen $\mathbf{A}^{(k)} = \mathbf{U}_k^{\mathsf{T}} \mathbf{A}^{(k-1)} \mathbf{U}_k$ $(k = 1, 2, \ldots)$ gebildet, sodass im k-ten Schritt ein absolut größtes Nichtdiagonalelement $a_{pq}^{(k-1)} = a_{qp}^{(k-1)}$ von $\mathbf{A}^{(k-1)}$ vermittels einer (p, q)-Rotationsmatrix $\mathbf{U}_k = \mathbf{U}(p, q, \varphi)$ zu null gemacht wird. Das so erzeugte Nullelement in $\mathbf{A}^{(k)}$ wird durch nachfol-gende Rotationen im Allgemeinen wieder zerstört.

Im *speziellen zyklischen Jacobi-Verfahren* wird die Reihenfolge der Rotationsindexpaare (p, q) wie folgt festgelegt,

$$(1, 2), (1, 3), \ldots, (1, n), \quad (2, 3), (2, 4), \ldots, (2, n), \quad (3, 4), \ldots, (n-1, n),$$

sodass die Nichtdiagonalelemente der oberen Hälfte pro Zyklus zeilenweise genau einmal zu null werden.

Für beide Jacobi-Verfahren kann gezeigt werden, dass die Summe der Quadrate der Nichtdia-gonalelemente von $\mathbf{A}^{(k)}$

$$S(\mathbf{A}^{(k)}) := \sum_{i=1}^{n} \sum_{\substack{j=1 \\ j \neq i}}^{n} \left\{ a_{ij}^{(k)} \right\}^2 \qquad (k = 0, 1, 2, \ldots)$$

eine Nullfolge bildet und somit die Folge der Matrizen $\mathbf{A}^{(k)}$ gegen eine Diagonalmatrix $\mathbf{D}$ konvergiert. Gilt $S(\mathbf{A}^{(k)}) \leq \varepsilon^2$, dann stellen die Diagonalelemente $a_{ii}^{(k)}$ die Eigenwerte λ_i mit einer absoluten Genauigkeit ε dar, und die Spalten der Produktmatrix $\mathbf{V} := \mathbf{U}_1 \cdot \mathbf{U}_2 \cdots \mathbf{U}_k$ der Rotationsmatrizen sind orthonormierte Näherungen der betreffenden Eigenvektoren.

7.2.3.3 Transformation auf Hessenberg-Form

In einem vorbereitenden Schritt wird eine *unsymmetrische* $n \times n$-Matrix $\mathbf{A}$ vermittels einer ortho-gonalen Ähnlichkeitstransformation in eine für die eigentliche Eigenwertberechnung geeignetere *Hessenberg-Matrix*

$$\mathbf{H} = \begin{pmatrix} h_{11} & h_{12} & h_{13} & \ldots & h_{1,n-1} & h_{1n} \\ h_{21} & h_{22} & h_{23} & \ldots & h_{2,n-1} & h_{2n} \\ 0 & h_{32} & h_{33} & \ldots & h_{3,n-1} & h_{3n} \\ 0 & 0 & h_{43} & \ldots & h_{4,n-1} & h_{4n} \\ \vdots & \vdots & \vdots & \ldots & \vdots & \vdots \\ 0 & 0 & 0 & \ldots & h_{n,n-1} & h_{nn} \end{pmatrix}.$$

transformiert. Die elementaren Jacobi-Rotationsmatrizen werden in der *Methode von Givens* so angewendet, dass das zu eliminierende Matrixelement unterhalb der ersten Nebendiagonale nicht im nichtdiagonalen Kreuzungspunkt der p-ten und q-ten Zeilen und Spalten liegt. Zudem werden die einmal zu null gemachten Matrixelemente in späteren Eliminationsschritten nicht mehr zerstört, sodass die Transformation in $N^* = \frac{1}{2}(n-1)(n-2)$ Schritten erreicht wird. Die sukzessive Elimination der Matrixelemente in der Reihenfolge

$$a_{31}, a_{41}, \ldots, a_{n1}, a_{42}, a_{52}, \ldots, a_{n2}, a_{53}, \ldots, a_{n,n-2}$$

erfolgt durch Rotationsmatrizen $\mathbf{U}(p, q, \varphi)$ mit den Rotationsindexpaaren

$$(2, 3), (2, 4), \ldots, (2, n), \quad (3, 4), (3, 5), \ldots, (3, n), \quad (4, 5), \ldots, (n-1, n).$$

Der Winkel $\varphi \in [-\pi/2, \pi/2]$ wird so festgelegt, dass zur Elimination von $a_{ij} \neq 0$ mit $i \geq j + 2$ durch die $(j + 1, i)$-Rotation

$$a'_{ij} = a_{j+1,j} \sin \varphi + a_{ij} \cos \varphi = 0.$$

wird. Mit der Produktmatrix $\mathbf{Q} := \mathbf{U}_1 \cdot \mathbf{U}_2 \cdot \ldots \cdot \mathbf{U}_{N^*}$ gilt $\mathbf{H} = \mathbf{Q}^T \mathbf{A} \mathbf{Q}$ und die Eigenvektoren $\mathbf{x}_j$ von $\mathbf{A}$ berechnen sich aus den Eigenvektoren $\mathbf{y}_j$ der Hessenberg-Matrix $\mathbf{H}$ vermöge $\mathbf{x}_j = \mathbf{Q}\mathbf{y}_j$.

Wird die Transformation auf eine *symmetrische* $n \times n$-Matrix $\mathbf{A}$ angewendet, so resultiert wegen der Symmetrieerhaltung unter orthogonalen Ähnlichkeitstransformationen eine symmetrische, *tridiagonale Matrix* $\mathbf{J} := \mathbf{Q}^T \mathbf{A} \mathbf{Q}$ in der Form

$$
\mathbf{J} = \begin{pmatrix}
\alpha_1 & \beta_1 & & & & \\
\beta_1 & \alpha_2 & \beta_2 & & & \\
& \beta_2 & \alpha_3 & \beta_3 & & \\
& & \ddots & \ddots & \ddots & \\
& & & \beta_{n-2} & \alpha_{n-1} & \beta_{n-1} \\
& & & & \beta_{n-1} & \alpha_n
\end{pmatrix}
$$

Die orthogonale Ähnlichkeitstransformation von $\mathbf{A}$ in Hessenberg-Form oder in eine tridiagonale Matrix kann effizienter mit Hilfe der *schnellen Givens-Transformation* oder mit *Householder-Matrizen* (vgl. 7.2.4.2) ausgeführt werden.

7.2.3.4 Der QR-Algorithmus

Zu jeder reellen $n \times n$-Matrix $\mathbf{A}$ existiert nach dem Satz von Schur eine orthogonale Matrix $\mathbf{U}$, sodass $\mathbf{A}$ ähnlich ist zu einer *Quasidreiecksmatrix* $\mathbf{R} = \mathbf{U}^T \mathbf{A} \mathbf{U}$ der Form

$$
\mathbf{R} = \begin{pmatrix}
\mathbf{R}_{11} & \mathbf{R}_{12} & \mathbf{R}_{13} & \ldots & \mathbf{R}_{1m} \\
0 & \mathbf{R}_{22} & \mathbf{R}_{23} & \ldots & \mathbf{R}_{2m} \\
0 & 0 & \mathbf{R}_{33} & \ldots & \mathbf{R}_{3m} \\
\vdots & \vdots & \vdots & \ldots & \vdots \\
0 & 0 & 0 & \ldots & \mathbf{R}_{mm}
\end{pmatrix}
$$

Die Matrizen $\mathbf{R}_{ii}$ $(1 \leq i \leq m)$ haben entweder die Ordnung eins oder zwei. Die reellen Eigenwerte von $\mathbf{A}$ sind gleich den Elementen der 1×1-Matrizen $\mathbf{R}_{ii}$, während die konjugierte komplexen Paare von Eigenwerten gleich denjenigen der 2×2-Matrizen $\mathbf{R}_{ii}$ sind. Der *QR-Algorithmus* ist ein Verfahren, eine Folge von orthogonal-ähnlichen Matrizen zu konstruieren, die gegen eine Quasidreiecksmatrix $\mathbf{R}$ konvergiert. Er beruht darauf, dass sich jede reelle $n \times n$-Matrix $\mathbf{A}$ als Produkt einer orthogonalen Matrix $\mathbf{Q}$ und einer Rechtsdreiecksmatrix $\mathbf{R}$ in der Form

$$\mathbf{A} = \mathbf{Q} \cdot \mathbf{R} \qquad (QR - Zerlegung).$$

darstellen lässt. Die elementaren Jacobi-Rotationsmatrizen sind die konstruktiven Elemente der QR-Zerlegung. Bildet man mit dieser QR-Zerlegung von $\mathbf{A}$ die neue Matrix

$$\mathbf{A}' := \mathbf{R} \cdot \mathbf{Q},$$

so ist $\mathbf{A}'$ orthogonal-ähnlich zu $\mathbf{A}$, und den Übergang von $\mathbf{A}$ nach $\mathbf{A}'$ nennt man einen *QR-Schritt*. Mit ihm wird im Prinzip die Folge der ähnlichen Matrizen gebildet. Zur Reduktion des

Rechenaufwandes arbeitet man mit einer Hessenberg-Matrix $\mathbf{H}$ oder mit einer tridiagonalen Matrix $\mathbf{J}$, denn die QR-transformierte Matrix $\mathbf{H}'$ bzw. $\mathbf{J}'$ hat wieder Hessenberg-Form bzw. ist tridiagonal. Zudem ist die QR-Zerlegung in beiden Fällen mit $n-1$ Jacobi-Rotationsmatrizen durchführbar. Für eine Hessenberg-Matrix $\mathbf{H}_1$ lautet die Rechenvorschrift des einfachen *QR-Algorithmus von Fransis*

$$\mathbf{H}_k = \mathbf{Q}_k\mathbf{R}_k, \qquad \mathbf{H}_{k+1} = \mathbf{R}_k\mathbf{Q}_k \qquad (k = 1,2,3,\ldots).$$

Unter bestimmten Voraussetzungen konvergiert die Folge der orthogonal-ähnlichen Hessenberg-Matrizen $\mathbf{H}_k$ tatsächlich gegen eine Quasidreiecksmatrix (vgl. [Parlett]). Um die Konvergenzeigenschaft wesentlich zu steigern, sind Spektralverschiebungen anzuwenden. Die Rechenvorschrift wird modifiziert zum *QR-Algorithmus mit expliziter Spektralverschiebung*

$$\mathbf{H}_k - \sigma_k\mathbf{E} = \mathbf{Q}_k\mathbf{R}_k, \qquad \mathbf{H}_{k+1} = \mathbf{R}_k\mathbf{Q}_k + \sigma_k\mathbf{E} \qquad (k = 1,2,3,\ldots).$$

Die Spektralverschiebung σ_k im k-ten QR-Schritt wird geeignet festgelegt, zum Beispiel durch das letzte Diagonalelement von $\mathbf{H}_k$. Dadurch wird erreicht, dass das letzte oder zweitletzte Subdiagonalelement von $\mathbf{H}_k$ rasch gegen null konvergiert. Damit zerfällt die Matrix $\mathbf{H}_k$, und der QR-Algorithmus kann mit der kleineren Untermatrix fortgesetzt werden. Auf diese Weise werden die Eigenwerte sukzessive bestimmt. Hat die gegebene Matrix $\mathbf{H}_1$ Paare von konjugiert komplexen Eigenwerten, wird zur Vermeidung von komplexer Rechnung die Technik des *QR-Doppelschrittes* angewandt. Es werden zwei aufeinanderfolgende QR-Schritte mit zueinander konjugiert komplexen Spektralverschiebungen so durchgeführt, dass die resultierende Hessenberg-Matrix $\mathbf{H}_{k+2}$ direkt aus $\mathbf{H}_k$, berechnet wird, wobei die Spektralverschiebungen implizit eingehen.

Der QR-Algorithmus mit impliziter Spektralverschiebung, angewandt auf Hessenberg-Matrizen oder tridiagonale Matrizen, stellt ein sehr effizientes Rechenverfahren zur Bestimmung der Eigenwerte dar, da pro Eigenwert oder Eigenwertpaar im Mittel nur wenige QR-Schritte benötigt werden. Er ist das Standardverfahren zur Behandlung der Eigenwertaufgabe für vollbesetzte Matrizen.

7.2.3.5 Gebrochen inverse Vektoriteration von Wielandt

Zu berechneten Näherungen der Eigenwerte einer Matrix, wie sie aus dem QR-Algorithmus resultieren, werden mit dieser Methode die zugehörigen Eigenvektoren effizient bestimmt. Sei $\tilde{\lambda}_k$ eine so gute Näherung des Eigenwertes λ_k einer Hessenberg-Matrix $\mathbf{H}$, dass $0 < |\lambda_k - \tilde{\lambda}_k| = \varepsilon \ll d := \min_{i \neq k} |\lambda_i - \lambda_k|$ gilt. Dann erzeugt die Iterationsvorschrift

$$\boxed{(\mathbf{H} - \tilde{\lambda}_k\mathbf{E})\,\mathbf{z}^{(m)} = \mathbf{z}^{(m-1)}} \qquad (m = 1,2,3,\ldots)$$

für einen Startvektor $\mathbf{z}^{(0)}$, welcher eine nichtverschwindende Komponente nach dem Eigenvektor $\mathbf{y}_k$ von $\mathbf{H}$ zum Eigenwert λ_k aufweist, eine Folge von Vektoren $\mathbf{z}^{(m)}$, die sehr rasch gegen die Richtung des Eigenvektors $\mathbf{y}_k$ konvergiert. Für einen guten Näherungswert $\tilde{\lambda}_k$ und bei guter Trennung der Eigenwerte genügen einige wenige Iterationsschritte der *gebrochen inversen Vektoriteration von Wielandt*. Die Lösung des linearen Gleichungssystems $(\mathbf{H} - \tilde{\lambda}_k\mathbf{E})\,\mathbf{z}^{(m)} = \mathbf{z}^{(m-1)}$ nach $\mathbf{z}^{(m)}$ erfolge mit dem Gauß-Algorithmus unter Verwendung einer Spaltenpivotstrategie und unter Beachtung der Hessenberg-Gestalt. Um Überlauf zu vermeiden, sind die iterierten Vektoren zu normieren. Die Anwendung auf symmetrische, tridiagonale Matrizen $\mathbf{J}$ ist analog.

7.2.4 Ausgleichsprobleme, Methode der kleinsten Quadrate

Die Grundaufgabe der Ausgleichsrechnung besteht darin, aus Messergebnissen unbekannte Parameter in empirischen Formeln zu schätzen, die etwa durch bekannte Naturgesetze oder Modellannahmen vorgegeben sind. Im einfachsten Fall liegen für eine Funktion $f(x; \alpha_1, \alpha_2, \dots, \alpha_n)$ für N verschiedene Stellen $x_1, x_2, \dots, x_N$ Beobachtungen oder Messungen $y_1, y_2, \dots, y_N$ vor. Gesucht wird derjenige Satz von Parameterwerten $\alpha_1, \alpha_2, \dots, \alpha_n$, sodass die Abweichungen oder *Residuen*

$$r_i := f(x_i; \alpha_1, \alpha_2, \dots, \alpha_n) - y_i \qquad (i = 1, 2, \dots, N)$$

in einem zu präzisierenden Sinn minimal werden. Die Anzahl N der Messungen ist größer als die Zahl n der Parameter, um den unvermeidlichen Beobachtungsfehlern Rechnung zu tragen. Unter der Voraussetzung normalverteilter Messfehler gleicher Varianz ist das *Gaußsche Ausgleichsprinzip* oder die *Methode der kleinsten Quadrate* aus wahrscheinlichkeitstheoretischen Gründen der Aufgabenstellung angepasst. Die Forderung lautet

$$\sum_{i=1}^{N} r_i^2 \equiv \sum_{i=1}^{N} \left[f(x_i; \alpha_1, \alpha_2, \dots, \alpha_n) - y_i \right]^2 = \text{Min!}.$$

Erfolgten die Beobachtungen mit verschiedenen Genauigkeiten, d. h. sind die Varianzen der normal verteilten Messfehler unterschiedlich, ist dies durch eine entsprechende Gewichtung der Residuen zu berücksichtigen.

Im Folgenden wird nur der Fall von Funktionen $f(x_i; \alpha_1, \alpha_2, \dots, \alpha_n)$ betrachtet, welche linear von den Parametern α_k abhängen, sodass

$$f(x; \alpha_1, \alpha_2, \dots, \alpha_n) = \sum_{k=1}^{n} \alpha_k \varphi_k(x)$$

gilt mit vorgegebenen Funktionen $\varphi_k(x)$, $k = 1, 2, \dots, n$, die unabhängig von den Parametern α_j sind. Die zu lösenden *linearen Fehlergleichungen* lauten deshalb

$$\alpha_1 \varphi_1(x_i) + \alpha_2 \varphi_2(x_i) + \dots + \alpha_n \varphi_n(x_i) - y_i = r_i \qquad (i = 1, 2, \dots, N).$$

Mit den Größen $c_{ik} := \varphi_k(x_i)$ $(1 \leq i \leq N, \, 1 \leq k \leq n)$ der Matrix $\mathbf{C} = (c_{ik}) \in \mathbb{R}^{N \times n}$, dem Vektor $\mathbf{y} \in \mathbb{R}^N$ der Messwerte, dem Parametervektor $\boldsymbol{\alpha} \in \mathbb{R}^N$ und dem Residuenvektor $\mathbf{r} \in \mathbb{R}^N$ schreibt sich das System der *Fehlergleichungen*

$$\mathbf{C}\boldsymbol{\alpha} - \mathbf{y} = \mathbf{r}.$$

7.2.4.1 Methode der Normalgleichungen

Nach dem Gaußschen Ausgleichsprinzip ist $\mathbf{r}^\mathsf{T}\mathbf{r} = (\mathbf{C}\boldsymbol{\alpha} - \mathbf{y})^\mathsf{T}(\mathbf{C}\boldsymbol{\alpha} - \mathbf{y})$ zu minimieren. Dies führt mit $\mathbf{A} := \mathbf{C}^\mathsf{T}\mathbf{C} \in \mathbb{R}^{n \times n}$ und $\mathbf{b} := \mathbf{C}^\mathsf{T}\mathbf{y} \in \mathbb{R}^n$ als notwendige (und gleichzeitig hinreichende) Bedingung auf das lineare System der *Normalgleichungen*

$$\mathbf{A}\boldsymbol{\alpha} + \mathbf{b} = \mathbf{0}$$

für die gesuchten Parameter. Falls die Matrix $\mathbf{C}$ der Fehlergleichungen den Maximalrang n besitzt, ist die Matrix $\mathbf{A}$ der Normalgleichungen symmetrisch und positiv definit. Folglich ist $\mathbf{A}$ regulär, der Parametervektor $\boldsymbol{\alpha}$ ist eindeutig bestimmt, und das Gleichungssystem kann mit der

Methode von Cholesky (vgl. 7.2.1.5) gelöst werden. Die Residuen erhält man nach der Berechnung des Parametervektors α durch Einsetzen in die Fehlergleichungen.

Die Matrixelemente a_{jk} und die Konstanten b_j der Normalgleichungen entstehen aus den Spaltenvektoren c_j der Matrix C als Skalarprodukte:

$$a_{jk} = c_j^T c_k = \sum_{i=1}^{N} c_{ij} c_{ik} = \sum_{i=1}^{N} \varphi_j(x_i) \varphi_k(x_i) \qquad (j, k = 1, 2, \ldots, n),$$

$$b_j = c_j^T y = \sum_{i=1}^{N} c_{ij} y_i = \sum_{i=1}^{N} \varphi_j(x_i) y_i \qquad (j = 1, 2, \ldots, n).$$

Mit der prägnanten Summenschreibweise von Gauß $\left[F(x) \right] := \sum_{i=1}^{N} F(x_i)$ sind die Elemente der Normalgleichungen gegeben durch $a_{jk} = [\varphi_j(x)\varphi_k(x)]$, $b_j = [\varphi_j(x)y]$. Sie gestattet in einigen Spezialfällen eine explizite Angabe der Lösung.

7.2.4.1.1 Ausgleichung direkter Beobachtungen:
Wird eine unbekannte Größe y beobachtet (d. h. $n = 1$) und liegen für sie N Messwerte y_i vor, dann lauten die N Fehlergleichungen $y - y_i = r_i$ ($1 \leq i \leq N$). Die daraus folgende einzige Normalgleichung für den zu bestimmenden Parameterwert y erhält man durch

$$[1]y - [y] = 0, \quad \text{i.e.} \quad Ny = \sum_{i=1}^{N} y_i, \quad \text{also} \quad y = \frac{1}{N} \sum_{i=1}^{N} y_i.$$

Der nach der Methode der kleinsten Quadrate ausgeglichene, d. h. wahrscheinlichste Wert y ist gleich dem *arithmetischen Mittel der Beobachtungen*. Die für den Mittelwert resultierenden Residuen r_i sind die wahrscheinlichen Fehler, die Größe $m := \sqrt{[rr]/(N-1)}$ heißt *mittlerer Fehler der Beobachtung*, und $m_y := \sqrt{[rr]/(N(N-1))}$ nennt man den *mittleren Fehler des Mittelwertes*.

7.2.4.1.2 Regressionsgerade $y = ax + b$:
Liegen Messpunkte $M_i(x_i, y_i)$, $1 \leq i \leq N$, bei exakt vorgegebenen Abszissen x_i und gemessenen Ordinaten y_i annähernd auf einer Geraden, so sind die Parameter a und b der sogenannten *Regressionsgeraden* $y = ax + b$ aus den Fehlergleichungen

$$\boxed{ax_i + b - y_i = r_i} \qquad (i = 1, 2, \ldots, N)$$

nach der Methode der kleinsten Quadrate zu bestimmen. Die Lösung der zugehörigen Normalgleichungen erhält man stabil über die Mittelwerte $x := [x]/N$, $y := [y]/N$:

$$a = \sum_{i=1}^{N} (x_i - x)(y_i - y) \Big/ \sum_{i=1}^{N} (x_i - x)^2, \qquad b = y - a \cdot x.$$

7.2.4.2 Methode der Orthogonaltransformation

Um die Fehlergleichungen unter Vermeidung der oft schlecht konditionierten Normalgleichungen numerisch stabiler zu behandeln, wird auf sie eine orthogonale Transformation angewandt mit dem Ziel, das System der Fehlergleichungen in eine einfache Gestalt zu überführen. Eine orthogonale Transformation ist im Rahmen der Methode der kleinsten Quadrate zulässig, da die euklidische Länge des Residuenvektors nicht geändert wird. Es sei $Q \in \mathbb{R}^{N \times N}$ eine orthogonale Matrix. Dann wird $C\alpha - y$ transformiert in

$$QC\alpha - Qy = Qr =: \hat{r}.$$

Zu jeder Matrix $\mathbf{C} \in \mathbb{R}^{N \times n}$ mit Maximalrang $n < N$ existiert eine orthogonale Matrix $\mathbf{Q} \in \mathbb{R}^{N \times N}$, sodass

$$\mathbf{QC} = \widehat{\mathbf{R}} := \begin{pmatrix} \mathbf{R} \\ \mathbf{0} \end{pmatrix},$$

gilt, wobei $\mathbf{R} \in \mathbb{R}^{(N-n) \times n}$ eine reguläre Rechtsdreiecksmatrix und $\mathbf{0} \in \mathbb{R}^{n \times n}$ eine Nullmatrix darstellen. Die orthogonale Matrix $\mathbf{Q}$ kann als Produkt von n *Householder-Matrizen* der Gestalt

$$\mathbf{U} := \mathbf{E} - 2\mathbf{w}\mathbf{w}^{\mathsf{T}} \in \mathbb{R}^{N \times N} \quad \text{mit} \quad \mathbf{w} \in \mathbb{R}^{N}, \ \mathbf{w}^{\mathsf{T}}\mathbf{w} = 1.$$

auf konstruktivem Weg erhalten werden. Die Householder-Matrix $\mathbf{U}$ ist symmetrisch, es gilt $\mathbf{U}^{\mathsf{T}}\mathbf{U} = \mathbf{E}$, und somit ist $\mathbf{U}$ orthogonal. Sie entspricht einer Spiegelung am $(N-1)$-dimensionalen, zu $\mathbf{w}$ orthogonalen Komplementärraum des $\mathbb{R}^{N}$. Dank der Spiegelungseigenschaft kann durch geeignete Wahl des Vektors $\mathbf{w}$ zu jedem Vektor $\mathbf{c} \in \mathbb{R}^{N}, \mathbf{c} \neq \mathbf{0}$, eine Householder-Matrix $\mathbf{U}$ angegeben werden, sodass $\mathbf{c}$ vermöge $\mathbf{c}' = \mathbf{Uc}$ in einen vorgegebenen Vektor $\mathbf{c}' \in \mathbb{R}^{N}$ mit $||\mathbf{c}'|| = ||\mathbf{c}||$ abgebildet wird.

Im ersten Transformationsschritt mit $\mathbf{U}_1 = \mathbf{E} - 2\mathbf{w}_1\mathbf{w}_1^{\mathsf{T}}$ wird in der transformierten Matrix $\mathbf{C}' = \mathbf{U}_1\mathbf{C}$ erreicht, dass die erste Spalte von $\mathbf{C}'$ ein Vielfaches des ersten Einheitsvektors $\mathbf{e}_1 \in \mathbb{R}^{N}$ ist. Das bedeutet, dass $\mathbf{U}_1\mathbf{c}_1 = -\gamma\mathbf{e}_1$ sein soll mit $\gamma = \pm||\mathbf{c}_1||$, wo $\mathbf{c}_1$ die erste Spalte von $\mathbf{C}$ bedeutet. Folglich ist die Richtung von $\mathbf{w}_1$ festgelegt durch $\mathbf{h} := \mathbf{c}_1 + \gamma\mathbf{e}_1$. Um Stellenauslöschung bei der Berechnung der ersten Komponente von $\mathbf{h}$ zu vermeiden, wird das Vorzeichen von γ demjenigen der ersten Komponente c_{11} von $\mathbf{c}$ gleichgesetzt. Mit dem durch Normierung von $\mathbf{h}$ gewonnenen $\mathbf{w}_1$ wird der erste Transformationsschritt $\mathbf{C}' = \mathbf{U}_1\mathbf{C} = (\mathbf{E} - 2\mathbf{w}_1\mathbf{w}_1^{\mathsf{T}})\mathbf{C} = \mathbf{C} - 2\mathbf{w}_1(\mathbf{w}_1^{\mathsf{T}}\mathbf{C})$ spaltenweise gemäß

$$\mathbf{c}_1' = -\gamma\mathbf{e}_1, \qquad \mathbf{c}_j' = \mathbf{c}_j - 2(\mathbf{w}_1^{\mathsf{T}}\mathbf{c}_j)\mathbf{w}_1 \qquad (j = 2, 3, \ldots, n).$$

mit einem Minimum an Rechenaufwand durchgeführt.

Im allgemeinen k-ten nachfolgenden Transformationsschritt wird mit einer Householder-Matrix $\mathbf{U}_k = \mathbf{E} - 2\mathbf{w}_k\mathbf{w}_k^{\mathsf{T}}$ $(k = 2, 3, \ldots, n)$ mit einem Vektor $\mathbf{w}_k \in \mathbb{R}^{N}$, dessen erste $k-1$ Komponenten gleich null sind, die k-te Spalte der transformierten Matrix $\mathbf{C}^{k-1} := \mathbf{U}_{k-1} \ldots \mathbf{U}_1\mathbf{C}$ in die gewünschte Form gebracht, d.h. der Teilvektor der k-ten Spalte bestehend aus den $N - k + 1$ letzten Komponenten wird auf ein Vielfaches des Einheitsvektors $\mathbf{e}_1 \in \mathbb{R}^{N-k+1}$ abgebildet. Gleichzeitig bleiben die ersten $k-1$ Spalten von $\mathbf{C}^{k-1}$ ungeändert. Nach n solchen orthogonalen Transformationen gilt

$$\mathbf{QC} = \widehat{\mathbf{R}} \quad \text{mit} \quad \mathbf{Q} := \mathbf{U}_n \cdot \mathbf{U}_{n-1} \cdot \ldots \cdot \mathbf{U}_2 \cdot \mathbf{U}_1.$$

Sukzessive Multiplikation mit den Householder-Matrizen $\mathbf{U}_k$ liefert den transformierten Messvektor

$$\widehat{\mathbf{y}} := \mathbf{Q}\mathbf{y} = \mathbf{U}_n \cdot \mathbf{U}_{n-1} \cdot \ldots \cdot \mathbf{U}_2 \cdot \mathbf{U}_1\mathbf{y}.$$

Das äquivalente, transformierte Fehlergleichungssystem lautet

$$
\begin{aligned}
r_{11}\alpha_1 + r_{12}\alpha_2 + \ldots + r_{1n}\alpha_n - \widehat{y}_1 &= \widehat{r}_1, & -\widehat{y}_{n+1} &= \widehat{r}_{n+1}, \\
r_{22}\alpha_2 + \ldots + r_{2n}\alpha_n - \widehat{y}_2 &= \widehat{r}_2, & &\vdots \\
\ldots\ldots \\
r_{nn}\alpha_n - \widehat{y}_n &= \widehat{r}_n, & -\widehat{y}_N &= \widehat{r}_N.
\end{aligned}
$$

Da die letzten $N - n$ Residuen $\widehat{r}_i$ durch die entsprechenden Werte $\widehat{y}_i$, festgelegt sind, wird die Summe der Quadrate der Residuen genau dann minimiert, wenn $\widehat{r}_1 = \widehat{r}_2 = \cdots = \widehat{r}_n = 0$ gilt. Die gesuchten Parameter $\alpha_1, \ldots, \alpha_n$ erhält man aus

$$\mathbf{R}\boldsymbol{\alpha} = \widehat{\mathbf{y}}_1, \qquad \widehat{\mathbf{y}}_1 \in \mathbb{R}^{n},$$

durch den Prozess des Rückwärtseinsetzens mit dem Vektor $\hat{\mathbf{y}}_1$, der aus den ersten n Komponenten von $\hat{\mathbf{y}} \in \mathbb{R}^N$ besteht. Soll auch der Residuenvektor $\mathbf{r}$ bezüglich der gegebenen Fehlergleichungen berechnet werden, so verwendet man am zweckmäßigsten die Beziehung $\mathbf{Qr} = \hat{\mathbf{r}}$ unter Beachtung der Symmetrie der Householder-Matrizen $\mathbf{U}_k$:

$$\mathbf{r} = \mathbf{Q}^{\mathsf{T}}\hat{\mathbf{r}} = \mathbf{U}_1 \cdot \mathbf{U}_2 \cdot \ldots \cdot \mathbf{U}_{n-1} \cdot \mathbf{U}_n \hat{\mathbf{r}}.$$

In $\hat{\mathbf{r}}$ sind die ersten n Komponenten gleich null, und die letzten $N - n$ Komponenten sind gegeben durch $\hat{r}_i = -\hat{y}_i$. Die sukzessive Multiplikation von $\hat{\mathbf{r}}$ mit den $\mathbf{U}_k$ geschieht durch die oben angegebene effiziente Rechentechnik.

Die Methode der Orthogonaltransformation liefert die Parameterwerte mit kleineren relativen Fehlern im Vergleich zur klassischen Methode der Normalgleichungen. Denn beim Übergang von den Fehlergleichungen zu den Normalgleichungen wird die Konditionszahl von $\mathbf{C}$ quadriert.

7.2.4.3 Methode der Singulärwertzerlegung

Ist der Rang der Matrix $\mathbf{C}$ der Fehlergleichungen nicht maximal, sondern gilt Rang $\mathbf{C} = \varrho < n$, oder sind die Spaltenvektoren von $\mathbf{C}$ im Rahmen der verwendeten endlichen Rechengenauigkeit numerisch fast linear abhängig, dann sind die bisher beschriebenen Methoden nicht brauchbar. In diesen Fällen ist die Lösung von $\mathbf{C\alpha} - \mathbf{y} = \mathbf{r}$ nach der Methode der kleinsten Quadrate nicht eindeutig oder zumindest sehr schlecht bestimmt. Die Bearbeitung von solchen Ausgleichsproblemen beruht auf folgender Aussage:

Zu jeder Matrix $\mathbf{C} \in \mathbb{R}^{N \times n}$ mit Rang $\mathbf{C} = \varrho \leq n < N$ existieren orthogonale Matrizen $\mathbf{U} \in \mathbb{R}^{N \times N}$ und $\mathbf{V} \in \mathbb{R}^{N \times N}$ derart, dass die *Singulärwertzerlegung*

$$\boxed{\mathbf{C} = \mathbf{U}\hat{\mathbf{S}}\mathbf{V}^{\mathsf{T}}} \quad \text{mit} \quad \hat{\mathbf{S}} = \begin{pmatrix} \mathbf{S} \\ \mathbf{0} \end{pmatrix}, \quad \hat{\mathbf{S}} \in \mathbb{R}^{N \times n}, \quad \mathbf{S} \in \mathbb{R}^{n \times n},$$

gilt, wo $\mathbf{S}$ eine Diagonalmatrix mit nichtnegativen Diagonalelementen s_i ist, welche so angeordnet werden können, dass $s_1 \geq s_2 \geq \ldots \geq s_\varrho > s_{\varrho+1} = \ldots = s_n = 0$ gilt, und $\mathbf{0} \in \mathbb{R}^{(N-n) \times n}$ eine Nullmatrix ist (vgl. [Deuflhard-Hohmann, Schwarz, Golub-Van Loan]). Die s_i sind die *singulären Werte* der Matrix $\mathbf{C}$. Die Spaltenvektoren $\mathbf{u}_i \in \mathbb{R}^N$ von $\mathbf{U}$ heißen die *Linkssingulärvektoren*, und die Spaltenvektoren $\mathbf{v}_i \in \mathbb{R}^n$ nennt man die *Rechtssingulärvektoren* von $\mathbf{C}$. Auf Grund der Singulärwertzerlegung, geschrieben als $\mathbf{CV} = \mathbf{U}\hat{\mathbf{S}}$ or $\mathbf{C}^{\mathsf{T}}\mathbf{U} = \mathbf{V}\hat{\mathbf{S}}^{\mathsf{T}}$, ergeben sich die Relationen

$$\mathbf{Cv}_i = s_i \mathbf{u}_i, \quad \mathbf{C}^{\mathsf{T}}\mathbf{u}_i = s_i \mathbf{v}_i \quad (1 \leq i \leq N), \text{ wobei } s_i = 0 \text{ für } i > n.$$

Die Singulärwertzerlegung steht in engem Zusammenhang mit der Hauptachsentransformation der folgenden symmetrischen, positiv semidefiniten Matrizen $\mathbf{A}$ und $\mathbf{B}$:

$$\mathbf{A} := \mathbf{C}^{\mathsf{T}}\mathbf{C} = \mathbf{V}\mathbf{S}^2\mathbf{V}^{\mathsf{T}}, \quad \mathbf{B} := \mathbf{C}\mathbf{C}^{\mathsf{T}} = \mathbf{U}\begin{pmatrix} \mathbf{S}^2 & \vdots & \mathbf{0} \\ \cdots & \cdots & \cdots \\ \mathbf{0} & \vdots & \mathbf{0} \end{pmatrix}\mathbf{U}^{\mathsf{T}}.$$

Die Quadrate der positiven singulären Werte sind gleich den positiven Eigenwerten sowohl von $\mathbf{A}$ als auch von $\mathbf{B}$, die Rechtssingulärvektoren $\mathbf{v}_i$ sind Eigenvektoren von $\mathbf{A}$ und die Linkssingulärvektoren $\mathbf{u}_i$ sind Eigenvektoren von $\mathbf{B}$.

Mit der Singulärwertzerlegung kann $\mathbf{C\alpha} - \mathbf{y} = \mathbf{r}$ durch folgende orthogonale Transformation in ein äquivalentes Fehlergleichungssystem überführt werden:

$$\mathbf{U}^{\mathsf{T}}\mathbf{C}\mathbf{V}\mathbf{V}^{\mathsf{T}}\alpha - \mathbf{U}^{\mathsf{T}}\mathbf{y} = \mathbf{U}^{\mathsf{T}}\mathbf{r} =: \hat{\mathbf{r}}.$$

Mit $\boldsymbol{\beta} := \mathbf{V}^\mathsf{T}\boldsymbol{\alpha}$, $\widehat{\mathbf{y}} := \mathbf{U}^\mathsf{T}\mathbf{y}$ und $\mathbf{U}^\mathsf{T}\mathbf{C}\mathbf{V} = \widehat{\mathbf{S}}$ lautet das transformierte Fehlergleichungssystem

$$s_i\beta_i - \widehat{y}_i = \widehat{r}_i \quad (i = 1, 2, \ldots, \varrho),$$
$$-\widehat{y}_i = \widehat{r}_i \quad (i = \varrho + 1, \varrho + 2, \ldots, N).$$

Da die letzten $N - \varrho$ Residuen $\widehat{r}_i$ durch die entsprechenden $\widehat{y}_i$ festgelegt sind, wird die Summe der Quadrate der Residuen genau dann minimal, wenn $\widehat{r}_1 = \widehat{r}_2 = \cdots = \widehat{r}_\varrho = 0$ gilt. Somit sind die ersten ϱ Hilfsunbekannten β_i bestimmt durch

$$\beta_i = \widehat{y}_i / s_i \quad (i = 1, 2, \ldots, \varrho),$$

während die restlichen $\beta_{\varrho-1}, \ldots, \beta_n$ im Fall $\varrho = \text{Rang } \mathbf{C} < n$ beliebig sind. Beachtet man $\widehat{y}_i = \mathbf{u}_i^\mathsf{T}\mathbf{y}$ $(i = 1, 2 \ldots, N)$, so hat der Lösungsvektor $\boldsymbol{\alpha}$ die Darstellung

$$\boldsymbol{\alpha} = \sum_{i=1}^{\varrho} \frac{\mathbf{u}_i^\mathsf{T}\mathbf{y}}{s_i}\mathbf{v}_i + \sum_{i=\varrho+1}^{n} \beta_i\mathbf{v}_i$$

mit den $n - \varrho$ freien Parametern β_i $(i = \varrho + 1, \ldots, n)$. Hat $\mathbf{C}$ nicht den Maximalrang n, so ist die allgemeine Lösung $\boldsymbol{\alpha}$ die Summe einer partikulären Lösung aus der linearen Hülle, erzeugt durch die ϱ Rechtssingulärvektoren $\mathbf{v}_i$ zu den positiven singulären Werten s_i und eines beliebigen Vektors aus dem Nullraum der durch $\mathbf{C}$ definierten linearen Abbildung.

In der Lösungsmenge eines nicht eindeutig lösbaren Fehlergleichungssystems interessiert oft diejenige Lösung mit der kleinsten euklidischen Länge. Wegen der Orthonormiertheit der Rechtssingulärvektoren $\mathbf{v}_i$, lautet sie

$$\boldsymbol{\alpha}^* = \sum_{i=1}^{\varrho} \frac{\mathbf{u}_i^\mathsf{T}\mathbf{y}}{s_i}\mathbf{v}_i \quad \text{mit} \quad \|\boldsymbol{\alpha}^*\| \leq \min_{\mathbf{C}\boldsymbol{\alpha}-\mathbf{y}=\mathbf{r}} \|\boldsymbol{\alpha}\|.$$

In bestimmten Anwendungen mit äußerst schlecht konditionierten Fehlergleichungen, die sich durch sehr kleine singuläre Werte im Verhältnis zu den größten charakterisieren, kann es sinnvoll sein, entsprechende Anteile in $\boldsymbol{\alpha}^*$ wegzulassen, falls dadurch das Residuenquadrat nur in zulässigem Rahmen zunimmt.

Die tatsächliche Berechnung der Singulärwertzerlegung einer Matrix $\mathbf{C}$ erfolgt in zwei Schritten. Zuerst wird $\mathbf{C}$ durch orthogonale Matrizen $\mathbf{Q} \in \mathbb{R}^{N \times N}$ und $\mathbf{W} \in \mathbb{R}^{n \times n}$ vermittels $\mathbf{Q}^\mathsf{T}\mathbf{C}\mathbf{W} = \mathbf{B}$ auf eine bidiagonale Matrix $\mathbf{B}$ transformiert, welche die gleichen singulären Werte wie $\mathbf{C}$ hat. Die singulären Werte von $\mathbf{B}$ werden mit einer speziellen Variante des QR-Algorithmus ermittelt.

7.3 Interpolation, numerische Differentiation und Quadratur

7.3.1 Interpolationspolynome

Gegeben seien $n + 1$ paarweise verschiedene *Stützstellen* $x_0, x_1, \ldots, x_n$ in einem Intervall $[a, b] \subset \mathbb{R}$ und zugehörige *Stützwerte* $y_0, y_1, \ldots, y_n$, etwa als Funktionswerte einer reellwertigen Funktion $f(x)$ an den Stützstellen. Das Interpolationsproblem besteht in der Aufgabe, ein Polynom $I_n(x)$ vom Grad höchstens gleich n zu bestimmen, welches die $n + 1$ Interpolationsbedingungen

$$I_n(x_i) = y_i \quad (i = 0, 1, 2, \ldots, n).$$

erfüllt. Unter den genannten Voraussetzungen existiert genau ein solches Interpolationspolynom. Die Darstellung von I_n kann auf verschiedene Weise erfolgen.

7.3.1.1 Lagrangesche Interpolationsformel

Mit den $n+1$ speziellen *Lagrange-Polynomen*

$$L_i(x) := \prod_{\substack{j=0 \\ j \neq i}}^{n} \frac{x - x_j}{x_i - x_j} = \frac{(x - x_{i-1}) \cdots (x - x_{i-1})(x - x_{i-1}) \cdots (x - x_n)}{(x_i - x_{i-1}) \cdots (x_i - x_{i-1})(x_i - x_{i-1}) \cdots (x_i - x_n)} \quad (0 \leq i \leq n),$$

zugehörig zu den $n+1$ Stützstellen, welche als Produkt von n Linearfaktoren den echten Grad n besitzen und die Eigenschaft $L_i(x_i) = 1$ und $L_i(x_k) = 0$ für $k \neq i$ haben, ist

$$\boxed{I_n(x) = \sum_{i=0}^{n} y_i L_i(x)}$$

das gesuchte Interpolationspolynom. Um mit der *Lagrangeschen Interpolationsformel* zu einem Wert $x \neq x_i$ $(0 \leq i \leq n)$ den interpolierten Wert $I_n(x)$ zu berechnen, schreibt man die Formel in der Form

$$I_n(x) = \sum_{i=0}^{n} y_i \prod_{\substack{j=0 \\ j \neq i}}^{n} \frac{x - x_j}{x_i - x_j} = \sum_{i=0}^{n} y_i \frac{1}{x - x_i} \cdot \left\{ \prod_{\substack{j=0 \\ j \neq i}}^{n} \frac{1}{x_i - x_j} \right\} \cdot \prod_{k=0}^{n} (x - x_k).$$

Mit den allein von den Stützstellen abhängigen *Stützkoeffizienten*

$$\lambda_i := 1 / \prod_{\substack{j=0 \\ j \neq i}}^{n} (x_i - x_j) \qquad (i = 0, 1, 2, \ldots, n)$$

und den daraus abgeleiteten, von der Interpolationsstelle x abhängigen *Interpolationsgewichten* $\mu_i := \lambda_i / (x - x_i)$ $(0 \leq i \leq n)$ erhält man die Darstellung

$$I_n(x) = \left\{ \sum_{i=0}^{n} \mu_i y_i \right\} \cdot \prod_{k=0}^{n} (x - x_k).$$

Das Produkt der $n+1$ Linearfaktoren ist gleich dem reziproken Wert der Summe der μ_i, und so ergibt sich die für numerische Zwecke nützliche *baryzentrische Formel* zur Berechnung von $I_n(x)$ an der Stelle x

$$I_n(x) = \left\{ \sum_{i=0}^{n} \mu_i y_i \right\} / \left\{ \sum_{i=0}^{n} \mu_i \right\}.$$

Im Spezialfall von monoton zunehmend angeordneten, *äquidistanten Stützstellen* mit der Schrittweite $h > 0$,

$$x_0, \quad x_1 = x_0 + h, \quad \ldots, \quad x_j = x_0 + jh, \quad \ldots, \quad x_n = x_0 + nh,$$

sind die Stützkoeffizienten gegeben durch

$$\lambda_i = \frac{(-1)^{n-i}}{h^n n!} \binom{n}{i} \qquad (i = 0, 1, 2, \ldots, n).$$

Da in der baryzentrischen Formel der gemeinsame Faktor $(-1)^n / (h^n n!)$ weggelassen werden kann, dürfen in diesem Zusammenhang als gleichwertige Ersatzstützkoeffizienten die *Binominalkoeffizienten alternierenden Vorzeichens* verwendet werden:

$$\lambda_0^* = 1, \quad \lambda_1^* = -\binom{n}{1}, \quad \ldots, \quad \lambda_i^* = (-1)^i \binom{n}{i}, \quad \ldots, \quad \lambda_n^* = (-1)^n.$$

7.3.1.2 Newtonsche Interpolationsformeln

Mit den $n + 1$ *Newton-Polynomen*

$$N_0(x) := 1, \qquad N_i(x) := \prod_{j=0}^{i-1}(x - x_j) \qquad (i = 1, 2, \dots, n),$$

wobei $N_i(x)$ als Produkt von i Linearfaktoren den Grad i besitzt, lautet der Ansatz der *Newtonschen Interpolationsformel*

$$\boxed{I_n(x) = \sum_{i=0}^{n} c_i N_i(x).}$$

Die Koeffizienten c_i sind durch die Interpolationsbedingungen als *i-te dividierte Differenzen* oder *i-te Steigungen* gegeben, erklärt durch

$$c_i := [x_0 x_1 \dots x_i] = [x_i x_{i-1} \dots x_0] \qquad (i = 0, 1, \dots, n),$$

wobei $[x_i] := y_i$ $(i = 0, 1, \dots, n)$ als Startwerte für die rekursiv definierten Steigungen dienen. Es seien $j_0, j_1, \dots, j_i$ aufeinanderfolgende Indexwerte aus $\{0, 1, \dots, n\}$. Dann gilt

$$[x_{j_0} x_{j_1} \dots x_{j_i}] := \frac{[x_{j_1} x_{j_2} \dots x_{j_i}] - [x_{j_0} x_{j_1} \dots x_{j_{i-1}}]}{x_{j_i} - x_{j_0}}.$$

Für *äquidistante Stützstellen* $x_j = x_0 + jh$, $j = 0, 1, \dots, n$, vereinfachen sich die dividierten Differenzen ganz wesentlich:

$$[x_i x_{i+1}] = \frac{y_{i+1} - y_i}{x_{i+1} - x_i} = \frac{1}{h}(y_{i+1} - y_i) =: \frac{1}{h}\Delta^1 y_i, \qquad \text{(1. Differenzen)}$$

$$[x_i x_{i+1} x_{i+2}] = \frac{[x_{i+1} x_{i+2}] - [x_i x_{i+1}]}{x_{i+2} - x_i} = \frac{1}{2h^2}(\Delta^1 y_{i+1} - \Delta^1 y_i) =: \frac{1}{2h^2}\Delta^2 y_i, \qquad \text{(2. Differenzen)}$$

und allgemein gilt für *k-te Differenzen*:

$$[x_i x_{i+1} \dots x_{i+k}] =: \frac{1}{k! \, h^k}\Delta^k y_i. \qquad \text{(k-te Differenzen)}$$

Diese *Vorwärtsdifferenzen* sind mit den Startwerten $\Delta^0 y_i := y_i$ $(i = 0, 1, \dots, n)$ rekursiv definiert durch

$$\Delta^k y_i := \Delta^{k-1} y_{i+1} - \Delta^{k-1} y_i \qquad (k = 1, 2, \dots, n, \quad i = 0, 1, \dots, n - k).$$

Die Newtonsche Interpolationsformel erhält damit die Form

$$I_n(x) = y_0 + \frac{x - x_0}{h}\Delta^1 y_0 + \frac{(x - x_0)(x - x_1)}{2h^2}\Delta^2 y_0 + \frac{(x - x_0)(x - x_1)(x - x_2)}{3! \, h^3}\Delta^3 y_0$$

$$+ \dots + \frac{(x - x_0)(x - x_1) \dots (x - x_{n-1})}{n! \, h^n}\Delta^n y_0.$$

7.3.1.3 Interpolationsfehler

Ist die durch ein Interpolationspolynom $I_n(x)$ zu approximierende Funktion $f(x)$ im Interpolationsintervall $[a, b]$ mit $x_i \in [a, b]$ $(i = 0, \ldots, n)$ und den Stützwerten $y_i = f(x)$ mindestens $(n + 1)$-mal stetig differenzierbar, so ist der Interpolationsfehler gegeben durch

$$f(x) - I_n(x) = \frac{f^{(n+1)}(\xi)}{(n+1)!}(x - x_0)(x - x_1)\ldots(x - x_n),$$

wo $\xi \in (a, b)$ eine gewisse, von x abhängige Zahl ist. Mit dem Betragsmaximum der m-ten Ableitung im Interpolationsintervall $[a, b]$

$$M_m := \max_{\xi \in [a,b]} |f^{(m)}(\xi)|, \qquad (m = 2, 3, 4, \ldots),$$

ergeben sich aus dem allgemeinen Interpolationsfehler im Fall von äquidistanten Stützstellen mit der Schrittweite h für lineare, quadratische und kubische Interpolation die folgenden Abschätzungen des Fehlers $E_k(x) := f(x) - I_k(x)$:

$$|E_1(x)| \leq \tfrac{1}{8}h^2 M_2, \quad x \in [x_0, x_1], \qquad |E_3(x)| \leq \begin{cases} \frac{3}{128}h^4 M_4, & x \in [x_1, x_2], \\ \frac{1}{24}h^4 M_4, & x \in [x_0, x_1] \cup [x_2, x_3]. \end{cases}$$
$$|E_2(x)| \leq \tfrac{\sqrt{3}}{27}h^3 M_3, \quad x \in [x_0, x_2],$$

7.3.1.4 Algorithmus von Aitken-Neville und Extrapolation

Soll genau *ein* Wert des Interpolationspolynoms berechnet werden, dann ist der *Algorithmus von Aitken-Neville* geeignet. Es sei $S = \{i_0, \ldots, i_k\} \subseteq \{0, 1, \ldots, n\}$ eine Teilmenge von $k + 1$ paarweise verschiedenen Indexwerten, und $I^*_{i_0 i_1 \cdots i_k}(x)$ bezeichne das Interpolationspolynom zu den Stützpunkten (x_i, y_i) mit $i \in S$. Mit den Startpolynomen vom Grad null $I^*_k(x) := y_k$ ($k = 0, 1, \ldots, n$) gilt die Rekursionsformel

$$I^*_{i_0 i_1 \ldots i_k}(x) = \frac{(x - x_{i_0})I^*_{i_1 i_2 \ldots i_k}(x) - (x - x_{i_k})I^*_{i_0 i_1 \ldots i_{k-1}}(x)}{x_{i_k} - x_{i_0}} \qquad (k = 1, 2, \ldots, n),$$

mit der Interpolationspolynome höheren Grades sukzessive aufgebaut werden können. Die Rekursion liefert mit $I^*_{01 \ldots n}(x) = I_n(x)$ den gesuchten Interpolationswert.

Der Neville-Algorithmus wird insbesondere zur Extrapolation angewandt. Oft kann eine gesuchte Größe $A = B(0)$ nur durch eine berechenbare Größe $B(t)$ approximiert werden, welche von einem Parameter t abhängt, wobei das Fehlergesetz

$$B(t) = A + c_1 t + c_2 t^2 + c_3 t^3 + \ldots + c_n t^n + \ldots,$$

mit von t unabhängigen Entwicklungskoeffizienten $c_1, c_2, \ldots, c_n$ gelte. Wenn etwa aus numerischen Gründen $B(t)$ nicht für einen genügend kleinen Parameterwert t berechenbar ist, sodass $B(t)$ einen hinreichend genauen Näherungswert für A darstellt, so werden für eine Folge von Parameterwerten $t_0 > t_1 > \cdots > t_n > 0$ die Werte $B(t_k)$ sukzessive für $k = 0, 1, 2, \ldots, n$ berechnet und die zugehörigen Interpolationspolynome $I_k(t)$ an der außerhalb liegenden Stelle $t = 0$ ausgewertet, also *extrapoliert.*. Die Zahl n kann dem Problem angepasst werden, indem die Verkleinerung des Parameterwertes t gestoppt wird, sobald sich die letzten extrapolierten Werte hinreichend wenig ändern.

Die Parameterwerte t_k bilden häufig eine geometrische Folge mit dem Quotienten $q = 1/4$, d. h. $t_k = t_0 \cdot q^k$ ($k = 1, 2, \ldots, n$). In diesem Spezialfall vereinfacht sich die Rechenvorschrift zur Bildung des Neville-Schemas. Setzt man $p_i^{(k)} := I^*_{i-k, i-k+1, \ldots, i}$, so ergibt sich mit $t = 0$ die Formel

$$p_i^{(k)} = p_i^{(k-1)} + \frac{t_i}{t_{i-k} - t_i}\left(p_i^{(k-1)} - p_{i-1}^{(k-1)}\right) = p_i^{(k-1)} + \frac{1}{4^k - 1}\left(p_i^{(k-1)} - p_{i-1}^{(k-1)}\right)$$

für $i = k, k+1, \ldots, n$ und $k = 1, 2, \ldots, n$. Dieses spezielle Neville-Schema heißt *Romberg-Schema* (vgl. 7.3.3.2).

7.3.1.5 Spline-Interpolation

Interpolationspolynome zu einer größeren Anzahl von Stützstellen haben die Tendenz, insbesondere bei äquidistanten oder fast gleichabständigen Stützstellen, gegen die Enden des Interpolationsintervalls sehr stark zu oszillieren und damit vom Verlauf der zu approximierenden Funktion stark abzuweichen. Alternativ kann eine intervallweise gültige Interpolation mit einem Polynom niedrigen Grades angewandt werden. Dies führt zwar auf eine global stetige interpolierende Funktion, welche aber an den Stützstellen im Allgemeinen nicht stetig differenzierbar ist.

Abhilfe bringt die *Spline-Interpolation*, welche eine glatte Interpolationsfunktion liefert. Die *natürliche kubische Spline-Interpolierende* $s(x)$ zu den Stützstellen $x_0 < x_1 < \cdots < x_{n-1} < x_n$ und den zugehörigen Stützwerten $y_j (j = 0, 1, 2 \ldots, n)$ ist durch folgende Eigenschaften festgelegt:

(a) $s(x_j) = y_j \quad (j = 0, 1, 2, \ldots, n)$;
(b) $s(x)$ ist für $x \in [x_i, x_{i+1}] \quad (0 \leq i \leq n-1)$ ein Polynom vom Grad ≤ 3;
(c) $s(x) \in C^2([x_0, x_n])$;
(d) $s''(x_0) = s''(x_n) = 0$.

Durch diese Bedingungen ist die Funktion s eindeutig bestimmt. Sie setzt sich intervallweise aus kubischen Polynomen zusammen, welche an den Stützstellen die Interpolationsbedingungen erfüllen, sich an den inneren Stützstellen zweimal stetig differenzierbar zusammensetzen und an den Enden verschwindende zweite Ableitungen aufweisen. Zur numerischen Berechnung der Spline-Interpolierenden $s(x)$, seien

$$h_i := x_{i+1} - x_i > 0 \qquad (i = 0, 1, 2, \ldots, n-1)$$

die Längen der Teilintervalle $[x_i, x_{i+1}]$, in welchen für $s(x)$ der Ansatz gelte

$$s_i(x) = a_i(x - x_i)^3 + b_i(x - x_i)^2 + c_i(x - x_i) + d_i, \qquad x \in [x_i, x_{i+1}].$$

Neben den gegebenen Stützwerten y_i, sollen noch die zweiten Ableitungen y_i'' zur Festlegung der Teilpolynome $s_i(x)$ verwendet werden. Für die vier Koeffizienten a_i, b_i, c_i, d_i von $s_i(x)$ gelten somit die Formeln

$$
\begin{aligned}
a_i &= (y_{i+1}'' - y_i'')/(6h_i), & b_i &= y_i''/2, \\
c_i &= (y_{i+1} - y_i)/h_i - h_i(y_{i+1}'' + 2y_i'')/6, & d_i &= y_i.
\end{aligned}
$$

Durch diesen Ansatz ist die Interpolationsbedingung und die Stetigkeit der zweiten Ableitung an den inneren Stützstellen gesichert. Die Stetigkeitsbedingung der ersten Ableitung an den $n-1$ inneren Stützstellen x_i liefert die $n-1$ linearen Gleichungen

$$h_{i-1}y_{i-1}'' + 2(h_{i-1} + h_i)y_i'' + h_i y_{i+1}'' - \frac{6}{h_i}(y_{i+1} - y_i) + \frac{6}{h_{i-1}}(y_i - y_{i-1}) = 0$$

für $i = 1, 2, \ldots, n-1$. Unter Berücksichtigung von $y_0'' = y_n'' = 0$ stellt dies ein lineares Gleichungssystem für die $n-1$ Unbekannten $y_1'', \ldots, y_{n-1}''$ dar. Seine Koeffizientenmatrix ist symmetrisch, tridiagonal und stark diagonal dominant. Das Gleichungssystem hat eine eindeutige Lösung, welche mit einem Aufwand von $O(n)$ wesentlichen Operationen berechnet werden kann (vgl. 7.2.1.6). Selbst für größere Werte von n ist die numerische Lösung des tridiagonalen Gleichungssystems problemlos, weil die Konditionszahl der Matrix klein ist, solange die Längen der Teilintervalle keine extremen Größenunterschiede aufweisen.

Die beiden sogenannten natürlichen Endbedingungen $s''(x_0) = s''(x_n) = 0$ sind in den meisten Fällen nicht problemgerecht. Sie können durch zwei andere Bedingungen ersetzt (z. B. Vorgabe der ersten Ableitungen $s'_0(x_0)$ und $s'_{n-1}(x_n)$ oder periodische Bedingungen $s'(x_0) = s'(x_n)$, $s''(x_0) = s''(x_n)$).

7.3.2 Numerische Differentiation

Interpolationspolynome werden dazu verwendet, Ableitungen von punktweise gegebenen Funktionen $f(x)$ näherungsweise zu berechnen. So gewonnene Formeln der *numerischen Differentiation* dienen auch dazu, Ableitungen von aufwändig differenzierbaren Funktionen zu approximieren, sie sind aber insbesondere zur Approximation von Ableitungen zur Lösung von partiellen Differentialgleichungen unentbehrlich (vgl. 7.7.2.1).

Für *äquidistante Stützstellen* $x_i = x_0 - ih$ mit zugehörigen Stützwerten $y_i = f(x_i)$ $(i = 0, 1, \ldots, n)$ erhält man durch n-malige Differentiation der Lagrangeschen Interpolationsformel (vgl. 7.3.1.1):

$$f^{(n)}(x) \approx \frac{1}{h^n} \left[(-1)^n y_0 + (-1)^{n-1} \binom{n}{1} y_1 + (-1)^{n-2} \binom{n}{2} y_2 + \ldots - \binom{n}{n-1} y_{n-1} + y_n \right].$$

Die rechte Seite stimmt mit $f^{(n)}(\xi)$ an einer Zwischenstelle $\xi \in (x_0, x_n)$ überein. Diese n-ten *Differenzenquotienten* lauten für $n = 1, 2, 3$:

$$f'(x) \approx \frac{y_1 - y_0}{h}, \qquad f''(x) \approx \frac{y_2 - 2y_1 + y_0}{h^2}, \qquad f^{(3)}(x) \approx \frac{y_3 - 3y_2 + 3y_1 - y_0}{h^3}.$$

Allgemeiner kann eine p-te Ableitung an einer bestimmten Stelle x auch durch die p-te Ableitung eines höhergradigen Interpolationspolynoms $I_n(x)$ angenähert werden. Für $n = 2$ ergeben sich so für die erste Ableitung die Näherungsformeln

$$f'(x_0) \approx \frac{-3y_0 + 4y_1 - y_2}{2h}, \qquad f'(x_1) \approx \frac{y_2 - y_0}{2h} \quad \text{(zentraler Differenzenquotient)}.$$

7.3.3 Numerische Quadratur

Die genäherte numerische Berechnung eines bestimmten Integrals $I = \int_a^b f(x)\mathrm{d}x$ auf Grund von einzelnen bekannten oder berechneten Funktionswerten des Integranden nennt man *Quadratur*. Die geeignete Methode zur genäherten Bestimmung von I hängt wesentlich von den Eigenschaften des Integranden im Integrationsintervall ab: Ist der Integrand glatt, oder gibt es Singularitäten der Funktion $f(x)$ oder einer ihrer Ableitungen? Liegt eine Wertetabelle vor, oder ist $f(x)$ für beliebige Argumente x berechenbar? Welches ist die gewünschte Genauigkeit, und wie viele verschiedene, ähnliche Integrale sind zu berechnen?

7.3.3.1 Interpolatorische Quadraturformeln

Eine Klasse von Quadraturformeln für stetige und hinreichend oft stetig differenzierbare Integranden $f(x)$ ergibt sich so, dass $f(x)$ im Integrationsintervall $[a, b]$ durch ein Polynom $I_n(x)$ zu $n + 1$ verschiedenen Stützstellen $a \leq x_0 < x_1 < \cdots < x_n \leq b$ interpoliert wird und der Wert I durch das (exakte) Integral des Interpolationspolynoms angenähert wird. Auf Grund der Lagrangeschen Interpolationsformel (vgl. 7.3.1.1) ergibt sich so

$$I = \int_a^b \sum_{k=0}^n f(x_k) L_k(x)\, \mathrm{d}x + \int_a^b \frac{f^{(n+1)}(\xi)}{(n+1)!} \prod_{i=0}^n (x - x_i)\, \mathrm{d}x.$$

Aus dem ersten Anteil resultiert die *Quadraturformel*

$$Q_n = \sum_{k=0}^{n} f(x_k) \int_a^b L_k(x)\,\mathrm{d}x =: (b-a) \sum_{k=0}^{n} w_k f(x_k),$$

mit den nur von den gewählten Stützstellen $x_0, x_1, \ldots, x_n$ und und der Intervalllänge $b-a$ abhängigen *Integrationsgewichten*

$$w_k = \frac{1}{b-a} \int_a^b L_k(x)\,\mathrm{d}x \qquad (k = 0, 1, 2 \ldots, n).$$

zu den *Integrationsstützstellen* oder Knoten x_j. Der Quadraturfehler von Q_n lautet

$$E_n[f] := I - Q_n = \int_a^b \frac{f^{(n+1)}(\xi)}{(n+1)!} \prod_{i=0}^{n} (x - x_i)\,\mathrm{d}x.$$

Er kann im Fall von äquidistanten Stützstellen explizit angegeben werden. Alle interpolatorischen Quadraturformeln besitzen auf Grund ihrer Konstruktion die Eigenschaft, dass Q_n für I den exakten Wert liefert, falls $f(x)$ ein Polynom vom Grad höchstens gleich n ist. In bestimmten Fällen kann sie auch noch exakt sein für Polynome höheren Grades. So versteht man unter dem *Genauigkeitsgrad* $m \in \mathbb{N}$ einer (beliebigen) Quadraturformel $Q_n := (b-a)\sum_{k=0}^{n} w_k f(x_k)$ die größte Zahl m, für welche Q_n alle Polynome bis zum Grad m exakt integriert. Zu vorgegebenen $n+1$ Integrationsstützstellen $a \leq x_0 < x_1 < \ldots < x_n \leq b$ existiert eine eindeutig bestimmte, interpolatorische Quadraturformel Q_n, deren Genauigkeitsgrad m mindestens gleich n ist.

Für *äquidistante Knoten* mit $x_0 = a$, $x_n = b$, $x_k = x_0 + kh$ ($0 \leq k \leq n$), $h := (b-a)/n$ ergeben sich die *geschlossenen Newton-Cotes-Quadraturformeln*. Sind $f_k := f(x_k)$ ($0 \leq k \leq n$) die Stützwerte des Integranden, so sind einige Newton-Cotes-Quadraturformeln zusammen mit ihren Quadraturfehlern und dem Genauigkeitsgrad m gegeben durch:

$$
\begin{aligned}
Q_1 &= \tfrac{h}{2}[f_0 + f_1] & \text{(Trapezregel)}, & \quad E_1[f] = -\tfrac{h^3}{12} f''(\xi), & \quad m = 1,\\
Q_2 &= \tfrac{h}{3}[f_0 + 4f_1 + f_2] & \text{(Simpsonregel)}, & \quad E_2[f] = -\tfrac{h^5}{90} f^{(4)}(\xi), & \quad m = 3,\\
Q_3 &= \tfrac{3h}{8}[f_0 + 3f_1 + 3f_2 + f_3] & \text{(3/8-Regel)}, & \quad E_3[f] = -\tfrac{3h^5}{80} f^{(4)}(\xi), & \quad m = 3,\\
Q_4 &= \tfrac{2h}{45}[7f_0 + 32f_1 + 12f_2 + 32f_3 + 7f_4], & & \quad E_4[f] = -\tfrac{8h^7}{945} f^{(6)}(\xi), & \quad m = 5,\\
Q_5 &= \tfrac{5h}{288}[19f_0 + 75f_1 + 50f_2 + 50f_3 + 75f_4 + 19f_5], & & \quad E_5[f] = -\tfrac{275h^7}{12\,096} f^{(6)}(\xi), & \quad m = 5.
\end{aligned}
$$

Die Quadraturformeln für $n = 2l$ und $n = 2l + 1$ haben den gleichen Genauigkeitsgrad $m = 2l + 1$. Es ist deshalb vorteilhaft, die Newton-Cotes-Formeln für gerades n zu verwenden. In den oben angegebenen Fällen sind die Integrationsgewichte positiv, woraus sich $\sum_{k=0}^{n}|w_k| = 1$ ergibt. Wegen $\sum_{k=0}^{n}|w_k| \to \infty$ für $n \to \infty$ ist die Familie der Newton-Cotes-Formeln Q_n instabil, und man verwendet Q_n für $n > 6$ im Allgemeinen nicht.

Eine bessere Approximation von I erzielt man durch Unterteilung des Integrationsintervalls $[a,b]$ in N gleichgroße Teilintervalle, in denen die Newton-Cotes-Formeln angewandt werden. Aus der einfachen Trapezregel entsteht die *summierte Trapezregel*.

$$S_1 := T(h) := h\left[\frac{1}{2}f_0 + \sum_{k=1}^{N-1} f_k + \frac{1}{2}f_N\right], \qquad h := (b-a)/N.$$

Die *summierte Simpson-Regel* lautet

$$S_2 := \frac{h}{3}\left[f_0 + 4f_1 + f_{2N} + 2\sum_{k=1}^{N-1}\left\{f_{2k} + 2f_{2k+1}\right\}\right], \qquad \begin{aligned} h &:= (b-a)/2N,\\ f_j &:= f(x_0 + jh)\ (0 \leq j \leq 2N), \end{aligned}$$

deren Quadraturfehler für einen Integranden $f(x) \in C^4([a, b])$ gegeben ist durch

$$E_{S_2}[f] = -\frac{b-a}{180} h^4 f^{(4)}(\xi) \qquad \text{für ein } \xi \in (a, b).$$

Die *Mittelpunktregel* oder *Tangententrapezregel*

$$Q_0^0 := (b-a)f(x_1), \qquad x_1 = (a+b)/2,$$

heißt *offene Newton-Cotes-Quadraturformel*, da die Randpunkte a, b keine Integrationsstützstellen sind. Sie besitzt den Genauigkeitsgrad $m = 1$ und einen Quadraturfehler

$$E_0^0[f] = \tfrac{1}{24}(b-a)^3 f''(\xi), \qquad a < \xi < b.$$

Die *summierte Mittelpunktregel* oder *Mittelpunktsumme*

$$S_0^0 := M(h) := h \sum_{k=0}^{N-1} f(x_{k+1/2}), \qquad x_{k+1/2} := a + \left(k + \frac{1}{2}\right)h, \quad h := (b-a)/N,$$

entspricht einer Riemannschen Zwischensumme (vgl. 1.6.1).

Zwischen der Trapezsumme $T(h)$ und der Mittelpunktsumme $M(h)$ besteht die Relation $T(h/2) = \frac{1}{2}[T(h) + M(h)]$, welche erlaubt, eine Trapeznäherung $T(h)$ durch die zugehörige Mittelpunktsumme zur Näherung $T(h/2)$ für die halbe Schrittlänge zu verbessern. Jede Halbierung der Schrittweite verdoppelt die Zahl der Funktionsauswertungen.

Die Trapezmethode mit sukzessiver Halbierung der Schrittweite eignet sich besonders gut zur Berechnung von Integralen von periodischen und analytischen Integranden über ein Periodenintervall, weil die Trapezsummen rasch konvergieren. Die Trapezmethode ist auch günstig zur genäherten Berechnung von uneigentlichen Integralen über $\mathbb{R}$ von hinreichend rasch abklingenden Integranden $f(x)$.

7.3.3.2 Das Romberg-Verfahren

Für einen hinreichend oft stetig differenzierbaren Integranden $f(x)$ gilt die Euler-Maclaurinsche *Summenformel* mit Restglied

$$T(h) = \int_a^b f(x)\,dx + \sum_{k=1}^{N} \frac{B_{2k}}{(2k)!}\left[f^{(2k-1)}(b) - f^{(2k-1)}(a)\right]h^{2k} + R_{N+1}(h)$$

(vgl. 0.5.1.3). Die *Bernoulli-Zahlen* B_{2k} sind in 0.1.10.4 tabelliert. Für den Rest gilt $R_{N+1}(h) = O(h^{2N+2})$. Die berechenbare Trapezsumme $T(h)$ stellt das gesuchte Integral I mit einem Fehler dar, der eine asymptotisch gültige Entwicklung nach der Schrittweite h besitzt, in welcher nur gerade Potenzen auftreten. Wird die Schrittweite sukzessiv halbiert, so sind die Voraussetzungen erfüllt, für den Parameter $t = h^2$ die *Extrapolation* auf den Wert $t = 0$ mit Hilfe des *Romberg-Schemas* vorzunehmen (vgl. 7.3.1.4). Die benötigten Trapezsummen $T(h_i)$ für die Folge $h_0 = b - a$, $h_i = h_{i-1}/2$ $(i = 1, 2, 3, \ldots)$ werden sukzessive mit den Mittelpunktsummen bestimmt. Im Romberg-Schema konvergieren insbesondere die Zahlwerte jeder Schrägzeile gegen den Integralwert. Die Schrittweitenhalbierung kann gestoppt werden, sobald sich zwei extrapolierte Näherungswerte der obersten Schrägzeile genügend wenig unterscheiden. Das *Romberg-Verfahren* stellt für hinreichend glatte Integranden eine effiziente, numerisch stabile Integrationsmethode dar.

h	$T(h)$	Beispiel: $I = \int_1^2 \frac{e^x}{x}\, dx \doteq 3.059\,116\,540$			
1	3.206 404 939				
1/2	3.097 098 826	3.060 663 455			
1/4	3.068 704 101	3.059 239 193	3.059 144 242		
1/8	3.061 519 689	3.059 124 886	3.059 117 265	3.059 116 837	
1/16	3.059 717 728	3.059 117 074	3.059 116 553	3.059 116 542	3.059 116 541

7.3.3.3 Gaußsche Quadratur

Anstatt die Integrationsstützstellen vorzugeben, können dieselben zusammen mit den Integrationsgewichten so gewählt werden, dass die resultierende Quadraturformel maximalen Genauigkeitsgrad besitzt. Diese Zielsetzung wird hier in einem allgemeineren Rahmen der genäherten Berechnung eines Integrals

$$I = \int_a^b f(x) \cdot q(x)\, dx$$

mit einer vorgegebenen, im Intervall (a, b) positiven und stetigen Gewichtsfunktion $q(x)$ betrachtet. Zu jeder ganzen Zahl $n > 0$ gibt es n Integrationsstützstellen $x_k \in [a, b]$ $(k = 1, 2, \ldots, n)$ und Gewichte w_k $(k = 1, 2, \ldots, n)$, sodass für ein $\xi \in (a, b)$ gilt

$$\int_a^b f(x) \cdot q(x)\, dx = \sum_{k=1}^n w_k f(x_k) + \frac{f^{(2n)}(\xi)}{(2n)!} \int_a^b \left\{ \prod_{k=1}^n (x - x_k) \right\}^2 q(x)\, dx.$$

Die durch die Summe definierte Quadraturformel hat den maximalen Genauigkeitsgrad $m = 2n - 1$, falls die Knoten x_k als die Nullstellen des Polynoms $\varphi_n(x)$ vom Grad n gewählt werden, welches der Familie der orthogonalen Polynome $\varphi_0(x), \varphi_1(x), \ldots, \varphi_n(x)$ angehört mit den Eigenschaften

$$\text{Grad } \varphi_l(x) = l; \qquad \int_a^b \varphi_k(x)\varphi_l(x)q(x)\, dx = 0 \qquad \text{für } k \neq l.$$

Die Nullstellen des Polynoms $\varphi_k(x)$ sind stets reell, paarweise verschieden, und für sie gilt $x_k \in (a, b)$ $(k = 1, 2, \ldots, n)$.

Die Integrationsgewichte w_k sind durch die zugehörige interpolatorische Quadraturformel als Integrale der gewichteten Lagrange-Polynome bestimmt und gegeben durch

$$w_k = \int_a^b \left\{ \prod_{\substack{j=1 \\ j \neq k}}^n \left(\frac{x - x_j}{x_k - x_j} \right) \right\} q(x)\, dx = \int_a^b \left\{ \prod_{\substack{j=1 \\ j \neq k}}^n \left(\frac{x - x_j}{x_k - x_j} \right) \right\}^2 q(x)\, dx > 0,$$

Aus der zweiten, äquivalenten Darstellung folgt, dass die Integrationsgewichte w_k von allen Gaußschen Quadraturformeln für alle n positiv sind.

Da die orthogonalen Polynome $\varphi_k(x)$ $(k = 0, 1, 2, \ldots, n)$ der oben genannten Familie eine dreigliedrige Rekursionsformel erfüllen, können die Nullstellen von $\varphi_n(x)$ numerisch problemlos als Eigenwerte einer symmetrischen, tridiagonalen Matrix bestimmt werden. Die zugehörigen Integrationsgewichte sind im Wesentlichen das Quadrat der ersten Komponente des entsprechenden normierten Eigenvektors der Matrix.

Die allgemeinen Gaußschen Quadraturformeln haben wegen ihres hohen Genauigkeitsgrades eine große Bedeutung zur genäherten Berechnung von bestimmten Integralen im Fall von (gewichteten) Integranden, welche an beliebiger Stelle berechenbar sind. Für die Anwendungen sind die folgenden Spezialfälle besonders wichtig, wobei in den ersten zwei Fällen ohne Einschränkung der Allgemeinheit das Intervall $[-1, +1]$ festgelegt wird. Denn jedes endliche Intervall $[a, b]$ lässt sich vermittels der Abbildung $x = 2\frac{t-a}{b-a} - 1$ in $[-1, +1]$ überführen.

Gauß-Legendresche Quadraturformeln: Für die Gewichtsfunktion $q(x) = 1$ in $[-1, +1]$ sind $\varphi_n(x) = P_n(x)$ die *Legendre-Polynome* (vgl. 1.13.2.13). Die Nullstellen der Legendre-Polynome $P_n(x)$ $(n = 1, 2, \ldots)$ liegen symmetrisch zum Nullpunkt, und die Integrationsgewichte w_k zu symmetrischen Integrationsstützstellen sind gleich. Der Quadraturfehler ist

$$E_n[f] = \frac{2^{2n+1}(n!)^4}{\left[(2n)!\right]^3 (2n+1)}\, f^{(2n)}(\xi), \qquad \xi \in (-1, +1).$$

Gauß-Tschebyschew-Quadraturformeln: Für die Gewichtsfunktion $q(x) = 1/\sqrt{1 - x^2}$ in $[-1, +1]$ sind $\varphi_n(x) = T_n(x)$ die *Tschebyschew-Polynome* (vgl. 7.5.1.3). Die Integrationsstützstellen x_k und die Gewichte w_k sind

$$x_k = \cos\left((2k-1)\pi/(2n)\right), \qquad w_k = \pi/n \qquad (k = 1, 2, \ldots, n).$$

Für den Quadraturfehler gilt

$$E_n[f] = \frac{2\pi}{2^{2n}(2n)!}\, f^{(2n)}(\xi), \qquad \xi \in (-1, 1).$$

Die Gauß-Tschebyschew-Quadraturformel steht in einem Spezialfall in enger Beziehung zur Mittelpunktsumme $M(h)$. Aus

$$\int_{-1}^{1} \frac{f(x)}{\sqrt{1 - x^2}}\, dx = \frac{\pi}{n} \sum_{k=1}^{n} f(x_k) + E_n[f]$$

folgt mit der Variablensubstitution $x = \cos\theta$,

$$\int_{0}^{\pi} f(\cos\theta)\, d\theta = \frac{\pi}{n} \sum_{k=1}^{n} f(\cos\theta_k) + E_n[f] = M\left(\frac{\pi}{n}\right) + E_n[f],$$

wobei $\theta_k = (2k-1)\pi/(2n)$ $(1 \leq k \leq n)$ äquidistante Integrationsstützstellen für die 2π-periodische, gerade Funktion $f(\cos\theta)$ sind. Die Mittelpunktsumme liefert mit wachsendem n in diesem Fall Näherungen mit sehr kleinen Quadraturfehlern.

Gauß-Laguerre-Quadraturformeln: Für die Gewichtsfunktion $q(x) = e^{-x}$ in $[0, \infty]$ sind $\varphi_n(x) = L_n(x) := \frac{1}{n!}e^x \cdot \frac{d^n}{dx^n}(x^n e^{-x})$ $(n = 0, 1, 2, \ldots)$ die *Laguerre-Polynome*. Die ersten lauten

$$L_0(x) = 1, \quad L_1(x) = 1 - x, \quad L_2(x) = 1 - 2x + \frac{1}{2}x^2, \quad L_3(x) = 1 - 3x + \frac{3}{2}x^2 - \frac{1}{6}x^3.$$

Sie erfüllen die Rekursionsformel

$$L_{n+1}(x) = \frac{2n+1-x}{n+1} L_n(x) - \frac{n}{n+1} L_{n-1}(x) \qquad (n = 1, 2, 3, \ldots)$$

und führen auf den Quadraturfehler

$$E_n[f] = \frac{(n!)^2}{(2n)!} f^{(2n)}(\xi), \qquad 0 < \xi < \infty.$$

Der Koeffizient des Quadraturfehlers nimmt mit wachsendem n relativ langsam ab.

7.3.3.4 Substitution und Transformation

Eine geeignete Variablensubstitution im Integral kann den Integranden so transformieren, dass eine bestimmte Quadraturmethode effizient anwendbar wird. Im Vordergrund stehen Integrale mit singulärem Integranden und Integrale über unbeschränkte Intervalle mit langsam abklingenden Integranden. Mit der Substitution

$$x = \varphi(t), \qquad \varphi'(t) > 0,$$

wo $\varphi(t)$ eine streng monotone Funktion ist, deren Inverse das gegebene Integrationsintervall $[a, b]$ bijektiv auf $[\alpha, \beta]$ mit $\varphi(\alpha) = a$, $\varphi(\beta) = b$ abbildet, ergibt sich

$$I = \int_a^b f(x)\, dx = \int_\alpha^\beta F(t)\, dt \qquad \text{mit} \quad F(t) := f\big(\varphi(t)\big)\varphi'(t).$$

Eine *algebraische Randsingularität* wie beispielsweise in $I = \int_0^1 x^{p/q} f(x)\, dx$ mit ganzzahligen $q \geq 2$, $p > -q$ und einer in $[0, 1]$ analytischen Funktion $f(x)$ wird mit der Variablensubstitution $x = \varphi(t) = t^q$ in das Integral $I = q \int_0^1 t^{p+q-1} f(t^q)\, dt$ überführt, dessen Integrand wegen $p + q - 1 \geq 0$ keine Singularität aufweist und mit dem Romberg-Verfahren oder der Gauß-Quadratur effizient auswertbar ist.

Die Transformation von (halb)unendlichen Integrationsintervallen auf endliche erfolgt so: Die Integration über $[0, \infty)$ wird mit der Substitution $x = \varphi(t) := t/(t+1)$ in eine solche über $[0, 1)$ überführt. Die Substitution $x = \varphi(t) := (e^t - 1)/(e^t + 1)$ transformiert das Intervall $(-\infty, \infty)$ in $(-1, 1)$. Nur in günstigen Fällen resultiert auf diese Weise ein stetiger Integrand, denn im Allgemeinen entsteht ein Integrand mit Randsingularitäten.

Zur Behandlung von integrierbaren Singularitäten unbekannter Natur an bei den Intervallenden des endlichen Intervalls $(-1, 1)$ eignet sich die tanh-*Transformation*. Mit der Substitution

$$x = \varphi(t) := \tanh t, \qquad \varphi'(t) = 1/\cosh^2 t$$

wird $(-1, 1)$ zwar auf das unendliche Intervall $(-\infty, \infty)$ abgebildet, doch wird der Integrand des transformierten Integrals

$$I = \int_{-1}^1 f(x)\, dx = \int_{-\infty}^\infty F(t)\, dt \qquad \text{mit} \quad F(t) := \frac{f(\tanh t)}{\cosh^2 t}$$

oft exponentiell abklingen.

Für uneigentliche Integrale mit langsam abklingenden Integranden hilft die sinh-*Transformation*

$$I = \int_{-\infty}^\infty f(x)\, dx = \int_{-\infty}^\infty F(t)\, dt \qquad \text{mit} \quad \begin{cases} x = \varphi(t) := \sinh t, \quad \varphi'(r) = \cosh t, \\ F(t) := f(\sinh t) \cdot \cosh t. \end{cases}$$

Eine endliche Anzahl von sinh-Transformationen erzeugt einen Integranden, welcher beidseitig exponentiell abklingt, sodass die Trapezmethode effizient anwendbar ist. Die Trapezmethode auf $(-\infty, \infty)$ heißt auch sinc-Quadratur. Fehlerabschätzungen hierzu findet man in [Stenger].

7.4 Nichtlineare Probleme

7.4.1 Nichtlineare Gleichungen

Von einer stetigen, nichtlinearen Funktion $f : \mathbb{R} \to \mathbb{R}$ seien ihre *Nullstellen* als Lösungen der Gleichung

$$\boxed{f(x) = 0}$$

gesucht. Ihre Bestimmung erfolgt iterativ, indem aus einem oder mehreren bekannten Näherungswerten ein nachfolgender Näherungswert gebildet wird.

Unter der Voraussetzung, es seien zwei Werte $x_1 < x_2$ bekannt, für welche $f(x_1)$ und $f(x_2)$ entgegengesetzte Vorzeichen haben, existiert im Inneren des Intervalls $[x_1, x_2]$ mindestens eine Nullstelle s. Diese kann mit der Methode der *Intervallhalbierung*, auch *Bisektionsmethode* genannt, sukzessive auf Intervalle der halben Länge lokalisiert werden, indem für $x_3 = (x_1 + x_2)/2$ auf Grund des Vorzeichens von $f(x_a)$ dasjenige der Intervalle $[x_1, x_3]$ oder $[x_3, x_2]$ bestimmt wird, in dem die Nullstelle s liegt. Die Länge des die Wurzel s einschließenden Intervalls nimmt wie eine geometrische Folge mit dem Quotienten $q = 0.5$ ab, sodass die Anzahl der Bisektionsschritte zur Erreichung einer vorgegebenen absoluten Genauigkeit von der Länge des Startintervalls $[x_1, x_2]$ abhängt.

Im *Verfahren der Regula falsi* wird am Einschließungsprinzip festgehalten, doch wird der nachfolgende Testwert x_3 durch lineare Interpolation ermittelt gemäß $x_3 = (x_1 y_2 - x_2 y_1)/(y_2 - y_1)$, wobei $y_i = f(x_i)$ gilt. Das Vorzeichen von $y_3 = f(x_3)$ bestimmt das Teilintervall $[x_1, x_3]$ oder $[x_3, x_2]$, welches die gesuchte Nullstelle s enthält. Ist die Funktion $f(x)$ in $[x_1, x_2]$ entweder konkav oder konvex, dann konvergiert die Folge der Testwerte monoton gegen s.

Die *Sekantenmethode* lässt die Einschließungseigenschaft fallen. Zu zwei gegebenen Näherungen $x^{(0)}$ und $x^{(1)}$ für die gesuchte Wurzel s wird die Folge von iterierten Werten

$$x^{(k+1)} = x^{(k)} - f(x^{(k)}) \cdot \frac{x^{(k)} - x^{(k-1)}}{f(x^{(k)}) - f(x^{(k-1)})} \qquad (k = 1, 2, \ldots)$$

unter der Voraussetzung $f(x^{(k)}) \neq f(x^{(k-1)})$ definiert; $x^{(k+1)}$ ist geometrisch der Schnittpunkt der die Funktion $f(x)$ approximierenden Sekanten mit der x-Achse.

Das *Verfahren von Newton* setzt voraus, dass f stetig differenzierbar und die Ableitung $f'(x)$ leicht berechenbar ist. Zu einer Startnäherung $x^{(0)}$ lautet die Iterationsvorschrift

$$\boxed{x^{(k+1)} = x^{(k)} - \frac{f(x^{(k)})}{f'(x^{(k)})},} \qquad f'^{(k)}) \neq 0 \qquad (k = 1, 2, \ldots).$$

$x^{(k+1)}$ ist geometrisch der Schnittpunkt der Tangenten mit der x-Achse.

Es sei $f(s) = 0$ mit $f'(s) \neq 0$. Dann konvergiert die Folge der $x^{(k)}$ gegen s für alle Startwerte $x^{(0)}$ aus einer Umgebung von x, für welche $|f''^{(0)})f(x^{(0)})/f'^{(0)})^2| < 1$ gilt.

Für die Konvergenzgüte eines Verfahrens ist seine *Konvergenzordnung* maßgebend. Es liegt (mindestens) *lineare Konvergenz* vor, falls für fast alle $k \in \mathbb{N}$ (d. h. für alle $k \geq k_0$ mit festem k_0) eine Abschätzung

$$|x^{(k+1)} - s| \leq C \cdot |x^{(k)} - s| \qquad \text{mit} \quad 0 < C < 1.$$

gilt. Ein Iterationsverfahren besitzt (mindestens) die Konvergenzordnung $p > 1$, falls für fast alle $k \in \mathbb{N}$ eine Abschätzung

$$|x^{(k+1)} - s| \leq K \cdot |x^{(k)} - s|^p \qquad \text{mit} \quad 0 < K < \infty.$$

gilt. Die Konvergenz der Bisektionsmethode und der Regula falsi ist linear. Die Sekantenmethode weist *superlineare* Konvergenz auf mit einer Konvergenzordnung $p \doteq 1.618$. Da für das Newtonsche Verfahren $p = 2$ gilt, konvergiert die Iterationsfolge *quadratisch*, d. h. die Anzahl der richtigen Dezimalstellen verdoppelt sich etwa in jedem Iterationsschritt. Da die Sekantenmethode keine Berechnung der Ableitung erfordert, ist sie im Vergleich zum Newtonschen Verfahren aufwandmäßig oft effizienter, weil ein Doppelschritt die Konvergenzordnung $p \doteq 2.618$ besitzt.

7.4.2 Nichtlineare Gleichungssysteme

Es seien $f_i(x_1, x_2, \ldots, x_n)$ $(1 \leq i \leq n)$ stetige Funktionen von n unabhängigen Variablen $\mathbf{x} := (x_1, \ldots, x_n)^{\mathsf{T}}$ in einem gemeinsamen Definitionsbereich $D \subseteq \mathbb{R}^n$ gegeben. Gesucht sind die Lösungen $\mathbf{x} \in D$ des nichtlinearen Gleichungssystems $f_i(\mathbf{x}) = 0$ $(1 \leq i \leq n)$:

$$\mathbf{f}(\mathbf{x}) = \mathbf{0} \qquad \text{mit} \qquad \mathbf{f}(\mathbf{x}) := \big(f_1(\mathbf{x}), f_2(\mathbf{x}), \ldots, f_n(\mathbf{x})\big)^{\mathsf{T}}.$$

Das Problem, einen Lösungsvektor $\mathbf{x} \in D$ zu finden, wird mit Hilfe von zwei Grundmethoden angegangen.

7.4.2.1 Fixpunktiteration

In manchen Anwendungen liegen die zu lösenden nichtlinearen Gleichungen in der *Fixpunktform*

$$\boxed{\mathbf{x} = \mathbf{F}(\mathbf{x})} \qquad \text{für} \quad \mathbf{F} : \mathbb{R}^n \to \mathbb{R}^n,$$

vor, oder $\mathbf{f}(\mathbf{x}) = 0$ kann in diese Gestalt umgeformt werden. Der gesuchte Lösungsvektor $\mathbf{x}$ ist dann ein *Fixpunkt* der Abbildung $\mathbf{F}$ im Definitionsbereich $D \subseteq \mathbb{R}^n$, den man durch die Fixpunktiteration

$$\boxed{\mathbf{x}^{(k+1)} = \mathbf{F}(\mathbf{x}^{(k)})} \qquad (k = 0, 1, 2, \ldots)$$

mit gegebenem Startvektor $\mathbf{x}^{(0)} \in D$ zu bestimmen sucht. Der Banachsche Fixpunktsatz[2], speziell angewandt in $\mathbb{R}^n$, liefert eine notwendige Konvergenzaussage der so konstruierten Vektorfolge $(\mathbf{x}^{(k)})$ gegen den Fixpunkt $\mathbf{x}$.

Satz: Es sei $A \subset D \subseteq \mathbb{R}^n$ eine abgeschlossene Teilmenge des Definitionsbereiches D einer Abbildung $\mathbf{F} : A \longrightarrow A$. Ist $\mathbf{F}$ eine kontrahierende Abbildung von A in A, d. h. hat man mit einer Konstanten $L < 1$ die Ungleichung

$$\|\mathbf{F}(\mathbf{x}) - \mathbf{F}(\mathbf{y})\| \leq L \|\mathbf{x} - \mathbf{y}\| \qquad \text{für alle} \quad \mathbf{x}, \mathbf{y} \in A$$

dann gilt:

(a) Die Fixpunktgleichung $\mathbf{x} = \mathbf{F}(\mathbf{x})$ besitzt *genau eine Lösung* $\mathbf{x} \in A$.

(b) Für jeden Startvektor $\mathbf{x}^{(0)} \in A$ konvergiert die durch die Fixpunktiteration definierte Vektorfolge $(\mathbf{x}^{(k)})$ gegen $\mathbf{x}$.

(c) Für den Fehler bestehen die Abschätzungen

$$\|\mathbf{x}^{(k)} - \mathbf{x}\| \leq \tfrac{L^k}{1-L} \|\mathbf{x}^{(1)} - \mathbf{x}^{(0)}\| \qquad (k = 1, 2, \ldots),$$

$$\|\mathbf{x}^{(k)} - \mathbf{x}\| \leq \tfrac{L}{1-L} \|\mathbf{x}^{(k)} - \mathbf{x}^{(k-1)}\| \qquad (k = 1, 2, \ldots).$$

Fréchet-Ableitung: Mit $\mathbf{F}'(\mathbf{x})$ bezeichnen wir die Fréchet-Ableitung von $\mathbf{F}$ im Punkt $\mathbf{x}$, d. h. es ist $\mathbf{F}'(\mathbf{x}) = \left(\frac{\partial F_j(\mathbf{x})}{\partial x_k}\right)_{j,k=1,\ldots,n}$. Diese Matrix der ersten partiellen Ableitungen der Komponenten von $\mathbf{F}$ im Punkt $\mathbf{x}$ nennt man auch *Jacobi-Matrix* von $\mathbf{F}$ an der Stelle $\mathbf{x}$.

Konvergenzgeschwindigkeit: (i) Die durch die Fixpunktiteration $\mathbf{x}^{(k+1)} = \mathbf{F}(\mathbf{x}^{(k)})$ definierte Folge $(\mathbf{x}^{(k)})$ konvergiert *linear* gegen den Fixpunkt $\mathbf{x}$ von $\mathbf{F}$, falls $\mathbf{F}'(\mathbf{x}) \neq 0$. (ii) Sind die Funktionen f_i mindestens zweimal stetig differenzierbar in A und ist $\mathbf{F}'(\mathbf{x}) = 0$, so ist die Konvergenzordnung der Fixpunktiteration mindestens quadratisch.

---

[2]Die allgemeine Formulierung des Fixpunktsatzes von Banach findet man in 11.4.1 des Handbuchs.

7.4.2.2 Methode von Newton-Kantorowitsch

Das zu lösende nichtlineare Gleichungssystem

$$\boxed{f(x) = 0}$$

wird linearisiert unter der Voraussetzung, dass die f_i in D mindestens einmal stetig differenzierbar sind. Für eine Näherung $x^{(0)}$ des Lösungsvektors x gilt die Taylor-Entwicklung mit Restglied $f(x) = f(x^{(0)}) + f'(x)(x - x^{(0)}) + R(x)$. Lässt man das Restglied $R(x)$ weg, so erhält man als linearisierte Näherung des nichtlinearen Gleichungssystems das lineare System

$$\boxed{f'(x^{(0)})(x - x^{(0)}) + f(x^{(0)}) = 0}$$

für den Korrekturvektor $z := x - x^{(0)}$. Das lineare Gleichungssystem besitzt eine eindeutige Lösung genau dann, wenn $\det f'(x^{(0)}) \neq 0$.

Das Ersatzgleichungssystem liefert im Allgemeinen nicht diejenige Korrektur, die zur Lösung x führt. Deshalb wird die Startnäherung $x^{(0)}$ iterativ verbessert, indem für $k = 0, 1, 2, \ldots$ folgende Schritte ausgeführt werden:

1. Berechnung von $f(x^{(k)})$, evtl. Test auf $\|f(x^{(k)})\| \leq \varepsilon_1$.

2. Berechnung von $f'(x^{(k)})$.

3. Gleichungssystem $f'(x^{(k)})z^{(k)} + f(x^{(0)}) = 0$ mit dem Gauß-Algorithmus nach $z^{(k)}$ auflösen. Dies liefert mit $x^{(k+1)} = x^{(k)} + z^{(k)}$ eine neue Näherung. Die Iteration wird fortgesetzt, falls die Bedingung $\|z^{(k)}\| \leq \varepsilon_2$ nicht erfüllt ist (Details in [Deuflhard]).

Die *Methode von Newton-Kantorowitsch* kann man in der Gestalt

$$\boxed{x^{(k+1)} = F(x^{(k)})} \qquad (k = 0, 1, \ldots) \qquad \text{mit} \quad F(x) := x - f'(x)^{-1}f(x)$$

als Fixpunktiteration schreiben. Das ist eine direkte Verallgemeinerung des klassischen Newton-Verfahrens. Wesentlich ist die Tatsache, dass die Funktion F für eine Lösung x der Gleichung $F'(x) = 0$ die Eigenschaft $f(x) = 0$ besitzt. Daraus resultiert die hohe Konvergenzgeschwindigkeit des Verfahrens von Newton-Kantorowitsch. Typisch ist das folgende Verhalten:

> Die Methode von Newton-Kantorowitsch konvergiert sehr rasch für Startwerte, die bereits hinreichend nahe an der Lösung liegen. Die Konvergenzgeschwindigkeit ist dann mindestens quadratisch. Für schlechte Startwerte kann jedoch dieses Verfahren völlig versagen.

Man beachte, dass man bei komplizierten Aufgaben nicht weiß, von welcher Qualität die Startwerte sind. Bei schlechten Startwerten kann das übliche Iterationsverfahren

$$\boxed{x^{(k+1)} = x^{(k)} - f(x^{(k)}),} \qquad k = 0, 1, \ldots \tag{I}$$

noch konvergieren, während die Methode von Newton-Kantorowitsch (N) bereits völlig versagt. Konvergieren sowohl (N) als auch (I), dann ist in der Regel die Konvergenz von (I) gegenüber (N) viel langsamer.

Diskrete dynamische Systeme: Es ist wichtig zu wissen, dass auch dem Iterationsverfahren (I) Grenzen gesetzt sind.

> Fasst man (I) als ein diskretes dynamisches System auf, dann kann man mit (I) nur stabile Gleichgewichtszustände **x** des Systems berechnen.

Stabile Gleichgewichtszustände sind Lösungen **x** von $\mathbf{f}(\mathbf{x}) = \mathbf{0}$, wobei alle Eigenwerte der Matrix $\mathbf{E} - \mathbf{f}'(\mathbf{x})$ im Inneren des Einheitskreises liegen.

Vereinfachtes Verfahren von Newton-Kantorowitsch: Hier wird die aufwändige Berechnung der Jacobi-Matrix $\mathbf{f}'(\mathbf{x}^{(k)})$ eliminiert, und es werden die Korrekturvektoren $\mathbf{z}^{(k)}$ aus der Gleichung

$$\boxed{\mathbf{f}'(\mathbf{x}^{(0)})\mathbf{z}^{(k)} + \mathbf{f}(\mathbf{x}^{(0)}) = \mathbf{0}} \qquad (k = 0, 1, \ldots)$$

mit der konstanten Matrix $\mathbf{f}'(\mathbf{x}^{(0)})$ für eine gute Startnäherung $\mathbf{x}^{(0)}$ berechnet. Dadurch wird nur eine LR-Zerlegung von $\mathbf{f}'(\mathbf{x}^{(0)})$ benötigt, und die Berechnung von $\mathbf{x}^{(0)}$ erfolgt allein durch die Prozesse des Vorwärts- und Rückwärtseinsetzens. Die Iterationsfolge $(\mathbf{x}^{(0)})$ konvergiert dann nur linear gegen **x**.

Für große nichtlineare Gleichungssysteme bewähren sich Modifikationen des Newtonschen Verfahrens, bei denen unter der Voraussetzung

$$\frac{\partial f_i(x_1, x_2, \ldots, x_n)}{\partial x_i} \neq 0 \qquad (i = 1, 2, \ldots, n)$$

im Sinne des Einzelschrittverfahrens für lineare Gleichungssysteme der iterierte Vektor $\mathbf{x}^{(k+1)}$ komponentenweise durch sukzessive Lösung der nichtlinearen Gleichungen

$$f_i(x_1^{(k+1)}, \ldots, x_{i-1}^{(k+1)}, x_i^{(k+1)}, x_{i+1}^{(k)}, \ldots, x_n^{(k)}) = 0 \qquad (i = 1, 2, \ldots, n)$$

nach der jeweils einzigen Unbekannten $\mathbf{x}^{(k+1)}$ berechnet wird. Das ist das *nichtlineare Einzelschrittverfahren*. Wird die Unbekannte $x_i^{(k+1)}$ mit dem Newtonschen Verfahren bestimmt, wobei aber nur ein einziger Iterationsschrittausgeführt und die Korrektur mit einem Relaxationsparameter $\omega \in (0, 2)$ multipliziert wird, dann resultiert das *SOR-Newton-Verfahren*:

$$x_i^{(k+1)} = x_i^{(k)} - \omega \cdot \frac{f_i(x_1^{(k+1)}, \ldots, x_{i-1}^{(k+1)}, x_i^{(k)}, \ldots, x_n^{(k)})}{\partial f_i(x_1^{(k+1)}, \ldots, x_{i-1}^{(k+1)}, x_i^{(k)}, \ldots, x_n^{(k)})/\partial x_i} \qquad (i = 1, 2, \ldots, n).$$

7.4.3 Berechnung der Nullstellen von Polynomen

7.4.3.1 Newton-Verfahren und Horner-Schema

Ein Polynom n-ten Grades

$$P_n(x) = a_0 x^n + a_1 x^{n-1} + a_2 x^{n-2} + \ldots + a_{n-1}x + a_n, \qquad a_0 \neq 0,$$

mit reellen oder komplexen Koeffizienten a_j besitzt n Nullstellen, falls mehrfache Nullstellen mit ihrer Vielfachheit gezählt werden (vgl. 2.1.6). Das Newtonsche Verfahren stellt eine geeignete Methode zur Bestimmung der einfachen Nullstellen dar. Die Berechnung der Funktionswerte und der Werte der ersten Ableitung erfolgt mit dem *Horner-Schema*. Es basiert auf der Division mit Rest eines Polynoms durch einen linearen Faktor $x - p$ zu gegebenem Wert p. Aus dem Ansatz

$$P_n(x) = (x - p)P_{n-1}(x) + R$$
$$= (x - p)(b_0 x^{n-1} + b_1 x^{n-2} + b_2 x^{n-3} + \ldots + b_{n-2} x + b_{n-1}) + b_n,$$

ergibt sich der folgende Algorithmus zur rekursiven Berechnung der Koeffizienten b_j des Quotientenpolynoms $P_{n-1}(x)$ und des Restes $R = b_n$:

$$\boxed{b_0 = a_0, \qquad b_j = a_j + pb_{j-1} \qquad (j = 1, 2, \ldots, n).}$$

Dann gilt $P_n(p) = R = b_n$. Der Wert der Ableitung ergibt sich aus $P_n'(x) = P_{n-1}(x) + (x - p)P_{n-1}'(x)$ für $x = p$ zu $P_n'(p) = P_{n-1}(p)$. Den Wert von $P_{n-1}(p)$ berechnet man ebenfalls mit dem Divisionsalgorithmus vermittels des Ansatzes

$$P_{n-1}(x) = (x - p)P_{n-2}(x) + R_1$$
$$= (x - p)(c_0 x^{n-2} + c_1 x^{n-3} + c_2 x^{n-4} + \ldots + c_{n-3} x + c_{n-2}) + c_{n-1}$$

wonach sich die Koeffizienten c_j rekursiv ergeben gemäß

$$\boxed{c_0 = b_0, \qquad c_j = b_j + pc_{j-1} \qquad (j = 1, 2, \ldots, n - 1).}$$

Somit gilt $P_n'(p) = P_{n-1}(p) = R_1 = c_{n-1}$. Die auftretenden Zahlwerte werden im *Horner-Schema* zusammengestellt, das im Fall $n = 5$ wie folgt lautet:

$P_5(x)$:		a_0	a_1	a_2	a_3	a_4	a_5
	$p)$		pb_0	pb_1	pb_2	pb_3	pb_4
$P_4(x)$:		b_0	b_1	b_2	b_3	b_4	$b_5 = P_5(p)$
	$p)$		pc_0	pc_1	pc_2	pc_3	
$P_3(x)$:		c_0	c_1	c_2	c_3	$c_4 = P_5'(p)$.	

Das angegebene Horner-Schema kann zu einem vollständigen Horner-Schema erweitert werden, falls für $P_n(x)$ insgesamt n Divisionsschritte ausgeführt werden, um auf diese Weise alle Ableitungen von $P_n(x)$ für $x = p$ zu berechnen.

Mit einer bekannten Nullstelle x_1 von $P_n(x)$ ist $P_n(x)$ durch den Linearfaktor $x - x_1$ ohne Rest teilbar. Die restlichen Nullstellen von $P_n(x)$ sind die Nullstellen des Quotientenpolynoms $P_{n-1}(x)$. Der Grad des Polynoms kann somit sukzessive verkleinert werden. Diese Abspaltung von nur näherungsweise bestimmten Wurzeln von $P_n(x)$ kann sich auf die noch zu berechnenden Nullstellen ungünstig auswirken. Deshalb ist es besser, die Abspaltung von bekannten Nullstellen auf implizite Weise vorzunehmen. Sind $x_1, \ldots, x_n$ die Nullstellen von $P_n(x)$, dann gelten die Formeln

$$P_n(x) = a_0 \prod_{j=1}^{n}(x - x_j), \qquad \frac{P_n'(x)}{P_n(x)} = \sum_{j=1}^{n} \frac{1}{x - x_j}.$$

Sind m Nullstellen $x_1, \ldots, x_m$ (näherungsweise) bekannt, dann ist die Iterationsvorschrift des Newtonschen Verfahrens zu modifizieren in

$$x^{(k+1)} = x^{(k)} - \frac{1}{\frac{P_n'(x^{(k)})}{P_n(x^{(k)})} - \sum_{i=1}^{m} \frac{1}{x^{(k)} - x_i}} \qquad (k = 0, 1, 2, \ldots),$$

sodass stets mit den gegebenen, unveränderten Koeffizienten von $P_n(x)$ gearbeitet wird.

7.4.3.2 Eigenwertmethode

Die Berechnung der Nullstellen eines normierten Polynoms $P_n(x) = x^n + a_1 x^{n-1} + a_2 x^{n-2} + \ldots + a_{n-1}x + a_n$, $a_j \in \mathbb{R}$ kann auch mit Hilfe eines Eigenwertproblems erfolgen. Denn $P_n(x)$ ist das charakteristische Polynom der *Frobeniusschen Begleitmatrix*

$$
\mathbf{A} := \begin{pmatrix}
0 & 0 & 0 & \ldots & 0 & -a_n \\
1 & 0 & 0 & \ldots & 0 & -a_{n-1} \\
0 & 1 & 0 & \ldots & 0 & -a_{n-2} \\
\vdots & \vdots & \vdots & & \vdots & \vdots \\
0 & 0 & 0 & \ldots & 0 & -a_2 \\
0 & 0 & 0 & \ldots & 1 & -a_1
\end{pmatrix} \in \mathbb{R}^{n \times n},
$$

d. h. es gilt $P_n(x) = (-1)^n \cdot \det(\mathbf{A} - x\mathbf{E})$. Somit lassen sich die Nullstellen von $P_n(x)$ als die Eigenwerte der *Hessenberg-Matrix* $\mathbf{A}$ vermittels des *QR-Algorithmus* berechnen (vgl. 7.2.3.4).

7.5 Approximation

Wir betrachten die Approximationsaufgabe, zu einer gegebenen Funktion f eines normierten Raumes V von reellwertigen Funktionen über einem endlichen Intervall $[a, b] \subset \mathbb{R}$ ein Element h_0 eines endlichdimensionalen Unterraumes $U \subsetneqq V$ zu finden, sodass

$$
\boxed{\|f - h_0\| = \inf_{h \in U} \|f - h\|.}
$$

Im Folgenden beschränken wir uns auf die beiden für die Praxis wichtigsten Fälle der L_2-Norm und der Maximumnorm. Für diese bei den Normen kann die Existenz und die Eindeutigkeit der Bestapproximierenden $h_0 \in U$ gezeigt werden. Auf Grund der h_0 charakterisierenden Eigenschaften befassen wir uns mit der Berechnung von h_0.

7.5.1 Approximation im quadratischen Mittel

Es sei V ein reeller Hilbert-Raum mit dem Skalarprodukt $(\cdot, \cdot)$ und der Norm $\|f\| := (f, f)^{1/2}$, und es sei $U := \mathrm{span}(\varphi_1, \varphi_2, \ldots, \varphi_n) \subseteq V$ ein n-dimensionaler Unterraum mit der Basis $\{\varphi_1, \varphi_2, \ldots, \varphi_n\}$. Die betreffende Approximationsaufgabe besitzt eine eindeutig bestimmte Bestapproximierende h_0, die charakterisiert ist durch

$$
(f - h_0, u) = 0 \qquad \text{für alle} \quad u \in U.
$$

Die Orthogonalitätsbedingung für $f - h_0$ ist für alle Basiselemente φ_j von U zu erfüllen. Aus der Darstellung für $h_0 \in U$, $h_0 = \sum_{k=1}^{n} c_k \varphi_k$, ergeben sich für die Entwicklungskoeffizienten c_k die Bedingungsgleichungen

$$
\sum_{k=1}^{n} (\varphi_j, \varphi_k) c_k = (f, \varphi_j) \qquad (j = 1, 2, \ldots, n).
$$

Die Matrix $\mathbf{A} \in \mathbb{R}^{n \times n}$ des linearen Gleichungssystems mit den Elementen $a_{jk} := (\varphi_j, \varphi_k)$, $1 \leq j, k \leq n$, heißt *Gramsche Matrix*. Sie ist symmetrisch und positiv definit. Die Entwicklungskoeffizienten c_k lassen sich deshalb für beliebiges $f \in V$ eindeutig bestimmen, und für die resultierende Bestapproximierende h_0 gilt

$$
\|f - h_0\|^2 = \|f\|^2 - \sum_{k=1}^{n} c_k (f, \varphi_k) = \min_{h \in U} \|f - h\|^2.
$$

Die Gramsche Matrix $\mathbf{A}$ einer beliebigen Basis $\{\varphi_1, \ldots, \varphi_n\}$ kann eine sehr große Konditionszahl $\kappa(\mathbf{A})$ besitzen, sodass die numerische Lösung des linearen Gleichungssystems problematisch ist. Diese Situation wird besonders drastisch illustriert durch die Approximationsaufgabe, zu $f \in V = C_{L_2}([0,1])$, dem Raum der auf $[0,1]$ stetigen reellen Funktionen mit Skalarprodukt $(f,g) := \int_0^1 f(x)g(x)\,dx$ ein bestapproximierendes Polynom h_0 vom Grad n, zu bestimmen, wobei die Basis des $(n+1)$-dimensionalen Unterraumes U gegeben sei durch $\{x^1, x^2, \ldots, x^n\}$. Die Elemente der Gramschen Matrix $\mathbf{A}$ sind dann

$$a_{jk} = (x^{j-1}, x^{k-1}) = \int_0^1 x^{j+k-2}\,dx = \frac{1}{j+k-1} \qquad (j,k = 1,2,\ldots,n+1),$$

sodass $\mathbf{A}$ die *Hilbert-Matrix* $\mathbf{H}_{n+1}$ ist, deren Konditionszahl mit n exponentiell zunimmt.

Die erwähnte numerische Problematik wird vollständig eliminiert, wenn als Basis im Unterraum U ein System von *orthogonalen* Elementen gewählt wird, sodass gilt

$$(\varphi_j, \varphi_k) = 0 \qquad \text{für alle} \quad j \neq k \quad (j,k = 1,2,\ldots,n).$$

Gilt überdies $(\varphi_j, \varphi_j) = \|\varphi_j\|^2 = 1$ $(1 \leq j \leq n)$, dann spricht man von einer *Orthonormalbasis* in U. Im Fall einer Orthogonalbasis $\{\varphi_1, \varphi_2, \ldots, \varphi_n\}$ wird die Gramsche Matrix $\mathbf{A}$ zu einer Diagonalmatrix, sodass sich die Entwicklungskoeffizienten c_k der Bestapproximierenden h_0 aus dem vereinfachten Gleichungssystem direkt durch

$$c_k = (f, \varphi_k)/(\varphi_k, \varphi_k) \qquad (k = 1,2,\ldots,n).$$

ergeben. Daraus folgt, dass sich bei einer Erhöhung der Dimension des Unterraumes U durch Ergänzung der Orthogonalbasis die bisherigen Entwicklungskoeffizienten nicht ändern und dass das Fehlerquadrat wegen der jetzt gültigen Darstellung

$$\boxed{\|f - h_0\|^2 = \|f\|^2 - \sum_{k=1}^n \frac{(f, \varphi_k)^2}{(\varphi_k, \varphi_k)}.}$$

mit wachsendem n im schwachen Sinn monoton abnimmt.

7.5.1.1 Trigonometrische Polynome

Im Hilbert-Raum $V = L_2([-\pi, \pi])$ der auf $[-\pi, \pi]$ messbaren Funktionen f mit dem Skalarprodukt

$$(f,g) := \int_{-\pi}^{\pi} f(x)g(x)\,dx$$

bildet $\{1, \sin x, \cos x, \sin 2x, \cos 2x, \ldots, \sin nx, \cos nx\}$ eine Orthogonalbasis im aufgespannten $(2n+1)$-dimensionalen Unterraum U. Auf Grund der Beziehungen

$$(1,1) = 2\pi, \qquad (\sin kx, \sin kx) = (\cos kx, \cos kx) = \pi \qquad (k = 1,2\ldots,n)$$

sind die *Fourier-Koeffizienten* der Bestapproximierenden

$$h_0(x) = \frac{1}{2}a_0 + \sum_{k=1}^n \{a_k \cos kx + b_k \sin kx\}$$

gegeben durch

$$a_k = \frac{1}{\pi} \int_{-\pi}^{\pi} f(x) \cos kx\,dx, \qquad b_k = \frac{1}{\pi} \int_{-\pi}^{\pi} f(x) \sin kx\,dx.$$

7.5.1.2 Polynomapproximation

Im Prä-Hilbert-Raum $V = C_{L_2}([-1, +1])$ der auf $[-1, +1]$ stetigen reellen Funktionen mit dem Skalarprodukt

$$(f, g) := \int_{-1}^{1} f(x)g(x)\, dx.$$

soll zu gegebenem $f \in V$ im $(n + 1)$-dimensionalen Unterraum der Polynome n-ten Grades das bestapproximierende Polynom h_0 bestimmt werden. Eine Orthogonalbasis in U wird durch die *Legendreschen Polynome* $P_m(x)$ $(m = 0, 1, 2, \ldots)$ geliefert. Sie sind definiert durch

$$P_m(x) := \frac{1}{2^m m!} \cdot \frac{d^m}{dx^m}[(x^2 - 1)^m] \qquad (m = 0, 1, 2, \ldots)$$

und haben die Orthogonalitätseigenschaft

$$(P_m, P_l) = \int_{-1}^{1} P_m(x)P_l(x)\, dx = \left\{ \begin{array}{ll} 0 & \text{für alle} \quad m \neq l, \ m, l \in \mathbb{N}, \\ \frac{2}{2m+1} & \text{für} \quad m = l \in \mathbb{N}. \end{array} \right.$$

Die Entwicklungskoeffizienten der Bestapproximierenden

$$h_0(x) = \sum_{k=0}^{n} c_k P_k(x),$$

als Linearkombination von Legendre-Polynomen sind somit gegeben durch

$$c_k = \frac{2k + 1}{2} \int_{-1}^{1} f(x)P_k(x)\, dx \qquad (k = 0, 1, 2, \ldots, n).$$

Für eine genäherte Berechnung der Integrale eignen sich die Gauß-Legendreschen Quadraturformeln (vgl. 7.3.3).

Die numerische Berechnung des Wertes von $h_0(x)$ für eine gegebene Stelle x aus der Entwicklung nach Legendre-Polynomen kann auf Grund der Rekursionsformel

$$P_k(x) = \frac{2k - 1}{k} xP_{k-1}(x) - \frac{k - 1}{k} P_{k-2}(x) \qquad (k = 2, 3, \ldots),$$

durch sukzessive Elimination des Legendre-Polynoms höchsten Grades mit folgendem Algorithmus durchgeführt werden:

$$d_n = c_n, \quad d_{n-1} = c_{n-1} + \frac{2n - 1}{n} xd_n,$$

$$d_k = c_k + \frac{2k + 1}{k + 1} xd_{k+1} - \frac{k + 1}{k + 2} d_{k+2} \qquad (k = n - 2, n - 3, \ldots, 0),$$

$$h_0(x) = d_0.$$

7.5.1.3 Gewichtete Polynomapproximation

Im Hilbert-Raum $V = C_{q,L_2}([-1, 1])$ ist das Skalarprodukt

$$(f, g) := \int_{-1}^{1} f(x)g(x)q(x)\, dx$$

mit der nichtnegativen Gewichtsfunktion $q(x)$ definiert. Gesucht wird ein Polynom h_0 n-ten Grades als Bestapproximierende einer gegebenen Funktion $f \in V$. Zu einigen Gewichtsfunktionen können die entsprechenden Orthogonalbasen von Polynomen angegeben werden. Für den besonders wichtigen Fall

$$q(x) := 1/\sqrt{1 - x^2},$$

sind dies die *Tschebyschew-Polynome* $T_n(x)$. Auf Grund der trigonometrischen Identität

$$\cos(n + 1)\varphi + \cos(n - 1)\varphi = 2\cos\varphi \cos n\varphi, \quad n \geq 1,$$

ist $\cos n\varphi$ als Polynom n-ten Grades in $\cos\varphi$ darstellbar, und das n-te Tschebyschew-Polynom $T_n(x)$, $n \in \mathbb{N}$, ist definiert durch

$$\cos n\varphi =: T_n(\cos\varphi) = T_n(x) = \cos(n \cdot \arccos x), \quad x = \cos\varphi, \quad x \in [-1, +1].$$

Die ersten Tschebyschew-Polynome sind somit

$$T_0(x) = 1, \quad T_1(x) = x, \quad T_2(x) = 2x^2 - 1, \quad T_3(x) = 4x^3 - 3x, \quad T_4(x) = 8x^4 - 8x^2 + 1.$$

Sie erfüllen eine dreigliedrige Rekursionsformel

$$T_{n+1}(x) = 2x\,T_n(x) - T_{n-1}(x), \quad n \geq 1; \qquad T_0(x) = 1, \quad T_1(x) = x.$$

Das n-te Tschebyschew-Polynom $T_n(x)$ besitzt in $[-1, 1]$ die n einfachen *Nullstellen* (sogenannte *Tschebyschew-Abszissen*)

$$x_k = \cos\left(\frac{2k-1}{n} \cdot \frac{\pi}{2}\right) \qquad (k = 1, 2, \ldots, n),$$

welche gegen die Enden des Intervalls dichter liegen. Aus der Definition folgt

$$|T_n(x)| \leq 1 \qquad \text{für} \quad x \in [-1, +1], \quad n \in \mathbb{N},$$

und die Extremalwerte ± 1 werden von $T_n(x)$ an $n + 1$ *Extremalstellen* $x_j^{(e)}$ angenommen, für die gilt.

$$T_n\big(x_j^{(e)}\big) = (-1)^j, \quad x_j^{(e)} = \cos\left(\frac{j\pi}{n}\right) \qquad (j = 0, 1, 2, \ldots, n).$$

Die Tschebyschew-Polynome besitzen die Orthogonalitätseigenschaft

$$\int_{-1}^{1} T_k(x)T_j(x)\frac{\mathrm{d}x}{\sqrt{1 - x^2}} = \begin{cases} 0, & \text{falls } k \neq j, \\ \frac{\pi}{2}, & \text{falls } k = j > 0, \\ \pi, & \text{falls } k = j = 0 \end{cases} \Bigg\} \qquad (k, j \in \mathbb{N}).$$

Für die Orthogonalbasis $\{T_0, T_1, T_2, \ldots, T_n\}$ des Unterraumes U der Polynome n-ten Grades sind somit die Entwicklungskoeffizienten c_k der Bestapproximierenden

$$h_0(x) = \frac{1}{2}c_0 T_0(x) + \sum_{k=1}^{n} c_k T_k(x)$$

zu $f \in V$ durch

$$c_k = \frac{2}{\pi} \int_{-1}^{1} f(x) T_k(x) \frac{\mathrm{d}x}{\sqrt{1-x^2}} \qquad (k = 0, 1, 2, \ldots, n)$$

gegeben. Mit der Variablensubstitution $x = \cos\varphi$ erhält man daraus die einfacheren Darstellungen

$$c_k = \frac{2}{\pi} \int_{0}^{\pi} f(\cos\varphi) \cos(k\varphi) \, \mathrm{d}\varphi = \frac{1}{\pi} \int_{-\pi}^{\pi} f(\cos\varphi) \cos(k\varphi) \, \mathrm{d}\varphi \qquad (k = 0, 1, \ldots, n).$$

Folglich sind die Entwicklungskoeffizienten c_k des bestapproximierenden gewichteten Polynoms die Fourierkoeffizienten a_k der geraden, 2π-periodischen Funktion $F(\varphi) := f(\cos\varphi)$. Zur genäherten Berechnung der Integrale stellt die summierte Trapezregel (vgl. 7.3.3) die geeignete und effiziente Methode dar, weil sie mit wachsender Zahl der Integrationsintervalle in der Regel schnell konvergente Näherungen liefert.

Der Wert von $h_0(x)$ einer Entwicklung nach Tschebyschew-Polynomen bei x wird numerisch sicher und effizient mit dem *Algorithmus von Clenshaw* berechnet:

$$d_n = c_n; \quad y = 2x; \quad d_{n-1} = c_{n-1} + y d_n;$$
$$d_k = c_k + y d_{k+1} - d_{k+2} \qquad (k = n-2, n-3, \ldots, 0);$$
$$h_0(x) = (d_0 - d_2)/2.$$

7.5.2 Gleichmäßige Approximation

Das Problem der Approximation einer stetigen Funktion f durch eine Funktion eines Unterraumes U wird jetzt unter der Forderung betrachtet, dass die Maximalabweichung der Näherung h_0 von f minimal sein soll. Der Raum der auf $[a, b]$ stetigen reellwertigen Funktionen f, versehen mit der *Maximumnorm* oder *Tschebyschew-Norm*

$$\|f\|_\infty := \max_{x \in [a,b]} |f(x)|,$$

wird zu einem *Banach-Raum* $V = C([a, b])$. Weil die Tschebyschew-Norm für den Betrag der Abweichung eine generelle Schranke für das ganze Intervall darstellt, spricht man von *gleichmäßiger Approximation* oder von der *Tschebyschew-Approximation*.

Ein Unterraum $U = \text{span}(\varphi_1, \varphi_2, \ldots, \varphi_n)$ mit der Basis $\{\varphi_1, \varphi_2, \ldots, \varphi_n\}$ heißt ein *Haarscher Raum*, wenn jedes Element $u \in U, u \neq 0$, in $[a, b]$ höchstens $n-1$ verschiedene Nullstellen hat. Für Haarsche Räume U existiert eine eindeutige Bestapproximierende $h_0 \in U$ zu einer stetigen Funktion f. Der *Alternantensatz* charakterisiert diese Näherung durch folgende Eigenschaft: Unter einer *Alternante* von $f \in C([a, b])$ und $h \in U$ versteht man eine geordnete Menge von $n+1$ Stellen $a \leq x_1 < x_2 < \ldots < x_n < x_{n+1} \leq b$, für welche die Differenz $d := f - h$ Werte mit alternierendem Vorzeichen annimmt, d. h. es gilt

$$\text{sgn}\, d(x_k) = -\text{sgn}\, d(x_{k+1}) \qquad (k = 1, 2, \ldots, n).$$

Die Funktion $h_0 \in U$ ist genau dann Bestapproximierende von $f \in C([a, b])$ wenn es eine Alternante mit der Eigenschaft gibt, dass

$$|f(x_k) - h_0(x_k)| = \|f - h_0\|_\infty \qquad (k = 1, 2, \ldots, n+1).$$

Der Alternantensatz bildet die Grundlage für das *Austauschverfahren von Remez* zur iterativen Konstruktion der Bestapproximierenden $h_0 \in U$ eines Haarschen Raumes U zu einer Funktion $f \in C([a,b])$. Der für die Praxis wichtigste Raum der Polynome n-ten Grades $U := \text{span}\,(1, x, x^2, \ldots, x^n)$ mit $\dim U = n + 1$ erfüllt die Bedingung eines Haarschen Raumes. Die wesentlichen Schritte des *einfachen Remez-Algorithmus* sind in diesem Fall

1. Vorgabe von $n + 2$ Stellen als Startnäherung der gesuchten Alternante:

$$a \leq x_1^{(0)} < x_2^{(0)} < \ldots < x_{n+1}^{(0)} < x_{n+2}^{(0)} \leq b$$

2. Bestimmung des Polynoms $p^{(0)} \in U$ mit der Eigenschaft, dass $[x_k^{(0)}]_{k=1}^{n+2}$ eine Alternante von f und $p^{(0)}$ ist mit der Zusatzbedingung, dass der Betrag des Defektes an den $n + 2$ Stellen gleich ist. Mit dem Ansatz

$$p^{(0)} := a_0 + a_1 x + a_2 x^2 + \ldots + a_n x^n$$

führen die Forderungen auf das eindeutig lösbare System von linearen Gleichungen

$$a_0 + a_1 x_k^{(0)} + a_2 \big(x_k^{(0)}\big)^2 + \ldots + a_n \big(x_k^{(0)}\big)^2 - (-1)^k r^{(0)} = f(x_k^{(0)}) \qquad (k = 1, 2, \ldots, n + 2)$$

für die $n + 2$ Unbekannten $a_0, a_1, \ldots, a_n, r^{(0)}$.

3. Mit dem resultierenden Polynom $p^{(0)}$ ermittle man eine Stelle $\bar{x} \in [a,b]$, für welche

$$\|f - p^{(0)}\|_\infty = |f(\bar{x}) - p^{(0)}(\bar{x})|$$

gilt. Stimmt $\bar{x}$ mit einer der Stellen $x_k^{(0)}$ $(k = 1, 2, \ldots, n + 2)$ überein, so ist nach dem Alternantensatz mit $p^{(0)}$ die Bestapproximierende h_0 gefunden.

4. Andernfalls wird $\bar{x}$ gegen ein $x_k^{(0)}$ so ausgetauscht, dass die resultierenden Stellen

$$a \leq x_1^{(1)} < x_2^{(1)} < \ldots < x_{n+1}^{(1)} < x_{n+2}^{(1)} \leq b$$

eine neue Alternante von f und $p^{(0)}$ bilden. Dieser Austausch-Schritt bewirkt, dass der Betrag $|r^{(1)}|$ des Defektes des im Schritt 2 analog bestimmten Polynoms $p^{(1)}$ strikt zunimmt. Die Iteration wird fortgesetzt, bis die Bestapproximierende h_0 mit der gewünschten Genauigkeit durch $p^{(k)}$ dargestellt wird, d. h. bis $\|f - p^{(k)}\|_\infty \approx |r^{(k)}|$.

7.5.3 Genäherte gleichmäßige Approximation

Für viele Zwecke genügt eine gute Näherung der Bestapproximierenden, die man etwa auf folgende Arten erhalten kann.

Die Partialsumme $\tilde{f}_n$ der Entwicklung einer Funktion f nach den Tschebyschew-Polynomen stellt die Bestapproximierende im Sinn des gewichteten quadratischen Mittels gemäß 7.5.1.3 dar:

$$f(x) = \frac{1}{2} c_0 T_0(x) + \sum_{k=1}^{\infty} c_k T_k(x), \qquad \tilde{f}_n(x) := \frac{1}{2} c_0 T_0(x) + \sum_{k=1}^{n} c_k T_k(x).$$

Ist f eine zweimal stetig differenzierbare Funktion über dem Intervall $[-1,1]$, so konvergiert $\tilde{f}_n$ gleichmäßig gegen f in $[-1, +1]$ und es gilt $|f(x) - \tilde{f}_n(x)| \leq \sum_{k=n+1}^{\infty} |c_k|$. Damit ist $\tilde{f}_n$ eine gute Näherung für die gleichmäßige Approximationsaufgabe. Dieses Vorgehen setzt voraus, dass die Entwicklungskoeffizienten c_k einfach berechenbar sind.

Zu einer mindestens $(n+1)$-mal differenzierbaren Funktion f über dem Intervall $[-1,1]$, ist das Interpolationspolynom $I_n(x)$ zu den $n + 1$ Tschebyschew-Abszissen $x_k = \cos\big((2k - 1)\pi / (2n +$

2)) $(k = 1, 2, \ldots, n + 1)$ von $T_{n+1}(x)$ oft eine sehr brauchbare Näherung der gleichmäßig Bestapproximierenden. Denn für den Interpolationsfehler (vgl. 7.3.1.3) gilt wegen $\prod_{k=1}^{n+1}(x - x_k) = T_{n+1}(x)/2^n$ die Formel

$$f(x) - I_n(x) = \frac{f^{(n+1)}(\xi)}{2^n \cdot (n+1)!} \cdot T_{n+1}(x), \qquad x \in [-1, +1],$$

mit der von x abhängigen Stelle $\xi \in (-1, 1)$. Wird $I_n(x)$ als Linearkombination von Tschebyschew-Polynomen angesetzt, $I_n(x) = \frac{1}{2}c_0 T_0(x) + \sum_{j=1}^{n} c_j T_j(x)$, dann sind die Entwicklungskoeffizienten c_j wegen einer diskreten Orthogonalitätseigenschaft der Tschebyschew-Polynome gegeben durch

$$c_j = \frac{2}{n+1} \sum_{k=1}^{n+1} f(x_k) T_j(x_k) = \frac{2}{n+1} \sum_{k=1}^{n+1} f\left(\cos \left(\frac{2k-1}{n+1} \frac{\pi}{2} \right) \right) \cos \left(j \frac{2k-1}{n+1} \frac{\pi}{2} \right)$$

Als *diskrete Tschebyschew-Approximation* bezeichnet man die Aufgabe, zur Funktion $f \in C([a, b])$ und N Stützstellen x_i mit $a \leq x_1 < x_2 < \ldots < x_{N-1} < x_N \leq b$ diejenige Funktion $h_0 \in U$, dim $U = n < N$, zu ermitteln, für die in der *diskreten Maximumnorm* $\|f\|_\infty^{\mathrm{d}} := \max_i |f(x_i)|$ gilt:

$$\|f - h_0\|_\infty^{\mathrm{d}} = \min_{h \in U} \|f - h\|_\infty^{\mathrm{d}}.$$

Ist U ein Haarscher Raum, erfolgt die numerische Bestimmung von h_0 entweder mit der diskreten Version des Remez-Algorithmus oder über eine lineare Optimierungsaufgabe.

7.6 Gewöhnliche Differentialgleichungen

Da es nur in Spezialfällen möglich ist, die allgemeine Lösung einer Differentialgleichung oder eines Differentialgleichungssystems r-ter Ordnung anzugeben (vgl. 1.12), sind zur Lösung der meisten praktisch auftretenden Differentialgleichungsprobleme numerische Näherungsmethoden erforderlich. Ihre problemgerechte Behandlung hat zu unterscheiden zwischen Anfangswertproblemen und den Randwertaufgaben. Die Existenz und Eindeutigkeit einer Lösung seien im Folgenden vorausgesetzt (vgl. 1.12.9).

7.6.1 Anfangswertprobleme

Jede explizite Differentialgleichung wie auch jedes explizite Differentialgleichungssystem r-ter Ordnung lässt sich durch Einführung von geeigneten neuen Funktionen auf ein System von r Differentialgleichungen erster Ordnung zurückführen. Das *Anfangswertproblem* besteht darin, r Funktionen $y_1(x), y_2(x), \ldots, y_r(x)$ als Lösung von

$$y_i'(x) = f_i(x, y_1, y_2, \ldots, y_r) \qquad (i = 1, 2, \ldots, r)$$

zu finden, die an einer vorgegebenen Stelle x_0 zu gegebenen Werten y_{i0} $(1 \leq i \leq r)$ den *Anfangsbedingungen*

$$y_i(x_0) = y_{i0} \qquad (i = 1, 2, \ldots, r).$$

genügen. Mit den Vektoren $\mathbf{y}(x) := \big(y_1(x), y_2(x), \ldots, y_r(x)\big)^{\mathsf{T}}$, $\mathbf{y}_0 := (y_{10}, y_{20}, \ldots, y_{r0})^{\mathsf{T}}$ und $\mathbf{f}(x, \mathbf{y}) = \big(f_1(x, \mathbf{y}), f_2(x, \mathbf{y}), \ldots, f_r(x, \mathbf{y})\big)^{\mathsf{T}}$, lautet das *Cauchy-Problem* kurz

$$\boxed{\mathbf{y}'(x) = \mathbf{f}\big(x, \mathbf{y}(x)\big), \quad \mathbf{y}(x_0) = \mathbf{y}_0.}$$

Zur Vereinfachung der Schreibweise betrachten wir im Folgenden das Anfangswertproblem für die skalare Differentialgleichung erster Ordnung:

$$y'(x) = f(x, y(x)), \quad y(x_0) = y_0.$$

Die dargestellten Methoden lassen sich problemlos auf Systeme übertragen.

7.6.1.1 Einschrittmethoden

Die einfachste *Methode von Euler* besteht darin, die Lösungskurve $y(x)$ durch den Anfangspunkt (x_0, y_0) mittels ihrer Tangente zu approximieren, deren Steigung $y'(x_0) = f(x_0, y_0)$ auf Grund der Differentialgleichung gegeben ist. An der Stelle $x_1 := x_0 + h$, wo h die *Schrittweite* bedeutet, erhält man den Näherungswert

$$y_1 = y_0 + h\, f(x_0, y_0)$$

für den exakten Wert $y(x_1)$ der Lösungsfunktion. Setzt man das Verfahren im Punkt (x_1, y_1) mit der durch das Richtungsfeld der Differentialgleichung definierten Steigung der Tangenten der Lösungskurve durch diesen Punkt analog fort, so erhält man an den *äquidistanten Stützstellen* $x_k := x_0 + kh$ $(k = 1, 2, \ldots)$ sukzessive die Näherungen y_k anstelle der exakten Werte $y(x_k)$ durch die Rechenvorschrift

$$\boxed{y_{k+1} = y_k + h\, f(x_k, y_x) \qquad (k = 0, 1, 2 \ldots).}$$

Wegen der geometrisch interpretierbaren Konstruktion heißt das Eulersche Verfahren auch *Polygonzugmethode*. Sie ist die einfachste *Einschrittmethode*, die zur Berechnung von y_{k+1} nur die bekannte Näherung y_k an der Stelle x_k verwendet. Allerdings sind kleine Schrittweiten h erforderlich, um brauchbare Näherungen zu erhalten.

Ein allgemeines explizites Einschrittverfahren lautet

$$y_{k+1} = y_k + h\,\Phi(x_k, y_k, h) \qquad (k = 0, 1, 2, \ldots),$$

wobei $\Phi(x_k, y_k, h)$ die Rechenvorschrift beschreibt, die den Zuwachs aus dem Wertepaar (x_k, y_k) und der Schrittweite h bestimmt. Die Funktion $\Phi(x, y, h)$ muss mit der zu lösenden Differentialgleichung in Zusammenhang stehen. So heißt ein allgemeines Einschrittverfahren mit der Differentialgleichung $y' = f(x, y)$ *konsistent*, falls

$$\lim_{h \to 0} \Phi(x, y, h) = f(x, y).$$

gilt. Die Methode von Euler erfüllt die Konsistenzbedingung, da $\Phi(x, y, h) = f(x, y)$.

Der *lokale Diskretisierungsfehler* eines Einschrittverfahrens an der Stelle x_{k+1} lautet

$$d_{k+1} := y(x_{k+1}) - y(x_k) - h\,\Phi(x_k, y(x_k), h) \qquad (y: \text{exakte Lösung})$$

Er beschreibt den Fehler der Rechenvorschrift, falls darin die Lösungsfunktion $y(x)$ eingesetzt wird. Aus der Taylor-Entwicklung $y(x_{k+1}) = y(x_k) + h\,y'(x_k) + \frac{1}{2}h^2 y''(\xi)$, $\xi \in (x_k, x_{k+1})$, folgt für den lokalen Diskretisierungsfehler der Euler-Methode

$$d_{k+1} = \tfrac{1}{2}h^2 y''(\xi) \qquad \text{für ein } \xi \in (x_k, x_{k+1}).$$

Unter dem *globalen Fehler* g_k an der Stelle x_k versteht man den Wert

$$g_k := y(x_k) - y_k.$$

Er stellt den Verfahrensfehler der Einschrittmethode dar, der sich durch die Kumulation der lokalen Diskretisierungsfehler ergibt. Falls die Funktion $\Phi(x, y, h)$ einem Bereich B eine Lipschitz-Bedingung bezüglich der Variablen y erfüllt,

$$|\Phi(x, y, h) - \Phi(x, y^*, h)| \leq L|y - y^*| \quad \text{mit } (x, y, h), (x, y^*, h) \in B, \ 0 < L < \infty,$$

kann der globale Fehler g_n an der Stelle $x_n = x_0 + nh$, $n \in \mathbb{N}$ durch die lokalen Diskretisierungsfehler abgeschätzt werden. Mit $\max_{1 \leq k \leq n} |d_k| \leq D$ gilt die Abschätzung

$$|g_n| \leq \frac{D}{hL}\left(e^{nhL} - 1\right) \leq \frac{D}{hL} e^{nhL} = \frac{D}{hL} e^{(x_n - x_0)L}.$$

Neben der Lipschitz-Konstanten L ist das Betragsmaximum D der lokalen Diskretisierungsfehler d_k im Integrationsintervall $[x_0, x_n]$ ausschlaggebend.

Ein Einschrittverfahren besitzt definitionsgemäß die *Fehlerordnung* p, wenn sein lokaler Diskretisierungsfehler abgeschätzt werden kann durch

$$\max_{1 \leq k \leq n} |d_k| \leq D = \text{const} \cdot h^{p+1} = O(h^{p+1})$$

sodass für den globalen Fehler gilt

$$|g_n| \leq \frac{\text{const}}{L} e^{nhL} h^p = O(h^p).$$

Die Polygonzugmethode hat die Fehlerordnung $p = 1$. Der globale Fehler nimmt an einer festen Stelle $x := x_0 + nh$ mit kleiner werdender Schrittweite h asymptotisch linear ab.

Die Rundungsfehler und ihre Fortpflanzung spielen im Vergleich zum Verfahrensfehler eines Einschrittverfahrens höherer Fehlerordnung in der Regel eine untergeordnete Rolle.

Die *expliziten Runge-Kutta-Verfahren* bilden eine wichtige, allgemein einsetzbare Klasse von Einschrittmethoden höherer Fehlerordnung. Sie ergeben sich aus der zur gegebenen Differentialgleichung äquivalenten Integralgleichung

$$y(x_{k+1}) = y(x_k) + \int_{x_k}^{x_{k+1}} f(x, y(x)) \, dx,$$

Das Integral werde durch eine Quadraturformel mit s Stützstellen $\xi_1, \ldots, \xi_s \in [x_k, x_{k+1}]$ approximiert gemäß

$$\int_{x_k}^{x_{k+1}} f(x, y(x)) \, dx \approx h \sum_{i=1}^{s} c_i f(\xi_i, y_i^*) =: h \sum_{i=1}^{s} c_i k_i.$$

Die Integrationsstützstellen ξ_i werden festgelegt durch

$$\xi_1 = x_k, \quad \xi_i = x_k + a_i h \quad (i = 2, 3, \ldots, s),$$

und für die unbekannten Funktionswerte y_i^* gelte

$$y_1^* := y_k, \quad y_i^* := y_k + h \sum_{j=1}^{i-1} b_{ij} f(\xi_j, y_j^*) \quad (i = 2, 3, \ldots s).$$

Die im Ansatz auftretenden Parameter c_i, a_i, b_{ij} werden unter zusätzlichen vereinfachenden Annahmen so bestimmt, dass die s-stufige Runge-Kutta-Methode

$$y_{k+1} = y_k + h \sum_{i=1}^{s} c_i f(\xi_i, y_i^*) = y_k + h \sum_{i=1}^{s} c_i k_i \quad (k = 0, 1, 2, \ldots)$$

eine möglichst hohe Fehlerordnung p besitzt. Die Parameter sind durch diese Forderung nicht eindeutig festgelegt, weshalb weitere Gesichtspunkte berücksichtigt werden können. Explizite Runge-Kutta-Verfahren werden durch Koeffizientenschemata der Form

$$
\begin{array}{c|ccccc}
a_1 & & & & & \\
a_2 & b_{21} & & & & \\
a_3 & b_{31} & b_{32} & & & \\
\vdots & \vdots & \vdots & \ddots & & \\
a_s & b_{s1} & b_{s2} & \cdots & b_{s,s-1} \\
\hline
 & c_1 & c_2 & \cdots & c_{s-1} & c_s
\end{array}
$$

beschrieben. Beispiele von Runge-Kutta-Methoden der Fehlerordnung 3 und 4 sind:

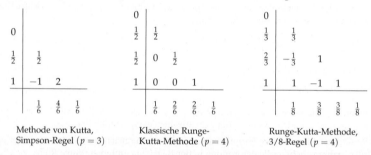

$$
\begin{array}{c|cc}
0 & & \\
\frac{1}{2} & \frac{1}{2} & \\
1 & -1 & 2 \\
\hline
 & \frac{1}{6} & \frac{4}{6} & \frac{1}{6}
\end{array}
\qquad
\begin{array}{c|ccc}
0 & & & \\
\frac{1}{2} & \frac{1}{2} & & \\
\frac{1}{2} & 0 & \frac{1}{2} & \\
1 & 0 & 0 & 1 \\
\hline
 & \frac{1}{6} & \frac{2}{6} & \frac{2}{6} & \frac{1}{6}
\end{array}
\qquad
\begin{array}{c|ccc}
0 & & & \\
\frac{1}{3} & \frac{1}{3} & & \\
\frac{2}{3} & -\frac{1}{3} & 1 & \\
1 & 1 & -1 & 1 \\
\hline
 & \frac{1}{8} & \frac{3}{8} & \frac{3}{8} & \frac{1}{8}
\end{array}
$$

     Methode von Kutta,   Klassische Runge-   Runge-Kutta-Methode,
  Simpson-Regel ($p = 3$)   Kutta-Methode ($p = 4$)   3/8-Regel ($p = 4$)

Zur Schätzung des lokalen Diskretisierungsfehlers einer Methode zum Zweck der automatischen *Schrittweitensteuerung* wird häufig das einfache *Prinzip von Runge* angewandt. Es sei $Y_k(x_k) = y_k$ die Lösung von $y' = f(x, y)$ unter der Anfangsbedingung $Y_k(x_k) = y_h$. Es soll der Fehler von y_{k+2} gegenüber $Y_k(x_k + 2h)$ nach zwei Integrationsschritten mit der Schrittweite h geschätzt werden, indem der Wert $\tilde{y}_{k+1}$ herangezogen wird, der sich mit der Schrittweite $2h$ an derselben Stelle $x = x_k + 2h$ ergibt. Hat die verwendete Methode die Fehlerordnung p, dann gelten:

$$
\begin{aligned}
Y_k(x_k + h) - y_{k+1} &= d_{k+1} = C_k h^{p+1} + O(h^{p+2}), \\
Y_k(x_k + 2h) - y_{k+2} &= 2C_k h^{p+1} + O(h^{p+2}), \\
Y_k(x_k + 2h) - \tilde{y}_{k+1} &= 2^{p+1} C_k h^{p+1} + O(h^{p+2}).
\end{aligned}
$$

Daraus folgen $y_{k+2} - \tilde{y}_{k+1} = 2C_k(2^p - 1)h^{p+1} + O(h^{p+2})$ und

$$
Y_k(x_k + 2h) - y_{k+2} \approx 2C_k h^{p+1} \approx \frac{y_{k+2} - \tilde{y}_{k+1}}{2^p - 1}.
$$

Der Schätzwert wird nach jedem Doppelschritt berechnet und erfordert für ein s-stufiges Runge-Kutta-Verfahren $s - 1$ zusätzliche Funktionsauswertungen zur Berechnung von $\tilde{y}_{k+1}$.

Ein anderes Prinzip, den lokalen Diskretisierungsfehler zu schätzen, beruht darauf, zu diesem Zweck ein Runge-Kutta-Verfahren von höherer Fehlerordnung zu verwenden. Um den Rechenaufwand möglichst gering zu halten, muss die verwendete Methode so in jene mit der höheren Fehlerordnung eingebettet sein, dass die benötigten Funktionsauswertungen die gleichen sind. Die verbesserte Polygonzugmethode ist in die Methode von Kutta eingebettet, und als Schätzwert des lokalen Diskretisierungsfehlers der verbesserten Polygonzugmethode ergibt sich

$$
d_{k+1}^{(VP)} \approx \frac{h}{6}(k_1 - 2k_2 + k_3).
$$

Das Prinzip wurde von Fehlberg wesentlich verfeinert. In den *Runge-Kutta-Fehlberg-Methoden* werden zwei eingebettete Verfahren verschiedener Fehlerordnung so kombiniert, dass die Differenz der beiden Werte y_{k+1} den gewünschten Schätzwert des lokalen Diskretisierungsfehlers liefert. Da ein Runge-Kutta-Verfahren fünfter Ordnung sechs Funktionsauswertungen erfordert, gibt Fehlberg ein Verfahren vierter Ordnung mit besonders kleinem Diskretisierungsfehler an.

Implizite Runge-Kutta-Verfahren stellen eine Verallgemeinerung der expliziten Methoden dar, bei denen die Integrationsstützstellen allgemeiner festgelegt werden durch

$$\xi_i = x_k + a_i h \qquad (i = 1, 2, \ldots, s).$$

Die unbekannten Funktionswerte y_i^* werden durch die impliziten Ansätze

$$y_i^* = y_k + h \sum_{j=1}^{s} b_{ij} f(\xi_j, y_j^*) \qquad (i = 1, 2, \ldots, s)$$

definiert, sodass in jedem Integrationsschritt das im Allgemeinen nichtlineare System

$$k_i = f\left(x_k + a_i h, \, y_k + h \sum_{j=1}^{s} b_{ij} k_j \right) \qquad (i = 1, 2, \ldots, s)$$

für die s unbekannten Werte k_i zu lösen ist. Mit ihnen berechnet sich dann

$$y_{k+1} = y_k + h \sum_{i=1}^{s} c_i k_i \qquad (k = 0, 1, 2, \ldots).$$

Unter den s-stufigen impliziten Runge-Kutta-Methoden existieren solche mit bestimmten Stabilitätseigenschaften, die zur numerischen Lösung *steifer Differentialgleichungssysteme* wichtig sind. Zudem besitzen s-stufige implizite Runge-Kutta-Verfahren bei geeigneter Wahl der Parameter die maximal erreichbare Fehlerordnung $p = 2s$.

Die zweistufige *Trapezmethode* $y_{k+1} = y_k + \frac{h}{2}[f(x_k, y_k) + f(x_{k+1}, y_{k+1})]$ ist ein implizites Runge-Kutta-Verfahren der Fehlerordnung $p = 2$. Gleiche Fehlerordnung hat das einstufige Verfahren

$$k_1 = f(x_k + \tfrac{1}{2}h, y_k + \tfrac{1}{2}hk_1), \qquad y_{k+1} = y_k + hk_1.$$

Das folgende zweistufige Verfahren hat die maximale Fehlerordnung $p = 4$:

$$
\begin{array}{c|cc}
\frac{3-\sqrt{3}}{6} & 1/4 & \frac{3-2\sqrt{3}}{12} \\
\frac{3+\sqrt{3}}{6} & \frac{3+2\sqrt{3}}{12} & 1/4 \\
\hline
 & 1/2 & 1/2
\end{array}
$$

Die *Stabilitätseigenschaften* von Einschrittverfahren werden in erster Linie an der linearen *Testanfangswertaufgabe*

$$y'(x) = \lambda y(x), \quad y(0) = 1, \quad \lambda \in \mathbb{C},$$

analysiert, um die numerisch berechneten Lösungen insbesondere mit exponentiell abklingenden oder oszillatorisch abklingenden Lösungen $y(x) = e^{\lambda x}$ im Fall $\text{Re}(\lambda) < 0$ zu vergleichen. Wendet man ein Runge-Kutta-Verfahren auf die Testanfangswertaufgabe an, so resultiert eine Rechenvorschrift

$$y_{k+1} = F(h\lambda) \cdot y_k \qquad (k = 0, 1, 2, \ldots),$$

wobei $F(h\lambda)$ für explizite Methoden ein Polynom in $h\lambda$ und für implizite Methoden eine gebrochen rationale Funktion in $h\lambda$ ist. In beiden Fällen stellt $F(h\lambda)$ für betragskleine Argumente eine Approximation von $e^{h\lambda}$ dar. Das qualitative Verhalten der numerisch berechneten Näherungen y_k

stimmt mit $y(x_k)$ im Fall Re $(\lambda) < 0$ nur dann überein, wenn $|F(h\lambda)| < 1$ gilt. Deshalb definiert man als *Gebiet der absoluten Stabilität* eines Einschrittverfahrens die Menge

$$B := \{\mu \in \mathbb{C} : |F(\mu)| < 1\}.$$

Für die expliziten vierstufigen Runge-Kutta-Verfahren der Fehlerordnung $p = 4$ ist

$$F(\mu) = 1 + \mu + \frac{1}{2}\mu^2 + \frac{1}{6}\mu^3 + \frac{1}{24}\mu^4, \qquad \mu = h\lambda,$$

gleich dem Beginn der Taylor-Reihe für e^{λ}. Die Berandungen der Gebiete der absoluten Stabilität für explizite Runge-Kutta-Verfahren mit $s = p = 1, 2, 3, 4$ sind in Abb. 7.1 aus Symmetriegründen nur für die obere komplexe Halbebene dargestellt. Die Stabilitätsgebiete werden mit zunehmender Fehlerordnung größer.

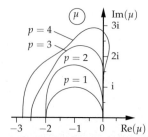

Abb. 7.1

Die Schrittweite h ist so zu wählen, dass für Re $(\lambda) < 0$ die Stabilitätsbedingung $h\lambda = \mu \in B$ erfüllt ist. Andernfalls liefert das explizite Runge-Kutta-Verfahren unbrauchbare Resultate. Die Stabilitätsbedingung ist bei der numerischen Integration von (linearen) Differentialgleichungssystemen zu beachten, wo die Schrittweite h so festgelegt werden muss, dass für alle Abklingkonstanten λ_j $(j = 1, 2, \ldots, r)$ die Beziehung $h\lambda_j \in B$ gilt. Sind die Beträge der negativen Realteile der λ_j sehr stark verschieden, spricht man von *steifen Differentialgleichungssystemen*. Die Bedingung der absoluten Stabilität schränkt in diesem Fall die Schrittweite h auch dann stark ein, wenn die rasch abklingenden Komponenten bereits betragsmäßig sehr klein sind.

Für die implizite Trapezmethode und das einstufige Runge-Kutta-Verfahren gilt

$$F(h\lambda) = \frac{2 + h\lambda}{2 - h\lambda} \quad \text{mit} \quad |F(\mu)| = \left|\frac{2 + \mu}{2 - \mu}\right| < 1 \quad \text{für alle} \quad \mu \quad \text{mit} \quad \text{Re}(\mu) < 0.$$

Das Gebiet der absoluten Stabilität ist die gesamte linke komplexe Halbebene. Diese beiden impliziten Methoden heißen *absolut stabil*, weil die Schrittweite h keiner Stabilitätsbedingung unterliegt. Auch das zweistufige implizite Runge-Kutta-Verfahren ist absolut stabil.

Es existieren weitere verfeinerte Stabilitätsbegriffe, im Besonderen solche für nichtlineare Differentialgleichungssysteme (vgl. [Hairer et al. 1993], [Hairer-Wanner 1996]).

7.6.1.2 Mehrschrittverfahren

Wird die Information der berechneten Näherungslösung auch an zurückliegenden äquidistanten Stellen $x_{k-1}, x_{k-2}, \ldots, x_{k-m+1}$ zur Bestimmung der Näherung y_{k+1} an der Stelle x_{k+1} herangezogen, so entstehen *Mehrschrittmethoden*, mit deren Hilfe oft eine effizientere Lösung einer

Differentialgleichung möglich ist. Ein allgemeines lineares Mehrschrittverfahren lautet mit $s := k - m + 1$

$$\sum_{j=0}^{m} a_j y_{s+j} = h \sum_{j=0}^{m} b_j f(x_{s+j}, y_{s+j}), \qquad m \geq 2$$

für $k \geq m - 1$, d. h. $s \geq 0$, wobei die Koeffizienten a_j, b_j feste Werte sind. Im Sinn einer Normierung sei $a_m = 1$. Es liegt ein echtes m-Schrittverfahren vor, falls $a_0^2 + b_0^2 \neq 0$ gilt. Ist $b_m = 0$, dann heißt die Mehrschrittmethode *explizit*, andernfalls *implizit*. Um ein m-Schrittverfahren anwenden zu können, werden neben dem gegebenen Anfangswert y_0 weitere $m - 1$ Startwerte $y_1, \ldots, y_{m-1}$ benötigt, die mit Hilfe einer Startprozedur, beispielsweise mit einem Einschrittverfahren, zu bestimmen sind.

Ein lineares Mehrschrittverfahren hat die *Ordnung p*, falls für den *lokalen Diskretisierungsfehler* d_{k+1} für eine beliebige Stelle $\bar{x}$ die Darstellung

$$d_{k+1} := \sum_{j=0}^{m} \left\{ a_j y(x_{s+j}) - h b_j f(x_{s+j}, y(x_{s+j})) \right\}$$

$$= c_0 y(\bar{x}) + c_1 h y'(\bar{x}) + c_2 h^2 y''(\bar{x}) + \ldots + c_p h^p y^{(p)}(\bar{x}) + c_{p+1} h^{p+1} y^{(p+1)}(\bar{x}) + \ldots$$

gilt mit $c_0 = c_1 = c_2 = \cdots = c_p = 0$ und $c_{p+1} \neq 0$. Sowohl p als auch der Koeffizient c_{p+1} sind unabhängig von der gewählten Stelle x. Ein lineares Mehrschrittverfahren heißt *konsistent*, wenn seine Ordnung p mindestens gleich eins ist. Mit den beiden, einem m-Schrittverfahren zugeordneten *charakteristischen Polynomen*

$$\varrho(z) := \sum_{j=0}^{m} a_j z^j \quad \text{und} \quad \sigma(z) := \sum_{j=0}^{m} b_j z^j.$$

lautet die Konsistenzbedingung

$$c_0 = \varrho(1) = 0, \qquad c_1 = \varrho'(1) - \sigma(1) = 0.$$

Die Konsistenz eines Mehrschrittverfahrens allein genügt nicht, um die Konvergenz der Näherungen für $h \to 0$ sicherzustellen, vielmehr muss es auch *nullstabil* sein, d. h. die Nullstellen des charakteristischen Polynoms $\varrho(z)$ müssen der *Wurzelbedingung* genügen, wonach sie betragsmäßig höchstens gleich eins sein dürfen und mehrfache Wurzeln im Inneren des Einheitskreises liegen müssen. Für ein konsistentes und nullstabiles Mehrschrittverfahren der Ordnung p, gilt unter der Voraussetzung an die Startwerte

$$\max_{0 \leq i \leq m-1} |y(x_i) - y_i| \leq K \cdot h^p, \qquad 0 \leq K < \infty,$$

für den globalen Fehler $g_n := y(x_n) - y_n$ die Beziehung

$$|g_n| = O(h^p), \qquad n \geq m.$$

Unter den genannten Bedingungen konvergieren die Näherungswerte y_n mit der Ordnung p gegen die Lösungswerte $y(x_n)$.

Die gebräuchlichsten Mehrschrittverfahren sind jene von *Adams*, die aus der zur Differentialgleichung äquivalenten Integralgleichung mittels einer interpolatorischen Quadratur entstehen. Beispiele *expliziter Adams-Bashforth-Methoden* sind mit $f_l := f(x_l, y_l)$:

$$y_{k+1} = y_k + \frac{h}{12} \left[23 f_k - 16 f_{k-1} + 5 f_{k-2} \right],$$

$$y_{k+1} = y_k + \frac{h}{24} \left[55 f_k - 59 f_{k-1} + 37 f_{k-2} - 9 f_{k-3} \right],$$

$$y_{k+1} = y_k + \frac{h}{720} \left[1\,901 f_k - 2\,774 f_{k-1} + 2\,616 f_{k-2} - 1\,274 f_{k-3} + 251 f_{k-4} \right].$$

Jedes Adams-Bashforth-m-Schrittverfahren hat die Ordnung $p = m$. Pro Integrationsschritt ist nur eine Funktionsauswertung nötig.

Implizite Adams-Moulton-Methoden lauten:

$$y_{k+1} = y_k + \tfrac{h}{24} \left[9f(x_{k+1}, y_{k+1}) + 19f_k - 5f_{k-1} + f_{k-2} \right],$$

$$y_{k+1} = y_k + \tfrac{h}{720} \left[251f(x_{k+1}, y_{k+1}) + 646f_k - 264f_{k-1} + 106f_{k-2} - 19f_{k-3} \right],$$

$$y_{k+1} = y_k + \tfrac{h}{1440} \left[475f(x_{k+1}, y_{k+1}) + 1\,427f_k - 798f_{k-1} + 482f_{k-2} \right.$$
$$\left. -173f_{k-3} + 27f_{k-4} \right].$$

Ein Adams-Moulton-m-Schrittverfahren besitzt die Ordnung $p = m + 1$ und erfordert in jedem Integrationsschritt die Lösung der impliziten Gleichung nach y_{k+1}, etwa mittels der Fixpunktiteration aus 7.4.2.1. Einen guten Startwert dazu liefert eine explizite Adams-Bashforth-Methode. Ein *Prädiktor-Korrektor-Verfahren* kombiniert ein explizites mit einem impliziten Mehrschrittverfahren in der Weise, dass mit der expliziten *Prädiktorformel* ein guter Näherungswert berechnet wird, der in die implizite *Korrektorformel* eingesetzt und im Sinn eines Schrittes der Fixpunktiteration verbessert wird.

Das ABM43-Verfahren als Kombination der 4-Schrittmethode von Adams-Bashforth mit der 3-Schrittmethode von Adams-Moulton, jeweils mit der Ordnung $p = 4$, lautet

$$y_{k+1}^{(P)} = y_k + \frac{h}{24} \left[55f_k - 59f_{k-1} + 37f_{k-2} - 9f_{k-3} \right],$$

$$y_{k+1} = y_k + \frac{h}{24} \left[9f(x_{k+1}, y_{k+1}^{(P)}) + 19f_k - 5f_{k-1} + f_{k-2} \right].$$

Der Vorteil solcher Prädiktor-Korrektor-Methoden liegt darin, dass die Ordnung leicht erhöht werden kann, die Zahl der Funktionsauswertungen aber stets zwei ist.

Eine andere, wichtige Klasse von impliziten Mehrschrittmethoden sind die *Rückwärtsdifferentiationsmethoden* (backward differentiation methods, kurz BDF), weil sie besondere Stabilitätseigenschaften haben. Die erste Ableitung wird in der Differentialgleichung an der Stelle x_{k+1} durch eine Differentiationsformel approximiert, welche auf den Stützwerten an dieser und zurückliegenden äquidistanten Stützstellen basiert (vgl. 7.3.2). Der einfachste Repräsentant in dieser Klasse ist das *Rückwärts-Euler-Verfahren*

$$y_{k+1} - y_k = hf(x_{k+1}, y_{k+1}).$$

Die m-Schritt-BDF-Verfahren für $m = 2, 3, 4$ sind

$$\tfrac{3}{2}y_{k+1} - 2y_k + \tfrac{1}{2}y_{k-1} = hf(x_{k+1}, y_{k+1}),$$

$$\tfrac{11}{6}y_{k+1} - 3y_k + \tfrac{3}{2}y_{k-1} - \tfrac{1}{3}y_{k-2} = hf(x_{k+1}, y_{k+1}),$$

$$\tfrac{25}{12}y_{k+1} - 4y_k + 3y_{k-1} - \tfrac{4}{3}y_{k-2} + \tfrac{1}{4}y_{k-3} = hf(x_{k+1}, y_{k+1}).$$

Die grundlegenden Stabilitätseigenschaften von Mehrschrittverfahren werden anhand der linearen *Testanfangswertaufgabe* $y'(x) = \lambda y(x)$, $y(0) = 1$ studiert. Substitution der rechten Seite in ein allgemeines m-Schrittverfahren liefert die lineare Differenzengleichung m-ter Ordnung

$$\sum_{j=0}^{m}(a_j - h\lambda b_j)y_{s+j} = 0.$$

Der Lösungsansatz $y_k = z^k$, $z \neq 0$, führt auf die zugehörige *charakteristische Gleichung*

$$\varphi(z) := \sum_{j=0}^{m}(a_j - h\lambda b_j)z^j = \varrho(z) - h\lambda\sigma(z) = 0.$$

Die allgemeine Lösung der Differenzengleichung m-ter Ordnung nimmt im allein interessieren-den Fall $\mathrm{Re}\,(\lambda) < 0$ betragsmäßig wie die exakte Lösung $y(x)$ genau dann ab, wenn die von $\mu = h\lambda$ abhängigen Nullstellen z_i der charakteristischen Gleichung dem Betrag nach kleiner als eins sind. Unter dem *Gebiet der absoluten Stabilität* eines linearen Mehrschrittverfahrens versteht man die Menge der komplexen Werte $\mu = h\lambda$, für welche $\varphi(z)$ nur Lösungen $z_i \in \mathbb{C}$ im Inneren des Einheitskreises besitzt.

Die charakteristische Gleichung einer Prädiktor-Korrektor-Methode setzt sich aus charakteri-stischen Polynomen der beteiligten Mehrschrittverfahren zusammen. Für die ABM43-Methode lautet sie beispielsweise

$$\varphi_{\mathrm{ABM43}}(z) = z[\varrho_{\mathrm{AM}}(z) - \mu\sigma_{\mathrm{AM}}(z)] + b_3^{(\mathrm{AM})}\mu[\varrho_{\mathrm{AB}}(z) - \mu\sigma_{\mathrm{AB}}(z)] = 0,$$

wobei $b_3^{(AM)}$ der Koeffizient b_3 der Adams-Moulton-Methode ist.

In Abb. 7.2 sind Randkurven von Gebieten der absoluten Stabilität (aus Symmetriegründen nur in der oberen komplexen Halbebene) gezeigt und entsprechend beschriftet.

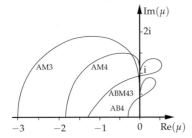

Abb. 7.2

Die Gebiete absoluter Stabilität von impliziten BDF-Methoden weisen interessante Eigenschaf-ten auf. Das Rückwärts-Euler-Verfahren ist absolut stabil, denn das Gebiet der absoluten Stabilität ist gleich der linken komplexen Halbebene. Dasselbe gilt für die 2-Schritt-BDF-Methode, weil in diesem Fall die linke komplexe Halbebene ganz im Gebiet der absoluten Stabilität enthalten ist. Die weiteren BDF-Methoden sind nicht mehr absolut stabil, weil die Randkurven teilweise in der linken Halbebene verlaufen. Es existiert aber ein maximaler Winkelbereich mit dem halben Öffnungswinkel $\alpha > 0$ und mit der Spitze im Nullpunkt, der im Gebiet der absoluten Stabilität liegt. Man spricht deshalb von einem $A(\alpha)$-*stabilen* Verfahren. Die 3-Schritt-BDF-Methode ist $A(88°)$-stabil, die 4-Schritt-BDF-Methode ist nur $A(72°)$-stabil.

7.6.2 Randwertprobleme

7.6.2.1 Analytische Methoden

Zur Lösung einer linearen Randwertaufgabe

$$L[y] := \sum_{i=0}^{r} f_i(x) y^{(i)}(x) = g(x),$$

$$U_i[y] := \sum_{j=0}^{r-1} \left\{ \alpha_{ij} y^{(j)}(a) + \beta_{ij} y^{(j)}(b) \right\} = \gamma_i \qquad (i = 1, 2, \dots, r)$$

in einem gegebenen Intervall $[a, b]$ mit stetigen Funktionen $f_i(x)$, $g(x)$ und $f_r(x) \neq 0$ kann man verwenden, dass jede Lösung der Differentialgleichung als Linearkombination

$$y(x) = y_0(x) + \sum_{k=1}^{r} c_k y_k(x),$$

darstellbar ist, wobei $y_0(x)$ eine spezielle Lösung der inhomogenen Differentialgleichung $L[y] = g$ und die Funktionen $y_k(x)$ ($1 \leq k \leq r$) ein *Fundamentalsystem* der homogenen Gleichung $L[y] = 0$ bilden (vgl. 1.12.6). Diese $r + 1$ Funktionen können näherungsweise durch numerische Integration der $r + 1$ *Anfangswertaufgaben*

$$y_0(a) = y_0'(a) = \dots = y_0^{(r-1)}(a) = 0,$$

$$y_k^{(j)}(a) = \delta_{k,j+1} \qquad (k = 1, 2, \dots, r; \quad j = 0, 1, \dots, r - 1)$$

bestimmt werden. Weil die *Wronski-Determinante* $W(a)$ gleich eins ist, sind die so konstruierten Funktionen $y_1(x)$, $y_2(x)$, ..., $y_r(x)$ linear unabhängig. Mit diesen $r + 1$ Funktionen bestimmen sich die Entwicklungskoeffizienten c_k im Lösungsansatz aus dem System von linearen inhomogenen Gleichungen

$$\sum_{k=1}^{r} c_k U_i[y_k] = \gamma_i - U_i[y_0] \qquad (i = 1, 2, \dots, r).$$

Eine Näherungslösung der linearen Randwertaufgabe wird oft mit der *Ansatzmethode* bestimmt, in welcher für die gesuchte Lösung $y(x)$ eine Approximation in der Form

$$Y(x) := w_0(x) + \sum_{k=1}^{n} c_k w_k(x),$$

verwendet wird, wobei $w_0(x)$ eine Funktion ist, welche den inhomogenen Randbedingungen $U_i[w_0] = \gamma_i$ ($1 \leq i \leq r$) genügt, während die linear unabhängigen Funktionen $w_k(x)$ ($k = 1, 2, \dots, n$) die homogenen Randbedingungen $U_i[w_k] = 0$ erfüllen sollen. Damit genügt $Y(x)$ für beliebige c_k den gegebenen Randbedingungen. Setzt man den Ansatz in die Differentialgleichung ein, resultiert eine *Fehlerfunktion*

$$\varepsilon(x; c_1, c_2, \dots, c_n) := L[Y] - g(x) = \sum_{k=1}^{n} c_k L[w_k] + L[w_0] - g(x).$$

Die unbekannten Entwicklungskoeffizienten c_k oder Näherungslösung $Y(x)$ werden als Lösung eines linearen Gleichungssystems bestimmt, welches sich auf Grund einer der folgenden Bedingungen an die Fehlerfunktion ergibt.

1. *Kollokationsmethode:* Nach Wahl von n geeigneten *Kollokationspunkten* $a \leq x_1 < x_2 < \ldots < x_n \leq b$ wird gefordert, dass gilt:

$$\varepsilon(x_i; c_1, c_2, \ldots, c_n) = 0 \qquad (i = 1, 2, \ldots, n).$$

2. *Teilintervallmethode:* Das Intervall $[a, b]$ wird in n Teilintervalle unterteilt mit $a = x_0 < x_1 < x_2 < \ldots < x_{n-1} < x_n = b$, und man verlangt, dass der Mittelwert der Fehlerfunktion in jedem Teilintervall gleich null ist, d. h.

$$\int_{x_{i-1}}^{x_i} \varepsilon(x; c_1, c_2, \ldots, c_n) \, \mathrm{d}x = 0 \qquad (i = 1, 2, \ldots, n).$$

3. *Fehlerquadratmethode:* Im kontinuierlichen Fall lautet die Bedingung

$$\int_a^b \varepsilon^2(x; c_1, c_2, \ldots, c_n) \, \mathrm{d}x = \mathrm{Min!},$$

während im diskreten Fall mit N Stützstellen $x_i \in [a, b]$, $N > n$, die Minimierung

$$\sum_{i=1}^N \varepsilon^2(x_i; c_1, c_2, \ldots, c_n) = \mathrm{Min!}$$

auf ein zugehöriges Normalgleichungssystem führt.

4. *Methode von Galerkin:* Die Fehlerfunktion soll orthogonal sein zu einem n-dimensionalen Unterraum $U := \mathrm{span}(v_1, v_2, \ldots, v_n)$, d. h.

$$\int_a^b \varepsilon(x; c_1, c_2, \ldots, c_n) \, v_i(x) \, \mathrm{d}x = 0 \qquad (i = 1, 2, \ldots, n).$$

In der Regel gilt $v_i(x) = w_i(x)$, $i = 1, 2, \ldots, n$. Die *Methode der finiten Elemente*, in welcher die Funktionen $w_i(x)$ sehr speziell mit kleinem Träger gewählt werden, ist die moderne Form der Methode von Galerkin (vgl. 7.7.2.3).

7.6.2.2 Schießverfahren

Eine beliebte Methode, eine nichtlineare Randwertaufgabe zweiter Ordnung

$$y''(x) = f\big(x, y(x), y'(x)\big)$$

unter *getrennten* linearen Randbedingungen

$$\alpha_0 y(a) + \alpha_1 y'(a) = \gamma_1, \qquad \beta_0 y(b) + \beta_1 y'(b) = \gamma_2,$$

zu lösen, führt die Problemstellung auf eine *Anfangswertaufgabe* zurück. Dazu betrachten wir zur gegebenen Aufgabe die Anfangsbedingung

$$y(a) = \alpha_1 s + c_1 \gamma_1, \qquad y'(a) = -(\alpha_0 s + c_0 \gamma_1),$$

welche vom Parameter s abhängt und wo c_0 und c_1 Konstanten sind, die der Bedingung $\alpha_0 c_1 - \alpha_1 c_0 = 1$ genügen. Die (numerisch berechnete) Lösung der Anfangswertaufgabe bezeichnen wir mit $Y(x; s)$. Sie erfüllt für alle Werte s, für die $Y(x; s)$ existiert, die Randbedingung an der Stelle a. Um eine Lösung der Randwertaufgabe zu finden, ist noch die zweite Randbedingung zu erfüllen. Folglich muss $Y(x; s)$ der Gleichung

$$h(s) := \beta_0 Y(b; s) + \beta_1 Y'(b; s) - \gamma_2 = 0.$$

genügen. Diese im Allgemeinen nichtlineare Gleichung für s kann mit der Regula falsi, der Sekantenmethode oder dem Newton-Verfahren gelöst werden. Im letzten Fall ist die benötigte Ableitung $h'(s)$ näherungsweise als Differenzenquotient zu berechnen, indem auch $h(s + \Delta s)$ durch Integration bestimmt wird.

Das skizzierte *Einfach-Schießverfahren* lässt sich sinngemäß auf Differentialgleichungssysteme höherer Ordnung verallgemeinern mit entsprechend mehr Parametern in der Anfangsbedingung. Neben der Problematik, geeignete Startwerte für die Parameter vorzugeben, ist in manchen Anwendungen eine hohe Empfindlichkeit der Werte $Y(b;s)$ und $Y'(b;s)$ bezüglich kleiner Änderungen von s zu beobachten. Zur Verbesserung der Kondition der Problemstellung wird im *Mehrfach-Schießverfahren* das Intervall $[a, b]$ in mehrere Teilintervalle unterteilt, in jedem inneren Teilpunkt ein Satz von zusätzlich zu bestimmenden Anfangsbedingungen als Parameter verwendet und die Differentialgleichung intervallweise gelöst. Die eingeführten Parameter werden aus einem nichtlinearen Gleichungssystem so bestimmt, dass sich die Teillösungen zur gesuchten Lösungsfunktion zusammensetzen. Details findet man in [Stoer-Bulirsch, §7.3].

7.6.2.3 Differenzenmethode

Das prinzipielle Vorgehen soll an der nichtlinearen Randwertaufgabe zweiter Ordnung mit einfachen Randbedingungen

$$y''(x) = f\big(x, y(x), y'(x)\big), \qquad y(a) = \gamma_1, \quad y(b) = \gamma_2,$$

dargelegt werden. Das Intervall $[a, b]$ wird in $n + 1$ gleich große Teilintervalle der Länge $h :=$ $(b - a)/(n + 1)$ mit den äquidistanten Teilpunkten $x_i = a + ih$ $(0 \leq i \leq n + 1)$ unterteilt. Gesucht werden Näherungswerte y_i für die exakten Lösungswerte $y(x_i)$ an den n inneren Stützstellen x_i. Dazu werden die erste und zweite Ableitung durch den zentralen bzw. zweiten Differenzenquotienten an jeder inneren Stützstelle approximiert,

$$y'(x_i) \approx \frac{y_{i+1} - y_{i-1}}{2h}, \qquad y''(x_i) \approx \frac{y_{i+1} - 2y_i + y_{i-1}}{h^2},$$

sodass beide den gleichen Diskretisierungsfehler $O(h^2)$ aufweisen. Mit diesen Approximationen erhält man das System von nichtlinearen Gleichungen

$$\frac{y_{i+1} - 2y_i + y_{i-1}}{h^2} = f\left(x_i, y_i, \frac{y_{i+1} - y_{i-1}}{2h}\right) \qquad (i = 1, 2, \ldots, n)$$

für die n Unbekannten $y_1, y_2, \ldots, y_n$, wobei zu beachten ist, dass $y_0 = \gamma_1$ und $y_{n+1} = \gamma_2$ durch die Randbedingungen gegeben sind.

Unter geeigneten Voraussetzungen an die Lösungsfunktion $y(x)$ und an die Funktion $f(x, y, y')$ kann gezeigt werden, dass für die Näherungswerte eine Fehlerabschätzung der Form $\max_{1 \leq i \leq n} |y(x_i) - y_i| = O(h^2)$ gilt. Das nichtlineare Gleichungssystem wird in der Regel mit dem Verfahren von Newton-Kantorowitsch oder einer seiner vereinfachten Varianten gelöst (vgl. 7.4.2.2). Die spezielle Struktur mit maximal drei aufeinanderfolgend indizierten Unbekannten in jeder Gleichung hat zur Folge, dass die Funktionalmatrix des Systems *tridiagonal* ist. Deshalb ist der Rechenaufwand zur Berechnung eines Korrekturvektors im Verfahren von Newton-Kantorowitsch nur proportional zu n. Ist die Differentialgleichung linear, so liefert die Differenzenmethode unmittelbar ein lineares Gleichungssystem mit tridiagonaler Matrix für die unbekannten Funktionswerte.

7.7 Partielle Differentialgleichungen und Wissenschaftliches Rechnen

Die effektive numerische Behandlung partieller Differentialgleichungen ist kein Handwerk, sondern eine Kunst.

Folklore

7.7.1 Grundideen

In der zweiten Hälfte des vorigen Jahrhunderts hat die rasante Entwicklung der Computertechnologie ein neues Kapitel der Mathematik aufgeschlagen. Die neuen Fragen sind unter anderem mit den Stichworten Stabilität, anpassungsfähige Diskretisierungsmethoden, schnelle Algorithmen und Adaptivität umschrieben.

Aufgaben, die im „Vorcomputerzeitalter" für kleine Dimensionen n gelöst wurden, können jetzt für große n berechnet werden, sodass das Verhalten für $n \to \infty$ eine wichtige Rolle spielt. So stellt es sich etwa heraus, dass die seit Newton beliebte Polynominterpolation für $n \to \infty$ (n Grad des Polynoms) instabil wird und damit für große n unbrauchbar ist. Insbesondere für Diskretisierungsverfahren ist Stabilität ein fundamentaler Begriff. Nicht alle naheliegenden Diskretisierungen gewöhnlicher oder partieller Differentialgleichungen müssen auch stabil sein (vgl. 7.7.5.4). Gerade der Versuch, Approximationen höherer Ordnung zu definieren, führt leicht auf instabile Verfahren (vgl. 7.7.5.6.2). Bei gemischten Finite-Element-Methoden (vgl. 7.7.3.2.3) kommt es zu der misslichen Situation, dass eine „zu gute" Approximation die Stabilität beeinträchtigt. Häufig führt die Instabilität zu einem exponentiellen Anwachsen von Fehlern, die damit leicht erkennbar sind. Im Fall der gemischten Finite-Element-Methode braucht dies nicht zuzutreffen, und die Resultate erscheinen nicht offensichtlich als unbrauchbar. Umso wichtiger ist die Begleitung der Rechnungen durch die entsprechende numerische Analysis.

Mit steigender Rechnerkapazität werden immer komplexere Aufgaben in Angriff genommen. Die Komplexität kann z. B. in speziellen Details der Lösung bestehen: Randschichten bei singulär gestörten Aufgaben, singuläres Verhallen der Lösung oder ihrer Ableitungen an bestimmten Punkten (z. B. Rissspitzen), kleinskalige Lösungsdetails bei Turbulenz, Unstetigkeit bei hyperbolischen Differentialgleichungen, große Koeffizientensprünge z. B. bei Halbleitergleichungen. Die Behandlung dieser Phänomene erfordere jeweils angepasste Verfahren. Die Realität ist noch weit entfernt von der Erfüllung des Wunsches nach einem universellen Black-Box-Verfahren.

Das Ansteigen der Computerleistung äußert sich in wachsender Speicherkapazität wie auch schnellerer Laufzeit. Paradoxerweise ergibt sich gerade daraus der Bedarf nach schnelleren Algorithmen. Hat beispielsweise ein Algorithmus für ein Problem der Dimension n einen Aufwand proportional zu n^3 gemessen in arithmetischen Operationen, so führt eine Verzehnfachung des Speichers dazu, dass sich bei entsprechender Auslastung der Aufwand vertausendfacht, was durch die steigende Rechengeschwindigkeit nicht kompensiert wird. Schnelle Algorithmen, die in diesem Abschnitt vorgestellt werden, sind die Mehrgitterverfahren zur schnellen Lösung von Gleichungssystemen und die schnelle Fourier- und Wavelet-Transformation.

Anstatt die Algorithmen zu beschleunigen, kann man auch versuchen, die Problemdimension in der Weise zu verkleinern, dass die Lösungsqualität nicht beeinträchtigt wird. Bei der Lösung partieller Differentialgleichungen bedeutet dies, anstelle eines gleichmäßig feinen Gitters eine Diskretisierung mit einem unregelmäßigen Gitter zu verwenden, das sich nur dort verfeinert, wo kleine Schrittweiten benötigt werden. Die Steuerung beruht auf den Daten der bis dahin berechneten Diskretisierung und stellt eine interessante Verflechtung der numerischen Analysis mit dem Berechnungsprozess dar. Eine kurze Einführung in diese Fragen findet man in Abschnitt 7.7.6.

7.7.2 Diskretisierungsverfahren in der Übersicht

7.7.2.1 Differenzenverfahren

Differenzenverfahren beruhen darauf, die in der Differentialgleichung auftretenden Ableitungen durch Differenzen zu ersetzen. Hierfür wird ein im Allgemeinen regelmäßiges *Gitter* benötigt. Für das Intervall $[a, b]$ und die Schrittweite $h := (b - a)/N$ ($N = 1, 2, \ldots$) lautet das äquidistante Gitter $G_h := \{x_k = a + kh : 0 \leq k \leq N\}$ (vgl. 7.6.2.3). Bei partiellen Differentialgleichungen in d unabhängigen Variablen braucht man ein d-dimensionales Gitternetz über einem Definitionsbereich $D \subset \mathbb{R}^d$, das im äquidistanten Fall die folgende Form besitzt (vgl. Abb. 7.3):

$$G_h = \{x \in D : x = x_k = kh : k = (k_1, \ldots, k_d),\ k_i \in \mathbb{Z}\}.$$

Bei Differenzenverfahren stehen die *Gitterpunkte* (*Knoten*, Knotenpunkte) im Vordergrund des Interesses, nicht die damit assoziierten Quadrate ($d = 2$, vgl. Abb. 7.3) oder Kanten. Man benutzt die Funktionswerte $u(x_k)$ an den Gitterpunkten $x_k \in G_h$ um Ableitungen zu approximieren. Da die meisten Differenzapproximationen eindimensional sind, reicht es zur Einführung, eine Funktion von einer Variablen zu diskutieren.

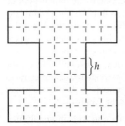

Abb. 7.3 Gitter mit Schrittweite h.

Die erste Ableitung einer (glatten) Funktion u kann auf verschiedene Weise approximiert werden. Die *Vorwärtsdifferenz* und die *Rückwärtsdifferenz*

$$\partial_h^+ u(x_k) := \frac{1}{h} \left[u(x_{k+1}) - u(x_k) \right] \tag{7.1a}$$

$$\partial_h^- u(x_k) := \frac{1}{h} \left[u(x_k) - u(x_{k-1}) \right] \tag{7.1b}$$

sind sogenannte einseitige Differenzen. Sie sind lediglich von erster Ordnung, d. h. es gilt

$$u'(x_k) - \partial_h^\pm u(x_k) = O(h) \qquad (h \to 0). \tag{7.1c}$$

Die zentrale Differenz (oder symmetrische Differenz)

$$\partial_h^0 u(x_k) := \frac{1}{2h} \left[u(x_{k+1}) - u(x_{k-1}) \right] \tag{7.2a}$$

ist von zweiter Ordnung, d. h.

$$u'(x_k) - \partial_h^0 u(x_k) = O(h^2) \qquad (h \to 0). \tag{7.2b}$$

Die zweite Ableitung lässt sich durch

$$\partial_h^2 u(x_k) := \frac{1}{h^2} \left[u(x_{k+1}) - 2u(x_k) + u(x_{k-1}) \right]. \tag{7.3a}$$

approximieren. Diese zweite Differenz ist ebenfalls von zweiter Ordnung:

$$u''(x_k) - \partial_h^2 u(x_k) = O(h^2) \qquad (h \to 0). \tag{7.3b}$$

Zu beachten ist, dass nicht alle Differenzen in den Randpunkten $x_0 = a$ oder $x_N = b$ definiert sind, da eventuell die benötigten Nachbargitterpunkte fehlen.

Im zweidimensionalen Fall verwendet man eine Teilmenge G_h des unendlichen Gitters $\{(x,y) = (kh, lh): k, l \in \mathbb{Z}\}$. Die Differenzen (7.1a,b), (7.2a), (7.3a) können sowohl in x- wie y-Richtung angewandt werden; entsprechend notieren wir $\partial^+_{h,x}$, $\partial^+_{h,y}$, usw. Abb. 7.4 zeigt die zweite Differenz $\partial^2_{h,x} u$, die die Werte in den Gitterpunkten A, B, C benutzt, sowie die zweite Differenz $\partial^2_{h,y} u$, die D, E, F, verwendet. Die Summe beider zweiter Differenzen liefert eine Näherung für den Laplace-Operator $\Delta u = u_{xx} + u_{yy}$:

$$\Delta_h u(kh, lh) = (\partial^2_{h,x} + \partial^2_{h,y}) u(kh, lh)$$
$$= \tfrac{1}{h^2}(u_{k-1,l} + u_{k+1,l} + u_{k,l-1} + u_{k,l+1} - 4u_{kl}), \tag{7.4}$$

wobei $u_{kl} := u(kh, lh)$ gesetzt wird. Aufgrund der verwendeten fünf Gitterpunkte (vgl. M, N, S, O, W in Abb. 7.4) heißt (7.4) auch *Fünfpunktformel*.

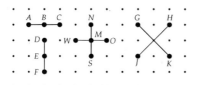

Abb. 7.4 Differenzsterne

Mit den bisherigen Differenzen können alle partiellen Ableitungen der Form u_x, u_y, u_{xx}, u_{yy}, Δu approximiert werden. Die gemischte zweite Ableitung u_{xy} kann durch das Produkt $\partial^0_{h,x} \partial^0_{h,y}$ genähert werden:

$$\tfrac{1}{4h^2}(u_{k+1,l+1} + u_{k-1,l-1} - u_{k+1,l-1} - u_{k-1,l+1}) = u_{xy}(kh, lh) + O(h^2) \qquad (h \to 0).$$

(vgl. G, H, J, K in Abb. 7.4). Zur abkürzenden Notation der Sternschreibweise sei auf [Hackbusch 1996, §4] verwiesen. Die Verallgemeinerung der Differenzennäherungen für d unabhängige Variable in einem d-dimensionalen Gitternetz ist offensichtlich. Entsprechend können höhere als zweite Ableitungen approximiert werden.

Bisher wurden äquidistante Gitter vorgestellt. Ist die Schrittweite in einer Achsenrichtung nicht äquidistant, so lassen sich die Ableitungen noch mit den Newtonschen dividierten Differenzen annähern (vgl. 7.3.1.2). Ein unregelmäßiges, nicht mehr achsenorientiertes Gitter ist aber äußerst schlecht geeignet für Differenzenverfahren, da man für zweite Ableitungen kollinear liegende Gitterpunkte zur Differenzbildung verwenden möchte. Damit wird offensichtlich, dass die Starrheit der geometrischen Gitterstruktur die Differenzenverfahren inflexibel macht, was z. B. bei dem Wunsch nach lokalen Gitterverfeinerungen nachteilig ist.

7.7.2.2 Ritz-Galerkin-Verfahren

Ist $Lu = f$ die Differentialgleichung und $(u,v) := \int_D uv \, dx$ das L^2-Skalarprodukt über dem Definitionsbereich D, so muss die Lösung u auch die Gleichung $(Lu, v) = (f, v)$ für alle *Testfunktionen* v erfüllen. Die linke Seite (Lu, v) schreibt man mittels partieller Integration um und erhält die *schwache oder Variationsformulierung*:

$$a(u, v) = b(v). \tag{7.5}$$

Hier sind $a(\cdot,\cdot)$ eine *Bilinearform* und b ein Funktional über geeigneten Funktionenräumen U und V, in denen u und v variieren können. Im Weiteren wird nur der Standardfall $U = V$ diskutiert. Beispiele für $a(\cdot,\cdot)$ folgen in 7.7.3.1.2.

Die *Ritz-Galerkin-Methode* approximiert nicht den Differentialoperator L, sondern den Gesamtraum V, indem V durch einen n-dimensionalen Funktionenraum V_n ersetzt wird:

$$\boxed{\text{Suche} \quad u \in V_n \quad \text{mit} \quad a(u,v) = b(v) \quad \text{für alle} \quad v \in V_n.} \tag{7.6}$$

Dirichlet-Randbedingungen (Nullrandbedingungen) werden in die Definition des Raumes V aufgenommen. Andere Randbedingungen, die als *natürliche Randbedingungen* aus der Variationsformulierung folgen, gehen nicht explizit in die Formulierung ein und werden nur approximativ erfüllt (vgl. [Hackbusch 1996, §7.4]).

Zur konkreten numerischen Berechnung hat man eine Basis $\{\varphi_1, \varphi_2, \ldots, \varphi_n\}$ von V_n auszuwählen. Die Lösung u von (7.6) wird in der Form $\sum \xi_k \varphi_k$ gesucht. Die Aufgabe (7.6) ist dann dem Gleichungssystem

$$\boxed{Ax = b} \tag{7.7a}$$

äquivalent, wobei x die gesuchten Koeffizienten ξ_k enthält und die sogenannte Steifigkeitsmatrix A und die rechte Seite b definiert sind durch

$$A = (a_{ik})_{1 \le i,k \le n}, \quad a_{ik} = a(\varphi_k, \varphi_i), \qquad b = (b_i)_{1 \le i \le n}, \quad b_i = f(\varphi_i). \tag{7.7b}$$

Da das Residuum $r = Lu - f$ in der „Gewichtung" (r, φ_i) verschwindet (vgl. (7.6)), wird auch die Bezeichnung „Verfahren der gewichteten Residuen" verwendet.

7.7.2.3 Finite-Element-Verfahren (FEM)

Die Finite-Element-Methode (Abkürzung FEM) ist das Ritz-Galerkin-Verfahren mit speziellen Ansatzräumen, den sogenannten Finiten Elementen (FE). Im Allgemeinen können die Steifigkeitsmatrizen des Galerkin-Verfahrens vollbesetzt sein. Um wie bei Differenzenverfahren zu schwachbesetzten Matrizen zu gelangen, versucht man Basisfunktionen φ_k mit möglichst kleinem Träger zu verwenden. (Der *Träger* einer Funktion φ ist der Abschluss aller x mit $\varphi(x) \ne 0$.) Dies führt dazu, dass die in $a(\varphi_k, \varphi_i)$ verwendeten Funktionen bis auf wenige Ausnahmen disjunkten Träger haben und $a_{ik} = 0$ liefern. Die Forderung ist für Ansatzräume mit globalen Polynomen oder anderen global definierten Funktionen nicht erfüllt. Stattdessen verwendet man stückweise definierte Funktionen. Deren Definition enthält zwei Aspekte:
(a) die geometrischen Elemente (eine disjunkte Zerlegung des Definitionsgebietes),
(b) die über diesen Teilstücken definierten Ansatzfunktionen.

Ein typisches Beispiel für die geometrischen Elemente ist die Zerlegung eines zweidimensionalen Definitionsbereiches in Dreiecke (*Triangulierung*). Die Dreiecke können eine regelmäßige Struktur aufweisen (z. B. nach Teilung aller Quadrate in Abb. 7.3 in je zwei Dreiecke), sie können aber auch unregelmäßig wie in Abb. 7.5 sein. Die Triangulierung heißt *zulässig*, wenn der Durchschnitt zweier verschiedener Dreiecke entweder leer, ein gemeinsamer Eckpunkt oder eine gemeinsame Seite ist. Die Triangulierung ist *quasiuniform*, wenn das Verhältnis der Dreiecksgrößen (längste Seite) beschränkt bleibt. Die Triangulierung ist *(form)regulär*, wenn für alle Dreiecke das Verhältnis Außen- zu Innenkreisradius gleichmäßig beschränkt bleibt.

Auf den Dreiecken der Triangulierung lassen sich verschiedene Ansatzfunktionen definieren. Beispiele sind die stückweise konstanten Funktionen (Dimension von V_n ist die Anzahl der Dreiecke), die stückweise linearen Funktionen (affin auf jedem Dreieck, global stetig; Dimension:

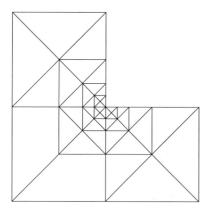

Abb. 7.5 Unregelmäßiges Finite-Elemente-Netz

Anzahl der Ecken) oder die stückweise quadratischen Funktionen (quadratisch auf jedem Dreieck, global stetig; Dimension: Ecken + Seiten)).

Statt der Dreiecke können auch Vierecke gewählt werden. Schließlich gibt es Analoga im dreidimensionalen Fall (Tetraeder statt Dreieck, Quader statt Rechteck, etc.). Für weitere Details zur Finite-Element-Methode sei auf [Braess], [Ciarlet 2002] und [Ciarlet 1990ff, Bd 2] verwiesen.

Da die Dreiecke (Vierecke usw.) in der Finite-Element-Gleichung (7.7a,b) in Form der Integration über diese Elemente eingehen, stehen bei der Finite-Element-Methode die Flächen, nicht die Ecken oder Seiten im Vordergrund.

Zur Herstellung der Triangulation *(Gittererzeugung)* empfiehlt es sich, mit einer groben Triangulierung zu starten und dann zu verfeinern (vgl. 7.7.6.2 und 7.7.7.6).

7.7.2.4 Petrow-Galerkin-Verfahren

Wenn die Funktionen u, v in (7.5) aus *unterschiedlichen* Räumen U (Ansatzfunktionsraum) und V (Testfunktionsraum) stammen, erhält man eine Verallgemeinerung des Ritz-Galerkin-Verfahrens, das man Petrow-Galerkin-Verfahren nennt.

7.7.2.5 Finite-Volumen-Verfahren

Das Finite-Volumen-Verfahren (auch Box-Methode genannt) hat eine Zwischenstellung zwischen Differenzenverfahren und Finite-Element-Methode. Wie bei Differenzenverfahren werden häufig Vierecksgitter wie in Abb. 7.3 benutzt, wobei das Interesse aber den „Flüssen" gilt, die über die Seiten transportiert werden.

Zur mathematischen Formulierung wählt man in $(Lu, v) = (f, v)$ für v die charakteristische Funktion eines Elementes E (d. h. $v = 1$ auf einem Viereck E, sonst $v = 0$). (Lu, v) stellt das Integral $\int_E Lu\, dx$ über E dar. Partielle Integration liefert Randintegrale über die Viereckseiten ∂E, die in verschiedener Weise approximiert werden können.

Falls der Differentialoperator L die Gestalt $Lu = \operatorname{div}(Mu)$ (z. B. $M = \operatorname{grad}$) besitzt, liefert die partielle Integration

$$\int_{\partial E} \langle Mu, \mathbf{n} \rangle \, d\Gamma = \int_E f\, dx,$$

wobei $\langle Mu, \mathbf{n} \rangle$ das Skalarprodukt mit dem äußeren Einheitsnormalenvektor $\mathbf{n}$ ist. Da der Normalenvektor zu einer gemeinsamen Seite zweier Elemente in diesen Elementen entgegengesetzte Vorzeichen besitzt, liefert die Summe über alle Elemente E die *Erhaltungseigenschaft* über dem Definitionsbereich D, die oft der entscheidende Grund für die Wahl der Finite-Volumen-Methode ist:

$$\int_{\partial D} \langle Mu, \mathbf{n} \rangle \, d\Gamma = \int_D f \, dx.$$

7.7.2.6 Spektralverfahren und Kollokation

Die Finite-Element-Methode verwendet die Approximation mit stückweisen Polynomen fester Ordnung, wobei die Größe der Elemente verkleinert wird. Hiermit lässt sich nur eine Approximation $O(h^p)$ mit *fester* Ordnung p erreichen (h: Elementgröße). Im d-dimensionalen Fall hängen h und die Dimension n des Finite-Element-Raumes V_n im Allgemeinen über $n \sim h^{-d}$ zusammen. Damit lautet der Fehler als Funktion der Dimension $O(n^{-p/d})$. Abschätzungen durch $O(\exp(-\alpha n^b))$ mit $\alpha, b > 0$ beschreiben dagegen *exponentielle* Konvergenzgeschwindigkeit, wie man sie mit globalen Polynomen oder trigonometrischen Funktionen bei der Approximation glatter Lösungen erreichen kann.

Die Spektralverfahren verwenden diese globalen Funktionsansätze in speziellen Geometrien (z. B. Rechteck), wobei die diskreten Gleichungen über *Kollokation* gewonnen werden. Dabei wird die Differentialgleichung $Lu = f$ statt im gesamten Bereich nur an geeigneten Kollokationsstellen gefordert. Formal lässt sich die Kollokation als Petrow-Galerkin-Methode mit Distributionen als Testraum interpretieren.

Nachteil der Spektralmethode ist die Vollbesetztheit der Matrix und die Beschränkung auf spezielle Definitionsbereiche. Zudem ist die erforderliche Glattheit der Lösung nicht immer global gegeben.

7.7.2.7 h-, p- und hp-Methode

Die übliche Finite-Element-Methode, in der die Elementgröße h der entscheidende Parameter ist, wird auch h-Methode genannt. Hält man dagegen die zugrundeliegende Zerlegung (z. B. in Viereckselemente) fest und lässt die Ordnung p der stückweisen Polynome wie bei der Spektralmethode anwachsen, spricht man von der p-Methode.

Eine Kombination beider Versionen ergibt die sogenannte hp-Methode. Der Ansatzraum besteht aus den Finite-Element-Funktionen vom Grad p über den geometrischen Elementen der Größe h. Passt man sowohl h als auch p dem Problem an, erhält man sehr genaue Approximationen. Die Art und Weise, wie die Größen h und p lokal gewählt werden, ist ein typischer Gegenstand der adaptiven Diskretisierung, wie sie in 7.7.6 skizziert wird. Der Testraum wird mit dem Ansatzraum gleichgesetzt, sodass ein Spezialfall des Ritz-Galerkin-Verfahrens vorliegt.

7.7.3 Elliptische Differentialgleichungen

7.7.3.1 Positiv definite Randwertprobleme

Skalare Differentialgleichungen führen im Allgemeinen zu den nachfolgend betrachteten Problemen. Systeme von Differentialgleichungen können dagegen vom Typ der Sattelpunktaufgaben sein und neue Anforderungen an die Finite-Element-Diskretisierung stellen, wie anschließend in 7.7.3.2 diskutiert wird.

7.7.3.1.1 Modellfälle (Poisson- und Helmholtz-Gleichung): Es sei $\Omega \subset \mathbb{R}^2$ ein beschränktes Gebiet mit dem Rand $\Gamma := \partial\Omega$. Prototyp aller Differentialgleichungen zweiter Ordnung ist die *Poisson-Gleichung* mit dem Laplace-Operator $\Delta u = u_{xx} + u_{yy}$:

$$-\Delta u = f \quad \text{in} \quad \Omega. \tag{7.8a}$$

Gegeben ist die Funktion $f = f(x,y)$ (Quellterm). Gesucht wird die Funktion $u = u(x,y)$. Eine Randwertaufgabe entsteht, wenn die Differentialgleichung (7.8a) durch eine Randwertvorgabe, beispielsweise die *Dirichlet-Bedingung*

$$u = g \quad \text{auf dem Rand} \quad \Gamma. \tag{7.8b}$$

ergänzt wird. Die Lösung dieser Randwertaufgabe ist eindeutig bestimmt. Falls $f = 0$ gilt, liegt die *Laplace-* oder *Potentialgleichung* vor, für die das *Maximumprinzip* gilt: Die Lösung u nimmt ihr Minimum und Maximum auf dem Rand Γ an (vgl. 1.12.3.9).

Für spätere Anwendungen wird es vorteilhaft sein, sich auf homogene Randdaten $g = 0$ beschränken zu können. Hierzu benötigt man eine beliebige (glatte) Fortsetzung G der inhomogenen Randdaten g von Γ auf Ω (d.h. $G = g$ auf Γ). Man führt die neue unbekannte Funktion $\tilde{u} := u - G$ ein. Sie erfüllt die homogene Randbedingung $\tilde{u} = 0$ auf Γ und die neue Differentialgleichung $-\Delta\tilde{u} = \tilde{f}$ mit $\tilde{f} := \Delta G + f$.

Als zweites Beispiel sei die *Helmholtz-Gleichung*

$$-\Delta u + u = f \quad \text{in } \Omega \tag{7.9a}$$

für die gesuchte Funktion $u = u(x,y)$ mit der *Neumann-Randbedingung*

$$\frac{\partial u}{\partial n} = g \quad \text{auf dem Rand} \quad \Gamma. \tag{7.9b}$$

vorgestellt. Dabei bezeichnet $\frac{\partial u}{\partial n} := \langle \mathbf{n}, \text{grad}\, u \rangle$ die äußere Normalenableitung in einem Randpunkt ($\mathbf{n}$: äußerer Normaleinheitsvektor; vgl. 1.9.2).

Unter geeigneten Voraussetzungen an das Verhalten von u im Unendlichen ist die Neumannsche Randwertaufgabe auch für unbeschränkte Gebiete Ω eindeutig lösbar.

In d Raumdimensionen lautet die Poisson-Gleichung $-\Delta u = f$, wobei

$$-\Delta u := -u_{x_1 x_1} - \ldots - u_{x_d x_d} = -\text{div grad}\, u.$$

Seien $A = A(x_1, \ldots, x_d)$ eine $d \times d$-Matrixfunktion, $\mathbf{b} = \mathbf{b}(x_1, \ldots, x_d)$ eine d-Vektorfunktion und $c = c(x_1, \ldots, x_d)$ eine skalare Funktion. Dann ist

$$-\text{div}(A\,\text{grad}\, u) + \langle \mathbf{b}, \text{grad}\, u \rangle + cu = f \tag{7.10}$$

eine allgemeine lineare Differentialgleichung zweiter Ordnung. Sie heißt *elliptisch*, wenn $A(x_1, \ldots, x_d)$ positiv definit ist. Dabei heißt $-\text{div}(A\,\text{grad}\, u)$ der *Diffusionsterm*, $\langle \mathbf{b}, \text{grad}\, u \rangle$ der *Konvektions-* und cu der *Reaktionsterm*. Die Poisson- und Helmholtz-Gleichungen sind Spezialfälle von (7.10) mit $A = I$ und $\mathbf{b} = 0$.

7.7.3.1.2 Variationsformulierung: Aufgrund der Greenschen Formel (vgl. 1.7.8) ergibt sich aus $(-\Delta u)\,v = (f,v)$ die Gleichung

$$\int_\Omega \langle \operatorname{grad} u, \operatorname{grad} v \rangle \, \mathrm{d}x = \int_\Omega fv \, \mathrm{d}x + \int_\Gamma \frac{\partial u}{\partial n} v \, \mathrm{d}\Gamma \qquad (7.11)$$

mit $\langle \operatorname{grad} u, \operatorname{grad} v \rangle := \sum_{i=1}^d u_{x_i} v_{x_i}$,wobei u_x die partielle Ableitung der Funktion u bezüglich x_i bezeichnet.

Nach 7.7.3.1.1 dürfen wir ohne Beschränkung der Allgemeinheit homogene Dirichlet-Randdaten annehmen, d. h. es ist $u = 0$ auf Γ. Wir berücksichtigen deshalb nur Funktionen u und v, die auf dem Rand Γ gleich null sind.

Beispiel 1: Das homogene Dirichlet-Problem für die *Poisson-Gleichung* lautet

$$-\Delta u = f \quad \text{in } \Omega, \qquad u = 0 \quad \text{auf } \Gamma.$$

Aus (7.11) folgt die schwache Formulierung (Variationsformulierung) der Poisson-Gleichung: Bestimme u mit $u = 0$ auf Γ, sodass

$$\int_\Omega \langle \operatorname{grad} u, \operatorname{grad} v \rangle \, \mathrm{d}x = \int_\Omega fv \, \mathrm{d}x \quad \text{für alle glatten } v \text{ mit } v = 0 \text{ auf } \Gamma,$$

da das Randintegral $\int_\Gamma (\partial u / \partial n) v \, \mathrm{d}\Gamma$ in (7.11) wegen „$v = 0$ auf Γ" verschwindet. Um die Existenz einer Lösung u zu formulieren, verwendet man Sobolev-Räume. Die endgültige Variationsaufgabe lautet:

$$\boxed{\text{Gesucht wird } u \in V, \text{ sodass } a(u,v) = b(v) \text{ für alle } v \in V,} \qquad (7.12)$$

wobei $V = H_0^1(\Omega)$, $a(u,v) := \int_\Omega \langle \operatorname{grad} u, \operatorname{grad} v \rangle \, \mathrm{d}x$, $b(v) := \int_\Omega fv \, \mathrm{d}x$.

Sobolev-Räume: Der Sobolevraum $H^1(\Omega)$ besteht aus allen Funktionen u, die auf Ω zusammen mit ihren (verallgemeinerten) ersten partiellen Ableitungen quadratisch integrierbar sind, d. h. es gilt $\int_\Omega (u^2 + |\operatorname{grad} u|^2) \, \mathrm{d}x < \infty$. Der Raum $H^1(\Omega)$ wird mit Hilfe des Skalarprodukts

$$(u,v) := \int_\Omega \{ uv + \langle \operatorname{grad} u, \operatorname{grad} v \rangle \} \, \mathrm{d}x.$$

zu einem reellen Hilbert-Raum.

Der Sobolevraum $H_0^1(\Omega) \subset H^1(\Omega)$ besteht aus allen Funktionen $u \in H^1(\Omega)$ mit $u = 0$ auf Γ (im Sinne sogenannter verallgemeinerter Randwerte)

Die präzisen Definitionen findet man in 11.2.6 des Handbuchs. Man beachte dabei, dass $H^1(\Omega)$ [bzw. $H_0^1(\Omega)$] den Räumen $W_p^1(\Omega)$ [bzw. $\mathring{W}_p^1(\Omega)$] mit $p = 2$ entspricht.

Beispiel 2: Wir betrachten jetzt die *Helmholtz-Gleichung* mit Neumann-Randdaten

$$-\Delta u + u = f \quad \text{in } \Omega, \qquad \frac{\partial u}{\partial n} = g \quad \text{auf } \Gamma.$$

Jetzt dürfen wir den Testfunktionen v keinerlei Beschränkungen auf dem Rand auferlegen. Multiplizieren wir diese Gleichung mit v, so erhalten wir in ähnlicher Weise wie in Beispiel 1 die Variationsaufgabe (7.12) mit

$$V = H^1(\Omega), \quad a(u,v) = \int_\Omega (\langle \operatorname{grad} u, \operatorname{grad} v \rangle + uv) \mathrm{d}x, \quad b(v) = \int_\Omega fv \, \mathrm{d}x + \int_\Gamma gv \, \mathrm{d}\Gamma. \quad (7.13)$$

In den Beispielen 1 und 2 sind die Bilinearformen $a(\cdot,\cdot)$ *stark positiv* (auch V-koerziv genannt), d. h. es gilt die entscheidende Ungleichung

$$a(u,u) \geq c\,\|u\|_V^2 \quad \text{für alle } u \in V \text{ und eine feste Zahl } c > 0. \tag{7.14}$$

Die Ungleichung (7.14) garantiert die eindeutige Lösbarkeit der Variationsaufgaben (7.12) und (7.13).

Die obigen Bilinearform $a(\cdot,\cdot)$ sind zudem symmetrisch: $a(u,v) = a(v,u)$. Für V-koerzive und symmetrische Bilinearformen gilt, dass die Variationsaufgabe (7.12) äquivalent ist zu folgender Minimierungsaufgabe:

$$\tfrac{1}{2}a(u,u) - b(u) = \min! \qquad (u \in V).$$

7.7.3.1.3 Anwendung der Finite-Element-Methode: Für eine *konforme* Finite-Element-Methode muss der Ansatzraum V_n eine Teilmenge des in (7.12) bzw. (7.13) verwendeten Funktionenraumes $H_0^1(\Omega)$ bzw. $H^1(\Omega)$ sein. Für die stückweise definierten Funktionen bedeutet dies, dass die Funktionen global stetig sein müssen. Die einfachste Wahl sind die stückweise linearen Funktionen über einer (zulässigen) Triangulierung von Ω. Der Einfachheit halber sei angenommen, dass Ω ein Polygongebiet ist, sodass eine exakte Triangulierung möglich ist.

Wir betrachten zunächst das Beispiel (7.13). Als Basis des Finite-Element-Raumes werden die Lagrange-Funktionen $\{\varphi_P : P \in E\}$ verwendet, wobei E die Menge der Ecken der Triangulierung bezeichne und die *Lagrange–Funktion* als die durch $\varphi_P(Q) = \delta_{PQ}$ ($P, Q \in E$; δ Kronecker-Symbol) eindeutig bestimmte stückweise Funktion definiert ist. Ihr Träger besteht aus allen Dreiecken, die P als gemeinsame Ecke besitzen. Der Finite-Element-Raum $V_n \subset H^1(\Omega)$ wird von allen Basisfunktionen $\{\varphi_P : P \in E\}$ aufgespannt. Die Lagrange-Basis wird auch *Knotenbasis* oder *Standardbasis* genannt. Gemäß (7.7b) hat man für die *Steifigkeitsmatrix* A die Koeffizienten $a_{ik} = a(\varphi_k, \varphi_i)$ zu berechnen, wobei die Indizes $i, k = \{1,\ldots,n\}$ den Ecken $\{P_1,\ldots,P_n\} \in E$ entsprechen.

Im Dirichlet-Fall (7.12) haben Funktionen aus $V_n \subset H_0^1(\Omega)$ zusätzlich die Nullrandbedingung zu erfüllen. Diese liegt vor, falls $v(Q) = 0$ in allen Randknoten $Q \in E \cap \Gamma$ gilt. Daher wird V_n von allen Lagrange-Funktionen $\{\varphi_P : P \in E_0\}$ aufgespannt, wobei die Teilmenge $E_0 \subset E$ alle *inneren Knoten* (Eckpunkte) enthält: $E_0 := E \backslash \Gamma$.

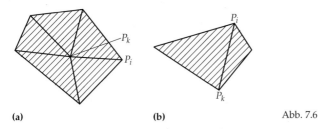

(a)   **(b)**   Abb. 7.6

7.7.3.1.4 Berechnung der Finite-Element-Matrix: Die Koeffizienten $a_{ik} = a(\varphi_k, \varphi_i)$ sind im Falle (7.12) gleich $\int_\Omega \langle \operatorname{grad} \varphi_k, \operatorname{grad} \varphi_i \rangle\, \mathrm{d}x$. Der Integrationsbereich Ω kann auf den Schnitt der Träger von φ_k und φ_i reduziert werden. Für $i = k$ ist dies die Vereinigung aller Dreiecke mit P_k als Ecke (vgl. Abb. 7.6a), sonst nur die Vereinigung der zwei Dreiecke, die P_kP_i als gemeinsame Seite besitzen (vgl. Abb. 7.6b). Damit beschränkt sich die Integrationsaufgabe auf die Berechnung von $\int_\Delta \langle \operatorname{grad} \varphi_k, \operatorname{grad} \varphi_i \rangle\, \mathrm{d}x$ für wenige Dreiecke Δ.

Da die Dreiecke einer Triangulation verschiedene Gestalt haben können, vereinheitlicht man die Berechnung mittels einer linearen Abbildung von Δ auf das Einheitsdreieck $D = \{(\xi, \eta) : \xi \geq 0, : \eta \geq 0, : \xi + \eta \leq 1\}$ aus Abb. 7.7 (Details z. B. in [Hackbusch 1996, §8.3.2]). Die Integration reduziert sich zu einer numerischen Quadratur über dem Einheitsdreieck D. Für die stückweise linearen Funktionen sind die Gradienten in $\int_\Delta \langle \text{grad } \varphi_k, \text{grad } \varphi_i \rangle \, dx$ konstant, und eine Ein-Punkt-Quadratur liefert ein exaktes Resultat. Im Falle von (7.13) ist der zusätzliche Term $\varphi_k \varphi_i$ in $a_{ik} = a(\varphi_k, \varphi_i) = \int_\Omega (\langle \text{grad } \varphi_k, \text{grad } \varphi_i \rangle + \varphi_k \varphi_i) \, dx$ quadratisch, sodass höhere Quadraturformeln verwandt werden müssen [vgl. Schwarz (1997, §2.3.4)]. In allgemeineren Fällen wie etwa (7.10) mit variablen Koeffizienten muss ein Quadraturfehler in Kauf genommen werden.

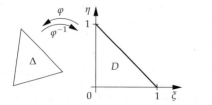

$$0 \qquad 1 \quad \xi \qquad \qquad \text{Abb. 7.7}$$

7.7.3.1.5 Stabilitätsbedingung: Die Stabilität sichert, dass die Inverse der Steifigkeitsmatrix A existiert und in geeignetem Sinne beschränkt bleibt. Ungleichung (7.14) ist eine starkes Stabilitätskriterium. Unter der Voraussetzung (7.14) ist das Ritz-Galerkin-Verfahren (und speziell die Finite-Element-Methode) für jede Wahl von $V_n \subset V$ lösbar. Liegt zudem Symmetrie $a(u,v) = a(v,u)$ vor, ist die Steifigkeitsmatrix a positiv definit.

Im allgemeinen Falle ist die hinreichende und notwendige Bedingung für Stabilität durch die Babuška-Bedingung (inf-sup-Bedingung) beschrieben:

$$\inf \left(\sup\{|a(u,v)| : v \in V_n, \|v\|_V = 1\} \,\big|\, u \in V_n, \|u\|_V = 1 \right) := \varepsilon_n > 0$$

(vgl. [Hackbusch 1996, §6.5]). Falls eine Familie von Finite-Element-Netzen mit wachsender Dimension vorliegt, muss man $\inf_n \varepsilon_n > 0$ gewährleisten, da sonst die Konvergenz der Finite-Element-Lösung gegen die exakte Problemlösung beeinträchtigt wird.

7.7.3.1.6 Isoparametrische Elemente und hierarchische Basen: Die Inverse der in Abb. 7.7 gezeigten Abbildung bildet das Einheitsdreieck D linear auf ein beliebiges Dreieck Δ ab. Ein neues Anwendungsfeld eröffnet sich, wenn man andere als lineare (üblicherweise quadratische) Abbildungen $\Phi : D \to \Delta$ zulässt. Wenn etwa Ω in Nichtpolygongebiet ist, bleiben bei einer Triangulierung am Rand Γ krumm berandete Dreiecke übrig, die sich durch $\Phi(D)$ approximieren lassen. Auf $\Phi(D)$ wird als Ansatzfunktion $v \circ \Phi^{-1}$ verwendet, wobei v eine lineare Funktion auf D ist. Die Berechnung der Matrixelemente reduziert sich wieder auf eine Integration über D.

Der Finite-Element-Raum V_n gehöre zu einer Triangulierung, die anschließend durch Teilung ihrer Dreiecke verfeinert wird (vgl. Abb. 7.8). Der neu entstehende Finite-Element-Raum V_N enthält V_n. Daher kann man zu der (Knoten-)Basis von V_n diejenigen Lagrange-Funktionen aus V_N hinzunehmen, die zu den neuen Knoten (Eckpunkten) gehören. Man erhält so eine alternative Basis von V_N. Im Falle der Abb. 7.8 enthält die neue Basis die Basisfunktionen der groben Triangulierung zu den Knoten $P, Q, \ldots, T$ und die Basisfunktionen der feinen Triangulierung zu $A, \ldots, F, V$. Insbesondere, wenn die Verfeinerung einer Triangulation häufiger wiederholt wird, spricht man von der *hierarchischen* Basis (vgl. [Hackbusch 1996, §8.7.5] und [Hackbusch 1994, §11.6.4]). Sie wird unter anderem eingesetzt, um Iterationsverfahren zu definieren (vgl. 7.7.7.7).

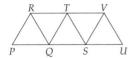 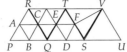

Abb. 7.8 Verfeinerung eines
Finite-Element-Netzes

7.7.3.1.7 Differenzenverfahren: Zur Lösung der Poisson-Aufgabe (7.8a) überdeckt man das Gebiet mit einem Gitternetz wie in Abb. 7.3. Für jeden inneren Gitterpunkt stellt man die Fünfpunktformel (7.4) als Differenzennäherung des Laplace-Operators Δ auf. Falls einer der Nachbarpunkte auf dem Rand liegt, setzt man den bekannten Wert aus (7.8b) ein. Es entsteht ein Gleichungssystem mit einer schwachbesetzten $n \times n$-Matrix A, wobei n die Zahl der inneren Gitterpunkte ist. Pro Zeile besitzt A höchstens 5 Nichtnulleinträge. Damit ist die Matrix-Vektor-Multiplikation Ax schnell berechenbar. Diese Tatsache wird von Iterationsverfahren zur Lösung des entstehenden Gleichungssystems $Ax = b$ ausgenutzt.

Bei allgemeineren Gebieten Ω, deren Rand nicht mit den Gitterlinien zusammenfällt, treten am Rand Differenzen nichtäquidistanter Punkte auf (siehe auch 7.7.2.1). Zum entstehenden *Shortley-Weller-Verfahren* sei auf [Hackbusch 1996, §4.8.1] verwiesen.

Neben der Konsistenz (Approximation des Differentialoperators L durch die Differenzenformel) benötigt man die Stabilität des Verfahrens, die sich in der Beschränktheit der Inversen A^{-1} ausdrückt (vgl. [Hackbusch 1996, §4.4]). Häufig erhält man die Stabilität auf Grund der M-Matrix Eigenschaft.

7.7.3.1.8 M-Matrizen: A stellt eine *M-Matrix* dar, wenn $a_{ii} \geq 0$ und $a_{ik} \leq 0$ für $i \neq k$ gelten und alle Komponenten von A^{-1} nichtnegativ sind. Die erstgenannten Vorzeichenbedingungen sind z. B. für die negative Fünfpunktformel (7.4) erfüllt. Eine hinreichende Bedingung für die Forderung an A^{-1} ist die irreduzible Diagonaldominanz, die im vorliegenden Falle gegeben ist. Für Details sei auf [Hackbusch 1996, §4.3] und [Hackbusch 1993, §6.4.3] verwiesen.

7.7.3.1.9 Konvektionsdiffusionsgleichung: Der Hauptteil $\operatorname{div} A \operatorname{grad} u$ in (7.10) ist für den elliptischen Charakter der Differentialgleichung verantwortlich ist, jedoch kann der Konvektionsteil $\langle \mathbf{b}, \operatorname{grad} u \rangle$ eine dominierende Rolle spielen, sobald $\|A\|$ klein gegenüber $\|\mathbf{b}\|$ ist. Die auftretenden Schwierigkeiten seien an dem einfachen Beispiel

$$-u'' + \beta u' = f \qquad \text{auf} \quad [0,1]$$

verdeutlicht (d. h. $d = 1$, $A = 1$, $\mathbf{b} = \beta$, $c = 0$ in (7.10)). Die Kombination der zweiten Differenz (7.3a) für $-u''$ und der symmetrischen Differenz (7.2a) für $\beta u'$ liefert für die Näherungen u_k von $u(x_k)$ ($x_k := kh$, h Gitterweite) die Diskretisierung $-\partial_h^2 u + \partial_h^0 u = f$:

$$-\left(1 + \frac{h\beta}{2}\right) u_{k-1} + 2u_k - \left(1 - \frac{h\beta}{2}\right) u_{k+1} = h^2 f(x_k).$$

Für $|h\beta| \leq 2$ liegt eine M-Matrix vor, sodass Stabilität gewährleistet ist. Da ∂_h^2 und ∂_h^0 von zweiter Ordnung genau sind (vgl. (7.2b), (7.3b)), ist u_k bis auf $O(h^2)$ genau. Sobald $|h\beta|$ über 2 wächst, sind die Vorzeichenbedingungen für die M-Matrixeigenschaft nicht mehr erfüllt, und die Differenzenlösung beginnt instabil zu werden und Oszillationen aufzuweisen (vgl. [Hackbusch 1996, §10.2.2]). Die sich ergebende Lösung u_k ist dann im Allgemeinen unbrauchbar. Die Bedingung $|h\beta| \leq 2$ besagt, dass entweder h hinreichend klein gewählt sein muss oder dass der Konvektionsterm nicht dominierend sein darf.

Im Falle von $|h\beta| > 2$ kann man ∂_h^0 je nach Vorzeichen von β durch die Vor- oder Rückwärtsdifferenz (7.1a,b) ersetzen. Für negatives β ergibt sich zum Beispiel

$$-(1 + h\beta) u_{k-1} + (2 - h\beta) u_k - u_{k+1} = h^2 f(x_k).$$

Hier liegt wieder eine M-Matrix vor. Allerdings ist die Näherung wegen (7.1c) nur von erster Ordnung exakt.

Da die übliche Finite-Element-Methode für großes β auch instabil wird, benötigen Finite Elemente ebenfalls eine Stabilisierung.

7.7.3.2 Sattelpunktprobleme

Während Systeme wie die Lamé-Gleichungen in der Elektrostatik wieder zu Bilinearformen führen, die die Ungleichung (7.14) erfüllen, ergibt die im Folgenden diskutierte Stokes-Gleichung eine *indefinite* Bilinearform.

7.7.3.2.1 Modellfall Stokes-Gleichung: Die Navier-Stokes-Gleichungen für inkompressible zähe Flüssigkeiten im Gebiet $\Omega \subset \mathbb{R}^d$ lauten:

$$-\eta \Delta \mathbf{v} + \varrho(\mathbf{v}\,\mathrm{grad})\mathbf{v} + \mathrm{grad}\; p = \mathbf{f}, \qquad \mathrm{div}\,\mathbf{v} = 0.$$

Ist die Viskositätskonstante η sehr groß gegenüber der Dichte ϱ, dann kann der Term $\varrho(\mathbf{v}\,\mathrm{grad})\mathbf{v}$ näherungsweise vernachlässigt werden. Mit der Normierung $\eta = 1$ ergibt sich dann die *Stokes-Gleichung*

$$-\Delta \mathbf{v} + \mathrm{grad}\; p = \mathbf{f}, \qquad\qquad\qquad (7.15a)$$
$$- \,\mathrm{div}\,\mathbf{v} = 0. \qquad\qquad\qquad (7.15b)$$

Die Gleichung (7.15a) hat d Komponenten der Gestalt $-\Delta v_i + \partial p/\partial x_i = f_i$. Da der Druck nur bis auf eine Konstante bestimmt ist, wird $\int_\Omega p\,\mathrm{d}x = 0$ als Normierungsbedingung hinzugenommen. An das Geschwindigkeitsfeld $\mathbf{v}$ sind Randbedingungen zu stellen, die als $\mathbf{v} = 0$ auf $\partial\Omega$ angenommen seien. Für den Druck p tritt naturgemäß keine Randbedingung auf.

Das Problem (7.15a,b) ist ein Differentialgleichungssystem in der Blockform

$$\begin{bmatrix} A & B \\ B^* & 0 \end{bmatrix} \begin{bmatrix} \mathbf{v} \\ p \end{bmatrix} = \begin{bmatrix} \mathbf{f} \\ 0 \end{bmatrix}, \qquad\qquad\qquad (7.16)$$

wobei $A = -\Delta$, $B = \mathrm{grad}$, $B^* = -\,\mathrm{div}$ (adjungierter Operator zu B). Für die Agmon-Douglis-Nirenberg-Definition elliptischer Systeme (vgl. Hackbusch 1996, §12.1]) ersetzt man den Ableitungsoperator $\partial/\partial x_i$ durch die reelle Zahl ξ_i ($1 \leq i \leq d$). Damit werden A, B, B^* zu $-|\xi|^2 I$ (I ist die 3×3-Einheitsmatrix), ξ und $-\xi^{\mathsf{T}}$. Der Blockdifferentialoperator $L = \begin{bmatrix} A & B \\ B^* & 0 \end{bmatrix}$ liefert unter dieser Ersetzung eine Matrix $\widehat{L}(\xi)$ mit $|\det \widehat{L}(\xi)| = |\xi|^{2d}$. Die Positivität für $\xi \neq 0$ klassifiziert die Stokes-Gleichungen als ein *elliptisches* System.

Fasst man auch die Unbekannten in der Vektorfunktion $\varphi = \begin{bmatrix} \mathbf{v} \\ p \end{bmatrix}$ zusammen, schreibt sich (7.16) als $L\varphi = \begin{bmatrix} \mathbf{f} \\ 0 \end{bmatrix}$ wie in (7.15a). Multiplikation mit $\psi = \begin{bmatrix} \mathbf{w} \\ q \end{bmatrix}$ und nachfolgende Integration liefern die Bilinearform

$$c(\varphi, \psi) := a(\mathbf{v}, \mathbf{w}) + b(p, \mathbf{w}) + b(q, \mathbf{v}) \qquad \text{mit} \qquad\qquad (7.17a)$$

$$a(\mathbf{v}, \mathbf{w}) = \sum_{i=1}^d \int_\Omega \langle \mathrm{grad}\; v_i, \mathrm{grad}\; w_i \rangle \,\mathrm{d}x,$$

$$b(p, \mathbf{w}) = \int_\Omega \langle \mathrm{grad}\; p, \mathbf{w} \rangle \,\mathrm{d}x, \quad b^*(\mathbf{v}, q) = b(q, \mathbf{v}) = \int_\Omega \langle q, \mathrm{div}\,\mathbf{v} \rangle \,\mathrm{d}x.$$

Die schwache Formulierung von (7.15a,b) lautet:

Bestimme $\varphi = \begin{bmatrix} \mathbf{v} \\ p \end{bmatrix}$ mit $c(\varphi, \psi) = \int_\Omega \mathbf{f}\mathbf{w}\,\mathrm{d}x$ für alle $\psi = \begin{bmatrix} \mathbf{w} \\ q \end{bmatrix}$.

Der Blockform von (7.15a,b) entspricht die äquivalente Variationsdarstellung

$$a(\mathbf{v}, \mathbf{w}) + b(p, \mathbf{w}) = \int_\Omega \mathbf{fw}\,dx \qquad \text{für alle } \mathbf{w} \in V, \tag{7.18a}$$

$$b^*(\mathbf{v}, q) = 0 \qquad \text{für alle } q \in W. \tag{7.18b}$$

Geeignete Funktionenräume V und W in (7.18a,b) sind im Falle der Stokes-Gleichungen $V = [H_0^1(\Omega)]^d$ und $W = L^2(\Omega)/\mathbb{R}$ (Quotientenraum bzgl. der konstanten Funktionen).

Das quadratische Funktional $F(\varphi) := \frac{1}{2}c(\varphi, \varphi) - \int \mathbf{fv}dx$ lautet explizit

$$F(\mathbf{v}, p) = \frac{1}{2}a(\mathbf{v}, \mathbf{v}) + b(p, \mathbf{v}) - \int_\Omega \mathbf{fv}\,dx. \tag{7.19}$$

Die Lösung von (7.18a,b) sei mit $(\mathbf{v}^*, p^*)$ bezeichnet. Sie ist ein *Sattelpunkt* von F, d. h. es gilt

$$F(\mathbf{v}^*, p) \leq F(\mathbf{v}^*, p^*) \leq F(\mathbf{v}, p^*) \qquad \text{für alle } \mathbf{v}, p. \tag{7.20}$$

Diese Ungleichungen beschreiben, dass F bei $(\mathbf{v}^*, p^*)$ minimal bezüglich $\mathbf{v}$ und maximal bezüglich p ist. Weiter gilt

$$F(\mathbf{v}^*, p^*) = \min_{\mathbf{v}} F(\mathbf{v}, p^*) = \max_p \min_{\mathbf{v}} F(\mathbf{v}, p). \tag{7.21}$$

Eine interessante Interpretation des Sattelpunktproblems ergibt sich, wenn man den Unterraum $V_0 \subset V$ der Funktionen $\mathbf{v}$ einführt, die der Nebenbedingung $B^*\mathbf{v} = 0$ aus (7.16) genügen. Im Falle des Stokes-Problems sind dies die divergenzfreien Funktionen (div $\mathbf{v} = 0$). Die Lösung $\mathbf{v}^*$ aus (7.18a,b) ergibt sich aus der Variationsaufgabe „minimiere $a(\mathbf{v}, \mathbf{v}) - 2\int_\Omega \mathbf{fv}\,dx$ über V_0". Der Druck p erscheint jetzt als Lagrange-Variable zur Ankopplung der Nebenbedingung div $\mathbf{v} = 0$ (vgl. 5.4.5).

Hinreichend und notwendig für die Lösbarkeit der Variationsaufgabe (7.18a,b) sind die folgenden *Babuška-Brezzi-Bedingungen*, die hier für den symmetrischen Fall $a(\mathbf{v}, \mathbf{w}) = a(\mathbf{w}, \mathbf{v})$ formuliert sind:

$$\inf\big(\sup\{|a(\mathbf{u}, \mathbf{v})| : \mathbf{v} \in V_0, \|\mathbf{v}\|_V = 1\} : \mathbf{u} \in V_0, \|\mathbf{u}\|_V = 1\big) > 0, \tag{7.22a}$$

$$\inf\big(\sup\{|b(p, \mathbf{v})| : \mathbf{v} \in V, \|\mathbf{v}\|_V = 1\} : p \in W, \|p\|_W = 1\big) > 0. \tag{7.22b}$$

Beim Stokes-Problem trifft (7.22a) auch in der verstärkten Form mit V statt V_0 zu.

Zur Theorie der Sattelpunktprobleme sei auf [Braess], [Brezzi-Fortin] und [Hackbusch 1996, §12.2.2] verwiesen.

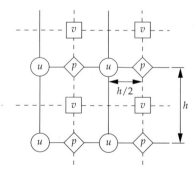

Abb. 7.9 Gitter der u, v, p-Variablen

7.7.3.2.2 Differenzenverfahren: Der zweidimensionale Fall $d = 2$ sei zugrundegelegt. Der Geschwindigkeitsvektor **v** wird als (u, v) geschrieben. Anders als in 7.7.3.1.7 wird nicht nur ein quadratisches Gitter, sondern es werden drei verschiedene Gitter für u, v, p eingeführt. Wie in Abb. 7.9 dargestellt, ist das u-Gitter (v-Gitter) gegenüber dem p-Gitter um eine halbe Schrittweite in x-Richtung (y-Richtung) verschoben. Dies gewährleistet, dass an den u-Gitterpunkten nicht nur die Fünfpunktformel Δ_h aus (7.4), sondern auch die symmetrische Differenz $\partial^0_{h/2,x} p(x, y) := [p(x + h/2) - p(x - h/2)]/h$ gebildet werden kann, die gegenüber (7.2a) mit halber Schrittweite definiert ist. Damit wird die erste Gleichung $-\Delta u + \partial p/\partial x = f_1$ aus (7.15a) durch die Differenzengleichung

$$\boxed{-\Delta_h u + \partial^0_{h/2,x} p = f_1} \quad \text{auf dem } u\text{-Gitter}$$

von zweiter Ordnung genau approximiert werden. Entsprechend gilt

$$\boxed{-\Delta_h v + \partial^0_{h/2,y} p = f_2} \quad \text{auf dem } v\text{-Gitter.}$$

Die Inkompressibilitätsbedingung (7.15b) lautet explizit $\partial u/\partial x + \partial v/\partial y = 0$. In jedem Gitterpunkt (x, y) des p-Netzes stehen u-Werte bei $(x \pm h/2, y)$ und v-Werte bei $(x, y \pm h/2)$ zur Verfügung. Daher lassen sich die Differenzengleichungen

$$\boxed{\partial^0_{h/2,x} u + \partial^0_{h/2,y} v = 0} \quad \text{auf dem } p\text{-Gitter}$$

einführen und sind wieder von zweiter Ordnung genau.

7.7.3.2.3 Gemischte Finite-Element-Verfahren: Zur Diskretisierung des Sattelpunktproblems (7.18a,b) werden die unendlichdimensionalen Räume V und W ersetzt durch endlichdimensionale Teilräume V_h und W_h, bestehend aus geeigneten Finite-Element-Funktionen. Der Index h kennzeichnet die Größe der Dreiecke der zugrundeliegenden Triangulierung. Die Finite-Element-Lösung $(\mathbf{v}^h, p^h) \in V_h \times W_h$ muss die Variationsaufgabe

$$a(\mathbf{v}^h, \mathbf{w}) + b(p^h, \mathbf{w}) = \int_\Omega \mathbf{f} \mathbf{w}\, dx \qquad \text{für alle } \mathbf{w} \in V_h, \tag{7.23a}$$

$$b(q, \mathbf{v}^h) = 0 \qquad \text{für alle } q \in W_h. \tag{7.23b}$$

erfüllen. Es sei $V_{h,0}$ der Raum der Funktionen $\mathbf{v}^h \in V_h$ die der „Nebenbedingung"(7.23b) genügen. Gleichung (7.23b) ist nur noch eine Approximation der ursprünglichen Divergenzbedingung (7.15b). Daher sind die Funktionen aus $V_{h,0}$ nicht in dem in 7.7.3.2.1 erwähnten Unterraum V_0 enthalten. Dies ist der Grund für den Namen *gemischte* Finite-Element-Methode (vgl. [Braess] und [Brezzi-Fortin]).

In V_h und W_h wählt man Basen $\{\varphi_1^V, \ldots, \varphi_n^V\}$ und $\{\varphi_1^W, \ldots, \varphi_m^W\}$, wobei $n = \dim V_h$, $m = \dim W_h$. Das entstehende Gleichungssystem hat die gleiche Blockstruktur wie der Operator in (7.16). Die Gesamtmatrix ist $C := \begin{bmatrix} A & B \\ B^\mathsf{T} & 0 \end{bmatrix}$. Die Koeffizienten der Blockmatrizen sind $a_{ik} = a(\varphi_k^V, \varphi_i^V)$ und $b_{ik} = b(\varphi_k^W, \varphi_i^V)$.

Anders als in 7.7.3.1 ist besondere Vorsicht bei der Auswahl der Finite-Element-Räume V_h und W_h geboten. Eine notwendige Bedingung für die Lösbarkeit von (7.23a,b) ist $n \geq m$ (d.h. $\dim V_h \geq \dim W_h$). Andernfalls ist die Matrix C singulär! Es tritt die paradoxe Situation auf, dass eine „Verbesserung" der Approximation des Druckes durch einen höherdimensionalen

Finite-Element-Raum W_h die numerische Lösung ruiniert. Hinreichend und notwendig für die Lösbarkeit sind die *Babuška-Brezzi-Bedingungen*

$$\inf\left(\sup\{|a(\mathbf{u},\mathbf{v})| : \mathbf{v} \in V_{h,0}, \|\mathbf{v}\|_V = 1\} \mid \mathbf{u} \in V_{h,0} : \|\mathbf{u}\|_V = 1\right) =: \alpha_h > 0, \tag{7.24a}$$

$$\inf\left(\sup\{|b(p,\mathbf{v})| : \mathbf{v} \in V_h, \|\mathbf{v}\|_V = 1\} \mid p \in W_h : \|p\|_W = 1\right) =: \beta_h > 0. \tag{7.24b}$$

Der Index h an $\alpha_h > 0$, $\beta_h > 0$ in (7.24a,b) macht darauf aufmerksam, dass sich diese Größen mit der Feinheit h der Triangulierung ändern können. Wie in 7.7.3.1.5 muss die gleichmäßige Beschränkung nach unten durch eine positive Zahl gefordert werden, wenn h gegen null geht: $\inf_h \alpha_h > 0$, $\inf_h \beta_h > 0$. Gilt z. B. nur $\beta_h \geq \text{const} \cdot h > 0$ so wird die Fehlerabschätzung der Finite-Element-Lösung um einen Faktor h^{-1} schlechter sein als die Bestapproximation in den Finite-Element-Räumen.

Der Nachweis der Stabilitätsbedingungen (7.24a,b) für konkrete Finite-Element-Räume kann kompliziert sein. Da (7.24a,b) hinreichend und notwendig sind, können diese Bedingungen nicht durch einfachere (z. B. sogenannte Patch-Tests) ersetzt werden.

Für die Wahl der Finite-Element-Funktionen legt man die gleiche Triangulierung für alle Komponenten $\mathbf{v}$ und p zugrunde. Die naheliegende Wahl von stückweise linearen Elementen für $\mathbf{v}$ und p erfüllt die Stabilitätsbedingung (7.24a,b) nicht. Gemäß der notwendigen Bedingung $\dim V_h \geq \dim W_h$ ist es sinnvoll, V_h um weitere Funktionen zu ergänzen. Zum Ziel führt z. B. die Wahl der stückweise quadratischen Elemente für $\mathbf{v}$ und der stückweise linearen Elementen für p. Eine interessante Variante sind die stückweise linearen Funktionen mit zusätzlicher „Bubble-Funktion". Auf dem Einheitsdreieck D aus Abb. 7.7 ist die Bubble-Funktion durch $\xi\eta(1 - \xi - \eta)$ definiert. Sie ist null auf dem Dreiecksrand und positiv im Inneren. Die lineare Rückabbildung definiert die Bubble-Funktion auf einem beliebigen Dreieck der Triangulation. Der so entstehende Ansatzraum V_h erfüllt die Babuška-Brezzi-Bedingungen (vgl. [Hackbusch 1996, §12.3.3.2]).

7.7.4 Parabolische Differentialgleichungen

7.7.4.1 Modellproblem und Aufgabenstellung

Das Modellbeispiel einer parabolischen Differentialgleichung ist die Wärmeleitungsgleichung

$$u_t - \Delta u = f \quad \text{für } t > t_0 \text{ und } x \in \Omega, \tag{7.25a}$$

wobei die unbekannte Funktion $u = u(t,x)$ von Raumvariablen $x = (x_1,\ldots,x_d) \in \Omega$ und der Zeit t abhängt. Anstelle von $-\Delta$ kann ein allgemeiner elliptischer Differentialoperator L eingesetzt werden. Dieser wirkt nur auf die x-Variablen, darf aber t-abhängige Koeffizienten besitzen. Wie im elliptischen Falle hat man geeignete *Randwerte* für $u(t,\cdot)$ vorzuschreiben, z. B. die Dirichlet-Daten

$$u(t,x) = \varphi(t,x) \quad \text{für } t > t_0 \text{ und } x \in \Gamma = \partial\Omega. \tag{7.25b}$$

Daneben sind *Anfangswerte* zum Zeitpunkt t_0 gegeben:

$$u(t_0,x) = u_0(x) \quad \text{für } x \in \Omega. \tag{7.25c}$$

Das Problem (7.25a-c) heißt *Anfangsrandwertaufgabe*.

Zu beachten ist die Bedeutung der Zeitrichtung. Die Aufgabe (7.25a-c) lässt sich nur vorwärts ($t > t_0$) lösen, nicht in Richtung der Vergangenheit ($t < t_0$).

Auch wenn die Anfangs- und Randdaten nicht kompatibel sind (d. h. $u_0(x) = \varphi(t_0,x)$ für $x \in \Gamma$ verletzt ist), existiert eine Lösung, die für $t > t_0$ glatt ist und für $t \to t_0 + 0$ in Randnähe unstetig wird.

7.7.4.2 Diskretisierung in Zeit und Ort

Die Diskretisierung wird in Zeit und Raum getrennt vorgenommen. Im Falle eines Differenzenverfahrens wird der räumliche Bereich Ω wie in 7.7.3.1.7 mit einem Gitter Ω_h überzogen (h: Ortsschrittweite). Entsprechend wird der Differentialoperator $-\Delta$ durch den Differenzenoperator $-\Delta_h$ ersetzt. Separat wird die Zeitableitung u_t durch eine geeignete Differenz ersetzt, z. B. $u_t \approx [u(t + \delta t, \cdot) - u(t, \cdot)]/\delta t$ mit der Zeitschrittweite δt. Eine mögliche Diskretisierung ist das *explizite Euler-Verfahren*

$$\frac{1}{\delta t}\left[u(t + \delta t, x) - u(t, x)\right] - \Delta_h u(t, x) = f(t, x) \qquad \text{für } x \in \Omega_h.$$

In den Randpunkten sind für $u(t, x)$ die Randwerte (7.25b) einzusetzen. Auflösen nach der neuen Zeitschicht $t + \delta t$ liefert die Berechnungsvorschrift

$$u(t + \delta t, x) = u(t, x) + \delta t \Delta_h u(t, x) + \delta t f(t, x) \qquad \text{für } x \in \Omega_h. \tag{7.27a}$$

Beginnend mit den Anfangswerten (7.25c) erhält man aus (7.27a) die Approximationen für die Zeitpunkte $t_k = t_0 + k\,\delta t$.

Wertet man dagegen die Ortsdiskretisierung in $t + \delta t$ statt t aus, ergibt sich das *implizite Euler-Verfahren*

$$\frac{u(t + \delta t, x) - u(t, x)}{\delta t} - \Delta_h u(t + \delta t, x) = f(t, x) \qquad \text{für } x \in \Omega_h. \tag{7.27b}$$

Das Gleichungssystem $(I - \delta t \Delta_h)u(t + \delta t, \cdot) = u(t, \cdot) + \delta t f(t, \cdot)$ ist hierfür nach $u(t + \delta t, \cdot)$ aufzulösen.

Eine bezüglich $t + \delta t/2$ symmetrische Diskretisierung ist das *Crank-Nicholson-Schema*

$$\frac{1}{\delta t}\left[u(t + \delta t, x) - u(t, x)\right] - \frac{1}{2}\Delta_h\left[u(t, x) + u(t + \delta t, x)\right]$$
$$= \frac{1}{2}\left[f(t, x) + f(t + \delta t, x)\right] \qquad \text{für } x \in \Omega_h. \tag{7.27c}$$

7.7.4.3 Stabilität von Differenzenverfahren

Das auf den ersten Blick wesentlich einfacher durchzuführende explizite Verfahren (7.27a) ist für die Praxis häufig *nicht* geeignet, da δt einer sehr einschränkenden *Stabilitätsbedingung* unterliegt. Im Falle des Fünfpunktoperators Δ_h aus (7.4) lautet sie

$$\lambda := \delta t / h^2 \leq 1/4. \tag{7.28}$$

Konsistenz der Approximation vorausgesetzt, ist die Konvergenz der diskreten Lösung gegen die exakte Lösung von (7.25a-c) äquivalent zur Stabilitätsbedingung (vgl. den Äquivalenzsatz in 7.7.5.5). Ohne (7.28) erhält man keine brauchbaren Lösungen. Im Falle von $\lambda > 1/4$ werden Störungen der Anfangswerte nach $k = (t - t_0)/\delta t$ Zeitschritten um den Faktor $[1 - 8\lambda]^k$ exponentiell verstärkt. Die Bedingung (7.28) koppelt δt an das Quadrat h^2 der Ortsschrittweite. Für die Anwendung bedeutet $\delta t \leq h^2/4$, dass gerade dann, wenn die hohe Raumdimension einen großen Rechenaufwand pro Zeitschritt erfordert, sich die Zahl der notwendigen Zeitschritte stark erhöht.

Für allgemeine Differentialoperatoren L statt Δ ergibt sich im Prinzip die gleiche Stabilitätsbedingung (7.28), wobei nur $1/4$ durch eine andere Konstante zu ersetzen ist.

Das implizite Euler-Verfahren (7.27b) und das Crank-Nicholson-Schema (7.27c) sind dagegen *unbedingt stabile* Verfahren, d. h. sie sind stabil für jeden Wert von $\lambda = \delta t/h^2$.

7.7.4.4 Semidiskretisierung

Diskretisiert man in (7.25a) nur den räumlichen Differentialoperator, aber nicht die Zeitableitung, erhält man

$$\boxed{u_t - \Delta_h u = f} \qquad \text{für } t > t_0 \text{ und } x \in \Omega_h. \tag{7.29}$$

Da in dieser Schreibweise u der Vektor der n Gitterpunkte von Ω_h ist, liegt hier ein System gewöhnlicher Differentialgleichungen vor, wobei (7.25c) die Anfangswerte bei $t = t_0$ bereitstellt. Da die Eigenwerte der Systemmatrix Δ_h Größenordnungen zwischen 1 und h^{-2} besitzen, ist (7.29) ein *steifes* Differentialgleichungssystem (vgl. 7.6.1.1). Dies erklärt, warum explizite Verfahren zur Lösung von (7.29) nur für hinreichend kleine Zeitschrittweiten verwendbar sind. Das implizite Trapezverfahren ist gemäß 7.6.1.1 absolut stabil. Seine Anwendung auf (7.29) liefert das Crank-Nicholson-Verfahren (7.27c). Das implizite Euler-Verfahren ist sogar *stark* absolut stabil. Dies bedeutet, dass Störungen in Form von starken Oszillationen durch das Euler-Verfahren weggedämpft werden, während dies für das Crank-Nicholson-Verfahren nicht gilt.

7.7.4.5 Schrittweitensteuerung

Wie auch bei gewöhnlichen Differentialgleichungen üblich, braucht die Zeitschrittweite δt nicht konstant zu sein, sondern man kann sie angepasst wählen. Dies setzt allerdings den Einsatz von impliziten, unbedingt stabilen Verfahren voraus, sodass δt nach oben nicht durch eine Stabilitätsbedingung wie (7.28) begrenzt ist.

Man wird δt um so größer wählen, je weniger sich $u(t + \delta t, x)$ und $u(t, x)$ unterscheiden. Dies liegt insbesondere vor, wenn man (7.25a) mit zeitunabhängigen Funktionen f und φ für $t \to \infty$ lösen will; u strebt dann gegen die Lösung der stationären Gleichung $-\Delta u = f$ mit der Randbedingung (7.25b). Es sei aber darauf hingewiesen, dass dieses Vorgehen nicht angebracht ist, wenn man lediglich die stationäre Lösung erhalten möchte. Zwar erzeugt der Umweg über die parabolische Differentialgleichung automatisch ein Iterationsverfahren, das gegen die stationäre Lösung konvergiert, dieses ist aber wenig effektiv (vgl. 7.7.7).

Umgekehrt gibt es zu Beginn der Rechnung ($t \approx t_0$) Gründe, δt klein zu wählen. Wie am Ende von 7.7.4.1 erwähnt, kann u für $t = t_0$ und $x \in \Gamma$ unstetig sein. Um die Glättung numerisch nachzuvollziehen, die für die exakte Lösung zutrifft, braucht man kleine Schrittweiten und muss implizite Verfahren wie (7.27c), die nicht stark stabil sind, vermeiden. Hier ist es durchaus sinnvoll, mehrere Zeitschritte mit dem expliziten Verfahren (7.27a) und $\delta t \leq h^2/8$ (anstelle von (7.28)) durchzuführen.

7.7.4.6 Finite-Element-Lösung

Am einfachsten erhält man eine Finite-Element-Diskretisierung der parabolischen Differentialgleichung, indem zunächst die Semidiskretisierung mit Hilfe der Finite-Element-Methode durchgeführt wird. V_n sei der Finite-Element-Raum. Aus der Gleichung (7.25a) wird so das gewöhnliche Differentialgleichungssystem für eine Funktion $u(t, x)$ mit $u(t, \cdot) \in V_n$, das zunächst in der schwachen Form

$$(u_t, v) + a\big(u(t), v\big) = b(v) \quad \text{für} \ v \in V_n, \ t > t_0 \tag{7.30}$$

formuliert wird, wobei a und b in (7.12) definiert sind; u wird in der Form

$$u(t) := \sum y_k(t)\varphi_k \quad (\varphi_k \ \text{Basisfunktionen von} \ V_n)$$

mit zeitabhängigen Koeffizienten $y_k(t)$ angesetzt. In Matrixform lautet das Differentialgleichungssystem

$$My_t + Ay = b \quad \text{für} \ t > t_0,$$

wobei A, b die Größen aus (7.7b) sind. Die „Massematrix" M hat die Komponenten $M_{ij} = \int \varphi_i \varphi_j \, dx$. Setzt man das Euler-Verfahren zur Zeitdiskretisierung ein, so erhält man $M[y(t + \delta t) - y(t)]/\delta t + Ay(t) = b$, also die Rekursion

$$y(t + \delta t) = y(t) + \delta t M^{-1}[b - Ay(t)] \quad \text{für} \ t > t_0. \tag{7.31}$$

Um die Lösung von Gleichungssystemen mit M zu vermeiden, wird M häufig durch eine Diagonalmatrix (z. B. mit Diagonalelement = Zeilensumme in M) ersetzt. Dieses sogenannte *lumping* verschlechtert die Approximation nicht (vgl. [Thomeé, §11]).

Die Anfangswerte (7.25c) werden mittels einer L^2-Projektion auf die Finite-Element-Lösung $u(t, \cdot) \in V_n$ übertragen:

$$\int_\Omega u(t_0, x) v(x) \, dx = \int_\Omega u_0(x) v(x) \, dx.$$

Für die Koeffizienten $y(t_0)$ von $u(t_0, x)$ bedeutet dies die Gleichung $My(t_0) = c$ mit $c_i = \int u_0(x) \varphi_i(x) \, dx$.

Es ist auch möglich, Finite-Element-Diskretisierungen in Raum *und* Zeit durchzuführen. In den einfachsten Fällen (z. B. in der Zeit stückweise konstante Funktionen auf $[t, t + \delta t]$, im Raum gemäß V_n), führt dieser Ansatz jedoch wieder zu Euler-Diskretisierungen von (7.30) und damit zu (7.31).

7.7.5 Hyperbolische Differentialgleichungen

7.7.5.1 Anfangswert- und Anfangsrandwertaufgaben

Einfachstes Beispiel einer hyperbolischen Gleichung ist

$$u_t(t, x) + a(t, x) u_x(t, x) = f(t, x) \quad (a, f \ \text{bekannt}, \ u \ \text{gesucht}). \tag{7.32}$$

Jede Lösung der linearen gewöhnlichen Differentialgleichung

$$x'(t) = a\big(t, x(t)\big) \tag{7.33}$$

heißt *Charakteristik* von (7.32). Die Familie aller Charakteristiken $x(t) = x(t; x_0)$ mit Anfangswerten $x(0) = x_0 \in \mathbb{R}$ heißt *Charakteristikenschar*. Auf der Charakteristik erfüllt $U(t) := u\big(t, x(t)\big)$ die gewöhnliche Differentialgleichung

$$U_t(t) = f\big(t, x(t)\big). \tag{7.34}$$

Im Falle einer reinen *Anfangswertaufgabe* sind die Anfangswerte entlang einer Kurve (z. B. der Geraden $t = 0$) durch

$$\boxed{u(0,x) = u_0(x)} \qquad (-\infty < x < \infty). \tag{7.35}$$

vorgegeben. Dies impliziert für die Gleichung (7.34) auf der Charakteristik $x(t; x_0)$ die Anfangswerte $U(0) = u_0(x_0)$. Die Kombination von (7.32) mit (7.35) heißt Anfangswertaufgabe oder *Anfangswertproblem*..

Sind die Anfangswerte (7.35) nur auf einem beschränkten Intervall $[x_\ell, x_r]$, vorgeschrieben, dann benötigt man Randwerte für $x = x_\ell$ (linker Rand) oder $x = x_r$ (rechter Rand). Welcher Rand gewählt werden muss, hängt vom Vorzeichen von $a(t, x)$ ab: Die Charakteristik muss, wenn sie die Randkurve (hier $x =$ const) schneidet, von außen nach innen verlaufen. Im Falle von $a > 0$ ist

$$u(t, x_\ell) = u_\ell(t), \qquad t \geq 0. \tag{7.36}$$

die geeignete Randbedingung. Die Kombination von (7.32) mit (7.35) auf $[x_\ell, x_r]$ und (7.36) heißt *Anfangsrandwertaufgabe*.

Ein typisches Merkmal hyperbolischer Differentialgleichungen ist die Erhaltung von *Unstetigkeiten*. Falls der Anfangswert u_0 eine Sprungunstetigkeit in $x = x_0$ besitzt, setzt sich diese entlang der Charakteristik $x(t; x_0)$ ins Innere fort (im Falle von $f = 0$ bleibt die Sprunghöhe erhalten). Diese Eigenschaft steht im Gegensatz zu elliptischen und parabolischen Differentialgleichungen, deren Lösungen im Inneren glatt werden.

7.7.5.2 Hyperbolische Systeme

Es sei $u(t, x)$ eine vektorwertige Funktion: $u = (u_1, \ldots, u_n)$. Die Differentialgleichung

$$\boxed{Au_x + Bu_t = f} \tag{7.37}$$

mit $n \times n$-Matrizen A und B ist hyperbolisch, falls das *verallgemeinerte Eigenwertproblem*

$$e^{\mathsf{T}}(B - \lambda A) = 0 \qquad (e \neq 0)$$

n linear unabhängige Linkseigenvektoren e_i ($1 \leq i \leq n$) zu reellen Eigenwerten λ_i besitzt. Anstelle einer Charakteristikenschar hat man nun n Scharen, die jeweils durch $\frac{dt}{dx} = \lambda_i$ ($1 \leq i \leq n$) gegeben sind (im Fall $1/\lambda_i = 0$ wählen wir die Gleichung $dx/dt = 0$). Dezeichnet man die Ableitung in der i-ten Charakteristikenrichtung mittels $(\varphi)_i := \varphi_x + \lambda_i \varphi_t$, dann erhält man anstelle von (7.34) die gewöhnlichen Differentialgleichungen

$$\left(e_i^{\mathsf{T}} A\right)(u)_i = e_i^{\mathsf{T}} f \qquad (1 \leq i \leq n). \tag{7.38}$$

Im linearen Fall hängen A, B, e_i, λ_i nur von (t, x) ab, allgemein auch von u.

Die Anfangswertbedingung für das System (7.37) lautet wie (7.35), wobei u und u_0 vektorwertig sind. Hinsichtlich der Randwertvorgaben ist zu beachten, dass bei x_ℓ genau k_ℓ Bedingungen zu stellen sind, wobei k_ℓ die Zahl der Eigenwerte mit $\lambda_i(t, x_\ell) > 0$ ist. Entsprechend bestimmt sich die Zahl k_r der Randbedingungen bei x_r. Falls stets $\lambda_i \neq 0$ gilt, sind die Zahlen k_ℓ, k_r konstant und addieren sich zu n auf.

Hyperbolische Systeme der Form (7.32) entstehen häufig nach einer Umformulierung einer (skalaren) hyperbolischen Gleichung höherer Ordnung.

7.7.5.3 Charakteristikenverfahren

Die skalare Lösung der Differentialgleichung aus 7.7.5.1 kann man die auf (numerische Approximation der) gewöhnlichen Differentialgleichungen (7.33), (7.34) zurückführen. Ein analoges Verfahren lässt sich auch für $n = 2$ durchführen, wenn die Eigenwerte λ_1 und λ_2 stets verschieden sind. Gegeben seien dazu die Werte x, t, u in den Punkten P und Q aus Abb. 7.10. Die Charakteristik der ersten Schar durch P und die der zweiten Schar durch Q schneiden sich in einem Punkt R. Die Differenzen $(e_1^{\mathsf{T}} A)(u_R - u_P)$ und $(e_2^{\mathsf{T}} A)(u_R - u_Q)$ approximieren die linke Seite in (7.38) und liefern die Bestimmungsgleichungen für u in R. Die konsequente Anwendung dieser Konstruktion ergibt Lösungen auf einem Punktegitter, das beiden Charakteristikenscharen folgt (es ist interpretierbar als äquidistantes Gitter bezüglich der sogenannten charakteristischen Koordinaten).

7.7.5.4 Differenzenverfahren

Im Folgenden wird ein äquidistantes Gitter mit den Schrittweiten Δx in x-Richtung und Δt in t-Richtung verwendet. Mit u_ν^m sei die Approximation der Lösung $u(t, x)$ bei $t = t_m = m\Delta t$ und $x = x_\nu = \nu\Delta x$ bezeichnet. Die Anfangswerte definieren u_ν^m für $m = 0$:

$$u_\nu^0 = u_0(x_\nu), \qquad -\infty < \nu < \infty.$$

Ersetzt man u_t in (7.32) durch die Vorwärtsdifferenz $(u_\nu^{m+1} - u_\nu^m)/\Delta t$ und u_x durch die symmetrische Differenz $(u_{\nu+1}^m - u_{\nu-1}^m)/(2\Delta x)$, erhält man die Differenzengleichung

$$u_\nu^{m+1} := u_\nu^m + \frac{a\lambda}{2}(u_{\nu+1}^m - u_{\nu-1}^m) + \Delta t f(t_m, x_\nu) \tag{7.39}$$

die sich im Weiteren aber als *völlig unbrauchbar* erweisen wird. Der Parameter

$$\lambda := \Delta t/\Delta x \tag{7.40}$$

entspricht dem gleichnamigen Parameter $\lambda := \Delta t/\Delta x^2$ aus (7.28) im parabolischen Fall.

Verwendet man anstelle der symmetrischen die links- oder rechtsseitige Differenz (7.1a,b), ergeben sich jeweils die Differenzengleichungen von *Courant-Isaacson-Rees*

$$u_\nu^{m+1} = (1 + a\lambda)u_\nu^m - a\lambda u_{\nu-1}^m + \Delta t f(t_m, x_\nu), \tag{7.41a}$$
$$u_\nu^{m+1} = (1 - a\lambda)u_\nu^m + a\lambda u_{\nu+1}^m + \Delta t f(t_m, x_\nu). \tag{7.41b}$$

Die Kombination der symmetrischen Ortsdifferenz mit der ungewöhnlich aussehenden Zeitdifferenz $(u_\nu^{m+1} - \frac{1}{2}[u_{\nu+1}^m + u_{\nu-1}^m])/\Delta t$ liefert das *Friedrichs-Schema*

$$u_\nu^{m+1} := (1 - a\lambda/2)u_{\nu-1}^m + (1 + a\lambda/2)u_{\nu+1}^m + \Delta t f(t_m, x_\nu). \tag{7.41c}$$

Ist a nicht von t abhängig, so beschreibt das folgende *Lax-Wendroff-Verfahren* eine Diskretisierung *zweiter* Ordnung:

$$u_\nu^{m+1} := \tfrac{1}{2}(\lambda^2 a^2 - \lambda a)u_{\nu-1}^m + (1 - \lambda^2 a^2)u_\nu^m + \tfrac{1}{2}(\lambda^2 a^2 + \lambda a)u_{\nu+1}^m + \Delta t f(t_m, x_\nu). \tag{7.41d}$$

Abb. 7.10

Abb. 7.11 Differenzenmoleküle

(7.38) u. (7.40d)   (7.40a)   o   o (7.40b)   (7.40c)

Abb. 7.11 zeigt schematisch, wie die neuen Werte u_ν^{m+1} von den Werten der Schicht m abhängen. Alle Beispiele sind spezielle *explizite Differenzenverfahren* der Form

$$u_\nu^{m+1} := \sum_{\ell=-\infty}^{\infty} c_\ell u_{\nu+\ell}^m + \Delta t\, g_\nu \qquad (-\infty < \nu < \infty,\ m \geq 0). \tag{7.42}$$

Die Koeffizienten c_ℓ dürfen von $t_m, x_n, \Delta x$ und Δt abhängen. Im Falle einer vektorwertigen Funktion $u \in \mathbb{R}^n$ sind die c_ℓ reelle $n \times n$-Matrizen. In der Regel enthält die Summe in (7.42) nur endlich viele von null verschiedene Koeffizienten.

7.7.5.5 Konsistenz, Stabilität und Konvergenz

Die theoretische Analyse vereinfacht sich, wenn man die Differenzengleichung (7.42) nicht nur auf die Gitterpunkte beschränkt, sondern für alle $x \in \mathbb{R}$ formuliert:

$$u^{m+1}(x) := \sum_{\ell=-\infty}^{\infty} c_\ell\, u^m(x + \ell\Delta x) + \Delta t\, g(x) \qquad (-\infty < x < \infty,\ m \geq 0). \tag{7.43a}$$

Die Vorschrift (7.43a) beschreibt die Wirkung des Differenzenoperators $C = C(\Delta t)$ in

$$u^{m+1}(x) := C(\Delta t)u^m + \Delta t\, g \qquad (m \geq 0). \tag{7.43b}$$

Ferner sei B ein geeigneter Banach-Raum, der die Funktionen u^m enthält.[3] Die Standardwahl ist $B = L^2(\mathbb{R})$ mit der Norm $\|u\| = \left(\int_{\mathbb{R}} |u(x)|^2 dx\right)^{1/2}$ oder $B = L^\infty(\mathbb{R})$ mit $\|u\| = \text{ess}:$ $\sup\{|u(x)| : x \in \mathbb{R}\}$. Es seien B_0 eine dichte Teilmenge von B und $u(t)$ die Lösung von (7.32) mit $f = 0$ zu einem beliebigen Anfangswert $u_0 \in B_0$. Der Differenzenoperator $C(\Delta t)$ heißt *konsistent* (in $[0, T]$ und bezüglich $\|\cdot\|$), falls

$$\sup_{0 \leq t \leq T} \|C(\Delta t)u(t) - u(t + \Delta t)\| / \Delta t \to 0 \qquad \text{für } \Delta t \to 0.$$

Ziel der Diskretisierung ist die Approximation von $u(t)$ durch u^m. Entsprechend heißt ein Verfahren *konvergent* (in $[0, T]$ und bezüglich $\|\cdot\|$), wenn $\|u^m - u(t)\| \to 0$ für $\Delta t \to 0$ mit $m\Delta t \to t \in [0, T]$ gilt. Dabei ist $\lambda := \Delta t/\Delta x$ fest, sodass $\Delta t \to 0$ auch $\Delta x \to 0$ nach sich zieht.

Die Konsistenz, die im Allgemeinen leicht nachprüfbar ist, reicht keineswegs aus, um Konvergenz zu garantieren. Vielmehr gilt der folgende

Äquivalenzsatz: Die Konsistenz vorausgesetzt, liegt Konvergenz dann und nur dann vor, wenn der Differenzenoperator $C(\Delta t)$ stabil ist.

Dabei ist die *Stabilität* (in $[0, T]$ und bezüglich $\|\cdot\|$) definiert durch die Abschätzung der Operatornorm durch ein festes K;

$$\|C(\Delta t)^m\| \leq K \qquad \text{für alle } m \text{ und } \Delta t \text{ mit } 0 \leq m\Delta t \leq T. \tag{7.44}$$

Negativ formuliert besagt der Satz, dass instabile Differenzenverfahren *unsinnige* Resultate erzeugen können, wobei sich die Instabilität meist in heftigen Oszillationen der Lösung äußert. Man beachte, dass (7.42) ein Einschrittverfahren ist. Während konsistente Einschrittverfahren für

---

[3]Grundbegriffe der Theorie der Banach-Räume findet man in 11.2.4 des Handbuchs.

gewöhnliche Differentialgleichungen generell konvergieren (vgl. 7.6.1.1) und Stabilitätsprobleme
dort erst für Mehrschrittverfahren auftreten, gilt im Fall expliziter Differenzenverfahren für hyperbolische Probleme sogar, dass sie bestenfalls *bedingt* stabil sind, d. h. nur unter Einschränkungen
an λ.

7.7.5.6 Stabilitätsbedingungen

7.7.5.6.1 CFL-Bedingung als notwendige Stabilitätsbedingung: Die Stabilitätsbedingung
von Courant, Friedrichs und Lewy wird als *CFL-Bedingung* abgekürzt. Dieses leicht nachprüfbare
Kriterium ist *notwendig* für die Stabilität.

In der Summe (7.43a) seien ℓ_{min} und ℓ_{max} die kleinsten und größten Indizes, für die $c_\ell \neq 0$
zutrifft. Im skalaren Fall ($u \in \mathbb{R}^1$) lautet die CFL-Bedingung

$$\ell_{min} \leq \lambda a(t,x) \leq \ell_{max} \qquad \text{für alle } x \text{ und } t \tag{7.45}$$

wobei $a(t,x)$ der Koeffizient aus (7.32) ist. Im Systemfalle ($u \in \mathbb{R}^n, n \geq 2$) ist $a(t,x)$ in (7.45)
durch alle Eigenwerte der $n \times n$-Matrix $a(t,x)$ zu ersetzen.

Man beachte, dass die einzige Eigenschaft von $C(\Delta t)$ die in der CFL-Bedingung berücksichtigt
wird, die Indexgrenzen ℓ_{min} und ℓ_{max} sind. Auch die spezielle Wahl der Norm in (7.44) ist
irrelevant.

Sieht man vom trivialen Fall $a = 0$ ab, dann zeigt die CFL-Bedingung, dass ein zu großes λ
stets Instabilität herbeiführt. Allerdings lässt sich unbedingte Stabilität mit Hilfe von *impliziten*
Differenzenverfahren erzwingen. Diese lassen sich formal wie in (7.44), aber mit unendlicher
Summe schreiben. Wegen $-\ell_{min} = \ell_{max} = \infty$ ist die CFL-Bedingung dann stets erfüllt.

Im Allgemeinen ist die CFL-Bedingung nicht hinreichend für Stabilität. Sollte ein Verfahren
jedoch genau unter der Einschränkung (7.45) an λ stabil sein, heißt es *optimal stabil*. Je stärker die
Beschränkungen von λ und damit von $\Delta t = \lambda \Delta x$ sind, desto mehr Schritte (7.43b) muss man
durchführen, um zu $t = m\Delta t$ zu gelangen.

7.7.5.6.2 Hinreichende Stabilitätsbedingungen: Eine hinreichende Stabilitätsbedingung, die
(7.44) mit $K := \exp(TK')$ ergibt, ist

$$\|C(\Delta t)\| \leq 1 + \Delta t K'. \tag{7.46}$$

Im skalaren Fall und für die Wahl $B = L^\infty(\mathbb{R})$ gilt $\|C(\Delta t)\| = \sum_l |c_\ell|$. Dies zeigt, dass die
Verfahren (7.41a-c) bezüglich der Supremumsnorm stabil sind, falls $|\lambda a| \leq 1$, wobei für die
Courant-Isaacson-Rees-Schemata (7.41a,b) zusätzlich $a \leq 0$ bzw. $a \geq 0$ zu fordern ist. Aufgrund
des Äquivalenzsatzes in 7.7.5.5 konvergieren die Näherungslösungen dann gleichmäßig gegen
die exakte Lösung.

Das *Lax-Wendroff-Verfahren* (7.41d), das die hinreichende Bedingung (7.46) für $\| \cdot \| = \| \cdot \|_\infty$
nicht erfüllt. Es ist instabil bezüglich der Supremumsnorm, da generell Verfahren von zweiter
Konsistenzordnung nicht $L^\infty(\mathbb{R})$-stabil sein können.

Bis auf Weiteres sei angenommen, dass die Koeffizienten $c_\ell = c_\ell(\Delta t, \lambda)$ aus (7.42) nicht von
x abhängen. Die $L^2(\mathbb{R})$-Stabilität lässt sich dann mit Hilfe der folgenden *Verstärkungsmatrix*
einfacher beschreiben:

$$G = G(\Delta t, \xi, \lambda) := \sum_{\ell=-\infty}^\infty c_\ell(\Delta t, \lambda) \, e^{i\ell\xi}, \qquad \xi \in \mathbb{R}.$$

G ist eine 2π-periodische Funktion, die im Systemfall ($n > 1$) matrixwertig ist. Im Falle des
Lax-Wendroff-Verfahrens (7.41d) lautet die Verstärkungsmatrix zum Beispiel $G(\Delta t, \xi, \lambda) = 1 + $
$i\lambda a \sin(\xi) - \lambda^2 a^2 (1 - \cos(\xi))$.

Die $L^2(\mathbb{R})$-Stabilitätseigenschaft (7.44) ist äquivalent zu

$$|G(\Delta t, \xi, \lambda)^m| \leq K \text{ für alle } |\xi| \leq \pi \text{ und } 0 \leq m\Delta t \leq T$$

mit der gleichen Konstanten K wie in (7.44). Dabei ist $|\cdot|$ die Spektralnorm. Hieraus lässt sich als weiteres hinreichendes Stabilitätskriterium die *von-Neumann-Bedingung* formulieren: Für alle $|\xi| \leq \pi$ mögen die Eigenwerte $\gamma_j = \gamma_j(\Delta t, \xi, \lambda)$ von $G(\Delta t, \xi, \lambda)$

$$|\gamma_j(\Delta t, \xi, \lambda)| \leq 1 + \Delta t K', \qquad 1 \leq j \leq n. \tag{7.47}$$

erfüllen. Für $n = 1$ liest sich (7.47) als $|G(\Delta t, \xi, \lambda)| \leq 1 + \Delta t K'$. Die von-Neumann-Bedingung ist im Allgemeinen nur notwendig. Sie ist aber sogar *hinreichend*, wenn eine der folgenden Voraussetzungen zutrifft: 1) $n = 1$, 2) G ist eine normale Matrix, 3) es gibt eine von Δt und ℓ unabhängige Ähnlichkeitstransformation, die alle Koeffizienten $c_\ell(\Delta t, \lambda)$ auf Diagonalform bringt, 4) $|G(\Delta t, \xi, \lambda) - G(0, \xi, \lambda)| \leq L\Delta t$ und eine der vorherigen Bedingungen gilt für $G(0, \xi, \lambda)$.

Aufgrund des von-Neumann-Kriteriums erweisen sich die Beispiele (7.41a-d) für $|\lambda a| \leq 1$ als $L^2(\mathbb{R})$-stabil (wobei wie oben $a \leq 0$ bzw. $a \geq 0$ für (7.41a,b) zu fordern ist). Aus der Tatsache, dass das Lax-Wendroff-Verfahrens (7.41d) $L^2(\mathbb{R})$-stabil, aber nicht $L^\infty(\mathbb{R})$-stabil ist, schließt man aufgrund des Äquivalenzsatzes, dass die Lösungen zwar im quadratischen Mittel, nicht aber gleichmäßig gegen die exakte Lösung konvergieren. Das Differenzenverfahren (7.39) führt auf $G(\Delta t, \xi, \lambda)1 + i\lambda a \sin(\xi)$ und ist damit bis auf die triviale Ausnahme $a = 0$ instabil.

Im Falle x-abhängiger Koeffizienten c_ℓ verwendet man die Technik der *„eingefrorenen"* Koeffizienten". $C_{x_0}(\Delta t)$ sei der Differenzenoperator, der entsteht, wenn man alle Koeffizienten $c_\ell(x, \Delta t, \lambda)$ mit variablem x durch die x-unabhängigen Koeffizienten $c_\ell(x_0, \Delta t, \lambda)$ ersetzt. Die Stabilität von $C(\Delta t)$ und die von $C_{x_0}(\Delta t)$ für alle $x_0 \in \mathbb{R}$ sind fast äquivalent. Unter geringen technischen Voraussetzungen impliziert Stabilität von $C(\Delta t)$ diejenige von $C_{x_0}(\Delta t)$ für alle $x_0 \in \mathbb{R}$. Für die umgekehrte Richtung braucht man, dass $C(\Delta t)$ dissipativ ist. Dabei ist *Dissipativität* der Ordnung $2r$ durch $|\gamma_j(\Delta t, \xi, \lambda)| \leq 1 - \delta|\xi|^{2r}$ für $|\xi| \leq \pi$ mit einem festen $\delta > 0$ definiert. Details und weitere Stabilitätskriterien findet man in [Richtmyer-Morton].

7.7.5.7 Approximation unstetiger Lösungen („shock capturing ")

In 7.7.5.1 wurde darauf hingewiesen, dass unstetige Anfangswerte zu Lösungen führen, die entlang einer Charakteristik unstetig bleiben. Im nichtlinearen Fall können Unstetigkeiten („Schocks") sogar bei beliebig glatten Anfangswerten auftreten. Deshalb fordert man von hyperbolischen Diskretisierungen – anders als im elliptischen oder parabolischen Fall – auch eine gute Approximation einer unstetigen Lösung.

Zwei unerwünschte Phänomene können bei der Approximation einer Sprungunstetigkeit durch u_ν^m auftreten: 1) Der Sprung wird mit wachsendem m zunehmend geglättet. 2) Die Näherung oszilliert in der Sprungumgebung. Der erste Fall ist insbesondere für dissipative Verfahren typisch. Der zweite Fall tritt bei Verfahren höherer Ordnung auf. Sogenannte *hochauflösende* Verfahren, die in glatten Bereichen eine höhere Approximationsordnung haben, den Sprung aber relativ scharf eingrenzen, ohne überzuschwingen, werden z. B. mit Hilfe von *flux-limiter*-Methoden konstruiert.

7.7.5.8 Eigenschaften im nichtlinearen Fall, Erhaltungsform und Entropie

Nichtlineare hyperbolische Gleichungen mit unstetigen Lösungen führen zu Schwierigkeiten, die für lineare hyperbolische Gleichungen oder nichtlineare mit glatten Lösungen nicht auftreten.[4]

---

[4]Man vergleiche auch die ausführliche Diskussion in 1.13.1.2.

Die Formulierung der Gleichung in *Erhaltungsform* lautet

$$u_t(t,x) + f\big(u(t,x)\big)_x = 0 \qquad\qquad (7.48)$$

mit der „Flussfunktion" f. Hyperbolizität liegt vor, wenn $f'(u)$ reell diagonalisierbar ist.

Da die „Lösung" von (7.48) nicht differenzierbar zu sein braucht, sucht man die „verallgemeinerte" oder *schwache Lösung*, die die Relation

$$\int_0^\infty \int_{\mathbb{R}} [\varphi_t u + \varphi_x f(u)] \, dx \, dt = - \int_{\mathbb{R}} \varphi(0,x) u_0(x) \, dx \qquad\qquad (7.49)$$

für alle differenzierbaren Funktionen $\varphi = \varphi(x,t)$ mit beschränktem Träger erfüllt. Die Anfangswertbedingung (7.35) ist bereits in (7.49) berücksichtigt. Der Name „Erhaltungsform" für (7.48) bzw. (7.49) leitet sich daraus ab, dass $\int_{\mathbb{R}} u(t,x) \, dx$ für alle t konstant bleibt (z. B. Energie-, Impuls- und Massenerhaltung im Falle der Euler-Gleichungen).

Der Sprung einer Funktion $\varphi = \varphi(t,x)$ mit rechts- und linksseitigen Grenzwerten $\varphi(t,x+0), \varphi(t,x-0)$ sei mit $[\varphi](t,x) := \varphi(t,x+0) - \varphi(t,x-0)$ bezeichnet. Hat die schwache Lösung $u(t,x)$ von (7.49) entlang der Kurve $(t,x(t))$ einen Sprung („Schock"), so besteht zwischen der Kurvensteigung dx/dt und den Sprüngen die Beziehung

$$\frac{dx}{dt}[u] = [f(u)] \qquad (Rankine\text{-}Hugoniot\text{-}Sprungbedingung). \qquad\qquad (7.50)$$

Die Bedeutung der schwachen Formulierung (7.49) mag anhand des folgenden Beispiels klarer werden. Die Gleichungen $u_t - (u^2/2)_x = 0$ und $v_t - (2v^{3/2}/3)_x = 0$ sind vermöge der Substitution $v = u^2$ äquivalent, solange die Lösungen klassisch, d. h. differenzierbar sind. Da die Formulierungen aber unterschiedliche Flussfunktionen verwenden, liefert (7.50) im Falle eines Schocks verschiedene Steigungen dx/dt und somit verschiedene schwache Lösungen.

Die schwache Lösung ist im Allgemeinen noch nicht eindeutig bestimmt. Die physikalisch sinnvolle Lösung wird durch eine weitere *Entropiebedingung* charakterisiert. Ihre einfachste Formulierung ist $f'(u_\ell) > dx/dt > f'(u_r)$ entlang des Schocks $u_\ell := u(t,x(t) - 0)$ und $u_r := u\big(t,x(t) + 0\big)$. Zu Verallgemeinerungen und Formulierungen mit einer Entropiefunktion vergleiche man [LeVeque]. *Entropielösungen*, d. h. Lösungen von (7.49), die der Entropiebedingung genügen, erhält man auch als Grenzwert von $u_t + f(u)_x = \varepsilon u_{xx}$ ($\varepsilon > 0$) für $\varepsilon \to 0$.

7.7.5.9 Numerische Verfahren im nichtlinearen Fall

Für numerische Näherungsverfahren stellen sich zwei neue Fragen: Falls die Diskretisierung gegen eine Funktion u konvergiert, ist diese 1) eine schwache Lösung im Sinne von (7.49) und 2) eine Entropielösung?

Zur Antwort auf Frage 1) formuliert man Differenzenverfahren in Erhaltungsform:

$$u_\nu^{m+1} := u_\nu^m + \lambda \big[F(u_{\nu-p}^m, u_{\nu-p+1}^m, \dots, u_{\nu+q}^m) - F(u_{\nu-p-1}^m, u_{\nu-p}^m, \dots, u_{\nu+q-1}^m) \big]$$

mit λ aus (7.40); F heißt der *numerische Fluss*. Lösungen dieser Gleichungen haben die diskrete Erhaltungseigenschaft $\sum_\nu u_\nu^m = \text{const.}$ Das Friedrichs-Verfahren (7.41c) schreibt sich in seiner nichtlinearen Form mit dem numerischen Fluss

$$F(U_\nu, U_{\nu+1}) := \frac{1}{2\lambda}(U_\nu - U_{\nu+1}) + \frac{1}{2}\big(f(U_\nu) + f(U_{\nu+1})\big) \qquad\qquad (7.51)$$

(der lineare Fall $f(u) = au$, $a = $ const, entspricht (7.41c)). Die Konsistenz des Verfahrens drückt sich unter anderem in der Bedingung $F(u, u) = f(u)$ aus. Wenn konsistente Differenzenverfahren in Erhaltungsform konvergieren, ist der Grenzwert eine schwache Lösung von (7.49), braucht aber noch nicht die Entropiebedingung zu erfüllen.

Das Verfahren (7.51) ist *monoton*, d. h. zwei Anfangswerte u^0 und v^0 mit $u^0 \leq v^0$ produzieren $u^m \leq v^m$. Verfahren höherer als erster Ordnung können nicht monoton sein. Monotone und konsistente Verfahren konvergieren gegen Entropielösungen.

Aus der Monotonie folgt die *TVD-Eigenschaft* (total variation diminishing), d. h. die *Totalvariation* $TV(u^m) := \sum_\nu |u_\nu^m - u_{\nu+1}^m|$ ist mit steigendem m schwach monoton fallend. Diese Eigenschaft verhindert z. B. die oben erwähnten Oszillationen in Schocknähe.

7.7.6 Adaptive Diskretisierungsverfahren

7.7.6.1 Variable Gitterweiten

Die Diskretisierungsverfahren für gewöhnliche und partielle Differentialgleichungen verwenden in der Regel ein Gitternetz bzw. eine Triangulierung oder ähnliche Zerlegungen des Gesamtbereiches. Im einfachsten Fall wählt man diese Struktur regelmäßig mit äquidistanter Gitterweite h. Die Fehleranalysis wird im Allgemeinen hierfür durchgeführt und liefert Fehlerabschätzung durch Schranken der Form $c(u)h^\kappa$, wobei κ die Konsistenzordnung und $c(u)$ eine h-unabhängige Größe ist, die von Schranken (höherer) Ableitungen der Lösung u abhängt. Solange die erwähnten Ableitungen überall die gleiche Größenordnung besitzen, ist die Wahl äquidistanter Gitterweiten angemessen.

Es gibt aber viele Ursachen, die dazu führen, dass die Ableitungen in ihrer Größenordnung lokal sehr verschieden sind und sogar Singularitäten aufweisen können, d. h. unbeschränkt sind. Im Falle elliptischer Differentialgleichungen $Lu = f$ (vgl. 7.7.3.1.1) führen Ecken (Kanten etc.) des Gebietsrandes in der Regel zu Lösungen, deren höhere Ableitungen dort singulär werden. Auch eine spezielle rechte Seite f (etwa eine Punktlast) kann u an einer beliebigen Stelle weniger glatt machen. Singuläre Störungen können zu ausgedehnten Randschichten (d. h. starken Gradienten normal zum Rand) führen. Bei äquidistanter Schrittweite h wird die Genauigkeit in all diesen Fällen durch die Singularität stark herabgesetzt. Um die gleiche Genauigkeit wie für eine glatte Lösung u zu erreichen, müsste man eine wesentlich kleinere Schrittweite h wählen, was in der Praxis schnell auf Zeit- und Speichergrenzen stößt. Stattdessen wird man versuchen, die kleinen Schrittweiten nur dort einzusetzen, wo sie nötig sind. Damit derartige variabel angepasste Schrittweiten realisierbar sind, braucht man ein entsprechend flexibles Gitternetz (z. B. eine Triangulation mit verschieden großen Dreiecken wie in Abb. 7.5).

Die folgende, einfache Aufgabe zur numerischen Quadratur möge als Illustration des oben Gesagten dienen. Wird das Integral $\int_0^1 f(x)\,dx$ für ein zweimal differenzierbares f, mit der summierten Trapezformel aus 7.3.3.1 approximiert, dann wird der Fehler durch $h^2 f''(\xi)/12$, beschrieben, wobei $h = 1/N$ die äquidistante Schrittweite, $N + 1$ die Zahl der Knotenpunkte und ξ ein Zwischenwert sind. Der Aufwand wird im Wesentlichen durch die $N + 1$ Funktionsauswertungen von f bestimmt. In Abhängigkeit von N lässt sich der Fehler auch als $O(N^{-2})$ schreiben. Für den Integranden $f(x) := x^{0.1}$ ist schon die erste Ableitung im linken Randpunkt $x = 0$ unbeschränkt. Bei $N + 1$ äquidistanten Knotenpunkten $x_i = ih = i/N$ findet man einen Fehler der Größenordnung $O(N^{-1.1})$. Wählt man dagegen variable Schrittweiten mit den Knoten $x_i = (i/N)^{3/1.1}$, die sich in der Umgebung der Singularität $x = 0$ verdichten, dann entsteht wieder ein Quadraturfehler $O(N^{-2})$ wie im glatten Fall. Will man ein Quadraturergebnis z. B. mit einem absoluten Fehler $\leq 10^{-6}$, braucht man $N = 128\,600$ Auswertungen im äquidistanten Fall und lediglich $N = 391$ bei angepasster Schrittweite.

Die getroffene Wahl $x_i = (i/N)^{3/1.1}$ folgt der allgemeinen Strategie der *Fehlergleichverteilung*,, d. h. die lokalen Fehler (hier der Trapezformel über $[x_i, x_{i+1}]$) sollen möglichst gleich groß ausfallen.

Im vorgestellten Beispiel war das Lösungsverhalten (Ort und Exponent der Singularität) bekannt und die Diskretisierung konnte entsprechend optimal eingestellt werden. Eine derartige *a-priori*-Adaption des Gitters ist in der Praxis aus folgenden Gründen eher die Ausnahme: (a) Ob Singularitäten vorhanden sind, wo sie auftreten und wie sie geartet sind, braucht im vornhinein nicht bekannt zu sein (insbesondere nicht für einen Nichtspezialisten); (b) Selbst wenn das Singularitätsverhalten bekannt ist, erfordert seine Berücksichtung die "Insider"-Kenntnisse des numerischen Analytikers und einen größeren Implementierungsaufwand.

7.7.6.2 Selbstadaptivität und Fehlerindikatoren

Die Alternative zu einem angepassten Gitter mit vorweg bestimmten variablen Gitterweiten ist die Gitteranpassung aufgrund numerisch gewonnener Kenntnisse. Ein einfacher Fall liegt bei der Schrittweitensteuerung für gewöhnliche Differentialgleichungen vor (vgl. 7.6.1.1). Dort wird die Länge des *nächsten* Schrittes aufgrund der bisherigen Informationen optimal eingerichtet. Bei Randwertaufgaben erhält man jedoch keine Informationen, bevor man nicht mit einem (nichtoptimalen) Gitter eine (vorläufige) Lösung berechnet hat. Man muss daher die folgenden Schritte mehrfach durchlaufen:

(a) Löse die Aufgabe mit dem gegebenen Gitternetz.

(b) Bestimme bessere lokale Gitterweiten mit Hilfe der gewonnenen Lösung.

(c) Konstruiere ein neues Gitternetz aufgrund der neuen Anforderungen.

Der Diskretisierungs- und Lösungsprozess sind untrennbar verwoben. Da der Prozess die Adaption selbstständig durchführt, spricht man von *Selbstadaptivität*.

Fragen, die sich im Zusammenhang mit den Schritten (a-c) stellen, sind:

(1) Wie kann man in (b) zu Vorschlägen lokaler Gitterwerten gelangen?

(2) Wie konstruiert man ein verbessertes Gitter?

(3) Wann ist eine zufriedenstellende Situation eingetreten, sodass die Schleife (a-c) beendet werden kann?

Zu 1): Es seien zum Beispiel ein Gitternetz in Form einer Finite-Element-Triangulation τ und eine zugehörige Lösung $\bar{u}$ gegeben. Ein *Fehlerindikator* ist eine Funktion φ von $\bar{u}$ die jedem Dreieck $\Delta \in \tau$ einen Wert $\varphi(\Delta)$ zuweist. Die Vorstellung ist dabei, dass $\varphi(\Delta)$ mit dem Fehler auf τ oder dem von τ ausgehenden Anteil des Gesamtfehlers in näherem Zusammenhang steht. Für die Schrittweitenempfehlung gibt es zwei Strategien. (α) Steht eine geeignete Theorie zur Verfügung, kann eine Funktion $H(\varphi)$ angegeben werden, die auf Δ die neue Gitterweite $h = H(\varphi(\Delta))$ vorschlägt. (β) Man geht vom Idealzustand der *Gleichverteilung* aus: φ möge auf allen $\Delta \in \tau$ möglichst gleiche Größenordnung besitzen (falls der Fehler dann noch zu groß ist, muss gleichmäßig verfeinert werden). Solange dieser Zustand nicht erreicht ist, soll nur dort verfeinert werden, wo $\varphi(\Delta)$ z. B. über $0.5 \cdot \max\{\varphi(\Delta) : \Delta \in \tau\}$ liegt.

Der Fehlerindikator kann beispielsweise über das Residuum definiert werden: Ein Einsetzen der Näherungslösung $\bar{u}$ in die Differentialgleichung $Lu = f$ liefert ein Residuum $r = f - L\bar{u}$, das über Δ geeignet auszuwerten ist (vgl. (7.53)).

Zu 2): In der obigen Version (α) ist eine überall definierte Wunschschrittweite $h = h(x)$ berechnet worden. Es gibt Algorithmen, die eine Triangulierung mit entsprechend großen Dreiecken erzeugen. Trotzdem eignet sich diese globale Adaption weniger für den Schritt (b), da der Aufwand der Neuvernetzung beträchtlich ist. Außerdem sind alle vorher berechneten Größen

(z. B. die Finite-Element-Matrix) nicht mehr verwendbar. Die Version (β) entspricht der *lokalen* Gitteranpassung besser. Nur zur Verfeinerung vorgemerkte Dreiecke werden in kleinere zerlegt (allerdings kann es im Falle zulässiger Triangulationen auch notwendig werden, benachbarte Bereiche zu verfeinern; vgl. das Dreieck STV in Abb. 7.8. Damit brauchen nur lokal neue Finite-Element-Matrixkoeffizienten berechnet werden. Außerdem entsteht so auf einfache Weise eine Hierarchie von Gittern, die z. B. von Mehrgitterverfahren ausgenutzt werden können.

Zu 3): Ein Abbruch unter der Bedingung $\varphi(\Delta) \leq \varepsilon$ für alle $\Delta \in \tau$ ist naheliegend. Ideal wäre es, wenn hiermit garantiert wäre, dass auch der wirkliche Diskretisierungsfehler unter ε liegt. Fehlerindikatoren φ, die in einem solch engen Zusammenhang mit dem wirklichen Fehler stehen, werden im folgenden Abschnitt angesprochen.

7.7.6.3 Fehlerschätzer

Es sei $e(\bar{u})$ der Fehler der Finite-Element-Lösung $\bar{u}$ gegenüber der exakten Lösung gemessen in einer geeigneten Norm; φ sei der oben beschriebene Fehlerindikator, der sich über alle Dreiecke des Gitternetzes zu $\Phi(\bar{u}) := \left[\sum_{\Delta \in \tau} \varphi(\Delta)^2\right]^{1/2}$ aufaddiert. Der Fehlerindikator φ heißt *Fehlerschätzer*, wenn die Ungleichungen

$$A\Phi(\bar{u}) \leq e(\bar{u}) \leq B\Phi(\bar{u}), \qquad 0 < A \leq B, \tag{7.52}$$

(oder zumindest asymptotische Annäherungen) gelten. Die zweite Ungleichung reicht aus, um nach einem Abbruch mit $\Phi(\bar{u}) \leq \eta := \varepsilon/B$ einen Fehler $e(\bar{u}) \leq \varepsilon$ zu garantieren. Ein Φ, das der zweiten Ungleichung genügt, heißt „verlässlich". Erfüllt es auch die erste Ungleichung, wird es „effizient" genannt, da dann zu feine (und damit zu aufwändige) Gitternetze vermieden werden: Sobald die Fehlerschranke $e(\bar{u}) \leq \varepsilon A/B$ unterschritten ist, spricht das Abbruchkriterium $\Phi(\bar{u}) < \eta$ an. Im besten Falle ist der Fehlerschätzer asymptotisch optimal, d. h. asymptotisch gilt $A, B \to 1$ in (7.52). Da mit Hilfe von (7.52) der Fehler nach der Rechnung bestimmt wird, spricht man von *a-posteriori*-Abschätzungen.

Es gibt eine Reihe von Vorschlägen für Fehlerschätzer. Es ist aber grundsätzlich zu vermerken, dass alle Schätzer φ, die mit endlich vielen Auswertungen auskommen, nie den Fehlereinschluss gemäß (7.52) garantieren. Ungleichungen der Form 7.52 können nur unter theoretischen Annahmen über die Lösung gelten. Man beachte aber, dass diese theoretischen Annahmen qualitativer Art sind und nicht wie bei der Adaption in 7.7.6.1 explizit in die Implementierung eingehen.

Im Falle der Poisson-Gleichung (7.8a) mit homogenen Dirichlet-Randwerten (7.8b) ($g = 0$) und einer Diskretisierung durch stückweise lineare finite Elemente auf Dreiecken, lautet der Babuška-Rheinboldt-Fehlerschätzer auf einem Dreieck $\Delta \in \tau$

$$\varphi(\Delta) := \left(h_\Delta^2 \int_\Delta f(x)^2 \mathrm{d}x + \frac{1}{2} \sum_K h_K \int_K \left[\frac{\partial \bar{u}}{\partial n}\right]^2 \mathrm{d}s\right)^{\frac{1}{2}}. \tag{7.53}$$

Dabei sind h_Δ der Durchmesser von Δ, die Summe erstreckt sich über die drei Seiten des Dreiecks, h_K ist die jeweilige Kantenlänge, und $[\partial u/\partial n]$ bezeichnet den Sprung der Normalenableitung auf der Kante K (vgl. [Verfürth], [Ainsworth-Oden]).

Zu den moderneren Entwicklungen gehören die *zweckorientierten* Verfeinerungsstrategien. Die praktisch relevanten Daten, die man mit der Lösung der Differentialgleichung erhalten will, sind oft Funktionale von dem Typ Punktwert, Mittelwert über einen Bereich, Integral über bestimmte Randwerte etc. Die zweckorientierte Verfeinerungsstrategie versucht anstelle von abstrakten Normen die Fehler der vorgegebenen Funktionale direkt zu minimieren. Im Gegensatz zur Kontrolle der globalen Normen hofft man, dass sich bei lokalen Funktionalen die Verfeinerung im Wesentlichen im Lokalen abspielt (vgl. [Ainsworth-Oden, §8]).

7.7.7 Iterative Lösung von Gleichungssystemen

7.7.7.1 Allgemeines

Wenn lineare Gleichungssysteme durch Diskretisierung einer Differentialgleichung entstehen, dann ist einerseits die Dimension der Systeme sehr hoch (z. B. 10^6), andererseits ist die Matrix in der Regel schwachbesetzt, d. h. sie enthält pro Zeile eine von der Dimension unabhängige (kleine) Zahl von Nichtnullelementen. Im Falle der diskreten Poisson-Gleichung (7.4) sind es fünf Elemente pro Zeile. Würde man eines der direkten Lösungsverfahren aus 7.2.1 anwenden, entstünden dabei viele Nichtnullelemente an Positionen, wo vorher Nullen waren. Speicherplatzprobleme wären die Folge. Außerdem stiege der Rechenaufwand stärker als linear mit der Dimension. Dagegen erfordert die Matrix-Vektor-Multiplikation nur die von null verschiedenen Elemente der Matrix und kommt mit einem zur Dimension proportionalen Rechenaufwand aus. Iterationsverfahren, die im Wesentlichen auf dieser Operation beruhen, sind daher billig durchführbar. Wenn zudem die Konvergenz gegen die Lösung schnell ist, sind iterative Methoden die idealen Verfahren zur Lösung großer Gleichungssysteme.

7.7.7.1.1 Richardson-Iteration: Im Folgenden sei das Gleichungssystem mit

$$\boxed{Ax = b} \qquad\qquad\qquad (7.54)$$

bezeichnet. Einzige Voraussetzung sei, dass A nichtsingulär ist, sodass die Lösbarkeit von (7.54) garantiert ist. Das Grundmuster jeder Iteration ist die Richardson-Iteration

$$\boxed{x^{m+1} := x^m - (Ax^m - b),} \qquad\qquad\qquad (7.55)$$

die mit einem beliebigen Anfangsvektor x^0 startet.

7.7.7.1.2 Allgemeine lineare Iteration: Die allgemeine lineare Vorschrift einer Iteration lautet

$$\boxed{x^{m+1} := Mx^m + Nb} \quad \text{(1. Normalform)} \qquad\qquad (7.56a)$$

mit Matrizen M und N die über $M + NA = I$ zusammenhängen. Eliminiert man die *Iterationsmatrix* M aus (7.56a) mit Hilfe von $M + NA = I$, erhält man

$$\boxed{x^{m+1} := x^m - N(Ax^m - b).} \quad \text{(2. Normalform)} \qquad\qquad (7.56b)$$

Da eine singuläre Matrix N Divergenz erzeugt, sei N als invertierbar mit der Inversen $N^{-1} = W$ vorausgesetzt. Eine implizite Formulierung von (7.56b) ist

$$\boxed{W(x^m - x^{m+1}) = Ax^m - b.} \quad \text{(3. Normalform)} \qquad\qquad (7.56c)$$

7.7.7.1.3 Konvergenz von Iterationsverfahren: Man bezeichnet ein Iterationsverfahren (7.56a-c) als *konvergent*, wenn die Iterierten $\{x^m\}$ für jeden Startwert x^0 gegen den gleichen Wert (das ist dann die Lösung von (7.54)) konvergieren. Das Verfahren (7.56a) ist genau dann konvergent, wenn der Spektralradius die Bedingung $\rho(M) < 1$ erfüllt, d. h. alle Eigenwerte von M betraglich unter 1 liegen (vgl. 2.2.1).

Von besonderem praktischen Interesse ist die *Konvergenzgeschwindigkeit*. Wenn

$$\boxed{\rho(M) = 1 - \eta < 1} \tag{7.57a}$$

mit kleinem η gilt, braucht man etwa $1/\eta$ Iterationsschritte, um den Fehler um den Faktor $1/e$ zu verbessern ($e = 2.71\ldots$). Wünschenswert ist

$$\rho(M) \leq \text{const} < 1 \tag{7.57b}$$

wobei die Konstante nicht von der Dimension des Gleichungssystems abhängt (z. B. nicht von der Schrittweite der zugrundeliegenden Diskretisierung). Dann ist eine feste Genauigkeit (d. h. die Abschätzung $\|x - x^m\| < \varepsilon$) mit einer konstanten Anzahl m von Iterationsschritten erreichbar.

7.7.7.1.4 Erzeugung von Iterationsverfahren: Zwei unterschiedliche Techniken können zur Erzeugung einer Iterationsvorschrift verwandt werden. Die erste ist die *Aufspaltungsmethode*. Die Matrix A wird additiv aufgespalten in

$$A = W - R, \tag{7.58}$$

wobei W nicht nur invertierbar sein muss, sondern Gleichungssysteme der Form $Wz = d$ auch relativ leicht lösbar sein sollen. Die Vorstellung ist, dass W wesentliche Informationen über A enthält und der „Rest" R eher klein ist. Über $Wx = Rx + b$ erhält man die Iteration $x^{m+1} := W^{-1}(Rx^m + b)$, die mit (7.56b) für die Wahl $N = W^{-1}$ übereinstimmt.

Wählt man W als die Diagonale D von A, ergibt sich die *Jacobi-Iteration*. Im Falle der *Gauß-Seidel-Iteration* besteht der Rest R in (7.58) aus dem oberen strikten Dreiecksteil der Matrix A, d. h. $R_{ij} = A_{ij}$ für $j > i$ und $R_{ij} = 0$ sonst.

Eine *reguläre Aufspaltung* (7.58) liegt vor, falls im Sinne elementweiser Ungleichungen $W^{-1} \geq 0$ und $W \geq A$ gelten. Dies impliziert Konvergenz (vgl. [Hackbusch 1993, §6.5]).

Eine andere Technik ist die (Links-)*Transformation* der Gleichung (7.54) mit einer nichtsingulären Matrix N, sodass $NAx = Nb$ entsteht. Schreibt man hierfür $A'x = b'$ ($A' = NA$, $b' = Nb$) und wendet die Richardson-Iteration (7.55) an, erhält man die (transformierte) Iteration $x^{m+1} := x^m - (A'^m - b')$, die sich wieder in der Form $x^{m+1} := x^m - N(Ax^m - b)$ schreiben lässt und damit mit der zweiten Normalform (7.56b) übereinstimmt.

Beide beschriebenen Techniken erlauben es im Prinzip, *jede* Iteration zu erzeugen. Umgekehrt lässt sich jede Iteration (7.56b) als Richardson-Iteration (7.55) angewandt auf $A'x = b'$ mit $A' = NA$ interpretieren.

Die Matrizen N bzw. W müssen keineswegs in komponentenweise abgespeicherter Form vorliegen. Wichtig ist nur, dass die Matrixvektormultiplikation $d \to Nd$ einfach durchführbar ist. Im Falle einer *unvollständigen Block-ILU-Zerlegung* (vgl. [Hackbusch 1993, §8.5.3]) hat N z. B. die Form $N = (U' + D)^{-1}D(L' + D)^{-1}$ mit strikten unteren bzw. oberen Dreiecksmatrizen L', U' und einer Blockdiagonalmatrix D. Die Multiplikation mit den Inversen wird durch Vorwärts- und Rückwärtseinsetzen realisiert (vgl. 7.2.1.5).

7.7.7.1.5 Effiziente Iterationen: Das Iterationsverfahren soll einerseits schnell sein (vgl. (7.57a) und (7.57b)), andererseits darf der Rechenaufwand pro Iteration nicht zu groß sein. Das Dilemma liegt darin, dass beide Forderungen gegenläufig sind. Die schnellste Konvergenz liegt für $W = A$ vor. Dann ist $M = 0$ und die exakte Lösung ist nach einem Schritt erreicht, erfordert aber die direkte Auflösung des Gleichungssystems (7.56c) mit der Matrix A. Dagegen führt eine simple Wahl von W als Diagonal- oder untere Dreiecksmatrix wie im Falle des Jacobi- oder Gauß-Seidel-Verfahrens zu Konvergenzgeschwindigkeiten, die für die diskretisierte Poisson-Gleichung (7.4) mit der Schrittweite h von der Form (7.57a) mit $\eta = O(h^2)$ sind. Gemäß 7.7.7.1.3 ist dann die stark wachsende Zahl von $O(h^{-2})$ Iterationsschritten nötig. Eine Beschleunigung erhält man durch das sogenannte SOR-Verfahren (Überrelaxationsverfahren) mit optimalem Überrelaxationsparameter, das die Zahl der Iterationsschritte aber bestenfalls auf $O(h^{-1})$ reduziert (vgl. Hackbusch 1993, §5.6).

7.7.7.2 Der Fall positiv definiter Matrizen

Die Analyse vereinfacht sich, falls A wie auch die Matrix N (und damit W) positiv definit und symmetrisch sind. Dies sei im Folgenden angenommen.

7.7.7.2.1 Matrixkondition und Konvergenzgeschwindigkeit: Nach Annahme hat A nur positive Eigenwerte. Es seien $\lambda = \lambda_{\min}(A)$ der kleinste und $\Lambda = \lambda_{\max}(A)$ der größte Eigenwert. Die in 7.2.1.7 eingeführte Konditionszahl $\kappa(A)$ (mit der Euklidischen Norm als Vektornorm) hat dann den Wert $\kappa(A) = \Lambda/\lambda$. Die Kondition ändert sich nicht bei einer Multiplikation der Matrix A mit einem Faktor: $\kappa(A) = \kappa(\Theta A)$. Durch eine geeignete Skalierung kann man erreichen, dass $\Lambda + \lambda = 2$ gilt. Unter dieser Voraussetzung hat die Richardson-Iteration (7.55) die Konvergenzrate

$$\rho(M) = \rho(I - A) = (\kappa(A) - 1)/(\kappa(A) + 1) = 1 - 2/(\kappa(A) + 1) < 1,$$

d. h. der Wert η aus (7.57a) beträgt $\eta = 2/(\kappa(A) + 1)$. Gutkonditionierte Matrizen (d. h. $\kappa(A) = O(1)$) führen demnach zu befriedigender Konvergenz, während die bei der Diskretisierung von Randwertaufgaben entstehenden Matrizen eine Kondition der Größenordnung $O(h^{-2})$ (h: Schrittweite) haben.

Die oben durchgeführte Skalierung mit einem Faktor Θ entspricht allgemein dem Übergang zu dem (optimal) *gedämpften Iterationsverfahren*

$$x^{m+1} := x^m - \Theta N(Ax^m - b) \quad \text{mit} \quad \Theta := 2/(\lambda_{\max}(NA) + \lambda_{\min}(NA)). \tag{7.59}$$

Die obigen Überlegungen sind auch gültig, wenn A zu einer positiv definiten Matrix ähnlich ist, da sich die spektralen Größen nicht ändern.

7.7.7.2.2 Präkonditionierung: Die in 7.7.7.1.4 beschriebene Transformationstechnik führte zu einem Richardson-Verfahren für die neue Matrix $A' = NA$ (diese ist zwar nicht notwendigerweise positiv definit, aber ähnlich zu einer positiv definiten Matrix). Wenn A' eine kleinere Konditionszahl als A besitzt, hat das entstehende Verfahren (7.56b) (Richardson-Iteration mit A') eine bessere Konvergenzgeschwindigkeit als (7.55). In diesem Sinne wird N auch *Präkonditionierungsmatrix* genannt und (7.56b) als präkonditionierte Iteration bezeichnet. Wird diese Iteration wie in (7.59) optimal gedämpft, beträgt ihre Konvergenzgeschwindigkeit

$$\rho(M) = \rho(I - \Theta NA) = (\kappa(NA) - 1)/(\kappa(NA) + 1) = 1 - 2/(\kappa(NA) + 1) < 1. \tag{7.60}$$

7.7.7.2.3 Spektraläquivalenz: Im Folgenden bezeichne $A \leq B$, dass A und B symmetrisch sind und $B - A$ positiv semidefinit ist.[5] A und W heißen *spektraläquivalent* (mit der Äquivalenzkonstanten c), wenn

$$A \leq cW \quad \text{und} \quad W \leq cA. \tag{7.61}$$

---

[5] Alle Eigenwerte von $B - A$ sind nicht negativ.

Interessant ist insbesondere der Fall, dass c nicht von Parametern wie der Dimension der (Diskretisierungs-)Matrizen abhängt. Die Spektraläquivalenz (7.61) sichert die Konditionsabschätzung $\kappa(NA) \leq c^2$, wobei $N = W^{-1}$. Findet man zu der Systemmatrix A eine leicht invertierbare spektral äquivalente Matrix W, dann hat die Iteration (7.56c) (nach eventueller Dämpfung) mindestens die Konvergenzgeschwindigkeit $1 - 2/(c^2 + 1)$.

7.7.7.2.4 Transformation mittels hierarchischer Basis:

Die Matrix A stamme von einer Finite-Element-Diskretisierung mit einer üblichen Knotenbasis. Im Falle der elliptischen Probleme zweiter Ordnung aus 7.7.3 beträgt die Kondition $\kappa(A) = O(h^{-2})$. Die Transformation $x = Tx'$ zwischen den Koeffizienten x der Knotenbasis und den Koeffizienten x' der hierarchischen Basis aus 7.7.3.1.6 kann so implementiert werden, dass die Multiplikationen T^T und T leicht durchzuführen sind. Durch *beidseitige Transformation* von (7.54) erhält man $T^\mathsf{T} A T x' = b$, also $A'x' = b'$ mit der Steifigkeitsmatrix $A'^\mathsf{T} AT$ bezüglich der hierarchischen Basis. Indem man die Richardson-Iteration $x'^{m+1} := x'^m - (A'x'^m - b')$ in den x-Größen ausdrückt, erhält man $x^{m+1} := x^m - TT^\mathsf{T}(Ax^m - b)$, d.h. (7.56b) mit $N = TT^\mathsf{T}$. Im Falle elliptischer Gleichungen in zwei Raumvariablen lässt sich $\kappa(A') = O(|\log h|)$ zeigen. Damit hat auch die transformierte (hierarchische) Iteration mit $N = TT^\mathsf{T}$ die fastoptimale (nur schwach h-abhängige) Konvergenzgeschwindigkeit $\rho(M) = 1 - O(|\log h|)$.

7.7.7.3 Semiiterative Verfahren

Ein *semiiteratives* Verfahren entsteht aus der Iteration (7.59), sobald der Dämpfungsparameter Θ während der Iteration mit m variieren darf:

$$x^{m+1} := x^m - \Theta_m N(Ax^m - b). \tag{7.62}$$

Die wesentlichen Eigenschaften der Semiiteration werden durch die Polynome p_m mit

$$p_m(\zeta + 1) := (\Theta_0 \zeta + 1)(\Theta_1 \zeta + 1) \cdot \ldots \cdot (\Theta_m \zeta + 1).$$

beschrieben. Kennt man die extremalen Eigenwerte $\Lambda = \lambda_{\max}(NA)$ und $\lambda = \lambda_{\min}(NA)$, kann man p_m als Tschebyschew-Polynom (vgl. 7.5.1.3) wählen, das vom Intervall $[-1,1]$ auf $[\lambda, \Lambda]$ transformiert und gemäß $p_m(1) = 1$ skaliert wird. Die Konvergenzgeschwindigkeit verbessert sich dann von der Rate $(\kappa(NA) - 1)/(\kappa(NA) + 1)$ der einfachen Iteration (vgl. (7.60)) auf die asymptotische Konvergenzgeschwindigkeit

$$(\sqrt{\kappa(NA)} - 1)/(\sqrt{\kappa(NA)} + 1) \tag{7.63}$$

der Semiiteration. Insbesondere für langsame Iterationen (d.h. $\kappa(NA) \gg 1$) ist die Ersetzung von $\kappa(NA)$ durch $\sqrt{\kappa(NA)}$ wesentlich. Zur praktischen Durchführung benutzt man nicht die Darstellung (7.9), sondern die *Dreitermrekursion*

$$x^m := \sigma_m\left\{x^{m-1} - \Theta N(Ax^{m-1} - b)\right\} + (1 - \sigma_m)x^{m-2} \qquad (m \geq 2) \tag{7.64}$$

mit $\sigma_m := 4/\{4 - [(\kappa(NA) - 1)/(\kappa(NA) + 1)]^2 \sigma_{m-1}\}, \sigma_1 = 2$ und Θ aus (7.59) (vgl. [Hackbusch 1993, §7.3.4]). Für den Start bei $m = 2$ verwendet man x^1 aus (7.59).

7.7.7.4 Gradientenverfahren und Verfahren der konjugierten Gradienten

Die Semiiteration (7.62) dient zur Beschleunigung der zugrundeliegenden *Basisiteration* (7.56b). Die Iterierten aus (7.62) oder (7.64) bleiben dabei linear abhängig vom Startwert x^0. Die nachfolgend beschriebenen Verfahren sind dagegen nichtlineare Methoden, d. h. x^m hängt nichtlinear von x^0 ab. Man beachte, dass die Gradientenverfahren keine Iteration ersetzen, sondern mit einer Basisiteration kombiniert diese beschleunigen.

7.7.7.4.1 Gradientenverfahren: Angewandt auf die Basisiteration (7.56b) mit positiv definiten Matrizen A und N lautet das Gradientenverfahren wie folgt:

$$x^0 \quad \text{beliebig}, \qquad r^0 := b - Ax^0, \qquad\qquad\qquad \text{(Start)} \qquad\qquad (7.65a)$$

$$q := Nr^m, \quad a := Aq, \quad \lambda := \langle q, r^m \rangle / \langle a, q \rangle, \qquad \text{(Rekursion)} \qquad (7.65b)$$

$$x^{m+1} := x^m + \lambda q, \quad r^{m+1} := r^m - \lambda a. \qquad\qquad\qquad\qquad\qquad (7.65c)$$

Hierbei wird neben der Iterierten x^m zugleich das zugehörige Residuum $r^m := b - Ax^m$ aktualisiert. Die Vektoren q und a werden zur Abspeicherung von Zwischenresultaten eingesetzt, da dann pro Gradientenschritt nur eine Matrixvektormultiplikation erforderlich ist. Zur Herleitung des Verfahrens vgl. [Hackbusch 1993, §9.2.4].

Die asymptotische Konvergenzgeschwindigkeit beträgt $(\kappa(NA) - 1)/(\kappa(NA) + 1)$ wie in (7.60). Damit ist das Gradientenverfahren (7.65a-c) ebenso schnell wie die optimal gedämpfte Iteration (7.59). Im Unterschied zu (7.59) erreicht das Gradientenverfahren diese Rate jedoch ohne explizite Kenntnis der extremen Eigenwerte von NA.

7.7.7.4.2 Verfahren der konjugierten Gradienten: Das Verfahren der konjugierten Gradienten (auch „cg-Methode" genannt) kann wie das Gradientenverfahren auf eine Basisiteration (7.56b) mit positiv definiten Matrizen A und N angewandt werden:

$$x^0 \quad \text{beliebig}, \quad r^0 := b - Ax^0, \quad p^0 := Nr^0, \quad \rho_0 := \langle p^0, r^0 \rangle, \quad \text{(Start)} \qquad (7.66a)$$

$$a := Ap^m, \quad \lambda := \rho_m / \langle a, p^m \rangle, \qquad \text{(Rekursion)} \qquad\qquad\qquad\qquad (7.66b)$$

$$x^{m+1} := x^m + \lambda p^m, \quad r^{m+1} := r^m - \lambda a, \qquad\qquad\qquad\qquad\qquad\qquad (7.66c)$$

$$q^{m+1} := Nr^{m+1}, \quad \rho_{m+1} := \langle q^{m+1}, r^{m+1} \rangle, \quad p^{m+1} := q^{m+1} + (\rho_{m+1}/\rho_m)p^m. \qquad (7.66d)$$

Hierbei ist die „Suchrichtung" p^m zusätzlich in die Rekursion aufgenommen.

Die asymptotische Konvergenzgeschwindigkeit beträgt wie in (7.63) mindestens $(\sqrt{\kappa(NA)} - 1)/(\sqrt{\kappa(NA)} + 1)$. Im Gegensatz zur Semiiteration (7.64) kommt die cg-Methode (7.66a-d) ohne Kenntnis der Spektraldaten $\lambda_{\max}(NA)$ und $\lambda_{\min}(NA)$ aus.

Falls in (7.66b) eine Nulldivision wegen $\langle a, p^m \rangle = 0$ auftritt, ist x^m bereits die exakte Lösung des Gleichungssystems.

Die cg-Methode (7.66a-d) ist im Grunde ein direktes Verfahren, da spätestens nach n Schritten (n Dimension des Gleichungssystems) die exakte Lösung erreicht wird. Diese Eigenschaft spielt aber in der Praxis keine Rolle, weil bei großen Gleichungssystemen die Maximalzahl der Iterationsschritte weit unter n liegen soll.

7.7.7.5 Mehrgitterverfahren

7.7.7.5.1 Allgemeines: Mehrgitterverfahren sind auf Diskretisierungen elliptischer Differentialgleichungen anwendbare Iterationen, die *optimale Konvergenz* besitzen. Damit ist gemeint, dass die Konvergenzgeschwindigkeit nicht von der Diskretisierungsschrittweite und damit nicht von der Dimension des Gleichungssystems abhängt (vgl. (7.57b)). Anders als bei cg-Verfahren in 7.7.7.4 ist es für Mehrgitterverfahren nicht wesentlich, ob die Systemmatrix positiv definit oder symmetrisch ist.

Die Mehrgittermethode enthält zwei komplementäre Komponenten, eine *„Glättungsiteration"* und eine *„Grobgitterkorrektur"*. Glättungsiterationen sind klassische Iterationsverfahren, die den Fehler (nicht die Lösung) „glätten". Die Grobgitterkorrektur reduziert die entstehenden „glatten" Fehler. Sie verwendet hilfsweise Diskretisierungen auf gröberen Gittern, was zu dem Namen des Verfahrens führt. Der Name bedeutet jedoch nicht, dass das Verfahren auf Diskretisierungen in regelmäßigen Gittern beschränkt wäre. Es kann ebenso auf allgemeine Finite-Element-Methoden angewandt werden, wobei es hilfreich ist, wenn die Finite-Element-Räume eine Hierarchie bilden.

7.7.7.5.2 Beispiel einer Glättungsiteration: Einfache Beispiele für Glättungsiterationen sind die Gauß-Seidel-Iteration oder das mit $\Theta = 1/2$ gedämpfte Jacobi-Verfahren:

$$\boxed{x^{m+1} := x^m - \tfrac{1}{2} D^{-1}(Ax^m - b).} \tag{7.67}$$

Im Falle der Fünfpunktformel (7.4) besteht der Vektor x^m aus den Komponenten u_{ik}^m. Die Gleichung (7.67) liest sich komponentenweise als

$$u_{ik}^{m+1} := \tfrac{1}{2} u_{ik}^m + \tfrac{1}{8} \left(u_{i-1,k}^m + u_{i+1,k}^m + u_{i,k-1}^m + u_{i,k+1}^m \right) + \tfrac{1}{8} h^2 f_{ik}.$$

Es sei $e^m := x^m - x$ der Fehler der m-ten Iterierten. Er genügt im Falle von (7.67) der Rekursion

$$e_{ik}^{m+1} := \tfrac{1}{2} e_{ik}^m + \tfrac{1}{8} \left(e_{i-1,k}^m + e_{i+1,k}^m + e_{i,k-1}^m + e_{i,k+1}^m \right).$$

Die rechte Seite ist ein Mittelwert, der über die Nachbarpunkte gebildet wird. Dies macht deutlich, dass Oszillationen schnell gedämpft werden und der Fehler damit glatter wird.

7.7.7.5.3 Grobgitterkorrektur: Es sei $\tilde{x}$ das Resultat einiger Glättungsschritte gemäß 7.7.7.5.2. Der Fehler $\tilde{e} := \tilde{x} - x$ ist die Lösung von $A\tilde{e} = \tilde{d}$, wobei der *Defekt* aus $\tilde{d} := A\tilde{x} - b$ berechnet wird. X_n sei der n-dimensionale Raum der Vektoren x. Da $\tilde{e}$ glatt ist, kann $\tilde{e}$ mittels gröberer Gitter (bzw. gröberer Finite-Element-Ansätze) approximiert werden. Entsprechend sei A' die Diskretisierungsmatrix einer gröberen Schrittweite (bzw. eines gröberen Finite-Element-Raumes), und x' sei der zugehörige Koeffizientenvektor in dem niedriger dimensionalen Raum $X_{n'}$ ($n' < n$).

Zwischen X_n und $X_{n'}$ werden zwei lineare Abbildungen eingeführt: Die *Restriktion* $r : X_n \to X_{n'}$ und die *Prolongation* $p : X_{n'} \to X_n$.

Im Falle der eindimensionalen Poisson-Gleichung diskretisiert durch die Differenz (7.3a) auf den Gittern zu den Schrittweiten h und $h' := 2h$ wählt man für $r : X_n \to X_{n'}$ das gewichtete Mittel

$$d' = rd \in X_{n'} \quad \text{mit} \quad d'(vh') = d'(2vh) := \tfrac{1}{2} d(2vh) + \tfrac{1}{4} \left[d\big((2v+1)h\big) + d\big((2v-1)h\big) \right].$$

Für $p : X_{n'} \to X_n$ wählt man die lineare Interpolation:

$$u = pu' \in X_n \quad \text{mit} \quad u(vh) := u'\left(\tfrac{v}{2} h' \right) \qquad \text{für gerades } v$$

$$u(vh) := \frac{1}{2} \left[u'\left(\tfrac{v-1}{2} h' \right) + u'\left(\tfrac{v+1}{2} h' \right) \right] \qquad \text{für ungerades } v$$

(vgl. Abb. 7.12). Auch in allgemeineren Fällen lassen sich r und p so wählen, dass ihre Anwendung wenig Rechenaufwand erfordert.

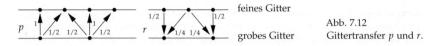

Abb. 7.12
Gittertransfer p und r.

Der Gleichung $A\bar{e} = \bar{d}$ für den Fehler $\bar{e} := \bar{x} - x$ entspricht auf dem groben Gitter die sogenannte Grobgittergleichung

$$A'e' = d' \quad \text{mit} \quad d' = rd.$$

Ihre Lösung liefert e' und den prolongierten Wert $e := pe'$. Da nach Definition $x = \bar{x} - \bar{e}$ die exakte Lösung ist, sollte $\bar{x} - pe'$ eine gute Näherung darstellen. Entsprechend lautet die *Grobgitterkorrektur*

$$\bar{x} \longmapsto \bar{x} - pA'^{-1}r(A\bar{x} - b). \tag{7.68}$$

7.7.7.5.4 Zweigitterverfahren: Die Zweigittermethode ist das Produkt einiger Glättungsiterationen aus 7.7.7.5.2 und der Grobgitterkorrektur (7.68). Wenn $x \mapsto S(x,b)$ die Glättungsiteration (z. B. (7.67)) abkürzt, lautet der Zweigitteralgorithmus:

$$x := x^m \,; \tag{7.69a}$$
$$\text{for } i := 1 \text{ to } \nu \text{ do } x := S(x,b) \,; \tag{7.69b}$$
$$d' := r(Ax - b) \,; \tag{7.69c}$$
$$\text{löse } A'e' = d' \,; \tag{7.69d}$$
$$x^{m+1} := x - pe' \,; \tag{7.69e}$$

Dabei ist ν die Zahl der Glättungsiterationen. Üblicherweise liegt ν in der Größenordnung $2 \le \nu \le 4$. Die Zweigittermethode ist noch von wenig praktischem Interesse, da (7.69d) die exakte Lösung des (niedriger dimensionalen) Gleichungssystems verlangt.

7.7.7.5.5 Mehrgitterverfahren: Um (7.69d) approximativ zu lösen, wird das Verfahren rekursiv angewandt. Hierzu sind weitere grobe Diskretisierungen notwendig. Insgesamt benötigt man eine Hierarchie von Diskretisierungen:

$$A_\ell x_\ell = b_\ell, \qquad \ell = 0, 1, \ldots, \ell_{\max}, \tag{7.70}$$

wobei für die maximale Stufe $\ell = \ell_{\max}$ die Gleichung (7.70) mit der Ausgangsgleichung $Ax = b$ übereinstimmt. Für $\ell = \ell_{\max} - 1$ entsteht das in (7.69d) verwendete System mit A'. Für $\ell = 0$ ist die Dimension n_0 als so klein angenommen (z. B. $n_0 = 1$), dass die exakte Lösung von $A_0 x_0 = b_0$ problemlos durchführbar ist.

Das Mehrgitterverfahren zur Lösung von $A_\ell x_\ell = b_\ell$ wird durch den folgenden Algorithmus charakterisiert. Die Funktion $MGM(\ell, x, b)$ liefert für $x = x_\ell^m$ und $b = b_\ell$ die nächste Iterierte x_ℓ^{m+1}:

$$\text{function } MGM(\ell, x, b) \,; \tag{7.71a}$$
$$\text{if } \ell = 0 \text{ then } MGM := A_0^{-1} b \text{ else} \tag{7.71b}$$
$$\text{begin for } i := 1 \text{ to } \nu \text{ do } x := S_\ell(x,b) \,; \tag{7.71c}$$
$$d := r(A_\ell x - b) \,; \tag{7.71d}$$
$$e := 0; \text{ for } i := 1 \text{ to } \gamma \text{ do } e := MGM(\ell - 1, e, d) \,; \tag{7.71e}$$
$$MGM := x - pe \tag{7.71f}$$
$$\text{end;} \tag{7.71g}$$

Dabei ist γ die Zahl der Grobgitterkorrekturen. Hier sind nur $\gamma = 1$ (*V-Zyklus*) und $\gamma = 2$ (*W-Zyklus*) von Interesse.

Zu Implementierungsdetails und weiteren numerischen Beispielen sei auf [Hackbusch 2003] oder [Hackbusch 1993, §10] verwiesen.

7.7.7.6 Geschachtelte Iteration

Der Fehler $e^m = x^m - x$ der m-ten Iteration ist abschätzbar durch $\|e^m\| \le \rho^m \|e^0\|$, wobei ρ die Konvergenzgeschwindigkeit bezeichnet. Um den Fehler e^m klein zu machen, sollte man nicht nur eine gute Konvergenzgeschwindigkeit anstreben, sondern auch einen kleinen Anfangsfehler $\|e^0\|$. Diese Strategie wird mit dem nachfolgenden Algorithmus (der „geschachtelten Iteration") erreicht, der ebenfalls wie das Mehrgitterverfahren die verschiedenen Diskretisierungsstufen $\ell = 0, \dots$ ausnutzt. Zur Lösung der Aufgabe $A_\ell x_\ell = b_\ell$ für $\ell = \ell_{\max}$ werden auch die gröberen Diskretisierungen für $\ell < \ell_{\max}$ gelöst. Da $x_{\ell-1}$ bzw. $px_{\ell-1}$ eine gute Näherung für x_ℓ darstellen sollte, aber wegen der niedrigeren Dimension billiger berechnet werden kann, ist es effizienter, erst $x_{\ell-1}$ zu approximieren (Näherung: $\tilde{x}_{\ell-1}$) und $p\tilde{x}_{\ell-1}$ als Startwert für die Iteration auf der Stufe ℓ zu verwenden. Im nachfolgenden Algorithmus bezeichnet $x^{m+1} := \Phi_\ell(x^m, b_\ell)$ eine beliebige Iteration zur Lösung von $A_\ell x_\ell = b_\ell$.

$\tilde{x}_0$ Lösung (oder Näherung) von $A_0 x_0 = b_0$;

for $\ell := 1$ to $\ell_{\max}$ do

begin $\tilde{x}_\ell := p\tilde{x}_{\ell-1}$;   (Startwert; p aus (7.71f))

$\quad$ for $i := 1$ to m_ℓ do $\tilde{x}_\ell := \Phi_\ell(\tilde{x}_\ell, b_\ell)$ (m_ℓ Iterationsschritte)

end;

Im Falle, dass Φ_ℓ das Mehrgitterverfahren darstellt, kann man m_ℓ konstant wählen; häufig reicht sogar $m_\ell = 1$ aus, um einen Iterationsfehler $\|\tilde{x}_\ell - x_\ell\|$ in der Größenordnung des Diskretisierungsfehlers zu erhalten (vgl. [Hackbusch 1993, §10.5]).

7.7.7.7 Teilraumzerlegung

Es sei $Ax = b$ das Gleichungssystem mit x aus dem (Gesamt-)Vektorraum X. Eine zulässige Zerlegung von X in Teilräume $X^{(v)}$ liegt vor, wenn $\sum_{v=0}^{k} X^{(v)} = X$. Dabei dürfen sich die Teilräume überlappen. Ziel der Teilraumverfahren ist es, eine Iteration

$$x^{m+1} := x^m - \sum_{v=0}^{k} \delta^{(v)}$$

mit Korrekturen $\delta^{(v)} \in X^{(v)}$ aufzustellen. Zur Darstellung von $x^{(v)} \in X^{(v)} \subseteq X$ wird ein Koeffizientenvektor x_v aus einem Raum $X_v = \mathbb{R}^{\dim(X^{(v)})}$ benötigt. Die eindeutige Zuordnung zwischen X_v und $X^{(v)}$ sei mittels der linearen „Prolongation"

$$p_v : X_v \to X^{(v)} \subset X, \quad v = 0, \dots, k,$$

beschrieben, d. h. $p_v X_v = X^{(v)}$. Die „Restriktion" $r_v := p_v^{\mathsf{T}} : X^{(v)} \to X_v$ ist die Transponierte. Dann lautet die Grundversion der Teilraumiteration (auch *additive Schwarz-Iteration* genannt):

$$d := Ax^m - b \; ; \qquad\qquad\qquad\qquad\qquad\qquad (7.72a)$$

$$d_v := r_v d \; ; \qquad\qquad\qquad v = 0, \dots, k, \qquad\qquad (7.72b)$$

$$\text{solve } A_v \delta_v = d_v \; ; \qquad\qquad v = 0, \dots, k, \qquad\qquad (7.72c)$$

$$x^{m+1} := x^m - \omega \sum_v p_v \delta_v . \qquad\qquad\qquad\qquad\qquad (7.72d)$$

Die in (7.72c) auftretende Matrix der Dimension $n_\nu := \dim X^{(\nu)}$ ist das Produkt

$$A_\nu := r_\nu A p_\nu, \qquad \nu = 0, \ldots, k.$$

Der Dämpfungsparameter ω in (7.72d) dient der Konvergenzverbesserung (vgl. (7.59)). Setzt man die Iteration in ein cg-Verfahren ein (vgl. 7.7.7.4), ist die Wahl von $\omega \neq 0$ irrelevant.

Die lokalen Probleme in (7.72c) sind unabhängig voneinander lösbar, was für den Einsatz von Parallelrechnern interessant ist. Die exakte Auflösung in (7.72c) kann wiederum iterativ angenähert werden (Einsatz einer sekundären Iteration).

In den abstrakten Rahmen (7.72a-d) der Teilraumiteration fallen die hierarchische Iteration aus 7.7.7.2.4, Varianten des Mehrgitterverfahrens und die nachfolgend behandelten Gebietszerlegungsverfahren.

Im Falle der hierarchischen Iteration enthält X_0 alle Knotenwerte der Ausgangstriangulation τ_0, X_1 enthält die Knotenwerte der nächsten Triangulation τ_1 ohne jene von τ_0 usw. Die Prolongation $p_1 : X_1 \to X$ ist die stückweise lineare Interpolation (Auswertung der Finite-Element-Funktion an den neuen Knotenpunkten).

Die Konvergenztheorie für Teilraumiterationen ist im Wesentlichen auf positiv definite Matrizen A beschränkt (vgl. [Hackbusch 1993, §11]). Gleiches gilt für das multiplikative Schwarz-Verfahren, bei dem vor jeder Teilkorrektur $x \mapsto x - p_\nu \delta_\nu$ die Schritte (7.70a-c) wiederholt werden.

7.7.7.8 Gebietszerlegung

Die Gebietszerlegung hat zwei völlig unterschiedliche Interpretationen. Zum einen versteht man die Gebietszerlegung als Datenzerlegung, zum anderen bezeichnet man spezielle Iterationsverfahren als Gebietszerlegungsmethoden.

Im Falle der Datenzerlegung teilt man den Koeffizientenvektor x in Blöcke auf: $x = (x^0, \ldots, x^k)$. Jeder Block x^ν enthält die Daten zu Gitter- oder Knotenpunkten in einem Teilgebiet Ω^ν des zugrundeliegenden Gebietes Ω der Randwertaufgabe. Der Schwachbesetztheit der Matrix entsprechend brauchen die üblichen Grundoperationen (z. B. Matrixvektormultiplikation) nur Information aus der Nachbarschaft, d. h. zum größten Teil aus dem gleichen Teilgebiet. Wird jedem Block x^ν jeweils ein Prozessor eines Parallelrechners zugeordnet, benötigt das Verfahren Kommunikation nur entlang der Zwischenränder der Teilgebiete. Da die Zwischenränder eine Knotenanzahl enthalten, die um eine Größenordnung kleiner als die Gesamtdimension ist, besteht die Hoffnung, dass der Kommunikationsaufwand klein gegenüber dem eigentlichen Rechenaufwand bleibt [vgl. Bastian].

Im Weiteren wird die Gebietszerlegungsmethode als eigenständiges Iterationsverfahren beschrieben. Es sei $\Omega = \bigcup \Omega^\nu$ eine nicht notwendig disjunkte Zerlegung des Grundbereiches Ω der partiellen Differentialgleichung. Die Knoten, die auf Ω^ν entfallen, bilden den Raum X^ν aus 7.7.7.7. Die Prolongation $p_\nu : X_\nu \to X$ ist z. B. durch die Nullfortsetzung an allen Knoten außerhalb Ω^ν gegeben. Damit ist die Gebietszerlegungsmethode durch (7.72a-d) definiert.

Es sei k die Zahl der Teilgebiete Ω^ν. Da k der Zahl der Prozessoren eines Parallelrechners entsprechen könnte, möchte man eine Konvergenzgeschwindigkeit erreichen, die nicht nur von der Dimension des Gleichungssystems, sondern auch von k unabhängig ist. Dieses Ziel ist mit einer reinen Gebietszerlegung nicht erreichbar. Zu der entstehenden Teilraumiteration nimmt man daher einen Grobgitterraum X_0 hinzu (vgl. [Hackbusch 1993, §11]). Damit ähnelt die so modifizierte Iteration dem Zweigitterverfahren.

7.7.7.9 Nichtlineare Gleichungssysteme

Im Falle nichtlinearer Gleichungssysteme stellen sich neue Fragen. Insbesondere braucht die Lösung nicht eindeutig zu sein. Es sei deshalb angenommen, dass das System $F(x) = 0$ in einer (hinreichend kleinen) Umgebung von x^* die eindeutige Lösung x^* besitzt.

Zur Lösung des nichtlinearen Systems $F(x) = 0$ bieten sich zwei Strategien an. Zum einen kann man Varianten des Newton-Verfahrens anwenden, die pro Newton-Schritt die Lösung eines linearen Gleichungssystems erfordern. Für die Lösung des linearen Systems können (als sogenannte *sekundäre Iterationen*) die in den Abschnitten 7.7.7.1 bis 7.7.7.8 beschriebenen Methoden eingesetzt werden. Die Praktikabilität dieses Vorgehens hängt u.a. davon ab, wie aufwändig die Berechnung der Jacobi-Matrix F' ist. Eine zweite Möglichkeit besteht darin, die oben beschriebenen linearen Verfahren direkt auf die nichtlineare Situation zu übertragen. Beispielsweise lautet das nichtlineare Analogon der Richardson-Iteration (7.55) zur Lösung von $F(x) = 0$:

$$x^{m+1} := x^m - F(x^m).$$

Die Mehrgittermethode erlaubt ebenfalls eine nichtlineare Verallgemeinerung. Dabei stimmt die asymptotische Konvergenzgeschwindigkeit der nichtlinearen Iteration mit der Geschwindigkeit des linearen Mehrgitterverfahrens überein, das man auf die linearisierte Gleichung anwendet: $A = F'$ (vgl. [Hackbusch (2003), §9]).

Im Falle mehrerer Lösungen können Iterationsverfahren nur *lokal* konvergieren. Der aufwändigste Teil der Verfahren ist häufig die Bestimmung geeigneter Startwerte x^0. Hier hilft die geschachtelte Iteration aus 7.7.7.6. Die Auswahl der Startiterierten ist dann im Wesentlichen auf das niederdimensionale Gleichungssystem der Stufe $\ell = 0$ beschränkt.

7.7.8 Randelementmethode

Die Ersetzung einer Differentialgleichungen durch eine Integralgleichung ist Gegenstand der Integralgleichungsmethode. Die eigentliche Randelementmethode entsteht nach Diskretisierung der Integralgleichung. Details zur Theorie und Numerik finden sich in [Sauter-Schwab] und [Hsiao-Wendland].

7.7.8.1 Die Integralgleichungsmethode

Homogene Differentialgleichungen $Lu = 0$ mit konstanten Koeffizienten besitzen eine Fundamental- oder Grundlösung U_0 (vgl. 10.4.3 im Handbuch). Hier sei der Fall einer Randwertaufgabe in einem Gebiet $\Omega \subset \mathbb{R}^d$ mit Randwerten auf $\Gamma := \partial\Omega$ behandelt. Ein Ansatz in Form des Rand- bzw. Oberflächenintegrals

$$u(x) := \int_\Gamma k(x,y)\varphi(y)\,d\Gamma_y, \qquad x \in \Omega, \tag{7.73}$$

mit einer beliebigen Belegungsfunktion φ erfüllt die Gleichung $Lu = 0$ in Ω, falls die Kernfunktion k mit $U_0(x - y)$ oder einer Ableitung hiervon übereinstimmt. Für $k(x,y) = U_0(x - y)$ stellt u aus (7.73) das *Einfachschichtpotential* dar. Die Normalableitung $k(x,y) = \partial U_0(x - y)/\partial n_y$ bezüglich der y-Variable definiert das *Doppelschichtpotential*.

Es ist eine Integralgleichung für die Belegung φ aus (7.73) aufzustellen, sodass die Lösung u aus (7.73) die Randbedingungen erfüllt. Da das Einfachschichtpotential stetig in $x \in \mathbb{R}^d$, ist, führen Dirichlet-Werte $u = g$ auf Γ direkt auf

$$g(x) = \int_\Gamma k(x,y)\varphi(y)\,\mathrm{d}\Gamma_y. \tag{7.74}$$

(7.74) ist eine Fredholmsche Integralgleichung erster Art zur Bestimmung von φ. Im Falle von Neumann-Randwerten (7.9b) oder Dirichlet-Werten im Zusammenhang mit dem Doppel-schichtpotential hat man die Sprungbedingungen am Rand zu berücksichtigen. Die entstehende Integralgleichung für φ findet man in 10.3.10 des Handbuchs diskutiert. Generell hat sie die Form

$$\lambda\varphi(x) = \int_\Gamma \kappa(x,y)\varphi(y)\,\mathrm{d}\Gamma_y + h(x), \tag{7.75}$$

in der $\kappa(x,y)$ entweder der Kern $k(x,y)$ aus (7.74) ist oder die Ableitung $B_x k(x,y)$ darstellt, wobei B aus der Randbedingung $Bu = g$ stammt (z. B. $B = \partial/\partial n$).

Vorteile der Integralgleichungsmethode sind:

(1) Der Definitionsbereich der gesuchten Funktion ist nur noch $(d-1)$-dimensional, was nach der Diskretisierung zu einer erheblichen Reduktion der Systemgröße führt.

(2) Zum anderen ist die Integralgleichungsmethode für Außen- und Innenraumaufgaben gleichermaßen geeignet. Im Falle einer *Außenraumaufgabe* ist Ω der unbeschränkte Außenraum zur Oberfläche (Randkurve) Γ. Dies führt bei Finite-Element-Diskretisierungen wegen des un-beschränkten Gebietes zu nicht unerheblichen Schwierigkeiten. Die für Außenraumaufgaben zusätzlich benötigte "Abstrahlbedingung" (Randbedingung in $x = \infty$) wird von der Integralglei-chungsmethode automatisch erfüllt.

(3) In vielen Fällen wird die Lösung der Randwertaufgabe nicht im ganzen Gebiet benötigt, sondern man ist nur an gewissen Randdaten interessiert (z. B. der Normalableitung, wenn der Randwert vorgegeben ist).

Gegenüber einfach gearteten Integralgleichungen zeichnet sich (7.75) durch folgende Erschwer-nisse aus:

(1) Die in der theoretischen Analyse gerne herangezogene Kompaktheit des Dipolintegralope-rators geht für nichtglatte Ränder Γ verloren.

(2) Alle auftretenden Integrale sind Oberflächen- bzw. Kurvenintegrale, sodass im Allgemeinen konkrete Parametrisierungen erforderlich sind.

(3) Definitionsgemäß ist der Kern singulär. Die Stärke der Singularität der Grundlösung hängt von der Ordnung der Differentialgleichung ab. Wenn κ durch weitere Differentiationen gewonnen wird, verstärkt sich die Singularität. Unter den praxisüblichen Integralgleichungen (7.75) kommen sowohl uneigentlich integrierbare Kerne, stark singuläre Integral vom Cauchy-Hauptwerttyp wie auch hypersinguläre Integrale vor, die mit Hilfe des part-fini-Integrals nach Hadamard definiert sind. Anders als man es erwarten würde, sind starke Singularitäten für die Numerik eher vorteilhaft.

7.7.8.2 Diskretisierung durch Kollokation

Für Randelementmethoden sind zwei Arten von Projektionsverfahren üblich: Die Kollokation (Projektion auf die Gitterknoten) und das Galerkin-Verfahren (orthogonale Projektion auf den Ansatzraum). Im Falle der Kollokation ersetzt man in (7.75) die unbekannte Funktion φ durch einen Ansatz $\tilde{\varphi} = \sum c_i \varphi_i$. Dabei können die φ_i Finite-Element-Funktionen sein, die zu Knoten-punkten $x_i \in \Gamma$ gehören. Im zweidimensionalen Fall, wenn Γ eine Kurve darstellt, kommt auch ein globaler Ansatz mit trigonometrischen Funktionen in Frage. Die Kollokationsgleichungen entstehen, indem man die Gleichung (7.75) an allen Kollokationspunkten $x = x_i$ erfüllt. Die entstehenden Matrixkoeffizienten werden durch die Integrale $\int_\Gamma \kappa(x_i, y)\varphi_j(y)\, d\Gamma_y$ beschrieben.

7.7.8.3 Galerkin-Verfahren

Gemäß 7.7.2.2 erhält man die Galerkin-Diskretisierung nach einer zusätzlichen Integration mit φ_i als Testfunktionen. Die Matrixkoeffizienten enthalten dann die Doppelintegrale $\int_\Gamma \int_\Gamma \varphi_i(x)\kappa(x,y)\varphi_j(y)\, d\Gamma_y\, d\Gamma_x$, welche im Fall von Oberflächen Γ vierdimensionale Integrale sind. Der komplizierteren Konstruktion stehen bessere Stabilitätseigenschaften und höhere Genauigkeiten in geeigneten Normen entgegen.

Obwohl der Name Finite-Element-Methode (FEM) auch hier berechtigt wäre, fasst man die Diskretisierungen der Integralgleichung (7.75) unter dem Namen „Randelementmethoden" zusammen (englische Abkürzung: BEM).

7.7.8.4 Zur Numerik der Randelementmethode

Vergleicht man die Diskretisierungen einer Randwertaufgabe in $\Omega \subseteq \mathbb{R}^d$ durch die Finite-Elemente-Verfahren (FEM) und Randelementeverfahren (BEM), so ergeben sich die folgenden charakteristischen Eigenschaften:

Bei einer Elementgröße h erhält man Gleichungssysteme der Größenordnung $O(h^{-d})$ für FEM und nur $O(h^{1-d})$ für BEM. Die Konditionszahlen der BEM-Matrizen sind verglichen mit dem FEM-Fall eher harmlos.

Ein deutlicher Nachteil der BEM ist die Tatsache, dass die Matrizen vollbesetzt sind, was leicht zu Problemen mit Rechenzeit und Speicherplatz führen kann. Es gibt deshalb verschiedene Ansätze, die Matrix kompakter darzustellen (siehe nachfolgendes Kapitel). Zur numerischen Quadratur der singulären Integrale gibt es moderne Verfahren, die auch doppelte Oberflächenintegrale, $\int_\Gamma \int_\Gamma \varphi_i(x)\kappa(x,y)\varphi_j(y)\, d\Gamma_y\, d\Gamma_x$ schnell und hinreichend genau annähern können (vgl. [Hackbusch 1997, §9.4]).

7.7.9 Technik der hierarchischen Matrizen

Vollbesetzte Matrizen treten nicht nur bei der Diskretisierung von Integralgleichungen auf. Auch die Inverse einer Finite-Element-Matrix ist vollbesetzt. Übliche Verfahren benötigen den Aufwand $O(n^3)$, wenn n die Ordnung der Matrix ist. Die Technik der hierarchischen Matrizen erlaubt es, alle Matrixoperationen mit dem fast linearen Aufwand $O(n\log^* n)$ durchzuführen. Auch der Speicheraufwand ist von dieser Größenordnung. Allerdings werden die vollbesetzten Matrizen nicht exakt dargestellt, sondern approximiert. Der Approximationsfehler ε geht als Faktor $\log(1/\varepsilon)$ in den Aufwand ein. Da ε in der Größenordnung des Diskretisierungsfehlers gewählt werden kann und dieser üblicherweise $O(n^{-\kappa})$ ist, gilt $\log(1/\varepsilon) = O(\log(n))$. Details zur Technik der hierarchischen Matrizen findet man in [Hackbusch 2009].

Das Konstruktionsprinzip beruht auf einer Zerlegung der Matrix in geeignete Matrixblöcke unterschiedlicher Größe, die jeweils durch Untermatrizen niedrigen Ranges approximiert werden. Hierbei ist zu beachten, dass eine $p \times q$-Matrix M vom Rang k durch $2k$ Vektoren $a_i \in \mathbb{R}^p$ und $b_i \in \mathbb{R}^q$ dargestellt werden kann:

$$M = \sum_{i=1}^{k} a_i b_i^\mathsf{T} = AB^\mathsf{T} \text{ mit } A = [a_1 \cdots a_k],\ B = [b_1 \cdots b_k], \tag{7.76}$$

d. h. der benötigte Speicherbedarf ist $2k(p + q)$ anstelle von pq. Abb. 7.13 zeigt zwei derartige Blockzerlegungen. Charakteristisch sind kleine Blockgrößen in Diagonalnähe und große Blöcke außerhalb der Diagonalen.

Zur präzisen Beschreibung benötigt man zunächst einen Clusterbaum $T(I)$, der die Zerlegung der Indexmenge $I = \{1,\dots,n\}$ beschreibt. Wurzel des binären Baumes ist $I \in T(I)$. I wird in zwei disjunkte Teile I_1, I_2 zerlegt; diese bilden die Söhne von I (zur genauen Art der Zerlegung siehe [Hackbusch 2009, §5.3]). Allgemein besitzt ein Knoten $\tau \in T(I)$ zwei Söhne $\tau_1, \tau_2 \in T(I)$ mit der Eigenschaft $\tau = \tau_1 \cup \tau_2$ (disjunkte Vereinigung). Sobald $\tau \in T(I)$ klein genug ist, d. h. $\#\tau \le n_{\min}$, wird nicht weiter zerlegt und τ heißt Blatt des Baumes $T(I)$. Den Teilmengen $\tau \in T(I)$ ist ein Durchmesser diam(τ) zugeordnet (z. B. der geometrische Durchmesser der Vereinigung aller Träger der Finite-Element-Basisfunktionen ϕ_i zu $i \in \tau$). Entsprechend kann die Distanz dist(τ, σ) von zwei Indexteilmengen $\tau, \sigma \in T(I)$ definiert werden.

Die Matrixelemente tragen Indexpaare aus $I \times I$. Hierzu gehört der Block-Clusterbaum $T(I \times I)$, der durch die Wurzel $I \times I$ und die folgende Sohnmenge definiert ist. Ein Block $\tau \times \sigma \in T(I \times I)$ mit Knoten $\tau, \sigma \in T(I)$, die keine Blätter sind, besitzt die vier Söhne (Unterblöcke) $\tau_i \times \sigma_j \in T(I \times I)$ $(1 \le i,j \le 2)$, wobei $\tau_i \in T(I)$ die Söhne von τ und σ_j jene von σ sind. Der Gesamtblock $I \times I$ wird nun so lange in seinen Unterblöcke (Söhne) zerlegt, bis der Block $\tau \times \sigma \in T(I \times I)$ erstmals die Zulässigkeitsbedingung

$$\min\{\operatorname{diam}(\tau), \operatorname{diam}(\sigma)\} \le \eta \operatorname{dist}(\tau, \sigma)$$

erfüllt ($\eta > 0$, vgl. [Hackbusch 2009, §5.2]). Die resultierende Zerlegung kann wie rechts in Abb. 7.13 aussehen.

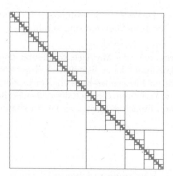 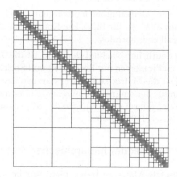

Abb. 7.13 Zwei hierarchische Blockzerlegungen

Man prüft nach, dass durch diese Approximation der benötigte Speicherplatz $O(kn \log n)$ beträgt, wobei k der (maximale) Rang der Blockmatrizen ist. Neben dem Speicherbedarf ist entscheidend, dass die benötigten Operationen billig durchgeführt werden können.

Als ein erstes einfaches Beispiel sei die Matrixvektormultiplikation vorgeführt. Hierzu sei $P \subset T(I \times I)$ die Blockpartition, d. h. alle Blöcke $b \in P$ sind disjunkt und es gilt $\bigcup_{b \in P} b = I \times I$. Zu berechnen sei $y = Mx$ für eine hierarchische Matrix $M \in \mathbb{R}^{I \times I}$ und $x \in \mathbb{R}^I$. Für jeden Block $b = \tau \times \sigma \subset T(I \times I)$ führt die folgende rekursive Prozedur die Multiplikation $M|_b \cdot x|_\sigma$ durch, wobei $M|_b = \left(M_{ij}\right)_{(i,j) \in b}$ die Beschränkung von M auf den Block b darstellt und $x|_\sigma$ analog die Beschränkung von x auf den Block σ beschreibt. $S(b)$ ist die Menge der Söhne von b im Block-Clusterbaum $T(I \times I)$:

procedure $MVM(y, M, x, b)$;
if $b = \tau \times \sigma \in P$ then $y|_\tau := y|_\tau + M|_b \cdot x|_\sigma$
else for all $b' \in S(b)$ do $MVM(y, M, x, b')$;

Mit „$y:=0$; $MVM(y,M,x,I\times I)$" berechnet man dann $y=Mx$. Die benötigten Operationen sind Vektoradditionen und Multiplikation der Art $M|_b \cdot x|_\sigma$ für $b = \tau \times \sigma \in P$. Wegen (7.76) kann man hierbei ausnutzen, dass das Produkt $(ab^\mathsf{T}) \cdot x = \langle b, x\rangle \cdot a$ nur ein Skalarprodukt benötigt. Damit beträgt der Rechenaufwand wieder $O(kn\log n)$.

Wie in [Hackbusch 2009, §7] beschrieben, kann man auch alle Matrixoperationen einschließlich der Matrixinversion mit fast linearem Aufwand durchführen. Zur Illustration sei hier die LU-Zerlegung einer hierarchischen Matrix $A \in \mathbb{R}^{I\times I}$ vorgeführt. Die Söhne von $I \times I \in T(I \times I)$ ergeben eine Zerlegung von A in eine 2×2-Blockmatrix, die wie folgt zu zerlegen ist:

$$\begin{bmatrix} A_{11} & A_{12} \\ A_{21} & A_{22} \end{bmatrix} = \begin{bmatrix} L_{11} & O \\ L_{21} & L_{22} \end{bmatrix}\begin{bmatrix} U_{11} & U_{12} \\ O & U_{22} \end{bmatrix}.$$

Diese Gleichung ist äquivalent zu den Aufgaben (i-iv), die sich pro Block ergeben:

(i) Berechne L_{11} und U_{11} als Faktoren der LU-Zerlegung von A_{11}.
(ii) Berechne U_{12} aus $L_{11}U_{12} = A_{12}$.
(iii) Berechne L_{21} aus $L_{21}U_{11} = A_{21}$.
(iv) Berechne L_{22} und U_{22} als Faktoren der LU-Zerlegung von $L_{22}U_{22} = A_{22} - L_{21}U_{12}$.

Die Aufgaben (ii) und (iii) erweisen als relativ einfach, da sie dem Vorwärts- und Rückwärtsauf-lösen entsprechen (vgl. 7.2.1.1). Die LU-Zerlegungen in (i) und (iv) ergeben sich durch rekursive Anwendung des Verfahren. Bei den Blättern des Block-Clusterbaums $T(I \times I)$, wo die Rekursion endet, sind nur noch kleine Matrizen zu behandeln (maximale Ordnung ist $n_{\min}$ nach Konstruktion von $T(I)$).

Auch wenn die Matrixoperationen durchführbar sind, so stellt sich doch heraus, dass sich nach jeder Matrixoperation der Rang der Blockmatrizen erhöht. Das einfachste Beispiel ist die Matrixaddition. Ausgehend von zwei hierarchischen Matrizen mit Rang k für jeden Block besitzt die Summe im Allgemeinen den Rang $2k$ pro Block. Deshalb ist es wesentlich, dass nach jeder Operation der Rang verkleinert wird. Hierzu kann die Singulärwertzerlegung (vgl. 7.2.4.3) verwendet werden (der Aufwand ist kubisch im Rang k, aber nur linear in der Ordnung der Blockmatrix; vgl. [Hackbusch 2009, §7.2]).

7.7.10 Harmonische Analyse

7.7.10.1 Diskrete Fourier-Transformation und trigonometrische Interpolation

Mit Hilfe (komplexwertiger) Koeffizienten c_ν wird das *trigonometrische Polynom*

$$y(x) := \frac{1}{\sqrt{n}} \sum_{\nu=0}^{n-1} c_\nu e^{i\nu x}, \qquad x \in \mathbb{R} \tag{7.77}$$

gebildet. Es ist interpretierbar als echtes Polynom $\sum c_\nu z^\nu$ mit der Substitution $z = e^{ix}$, die das Argument z auf den komplexen Einheitskreis beschränkt: $|z| = |e^{ix}| = 1$. Wertet man die Funktion y in (7.77) an den äquidistanten Stützstellen $x_\mu = 2\pi\mu/n$ aus, so ergeben sich die Stützwerte

$$y_\mu = \frac{1}{\sqrt{n}} \sum_{\nu=0}^{n-1} c_\nu e^{2\pi i\nu\mu/n} \qquad (\mu = 0,1,\ldots,n-1). \tag{7.78}$$

Das *trigonometrische Interpolationsproblem* lautet: Für gegebene Werte y_μ bestimme man die *Fourier-Koeffizienten* c_ν aus (7.77). Die Lösung ist durch die folgende *Rücktransformation* beschrieben:

$$c_\nu = \frac{1}{\sqrt{n}} \sum_{\mu=0}^{n-1} y_\mu e^{-2\pi i \nu \mu / n} \qquad (\nu = 0, 1, \dots, n-1). \tag{7.79}$$

Zur Matrixnotation seien Vektoren $c = (c_0, \dots, c_{n-1}) \in \mathbb{C}^n$ und $y = (y_0, \dots, y_{n-1}) \in \mathbb{C}^n$ eingeführt. Die Abbildung $c \mapsto y$ gemäß (7.78) heißt auch *diskrete Fourier-Synthese*, während $y \mapsto c$ die *diskrete Fourier-Analyse* darstellt. Mit der Matrix T bestehend aus den Koeffizienten $T_{\nu\mu} := n^{-1/2} e^{2\pi i \nu \mu / n}$ schreiben sich (7.78) und (7.79) als

$$y = Tc, \qquad c = T^*y. \tag{7.80}$$

Dabei bezeichnet T^* die adjungierte Matrix zu $T : (T^*)_{\nu\mu} = \overline{T_{\mu\nu}}$. Im vorliegenden Falle ist T unitär, d. h. $T^* = T^{-1}$. Diese Eigenschaft entspricht der Tatsache, dass (7.77) eine Entwicklung nach der *Orthonormalbasis* $\{n^{-1/2} e^{2\pi i \nu \mu / n} : \mu = 0, 1, \dots, n-1\}$ darstellt.

In (7.77) kann der Indexbereich $\nu = 0, 1, \dots, n-1$ verschoben werden. Dadurch wird die Auswertung (7.78) an den Stützstellen $x_\mu = 2\pi\mu/n$ wegen $\exp(i\nu x_\mu) = \exp(i(\nu \pm n)x_\mu)$ nicht verändert, wohl aber an den Zwischenpunkten. Beispielsweise kann für gerades n der Indexbereich $\{1 - n/2, \dots, n/2 - 1\}$ gewählt werden. Wegen

$$c_{-\nu} e^{-i\nu x} + c_{+\nu} e^{+i\nu x} = (c_{-\nu} + c_{+\nu}) \cos \nu x + i(c_{+\nu} - c_{-\nu}) \sin \nu x$$

erhält man dann eine Linearkombination der reellen trigonometrischen Funktionen $\{\sin \nu x, \cos \nu x : 0 \leq \nu \leq n/2 - 1\}$.

7.7.10.2 Schnelle Fourier-Transformation (FFT)[6]

In vielen praktischen Anwendungen spielen die Fourier-Synthese $c \to y$ und die Fourier-Analyse $y \to c$ aus (7.80) eine wichtige Rolle, sodass es wünschenswert ist, diese mit möglichst wenig Rechenaufwand durchzuführen; (7.79) schreibt sich bis auf den Skalierungsfaktor $n^{-1/2}$, der der Einfachheit halber weggelassen wird, in der Form

$$c_\nu^{(n)} = \sum_{\mu=0}^{n-1} y_\mu^{(n)} \omega_n^{\nu\mu}, \qquad \nu = 0, 1, \dots, n-1 \tag{7.81}$$

mit der n-ten Einheitswurzel $\omega_n := e^{-2\pi i / n}$. Die Synthese (7.78) hat ebenfalls die Gestalt (7.81), nachdem man die Symbole c und y vertauscht und $\omega_n := e^{2\pi i / n}$ verwendet hat. Der Index n an $y_\mu^{(n)}$, $c_\nu^{(n)}$ und ω_n soll andeuten, dass die n-dimensionale Fourier-Transformation vorliegt.

Wertet man die Summe (7.81) in der üblichen Form aus, benötigt man $O(n^2)$ Operationen. Eine wesentliche Beschleunigung ist möglich, falls n eine Zweierpotenz ist: $n = 2^p$ mit $p \geq 0$. Wenn n gerade ist, lassen sich die gesuchten Koeffizienten mit einer Summe über nur $n/2$ Summanden schreiben:

$$c_{2\nu}^{(n)} = \sum_{\mu=0}^{n/2-1} [y_\mu^{(n)} + y_{\mu+n/2}^{(n)}] \omega_n^{2\nu\mu}, \qquad (0 \leq 2\nu \leq n-1), \tag{7.82a}$$

$$c_{2\nu+1}^{(n)} = \sum_{\mu=0}^{n/2-1} [(y_\mu^{(n)} - y_{\mu+n/2}^{(n)}) \omega_n^\mu] \omega_n^{2\nu\mu}, \qquad (0 \leq 2\nu \leq n-1). \tag{7.82b}$$

---

[6]Fast Fourier Transformation

Die c-Koeffizienten aus (7.82a,b) bilden jeweils die Vektoren

$$c^{(n/2)} = \left(c_0^{(n)}, c_2^{(n)}, \ldots, c_{n-2}^{(n)}\right), \qquad d^{(n/2)} = \left(c_1^{(n)}, c_3^{(n)}, \ldots, c_{n-1}^{(n)}\right),$$

die zu $\mathbb{C}^{n/2}$ gehören. Führt man weiter die Koeffizienten

$$y_\mu^{(n/2)} := y_\mu^{(n)} + y_{\mu+n/2}^{(n)}, \qquad z_\mu^{(n/2)} := \left(y_\mu^{(n)} - y_{\mu+n/2}^{(n)}\right)\omega^\mu \qquad (0 \le \mu \le n/2 - 1)$$

ein und beachtet man $(\omega_n)^2 = \omega_{n/2}$, so ergeben sich die neuen Gleichungen

$$c_\nu^{n/2} = \sum_{\mu=0}^{n/2-1} y_\mu^{(n/2)} \omega_{n/2}^{\mu\nu}, \qquad d_\nu^{n/2} = \sum_{\mu=0}^{n/2-1} y_\mu^{(n/2)} \omega_{n/2}^{\mu\nu} \qquad (0 \le \nu \le n/2 - 1).$$

Beide Summen haben die Form (7.81) mit n ersetzt durch $n/2$. Damit ist das n-dimensionale Problem (7.81) durch zwei $(n/2)$-dimensionale Probleme ersetzt worden. Wegen $n = 2^p$ lässt sich dieser Prozess p-fach fortsetzen und liefert dann n eindimensionale Aufgaben (im eindimensionalen Fall gilt $y_0 = c_0$). Der entstehende Algorithmus kann wie folgt formuliert werden:

> procedure $FFT(\omega, p, y, c)$; $\{y : \text{Eingabe-}, c : \text{Ausgabevektor}\}$ (7.83a)
>
> if $p = 0$ then $c[0] := y[0]$ else
>
> begin $n2 := 2^{p-1}$;
>
>   for $\mu := 0$ to $n2 - 1$ do $yy[\mu] := y[\mu] + y[\mu + n2]$;   (7.83b)
>
> $FFT(p - 1, \omega^2, yy, cc)$; for $\nu := 0$ to $n2$ do $c[2\nu] := cc[\nu]$;
>
>   for $\mu := 0$ to $n2 - 1$ do $yy[\mu] := \left(y[\mu] - y[\mu + n2]\right) * \omega^\mu$;   (7.83c)
>
> $FFT(p - 1, \omega^2, yy, cc)$; for $\nu := 0$ to $n2$ do $c[2\nu + 1] := cc[\nu]$
>
> end;

Da p Halbierungsschritte vorliegen, wobei jeweils n Auswertungen (7.83b,b) durchzuführen sind, beträgt der Gesamtaufwand $p \cdot 3n = O(n \log n)$ Operationen.

7.7.10.3 Anwendung auf periodische Toeplitz-Matrizen

Die Matrix A ist definitionsgemäß eine periodische Toeplitz-Matrix, wenn die Koeffizienten a_{ij} nur von der Differenz $i - j$ modulo n abhängen. Dann A hat die Gestalt

$$A = \begin{bmatrix} c_0 & c_1 & c_2 & \cdots & c_{n-1} \\ c_{n-1} & c_0 & c_1 & \cdots & c_{n-2} \\ \vdots & \vdots & \vdots & \vdots & \vdots \\ c_2 & c_3 & c_4 & \cdots & c_1 \\ c_1 & c_2 & c_3 & \cdots & c_0 \end{bmatrix}. \qquad (7.84)$$

Jede periodische Toeplitz-Matrix lässt sich mittels der Fourier-Transformation, d. h. mit der Matrix T aus (7.80) diagonalisieren:

$$T^* A T = D := \text{diag}\{d_1, d_2, \ldots, d_n\}, \qquad d_\mu := \sum_{\nu=0}^{n-1} c_\nu e^{2\pi i \nu \mu/n}. \qquad (7.85)$$

Eine oft benötigte Grundoperation ist die Multiplikation einer periodischen Toeplitz-Matrix mit einem Vektor x. Falls A vollbesetzt ist, hätte die Standardmultiplikation einen Aufwand $O(n^2)$.

Dagegen kostet die Multiplikation mit der Diagonalmatrix D aus (7.85) nur $O(n)$ Operationen. Die Faktorisierung $Ax = T(T^*AT)T^*x$ liefert die folgende Implementierung:

$$x \mapsto y := T^*x \qquad \text{(Fourier-Analyse)}, \qquad\qquad (7.86a)$$

$$y \mapsto y' := Dy \qquad \text{(D aus (7.85))}, \qquad\qquad (7.86b)$$

$$y' \mapsto Ax := Ty' \qquad \text{(Fourier-Synthese)}. \qquad\qquad (7.86c)$$

Unter der Annahme $n = 2^p$ ist die schnelle Fourier-Transformation (7.83a-c) einsetzbar, sodass die Matrixvektormultiplikation $x \mapsto Ax$ einen $O(n \log n)$-Aufwand benötigt.

Die Lösung eines Gleichungssystems $Ax = b$ mit einer periodischen Toeplitz-Matrix A ist ebenso einfach: in (7.86b) wird D durch D^{-1} ersetzt.

Für die Multiplikation Ax einer nichtperiodischen Toeplitz-Matrix mit x wird die $n \times n$-Matrix A in eine periodische $2n \times 2n$-Matrix A' eingebettet und x mit Nullkomponenten zu x' aufgefüllt. Das gesuchte Resultat Ax ist dann Teil von $A'x'$.

7.7.10.4 Fourier-Reihen

Mit ℓ^2 seien alle Koeffizientenfolgen $\{c_\nu : \nu \text{ ganzzahlig}\}$ mit endlicher Summe $\sum_{\nu=-\infty}^{\infty} |c_\nu|^2$ bezeichnet. Jedem $c \in \ell^2$ ordnet man die 2π-periodische Funktion

$$f(x) = \frac{1}{\sqrt{2\pi}} \sum_{\nu=-\infty}^{\infty} c_\nu e^{i\nu x} \qquad\qquad (7.87)$$

zu (*Fourier-Synthese*). Die Summe konvergiert im quadratischen Mittel, und f erfüllt die *Parseval-Gleichung*

$$\int_{-\pi}^{\pi} |f(x)|^2 \, dx = \sum_{\nu=-\infty}^{\infty} |c_\nu|^2.$$

Die Rücktransformation (*Fourier-Analyse*) lautet

$$c_\nu = \frac{1}{\sqrt{2\pi}} \int_{-\pi}^{\pi} f(x) \, e^{-i\nu x} \, dx. \qquad\qquad (7.88)$$

Während häufig die periodische Funktion f als die Ausgangsgröße angesehen wird, zu der die Fourier-Koeffizienten c_ν gesucht werden, kann man die Sichtweise auch umkehren. Eine Gitterfunktion φ sei mittels ihrer Werte $c_\nu = \varphi(\nu h)$ (h: Gitterweite, ν ganzzahlig) gegeben. Für Analysezwecke ist die ihr zugeordnete Funktion (7.87) häufig recht hilfreich.

Die Bedingung $\sum_{\nu=-\infty}^{\infty} |c_\nu|^2 < \infty$ für $c \in \ell^2$ kann abgeschwächt werden. Es sei $s \in \mathbb{R}$ reell. Mit

$$\sum_{\nu=-\infty}^{\infty} \left(1 + \nu^2\right)^{s/2} |c_\nu|^2 < \infty$$

wird im Falle von $s > 0$ ein stärkeres Abfallen der Koeffizienten erzwungen; für $s < 0$ sind dagegen schwächer fallende oder sogar ansteigende Koeffizienten möglich. Für $s > 0$ definiert (7.87) eine Funktion im periodischen Sobolevraum $H^s_{\text{per}}(-\pi, \pi)$; für $s < 0$ ist (7.87) eine formale Definition einer *Distribution* aus $H^s_{\text{per}}(-\pi, \pi)$.

7.7.10.5 Wavelets

7.7.10.5.1 Nichtlokalität der Fourier-Transformation: Die charakterisierende Eigenschaft der Fourier-Transformation ist die Zerlegung der Funktionen nach ihren verschiedenen *Frequenzanteilen*. Diese sind im Falle von (7.87) und (7.88) diskret; im Falle der Fourier-Integraltransformation

$$\widehat{f}(\xi) = \frac{1}{\sqrt{2\pi}} \int_{-\infty}^{\infty} f(x)\, e^{-i\xi x}\, dx, \qquad f(x) = \frac{1}{\sqrt{2\pi}} \int_{-\infty}^{\infty} \widehat{f}(\xi)\, e^{i\xi x} d\xi, \tag{7.89}$$

sind sie kontinuierlich gegeben. Ein wesentlicher *Nachteil* der Fourier-Transformation ist dagegen ihre Unfähigkeit, auch Ortsdetails separat aufzulösen. Je nach Anwendung ist hier „Ort" durch „Zeit" zu ersetzen.

Als Beispiel sei die periodische Funktion genommen, die auf $[-\pi, +\pi]$ durch $f(x) = \mathrm{sgn}\,(x)$ gegeben ist (Vorzeichen von x). Ihre periodische Fortsetzung hat Sprungstellen bei allen ganzzahligen Vielfachen von π. Die Fourier-Koeffizienten von f sind $c_\nu = C/\nu$ ($C = -2i/\sqrt{2\pi}$) für ungerade ν und $c_\nu = 0$ sonst. Die langsame Abfallgeschwindigkeit $c_\nu = O(1/\nu)$ gibt eine globale Auskunft über die schlechte Glattheitseigenschaft von f. Die Reihe (7.87) zeigt für alle x eine langsame Reihenkonvergenz (keine absolute Konvergenz), auch für solche x, die von der Sprungstelle entfernt sind.

Die Ursache für die *Nichtlokalität* der Fourier-Transformation begründet sich in der Tatsache, dass die verwendeten Funktionen $e^{i\nu x}$ keinen Ort auszeichnen, sondern allein die Frequenz ν charakterisieren.

7.7.10.5.2 Das Wavelet und die Wavelet-Transformation: Um dem obigen Dilemma zu entkommen, hat man $e^{i\xi x}$ durch Funktionen zu ersetzen, die neben der Frequenz noch einen weiteren Parameter enthalten, der die örtliche Lokalisierung anzeigt. So wie $e^{i\xi x}$ aus der einen Funktion e^{ix} mittels der Dilatation $x \to \xi x$ hervorgeht, erzeugt man im Folgenden die benötigte Funktionenfamilie aus einer einzigen Funktion, dem Wavelet („Weilchen"), das im Folgenden immer mit ψ bezeichnet wird.

Ein Wavelet ist keineswegs eindeutig definiert, vielmehr sind alle quadratintegrablen Funktionen $f \in L^2(\mathbb{R})$ zugelassen, deren Fourier-Transformierten $\widehat{\psi}$ gemäß (7.89) zu einem positiven, endlichen Integral $\int_{\mathbb{R}} |\widehat{\psi}(\xi)|^2 / |\xi| \, d\xi$ führen. Jedes Wavelet hat einen verschwindenden Mittelwert: $\int_{\mathbb{R}} \psi(\xi)\, dx = 0$.

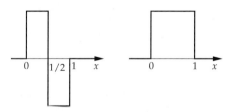

(a) Haar-Wavelet   **(b)** Skalierungsfunktion $\chi_{[0,1]}$ Abb. 7.14

Das einfachste Wavelet ist die von Haar stammende Funktion aus Abb. 7.14a, die für $0 \le x \le 1$ dem Vorzeichen von $1 - 2x$ entspricht und sonst null ist. Da alle Funktionen $\psi \neq 0$ aus $L^2(\mathbb{R})$ mit beschränktem Träger und $\int_{\mathbb{R}} \psi(\xi)\, dx = 0$ bereits Wavelets sind, ist die Haarsche Funktion ein Wavelet.

Durch Dilatation der Funktion ψ erhält man die Familie $\{\psi_a : a \neq 0\}$ mit $\psi_a(x) := |a|^{-1/2} \psi(x/a)$. Für $|a| > 1$ wird die Funktion auseinandergezogen, für $|a| < 1$ gestaucht.

Für $a < 0$ kommt eine Spiegelung hinzu. Der Vorfaktor $|a|^{-1/2}$ wird zur Skalierung eingeführt. Der Parameter a spielt die Rolle der (inversen) Frequenz $1/\xi$ in $e^{i\xi x}$.

Neu gegenüber der Fourier-Ansätze ist, dass neben der Dilatation auch eine Translation eingeführt wird. Der Verschiebungsparameter b charakterisiert den Ort (bzw. die Zeit). Die erzeugte Funktionenfamilie ist $\{\psi_{a,b} : a \neq 0, : b \text{ reell}\}$ mit

$$\psi_{a,b}(x) := \frac{1}{\sqrt{|a|}} \, \psi\left(\frac{x-b}{a}\right). \tag{7.90}$$

Die *Wavelet-Transformierte* $L_\psi f$ ist eine Funktion der Orts- und Frequenzparameter a, b:

$$L_\psi f(a,b) := c \int_{\mathbb{R}} f(x)\psi_{a,b}(x)\, \mathrm{d}x = \frac{c}{\sqrt{|a|}} \int_{\mathbb{R}} f(x)\psi\left(\frac{x-b}{a}\right) \mathrm{d}x \tag{7.91a}$$

mit $c = \left(2\pi \int_{\mathbb{R}} |\widehat{\psi}(\xi)|^2 / |\xi|\, \mathrm{d}\xi\right)^{-1/2}$. Die *Rücktransformation* ist gegeben durch

$$f(x) = c \int_{\mathbb{R}} L_\psi f(a,b)\psi_{a,b}(x)a^{-2}\, \mathrm{d}a\, \mathrm{d}b. \tag{7.91b}$$

Für $f \in L^2(\mathbb{R})$ ist die Wavelet-Transformation $f \mapsto L_\psi f$ bijektiv.

7.7.10.5.3 Eigenschaften der Wavelets: Das Haar-Wavelet (Abb. 7.14a) hat einen beschränkten Träger (hier $[0,1]$) und ist andererseits nicht stetig. Entgegengesetzte Eigenschaften hat das als *Mexikanischer Hut* bekannte, unendlich oft differenzierbare Wavelet $\psi(x) := (1 - x^2)\exp(-x^2/2)$.

Das k-te Moment eines Wavelets ψ ist

$$\mu_k := \int_{\mathbb{R}} x^k \psi(x)\, \mathrm{d}x.$$

Als *Ordnung* eines Wavelets ψ bezeichnet man die kleinste positive natürliche Zahl N, für die das N-te Moment von null verschieden ist. Da der Mittelwert von ψ null ist, gilt $\mu_k = 0$ für alle $0 \leq k \leq N-1$. Falls $\mu_k = 0$ für alle k gilt, hat ψ unendliche Ordnung. Allerdings besitzen Wavelets mit beschränktem Träger stets eine endliche Ordnung (Haar-Wavelet: $N = 1$, Mexikanischer Hut: $N = 2$).

Ein Wavelet der Ordnung N ist orthogonal zu allen Polynomen vom Grad $\leq N-1$. Damit ist $L_\psi f(a,b)$ für hinreichend glatte f nur vom N-ten Taylor-Rest abhängig. Bis auf Skalierungskonstanten strebt $L_\psi f(a,b)$ für $a \to 0$ gegen die N-te Ableitung $f^{(N)}(b)$.

Die Fourier-Transformierte $\widehat{f}(\xi)$ aus (7.89) fällt für $|\xi| \to \infty$ um so schneller gegen null, je glatter f ist. Entsprechendes gilt für das Frequenzverhalten $|a| \to 0$ bei Wavelets nur eingeschränkt; $L_\psi f(a,b)$ fällt gleichmäßig bezüglich b wie $O(|a|^{k-1/2})$, falls f eine beschränkte k-te Ableitung besitzt und $k \leq N$ gilt. Die Abklingrate ist somit durch die Ordnung beschränkt.

7.7.10.6 Mehr-Skalen-Analyse

7.7.10.6.1 Einführung: Ihre wirkliche Bedeutung finden Wavelets im Konzept der *Mehr-Skalen-Analyse* (auch *Multiskalen-* oder *Multi-Resolutions-Analyse*), die zunächst ohne Zuhilfenahme des Wavelet-Begriffes eingeführt wird. Die Wavelet-Transformation (7.91a,b) ist das Äquivalent der Fourier-Integraltransformation (7.89). Für praktische Zwecke wäre eine diskrete Version besser, die etwa den Fourier-Reihen (7.87) entspräche. Während die Fourier-Reihen nur die Teilmenge der 2π-periodischen Funktionen repräsentieren kann, lässt sich mit der Mehr-Skalen-Analyse jedes $f \in L^2(\mathbb{R})$ darstellen.

Der Skalenindex m der nachfolgend definierten Unterräume V_m entspricht insofern einem Frequenzbereich bis $O(2^m)$, als in V_m alle „Details" bis zur Größe $O(2^{-m})$ repräsentiert werden können. Wichtig im Zusammenhang mit der Mehr-Skalen-Analyse ist der Begriff einer *Riesz-Basis*. Es sei $\varphi_k \in L^2(\mathbb{R})$ eine Funktionenfamilie, die in einem Unterraum V des $L^2(\mathbb{R})$ dicht liegt. Es gebe Konstanten $0 < A \leq B < \infty$ mit

$$A \sum_k |c_k|^2 \leq \int_{\mathbb{R}} \left| \sum_k c_k \varphi_k(x) \right|^2 dx \leq B \sum_k |c_k|^2 \tag{7.92}$$

für alle Koeffizienten mit endlicher Summe $\sum_k |c_k|^2$. Dann heißt $\{\varphi_k\}$ eine Riesz-Basis in V mit den Riesz-Schranken A, B.

7.7.10.6.2 Skalierungsfunktion und Mehr-Skalen-Analyse: Eine Mehr-Skalen-Analyse wird durch eine einzige Funktion $\varphi \in L^2(\mathbb{R})$, die *Skalierungsfunktion*, erzeugt. Ihren Namen hat sie wegen der folgenden *Skalierungsgleichung*, die sie für geeignete Koeffizienten h_k erfüllen muss:

$$\varphi(x) = \sqrt{2} \sum_{k=-\infty}^{\infty} h_k \, \varphi(2x - k) \qquad \text{für alle } x. \tag{7.93}$$

(7.93) heißt auch *Masken-* oder *Verfeinerungsgleichung*. Im Sinne der praktischen Anwendungen ist es wünschenswert, dass die Summe in (7.93) endlich ist und nur wenige Summanden enthält. Das einfachste Beispiel ist die charakteristische Funktion $\varphi = \chi_{[0,1]}$ (vgl. Abb. 7.14b). Dann ist $\varphi(2x) = \chi_{[0,1/2]}$ die charakteristische Funktion von $[0, 1/2]$ und $\varphi(2x - 1)$ jene von $[1/2, 1]$, sodass $\varphi(x) = \varphi(2x) + \varphi(2x - 1)$ gilt, d. h. (7.93) gilt mit $h_0 = h_1 = 1/\sqrt{2}$ und $h_k = 0$ sonst.

Die Translate $x \to \varphi(x - k)$ von φ erzeugen den Unterraum V_0:

$$V_0 := \left\{ f \in L^2(\mathbb{R}) \quad \text{mit} \quad f(x) = \sum_{k=-\infty}^{\infty} a_k \varphi(x - k) \right\}. \tag{7.94}$$

Im Falle des Beispiels $\varphi = \chi_{[0,1]}$ enthält V_0 die auf jedem Teilintervall $(\ell, \ell + 1)$ $(\ell \in \mathbb{Z})$ stückweise konstanten Funktionen. Führt man zusätzlich eine Dilatation mit $a = 2^m$ durch, so erhält man die Funktionenfamilie

$$\varphi_{m,k}(x) := 2^{m/2} \varphi(2^m x - k) \qquad \text{für alle ganzzahligen } m, k$$

(vgl. (7.90)). Für alle *Skalen* m lässt sich analog zu (7.94) der Unterraum V_m als Abschluss von span$\{\varphi_{m,k} : k \in \mathbb{Z}\}$ konstruieren. Definitionsgemäß ist V_m nur eine gestreckte bzw. gestauchte Kopie von V_0. Insbesondere gilt

$$f(x) \in V_m \quad \text{genau dann, wenn} \quad f(2x) \in V_{m+1}. \tag{7.95}$$

Die Skalierungsgleichung (7.93) impliziert $\varphi_{0,k} \in V_1$ und damit die Inklusion $V_0 \subseteq V_1$, die sich als $V_m \subseteq V_{m+1}$ auf alle Skalen fortsetzt. Umgekehrt impliziert $V_0 \subseteq V_1$ die Darstellung (7.93). Die entstehende Inklusionskette

$$\ldots \subseteq V_{-2} \subseteq V_{-1} \subseteq V_0 \subseteq V_1 \subseteq V_2 \subseteq \ldots \subseteq L^2(\mathbb{R}) \tag{7.96}$$

suggeriert, dass die Räume V_m für $m \to \infty$ immer reichhaltiger werden und $L^2(\mathbb{R})$ ausschöpfen. Diese Vorstellung wird präzisiert durch die Bedingungen

$$\bigcup_{m=-\infty}^{\infty} V_m \text{ ist dicht in } L^2(\mathbb{R}), \qquad \bigcap_{m=-\infty}^{\infty} V_m = \{0\}. \tag{7.97}$$

Die Unterraum-Folge (7.96) stellt eine *Mehr-Skalen-Analyse* dar, falls (7.95) und (7.97) gelten und eine Skalierungsfunktion existiert, deren Translate $\varphi_{0,k}$ eine Riesz-Basis von V_0 bilden. Die zuletzt genannte Riesz-Basis-Eigenschaft lässt sich direkt an der Fourier-Transformierten $\hat{\varphi}$ der Skalierungsfunktion ablesen: (7.92) ist äquivalent zu

$$0 < A \le 2\pi \sum_{k=-\infty}^{\infty} \left| \hat{\varphi}(\xi + 2\pi k) \right|^2 \le B \qquad \text{für} \quad |\xi| \le \pi.$$

7.7.10.6.3 Orthonormalität und Filter:

Die Translate $x \to \varphi(x - k)$ von φ bilden genau dann eine Orthonormalbasis des V_0, wenn die Riesz-Schranken in (7.92) $A = B = 1$ lauten. In diesem Fall wird φ eine *orthogonale Skalierungsfunktion* genannt. Das Beispiel $\varphi = \chi_{[0,1]}$ ist orthogonal. Zu jedem (noch nicht orthogonalen) φ ist eine orthogonale Skalierungsfunktion $\hat{\varphi}$ konstruierbar, sodass im Weiteren φ als orthogonal vorausgesetzt werden darf.

Die Koeffizienten h_k der Skalierungsgleichung (7.93) bilden die als *Filter* bezeichnete Folge $\{h_k\}$. Für orthogonale φ gelten die Gleichungen

$$h_k = \int_{\mathbb{R}} \varphi(x)\varphi(2x - k)\,\mathrm{d}x \quad \text{und} \quad \sum_{k=-\infty}^{\infty} h_k h_{k+\ell} = \delta_{0,\ell} \quad (\delta \text{ Kronecker -Symbol}).$$

Die mit den Filterkoeffizienten gebildete Fourier-Reihe

$$H(\xi) := \frac{1}{\sqrt{2}} \sum_{k=-\infty}^{\infty} h_k \mathrm{e}^{-ik\xi} \tag{7.98}$$

heißt *Fourier-Filter*. Er lässt sich direkt aus der Fourier-Transformierten $\hat{\varphi}$ mittels $\hat{\varphi}(x) = H(\xi/2)\hat{\varphi}(\xi/2)$ berechnen.

7.7.10.6.4 Wavelets in der Mehr-Skalen-Analyse:

Aufgrund der Einschließung $V_0 \subseteq V_1$ lässt sich V_1 als direkte Summe von V_0 und dem Orthogonalkomplement $W_0 := \{f \in V_1 : \int_{\mathbb{R}} fg\,\mathrm{d}x = 0 \text{ für alle } g \in V_0\}$ schreiben:

$$V_1 = V_0 \oplus W_0.$$

Analog lässt sich V_0 in $V_{-1} \oplus W_{-1}$ zerlegen. Rekursiv erhält man die Zerlegungen:

$$V_m = V_\ell \oplus \bigoplus_{j=\ell}^{m-1} W_j, \qquad V_m = \bigoplus_{j=-\infty}^{m-1} W_j, \qquad L^2(\mathbb{R}) = \bigoplus_{j=-\infty}^{\infty} W_j. \tag{7.99}$$

Jede Funktion $f \in L^2(\mathbb{R})$ lässt sich gemäß (7.99) in $f = \sum_j f_j$, $f_j \in W_j$, orthogonal zerlegen; f_j enthält die „Details" der Stufe j, wobei der Index j der Frequenz entspricht. Eine weitere Ortsauflösung von f_j folgt im kommenden Schritt.

In gleicher Weise, wie sich die Räume V_m mittels $\varphi_{m,k}$ erzeugen lassen, können die Räume W_m von

$$\boxed{\psi_{m,k}(x) := 2^{m/2}\psi(2^m x - k)} \qquad m,k \text{ ganzzahlig,}$$

erzeugt werden, wobei ψ jetzt ein *Wavelet* ist. Zu jeder orthogonalen Skalierungsfunktion φ lässt sich ein geeignetes Wavelet wie folgt konstruieren:

$$g_k = (-1)^{k-1}h_{1-k}, \qquad \psi(x) = \sqrt{2} \sum_{k=-\infty}^{\infty} g_k \varphi(2x - k). \tag{7.100}$$

Im Fall der Skalierungsfunktion $\varphi = \chi_{[0,1]}$ aus Abb. 7.14b ist das zugehörige Wavelet das Haar-Wavelet aus Abb. 7.14a.

Die Translate $\{\psi_{m,k} : k \text{ ganzzahlig}\}$ der Funktionen ψ_m in der Skala m bilden nicht nur eine Orthonormalbasis von V_m, sondern $\{\psi_{m,k} : m, k \text{ ganzzahlig}\}$ stellt eine Orthonormalbasis des Gesamtraumes $L^2(\mathbb{R})$ dar. Zwischen den Fourier-Transformierten von φ und ψ besteht der folgende Zusammenhang mit dem Fourier-Filter H aus (7.98):

$$\widehat{\psi} = \exp(-\mathrm{i}\xi/2)H(\pi + \xi/2)\widehat{\varphi}(\xi/2).$$

7.7.10.6.5 Schnelle Wavelet-Transformation: Für eine Funktion $f \in V_0$ seien die Koeffizienten der Darstellung

$$f = \sum_{k=-\infty}^{\infty} c_k^0 \varphi_{0,k} \tag{7.101}$$

bekannt. Gemäß der Orthogonalzerlegung $V_0 = V_{-M} \oplus W_{-M} \oplus \ldots \oplus W_{-2} \oplus W_{-1}$ (vgl. (7.99)) möchte man f in

$$f = \sum_{j=-M}^{0} f_j + F_{-M} \quad \text{mit} \quad f_j \in W_j, \ F_{-M} \in V_{-M} \tag{7.102a}$$

und

$$f_j = \sum_k d_k^j \psi_{j,k}, \qquad F_{-M} = \sum_k c_k^{-M} \varphi_{-M,k}. \tag{7.102b}$$

zerlegen; F_{-M} enthält den „groben" Anteil von f. Die Details der Skala j sind in (7.102b) nochmals in die örtlichen Anteile $d_k^j \psi_{j,k}$ zerlegt.

Die Koeffizienten $\{c_k^{-M}, d_k^j : k \text{ ganzzahlig}, -M \leq j \leq -1\}$ könnten über die Skalarprodukte $\int_{\mathbb{R}} f \psi_{j,k} \, \mathrm{d}x$ etc. berechnet werden, was sehr aufwändig wäre. Statt dessen macht man von der Skalierungsgleichung (7.93) Gebrauch, die zu der *schnellen Wavelet-Transformation* (FWT) führt:

$$\text{for } j = -1 \text{ down to } - M \text{ do for all integers } k \text{ do}$$

$$\text{begin } c_k^j := \sum_\ell h_{\ell-2k} c_\ell^{j+1}; \quad d_k^j := \sum_\ell g_{\ell-2k} c_\ell^{j+1} \text{ end.} \tag{7.103}$$

Man beachte, dass das Wavelet ψ nicht explizit, sondern nur über seine Koeffizienten g_k aus (7.100) eingeht. Bei der praktischen Durchführung muss man selbstverständlich annehmen, dass f durch eine *endliche* Summe (7.101) gegeben ist. Sind $k_{\min}$ und $k_{\max}$ die kleinsten und größten Indizes k mit $c_k^0 \neq 0$, so entspricht dies einer „Signallänge" $n = k_{\max} - k_{\min} + 1$. Weiter sei angenommen, dass der Filter $\{h_k\}$ endlich ist, d.h. die entsprechend definierte Filterlänge ist endlich. Dann benötigt die schnelle Wavelet-Transformation (7.103) $O(n) + O(M)$ Operationen, wobei M die *Zerlegungstiefe* ist. Geht man von $M \ll n$ aus, hat die schnelle Wavelet-Transformation einen Aufwand, der nur linear mit der Signallänge ansteigt.

Will man umgekehrt aus $\{c_k^{-M}, d_k^j : -M \leq j \leq -1\}$ auf die Koeffizienten c_k^0 in (7.101) zurückschließen, so wendet man die *schnelle Wavelet-Rücktransformation* an:

$$\text{for } j = -M \text{ to : } -1 \text{ do for all } k \text{ do } c_k^{j+1} := \sum_\ell (h_{2\ell-k} c_\ell^j + g_{2\ell-k} d_\ell^j);$$

7.7.10.6.6 Daubechies-Wavelets: Die Schwierigkeiten der Mehr-Skalen-Analyse liegen in der konkreten Angabe der Skalierungsfunktion φ des Wavelets ψ und – noch wichtiger – des Filters $\{h_k\}$. Das Haar-Wavelet ist das einzige einfach beschreibbare Wavelet. Der Versuch, mit Spline-Funktionen zu arbeiten (vgl. 7.3.1.5), führt auf eine unendliche Filterlänge.

Ein Durchbruch gelang Daubechies mit der Konstruktion einer Familie $\{\psi_N : N > 0\}$ orthogonaler Wavelets mit der Eigenschaft, dass ψ_N die Ordnung N besitzt und einen beschränkten Träger und einen Filter der Länge $2N - 1$ hat.

Für $N = 2$ lauten die nichtverschwindenden Filterkoeffizienten zum Beispiel

$$h_0 = (1 + \sqrt{3})/(4\sqrt{2}), \quad h_1 = (3 + \sqrt{3})/(4\sqrt{2}),$$
$$h_3 = (3 - \sqrt{3})/(4\sqrt{2}), \quad h_4 = (1 - \sqrt{3})(4\sqrt{2}).$$

Die Skalierungsfunktion $\varphi = \varphi_2$ und das Wavelet $\psi = \psi_2$ lassen sich nicht explizit angeben. Die Funktionsverläufe sind in Abb. 7.15 wiedergegeben. Der gezackte Verlauf entspricht der Tatsache, dass φ_2 und ψ_2 nur Hölder-stetig vom Exponenten 0.55 sind. Die Glattheit der ψ_N steigt mit N. Ab $N = 3$ sind die Funktionen bereits differenzierbar.

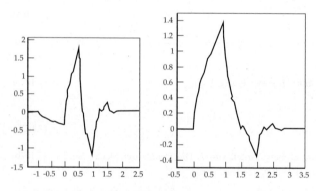

(a) Wavelet ψ_2 **(b)** Skalierungsfunktion φ_2
Abb. 7.15 Debauchies-Wavelet ψ_2 und Skalierungsfunktion φ_2.

7.7.10.6.7 Datenkompression und Adaptivität: Die Wavelet-Transformation hat vielfältige Anwendungen. Als ein Beispiel sei die Datenkompression skizziert. Die Wavelet-Transformation überführt den zu f gehörenden Datensatz $c^0 = \{c_k^0\}$ in den „glatten Anteil" $c^{-M} = \{c_k^{-M}\}$ und die Details $d^j = \{d_k^j\}$ der Skalen $-M \le j \le -1$ (vgl. (7.101)). Dies bedeutet nicht, dass die entstehende Datenmenge $(M + 1)$-fach so umfangreich ist. Für einen endlichen Filter und eine Länge n der Ausgangsfolge c^0 gilt, dass die Folgen c^j und d^j asymptotisch die Länge $2^j n$ ($j < 0$) haben. Die Summe der Längen von c^{-M} und d^j für $-M \le j \le -1$ beträgt somit weiterhin $O(n)$. Für glatte Funktionen f fallen die Koeffizienten mit steigendem j. Ist die Funktion f lokal glatt, werden die zugehörigen d_k^j klein. Hinreichend kleine Koeffizienten kann man durch null ersetzen. Damit lässt sich im Normalfall eine Näherung $\tilde{f}$ mit wesentlich weniger als n Daten beschreiben. Die entstehende Darstellung kann man als *adaptive* Approximation von f ansehen.

7.7.10.6.8 Varianten: Da die wünschenswerten Eigenschaften (endlicher Filter, Orthogonalität, höhere Ordnung und Glattheit, explizite Darstellbarkeit von φ und ψ) nicht zugleich erfüllbar sind, werden je nach Anwendungsrichtung verschiedene Varianten eingeführt, die vom bisherigen Mehr-Skalen-Konzept abweichen.

Bei *Prä-Wavelets* sind nicht mehr alle $\psi_{m,k}$ paarweise orthonormal, sondern nur noch $\psi_{m,k}$ und $\psi_{j,\ell}$ zu unterschiedlichen Skalen $m \neq j$.

Bei *biorthogonalen Wavelets* verwendet man zwei Mehr-Skalen-Analysen $\{V_m\}$ und $\{\tilde{V}_m\}$ mit zugehörigen Skalierungsfunktionen φ und $\tilde{\varphi}$ und Wavelets ψ und $\tilde{\psi}$, wobei letztere ein Biorthonormalsystem bilden, d. h.

$$\int_{\mathbb{R}} \psi_{m,k} \tilde{\psi}_{j,\ell} \, dx = \delta_{mj} \delta_{k\ell}.$$

Verallgemeinerungen der Mehr-Skalen-Analyse auf mehrere Dimensionen (d. h. für $L^2(\mathbb{R}^d)$)sind möglich (vgl. [Louis et al.]). Schwieriger ist es, das Mehr-Skalen-Konzept auf Intervalle oder allgemeine Gebiete des $\mathbb{R}^d$ zu übertragen.

7.7.11 Inverse Probleme

7.7.11.1 Gut gestellte Aufgaben

Soll die Aufgabe

$$\boxed{A(x) = b, \qquad x \in X}$$

für gegebenes $b \in Y$ numerisch gelöst werden, dann verlangt man im Allgemeinen, dass zu allen b innerhalb einer Definitionsmenge $B \subseteq Y$ eine (zumindest lokal) eindeutige Lösung $x \in U \subseteq X$ existiert, die stetig von b abhängt. In diesem Falle heißt die Aufgabe $A(x) = b$ *gut gestellt* oder gut konditioniert. Nur unter diesen Voraussetzungen ist gewährleistet, dass kleine Störungen der „Daten" b (in der Y-Topologie) auch zu kleinen Störungen der Lösung x (in der X-Topologie) führen. Andernfalls können kleinste Störungen (etwa infolge der nichtexakten Arithmetik oder auf Grund begrenzter Messgenauigkeit etc.) zu unsinnigen Lösungen führen.

7.7.11.2 Schlecht gestellte Aufgaben

Falls eine der oben genannten Bedingung nicht zutrifft, heißt das Problem *schlecht gestellt*. Im Folgenden diskutieren wir den linearen Fall $Ax = b$. Im endlichdimensionalen Fall kann die Aufgabe $Ax = b$ schlecht gestellt sein, weil die Matrix A singulär ist. Interessanter sind unendlichdimensionale Aufgaben mit Operatoren A, die einen trivialen Nullraum und unbeschränkte Inverse besitzen. Derartige Aufgaben treten auf, wenn z. B. A ein Integraloperator ist. Ein interessantes und wichtiges Beispiel ist die Bildrekonstruktion in der Tomographie (vgl. [Natterer] und [Louis, §6]).

Falls $A : X \to Y$ mit $Y = X$ kompakt ist, besitzt A von null verschiedene Eigenwerte $\lambda_n \to 0$ ($n \geq 1$). Im selbstadjungierten Fall (ansonsten verwendet man die Singulärwertzerlegung; vgl. 7.2.4.3) bilden die zugehörigen Eigenfunktionen φ_n ein Orthonormalsystem. Die Lösung von $Ax = b$ lautet formal

$$\boxed{x = \sum_{n=1}^{\infty} \frac{\alpha_n}{\lambda_n} \varphi_n \quad \text{mit} \quad \alpha_n := \langle \varphi_n, b \rangle.} \tag{7.104}$$

Die angegebene Lösung gehört genau dann zum Lösungsraum X, wenn $\sum_n (\alpha_n/\lambda_n)^2 < \infty$ gilt, wobei $\lambda_n \to 0$ zu beachten ist. Im Allgemeinen wird $\sum_n (\alpha_n/\lambda_n)^2 < \infty$ nicht zutreffen, da $b \in X$ nur $\sum_n \alpha_n^2 < \infty$ garantiert.

Auch wenn man annimmt, dass man sich nur auf solche b beschränkt, für die x aus (7.104) zu X gehört, entkommt man der Problematik nicht. So ist $b^{(n)} := b + \varepsilon\varphi_n$ für beliebiges n nur um ε gestört, d. h. $\|b^{(n)} - b\| = \varepsilon$. Aber die existierende eindeutige Lösung von $Ax^{(n)} = b^{(n)}$ lautet $x^{(n)} = x + (\varepsilon/\lambda_n)\varphi_n$ und besitzt einen Fehler $\|x^{(n)} - x\| = \varepsilon/\lambda_n$, der mit n gegen unendlich strebt. Dies zeigt wieder, dass beliebig kleine Störungen in b beliebig große Störungen in x hervorrufen können.

Das Wachstum der inversen Eigenwerte $1/\lambda_n$ bestimmt den Grad der Schlechtgestelltheit. Wächst $1/\lambda_n$ wie $O(n^{-\alpha})$ für ein $\alpha > 0$, so ist A schlecht gestellt von der *Ordnung* α. A ist *exponentiell* schlecht gestellt, falls $1/\lambda_n > \exp(\gamma n^{\delta})$ für $\gamma, \delta > 0$ gilt.

7.7.11.3 Fragestellung bei schlecht gestellten Aufgaben

Nach dem oben Gesagten ist das Lösen der Aufgabe $Ax = b$ nicht sinnvoll, selbst wenn eine Lösung x existiert. Statt dessen hat man die Fragestellung so abzuändern, dass sinnvolle Antworten gegeben werden können.

Die Entwicklungskoeffizienten $\beta_n := \langle \varphi_n, x \rangle$ einer Funktion x beschreiben im Allgemeinen ihre Glattheit; je schneller β_n gegen null fällt, desto glatter ist x. Zur Quantifizierung definiert man für reelles σ den Raum

$$X_\sigma := \left\{ x = \sum_{n=1}^{\infty} \beta_n \varphi_n \quad \text{mit} \quad \|x\|_\sigma^2 := \sum_{n=1}^{\infty} (\beta_n/\lambda_n^\sigma)^2 < \infty \right\}.$$

Für $\sigma = 0$ gilt $X_0 = X$, für $\sigma = 1$ ist $X_1 = \text{Im } A$. Die in (7.104) angegebene Lösung x gehört für $b \in X$ zu X_{-1}.

Eine wesentliche Annahme, die wir treffen, besteht darin, dass die gesuchte Lösung x zu X_σ für ein positives σ gehören soll, d. h. die gesuchte Lösung zeichnet sich durch größere Glattheit aus. Die entsprechende Norm sei durch ρ beschränkt:

$$\|x\|_\sigma \leq \rho. \tag{7.105a}$$

Die idealen „Daten" des „Zustandes" x sind $b := Ax$. Wir können nicht erwarten, dass b in exakter Form vorliegt. Stattdessen sei angenommen, dass die bekannten Daten b bis auf einen Fehler ε genau sind:

$$\boxed{\|b - \tilde{b}\| \leq \varepsilon.} \tag{7.105b}$$

Damit lautet die Fragestellung: Gegeben sei $\tilde{b}$. Man versuche ein $x \in X_\sigma$ zu finden, dessen exaktes Bild $b = Ax$ den Daten $\tilde{b}$ nahe kommt und z. B. der Ungleichung (7.105b) genügt. Die genannte Aufgabe ist keinesfalls eindeutig lösbar. Sind aber x' und x'' zwei Lösungsvorschläge, die (7.105a): $\|x'\|_\sigma, \|x''\|_\sigma \leq \rho$ und (7.105b): $\|b' - \tilde{b}\|, \|b'' - \tilde{b}\| \leq \varepsilon$ für $b' := Ax'$, $b'' := Ax''$, erfüllen, dann gilt für die Differenzen $\delta x := x' - x''$ und $\delta b := b' - b''$ nach der Dreiecksungleichung

$$A\delta x = \delta b, \qquad \|\delta x\|_\sigma \leq 2\rho, \qquad \|\delta b\| \leq 2\varepsilon.$$

Hierfür erhält man die Abschätzung

$$\boxed{\|\delta x\| \leq 2\varepsilon^{\sigma/(\sigma+1)} \rho^{1/(\sigma+1)}.} \tag{7.106}$$

Zur Interpretation der Ungleichung (7.106) identifiziere man die gesuchte Lösung x mit x' während x'' eine gefundene Lösung ist. Dann schätzt (7.106) den verbleibenden Fehler ab. Die Schranke ρ in (7.105a) wird man in der Größenordnung $O(1)$ annehmen, sodass auch $\rho^{1/(\sigma+1)}$

eine Konstante ist. Nur ε kann man als klein annehmen. Wegen $\sigma > 0$ ist dann auch die Unbestimmtheit $\|\delta x\|$ klein. Allerdings ist der Exponent um so ungünstiger (d. h. nahe an 0), je schwächer die Glattheitsordnung σ ist.

Unabhängig von der numerischen Methode, die zur Bestimmung von x, eingesetzt wird, bezeichnet (7.106) die nicht verbesserbare Ungenauigkeit. Umgekehrt heißt eine Näherungsmethode *optimal*, wenn sie Resultate mit Fehlern höchstens von der Größenordnung (7.106) liefert.

7.7.11.4 Regularisierungsverfahren

Es sei $Ax = b$ und b^ε bezeichne eine Näherung mit $\|b^\varepsilon - b\| \leq \varepsilon$. Für positive γ sollen die Abbildungen T_γ Näherungen $T_\gamma b^\varepsilon$ von x produzieren. Falls es *Regularisierungsparameter* $\gamma = \gamma(\varepsilon, b^\varepsilon)$ mit den Eigenschaften

$$\gamma(\varepsilon, b^\varepsilon) \to 0 \quad \text{und} \quad T_{\gamma(\varepsilon, b^\varepsilon)} b^\varepsilon \to x \quad \text{für} \quad \varepsilon \to 0, \tag{7.107}$$

gibt, nennt man die Abbildungsfamilie $\{T_\gamma : \gamma > 0\}$ eine (lineare) *Regularisierung*.

Ein einfaches Beispiel ist das Abschneiden der Entwicklung in (7.104):

$$T_\gamma b^\varepsilon := \sum_{\lambda_n \geq \gamma} \left(\langle \varphi_n, b^\varepsilon \rangle / \lambda_n \right) \varphi_n.$$

In diesem Falle ist (7.107) für die Wahl $\gamma = \gamma(\varepsilon) = O(\varepsilon^\kappa)$ mit $\kappa < 1$ gesichert. Speziell für $\gamma(\varepsilon) = (\varepsilon/(\sigma\rho))^{1/(\sigma+1)}$ ($\varepsilon, \sigma, \rho$ aus (7.105a,b)) ist diese Regularisierung ordnungsoptimal (vgl. [Louis,§4.1]).

Eine häufig verwandte Regularisierung ist die *Tychonow-Phillips-Regularisierung*. Gesucht wird dabei das minimierende Element des Funktionals

$$\boxed{J_\gamma(x) := \|Ax - b\|^2 + \gamma \|x\|_\sigma^2 \qquad (\sigma \text{ aus (7.105a)}).}$$

In diesem Zusammenhang heißt $\gamma > 0$ der *Strafterm*. Zur Wahl von γ und zu Fragen der Optimalität vergleiche man [Louis, §4.2].

Einige Regularisierungen sind indirekter Natur. Die übliche Diskretisierung des unendlichdimensionalen Problems $Ax = b$ kann eine Regularisierung darstellen. Ferner können $m = m(\gamma)$ Schritte einer Iteration, z. B. der Landweber-Iteration (das ist (7.56b) mit $N = \omega A^*$) als Regularisierung dienen.

Literatur zu Kapitel 7

[Ainsworth und Oden 2000] Ainsworth, M., Oden, J. T.: A Posteriori Error Estimation in Finite Element Analysis. Wiley, New York (2000)

[Alefeld und Herzberger 1983] Alefeld, G., Herzberger, J.: Introduction to Interval Computations. Academic Press, New York (1983)

[Allgower und Georg 2003] Allgower, E. L., Georg, K.: Introduction to Numerical Continuation Methods. SIAM, Philadelphia (2003)

[Bastian 1996] Bastian, P.: Parallele adaptive Mehrgitterverfahren. Teubner, Stuttgart (1996)

[Braess 2007] Braess, D.: Finite Elemente. 4. Aufl., Springer, Berlin (2007)

[Brezzi und Fortin 1991] Brezzi, F., Fortin, M.: Mixed and Hybrid Finite Element Methods. Springer, New York (1991)

[Ciarlet 2002] Ciarlet, P. G.: The Finite-Element Method for Elliptic Problems. SIAM, Philadelphia (2002)

[Ciarlet 1990–2011] Ciarlet, P. G.: Handbook of Numerical Analysis, Bd. 1-16. North Holland, Amsterdam (1990–2011)

[Dautray und Lions 1988–1992] Dautray, R., Lions, J.: Mathematical Analysis and Numerical Methods for Science and Technology, Bd. 1-6. Springer, Berlin (1988–1992)

[Deuflhard 2006] Deuflhard, P.: Newton Methods for Nonlinear Problems. 2. Aufl., Springer, Berlin (2006)

[Deuflhard und Bornemann 2008] Deuflhard, P., Bornemann, F.: Numerische Mathematik, II: Gewöhnliche Differentialgleichungen. 3. Aufl., de Gruyter, Berlin (2008)

[Deuflhard und Hohmann 2008] Deuflhard, P., Hohmann, A.: Numerische Mathematik, I: Eine algorithmisch orientierte Einführung. 4. Aufl., de Gruyter, Berlin (2008)

[Golub und van Loan 1996] Golub, G. H., van Loan, C. F.: Matrix Computations. 3. Aufl. The Johns Hopkins University Press, Baltimore (1996)

[Hackbusch 1993] Hackbusch, W.: Iterative Lösung großer schwachbesetzter Gleichungssysteme. 2. Aufl., Teubner, Stuttgart (1993)

[Hackbusch 1996] Hackbusch, W.: Theorie und Numerik elliptischer Differentialgleichungen. 2. Aufl., Teubner, Stuttgart (1996)

[Hackbusch 1997] Hackbusch, W.: Integralgleichungen. Theorie und Numerik. 2. Aufl., Teubner, Stuttgart (1997)

[Hackbusch 2003] Hackbusch, W.: Multi-Grid Methods and Applications. Springer, Berlin (2003)

[Hackbusch 2009] Hackbusch, W.: Hierarchische Matrizen: Algorithmen und Analysis. Springer, Dortrecht (2009)

[Hairer et al. 1993] Hairer, E., Nörsett, S., Wanner, G.: Solving Ordinary Differential Equations 1: Nonstiff Problems. 2. Aufl., Springer, Berlin (1993)

[Hairer und Wanner 1996] Hairer, E., Wanner, G.: Solving Ordinary Differential Equations 2: Stiff Problems. 2. Aufl., Springer, Berlin (1996)

[Hsiao und Wendland 2008] Hsiao, G. C., Wendland, W. L.: Boundary Integral Equations. Springer, Berlin (2008)

[Knabner und Angermann 2000] Knabner, P., Angermann, L.: Numerik partieller Differentialgleichungen: eine anwendungsorientierte Einführung. Springer, Berlin (2000)

[LeVeque 1992] LeVeque, R.: Numerical Methods for Conservation Laws. 2. Aufl., Birkhäuser, Basel (1992)

[Louis 1989] Louis, A.: Inverse und schlecht gestellte Probleme. Teubner, Stuttgart (1989)

[Louis et al. 1998] Louis, A., Maaß, P., Rieder, A.: Wavelets. 2. Aufl., Teubner, Stuttgart (1998)

[Natterer 2001] Natterer, F.: The Mathematics of Computerized Tomography. SIAM, Philadelphia (2001)

[Parlett 1998] Parlett, B. N.: The Symmetric Eigenvalue Problem. SIAM, Philadelphia (1998)

[Press et al. 1989] Press, W., Teukolsky, S. A., Vetterling, W. T., Flannery, B. P.: Numerical Recipies: the Art of Scientific Computing. 3. Aufl., Cambridge University Press, Cambridge, UK (1989)

[Quarteroni und Valli 2008] Quarteroni, A., Valli, A.: Numerical Approximation of Partial Differential Equations. Springer, Berlin (2008)

[Richtmyer und Morton, 1967] Richtmyer, R., Morton, K.: Difference Methods for Initial-Value Problems. 2. Aufl., Wiley, New York (1967)

[Sauter und Schwab 2004] Sauter, S. A., Schwab, C.: Randintegralgleichungen: Analyse, Numerik und Implementierung schneller Algorithmen. Teubner, Stuttgart (2004)

[Schwarz 1997] Schwarz, H.: Numerische Mathematik. 4. Aufl., Teubner, Stuttgart (1997)

[Schwarz und Köckler 2011] Schwarz, H., Köckler, N.: Numerische Mathematik. 8. Aufl., Vieweg+Teubner, Wiesbaden (2011)

[Stenger 1993] Stenger, F.: Numerical Methods based of Sinc and Analytic Functions. Springer, New York (1993)

[Stoer und Bulirsch 2005] Stoer, J., Bulirsch, R.: Numerische Mathematik 2. 5. Aufl., Springer, Berlin (2005)

[Thomée 2006] Thomée, V.: Galerkin Finite Element Methods for Parabolic Problems. 2. Aufl., Springer, Berlin (2006)

[Verfürth1996] Verfürth, R.: A Review of A Posteriori Error Estimation and Adaptive Mesh-Refinement Techniques. Wiley+Teubner, Chichester (1996)

[Wilkinson 1969] Wilkinson, J. H.: Rundungsfehler. Springer, Berlin (1969)

KAPITEL **8**

WIRTSCHAFTS- UND FINANZMATHEMATIK

Zur Wirtschaftsmathematik zählen solche angewandten Gebiete wie Finanz- und Versicherungsmathematik, Operations Research und Optimierung, Anwendungen der Differentialrechnung in den Wirtschaftswissenschaften und weitere. Der Schwerpunkt liegt dabei auf der Entwicklung und Begründung quantitativer Modelle und Methoden sowie deren Anwendung bei der Untersuchung praktischer Aufgabenstellungen, insbesondere – aber nicht nur – im ökonomischen Umfeld.

8.1 Klassische Finanzmathematik und Anwendungen

8.1.1 Lineare Verzinsung

Zinsen: Für einen Geldbetrag (*Kapital K*), der einem Dritten für eine bestimmte Dauer (*Laufzeit t*) überlassen wird, werden *Zinsen* Z_t als Vergütung gezahlt. Der dabei vereinbarte *Zinssatz p* (in Prozent; Zinsen auf 100 GE) bzw. $i = \frac{p}{100}$ (Zinsen auf 1 GE) bezieht sich auf eine *Zinsperiode* (meist ein Jahr, mitunter auch Halbjahr, Monat etc.). Üblicherweise werden die Zinsen am Ende der Zinsperiode (*nachschüssig; dekursiv*) gezahlt. Die Abkürzung p. a. (pro anno, per annum) steht für Zinssätze, die sich auf ein Jahr beziehen.

$$Z_t = K \cdot i \cdot t \qquad \text{Zinsen für den Zeitraum } t \qquad (8.1)$$

Die Größe t (i. Allg. $0 < t \leq 1$) stellt den Quotienten aus Laufzeit und Periodenlänge dar. Ist die Zinsperiode ein Jahr, so sind bei der Berechnung von t verschiedene Methoden (Usancen) üblich; ggf. sind weitere Vorschriften zu beachten:[1]

$$\frac{30}{360}, \quad \frac{\text{actual}}{360}, \quad \frac{\text{actual}}{365}, \quad \frac{\text{actual}}{\text{actual}}.$$

Zeitwerte:

$$K_t = K_0(1 + it) \qquad \text{Zeitwert zum Zeitpunkt } t \qquad (8.2)$$

Spezielle Zeitwerte sind der *Barwert* K_0 (für $t = 0$) sowie der *Endwert* K_n (für $t = n$):

$$K_0 = \frac{K_t}{1 + it} \qquad \text{Barwert; Zeitwert für } t = 0 \qquad (8.3)$$

$$K_n = K_0(1 + in) \qquad \text{Endwert; Zeitwert für } t = n \qquad (8.4)$$

▶ BEISPIEL: Wie viel ist eine in 8 Monaten zu erwartende Zahlung von 5 000 € bei 4 % jährlicher Verzinsung heute wert? Mit $t = \frac{8}{12}$ und $i = \frac{4}{100} = 0,04$ ergibt sich $K_0 = \frac{5000}{1 + 0,04 \cdot \frac{8}{12}} = 4870,13$ [€].

Relativ selten kommen *vorschüssige (antizipative)* Zinsen vor; sie fallen am Anfang einer Zinsperiode an und werden als Bruchteil des Kapitals am **Ende** der Periode ausgedrückt. Dem vorschüssigen Zinssatz (*Diskont*) d entspricht der nachschüssige Zinssatz $i = \frac{d}{1-d}$.

---

[1] $\frac{30}{360}$ bedeutet beispielsweise: Jeder Monat hat 30 und das Jahr 360 Zinstage.

Beim Vergleich von Zahlungen, die zu unterschiedlichen Zeitpunkten erfolgen, oder bei der Beurteilung verschiedener Zahlungsvarianten findet das *Äquivalenzprinzip* (oft in der Form des *Barwertvergleichs*) Anwendung, d. h., alle Zahlungen werden auf einen festen Zeitpunkt t (z. B. $t = 0$) bezogen und alle Zahlungen entsprechend auf- oder abgezinst.

Durch Umstellung der Zeitwertformel (8.2) kann man i und t berechnen:

$$ i = \frac{1}{t} \cdot \left(\frac{K_t}{K_0} - 1 \right), \qquad t = \frac{1}{i} \cdot \left(\frac{K_t}{K_0} - 1 \right). $$

Regelmäßige konstante Zahlungen (Jahresersatzrate): Die Zinsperiode wird in m gleich lange Teile unterteilt. Zu Beginn bzw. Ende jeder Teilperiode (vorschüssige bzw. nachschüssige Zahlungsweise) erfolgt eine Zahlung der Höhe r. Dann ergibt sich am Ende der Zinsperiode (= ursprüngliche Periode) der folgende Endwert:

$$ K_1^{\text{vor}} = r \left(m + \frac{m+1}{2} \right), \qquad K_1^{\text{nach}} = r \left(m + \frac{m-1}{2} \right). \tag{8.5} $$

Im Rahmen der Rentenrechnung werden die Größen K_1^{vor} und K_1^{nach} meist mit R bezeichnet und *Jahresersatzrate* genannt. Ist die Zinsperiode das Jahr, so entspricht $m = 2$ halbjährlichen, $m = 4$ vierteljährlichen und $m = 12$ monatlichen Zahlungen.

▶ BEISPIEL: Frau X. spart regelmäßig zu Monatsbeginn 200 €. Über welche Summe kann sie am Jahresende verfügen, wenn die Verzinsung 6 % p. a. beträgt? Formel (8.5) liefert für die konkreten Werte $r = 200$ und $i = 0,06$ unmittelbar $R = 200 \, (12 + 6,5 \cdot 0,06) = 2\,478$ [€].

8.1.2 Zinseszinsrechnung (geometrische Verzinsung)

Wird ein Kapital über mehrere Zinsperioden hinweg angelegt und die Zinsen nach Ablauf jeder Zinsperiode dem Kapital zugeschlagen und folglich in der folgenden Periode mitverzinst (Zinsansammlung), entstehen *Zinseszinsen*:

$$ K_n = K_0(1 + i)^n = K_0 q^n \qquad \textbf{Leibnizsche Endwertformel} \tag{8.6} $$

Man spricht auch von *geometrischer* Verzinsung; $q = 1 + i$ ist der *Aufzinsungsfaktor*.

▶ BEISPIEL: Ein Kapital von 3 000 € wird bei 4 % p. a. über acht Jahre angelegt. Der Endwert nach acht Jahren beträgt dann $K_8 = 3000 \cdot 1,04^8 = 4\,105,71$ [€].

Wird ein Kapital über eine gebrochene Laufzeit angelegt, so hat man i. Allg. geometrische (für ganze Perioden) und lineare Verzinsung (für gebrochene Perioden) miteinander zu kombinieren (*gemischte Verzinsung*). In der Finanzmathematik wird häufig auch für gebrochene Perioden geometrische Verzinsung unterstellt:

$$ K_t = K_0 \cdot (1 + i)^t = K_0 \cdot q^t \qquad \textbf{Kapital zum Zeitpunkt t; Zeitwert} \tag{8.7} $$

Analog ergibt sich der *Barwert* einer in der Zukunft erfolgenden Zahlung K_t, d. h. der Wert, der bei einer Anlage auf Zinseszins nach der Zeit t auf den Wert K_t anwächst, durch *Abzinsen* oder *Diskontieren*:

$$ K_0 = \frac{K_t}{(1 + i)^t} = \frac{K_t}{q^t} \qquad \textbf{Barwert bei geometrischer Verzinsung} \tag{8.8} $$

▶ BEISPIEL: Herr K. kauft abgezinste Sparbriefe im Nennwert von 4 000 €, die bei einer Laufzeit von 5 Jahren mit 6 % p. a. verzinst werden. Wie viel hat er zu zahlen? Die zu zahlende Summe,

d. h. der Barwert, beträgt $K_0 = \frac{4\,000}{(1+0,06)^5} = 2\,989,03$ [€]. Legt man diesen Betrag über 5 Jahre zu 6 % an, erreicht man gerade einen Endwert von $4\,000$ €.

Durch Umstellung der Zeitwertformel (8.7) kann man i und t berechnen:

$$i = \sqrt[t]{\frac{K_t}{K_0}} - 1, \qquad t = \frac{\ln \frac{K_t}{K_0}}{\ln(1+i)} = \frac{\ln K_t - \ln K_0}{\ln q}.$$

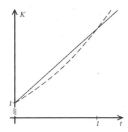

Abb. 8.1 Lineare und geometrische Verzinsung

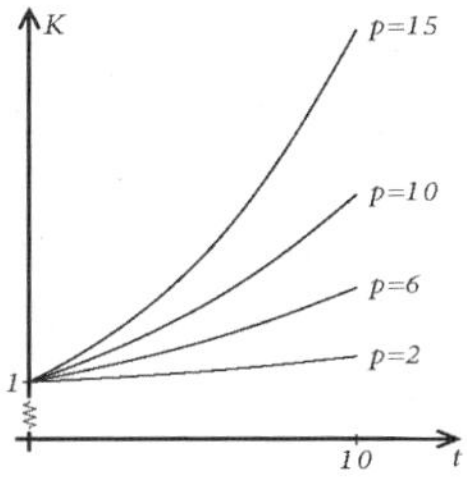

Abb. 8.2 Entwicklung eines Kapitals bei Zinseszins

Verzinsung mit unterschiedlichen Zinssätzen: Wird in mehreren aufeinander folgenden Zinsperioden jeweils mit unterschiedlichen Zinssätzen i_k, $k = 1, \ldots, n$, verzinst, so ist die Endwertformel (8.6) wie folgt abzuändern ($q_k = 1 + i_k$):

$$K_n = K_0 \cdot q_1 \cdot q_2 \cdot \ldots \cdot q_n. \tag{8.9}$$

Einen „durchschnittlichen" Zinssatz (*Effektivzinssatz, Rendite*) erhält man aus dem Äquivalenzprinzip:

$$K_n = K_0 \cdot q_1 \cdot q_2 \cdot \ldots \cdot q_n \overset{!}{=} K_0 \cdot q_{\text{eff}}^n \implies q_{\text{eff}} = \sqrt[n]{q_1 \cdot \ldots \cdot q_n} \implies i_{\text{eff}} = q_{\text{eff}} - 1.$$

Verdoppelungsproblem: In welcher Zeit verdoppelt sich ein Kapital bei gegebenem Zinssatz i (bzw. $p = 100i$)?

$$K_n = K_0 \cdot q^t = 2K_0 \implies q^t = 2 \implies t = \frac{\ln 2}{\ln q}$$

Näherungsformel, die sich zur Rechnung im Kopf eignet: $t \approx \dfrac{69}{p}$.

Unterjährige und stetige Verzinsung: Die Zinsperiode wird in m gleich lange Teilperioden unterteilt. Mitunter erfolgt die Verzinsung am Ende jeder Teilperiode (*unterjährige Verzinsung*). Es bezeichne i den Periodenzinssatz und j den Zinssatz für die Teilperiode:

$i_{\text{nom}} = m \cdot j$ — nomineller Zinssatz (bei geg. j)

$j_{\text{rel}} = \frac{i}{m}$ — relativer unterjähriger Zinssatz (bei geg. i)

$i_{\text{kon}} = (1 + j)^m - 1$ — konformer Zinssatz (bei geg. j)

$j_{\text{äquiv}} = \sqrt[m]{1 + i} - 1$ — äquivalenter unterjähriger Zinssatz (bei geg. i)

Ist die Zinsperiode das Jahr, so wird i_{kon} auch *effektiver Jahreszinssatz* i_{eff} genannt.

Vergleicht man die Endwerte bei einmaliger Verzinsung mit i und m-maliger Verzinsung mit j_{rel}, so ist letzterer Wert größer. Er entspricht einer einmaligen Verzinsung mit i_{kon}. Umgekehrt, ist i gegeben, so erhält man bei m-maliger Verzinsung mit $j_{äquiv}$ denselben Endwert wie bei einmaliger Verzinsung mit i.

▶ BEISPIEL: Ein Kapital von $10\,000\,€$ wird über 10 Jahre bei $6\,\%$ Verzinsung pro Jahr angelegt. In der folgenden Tabelle sind die Endwerte K_{10}^m bei m-maliger unterjähriger Verzinsung mit j_{rel} für verschiedene Werte von m sowie die jährlichen Effektivzinssätze aufgelistet:

m	Verzinsung	Endwert K_{10}^m	i_{eff}
1	jährlich	$10000 \cdot 1,06^{10} = 17\,908,48$	$6,00\,\%$
2	halbjährlich	$10\,000 \cdot (1 + \frac{0,06}{2})^{2 \cdot 10} = 18\,061,11$	$6,09\,\%$
4	vierteljährlich	$10\,000 \cdot (1 + \frac{0,06}{4})^{4 \cdot 10} = 18\,140,18$	$6,14\,\%$
12	monatlich	$10\,000 \cdot (1 + \frac{0,06}{12})^{12 \cdot 10} = 18\,193,97$	$6,17\,\%$
360	täglich	$10\,000 \cdot (1 + \frac{0,06}{360})^{360 \cdot 10} = 18\,219,84$	$6,18\,\%$

Welchem (endlichen oder unendlichen) Grenzwert streben die Endwerte bei immer kürzer werdenden Teilperioden ($\frac{1}{m} \to 0$ bzw. $m \to \infty$) zu? Diese Fragestellung führt auf die *stetige* oder *kontinuierliche* Verzinsung:

$$K_t = K_0 \cdot e^{it} \qquad \textbf{Endwert bei stetiger Verzinsung}$$
$$K_0 = K_t \cdot e^{-it} \qquad \textbf{Barwert bei stetiger Verzinsung}$$

Bei stetiger Verzinsung werden in jedem Moment proportional zum aktuellen Kapital Zinsen gezahlt. Der Zinssatz wird in diesem Zusammenhang *Zinsintensität* genannt:

i –   Zinssatz bei einmaliger Verzinsung pro Periode
i^* –   Zinsintensität bei stetiger Verzinsung

Es gelten folgende Zusammenhänge: $\quad i = e^{i^*} - 1, \quad i^* = \ln(1 + i)$.

8.1.3 Rentenrechnung

In der Finanzmathematik versteht man unter einer *Rente* eine Folge von in gleichen Zeitabständen erfolgenden Zahlungen (*Raten*). Sind diese konstant, so spricht man von *starrer* Rente, folgen sie bestimmten Bildungsgesetzen, so liegt eine *dynamische* Rente vor. Die Zahlungen können dabei *vorschüssig* oder *nachschüssig* erfolgen. Ist die Anzahl der Zahlungen (bzw. Perioden) endlich, spricht man von *Zeitrente*, während der Fall zeitlich unbeschränkter Zahlungen *ewige Rente* genannt wird (für mehr Details s. [Luderer 2011]). *Leibrenten*, die bis zum Lebensende erfolgen, sind aufgrund der stochastischen Einflüsse Gegenstand der Versicherungsmathematik.

Grundproblem der Rentenrechnung: Zusammenfassung der n Ratenzahlungen zu einem Gesamtbetrag, dem *Zeitwert* der Rente. Von besonderer Bedeutung sind der *Endwert* ($t = n$) und der *Barwert* ($t = 0$) der Rente. Die umgekehrte Problemstellung, die *Verrentung* eines Kapitals, besteht in der Aufteilung eines Betrages auf n regelmäßige Einzelzahlungen unter Berücksichtigung der anfallenden Zinsen.

n	–	Anzahl der Perioden
i	–	Zinssatz
q	–	Aufzinsungsfaktor, $q = 1 + i$
E_n	–	Rentenendwert; Kapital zum Zeitpunkt $t = n$
B_n	–	Rentenbarwert; Kapital zum Zeitpunkt $t = 0$

Rentenzahlungen können anschaulich am Zeitstrahl dargestellt werden:

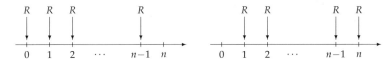

vorschüssige Zahlungen   nachschüssige Zahlungen

Grundlegende Formeln

Voraussetzungen: Ratenperiode = Zinsperiode; n Perioden

$E_n^{\text{nach}} = R \cdot \dfrac{q^n - 1}{q - 1}$	– Endwert der nachschüssigen Rente
$B_n^{\text{nach}} = R \cdot \dfrac{q^n - 1}{q^n(q - 1)}$	– Barwert der nachschüssigen Rente
$E_n^{\text{vor}} = Rq \cdot \dfrac{q^n - 1}{q - 1}$	– Endwert der vorschüssigen Rente
$B_n^{\text{vor}} = R \cdot \dfrac{q^n - 1}{q^{n-1}(q - 1)}$	– Barwert der vorschüssigen Rente
$B_\infty^{\text{nach}} = \dfrac{R}{q - 1}$	– Barwert der nachschüssigen ewigen Rente
$B_\infty^{\text{vor}} = \dfrac{Rq}{q - 1}$	– Barwert der vorschüssigen ewigen Rente

Der Endwert einer ewigen Rente ist **nicht** endlich. Durch Umstellung obiger Formeln kann man sowohl R als auch n berechnen (exemplarisch für nachschüssige Renten):

$$R = E_n^{\text{nach}} \cdot \frac{q - 1}{q^n - 1} = B_n^{\text{nach}} \cdot \frac{q^n(q - 1)}{q^n - 1},$$

$$n = \frac{1}{\ln q} \cdot \ln\left(E_n^{\text{nach}} \cdot \frac{q - 1}{R} + 1\right) = \frac{1}{\ln q} \cdot \ln \frac{R}{R - B_n^{\text{nach}}(q - 1)}.$$

Die Berechnung von q (bzw. i) aus obigen Formeln ist dagegen nur mithilfe numerischer Näherungsverfahren möglich.

▶ Beispiel: Für ihre Enkeltochter zahlen die Großeltern jeweils zu Jahresbeginn 600 € auf ein Sparkonto ein. Auf welchen Betrag sind die Einzahlungen nach 18 Jahren bei 5 % Verzinsung p. a. angewachsen? Entsprechend der Endwertformel der vorschüssigen Rentenrechnung beträgt der Endwert $E_{18}^{\text{vor}} = 600 \cdot 1,05 \cdot \frac{1,05^{18} - 1}{0,05} = 17\,723,40$ [€].

▶ BEISPIEL: Über welchen Betrag müsste ein Rentner zu Rentenbeginn verfügen, damit er bei 6 % Verzinsung 20 Jahre lang jährlich vorschüssig 2 000 € ausgezahlt bekommen kann? Hier ist der Barwert einer vorschüssigen Rente zu berechnen: $B_{20}^{\text{vor}} = 2000 \cdot \frac{1,06^{20}-1}{1,06^{19} \cdot 0,06} = 24\,316,23$ [€].

Unterjährige Ratenzahlung bei jährlicher Verzinsung

Die Grundvoraussetzung der Übereinstimmung von Raten- und Zinsperiode ist hier nicht erfüllt. Eine Anpassung kann mittels der Formel (8.5) für die *Jahresersatzrate* erfolgen. Eine weitere Möglichkeit besteht in der Verwendung des äquivalenten unterjährigen Zinssatzes $j_{\text{äquiv}}$ (vgl. S. 983) und einer entsprechenden Erhöhung der Periodenanzahl.

▶ BEISPIEL: Ein Sparer zahlt 10 Jahre lang monatlich vorschüssig 200 € ein. Wie hoch ist der Endwert bei $i = 5\,\%$? Antwort: $E_{10} = 200 \cdot \left(12 + \frac{13}{2} \cdot 0,05\right) \cdot \frac{1,05^{10}-1}{0,05} = 31\,004,52$ [€].

8.1.4 Tilgungsrechnung

Die Tilgungsrechnung behandelt die Rückzahlung von Krediten, Anleihen etc.

Annuität A_k	(jährliche) Zahlung des Schuldners; Summe aus Zinsen Z_k und Tilgung T_k
Ratentilgung	konstante Tilgungsraten, fallende Zinszahlungen
Annuitätentilgung	konstante Annuitäten; fallende Zinszahlungen, in gleichem Maße wachsende Tilgungsbeträge
Restschuld S_k	Schuld am Ende der k-ten Periode; S_0 ist die Anfangsschuld
Tilgungsplan	Übersicht über sämtliche Zahlungen zur Tilgung einer Schuld

Voraussetzungen: Annuitätenzahlungen[2] erfolgen nachschüssig; nach n Perioden ist die Schuld vollständig getilgt; Zinsen werden auf die jeweilige Restschuld am Ende der vorhergehenden Periode gezahlt

Allgemein geltende Formeln: $A_k = Z_k + T_k,\quad Z_k = S_{k-1} \cdot i,\quad S_k = S_{k-1} - T_k$.

Ratentilgung:

$$T_k = T = \text{const}, \quad S_k = S_0 \cdot \left(1 - \frac{k}{n}\right), \quad Z_k = S_0 \cdot \left(1 - \frac{k-1}{n}\right) \cdot i$$

Restschulden sowie jährliche Zinsbeträge bilden arithmetisch fallende Zahlenfolgen.

Annuitätentilgung: Die Annuitäten sind konstant, sodass der Schuldner über die gesamte Laufzeit eine gleich bleibende Belastung hat.

Aus der Barwertformel der nachschüssigen Rentenrechnung (vgl. S. 985) lässt sich die Annuität berechnen:

$$A = S_0 \cdot \frac{q^n(q-1)}{q^n - 1}. \tag{8.10}$$

---

[2]annus: lat. „Jahr"; der Begriff kann sich aber auch allgemeiner auf eine beliebige Zahlungsperiode beziehen

Für die Annuitätentilgung gelten folgende Beziehungen:

$$A_k = A = \text{const},$$

$$T_k = T_1 \cdot q^{k-1}, \qquad T_1 = A - S_0 \cdot i,$$

$$Z_k = A - T_1 \cdot q^{k-1},$$

$$S_k = S_0 \cdot q^k - A \cdot \frac{q^k - 1}{q - 1}.$$

Die Tilgungsraten bilden eine geometrisch wachsende Folge.

▶ BEISPIEL: Ein Kreditbetrag in Höhe von 100 000 € soll innerhalb von 5 Jahren mit jährlich konstanter Annuität bei einer Verzinsung von 5 % getilgt werden. Wie hoch sind die Annuität, der Zinsbetrag im 3. Jahr und die Restschuld nach dem 4. Jahr?

Annuität: $A = 100\,000 \cdot \frac{1{,}05^5 \cdot 0{,}05}{1{,}05^5 - 1} = 23\,097{,}48$

Tilgung im 1. Jahr: $T_1 = 23\,097{,}48 - 5\,000 = 18\,097{,}48$

Zinsen im 3. Jahr: $Z_3 = 23\,097{,}48 - 18\,097{,}48 \cdot 1{,}05^2 = 3145{,}01$

Restschuld nach 4 Jahren: $S_4 = 100\,000 \cdot 1{,}05^4 - 23\,097{,}48 \cdot \frac{1{,}05^4 - 1}{0{,}05} = 21\,997{,}60$

Jahr	Restschuld zu Periodenbeginn	Zinsen	Tilgung	Annuität	Restschuld am Periodenende
k	S_{k-1}	Z_k	T_k	A_k	S_k
1	100 000,00	5 000,00	18 097,48	23 097,48	81 902,52
2	81 902,52	4 095,13	19 002,35	23 097,48	62 900,17
3	62 900,17	3 145,01	19 952,47	23 097,48	42 947,70
4	42 947,70	2 147,38	20 950,10	23 097,48	21 997,60
5	21 997,60	1 099,88	21 997,60	23 097,48	0,00
Gesamtzahlungen:		15 487,40	100 000,00	115 487,40	

Durch Umstellung von Formel (8.10) kann man n berechnen:

$$n = \frac{\ln A - \ln(A - S_0 i)}{\ln(1 + i)}. \tag{8.11}$$

Die Größen q bzw. $i = q - 1$ lassen sich hingegen nur mittels numerischer Näherungsverfahren aus (8.10) ermitteln.

▶ BEISPIEL: (Prozentannuität) Wird bei einem Darlehen die Annuität dadurch festgelegt, dass die Tilgung im 1. Jahr vorgegeben wird, so ist die Zeit bis zur vollständigen Tilgung des Darlehens von Interesse. Hierbei gilt $A = Z_1 + T_1 = S_0 \cdot (i + t)$, t – anfängliche Tilgungsrate. Es seien $i = 8\,\%$, $t = 1\,\%$. Dann folgt $A = (0{,}08 + 0{,}01)S_0 = 0{,}09 S_0$, $n \approx 28{,}55$ [Jahre]. Es sind Gesamtzahlungen (Tilgung plus Zinsen) in Höhe von $28{,}55 \cdot 0{,}09 \cdot S_0 = 2{,}57 S_0$ zu leisten.

Unterjährige Zahlungen: Oftmals ist die Zinsperiode das Jahr, die Zahlungen erfolgen jedoch häufiger, z. B. monatlich. In diesem Fall kann man die Zahlungen an die Verzinsung mittels der *Jahresersatzrate* nach Formel (8.5) anpassen; hierbei wird unterjährig lineare Verzinsung unterstellt.

Häufig wird bei unterjährigen Zahlungen anstelle des jährlichen Zinssatzes i der relative unterjährige Zinssatz $j_{rel} = \frac{i}{m}$ verwendet (vgl. S. 983). In diesem Fall ist der effektive jährliche Zinssatz höher als i: $i_{eff} = \left(1 + \frac{i}{m}\right)^m - 1$.

8.1.5 Kursrechnung

Das Ziel besteht darin, den *fairen* Kurs (Preis)[3] eines Zahlungsstroms (z. B. Zinszahlungen und Schlussrückzahlung einer Anleihe) unter Marktbedingungen zu ermitteln. Dabei versteht man unter dem (in Prozent gemessenen) *Kurs C* den mittels *Marktzinssatz* $i = i_{markt}$ berechneten Barwert aller durch ein Wertpapier mit *Nominalwert* 100 generierten zukünftigen Zahlungen; vgl. [Luderer 2011].

In der nebenstehenden Abbildung sind die Zahlungen einer Anleihe mit ganzzahliger Laufzeit n, Nominalbetrag 100, einem *Kupon p* (vereinbarte Zinszahlung) und einer Schlussrückzahlung R (meist $R = 100$) dargestellt.

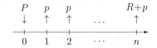

Die Anleihe hat den folgenden fairen Kurs (Preis):

$$P = \frac{1}{(1+i)^n} \cdot \left[p \cdot \frac{(1+i)^n - 1}{i} + R\right] .$$

8.1.6 Barwerte und Renditen

Neben der Rendite als wichtige Kennzahl einer Geldanlage oder Geldaufnahme spielt der Barwert (Preis, Kurs, Present Value) von Finanzprodukten eine bedeutende Rolle. Dieser bildet oftmals die Grundlage der Bewertung und damit von Kauf- oder Verkaufsentscheidungen.

8.1.6.1 Barwert eines Zahlungsstroms

Gegeben sei der folgende allgemeine Zahlungsstrom:

In diesem Abschnitt wird eine flache Zinsstruktur angenommen, d. h., es wird mit einer von der Laufzeit unabhängigen (Durchschnitts-) Rendite i gearbeitet (bezüglich einer nicht flachen Zinsstruktur, vgl. 8.1.7).

Bei bekannter (Markt-) Rendite lässt sich der Barwert des Zahlungsstroms durch Abzinsen der Einzelzahlungen ermitteln (Discounted Cash Flow Method, DCF):

$$P = \frac{Z_1}{1+i} + \frac{Z_2}{(1+i)^2} + \ldots + \frac{Z_n}{(1+i)^n} = \sum_{k=1}^{n} \frac{Z_k}{(1+i)^k} .$$

Die zunächst für ganze Zinsperioden gültige Formel wird häufig auch auf allgemeinere Modelle mit beliebigen Zahlungszeitpunkten t_k (anstelle von k) übertragen. Unter Anwendung der

---

[3]Im Unterschied zum theoretisch ermittelten fairen Preis bilden sich reale Kurse an der Börse durch Angebot und Nachfrage heraus.

geometrischen bzw. stetigen Verzinsung ergibt sich dann der Barwert

$$P = \sum_{k=1}^{n} \frac{Z_k}{(1+i)^{t_k}} \quad \text{bzw.} \quad P = \sum_{k=1}^{n} Z_k e^{-it_k}.$$

Bei Geldmarktpapieren hingegen wird wegen ihrer Unterjährigkeit meist auf lineare Verzinsung zurückgegriffen, d. h.

$$P = \sum_{k=1}^{n} \frac{Z_k}{1 + i \cdot t_k}.$$

Die beschriebenen Barwertformeln bilden auch den Ausgangspunkt für die Berechnung von Renditen, wenn nämlich der Barwert als Kurs gegeben ist. Aus mathematischer Sicht ist in diesem Fall in aller Regel eine Polynomgleichung höheren Grades mittels numerischer Näherungsverfahren zu lösen, sofern nicht im Einzelfall eine explizite Auflösung nach i möglich ist (vgl. [Luderer 2011]).

8.1.6.2 Barwerte und Renditen konkreter Produkte

Jedes real existierende Finanzprodukt lässt sich als Zahlungsstrom wie im vorigen Punkt beschrieben darstellen. Damit ist man auch in der Lage, den fairen Preis, d. h. den Barwert, wie er sich für eine gegebene Marktrendite ergibt, zu berechnen (um sie dann gegebenenfalls mit den realen Marktkursen zu vergleichen). Neben der Darstellung des Barwerts mithilfe der allgemeinen Summe abgezinster Einzelzahlungen ist man oftmals an einer geschlossenen Formel interessiert.

Da sich komplizierte, strukturierte Produkte oftmals bausteinartig aus einfachen Produkten zusammensetzen lassen, sind als Ausgangspunkt nachfolgend die Barwerte der wichtigsten einfachen festverzinslichen Geld- und Kapitalmarktinstrumente angegeben (bezüglich ihrer mathematischen Fundierung wird auf weiterführende Literatur verwiesen). Als Nominalwert wird jeweils 100 unterstellt, während i die gegebene Marktrendite beschreibt. Wo explizit möglich, ist auch angegeben, wie (bei bekanntem Kurs) die Rendite des jeweiligen konkreten Produkts berechnet werden kann.

Bezeichnungen	
t, t_1	Zeitpunkte
τ	Teil einer Zinsperiode
n, T	(Rest-) Laufzeit
S	Stückzinsen
P	Preis, Kurs
Z	laufende Zahlung, Rate
R	Rückzahlung (oft: $R = 100$)
p	Kupon, Nominalzinssatz (in Prozent)

8.1.6.2.1 Geldmarktpapiere.
Ein Geldmarktpapier (mit kurzer Laufzeit), auch Diskontpapier, Zerobond, Treasury Bill, Commercial Paper genannt, ist ein endfälliges Wertpapier ohne laufende Zinszahlung, während ein Papier mit einmaliger Zinszahlung bei Fälligkeit Zinsen zahlt (vgl. Abb.):

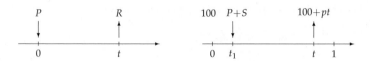

8.1.6.2.2 Kapitalmarktpapiere:

Hier sind vor allem der Zerobond (ohne laufende Zinszahlung; Abb. links) und die endfällige Anleihe (Straight Bond, Plain Vanilla Bond) mit ganzzahliger oder gebrochener Laufzeit zu nennen (Abb. rechts). Hierbei sind n – Anzahl ganzer Perioden, τ – gebrochener Anteil einer Periode; es erfolgen $n + 1$ Kuponzahlungen)[4]:

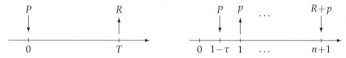

Bei der nachschüssigen Zeitrente (mit Zahlungen jeweils am Periodenende), die über n Perioden läuft, entfällt im Unterschied zur Anleihe die Schlussrückzahlung (d. h. $R = 0$). Bei der ewigen Rente ist die Periodenzahl unbegrenzt.

Barwerte und Renditen von Zinsinstrumenten:

	Barwert P	Rendite i
Diskontpapier	$\dfrac{R}{1+it}$	$\dfrac{R-P}{P \cdot t}$
Geldmarktpapier mit einmaliger Zinszahlung	$\dfrac{100 + p(t-t_1) - pt_1 i(t-t_1)}{1 + i(t-t_1)}$	$\dfrac{100 - P + p(t-t_1)}{(P + pt_1)(t-t_1)}$
Zerobond	$\dfrac{R}{(1+i)^T}$	$\sqrt[T]{\dfrac{R}{P}} - 1$
Nachschüssige Zeitrente	$Z \cdot \dfrac{(1+i)^n - 1}{(1+i)^n \cdot i}$	numerisch ermitteln
Ewige Rente (nachschüssig)	$\dfrac{Z}{i}$	$\dfrac{Z}{P}$
Endfällige Anleihe, ganzzahlige Laufzeit	$\dfrac{1}{(1+i)^n} \left(p \cdot \dfrac{(1+i)^n - 1}{i} + R \right)$	numerisch ermitteln
Endfällige Anleihe, gebrochene Laufzeit	$\dfrac{1}{(1+i)^{n+\tau}} \left(p \cdot \dfrac{(1+i)^{n+1} - 1}{i} + R \right)$	numerisch ermitteln

8.1.7 Zinsstrukturkurve

Während in vielen finanzmathematischen Berechnungen ein einheitlicher, durchschnittlicher Zinssatz (Rendite) Verwendung findet, ist es marktgerechter, zu Zwecken einer sachgerechten Bewertung von Finanzprodukten von der tatsächlich am Markt vorliegenden Zinsstruktur auszugehen, denn Zinssätze sind normalerweise stark laufzeitabhängig. Bei normaler Struktur sind kurzfristige Zinssätze niedriger als langfristige, bei inverser Zinsstruktur ist es gerade umgekehrt.

---

[4]Für $\tau = 0$ ist $n := n - 1$, $\tau = 1$ zu setzen.

8.1.7.1 Spot Rates und Forward Rates

Der dem Zeitraum von heute ($t = 0$) bis a entsprechende Zinssatz werde mit s_a bezeichnet; er wird *Spot Rate* oder *Zerozinssatz* genannt. Der risikolos zu erzielende Zinssatz $f_{a,b}$ für den in der Zukunft bei a beginnenden und bei b endenden Zeitraum heißt *Forward Rate*. Mitunter werden auch die (spezielleren) Größen $f_{k,k+1}$ (k ganzzahlig) als Forward Rates bezeichnet.

Zur Beschreibung der Beziehungen zwischen Spot Rates und Forward Rates sind auch die Diskontfaktoren von Nutzen. In Abhängigkeit von den verwendeten Usancen (Geldmarkt oder Kapitalmarkt) lauten diese $d_t = \dfrac{1}{1 + s_t \cdot t}$ oder $d_t = \dfrac{1}{(1 + s_t)^t}$; bei Verwendung der stetigen Verzinsung gilt $d_t = e^{-s_t \cdot t}$.

Allgemeine Beziehung zwischen Diskontfaktoren: $d_a \cdot d_{a,b} = d_b$.

Kapitalmarkt: Aus dem Ansatz

$$(1 + s_a) \cdot (1 + f_{a,b})^{b-a} = (1 + s_b)^b$$

ergibt sich die Beziehung

$$f_{a,b} = \sqrt[b-a]{\frac{(1 + s_b)^b}{(1 + s_a)^a}} - 1 = \sqrt[b-a]{\frac{d_a}{d_b}} - 1$$

bzw. speziell für ganzzahlige Laufzeiten

$$f_{k,k+1} = \frac{(1 + s_{k+1})^{k+1}}{(1 + s_k)^k} - 1, \quad f_{0,1} = s_1.$$

Geldmarkt: Aus dem Ansatz

$$(1 + s_a \cdot a)(1 + f_{a,b} \cdot (b - a)) = 1 + s_b \cdot b$$

ergibt sich die Beziehung

$$f_{a,b} = \left(\frac{1 + s_b \cdot b}{1 + s_a \cdot a} - 1 \right) \cdot \frac{1}{b - a} = \left(\frac{d_a}{d_b} - 1 \right) \cdot \frac{1}{b - a} \, .$$

8.1.7.2 Ermittlung von Spot Rates (Konstruktion der Zerozinskurve)

Um zunächst Spot Rates s_k für ganzzahlige Laufzeiten zu ermitteln, gibt es mehrere Möglichkeiten (siehe unten). Spot Rates für gebrochene Laufzeiten lassen sich aus den Größen s_k durch lineare Interpolation der Zerosätze oder der Diskontfaktoren ermitteln; auch eine forwardbasierte Interpolation der Spot Rates ist gebräuchlich (für mehr Details vgl. [Grundmann und Luderer 2009]).

1. Analyse von Zerobonds mit der Laufzeit k: $\quad s_k = \sqrt[k]{\dfrac{R}{P}} - 1$

Diese Möglichkeit ist eher theoretischer Natur, da am Markt nicht genügend verschiedene Zerobonds bereitstehen.

2. Analyse gestaffelter Anleihen der Laufzeiten 1,..., n: Gegeben seien n Anleihen unterschiedlicher Laufzeit mit den Zahlungsströmen $Z_{k1}, \ldots, Z_{kk}$ und den Preisen $P_1, \ldots, P_n$, $k = 1, \ldots, n$. Löse (schrittweise) das lineare Gleichungssystem

$$
\begin{array}{ccccccccc}
Z_{11}d_1 & & & & & & & = & P_1 \\
Z_{21}d_1 & + & Z_{22}d_2 & & & & & = & P_2 \\
\vdots & & \vdots & & \vdots & & & & \vdots \\
Z_{n1}d_1 & + & Z_{n2}d_2 & + & \ldots & + & Z_{nn}d_n & = & P_n
\end{array}
$$

und berechne anschließend die Größen $s_k = \sqrt[k]{\dfrac{1}{d_k}} - 1$.

Dieser Zugang kann ausgedehnt werden auf beliebig viele Anleihen beliebiger Laufzeit, indem für einen vorgegebenen Zahlungsstrom, der möglichst billig abgesichert werden soll, eine geeignete lineare Optimierungsaufgabe gelöst wird. Die optimalen Lösungen der dualen Aufgabe sind die Diskontfaktoren, aus denen dann die Spot Rates bestimmt werden können.

8.1.7.3 Analyse von Swap Rates

Gegeben seien n Kupon-Swaps der Laufzeiten $1, \ldots, n$ mit dem Festzinssatz (Par Rate, Swapsatz) $r_k,\ k = 1, \ldots, n$. Hierbei stellt r_k den Kupon einer zu 100 notierenden Anleihe mit der Rückzahlung 100 und der Laufzeit k dar. Die Zerosätze s_k werden iterativ nach folgender Vorschrift berechnet (Bootstrapping):

$$s_1 = r_1; \qquad s_k = \sqrt[k]{\dfrac{1 + r_k}{1 - r_k \cdot \sum\limits_{j=1}^{k-1} \dfrac{1}{(1 + s_j)^j}}}, \qquad k = 2, \ldots, n.$$

8.1.8 Risikokennzahlen festverzinslicher Wertpapiere

Der Barwert eines allgemeinen Zahlungsstroms und folglich auch der Barwert jedes konkreten Finanzinstrumentes hängt von verschiedenen Einflussfaktoren ab, deren wichtigster zweifellos die Marktrendite ist. Daneben wird oft die (Restlauf-) Zeit als Einflussgröße berücksichtigt. Bei Optionen und anderen Derivaten (vgl. Abschnitt 8.4) spielen weitere Faktoren eine Rolle. Das Ziel der weiteren Darlegungen besteht darin, den Barwert als Funktion dieser Einflussgrößen darzustellen und mithilfe der ersten (und gegebenenfalls auch zweiten) Ableitung die Veränderung des Barwertes (= Sensitivität, Risiko) abzuschätzen. Wichtige Hilfsgrößen dafür stellen die nachfolgenden Risikokennzahlen dar.

8.1.8.1 Approximation der Barwertfunktion

Für eine beliebige Funktion $y = f(x)$ lässt sich der (exakte) Funktionswertzuwachs $\Delta y = f(x_0 + \Delta x) - f(x_0)$ durch das Differential $dy = f'(x_0) \cdot \Delta x$ abschätzen (vgl. Abschnitt 8.13). Eine noch genauere Approximation erhält man, wenn man die Funktion f im Punkt x_0 in eine Taylorreihe entwickelt, die nicht schon beim linearen, sondern erst beim quadratischen Glied abgebrochen wird: $\Delta y \approx f'(x_0)\Delta x + \frac{1}{2}f''(x_0)(\Delta x)^2$. Im Weiteren ist der Barwert P die abhängige Variable, während für die unabhängige Variable die Größen i (Marktrendite) bzw. T (Restlaufzeit) eingesetzt werden. Eine noch genauere Approximation ergibt sich, wenn beide Inputs gleichzeitig betrachtet werden, wie es im so genannten Delta-Plus-Ansatz geschieht:

$$\Delta P \approx \frac{\partial P}{\partial i} \Delta i + \frac{1}{2} \cdot \frac{\partial^2 P}{\partial i^2} (\Delta i)^2 + \frac{\partial P}{\partial T} \Delta T.$$

Dieses allgemein beschriebene Vorgehen wird nun auf die Barwertfunktion eines beliebigen Zahlungsstroms angewendet.

8.1.8.1.1 Barwert als Funktion der Rendite: Betrachtet man die Funktion

$$P = P(i) = \sum_{k=1}^{n} \frac{Z_k}{(1 + i)^k},$$

so gilt für die 1. und 2. Ableitung:

$$P'(i) = -\frac{1}{1+i} \sum_{k=1}^{n} \frac{kZ_k}{(1+i)^k},$$

$$P''(i) = \frac{1}{(1+i)^2} \sum_{k=1}^{n} \frac{k(k+1)Z_k}{(1+i)^k}.$$

Damit erhält man für die Änderung der Barwertfunktion in einer Umgebung des Punktes i die folgende Approximation (wenn sich der Zinssatz um Δi ändert und die Taylorentwicklung nach dem quadratischen Glied abgebrochen wird):

$$\Delta P \approx \frac{-1}{1+i} \cdot \sum_{k=1}^{n} \frac{kZ_k}{(1+i)^k} \cdot \Delta i + \frac{1}{2(1+i)^2} \cdot \sum_{k=1}^{n} \frac{kZ_k}{(1+i)^k} \cdot (\Delta i)^2.$$

8.1.8.1.2 Barwert als Funktion der Zeit:

Zunächst betrachten wir einen Zerobond der Laufzeit T und untersuchen seinen Barwert in Abhängigkeit von T:

$$P = P(T) = \frac{R}{(1+i)^T} = R \cdot (1+i)^{-T}.$$

Die erste Ableitung dieser Funktion lautet

$$P'(T) = -R(1+i)^{-T} \ln(1+i) = -P \ln(1+i).$$

Damit gilt die Näherung

$$\Delta P \approx -P \ln(1+i) \cdot \Delta T.$$

Überlegt sich man nun, dass eine Anleihe als Summe von Zerobonds (die den Kuponzahlungen bzw. der Schlussrückzahlung entsprechen) aufgefasst werden kann und für jeden einzelnen Zerobond die obige Formel gilt, so wird klar, dass diese Formel auch für eine beliebige Anleihe bzw. für einen beliebigen Zahlungsstrom Gültigkeit besitzt. Dies gilt allerdings nicht mehr, wenn der Zinssatz laufzeitabhängig ist.

8.1.8.2 Risikokennzahlen zur Beschreibung der Barwertänderung

In der Praxis werden eine Reihe von Kenngrößen zur Beschreibung der Barwertänderung verwendet, die eng mit den im vorigen Punkt beschriebenen Approximationen in Zusammenhang stehen und oftmals eine anschauliche Interpretation besitzen. Diese werden für den allgemeinen Zahlungsstrom von S. 988 beschrieben und lassen sich für konkrete Finanzprodukte entsprechend präzisieren. Es sei bemerkt, dass einige dieser Kennzahlen eigentlich ein negatives Vorzeichen aufweisen; in der Praxis wird jedoch meist nur mit dem Absolutbetrag der entsprechenden Zahl gearbeitet, da ohnehin klar ist, in welche Richtung die Veränderung erfolgt (höhere Rendite bedingt niedrigeren Barwert und umgekehrt).

Ein Basispunkt entspricht der Änderung um 0,01 % (absolut), also um $\frac{1}{10\,000}$. Alle Aussagen über Änderungen des Barwertes gelten nur näherungsweise (im Sinne der Näherung einer Kurve durch ihre Tangente in einem festen Punkt).

8.1.8.2.1 Renditeabhängige Risikokennzahlen eines allgemeinen Zahlungsstroms: Die wichtigsten Risikokennzahlen sind in der nachfolgenden Tabelle aufgelistet.

$$W = \frac{-1}{1+i} \sum_{k=1}^{n} \frac{kZ_k}{(1+i)^k} \cdot \frac{1}{10\,000}$$

Basispunktwert; absolute Barwertänderung bei Renditeänderung um einen Basispunkt

$$D = \frac{1}{P} \sum_{k=1}^{n} \frac{kZ_k}{(1+i)^k} = \frac{\sum_{k=1}^{n} \frac{kZ_k}{(1+i)^k}}{\sum_{k=1}^{n} \frac{Z_k}{(1+i)^k}}$$

Duration (nach Macaulay)

$$D_{\text{mod}} = \frac{1}{P \cdot (1+i)} \cdot \sum_{k=1}^{n} \frac{kZ_k}{(1+i)^k} = \frac{D}{1+i}$$

modifizierte (modified) Duration; prozentuale Barwertänderung bei Renditeänderung um 100 Basispunkte (= 1 % absolut)

$$C = \frac{1}{P \cdot (1+i)^2} \cdot \sum_{k=1}^{n} \frac{k(k+1)Z_k}{(1+i)^k}$$

Konvexität; Krümmungsmaß für die Preis-Rendite-Kurve; je größer C, desto stärker ist die Kurve gekrümmt

8.1.8.2.2 Laufzeitabhängige Risikokennzahl eines allgemeinen Zahlungsstroms: Hier ist die Kennzahl Θ von Interesse.

$$\Theta = \frac{P}{360} \cdot \ln(1+i) \approx P \cdot \left[(1+i)^{\frac{1}{360}} - 1 \right] \approx \frac{P \cdot i}{360}$$

Theta; absolute Änderung des Barwertes bei Restlaufzeitverkürzung um einen Tag

Mit den beschriebenen Kennzahlen lassen sich nun absolute und relative Änderungen des Barwertes (näherungsweise) effektiv beschreiben: Das Symbol Δi bezeichnet die Renditeänderung als absolute, δi als relative Größe, $\overline{\Delta i}$ hingegen die in Basispunkten ausgedrückte Veränderung; ΔT beschreibt die Änderung der Restlaufzeit: $\Delta T = -\frac{1}{360}$ entspricht einer Restlaufzeitverkürzung um einen Tag.

Absolute Barwertänderung

$$\Delta P \approx W \cdot \overline{\Delta i} = -D_{\text{mod}} \cdot P \cdot \Delta i = -\frac{D \cdot P}{1+i} \cdot \Delta i$$

renditeabhängige Änderung

$$\Delta P \approx -360 \cdot \Theta \cdot \Delta T$$

laufzeitabhängige Änderung

$$\Delta P \approx W \cdot \overline{\Delta i} + \tfrac{1}{2} \cdot C \cdot P \cdot (\Delta i)^2 - 360 \cdot \Theta \cdot \Delta T$$

Delta-Plus-Ansatz; rendite- und laufzeitabhängige Änderung

Prozentuale Barwertänderung

$$\frac{\Delta P}{P} \approx -D_{\text{mod}} \cdot \Delta i = \frac{-D}{1+i} \cdot \Delta i$$

Ist die Zinskurve nicht flach, so sind die beschriebenen Risikokennzahlen derart zu modifizieren, dass in den jeweiligen Summen die Rendite i durch die Spot Rates s_k, $k = 1, \ldots, n$, zu ersetzen sind. Eine Ausnahme bildet die laufzeitabhängige Kennzahl Theta; diese ändert sich zu

$$\Theta = \sum_{k=1}^{n} \frac{Z_k}{(1+s_k)^k} \cdot \ln(1+s_k).$$

8.1.9 Risikokennzahlen und Rendite von Portfolios

Zins- und Portfoliomanager haben eine Vielzahl von Einzeltiteln (festverzinsliche Wertpapiere, evtl. auch Aktien, Optionen, ...) zu verwalten und gezielt zu steuern. Aus diesem Grunde müssen sie in der Lage sein, Barwert, Rendite und Risikokennzahlen des Portfolios berechnen zu können, gegebenenfalls nur näherungsweise, dafür aber einfacher und schneller. Während sich der Barwert eines Portfolios als Summe der Barwerte der Einzeltitel leicht ermitteln lässt, liegen die Zusammenhänge bei den Risikokennzahlen und insbesondere bei der Rendite etwas komplizierter.

Es wird eine flache Zinsstruktur (und damit eine laufzeitunabhängige Rendite i) vorausgesetzt. Das Portfolio enthalte N Einzelpositionen (Anleihen) mit den Barwerten P_s, $s = 1, \ldots, N$. Der Index p (bzw. s) bedeute, dass sich die jeweilige Kennzahl auf das Portfolio (bzw. die s-te Anleihe) bezieht. Die Größe $w_s = \frac{P_s}{P_p}$ bezeichne das Gewicht (= Anteil am Barwert des Portfolios) der s-ten Einzelposition, $s = 1, ..., N$, n_s sei ihre Laufzeit und Z_{ks}, $k = 1, \ldots, n_s$, seien die Einzelzahlungen der s-ten Position.

Risikokennzahlen eines Portfolios

$$P_p = \sum_{s=1}^{N} P_s \qquad\qquad \text{Barwert des Portfolios}$$

$$W_p = \sum_{s=1}^{N} W_s \qquad\qquad \text{Basispunktwert des Portfolios}$$

$$D_{\mathrm{mod},p} = \sum_{s=1}^{N} w_s D_{\mathrm{mod},s} \qquad\qquad \text{modifizierte Duration des Portfolios}$$

$$D_p = \sum_{s=1}^{N} w_s D_s = \frac{1}{P_p} \sum_{s=1}^{N} \sum_{k=1}^{n_s} \frac{k Z_{ks}}{(1+i)^k} \qquad\qquad \text{Duration des Portfolios}$$

$$C_p = \sum_{s=1}^{N} w_s C_s \qquad\qquad \text{Konvexität des Portfolios}$$

$$\Theta_p = \sum_{s=1}^{N} w_s \Theta_s \qquad\qquad \text{Theta des Portfolios}$$

Der Barwert und der Basispunktwert eines Portfolios ergeben sich also jeweils aus der Summe der entsprechenden Einzelgrößen, während modifizierte Duration, Duration, Konvexität und Theta des Portfolios die barwertgewichtete Summe der Einzelkennzahlen darstellen.

Die exakte Rendite eines Portfolios lässt sich aus der Beziehung

$$P_p = \sum_{s=1}^{N} \sum_{k=1}^{n_s} \frac{Z_{sk}}{(1+i)^k}$$

mittels numerischer Näherungsverfahren ermitteln; näherungsweise kann man sie auch mithilfe von

$$i_p \approx \sum_{s=1}^{N} w_s i_s \qquad \text{oder} \qquad i_p \approx \frac{\sum\limits_{s=1}^{N} P_s D_s i_s}{\sum\limits_{s=1}^{N} P_s D_s}$$

(barwertgewichtete bzw. durationsgewichtete Portfoliorendite) ermitteln; hierbei ist i_s die Rendite des s-ten Einzeltitels.

8.1.10 Finanzinnovationen

8.1.10.1 Swaps

Gegeben seien die Zeitpunkte $k = 1, ..., m$ bzw. t_j, $j = 1, ..., M$, zu denen Zinszahlungen erfolgen. Ferner sei eine Zinsstrukturkurve mit den Diskontfaktoren d_k bzw. d_{t_j} bekannt.

Ein Zinsswap (Interest Rate Swap) ist ein Zinsinstrument, bei dem der Tausch zukünftiger Zinszahlungen zwischen zwei Partnern vereinbart wird. Ein Swap ist fair, wenn die Barwerte der zukünftigen Zinszahlungen bei Vertragsabschluss gleich sind. Die Konstruktion fairer Swaps nennt man *Pricing*. Dieses kann durch das Ermitteln eines Festzinssatzes (Swapsatz = Kupon einer zu 100 notierenden Anleihe mit Laufzeit m), von Auf- oder Abschlägen (Spreads) oder einer zusätzlichen Vorauszahlung (Up-Front Payment) erfolgen, wobei anstelle der (unbekannten) zukünftigen Referenzzinssätze die aus der Zinsstrukturkurve ermittelten Forward Rates (s. S. 991) verwendet werden, die man sich heute risikolos sichern kann.

Bei dem allgemeineren Währungsswap (Cross-Currency Swap) werden feste (variable) Zinsen in einer Währung gegen feste (variable) Zinsen in einer anderen Währung getauscht; zusätzlich werden zu Beginn und bei Fälligkeit des Swaps die zugrunde liegenden Nominalbeträge getauscht.

Bezeichnungen

d_k, d_{t_j}	zu den Zeitpunkten $k = 1, ..., m$ bzw. t_j, $j = 1, ..., M$, gehörige Diskontfaktoren
N_k	in der Periode $[k-1, k]$ zu tauschender Nominalbetrag
z_k	in der Periode $[k-1, k]$ vereinbarter Zinssatz
r	Swapsatz (bezogen auf die Vertragslaufzeit des Swaps)
s	Spread; Auf- oder Abschlag zum Referenzzinssatz
τ_{t_j}	Länge der Periode $[t_{j-1}, t_j]$ auf der variablen Seite

---

8.1.10.1.1 Pricing von Zinsswaps und ausgewählten Spezialswaps: Hierbei werden der Swapsatz oder der sog. Spread ermittelt.

Kuponswap (Plain-Vanilla Swap)	$r = \dfrac{1 - d_m}{\sum\limits_{k=1}^{m} d_k}$	ein fester Zinssatz r (Swapsatz) wird gegen einen variablen Referenzzinssatz (z. B. 6-Monats-LIBOR, 3-Monats-EURIBOR) bei konstantem Nominalbetrag getauscht
Step-up-Swap (unterschiedl. Nominalbeträge)	$r = \dfrac{\sum\limits_{k=1}^{m} N_k(d_{k-1} - d_k)}{\sum\limits_{k=1}^{m} N_k d_k}$	für die jährlich variierenden Nominalbeträge N_k, $k = 1, ..., m$, wird der feste Zinssatz r (Swapsatz) gegen einen variablen Referenzzinssatz getauscht
Step-up-Swap (unterschiedl. Zinsbeträge)	$s = \dfrac{\sum\limits_{K01}^{m} z_k d_k - 1 + d_m}{\sum\limits_{j=1}^{M} \tau_{tj} d_{tj}}$	bei konstantem Nominalbetrag erhält der Partner auf der Festsatzseite neben den vereinbarten Zinsraten z_k, $k = 1, ..., m$, den Spread s

---

Weitere Arten von Swaps und Formeln für deren Pricing findet man in [Grundmann und Luderer 2009].

8.1.10.1.2 Risikokennzahlen von Swaps: Ein Kuponswap kann als Portfolio aus einer gekauften Anleihe und eines emittierten Floaters (= variabel verzinsliches Wertpapier) betrachtet werden. Damit ergeben sich die Risikokennzahlen als Kennzahlen der entsprechenden Portfolios, d. h. als Differenz der Kennzahlen beider Bestandteile.

8.1.10.2 Forward Rate Agreements (FRA)

Ein *Forward Rate Agreement* (FRA) schreibt einen zukünftigen (Geldmarkt-) Referenzzinssatz i_τ zwischen zwei Partnern (ohne Tausch der Nominalbeträge N) fest. Zum (in der Zukunft liegenden) Starttermin a des FRA wird der Ausgleichsbetrag

$$A = \frac{N \cdot \tau \cdot (f_{a,b} - i_\tau)}{1 + \tau \cdot i_\tau}$$

an den Verkäufer gezahlt (ist $A < 0$, erhält der Käufer $|A|$). Hierbei sind b das Ende der FRA-Vereinbarung, τ deren Laufzeit und

$$f_{a,b} = \left(\frac{1 + b \cdot s_b}{1 + a \cdot s_a} - 1 \right) \cdot \frac{1}{\tau}$$

die Forward Rate.

Da ein FRA als Geldanlage über die kurze Laufzeit a und Geldaufnahme über die lange Laufzeit b betrachtet werden kann, ergeben sich die Risikokennzahlen eines FRA als Differenz der Kennzahlen der beiden Bestandteile.

8.2 Lebensversicherungsmathematik

Die Einteilung des Fachgebiets „Versicherungsmathematik" kann durch Unterscheidung *nach dem versicherten Gegenstand* erfolgen, welche auf die Zweige **Personen-**, **Sach-** und **Vermögensversicherung** führt, oder durch die Unterscheidung *nach Art der Leistung*, also zwischen **Summen-** und **Schadenversicherung** (vgl. [Milbrodt und Helbig 1999]). Grundprinzip ist immer der Risikoausgleich im Kollektiv. Da die Lebensversicherungsmathematik methodisch den wichtigsten Teil der Personenversicherungsmathematik ausmacht, unterscheidet man oft jedoch (nicht ganz stringent) zwischen **Lebens-** und **Schadenversicherungsmathematik**. Dieser Systematik folgen wir mit diesem und dem nächsten Kapitel. Erwähnt sei hier noch die pragmatische angelsächsische Unterscheidung zwischen **life-** und **non-life insurance mathematics**.

Sowohl für Lebens- als auch für die Schadenversicherungsmathematik entstammen die wichtigsten mathematischen Hilfsmittel der Stochastik (vgl. Kapitel 6). Methodisch ist die Lebensversicherungsmathematik wesentlich davon gekennzeichnet, dass zwar der Eintrittszeitpunkt des Versicherungsfalles zufällig ist (sog. Todes- bzw. Erlebensfall), die Höhe der dann fälligen Leistung üblicherweise aber jeweils vorher deterministisch festgelegt wurde. Lange Vertragslaufzeiten machen zudem das Einbeziehen von Zinseffekten unerlässlich.

Bezeichnungen: Mit $x \geq 0$ wird das Alter der zu versichernden Person bei Vertragsbeginn bezeichnet. Ihre *Restlebensdauer* (bis zum Eintritt des Todes) wird durch eine positive Zufallsvariable

$$T_x : \Omega \to [0, \infty)$$

auf einem *Wahrscheinlichkeitsraum* $(\Omega, \mathcal{F}, \mathbb{P})$ beschrieben. F_x ist die *Verteilungsfunktion* von T_x:

$$F_x(t) = \mathbb{P}[T_x \leq t], \quad t \geq 0.$$

Um Trivialitäten auszuschließen, wird angenommen, dass die Restlebensdauer der zu versichernden Person strikt positiv ist, also $F_x(0) = 0$. Die Familie der Verteilungsfunktionen $\{F_x, x \geq 0\}$ bezeichnet man als *Ausscheideordnung*. Oft beschränkt man sich auf $x \in [0, 100[$ oder $x \in [0, 120[$. Hat F_x eine *Wahrscheinlichkeitsdichte*, so wird diese mit f_x bezeichnet. $\tau > 0$ ist das vorgesehene Ende der Versicherungsdauer bzw. des Versicherungsvertrages. Das Ereignis

$$\{T_x > \tau\}$$

bezeichnet den *Erlebensfall*, das Ereignis

$$\{T_x \leq \tau\}$$

den *Todesfall*.

8.2.1 Versicherungsformen

Wichtige Versicherungsarten sind:

- *Reine Todesfallversicherung* (Risikolebensversicherung): Im Todesfall innerhalb der Vertragslaufzeit erhalten die Begünstigten eine vereinbarte Zahlung. Im Erlebensfall erhält die versicherte Person nichts.

- *Reine Erlebensfallversicherung:* Die versicherte Person erhält bei Erreichen des Vertragsendes τ eine vereinbarte Zahlung. Bei vorzeitigem Tode erfolgt keine Leistung.

- *Gemischte Versicherung:* Sowohl im Todesfall während der Vertragslaufzeit als auch im Erlebensfall erfolgen vorher vereinbarte Zahlungen. Dies ist der klassische Fall einer kapitalbildenden Lebensversicherung.

Varianten der Lebensversicherung sind weiter die *Altersrente* (periodische Zahlungen ab einem vorher festgelegten Zeitpunkt bis zum Tode), *Berufsunfähigkeitsrente, Witwen- und Waisenrente* und allgemeiner *Pensionsversicherungen*. Es ist auch möglich, die Versicherungsleistungen an den Lebenszustand zweier Personen zu koppeln, in diesem Fall spricht man von einer *Versicherung auf verbundene Leben*.

Hier werden nur Versicherungen betrachtet, bei denen der Todesfall der einzige Grund für die vorzeitige Beendigung des Vertrages ist, also das Eintreten von $\{T_x \leq \tau\}$. Dies führt auf eine *einfache Ausscheideordnung*. Sind mehrere Gründe vorgesehen (etwa Stornierungen, Invalidität etc.), so spricht man von *zusammengesetzten Ausscheideordnungen*. Weiterführende Erläuterungen zu Personen- und Lebensversicherungsarten sowie Ausscheideordnungen findet man in [Koller 2010], [Milbrodt und Helbig 1999] und [Schmidt 2002].

8.2.2 Sterbewahrscheinlichkeiten und Sterbetafeln

Wesentlich zur Modellierung von Lebensversicherungsverträgen sind Informationen über die Wahrscheinlichkeitsverteilung F_x des zufälligen Todeszeitpunkts T_x. Traditionell betrachtet man so genannte *Sterbetafeln*. Diese basieren auf den jeweiligen empirisch beobachteten einjährigen Sterbehäufigkeiten, die zur Approximation der einjährigen Sterbewahrscheinlichkeiten dienen. Genauer, man erhält Informationen über die Wahrscheinlichkeit eines x-Jährigen, $x \in \{0, 1, 2, \ldots, 100\}$, im Zeitintervall $[x, x+1[$ zu sterben. Daneben enthalten Sterbetafeln oft verschiedene weitere Grundgrößen und mithilfe eines angenommenen Rechnungszinses i abgeleitete *Kommutationszahlen*.

In der folgenden Tabelle sind einige der für Sterbetafeln wichtigen Grundgrößen zusammengefasst. Ferner ist auszugsweise eine Sterbetafel für Männer (Deutschland Stand 2008/2010) angegeben (Quelle: Statistisches Bundesamt). Eine umfassendere Übersicht und Diskussion von Grundgrößen und Kommutationszahlen findet man beispielsweise in [Grundmann und Luderer 2009], [Milbrodt und Helbig 1999] oder [Schmidt 2002].

Auszug aus der Sterbetafel 2008/2010 Deutschland, männlich:[5]

x	q_x	p_x	l_x	d_x	e_x
0	0,00386398	0,99613602	100 000	386	77,51
1	0,00032621	0,99967379	99 614	32	76,81
2	0,00020848	0,99979152	99 581	21	75,83
3	0,00014144	0,99985856	99 560	14	74,85
4	0,00013513	0,99986487	99 546	13	73,86
5	0,00010559	0,99989441	99 533	11	72,87
6	0,00010775	0,99989225	99 522	11	71,88
7	0,00008690	0,99991310	99 512	9	70,89
8	0,00008292	0,99991708	99 503	8	69,89
9	0,00008603	0,99991397	99 495	9	68,90
10	0,00008093	0,99991907	99 486	8	67,90
11	0,00008859	0,99991141	99 478	9	66,91
12	0,00010938	0,99989062	99 469	11	65,91
13	0,00010208	0,99989792	99 458	10	64,92
14	0,00016439	0,99983561	99 448	16	63,93
15	0,00020418	0,99979582	99 432	20	62,94
16	0,00026401	0,99973599	99 412	26	61,95
17	0,00034528	0,99965472	99 385	34	60,97
18	0,00052013	0,99947987	99 351	52	59,99
19	0,00050828	0,99949172	99 299	50	59,02
⋮	⋮	⋮	⋮	⋮	
40	0,00132067	0,99867933	97 818	129	38,73
41	0,00145275	0,99854725	97 689	142	37,78
42	0,00157761	0,99842239	97 547	154	36,84
43	0,00184013	0,99815987	97 393	179	35,89
44	0,00205067	0,99794933	97 214	199	34,96
⋮	⋮	⋮	⋮	⋮	
80	0,06701564	0,93298436	51 614	3 459	7,71
81	0,07438098	0,92561902	48 155	3 582	7,22
82	0,08156355	0,91843645	44 573	3 636	6,76
83	0,08925716	0,91074284	40 938	3 654	6,32
84	0,09982976	0,90017024	37 284	3 722	5,89
⋮	⋮	⋮	⋮	⋮	

---

[5]Quelle: Statistisches Bundesamt, 2011

Grundgrößen einer Sterbetafel

x	Lebensalter
T_x	Restlebensdauer eines x-Jährigen
$x + T_x$	Gesamtlebensdauer eines x-Jährigen
ω	angenommenes Höchstalter, z. B. $\omega = 100$ oder $\omega = 120$
$_kp_x$	k-jährige Überlebenswahrscheinlichkeit eines x-Jährigen, $_kp_x = \mathbb{P}[k < T_x]$
p_x	einjährige Überlebenswahrscheinlichkeit eines x-Jährigen, $p_x = {_1p_x}$
$_kq_x$	k-jährige Sterbewahrscheinlichkeit eines x-Jährigen, $_kq_x = \mathbb{P}[T_x \leq k]$
q_x	einjährige Sterbewahrscheinlichkeit eines x-Jährigen, $q_x = {_1q_x}$
l_x	(erwartete) Anzahl der das Alter x erreichenden Personen, oft auf Basis $l_0 = 100.000$
d_x	(erwartete) Anzahl der im Lebensjahr x Sterbenden
e_x	Restlebenserwartung eines x-Jährigen

Sterbetafeln bilden die Grundlage für analytische Sterblichkeits*gesetze*. Diese können durch Glättung der rohen empirischen Sterblichkeiten gewonnen werden. Moderne Sterbeverteilungen berücksichtigen drei besondere Lebensphasen, nämlich die zunächst hohe Säuglingssterblichkeit, einen späteren weiteren „Buckel" aufgrund von gehäuften Unfällen aktiver junger Menschen sowie schließlich die stark steigende Alterssterblichkeit.

Die nachstehende Tabelle enthält einige analytische Sterbeverteilungen. Für eine Diskussion dieser Verteilungen vgl. [Milbrodt und Helbig 1999] und [Teugels und Sundt 2004].

Analytische Sterblichkeitsgesetze

$$_tp_x = \frac{\omega - x - t}{\omega - x}, \quad \omega = 86, \quad x < \omega \qquad \text{– de Moivre (1725)}$$

$$_tp_x = \exp\left(\frac{B}{\log c}\left(c^x - c^{x+t}\right)\right) \qquad \text{– Gompertz (1825)}$$

$$_tp_x = \exp\left(-At + \frac{B}{\log c}\left(c^x - c^{x+t}\right)\right) \qquad \text{– Makeham (1860)}$$

$$_tp_x = \exp\left(\frac{1}{a^c}\left(x^c - (x+t)^c\right)\right) \qquad \text{– Weibull (1939)}$$

$$q_x = A + \frac{Bc^x}{Dc^x + Ec^{-2x} + 1} \qquad \text{– Beard (1971)}$$

$$q_x = A^{(x+B)^C} + De^{-E(\ln(x/F))^2} + \frac{GH^x}{1 + KGH^x} \qquad \text{– Heligman, Pollard (1980)}$$

8.2.3 Die Zahlungsströme eines Lebensversicherungsvertrages

Die sich aus einem Lebensversicherungsvertrag konkret ergebenden Zahlungen kann man mathematisch als die Differenz zweier zufälliger Zahlungsströme modellieren, nämlich des *Leistungsstroms*, der die Höhe und den Zeitpunkt der vom Versicherer ggf. zu erbringenden Zahlungen beschreibt, und des *Prämienstroms*, der umgekehrt die Prämienzahlungen des Versicherten an den Versicherer darstellt. Beide Ströme können mithilfe der *Kapitalfunktion*, die die zugrundeliegende Zinsinformation beinhaltet, *bewertet* werden.

In diesem Abschnitt wird ein sehr allgemeines Modell von Zahlungsströmen betrachtet, das es erlaubt, bei einfacher Schreibweise zeitdiskrete und -kontinuierliche Modelle in einem gemeinsamen Rahmen zu behandeln. Der im Folgenden beschriebene flexible Formalismus entspricht der Herangehensweise in moderner versicherungsmathematischer Literatur, vgl. etwa [Koller 2010] oder [Milbrodt und Helbig 1999].

Defintion 1 (Zahlungsströme und zufällige Zahlungsströme):

- *Ein* gerichteter (deterministischer) Zahlungsstrom *ist eine monoton wachsende, rechtsstetige Funktion* $Z = \{Z_t, t \geq 0\} : [0, \infty[\longrightarrow [0, \infty[$.

- *Ein* (ungerichteter, deterministischer) Zahlungsstrom *ist eine rechtsstetige Funktion* $Z = \{Z_t, t \geq 0\} : [0, \infty[\longrightarrow \mathbb{R}$, *die von beschränkter Variation ist.*

- *Ein* gerichteter zufälliger Zahlungsstrom *ist ein auf einem Wahrscheinlichkeitsraum* $(\Omega, \mathcal{F}, \mathbb{P})$ *definierter stochastischer Prozess*

$$Z = \{Z_t(\omega), t \geq 0, \omega \in \Omega\} : [0, \infty[\times \Omega \longrightarrow [0, \infty[,$$

dessen Pfade

$$Z(\omega) = \{Z_t(\omega), t \geq 0\} : [0, \infty[\longrightarrow [0, \infty[, \quad \omega \in \Omega,$$

$\mathbb{P}$-*fast sicher monoton wachsende, rechtsstetige Funktionen sind.*

- *Ein* (ungerichteter) zufälliger Zahlungsstrom *ist ein auf einem Wahrscheinlichkeitsraum* $(\Omega, \mathcal{F}, \mathbb{P})$ *definierter stochastischer Prozess*

$$Z = \{Z_t(\omega), t \geq 0, \omega \in \Omega\} : [0, \infty[\times \Omega \longrightarrow \mathbb{R}$$

dessen Pfade

$$Z(\omega) = \{Z_t(\omega), t \geq 0\} : [0, \infty[\longrightarrow \mathbb{R}, \quad \omega \in \Omega,$$

$\mathbb{P}$-*fast sicher rechtsstetige Funktionen von beschränkter Variation sind.*

Jeder ungerichtete Zahlungsstrom Z kann als Differenz $Z = Z^1 - Z^2$ zweier gerichteter Zahlungsströme Z^1, Z^2 dargestellt werden, denn jede rechtsstetige Funktion von beschränkter Variation lässt sich immer als Differenz zweier monoton wachsender, rechtsstetiger Funktionen schreiben (sog. *Jordan-Zerlegung*, vgl. z. B. [Elstrodt 2009]).

Defintion 2 (Lebensversicherungsvertrag): *Das mathematische Modell für einen Lebensversicherungsvertrag ist ein ungerichteter (zufälliger) Zahlungsstrom Z, der als Differenz zweier gerichteter (zufälliger) Zahlungsströme gegeben ist, nämlich*

- *des Prämienstroms* Z^P *und*

- *des Leistungsstroms* Z^L.

Es gelte $Z := Z^L - Z^P$. *Das ist der Standpunkt des* Versicherungsnehmers.

Der *Prämienstrom* Z^P modelliert die Prämienzahlungen des Versicherungsnehmers an den Versicherer. Auch wenn die Höhen und Zeitpunkte der einzelnen Prämienzahlungen vorher deterministisch festgelegt wurden (was im Weiteren immer vorausgesetzt wird), so ist Z^P in der Regel doch ein *zufälliger* gerichteter Zahlungsstrom, da die Prämienzahlungen im Todesfall zum Zeitpunkt T_x unmittelbar eingestellt werden. Vereinbarung: Zum Zeitpunkt τ erfolgt keine Prämienzahlung.

Der *Leistungsstrom* Z^L modelliert die Zahlungen des Versicherers im Todes- bzw. Erlebensfall. Er wird hier und im Folgenden der Einfachheit halber mithilfe einer speziellen positiven *Auszahlungsfunktion* $A : [0, \infty[\to [0, \infty[, \ t \mapsto A_t$ definiert. Ist $T_x \leq \tau$, so sei Z^L durch die einmalige Leistung des Versicherers in Höhe A_{T_x} (im Todesfall) zur Zeit T_x gegeben. Ist $T_x > \tau$, so besteht Z^L aus einer einmaligen Zahlung der Höhe A_τ zur Zeit τ (im Erlebensfall).

8.2.4 Die Bewertung von Zahlungsströmen und Lebensversicherungsverträgen

Hier wird der Frage nachgegangen, was zukünftige (erwartete) Zahlungen heute (d. h. zur Zeit $t = 0$) oder zu einem bestimmten zukünftigen Zeitpunkt unter Einbeziehung von Verzinsung wert sind. Zur Bewertung von Zahlungsströmen wird eine *Kapitalfunktion* C verwendet, die die zeitstetige Verzinsung modelliert. Es wird angenommen, dass C von der Form

$$C_t := e^{\int_0^t r_s \, ds}, \quad t \geq 0, \tag{8.12}$$

ist, wobei $r = \{r_t, t \geq 0\}$ die aktuelle *Zinsrate* bzw. die aktuelle *Zinsintensität* beschreibt. Dies entspricht zeitabhängiger stetiger Verzinsung mit Zinseszins und trägt möglichen Schwankungen der Zinsrate r_t auf den Finanzmärkten Rechnung. Die Zinsrate r_t wird als stets positiv und extern festgelegt vorausgesetzt. In fortgeschrittenen Modellen betrachtet man auch stochastische Zinsintensitäten $\{r_t(\omega), t \geq 0, \omega \in \Omega\}$, vgl. dazu etwa [Filipović 2009]. Einen noch allgemeineren Rahmen für die Behandlung von Kapitalfunktionen findet man in [Milbrodt und Helbig 1999]. Für den Fall einer zeitlich konstanten Zinsintensität r erhält man die klassische geometrische Verzinsung ($i = e^r - 1$):

$$C_t := e^{rt} = (1 + i)^t.$$

Defintion 3 (Bewertung von Zahlungsströmen):   *Der Barwert (in $t = 0$) eines Zahlungsstroms Z ist definiert durch*

$$B[Z] := \int_0^\infty \frac{1}{C_s} \, dZ_s.$$

Der Wert von Z zur Zeit $t > 0$ ist definiert durch

$$W_t[Z] := C_t \int_0^\infty \frac{1}{C_s} \, dZ_s.$$

Ist Z ein zufälliger Zahlungsstrom, so ist sein erwarteter Barwert definiert durch

$$\mathbb{E}[B[Z]] := \mathbb{E}\left[\int_0^\infty \frac{1}{C_s} \, dZ_s \right].$$

Den erwarteten Wert zur Zeit $t > 0$ definiert man analog.

Da jeder ungerichtete Zahlungsstrom als Differenz zweier gerichteter Zahlungsströme aufgefaßt werden kann, sind die obigen Integrale dabei als Stieltjes-Integrale im Sinne von Abschnitt 6.2.2.2 aufzufassen. Es wird vorausgesetzt, dass alle Zahlungen so gewählt sind, dass die Integrale wohldefiniert und endlich sind. Für den Fall zufälliger Zahlungsströme seien die Integrale $\mathbb{P}$-fast sicher definiert.

▶ BEISPIEL: Sind Z, Z^P, Z^L mit $Z = Z^L - Z^P$ die (zufälligen) Zahlungsströme eines Lebensversicherungsvertrages und ist C eine Kapitalfunktion, so ist der erwartete Barwert des Lebensversicherungsvertrages gegeben durch

$$\mathbb{E}\left[B[Z] \right] = \mathbb{E}\left[B[Z^L - Z^P] \right] = \mathbb{E}\left[\frac{A_{T_x^\tau}}{C_{T_x^\tau}} - \int_{[0, T_x^\tau[} \frac{1}{C_s} \, dZ_s^P \right],$$

wobei gilt

$$T_x^\tau := \min\{T_x, \tau\}.$$

Ist die Verteilungsfunktion F_x von T_x bekannt, etwa aus einer Sterbetafel oder als analytisches Sterbegesetz, so gilt weiter

$$\mathbb{E}\left[B[Z] \right] = \int_{[0, \tau]} \frac{A_s}{C_s} \, dF_x(s) + \frac{A_\tau}{C_\tau}(1 - F_x(\tau)) - \int_{[0, \tau]} \frac{1 - F_x(s)}{C_s} \, dZ_s^P. \tag{8.13}$$

Die rechte Seite von (8.13) kann man interpretieren als die Summe aus dem (erwarteten) Leistungsbarwert im Todesfall, dem Leistungsbarwert im Erlebensfall und dem Prämienbarwert.

8.2.5 Äquivalenzprinzip und Nettoprämie

Wie soll ein Versicherungsunternehmen eine „faire" Prämie bei gegebenem Leistungsstrom-modell und Kapitalfunktion wählen? Eine naheliegende Möglichkeit ist die Anwendung des *Äquivalenzprinzips*.

Defintion 4 (Äquivalenzprinzip, Nettoprämie): *Bezeichnen Z, Z^P, Z^L mit $Z = Z^L - Z^P$ die Zahlungsströme eines Lebensversicherungsvertrages und ist*

$$\mathbb{E}\left[B[Z]\right] = \mathbb{E}\left[B[Z^L]\right] - \mathbb{E}\left[B[Z^P]\right] = 0,$$

so sagt man, dass das Äquivalenzprinzip *erfüllt ist. In diesem Fall heißt der (zufällige) Zahlungsstrom Z^P* Nettoprämie.

Man beachte, dass die Nettoprämie nicht eindeutig bestimmt sein muss und dass die Gültig-keit des Äquivalenzprinzips von der zugrunde gelegten Kapitalfunktion C abhängt. Für jede Nettoprämie gilt, dass der erwartete Barwert der Leistungen gerade dem erwarteten Barwert der Prämien entspricht.

8.2.6 Prospektives Deckungskapital

Nach dem Äquivalenzprinzip gilt für Nettoprämien, dass Leistungs- und Prämienbarwert zu Vertragsbeginn übereinstimmen. Zu einem späteren Zeitpunkt, etwa $t > 0$, gilt das Gleichgewicht der zukünftigen (erwarteten) Zahlungen und Leistungen jedoch im Allgemeinen nicht mehr. Dies führt auf den Begriff des (prospektiven) *Nettodeckungskapitals*. Interessant ist nur der Fall, in dem der Versicherte noch lebt, also $T_x > t$ ist (sonst sind keine zukünftigen Leistungen mehr zu erbringen). Daher arbeitet man mit der sogenannten *bedingten Erwartung gegeben* $\{T_x > t\}$.

Defintion 5 (Prospektives Nettodeckungskapital): *Es seien Z, Z^P, Z^L mit $Z = Z^L - Z^P$ die Zahlungsströme einer Lebensversicherung, Z^P sei eine Nettoprämie. Für $0 \leq t < T_x^\tau = \min\{T_x, \tau\}$ wird*

$$V_t := C_t\, \mathbb{E}\left[\int_{]t,\infty[} \frac{1}{C_s}\, dZ_s^L - \int_{]t,\infty[} \frac{1}{C_s}\, dZ_s^P \,\Big|\, T_x > t\right]$$

$$= C_t\, \mathbb{E}\left[\frac{A_{T_x^\tau}}{C_{T_x^\tau}} - \int_{]t,T_x^\tau[} \frac{1}{C_s}\, dZ_s^P \,\Big|\, T_x > t\right]$$

gesetzt, anderenfalls sei $V_t = 0$. Dann heißt V_t prospektives Nettodeckungskapital zur Zeit t. Es beschreibt denjenigen Betrag, den ein Versicherungsunternehmen vorhalten muss, um die erwarteten zukünftigen Leistungen nach der Zeit t erbringen zu können, wenn der Todesfall bis zur Zeit t noch nicht eingetreten ist und der Vertrag noch aktiv ist.

Bemerkungen: 1. Aus dem Äquivalenzprinzip folgt $V_0 = 0$.
2. Man kann den zeitlichen Verlauf des (prospektiven) Nettodeckungskapitals auch mithilfe der so genannten *Thieleschen Differential-* bzw. *Integralgleichung* beschreiben, vgl. [Koller 2010], [Milbrodt und Helbig 1999].

8.2.7 Prämienarten

Eine Prämie, die das Äquivalenzprinzip erfüllt, heißt *Nettoprämie*. Diese ist nicht notwendiger-weise eindeutig. Eine Nettoprämie heißt

– *Nettoeinmalprämie*, wenn sie aus nur einer Zahlung zur Zeit 0 besteht, und

– *natürliche Prämie*, wenn sie so gewählt ist, dass $V_t = 0$ für alle $t \geq 0$ gilt.

Eine Prämie, die zusätzlich noch die Kosten des Versicherers etwa für Verwaltung, Personal usw. deckt, heißt *ausreichende Prämie*. Analog definiert man das *ausreichende Deckungskapital*.

8.2.8 Der Satz von Hattendorf

Dieser Satz, der in seiner ersten Fassung auf das Jahr 1868 zurückgeht, befasst sich mit Eigenschaften des *Verlusts* eines Versicherers innerhalb einer gegebenen Versicherungsperiode. Wie immer soll vorausgesetzt werden, dass für einen Lebensversicherungsvertrag mit Zahlungsströmen Z, Z^P, Z^L, wobei $Z = Z^L - Z^P$ gilt und Z^P die Nettoprämie ist, sowie für die Kapitalfunktion C, Laufzeit τ und Auszahlungsfunktion A die zufällige Komponente sowohl des Prämien- als auch des Leistungsstroms wie in Abschnitt 8.2.3 nur vom Todeszeitpunkt T_x abhängt.

Defintion 6:   *Der* Verlust *eines Lebensversicherungsvertrages bis zur Zeit* $t \geq 0$, *diskontiert auf Zeit 0, ist definiert durch*

$$L_t := \int_{[0,t]} \frac{1}{C_s} dZ_s^L - \int_{[0,t]} \frac{1}{C_s} dZ_s^P + \frac{V_t}{C_t}.$$

Für den Verlust innerhalb einer Versicherungsperiode $0 \leq s < t$ *wird*

$$L_{s,t} := L_t - L_s$$

gesetzt.

Unterscheidet man danach, ob zur Zeit t der Todesfall bereits eingetreten ist oder nicht, erhält man mithilfe von Definition 5

$$L_t = \begin{cases} \frac{A_{T_x^\tau}}{C_{T_x^\tau}} - \int_{[0,T_x^\tau[} \frac{1}{C_s} dZ_s^P, & \text{falls } T_x^\tau \leq t, \\ \frac{V_t}{C_t} - \int_{[0,t]} \frac{1}{C_s} dZ_s^P, & \text{falls } T_x^\tau > t. \end{cases}$$

Mit anderen Worten: In dem Fall, dass der Vertrag nicht mehr aktiv ist oder der Todesfall schon eingetreten ist (d. h. $T_x^\tau \leq t$), besteht der Verlust also aus den gewährten Leistungen abzüglich der bereits eingegangenen Prämienzahlungen. Ist der Vertrag noch aktiv und der Todesfall noch nicht eingetreten, beläuft sich der Verlust auf das vorzuhaltende prospektive Nettodeckungskapital (um zukünftige Leistungen erbringen zu können) abzüglich der bislang geleisteten Prämienzahlungen.

Der folgende Satz gilt unter schwachen zusätzlichen Bedingungen (quadratische Integrierbarkeit), die in der Praxis üblicherweise erfüllt sind.

Satz 1 (Hattendorf):   *Für den* Verlust *eines Lebensversicherungsvertrages gilt*

$$\mathbb{E}[L_t] = 0 \quad \text{für alle } t \geq 0.$$

Zudem sind die Verluste in disjunkten Versicherungsperioden unkorreliert, d. h, für alle $0 \leq u < v \leq s < t$ *gilt*

$$\text{Cov}[L_{u,v}, L_{s,t}] = \mathbb{E}[L_{u,v} L_{s,t}] - \mathbb{E}[L_{u,v}] \mathbb{E}[L_{s,t}] = 0.$$

Bemerkungen: 1. Der Verlust ist ein stochastischer Prozess. Bezeichnet man mit $\{\mathcal{F}_t\}_{t \geq 0}$ die Filtration, die jeweils von den Ereignissen $\{T_x \leq s\}$ mit $s \leq t$ erzeugt wird (wobei also jedes $\mathcal{F}_t = \sigma\{\{T_x \leq s\} : 0 \leq s \leq t\}$ die Information über den genauen Todeszeitpunkt enthält, falls dieser vor t eingetreten ist), so erhält man die sehr elegante Darstellung

$$L_t = \mathbb{E}\Big[B[Z]\,\Big|\,\mathcal{F}_t\Big] = \mathbb{E}\Big[B[Z^L - Z^P]\,\Big|\,\mathcal{F}_t\Big], \quad \mathbb{P}\text{-fast sicher, } t \geq 0.$$

Damit ist der Verlust ein sogenanntes $\{F_t\}$-*Martingal*, d. h. $\mathbb{E}[L_t|\mathcal{F}_s] = L_s$, $\mathbb{P}$-fast sicher für alle $0 \leq s < t$ und der Satz von Hattendorf folgt sofort aus der allgemeinen Theorie der Martingale.

2. In vielen Darstellungen enthält der Satz von Hattendorf auch Formeln für die Berechnung der Varianz des Verlusts; vgl. dazu [Koller 2010], [Milbrodt und Helbig 1999].

8.3 Schadenversicherungsmathematik

In der Schadenversicherungsmathematik beschäftigt man sich mit Modellen zur Beschreibung von *Portfolios* von Risiken, bei denen sowohl der Eintritt bzw. der Eintrittszeitpunkt als auch die Höhe der auftretenden Schäden zufällig sind. Innerhalb eines Bestandes an Risiken findet dabei ein *Risikoausgleich im Kollektiv* statt.

Bei der Beschreibung des Gesamtschadens eines Portfolios unterscheidet man zwischen *individuellen Modellen*, in denen die aufgetretenen Schäden jeweils pro Risiko erfasst werden, und *kollektiven Modellen*, in denen die aufgetretenen Einzelschäden aggregiert werden, ohne Beachtung, welchem individuellen Risiko ein konkreter Schaden zuzuordnen ist. Das kollektive Modell hat praktische Vorteile, insbesondere die Tatsache, dass die auftretenden Schäden oft als unabhängig identisch verteilt angesehen werden können, sodass wir uns im Weiteren auf die Beschreibung kollektiver Modelle beschränken. Dabei kann man zwei Typen unterscheiden, die auch die Gliederung dieses Abschnitts bestimmen:

– Bei *einperiodischen (statischen) Modellen* werden die genauen Eintrittszeitpunkte der Schäden nicht modelliert. Stattdessen aggregiert man die Einzelschäden über eine feste Versicherungsperiode hinweg, beispielsweise ein Jahr.

– Bei *zeitdiskreten oder zeitkontinuierlichen (dynamischen) Modellen* betrachtet man dagegen auch das zeitliche Eintreten der Schäden, ggf. über lange Zeiträume. Folglich kommen hier bei der Modellbildung *stochastische Prozesse* zum Einsatz.

8.3.1 Das kollektive Modell für eine Versicherungsperiode

Innerhalb einer festen Versicherungsperiode wird der Gesamtschaden, also die aggregierten Einzelschäden, in einem Portefolio von Risiken betrachtet.

Defintion 7 (Gesamtschaden im kollektiven Modell): *Sei N eine positive Zufallsvariable mit Werten in $\mathbb{N}_0$ und Erwartungswert $0 < \mathbb{E}[N] < \infty$ auf dem Wahrscheinlichkeitsraum $(\Omega, \mathcal{F}, \mathbb{P})$. Weiter seien $X_1, X_2, \ldots$ eine Familie von unabhängig identisch verteilten Zufallsvariablen mit Werten in $(0, \infty)$ und Erwartungswert $0 < \mathbb{E}[X_1] < \infty$, unabhängig von N. Dann wird*

$$S := \sum_{i=1}^{N} X_i \tag{8.14}$$

als (zufälliger) Gesamtschaden im kollektiven Modell definiert.

Interpretation: N bezeichnet die Anzahl der eingetretenen Schäden pro Versicherungsperiode, X_i ist die Schadenhöhe des i-ten Schadens ($i \leq N$), und S der Gesamtschaden des Portfolios.

Damit bestimmen die Verteilung von N (**Schadenanzahlverteilung**) und die Verteilung von X_1, die gleich der Verteilung jedes X_i ist (**Schadenhöhenverteilung**), eindeutig die Verteilung von S (**Gesamtschadenverteilung**) im *kollektiven Modell der Risikotheorie*.

Man beachte: Die oben gemachten Modellannahmen müssen in der jeweiligen Situation überprüft werden. Insbesondere die Unabhängigkeitsannahme zwischen den einzelnen Schäden ist unter Umständen unzulässig. Eine ausführliche Diskussion des kollektiven wie auch des individuellen Modells findet man z. B. in [Mack 2002].

8.3.1.1 Schadenanzahlverteilungen

Für N kommen hier nur *diskrete* Verteilungen mit Werten in $\mathbb{N}_0$ in Betracht. Nachstehend sind die wichtigsten Schadenanzahlverteilungen mit Erwartungswert und Varianz dargestellt.

Verteilung von N	$\mathbb{P}[N = k]$	$\mathbb{E}[N]$	$\mathbb{V}[N]$
Binomialverteilung $\mathcal{B}_{(n,p)}$ $p \in]0,1[,\, n \in \mathbb{N}$	$\binom{n}{k}p^k(1-p)^{n-k}, 0 \leq k \leq n$	np	$np(1-p)$
Poissonverteilung $\mathcal{P}_\lambda,\, \lambda > 0$	$e^{-\lambda}\frac{\lambda^k}{k!},\, k \in \mathbb{N}$	λ	λ
Negative Binomialverteilung $\mathcal{B}^-_{(\beta,p)},\; p \in]0,1[,\beta > 0$	$\binom{\beta+k-1}{k}p^k(1-p)^\beta,\, k \in \mathbb{N}$	$\beta \cdot \frac{p}{1-p}$	$\beta \cdot \frac{p}{(1-p)^2}$

Diskussion: Die *Binomialverteilung* $\mathcal{B}_{(n,p)}$ beschreibt die Anzahl der Schäden innerhalb eines Portfolios mit $n \in \mathbb{N}$ unabhängigen Risiken, wenn jedes Risiko maximal einen Schaden pro Versicherungsperiode mit Wahrscheinlichkeit $p \in]0,1[$ verursacht.

Die *Poissonverteilung* $\mathcal{P}_\lambda$ tritt unter recht allgemeinen Bedingungen als geeignete Schadenanzahlverteilung auf. Sie ist z. B. die Grenzverteilung für große Portfolios (im Limes $n \to \infty$), wenn die Eintrittswahrscheinlichkeit p eines Schadens pro Risiko hinreichend klein ist. Konkret approximiert sie nach dem Poissonschen Grenzwertsatz die Anzahl der Schäden, wenn $np \to \lambda \in]0,\infty[$. Aus der obigen Tabelle sieht man, dass bei einer Poissonverteilung Erwartungswert und Varianz stets übereinstimmen.

Die *negative Binomialverteilung* $\mathcal{B}^-_{(\beta,p)}$ ist nützlich bei Portfolios, deren empirische Varianz und Mittelwert deutlich voneinander abweichen, eine Poissonverteilung also nicht verwendet werden kann.

8.3.1.2 Schadenhöhenverteilungen

Gemeinsame Charakteristika der wichtigsten Schadenhöhenverteilungen sind ihr Wertebereich, der immer eine Teilmenge der positiven reellen Zahlen umfasst, sowie die Tatsache, dass sie entweder monoton fallend oder unimodal sind.

Nachstehend sind wichtige Schadenhöhenverteilungen mit den zugehörigen Erwartungswerten dargestellt.

Verteilung von X	Parameter	Dichte $f(x), x > 0$	$\mathbb{E}[X]$
Exponentialverteilung	$\lambda > 0$	$\lambda e^{-\lambda x}$	$\frac{1}{\lambda}$
Gammaverteilung	$\alpha, \beta > 0$	$\frac{\beta^{\alpha}}{\Gamma(\alpha)} x^{\alpha-1} e^{-\beta x}$	$\frac{\alpha}{\beta}$
Weibullverteilung	$\alpha, \beta > 0$	$\alpha \beta x^{\beta-1} e^{-\alpha x^{\beta}}$	$\frac{1}{\alpha^{1/\beta}} \Gamma(\frac{1}{\beta} + 1)$
Log-Normalverteilung	$\sigma > 0,$ $\mu \in \mathbb{R}$	$\frac{1}{\sqrt{2\pi}\sigma x} e^{-\frac{(\ln x - \mu)^2}{2\sigma^2}}$	$e^{\mu + \sigma^2/2}$
Log-Gammaverteilung	$\alpha, \beta > 0$	$\frac{\beta^{\alpha}}{\Gamma(\alpha)} (\ln x)^{\alpha-1} x^{-(\beta+1)} 1_{[1,\infty[}(x)$	$\left(1 - \frac{1}{\beta}\right)^{-\alpha}$
Paretoverteilung	$c > 0,$ $\alpha > 1$	$\frac{\alpha}{c} \left(\frac{c}{x}\right)^{\alpha+1} 1_{[c,\infty[}(x)$	$\frac{c\alpha}{\alpha-1}$

Diese Verteilungen unterscheiden sich insbesondere hinsichtlich des asymptotischen Verhaltens von

$$\overline{F}(t) := 1 - F(t) \quad \text{für} \quad t \to \infty. \tag{8.15}$$

Dies nennt man auch das *Tail-Verhalten* der Verteilungsfunktion F, und $\overline{F}(t), t \geq 0$, heißt der *Tail* von F.

Verteilungen, für die $\overline{F}$ mindestens exponentiell schnell gegen null fällt, heißen *light-tailed*. Dazu gehören in der obigen Tabelle die Exponential- und die Gammaverteilung sowie die Weibullverteilung mit Parameter $\beta \geq 1$.

Verteilungen, die langsamer als exponentiell fallen, heißen *heavy-tailed*. In der Tabelle sind dies die Log-Normal-, Log-Gamma- und die Paretoverteilung sowie die Weibullverteilung mit $\beta < 1$. Diese Verteilungen spielen vor allem bei der Modellierung von Großschäden eine Rolle. Eine formale Definition der beiden Begriffe *light-tailed* und *heavy-tailed* findet man auf S. 1012.

8.3.2 Berechnung der Gesamtschadenverteilung

8.3.2.1 Gesamtschadenverteilung und Faltung

Zur Erinnerung: Die Verteilungsfunktion der Summe zweier unabhängiger Zufallsvariabler mit Verteilungsfunktion F und G ist die Faltung $F * G$ der beiden Verteilungsfunktionen (vgl. Abschnitt 1.11.1). Für die n-fache Faltung von F mit sich selbst schreiben wir F^{*n}. Ist im klassischen Modell (8.14) der kollektiven Risikotheorie F die Verteilungsfunktion der Schadenhöhen $\{X_i\}$, so erhält man

$$F_S(x) := \mathbb{P}[S \leq x] = \sum_{n=0}^{\infty} \mathbb{P}\left[\sum_{i=1}^{n} X_i \leq x\right] \mathbb{P}[N = n] = \sum_{n=0}^{\infty} F^{*n}(x) \mathbb{P}[N = n]$$

für die *Verteilungsfunktion F_S des Gesamtschadens S*.

Die rechte Seite der Gleichung enthält eine unendliche Summe und Faltungen beliebiger Ordnung und ist daher in der Regel nicht leicht explizit auszurechnen. Oft arbeitet man mit einfacheren Kenngrößen, Abschätzungen oder Approximationen der Gesamtschadenverteilung, die in den nächsten drei Abschnitten diskutiert werden. Für eine ausführlichere Darstellung vieler dieser Ergebnisse mit Beweisen vgl. [Schmidt 2002] oder auch [Rolski et. al. 1999] sowie [Mack 2002].

8.3.2.2 Erwartungswert und Varianz des Gesamtschadens

Die Kenntnis von Erwartungswert und Varianz von $\{X_i\}$ und N erlauben die Berechnung von Erwartungswert und Varianz von S. Im kollektiven Modell für den Gesamtschaden (8.14) gilt

$$\mathbb{E}[S] = \mathbb{E}[N]\mathbb{E}[X_1].$$

Gilt zudem $0 < \mathbb{E}[X_1^2] < \infty$ und $0 < \mathbb{E}[N^2] < \infty$, so folgt für die Varianz $\mathbb{V}[S]$ des Gesamtschadens

$$\mathbb{V}[S] = \mathbb{E}[N]\mathbb{V}[X_1] + \mathbb{V}[N]\mathbb{E}[X_1]^2.$$

Diese beiden Resultate sind auch unter dem Namen *Waldsche Gleichungen* bekannt.

Mit Hilfe der *Ungleichung von Tschebyschow* kann man leicht zweiseitige Schranken für die Wahrscheinlichkeit von Abweichungen vom Erwartungswert der Gesamtschadenverteilung finden. Wir geben hier eine etwas bessere *einseitige* Version der Ungleichung an, da in der Risikotheorie vor allem Abweichungen nach oben von der erwarteten Gesamtschadenhöhe von Interesse sind.

Lemma 1 (Tschebyschow-Cantelli-Ungleichung): *Im kollektiven Modell für den Gesamtschaden (8.14) gelte $0 < \mathbb{E}[X_1^2] < \infty$ und $0 < \mathbb{E}[N^2] < \infty$. Dann gilt*

$$\mathbb{P}\big[S \geq \mathbb{E}[S] + \delta\big] \leq \frac{\mathbb{V}[S]}{\delta^2 + \mathbb{V}[S]}$$

für die Wahrscheinlichkeit, um mehr als $\delta > 0$ von der so genannten Nettorisikoprämie $\mathbb{E}[S]$ *abzuweichen.*

Die obige Ungleichung hat einerseits den Vorteil, sehr allgemeingültig zu sein, andererseits ist die gewonnene obere Schranke meist bei Weitem nicht scharf. Daher verwendet man oft mehr Informationen über die Verteilung von S, wie in den folgenden Abschnitten sichtbar wird.

8.3.2.3 Erzeugende Funktionen und Verteilung des Gesamtschadens

Mit Hilfe von wahrscheinlichkeits- und momentenerzeugenden Funktionen lässt sich die Verteilung des Gesamtschadens oft, wenn auch eher implizit, eindeutig charakterisieren.

Es sei Y eine positive Zufallsvariable. Für alle $t \in \mathcal{D}_Y^m := \{t \in \mathbb{R} : \mathbb{E}[e^{tY}] < \infty\}$ ist die *momentenerzeugende Funktion* von Y durch

$$\psi_Y(t) := \mathbb{E}\big[e^{tY}\big] \tag{8.16}$$

definiert. Für alle $t \in \mathcal{D}_Y^w := \{t \in \mathbb{R} : \mathbb{E}[t^Y] < \infty\}$ heißt

$$\phi_Y(t) := \mathbb{E}\big[t^Y\big] \tag{8.17}$$

wahrscheinlichkeitserzeugende Funktion von Y.

Ist Null ein innerer Punkt des Definitionsbereichs $\mathcal{D}_Y^m$ bzw. $\mathcal{D}_Y^w$, so ist die Verteilung von Y durch ψ_Y bzw. ϕ_Y eindeutig charakterisiert.

In der folgenden Tabelle sind wahrscheinlichkeitserzeugende Funktionen für bekannte Schadenanzahlverteilungen aufgeführt.

Verteilung von N	Parameter	$\phi_N(t), t \in [-1,1]$
Binomialverteilung $\mathcal{B}_{(n,p)}$	$p \in]0,1[, n \in \mathbb{N}$	$(1-p+pt)^n$
Poissonverteilung $\mathcal{P}_\lambda$	$\lambda > 0$	$e^{-\lambda(1-t)}$
Negative Binomialverteilung $\mathcal{B}^-_{(\beta,p)}$	$p \in]0,1[, \beta > 0$	$\left(\frac{1-pt}{1-p}\right)^{-\beta}$

Lemma 2: *Im kollektiven Modell gilt für den Gesamtschaden die Beziehung*

$$\psi_S(t) = \phi_N(\psi_{X_1}(t))$$

für alle $t \in \mathcal{D}_S := \{s \in \mathbb{R} \mid s \in \mathcal{D}^m_{X_1}, \psi_{X_1}(s) \in \mathcal{D}^w_N\}.$

Diese Beschreibung ist formal elegant, allerdings stellt sich das Problem, wie man ggf. den Übergang zu den erzeugenden Funktionen invertiert. Insbesondere kann man diese Methode nicht für Großschäden mit *heavy tails* verwenden, da hier positive exponentielle Momente von X_1 definitionsgemäß nicht existieren und damit Null kein innerer Punkt von $\mathcal{D}_S$ ist.

Die obige Tabelle enthält die wahrscheinlichkeitserzeugenden Funktionen der wichtigsten Schadenanzahlverteilungen. Damit folgt für die momentenerzeugenden Funktionen des Gesamtschadens:

$$\psi_S(t) = \begin{cases} (1-p+p\psi_{X_1}(t))^n, & \text{falls } N \text{ binomialverteilt ist gemäß } \mathcal{B}_{(n,p)}, \\ e^{-\lambda(1-\psi_{X_1}(t))}, & \text{falls } N \text{ poissonverteilt ist gemäß } \mathcal{P}_\lambda, \\ \left(\frac{1-p\psi_{X_1}(t)}{1-p}\right)^{-\beta}, & \text{falls } N \text{ negativ-binomialverteilt ist gemäß } \mathcal{B}^-_{(\beta,p)}. \end{cases} \tag{8.18}$$

8.3.2.4 Wahrscheinlichkeit großer Abweichungen

In Abschnitt 8.3.2.2 wurde in Form der Ungleichung von Tschebyschow-Cantelli eine grobe obere Schranke für die Wahrscheinlichkeit des Gesamtschadens angegeben, von seinem Mittelwert um mehr als $\delta > 0$ abzuweichen. Dieses Resultat kann man mithilfe der momentenerzeugenden Funktion der Einzelschäden – falls global existent – deutlich verbessern. Dann gilt nämlich für $t \geq \mathbb{E}[S]$

$$\mathbb{P}[S \geq t] = \sum_{m=0}^{\infty} \mathbb{P}\left[\sum_{i=1}^{m} X_i \geq t\right]\mathbb{P}[N=m] \leq \sum_{m=0}^{\infty} e^{-mI(\frac{t}{m})}\mathbb{P}[N=m],$$

wobei I die sogenannte *Ratenfunktion* ist, definiert durch

$$I(b) := \sup_{s \geq 0}\left\{sb - \log\mathbb{E}\left[\exp(sX_1)\right]\right\}.$$

Dies ist ein klassisches Resultat aus der mathematischen *Theorie großer Abweichungen*.

8.3.2.5 Die Panjer-Rekursionen

Eine effiziente und in der aktuariellen Praxis oft verwendete Methode zur approximativen Berechnung der Gesamtschadenverteilung stellen die Panjer-Rekursionen dar.

Defintion 8 (Verteilungen der Panjer-Klasse): *Es sei N eine $\mathbb{N}_0$-wertige Zufallsvariable. Ferner wird*

$$p_n := \mathbb{P}[N=n], \quad n \in \mathbb{N}_0$$

gesetzt. Man sagt, die Verteilung von N gehöre der Panjer-Klasse *an, falls es Konstanten a und b in* $\mathbb{R}$ *mit* $a + b > 0$ *gibt, sodass für alle* $n \in \mathbb{N}$ *gilt*

$$p_n = \left(a + \frac{b}{n} \right) p_{n-1}.$$

Alle Schadenanzahlverteilungen aus der obigen Tabelle erfüllen diese Rekursion, wie die folgende Aussage belegt.

Lemma 3:   *Es sei* $n \in \mathbb{N}$.

- *Ist N binomialverteilt gemäß* $\mathcal{B}_{(m,p)}$, *so gilt* $p_n = \left(\frac{p}{1-p} + \frac{p}{1-p} \cdot \frac{m+1}{n} \right) p_{n-1}$.
- *Ist N poissonverteilt gemäß* $\mathcal{P}_\lambda$, *so gilt* $p_n = \frac{\lambda}{n} p_{n-1}$.
- *Ist N negativ-binomialverteilt gemäß* $\mathcal{B}^-_{(\beta,p)}$, *so gilt* $p_n = \left(p + \frac{p(\beta-1)}{n} \right) p_{n-1}$.

Man kann zeigen, dass diese drei Verteilungsfamilien bereits die gesamte Panjer-Klasse bilden.

Ist die Verteilung der Schadenhöhen *diskret* und nimmt nur Werte in $\{jz, j \in \mathbb{N}_0\}$ für ein geeignetes $z \in (0, \infty)$ an, so kann man die Einzelwahrscheinlichkeiten der Gesamtschadenverteilung (die dann auch diskret ist) effizient mithilfe der folgenden Rekursionen bestimmen. O.B.d.A. sei $z = 1$ (sonst reskaliere man mit $1/z$). Ferner gelte

$$f_n := \mathbb{P}[X_1 = n] \quad \text{sowie} \quad g_n := \mathbb{P}[S = n] \quad \text{für} \quad n \in \mathbb{N}_0.$$

Satz 2 (Panjer-Rekursion):   *Ist die Verteilung von N aus der Panjer-Klasse und nimmt die Verteilung von* X_1 *nur Werte in* $\mathbb{N}_0$ *an, so gilt*

$$g_0 = \begin{cases} \left(1 - p + pf_0 \right)^m, & \text{falls } N \text{ binomialverteilt ist gemäß } \mathcal{B}_{(m,p)}, \\ e^{-\lambda(1-f_0)}, & \text{falls } N \text{ poissonverteilt ist gemäß } \mathcal{P}_\lambda, \\ \left(\frac{1-pf_0}{1-p} \right)^{-\beta}, & \text{falls } N \text{ negativ-binomialverteilt ist gemäß } \mathcal{B}^-_{(\beta,p)}. \end{cases}$$

Für alle $n \in \mathbb{N}$ *gilt*

$$g_n = \frac{1}{1 - af_0} \cdot \sum_{k=1}^{n} \left(a + \frac{bk}{n} \right) g_{n-k} f_k.$$

Eine ausführliche Diskussion der Ergebnisse in diesem Abschnitt mit Beweisen findet man z. B. in [Schmidt 2002]. In der Tabelle auf S. 1006 wurden bislang nur kontinuierliche Schadenhöhenverteilungen betrachtet. Um die Panjer-Rekursion anwenden zu können, muss man diese Schadenhöhenverteilungen also erst geeignet diskretisieren, was in der Praxis aber kein Problem darstellt.

8.3.3 Ruintheorie, Cramér-Lundberg-Modell

Im klassischen Cramér-Lundberg-Modell werden neben den Schadenhöhen auch die Schadeneintrittszeiten berücksichtigt. Es ist ein zeitstetiges (dynamisches) kollektives Modell der Schadenversicherungsmathematik. Die Bilanz des Versicherers wird dabei als stochastischer Prozess in kontinuierlicher Zeit aufgefasst.

Das klassische zeitstetige Risikomodell (nach Cramér und Lundberg) hat drei Hauptbestandteile:

– Der Schadenanzahlprozess $\{N_t, t \geq 0\}$ ist ein *Poisson-Prozess* mit Rate $\lambda > 0$, d. h. $\mathbb{E}[N_t] = \lambda t, t \geq 0$.

– Die strikt positiven Schadenhöhen $X_1, X_2, \ldots$ sind unabhängig identisch verteilt mit Erwartungswert $\mathbb{E}[X_1] = \mu < \infty$ und unabhängig von $\{N_t, t \geq 0\}$.

– Der Prämienstrom ist deterministisch, positiv, wachsend und linear.

Die Verteilungsfunktion von X_1 wird mit F bezeichnet. Aus der strikten Positivität von X_1 folgt $F(0) = 0$. Wenn die Portfolios groß genug sind, kann man den Prämienstrom in der Tat als linear voraussetzen, wir setzen also $Z_t^P = ct, t \geq 0$, für ein $c > 0$. Im Gegensatz zur Lebensversicherungsmathematik werden hier Verzinsung bzw. Kapitalerträge ignoriert.

Defintion 9: *Der klassische Risikoprozess* $Z = \{Z_t, t \geq 0\}$ *im* Cramér-Lundberg-Modell *mit* $Z_0 = u > 0$ *ist definiert durch*

$$Z_t := Z_0 + Z_t^P - S_t = u + ct - \sum_{i=1}^{N_t} X_i,$$

wobei $c > 0$ *die* Prämienrate *bezeichnet und* $\{S_t, t \geq 0\}$ *der* Schadenprozess *ist.*

Interpretation: Z_t beschreibt das Guthaben des Versicherers zur Zeit $t > 0$, bestehend aus dem Startkapital $Z_0 = u$ und dem Prämienaufkommen ct, abzüglich der bisher zu erbringenden Leistungen S_t. Sobald $Z_t < 0$ eintritt, sprechen wir vom *Ruin* des Versicherers.

Defintion 10: *Es sei Z der klassische Risikoprozess. Dann ist die* Ruinwahrscheinlichkeit *bei einem Startkapital $u > 0$ gegeben durch*

$$\Psi(u) := \mathbb{P}[Z_t < 0 \text{ für ein } t > 0 \mid Z_0 = u].$$

Die Funktion $\Psi : [0, \infty) \to [0, 1]$ *heißt* Ruinfunktion *zum Risikoprozess Z.*

Weiterführende Literaturquellen zur Risikotheorie im Cramér-Lundberg-Modell sind zum Beispiel [Embrechts et. al. 1997], [Grandell 1991] und [Teugels und Sundt 2004]. Es ist leicht einzusehen, dass $\Psi(u)$ nur dann kleiner als 1 sein kann, wenn die Prämie die erwarteten Leistungen übersteigt, also wenn $c > \lambda\mu$ (so genannte *Nettoprofitbedingung*) erfüllt ist, was wir im Folgenden immer annehmen wollen. In diesem Falle heißt

$$\rho = \frac{c}{\lambda\mu} - 1 \tag{8.19}$$

relativer Sicherheitszuschlag.

Für die Untersuchung des Modells ist es wichtig, welches *Tail-Verhalten* die Schadenhöhenverteilung F hat. Zur Abkürzung wird wie in (8.15) $\overline{F} := 1 - F$ gesetzt. Dann kann man eine Integralgleichung für Ψ herleiten:

Satz 3: *Im Cramér-Lundberg-Modell gilt*

$$\Psi(u) = \frac{\lambda}{c} \int_u^\infty \overline{F}(y)\, dy + \frac{\lambda}{c} \int_0^u \Psi(u-y)\overline{F}(y)\, dy, \tag{8.20}$$

für alle $u > 0$.

Gleichungen dieses Typs werden in der Erneuerungstheorie untersucht. Mit Hilfe von (8.20) kann man in vielen Fällen Informationen über die Asymptotik der Ruinfunktion für große Werte von u gewinnen. Dies führt auf die Frage, wie groß der relative Sicherheitszuschlag bzw. das Eigenkapital sein müssen, damit die Ruinwahrscheinlichkeit unter ein vorgegebenes Niveau fällt. Zunächst werden die Begriffe *light-tailed* und *heavy-tailed* aus Abschnitt 8.3.1.2 präzisiert.

Defintion 11: *Eine Verteilung F mit F(0) = 0 wird als* heavy-tailed *bezeichnet, wenn* $\overline{F}(t)$ *für t → ∞ langsamer als exponentiell gegen 0 fällt, wenn also*

$$\limsup_{t\to\infty} \frac{\overline{F}(t)}{e^{-vt}} > 0 \quad \textit{für alle } v > 0 \tag{8.21}$$

gilt. Andernfalls heißt F light-tailed.

8.3.3.1 Asymptotik der Ruinfunktion I: Light tails

Sind große Schäden im klassischen Risikoprozess hinreichend unwahrscheinlich, so kann man die Asymptotik von Ψ exakt berechnen.

Defintion 12 (Lundberg-Bedingung): *Existiert ein r > 0 mit*

$$\int_0^\infty e^{ry}\overline{F}(y)\,dy = \frac{c}{\lambda},$$

so erfüllt $\overline{F}$ *die* Lundberg-Bedingung. *Ein solches r heißt* Anpassungskoeffizient.

Unter der Lundberg-Bedingung gilt die klassische *Lundberg-Approximation* für Ψ. Sie besteht aus zwei Teilen, einer Asymptotik von Ψ *für große u* und einer oberen Schranke für Ψ(u), die *für alle u* gilt.

Satz 4 (Asymptotik von Ψ): *Die Funktion* $\overline{F}$ *erfülle die Lundberg-Bedingung mit Anpassungskoeffizient r > 0. Ferner sei*

$$\int_0^\infty ye^{ry}\overline{F}(y)\,dy < \infty.$$

Dann gilt

$$\lim_{u\to\infty} \frac{\Psi(u)}{e^{-ru}} = \frac{\rho\mu}{r\int_0^\infty ye^{ry}\overline{F}(y)\,dy}.$$

Satz 5 (Lundberg-Ungleichung): *Gilt die Lundberg-Bedingung für ein r > 0, so ist*

$$\Psi(u) \le e^{-ru}, \quad u \ge 0.$$

Diese beiden mathematischen Sätze sind klassische Hauptresultate für Ruinwahrscheinlichkeiten in der Risikotheorie. Insbesondere sinkt also die Ruinwahrscheinlichkeit als Funktion des Startkapitals bei Existenz des Lundberg-Koeffizienten exponentiell schnell.

8.3.3.2 Asymptotik der Ruinfunktion II: Heavy tails

Es wird der Fall betrachtet, dass der Tail von F langsamer als exponentiell gegen null fällt. Solche Verteilungen werden zur Modellierung von Großschäden verwendet. Die zugehörige Ruintheorie ist im Vergleich zum vorangegangenen Abschnitt wesentlich komplexer. Wir beschränken uns daher hier auf eine besonders wichtige Klasse von Schadenhöhenverteilungen, die *subexponentiellen Verteilungen*, die einerseits viele bekannte Verteilungen mit heavy tails umfasst, andererseits eine relativ einfache mathematische Behandlung der zugehörigen Ruintheorie erlaubt.

Defintion 13 (Subexponentielle Verteilung): *Eine Verteilungsfunktion G mit $G(0) = 0$ heißt* subexponentiell, *falls für alle $n \in \mathbb{N}, n \geq 2$, gilt*

$$\lim_{t \to \infty} \frac{\overline{G^{*n}}(t)}{\overline{G}(t)} = n.$$

Die Klasse der subexponentiellen Verteilungen wird mit $\mathcal{S}$ bezeichnet.

Subexponentielle Verteilungen haben die wichtige Eigenschaft, dass die Asymptotik des Tails des zugehörigen Gesamtschadens mit der Asymptotik des Tails des Maximalschadens übereinstimmt. Um diese Aussage zu präzisieren, seien die $\{X_i\}$ wieder die unabhängig identisch verteilten Schadenhöhen. Für $n \in \mathbb{N}$ definieren wir

$$S_n := \sum_{i=1}^{n} X_i \quad \text{sowie} \quad M_n := \max(X_1, \ldots, X_n). \tag{8.22}$$

Satz 6: *Die Größen $\{X_i\}$ seien unabhängig identisch verteilte Schadenhöhen mit Verteilungsfunktion $F \in \mathcal{S}$. Dann gilt für beliebiges $n \geq 2$ die Grenzbeziehung*

$$\lim_{x \to \infty} \frac{\mathbb{P}[S_n \geq x]}{\mathbb{P}[M_n \geq x]} = 1.$$

Zurück zur Ruintheorie. Es sei Z der klassische Risikoprozess im Cramér-Lundberg-Modell aus Definition 9, wobei X_1 subexponentiell verteilt ist (mit $F \in \mathcal{S}$) und $\Psi(u)$, $u \geq 0$ die zugehörige Ruinfunktion sei. In diesem Falle ist die Lundberg-Bedingung verletzt und die Lundberg-Approximation gilt nicht. Aus der Integralgleichung (8.20) können aber auch hier Informationen über die Asymptotik von Ψ gewonnen werden.

Zunächst wird die *tail-integrierte Verteilung von F* durch

$$F_I(x) := \frac{1}{\mu} \int_0^x \overline{F}(y) \, dy \tag{8.23}$$

definiert. Man beachte, dass F_I selbst wieder eine Wahrscheinlichkeitsverteilung ist. Mit den Bezeichnungen aus (8.19) gilt

$$\Psi(u) = \frac{\rho}{1+\rho} \sum_{n=1}^{\infty} (1+\rho)^{-n} \overline{F_I^{*n}}(u), \quad u > 0,$$

wobei F_I^{*n} für die n-fache Faltung von F_I mit sich selbst steht. Ist F_I selbst subexponentiell, macht dies das folgende klassische Ergebnis plausibel.

Satz 7: *Im klassischen dynamischen Risikomodell mit Sicherheitszuschlag $\rho > 0$ sei $F_I \in \mathcal{S}$. Dann gilt*

$$\lim_{u \to \infty} \frac{\Psi(u)}{\overline{F_I}(u)} = \frac{1}{\rho}.$$

Die Ruinfunktion fällt hier also langsamer gegen 0 als im light-tailed Fall, und das Abklingverhalten von Ψ wird vom Tail-Verhalten von F_I bestimmt.

Die Bedingung $F \in \mathcal{S}$ ist nicht äquivalent zu $F_I \in \mathcal{S}$. Für viele Verteilungen F ist dies jedoch der Fall (etwa für Pareto-Verteilung und Log-Normalverteilung) und kann ggf. konkret nachgeprüft werden. Eine Diskussion dieser Problematik sowie eine ausführliche Darstellung findet man in [Embrechts et. al. 1997].

8.3.4 Rückversicherung und Risikoteilung

So wie ein Versicherungsnehmer Schutz vor großen Schäden bei einem Versicherer sucht, kann es vorkommen, dass auch der Versicherer selbst sich gegen das Auftreten gehäufter oder besonders großer Schäden absichern muss, und zwar bei einem *Rückversicherer*.

Dies ist ein Beispiel für eine sogenannte Risikoteilung. Grundsätzlich unterscheidet man zwischen

- proportionaler und
- nicht-proportionaler

Risikoteilung. Bei proportionaler Risikoteilung wird ein Schaden X (z. B. ein großer Einzelschaden oder der Gesamtschaden) in

$$X = \alpha X + (1 - \alpha)X, \quad \alpha \in (0,1),$$

aufgespalten. Hier könnte zum Beispiel vereinbart sein, dass der Erstversicherer den Schadenanteil αX übernimmt und der Schadenanteil $(1 - \alpha)X$ vom Rückversicherer getragen wird.

Ein Beispiel für nicht-proportionale Risikoteilung ist die Aufspaltung ab Erreichen einer bestimmten Schadenhöhe bzw. *Priorität* $K > 0$. In der Rückversicherung bedeutet eine solche Risikoteilung, dass der Erstversicherer den Schaden bis zur Priorität K selbst trägt, und der Rückversicherer ggf. für den Positivteil der Differenz zwischen Schadenhöhe und Priorität haftet.

In den Büchern [Mack 2002] und [Schmidt 2002] findet man zahlreiche weiterführende Informationen. Schwierig wird die mathematische Behandlung vor allem dann, wenn Groß- oder Kumulschäden auftreten können. Letztere bezeichnen das Auftreten gehäufter Einzelschäden, die auf dasselbe Ereignis zurückzuführen sind (wie etwa eine Naturkatastrophe), und für die daher die Unabhängigkeitsannahme zwischen den Schäden verletzt ist.

8.3.5 Elemente der klassischen Extremwerttheorie

Der Tail der Gesamtschadenbilanz eines Versicherers im Falle von Schadenhöhenverteilungen mit *heavy tails* wird oft vom Tail des Maximalschaden bestimmt (vgl. Satz 6). Daher ist der im Cramér-Lundberg-Modell mittels (8.22) definierte Prozess der Maxima $\{M_n, n \geq 1\}$ von besonderer Bedeutung. Für die Verteilung von M_n gilt

$$\mathbb{P}[M_n \leq x] = \mathbb{P}[X_1 \leq x, \dots, X_n \leq x] = (F(x))^n.$$

Hier interessiert insbesondere die Frage, von welcher Größenordnung die Maxima für $n \to \infty$ sind. Das folgende fundamentale Theorem besagt, dass es im Wesentlichen nur drei Grenzverteilungen, die so genannten *Extremwertverteilungen* gibt.

Satz 8 (Fisher-Tippett, Gnedenko):   *$X_1, X_2, \dots$ seien unabhängig identisch verteilte Zufallsvariablen und $\{M_n, n \geq 1\}$ der zugehörige Maximum-Prozess. Existieren eine Verteilungsfunktion G und Normierungskonstanten $c_n > 0$, $d_n \in \mathbb{R}$ derart, dass*

$$\mathbb{P}\big[c_n(M_n - d_n) \leq x\big] \to G(x) \quad mit \quad n \to \infty$$

für alle Stetigkeitsstellen von G in $\mathbb{R}$ gilt, dann ist G von der Form

$$G(x) = G_i(ax + b), \quad x \in \mathbb{R},$$

für geeignete $a > 0$ und $b \in \mathbb{R}$ und für eine der Extremwertverteilungen $G_i, i \in \{1,2,3\}$ *aus der nachfolgenden Tabelle.*

In der nachfolgenden Tabelle sind drei wichtige Extremwertverteilungen aufgelistet:[6]

Fréchet-Verteilung, $\alpha > 0$	$G_1(x) := \begin{cases} 0, & x \leq 0 \\ \exp\left(-x^{-\alpha}\right), & x > 0 \end{cases}$
Weibullverteilung, $\alpha > 0$	$G_2(x) := \begin{cases} \exp\left(-(-x)^{\alpha}\right), & x \leq 0 \\ 1, & x > 0 \end{cases}$
Gumbelverteilung	$G_3(x) := \exp\left(-e^{-x}\right), \; x \in \mathbb{R}$

Die Frage, in welchen Situationen Konvergenz gegen eine der drei Verteilungen vorliegt, also die Frage nach dem *Anziehungsbereich* der jeweiligen Extremwertverteilungen, ist Gegenstand der Extremwerttheorie. Für Details wird auf weiterführende Literatur verwiesen, etwa [Embrechts et. al. 1997].

8.4 Finanzmathematik in zeitlich diskreten Marktmodellen

8.4.1 Wertanlagen, Handelsstrategien und Arbitrage

8.4.1.1 Riskante und risikolose Wertanlagen

Mit S_t wird der Preis einer riskanten Wertanlage (z. B. einer Aktie, eines Aktienindex oder einer Währung) zum Zeitpunkt $t \in \{0, 1, \ldots, T\}$ mit $T \in \mathbb{N}$ bezeichnet. Der Preis S_0 im Zeitpunkt $t = 0$ sei bekannt, die Preise zu späteren Zeitpunkten seien jedoch ungewiss. Daher werden $S_1, \ldots, S_T$ als Zufallsvariablen auf einem gegebenen Wahrscheinlichkeitsraum $(\Omega, \mathcal{F}, \mathbb{P})$ modelliert (vgl. Kapitel 6). Für alle Preise gelte $S_t > 0$. Um mit dieser riskanten Wertanlage handeln zu können, benötigt man noch eine weitere Wertanlage, deren Preise mit B_t bezeichnet werden. Es wird B als risikolose Anlage – oder *Bond* – gewählt und $B_t := (1 + i)^t$ gesetzt, wobei $i \geq 0$ den Zinssatz für eine Investition von einer Periode zur nächsten bezeichnet.

Annahme: Der Markt ist *reibungsfrei*, d. h. die Zinsraten für Geldanlage und Kreditaufnahme sind identisch, es fallen keine Transaktionskosten oder Steuern an, der Markt ist beliebig liquide, Leerverkäufe der riskanten Anlage sind in beliebiger Höhe und ohne zusätzliche Gebühren möglich. Die foglende Darstellung der zeitlich diskreten Finanzmathematik orientiert sich an [Föllmer und Schied 2011], wo man auch Beweise für alle hier angegebenen Sätze und Aussagen findet.

8.4.1.2 Handelsstrategie und Wertprozess

Unter einer *Handelsstrategie* versteht man eine Folge $(\xi, \eta) = (\xi_t, \eta_t)_{t=0,\ldots,T-1}$ von Zufallsvariablen auf $(\Omega, \mathcal{F}, \mathbb{P})$, die *adaptiert* ist in dem Sinne, dass ξ_t und η_t Funktionen der im Zeitpunkt t beobachteten Preise $S_0, \ldots, S_t$ sind. Die Zufallsvariable ξ_t modelliert die Anzahl der Anteile der riskanten Anlage und η_t die Anzahl der Anteile am Bond, die ein Investor zur Zeit t erwirbt und bis zum Ende der folgenden Handelsperiode hält. Ist η_t negativ, so entspricht dies einer Kreditaufnahme. Ist $\xi_t < 0$, so bedeutet dies einen Leerverkauf der riskanten Wertanlage. Die Forderung der Adaptiertheit bedeutet, dass die Handelsentscheidung im Zeitpunkt t nur von der zu diesem Zeitpunkt verfügbaren Information abhängen darf. Der zugehörige *Wertprozess*

$$V_t := \xi_{t-1} S_t + \eta_{t-1} B_t$$

---

[6]Man beachte, dass im Kontext der Extremwerttheorie die Weibullverteilung G_2 abweichend von der herkömmlichen Weibullverteilung definiert ist.

beschreibt für $t = 1, \ldots, T$ den Wert des zur Zeit $t - 1$ gekauften Portfolios (ξ_{t-1}, η_{t-1}) zum Zeitpunkt t, also am Ende der folgenden Handelsperiode. Für $t = 0$ definieren wir

$$V_0 := \xi_0 S_0 + \eta_0 B_0$$

als das anfangs investierte Startkapital.

8.4.1.3 Selbstfinanzierende Strategien

Eine Handelsstrategie (ξ, η) heißt *selbstfinanzierend*, wenn

$$\xi_{t-1} S_t + \eta_{t-1} B_t = \xi_t S_t + \eta_t B_t \qquad \text{für} \quad t = 1, \ldots, T - 1. \tag{8.24}$$

In (8.24) ist $\xi_{t-1} S_t + \eta_{t-1} B_t = V_t$ der Wert des alten Portfolios (ξ_{t-1}, η_{t-1}) zum Zeitpunkt t. Die rechte Seite von (8.24) beschreibt dagegen den Betrag, der zum Erwerb des neuen Portfolios (ξ_t, η_t) nötig ist. Stimmen beide Beträge überein, so wird also weder zusätzliches Geld in das neue Portfolio investiert noch wird Geld aus dem alten Portfolio abgezogen. Eine Handelsstrategie (ξ, η) ist genau dann selbstfinanzierend, wenn für den zugehörigen Wertprozess gilt

$$V_t = V_0 + \sum_{k=1}^{t} \xi_{k-1}(S_k - S_{k-1}) + \sum_{k=1}^{t} \eta_{k-1}(B_k - B_{k-1}), \qquad t = 1, \ldots, T.$$

8.4.1.4 Arbitrage

Eine selbstfinanzierende Handelsstrategie mit Wertprozess V wird *Arbitragegelegenheit* genannt, falls gilt

$$V_0 \leq 0, \ V_T \geq 0 \ \mathbb{P}\text{-fast sicher und} \quad \mathbb{P}[V_T > 0] > 0.$$

Anschaulich bezeichnet eine Arbitragegelegenheit die Möglichkeit eines risikolosen Gewinns mit strikt positiver Gewinnwahrscheinlichkeit. Die Existenz solcher Handelsstrategien kann als Ineffizienz des Marktmodells angesehen werden, die ausgeschlossen werden sollte. Der „Erste Fundamentalsatz der arbitragefreien Bewertung" (s. unten) charakterisiert diejenigen Marktmodelle, die keine Arbitragegelegenheiten zulassen. Um diesen Satz formulieren zu können, benötigen wir noch einige Begriffe.

8.4.1.5 Äquivalente Martingalmaße

Eine Wahrscheinlichkeitsverteilung $\mathbb{Q}$ auf $(\Omega, \mathcal{F})$ heißt *äquivalent* zu $\mathbb{P}$, falls eine messbare Funktion $\varphi : \Omega \to]0, \infty[$ existiert mit $\mathbb{Q}[A] = \int_A \varphi \, d\mathbb{P}$ für alle $A \in \mathcal{F}$. Eine zu $\mathbb{P}$ äquivalente Wahrscheinlichkeitsverteilung $\mathbb{P}^*$ heißt *äquivalentes Martingalmaß*, wenn für den Wertprozess V einer jeden selbstfinanzierenden Handelsstrategie mit $\mathbb{P}[V_T \geq 0] = 1$

$$\mathbb{E}^*\left[\frac{V_T}{B_T}\right] = V_0 \tag{8.25}$$

gilt.

Hier und im Folgenden wird mit $\mathbb{E}^*[X] = \int X \, d\mathbb{P}^*$ bzw. $\mathbb{E}[X] = \int X \, d\mathbb{P}$ der Erwartungswert einer geeignet integrierbaren Zufallsvariable X unter $\mathbb{P}^*$ bzw. unter $\mathbb{P}$ bezeichnet, wobei die Integrale als Lebesgue-Integrale zu verstehen sind. Anschaulich bedeutet (8.25), dass es nicht möglich ist, durch eine Handelsstrategie mit beschränktem Risiko im $\mathbb{P}^*$-Mittel Gewinn zu erwirtschaften.

Satz 9 (Erster Fundamentalsatz der arbitragefreien Bewertung): *Das Marktmodell lässt genau dann keine Arbitragegelegenheiten zu, wenn ein äquivalentes Martingalmaß existiert.*

Bemerkung: Unter Nutzung des Begriffs des *bedingten Erwartungswerts* und eines Satzes von Doob lässt sich die Definition eines äquivalenten Martingalmaßes $\mathbb{P}^*$ auch anders formulieren. Dazu bezeichne $\mathbb{E}_s^*[\,\cdot\,]$ die bedingte Erwartung bezüglich $\mathbb{P}^*$, gestützt auf die durch $S_0, S_1, \ldots, S_s$ gegebene Information. Dann ist eine zu $\mathbb{P}$ äquivalente Wahrscheinlichkeitsverteilung $\mathbb{P}^*$ genau dann ein äquivalentes Martingalmaß, wenn der diskontierte Preisprozess $X_t := S_t / B_t$ ein $\mathbb{P}^*$-*Martingal* ist, d. h., wenn X_t integrierbar ist und

$$\mathbb{E}_s^*[X_t] = X_s \qquad \text{für } 0 \le s \le t \le T. \tag{8.26}$$

Anschaulich bedeutet (8.26), dass gestützt auf die zur Zeit s verfügbare Information bei Investition in die riskante Anlage im $\mathbb{P}^*$-Mittel keine Gewinne gemacht werden können.

8.4.1.6 Binomialmodell von Cox, Ross und Rubinstein

Im Binomialmodell, das nach seinen Erfindern auch *CRR-Modell* genannt wird, kann die riskante Wertanlage in jedem Zeitpunkt $t \ge 1$ vom vorherigen Zustand S_{t-1} in einen der beiden neuen Zustände $S_t = S_{t-1}d$ oder $S_t = S_{t-1}u$ springen, wobei d und u zwei feste relle Zahlen mit $0 < d < u$ bezeichnen. Ausgehend von der Konstanten S_0 lässt sich somit die gesamte Kursentwicklung durch die zeitliche Abfolge der Zahlen d und u beschreiben. Daher wird für Ω die Menge $\{d,u\}^T = \{(\omega_1, \ldots, \omega_T) \mid \omega_t \in \{d,u\}\}$ gewählt und S_t rekursiv durch $S_t(\omega) = S_{t-1}(\omega)\omega_t$ für $\omega = (\omega_1, \ldots, \omega_T) \in \Omega$ definiert. Für $\mathcal{F}$ wird die Potenzmenge von Ω, und für $\mathbb{P}$ eine beliebige Wahrscheinlichkeitsverteilung mit $\mathbb{P}[\{\omega\}] > 0$ für jedes $\omega \in \Omega$ genommen.

Satz 10: *Im CRR-Modell gibt es genau dann keine Arbitragegelegenheiten, wenn*

$$d < 1 + i < u \tag{8.27}$$

gilt. In diesem Fall gibt es genau ein äquivalentes Martingalmaß $\mathbb{P}^*$, das für

$$p := \frac{1 + i - d}{u - d} \tag{8.28}$$

durch $\mathbb{P}^*[\{\omega\}] = p^k(1-p)^{T-k}$ gegeben ist, wobei $k = k(\omega)$ die Anzahl des Auftretens von u in ω bezeichnet.

Bemerkung: Unter $\mathbb{P}^*$ ist der Preisprozess S der riskanten Anlage eine homogene Markovsche Kette mit Übergangswahrscheinlichkeit

$$p(x,y) = \mathbb{P}^*[S_{t+1} = y \mid S_t = x] = \begin{cases} p, & \text{falls } y = xu, \\ 1 - p, & \text{falls } y = xd, \\ 0 & \text{sonst.} \end{cases}$$

8.4.2 Absicherung und arbitragefreie Bewertung von Optionen

Eine *Option* oder ein *Derivat* auf S mit *Laufzeit* T ist ein Kontrakt, der zum Zeitpunkt T einen Betrag auszahlt, der auf vorher bestimmte Art und Weise von der Kursentwicklung von S abhängt. Die Auszahlung einer Option wird durch eine Zufallsvariable $C(\omega)$ modelliert, die durch eine Funktion der Werte $S_0, S_1(\omega), \ldots, S_T(\omega)$ beschrieben wird.

8.4.2.1 Beispiele für Optionen

Ein *Forward-Kontrakt* mit *Ausübungspreis* (oder *Strike*) K verleiht dem Käufer das Recht, aber auch die Verpflichtung, die riskante Anlage zur Zeit T zum Preis K zu erwerben. Die Auszahlungsfunktion ist gleich dem Wert des Kontrakts im Zeipunkt T, also $C = S_T - K$.

Eine *europäische Kaufoption* (oder *Call-Option*) mit Ausübungspreis K besitzt die Auszahlungsfunktion

$$(S_T - K)^+ := \begin{cases} S_T - K, & \text{falls } S_T > K, \\ 0 & \text{sonst.} \end{cases}$$

Sie verleiht ihrem Besitzer das Recht (aber nicht die Verpflichtung), die riskante Anlage zum Zeitpunkt T zum Preis K zu erwerben. Eine *europäische Verkaufsoption* (oder *Put-Option*) verleiht das entsprechende Verkaufsrecht; ihre Auszahlung ist durch $(K - S_T)^+$ gegeben.

Bemerkung: Da sich jede zweimal stetig diffenzierbare Funktion $f : [0, \infty[\to \mathbb{R}$ für $a > 0$ durch

$$f(x) = f(a) + f'(a)\,(x-a) + \int_0^a (z-x)^+ f''(z)\,\mathrm{d}z + \int_a^\infty (x-z)^+ f''(z)\,\mathrm{d}z \tag{8.29}$$

darstellen lässt, kann man jede Option mit Auszahlung $C = f(S_T)$ durch geeignete Kombinationen aus einem (konstanten) Barwert, Forward-Kontrakten sowie europäischen Put- und Call-Optionen darstellen. Eine ähnliche Aussage gilt für konvexe und konkave f. Zum Beispiel ist die Auszahlung eines *Diskontzertifikats* gegeben durch $C = \min(S_T, K)$, wobei die Zahl $K > 0$ oft *Cap* genannt wird. Die Auszahlungsfunktion des Diskontzertifikats lässt sich auch schreiben als $C = S_T - (S_T - K)^+$, sodass der Kauf eines Diskontzertifikats äquivalent ist zum Kauf der riskanten Anlage und dem gleichzeitigen Verkauf einer Call-Option mit Strike K.

Viele Optionen hängen jedoch von der gesamten Entwicklung von S während der Laufzeit ab. Diese Optionen sind *pfadabhängig*. Zum Beispiel besitzt ein *Lookback-Call* die Auszahlung $S_T - \min_{0 \leq t \leq T} S_t$, während ein *Lookback-Put* der Zufallsvariablen $\max_{0 \leq t \leq T} S_t - S_T$ entspricht.

Barriere-Optionen zahlen nur dann aus, wenn der Preis der riskanten Anlage eine bestimmten *Barriere* β trifft bzw. nicht trifft. Genauer unterscheidet man zwischen *Knock-out-Optionen*, die nicht mehr auszahlen, sobald die Barriere getroffen wird, und *Knock-in-Optionen*, die erst dann auszahlen, wenn die Barriere getroffen wurde. Beispiele sind etwa der *Up-and-in-Put* mit Strike K, Barriere β und Auszahlungsfunktion

$$C_1 = \begin{cases} (K - S_T)^+, & \text{falls } \max_{0 \leq t \leq T} S_t \geq \beta, \\ 0 & \text{sonst} \end{cases}$$

oder der *Up-and-out-Call* mit Auszahlung

$$C_2 := \begin{cases} (S_T - K)^+, & \text{falls } \max_{0 \leq t \leq T} S_t < \beta, \\ 0 & \text{sonst.} \end{cases}$$

Entsprechend definiert man *Down-and-in-* bzw. *Down-and-out*-Optionen (vgl. Abbildung 8.3.

Asiatische Optionen hängen von einem arithmetischen Mittel

$$S_{\mathrm{av}} := \frac{1}{|\mathbb{T}|} \sum_{t \in \mathbb{T}} S_t$$

über eine nichtleere Teilmenge $\mathbb{T} \subset \{0, \dots, T\}$ von Zeitpunkten ab. Zum Beispiel ist ein *Average-Price-Call* gegeben durch die Auszahlung $(S_{\mathrm{av}} - K)^+$ und ein *Average-Strike-Put* durch $(S_{\mathrm{av}} - S_T)^+$. Weitere Beispiele für Optionen werden unten diskutiert.

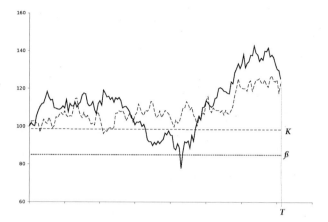

Abb. 8.3 Bei einem Down-and-in-Call mit Strike $K = 100 = S_0$ und Barriere $\beta = 85$ würde nur der fett gezeichnete Pfad zu einer Auszahlung am Laufzeitende T führen, da nur dieser zuvor die Barriere trifft.

8.4.2.2 Arbitragefreie Preise von Optionen

Ab jetzt wird angenommen, dass das zugrunde liegende Marktmodell keine Arbitragegelegenheiten zulässt. Mit $\mathcal{P}$ wird die nichtleere Menge aller äquivalenten Martingalmaße bezeichnet. Eine Zahl π heißt *arbitragefreier Preis* einer Option, falls durch den Handel der Option zum Preis π im Markt keine neuen Arbitragegelegenheiten geschaffen werden können.

Satz 11: *Die Menge $\Pi(C)$ der arbitragefreien Preise einer Option mit Auszahlung $C \geq 0$ ist gegeben durch*

$$\Pi(C) = \left\{ \mathbb{E}^* \left[\frac{C}{B_T} \right] \mid \mathbb{P}^* \in \mathcal{P}, \, \mathbb{E}^* \left[\frac{C}{B_T} \right] < \infty \right\}.$$

Ferner ist $\Pi(C)$ entweder einelementig oder ein nichtleeres offenes Intervall.

8.4.2.3 Erreichbare Optionen

Eine Option mit Auszahlung C heißt *erreichbar* oder *replizierbar*, wenn es eine selbstfinanzierende Handelsstrategie gibt, deren Wertprozess $\mathbb{P}[V_T = C] = 1$ erfüllt. Ist C erreichbar, so ist in einem arbitragefreien Markt das zur Replikation nötige Anfangskapital V_0 eindeutig bestimmt, und Satz 11 impliziert $\Pi(C) = \{V_0\}$. Genauer gilt:

Satz 12: *C ist genau dann erreichbar, wenn $\Pi(C)$ einelementig ist.*

▶ **Beispiel:** Durch die zeitlich konstante Strategie $\xi_t = 1$ und $\eta_t = -KB_T^{-1}$ wird ein Forward-Kontrakt mit Auszahlungsfunktion $C = S_T - K$ in jedem Marktmodell repliziert, und $V_0 = S_0 - KB_T^{-1}$ ist der eindeutige arbitragefreie Preis dieses Forward-Kontrakts. Man beachte, dass dieser Preis völlig unabhängig davon ist, ob die riskante Anlage unter $\mathbb{P}$ die Tendenz zum Fallen oder Steigen besitzt.

Bemerkung: Ist der Preis π_{call} einer europäischen Call-Option mit Strike K bereits festgelegt, so ergibt sich der Preis π_{put} der europäischen Put-Option mit demselben Strike durch die so genannte *Put-Call-Parität:*

$$\pi_{\text{call}} - \pi_{\text{put}} = S_0 - \frac{K}{B_T}.$$

Dies folgt aus der Tatsache, dass $(S_T - K)^+ - (K - S_T)^+$ der Auszahlung eines Forward-Kontrakts mit Strike K entspricht.

Eine Handelsstrategie, deren Wertprozess $\mathbb{P}[\, V_T = C\,] = 1$ erfüllt, heißt *Absicherungs-* oder *Hedging-Strategie* für die Option mit Auszahlung C. Mit einer solchen Strategie kann nämlich der Verkäufer der Option das sich für ihn zum Zeitpunkt T ergebende Auszahlungsrisiko in Höhe des zufälligen Betrags $-C$ vollständig absichern. Die Bestimmung solcher Absicherungsstrategien ist in der Praxis nicht nur für einzelne Optionen, sondern auch für ganze Portfolios aus riskanten Positionen wichtig.

8.4.2.4 Vollständige Marktmodelle

Ein arbitragefreies Marktmodell heißt *vollständig*, wenn in diesem Modell jede Option mit Auszahlung $C \geq 0$ erreichbar ist. Aus den Sätzen 11 und 12 folgt:

Satz 13 (Zweiter Fundamentalsatz der arbitragefreien Bewertung):   *Ein Marktmodell ist dann und nur dann vollständig, wenn es genau ein äquivalentes Martingalmaß gibt.*

Vollständige Modelle besitzen eine besonders einfache Struktur, wie aus der folgenden Aussage hervorgeht.

Satz 14:   *In einem vollständigen Marktmodell nimmt der Preisprozess S nur endlich viele Werte an. Genauer: Es gibt eine endliche Menge $W \subset\,]0, \infty[^{T+1}$ mit der Eigenschaft $\mathbb{P}[\,(S_0, \ldots, S_T) \in W\,] = 1$.*

8.4.2.5 Bewertung und Absicherung von Optionen im Binomialmodell

Aus obigen Betrachtungen folgt, dass das CRR-Modell unter der Bedingung (8.27) ein vollständiges Marktmodell ist, denn es besitzt ein eindeutiges äquivalentes Martingalmaß $\mathbb{P}^*$. Aus der Markov-Eigenschaft von S unter $\mathbb{P}^*$ folgt:

Satz 15:   *Für eine Option mit der Auszahlungsfunktion $C = f(S_0, S_1, \ldots, S_T)$ ist im Binomialmodell der Wertprozess einer Absicherungsstrategie durch $V_t = v_t(S_0, S_1, \ldots, S_t)$ mit der Funktion*

$$v_t(x_0, \ldots, x_t) = \mathbb{E}^* \Big[\frac{B_t}{B_T} f\Big(x_0, \ldots, x_t, x_t \cdot \frac{S_1}{S_0}, \ldots, x_t \cdot \frac{S_{T-t}}{S_0}\Big) \Big]$$

gegeben. Insbesondere ist

$$V_0 = v_0(S_0) = \mathbb{E}^* \Big[\frac{B_t}{B_T} f(S_0, \ldots, S_T)) \Big]$$

der eindeutige arbitragefreie Preis der Option. Die Absicherungsstrategie (ξ, η) selbst errechnet sich aus

$$\xi_t = \Delta_t(S_0, S_1, \ldots, S_t) \quad und \quad \eta_t = \frac{V_t - \xi_t S_t}{B_t},$$

wobei für $x_{t+1}^+ := x_t u$ und $x_{t+1}^- := x_t d$ gilt

$$\Delta_t(x_0, \ldots, x_t) = \frac{v_{t+1}(x_0, \ldots, x_t, x_{t+1}^+) - v_{t+1}(x_0, \ldots, x_t, x_{t+1}^-)}{x_{t+1}^+ - x_{t+1}^-}.$$

Die Funktion Δ_t entspricht also einer „diskreten Ableitung" der Funktion v_{t+1} bezüglich ihres letzten Arguments.

▶ BEISPIEL: Ist die Auszahlung von der Form $C = f(S_T)$, so hängt auch $v_t(x_0, \ldots, x_t)$ nur von x_t ab, und es gilt

$$v_t(x_t) = (1+i)^{t-T} \sum_{k=0}^{T-t} f\left(x_t d^{T-t-k} u^k\right) \binom{T-t}{k} p^k (1-p)^{T-t-k},$$

wobei p durch (8.28) definiert ist. Insbesondere ist der eindeutige arbitragefreie Preis der Option gegeben durch

$$v_0(S_0) = (1+i)^{-T} \sum_{k=0}^{T} f\left(S_0 d^{T-k} u^k\right) \binom{T}{k} p^k (1-p)^{T-k}.$$

Ist f wachsend, wie etwa bei einer europäischen Kaufoption mit $f(x) = (x-K)^+$, so gilt immer $\Delta_t \geq 0$, d. h. die Absicherungsstrategie enthält keine Leerverkäufe der riskanten Anlage. Eine entgegengesetzte Aussage gilt für fallende Auszahlungsfunktionen wie die einer europäischen Put-Option.

Amerikanische Optionen: In der Praxis werden eine Vielzahl von Optionen gehandelt, auf die hier nicht im Einzelnen eingegangen werden kann. Eine besonders wichtige Klasse bilden hierbei die so genannten *amerikanischen Optionen*, bei denen der Käufer den Zeitpunkt der Ausübung dynamisch festlegen kann. Für eine Diskussion der Bewertung und Absicherung amerikanischer Optionen in zeitlich diskreten Marktmodellen wird auf [Föllmer und Schied 2011] verwiesen.

8.5 Finanzmathematik in zeitstetigen Marktmodellen

8.5.1 Wertprozesse und Handelsstrategien

8.5.1.1 Riskante und risikolose Wertanlagen

Wie in Punkt 8.4.1.1 bezeichnet S_t den Preis einer riskanten Wertanlage (z. B. einer Aktie, Aktienindex oder Währung) und B_t den Preis einer risikolosen Wertanlage (Bond) zum Zeitpunkt t. Diese Preise können jetzt jedoch im Zeitparameter $t \in [0, T]$ kontinuierlich variieren. Bei stetiger Verzinsung mit Rate $r \geq 0$ ergibt sich $B_t = e^{rt}$ für die Wertentwicklung des Bonds mit Start in $B_0 = 1$. Ferner wird angenommen, dass S_t durch einen positiven und in t stetigen stochastischen Prozess auf $(\Omega, \mathcal{F}, \mathbb{P})$ modelliert werde. Wie in diskreter Zeit sei der Markt *reibungsfrei*: Die Zinsraten für Geldanlage und Kreditaufnahme seien identisch, es fallen keine Transaktionskosten oder Steuern an, der Markt sei beliebig liquide, und Leerverkäufe der riskanten Anlage seien in beliebiger Höhe und ohne zusätzliche Gebühren möglich. Für Details und Beweise sei auf [Sondermann 2006] verwiesen.

8.5.1.2 Selbstfinanzierende Handelsstrategie und Wertprozess

Eine *Handelsstrategie* ist ein stochastischer Prozess $(\xi, \eta) = (\xi_t, \eta_t)_{0 \leq t \leq T}$ auf $(\Omega, \mathcal{F}, \mathbb{P})$, der *adaptiert* ist in dem Sinne, dass ξ_t und η_t Funktionen der bisherigen Preiskurve $(S_s)_{0 \leq s \leq t}$ sind. Der zugehörige *Wertprozess* ist gegeben durch

$$V_t = \xi_t S_t + \eta_t B_t, \quad 0 \leq t \leq T.$$

Anschaulich bezeichnet ξ_t die Anzahl der Anteile der riskanten Anlage und η_t die Anzahl der Anteile am Bond, die ein Investor zur Zeit t hält. Ist η_t negativ, so entspricht dies einer Kreditaufnahme. Ist $\xi_t < 0$, so bedeutet dies einen Leerverkauf der riskanten Wertanlage.

Angenommen, ein Investor kann zu den Zeitpunkten $0 = t_0 < t_1 < \cdots < t_n = T$ handeln. Dann gilt also $\xi_t = \xi_{t_j}$ und $\eta_t = \eta_{t_j}$ für $t_j \leq t < t_{j+1}$. In Analogie zur zeitdiskreten Theorie heißt eine Handelsstrategie *selbstfinanzierend*, wenn

$$\xi_{t_{j-1}} S_{t_j} + \eta_{t_{j-1}} B_{t_j} = \xi_{t_j} S_{t_j} + \eta_{t_j} B_{t_j}, \qquad j = 1, 2, \ldots, n.$$

Dies ist äquivalent zu

$$V_{t_j} = V_0 + \sum_{k=1}^{j} \xi_{t_{k-1}} (S_{t_k} - S_{t_{k-1}}) + \sum_{k=1}^{j} \eta_{t_{k-1}} (B_{t_k} - B_{t_{k-1}}), \qquad j = 1, \ldots, n. \tag{8.30}$$

Für eine allgemeine Handelsstrategie in stetiger Zeit ist es nun plausibel, immer feinere Zerlegungen $\{t_0, \ldots, t_n\}$ von $[0, T]$ zu betrachten, sodass $\max_j |t_{j+1} - t_j| \to 0$. In diesem Fall sollte die rechte Seite in (8.30) gegen die Summe zweier *Integrale* konvergieren, die als Grenzwerte der Riemann-Summen in (8.30) definiert sein sollten. Die Bedingung dafür, dass die zeitstetige Handelsstrategie $(\xi_t, \eta_t)_{0 \leq t \leq T}$ selbstfinanzierend ist, lautet dann

$$V_t = V_0 + \int_0^t \xi_s \, dS_s + \int_0^t \eta_s \, dB_s, \qquad 0 \leq t \leq T. \tag{8.31}$$

Dabei wird implizit vorausgesetzt, dass die Integrale in (8.31) wohldefiniert sind. Insbesondere sollte die stetige Funktion $t \mapsto S_t$ so beschaffen sein, dass für eine genügend große Klasse von Integranden ξ das Integral $\int \xi_s \, dS_s$ als Grenzwert der Riemann-Summen in (8.30) definiert werden kann.

Bemerkung: Da die Preiskurve $t \mapsto B_t = e^{rt}$ wachsend ist, kann das Integral $\int_0^t \eta_s \, dB_s$ als Stieltjes-Integral verstanden werden (vgl. Abschnitt 6.2.2.2). Genauer gilt sogar

$$\int_0^t \eta_s \, dB_s = \int_0^t \eta_s r B_s \, ds.$$

Die stetige Preiskurve $t \mapsto S_t$ darf jedoch nicht von endlicher Variation sein, da sich ansonsten Arbitragegelegenheiten bieten würden. Um dies einzusehen, wird der Einfachheit halber $r = 0$ gewählt und $\xi_t = 2(S_t - S_0)$ gesetzt. Wenn S von endlicher Variation wäre, so würde nach dem Hauptsatz der Differential- und Integralrechnung für Stieltjes-Integrale

$$(S_t - S_0)^2 = (S_0 - S_0)^2 + \int_0^t \xi_s \, dS_s \tag{8.32}$$

folgen. Mit $\eta_t = (S_t - S_0)^2 - \xi_t S_t$ erhielte man dann eine selbstfinanzierende Handelsstrategie mit Wertprozess $V_0 = 0$ und $V_T = (S_T - S_0)^2$. Dies wäre offenbar eine risikolose Gewinnmöglichkeit und somit eine Arbitragegelegenheit, sobald S nicht konstant ist.

8.5.2 Der Itô-Kalkül

Aus der Bemerkung am Ende des vorigen Abschnitts folgt, dass $t \mapsto S_t$ nicht von endlicher Variation gewählt werden darf. Es muss sogar geforderr werden, dass für die Integrationstheorie mit Integrator S kein klassischer Hauptsatz der Differential- und Integralrechnung der Form $f(S_t) - f(S_0) = \int_0^t f'(S_s) \, dS_s$ gelten darf, denn nur diese Eigenschaft von S wurde in der Bemerkung tatsächlich verwendet. Es wird also eine *nichtklassische* Integrationstheorie benötigt.

8.5.2.1 Quadratische Variation

Unter einer *Zerlegung* von $[0, T]$ versteht man eine endliche Menge $\zeta := \{t_0, t_1, \ldots, t_n\} \subset [0, T]$ mit $0 = t_0 < t_1 < \cdots < t_n = T$. Die *Feinheit* von ζ wird definiert durch $|\zeta| := \max_j |t_j - t_{j-1}|$. Ist nun $\zeta_1 \subset \zeta_2 \subset \cdots$ eine aufsteigende Folge von Zerlegungen mit $|\zeta_n| \to 0$, so sagt man, die Preiskurve $t \mapsto S_t$ besitze eine stetige *quadratische Variation* entlang der aufsteigenden Zerlegungsfolge (ζ_n), wenn mit Wahrscheinlichkeit eins für jedes $t \in]0, T]$ der Grenzwert

$$\langle S \rangle_t := \lim_{n \uparrow \infty} \sum_{t_j \in \zeta_n, \, 0 < t_j \leq t} (S_{t_j} - S_{t_{j-1}})^2$$

existiert und mit $\langle S \rangle_0 := 0$ eine stetige Funktion auf $[0, T]$ definiert. Man beachte, dass im Gegensatz zur üblichen Variation die quadratische Variation von der Wahl der Zerlegungsfolge abhängen kann.

Ist A eine stetige Funktion von endlicher Variation, so gilt $\langle A \rangle_t = 0$ für alle t. Allgemeiner gilt

$$\langle S + A \rangle_t = \langle S \rangle_t, \tag{8.33}$$

falls S eine stetige quadratische Variation besitzt. Da $t \mapsto \langle S \rangle_t$ offenbar wachsend ist, kann das Integral $\int_0^t g(s) \, d\langle S \rangle_s$ für stetige Funktionen g als Riemann-Stieltjes-Integral definiert werden.

8.5.2.2 Die Itô-Formel

Der Itô-Kalkül ist ein nichtklassischer Differential- und Integralkalkül für stetige Integratoren S, die entlang einer gegebenen Zerlegungsfolge (ζ_n) eine stetige quadratische Variation $\langle S \rangle$ besitzen. Im Folgenden werden mit

$$f_t := \frac{\partial f}{\partial t}, \quad f_x := \frac{\partial f}{\partial x} \quad \text{und} \quad f_{xx} := \frac{\partial^2 f}{\partial x^2}$$

die partiellen Ableitungen einer Funktion $f(t, x)$ bezeichnet. Das nächste Resultat liefert einen nichtklassischen „Hauptsatz der Differenzial- und Integralrechnung" für Integratoren mit nichtverschwindender quadratischer Variation.

Itô-Formel: *Die Funktion $f(t, x)$ sei zweimal stetig differenzierbar. Dann gilt*

$$f(t, S_t) - f(0, S_0) = \int_0^t f_x(s, S_s) \, dS_s + \int_0^t f_t(s, S_s) \, ds + \frac{1}{2} \int_0^t f_{xx}(s, S_s) \, d\langle S \rangle_s,$$

wobei das Itô-Integral mit Integrator S gegeben ist durch

$$\int_0^t f_x(s, S_s) \, dS_s = \lim_{n \uparrow \infty} \sum_{t_j \in \zeta_n, \, 0 < t_j \leq t} f_x(t_{j-1}, S_{t_{j-1}})(S_{t_j} - S_{t_{j-1}}). \tag{8.34}$$

Die Itô-Formel wird häufig auch in der folgenden Kurzschreibweise angegeben:

$$df(t, S_t) = f_x(t, S_t) \, dS_t + f_t(t, S_t) \, dt + \frac{1}{2} f_{xx}(t, S_t) \, d\langle S \rangle_t. \tag{8.35}$$

Im Spezialfall einer nicht von t abhängenden Funktion f ergibt sich

$$df(S_t) = f'(S_t) \, dS_t + \frac{1}{2} f''(S_t) \, d\langle S \rangle_t,$$

wobei das zweite Integral auf der rechten Seite für den nichtklassischen Charakter des Itô-Kalküls zuständig ist.

Zu beachten ist weiterhin, dass in (8.34) die Wahl von $s = t_{j-1}$ als Stützstelle für den Integranden $f_x(s, S_s)$ wesentlich ist, und dass man im Gegensatz zur klassischen Integrationstheorie bei einer anderen Wahl der Stützstelle in $[t_{j-1}, t_j]$ zu einem anderen Integralbegriff gelangt wäre.

Satz 16: *Unter den Voraussetzungen der Itô-Formel ist das Itô-Integral in (8.34) eine stetige Funktion in t, die die folgende stetige quadratische Variation besitzt:*

$$\left\langle \int_0^t f_x(s, S_s) \, dS_s \right\rangle_t = \int_0^t \left(f_x(s, S_s) \right)^2 d\langle S \rangle_s.$$

Aus diesem Satz ergibt sich unter Verwendung von (8.33) und der Itô-Formel: Die Funktion $t \mapsto f(t, S_t)$ besitzt die stetige quadratische Variation

$$\langle f(\cdot, S) \rangle_t = \int_0^t \left(f_x(s, S_s) \right)^2 d\langle S \rangle_s. \tag{8.36}$$

8.5.2.3 Modellunabhängige Absicherungsstrategie für Varianz-Swaps

Im Folgenden wird der Einfachheit halber angenommen, dass $r = 0$ und somit $B_t = 1$ gilt. Ein *Varianz-Swap* ist eine pfadabhängige Option, die es erlaubt, die zukünftige prozentuale Schwankungsstärke – oder *Volatilität* – einer riskanten Anlage zu handeln. Ein Varianz-Swap besitzt die Auszahlung

$$C = \sum_{j=1}^{n} (\ln S_{t_{j+1}} - \ln S_{t_j})^2$$

zum Zeitpunkt $T = t_n$. Hierbei ist S_{t_j} in der Regel der Tagesschlusskurs der riskanten Anlage am Ende des j-ten Handelstags, d. h., man hat zum Beispiel $n = 252$ bei einem Varianz-Swap mit Laufzeit $T =$ ein Jahr. Die Auszahlung des Varianz-Swaps wird daher gut approximiert durch

$$C \approx \langle \ln S \rangle_T = \int_0^T \frac{1}{S_t^2} \, d\langle S \rangle_t,$$

wobei die letzte Identität aus (8.36) folgt. Die Itô-Formel, angewendet auf $f(x) = \ln x$, liefert

$$\ln S_T - \ln S_0 = \int_0^T \frac{1}{S_t} \, dS_t - \frac{1}{2} \int_0^T \frac{1}{S_t^2} \, d\langle S \rangle_t,$$

sodass sich

$$C \approx \int_0^T \frac{1}{S_t^2} \, d\langle S \rangle_t = 2 \ln S_0 - 2 \ln S_T + 2 \int_0^T \frac{1}{S_t} \, dS_t.$$

ergibt. Da $r = 0$ angenommen wurde, kann das Itô-Integral auf der rechten Seite dieser Formel als Wertprozess einer selbstfinanzierenden dynamischen Handelsstrategie interpretiert werden, bei der zu jedem Zeitpunkt $\xi_t = 2/S_t$ Anteile in der riskanten Anlage gehalten werden. Zur Interpretation der beiden logarithmischen Terme sei daran erinnert, dass sich nach (8.29) die Auszahlung $2 \ln S_T$ durch einen Cash-Anteil $2 \ln S_0$ und Portfolios aus Forward-Kontrakten und europäischen Put- und Call-Optionen darstellen lässt. Man erhält somit

$$C \approx -\frac{2}{S_0}(S_T - S_0) + \int_0^{S_0} (K - S_T)^+ \frac{2}{K^2} \, dK + \int_{S_0}^{\infty} (S_T - K)^+ \frac{2}{K^2} \, dK + \int_0^T \frac{2}{S_t} \, dS_t.$$

Das heißt, C lässt sich absichern durch den Verkauf von $2/S_0$ Forward-Kontrakten ($S_T - S_0$), Portfolios aus Put- und Call-Optionen mit Gewicht $2/K^2$ für den jeweiligen Strike K und der bereits oben erwähnten dynamischen Absicherungsstrategie $\xi_t = 2/S_t$. Das Bemerkenswerte an dieser Strategie ist, dass sie *modellunabhängig* ist, d. h. sie gilt unabhängig von der probabilistischen Dynamik des Preisprozesses S. Sie unterliegt somit keinem *Modellrisiko*, das aus einer

Missspezifikation eines probabilistischen Modells herrühren könnte. Ähnliche Resultate erhält man für die so genannten *Gamma*- bzw. *Entropie-Swaps* mit Auszahlung

$$\sum_{i=1}^{n} S_{t_j} (\ln S_{t_{j+1}} - \ln S_{t_j})^2$$

und auch für *Korridor-Varianz-Swaps* mit Auszahlung

$$\sum_{i=1}^{n} 1_{\{A \leq S_{t_j} \leq B\}} (\ln S_{t_{j+1}} - \ln S_{t_j})^2.$$

Hierbei bezeichnet 1_C die Indikatorfunktion eines Ereignisses C, d. h. $1_C(\omega) = 1$, falls $\omega \in C$, und $1_C(\omega) = 0$ sonst.

8.5.3 Das Black-Scholes-Modell

8.5.3.1 Die Brownsche Bewegung

Eine *Brownsche Bewegung* (auch *Wiener-Prozess*) ist eine auf einem Wahrscheinlichkeitsraum $(\Omega, \mathcal{F}, \mathbb{P})$ definierte Familie $(W_t)_{t \geq 0}$ von Zufallsvariablen derart, dass die folgenden Bedingungen erfüllt sind:

- Für jedes $\omega \in \Omega$ gilt $W_0(\omega) = 0$, und $t \mapsto W_t(\omega)$ ist stetig.
- Für $0 = t_0 < t_1 < \cdots t_n$ sind die Zuwächse $W_{t_1} - W_{t_0}, \ldots, W_{t_n} - W_{t_{n-1}}$ unabhängig.
- Für $0 \leq s < t$ ist $W_t - W_s$ normalverteilt mit Erwartungswert 0 und Varianz $t - s$.

Die Brownsche Bewegung wurde zuerst im Jahr 1900 von Louis Bachelier eingeführt, und zwar als Modell für Aktienkurse an der Pariser Börse. Unabhängig von Bachelier postulierte Albert Einstein im Jahr 1905 die Brownsche Bewegung zur Beschreibung der Wärmebewegung in Flüssigkeiten suspendierter Partikel. Ihren Namen erhielt die Brownsche Bewegung durch die Tatsache, dass Einsteins Postulat eine Beobachtung des Biologen Robert Brown aus dem Jahr 1828 erklärte.

Beschreibt man den Kurs einer riskanten Anlage durch die Wahl $S_t := S_0 + \sigma W_t$ mit positiven Konstanten S_0 und σ, so spricht man daher vom *Bachelier-Modell*. Dieses hat jedoch unter anderem den Nachteil, dass der Preisprozess S negativ werden kann.

Von Norbert Wiener wurde 1923 gezeigt, dass auf $\Omega := C[0, \infty)$ mit der Borelschen σ-Algebra $\mathcal{F}$ genau eine Wahrscheinlichkeitsverteilung $\mathbb{P}$ existiert, unter der der durch $W_t(\omega) = \omega(t)$ definierte Koordinatenprozess eine Brownsche Bewegung ist. Im Folgenden sei W eine Brownsche Bewegung auf einem beliebigen Wahrscheinlichkeitsraum $(\Omega, \mathcal{F}, \mathbb{P})$.

Satz 17: *Es sei (ζ_n) eine aufsteigende Zerlegungsfolge von $[0, T]$, deren Feinheiten $|\zeta_n|$ gegen null konvergieren. Dann existiert mit Wahrscheinlichkeit eins die quadratische Variation von W entlang (ζ_n) und es gilt $\langle W \rangle_t = t$.*

Wie die nichtverschwindende quadratische Variation zeigt, sind Brownsche Pfade nicht von endlicher Variation. In der Tat lässt sich sogar zeigen, dass ein typischer Brownscher Pfad $t \mapsto W_t(\omega)$ an keiner einzigen Stelle t differenzierbar ist. Brownsche Pfade sind also sehr rau, worin sie auch schon rein äußerlich Aktienkursen ähneln; vgl. Abb. 8.4. Die Itô-Formel entlang Brownscher Pfade hat die folgende Form:

$$df(t, W_t) = f_x(t, W_t) \, dW_t + \left(f_t(t, W_t) + \frac{1}{2} f_{xx}(t, W_t) \right) dt. \tag{8.37}$$

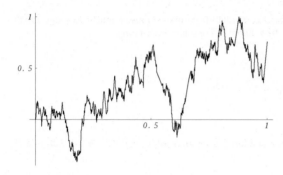

Abb. 8.4 Pfad einer Brownschen
Bewegung

8.5.3.2 Definition des Black-Scholes-Modells

Im *Black-Scholes-Modell* wird angenommen, dass wie oben $B_t = \mathrm{e}^{rt}$ gilt und die Wertentwicklung der riskanten Anlage eine *geometrische Brownsche Bewegung* ist:

$$S_t = S_0 \exp\left[\sigma W_t + \left(\alpha - \frac{1}{2}\sigma^2\right)t\right], \qquad t \geq 0. \tag{8.38}$$

Hierbei sind $S_0 > 0$, $\sigma > 0$, $\alpha \in \mathbb{R}$ gegebene Parameter, und W ist eine Brownsche Bewegung mit Wahrscheinlichkeitsraum $(\Omega, \mathcal{F}, \mathbb{P})$. Der Parameter σ heißt *Volatilität*, α wird *Drift* oder *Trend* genannt.

Für festes t ist die Zufallsvariable S_t *log-normalverteilt* mit Dichte

$$\psi(t, x) = \frac{1}{x\sigma\sqrt{t}} \cdot \varphi\left(\frac{\ln x - \ln S_0 - \alpha t + \sigma^2 t/2}{\sigma\sqrt{t}}\right), \qquad x > 0,$$

wobei $\varphi(x) = \mathrm{e}^{-x^2/2}/\sqrt{2\pi}$ die Dichte der Standardnormalverteilung bezeichnet. Das p-te Moment von S_t ist gegeben durch

$$\mathbb{E}[S_t^p] = S_0^p \mathrm{e}^{(\alpha - \sigma^2/2)pt + p^2 t \sigma^2/2}.$$

Insbesondere gilt $\mathbb{E}[S_t] = S_0 \mathrm{e}^{\alpha t}$, d. h., α bestimmt die mittlere Wachstumsrate. Für eine typische Realisierung des Prozesses wird diese Wachstumsrate jedoch nie erreicht, denn mit dem starken Gesetz der großen Zahlen zeigt man, dass mit Wahrscheinlichkeit eins gilt:

$$\lim_{t\uparrow\infty} \frac{1}{t} \ln S_t = \alpha - \frac{1}{2}\sigma^2.$$

8.5.3.3 Itô-Kalkül für die geometrische Brownsche Bewegung

Aus der Beziehung (8.37) ergibt sich, dass S die *stochastische Differenzialgleichung*

$$\mathrm{d}S_t = \sigma S_t\,\mathrm{d}W_t + \alpha S_t\,\mathrm{d}t$$

erfüllt. Heuristisch lässt sich diese Gleichung so interpretieren, dass einem prozentual konstanten Wachstumsterm der Form $\alpha S_t\,\mathrm{d}t$ durch den zweiten Term $\sigma S_t\,\mathrm{d}W_t$ prozentual konstante stochastische Fluktuationen überlagert werden.

Aus (8.36) folgt, dass S mit Wahrscheinlichkeit eins die quadratische Variation

$$\langle S \rangle_t = \int_0^t \sigma^2 S_s^2\,\mathrm{d}s$$

besitzt. Die Itô-Formel für die geometrische Brownsche Bewegung besitzt also die beiden folgenden Varianten, je nachdem, ob man S oder W als Integrator verwendet:

$$df(t, S_t) = f_x(t, S_t)\, dS_t + \left(f_t(t, S_t) + \frac{\sigma^2}{2} S_t^2 f_{xx}(t, S_t) \right) dt \tag{8.39}$$

$$= f_x(t, S_t)\sigma S_t\, dW_t + \left(\alpha S_t f_x(t, S_t) + f_t(t, S_t) + \frac{\sigma^2}{2} S_t^2 f_{xx}(t, S_t) \right) dt.$$

8.5.3.4 Konstruktion selbstfinanzierender Strategien

Das Ziel ist die Konstruktion dynamischer Handelsstrategien $(\xi_t, \eta_t)_{0 \le t \le T}$, die im oben definierten Sinn selbstfinanzierend sind, d. h., der Wertprozess $V_t := \xi_t S_t + \eta_t B_t$ erfüllt die Identität

$$V_t = V_0 + \int_0^t \xi_s\, dS_s + \int_0^t \eta_s\, dB_s, \qquad 0 \le t \le T.$$

Mit (8.39) zeigt man leicht die folgende Aussage.

Satz 18: *Angenommen, $v(t, x)$ ist geeignet differenzierbar und löst die* Black-Scholes-Gleichung

$$v_t = \frac{\sigma^2}{2} x^2 v_{xx} + rxv_x - rv. \tag{8.40}$$

Dann definiert

$$\xi_t := v_x(T - t, S_t), \qquad \eta_t := \frac{v(T - t, S_t) - v_x(T - t, S_t)S_t}{B_t}, \qquad 0 \le t \le T, \tag{8.41}$$

eine selbstfinanzierende Strategie mit Wertprozess $V_t = v(T - t, S_t)$.

Zur probabilistischen Lösung der Black-Scholes-Gleichung sei

$$\widehat{S}_t^x := x \exp\left[\sigma W_t + \left(r - \frac{1}{2}\sigma^2 \right) t \right], \qquad t \ge 0,$$

eine geometrische Brownsche Bewegung mit Drift r und Start in x. Für den folgenden Satz vgl. Abschnitt 6.4.4.

Satz 19: *Die Funktion $f : [0, \infty[\to \mathbb{R}$ sei stetig und besitze höchstens polynomiales Wachstum. Dann ist*

$$v(t, x) := \mathbb{E}\left[e^{-rt} f(\widehat{S}_t^x) \right] \tag{8.42}$$

stetig sowie zweimal stetig differenzierbar in $t > 0$ und $x > 0$ und löst die Black-Scholes-Gleichung (8.40).

8.5.3.5 Bewertung und Absicherung europäischer Optionen

Es sei $C = f(S_T)$ die Auszahlung einer europäischen Option für eine stetige Funktion $f \ge 0$, die höchstens polynomiales Wachstum besitze. Weiter sei v die entsprechende Funktion aus (8.42). Dann liefert (8.41) eine selbstfinanzierende Handelsstrategie mit Wertprozess $V_t = v(T - t, S_t)$. Insbesondere gilt $V_T = v(0, S_T) = f(S_T) = C$, d. h., wir haben eine Absicherungsstrategie für C konstruiert. Die dafür nötige Anfangsinvestition beträgt

$$V_0 = v(T, S_0) = \mathbb{E}\left[e^{-rT} f(\widehat{S}_T^{S_0}) \right] \tag{8.43}$$

und wird *Black-Scholes-Preis* der Option C genannt.

Bemerkung: Bei der Bestimmung des Black-Scholes-Preises V_0 berechnet man den Erwartungswert der diskontierten Auszahlung, aber nicht bezüglich des ursprünglichen Prozesses S, sondern bezüglich des so genannten *risikoneutralen* Prozesses $\hat{S}$, bei dem der Parameter α durch die Zinsrate r ersetzt wurde. Man kann zeigen, dass dies gleichbedeutend ist zur Erwartungswertbildung mit dem zu $\mathbb{P}$ äquivalenten Maß $\mathbb{P}^*$, das für $\lambda := (\alpha - r)/\sigma$ durch

$$\mathbb{P}^*[A] = \mathbb{E}\left[e^{-\lambda W_T - \lambda^2 T/2} 1_A \right], \qquad A \in \mathcal{F},$$

definiert ist. Die Größe λ wird häufig *Marktpreis des Risikos* genannt. Es ergibt sich also

$$V_0 = \mathbb{E}^*[e^{-rT} C]. \tag{8.44}$$

Wie in diskreter Zeit ist $\mathbb{P}^*$ ein *äquivalentes Martingalmaß* für S, d.h. für jeden Wertprozess V einer selbstfinanzierenden Strategie mit beschränktem ζ gilt $V_0 = E^*[e^{-rT} V_T]$. Die Wahrscheinlichkeitsverteilung $\mathbb{P}^*$ ist sogar das einzige äquivalente Martingalmaß im Black-Scholes-Modell. Aus einer zeitstetigen Version des zweiten Fundamentalsatzes der arbitragefreien Bewertung folgt daher, dass das Black-Scholes-Modell *vollständig* ist und sich somit auch pfadabhängige Optionen C perfekt replizieren lassen. Auch in diesem Fall ist die Anfangsinvestition V_0 der Absicherungsstrategie durch (8.44) gegeben.

8.5.3.6 Der Black-Scholes-Preis einer europäischen Call-Option

Durch explizites Ausrechnen des Erwartungswerts in (8.42) erhält man die *Black-Scholes-Formel* für den Preis einer europäischen Call-Option $C = (S_T - K)^+$ mit Laufzeit T und Strike K:

$$v(T, S_0) = S_0 \Phi(d_+(T, S_0)) - e^{-rT} K \Phi(d_-(T, S_0)). \tag{8.45}$$

Hierbei bezeichnet $\Phi(x) = \frac{1}{2\pi} \int_{-\infty}^{x} e^{-y^2/2}\, dy$ die Verteilungsfunktion einer standardnormalverteilten Zufallsvariablen, und die Funktionen d_+ und d_- sind definiert durch

$$d_+(t, x) := \frac{\ln \frac{x}{K} + (r + \frac{1}{2}\sigma^2) t}{\sigma \sqrt{t}}, \qquad d_-(t, x) := \frac{\ln \frac{x}{K} + (r - \frac{1}{2}\sigma^2) t}{\sigma \sqrt{t}}.$$

Abbildung 8.5 (links) zeigt einen Graphen der Funktion v.

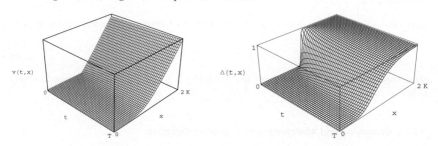

Abb. 8.5 links: Black-Scholes-Preis einer europäischen Call-Option mit Strike K als Funktion von $x \in [0, 2K]$ und Laufzeit $t \in [0, T]$; rechts: Delta $\Delta(t, x)$

8.5.3.7 Sensitivitätsanalyse des Black-Scholes-Preises einer europäischen Call-Option

In der Praxis ist es wichtig zu verstehen, wie der Black-Scholes-Preis von den verschiedenen Parametern des Modells abhängt. Dazu betrachtet man die partiellen Ableitungen der Funktion $v(t,x)$ aus (8.45). Die erste Ableitung nach x heißt *Delta* der Call-Option und ist gegeben durch

$$\Delta(t,x) := \frac{\partial}{\partial x} v(t,x) = \Phi\big(d_+(t,x)\big)$$

(vgl. Abb. 8.5, rechts). Es gilt immer $0 \leq \Delta \leq 1$. Aufgrund der Sätze 18 und 19 bestimmt das Delta die ξ-Komponente der Absicherungsstrategie: $\xi_t = \Delta(T - t, S_t)$.

Das *Gamma* der Call-Option ist gegeben durch

$$\Gamma(t,x) := \frac{\partial}{\partial x} \Delta(t,x) = \frac{\partial^2}{\partial x^2} v(t,x) = \varphi\big(d_+(t,x)\big) \frac{1}{x\sigma\sqrt{t}};$$

vgl. Abbildung 8.6, links. Hier bezeichnet $\varphi(x) = \Phi'(x) = e^{-x^2/2}/\sqrt{2\pi}$ die Dichte der Standardnormalverteilung. Große Gamma-Werte treten dort auf, wo sich das Delta stark ändert und somit das Absicherungsportfolio häufig und umfassend umgeschichtet werden muss. Für die Call-Option mit Strike K passiert dies in der Nähe des Punkts $(0, K)$. Da für $t > 0$ immer $\Gamma(t,x) > 0$ gilt, ist $x \mapsto v(t,x)$ streng konvex.

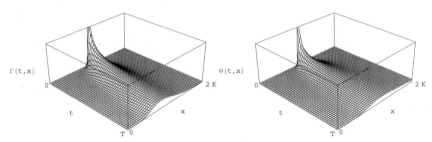

Abb. 8.6 Gamma $\Gamma(t,x)$ und Theta $\Theta(x,t)$

Ein weiterer wichtiger Parameter ist das *Theta*:

$$\Theta(t,x) := \frac{\partial}{\partial t} v(t,x) = \frac{x\sigma}{2\sqrt{t}} \varphi\big(d_+(t,x)\big) + Kr\,e^{-rt}\Phi\big(d_-(t,x)\big)$$

(vgl. Abb. 8.6, rechts). Aus $\Theta > 0$ folgt, dass der Black-Scholes-Preis einer Call-Option eine wachsende Funktion der Laufzeit darstellt.

Da $v(T, S_0)$ als Erwartungswert der *diskontierten* Auszahlung $e^{-rT}(S_T - K)^+$ unter $\mathbb{P}^*$ definiert ist, überrascht es auf den ersten Blick, dass das durch

$$\varrho(x,t) := \frac{\partial}{\partial r} v(x,t) = Kt\,e^{-rt}\,\Phi\big(d_-(x,t)\big)$$

definierte *Rho* der Option streng positiv ist (vgl. Abb. 8.7, links). Dies erklärt sich aber dadurch, dass $\mathbb{P}^*$ selbst von der Zinsrate r abhängt.

Das *Vega* ist schließlich definiert durch

$$\mathcal{V}(x,t) := \frac{\partial}{\partial \sigma} v(x,t) = x\sqrt{t}\,\varphi\big(d_+(x,t)\big) \tag{8.46}$$

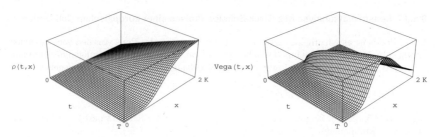

Abb. 8.7 Rho $\varrho(x,t)$ und Vega $\mathcal{V}(x,t)$

(vgl. Abb. 8.7, rechts). Wieder gilt $\mathcal{V}(t,x) > 0$. Der Black-Scholes-Preis ist daher eine streng monoton wachsende Funktion der Volatilität. Dies macht man sich in der Praxis zunutze, um den Parameter σ des Black-Scholes-Modells zu kalibrieren. In vielen Märkten werden nämlich eine Reihe von Put- und Call-Optionen so häufig gehandelt, dass sich ihr Preis allein durch Angebot und Nachfrage ergibt. Die *implizierte* (oder *implizite*) *Volatilität* der Option ist nun derjenige Parameter $\sigma_{\text{imp}} > 0$, den man bei gegebenem S_0 und r als Volatität in die Black-Scholes-Formel einsetzen muss, um den beobachteten Preis der Option zu erhalten. Da die Parameter S_0 und r direkt beobachtet werden können, sind mit der Wahl $\sigma := \sigma_{\text{imp}}$ alle Parameter des Modells bestimmt, und „exotische Optionen" mit komplexer Auszahlung C können mittels der Formel (8.44) bewertet werden. In der Praxis ergibt sich jedoch oft das Problem, dass die implizierte Volatilität in nichttrivialer Weise von Laufzeit und Strike der betrachteten Option abhängen; man spricht dann von *Smile* oder *Skew* der implizierten Volatilität. Der Grund hierfür ist, dass das Black-Scholes-Modell die hochkomplexe Dynamik eines tatsächlichen Aktienpreises nur sehr vereinfacht modelliert. Bei stark ausgeprägtem Smile oder Skew greift man in der Praxis auf kompliziertere Modelle, die so genannten *stochastischen Volatilitätsmodelle*, zurück.

Die Funktionen Δ, Γ, Θ, ϱ und $\mathcal{V}$ werden häufig als *Griechen* (englisch: *Greeks*) der Option bezeichnet, obwohl „Vega" kein Buchstabe des griechischen Alphabets ist. In der Praxis betrachtet man darüber hinaus noch weitere Griechen wie etwa *Vanna* ($= \partial\Delta/\partial\sigma = \partial\mathcal{V}/\partial x$) oder *Volga* ($= \partial\mathcal{V}/\partial\sigma$), welches auch *Vomma* genannt wird.

8.6 Lineare Optimierung

Das Wesen der mathematischen Optimierung besteht in der Minimierung (oder Maximierung) einer Zielfunktion $f : \mathbb{R}^n \to \mathbb{R}$ (oder im Falle der Vektoroptimierung $f : \mathbb{R}^n \to \mathbb{R}^k$; s. Abschnitt 8.11) über einer *Menge* $M \subseteq \mathbb{R}^n$ *von Alternativen*. Die Funktion f wird dabei *Zielfunktion* und M *Menge zulässiger Punkte* genannt. In Abhängigkeit von der Gestalt der Menge M und der Funktion f bezeichnet man die Aufgaben als lineare, diskrete, kombinatorische, nichtlineare oder auch nichtdifferenzierbare Optimierungsaufgaben. In diesem Abschnitt werden **lineare** Optimierungsaufgaben betrachtet. Für umfassendere Beschreibungen sei auf [Dempe und Schreier 2006] und auf [Unger und Dempe 2010] verwiesen.

8.6.1 Primale und duale Aufgabe

Es seien $a^i \in \mathbb{R}^n$, $i = 1, \ldots, m$, $b \in \mathbb{R}^m$, $c \in \mathbb{R}^n$, $0 \leq r \leq n$ eine ganze Zahl. Eine *lineare Optimierungsaufgabe* besteht in der Suche nach einem Vektor $x \in \mathbb{R}^n$, der die lineare Zielfunktion $c^\top x$ minimiert oder maximiert unter Einhaltung von linearen Gleichungs- und Ungleichungsnebenbedingungen. Formal schreibt sich eine lineare Optimierungsaufgabe wie folgt:

$$c^\top x \longrightarrow \min / \max$$

$$a^{i\top} x \quad \left\{ \begin{matrix} \leq \\ = \\ \geq \end{matrix} \right\} \quad b_i, \ i = 1, \ldots, m \tag{8.47}$$

$$x_j \quad \geq \quad 0, \ j = 1 \ldots, r.$$

Abbildung 8.8 illustriert eine lineare Optimierungsaufgabe mit zwei Variablen und Ungleichungsnebenbedingungen. Dargestellt sind der zulässige Bereich einer Aufgabe mit Ungleichungsnebenbedingungen und zwei Niveaulinien der Zielfunktion; z^* – optimaler Zielfunktionswert, x^* – optimale Lösung.

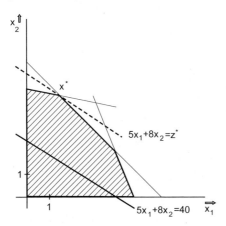

Abb. 8.8 Grafische Lösung einer linearen Optimierungsaufgabe

Durch folgende Operationen kann eine allgemeine lineare Optimierungsaufgabe in eine *lineare Optimierungsaufgabe in Normalform* transformiert werden:

1. Enthält (8.47) keine Nichtnegativitätsbedingung $x_j \geq 0$, so wird die Variable x_j durch die Differenz zweier nicht negativer Variabler ersetzt: $x_j := x_j' - x_j''$, $x_j' \geq 0$, $x_j'' \geq 0$. Enthält sie statt der Nichtnegativitätsbedingung die Forderung $x_j \geq d_j$ *(untere Schranke)*, so kann sie auch durch $x_j := x_j' + d_j$, $x_j' \geq 0$ ersetzt werden. Ist die Nebenbedingung $x_j \leq d_j$ *(obere Schranke)* statt der Nichtnegativitätsbedingung enthalten, kann die Variable durch $x_j := d_j - x_j'$, $x_j' \geq 0$ substituiert werden. In jedem Falle entsteht eine neue Aufgabe, in der für alle Variablen $x_j \geq 0$ gefordert wird.

2. Eine Ungleichungsnebenbedingung $a^{i\top} x \leq b_i$ kann durch Einführung der Schlupfvariablen $u_i \geq 0$ in die Gleichungsnebenbedingung $a^{i\top} x + u_i = b_i$, $u_i \geq 0$ überführt werden. Ist die Ungleichungsnebenbedingung $a^{i\top} x \geq b_i$ in der Aufgabe (8.47) enthalten, so muss die nicht negative Schlupfvariable u_i in der linken Seite abgezogen werden. Die Nebenbedingung wird ersetzt durch $a^{i\top} x - u_i = b_i$, $u_i \geq 0$. Die entstehende Aufgabe enthält nur noch Gleichungsnebenbedingungen. Ist die rechte Seite $b_i < 0$, so wird die Nebenbedingung mit -1 multipliziert, damit eine Aufgabe mit nicht negativer rechter Seite entsteht.

3. Ist die Zielfunktion zu minimieren, so wird sie ebenfalls mit -1 multipliziert. Die entstehende Zielfunktion ist dann zu maximieren.

Unter Verwendung der Koeffizientenmatrix A mit m Zeilen und n Spalten ergibt sich die lineare Optimierungsaufgabe in Normalform damit als

$$
\begin{aligned}
c^\top x &\to \max \\
Ax &= b \\
x &\geq 0
\end{aligned}
\tag{8.48}
$$

mit der zusätzlichen Forderung $b \geq 0$. Die Menge $M := \{x \geq 0 : Ax = b\}$ ist der *zulässige Bereich* (die Menge zulässiger Punkte) der Aufgabe (8.48). Ein Punkt $x^0 \in M$ ist ein *zulässiger Punkt* (eine zulässige Lösung); ein Punkt $x^* \in M$, für den kein zulässiger Punkt $\bar{x} \in M$ mit $c^\top \bar{x} > c^\top x^*$ existiert, wird *optimale Lösung* genannt.

Lösbarkeit linearer Optimierungsaufgaben: Die lineare Optimierungsaufgabe (8.48) ist lösbar genau dann, wenn $M \neq \varnothing$ ist und eine Zahl $T < \infty$ existiert, sodass $c^\top x \leq T$ ist für alle $x \in M$.

Die *duale lineare Optimierungsaufgabe* zur Aufgabe (8.48) ist

$$
\begin{aligned}
b^\top y &\to \min \\
A^\top y &\geq c
\end{aligned}
\tag{8.49}
$$

Die Menge $W := \{y : A^\top y \geq c\}$ ist der zulässige Bereich der dualen Aufgabe. Für das Paar (8.48) und (8.49) gelten die folgenden Aussagen.

Schwache Dualität: Wenn x^0 eine zulässige Lösung für die Aufgabe (8.48) und y^0 eine zulässige Lösung für die Aufgabe (8.49) sind, so ist $c^\top x^0 \leq b^\top y^0$.

Wenn $f^* := c^\top x^*$ den *optimalen Zielfunktionswert* der Aufgabe (8.48) und $\varphi^* := b^\top y^*$ den optimalen Zielfunktionswert der dualen linearen Optimierungsaufgabe (8.49) bezeichnen, so gilt folglich $f^* \leq \varphi^*$.

Optimalitätsbedingung: Es seien x^0 eine zulässige Lösung für die Aufgabe (8.48) und y^0 eine zulässige Lösung für die Aufgabe (8.49). Dann sind die folgenden drei Aussagen äquivalent:

1. x^0 ist eine optimale Lösung von (8.48) und y^0 löst die Aufgabe (8.49).

2. Es ist $c^\top x^0 = b^\top y^0$.

3. Es ist $x^{0\top}(A^\top y^0 - c) = 0$ (Komplementaritätsbedingung).

Der Rang $r(A)$ der Koeffizientenmatrix A der Aufgabe (8.48) sei ohne Einschränkung der Allgemeinheit gleich m (sonst ist die Aufgabe entweder unlösbar oder es sind einige Gleichungsnebenbedingungen überflüssig). Wird eine quadratische Teilmatrix B der Matrix A mit $r(A) = r(B)$ gewählt, dann kann das lineare Gleichungssystem $Ax = b$ nach gewissen Variablen $x_B = (x_j)_{j \in \mathcal{B}}$ aufgelöst werden, und es gilt

$$
x_B = B^{-1}b - B^{-1}Nx_N, \quad x_N = (x_j)_{j \in \{1,\dots,n\} \setminus \mathcal{B}} \quad \text{beliebig.}
\tag{8.50}
$$

Dabei ist $\mathcal{B}$ die Menge der Spaltenindizes der gewählten Spalten aus der Matrix A und $A = (B \mid N)$. Die Variablen x_B heißen Basis- und x_N Nichtbasisvariablen. Der Vektor

$$
x = (x_B, x_N)^\top, \ x_N = 0
$$

heißt *Basislösung* und im Falle $x_B \geq 0$ *zulässige Basislösung* der Aufgabe (8.48). Zulässige Basislösungen sind Eckpunkte des zulässigen Bereiches. Wenn die lineare Optimierungsaufgabe (8.48) lösbar ist, so besitzt sie immer eine optimale zulässige Basislösung.

Starke Dualität: Für das Paar zueinander dualer linearer Optimierungsaufgaben (8.48) und (8.49) sind die folgenden Aussagen äquivalent:

1. Die lineare Optimierungsaufgabe (8.48) ist lösbar.
2. Die duale lineare Optimierungsaufgabe (8.49) ist lösbar.
3. $M := \{x \geq 0 : Ax = b\} \neq \emptyset$, $W := \{y : A^{\top}y \geq c\} \neq \emptyset$.
4. Es ist $M \neq \emptyset$ und es gibt ein $T < \infty$, sodass $c^{\top}x \leq T \; \forall \; x \in M$.
5. Es ist $W \neq \emptyset$ und es gibt ein $S > -\infty$, sodass $b^{\top}y \geq S \; \forall \; y \in W$.

Damit können die folgenden drei Fälle unlösbarer linearer Optimierungsaufgaben eintreten:

1. $M = \emptyset$, $W = \emptyset$.
2. $M = \emptyset$, $W \neq \emptyset$. In diesem Falle ist die Zielfunktion der dualen Aufgabe (8.49) nach unten nicht beschränkt.
3. $M \neq \emptyset$, $W = \emptyset$. Hier ist die Zielfunktion der primalen Aufgabe (8.48) nach oben unbeschränkt über dem zulässigen Bereich.

Eine duale lineare Optimierungsaufgabe kann für die Aufgabe (8.47) direkt erstellt werden, ohne den Umweg über die Aufgabe in Normalform gehen zu müssen. Dazu werden die folgenden Regeln verwendet, wobei die Aufgabe mit zu maximierender Zielfunktion als primale und die mit zu minimierender Zielfunktion als duale Aufgabe bezeichnet wird:

1. Die Koeffizienten c_j in der Zielfunktion der primalen Aufgabe (8.47) sind die Koeffizienten in der rechten Seite der Nebenbedingungen der dualen Aufgabe. Die Koeffizienten b_i in der rechten Seite der Nebenbedingungen der Aufgabe (8.47) sind die Zielfunktionskoeffizienten der dualen Aufgabe.
2. Wenn A die Koeffizientenmatrix in der Aufgabe (8.47) ist, so ist $A^{\top}$ die Koeffizientenmatrix in der dualen Aufgabe.
3. Die i-te Nebenbedingung in der primalen Aufgabe hat die Gestalt $a^{i\top}x \leq b_i$ genau dann, wenn die i-te Variable der dualen Aufgabe einer Nichtnegativitätsbedingung unterworfen wird: $y_i \geq 0$. Zu einer Nebenbedingung $a^{i\top}x \geq b_i$ gehört die Bedingung $y_i \leq 0$. Steht eine Gleichungsnebenbedingung $a^{i\top}x = b_i$ in der Aufgabe (8.47), so ist die i-te Variable der dualen Aufgabe nicht vorzeichenbeschränkt.
4. Ist die j-te Variable $x_j \geq 0$ einer Nichtnegativitätsbedingung unterworfen, so ist die j-te Nebenbedingung der dualen Aufgabe eine $\geq$-Nebenbedingung. Wenn für die j-te Variable $x_j \leq 0$ gefordert ist, so ist die j-te Nebenbedingung der dualen Aufgabe eine $\leq$-Nebenbedingung. Ist die j-te Variable keiner Vorzeichenbeschränkung unterworfen, so ist die j-te Nebenbedingung der dualen Aufgabe eine Gleichungsnebenbedingung.

Zu beachten bei diesen Konstruktionsprinzipien ist der Unterschied bei der Behandlung der Nebenbedingungen und der Variablen.

8.6.2 Primaler Simplexalgorithmus

Zur Lösung der linearen Optimierungsaufgabe in Normalform (8.48) kann ein Algorithmus verwendet werden, der nacheinander benachbarte zulässige Basislösungen der Aufgabe mit nicht fallendem (möglichst wachsendem) Zielfunktionswert konstruiert. Dabei heißen zwei zulässige Basislösungen

$$x = (x_B, x_N)^{\top}, \; x_N = 0, \; x_B = B^{-1}b$$

und

$$\overline{x} = (\overline{x}_B, \overline{x}_N)^{\top}, \; x_N = 0, \; x_B = \overline{B}^{-1}b$$

benachbart, wenn sich die ihnen zugeordneten Basismatrizen B und $\overline{B}$ in genau einer Spalte unterscheiden.

Wenn $x^0 = (x_B^0, x_N^0)^\top$ eine zulässige Basislösung mit der Basismatrix B und $c = (c_B, c_N)$ eine entsprechende Aufteilung der Zielfunktionskoeffizienten in einen Basis- und einen Nichtbasisanteil sind, so ist $y^0 = B^{-1\top} c_B$ eine Basislösung der dualen Aufgabe, die die Komplementaritätsbedingungen in der dritten Aussage in der Optimalitätsbedingung erfüllt. Diese ist zulässig für die duale Aufgabe, wenn $A^\top y^0 \geq c$ ist.

Optimalitätstest: Es sei $x^0 = (x_B^0, x_N^0)^\top$ eine zulässige Basislösung mit der Basismatrix B. Wenn

$$\Delta := c_B^\top B^{-1} A - c^\top \geq 0$$

gilt, so ist x^0 optimale Lösung der Aufgabe (8.48).

Die Komponenten des Vektors Δ nennt man *Optimalitätsindikatoren* (reduzierte Kosten). Wenn ein Optimalitätsindikator $\Delta_j < 0$ ist, so wird im primalen Simplexalgorithmus zu einer benachbarten Basislösung übergegangen. Es seien $\bar{a}_{ij}$ die Koeffizienten der Matrix $B^{-1} A$ und $\bar{b}_i$ die Koeffizienten des Vektors $B^{-1} b$.

Unlösbarkeit: Es sei $x^0 = (x_B^0, x_N^0)^\top$ eine zulässige Basislösung mit der Basismatrix B, $\Delta_{j^0} < 0$ und $\bar{a}_{ij^0} \leq 0$ für alle $1 \leq i \leq m$. Dann ist die Aufgabe (8.48) nicht lösbar, weil die Zielfunktion über dem zulässigen Bereich nach oben unbeschränkt ist. Damit ist Punkt 4 in der Aussage über die starke Dualität nicht erfüllt.

Wahl der auszuschließenden Variablen: Es seien $x^0 = (x_B^0, x_N^0)^\top$ eine zulässige Basislösung mit der Basismatrix B und $\Delta_{j^0} < 0$. Wenn ein Index i^0 nach der Regel

$$\frac{\bar{b}_{i^0}}{\bar{a}_{i^0 j^0}} = \min\left\{ \frac{\bar{b}_i}{\bar{a}_{ij^0}} : \bar{a}_{ij^0} > 0 \right\} \tag{8.51}$$

bestimmt wird, so gilt:

1. Wird in der Basismatrix B die i^0-te Spalte durch die j^0-te Spalte der Matrix A ersetzt, so entsteht eine Basismatrix $\overline{B}$.
2. Die zur Basismatrix $\overline{B}$ gehörende Basislösung $\overline{x}$ ist zulässig.
3. Es ist

$$c^\top \overline{x} = c^\top x^0 - \Delta_{j^0} \frac{\bar{b}_{i^0}}{\bar{a}_{i^0 j^0}} \geq c^\top \overline{x}.$$

Primaler Simplexalgorithmus zur Lösung einer linearen Optimierungsaufgabe in Normalform:

Schritt 1   Bestimme eine erste zulässige Basislösung $x^0 = (x_B^0, x_N^0)^\top$ und die entsprechende Basismatrix B.

Schritt 2   Wenn $\Delta_j \geq 0$ ist für alle $j = 1, \ldots, n$, so ist x^0 optimal, stopp. Ansonsten wähle einen Index j^0 mit $\Delta_{j^0} < 0$.

Schritt 3   Wenn $\bar{a}_{ij^0} \leq 0$ für alle $1 \leq i \leq m$ ist, so ist die Aufgabe unlösbar, die Zielfunktion ist über dem zulässigen Bereich nach oben unbeschränkt, stopp. Ansonsten bestimme einen Index i^0 mit

$$\frac{\bar{b}_{i^0}}{\bar{a}_{i^0 j^0}} = \min\left\{ \frac{\bar{b}_i}{\bar{a}_{ij^0}} : \bar{a}_{ij^0} > 0 \right\}.$$

Schritt 4   Ersetze in der Basismatrix die i^0-te Spalte durch die j^0-te Spalte der Matrix A, berechne die entsprechende zulässige Basislösung und gehe zu Schritt 2.

Eine zulässige Basislösung der Aufgabe (8.48) ist *primal nicht entartet*, wenn jede Komponente von $B^{-1}b$ positiv ist.

Endlichkeit des Simplexalgorithmus: Wenn alle zulässigen Basislösungen der Aufgabe (8.48) primal nicht entartet sind, so bricht der primale Simplexalgorithmus nach endlich vielen Iterationen entweder mit einer optimalen Lösung oder mit der Feststellung der Unlösbarkeit der Aufgabe ab.

Theoretisch kann ein primaler Simplexalgorithmus nach endlich vielen Iterationen zu einer zulässigen Basislösung zurückkehren, die schon einmal betrachtet wurde. Es entsteht ein *Zyklus*. Die Entstehung eines Zyklus kann man zum Beispiel mit der *Blandschen Regel* vermeiden:

1. Wähle im Schritt 2 des primalen Simplexalgorithmus als Index j^0 den kleinsten Index mit einem negativen Optimalitätsindikator.

2. Wähle im Schritt 3 den Index i^0 als kleinsten Index mit der Eigenschaft (8.51).

Im Schritt 1 des Simplexalgorithmus ist eine erste zulässige Basislösung zu bestimmen. Das ist mithilfe des primalen Simplexalgorithmus möglich. Dazu wird eine Ersatzaufgabe unter Verwendung künstlicher Variabler k_i konstruiert. Es werde die lineare Optimierungsaufgabe in Normalform (8.48) betrachtet. Dann ergibt sich die Ersatzaufgabe

$$-e^\top k \to \max$$
$$Ax + Ek = b \qquad (8.52)$$
$$x, k \geq 0,$$

wobei E die $m \times m$ Einheitsmatrix, $k = (k_1, \ldots, k_m)^\top$ und $e = (1, \ldots, 1)^\top$ der m-dimensionale summierende Vektor ist.

Da der zulässige Bereich der Aufgabe (8.52) nicht leer und die Zielfunktion nach oben durch Null beschränkt ist, ergibt sich folgende Aussage:

Lösbarkeit der Aufgabe der ersten Phase: Die Aufgabe (8.52) ist stets lösbar.

Eine zulässige Lösung (x^0, k^0) der Aufgabe (8.52) korrespondiert zu der zulässigen Lösung x^0 für die Aufgabe (8.48) genau dann, wenn $k^0 = 0$ ist. Das ist äquivalent dazu, dass der optimale Zielfunktionswert ψ der Aufgabe (8.52) null ist.

Existenz zulässiger Lösungen: Die Aufgabe (8.48) besitzt eine zulässige Lösung genau dann, wenn der optimale Zielfunktionswert ψ der Aufgabe (8.52) Null ist.

Zur Lösung der Aufgabe (8.52) kann der primale Simplexalgorithmus verwendet werden. Startbasislösung im Schritt 1 ist $(x^0, k^0) = (0, b)$, da in der Normalform $b \geq 0$ gilt. Es seien (x^*, k^*) optimale Basislösung der Aufgabe (8.52) und $\psi = 0$. Dann ist x^* eine zulässige Basislösung von (8.48), falls keine künstliche Variable Basisvariable von (8.52) (mit dem Wert Null) ist. Im entgegengesetzten Fall sei $\overline{B}$ die aus den zu den Basisvariablen x_j der optimalen Lösung (x^*, k^*) gehörenden Spalten bestehende Teilmatrix von A. Zur Konstruktion einer zulässigen Basislösung der Aufgabe (8.48) kann $\overline{B}$ durch Aufnahme weiterer, linear unabhängiger Spalten der Matrix A zu einer quadratischen regulären Teilmatrix von A ergänzt werden.

8.6.3 Innere-Punkte-Methode

Der (primale) Simplexalgorithmus ist kein polynomialer Algorithmus im Sinne der Komplexitätstheorie. Polynomialen Aufwand haben Innere-Punkte-Algorithmen. Optimale Lösungen der primalen und der dualen Aufgabe (8.48), (8.49) können wegen der starken Dualität durch Lösung des folgenden Systems berechnet werden:

$$A^\top y - s = c$$
$$Ax = b$$
$$x^\top s = 0 \qquad (8.53)$$
$$x, s \geq 0.$$

Eine *Innere-Punkte-Methode* löst eine Folge gestörter Probleme

$$A^\top y - s = c$$
$$Ax = b$$
$$x_i s_i = \tau, \ i = 1, \ldots, n \qquad (8.54)$$
$$x, s \geq 0$$

für $\tau \downarrow 0$ zum Beispiel mit dem Newton-Algorithmus. Die Abbildung

$$\tau \mapsto (x(\tau), y(\tau), s(\tau)),$$

die jedem $\tau > 0$ eine Lösung des Systems (8.54) zuordnet, wird *zentraler Pfad* genannt. Es werde die Menge

$$\mathcal{F}' := \{(x, y, s)^\top : A^\top y - s = c, \ Ax = b, \ x, s > 0\}$$

betrachtet. Die Bedingungen $x_i s_i = \tau$ mit $\tau > 0$ implizieren, dass zulässige Lösungen des Systems (8.54) in der Menge $\mathcal{F}'$ liegen.

Durchführbarkeit der Innere-Punkte-Methode: Wenn $\mathcal{F}' \neq \emptyset$ ist, dann besitzt das Problem (8.54) für alle $\tau > 0$ eine Lösung $(x(\tau), y(\tau), s(\tau))^\top$. Dabei sind $x(\tau)$ und $s(\tau)$ eindeutig bestimmt. Wenn zusätzlich die (m, n)–Matrix A den Rang m besitzt, dann ist auch $y(\tau)$ eindeutig bestimmt.

Werden die Nichtnegativitätsbedingungen nicht berücksichtigt und die Diagonalmatrizen

$$X = \text{diag}(x_1, x_2, \ldots, x_n) \text{ und } S = \text{diag}(s_1, s_2, \ldots, s_n)$$

verwendet, so kann das System (8.54) so geschrieben werden:

$$F_\tau(x, y, s) := \begin{pmatrix} A^\top y - s - c \\ Ax - b \\ XSe - \tau e \end{pmatrix} = 0.$$

Ein Newton-Algorithmus zur Lösung dieses Gleichungssystems startet in einem Punkt $(x^0, y^0, s^0) \in \mathcal{F}'$ und löst eine Folge von Gleichungen

$$\nabla F_{\tau_k}(x^k, y^k, s^k) \Delta^k = -F_{\tau_k}(x^k, y^k, s^k) \qquad (8.55)$$

für $k = 0, 1, \ldots,$ mit $\Delta^k := (x^{k+1}, y^{k+1}, s^{k+1})^\top - (x^k, y^k, s^k)^\top$. Dabei sind

$$\nabla F_{\tau_k}(x^k, y^k, s^k) = \begin{pmatrix} 0 & A^\top & -E \\ A & 0 & 0 \\ S^k & 0 & X^k \end{pmatrix} \text{ und } F_{\tau_k}(x^k, y^k, s^k) = \begin{pmatrix} 0 \\ 0 \\ X^k S^k e - \tau_k e \end{pmatrix},$$

falls $(x^k, y^k, s^k)^\top \in \mathcal{F}'$ gilt.

Durchführbarkeit eines Newton-Schritts: Es sei $(x, y, s)^\top \in \mathcal{F}'$. Wenn die Matrix A den Rang m besitzt, so ist die Matrix $\nabla F_\tau(x, y, s)$ für alle $\tau > 0$ regulär.

Innere-Punkte-Algorithmus zur Lösung von linearen Optimierungsaufgaben

Schritt 1 Wähle $(x^0, y^0, s^0)^\top \in \mathcal{F}'$, $\varepsilon \in (0,1)$ und setze $k := 0$.

Schritt 2 Wenn $\mu_k := \frac{x^{k\top} s^k}{n} \leq \varepsilon$ ist, stopp; der Algorithmus hat eine Lösung mit der geforderten Genauigkeit berechnet.

Schritt 3 Wähle $\sigma_k \in [0,1]$ und bestimme eine Lösung Δ^k des linearen Gleichungssystems (8.55) mit $\tau = \sigma_k \mu_k$.

Schritt 4 Setze $(x^{k+1}, y^{k+1}, s^{k+1})^\top := (x^k, y^k, s^k)^\top + t_k \Delta^k$ mit einer Schrittweite $t_k > 0$, für die $x^{k+1} > 0$ und $s^{k+1} > 0$ sind, setze $k := k + 1$ und gehe zu Schritt 2.

Newton-Algorithmen konvergieren unter gewissen Voraussetzungen gegen Lösungen von nichtlinearen Gleichungssystemen. Eine exakte Lösung dieser Systeme ist im Allgemeinen nicht möglich. Die Algorithmen brechen deshalb ab, wenn eine genügend genaue Lösung berechnet wurde. Die Schrittweite t_k im Schritt 4 des Algorithmus kann als

$$t_k = \max \left\{ t : (x^k, y^k, s^k)^\top + t\Delta^k \in \mathcal{N}_{-\infty}(\theta) \right\} \tag{8.56}$$

mit

$$\mathcal{N}_{-\infty}(\theta) := \left\{ (x, y, s)^\top \in \mathcal{F}' : x_i s_i \geq \theta\mu \text{ für alle } i = 1, \dots, n \right\}$$

und $\theta \in [0,1]$ gewählt werden. Der beschriebene Algorithmus und auch die folgende Aussage sind in [Geiger und Kanzow 1999] enthalten.

Polynomialer Rechenaufwand: Es werde der Innere-Punkte-Algorithmus mit $0 < \sigma_{\min} \leq \sigma_k \leq \sigma_{\max} < 1$, der Bestimmung der Schrittweite in Schritt 4 nach (8.56) und dem Start in einem Punkt $(x^0, y^0, s^0)^\top \in \mathcal{N}_{-\infty}(\theta)$ mit $\theta \in (0,1)$ betrachtet. Des Weiteren sei $\mu_0 \leq \frac{1}{\varepsilon^\kappa}$ für eine positive Konstante κ. Dann gibt es einen Index $K \in \mathbb{N}$ mit $K = \mathcal{O}(n|\log \varepsilon|)$ und $\mu_k \leq \varepsilon$ für alle $k \geq K$.

8.6.4 Parametrische lineare Optimierung

Es sei x^0 eine optimale Basislösung der linearen Optimierungsaufgabe in Normalform (8.48) mit der Basismatrix B. Dann ist x^0 auch optimale Basislösung der Aufgabe

$$\max \{ d^\top x : Ax = b, \ x \geq 0 \},$$

falls die Optimalitätsbedingungen erfüllt sind, falls also

$$d_B^\top B^{-1} A - d^\top \geq 0$$

ist. Die Menge $D(B) := \{ d : d_B^\top B^{-1} A - d^\top \geq 0 \}$ heißt *Stabilitätsbereich* zur Basismatrix B. Wenn eine Basislösung x^0 nur mit der Basismatrix B dargestellt werden kann, wenn x^0 also primal nicht entartet ist, so ist $D(B)$ auch der Stabilitätsbereich zur Basislösung x^0. Der Stabilitätsbereich ist ein nicht leeres konvexes Polyeder.

Für die einparametrische lineare Optimierungsaufgabe

$$\max \{ (c + td)^\top x : Ax = b, \ x \geq 0 \} \tag{8.57}$$

mit $c, d \in \mathbb{R}^n, t \in \mathbb{R}$ ist $D(B)$ ein abgeschlossenes Intervall, das sich durch Lösung des linearen Ungleichungssystems

$$(c + td)_B^\top B^{-1} A - (c + td)^\top \geq 0$$

in einer Variablen t berechnen lässt. Es seien die *Optimalwertfunktion*

$$\varphi(t) := \max \{ (c + td)^\top x : Ax = b, \ x \geq 0 \}$$

und die *Optimalmengenabbildung*

$$\Psi(t) := \{x : Ax = b,\ x \geq 0,\ (c + td)^\top x = \varphi(t)\}$$

definiert. Die Menge $Z := \{t : \Psi(t) \neq \emptyset\}$ heißt *Lösbarkeitsmenge*. Die Menge Z ist ein abgeschlossenes Intervall, sie muss nicht beschränkt sein.

Eigenschaften der Lösungen parametrischer linearer Optimierungsaufgaben:
Für die Aufgabe (8.57) gibt es Zahlen $-\infty < t_1 < t_2 < \ldots < t_p < \infty$ mit folgenden Eigenschaften:

1. Die Optimalmengenabbildung ist im Inneren jedes der Intervalle (t_i, t_{i+1}) konstant, die Optimalwertfunktion ist über $[t_i, t_{i+1}]$ (affin-) linear:

$$\Psi(t) = \Psi(t'),\ \varphi(t) = \varphi(t_i) + (t - t_i)d^\top x^* \ \forall\, t, t' : t_i < t < t' < t_{i+1}.$$

   Dabei ist $x^* \in \Psi(t)$ eine beliebige optimale Lösung.

2. Diese Aussagen gelten auch für die offenen Intervalle $(-\infty, t_1) \subseteq Z$ beziehungsweise $(t_p, \infty) \subseteq Z$.

3. Für die Parameterwerte $t = t_i$ ist die konvexe Hülle der Vereinigung der Optimalmengen in den angrenzenden Intervallen eine Teilmenge der Optimalmenge in diesem Punkt, d. h.

$$\text{conv}\ (\Psi(t) \cup \Psi(t')) \subseteq \Psi(t_i)$$

   für beliebige $t_{i-1} < t < t_i < t' < t_{i+1}$, $i = 1, \ldots, p$. Hier ist $t_0 = -\infty$, $t_{p+1} = \infty$ und $\Psi(u) = \emptyset$, wenn $u \in ((-\infty, t_1) \cup (t_p, \infty)) \setminus Z$. Die Optimalwertfunktion ist nicht differenzierbar in $t = t_i$, sie ist jedoch konvex.

Es sei x^0 eine optimale Basislösung der linearen Optimierungsaufgabe in Normalform (8.48) mit der Basismatrix B. Dann ist $x^* = (x_B^*, x_N^*)$ mit $x_B^* = B^{-1}f$, $x_N^* = 0$ eine optimale Basislösung für die Aufgabe

$$\max\{c^\top x : Ax = f,\ x \geq 0\},$$

falls $B^{-1}f \geq 0$ ist. Die Menge $F(B) := \{b : B^{-1}b \geq 0\}$ ist der Stabilitätsbereich zur Basismatrix B. Der Stabilitätsbereich ist ein nicht leeres konvexes Polyeder.

Für die einparametrische lineare Optimierungsaufgabe

$$\max\{c^\top x : Ax = b + tf,\ x \geq 0\} \tag{8.58}$$

mit $b, f \in \mathbb{R}^m, t \in \mathbb{R}$ ist $F(B)$ ein abgeschlossenes Intervall, das sich durch Lösen des linearen Ungleichungssystems

$$B^{-1}(b + tf) \geq 0$$

in einer Variablen t berechnen lässt. Es seien die *Optimalwertfunktion*

$$\varphi(t) := \max\{c^\top x : Ax = b + tf,\ x \geq 0\}$$

und die *Optimalmengenabbildung*

$$\Psi(t) := \{x : Ax = b + tf,\ x \geq 0,\ c^\top x = \varphi(t)\}$$

bestimmt. Die Lösbarkeitsmenge $Z := \{t : \Psi(t) \neq \emptyset\}$ ist wieder ein abgeschlossenes Intervall, welches unbeschränkt sein kann.

Satz 20: *Zu lösen sei die Aufgabe (8.58) für alle $t \in Z$. Dann gibt es Zahlen $-\infty < t_1 < t_2 < \ldots < t_k < \infty$ mit folgenden Eigenschaften:*

1. *Für jedes Intervall* (t_i, t_{i+1}) *gibt es eine solche Basismatrix* B_i, *dass* $x^*(t) = (x_B^*, x_N^*)^\top$ *mit* $x_B^* = B_i^{-1}(b + tf)$, $x_N^* = 0$ *für alle* $t \in (t_i, t_{i+1})$ *optimal ist. Für* $t = t_i$ *gibt es mehrere optimale Basismatrizen.*

2. *Die Funktion* $\varphi(t)$ *ist über jedem der Intervalle* $[t_i, t_{i+1}]$, $i = 1, \ldots, k - 1$, *(affin-) linear:*

$$\varphi(t) = c_B^\top B_i^{-1}(b + tf) = (b + tf)^\top y^i, \ t \in [t_i, t_{i+1}].$$

Dabei sind B_i *eine Basismatrix und* y^i *eine optimale Lösung der dualen Aufgabe.*

3. *Wenn* $(-\infty, t_1) \subset Z$ *bzw.* $(t_k, \infty) \subset Z$ *ist, dann ist* $\varphi(t)$ *auch dort (affin-) linear. Die Optimalwertfunktion ist nicht differenzierbar, sie ist konkav.*

8.6.5 Das klassische Transportproblem

Betrachtet werde ein homogenes Gut, welches an n Angebotsorten in den Mengeneinheiten a_i vorhanden, an m Bedarfsorten in den Mengeneinheiten b_j benötigt und mit minimalen Kosten von den Angebotsorten zu den Bedarfsorten transportiert werden soll. Die Transportkosten seien linear und gleich c_{ij} für den Transport einer Mengeneinheit vom Angebotsort i zum Bedarfsort j. Wenn der Bedarf an den Bedarfsorten exakt erfüllt und die angebotenen Mengen vollständig abtransportiert werden sollen, so ergibt sich das *klassische Transportproblem*. Dieses ist eine lineare Optimierungsaufgabe spezieller Struktur:

$$
\begin{aligned}
\sum_{i=1}^{m} \sum_{j=1}^{n} c_{ij} x_{ij} \ &\to \ \min \\
\sum_{j=1}^{n} x_{ij} \ &= \ a_i, \quad i = 1, \ldots, m \\
\sum_{i=1}^{m} x_{ij} \ &= \ b_j, \quad j = 1, \ldots, n \\
x_{ij} \ &\geq \ 0, \quad i = 1, \ldots, m, \ j = 1, \ldots, n.
\end{aligned}
\tag{8.59}
$$

Sollen mindestens die benötigten Mengen angeliefert werden und dürfen nicht mehr als die angebotenen Mengen abtransportiert werden, so erhält man ein *offenes Transportproblem*:

$$
\begin{aligned}
\sum_{i=1}^{m} \sum_{j=1}^{n} c_{ij} x_{ij} \ &\to \ \min \\
\sum_{j=1}^{n} x_{ij} \ &\leq \ a_i, \quad i = 1, \ldots, m \\
\sum_{i=1}^{m} x_{ij} \ &\geq \ b_j, \quad j = 1, \ldots, n \\
x_{ij} \ &\geq \ 0, \quad i = 1, \ldots, m, \ j = 1, \ldots, n.
\end{aligned}
$$

Sind alle $c_{ij} \geq 0$, so gibt es eine optimale Lösung $\bar{x}$ des offenen Transportproblems, die $\sum_{i=1}^{m} \bar{x}_{ij} = b_j$, $j = 1, \ldots, n$, erfüllt. Durch Einführung von Schlupfvariablen kann das Problem dann in das klassische Transportproblem überführt werden.

Ganzzahligkeitseigenschaft: Falls alle Angebotsmengen a_i und alle Bedarfsmengen b_j ganzzahlig sind, so besitzt der zulässige Bereich des klassischen Transportproblems nur ganzzahlige Eckpunkte.

Lösbarkeit: Das klassische Transportproblem (8.59) ist genau dann lösbar, wenn $\sum_{i=1}^{m} a_i = \sum_{j=1}^{n} b_j$ und $a_i \geq 0$, $i = 1, \ldots, m$, sowie $b_j \geq 0$, $j = 1, \ldots, n$, gilt.

Anzahl der Basisvariablen: Die Koeffizientenmatrix des klassischen Transportproblems hat den Rang $m + n - 1$, die Anzahl der Basisvariablen ist also $m + n - 1$.

Das duale klassische Transportproblem hat die Gestalt

$$\sum_{i=1}^{m} a_i u_i + \sum_{j=1}^{n} b_j v_j \;\rightarrow\; \max$$
$$u_i + v_j \;\leq\; c_{ij}, \quad i = 1, \ldots, m, \; j = 1, \ldots, n.$$

Optimalitätsbedingung: Eine zulässige Lösung $\bar{x}$ des klassischen Transportproblems ist optimal, falls duale Variable $\bar{u}_i$, $i = 1, \ldots, m$, und $\bar{v}_j$, $j = 1, \ldots, n$, existieren, die zulässig für das duale klassische Transportproblem sind und die Komplementaritätsbedingungen $\bar{x}_{ij}(c_{ij} - \bar{u}_i - \bar{v}_j) = 0$, $i = 1, \ldots, m$, $j = 1, \ldots, n$, erfüllen.

Zur Berechnung der Dualvariablen wird das lineare Gleichungssystem

$$u_i + v_j = c_{ij} \quad \text{für alle Basisvariablen}$$

gelöst. Dieses lineare Gleichungssystem besteht aus $m + n - 1$ Gleichungen in $m + n$ Variablen, es besitzt den Freiheitsgrad 1; es ist also eine Variable frei wählbar. Zum Beispiel kann $u_1 = 0$ gesetzt werden. Dann lassen sich die anderen Variablen der Reihe nach berechnen. Durch Einsetzen der Lösung in die Nebenbedingungen der dualen Aufgabe wird die Optimalitätsbedingung getestet.

Es sei $N = \{ (i, j) : i = 1, \ldots, m, \; j = 1, \ldots, n \}$.

8.6.5.1 Verfahren zur Bestimmung einer ersten zulässigen Basislösung

Schritt 1 Trage in eine Tabelle mit $m + 1$ Zeilen und $n + 1$ Spalten in der letzten Spalte die Vorratsmengen a_i, $i = 1, \ldots, m$, und in der letzten Zeile die Bedarfsmengen b_j, $j = 1, \ldots, n$, ein. Die Felder $(i, j) \in N$ enthalten keine Eintragungen und sind ungestrichen.

Schritt 2 Wähle ein beliebiges ungestrichenes Feld $(k, l) \in N$.

Schritt 3 Setze $x_{kl} = \min\{a_k, b_l\}$; x_{kl} wird Basisvariable.

    1. $a_k < b_l$: Streiche Zeile k und ersetze b_l durch $b_l - a_k$. Weiter mit Schritt 2.

    2. $a_k > b_l$: Streiche Spalte l und ersetze a_k durch $a_k - b_l$. Weiter mit Schritt 2.

    3. $a_k = b_l$:

        (a) Die Tabelle enthält genau eine ungestrichene Zeile und eine ungestrichene Spalte. Streiche die Zeile k und die Spalte l. Weiter mit Schritt 4.

        (b) Die Tabelle enthält mindestens zwei ungestrichene Zeilen oder Spalten. Streiche entweder Zeile k und ersetze b_l durch 0 oder streiche Spalte l und ersetze a_k durch 0, sodass noch mindestens eine Zeile und eine Spalte ungestrichen sind. Weiter mit Schritt 2.

Schritt 4 Den Variablen der nichtbesetzten Felder wird der Wert 0 zugeordnet (aber nicht eingetragen).

Schritt 5 Berechne die Gesamtkosten z.

Zur Realisierung dieses Verfahrens sind verschiedene Zugänge möglich, zum Beispiel

    1. Nordwesteckenregel: Wähle jeweils das linke obere ungestrichene Feld.

    2. Gesamtminimumregel: Wähle ein ungestrichenes Feld mit kleinstem Kostenkoeffizienten.

    3. Zeilenminimumregel: Wähle die ungestrichene Zeile mit dem kleinsten Index und darin ein ungestrichenes Feld mit dem kleinsten Kostenkoeffizienten.

4. Vogelsche Approximationsmethode: Bilde für jede ungestrichene Zeile und Spalte die Differenz zwischen kleinstem und nächstkleinsten Kostenkoeffizienten. Wähle die Zeile oder Spalte mit der größten Differenz aus und wähle in dieser ein Feld mit dem kleinsten Kostenkoeffizienten.

8.6.5.2 Algorithmus zur Konstruktion einer optimalen Lösung

Ein Algorithmus zum Finden einer optimalen Lösung im klassischen Transportproblems ist die **Potenzialmethode:**

Schritt 0 Erzeuge mit dem Eröffnungsverfahren einen Transportplan x mit der zugehörigen Basis B und den Gesamtkosten z.

Schritt 1 Berechne die Potenziale durch Lösen des linearen Gleichungssystems $u_i + v_j = c_{ij}$ für alle Basisvariablen $(i,j) \in B$, $u_1 = 0$.

Schritt 2 Berechne die Optimalitätsindikatoren: $\Delta_{ij} = c_{ij} - (u_i + v_j)$, $(i,j) \in N \setminus B$.

Schritt 3 Abbruchkriterium: Gilt $\Delta_{ij} \geq 0$, $(i,j) \in N \setminus B$, dann liegt ein optimaler Transportplan vor.

Schritt 4 Wähle ein freies Feld (k,l) mit $\Delta_{kl} = \min\{\Delta_{ij} \mid (i,j) \in N \setminus B\}$.

Schritt 5 Bestimmung des Austauschzyklus: Streiche alle Felder aus der Menge $B \cup \{(k,l)\}$, die allein in einer Zeile oder Spalte stehen. Wiederhole diesen Prozess, bis keine Streichungen mehr möglich sind. Es entsteht ein Zyklus, das ist eine Folge von Feldern der Tabelle, die sich paarweise abwechselnd in der gleichen Zeile beziehungsweise Spalte befinden. Unterteile diese Felder in

B^+: Feld (k,l) und jedes weitere zweite Feld des Zyklus,

B^-: nicht zu B^+ gehörige Felder des Zyklus.

Schritt 6 Bestimme ein besetztes Feld (p,q) und die Größe d durch die Vorschrift $d = x_{pq} = \min\{x_{ij} \mid (i,j) \in B^-\}$.

Schritt 7 Abänderung des Transportplans (Turmzugprinzip):
$x_{ij} := x_{ij} + d$, $(i,j) \in B^+$, $\quad x_{ij} := x_{ij} - d$, $(i,j) \in B^-$,
$z := z + \Delta_{kl}d$, $B := (B \setminus \{(p,q)\}) \cup \{(k,l)\}$.
Weiter mit Schritt 1.

Ein Spezialfall des klassischen Transportproblems ist das *lineare Zuordnungsproblem*, in dem $m = n$, $a_i = 1$, $i = 1,\ldots,n$, und $b_j = 1$, $j = 1,\ldots,n$, sind. Dieses Problem ist äquivalent zum kostenminimalen perfekten Matchingproblem in einem paaren Graphen.

8.6.6 Das Engpasstransportproblem

8.6.6.1 Modellierung

In diesem, in der englischsprachigen Literatur als *bottleneck transportation problem* bezeichneten Problem, sind nicht die Gesamtkosten aller Transporte zu minimieren, sondern die größten Kosten einer für die Transporte tatsächlich genutzten Verbindung. Wenn c_{ij} wieder die Kosten für den Transport einer Mengeneinheit vom Angebotsort i zum Bedarfsort j bezeichnet, so ist

$$f_{ij}(x_{ij}) = \begin{cases} 0, & x_{ij} = 0 \\ c_{ij}, & x_{ij} > 0 \end{cases}, \quad (i,j) \in N$$

gleich den Kosten für den Transport einer Mengeneinheit, wenn die Verbindung vom Ort i zum Ort j tatsächlich genutzt wird, und gleich null im entgegengesetzten Fall. Damit kann das

Engpasstransportproblem BTP wie folgt modelliert werden:

$$BT(x) = \max_{(i,j) \in N} f_{ij}(x_{ij}) \longrightarrow \min$$

$$\sum_{j=1}^{n} x_{ij} = a_i, \quad i = 1, ..., m$$

$$\sum_{i=1}^{m} x_{ij} = b_j, \quad j = 1, ..., n$$

$$x_{ij} \geq 0, \quad (i,j) \in N$$

Die Zielfunktion dieses Problems ist nicht linear und auch nicht stetig. Dennoch kann zu seiner Lösung das klassische Transportproblem verwendet werden. Dafür wird durch Lösen des klassischen Transportproblems die Frage beantwortet, ob für einen gegebenen Wert BT_0 ein Transportplan für das Engpasstransportproblem existiert, der keine Transportverbindung benutzt, deren Kosten mindestens gleich BT_0 sind. Dazu wird die Kostenmatrix $H = (h_{ij})$ konstruiert:

$$h_{ij} = \begin{cases} 0, & t_{ij} < BT_0, \\ 1, & t_{ij} = BT_0, \\ M, & t_{ij} > BT_0, \end{cases} \quad (i,j) \in N$$

und das klassische Transportproblem mit der zu minimierenden Zielfunktion

$$z_H(x) = \sum_{i=1}^{m} \sum_{j=1}^{n} h_{ij} x_{ij}$$

gelöst. Wenn der optimale Zielfunktionswert dieses Problems gleich null ist, so wird obige Frage positiv beantwortet, sonst negativ. Damit kann der folgende Algorithmus zur Lösung des Engpassproblems verwendet werden:

8.6.6.2 Lösungsverfahren für das Engpasstransportproblem

Schritt 0 Erzeuge einen ersten Transportplan x^0 mit einem Eröffnungsverfahren. Setze $BT_0 = BT(x^0)$ und $k = 1$.

Schritt 1 Bilde die Kostenmatrix H und bestimme einen optimalen Transportplan x^k für das klassische Transportproblem mit der Zielfunktion $z_H(x)$.

Schritt 2 Abbruch: Gilt $z_H(x^k) > 0$, dann ist x^k optimal für BTP mit $BT_{\min} = BT_0$.

Schritt 3 Sonst setze $BT_0 = BT(x^k)$, $k := k + 1$ und gehe zu Schritt 1.

8.7 Nichtlineare Optimierung

Es sei $M \subseteq \mathbb{R}^n$ eine nicht leere abgeschlossene Menge und $f : \mathbb{R}^n \to \mathbb{R}$ eine Funktion. Betrachtet werde die *nichtlineare Optimierungsaufgabe*

$$\min \{f(x) : x \in M\}. \tag{8.60}$$

Eine *lokal optimale Lösung* des Problems (8.60) ist ein zulässiger Punkt $x^* \in M$, für den ein $\varepsilon > 0$ existiert, sodass

$$f(x) \geq f(x^*) \ \forall x \in M \quad \text{mit} \quad \|x - x^*\| \leq \varepsilon.$$

Der Punkt $x^* \in M$ ist *global optimale Lösung*, wenn ε beliebig groß gewählt werden kann. Lehrbücher und Monographien zur nichtlinearen Optimierung sind unter anderem [Alt 2002],

[Bazaraa et al. 1993], [Bector et al. 2005], [Geiger und Kanzow 2002], [Jarre und Stoer 2004], [Ruszczyński 2006].

Ist $M = \mathbb{R}^n$, so nennt man das Problem (8.60) *unrestringierte* oder *freie Minimierungsaufgabe*. Für eine global optimale Lösung x^* ist $f(x^*)$ der optimale Zielfunktionswert. Ist die Zielfunktion zu maximieren, so ergibt sich die Definition lokal und global optimaler Lösungen analog. Die Aufgabe kann durch Multiplikation der Zielfunktion mit -1 in eine Minimierungsaufgabe überführt werden, beide Aufgaben haben die gleichen (lokal) optimalen Lösungen, ihre optimalen Zielfunktionswerte haben die gleichen Beträge, unterscheiden sich jedoch im Vorzeichen.

Zu bemerken ist, dass in der Aufgabe (8.60) nicht nur die größte untere Schranke f^* der Zielfunktion über dem zulässigen Bereich, sondern auch ein Punkt $x^* \in M$ gesucht ist, der diesen Zielfunktionswert realisiert: $f(x^*) = f^*$.

Existenz optimaler Lösungen (Satz von Weierstraß): Wenn die Zielfunktion $f \in C(\mathbb{R}^n, \mathbb{R})$ stetig und die MEnge $M \neq \emptyset$ kompakt sind, so besitzt die Aufgabe (8.60) eine global optimale Lösung.

Existenz optimaler Lösungen: Wenn die Zielfunktion $f \in C(\mathbb{R}^n, \mathbb{R})$ stetig und koerzitiv und die Menge $M \neq \emptyset$ abgeschlossen sind, so besitzt die Aufgabe (8.60) eine global optimale Lösung. Dabei wird $f \in C(\mathbb{R}^n, \mathbb{R})$ *koerzitiv* genannt, wenn $\lim\limits_{\|x\| \to \infty} f(x) = \infty$ gilt.

8.7.0.3 Konvexe Mengen und konvexe Funktionen

Eine Menge $M \subseteq \mathbb{R}^n$ ist *konvex*, wenn für alle $x, y \in M$ und alle $\lambda \in [0,1]$ auch $\lambda x + (1 - \lambda)y \in M$ ist, wenn also mit zwei beliebigen Punkten auch die sie verbindende Strecke zu M gehört.

Eine auf einer konvexen Menge $M \subseteq \mathbb{R}^n$ definierte Funktion $f : M \to \mathbb{R}$ heißt *konvex*, wenn für alle $x, y \in M$ und alle $\lambda \in (0,1)$ die Ungleichung

$$f(\lambda x + (1 - \lambda)y) \leq \lambda f(x) + (1 - \lambda)f(y) \tag{8.61}$$

gilt. Die Funktion heißt *streng konvex*, wenn in der Ungleichung (8.61) bei $x \neq y$ stets die strenge Ungleichung gilt.

Eine auf einer konvexen Menge $M \subseteq \mathbb{R}^n$ definierte Funktion $f : M \to \mathbb{R}$ heißt *konkav*, wenn die Funktion $g(x) := -f(x)$ konvex ist.

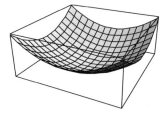 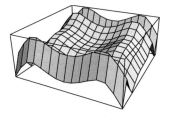

Abb. 8.9 Beispiel einer konvexen (links) und einer nicht konvexen (rechts) Funktion

Konvexitätskriterien für differenzierbare Funktionen:

1. Eine auf einer offenen konvexen Menge $M \subseteq \mathbb{R}^n$ definierte und differenzierbare Funktion ist genau dann konvex, wenn gilt

$$f(x) \geq f(y) + \nabla f(y)^\top (x - y) \ \forall \ x, y \in M.$$

Dabei bezeichnet $\nabla f(y) \in \mathbb{R}^n$ den Gradienten der Funktion f im Punkt y.

2. Ist die Funktion f zweimal stetig differenzierbar ($f \in C^2(\mathbb{R}^n, \mathbb{R})$), so ist f konvex genau dann, wenn die Hessematrix $\nabla^2 f(x)$ von f positiv semidefinit in allen Punkten $x \in \mathbb{R}^n$ ist.

Konvexe Funktionen sind im Allgemeinen nicht differenzierbar. Zur Abschwächung der Differenzierbarkeit definiert man die Richtungsableitung und das Subdifferential.

Die Zahl

$$f'(\overline{x}; d) := \lim_{t \to 0+} \frac{1}{t} (f(\overline{x} + td) - f(\overline{x}))$$

ist die *Richtungsableitung* der Funktion f im Punkt $\overline{x}$ in Richtung d, vorausgesetzt der Grenzwert existiert und ist endlich. Für eine auf einer offenen konvexen Menge M definierte (und dort überall endliche) konvexe Funktion existiert die Richtungsableitung in jedem Punkt $x \in M$ in jede Richtung $d \in \mathbb{R}^n$.

Die Menge

$$\partial f(\overline{x}) := \{s \in \mathbb{R}^n : f(y) \geq f(\overline{x}) + s^\top (y - \overline{x}) \ \forall \ y \in M\}$$

heißt *Subdifferential* der konvexen Funktion f im Punkt $\overline{x}$. Für eine konvexe, auf einer offenen konvexen Menge $M \subseteq \mathbb{R}^n$ definierte Funktion ist das Subdifferential in jedem Punkt $\overline{x} \in M$ eine konvexe, nicht leere und kompakte Menge. Wenn die konvexe Funktion f in einer Umgebung des Punktes $\overline{x}$ stetig differenzierbar ist, so ist $\partial f(\overline{x}) = \{\nabla f(\overline{x})\}$. Das Subdifferential ist also einelementig und gleich dem Gradienten.

Für jede Richtung $d \in \mathbb{R}^n$ gilt die Beziehung

$$f'(\overline{x}; d) = \max_{s \in \partial f(\overline{x})} s^\top d.$$

8.7.1 Notwendige und hinreichende Optimalitätsbedingungen bei allgemeinen Nebenbedingungen

Betrachtet werde die nichtlineare Optimierungsaufgabe (8.60):

$$\min \{f(x) : x \in M\}.$$

8.7.1.1 Lösungsmenge konvexer Optimierungsaufgaben

Ist die Menge M in Aufgabe (8.60) konvex und abgeschlossen sowie $f : M \to \mathbb{R}$ eine konvexe Funktion, so ist die Menge $\Psi := \{x \in M : f(x) = \min \{f(y) : y \in M\}\}$ ihrer optimalen Lösungen konvex. Sie kann leer sein, aus einem oder aus unendlich vielen Punkten bestehen. Ist die Funktion $f(x)$ streng konvex, so besteht Ψ aus höchstens einem Punkt.

Es seien $M \subseteq \mathbb{R}^n$ eine nicht leere Menge und $\overline{x} \in M$. Dann ist

$$T_M(\overline{x}) := \{d \in \mathbb{R}^n : \ \exists \ \{d^k\}_{k=1}^\infty, \ \exists \ \{t^k\}_{k=1}^\infty \text{ mit } t^k > 0 \ \forall \ k,$$
$$\lim_{k \to \infty} t^k = 0, \ \lim_{k \to \infty} d^k = d, \ \overline{x} + t^k d^k \in M \ \forall \ k\}$$

der *Bouligand-Kegel* (oder Tangentenkegel) an M im Punkt $\overline{x}$ (vgl. Abb. 8.10).

Der Kegel

$$K_M(\overline{x}) := \{d \in \mathbb{R}^n : \exists \ t_0 > 0 \text{ mit } \overline{x} + td \in M \ \forall \ 0 \leq t \leq t_0\}$$

wird *Kegel der zulässigen Richtungen* an M im Punkt $\overline{x} \in M$ genannt.

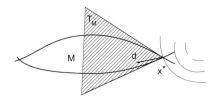

Abb. 8.10 Notwendige Optimalitätsbedingungen und Bouligand-Kegel

Eigenschaft des Tangentenkegels: Ist $M \subseteq \mathbb{R}^n$ eine konvexe Menge und gilt $\overline{x} \in M$, so ist
der Bouligand-Kegel gleich der Abschließung des Kegels der zulässigen Richtungen:

$$T_M(\overline{x}) = \overline{K_M(\overline{x})}.$$

Wenn $M = \mathbb{R}^n$ ist, so ist auch $T_M(\overline{x}) = K_M(\overline{x}) = \mathbb{R}^n$.

8.7.1.2 Notwendige und hinreichende Optimalitätsbedingungen

Es werde die nichtlineare Optimierungsaufgabe (8.60) mit der im Punkt $x^* \in M$ differenzierbaren
Zielfunktion f betrachtet.

1. Wenn x^* eine lokal optimale Lösung von Problem (8.60) ist, so gilt

$$\nabla f(x^*)^\top d \geq 0 \ \ \forall \ \ d \in T_M(x^*). \tag{8.62}$$

2. Wenn die Menge M konvex und die Zielfunktion f konvex auf M sind, so folgt aus
der Gültigkeit der Ungleichung (8.62), dass x^* global optimal für die Aufgabe (8.60) ist,
vgl. Abb. 8.10.

Für eine nicht leere Menge $M \subseteq \mathbb{R}^n$ und $\overline{x} \in M$ ist der *Normalenkegel* $N_M(\overline{x})$ als

$$N_M(\overline{x}) := \{v \in \mathbb{R}^n : v^\top(x - \overline{x}) \leq 0 \ \forall \ x \in M\}.$$

definiert. Direkt aus den notwendigen Optimalitätsbedingungen ergibt sich: Wenn $x^* \in M$ ein
lokales Minimum der Aufgabe (8.60) ist, die Menge M konvex und abgeschlossen sowie f in x^*
differenzierbar sind, so ist $-\nabla f(x^*) \in N_M(x^*)$. Wenn auch die Funktion f konvex ist, so folgt
umgekehrt aus $-\nabla f(x^*) \in N_M(x^*)$, dass $x^* \in M$ global optimale Lösung von Problem (8.60) ist.
Wenn die Funktion f konvex auf der abgeschlossenen, konvexen Menge M ist, so ist $x^* \in M$ ein
globales Minimum des Problems (8.60) genau dann, wenn gilt

$$0 \in \partial f(x^*) + N_M(x^*).$$

8.7.1.3 Notwendige Optimalitätsbedingungen für freie Minima

Gilt $M = \mathbb{R}^n$, so ergibt sich als notwendige und im Falle einer konvexen Funktion f auch als
hinreichende Bedingung für ein (lokales oder globales) Minimum x^* der Funktion f:

$$\nabla f(x^*) = 0 \text{ für } f \in C^1(\mathbb{R}^n, \mathbb{R}) \text{ beziehungsweise } 0 \in \partial f(x^*), \text{ wenn } f \text{ konvex ist.}$$

8.7.2 Optimalitätsbedingungen bei expliziten Nebenbedingungen

Betrachtet werde jetzt die Minimierungsaufgabe

$$\min \{f(x) : g(x) \leq 0, \ h(x) = 0\} \tag{8.63}$$

mit $f : \mathbb{R}^n \to \mathbb{R}$, $g : \mathbb{R}^n \to \mathbb{R}^p$, $h : \mathbb{R}^n \to \mathbb{R}^q$. Damit ist also

$$M = \{x \in \mathbb{R}^n : g(x) \le 0, \, h(x) = 0\}$$

und die Definition eines lokalen (globalen) Minimums der Aufgabe (8.63) ergibt sich aus der für die Aufgabe (8.60).

8.7.2.1 Notwendige Optimalitätsbedingungen

Satz 21 (F. John):   *Sei x^* ein zulässiger Punkt für die Aufgabe (8.63), das heißt, es gilt $g(x^*) \le 0, h(x^*) = 0$. Die Funktionen $f, g_i, i = 1, \ldots, p$, seien im Punkt x^* differenzierbar, die Funktionen $h_j, j = 1, \ldots, q$, stetig differenzierbar. Ist x^* ein lokales Minimum der Aufgabe (8.63), so gibt es Zahlen $\lambda_0 \ge 0$, $\lambda_i \ge 0$, $i = 1, \ldots, p$, μ_j, $j = 1, \ldots, q$, die nicht alle gleichzeitig verschwinden, sodass die folgenden Gleichungen gelten:*

$$\lambda_0 \nabla f(x^*) + \sum_{i=1}^{p} \lambda_i \nabla g_i(x^*) + \sum_{j=1}^{q} \mu_j \nabla h_j(x^*) \;\; = \;\; 0, \tag{8.64}$$

$$\lambda_i g_i(x^*) \;\; = \;\; 0, \, i = 1, \ldots, p. \tag{8.65}$$

Punkte $\overline{x} \in M$, für die ein nicht verschwindender Vektor $0 \ne (\lambda_0, \lambda, \mu) \in \mathbb{R}_+ \times \mathbb{R}_+^p \times \mathbb{R}^q$ existiert, sodass $(\overline{x}, \lambda_0, \lambda, \mu)$ das System der *F.-John-Bedingungen*

$$\lambda_0 \nabla f(x) + \sum_{i=1}^{p} \lambda_i \nabla g_i(x) + \sum_{j=1}^{q} \mu_j \nabla h(x) \;\; = \;\; 0,$$

$$\lambda_i \ge 0, \, g_i(x) \le 0, \, \lambda_i g_i(x) \;\; = \;\; 0, \, i = 1, \ldots, p,$$

$$\lambda_0 \ge 0, \, h_j(x) \;\; = \;\; 0, \, j = 1, \ldots, q$$

erfüllt, heißen *stationär* oder *extremwertverdächtig*.

Die Zahlen λ_0, λ_i, $i = 1, \ldots, p$, μ_j, $j = 1, \ldots, q$, werden Lagrangemultiplikatoren genannt. Die Funktion

$$L(x, \lambda_0, \lambda, \mu) = \lambda_0 f(x) + \sum_{i=1}^{p} \lambda_i g_i(x) + \sum_{j=1}^{q} \mu_j h(x)$$

heißt *Lagrangefunktion* für die Aufgabe (8.63). Wenn in einer Lösung der F.-John-Bedingungen der Multiplikator $\lambda_0 = 0$ ist, so spielt die Zielfunktion in den Bedingungen keine Rolle. Das ist eine unangenehme Situation, die aber nicht ohne weitere Voraussetzungen verhindert werden kann:

▶ BEISPIEL: Für die Aufgabe

$$\min \{ -x_1 : x_2 - x_1^2 \ge 0, \; x_2 + x_1^2 \le 0 \}$$

ist $\overline{x} = (0; 0)^\top$ der einzige zulässige und folglich auch global optimale Punkt. Die F.-John-Bedingungen sind aber nur mit $\lambda_0 = 0$ erfüllt. Diese Aussage ist für alle Zielfunktionen $f(x)$ richtig, für die $\nabla f(\overline{x}) \ne 0$ ist.

8.7.2.2 Notwendige Optimalitätsbedingungen im regulären Fall

Satz 22 (Karush, Kuhn, Tucker):   *Es werde die Aufgabe (8.63) unter den Bedingungen des Satzes von F. John betrachtet. Wenn zusätzlich im Punkt $x = x^*$ die Bedingung*

$$\left\{ (\lambda, \mu)^\top \in \mathbb{R}_+^p \times \mathbb{R}^q : \sum_{i=1}^{p} \lambda_i \nabla g_i(x) + \sum_{j=1}^{q} \mu_j \nabla h(x) = 0, \; \lambda^\top g(x) = 0 \right\} = \{ (0, 0)^\top \} \tag{8.66}$$

erfüllt ist, so kann in den Bedingungen (8.64), (8.65) ohne Einschränkung der Allgemeinheit $\lambda_0 = 1$ gesetzt werden.

Wird in den F.-John-Bedingungen $\lambda_0 = 1$ gesetzt, so ergeben sich die *Karush-Kuhn-Tucker-Bedingungen* (KKT-Bedingungen). Es sei $I(x) := \{i : g_i(x) = 0\}$ die Indexmenge der *aktiven Ungleichungsnebenbedingungen*. Eine hinreichende Bedingung für die Gültigkeit der Bedingung (8.66) ist die *Lineare Unabhängigkeitsbedingung* (LICQ):

Lineare Unabhängigkeit der Gradienten der aktiven Nebenbedingungen: Die Bedingung (LICQ) gilt in einem zulässigen Punkt x^*, wenn die Gradienten

$$\{\nabla g_i(x^*), \, i \in I(x^*)\} \cup \{\nabla h_j(x^*), \, j = 1, \ldots, q\}$$

linear unabhängig sind.

Es sei

$$\Lambda(x^*) = \{(\lambda, \mu)^\top \in \mathbb{R}_+^p \times \mathbb{R}^q : \nabla_x L(x^*, 1, \lambda, \mu) = 0, \, \lambda^\top g(x^*) = 0\}$$

die Menge der regulären Lagrangemultiplikatoren, wobei $\nabla_x L(x^*, 1, \lambda, \mu)$ der Gradient bezüglich der Variablen x der Lagrangefunktion bei $\lambda_0 = 1$ ist.

Einelementigkeit der Menge der Lagrangemultiplikatoren unter (LICQ):   Ist zusätzlich zu den Voraussetzungen im Satz von F. John die Bedingung (LICQ) erfüllt, so besteht die Menge $\Lambda(x^*)$ aus genau einem Punkt.

Die Bedingung (8.66) ist äquivalent zur Mangasarian-Fromowitz-Bedingung.

Mangasarian-Fromowitz-Bedingung (MFCQ):   Die (MFCQ) gilt für die Aufgabe (8.63) im Punkt x^*, wenn

1. die Gradienten $\{\nabla h_j(x^*) : j = 1, \ldots, q\}$ linear unabhängig sind und
2. es einen Vektor $d \in \mathbb{R}^n$ gibt mit

$$\nabla g_i(x^*)^\top d < 0, \, i \in I(x^*), \quad \nabla h_j(x^*)^\top d = 0, \, j = 1, \ldots, q.$$

Kompaktheit der Menge der Lagrangemultiplikatoren unter (MFCQ):   Unter den Voraussetzungen des Satzes von F. John gilt die Bedingung (MFCQ) im Punkt x^* genau dann, wenn die Menge $\Lambda(x^*)$ nicht leer, konvex und kompakt ist.

Die Optimierungsaufgabe (8.63) heißt konvex, wenn die Funktionen $f, g_i, i = 1, \ldots, p$, konvex und die Funktionen $h_j(x) = a_j^\top x + b_j, \, j = 1, \ldots, q$, affin-linear sind. Für eine konvexe Optimierungsaufgabe gilt die Bedingung (MFCQ) in jedem zulässigen Punkt $x \in M$ genau dann, wenn die Slater-Bedingung gilt:

Slater-Bedingung: Die Slater-Bedingung ist für die Aufgabe (8.63) erfüllt, wenn

1. es einen Punkt $\widetilde{x}$ gibt mit $g_i(\widetilde{x}) < 0, \, i = 1, \ldots, p, \, h_j(\widetilde{x}) = 0, \, j = 1, \ldots, q$, und
2. die Gradienten $\{\nabla h_j(\widetilde{x}) : j = 1, \ldots, q\}$ linear unabhängig sind.

Notwendige und hinreichende Optimalitätsbedingung für konvexe Optimierungsaufgaben: Wenn für eine konvexe Optimierungsaufgabe die Slater-Bedingung erfüllt ist, so gilt: $x^* \in M$ ist ein globales Minimum der Aufgabe (8.63) genau dann, wenn es Zahlen $\lambda_i \geq 0, \, i = 1, \ldots, p$, und $\mu_j, \, j = 1, \ldots, q$, gibt mit:

$$0 \in \partial f(x^*) + \sum_{i=1}^p \lambda_i \partial g_i(x^*) + \sum_{j=1}^q \mu_j \{a_j\},$$

$$\lambda_i g_i(x^*) = 0, \, i = 1, \ldots, p.$$

▶ BEISPIEL: Die Funktion $f(x) = x^3$ zeigt, dass stationäre Punkte nicht konvexer Optimierungsaufgaben im Allgemeinen keine Minima sind.

8.7.2.3 Hinreichende Optimalitätsbedingung zweiter Ordnung

Es sei $(x^*, \lambda_0^*, \lambda^*, \mu^*)$ eine Lösung der F.-John-Bedingungen für die Aufgabe (8.63) und alle Funktionen seien zweimal differenzierbar. Wenn zusätzlich noch die Bedingung

$$d^\top \nabla_{xx}^2 L(x^*, \lambda_0^*, \lambda^*, \mu^*) d > 0 \tag{8.67}$$

für alle $d \neq 0$ erfüllt ist, die den Ungleichungen

$$\nabla f(x^*)^\top d \leq 0$$
$$\nabla g_i(x^*)^\top d \leq 0, \; i \in I(x^*) \tag{8.68}$$
$$\nabla h_j(x^*)^\top d = 0, \; j = 1, \ldots, q,$$

genügen, so ist x^* ein striktes lokales Minimum der Aufgabe (8.63), das .heißt, es gibt ein $\delta > 0$ derart, dass $f(x) > f(x^*)$ für alle zulässigen Punkte x mit $\|x - x^*\| < \delta$ gilt. Hierbei ist $\nabla_{xx}^2 L(x^*, \lambda_0^*, \lambda^*, \mu^*)$ die Hesse-Matrix der Lagrangefunktion bezüglich x.

Zu bemerken ist, dass eine Richtung $\bar{d}$ den Ungleichungen (8.68) genau dann genügt, wenn die folgenden Bedingungen erfüllt sind:

$$\nabla g_i(x^*)^\top \bar{d} = 0, \; i : \lambda_i^* > 0$$
$$\nabla g_i(x^*)^\top \bar{d} \leq 0, \; i : \lambda_i^* = g_i(x^*) = 0 \tag{8.69}$$
$$\nabla h_j(x^*)^\top \bar{d} = 0, \; j = 1, \ldots, q,$$

8.7.3 Lagrange-Dualität

Betrachtet werde jetzt die Optimierungsaufgabe

$$\min \{ f(x) : g(x) \leq 0, \; h(x) = 0, \; x \in Z \} \tag{8.70}$$

und die *reguläre Lagrangefunktion*

$$L_0(x, u, v) := f(x) + u^\top g(x) + v^\top h(x),$$

wobei $Z \subseteq \mathbb{R}^n$, $f : \mathbb{R}^n \to \mathbb{R}$, $g : \mathbb{R}^n \to \mathbb{R}^p$, $h : \mathbb{R}^n \to \mathbb{R}^q$ sowie $u \in \mathbb{R}_+^p$, $v \in \mathbb{R}^q$ gelte. Die Aufgabe (8.70) wird auch als *primale Optimierungsaufgabe* bezeichnet. Es sei

$$\varphi(u, v) = \inf \{ L_0(x, u, v) : x \in Z \}$$

für $u \in \mathbb{R}_+^p$, $v \in \mathbb{R}^q$ definiert. Die Bezeichnung „inf" bedeutet, dass der kleinstmögliche Funktionswert nicht notwendigerweise angenommen werden muss. Im Falle linearer Optimierungsaufgaben

$$\min \{ c^\top x : Ax = b, \; x \geq 0 \}$$

lautet für $Z = \mathbb{R}_+^n$ die reguläre Lagrangefunktion $L_0(v) = c^\top x + v^\top (b - Ax)$, und es ergibt sich

$$\varphi(v) = \begin{cases} v^\top b, & \text{falls } c - A^\top v \geq 0 \\ -\infty & \text{sonst.} \end{cases}$$

Für Optimierungsaufgaben spezieller Struktur lassen sich die Funktionswerte der Funktion φ durch Lösen kleinerer Optimierungsaufgaben berechnen (duale *Dekomposition*). Exemplarisch werde die Aufgabe

$$\min\left\{\sum_{i=1}^{t} f_i(x_i) : \sum_{i=1}^{t} g_i(x_i) \leq a,\ h_i(x_i) \leq 0,\ x_i \in Q_i,\ i = 1,\ldots,t\right\} \tag{8.71}$$

mit $x_i \in \mathbb{R}^{n_i}$, $i = 1,\ldots,t$, $g_i : \mathbb{R}^{n_i} \to \mathbb{R}^p$ betrachtet. Wenn $P_i := \{x_i \in Q_i : h_i(x_i) \leq 0\}$, $i = 1,\ldots,t$ gesetzt wird, so ergibt sich

$$L_0(x,u) = \sum_{i=1}^{t} f_i(x_i) + u^\top \left(\sum_{i=1}^{t} g_i(x_i) - a\right),$$

woraus

$$\varphi(u) = \sum_{i=1}^{t} \varphi_i(u) - u^\top a \quad \text{mit} \quad \varphi_i(u) = \inf\{f_i(x_i) + u^\top g_i(x_i) : x_i \in P_i\}$$

folgt. Wesentlich dabei ist, dass die (großdimensionierte) Aufgabe (8.71) in kleinere Aufgaben zerlegt wird, die durch den Lagrangemultiplikator „koordiniert" werden.

Die (Lagrange-) *duale Optimierungsaufgabe* zu Problem (8.70) ist

$$\max\{\varphi(u,v) : u \in \mathbb{R}^p_+,\ v \in \mathbb{R}^q\}. \tag{8.72}$$

Schwache Dualität: Wenn $\bar{x}$ ein zulässiger Punkt für die Aufgabe (8.70) und $\bar{u} \in \mathbb{R}^p_+$, $\bar{v} \in \mathbb{R}^q$ sind, so ist $f(\bar{x}) \geq \varphi(\bar{u},\bar{v})$.

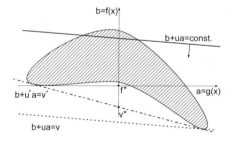

Abb. 8.11 Duale Optimierungsaufgabe bei einer Ungleichungs- nebenbedingung (u, a, $b \in \mathbb{R}$; f^* bzw. v^* – op- timaler Zielfunktionswert der primalen bzw. dualen Aufgabe)

In Abbildung 8.11 ist die schraffiert dargestellte Menge $M := \{(g(x), f(x)) : x \in Z\}$ das Bild der Menge Z. Die Berechnung von $\varphi(u)$ entspricht der Minimierung einer affin-linearen Funktion $L_0(\cdot, u) = b + ua$ (mit $u, a, b \in \mathbb{R}$) über der Menge M. Die optimale Lösung der dualen Optimierungsaufgabe ist v^*. Andererseits entspricht die Menge der zulässigen Punkte der Optimierungsaufgabe der Teilmenge von M im linken Halbraum $\{(a,b) : a \leq 0\}$ und es ergibt sich f^* als optimaler Zielfunktionswert der primalen Aufgabe. In dieser Aufgabe ist $f^* > v^*$, es tritt eine *Dualitätslücke* auf.

Konvexität der dualen Optimierungsaufgabe: Die Funktion $\varphi(u,v)$ ist konkav über der Menge $Q := \{(u,v)^\top \in \mathbb{R}^p_+ \times \mathbb{R}^q : |\varphi(u,v)| < \infty\}$. Die Menge Q ist konvex.

Die duale Opimierungsaufgabe ist also ohne weitere Voraussetzugen an die primale Aufgabe immer eine konvexe Optimierungsaufgabe. Ihre Zielfunktion ist aber im Allgemeinen nicht differenzierbar.

Starke Dualität: Betrachtet werde die Aufgabe (8.70) unter den Voraussetzungen, dass die Funktionen f, g_i, $i = 1, \ldots, p$, konvex, die Funktionen h_j, $j = 1, \ldots, q$, affin-linear und die Menge Z konvex sind. Des Weiteren existiere ein Punkt $\overline{x} \in Z$ mit $g(\overline{x}) < 0$, $h(\overline{x}) = 0$ und 0 sei ein innerer Punkt der Menge $\bigcup_{x \in Z} h(x)$. Dann gilt:

1. $\inf \{ f(x) : g(x) \leq 0, \, h(x) = 0, \, x \in Z \} = \sup \{ \varphi(u, v) : u \in \mathbb{R}_+^p, \, v \in \mathbb{R}^q \}$.

2. Wenn der infimale Zielfunktionswert der primalen Aufgabe endlich ist, so ist die duale Aufgabe lösbar.

3. Wenn x^* eine optimale Lösung der primalen Aufgabe und $(u^*, v^*)^\top$ eine optimale Lösung der dualen Aufgabe sind, so ist $u^{*\top} g(x^*) = 0$.

Für $Z = \mathbb{R}^n$ fallen die Voraussetzungen für die starke Dualität mit der Slater-Bedingung zusammen.

8.7.4 Sattelpunkte

Ein Punkt $(\overline{x}, \overline{u}, \overline{v})^\top \in Z \times \mathbb{R}_+^p \times \mathbb{R}^q$ heißt *Sattelpunkt der (regulären) Lagrangefunktion* für Problem (8.70), wenn

$$L_0(\overline{x}, u, v) \leq L_0(\overline{x}, \overline{u}, \overline{v}) \leq L_0(x, \overline{u}, \overline{v}) \quad \forall \, x \in Z, u \geq 0, v \in \mathbb{R}^q.$$

Eigenschaften eines Sattelpunktes: Ein Punkt $(\overline{x}, \overline{u}, \overline{v})^\top \in Z \times \mathbb{R}_+^p \times \mathbb{R}^q$ ist genau dann ein Sattelpunkt der Lagrangefunktion, wenn folgende drei Bedingungen erfüllt sind:

1. $L_0(\overline{x}, \overline{u}, \overline{v}) = \min \{ L_0(x, \overline{u}, \overline{v}) : x \in Z \}$,
2. $g(\overline{x}) \leq 0$, $h(\overline{x}) = 0$,
3. $\overline{u}^\top g(\overline{x}) = 0$.

Zusammenhang zwischen Optimalität und Existenz eines Sattelpunktes: Ein Punkt $(\overline{x}, \overline{u}, \overline{v})^\top \in Z \times \mathbb{R}_+^p \times \mathbb{R}^q$ ist Sattelpunkt der Lagrangefunktion genau dann, wenn $\overline{x}$ die Aufgabe (8.70) und $(\overline{u}, \overline{v})^\top$ die Aufgabe (8.72) lösen sowie $f(\overline{x}) = \varphi(\overline{u}, \overline{v})$ gilt.

8.7.5 Lösung freier nichtlinearer Optimierungsaufgaben

Zur Lösung nicht restringierter Optimierungsprobleme $f(x) \to \min$ mit differenzierbaren Funktionen $f \in C^1(\mathbb{R}^n, \mathbb{R})$ können Abstiegsverfahren verwendet werden. Der Vektor $d \in \mathbb{R}^n$ wird *Abstiegsrichtung* im Punkt $\overline{x} \in \mathbb{R}^n$ genannt, wenn ein $t_0 > 0$ existiert mit $f(\overline{x} + td) < f(\overline{x})$ für alle $0 < t < t_0$. Ein allgemeines Abstiegsverfahren besteht aus folgenden Schritten:

8.7.5.1 Abstiegsverfahren

Schritt 1 Wähle $x^0 \in \mathbb{R}^n$ und setze $k := 0$.

Schritt 2 Wenn ein Abbruchkriterium erfüllt ist, stopp.

Schritt 3 Wähle eine Abstiegsrichtung d^k für f in x^k.

Schritt 4 Bestimme eine Schrittweite t_k so, dass $f(x^k + t_k d^k) < f(x^k)$ gilt. Setze $x^{k+1} := x^k + t_k d^k$, $k := k + 1$ und gehe zu Schritt 2.

Ein mögliches Abbruchkriterium ist $\| \nabla f(x^k) \| \leq \varepsilon$ für eine kleine positive Zahl $\varepsilon > 0$.

Als Abstiegsrichtungen können die folgenden verwendet werden:

1. Das *Gradientenverfahren* ergibt sich bei $d^k = -\nabla f(x^k)$. Als Schrittweite t_k kann zum Beispiel die *Armijo-Schrittweite* verwendet werden, bei der mit $\sigma \in (0,1)$ die Gleichung

$$t_k = \max\left\{ 2^{-l} : l = 0, 1, \dots, f(x^k + 2^{-l}d^k) \le f(x^k) + \sigma 2^{-l} \nabla f(x^k)^\top d^k \right\}$$

gilt. Wenn $f \in C^1(\mathbb{R}^n, \mathbb{R})$ ist, so sind Häufungspunkte der konstruierten Folge stationär [Geiger und Kanzow 1999].

2. Wenn d^k Lösung des Gleichungssystems $\nabla^2 f(x^k)d = -\nabla f(x^k)$ und $t_k = 1$ ist, erhält man das *Newton-Verfahren*. Ist $f \in C^2(\mathbb{R}^n, \mathbb{R})$ und die Hessematrix im stationären Punkt x^* regulär, so ergibt sich superlineare Konvergenz gegen x^*, falls der Algorithmus in einer hinreichend kleinen Umgebung von x^* startet. Dabei spricht man von *superlinearer* Konvergenz, falls gilt $\lim\limits_{k \to \infty} \frac{\|x^{k+1} - x^*\|}{\|x^k - x^*\|} = 0$; vgl. [Geiger und Kanzow 1999].

3. Wenn d^k die Gleichung $H_k d = -\nabla f(x^k)$ mit einer geeigneten (positiv definiten) Matrix H_k löst und $t_k = 1$ ist, ergibt sich das *Quasi-Newton-Verfahren*. Zur Konstruktion der Matrizen H_k können verschiedene Zugänge verwendet werden, wie die DFP- oder BFGS-Formeln. Hinreichend und notwendig für superlineare Konvergenz ist

$$\left\| \nabla f(x^{k+1}) - \nabla f(x^k) - H_k(x^{k+1} - x^k) \right\| = o(\|x^{k+1} - x^k\|)\|$$

mit $\lim\limits_{\|x^{k+1} - x^k\| \to 0} o(\|x^{k+1} - x^k\|) / \|x^{k+1} - x^k\| = 0$ [Geiger und Kanzow 1999].

Für nicht restringierte Optimierungsaufgaben mit vielen Variablen können Verfahren der konjugierten Gradienten, wie das Fletcher-Reeves-Verfahren oder das Polak-Ribière-Verfahren angewendet werden [Geiger und Kanzow 1999]. Ist die Funktion f nur stetig, kann auch das Verfahren von Nelder-Mead Anwendung finden [Bertsekas 1995].

Ist die Funktion f konvex, so kann sie mit Verfahren der nichtglatten Optimierung, zum Beispiel mit dem Bundle-Algorithmus [Outrata et al. 1998], minimiert werden.

Das ε-Subdifferential einer konvexen Funktion $f : \mathbb{R}^n \to \mathbb{R}$ im Punkt $\overline{x} \in \mathbb{R}^n$ ist die Menge

$$\partial_\varepsilon f(\overline{x}) = \{ s \in \mathbb{R}^n : f(y) \ge f(\overline{x}) + s^\top (y - \overline{x}) - \varepsilon \ \forall \ y \in \mathbb{R}^n \}.$$

ε-Subgradienten-Verfahren:

Schritt 1 Wähle $x^0 \in \mathbb{R}^n$, $\varepsilon > 0$, setze $k := 0$.

Schritt 2 Wenn ein Abbruchkriterium erfüllt ist, stopp.

Schritt 3 Berechne die Richtung d^k als normkleinstes Element in der Menge $\partial_\varepsilon f(x^k)$.

Schritt 4 Berechne die Schrittweite $t_k > 0$ mit $f(x^k + t_k d^k) = \min\{ f(x^k + td^k) : t > 0 \}$, setze $x^{k+1} = x^k + t_k d^k$, $k := k + 1$ und gehe zu Schritt 2.

Für eine konvexe, nach unten beschränkte Funktion berechnet das ε-Subgradienten-Verfahren nach endlich vielen Iterationen einen Punkt x^{k_0} mit $f(x^{k_0}) \le \inf f(x) + \varepsilon$.

Für eine implementierbare Version dieses Algorithmus muss das ε-Subdifferential approximiert werden. Dies realisiert bspw. der Bundle-Algorithmus [Hiriart-Urruty und Lemarechal 1993], [Outrata et al. 1998].

8.7.6 Lösung restringierter Optimierungsaufgaben

Betrachtet werde die Aufgabe

$$\min\{ f(x) : g(x) \le 0 \} \tag{8.73}$$

der nichtlinearen Optimierung mit differenzierbaren Funktionen f, g_i, $i = 1, \ldots, p$. Zur numerischen Lösung dieser Aufgabe kann ein Abstiegsverfahren verwendet werden, wenn zur Berechnung der Abstiegsrichtung die folgende Richtungssuchaufgabe gelöst wird:

$$
\begin{aligned}
\delta &\to \min \\
\nabla f(x^k)^\top d &\le \delta \\
g_i(x^k) + \nabla g_i(x^k)^\top d &\le \delta, \quad i = 1, \ldots, p \\
\|d\| &= 1.
\end{aligned}
$$

Das entstehende Abstiegsverfahren basiert auf dem *Algorithmus von Zoutendijk* in der Version von Topkis und Veinott. Es konvergiert gegen einen Punkt, der die F.-John-Bedingungen erfüllt.

Das *Verfahren der sequentiellen quadratischen Optimierung* (SQP-Verfahren) basiert darauf, dass eine Folge $\{x^k\}_{k=1}^\infty$ mit folgendem Algorithmus berechnet wird:

SQP-Verfahren zur Lösung von Problem (8.73):

Schritt 1 Wähle $(x^0, u^0) \in \mathbb{R}^n \times \mathbb{R}_+^p$, $k = 0$.

Schritt 2 Für $k = 1, 2, \ldots$, berechne einen KKT-Punkt der Aufgabe

$$
\begin{aligned}
\nabla f(x^k)^\top (x - x^k) + \frac{1}{2}(x - x^k)^\top \nabla_{xx}^2 L_0(x^k, u^k, v^k)(x - x^k) &\to \min \\
g_i(x^k) + \nabla g_i(x^k)^\top (x - x^k) &\le 0, \ i = 1, \ldots, p.
\end{aligned}
$$

Wenn (x^*, u^*) ein KKT-Punkt der Aufgabe (8.73) ist, für den die Bedingung (LICQ), die hinreichende Optimalitätsbedingung zweiter Ordnung (8.67) sowie $g_i(x^*) + u_i^* \ne 0$ für alle i gelten und der Algorithmus in einer hinreichend kleinen Umgebung von (x^*, u^*) startet, so konvergiert der Algorithmus superlinear gegen (x^*, u^*).

Die Funktion

$$
P(x, \alpha_k) := f(x) + \frac{\alpha_k}{2}\|h(x)\|^2 + \frac{\alpha_k}{2}\sum_{i=1}^p \max^2\{0, g_i(x)\}
$$

ist eine *Straffunktion* für das Problem (8.63).

Die Idee eines *Strafverfahrens* zur Lösung von Problem (8.63) basiert auf der Lösung der Aufgabe

$$
P(x, \alpha_k) \to \min
$$

für $k = 1, 2, \ldots$ und $\alpha_k \to \infty$. Der Algorithmus bricht ab, wenn die berechnete Lösung in einer Iteration zulässig ist. Wegen numerischer Probleme sollte α_k nicht zu schnell gegen unendlich gehen und jede Iteration mit der optimalen Lösung der vorhergehenden Iteration starten. Jeder Häufungspunkt der berechneten Punktfolge $\{x^k\}_{k=1}^\infty$ ist eine optimale Lösung von Problem (8.63).

Für konvexe Optimierungsaufgaben (8.63), für die die Slaterbedingung gilt, lässt sich zeigen, dass eine solche Zahl $\alpha_0 > 0$ existiert, dass durch Minimierung der *exakten Straffunktion*

$$
P(x, \alpha) := f(x) + \alpha \sum_{j=1}^q |h_j(x)| + \alpha \sum_{i=1}^p \max\{0, g_i(x)\}
$$

mit einem beliebigen $\alpha \ge \alpha_0$ bereits eine optimale Lösung der Aufgabe (8.63) berechnet wird. Damit ist im Strafverfahren die Konvergenz $\alpha_k \to \infty$ nicht notwendig. Zur Minimierung der exakten Straffunktion sind allerdings Verfahren der nichtglatten Optimierung anzuwenden, da die Funktion nicht differenzierbar ist.

8.8 Diskrete Optimierung

Eine Menge $S \subset \mathbb{R}^n$ heißt *diskret*, wenn sie aus endlich vielen Punkten besteht oder eine ε–Umgebung V des Koordinatenursprungs existiert ($\varepsilon > 0$), sodass $(\{x\} + V) \cap S = \{x\}$ für alle $x \in S$ gilt. Eine Menge $S = S_1 \times S_2 \subset \mathbb{R}^p \times \mathbb{R}^q$ für eine diskrete Menge S_1 wird *gemischt diskret* genannt. Besteht die diskrete Menge S aus (allen oder einer Teilmenge der) ganzzahligen Punkte des $\mathbb{R}^n$, so heißt sie *ganzzahlig*. Es seien S eine diskrete Menge und $f : S \to \mathbb{R}$ eine reellwertige Funktion. Das Problem

$$\begin{aligned} f(x) &\to \min \\ x &\in S \end{aligned} \qquad (8.74)$$

ist eine *diskrete Optimierungsaufgabe*. Analog wird eine ganzzahlige, gemischt ganzzahlige bzw. gemischt diskrete Optimierungsaufgabe definiert. Diskrete Optimierungsaufgaben, bei denen die Menge S nicht leer und endlich ist, werden als *kombinatorische Optimierungsaufgaben* bezeichnet. Weiterführende Aussagen und Ergebnisse zur diskreten Optimierung können in den Monographien [Korte und Vygen 2000], [Nemhauser und Wolsey 1999], [Schrijver 1989] und [Schrijver 2003] sowie in dem Lehrbuch [Dempe und Schreier 2006] gefunden werden.

Aus Sicht der Komplexitätstheorie gehören viele diskrete Optimierungsaufgaben zu den am schwersten lösbaren Optimierungsaufgaben, d.h. viele dieser Probleme gehören zur Klasse der $\mathcal{NP}$–schwierigen Probleme. Das trifft auch auf kombinatorische Optimierungsaufgaben zu, auch wenn diese nur einen endlichen zulässigen Bereich besitzen. Zur Lösung des *0-1-Tornisterproblems* (auch *Rucksack-* oder *Knapsackproblem* genannt)

$$\min \{c^\top x : a^\top x \geq b, \ x_j \in \{0,1\}, \ j = 1, \ldots, n\}$$

mit $a, c \in \mathbb{R}^n$ müssen 2^n Punkte untersucht werden, um mithilfe einer Durchmusterung (*Enumeration*) aller zulässigen Lösungen die optimale zu finden. Das ist für große n auch mit den schnellsten Computern nicht möglich.

Bei der Lösung *ganzzahliger (linearer) Optimierungsprobleme*

$$\min \{c^\top x : Ax \leq b, \ x_j \geq 0, \ \text{ganzzahlig}, j = 1, \ldots, n\} \qquad (8.75)$$

benutzt man oft die *lineare Relaxation*

$$\min \{c^\top x : Ax \leq b, \ x_j \geq 0, \ j = 1, \ldots, n\} \qquad (8.76)$$

als Hilfsproblem. Da der zulässige Bereich der Aufgabe (8.76) den der Aufgabe (8.75) umfasst, ist der optimale Zielfunktionswert der Aufgabe (8.76) eine untere Schranke des optimalen Zielfunktionswertes von (8.75). Aus der Lösung von Problem (8.76) lassen sich aber im Allgemeinen weder obere Schranken für den optimalen Zielfunktionswert noch Aussagen für die optimale Lösung von (8.76) bzw. über die Lösbarkeit dieser Aufgabe gewinnen.

▶ BEISPIEL: Die Aufgabe

$$\min \{-x_1 : x_1 - \sqrt{2}x_2 = 0, \ x_1, x_2 \geq 0, \ \text{ganzzahlig}\}$$

hat den optimalen Zielfunktionswert null, ihre lineare Relaxation ist aber nicht lösbar. Wenn die Koeffizienten in den Nebenbedingungen rational (oder ohne Einschränkung der Allgemeinheit ganzzahlig) sind, kann dieser Effekt nicht eintreten.

Die ganzzahlige lineare Optimierungsaufgabe

$$\min \{-2x_1 - Kx_2 : x_1 + Kx_2 \leq K, \ x_1, x_2 \in \{0,1\}\}$$

hat die eindeutige optimale Lösung $(0,1)^\top$ mit dem optimalen Zielfunktionswert $-K$ für alle (großen) K, ihre lineare Relaxation hat die optimale Lösung $(1,(K-1)/K)^\top$ mit dem optimalen Zielfunktionswert $-(K+1)$. Wird diese Lösung auf ganzzahlige Komponenten gerundet, ergibt sich eine unzulässige Lösung $(1,1)^\top$; werden nicht ganzzahlige Komponenten auf null gerundet, entsteht die zulässige Lösung $(1,0)^\top$ mit dem Zielfunktionswert 2.

8.8.1 Exakte Lösung von diskreten Optimierungsaufgaben

Zur Berechnung exakter Lösungen können verschiedene Lösungsalgorithmen verwendet werden: das Verzweigungsprinzip wie zum Beispiel ein Branch-and-bound-Algorithmus, das Schnittprinzip oder die dynamische Optimierung. Moderne Algorithmen benutzen auch Kombinationen aus dem Verzweigungs- und dem Schnittprinzip mit Mitteln der Dualität (zum Beispiel Branch-and-cut-and-price-Algorithmen).

Bei der Realisierung des *Verzweigungsprinzips* werden der kombinatorischen Optimierungsaufgabe P

$$\min\{f(x) : x \in S\}$$

mit einer endlichen und nicht leeren zulässigen Menge S Teilaufgaben P_{vl}

$$\min\{f(x) : x \in S_{vl}\}, \quad v = 1, 2, \ldots, \quad l = 1, \ldots, l_v$$

zugeordnet. Dabei bezeichnet v die Stufe, in der diese Aufgabe betrachtet wird und l_v Teilaufgaben entstehen durch Verzweigung aus einer Aufgabe in einer früheren Stufe. Wenn Probleme mit Booleschen Variablen $x_j \in \{0,1\}$ betrachtet werden, entstehen die Teilaufgaben P_{vl} zum Beispiel dadurch, dass eine Variable x_j auf einen der Werte 0 oder 1 fixiert wird. Nimmt in der optimalen Lösung der Relaxation (8.76) die Variable x_j einen nicht ganzzahligen Wert x_j^0 an, so kann die Verzweigung dadurch realisiert werden, dass zu den Nebenbedingungen der Aufgabe (8.75) in der ersten Teilaufgabe die Ungleichung $x_j \leq \lfloor x_j^0 \rfloor$ und in der zweiten Teilaufgabe die Ungleichung $x_j \geq \lfloor x_j^0 \rfloor + 1$ hinzugefügt wird, wobei $\lfloor z \rfloor$ der ganzzahlige Anteil der reellen Zahl z ist, also die größte ganze Zahl, die nicht größer als z ist. Teilaufgaben, aus denen durch Verzweigung neue entstanden sind und solche, deren zulässiger Bereich garantiert keine optimale Lösung der Aufgabe P enthält, werden als *inaktiv* bezeichnet. Alle anderen Teilaufgaben sind *aktiv*.

An die konstruierten Teilaufgaben sollen die folgenden Bedingungen gestellt werden:

1. Es gibt genau eine Aufgabe P_{11} erster Stufe. Diese Aufgabe ist lösbar.
2. Wird die Aufgabe $P_{\mu t}$ durch Aufgaben P_{vl}, $v > \mu$, $l = 1, \ldots, l_v$ ersetzt, so sind die Mengen S_{vl} nicht leer und endlich, $S_{vl} \subset S_{\mu t}$.
3. Die Vereinigung der zulässigen Bereiche aller aktiven Teilaufgaben enthält wenigstens eine optimale Lösung der Aufgabe P.
4. Für die Teilaufgaben P_{vl} seien untere Schranken b_{vl} bekannt; die Inklusion $S_{vl} \subset S_{\mu t}$ impliziert dabei $b_{vl} \geq b_{\mu t}$.
5. Ist $S_{vl} = \{\overline{x}\} \subseteq S$, so ist $b_{vl} = f(\overline{x})$.

Zur Berechnung der unteren Schranken b_{vl} in Bedingung 4 kann zum Beispiel die lineare Relaxation der Aufgabe gelöst werden. Unter Verwendung dieser Bedingungen kann der folgende Prototyp eines Verzweigungsalgorithmus aufgeschrieben werden:

8.8.1.1 Branch-and-bound-Algorithmus

Schritt 1 Ersetze die kombinatorische Optimierungsaufgabe P durch P_{11}. Bestimme eine untere Schranke b_{11} und eine obere Schranke m_0 für den optimalen Zielfunktionswert von P; P_{11} ist aktiv. Die Menge der aktiven Teilaufgaben sei Γ.

Schritt 2 Für die jeweils neuen Teilaufgaben P_{vl} werden untere Schranken b_{vl} für den optimalen Zielfunktionswert berechnet. Teilaufgaben mit $b_{vl} \geq m_0$ werden gestrichen. Wird bei diesem Prozess eine zulässige Lösung $\overline{x} \in S$ für P mit $f(\overline{x}) < m_0$ berechnet, so wird $m_0 := f(\overline{x})$ gesetzt.

Schritt 3 Teilaufgaben $P_{vl} \in \Gamma$ mit $b_{vl} \geq m_0$ werden aus Γ ausgeschlossen.

Schritt 4 Erfüllt eine Lösung $\tilde{x} \in S$ die Bedingung $f(\tilde{x}) = \min\limits_{P_{vl} \in \Gamma} b_{vl}$, so ist $\tilde{x}$ optimale Lösung von P.

Schritt 5 Ist $\Gamma = \emptyset$, so ist die bei der letzten Aktualisierung von m_0 benutzte zulässige Lösung optimal. Sonst wähle $P_{\mu t} \in \Gamma$ und konstruiere durch Verzweigung neue Teilaufgaben P_{vl}, die in die Menge Γ aufgenommen werden. Gehe zu Schritt 2.

Der Branch-and-bound-Algorithmus kann vollkommen analog auch zur Lösung diskreter oder gemischt diskreter Optimierungsaufgaben eingesetzt werden.

Da der zulässige Bereich kombinatorischer Optimierungsaufgaben endlich ist, werden wegen Bedingung 2 durch die Verzweigung nach endlich vielen Schritten Aufgaben mit einelementigen zulässigen Bereichen konstruiert. Damit ist der Algorithmus bei der Lösung kombinatorischer Optimierungsaufgaben endlich.

Zur Veranschaulichung des Branch-and-bound-Algorithmus kann der Verzweigungsbaum in Abbildung 8.12 verwendet werden.

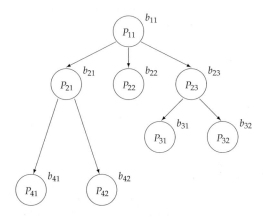

Abb. 8.12 Beispiel eines Verzweigungsbaumes

Die Knoten des Verzweigungsbaumes entsprechen den Teilaufgaben P_{vl}, an die die unteren Schranken geschrieben werden. Die von den Knoten ausgehenden Pfeile geben an, welche neuen Teilprobleme durch Verzweigung erzeugt werden. Den aktiven Teilaufgaben entsprechen Blätter des Graphen. Im Schritt 3 gestrichene Teilaufgaben werden markiert. Der Verzweigungsbaum wird schrittweise aufgebaut. Die Wurzel entspricht der Teilaufgabe P_{11} im Schritt 1. Zur Auswahl des nächsten Teilproblems im Schritt 5 können verschiedene Regeln verwendet werden. Die LIFO-Regel (last in first out) wählt jeweils die aktive Teilaufgabe, die als letzte in die Menge Γ aufgenommen wurde und erzeugt schnell Teilaufgaben mit einelementigen zulässigen Bereichen. Die FIFO-Regel (first in first out) konstruiert breite Verzweigungsbäume durch Auswahl der aktiven Teilaufgabe, die als erste in die Menge Γ aufgenommen wurde. Die Regel der besten Schranke strebt durch Auswahl der aktiven Teilaufgabe mit der besten aktuellen unteren Schranke nach einem möglichst kleinen Verzweigungsbaum durch schnellen Ausschluss von Teilaufgaben im Schritt 3.

Bei der Berechnung exakter Lösungen diskreter Optimierungsaufgaben mithilfe des *Schnittprinzips* wird versucht, den zulässigen Bereich der diskreten Optimierungsaufgabe durch seine konvexe Hülle zu ersetzen. Wegen

$$\min\{c^\top x : x \in S\} = \min\{c^\top x : x \in \operatorname{conv} S\}$$

und der Darstellung der konvexen Hülle als Menge aller konvexer Linearkombinationen von Punkten aus S haben beide Aufgaben gleiche optimale Lösungen. Die Menge $\operatorname{conv} S$ wird dabei von außen (lokal) approximiert.

Für eine mögliche Realisierung des Schnittprinzips werde eine ganzzahlige lineare Optimierungsaufgabe mit Gleichungsnebenbedingungen betrachtet:

$$\min\{c^\top x : Ax = b, \ x_j \geq 0, \ \text{ganzzahlig}, j = 1, \ldots, n\} \tag{8.77}$$

Ihre lineare Relaxation ist

$$\min\{c^\top x : Ax = b, \ x_j \geq 0, j = 1, \ldots, n\} \tag{8.78}$$

Zur Transformation der Aufgabe (8.75) in (8.77) werden Schlupfvariable verwendet, an die ebenfalls eine Ganzzahligkeitsforderung erhoben wird. Die Nebenbedingungskoeffizienten der Aufgabe (8.77) seien ganzzahlig.

8.8.1.2 Schnittalgorithmus

Schritt 1 Löse die Aufgabe (8.78). Es sei x^0 eine optimale Lösung.

Schritt 2 Wenn x^0 ganzzahlig ist, so ist x^0 eine optimale Lösung der Aufgabe (8.77) und der Algorithmus endet.

Schritt 3 Sonst konstruiere eine neue Nebenbedingung $s^\top x \leq t$ mit folgenden Eigenschaften:

- $s^\top x^0 > t$

- Für alle für (8.77) zulässigen Punkte $\overline{x}$ ist die folgende Bedingung erfüllt:

$$\{A\overline{x} = b, \overline{x}_j \geq 0, \ \text{ganzzahlig}, \ j = 1, \ldots, n\} \implies s^\top \overline{x} \leq t.$$

Füge die neue Gleichungsnebenbedingung $s^\top x + u = t$ mit der Schlupfvariablen u zu den Gleichungen $Ax = b$ hinzu (bezeichne diese Gleichungen kurz erneut mit $Ax = b$) und gehe zu Schritt 1.

Das Problem (8.78) ist eine lineare Optimierungsaufgabe; die berechnete optimale Basislösung der entsprechenden linearen Optimierungsaufgabe in Normalform sei (x_B^0, x_N^0) mit $x_N^0 = 0$, $x_B^0 = B^{-1}b$ mit der Basismatrix B als quadratischer regulärer Teilmatrix von A. Wenn x^0 nicht ganzzahlig ist, so gibt es eine Zeile

$$x_{i_0} + \sum_{i \in \mathcal{N}} \overline{a}_{i_0 j} x_j = \overline{b}_{i_0}$$

im Gleichungssystem $B^{-1}Ax = B^{-1}b$ zur optimalen Lösung der linearen Optimierungsaufgabe in Normalform, für die $\bar{b}_{i_0}$ nicht ganzzahlig ist (vgl. 8.50). Dabei ist $(\bar{a}_{i_0 j})_{j \in \mathcal{N}}$ eine Zeile im nicht zur Basismatrix gehörenden Teil der Matrix $B^{-1}A$. Unter Verwendung der Darstellung $z = \lfloor z \rfloor + \{z\}$ kann der *Gomory-Schnitt* als die Ungleichung

$$\sum_{i \in \mathcal{N}} \{\bar{a}_{i_0 j}\} x_j \geq \{\bar{b}_{i_0}\}$$

definiert werden. Diese Ungleichung wird im Schritt 3 des Schnittalgorithmus den Nebenbedingungen hinzugefügt, wodurch der *Gomory-Algorithmus* entsteht. Unter Verwendung eines lexikografischen dualen Simplexalgorithmus kann gezeigt werden, dass der Gomory-Algorithmus nach endlich vielen Iterationen eine optimale Lösung einer lösbaren linearen ganzzahligen Optimierungsaufgabe berechnet [Pieler 1970].

8.8.1.3 Dynamische Optimierung

Das Lösungsprinzip der *dynamischen Optimierung* ist auf (diskrete) Optimierungsaufgaben anwendbar, die in einer Stufenform vorliegen. Dazu sei n die Anzahl der Stufen und es bezeichne in der k-ten Stufe:

z_k	die Variable zur Wiedergabe eines Zustandes, in dem sich das Problem am Ende der Stufe k befindet
Z_k	die Menge aller Zustände, in der sich das Problem am Ende der Stufe k befinden kann
x_k	die Entscheidungsvariable zur Stufe k
$X_k(z_{k-1})$	die Menge aller Entscheidungen, aus denen in Stufe k in Abhängigkeit vom Zustand z_{k-1} gewählt werden kann
$h_k(z_{k-1}, x_k)$	eine Transformationsfunktion zur Überführung des Zustandes z_{k-1} bei Wahl der Entscheidung x_k in der Stufe k in einen Zustand z_k
$f_k(z_{k-1}, x_k)$	die stufenbezogene Zielfunktion zur Beschreibung des Einflusses der in Abhängigkeit vom Zustand z_{k-1} getroffenen Entscheidung x_k auf den Zielfunktionswert.

Der Anfangszustand zu Beginn der Stufe 1 sei $\bar{z}_0$. Dann ist das Stufenmodell für die dynamische Optimierung:

$$\begin{aligned}
F(x_1, ..., x_n) &= \sum_{k=1}^{n} f_k(z_{k-1}, x_k) \quad &\to \min \\
z_0 &= \bar{z}_0 \\
x_k &\in X_k(z_{k-1}), \quad &k = 1, ..., n \\
z_k &= h_k(z_{k-1}, x_k), \quad &k = 1, ..., n \\
z_k &\in Z_k, \quad &k = 1, ..., n.
\end{aligned} \tag{8.79}$$

Eine Folge von Entscheidungen $(x_j, x_{j+1}, ..., x_k)$, die ein System von einem gegebenen Zustand $z_{j-1} \in Z_{j-1}$ in einen Zustand $z_k \in Z_k$ überführt, heißt eine *Politik*. Analog wird eine Folge $(x_j^*, x_{j+1}^*, ..., x_k^*)$ von Entscheidungen, die ein System unter Minimierung der Zielfunktion von einem gegebenen Zustand $z_{j-1} \in Z_{j-1}$ in einen Zustand $z_k \in Z_k$ überführt, als *optimale Politik* bezeichnet.

Bellmansches Optimalitätsprinzip : Es sei $(x_1^*, ..., x_{k-1}^*, x_k^*, ..., x_n^*)$ eine optimale Politik, die das System vom Anfangszustand $z_0 = \bar{z}_0$ in einen erlaubten Endzustand $z_n \in Z_n$ überführt. Außerdem sei $z_{k-1}^* \in Z_{k-1}$ der Zustand, den das System für die gegebene optimale Politik in der Stufe $k - 1$ annimmt. Dann gilt:

1. $(x_k^*, ..., x_n^*)$ ist eine optimale (Teil-) Politik, die das System vom Zustand z_{k-1}^* in einen erlaubten Endzustand $z_n \in Z_n$ überführt.

2. $(x_1^*, ..., x_{k-1}^*)$ ist eine optimale (Teil-) Politik, die das System vom Anfangszustand $z_0 = \bar{z}_0$ in den Zustand z_{k-1}^* überführt.

Das Problem der Bestimmung einer optimalen Politik für die Aufgabe (8.79) werde mit $P_0(\bar{z}_0)$ bezeichnet. Die Bezeichnung $P_k(z_k)$ stehe für das Problem der Bestimmung einer optimalen Politik, die den Anfangszustand $z_k \in Z_k$ in der k–ten Stufe in einen möglichen Zustand $z_n \in Z_n$ in der n–ten Stufe überführt. Durch Anwendung des Bellmanschen Optimalitätsprinzips lässt sich das Stufenmodell der dynamischen Optimierung mithilfe des folgenden Algorithmus lösen:

Algorithmus der dynamischen Optimierung, Rückwärtsrekursion:

Schritt 1 Löse das Problem $P_{n-1}(z_{n-1})$ für alle $z_{n-1} \in Z_{n-1}$. Die Optimalwerte seien $F^*(z_{n-1}) = f_n(z_{n-1}, x^*(z_{n-1}))$.

Schritt 2 Für $k = n - 1, \ldots, 1$ und alle $z_{k-1} \in Z_{k-1}$ löse das Problem $P_{k-1}(z_{k-1})$ mithilfe der folgenden Rekursionsgleichung:

$$F_{k-1}^*(z_{k-1}) = \min \{ f_k(z_{k-1}, x_k) + F_k^*(h_k(z_{k-1}, x_k)) \mid x_k \in X_k(z_{k-1}) \} \tag{8.80}$$

Am Ende des Algorithmus liegt der optimale Zielfunktionswert des Problems $P_0(\bar{z}_0)$ vor und auch eine optimale Politik, falls man die optimalen Entscheidungen in den einzelnen Stufen des Algorithmus geeignet abgespeichert hat.

8.8.2 Dualität

In der ganzzahligen linearen Optimierung werden mehrere duale Aufgaben beschrieben.

8.8.2.1 Lagrange-duale Aufgabe

Die *Lagrange-duale Aufgabe* für das Problem (8.75) ist

$$\max \{ \varphi(u) : u \geq 0 \},$$

wobei gilt

$$\varphi(u) = \min \{ c^\top x + u^\top (Ax - b) : x_j \geq 0, \text{ ganzzahlig}, j = 1, \ldots, n \}. \tag{8.81}$$

Dabei ist es auch möglich, nur einen Teil der Nebenbedingungen zur Formulierung der Lagrangefunktion $L(x, u) = c^\top x + u^\top (Ax - b)$ zu benutzen und die anderen als explizite Nebenbedingungen in die Aufgabe (8.81) aufzunehmen.

Schwache Dualität: Es seien $\bar{x}$ eine zulässige Lösung für die Aufgabe (8.75) und $\bar{u} \geq 0$. Dann ist $c^\top \bar{x} \geq L(\bar{x}, \bar{u})$.

Daraus folgt sofort, dass der optimale Zielfunktionswert der Aufgabe (8.75) nicht kleiner ist als der optimale Zielfunktionswert der Lagrange-dualen Aufgabe. Gleichheit der beiden optimalen Zielfunktionswerte kann im Allgemeinen nicht garantiert werden; es ist eine Dualitätslücke zu erwarten. Die Funktion $\varphi(\cdot)$ ist eine konkave stückweise affin-lineare Funktion.

8.8.2.2 Superadditiv-duale Aufgabe

Die *superadditiv-duale Aufgabe* beschreibt eine duale Aufgabe, für die ein starker Dualitätssatz bewiesen werden kann. Diese duale Aufgabe steht in enger Beziehung zu gültigen (scharfen) Schnitten (valid cuts), die gemeinsam mit dem Schnittprinzip moderne exakte Lösungsalgorithmen der diskreten Optimierung begründen.

Eine Funktion $F : \mathbb{R}^m \to \mathbb{R}$ heißt *nichtfallend*, wenn aus $a, b \in \mathbb{R}^m$, $a \leq b$ stets auch $F(a) \leq F(b)$ folgt. Sie ist *superadditiv*, wenn gilt

$$F(a) + F(b) \leq F(a+b) \ \forall \ a, b \in \mathbb{R}^m.$$

Es sei $\mathcal{G}$ die Familie aller monoton nicht fallenden und superadditiven Funktionen. Für Funktionen F in der Menge $\mathcal{G}$ ist stets auch $F(0) = 0$ erfüllt. Dann ergibt sich die superadditiv duale Aufgabe zu Problem

$$\max \{ c^\top x : Ax \leq b, \ x_j \geq 0, \ \text{ganzzahlig}, \ j = 1, \ldots, n \} \tag{8.82}$$

wie folgt:

$$\begin{aligned} F(b) &\to \min \\ F(A_j) &\geq c_j, \ j = 1, \ldots, n \\ F &\in \mathcal{G}. \end{aligned} \tag{8.83}$$

Zu beachten ist, dass die Zielfunktion in der primalen Aufgabe maximiert wird. Des Weiteren sei vorausgesetzt, dass alle Koeffizienten von A und b rational seien.

Schwache Dualität: Für beliebige zulässige Lösungen $\overline{x}$ der Aufgabe (8.82) und $\overline{F}$ der Aufgabe (8.83) gilt $c^\top \overline{x} \leq \overline{F}(b)$.

Starke Dualität: Wenn eine der Aufgaben (8.82), (8.83) eine endliche optimale Lösung besitzt, so gibt es optimale Lösungen x^* der Aufgabe (8.82) und F^* der Aufgabe (8.83) und es gilt $c^\top x^* = F^*(b)$.

Näherungsweise kann die Menge $\mathcal{G}$ eingeschränkt werden auf eine Teilmenge monoton nichtfallender superadditiver Funktionen. Eine Funktion $\Phi : \mathbb{R}^m \to \mathbb{R}$ heißt Chvátal-Funktion, wenn Matrizen $M_1, M_2, \ldots, M_t$ mit nicht negativen rationalen Elementen existieren, sodass die Darstellung

$$\Phi(z) = \lfloor M_t \ldots \lfloor M_2 \lfloor M_1 z \rfloor \rfloor \cdots \rfloor$$

gilt, wobei $\lfloor a \rfloor$ als der Vektor zu verstehen ist, der komponentenweise aus den ganzen Teilen der Komponenten des Vektors a besteht: $\lfloor a \rfloor = (\lfloor a_1 \rfloor, \ldots, \lfloor a_m \rfloor)^\top$.

Starke Dualität: Es gilt

$$\begin{aligned} \max \{ c^\top x &: Ax \leq b, \ x \geq 0, \ \text{ganzzahlig} \} \\ &= \min \{ \Phi(b) : \Phi \ \text{ist Chvátal-Funktion}, \ \Phi(A_j) \geq c_j, \ j = 1, \ldots, m \}. \end{aligned}$$

Chvátal-Funktionen werden auch zur Erzeugung von neuen Nebenbedingungen in Schnittalgorithmen verwendet.

8.8.3 Näherungsalgorithmen

Wegen der oftmals sehr aufwändigen Berechnung optimaler Lösungen (insbesondere bei exakter Lösung $\mathcal{NP}$-schwieriger Optimierungsaufgaben) werden in der diskreten (kombinatorischen) Optimierung Näherungsalgorithmen untersucht, die anstelle optimaler Lösungen suboptimale Lösungen berechnen. Dabei wird zumeist eine Abschätzung der Güte der berechneten (zulässigen) Lösung durch Abschätzung des Abstandes des erhaltenen vom optimalen Zielfunktionswert im schlechtest möglichen Fall angestrebt. Andere Möglichkeiten sind die Abschätzung der Güte im Mittel, die eine Wahrscheinlichkeitsverteilung der Daten des Problems voraussetzt, oder die A-posteriori-Abschätzung, die auf (umfangreichen) numerischen Tests basiert. Ein Beispiel p eines Problems P ergibt sich durch Fixierung der Daten des Problems, also zum Beispiel der Koeffizienten c_j, a_j, $j = 1, \ldots, n$, b des 0-1-Tornisterproblems (mit zu maximierender Zielfunktion)

$$\max \{f(x) = c^\top x : a^\top x \leq b, \ x_j \in \{0,1\}, \ j = 1, \ldots, n\}. \tag{8.84}$$

Ein Algorithmus A ist ein *absoluter Näherungsalgorithmus* mit der Genauigkeit h, falls für jedes Beispiel p des Problems P die Ungleichung $|f(x^*(p)) - f(x(p))| \leq h$ gilt, wobei $x(p)$ die mit dem Algorithmus A berechnete und $x^*(p)$ eine optimale Lösung des Beispiels darstellen. Absolute Näherungsalgorithmen benötigen oftmals den gleichen Zeitaufwand wie exakte Algorithmen.

Ein Algorithmus ist ein *ε-optimaler Näherungsalgorithmus* mit der Genauigkeit ε, falls für jedes Beispiel p des Problems P die folgende Ungleichung gilt

$$\frac{|f(x^*(p)) - f(x(p))|}{f(x^*(p))} \leq \varepsilon.$$

Greedy-Algorithmus: Der *Greedy-Algorithmus* für das Problem (8.84) besteht aus den folgenden Schritten.

Schritt 1 Sortiere die Quotienten c_j/a_j der Größe nach, beginnend mit dem größten.

Schritt 2 Setze $x_j = 0$, $j = 1, \ldots, n$, $G_R = b$, $j = 1$.

Schritt 3 Gilt $a_j \leq G_R$, so setze $x_j = 1$, $G_R := G_R - a_j$.

Schritt 4 Wenn $j = n$ ist, so endet der Algorithmus, ansonsten setze $j := j + 1$ und gehe zu Schritt 3.

Die mit dem Greedy-Algorithmus berechnete Lösung kann beliebig schlecht sein.

Erweiterter Greedy-Algorithmus:

Schritt 1 Berechne die Greedy-Lösung x_g mit dem Zielfunktionswert z^g.

Schritt 2 Wähle j_0 mit $c_{j_0} = \max \{c_j : j = 1, \ldots, n\}$ und setze $\tilde{x}_{j_0} = 1$, $\tilde{x}_j = 0$ sonst.

Schritt 3 Wenn $c_{j_0} > z^g$ ist, so ist $\tilde{x}$ die berechnete Lösung, sonst x_g.

Der erweiterte Greedy-Algorithmus ist ein $1/2$-optimaler Näherungsalgorithmus für das Problem (8.84). Ein von einem Parameter ε abhängender Näherungsalgorithmus $A(\varepsilon)$ ist ein *Näherungsschema*, wenn für alle $\varepsilon \in (0,1)$ der Algorithmus $A(\varepsilon)$ ein ε-optimaler Näherungsalgorithmus ist. Die verschiedenen Näherungsalgorithmen werden als polynomial bezeichnet, wenn ihr Rechenaufwand im Sinne der Komplexitätstheorie polynomial von der Eingabelänge des Beispiels abhängt.

8.8.4 Matroide und der Greedy-Algorithmus

Es sei E eine endliche Menge und 2^E die Menge aller Teilmengen von E. Ein Mengensystem $\mathcal{F} \subseteq 2^E$ wird *Unabhängigkeitssystem* genannt, wenn die folgenden zwei Bedingungen erfüllt sind:

1. $\emptyset \in \mathcal{F}$,
2. $K \in \mathcal{F} \wedge L \subset K \Longrightarrow L \in \mathcal{F}$.

Es gelte $E = \{1, 2, \ldots, n\}$, $c \in R^n$ und $c(F) = \sum_{j \in F} c_j$ für $F \subseteq E$. Zur Lösung des *Maximierungsproblems über einem Unabhängigkeitssystem* $\max \{c(F) : F \in \mathcal{F}\}$ kann der nachstehende *Greedy-Algorithmus* verwendet werden.

Greedy-Algorithmus:

Schritt 1 Sortiere die Koeffizienten c_j der Größe nach, beginnend mit dem größten.

Schritt 2 Setze $F = \emptyset$, $j = 1$.

Schritt 3 Gilt $c_j \leq 0$, so endet der Algorithmus. Gilt $F \cup \{j\} \in \mathcal{F}$, so setze $F := F \cup \{j\}$.

Schritt 4 Wenn $j = n$ ist, so endet der Algorithmus, ansonsten setze $j := j + 1$ und gehe zu Schritt 3.

Ein Unabhängigkeitssystem $\mathcal{F}$ ist ein *Matroid*, wenn zusätzlich noch die folgende Bedingung erfüllt ist:

$$K \in \mathcal{F} \wedge L \in \mathcal{F} \wedge |K| = |L| + 1 \Longrightarrow \exists i \in K \setminus L : L \cup \{i\} \in \mathcal{F}.$$

Ein Unabhängigkeitssystem $\mathcal{F} \subseteq 2^{\{1,2,\ldots,n\}}$ ist genau dann ein Matroid, wenn der Greedy-Algorithmus eine optimale Lösung des Maximierungsproblems $\max \{c(F) : F \in \mathcal{F}\}$ über dem Unabhängigkeitssystem $\mathcal{F}$ für jede reelle Bewertung $c \in \mathbb{R}^n$ berechnet.

8.8.5 Spezielle Probleme

Quadratisches Zuordnungproblem

Im Gegensatz zum linearen Zuordnungsproblem, das ein spezielles Transportproblem ist und in dem die Ganzzahligkeitseigenschaft gilt, ist das quadratische Zuordnungsproblem eines der kompliziertesten Probleme der kombinatorischen Optimierung. In einer praktischen Situation, die auf dieses Modell führt, sind zum Beispiel Maschinen (zwischen denen Zuliefertransporte des Umfanges t_{kl} durchzuführen sind) auf Standorte $i = 1, \ldots, n$ zu platzieren. Damit treten die Transportkosten in Abhängigkeit davon auf, an welchem Standort welche Maschine steht. Werden die Entfernungen zwischen den Standorten i und j mit c_{ij} bezeichnet, so sind die Transportkosten gleich $t_{kl}c_{ij}$, wenn die Maschine k auf dem Platz i und die Maschine l auf dem Platz j steht. Wie üblich bezeichnet dann $x_{ik} = 1$ den Fall, dass Maschine k Platz i einnimmt, und es ergibt sich folgendes *quadratisches Zuordnungsproblem*:

$$\sum_{i=1}^{n} \sum_{j=1}^{n} \sum_{k=1}^{n} \sum_{l=1}^{n} t_{kl} c_{ij} x_{ik} x_{jl} \to \min$$

$$\sum_{k=1}^{n} x_{ik} = 1, \ i = 1, \ldots, n$$

$$\sum_{i=1}^{n} x_{ik} = 1, \ k = 1, \ldots, n$$

$$x_{ik} \in \{0, 1\}, \ i = 1, \ldots, n; k = 1, \ldots, n.$$

Hier wird ohne Einschränkung der Allgemeinheit davon ausgegangen, dass die Anzahl der zu platzierenden Maschinen gleich der Anzahl der potenziellen Standorte ist. Das ist durch die Einführung fiktiver Maschinen stets realisierbar.

Subset-Sum-Problem

Ein Spezialfall des 0-1-Tornisterproblems ist die in der englischsprachigen Literatur *subset-sum problem* genannte Aufgabe. Hier ist zum Beispiel aus einer Menge von Objekten mit den Werten c_j, $j = 1, \ldots, n$, eine Teilmenge auszuwählen, deren Gesamtwert genau der Hälfte des gesamten Wertes aller Objekte entspricht. Gesucht ist also eine Menge $A \subset \{1, \ldots, n\}$ mit der Eigenschaft

$$\sum_{j \in A} c_j = \frac{1}{2} \cdot \sum_{j=1}^{n} c_j.$$

Bezeichnet man die rechte Seite dieser Gleichung (bzw. einen Wert zwischen null und der Summe aller Werte) mit b, so kann dieses Problem auch wie folgt modelliert werden:

$$\sum_{j=1}^{n} c_j x_j \rightarrow \max$$

$$\sum_{j=1}^{n} c_j x_j \leq b$$

$$x_j \in \{0, 1\}, \ j = 1 \ldots, n.$$

Hierbei gilt $x_j = 1$ genau dann, wenn der j-te Gegenstand ausgewählt wird. Der optimale Zielfunktionswert dieses Problems ist genau dann gleich b, wenn das Subset-Sum-Problem lösbar ist.

Mengenaufteilungs- und Mengenüberdeckungsproblem

Es seien M eine endliche Menge und $M_i \subset M$, $i = 1 \ldots, m$, Teilmengen von M, c_j, $j = 1, \ldots, n$, rationale Zahlen als Gewichte der Elemente der Menge M, und A eine (m, n)-Matrix mit Elementen $a_{ij} \in \{0, 1\}$, $i = 1, \ldots, m$, $j = 1, \ldots, n$. Jede Zeile der Matrix A entspricht einer der Teilmengen M_j und $a_{ij} = 1$ genau dann, wenn das j-te Element in M zur Menge M_i gehört. Das *Mengenaufteilungsproblem* besteht in der Auswahl von je einem Element aus jeder der Mengen M_i derart, dass das Gesamtgewicht aller gewählten Elemente maximal ist. Ein Modell für dieses Problem ist

$$\sum_{j=1}^{n} c_j x_j \rightarrow \max$$

$$Ax = e$$

$$x_j \in \{0, 1\}, \ j = 1, \ldots, n.$$

Hierbei gilt $e = (1, 1, \ldots, 1)^{\top}$. Werden die Gleichungsnebenbedingungen $Ax = e$ durch Ungleichungen $Ax \leq e$ ersetzt, so ergibt sich das *Mengenüberdeckungsproblem*.

8.9 Optimierungsprobleme über Graphen

Gegeben seien eine endliche Menge $V \subset \mathbb{N}$ von *Knoten* und eine Familie E von Knotenpaaren. Das Mengenpaar $G = (V, E)$ wird (endlicher) *Graph* genannt. Wenn die Elemente $e \in E$ geordnete Paare sind ($E \subseteq V \times V$), so nennt man den Graphen *gerichtet*, die Paare $e = (u, v) \in E$ sind *Pfeile* oder *Bögen* mit dem *Anfangsknoten* u und dem *Endknoten* v. Sind die Elemente $e \in E$ ungerichtet (es werden also die Paare $(u, v) \in E$ und (v, u) als gleich betrachtet), so spricht man von einem *(ungerichteten) Graphen*. Elemente $e \in E$ in einem ungerichteten Graphen heißen *Kanten*, die Knoten $u, v \in V$ mit $e = (u, v)$ sind mit der Kante e *inzident* und zueinander *adjazent*. Weiterführende Literatur zur Graphentheorie sind die Monographien [Jungnickel 1994], [Korte und Vygen 2000], [Schrijver 2003].

Eine Folge $\{e_1, e_2, \ldots, e_p\}$ von Kanten eines Graphen, für die es Knoten $v_0, v_1, \ldots, v_p$ mit $e_i = (v_{i-1}, v_i), i = 1, \ldots, p$ gibt, ist ein *Kantenzug* (vom Knoten v_0 zum Knoten v_p) oder ein *Weg*, wenn sich in ihr keine Kante wiederholt. Die Knoten $v_0, v_1, \ldots, v_p$ werden durch den Kantenzug berührt. Berührt ein Weg keinen Knoten mehrfach, so spricht man von einem *einfachen Weg*. Kantenzüge, Wege und einfache Wege in gerichteten Graphen werden gerichtet genannt, wenn alle Pfeile in ihm entsprechend ihrem Durchlaufsinn im Graphen vorkommen. Kantenzüge sind geschlossen, wenn $v_0 = v_p$ ist. Geschlossene Wege werden auch als *Kreise* bezeichnet.

Enthält die Familie E keine Elemente der Art (u, u) (*Schlingen*), so spricht man von einem *schlichten Graphen*. Mehrfach vorkommende Elemente $(u, v) \in E$ sind parallele Kanten (Pfeile). Graphen mit parallelen Kanten (Pfeilen) werden oft auch als *Multigraphen* bezeichnet.

8.9.1 Kürzeste Wege in gerichteten Graphen

Abbildungen $c : E \to \mathbb{R}$ sind *Kantenbewertungen*, Graphen mit Kantenbewertungen nennt man *kantenbewertet*. Unter der Länge (dem Gewicht) einer Kantenmenge $W = \{e_1, e_2, \ldots, e_p\}$ in einem kantenbewerteten Graphen versteht man die Summe der Kantenbewertungen der Kanten in der Menge W: $c(W) = \sum_{e \in W} c(e)$.

Das Problem der Suche nach einem einfachen gerichteten Weg kürzester Länge von einem Knoten $q \in V$ zu einem Knoten $s \in V$ in einem gerichteten kantenbewerteten Graphen $G = (V, E)$ ist das *Problem des kürzesten Weges*.

In einem gerichteten Graphen $G = (V, E)$ ist $\Gamma_+(v) := \{e \in E \mid \exists w \in V : e = (v, w)\}$ die Menge der im Knoten $v \in V$ beginnenden Pfeile und $\deg^+(v) := |\Gamma_+(v)|$ der *Ausgangsgrad* von $v \in V$. Die Menge $\Gamma_-(v) := \{e \in E \mid \exists w \in V : e = (w, v)\}$ beschreibt die Menge der im Knoten $v \in V$ endenden Pfeile mit $\deg^-(v) := |\Gamma_-(v)|$ als dem *Eingangsgrad* des Knotens $v \in V$. Des Weiteren soll vereinfachend $c(u, v)$ für die Kantenbewertung $c : E \to \mathbb{R}$ bei Angabe der Elemente $e \in E$ als $e = (u, v)$ geschrieben werden. Damit kann das Problem des kürzesten Weges als lineare Optimierungsaufgabe modelliert werden:

$$\sum_{e \in E} c(e)x(e) \to \min$$

$$\sum_{e \in \Gamma_+(v)} x(e) - \sum_{e \in \Gamma_-(v)} x(e) = g(v) \quad \forall\, v \in V$$

$$x(e) \geq 0 \qquad \forall\, e \in E,$$

wobei

$$g(v) = \begin{cases} 0, & \text{falls } v \notin \{q, s\} \\ 1, & \text{falls } v = q \\ -1, & \text{falls } v = s. \end{cases}$$

Durch einfache Transformationen kann dieses Problem in eine Form gebracht werden, die mit dem Algorithmus der dynamischen Optimierung gelöst werden kann, falls der Graph keine (einfachen gerichteten) Kreise negativer Länge besitzt. Eine Realisierung liefert der nachstehende Algorithmus.

8.9.1.1 Algorithmus von Dijkstra

Schritt 1 Setze $l(q) := 0, l(w) := \infty$ für alle $w \neq q$, $R := \emptyset$.

Schritt 2 Wähle $w \in V \setminus R$ mit $l(w) = \min_{u \in V \setminus R} l(u)$.

Schritt 3 Setze $R := R \cup \{w\}$.

Schritt 4 Für alle $u \in V \setminus R$ mit $(w, u) \in E$ und $l(u) > l(w) + c(w, u)$ setze $l(u) := l(w) + c(w, u)$ sowie $p(u) := w$.

Schritt 5 Ist $V \neq R$, so gehe zu Schritt 2.

Der Algorithmus von Dijkstra berechnet die Längen kürzester Wege $l(v)$ vom Knoten $q \in V$ zu allen anderen Knoten $v \in V$ in einem einfachen gerichteten Graphen mit nicht negativer Kantenbewertung. Ein Knoten vor $v \in V$ auf einem kürzesten Weg von $q \in V$ zum Knoten $v \in V$ ist der Knoten $p(v)$. Der Rechenaufwand des Algorithmus von Dijkstra ist von quadratischer Ordnung in der Knotenanzahl. Einfache Beispiele zeigen, dass diese Aussage nicht mehr korrekt ist, wenn Kantenbewertungen einzelner Pfeile negative Werte annehmen. Wird nur ein einfacher Weg kürzester Länge von $q \in V$ zu einem fixierten Knoten $v \in V$ gesucht, so kann der Algorithmus abgebrochen werden, wenn der Knoten v im Schritt 2 des Algorithmus ausgewählt wird.

8.9.1.2 Algorithmus von Floyd und Warshall

Dieser Algorithmus kann zur Berechnung kürzester Wege zwischen beliebigen Knoten des Graphen verwendet werden:

Schritt 1 Setze

$$l_{ij} := \begin{cases} c(i, j), & \text{falls } (i, j) \in E \\ \infty, & \text{falls } (i, j) \in (V \times V) \setminus E, i \neq j \\ 0, & \text{falls } i = j \in V. \end{cases}$$

Für alle $i, j \in V$ sei $p_{ij} := i$.

Schritt 2 Für $j := 1, \ldots, n$
 für $i := 1, \ldots, n$
  für $k := 1, \ldots, n$
   wenn $l_{ik} > l_{ij} + l_{jk}$ ist, so setze $l_{ik} := l_{ij} + l_{jk}$ und $p_{ik} := p_{jk}$.

Die Länge eines kürzesten Weges vom Knoten $u \in V$ zum Knoten $v \in V$ ist beim Abbruch des Algorithmus unter l_{uv} abgespeichert, der letzte Knoten vor Knoten v auf einem kürzesten Weg ist der Knoten p_{uv}. Der Algorithmus berechnet im Allgemeinen keine korrekten Ergebnisse, wenn der Graph gerichtete Kreise negativer Länge enthält. Die Längen solcher Kreise sind beim Abbruch des Algorithmus unter l_{uu} zu finden. Der Rechenaufwand des Algorithmus ist von der Ordnung $O(|V|^3)$.

8.9.2 Minimalgerüste

Ein ungerichteter Graph $G = (V, E)$ ohne Kreise ist ein *Wald*. Ein zusammenhängender, kreisloser Graph wird *Baum* genannt. Dabei ist ein Graph *zusammenhängend*, wenn es für beliebige Knoten $u, v \in V$ einen Weg vom Knoten u zum Knoten v gibt. Die Teilmenge $W \subseteq E$ der Kantenmenge eines Graphen $G = (V, E)$, für die $G' = (V, W)$ einen Baum darstellt, ist ein *Gerüst* des Graphen.

8.9.2.1 Charakterisierung von Bäumen

In einem ungerichteten Graphen $G = (V, E)$ sind die folgenden Aussagen äquivalent:

1. G ist ein Baum.

2. G enthält keine Kreise, aber durch Hinzufügung einer beliebigen Kante entsteht ein einfacher Kreis.

3. Je zwei Knoten in G sind durch genau einen einfachen Weg verbunden.

4. G ist zusammenhängend. Durch das Entfernen einer beliebigen Kante zerfällt G in genau zwei Komponenten.

Das *Minimalgerüstproblem* in einem kantenbewerteten ungerichteten Graphen $G = (V, E)$ besteht in der Bestimmung eines Gerüstes mit minimalem Gewicht in G.

Die *Inzidenzmatrix* für den ungerichteten (Multi-)Graphen $G = (V, E)$ ist eine $(|V| \times |E|)$– Matrix $I = (i_{ve})$ mit $i_{ve} = 1$, falls der Knoten u mit der Kante e inzident ist. Im entgegengesetzten Fall ist $i_{ve} = 0$. Für gerichtete Multigraphen kann die Inzidenzmatrix I wie folgt definiert werden:

$$i_{ve} = \begin{cases} 1, & \text{wenn Knoten } v \in V \text{ Anfangsknoten der Kante } e \in E \text{ ist} \\ -1, & \text{wenn Knoten } v \in V \text{ Endknoten der Kante } e \in E \text{ ist} \\ 0 & \text{sonst.} \end{cases}$$

Unter Verwendung von Inzidenzvektoren $x \in \mathbb{R}^{|E|}$ mit der Eigenschaft $x(e) = 1$, falls $e \in S$ und $x(e) = 0$ sonst zur Charakterisierung einer Teilmenge $S \subseteq E$ kann das Minimalgerüstproblem als eine lineare Optimierungsaufgabe geschrieben werden:

$$\begin{aligned} \sum_{e \in E} c(e)x(e) &\to \quad \min \\ \sum_{e \in E} x(e) &= \quad |V| - 1 \\ \sum_{e \in E(X)} x(e) &\leq \quad |X| - 1 \quad \forall\, X \subseteq V, X \neq \emptyset \\ 0 \leq x(e) &\leq \quad 1 \quad \forall\, e \in E. \end{aligned}$$

Hierbei beschreibt für eine nicht leere Teilmenge $X \subseteq V$ der Knotenmenge die Menge $E(X) = \{e = (u,v) \in E : u, v \in X\}$ die Kantenmenge des durch die Menge X induzierten Teilgraphen von G.

Die Korrektheit des Modells basiert auf folgender Aussage von Edmonds: Es sei $G = (V, E)$ ein zusammenhängender Graph. Dann besitzt der zulässige Bereich des obigen Problems nur ganzzahlige Eckpunkte, die mit den Inzidenzvektoren der Gerüste des Graphen G zusammenfallen.

8.9.2.2 Algorithmus von Kruskal

Zur Berechnung eines Minimalgerüstes kann folgender Algorithmus verwendet werden.

Schritt 1 Sortiere die Kanten in E nach nicht fallenden Kantenbewertungen, d. h. $c(e_1) \leq c(e_2) \leq \dots, c(e_{|E|})$.

Schritt 2 Setze $T := \emptyset$.

Schritt 3 Für $j = 1, \dots, |E|$:
wenn $\hat{G} = (V, T \cup \{e_j\})$ keinen Kreis enthält, so setze $T := T \cup \{e_j\}$.

Der Kruskal-Algorithmus kann mit einem Rechenaufwand der Ordnung $O(|E| \log |E|)$ implementiert werden. Er ist vom Typ eines Greedy-Algorithmus.

8.9.3 Flussprobleme

Gegeben seien ein gerichteter Graph $G = (V, E)$ mit der Kantenbewertung $a : E \to \mathbb{R}_+$ sowie zwei Knoten $q, s \in V$. Der Knoten q wird als *Quelle* und der Knoten s als *Senke* bezeichnet. Die Werte $a(e)$ werden in diesem Zusammenhang als Kapazitäten der Pfeile bezeichnet. Ein *Fluss* von q nach s ist eine Funktion $f : E \to \mathbb{R}_+$, die die Kapazitätsbeschränkungen für die Pfeile

$$0 \leq f(e) \leq a(e) \quad \forall e \in E, \tag{8.85}$$

und die Flusserhaltungsbedingungen

$$\sum_{e\in\Gamma_+(v)} f(e) = \sum_{e\in\Gamma_-(v)} f(e) \quad \forall v \in V \setminus \{q,s\} \tag{8.86}$$

einhält. Die *Stärke des Flusses* f von q nach s ist die Differenz

$$\sum_{e\in\Gamma_+(q)} f(e) - \sum_{e\in\Gamma_-(q)} f(e), \tag{8.87}$$

also die Größe des aus q hinaus fließenden Flusses. Das *Maximalflussproblem* besteht in der Bestimmung eines Flusses maximaler Stärke. Es kann als lineare Optimierungsaufgabe der Maximierung der Funktion (8.87) unter den Nebenbedingungen (8.85) und (8.86) modelliert werden. Die Menge der zulässigen Punkte erfüllt die Ganzzahligkeitsbedingung, das heißt, wenn die Kapazitäten $a(e)$ aller Pfeile ganzzahlig sind, so gibt es auch einen ganzzahligen Fluss maximaler Stärke. Die Aussage der schwachen Dualität schreibt sich für dieses Problem als

$$\sum_{e\in\Gamma_+(q)} f(e) - \sum_{e\in\Gamma_-(q)} f(e) \leq \sum_{e\in\Gamma_+(S)} a(e),$$

wobei

$$\Gamma_+(S) = \{e \in E : \exists v \in S, \exists w \notin S \text{ mit } e = (v,w)\}$$

die Familie der aus der Menge $S \subset V$ hinaus- und

$$\Gamma_-(S) = \{e \in E : \exists v \in S, \exists w \notin S \text{ mit } e = (w,v)\}$$

die Familie der in die Menge S hineinführenden Kanten des gerichteten Graphen $G = (V,E)$ ist. Für eine Teilmenge $S \subset V$ mit $q \in S, s \notin S$ heißt $\Gamma_+(S)$ ein q,s-*Schnitt*.

8.9.3.1 Der Satz von Ford und Fulkerson

Satz 23: *Die maximale Stärke f^* eines Flusses in einem gerichteten Graphen $G = (V,E)$ mit den Kapazitäten $a : E \to \mathbb{R}_+$ ist gleich der minimalen Kapazität $\sum_{e\in\Gamma_+(S)} a(e)$ eines q,s-Schnittes S in G.*

Zur Lösung des Maximalflussproblems wird ein Hilfsgraph benötigt, der angibt, ob Flüsse auf den Pfeilen von G vergrößert beziehungsweise auch verkleinert werden können. Dieser Hilfsgraph ist ein gerichteter Multigraph $\overleftrightarrow{G} = (V, \overleftrightarrow{E})$, wobei

$$\overleftrightarrow{E} := E \cup \{(w,v) : (v,w) \in E\}$$

ist. Neben den Pfeilen $e = (v,w) \in E$ enthält die Pfeilmenge $\overleftrightarrow{E}$ stets auch noch einen Pfeil $\overleftarrow{e} := (w,v)$ mit entgegengesetzter Richtung. Für den Multigraphen $\overleftrightarrow{G}$ kann durch $r(e) := a(e) - f(e)$ und $r(\overleftarrow{e}) := f(e)$ für alle $e \in E$ eine Kantenbewertung (Kapazität) definiert werden. Dann ergibt sich der *residuale Multigraph* $G_r = (V, \overleftrightarrow{E_f})$ als Teilgraph von $\overleftrightarrow{G}$ mit den Pfeilen positiver Kapazitäten

$$\overleftrightarrow{E_f} := \{e \in \overleftrightarrow{E} : r(e) > 0\}.$$

Ein *vergrößernder Weg* für den aktuellen Fluss f im Graphen G ist ein gerichteter Weg von q nach s im Graphen G_r. Die Kapazität $r(T)$ einer Teilmenge $T \subset \overleftrightarrow{E}$ ist gleich der minimalen Kapazität eines Pfeils in T. Damit kann der Fluss f um den Wert $r(T)$ eines vergrößernden Weges T im Graphen G_r vergrößert werden.

Optimalitätsbedingung: Ein Fluss f in G besitzt maximale Stärke genau dann, wenn es keinen vergrößernden Weg von q nach s im Graphen G_r gibt.

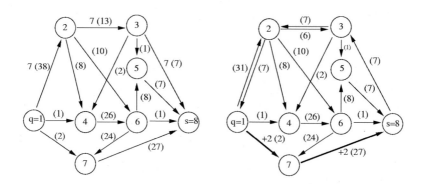

Abb. 8.13 Beispiel für den Algorithmus von Ford und Fulkerson; links: Graph mit aktuellem Fluss und den Kapazitäten in Klammern; rechts: der entsprechende residuale Multigraph mit einem vergrößernden Weg

8.9.3.2 Der Algorithmus von Ford und Fulkerson

Schritt 1 Setze $f(e) = 0$ für alle $e \in E$.

Schritt 2 Konstruiere den residualen Multigraphen.

Bestimme einen vergrößernden Weg T. Wenn es keinen solchen gibt, stopp.

Schritt 3 Bestimme die Kapazität $r(T)$ von T.

Schritt 4 Für alle $e \in T \cap E$ setze $f(e) := f(e) + r(T)$. Für alle $\overleftarrow{e} \in T \cap (\overleftrightarrow{E} \setminus E)$ setze $f(e) := f(e) - r(T)$. Gehe zu Schritt 2.

Zur Bestimmung eines vergrößernden Weges in Schritt 2 können einfache Markierungsalgorithmen verwendet werden, die zum Beispiel – ausgehend vom Knoten q – alle Nachfolger markierter Knoten markieren, solange das möglich ist. Der Algorithmus von Ford und Fulkerson hat im schlechtesten Fall keinen polynomialen Aufwand. Wenn im Schritt 2 des Algorithmus nach einem kürzesten vergrößernden Weg gesucht wird, so ergibt sich der polynomiale *Algorithmus von Edmunds und Karp* mit dem Rechenaufwand $O(|E|^2|V|)$.

8.9.4 Kostenminimale Flüsse

Gegeben sind ein gerichteter Graph $G = (V, E)$, zwei fixierte Knoten $q, s \in V$, zwei Kantenbewertungen $a : L \to \mathbb{R}_+$ und $c : E \to \mathbb{R}_+$ und eine Flussstärke f^*. Das *Minimalkostenflussproblem* besteht in der Suche nach einem Fluss von q nach s der Stärke f^* mit minimalen Kosten. Dieses Problem kann als eine lineare Optimierungsaufgabe modelliert werden:

$$\sum_{e \in E} c(e)f(e) \to \min$$

$$\sum_{e \in \Gamma_+(v)} f(e) - \sum_{e \in \Gamma_-(v)} f(e) = 0 \quad \forall v \in V \setminus \{q, s\}$$

$$\sum_{e \in \Gamma_+(q)} f(e) - \sum_{e \in \Gamma_-(q)} f(e) = f^*$$

$$0 \le f(e) \le a(e) \quad \forall e \in E.$$

Wenn alle Kapazitäten $a(e)$ sowie die Flussstärke ganzzahlig sind, so gibt es einen ganzzahligen Fluss mit minimalen Kosten. Zur Lösung dieses Problems wird der residuale Multigraph $G_r = (V, \overleftrightarrow{E_f})$ um die Kosten $c(e)$ für Pfeile $e \in E \cap \overleftrightarrow{E_f}$ und $c(\overleftarrow{e}) = -c(e)$ für Pfeile $e \in E$ mit $\overleftarrow{e} \in \overleftrightarrow{E_f}$ ergänzt. Das Gewicht einer Teilmenge von Pfeilen $S \subseteq \overleftrightarrow{E_f}$ wird bestimmt als

$$c(S) = \sum_{e \in E \cap S} c(e) + \sum_{\overleftarrow{e} \in (\overleftrightarrow{E} \setminus E) \cap S} c(\overleftarrow{e}).$$

Unter einem f^*-*vergrößernden Kreis* versteht man einen gerichteten Kreis in G_r mit negativem Gewicht.

Optimalitätskriterium: Ein Fluss der Flussstärke f^* besitzt minimale Kosten genau dann, wenn es keinen f^*-vergrößernden Kreis im residualen Multigraphen G_r gibt.

Die durchschnittlichen Kosten eines f^*-vergrößernden Kreises sind $c(S)/|S|$, das heißt die Kosten dividiert durch die Anzahl der Pfeile des Kreises. Der folgende Algorithmus von Goldberg und Tarjan bestimmt einen kostenminimalen Fluss der Stärke f^* von q nach s mit einem Rechenaufwand der Ordnung $\mathcal{O}(|E|^3|V|^2 \log |V|)$.

Algorithmus zur Bestimmung eines kostenminimalen (q-s)-Flusses:

Schritt 1 Finde einen Fluss der Stärke f^*.

Schritt 2 Konstruiere einen Kreis T im residualen Multigraphen G_r mit minimalen durchschnittlichen Kosten.

Schritt 3 Hat T nicht negative Kosten oder besitzt G_r keine gerichteten Kreise, so ist der aktuelle Fluss minimal, stopp. Sonst berechne $r(T) := \min\{r(e) : e \in T\}$.

Schritt 4 Für alle $e \in T \cap E$ setze $f(e) := f(e) + r(T)$. Für alle $\overleftarrow{e} \in T \cap (\overleftrightarrow{E} \setminus E)$ setze $f(e) := f(e) - r(T)$. Gehe zu Schritt 2.

8.9.5 Matchings minimalen Gewichtes

Ein *Matching* (oder eine *Korrespondenz*) $M \subseteq E$ in einem Graphen $G = (V, E)$ ist eine Teilmenge der Kanten- oder Pfeilmenge, sodass jeder Knoten des Graphen mit höchstens einer Kante inzident ist. Ein Matching ist *perfekt*, wenn jeder Knoten mit genau einer Kante inzident ist, wenn also $|M| = |V|/2$ gilt. Ein Graph $G = (V, E)$ ist *vollständig*, wenn $E = \{(u, v) : u, v \in V, \ u \neq v\}$ und er wird *paar* (oder *bipartite*) genannt, wenn $V = V_1 \cup V_2$, $V_1 \cap V_2 = \emptyset$, $E \subseteq \{(u, v) : u \in V_1, \ v \in V_2\}$ gilt.

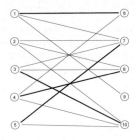

Abb. 8.14 Matchings in einem bipartiten Graphen: dick gezeichnete Kanten – nicht perfektes Matching; ein perfektes Matching besteht z. B. aus der Kantenmenge $M = \{(1,9), (2,8), (3,10), (4,6), (5,7)\}$.

8.9.5.1 Existenz von Matchings

Existenz eines perfekten Matchings in vollständigen Graphen: Ein vollständiger Graph mit einer geraden Anzahl von Knoten besitzt ein perfektes Matching.

Ein Graph ist regulär, wenn die Grade aller seiner Knoten gleich sind.

Existenz eines perfekten Matchings in paaren Graphen (Satz von König): Jeder reguläre paare Graph mit $|V_1| = |V_2|$ und $\deg(v) > 0$ besitzt ein perfektes Matching.

Dabei ist $\deg(v) > 0$ der *Grad des Knotens,* also die Anzahl der mit dem Knoten inzidenten Kanten. Für eine Teilmenge $X \subseteq V$ der Knotenmenge ist $\Gamma(X) := \{(u, v) \in E : u \in X, v \in V \setminus X\}$ die Menge alle Kanten in E, deren einer Endpunkt zu X und der andere zum Komplement von X in V gehört.

Existenz eines perfekten Matchings in paaren Graphen (Satz von Frobenius): Ein paarer Graph $G = (V, E)$ besitzt ein perfektes Matching genau dann, wenn die Beziehungen $|V_1| = |V_2|$ und $|\Gamma(X)| \geq |X|$ für alle $X \subseteq V_1$ gelten.

Dabei bezeichnet $|A|$ die Anzahl der Elemente in der (endlichen) Menge A. Ein Weg in einem Graphen heißt M-alternierend bezüglich eines Matchings M, wenn die Kanten auf diesem Weg abwechselnd Kanten des Matchings M und Kanten in $E \setminus M$ sind, und der Weg unter Beibehaltung dieser Eigenschaft nicht verlängert werden kann. Ein M-alternierender Weg ist M-vergrößernd, wenn er eine ungerade Anzahl von Kanten besitzt. Ein M-vergrößernder Weg beginnt in einem Knoten der mit keiner Kante des Matchings inzident ist und endet in einem ebensolchen Knoten.

8.9.5.2 Konstruktion eines Matchings maximaler Kantenzahl

Ein Matching M in einem Graphen $G = (V, E)$ besitzt eine maximale Kantenzahl genau dann, wenn es in G keinen M-vergrößernden Weg gibt.

Es sei $G = (V, E)$ ein Graph mit einer Kantenbewertung $c : E \to \mathbb{R}$. Zu bestimmen sei ein *perfektes Matching minimalen Gewichtes* in G. Das Problem kann mit einem Algorithmus mit dem Rechenaufwand der Ordnung $O(|V|^3)$ gelöst werden [Schrijver 2003].

Wenn der Graph G paar ist, so ist dieses Problem äquivalent zum *linearen Zuordnungsproblem*, einem Spezialfall des klassischen Transportproblems.

Als ganzzahlige Optimierungsaufgabe lässt sich das Problem so modellieren:

$$
\begin{aligned}
\sum_{e \in E} c(e) x(e) &\to \min \\
\sum_{e \in \Gamma(v)} x(e) &= 1, \quad \forall v \in V \\
x(e) &\in \{0, 1\}, \quad \forall e \in E.
\end{aligned}
\tag{8.88}
$$

Ganzzahligkeitseigenschaft: Wenn der Graph G paar ist, so besitzt das Polyeder $\left\{ x \in \mathbb{R}_+^{|E|} : \sum_{e \in \Gamma(v)} x(e) = 1, \quad \forall v \in V \right\}$ nur ganzzahlige Eckpunkte, die Nebenbedingungen $x(e) \in \{0, 1\}$ können durch $x(e) \geq 0$ ersetzt werden.

8.9.6 Eulersche Graphen und das Problem des chinesischen Postboten

8.9.6.1 Eulersche Kreise

Ein (gerichteter) Graph besitzt einen *Eulerschen Kreis*, wenn er einen (gerichteten) Kreis besitzt, der jede Kante (jeden Pfeil) des Graphen genau einmal enthält. Ein ungerichteter Graph ist *zusammenhängend*, wenn es für beliebige Knoten $u, v \in V$ einen Weg vom Knoten u zum Knoten v in G gibt.

Existenz Eulerscher Kreise im ungerichteten Graphen: Ein zusammenhängender Graph besitzt einen Eulerschen Kreis genau dann, wenn die Grade aller Knoten gerade sind.

Ein gerichteter Graph ist *stark zusammenhängend*, wenn es für beliebige Knoten $u, v \in V$ einen gerichteten Weg vom Knoten u zum Knoten v in G gibt.

Existenz Eulerscher Kreise im gerichteten Graphen: Ein stark zusammenhängender gerichteter Graph besitzt einen Eulerschen Kreis genau dann, wenn für alle Knoten die Ausgangsgrade gleich den Eingangsgraden sind.

Zur Konstruktion eines Eulerschen Kreises in einem Graphen kann der **Algorithmus von Hierholzer** verwendet werden:

Schritt 1 Setze $W := \emptyset$.

Schritt 2 Wähle $v \in V$ mit $\deg(v) \neq 0$ (bzw. $\deg^+(v) \neq 0$).

Schritt 3 Konstruier, beginnend mit v, einen Kreis W_1 in G, indem an jeden erreichten Knoten
$w \in V$ eine weitere Kante (ein weiterer Pfeil) von G angehängt wird, solange dies möglich
ist. Verwendete Kanten (Pfeile) werden dabei aus G entfernt.

Schritt 4 Der konstruierte Kreis W_1 wird in W eingefügt: Wenn $W = \emptyset$ ist, so setze $W := W_1$.
Sonst durchlaufe den Kreis W, füge beim Erreichen des Knotens v zunächst W_1 ein und
fahre dann mit den Kanten (Pfeilen) von W fort. Der neue Kreis wird wiederum mit W
bezeichnet.

Schritt 5 Wenn W ein Eulerscher Kreis ist, stopp. Ansonsten gibt es einen Knoten v auf W mit
$\deg(v) \neq 0$ (bzw. $\deg^+(v) \neq 0$). Gehe zu Schritt 3.

Der Algorithmus von Hierholzer konstruiert mit einem Rechenaufwand der Ordnung $\mathcal{O}(|E|)$ einen Eulerschen Kreis in einem (Multi-)Graphen $G = (V, E)$, falls ein solcher existiert.

8.9.6.2 Das Problem des Postboten

Gegeben seien ein (stark) zusammenhängender (gerichteter), kantenbewerteter Graph $G = (V, E)$ mit der Knotenmenge V, der Kantenmenge (oder Pfeilmenge) E, der Kantenbewertung $c : E \rightarrow \mathbb{R}$. Gesucht ist ein geschlossener (gerichteter) Kantenzug, der jede Kante (jeden Pfeil in der entsprechenden Richtung) mindestens einmal enthält und minimales Gewicht besitzt.

Wenn der Graph G einen Eulerschen Kreis besitzt, so ist dieser die optimale Lösung für das Problem des Postboten. Besitzt ein stark zusammenhängender gerichteter Graph keinen Eulerschen Kreis, so gibt es in ihm Knoten v, für die der Eingangsgrad größer als der Ausgangsgrad ist.

Um einen Eulerschen Multigraphen zu konstruieren sind dann $a(v) := \deg^-(v) - \deg^+(v)$ gerichtete Wege einzufügen, die in diesem Knoten beginnen. Analog sind $b(w) := \deg^+(w) - \deg^-(w)$ gerichtete Wege einzufügen, die in einem Knoten enden, für den $\deg^+(w) - \deg^-(w) > 0$ ist. Um das Problem des Postboten im gerichteten Graphen zu lösen sind dabei solche gerichtete

Wege auszuwählen, die in der Summe ein minimales Gewicht besitzen. Damit muss jeder dieser gerichteten Wege selbstg ein Weg minimalen Gewichtes (oder ein kürzester Weg) sein.

Für zwei Knoten $v, w \in V$ sei $d(v, w)$ die Länge eines kürzesten gerichteten Weges vom Knoten v zum Knoten w. Dann ist zur Bestimmung der einzufügenden Wege das folgende Problem zu lösen:

$$\sum_{v \in \hat{V}} \sum_{w \in \hat{V}} d(v, w) x(v, w) \to \min$$

$$\sum_{v \in \hat{V}} x(v, w) = b(w) \ \forall \ w : \deg^+(w) - \deg^-(w) > 0$$

$$\sum_{w \in \hat{V}} x(v, w) = a(v) \ \forall \ v : \deg^-(v) - \deg^+(v) > 0 \tag{8.89}$$

$$x(v, w) \geq 0, \ \forall \ v, w \in \hat{V}.$$

Dieses Problem ist ein klassisches Transportproblem. Es besitzt eine optimale Lösung, da die Summe der Eingangsgrade aller Knoten gleich der Summe der Ausgangsgrade aller Knoten gleich der Anzahl der Pfeile des Graphen ist. Eine optimale Lösung des Transportproblems bestimmt die Anzahl der einzufügenden gerichteten Wege. Werden diese Wege eingefügt, so entsteht ein Eulerscher Graph mit minimalem Gewicht, ein Eulerscher Kreis kann mit dem Algorithmus von Hierholzer bestimmt werden.

Besitzt ein ungerichteter Graph $G = (V, E)$ keinen Eulerschen Kreis, so müssen Wege zwischen Knoten mit ungeradem Knotengrad eingefügt werden. Jeder Knoten mit ungeradem Knotengrad ist Endpunkt genau eines einzufügenden Weges. Diese Wege müssen zusammen minimale Kosten haben, womit diese Forderung natürlich auch für jeden einzelnen Weg erfüllt werden muss, es sind also kostenminimale Wege einzufügen.

Um die einzufügenden Wege zu berechnen, wird ein vollständiger, kantenbewerteter Graph $\overline{G} = (\overline{V}, \overline{E})$, wobei $\overline{V} \subseteq V$ die Menge der Knoten mit ungeradem Knotengrad im Graph G ist, konstruiert. Die Kantenbewertung $d(v, w)$ ist die Länge eines kürzesten Weges im Graph G vom Knoten v zum Knoten w. Die Anzahl $|\overline{V}|$ ist gerade, da die Summe aller Knotengrade in G gleich der doppelten Anzahl der Kanten ist. Damit besitzt der Graph $\overline{G}$ ein perfektes Matching. Zur Berechnung der gesuchten Wege ist ein perfektes Matching minimalen Gewichtes zu berechnen. Durch Einfügung dieser Wege in den Graphen G entsteht ein Eulerscher Multigraph mit minimalem Gewicht.

8.9.7 Hamiltonkreise und das Rundreiseproblem

Ein *Hamiltonkreis* in einem Graphen $G = (V, E)$ ist ein einfacher Kreis, der jeden Knoten des Graphen genau einmal enthält. Vollständige Graphen enthalten Hamiltonkreise. Im Allgemeinen ist es $\mathcal{NP}$-schwierig zu entscheiden, ob ein Graph einen Hamiltonkreis enthält.

Für einen gegebenen Graphen $G = (V, E)$ lässt sich die Abschließung $[G] = (V, [E])$ wie folgt definieren: Setze $[E] := E$. Für alle $v, w \in V$ mit $(v, w) \notin E$ und $\deg(v) + \deg(w) \geq |V|$ setze $[E] := [E] \cup \{(v, w)\}$ und wiederhole diese Operation solange, bis für alle $(v, w) \notin [E]$ stets $\deg(v) + \deg(w) < |V|$ gilt.

8.9.7.1 Existenz von Hamiltonkreisen in ungerichteten Graphen

Ein schlichter Graph $G = (V, E)$ besitzt einen Hamiltonkreis genau dann, wenn seine Abschließung $[G]$ einen Hamiltonkreis enthält.

Daraus ergibt sich sofort, dass ein schlichter Graph $G = (V, E)$ mit mindestens drei Knoten einen Hamiltonkreis enthält, wenn für alle Knoten $v, w \in V$ mit $(v, w) \notin E$ stets $\deg(v) + \deg(w) \geq |V|$ gilt. Schlichte Graphen $G = (V, E)$ mit $|V| \geq 3$ und $\deg(v) \geq |V|/2$ für alle $v \in V$ besitzen ebenfalls Hamiltonkreise.

Das *Rundreiseproblem* besteht in der Suche nach einem kostenminimalen Hamiltonkreis in einem kantenbewerteten (gerichteten oder ungerichteten) Graphen. Ist der Graph ungerichtet, spricht man vom *symmetrischen* Rundreiseproblem, sonst heißt das Problem *asymmetrisch*.

Ein Modell für das ganzzahlige asymmetrische Rundreiseproblem ist

$$\sum_{e \in E} c(e)x(e) \to \min$$

$$\sum_{e \in \Gamma_+(v)} x(e) = 1, \quad \forall\, v \in V$$

$$\sum_{e \in \Gamma_-(v)} x(e) = 1, \quad \forall\, v \in V$$

$$\sum_{e \in \Gamma_+(X)} x(e) \geq 1, \quad \forall\, X \subset V,\ X \neq \emptyset$$

$$0 \ \leq \ x(e) \leq 1,\ \text{ganzzahlig} \quad \forall\, e \in E.$$

Für das symmetrische Rundreiseproblem kann das Modell etwas vereinfacht werden:

$$\sum_{e \in E} c(e)x(e) \to \min$$

$$\sum_{e \in \Gamma(v)} x(e) = 2 \quad \forall\, v \in V$$

$$\sum_{e \in E(X)} x(e) \leq |X| - 1 \quad \forall\, X \subset V,\ X \neq \emptyset$$

$$0 \ \leq \ x(e) \leq 1,\ \text{ganzzahlig} \quad \forall\, e \in E.$$

Hier ist $E(X) := \{(v, w) \in E : v, w \in X\}$. Für das Rundreiseproblem gibt es für kein $\varepsilon > 0$ einen ε-optimalen Näherungsalgorithmus mit polynomialem Aufwand, falls $\mathcal{P} \neq \mathcal{NP}$ ist. Das Rundreiseproblem ist *metrisch*, falls die Kantenbewertung die Dreiecksungleichung $c(v, w) + c(w, u) \geq c(v, u)\ \forall\, u, v, w \in V$ erfüllt. Auch das metrische Rundreiseproblem ist $\mathcal{NP}$-schwer.

8.9.7.2 Der Algorithmus von Christofides

Dies ist ein polynomialer 3/2-Näherungsalgorithmus für das metrische symmetrische Rundreiseproblem in vollständigen Graphen mit Rechenaufwand der Ordnung $O(|V|^3)$.

Algorithmus (Christofides):

Schritt 1 Bestimme ein Minimalgerüst E' in G.

Schritt 2 Sei V' die Menge der Knoten ungeraden Grades im Graphen $G' = (V, E')$ und $\widetilde{G} = (V', \widetilde{E})$ der vollständige Graph mit der Knotenmenge V'. Bestimme mit der Kantenbewertung $\widetilde{c}(e) = c(e)$ für alle $e \in \widetilde{E}$ ein perfektes Matching $\widehat{E}$ minimalen Gewichtes in $\widetilde{G}$.

Schritt 3 Bestimme den Multigraphen $\widehat{G} = (V, E' \cup \widehat{E})$ durch Hinzufügung der Kanten des Matchings zum Minimalgrüst. Bestimme in $\widehat{G}$ einen Eulerschen Kreis und verkürze diesen zu einem Hamiltonkreis, indem Knoten nur beim erstmaligen Erreichen beachtet und sonst übersprungen werden.

8.10 Mathematische Spieltheorie

8.10.1 Problemstellung

Es werde eine strategische Entscheidungssituation betrachtet, die sich durch die folgenden Bedingungen auszeichnet:

1. Das Ergebnis der Handlungen hängt von den Entscheidungen mehrerer *Entscheidungsträger* (engl.: decision maker) ab. Jeder Entscheidungsträger kann seine Entscheidung also nicht unabhängig von den Entscheidungen der anderen Entscheidungsträger treffen.

2. Jeder einzelne Entscheidungsträger kennt diese Wechselbeziehungen und ist sich darüber im Klaren, dass auch alle anderen diese Beziehungen kennen.

3. Alle Entscheidungsträger beachten diese Gesichtspunkte bei ihren Entscheidungen.

Weiterführende Aussagen zur mathematischen Spieltheorie können in [Forgo et al. 1999], [Holler und Illing 1991] gefunden werden. In einem *Zwei-Personen-Spiel* wählt der erste Spieler eine Entscheidung $x \in S_1$ und der zweite Spieler $y \in S_2$. Die Mengen S_i, $i = 1, 2$, werden *Strategiemengen, Mengen der Alternativen* genannt. Zur Bewertung der Qualität der Entscheidungen dienen die *Auszahlungsfunktionen* $f_i : S_1 \times S_2 \to \mathbb{R}$, $i = 1, 2,$. Jeder Spieler will den Wert seiner Auszahlungsfunktion (Nutzenfunktion, Gewinn) maximieren. Damit entstehen zwei gekoppelte Optimierungsprobleme:

Aufgabe des ersten Spielers: $\max \{f_1(x, y) : x \in S_1\}$ für gegebenes $y \in S_2$,

Aufgabe des zweiten Spielers: $\max \{f_2(x, y) : y \in S_2\}$ für gegebenes $x \in S_1$.

8.10.2 Nash-Gleichgewicht

Ein Punkt $(\overline{x}, \overline{y}) \in S_1 \times S_2$ heißt *Nash-Gleichgewicht*, wenn gilt

$$f_1(\overline{x}, \overline{y}) \geq f_1(x, \overline{y}) \quad \forall\, x \in S_1$$
$$f_2(\overline{x}, \overline{y}) \geq f_2(\overline{x}, y) \quad \forall\, y \in S_2.$$

Es seien

$$B_1(y) := \{x \in S_1 : f_1(x, y) \geq f_1(z, y) \,\forall\, z \in S_1\}$$

und

$$B_2(x) := \{y \in S_2 : f_2(x, y) \geq f_2(x, z) \,\forall\, z \in S_2\}$$

die Antwortabbildungen beider Spieler auf die Handlungen des jeweils anderen. Dann ist $(\overline{x}, \overline{y}) \in S_1 \times S_2$ ein Nash-Gleichgewicht genau dann, wenn $(\overline{x}, \overline{y})$ ein Fixpunkt der Abbildung $(x, y) \mapsto B_1(y) \times B_2(x)$ ist.

Existenz eines Nash-Gleichgewichtes im stetigen Fall: Wenn die Strategiemengen S_i nicht leer, konvex und kompakt, die Auszahlungsfunktionen f_i stetig und die Antwortabbildungen B_i einelementig sind für $i = 1, 2$, so besitzt das Zwei-Personen-Spiel mindestens ein Nash-Gleichgewicht.

Eine Funktion $g : \mathbb{R}^n \to \mathbb{R}$ ist in einem Punkt $\overline{x} \in \mathbb{R}^n$

1. *oberhalb stetig*, wenn $\limsup\limits_{x \to \overline{x}} f(x) \leq f(\overline{x})$ ist,

2. *unterhalb stetig*, wenn $\liminf\limits_{x \to \overline{x}} f(x) \geq f(\overline{x})$ gilt.

Existenz eines Nash-Gleichgewichtes im allgemeinen Fall: Wenn die Strategiemengen S_i eines Zwei-Personen-Spieles nicht leer, konvex und kompakt, die Auszahlungsfunktionen f_i oberhalb stetig, die Funktionen $x \mapsto f_1(x,y)$ für festes $y \in S_2$, $y \mapsto f_2(x,y)$ für festes $x \in S_1$ unterhalb stetig und die Antwortabbildungen konvexwertig für $i = 1, 2$, sind, so gibt es mindestens ein Nash-Gleichgewicht.

Die Bedingungen dieser Aussage sind bspw. erfüllt, wenn die Auszahlungsfunktionen f_i differenzierbar, $x \mapsto f_1(x,y)$ für festes $y \in S_2$, $y \mapsto f_2(x,y)$ für festes $x \in S_1$ konkav und die Strategiemengen

$$S_1 = \{x : g_j(x) \leq 0, \ j = 1, \ldots, p\}, \quad S_2 = \{y : h_j(y) \leq 0, \ j = 1, \ldots, q\}$$

mithilfe differenzierbarer konvexer Funktionen gegeben sind. Wenn dann noch die Slater-Bedingung für die Mengen S_1, S_2 erfüllt ist, so lässt sich ein Nash-Gleichgewicht mithilfe der Karush-Kuhn-Tucker-Bedingungen berechnen:

$$\nabla_x \left(f_1(x,y) - \sum_{j=1}^{p} \lambda_j g_j(x) \right) = 0, \ g_j(x) \leq 0, \ \lambda_j \geq 0, \ \lambda_j g_j(x) = 0, \ j = 1, \ldots, p,$$

$$\nabla_y \left(f_2(x,y) - \sum_{j=1}^{q} \mu_j h_j(y) \right) = 0, \ h_j(y) \leq 0, \ \mu_j \geq 0, \ \mu_j h_j(y) = 0, \ j = 1, \ldots, q.$$

Gilt die Beziehung

$$f_1(x,y) = -f_2(x,y) \quad \forall \ (x,y) \in S_1 \times S_2,$$

spricht man von einem *Zwei-Personen-Nullsummenspiel*. Hierbei ist der Gewinn des einen Spielers gleich dem Verlust des anderen, der Verlierer zahlt einen Betrag an den Gewinner. Zur Vereinfachung wird $f(x,y) = f_1(x,y)$ gesetzt, und es ergibt sich sofort die Minimax-Ungleichung

$$\max_{x \in S_1} \min_{y \in S_2} f(x,y) \leq \min_{y \in S_2} \max_{x \in S_1} f(x,y).$$

Existenz eines Nash-Gleichgewichtes für Zwei-Personen-Nullsummenspiele: In einem Zwei-Personen-Nullsummenspiel gibt es ein Nashsches Gleichgewicht genau dann, wenn

$$\max_{x_1 \in S_1} \min_{x_2 \in S_2} f(x_1, x_2) = \min_{x_2 \in S_2} \max_{x_1 \in S_1} f(x_1, x_2)$$

ist. In diesem Fall ist $v = \min_{x_2 \in S_2} \max_{x_1 \in S_1} f(x_1, x_2)$ der Wert des Spieles.

Ein Zwei-Personen-Nullsummenspiel mit endlichen Strategiemengen ist ein *Matrixspiel*. In diesem Fall können die Strategiemengen S_1 als Indexmenge der Zeilen einer Auszahlungsmatrix A und S_2 als Indexmenge der Spalten dieser Matrix interpretiert werden. Die Elemente der Matrix A sind dann die Auszahlungen des zweiten Spielers an den ersten. Da endliche Strategiemengen nicht konvex sind, kann mit obigen Aussagen nicht auf die Existenz eines Nash-Gleichgewichtes geschlossen werden. Wählt der erste Spieler eine Zeile der Matrix A (oder der zweite Spieler eine Spalte), so nennt man diese Wahl eine *reine Strategie*. Wählt er jede Zeile mit einer gewissen Wahrscheinlichkeit x_i, $i \in S_1$, so spielt er eine *gemischte Strategie*. Wenn beide Spieler gemischte Strategien spielen, so ergibt sich das Matrixspiel in gemischten Strategien ($e = (1, \ldots, 1)^\top$):

Aufgabe des ersten Spielers: $\max \{x^\top A y : x \geq 0, \ e^\top x = 1\}$ für $y \geq 0$, $e^\top y = 1$,

Aufgabe des zweiten Spielers: $\min \{x^\top A y : y \geq 0, \ e^\top y = 1\}$ für $x \geq 0$, $e^\top x = 1$.

Existenz eines Nash-Gleichgewichtes für Matrixspiele: Matrixspiele in gemischten Strategien besitzen Nash-Gleichgewichte.

Zur Berechnung eines Nash-Gleichgewichtes benutzt man die Gleichung

$$\max_{x \in X} \min_{y \in Y} f(x, y) = \min_{y \in Y} \max_{x \in X} f(x, y)$$

mit $X = \{x \geq 0 : e^\top x = 1\}$, $Y = \{y \geq 0 : e^\top y = 1\}$ und die Eigenschaft, dass zulässige Basislösungen der inneren Probleme gerade die Einheitsvektoren sind. Wenn A_i die i-te Zeile der Matrix A und A^j ihre j-te Spalte bezeichnen, erhält man als Aufgaben des ersten bzw. zweiten Spielers (zueinander duale lineare Optimierungsaufgaben):

$$
\begin{aligned}
z = \beta &\to \max_{\beta, x} \\
A^{j\top} x &\geq \beta, \; j \in S_2 \\
\sum_{i \in S_1} x_i &= 1 \\
x_i &\geq 0, \; i \in S_1
\end{aligned}
\qquad \text{bzw.} \qquad
\begin{aligned}
z = \alpha &\to \min_{\alpha, y} \\
A_i y &\leq \alpha, \; i \in S_1 \\
\sum_{j \in S_2} y_j &= 1 \\
y_j &\geq 0, \; j \in S_2.
\end{aligned}
$$

Werden alle Elemente a_{ij} der Matrix A um die gleiche Konstante α vergrößert, so ändert sich auch der Wert des Spieles um α. Damit kann man ohne Einschränkung der Allgemeinheit annehmen, dass alle Elemente der Auszahlungsmatrix A positiv sind. In diesem Fall können durch die Variablensubstitutionen $x_i' := x_i / \beta$ und $y_j' := y_j / \alpha$ obige Probleme der beiden Spieler vereinfacht werden zu

$$
\begin{aligned}
z = \sum_{i \in S_1} x_i' &\to \min_{x'} \\
A^\top x' &\geq e \\
x_i' &\geq 0, \; i \in S_1
\end{aligned}
\qquad \text{bzw.} \qquad
\begin{aligned}
z = \sum_{j \in S_2} y_i' &\to \max_{y'} \\
A y' &\leq e \\
y_j' &\geq 0, \; j \in S_2.
\end{aligned}
$$

8.11 Vektoroptimierung

Die realitätsnahe mathematische Modellierung vieler praktischer Problemstellungen in den Wirtschafts-, Ingenieur- und Naturwissenschaften erfordert die Berücksichtigung nicht nur eines Zielkriteriums, sondern mehrerer Ziele. So sind bei der Optimierung von Produktionsprozessen realistischerweise nicht nur verschiedene Kosten (Material-, Produktions-, Lagerhaltungskosten etc.) zu minimieren und der Gewinn zu maximieren, auch Umweltziele (Klimaziele, wie Minimierung des Ausstoßes von Treibhausgasen, Minimierung des Energieverbrauchs, der Schadstoffbelastung usw.) müssen ins Kalkül gezogen werden. Derartige Optimierungsprobleme werden als *Vektor-, Mehrziel-* oder *multikriterielle* (seltener *Poly-) Optimierungsprobleme* bezeichnet.

Charakteristisch für solche Probleme ist das Vorhandensein von Zielkonflikten: Die verschiedenen Zielfunktionen nehmen ihre Minima bzw. Maxima für unterschiedliche Werte der Input-Variablen an. Es ist daher i. Allg. nicht möglich, die verschiedenen Zielfunktionen gleichzeitig zu optimieren. Während bei der klassischen Optimierung einer einzigen Zielfunktion die Zielfunktionswerte reelle Zahlen sind, die man größenmäßig vergleichen bzw. ordnen kann, liegen die Zielfunktionswerte eines Mehrzieloptimierungsproblems in einem höherdimensionalen Raum. Dieser kann sogar unendlichdimensional sein. Hier werden jedoch nur endlichdimensionale lineare Zielräume betrachtet. Es entsteht dann das Problem des Vergleichs der Zielfunktionswerte im Sinne einer Ordnungsbeziehung, um zu sinnvollen Lösungsdefinitionen für Vektoroptimierungsprobleme zu gelangen. Dies geschieht mithilfe sog. Kegelhalbordnungen.

8.11.1 Problemstellung und grundlegende Begriffe

Um Halbordnungsrelationen, welche die Grundlage für die Einführung von Lösungsbegriffen in der Vektoroptimierung sind, einführen zu können, wird der Begriff des (konvexen) Kegels benötigt.

Konvexer Kegel: Eine Teilmenge $\emptyset \neq K \subseteq \mathbb{R}^n$ heißt *Kegel*, wenn mit $x \in K$ auch $\lambda x \in K$ $\forall \lambda \geq 0$ ist. Ist überdies K eine konvexe Menge, so heißt K *konvexer Kegel*.

▶ BEISPIEL: Der positive Orthant $K = \mathbb{R}^n_+ = \{x = (x_1, \ldots, x_n)^\top \in \mathbb{R}^n : x_i \geq 0, \ i = 1, \ldots, n\}$ ist ein konvexer Kegel; ebenso jeder andere Orthant im $\mathbb{R}^n$.

Halbordnung: Mittels eines konvexen Kegels $K \subseteq \mathbb{R}^n$ wird eine *Kegelhalbordnung* in $\mathbb{R}^n$ definiert. Es gilt $y \leq_K x$, $x, y \in \mathbb{R}^n$, genau dann, wenn $x - y \in K$ (d.h. $y \in x - K$ bzw. $x \in y + K$). Man sagt: „x ist größer oder gleich y im Sinne der durch den Kegel K in $\mathbb{R}^n$ induzierten Halbordnung". Alternativ schreibt man auch $x \geq_K y$.

Bemerkung: Die so definierte binäre Relation $\leq_K$ weist folgende Eigenschaften auf:

(i) $x \leq_K x$ (Reflexivität),

(ii) $x \leq_K y$ und $y \leq_K z$ impliziert $x \leq_K z$ (Transitivität).

Eine binäre Relation, die durch Reflexivität und Transitivität gekennzeichnet ist, heißt *Halbordnung*, mitunter auch *partielle Ordnung*. Eine Halbordnung ist *antisymmetrisch*, wenn aus $x \leq_K y$ und $y \leq_K x$, $x = y$ folgt. Dies bedeutet, dass $K \cap (-K) = \{0\}$ ist ($-K = \{y \in \mathbb{R}^n : \exists x \in K \text{ mit } y = -x\}$). Ein solcher Kegel heißt *echt* bzw. *spitz*.

▶ BEISPIEL: Der Kegel $\mathbb{R}^n_+$ ist echt und die mit ihm in $\mathbb{R}^n$ definierte Halbordnung damit antisymmetrisch. Es handelt sich um die *koordinatenweise* Halbordnung:

$$y \leq_{\mathbb{R}^n_+} x, x = (x_1, \ldots, x_n)^\top \in \mathbb{R}^n, y = (y_1, \ldots, y_n)^\top \in \mathbb{R}^n \iff y_i \leq x_i, i = 1, \ldots, n.$$

Dualkegel: $K^* = \{x^* \in \mathbb{R}^n : x^{*T}x \geq 0 \ \forall x \in K\}$ heißt *Dualkegel* des Kegels K. Er ist immer konvex. Das *Quasi-Innere des Dualkegels* ist

$$K^{*0} = \{x^* \in \mathbb{R}^n : x^{*T}x > 0 \ \forall x \in K \setminus \{0\}\}.$$

Es gilt $K^{*0} \subset K^*$ und für $K = \mathbb{R}^n_+$ ist $K^{*0} = \text{int}(\mathbb{R}^n_+)$, wobei $\text{int}(A)$ das Innere einer Menge $A \subset \mathbb{R}^n$ bezeichnet.

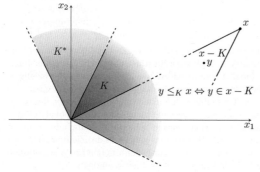

Abb. 8.15 Kegel K und Dualkegel
K^* im $\mathbb{R}^2$

Nun lassen sich Vektoroptimierungsprobleme und Lösungsbegriffe für diese einführen. Es sei $\emptyset \neq B \subseteq \mathbb{R}^n$, $f : B \to \mathbb{R}^m$, $f(x) = (f_1(x), \ldots, f_m(x))^\top$, und $\mathbb{R}^m$ sei mit dem echten konvexen Kegel $K \subset \mathbb{R}^m$ halbgeordnet. Die Aufgabe

$$(P_V) \qquad \underset{x \in B}{\text{v-min}} \ f(x)$$

wird *Vektorminimumproblem* genannt. *B* ist der *zulässige Bereich* bzw. die *Restriktionsmenge*, $x \in B$ heißt *zulässiger Punkt* (oder *zulässiges Element*) von (P_V).

Dies ist zunächst eine symbolische Schreibweise. Das Problem (P_V) hat m Zielfunktionen. Es sei $f(B) = \{y \in \mathbb{R}^m : \exists\, x \in B \text{ mit } y = f(x)\}$ die *Bildmenge von B* unter der Funktion f. Die Definition des Vektorminimumproblems bedarf zu ihrer Komplettierung der Definition eines Lösungsbegriffes, d. h. der Beantwortung der Frage, was unter einer Lösung von (P_V) verstanden werden soll.

Effiziente Lösung: Ein zulässiges Element $x_0 \in B$ heißt *Pareto-optimal* oder *effizient* (auch *effiziente Lösung*) für (P_V), wenn aus $f(x) \leq_K f(x_0)$, $x \in B$, die Beziehung $f(x) = f(x_0)$ folgt. Die Menge aller effizienten Elemente heißt *Effizienzmenge von* (P_V) und wird mit $E(f(B), K)$ bezeichnet.

Äquivalente Bedingungen für die Effizienz:

(i) $(\{f(x_0)\} - K) \cap f(B) = \{f(x_0)\}$,

(ii) $(f(B) - \{f(x_0)\}) \cap (-K) = \{f(x_0)\}$.

Durch Wahl eines geeigneten konvexen Kegels $K \subset \mathbb{R}^m$ hat man die Möglichkeit, den Halbordnungs- und damit den Lösungs- bzw. Effizienzbegriff von (P_V) an die praktischen Erfordernisse anzupassen. In vielen Anwendungsfällen wird allerdings mit dem Kegel $K = \mathbb{R}^m_+$ der koordinatenweisen Halbordnung gearbeitet. Jedoch finden auch andere Kegel Anwendung (vgl. z. B. den Abschnitt 8.12). Durch Vergrößerung des Ordnungskegels K kann die Effizienzmenge eingeschränkt werden.

Effizienz beim Ordnungskegel $K = \mathbb{R}^m_+$: $x_0 \in B$ ist Pareto-optimal oder effizient, wenn aus $x \in B$, $f_i(x) \leq f_i(x_0)$, $i = 1, \ldots, m$, die Beziehungen $f_i(x) = f_i(x_0)$, $i = 1, \ldots, m$, folgen bzw. äquivalent, wenn kein $x \in B$ existiert, sodass $f_i(x) \leq f_i(x_0)$, $i = 1, \ldots, m$, und $f_j(x) < f_j(x_0)$ für wenigstens ein $j \in \{1, \ldots, m\}$ gilt.

Für eine einzige reellwertige Zielfunktion ($m = 1$) und $K = \mathbb{R}_+$ erhält man unmittelbar die klassische Definition der Minimalität.

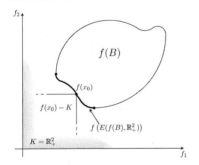

Abb. 8.16 Bild $f(E)$ einer Effizienzmenge im f_1, f_2-Koordinatensystem des Bildraumes von $f = (f_1, f_2)^\top$ mit Bildmenge $f(B)$

▶ BEISPIEL: Es gelte $m = 2$, und $B = \{(x_1, x_2)^\top \in \mathbb{R}^2 : 0 \leq x_1 \leq 2\pi, 0 \leq x_2 \leq 2\}$ sei der zulässige Bereich. Die zwei Zielfunktionen von $f = (f_1, f_2)^\top$ seien gemäß

$$f_1 : B \to \mathbb{R}, \; f_1(x_1, x_2) = x_2 \cos x_1 + 4, \quad f_2 : B \to \mathbb{R}, \; f_2(x_1, x_2) = \frac{1}{2} x_2 \sin x_1 + 2$$

gegeben. Der Ordnungskegel sei $K = \mathbb{R}^2_+$. Das Vektoroptimierungsproblem lautet

$$\text{v-min}_{(x_1, x_2)^\top \in B} \begin{pmatrix} f_1(x_1, x_2) \\ f_2(x_1, x_2) \end{pmatrix}, \; f = \begin{pmatrix} f_1 \\ f_2 \end{pmatrix} : B \to \mathbb{R}^2,$$

und für die Bildmenge von f ergibt sich $f(B) = \left\{ (y_1, y_2)^\top \in \mathbb{R}^2 : \frac{(y_1-4)^2}{4} + (y_2-2)^2 \leq 1 \right\}$, d. h., $f(B)$ ist eine Ellipse im $\mathbb{R}^2$ samt inneren Punkten mit dem Mittelpunkt $(4,2)^\top$ und Halbachsen der Länge 2 und 1 (vgl. Abbildung 8.17).

Die Effizienzmenge $E(f(B), \mathbb{R}^2_+)$ wird dargestellt durch $E(f(B), \mathbb{R}^2_+) = \{ (x_1, x_2)^\top \in \mathbb{R}^2 : \pi \leq x_1 \leq \frac{3}{2}\pi, x_2 = 2 \}$. Dies ist das Urbild der Ellipse zwischen den Punkten $(2,2)^\top$ und $(4,1)^\top$ unter der Funktion f.

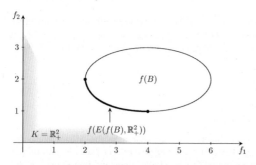

Abb. 8.17 Bildmenge $f(B)$ und
Bild der Effizienzmenge
zu obigem Beispiel

   Neben dem oben eingeführten Effizienzbegriff gibt es in der Mehrzieloptimierung weitere Effizienzbegriffe, insbesondere die schwache Effizienz (wofür ein konvexer Kegel K mit nichtleerem Inneren $\text{int}(K)$ benötigt wird) und verschiedene Arten eigentlicher Effizienz.

Strenge Kegelhalbordnung: Es sei $K \subseteq \mathbb{R}^m$ ein konvexer Kegel mit $\text{int}(K) \neq \emptyset$. Dann definiert man eine *strenge Kegelhalbordnung* in $\mathbb{R}^m$ so: $y <_K x$, $y, x \in \mathbb{R}^m$, genau dann, wenn $x - y \in \text{int}(K)$.

Bemerkung: Eine strenge Kegelhalbordnung erfüllt selbstverständlich nicht mehr die Reflexität. Allerdings ist die Transitivität nach wie vor erfüllt, d. h. $x <_K y$ und $y <_K z$ impliziert $x <_K z$.

Schwach effiziente Lösung: Ein zulässiges Element $x_0 \in B$ heißt *schwach effizient* (auch *schwach effiziente Lösung*) für (P_V), wenn kein zulässiges Element $x \in B$ mit der Eigenschaft $f(x) <_K f(x_0)$ existiert. Die Menge aller schwach effizienten Elemente heißt *schwache Effizienzmenge von* (P_V) und wird mit $E_s(f(B), K)$ bezeichnet.

   Aufgrund der Definition der strengen Halbordnung $<_K$ ist dies äquivalent zu $(\{f(x_0)\} - \text{int}(K)) \cap f(B) = \emptyset$ bzw. $(f(B) - \{f(x_0)\}) \cap (-\text{int}(K)) = \emptyset$. Die schwache Effizienz bzgl. des Kegels K kann auch als Effizienz bzgl. des Kegels $\widehat{K} = \text{int}(K) \cup \{0\}$ aufgefasst werden. Die schwache Effizienz hat aber eigenständige Bedeutung, sodass sie üblicherweise als gesonderter Lösungsbegriff eingeführt wird (vgl. [Boţ et al. 2009], [Ehrgott 2000], [Göpfert und Nehse 1990], [Jahn 2004], [Sawaragi et al. 1985]).

Ordnungskegel $K = \mathbb{R}^m_+$: $x_0 \in B$ ist schwach effizient für (P_V), wenn kein $x \in B$ mit $f_i(x) < f_i(x_0)$, $i = 1, \ldots, m$, existiert.

   Jede effiziente Lösung ist auch schwach effizient. Es gibt Vektoroptimierungsprobleme, wo beide Effizienzmengen übereinstimmen (für obiges Beispiel trifft dies zu), aber auch solche, wo die Effizienzmenge eine echte Teilmenge der schwachen Effizienzmenge ist. Mit eigentlich effizienten Lösungen wird der Effizienzbegriff verschärft (vgl. [Boţ et al. 2009], [Ehrgott 2000], [Göpfert und Nehse 1990], [Kaliszewski 1994], [Sawaragi et al. 1985]).

Eigentlich effiziente Lösung: Der Halbordnungskegel sei $K = \mathbb{R}^m_+$. Ein Element $x_0 \in B$ heißt *eigentlich effizient* (auch *eigentlich effiziente Lösung*) für (P_V) im *Sinne von Geoffrion*, wenn eine solche reelle Zahl $N > 0$ existiert, dass es für alle i und $x \in B$ mit $f_i(x) < f_i(x_0)$ einen Index j gibt, für den $f_j(x_0) < f_j(x)$ und $\frac{f_i(x_0)-f_i(x)}{f_j(x)-f_j(x_0)} \leq N$ gilt. Die Menge der eigentlich effizienten Elemente im Sinne von Geoffrion wird mit $E_{Ge}(f(B), \mathbb{R}_+^m)$ bezeichnet. Eigentlich effiziente Lösungen im Sinne von Geoffrion sind auch effizient.

Interpretation: Die Verkleinerung des Zielfunktionsvektors in einer Zielkoordinate i zieht die Vergrößerung an der entsprechenden Stelle x in mindestens einer anderen Zielkoordinate j nach sich, wobei das Verhältnis der dadurch definierten Differenzwerte beschränkt ist für alle derartigen Konstellationen. Man sagt in ökonomie-orientierter Sprechweise auch, dass die Trade-Offs bzw. Austauschraten beschränkt sind.

▶ BEISPIEL: Im Beispiel auf S. 1077 sind die effizienten Punkte $(\pi, 2)^\top$ und $(\frac{3}{2}\pi, 2)^\top$ nicht eigentlich effizient im Sinne von Geoffrion. Dies sieht man, wenn man in Abbildung 8.17 die Bilder unter der vektorwertigen Funktion $f = (f_1, f_2)^\top$ betrachtet. Die jeweiligen auftretenden Quotienten (Trade-Offs) in obiger Definition sind unbeschränkt. Alle anderen effizienten Punkte sind hingegen auch eigentlich effizient im Sinne von Geoffrion.

Defintion 14: *Es sei $f : B \to \mathbb{R}^m$, $\varnothing \neq B \subseteq \mathbb{R}^n$, B konvex und $\mathbb{R}^m$ sei mit einem konvexen Kegel $K \subset \mathbb{R}^m$ halbgeordnet. Die Abbildung f heißt K-konvex, falls für alle $x_1, x_2 \in B$ und für alle $\lambda \in [0, 1]$ gilt*

$$f(\lambda x_1 + (1 - \lambda)x_2) \leq_K \lambda f(x_1) + (1 - \lambda)f(x_2).$$

Für $m = 1$ erhält man mit $K = \mathbb{R}_+$ als Spezialfall die Definition der Konvexität einer reellwertigen Funktion $f : B \to \mathbb{R}$.

▶ BEISPIEL: Es wird der Spezialfall $K = \mathbb{R}_+^m$ betrachtet, d. h. die koordinatenweise Halbordnung. Eine Funktion $f : B \to \mathbb{R}^m$ ist genau dann $\mathbb{R}_+^m$-konvex, wenn für alle $x_1, x_2 \in B$ und für alle $\lambda \in [0, 1]$ gilt

$$\lambda f(x_1) + (1 - \lambda)f(x_2) - f(\lambda x_1 + (1 - \lambda)x_2) \in \mathbb{R}_+^m,$$

was äquivalent dazu ist, dass alle Koordinatenfunktionen f_i von $f = (f_1, \ldots, f_m)^\top$ als reellwertige Funktionen im klassischen Sinne konvex sind, da die Beziehungen $\lambda f_i(x_1) + (1 - \lambda)f_i(x_2) - f_i(\lambda x_1 + (1 - \lambda)x_2) \geq 0$ für $i = 1, \ldots, m$ gelten.

8.11.2 Lineare Skalarisierung und Optimalitätsbedingungen

Skalarisierung, speziell lineare Skalarisierung ordnet einem multikriteriellen Optimierungsproblem ein skalares (d. h. einkriterielles) Problem zu. Auf diesem Wege können die effizienten Lösungen eines Vektoroptimierungsproblems mittels der Lösungen des skalarisierten Problems charakterisiert werden. Dies hängt eng mit Monotonieeigenschaften der Skalarisierungsfunktionen zusammen, welche es ermöglichen, die Halbordnungsbeziehungen der vektorwertigen Zielfunktionswerte des Vektoroptimierungsproblems auf die skalarisierten reellwertigen Zielfunktionswerte zu projizieren.

Durch diese Verbindung eröffnen die Skalarisierungstechniken die Möglichkeit, zur Ermittlung der effizienten Elemente von Vektoroptimierungsproblemen das umfangreiche Arsenal der Lösungsmethoden der skalaren linearen, konvexen bzw. nichtlinearen Optimierung anzuwenden (s. Abschnitt 8.7). Neben der Anwendung von skalaren Lösungsverfahren gestattet die Skalarisierung außer verschiedenen theoretischen Aussagen zu notwendigen und hinreichenden Optimalitätsbedingungen auch die Konstruktion von vektoriellen dualen Optimierungsproblemen zu gegebenen primalen Mehrzielproblemen.

K-Monotonie: Es gelte $f : B \to \mathbb{R}$, $\emptyset \neq B \subseteq \mathbb{R}^m$, und $\mathbb{R}^m$ sei halbgeordnet mit einem konvexen Kegel $K \subset \mathbb{R}^m$. Die Funktion f heißt

(i) **K-monoton wachsend** auf B, falls aus $x \leq_K y$, $x, y \in B$, folgt $f(x) \leq f(y)$,

(ii) **stark K-monoton wachsend** auf B, falls aus $x \leq_K y$, $x, y \in B$, $x \neq y$, die Ungleichung $f(x) < f(y)$ folgt,

(iii) **streng K-monoton wachsend** auf B, falls $\text{int}(K) \neq \emptyset$ und aus $x <_K y$ mit $x, y \in B$ die Beziehung $f(x) < f(y)$ foglt.

▶ BEISPIEL: (i) Der Raum $\mathbb{R}^m$ sei mit dem konvexen Kegel K halbgeordnet. Für $x^* \in K^*$ gilt $x^{*T}(y - x) \geq 0$ und somit $x^{*T} x \leq x^{*T} y$, falls $x \leq_K y$, d. h., die Elemente aus dem Dualkegel K^* definieren K-monoton wachsende lineare Funktionen auf $\mathbb{R}^m$ (Spezialfall: $K = K^* = \mathbb{R}_+^m$).

(ii) In analoger Weise definieren die Elemente $x^* \in K^{*0}$ stark K-monoton wachsende lineare Funktionen auf $\mathbb{R}^m$ (Spezialfall: $K^{*0} = \text{int}(\mathbb{R}_+^m)$ für $K = \mathbb{R}_+^m$).

(iii) Die Elemente $x^* \in K^* \setminus \{0\}$ definieren streng K-monoton wachsende lineare Funktionen auf $\mathbb{R}^m$ (Spezialfall: $K^* \setminus \{0\} = \mathbb{R}_+^m \setminus \{0\}$ für $K = \mathbb{R}_+^m$).

Es wird nun eine *Skalarisierung* des Vektorminimumproblems (P_V) betrachtet, indem auf dessen Zielfunktion f eine Skalarisierungsfunktion $s : \mathbb{R}^m \to \mathbb{R}$ angewendet und anstelle von (P_V) das skalare Ersatzproblem

$$(P_s) \qquad \inf_{x \in B} s(f(x))$$

betrachtet wird. Monotonieeigenschaften von s sichern dann, dass Lösungen von (P_s) auch Lösungen im Sinne der Effizienz von (P_V) sind (vgl. [Boţ et al. 2009], [Jahn 2004]).

Satz 24: *(i) Die Funktion $s : \mathbb{R}^m \to \mathbb{R}$ sei K-monoton wachsend auf $f(B)$ und $x_0 \in B$ sei eine Lösung von (P_s) mit $s(f(x_0)) < s(f(x))$ für alle $x \in B$ mit $f(x) \neq f(x_0)$. Dann ist x_0 effiziente Lösung von (P_V), d. h. $x_0 \in E(f(B), K)$.*

(ii) Die Funktion $s : \mathbb{R}^m \to \mathbb{R}$ sei streng K-monoton wachsend auf $f(B)$ und $x_0 \in B$ sei eine Lösung von (P_s). Dann gilt $x_0 \in E(f(B), K)$.

Für schwach effiziente Lösungen von (P_V) kann eine analoge Charakterisierung gegeben werden.

Satz 25: *Für den Ordnungskegel K von (P_V) gelte $\text{int}(K) \neq \emptyset$, $s : \mathbb{R}^m \to \mathbb{R}$ sei streng K-monoton wachsend auf $f(B)$ und $x_0 \in B$ sei eine Lösung von (P_s). Dann ist x_0 eine schwach effiziente Lösung von (P_V), d. h. $x_0 \in E_s(f(B), K)$.*

Nachstehend werden notwendige und hinreichende Optimalitätsbedingungen auf der Basis linearer Skalarisierung angegeben (vgl. das obige Beispiel).

Satz 26: *(i) Die Funktion f sei K-konvex und $\text{int}(f(B) + K) \neq \emptyset$. Gilt dann $x_0 \in E(f(B), K)$, so existiert ein $y^* \in K^*$, $y^* \neq 0$, derart, dass $y^{*T} f(x_0) = \min_{x \in B} y^{*T} f(x)$.*

(ii) Falls solche $y^* \in K^*$ und $x_0 \in B$ existieren, dass für alle $x \in B$ mit $f(x) \neq f(x_0)$ die Ungleichung $y^{*T} f(x_0) < y^{*T} f(x)$ gilt, so ist $x_0 \in E(f(B), K)$.

(iii) Falls ein $y^* \in K^{*0}$ und ein $x_0 \in B$ mit der Eigenschaft $y^{*T} f(x_0) = \min_{x \in B} y^{*T} f(x)$, existieren, so ist $x_0 \in E(f(B), K)$.

(iv) Die Funktion f sei K-konvex auf B und $\text{int}(K) \neq \emptyset$. Ein Element $x_0 \in B$ ist schwach effiziente Lösung bzgl. (P_V), d. h. $x_0 \in E_s(f(B), K)$, genau dann, wenn ein solches Element $y^* \in K^*$, $y^* \neq 0$, existiert, dass $y^{*T} f(x_0) = \min_{x \in B} y^{*T} f(x)$.

Zielgewichtung: Bei den dargestellten linearen Skalarisierungsaussagen wird die Minimierung einer Linearkombination der einzelnen Zielfunktionen des Vektoroptimierungsproblems (P_V) betrachtet: $y^{*T} f(x) = \sum_{i=1}^{m} y_i^* f_i(x)$. Man spricht daher auch von *Zielgewichtung*. Gilt $K = \mathbb{R}_+^m$ (koordinatenweise Halbordnung), so ist $K^* = \mathbb{R}_+^m$ bzw. $K^{*0} = \text{int} \, K^* = \text{int} \, (\mathbb{R}_+^m)$. Damit gilt für die Skalarisierungskoeffizienten $y_i^* \geq 0$, $i = 1, \ldots, m$, für $y^* \in \mathbb{R}_+^m$ bzw. $y_i^* > 0$, $i = 1, \ldots, m$, für $y^* \in \text{int} \, (\mathbb{R}_+^m)$.

Konvexes Vektoroptimierungsproblem: Falls B konvex und f K-konvex auf B sind, so ist für $y^* \in K^*$ (bzw. K^{*0}) die Skalarisierungsfunktion $y^*(f)(\cdot) = y^{*T} f(\cdot) : B \to \mathbb{R}$ eine konvexe Funktion. Die in den obigen Skalarisierungssätzen auftretenden Probleme $\min_{x \in B} y^{*T} f(x)$ sind dann konvexe Optimierungsprobleme, sodass man zu ihrer Lösung und damit auch zur Ermittlung effizienter bzw. schwach effizienter Lösungen des Vektoroptimierungsproblems (P_V) Theorie und Lösungsverfahren der konvexen Optimierung anwenden kann (vgl. [Ehrgott 2000], [Jahn 2004]).

Die für die Praxis besonders wichtigen eigentlich effizienten Lösungen von (P_V) können unter bestimmten Voraussetzungen (insbesondere bei Konvexität) ebenfalls durch lineare Skalarisierung charakterisiert werden (vgl. [Boţ et al. 2009]).

Eigentliche Effizienz und Zielgewichtung: Ist (P_V) ein konvexes Vektoroptimierungsproblem mit Halbordnungskegel $K = \mathbb{R}_+^m$, dann lässt sich jede eigentlich effiziente Lösung im Sinne von Geoffrion x_0 mittels Minimierung auf Basis der linearen Zielgewichtung ermitteln:

$$\sum_{i=1}^{m} y_i^* f_i(x_0) = \min_{x \in B} \sum_{i=1}^{m} y_i^* f_i(x), \;\; y_i^* > 0, \;\; i = 1, \ldots, m.$$

Der Entscheidungsträger kann durch unterschiedliche Gewichtung der einzelnen Zielfuntionen unterschiedliche eigentlich effiziente Lösungen bestimmen. In der Praxis können die einzelnen Zielfunktionen mit verschiedenen Maßeinheiten behaftet sein. Der Entscheidungsträger hat daher abzuwägen, in welchem Verhältnis er die unterschiedlichen Maßeinheiten (z. B. Kosten in Geldeinheiten und Umweltbelastung in CO_2-Mengeneinheiten) bewertet bzw. welche Ziele ihm wichtiger als andere sind. Dies schlägt sich in der Festlegung der Gewichtsfaktoren y_i^*, $i = 1, \ldots, m$, bzw. deren Verhältnissen untereinander nieder.

8.11.3 Weitere Skalarisierungstechniken

Weitere Methoden der Skalarisierung sind die Norm-Skalarisierung, die nach Pascoletti-Serafini benannte Skalarisierung, die ε-Beschränkungsmethode sowie die Methode nach Kaliszewski (vgl. [Jahn 2004], [Kaliszewski 1994], [Miettinen 1998]).

Pascoletti-Serafini-Skalarisierung: Dem Vektoroptimierungsproblem (P_V) wird das skalare Problem mit den Parametern $u, v \in \mathbb{R}^m$ und den Variablen $(t, x) \in \mathbb{R} \times B$ zugeordnet:

$$(P_{PS}) \quad \min_{\substack{u + tv \geq_K f(x) \\ t \in \mathbb{R}, \, x \in B}} t \quad \Longleftrightarrow \quad \min_{\substack{u + tv - f(x) \in K \\ t \in \mathbb{R}, \, x \in B}} t \quad \Longleftrightarrow \quad \min_{\substack{f(x) \in u + tv - K \\ t \in \mathbb{R}, \, x \in B}} t.$$

Es gelten die folgenden Aussagen für effiziente bzw. schwach effiziente Lösungen von (P_V) für einen abgeschlossenen echten konvexen Halbordnungskegel K:

(i) Ist (t_0, x_0) Lösung von (P_{PS}), dann gilt $x_0 \in E_S(f(B), K)$ und $u + t_0 v - f(x_0) \in \partial K$, wobei ∂K den Rand des Kegels K bezeichnet.

(ii) Falls $\text{int} \, (K) \neq \emptyset$, B konvex, f K-konvex auf B (d. h. (P_V) konvex) und $f(B) + K$ abgeschlossen sowie $E(f(B), K) \neq \emptyset$ sind, dann besitzt (P_{PS}) für alle Parameter $u \in \mathbb{R}^m$, $v \in \text{int} \, (K)$ eine Lösung.

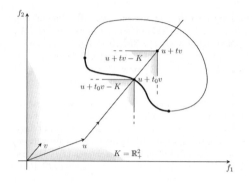

Abb. 8.18 Pascoletti-Serafini-
Skalarisierung bei zweidi-
mensionalem Zielraum mit
Minimalpunkt t_0 von (P_{PS})

ε-Beschränkungsmethode: Im Falle des Ordnungskegels $K = \mathbb{R}^m_+$ wird eine der m Zielfunktionen von (P_V) vom Entscheidungsträger ausgewählt, welche zu minimieren ist (meist diejenige, der er Priorität zumisst), während die restlichen Zielfunktionen als zusätzliche Nebenbedingungen berücksichtigt werden. Dies geschieht, indem diese vorgegebene (durch den Entscheidungsträger festgelegte) obere Beschränkungen zu erfüllen haben. Es entsteht das folgende skalare Optimierungsproblem für $j \in \{1, \ldots, m\}$:

$$(P_{\varepsilon,j}) \qquad \min_{\substack{f_i(x) \leq \varepsilon_i, i=1,\ldots,m, \\ i \neq j, x \in B}} f_j(x).$$

Die reellen Zahlen ε_i, $i = 1, \ldots, m$, $i \neq j$, müssen so gewählt werden, dass der zulässige Bereich von $(P_{\varepsilon,j})$ nicht leer ist. Die Lösungen von $(P_{\varepsilon,j})$ liefern (schwach) effiziente Lösungen von (P_V):

(i) Jede Lösung x_0 von $(P_{\varepsilon,j})$ ist schwach effizient, d. h. $x_0 \in E_s(f(B), \mathbb{R}^m_+)$.

(ii) Ist x_0 eindeutige Lösung von $(P_{\varepsilon,j})$, so ist x_0 effizient, d. h. $x_0 \in E(f(B), \mathbb{R}^m_+)$.

Alle Skalarisierungsmethoden können für die Konstruktion numerischer Algorithmen verwendet werden, um (schwach bzw. eigentlich) effiziente Lösungen von Vektoroptimierungsproblemen (P_V) zu berechnen. In vielen Fällen nutzt bzw. modifiziert man dafür die von skalaren Optimierungsproblemen bekannten numerischen Verfahren. Eine ausführliche Darstellung einer großen Zahl von Verfahren findet man in [Miettinen 1998].

8.11.4 Karush-Kuhn-Tucker-Optimalitätsbedingungen

Es wird das Vektoroptimierungsproblem mit Nebenbedingungen in Gleichungs- und Ungleichungsform

$$(P_{V,g,h}) \qquad \operatorname*{v-min}_{x \in B} f(x)$$

betrachtet, wobei $B = \{x \in \mathbb{R}^n, g(x) \leq_{\mathbb{R}^p_+} 0, h(x) = 0\}$ der zulässige Bereich ist und $f = (f_1, \ldots, f_m)^\top : \mathbb{R}^n \to \mathbb{R}^m$, $g = (g_1, \ldots, g_p)^\top : \mathbb{R}^n \to \mathbb{R}^p$, $h = (h_1, \ldots, h_q)^\top : \mathbb{R}^n \to \mathbb{R}^q$ gilt. Dabei bedeutet $h(x) = 0$, dass $h_k(x) = 0$, $k = 1, \ldots, q$, erfüllt ist. Der Ordnungskegel im Zielraum $\mathbb{R}^m$ sei $\mathbb{R}^m_+$. Diese Mehrzielaufgabe entspricht für $m = 1$, d. h. für nur eine Zielfunktion, genau dem im Abschnitt 8.7 behandelten Minimierungsproblem.

Satz 27: *Es sei $x_0 \in B$ eine schwach effiziente Lösung von $(P_{V,g,h})$, d. h. $x_0 \in E_s(f(B), \mathbb{R}^m_+)$. Die Funktionen f und g seien partiell differenzierbar in x_0 (d. h. alle Funktionen $f_i, i = 1, \ldots, m$, $g_j, j = 1, \ldots, p$, sind in x_0 partiell differenzierbar), die Funktion h sei stetig partiell differenzierbar in x_0.*

Ferner sei die Mangasarian-Fromowitz-Bedingung (MFCQ) (vgl. Abschnitt 8.7) erfüllt. Dann existieren Lagrange-Multiplikatoren $\gamma_i \geq 0$, $i = 1, \ldots, m$, wobei nicht alle γ_i gleich null sind, $\lambda_j \geq 0$, $j = 1, \ldots, p$, $\mu_k \in \mathbb{R}$, $k = 1, \ldots, q$, sodass gilt

$$\sum_{i=1}^{m} \gamma_i \nabla f_i(x_0) + \sum_{j=1}^{p} \lambda_j \nabla g_j(x_0) + \sum_{k=1}^{q} \mu_k \nabla h_k(x_0) = 0, \; \lambda_j g_j(x_0) = 0, \; j = 1, \ldots, p.$$

Für $m = 1$ erhält man als Spezialfall die Optimalitätsbedingungen von Karush-Kuhn-Tucker aus Abschnitt 8.7.

8.11.5 Dualität

In der Vektoroptimierung wurden verschiedene Dualitätstheorien entwickelt, die wegen der Vektorwertigkeit der Zielfunktion und der verschiedenen Lösungs- bzw. Effizienzbegriffe etc. reichhaltiger als die Dualitätstheorie für $m = 1$ (vgl. Abschnitt 8.7) ist. Sowohl die Lagrange-Dualität als auch andere skalare Dualitätstheorien (konjugierte, geometrische, Wolfe-, Mond-Weir-Dualität) wurden für Vektoroptimierungsprobleme verallgemeinert; vgl. [Boţ et al. 2009], [Göpfert und Nehse 1990], [Jahn 2004], [Sawaragi 1985]. In [Boţ et al. 2009] findet man einen allgemeinen Zugang zur Konstruktion vektorieller Dualaufgaben auf der Basis verschiedener Skalarisierungsmethoden.

Duale Aufgaben, speziell starke Dualitätsaussagen, verhelfen zu einer Vielzahl von Erkenntnissen bezüglich der betreffenden (primalen und dualen) Optimierungsprobleme: Gewinnung von Optimalitätsbedingungen und Aussagen zur Lösungsstruktur, Existenz von Lösungen und Stabilitätsaussagen, Zusammenhänge mit Sattelpunktaussagen, Alternativsätzen, der Theorie konjugierter Funktionen und der Subdifferentialrechnung, Möglichkeit der Konstruktion effektiver numerischer Lösungsalgorithmen.

Hier werden nur einige Dualitätsaussagen für Vektoroptimierungsprobleme der Gestalt (P_V) mit Ungleichungsrestriktionen betrachtet (vgl. [Boţ et al. 2009], wobei – im Gegensatz zur in 8.7 dargestellten Lagrange-Dualität – hier die konjugierte Dualität benutzt wird. Wichtig ist dabei der Begriff der zu einer gegebenen Funktion f konjugierten Funktion f^* (vgl. [Rockafellar 1970]).

Konjugierte Funktion: Für eine Funktion $f : \mathbb{R}^n \to \overline{\mathbb{R}} = \mathbb{R} \cup \{+\infty, -\infty\}$ wird

$$f^*(p) = \sup_{x \in \mathbb{R}^n} \{p^\top x - f(x)\}$$

mit $f^* : \mathbb{R}^n \to \overline{\mathbb{R}}$ die zur Funktion f *konjugierte Funktion* genannt.

▶ Beispiel: (i) $f : \mathbb{R} \to \mathbb{R}, f(x) = \frac{1}{2}x^2 \implies f^*(p) = \frac{1}{2}p^2,$

(ii) $f : \mathbb{R} \to \mathbb{R}, f(x) = e^x \implies f^*(p) = \begin{cases} p(\ln p - 1), & p > 0, \\ 0, & p = 0, \\ \infty, & p < 0, \end{cases}$

(iii) $f : \mathbb{R} \to \mathbb{R}, f(x) = \frac{1}{\alpha}|x|^\alpha, \alpha > 0 \implies f^*(p) = \frac{1}{\beta}|q|^\beta, \frac{1}{\alpha} + \frac{1}{\beta} = 1,$

(iv) $f : \mathbb{R}^n \to \mathbb{R}, f(x) = \|x\| = \sqrt{\sum_{i=1}^{n} x_i^2} \implies f^*(p) = \begin{cases} 0, & \|p\| \leq 1, \\ \infty, & \|p\| > 1. \end{cases}$

Primales Vektoroptimierungsproblem:

$$(P_{V,g}) \qquad \underset{x \in B}{\text{v-min}} \; f(x)$$

$B = \{x \in \mathbb{R}^n, g(x) \leq_C 0\}$, $f = (f_1, \ldots, f_m)^\top : \mathbb{R}^n \to \mathbb{R}^m$, $g = (g_1, \ldots, g_p)^\top : \mathbb{R}^n \to \mathbb{R}^p$. Der Ordnungskegel im Zielraum $\mathbb{R}^m$ ist $K = \mathbb{R}^m_+$, $C \subseteq \mathbb{R}^p$, $\text{int}(C) \neq \emptyset$, ist ein konvexer abgeschlossener Kegel, der eine Halbordnung in $\mathbb{R}^p$ definiert.

Duales Vektoroptimierungsproblem:

$$(D_V) \qquad \underset{(p,q,\lambda,t)\,\in\,A}{\text{v-max}} \quad h(p,q,\lambda,t)$$

mit $h(p,q,\lambda,t) = (h_1(p,q,\lambda,t), \ldots, h_m(p,q,\lambda,t))^\top$. Der zulässige Bereich wird beschrieben durch $A = \{(p,q,\lambda,t) : \lambda \in \text{int}\,\mathbb{R}^m_+, q \geq_{C^*} 0, \lambda^\top t = 0\}$, wobei $p = (p_1, \ldots, p_m) \in \mathbb{R}^n \times \ldots \times \mathbb{R}^n$, $q \in \mathbb{R}^p$, $\lambda = (\lambda_1, \ldots, \lambda_m)^\top \in \mathbb{R}^m$ und $t = (t_1, \ldots, t_m)^\top \in \mathbb{R}^m$ die dualen Variablen sind. Die Zielfunktionen von (D_V) werden durch

$$h_i(p,q,\lambda,t) = -f_i^*(p_i) - (q^\top g)^*\left(-\sum_{j=1}^m \lambda_j p_j \Big/ \sum_{j=1}^m \lambda_j\right) + t_i, \quad i = 1, \ldots, m,$$

beschrieben. Der Dualkegel C^* des Kegels C definiert die Halbordnung $\geq_{C^*}$ in $\mathbb{R}^p$.

Duale effiziente Lösung: Ein Element $(p_0, q_0, \lambda_0, t_0) \in A$ heißt *Pareto-optimale* oder *effiziente Lösung* für (D_V), wenn aus $(p,q,\lambda,t) \in A$, $h(p,q,\lambda,t) \geq_{\mathbb{R}^m_+} h(p_0,q_0,\lambda_0,t_0)$ die Beziehung $h(p,q,\lambda,t) = h(p_0,q_0,\lambda_0,t_0)$ folgt.

Schwache Dualität: Es existiert kein $x \in B$ und kein $(p,q,\lambda,t) \in A$ derart, dass die Beziehungen $h(p,q,\lambda,t) \geq_{\mathbb{R}^m_+} f(x)$ und $h(p,q,\lambda,t) \neq f(x)$ gelten.

Diese schwache Dualitätseigenschaft gilt auch ohne Konvexitätsvoraussetzungen. Im Falle nur einer Zielfunktion ($m = 1$) entspricht die Aussage gerade der schwachen Dualität für skalare Optimierungsprobleme, d. h., die dualen Zielfunktionswerte können niemals größer als die primalen Zielfunktionswerte sein.

Starke Dualität: Die Zielfunktionen f_i, $i = 1, \ldots, m$, des primalen Vektoroptimierungsproblems $(P_{V,g})$ seien konvex und g sei C-konvex. Ist die *Slater-Bedingung* $g(x') <_C 0$ für ein $x' \in \mathbb{R}^n$ erfüllt, dann existiert zu jeder eigentlich effizienten Lösung $x_0 \in E_{Ge}(f(B), \mathbb{R}^m_+)$ eine effiziente Lösung $(p_0, q_0, \lambda_0, t_0) \in A$ des Dualproblems (D_V) und die Gleichheit der Zielfunktionswerte $f(x_0) = h(p_0, q_0, \lambda_0, t_0)$ ist erfüllt.

Dieser starke Dualitätssatz gestattet die Herleitung von notwendigen und hinreichenden Optimalitätsbedingungen für $(P_{V,g})$ (vgl. Abschnitt 8.12).

8.12 Portfoliooptimierung

Hier wird die deterministische Formulierung des Portfoliooptimierungsproblems für einen Ein-Perioden-Zeitraum betrachtet, die auf Harry M. Markowitz (1952) zurückgeht (vgl. [Markowitz 2000]). Dabei handelt es sich um das so genannte Erwartungswert-Varianz- (allgemeiner Rendite-Risiko-) Modell, welches als Vektoroptimierungsproblem mit zwei Zielfunktionen formuliert werden kann, sodass alle Aussagen aus Abschnitt 8.11 genutzt werden können.

Eine andere Richtung der Portfoliooptimierung beschäftigt sich mit so genannten zeitstetigen Marktmodellen, die auf der Modellierung mittels stochastischer Prozesse basieren. Wichtige Hilfsmittel sind: der Itô-Kalkül, stochastische Integration, Integralgleichungen und Prozesse, insbesondere Martingale (vgl. Abschnitt 8.5). Zwei Ansätze haben große Bedeutung – die Methode der stochastischen Steuerung (vgl. [Merton 1990]) und die Martingalmethode. Eine Einführung in beide Methoden findet sich in [Korn und Korn 1999].

Wenn das Ein-Perioden-Modell von Markowitz[7] auch den Nachteil hat, dass die zu Beginn des betrachteten Zeitraums getroffenen Investmententscheidungen nicht mehr korrigiert werden (können), so besticht es doch durch seine Einfachheit, sodass es vielfach praktische Anwendung als Entscheidungshilfe in Banken, bei Investmentgesellschaften etc. gefunden hat.

8.12.1 Das Markowitz-Portfoliooptimierungsproblem

Wertpapierportfolio: Gegeben seinen n verschiedene risikobehaftete Wertpapiere (z. B. Aktien) $A_1, \ldots, A_n$, in die ein Anleger über einen bestimmten festen Zeitraum (Ein-Perioden-Modell) investieren möchte. Der Vermögensanteil, welcher in A_i investiert werden soll, werde mit x_i, $i = 1, \ldots, n$, bezeichnet. Das Wertpapierportfolio kann daher mit dem Vektor $x = (x_1, \ldots, x_n)^\top \in \mathbb{R}^n$ identifiziert werden, wobei $\sum_{i=1}^{n} x_i = 1$, $x_i \geq 0$, $i = 1, \ldots, n$, gilt.

Die Größen x_i können beliebige Werte im Intervall $[0, 1]$ annehmen. Dies ist eine Idealisierung, da viele Wertpapiere nur in ganzen Stückzahlen gehandelt werden können, sodass sich für die Anteile x_i diskrete Werte in Abhängigkeit vom Wertpapierkurs und dem zu investierenden Gesamtvermögen ergeben. Bei hohem Gesamtvermögen ist die Stetigkeitsforderung jedoch eine akzeptable Näherung. Ansonsten führt das Portfolio-Problem auf ein diskretes Optimierungsproblem. Die Renditen bzw. Erträge der Wertpapiere in dem betrachteten (zukünftigen) Anlagezeitraum sind reelle Zufallsvariable mit gewissen Verteilungen, die in der Praxis nicht bekannt sind und höchstens näherungsweise aus vergangenen Kursdaten geschätzt werden können. Im nachstehenden Modell werden diese Zufallsrenditen durch ihre Erwartungswerte bzw. Varianzen charakterisiert.

Durch die Diversifizierung seines finanziellen Anlagebetrages in mehrere Wertpapiere (statt nur in ein Wertpapier) hat der Investor die Möglichkeit, ein für ihn günstiges, d. h. seinen Präferenzen entsprechendes Ertrags-Risiko-Verhältnis der Anlage zu realisieren.

Portfolio-Rendite (Ertrag): $r_p(x) = \sum_{i=1}^{n} x_i r_i$ (r_i – Rendite des Wertpapiers A_i)

Erwartete Portfolio-Rendite: $\mu_p(x) = E(r_p(x)) = \sum_{i=1}^{n} x_i \mu_i = \mu^\top x$

Das ist der Erwartungswert der Zufallsvariablen $r_p(x)$); dabei bezeichnet $\mu_i = E(r_i)$ die erwartete Rendite von r_i, $\mu = (\mu_1, \ldots, \mu_n)^\top \in \mathbb{R}^n$.

Zielstellung des Investors: Erwirtschaftung eines möglichst großen Ertrags des Portfolios (= hohe Rendite) bei möglichst geringem Risiko.

Dem Investor wird ein (mehr oder weniger) risikoscheues Verhalten unterstellt. Beim Markowitz-Modell wird das Ausmaß der Schwankungen der Renditen als ein Indikator für das Risiko betrachtet. Große Schwankungen (Kursausschläge) bedeuten erhöhtes Risiko. Daher wird die Varianz der Rendite als Risikomaß genutzt, sowohl bei den einzelnen Wertpapieren als auch für das Portfolio.

Varianz der Rendite des Portfolios (Portfoliovarianz):

$$
\begin{aligned}
\sigma_P^2(x) &= E(r_P(x) - \mu_P(x))^2 = E\left(\sum_{i=1}^{n} x_i r_i - \sum_{i=1}^{n} x_i \mu_i \right)^2 \\
&= \sum_{i,j=1}^{n} E[(r_i - \mu_i)(r_j - \mu_j)] x_i x_j = \sum_{i,j=1}^{n} x_i x_j \sigma_{ij} = x^\top C x,
\end{aligned}
$$

wobei $\sigma_{ij} = E[(r_i - \mu_i)(r_j - \mu_j)]$ für $i \neq j$ die Kovarianz der Renditen r_i und r_j und $\sigma_{ii} = \sigma_i^2 = E(r_i - \mu_i)^2$ die Varianz der Renditen r_i, $i, j = 1, \ldots, n$, ist; $C = (\sigma_{ij})$ ist die positiv semidefinite

---

[7]Harry M. Markowitz erhielt als einer von drei Wissenschaftlern 1990 den Nobelpreis für Wirtschaftswissenschaften für seine Beiträge zur Portfoliooptimierung und die Begründung von Diversifizierungs-Strategien bei Investment-Entscheidungen.

symmetrische Kovarianz-Matrix der Renditen $r_1, \ldots, r_n$. Die beiden konkurrierenden Ziele des Investors sind folglich die Maximierung der erwarteten Portfoliorendite $\mu_P(x) = \mu^\top x$ und die Minimierung der Portfoliovarianz $\sigma_P^2(x) = x^\top C x$ als Maß für das Portfoliorisiko. Es entsteht das folgende Vektoroptimierungsproblem (vgl. Abschnitt 8.11) mit zwei Zielfunktionen (bikriterielles Mehrzielproblem).

Bikriterielles Portfoliooptimierungsproblem:

$$(P_M) \qquad \underset{x \,\in\, B}{\text{v-min}} \quad \begin{pmatrix} x^\top C x \\ \mu^\top x \end{pmatrix},$$

$B = \{x = (x_1, \ldots, x_n)^\top \in \mathbb{R}^n : \sum_{i=1}^n x_i = 1, x_i \geq 0, i = 1, \ldots, n\}$. Der Halbordnungskegel, auf dem der Lösungsbegriff (Effizienz) beruht (vgl. Abschnitt 8.11), ist $K = \{(y_1, y_2)^\top \in \mathbb{R}^2 : y_1 \geq 0, y_2 \leq 0\}$.

Effizientes Portfolio: Ein Portfolio $x_0 \in B$ heißt *effizient*, wenn aus $x^\top C x \leq x_0^\top C x_0$ und $\mu^\top x \geq \mu^\top x_0$, $x \in B$, folgt, dass $x^\top C x = x_0^\top C x_0$ und $\mu^\top x = \mu^\top x_0$ gilt.

Interpretation: Es gibt kein zulässiges Portfolio mit mindestens gleicher erwarteter Rendite und höchstens gleicher Varianz (gleichem Risiko) wie das effiziente Portfolio, wobei die erwartete Rendite größer oder die Varianz kleiner ist. Dieser Effizienzbegriff bildet das risikoaverse Verhalten eines Investors ab.

Ein nicht effizientes Portfolio x heißt auch *ineffizient*. Dies bedeutet, dass es im Sinne der Risikoaversion, d. h. im Sinne der durch den Kegel K definierten Halbordnung, ein „besseres" Portfolio gibt, welches ein geringeres Risiko (Varianz der Portfoliorendite) bei mindestens gleicher erwarteter Rendite oder eine größere erwartete Rendite bei höchtens gleichem Risiko besitzt. Ein ineffizientes Portfolio wird in diesem Sinne durch ein anderes Portfolio *dominiert*, insbesondere gibt es immer effiziente Portfolios unter den dominierenden. Ein Investor sollte also in effiziente Portfolios investieren.

Die beiden Ziele „erwartete Rendite" und „Risiko" (in Form der Varianz) sind prinzipiell konfliktär, d. h. können i. Allg. nicht beide gleichzeitig (d. h. für das gleiche Portfolio) maximal bzw. minimal werden, sodass das Markowitz-Portfoliooptimierungsproblem (P_M) ein typisches Vektoroptimierungsproblem ist. Alle im Abschnitt 8.11 eingeführten Definitionen, Begriffe und Lösungsmethoden sowie die dargestellten Resultate können daher auf das Problem (P_M) angewendet werden.

8.12.2 Lineare Skalarisierung und eigentlich effiziente Portfolios

Eigentlich effiziente Portfolios: Diese sind genau die Lösungen des linear skalarisierten parametrischen Optimierungsproblems

$$(P_\lambda) \qquad \underset{x \in B}{\min} \, \{\lambda_1 x^\top C x + \lambda_2 \mu^\top x\}$$

zu (P_M) (vgl. Abschnitt 8.11) mit den Skalarisierungs-Parametern $\lambda_1 > 0$ und $\lambda_2 < 0$. (P_λ) ist ein quadratisches konvexes Minimierungsproblem mit kompaktem zulässigem Bereich. Für zulässige Parameter λ_1 und λ_2 ist (P_λ) somit lösbar (Satz von Weierstraß) und die Lösungen liefern eigentlich effiziente Portfolios.

Numerische Lösungsverfahren: Es gibt direkte und indirekte (unter Ausnutzung von Optimalitätsbedingungen bzw. Dualität). Der so genannte *Critical Line Algorithmus* von Markowitz (vgl. [Markowitz 2000]) wird in [Mertens 2006] detailliert analysiert und erweitert; für weitere numerische Verfahren vgl. man [Hillier und Liebermann 1988] und [Rudolf 1994].

Mit $f = (f_1, f_2)^\top$, $f_1(x) = x^\top C x$, $f_2(x) = \mu^\top x$ gilt für die Bildmenge $f(B)$ der Portfolios: $f(B) + K = \{(y_1, y_2)^\top \in \mathbb{R}^2 : y_1 = x^\top C x + z_1, y_2 = \mu^\top x + z_2, x \in B, z_1 \geq 0, z_2 \leq 0\}$ ist konvex. Die auf dem Rand von $f(B)$ bzw. $f(B) + K$ liegende Bildkurve der eigentlich effizienten Portfolios („eigentlich effizienter Rand der Bildmenge") ist im σ^2, μ-Koordinatensystem (Abszisse: Varianzen, Ordinate: erwartete Renditen) eine konkave streng monoton wachsende Funktion (vgl. Abbildung 8.19).

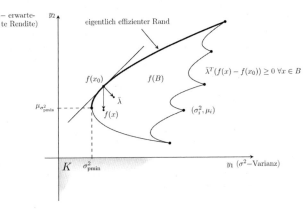

Abb. 8.19 Bildmenge der eigentlich effizienten Portfolios mit Skalarisierungsparameter $\bar\lambda \in$ int(K) zum eigentlich effizienten Portfolio x_0

In Abbildung 8.19 ist das typische Aussehen bei positiv definiter Kovarianzmatrix einer Portfoliobildmenge $f(B)$ dargestellt: „regenschirmförmige" Gestalt und konkave obere Berandung durch den eigentlich effizienten Rand; $f(x_0) = (x_0^\top C x_0, \mu^\top x_0)^\top$ ist das auf dem eigentlich effizienten Rand liegende Bild des eigentlich effizienten Portfolios x_0 mit Skalarisierungsparameter $\bar\lambda \in$ int K, d. h., x_0 ist Lösung des Problems

$(P_{\bar\lambda})$ $\min_{x \in B} \{\bar\lambda_1 x^\top C x + \bar\lambda_2 \mu^\top x\} = \bar\lambda_1 x_0^\top C x_0 + \bar\lambda_2 \mu^\top x_0.$

Das *risikominimale* Portfolio ist Lösung des Minimierungsproblems

$(P_{\sigma^2_{\min}})$ $\min_{x \in B} x^\top C x.$

Welches eigentlich effiziente Portfolio ein Investor aus der Effizienzmenge auswählt, hängt vom Grad seiner Risikoaversion ab. Dies kann er über die Festsetzung der Parameter λ_1 und λ_2 steuern. Man kann $\lambda_1 = 1$, $\lambda_2 = -\Theta$, $\Theta > 0$, festlegen. Je kleiner Θ gewählt wird, desto stärker risikoavers ist der Investor. Der Parameter Θ heißt *Risiko-Ertrags-Präferenz-Parameter*.

ε-Beschränkungsmethode: Es gibt zwei Varianten dieser Methode:

$(P_{\varepsilon,\mu})$ $\min_{\mu^\top x \geq \varepsilon, x \in B} x^\top C x$ $\Longleftrightarrow$ $\min_{\mu^\top x = \varepsilon, x \in B} x^\top C x$

sowie

$(P_{\varepsilon,C})$ $\max_{x^\top C x \leq \varepsilon, x \in B} \mu^\top x$

(vgl. Abschnitt 8.11). Wie man leicht aus Abbildung 8.19 ablesen kann, muss die Schranke ε gewissen Bedingungen genügen, um eine eigentlich effiziente Lösung von (P_M) durch Lösung von $(P_{\varepsilon,\mu})$ zu liefern und die Äquivalenz beider Varianten zu sichern (wenn man $(P_{\varepsilon,C})$ als Minimierungsproblem umformuliert).

Beim skalarisierten Problem $(P_{\varepsilon,C})$ muss $\sigma_{p_{\min}}^2 < \varepsilon < \sigma_j^2$ gelten, damit eine Lösung von $(P_{\varepsilon,C})$ eigentlich effizient für (P_M) ist, wobei σ_j^2 die Varianz der Rendite des Wertpapiers A_j ist, welches unter allen Wertpapieren $A_1,\dots,A_n$ die größte erwartete Rendite $\mu_j = \max\{\mu_1,\dots,\mu_n\}$ besitzt. Beide Probleme $(P_{\varepsilon,\mu})$ und $(P_{\varepsilon,C})$ sind konvexe Minimierungsaufgaben, wenn man $(P_{\varepsilon,C})$ als Minimierungsproblem umformuliert.

Portfolios mit zwei Wertpapieren: Bereits an Portfolios, die nur aus zwei risikobehafteten Wertpapieren gebildet werden, erkennt man wesentliche Zusammenhänge des Wechselspiels von Rendite und Risiko.

Es seien A_1 und A_2 zwei risikobehaftete Wertpapiere. Für deren erwartete Renditen und Varianzen der Renditen gelte $\mu_1 < \mu_2$ und $\sigma_1^2 < \sigma_2^2$. Für die aus A_1 und A_2 gebildeten Portfolios gilt mit der Substitution $x_2 = t$ und $x_1 = 1 - t$, $0 \le t \le 1$,

$$\mu_p = \mu_1 + t(\mu_2 - \mu_1) \quad \text{(erwartete Portfoliorendite),}$$

$$\sigma_p^2 = \sigma_1^2 + 2t(\sigma_1\sigma_2\varrho - \sigma_1^2) + t^2(\sigma_1^2 + \sigma_2^2 - 2\sigma_1\sigma_2\varrho) \quad \text{(Varianz der Portfoliorendite),}$$

wobei $\varrho = \frac{\sigma_{12}}{\sigma_1\sigma_2}$ der Korrelationskoeffizient der Renditen r_1 und r_2 von A_1 und A_2 ist.

Für den praktisch relevanten Fall $-1 < \varrho < 1$ beschreiben die beiden obigen Gleichungen für μ_p und σ_p^2 die Parameterdarstellung (Parameter t mit $0 \le t \le 1$) einer quadratischen Funktion $\sigma_p^2 = a\mu_p^2 + b\mu_p + c$ mit gewissen Koeffizienten $a > 0$ und $b,c \in \mathbb{R}$, die im σ^2-μ-Koordinatensystem einen Parabelabschnitt darstellt, welcher die Punkte der Wertpapiere A_1 und A_2 in diesem Koordinatensystem, d. h. (σ_1^2,μ_1) und (σ_2^2,μ_2), verbindet (vgl. Abbildung 8.20).

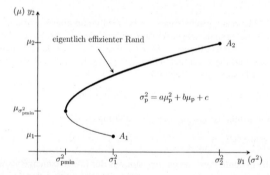

Abb. 8.20 Portfolio-Darstellung zweier Wertpapiere A_1 und A_2 mit risikominimalem Portfolio
im Scheitel der Parabel

Der Scheitel der Parabel wird für den Parameter $t = t_s = \frac{\sigma_1(\sigma_1 - \sigma_2\varrho)}{\sigma_1^2 + \sigma_2^2 - 2\sigma_1\sigma_2\varrho}$ angenommen. Für $0 < t_s < 1$, d. h. für $\varrho < \frac{\sigma_1}{\sigma_2}$, liegt der Scheitel (= risikominimales Portfolio) zwischen A_1 und A_2, und es gilt die Beziehung $\sigma_{p_{\min}}^2 < \sigma_i^2$, $i = 1,2$. Das minimale Risiko beträgt hierbei $\sigma_{p_{\min}}^2 = \frac{\sigma_1^2\sigma_2^2(1-\varrho^2)}{\sigma_1^2 + \sigma_2^2 - 2\sigma_1\sigma_2\varrho}$.

Grundlegende Erkenntnis: Durch Bildung eines Portfolios aus zwei Wertpapieren kann das Risiko in Gestalt der Varianz der Rendite des Portfolios gegenüber den Varianzen der Renditen der beiden Wertpapiere verringert werden. Dieser Effekt tritt natürlich erst recht bei mehr als zwei Wertpapieren ein. Durch die Parabelgestalt erklärt sich auch das regenschirmförmige Aussehen der Bildmenge $f(B)$ der Portfolios $x \in B$ in Abbildung 8.19.

8.12.3 Dualität und Optimalitätsbedingungen

Durch Anwendung der vektoriellen Dualität aus Abschnitt 8.11 kann dem Markowitz-Portfoliooptimierungsproblem (P_M) das folgende vektorielle Dualproblem zugeordnet werden:

$$(D_M) \qquad \underset{(y,z,\lambda)\,\in\,A}{\text{v-max}} \quad \begin{pmatrix} z_1 - y^\top C y \\ z_2 \end{pmatrix}.$$

Hierbei gilt $A = \{(y,z,\lambda) \in \mathbb{R}^n \times \mathbb{R}^2 \times \mathbb{R}^2 : \lambda = (\lambda_1,\lambda_2)^\top, \lambda_1 > 0,\ \lambda_2 < 0,\ \lambda_2(z_2 e - \mu) + \lambda_1(2Cy + z_1 e) \leqq_{\mathbb{R}^n_+} 0\}$, wobei $y = (y_1,\dots,y_n)^\top \in \mathbb{R}^n$, $z = (z_1,z_2)^\top \in \mathbb{R}^2$, $\lambda = (\lambda_1,\lambda_2)^\top \in \mathbb{R}^2$ die dualen Variablen sind und $e = (1,\dots,1)^\top \in \mathbb{R}^n$. Das Dualproblem (D_M) ist ein vektorielles Maximum-Problem. Entsprechend sind effiziente Lösungen definiert (vgl. Abschnitt 8.11).

Schwache Dualität: Es existiert kein Portfolio $x \in B$ und kein $(y,z,\lambda) \in A$ mit der Eigenschaft $z_1 - y^\top C y \geq x^\top C x$ und $z_2 \leq \mu^\top x$, wobei wenigstens eine Ungleichung streng erfüllt ist.

Starke Dualität: Es sei $x_0 \in B$ ein eigentlich effizientes Portfolio von (P_M). Dann existiert eine effiziente Lösung $(y_0,z_0,\lambda_0) \in A$ zu (D_M) und die Gleichheit der optimalen Zielfunktionswerte ist erfüllt, d. h. es gilt $x_0^\top C x_0 = z_{01} - y_0^\top C y_0,\ \mu^\top x_0 = z_{02}$.

Optimalitätsbedingungen: Ein eigentlich effizientes Portfolio $x_0 \in B$ von (P_M) genügt zusammen mit der zugehörigen existierenden effizienten Lösung $(y_0,z_0,\lambda_0) \in A$ von (D_M) (vgl. starke Dualität) den Optimalitätsbedingungen

(i) $\quad x_0^\top C(x_0 + y_0) = 0,\ y_0^\top C(x_0 + y_0) = 0,$

(ii) $\quad x_0^\top [\lambda_{02}(z_{02} e - \mu) + \lambda_{01}(2Cy_0 + z_{01} e)] = 0.$

Gibt es umgekehrt zulässige Elemente $x_0 \in B$ und $(y_0,z_0,\lambda_0) \in A$, welche den Bedingungen (i) und (ii) genügen, so ist x_0 ein eigentlich effizientes Portfolio von (P_M).

8.12.4 Erweiterungen

Seit Mitte der 1950er Jahre gab es zahlreiche Erweiterungen und Modifikationen des klassischen Markowitz-Modells, wie beispielsweise:

- Mehr-Perioden- oder stetige Modelle (vgl. [Bodie et al. 2002]);

- Einbeziehung (näherungsweise) risikoloser Wertpapiere zur Portfoliobildung (James Tobin[8] entwickelte hierzu grundlegende Ideen);

- Einbeziehung anderer bzw. zusätzlicher Nebenbedingungen (vgl. [Mertens 2006]); manche Fondsgesellschaften begrenzen z. B. aus Diversifizierungs-Gründen die prozentualen Anteile der einzelnen Wertpapiere (z. B. $x_i \leq 0,1$);

- *Leerverkäufe*[9] bzw. Geldaufnahme; Modellierung mittels negativer Werte von x_i;

- Aufwandsverringerung bei großem n, indem nur die Korrelationen zwischen jeder einzelnen Anlage und einem Index verwendet werden (Capital Asset Pricing Model (CAPM) von William Sharp[10]; 1963);

- Verwendung anderer Risikomaße: höhere Momente, Semivarianz, Ausfall-Risiko-Maße, Value at Risk, Conditional Value at Risk etc.

---

[8]Nobelpreis für Wirtschaftswissenschaften 1981

[9]Wertpapiere werden ausgeliehen (und am Ende der Zeitperiode nach Rückkauf wieder zurückgegeben), um sie zu Beginn der Investition zu verkaufen und den erhaltenen Betrag in andere Wertpapiere, von denen man sich eine höhere Rendite verspricht, zu investieren.

[10]Er erhielt 1990 zusammen mit Markowitz den Nobelpreis für Wirtschaftswissenschaften.

8.13 Anwendungen der Differentialrechnung in den Wirtschaftswissenschaften

8.13.1 Funktionswertänderungen bei Funktionen einer Veränderlichen

In den Wirtschaftswissenschaften, aber bei Weitem nicht nur dort, besteht eine wichtige Anwendung der Differentialrechnung darin, die Änderung des Funktionswertes bei (kleinen) Änderungen des Arguments absolut oder relativ näherungsweise zu beschreiben.

8.13.1.1 Das Differential

Für eine an der Stelle x_0 differenzierbare Funktion f gilt

$$\Delta y = \Delta f(x_0) = f(x_0 + \Delta x) - f(x_0) = f'(x_0) \cdot \Delta x + o(\Delta x) \quad \text{mit} \quad \lim_{\Delta x \to 0} \frac{o(\Delta x)}{\Delta x} = 0,$$

wobei $o(\cdot)$ („klein o") das *Landausche Symbol* ist.

Der Ausdruck

$$dy = df(x_0) = f'(x_0) \cdot \Delta x$$

heißt *Differential* der Funktion f im Punkt x_0. Es stellt den Hauptanteil der Funktionswertänderung bei Änderung des Argumentes x_0 um Δx dar:

$$\Delta f(x_0) \approx f'(x_0) \cdot \Delta x.$$

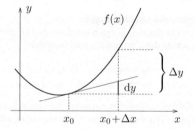

Geometrisch beschreibt das Differential dy die Änderung, die die Ordinate der im Punkt x angelegten Kurventangente für gegebene Änderung Δx erfährt. Das Differential ist eine **absolute** Größe, besitzt demnach dieselbe Maßeinheit wie f.

8.13.1.2 Ökonomische Interpretation der 1. Ableitung – die Grenzfunktion

In wirtschaftswissenschaftlichen Anwendungen wird die erste Ableitung einer Funktion oft als *Grenzfunktion* oder *Marginalfunktion* bezeichnet (Grenzgewinn, Grenzkosten, ...). Sie beschreibt **näherungsweise** die Funktionswertänderung bei Änderung der unabhängigen Variablen x um eine Einheit, d. h. $\Delta x = 1$ (vgl. den obigen Begriff des Differentials). Hintergrund ist der in der Ökonomie häufig genutzte Begriff der *Grenzfunktion* als Funktionswertänderung bei Änderung von x um eine Einheit:

$$\Delta f(x) = f(x + 1) - f(x).$$

Die Untersuchung wirtschaftlicher Fragestellungen mithilfe von Grenzfunktionen wird auch als *Marginalanalyse* bezeichnet. Dabei sind die **Maßeinheiten** der eingehenden Größen wichtig:

Maßeinheit der Grenzfunktion f' = Maßeinheit von f / Maßeinheit von x

Maßeinheiten ökonomischer Funktionen und ihrer Grenzfunktionen

GE – Geldeinheit(en), ME – Mengeneinheit(en), ZE – Zeiteinheit

Funktion $f(x)$	Maßeinheit f	von x	Grenzfunktion f'	Maßeinheit von f'
Kosten	GE	ME	Grenzkosten	GE/ME
Stückkosten	$\dfrac{GE}{ME}$	ME	Grenzstückkosten	$\dfrac{GE/ME}{ME}$
Erlös, Umsatz (mengenabhängig)	GE	ME	Grenzumsatz	GE/ME
Erlös, Umsatz (preisabhängig)	GE	GE/ME	Grenzumsatz	$\dfrac{GE}{GE/ME}$
Produktions-funktion	ME_1	ME_2	Grenzproduktivität (Grenzertrag)	ME_1/ME_2
Durchschnitts-ertrag	$\dfrac{ME_1}{ME_2}$	ME_2	Grenzdurch-schnittsertrag	$\dfrac{ME_1/ME_2}{ME_2}$
Gewinn	GE	ME	Grenzgewinn	GE/ME
Stückgewinn	GE/ME	ME	Grenzstückgewinn	$\dfrac{GE/ME}{ME}$
Konsumfunktion	GE/ZE	GE/ZE	marginale Konsumquote (Grenzhang zum Konsum)	100 %
Sparfunktion	GE/ZE	GE/ZE	marginale Sparquote (Grenzhang zum Sparen)	100 %

8.13.1.3 Änderungsraten und Elastizitäten

Oft ist es wünschenswert, **relative** (oder **prozentuale**) Größen zu betrachten, die die Funktionswertänderung bei Änderung des Arguments beschreiben. Solche Größen stellen die mittlere
Elastizität (im Intervall $[x, x + \Delta x]$) sowie die Elastizität (im Punkt x) dar.

$\Delta x / x$	–	mittlere relative Änderung von x ($x \neq 0$)
$\dfrac{\Delta f(x)}{\Delta x} = \dfrac{f(x + \Delta x) - f(x)}{\Delta x}$	–	mittlere relative Änderung von f (Differenzenquotient)
$R_f(x) = \dfrac{\Delta f(x)}{\Delta x} \cdot \dfrac{1}{f(x)}$	–	mittlere Änderungsrate von f im Punkt x
$E_f(x) = \dfrac{\Delta f(x)}{\Delta x} \cdot \dfrac{x}{f(x)}$	–	mittlere Elastizität von f im Punkt x
$\varrho_f(x) = \lim\limits_{\Delta x \to 0} R_f(x) = \dfrac{f'(x)}{f(x)}$	–	Änderungsrate von f im Punkt x; Wachstumsgeschwindigkeit
$\varepsilon_f(x) = \lim\limits_{\Delta x \to 0} E_f(x) = x \cdot \dfrac{f'(x)}{f(x)}$	–	(Punkt-)Elastizität von f im Punkt x

Die mittlere Elastizität und die Elastizität sind unabhängig von den für x und $f(x)$ gewählten Maßeinheiten; es sind dimensionslose Größen. Die Elastizität gibt näherungsweise an, um wie viel Prozent sich $f(x)$ ändert, wenn sich x um 1 % ändert.

Beschreibt $y = f(t)$ das Wachstum (die Veränderung) einer ökonomischen Größe in Abhängigkeit von der Zeit t, so gibt $\varrho_f(t)$ die näherungsweise prozentuale Änderung von $f(t)$ pro Zeiteinheit zum Zeitpunkt t an.

Eine Funktion f heißt im Punkt x

elastisch,	falls $|\varepsilon_f(x)| > 1$	$f(x)$ ändert sich relativ stärker als x,
proportional-elastisch (oder 1-elastisch),	falls $|\varepsilon_f(x)| = 1$	näherungsweise gleiche relative Änderungen bei x und $f(x)$,
unelastisch,	falls $|\varepsilon_f(x)| < 1$	$f(x)$ ändert sich relativ weniger stark als x,
vollkommen unelastisch,	falls $\varepsilon_f(x) = 0$	in linearer Näherung keine Änderung von $f(x)$ bei Änderung von x.

▶ BEISPIEL: Betrachtet werde eine Nachfragefunktion f, die die Nachfrage in Abhängigkeit vom Preis x beschreibt. Ist f elastisch, so verursachen kleine Änderungen des ursprünglichen Preises x (näherungsweise) relativ starke Nachfrageänderungen. Ist f 1-elastisch, so verhalten sich Preis- und Nachfrageänderungen (näherungsweise) proportional. Ist f schließlich unelastisch, so haben Preisänderungen nur eine geringe Nachfrageänderung zur Folge.

Rechenregeln für Elastizitäten:

konstanter Faktor	$\varepsilon_{cf}(x)$	$= \quad \varepsilon_f(x) \quad (c \in \mathbf{R})$
Summe	$\varepsilon_{f+g}(x)$	$= \quad \dfrac{f(x)\varepsilon_f(x) + g(x)\varepsilon_g(x)}{f(x) + g(x)}$
Produkt	$\varepsilon_{f \cdot g}(x)$	$= \quad \varepsilon_f(x) + \varepsilon_g(x)$
Quotient	$\varepsilon_{\frac{f}{g}}(x)$	$= \quad \varepsilon_f(x) - \varepsilon_g(x)$
mittelbare Funktion	$\varepsilon_{f \circ g}(x)$	$= \quad \varepsilon_f(g(x)) \cdot \varepsilon_g(x)$
Umkehrfunktion	$\varepsilon_{f^{-1}}(y)$	$= \quad \dfrac{1}{\varepsilon_f(x)}$

Elastizität der Durchschnittsfunktion: Bezeichnet $\bar{f}$ die Durchschnittsfunktion, d. h. gilt $\bar{f}(x) = \dfrac{f(x)}{x}$, $x \neq 0$, so ist für deren Elastizität die Beziehung

$$\varepsilon_{\bar{f}}(x) = \varepsilon_f(x) - 1$$

gültig. Beschreibt speziell $E(p) = p \cdot x(p)$ den Erlös und $x(p)$ die Nachfrage (x – Menge, p – Preis), so ist wegen $\overline{E}(p) = x(p)$ die Preiselastizität der Nachfrage stets um eins kleiner als die Preiselastizität des Erlöses.

Allgemeine Amoroso-Robinson-Gleichung: Durch unmittelbare Berechnung der Ableitung bzw. der Elastizität der Durchschnittsfunktion mithilfe der Quotientenregel erhält man folgende Beziehung:

$$f'(x) = \bar{f}(x) \cdot \varepsilon_f(x) = \bar{f}(x) \cdot \left[1 + \varepsilon_{\bar{f}}(x)\right].$$

Spezielle Amoroso-Robinson-Gleichung: Bezeichnen p den Preis, $x = N(p)$ die nachgefragte Menge, N^{-1} die Umkehrfunktion zu N, $E(p) = p \cdot N(p) = \tilde{E}(x) = x \cdot N^{-1}(x)$ den Erlös, $\tilde{E}'$ den Grenzerlös und $\varepsilon_N(p)$ die Preiselastizität der Nachfrage, so gilt:

$$\tilde{E}'(x) = p \cdot \left(1 + \frac{1}{\varepsilon_N(p)}\right).$$

8.13.1.4 Klassifikation von Wachstum

Die folgenden Begriffe dienen zur Beschreibung des Wachstumsverhalten von ökonomischen, meist zeitabhängigen Größen. Die Funktion $y = f(t)$ werde im betrachteten Intervall $[a, b]$ als positiv vorausgesetzt.

Eine Funktion f heißt im Intervall $[a, b]$

    (a)   *progressiv wachsend,*   wenn $f'(t) > 0, f''(t) > 0$ $\forall\, t \in [a, b]$,

    (b)   *degressiv wachsend,*   wenn $f'(t) > 0, f''(t) < 0$ $\forall\, t \in [a, b]$,

    (c)   *linear wachsend,*   wenn $f'(t) > 0, f''(t) = 0$ $\forall\, t \in [a, b]$,

    (d)   *fallend,*   wenn $f'(t) < 0$ $\forall\, t \in [a, b]$.

Ist $y = f(t)$ eine zeitabhängige positive Größe, so wird der Quotient

$$w(t, f) = \frac{f'(t)}{f(t)} \tag{8.90}$$

Wachstumstempo (oder *Wachstumsgeschwindigkeit*) der Funktion f zum Zeitpunkt t genannt.

Das Wachstumstempo ist – wie auch die Elastizität – ein relativer Wert, der nicht von der Maßeinheit von f abhängt und damit gut zum Vergleich des Wachstums verschiedener ökonomischer Größen geeignet ist. Allerdings ist $w(t, f)$ nicht dimensionslos wie ε_f, sondern besitzt die Einheit $\frac{1}{ZE}$, wobei ZE der Maßstab der Zeitmessung von t ist.

Das Wachstumsverhalten einer Funktion lässt sich auch mithilfe des Begriffs Wachstumstempo beschreiben. So nennen manche Autoren die monoton wachsende Funktion f im Intervall $[a, b]$

    (i)   *progressiv wachsend,*   wenn $w(t, f)$ dort monoton wächst,

    (ii)   *exponentiell wachsend,*   wenn $w(t, f)$ dort konstant ist,

    (iii)   *degressiv wachsend,*   wenn $w(t, f)$ dort monoton fällt.

Jede exponentiell oder sogar progressiv wachsende Größe im Sinne von (ii) bzw. (i) ist auch progressiv wachsend im Sinne von (a). Die Umkehrung gilt i. Allg. nicht.

▶ BEISPIEL: a) Das Wachstumstempo der Exponentialfunktion $f(t) = a_1 \cdot e^{a_2 t}$, $a_1 > 0$, berechnet sich zu $w(t, f) = \dfrac{a_1 a_2 \cdot e^{a_2 t}}{a_1 \cdot e^{a_2 t}} = a_2 = $ const, diese Funktion ist also exponentiell wachsend.

b) Jede lineare Funktion $f(t) = a_0 + a_1 t$, $a_1 > 0$, ist wegen $f'(t) = a_1 > 0$, $f''(t) = 0$ linear wachsend. Quadratische Funktionen $f(t) = a_0 + a_1 t + a_2 t^2$, $a_1, a_2 > 0$, wachsen dagegen für $t > -a_1/a_2$ progressiv; wegen $f''(t) = 2a_2 = $ const spricht man hier auch von *konstanter Beschleunigung des Wachstums.*

Wachstumsprozesse lassen sich oftmals mithilfe von (verallgemeinerten) Exponentialfunktionen beschreiben.

8.13.2 Funktionswertänderungen bei Funktionen mehrerer unabhängiger Veränderlicher

8.13.2.1 Das vollständige Differential

Falls die Funktion $f\colon D_f \to \mathbb{R}$, $D_f \subseteq \mathbb{R}^n$, vollständig differenzierbar an der Stelle x_0 ist, so gilt die Beziehung

$$\Delta f(x_0) = f(x_0 + \Delta x) - f(x_0) = \nabla f(x_0)^\top \Delta x + o(\|\Delta x\|) \quad \text{mit} \quad \lim_{\Delta x \to 0} \frac{o(\|\Delta x\|)}{\|\Delta x\|} = 0.$$

Der Ausdruck

$$\nabla f(x_0)^\top \Delta x = \frac{\partial f}{\partial x_1}(x_0)\, dx_1 + \ldots + \frac{\partial f}{\partial x_n}(x_0)\, dx_n$$

wird *vollständiges Differential* der Funktion f im Punkt x_0 genannt. Das vollständige Differential gibt die hauptsächliche Änderung des Funktionswertes bei Änderung der n Komponenten der unabhängigen Variablen um Δx_i, $i = 1, \ldots, n$, an (lineare Approximation):

$$\Delta f(x_0) \approx df(x_0) = \sum_{i=1}^{n} \frac{\partial f}{\partial x_i}(x_0) \cdot \Delta x_i.$$

8.13.2.2 Homogene Funktionen

Von besonderer Bedeutung sind Funktionen, bei denen eine proportionale Veränderung der Argumente eine proportionale Veränderung des Funktionswertes bewirkt.

Die Funktion f heißt *homogen* vom Grad $\alpha \geq 0$, wenn gilt

$$f(\lambda x_1, \ldots, \lambda x_n) = \lambda^\alpha \cdot f(x_1, \ldots, x_n) \quad \forall\, \lambda \geq 0, \quad \forall\, x \in D_f. \tag{8.91}$$

$\alpha = 1$:   linear homogen; $\alpha > 1$: überlinear homogen
$0 \leq \alpha < 1$:   unterlinear homogen

Die Funktion f heißt f partiell homogen vom Grad $\alpha_i \geq 0$, falls

$$f(x_1, \ldots, x_{i-1}, \lambda x_i, x_{i+1}, \ldots, x_n) = \lambda^{\alpha_i} f(x_1, \ldots, x_n) \quad \forall\, \lambda \geq 0.$$

▶ BEISPIEL: Die Cobb-Douglas-Produktionsfunktion hat die Form $P = f(A, K) = cA^{\alpha_1} K^{\alpha_2}$, $\alpha_1 > 0$, $\alpha_2 > 0$ (meist $\alpha_1 + \alpha_2 = 1$). Wegen $f(\lambda A, \lambda K) = c(\lambda A)^{\alpha_1}(\lambda K)^{\alpha_2} = \lambda^{\alpha_1 + \alpha_2} f(A, K)$ ist P homogen vom Grad $\alpha_1 + \alpha_2$ und insbesondere linear homogen für $\alpha_1 + \alpha_2 = 1$.

8.13.2.3 Partielle Elastizitäten

Ist die Funktion $f\colon D_f \to \mathbb{R}$, $D_f \subseteq \mathbb{R}^n$, partiell differenzierbar, so beschreibt die dimensionslose Größe $\varepsilon_{f,x_i}(x)$ (*partielle Elastizität*) näherungsweise die relative Änderung des Funktionswertes in Abhängigkeit von der relativen Änderung der i-ten Komponente x_i: Um wie viel Prozent ändert sich $f(x)$ näherungsweise, wenn sich x_i um 1% ändert und alle anderen Argumente x_j, $j \neq i$, unverändert bleiben?

$$\varepsilon_{f,x_i}(x) = f_{x_i}(x) \cdot \frac{x_i}{f(x)} \qquad i\text{-te partielle Elastizität der Funktion } f \text{ im Punkt } x$$

▶ BEISPIEL: Die Cobb-Douglas-Funktion $P = f(A, K) = cA^{\alpha_1} K^{\alpha_2}$, $\alpha_1 > 0$, $\alpha_2 > 0$ ist bezüglich der Variablen A partiell homogen vom Grad α_1, denn $\varepsilon_{P,A} = \frac{\partial P}{\partial A}(A, K) \cdot \frac{A}{P} = \alpha_1$. Wenn sich also A um 1% ändert und K konstant bleibt, ändert sich P näherungsweise um $\alpha_1\%$.

Sind m Funktionen $f_1(x), \ldots, f_m(x)$ gegeben, so heißt

$$\varepsilon(x) = \begin{pmatrix} \varepsilon_{f_1,x_1}(x) & \cdots & \varepsilon_{f_1,x_n}(x) \\ \cdots\cdots\cdots\cdots\cdots\cdots \\ \varepsilon_{f_m,x_1}(x) & \cdots & \varepsilon_{f_m,x_n}(x) \end{pmatrix}$$

Elastizitätsmatrix; $\varepsilon_{f_i,x_j}(x)$ heißen *direkte Elastizitäten* für $i = j$ und *Kreuzelastizitäten* für $i \neq j$.

Die Funktion f sei homogen vom Grad α. Dann gelten die Beziehungen

$$\sum_{i=1}^{n} x_i \cdot \frac{\partial f(x)}{\partial x_i} = \alpha \cdot f(x) \tag{8.92}$$

(Eulersche Homogenitätsrelation) sowie

$$\varepsilon_{f,x_1}(x) + \ldots + \varepsilon_{f,x_n}(x) = \alpha. \tag{8.93}$$

Beziehung (8.92) besagt, dass die Summe der partiellen Elastizitäten gleich dem Homogenitätsgrad der homogenen Funktion f ist. Der Nachweis von (8.92) ergibt sich leicht, indem man $z_i = \lambda x_i$ setzt, die Homogenitätsbeziehung (8.91) nach λ differenziert und anschließend λ gleich eins setzt. Gleichung (8.93) erhält man aus (8.92) nach Division durch den Funktionswert $f(x)$.

8.13.2.4 Grenzrate der Substitution

Betrachtet man für eine Produktionsfunktion $y = f(x_1, \ldots, x_n)$ die Höhenlinie zur Höhe y_0 *(Isoquante)* und fragt, um wie viele Einheiten x_i (näherungsweise) geändert werden muss, um bei gleichem Produktionsoutput und unveränderten Werten der übrigen Variablen eine Einheit des k-ten Einsatzfaktors zu substituieren, so wird unter bestimmten Voraussetzungen eine implizite Funktion $x_k = \varphi(x_i)$ definiert, deren Ableitung als *Grenzrate der Substitution* (des Faktors k durch Faktor i) bezeichnet wird:[11]

$$\varphi'(x_i) = -\frac{f_{x_i}(x)}{f_{x_k}(x)}.$$

8.13.3 Extremwertprobleme in den Wirtschaftswissenschaften

8.13.3.1 Bezeichnungen

$f(x)$	ökonomische Funktion (abhängig von Menge x)
$\bar{f}(x) = f(x)/x$	Durchschnittsfunktion
$f'(x)$	Grenzfunktion
$K(x) = K_v(x) + K_f$	Gesamtkosten = variable Kosten + Fixkosten
$k(x) = K(x)/x$	(Gesamt-) Stückkosten
$k_v(x) = \dfrac{K_v(x)}{x}$	stückvariable Kosten
$p(x)$	Preis-Absatz-Funktion
$E(x) = x \cdot p(x)$	Erlös (Umsatz) = Menge $\cdot$ Preis
$G(x) = E(x) - K(x)$	Gewinn = Erlös $-$ Kosten
$g(x) = G(x)/x$	Stückgewinn

---

[11]In Anwendungen wird das Minuszeichen mitunter weggelassen.

Wegen $\bar{f}(1) = f(1)$ stimmen für $x = 1$ die Werte einer Funktion und der zugehörigen Durchschnittsfunktion überein.

8.13.3.2 Durchschnittsfunktion und Grenzfunktion

$$\bar{f}'(x) = 0 \quad \Longrightarrow \quad f'(x) = \bar{f}(x) \qquad \text{(notwendige Extremalbedingung)}$$

Eine Durchschnittsfunktion kann nur dort einen Extremwert besitzen, wo sie gleich der Grenzfunktion ist, denn:

$$\bar{f}'(x) = \frac{f'(x) \cdot x - f(x) \cdot 1}{x^2} \overset{!}{=} 0 \quad \Longrightarrow \quad f'(x) = \frac{f(x)}{x} = \bar{f}(x).$$

Speziell gilt für $f(x) = K_v(x)$: $K_v'(x_m) = k_v(x_m) = k_{v,\min}$.

An der Stelle x_m minimaler variabler Kosten pro Stück sind Grenzkosten und stückvariable Kosten gleich (Betriebsminimum, kurzfristige Preisuntergrenze).

Ferner gilt für $f(x) = K(x)$: $K'(x_0) = k(x_0) = k_{\min}$.

An der Stelle x_0 minimaler Gesamtstückkosten müssen Grenzkosten und Stückkosten gleich sein (Betriebsoptimum, langfristige Preisuntergrenze).

8.13.3.3 Gewinnmaximierung im Polypol und Monopol

Zu lösen ist die folgende Extremwertaufgabe, deren Lösung x^* sei:

$$G(x) = E(x) - K(x) = p \cdot x - K(x) \to \min.$$

Im *Polypol* (vollständige Konkurrenz) ist der Marktpreis p eines Gutes aus Sicht der Anbieter eine Konstante. Im *(Angebots-) Monopol* wird eine (monoton fallende) Preis-Absatz-Funktion $p = p(x)$ als Markt-Gesamtnachfragefunktion unterstellt.

Polypol; Maximierung des Gesamtgewinns: Aus der hinreichenden Maximumbedingung $G'(x) = 0$, $G''(x) < 0$ folgt für die optimale Angebotsmenge x^*:

$$K'(x^*) = p, \qquad K''(x^*) > 0.$$

Ein polypolistischer Anbieter erzielt ein Gewinnmaximum mit derjenigen Angebotsmenge x^*, für die die Grenzkosten gleich dem Marktpreis sind. Ein Maximum kann nur existieren, wenn x^* im konvexen Bereich der Kostenfunktion liegt (2. Ableitung größer als null).

Polypol; Maximierung des Stückgewinns: Wegen $g(x) = \dfrac{G(x)}{x} = \dfrac{E(x) - K(x)}{x} = p - k(x)$ folgt aus $g'(x) = 0$ und $g''(x) < 0$ (hinreichende Maximumbedingung) auch

$$k'(x) = 0 \quad \text{bzw.} \quad k''(x) > 0,$$

d. h., der maximale Stückgewinn liegt an der Stelle x_0 des Stückkostenminimums (Betriebsoptimum).

Polypol; lineare Gesamtkostenfunktion, Kapazitätsgrenze $\hat{x}$: Mit $K(x) = a + bx$ $(a, b > 0,$ $b < p)$ und $G(x) = px - (a + bx) = (p - b)x - a$ gilt

$$x^* = \hat{x},$$

d. h., das Gewinnmaximum liegt an der Kapazitätsgrenze; der maximale Gewinn ist positiv, sofern die *Gewinnschwelle ("break even point")* in $(0, \hat{x})$ liegt.

Wegen $k(x) = \dfrac{a}{x} + b$ und $g(x) = p - k(x) = (p - b) - \dfrac{a}{x}$ liegen das Stückkostenminimum und das Stückgewinnmaximum jeweils an der Kapazitätsgrenze $\hat{x}$.

Monopol; Maximierung des Gesamtgewinns: Aus der hinreichenden Maximumbedingung $G'(x) = 0$, $G''(x) < 0$ mit $G(x) = E(x) - K(x)$ ergeben sich die hinreichenden Maximumbedingungen

$$K'(x^*) = E'(x^*), \quad E''(x^*) - K''(x^*) < 0.$$

An der Stelle des Gewinnmaximums stimmen also Grenzerlös und Grenzkosten überein (*Cournotscher Punkt*).[12]

▶ BEISPIEL: Für die Preis-Absatz-Funktion $p(x) = 10 - x$ und die Kostenfunktion $k(x) = 20 + 2x$ ergibt sich $E(x) = x(10 - x)$ und $G(x) = x(10 - x) - (20 + 2x) = -x^2 + 8x - 20$, folglich $G'(x) = -2x + 8$ sowie $G''(x) = -2 < 0$. Aus $G'(x) = 0$ erhält man die gewinnmaximale Menge $x_C = 4$ (Cournotsche Menge) sowie den zugehörigen (Cournotschen) Preis $p_C = p(x_C) = 6$.

Monopol; Stückgewinnmaximierung: Wegen $g(x) = \dfrac{G(x)}{x} = p(x) - k(x)$ folgen aus der hinreichenden Maximumbedingung $g'(x) = 0$, $g''(x) < 0$ die Beziehungen

$$p'(\bar{x}) = k'(\bar{x}), \quad p''(\bar{x}) < k''(\bar{x}).$$

Der maximale Stückgewinn wird also in dem Punkt $\bar{x}$ angenommen, wo die Anstiege von Preis-Absatz-Funktion und Stückkostenfunktion gleich sind.

8.13.3.4 Optimale Losgröße

k_r – Rüstkosten (GE) pro Los
k_l – Lagerkosten (GE pro ME und ZE)
b – Bedarf, Lagerabgang (ME/ZE)
c – Produktionsrate, Lagerzugang (ME/ZE)
T – Periodenlänge (ZE)
x – (gesuchte) Losgröße (ME); $x > 0$

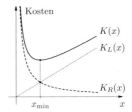

Die Lagerabgangsrate b sowie die Lagerzugangsrate $c > b$ werden als konstant vorausgesetzt. (Für $c = b$ wird „aus theoretischer Sicht" kein Lager benötigt.)

Gesucht ist diejenige Losgröße x^*, für die die Gesamtkosten pro Periode, bestehend aus Rüst- und Lagerkosten, minimal werden. Je größer das Produktionslos, desto geringer die Rüstkosten, aber desto höher die (auf den durchschnittlichen Lagerbestand bezogenen) Lagerhaltungskosten.

$t_0 = \dfrac{x}{c}$ – Fertigungsdauer eines Loses

$T_0 = \dfrac{x}{b}$ – Dauer eines Produktions- bzw. Lagerzyklus

$l_{max} = \left(1 - \dfrac{b}{c}\right) x$ – maximaler Lagerbestand

---

[12] Antoine Augustin Cournot; frz. Volkswirtschaftler, Mathematiker und Philosoph, 1801–1877; er untersuchte insbesondere die Preisbildung im Monopol und Oligopol.

$\bar{l} = \left(1 - \frac{b}{c}\right) \cdot \frac{x}{2}$ — durchschnittlicher Lagerbestand

$B = b \cdot T$ — Gesamtbedarf in $[0, T]$

$n = \frac{B}{x} = \frac{bT}{x}$ — Anzahl zu produzierender Lose in $[0, T]$

$K_R(x) = \frac{B}{x} \cdot k_r$ — Gesamtrüstkosten in $[0, T]$

$K_L(x) = \left(1 - \frac{b}{c}\right) \cdot \frac{x}{2} \cdot k_l \cdot T$ — Gesamtlagerkosten in $[0, T]$

Für die Minimierung der Periodengesamtkosten $K(x) = K_R(x) + K_L(x)$ muss die Beziehung $K'(x) = 0$ gelten, woraus sich

$$-\frac{bTk_r}{x^2} + \left(1 - \frac{b}{c}\right) k_l \cdot \frac{T}{2} = 0$$

bzw. (wegen $x^* > 0$)

$$x^* = \sqrt{\frac{2bk_r}{\left(1 - \frac{b}{c}\right) k_l}}$$

als *optimale Losgröße* ergibt. Erfolgt der gesamte Lagerzugang sofort zu Beginn des Lagerzyklus ($c \to \infty$), so gilt $l_{max} = x$; ferner erhält man die *Losgrößenformel von Harris und Wilson*:

$$x^* = \sqrt{\frac{2bk_r}{k_l}}.$$

Literatur zu Kapitel 8

[Ahuja et al. 1993] Ahuja, R. K.; Magnanti, T. L.; Orlin, J.B.: Network Flows – Theory, Algorithms, and Applications. Prentice Hall, Englewood Cliffs (1993)

[Alt 2011] Alt, W.: Nichtlineare Optimierung. 2. Auflage, Vieweg + Teubner, Wiesbaden (2011)

[Bazaraa et al. 2006] Bazaraa, M. S., Sherali, H. D., Shetty, C. M.: Nonlinear Programming. Theory and Algorithms. 3. Auflage, Wiley, New York, (2006)

[Bector et al. 2005] Bector, C. R.; Chandra, S.; Dutta, J.: Principles of Optimization Theory. Alpha Science International, Harrow (2005)

[Bertsekas 1995] Bertsekas, D. P.: Nonlinear Programming. Athena Scientific, Belmont (1995)

[Bingham und Kiesel 2004] Bingham, N. H.; Kiesel, R.: Risk-Neutral Valuation. Pricing and Hedging of Financial Derivatives. Second edition. Springer, London (2004)

[Bodie et al. 2002] Bodie, Z.; Kane, A.; Marcus, A. Investments. McGraw-Hill, New York (2002)

[Bot et al. 2002] Bot, R. I.; Grad S.-M.; Wanka, G.: Duality in Vector Optimization. Springer, Berlin (2009)

[Brooke et al. 1988] Brooke, A.; Kendrick, D.; Meeraus, A.: GAMS: A User's Guide. The Pacific Press, South San Francisco (1988)

[Dempe und Schreier 2006] Dempe, S.; Schreier, H.: Operations Research. Deterministische Modelle und Methoden. Vieweg + Teubner, Wiesbaden (2006)

[Ehrgott 2000] Ehrgott, M.: Multicriteria Optimization. Springer, Berlin (2000)

[Elstrodt 1996] Elstrodt, J.: Maß- und Integrationstheorie. 6. Auflage, Springer, Berlin (1996)

[Embrechts et al. 1997] Embrechts, P.; Klüppelberg, C.; Mikosch, T.: Modelling Extremal Events. Springer, Berlin (1997)

[Filipović 2009] Filipović, D.: Term-Structure Models. Springer, Berlin (2009)

[Föllmer und Schied 2011] Föllmer, H.; Schied, A.: Stochastic Finance. An Introduction in Discrete Time. Third edition. De Gruyter, Berlin (2011)

[Forgo et al. 1999] Forgo, F.; Szep, J.; Szidarovszky, F.: Introduction to the Theory of Games: Concepts, Methods, Applications. Kluwer Academic Publishers, Dordrecht (1999)

[Fourer et al. 1993] Fourer, R.; Gay, D. M.; Kernighan, B. W.: AMPL: A Modelling Language for Mathematical Programming. Duxbury Press, (1993)

[Geiger und Kanzow 1999] Geiger, C.; Kanzow, C.: Numerische Verfahren zur Lösung unrestringierter Optimierungsaufgaben. Springer, Berlin (1999)

[Geiger und Kanzow 2002] Geiger, C.; Kanzow, C.: Theorie und Numerik restringierter Optimierungsaufgaben. Springer, Berlin (2002)

[Göpfert und Nehse 1990] Göpfert, A.; Nehse, R.: Vektoroptimierung. Theorie, Verfahren und Anwendungen. B. G. Teubner, Leipzig (1990)

[Grandell 1991] Grandell, J.: Aspects of Risk Theory. Springer, Berlin (1991)

[Großmann und Terno 1997] Großmann, C.; Terno, J.: Numerik der Optimierung. 2. Auflage, B. G. Teubner, Stuttgart (1997)

[Grundmann und Luderer 2009] Grundmann, W.; Luderer, B.: Finanzmathematik, Versicherungsmathematik, Wertpapieranalyse. Formeln und Begriffe. 3. Auflage, Vieweg + Teubner, Wiesbaden (2009)

[Heidorn 2009] Heidorn, T.: Finanzmathematik in der Bankpraxis. Vom Zins zur Option. 6. Auflage. Gabler, Wiesbaden (2009)

[Hillier und Liebermann 1988] Hillier, F. S.; Liebermann, G. J.: Operations Research: Einführung. Oldenbourg, München (1988)

[Hiriart-Urruty und Lemarechal 1993] Hiriart-Urruty, J.-P.; Lemarechal, C.: Convex Analysis and Minimization Algorithms, Vol. 1, 2. Springer, Berlin (1993)

[van der Hoek und Elliott 2006] van der Hoek, J.; Elliott, R. J.: Binomial Models in Finance. Springer, New York 2006

[Holler und Illing 1991] Holler, M. J.; Illing, G.: Einführung in die Spieltheorie. Springer, Berlin (1991)

[Hull 2005] Hull, J. C.: Optionen, Futures und andere Derivate. 6. Auflage, Pearson Studium, München (2005)

[Hull 2006] Hull, J. C.: Lösungsbuch Optionen, Futures und andere Derivate. Pearson Studium, München (2006)

[Irle 1998] Irle, A.: Finanzmathematik. Die Bewertung von Derivaten. Vieweg + Teubner, Wiesbaden (1998)

[Jahn 2004] Jahn, J.: Vector Optimization. Theory, Applications, and Extensions. Springer, Berlin (2004)

[Jarre und Stoer 2004] Jarre, F.; Stoer, J.: Optimierung. Springer, Berlin (2004)

[Jungnickel 1994] Jungnickel, D.: Graphen, Netzwerke und Algorithmen. Springer, Berlin (1994)

[Kaliszewski 1994] Kaliszewski, I.: Quantitative Pareto Analysis by Cone Separation Technique. Kluwer Academic Publishers, Boston (1994)

[Karatzas und Shreve] Karatzas, I.; Shreve, S. E.: Methods of Mathematical Finance. Springer, New York (1998)

[Koller 2010] Koller, M.: Stochastische Modelle in der Lebensversicherung. 2. Auflage, Springer, Berlin (2010)

[Korn und Korn 1999] Korn, R.; Korn, E.: Optionsbewertung und Portfolio-Optimierung. Vieweg + Teubner, Wiesbaden (1999)

[Korte und Vygen 2000] Korte, B.; Vygen, J.: Combinatorial Optimization: Theory and Algorithms. Springer, Berlin (2000)

[Kremer 2006] Kremer, J.: Einführung in die Diskrete Finanzmathematik. Springer, Berlin (2006)

[Lamberton und Lapeyre 1996] Lamberton, D.; Lapeyre, B.: Introduction to Stochastic Calculus Applied to Finance. Transl. from the French, Chapman & Hall, London (1996)

[Luderer 2011] Luderer B.: Starthilfe Finanzmathematik. Zinsen – Kurse – Renditen. 3. Auflage. Vieweg + Teubner, Wiesbaden (2011)

[Luderer und Würker 2011] Luderer B., Würker U.: Einstieg in die Wirtschaftsmathematik. 8. Auflage, Vieweg + Teubner, Wiesbaden (2011)

[Mack 2002] Mack, T.: Schadenversicherungsmathematik. 2. Auflage, Verlag Versicherungswirtschaft, Karlsruhe (2002)

[Mangasarian 1994] Mangasarian, O. L.: Nonlinear Programming. McGraw-Hill, New York 1969 (Nachdruck: SIAM, Philadelphia, 1994)

[Markowitz 2000] Markowitz, H. M.: Mean-Variance Analysis in Portfolio Choice and Capital Markets. Frank J. Fabozzi Associates, New Hope (2000)

[Mertens 2006] Mertens, D.: Portfolio-Optimierung nach Markowitz. Bankakademie-Verlag, Frankfurt am Main (2006)

[Merton 1990] Merton, R. C.: Continuous-Time Finance. Blackwell, Cambridge (1990)

[Miettinen 1998] Miettinen, K. M. Nonlinear Multiobjective Optimization. Kluwer Academic Publishers, Bosten (1998)

[Milbrodt 1999] Milbrodt, H.; Helbig, M.: Mathematische Methoden der Personenversicherung. De Gruyter, Berlin (1999)

[Nemhauser und Wolsey 1999] Nemhauser, G. L.; Wolsey, L. A.: Integer and Combinatorial Optimization. Wiley, New York (1999)

[Outrata et al. 1998] Outrata, J.; Kočvara, M.; Zowe, J.: Nonsmooth Approach to Optimization Problems with Equilibrium Constraints. Kluwer Academic Publishers, Dordrecht (1998)

[Pieler 1970] Pieler, J.: Ganzzahlige lineare Optimierung. B. G. Teubner, Leipzig (1970)

[Rolski et al. 1970] Rockafellar, R. T.: Convex Analysis. Princeton University Press, Princeton (1970)

[Rolski et al. 1999] Rolski, T.; Schmidli, H.; Schmidt, V.; Teugels, J.: Stochastic Processes for Insurance and Finance. Wiley, Chichester (1999)

[Rudolf 1994] Rudolf, M.: Algorithms for Portfolio Optimization and Portfolio Insurance. Haupt, Bern (1994)

[Ruszczyński 2006] Ruszczyński, A.: Nonlinear Optimization. Princeton University Press, Princeton (2006)

[Sawaragi et al. 1985] Sawaragi, Y.; Nakayama, H.; Tanino, T.: Theory of Multiobjective Optimization. Academic Press, Orlando (1985)

[Schmidt 2002] Schmidt, K.: Versicherungsmathematik. Springer, Berlin (2002)

[Schrijver 1989] Schrijver, A.: Theory of Linear and Integer Programming. Wiley, New York (1989)

[Schrijver 2003] Schrijver, A.: Combinatorial Optimization. Polyhedra and Efficiency, Vol. A–C. Springer, Berlin (2003)

[Shreve 2004 I] Shreve, Steven E.: Stochastic Calculus for Finance. I. The Binomial Asset Pricing Model. Springer, New York (2004)

[Shreve 2004 II] Shreve, Steven E.: Stochastic Calculus for Finance. II. Continuous-Time Models. Springer, New York (2004)

[Sondermann] Sondermann, D.: Introduction to Stochastic Calculus for Finance. A New Didactic Approach. Springer, Berlin (2006)

[Teugels und Sundt 2004] Teugels, J.; Sundt, B.: Encyclopedia of Actuarial Science. Wiley, Chichester (2004)

[Tietze 2011] Tietze J.: Einführung in die angewandte Wirtschaftsmathematik. Das praxisnahe Lehrbuch. 16. Auflage. Vieweg + Teubner, Wiesbaden (2011)

[Unger 2010] Unger, T.; Dempe, S.: Lineare Optimierung – Modell, Lösung, Anwendung. Vieweg + Teubner, Wiesbaden (2010)

KAPITEL 9

ALGORITHMIK UND INFORMATIK

9.1 Geschichte der Informatik

Ende des 19. und Anfang des 20. Jahrhunderts war die Gesellschaft in einem Zustand der Euphorie angesichts der Erfolge der Wissenschaft und der technischen Revolution, die das Wissen in die Herstellung von Maschinen umgewandelt hatte. Die Produkte der kreativen Arbeit von Wissenschaftlern und Entwicklern drangen in das tägliche Leben und erhöhten die Lebensqualität wesentlich. Unvorstellbares wurde zur Realität. Die entstandene Begeisterung führte unter den Wissenschaftlern nicht nur zu großem Optimismus, sondern sogar zu utopischen Vorstellungen über unsere Fähigkeiten. Es überwog die kausal-deterministische Vorstellung über die Welt, in der alles, was passiert, eine Ursache hat. Mit der Kette

Ursache $\Longrightarrow$ Wirkung $\Longrightarrow$ Ursache $\Longrightarrow$ Wirkung $\Longrightarrow$ ...

wollte man die Welt erklären. Man glaubte daran, dass wir fähig sind, alle Naturgesetze zu erforschen und dass dieses Wissen ausreicht, um die Welt zu verstehen. In der **Physik** zeigte sich diese Euphorie in dem Gedankenexperiment der sogenannten Dämonen, die die Zukunft berechnen und somit vorhersagen könnten. Den Physikern war klar, dass das Universum aus einer riesigen Menge von Teilchen besteht und kein Mensch fähig ist, ihre Positionen, inneren Zustände und Bewegungsrichtungen gleichzeitig zu erfassen. Somit sahen die Physiker, dass auch mit der Kenntnis aller Naturgesetze ein Mensch die Zukunft nicht vorhersagen kann. Deswegen führten die Physiker den Begriff des „Dämonen" als den eines Übermenschen ein, der den Ist-Zustand des Universums (den Zustand aller Teilchen und aller Interaktionen zwischen den Teilchen) vollständig sehen kann. Damit wurde der hypothetische Dämon fähig, mit der Kenntnis aller Naturgesetze die Zukunft zu kalkulieren und alles über sie vorherzusagen. Ich persönlich halte diese Vorstellung aber gar nicht für optimistisch, weil sie bedeutet, dass die Zukunft schon bestimmt ist. Wo bleibt dann Platz für unsere Aktivitäten? Können wir gar nichts beeinflussen, höchstens vorhersagen? Zum Glück hat die Physik selbst diese Vorstellungen zerschlagen. Einerseits stellte man mit der **Chaostheorie** fest, dass es reale Systeme gibt, bei denen unmessbar kleine Unterschiede in der Ausgangslage zu vollständig unterschiedlichen zukünftigen Entwicklungen führen. Das definitive Aus für die Existenz von Dämonen war die Entwicklung der Quantenmechanik[1], die zur eigentlichen Grundlage der heutigen Physik geworden ist. Die Basis der Quantenmechanik bilden wirklich zufällige und damit unvorhersehbare Ereignisse auf der Ebene der Teilchen. Wenn man die Quantenmechanik akzeptiert (bisher waren die Resultate aller Experimente im Einklang mit dieser Theorie), dann gibt es keine eindeutig bestimmte Zukunft – und somit wird uns der Spielraum für die Zukunftsgestaltung nicht entzogen.

Die **Gründung der Informatik** hängt aber mit anderen, aus heutiger Sicht „utopischen" Vorstellungen zusammen. David Hilbert, einer der berühmtesten Mathematiker seiner Zeit, glaubte an die Existenz von **Lösungsmethoden** für alle Probleme. Die Vorstellung war,

---

[1] Ausführlicher werden wir uns mit diesem Thema in dem Abschnitt über den Zufall beschäftigen.

(i) dass man die ganze Mathematik auf endlich vielen Axiomen aufbauen kann,

(ii) dass die so aufgebaute Mathematik in dem Sinne vollständig wird, dass alle in dieser Mathematik formulierbaren Aussagen auch in dieser Theorie als korrekt oder falsch bewiesen werden können und

(iii) dass zum Beweisen der Korrektheit von Aussagen eine Methode existiert.

Im Zentrum unseres Interesses liegt jetzt der Begriff **Methode**. Was verstand man damals in der Mathematik unter einer Methode?

Eine **Methode** *zur Lösung einer Aufgabe ist eine Beschreibung einer Vorgehensweise, die zur Lösung der Aufgabe führt. Die Beschreibung besteht aus einer Folge von Instruktionen, die für jeden, auch einen Nichtmathematiker, durchführbar sind.*

Wichtig ist dabei zu begreifen, dass man zur Anwendung einer Methode nicht zu verstehen braucht, wie diese Methode erfunden wurde und warum sie die gegebene Aufgabe löst. Zum Beispiel betrachten wir die Aufgabe (das Problem), quadratische Gleichungen der Form

$$x^2 + bx + c = 0$$

zu lösen. Wenn $b^2 - 4c > 0$ gilt, beschreiben die Formeln

$$x_1 = -\left(\frac{b}{2}\right) + \frac{\sqrt{b^2 - 4c}}{2}$$

$$x_2 = -\left(\frac{b}{2}\right) - \frac{\sqrt{b^2 - 4c}}{2}$$

die zwei Lösungen der quadratischen Gleichung. Wir sehen damit, dass man x_1 und x_2 berechnen kann, ohne zu wissen, warum die Formeln so sind, wie sie sind. Es reicht aus, einfach fähig zu sein, die arithmetischen Operationen durchzuführen. Somit kann auch ein maschineller Rechner, also ein Gegenstand ohne Intellekt, quadratische Gleichungen dank der existierenden Methode lösen.

Deswegen verbindet man die Existenz einer mathematischen Methode zur Lösung gewisser Aufgabentypen mit der **Automatisierung** der Lösung dieser Aufgaben. Heute benutzen wir nicht den Begriff „Methode" zur Beschreibung von Lösungswegen, weil dieses Fachwort viele Interpretationen in anderen Kontexten hat. Stattdessen verwenden wir heute den zentralen Begriff der Informatik, den Begriff des **Algorithmus**. Obwohl die Verwendung dieses Begriffes relativ neu ist, verwenden wir Algorithmen im Sinne von Lösungsmethoden schon seit Tausenden von Jahren. Das Wort „Algorithmus" verdankt seinen Namen dem arabischen Mathematiker Al-Khwarizmi, der im 9. Jahrhundert in Bagdad ein Buch über algebraische Methoden geschrieben hat.

Im Sinne dieser algorithmischen Interpretation strebte also **Hilbert** die Automatisierung der Arbeit von Mathematikern an. Er strebte nach einer vollständigen Mathematik, in der man für die Erzeugung der Korrektheitsbeweise von formulierten Aussagen einen Algorithmus (eine Methode) hat. Damit wäre die Haupttätigkeit eines Mathematikers, mathematische Beweise zu führen, automatisierbar. Eigentlich eine traurige Vorstellung, eine so hoch angesehene, intellektuelle Tätigkeit durch „dumme" Maschinen erledigen lassen zu können.

Im Jahr 1931 setzte **Kurt Gödel** diesen Bemühungen, eine vollständige Mathematik zu bauen, ein definitives Ende. Er hat mathematisch bewiesen, dass eine vollständige Mathematik nach Hilbertschen Vorstellungen nicht existiert und somit nie aufgebaut werden kann. Ohne auf mathematische Formulierungen zurückzugreifen, präsentieren wir die wichtigste Aussage von Gödel für die Wissenschaft:

(i) Es gibt keine vollständige „vernünftige" mathematische Theorie. In jeder korrekten und genügend umfangreichen mathematischen Theorie (wie der heutigen Mathematik) ist es möglich, Aussagen zu formulieren, deren Korrektheit innerhalb dieser Theorie nicht beweisbar ist. Um die Korrektheit dieser Aussagen zu beweisen, muss man neue Axiome aufnehmen und dadurch eine größere Theorie aufbauen.

(ii) Es gibt keine Methode (keinen Algorithmus) zum automatischen Beweisen mathematischer Sätze.

Wenn man die Resultate richtig interpretiert, ist diese Nachricht eigentlich positiv. Der Aufbau der Mathematik als die formale Sprache der Wissenschaft ist ein unendlicher Prozess. Mit jedem neuen Axiom und damit mit jeder neuen Begriffsbildung wächst unser Vokabular und unsere Argumentationsstärke. Dank neuer Axiome und damit verbundener Begriffe können wir über Dinge und Ereignisse Aussagen formulieren, über die wir vorher nicht sprechen konnten. Und wir können die Wahrheit von Aussagen überprüfen, die vorher nicht verifizierbar waren. Letztendlich können wir diese Wahrheitsüberprüfung aber nicht automatisieren.

Die **Resultate von Gödel** haben unsere Sicht auf die Wissenschaft verändert. Wir verstehen dadurch die Entwicklung der einzelnen Wissenschaften zunehmend als einen Prozess der Begriffsbildung und Methodenentwicklung. Warum war aber das Resultat von Gödel maßgeblich für das Entstehen der Informatik? Einfach deswegen, weil vor den Gödelschen Entdeckungen kein Bedarf an einer formalen, mathematischen Definition des Begriffes „Methode" vorhanden war. Eine solche Definition war nicht nötig, um eine neue Methode für gewisse Zwecke zu präsentieren. Die intuitive Vorstellung einer einfachen und verständlichen Beschreibung der Lösungswege reichte vollständig. Aber sobald man beweisen sollte, dass für gewisse Aufgaben (Zwecke) kein Algorithmus existiert, musste man vorher ganz genau wissen, was ein Algorithmus ist. Die Nichtexistenz eines Objektes zu beweisen, das nicht eindeutig spezifiziert ist, ist ein unmögliches Vorhaben. Wir müssen ganz genau (im Sinne einer mathematischen Definition) wissen, was ein Algorithmus zur Lösung eines Problems ist. Nur so können wir den Beweis führen, dass es zur Lösung dieser Aufgabe keinen Algorithmus gibt. Die erste mathematische Definition wurde von Alan Turing in Form der sogenannten Turingmaschine gegeben und später folgten viele weitere. Das Wichtigste ist, dass alle vernünftigen Versuche, eine formale Definition des Algorithmus zu finden, zu der gleichen Begriffsbeschreibung im Sinne des automatisch Lösbaren führten. Obwohl sie in mathematischen Formalismen auf unterschiedliche Weise ausgedrückt wurden, blieben die diesen Definitionen entsprechenden Mengen der algorithmisch lösbaren Aufgaben immer dieselben. Dies führte letztendlich dazu, dass man die Turingsche Definition des Algorithmus zum **ersten**[2] **Axiom der Informatik** erklärt hat.

Jetzt können wir unser Verständnis für die Axiome nochmals überprüfen. Wir fassen die Definition des Algorithmus als Axiom auf, weil ihre Korrektheit nicht beweisbar ist. Wie könnten wir beweisen, dass die von uns definierte, algorithmische Lösbarkeit wirklich unserer Vorstellung über automatisierte Lösbarkeit entspricht? Wir können eine Widerlegung dieser Axiome nicht ausschließen. Wenn jemand eine nutzbare Methode zu einem gewissen Zweck entwickelt und diese Methode nach unserer Definition kein Algorithmus ist, dann war unsere Definition nicht gut genug und muss revidiert werden. Seit 1936 hat aber, trotz vieler Versuche, niemand die verwendete Definition des Algorithmus destabilisiert und somit ist der Glaube an die Gültigkeit dieser Axiome stark.

Der Begriff des **Algorithmus** ist so zentral für die Informatik, dass wir jetzt nicht versuchen werden, die Bedeutung dieses Begriffes in Kürze und unvollständig zu erklären. Lieber widmen wir uns später ausführlich dem Aufbau des Verständnisses für die Begriffe „Algorithmus" und „Programm".

Die **erste fundamentale Frage** der Informatik war:

---

[2] Alle Axiome der Mathematik werden auch als Axiome in der Informatik verwendet.

Gibt es Aufgaben, die man algorithmisch (automatisch) nicht lösen kann? Und wenn ja, welche Aufgaben sind algorithmisch lösbar und welche nicht?

Wir werden diese grundlegende Frage im Folgenden nicht nur beantworten, sondern große Teile der Forschungswege zu den richtigen Antworten so darstellen, dass man sie danach selbstständig nachvollziehen kann. Wir gehen hier in sehr kleinen Schritten vor. Der Schlüssel zum Verständnis der Informatik liegt im korrekten Verstehen ihrer Grundbegriffe.

Haben Sie schon einmal nach Rezept einen Kuchen gebacken oder ein Essen gekocht, ohne zu ahnen, warum man genau so vorgehen muss, wie in der Anweisung beschrieben? Die ganze Zeit waren Sie sich bewusst, dass eine korrekte Durchführung aller Einzelschritte enorm wichtig für die Qualität des Endprodukts ist. Was haben Sie dabei gelernt? Mit einem präzise formulierten und detaillierten Rezept kann man etwas Gutes erzeugen, ohne ein Meisterkoch zu sein. Auch wenn man sich im Rausch des Erfolges kurz für einen hervorragenden Koch halten darf, ist man dies nicht, bevor man nicht alle Zusammenhänge zwischen dem Produkt und den Schritten seiner Herstellung verstanden hat – und selbst solche Rezepte schreiben kann.

Der **Rechner** hat es noch schwerer: Er kann nur ein paar elementare Rechenschritte durchführen, so wie man zum Beispiel die elementaren Koch-Operationen wie das Mischen von Zutaten und das Erwärmen zur Umsetzung eines Rezeptes beherrschen muss. Im Unterschied zu uns besitzt der Rechner aber keine Intelligenz und kann deshalb auch nicht improvisieren. Ein Rechner verfolgt konsequent die Anweisungen seiner Rezepte (seiner Programme), ohne zu ahnen, welche komplexe Informationsverarbeitung diese auslösen.

Auf diese Weise entdeckt man, dass die **Kunst des Programmierens** jene ist, Programme wie Rezepte zu schreiben, welche die Methoden und Algorithmen für den Rechner verständlich darstellen. So kann er unterschiedlichste Aufgaben lösen.

Nachdem die Forscher eine Theorie zur Klassifizierung von Problemen in automatisch lösbare und automatisch unlösbare erfolgreich entwickelt hatten, kamen in den sechziger Jahren die Rechner zunehmend in der Industrie zum Einsatz. In der praktischen Umsetzung von Algorithmen ging es dann nicht mehr nur um die Existenz von Algorithmen, sondern auch um deren Berechnungskomplexität und somit um die Effizienz der Berechnung.

Nach dem Begriff des Algorithmus ist der Begriff der **Komplexität** der nächste zentrale Begriff der Informatik. Die Komplexität verstehen wir in erster Linie als Berechnungskomplexität, also als die Menge der Arbeit, die ein Rechner bewältigen muss, um zu einer Lösung zu gelangen. Am häufigsten messen wir die Komplexität eines Algorithmus in der Anzahl der durchgeführten Operationen oder der Größe des verwendeten Speichers. Wir versuchen auch, die Komplexität von Problemen zu messen, indem wir die Komplexität des besten (schnellsten bzw. mit dem Speicher am sparsamsten umgehenden) Algorithmus, der das gegebene Problem löst, heranziehen.

Die **Komplexitätstheorie** versucht die Probleme (Aufgabenstellungen) bezüglich der Komplexität in leichte und schwere zu unterteilen. Wir wissen, dass es beliebig schwere algorithmisch lösbare Probleme gibt, und wir kennen Tausende von Aufgaben aus der Praxis, für deren Lösung die besten Algorithmen mehr Operationen durchführen müssten, als es Protonen im bekannten Universum gibt. Weder reicht die ganze Energie des Universums noch die Zeit seit dem Urknall aus, um sie zu lösen. Kann man da überhaupt etwas unternehmen?

Beim Versuch, diese Frage zu beantworten, entstanden einige der **tiefgründigsten Beiträge der Informatik**. Man kann einiges tun. Und wie dies möglich ist, das ist die wahre Kunst der Algorithmik. Viele schwer berechenbare Probleme sind in folgendem Sinne instabil. Mit einer kleinen Umformulierung des zu lösenden Problems oder mit einer leichten Abschwächung der Anforderungen kann auf einmal aus einer physikalisch unrealisierbaren Menge an Computerarbeit eine in Bruchteilen einer Sekunde durchführbare Rechnung werden. Wie dies durch die Kunst der Algorithmik gelingt, werden wir später sehen.

Unerwartete und spektakuläre Lösungen entstehen dann, wenn unsere Anforderungen so wenig abgeschwächt werden, dass es aus Sicht der Praxis keine wirkliche Abschwächung ist und dabei trotzdem eine riesige Menge von Rechenarbeit eingespart wird.

Die wunderbarsten Beispiele in diesem Zusammenhang entstehen bei der Anwendung der **Zufallssteuerung**. Die Effekte sind hier so faszinierend wie wahre Wunder. Daher widmen wir dem Thema der zufallgesteuerten Algorithmen ein ganzes Kapitel. Die Idee ist dabei, die deterministische Kontrolle von Algorithmen dadurch aufzugeben, dass man hier und da den Algorithmus eine Münze werfen lässt. Abhängig von dem Ergebnis des Münzwurfs darf dann der Algorithmus unterschiedliche Lösungsstrategien wählen. Auf diese Weise verlieren wir die theoretisch absolute Sicherheit, immer die korrekte Lösung auszurechnen, weil wir bei einigen Zufallsentscheidungen erfolglose Berechnungen nicht vermeiden können. Unter erfolglosen Berechnungen verstehen wir Bemühungen, die zu keinem oder sogar zu einem falschen Resultat führen. Wenn man aber die Wahrscheinlichkeit des Auftretens von fehlerhaften Problemlösungen kleiner hält als die Wahrscheinlichkeit des Auftretens eines Hardwarefehlers während der Berechnung, verliert man dabei aus praktischer Sicht gar nichts. Wenn man mit diesem nur scheinbaren Sicherheitsverlust den Sprung von einer physikalisch unrealisierbaren Menge von Arbeit zu ein paar Sekunden Rechenzeit auf einem gewöhnlichen PC schafft, kann man von einem wahren Wunder sprechen. Ohne diese Art von Wundern kann man sich heute die Kommunikation im Internet, E-Commerce und Online-Banking gar nicht mehr vorstellen.

Die Konzepte der **Berechnungskomplexität** haben die ganze Wissenschaft beeinflusst und befruchtet. Ein schönes Beispiel solcher Bereicherung ist die Kryptographie, die „Wissenschaft der Verschlüsselung". Die Kryptographie hat sich erst mit Hilfe der Algorithmik und ihren komplexitätstheoretischen Konzepten zu einer fundierten Wissenschaft entwickelt. Es ist schwer, andere Wissenschaftsgebiete zu finden, in denen so viele Wunder im Sinne unerwarteter Wendungen und unglaublicher Möglichkeiten auftreten.

Kryptographie ist eine uralte Wissenschaft der Geheimsprachen. Dabei geht es darum, Texte so zu verschlüsseln, dass sie niemand außer dem rechtmäßigen Empfänger dechiffrieren kann. Die klassische Kryptographie basiert auf geheimen Schlüsseln, die dem Sender sowie dem Empfänger bekannt sind.

Die Informatik hat wesentlich zur Entwicklung der Kryptographie beigetragen. Zunächst hat sie auf der Ebene der Begriffsbildung das erste Mal ermöglicht, die Zuverlässigkeit eines Kryptosystems zu messen. Ein Kryptosystem ist schwer zu knacken, wenn jedes Computerprogramm, das den geheimen Schlüssel nicht kennt, eine physikalisch unrealisierbare Menge von Arbeit zur Dechiffrierung von verschlüsselten Texten braucht. Ausgehend von dieser Definition der Güte eines Kryptosystems haben die Informatiker Chiffrierungen gefunden, die effizient durchführbar sind, deren entsprechende Dechiffrierungen ohne Kenntnis des Schlüssels aber einer algorithmisch schweren Aufgabe entsprechen.

Daran sieht man, dass die Existenz von schweren Problemen uns nicht nur die Grenzen aufzeigt, sondern auch sehr nützlich sein kann. So entwickelte Kryptosysteme nennt man Public-Key-Kryptosysteme, weil die Chiffrierungsmechanismen wie Telefonnummern in einem Telefonbuch veröffentlicht werden dürfen. Denn das Geheimnis, das zu seiner effizienten Dechiffrierung notwendig ist, ist nur dem Empfänger bekannt, und kein unbefugter Dritter kann die chiffrierten Nachrichten lesen. Dieses Thema ist nicht nur eine Brücke zwischen der Mathematik und Informatik, sondern auch eine ungewöhnlich kurze Brücke zwischen Theorie und Praxis.

Mit der Entwicklung der **Informations- und Kommunikationstechnologien (ICT)** entstanden zahlreiche neue Konzepte und Forschungseinrichtungen, welche die ganze Wissenschaft und sogar das tägliche Leben verändert haben. Dank der Informatik wurde das Wissen der Mathematik zu einer **Schlüsseltechnologie** mit grenzenlosen Anwendungen. Es ist uns unmöglich, hier alle wesentlichen Beiträge der Informatik aus den letzten 30 Jahren aufzulisten. Sie reichen von der Hardware- und Softwareentwicklung über Algorithmik zur interdisziplinären Forschung in praktisch allen Wissenschaftsdisziplinen. Die Fortschritte in der Erforschung unserer Gensequenzen oder der Entwicklung der Gentechnologie wären ohne Informatik genauso undenkbar wie die automatische Spracherkennung, Simulationen von ökonomischen Modellen oder die Entwicklung diagnostischer Geräte in der Medizin. Für alle diese unzähligen Beiträge erwähnen wir nur zwei neuere Konzepte, welche die Fundamente der ganzen Wissenschaft berühren.

Diese Beiträge sprechen die Möglichkeiten einer enormen **Miniaturisierung von Rechnern** und damit eine wesentliche Beschleunigung ihrer Arbeit an, indem man die Durchführung der Berechnungen auf die Ebene von Molekülen oder Teilchen bringt. Das erste Konzept entdeckt die **biochemischen Technologien**, die man zur Lösung konkreter, schwerer Rechenprobleme einsetzen könnte. Die Idee ist, die Computerdaten durch DNA-Sequenzen darzustellen und dann mittels chemischer Operationen auf diesen Sequenzen die Lösung zu finden.

Wenn man die Arbeit von Rechnern genauer unter die Lupe nimmt, stellt man fest, dass sie nichts anderes tun, als gewisse Texte in andere Texte umzuwandeln. Die Aufgabenstellung ist dem Rechner als eine Folge von Symbolen (zum Beispiel Nullen und Einsen) gegeben, und die Ausgabe des Rechners ist wiederum ein Text in Form einer Folge von Buchstaben.

Kann die Natur so etwas nachahmen? Die **DNA-Sequenzen** kann man auch als Folge von Symbolen A, T, C und G sehen Wir wissen, dass die DNA-Sequenzen genau wie Rechnerdaten Informationsträger sind. Genau wie die Rechner Operationen auf den symbolischen Darstellungen der Daten ausführen können, ermöglichen es unterschiedliche chemische Prozesse, biologische Daten zu verändern. Was ein Rechner kann, schaffen die Moleküle locker – sogar noch ein bisschen schneller.

Die Informatiker haben bewiesen, dass genau das, was man algorithmisch mit Rechnern umsetzen kann, man auch in einem Labor durch chemische Operationen an DNA-Sequenzen realisieren kann. Die einzige Schwäche dieser Technologie ist, dass die Durchführung der chemischen Operationen auf DNA-Sequenzen als Datenträgern eine unvergleichbar höhere Fehlerwahrscheinlichkeit aufweist, als es bei der Durchführung von Rechneroperationen der Fall ist. Dieser Forschungsbereich ist immer für Überraschungen gut. Heute wagt niemand, Prognosen über die möglichen Anwendungen dieses Ansatzes für die nächsten zehn Jahre zu machen.

Wahrscheinlich hat keine Wissenschaftsdisziplin unsere Weltanschauung so stark geprägt wie die Physik. Tiefe Erkenntnisse und pure Faszination verbinden wir mit der Physik. Das Juwel unter den Juwelen ist die **Quantenmechanik**. Die Bedeutung ihrer Entdeckung erträgt den Vergleich mit der Entdeckung des Feuers in der Urzeit. Die Faszination der Quantenmechanik liegt darin, dass die Gesetze des Verhaltens von Teilchen scheinbar unseren physikalischen Erfahrungen aus der „Makrowelt" widersprechen. Die am Anfang umstrittene und heute akzeptierte Theorie ermöglicht zunächst hypothetisch eine neue Art von Rechnern auf der Ebene der Elementarteilchen. Hier spricht man vom *Quantenrechner*. Als man diese Möglichkeit entdeckt hatte, war die erste Frage, ob die Axiome der Informatik noch gelten. Mit anderen Worten: Können die **Quantenalgorithmen** etwas, was klassische Algorithmen nicht können? Die Antwort ist negativ und somit lösen die Quantenalgorithmen die gleiche Menge von Aufgaben wie die klassischen Algorithmen und unsere Axiome stehen noch stabiler und glaubwürdiger da. Was soll dann aber der Vorteil einer potenziellen Nutzung von **Quantenrechnern** sein? Wir können konkrete Aufgaben von großer, praktischer Bedeutung mit Quantalgorithmen effizient lösen, während die besten bekannten, klassischen deterministischen sowie zufallsgesteuerten Algorithmen für diese Aufgaben eine unrealistische Menge von Computerarbeit erfordern. Damit ist die Quantenmechanik eine vielversprechende Rechnertechnologie. Das Problem ist nur, dass wir es noch nicht schaffen, anwendbare Quantenrechner zu bauen. Das Erreichen dieses Ziels ist eine große Herausforderung derzeitiger physikalischer Forschung.

Trotzdem bieten Quanteneffekte schon heute eine kommerzielle Umsetzung in der Kryptographie. Geboren aus der Mathematik in der Grundlagenforschung und aus der Elektrotechnik beim Bau der Rechner, sorgt die Informatik heute für den **Transfer der Methoden der Mathematik** in die technischen Wissenschaften und damit in das tägliche Leben. Durch das Erzeugen eigener Begriffe und Konzepte bereichert sie zudem auch die Mathematik in ihrer Grundlagenforschung. Die mit der Informatik entstandenen Informationstechnologien machen sie zum gleichwertigen Partner, nicht nur auf vielen naturwissenschaftlichen Gebieten der Grundlagenforschung, sondern auch in wissenschaftlichen Disziplinen wie Ökonomie, Soziologie, Didaktik oder Pädagogik, die sich lange gegen die Nutzung formaler Methoden und mathematischer Argumentation gewehrt haben.

Deswegen bieten die Spezialisierungen in der Informatik die Möglichkeit einer faszinierenden und interdisziplinären Grundlagenforschung sowie eine attraktive Arbeit in der Entwicklung von unterschiedlichen Systemen zur Speicherung und Bearbeitung von Informationen.

Zusammenfassung: Die Begriffsbildung ist maßgeblich für das Entstehen und die Entwicklung der wissenschaftlichen Disziplinen. Mit der Einführung des Begriffes Algorithmus wurde die Bedeutung des Begriffes Methode genau festgelegt (ein formaler Rahmen für die Beschreibung mathematischer Berechnungsverfahren wurde geschaffen) und damit die Informatik gegründet. Durch diese Festlegung konnte man mit klarer Bedeutung die Grenze zwischen automatisch (algorithmisch) Lösbarem und Unlösbarem untersuchen. Nachdem man viele Aufgaben bezüglich der algorithmischen Lösbarkeit erfolgreich klassifiziert hatte, kam der Begriff der Berechnungskomplexität auf, der die Grundlagenforschung in der Informatik bis heute bestimmt. Dieser Begriff ermöglicht es, die Grenze zwischen „praktischer" Lösbarkeit und „praktischer" Unlösbarkeit zu untersuchen. Er hat der Kryptographie eine Basis für den Begriff der Sicherheit und damit die Grundlage für die Entwicklung moderner Public-Key-Kryptosysteme gegeben und ermöglicht es, die Berechnungsstärke von Determinismus, Nichtdeterminismus, Zufallssteuerung und Quantenberechnungen im Vergleich zu studieren. So trug und trägt die Informatik nicht nur zum Verständnis der allgemeinen wissenschaftlichen Kategorien wie

Determiniertheit, Nichtdeterminiertheit, Zufall, Information, Wahrheit, Unwahrheit, Komplexität, Sprache, Beweis, Wissen, Kommunikation, Algorithmus, Simulation usw.

bei, sondern gibt mehreren dieser Kategorien einen neuen Inhalt und damit eine neue Bedeutung. Die spektakulärsten Ergebnisse der Informatik sind meistens mit dem Versuch verbunden, schwere Aufgabenstellungen zu lösen.

9.2 Alphabete, Wörter, Sprachen und Aufgaben

9.2.1 Zielsetzung

Die Rechner arbeiten im Prinzip mit Texten, die nichts anderes sind als Folgen von Symbolen aus einem bestimmten Alphabet. Die Programme sind Texte über dem Alphabet der Rechnertastatur, alle Informationen sind im Rechner als Folgen von Nullen und Einsen gespeichert, Eingaben und Ausgaben sind im Wesentlichen auch Texte (oder können zumindest als Texte dargestellt werden) über einem geeignet gewählten Alphabet. Aus dieser Sicht realisiert jedes Programm eine Transformation von Eingabetexten in Ausgabetexte.

Das erste Ziel des Kapitels 9.2 ist, den Formalismus für den Umgang mit Texten als Informationsträger einzuführen. Dieser liefert die notwendige Grundlage, um überhaupt formal die Grundbegriffe der Informatik wie algorithmisches Problem (Aufgabe), Algorithmus (Programm), Rechner, Berechnung, Eingabe, Ausgabe usw. definieren zu können. Die Grundbegriffe, die hier eingeführt werden, sind **Alphabet, Wort** und **Sprache**. Ein Teil unserer Aufgabe hier ist es, auch den Umgang mit diesen Begriffen zu üben und so einige grundlegende Operationen auf Texten zu erlernen.

Das zweite Ziel dieses Kapitels ist zu lernen, wie der eingeführte Formalismus zur formalen Darstellung von algorithmischen Aufgaben genutzt werden kann. Dabei betrachten wir überwiegend zwei Klassen von Aufgaben, **Entscheidungsprobleme** und **Optimierungsprobleme**.

9.2.2 Alphabete, Wörter und Sprachen

Bei der algorithmischen Datenverarbeitung repräsentieren wir die Daten und betrachteten Objekte durch Folgen von Symbolen. Genau wie bei der Entwicklung von natürlichen Sprachen fangen wir mit der Festlegung von Symbolen an, die wir zur Darstellung der Daten verwenden wollen. Im Folgenden bezeichnet $\mathbb{N} = \{0, 1, 2, \ldots\}$ die Menge der natürlichen Zahlen.

Defintion 1:   *Eine endliche nichtleere Menge* Σ *heißt* **Alphabet**. *Die Elemente eines Alphabets werden* **Buchstaben (Zeichen, Symbole)** *genannt.*

Die Bedeutung ist die gleiche wie bei natürlichen Sprachen: Das Alphabet wird verwendet, um eine schriftliche Darstellung einer Sprache zu erzeugen. Für uns ist nur wichtig zu wissen, dass wir uns beliebige, aber nur endlich viele Symbole aussuchen dürfen, um eine Darstellung der untersuchten Objekte zu realisieren.

Wir präsentieren jetzt einige der hier am häufigsten benutzten Alphabete.

- $\Sigma_{\text{bool}} = \{0, 1\}$ ist das Boolesche Alphabet, mit dem die Rechner arbeiten.
- $\Sigma_{\text{lat}} = \{a, b, c, \ldots, z\}$ ist das lateinische Alphabet.
- $\Sigma_{\text{Tastatur}} = \Sigma_{\text{lat}} \cup \{A, B, \ldots, Z, \sqcup, >, <, (,), \ldots, !\}$ ist das Alphabet aller Symbole der Rechnertastatur, wobei $\sqcup$ das Leersymbol ist.
- $\Sigma_m = \{0, 1, 2, \ldots, m - 1\}$ für jedes $m \geq 1$ ist ein Alphabet für die m-adische Darstellung von Zahlen.
- $\Sigma_{\text{logic}} = \{0, 1, x, (,), \wedge, \vee, \neg\}$ ist ein Alphabet, in dem man Boolesche Formeln gut darstellen kann.

Im Folgenden definieren wir Wörter als Folgen von Buchstaben. Man bemerke, dass der Begriff **Wort** in der Fachsprache der Informatik einem beliebigen Text entspricht und nicht nur der Bedeutung des Begriffs Wort in natürlichen Sprachen.

Defintion 2:   *Sei* Σ *ein Alphabet. Ein* **Wort** *über* Σ *ist eine endliche (eventuell leere) Folge von Buchstaben aus* Σ. *Das* **leere Wort** λ *ist die leere Buchstabenfolge. (Manchmal benutzt man ε statt λ.)*

Die **Länge** $|w|$ *eines Wortes w ist die Länge des Wortes als Folge, das heißt die Anzahl der Vorkommen von Buchstaben in w.*

Σ^* *ist die Menge aller Wörter über* Σ, $\Sigma^+ = \Sigma^* - \{\lambda\}$.

Die Folge $0, 1, 0, 0, 1, 1$ ist ein Wort über Σ_{bool} und über Σ_{Tastatur}, $|0, 1, 0, 0, 1, 1| = 6$. λ ist ein Wort über jedem Alphabet, $|\lambda| = 0$.

Verabredung: Wir werden Wörter ohne Komma schreiben, das heißt statt der Folge $x_1, x_2, \ldots, x_n$ schreiben wir $x_1 x_2 \ldots x_n$. Also statt $0, 1, 0, 0, 1, 1$ benutzen wir im Folgenden die Darstellung 010011.

Das Leersymbol $\sqcup$ über Σ_{Tastatur} ist unterschiedlich von λ, es gilt $|\sqcup| = 1$. Somit kann der Inhalt eines Buches oder ein Programm als ein Wort über Σ_{Tastatur} betrachtet werden.

$$(\Sigma_{\text{bool}})^* = \{\lambda, 0, 1, 00, 01, 10, 11, 000, 001, 010, 100, 011, \ldots\}$$
$$= \{\lambda\} \cup \{x_1 x_2 \ldots x_i \mid i \in \mathbb{N}, \, x_j \in \Sigma_{\text{bool}} \text{ für } j = 1, \ldots, i\}.$$

Wir sehen an diesem Beispiel, dass eine Möglichkeit, alle Wörter über einem Alphabet aufzuzählen, darin besteht, alle Wörter der Länge $i = 0, 1, 2, \ldots$ hintereinander zu schreiben.

Wörter können wir benutzen, um unterschiedliche Objekte wie zum Beispiel Zahlen, Formeln, Graphen und Programme darzustellen. Ein Wort $x = x_1 x_2 \ldots x_n \in (\Sigma_{\text{bool}})^*$, $x_i \in \Sigma_{\text{bool}}$ für $i = 1, \ldots, n$, kann als die binäre Darstellung der Zahl

$$Nummer(x) = \sum_{i=1}^{n} x_i \cdot 2^{n-i}$$

betrachtet werden. Für eine natürliche Zahl m bezeichnen wir durch $Bin(m) \in \Sigma_{\text{bool}}^*$ die kürzeste[3] binäre Darstellung von m, also $Nummer(Bin(m)) = m$.

Eine Zahlenfolge $a_1, a_2, \ldots, a_m$, $m \in \mathbb{N}$, $a_i \in \mathbb{N}$ für $i = 1, \ldots, m$, kann man als

$$Bin(a_1) \# Bin(a_2) \# \cdots \# Bin(a_m) \in \{0, 1, \#\}^*$$

darstellen.

Sei $G = (V, E)$ ein gerichteter Graph mit der Knotenmenge V und der Kantenmenge $E \subseteq \{(u, v) \mid u, v \in V, u \neq v\}$. Sei $|V| = n$ die Kardinalität von V. Wir wissen, dass wir G durch eine Adjazenzmatrix M_G repräsentieren können. $M_G = [a_{ij}]$ hat die Größe $n \times n$ und

$$a_{ij} = 1 \iff (v_i, v_j) \in E.$$

Daher bedeutet $a_{ij} = 1$, dass die Kante (v_i, v_j) in G vorhanden ist, und $a_{ij} = 0$ bedeutet, dass die Kante (v_i, v_j) in G nicht vorhanden ist. Eine Matrix können wir als ein Wort über dem Alphabet $\Sigma = \{0, 1, \#\}$ repräsentieren. Wir schreiben einfach die Zeilen von M_G hintereinander und das Symbol # benutzen wir, um das Ende einer Zeile zu markieren. Man betrachte den Graphen in Abbildung 9.1.

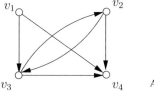

Abb. 9.1

Die entsprechende Adjazenzmatrix ist

$$\begin{pmatrix} 0 & 0 & 1 & 1 \\ 0 & 0 & 1 & 1 \\ 0 & 1 & 0 & 1 \\ 0 & 0 & 0 & 0 \end{pmatrix}.$$

---

[3]Die Forderung, dass $Bin(m)$ das kürzeste Wort mit $Nummer(Bin(m)) = m$ ist, bedeutet nur, dass das erste Symbol von $Bin(m)$ 1 ist.

Die vorgeschlagene Kodierung als Wort über $\{0, 1, \#\}$ ist

$\qquad$ 0011#0011#0101#0000#.

Es ist klar, dass diese Darstellung eindeutig ist, was bedeutet, dass man aus der gegebenen Darstellung den Graphen eindeutig bestimmen kann.

Bei algorithmischen Aufgaben sind die Eingaben oft gewichtete Graphen $G = (V, E, h)$, wobei h eine Funktion von E nach $\mathbb{N} - \{0\}$ ist. Informell bedeutet dies, dass jeder Kante $e \in E$ ein Gewicht (manchmal auch Kosten genannt) $h(e)$ zugeordnet ist. Wir wissen, dass auch solche Graphen durch Adjazenzmatrizen darstellbar sind. Auch in diesem Fall bedeutet $a_{ij} = 0$, dass die Kante[4] $\{v_i, v_j\}$ nicht vorhanden ist. Falls $\{v_i, v_j\} \in E$, dann ist $a_{ij} = h(\{v_i, v_j\})$ das Gewicht der Kante $\{v_i, v_j\}$. In diesem Fall können wir die Gewichte $a_{ij} = h\{v_i, v_j\}$ binär darstellen.

Als letztes Beispiel betrachten wir die Darstellung von Booleschen Formeln, die nur die Booleschen Operationen Negation ($\neg$), Disjunktion ($\vee$) und Konjunktion ($\wedge$) benutzen. Im Folgenden bezeichnen wir Boolesche Variablen in Formeln als $x_1, x_2, \ldots$. Die Anzahl der möglichen Variablen ist unendlich und deswegen können wir $x_1, x_2, \ldots$ nicht als Buchstaben unseres Alphabets benutzen. Wir benutzen daher das Alphabet $\Sigma_{\text{logic}} = \{0, 1, x, (,), \wedge, \vee, \neg\}$ und kodieren die Boolesche Variable x_i als das Wort $x\mathit{Bin}(i)$ für jedes $i \in \mathbb{N}$. Die restlichen Symbole der Formel übernehmen wir eins zu eins. Damit hat die Formel

$$(x_1 \vee x_7) \wedge \neg(x_{12}) \wedge (x_4 \vee x_8 \vee \neg(x_2))$$

die folgende Darstellung

$$(x1 \vee x111) \wedge \neg(x1100) \wedge (x100 \vee x1000 \vee \neg(x10)).$$

Eine nützliche Operation über Wörter ist die einfache Verkettung zweier Wörter hintereinander.

Defintion 3:   *Die* **Verkettung (Konkatenation)** *für ein Alphabet Σ ist eine Abbildung $K : \Sigma^* \times \Sigma^* \to \Sigma^*$, so dass*

$$K(x, y) = x \cdot y = xy$$

für alle $x, y \in \Sigma^*$.

Sei $\Sigma = \{0, 1, a, b\}$ und seien $x = 0aa1bb$ und $y = 111b$. Dann ist $K(x, y) = x \cdot y = 0aa1bb111b$.

Bemerkung 1:   Die Verkettung K über Σ ist eine assoziative Operation über Σ^*, weil

$$K(u, K(v, w)) = u \cdot (v \cdot w) = uvw = (u \cdot v) \cdot w = K(K(u, v), w)$$

für alle $u, v, w \in \Sigma^*$. Ferner gilt für jedes $x \in \Sigma^*$:

$$x \cdot \lambda = \lambda \cdot x = x.$$

Also ist (Σ^*, K, λ) eine Halbgruppe (Monoid) mit dem neutralen Element λ.

Es ist klar, dass die Konkatenation nur für ein einelementiges Alphabet kommutativ ist.

Bemerkung 2:   Für alle $x, y \in \Sigma^*$ gilt:

$$|xy| = |x \cdot y| = |x| + |y|.$$

---

[4]Die ungerichtete Kante zwischen u und v bezeichnen wir hier als $\{u, v\}$. Für eine gerichtete Kante von u nach v benutzen wir die übliche Bezeichnung (u, v).

Im Folgenden werden wir die einfache Notation xy statt der Notation $K(x,y)$ und $x \cdot y$ bevorzugen.

Defintion 4:   *Sei Σ ein Alphabet. Für alle $x \in \Sigma^*$ und alle $i \in \mathbb{N}$ definieren wir die i-te Iteration x^i von x als*

$$x^0 = \lambda, \; x^1 = x \text{ und } x^i = xx^{i-1}.$$

So ist zum Beispiel $K(aabba, aaaaa) = aabbaaaaaa = a^2b^2a^6 = a^2b^2(aa)^3$. Wir sehen, dass uns die eingeführte Notation eine kürzere Darstellung von Wörtern ermöglicht.

Im Folgenden definieren wir Teilwörter eines Wortes x als zusammenhängende Teile von x (Abbildung 9.2).

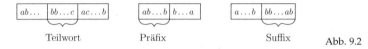

| Teilwort | Präfix | Suffix | Abb. 9.2 |

Defintion 5:   *Seien $v, w \in \Sigma^*$ für ein Alphabet Σ.*

- *v heißt ein **Teilwort** von $w \iff \exists x, y \in \Sigma^* : w = xvy$.*
- *v heißt ein **Suffix** von $w \iff \exists x \in \Sigma^* : w = xv$.*
- *v heißt ein **Präfix** von $w \iff \exists y \in \Sigma^* : w = vy$.*
- *$v \neq \lambda$ heißt ein **echtes** Teilwort (Suffix, Präfix) von w genau dann, wenn $v \neq w$, und v ist ein Teilwort (Suffix, Präfix) von w.*

Es gilt $(abc)^3 = abcabcabc$, und das Wort abc ist ein echtes Präfix von $(abc)^3$. Das Wort bc ist ein echtes Suffix von $(abc)^3$.

Defintion 6:   *Sei $x \in \Sigma^*$ und $a \in \Sigma$. Dann ist $|x|_a$ definiert als die Anzahl der Vorkommen von a in x.*

*Für jede Menge A bezeichnet $|A|$ die **Kardinalität** von A und $\mathcal{P}(A) = \{S \mid S \subseteq A\}$ die Potenzmenge von A.*

Also ist $|(abbab)|_a = 2$, $|(11bb0)|_0 = 1$. Für alle $x \in \Sigma^*$ gilt

$$|x| = \sum_{a \in \Sigma} |x|_a.$$

In diesem Buch brauchen wir oft eine feste Ordnung von allen Wörtern über einem gegebenen Alphabet. Die günstigste Möglichkeit für uns ist, die folgende kanonische Ordnung zu betrachten.

Defintion 7:   *Sei $\Sigma = \{s_1, s_2, \ldots, s_m\}$, $m \geq 1$, ein Alphabet und sei $s_1 < s_2 < \cdots < s_m$ eine Ordnung auf Σ. Wir definieren die **kanonische Ordnung** auf Σ^* für $u, v \in \Sigma^*$ wie folgt:*

$$u < v \iff \quad |u| < |v|$$
$$\vee \quad |u| = |v| \wedge u = x \cdot s_i \cdot u' \wedge v = x \cdot s_j \cdot v'$$
$$\textit{für irgendwelche } x, u', v' \in \Sigma^* \textit{ und } i < j.$$

Unter dem Begriff Sprache verstehen wir jede Menge von Wörtern über einem festen Alphabet.

Defintion 8:   *Eine **Sprache** L über einem Alphabet Σ ist eine Teilmenge von Σ^*. Das L^C der Sprache L bezüglich Σ ist die Sprache $\Sigma^* - L$.*

$L_\emptyset = \emptyset$ *ist die **leere Sprache**.*

$L_\lambda = \{\lambda\}$ *ist die einelementige Sprache, die nur aus dem leeren Wort besteht.*

Sind L_1 und L_2 Sprachen über Σ, so ist

$$L_1 \cdot L_2 = L_1 L_2 = \{vw \mid v \in L_1 \text{ und } w \in L_2\}$$

die Konkatenation von L_1 und L_2. Ist L eine Sprache über Σ, so definieren wir

$$L^0 := L_\lambda \text{ und } L^{i+1} = L^i \cdot L \text{ für alle } i \in \mathbb{N},$$
$$L^* = \bigcup_{i \in \mathbb{N}} L^i \text{ und } L^+ = \bigcup_{i \in \mathbb{N}-\{0\}} L^i = L \cdot L^*.$$

*L^* nennt man den **Kleeneschen Stern**.*

Die folgenden Mengen sind Sprachen über dem Alphabet $\Sigma = \{a, b\}$:

$L_1 = \emptyset, L_2 = \{\lambda\}, L_3 = \{\lambda, ab, abab\}, L_4 = \Sigma^* = \{\lambda, a, b, aa, \ldots\},$
$L_5 = \Sigma^+ = \{a, b, aa, \ldots\}, L_6 = \{a\}^* = \{\lambda, a, aa, aaa, \ldots\} = \{a^i \mid i \in \mathbb{N}\},$
$L_7 = \{a^p \mid p \text{ ist eine Primzahl}\}, L_8 = \{a^i b^{2 \cdot i} a^i \mid i \in \mathbb{N}\}, L_9 = \Sigma,$
$L_{10} = \Sigma^3 = \{aaa, aab, aba, abb, baa, bab, bba, bbb\},$

die Menge aller grammatisch korrekten Texte im Deutschen ist eine Sprache über Σ_{Tastatur}, und die Menge aller syntaktisch korrekten Programme in C++ ist eine Sprache über Σ_{Tastatur}.

Man bemerke, dass $\Sigma^i = \{x \in \Sigma^* \mid |x| = i\}$, und dass $L_\emptyset L = L_\emptyset = \emptyset, L_\lambda \cdot L = L$.

Defintion 9:   *Seien Σ_1 und Σ_2 zwei beliebige Alphabete. Ein **Homomorphismus** von Σ_1 nach Σ_2 ist jede Funktion $h : \Sigma_1^* \to \Sigma_2^*$ mit den folgenden Eigenschaften:*

(i) $h(\lambda) = \lambda$ und

(ii) $h(uv) = h(u) \cdot h(v)$ für alle $u, v \in \Sigma_1^*$.

Wir beobachten leicht, dass es zur Spezifikation eines Homomorphismus reicht, $h(a)$ für alle Buchstaben $a \in \Sigma_1$ festzulegen.

Betrachten wir $h(\#) = 10, h(0) = 00$ und $h(1) = 11$. Es ist klar, dass h ein Homomorphismus von $\{0, 1, \#\}$ nach Σ_{bool} ist.

$$
\begin{aligned}
h(011\#101\#) &= h(0)h(1)h(1)h(\#)h(1)h(0)h(1)h(\#) \\
&= 0011111011001110.
\end{aligned}
$$

Wir können h benutzen, um jede eindeutige Darstellung von irgendwelchen Objekten über $\{0, 1, \#\}$ in eine neue eindeutige Darstellung dieser Objekte über Σ_{bool} zu überführen.

9.2.3 Algorithmische Probleme

Bevor wir den intuitiven Begriff Algorithmus durch das Modell der Turingmaschine formal definieren, werden wir statt Algorithmus den Begriff Programm benutzen. Wir setzen voraus, dass der Leser weiß, was ein Programm ist. In welcher Programmiersprache es geschrieben ist, spielt hier keine Rolle. Wenn wir Programme als Algorithmen betrachten, fordern wir jedoch, dass ein solches Programm für jede zulässige Eingabe hält und eine Ausgabe liefert. Daher ist es für einen Algorithmus unzulässig, in eine Endlosschleife zu laufen. Mit dieser Voraussetzung realisiert ein Programm (Algorithmus) A typischerweise eine Abbildung

$$A : \Sigma_1^* \to \Sigma_2^*$$

für irgendwelche Alphabete Σ_1 und Σ_2. Dies bedeutet, dass

(i) die Eingaben als Wörter kodiert sind,

(ii) die Ausgaben als Wörter kodiert sind und

(iii) A für jede Eingabe eine eindeutige Ausgabe bestimmt.

Für jeden Algorithmus A und jede Eingabe x bezeichnen wir mit $A(x)$ die Ausgabe des Algorithmus A für die Eingabe x. Wir sagen, dass zwei Algorithmen (Programme) A und B **äquivalent** sind, falls beide über dem gleichen Eingabealphabet Σ arbeiten und $A(x) = B(x)$ für alle $x \in \Sigma^*$.

Im Folgenden präsentieren wir einige grundlegende Klassen von algorithmischen Problemen. Wir beginnen mit den Entscheidungsproblemen, die man üblicherweise benutzt, um die Theorie der Berechenbarkeit und die Komplexitätstheorie aufzubauen.

Defintion 10: *Das* **Entscheidungsproblem** (Σ, L) *für ein gegebenes Alphabet Σ und eine gegebene Sprache $L \subseteq \Sigma^*$ ist, für jedes $x \in \Sigma^*$ zu entscheiden, ob*

$$x \in L \text{ oder } x \notin L.$$

Ein Algorithmus A **löst** *das Entscheidungsproblem (L, Σ), falls für alle $x \in \Sigma^*$ gilt:*

$$A(x) = \begin{cases} 1, & \text{falls } x \in L, \\ 0, & \text{falls } x \notin L. \end{cases}$$

Wir sagen auch, dass A die Sprache L **erkennt**.

Wenn für eine Sprache L ein Algorithmus existiert, der L erkennt, werden wir sagen, dass L **rekursiv** ist.[5]

Wir benutzen häufig eine Sprache $L \subseteq \Sigma^*$, um eine gewisse Eigenschaft von Wörtern aus Σ^* (oder von Objekten, die durch die Wörter dargestellt sind) zu spezifizieren. Die Wörter, die in L sind, haben diese Eigenschaft und alle Wörter aus $L^{\complement} = \Sigma^* - L$ haben diese Eigenschaft nicht.

Üblicherweise stellen wir ein Entscheidungsproblem (Σ, L) wie folgt dar:

Eingabe: $x \in \Sigma^*$.

Ausgabe: $A(x) \in \Sigma_{\text{bool}} = \{0, 1\}$, wobei

$$A(x) = \begin{cases} 1, & \text{falls } x \in L \text{ (Ja, } x \text{ hat die Eigenschaft)}, \\ 0, & \text{falls } x \notin L \text{ (Nein, } x \text{ hat die Eigenschaft nicht)}. \end{cases}$$

Beispielsweise ist $(\{a, b\}, \{a^n b^n \mid n \in \mathbb{N}\})$ ein Entscheidungsproblem, das man auch folgendermaßen darstellen kann:

Eingabe: $x \in \{a, b\}^*$.

Ausgabe: Ja, $x = a^n b^n$ für ein $n \in \mathbb{N}$.

Nein, sonst.

▶ Beispiel 1: Ein bekanntes und praktisch wichtiges Entscheidungsproblem ist der **Primzahltest** $(\Sigma_{\text{bool}}, \{x \in (\Sigma_{\text{bool}})^* \mid Nummer(x) \text{ ist eine Primzahl}\})$. Die übliche Darstellung ist

Eingabe: $x \in (\Sigma_{\text{bool}})^*$.

Ausgabe: Ja, falls $Nummer(x)$ eine Primzahl ist,

Nein, sonst.

---

[5]Die Rekursivität ist ein wichtiger Begriff und deswegen geben wir später mit dem formalen Modell der Berechnung eine formal präzise Definition dieses Begriffes.

▶ BEISPIEL 2: Sei $L = \{x \in (\Sigma_{\text{Tastatur}})^* \mid x$ ist ein syntaktisch korrektes Programm in C++$\}$. Wir können folgendes Problem betrachten, das eine Teilaufgabe des Compilers ist.

Eingabe: $x \in (\Sigma_{\text{Tastatur}})^*$.

Ausgabe: Ja, falls $x \in L$,
    Nein, sonst.

▶ BEISPIEL 3: Das **Problem des Hamiltonschen Kreises (HK)** ist (Σ, HK), wobei $\Sigma = \{0, 1, \#\}$ und

$$\text{HK} \quad = \quad \{x \in \Sigma^* \mid x \text{ kodiert einen ungerichteten Graphen,}$$
$$\text{der einen Hamiltonschen Kreis enthält.}^6\}.$$

▶ BEISPIEL 4: Das **Erfüllbarkeitsproblem von aussagenlogischen Formeln (ERF)** ist $(\Sigma_{\text{logic}}, \text{ERF})$ mit

$$\text{ERF} = \{x \in (\Sigma_{\text{logic}})^* \mid x \text{ kodiert eine erfüllbare Formel}\}.$$

Eine wichtige Teilklasse von Entscheidungsproblemen ist die Klasse der Äquivalenzprobleme. Das Äquivalenzproblem für Programme besteht zum Beispiel darin, für zwei Programme A und B in irgendeiner festen Programmiersprache (also für die Eingabe $(A, B) \in (\Sigma_{\text{Tastatur}})^*$) zu entscheiden, ob A und B äquivalent sind. Ein anderes Beispiel ist, für zwei Boolesche Formeln zu entscheiden, ob beide Formeln die gleiche Boolesche Funktion darstellen.

Defintion 11:   *Seien Σ und Γ zwei Alphabete. Wir sagen, dass ein Algorithmus A eine* **Funktion (Transformation)** $f : \Sigma^* \to \Gamma^*$ **berechnet (realisiert)**, *falls*

$$A(x) = f(x) \text{ für alle } x \in \Sigma^*.$$

Die Entscheidungsprobleme sind spezielle Fälle von Funktionsberechnungen, weil das Lösen eines Entscheidungsproblems bedeutet, die charakteristische Funktion[7] einer Sprache zu berechnen.

Auf den ersten Blick könnte man den Eindruck bekommen, dass die Berechnung von Funktionen die allgemeinste Darstellung von algorithmischen Problemen ist. Die folgende Definition zeigt, dass das nicht der Fall ist.

Defintion 12:   *Seien Σ und Γ zwei Alphabete, und sei $R \subseteq \Sigma^* \times \Gamma^*$ eine Relation in Σ^* und Γ^*. Ein Algorithmus A* **berechnet R** *(oder* **löst das Relationsproblem R**), *falls für jedes $x \in \Sigma^*$ gilt:*

$$(x, A(x)) \in R.$$

Man bemerke, dass es hinreichend ist, für jedes gegebene x eins von potenziell unendlich vielen y mit $(x, y) \in R$ zu finden, um ein Relationsproblem zu lösen. Die folgenden Beispiele zeigen, dass die Relationsprobleme nicht nur eine mathematische Verallgemeinerung der Berechnung von Funktionen darstellen, sondern dass wir viele derartige Probleme in der Praxis haben.

Sei $R_{\text{fac}} \subseteq (\Sigma_{\text{bool}})^* \times (\Sigma_{\text{bool}})^*$, wobei $(x, y) \in R_{\text{fac}}$ genau dann, wenn entweder *Nummer*(y) ein Faktor[8] von *Nummer*(x) ist oder $= 1$, wenn *Nummer*(x) eine Primzahl ist. Eine anschauliche Darstellung dieses Relationsproblems könnte wie folgt aussehen.

---

[6]Zur Erinnerung, ein Hamiltonscher Kreis eines Graphen G ist ein geschlossener Weg (Kreis), der jeden Knoten von G genau einmal enthält.

[7]Die charakteristische Funktion f_L einer Sprache $L \subseteq \Sigma^*$ ist eine Funktion aus Σ^* nach $\{0, 1\}$ mit $f_L(x) = 1$ genau dann, wenn $x \in L$.

[8]Eine Zahl a ist ein Faktor einer Zahl b, falls a die Zahl b teilt und $a \notin \{1, b\}$.

Eingabe: $x \in (\Sigma_{bool})^*$.

Ausgabe: $y \in (\Sigma_{bool})^*$, wobei $y = 1$ ist, falls *Nummer*(x) eine Primzahl ist, und sonst *Nummer*(y) ein Faktor von *Nummer*(x) ist.

Ein anderes schweres Problem ist die Beweisherstellung. Es sei $R_{Beweis} \subseteq (\Sigma_{Tastatur})^* \times (\Sigma_{Tastatur})^*$, wobei $(x, y) \in R_{Beweis}$, wenn entweder x eine wahre Aussage in einer bestimmten mathematischen Theorie kodiert und y einen Beweis der durch x kodierten Aussage darstellt oder $y = \sqcup$, wenn x keine wahre Aussage darstellt.

Für uns sind aber die Optimierungsprobleme, die einen Spezialfall von Relationsproblemen darstellen, von zentralem Interesse. Um die Struktur der Optimierungsprobleme anschaulich darzustellen, benutzen wir folgende Beschreibung statt der Relationsdarstellung. Informell bestimmt eine Eingabe x eines Optimierungsproblems eine Menge $\mathcal{M}(x)$ von zulässigen Lösungen für x. Wir bekommen wie auch eine Relation R mit $(x, y) \in R$, wenn y eine zulässige Lösung von x ist. Aber dieses R ist nicht das zu lösende Relationsproblem. Die Eingabe x bestimmt zusätzlich noch den Preis für jedes y mit der Eigenschaft $(x, y) \in R$. Die Ausgabe zu x muss eine zulässige Lösung mit dem günstigsten (je nach Aufgabenspezifizierung minimalen oder maximalen) Preis sein.

Defintion 13: *Ein* **Optimierungsproblem** *ist ein 6-Tupel* $\mathcal{U} = (\Sigma_I, \Sigma_O, L, \mathcal{M}, cost, goal)$, *wobei:*

(i) Σ_I *ist ein Alphabet (genannt* **Eingabealphabet***),*

(ii) Σ_O *ist ein Alphabet (genannt* **Ausgabealphabet***),*

(iii) $L \subseteq \Sigma_I^*$ *ist die Sprache der* **zulässigen Eingaben** *(als Eingaben kommen nur Wörter in Frage, die eine sinnvolle Bedeutung haben).*
Ein $x \in L$ *wird ein* **Problemfall (Instanz) von** $\mathcal{U}$, *genannt.*

(iv) $\mathcal{M}$ *ist eine Funktion von* L *nach* $\mathcal{P}(\Sigma_O^*)$, *und für jedes* $x \in L$ *ist* $\mathcal{M}(x)$ *die* **Menge der zulässigen Lösungen für** x,

(v) *cost ist eine Funktion, cost* $: \bigcup_{x \in L}(\mathcal{M}(x) \times \{x\}) \to \mathbb{R}^+$, *genannt* **Preisfunktion***,*

(vi) *goal* $\in \{Minimum, Maximum\}$ *ist das Optimierungsziel.*

Eine zulässige Lösung $\alpha \in \mathcal{M}(x)$ *heißt* **optimal** *für den Problemfall x des Optimierungsproblems U, falls*

$$cost(\alpha, x) = \mathbf{Opt}_{\mathcal{U}}(x) = goal\{cost(\beta, x) \mid \beta \in \mathcal{M}(x)\}.$$

Ein Algorithmus A **löst** $\mathcal{U}$, *falls für jedes* $x \in L$

(i) $A(x) \in \mathcal{M}(x)$ $(A(x)$ *ist eine zulässige Lösung des Problemfalls x von* $\mathcal{U}$*),*

(ii) $cost(A(x), x) = goal\{cost(\beta, x) \mid \beta \in \mathcal{M}(x)\}.$

Falls goal $-$ *Minimum, ist* $\mathcal{U}$ *ein* **Minimierungsproblem***; falls goal* $=$ *Maximum, ist* $\mathcal{U}$ *ein* **Maximierungsproblem***.*

In der Definition eines Optimierungsproblems als 6-Tupel hat das Eingabealphabet Σ_I die gleiche Bedeutung wie das Alphabet von Entscheidungsproblemen, das heißt man benutzt Σ_I, um die Instanzen von $\mathcal{U}$ darzustellen. Analog benutzt man das Ausgabealphabet Σ_O für die Darstellung von Ausgaben (zulässige Lösungen). Die Sprache $L \subseteq \Sigma_I^*$ ist die Menge der Darstellungen von Problemfällen. Dies bedeutet, dass wir uns auf das Optimierungsproblem und nicht auf das Entscheidungsproblem (Σ_I, L) konzentrieren und dass wir voraussetzen, dass eine Eingabe aus $\Sigma_I^* - L$ nie vorkommen wird.

Ein Problemfall $x \in L$ formuliert meistens eine Menge von Einschränkungen und $\mathcal{M}(x)$ ist die Menge von Objekten (zulässigen Lösungen zu x), die diese Einschränkungen erfüllen. In der Regel bestimmt der Problemfall x auch, wie hoch die Kosten $cost(\alpha, x)$ für jedes $\alpha \in \mathcal{M}(x)$ sind. Die Aufgabe ist, in der Menge der zulässigen Lösungen $\mathcal{M}(x)$ zu x eine optimale zu finden. Die typische Schwierigkeit ist, dass die Menge $\mathcal{M}(x)$ eine so große Mächtigkeit hat, dass es unmöglich ist, alle zulässigen Lösungen aus $\mathcal{M}(x)$ zu generieren und deren Kosten zu vergleichen.

Um die Spezifikation von konkreten Optimierungsproblemen zu veranschaulichen, lassen wir oft die Spezifikation von Σ_I, Σ_O und die Darstellung von Daten über Σ_I und Σ_O aus. Wir setzen einfach voraus, dass die typischen Daten wie Zahlen, Graphen oder Formeln in der oben präsentierten Darstellung vorkommen. Dadurch reduzieren wir die Definition eines Optimierungsproblems auf die Spezifikation folgender vier Objekte:

- die Menge der Problemfälle L, also die zulässigen Eingaben,
- die Menge der Einschränkungen, gegeben durch jeden Problemfall $x \in L$, und damit $\mathcal{M}(x)$ für jedes $x \in L$,
- die Kostenfunktion,
- das Optimierungsziel.

▶ BEISPIEL 5: **Traveling Salesman Problem (TSP)**

Eingabe: Ein gewichteter, vollständiger Graph (G, c), wobei $G = (V, E)$, $V = \{v_1, \ldots, v_n\}$ für ein $n \in \mathbb{N} - \{0\}$, und $c : E \to \mathbb{N} - \{0\}$.
{Strikt formal ist die Eingabe jedes Wort $x \in \{0, 1, \#\}^*$, so dass x einen gewichteten, vollständigen Graphen (G, c) darstellt}.

Einschränkungen: Für jeden Problemfall (G, c) ist $\mathcal{M}(G, c)$ die Menge aller Hamiltonscher Kreise von G mit der Kostenfunktion e. Jeder Hamiltonsche Kreis lässt sich durch ein $(n + 1)$-Tupel von Knoten $v_{i_1}, v_{i_2}, \ldots, v_{i_n}, v_{i_1}$ darstellen, wobei $(i_1, \ldots, i_n)$ eine Permutation von $\{1, 2, \ldots, n\}$ ist. Man beachte, dass diese Darstellung nicht eindeutig ist.
{Eine streng formale Darstellung von $\mathcal{M}(G, c)$ wäre die Menge aller Wörter $y_1 \# y_2 \# \ldots \# y_n \in \{0, 1, \#\}^* = \Sigma_O^*$ mit $y_i \in \{0, 1\}^+$ für $i = 1, 2, \ldots, n$ und $\{Nummer(y_1), Nummer(y_2), \ldots, Nummer(y_n)\} = \{1, 2, \ldots, n\}\}$.

Kosten: Für jeden Hamiltonschen Kreis $H = v_{i_1}, v_{i_2}, \ldots, v_{i_n}, v_{i_1} \in \mathcal{M}(G, c)$,

$$cost((v_{i_1}, \ldots, v_{i_n}, v_{i_1}), (G, c)) = \sum_{j=1}^{n} c\left(\{v_{i_j}, v_{i_{(j \bmod n)+1}}\}\right),$$

das heißt, die Kosten jedes Hamiltonschen Kreises ist die Summe der Gewichte aller seiner Kanten.

Ziel: Minimum.

Für den Problemfall von TSP aus Abbildung 9.3 gilt:

$$cost((v_1, v_2, v_3, v_4, v_5, v_1), (G, c)) = 8 + 1 + 7 + 2 + 1 = 19$$
$$cost((v_1, v_5, v_3, v_2, v_4, v_1), (G, c)) = 1 + 1 + 1 + 1 + 1 = 5.$$

Der Hamiltonsche Kreis $v_1, v_5, v_3, v_2, v_4, v_1$ ist die einzige optimale Lösung zu diesem Problemfall von TSP.

Das TSP ist ein schweres Optimierungsproblem. In der Anwendung erscheinen aber oft nur Problemfälle, die gewisse gute Eigenschaften haben und für die man bei der Suche nach einer guten Lösung bessere Chancen hat. Wir sagen, dass ein Optimierungsproblem $\mathcal{U}_1 = (\Sigma_I, \Sigma_O, L', \mathcal{M}, cost, goal)$ ein **Teilproblem** des Optimierungsproblems $\mathcal{U}_2 = (\Sigma_I, \Sigma_O, L, \mathcal{M}, cost, goal)$ ist, falls $L' \subseteq L$ ist. Auf diese Weise definieren wir auch das **metrische TSP** (

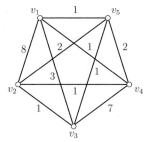

Abb. 9.3

△-TSP) als ein Teilproblem von TSP. Das bedeutet, dass die Einschränkungen, die Kosten und das Ziel genauso definiert sind wie bei TSP, nur die Menge der Eingaben (Problemfälle) wird folgendermaßen eingeschränkt: Jeder Problemfall (G, c) von △-TSP erfüllt die sogenannte **Dreiecksungleichung**, was bedeutet, dass

$$c(\{u, v\}) \leq c(\{u, w\}) + c(\{w, v\})$$

für alle Knoten u, v, w von G. Dies ist eine natürliche Eigenschaft, die besagt, dass die direkte Verbindung zwischen u und v nicht teurer sein darf als beliebige Umwege (Verbindungen über andere Knoten). Man bemerke, dass der Problemfall in Abbildung 9.3 die Dreiecksungleichung nicht erfüllt.

Eine **Knotenüberdeckung** eines Graphen $G = (V, E)$ ist jede Knotenmenge $U \subseteq V$, so dass jede Kante aus E mit mindestens einem Knoten aus U inzident[9] ist. Die Menge $\{v_2, v_4, v_5\}$ ist zum Beispiel eine Knotenüberdeckung des Graphen aus Abbildung 9.4, weil jede Kante mindestens mit einem dieser drei Knoten inzident ist. Die Menge $\{v_1, v_2, v_3\}$ ist keine Knotenüberdeckung des Graphen aus Abbildung 9.4, weil die Kante $\{v_4, v_5\}$ durch keinen der Knoten v_1, v_2 und v_3 bedeckt wird.

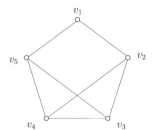

Abb. 9.4

▶ BEISPIEL 6: **Das Problem der minimalen Knotenüberdeckung (MIN-VC)** Das Knotenüberdeckungsproblem (minimum vertex cover problem, kurz **MIN-VC**) ist ein Minimierungsproblem, bei dem man für einen gegebenen (ungerichteten) Graphen G eine Knotenüberdeckung mit minimaler Kardinalität sucht.

▶ BEISPIEL 7: Das Problem der maximalen Clique (**MAX-CL**)

Eine Clique eines Graphen $G = (V, E)$ ist jede Teilmenge $U \subseteq V$, so dass $\{\{u, v\} \mid u, v \in U, u \neq v\} \subseteq E$ (die Knoten von U bilden einen vollständigen Teilgraph von G). Das Problem der maximalen Clique ist, eine Clique mit maximaler Kardinalität zu finden.

---

[9]Eine Kante $\{u, v\}$ ist inzident zu ihren Endpunkten u und v.

Eingabe: Ein (ungerichteter) Graph $G = (V, E)$.

Einschränkungen: $\mathcal{M}(G) = \{S \subseteq V \mid \{\{u, v\} \mid u, v \in S, u \neq v\} \subseteq E\}$.

Kosten: Für jedes $S \in \mathcal{M}(G)$ ist $cost(S, G) = |S|$.

Ziel: Maximum.

▶ BEISPIEL 8: Maximale Erfüllbarkeit (**MAX-SAT**)

Sei $X = \{x_1, x_2, \ldots\}$ die Menge der Booleschen Variablen. Die Menge der **Literale** über X ist $Lit_X = \{x, \overline{x} \mid x \in X\}$, wobei $\overline{x}$ die Negation von x bezeichnet. Eine **Klausel** ist eine beliebige endliche Disjunktion von Literalen (zum Beispiel $x_1 \vee \overline{x}_3 \vee x_4 \vee \overline{x}_7$). Eine Formel ist in **konjunktiver Normalform** (**KNF**), wenn sie eine Konjunktion von Klauseln ist. Ein Beispiel einer Formel über X in KNF ist

$$\Phi = (x_1 \vee x_2) \wedge (\overline{x}_1 \vee \overline{x}_2 \vee \overline{x}_3) \wedge \overline{x}_2 \wedge (x_2 \vee x_3) \wedge x_3 \wedge (\overline{x}_1 \vee \overline{x}_3).$$

Das Problem der maximalen Erfüllbarkeit ist, für eine gegebene Formel Φ in KNF eine Belegung ihrer Variablen zu finden, die die maximal mögliche Anzahl von Klauseln von Φ erfüllt.

Eingabe: Eine Formel $\Phi = F_1 \wedge F_2 \wedge \cdots \wedge F_m$ über X in KNF, wobei F_i eine Klausel für $i = 1, \ldots, m$ ist, $m \in \mathbb{N} - \{0\}$.

Einschränkungen: Für jede Formel Φ über $\{x_{i_1}, x_{i_2}, \ldots, x_{i_n}\}$ ist

$$\mathcal{M}(\Phi) = \{0, 1\}^n.$$

$\{$Jedes $\alpha = \alpha_1 \ldots \alpha_n \in \mathcal{M}(\Phi)$, $\alpha_j \in \{0, 1\}$ für $j = 1, \ldots, n$, stellt eine Belegung dar, die x_{i_j} den Wert α_j zuordnet.$\}$

Kosten: Für jedes Φ und jedes $\alpha \in \mathcal{M}(\Phi)$ ist $cost(\alpha, \Phi)$ die Anzahl der Klauseln, die durch α erfüllt werden.

Ziel: Maximum.

▶ BEISPIEL 9: Ganzzahlige Lineare Programmierung (integer linear programming **ILP**)

Hier besteht die Aufgabe darin, für ein gegebenes System von linearen Gleichungen und eine lineare Funktion von Unbekannten des linearen Systems eine Lösung dieses Systems zu berechnen, die minimal bezüglich der linearen Funktion ist.

Eingabe: Eine $(m \times n)$-Matrix $A = [a_{ij}]_{i=1,\ldots m, j=1,\ldots,n}$ und zwei Vektoren $b = (b_1, \ldots, b_m)^{\mathsf{T}}$ und $c = (c_1, \ldots, c_n)$ für $n, m \in \mathbb{N} - \{0\}$, wobei a_{ij}, b_i, c_j ganze Zahlen für $i = 1, \ldots, m$ und $j = 1, \ldots, n$ sind.

Einschränkungen: $\mathcal{M}(A, b, c) = \{X = (x_1, \ldots, x_n)^{\mathsf{T}} \in \mathbb{N}^n \mid AX = b\}$.

$\{\mathcal{M}(A, b, c)$ ist die Menge aller Lösungsvektoren des linearen System $AX = b$, deren Elemente nur aus natürlichen Zahlen bestehen.$\}$

Kosten: Für jedes $X = (x_1, \ldots, x_n) \in \mathcal{M}(A, b, c)$ ist

$$cost(X, (A, b, c)) = \sum_{i=1}^{n} c_i x_i.$$

Ziel: Minimum.

Außer Entscheidungsproblemen und Optimierungproblemen betrachten wir auch algorithmische Probleme anderer Natur. Diese haben keine Eingabe, sondern die Aufgabe ist, ein Wort oder eine unendliche Reihenfolge von Symbolen zu generieren.

Definition 14: *Sei Σ ein Alphabet, und sei $x \in \Sigma^*$. Wir sagen, dass ein Algorithmus A das Wort x* **generiert**, *falls A für die Eingabe λ die Ausgabe x liefert.*

Das folgende Progamm A generiert das Wort 100111.

$A:$ **begin**
        write(100111);
    end

Das folgende Programm A_n generiert das Wort $(01)^n$ für jedes $n \in \mathbb{N} - \{0\}$.

$A_n:$ **begin**
        for $i = 1$ **to** n **do**
           write(01);
    end

Ein Programm, das x generiert, kann man als eine alternative Darstellung von x betrachten. Damit kann man einige Wörter im Rechner als Programme, die diese Wörter generieren, speichern.

Defintion 15:   *Sei Σ ein Alphabet, und sei $L \subseteq \Sigma^*$. A ist ein* **Aufzählungsalgorithmus für L,** *falls A für jede Eingabe $n \in \mathbb{N} - \{0\}$ die Wortfolge $x_1, x_2, \dots, x_n$ ausgibt, wobei $x_1, x_2, \dots, x_n$ die kanonisch n ersten Wörter in L sind.*

▶ BEISPIEL 10: Seien $\Sigma = \{0\}$ und $L = \{0^p \mid p \text{ ist eine Primzahl}\}$.

Eingabe: n

Ausgabe: $0^2, 0^3, 0^5, 0^7, \dots, 0^{p_n}$, wobei p_n die n-te kleinste Primzahl ist.

Bemerkung 3:   Eine Sprache L ist genau dann rekursiv, wenn ein Aufzählungsalgorithmus für L existiert.

9.3 Endliche Automaten

9.3.1 Zielsetzung

Endliche Automaten sind das einfachste Modell der Berechnungen, das man in der Informatik betrachtet. Im Prinzip entsprechen endliche Automaten speziellen Programmen, die gewisse Entscheidungsprobleme lösen und dabei keine Variablen benutzen. Endliche Automaten arbeiten in Echtzeit in dem Sinne, dass sie die Eingabe nur einmal von links nach rechts lesen, das Resultat steht sofort nach dem Lesen des letzten Buchstabens fest.

Der Grund, endliche Automaten hier zu behandeln, ist nicht nur der Einstieg in die Automatentheorie. Wir nutzen die endlichen Automaten zu didaktischen Zwecken, um auf einfache und anschauliche Weise die Modellierung von Berechnungen zu erläutern. Daher führen wir einige Grundbegriffe der Informatik wie Konfiguration, Berechnungsschritt, Berechnung, Simulation, Determinismus und Nichtdeterminismus für das Modell der endlichen Automaten mit dem Ziel ein, das grobe Verständnis für die allgemeine Bedeutung dieser Begriffe zu gewinnen. Dies sollte uns später die Entwicklung des Verständnisses dieser Begriffe im Zusammenhang mit einem allgemeinen Modell von algorithmischen Berechnungen erleichtern.

Wir lernen also in diesem Kapitel, wie man eine Teilklasse von Algorithmen (Programmen) formal und dabei anschaulich modellieren und untersuchen kann. Neben dem ersten Kontakt mit den oben erwähnten Grundbegriffen der Informatik lernen wir auch, was es bedeutet, einen Beweis zu führen, der zeigt, dass eine konkrete Aufgabe in einer gegebenen Teilklasse von Algorithmen nicht lösbar ist.

9.3.2 Die Darstellungen der endlichen Automaten

Wenn man ein Berechnungsmodell definieren will, muss man folgende Fragen beantworten:

1. Welche elementaren Operationen, aus denen man die Programme zusammenstellen kann, stehen zur Verfügung?
2. Wieviel Speicher steht einem zur Verfügung und wie geht man mit dem Speicher um?
3. Wie wird die Eingabe eingegeben?
4. Wie wird die Ausgabe bestimmt (ausgegeben)?

Bei endlichen Automaten hat man keinen Speicher zur Verfügung außer dem Speicher, in dem das Programm gespeichert wird und dem Zeiger, der auf die angewendete Zeile des Programmes zeigt. Das bedeutet, dass das Programm keine Variablen benutzen darf. Das mag überraschend sein, weil man fragen kann, wie man ohne Variablen überhaupt rechnen kann. Die Idee dabei ist, dass der Inhalt des Zeigers, also die Nummer der aktuellen Programmzeile, die einzige wechselnde Information ist, und dass man mit dieser Pseudovariablen auskommen muss.

Wenn $\Sigma = \{a_1, a_2, \ldots, a_k\}$ das Alphabet ist, über dem die Eingaben dargestellt sind, dann darf der endliche Automat nur den folgenden Operationstyp benutzen:

> **select** *input* $= a_1$ **goto** i_1
> *input* $= a_2$ **goto** i_2
> $\vdots$
> *input* $= a_k$ **goto** i_k

Die Bedeutung dieser Operation (dieses Befehls) ist, dass man das nächste Eingabesymbol liest und mit $a_1, a_2, \ldots, a_k$ vergleicht. Wenn es gleich a_j ist, setzt das Programm die Arbeit in der Zeile i_j fort. Die Realisierung dieses Befehls bedeutet automatisch, dass das gelesene Symbol gelöscht wird und man daher in der Zeile i_j das nächste Symbol liest. Jede Zeile des Programms enthält genau einen Befehl der oben angegebenen Form. Wir numerieren die Zeilen mit natürlichen Zahlen $0, 1, 2, 3, \ldots$ und die Arbeit des Programmes beginnt immer in der Zeile 0.

Wenn Σ nur aus zwei Symbolen (zum Beispiel 1 und 0) besteht, kann man statt des Befehls **select** den folgenden Befehl **if** ... **then** ... **else** benutzen.

> **if** *input* $= 1$ **then goto** i **else goto** j.

Solche Programme benutzt man, um Entscheidungsprobleme zu lösen. Die Antwort ist durch die Zeilennummer bestimmt. Wenn ein Programm aus m Zeilen besteht, wählt man sich eine Teilmenge F von $\{0, 1, 2, \ldots, m-1\}$. Wenn dann nach dem Lesen der gesamten Eingabe das Programm in der j-ten Zeile endet, und $j \in F$, dann akzeptiert das Programm die Eingabe. Wenn $j \in \{0, 1, 2, \ldots, m-1\} - F$, dann akzeptiert das Programm die Eingabe nicht. Die Menge aller akzeptierten Wörter ist die von dem Programm akzeptierte (erkannte) Sprache.

Betrachten wir als Beispiel folgendes Programm A, das Eingaben über dem Alphabet Σ_{bool} bearbeitet.

```
0:   if input = 1 then goto 1 else goto 2
1:   if input = 1 then goto 0 else goto 3
2:   if input = 0 then goto 0 else goto 3
3:   if input = 0 then goto 1 else goto 2
```

Setzen wir $F = \{0, 3\}$. Das Programm A arbeitet auf einer Eingabe 1011 wie folgt: Es startet in der Zeile 0, und geht in die Zeile 1, nachdem es eine 1 gelesen hat. Es liest eine 0 in der ersten Zeile und geht in die dritte Zeile. In der dritten Zeile liest es eine 1 und geht in die zweite Zeile, um in die dritte Zeile zurückzukehren beim Lesen einer weiteren 1. Die Berechnung ist beendet, und weil $3 \in F$ gilt, wird das Wort 1011 akzeptiert.

Mit endlichen Automaten verbindet man oft die schematische Darstellung aus Abbildung 9.5. In dieser Abbildung sehen wir die drei Hauptkomponenten des Modells – ein gespeichertes **Programm**, ein **Band** mit dem Eingabewort und einen **Lesekopf**, der sich auf dem Band nur von links nach rechts bewegen kann.[10] Das Band (auch Eingabeband genannt) betrachtet man als einen linearen Speicher für die Eingabe. Das Band besteht aus Feldern (Zellen). Ein Feld ist eine elementare Speichereinheit, die ein Symbol aus dem betrachteten Alphabet beinhalten kann.

Abb. 9.5

Die oben beschriebene Klasse von Programmen benutzt man heute fast gar nicht mehr, um endliche Automaten zu definieren, weil diese Programme wegen des **goto**-Befehls keine schöne Struktur haben. Daher ist diese Modellierungsart nicht sehr anschaulich und für die meisten Zwecke auch sehr unpraktisch. Die Idee einer umgangsfreundlicheren Definition endlicher Automaten basiert auf folgender visueller Darstellung unseres Programms. Wir ordnen jedem Programm A einen gerichteten markierten Graphen $G(A)$ zu. $G(A)$ hat genau so viele Knoten wie das Programm A Zeilen hat, und jeder Zeile von A ist genau ein Knoten zugeordnet, der durch die Nummer der Zeile markiert wird. Falls das Programm A aus einer Zeile i in die Zeile j beim Lesen eines Symbols b übergeht, dann enthält $G(A)$ eine gerichtete Kante (i, j) mit der Markierung b. Weil unsere Programme ohne Variablen für jedes $a \in \Sigma$ in jeder Zeile einen **goto**-Befehl haben,[11] hat jeder Knoten von $G(A)$ genau den Ausgangsgrad[12] $|\Sigma|$. Abbildung 9.6 enthält den Graph $G(A)$ für das oben beschriebene vierzeilige Programm A. Die Zeilen aus F sind durch Doppelkreise als abgesonderte Knoten von $G(A)$ gekennzeichnet. Der Knoten, der der Zeile 0 entspricht, wird durch einen zusätzlichen Pfeil (Abbildung 9.6) als der Anfangsknoten aller Berechnungen bezeichnet.

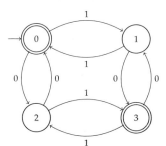

Abb. 9.6

Aus dieser graphischen Darstellung entwickeln wir jetzt die standardisierte formale Definition von endlichen Automaten. Die graphische Darstellung werden wir aber weiterhin benutzen, weil sie eine sehr anschauliche Beschreibung von endlichen Automaten bietet. Die folgende formale

---

[10]Die komponentenartige Darstellung von allgemeinen Berechnungsmodellen beinhaltet außerdem noch einen Speicher, Schreib- und Lesezugriffsmöglichkeiten auf diesen Speicher und eventuell ein Ausgabemedium.

[11]Jede Zeile ist ein **select** über alle Symbole des Alphabets.

[12]Der Ausgangsgrad eines Knoten ist die Anzahl der gerichteten Kanten, die den Knoten verlassen.

Definition ist andererseits besser für das Studium der Eigenschaften endlicher Automaten und für die formale Beweisführung geeignet. Hierfür ändern wir teilweise die Terminologie. Was wir bisher als Zeile des Programms oder als Knoten des Graphen bezeichnet haben, werden wir im Weiteren als Zustand des endlichen Automaten bezeichnen. Die Kanten des Graphen, die den **goto**-Befehlen des Programms entsprechen, werden durch die sogenannte Übergangsfunktion beschrieben.

Man beachte, dass der folgenden Definition ein allgemeines Schema zugrunde liegt, das man bei der Definition aller Rechnermodelle anwenden kann. Zuerst definiert man eine Struktur, die die exakte Beschreibung jedes Objektes aus der entsprechenden Modellklasse ermöglicht. Dann beschreibt man die Bedeutung (Semantik) dieser Struktur. Dies geschieht in folgender Reihenfolge. Zuerst definiert man den Begriff der Konfiguration. Eine Konfiguration ist die vollständige Beschreibung einer Situation (eines allgemeinen Zustands), in der sich das Modell befindet. Dann definiert man einen Schritt als einen Übergang aus einer Konfiguration in eine andere Konfiguration, wobei dieser Übergang durch eine elementare Aktion des Rechnermodells realisierbar sein muss. Eine Berechnung kann dann als eine Folge solcher Schritte gesehen werden. Wenn man eine Berechnung definiert hat, kann man jeder Eingabe das Resultat der Arbeit des Rechnermodells als Ausgabe zuordnen.

Defintion 16: *Ein (deterministischer)* **endlicher Automat (EA)** *ist ein Quintupel* $M = (Q, \Sigma, \delta, q_0, F)$, *wobei*

(i) *Q eine endliche Menge von* **Zuständen** *ist,*
    {vorher die Menge von Zeilen eines Programms ohne Variablen}

(ii) *Σ ein Alphabet, genannt* **Eingabealphabet**, *ist,*
    {die Bedeutung ist, dass zulässige Eingaben alle Wörter über Σ sind.}

(iii) *$q_0 \in Q$ der Anfangszustand ist,*
    {vorher die Zeile 0 des Programms ohne Variablen}

(iv) *$F \subseteq Q$ die* **Menge der akzeptierenden Zustände**[13] *ist, und*

(v) *δ eine Funktion aus $Q \times \Sigma$ nach Q ist, die* **Übergangsfunktion** *genannt wird.*
    {$\delta(q, a) = p$ bedeutet, dass M in den Zustand p übergeht, falls M im Zustand q das Symbol a gelesen hat}

Eine **Konfiguration** *von M ist ein Element aus $Q \times \Sigma^*$.*

{Wenn M sich in einer Konfiguration $(q, w) \in Q \times \Sigma^*$ befindet, bedeutet das, dass M im Zustand q ist und noch das Suffix w eines Eingabewortes lesen soll.}

Eine Konfiguration $(q_0, x) \in \{q_0\} \times \Sigma^*$ heißt die **Startkonfiguration von M auf x.**

{Die Arbeit (Berechnung) von M auf x muss in der Startkonfiguration (q_0, x) von x anfangen}.
Jede Konfiguration aus $Q \times \{\lambda\}$ nennt man eine **Endkonfiguration.**

Ein **Schritt** *von M ist eine Relation (auf Konfigurationen) $\vdash_M \subseteq (Q \times \Sigma^*) \times (Q \times \Sigma^*)$, definiert durch*

$$(q, w) \vdash_M (p, x) \iff w = ax, \ a \in \Sigma \text{ und } \delta(q, a) = p.$$

{Ein Schritt entspricht einer Anwendung der Übergangsfunktion auf die aktuelle Konfiguration, in der man sich in einem Zustand q befindet und ein Eingabesymbol a liest.}

Eine **Berechnung** *C von M ist eine endliche Folge $C = C_0, C_1, \ldots, C_n$ von Konfigurationen, so dass $C_i \vdash_M C_{i+1}$ für alle $0 \leq i \leq n - 1$. C ist die* **Berechnung von M auf einer Eingabe $x \in \Sigma^*$,**

---

[13] In der deutschsprachigen Literatur auch Endzustände genannt. Der Begriff „Endzustand" kann aber auch zu Missverständnissen führen, weil die Berechnungen in einem beliebigen Zustand enden können. Außerdem entspricht der Begriff „akzeptierender Zustand" der wahren Bedeutung dieses Begriffes und der Bezeichnung bei anderen Berechnungsmodellen wie bei Turingmaschinen.

falls $C_0 = (q_0, x)$ *und* $C_n \in Q \times \{\lambda\}$ *eine Endkonfiguration ist. Falls* $C_n \in F \times \{\lambda\}$, *sagen wir, dass* C *eine* **akzeptierende Berechnung** *von M auf x ist, und dass* **M** *das Wort x* **akzeptiert***. Falls* $C_n \in (Q - F) \times \{\lambda\}$, *sagen wir, dass* C *eine* **verwerfende Berechnung** *von M auf x ist, und dass* **M** *das Wort x* **verwirft (nicht akzeptiert)**.

{Man bemerke, dass M für jede Eingabe $x \in \Sigma^*$ *genau eine Berechnung hat.}*

Die von **M** *akzeptierte* **Sprache** $L(M)$ *ist definiert als*

$$L(M) := \{w \in \Sigma^* \mid \text{die Berechnung von M auf w endet in}$$
$$\text{einer Endkonfiguration } (q, \lambda) \text{ mit } q \in F\}.$$

$\mathcal{L}(\text{EA}) = \{L(M) \mid M \text{ ist ein EA}\}$ *ist die Klasse der Sprachen, die von endlichen Automaten akzeptiert werden.* $\mathcal{L}(\text{EA})$ *bezeichnet man auch als die* **Klasse der regulären Sprachen***, und jede Sprache L aus* $\mathcal{L}(\text{EA})$ *wird* **regulär** *genannt.*

Benutzen wir noch einmal das Programm A, um die gegebene Definition der endlichen Automaten zu illustrieren. Der zum Programm A äquivalente EA ist $M = (Q, \Sigma, \delta, q_0, F)$ mit

$$Q = \{q_0, q_1, q_2, q_3\}, \Sigma = \{0, 1\}, F = \{q_0, q_3\} \text{ und}$$
$$\delta(q_0, 0) = q_2, \delta(q_0, 1) = q_1, \delta(q_1, 0) = q_3, \delta(q_1, 1) = q_0,$$
$$\delta(q_2, 0) = q_0, \delta(q_2, 1) = q_3, \delta(q_3, 0) = q_1, \delta(q_3, 1) = q_2.$$

Anschaulicher kann man die Übergangsfunktion δ durch die folgende Tabelle beschreiben.

Zustand	Eingabe	
	0	1
q_0	q_2	q_1
q_1	q_3	q_0
q_2	q_0	q_3
q_3	q_1	q_2

Tabelle 9.1

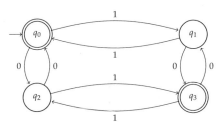

Abb. 9.7

Die anschaulichere Darstellung eines EA ist aber die schon angesprochene graphische Form (Abbildung 9.6), die man für den EA in die in Abbildung 9.7 gegebene Form umwandeln kann. Die Berechnung von M auf der Eingabe 1011 ist

$$(q_0, 1011) \vdash_M (q_1, 011) \vdash_M (q_3, 11) \vdash_M (q_2, 1) \vdash_M (q_3, \lambda).$$

Weil $q_3 \in F$, ist $1011 \in L(M)$.

Die folgende Definition führt Bezeichnungen ein, die den formalen Umgang mit endlichen Automaten erleichtern.

Defintion 17: *Sei $M = (Q, \Sigma, \delta, q_0, F)$ ein endlicher Automat. Wir definieren $\vdash_M^*$ als die* **reflexive und transitive Hülle** *der Schrittrelation $\vdash_M$ von M; daher ist*

$$(q, w) \vdash_M^* (p, u) \iff (q = p \text{ und } w = u) \text{ oder } \exists k \in \mathbb{N} - \{0\}, \text{ so dass}$$

(i) $w = a_1 a_2 \ldots a_k u, a_i \in \Sigma$ *für* $i = 1, 2, \ldots, k$ *und*

(ii) $\exists r_1, r_2, \ldots, r_{k-1} \in Q$*, so dass*
$$(q, w) \vdash_M (r_1, a_2 \ldots a_k u) \vdash_M (r_2, a_3 \ldots a_k u) \vdash_M \cdots (r_{k-1}, a_k u) \vdash_M (p, u).$$

Wir definieren $\widehat{\delta} : Q \times \Sigma^* \to Q$ durch:

(i) $\widehat{\delta}(q, \lambda) = q$ *für alle* $q \in Q$ *und*

(ii) $\widehat{\delta}(q, wa) = \delta(\widehat{\delta}(q, w), a)$ *für alle* $a \in \Sigma, w \in \Sigma^*, q \in Q$.

Die Bedeutung von $(q, w) \vdash_M^* (p, u)$ ist, dass es eine Berechnung von M gibt, die ausgehend von der Konfiguration (q, w) zu der Konfiguration (p, u) führt. Die Aussage $\widehat{\delta}(q, w) = p$ bedeutet, dass, wenn M im Zustand q das Wort w zu lesen beginnt, dann endet M im Zustand p (also $(q, w) \vdash_M^* (p, \lambda)$). Daher können wir schreiben:

$$
\begin{aligned}
L(M) &= \{w \in \Sigma^* \mid (q_0, w) \vdash_M^* (p, \lambda) \text{ mit } p \in F\} \\
&= \{w \in \Sigma^* \mid \widehat{\delta}(q_0, w) \in F\}.
\end{aligned}
$$

Betrachten wir jetzt den EA M aus Abbildung 9.7. Versuchen wir, die Sprache $L(M)$ zu bestimmen. Wir können leicht beobachten, dass für Wörter, die eine gerade [ungerade] Anzahl von Einsen haben, M die Berechnung in q_0 oder q_2 [q_1 oder q_3] beendet. Wenn die Anzahl der Nullen in einem $x \in \Sigma^*$ gerade [ungerade] ist, dann $\widehat{\delta}(q_0, x) \in \{q_0, q_1\}$ [$\widehat{\delta}(q_0, x) \in \{q_2, q_3\}$]. Diese Beobachtung führt zu folgender Behauptung.

Lemma 1: $L(M) = \{w \in \{0, 1\}^* \mid |w|_0 + |w|_1 \equiv 0 \pmod 2\}$.

Beweis. Zuerst bemerken wir, dass jeder EA die Menge Σ^* in $|Q|$ Klassen

$$\text{Kl}[p] = \{w \in \Sigma^* \mid \widehat{\delta}(q_0, w) = p\} = \{w \in \Sigma^* \mid (q_0, w) \vdash_M^* (p, \lambda)\},$$

aufteilt, und es ist klar, dass $\bigcup_{p \in Q} \text{Kl}[p] = \Sigma^*$ und $\text{Kl}[p] \cap \text{Kl}[q] = \emptyset$ für alle $p, q \in Q, p \neq q$. In dieser Terminologie gilt

$$L(M) = \bigcup_{p \in F} \text{Kl}[p].$$

Anders ausgedrückt ist die Relation definiert durch

$$x R_\delta y \iff \widehat{\delta}(q_0, x) = \widehat{\delta}(q_0, y)$$

eine Äquivalenzrelation auf Σ^*, die die endlich vielen Klassen $\text{Kl}[p]$ bestimmt (Abbildung 9.8).

Daher ist ein sicherer Weg, $L(M)$ zu bestimmen, die Bestimmung von $\text{Kl}[q_0]$, $\text{Kl}[q_1]$, $\text{Kl}[q_2]$ und $\text{Kl}[q_3]$ unseres EA M. Zu dieser Bestimmung stellen wir die folgende Induktionsannahme auf:

$$
\begin{aligned}
\text{Kl}[q_0] &= \{w \in \{0, 1\}^* \mid |w|_0 \text{ und } |w|_1 \text{ sind gerade}\}, \\
\text{Kl}[q_1] &= \{w \in \{0, 1\}^* \mid |w|_0 \text{ ist gerade, } |w|_1 \text{ ist ungerade}\}, \\
\text{Kl}[q_2] &= \{w \in \{0, 1\}^* \mid |w|_0 \text{ ist ungerade, } |w|_1 \text{ ist gerade}\} \text{ und} \\
\text{Kl}[q_3] &= \{w \in \{0, 1\}^* \mid |w|_0 \text{ und } |w|_1 \text{ sind ungerade}\}.
\end{aligned}
$$

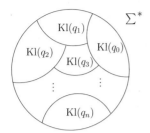

Abb. 9.8

Weil

$$\mathrm{Kl}[q_0] \cup \mathrm{Kl}[q_3] = \{w \in \{0,1\}^* \mid |w|_0 + |w|_1 \equiv 0 \pmod{2}\},$$

ist die Behauptung von Lemma 1 eine direkte Folge unserer Induktionsannahme. Um den Beweis von Lemma 1 zu vervollständigen, reicht es also, die Induktionsannahme zu beweisen. Wir zeigen dies durch Induktion bezüglich der Eingabelänge.

1. *Induktionsanfang.*

Wir beweisen die Induktionsannahme für alle Wörter der Länge kleiner gleich zwei.

$\widehat{\delta}(q_0, \lambda) = q_0$ und daher ist $\lambda \in \mathrm{Kl}[q_0]$.

$\widehat{\delta}(q_0, 1) = q_1$ und daher ist $1 \in \mathrm{Kl}[q_1]$.

$\widehat{\delta}(q_0, 0) = q_2$ und daher ist $0 \in \mathrm{Kl}[q_2]$.

$(q_0, 00) \vdash_M (q_2, 0) \vdash_M (q_0, \lambda)$ und daher ist $00 \in \mathrm{Kl}[q_0]$.

$(q_0, 01) \vdash_M (q_2, 1) \vdash_M (q_3, \lambda)$ und daher ist $01 \in \mathrm{Kl}[q_3]$.

$(q_0, 10) \vdash_M (q_1, 0) \vdash_M (q_3, \lambda)$ und daher ist $10 \in \mathrm{Kl}[q_3]$.

$(q_0, 11) \vdash_M (q_1, 1) \vdash_M (q_0, \lambda)$ und daher ist $11 \in \mathrm{Kl}[q_0]$.

Daher gilt die Induktionsannahme für die Wörter der Länge 0, 1 und 2.

2. *Induktionsschritt.*

Wir setzen voraus, dass die Induktionsannahme für alle $x \in \{0,1\}^*$, $|x| \leq i$, gilt. Wir wollen beweisen, dass sie auch für Wörter der Länge $i + 1$ gilt. Den Induktionsschritt beweisen wir für alle $i \geq 2$, daher gilt die Induktionsannahme für alle Wörter aus $(\Sigma_{\mathrm{bool}})^*$.

Sei w ein beliebiges Wort aus $(\Sigma_{\mathrm{bool}})^{i+1}$. Dann ist $w = za$, wobei $z \in \Sigma^i$ und $a \in \Sigma$. Wir unterscheiden vier Möglichkeiten bezüglich der Paritäten von $|z|_0$ und $|z|_1$.

(a) Seien beide $|z|_0$ und $|z|_1$ gerade. Weil die Induktionsannahme $\widehat{\delta}(q_0, z) = q_0$ für z impliziert (daher ist $z \in \mathrm{Kl}[q_0]$), erhalten wir

$$\widehat{\delta}(q_0, za) = \delta(\widehat{\delta}(q_0, z), a) \underset{\mathrm{Ind.}}{=} \delta(q_0, a) = \begin{cases} q_1, & \text{falls } a = 1, \\ q_2, & \text{falls } a = 0. \end{cases}$$

Weil $|z1|_0$ gerade ist und $|z1|_1$ ungerade ist, entspricht $\widehat{\delta}(q_0, z1) = q_1$ der Induktionsannahme $z1 \in \mathrm{Kl}[q_1]$.

Weil $|z0|_0$ ungerade ist und $|z0|_1$ gerade ist, stimmt das Resultat $\widehat{\delta}(q_0, z0) = q_2$ mit der Induktionsannahme $z0 \in \mathrm{Kl}[q_2]$ überein.

(b) Seien beide $|z|_0$ und $|z|_1$ ungerade. Weil $\widehat{\delta}(q_0, z) = q_3$ (daher ist $z \in \mathrm{Kl}[q_3]$) bezüglich der Induktionsannahme für z, erhalten wir

$$\widehat{\delta}(q_0, za) = \delta(\widehat{\delta}(q_0, z), a) \underset{\mathrm{Ind.}}{=} \delta(q_3, a) = \begin{cases} q_2, & \text{falls } a = 1, \\ q_1, & \text{falls } a = 0. \end{cases}$$

Dies entspricht der Induktionsannahme, dass $z0 \in \mathrm{Kl}[q_1]$ und $z1 \in \mathrm{Kl}[q_2]$.

Die Fälle (c) und (d) sind analog und wir überlassen diese dem Leser als Übung.   □

Wenn ein EA A genügend anschaulich und strukturiert dargestellt wird, kann man die Sprache $L(A)$ auch ohne eine Beweisführung bestimmen. In den meisten Fällen verzichtet man also auf einen formalen Beweis, wie er in Lemma 1 geführt wurde.[14] Aus Lemma 1 haben wir aber etwas Wichtiges für den Entwurf eines EA gelernt. Eine gute Entwurfsstrategie ist, die Menge aller Wörter aus Σ^* in Teilklassen von Wörtern mit gewissen Eigenschaften zu zerlegen und „Übergänge" zwischen diesen Klassen bezüglich der Konkatenation eines Symbols aus Σ zu definieren. Betrachten wir diese Strategie für den Entwurf eines EA für die Sprache

$$U = \{w \in (\Sigma_{\text{bool}})^* \mid |w|_0 = 3 \text{ und } (|w|_1 \geq 2 \text{ oder } |w|_1 = 0)\}.$$

Um $|w|_0 = 3$ verifizieren zu können, muss jeder EA B mit $L(B) = U$ für die Anzahl der bisher gelesenen Nullen die Fälle $|w|_0 = 0$, $|w|_0 = 1$, $|w|_0 = 2$, $|w|_0 = 3$ und $|w|_0 \geq 4$ unterscheiden können. Gleichzeitig muss B auch die Anzahl der bisher gelesenen Einsen zählen, um mindestens die Fälle $|w|_1 = 0$, $|w|_1 = 1$ und $|w|_1 \geq 2$ unterscheiden zu können. Daraus resultiert die Idee, die Zustandsmenge

$$Q = \{q_{i,j} \mid i \in \{0,1,2,3,4\}, j \in \{0,1,2\}\}$$

zu wählen. Die Bedeutung sollte folgende sein:

Für alle $j \in \{0,1\}$ und alle $i \in \{0,1,2,3\}$

$$\text{Kl}[q_{i,j}] = \{w \in (\Sigma_{\text{bool}})^* \mid |w|_0 = i \text{ und } |w|_1 = j\}.$$

Für alle $i \in \{0,1,2,3\}$

$$\text{Kl}[q_{i,2}] = \{w \in (\Sigma_{\text{bool}})^* \mid |w|_0 = i \text{ und } |w|_1 \geq 2\}.$$

Für $j \in \{0,1\}$

$$\text{Kl}[q_{4,j}] = \{w \in (\Sigma_{\text{bool}})^* \mid |w|_0 \geq 4 \text{ und } |w|_1 = j\}.$$

$$\text{Kl}[q_{4,2}] = \{w \in (\Sigma_{\text{bool}})^* \mid |w|_0 \geq 4 \text{ und } |w|_1 \geq 2\}.$$

Es ist klar, dass $q_{0,0}$ der Anfangszustand ist. Die Übergangsfunktion von B kann man direkt aus der Bedeutung der Zustände $q_{i,j}$ bestimmen, wie in Abbildung 9.9 gezeigt. Wir bemerken, dass

$$U = \text{Kl}[q_{3,0}] \cup \text{Kl}[q_{3,2}]$$

und setzen daher $F = \{q_{3,0}, q_{3,2}\}$.

Die Methode zum Automatenentwurf, die auf der Bestimmung der Bedeutung der Zustände basiert, ist die grundlegendste Entwurfsstrategie für endliche Automaten. Deswegen präsentieren wir noch zwei anschauliche Anwendungen dieser Methode.

▶ Beispiel 11: Unsere nächste Aufgabe ist es, einen EA für die Sprache

$$L(0010) = \{x0010y \mid x, y \in \{0,1\}^*\}$$

zu entwerfen.

Hier ist der Entwurf ein bisschen schwerer als bei einer Sprache, bei der alle Wörter mit 0010 anfangen. Wir müssen feststellen, ob 0010 irgendwo in dem Eingabewort liegt. Die erste

---

[14]Man bemerke, dass dies der Situation entspricht, in der man gewöhnlicherweise des Aufwandes wegen auf den formalen Beweis der Korrektheit eines entworfenen Programms verzichtet.

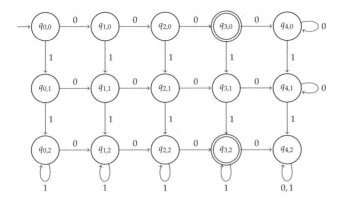

Abb. 9.9

Idee ist sozusagen, dass jeder EA sich merken muss, welches Präfix von 0010 er in den zuletzt gelesenen Buchstaben gefunden hat. Wenn zum Beispiel das bisher gelesene Wort 011001 war, dann muss er sich merken, dass er schon 001 als Kandidaten gefunden hat und wenn jetzt das nächste Symbol 0 ist, muss er akzeptieren. Wenn der EA das Präfix 1100 einer Eingabe gelesen hat, muss er sich merken, dass die letzten zwei Symbole 00 passend waren[15]. Damit ergeben sich 5 mögliche Zustände entsprechend der 5 Präfixe von 0010. Wir ziehen jetzt vor, deren Bedeutung anschaulich statt genau formal zu beschreiben.

Kl$[p_0]$ kein Präfix von 0010 ist ein nichtleeres Suffix von dem
bisher gelesenen Wort x (zum Beispiel $x = \lambda$ oder x endet mit 11).

Kl$[p_1]$ die Wörter enden mit 0 und enthalten kein längeres
Präfix von 0010 als ein Suffix (zum Beispiel sie enden mit 110).

Kl$[p_2]$ die Wörter enden mit 00 und enthalten kein längeres
Präfix von 0010 als ihr Suffix.

Kl$[p_3]$ die Wörter enden mit 001.

Kl$[p_4]$ die Wörter enden mit 0010 oder enthalten 0010 als Teilwort.

Dieses Konzept gibt uns direkt die folgende Teilstruktur (Abbildung 9.10) des zu konstruierenden EA.

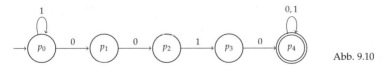

Abb. 9.10

Dass die Folge 0010 gelesen werden muss, um den einzigen akzeptierenden Zustand p_4 zu erreichen, ist offensichtlich. Wenn man p_4 erreicht hat, hat der EA schon 0010 in der Eingabe gefunden und so bleiben wir in dem akzeptierenden Zustand ($\delta(q_4, 0) = \delta(q_4, 1) = q_4$), egal was noch kommt. Das Lesen einer Eins in q_0 ändert gar nichts daran, dass wir noch kein Präfix von 0010 in den letzten Buchstaben gesehen haben. Um den EA zu vervollständigen, fehlen uns drei Pfeile aus den Zuständen p_1, p_2 und p_3 für das Lesen von 1 aus p_1 und p_3 und das Lesen

---

[15]Im Prinzip reicht es die Zahl 2 zu speichern, weil das Wort 0010 bekannt ist und es klar ist, dass 00 das Präfix der Länge 2 ist.

von 0 aus p_2. Es gibt nur eine eindeutige Möglichkeit, dies korrekt zu machen (um $L(0010)$ zu erkennen) und diese ist in Abbildung 9.11 dargestellt.

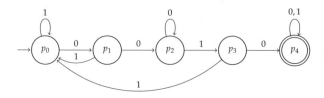

Abb. 9.11

Wenn wir 1 in p_1 lesen, müssen wir unsere Suche nach 0010 neu anfangen, weil 0 das längste Suffix des gelesenen Wortes ist, das einem Präfix von 0010 entspricht und somit eine Eins am Ende bedeutet, dass wir aktuell kein Präfix von 0010 haben. Damit ist

$$\delta(p_1, 1) = p_0.$$

Wenn man aber in p_2 eine 0 liest, ändert sich nichts an der Tatsache, dass 00 das Suffix des gerade gelesenen Wortes ist und somit bleiben wir in p_2, also

$$\delta(p_2, 0) = p_2.$$

Wenn in p_3 eine 1 kommt, endet das gelesene Wort mit zwei Einsen 11 und somit kann das Wort am Ende kein nichtleeres Suffix von 0010 enthalten. Der einzige mögliche Schluss ist

$$\delta(p_2, 1) = p_0.$$

Damit ist der EA vervollständigt.   □

In dem Beispiel 11 haben wir einen EA in Abbildung 9.11 entworfen, der genau die Wörter akzeptiert, die das Wort 0010 als Teilwort enthalten. Der anstrengendste Teil des Entwurfes bestand in der Bestimmung der Kanten (Transitionen), wenn die Suche nach 0010 wegen einer Unstimmigkeit unterbrochen wurde. Dann musste man entscheiden, ob man die Suche von Neuem starten soll oder ob das zuletzt gelesene Suffix noch ein kürzeres Präfix von 0010 enthält. Die weitere Suche müsste dann von entsprechender Stelle fortgesetzt werden. Man kann das Risiko in diesem Entwurfsprozess vermeiden, indem man sich entscheidet, einfach mehr Informationen über das gelesene Wort zu speichern. Eine Idee wäre, durch den Namen eines Zustandes die kompletten Suffixe der Länge 4 zu speichern. Ein Zustand q_{0110} sollte zum Beispiel alle Wörter enthalten, die mit 0110 enden. In diesem Fall ist alles übersichtlich und die Beschreibung der Zustandsklassen einfach, aber wir bezahlen diese Transparenz mit der Automatengröße. Wir haben $2^4 = 16$ Zustände um alle Suffixe der Länge 4 über $\{0, 1\}$ zu speichern. Das ist noch nicht alles. Es gibt auch kürzere Wörter, die natürlich kein Präfix der Länge 4 enthalten. Alle Wörter, die kürzer als 4 sind, brauchen dann eigene Zustände. Dies ergibt

$$2^3 + 2^2 + 2^1 + 1 = 15$$

weitere Zustände. Weil es zu viel Arbeit ist, einen EA mit 16 + 15 = 31 Zuständen zu zeichnen, stellen wir eine Anwendung dieser Idee für die Suche nach einem kürzeren Teilwort vor.

▶ Beispiel 12: Betrachten wir die Sprache

$$L = \{x110y \mid x, y \in \{0, 1\}^*\}.$$

Wie oben angedeutet, führen wir die Zustände p_{abc} ein, wobei in p_{abc} die Wörter landen, die mit dem Suffix abc für $a, b, c \in \{0, 1\}$ enden. Dies ist noch nicht ganz richtig. Für $abc \neq 110$ nehmen wir ein Wort mit Suffix abc nur dann in die Klasse$[p_{abc}]$, wenn dieses Wort das Teilwort 110 nicht enthält (in einem solchen Fall müsste aber die Akzeptanz eines solchen Wortes längst entschieden sein). Wir beschreiben jetzt genau die Bedeutung aller Zustände:

$\mathrm{Kl}[p_{110}] = L = \{x \in \{0,1\}^* \mid x$ enthält das Teilwort 110$\}$,

$\mathrm{Kl}[p_{000}] = \{x000 \mid x \in \{0,1\}^*$ und $x000$ enthält das Teilwort 110 nicht$\}$,

$\mathrm{Kl}[p_{001}] = \{x001 \mid x \in \{0,1\}^*$ und $x001$ enthält das Teilwort 110 nicht$\}$,

$\mathrm{Kl}[p_{010}] = \{x010 \mid x \in \{0,1\}^*$ und $x010$ enthält das Teilwort 110 nicht$\}$,

$\mathrm{Kl}[p_{100}] = \{x100 \mid x \in \{0,1\}^*$ und $x100$ enthält das Teilwort 110 nicht$\}$,

$\mathrm{Kl}[p_{011}] = \{x011 \mid x \in \{0,1\}^*$ und $x011$ enthält das Teilwort 110 nicht$\}$,

$\mathrm{Kl}[p_{101}] = \{x101 \mid x \in \{0,1\}^*$ und $x101$ enthält das Teilwort 110 nicht$\}$,

$\mathrm{Kl}[p_{111}] = \{x111 \mid x \in \{0,1\}^*$ und $x111$ enthält das Teilwort 111 nicht$\}$.

Außerdem brauchen wir die Zustände

$$p_\lambda, p_0, p_1, p_{00}, p_{01}, p_{10} \text{ und } p_{11}$$

für kürzere Wörter, daher

$\mathrm{Kl}[p_\lambda] = \{\lambda\}$, $\mathrm{Kl}[p_0] = \{0\}$, $\mathrm{Kl}[p_1] = \{1\}$,
$\mathrm{Kl}[p_{00}] = \{00\}$, $\mathrm{Kl}[p_{01}] = \{01\}$,
$\mathrm{Kl}[p_{10}] = \{10\}$ und $\mathrm{Kl}[p_{11}] = \{11\}$.

Der Startzustand ist offensichtlich der Zustand p_λ und p_{110} ist der einzige akzeptierende Zustand.

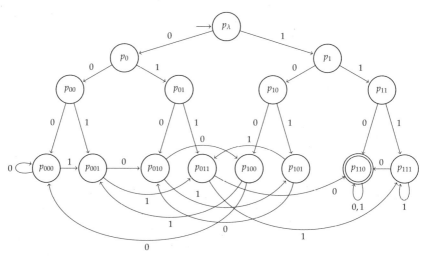

Abb. 9.12

Der resultierende EA ist in Abbildung 9.12 gezeichnet. Die Verzweigungsstruktur (in der Informatik Baumstruktur genannt) im oberen Teil gibt jedem Wort der Länge kürzer gleich 3 einen anderen Zustand. Alle anderen Kanten (Transitionen) führen zu den untersten Zuständen p_{abc}. Wenn zum Beispiel ein Wort $x001$ um eine Null zu $x0010$ verlängert wird, dann muss man aus p_{001} in p_{010} übergehen (das heißt $\delta(p_{001}, 0) = p_{010}$).

Deswegen sind diese Kanten immer so gelegt, dass durch das Lesen eines weiteren Symbols immer der dem neuen Suffix der Länge 3 entsprechende Zustand erreicht wird. Die einzige Ausnahme ist der Zustand p_{110}. In diesem Zustand bleiben wir, unabhängig davon, welche Symbole noch gelesen werden, weil wir schon das Teilwort 110 in der Eingabe festgestellt haben und alle solchen Eingaben akzeptiert werden müssen.

Der Entwurf des EA in Abbildung 9.12 riecht nach viel Arbeit, aber diese könnte lohnenswert sein, wenn man auf eine übersichtliche Weise einen EA für eine Sprache wie

$$L \;=\; \{x \in \{0,1\}^* \mid x \text{ enthält mindestens eines der Wörter } 000, 001$$
$$\text{oder } 110 \text{ als Teilwörter}\}.$$

entwerfen möchte. Da reicht es, den EA aus Abbildung 9.12 zu nehmen, die aus p_{000} und p_{011} ausgehenden Kanten durch

$$\delta(p_{000}, 0) = \delta(p_{000}, 1) = p_{000} \text{ und } \delta(p_{011}, 0) = \delta(p_{011}, 1) = p_{011}$$

zu ersetzen und

$$F = \{p_{000}, p_{011}, p_{110}\}$$

zu wählen. $\square$

9.3.3 Simulationen

Die Simulation ist einer der meist benutzten Begriffe der Informatik. Trotzdem wurde dieser Begriff nie durch eine formale Definition festgelegt. Der Grund dafür ist, dass man in unterschiedlichen Bereichen den Begriff der Simulation unterschiedlich auslegt. Die engste Interpretation dieses Begriffes fordert, dass jeder elementare Schritt der simulierten Berechnung durch einen Schritt der simulierenden Berechnung nachgemacht wird. Eine etwas schwächere Forderung ist, dass man einen Schritt der simulierten Berechnung durch mehrere Schritte simulieren darf. Eine noch schwächere Form verzichtet auf die Simulation einzelner Schritte und fordert nur, dass man gewisse wichtige Teile der Berechnung nachahmt. Die allgemeinste Definition fordert nur das gleiche Eingabe-Ausgabe-Verhalten und verzichtet vollständig auf die Simulation der Wege, die von den Eingaben zur entsprechenden Ausgabe führen.

In diesem Teilkapitel zeigen wir eine Simulation im engen Sinne. Wir zeigen, wie man die Berechnung von zwei endlichen Automaten mit einem EA simultan Schritt für Schritt nachahmen kann.

Lemma 2:   *Sei Σ ein Alphabet und seien $M_1 = (Q_1, \Sigma, \delta_1, q_{01}, F_1)$ und $M_2 = (Q_2, \Sigma, \delta_2, q_{02}, F_2)$ zwei EA. Für jede Mengenoperation $\odot \in \{\cup, \cap, -\}$ existiert ein EA M, so dass*

$$L(M) = L(M_1) \odot L(M_2).$$

Beweis. Die Idee des Beweises ist, den EA M so zu konstruieren, dass M gleichzeitig die Arbeit von beiden Automaten M_1 und M_2 simulieren kann.[16] Die Idee der Simulation ist einfach. Die Zustände von M sind Paare (q, p), wobei q ein Zustand von M_1 und p ein Zustand von M_2 ist.

---

[16]Im Prinzip hat M auch keine andere Möglichkeit, weil die Möglichkeit, zuerst M_1 und dann M_2 zu simulieren, nicht besteht (die Eingabe steht nur einmal zum Lesen zur Verfügung).

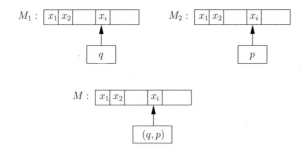

Abb. 9.13

Das erste Element von (q, p) soll q sein genau dann, wenn sich M_1 auch gerade im Zustand q befindet. Analog soll das zweite Element des Zustandes von M p sein genau dann, wenn M_2 sich im Zustand p befindet (Abbildung 9.13).

Den formalen Beweis führen wir in zwei Schritten durch. Zuerst geben wir eine formale Konstruktion des EA M und beweisen dann, dass M beide EA M_1 und M_2 simuliert.

Die Konstruktion von M.

Sei $M = (Q, \Sigma, \delta, q_0, F_\odot)$, wobei

(i) $Q = Q_1 \times Q_2$,

(ii) $q_0 = (q_{01}, q_{02})$,

(iii) für alle $q \in Q_1$, $p \in Q_2$ und $a \in \Sigma$, $\delta((q, p), a) = (\delta_1(q, a), \delta_2(p, a))$,

(iv) falls $\odot = \cup$, dann ist $F = F_1 \times Q_2 \cup Q_1 \times F_2$
{Mindestens einer von M_1 und M_2 endet in einem akzeptierenden Zustand.},
falls $\odot = \cap$, dann ist $F = F_1 \times F_2$
{Beide M_1 und M_2 müssen akzeptieren.}, und
falls $\odot = -$, dann ist $F = F_1 \times (Q_2 - F_2)$
{M_1 muss akzeptieren und M_2 darf nicht akzeptieren.}.

Beweis der Behauptung $L(M) = L(M_1) \odot L(M_2)$.

Um die Behauptung für jedes $\odot \in \{\cup, \cap, -\}$ zu beweisen, reicht es, die folgende Gleichheit zu zeigen:

$$\widehat{\delta}((q_{01}, q_{02}), x) = (\widehat{\delta}_1(q_{01}, x), \widehat{\delta}_2(q_{02}, x)) \text{ für alle } x \in \Sigma^*. \tag{9.1}$$

Wir beweisen (9.1) durch Induktion bezüglich $|x|$.

1. *Induktionsanfang.*
   Falls $x = \lambda$, ist (9.1) offenbar erfüllt.

2. *Induktionsschritt.*
   Wir beweisen für jedes $i \in \mathbb{N}$, dass, wenn (9.1) erfüllt ist für jedes $x \in \Sigma^*$ mit $|x| \leq i$, dann ist (9.1) erfüllt für jedes $w \in \Sigma^{i+1}$.
   Sei w ein beliebiges Wort aus Σ^{i+1}. Dann ist $w = za$ für irgendwelche $z \in \Sigma^i$ und $a \in \Sigma$.

Aus der Definition der Funktion $\widehat{\delta}$ erhalten wir

$$\begin{aligned}
\widehat{\delta}((q_{01}, q_{02}), w) &= \widehat{\delta}((q_{01}, q_{02}), za) \\
&= \delta(\widehat{\delta}((q_{01}, q_{02}), z), a) \\
&\underset{(9.1)}{=} \delta((\widehat{\delta}_1(q_{01}, z), \widehat{\delta}_2(q_{02}, z)), a) \\
&\underset{\text{Def.}\delta}{=} (\delta_1(\widehat{\delta}_1(q_{01}, z), a), \delta_2(\widehat{\delta}_2(q_{02}, z), a)) \\
&= (\widehat{\delta}(q_{01}, za), \widehat{\delta}(q_{02}, za)) \\
&= (\widehat{\delta}(q_{01}, w), \widehat{\delta}(q_{02}, w)).
\end{aligned}$$

$\square$

Bemerkung 4:   Sei $L \subseteq \Sigma^*$ eine reguläre Sprache. Dann ist auch $L^{\complement} = \Sigma^* - L$ eine reguläre Sprache.

Die vorgestellte Simulation bietet uns eine modulare Technik zum Entwurf von endlichen Automaten. Dieser strukturierte Ansatz ist besonders für größere und komplexere Automaten geeignet, weil er nicht nur den Entwurfsprozess veranschaulicht, sondern auch die Verifikation des entworfenen Automaten vereinfacht. Die Idee der modularen Entwurfsstrategie ist, zuerst einfache Automaten für einfache Sprachen zu bauen und dann aus diesen „Bausteinen" den gesuchten EA zusammenbauen. Wir illustrieren diese Entwurfsmethode durch das folgende Beispiel.

▶ BEISPIEL 13: Seien $L_1 = \{x \in \{0,1\}^* \mid |x|_0 \text{ ist gerade}\}$, und $L_2 = \{x \in \{0,1\}^* \mid |x|_1 = 0 \text{ oder } |x|_1 \geq 3\}$. Wir bauen zuerst zwei endliche Automaten M_1 und M_2 mit $L(M_1) = L_1$ und $L(M_2) = L_2$, die in Abbildung 9.14 und Abbildung 9.15 dargestellt sind.

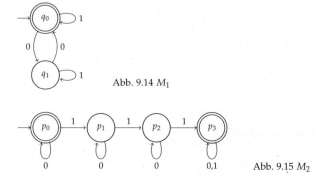

Abb. 9.14 M_1

Abb. 9.15 M_2

Wie unsere Idee besagt, hat M die Zustandsmenge

$$\{(q_0, p_0), (q_0, p_1), (q_0, p_2), (q_0, p_3), (q_1, p_0), (q_1, p_1), (q_1, p_2), (q_1, p_3)\}.$$

Um M übersichtlich zu zeichnen, legen wir die Zustände von M matrixartig auf ein Blatt Papier (Abbildung 9.16). Die erste Zeile beinhaltet Zustände mit der ersten Komponente q_0 und die zweite Zeile Zustände mit q_1 als erste Komponente. Die i-te Spalte für $i = 0, 1, 2, 3$ beinhaltet die Zustände mit der zweiten Komponente p_i.

Jetzt muss man anhand von M_1 und M_2 die Kanten (Übergänge) bestimmen. Zum Beispiel geht M_1 aus q_0 bei 0 in q_1 über und M_2 bleibt beim Lesen von 0 in p_0. Deswegen geht M aus (q_0, p_0) beim Lesen von 0 in (q_1, p_0) über.

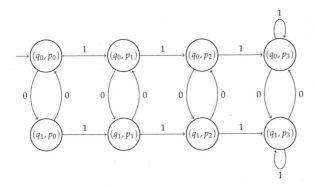

Abb. 9.16 M

Nachdem auf diese Weise alle Kanten bezeichnet worden sind, beobachten wir in Abbildung 9.16, dass wir in den Spalten die Anzahl der Nullen modulo 2 rechnen und in den Zeilen die Anzahl Einsen von 0 bis 3 zählen. Also bedeutet der Zustand (q_i, p_j) für $i \in \{0, 1\}, j \in \{0, 1, 2, 3\}$, dass das bisher gelesene Präfix x genau j Einsen beinhaltet (wenn $j = 3$ mindestens 3 Einsen) und $|x|_0 \bmod 2 = i$. Damit sind alle für uns wichtigen Merkmale der gelesenen Wörter in M beobachtet (gespeichert).

Welche sind die akzeptierenden Zustände? Das hängt davon ab, was für eine Sprache wir akzeptieren wollen. Wenn wir zum Beispiel die Sprache

$$L_1 \cap L_2 = L(M_1) \cap L(M_2)$$

akzeptieren wollen, dann müssen wir genau dann akzeptieren

wenn beide M_1 und M_2 akzeptieren.

Das bedeutet: die akzeptierenden Zustände von M sind genau die Zustände,

wo beide Komponenten akzeptierende Zustände von M_1 und M_2 sind.

Weil q_0 der einzige akzeptierende Zustand von M_1 ist und die akzeptierenden Zustände von M_2 die Zustände p_0 und p_3 sind, sind die akzeptierenden Zustände von M

die Zustände (q_0, p_0) und (q_0, p_3).

Wenn M die Sprache

$$L_1 \cup L_2 = L(M_1) \cup L(M_2)$$

akzeptieren sollte, dann akzeptiert M genau dann, wenn

mindestens einer der endlichen Automaten M_1 und M_2 akzeptiert.

Das bedeutet: die akzeptierenden Zustände von M sind genau die Zustände,

wo mindestens eine Komponente einem akzeptierenden Zustand von M_1 oder M_2 entspricht.

Somit sind die akzeptierenden Zustände für $L_1 \cup L_2$ die folgenden Zustände:

$$(q_0, p_0), (q_0, p_1), (q_0, p_2), (q_0, p_3), (q_1, p_0), (q_1, p_3). \qquad \square$$

9.3.4 Beweise der Nichtexistenz

Um zu zeigen, dass eine Sprache L nicht regulär ist ($L \notin \mathcal{L}(\text{EA})$), genügt es zu beweisen, dass es keinen EA gibt, der die Sprache akzeptiert. Im Allgemeinen zu zeigen, dass von einer gewissen Klasse von Programmen (Algorithmen) eine konkrete Aufgabe nicht lösbar ist (kein Programm aus der Klasse löst die Aufgabe), gehört zu den schwersten Problemstellungen in der Informatik. Beweise solcher Aussagen nennen wir Beweise der Nichtexistenz. Im Unterschied zu konstruktiven Beweisen, bei denen man die Existenz eines Objektes mit gewissen Eigenschaften direkt durch eine Konstruktion eines solchen Objektes beweist (zum Beispiel konstruieren wir einen EA M mit vier Zuständen, der eine gegebene Sprache akzeptiert), kann man bei den Beweisen der Nichtexistenz mit einer unendlichen Menge von Kandidaten (zum Beispiel allen endlichen Automaten) nicht so vorgehen, dass man alle Kandidaten einen nach dem anderen betrachtet und überprüft, dass keiner die gewünschten Eigenschaften hat. Um die Nichtexistenz eines Objektes mit gegebenen Eigenschaften in einer unendlichen Klasse von Kandidaten zu beweisen, muss man für gewöhnlich eine tiefgreifende Kenntnis über diese Klasse haben, die im Widerspruch zu den gewünschten Eigenschaften steht.

Weil die Klasse der endlichen Automaten eine Klasse von sehr stark eingeschränkten Programmen ist, sind die Beweise der Nichtexistenz der Art „es gibt keinen EA, der die gegebene Sprache L akzeptiert" relativ leicht. Wir nutzen dies hier, um eine einfache Einführung in die Methodik der Herstellung von Beweisen der Nichtexistenz zu geben.

Wir wissen, dass endliche Automaten keine andere Speichermöglichkeit als den aktuellen Zustand (Nummer der aufgerufenen Programmzeile) besitzen. Das bedeutet für einen EA A, der nach dem Lesen zweier unterschiedlicher Wörter x und y im gleichen Zustand endet (also $\hat{\delta}(q_0, x) = \hat{\delta}(q_0, y)$), dass A in Zukunft nicht mehr zwischen x und y unterscheiden kann. Mit anderen Worten bedeutet dies, dass für alle $z \in \Sigma^*$ gilt, dass

$$\hat{\delta}_A(q_0, xz) = \hat{\delta}_A(q_0, yz).$$

Formulieren wir diese wichtige Eigenschaft im folgenden Lemma.

Lemma 3: *Sei $A = (Q, \Sigma, \delta_A, q_0, F)$ ein EA. Seien $x, y \in \Sigma^*$, $x \neq y$, so dass*

$$(q_0, x) \vdash_A^* (p, \lambda) \ und \ (q_0, y) \vdash_A^* (p, \lambda)$$

für ein $p \in Q$ (also $\hat{\delta}_A(q_0, x) = \hat{\delta}_A(q_0, y) = p$ $(x, y \in \mathrm{Kl}[p])$). Dann existiert für jedes $z \in \Sigma^*$ ein $r \in Q$, so dass xz und $yz \in \mathrm{Kl}[r]$, also

$$xz \in L(A) \iff yz \in L(A).$$

Beweis. Aus der Existenz der Berechnungen

$$(q_0, x) \vdash_A^* (p, \lambda) \ und \ (q_0, y) \vdash_A^* (p, \lambda)$$

von A folgt die Existenz folgender Berechnung auf xz und yz:

$$(q_0, xz) \vdash_A^* (p, z) \quad und \quad (q_0, yz) \vdash_A^* (p, z)$$

für alle $z \in \Sigma^*$. Wenn $r = \hat{\delta}_A(p, z)$ (also wenn $(p, z) \vdash_A^* (r, \lambda)$ die Berechnung von A auf z ausgehend vom Zustand p ist), dann ist die Berechnung von A auf xz

$$(q_0, xz) \vdash_A^* (p, z) \vdash_A^* (r, \lambda)$$

und die Berechnung von A auf yz

$$(q_0, yz) \vdash_A^* (p, z) \vdash_A^* (r, \lambda).$$

Wenn $r \in F$, sind beide Wörter xz und yz in $L(A)$. Falls $r \notin F$, so ist $xz, yz \notin L(A)$. $\square$

Lemma 3 ist ein Spezialfall einer Eigenschaft, die für jedes (deterministische) Rechnermodell gilt. Wenn man einmal in den Berechnungen auf zwei unterschiedlichen Eingaben die gleiche

Konfiguration[17] erreicht, dann ist der weitere Verlauf beider Berechnungen identisch. Im Fall eines Entscheidungsproblems bedeutet dies, dass entweder beide Eingaben akzeptiert werden oder beide verworfen werden. Lemma 3 kann man leicht anwenden, um die Nichtregularität mehrerer Sprachen zu zeigen. Sei $L = \{0^n 1^n \mid n \in \mathbb{N}\}$. Intuitiv sollte L für jeden EA deswegen schwer sein, weil man die Anzahl der vorkommenden Nullen speichern sollte, um diese dann mit der Anzahl nachfolgender Einsen vergleichen zu können. Aber die Anzahl von Nullen im Präfix 0^n kann beliebig groß sein und jeder EA hat eine feste Größe (Anzahl der Zustände). Also kann kein EA die vorkommenden Nullen in jedem Eingabewort zählen und wir brauchen nur formal auszudrücken, dass dieses Zählen erforderlich ist, um L zu akzeptieren.

Wir zeigen indirekt, dass $L \notin \mathcal{L}(\mathrm{EA})$. Sei $A = (Q, \Sigma_{\mathrm{bool}}, \delta_A, q_0, F)$ ein EA mit $L(A) = L$. Man betrachte die Wörter

$$0^1, 0^2, 0^3, \ldots, 0^{|Q|+1}.$$

Weil die Anzahl dieser Wörter $|Q| + 1$ ist, existieren $i, j \in \{1, 2, \ldots, |Q| + 1\}$, $i < j$, so dass

$$\widehat{\delta}_A(q_0, 0^i) = \widehat{\delta}_A(q_0, 0^j).$$

Nach Lemma 3 gilt

$$0^i z \in L \iff 0^j z \in L$$

für alle $z \in (\Sigma_{\mathrm{bool}})^*$. Dies gilt aber nicht, weil für $z = 1^i$ das Wort $0^i 1^i \in L$ und das Wort $0^j 1^i \notin L$.

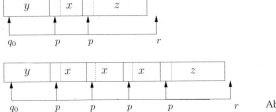

Abb. 9.17

Um die Beweise der Nichtregularität von konkreten Sprachen anschaulich und einfach zu machen, sucht man nach leicht überprüfbaren Eigenschaften, die jede reguläre Sprache erfüllen muss. Wenn eine Sprache L eine solche Eigenschaft nicht besitzt, weiß man direkt, dass L nicht regulär ist. Im Folgenden zeigen wir zwei solche Methoden zum Beweis von Aussagen der Form $L \notin \mathcal{L}(\mathrm{EA})$. Die erste Methode nennt man „Pumping". Sie basiert auf folgender Idee. Wenn für ein Wort x und einen Zustand p eines EA A

$$(p, x) \vdash_A^* (p, \lambda),$$

dann gilt auch

$$(p, x^i) \vdash_A^* (p, \lambda)$$

für alle $i \in \mathbb{N}$ (Abbildung 9.17). Also kann A nicht unterscheiden, wie viele x gelesen worden sind. Daher ist, wenn $\widehat{\delta}_A(q_0, y) = p$ für ein $y \in \Sigma^*$ und $\widehat{\delta}_A(p, z) = r$ für ein $z \in \Sigma^*$ (Abbildung 9.17),

$$(q_0, y x^i z) \vdash_A^* (p, x^i z) \vdash_A^* (p, z) \vdash_A^* (\lambda, r)$$

---

[17]Dies gilt nur, wenn man eine Konfiguration als vollständige Beschreibung des allgemeinen Zustandes des Rechnermodells (einschließlich des noch erreichbaren Teils der Eingabe) betrachtet.

die Berechnung von A auf $yx^i z$ für alle $i \in \mathbb{N}$ (also $\{yx^i z \mid i \in \mathbb{N}\} \subseteq \mathrm{Kl}[r]$ für ein $r \in Q$). Dies bedeutet, dass A entweder alle Wörter $yx^i z$ für $i \in \mathbb{N}$ (falls $r \in F$) akzeptiert, oder dass A kein Wort aus $\{yx^i z \mid i \in \mathbb{N}\}$ akzeptiert.

Lemma 4:   **Das Pumping-Lemma für reguläre Sprachen**

Sei L regulär. Dann existiert eine Konstante $n_0 \in \mathbb{N}$, so dass sich jedes Wort $w \in \Sigma^*$ mit $|w| \geq n_0$ in drei Teile y, x und z zerlegen lässt, das heißt $w = yxz$, wobei

(i) $|yx| \leq n_0$,

(ii) $|x| \geq 1$ und

(iii) entweder $\{yx^k z \mid k \in \mathbb{N}\} \subseteq L$ oder $\{yx^k z \mid k \in \mathbb{N}\} \cap L = \varnothing$.

Beweis. Sei $L \subseteq \Sigma^*$ regulär. Dann existiert ein EA $A = (Q, \Sigma, \delta_A, q_0, F)$, so dass $L(A) = L$. Wir setzen $n_0 = |Q|$. Sei $w \in \Sigma^*$ mit $|w| \geq n_0$. Dann ist $w = w_1 w_2 \ldots w_{n_0} u$, wobei $w_i \in \Sigma$ für $i = 1, \ldots, n_0$ und $u \in \Sigma^*$. Betrachten wir die Berechnung

$$(q_0, w_1 w_2 w_3 \ldots w_{n_0}) \vdash_A (q_1, w_2 w_3 \ldots w_{n_0})$$
$$\vdash_A (q_2, w_3 \ldots w_{n_0}) \vdash_A \cdots \vdash_A (q_{n_0 - 1}, w_{n_0}) \vdash_A (q_{n_0}, \lambda) \qquad (9.2)$$

von A auf $w_1 w_2 \ldots w_{n_0}$. In den $n_0 + 1$ Konfigurationen dieser Berechnung kommen $n_0 + 1$ Zustände $q_0, q_1, q_2, \ldots, q_{n_0}$ vor. Weil $|Q| = n_0$, existieren $i, j \in \{0, 1, \ldots, n_0\}$, $i < j$, so dass $q_i \equiv q_j$. Daher lässt sich (9.2) als

$$(q_0, w_1 \ldots w_{n_0}) \vdash_A^* (q_i, w_{i+1} \ldots w_{n_0}) \vdash_A^* (q_i, w_{j+1} \ldots w_{n_0}) \vdash_A^* (q_{n_0}, \lambda) \qquad (9.3)$$

darstellen. Wir setzen jetzt

$$y = w_1 \ldots w_i, \quad x = w_{i+1} \ldots w_j \text{ und } z = w_{j+1} \ldots w_{n_0} u.$$

Es ist klar, dass $w = yxz$. Wir überprüfen die Eigenschaften (i), (ii) und (iii).

(i) $yx = w_1 \ldots w_i w_{i+1} \ldots w_j$ und daher $|yx| = j \leq n_0$.

(ii) Weil $i < j$ und $|x| = j - i$, ist $x \neq \lambda$ ($|x| \geq 1$).

(iii) Wenn man die Notation y und x statt $w_1 \ldots w_i$ und $w_{i+1} \ldots w_j$ in (9.3) verwendet, sieht die Berechnung von A auf yx wie folgt aus:

$$(q_0, yx) \vdash_A^* (q_i, x) \vdash_A^* (q_i, \lambda). \qquad (9.4)$$

Die Berechnung (9.3) impliziert

$$(q_i, x^k) \vdash_A^* (q_i, \lambda)$$

für alle $k \in \mathbb{N}$. Dann ist für alle $k \in \mathbb{N}$

$$(q_0, yx^k z) \vdash_A^* (q_i, x^k z) \vdash_A^* (q_i, z) \vdash_A^* (\widehat{\delta}_A(q_i, z), \lambda)$$

die Berechnung von A auf $yx^k z$. Wir sehen, dass für alle $k \in \mathbb{N}$, die Berechnungen im gleichen Zustand $\widehat{\delta}_A(q_i, z)$ enden. Falls also $\widehat{\delta}_A(q_i, z) \in F$, akzeptiert A alle Wörter aus $\{yx^k z \mid k \in \mathbb{N}\}$. Falls $\widehat{\delta}_A(q_i, z) \notin F$, akzeptiert A kein Wort aus $\{yx^k z \mid k \in \mathbb{N}\}$. $\square$

Wie wendet man Lemma 4 an, um zu zeigen, dass eine Sprache nicht regulär ist? Führen wir dies wieder am Beispiel der Sprache $L = \{0^n 1^n \mid n \in \mathbb{N}\}$ vor. Wir führen den Beweis indirekt. Sei L regulär. Dann existiert eine Konstante n_0 mit den in Lemma 4 beschriebenen Eigenschaften, also muss jedes Wort mit einer Länge von mindestens n_0 eine Zerlegung besitzen, die die Eigenschaften (i), (ii) und (iii) erfüllt. Um zu zeigen, dass $L \notin \mathcal{L}(\text{EA})$, reicht es ein hinreichend langes Wort zu finden, für das keine seiner Zerlegungen die Eigenschaften (i), (ii) und (iii) erfüllt. Wir wählen jetzt

$$w = 0^{n_0} 1^{n_0}.$$

Es ist klar, dass $|w| = 2n_0 \geq n_0$. Es muss also eine Zerlegung $w = yxz$ von w mit den Eigenschaften (i), (ii) und (iii) geben. Weil nach (i) $|yx| \leq n_0$ gilt, ist $y = 0^l$ und $x = 0^m$ für irgendwelche $l, m \in \mathbb{N}$. Nach (ii) ist $m \neq 0$. Weil $w = 0^{n_0} 1^{n_0} \in L$, ist $\{yx^k z \mid k \in \mathbb{N}\} = \{0^{n_0 - m + km} 1^{n_0} \mid k \in \mathbb{N}\} \subseteq L$. Das ist aber ein Widerspruch, weil $yx^0 z = yz = 0^{n_0 - m} 1^{n_0} \notin L$ (es ist sogar so, dass $0^{n_0} 1^{n_0}$ das einzige Wort aus $\{yx^k z \mid k \in \mathbb{N}\}$ ist, das in L liegt).

Bei der Anwendung des Pumping-Lemmas ist es wichtig, dass wir das Wort w frei wählen können, weil das Lemma für alle ausreichend langen Wörter gilt. Die Wahl des Wortes w ist insbesondere wichtig aus folgenden zwei Gründen.

Erstens kann man für w eine „schlechte" Wahl treffen in dem Sinne, dass man mit diesem Wort und der Pumping-Methode die Tatsache $L \notin \mathcal{L}(\text{EA})$ nicht beweisen kann. Für die Sprache $L = \{0^n 1^n \mid n \in \mathbb{N}\}$ ist ein Beispiel einer schlechten Wahl das Wort

$$w = 0^{n_0} \notin L.$$

Es besteht die Möglichkeit, das Wort w wie folgt zu zerlegen:

$$w = yxz \text{ mit } y = 0, x = 0, z = 0^{n_0 - 2}.$$

Klar, dass das Pumping-Lemma für dieses w gilt, weil keines der Wörter in

$$\{yx^k z \mid k \in \mathbb{N}\} = \{0^{n_0 - 1 + k} \mid k \in \mathbb{N}\}$$

zu L gehört und so die Eigenschaften (i), (ii) und (iii) erfüllt sind.

Zweitens kann man Wörter wählen, die den Beweis von $L \notin \mathcal{L}(\text{EA})$ zwar ermöglichen, aber nicht als günstig anzusehen sind, weil eine Menge von Arbeit notwendig ist, um zu beweisen, dass keine Zerlegung des gewählten Wortes alle drei Eigenschaften (i), (ii) und (iii) erfüllt. Als Beispiel betrachten wir die Wahl des Wortes

$$w = 0^{\lceil n_0/2 \rceil} 1^{\lceil n_0/2 \rceil}$$

für die Sprache $L = \{0^n 1^n \mid n \in \mathbb{N}\}$. Dieses Wort können wir benutzen um $L \notin \mathcal{L}(\text{EA})$ zu zeigen, aber wir müssen dabei mindestens die folgenden drei Fälle von möglichen Zerlegungen betrachten[18].

(i) $y = 0^i$, $x = 0^m$, $z = 0^{\lceil n_0/2 \rceil - m - i} 1^{\lceil n_0/2 \rceil}$

für ein $i \in \mathbb{N}$ und ein $m \in \mathbb{N} - \{0\}$, das heißt x besteht nur aus Nullen.

{In diesem Fall kann man das gleiche Argument wie für das Wort $w = 0^{n_0} 1^{n_0}$ nutzen, um zu zeigen, dass die Eigenschaft (iii) des Pumping-Lemmas nicht gilt.}

(ii) $y = 0^{\lceil n_0/2 \rceil - m}$, $x = 0^m 1^j$, $z = 1^{\lceil n_0/2 \rceil - j}$

für positive ganze Zahlen m und j, daher enthält x mindestens eine Null und mindestens eine Eins.

{In diesem Fall ist (iii) nicht erfüllt, weil $w = yxz \in L$ und $yx^2 z \notin L$ ($yx^2 z = 0^{\lceil n_0/2 \rceil} 1^j 0^m 1^{\lceil n_0/2 \rceil - j}$ hat nicht die Form $a^* b^*$).}

---

[18] Für das Wort $0^{n_0} 1^{n_0}$ garantiert die Eigenschaft (i) des Pumping-Lemmas, dass x nur aus Nullen besteht. Für das Wort $0^{\lceil n_0/2 \rceil} 1^{\lceil n_0/2 \rceil}$ kann x ein beliebiges nichtleeres Teilwort von w sein.

(iii) $y = 0^{\lceil n_0/2 \rceil} 1^i$, $x = 1^m$, $z = 1^{\lceil n_0/2 \rceil - i - m}$

für ein $i \in \mathbb{N}$ und ein $m \in \mathbb{N} - \{0\}$.

{In diesem Fall kann man die Anzahl der Einsen erhöhen ohne die Anzahl der Nullen zu ändern und somit ist $yx^l z \notin L$ für alle $l \in \mathbb{N} - \{1\}$.}

Also sehen wir, dass die Wahl des Wortes $0^{\lceil n_0/2 \rceil} 1^{\lceil n_0/2 \rceil}$ für den Beweis von $L \notin \mathcal{L}(\text{EA})$ zu viel mehr Arbeit führt als die Wahl des Wortes $0^{n_0} 1^{n_0}$.

9.3.5 Nichtdeterminismus

Die standardmäßigen Programme sowie die bisher betrachteten endlichen Automaten sind Modelle von deterministischen Berechnungen. Determinismus bedeutet in diesem Kontext, dass in jeder Konfiguration eindeutig festgelegt ist (determiniert ist), was im nächsten Schritt passieren wird. Daher bestimmen ein Programm (oder ein EA) A und seine Eingabe x vollständig und eindeutig die Berechnung von A auf x. Nichtdeterminismus erlaubt in gewissen Konfigurationen eine Auswahl von mehreren Aktionen (Möglichkeiten, die Arbeit fortzusetzen). Dazu reicht es, wenn mindestens eine der Möglichkeiten zu dem richtigen Resultat führt. Dies entspricht einem auf den ersten Blick künstlichen Spiel, so, als ob ein nichtdeterministisches Programm immer die richtige Möglichkeit wählt. Diese Wahl einer von mehreren Möglichkeiten nennen wir **nichtdeterministische Entscheidung.** Für ein Entscheidungsproblem (Σ, L) bedeutet dies, dass ein nichtdeterministisches Programm (nichtdeterministischer EA) A eine Sprache L akzeptiert, falls für jedes $x \in L$ mindestens eine akzeptierende Berechnung von A auf x existiert und für jedes $y \in \Sigma^* - L$ alle Berechnungen nicht akzeptierend sind. Obwohl ein nichtdeterministisches Programm nicht zum praktischen Einsatz geeignet scheint (und wir kein Orakel haben, das uns helfen würde, die richtige nichtdeterministische Entscheidung zu treffen), hat das Studium von nichtdeterministischen Berechnungen einen wesentlichen Beitrag zum Verständnis von deterministischen Berechnungen und zur Untersuchung der Grenze der Möglichkeiten, Probleme algorithmisch zu lösen, geliefert.

Die Zielsetzung dieses Teilkapitels ist es, Nichtdeterminismus auf dem Modell der endlichen Automaten einzuführen und zu untersuchen. Dabei interessieren uns die für allgemeine Berechnungsmodelle zentralen Fragen, ob man nichtdeterministische Berechnungen deterministisch simulieren kann und falls ja, mit welchem Berechnungsaufwand.

Für Programme könnte man Nichtdeterminismus zum Beispiel mit einem Befehl „**choose goto** i **or goto** j" einführen. Bei endlichen Automaten führen wir Nichtdeterminismus so ein, dass wir einfach aus einem Zustand mehrere Übergänge für das gleiche Eingabesymbol erlauben (Abbildung 9.18).

Abb. 9.18

Definition 18: *Ein nichtdeterministischer endlicher Automat (**NEA**) ist ein Quintupel $M = (Q, \Sigma, \delta, q_0, F)$. Dabei ist*

*(i) Q eine endliche Menge, **Zustandsmenge** genannt,*

*(ii) Σ ein Alphabet, **Eingabealphabet** genannt,*

(iii) $q_0 \in Q$ *der* **Anfangszustand**,

(iv) $F \subseteq Q$ *die Menge der* **akzeptierenden Zustände** *und*

(v) δ *eine Funktion*[19] *von* $Q \times \Sigma$ *nach* $\mathcal{P}(Q)$, **Übergangsfunktion** *genannt.*

{Wir beobachten, dass Q, Σ, q_0 und F die gleiche Bedeutung wie bei einem EA haben. Ein NEA kann aber zu einem Zustand q und einem gelesenen Zeichen a mehrere Nachfolgezustände oder gar keinen haben.}

Eine **Konfiguration** *von M ist ein Element aus $Q \times \Sigma^*$. Die Konfiguration (q_0, x) ist die* **Startkonfiguration für das Wort x.**

Ein **Schritt von M** *ist eine Relation* $\vdash_M \subseteq (Q \times \Sigma^*) \times (Q \times \Sigma^*)$, *definiert durch*

$$(q, w) \vdash_M (p, x) \iff w = ax \text{ für ein } a \in \Sigma \text{ und } p \in \delta(q, a).$$

Eine **Berechnung von M** *ist eine endliche Reihenfolge $D_1, D_2, \ldots, D_k$ von Konfigurationen, wobei $D_i \vdash_M D_{i+1}$ für $i = 1, \ldots, k-1$. Eine* **Berechnung von M auf x** *ist eine Berechnung $C_0, C_1, \ldots, C_m$ von M, wobei $C_0 = (q_0, x)$ und entweder $C_m \in Q \times \{\lambda\}$ oder $C_m = (q, ax)$ für ein $a \in \Sigma$ und ein $q \in Q$, so dass $\delta(q, a) = \emptyset$. $C_0, C_1, \ldots, C_m$ ist eine* **akzeptierende** *Berechnung von M auf x, wenn $C_m = (p, \lambda)$ für ein $p \in F$. Falls eine akzeptierende Berechnung von M auf x existiert, sagen wir auch, dass* **M das Wort x akzeptiert.**

Die Relation $\vdash_M^*$ *ist die reflexive und transitive Hülle*[20] *von* $\vdash_M$.

Die Sprache

$$L(M) = \{w \in \Sigma^* \mid (q_0, w) \vdash_M^* (p, \lambda) \text{ für ein } p \in F\}$$

ist die **von M akzeptierte Sprache.**

Zu der Übergangsfunktion δ definieren wir die Funktion $\widehat{\delta}$ von $Q \times \Sigma^*$ in $\mathcal{P}(Q)$ wie folgt:

(i) $\widehat{\delta}(q, \lambda) = \{q\}$ *für jedes $q \in Q$,*

(ii) $\widehat{\delta}(q, wa) = \{p \mid \text{es existiert ein } r \in \widehat{\delta}(q, w), \text{ so dass } p \in \delta(r, a)\}$
$= \bigcup_{r \in \widehat{\delta}(q, w)} \delta(r, a)$

für alle $q \in Q, a \in \Sigma, w \in \Sigma^*$.

Wir sehen, dass ein Wort x in $L(M)$ ist, wenn M mindestens eine akzeptierende Berechnung auf x hat. Bei einer akzeptierenden Berechnung auf x wird wie bei einem EA gefordert, dass das ganze Wort x gelesen wird und nach dem Lesen des letzten Buchstabens M in einem akzeptierenden Zustand ist. Im Unterschied zu endlichen Automaten kann eine nicht akzeptierende Berechnung enden, auch wenn die Eingabe nicht vollständig gelesen wurde. Dies passiert, wenn der NEA in einem Zustand q das Symbol a liest und $\delta(p, a) = \emptyset$, das heißt es existiert keine Möglichkeit, die Berechnung fortzusetzen.

Der Definition von $\widehat{\delta}$ folgend sehen wir, dass $\widehat{\delta}(q_0, w)$ die Menge aller Zustände aus Q ist, die aus q_0 durch das vollständige Lesen des Wortes w erreichbar sind. Daher ist

$$L(M) = \{w \in \Sigma^* \mid \widehat{\delta}(q_0, w) \cap F \neq \emptyset\}$$

eine alternative Definition der von M akzeptierten Sprache.

Betrachten wir folgendes Beispiel eines NEA. Sei $M = (Q, \Sigma, \delta, q_0, F)$, wobei

$$Q = \{q_0, q_1, q_2\}, \Sigma = \{0, 1\}, F = \{q_2\} \text{ und}$$
$$\delta(q_0, 0) = \{q_0\}, \delta(q_0, 1) = \{q_0, q_1\},$$
$$\delta(q_1, 0) = \emptyset, \delta(q_1, 1) = \{q_2\},$$
$$\delta(q_2, 0) = \{q_2\}, \delta(q_2, 1) = \{q_2\}.$$

---

[19] Alternativ kann man δ als eine Relation auf $(Q \times \Sigma) \times Q$ definieren.
[20] Genau wie bei einem EA.

Auf die gleiche Weise wie bei endlichen Automaten stellen wir eine graphische Darstellung von M (Abbildung 9.19) vor.

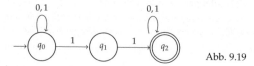

Abb. 9.19

Das Wort 10110 ist in $L(M)$, weil

$$(q_0, 10110) \vdash_{\overline{M}} (q_0, 0110) \vdash_{\overline{M}} (q_0, 110) \vdash_{\overline{M}} (q_1, 10) \vdash_{\overline{M}} (q_2, 0) \vdash_{\overline{M}} (q_2, \lambda)$$

eine akzeptierende Berechnung von M auf x ist.

Um entscheiden zu können, ob ein NEA M ein Wort x akzeptiert, muss man alle Berechnungen von M auf x verfolgen. Eine anschauliche Darstellung aller Berechnungen von M auf x ist durch den sogenannten **Berechnungsbaum $\mathcal{B}_M(x)$ von M auf x** gegeben. Die Knoten des Baumes sind Konfigurationen von M. Die Wurzel von $\mathcal{B}_M(x)$ ist die Anfangskonfiguration von M auf x. Die Söhne eines Knotens (q, α) sind alle Konfigurationen, die man von (q, α) in einem Schritt erreichen kann (das heißt alle (p, β), so dass $(q, \alpha) \vdash_{\overline{M}} (p, \beta)$). Ein Blatt von $\mathcal{B}_M(x)$ ist entweder eine Konfiguration (r, λ) oder eine Konfiguration $(s, a\beta)$ mit $a \in \Sigma$, wobei $\delta(s, a) = \emptyset$ (daher sind die Blätter Konfigurationen, aus denen kein weiterer Berechnungsschritt möglich ist). Bei dieser Darstellung entspricht jeder Weg von der Wurzel zu einem Blatt einer Berechnung von M auf x. Deswegen gleicht die Anzahl der Blätter von $\mathcal{B}_M(x)$ genau der Anzahl unterschiedlicher Berechnungen von M auf x.

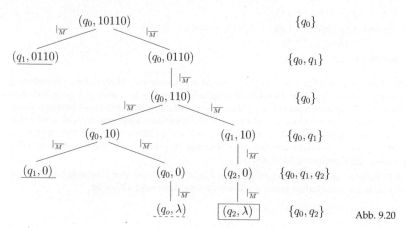

Abb. 9.20

Ein Berechnungsbaum $\mathcal{B}_M(x)$ von M aus Abbildung 9.19 auf dem Wort $x = 10110$ ist in Abbildung 9.20 dargestellt. Der Berechnungsbaum $\mathcal{B}_M(10110)$ hat vier Blätter. Zwei Blätter $(q_1, 0110)$ und $(q_1, 0)$ entsprechen den Berechnungen, in denen es M nicht gelungen ist, das Eingabewort vollständig zu lesen, weil $\delta(q_1, 0) = \emptyset$. Somit sind diese Berechnungen nicht akzeptierend. Das Blatt (q_0, λ) und das Blatt (q_2, λ) entsprechen zwei Berechnungen, in denen das Eingabewort 10110 vollständig gelesen wurde. Weil $q_2 \in F$, ist die Berechnung, die in (q_2, λ) endet, eine akzeptierende Berechnung. Die Schlussfolgerung ist, dass $10110 \in L(M)$.

Weil q_2 der einzige Endzustand von M ist, und die einzige Möglichkeit, von q_0 zu q_2 zu gelangen, darin besteht, zwei Einsen hintereinander zu lesen, liegt die Vermutung nahe, dass $L(M)$ alle Wörter der Form $x11y$, $x, y \in (\Sigma_{bool})^*$, enthält. Das folgende Lemma bestätigt unsere Vermutung.

Lemma 5: *Sei M der NEA aus Abbildung 9.19. Dann ist*

$$L(M) = \{x11y \mid x, y \in (\Sigma_{bool})^*\}.$$

Beweis. Wir beweisen diese Gleichheit zweier Mengen durch zwei Inklusionen.

(i) Zuerst beweisen wir $\{x11y \mid x, y \in (\Sigma_{bool})^*\} \subseteq L(M)$.

Sei $w \in \{x11y \mid x, y \in (\Sigma_{bool})^*\}$, das heißt, $w = x11y$ für irgendwelche $x, y \in (\Sigma_{bool})^*$. Es reicht, die Existenz einer akzeptierenden Berechnung von M auf w zu beweisen.

Da $q_0 \in \delta(q_0, 0) \cap \delta(q_0, 1)$, existiert für jedes $x \in (\Sigma_{bool})^*$ die folgende Berechnung von M auf x:

$$(q_0, x) \vdash_{M}^{*} (q_0, \lambda). \tag{9.5}$$

Da $q_2 \in \delta(q_2, 0) \cap \delta(q_2, 1)$, existiert für jedes $y \in (\Sigma_{bool})^*$ die folgende Berechnung von M:

$$(q_2, y) \vdash_{M}^{*} (q_2, \lambda). \tag{9.6}$$

Daher ist die folgende Berechnung eine akzeptierende Berechnung von M auf $x11y$:

$$(q_0, x11y) \vdash_{M}^{*} (q_0, 11y) \vdash_{M} (q_1, 1y) \vdash_{M} (q_2, y) \vdash_{M}^{*} (q_2, \lambda).$$

(ii) Wir beweisen $L(M) \subseteq \{x11y \mid x, y \in (\Sigma_{bool})^*\}$.

Sei $w \in L(M)$. Daher existiert eine akzeptierende Berechnung von M auf w. Weil die Berechnung auf w in q_0 anfangen und in q_2 enden muss[21], und der einzige Weg von q_0 zu q_2 über q_1 führt, sieht eine akzeptierende Berechnung von M auf w wie folgt aus:

$$(q_0, w) \vdash_{M}^{*} (q_1, z) \vdash_{M}^{*} (q_2, \lambda). \tag{9.7}$$

Jede Berechnung von M kann höchstens eine Konfiguration mit dem Zustand q_1 beinhalten, weil $q_1 \notin \delta(q_1, a)$ für alle $a \in \Sigma_{bool}$. Wenn man einmal q_1 verlässt, kann man nicht wieder zu q_1 zurückkehren. Daher kann die Berechnung (9.7) genauer wie folgt dargestellt werden:

$$(q_0, w) \vdash_{M}^{*} (q_0, az) \vdash_{M} (q_1, z) \vdash_{M} (q_2, u) \vdash_{M}^{*} (q_2, \lambda), \tag{9.8}$$

wobei $z = bu$ für ein $b \in \Sigma_{bool}$. Die einzige Möglichkeit, in Zustand q_1 zu gelangen, ist die Anwendung der Transition $q_1 \in \delta(q_0, 1)$, das heißt durch Lesen einer Eins im Zustand q_0, daher ist $a = 1$ in (9.8). Weil $\delta(q_1, 0) = \varnothing$ und $\delta(q_1, 1) = \{q_2\}$, ist die einzige Möglichkeit, einen Berechnungschritt aus q_1 zu realisieren, eine Eins zu lesen, das heißt $b = 1$. Folglich entspricht (9.8):

$$(q_0, w) \vdash_{M}^{*} (q_0, 11u) \vdash_{M} (q_1, 1u) \vdash_{M} (q_2, u) \vdash_{M}^{*} (q_2, \lambda).$$

Daher muss w das Teilwort 11 beinhalten und somit gilt

$$w \in \{x11y \mid x, y \in (\Sigma_{bool})^*\}. \qquad \square$$

---

[21] q_2 ist der einzige akzeptierende Zustand von M.

Sei $\mathcal{L}(\text{NEA}) = \{L(M) \mid M \text{ ist ein NEA}\}$. Die zentrale Frage dieses Teilkapitels ist, ob $\mathcal{L}(\text{NEA}) = \mathcal{L}(\text{EA})$, genauer, ob endliche Automaten die Arbeit von nichtdeterministischen endlichen Automaten simulieren können. Diese Frage ist auch zentral für allgemeinere Berechnungsmodelle. Bisherige Erfahrungen zeigen, dass die Simulation von Nichtdeterminismus durch Determinismus nur dann realisierbar ist, wenn die Möglichkeit besteht, alle nichtdeterministischen Berechnungen eines Modells M auf einer Eingabe x durch eine deterministische Berechnung nachzuahmen. Dies gilt auch für endliche Automaten. Die Idee der Simulation eines NEA M durch einen EA A basiert auf dem Prinzip der Breitensuche in den Berechnungsbäumen von M. Die erste wichtige Voraussetzung für eine derartige Simulation ist, dass alle Konfigurationen eines Berechungsbaumes in einer Entfernung i von der Wurzel das gleiche zweite Element haben (weil sie alle nach dem Lesen von genau den ersten i Symbolen des Eingabewortes erreicht worden sind). Daher unterscheiden sich die Konfigurationen in der gleichen Entfernung von der Wurzel nur in den Zuständen. Obwohl die Anzahl der Konfigurationen in einer festen Entfernung i von der Wurzel exponentiell in i sein kann, bedeutet dies nicht, dass wir exponentiell viele Berechnungen simulieren müssen. Es gibt nur endlich viele Zustände des NEA und daher gibt es nur endlich viele unterschiedliche Konfigurationen in der Entfernung i. Wenn zwei unterschiedliche Knoten u und v des Berechnungsbaumes mit der gleichen Konfiguration C markiert sind, sind die Teilbäume mit der Wurzel u und v identisch, und es reicht daher aus, nur in einem der beiden Teilbäume nach einer akzeptierenden Berechnung zu suchen. Mit anderen Worten reicht es für eine Simulation aus, für jede Entfernung i von der Wurzel des Berechnungsbaumes $\mathcal{B}_M(x)$ die Menge der dort auftretenden Zustände zu bestimmen (Abbildung 9.21). Diese Menge ist aber nichts anderes als $\widehat{\delta}(q_0, z)$, wobei z das Präfix des Eingabewortes mit $|z| = i$ ist. Am rechten Rand von Abbildung 9.20 sind die Zustandsmengen $\widehat{\delta}(q_0, \lambda) = \{q_0\}$, $\widehat{\delta}(q_0, 1) = \{q_0, q_1\}$, $\widehat{\delta}(q_0, 10) = \{q_0\}$, $\widehat{\delta}(q_0, 101) = \{q_0, q_1\}$, $\widehat{\delta}(q_0, 1011) = \{q_0, q_1, q_2\}$ und $\widehat{\delta}(q_0, 10110) = \{q_0, q_2\}$ angegeben, die den erreichbaren Mengen von Zuständen nach dem Lesen des Präfixes einer Länge i für $i = 0, 1, \ldots, 5$ entsprechen.

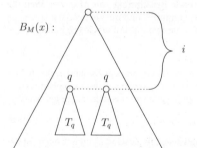

Abb. 9.21

Diese Beobachtung führt dazu, dass man als Zustände des simulierenden (deterministischen) EA A beliebige Teilmengen der Zustandsmenge des NEA $M = (Q, \Sigma, \delta, q_0, F)$ verwendet. Dies führt dazu, dass man die folgende Konstruktion des endlichen Automaten A in der Automatentheorie als **Potenzmengenkonstruktion** bezeichnet. Ein Zustand $\langle P \rangle$ von A für $P \subseteq Q$ wird die Bedeutung haben, dass nach der gegebenen Anzahl von Berechnungsschritten genau die Zustände aus P in den Berechnungen von M auf gegebener Eingabe erreichbar sind[22] ($P = \widehat{\delta}(q_0, z)$). Ein Berechnungsschritt A aus einem Zustand $\langle P \rangle$ für ein gelesenes Symbol a bedeutet die Bestimmung der Menge $\bigcup_{p \in P} \delta(p, a)$ – aller Zustände, die aus irgendeinem Zustand $p \in P$ beim Lesen von a erreichbar sind. Eine Formalisierung dieser Idee liefert der nächste Satz.

---

[22]Wir benutzen die Bezeichnung $\langle P \rangle$ statt P, um immer deutlich zu machen, ob wir einen Zustand von A, der einer Menge von Zuständen von M entspricht, oder eine Menge von Zuständen von M betrachten.

Satz 1: *Zu jedem NEA M existiert ein EA A, so dass*

$$L(M) = L(A).$$

Beweis. Sei $M = (Q, \Sigma, \delta_M, q_0, F)$ ein NEA. Wir konstruieren einen EA $A = (Q_A, \Sigma_A, \delta_A, q_{0A}, F_A)$ wie folgt:

(i) $Q_A = \{\langle P \rangle \mid P \subseteq Q\}$,

(ii) $\Sigma_A = \Sigma$,

(iii) $q_{0A} = \langle \{q_0\} \rangle$,

(iv) $F_A = \{\langle P \rangle \mid P \subseteq Q \text{ und } P \cap F \neq \varnothing\}$,

(v) δ_A ist eine Funktion aus $Q_A \times \Sigma_A$ nach Q_A, die wie folgt definiert ist. Für jedes $\langle P \rangle \in Q_A$ und jedes $a \in \Sigma_A$,

$$\delta_A(\langle P \rangle, a) = \left\langle \bigcup_{p \in P} \delta_M(p, a) \right\rangle$$
$$= \langle \{q \in Q \mid \exists p \in P, \text{ so dass } q \in \delta_M(p, a)\} \rangle.$$

Es ist klar, dass A ein EA ist. Abbildung 9.22 zeigt den EA A, der sich nach dieser Potenzmengenkonstruktion aus dem NEA M aus Abbildung 9.19 ergibt.[23]

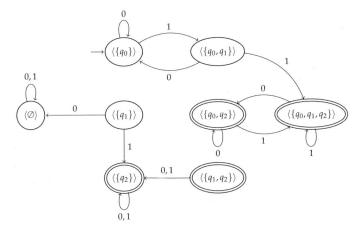

Abb. 9.22

Um $L(M) = L(A)$ zu zeigen, reicht es, folgende Äquivalenz zu beweisen:

$$\forall x \in \Sigma^* : \widehat{\delta}_M(q_0, x) = P \iff \widehat{\delta}_A(q_{0A}, x) = \langle P \rangle. \tag{9.9}$$

Wir beweisen (9.9) mittels Induktion bezüglich $|x|$.

(i) Sei $|x| = 0$, das heißt $x = \lambda$.

Weil $\widehat{\delta}_M(q_0, \lambda) = \{q_0\}$ und $q_{0A} = \langle \{q_0\} \rangle$, gilt (9.9) für $x = \lambda$.

---

[23] Man bemerke, dass die Zustände $\langle \varnothing \rangle$, $\langle \{q_1\} \rangle$, $\langle \{q_2\} \rangle$ und $\langle \{q_1, q_2\} \rangle$ in A nicht aus $\langle \{q_0\} \rangle$ erreichbar sind, das heißt, es gibt kein Wort, dessen Bearbeitung in einem dieser Zustände endet. Wenn wir also diese Zustände aus A herausnehmen, wird das keinen Einfluss auf die von A akzeptierte Sprache haben.

(ii) Sei (9.9) gültig für alle $z \in \Sigma^*$ mit $|z| \leq m$, $m \in \mathbb{N}$. Wir beweisen, dass (9.9) auch für alle Wörter aus Σ^{m+1} gilt.

Sei y ein beliebiges Wort aus Σ^{m+1}. Dann ist $y = xa$ für ein $x \in \Sigma^m$ und ein $a \in \Sigma$. Nach der Definition der Funktion $\widehat{\delta}_A$ gilt

$$\widehat{\delta}_A(q_{0A}, xa) = \delta_A(\widehat{\delta}_A(q_{0A}, x), a). \tag{9.10}$$

Wenn wir die Induktionsannahme (9.9) für x anwenden, erhalten wir

$$\widehat{\delta}_A(q_{0A}, x) = \langle R \rangle \iff \widehat{\delta}_M(q_0, x) = R,$$

daher gilt

$$\widehat{\delta}_A(q_{0A}, x) = \left\langle \widehat{\delta}_M(q_0, x) \right\rangle. \tag{9.11}$$

Nach Definition (v) von δ_A gilt

$$\delta_A(\langle R \rangle, a) = \left\langle \bigcup_{p \in R} \delta_M(p, a) \right\rangle \tag{9.12}$$

für alle $R \subseteq Q$ und alle $a \in \Sigma$. Zusammenfassend ist

$$
\begin{aligned}
\widehat{\delta}_A(q_{0A}, xa) &\underset{(9.10)}{=} \delta_A(\widehat{\delta}_A(q_{0A}, x), a) \\
&\underset{(9.11)}{=} \delta_A(\left\langle \widehat{\delta}_M(q_0, x) \right\rangle, a) \\
&\underset{(9.12)}{=} \left\langle \bigcup_{p \in \widehat{\delta}_M(q_0, x)} \delta_M(p, a) \right\rangle \\
&= \left\langle \widehat{\delta}_M(q_0, xa) \right\rangle.
\end{aligned}
$$

$\square$

Im Folgenden sagen wir, dass zwei Automaten A und B **äquivalent** sind, falls $L(A) = L(B)$.

Die Folge von Satz 1 ist, dass $\mathcal{L}(\text{EA}) = \mathcal{L}(\text{NEA})$, das heißt die (deterministischen) endlichen Automaten sind bezüglich der Sprachakzeptierung genauso stark wie die nichtdeterministischen endlichen Automaten. Wir bemerken aber, dass die durch Potenzmengenkonstruktion erzeugten endlichen Automaten wesentlich (exponentiell) größer sind, als die gegebenen nichtdeterministischen endlichen Automaten. Die nächste Frage ist also, ob es Sprachen gibt, bei denen man die Simulation von Nichtdeterminismus durch Determinismus unausweichlich mit einem exponentiellen Wachstum der Automatengröße bezahlen muss, oder ob eine andere Konstruktion existiert, die die Erzeugung kleinerer äquivalenter deterministischer Automaten sicherstellt. Wir zeigen jetzt, dass man die Potenzmengenkonstruktion nicht verbessern kann. Betrachten wir die folgende reguläre Sprache

$$L_k = \{x1y \mid x \in (\Sigma_{\text{bool}})^*, y \in (\Sigma_{\text{bool}})^{k-1}\}$$

für jedes $k \in \mathbb{N} - \{0\}$. Der NEA A_k in Abbildung 9.23 akzeptiert L_k auf die Weise, dass er für jedes Symbol 1 der Eingabe nichtdeterministisch im Zustand q_0 rät, ob dieses Symbol das k-te Symbol vor dem Ende der Eingabe ist. A_k verifiziert dann deterministisch, ob diese Entscheidung korrekt war.

Der NEA A_k hat $k + 1$ Zustände. Wir beweisen jetzt, dass jeder EA, der L_k akzeptiert, exponentiell viele Zustände bezüglich der Größe von A_k haben muss.

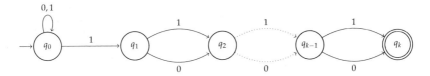

Abb. 9.23

Lemma 6:   *Für alle $k \in \mathbb{N} - \{0\}$ muss jeder EA, der L_k akzeptiert, mindestens 2^k Zustände haben.*

Beweis. Sei $B_k = (Q_k, \Sigma_{\text{bool}}, \delta_k, q_{0k}, F_k)$ ein EA mit $L(B_k) = L_k$. Um zu zeigen, dass B_k mindestens 2^k viele Zustände haben muss, verwenden wir die gleiche grundlegende Idee, die wir in Abschnitt 9.3.4 für die Beweise der Nichtexistenz[24] benutzt haben. Wenn $\widehat{\delta}_k(q_{0k}, x) = \widehat{\delta}_k(q_{0k}, y)$ für irgendwelche Wörter x und y über Σ_{bool}, dann gilt für alle $z \in (\Sigma_{\text{bool}})^*$

$$xz \in L(B_k) \iff yz \in L(B_k). \tag{9.13}$$

Die Idee des Beweises ist es, eine Menge S_k von Wörtern zu finden, so dass für keine zwei unterschiedlichen Wörter $x, y \in S_k$, die Gleichung $\widehat{\delta}_k(q_{0k}, x) = \widehat{\delta}_k(q_{0k}, y)$ gelten darf. Dann müsste B_k mindestens $|S_k|$ viele Zustände haben.[25]

Wir wählen $S_k = (\Sigma_{\text{bool}})^k$ und zeigen, dass $\widehat{\delta}_k(q_{0k}, u)$ paarweise unterschiedliche Zustände für alle Wörter u aus S_k sind. Beweisen wir es indirekt. Seien

$$x = x_1 x_2 \ldots x_k \text{ und } y = y_1 y_2 \ldots y_k, \ x_i, y_i \in \Sigma_{\text{bool}} \text{ für } i = 1, \ldots, k,$$

zwei unterschiedliche Wörter aus $S_k = (\Sigma_{\text{bool}})^k$. Setzen wir

$$\widehat{\delta}_k(q_{0k}, x) = \widehat{\delta}_k(q_{0k}, y)$$

voraus. Weil $x \neq y$, existiert ein $j \in \{1, \ldots, k\}$, so dass $x_j \neq y_j$. Ohne Beschränkung der Allgemeinheit setzen wir $x_j = 1$ und $y_j = 0$ voraus. Betrachten wir jetzt $z = 0^{j-1}$. Dann ist

$$xz = x_1 \ldots x_{j-1} 1 x_{j+1} \ldots x_k 0^{j-1} \text{ und } yz = y_1 \ldots y_{j-1} 0 y_{j+1} \ldots y_k 0^{j-1}$$

und daher $xz \in L_k$ und $yz \notin L_k$. Dies ist aber ein Widerspruch zu (9.13). Daher hat B_k mindestens $|S_k| = 2^k$ viele Zustände. $\qquad \square$

9.4 Turingmaschinen

9.4.1 Zielsetzung

Wenn man ursprünglich in der Mathematik einen Ansatz zur Lösung gewisser Probleme vermitteln wollte, hat man ihn als eine mathematische Methode formal genau beschrieben. Eine sorgfältige Beschreibung einer Methode hatte die Eigenschaft, dass ein Anwender gar nicht verstehen brauchte, warum die Methode funktioniert, und die Methode trotzdem erfolgreich zur Lösung seiner Probleminstanz verwenden konnte. Die einzige Voraussetzung für eine erfolgreiche Anwendung war das Verständnis des mathematischen Formalismus, in dem die Methode dargestellt wurde. Die Entwicklung des Rechners führte dazu, dass man Methoden zur Lösung

---

[24]Dies sollte nicht überraschend sein, da wir im Prinzip auch einen Nichtexistenzbeweis führen. Wir beweisen, dass kein EA mit weniger als 2^k Zuständen für L_k existiert.

[25]Wenn $|S_k|$ unendlich wäre, dann würde dies die Nichtexistenz eines EA für die gegebene Sprache bedeuten.

von Problemen durch Programme beschreibt. Der mathematische Formalismus ist hier durch die benutzte Programmiersprache gegeben. Das wichtigste Merkmal aber bleibt. Der Rechner, der keinen Intellekt besitzt und daher kein Verständnis für das Problem sowie für die Methode zu seiner Lösung besitzt, kann das Programm ausführen und dadurch das Problem lösen. Deswegen können wir über automatische oder algorithmische Lösbarkeit von Problemen sprechen. Um zu zeigen, dass ein Problem automatisch lösbar ist, reicht es aus, eine Methode zu seiner Lösung zu finden und diese in Form eines Programms (Algorithmus) darzustellen. Deswegen kommen positive Aussagen über algorithmische (automatische) Problemlösbarkeit gut ohne eine Festlegung auf eine Formalisierung des Begriffs Algorithmus aus. Es reicht oft, eine Methode halb informell und grob zu beschreiben, und jedem wird klar, dass sich die Methode in die Form eines Programms umsetzen lässt. Daher ist es nicht verwunderlich, dass die Mathematik schon lange vor der Existenz von Rechnern die Lösbarkeit mathematischer Probleme mit der Existenz allgemeiner Lösungsmethoden[26] im Sinne von „automatischer Lösbarkeit" verknüpft hat.

Die Notwendigkeit der Formalisierung des Begriffs Algorithmus (Lösungsmethode) kam erst mit dem Gedanken, mathematisch die automatische Unlösbarkeit von konkreten Problemen zu beweisen. Zu diesem Zweck hat man mehrere Formalismen entwickelt, die sich alle als äquivalent bezüglich des Begriffs „automatische (algorithmische) Lösbarkeit" erwiesen haben. Auch jede vernünftige Programmiersprache ist eine zulässige Formalisierung der automatischen Lösbarkeit. Aber solche Formalisierungen sind nicht so gut geeignet für Beweise der Nichtexistenz von Algorithmen für konkrete Probleme, weil sie wegen der Anwendungsfreundlichkeit eine Menge komplexer Operationen (Befehle) enthalten. Daher braucht man sehr einfache Modelle, die nur ein paar elementare Operationen erlauben und trotzdem die volle Berechnungsstärke von Programmen beliebiger Programmiersprachen besitzen. Ein solches Modell, das sich in der Theorie zum Standard entwickelt hat, ist die Turingmaschine. Die Zielsetzung dieses Kapitels ist, dieses Modell vorzustellen und so die Basis für die Theorie der Berechenbarkeit (der algorithmischen Lösbarkeit) und für die Komplexitätstheorie im nächsten Kapitel zu legen.

Der Stoff dieses Kapitels ist in vier Abschnitte unterteilt. Abschnitt 9.4.2 stellt das grundlegende Modell der **Turingmaschine** vor und übt den Umgang mit Turingmaschinen. Abschnitt 9.4.3 präsentiert die **Mehrband-Varianten von Turingmaschinen**, die das grundlegende Modell der abstrakten Komplexitätstheorie sind. In diesem Abschnitt wird auch die Äquivalenz zwischen Programmen in einer beliebigen Programmiersprache und Turingmaschinen diskutiert. Abschnitt 9.4.4 führt die **nichtdeterministische Turingmaschine** ein und untersucht die Möglichkeiten der Simulation von nichtdeterministischen Turingmaschinen durch (deterministische) Turingmaschinen. Abschnitt 9.4.5 präsentiert eine mögliche **Kodierung von Turingmaschinen** als Wörter über dem Alphabet Σ_{bool}.

9.4.2 Das Modell der Turingmaschine

Eine Turingmaschine kann als eine Verallgemeinerung eines EA gesehen werden. Informell besteht sie (Abbildung 9.24) aus

(i)   einer endlichen Kontrolle, die das Programm enthält,

(ii) einem unendlichem Band, das als Eingabeband, aber auch als Speicher (Arbeitsband) zur Verfügung steht, und

(iii) einem Lese-/Schreibkopf, der sich in beiden Richtungen auf dem Band bewegen kann.

Die Ähnlichkeit zu einem EA besteht in der Kontrolle über einer endlichen Zustandsmenge und dem Band, das am Anfang das Eingabewort enthält. Der Hauptunterschied zwischen Turingmaschinen und endlichen Automaten besteht darin, dass eine Turingmaschine das Band

---

[26]Heute würden wir Algorithmen sagen.

auch als Speicher benutzen kann und dass dieses Band unendlich lang ist. Das erreicht man dadurch, dass der Lesekopf des EA mit einem Lese-/Schreibkopf vertauscht wird und dass man diesem Kopf auch die Bewegung nach links erlaubt. Eine elementare Operation von Turingmaschinen kann also als folgende Aktion beschrieben werden. Die Argumente sind

(i) der Zustand, in dem sich die Maschine befindet, und

(ii) das Symbol auf dem Feld des Bandes, auf dem sich gerade der Lese-/Schreibkopf befindet.

Abhängig von diesen Argumenten macht die Turingmaschine Folgendes. Sie

(i) ändert den Zustand,

(ii) schreibt ein Symbol auf das Feld des Bandes, von dem gerade gelesen wurde[27] (dies kann man also als ein Ersetzen des gelesenen Symbols durch ein neues Symbol sehen), und

(iii) bewegt den Lese-/Schreibkopf ein Feld nach links oder rechts oder sie bewegt ihn gar nicht.

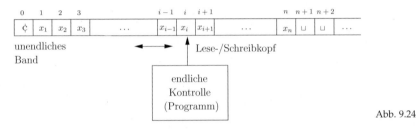

Abb. 9.24

Wichtig dabei ist, dass

1. das Band auf der linken Seite das Randsymbol ¢ enthält, über das die Turingmaschine nach links nicht weiter gehen und welches nie durch ein anderes Symbol ersetzt werden darf (Die Einführung eines linken Randes ermöglicht die Nummerierung der Felder des Bandes von links nach rechts, wobei wir dem Bandfeld mit Symbol ¢ die Nummer 0 zuordnen.), und

2. das Band nach rechts unendlich ist[28], wobei die nicht beschrifteten Felder die Symbole ⊔ enthalten.

Jetzt geben wir die formale Beschreibung einer Turingmaschine in der Weise an, wie wir es bei der Definition von endlichen Automaten gelernt haben. Zuerst beschreiben wir die Komponenten und die elementaren Operationen. Dann wählen wir eine Darstellung von Konfigurationen und definieren den Berechnungsschritt als eine Relation auf Konfigurationen. Danach folgen die Definitionen der Berechnung und der von der Turingmaschine akzeptierten Sprache.

Defintion 19: *Eine* **Turingmaschine** *(kurz,* **TM***) ist ein 7-Tupel* $M = (Q, \Sigma, \Gamma, \delta, q_0, q_{accept}, q_{reject})$. *Dabei ist*

(i) *Q eine endliche Menge, die* **Zustandsmenge von** *M genannt wird,*

(ii) *Σ das* **Eingabealphabet***, wobei ¢ und das Blanksymbol ⊔ nicht in Σ sind {Σ dient genau wie bei EA zur Darstellung der Eingabe.},*

(iii) *Γ ein Alphabet,* **Arbeitsalphabet** *genannt, wobei $\Sigma \subseteq \Gamma$, ¢, ⊔ $\in \Gamma$, $\Gamma \cup Q = \emptyset$ {Γ enthält alle Symbole, die in Feldern des Bandes auftreten dürfen, das heißt die Symbole, die M als Speicherinhalte (variable Werte) benutzt.},*

---

[27]Wo sich der Lese-/Schreibkopf gerade befindet.

[28]Man bemerke, dass man in endlicher Zeit höchstens endlich viele Felder des Bandes beschriften kann und damit die aktuelle Speichergröße (die Anzahl der Nicht-⊔-Felder) immer endlich ist. Der Sinn der Forderung eines unbeschränkten Speichers ist nur, dass man je nach Bedarf einen beliebig großen endlichen Speicher zur Verfügung hat.

(iv) $\delta : (Q - \{q_{\text{accept}}, q_{\text{reject}}\}) \times \Gamma \to Q \times \Gamma \times \{L, R, N\}$ *eine Abbildung,* **Übergangsfunktion von M** *genannt, mit der Eigenschaft*

$$\delta(q, \mathop{\text{¢}}) \in Q \times \{\mathop{\text{¢}}\} \times \{R, N\}$$

für alle $q \in Q$

$\{\delta$ *beschreibt die elementare Operation von M. M kann eine Aktion* $(q, X, Z) \in Q \times \Gamma \times \{L, R, N\}$ *aus einem aktuellen Zustand p beim Lesen eines Symbols* $Y \in \Gamma$ *durchführen, falls* $\delta(p, Y) = (q, X, Z)$*. Dies bedeutet den Übergang von p nach q, das Ersetzen von Y durch X und die Bewegung des Kopfes entsprechend Z.* $Z = L$ *bedeutet die Bewegung des Kopfes nach links,* $Z = R$ *nach rechts und* $Z = N$ *bedeutet keine Bewegung. Die Eigenschaft* $\delta(q, \text{¢}) \in Q \times \{\text{¢}\} \times \{R, N\}$ *verbietet das Ersetzen des Symbols ¢ durch ein anderes Symbol und die Bewegung des Kopfes nach links über die Randbezeichnung ¢.},*

(v) $q_0 \in Q$ *der* **Anfangszustand,**

(vi) $q_{\text{accept}} \in Q$ *der* **akzeptierende Zustand**

$\{M$ *hat genau einen akzeptierenden Zustand. Wenn M den Zustand q_{accept} erreicht, akzeptiert M die Eingabe, egal wo sich dabei der Kopf auf dem Band befindet. Aus q_{accept} ist keine Aktion von M mehr möglich.},*

(vii) $q_{\text{reject}} \in Q - \{q_{\text{accept}}\}$ *der* **verwerfende Zustand**

$\{$*Wenn M den Zustand q_{reject} erreicht, dann endet damit die Berechnung und M verwirft die Eingabe. Das heißt insbesondere auch, dass M nicht die komplette Eingabe lesen muss, um sie zu akzeptieren bzw. zu verwerfen.}.*

Eine **Konfiguration** *C von M ist ein Element aus*

Konf(M) $= \{\text{¢}\} \cdot \Gamma^* \cdot Q \cdot \Gamma^+ \cup Q \cdot \{\text{¢}\} \cdot \Gamma^*.$

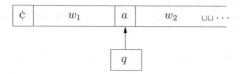

Abb. 9.25

$\{$*Eine Konfiguration $w_1 q a w_2$, $w_1 \in \{\text{¢}\}\Gamma^*$, $w_2 \in \Gamma^*$, $a \in \Gamma$, $q \in Q$ (Abbildung 9.25), ist eine vollständige Beschreibung folgender Situation. M ist im Zustand q, der Inhalt des Bandes ist $\text{¢}w_1 a w_2 \sqcup \sqcup \sqcup \ldots$ und der Kopf steht auf dem $(|w_1| + 1)$-ten Feld des Bandes und liest das Symbol a. Eine Konfiguration $p \text{¢} w$, $p \in Q$, $w \in \Gamma^*$, beschreibt die Situation, in der der Inhalt des Bandes $\text{¢}w \sqcup \sqcup \ldots$ ist und der Kopf auf dem 0-ten Feld des Bandes steht und das Randsymbol ¢ liest.*[29]$\}$

Eine **Startkonfiguration** *für ein Eingabewort x ist $q_0 \text{¢} x$.*

Ein **Schritt von M** *ist eine Relation $\vert\!\!\!\frac{}{M}$ auf der Menge der Konfigurationen ($\vert\!\!\!\frac{}{M} \subseteq$ Konf(M) $\times$ Konf(M)) definiert durch*

(i) $x_1 x_2 \ldots x_{i-1} q x_i x_{i+1} \ldots x_n \vert\!\!\!\frac{}{M} x_1 x_2 \ldots x_{i-1} p y x_{i+1} \ldots x_n,$

falls $\delta(q, x_i) = (p, y, N)$ *(Abbildung 9.26(a)),*

(ii) $x_1 x_2 \ldots x_{i-1} q x_i x_{i+1} \ldots x_n \vert\!\!\!\frac{}{M} x_1 x_2 \ldots x_{i-2} p x_{i-1} y x_{i+1} \ldots x_n,$

falls $\delta(q, x_i) = (p, y, L)$ *(Abbildung 9.26(b)),*

---

[29]Man bemerke, dass man für die Darstellung der Konfigurationen zwischen mehreren guten Möglichkeiten wählen kann. Zum Beispiel könnte man die Darstellung $(q, w, i) \in Q \times \Gamma^* \times \mathbb{N}$ verwenden, um die Situation zu beschreiben, in der M im Zustand q ist, $w \sqcup \sqcup \ldots$ auf dem Band steht und der Kopf auf dem i-ten Feld des Bandes steht.

(iii) $x_1x_2 \ldots x_{i-1}qx_ix_{i+1} \ldots x_n \vdash_{\overline{M}} x_1x_2 \ldots x_{i-1}ypx_{i+1} \ldots x_n,$

falls $\delta(q, x_i) = (p, y, R)$ *für* $i < n$ *(Abbildung 9.26(c)) und*

$x_1x_2 \ldots x_{n-1}qx_n \vdash_{\overline{M}} x_1x_2 \ldots x_{n-1}yp_{\sqcup}$

falls $\delta(q, x_n) = (p, y, R)$ *(Abbildung 9.26(d)).*

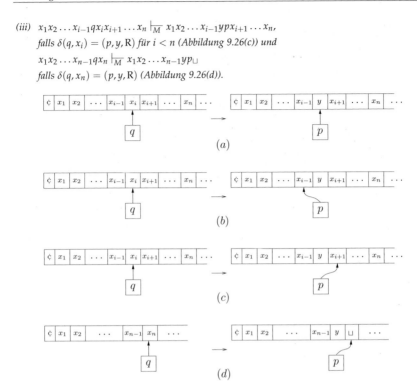

Abb. 9.26

Eine **Berechnung von M** *ist eine (potentiell unendliche) Folge von Konfigurationen* $C_0, C_1, C_2, \ldots$, *so dass* $C_i \vdash_{\overline{M}} C_{i+1}$ *für alle* $i = 0, 1, 2, \ldots$. *Wenn* $C_0 \vdash_{\overline{M}} C_1 \vdash_{\overline{M}} \cdots \vdash_{\overline{M}} C_i$ *für ein* $i \in \mathbb{N}$, *dann* $C_0 \vdash_{\overline{M}}^* C_i$.

Die **Berechnung von M auf einer Eingabe** x *ist eine Berechnung, die mit der Startkonfiguration* $C_0 = q_0\text{¢}x$ *beginnt und entweder unendlich ist oder in einer Konfiguration* w_1qw_2 *endet, wobei* $q \in \{q_{\text{accept}}, q_{\text{reject}}\}$.

Die Berechnung von M auf x heißt **akzeptierend**, *falls sie in einer akzeptierenden Konfiguration* $w_1q_{\text{accept}}w_2$ *endet. Die Berechnung von M auf x heißt* **verwerfend**, *wenn sie in einer verwerfenden Konfiguration* $w_1q_{\text{reject}}w_2$ *endet. Eine* **nicht akzeptierende** *Berechnung von M auf x ist entweder eine verwerfende oder eine unendliche Berechnung von M auf x.*

Die von der **Turingmaschine M akzeptierte Sprache** *ist*

$$L(M) = \{w \in \Sigma^* \mid q_0\text{¢}w \vdash_{\overline{M}}^* yq_{\text{accept}}z, \text{ für irgendwelche } y, z \in \Gamma^*\}.$$

Wir sagen, dass M eine Funktion $F : \Sigma^* \to \Gamma^*$ **berechnet**, *falls*

für alle $x \in \Sigma^* : q_0\text{¢}x \vdash_{\overline{M}}^* q_{\text{accept}}\text{¢}F(x).$

Eine Sprache heißt **rekursiv aufzählbar**, *falls eine TM M existiert, so dass* $L = L(M)$.

$$\mathcal{L}_{\text{RE}} = \{L(M) \mid M \text{ ist eine TM}\}$$

ist die **Menge aller rekursiv aufzählbaren Sprachen**.[30]

---

[30]Die Bezeichnung $\mathcal{L}_{\text{RE}}$ kommt aus dem Englischen „recursively enumerable".

Eine Sprache $L \subseteq \Sigma^*$ heißt **rekursiv (entscheidbar[31])**, *falls $L = L(M)$ für eine TM M, für die für alle $x \in \Sigma^*$ gilt:*

(i) $q_0 \math12x \vdash_M^* yq_{\text{accept}}z$, $y, z \in \Gamma^*$, *falls $x \in L$ und*

(ii) $q_0 \math12x \vdash_M^* uq_{\text{reject}}v$, $u, v \in \Gamma^*$, *falls $x \notin L$.*

{Dies bedeutet, dass M keine unendlichen Berechnungen besitzt.}

*Wenn (i) und (ii) gelten, sagen wir, dass M **auf jeder Eingabe hält** oder dass M **immer hält**.*

{Eine TM, die immer hält, ist ein formales Modell des Begriffs Algorithmus.}

$$\mathcal{L}_R = \{L(M) \mid M \text{ ist eine TM, die immer hält}\}$$

ist die **Menge der rekursiven (algorithmisch erkennbaren) Sprachen.**

Eine Funktion $F : \Sigma_1^* \to \Sigma_2^*$ für zwei Alphabete Σ_1, Σ_2 heißt **total berechenbar,** *falls eine TM M existiert, die F berechnet.[32]*

Die Turingmaschinen, die immer halten, repräsentieren die Algorithmen, die immer terminieren und die richtige Ausgabe liefern. So sind gerade die rekursiven Sprachen (entscheidbaren Entscheidungsprobleme) die Sprachen (Entscheidungsprobleme), die algorithmisch erkennbar (lösbar) sind.

Im Folgenden zeigen wir ein paar konkrete Turingmaschinen und, ähnlich wie bei endlichen Automaten, entwickeln wir eine anschauliche graphische Darstellung von Turingmaschinen. Sei

$$L_{\text{Mitte}} = \{w \in (\Sigma_{bool})^* \mid w = x1y, \text{ wobei } |x| = |y|\}.$$

So enthält L_{Mitte} alle Wörter ungerader Länge, die in der Mitte eine 1 haben.

Wir beschreiben eine TM M, so dass $L(M) = L_{\text{Mitte}}$. Die Idee ist, zuerst zu überprüfen, ob die Eingabelänge ungerade ist und dann das mittlere Symbol zu bestimmen. Sei $M = (Q, \Sigma, \Gamma, \delta, q_0, q_{\text{accept}}, q_{\text{reject}})$, wobei

$Q = \{q_0, q_{\text{even}}, q_{\text{odd}}, q_{\text{accept}}, q_{\text{reject}}, q_A, q_B, q_1, q_{\text{left}}, q_{\text{right}}, q_{\text{middle}}\}$,

$\Sigma = \{0, 1\}$,

$\Gamma = \Sigma \cup \{\math12, \sqcup\} \cup (\Sigma \times \{A, B\})$ und

$$\begin{aligned}
\delta(q_0, \math12) &= (q_{\text{even}}, \math12, R), \\
\delta(q_0, a) &= (q_{\text{reject}}, a, N) \text{ für alle } a \in \{0, 1, \sqcup\}, \\
\delta(q_{\text{even}}, b) &= (q_{\text{odd}}, b, R) \text{ für alle } b \in \{0, 1\}, \\
\delta(q_{\text{even}}, \sqcup) &= (q_{\text{reject}}, \sqcup, N), \\
\delta(q_{\text{odd}}, b) &= (q_{\text{even}}, b, R) \text{ für alle } b \in \{0, 1\}, \\
\delta(q_{\text{odd}}, \sqcup) &= (q_B, \sqcup, L).
\end{aligned}$$

Wir beobachten, dass nach dem Lesen eines Präfixes gerader (ungerader) Länge M im Zustand q_{even} (q_{odd}) ist. Wenn also M das Symbol $\sqcup$ im Zustand q_{even} liest, ist das Eingabewort gerader Länge und muss verworfen werden. Wenn M das Symbol $\sqcup$ im Zustand q_{odd} liest, geht M in den Zustand q_B über, in dem die zweite Phase der Berechnung anfängt. In dieser Phase bestimmt M die Mitte des Eingabewortes, indem M abwechselnd das am weitesten rechts stehende Symbol $a \in \{0, 1\}$ in $\binom{a}{B}$ umwandelt und das am weitesten links stehende Symbol $b \in \{0, 1\}$ durch $\binom{b}{A}$

---

[31]Genauer müsste man sagen, dass das Entscheidungsproblem (Σ, L) entscheidbar ist.

[32]Beachten Sie, dass die TM M immer hält.

ersetzt. Dieses kann man mit folgenden Transitionen (Übergängen) realisieren:

$$
\begin{aligned}
\delta(q_B, a) &= (q_1, \begin{pmatrix} a \\ B \end{pmatrix}, \mathrm{L}) \text{ für alle } a \in \{0, 1\}, \\
\delta(q_1, a) &= (q_{\mathrm{left}}, a, \mathrm{L}) \text{ für alle } a \in \{0, 1\}, \\
\delta(q_1, c) &= (q_{\mathrm{middle}}, c, \mathrm{R}) \text{ für alle } c \in \{\mathbf{\cent}, \begin{pmatrix} 0 \\ A \end{pmatrix}, \begin{pmatrix} 1 \\ A \end{pmatrix}\}, \\
\delta(q_{\mathrm{middle}}, \begin{pmatrix} 0 \\ B \end{pmatrix}) &= (q_{\mathrm{reject}}, 0, \mathrm{N}), \\
\delta(q_{\mathrm{middle}}, \begin{pmatrix} 1 \\ B \end{pmatrix}) &= (q_{\mathrm{accept}}, 1, \mathrm{N}), \\
\delta(q_{\mathrm{left}}, a) &= (q_{\mathrm{left}}, a, \mathrm{L}) \text{ für alle } a \in \{0, 1\}, \\
\delta(q_{\mathrm{left}}, c) &= (q_A, c, \mathrm{R}) \text{ für alle } c \in \{\begin{pmatrix} 0 \\ A \end{pmatrix}, \begin{pmatrix} 1 \\ A \end{pmatrix}, \mathbf{\cent}\}, \\
\delta(q_A, b) &= (q_{\mathrm{right}}, \begin{pmatrix} b \\ A \end{pmatrix}, \mathrm{R}) \text{ für alle } b \in \{0, 1\}, \\
\delta(q_{\mathrm{right}}, b) &= (q_{\mathrm{right}}, b, \mathrm{R}) \text{ für alle } b \in \{0, 1\}, \\
\delta(q_{\mathrm{right}}, d) &= (q_B, d, \mathrm{L}) \text{ für alle } d \in \{\begin{pmatrix} 0 \\ B \end{pmatrix}, \begin{pmatrix} 1 \\ B \end{pmatrix}\}.
\end{aligned}
$$

Die fehlenden Argumentenpaare wie zum Beispiel $(q_{\mathrm{right}}, \mathbf{\cent})$ können nicht auftreten und deswegen kann man die Definitionen von δ so vervollständigen, dass man für alle fehlenden Argumente den Übergang nach q_{reject} hinzunimmt.

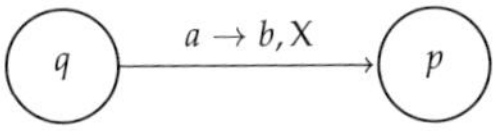

$$q \xrightarrow{\; a \to b, X \;} p$$

Abb. 9.27

Wenn man einen Befehl $\delta(q, a) = (p, b, X)$ für $q, p \in Q$, $a, b \in \Sigma$ und $X \in \{\mathrm{L}, \mathrm{R}, \mathrm{N}\}$ graphisch wie in Abbildung 9.27 darstellt, dann kann man die konstruierte TM M wie in Abbildung 9.28 darstellen. Diese graphische Darstellung ist ähnlich zu jener bei endlichen Automaten. Der Unterschied liegt nur in der Kantenbeschriftung, bei der zusätzlich zu dem gelesenen Symbol a noch das neue Symbol b und die Bewegungsrichtung X notiert wird.

Betrachten wir jetzt die Arbeit von M auf dem Eingabewort $x = 1001101$. Die erste Phase der Berechnung von M auf x läuft wie folgt:

$$
\begin{aligned}
q_0 \mathbf{\cent} 1001101 \;&\vdash_M\; \mathbf{\cent} q_{\mathrm{even}} 1001101 \vdash_M \mathbf{\cent} 1 q_{\mathrm{odd}} 001101 \vdash_M \mathbf{\cent} 10 q_{\mathrm{even}} 01101 \\
&\vdash_M\; \mathbf{\cent} 100 q_{\mathrm{odd}} 1101 \vdash_M \mathbf{\cent} 1001 q_{\mathrm{even}} 101 \vdash_M \mathbf{\cent} 10011 q_{\mathrm{odd}} 01 \\
&\vdash_M\; \mathbf{\cent} 100110 q_{\mathrm{even}} 1 \vdash_M \mathbf{\cent} 1001101 q_{\mathrm{odd}} \sqcup \vdash_M \mathbf{\cent} 100110 q_B 1
\end{aligned}
$$

Das Erreichen des Zustandes q_B bedeutet, dass x eine ungerade Länge hat. Jetzt wird M abwechselnd die Symbole a am rechten Rand durch $\begin{pmatrix} a \\ B \end{pmatrix}$ und am linken Rand durch $\begin{pmatrix} a \\ A \end{pmatrix}$ ersetzen.

$$
\begin{aligned}
\mathbf{\cent} 100110 q_B 1 \;&\vdash_M\; \mathbf{\cent} 10011 q_1 0 \begin{pmatrix} 1 \\ B \end{pmatrix} \vdash_M \mathbf{\cent} 1001 q_{\mathrm{left}} 10 \begin{pmatrix} 1 \\ B \end{pmatrix} \\
&\vdash_M\; \mathbf{\cent} 100 q_{\mathrm{left}} 110 \begin{pmatrix} 1 \\ B \end{pmatrix} \vdash_M \mathbf{\cent} 10 q_{\mathrm{left}} 0110 \begin{pmatrix} 1 \\ B \end{pmatrix} \\
&\vdash_M\; \mathbf{\cent} 1 q_{\mathrm{left}} 00110 \begin{pmatrix} 1 \\ B \end{pmatrix} \vdash_M \mathbf{\cent} q_{\mathrm{left}} 100110 \begin{pmatrix} 1 \\ B \end{pmatrix} \\
&\vdash_M\; q_{\mathrm{left}} \mathbf{\cent} 100110 \begin{pmatrix} 1 \\ B \end{pmatrix} \vdash_M \mathbf{\cent} q_A 100110 \begin{pmatrix} 1 \\ B \end{pmatrix} \\
&\vdash_M\; \mathbf{\cent} \begin{pmatrix} 1 \\ A \end{pmatrix} q_{\mathrm{right}} 00110 \begin{pmatrix} 1 \\ B \end{pmatrix} \vdash_M \mathbf{\cent} \begin{pmatrix} 1 \\ A \end{pmatrix} 0 q_{\mathrm{right}} 0110 \begin{pmatrix} 1 \\ B \end{pmatrix} \\
&\vdash_M^*\; \mathbf{\cent} \begin{pmatrix} 1 \\ A \end{pmatrix} 00110 q_{\mathrm{right}} \begin{pmatrix} 1 \\ B \end{pmatrix} \vdash_M \mathbf{\cent} \begin{pmatrix} 1 \\ A \end{pmatrix} 0011 q_B 0 \begin{pmatrix} 1 \\ B \end{pmatrix} \\
&\vdash_M\; \mathbf{\cent} \begin{pmatrix} 1 \\ A \end{pmatrix} 001 q_1 1 \begin{pmatrix} 0 \\ B \end{pmatrix} \begin{pmatrix} 1 \\ B \end{pmatrix} \vdash_M \mathbf{\cent} \begin{pmatrix} 1 \\ A \end{pmatrix} 00 q_{\mathrm{left}} 11 \begin{pmatrix} 0 \\ B \end{pmatrix} \begin{pmatrix} 1 \\ B \end{pmatrix} \\
&\vdash_M^*\; \mathbf{\cent} q_{left} \begin{pmatrix} 1 \\ A \end{pmatrix} 0011 \begin{pmatrix} 0 \\ B \end{pmatrix} \begin{pmatrix} 1 \\ B \end{pmatrix} \vdash_M \mathbf{\cent} \begin{pmatrix} 1 \\ A \end{pmatrix} q_A 0011 \begin{pmatrix} 0 \\ B \end{pmatrix} \begin{pmatrix} 1 \\ B \end{pmatrix} \\
&\vdash_M\; \mathbf{\cent} \begin{pmatrix} 1 \\ A \end{pmatrix} \begin{pmatrix} 0 \\ A \end{pmatrix} q_{\mathrm{right}} 011 \begin{pmatrix} 0 \\ B \end{pmatrix} \begin{pmatrix} 1 \\ B \end{pmatrix}
\end{aligned}
$$

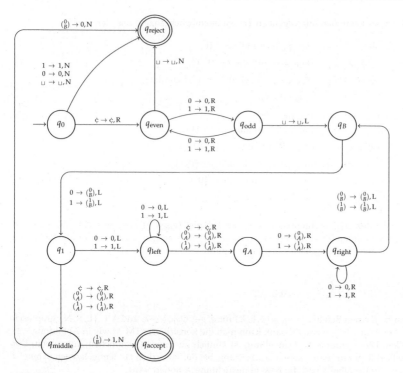

Abb. 9.28

$$\vdash^*_M \quad \mathbb{C}\binom{1}{A}\binom{0}{A}011q_{right}\binom{0}{B}\binom{1}{B}$$

$$\vdash_M \quad \mathbb{C}\binom{1}{A}\binom{0}{A}01q_B1\binom{0}{B}\binom{1}{B}$$

$$\vdash_M \quad \mathbb{C}\binom{1}{A}\binom{0}{A}0q_11\binom{1}{B}\binom{0}{B}\binom{1}{B}$$

$$\vdash^*_M \quad \mathbb{C}\binom{1}{A}q_{left}\binom{0}{A}01\binom{1}{B}\binom{0}{B}\binom{1}{B}$$

$$\vdash_M \quad \mathbb{C}\binom{1}{A}\binom{0}{A}q_A01\binom{1}{B}\binom{0}{B}\binom{1}{B}$$

$$\vdash_M \quad \mathbb{C}\binom{1}{A}\binom{0}{A}\binom{0}{A}q_{right}1\binom{1}{B}\binom{0}{B}\binom{1}{B}$$

$$\vdash_M \quad \mathbb{C}\binom{1}{A}\binom{0}{A}\binom{0}{A}1q_{right}\binom{1}{B}\binom{0}{B}\binom{1}{B}$$

$$\vdash_M \quad \mathbb{C}\binom{1}{A}\binom{0}{A}\binom{0}{A}q_B1\binom{1}{B}\binom{0}{B}\binom{1}{B}$$

$$\vdash_M \quad \mathbb{C}\binom{1}{A}\binom{0}{A}q_1\binom{0}{A}\binom{1}{B}\binom{1}{B}\binom{0}{B}\binom{1}{B}$$

$$\vdash_M \quad \mathbb{C}\binom{1}{A}\binom{0}{A}\binom{0}{A}q_{middle}\binom{1}{B}\binom{1}{B}\binom{0}{B}\binom{1}{B}$$

$$\vdash_M \quad \mathbb{C}\binom{1}{A}\binom{0}{A}\binom{0}{A}q_{accept}1\binom{1}{B}\binom{0}{B}\binom{1}{B}.$$

Betrachten wir jetzt die Sprache $L_P = \{0^{2^n} \mid n \in \mathbb{N} - \{0\}\}$. Eine TM, die L_P akzeptiert, kann folgende Strategie verfolgen:

1. Laufe über das Band von $\mathbb{C}$ bis zum ersten $\sqcup$ (von links nach rechts) und „lösche" jede zweite 0, das heißt ersetze sie durch a. Falls die Anzahl von Nullen auf dem Band ungerade

ist, halte im Zustand q_{reject}. Sonst, fahre fort mit Schritt 2.

2. Laufe über das Band von dem am weitesten links stehenden ⊔ bis zum ¢ und überprüfe, ob auf dem Band genau eine Null oder mehrere Nullen stehen.

- Falls auf dem Band genau eine Null steht, akzeptiere.
- Falls auf dem Band mindestens zwei Nullen stehen, wiederhole Schritt 1.

Die Idee dieser Strategie ist, dass man eine Zahl 2^i mit $i \geq 1$ solange ohne Rest durch 2 teilen kann, bis man eine 1 erhält. Eine mögliche Realisierung dieser Strategie in Form einer TM ist $A = (\{q_0, q_{\text{even}}, q_{\text{odd}}, q_1, q_2, q_3, q_{\text{accept}}, q_{\text{reject}}\}, \{0\}, \{0, a, ¢, ⊔\}, \delta_A, q_0, q_{\text{accept}}, q_{\text{reject}})$ mit der graphischen Darstellung in Abbildung 9.29.

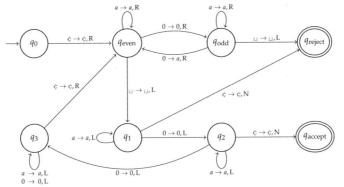

Abb. 9.29

Bemerkung 5: *Eine andere Strategie die Sprache $L_{\mathcal{P}}$ zu erkennen ist, die Eingabe 0^i im ersten Lauf durch das Band in $0^j 1^j$ umzuwandeln, falls $i = 2j$ gerade ist. Im nächsten Lauf überprüft man, ob j gerade ist, indem man im positiven Fall $0^j 1^j$ durch $0^{\frac{j}{2}} 1^{\frac{j}{2}} 1^j$ ersetzt. Akzeptiert wird nur, wenn durch diese Art des Halbierens auf dem Band das Wort 01^{i-1} erzeugt wurde. Dieses Halbieren könnte man mit der Strategie zur Suche der Mitte einer Eingabe realisieren.*

9.4.3 Mehrband-Turingmaschinen und Churchsche These

Die Turingmaschinen sind das Standardmodell der Theorie der Berechenbarkeit, wenn es um die Klassifizierung der Entscheidungsprobleme in rekursive (rekursiv aufzählbare) und nicht rekursive (nicht rekursiv aufzählbare) geht. Dieses Modell ist aber nicht so gut für die Komplexitätstheorie geeignet. Der Hauptpunkt der Kritik ist, dass dieses Modell nicht dem allgemein akzeptierten Modell des Von-Neumann-Rechners entspricht. Dieses fordert, dass alle Komponenten des Rechners – Speicher für Programm, Speicher für Daten, CPU und das Eingabemedium – physikalisch unabhängige Teile des Rechners sind. In dem Modell der Turingmaschine sind das Eingabemedium und der Speicher eins – das Band. Der zweite Kritikpunkt ist die zu starke Vereinfachung in Bezug auf die benutzten Operationen und die Linearität des Speichers. Wenn man nämlich zwei Felderinhalte, die weit voneinander entfernt liegen, vergleichen möchte, braucht man mindestens so viele Operationen (Berechnungsschritte) wie die zwei Felder voneinander entfernt liegen.

Das folgende Modell der Mehrband-Turingmaschine ist das grundlegende Modell der Komplexitätstheorie. Für jede positive ganze Zahl k hat eine k-Band-Turingmaschine folgende Komponenten (Abbildung 9.30):

– eine endliche Kontrolle (Programm),
– ein endliches Band mit einem Lesekopf,
– k Arbeitsbänder, jedes mit eigenem Lese-/Schreibkopf.

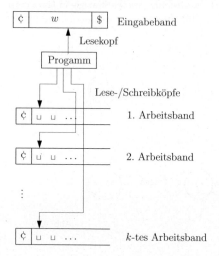

Abb. 9.30

Am Anfang jeder Berechnung auf einem Wort w ist die k-Band-Turingmaschine in folgender Situation.

– Das Eingabeband enthält ¢w\$, wobei ¢ und \$ die linke bzw. die rechte Seite der Eingabe markieren.
– Der Lesekopf des Eingabebandes zeigt auf ¢.
– Der Inhalt aller Arbeitsbänder ist ¢⊔⊔⊔... und deren Lese-/Schreibköpfe zeigen auf ¢.
– Die endliche Kontrolle ist im Anfangszustand q_0.

Während der Berechnung dürfen sich alle $k+1$ Köpfe in beide Richtungen links und rechts bewegen, nur darf sich kein Kopf über das Randsymbol ¢ nach links bewegen und der Lesekopf des Eingabebandes darf sich nicht über das rechte Randsymbol \$ nach rechts bewegen. Der Lesekopf darf nicht schreiben, und deswegen bleibt der Inhalt ¢w\$ des Eingabebandes während der ganzen Berechnung gleich. Für die Feldinhalte der Arbeitsbänder betrachtet man wie bei einer TM ein Arbeitsalphabet Γ. Die Felder aller $k+1$ Bänder kann man von links nach rechts nummerieren, beginnend mit 0 bei ¢. So kann man eine Konfiguration einer k-Band-TM M wie folgt darstellen. Eine Konfiguration

$$(q, w, i, u_1, i_1, u_2, i_2, \ldots, u_k, i_k)$$

ist ein Element aus

$$Q \times \Sigma^* \times \mathbb{N} \times (\Gamma \times \mathbb{N})^k$$

mit folgender Bedeutung:

– M ist im Zustand q,

– der Inhalt des Eingabebandes ist $\mathrm{\cent}w\$$ und der Lesekopf des Eingabebandes zeigt auf das i-te Feld des Eingabebandes (das heißt falls $w = a_1a_2 \ldots a_n$, dann liest der Lesekopf das Symbol a_i),

– für $j \in \{1, 2, \ldots, k\}$ ist der Inhalt des j-ten Bandes $\mathrm{\cent}u_j{\sqcup}{\sqcup}{\sqcup}{\sqcup} \ldots$, und $i_j \leq |u_j|$ ist die Position des Feldes, auf das der Kopf des j-ten Bandes zeigt.

Die Berechnungsschritte von M können mit einer Transitionsfunktion

$$\delta : Q \times (\Sigma \cup \{\mathrm{\cent}, \$\}) \times \Gamma^k \to Q \times \{L, R, N\} \times (\Gamma \times \{L, R, N\})^k$$

beschrieben werden. Die Argumente $(q, a, b_1, \ldots, b_k) \in Q \times (\Sigma \cup \{\mathrm{\cent}, \$\}) \times \Gamma^k$ sind der aktuelle Zustand q, das gelesene Symbol $a \in \Sigma \cup \{\mathrm{\cent}, \$\}$ auf dem Eingabeband und die k Symbole $b_1, \ldots, b_k \in \Gamma$, auf denen die Köpfe der Arbeitsbänder stehen. Diese k Symbole werden von den Köpfen der k Arbeitsbänder durch andere Symbole ersetzt, und die Position aller $k + 1$ Köpfe wird um maximal 1 geändert. Die Eingabe w wird von M akzeptiert, falls M in der Berechnung auf w den Sonderzustand q_{accept} erreicht. Die Eingabe w wird nicht akzeptiert, falls M die Eingabe w im Zustand q_{reject} verwirft oder die Berechnung von M auf w nicht terminiert (unendlich ist).

Wir verzichten auf die formale Definition der k-Band-Turingmaschine. Der oben gegebenen Beschreibung folgend ist die Herstellung einer solchen Definition eine Routinearbeit und wir überlassen dies dem Leser zum Training.

Für jedes $k \in \mathbb{N} - \{0\}$ nennen wir eine k-Band-Turingmaschine (k-Band-TM) auch **Mehrband-Turingmaschine (MTM)**. Weil die Operationen einer MTM ein bisschen komplexer als die elementaren Operationen einer TM sind, kann man erwarten, dass Mehrband-Turingmaschinen gewisse Probleme einfacher oder schneller als Turingmaschinen lösen können. Betrachten wir die Sprache

$$L_{\mathrm{gleich}} = \{w\#w \mid w \in (\Sigma_{\mathrm{bool}})^*\}.$$

Eine TM, die das erste w mit dem zweiten w vergleicht, muss mit dem Kopf viele Male über lange Entfernungen auf dem Band hin und her laufen.

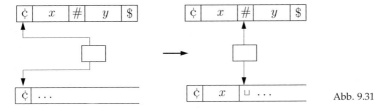

Abb. 9.31

Eine 1-Band-TM A kann L_{gleich} mit folgender Strategie einfach erkennen:

1. A überprüft, ob die Eingabe die Form $x\#y$ mit $x, y \in (\Sigma_{\mathrm{bool}})^*$ hat.[33] Falls nicht, verwirft A die Eingabe.

2. Für die Eingabe $x\#y$ kopiert A das Wort x auf das Arbeitsband (das heißt nach diesem Schritt enthält das Arbeitsband $\mathrm{\cent}x$ (Abbildung 9.31)).

3. A positioniert den Kopf des Arbeitsbandes auf $\mathrm{\cent}$. Dann bewegt A simultan beide Köpfe nach rechts und vergleicht x und y. Falls $x \neq y$, liest A in einem der Schritte zwei unterschiedliche Symbole. In diesem Fall verwirft A die Eingabe. Falls alle Paare von Symbolen gleich sind und beide Köpfe gleichzeitig $\sqcup$ erreichen, akzeptiert A die Eingabe.

---

[33]Dies bedeutet, dass A wie ein EA einfach verifizieren kann, ob die Eingabe genau ein # hat.

Eine Transition $\delta(p, a, b) = (q, X, d, Y)$ einer 1-Band-TM kann man graphisch wie in Abbildung 9.32 darstellen. Der Übergang von p zu q findet beim Lesen von a auf dem Eingabeband und gleichzeitigem Lesen von b auf dem Arbeitsband statt. Das Symbol b wird durch d ersetzt, $X \in \{L, R, N\}$ determiniert die Bewegung des Lesekopfes auf dem Eingabeband und $Y \in \{L, R, N\}$ determiniert die Bewegung des Kopfes auf dem Arbeitsband.

$$\underbrace{p} \xrightarrow{\quad a, b \to X, d, Y \quad} \underbrace{q} \qquad \text{Abb. 9.32}$$

Entsprechend dieser graphischen Darstellung (Abbildung 9.32) gibt Abbildung 9.33 die Beschreibung einer 1-Band-TM M, die eine Implementierung der oben beschriebenen Strategie zur Erkennung von L_{gleich} ist. Die Zustände q_0, q_1, q_2 und q_{reject} benutzt man zur Realisierung des ersten Schrittes der Strategie. Falls die Eingabe genau ein # enthält, erreicht M den Zustand q_2 mit dem Lesekopf auf dem letzten Symbol der Eingabe. Sonst endet M in q_{reject}. Der Zustand q_2 wird benutzt, um den Lesekopf zurück auf das linke Randsymbol ¢ zu bringen. Im Zustand q_{copy} kopiert M das Präfix der Eingabe bis zum # auf das Arbeitsband (Abbildung 9.31) und im Zustand q_{adjust} kehrt der Kopf des Arbeitsbandes zurück auf ¢. Der Vergleich von x und y des Eingabewortes $x\#y$ findet im Zustand q_{compare} statt. Falls $x = y$, endet M im Zustand q_{accept}. Falls x und y sich im Inhalt auf irgendeiner Position unterscheiden oder unterschiedliche Längen haben, endet M im Zustand q_{reject}.

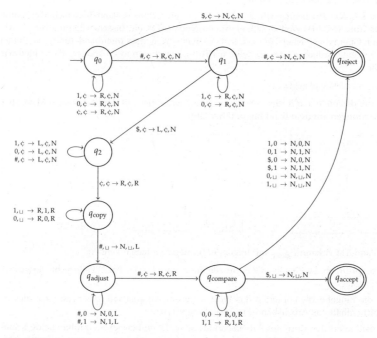

Abb. 9.33

Wir haben jetzt zwei unterschiedliche Modelle – die TM und die MTM. Um beide gleichzeitig benutzen zu dürfen, müssen wir deren Äquivalenz bezüglich der Menge der akzeptierten

Sprachen beweisen. Seien A und B zwei Maschinen (TM, MTM), die mit dem gleichen Eingabealphabet Σ arbeiten. Im Folgenden sagen wir, dass eine **Maschine A äquivalent zu einer Maschine B ist**, falls für jede Eingabe $x \in (\Sigma_{bool})^*$:

(i) A akzeptiert $x \iff B$ akzeptiert x,

(ii) A verwirft $x \iff B$ verwirft x,

(iii) A arbeitet unendlich lange auf $x \iff B$ arbeitet unendlich lange auf x.

Es ist klar, dass $L(A) = L(B)$, wenn A und B äquivalent sind. Die Tatsache $L(A) = L(B)$ ist aber keine Garantie dafür, dass A und B äquivalent sind.

Lemma 7: *Zu jeder TM A existiert eine zu A äquivalente 1-Band-TM B.*

Beweis. Wir beschreiben die Simulation von A durch B, ohne die formale Konstruktion von B aus A anzugeben. B arbeitet in zwei Phasen:

1. B kopiert die ganze Eingabe w auf das Arbeitsband.

2. B simuliert Schritt für Schritt die Arbeit von A auf dem Arbeitsband (dies bedeutet, dass B auf dem unendlichen Arbeitsband genau das Gleiche tut was A auf seinem unendlichen Eingabeband gemacht hätte).

Es ist klar, dass A und B äquivalent sind. □

Im Folgenden werden wir meistens auf formale Konstruktionen von Turingmaschinen und formale Beweise der Äquivalenzen (oder von $L(A) = L(B)$) verzichten. Der Grund ist ähnlich wie bei der Beschreibung von Algorithmen oder bei formalen Beweisen der Korrektheit von Programmen. Wir ersparen uns viel Kleinarbeit, wenn uns intuitiv klar ist, dass ein Programm (eine TM) die gewünschte Tätigkeit realisiert, und wir auf einen formalen Beweis verzichten.

Lemma 8: *Für jede Mehrband-TM A existiert eine zu A äquivalente TM B.*

Beweis. Sei A eine k-Band-Turingmaschine für ein $k \in \mathbb{N} - \{0\}$. Wir zeigen, wie sich eine TM B konstruieren lässt, die Schritt für Schritt A simulieren kann. Eine gute Strategie, um so eine Simulation zu erklären, ist, zuerst die Darstellung von Konfigurationen der zu simulierenden Maschine A festzulegen, und dann erst die Simulation der einzelnen Schritte zu erklären. Die Idee der Darstellung der aktuellen Konfiguration von A und B ist in Abbildung 9.34

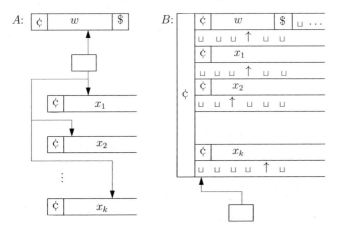

Abb. 9.34

anschaulich beschrieben. B speichert die Inhalte aller $k + 1$ Bänder von A auf seinem einzigen Band. Anschaulich gesehen zerlegt B ihr Band in $2(k + 1)$ Spuren. Dies kann man wie folgt erreichen. Falls Γ_A das Arbeitsalphabet von A ist, so ist

$$\Gamma_B = (\Sigma \cup \{\text{¢}, \$, \sqcup\}) \times \{\sqcup, \uparrow\} \times (\Gamma_A \times \{\sqcup, \uparrow\})^k \cup \Sigma_A \cup \{\text{¢}\}$$

das Arbeitsalphabet von B. Für ein Symbol $\alpha = (a_0, a_1, a_2, \ldots, a_{2k+1}) \in \Gamma_B$ sagen wir, dass a_i auf der i-ten Spur liegt. Daher bestimmen die i-ten Elemente der Symbole auf dem Band von B den Inhalt der i-ten Spur. Eine Konfiguration $(q, w, i, x_1, i_1, x_2, i_2, \ldots, x_k, i_k)$ von A ist dann in B wie folgt gespeichert. Der Zustand q ist in der endlichen Kontrolle von B gespeichert. Die 0-te Spur des Bandes von B enthält $\text{¢}w\$$, das heißt den Inhalt des Eingabebandes von A. Für alle $i \in \{1, \ldots, k\}$ enthält die $(2i)$-te Spur des Bandes von B das Wort $\text{¢}x_i$, das heißt den Inhalt des i-ten Arbeitsbandes von A. Für alle $i \in \{1, \ldots, k\}$, bestimmt die $(2i + 1)$-te Spur mit dem Symbol $\uparrow$ die Position des Kopfes auf dem i-ten Arbeitsband von A.

Ein Schritt von A kann jetzt durch folgende Prozedur von B simuliert werden:

1. B liest einmal den ganzen Inhalt seines Bandes von links nach rechts und speichert dabei in seinem Zustand die $k + 1$ Symbole[34], die bei den $k + 1$ Köpfen von A gelesen worden sind (das sind genau die Symbole der geraden Spuren, auf die die Symbole $\uparrow$ auf den ungeraden Spuren zeigen).

2. Nach der ersten Phase kennt B das ganze Argument (der Zustand von A ist auch in dem Zustand von B gespeichert) der Transitionsfunktion von A und kann also genau die entsprechenden Aktionen (Köpfe bewegen, Ersetzen von Symbolen) von A bestimmen. Diese Änderungen führt B in einem Lauf über sein Band von rechts nach links durch. $\square$

Defintion 20: *Zwei Maschinenmodelle (Maschinenklassen) $\mathcal{A}$ und $\mathcal{B}$ für Entscheidungsprobleme sind* **äquivalent**, *falls*

(i) für jede Maschine $A \in \mathcal{A}$ eine zu A äquivalente Maschine $B \in \mathcal{B}$ existiert, und

(ii) für jede Maschine $C \in \mathcal{B}$ eine zu C äquivalente Maschine $D \in \mathcal{A}$ existiert.

Aus den Lemmata 7 und 8 erhalten wir direkt das folgende Resultat.

Satz 2: *Die Maschinenmodelle von Turingmaschinen und Mehrband-Turingmaschinen sind äquivalent.*

Die Erkenntnis, dass diese beiden Maschinenmodelle als gleichberechtigt zur Algorithmenmodellierung betrachtet werden dürfen, erleichtert unsere Arbeit. Wenn wir beweisen wollen, dass eine Sprache rekursiv oder rekursiv aufzählbar ist, reicht es, eine Mehrband-TM für diese Sprache zu konstruieren (was meistens einfacher ist, als eine TM zu konstruieren). Wenn wir aber zeigen wollen, dass eine Sprache nicht rekursiv oder nicht rekursiv aufzählbar ist, werden wir mit der Nichtexistenz einer entsprechenden TM argumentieren. Die Situation ist vergleichbar damit, dass man eine höhere Programmiersprache zum Beweis algorithmischer Lösbarkeit eines gegebenen Problems benutzt, und Assembler oder Maschinencode zum Beweis algorithmischer Unlösbarkeit benutzt. Dies ist genau das, was im nächsten Kapitel behandelt wird.

Deswegen könnte es für uns auch hilfreich sein, die Äquivalenz zwischen Turingmaschinen und einer höheren Programmiersprache zu beweisen. Ein formaler Beweis erfordert eine große Menge an technischer Kleinarbeit, die sehr zeitaufwendig ist. Deshalb erklären wir nur die Idee, wie man eine solche Äquivalenz zeigt.

Dass man für jede TM ein äquivalentes Programm schreiben kann, glaubt hoffentlich jeder in der Programmierung ein bisschen erfahrene Leser. Man kann sogar noch etwas Besseres – einen

---

[34]Dies bedeutet, dass die Zustandsmenge von B die Menge $Q \times (\Sigma \cup \{\text{¢}, \$\}) \times \Gamma^k$ enthält, was kein Problem ist, da diese Menge endlich ist.

Interpreter für Turingmaschinen schreiben. Ein Interpreter C_{TM} für Turingmaschinen bekommt eine Beschreibung einer TM M in einem festgelegten Formalismus und ein Eingabewort über dem Eingabealphabet von M. Danach simuliert C_{TM} die Arbeit von M auf w.

Wie kann man jetzt zu einem Programm einer komplexeren Programmiersprache eine TM bauen? Dazu sollte man sich den Weg der Entwicklung der Programmiersprachen anschauen. Am Anfang hat man nur in Assembler oder sogar noch in Maschinencode programmiert. Die einzigen erlaubten Operationen waren Vergleiche von zwei Zahlen und die arithmetischen Operationen. Alle anderen Befehle wurden als kleine Programme aus diesem Grundrepertoire zusammengesetzt, um dem Programmierer die Arbeit zu vereinfachen. Deswegen werden wir keine Zweifel an der Äquivalenz von Assembler und beliebigen Programmiersprachen haben; insbesondere weil wir wissen, dass die Compiler Programme in höheren Programmiersprachen in Assembler oder Maschinencode übersetzen. Daher reicht es, die **Äquivalenz zwischen Assembler und Turingmaschinen** zu beweisen. Den Assembler kann man durch sogenannte Registermaschinen modellieren und dann diese durch Turingmaschinen simulieren lassen. Diesen Weg werden wir jetzt aber nicht gehen. Wir können unsere Aufgabe noch vereinfachen. Wir können Multiplikation und Division von zwei Zahlen a und b durch Programme, die nur mit den Grundoperationen Addition und Subtraktion arbeiten, realisieren.

Danach kann man einen Vergleich von zwei Zahlen durch Programme durchführen, die nur die Operation $+1$ ($I := I + 1$), -1 ($I := I - 1$) und den Test auf 0 (**if** $I = 0$ **then** ... **else** ...) benutzen.

Am Ende können wir auch noch auf Addition und Subtraktion verzichten.

Die Aufgabe, die Programme mit Operationen $+1$, -1 und **if** $I = 0$ **then** ... **else** ... auf Mehrband-Turingmaschinen zu simulieren, ist dann nicht mehr so schwer. Die Variablen werden auf den Arbeitsbändern in der Form $x\#y$ gespeichert, wobei x die binäre Kodierung des Namens der Variablen I_x und y die binäre Kodierung des Wertes von I_x ist. Die Operationen $+1$, -1 und den Test $y = 0$ kann eine MTM einfach realisieren. Der einzige größere Aufwand entsteht, wenn ein Band zum Beispiel ¢$x\#y\#\#z\#u\#\#$ ... enthält und der Platz zur Speicherung des Wertes von I_x in y nicht mehr reicht (mehr Felder für y werden gebraucht). In einem solchen Fall muss die Mehrband-TM den Inhalt $\#\#z\#u\#\#$ ... rechts von y nach rechts verschieben, um mehr Platz für die Speicherung von y zu gewinnen.

In der Theoretischen Informatik hat man Hunderte von formalen Modellen (nicht nur in Form von Maschinenmodellen) zur Spezifikation der algorithmischen Lösbarkeit entwickelt. Alle vernünftigen Modelle sind äquivalent zu Turingmaschinen. Dies führte zu der Formulierung der sogenannten Churchschen These:

Churchsche These:

> *Die Turingmaschinen sind die Formalisierung des Begriffes „Algorithmus", das heißt die Klasse der rekursiven Sprachen (der entscheidbaren Entscheidungsprobleme) stimmt mit der Klasse der algorithmisch (automatisch) erkennbaren Sprachen überein.*

Die Churchsche These ist nicht beweisbar, weil sie einer Formalisierung des intuitiven Begriffes Algorithmus entspricht. Es ist nicht möglich zu beweisen, dass keine andere formale Modellierung des intuitiven Begriffes Algorithmus existiert, die

(i) unserer Intuition über diesen Begriff entspricht, und

(ii) die algorithmische Lösung von Entscheidungsproblemen ermöglicht, die man mit der Hilfe von Turingmaschinen nicht entscheiden kann.

Das einzige, was passieren könnte, ist, dass jemand ein solches stärkeres Modell findet. In diesem Fall wären die Grundlagen der Theoretischen Informatik zu revidieren. Die Suche nach einem solchen Modell war aber bisher vergeblich, und wir wissen heute, dass sogar das physikalische Modell des Quantenrechners[35] zu Turingmaschinen äquivalent ist.

Die Situation ist also ähnlich wie in der Mathematik und Physik. Wir akzeptieren die Churchsche These, weil sie unserer Erfahrung entspricht, und postulieren sie als ein Axiom. Wie wir schon bemerkt haben, hat sie die Eigenschaften von mathematischen Axiomen – sie kann nicht bewiesen werden, aber man kann nicht ausschließen, dass sie eines Tages widerlegt wird.[36] Die Churchsche These ist das einzige informatikspezifische Axiom auf welchem die Theoretische Informatik aufgebaut wird. Alle anderen benutzten Axiome sind die Axiome der Mathematik.

9.4.4 Nichtdeterministische Turingmaschinen

Den Nichtdeterminismus kann man in das Modell der Turingmaschinen auf gleichem Wege einführen wie wir den Nichtdeterminismus bei den endlichen Automaten eingeführt haben. Für jedes Argument besteht die Möglichkeit einer Auswahl aus endlich vielen Aktionen. Auf der Ebene der Transitionsregeln bedeutet dies, dass die Transitionsfunktion δ nicht von $Q \times \Gamma$ nach $Q \times \Gamma \times \{L, R, N\}$ geht, sondern von $Q \times \Gamma$ nach $\mathcal{P}(Q \times \Gamma \times \{L, R, N\})$. Eine andere formale Möglichkeit ist, δ als eine Relation auf $(Q \times \Gamma) \times (Q \times \Gamma \times \{L, R, N\})$ zu betrachten. Eine nichtdeterministische Turingmaschine M akzeptiert ein Eingabewort w genau dann, wenn es mindestens eine akzeptierende Berechnung von M auf w gibt. Die formale Definition einer nichtdeterministischen Turingmaschine folgt.

Defintion 21: *Eine* **nichtdeterministische Turingmaschine (NTM)** *ist ein 7-Tupel* $M = (Q, \Sigma, \Gamma, \delta, q_0, q_{\text{accept}}, q_{\text{reject}})$, *wobei*

(i) $Q, \Sigma, \Gamma, q_0, q_{\text{accept}}, q_{\text{reject}}$ *die gleiche Bedeutung wie bei einer* TM *haben, und*

(ii) $\delta : (Q - \{q_{\text{accept}}, q_{\text{reject}}\}) \times \Gamma \to \mathcal{P}(Q \times \Gamma \times \{L, R, N\})$ *die* **Übergangsfunktion** *von* M *ist und die folgende Eigenschaft hat:*

$$\delta(p, \text{¢}) \subseteq \{(q, \text{¢}, X) \mid q \in Q, X \in \{R, N\}\}$$

für alle $q \in Q$.

{Das Randsymbol darf nicht durch ein anderes Symbol ersetzt werden, und der Kopf darf sich nicht von ¢ *aus nach links bewegen.}*

Eine **Konfiguration** *von* M *ist ein Element aus*

$$\textbf{Konf}(M) = (\{\text{¢}\} \cdot \Gamma^* \cdot Q \cdot \Gamma^*) \cup (Q \cdot \{\text{¢}\} \cdot \Gamma^*)$$

{mit der gleichen Bedeutung wie bei einer TM}.

Die Konfiguration $q_0\text{¢}w$ *ist die Anfangskonfiguration für das Wort* $w \in \Sigma^*$. *Eine Konfiguration heißt* **akzeptierend**, *falls sie den Zustand* q_{accept} *enthält. Eine Konfiguration heißt* **verwerfend**, *falls sie den Zustand* q_{reject} *enthält.*

Ein **Schritt** *von* M *ist eine Relation* $\vdash_{M}$, *die auf der Menge der Konfigurationen (* $\vdash_{M} \subseteq \textbf{Konf}(M) \times \textbf{Konf}(M)$) *wie folgt definiert ist. Für alle* $p, q \in Q$ *und alle* $x_1, x_2, \ldots, x_n, y \in \Gamma$,

- $x_1 x_2 \ldots x_{i-1} q x_i x_{i+1} \ldots x_n \vdash_{M} x_1 x_2 \ldots x_{i-1} p y x_{i+1} \ldots x_n$,

falls $(p, y, N) \in \delta(q, x_i)$,

- $x_1 x_2 \ldots x_{i-2}, x_{i-1} q x_i x_{i+1} \ldots x_n \vdash_{M} x_1 x_2 \ldots x_{i-2} p x_{i-1} y x_{i+1} \ldots x_n$,

falls $(p, y, L) \in \delta(q, x_i)$,

---

[35] Quantenrechner arbeiten nach dem Prinzip der Quantenmechanik.

[36] Die Widerlegung eines Axioms oder einer These sollte man nicht als „Katastrophe" betrachten. Solche Resultate gehören zur Entwicklung der Wissenschaften dazu. Die bisherigen Resultate und Kenntnisse muss man deswegen nicht verwerfen, nur relativieren. Sie gelten einfach weiter unter der Voraussetzung, dass das Axiom gilt.

$-\ x_1 x_2 \ldots x_{i-1} q x_i x_{i+1} \ldots x_n \vdash_{\overline{M}} x_1 x_2 \ldots x_{i-1} y p x_{i+1} \ldots x_n,$

falls $(p, y, \mathrm{R}) \in \delta(q, x_i)$ *für* $i < n$ *und*

$x_1 x_2 \ldots x_{n-1} q x_n \vdash_{\overline{M}} x_1 x_2 \ldots x_{n-1} y p_{\sqcup},$

falls $(p, y, \mathrm{R}) \in \delta(q, x_n)$.

Die Relation $\vdash_{\overline{M}}^{*}$ *ist die reflexive und transitive Hülle von* $\vdash_{\overline{M}}$.

Eine **Berechnung von** M *ist eine Folge von Konfigurationen* $C_0, C_1, \ldots$ *so dass* $C_i \vdash_{\overline{M}} C_{i+1}$ *für* $i = 0, 1, 2, \ldots$. *Eine* **Berechnung von** M **auf einer Eingabe** x *ist eine Berechnung, die mit der Anfangskonfiguration* $q_0 \text{¢} x$ *beginnt und die entweder unendlich ist, oder in einer Konfiguration* $w_1 q w_2$ *endet, wobei* $q \in \{q_{\text{accept}}, q_{\text{reject}}\}$. *Eine Berechnung von* M *auf* x *heißt* **akzeptierend**, *falls sie in einer akzeptierenden Konfiguration endet. Eine Berechnung von* M *auf* x *heißt* **verwerfend**, *falls sie in einer verwerfenden Konfiguration endet.*

Die **von der NTM** M **akzeptierte Sprache** *ist*

$$L(M) = \{w \in \Sigma^* \mid q_0 \text{¢} w \vdash_{\overline{M}}^{*} y q_{\text{accept}} z \text{ für irgendwelche } y, z \in \Gamma^* \}.$$

Ähnlich wie im Fall der endlichen Automaten können auch bei Turingmaschinen nichtdeterministische Strategien die Berechnungen vereinfachen. Betrachten wir die Sprache

$$L_{\text{ungleich}} = \{x \# y \mid x, y \in (\Sigma_{\text{bool}})^*, x \neq \lambda, x \neq y\}.$$

Eine (deterministische) TM müsste x und y Buchstabe für Buchstabe vergleichen, um den Unterschied feststellen zu können. Eine NTM kann die Position i, an der sich $x = x_1 \ldots x_n$ und $y = y_1 \ldots y_m$ unterscheiden, nichtdeterministisch raten und dann die Korrektheit des Ratens durch den Vergleich von x_i und y_i verifizieren. Im Folgenden beschreiben wir eine nichtdeterministische 1-Band-TM A, die L_{ungleich} akzeptiert (die formale Darstellung findet sich in Abbildung 9.35). A arbeitet auf einer Eingabe w wie folgt:

1. A überprüft deterministisch mit einem Lauf des Lesekopfes über das Eingabeband, ob w genau ein Symbol # enthält (Zustände $q_0, q_1, q_{\text{reject}}$ in Abbildung 9.35). Falls das nicht der Fall ist, verwirft A die Eingabe w. Falls $w = x \# y$ für $x, y \in (\Sigma_{\text{bool}})^*$, setzt A die Arbeit mit Phase 2 fort (im Zustand q_2 in Abbildung 9.35).

2. A stellt die Köpfe auf beiden Bändern auf ¢ (Zustand q_2 in Abbildung 9.35).

3. A bewegt beide Köpfe simultan nach rechts (dabei ersetzt sie den Kopf auf dem Arbeitsband die Symbole $\sqcup$ durch die Symbole a) und in jedem Schritt trifft sie nichtdeterministisch die Entscheidung, ob der Unterschied in der Position des gelesenen Feldes vorkommt oder nicht (Zustand q_{guess} in Abbildung 9.35). Falls $b \in \{0, 1\}$ auf dem Eingabeband gelesen wird und A rät, dass der Unterschied an dieser Position auftritt, speichert A das Symbol b in seinem Zustand und geht zur Phase 4 über (A geht in Zustand p_b über in Abbildung 9.35). Falls A das Symbol # liest ($|x| < |y|$ rät), geht A in $p_{\#}$ über.

4. Jetzt ist die Entfernung des Kopfes von ¢ auf dem Arbeitsband gleich der Position des gespeicherten Symboles $b \in \{0, 1, \#\}$ in $x \#$. A geht zuerst mit dem Lesekopf auf # ohne den Kopf auf dem Arbeitsband zu bewegen (Zustände p_0 und p_1 in Abbildung 9.35). Danach bewegt sich in jedem weiteren Schritt der Lesekopf nach rechts, und der Kopf auf dem Arbeitsband nach links (Zustände s_0 und s_1 in Abbildung 9.35). Wenn der Kopf auf dem Arbeitsband ¢ erreicht, steht der Kopf des Eingabebandes auf der geratenen Position von y. Falls das gespeicherte Symbol b in s_b ungleich dem gelesenen Symbol des Eingabebandes ist, akzeptiert A das Eingabewort $w = x \# y$. A akzeptiert w auch, wenn $|x| < |y|$ $((q_{\text{accept}}, \mathrm{N}, \text{¢}, \mathrm{N}) \in \delta(p_{\#}, c, \mathrm{N})$ für alle $c \in \{0, 1\}$ in Abbildung 9.35) oder wenn $|x| > |y|$ $(\delta(s_b, \$, d) = \{(q_{\text{accept}}, \mathrm{N}, d, \mathrm{N})\}$ für alle $b \in \{0, 1\}, d \in \{a, \text{¢}\}$ in Abbildung 9.35).

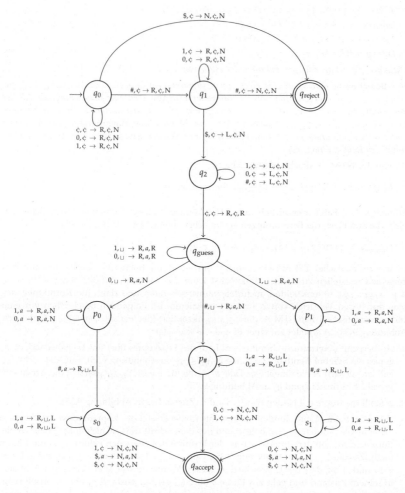

Abb. 9.35

Die Strategie des nichtdeterministischen Ratens und nachfolgenden deterministischen Verifizieren der Korrektheit des Geratenen ist typisch für nichtdeterministische Berechnungen.[37] Ein anderes Beispiel ist das Akzeptieren der Sprache

$$L_{\text{quad}} = \{a^{n^2} \mid n \in \mathbb{N}\}$$

von einer nichtdeterministischen 2-Band-TM B. B kann zuerst für jede Eingabe w eine Zahl n raten (n kann durch die Positionen der Köpfe auf den Arbeitsbändern gespeichert werden) und dann $|w| = n^2$ überprüfen.

---

[37]Wie stark man dadurch den Nichtdeterminismus charakterisieren kann, erfahren wir in Kapitel 9.6.

Die wichtigste Frage ist nun, ob die nichtdeterministischen Turingmaschinen Sprachen akzeptieren, die man mit (deterministischen) Turingmaschinen nicht akzeptieren kann. Ähnlich wie bei endlichen Automaten ist die Antwort auf diese Frage negativ, und die Simulationsstrategie basiert auf der Breitensuche in den Berechnungsbäumen der nichtdeterministischen TM.

Defintion 22: Sei $M = (Q, \Sigma, \Gamma, \delta, q_0, q_{accept}, q_{reject})$ *eine NTM und x ein Wort über dem Eingabealphabet Σ von M. Ein* **Berechnungsbaum** $T_{M,x}$ **von M auf x** *ist ein (potentiell unendlicher) gerichteter Baum mit einer Wurzel, der wie folgt definiert wird.*

(i) *Jeder Knoten von $T_{M,x}$ ist mit einer Konfiguration beschriftet.*

(ii) *Die Wurzel ist der einzige Knoten von $T_{M,x}$ mit dem Eingrad 0 und ist mit der Ausgangskonfiguration $q_0 \mathrm{c} x$ beschriftet.*

(iii) *Jeder Knoten des Baumes, der mit einer Konfiguration C beschriftet ist, hat genauso viele Söhne wie C Nachfolgekonfigurationen hat, und diese Söhne sind mit diesen Nachfolgekonfigurationen von C markiert.*

Die Definition von **Berechnungsbäumen** kann man natürlich auch für nichtdeterministische Mehrband-Turingmaschine verwenden.

Es gibt zwei wesentliche Unterschiede zwischen den Berechnungsbäumen eines NEA und einer NTM. Die Berechnungsbäume von nichtdeterministischen endlichen Automaten sind immer endlich, was bei nichtdeterministischen Turingmaschinen nicht immer der Fall sein muss. Zweitens müssen die Konfigurationen in der gleichen Entfernung zur Wurzel eines Berechnungsbaumes $T_{M,x}$ einer NTM M auf x keine Ähnlichkeiten haben und deshalb können im Unterschied zu nichtdeterministischen endlichen Automaten die Positionen der Köpfe auf dem Eingabeband unterschiedlich sein.

Satz 3: *Sei M eine NTM. Dann existiert eine TM A, so dass*

(i) $L(M) = L(A)$*, und*

(ii) *falls M keine unendlichen Berechnungen auf Wörtern aus $(L(M))^{\complement}$ hat, dann hält A immer.*

Beweis. Nach Lemma 8 genügt es, eine 2-Band TM A mit den Eigenschaften (i) und (ii) zu konstruieren. Wir beschränken uns auf eine Beschreibung der Arbeit von A und verzichten auf die formale Konstruktion. Die Strategie von A heißt Breitensuche in den Berechnungsbäumen von M.

Eingabe: ein Wort w

Phase 1: A kopiert die Anfangskonfiguration $q_0 \mathrm{c} w$ auf das erste Arbeitsband.

Phase 2: A überprüft, ob das erste Band eine akzeptierende Konfiguration enthält. Falls ja, hält A und akzeptiert w. Sonst setzt A die Berechnung mit Phase 3 fort.

Phase 3: A schreibt alle Nachfolgekonfigurationen der Konfigurationen aus dem ersten Arbeitsband auf das zweite Arbeitsband (man beachte, dass eine NTM nur endlich viele Aktionen für ein gegebenes Argument zur Wahl hat und A somit immer alle Möglichkeiten realisieren kann). Falls es keine Nachfolgekonfigurationen gibt (das zweite Arbeitband leer bleibt), hält A im Zustand q_{reject}.

Phase 4: A löscht den Inhalt des ersten Arbeitsbandes und kopiert den Inhalt des zweiten Arbeitsbandes auf das erste. Danach löscht A den Inhalt des zweiten Bandes und fährt mit Phase 2 fort.

Wir bemerken, dass nach dem i-ten Durchlauf der Phasen 3 und 4 das erste Arbeitsband alle Konfigurationen des Berechnungsbaumes $T_{M,w}$ mit der Entfernung i von der Wurzel (alle in i Schritten erreichbaren Konfigurationen) enthält. Falls $w \in L(M)$, dann existiert eine akzeptierende Berechnung von M auf w von einer Länge j für ein $j \in \mathbb{N}$, und somit wird w nach j Durchläufen der Phasen 3 und 4 in der Phase 2 akzeptiert. Falls $w \notin L(M)$, wird w bei A nicht akzeptiert. Falls $T_{M,x}$ endlich ist, hält A im Zustand q_{reject}. $\qquad\square$

9.4.5 Kodierung von Turingmaschinen

Jedes Programm hat eine binäre Darstellung in Form des Maschinencodes. Für die Transformation eines Programms, das über dem Alphabet Σ_{Tastatur} entsprechend der Syntax der Programmiersprache gegeben ist, in den Maschinencode sorgen Übersetzer (Compiler). Das Ziel dieses Kapitels ist, eine einfache binäre Kodierung von Turingmaschinen zu entwickeln. Wir beginnen zunächst damit, dass wir eine Kodierung von Turingmaschinen über $\{0, 1, \#\}$ entwickeln.

Sei $M = (Q, \Sigma, \Gamma, \delta, q_0, q_{\text{accept}}, q_{\text{reject}})$ eine TM, wobei

$$Q = \{q_0, q_1, \dots, q_m, q_{\text{accept}}, q_{\text{reject}}\} \text{ und } \Gamma = \{A_1, A_2, \dots, A_r\}.$$

Wir definieren zuerst die Kodierung der einzelnen Symbole wie folgt:

$$
\begin{aligned}
\text{Code}(q_i) &= 10^{i+1}1 \text{ für } i = 0, 1, \dots, m,\\
\text{Code}(q_{\text{accept}}) &= 10^{m+2}1,\\
\text{Code}(q_{\text{reject}}) &= 10^{m+3}1,\\
\text{Code}(A_j) &= 110^{j}11 \text{ für } j = 1, \dots, r,\\
\text{Code}(\text{N}) &= 1110111,\\
\text{Code}(\text{R}) &= 1110^{2}111,\\
\text{Code}(\text{L}) &= 1110^{3}111.
\end{aligned}
$$

Diese Symbolkodierung nutzen wir zu folgender Darstellung einzelner Transitionen.

$$\text{Code}(\delta(p, A_l) = (q, A_m, \alpha)) = \#\text{Code}(p)\text{Code}(A_l)\text{Code}(q)\text{Code}(A_m)\text{Code}(\alpha)\#$$

für jede Transition $\delta(p, A_l) = (q, A_m, \alpha)$, $p \in \{q_0, q_1, \dots, q_m\}$, $q \in Q$, $l, m \in \{1, \dots, r\}$, $\alpha \in \{\text{N}, \text{L}, \text{R}\}$.

Die Kodierung der Turingmaschine M gibt zuerst die globalen Daten – die Anzahl der Zustände ($|Q|$) und die Anzahl der Symbole aus dem Arbeitsalphabet ($|\Gamma|$). Danach folgt die Liste aller Transitionen. Daher

$$\text{Code}(M) = \#0^{m+3}\#0^{r}\#\#\text{Code}(\textit{Transition}_1)\#\text{Code}(\textit{Transition}_2)\#\dots$$

Um eine Kodierung über Σ_{bool} zu erhalten, benutzen wir folgenden Homomorphismus $h : \{0, 1, \#\}^{*} \to (\Sigma_{\text{bool}})^{*}$:

$$h(\#) = 01, \quad h(0) = 00, \quad h(1) = 11.$$

Defintion 23: *Für jede Turingmaschine M wird*

$$\mathbf{Kod}(M) = h(\text{Code}(M))$$

*die **Kodierung der TM** M genannt.*

$$\mathbf{KodTM} = \{\text{Kod}(M) \mid M \text{ ist eine TM}\}$$

bezeichnet die Menge der Kodierungen aller Turingmaschinen.

Es ist klar, dass die Abbildung von M auf $\text{Kod}(M)$ injektiv ist und daher determiniert $\text{Kod}(M)$ eindeutig eine Turingmaschine.

Im Folgenden bezeichnet A_{ver} ein Programm (eine TM), das für jedes $x \in (\Sigma_{\text{bool}})^*$ entscheidet, ob x die Kodierung einer TM ist.

Die wichtigste Beobachtung ist, dass die Festlegung auf eine Kodierung $\text{Kod}(M)$ von Turingmaschinen eine lineare Ordnung auf den Turingmaschinen wie folgt definiert.

Defintion 24: *Sei $x \in (\Sigma_{\text{bool}})^*$. Für jedes $i \in \mathbb{N} - \{0\}$ sagen wir, dass x **die Kodierung der i-ten TM** ist, falls*

(i) $x = \text{Kod}(M)$ für eine TM M und

(ii) die Menge $\{y \in (\Sigma_{\text{bool}})^* \mid y \text{ ist vor } x \text{ in kanonischer Ordnung}\}$ enthält genau $i - 1$ Wörter, die Kodierungen von Turingmaschinen sind.

*Falls $x = \text{Kod}(M)$ die Kodierung der i-ten TM ist, dann ist M die **i-te Turingmaschine M_i**. Die Zahl i ist die **Ordnung der TM M_i**.*

Wir beobachten, dass es nicht schwer ist, für eine gegebene Zahl i die Kodierung $\text{Kod}(M_i)$ der i-ten Turing Maschine zu berechnen. Sei *Gen* eine Funktion aus $\mathbb{N} - \{0\}$ nach $(\Sigma_{\text{bool}})^*$ definiert durch $Gen(i) = \text{Kod}(M_i)$.

Lemma 9: *Die Funktion Gen ist total rekursiv, das heißt, es existiert eine Turingmaschine (Programm) A_{Gen}, die für eine gegebene Zahl i die Kodierung $\text{Kod}(M_i)$ berechnet.*

Beweis. Ein Programm, das *Gen* berechnet, kann wie folgt arbeiten.

Eingabe: ein $i \in \mathbb{N} - \{0\}$

Schritt 1: $x := 1 \ \{x \text{ ist ein Wort über } (\Sigma_{\text{bool}})^*\}$

$\qquad\qquad I := 0$

Schritt 2: **while** $I < i$ **do**

$\qquad\qquad$ **begin** benutze A_{ver} um zu entscheiden, ob $x \in \text{KodTM}$;

$\qquad\qquad$ **if** $x \in \text{KodTM}$ **then begin**

$\qquad\qquad\qquad I := I + 1;$

$\qquad\qquad\qquad y := x$

$\qquad\qquad$ **end;**

$\qquad\qquad x :=$ Nachfolger von x in kanonischer Ordnung auf $(\Sigma_{\text{bool}})^*$

$\qquad\qquad$ **end**

Schritt 3: **output**(y). $\qquad\qquad\qquad\qquad\qquad\qquad\qquad\qquad\qquad\qquad\qquad\square$

9.5 Berechenbarkeit

9.5.1 Zielsetzung

Die Theorie der Berechenbarkeit ist die erste Theorie, die in der Informatik entstanden ist. Sie entwickelte Methoden zur Klassifizierung von Problemen in algorithmisch lösbare und algorithmisch unlösbare. Dies bedeutet, dass diese Theorie uns Techniken zum Beweisen der Nichtexistenz von Algorithmen zur Lösung konkreter Probleme liefert. Das Erlernen dieser Techniken ist das Hauptziel dieses Kapitels.

Wir beschränken uns in diesem Kapitel auf Entscheidungsprobleme. Unser erstes Ziel ist es zu zeigen, dass es Sprachen gibt, die von keiner Turingmaschine akzeptiert werden. Dies ist einfach einzusehen, wenn man begreift, dass es viel mehr Sprachen gibt als Turingmaschinen. Aber von beiden gibt es unendlich viele, das heißt wir müssen lernen, wie man beweisen kann, dass eine unendliche Zahl größer ist als eine andere. Dazu präsentieren wir im Abschnitt 9.5.2 die Diagonalisierungstechnik aus der Mengenlehre. Die Methode der Diagonalisierung ermöglicht es uns, auch für eine konkrete Sprache, Diagonalsprache genannt, ihre Nichtzugehörigkeit zu $\mathcal{L}_{RE}$ zu zeigen.

Unser zweites Ziel ist es, die Methode der Reduktion vorzustellen. Diese Methode ermöglicht es, ausgehend von einer nicht entscheidbaren Sprache die Unentscheidbarkeit weiterer Sprachen zu beweisen, und sie stellt das Hauptinstrument zur Klassifizierung der Sprachen bezüglich ihrer Entscheidbarkeit dar. Wir wenden diese Methode an, um die Unentscheidbarkeit einiger Entscheidungsprobleme über Turingmaschinen (Programmen) in Abschnitt 9.5.3 zu beweisen. Dabei lernen wir, dass die praktisch relevante Aufgabe der Korrektheitsüberprüfung (des Testens) von Programmen ein algorithmisch unlösbares Problem darstellt. In Abschnitt 9.5.4 stellen wir den Satz von Rice vor, der besagt, dass fast alle nicht-trivialen Probleme über Turingmaschinen (Programmen) unentscheidbar sind.

9.5.2 Die Methode der Diagonalisierung

Unser erstes Ziel ist es zu zeigen, dass es nicht rekursiv aufzählbare Sprachen gibt. Dazu wollen wir folgendes quantitative Argument benutzen. Wir wollen zeigen, dass

die Mächtigkeit $|\mathrm{KodTM}|$ *der Menge aller Turingmaschinen kleiner als die Mächtigkeit aller Sprachen über* Σ_{bool} *ist.*

Dabei bezeichnet KodTM die Menge der binären Kodierungen aller Turingmaschinen, wie im Abschnitt 9.4.5 definiert.

Die Anzahl aller Turingmaschinen ist unendlich und kann von oben durch $|(\Sigma_{bool})^*|$ beschränkt werden, weil KodTM $\subseteq (\Sigma_{bool})^*$. Die Kardinalität aller Sprachen über Σ_{bool} ist $|\mathcal{P}((\Sigma_{bool})^*)|$, was offensichtlich auch eine unendliche Zahl ist. Um zu beweisen, dass

$$|(\Sigma_{bool})^*| < |\mathcal{P}((\Sigma_{bool})^*)|,$$

benötigen wir eine Methode zum Vergleich der Größen von unendlichen Zahlen (von Mächtigkeiten unendlicher Mengen).

Das folgende Konzept von Cantor zum Vergleich der Mächtigkeiten von zwei (unendlichen) Mengen berührt die philosophischen und axiomatischen Wurzeln der Mathematik und ist die Grundlage der modernen Mengenlehre.

Die Idee des Konzeptes von Cantor ist wie folgt. Ein Hirte hat eine Herde weißer Schafe und eine Herde schwarzer Schafe. Er will feststellen, welche der Herden zahlreicher ist, also ob er mehr schwarze als weiße Schafe hat oder umgekehrt. Das Problem ist, er kann nur bis 5 zählen, was nicht ausreichend ist. Was kann er tun? Er nimmt ein weißes und ein schwarzes Schaf und führt dieses Paar auf eine andere Wiese. Dies macht er so lange, bis eine der beiden ursprünglichen Herden aufgelöst ist. Die Sorte, deren Herde noch nicht ausgeschöpft ist, ist zahlreicher. Genau diese Idee setzen wir in folgender Definition um.

Defintion 25:   *Seien A und B zwei Mengen. Wir sagen, dass*

$$|A| \leq |B|,$$

falls eine injektive Funktion f von A nach B existiert. Wir sagen, dass

$$|A| = |B|,$$

falls $|A| \leq |B|$ *und* $|B| \leq |A|$ *(das heißt es existiert eine Bijektion[38] zwischen A und B). Wir sagen, dass*

$$|A| < |B|,$$

falls $|A| \leq |B|$ *und es existiert keine injektive Abbildung von B nach A.*

Zuerst beobachten wir, dass für endliche Mengen Definition 25 exakt mit unserem Verständnis für den Vergleich der Mächtigkeiten von A und B übereinstimmt (Abbildung 9.36). Wenn für alle $x, y \in A$ mit $x \neq y$ auch $f(x) \neq f(y)$ gilt, dann muss B mindestens so viele Elemente wie A haben. Wenn $\{f(x) \mid x \in A\} = B$, dann ist f eine Bijektion und $|A| = |B|$.

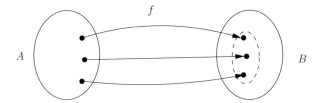

Abb. 9.36

Nach Definition 25 reicht es daher aus zu beweisen, dass keine injektive Abbildung von der Menge aller Sprachen über Σ_{bool} in die Menge aller Turingmaschinen existiert. Das heißt, es existiert keine Abbildung von $\mathcal{P}((\Sigma_{bool})^*)$ nach KodTM, die jeder Sprache L eine TM M mit $L(M) = L$ zuordnet.[39]

Definition 25 hat aber auch ihre paradoxe Seite. Sei $\mathbb{N}_{gerade} = \{2i \mid i \in \mathbb{N}\}$. Nach Definition 25 gilt

$$|\mathbb{N}| = |\mathbb{N}_{gerade}|,$$

weil die Funktion $f : \mathbb{N} \to \mathbb{N}_{gerade}$ mit $f(i) = 2i$ für alle $i \in \mathbb{N}$ offensichtlich eine Bijektion ist. So haben $\mathbb{N}$ und $\mathbb{N}_{gerade}$ gleiche Mächtigkeiten, obwohl $\mathbb{N}_{gerade}$ eine echte Teilmenge von $\mathbb{N}$ ist. Dies ist ein Paradoxon, das beim Vergleich der Mächtigkeiten von endlichen Mengen nicht auftreten kann. Dieses Paradoxon widerspricht der Erfahrung aus der endlichen Welt, wo das Ganze immer größer ist als eines seiner Teile. Dies zeigt aber nicht, dass das Cantorsche Konzept zum Vergleich der Mächtigkeit von Mengen falsch ist, sondern nur, dass die Welt unendlicher Mengen und Zahlen Gesetzen unterliegen könnte, die den Erfahrungen aus der Behandlung endlicher Objekte nicht entsprechen. Der Schluss $|\mathbb{N}| = |\mathbb{N}_{gerade}|$ scheint in der „unendlichen Welt" richtig zu sein, weil die Bijektion $f(i) = 2i$ die Elemente aus $\mathbb{N}$ und $\mathbb{N}_{gerade}$ paart, und so erscheinen beide Mengen gleich mächtig zu sein. Vielleicht ist es wichtig, an dieser Stelle zu bemerken, dass dieses Konzept auf der axiomatischen Ebene liegt. Daher kann man nicht beweisen, dass dies die einzige sinnvolle (korrekte) Möglichkeit zum Vergleich der Mächtigkeit unendlicher Mengen ist. Definition 25 ist nur ein Versuch, das intuitive Verständnis der Mathematiker für den Mächtigkeitsvergleich zu formalisieren. Es ist nicht auszuschließen, dass jemand noch eine andere, geeignetere Formalisierung[40] findet. Für uns ist aber nur wichtig, dass das Konzept aus Definition 25 dazu geeignet ist, die Existenz von nicht rekursiv aufzählbaren Sprachen zu beweisen.

Im Folgenden betrachten wir $\mathbb{N}$ als die „kleinste" unendliche Menge und stellen die Frage, welche unendlichen Mengen die gleiche Mächtigkeit wie $\mathbb{N}$ haben, und ob eine unendliche Menge A mit $|A| > |\mathbb{N}|$ existiert.

---

[38]Der Satz von Cantor und Bernstein sagt, dass aus der Existenz von injektiven Abbildungen $F_1 : A \to B$ und $F_2 : B \to A$ die Existenz einer Bijektion zwischen A und B folgt.

[39]Weil jede solche Abbildung injektiv sein muss.

[40]Dies ähnelt unserer Diskussion über die Churchsche These.

Defintion 26:   *Eine Menge A heißt* **abzählbar**[41], *falls A endlich ist oder* $|A| = |\mathbb{N}|$.

Die intuitive Bedeutung der Abzählbarkeit einer Menge A ist, dass man die Elemente aus A als erstes, zweites, drittes, ... nummerieren kann. Dies ist offensichtlich, weil jede injektive Funktion $f : A \rightarrow \mathbb{N}$ eine lineare Ordnung auf A bestimmt, die eine Nummerierung[42] ist, (ein Objekt $a \in A$ ist vor dem Objekt $b \in A \iff f(a) < f(b)$). Deswegen überrascht es nicht, dass $(\Sigma_{\text{bool}})^*$ und KodTM abzählbar sind.

Lemma 10:   *Sei Σ ein beliebiges Alphabet. Dann ist Σ^* abzählbar.*

Beweis. Sei $\Sigma = \{a_1, \ldots, a_m\}$ eine beliebige endliche Menge. Man definiere eine lineare Ordnung $a_1 < a_2 < \cdots < a_m$ auf Σ. Diese lineare Ordnung bestimmt die kanonische Ordnung auf Σ^* (vgl. Definition 7). Die kanonische Ordnung auf Σ^* ist eine Nummerierung und bestimmt daher eine injektive Funktion von Σ^* nach $\mathbb{N}$.   □

Satz 4:   *Die Menge KodTM der Turingmaschinenkodierungen ist abzählbar.*

Beweis. Satz 4 ist eine direkte Folge von Lemma 10 und der Tatsache KodTM $\subseteq (\Sigma_{\text{bool}})^*$.   □

Das nächste Resultat kann ein bisschen überraschend wirken. Wir beweisen, dass die Mächtigkeit der Menge $\mathbb{Q}^+$ der positiven rationalen Zahlen der Mächtigkeit von $|\mathbb{N}|$ entspricht. Dabei weiss man, dass die rationalen Zahlen sehr dicht nebeneinander auf der reellen Achse liegen (zwischen beliebigen rationalen Zahlen a und b mit $a < b$ liegen unendlich viele rationale Zahlen c mit der Eigenschaft $a < c < b$), und dass die natürlichen Zahlen auf der reellen Achse den Abstand 1 besitzen. Weil man die positiven rationalen Zahlen als $\frac{p}{q}$ mit $p, q \in \mathbb{N} - \{0\}$ darstellen kann, würde man erwarten, dass $|\mathbb{Q}^+|$ ungefähr $|\mathbb{N} \times \mathbb{N}|$ ist, was nach „unendlich mal unendlich" aussieht. In der endlichen Welt würde man über den Vergleich von n^2 mit n sprechen. Trotzdem ist $|\mathbb{Q}^+| = |\mathbb{N}|$, weil die Elemente aus $\mathbb{N} \times \mathbb{N}$ sich nummerieren lassen. Die folgende Methode zur Nummerierung von rationalen Zahlen ist einfach und elegant und findet auch Anwendung in der Theorie der Berechenbarkeit.

	1	2	3	4	5	6	$\cdots$
1	(1,1)	(1,2)	(1,3)	(1,4)	(1,5)	(1,6)	$\cdots$
2	(2,1)	(2,2)	(2,3)	(2,4)	(2,5)	(2,6)	$\cdots$
3	(3,1)	(3,2)	(3,3)	(3,4)	(3,5)	(3,6)	$\cdots$
4	(4,1)	(4,2)	(4,3)	(4,4)	(4,5)	(4,6)	$\cdots$
5	(5,1)	(5,2)	(5,3)	(5,4)	(5,5)	(5,6)	$\cdots$
6	(6,1)	(6,2)	(6,3)	(6,4)	(6,5)	(6,6)	$\cdots$
$\vdots$	$\vdots$	$\vdots$	$\vdots$	$\vdots$	$\vdots$	$\vdots$	$\ddots$

Abb. 9.37

Lemma 11: $(\mathbb{N} - \{0\}) \times (\mathbb{N} - \{0\})$ *ist abzählbar.*

Beweis. Wir konstruieren eine unendliche Matrix $M_{\mathbb{N} \times \mathbb{N}}$ wie in Abbildung 9.37. Die Matrix hat unendlich viele Zeilen und unendlich viele Spalten, die durch natürliche Zahlen $1, 2, 3, \ldots$ nummeriert sind. An der Kreuzung der i-ten Zeile und der j-ten Spalte befindet sich das Element $(i, j) \in (\mathbb{N} - \{0\}) \times (\mathbb{N} - \{0\})$. Es ist offensichtlich, dass $M_{\mathbb{N} \times \mathbb{N}}$ alle Elemente aus $(\mathbb{N} - \{0\}) \times (\mathbb{N} - \{0\})$ enthält.

---

[41] Eine äquivalente Definition der Abzählbarkeit einer Menge A ist folgende.

     A ist abzählbar $\iff$ es existiert eine injektive Funktion $f : A \rightarrow \mathbb{N}$

     Dies bedeutet, dass keine unendliche Menge B mit $|B| < |\mathbb{N}|$ existiert. Auf den Beweis dieses Fakts verzichten wir hier.
[42] Eine Nummerierung auf einer Menge A determiniert eine lineare Ordnung, in der zwischen zwei beliebigen Elementen höchstens endlich viele Elemente aus A liegen. Umgekehrt ist eine lineare Ordnung mit dieser Eigenschaft eine Nummerierung.

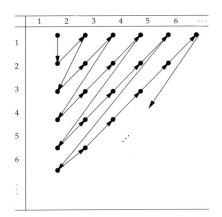

Abb. 9.38

Der Versuch, die Elemente aus $(\mathbb{N} - \{0\}) \times (\mathbb{N} - \{0\})$ so zu ordnen, dass man mit den Elementen der ersten Zeile beginnt und danach die Elemente weiterer Zeilen nummeriert, muss scheitern, weil man wegen der Unendlichkeit der ersten Zeile nie zu der Nummerierung der zweiten Zeile gelangt. Eine passende Möglichkeit, die Elemente der Matrix $M_{\mathbb{N} \times \mathbb{N}}$ zu nummerieren, ist durch die Zick-Zack-Linie in Abbildung 9.38 gegeben. Auf diese Weise nimmt man eine endliche Nebendiagonale nach der anderen, und es ist offensichtlich, dass jedes Element von $M_{\mathbb{N} \times \mathbb{N}}$-mal eine Nummer bekommt. Die resultierende Folge ist $a_1 = (1,1)$, $a_2 = (2,1)$, $a_3 = (1,2)$, $a_4 = (3,1)$, $a_5 = (2,2)$, $a_6 = (1,3)$, $a_7 = (4,1)$, ...

Formal definiert man dabei die lineare Ordnung

$$(a,b) < (c,d) \iff a + b < c + d \text{ oder } (a + b = c + d \text{ und } b < d).$$

Die entsprechende Nummerierung ist

$$f((a,b)) = \binom{a + b - 1}{2} + b,$$

weil das Element (a,b) das b-te Element auf der $(a + b - 1)$-sten Nebendiagonalen ist und die Anzahl der Elemente auf den ersten $a + b - 2$ Nebendiagonalen

$$\sum_{i=1}^{a+b-2} i = \frac{(a + b - 2) \cdot (1 + a + b - 2)}{2} = \binom{a + b - 1}{2}$$

ist. Es ist offensichtlich, dass f eine Bijektion ist. $\qquad\square$

Satz 5: $\mathbb{Q}^+$ *ist abzählbar.*

Beweis. Sei h folgende Abbildung von $\mathbb{Q}^+$ nach $(\mathbb{N} \quad \{0\}) \times (\mathbb{N} - \{0\})$: $h\left(\frac{p}{q}\right) = (p,q)$ für alle p, q mit dem größten gemeinsamen Teiler 1. Offensichtlich ist h injektiv. Weil $(\mathbb{N} - \{0\}) \times (\mathbb{N} - \{0\})$ nach Lemma 11 abzählbar ist, ist auch $\mathbb{Q}^+$ abzählbar. $\qquad\square$

Trotz ihrer Dichte auf der reellen Achse sind die positiven rationalen Zahlen abzählbar. Man kann sogar zeigen, dass $(\mathbb{Q}^+)^i$ für jedes $i \in \mathbb{N} - \{0\}$ abzählbar ist. Man könnte denken, dass alle unendlichen Mengen abzählbar sind. Wir zeigen jetzt, dass die Menge $\mathbb{R}$ der reellen Zahlen nicht abzählbar ist. Dazu reicht es zu zeigen, dass die Menge $[0,1]$ der reellen Zahlen größer gleich 0 und kleiner gleich 1 nicht abzählbar ist. Also besitzt $\mathbb{R}$ einen anderen, höheren Typ von Unendlichkeit als $\mathbb{N}$ und $\mathbb{Q}^+$.

Satz 6: $[0,1]$ *ist nicht abzählbar.*

Beweis. Wir müssen zeigen, dass keine injektive Funktion von $[0,1]$ nach $\mathbb{N} - \{0\}$ existiert. Wir führen einen indirekten Beweis dieser Behauptung. Wir setzen voraus, dass $[0,1]$ abzählbar ist und dass f eine injektive Abbildung von $[0,1]$ nach $\mathbb{N} - \{0\}$ ist. Daher bestimmt f eine Nummerierung der rellen Zahlen aus $[0,1]$, die wir in Abbildung 9.39 verdeutlichen können. Die i-te Zahl aus $[0,1]$ ist $a_i = 0.a_{i1}a_{i2}a_{i3}\ldots$ (das heißt $f(a_i) = i$), wobei a_{ij} Ziffern aus $\{0,1,2,\ldots,9\}$ für $j = 1,2,\ldots$ sind.

$f(x)$		$x \in [0,1]$				
1	$0.$	$\boxed{a_{11}}$	a_{12}	a_{13}	a_{14}	$\ldots$
2	$0.$	a_{21}	$\boxed{a_{22}}$	a_{23}	a_{24}	$\ldots$
3	$0.$	a_{31}	a_{32}	$\boxed{a_{33}}$	a_{34}	$\ldots$
4	$0.$	a_{41}	a_{42}	a_{43}	$\boxed{a_{44}}$	$\ldots$
$\vdots$	$\vdots$	$\vdots$	$\vdots$	$\vdots$		$\ldots$
i	$0.$	a_{i1}	a_{i2}	a_{i3}	$a_{i4} \quad \ldots \quad \boxed{a_{ii}} \quad \ldots$	
$\vdots$	$\vdots$					

Abb. 9.39

Jetzt wenden wir die sogenannte **Diagonalisierungsmethode** an, um zu zeigen, dass in der Tabelle in Abbildung 9.39 mindestens eine reelle Zahl aus $[0,1]$ fehlt, und daher f keine Nummerierung von $[0,1]$ ist. Die Auflistung der reellen Zahlen in Abbildung 9.39 kann man als unendliche Matrix $M = [a_{ij}]_{i=1,\ldots,\infty,j=1,\ldots,\infty}$ interpretieren. Wir konstruieren jetzt eine reelle Zahl $c = 0.c_1c_2c_3\ldots$ so, dass $c_i \neq a_{ii}$ und $c_i \notin \{0,9\}$ für alle $i \in \mathbb{N} - \{0\}$. Im Prinzip schauen wir die Diagonale $a_{11}a_{22}a_{33}\ldots$ von M an und wählen für jedes i ein festes $c_i \in \{1,2,3,4,5,6,7,8\} - a_{ii}$. Damit unterscheidet sich c von jeder Darstellung einer reellen Zahl in Abbildung 9.39 in mindestens einer Ziffer j, genauer, die Darstellung von c unterscheidet sich von der Darstellung von a_i mindestens in der i-ten Dezimalstelle hinter dem Punkt für alle $i \in \mathbb{N} - \{0\}$. Weil die Darstellung von c keine 0 und 9 als Ziffer enthält[43], ist sie eindeutig, und wir können schließen, dass $c \neq a_i$ für alle $i \in \mathbb{N} - \{0\}$. Daher ist c nicht in Abbildung 9.39 dargestellt und f keine Nummerierung von Zahlen aus $[0,1]$.   □

Wir haben gezeigt, dass die Menge aller Turingmaschinen (Algorithmen) aufzählbar ist. Um zu zeigen, dass es Probleme gibt, die algorithmisch nicht lösbar sind, reicht es, die Nichtabzählbarkeit der Menge aller Sprachen (Entscheidungsprobleme) über $\{0,1\}$ zu beweisen. Wir beweisen dies auf zwei unterschiedliche Arten. Zuerst zeigen wir $|[0,1]| \leq |\mathcal{P}((\Sigma_{\text{bool}})^*)|$ und dann konstruieren wir direkt mit der Diagonalisierungsmethode eine Sprache, die von keiner Turingmaschine akzeptiert wird.

Satz 7: $\mathcal{P}((\Sigma_{\text{bool}})^*)$ *ist nicht abzählbar.*

Beweis. Wir zeigen, $|\mathcal{P}((\Sigma_{\text{bool}})^*)| \geq |[0,1]|$. Jede reelle Zahl aus $[0,1]$ kann man binär wie folgt darstellen. Durch $b = 0.b_1b_2b_3\ldots$ mit $b_i \in \Sigma_{\text{bool}}$ für $i = 1,2,3,\ldots$ wird die Zahl

$$Nummer(b) = \sum_{i=1}^{\infty} a_i 2^{-i}$$

---

[43]Man bemerke, dass $1.00\overline{0}$ und $0.99\overline{9}$ zwei unterschiedliche Darstellungen der gleichen Zahl 1 sind.

dargestellt. Wir benutzen diese Darstellung, um folgende Abbildung f aus $[0,1]$ in $\mathcal{P}((\Sigma_{\text{bool}})^*)$ zu definieren. Für jede binäre Darstellung $a = 0.a_1a_2a_3\ldots$ einer reellen Zahl aus $[0,1]$ ist

$$f(a) = \{a_1, a_2a_3, a_4a_5a_6, \ldots, a_{\binom{n}{2}+1}a_{\binom{n}{2}+2}\ldots a_{\binom{n+1}{2}}, \ldots\}.$$

Offensichtlich ist $f(a)$ eine Sprache über Σ_{bool}, die genau ein Wort der Länge n für alle $n \in \mathbb{N} - \{0\}$ enthält. Deswegen führt jeder Unterschied in einer Ziffer zweier binärer Darstellungen b und c zu $f(b) \neq f(c)$. Daher ist f injektiv und $\mathcal{P}((\Sigma_{\text{bool}})^*)$ nicht abzählbar. $\qquad\square$

Korollar 1: $|\text{KodTM}| < |\mathcal{P}((\Sigma_{\text{bool}})^*)|$ *und somit existieren unendlich viele nicht rekursiv abzählbare Sprachen über* Σ_{bool}.

Wir benutzen jetzt die Diagonalisierungsmethode, um eine konkrete nicht rekursiv abzählbare Sprache zu konstruieren. Sei $w_1, w_2, w_3, \ldots$ die kanonische Ordnung aller Wörter über Σ_{bool}, und sei $M_1, M_2, M_3, \ldots$ die Folge aller Turingmaschinen. Wir definieren eine unendliche Boolesche Matrix $A = [d_{ij}]_{i,j=1,\ldots,\infty}$ (Abbildung 9.40) mit

$$d_{ij} = 1 \iff M_i \text{ akzeptiert } w_j.$$

Damit bestimmt die i-te Zeile $d_{i1}d_{i2}d_{i3}\ldots$ der Matrix A die Sprache

$$L(M_i) = \{w_j \mid d_{ij} = 1 \text{ für alle } j \in \mathbb{N} - \{0\}\}.$$

	w_1	w_2	w_3	$\ldots$	w_i	$\ldots$
M_1	d_{11}	d_{12}	d_{13}	$\ldots$	d_{1i}	$\ldots$
M_2	d_{21}	d_{22}	d_{23}	$\ldots$	d_{2i}	$\ldots$
M_3	d_{31}	d_{32}	d_{33}	$\ldots$	d_{3i}	$\ldots$
$\vdots$	$\vdots$	$\vdots$	$\vdots$	$\vdots$	$\vdots$	
M_i	d_{i1}	d_{i2}	d_{i3}	$\ldots$	d_{ii}	$\ldots$
$\vdots$	$\vdots$	$\vdots$	$\vdots$	$\vdots$	$\vdots$	

Abb. 9.40

Analog zum Beweis des Satzes 6, in dem wir eine reelle Zahl konstruiert haben, die nicht in der Nummerierung in Abbildung 9.39 enthalten ist, konstruieren wir jetzt eine Sprache L_{diag}, **Diagonalsprache** genannt, die keiner der Sprachen $L(M_i)$ entspricht. Wir definieren

$$
\begin{aligned}
\boldsymbol{L_{\text{diag}}} &= \{w \in (\Sigma_{\text{bool}})^* \mid w = w_i \text{ für ein } i \in \mathbb{N} - \{0\} \text{ und } M_i \text{ akzeptiert } w_i \text{ nicht}\} \\
&= \{w \in (\Sigma_{\text{bool}})^* \mid w = w_i \text{ für ein } i \in \mathbb{N} - \{0\} \text{ und } d_{ii} = 0\}.
\end{aligned}
$$

Satz 8:

$$L_{\text{diag}} \notin \mathcal{L}_{\text{RE}}.$$

Beweis. Wir beweisen $L_{\text{diag}} \notin \mathcal{L}_{\text{RE}}$ indirekt. Sei $L_{\text{diag}} \in \mathcal{L}_{\text{RE}}$. Dann ist $L_{\text{diag}} = L(M)$ für eine TM M. Weil M eine der Turingmaschinen in der Nummerierung aller Turingmaschinen sein muss, existiert ein $i \in \mathbb{N} - \{0\}$, so dass $M = M_i$. Aber L_{diag} kann nicht gleich $L(M_i)$ sein, weil die folgende Äquivalenz gilt:

$$w_i \in L_{\text{diag}} \iff d_{ii} = 0 \iff w_i \notin L(M_i).$$

$\qquad\square$

9.5.3 Die Methode der Reduktion

Die Methode der Reduktion ist die am häufigsten benutzte Methode zur Klassifikation der Entscheidungsprobleme bezüglich der algorithmischen Lösbarkeit. Die Idee ist sehr einfach. Sei A ein Problem, für das wir beweisen wollen, dass es nicht algorithmisch lösbar ist. Wenn wir jetzt ein Problem B finden, von dem schon bekannt ist, dass es nicht algorithmisch lösbar ist, aber die algorithmische Lösbarkeit von A die algorithmische Lösbarkeit von B implizieren würde, dann können wir schließen, dass A nicht algorithmisch lösbar ist. Dieses nennen wir eine Reduktion von B auf A.

Defintion 27: *Seien $L_1 \subseteq \Sigma_1^*$ und $L_2 \subseteq \Sigma_2^*$ zwei Sprachen. Wir sagen, dass L_1 auf L_2 rekursiv reduzierbar ist, $L_1 \leq_R L_2$, falls*

$$L_2 \in \mathcal{L}_R \implies L_1 \in \mathcal{L}_R.$$

Die Bezeichnung

$$L_1 \leq_R L_2$$

entspricht der intuitiven Bedeutung, dass

> *„L_2 bezüglich der algorithmischen Lösbarkeit mindestens so schwer wie L_1 ist",*

denn wenn L_2 algorithmisch lösbar wäre (das heißt $L_2 = L(A)$ für einen Algorithmus A), dann wäre auch L_1 algorithmisch lösbar (das heißt $L_1 = L(B)$ für einen Algorithmus B).

Wir kennen bereits die Diagonalsprache L_{diag}, von der wir wissen, dass sie nicht in $\mathcal{L}_{RE}$ und somit auch nicht in $\mathcal{L}_R$ liegt. Wir brauchen jetzt konkrete Techniken für die Beweise von Resultaten der Art $L_1 \leq_R L_2$, um weitere nichtrekursive Sprachen zu finden. Wir stellen jetzt zwei solcher Techniken vor, die der Definition der rekursiven Reduzierbarkeit entsprechen.

Die erste Technik wird EE-Reduktion (Eingabe-zu-Eingabe-Reduktion) genannt. Das Schema der EE-Reduktion ist in Abbildung 9.41 dargestellt. Die Idee ist, eine TM (einen Algorithmus) M zu finden, die für jede Eingabe x für das Entscheidungsproblem (Σ_1, L_1) eine Eingabe y für das Entscheidungsproblem (Σ_2, L_2) konstruiert, so dass die Lösung des Problems (Σ_2, L_2) für y der Lösung des Problems (Σ_1, L_1) für x entspricht. Das bedeutet, wenn eine TM (ein Algorithmus) A für (Σ_2, L_2) existiert, dann ist die Hintereinanderschaltung von M und A eine TM (ein Algorithmus) für (Σ_1, L_1).

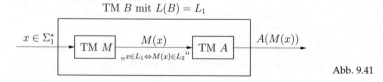

Abb. 9.41

Defintion 28: *Seien $L_1 \subseteq \Sigma_1^*$, $L_2 \subseteq \Sigma_2^*$ zwei Sprachen. Wir sagen, dass L_1 auf L_2 **EE-reduzierbar**[44] ist, $L_1 \leq_{EE} L_2$, wenn eine TM M existiert, die eine Abbildung $f_M : \Sigma_1^* \to \Sigma_2^*$ mit der Eigenschaft*

$$x \in L_1 \iff f_M(x) \in L_2$$

*für alle $x \in \Sigma_1^*$ berechnet. Wir sagen auch, dass die TM M die **Sprache** L_1 auf die **Sprache** L_2 reduziert.*

---

[44]Die EE-Reduzierbarkeit wird in der englischsprachigen Literatur „many-one-reducibility" genannt.

Das nächste Lemma besagt, dass die Relation $\leq_{EE}$ ein Spezialfall der Relation $\leq_R$ ist, was bedeutet, dass es reicht, $L_1 \leq_{EE} L_2$ zu zeigen, um $L_1 \leq_R L_2$ zu beweisen.

Lemma 12: *Seien $L_1 \subseteq \Sigma_1^*$, $L_2 \subseteq \Sigma_2^*$ zwei Sprachen. Falls $L_1 \leq_{EE} L_2$, dann auch $L_1 \leq_R L_2$.*

Beweis. Sei $L_1 \leq_{EE} L_2$. Um $L_1 \leq_R L_2$ zu beweisen, reicht es zu zeigen, dass die Existenz eines Algorithmus A (einer TM A, die immer hält), der (die) L_2 entscheidet ($L_2 \in \mathcal{L}_R$), die Existenz eines Algorithmus B sichert, der L_1 entscheidet. Sei A eine TM, die immer hält und $L(A) = L_2$. Die Voraussetzung $L_1 \leq_{EE} L_2$ impliziert die Existenz einer TM M, die für jedes $x \in \Sigma_1^*$ ein Wort $M(x) \in \Sigma_2^*$ mit der Eigenschaft $x \in L_1 \iff M(x) \in L_2$ berechnet. Wir konstruieren eine TM B, die immer hält und für die $L(B) = L_1$ gilt. Die TM B arbeitet auf einer Eingabe $x \in \Sigma_1$ wie folgt:

(i) B simuliert die Arbeit von M auf x, bis auf dem Band das Wort $M(x)$ steht.

(ii) B simuliert die Arbeit von A auf $M(x)$.

    Wenn A das Wort $M(x)$ akzeptiert, dann akzeptiert B das Wort x.

    Wenn A das Wort $M(x)$ verwirft, dann verwirft B das Wort x.

Weil A immer hält, hält auch B immer und so $L_1 \in \mathcal{L}_R$. $\qquad\square$

Bemerkung 6: *Die Relation $\leq_{EE}$ ist transitiv (das heißt, dass $L_1 \leq_{EE} L_2$ und $L_2 \leq_{EE} L_3 \implies L_1 \leq_{EE} L_3$).*

Wir bemerken, dass die TM B mit $L(B) = L_1$ die TM A als ein Teilprogramm benutzt (Abbildung 9.41), und zwar so, dass B die TM A für jede Eingabe einmal laufen lässt und die Ausgabe von A als eigene Ausgabe übernimmt. Dies ist aber eine unnötige Einschränkung. Im Allgemeinen kann man B so bauen, dass B die TM A mehrmals auf unterschiedlichen Eingaben aufruft und abhängig von den Resultaten der Arbeit von A die TM B die Entscheidung bezüglich $x \in L_1$ trifft (Abbildung 9.42).

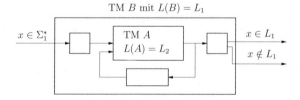

Abb. 9.42

Wir sind jetzt imstande, Beweise für Aussagen der Form $L \notin \mathcal{L}_R$ für konkrete Sprachen zu führen. Wir fangen mit einer allgemeinen Bemerkung an, und zwar, dass eine Sprache L in $\mathcal{L}_R$ ist genau dann, wenn das Komplement von L in $\mathcal{L}_R$ ist.

Lemma 13: *Sei Σ ein Alphabet. Für jede Sprache $L \subseteq \Sigma^*$ gilt:*

$$L \leq_R L^{\complement} \text{ und } L^{\complement} \leq_R L.$$

Beweis. Es reicht $L^{\complement} \leq_R L$ für jede Sprache L zu beweisen, weil $(L^{\complement})^{\complement} = L$, und daher impliziert $L^{\complement} \leq_R L$ für alle Sprachen L die Relation $(L^{\complement})^{\complement} \leq_R L^{\complement}$ (wenn man statt L die Sprache $L^{\complement}$ in die Relation $L^{\complement} \leq_R L$ einsetzt).

Sei A ein Algorithmus, der (L, Σ) entscheidet. Ein Algorithmus B, der $L^{\complement}$ entscheidet, ist in Abbildung 9.43 dargestellt. B übergibt seine Eingabe $x \in \Sigma^*$ als Eingabe an A und invertiert dann die Entscheidung von A.

In dem Formalismus der Turingmaschinen wird man einfach zu einer TM $A = (Q, \Sigma, \Gamma, \delta,$ $q_0, q_{\text{accept}}, q_{\text{reject}})$, die immer hält und L akzeptiert, folgende TM $B = (Q, \Sigma, \Gamma, \delta, q_0, q'_{\text{accept}}, q'_{\text{reject}})$ mit $q'_{\text{accept}} = q_{\text{reject}}, q'_{\text{reject}} = q_{\text{accept}}$ bauen. Weil A immer hält, ist es offensichtlich, dass B auch immer hält und $L(B) = (L(A))^{\complement}$. $\square$

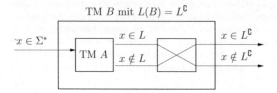

Abb. 9.43

Korollar 2: $(L_{\text{diag}})^{\complement} \notin \mathcal{L}_R$.

Beweis. Wir haben gezeigt, dass $L_{\text{diag}} \notin \mathcal{L}_{RE}$ und damit auch $L_{\text{diag}} \notin \mathcal{L}_R$. Nach Lemma 13 ist $L_{\text{diag}} \leq_R (L_{\text{diag}})^{\complement}$. Weil nach Lemma 13 $(L_{\text{diag}})^{\complement} \in \mathcal{L}_R$ auch $L_{\text{diag}} \in \mathcal{L}_R$ implizieren würde, können wir schließen, dass $(L_{\text{diag}})^{\complement} \notin \mathcal{L}_R$. $\square$

Aus den bisher präsentierten Tatsachen können wir aber nicht schließen, dass $(L_{\text{diag}})^{\complement} \notin \mathcal{L}_{RE}$. Das Gegenteil ist wahr, und somit beweisen wir $\mathcal{L}_R \subsetneq \mathcal{L}_{RE}$.

Lemma 14: $(L_{\text{diag}})^{\complement} \in \mathcal{L}_{RE}$.

Beweis. Nach der Definition von L_{diag} erhalten wir

$$(L_{\text{diag}})^{\complement} = \{x \in (\Sigma_{\text{bool}})^* \mid \text{falls } x = w_i \text{ für ein } i \in \mathbb{N} - \{0\},$$
$$\text{dann akzeptiert } M_i \text{ das Wort } w_i\}.$$

Eine TM D, die $(L_{\text{diag}})^{\complement}$ akzeptiert, kann wie folgt arbeiten.
Eingabe: ein $x \in (\Sigma_{\text{bool}})^*$.
   (i) Berechne i, so dass x das i-te Wort w_i in der kanonischen Ordnung über Σ_{bool} ist.
   (ii) Generiere die Kodierung $\text{Kod}(M_i)$ der i-ten TM M_i.
   (iii) Simuliere die Berechnung von M_i auf dem Wort $w_i = x$.

   Falls M_i das Wort w_i akzeptiert, dann akzeptiert D auch x.

   Falls M_i das Wort w_i verwirft (das heißt in q_{reject} hält), dann hält D und verwirft $x = w_i$ auch.

   Falls M_i auf w_i unendlich lange arbeitet (das heißt $w_i \notin L(M_i)$), simuliert D die unendliche Arbeit von M_i auf w_i. Daher hält D auf x nicht und somit $x \notin L(D)$.

Es ist offensichtlich, dass $L(D) = (L_{\text{diag}})^{\complement}$. $\square$

Korollar 3: $(L_{\text{diag}})^{\complement} \in \mathcal{L}_{RE} - \mathcal{L}_R$, *und daher* $\mathcal{L}_R \subsetneq \mathcal{L}_{RE}$.

Im Folgenden präsentieren wir weitere Sprachen, die nicht rekursiv sind, aber in $\mathcal{L}_{RE}$ liegen (Abbildung 9.44).

Defintion 29:   *Die* **universelle Sprache** *ist die Sprache*

$$L_U = \{\text{Kod}(M)\#w \mid w \in (\Sigma_{\text{bool}})^* \text{ und } M \text{ akzeptiert } w\}$$

Satz 9: *Es gibt eine* TM U, **universelle TM** *genannt, so dass*

$L(U) = L_U.$

Daher gilt $L_U \in \mathcal{L}_{RE}$.

Beweis. Es reicht aus, eine 2-Band-TM U mit $L(U) = L_U$ zu konstruieren. U kann wie folgt auf einer Eingabe $z \in \{0, 1, \#\}^*$ arbeiten.

(i) U überprüft, ob z genau ein $\#$ enthält. Falls nicht, verwirft U das Wort z.

(ii) Sei $z = y\#x$ mit $y, z \in (\Sigma_{bool})^*$. U überprüft, ob y eine Kodierung einer TM ist. Falls y keine TM kodiert, verwirft U die Eingabe $y\#x$.

(iii) Falls $y = \text{Kod}(M)$ für eine TM M, schreibt U die Anfangskonfiguration von M auf x auf das Arbeitsband.

(iv) U simuliert schrittweise die Berechnung von M auf x wie folgt.

> **while** der Zustand der Konfigurationen von M auf dem Arbeitsband unterschiedlich von q_{accept} und q_{reject} ist
>
> **do** simuliere einen Schritt von M auf dem Arbeitsband
>
> > {die Aktion, die zu simulieren ist, kann U aus der Kodierung $\text{Kod}(M)$ auf dem Arbeitsband leicht ablesen}
>
> **od**
>
> **if** der Zustand von M ist q_{accept}
>
> > **then** U akzeptiert $z = \text{Kod}(M)\#x$.
> >
> > **else** U verwirft $z = \text{Kod}(M)\#x$.

Man bemerke, dass eine unendliche Berechnung von M auf x eine unendliche Berechnung von U auf $\text{Kod}(M)\#x$ bedeutet und U deshalb in diesem Fall die Eingabe $\text{Kod}(M)\#x$ nicht akzeptiert. Somit ist $L(U) = L_U$. $\square$

Was bedeutet eigentlich die Tatsache, dass $L_U \in \mathcal{L}_{RE}$? Dies bedeutet die Existenz einer TM (eines Programmes) ohne Haltegarantie, die eine beliebige Turingmaschine auf einer gegebenen Eingabe simulieren kann. Dies ist aber eine ganz natürliche Forderung, die man als ein Axiom an jede formale Definition einer allgemeinen Algorithmenklasse stellt. Die Betriebssysteme mit ihren Interpretern erfüllen gerade diese Aufgabe für die Programmiersprachen als Berechnungsmodelle. Es wäre unzulässig, einen Interpreter (ein Betriebssystem) zu erstellen, der unfähig wäre, jedes syntaktisch korrekte Programm in gegebener Programmiersprache auf einer Eingabe laufen zu lassen.

Im Folgenden beweisen wir, dass $L_U \notin \mathcal{L}_R$. Die Bedeutung dieser Behauptung ist, dass man im Allgemeinen nicht das Resultat der Berechnung einer TM M auf einer Eingabe x anders berechnen kann, als die Berechnung von M auf x zu simulieren. Wenn aber M auf x unendlich lange arbeitet, wissen wir zu keinem Zeitpunkt der Simulation, ob die Berechnung von M auf x unendlich ist, oder ob M in den nächsten Schritten halten und entscheiden wird. Deswegen können wir in endlicher Zeit keine Entscheidung über die Zugehörigkeit von x zu $L(M)$ treffen.

Die folgenden Beweise basieren auf der Reduktionsmethode. Die meisten Beweise präsentieren wir zweimal. Einmal anschaulich auf der Ebene von Algorithmen als Programmen in irgendeiner Programmiersprache und das zweite Mal im Formalismus der Turingmaschinen und der EE-Reduktion.

Satz 10: $L_U \notin \mathcal{L}_R$.

Beweis. Es reicht zu zeigen, dass $(L_{diag})^{\complement} \leq_R L_U$. Nach Korollar 2 gilt $(L_{diag})^{\complement} \notin \mathcal{L}_R$ und damit folgt $L_U \notin \mathcal{L}_R$.

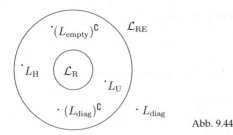

Abb. 9.44

Sei A ein Algorithmus (Programm), der L_U entscheidet. Wir bauen einen Algorithmus B, der mit A als Teilprogramm die Sprache $(L_{diag})^C$ entscheidet. Algorithmus B ist so strukturiert wie in Abbildung 9.45 abgebildet. Für eine Eingabe $x \in (\Sigma_{bool})^*$ berechnet das Teilprogramm C ein i, so dass $x = w_i$, und die Kodierung $Kod(M_i)$. Die Wörter $Kod(M_i)$ und $x = w_i$ bekommt A als Eingabe. Die Entscheidung „akzeptiere" oder „verwerfe" von A für $Kod(M_i)\#x$ wird als das Resultat von B für die Eingabe x übernommen. Offensichtlich gilt $L(B) = (L_{diag})^C$ und B hält immer, weil A nach der Voraussetzung immer hält und seine Entscheidung liefert.

Algorithmus B mit $L(B) = (L_{diag})^C$

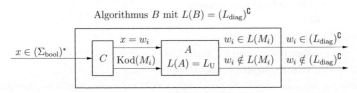

Abb. 9.45

Jetzt beweisen wir die Aussage in dem Formalismus der Turingmaschinen. Es reicht zu beweisen, dass $(L_{diag})^C \leq_{EE} L_U$. Wir beschreiben eine TM M, die eine Abbildung f_M von $(\Sigma_{bool})^*$ nach $\{0,1,\#\}^*$ berechnet, so dass

$$x \in (L_{diag})^C \iff f_M(x) \in L_U.$$

M arbeitet wie folgt. Für eine Eingabe x berechnet M zuerst ein i, so dass $x = w_i$. Danach berechnet M die Kodierung $Kod(M_i)$ der i-ten TM. M hält mit dem Inhalt $Kod(M_i)\#x$ auf dem Band. Weil $x = w_i$, ist es nach der Definition von $(L_{diag})^C$ offensichtlich, dass

$$
\begin{aligned}
x = w_i \in (L_{diag})^C &\iff M_i \text{ akzeptiert } w_i \\
&\iff w_i \in L(M_i) \\
&\iff Kod(M_i)\#x \in L_U.
\end{aligned}
$$
                                                                                                                          $\square$

Wir sehen, dass eines der zentralen Probleme in der Theorie der Berechenbarkeit stark mit dem Halten der Turingmaschinen (mit der Endlichkeit der Berechnungen) zusammenhängt. Für die Sprachen $(L_{diag})^C$ und L_U gibt es Turingmaschinen (Programme), die diese Sprachen akzeptieren, aber es gibt keine Turingmaschinen, die $(L_{diag})^C$ und L_U entscheiden (das heißt keine unendlichen Berechnungen machen). Deswegen betrachten wir jetzt das folgende Problem.

Definition 30:   *Das* **Halteproblem** *ist das Entscheidungsproblem* $(\{0,1,\#\}^*, L_H)$, *wobei*

$$L_H = \{Kod(M)\#x \mid x \in \{0,1\}^* \text{ und } M \text{ hält auf } x\}.$$

Das folgende Resultat besagt, dass es keinen Algorithmus gibt, der testen kann, ob ein gegebenes Programm immer terminiert.

Satz 11: $L_H \notin \mathcal{L}_R$.

Beweis. Wir führen zuerst einen Beweis auf der Ebene von Programmen. Wir zeigen $L_U \leq_R L_H$. Sei $L_H \in \mathcal{L}_R$, das heißt es existiert ein Algorithmus A, der L_H akzeptiert. Wir beschreiben jetzt einen Algorithmus B, der mit A als Teilprogramm die Sprache L_U entscheidet (Abbildung 9.46). B bekommt eine Eingabe w und benutzt ein Teilprogramm C zum Testen, ob die Eingabe die Form $y\#x$ mit $y = \text{Kod}(M)$ für eine TM M hat.

Falls nicht, dann verwirft B die Eingabe.

Falls $w = \text{Kod}(M)\#x$, dann gibt B dem Teilprogramm A diese Eingabe.

Falls A „M hält nicht auf x" antwortet, dann weiß B, dass $x \notin L(M)$ und verwirft die Eingabe $\text{Kod}(M)\#x$.

Algorithmus B für L_U

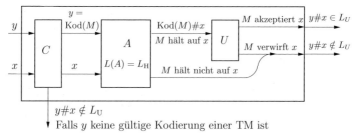

Abb. 9.46

Falls A „M hält auf x" antwortet, dann simuliert B im Teilprogramm U die Arbeit von M auf x. Weil M auf x eine endliche Berechnung hat, wird die Simulation von U in endlicher Zeit realisiert.

Falls die Ausgabe von U „M akzeptiert x" ist, dann akzeptiert B seine Eingabe $y\#x = \text{Kod}(M)\#x$. Falls die Ausgabe von U „M verwirft x" ist, dann verwirft B die Eingabe $\text{Kod}(M)\#x$. Offensichtlich gilt $L(B) = L_U$ und B hält immer. Daher erhalten wir $L_U \in \mathcal{L}_R$ und so gilt $L_U \leq_R L_H$.

Wir beweisen jetzt $L_U \leq_R L_H$ in dem Formalismus der Turingmaschinen. Es reicht zu zeigen, dass $L_U \leq_{EE} L_H$. Wir beschreiben eine TM M, die L_U auf L_H reduziert. Für eine Eingabe w arbeitet M wie folgt.

M überprüft, ob die Eingabe die Form $w = \text{Kod}(\overline{M})\#x$ für eine TM $\overline{M}$ und ein $x \in (\Sigma_{\text{bool}})^*$ hat.

(i) Falls w diese Form nicht hat, generiert M eine Kodierung $\text{Kod}(M_1)$ einer TM M_1, die für jede Eingabe in einer endlosen Schleife im Zustand q_0 läuft ($\delta(q_0, a) = (q_0, a, N)$ für alle $a \in \{0,1\}$). Dann hält M mit dem Bandinhalt $M(w) = \text{Kod}(M_1)\#x$.

(ii) Falls $w = \text{Kod}(\overline{M})\#x$, dann modifiziert M die Kodierung der TM $\overline{M}$ zu folgender TM M_2 mit $L(M_2) = L(\overline{M})$. M_2 arbeitet genau wie $\overline{M}$, nur dass alle Transitionen zum Zustand q_{reject} von $\overline{M}$ zu einem neuen Zustand p umgeleitet werden, in dem M_2 für jede Eingabe in einer endlosen Schleife läuft. Daher macht M_2 für jede Eingabe $y \notin L(\overline{M}) = L(M_2)$ eine unendliche Berechnung. M beendet seine Arbeit mit dem Bandinhalt $M(w) = \text{Kod}(M_2)\#x$.

Wir beweisen jetzt für alle $w \in \{0, 1, \#\}^*$, dass

$$w \in L_U \iff M(w) \in L_H.$$

Sei $w \in L_U$. Daher ist $w = \mathrm{Kod}(\overline{M})\#x$ für eine TM $\overline{M}$ und ein Wort $x \in \{0, 1\}^*$ und $x \in L(\overline{M})$. Dann ist $M(w) = \mathrm{Kod}(M_2)\#x$ mit $L(M_2) = L(\overline{M})$ ein Wort in L_H.

Sei $w \notin L_U$. Wir unterscheiden zwei Möglichkeiten. Wenn w nicht die Form $\mathrm{Kod}(\overline{M})\#x$ für eine TM $\overline{M}$ hat, dann ist $M(w) = \mathrm{Kod}(M_1)\#x$, wobei M_1 auf keiner Eingabe hält. Daher ist $M(w)$ nicht in L_H. Wenn w die Form $\mathrm{Kod}(\overline{M})\#x$ für eine TM $\overline{M}$ hat und $\mathrm{Kod}(\overline{M})\#x \notin L_U$, bedeutet das, dass $x \notin L(\overline{M})$. In diesem Fall ist aber $M(w) = \mathrm{Kod}(M_2)\#x$, wobei M_2 auf keiner Eingabe aus $(\Sigma_{\mathrm{bool}})^* - L(\overline{M})$ hält. Weil $x \notin L(\overline{M})$, gilt $\mathrm{Kod}(\overline{M})\#x \notin L_H$. □

Betrachten wir jetzt die Sprache

$$L_{\mathbf{empty}} = \{\mathrm{Kod}(M) \mid L(M) = \varnothing\},$$

die die Kodierungen aller Turingmaschinen enthält, die die leere Menge (kein Wort) akzeptieren. Offensichtlich ist

$$(L_{\mathrm{empty}})^{\complement} = \{x \in (\Sigma_{\mathrm{bool}})^* \quad | \quad x \neq \mathrm{Kod}(\overline{M}) \text{ für alle TM } \overline{M} \text{ oder}$$
$$x = \mathrm{Kod}(M) \text{ und } L(M) \neq \varnothing\}$$

Lemma 15: $(L_{\mathrm{empty}})^{\complement} \in \mathcal{L}_{\mathrm{RE}}$.

Beweis. Wir führen zwei unterschiedliche Beweise für $(L_{\mathrm{empty}})^{\complement} \in \mathcal{L}_{\mathrm{RE}}$. Im ersten Beweis zeigen wir, dass es nützlich ist, dass Modell der nichtdeterministischen Turingmaschinen zur Verfügung zu haben. Der zweite Beweis zeigt, wie man die Ideen aus der Mengenlehre, speziell aus dem Beweis $|\mathbb{N}| = |\mathbb{Q}^+|$, in der Theorie der Berechenbarkeit anwenden kann.

Weil für jede NTM M_1 eine TM M_2 existiert, so dass $L(M_1) = L(M_2)$, reicht es zu zeigen, dass eine NTM M_1 mit $L(M_1) = (L_{\mathrm{empty}})^{\complement}$ existiert. M_1 arbeitet auf einer Eingabe x wie folgt.

(i) M_1 überprüft deterministisch, ob $x = \mathrm{Kod}(M)$ für eine TM M.

Falls x keine TM kodiert, akzeptiert M_1 das Wort x.

(ii) Falls $x = \mathrm{Kod}(M)$ für eine TM M, wählt M_1 nichtdeterministisch ein Wort $y \in (\Sigma_{\mathrm{bool}})^*$ und simuliert deterministisch die Berechnung von M auf y.

(iii) Falls M das Wort y akzeptiert (das heißt $L(M) \neq \varnothing$), so akzeptiert M_1 die Eingabe $x = \mathrm{Kod}(M)$.

Falls M das Wort y verwirft, akzeptiert M_1 in diesem Lauf die Eingabe x nicht.

Falls die Berechnung von M auf y unendlich ist, rechnet M_1 auch in diesem Lauf auf x unendlich lange und akzeptiert so dass Wort $x = \mathrm{Kod}(M)$ in diesem Lauf nicht.

Nach Schritt (i) akzeptiert M_1 alle Wörter, die keine TM kodieren.

Falls $x = \mathrm{Kod}(M)$ und $L(M) \neq \varnothing$, dann existiert ein Wort y mit $y \in L(M)$. Deswegen existiert eine Berechnung von M_1 auf $x = \mathrm{Kod}(M)$, in der x akzeptiert wird.

Falls $x \in L_{\mathrm{empty}}$, dann existiert keine akzeptierende Berechnung von M_1 auf x, und so schließen wir, dass $L(M_1) = (L_{\mathrm{empty}})^{\complement}$.

Im zweiten Beweis von $(L_{\mathrm{empty}})^{\complement} \in \mathcal{L}_{\mathrm{RE}}$ konstruieren wir direkt eine (deterministische) TM A, die $(L_{\mathrm{empty}})^{\complement}$ akzeptiert. A arbeitet auf einer Eingabe w wie folgt.

(i) Falls w keine Kodierung einer Turingmaschine ist, so akzeptiert A die Eingabe w.

(ii) Falls $w = \mathrm{Kod}(M)$ für eine TM M, arbeitet A wie folgt.

A konstruiert systematisch (in der Reihenfolge aus Abbildung 9.38) alle Paare $(i, j) \in (\mathbb{N} - \{0\}) \times (\mathbb{N} - \{0\})$. Für jedes Paar (i, j) generiert A das i-te Wort w_i über dem Einga-bealphabet der TM M und simuliert j Berechnungsschritte von M auf w_i.

Falls für ein (k, l) die TM M das Wort w_k in l Schritten akzeptiert, hält A und akzeptiert seine Eingabe $w = \text{Kod}(M)$. Sonst arbeitet A unendlich lange und akzeptiert damit die Eingabe w nicht.

Der Kernpunkt der Beweisidee ist, dass wenn ein Wort y mit $y \in L(M)$ existiert, dann ist $y = w_k$ für ein $k \in \mathbb{N} - \{0\}$ und die akzeptierende Berechnung von M auf y hat eine endliche Länge l. Damit garantiert die systematische Überprüfung aller Paare (i, j) in Phase (ii) der Arbeit von A das Akzeptieren von $\text{Kod}(M)$, falls $L(M) \neq \emptyset$. Somit ist $L(A) = (L_{\text{empty}})^{\complement}$. □

Im Folgenden zeigen wir, dass $(L_{\text{empty}})^{\complement} \notin \mathcal{L}_R$. Dies entspricht der Nichtexistenz eines Algorithmus zur Überprüfung, ob ein gegebenes Programm eine leere Menge akzeptiert. Daher können wir im Allgemeinen nicht die Korrektheit von Programmen testen. Dies geht sogar in den Fällen nicht, in denen es sich um triviale Aufgabenstellungen handelt (zum Beispiel eine konstante Funktion zu berechnen).

Lemma 16: $(L_{\text{empty}})^{\complement} \notin \mathcal{L}_R$.

Beweis. Wir zeigen $L_U \leq_{\text{EE}} (L_{\text{empty}})^{\complement}$. Wir beschreiben jetzt eine TM A, die L_U auf $(L_{\text{empty}})^{\complement}$ reduziert (Abbildung 9.47). Für jede Eingabe $x \in \{0, 1, \#\}^*$ arbeitet A wie folgt.

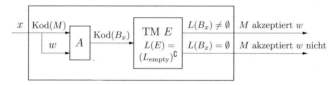

Abb. 9.47

(i) Falls x nicht die Form $\text{Kod}(M)\#w$ für eine TM M und ein $w \in (\Sigma_{\text{bool}})^*$ hat, dann schreibt A das Wort $A(x) = \text{Kod}(B_x)$ auf das Band, wobei B_x eine TM ist, die über Σ_{bool} arbeitet und die leere Menge $\emptyset$ akzeptiert ($L(B_x) = \emptyset$).

(ii) Falls $x = \text{Kod}(M)\#w$ für eine TM M und ein Wort $w \in (\Sigma_{\text{bool}})^*$, generiert A die Kodierung $\text{Kod}(B_x)$ einer TM B_x als seine Ausgabe. Die TM B_x arbeitet für jede Eingabe y (unabhängig von dem Inhalt der eigenen Eingabe y) wie folgt.

a) B_x generiert $x = \text{Kod}(M)\#w$ auf dem Band.

   {Das Wort x kann durch die Zustände und die δ-Funktion von B_x beschrieben werden}.

b) B_x simuliert die Arbeit von M auf w.

   Falls M das Wort w akzeptiert, akzeptiert B_x seine Eingabe y.

   Falls M das Wort w verwirft, verwirft B_x seine Eingabe y.

   Falls M auf w nicht hält, dann arbeitet auch B_x unendlich lange. Folglich akzeptiert B_x seine Eingabe y nicht.

Wir beweisen jetzt, dass

$$x \in L_U \iff A(x) = \text{Kod}(B_x) \in (L_{\text{empty}})^{\complement}$$

für alle $x \in \{0,1,\#\}^*$.

Sei $x \in L_U$. Daher $x = \text{Kod}(M)\#w$ für eine TM M und $w \in L(M)$. In diesem Fall $L(B_x) = (\Sigma_{\text{bool}})^* \neq \varnothing$ und somit $\text{Kod}(B_x) \in (L_{\text{empty}})^{\complement}$.

Sei $x \notin L_U$. Dann hat x entweder nicht die Form $\text{Kod}(M')\#z$ für eine TM M' und ein $z \in \{0,1\}^*$ oder $x = \text{Kod}(M)\#w$ für eine TM M und $w \notin L(M)$. In beiden Fällen gilt $L(B_x) = \varnothing$ und somit $\text{Kod}(B_x) \notin (L_{\text{empty}})^{\complement}$.   □

Korollar 4: $L_{\text{empty}} \notin \mathcal{L}_R$.

Beweis. Wenn $L_{\text{empty}} \in \mathcal{L}_R$ wäre, müsste nach Lemma 13 auch $(L_{\text{empty}})^{\complement} \in \mathcal{L}_R$ sein.   □

Die nächste Folgerung aus Lemma 16 ist, dass das Äquivalenzproblem für zwei Turingmaschinen unentscheidbar ist. Man kann also kein Programm entwerfen, das für zwei gegebene Programme testen kann, ob die Programme das gleiche Problem lösen (die gleiche semantische Bedeutung haben).

Korollar 5:   *Die Sprache* $L_{\text{EQ}} = \{\text{Kod}(M)\#\text{Kod}(\overline{M}) \mid L(M) = L(\overline{M})\}$ *ist nicht entscheidbar (das heißt* $L_{\text{EQ}} \notin \mathcal{L}_R$*).*

Beweis. Die Beweisidee ist einfach, weil L_{empty} als ein Spezialfall von L_{EQ} betrachtet werden kann. Formal reicht es zu zeigen, dass $L_{\text{empty}} \leq_{\text{EE}} L_{\text{EQ}}$. Es ist einfach, eine TM A zu konstruieren, die für eine Eingabe $\text{Kod}(M)$ die Ausgabe $\text{Kod}(M)\#\text{Kod}(C)$ generiert, wobei C eine feste triviale TM mit $L(C) = \varnothing$ ist. Es ist klar, dass

$$\text{Kod}(M)\#\text{Kod}(C) \in L_{\text{EQ}} \iff L(M) = L(C) = \varnothing \iff \text{Kod}(M) \in L_{\text{empty}}.$$ □

9.5.4 Satz von Rice

Im letzten Abschnitt haben wir festgestellt, dass das Testen von Programmen ein sehr schweres Problem ist. Für ein Programm A und eine Eingabe des Programmes x ist es unentscheidbar, ob A auf x terminiert. Daher können wir Programme nicht algorithmisch testen, um zu verifizieren, ob ein gegebenes Programm für jede Eingabe terminiert (einem Algorithmus entspricht). Das triviale Entscheidungsproblem, ob ein gegebenes Programm keine Eingabe akzeptiert (ob $L(M) = \varnothing$ für eine TM M) ist auch unentscheidbar. Dies lässt uns ahnen, dass es nicht viele Testprobleme über Programmen gibt, die entscheidbar sind. Die Zielsetzung dieses Abschnittes ist zu zeigen, dass alle in gewissem Sinne nichttrivialen Probleme über Programmen (Turingmaschinen) unentscheidbar sind. Was mit dem Begriff „nichttrivial" gemeint ist, spezifiziert die folgende Definition.

Defintion 31:   *Eine Sprache* $L \subseteq \{\text{Kod}(M) \mid M \text{ ist eine TM}\}$ *heißt* **semantisch nichttriviales Entscheidungsproblem über Turingmaschinen**, *falls folgende Bedingungen gelten:*

(i)   *Es gibt eine TM M_1, so dass $\text{Kod}(M_1) \in L$ (daher $L \neq \varnothing$),*

(ii) *Es gibt eine TM M_2, so dass $\text{Kod}(M_2) \notin L$ (daher enthält L nicht die Kodierungen aller Turingmaschinen),*

(iii) *für zwei Turingmaschinen A und B impliziert $L(A) = L(B)$*

$$\text{Kod}(A) \in L \iff \text{Kod}(B) \in L.$$

Bevor wir zum Beweis der Unentscheidbarkeit semantisch nichttrivialer Entscheidungsprobleme übergehen, betrachten wir aus technischen Gründen noch die folgende Sprache

$$L_{H,\lambda} = \{\text{Kod}(M) \mid M \text{ hält auf } \lambda\}$$

als ein spezifisches Halteproblem.

Lemma 17:

$$L_{H,\lambda} \notin \mathcal{L}_R.$$

Beweis. Wir zeigen $L_H \leq_{EE} L_{H,\lambda}$. Eine TM A kann L_H auf $L_{H,\lambda}$ wie folgt reduzieren. Für eine Eingabe x, die nicht die Form $\text{Kod}(M)\#w$ hat, generiert A eine einfache TM H_x, die auf jeder Eingabe unendlich läuft. Falls $x = \text{Kod}(M)\#w$ für eine TM M und ein Wort w, generiert A eine Kodierung $\text{Kod}(H_x)$ einer TM H_x, die wie folgt arbeitet:

1. Ohne die eigene Eingabe y anzuschauen, generiert die TM H_x das Wort $x = \text{Kod}(M)\#w$ auf dem Band.

2. H_x simuliert die Berechnung von M auf w. Falls M auf w hält, dann hält H_x auch und akzeptiert die eigene Eingabe. Falls die Berechnung von M auf w unendlich ist, dann arbeitet H_x auch unendlich lange.

Offensichtlich

$$
\begin{aligned}
x \in L_H \quad &\Longleftrightarrow \quad x = \text{Kod}(M)\#w \text{ und } M \text{ hält auf } w \\
&\Longleftrightarrow \quad H_x \text{ hält immer (für jede eigene Eingabe } y) \\
&\Longleftrightarrow \quad H_x \text{ hält auf } \lambda \\
&\Longleftrightarrow \quad \text{Kod}(H_x) \in L_{H,\lambda}
\end{aligned}
$$

für jedes $x \in \{0,1,\#\}^*$. $\qquad\square$

Satz 12 (Satz von Rice):* *Jedes semantisch nichttriviale Entscheidungsproblem über Turingmaschinen ist unentscheidbar.*

Beweis. Sei L ein beliebiges semantisch nichttriviales Entscheidungsproblem über Turingmaschinen. Wir zeigen entweder $L_{H,\lambda} \leq_{EE} L$ oder $L_{H,\lambda} \leq_{EE} L^{\complement}$.

Sei $M_\emptyset$ eine TM mit der Eigenschaft, dass $L(M_\emptyset) = \emptyset$. Wir unterscheiden jetzt zwei Möglichkeiten bezüglich der Zugehörigkeit von $\text{Kod}(M_\emptyset)$ zu L:

I. Sei $\text{Kod}(M_\emptyset) \in L$. In diesem Fall beweisen wir

$$L_{H,\lambda} \leq_{EE} L^{\complement}.$$

Nach Definition 31 (ii) existiert eine TM $\overline{M}$, sodass $\text{Kod}(\overline{M}) \notin L$. Wir beschreiben nun die Arbeit einer TM S, die $L_{H,\lambda}$ auf $L^{\complement}$ reduziert. Für jede Eingabe $x \in (\Sigma_{\text{bool}})^*$ berechnet S

(i) entweder $S(x) = \text{Kod}(M')$ mit $L(M') = L(M_\emptyset) = \emptyset$ (wenn $x \notin L_{H,\lambda}$), also $\text{Kod}(M') \notin L^{\complement}$.

(ii) oder $S(x) = \text{Kod}(M')$ mit $L(M') = L(\overline{M})$ (wenn $x \in L_{H,\lambda}$), also $\text{Kod}(M') \in L^{\complement}$.

S führt die Berechnung auf folgende Weise durch (Abbildung 9.48):

Eingabe: ein $x \in (\Sigma_{\text{bool}})^*$.

1. S überprüft, ob $x = \text{Kod}(M)$ für eine TM M. Falls x keine Kodierung einer TM ist, schreibt S das Wort $S(x) = \text{Kod}(M_\emptyset)$ auf das Band (Abbildung 9.48).

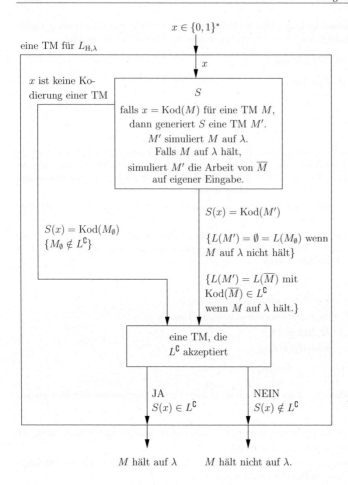

eine TM für $L_{H,\lambda}$

$x \in \{0,1\}^*$

x

x ist keine Kodierung einer TM

S

falls $x = \mathrm{Kod}(M)$ für eine TM M,
dann generiert S eine TM M'.
M' simuliert M auf λ.
Falls M auf λ hält,
simuliert M' die Arbeit von $\overline{M}$
auf eigener Eingabe.

$S(x) = \mathrm{Kod}(M_\emptyset)$
$\{M_\emptyset \notin L^{\complement}\}$

$S(x) = \mathrm{Kod}(M')$

$\{L(M') = \emptyset = L(M_\emptyset)$ wenn
M auf λ nicht hält$\}$

$\{L(M') = L(\overline{M})$ mit
$\mathrm{Kod}(\overline{M}) \in L^{\complement}$
wenn M auf λ hält.$\}$

eine TM, die
$L^{\complement}$ akzeptiert

JA
$S(x) \in L^{\complement}$

NEIN
$S(x) \notin L^{\complement}$

M hält auf λ M hält nicht auf λ.

Abb. 9.48

2. Falls $x = \mathrm{Kod}(M)$ für eine TM M, dann generiert S die Kodierung $\mathrm{Kod}(M')$ einer TM M', die wie folgt arbeitet.

    (a) Das Eingabealphabet vom M' ist $\Sigma_{\overline{M}}$ also das Eingabealphabet der TM $\overline{M}$ mit $\mathrm{Kod}(\overline{M}) \notin L$, das heißt $\mathrm{Kod}(\overline{M}) \in L^{\complement}$.

    (b) Für jedes $y \in (\Sigma_{\overline{M}})^*$ generiert M' das Wort $x = \mathrm{Kod}(M)$ auf dem Band hinter y (also wird y dabei nicht überschrieben) und simuliert die Berechnung von M auf λ.

    Falls M auf λ nicht hält (das heißt $\mathrm{Kod}(M) \notin L_{H,\lambda}$), dann hält auch M' auf y nicht, und deshalb $y \notin L(M')$.

    {Weil diese Simulation der Berechnung von M auf λ unabhängig von der Eingabe y von M' läuft, ist $L(M') = \emptyset = L(M_\emptyset)$ und damit $\mathrm{Kod}(M') \in L$, also $\mathrm{Kod}(M') \notin L^{\complement}$.}

Falls M auf λ hält (das heißt $\text{Kod}(M) \in L_{H,\lambda}$), dann generiert M' die Kodierung $\text{Kod}(\overline{M})$ der TM $\overline{M}$ auf dem Band. Dann simuliert M' die Arbeit von $\overline{M}$ auf der eigenen Eingabe $y \in (\Sigma_{\overline{M}})^*$. M' akzeptiert y genau dann, wenn $\overline{M}$ das Wort y akzeptiert.

{Damit $L(M') = L(\overline{M})$ und daher $\text{Kod}(M') \notin L$, also $\text{Kod}(M') \in L^{\complement}$.}

Wir sehen, dass (Abbildung 9.48)

$$x \in L_{H,\lambda} \iff S(x) \in L^{\complement}$$

für alle $x \in (\Sigma_{\text{bool}})^*$ und somit

$$L_{H,\lambda} \leq_{EE} L^{\complement}.$$

II. Sei $\text{Kod}(M_{\varnothing}) \notin L$.

Nach Bedingung (i) der Definition 31 muss eine TM $\tilde{M}$ existieren, so dass $\text{Kod}(\tilde{M}) \in L$. Jetzt kann auf die gleiche Weise $L_{H,\lambda} \leq_{EE} L$ bewiesen werden wie $L_{H,\lambda} \leq_{EE} L^{\complement}$ in Teil I bewiesen wurde. $\tilde{M}$ spielt dabei die Rolle von $\overline{M}$. □

Der Satz von Rice hat folgende Konsequenz. Sei L eine beliebige rekursive Sprache und sei

$$\text{Kod}_L = \{\text{Kod}(M) \mid M \text{ ist eine TM und } L(M) = L\}$$

die Sprache der Kodierungen aller Turingmaschinen, die die Sprache L akzeptieren. Weil L rekursiv ist, ist $\text{Kod}_L \neq \varnothing$. Offensichtlich existieren Turingmaschinen, deren Kodierung nicht in Kod_L ist, und Kod_L erfüllt die Bedingung (iii) von Definition 31. Damit ist Kod_L ein semantisch nichttriviales Problem über Turingmaschinen, und nach dem Satz von Rice ist $\text{Kod}_L \notin \mathcal{L}_R$. Dies bedeutet, dass wir für kein algorithmisch lösbares Problem algorithmisch testen können, ob ein entworfener Algorithmus eine korrekte Lösung des Problems ist. Die Verifikation von Programmen ist also eine schwere Aufgabe, und deswegen ist ein gut strukturierter und modularer Entwurf von Programmen so wichtig für die Zuverlässigkeit des entstehenden Softwareproduktes.

9.6 Komplexitätstheorie

9.6.1 Zielsetzung

Die Theorie der **Berechenbarkeit** liefert uns Methoden zur Klassifizierung von Problemen bezüglich ihrer algorithmischen Lösbarkeit. So ist ein Problem algorithmisch lösbar, wenn ein Algorithmus zur Lösung dieses Problems existiert, und ein Problem ist algorithmisch unlösbar, wenn kein Algorithmus für dieses Problem existiert.

Die **Komplexitätstheorie** ist eine Fortsetzung der Theorie der Berechenbarkeit in dem Sinne, dass sie eine feinere Einteilung der Klasse algorithmisch lösbarer Probleme anstrebt. In den sechziger Jahren, als der Einsatz von Rechnern zur Lösung von Problemen nicht mehr nur auf ein paar Forschungsinstitute beschränkt war, stellte man fest, dass alleine die Existenz eines Algorithmus zur Lösung eines Problems noch keine Garantie für eine erfolgreiche rechnerunterstützte Lösung des Problems ist. Es gab viele praxisrelevante, algorithmisch lösbare Probleme, für die alle entworfenen Programme tagelang auf gegebenen Eingaben ohne Erfolg arbeiteten. In solchen Fällen stürzte der Rechner ab, bevor er zu irgendeinem Resultat kam. Dies warf die Frage auf, ob dieser Misserfolg eine Folge unserer Unfähigkeit ist, einen effizienten Ansatz zur Lösung des betrachteten Problems zu finden, oder aber, ob es sich um eine inhärente Eigenschaft des Problems handelt, die keine effiziente algorithmische Lösung des Problems zulässt. Dies führte dazu, dass man anfing, die Schwierigkeit der algorithmisch lösbaren Probleme bezüglich des Rechenaufwandes zu messen, um so die Probleme nach deren Schwierigkeitsgrad zu klassifizieren.

Die Komplexitätstheorie ist die Theorie der quantitativen Gesetze und Grenzen der algorithmischen Informationsverarbeitung. Diese Theorie hat auch eine physikalische Dimension. Zum Beispiel hält man ein lösbares Problem für „praktisch unlösbar", wenn die praktische Ausführung eines Algorithmus zur Lösung des Problems mehr Energie bräuchte, als es im ganzen bekannten Universum gibt. Die Hauptziele der Komplexitätstheorie sind:

(i) Die Bestimmung der Berechnungskomplexitäten (Zeitkomplexität als die Anzahl der Rechenoperationen, Speicherplatzkomplexität) konkreter Probleme.

(ii) Die Spezifikation der Klasse „praktisch" (effizient) lösbarer Probleme und die Entwicklung von Methoden zur Klassifikation der algorithmisch lösbaren Probleme in „praktisch lösbare" und „praktisch unlösbare".

(iii) Vergleiche der Effizienz (der Berechnungsstärke) von deterministischen, nichtdeterministischen und zufallsgesteuerten (randomisierten) Algorithmen.

In unserer ersten Begegnung mit der Komplexitätstheorie in diesem Kapitel beschränken wir uns auf folgende Zielsetzung. In Abschnitt 9.6.2 lernen wir, wie man die **Komplexitätsmaße** in dem Berechnungsmodell der Turingmaschine definiert (das heißt wie man die Komplexität misst) und welche Eigenschaften diese Maße haben. In Abschnitt 9.6.3 definieren wir die grundlegenden **Komplexitätsklassen** als Klassen von Sprachen, die mit der gegebenen Komplexität entscheidbar sind. Hier diskutieren wir auch die Spezifikation der Klasse praktisch lösbarer Probleme. In Abschnitt 9.6.4 zeigen wir, wie man die **Komplexität von nichtdeterministischen Berechnungen** misst, und wir definieren die fundamentalen nichtdeterministischen Komplexitätsklassen. Abschnitt 9.6.5 ist dem Vergleich der **Effizienz** von deterministischen und nichtdeterministischen Berechnungen gewidmet. Dieser Vergleich berührt die philosophischen Grundlagen der Mathematik. Wir zeigen, dass die Komplexität von nichtdeterministischen Berechnungen der Komplexität des deterministischen Verifizierens (Korrektheitsprüfung) eines gegebenen mathematischen Beweises entspricht, und dass die deterministische Komplexität der Komplexität der Herstellung eines mathematischen Beweises entspricht. Damit ist die Frage, ob nichtdeterministische Algorithmen effizienter als die deterministischen Algorithmen sein können, äquivalent zu der Frage, ob es einfacher ist, mathematische Beweise algorithmisch zu verifizieren als sie algorithmisch herzustellen. Abschnitt 9.6.6 stellt das Konzept der **NP-Vollständigkeit** vor, das uns eine Methode zum Beweisen gewisser Schwierigkeitsgrade konkreter Probleme bezüglich praktischer Lösbarkeit liefert.

9.6.2 Komplexitätsmaße

Zur Definition der Komplexitätsmaße benutzen wir das Modell der Mehrband-Turingmaschine. Die Gründe dafür sind, dass dieses Berechnungsmodell einerseits einfach genug ist und andererseits dem grundlegenden Rechnermodell der von-Neumann-Maschine entspricht. Wie wir später sehen werden, ist das Modell der Mehrband-Turingmaschine für die Komplexitätsmessung robust genug in dem Sinne, dass die fundamentalen Resultate über derart definierter Komplexität auch für die Komplexität der Ausführung von Programmen in beliebigen Programmiersprachen gültig sind. Damit sind sie insbesondere von allgemeiner Gültigkeit für die Klassifizierung von Problemen in „praktisch lösbare" und „praktisch unlösbare".

Hier definieren wir zwei grundlegende Komplexitätsmaße – die Zeitkomplexität und die Speicherplatzkomplexität. Die Zeitkomplexität einer Berechnung entspricht der Anzahl der elementaren Operationen, die in dieser Berechnung ausgeführt werden. Damit steht sie in linearer Beziehung zu der Energie, die die Ausführung der Berechnung auf einem Rechner kosten würde.

Die Speicherplatzkomplexität ist die Größe des benutzten Speichers, ausgedrückt in der Anzahl der gespeicherten Rechnerwörter. In den auf Turingmaschinen basierten Modellen bestimmt das Arbeitsalphabet die Größe des Rechnerwortes, weil die Symbole des Arbeitsalphabetes genau die erlaubten Inhalte der Rechnerwörter darstellen.

Defintion 32: *Sei M eine Mehrband-Turingmaschine oder* TM, *die immer hält. Sei* Σ *das Eingabealphabet von M. Sei* $x \in \Sigma^*$ *und sei* $D = C_1, C_2, \ldots, C_k$ *die Berechnung von M auf x. Dann ist die* **Zeitkomplexität** $\text{Time}_M(x)$ **der Berechnung von M auf x** *definiert durch*

$$\text{Time}_M(x) = k - 1,$$

das heißt durch die Anzahl der Berechnungsschritte in D.

Die **Zeitkomplexität von M** *ist die Funktion* $\text{Time}_M : \mathbb{N} \to \mathbb{N}$, *definiert durch*

$$\text{Time}_M(n) = \max\{\text{Time}_M(x) \mid x \in \Sigma^n\}.$$

Wir bemerken, dass $\text{Time}_M(n)$ für jedes $n \in \mathbb{N}$ die minimale Zeitkomplexität ist, mit der M jede Probleminstanz der Länge n löst. Anders ausgedrückt ist $\text{Time}_M(n)$ die Zeitkomplexität der längsten Berechnung auf Eingaben der Länge n (auf der „schwersten" Probleminstanz aus Σ^n). Deswegen nennt man diese Art der Komplexitätsmessung „*die Komplexität im schlechtesten Fall*". Eine andere Möglichkeit wäre zum Beispiel, die durchschnittliche Komplexität auf Wörtern der Länge n zu betrachten. Die zwei Hauptgründe für die Art der Messung aus Definition 32 sind folgende. Die Menschen wollen oft die maximale Sicherheit haben, und die Komplexität im schlechtesten Fall gibt uns die Garantie, dass jede Eingabe (Probleminstanz) der Größe n durch M in $\text{Time}_M(n)$ gelöst wird. Der andere praktische Grund ist, dass die Analyse der Komplexität eines Algorithmus im schlechtesten Fall meist einfacher ist als eine Komplexitätsanalyse im durchschnittlichen Fall. Wir werden uns deswegen in diesem Buch auf die Komplexität im schlechtesten Fall beschränken.

Defintion 33: *Sei* $k \in \mathbb{N} - \{0\}$. *Sei M eine k-Band-Turingmaschine, die immer hält. Sei*

$$C = (q, x, i, \alpha_1, i_1, \alpha_2, i_2, \ldots, \alpha_k, i_k)$$
$$\text{mit } 0 \leq i \leq |x| + 1 \text{ und } 0 \leq i_j \leq |\alpha_j| + 1 \text{ für } j = 1, \ldots, k$$

eine Konfiguration von M. Die **Speicherplatzkomplexität von C** *ist*[45]

$$\text{Space}_M(C) = \max\{|\alpha_i| \mid i = 1, \ldots, k\}.$$

Sei $C_1, C_2, \ldots, C_l$ *die Berechnung von M auf x. Die* **Speicherplatzkomplexität von M auf x** *ist*

$$\text{Space}_M(x) = \max\{\text{Space}_M(C_i) \mid i = 1, \ldots, l\}.$$

Die **Speicherplatzkomplexität von M** *ist eine Funktion* $\text{Space}_M : \mathbb{N} \to \mathbb{N}$ *definiert durch*

$$\text{Space}_M(n) = \max\{\text{Space}_M(x) \mid x \in \Sigma^n\}.$$

Es könnte überraschen, dass wir die Speicherplatzkomplexität einer Konfiguration als die maximale beschriftete Länge eines Arbeitsbandes statt der Summe der beschrifteten Längen aller Arbeitsbänder definiert haben. Im Prinzip ist es egal, welche der beiden Möglichkeiten man zur Definition der Speicherplatzkomplexität verwendet. Lemma 8 sagt uns, dass man k Bänder mit einem Band simulieren kann. Dabei ist die beschriftete Länge des Bandes genau das Maximum der beschrifteten Längen der simulierten Bänder. Diese Beobachtung führt uns zur folgenden Aussage.

---

[45]Man bemerke, dass die Speicherplatzkomplexität nicht von der Länge des Eingabealphabets abhängt.

Lemma 18: *Sei k eine positive ganze Zahl. Für jede k-Band-TM A die immer hält, existiert eine äquivalente 1-Band-TM B, so dass*

$$\text{Space}_B(n) \leq \text{Space}_A(n).$$

Der Grund für diese Eigenschaft der Speicherplatzkomplexität ist, dass die Mächtigkeit des Arbeitsalphabetes von M (die Länge der Rechnerwortes) keinen Einfluss auf $\text{Space}_M(n)$ hat. Daher ist diese Definition nicht zur Untersuchung von Unterschieden in der Größe eines konstanten multiplikativen Faktors geeignet.

Lemma 19: *Sei k eine positive ganze Zahl. Für jede k-Band-TM A existiert eine k-Band-TM B so, dass $L(A) = L(B)$ und*

$$\text{Space}_B(n) \leq \frac{\text{Space}_A(n)}{2} + 2.$$

Beweis. Wir liefern nur die Idee des Beweises. Sei Γ_A das Arbeitsalphabet von A. Wir konstruieren das Arbeitsalphabet Γ_B von B, so dass Γ_B alle Symbole aus $\Gamma_A \times \Gamma_A$ enthält. Wenn $\alpha_1, \alpha_2, \ldots, \alpha_m$ der Inhalt des i-ten Bandes von A ist, $i \in \{1, 2, \ldots, k\}$, und der Kopf auf α_j zeigt, enthält das i-te Band von B das Wort

$$\mathcal{c}\begin{pmatrix}\alpha_1\\\alpha_2\end{pmatrix}\begin{pmatrix}\alpha_3\\\alpha_4\end{pmatrix}\ldots\begin{pmatrix}\alpha_{m-1}\\\alpha_m\end{pmatrix},$$

falls m gerade ist, und

$$\mathcal{c}\begin{pmatrix}\alpha_1\\\alpha_2\end{pmatrix}\begin{pmatrix}\alpha_3\\\alpha_4\end{pmatrix}\ldots\begin{pmatrix}\alpha_{m-1}\\\sqcup\end{pmatrix},$$

falls m ungerade ist. Der Kopf des Bandes zeigt auf das Tupel, das α_i enthält[46], und in dem Zustand speichert B, auf welches der zwei Symbole in dem Tupel der Kopf auf dem i-ten Band von A zeigt. Offensichtlich ist es für B kein Problem, die Schritte von A einen nach dem anderen zu simulieren, und die Speicherplatzkomplexität von B ist höchstens $1 + \lceil \text{Space}_A(n)/2 \rceil$. $\quad\square$

Durch iterative Anwendung von Lemma 19 ist es möglich, für jede Konstante k und jede Mehrband-Turingmaschine M eine äquivalente Mehrband-Turingmaschine zu bauen, die eine k-mal kleinere Speicherplatzkomplexität als M hat.

Die Situation bei der Zeitkomplexität ist ähnlich. Bei der Messung geht die Größe des Arbeitsalphabetes auch nicht ein. Transitionen über mächtigen Alphabeten entsprechen aber zweifellos komplizierteren Operationen als Transitionen über kleineren Alphabeten. Dies führt auch zu der Möglichkeit, die Arbeit von Mehrband-Turingmaschinen um einen konstanten Faktor zu beschleunigen.

Sei M eine Mehrband-Turingmaschine, die immer hält. Dann existiert eine zu M äquivalente Mehrband-Turingmaschine A mit

$$\text{Time}_A(n) \leq \frac{\text{Time}_M(n)}{2} + 2n.$$

Den Beweis überlassen wir dem Leser als Übung.

Diese Tatsache und Lemma 19 zeigen, dass die vorgestellte Art der Komplexitätsmessung relativ grob ist. Für unsere Ziele entsteht dadurch kein Nachteil, weil die Unterschiede zwischen den Komplexitätsmaßen unterschiedlicher Berechnungsmodelle oft sogar größer sind, als man durch einen konstanten Faktor ausdrücken kann, und wir sind primär an Resultaten interessiert, die für

---

[46]Dies ist $\begin{pmatrix}\alpha_i\\\alpha_{i+1}\end{pmatrix}$, falls i ungerade, und $\begin{pmatrix}\alpha_{i-1}\\\alpha_i\end{pmatrix}$, falls i gerade ist.

alle vernünftigen Maschinenmodelle gelten. Deswegen ist uns das asymptotische Verhalten der Funktionen Time_M und Space_M wichtiger als eine genaue Bestimmung derer Funktionswerte. Für die asymptotische Analyse von Komplexitätsfunktionen benutzen wir die übliche Ω-, O-, Θ- und o-Notation.

Defintion 34: *Für jede Funktion $f : \mathbb{N} \to \mathbb{R}^+$ definieren wir*

$$O(f(n)) \;=\; \{r : \mathbb{N} \to \mathbb{R}^+ \mid \exists n_0 \in \mathbb{N}, \exists c \in \mathbb{N}, \text{ so dass}$$
$$\text{für alle } n \geq n_0 : r(n) \leq c \cdot f(n)\}.$$

*Für jede Funktion $r \in O(f(n))$ sagen wir, dass r **asymptotisch nicht schneller wächst als** f.*

Für jede Funktion $g : \mathbb{N} \to \mathbb{R}^+$ definieren wir

$$\Omega(g(n)) \;=\; \{s : \mathbb{N} \to \mathbb{R}^+ \mid \exists n_0 \in \mathbb{N}, \exists d \in \mathbb{N}, \text{ so dass}$$
$$\text{für alle } n \geq n_0 : s(n) \geq \frac{1}{d} \cdot g(n)\}.$$

*Für jede Funktion $s \in \Omega(g(n))$ sagen wir, dass s **asymptotisch mindestens so schnell wächst wie** g.*

Für jede Funktion $h : \mathbb{N} \to \mathbb{R}^+$ definieren wir

$$\Theta(h(n)) \;=\; \{q : \mathbb{N} \to \mathbb{R}^+ \mid \exists c, d, n_0 \in \mathbb{N}, \text{ so dass für alle } n \geq n_0 :$$
$$\frac{1}{d} \cdot h(n) \leq q(n) \leq c \cdot h(n)\}.$$
$$=\; O(h(n)) \cap \Omega(h(n)).$$

*Falls $g \in \Theta(h(n))$ sagen wir, dass g und h **asymptotisch gleich sind**.*

Seien f und g zwei Funktionen von $\mathbb{N}$ nach $\mathbb{R}^+$. Falls

$$\lim_{n \to \infty} \frac{f(n)}{g(n)} = 0,$$

*dann sagen wir, dass g **asymptotisch schneller wächst als** f und wir schreiben $f(n) = \mathrm{o}(g(n))$.*

Betrachten wir jetzt die TM M aus Abbildung 9.28, die die Sprache L_{Mitte} akzeptiert. M läuft vom linken bis zum rechten Rand des Bandes und zurück und bewegt dabei den linken Rand ein Feld nach rechts und den rechten Rand ein Feld nach links. Auf diese Weise bestimmt M das mittlere Feld. Die Zeitkomplexität von Time_M von M ist offensichtlich in $O(n^2)$.

Die 1-Band-Turingmaschine A aus Abbildung 9.33 akzeptiert die Sprache $L_{\text{gleich}} = \{w\#w \mid w \in (\Sigma_{\text{bool}})^*\}$, indem das Präfix des Eingabewortes bis zum # auf das Arbeitsband kopiert und dann der Inhalt des Arbeitsbandes mit dem Suffix des Eingabewortes nach dem # verglichen wird. Offensichtlich ist $\text{Time}_A(n) \leq 3 \cdot n \in O(n)$ und $\text{Space}_M(n) \in O(n)$.

Bis jetzt haben wir die Zeitkomplexität und die Speicherplatzkomplexität von Mehrband-Turingmaschinen definiert. Was uns aber primär interessiert, ist die Komplexität von Problemen, um sie nach dieser Komplexität klassifizieren zu können. Intuitiv würde man gerne sagen, dass die Zeitkomplexität eines Problems U der Zeitkomplexität einer asymptotisch optimalen MTM M (eines optimalen Algorithmus) für U entspricht. Unter der (asymptotischen) Optimalität von M versteht man, dass für jede MTM A, die U löst, $\text{Time}_A(n) \in \Omega(\text{Time}_M(n))$ gilt (das heißt es existiert keine MTM für U, die asymptotisch besser als M ist). Die Idee wäre also, die Komplexität eines Problems als die Komplexität des „besten" Algorithmus für dieses Problem zu betrachten. Obwohl diese Idee natürlich und vernünftig aussieht, zeigt folgender Satz, dass man sie nicht zur Definition der Komplexität im Allgemeinen benutzen kann. Wegen des hohen Schwierigkeitsgrades verzichten wir auf einen Beweis.

Satz 13:   *Es existiert ein Entscheidungsproblem* $(L, \Sigma_{\text{bool}})$, *so dass für jede* MTM A, *die* $(L, \Sigma_{\text{bool}})$ *entscheidet, eine* MTM B *existiert, die* $(L, \Sigma_{\text{bool}})$ *auch entscheidet, und für die gilt*

$$\text{Time}_B(n) \leq \log_2(\text{Time}_A(n))$$

für unendlich viele $n \in \mathbb{N}$.

Satz 13 besagt, dass es Probleme gibt, für die man jeden gegebenen Algorithmus für dieses Problem wesentlich verbessern kann[47]. Dies bedeutet, dass für solche Probleme keine optimalen Algorithmen existieren und man deshalb für diese Probleme die Komplexität nicht in dem oben beschriebenen Sinne definieren kann. Deswegen spricht man in der Komplexitätstheorie nur über obere und untere Schranken für die Komplexität eines Problems im Sinne der folgenden Definition.

Defintion 35:   *Sei L eine Sprache. Seinen f und g zwei Funktionen von* $\mathbb{N}$ *nach* $\mathbb{R}^+$. *Wir sagen, dass* $O(g(n))$ *eine* **obere Schranke für die Zeitkomplexität von** L *ist, falls eine* MTM A *existiert, so dass* A *die Sprache L entscheidet und* $\text{Time}_A(n) \in O(g(n))$.

Wir sagen, dass $\Omega(f(n))$ *eine* **untere Schranke für die Zeitkomplexität von** L *ist, falls für jede* MTM B, *die L entscheidet,* $\text{Time}_B(n) \in \Omega(f(n))$.

Eine MTM C *heißt* **optimal für** L, *falls* $\text{Time}_C(n) \in O(f(n))$ *und* $\Omega(f(n))$ *eine untere Schranke für die Zeitkomplexität von L ist.*

Die Bestimmung einer oberen Schranke für die Zeitkomplexität eines Problems ist meistens nicht sehr schwer, weil es hinreichend ist, einen Algorithmus zur Lösung des Problems zu finden. Eine nichttriviale untere Schranke für die Komplexität konkreter Probleme zu beweisen, gehört zu den technisch schwierigsten Aufgaben der Informatik, weil dies einen Beweis der Nichtexistenz eines effizienten Algorithmus für das betrachtete Problem erfordert. Wie schwer diese Aufgabe ist, kann man damit illustrieren, dass wir tausende Probleme kennen, für die die besten bekannten Algorithmen exponentielle Zeitkomplexität bezüglich der Eingabelänge haben, aber die höchsten uns bekannten unteren Schranken für diese Probleme auf Mehrband-Turingmaschinen nur $\Omega(n)$ sind.

Wir haben jetzt die Messung der Komplexität für das Studium der abstrakten Komplexitätstheorie vorgestellt. Am Ende dieses Abschnittes diskutieren wir noch die Arten der Messung der Komplexität von konkreten Programmen (Algorithmen). Wir unterscheiden zwei fundamentale Arten der Messung – die **Messung mit uniformem Kostenmaß** und die **Messung mit logarithmischem Kostenmaß**. Die Messung mit dem uniformen Kostenmaß ist eine grobe Messung. Die Zeitkomplexität ist einfach die Anzahl der durchgeführten Basisoperationen wie arithmetische Operationen und Zahlenvergleiche, und die Speicherplatzkomplexität entspricht der Anzahl der benutzten Variablen. Dies bedeutet, dass der Preis jeder Operation 1 ist, unabhängig von der Größe der Operanden. Der Hauptvorteil der Messung mit dem uniformen Kostenmaß liegt in ihrer Einfachheit. Diese Messung ist auch angemessen, wenn in der Berechnung die Operanden die Größe eines Rechnerwortes nicht überschreiten. Falls aber die Operandengröße während der Berechnung wächst, entspricht die Messung nicht mehr dem realen Rechenaufwand. Wir illustrieren dies an folgendem Beispiel. Seien $a \geq 2$ und k zwei positive ganze Zahlen. Die Aufgabe ist, a^{2^k} zu bestimmen. Dies kann man mit dem Programm

for $i = 1$ **to** k **do** $a := a \cdot a$

berechnen. Das Programm berechnet tatsächlich mit den folgenden k Multiplikationen

$$a^2 := a \cdot a, \; a^4 = a^2 \cdot a^2, \; a^8 = a^4 \cdot a^4, \; \ldots, \; a^{2^k} = a^{2^{k-1}} \cdot a^{2^{k-1}}$$

---

[47]Man bemerke, dass diese Verbesserungsmöglichkeit nach Satz 13 zu einer unendlichen Folge von Verbesserungen führt.

den Wert a^{2^k}. Bei der Messung mit uniformem Kostenmaß ist die Speicherplatzkomplexität also 3 und die Zeitkomplexität $O(k)$. Wir brauchen aber real mindestens 2^k Bits, um das Resultat zu speichern und mindestens $\Omega(2^k)$ Operationen über Rechnerwörtern (Zahlen mit binärer Darstellung der Länge 32 oder 16) fester Größe, um die Berechnung auf einem Rechner zu realisieren. Weil diese Überlegung für jedes k stimmt, bekommen wir einen exponentiellen Unterschied zwischen der uniformen Komplexität und der tatsächlichen Berechnungskomplexität.

Wenn die Größe der Operanden in den betrachteten Berechnungen wachsen kann, benutzt man die Messung mit dem logarithmischen Kostenmaß, die eine sehr genaue Messung auf der Ebene von Bits ist. Die Kosten einer Operation misst man als die Summe der Längen der binären Darstellungen der in den Operationen vorkommenden Operanden, und die Zeitkomplexität einer Berechnung ist die Summe der Preise der in der Berechnung durchgeführten Operationen. Die Speicherplatzkomplexität ist die Summe der Darstellungslängen der Inhalte der benutzten Variablen. Die Messung mit logarithmischem Kostenmaß ist immer realistisch, sie kann nur manchmal sehr aufwendig sein.

9.6.3 Komplexitätsklassen und die Klasse P

Für die Definition von Komplexitätsklassen benutzen wir das Modell der Mehrband-Turingmaschine. Wir betrachten hier Komplexitätsklassen nur als Sprachklassen, also als Mengen von Entscheidungsproblemen.

Defintion 36: *Für alle Funktionen f, g von $\mathbb{N}$ nach $\mathbb{R}^+$ definieren wir:*

$$\mathbf{TIME}(f) = \{L(B) \mid B \text{ ist eine MTM mit Time}_B(n) \in O(f(n))\},$$
$$\mathbf{SPACE}(g) = \{L(A) \mid A \text{ ist eine MTM mit Space}_A(n) \in O(g(n))\},$$
$$\mathbf{DLOG} = \mathrm{SPACE}(\log_2 n),$$
$$\mathbf{P} = \bigcup_{c \in \mathbb{N}} \mathrm{TIME}(n^c),$$
$$\mathbf{PSPACE} = \bigcup_{c \in \mathbb{N}} \mathrm{SPACE}(n^c),$$
$$\mathbf{EXPTIME} = \bigcup_{d \in \mathbb{N}} \mathrm{TIME}(2^{n^d}).$$

Im Folgenden beschäftigen wir uns mit den grundlegenden Beziehungen zwischen den Komplexitätsklassen und den Eigenschaften der Zeitkomplexität und der Speicherplatzkomplexität.

Lemma 20: *Für jede Funktion $t : \mathbb{N} \to \mathbb{R}^+$ gilt*

$$\mathrm{TIME}(t(n)) \subseteq \mathrm{SPACE}(t(n)).$$

Beweis. Jede MTM M, die in der Zeit $\mathrm{Time}_M(n)$ arbeitet, kann nicht mehr als $\mathrm{Time}_M(n)$ Felder eines Arbeitsbandes beschriften. Also gilt $\mathrm{Space}_M(n) \leq \mathrm{Time}_M(n)$ für jede MTM M. $\square$

Korollar 6:

$$\mathrm{P} \subseteq \mathrm{PSPACE}$$

Im Folgenden präsentieren wir ein paar wichtige Resultate ohne Beweise. Für die detaillierte Beweisführung empfehlen wir [Hromkovič 2007].

Das nächste Resultat zeigt eine wichtige Relation zwischen Speicherplatzkomplexität und Zeitkomplexität. Die platzkonstruierbaren Funktionen sind fast alle nette monoton wachsende Funktionen. Die formale Definition dieser Funktionen kann man in [Cormen et al. 2010] finden.

Satz 14:   *Für jede platzkonstruierbare Funktion s mit $s(n) \geq \log_2 n$ gilt*

$$\text{SPACE}(s(n)) \subseteq \bigcup_{c \in \mathbb{N}} \text{TIME}(c^{s(n)}).$$

Korollar 7:   DLOG $\subseteq$ P *und* PSPACE $\subseteq$ EXPTIME.

Nach Korollar 6 und 7 erhalten wir die folgende fundamentale Hierarchie von deterministischen Komplexitätsklassen.

$$\text{DLOG} \subseteq P \subseteq \text{PSPACE} \subseteq \text{EXPTIME}.$$

Zu den fundamentalsten Resultaten der Komplexitätstheorie gehören die folgenden Hierachiesätze. Die Beweise dieser Sätze basieren auf einer komplizierten Anwendung der Diagonalisierungsmethode, und wir verzichten deshalb auf die Beweise in dieser Einführung.

Satz 15:* *   Seien s_1 und s_2 zwei Funktionen von $\mathbb{N}$ nach $\mathbb{N}$ mit folgenden Eigenschaften:*

(i) $s_2(n) \geq \log_2 n$,

(ii) s_2 ist platzkonstruierbar und

(iii) $s_1(n) = o(s_2(n))$.

Dann gilt SPACE$(s_1) \subsetneq$ SPACE(s_2).

Satz 16:* *   Seien t_1 und t_2 zwei Funktionen von $\mathbb{N}$ nach $\mathbb{N}$ mit folgenden Eigenschaften:*

(i) t_2 ist zeitkonstruierbar und

(ii) $t_1(n) \cdot \log_2(t_1(n)) = o(t_2(n))$.

Dann gilt TIME$(t_1) \subsetneq$ TIME(t_2).

Die Hierarchiesätze zeigen, dass es bezüglich der Komplexität beliebig schwere Probleme gibt. Zum Beispiel gibt es Probleme, die nicht in TIME(2^n) liegen (das heißt es existiert keine TM, die das Problem effizienter als in der Zeit 2^n lösen kann). Dass man dabei auf die Grenze des physikalisch Machbaren stößt, zeigt die Tabelle 9.2, die das Wachstum der Funktionen $10n$, $2n^2$, n^3, 2^n und $n!$ für die Eingabelängen 10, 50, 100 und 300 zeigt. Wenn die Zahlen zu groß sind, geben wir nur die Anzahl der Ziffern ihrer Dezimaldarstellung an.

n	10	50	100	300	Tabelle 9.2
$f(n)$					
$10n$	100	500	1000	3000	
$2n^2$	200	5000	20000	180000	
n^3	1000	125000	1000000	27000000	
2^n	1024	16 Ziffern	31 Ziffern	91 Ziffern	
$n!$	$\approx 3,6 \cdot 10^6$	65 Ziffern	158 Ziffern	615 Ziffern	

Setzen wir voraus, dass unser Rechner 10^6 Operationen in einer Sekunde durchführt. Dann braucht ein Algorithmus A mit Time$_A(n) = n^3$ 27 Sekunden für die größte Eingabelänge 300. Wenn Time$_A(n) = 2^n$, dann braucht A schon für die Eingabelänge $n = 50$ mehr als 30 Jahre und für $n = 100$ mehr als 3 · 10^{16} Jahre. Die geschätzte Anzahl der abgelaufenen Sekunden seit dem Urknall ist eine Zahl mit 21 Dezimalziffern. Wenn man diese physikalische Konstante als die Grenze für die Zeit praktisch realisierbarer Berechnungen ansieht, dann sind die Algorithmen mit der Zeitkomplexität 2^n und $n!$ nicht praktisch durchführbar für realistische Eingabelängen. Keine lineare Beschleunigung der Rechner durch neue Technologien kann daran etwas ändern, weil die exponentiell wachsenden Funktionen ihren Funktionswert bei jeder Verlängerung der Eingabelänge um ein einziges Bit vervielfachen.

So wurde klar, dass die Probleme, die nicht unterhalb von $\mathrm{TIME}(2^n)$ liegen, nicht praktisch lösbar sind. Auf diese Weise entstand die fundamentale Zielsetzung der Komplexitätstheorie, die Klasse der praktisch lösbaren Probleme zu spezifizieren und Techniken zur Klassifikation der Probleme in praktisch lösbare und praktisch unlösbare zu entwickeln. Im Folgenden nennen wir einen Algorithmus A mit $\mathrm{Time}_A(n) \in O(n^c)$ für eine Konstante c einen **polynomiellen Algorithmus**.

In den sechziger Jahren haben sich die Informatiker auf folgende Spezifikation[48] geeinigt.

Ein Problem ist praktisch lösbar genau dann wenn ein polynomieller Algorithmus zu seiner Lösung existiert. Die Klasse P ist die Klasse der praktisch entscheidbaren Probleme.

Zu dieser Entscheidung führten im Wesentlichen folgende zwei Gründe.

1. Der erste Grund basiert mehr oder weniger auf einer **praktischen Erfahrung**. Dass die Probleme, für die kein polynomieller Algorithmus existiert, als praktisch unlösbare Probleme spezifiziert werden sollen, ist aus Tabelle 9.2 ersichtlich. Aber ein Algorithmus mit der polynomiellen Zeitkomplexität n^{1000} ist für realistische Eingabegrößen noch weniger praktisch anwendbar als einer mit der Zeitkomplexität 2^n. Darf man also ein Problem, für das der beste Algorithmus in der Zeit n^{1000} läuft, als praktisch lösbar einordnen? Die Erfahrung auf dem Gebiet des Algorithmenentwurfs zeigt aber, dass solche Probleme in der Praxis nicht auftreten. Wenn man für ein Problem einen Algorithmus A mit $\mathrm{Time}_A(n) \in O(n^c)$ für ein großes c gefunden hat, dann gelingt es fast immer, einen anderen Algorithmus B mit $\mathrm{Time}_B(n) \in O(n^6)$, meistens sogar mit $\mathrm{Time}_B(n) \in O(n^3)$, zu finden. Deswegen ist die Klasse P aus praktischer Sicht nicht zu groß, und die Probleme aus P werden als praktisch lösbar angesehen.

2. Der zweite Grund ist **theoretischer Natur**. Die Definition einer wichtigen Klasse wie die der praktisch lösbaren Probleme muss robust in dem Sinne sein, dass sie unabhängig von dem in der Definition benutzten Rechnermodell ist. Es darf nicht passieren, dass ein Problem aus Sicht der Programmiersprache JAVA praktisch lösbar ist, aber aus Sicht der Mehrband-Turingmaschinen nicht. Dies wäre der Fall, wenn man versuchen würde, die Klasse praktisch lösbarer Probleme als solche mit einer oberen Schranke von $O(n^6)$ für die Zeitkomplexität zu definieren. Aber der Begriff der *Polynomialzeit-Berechnungen* und so auch der der Klasse P ist robust genug. Die Klasse der in polynomieller Zeit lösbaren Probleme ist die gleiche für jedes bekannte Berechnungsmodell zur Symbolmanipulation mit einem realistischen Zeitkomplexitätsmaß. Formal drückt man das durch den Begriff der Polynomialzeit-Reduzierbarkeit zwischen Berechnungsmodellen aus. Ein **Berechnungsmodell $\mathcal{A}$ ist auf ein Berechnungsmodell $\mathcal{B}$ polynomialzeit-reduzierbar**, falls ein Polynom p existiert, so dass für jeden Algorithmus $A \in \mathcal{A}$ ein Algorithmus $B \in \mathcal{B}$ existiert, der das gleiche Problem wie A löst und für den $\mathrm{Time}_B(n) \in O(p(\mathrm{Time}_A(n)))$ gilt. Aus der Erfahrung mit Beweisen von Behauptungen wie „$\mathcal{A}$ ist auf $\mathcal{B}$ polynomialzeit-reduzierbar" wissen wir, dass p nie schneller wachsen muss als n^3. Als Beispiel können wir die Modelle der Turingmaschinen und der Mehrband-Turingmaschinen betrachten. Offensichtlich sind Turingmaschinen polynomialzeit-reduzierbar auf Mehrband-Turingmaschinen und es reicht $p(n) = n$ zu wählen (Lemma 7). Die Simulation in Lemma 8 zeigt, dass Mehrband-Turingmaschinen auf Turingmaschinen polynomialzeit-reduzierbar sind, und wir überlassen die genaue Analyse dem Leser.

---

[48]Diese Spezifikation wird heutzutage nicht mehr in genau dieser Form akzeptiert. Dieses Thema werden wir aber ausführlicher im nächsten Kapitel besprechen.

9.6.4 Nichtdeterministische Komplexitätsmaße

Die nichtdeterministischen Turingmaschinen (Algorithmen) können viele[49] unterschiedliche Berechnungen auf einer Eingabe machen. Diese können alle sehr unterschiedliche Komplexitäten haben. Was ist dann die Komplexität der Arbeit einer nichtdeterministischen Maschine (eines nichtdeterministischen Algorithmus) M auf einer Eingabe w? Wir betrachten bei nichtdeterministischen Berechnungsmodellen die optimistische Ansicht, die besagt, dass eine nichtdeterministische Maschine immer die beste Möglichkeit aus einer bestehenden Auswahl wählt. Die „beste Wahl" bedeutet nicht nur die richtige Wahl, die zu dem richtigen Resultat führt, sondern auch die effizienteste Wahl, die mit minimaler Komplexität zu dem richtigen Resultat führt. Deswegen definiert man die nichtdeterministische Komplexität einer Maschine M auf einer Eingabe x als die Komplexität der effizientesten Berechnung von M auf x mit dem richtigen Resultat. Im Falle der Sprachenerkennung (der Entscheidungsprobleme) betrachtet man nur die Komplexität von Berechnungen auf Wörtern, die in der Sprache liegen.

Definition 37: *Sei M eine* NTM *oder eine nichtdeterministische* MTM. *Sei $x \in L(M) \subseteq \Sigma^*$. Die* **Zeitkomplexität von M auf x, $\text{Time}_M(x)$,** *ist die Länge der kürzesten akzeptierenden Berechnung von M auf x. Die* **Zeitkomplexität von M** *ist die Funktion* $\text{Time}_M : \mathbb{N} \to \mathbb{N}$, *definiert durch*

$$\textbf{Time}_M(n) = \max\{\text{Time}_M(x) \mid x \in L(M) \cap \Sigma^n\}.$$

Sei $C = C_1, C_2, \ldots, C_m$ eine akzeptierende Berechnung von M auf x. Sei $\text{Space}_M(C_i)$ die **Speicherplatzkomplexität der Konfiguration C_i.** *Wir definieren*

$$\textbf{Space}_M(C) = \max\{\text{Space}_M(C_i) \mid i = 1, 2, \ldots, m\}.$$

Die **Speicherplatzkomplexität von M auf x** *ist*

$$\textbf{Space}_M(x) = \min\{\text{Space}_M(C) \quad \mid \quad C \text{ ist eine akzeptierende}$$
$$\text{Berechnung von } M \text{ auf } x.\}.$$

Die **Speicherplatzkomplexität von M** *ist die Funktion* $\text{Space}_M : \mathbb{N} \to \mathbb{N}$ *definiert durch*

$$\textbf{Space}_M(n) = \max\{\text{Space}_M(x) \mid x \in L(M) \cap \Sigma^n\}.$$

Defintion 38: *Für alle Funktionen $f, g : \mathbb{N} \to \mathbb{R}^+$ definieren wir*

$$\begin{aligned}
\textbf{NTIME}(f) \;&=\; \{L(M) \mid M \text{ ist eine nichtdeterministische MTM} \\
&\qquad \text{mit } Time_M(n) \in O(f(n))\}, \\
\textbf{NSPACE}(g) \;&=\; \{L(M) \mid M \text{ ist eine nichtdeterministische MTM} \\
&\qquad \text{mit } \text{Space}_M(n) \in O(g(n))\}, \\
\textbf{NLOG} \;&=\; \text{NSPACE}(\log_2 n), \\
\textbf{NP} \;&=\; \bigcup_{c \in \mathbb{N}} \text{NTIME}(n^c), \text{ und} \\
\textbf{NPSPACE} \;&=\; \bigcup_{c \in \mathbb{N}} \text{NSPACE}(n^c).
\end{aligned}$$

Zuerst zeigen wir analog zu Lemma 20 und Satz 14 die Relation zwischen der Zeitkomplexität und der Speicherplatzkomplexität von nichtdeterministischen Turingmaschinen. Aus Platzgründen verzichten wir auf die meisten Beweise in diesem Abschnitt.

---

[49]Sogar unendlich (aber aufzählbar) viele.

Lemma 21: *Für alle Funktionen t und s mit $s(n) \geq \log_2 n$ gilt*

(i) $\text{NTIME}(t) \subseteq \text{NSPACE}(t)$

(ii) $\text{NSPACE}(s) \subseteq \bigcup_{c \in \mathbb{N}} \text{NTIME}(c^{s(n)})$

Der folgende Satz zeigt die grundlegende Relation zwischen deterministischen und nichtdeterministischen Komplexitätsmaßen.

Satz 17: *Für jede Funktion $t : \mathbb{N} \to \mathbb{R}^+$ und jede platzkonstruierbare Funktion $s : \mathbb{N} \to \mathbb{N}$ mit $s(n) \geq \log_2 n$ gilt*

(i) $\text{TIME}(t) \subseteq \text{NTIME}(t)$,

(ii) $\text{SPACE}(t) \subseteq \text{NSPACE}(t)$, *und*

(iii) $\text{NTIME}(s(n)) \subseteq \text{SPACE}(s(n)) \subseteq \bigcup_{c \in \mathbb{N}} \text{TIME}(c^{s(n)})$.

Beweis. Die Behauptungen (i) und (ii) sind offensichtlich gültig, weil jede MTM auch eine nichtdeterministische MTM ist.

Die Relation $\text{SPACE}(s(n)) \subseteq \bigcup_{c \in \mathbb{N}} \text{TIME}(c^{s(n)})$ wurde in Satz 14 bewiesen. Um (iii) zu beweisen, reicht es, $\text{NTIME}(s(n)) \subseteq \text{SPACE}(s(n))$ zu zeigen.

Sei $L \in \text{NTIME}(s(n))$. Also gibt es eine nichtdeterministische k-Band-TM $M = (Q, \Sigma, \Gamma, \delta_M, q_0, q_{\text{accept}}, q_{\text{reject}})$ mit $L = L(M)$ und $\text{Time}_M(n) \in O(s(n))$. Sei

$$r = r_M = \max\{|\delta_M(U)| \mid U = (q, a, b_1, \ldots, b_k) \in Q \times (\Sigma \cup \{\mathbb{c}, \$\}) \times \Gamma^k\}$$

die obere Schranke für die Anzahl der möglichen Aktionen von M aus einer Konfiguration. Sei $T_{M,x}$ der Berechnungsbaum von M auf einer Eingabe $x \in \Sigma^*$. Wenn die nichtdeterministischen Entscheidungen von M auf jedem Argument mit $1, 2, \ldots, r$ nummeriert werden, dann kann man jeder Kante von $T_{M,x}$ die entsprechende Nummer zuordnen (Abbildung 9.49). Wenn man dann eine Berechnung der Länge l als eine Folge von Kanten (statt einer Folge von Knoten) betrachtet, kann man jeder Berechnung C der Länge l eindeutig ein Wort $z = z_1 z_2 \ldots z_l$ mit $z_i \in \{1, 2, \ldots, r\}$ zuordnen. Für eine gegebene Eingabe x von M, bestimmt zum Beispiel die Folge 1,3,1,4 eindeutig den Präfix einer Berechnung, bei der M im ersten Schritt die erste Wahl trifft, im zweiten die dritte, im dritten die erste und im vierten Schritt die vierte Wahl. Wenn es zum Beispiel im vierten Schritt nur drei Möglichkeiten gab, entspricht die Folge 1,3,1,4 keiner Berechnung und wird als inkonsistent betrachtet. Dasselbe gilt, wenn die Berechnung nach 1,3,1 beendet ist und kein vierter Schritt existiert.

Ohne Einschränkung der Allgemeinheit setzen wir voraus, dass eine Konstante d existiert, so dass alle Berechnungen von M auf einer Eingabe w höchstens die Länge $d \cdot s(|w|)$ haben. Somit benutzt keine Berechnung von M auf w mehr als $d \cdot s(|w|)$ Speicherplätze.

Jetzt beschreiben wir eine $(k + 2)$-Band-TM A, die alle Berechnungen von M von höchstens der Länge $|\text{InKonf}_M(n)|$ simuliert. Für jedes $w \in \Sigma^*$ arbeitet A wie folgt.

(i) A schreibt $0^{s(|w|)}$ auf das $(k + 2)$-te Band.

(ii) A schreibt $0^{d \cdot s(|w|)}$ auf das $(k + 1)$-te Band und löscht dabei den Inhalt des $(k + 2)$-ten Bandes.

(iii) A generiert eins nach dem anderen alle Wörter $z \in \{1, 2, \ldots, r_M\}^*$ von höchstens der Länge $d \cdot s(|w|)$ auf dem $(k + 2)$-ten Band. Für jedes z simuliert A auf den ersten k Arbeitsbändern die entsprechende Berechnung (falls eine solche existiert) von der nichtdeterministischen k-Band-TM M auf w. Falls M in irgendeiner dieser simulierten Berechnungen seinen akzeptierenden Zustand q_{accept} erreicht, dann akzeptiert A die Eingabe w. Falls in keiner Berechnung von M auf w der Zustand q_{accept} erreicht wird, verwirft A das Wort w.

$T_{M,x}$

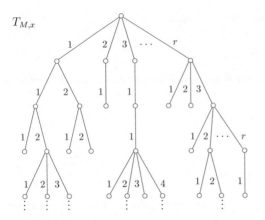

Abb. 9.49

Offensichtlich ist $L(A) = L(M)$, weil M keine längeren Berechnungen als $d \cdot s(n)$ hat, und damit überprüft A im Fall des Verwerfens alle Berechnungen von M auf der Eingabe. $\mathrm{Space}_M(n) \leq d \cdot s(n)$ gilt, weil $\mathrm{Space}_M(n) \leq \mathrm{Time}_M(n)$. Somit überschreitet A auf den ersten k Arbeitsbändern, die zur Simulation von M benutzt werden, nie die Speicherplatzkomplexität $\mathrm{Space}_M(n) \leq d \cdot s(n)$. Das $(k+1)$-te Band benutzt genau $d \cdot s(n)$ Felder für $0^{d \cdot s(|w|)}$. Weil auch das $(k+2)$-te Band während der Simulation ein Wort aus $\{1, 2, \ldots, r\}^*$ von höchstens der Länge $d \cdot s(n)$ enthält, gilt $\mathrm{Space}_A(n) \leq d \cdot s(n)$. □

Korollar 8:

NP $\subseteq$ PSPACE.

Wir kennen keine effizientere allgemeine deterministische Simulation von nichtdeterministischen Algorithmen, als systematisch alle Berechnungen eines gegebenen nichtdeterministischen Algorithmus zu simulieren[50]. Dies führt dann aber beim Übergang von Nichtdeterminismus zu Determinismus zum exponentiellen Wachstum der Zeitkomplexität. So ist es in Satz 17, und wir beobachten dies auch bei der auf Tiefensuche basierten Simulation in Satz 3.

Der nächste Satz gibt die beste bekannte zeiteffiziente deterministische Simulation von nichtdeterministischem Speicherplatz.

Satz 18:   *Für jede platzkonstruierbare Funktion s, $s(n) \geq \log_2 n$, gilt*

$$\mathrm{NSPACE}(s(n)) \subseteq \bigcup_{c \in \mathbb{N}} \mathrm{TIME}(c^{s(n)}).$$

Korollar 9:

NLOG $\subseteq$ P *und* NPSPACE $\subseteq$ EXPTIME.

Eine ein bisschen anspruchsvollere Suche[51] in dem Graph $G(w)$ aller potentiell möglichen Konfigurationen auf w führt zu folgendem Resultat.

---

[50]Heutzutage glauben die meisten Forscher nicht an die Existenz einer wesentlich effizienteren Simulation nichtdeterministischer Algorithmen, aber die Nichtexistenz solcher Simulationsmethoden wurde noch nicht bewiesen.
[51]In der man $G(w)$ nie komplett konstruiert, weil dies zu hohen Speicherbedarf verursachen würde.

Satz 19 (Satz von Savitch):[*]   *Sei s mit $s(n) \geq \log_2 n$ eine platzkonstruierbare Funktion. Dann*

$$\mathrm{NSPACE}(s(n)) \subseteq \mathrm{SPACE}(s(n)^2).$$

Korollar 10:

PSPACE = NPSPACE

Von keiner der oben abgegebenen Simulationen von nichtdeterministischen Berechnungen durch deterministische Berechnungen weiß man, ob es die effizienteste mögliche Simulation ist. Die Zusammenfassung vorgestellter Resultate führt zu der sogenannten **fundamentalen Komplexitätsklassenhierarchie der sequentiellen Berechnungen**;

DLOG $\subseteq$ NLOG $\subseteq$ P $\subseteq$ NP $\subseteq$ PSPACE $\subseteq$ EXPTIME.

Für jede von diesen Inklusionen ist es unbekannt, ob es eine echte Inklusion ist. Einige echte Inklusionen müssen aber dabei sein, weil DLOG $\subsetneq$ PSPACE und P $\subsetneq$ EXPTIME direkte Folgerungen von Hierarchiesätzen sind. Die Bestimmung, welche der Inklusionen echt sind, ist seit 30 Jahren das zentrale offene Problem der Theoretischen Informatik.

9.6.5 Die Klasse NP und Beweisverifikation

In der fundamentalen Komplexitätsklassenhierarchie konzentriert sich das Interesse auf die Relation zwischen P und NP. Das Problem, ob P = NP oder P $\subsetneq$ NP gilt, ist das wohl **bekannteste offene Problem der Informatik** und heutzutage zählt es auch zu den wichtigsten offenen Problemen der Mathematik. Für dieses große Interesse gibt es mehrere Gründe. Einerseits verbindet man die polynomielle Zeit mit der praktischen Lösbarkeit. Wir kennen heute über 3000 praktisch interessante Probleme, die in NP liegen, und für keines dieser Probleme ist ein deterministischer polynomieller Algorithmus bekannt. Wir würden gerne wissen, ob diese Probleme auch in P oder in NP $-$ P liegen. Ein anderer Grund hängt mit dem fundamentalen Begriff des mathematischen Beweises zusammen. Die Zeitkomplexität der deterministischen Berechnungen entspricht in gewissem Rahmen der Komplexität der algorithmischen Herstellung von mathematischen Beweisen, während die Zeitkomplexität nichtdeterministischer Berechnungen der Komplexität der algorithmischen Beweisverifikation entspricht. So ist der Vergleich von P und NP äquivalent zu der Frage, ob es einfacher ist, gegebene Beweise zu verifizieren als sie herzustellen. Die Zielsetzung dieses Abschnittes ist es, den Zusammenhang zwischen der Klasse NP und der polynomialzeit-beschränkten Beweisverifikation zu zeigen.

Skizzieren wir zuerst den Zusammenhang zwischen Berechnungen und Beweisen. Sei C eine akzeptierende Berechnung einer TM M auf einer Eingabe x. Dann kann C zweifellos auch als ein Beweis der Behauptung „$x \in L(M)$" gesehen werden. Analog ist eine verwerfende Berechnungen einer (deterministischen) TM M auf einem Wort w ein Beweis der Behauptung „$x \notin L(M)$". Von klassischen mathematischen Beweisen ist diese Vorstellung nicht weit entfernt. Betrachten wir L als eine Sprache, die alle korrekten Sätze (Aussagen) einer mathematischen Theorie enthält. Dann ist der Beweis von „$x \in L(M)$" nichts anderes als der Beweis der Korrektheit (Gültigkeit) des Satzes x und der Beweis von „$x \notin L(M)$" ist der Beweis der Ungültigkeit von x. Wenn zum Beispiel L = SAT, wobei

$$\mathrm{SAT} = \{x \in (\Sigma_{\mathrm{logic}})^* \mid x \text{ kodiert eine erfüllbare Formel in KNF}\},$$

ist die Tatsache „$\Phi \in \mathrm{SAT}$" äquivalent zu der Behauptung „Φ ist eine erfüllbare Formel".

Versuchen wir jetzt den Zusammenhang zwischen nichtdeterministischen Berechnungen und Beweisverifikation herzustellen. Die typische nichtdeterministische Berechnung startet mit dem

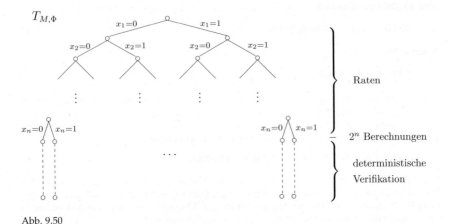

Abb. 9.50

Raten und fährt mit dem Verifizieren des Geratenen fort. Das Geratene könnte ein Beweis von „$x \in L$" sein, oder es könnte eine essentielle Information (ein Zertifikat oder ein Zeuge von „$x \in L$" genannt) sein, mit deren Hilfe man den Beweis von „$x \in L$" effizient herstellen kann. Veranschaulichen wir dies wieder anhand des Erfüllbarkeitsproblems. Für eine Formel Φ über n Booleschen Variablen $x_1, \ldots, x_n$ rät eine NTM M in den ersten n Schritten die Belegung $\alpha_1, \ldots, \alpha_n$ für $x_1, \ldots, x_n$. Dann berechnet M den Wahrheitswert $\Phi(\alpha_1, \ldots, \alpha_n)$, um zu verifizieren, ob $\alpha_1, \ldots, \alpha_n$ die Formel Φ wirklich erfüllt (Abbildung 9.50). Falls $\alpha_1, \ldots, \alpha_n$ die Formel Φ erfüllt, ist es klar, dass wir den Beweis von „Φ ist erfüllbar" effizient herstellen können, wenn uns jemand $\alpha_1, \ldots, \alpha_n$ kostenlos gibt. Der Beweis ist nichts anderes als die Auswertung von Φ auf $\alpha_1, \ldots, \alpha_n$. Deswegen nennen wir $\alpha_1, \ldots, \alpha_n$ das Zertifikat oder den Zeugen für die Aussage „Φ ist erfüllbar". Die Zeitkomplexität von M ist die Zeitkomplexität des Ratens plus die Komplexität des Verifizierens. Der wesentliche Aufwand ist dabei dem Verifizieren gewidmet.

Unser Ziel ist jetzt zu zeigen, dass man alle polynomiellen nichtdeterministischen Turingmaschinen so umwandeln kann, dass sie am Anfang raten und dann das Geratene deterministisch verifizieren. Dadurch reduziert sich die Zeitkomplexität der nichtdeterministischen Algorithmen auf die Zeitkomplexität der Beweisverifikation (der Zertifikatüberprüfung).

Definition 39:   *Sei $L \subseteq \Sigma^*$ eine Sprache und sei $p : \mathbb{N} \to \mathbb{N}$ eine Funktion. Wir sagen, dass eine MTM (ein Algorithmus) A ein p-**Verifizierer** für L ist, $V(A) = L$, falls A mit folgenden Eigenschaften auf allen Eingaben aus $\Sigma^* \times (\Sigma_{\text{bool}})^*$ arbeitet:*

   (i) *$\text{Time}_A(w, x) \leq p(|w|)$ für jede Eingabe $(w, x) \in \Sigma^* \times (\Sigma_{\text{bool}})^*$.*

   (ii) *Für jedes $w \in L$ existiert ein $x \in (\Sigma_{\text{bool}})^*$, so dass $|x| \leq p(|w|)$ und $(w, x) \in L(A)$ (das heißt A akzeptiert (w, x)). Das Wort x nennt man den **Beweis** oder den **Zeugen** der Behauptung $w \in L$.*

   (iii) *Für jedes $y \notin L$ gilt $(y, z) \notin L(A)$ für alle $z \in (\Sigma_{\text{bool}})^*$.*

*Falls $p(n) \in O(n^k)$ für ein $k \in \mathbb{N}$, so sagen wir, dass A ein **Polynomialzeit-Verifizierer** ist. Wir definieren die **Klasse der in Polynomialzeit verifizierbaren Sprachen** als*

$$\mathbf{VP} = \{V(A) \mid A \text{ ist ein Polynomialzeit-Verifizierer}\}.$$

Man bemerke, dass $L(A)$ und $V(A)$ unterschiedliche Sprachen für einen p-Verifizierer A sind.

Aus Definition 39 folgt

$$V(A) = \{w \in \Sigma^* \mid \text{ es existiert ein } x \text{ mit } |x| \leq p(|w|), \text{ so dass } (w, x) \in L(A)\}.$$

Ein p-Verifizierer A für eine Sprache L ist also ein deterministischer Algorithmus, der für eine Eingabe (w, x) verifiziert, ob x ein Beweis (ein Zeuge) für „$w \in L$" ist. A verifiziert erfolgreich ($w \in V(A)$), wenn es einen Beweis x für „$w \in L$" gibt mit $|x| \leq p(|w|)$. Die Gleichheit $V(A) = L$ fordert die Existenz eines Beweises x für „$w \in L$" mit $|x| \leq p(|w|)$ für jedes $w \in L$.

▶ BEISPIEL 14: Ein $O(n^2)$-Verifizierer A für SAT kann wie folgt arbeiten. Für jede Eingabe (w, x) überprüft A zuerst, ob w die Kodierung einer Formel Φ_w in KNF ist. Falls nicht, verwirft A die Eingabe (w, x). Ansonsten berechnet A die Anzahl n der in Φ_w vorkommenden Variablen und überprüft, ob die Länge von $x \in \{0, 1\}^*$ mindestens n ist. Falls x kürzer ist als n, verwirft A seine Eingabe. Falls $|x| \geq n$, interpretiert A die ersten n Bits von x als eine Belegung der Variablen in Φ_w und überprüft, ob diese Belegung die Formel Φ_w erfüllt.

▶ BEISPIEL 15: Eine k-Clique eines Graphen G mit n Knoten, $k \leq n$, ist ein vollständiger Teilgraph von k Knoten in G. Sei

$$\text{CLIQUE} \quad = \quad \{x\#y \mid x, y \in \{0, 1\}^*, x \text{ kodiert einen Graphen } G_x,$$
$$\text{der eine } \textit{Nummer}(y)\text{-Clique enthält}\}.$$

Ein Polynomialzeit-Verifizierer B für CLIQUE arbeitet wie folgt. Für jede Eingabe (w, z) überprüft B, ob $w = x\#y$, wobei x die Kodierung eines Graphen G_x und $y \in (\Sigma_{\text{bool}})^*$ ist. Falls nicht, verwirft B seine Eingabe. Falls ja und G_x n Knoten $v_1, \ldots, v_n$ hat, überprüft B, ob $\textit{Nummer}(y) \leq n$ und $|z| \geq \lceil \log_2(n+1) \rceil \cdot \textit{Nummer}(y)$ gelten. Falls nicht, verwirft B seine Eingabe (w, z). Falls ja, interpretiert B das Präfix von z der Länge $\lceil \log_2(n+1) \rceil \cdot \textit{Nummer}(y)$ als eine Kodierung von $\textit{Nummer}(y)$ Zahlen aus $\{1, 2, \ldots, n\}$. B verifiziert, ob es sich um $\textit{Nummer}(y)$ unterschiedliche Zahlen $i_1, i_2, \ldots, i_{\textit{Nummer}(y)}$ handelt und ob die Knoten $v_{i_1}, v_{i_2}, \ldots, v_{i_{\textit{Nummer}(y)}}$ einen vollständigen Graphen in G_x bilden. Falls ja, akzeptiert B die Eingabe (w, z), ansonsten verwirft B die Eingabe.

Die folgende Behauptung zeigt, dass man jede polynomielle NTM in eine äquivalente NTM umwandeln kann, die alle nichtdeterministischen Entscheidungen am Anfang macht und dann nur die Richtigkeit des Geratenen verifiziert.

Satz 20:

VP = NP.

Beweis. Wir beweisen VP = NP durch die zwei Inklusionen NP ⊆ VP und VP ⊆ NP.

(i) Zuerst zeigen wir NP ⊆ VP.

Sei $L \in$ NP, $L \subseteq \Sigma^*$ für ein Alphabet Σ. Damit ist $L = L(M)$ für eine polynomielle NTM M mit $\text{Time}_M(n) \in O(n^k)$ für ein $k \in \mathbb{N} - \{0\}$. Ohne Einschränkung der Allgemeinheit dürfen wir voraussetzen, dass M für jedes Argument eine Wahl aus höchstens zwei Möglichkeiten hat. Wir beschreiben jetzt einen Verifizierer A, der für eine Eingabe $(x, c) \in \Sigma^* \times (\Sigma_{\text{bool}})^*$ wie folgt arbeitet:

a) A interpretiert c als einen Navigator für die Simulation der nichtdeterministischen Entscheidungen von M. A simuliert schrittweise die Arbeit von M auf x. Falls M eine Wahl zwischen zwei Möglichkeiten hat, dann wählt A die erste Möglichkeit, falls das nächste Bit von c eine 0 ist, und A nimmt die zweite Möglichkeit, wenn das nächste Bit von c eine 1 ist. (Dies ist eine Strategie, um eine Berechnung von M auf x eindeutig durch ein Wort zu bestimmen, ähnlich zu der Strategie im Beweis des Satzes 17.)

b) Falls M noch eine nichtdeterministische Wahl hat, aber schon alle Bits von c verbraucht sind, dann hält A und verwirft die Eingabe (x, c).

c) Falls A es schafft, die durch c bestimmte Berechnung von M auf x vollständig zu simulieren, dann akzeptiert A seine Eingabe (x, c) genau dann, wenn M das Wort x in der durch c bestimmten Berechnung akzeptiert.

Wir zeigen jetzt, dass A ein Polynomialzeit-Verifizierer mit $V(A) = L(M)$ ist. Falls $x \in L(M)$, dann läuft die kürzeste akzeptierende Berechnung $C_{M,x}$ von M auf x in der Zeit $O(|x|^k)$. Dann aber existiert ein Zertifikat (Navigator) c mit $|c| \leq |C_{M,x}|$, dass die Berechnung $C_{M,x}$ bestimmt. Weil A jeden Schritt von M in einem Schritt simuliert, läuft die Berechnung von A auf (x, c) in der Zeit $O(|x|^k)$.

Falls $x \notin L(M)$, existiert keine akzeptierende Berechnung von M auf x, und so verwirft A die Eingaben (x, d) für alle $d \in (\Sigma_{bool})^*$.

Damit ist A ein $O(n^k)$-Verifizierer mit $V(A) = L(M)$.

(ii) Wir zeigen jetzt VP $\subseteq$ NP.

Sei $L \in$ VP, $L \subseteq \Sigma^*$ für ein Alphabet Σ. Dann existiert ein Polynomialzeit-Verifizierer A mit $V(A) = L$. Wir betrachten eine NTM M, die auf jeder Eingabe $x \in \Sigma^*$ wie folgt arbeitet.

a) M generiert nichtdeterministisch ein Wort $c \in (\Sigma_{bool})^*$.

b) M simuliert schrittweise die Arbeit von A auf (x, c).

c) M akzeptiert x genau dann, wenn A seine Eingabe (x, c) akzeptiert.

Offensichtlich ist $L(M) = V(A)$ und $\text{Time}_M(x) \leq 2 \cdot \text{Time}_A(x, c)$ für jedes $x \in L(M)$ und einen kürzesten Zeugen $c \in (\Sigma_{bool})^*$ von $x \in L(M)$. Somit arbeitet M in polynomieller Zeit und es gilt $L \in$ NP. $\square$

Nach Satz 20 ist die Klasse NP die Klasse aller Sprachen L, die für jedes $x \in L$ einen in $|x|$ polynomiell langen Beweis von „$x \in L$" haben, welchen man deterministisch in polynomieller Zeit bezüglich $|x|$ verifizieren kann.

9.6.6 NP-Vollständigkeit

Im Unterschied zur Theorie der Berechenbarkeit, bei der man über gut ausgearbeitete Methoden zur Klassifizierung der Probleme in algorithmisch lösbare und algorithmisch unlösbare verfügt, hat man in der Komplexitätstheorie keine mathematischen Methoden zur Klassifizierung konkreter Probleme bezüglich der praktischen Lösbarkeit (der Zugehörigkeit zu P) gefunden. Es fehlen ausreichend starke Techniken, um untere Schranken für die Komplexität konkreter Probleme zu beweisen. Wie weit man von einem Beweis einer Aussage, dass ein konkretes Problem nicht in polynomieller Zeit lösbar ist, entfernt ist, zeigt die folgende Tatsache. Die höchste bekannte untere Schranke für die Zeitkomplexität von Mehrband-Turingmaschinen zur Lösung eines konkreten Entscheidungsproblems aus NP ist die triviale untere Schranke[52] $\Omega(n)$ (man kann bisher noch nicht einmal eine untere Schranke $\Omega(n \cdot \log n)$ für irgendein Problem aus NP beweisen), obwohl für tausende Probleme aus NP die schnellsten bekannten Algorithmen in exponentieller Zeit laufen. Wir sind also bei vielen Problemen, von denen wir glauben, dass $\Omega(2^n)$ eine untere Schranke für die Zeitkomplexität ist, nicht imstande, eine höhere Schranke als $\Omega(n)$ zu beweisen.

Um diese Lücke zwischen der beweistechnischen Realität und dem Gewünschten zumindest teilweise zu überwinden, überlegten die Forscher, ob man eine Methodik zur Klassifizierung von

---

[52]Die Zeit, die man braucht, um überhaupt die ganze Eingabe einmal zu lesen.

Problemen bezüglich praktischer Lösbarkeit entwickeln könnte, wenn man sich eine zusätzliche, zwar unbewiesene aber glaubwürdige, Annahme erlaubt. Dies führte zu dem Konzept der NP-Vollständigkeit, das eine solche Klassifizierung von Problemen unter der Voraussetzung $P \subsetneq NP$ ermöglicht. Das Ziel dieses Abschnittes ist es, dieses Konzept vorzustellen.

Zuerst diskutieren wir die **Glaubwürdigkeit der Annahme** $P \subsetneq NP$. Den theoretischen Hintergrund für diese Annahme haben wir im Abschnitt 9.6.5 vermittelt. Man glaubt nicht, dass die Beweisverifizierung den gleichen Schwierigkeitsgrad wie die Beweiserzeugung hat. Weiterhin sieht man trotz großer Mühe keine andere Möglichkeit, nichtdeterministische Algorithmen deterministisch zu simulieren, als systematisch alle nichtdeterministischen Berechnungen zu überprüfen. Weil aber die nichtdeterministischen Berechnungsbäume in ihrer Tiefe exponentiell viele Berechnungen beinhalten können und die Tiefe des Baumes der Zeitkomplexität entspricht, scheint ein exponentielles Wachstum der Zeitkomplexität bei einer solchen deterministischen Simulation unvermeidbar.

Ein praktischer Grund für die Annahme $P \subsetneq NP$ basiert auf der 40-jährigen Erfahrung in der Algorithmik. Wir kennen mehr als 3000 Probleme in NP, viele davon sehr intensiv untersucht, für die die besten bekannten deterministischen Algorithmen eine exponentielle Komplexität haben. Die Algorithmiker halten es nicht für sehr wahrscheinlich, dass dieser Zustand nur eine Folge ihrer Unfähigkeit ist, existierende effiziente Algorithmen für diese Probleme zu finden.

Wir setzen jetzt $P \subsetneq NP$ für den Rest dieses Abschnittes voraus. Wie kann uns das helfen, Resultate der Art $L \notin P$ zu zeigen? Die **Idee** ist, eine Klasse von schwersten Problemen in NP zu spezifizieren. Die Spezifikation muss so erfolgen, dass die Zugehörigkeit eines der schwersten Probleme in P automatisch $P = NP$ fordert. Weil wir $P \neq NP$ vorausgesetzt haben, dürfte dann keines der schweren Probleme in P sein.

Ähnlich wie in der Theorie der Berechenbarkeit nutzen wir jetzt den klassischen mathematischen Ansatz der Reduktion zur Definition der schwersten Probleme in NP. Ein Problem L aus NP ist schwer, wenn man jedes Problem aus NP effizient auf L reduzieren kann.

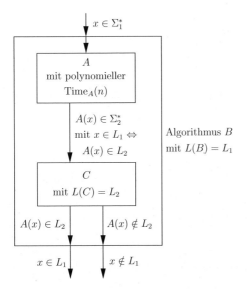

Abb. 9.51

Defintion 40: *Seien $L_1 \subseteq \Sigma_1^*$ und $L_2 \subseteq \Sigma_2^*$ zwei Sprachen. Wir sagen, dass L_1* **polynomiell auf** L_2 **reduzierbar ist,** $L_1 \leq_p L_2$*, falls eine polynomielle TM (ein polynomieller Algorithmus) A existiert (Abbildung 9.51), der für jedes Wort $x \in \Sigma_1^*$ ein Wort $A(x) \in \Sigma_2^*$ berechnet* [53]*, so dass*

$$x \in L_1 \iff A(x) \in L_2.$$

A wird eine **polynomielle Reduktion** *von L_1 auf L_2 genannt.*

Wir sehen, dass man die Reduktion $\leq_p$ aus der Reduktion $\leq_{EE}$ durch die zusätzliche Forderung der Effizienz der Reduktion erhält (Abbildung 9.51). Wieder bedeutet $L_1 \leq_p L_2$, dass L_2 mindestens so schwer (in Bezug auf die Lösbarkeit in polynomieller Zeit) wie L_1 ist.

Defintion 41: *Eine Sprache L ist* **NP-schwer,** *falls für alle Sprachen $L' \in$ NP gilt $L' \leq_p L$.*

Eine Sprache L ist **NP-vollständig,** *falls*

(i) $L \in$ NP, und

(ii) L ist NP-schwer.

Die Menge der NP-vollständigen Sprachen betrachten wir jetzt als die gesuchte Teilklasse von schwersten Entscheidungsproblemen in NP. Die folgende Behauptung zeigt die gewünschten Eigenschaften der schwersten Probleme in NP – die leere Schnittmenge zwischen P und der Menge der NP-vollständigen Sprachen, falls P $\subsetneq$ NP (Abbildung 9.52).

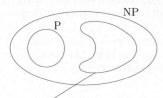

NP-vollständige Sprachen   Abb. 9.52

Lemma 22: *Falls $L \in$ P und L ist NP-schwer, dann P = NP.*

Beweis. Sei L eine NP-schwere Sprache und sei $L \in$ P. $L \in$ P impliziert die Existenz einer polynomiellen TM M mit $L = L(M)$. Wir beweisen, dass für jede Sprache $U \in$ NP, $U \subseteq \Sigma^*$ für ein Alphabet Σ, eine polynomielle MTM A_U mit $L(A_U) = U$ existiert und deshalb $U \in$ P.

Da $U \leq_p L$ für jede Sprache $U \in$ NP, existiert eine polynomielle TM B_U, so dass

$$x \in U \iff B_U(x) \in L.$$

Wir beschreiben jetzt eine polynomielle MTM A_U mit $L(A_U) = U$. Für jede Eingabe $x \in \Sigma^*$ arbeitet A_U wie folgt.

(i) A_U simuliert die Arbeit von B_U auf x und berechnet $B_U(x)$.

(ii) A_U simuliert die Arbeit von M auf $B_U(x)$. A_U akzeptiert x genau dann, wenn M das Wort $B_U(x)$ akzeptiert.

Weil $x \in U \iff B_U(x) \in L$, gilt $L(A_U) = U$. Da $\text{Time}_{A_U}(x) = \text{Time}_{B_U}(x) + \text{Time}_M(B_U(x))$, $|B_U(x)|$ polynomiell in x ist, und die Turingmaschinen B_U und M in polynomieller Zeit arbeiten, arbeitet auch A_U in polynomieller Zeit. $\qquad\square$

---

[53]Man bemerke, dass $|A(x)|$ polynomiell in $|x|$ ist, weil A in polynomieller Zeit arbeitet.

Wir haben jetzt die gewünschte Definition der schwersten Probleme in NP, vorausgesetzt, dass die Klasse der NP-vollständigen Sprachen nicht leer ist. Der nächste Satz zeigt, dass diese Gefahr nicht besteht, weil SAT NP-vollständig ist.

Die NP-Schwere von SAT sagt aus, dass die Ausdrucksstärke von Booleschen Formeln in KNF sehr hoch ist, weil man für jede Sprache $L \in$ NP die Frage „Ist x in L?" als die Frage, ob eine bestimmte Formel erfüllbar ist, ausdrücken kann. Die Ausdrucksstärke von Formeln alleine sollte aber nicht überraschend sein, weil man durch Formeln beliebige Texte beschreiben kann, und diese Texte können beliebige Objekte wie Sätze, Beweise, Berechnungen usw. darstellen. Wir illustrieren dies jetzt an einem kleinen Beispiel. Wir wollen eine Boolesche Formel in KNF konstruieren, die es ermöglicht, Matrizen der Größe 3×3 über $\{-1, 0, 1\}$ zu beschreiben. Sie ist genau dann erfüllbar, wenn die Matrix in jeder Zeile und in jeder Spalte genau eine 1 enthält. Dazu wählen wir uns für alle $i, j \in \{1, 2, 3\}$ und alle $k \in \{-1, 0, 1\}$ die Variablen $x_{i,j,k}$ mit deren Belegung wir dank folgender Bedeutung der 27 betrachteten Variablen eine beliebige (3×3)-Matrix $A = (a_{ij})_{i,j=1,2,3}$ über $\{-1, 0, 1\}$ darstellen können.

$$x_{i,j,1} = 1 \iff \text{wenn } a_{ij} = 1$$
$$x_{i,j,0} = 1 \iff \text{wenn } a_{ij} = 0$$
$$x_{i,j,-1} = 1 \iff \text{wenn } a_{ij} = -1$$

Damit kann man die Matrix

$$\begin{pmatrix} 1 & 0 & 0 \\ -1 & 0 & 1 \\ 0 & 1 & 0 \end{pmatrix}$$

durch die folgende Belegung der 27 Variablen eindeutig bestimmen:

$$x_{1,1,1} = 1, x_{1,1,0} = 0, x_{1,1,-1} = 0, x_{1,2,1} = 0, x_{1,2,0} = 1, x_{1,2,-1} = 0,$$
$$x_{1,3,1} = 0, x_{1,3,0} = 1, x_{1,3,-1} = 0, x_{2,1,1} = 0, x_{2,1,0} = 0, x_{2,1,-1} = 1,$$
$$x_{2,2,1} = 0, x_{2,2,0} = 1, x_{2,2,-1} = 0, x_{2,3,1} = 1, x_{2,3,0} = 0, x_{2,3,-1} = 0,$$
$$x_{3,1,1} = 0, x_{3,1,0} = 1, x_{3,1,-1} = 0, x_{3,2,1} = 1, x_{3,2,0} = 0, x_{3,2,-1} = 0,$$
$$x_{3,3,1} = 0, x_{3,3,0} = 1, x_{3,3,-1} = 0.$$

Wir bemerken, dass es auch Belegungen gibt, die keine Matrix darstellen. Zum Beispiel ist die Belegung $x_{1,1,1} = 1 = x_{1,1,0}$ so zu interpretieren, dass a_{11} beide Werte 1 und 0 annimmt, was nicht zulässig ist. Um dieses auszuschließen, konstruieren wir zuerst eine Formel, die nur für die Belegungen erfüllt ist, die eine (3×3)-Matrix über $\{-1, 0, 1\}$ bestimmen (das heißt, jede Position der Matrix enthält genau einen Wert). Für alle $i, j \in \{1, 2, 3\}$ garantiert die Formel

$$\begin{aligned} F_{i,j} = \ & (x_{i,j,1} \vee x_{i,j,0} \vee x_{i,j,-1}) \wedge \\ & (\bar{x}_{i,j,1} \vee \bar{x}_{i,j,0}) \wedge (\bar{x}_{i,j,1} \vee \bar{x}_{i,j,-1}) \wedge (\bar{x}_{i,j,0} \vee \bar{x}_{i,j,-1}), \end{aligned}$$

dass genau eine der Variablen $x_{i,j,1}, x_{i,j,0}, x_{i,j,-1}$ den Wert 1 annimmt[54] und so der Inhalt der Position (i, j) der Matrix eindeutig bestimmt ist. Somit bestimmt jede Belegung, die die Formel

$$\Phi = \bigwedge_{1 \leq i,j \leq 3} F_{i,j}$$

erfüllt, eindeutig eine (3×3)-Matrix über $\{-1, 1, 0\}$.

Für $i = 1, 2, 3$ garantiert die Formel

$$\begin{aligned} Z_i = \ & (x_{i,1,1} \vee x_{i,2,1} \vee x_{i,3,1}) \wedge \\ & (\bar{x}_{i,1,1} \vee \bar{x}_{i,2,1}) \wedge (\bar{x}_{i,1,1} \vee \bar{x}_{i,3,1}) \wedge (\bar{x}_{i,2,1} \vee \bar{x}_{i,3,1}) \end{aligned}$$

---

[54]Die elementare Disjunktion $x_{i,j,1} \vee x_{i,j,0} \vee x_{i,j,-1}$ garantiert, dass mindestens eine der Variablen wahr ist. Die elementare Disjunktion $(\bar{x}_{i,j,1} \vee \bar{x}_{i,j,0})$ garantiert, dass mindestens eine der Variablen $x_{i,j,1}$ und $x_{i,j,0}$ den Wert 0 annimmt.

dass die i-te Zeile genau eine Eins enthält. Analog garantiert

$$S_j = (x_{1,j,1} \vee x_{2,j,1} \vee x_{3,j,1}) \wedge$$
$$(\bar{x}_{1,j,1} \vee \bar{x}_{2,j,1}) \wedge (\bar{x}_{1,j,1} \vee \bar{x}_{3,j,1}) \wedge (\bar{x}_{2,j,1} \vee \bar{x}_{3,j,1})$$

für $j = 1, 2, 3$, dass die j-te Spalte genau eine Eins enthält.
Somit ist

$$\Phi \wedge \bigwedge_{i=1,2,3} Z_i \wedge \bigwedge_{j=1,2,3} S_j$$

die gesuchte Boolesche Formel in KNF.

Mit der oben beschriebenen Strategie kann man Texte auf einem Blatt Papier beschreiben. Das Blatt kann man sich als eine passende $(n \times m)$-Matrix über Elementen aus Σ_{Tastatur} vorstellen. Dann reichen $n \cdot m \cdot |\Sigma_{\text{Tastatur}}|$ Boolesche Variablen, um dieses Ziel zu realisieren.

Wir sehen also, dass wir durch Formeln beliebige Texte und somit auch Konfigurationen einer TM darstellen können. Der Kern des Beweises des folgenden Satzes liegt darin, dass wir zusätzlich auch inhaltliche semantische Zusammenhänge des Textes, zum Beispiel wie eine Konfiguration in einem Berechnungsschritt einer TM aus einer anderen Konfiguration erreichbar ist, durch die Erfüllbarkeit einer Formel ausdrücken können. Wichtig ist dabei noch, dass man solche Formeln effizient algorithmisch konstruieren kann, was auch bedeutet, dass die Formel nicht zu lang im Bezug auf das Eingabewort der beschriebenen Berechnung ist.

Satz 21 (Satz von Cook):* SAT *ist NP-vollständig.*

Beweis. Im Beispiel 6.1 (siehe auch Fig 6.2) haben wir schon bewiesen, dass SAT in VP=NP liegt.

Es bleibt zu zeigen, dass alle Sprachen aus NP auf SAT polynomiell reduzierbar sind. Aus der Definition der Klasse NP folgt, dass für jede Sprache $L \in$ NP eine NTM M mit $L(M) = L$ und $\text{Time}_M(n) \in O(n^c)$ für ein $c \in \mathbb{N}$ existiert (das heißt, M ist eine endliche Darstellung von L, die wir als Eingabe für die folgende polynomielle Reduktion benutzen dürfen). Es reicht also zu zeigen:

> *„Für jede polynomielle NTM M gilt $L(M) \leq_p$ SAT."*

Sei $M = (Q, \Sigma, \Gamma, \delta, q_0, q_{\text{accept}}, q_{\text{reject}})$ eine beliebige NTM mit $\text{Time}_M(n) \leq p(n)$ für ein Polynom p. Sei $Q = \{q_0, q_1, \ldots, q_{s-1}, q_s\}$, wobei $q_{s-1} = q_{\text{reject}}$ und $q_s = q_{\text{accept}}$, und sei $\Gamma = \{X_1, \ldots, X_m\}$, $X_m = \sqcup$. Wir entwerfen eine polynomielle Reduktion $B_M : \Sigma^* \to (\Sigma_{\text{logic}})^*$, so dass für alle $x \in \Sigma^*$:

$$x \in L(M) \iff B_M(x) \in \text{SAT}$$

Sei w ein beliebiges Wort aus Σ^*. B_M soll eine Formel $B_M(w)$ konstruieren, so dass

$$w \in L(M) \iff B_M(w) \text{ ist erfüllbar.}$$

Das bedeutet, dass wir eine Formel konstruieren müssen, die alle Möglichkeiten der Arbeit von M auf w beschreibt. Die Idee ist, die Bedeutung der Variablen so zu wählen, dass eine Beschreibung einer beliebigen Konfiguration zu einem beliebigen Zeitpunkt möglich ist. Wir wissen, dass $\text{Space}_M(|w|) \leq \text{Time}_M(|w|) \leq p(|w|)$ und somit jede Konfiguration höchstens die Länge $p(|w|) + 2$ hat[55], was für die gegebene Eingabe w eine feste Zahl aus $\mathbb{N}$ ist. Um uns die Beschreibung zu vereinfachen, stellen wir jede Konfiguration

$$(\mathfrak{c} Y_1 Y_2 \ldots Y_{i-1} q Y_i \ldots Y_d)$$

---

[55] Die Konfiguration enthält den Inhalt der Bandpositionen $0, \ldots, p(|w|)$ und den Zustand.

für $d \leq p(|w|)$ als

$$(\xi Y_1 Y_2 \ldots Y_{i-1} q Y_i \ldots Y_d Y_{d+1} \ldots Y_{p(|w|)})$$

dar, wobei $Y_{d+1} = Y_{d+2} = \ldots = Y_{p(|w|)} = \sqcup$. Somit haben alle Konfigurationen die gleiche Bandlänge $p(|w|) + 1$. Um uns die Suche nach einer akzeptierenden Konfiguration zu erleichtern, erweitern wir δ durch $\delta(q_{\text{accept}}, X) = (q_{\text{accept}}, X, N)$. Damit bleibt M nach dem Erreichen des akzeptierenden Zustandes q_{accept} weiter in q_{accept}, ohne eine Änderung vorzunehmen. Um die Zugehörigkeit von w zu $L(M)$ zu entscheiden, reicht es dann aus, zu testen, ob eine der Konfigurationen, die nach $p(|w|)$ Schritten von M erreicht wird, den Zustand q_{accept} enthält.

Die Formel $B_M(w)$ wird aus folgenden Variablenklassen entstehen:

- $C\langle i, j, t \rangle$ für $0 \leq i \leq p(|w|)$, $1 \leq j \leq m$, $0 \leq t \leq p(|w|)$.
  Die Bedeutung von $C\langle i, j, t \rangle$ ist wie folgt:
  $C\langle i, j, t \rangle = 1 \iff$ Die i-te Position des Bandes von M enthält das Arbeitssymbol
  X_j zum Zeitpunkt t (nach t Berechnungsschritten).
  Wir beobachten, dass die Anzahl solcher Variablen genau $m \cdot ((p(|w|) + 1)^2 \in O((p(|w|))^2)$ ist.

- $S\langle k, t \rangle$ für $0 \leq k \leq s$, $0 \leq t \leq p(|w|)$.
  Die Bedeutung der Booleschen Variable $S\langle k, t \rangle$ ist:
  $S\langle k, t \rangle = 1 \iff$ Die NTM M ist im Zustand q_k zum Zeitpunkt t.
  Die Anzahl solcher Variablen ist $(s + 1) \cdot (p(|w|) + 1) \in O(p(|w|))$.

- $H\langle i, t \rangle$ für $0 \leq i \leq p(|w|)$, $0 \leq t \leq p(|w|)$.
  Die Bedeutung von $H\langle i, t \rangle$ ist:
  $H\langle i, t \rangle = 1 \iff$ Der Kopf von M ist auf der i-ten Position des Bandes zum
  Zeitpunkt t.
  Es gibt genau $(p(|w|) + 1)^2 \in O((p(|w|))^2)$ solcher Variablen.

Wir beobachten, dass wir durch die Belegung aller Variablen mit Werten für ein festes t die Beschreibung einer beliebigen Konfiguration bekommen können. Zum Beispiel lässt sich die Konfiguration

$$(X_{j_0} X_{j_1} \ldots X_{j_{i-1}} q_r X_{j_i} \ldots X_{j_{p(|w|)}})$$

beschreiben durch: $C\langle 0, j_0, t \rangle = C\langle 1, j_1, t \rangle = \ldots = C\langle p(|w|), j_{p(|w|)}, t \rangle = 1$ und $C\langle k, l, t \rangle = 0$ für alle restlichen Variablen aus dieser Klasse;

$H\langle i, t \rangle = 1$ und $H\langle j, t \rangle = 0$ für alle $j \in \{0, 1, \ldots, p(|w|)\}, j \neq i$;

$S\langle r, t \rangle = 1$ und $S\langle l, t \rangle = 0$ für alle $l \in \{0, 1, \ldots, s\}, l \neq r$.

Wenn wir für jeden Zeitpunkt t eine Konfiguration angeben, haben wir also die Möglichkeit, eine beliebige Berechnung von $p(|w|)$ Schritten von M auf w durch die passende Belegung der Variablen zu beschreiben. Es ist wichtig, auch zu beobachten, dass es Belegungen der betrachteten Variablen gibt, die keine Interpretation auf der Ebene von Berechnungen von M auf w haben. So würde zum Beispiel $S\langle 1, 3 \rangle = S\langle 3, 3 \rangle = S\langle 7, 3 \rangle = 1$ und $C\langle 2, 1, 3 \rangle = C\langle 2, 2, 3 \rangle = 1$ bedeuten, dass M im Zeitpunkt 3 (nach drei Berechnungsschritten) gleichzeitig in drei Zuständen q_1, q_3, q_7 ist und die zweite Position des Bandes das Symbol X_1 sowie das Symbol X_2 enthält. Diese Belegung für $t = 3$ entspricht also keiner Konfiguration.

Die Situation kann man sich auch so vorstellen, als ob man ein Blatt Papier der Größe $(p(|w|) + 2) \times (p(|w|) + 1)$ hätte und die Belegung der Variablen bestimmen würde, welche Buchstaben auf jede Position (i, j), $0 \leq i, j \leq p(|w|)$, geschrieben werden. Es kann ein unsinniger Text entstehen, aber es gibt auch Belegungen, bei denen jede Zeile des Blattes eine Konfiguration beschreibt und Belegungen, bei denen diese Folge von Konfigurationen einer Berechnung entspricht. Diese Situation ist in Abbildung 9.53 schematisch dargestellt.

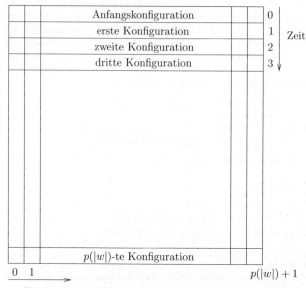

Bandpositionen (Zustände, Kopfpositionen)   Abb. 9.53

Unsere Aufgabe ist jetzt, eine Formel $B_M(w)$ in KNF über den Variablen $C\langle i,j,t\rangle$, $S\langle k,t\rangle$ und $H\langle i,t\rangle$ so zu konstruieren, dass gilt

$$B_M(w) \text{ ist erfüllbar} \iff \text{es existiert eine akzeptierende Berechnung von } M \text{ auf } w.$$

B_M konstruiert die Formel $B_M(x) = A \wedge B \wedge C \wedge D \wedge E \wedge F \wedge G$ in KNF in den folgenden sieben Schritten. Um die Konstruktion anschaulich und übersichtlich zu machen, beschreiben wir zuerst die Bedeutung der einzelnen Formeln A, B, C, D, E, F und G.

A: A soll sicherstellen, dass der Kopf zu jedem Zeitpunkt genau auf einer Position des Bandes steht (das heißt, A soll genau dann erfüllbar sein, wenn genau eine der Variablen $H\langle i,t\rangle$ den Wert 1 hat für alle festen t).

B: Zu jedem Zeitpunkt ist genau ein Arbeitssymbol auf jeder Position des Bandes.

C: Zu jedem Zeitpunkt ist M in genau einem Zustand.

D: In jedem Schritt von M von einer Konfiguration zur nächsten kann nur das Symbol geändert werden, auf dem der Lesekopf steht.

E: Die Änderung des Zustandes, die Bewegung des Kopfes und die Änderung des Bandinhalts in jedem Schritt muss einer möglichen Aktion der NTM M (der Funktion δ) entsprechen.

F: F garantiert, dass die Variablen mit $t = 0$ genau die Anfangskonfiguration von M auf w bestimmen.

G: G garantiert, dass die letzte $(((p(|w|)+1)$-te) Konfiguration eine akzeptierende Konfiguration ist.

Wir sehen, dass die Erfüllbarkeit von $A \wedge B \wedge C$ garantiert, dass unser Blatt in den Zeilen nur Konfigurationen enthält. Der Teil $D \wedge E$ von $B_M(x)$ soll sicherstellen, dass unser Blatt zusätzlich eine Berechnung von M beschreibt. F garantiert, dass diese Berechnung eine Berechnung von M auf w ist, und G garantiert, dass diese Berechnung in q_{accept} endet.

In unserer Konstruktion werden wir öfter eine Formel von mehreren Variablen brauchen, die den Wert 1 genau dann annimmt, wenn genau eine der Variablen den Wert 1 hat. Seien $x_1, x_2, \ldots, x_n$ Boolesche Variablen. Die folgende Formel in KNF hat die gewünschte Eigenschaft bezüglich $x_1, x_2, \ldots, x_n$:

$$U(x_1, x_2, \ldots, x_n) = (x_1 \vee x_2 \vee \ldots \vee x_n) \wedge \left(\bigwedge_{\substack{1 \leq i,j \leq n \\ i \neq j}} (\overline{x_i} \vee \overline{x_j}) \right)$$

Der erste Teil der Formel $x_1 \vee x_2 \vee \ldots \vee x_n$ garantiert, dass mindestens eine der Variablen $x_1, x_2, \ldots x_n$ auf 1 gesetzt werden muss, um U zu erfüllen. Weil der zweite Teil der Formel die elementare Disjunktion $\overline{x_i} \vee \overline{x_j}$ für alle Paare $i, j \in \{1, \ldots, n\}, i \neq j$ enthält, dürfen x_i und x_j nicht zugleich den Wert 1 annehmen. Daher garantiert der zweite Teil der Formel, dass höchstens eine Variable aus $\{x_1, \ldots, x_n\}$ den Wert 1 annehmen darf. Wir bemerken, dass die Länge der Formel $U(x_1, x_2, \ldots, x_n)$ quadratisch in der Anzahl n der Variablen ist.

Jetzt konstruieren wir nacheinander die Formeln A, B, C, D, E, F und G.

(a) Für jedes $t \in \{0, 1, 2, \ldots, p(|w|)\}$ definieren wir

$$A_t = U(H\langle 0, t \rangle, H\langle 1, t \rangle, \ldots, H\langle p(|w|), t \rangle).$$

A_t ist nur dann erfüllt, wenn sich der Lesekopf von M zum Zeitpunkt t genau auf einer Position $i \in \{0, 1, \ldots, p(|w|)\}$ des Bandes befindet. Die Erfüllung der Formel

$$A = A_0 \wedge A_1 \wedge \ldots \wedge A_{p(|w|)} = \bigwedge_{0 \leq i \leq p(|w|)} A_i$$

garantiert, dass sich der Lesekopf zu jedem Zeitpunkt $t \in \{0, 1, \ldots, p(|w|)\}$ auf genau einer Position des Bandes befindet. Die Anzahl der Literale in A ist in $O((p(|w|))^3)$, weil die Anzahl der Literale in A_t quadratisch in $p(|w|) + 1$ ist.

(b) Für alle $i \in \{0, 1, 2, \ldots, p(|w|)\}, t \in \{0, 1, \ldots, p(|w|)\}$ definieren wir

$$B_{i,t} = U(C\langle i, 1, t \rangle, C\langle i, 2, t \rangle, \ldots, C\langle i, m, t \rangle).$$

$B_{i,t}$ ist erfüllt, wenn die i-te Position des Bandes nach t Berechnungsschritten von M genau ein Symbol enthält. Weil $|\Gamma| = m$ eine Konstante ist, ist die Anzahl der Literale in $B_{i,t}$ in $O(1)$. Die Erfüllung der Formel

$$B = \bigwedge_{0 \leq i,t \leq p(|w|)} B_{i,t}$$

garantiert, dass alle Positionen des Bandes zu jedem Zeitpunkt genau ein Symbol enthalten. Die Anzahl der Literale in B ist offensichtlich in $O((p(|w|))^2)$.

(c) Wir definieren für alle $t \in \{0, 1, \ldots, p(|w|)\}$

$$C_t = U(S\langle 0, t \rangle, S\langle 1, t \rangle, \ldots, S\langle s, t \rangle).$$

Wenn eine Belegung von $S\langle 0, t \rangle, \ldots, S\langle s, t \rangle$ die Formel C_t erfüllt, dann ist M zum Zeitpunkt t in genau einem Zustand. Weil $|Q| = s + 1$ eine Konstante ist, ist die Anzahl der Literale in C_t in $O(1)$. Offensichtlich garantiert uns

$$C = \bigwedge_{0 \leq t \leq p(|w|)} C_t,$$

dass M zu jedem Zeitpunkt genau in einem Zustand ist. Die Anzahl der Literale in C ist in $O(p(|w|))$.

(d) Die Formel

$$D_{i,j,t} = (C\langle i,j,t\rangle \leftrightarrow C\langle i,j,t+1\rangle) \vee H\langle i,t\rangle$$

für $0 \leq i \leq p(|w|), 1 \leq j \leq m, 0 \leq t \leq p(|w|) - 1$ sagt aus, dass ein nicht gelesenes Symbol nicht geändert werden darf (wenn $H\langle i,t\rangle = 0$, dann muss im nächsten Schritt das Symbol auf der i-ten Position unverändert bleiben). Offensichtlich kann man $D_{i,j,t}$ in eine KNF mit $O(1)$ Literalen umwandeln.[56] Die gesuchte Formel ist dann

$$D = \bigwedge_{\substack{0 \leq i \leq p(|w|) \\ 1 \leq j \leq m \\ 0 \leq t \leq p(|w|)-1}} D_{i,j,t}$$

und D enthält $O((p(|w|))^2)$ Literale, da m eine Konstante ist.

(e) Wir betrachten für alle $i \in \{0,1,2,\ldots,p(|w|)\}$, $j \in \{1,\ldots,m\}$, $t \in \{0,1,\ldots,p(|w|)\}$, $k \in \{0,1,\ldots,s\}$ die Formel

$$\begin{aligned}
E_{i,j,k,t} = \;& \overline{C\langle i,j,t\rangle} \vee \overline{H\langle i,t\rangle} \vee \overline{S\langle k,t\rangle} \vee \\
& \bigvee_l (C\langle i,j_l,t+1\rangle \wedge S\langle k_l,t+1\rangle \wedge H\langle i_l,t+1\rangle)
\end{aligned}$$

wobei l über alle möglichen Aktionen der NTM M für das Argument (q_k, X_j) läuft, mit

$$(q_{k_l}, X_{j_l}, z_l) \in \delta(q_k, X_j), z_l \in \{L, R, N\} \text{ und}$$

$$i_l = i + \varphi(z_l), \varphi(L) = -1, \varphi(R) = 1, \varphi(N) = 0.$$

$E_{i,j,k,t}$ kann man betrachten als die Disjunktion folgender vier Bedingungen:

- $\overline{C\langle i,j,t\rangle}$, das heißt die i-te Position des Bandes enthält nicht X_j zum Zeitpunkt t.
- $\overline{H\langle i,t\rangle}$, das heißt der Kopf ist nicht auf der i-ten Position zum Zeitpunkt t.
- $\overline{S\langle k,t\rangle}$, das heißt M ist nicht im Zustand q_k zum Zeitpunkt t.
- Die Änderung der t-ten Konfiguration entspricht einer möglichen Aktion bei dem Argument (q_k, X_j) und der Kopfposition i.

Die Idee der Konstruktion von $E_{i,j,k,t}$ ist jetzt offensichtlich: Wenn keine der ersten drei Bedingungen erfüllt ist, dann ist (q_k, X_j) das aktuelle Argument für den $(t+1)$-ten Schritt und der Kopf ist auf der i-ten Position des Bandes. In diesem Fall müssen also die Änderungen genau nach der δ-Funktion von M für das Argument (q_k, X_j) vorgenommen werden. Wenn man die l-te mögliche Aktion (q_{k_l}, X_{j_l}, z_l) beim Argument (q_k, X_j) auswählt, dann muss X_j an der i-ten Position durch X_{j_l} ersetzt werden, der neue Zustand muss q_{k_l} sein, und der Kopf muss sich entsprechend dem z_l bewegen. $E_{i,j,k,t}$ beinhaltet $O(1)$ Literale, da l eine Konstante ist, und deshalb hat auch die Umwandlung in KNF $O(1)$ Literale. Somit hat die gesuchte Formel

$$E = \bigwedge_{\substack{0 \leq i, t \leq p(|w|) \\ 1 \leq j \leq m \\ 0 \leq k \leq s}} E_{i,j,k,t}$$

$O((p(|w|))^2)$ Literale.

(f) Die Anfangskonfiguration von M auf w muss auf dem Band ϕw haben, der Kopf muss auf die 0-te Position des Bandes zeigen und M muss im Zustand q_0 sein. Wenn $w = X_{j_1} X_{j_2} \ldots X_{j_n}$ für $j_r \in \{1,2,\ldots,m\}$, $n \in \mathbb{N}$ und $X_1 = \phi$, dann kann man die Anforderung,

---

[56]Die Formel $x \leftrightarrow y$ ist äquivalent zu der Formel $(\overline{x} \vee y) \wedge (x \vee \overline{y})$. Somit ist $D_{i,j,t} \leftrightarrow (\overline{C\langle i,j,t\rangle} \vee C\langle i,j,t+1\rangle \vee H\langle i,t\rangle) \wedge (C\langle i,j,t\rangle \vee \overline{C\langle i,j,t+1\rangle} \vee H\langle i,t\rangle)$.

dass die Konfiguration zum Zeitpunkt 0 die Anfangskonfiguration von M auf w ist, wie folgt ausdrücken:

$$F = S\langle 0,0\rangle \wedge H\langle 0,0\rangle \wedge C\langle 0,1,0\rangle$$
$$\wedge \bigwedge_{1\leq r\leq n} C\langle r, j_r, 0\rangle \wedge \bigwedge_{n+1\leq d\leq p(|w|)} C\langle d, m, 0\rangle$$

Die Anzahl der Literale in F ist in $O(p(|w|))$ und F ist in KNF.

(g) Die einfache Formel

$$G = S\langle s, p(|w|)\rangle$$

garantiert, dass die letzte $(p(|w|)$-te) Konfiguration den Zustand q_{accept} enthält.

Gemäß der Konstruktion der Formel $B_M(w)$ ist es offensichtlich, dass $B_M(w)$ genau dann erfüllbar ist, wenn eine akzeptierende Berechnung von M auf w existiert. Die Formel $B_M(w)$ kann algorithmisch aus den Daten M, w und $p(|w|)$ generiert werden. Die Zeitkomplexität zur Berechnung von $B_M(w)$ ist asymptotisch in der Länge der Darstellung von $B_M(w)$. Wie wir ausgerechnet haben, ist die Anzahl der Literale in $B_M(w)$ in $O((p(|w|))^3)$. Wenn wir $B_M(w)$ über Σ_{logic} darstellen, muss jede Variable binär kodiert werden. Weil die Anzahl der Variablen in $O((p(|w|))^2)$ liegt, kann jede Variable durch $O(\log_2(|w|))$ Bits repräsentiert werden. Damit ist die Länge von $B_M(w)$ und somit die Zeitkomplexität von B_M in $O((p(|w|))^3 \cdot \log_2(|w|))$. Also ist B_M eine polynomielle Reduktion von $L(M)$ auf SAT. $\square$

Im Beweis von Satz 21 haben wir gezeigt, dass alle Sprachen aus NP auf SAT reduzierbar sind. Dies bedeutet nichts anderes, als dass man jede Instanz eines Problems aus NP als das Problem der Erfüllbarkeit einer Formel darstellen kann. Daraus resultiert die Sichtweise, dass „die Sprache der Booleschen Formeln" stark genug ist, um jedes Problem aus NP darzustellen.

Die NP-Vollständigkeit von SAT ist der Startpunkt[57] zur Klassifizierung der Entscheidungsprobleme bezüglich ihrer Zugehörigkeit zu P. Um die NP-Vollständigkeit anderer Probleme zu beweisen, benutzen wir die Methode der Reduktion, die auf folgender Beobachtung basiert.

Lemma 23: *Seien L_1 und L_2 zwei Sprachen. Falls $L_1 \leq_p L_2$ und L_1 ist NP-schwer, dann ist auch L_2 NP-schwer.*

Den Beweis überlassen wir dem Leser als Übung.

Im Folgenden benutzen wir Lemma 23, um die NP-Vollständigkeit einiger Sprachen aus NP zu beweisen. Unser erstes Ziel ist zu zeigen, dass „die Sprache der Graphen (Relationen)" auch ausdrucksstark genug ist, um jedes Problem aus NP darzustellen. Zur Veranschaulichung der Argumentation werden wir im Folgenden direkt mit Objekten wie Graphen und Formeln arbeiten, statt streng formal über die Kodierungen von Graphen und Formeln zu sprechen. Somit gilt

$$\begin{aligned}
\text{SAT} &= \{\Phi \mid \Phi \text{ ist eine erfüllbare Formel in KNF}\}, \\
\text{3SAT} &= \{\Phi \mid \Phi \text{ ist eine erfüllbare Formel in 3KNF}\}, \\
\text{CLIQUE} &= \{(G,k) \mid G \text{ ist ein ungerichteter Graph,} \\
&\qquad \text{der eine } k\text{-Clique enthält}\}, \text{ und} \\
\text{VC} &= \{(G,k) \mid G \text{ ist ein ungerichteter Graph mit einer} \\
&\qquad \text{Knotenüberdeckung der Mächtigkeit} \\
&\qquad \text{höchstens } k\},
\end{aligned}$$

---

[57]SAT spielt also in der Komplexitätstheorie eine ähnliche Rolle wie L_{diag} in der Theorie der Berechenbarkeit.

wobei eine Knotenüberdeckung eines Graphen $G = (V, E)$ jede Menge von Knoten $U \subseteq V$ ist, so dass jede Kante aus E mindestens einen Endpunkt in U hat.

Sei Φ eine Formel und sei φ eine Belegung der Variablen von Φ. Im Folgenden bezeichnen wir durch $\varphi(\Phi)$ den Wahrheitswert von Φ bei der Belegung φ. Also ist Φ erfüllbar genau dann, wenn eine Belegung φ mit $\varphi(\Phi) = 1$ existiert.

Lemma 24:

   SAT $\leq_p$ CLIQUE.

Beweis. Sei $\Phi = F_1 \wedge F_2 \wedge \dots \wedge F_m$ eine Formel in KNF, $F_i = (l_{i1} \vee l_{i2} \vee \cdots \vee l_{ik_i}), k_i \in \mathbb{N} - \{0\}$ für $i = 1, 2, \dots, m$.

Wir konstruieren eine Eingabe (G, k) des Cliquenproblems, so dass

$$\Phi \in \text{SAT} \iff (G, k) \in \text{CLIQUE}.$$

Wir setzen

$k = m$,

$G = (V, E)$, wobei

$V = \{[i, j] \mid 1 \leq i \leq m, 1 \leq j \leq k_i\}$, das heißt wir nehmen einen Knoten für jedes Auftreten eines Literals in Φ,

$E = \{\{[i, j], [r, s]\} \mid$ für alle $[i, j], [r, s] \in V$, mit $i \neq r$ und $l_{ij} \neq \bar{l}_{rs}\}$, das heißt eine Kante $\{u, v\}$ verbindet nur Knoten aus unterschiedlichen Klauseln, vorausgesetzt das Literal von u ist nicht die Negation des Literals von v.

Betrachten wir die folgende Formel

$$\Phi = (x_1 \vee x_2) \wedge (x_1 \vee \bar{x}_2 \vee \bar{x}_3) \wedge (\bar{x}_1 \vee x_3) \wedge \bar{x}_2.$$

Dann ist $k = 4$ und der Graph ist in Abbildung 9.54 dargestellt.

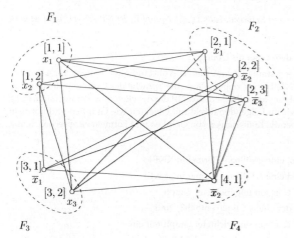

Abb. 9.54

Es ist klar, dass (G, k) durch einen polynomiellen Algorithmus aus Φ konstruiert werden kann.

Wir zeigen jetzt,

   Φ *ist erfüllbar* $\iff$ G *enthält eine Clique der Größe* $k = m$.   (9.14)

Die Idee des Beweises ist folgende. Die Literale l_{ij} und l_{rs} sind in G verbunden, wenn beide aus unterschiedlichen Klauseln kommen ($i \neq r$) und beide gleichzeitig den Wert 1 annehmen können. Somit entspricht eine Clique in G der Belegungen von Variablen von Φ, die die Literale der Knoten der Clique erfüllen (zu 1 auswerten). Zum Beispiel bestimmt die Clique $\{[1,1],[2,1],[3,2],[4,1]\}$ in Abbildung 9.54 die Belegung $x_1 = 1$, $x_3 = 1$ und $\bar{x}_2 = 1$ ($x_2 = 0$).

Wir beweisen die Äquivalenz (9.14) durch die zwei Implikationen.

(i) „$\Longrightarrow$": Sei Φ eine erfüllbare Formel. Dann existiert eine Belegung φ, so dass $\varphi(\Phi) = 1$. Es gilt $\varphi(F_i) = 1$ für alle $i \in \{1,\dots,m\}$. Also existiert für jedes $i \in \{1,\dots,m\}$ ein Index $\alpha_i \in \{1,\dots,k_i\}$, so dass $\varphi(l_{i\alpha_i}) = 1$. Wir behaupten, dass die Knotenmenge $\{[i,\alpha_i] \mid 1 \leq i \leq m\}$ einen vollständigen Teilgraphen von G bildet.

Es ist klar, dass $[1,\alpha_1], [2,\alpha_2], \dots, [m,\alpha_m]$ aus unterschiedlichen Klauseln sind.

Die Gleichheit $l_{i\alpha_i} = \bar{l}_{j\alpha_j}$ für irgendwelche i, j, $i \neq j$, impliziert $\omega(l_{i\alpha_i}) \neq \omega(l_{j\alpha_j})$ für jede Belegung ω, und deshalb ist $\varphi(l_{i\alpha_i}) = \varphi(l_{j\alpha_j}) = 1$ nicht möglich. Also ist $l_{i\alpha_i} \neq \bar{l}_{j\alpha_j}$ für alle $i, j \in \{1, \dots, m\}$, $i \neq j$, und $\{[i,\alpha_i], [j,\alpha_j]\} \in E$ für alle $i, j \in \{1, \dots, m\}$, $i \neq j$. Somit ist $\{[i,\alpha_i] \mid 1 \leq i \leq m\}$ eine Clique der Größe m.

(ii) „$\Longleftarrow$": Sei Q eine Clique von G mit $k = m$ Knoten. Weil zwei Knoten durch eine Kante in G nur dann verbunden sind, wenn sie zwei Literalen aus unterschiedlichen Klauseln entsprechen, existieren $\alpha_1, \alpha_2, \dots, \alpha_m, \alpha_p \in \{1, 2, \dots, k_p\}$ für $p = 1, \dots, m$, so dass $\{[1,\alpha_1], [2,\alpha_2], \dots, [m,\alpha_m]\}$ die Knoten von Q sind. Folgend der Konstruktion von G existiert eine Belegung φ der Variablen von Φ, so dass $\varphi(l_{1\alpha_1}) = \varphi(l_{2\alpha_2}) = \cdots = \varphi(l_{m\alpha_m}) = 1$. Dies impliziert direkt $\varphi(F_1) = \varphi(F_2) = \cdots = \varphi(F_m) = 1$ und so erfüllt φ die Formel Φ. $\square$

Lemma 25:

CLIQUE $\leq_p$ VC.

Beweis. Sei $G = (V, E)$ und k eine Eingabe des Clique-Problems. Wir konstruieren eine Eingabe $(\overline{G}, m)$ des Vertex-Cover-Problems wie folgt:

$m := |V| - k$,

$\overline{G} = (V, \overline{E})$, wobei $\overline{E} = \{\{v, u\} \mid u, v \in V, v \neq u, \{u, v\} \notin E\}$.

Abbildung 9.55 zeigt die Konstruktion des Graphen $\overline{G}$ aus einem gegebenen Graphen G. Es ist klar, dass man diese Konstruktion in linearer Zeit realisieren kann.

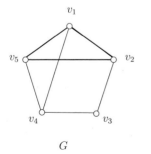

G

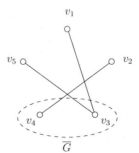

$\overline{G}$ \qquad Abb. 9.55

Um „$(G, k) \in$ CLIQUE $\Longleftrightarrow (\overline{G}, |V| - k) \in$ VC" zu beweisen, reicht es zu zeigen

$$S \subseteq V \text{ ist eine Clique in } G \Longleftrightarrow V - S \text{ ist eine Knotenüberdeckung in } \overline{G}.$$

In Abbildung 9.55 sehen wir, dass die Clique $\{v_1, v_2, v_5\}$ von G die Knotenüberdeckung $\{v_3, v_4\}$ in $\overline{G}$ bestimmt. Wir beweisen diese Behauptung durch zwei Implikationen.

(i) „$\Longrightarrow$": Sei S eine Clique in G. Also gibt es keine Kante zwischen den Knoten aus S in $\overline{G}$. Daher ist jede Kante aus $\overline{G}$ adjazent zu mindestens einem Knoten in $V - S$. Also ist $V - S$ eine Knotenüberdeckung in $\overline{G}$.

(ii) „$\Longleftarrow$": Sei $C \subseteq V$ eine Knotenüberdeckung in $\overline{G}$. Der Definition der Knotenüberdeckung folgend ist jede Kante von $\overline{G}$ adjazent zu mindestens einem Knoten aus C. Also gibt es keine Kante $\{u, v\}$ in $\overline{E}$ für $u, v \in V - C$. Deswegen gilt $\{u, v\} \in E$ für alle $u, v \in V - C$, $u \neq v$. Somit ist $V - C$ eine Clique in G. $\square$

Das folgende Resultat zeigt, dass das SAT-Problem schwer bleibt, auch wenn man sich auf eine Teilklasse von Formeln beschränkt. Wir sagen, dass eine Formel in 3KNF ist, falls sie in KNF ist und jede Klausel höchstens aus drei Literalen besteht. Das 3SAT-Problem besteht darin, zu bestimmen, ob eine Formel in 3KNF erfüllbar ist. Im Folgenden betrachten wir eine Belegung φ von Booleschen Variablen aus einer Menge $X = \{x_1, \ldots, x_n\}$ als eine Abbildung $\varphi : X \to \{0, 1\}$. Sei $Y = \{y_1, \ldots, y_r\}$ eine Menge Boolescher Variablen. Wir sagen, dass $\omega : X \cup Y \to \{0, 1\}$ eine **Erweiterung von $\varphi : X \to \{0, 1\}$** ist, falls $\omega(z) = \varphi(z)$ für alle $z \in X$.

Lemma 26:

     SAT $\leq_p$ 3SAT.

Beweis. Sei $F = F_1 \wedge F_2 \wedge \ldots \wedge F_m$ eine Formel in KNF über einer Menge von Booleschen Variablen $\{x_1, \ldots, x_n\}$. Wir konstruieren eine Formel C in 3KNF (alle Klauseln enthalten höchstens 3 Literale), so dass

     F ist erfüllbar ($F \in$ SAT) $\iff$ C ist erfüllbar ($C \in$ 3SAT).

Die polynomielle Reduktion führen wir für jede der Klauseln $F_1, \ldots, F_m$ wie folgt durch:

Falls F_i weniger als 4 Literale enthält, dann setzen wir $C_i = F_i$. Sei $F_i = z_1 \vee z_2 \vee \cdots \vee z_k$ mit $k \geq 4, z_i \in \{x_1, \overline{x}_1, \cdots, x_n, \overline{x}_n\}$.

Wir konstruieren C_i über Variablen $\{x_1, \ldots, x_n, y_{i,1}, y_{i,2}, \ldots, y_{i,k-3}\}$, wobei $y_{i,1}, y_{i,2}, \ldots, y_{i,k-3}$ neue Variablen sind, die bei der Konstruktion von C_j mit $j \neq i$ nicht benutzt wurden.

$$C_i = (z_1 \vee z_2 \vee y_{i,1}) \wedge (\overline{y}_{i,1} \vee z_3 \vee y_{i,2}) \wedge (\overline{y}_{i,2} \vee z_4 \vee y_{i_3})$$
$$\wedge \cdots \wedge (\overline{y}_{i,k-4} \vee z_{k-2} \vee y_{i,k-3}) \wedge (\overline{y}_{i,k-3} \vee z_{k-1} \vee z_k).$$

Für $F_i = \overline{x}_1 \vee x_3 \vee \overline{x}_2 \vee x_7 \vee \overline{x}_9$ erhalten wir zum Beispiel

$$C_i = (\overline{x}_1 \vee x_3 \vee y_{i,1}) \wedge (\overline{y}_{i,1} \vee \overline{x}_2 \vee y_{i,2}) \wedge (\overline{y}_{i,2} \vee x_7 \vee \overline{x}_9).$$

Um zu zeigen, dass $F = F_1 \wedge \cdots \wedge F_m$ genau dann erfüllbar ist, wenn $C = C_1 \wedge \cdots \wedge C_m$ erfüllbar ist, reicht es, die folgende Behauptung zu beweisen.

Eine Belegung φ der Variablen aus $\{x_1, \ldots, x_n\}$ erfüllt F_i $\iff$ es existiert eine Erweiterung φ' von φ auf $\{x_1, \ldots, x_n, y_{i,1}, \ldots, y_{i,k-3}\}$, die C_i erfüllt.

(i) „$\Longrightarrow$": Sei φ eine Belegung der Variablen in $\{x_1, x_2, \ldots, x_n\}$, so dass $\varphi(F_i) = 1$. Also existiert ein $j \in \{1, \ldots, k\}$ mit $\varphi(z_j) = 1$. Wir nehmen $\varphi' : \{x_1, \ldots, x_n, y_{i,1}, \ldots, y_{i,k-3}\} \to \{0, 1\}$, so dass

     a) $\varphi(x_l) = \varphi'(x_l)$ für $l = 1, \ldots, n$,

b) $\varphi'(y_{i,1}) = \cdots = \varphi'(y_{i,j-2}) = 1$ und

c) $\varphi'(y_{i,j-1}) = \cdots = \varphi'(y_{i,k-3}) = 0$.

Weil $\varphi'(z_j) = 1$, ist die $(j-1)$-te Klausel von C_i erfüllt. $\varphi'(y_{i,r}) = 1$ garantiert die Erfüllung der r-ten Klausel von C_i für $r = 1, \ldots, j-2$. $\varphi'(y_{i,s}) = 0$ (das heißt $\overline{y}_{i,s} = 1$) garantiert die Erfüllung der $(s+1)$-ten Klausel von C_i für $s = j-1, j, \ldots, k-3$. Damit erfüllt φ' alle $k-2$ Klauseln von C_i.

(ii) „$\Longleftarrow$": Sei φ eine Belegung, so dass $\varphi(F_i) = 0$. Wir beweisen, dass keine Erweiterung φ' von φ existiert, so dass $\varphi'(C_i) = 1$. $\varphi(F_i) = 0$ impliziert $\varphi(z_1) = \varphi(z_2) = \cdots = \varphi(z_k) = 0$. Also muss man, um die erste Klausel zu erfüllen, für $y_{i,1}$ den Wert 1 einsetzen. Dann ist $\varphi'(\overline{y}_{i,1}) = 0$ und $\varphi'(y_{i,2})$ muss 1 sein, um die zweite Klausel zu erfüllen. Auf diese Weise bekommen wir $\varphi'(y_{i,1}) = \varphi'(y_{i,2}) = \cdots = \varphi'(y_{i,k-3}) = 1$, um diese ersten $k-3$ Klauseln zu erfüllen. Dann ist aber $\varphi'(\overline{y}_{i,k-3}) = 0$, und weil $\varphi(z_{k-1}) = \varphi(z_k) = 0$, bleibt die letzte Klausel unerfüllt. $\qquad\square$

Das Konzept der NP-Vollständigkeit entwickelte sich zu der Basismethode zur Klassifizierung der Schwierigkeit von algorithmischen Problemen. Wir kennen heute mehr als 3000 NP-vollständige Probleme. Das vorgestellte Konzept der NP-Vollständigkeit funktioniert aber nur für Entscheidungsprobleme. Im Folgenden wollen wir dieses Konzept so modifizieren, dass es auch zur Klassifizierung von Optimierungsprobleme geeignet ist. Dazu brauchen wir zuerst Klassen von Optimierungsproblemen, die ähnliche Bedeutung wie die Klassen P und NP für Entscheidungsprobleme haben. Wir beginnen mit der Klasse NPO als Analogie zur Klasse NP für Optimierungsprobleme.

Defintion 42: NPO *ist die Klasse der Optimierungsprobleme, wobei*

$$U = (\Sigma_I, \Sigma_O, L, \mathcal{M}, cost, goal) \in \text{NPO},$$

falls folgende Bedingungen erfüllt sind:

(i) $L \in P$
{Es kann effizient verifiziert werden, ob ein $x \in \Sigma_I^*$ eine zulässige Eingabe ist.},

(ii) *es existiert ein Polynom p_U, so dass*

a) *für jedes $x \in L$ und jedes $y \in \mathcal{M}(x)$, $|y| \leq p_U(|x|)$*
{Die Größe jeder zulässigen Lösung ist polynomiell in der Eingabegröße.},

b) *es existiert ein polynomieller Algorithmus A, der für jedes $y \in \Sigma_O^*$ und jedes $x \in L$ mit $|y| \leq p_U(|x|)$ entscheidet, ob $y \in \mathcal{M}(x)$ oder nicht.*

(iii) *die Funktion cost kann man in polynomieller Zeit berechnen.*

Wir sehen, dass ein Optimierungsproblem U in NPO ist, falls

1. man effizient überprüfen kann, ob ein gegebenes Wort ein Problemfall (eine Instanz) von U ist,

2. die Größe der Lösungen polynomiell in der Größe der Eingabe (des Problemfalls) ist und man in polynomieller Zeit verifizieren kann, ob ein y eine zulässige Lösung für einen gegebenen Problemfall ist, und

3. man die Kosten der zulässigen Lösung effizient berechnen kann.

Der Bedingung (ii.b) folgend sehen wir die Analogie zwischen NPO und VP. Das konzeptuell Wichtigste ist aber, dass die Bedingungen (i), (ii) und (iii) natürlich sind, weil sie die Schwierigkeit von U auf den Bereich der Optimierung einschränken und damit die Einordnung der praktischen Lösbarkeit von U unabhängig machen von solchen Entscheidungsproblemen wie, ob eine

Eingabe eine Instanz von U repräsentiert oder ob y eine zulässige Lösung für x ist. Damit liegt die Schwierigkeit von Problemen in NPO eindeutig in der Suche nach einer optimalen Lösung in der Menge aller zulässigen Lösungen.

Die folgende Begründung zeigt, dass MAX-SAT in NPO liegt.

1. Man kann effizient entscheiden, ob ein $x \in \Sigma^*_{\text{logic}}$ eine Boolesche Formel in KNF kodiert.

2. Für jedes x hat jede Belegung $\alpha \in \{0,1\}^*$ der Variablen der Formel Φ_x die Eigenschaft $|\alpha| < |x|$, und man kann in linearer Zeit verifizieren, ob $|\alpha|$ gleich der Anzahl der Variablen in Φ_x ist.

3. Für jede gegebene Belegung α der Variablen von Φ_x kann man in linearer Zeit bezüglich $|x|$ die Anzahl der erfüllten Klauseln berechnen und so die Kosten der zulässigen Lösung α bestimmen.

Die folgende Definition definiert auf natürliche Weise die Klasse PO von Optimierungsproblemen, die die gleiche Bedeutung wie die Klasse P für Entscheidungsprobleme hat.

Defintion 43:   PO *ist die Klasse von Optimierungsproblemen* $U = (\Sigma_I, \Sigma_O, L, \mathcal{M}, cost, goal)$, *so dass*

(i) $U \in NPO$ *und*

(ii)   *es existiert ein polynomieller Algorithmus A, so dass für jedes* $x \in L$, $A(x)$ *eine optimale Lösung für* x *ist.*

Die Definition der NP-Schwierigkeit eines Optimierungsproblems erhalten wir jetzt durch geschickte Reduktion zu einem NP-schweren Entscheidungsproblem.

Defintion 44:   *Sei* $U = (\Sigma_I, \Sigma_0, L, \mathcal{M}, cost, goal)$ *ein Optimierungsproblem aus* NPO. *Die* **Schwellenwert-Sprache für** U *ist*

$$Lang_U = \{(x,a) \in L \times \Sigma^*_{\text{bool}} \mid Opt_U(x) \leq Nummer(a)\},$$

falls goal = Minimum, und

$$Lang_U = \{(x,a) \in L \times \Sigma^*_{\text{bool}} \mid Opt_U(x) \geq Nummer(a)\},$$

falls goal = Maximum.

Wir sagen, dass U **NP-schwer** *ist, falls* $Lang_U$ NP-*schwer ist.*

Zuerst zeigen wir, dass das in Definition 44 vorgestellte Konzept der NP-Schwierigkeit für Optimierungsprobleme zum Beweisen von Aussagen der Form $U \notin$ PO unter der Voraussetzung $P \neq NP$ geeignet ist.

Lemma 27:   *Falls ein Optimierungsproblem* $U \in$ PO, *dann* $Lang_U \in$ P.

Beweis. Falls $U \in$ PO, dann existiert ein polynomieller Algorithmus A, der für jedes $x \in L$ eine optimale Lösung für x berechnet und damit $Opt_U(x)$ bestimmt. Also kann man A benutzen, um $Lang_U$ zu entscheiden. $\square$

Satz 22:   *Sei* $U \in$ NPO. *Falls* U NP-*schwer ist und* $P \neq NP$, *dann* $U \notin$ PO.

Beweis. Wir beweisen Satz 22 indirekt. Angenommen $U \in$ PO. Lemma 27 folgend gilt $Lang_U \in$ P. Weil U NP-schwer ist, ist auch $Lang_U$ NP-schwer. Somit ist $Lang_U$ eine NP-schwere Sprache in P, was $P = NP$ fordert. $\square$

Die folgenden Beispiele zeigen, dass die Definition 44 eine einfache Methode zum Beweisen der NP-Schwierigkeit von Optimierungsproblemen bietet.

Lemma 28:   MAX-SAT *ist NP-schwer.*

Beweis. Es reicht zu zeigen, dass $Lang_{\text{MAX-SAT}}$ NP-schwer ist. Wir zeigen SAT $\leq_p Lang_{\text{MAX-SAT}}$. Sei $x \in L$ die Kodierung einer Formel Φ_x mit m Klauseln. Wir nehmen (x, m) als Eingabe für das Entscheidungsproblem $(Lang_{\text{MAX-SAT}}, \Sigma^*)$. Es ist klar, dass

$$(x, m) \in Lang_{\text{MAX-SAT}} \iff \Phi_x \text{ ist erfüllbar.} \qquad \square$$

Das Problem der maximalen Clique, MAX-CL, ist, für einen gegebenen Graphen eine maximale Clique in G zu finden.

Lemma 29:   MAX-CL *ist NP-schwer.*

Beweis. Man bemerke, dass CLIQUE $= Lang_{\text{MAX-CL}}$. Da CLIQUE NP-schwer ist, sind wir fertig. $\qquad \square$

9.7 Algorithmik für schwere Probleme

9.7.1 Zielsetzung

Die **Komplexitätstheorie** liefert uns die Methoden zur Klassifikation der algorithmischen Probleme bezüglich ihrer Komplexität. Die **Algorithmentheorie** ist dem Entwurf von effizienten Algorithmen zur Lösung konkreter Probleme gewidmet. In diesem Kapitel wollen wir uns mit dem Entwurf von Algorithmen für schwere (zum Beispiel NP-schwere) Probleme beschäftigen. Das mag etwas überraschend klingen, weil nach der in Kapitel 9.6 vorgestellten Komplexitätstheorie der Versuch, ein NP-schweres Problem zu lösen, an die Grenze des physikalisch Machbaren stößt. Zum Beispiel würde ein Algorithmus mit der Zeitkomplexität 2^n für eine Eingabe der Länge 100 mehr Zeit brauchen, als das Universum alt ist. Auf der anderen Seite sind viele schwere Probleme von einer enormen Wichtigkeit für die tägliche Praxis, und deshalb suchen Informatiker seit über 30 Jahren nach einer Möglichkeit, schwere Probleme in praktischen Anwendungen doch zu bearbeiten. Die Hauptidee dabei ist, ein schweres Problem durch eine (nach Möglichkeit kleine) Modifikation oder eine Abschwächung der Anforderungen in ein effizient lösbares Problem umzuwandeln. Die wahre Kunst der Algorithmik besteht darin, dass man die Möglichkeiten untersucht, wie man durch minimale (für die Praxis akzeptable) Änderungen der Problemspezifikation oder der Anforderungen an die Problemlösung einen gewaltigen Sprung machen kann, und zwar von einer physikalisch nicht machbaren Berechnungskomplexität zu einer Angelegenheit von wenigen Minuten auf einem Standard-PC. Um solche Effekte, die zur Lösung gegebener Probleme in der Praxis führen können, zu erzielen, kann man folgende Konzepte oder deren Kombinationen benutzen.

Schwere Probleminstanzen im Gegensatz zu typischen Probleminstanzen: Wir messen die Zeitkomplexität als Komplexität im schlechtesten Fall, was bedeutet, dass die Komplexität $\text{Time}(n)$ die Komplexität der Berechnungen auf den schwersten Probleminstanzen der Größe n ist. Es ist aber oft so, dass die schwersten Probleminstanzen so unnatürlich sind, dass sie als Aufgabenstellungen in der Praxis gar nicht vorkommen. Deswegen ist es sinnvoll, die Analyse der Problemkomplexität in dem Sinne zu verfeinern, dass man die Probleminstanzen nach ihrem Schwierigkeitsgrad klassifiziert. Eine erfolgreiche Klassifizierung könnte zur Spezifikation einer großen Teilmenge von effizient lösbaren Probleminstanzen führen. Falls die in einer Anwendung typischen Eingaben zu einer solchen Probleminstanzklasse gehören, ist das Problem in dieser Anwendung gelöst.

Exponentielle Algorithmen: Man versucht nicht mehr, einen polynomiellen Algorithmus zu entwerfen, sondern einen Algorithmus mit einer exponentiellen Zeitkomplexität. Die Idee dabei ist, dass einige exponentielle Funktionen für realistische Eingabegrößen nicht so große Werte annehmen. Tab. 9.3 zeigt anschaulich, dass $(1.2)^n$ Rechneroperationen für $n = 100$ oder $10 \cdot 2^{\sqrt{n}}$ Operationen für $n = 300$ in ein paar Sekunden durchführbar sind.

Komplexität	$n = 10$	$n = 50$	$n = 100$	$n = 300$
2^n	1024	16 Ziffern	31 Ziffern	91 Ziffern
$2^{\frac{n}{2}}$	32	$\approx 33 \cdot 10^6$	16 Ziffern	46 Ziffern
$(1.2)^n$	≈ 6	≈ 9100	$\approx 83 \cdot 10^6$	24 Ziffern
$10 \cdot 2^{\sqrt{n}}$	≈ 89	≈ 1345	10240	$\approx 1.64 \cdot 10^6$

Tabelle 9.3

Abschwächung der Anforderungen: Man kann die Anforderung, mit Sicherheit für jede Eingabe das richtige Resultat zu berechnen, auf unterschiedliche Art und Weise abschwächen. Typische Repräsentanten dieses Ansatzes sind randomisierte Algorithmen und Approximationsalgorithmen. Bei randomisierten Algorithmen tauscht man die deterministische Steuerung durch eine Zufallssteuerung aus. Dadurch können mit einer beschränkten Wahrscheinlichkeit falsche Resultate berechnet werden. Wenn die Fehlerwahrscheinlichkeit nicht größer als 10^{-9} ist, dann weicht die Zuverlässigkeit solcher randomisierten Algorithmen von der eines korrekten deterministischen Algorithmus' nicht allzu sehr ab. Die Approximationsalgorithmen benutzt man zur Lösung von Optimierungsproblemen. Anstatt zu fordern, eine optimale Lösung zu errechnen, geht man zu der Forderung über, eine Lösung zu errechnen, deren Kosten (Qualität) sich nicht allzu sehr von der optimalen Lösung unterscheiden. Beide dieser Ansätze können einen Sprung von exponentieller zu polynomieller Komplexität ermöglichen.

Die Zielsetzung dieses Kapitels ist es, einige dieser Konzepte ansatzweise vorzustellen. Das Konzept der Approximationsalgorithmen wird in Abschnitt 9.7.2 vorgestellt. In Abschnitt 9.7.3 präsentieren wir die **lokalen Algorithmen**, die Möglichkeiten für die Realisierung aller drei oben vorgestellten Konzepte bieten. Die lokale Suche ist die Basis für mehrere Heuristiken. In Abschnitt 9.7.4 erklären wir die **Heuristik** des Simulated Annealing, die auf einer Analogie zu einem physikalischen Vorgang basiert. Dem Konzept der **Randomisierung** wird wegen seiner Wichtigkeit ein eigenes Kapitel 9.8 gewidmet.

9.7.2 Approximationsalgorithmen

In diesem Abschnitt stellen wir das Konzept der Approximationsalgorithmen zur Lösung schwerer Optimierungsprobleme vor. Die Idee ist, den Sprung von exponentieller Zeitkomplexität zu polynomieller Zeitkomplexität durch die Abschwächung der Anforderungen zu erreichen. Statt der Berechnung einer optimalen Lösung fordern wir nur die Berechnung einer fast optimalen Lösung. Was der Begriff „fast optimal" bedeutet, legt die folgende Definition fest.

Defintion 45: *Sei $\mathcal{U} = (\Sigma_I, \Sigma_O, L, \mathcal{M}, cost, goal)$ ein Optimierungsproblem. Wir sagen, dass A ein* **zulässiger Algorithmus für $\mathcal{U}$** *ist, falls für jedes $x \in L$ die Ausgabe $A(x)$ der Berechnung von A auf x eine zulässige Lösung für x (das heißt $A(x) \in \mathcal{M}(x)$) ist.*

Sei A ein zulässiger Algorithmus für $\mathcal{U}$. Für jedes $x \in L$ definieren wir die **Approximationsgüte** **Güte$_A(x)$ von A auf x** *durch*

$$\mathbf{G\ddot{u}te}_A(x) = \max \left\{ \frac{cost(A(x))}{Opt_{\mathcal{U}}(x)}, \frac{Opt_{\mathcal{U}}(x)}{cost(A(x))} \right\},$$

wobei $\mathrm{Opt}_{\mathcal{U}}(x)$ *die Kosten einer optimalen Lösung für die Instanz x von* $\mathcal{U}$ *sind.*

Für jede positive Zahl $\delta > 1$ *sagen wir, dass A ein* δ-**Approximationsalgorithmus für** $\mathcal{U}$ *ist, falls*

$$\mathrm{Güte}_A(x) \leq \delta$$

für jedes $x \in L$.

Wir illustrieren das Konzept der Approximationsalgorithmen zuerst für das Problem der minimalen Knotenüberdeckung. Die Idee ist, effizient ein maximales Matching[58] in dem gegebenen Graphen zu finden und dann die zu diesem Matching inzidenten Knoten als eine Knotenüberdeckung auszugeben.

Algorithmus VCA

Eingabe: Ein Graph $G = (V, E)$.

Phase 1: $C := \emptyset$;

{Während der Berechnung gilt $C \subseteq V$ und am Ende der Berechnung enthält C eine Knotenüberdeckung für G.}

$A := \emptyset$;

{Während der Berechnung gilt $A \subseteq E$ und am Ende der Berechnung ist A ein maximales Matching.}

$E' := E$;

{Während der Berechnung enthält $E' \subseteq E$ genau die Kanten, die von dem aktuellen C noch nicht überdeckt werden. Am Ende der Berechnung gilt $E' = \emptyset$.}

Phase 2: **while** $E' \neq \emptyset$ **do**

    begin nimm eine beliebige Kante $\{u, v\}$ aus E';

    $C := C \cup \{u, v\}$;

    $A := A \cup \{\{u, v\}\}$;

    $E' := E' - \{\text{alle Kanten inzident zu } u \text{ oder } v\}$;

    end

Ausgabe: C

Betrachten wir einen möglichen Lauf des Algorithmus VCA auf dem Graphen aus Abbildung 9.56(a). Sei $\{b, c\}$ die erste Kante, die VCA gewählt hat. Dann wird $C = \{b, c\}$, $A = \{\{b, c\}\}$ und $E' = E - \{\{b, a\}, \{b, c\}, \{c, e\}, \{c, d\}\}$ (Abbildung 9.56(b)). Wenn die zweite Wahl einer Kante aus E' auf $\{e, f\}$ fällt (Abbildung 9.56(c)), dann $C = \{b, c, e, f\}$, $A = \{\{b, c\}, \{e, f\}\}$ und $E' = \{\{d, h\}, \{d, g\}, \{h, g\}\}$. Wenn man in der letzten Wahl $\{d, g\}$ auswählt, dann erhält man $C = \{b, c, e, f, d, g\}$, $A = \{\{b, c\}, \{e, f\}, \{d, g\}\}$ und $E' = \emptyset$. Damit ist C eine Knotenüberdeckung mit den Kosten 6. Man bemerke, dass $\{b, e, d, g\}$ die optimale Knotenüberdeckung ist und dass diese optimale Überdeckung bei keiner Wahl von Kanten von VCA erreicht werden kann.

Satz 23: *Der Algorithmus* VCA *ist ein 2-Approximationsalgorithmus für das* MIN-VCP *und* $\mathrm{Time}_{VCA}(G) \in O(|E|)$ *für jede Probleminstanz* $G = (V, E)$.

Beweis. Die Behauptung $\mathrm{Time}_{VCA}(G) \in O(|E|)$ ist offensichtlich, weil jede Kante aus E in VCA genau einmal betrachtet wird. Weil am Ende der Berechnung $E' = \emptyset$ gilt, berechnet VCA eine Knotenüberdeckung in G (das heißt VCA ist ein zulässiger Algorithmus für MIN-VCP).

---

[58]Ein Matching in $G = (V, E)$ ist eine Menge $M \subseteq E$ von Kanten, so dass keine zwei Kanten aus M mit dem gleichen Knoten inzident sind. Ein Matching M ist maximal, falls für jedes $e \in E - M$ die Menge $M \cup \{e\}$ kein Matching in G ist.

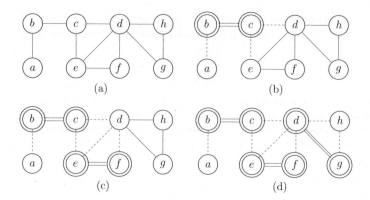

(a)   (b)

(c)   (d)   Abb. 9.56

Um $\text{Güte}_{\text{VCA}}(G) \leq 2$ für jeden Graph G zu beweisen, bemerken wir, dass $|C| = 2 \cdot |A|$ und A ein Matching in G ist. Um $|A|$ Kanten des Matchings A zu überdecken, muss man mindestens $|A|$ Knoten wählen. Weil $A \subseteq E$, ist die Mächtigkeit jeder Knotenüberdeckung in G mindestens $|A|$, das heißt $\text{Opt}_{\text{MIN-VCP}}(G) \geq |A|$. Daher

$$\frac{|C|}{\text{Opt}_{\text{MIN-VCP}}(G)} = \frac{2 \cdot |A|}{\text{Opt}_{\text{MIN-VCP}}(G)} \leq 2. \qquad \square$$

Ob eine Approximationsgüte von 2 hinreichend ist, hängt von der konkreten Anwendung ab. Meistens versucht man eine viel kleinere Approximationsgüte zu erreichen, was aber oft viel anspruchsvollere algorithmische Ideen erfordert. Andererseits misst man die Approximationsgüte als die Approximationsgüte im schlechtesten Fall, deshalb kann ein 2-Approximationsalgorithmus auf praktisch relevanten Eingaben viel besser laufen als mit der Approximationsgüte 2.

Es gibt Optimierungsprobleme, die für das Konzept der Approximation zu schwer sind, in dem Sinne, dass (P $\neq$ NP vorausgesetzt) keine polynomiellen d-Approximationsalgorithmen (für $d > 1$) für solche Probleme existieren.

Lemma 30:   *Falls* P $\neq$ NP *gilt, dann existiert für jedes* $d > 1$ *kein polynomieller d-Approximationsalgorithmus für* TSP.

Beweis. Wir führen einen indirekten Beweis. Angenommen, es gibt eine Konstante $d \in \mathbb{N} - \{0\}$, so dass ein polynomieller d-Approximationsalgorithmus A für TSP existiert. Wir zeigen, dass dann ein polynomieller Algorithmus B für das NP-vollständige Problem des Hamiltonschen Kreises existiert, was der Annahme P $\neq$ NP widerspricht.

Der Algorithmus B für das Problem des Hamiltonschen Kreises arbeitet für jede Eingabe $G = (V, E)$ wie folgt.

(i) B konstruiert eine Instanz $(K_{|V|}, c)$ des TSP, wobei

$$K_{|V|} = (V, E'), \quad \text{mit} \quad E' = \{\{u, v\} \mid u, v \in V, u \neq v\},$$
$$c(e) = 1, \quad \text{falls} \quad e \in E, \text{und}$$
$$c(e) = (d - 1) \cdot |V| + 2, \quad \text{falls} \quad e \notin E.$$

(ii) B simuliert die Arbeit von A auf der Eingabe $(K_{|V|}, c)$. Falls das Resultat von A ein Hamiltonscher Kreis mit Kosten genau $|V|$ ist, akzeptiert B seine Eingabe G. Sonst verwirft A die Eingabe G.

Die Konstruktion der Instanz $(K_{|V|}, c)$ kann B in der Zeit $O(|V|^2)$ durchführen. Die zweite Phase von B läuft in polynomieller Zeit, weil A in polynomieller Zeit arbeitet und die Graphen G und $K_{|V|}$ die gleiche Größe haben.

Wir müssen noch zeigen, dass B wirklich das Problem des Hamiltonschen Kreises entscheidet. Wir bemerken Folgendes.

(i) Wenn G einen Hamiltonschen Kreis enthält, dann enthält $K_{|V|}$ einen Hamiltonschen Kreis mit den Kosten $|V|$, das heißt $\text{Opt}_{\text{TSP}}(K_{|V|}, c) = |V|$.

(ii) Jeder Hamiltonsche Kreis in $K_{|V|}$, der mindestens eine Kante aus $E' - E$ enthält, hat mindestens die Kosten

$$|V| - 1 + (d - 1) \cdot |V| + 2 = d \cdot |V| + 1 > d \cdot |V|.$$

Sei $G = (V, E)$ in HK, das heißt $\text{Opt}_{\text{TSP}}(K_{|V|}, c) = |V|$. Nach (ii) hat jede zulässige Lösung mit zu $|V|$ unterschiedlichen Kosten mindestens die Kosten $d \cdot |V| + 1 > d \cdot |V|$ und so muss der d-Approximationsalgorithmus A eine optimale Lösung mit den Kosten $|V|$ ausgeben. Daraus folgt, dass B den Graphen G akzeptiert. Sei $G = (V, E)$ nicht in HK. Damit hat jede zulässige Lösung für $(K_{|V|}, c)$ höhere Kosten als $|V|$, also $cost(A(K_{|V|}, c)) > |V|$. Deswegen verwirft B den Graphen G. $\square$

Um TSP zumindest teilweise zu bewältigen, kombinieren wir das Konzept der Approximation mit der Suche nach der Teilmenge der leichten Probleminstanzen. Wir betrachten jetzt das metrische TSP, Δ-TSP, das nur solche Probleminstanzen des TSP enthält, die die Dreiecksungleichung erfüllen (siehe Beispiel 5). Die Dreiecksungleichung ist eine natürliche Einschränkung, die in mehreren Anwendungsszenarien eingehalten wird. Wir zeigen jetzt einen polynomiellen 2-Approximationsalgorithmus für Δ-TSP.

Algorithmus SB

Eingabe: Ein vollständiger Graph $G = (V, E)$ mit einer Kostenfunktion $c : E \to \mathbb{N}^+$, die die Dreiecksungleichung

$$c(\{u, v\}) \leq c(\{u, w\}) + c(\{w, v\})$$

für alle paarweise unterschiedlichen Knoten $u, v, w \in V$ erfüllt.

Phase 1: SB berechnet einen minimalen Spannbaum[59] T von G bezüglich c.

Phase 2: Wähle einen beliebigen Knoten v aus V. Führe eine Tiefensuche von v in T aus und nummeriere die Knoten in der Reihenfolge, in der sie besucht worden sind. Sei H die Knotenfolge, die dieser Nummerierung entspricht.

Ausgabe: Der Hamiltonsche Kreis $\overline{H} = H, v$.

Wir illustrieren die Arbeit des Algorithmus SB auf der Probleminstanz G aus Abbildung 9.57(a). Ein minimaler Spannbaum $T = (\{v_1, v_2, v_3, v_4, v_5\}, \{\{v_1, v_3\}, \{v_1, v_5\}, \{v_2, v_3\}, \{v_3, v_4\}\})$ in G ist in Abbildung 9.57(b) dargestellt. Abbildung 9.57(c) zeigt die Tiefensuche von v_3 aus in T. Wir bemerken, dass bei der Tiefensuche jede Kante von T genau zweimal durchlaufen wird. Diese Tiefensuche determiniert die Knotenfolge $H = v_3, v_4, v_1, v_5, v_2$ und so ist $\overline{H} = v_3, v_4, v_1, v_5, v_2, v_3$ die Ausgabe des Algorithmus SB (Abbildung 9.57(d)). Die Kosten von $\overline{H}$ sind $2 + 3 + 2 + 3 + 1 = 11$. Eine optimale Lösung ist $v_3, v_1, v_5, v_4, v_2, v_3$ mit den Kosten $1 + 2 + 2 + 2 + 1 = 8$ (Abbildung 9.57(e)).

Satz 24: *Der Algorithmus SB ist ein polynomieller 2-Approximations-algorithmus für Δ-TSP.*

---

[59]Ein Spannbaum eines Graphen $G = (V, E)$ ist ein Baum $T = (V, E')$ mit $E' \subseteq E$. Die Kosten von T sind die Summe der Kosten aller Kanten in E'.

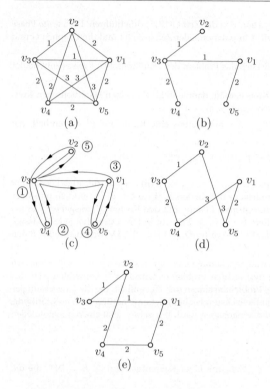

Abb. 9.57

Beweis. Analysieren wir zuerst die Zeitkomplexität von SB. Ein minimaler Spannbaum eines Graphen $G = (V, E)$ kann in der Zeit $O(|E|)$ berechnet werden. Die Tiefensuche in einem Baum $T = (V, E')$ läuft in der Zeit $O(|V|)$. Somit ist $\text{Time}_{SB}(G) \in O(|E|)$, das heißt SB arbeitet in linearer Zeit.

Jetzt beweisen wir, dass die Approximationsgüte von SB höchstens 2 ist. Sei H_{Opt} ein optimaler Hamiltonscher Kreis mit $cost(H_{Opt}) = \text{Opt}_{\Delta\text{-TSP}}(G)$ für eine Probleminstanz $I = ((V, E), c)$. Sei $\overline{H}$ die Ausgabe SB(I) des Algorithmus SB für die Eingabe I. Sei $T = (V, E')$ der minimale Spannbaum, den SB in der ersten Phase konstruiert. Zuerst bemerken wir, dass

$$cost(T) = \sum_{c \in E'} c(e) < cost(H_{Opt}), \tag{9.15}$$

weil die Entfernung einer Kante aus H_{Opt} in einem Spannbaum resultiert und T ein minimaler Spannbaum ist.

Sei W der Weg, der der Tiefensuche in T entspricht. W geht genau zweimal durch jede Kante von T (einmal in jeder Richtung). Wenn $cost(W)$ die Summe aller Kanten des Weges W ist, dann gilt

$$cost(W) = 2 \cdot cost(T). \tag{9.16}$$

Die Gleichungen (9.15) und (9.16) implizieren

$$cost(W) < 2 \cdot cost(H_{Opt}). \tag{9.17}$$

Wir bemerken, dass man $\overline{H}$ aus W erhalten kann, indem man einige Teilwege $u, v_1, \ldots, v_k, v$ in W durch die Kante $\{u, v\}$ (mit dem direkten Weg u, v) ersetzt[60]. Dieses Ersetzen kann man schrittweise durch die einfache Operation des Ersetzens von Teilwegen von drei Knoten u, w, v durch den Weg u, v realisieren. Diese einfache Operation erhöht aber die Kosten des Weges nicht, weil dank der Dreiecksungleichung

$$c(\{u, v\}) \leq c(\{u, w\}) + c(\{w, v\}).$$

Deswegen

$$cost(\overline{H}) \leq cost(W). \tag{9.18}$$

Die Ungleichungen (9.17) und (9.18) liefern zusammen

$$cost(\overline{H}) \leq cost(W) < 2 \cdot cost(H_{\text{Opt}})$$

und so

$$\frac{\text{SB}(I)}{\text{Opt}_{\Delta\text{-TSP}}(I)} = \frac{cost(\overline{H})}{cost(H_{\text{Opt}})} < 2. \qquad \square$$

9.7.3 Lokale Suche

Lokale Suche ist eine Technik für den Algorithmenentwurf für Optimierungsprobleme. Die Idee dieser Technik ist es, für die gegebene Eingabe x eine zulässige Lösung α aus $\mathcal{M}(x)$ auszurechnen und dann schrittweise durch kleine (lokale) Änderungen von α zu einer besseren zulässigen Lösung zu gelangen. Was der Begriff „kleine Änderungen" bedeutet, wird durch den Begriff der Nachbarschaft definiert.

Defintion 46: *Sei* $\mathcal{U} = (\Sigma_I, \Sigma_O, L, \mathcal{M}, cost, goal)$ *ein Optimierungsproblem. Für jedes* $x \in L$ *ist eine* **Nachbarschaft in** $\mathcal{M}(x)$ *eine Funktion* $f_x : \mathcal{M}(x) \to \mathcal{P}(\mathcal{M}(x))$ *mit folgenden Eigenschaften:*

   (i) $\alpha \in f_x(\alpha)$ *für jedes* $\alpha \in \mathcal{M}(x)$,

        {Eine Lösung α *ist immer in der Nachbarschaft von* α.*}*

  (ii) *falls* $\beta \in f_x(\alpha)$ *für* $\alpha, \beta \in \mathcal{M}(x)$, *dann ist* $\alpha \in f_x(\beta)$, *und*

        {Wenn β *in der Nachbarschaft von* α *liegt, dann liegt auch* α *in der Nachbarschaft von* β.*}*

 (iii) *für alle* $\alpha, \beta \in \mathcal{M}(x)$ *existieren eine positive Zahl* k *und* $\gamma_1, \gamma_2, \ldots, \gamma_k \in \mathcal{M}(x)$, *so dass*

$$\gamma_1 \in f_x(\alpha), \gamma_{i+1} \in f_x(\gamma_i) \text{ für } i = 1, \ldots, k-1, \text{ und } \beta \in f_x(\gamma_k).$$

        {Für alle zulässigen Lösungen α *und* β *ist es möglich, von* α *zu* β *über die Nachbarschaftsrelation zu gelangen.}*

Falls $\alpha \in f_x(\beta)$ *sagen wir, dass* α *und* β **Nachbarn** *(bezüglich* f_x) *in* $\mathcal{M}(x)$ *sind. Die Menge* $f_x(\alpha)$ *wird die* **Nachbarschaft von** α **in** $\mathcal{M}(x)$ *genannt.*

Eine zulässige Lösung $\alpha \in \mathcal{M}(x)$ *heißt ein* **lokales Optimum für** x **bezüglich der Nachbarschaft** f_x, *falls*

$$cost(\alpha) = goal\{cost(\beta) \mid \beta \in f_x(\alpha)\}.$$

Sei für jedes $x \in L$ *die Funktion* f_x *eine Nachbarschaft in* $\mathcal{M}(x)$. *Die Funktion*

$$f : \bigcup_{x \in L} (\{x\} \times \mathcal{M}(x)) \to \bigcup_{x \in L} \mathcal{P}(\mathcal{M}(x))$$

---

[60]Dies geschieht genau dann, wenn $v_1, \ldots, v_k$ schon vor u besucht worden sind, aber v noch nicht besucht wurde.

definiert durch

$$f(x, \alpha) = f_x(\alpha)$$

für alle $x \in L$ *und alle* $\alpha \in \mathcal{M}(x)$ *ist eine* **Nachbarschaft für** $\mathcal{U}$.

In der Anwendung bestimmt man die Nachbarschaft durch sogenannte **lokale Transformationen**. Der Begriff „lokal" ist dabei wichtig, weil er die Bedeutung hat, dass man nur eine kleine Änderung der Spezifikation von α durch eine lokale Transformation erlaubt. Eine lokale Transformation für MAX-SAT kann zum Beispiel die Invertierung eines Bits in der Belegung sein. Dann enthält die Nachbarschaft einer Lösung α die Lösung α selbst und alle Lösungen, die man durch die ausgewählte lokale Transformation erhalten kann. Für eine Formel Φ von fünf Variablen ist dann

$$\{01100, 11100, 00100, 01000, 01110, 01101\}$$

die Nachbarschaft von $\alpha = 01100$ bezüglich der lokalen Transformation der Bitinvertierung.

Für das TSP kann man folgende Nachbarschaft, 2-Exchange genannt, betrachten (Abbildung 9.58). Wir entfernen zwei beliebige Kanten $\{a, b\}$ und $\{c, d\}$ mit $|\{a, b, c, d\}| = 4$ aus einem Hamiltonschen Kreis, der die Knoten a, b, c, d in dieser Reihenfolge besucht und fügen statt dessen die Kanten $\{a, d\}$ und $\{b, c\}$ hinzu. Wir beobachten, dass wir dadurch einen neuen Hamiltonschen Kreis erhalten und dass man die Kanten $\{a, b\}$ und $\{c, d\}$ durch keine anderen Kanten als $\{a, d\}$ und $\{b, c\}$ austauschen kann, um einen Hamiltonschen Kreis zu erhalten.

Abb. 9.58

Die lokale Suche bezüglich der Nachbarschaft ist nichts anderes als eine iterative Bewegung von einer Lösung zu einer besseren benachbarten Lösung, bis man eine zulässige Lösung β erreicht, in deren Nachbarschaft keine bessere Lösung als β existiert. Das Schema der lokalen Suche kann man also wie folgt formulieren.

Das Schema der lokalen Suche bezüglich einer Nachbarschaft f LS(f)

Eingabe: Eine Instanz x eines Optimierungsproblems $\mathcal{U}$.

Phase 1: Berechne eine zulässige Lösung $\alpha \in \mathcal{M}(x)$

Phase 2: **while** α ist kein lokales Optimum bezüglich f_x **do**

    begin

        finde ein $\beta \in f_x(\alpha)$, so dass

        $cost(\beta) < cost(\alpha)$ falls $\mathcal{U}$ ein Minimierungsproblem ist und

        $cost(\beta) > cost(\alpha)$ falls $\mathcal{U}$ ein Maximierungsproblem ist;

        $\alpha := \beta$

    end

Ausgabe: α

Wir bemerken, dass LS(f) immer ein lokales Optimum bezüglich der Nachbarschaft f liefert. Falls alle lokalen Optima auch globale Optima sind, garantiert die lokale Suche die Lösung des Optimierungsproblems. Dies ist der Fall bei dem Optimierungsproblem des minimalen Spannbaumes, wenn die Nachbarschaft durch den Austausch einer Kante bestimmt wird.

Wenn sich die Kosten der lokalen Optima nicht zu sehr von den Kosten der optimalen Lösungen unterscheiden, kann die lokale Suche zum Entwurf eines Approximationsalgorithmus führen. Dies ist der Fall bei dem Problem des maximalen Schnittes MAX-CUT. Gegeben sei ein Graph $G = (V, E)$. Jedes Paar (V_1, V_2) mit $V_1 \cup V_2 = V$ und $V_1 \cap V_2 = \emptyset$ ist ein Schnitt von G. Der Preis des Schnittes (V_1, V_2) ist die Anzahl der Kanten zwischen den Knoten aus V_1 und V_2, das heißt

$$cost((V_1, V_2), G) = |E \cap \{\{u, v\} \mid u \in V_1, v \in V_2\}|.$$

Das Ziel ist die Maximierung. Wir betrachten lokale Transformationen, die einen Knoten aus einer Seite auf die andere Seite schieben. Der auf lokaler Suche basierte Algorithmus kann wie folgt beschrieben werden.

Algorithmus LS-CUT

Eingabe: Ein Graph $G = (V, E)$.

Phase 1: $S = \emptyset$.

{Während der Berechnung betrachten wir den Schnitt $(S, V - S)$. Am Anfang ist der Schnitt $(\emptyset, V)$.}

Phase 2: **while** ein Knoten $v \in V$ existiert, so dass

$$cost(S \cup \{v\}, V - (S \cup \{v\})) > cost(S, V - S), \text{ oder}$$

$$cost(S - \{v\}, (V - S) \cup \{v\}) > cost(S, V - S) \text{ gilt } \textbf{do}$$

begin

nimm v und bringe ihn auf die andere Seite des Schnittes;

end

Ausgabe: $(S, V - S)$.

Satz 25: LS-CUT *ist ein 2-Approximationsalgorithmus für* MAX-CUT.

Beweis. Es ist offensichtlich, dass der Algorithmus LS-CUT eine zulässige Lösung für MAX-CUT ausgibt. Es bleibt zu zeigen, dass Güte$_{\text{LS-CUT}}(G) \leq 2$ für jeden Graph $G = (V, E)$. Sei (Y_1, Y_2) die Ausgabe von LS-CUT. Weil (Y_1, Y_2) ein lokales Maximum bezüglich des Austauschs eines Knotens ist, hat jeder Knoten $v \in Y_1$ (Y_2) mindestens so viele Kanten zu Knoten in Y_2 (Y_1) wie die Anzahl der Kanten zwischen v und Knoten aus Y_1 (Y_2) ist. Damit ist mindestens die Hälfte aller Kanten im Schnitt (Y_1, Y_2). Weil Opt$_{\text{MIN-CUT}}(G)$ nicht größer als $|E|$ sein kann, ist Güte$_{\text{LS-CUT}}(G) \leq 2$. $\square$

Die Algorithmen, die auf lokaler Suche basieren, nennt man lokale Algorithmen. Die lokalen Algorithmen sind mehr oder weniger durch die Wahl der Nachbarschaft bestimmt. Die einzigen noch freien Parameter in dem Schema der lokalen Suche sind einerseits die Strategie nach der Suche der besseren Nachbarn und andererseits die Entscheidung, ob man die erste gefundene bessere Lösung als neue Lösung nimmt, oder ob man unbedingt die beste Lösung in der Nachbarschaft bestimmen möchte.

Angenommen P $\neq$ NP, dann gibt es offensichtlich keine polynomiellen lokalen Algorithmen für NP-schwere Optimierungsprobleme. Wir bemerken, dass die Zeitkomplexität eines lokalen Algorithmus als

(die Zeit der Suche in der Nachbarschaft)

$\times$ *(die Anzahl der iterativen Verbesserungen)*

abgeschätzt werden kann. Wir sind jetzt an folgender Frage interessiert.

Für welche NP-schweren Optimierungsprobleme existiert eine Nachbarschaft f polynomieller Größe, so dass LS(f) immer eine optimale Lösung liefert?

Dies bedeutet, dass wir bereit sind, eine im schlechtesten Fall mögliche exponentielle Anzahl von Verbesserungsiterationen in Kauf zu nehmen, falls jede Iteration in polynomieller Zeit läuft und die Konvergenz zu einer optimalen Lösung gesichert ist. Die Idee dabei ist, dass die Vergrößerung der Nachbarschaften auf der einen Seite die Wahrscheinlichkeit verkleinert, an ein schwaches lokales Optimum zu gelangen, auf der anderen Seite aber die Zeitkomplexität einer Verbesserungsiteration erhöht. Die Frage ist, ob eine Nachbarschaft von vernünftiger Größe existiert, so dass jedes lokale Optimum auch ein globales Optimum ist. Wie man diese Fragestellung verbessert und wie man sie verwendet, um die Anwendbarkeit der lokalen Suche für die Lösung konkreter Probleme zu untersuchen, kann man in [Hromkovič 2004, 1] finden.

9.7.4 Simulated Annealing

In diesem Abschnitt stellen wir Simulated Annealing (simulierte Abkühlung) als eine Heuristik zur Lösung schwerer Probleme vor. Der Begriff **Heuristik** bezeichnet hier eine Entwurfstechnik für Algorithmen, die keine Lösung von hoher Qualität (guter Approximation) in vernünftiger Zeit für jede Eingabe garantieren. Dies bedeutet, dass wir bei Heuristiken viel mehr von unseren Anforderungen abgeben als in allen bisher vorgestellten Methoden. Die Hoffnung ist dabei, dass die heuristischen Algorithmen für die typischen anwendungsrelevanten Probleminstanzen vernünftige Resultate in kurzer Zeit liefern. Trotz der Unsicherheit bezüglich der Laufzeit und der Lösungsqualität sind die Heuristiken bei den Anwendern sehr beliebt, weil sie gewisse, nicht zu unterschätzende Vorteile haben. Sie sind meistens einfach und schnell zu implementieren und zu testen, so dass die Herstellung eines heuristischen Algorithmus viel kostengünstiger ist als der Entwurf eines spezialisierten, auf das Problem zugeschnittenen Algorithmus. Zweitens sind Heuristiken robust, was bedeutet, dass sie für eine breite Klasse von Problemen erfolgreich arbeiten, obwohl diese Probleme ziemlich unterschiedliche kombinatorische Strukturen haben. Dies bedeutet, dass eine Änderung der Problemspezifikation in dem Prozess des Algorithmenentwurfs kein Problem darstellt, weil höchstens ein paar Parameter des heuristischen Algorithmus zu ändern sind. Für den Entwurf eines problemzugeschnittenen Optimierungsalgorithmus bedeutet eine Änderung der Aufgabenspezifikation oft eine solche Änderung der kombinatorischen Struktur, dass man mit dem Entwurf von vorne beginnen muss.

Wenn man die lokale Suche auf ein schweres Problem anwendet, bei dem man das Verhalten des lokalen Algorithmus nicht bestimmen kann, dann kann man die lokale Suche auch als eine Heuristik betrachten. Sie hat auch die Eigenschaft der **Robustheit**, weil man sie praktisch auf jedes Optimierungsproblem anwenden kann. Die größte Schwäche der lokalen Suche ist, dass sie in einem lokalen Optimum endet, egal wie gut oder schlecht dieses lokale Optimum ist. Wir wollen jetzt die Methode der lokalen Suche verbessern, indem wir die Fallen der lokalen Optima aufheben. Dabei lassen wir uns durch die **physikalische Optimierung von Metallzuständen** in der Thermodynamik inspirieren.

Der optimale Zustand eines Metalls entspricht der optimalen Kristallstruktur, wobei alle Bindungen zwischen den elementaren Teilchen gleich stark sind. Wenn einige Bindungen durch Belastung wesentlich schwächer und andere stärker werden, besteht Bruchgefahr und das Metall ist in einem schlechten Zustand. Der optimale Zustand entspricht also dem Zustand mit minimaler Energie. Die Optimierungsprozedur besteht aus folgenden zwei Phasen.

Phase 1: Dem Metall wird von außen durch ein „heißes Bad" Energie zugeführt. Dadurch schwächen sich fast alle Bindungen und ein chaosähnlicher Zustand entsteht.

Phase 2: Das Metall wird langsam abgekühlt, bis es einen optimalen Zustand mit minimaler Energie erreicht.

Diesen **Optimierungsprozess** kann man mit folgendem Algorithmus auf einem Rechner simulieren. Wir bezeichnen mit $E(s)$ die Energie des Metallzustandes s. Sei c_B die Boltzmann-Konstante. Für den Rest dieses Abschnittes benötigen wir elementare Wahrscheinlichkeitstheorie, die wir formal im nächsten Abschnitt vorstellen.

Metropolis-Algorithmus

Eingabe: Ein Zustand s des Metalls mit der Energie $E(s)$.

Phase 1: Bestimme die Anfangstemperatur T des heißen Bades.

Phase 2: Generiere einen Zustand q aus s durch eine zufällige kleine Änderung (zum Beispiel eine Positionsänderung eines Elementarteilchens)

> **if** $E(q) \leq E(s)$ **then** $s := q$
>
> {akzeptiere q als neuen Zustand}
>
> **else** akzeptiere q als neuen Zustand mit der Wahrscheinlichkeit
>
> $\text{Wahr}(s \to q) = e^{-\frac{E(q)-E(s)}{c_B \cdot T}}$;
>
> {bleibe im Zustand s mit der Wahrscheinlichkeit $1 - \text{Wahr}(s \to q)$}

Phase 3: Verkleinere T passend.

> **if** T ist nicht sehr nahe bei 0 **then goto** Phase 2;
>
> **else output**(s);

Zuerst beobachten wir die starke Ähnlichkeit zwischen der lokalen Suche und dem Metropolis-Algorithmus. Der Metropolis-Algorithmus besteht aus Iterationsschritten, und in einem Iterationsschritt wird ein neuer Kandidat für einen aktuellen Zustand durch eine lokale Transformation bestimmt. Die wesentlichen Unterschiede sind folgende.

(i) Der Metropolis-Algorithmus darf mit gewisser Wahrscheinlichkeit auch in einen schlechteren Zustand mit hoher Energie übergehen und dadurch mögliche lokale Minima überwinden.

(ii) Nicht die lokale Optimalität, sondern der Wert von T entscheidet über die Terminierung des Metropolis-Algorithmus.

Die Wahrscheinlichkeit $\text{Wahr}(s \to q)$ folgt den Gesetzen der Thermodynamik, die besagen, dass die Wahrscheinlichkeit einer Verschlechterung (eines Energiewachstums) um einen Wert ΔE

$$\text{Wahr}(\Delta E) = e^{\frac{-\Delta E}{c_B \cdot T}}$$

ist. Diese Wahrscheinlichkeit hat zwei wichtige Eigenschaften.

(a) Die Wahrscheinlichkeit $\text{Wahr}(s \to q)$ verkleinert sich mit wachsendem $E(q) - E(s)$, das heißt starke Verschlechterungen sind weniger wahrscheinlich als schwächere, und

(b) die Wahrscheinlichkeit $\text{Wahr}(s \to q)$ wächst mit T, das heißt starke Verschlechterungen (Überwindung von tiefen lokalen Minima) sind am Anfang bei großem T wahrscheinlicher als bei kleinem T.

Ein wichtiger Punkt ist, dass die Möglichkeit, die lokalen Minima durch Verschlechterung zu überwinden, notwendig für das Erreichen des Optimums ist. Um den Metropolis-Algorithmus zur Lösung von kombinatorischen Optimierungsproblemen einzusetzen, reicht es aus, die folgende Beziehung zwischen den Begriffen der Thermodynamik und den Bergriffen der kombinatorischen Optimierung festzustellen.

Menge der Systemzustände	$\widehat{=}$	Menge der zulässigen Lösungen
Energie eines Zustandes	$\widehat{=}$	Preis einer zulässigen Lösung
ein optimaler Zustand	$\widehat{=}$	eine optimale Lösung
Temperatur	$\widehat{=}$	ein Programmparameter

Sei $\mathcal{U} = (\Sigma_I, \Sigma_O, L, \mathcal{M}, cost, Minimum)$ ein Optimierungsproblem mit einer Nachbarschaft f. Dann kann man die Simulation des Metropolis-Algorithmus wie folgt beschreiben.

Simulated Annealing bezüglich f

$\mathbf{SA}(f)$

Eingabe: Eine Probleminstanz $x \in L$.

Phase 1: Berechne eine zulässige Lösung $\alpha \in \mathcal{M}(x)$.

      Wähle eine Anfangstemperatur T.

      Wähle eine Reduktionsfunktion g, abhängig von T und der Anzahl der Iterationen I.

Phase 2: $I := 0$;

        while $T > 0$ (oder T ist nicht zu nahe an 0) **do**

        begin

            wähle zufällig ein β aus $f_x(\alpha)$;

            if $cost(\beta) \leq cost(\alpha)$ **then** $\alpha := \beta$;

            else

            begin

                generiere zufällig eine Zahl r aus dem Intervall $[0,1]$;

                if $r < e^{-\frac{cost(\beta) - cost(\alpha)}{T}}$ **then** $\alpha := \beta$;

            end

            $I := I + 1$;

            $T := g(T, I)$;

        end

      end

Ausgabe: α.

Bei einer „vernünftigen" Nachbarschaft und passender Wahl von T und g kann man beweisen, dass $SA(f)$ das Optimum erreicht. Das Problem ist aber, dass man die Anzahl der dazu hinreichenden Iterationen nicht einschränken kann. Selbst Versuche, eine Approximationsgüte nach einer gewissen Anzahl von Operationen zu garantieren, führten dazu, dass man eine viel größere Anzahl an Iterationen als $|\mathcal{M}(x)|$ für eine solche Garantie bräuchte. Trotzdem gibt es viele Anwendungen, bei denen Simulated Annealing akzeptable Lösungen liefert und deswegen wird es häufig eingesetzt. Die positive Seite ist auch, dass die Wahl der Parameter T und g bei dem Benutzer liegt, und so kann er alleine über Prioritäten im Bezug auf den Trade-off zwischen Laufzeiten und Lösungsqualität entscheiden.

9.8 Randomisierung

9.8.1 Zielsetzung

Der Begriff Zufall ist einer der fundamentalsten und meist diskutierten Begriffe der Wissenschaft. Die grundlegende Frage ist, ob der Zufall objektiv existiert oder ob wir diesen Begriff nur benutzen, um Ereignisse mit unbekannter Gesetzmäßigkeit zu erklären und zu modellieren. Darüber streiten die Wissenschaftler seit der Antike. Demokrit meinte, dass

das Zufällige das Nichterkannte ist,
und dass die Natur in ihrer Grundlage determiniert ist.

Damit meinte Demokrit, dass in der Welt Ordnung herrscht und dass diese Ordnung durch eindeutige Gesetze bestimmt ist. Epikur widersprach Demokrit mit folgender Meinung:

„Der Zufall ist objektiv,
er ist die eigentliche Natur der Erscheinung."

Die Religion und die Physik vor dem 20. Jahrhundert bauten auf der kausal-deterministischen Auffassung auf. Interessant ist zu bemerken, dass auch Albert Einstein die Benutzung des Begriffs Zufall nur als Kennzeichnung des noch nicht vollständigen Wissens zuließ und an die Existenz einfacher und klarer deterministischer Naturgesetze glaubte. Die Entwicklung der Wissenschaft (insbesondere der Physik und der Biologie) im 20. Jahrhundert führte eher zu der Epikurschen Weltanschauung. Die experimentelle Physik bestätigte die Theorie der Quantenmechanik, die auf Zufallereignissen aufgebaut ist. In der **Evolutionsbiologie** zweifelt man heute nicht an der These, dass ohne zufällige Mutationen der DNA die Evolution nicht stattgefunden hätte. Am besten formulierte der ungarische Mathematiker Alfréd Rényi eine moderne, überwiegend akzeptierte Ansicht der Rolle des Zufalls:

„Es gibt keinen Widerspruch zwischen Kausalität und dem Zufall. In der Welt herrscht der
Zufall, und eben deshalb gibt es in der Welt Ordnung und Gesetz, die sich in den Massen
von zufälligen Ereignissen, den Gesetzen der Wahrscheinlichkeit entsprechend, entfalten."

Für uns Informatiker ist es wichtig zu begreifen, dass es sich oft lohnt, statt vollständig deterministischer Systeme und Algorithmen zufallsgesteuerte (randomisierte) Systeme und Algorithmen zu entwerfen und zu implementieren. Dabei geht es um nichts anderes, als von der Natur zu lernen. Es scheint eine Tatsache zu sein, dass die Natur immer den einfachsten und effizientesten Weg geht und dass ein solcher Weg durch die **Zufallssteuerung** bestimmt wird. Die Praxis bestätigt diese Ansicht. In vielen Anwendungen können einfache zufallsgesteuerte Systeme und Algorithmen das Gewünschte effizient und zuverlässig leisten, obwohl jedes vollständig deterministische System für diesen Zweck so komplex und ineffizient wäre, dass jeder Versuch, es zu bauen, praktisch sinnlos wäre. Dies ist auch der Grund dafür, dass man heutzutage die Klasse der praktisch lösbaren Probleme nicht mehr mit der deterministisch polynomiellen Zeit, sondern eher mit zufallsgesteuerten (randomisierten) polynomiellen Algorithmen verknüpft.

Die Zielsetzung dieses Kapitels ist nicht, die Grundlagen des Entwurfs von randomisierten Algorithmen und der Komplexitätstheorie der randomisierten Berechnung zu präsentieren, weil dazu zu viele Vorkenntnisse aus der Wahrscheinlichkeitstheorie, der Komplexitätstheorie und der Zahlentheorie notwendig wären. Wir ziehen es vor, anhand dreier Beispiele das Konzept der Zufallssteuerung zu veranschaulichen und dadurch auch ansatzweise ein etwas tieferes Verständnis für die überlegene Stärke der Zufallssteuerung gegenüber der deterministischen Steuerung zu gewinnen.

Dieses Kapitel ist wie folgt aufgebaut. In Abschnitt 9.8.2 präsentieren wir einige elementare Grundlagen der **Wahrscheinlichkeitstheorie**. In Abschnitt 9.8.3 entwerfen wir ein **randomisiertes Kommunikationsprotokoll** zum Vergleich der Inhalte zweier großer Datenbanken, welches für diese Aufgabe unvergleichbar effizienter als jedes deterministische Kommunikationsprotokoll ist. In Abschnitt 9.8.4 stellen wir die Methode der **Fingerabdrücke** als eine spezielle Variante der Methode der häufigen Zeugen vor. Wir wenden diese Methode an, um effizient die Äquivalenz von zwei Polynomen zu entscheiden. Wie üblich beenden wir das Kapitel mit einer kurzen Zusammenfassung.

9.8.2 Elementare Wahrscheinlichkeitstheorie

Wenn ein Ereignis (eine Erscheinung) eine unumgängliche Folge eines anderen Ereignisses ist, dann sprechen wir von Kausalität oder Determinismus. Wie wir schon in der Einleitung bemerkt haben, gibt es auch andere als völlig bestimmte, eindeutige Ereignisse. Die Wahrscheinlichkeitstheorie wurde entwickelt, um Situationen und Experimente mit mehrdeutigen Ergebnissen zu modellieren und zu untersuchen. Einfache Beispiele solcher Experimente sind der Münzwurf und das Würfeln. Es gibt hier keine Möglichkeit, das Ergebnis vorherzusagen, und deswegen sprechen wir von **zufälligen Ereignissen**. In der Modellierung eines Wahrscheinlichkeitsexperimentes betrachten wir also alle möglichen Ergebnisse des Experimentes, die wir **elementare Ereignisse** nennen. Aus der philosophischen Sicht ist es wichtig, dass die elementaren Ereignisse als atomare Ergebnisse zu betrachten sind. Atomar bedeutet, dass man ein elementares Ereignis nicht als eine Kollektion von noch einfacheren Ergebnissen betrachten kann, und sich somit zwei elementare Ereignisse gegenseitig ausschließen. Beim Münzwurf sind die elementaren Ereignisse „Kopf" und „Zahl" und beim Würfeln sind die elementaren Ereignisse die Zahlen „1", „2", „3", „4", „5" und „6". Ein **Ereignis** definiert man dann als eine Teilmenge der Menge der elementaren Ereignisse. Zum Beispiel ist $\{2, 4, 6\}$ das Ereignis, dass beim Würfeln eine gerade Zahl fällt. Weil elementare Ereignisse auch als Ereignisse betrachtet werden, stellt man sie, um konsistent zu bleiben, als einelementige Mengen dar.

Im Folgenden betrachten wir nur Experimente mit einer endlichen Menge S von elementaren Ereignissen, was die Anschaulichkeit der folgenden Definition erhöht. Wir möchten jetzt eine sinnvolle Theorie entwickeln, die jeder Erscheinung $E \subseteq S$ eine Wahrscheinlichkeit zuordnet. Dass diese Aufgabe gar nicht so einfach ist, dokumentiert die Tatsache, dass man seit der Begründung der Wahrscheinlichkeitstheorie in den Werken von Pascal, Fermat und Huygens in der Mitte des 17. Jahrhunderts fast 300 Jahre gebraucht hat, bis eine allgemein akzeptierte axiomatische Definition der Wahrscheinlichkeit von Kolmogorov vorgeschlagen wurde. Unsere Einschränkung der Endlichkeit von S hilft uns, die technischen Schwierigkeiten solcher allgemeinen Definitionen zu vermeiden. Die Idee ist, die **Wahrscheinlichkeit** eines Ereignisses als

das Verhältnis der Summe der Wahrscheinlichkeiten der günstigen (darin enthaltenen) elementaren Ereignisse zu der Summe der Wahrscheinlichkeiten aller möglichen elementaren Ereignisse $\qquad(9.19)$

zu sehen. Durch diese Festlegung normiert man die Wahrscheinlichkeitswerte in dem Sinne, dass die Wahrscheinlichkeit 1 der Sicherheit und die Wahrscheinlichkeit 0 einem unmöglichen Ereignis entspricht. Ein anderer zentraler Punkt ist, dass die Wahrscheinlichkeiten der elementaren Ereignisse die Wahrscheinlichkeiten aller Ereignisse eindeutig bestimmen. Bei symmetrischen Experimenten wie dem Würfeln will man allen elementaren Ereignissen die gleiche Wahrscheinlichkeit zuordnen. Sei $\mathrm{Wahr}(E)$ die Wahrscheinlichkeit des Ereignisses E. Weil in unserem Modell als Resultat des Experimentes ein elementares Ereignis auftreten muss, setzt man $\mathrm{Wahr}(S) = 1$ für die Menge S aller elementaren Ereignisse. Dann haben wir beim Würfeln

$$
\begin{aligned}
\mathrm{Wahr}(\{2, 4, 6\}) &= \frac{\mathrm{Wahr}(\{2\}) + \mathrm{Wahr}(\{4\}) + \mathrm{Wahr}(\{6\})}{\mathrm{Wahr}(S)} \\
&= \mathrm{Wahr}(\{2\}) + \mathrm{Wahr}(\{4\}) + \mathrm{Wahr}(\{6\}) \\
&= \frac{1}{6} + \frac{1}{6} + \frac{1}{6} = \frac{1}{2},
\end{aligned}
$$

das heißt, die Wahrscheinlichkeit, eine gerade Zahl zu werfen, ist genau $1/2$. Nach dem Wahrscheinlichkeitskonzept (9.19) erhalten wir für alle disjunkten Ereignisse X und Y

$$\text{Wahr}(X \cup Y) = \frac{\text{Wahr}(X) + \text{Wahr}(Y)}{\text{Wahr}(S)}$$
$$= \text{Wahr}(X) + \text{Wahr}(Y).$$

Diese Überlegungen führen zu der folgenden axiomatischen Definition der Wahrscheinlichkeit.

Defintion 47: *Sei S die Menge aller elementaren Ereignisse eines Wahrscheinlichkeitsexperimentes. Eine* **Wahrscheinlichkeitsverteilung auf** S *ist jede Funktion* $\text{Wahr} : \mathcal{P}(S) \to [0,1]$, *die folgende Bedingungen erfüllt:*

(i) $\text{Wahr}(\{x\}) \geq 0$ *für jedes elementare Ereignis x,*

(ii) $\text{Wahr}(S) = 1$, *und*

(iii) $\text{Wahr}(X \cup Y) = \text{Wahr}(X) + \text{Wahr}(Y)$ *für alle Ereignisse $X, Y \subseteq S$ mit $X \cap Y = \emptyset$.*

Wahr(X) *nennt man die* **Wahrscheinlichkeit des Ereignisses** X. *Das Paar* $(S, \textbf{Wahr})$ *wird als ein* **Wahrscheinlichkeitsraum** *bezeichnet. Falls* $\text{Wahr}(\{x\}) = \text{Wahr}(\{y\})$ *für alle $x, y \in S$, nennt man* Wahr *die* **uniforme Wahrscheinlichkeitsverteilung** *(oder* **Gleichverteilung***) auf S.*

Definition 47 impliziert folgende Eigenschaften eines Wahrscheinlichkeitsraums.

(i) $\text{Wahr}(\emptyset) = 0$,

(ii) $\text{Wahr}(S - X) = 1 - \text{Wahr}(X)$ für jedes $X \subseteq S$,

(iii) für alle $X, Y \subseteq S$ mit $X \subseteq Y$ gilt $\text{Wahr}(X) \leq \text{Wahr}(Y)$,

(iv) $\text{Wahr}(X \cup Y) = \text{Wahr}(X) + \text{Wahr}(Y) - \text{Wahr}(X \cap Y)$
$\leq \text{Wahr}(X) + \text{Wahr}(Y)$ für alle $X, Y \subseteq S$,

(v) $\text{Wahr}(X) = \sum_{x \in X} \text{Wahr}(x)$ für alle $X \subseteq S$.

Wir bemerken, dass diese Eigenschaften unserer Zielsetzung und damit der informellen Definition (9.19) entsprechen. Somit entspricht die Addition der Wahrscheinlichkeiten unserer intuitiven Vorstellung, dass die Wahrscheinlichkeit, dass irgendeines von mehreren unvereinbaren Ereignissen eintritt, gleich der Summe der Wahrscheinlichkeiten der betrachteten Ereignisse ist.

Was entspricht der Multiplikation zweier Wahrscheinlichkeiten? Betrachten wir zwei Wahrscheinlichkeitsexperimente, die in dem Sinne unabhängig sind, dass kein Resultat eines Experimentes einen Einfluss auf das Resultat des anderen Experimentes hat. Ein Beispiel dafür ist, zweimal zu würfeln. Egal, ob wir auf einmal mit zwei Würfeln spielen oder ob wir zweimal denselben Würfel rollen lassen, die Resultate beeinflussen sich nicht gegenseitig. Zum Beispiel hat eine 3 beim ersten Wurf keinen Einfluss auf das Ergebnis des zweiten Wurfs. Wir wissen, dass $\text{Wahr}(i) = \frac{1}{6}$ für beide Experimente und für alle $i \in \{1, 2, \ldots, 6\}$. Betrachten wir jetzt die Zusammensetzung beider Zufallsexperimente (Würfeln) als ein Zufallsexperiment. Die Menge der elementaren Ereignisse ist hier

$$S_2 = \{(i, j) \mid i, j \in \{1, 2, \ldots, 6\}\},$$

wobei für ein elementares Ereignis $\{(i, j)\}$ der Index i das Ergebnis des ersten Wurfs und j das des zweiten ist. Wie soll jetzt korrekterweise die Wahrscheinlichkeitsverteilung Wahr_2 auf S_2 aus $(\{1, 2, \ldots, 6\}, \text{Wahr})$ bestimmt werden? Wir bauen auf der Intuition auf, dass die Wahrscheinlichkeit des Eintretens von zwei vollständig unabhängigen Ereignissen gleich dem Produkt der Wahrscheinlichkeiten dieser Ereignisse ist und damit

$$\text{Wahr}_2(\{(i, j)\}) = \text{Wahr}(\{i\}) \cdot \text{Wahr}(\{j\}) = \frac{1}{6} \cdot \frac{1}{6} = \frac{1}{36}$$

für alle $i, j \in \{1, 2, \ldots, 6\}$. Überprüfen wir die Korrektheit dieser Überlegung. Die Menge S_2 beinhaltet genau 36 elementare Ereignisse, die alle gleich wahrscheinlich sind. Damit ist tatsächlich $\text{Wahr}_2(\{(i, j)\}) = \frac{1}{36}$ für alle $(i, j) \in S_2$.

Es bleibt zu klären, wie man die Wahrscheinlichkeitstheorie anwendet, um zufallsgesteuerte (randomisierte) Algorithmen zu entwerfen und zu analysieren. Dazu benutzt man zwei verschiedene Möglichkeiten. Die erste Möglichkeit ist, mit dem Modell der NTM mit endlichen Berechnungen zu starten und jeden nichtdeterministischen Schritt als ein Zufallsexperiment zu betrachten. Dies bedeutet, dass man bei einer Wahl aus k Möglichkeiten jeder Möglichkeit die Wahrscheinlichkeit $\frac{1}{k}$ zuordnet. Dann bestimmt man die Wahrscheinlichkeit einer Berechnung als das Produkt der Wahrscheinlichkeiten aller zufälligen Entscheidungen dieser Berechnung. Sei $S_{A,x}$ die Menge aller Berechnungen einer NTM (eines nichtdeterministischen Programms) A auf einer Eingabe x. Wenn man jeder Berechnung C aus $S_{A,x}$ die oben beschriebene Wahrscheinlichkeit $\text{Wahr}(C)$ zuordnet, dann ist $(S_{A,x}, \text{Wahr})$ ein Wahrscheinlichkeitraum.

Die Summe der Wahrscheinlichkeiten der Berechnungen aus $S_{A,x}$ mit einer falschen Ausgabe $A(x)$ für die Eingabe x ist dann die **Fehlerwahrscheinlichkeit** des Algorithmus A auf der Eingabe x, **Fehler$_A(x)$**. Die **Fehlerwahrscheinlichkeit des Algorithmus** A definiert man als eine Funktion $\text{Fehler}_A : \mathbb{N} \to \mathbb{N}$ wie folgt.

$$\text{Fehler}_A(n) = \max\{\text{Fehler}_A(x) \mid |x| = n\}.$$

Außer den Fehlerwahrscheinlichkeiten kann man zum Beispiel auch untersuchen, wie groß die Wahrscheinlichkeit ist, dass eine Berechnung aus höchstens $t(n)$ Schritten besteht (das heißt, wie groß die Summe der Wahrscheinlichkeiten der Berechnungen ist, die kürzer als $t(n)$ sind).

Die andere Möglichkeit, die randomisierten Algorithmen zu definieren, ist einfach, einen randomisierten Algorithmus als eine Wahrscheinlichkeitsverteilung über einer Menge deterministischer Algorithmen zu betrachten. Dies entspricht der Vorstellung, dass man einem deterministischen Algorithmus (einer TM) A eine Folge von Zufallsbits (ein zusätzliches Band mit einer Zufallsfolge) als zusätzliche Eingabe gibt. Jede Folge von Zufallsbits bestimmt eindeutig eine deterministische Berechnung von A auf der gegebenen Eingabe x. Die Zufallsfolgen als elementare Ereignisse zu betrachten, entspricht also der Betrachtung der Berechnungen aus $S_{A,x}$ als elementare Ereignisse. Gewöhnlicherweise haben alle Zufallsfolgen die gleiche Wahrscheinlichkeit, und somit handelt es sich um die uniforme Wahrscheinlichkeitsverteilung über der Menge aller Berechnungen aus $S_{A,x}$. Die Beispiele randomisierter Algorithmen in den nächsten zwei Abschnitten bauen auf diesem Modell der randomisierten Algorithmen auf. Die Folgen von zufälligen Bits interpretiert man in diesen Beispielen als eine zufällige Zahl, die dann die Berechnung und somit das Resultat der Berechnung beeinflusst.

9.8.3 Ein randomisiertes Kommunikationsprotokoll

Die Zielsetzung dieses Abschnittes ist, zu zeigen, dass randomisierte Algorithmen wesentlich effizienter als bestmögliche deterministische Algorithmen sein können. Betrachten wir die folgende Aufgabenstellung. Wir haben zwei Rechner R_I und R_{II}. Ursprünglich erhielten diese eine Datenbank mit gleichem Inhalt. Mit der Zeit ist der Inhalt dynamisch geändert, wobei wir versucht haben, die gleichen Änderungen auf beiden Rechnern zu machen, um idealerweise die gleiche Datenbank auf beiden Rechnern zu erhalten. Nach einer gewissen Zeit wollen wir nun überprüfen, ob R_I und R_{II} wirklich noch die gleichen Daten haben. Im Allgemeinen bezeichnen wir durch n die Größe der Datenbank in Bits. Konkret betrachten wir ein großes $n = 10^{16}$, was beispielsweise bei Gendatenbanken eine realistische Größe sein dürfte. Unser Ziel ist es, einen Kommunikationsalgorithmus (ein Protokoll) zu entwerfen, der feststellt, ob die Inhalte der Datenbanken von R_I und R_{II} unterschiedlich oder gleich sind. Die Komplexität des

Kommunikationsalgorithmus messen wir in der Anzahl der ausgetauschten Bits zwischen R_I und R_{II}. Man kann beweisen, dass kein deterministisches Protokoll für diese Aufgabe einen Austausch von n Bits zwischen R_I und R_{II} vermeiden kann. Also existiert kein Protokoll, das höchstens $n-1$ Kommunikationsbits benutzen darf und diese Aufgabe zuverlässig löst. Wenn man bei der Datenmenge mit $n = 10^{16}$ noch sicherstellen sollte, dass alle Kommunikationsbits korrekt ankommen, würde man auf den Versuch, die Aufgabe auf diese Weise zu lösen, wahrscheinlich verzichten.

Die Lösung in dieser Situation bietet folgendes zufallsgesteuertes Protokoll. Es basiert auf dem Primzahlsatz.

$R = (R_I, R_{II})$ (Ein zufallsgesteuertes Kommunikationsprotokoll)

Ausgangssituation: R_I hat n Bits $x = x_1 \ldots x_n$, R_{II} hat n Bits $y = y_1 \ldots y_n$.

Phase 1: R_I wählt zufällig mit einer uniformen Wahrscheinlichkeitsverteilung p als eine von den *Prim* $(n^2) \sim n^2/\ln n^2$ Primzahlen kleiner gleich n^2.

Phase 2: R_I berechnet die Zahl $s = Nummer(x) \bmod p$ und schickt die binäre Darstellung von s und p zu R_{II}.

Phase 3: Nach dem Empfang von s und p berechnet R_{II} die Zahl $q = Nummer(y) \bmod p$.
Falls $q \neq s$, dann gibt R_{II} die Ausgabe „ungleich".
Falls $q = s$, dann gibt R_{II} die Ausgabe „gleich".

Jetzt analysieren wir die Arbeit von $R = (R_I, R_{II})$. Zuerst bestimmen wir die Komplexität, gemessen als die Anzahl der Kommunikationsbits, und dann analysieren wir die Zuverlässigkeit (Fehlerwahrscheinlichkeit) von $R = (R_I, R_{II})$.

Die einzige Kommunikation besteht darin, dass R_I die Zahlen s und p an R_{II} schickt. Weil $s \leq p < n^2$ gilt, ist die Länge der binären Nachricht $2 \cdot \lceil \log_2 n^2 \rceil \leq 4 \cdot \lceil \log_2 n \rceil$. Für $n = 10^{16}$ sind dies höchstens $4 \cdot 16 \cdot \lceil \log_2 10 \rceil = 256$ Bits. Es ist also eine sehr kurze Nachricht, die man problemlos zuverlässig übertragen kann.

Bei der Analyse der Fehlerwahrscheinlichkeit unterscheiden wir zwei Möglichkeiten bezüglich der tatsächlichen Relation zwischen x und y.

(i) Sei $x = y$. Dann gilt

$$Nummer(x) \bmod p = Nummer(y) \bmod p$$

für alle Primzahlen p. Also gibt R_{II} die Antwort „gleich" mit Sicherheit. In diesem Fall ist also die Fehlerwahrscheinlichkeit 0.

(ii) Sei $x \neq y$. Wir bekommen eine falsche Antwort „gleich" nur dann, wenn R_I eine zufällige Primzahl p gewählt hat, die die Eigenschaft hat, dass

$$z = Nummer(x) \bmod p = Nummer(y) \bmod p$$

gilt. In anderer Form geschrieben:

$$Nummer(x) = x' \cdot p + z \text{ und } Nummer(y) = y' \cdot p + z$$

für irgendwelche natürlichen Zahlen x' und y'.

Daraus folgt, dass

$$Nummer(x) - Nummer(y) = x' \cdot p - y' \cdot p = (x' - y') \cdot p,$$

also dass p die Zahl $|Nummer(x) - Nummer(y)|$ teilt.

Also gibt unser Protokoll $R = (R_I, R_{II})$ eine falsche Antwort nur, wenn die gewählte Primzahl p die Zahl $| Nummer(x) - Nummer(y)|$ teilt. Wir wissen, dass p aus $Prim (n^2)$ Primzahlen aus $\{2, 3, \ldots, n^2\}$ mit uniformer Wahrscheinlichkeitsverteilung gewählt wurde. Es ist also hilfreich festzustellen, wie viele von diesen $Prim (n^2) \sim n^2 / \ln n^2$ Primzahlen die Zahl $| Nummer(x) - Nummer(y)|$ teilen können. Weil die binäre Länge von x und y gleich n ist, gilt

$$w = | Nummer(x) - Nummer(y)| < 2^n.$$

Sei $w = p_1^{i_1} p_2^{i_2} \ldots p_k^{i_k}$, wobei $p_1 < p_2 < \cdots < p_k$ Primzahlen und $i_1, i_2, \ldots, i_k$ positive ganze Zahlen sind. Wir wissen, dass jede Zahl eine solche eindeutige Faktorisierung besitzt. Unser Ziel ist zu beweisen, dass $k \leq n - 1$. Wir beweisen dies indirekt. Angenommen, $k \geq n$. Dann ist

$$w = p_1^{i_1} p_2^{i_2} \ldots p_k^{i_k} > p_1 p_2 \ldots p_n > 1 \cdot 2 \cdot 3 \cdot \cdots \cdot n = n! > 2^n.$$

Das widerspricht aber der bekannten Tatsache, dass $w < 2^n$. Also kann w höchstens $n - 1$ unterschiedliche Primfaktoren haben. Weil jede Primzahl aus $\{2, 3, \ldots, n^2\}$ die gleiche Wahrscheinlichkeit hat, gewählt zu werden, ist die Wahrscheinlichkeit, ein p zu wählen, das w teilt, höchstens

$$\frac{n - 1}{Prim (n^2)} \leq \frac{n - 1}{n^2 / \ln n^2} \leq \frac{\ln n^2}{n}$$

für genügend große n.

Also ist die Fehlerwahrscheinlichkeit von R für unterschiedliche Inhalte x und y höchstens $\frac{\ln n^2}{n}$, was für $n = 10^{12}$ höchstens $0,277 \cdot 10^{-10}$ ist.

So eine kleine Fehlerwahrscheinlichkeit ist kein ernsthaftes Risiko, aber nehmen wir an, dass jemand sich noch eine kleinere Fehlerwahrscheinlichkeit wünscht. Dann kann man das Protokoll (R_I, R_{II}) zehnmal mit 10 unabhängigen Wahlen einer Primzahl wie folgt laufen lassen.

Protokoll R_{10}

Anfangssituation: R_I hat n Bits $x = x_1 \ldots x_n$ und R_{II} hat n Bits $y = y_1 \ldots y_n$.

Phase 1: R_I wählt zufällig mit uniformer Wahrscheinlichkeitsverteilung zehn Primzahlen $p_1, p_2, \ldots, p_{10}$ aus $\{2, 3, \ldots, n^2\}$.

Phase 2: R_I berechnet $s_i = Nummer(x) \bmod p_i$ für $i = 1, 2, \ldots, 10$ und schickt die binären Darstellungen von $p_1, p_2, \ldots, p_{10}, s_1, s_2, \ldots, s_{10}$ zu R_{II}.

Phase 3: Nach dem Empfang von $p_1, p_2, \ldots, p_{10}, s_1, s_2, \ldots, s_{10}$ berechnet R_{II} $q_i = Nummer(y) \bmod p_i$ für $i = 1, 2, \ldots, 10$.

Falls ein $i \in \{1, 2, \ldots, 10\}$ existiert, so dass $q_i \neq s_i$, dann gibt R_{II} die Ausgabe „ungleich".

Falls $q_j = s_j$ für alle $j \in \{1, 2, \ldots, 10\}$, dann gibt R_{II} die Ausgabe „gleich".

Wir bemerken, dass die Kommunikationskomplexität von R_{10} zehnmal größer ist als die Komplexität von R. In unserem Fall $n = 10^{12}$ sind dies aber höchstens 1600 Bits, was kein technisches Problem darstellt. Wie ändert sich aber die Fehlerwahrscheinlichkeit? Falls $x = y$, wird R_{10} wieder keinen Fehler machen und gibt die richtige Antwort „gleich" mit Sicherheit.

Falls $x \neq y$, wird R_{10} eine falsche Antwort nur liefern, wenn alle 10 zufällig gewählten Primzahlen zu den höchstens $n - 1$ Primzahlen, die $| Nummer(x) - Nummer(y)|$ teilen, gehören.

Weil die 10 Primzahlen in 10 unabhängigen Experimenten gewählt worden sind, ist die Fehlerwahrscheinlichkeit höchstens

$$\left(\frac{n-1}{Prim\,(n^2)} \right)^{10} \leq \left(\frac{\ln n^2}{n} \right)^{10} = \frac{2^{10} \cdot (\ln n)^{10}}{n^{10}}.$$

Für $n = 10^{12}$ ist dies höchstens $0,259 \cdot 10^{-105}$. Wenn wir bedenken, dass die Anzahl der Mikrosekunden seit dem Urknall bis zum heutigen Tag eine 24-stellige Zahl ist und die Anzahl von Protonen im bekannten Universum eine 79-stellige Zahl ist, kann man eine Fehlerwahrscheinlichkeit unter 10^{-105} leichten Herzens in Kauf nehmen. Auch wenn ein deterministisches Protokoll mit einer Kommunikationskomplexität von 10^{12} Bits praktisch realisierbar wäre, ist es klar, dass man aus Kostengründen das zufallsgesteuerte Protokoll implementieren würde.

Die Konstruktion von R_{10} aus R gibt uns eine wichtige Einsicht. Wir können die Fehlerwahrscheinlichkeit von zufallsgesteuerten Algorithmen durch mehrfaches Durchlaufen des Algorithmus nach unten drücken. Bei einigen Algorithmen, wie bei unserem Protokoll, reichen wenige Wiederholungen für einen extremen Rückgang der Fehlerwahrscheinlichkeit.

9.8.4 Die Methode der Fingerabdrücke und die Äquivalenz von zwei Polynomen

In Abschnitt 9.8.3 haben wir die Methode der häufigen Zeugen benutzt, um zwei große Zahlen $Nummer(x)$ und $Nummer(y)$ mittels eines randomisierten Kommunikationsprotokolls zu vergleichen. Die dort vorgestellte spezielle Anwendung der Methode der häufigen Zeugen nennt man auch die Methode der Fingerabdrücke, die man allgemein wie folgt darstellen kann.

Schema der Methode der Fingerabdrücke

Aufgabe: Entscheide die Äquivalenz (im gegebenen Sinne) von zwei Objekten O_1 und O_2, deren genaue Darstellung sehr umfangreich ist.

Phase 1: Sei M eine „geeignete" Menge von Abbildungen von vollständigen Darstellungen betrachteter Objekte in partielle Darstellungen dieser Objekte.

Wähle zufällig eine Abbildung h aus M.

Phase 2: Berechne $h(O_1)$ und $h(O_2)$.

$h(O_i)$ nennt man den **Fingerabdruck** von O_i für $i = 1, 2$.

Phase 3: **if** $h(O_1) = h(O_2)$ **then output** „O_1 und O_2 sind äquivalent";

else output „O_1 und O_2 sind nicht äquivalent";

In unserem Beispiel in Abschnitt 9.8.3 waren O_1 und O_2 zwei große Zahlen von n Bits ($n = 10^{12}$). Die Menge M war

$$\{h_p \mid h_p(m) = m \bmod p \text{ für alle } m \in \mathbb{N}, \ p \text{ ist eine Primzahl}, \ p \leq n^2\}.$$

Für die zufällig gewählte Primzahl p waren $h_p(O_1) = O_1 \bmod p$ und $h_p(O_2) = O_2 \bmod p$ die Fingerabdrücke von O_1 und O_2.

Der Kernpunkt der Methode ist, dass $h_p(O_i)$ im Vergleich zu O_i eine wesentlich kürzere Darstellung hat, und dadurch der Vergleich von $h_p(O_1)$ und $h_p(O_2)$ wesentlich einfacher ist als der Vergleich von O_1 und O_2. Das kann man aber nur dadurch erreichen, dass $h_p(O_i)$ keine vollständige Beschreibung von O_i ist. Also muss man das Risiko einer fehlerhaften Entscheidung in Kauf nehmen. Der Rest der Grundidee basiert auf dem Prinzip der Methode der häufigen Zeugen. Die Menge M ist die Menge der Kandidaten für einen Zeugen der Nicht-Äquivalenz von O_1 und O_2. Wenn für jedes Paar von unterschiedlichen Objekten O_1 und O_2 in M zahlreiche[61]

---

[61]bezüglich $|M|$

Zeugen von $O_1 \neq O_2$ vorhanden sind, kann man die Fehlerwahrscheinlichkeit beliebig nach unten drücken. Die Kunst der Anwendung der Methode der Fingerabdrücke besteht in der geeigneten Wahl der Menge M. Einerseits sollen die Fingerabdrücke so kurz wie möglich sein, um einen effizienten Vergleich zu ermöglichen. Andererseits sollen sie so viele Informationen wie möglich über die abgebildeten Objekte enthalten[62], um die Wahrscheinlichkeit des Verlustes des Unterschiedes zwischen O_1 und O_2 in den Fingerabdrücken $h(O_1)$ und $h(O_2)$ gering zu halten. Somit muss bei der Wahl von M immer der Trade-off zwischen dem Grad der „Komprimierung" von O zu $h(O)$ und der Fehlerwahrscheinlichkeit im Auge behalten werden. In unserer Anwendung dieser Methode in Abschnitt 9.8.3 gelang es uns, mit einer zu 0 strebenden Fehlerwahrscheinlichkeit einen exponentiellen Sprung zwischen der Darstellung von O und $h(O)$, nämlich $|h(O)| \in O(\log_2 |O|)$, zu schaffen.

Im Folgenden wollen wir ein **Äquivalenzproblem** betrachten, für das kein (deterministischer) polynomieller Algorithmus bekannt ist, und das man randomisiert effizient mit der Methode der Fingerabdrücke lösen kann. Das Problem ist das Äquivalenzproblem von zwei Polynomen in mehreren Variablen über einem endlichen Körper $\mathbb{Z}_p$. Zwei Polynome $P_1(x_1, \ldots, x_n)$ und $P_2(x_1, \ldots, x_n)$ heißen äquivalent über $\mathbb{Z}_p$, falls für alle $(\alpha_1, \ldots, \alpha_n) \in (\mathbb{Z}_p)^n$

$$P_1(\alpha_1, \ldots, \alpha_n) \equiv P_2(\alpha_1, \ldots, \alpha_n) \pmod{p}.$$

Für dieses Äquivalenzproblem ist kein polynomieller Algorithmus bekannt. Jemand könnte widersprechen und sagen, dass so ein Vergleich doch einfach sei; es reiche schließlich aus, nur die Koeffizienten bei gleichen Termen zu vergleichen. Zwei Polynome sind genau dann gleich, wenn die Koeffizienten bei allen Termen gleich sind. Die Schwierigkeit des Äquivalenztests liegt aber darin, dass für einen solchen einfachen Vergleich beide Polynome in der Normalform vorliegen müssen. Die Normalform eines Polynoms von n Variablen $x_1, x_2, \ldots, x_n$ und Grad[63] d ist

$$\sum_{i_1=0}^{d} \sum_{i_2=0}^{d} \cdots \sum_{i_n=0}^{d} c_{i_1, i_2, \ldots, i_n} \cdot x_1^{i_1} \cdot x_2^{i_2} \cdot \ldots \cdot x_n^{i_n}.$$

Die Polynome für unseren Äquivalenztest dürfen aber in einer beliebigen Form, wie zum Beispiel

$$P(x_1, x_2, x_3, x_4, x_5, x_6) = (x_1 + x_2)^{10} \cdot (x_3 - x_4)^7 \cdot (x_5 + x_6)^{20}$$

eingegeben werden. Wenn wir uns an die binomische Formel

$$(x_1 + x_2)^n = \sum_{k=0}^{n} \binom{n}{k} \cdot x_1^k \cdot x_2^{n-k}$$

erinnern, wird uns klar, dass $P(x_1, x_2, x_3, x_4, x_5, x_6)$ genau $10 \cdot 7 \cdot 20 = 1400$ Terme (mit Koeffizienten ungleich 0) hat. Also kann eine Normalform eines Polynoms exponentiell länger sein als seine eingegebene Darstellung und somit kann man die Normalform im Allgemeinen nicht in polynomieller Zeit erzeugen. Wir müssen versuchen, die Polynome ohne Erzeugung der Normalform zu vergleichen. Wir wählen dazu eine sehr einfache Strategie. Für zwei Polynome $P_1(x_1, \ldots, x_n)$ und $P_2(x_1, \ldots, x_n)$, ist ein $\alpha = (\alpha_1, \ldots, \alpha_n) \in (\mathbb{Z}_p)^n$ ein Zeuge von

$$\text{„}P_1(x_1, \ldots, x_n) \not\equiv P_2(x_1, \ldots, x_n)\text{"}$$

wenn

$$P_1(\alpha_1, \ldots, \alpha_n) \bmod p \neq P_2(\alpha_1, \ldots, \alpha_n) \bmod p.$$

---

[62]Daher kommt auch der Name der Methode, weil bei Menschen Fingerabdrücke als eine fast eindeutige Identifikation gelten.

[63]Der Grad eines Polynoms von mehreren Variablen ist das Maximum der Grade der einzelnen Variablen.

In der Sprache der Methode der Fingerabdrücke ist

$$h_\alpha(P_1) = P_1(\alpha_1, \ldots, \alpha_n) \bmod p$$

der Fingerabdruck von P_1. Damit ist der folgende einfache randomisierte Algorithmus bestimmt:

Algorithmus AQP

Eingabe: Eine Primzahl p und zwei Polynome P_1 und P_2 über n Variablen $x_1, \ldots, x_n$, $n \in \mathbb{N} - \{0\}$, und vom Grad höchstens d, $d \in \mathbb{N}$.

Phase 1: Wähle zufällig[64] ein $\alpha = (\alpha_1, \ldots, \alpha_n) \in (\mathbb{Z}_p)^n$.

Phase 2: Berechne die Fingerabdrücke
$h_\alpha(P_1) = P_1(\alpha_1, \ldots, \alpha_n) \bmod p$, und
$h_\alpha(P_2) = P_2(\alpha_1, \ldots, \alpha_n) \bmod p$.

Phase 3: **if** $h_2(P_1) = h_2(P_2)$ **then output** „$P_1 \equiv P_2$";

else output „$P_1 \not\equiv P_2$";

Untersuchen wir jetzt die Fehlerwahrscheinlichkeit von dem Algorithmus AQP. Falls P_1 und P_2 äquivalent über $\mathbb{Z}_p$ sind, dann gilt

$$P_1(\alpha_1, \ldots, \alpha_n) \equiv P_2(\alpha_1, \ldots, \alpha_n) \pmod{p}$$

für alle $(\alpha_1, \alpha_2, \ldots, \alpha_n) \in (\mathbb{Z}_p)^n$. Somit ist die Fehlerwahrscheinlichkeit für die Eingaben P_1, P_2 mit $P_1 \equiv P_2$ gleich 0.

Seinen P_1 und P_2 zwei Polynome, die nicht äquivalent sind. Wir zeigen jetzt, dass die Fehlerwahrscheinlichkeit kleiner als $1/2$ ist, wenn $p > 2nd$ ist. Die Frage

$$P_1(x_1, \ldots, x_n) \equiv P_2(x_1, \ldots, x_n)$$

ist äquivalent zu der Frage

$$Q(x_1, \ldots, x_n) = P_1(x_1, \ldots, x_n) - P_2(x_1, \ldots, x_n) \equiv 0.$$

Das heißt, wenn P_1 und P_2 nicht äquivalent sind, dann ist das Polynom Q nicht identisch zu 0. Unser Ziel ist jetzt zu zeigen, dass die Anzahl der Nullstellen eines Polynomes $Q \not\equiv 0$ von n Variablen und Grad d beschränkt ist. Dadurch gibt es genügend viele Zeugen $\alpha \in (\mathbb{Z}_p)^n$ mit $Q(\alpha) \not\equiv 0 \pmod{p}$ (das heißt mit $P_1(\alpha) \not\equiv P_2(\alpha) \pmod{p}$). Wir fangen mit dem bekannten Satz über die Anzahl von Nullstellen für Polynome mit einer Variablen an.

Satz 26: *Sei $d \in \mathbb{N}$ und sei $P(x)$ ein Polynom einer Variablen x vom Grad d über einem beliebigen Körper. Dann ist entweder $P(x)$ überall gleich 0 oder P hat höchstens d Wurzeln (Nullstellen).*

Beweis. Wir beweisen den Satz mit Induktion bezüglich d.

(i) Sei $d = 0$. Dann ist $P(x) = c$ für eine Konstante c. Falls $c \neq 0$, dann hat $P(x)$ keine Nullstelle.

(ii) Sei die Behauptung des Satzes gültig für $d - 1$, $d \geq 1$. Wir beweisen sie für d. Sei $P(x) \not\equiv 0$ und sei a eine Nullstelle von P. Dann ist

$$P(x) = (x - a) \cdot P'(x)$$

wobei $P'(x) = \frac{P(x)}{(x-a)}$ ein Polynom vom Grad $d - 1$ ist. Mit der Induktionsannahme hat $P'(x)$ höchstens $d - 1$ Nullstellen. Somit hat $P(x)$ höchstens d Nullstellen. $\square$

---

[64]bezüglich der Gleichverteilung über $(\mathbb{Z}_p)^n$

Jetzt sind wir bereit den Beweis zu führen, dass es genügend viele Zeugen (Nichtnullstellen von $Q(x_1,\ldots,x_n) = P_1(x_1,\ldots,x_n) - P_2(x_1,\ldots,x_n)$) der Nichtäquivalenz von unterschiedlichen P_1 und P_2 über $\mathbb{Z}_p$ für eine genügend große Primzahl p gibt.

Satz 27: *Sei p eine Primzahl, und seien $n, d \in \mathbb{N} - \{0\}$. Sei $Q(x_1,\ldots,x_n) \not\equiv 0$ ein Polynom über $\mathbb{Z}_p$ mit n Variablen $x_1,\ldots,x_n$, wobei jede Variable in Q höchstens Grad d hat. Dann hat Q höchstens $n \cdot d \cdot p^{n-1}$ Nullstellen.*

Beweis. Wir beweisen den Satz per Induktion bezüglich der Anzahl n der Variablen.

(i) Sei $n = 1$. Nach Satz 26 hat $Q(x_1)$ höchstens $d = n \cdot d \cdot p^{n-1}$ (für $n = 1$) Nullstellen.

(ii) Sei die Induktionsannahme gültig für $n - 1$, $n \in \mathbb{N} - \{0\}$. Wir beweisen sie für n. Wir können Q als

$$Q(x_1, x_2, \ldots, x_n) = Q_0(x_2, \ldots x_n) + x_1 \cdot Q_1(x_2, \ldots, x_n) + \ldots$$
$$+ x_1^d \cdot Q_d(x_2, \ldots, x_n)$$
$$= \sum_{i=0}^{d} x_1^i \cdot Q_i(x_2, \ldots, x_n)$$

für irgendwelche Polynome

$$Q_0(x_2, \ldots x_n), \ Q_1(x_2, \ldots, x_n), \ \ldots, \ Q_d(x_2, \ldots, x_n)$$

ausdrücken.

Falls $Q(\alpha_1, \alpha_2, \ldots, \alpha_n) \equiv 0 \pmod p$ für ein $\alpha = (\alpha_1, \ldots, \alpha_n) \in (\mathbb{Z}_p)^n$, dann gilt entweder

(a) $Q_i(\alpha_2, \ldots, \alpha_n) \equiv 0 \pmod p$ für alle $i = 0, 1, \ldots, d$, oder

(b) es existiert ein $j \in \{0, 1, \ldots, d\}$ mit $Q_i(\alpha_2, \ldots, \alpha_n) \not\equiv 0 \pmod p$ und α_1 ist eine Nullstelle des Polynoms

$$\overline{Q}(x_1) = Q_0(\alpha_2, \ldots \alpha_n) + x_1 \cdot Q_1(\alpha_2, \ldots, \alpha_n) + \ldots$$
$$+ x_1^d \cdot Q_d(\alpha_2, \ldots, \alpha_n)$$

in einer Variablen x_1.

Wir zählen jetzt getrennt die Anzahl der Nullstellen im Falle (a) und (b).

(a) Weil $Q(x_1, \ldots, x_n) \not\equiv 0$, existiert eine Zahl $k \in \{0, 1, \ldots, d\}$, so dass $Q_k(x_2, \ldots, x_n) \not\equiv 0$. Nach der Induktionsannahme ist die Anzahl der Nullstellen von Q_k höchstens $(n - 1) \cdot d \cdot p^{n-2}$. Dann gibt es aber höchstens $(n-1) \cdot d \cdot p^{n-2}$ Elemente $\overline{\alpha} = (\alpha_2, \ldots, \alpha_n) \in (\mathbb{Z}_p)^{n-1}$, so dass $Q_i(\overline{\alpha}) \equiv 0 \pmod p$ für alle $i \in \{0, 1, 2, \ldots, d\}$. Weil der Wert α_1 von x_1 keinen Einfluss auf die Bedingung (a) hat und somit frei wählbar ist, gibt es höchstens $p \cdot (n-1) \cdot d \cdot p^{n-2} = (n-1) \cdot d \cdot p^{n-1}$ Elemente $\alpha = (\alpha_1, \alpha_2, \ldots, \alpha_n) \in (\mathbb{Z}_p)^n$, die die Eigenschaft (a) haben.

(b) Weil $\overline{Q}(x_1) \not\equiv 0$, hat $\overline{Q}$ nach Satz 26 höchstens d Nullstellen (das heißt höchstens d Werte $\alpha_1 \in \mathbb{Z}_p$ mit $\overline{Q}(\alpha_1) \equiv 0 \pmod p$). Deswegen gibt es höchstens $d \cdot p^{n-1}$ Werte $\alpha = (\alpha_1, \alpha_2, \ldots, \alpha_n) \in (\mathbb{Z}_p)^n$, die die Bedingung (b) erfüllen.

Zusammenfassend hat $Q(x_1, \ldots, x_n)$ höchstens

$$(n-1) \cdot d \cdot p^{n-1} + d \cdot p^{n-1} = n \cdot d \cdot p^{n-1}$$

Nullstellen. $\square$

Korollar 11: *Sei p eine Primzahl, und seien $n, d \in \mathbb{N} - \{0\}$. Für jedes Polynom $Q(x_1, \ldots, x_n) \not\equiv 0$ über $\mathbb{Z}_p$ vom Grad höchstens d gibt es mindestens*

$$\left(1 - \frac{n \cdot d}{p}\right) \cdot p^n$$

Zeugen von $Q \not\equiv 0$.

Beweis. Die Anzahl der Elemente in $(\mathbb{Z}_p)^n$ ist genau p^n und nach Satz 27 sind höchstens $n \cdot d \cdot p^{n-1}$ davon keine Zeugen. Somit ist die Anzahl der Zeugen mindestens

$$p^n - n \cdot d \cdot p^{n-1} = \left(1 - \frac{n \cdot d}{p}\right) \cdot p^n.$$

Damit ist die Wahrscheinlichkeit des Ziehens eines Zeugen aus p^n Elementen von $(\mathbb{Z}_p)^n$ mindestens

$$\left(1 - \frac{n \cdot d}{p}\right). \qquad \square$$

Für $p > 2nd$ ist diese Wahrscheinlichkeit größer als $1/2$. Durch wiederholtes zufälliges Ziehen aus $(\mathbb{Z}_p)^n$ kann man die Wahrscheinlichkeit, dass mindestens ein Zeuge für $Q \not\equiv 0$ (das heißt für $P_1(x_1, \ldots, x_n) \not\equiv P_2(x_1, \ldots, x_n)$) gefunden wird, beliebig nahe an 1 bringen.

Für mehrere Anwendungen des Algorithmus AQP ist es wichtig, dass die Primzahl p frei wählbar ist. Dieser Freiheitsgrad kommt dadurch zustande, dass man das Äquivalenzproblem für einige Objekte auf den Vergleich von zwei Polynomen reduzieren kann, ohne dabei Bedingungen an den Körper, über dem die Polynome verglichen werden sollen, zu stellen.

9.9 Zusammenfassung und Ausblick

Die Zielsetzung dieses Kapitels ist nicht nur, einen zusammenfassenden Überblick über die vorgestellten Themenbereiche der Informatik zu geben, sondern auch einen breiten Ausblick mit Hinweisen auf die Literatur, die eine Vertiefung in den einzelnen Themen ermöglicht. Außer Monographien und Lehrbüchern zitieren wir auch die ursprünglichen Veröffentlichungen, welche die Meilensteine der Informatikentwicklung darstellen.

Der wissenschaftliche Kern der Informatik ist die **Algorithmik**. Die Arbeit von Kurt Gödel [Gödel 1931] zeigte die unüberwindbare Differenz zwischen der Aussagestärke und der Beweisstärke der Sprache der Mathematik und motivierte die Suche nach einer Definition des Begriffes Algorithmus. Mit der Definition dieses Begriffes [Turing 1936, Church 1936] datieren wir die **Gründung der Informatik** als eine selbstständige wissenschaftliche Disziplin. In [Turing 1936] ist die Unentscheidbarkeit des Halteproblems bewiesen. Rice [Rice 1953] präsentierte seinen berühmten Satz über die **Unentscheidbarkeit** semantischer Probleme im Jahr 1953. Das erste Buch über Berechenbarkeit hat Trakhtenbrot [Trakhtenbrot 1963] geschrieben. Ein anderes empfehlenswertes Buch zu diesem Thema wurde von Rosenberg und Salomaa [Rozenberg und Salomaa 1094] verfasst. Die Definition der Berechnungskomplexität am Anfang der sechziger Jahre war die wichtigste Begriffsbildung nach der Definition des Algorithmus. Die Hierarchiesätze wurden von Hartmanis, Stearns und Lewis [Hartmanis und Stearns 1965, Hartmanis et al. 1965] bewiesen. Die Begriffe der polynomiellen Reduktion und der NP-Vollständigkeit gehen auf die Arbeiten von Cook [Cook 71] und Karp [Karp 1972] zurück. Das klassische Buch von Garey und Johnson [Garey und Johnson 1979] bietet eine detaillierte Darstellung der Theorie der **NP-Vollständigkeit**. Eine hervorragende Präsentation des Themas „Praktische Lösbarkeit" kann man bei Lewis und Papadimitriou [Lewis und Papadimitriou 1978] und bei Stockmayer und Chandra [Stockmeyer und Chandra 1979] finden.

Die Theorie der **formalen Sprachen, Automaten** sowie die **Berechenbarkeits- und Komplexitätstheorie** bilden die theoretischen Grundlagen der Informatik. Sie beschäftigen sich mit der Darstellung von Daten und von Berechnungen, mit der Existenz von Algorithmen für unterschiedliche Aufgabenstellungen und mit den quantitativen Gesetzen der Informationsverarbeitung. Es gibt eine Vielfalt von guten Lehrbüchern über die Informatikgrundlagen. Wir empfehlen insbesondere Hopcroft und Ullman [Hopcroft und Ullman 1979], Sipser [Sipser 997] und [Hromkovič 2007], das man als eine ausführlichere Darstellung der Themen dieses Kapitels betrachten darf. Eine ausführliche Darstellung der Komplexitätstheorie bieten Bovet und Crescenzi [Bovet und Crescenzi 1994], Papadimitriou [Papadimitriou 1994] und Balcázar, Díaz und Gabarró [Balcázar et al. 1988, Balcázar et al. 1990]. Von der deutschsprachigen Literatur empfehlen wir das Lehrbuch von Reischuk [Reischuk 1990].

Die Suche nach **Algorithmen für schwere Probleme** und damit nach Grenzen des praktisch Automatisierbaren ist der Kern der modernen Algorithmik. Eine systematische Übersicht über die unterschiedlichen Methoden zur Lösung schwerer Probleme findet man in [Hromkovič 2004, 1]. Der erste Approximationsalgorithmus wurde von Graham [Graham 1966] entworfen. Die ersten lokalen Algorithmen wurden von Boch [Bock 1958] und Croes [Croes 1958] vorgeschlagen. Der Metropolis-Algorithmus für die Simulation der Abkühlung wurde von A.W. Metropolis, M.N. Rosenbluth, und A.M und E. Teller [Metropolis et al. 1953] entdeckt. Die Möglichkeit, diesen Algorithmus in der kombinatorischen Optimierung zu verwenden, geht zurück auf Černý [Černý 1985] und Kirkpatrick, Gellat und Vecchi [Kirkpatrick et al. 1983]. Zum weiteren Lesen über Methoden zum Entwurf von effizienten Algorithmen empfehlen wir das umfangreiche, exzellente Lehrbuch von Cormen, Leiserson und Rivest [Cormen et al. 2010]. Sehr wertvoll sind auch die Klassiker von Aho, Hopcroft und Ullman [Aho et al. 1975] und von Papadimitriou und Steiglitz [Papadimitriou und Steiglitz 1982].

Zum Thema **Approximationsalgorithmen** sind die Bücher von Ausiello, Crescenzi, Gambosi, Kann, Marchetti-Spaccamela und Protasi [Ausiello et al. 1999], Hochbaum [Hochbaum 1997], Mayr, Prömel und Steger [Mayr et al. 1998] und Vazirani [Vazirani 2001] reichhaltige Quellen.

Die ersten **randomisierten Algorithmen** wurden für zahlentheoretische Probleme entworfen. Solovay und Strassen [Solovay und Strassen 1977] sowie Rabin [Rabin 1976, Rabin 1980] entwickelten, basierend auf [Miller 1976], effiziente randomisierte Algorithmen für den Primzahltest. Ohne diese Beiträge könnte man sich die heutige **Kryptographie** gar nicht vorstellen. Im Jahr 1977 haben Adleman, Manders und Miller [Adleman et al. 1977] einen zufallsgesteuerten Algorithmus für die Suche nach nichtquadratischen Resten entwickelt. Für dieses Problem ist bis heute kein deterministischer Polynomialzeit-Algorithmus bekannt. Für den Primzahltest wurde inzwischen ein Polynomialzeit-Algorithmus gefunden [Agrawal et al. 2004, Dietzfelbinger 2004], aber seine Komplexität ist noch zu hoch, um ihn erfolgreich in der Praxis zu verwenden. In der ursprünglichen Arbeit von Agrawal, Kayal und Saxena war die Komplexität in $O(n^{12})$, wobei n die Länge der binären Darstellung der getesteten Zahl ist. Lenstra und Pomerance behaupten in [Lenstra und Pomerance 2005], die Komplexität auf fast $O(n^6)$ verbessern zu können, aber auch dies ist für die heutige Kryptographie, bei der Werte von $n \geq 1000$ auftreten, ein zu hoher Aufwand. Abgesehen von praktischen Anwendungen, hat man mit dem Polynomialzeitalgorithmus aber ein tausend Jahre altes Problem gelöst und dieser Algorithmus gehört zu den größten Entdeckungen der Algorithmik überhaupt. Der Weg zu seiner Entdeckung ist ausführlich in dem Buch von Dietzfelbinger [Dietzfelbinger 2004] geschildert. Die vorgestellte Methode der Fingerabdrücke wurde von Freivalds [Freivalds 1977] erfunden und wird deswegen oft auch als Freivaldstechnik bezeichnet.

Die erste eindrucksvolle Übersicht über die Konzepte für den Entwurf von **randomisierten Algorithmen** hat Karp [Karp 1991] zusammengestellt. Die Lehrbücher [Hromkovič 2004, 2,

Hromkovič 2005] präsentieren eine systematische Einführung in die Methodik des Entwurfs von zufallsgesteuerten Systemen. Eine umfassende Übersicht über randomisierte Algorithmen bieten Motwani und Raghavan [Motwani und Raghavan 1995].

Unser Kapitel über die grundlegenden Konzepte der Informatik ist leider zu kurz, um alle wichtigen Bereiche der Informatik anzusprechen. Für eine umfangreiche Übersicht empfehlen wir das Buch von Harel [Harel 2009], das einem breiteren wissenschaftlichen Publikum gewidmet ist. Eine **populärwissenschaftliche Darstellung** wichtiger mathematischer Konzepte der Informatik ist in [Hromkovič 2006] zu finden. In dieser Zusammenfassung geben wir noch ein paar kurze Ausblicke auf einige hier nicht vorgestellte Themenbereiche, die an der Grenze zwischen Mathematik und Informatik liegen und deswegen gerade für das Studium und die Forschung im Bereich der Mathematik von Interesse sein können.

Die **Kryptologie** ist eine uralte Lehre der Geheimschriften. Die Kryptographie ist ein Unterbereich, der sich mit dem Entwurf von Kryptosystemen zum sicheren Austausch von geheimen Informationen über unsichere Kommunikationskanäle beschäftigt. Die klassischen Kryptosysteme haben einen gemeinsamen Schlüssel zur Verschlüsselung sowie zur Entschlüsselung der Nachrichten. Dieser Schlüssel ist das gemeinsame Geheimnis von Sender und Empfänger. Deswegen nennt man solche Kryptosystem symmetrische Kryptosysteme. Eine anschauliche Einführung in die Kryptologie findet man bei Beutelspacher [Beutelspacher 2002, Beutelspacher 2005]. In der klassischen Kryptographie hat man begriffen, dass eine möglichst hohe Anzahl von unterschiedlichen Schlüsseln keine Garantie für die Sicherheit eines Kryptosystems ist. Die Algorithmik mit ihren Konzepten des Algorithmus und der Berechnungskomplexität ermöglicht eine neue mathematische Definition der Sicherheit: Ein System ist sicher, wenn es keinen effizienten randomisierten Algorithmus gibt, der den Kryptotext ohne das Wissen des Entschlüsselungsgeheimnisses entschlüsseln kann. Diffie und Hellman [Diffie und Hellman 1976] waren die ersten, die das Konzept der Public-Key-Kryptosysteme vorgeschlagen haben. Für diese Systeme ist das Verschlüsselungsverfahren öffentlich bekannt und das effiziente Entschlüsselungsverfahren ist das Geheimnis des Empfängers, der es mit keiner anderen Person teilt. Deswegen nennt man solche Kryptosysteme auch asymmetrische Systeme. Das bekannte RSA-Kryptosystem ist nach seinen Erfindern Rivest, Shamir und Adleman [Rivest et al. 1978] benannt. Eine weitere wichtige Entwicklung, die des Konzepts von Zero-Knowledge-Beweissystemen, geht auf Goldwasser, Micali und Rackoff [Goldwasser et al. 1985] zurück. Diese Systeme ermöglichen den Teilnehmern, die Zugangskontrolle von dem Besitz einer Zugangsberechtigung zu überzeugen, ohne dabei die Zugangsberechtigung selbst vorzeigen zu müssen und somit die eigene Identität preiszugeben. Eine populärwissenschaftliche Einführung in die Kryptologie findet man in [Hromkovič 2006]. Für eine gute Einführung in die Kryptographie empfehlen wir weiter die Lehrbücher von Salomaa [Salomaa 1996] und Delfs und Knebl [Delfs und Knebl 2002].

Die Rechner werden immer kleiner und schneller und dieser Prozess läuft mit exponentieller Geschwindigkeit. Offensichtlich sind diesem Prozess der Entwicklung elektronischer Rechner jedoch physikalische Grenzen gesetzt. Schon im Jahr 1961 fragte der bekannte Physiker Richard Feynman [Feynman 1961] nach der Möglichkeit, auf der Ebene der Moleküle oder sogar der Teilchen zu rechnen. Diese beiden Methoden scheinen realistisch zu sein. Wenn man die Daten durch DNA-Sequenzen als Wörter über das Alphabet $\{A, C, G, T\}$ physikalisch darstellt, kann man mittels chemischer Operationen auf den DNA-Molekülen erfolgreich einen DNA-Rechner bauen. Seine Berechnungsstärke im Sinne der Berechenbarkeit stimmt mit der Berechnungsstärke eines klassischen Rechners überein. Adleman [Adleman 1994] war der erste, der einen **Biorechner** gebaut hat und ihn zur Lösung einer Instanz des TSP angewendet hat. Eine populärwissenschaftliche Beschreibung des Experiments von Adleman ist in [Hromkovič 2006] zu finden. Paun, Salomaa und Rosenberg geben in [Paun et al. 1998] eine ausführliche Darstellung des Konzepts des DNA-Computing.

Das **Rechnen nach den Gesetzen der Quantenmechanik** scheint heute zu den spannendsten Forschungsgebieten an der Grenze zwischen Mathematik, Informatik und Physik zu gehören.

Quantenalgorithmen kann man als eine Verallgemeinerung von randomisierten Algorithmen ansehen. Hirvensalo [Hirvensalo 2001] nutzt diesen Weg für ihre Einführung. Das Interesse für Quantenalgorithmen wurde insbesondere durch das Resultat von Shor [Shor 1994] geweckt, das die Faktorisierung auf einem Quantenrechner in Polynomialzeit ermöglicht. Für die Faktorisierung in Polynomialzeit kennen wir keinen effizienten randomisierten Algorithmus und so hat man die Vermutung, dass gewisse Probleme auf **Quantenrechnern** effizienter lösbar sind als auf klassischen Rechnern. Außerdem bieten die quantenmechanischen Effekte die Möglichkeit, Kryptosysteme zu realisieren, die einen in der klassischen Welt unerreichbaren Sicherheitsgrad garantieren. Zum Lesen empfehlen wir hier das Buch von Nielsen und Chuang [Nielsen und Chuang 2000].

Es gibt noch viele andere Gebiete der Informatik, in denen die Anwendung und Weiterentwicklung mathematischer Methoden zum täglichen Geschäft gehört. Die Theorie der parallelen Berechnungen [JáJá 1992, Leighton 1992, Akl 1997], Verifikation von Programmen und Algorithmen [Manna 1974, Manna 2003, Manna und Pnueli 1995] und Kommunikationsalgorithmen und -netze [Hromkovič et al. 2005] sind nur einige Beispiele. Die meisten **Forschungsaufgaben** in diesem Bereich entsprechen komplexen Problemen, die exakt mathematisch formuliert sind und zur Lösung originelle mathematische Ansätze erfordern. Nehmen Sie dies als eine Einladung an Mathematikerinnen und Mathematiker, an der Erforschung der Informatikgrundlagen mitzuwirken und algorithmische Aspekte auch in die Lehre einzubeziehen.

9.10 Unscharfe Mengen und Fuzzy-Methoden

9.10.1 Unschärfe und mathematische Modellierung

Die alltägliche Erfahrung mit den „naiven" Begriffen der Umgangssprache führt oft zur Einsicht, dass die Frage, ob ein bestimmter Begriff auf einen vorgegebenen Gegenstand zutrifft oder nicht, weder eindeutig mit Ja noch klar mit Nein beantwortet werden kann. Traditionelle Mathematik und mathematische Modellierung begegnen diesem Effekt durch klare definitorische Abgrenzungen, und nutzen dazu gegenüber dem Alltagsgebrauch präzisierte Begriffe.

Ein Teil des bei mathematischen Modellierungen nötigen Aufwandes an begrifflichen Präzisierungen und mathematischem Instrumentarium ist diesem mathematischen Drang nach notwendiger Präzision geschuldet. Nicht unerwartet kamen daher gerade von Anwenderseite, und zwar von elektrotechnisch-systemtheoretisch orientierten Ingenieurwissenschaftlern, schließlich ernsthafte Ansätze, in der traditionellen mathematischen Modellierung immer schon in den Anfangsphasen präzisierte „unscharfe Begriffe" als solche auch mathematisch ernst zu nehmen. Die *unscharfen Mengen* bzw. *Fuzzy-Mengen*, wie die zu diesem Zwecke etwa 1965 von dem amerikanischen Systemtheoretiker L. A. ZADEH eingeführten mathematischen Objekte heißen, ihre mathematischen Eigenschaften und mathematisch interessante Aspekte auf ihnen gründender Anwendungsansätze sind der Gegenstand des folgenden Kapitels. Das Feld der Anwendungen solcher „unscharfen Methoden" oder Fuzzy-Methoden (in Anlehnung an die englische Bezeichnung „fuzzy sets" für unscharfe Mengen) ist heute noch keineswegs abgrenzbar, erweitert sich stetig und bringt auch neue Anregungen und Probleme für die Mathematik hervor. Die hier besprochenen Begriffsbildungen haben sich als die bisher zentralen mathematischen Werkzeuge herauskristallisiert.

Bevorzugtes Anwendungsfeld sind die Ingenieurwissenschaften. Die dort unter Rückgriff auf unscharfe Mengen und Fuzzy-Methoden entwickelten mathematischen Modelle sind häufig „Grobmodelle", die einen realen Prozess nicht so genau wie für eine exakte, traditionellen Wegen mathematischer Modellbildung folgende mathematische Beschreibung notwendig erfassen – sondern die sich mit einer für die Anwendungszwecke ausreichenden Genauigkeit begnügen. Dies kann geschehen durch Vermeidung nicht hinreichend begründeter, etwa statistisch-probabilistischer Modellannahmen, durch Verzicht auf unangemessene numerische oder theoretische Präzision – und basiert oft auf nur qualitativer Kenntnis der zu modellierenden Prozesse.

9.10.2 Mengenalgebra

9.10.2.1 Grundbegriffe für unscharfe Mengen

Unscharfe Mengen vermeiden die dem klassischen Mengenbegriff eigene klare Trennung zwischen Zugehörigkeit und Nichtzugehörigkeit zu einer Menge. Sie setzen an deren Stelle eine Abstufung der Zugehörigkeit. Obwohl nicht zwingend, wird diese Abstufung meist mit den reellen Zahlen des abgeschlossenen Intervalls $[0, 1]$ realisiert.

Defintion 1: *Eine* unscharfe Menge A über *einem Grundbereich* **X** *ist charakterisiert durch ihre* Zugehörigkeitsfunktion $\mathbf{m}_A : \mathbf{X} \longrightarrow [0, 1]$; *der Funktionswert* $\mathbf{m}_A(a)$ *für* $a \in \mathbf{X}$ *ist der Zugehörigkeitsgrad von a bezüglich der unscharfen Menge A. Die unscharfen Mengen A über* **X** *nennt man oft auch* unscharfe Teilmengen *von* **X**. $\mathbf{F}(\mathbf{X})$ *sei die Gesamtheit aller unscharfen Mengen über* **X**.

Für alle bekannten praktischen Anwendungen genügt es, die unscharfen Mengen mit ihren Zugehörigkeitsfunktionen zu *identifizieren*, also $\mathbf{F}(\mathbf{X}) = [0, 1]^{\mathbf{X}}$ zu wählen. Dann gilt zwar $\mathbf{m}_A(x) = A(x)$ für jedes $x \in \mathbf{X}$, und die Bezeichnung $\mathbf{m}_A$ wäre überflüssig, trotzdem verzichtet man nur selten auf diese eingebürgerte und suggestive Notation. Für Zwecke der reinen Mathematik kann man auf die Identifizierung der unscharfen Mengen mit ihren Zugehörigkeitsfunktionen auch verzichten: dies scheint aber höchstens bei einem kategorientheoretischen Zugang zu den unscharfen Mengen ein Gewinn zu sein und soll hier keine Rolle spielen.

Unscharfe Mengen A, B über **X** sind *gleich*, falls ihre Zugehörigkeitswerte stets übereinstimmen:

$$A = B \iff \mathbf{m}_A(x) = \mathbf{m}_B(x) \quad \text{für alle} \quad x \in \mathbf{X}.$$

Schränkt man die Zugehörigkeitswerte auf $\{0, 1\}$ ein, so betrachtet man jede unscharfe Menge C mit nur diesen Zugehörigkeitswerten, also mit $\mathbf{m}_C : \mathbf{X} \longrightarrow \{0, 1\}$ als Äquivalent einer gewöhnlichen Menge $\widehat{C}$ und nennt sie auch *scharfe Menge*; der Zugehörigkeitswert $\mathbf{m}_C(a) = 1$ wird dabei als Äquivalent zu $a \in \widehat{C}$ angesehen, und entsprechend $\mathbf{m}_C(b) = 0$ als Äquivalent zu $b \notin \widehat{C}$. In diesem Sinne wird jede gewöhnliche Menge $\widehat{C} \subseteq \mathbf{X}$ als spezielle unscharfe Menge über **X** betrachtet.

Zur *Beschreibung* einer unscharfen Menge A gibt man ihre Zugehörigkeitsfunktion $\mathbf{m}_A$ an: entweder wie üblich durch einen Funktionsausdruck bzw. eine Wertetabelle oder für einen diskreten (endlichen oder abzählbar unendlichen) Grundbereich $\mathbf{X} = \{x_1, x_2, x_3, \ldots\}$ in *Summenform*

$$A = a_1/x_1 + a_2/x_2 + a_3/x_3 + \ldots = \sum_i a_i/x_i \,, \tag{9.20}$$

wobei $a_i = \mathbf{m}_A(x_i)$ ist für jedes i. Ist der Grundbereich $\mathbf{X} = \{x_1, x_2, \ldots, x_n\}$ endlich und sind seine Elemente in natürlicher Weise angeordnet, so ist statt (9.20) die Darstellung von A durch den Vektor der Zugehörigkeitswerte $\mathbf{m}_A = (a_1, a_2, \ldots, a_n)$ oft besonders handlich.

▶ BEISPIEL 1: Über dem Grundbereich $\mathbf{X} = \{x_1, x_2, \ldots, x_6\}$ beschreiben die Tabelle

$$A_1 :$$

x_1	x_2	x_3	x_4	x_5	x_6
0,5	1	0,7	0	1	0

sowie der Vektor der Zugehörigkeitswerte

$$\mathbf{m}_{A_1} = (0,5,\ 1,\ 0,7,\ 0,\ 1,\ 0)$$

und die Summendarstellungen

$$A_1 = 0{,}5/x_1 + 1/x_2 + 0{,}7/x_3 + 0/x_4 + 1/x_5 + 0/x_6$$
$$= 0{,}5/x_1 + 1/x_2 + 0{,}7/x_3 + 1/x_5$$

dieselbe unscharfe Menge A_1.

▶ BEISPIEL 2: Über dem Grundbereich der reellen Zahlen $\mathbf{X} = \mathbf{R}$ kann man die reellen Zahlen, die nahezu gleich 20 sind, etwa in der unscharfen Menge A_2 mit

$$\mathbf{m}_{A_2}(x) = \max\{0, 1 - (20 - x)^2/4\}$$

zusammenfassen (vgl. Abb. 9.59). Man kann diese reellen Zahlen aber z. B. auch in einer unscharfen Menge B_2 zusammenfassen mit

$$\mathbf{m}_{B_2}(x) = \max\{0, 1 - |x - 20|/3^E\}\,.$$

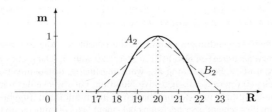

Abb. 9.59

▶ BEISPIEL 3: Über dem Grundbereich $\mathbf{X} = \mathbf{R}^n$ kann ein unscharfer Punkt mit dem Zentrum $\mathbf{x}^0 = (x_1^0, \ldots, x_n^0)$ aufgefasst werden als (pyramidenförmige) unscharfe Menge A_3 mit

$$\mathbf{m}_{A_3}(\mathbf{x}) = \max\{0, 1 - \sum_{j=1}^{n} c_j \cdot |x_j - x_j^0|\}$$

für jedes $\mathbf{x} = (x_1, \ldots, x_n) \in \mathbf{R}^n$ und eine feste Parameterfamilie $\mathbf{c} = (c_1, \ldots, c_n)$. Solch ein unscharfer Punkt kann aber auch aufgefasst werden als (paraboloidförmige) unscharfe Menge B_3 mit

$$\mathbf{m}_{B_3}(\mathbf{x}) = \max\{0, 1 - (\mathbf{x} - \mathbf{x}^0)^{\mathrm{T}} B (\mathbf{x} - \mathbf{x}^0)\}$$

mit einer positiv definiten n-reihigen Matrix B (vgl. Abb. 9.60).

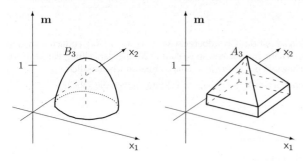

Abb. 9.60

Anmerkung: Die in den Beispielen 2 und 3 realisierte Situation, dass dieselbe unscharfe intuitive Vorstellung durch verschiedene unscharfe Mengen beschrieben werden kann, ist der Normalfall in den meisten Anwendungen. Die Theorie der unscharfen Mengen gibt dem Anwender nur wenige Hinweise darauf, welche von mehreren unterschiedlichen Beschreibungen einer intuitiven Vorstellung als unscharfe Menge den Vorzug verdient. Da im allgemeinen die Frage nach der Wahl einer konkreten Zugehörigkeitsfunktion in einen ganzen Modellbildungsprozess (zur Erstellung eines Grobmodells) eingeordnet ist, entscheidet letztlich der Modellierungserfolg darüber, welche Wahl einer konkreten Zugehörigkeitsfunktion günstig ist. Der Gesichtspunkt leichter rechnerischer Behandelbarkeit kann dabei durchaus eine wichtige Rolle spielen.

Kenngrößen: Mit unscharfen Mengen sind mehrere Kenngrößen verbunden, die Vergleiche zwischen verschiedenen unscharfen Mengen bzw. deren teilweise Charakterisierungen ermöglichen. Besonders wichtig sind der *Träger* $\text{supp}(A)$ einer unscharfen Menge $A \in \mathbf{F(X)}$:

$$\text{supp}(A) = \{x \in \mathbf{X} \mid \mathbf{m}_A(x) \neq 0\},$$

die *Höhe* $\text{hgt}(A)$ einer unscharfen Menge

$$\text{hgt}(A) = \sup\{\mathbf{m}_A(x) \mid x \in \mathbf{X}\} = \sup_{x \in \mathbf{X}} \mathbf{m}_A(x)$$

und für jeden Zugehörigkeitsgrad $\alpha \in [0,1]$ der *(offene) α-Schnitt* $A^{>\alpha}$ sowie der *(abgeschlossene* oder *scharfe) α-Schnitt* $A^{\varepsilon\alpha}$:

$$A^{>\alpha} = \{x \in \mathbf{X} \mid \mathbf{m}_A(x) > \alpha\}, \qquad A^{\varepsilon\alpha} = \{x \in \mathbf{X} \mid \mathbf{m}_A(x)\varepsilon\alpha\}.$$

Eine unscharfe Menge $A \neq \emptyset$ über $\mathbf{X}$ heißt *normal*, falls ein $a \in \mathbf{X}$ existiert mit $\mathbf{m}_A(a) = 1$, *schwach normal*, falls $\text{hgt}(A) = 1$, und andernfalls *subnormal*. Der scharfe 1-Schnitt $A^{\varepsilon 1} = \{x \in \mathbf{X} \mid \mathbf{m}_A(x) = 1\}$ ist der *Kern* von A.

Die *Kardinalität* $\text{card}(A)$ einer unscharfen Menge A als Maß für ihre „Größe" wird unterschiedlich festgelegt, je nachdem der Grundbereich $\mathbf{X}$ eine endliche bzw. „diskrete" Menge ist oder eine „kontinuierliche" Menge mit einem Inhaltsmaß P. Es ist

$$\text{card}(A) = \sum_{x \in \mathbf{X}} \mathbf{m}_A(x) = \sum_{x \in \text{supp}(A)} \mathbf{m}_A(x)$$

im diskreten Fall, und im kontinuierlichen

$$\text{card}(A) = \int_{\mathbf{X}} \mathbf{m}_A(x)\, dP.$$

Im kontinuierlichen Fall ist $\text{card}(A)$ daher nur für unscharfe Mengen A mit P-integrierbarer Zugehörigkeitsfunktion $\mathbf{m}_A$ erklärt.

Die Kardinalität unscharfer Mengen ist nur bedingt eine Verallgemeinerung der Elementeanzahl bzw. Kardinalzahl gewöhlicher Mengen. Andere Versionen für die Fassung des unscharfen Begriffs der Elementeanzahl unscharfer Mengen werden aktuell noch studiert; bei endlichem Träger können sie z. B. selbst unscharfe Mengen von natürlichen Zahlen sein.

Spezielle unscharfe Mengen sind die *leere Menge* $\emptyset$ mit der Zugehörigkeitsfunktion $\mathbf{m}_\emptyset : \mathbf{X} \longrightarrow \{0\}$, also mit $\mathbf{m}_\emptyset(x) = 0$ für jedes $x \in \mathbf{X}$, und die *Universalmenge* $U_\mathbf{X}$ über $\mathbf{X}$ mit der Zugehörigkeitsfunktion $\mathbf{m}_{U_\mathbf{X}} : \mathbf{X} \longrightarrow \{1\}$, also mit $\mathbf{m}_{U_\mathbf{X}}(x) = 1$ für jedes $x \in \mathbf{X}$. Allgemein gelten

$$A = \emptyset \iff \text{supp}(A) = \emptyset, \qquad A = U_\mathbf{X} \iff A^{\varepsilon 1} = \mathbf{X}.$$

Der Begriff der *unscharfen Einermenge* wird in zwei verschiedenen Bedeutungen gebraucht: für unscharfe Mengen, deren Träger eine gewöhnliche Einermenge ist, bzw. für unscharfe Mengen, deren Kern eine Einermenge ist.

▶ BEISPIELE: Die unscharfen Mengen in den obigen Beispielen (1) - (3) sind alle normal. Es sind z. B.

$$\text{supp}(A_1) = \{x_1, x_2, x_3, x_5\}, \qquad \text{supp}(B_2) = (17, 23)$$

die Träger der unscharfen Mengen A_1, B_2; der Kern von A_1 ist $\{x_1, x_5\}$, derjenige von B_2 die Einermenge $\{20\}$. Die offenen α-Schnitte

$$
\begin{aligned}
A_3^{>\alpha} &= \{\mathbf{x} \in \mathbf{R}^n \mid 1 - \sum_{j=1}^{n} c_j \cdot |x_j - x_j^0| > \alpha\} \\
&= \{\mathbf{x} \in \mathbf{R}^n \mid \sum_{j=1}^{n} c_j \cdot |x_j - x_j^0| < 1 - \alpha\}
\end{aligned}
$$

sind Hyperrechtecke ohne ihren Rand, die abgeschlossenen α-Schnitte von B_3 sind Hyperellipsoide einschließlich ihres Randes:

$$
\begin{aligned}
B_3^{\varepsilon\alpha} &= \{\mathbf{x} \in \mathbf{R}^n \mid 1 - (\mathbf{x} - \mathbf{x}^0)^{\mathrm{T}} B(\mathbf{x} - \mathbf{x}^0) \varepsilon\alpha\} \\
&= \{\mathbf{x} \in \mathbf{R}^n \mid (\mathbf{x} - \mathbf{x}^0)^{\mathrm{T}} B(\mathbf{x} - \mathbf{x}^0) \leq 1 - \alpha\} \, .
\end{aligned}
$$

Darstellungssatz: Jeder unscharfen Menge A über $\mathbf{X}$ sind eindeutig die Familien $(A^{>\alpha})_{\alpha \in [0,1)}$ ihrer offenen α-Schnitte und $(A^{\varepsilon\alpha})_{\alpha \in (0,1]}$ ihrer abgeschlossenen α-Schnitte zugeordnet. Beides sind monotone Familien von Teilmengen von $\mathbf{X}$:

$$\alpha < \beta \implies A^{>\alpha} \supseteq A^{>\beta} \quad \text{und} \quad A^{\varepsilon\alpha} \supseteq A^{\varepsilon\beta} \, .$$

Umgekehrt entspricht allen solcherart monotonen Familien $(B_\alpha)_{\alpha \in [0,1)}$ und $(C_\alpha)_{\alpha \in (0,1]}$ von Teilmengen von $\mathbf{X}$ je genau eine unscharfe Menge B bzw. C über $\mathbf{X}$, so dass stets $B^{>\alpha} = B_\alpha$ und $C^{\varepsilon\alpha} = C_\alpha$ gilt:

$$\mathbf{m}_B(x) = \sup\{\alpha \in [0,1) \mid x \in B_\alpha\}, \qquad \mathbf{m}_C(x) = \sup\{\alpha \in (0,1] \mid x \in C_\alpha\} \, .$$

Dieser Darstellungssatz kann oft genutzt werden, um Betrachtungen über unscharfe Mengen auf Betrachtungen von geeigneten Familien gewöhnlicher Mengen zurückzuführen. Erfahrungsgemäß werden dadurch aber nur sehr selten Vereinfachungen erzielt; am ehesten noch bei theoretischen Erörterungen.

Stets gelten die Beziehungen

$$\text{supp}(A) = A^{>0}, \qquad \text{hgt}(A) = \sup\{\alpha \mid A^{\varepsilon\alpha} \neq \varnothing\} \, .$$

9.10.2.2 *L*-unscharfe Mengen

Die Graduierung der Zugehörigkeit zu unscharfen Mengen muss nicht mittels der reellen Zahlen des abgeschlossenen Intervalls $[0,1]$ erfolgen. Auch die Elemente anderer Strukturen können als Zugehörigkeitsgrade in Betracht kommen. Wegen des engen Zusammenhangs zwischen Operationen in der Menge der Zugehörigkeitswerte und mengenalgebraischen Operationen für unscharfe Mengen (s. u.) geht man aber bei von $I = [0,1]$ verschiedenen Zugehörigkeitsgradestrukturen L meist davon aus, dass L (wenigstens) ein Verband — gelegentlich auch: ein Ring — oder eine reichere algebraische Struktur ist, etwa eine verbandsgeordnete Halbgruppe mit Einselement.

Man spricht von *L-unscharfen Mengen*, falls in dieser Art die Menge I der gewöhnlich gewählten Zugehörigkeitsgrade ersetzt wird durch eine Menge L, die eine algebraische Struktur trägt. Die Gesamtheit aller L-unscharfen Mengen $\mathbf{F}_L(\mathbf{X})$ über einem Grundbereich $\mathbf{X}$ ist

$$\mathbf{F}_L(\mathbf{X}) = L^{\mathbf{X}} = \{\mathbf{m} \mid \mathbf{m} : \mathbf{X} \longrightarrow L\}.$$

Die für gewöhnliche unscharfe Mengen eingeführten Begriffe können für L-unscharfe Mengen sinngemäß benutzt werden, sobald die algebraische Struktur L ein Null- und ein Einselement hat.

Im Spezialfall, dass L eine Struktur ist, deren Elemente selbst wieder unscharfe Mengen (über irgendeinem Grundbereich $\mathbf{Y}$) sind, werden diese L-unscharfen Mengen über $\mathbf{X}$ als *unscharfe Mengen vom Typ 2* (oder als unscharfe Mengen *höherer Ordnung*) bezeichnet.

Neben Verbänden und Ringen werden als Strukturen L oft auch verbandsgeordnete Halbgruppen gewählt, z. B. das reelle Einheitsintervall mit seiner gewöhnlichen Anordnung und einer T-Norm (s.u.).

9.10.2.3 Mengenalgebraische Operationen für unscharfe Mengen

Defintion 2: *Für unscharfe Mengen A, B über $\mathbf{X}$ sind ihr* Durchschnitt $A \cap B$ *und ihre* Vereinigung $A \cup B$ *erklärt durch die Zugehörigkeitsfunktionen*

$$\mathbf{m}_{A \cap B}(x) = \min\{\mathbf{m}_A(x), \mathbf{m}_B(x)\}, \tag{9.21}$$

$$\mathbf{m}_{A \cup B}(x) = \max\{\mathbf{m}_A(x), \mathbf{m}_B(x)\}. \tag{9.22}$$

Mit diesen Operationen wird $\mathbf{F}(\mathbf{X})$ zu einem distributiven Verband mit Nullelement $\varnothing$ und Einselement $U_{\mathbf{X}}$:

$$
\begin{array}{llll}
A \cap B & = B \cap A, & A \cup B & = B \cup A, \\
A \cap (B \cap C) & = (A \cap B) \cap C, & A \cup (B \cup C) & = (A \cup B) \cup C, \\
A \cap (A \cup B) & = A, & A \cup (A \cap B) & = A, \\
A \cap (B \cup C) & = (A \cap B) \cup (A \cap C), & A \cup (B \cap C) & = (A \cup B) \cap (A \cup C), \\
A \cap \varnothing & = \varnothing, & A \cup \varnothing & = A, \\
A \cap U_{\mathbf{X}} & = A, & A \cup U_{\mathbf{X}} & = U_{\mathbf{X}}.
\end{array}
$$

Die zugehörige Verbandshalbordnung $\subseteq$ ist eine *Inklusions*beziehung für unscharfe Mengen über $\mathbf{X}$ und charakterisiert durch

$$A \subseteq B \iff \mathbf{m}_A(x) \leq \mathbf{m}_B(X) \quad \text{für alle} \quad x \in \mathbf{X}. \tag{9.23}$$

Gilt $A \subseteq B$ für $A, B \in \mathbf{F}(\mathbf{X})$, so ist die unscharfe Menge A *Teilmenge* der unscharfen Menge B, und B ist *Obermenge* von A.

Es bestehen die Monotoniebeziehungen

$$A \subseteq B \implies A \cap C \subseteq B \cap C \quad \text{und} \quad A \cup C \subseteq B \cup C,$$

und es gelten die Halbordnungseigenschaften

$$
\begin{array}{l}
A \subseteq B \iff A \cap B = A \iff A \cup B = B, \\
\varnothing \subseteq A \subseteq U_{\mathbf{X}}, \\
A \subseteq A, \\
A \subseteq B \ \text{und} \ B \subseteq A \implies A = B, \\
A \subseteq B \ \text{und} \ B \subseteq C \implies A \subseteq C, \\
A \cap B \subseteq A \subseteq A \cup B.
\end{array}
$$

Für scharfe Mengen A, B fallen die Verknüpfungen $\cap, \cup$ von (9.21), (9.22) und die Inklusion $\subseteq$ (9.23) mit den analogen Operationen $\cap, \cup$ bzw. der Inklusion $\subseteq$ bei gewöhnlichen Mengen zusammen. Ähnlich wie für gewöhnliche Mengen werden auch für unscharfe Mengen $A, B \in \mathbf{F(X)}$ *Differenz* $A \setminus B$ und *Komplement* $\overline{A}$ erklärt durch die Festlegung der Zugehörigkeitsfunktionen:

$$\mathbf{m}_{A \setminus B}(x) = \min\{\mathbf{m}_A(x), 1 - \mathbf{m}_B(x)\},$$
$$\mathbf{m}_{\overline{A}}(x) = 1 - \mathbf{m}_A(x).$$

Es gelten für unscharfe Mengen $A, B \in \mathbf{F(X)}$ die Beziehungen

$$A \setminus B = A \cap \overline{B}, \qquad\qquad \overline{A} = U_{\mathbf{X}} \setminus A,$$
$$A \setminus \emptyset = A, \qquad \overline{\emptyset} = U_{\mathbf{X}}, \qquad \overline{U_{\mathbf{X}}} = \emptyset,$$

und das Monotoniegesetz

$$A \subseteq B \implies A \setminus C \subseteq B \setminus C \quad \text{und} \quad C \setminus B \subseteq C \setminus A.$$

Es gelten auch die deMORGANschen Gesetze

$$\overline{A \cap B} = \overline{A} \cup \overline{B}, \qquad\qquad \overline{A \cup B} = \overline{A} \cap \overline{B},$$
$$A \setminus (B \cap C) = (A \setminus B) \cup (A \setminus C), \quad A \setminus (B \cup C) = (A \setminus B) \cap (A \setminus C),$$

und es ist stets $\overline{\overline{A}} = A$. Trotzdem ist $\overline{A}$ nicht im verbandstheoretischen Sinne Komplement von A, weil $A \cap \overline{A} \neq \emptyset$ ebenso möglich ist wie $A \cup \overline{A} \neq U_{\mathbf{X}}$; allgemein gelten nur

$$\mathbf{m}_{A \cap \overline{A}}(x) \leq 0{,}5 \quad \text{und} \quad \mathbf{m}_{A \cup \overline{A}}(x) \geq 0{,}5 \qquad \text{für jedes} \quad x \in \mathbf{X}.$$

Für die Schnitte unscharfer Mengen gelten für alle $\alpha \in [0, 1]$:

$$(A \cap B)^{>\alpha} = A^{>\alpha} \cap B^{>\alpha}, \quad (A \cup B)^{>\alpha} = A^{>\alpha} \cup B^{>\alpha},$$
$$(A \cap B)^{\geq\alpha} = A^{\geq\alpha} \cap B^{\geq\alpha}, \quad (A \cup B)^{\geq\alpha} = A^{\geq\alpha} \cup B^{\geq\alpha}$$

und die Charakterisierungen

$$A \subseteq B \iff A^{>\alpha} \subseteq B^{>\alpha} \quad \text{für alle} \quad \alpha \in [0, 1),$$
$$A \subseteq B \iff A^{\geq\alpha} \subseteq B^{\geq\alpha} \quad \text{für alle} \quad \alpha \in (0, 1].$$

Speziell gelten auch

$$A \subseteq B \implies \text{supp}(A) \subseteq \text{supp}(B) \quad \text{und} \quad \text{hgt}(A) \leq \text{hgt}(B).$$

9.10.2.4 Durchschnitt und Vereinigung von Mengenfamilien

Durchschnitt und Vereinigung können statt für zwei unscharfe Mengen auch für beliebig viele erklärt werden. Ausgangspunkt ist dann eine Familie $(A_k)_{k \in K}$ unscharfer Teilmengen von $\mathbf{X}$ über einem Indexbereich K, d. h. eine Funktion $A : K \longrightarrow \mathbf{F(X)}$ mit den Funktionswerten $A(k) = A_k$.

Der *Durchschnitt der Mengenfamilie* $(A_k)_{k \in K}$ ist die unscharfe Menge $D = \bigcap_{k \in K} A_k$ über $\mathbf{X}$ mit der Zugehörigkeitsfunktion

$$\mathbf{m}_D(x) = \inf\{\mathbf{m}_{A_k}(x) \mid k \in K\}; \tag{9.24}$$

und die *Vereinigung der Mengenfamilie* $(A_k)_{k \in K}$ ist die unscharfe Menge $V = \bigcup_{k \in K} A_k$ über $\mathbf{X}$ mit der Zugehörigkeitsfunktion

$$\mathbf{m}_V(x) = \sup\{\mathbf{m}_{A_k}(x) \mid k \in K\}; \tag{9.25}$$

Durchschnitt und Vereinigung von Mengenfamilien verallgemeinern die entsprechenden Operationen (9.21) und (9.22), denn für $K = \{1, 2\}$ gelten

$$\bigcap_{k \in \{1,2\}} A_k = A_1 \cap A_2, \qquad \bigcup_{k \in \{1,2\}} A_k = A_1 \cup A_2.$$

DeMorgansche Gesetze gelten genau wie bei gewöhnlichen Mengen:

$$\overline{\bigcap_{k \in K} A_k} = \bigcup_{k \in K} \overline{A_k}, \qquad \overline{\bigcup_{k \in K} A_k} = \bigcap_{k \in K} \overline{A_k}.$$

Setzt man naheliegenderweise $\inf \varnothing = 1$ in (9.24) und $\sup \varnothing = 0$ in (9.25), so ergeben sich

$$\bigcap_{k \in \varnothing} A_k = U_{\mathbf{X}} \qquad \text{und} \qquad \bigcup_{k \in \varnothing} A_k = \varnothing.$$

Die verallgemeinerten mengenalgebraischen Operatoren $\bigcap$, $\bigcup$ sind kommutativ und assoziativ: es gelten für Permutationen f von K, d. h. für eineindeutige Abbildungen von K auf sich und Indexbereiche K_1, K_2 stets

$$\bigcap_{k \in K} A_k = \bigcap_{k \in K} A_{f(k)}, \qquad \bigcup_{k \in K} A_k = \bigcup_{k \in K} A_{f(k)},$$
$$\bigcap_{k \in K_1 \cap K_2} A_k = \bigcap_{k \in K_1} A_{f(k)} \cap \bigcap_{k \in K_2} A_{f(k)}, \qquad \bigcup_{k \in K_1 \cup K_2} A_k = \bigcup_{k \in K_1} A_{f(k)} \cup \bigcup_{k \in K_2} A_{f(k)}.$$

Distributivgesetze gelten in unterschiedlich komplizierten Formulierungen. Die einfachsten sind für unscharfe Mengen $B \in \mathbf{F}(\mathbf{X})$ die Beziehungen

$$B \cup \bigcap_{k \in K} A_k = \bigcap_{k \in K} (B \cup A_k), \qquad B \cap \bigcup_{k \in K} A_k = \bigcup_{k \in K} (B \cap A_k).$$

Weiterhin gelten die Monotoniebeziehungen

$$\forall k \in K : A_k \subseteqq B_k \implies \bigcap_{k \in K} A_k \subseteqq \bigcap_{k \in K} B_k \quad \text{und} \quad \bigcup_{k \in K} A_k \subseteqq \bigcup_{k \in K} B_k$$

sowie die Inklusionsbeziehungen

$$\forall k \in K : C \subseteqq A_k \implies C \subseteqq \bigcap_{k \in K} A_k,$$
$$\forall k \in K : A_k \subseteqq C \implies \bigcup_{k \in K} A_k \subseteqq C,$$
$$\bigcap_{k \in K} A_k \subseteqq A_m \subseteqq \bigcup_{k \in K} A_k \qquad \text{für jedes} \quad m \in K.$$

9.10.2.5 Interaktive Verknüpfungen unscharfer Mengen

Die in (9.21), (9.22) und (9.24), (9.25) erklärten Verknüpfungen unscharfer Mengen haben alle die Eigenschaft, dass der Zugehörigkeitswert von $a \in \mathbf{X}$ zum Verknüpfungsergebnis von A und B stets der Zugehörigkeitswert von a zu einem der Operanden A, B ist. Solche Verknüpfungen werden *nicht-interaktiv* genannt. Neben ihnen benutzt man eine Reihe *interaktiver* Verknüpfungen wie die durch

$$\mathbf{m}_{A \boxast B}(x) = \max\{0, \mathbf{m}_A(x) + \mathbf{m}_B(x) - 1\}, \tag{9.26}$$
$$\mathbf{m}_{A \boxplus B}(x) = \min\{1, \mathbf{m}_A(x) + \mathbf{m}_B(x)\} \tag{9.27}$$

charakterisierten, das *beschränkte Produkt* $A \boxast B$ und die *beschränkt Summe* $A \boxplus B$, und wie die durch

$$\mathbf{m}_{A \cdot B}(x) = \mathbf{m}_A(x) \cdot \mathbf{m}_B(x), \tag{9.28}$$
$$\mathbf{m}_{A + B}(x) = \mathbf{m}_A(x) + \mathbf{m}_B(x) - \mathbf{m}_A(x) \cdot \mathbf{m}_B(x) \tag{9.29}$$

charakterisierten, das *algebraische Produkt* $A \cdot B$ und die *algebraische Summe* $A + B$.

Weder die beschränkt noch die algebraisch genannten Verknüpfungen sind Verbandsoperationen in $\mathbf{F}(\mathbf{X})$. Keine dieser Operationen ist idempotent, alle aber sind kommutativ und assoziativ. Für scharfe Mengen entsprechen sowohl beschränktes als auch algebraisches Produkt dem gewöhnlichen Durchschnitt; analog entsprechen die „Summen" bei scharfen Mengen der gewöhnlichen Vereinigungsmenge. Sowohl die in (9.26) als auch die in (9.29) erklärten Verknüpfungen sind über deMorganesche Gesetze miteinander verbunden:

$$\overline{A \boxast B} \;=\; \overline{A} \boxplus \overline{B}, \quad \overline{A \boxplus B} \;=\; \overline{A} \boxast \overline{B}, \qquad \overline{A \cdot B} \;=\; \overline{A} + \overline{B}, \quad \overline{A + B} \;=\; \overline{A} \cdot \overline{B}.$$

Wichtige Rechengesetze sind

$$\begin{aligned}
A \cap B &= A \boxast (\overline{A} \boxplus B), & A \cup B &= A \boxplus (\overline{A} \boxast B), \\
A \boxast (B \cup C) &= (A \boxast B) \cup (A \boxast C), & A \boxplus (B \cap C) &= (A \boxplus B) \cap (A \boxplus C)
\end{aligned}$$

und die analogen Distributivgesetze mit $\cdot$ statt $\boxast$ sowie $+$ statt $\boxplus$. Stets gelten auch

$$A \boxast \overline{A} \;=\; \varnothing, \qquad A \boxplus \overline{A} \;=\; U_{\mathbf{X}}.$$

9.10.2.6 Allgemeine Durchschnitts- und Vereinigungsbildungen

Die Operationen $\cap, \boxast$ und $\cdot$ in $\mathbf{F}(\mathbf{X})$ verallgemeinern ebenso die Durchschnittsbildung gewöhnlicher Mengen wie Operationen $\cup, \boxplus, +$ in $\mathbf{F}(\mathbf{X})$ deren Vereinigungsbildung verallgemeinern. Obwohl besonders häufig benutzt, sind dies jeweils nicht alle möglichen und auch nicht alle als anwendungsinteressant betrachteten Verallgemeinerungen der mengenalgebraischen Grundoperationen für unscharfe Mengen.

Statt weiterer Einzelbeispiele von Durchschnitts- bzw. Vereinigungsbildungen in $\mathbf{F}(\mathbf{X})$ interessiert ein allgemeines Konzept. Es definiert $\cap_{\mathbf{t}}$ und $\cup_{\mathbf{t}}$ in $\mathbf{F}(\mathbf{X})$ ausgehend von einer T-Norm $\mathbf{t}$ in $I = [0,1]$.

Unter einer *T-Norm* (kurz für: „triangular norm" $\widehat{=}$ „Dreiecksnorm") versteht man eine zweistellige Operation $\mathbf{t}$ in $[0,1]$, für die für $u, v, w \in [0,1]$ stets gelten

(**T1**) $u \, \mathbf{t} \, v = v \, \mathbf{t} \, u$,

(**T2**) $u \, \mathbf{t} \, (v \, \mathbf{t} \, w) = (u \, \mathbf{t} \, v) \, \mathbf{t} \, w$,

(**T3**) $u \le v \;\Longrightarrow\; u \, \mathbf{t} \, w \le v \, \mathbf{t} \, w$,

(**T4**) $u \, \mathbf{t} \, 1 = u$.

Wegen $u \, \mathbf{t} \, 0 = 0 \, \mathbf{t} \, u \le 0 \, \mathbf{t} \, 1$ ergibt sich daraus sofort auch $u \, \mathbf{t} \, 0 = 0$.

Algebraisch betrachtet macht wegen (**T2**) jede T-Norm das reelle Einheitsintervall zu einer Halbgruppe, und zwar wegen (**T1**) zu einer kommutativen Halbgruppe. Diese hat wegen (**T4**) ein Einselement, ist also ein abelsches Monoid. Wegen (**T3**) handelt es sich dabei sogar noch um eine geordnete Halbgruppe, deren Einselement zugleich das größte Element ihrer Anordnung ist.

Aus der Sicht der mehrwertigen Logik mit $[0,1]$ als Menge verallgemeinerter Wahrheitswerte sind T-Normen interessante Kandidaten für verallgemeinerte Konjunktionen. Jeder T-Norm $\mathbf{t}$ wird eine Durchschnittsbildung $A \cap_{\mathbf{t}} B$ in $\mathbf{F}(\mathbf{X})$ zugeordnet durch die Festlegung

$$\mathbf{m}_{A \cap_{\mathbf{t}} B}(x) \;=\; \mathbf{m}_A(x) \, \mathbf{t} \, \mathbf{m}_B(x) \qquad \text{für jedes} \quad x \in \mathbf{X}. \tag{9.30}$$

▶ Beispiele: T-Normen sind die Minimumbildung $u \, \mathbf{t}_{\mathrm{M}} \, v = \min\{u, v\}$, die Lukasiewiczsche T-Norm $u \, \mathbf{t}_{\mathrm{L}} \, v = \max\{0, u + v - 1\}$ und die Produktbildung $u \, \mathbf{t}_{\mathrm{P}} \, v = uv$ in $[0,1]$. Die ihnen nach (9.30) entsprechenden Durchschnittsbildungen $\cap_{\mathbf{t}_i}$ sind: $\cap_{\mathbf{t}_1} = \cap, \quad \cap_{\mathbf{t}_2} = \boxast, \quad \cap_{\mathbf{t}_3} = \cdot$.

Da immer $u \, \mathsf{t} \, v \leq u \, \mathsf{t} \, 1 = u$ gilt, ist aus Symmetriegründen sogar stets $u \, \mathsf{t} \, v \leq \min\{u, v\}$, also t_M die größtmögliche T-Norm. Zudem ist stets $u \, \mathsf{t} \, u \leq u$.

Ein Element $u \in [0, 1]$, für das $u \, \mathsf{t} \, u = u$ gilt, heißt t-*idempotent*. Jede T-Norm t hat $0, 1$ als t-idempotemte Elemente. Die T-Norm t_M ist aber die einzige T-Norm t, für die jedes $u \in [0, 1]$ ein t-idempotentes Element ist.

Jeder T-Norm t wird eine *T-Conorm* s_{t} zugeordnet durch die Festlegung

$$u \, \mathsf{s}_{\mathsf{t}} \, v \; = \; 1 - (1 - u) \, \mathsf{t} \, (1 - v)$$

und damit zugleich eine Vereinigungsbildung $A \cup_{\mathsf{t}} B$ in $\mathbf{F}(\mathbf{X})$:

$$\mathbf{m}_{A \cup_{\mathsf{t}} B}(x) \; = \; \mathbf{m}_A(x) \, \mathsf{s}_{\mathsf{t}} \, \mathbf{m}_B(x) \qquad \text{für jedes} \quad x \in \mathbf{X}. \tag{9.31}$$

Der Zusammenhang von $\cap_{\mathsf{t}}$ und $\cup_{\mathsf{t}}$ wird für jede T-Norm durch deMORGANsche Gesetze gegeben:

$$\overline{A \cap_{\mathsf{t}} B} \; = \; \overline{A} \cup_{\mathsf{t}} \overline{B}, \qquad \overline{A \cup_{\mathsf{t}} B} \; = \; \overline{A} \cap_{\mathsf{t}} \overline{B}.$$

Nach dem Muster der Definitionen (9.30) und (9.31) kann man auch für L-unscharfe Mengen $A, B \in \mathbf{F}_L(\mathbf{X})$ ausgehend von irgendeiner zweistelligen Operation φ in L eine zweistellige Operation $\widehat{\varphi}$ in $\mathbf{F}_L(\mathbf{X})$ definieren durch

$$\mathbf{m}_{A \widehat{\varphi} B}(x) \; = \; \varphi(\mathbf{m}_A(x), \mathbf{m}_B(x)). \tag{9.32}$$

Damit übertragen sich in L gegebene algebraische Strukturen auf $\mathbf{F}_L(\mathbf{X})$.

9.10.2.7 Wichtige Eigenschaften von T-Normen

Eine T-Norm t heißt *stetig*, falls alle ihre Parametrisierungen t_b, erklärt durch $\mathsf{t}_b(x) = \mathsf{t}(b, x)$ mit $b \in [0, 1]$, im Einheitsintervall $[0, 1]$ stetige Funktionen sind. Und t heißt *linksseitig stetig*, falls alle diese Parametrisierungen t_b im Einheitsintervall linksseitig stetige Funktionen sind.

Eine T-Norm ist im genannten Sinne genau dann stetig, wenn sie im Einheitsquadrat stetig ist als reelle Funktion zweier Variabler.

Hat eine T-Norm t lediglich die Zahlen $0, 1$ als t-idempotente Elemente, gilt also $u \, \mathsf{t} \, u < u$ für jedes $0 < u < 1$, so nennt man t eine *archimedische* T-Norm.

Jede stetige archimedische T-Norm t hat entweder t-*Nullteiler*, d.h. Elemente $0 \neq u, v \in [0, 1]$ mit $u \, \mathsf{t} \, v = 0$, oder sie ist nullteilerfrei. Die nullteilerfreien stetigen archimedischen T-Normen t sind automorphe Varianten des gewöhnlichen Produktes, d.h. für sie gibt es einen Ordnungsautomorphismus φ des Einheitsintervalls, also eine eineindeutige und ordnungstreue Abbildung φ von $[0, 1]$ auf sich, so dass stets gilt

$$u \, \mathsf{t} \, v = \varphi^{-1}(\varphi(u) \, \mathsf{t}_P \, \varphi(v)). \tag{9.33}$$

Alle anderen stetigen archimedischen T-Normen t, d.h. diejenigen, zu denen es t-Nullteiler gibt, sind automorphe Varianten der Lukasiewiczschen T-Norm, d.h. für sie gibt es einen Ordnungsautomorphismus φ des Einheitsintervalls, so dass stets gilt

$$u \, \mathsf{t} \, v = \varphi^{-1}(\varphi(u) \, \mathsf{t}_L \, \varphi(v)). \tag{9.34}$$

Für eine stetige T-Norm t ist die Menge ihrer t-idempotenten Elemente eine abgeschlossene Teilmenge des Einheitsintervalls. Daher zerfällt $[0, 1]$ in eine höchstens abzählbar unendliche Menge paarweise disjunkter offener Intervalle (a_i, b_i) mit t-idempotenten Grenzen a_i, b_i, so dass $u \, \mathsf{t} \, u < u$ für jedes $a_i < u < b_i$. Daraus ergibt sich der wichtige

Darstellungssatz für stetige T-Normen: Jede stetige T-Norm lässt sich darstellen als ordinale Summe automorpher Varianten der T-Normen t_L und t_P.

Dabei ist die *ordinale Summe* einer Familie $([a_i, b_i], t_i)_{i \in I}$ von intervallbezogenen T-Normen diejenige T-Norm $\hat{t}$, die durch

$$\hat{t}(u, v) = \begin{cases} a_k + (b_k - a_k) \cdot t_k\left(\frac{u - a_k}{b_k - a_k}, \frac{v - a_k}{b_k - a_k}\right), & \text{falls } u, v \in [a_k, b_k] \\ \min\{u, v\} & \text{sonst.} \end{cases} \tag{9.35}$$

festgelegt ist. Die betrachteten Intervalle dürfen hierbei höchstens Endpunkte gemeinsam haben.

Die Grundidee dieser Konstruktion einer ordinalen Summe kann man sich für einen speziellen Fall leicht an Hand von Abb. 9.61 veranschaulichen.

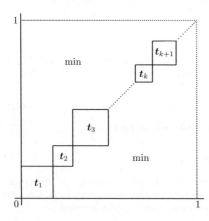

Abb. 9.61 Grundidee der ordinalen Summe

9.10.2.8 Ein Transferprinzip für Rechengesetze

Rechengesetze für Elemente einer Menge M werden überwiegend durch Termgleichungen $T_0 = T_0'$ oder durch *bedingte Termgleichungen*

$$T_1 = T_1' \wedge T_2 = T_2' \wedge \cdots \wedge T_k = T_k' \implies T_0 = T_0' \tag{9.36}$$

beschrieben, kompliziertere Rechengesetze mitunter auch durch noch allgemeinere HORN-*Ausdrücke*, die konjunktive Zusammenfassungen evtl. mehrerer bedingter Termgleichungen (9.36) sind und noch Quantifizierungen der darin auftretenden Variablen enthalten können. Zugrunde liegt immer eine Sprache der Prädikatenlogik 1. Stufe mit Variablen und evtl. Konstanten für die Elemente von M und mit Operationssymbolen für die in M betrachteten Verknüpfungen; T_i, T_i' für $i = 0(1)k$ sind Terme dieser *Sprache für M*.

Betrachtet man L-unscharfe Mengen und ist L eine algebraische Struktur mit Operationen $*_1, \ldots, *_n$, so kann nach dem Muster der Definition (9.32) jeder dieser Operationen eine Verknüpfung $\hat{*}_i$ in $\mathbf{F}_L(\mathbf{X})$ gleicher Stellenzahl wie $*_i$ zugeordnet werden. Jedem Term T der Sprache für L ordnet man einen Term $\hat{T}$ der Sprache für $\mathbf{F}_L(\mathbf{X})$ dadurch zu, dass

– die Variablen von $\hat{T}$ diejenigen von T sind, in $\hat{T}$ aber als Variable für L-unscharfe Mengen verstanden werden, während sie in T Variable für Elemente von L sind;

– die Operationssymbole $*_i$ von T in $\widehat{T}$ durch entsprechende Operationssymbole $\widehat{*}_i$ ersetzt werden;

– jede Konstante c von T ersetzt wird durch eine Konstante C, die die L-unscharfe Menge mit der Zugehörigkeitsfunktion $\mathbf{m}_C(x) = c$ (für jedes $x \in \mathbf{X}$) bezeichnet.

Dann gilt folgender

Transfersatz: Ist ein HORN-Ausdruck H der Sprache von L gültig in der Struktur L der verallgemeinerten Zugehörigkeitswerte, so ist derjenige zugehörige HORN-Ausdruck $\widehat{H}$ der Sprache von $\mathbf{F}_L(\mathbf{X})$ in der Struktur $\mathbf{F}_L(\mathbf{X})$ der L-unscharfen Mengen gültig, der aus H dadurch entsteht, dass alle in H vorkommenden Terme T durch ihre zugeordneten Terme $\widehat{T}$ ersetzt werden.

▶ BEISPIEL 1: Für die in den Beispielen von Abschnitt 9.10.2.6 erwähnte T-Norm $\mathbf{t}_2$ gilt $u \, \mathbf{t}_2 \, (1 - u) = 0$ für alle $u \in [0, 1]$. Dem Term $T_0 \equiv u \, \mathbf{t}_2 \, (1 - u)$ entspricht der Term $\widehat{T}_0 \equiv u \cap_{\mathbf{t}_2} \overline{u}$ und dem Term $T_0' \equiv 0$ der Term $\widehat{T}_0' \equiv \varnothing$. Daher liefert der Transfersatz hier die Gültigkeit von $A \boxed{*} \overline{A} = \varnothing$ für jedes $A \in \mathbf{F}(\mathbf{X})$.

▶ BEISPIEL 2: Die Eigenschaft (**T3**) der T-Normen kann wegen $u \leq v \iff \min\{u, v\} = u$ als bedingte Termgleichung geschrieben werden: $u \, \mathbf{t}_1 \, v = u \implies (u \, \mathbf{t} \, w) \, \mathbf{t}_1 \, (v \, \mathbf{t} \, w) = u \, \mathbf{t} \, w$. Diese Termgleichung gilt in $[0, 1]$; daher folgt aus dem Transfersatz, dass in $\mathbf{F}(\mathbf{X})$ gilt: $A \cap B = A \implies (A \cap_{\mathbf{t}} C) \cap (B \cap_{\mathbf{t}} C) = (A \cap_{\mathbf{t}} C)$, wenn man die Variablen u, v, w noch durch A, B, C ersetzt. Diese bedingte Termgleichung ist äquivalent mit

$$A \subseteqq B \implies A \cap_{\mathbf{t}} C \subseteqq B \cap_{\mathbf{t}} C.$$

▶ BEISPIEL 3: Wie im letzten Beispiel folgt, dass jede Durchschnittsbildung $A \cap_{\mathbf{t}} B$ sowohl kommutativ als auch assoziativ ist. (Und zwar ergibt sich dieses aus (**T1**) bzw. (**T2**).)

▶ BEISPIEL 4: Betrachtet man L-unscharfe Mengen und ist L etwa ein Verband bzw. ein Ring, dann ist $\mathbf{F}_L(\mathbf{X})$ mit den gemäß (9.32) erklärten Mengenoperationen ebenfalls ein Verband bzw. ein Ring, weil sowohl die Verbands- als auch die Ringaxiome als HORN-Ausdrücke geschrieben werden können.

9.10.2.9 Das kartesische Produkt unscharfer Mengen

Während die Bildung von Durchschnitten, Vereinigungsmengen, Differenz und Komplement Operationen innerhalb von $\mathbf{F}(\mathbf{X})$ bzw. $\mathbf{F}_L(\mathbf{X})$ sind, führt die Bildung des kartesischen Produkts unscharfer Teilmengen von $\mathbf{X}$ mit unscharfen Teilmengen von $\mathbf{Y}$ zu unscharfen Teilmengen von $\mathbf{X} \times \mathbf{Y}$. ($\mathbf{X} \times \mathbf{Y}$ ist hier das gewöhnliche kartesische Produkt von $\mathbf{X}$ und $\mathbf{Y}$.)

Definition 3: *Das kartesische Produkt unscharfer Mengen $A \in \mathbf{F}(\mathbf{X})$ und $B \in \mathbf{F}(\mathbf{Y})$ ist die unscharfe Menge $P = A \times B \in \mathbf{F}(\mathbf{X} \times \mathbf{Y})$ mit der Zugehörigkeitsfunktion*

$$\mathbf{m}_P(x, y) = \min\{\mathbf{m}_A(x), \mathbf{m}_B(y)\} \qquad \textit{für alle} \quad x \in \mathbf{X}, y \in \mathbf{Y};$$

und für jede T-Norm $\mathbf{t}$ ist das kartesische Produkt bez. $\mathbf{t}$ von $A \in \mathbf{F}(\mathbf{X})$ und $B \in \mathbf{F}(\mathbf{Y})$ die unscharfe Menge $Q = A \times_{\mathbf{t}} B \in \mathbf{F}(\mathbf{X} \times \mathbf{Y})$ mit der Zugehörigkeitsfunktion

$$\mathbf{m}_Q(x, y) = \mathbf{m}_A(x) \, \mathbf{t} \, \mathbf{m}_B(y) \qquad \textit{für alle} \quad x \in \mathbf{X}, y \in \mathbf{Y}.$$

Die Bildung des kartesischen Produktes unscharfer Mengen ist assoziativ, distributiv bez. $\cap$ und $\cup$, sowie monoton bezüglich $\subseteq$. Stets gelten daher

$$A \times (B \times C) = (A \times B) \times C,$$
$$A \times (B \cap C) = (A \times B) \cap (A \times C), \qquad A \times (B \cup C) = (A \times B) \cup (A \times C),$$
$$A_1 \subseteq A_2 \quad \text{und} \quad B_1 \subseteq B_2 \quad \Longrightarrow \quad A_1 \times B_1 \subseteq A_2 \times B_2,$$
$$A = \varnothing \quad \text{oder} \quad B = \varnothing \quad \Longleftrightarrow \quad A \times B = \varnothing.$$

Entsprechende Rechengesetze gelten auch für $\times_t$, hängen aber von den Eigenschaften der T-Norm t ab.

9.10.2.10 Das Erweiterungsprinzip

Das Transferprinzip ist verbunden mit dem Problem, auf Verknüpfungen in der Menge L der Zugehörigkeitswerte basierende Verknüpfungen L-unscharfer Mengen zu untersuchen, die entsprechend (9.32) erklärt werden. Das Erweiterungsprinzip ist verbunden mit dem Problem, im Grundbereich X vorliegende Verknüpfungen auf L-unscharfe Mengen über X auszudehnen. Es legt eine Standardmethode für solches Operationsausdehnen fest. Da n-stellige Verknüpfungen in X nur spezielle n-stellige Funktionen über X sind, wird das Erweiterungsprinzip allgemeiner für solche Funktionen formuliert.

Erweiterungsprinzip: Eine Funktion $g : X^n \longrightarrow Y$ wird dadurch zu einer Funktion $\widehat{g} : F(X)^n \longrightarrow F(Y)$, deren Argumente unscharfe Mengen über X sind, erweitert, dass für alle $A_1, \ldots, A_n \in F(X)$ gesetzt wird

$$\mathbf{m}_B(y) = \sup\{\min\{\mathbf{m}_{A_1}(x_1), \ldots, \mathbf{m}_{A_n}(x_n)\} \mid y = g(x_1, \ldots, x_n) \wedge x_1, \ldots, x_n \in X\}$$
$$= \sup\{\min\{\mathbf{m}_{A_1}(x_1), \ldots, \mathbf{m}_{A_n}(x_n)\} \mid (x_1, \ldots, x_n) \in g^{-1}\langle\{y\}\rangle\}$$
$$= \sup\{\mathbf{m}_{A_1 \times \cdots \times A_n}(x_1, \ldots, x_n) \mid (x_1, \ldots, x_n) \in g^{-1}\langle\{y\}\rangle\}$$

für $B = \widehat{g}(A_1, \ldots, A_n)$ und beliebiges $y \in Y$.

Betrachtet man die α-Schnitte von $B = \widehat{g}(A_1, \ldots, A_n)$, so erhält man für jedes $\alpha \in [0, 1)$:

$$B^{>\alpha} = g(A_1^{>\alpha}, \ldots, A_n^{>\alpha}),$$

wobei die Funktion $g : X^n \longrightarrow Y$ wie üblich auf gewöhnlichen Mengen als Argumente ausgedehnt ist durch

$$g(A_1^{>\alpha}, \ldots, A_n^{>\alpha}) = \{g(a_1, \ldots, a_n) \mid a_i \in A_i^{>\alpha} \quad \text{für} \quad i = 1(1)n\}.$$

9.10.3 Unscharfe Zahlen und ihre Arithmetik

In praxi sind viele numerischen Daten nur ungenau gegeben. Die klassische numerische Mathematik berücksichtigt diesen Umstand mit Fehlerbetrachtungen, in neuerer Zeit auch im Rahmen der Intervallarithmetik (vgl. 7.1.1.und 9.10.3.3), in der mit reellen Intervallen statt mit fehlerbehafteten Zahlen gerechnet wird. In beiden Fällen werden alle jeweils im Fehlerintervall liegenden Zahlen als gleichwertige Kandidaten für den „wahren Wert" betrachtet. Mit unscharfen Teilmengen von $\mathbf{R}$ statt üblicher Fehlerintervalle lassen sich Wichtungen dieser Möglichkeit berücksichtigen, der wahre Wert zu sein. Dazu wählt die Fuzzy-Arithmetik als unscharfe Zahlen bzw. unscharfe Intervalle, die beide die gewöhnlichen Fehlerintervalle verallgemeinern, nur solche normalen unscharfen Teilmengen von $\mathbf{R}$, deren Zugehörigkeitsfunktionen keine Nebenmaxima haben.

9.10.3.1 Unscharfe Zahlen und Intervalle

Defintion 4: *Eine unscharfe Menge $A \in F(\mathbf{R})$ über $\mathbf{R}$ heißt* konvex, *falls alle ihre α-Schnitte $A^{>\alpha}$ Intervalle sind. Als* unscharfe (reelle) Zahlen *bezeichnet man diejenigen konvexen $A \in F(\mathbf{R})$, deren Kern eine Einermenge ist; beliebige normale und konvexe $A \in F(\mathbf{R})$ heißen* unscharfe Intervalle.

Eine unscharfe Menge $A \in F(\mathbf{R})$ ist genau dann konvex, wenn für alle $a, b, c \in \mathbf{R}$ gilt

$$a \leq c \leq b \implies \min\{\mathbf{m}_A(a), \mathbf{m}_A(b)\} \leq \mathbf{m}_A(c).$$

Jede unscharfe Zahl ist auch ein unscharfes Intervall, ebenso jedes gewöhnliche Intervall (genommen als seine charakteristische Funktion). Die reellen Zahlen r sind als unscharfe Einermengen $\mathbf{r}$ mit $\mathbf{m_r}(r) = 1, \mathbf{m_r}(x) = 0$ für $x \neq r$ isomorph in die Menge der unscharfen Zahlen eingebettet.

Die arithmetischen Operationen für unscharfe Zahlen und unscharfe Intervalle werden entsprechend dem Erweiterungsprinzip definiert. Für unscharfe Zahlen bzw. unscharfe Intervalle $A, B \in F(\mathbf{R})$ sind deren *Summe* $S = A + B$ und *Differenz* $D = A - B$ charakterisiert durch die Zugehörigkeitsfunktionen

$$\mathbf{m}_S(a) = \sup_{y \in \mathbf{R}} \min\{\mathbf{m}_A(y), \mathbf{m}_B(a - y)\} \quad \text{für} \quad a \in \mathbf{R},$$

$$\mathbf{m}_D(a) = \sup_{y \in \mathbf{R}} \min\{\mathbf{m}_A(y), \mathbf{m}_B(y - a)\} \quad \text{für} \quad a \in \mathbf{R},$$

das *Negative* $N = {}^{-}A$ durch

$$\mathbf{m}_N(a) = \mathbf{m}_A(-a) \quad \text{für} \quad a \in \mathbf{R},$$

und das *Produkt* $P = A \times B$ durch

$$\mathbf{m}_P(a) = \sup_{\substack{x, y \in \mathbf{R} \\ a = x \cdot y}} \min\{\mathbf{m}_A(x), \mathbf{m}_B(y)\} \quad \text{für} \quad a \in \mathbf{R}.$$

Division ist wie für reelle Zahlen nicht uneingeschränkt möglich, die Bedingung $0 \notin \text{supp}(B)$ sichert aber, dass der *Quotient* $Q = A/B$ für unscharfe Zahlen (Intervalle) wieder unscharfe Zahl (Intervall) ist, wenn man ihn nach Erweiterungsprinzip durch die Zugehörigkeitsfunktion beschreibt:

$$\mathbf{m}_Q(a) = \sup_{\substack{x, y \in \mathbf{R} \\ a = x : y}} \min\{\mathbf{m}_A(x), \mathbf{m}_B(y)\} \quad \text{für} \quad a \in \mathbf{R}.$$

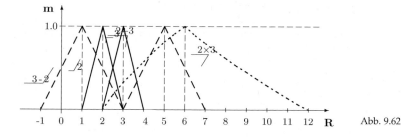

Abb. 9.62

▶ BEISPIELE: Für Addition und Multiplikation unscharfer Zahlen und Intervalle gelten Kommutativ- und Assoziativgesetz:

$$A + B = B + A, \qquad A \times B = B \times A,$$
$$A + (B + C) = (A + B) + C, \quad A \times (B \times C) = (A \times B) \times C.$$

Statt des Distributivgesetzes gilt allgemein nur die Inklusion

$$A \times (B + C) \subseteqq (A \times B) + (A \times C),$$

erst zusätzliche Voraussetzungen garantieren Gleichheit, etwa

$$\emptyset \notin \text{supp}(A) \cup \text{supp}(B + C) \implies A \times (B + C) = (A \times B) + (A \times C).$$

Für das Rechnen mit Differenzen und Quotienten betrachtet man zusätzlich zum Negativen ^-B im Falle $0 \notin \text{supp}(B)$ noch den *Kehrwert* $K = B^{-1}$:

$$\mathbf{m}_K(a) = \begin{cases} \mathbf{m}_B(\frac{1}{a}), & \text{wenn } a \in \text{supp}(B) \\ 0 & \text{sonst} \end{cases} \quad \text{für } a \in \mathbf{R},$$

der unscharfe Zahl bzw. unscharfes Intervall ist wie B, und führt durch

$$A - B = A + {}^-B, \qquad A/B = A \times B^{-1}$$

Differenzen auf Summen und Quotienten auf Produkte zurück.

Der Darstellungssatz führt zu einer Beschreibung der arithmetischen Operationen für unscharfe Zahlen bzw. Intervalle $A, B \in \mathbf{F}(\mathbf{R})$ durch ihre Schnitte:

$$(^-A)^{>\alpha} = \{-a \mid a \in A^{>\alpha}\}, \qquad\qquad (A^{-1})^{>\alpha} = \{\tfrac{1}{a} \mid a \in A^{>\alpha}\},$$
$$(A * B)^{>\alpha} = \{a * b \mid a \in A^{>\alpha} \text{ und } b \in B^{>\alpha}\}$$

für $* \in \{+, -, \times\}$, $* \in \{+, -, \times\}$ und beliebige $\alpha \in [0, 1)$.

9.10.3.2 Unscharfe Zahlen in L/R-Darstellung

Die Zugehörigkeitsfunktion einer unscharfen Zahl A mit dem Kern $A^{\geq 1} = \{a_0\}$ ist „links" von a_0, d. h. auf $(-\infty, a_0)$ bzw. $l = (-\infty, a_0) \cap \text{supp}(A)$ monoton wachsend und „rechts" von a_0, also auf (a_0, ∞) bzw. $r = (a_0, \infty) \cap \text{supp}(A)$ monoton fallend. Das Rechnen mit unscharfen Zahlen kann wesentlich vereinfacht werden, wenn man die Typen der auf l und r betrachteten monotonen Funktionen auf je eine festgelegte Funktionenklasse einschränkt, z. B. auf lineare Funktionen oder auf Funktionen, die durch „wenige" Parameter charakterisierbar sind. Wegen $\mathbf{m}_A(x) = 0$ für $x \notin \text{supp}(A)$ kann man sich dabei auf Darstellungen von $\mathbf{m}_A$ nur über $\text{supp}(A)$ beschränken. $\mathbf{m}_A{}^L$ und $\mathbf{m}_A{}^R$ mögen die Einschränkungen von $\mathbf{m}_A$ auf l bzw. r sein.

Günstig ist z. B., $\mathbf{m}_A{}^L$ und $\mathbf{m}_A{}^R$ über Hilfsfunktionen $L, R : \mathbf{R} \longrightarrow [0, 1]$ festzulegen, für die $L(0) = R(0) = 1$ ist und die beide für positive Argumente monoton fallend sind; mit ihrer Hilfe und Parametern $a_0 \in \mathbf{R}$ und $p, q > 0$ setzt man

$$\mathbf{m}_A{}^L(x) = L\left(\frac{a_0 - x}{q}\right) \quad \text{für} \quad x \leq a_0,$$

$$\mathbf{m}_A{}^R(x) = R\left(\frac{x - a_0}{p}\right) \quad \text{für} \quad x \geq a_0$$

und schreibt dann abkürzend für die durch $\mathbf{m}_A$ charakterisierte unscharfe Zahl A

$$A = \langle a_0 ; q, p \rangle_{L/R}.$$

Für die „Linksfunktionen" L und die „Rechtsfunktionen" R können jeweils unterschiedliche Funktionenklassen gewählt werden. In jedem Falle ist es besonders interessant, für $A + B$, ^-A, $A \times B$, B^{-1} wieder L/R-Darstellungen zu finden, wenn man von L/R-Darstellungen von A, B ausgeht. Im Spezialfall, dass sowohl die Linksfunktion L als auch die rechtsfunktion R linear sind, also Geraden als Graphen haben, nennt man $A = \langle a_0; q, p \rangle_{L/R}$ eine *dreieckförmige* unscharfe Zahl.

Sind $L(x) = 1 - bx$ und $R(x) = 1 - cx$ lineare Funktionen, so ergeben sich die Parameter $q = b(a_0 - a_1)$, $p = c(a_2 - a_0)$ aus dem Kern $A^{\geq 1} = \{a_0\}$ und dem Träger $\mathrm{supp}(A) = (a_1, a_2)$. Summe und Negatives berechnen sich für $A = \langle a_0; q, p \rangle_{L/R}$ und $B = \langle b_0; q', p' \rangle_{L/R}$ als

$$A + B = \langle a_0 + b_0 ; q + q', p + p' \rangle_{L/R}, \qquad {}^-A = \langle -a_0 ; p, q \rangle_{L/R}. \qquad (9.37)$$

Im allgemeinen ergibt sich bei ^-A eine Vertauschung der Rolle von Links- und Rechtsfunktionen; in (9.37) drückt sich dies nur in den Parametern p, q aus; gehören aber L und R zu unterschiedlichen Funktionenklassen, ist diese Vertauschung genau zu beachten.

Da das Produkt linearer Funktionen keine lineare Funktion mehr zu sein braucht, sind $A \times B$ und B^{-1} für unscharfe Zahlen A, B mit linearen Links- und Rechtsfunktionen i.allg. keine derartigen unscharfen Zahlen mehr. Weil unscharfe Zahlen aber oft in unscharfen Modellierungen benutzt werden, ist es dafür günstig, die unscharfen Zahlen $A \times B$, B^{-1} durch unscharfe Zahlen mit linearen Links- und Rechtsfunktionen (oder allgemeiner: durch unscharfe Zahlen mit L, R aus denselben Funktionenklassen wie bei A, B) anzunähern. Für den linearen Fall empfehlen sich

$$A \times B \cong \langle a_0 b_0 ; a_0 q' + b_0 q - qq', a_0 p' + b_0 p - pp' \rangle_{L/R} \qquad \text{bei } a_0, b_0 > 0,$$
$$A \times B \cong \langle a_0 b_0 ; a_0 q' - b_0 p - pq', a_0 p' - b_0 q - qp' \rangle_{L/R} \qquad \text{bei } a_0 > 0, \ b_0 < 0,$$
$$A \times B \cong \langle a_0 b_0 ; -a_0 p' - b_0 p - pp', -a_0 q' - b_0 q - qq' \rangle_{L/R} \qquad \text{bei } a_0, b_0 < 0$$

und außerdem

$$B^{-1} \cong \left\langle \frac{1}{b_0} ; \frac{p'}{b_0^2}, \frac{q'}{b_0^2} \right\rangle_{L/R},$$

wofür aber dieselben Bemerkungen über Vertauschung des Typs der Links- und Rechtsfunktionen zutreffen wie bei ^-A.

9.10.3.3 Intervallarithmetik

1. Intervallzahlen: Ein wichtiger Spezialfall unscharfer Zahlen sind die *Intervallzahlen*; dies sind diejenigen unscharfen Zahlen, deren Zugehörigkeitsfunktionen nur die Werte 0 und 1 annehmen. Die Träger von Intervallzahlen sind also gewöhnliche Intervalle von **R**; jede Intervallzahl ist durch ihren Träger eindeutig charakterisiert. Daher identifiziert man die Intervallzahlen mit ihren Trägern.

Definition 5: *Die (reellen) Intervallzahlen sind die beschränkten abgeschlossenen Intervalle der reellen Achse* **R***; die Menge aller (reellen) Intervallzahlen wird mit* $\mathbf{I}(\mathbf{R})$ *bezeichnet.*

Intervallzahlen sind unabhängig von den unscharfen Zahlen und schon vor ihnen mathematisch behandelt worden. Sie sind besonders für die numerische Mathematik von Interesse. Man kann von numerischen Berechnungen, die Fehlerschranken berücksichtigend, immer dadurch zu Intervallzahlen kommen, dass man von der Angabe einer reelen Zahl a und ihres Fehlerintervalls $\pm \delta$ zur Intervallzahl $[a - \delta, a + \delta]$ übergeht. Das Arbeiten mit Intervallzahlen entspricht dann dem gleichzeitigen Arbeiten mit numerischen Daten und ihren Fehlerschranken. Daher gibt es zu den meisten Verfahren der numerischen Mathematik (vgl. 7.1.) inzwischen intervallarithmetische Analoga.

2. Rechenoperationen: Die arithmetischen Operationen für Intervallzahlen entsprechen den arithmetischen Operationen für unscharfe Zahlen. Das Erweiterungsprinzip nimmt für Intervallzahlen aber eine besonders einfache Form an.

Erweiterungsprinzip der Intervallarithmetik: Eine zweistellige Verknüpfung $*$ für reelle Zahlen wird dadurch zu einer zweistelligen Verknüpfung $\hat{*}$ für Intervallzahlen erweitert, dass man für alle $A, B \in \mathbf{I}(\mathbf{R})$ setzt:

$$A \hat{*} B = \{a * b \mid a \in A \quad \text{und} \quad b \in B\}.$$

Ist $*$ eine in beiden Argumenten stetige Funktion, dann ist für $A, B \in \mathbf{I}(\mathbf{R})$ immer auch $A \hat{*} B \in \mathbf{I}(\mathbf{R})$, d.h. eine Intervallzahl, und $\hat{*}$ mithin eine über ganz $\mathbf{I}(\mathbf{R})$ erklärte Verknüpfung. Ist $*$ nicht in beiden Argumenten stetig, wie z.B. die Division (sie ist an allen Stellen $(x, 0)$ nicht erklärt, also nicht stetig), so wird $\hat{*}$ nur für solche Argumente A, B erklärt, für die $A \hat{*} B$ wieder eine Intervallzahl ist.

Der Einfachheit halber schreibt man auch für die Verknüpfung $\hat{*}$ in $\mathbf{I}(\mathbf{R})$ i.allg. nur $*$ wie für die entsprechende Verknüpfung in $\mathbf{R}$.

Die arithmetischen Grundoperationen können auf Grund der Monotonieeigenschaften von Addition, Subtraktion, Multiplikation und Division noch wesentlich einfacher als durch das allgemeine Erweiterungsprinzip der Intervallarithmetik beschrieben werden. Für Intervallzahlen $A = [a_1, a_2], B = [b_1, b_2]$ ergibt sich

$$
\begin{aligned}
A + B &= [a_1 + b_1, a_2 + b_2], \\
A - B &= [a_1 - b_1, a_2 - b_2], \\
A \cdot B &= [\min\{a_1 b_1, a_1 b_2, a_2 b_1, a_2 b_2\}, \max\{a_1 b_1, a_1 b_2, a_2 b_1, a_2 b_2\}]
\end{aligned}
$$

und für den Fall, dass $0 \notin B$ ist, zusätzlich

$$A : B = A \cdot \left[\frac{1}{b_2}, \frac{1}{b_1}\right].$$

Ist A ein *Punktintervall* $A = [a, a]$, so schreibt man für $A + B, A \cdot B$ auch $a + B, aB$; in diesem Falle ist

$$
a + B = [a + b_1, a + b_2], \qquad aB = \begin{cases} [ab_1, ab_2], & \text{falls} \quad a \geq 0 \\ [ab_2, ab_1], & \text{falls} \quad a < 0 \end{cases}.
$$

Mit der Bezeichnung $C = [c_1, c_2] := A \cdot B$ kann man die Intervallgrenzen des Produktes in Abhängigkeit von den Vorzeichen der Intervallgrenzen der Faktoren einfach angeben:

$a_1 \geq 0$	$b_1 \geq 0$	$c_1 = a_1 b_1$	$c_2 = a_2 b_2$
$a_1 \geq 0$	$b_1 < 0 < b_2$	$c_1 = a_2 b_1$	$c_2 = a_2 b_2$
$a_1 \geq 0$	$b_2 \leq 0$	$c_1 = a_2 b_1$	$c_2 = a_1 b_2$
$a_1 < 0 < a_2$	$b_1 \geq 0$	$c_1 = a_1 b_2$	$c_2 = a_2 b_2$
$a_1 < 0 < a_2$	$b_1 < 0 < b_2$	$c_1 = \min\{a_1 b_2, a_2 b_1\}$	$c_2 = \max\{a_1 b_1, a_2 b_2\}$
$a_1 < 0 < a_2$	$b_2 \leq 0$	$c_1 = a_2 b_1$	$c_2 = a_1 b_1$
$a_2 \leq 0$	$b_1 \geq 0$	$c_1 = a_1 b_2$	$c_2 = a_2 b_1$
$a_2 \leq 0$	$b_1 < 0 < b_2$	$c_1 = a_1 b_2$	$c_2 = a_1 b_1$
$a_2 \leq 0$	$b_2 \leq 0$	$c_1 = a_2 b_2$	$c_2 = a_1 b_1$

Das Negative $-A$ für $A = [a_1, a_2] \in \mathbf{I}(\mathbf{R})$ und der Kehrwert B^{-1} für $B = [b_1, b_2] \in \mathbf{I}(\mathbf{R})$ mit $0 \notin B$ ergeben sich als

$$-A = [-a_2, -a_1], \qquad B^{-1} = \left[\frac{1}{b_2}, \frac{1}{b_1}\right].$$

Die in 9.10.3.1 erwähnten Rechengesetze für unscharfe Zahlen gelten auch für Intervallzahlen.

3. Intervallfunktionen: Sowohl reellwertige als auch intervallwertige Funktionen von Intervallzahlen sind für die Intervallmathematik wichtig. Ein *Abstand* q für Intervallzahlen $A = [a_1, a_2], B = [b_1, b_2]$ wird festgelegt durch

$$q(A, B) = \max\{|a_1 - b_1|, |a_2 - b_2|\}.$$

Diese Funktion q ist eine Metrik, d. h. es gelten

$$\begin{aligned}
q(A, B) &\geq 0; \qquad q(A, B) = 0 \quad \text{genau dann, wenn} \quad A = B, \\
q(A, B) &= q(B, A), \\
q(A, B) &\leq q(A, C) + q(C, B). \qquad \text{(Dreiecksungleichung)}
\end{aligned}$$

Die Menge $\mathbf{I}(\mathbf{R})$ mit dieser Metrik q ist ein vollständiger metrischer Raum (vgl. 8.1.). Der Abstand $q(A, B)$ kann auch dargestellt werden als

$$q(A, B) = \max\left\{\sup_{b \in B} \inf_{a \in A} |a - b|, \sup_{a \in A} \inf_{b \in B} |b - a|\right\}$$

und ist damit Spezialfall der allgemein für Teilmengen metrischer Räume erklärten Hausdorff-Metrik.

Der *Betrag* $|A|$ einer Intervallzahl $A = [a_1, a_2]$ ist ihr Abstand von $[0, 0] \in \mathbf{I}(\mathbf{R})$:

$$|A| = q(A, [0, 0]) = \max\{|a_1|, |a_2|\} = \max_{a \in A} |a|.$$

Für den Betrag gelten

$$\begin{aligned}
|A| &\geq 0; \qquad |A| = 0 \quad \text{genau dann, wenn} \quad A = [0, 0], \\
|A + B| &\leq |A| + |B|, \\
|A \vdots \cdot \vdots B| &= |A| \vdots \cdot \vdots |B|;
\end{aligned}$$

und für den Abstand und für die intervallarithmetischen Operationen:

$$\begin{aligned}
q(A + B, A + C) &= q(B, C), \\
q(A + B, C + D) &\leq q(A, C) + q(B, D), \\
q(A \cdot B, A \cdot C) &\leq |A| \cdot q(B, C), \\
q(aB, aC) &= |a| \cdot q(B, C) \qquad \text{für} \quad a \in \mathbf{R}.
\end{aligned}$$

Der *Durchmesser* $d(A)$ einer Intervallzahl $A = [a_1, a_2]$ ist

$$d(A) = a_2 - a_1 = \max_{a, b \in A} |a - b|.$$

In den Anwendungen der Intervallzahlen in der numerischen Mathematik ist der Durchmesser ein Maß für die Approximationsgüte einer reellen Zahl durch eine Intervallzahl. Es gelten

$$\begin{aligned}
d(A + B) &= d(A) + d(B), \qquad d(-A) = d(A), \\
\max\{|A| \cdot d(B), |B| \cdot d(A)\} &\leq d(A \cdot B) \leq d(A) \cdot |B| + |A| \cdot d(B), \\
d(aB) &= |a| \cdot d(B) \qquad \text{für} \quad a \in \mathbf{R}.
\end{aligned}$$

Analog dem Erweiterungsprinzip der Intervallarithmetik kann jeder n-stelligen Funktion $g : \mathbf{R}^n \longrightarrow \mathbf{R}$ eine n-stellige Funktion $\widehat{g}$ über $\mathbf{I}(\mathbf{R})$ zugeordnet werden durch die Festlegung

$$\widehat{g}(A_1, \ldots, A_n) = \{g(x_1, \ldots, x_n) \mid x_i \in A_i \quad \text{für} \quad i = 1, \ldots, n\} .$$

Ist g eine stetige Funktion, dann ist stets $\widehat{g}(A_1, \ldots, A_n) \in \mathbf{I}(\mathbf{R})$ für $(A_1, \ldots, A_n) \in \mathbf{I}(\mathbf{R})$ und $\widehat{g}$ selbst eine stetige Funktion im metrischen Raum $(\mathbf{I}(\mathbf{R}), q)$.

Jede Intervallfunktion $F : \mathbf{I}(\mathbf{R})^n \longrightarrow \mathbf{I}(\mathbf{R})$, für die für beliebige Punktintervalle $A_i = [a^i, a^i]$ gilt

$$g(a^1, \ldots, a^n) = F(A_1, \ldots, A_n) ,$$

heißt *Intervallerweiterung* von g. Für stetige Funktionen g ist $\widehat{g}$ selbst eine Intervallerweiterung von g, und zwar die bez. Inklusion kleinste:

$$\widehat{g}(A_1, \ldots, A_n) \subseteq F(A_1, \ldots, A_n)$$

gilt für alle $A_1, \ldots, A_n \in \mathbf{I}(\mathbf{R})$ und jede Intervallerweiterung F von g.

Intervallerweiterungen einer reellen Funktion g erhält man z. B. dadurch, dass man in einer g beschreibenden Formel alle reellen Variablen als Variable für Intervallzahlen nimmt und alle Verknüpfungen als Intervalloperationen. Man muss aber beachten, dass gleichwertige Beschreibungen von g zu unterschiedlichen Intervallerweiterungen führen können; so ist etwa die konstante Funktion $g : \mathbf{R} \longrightarrow \{0\}$ mit dem Wert Null sowohl durch $g_1(x) = 0$ als auch durch $g_2(x) = x - x$ darstellbar, die zugehörigen Intervallerweiterungen G_1, G_2 wären aber durch $G_1(X) = [0, 0]$ bzw. $G_2(X) = X - X$ zu beschreiben und verschieden wegen $G_2([1, 2]) = [-1, 1] \neq [0, 0] = G_1([1, 2])$.

9.10.4 Unscharfe Variable

So wie Variable gewöhnliche Mengen als Werte haben können, können Variable auch unscharfe Mengen als Werte haben. Von einer *unscharfen Variablen* $\mathbf{v}$ spricht man aber erst, wenn sie nicht nur unscharfe Mengen $A \in \mathbf{F}(\mathbf{X})$ als Werte haben kann, sondern wenn man außerdem davon ausgehen kann, dass die „eigentlichen" Werte dieser Variablen $\mathbf{v}$ die Elemente des Grundbereiches $\mathbf{X}$ sind. Diese zusätzliche Annahme führt dazu, dass man einen Wert $A \in \mathbf{F}(\mathbf{X})$ dieser Variablen $\mathbf{v}$ als eine ungenaue/unscharfe Information über einen „eigentlichen" Wert ansieht — und dass man weitergehend den Zugehörigkeitsgrad $\mathbf{m}_A(a)$ für $a \in \mathbf{X}$ als *Möglichkeitsgrad* dafür ansieht, dass $a \in \mathbf{X}$ der eigentliche Wert von $\mathbf{v}$ ist, falls $\mathbf{v}$ den unscharfen Wert A hat.

Die Zugehörigkeitsfunktion $\mathbf{m}_A$ betrachtet man in diesem Falle als Möglichkeitsverteilung für den eigentlichen Wert der unscharfen Variablen $\mathbf{v}$ unter der Voraussetzung, dass ihr unscharfer Wert A gegeben ist.

▶ BEISPIEL: Für einen chemischen Prozess, der sich im Temperaturbereich $\mathbf{T} = [500, 1200]$ von 500°C bis 1200°C abspielen möge, sei die Temperatur T eine wesentliche Einflussgröße. Eine Modellierung dieses Prozesses, die T als unscharfe Variable mit Werten aus $\mathbf{F}(\mathbf{T})$ benutzt, wird eine Information: „die aktuelle Prozesstemperatur ist niedrig" so verstehen, dass „niedrig" als unscharfe Menge $N \in \mathbf{F}(\mathbf{T})$ interpretiert und Wert$(T) = N$ genommen wird. Die Werte $\mathbf{m}_N(t_0)$ für $t_0 \in \mathbf{T}$ charakterisieren dann die „Möglichkeit", dass t_0 „wahrer Wert" der Prozesstemperatur T ist.

Die Bedeutung unscharfer Variabler besteht darin, dass mit ihrer Hilfe sehr flexibel unscharfe Modellierungen vorgenommen werden können.

9.10.5 Unscharfe Relationen

9.10.5.1 Grundbegriffe

Jede n-stellige Relation $\widehat{R}$ ist eine Beziehung zwischen den Elementen von n Mengen $\mathbf{X}_1, \ldots, \mathbf{X}_n$ und wird mengentheoretisch als Teilmenge $\widehat{R} \subseteq \mathbf{X}_1 \times \cdots \times \mathbf{X}_n$ eines n-fachen kartesichen Produkts aufgefasst. Entsprechend ist eine n-stellige *unscharfe Relation* R eine unscharfe Menge $R \in \mathbf{F}(\mathbf{X}_1 \times \cdots \times \mathbf{X}_n)$. Der Zugehörigkeitsgrad $\mathbf{m}_R(a_1, \ldots, a_n)$ ist der Grad, zu dem die unscharfe Relation R auf $a_1, \ldots, a_n$ zutrifft. Die Schnitte $R^{>\alpha}$ einer unscharfen Relation $R \in \mathbf{F}(\mathbf{X}_1 \times \cdots \times \mathbf{X}_n)$ sind gewöhnliche Relationen in $\mathbf{X}_1 \times \cdots \times \mathbf{X}_n$.

▶ BEISPIELE: Die unscharfe Gleichheit „ungefähr gleich" in $\mathbf{R}$ kann z. B. als (binäre, d. h. zweistellige) unscharfe Relation R_0 mit Zugehörigkeitsfunktion

$$\mathbf{m}_{R_0}(x, y) = \max\{0, 1 - a \cdot |x - y|\} \qquad \text{für ein} \quad a > 0$$

aufgefasst werden. In Abhängigkeit von inhaltlichen Vorstellungen kann sie aber z. B. auch durch unscharfe Relationen $R_1, R_2 \in \mathbf{F}(\mathbf{R}^2)$ mit

$$\mathbf{m}_{R_1}(x, y) = \frac{1 - b(x - y)^2}{1 + x^2 + y^2}, \qquad b \in (0, 1),$$

$$\mathbf{m}_{R_2}(x, y) = \exp \frac{-c(x - y)^2}{1 + x^2 + y^2}, \qquad c > 0,$$

als Zugehörigkeitsfunktionen beschrieben werden.

Die unscharfe Beziehung „im wesentlichen kleiner als" kann etwa als unscharfe Relation $K \in \mathbf{F}(\mathbf{R}^2)$ mit

$$\mathbf{m}_K(x, y) = \begin{cases} \max\{0, 1 - a \cdot |x - y|\} & \text{für} \quad y > x, \\ 1 & \text{für} \quad y \le x \end{cases}$$

mit $a > 0$ beschrieben werden.

Binäre Relationen $R \in \mathbf{F}(\mathbf{X}_1 \times \mathbf{X}_2)$ über endlichen Grundbereichen können einfach durch Matrizen beschrieben werden. Ist $\mathbf{X}_1 = \{a_1, \ldots, a_n\}$ n-elementig und $\mathbf{X}_2 = \{b_1, \ldots, b_m\}$ m-elementig, so wird R durch eine (n, m)-Matrix $(r_{ij})_{1 \le i \le n, 1 \le j \le m}$ repräsentiert, für deren Elemente stets gilt

$$(r_{ij}) = \mathbf{m}_R(a_i, b_j).$$

9.10.5.2 Unscharfe Schranken

Binäre unscharfe Relationen $R \in \mathbf{F}(\mathbf{X}_1 \times \mathbf{X}_2)$ beschreiben auch Beziehungen zwischen Variablen $\mathbf{u}, \mathbf{v}$, die insbesondere unscharfe Variable sein können. Dabei sind $\mathbf{X}_1, \mathbf{X}_2$ die Variabilitätsbereiche von $\mathbf{u}, \mathbf{v}$ bzw. sind $\mathbf{F}(\mathbf{X}_1), \mathbf{F}(\mathbf{X}_2)$ die Bereiche, denen die unscharfen Werte der unscharfen Variablen $\mathbf{u}, \mathbf{v}$ angehören.

Besteht zwischen den Variablen $\mathbf{u}, \mathbf{v}$ die unscharfe Beziehung $R \in \mathbf{F}(\mathbf{X}_1 \times \mathbf{X}_2)$ und ist der Wert $x_0 \in \mathbf{X}_1$ der Variablen $\mathbf{u}$ gegeben, dann ist

$$\mathbf{m}_B(y) = \mathbf{m}_R(x_0, y)$$

die Zugehörigkeitsfunktion eines $B \in \mathbf{F}(\mathbf{X}_2)$, das *unscharfe Schranke* für die möglichen Werte von $\mathbf{v}$ in diesem Falle ist. Ist für $\mathbf{u}$ nur ein unscharfer Wert $A \in \mathbf{F}(\mathbf{X}_1)$ gegeben, so ergibt sich die zugehörige unscharfe Schranke für die Werte von $\mathbf{v}$ durch

$$\mathbf{m}_B(y) = \sup_{x \in \mathbf{X}_1} \min\{\mathbf{m}_A(x), \mathbf{m}_R(x, y)\}.$$

Mengentheoretisch entspricht B dem vollen Bild von A bei der Relation R.

9.10.5.3 Inverse Relationen, Relationenprodukte

Für eine unscharfe Relation $R \in F(\mathbf{X}_1 \times \mathbf{X}_2)$ ist die *inverse* unscharfe *Relation* $R^{-1} \in F(\mathbf{X}_2 \times \mathbf{X}_1)$ charakterisiert durch

$$\mathbf{m}_{R^{-1}}(x,y) \;=\; \mathbf{m}_R(y,x) \qquad \text{für alle} \quad y \in \mathbf{X}_1, x \in \mathbf{X}_2 \,.$$

Für unscharfe Relationen $R \in F(\mathbf{X}_1 \times \mathbf{X}_2)$ und $S \in F(\mathbf{X}_2 \times \mathbf{X}_3)$ ist das *Relationenprodukt* $P = R \circ S \in F(\mathbf{X}_1 \times \mathbf{X}_3)$ charakterisiert durch

$$\mathbf{m}_P(x,z) \;=\; \sup_{y \in \mathbf{X}_2} \min\{\mathbf{m}_R(x,y), \mathbf{m}_S(y,z)\} \qquad \text{für} \quad x \in \mathbf{X}_1, z \in \mathbf{X}_3 \,.$$

Wie für gewöhnliche Relationen bestehen die Beziehungen

$$
\begin{aligned}
R \circ (S \circ T) &= (R \circ S) \circ T, \\
R \circ (S \cup T) &= (R \circ S) \cup (R \circ T), \\
R \circ (S \cap T) &\subseteq (R \circ S) \cap (R \circ T), \\
(R \circ S)^{-1} &= S^{-1} \circ R^{-1}, \\
(R \cap S)^{-1} &= R^{-1} \cap S^{-1}, \qquad (R \cup S)^{-1} = R^{-1} \cup S^{-1}, \\
(R^{-1})^{-1} &= R, \qquad\qquad\quad (\overline{R})^{-1} = \overline{R^{-1}}, \\
R \subseteq S &\implies R \circ T \subseteq S \circ T.
\end{aligned}
$$

9.10.5.4 Eigenschaften unscharfer Relationen

Die wichtigsten Relationen sind die binären Relationen $R \in F(\mathbf{X} \times \mathbf{X})$ in einer Menge $\mathbf{X}$. Für sie sind naheliegende Analoga der bekanntesten Eigenschaften gewöhnlicher Relationen erklärt:

$$
\begin{aligned}
R \quad \text{reflexiv} \quad &\iff \quad \mathbf{m}_R(x,x) = 1 \quad \text{für alle} \quad x \in \mathbf{X}, \\
R \quad \text{irreflexiv} \quad &\iff \quad \mathbf{m}_R(x,x) = 0 \quad \text{für alle} \quad x \in \mathbf{X}, \\
R \quad \text{symmetrisch} \quad &\iff \quad \mathbf{m}_R(x,y) = \mathbf{m}_R(y,x) \quad \text{für alle} \quad x,y \in \mathbf{X},
\end{aligned}
$$

und für beliebige T-Normen $\mathbf{t}$ zudem

$$
\begin{aligned}
R \quad \text{t-asymmetrisch} \quad &\iff \quad \mathbf{m}_R(x,y) \,\mathbf{t}\, \mathbf{m}_R(y,x) = 0 \quad \text{für alle} \quad x \neq y \in \mathbf{X}, \\
R \quad \text{t-transitiv} \quad &\iff \quad \mathbf{m}_R(x,y) \,\mathbf{t}\, \mathbf{m}_R(y,z) \leq \mathbf{m}_R(x,z) \quad \text{für alle} \quad x,y,z \in \mathbf{X}.
\end{aligned}
$$

Die reflexiven und symmetrischen unscharfen Relationen sind die *unscharfen Nachbarschaftsbeziehungen*; die reflexiven, symmetrischen und t-transitiven unscharfen Relationen sind die *unscharfen Äquivalenzrelationen*. Sie werden auch (unscharfe) *Ähnlichkeitsrelationen* genannt. Die reflexiven und t-transitiven unscharfen Relationen sind die *unscharfen Präferenzrelationen*; die reflexiven, t-transitiven und t-asymmetrischen unscharfen Relationen sind die *unscharfen Halbordnungsrelationen*.

9.10.5.5 Unscharfe Äquivalenzrelationen

$R \in F(\mathbf{X} \times \mathbf{X})$ ist *unscharfe Äquivalenzrelation* bzw. (unscharfe) *Ähnlichkeitsrelation* in $\mathbf{X}$, falls R reflexiv, symmetrisch und t-transitiv bez. irgendeiner T-Norm $\mathbf{t}$ ist. So wie gewöhnliche Äquivalenzrelationen verallgemeinerte Gleichheiten beschreiben, erfassen unscharfe Äquivalenzrelationen graduierte Ähnlichkeitsbeziehungen.

Ist $\mathbf{t}^*$ eine T-Norm, für die stets $u \mathbf{t}_2 v \leq u \mathbf{t}^* v$ gilt für die T-Norm $u \mathbf{t}_2 v = \max\{0, u + v - 1\}$ und R eine $\mathbf{t}^*$-transitive unscharfe Äquivalenzrelation in $\mathbf{X}$, dann ist die Funktion

$$\varrho(x, y) = 1 - \mathbf{m}_R(x, y), \qquad x, y \in \mathbf{X},$$

eine *Pseudometrik* in $\mathbf{X}$ mit Maximalbetrag 1, d. h. eine verallgemeinerte Abstandsfunktion $\varrho : \mathbf{X}^2 \longrightarrow [0, 1]$ mit den Eigenschaften

$$(M^*1) \qquad \varrho(x, x) = 0 \qquad \text{für} \quad x \in \mathbf{X},$$
$$(M^*2) \qquad \varrho(x, y) = \varrho(y, x) \qquad \text{für} \quad x, y \in \mathbf{X},$$
$$(M^*3) \qquad \varrho(x, y) + \varrho(y, z) \geq \varrho(x, z) \qquad \text{für} \quad x, y, z \in \mathbf{X}.$$

Daher kann man unscharfe Äquivalenzrelationen auch als verallgemeinerte *Ununterscheidbarkeitsrelationen* betrachten.

Hinsichtlich einer unscharfen Äquivalenzrelation R in $\mathbf{X}$ ist für jedes $a \in \mathbf{X}$ die *R-Restklasse* $[a]_R$ diejenige unscharfe Menge über $\mathbf{X}$ mit der Zugehörigkeitsfunktion

$$\mathbf{m}_{[a]_R}(x) = \mathbf{m}_R(a, x) \qquad \text{für} \quad x \in \mathbf{X}.$$

Jede Restklasse $[a]_R$ ist eine normale unscharfe Menge mit $[a]_R(a) = 1$. Verschiedene R-Restklassen brauchen aber nicht disjunkt zu sein: sowohl $[a]_R \cap_{\mathbf{t}} [b]_R \neq \varnothing$ als auch $[a]_R \cap [b]_R \neq \varnothing$ sind bei $[a]_R \neq [b]_R$ möglich. Es gilt aber

$$[a]_R \neq [b]_R \quad \Longleftrightarrow \quad [a]_R \cap_{\mathbf{t}} [b]_R \quad \text{subnormal}$$
$$\Longleftrightarrow \quad [a]_R \cap [b]_R \quad \text{subnormal}.$$

Unscharfe Äquivalenzrelationen $R \in \mathbf{F}(\mathbf{X} \times \mathbf{X})$ beschreiben daher verallgemeinerte Klasseneinteilungen von $\mathbf{X}$ in unscharfe Klassen, die sich (subnormal) überlappen können.

In Anwendungen auf unscharfe Klassifikationsprobleme kann man sowohl vorliegende Daten unscharf klassifizieren, als auch unscharfe Klassenabgrenzungen ausgehend von Prototypen gewinnen.

9.10.6 Unschärfemaße

Die Zugehörigkeitsgrade $\mathbf{m}_A(x)$ bewerten „lokal" die Unschärfe des Zutreffens der durch A beschriebenen Eigenschaft auf x. „Globale" Bewertungen der Unschärfe einer unscharfen Menge werden durch *Unschärfemaße* getroffen. Diese unterscheiden sich prinzipiell danach, (a) welches Mengensystem den Bezugspunkt der Bewertung abgeben soll, (b) welche Mengen als unschärfste angesehen werden sollen und (c) wie die Mengen hinsichtlich ihrer Unschärfe vergleichbar sein sollen.

Unschärfemaße sind reellwertige Mengenfunktionen. Bei ihrer Definition muss üblicherweise zwischen diskreten und kontinuierlichen Grundbereichen für die betrachteten unscharfen Mengen unterschieden werden.

9.10.6.1 Entropiemaße

Entropiemaße F bewerten die Abweichung vom Typ der scharfen Menge, weswegen

$$\mathbf{m}_A : \mathbf{X} \longrightarrow \{0, 1\} \quad \Longrightarrow \quad F(A) = 0$$

gefordert wird. Sie nehmen als unschärfste Mengen diejenigen, bei denen für jedes $x \in \mathbf{X}$ gilt $\mathbf{m}_A(x) = \mathbf{m}_{\overline{A}}(x)$:

$$\mathbf{m}_A : \mathbf{X} \longrightarrow \left\{ \frac{1}{2} \right\} \quad \Longrightarrow \quad F(A) \quad \text{maximal};$$

und sie geben einer *Verschärfung* B von A, d. h. einer unscharfen Menge B, deren Zugehörigkeitswerte stets näher an den Werten der vollen Zugehörigkeit bzw. Nichtzugehörigkeit liegen als bei A, das kleinere Maß:

$$\left.\begin{array}{ll} \mathbf{m}_B(x) \leq \mathbf{m}_A(x) & \text{für} \quad \mathbf{m}_A(x) < \frac{1}{2} \\ \mathbf{m}_B(x) \geq \mathbf{m}_A(x) & \text{für} \quad \mathbf{m}_A(x) > \frac{1}{2} \end{array}\right\} \quad \Longrightarrow \quad F(B) \leq F(A).$$

▶ Beispiele: Entropiemaße sind folgende Mengenfunktionen über $\mathbf{F}(\mathbf{X})$ für diskrete Grundbereiche $\mathbf{X}$:

$$
\begin{aligned}
F_1(A) &= \operatorname{card}(A \cap \overline{A}) \\
&= \frac{1}{2} \sum_{x \in \mathbf{X}} (1 - |2\mathbf{m}_A(x) - 1|), \\
F_2(A) &= \left(\sum_{x \in \mathbf{X}} (2\mathbf{m}_A(x) - 1)^2 \right)^{1/2}, \\
F_3(A) &= \sum_{x \in \mathbf{X}} (\mathbf{m}_A(x) \cdot \ln \mathbf{m}_A(x) - (1 - \mathbf{m}_A(x)) \cdot \ln(1 - \mathbf{m}_A(x))), \\
F_4(A) &= \operatorname{hgt}(A \cap \overline{A}).
\end{aligned}
$$

Will man diese Entropiemaße über kontinuierlichen Grundbereichen $\mathbf{X}$ betrachten, muss Summation $\sum_{x \in \mathbf{X}}$ durch Integration $\int_{\mathbf{X}} .. \, dP$ bez. eines Maßes P auf $\mathbf{X}$ ersetzt werden.

Für Entropiemaße F gilt $F(A) = F(\overline{A})$ für jedes $A \in \mathbf{F}(\mathbf{X})$. Jede Linearkombination von Entropiemaßen über $\mathbf{F}(\mathbf{X})$ ist wieder ein Entropiemaß über $\mathbf{F}(\mathbf{X})$. Für Energiemaße G ist $F(A) = G(A \cap \overline{A})$ ein Entropiemaß.

Eine umfangreiche Klasse von Entropiemaßen erfasst man durch die Ansätze

$$F(A) = g(\sum_{x \in \mathbf{X}} f(\mathbf{m}_A(x)))$$

für diskretes $\mathbf{X}$ bzw. durch

$$F(A) = g(\int_{\mathbf{X}} f(\mathbf{m}_A(x)) \, dP)$$

für kontinuierliches $\mathbf{X}$ und ein Maß P auf $\mathbf{X}$, wenn $g : \mathbf{R}^+ \longrightarrow \mathbf{R}^+$ monoton wachsend ist mit: $g(y) = 0 \iff y = 0$ und $f : [0,1] \longrightarrow \mathbf{R}^+$ mit $f(0) = f(1) = 0$ auf $[0, \frac{1}{2}]$ monoton wachsend und auf $[\frac{1}{2}, 1]$ monoton fallend ist.

9.10.6.2 Energiemaße

Energiemaße G bewerten die Abweichung von der leeren Menge und betrachten $U_{\mathbf{X}}$ als unschärfste Menge:

$$G(\varnothing) = 0, \qquad G(U_{\mathbf{X}}) \quad \text{maximal}.$$

Als Vergleichskriterium wird die Inklusion gewählt:

$$A \subseteqq B \quad \Longrightarrow \quad G(A) \leq G(B).$$

▶ Beispiele:

$$
\begin{aligned}
G_1(A) &= \operatorname{card}(A), \\
G_2(A) &= \operatorname{hgt}(A), \\
G_3(A) &= \int_{\mathbf{X}} f(\mathbf{m}_A(x)) \, dx \qquad \text{für monoton wachsendes} \quad f : [0,1] \longrightarrow \mathbf{R}^+.
\end{aligned}
$$

Energiemaße werden häufig benutzt, um die Annäherung an Einermengen zu bewerten. Jede Linearkombination von Energiemaßen über $F(X)$ ist wieder ein Energiemaß über $F(X)$. Für Entropiemaße F ist $G(A) = F(A \cap U_{0,5})$ ein Energiemaß für die unscharfe Menge $U_{0,5} \in F(X)$ mit $\mathbf{m}_{U_{0,5}}(x) = \frac{1}{2}$ für jedes $x \in X$.

Eine umfangreiche Klasse von Energiemaßen erfasst man durch den Ansatz

$$G(A) = g\left(\sum_{x \in X} f(\mathbf{m}_A(x)) \right) \qquad \text{bzw.} \qquad G(A) = g\left(\int_X f(\mathbf{m}_A(x)) \, dP \right)$$

mit einem Maß P auf X und $f : [0,1] \longrightarrow \mathbf{R}^+$ monoton wachsend mit: $f(y) = 0 \iff y = 0$; für g kann man $g = \mathrm{id}_\mathbf{R}$ wählen oder ebenfalls eine geeignete monoton wachsende Funktion.

9.10.6.3 Unsicherheitsmaße

Unsicherheitsmaße H unterscheiden sich nur dadurch von den Energiemaßen, dass sie die Abweichung vom Typ des scharfen Punktes, d. h. vom Typ der scharfen Einermenge bewerten (statt von $\varnothing$). Sie genügen den Bedingungen

$$H(\text{„Einermenge"}) = 0, \qquad H(U_X) \quad \text{maximal}\,,$$
$$A \subseteq B \implies H(A) \leq H(B)$$

und werden nur auf nichtleere normale Mengen angewendet.

▶ Beispiel: Ein Unsicherheitsmaß, das unscharfe Mengen A mit genau einem „Kernpunkt" a_0 mit $\mathbf{m}_A(a_0) = 1$ qualitativ anders bewertet als solche, deren Kern wenigstens zwei Elemente enthält, ist

$$H(A) = \begin{cases} \mathrm{card}(A) - 1, & \text{falls} \quad A^{\geq 1} \quad \text{Einermenge}\,, \\ \mathrm{card}(A) & \text{sonst}\,. \end{cases}$$

Sowohl Energie- als auch Unsicherheitsmaße werden oft in Entscheidungsmodellen benutzt zum Vergleich unscharfer Mengen von (günstigen) Alternativen.

9.10.7 Wahrscheinlichkeiten unscharfer Ereignisse

Ist auf dem Grundbereich X ein Wahrscheinlichkeitsmaß P gegeben, dann setzt man für beliebige $A \in F(X)$ mit P-messbarer Zugehörigkeitsfunktion oder auch nur für alle unscharfen Mengen A einer passenden σ-Algebra von unscharfen Mengen aus $F(X)$

$$\mathrm{Prob}(A) = \int_X \mathbf{m}_A(x) \, dP\,. \tag{9.38}$$

Man nennt $\mathrm{Prob}(A)$ die Wahrscheinlichkeit des unscharfen Ereignisses A.

Für endliche Grundbereiche X wird (9.38) zu einer gewichteten Summe über die Wahrscheinlichkeiten der Elementarereignisse $x \in X$.

Aus der Additivität des Wahrscheinlichkeitsmaßes P folgt die Beziehung

$$\mathrm{Prob}(A \cup B) = \mathrm{Prob}(A) + \mathrm{Prob}(B) - \mathrm{Prob}(A \cap B)\,, \tag{9.39}$$

die für alle unscharfen Ereignisse A, B gilt; ebenso gilt auch

$$\mathrm{Prob}(A + B) = \mathrm{Prob}(A) + \mathrm{Prob}(B) - \mathrm{Prob}(A \cdot B)\,.$$

Die Unabhängigkeit unscharfer Ereignisse wird erklärt mittels Rückgriff auf die interaktive Durchschnittsbildung $A \cdot B$ durch

$$A, B \quad \text{unabhängig} \quad \Longleftrightarrow \quad \text{Prob}(A \cdot B) \; = \; \text{Prob}(A) \cdot \text{Prob}(B).$$

Bedingte Wahrscheinlichkeiten werden entsprechend definiert durch die Beziehung

$$\text{Prob}(A|B) \; = \; \frac{\text{Prob}(A \cdot B)}{\text{Prob}(B)} \quad \text{für} \quad \text{Prob}(B) > 0.$$

9.10.8 Unscharfe Maße

Ein Element $a \in \mathbf{X}$ eines Grundbereiches $\mathbf{X}$ ist bestimmt durch die Gesamtheit aller (gewöhnlichen) Teilmengen $M \in \mathbf{P}(\mathbf{X})$ mit $a \in M$. Ist ein $a \in \mathbf{X}$ nur unscharf bestimmt, so kann eine *unscharfe Beschreibung* Q von a dadurch erfolgen, dass jedem $M \in \mathbf{P}(\mathbf{X})$ ein Grad $Q(M)$ zugeordnet wird, zu dem M das Element a „erfasst". Ebenso kann man für eine scharfe Teilmenge $K \in \mathbf{P}(\mathbf{X})$ eine unscharfe Beschreibung Q angeben. Diese unscharfen Beschreibungen leisten die unscharfen Maße.

Defintion 6:   *Ein* unscharfes Maß Q auf $\mathbf{X}$ ist eine Funktion $Q : \mathbf{P}(\mathbf{X}) \longrightarrow [0,1]$ mit den Eigenschaften

$$\begin{aligned}
Q(\varnothing) &= 0, \qquad Q(\mathbf{X}) = 1, \\
A \subseteq B \quad &\Longrightarrow \quad Q(A) \leq Q(B),
\end{aligned}$$

die für unendliche Grundbereiche $\mathbf{X}$ *zusätzlich die Stetigkeitsbedingung*

$$\lim_{i \to \infty} Q(A_i) \; = \; Q(\lim_{i \to \infty} A_i) \tag{9.40}$$

erfüllt für jede monotone Mengenfolge $A_1 \subseteq A_2 \subseteq \ldots$ *bzw.* $A_1 \supseteq A_2 \supseteq \ldots$ *aus* $\mathbf{P}(\mathbf{X})$.

9.10.8.1 λ-unscharfe Maße

Die Additivitätseigenschaft (9.39) für Wahrscheinlichkeiten verallgemeinernd bezeichnet man als λ-unscharfes Maß Q_λ jede Mengenfunktion auf $\mathbf{P}(\mathbf{X})$, für die $Q_\lambda(\mathbf{X}) = 1$ gilt und stets

$$Q_\lambda(A \cup B) \; = \; Q_\lambda(A) + Q_\lambda(B) + \lambda \cdot Q_\lambda(A) \cdot Q_\lambda(B) \quad \text{bei} \quad A \cap B = \varnothing.$$

λ-unscharfe Maße mit $\lambda > -1$ sind unscharfe Maße. Für $\lambda = 0$ ist Q_λ eine Wahrscheinlichkeitsfunktion.

Für λ-unscharfe Maße Q_λ bestehen die Beziehungen

$$\begin{aligned}
Q_\lambda(\overline{A}) &= \frac{1 - Q_\lambda(A)}{1 + \lambda \cdot Q_\lambda(A)}, \\
Q_\lambda(A \cup B) &= \frac{Q_\lambda(A) + Q_\lambda(B) - Q_\lambda(A \cap B) + \lambda \cdot Q_\lambda(A) \cdot Q_\lambda(B)}{1 + \lambda \cdot Q_\lambda(A \cap B)}
\end{aligned}$$

und für paarweise disjunkte Mengen $E_1, E_2, \ldots$ gilt auch

$$Q_\lambda \Big(\bigcup_{i=1}^{\infty} E_i \Big) \; = \; -\tfrac{1}{\lambda} \Big(1 - \prod_{i=1}^{\infty} (1 + \lambda \cdot Q_\lambda(E_i)) \Big). \tag{9.41}$$

Für $X = R$ können die unscharfen Maße Q_λ über Hilfsfunktionen h definiert werden, für die gelten

(1) $x \leq y \implies h(x) \leq h(y)$ für alle $x, y \in R$,

(2) $\lim_{x \to -\infty} h(x) = 0$ und $\lim_{x \to +\infty} h(x) = 1$.

Für abgeschlossene Intervalle $[a, b] \subseteq R$ definiere man

$$g_\lambda([a, b]) = \frac{h(b) - h(a)}{1 + \lambda \cdot h(a)}$$

und setze g_λ mittels (9.40) und (9.41) auf beliebige $A \subseteq R$ fort.

So wie unscharfe Maße die Wahrscheinlichkeitsmaße verallgemeinern, so verallgemeinern diese g_λ erzeugenden Funktionen die Verteilungsfunktionen der gewöhnlichen Wahrscheinlichkeitsrechnung.

9.10.8.2 Glaubwürdigkeits- und Plausibilitätsmaße

Der Grundbereich X sei endlich, und durch eine Funktion $p : P(X) \longrightarrow [0, 1]$ mit $p(\emptyset) = 0$ werde auf Teilmengen von X das Gesamtgewicht 1 verteilt:

$$\sum_{B \in P(X)} p(B) = 1.$$

Diese *grundlegende Wahrscheinlichkeitszuweisung p* legt die durch $p(A) > 0$ charakterisierten *Herdmengen* $A \in P(X)$ fest und bildet zusammen mit diesen Herdmengen eine *Evidenzgesamtheit*.

Der Wert $p(A)$ wird als relatives Vertrauensniveau in das „Ereignis" A gedeutet, etwa dass der Wert einer Variablen in A liegt. Dann bedeutet $p(X)$ den Anteil des Vertrauens, der „totaler Unkenntnis" geschuldet ist. Von grundlegenden Wahrscheinlichkeitszuweisungen $p : P(X) \longrightarrow [0, 1]$ ausgehend werden über $P(X)$ das *Glaubwürdigkeitsmaß Cr* durch

$$Cr(A) = \sum_{B \subseteq A} p(B)$$

und das *Plausibilitätsmaß Pl* durch

$$Pl(A) = 1 - Cr(\overline{A}) = \sum_{B \cap A \neq \emptyset} p(B)$$

definiert. Sowohl Cr als auch Pl sind unscharfe Maße.

Der Wert $Cr(A)$ stellt das Evidenzgewicht (den Vertrauensgrad) dar, das sich auf A konzentriert, d. h. auf die Ereignisse konzentriert, die A nach sich ziehen; der Wert $Pl(A)$ stellt das Evidenzgewicht dar, das sich auf $\overline{A}$ konzentriert, d. h. auf die Ereignisse konzentriert, die A ermöglichen. Sind die Werte $p(B)$ grundlegende Aussagen zur unscharfen Beschreibung eines $a \in X$, dann ist $Cr(\overline{A})$ der Grad des Zweifels an der Zugehörigkeit von a zu A und $Pl(A)$ der Grad, zu dem die Zugehörigkeit von a zu A für plausibel gehalten wird.

Es gelten $Cr(\emptyset) = 0, Cr(X) = 1$ und stets

$$Pl(A) \geq Cr(A),$$
$$Cr(A \cup B) \geq Cr(A) + Cr(B) - Cr(A \cap B),$$
$$Cr(A) + Cr(\overline{A}) \leq 1.$$

Sind die Herdmengen Einermengen, dann ist die grundlegende Wahrscheinlichkeitszuweisung eine gewöhnliche Wahrscheinlichkeitsverteilung und $Cr = Pl$ ein Wahrscheinlichkeitsmaß.

Literatur zu Kapitel 9

[Ausiello et al. 1999] Ausiello, G.; Crescenzi, P.; Gambosi, G.; Kann, V.; Marchetti-Spaccamela, A.; Protasi, M.: Complexity and Approximation. Combinatorial Optimization Problems and their Approximability Properties, Springer, Berlin (1999)

[Adleman et al. 1977] Adleman, L.; Manders, K.; Miller, G.: On taking roots in finite fields. In: *18th Annual Symposium on Foundations of Computer Science (Providence, R.I., 1977)*. IEEE Comput. Sci., Long Beach, Calif., 175–178 (1977)

[Adleman 1994] Adleman, L. M.: Molecular Computation of Solutions to Combinatorial Problems, Science **266**, 1021–1024 (1994)

[Agrawal et al. 2004] Agrawal, M.; Kayal, N.; Saxena, N.: Primes is in P. Ann. of Math. (2) **160**, 781–793 (2004)

[Aho et al. 1975] Aho, A. V.; Hopcroft, J. E.; Ullman, J. D.: The design and analysis of computer algorithms, Addison-Wesley Publishing Co., Reading, Mass., London-Amsterdam (1975)

[Akl 1997] Akl, S. G.: Parallel computation: models and methods, Prentice-Hall, Inc., Upper Saddle River, NJ, USA (1997)

[Alefeld und Herzberger 1974] Alefeld, G.; Herzberger, J.: Einführung in die Intervallrechnung, B. I.-Wissenschaftsverlag, Mannheim (1974)

[Balcázar et al. 1988] Balcázar, J.; Díaz, J.; Gabarró, J.: Structural Complexity I, Springer (1988)

[Balcázar et al. 1990] Balcázar, J.; Díaz, J.; Gabarró, J.: Structural Complexity II, Springer (1990)

[Bandemer und Gottwald 1993] Bandemer, H.; Gottwald, S.: Einführung in FUZZY-Methoden. 4. Aufl., Akademie-Verlag, Berlin (1993)

[Bauch et al. 1987] Bauch, H. et al.: Intervallmathematik. Theorie und Anwendungen, Teubner, Leipzig (1987)

[Beutelspacher 2002] Beutelspacher, A.: Kryptologie. 6. Aufl., Friedr. Vieweg & Sohn, Braunschweig (2002)

[Beutelspacher 2005] Beutelspacher, A.: Geheimsprachen, Geschichte und Techniken, 4. Aufl., C.H.Beck, München (2005)

[Biewer 1997] Biewer, B.: Fuzzy-Methoden, Springer, Berlin (1997)

[Bock 1958] Bock, F.: An algorithm for solving "traveling-salesman" and related network optimization problems: abstract. Bulletin 14th National Meeting of the Operations Research Society of America, 897 (1958)

[Bocklisch 1987] Bocklisch, S.: Prozeßanalyse mit unscharfen Verfahren, Akademie-Verlag, Berlin (1987)

[Borgelt et al. 2003] Borgelt, C.; Klawonn, F.; Kruse, R.; Nauck, D.: Neuro-Fuzzy-Systeme, Vieweg, Wiesbaden (2003)

[Bovet und Crescenzi 1994] Bovet, D. P.; Crescenzi, P.: Introduction to the Theory of Complexity, Prentice-Hall (1994)

[Černý 1985] Černý, V.: A thermodynamical approach to the traveling salesman problem: An efficient simulation algorithm, Journal of Optimization Theory and Applications **45**, 41–55 (1985)

[Church 1936] Church, A.: An undecidable problem in elementary number theory, American Journal of Mathematics **58**, 345–363 (1936)

[Cormen et al. 2010] Cormen, T. H.; Leiserson, C. E.; Rivest, R. L.; Stein, C.: Algorithmen – Eine Einführung, 3. Aufl., Oldenbourg Wissenschaftsverlag, München (2010)

[Cook 71] Cook, S.: The complexity of theorem-proving procedures. In: *Proceedings of 3rd ACM STOC*. ACM, 151–157 (1971)

[Croes 1958] Croes, G.: A method for solving traveling salesman problem. Operations Research **6**, 791–812 (1958)

[Diffie und Hellman 1976] Diffie, W.; Hellman, M.: New directions in Cryptography. IEEE Transitions Inform. Theory **26**, 644–654 (1976)

[Dietzfelbinger 2004] Dietzfelbinger, M.: Primality testing in polynomial time, from randomized algorithms to "Primes is in P", Bd. 3000 von *Lecture Notes in Computer Science*, Springer, Berlin (2004)

[Delfs und Knebl 2002] Delfs, H.; Knebl, H.: Introduction to Cryptography, Springer (2002)

[Dubois und Prade] Dubois, D.; Prade, H: Fuzzy Sets and Systems, Academic Press, New York (1980)

[Feynman 1961] Feynman, R. P.: There's plenty of room at the bottom, Miniaturization, 282–296 (1961)

[Freivalds 1977] Freivalds, R.: Probabilistic machines can use less running time. In: *Information processing 77 (Proc. IFIP Congr., Toronto, Ont., 1977)*, IFIP Congr. Ser., Vol. 7, 839–842, Amsterdam: North-Holland (1977)

[Garey und Johnson 1979] Garey, M.; Johnson, D.: Computers and Intractability, Freeman (1979)

[Goldwasser et al. 1985] Goldwasser, S.; Micali, S.; Rackoff, C.: Knowledge complexity of interactive proofs, In: *Proc. 17th ACM Symp. on Theory of Computation*. ACM, 291–304 (1985)

[Gödel 1931] Gödel, K.: Über formal unentscheidbare Sätze der Principia Mathematica und verwandter Systeme. Monatshefte für Mathematik und Physik **38** 173–198 (1931)

[Gottwald 1993] Gottwald, S.: Fuzzy Sets and Fuzzy Logic, Vieweg, Braunschweig/Wiesbaden (1993)

[Graham 1966] Graham, R.: Bounds for certain multiprocessor anomalies. Bell System Technical Journal **45**, 1563–1581 (1966)

[Grauel 1995] Grauel, A.: Fuzzy-Logik. Einführung in die Grundlagen mit Anwendungen, BI Wissenschaftsverlag, Mannheim (1995)

[Harel 2009] Harel, D.: Algorithmik – Die Kunst des Rechnens, Springer, Berlin Heidelberg (2009)

[Hartmanis und Stearns 1965] Hartmanis, J.; Stearns, R.: On the computational complexity of algorithms, Transactions of ASM **117**, 285–306 (1965)

[Hartmanis et al. 1965] Hartmanis, J.; Stearns, R.; Lewis, P.: Hierarchies of memory limited computations, In: *Proceedings of 6th IEEE Symp. on Switching Circuit Theory and Logical Design*, 179–190 (1965)

[Hirvensalo 2001] Hirvensalo, M.: Quantum computing, Springer, New York, Inc. (2001)

[Hochbaum 1997] Hochbaum, D.: Approximation Algorithms for NP-hard Problems, PWS Publishing Company, Boston (1997)

[Hromkovič et al. 2005] Hromkovič, J.; Klasing, R.; Pelc, A.; Ružička, P.; Unger, W.: Dissemination of information in communication networks, Texts in Theoretical Computer Science. An EATCS Series. Springer, Berlin (2005)

[Hromkovič 2004, 1] Hromkovič, J.: Algorithmics for Hard Problems. Introduction to Combinatorial Optimization, Randomization, Approximation and Heuristics, Springer (2004)

[Hromkovič 2004, 2] Hromkovič, J.: Randomisierte Algorithmen. Methoden zum Entwurf von zufallsgesteuerten Systemen für Einsteiger, B. G. Teubner, Wiesbaden (2004)

[Hromkovič 2005] Hromkovič, J.: Design and analysis of randomized algorithms. Texts in Theoretical Computer Science. An EATCS Series, Springer, Berlin (2005)

[Hromkovič 2006] Hromkovič, J.: Sieben Wunder der Informatik, Teubner Verlag, Wiesbaden (2006)

[Hromkovič 2007] Hromkovič, J.: Theoretische Informatik, Teubner Verlag, Wiesbaden (2007)

[Hopcroft und Ullman 1979] Hopcroft, J.; Ullman, J.: Introduction to Automata Theory, Languages, and Computation, Addison-Wesley, Readings (1979)

[JáJá 1992] JáJá, J.: An Introduction to Parallel Algorithms, Addison-Wesley (1992)

[Karp 1972] Karp, R.: Reducibility among combinatorial problems, In: R. Miller (Hrsg.), *Complexity of Computer Computation*, Plenum Press, 85–104 (1972)

[Karp 1991] Karp, R.: An introduction to randomized algorithms. Discrete Applied Mathematics **34**, 165–201 (1991)

[Kaufmann und Gupta 1991] Kaufmann, A.; Gupta, M. M.: Introduction to Fuzzy Arithmetik, Van Nostrand Reinhold, New York (1991)

[Kirkpatrick et al. 1983] Kirkpatrick, S.; Gellat, P.; Vecchi, M.: Optimization by simulated annealing, Science **220**, 671–680 (1983)

[Kruse et al. 1995] Kruse, R.; Gebhardt, J.; Klawonn, F.: Fuzzy-Systeme, Teubner, Stuttgart (1995)

[Kruse und Meyer 1987] *Kruse, R.; Meyer, K. D.:* Statistics with Vague Data, Reidel, Dordrecht (1987)

[Leighton 1992] Leighton, F.: Introduction to Parallel Algorithms and Architectures: Arrays, Trees, Hypercubes, Morgan Kaufmann Publ. Inc. (1992)

[Lewis und Papadimitriou 1978] Lewis, H. R.; Papadimitriou, C.: The efficiency of algorithms, Scientific American **238**, 1 (1978)

[Lenstra und Pomerance 2005] Lenstra, M. W. J.; Pomerance, C.: Primality testing with Gaussian periods, Unveröffentlichtes Manuskript

[Manna 1974] Manna, Z.: Mathematical theory of computation, McGraw-Hill Computer Science Series, McGraw-Hill Book Co., New York (1974)

[Manna 2003] Manna, Z.: Mathematical theory of computation, Dover Publications Inc., Mineola (2003) Reprint of the 1974 original [McGraw-Hill, New York; MR0400771]

[Miller 1976] Miller, G. L.: Riemann's hypothesis and tests for primality, J. Comput. System Sci. **13**, 300–317 (1976)

[Manna und Pnueli 1995] Manna, Z.; Pnueli, A.: Temporal verification of reactive systems: safety, Springer New York, Inc., New York (1995)

[Mayr et al. 1998] Mayr, E. W.; Prömel, H. J.; Steger, A. (Hrsg.): Lectures on proof verification and approximation algorithms, Bd. 1367 von *Lecture Notes in Computer Science*, Springer, Berlin (1998)

[Motwani und Raghavan 1995] Motwani, R.; Raghavan, P.: Randomized Algorithms, Cambridge University Press (1995)

[Metropolis et al. 1953] Metropolis, N.; Rosenbluth, A.; Rosenbluth, M.; Teller, A.; Teller, E.: Equation of state calculation by fast computing machines, Journal of Chemical Physics **21**, 1087–1091 (1953)

[Nielsen und Chuang 2000] Nielsen, M. A.; Chuang, I. L.: Quantum computation and quantum information, Cambridge University Press, Cambridge (2000)

[Paun et al. 1998] Paun, G.; Rozenberg, G.; Salomaa, A.: DNA computing: New computing paradigms, Texts in Theoretical Computer Science. An EATCS Series, Springer, Berlin (1998)

[Papadimitriou 1994] Papadimitriou, Ch.: Computational Complexity, Addison-Wesley (1994)

[Papadimitriou und Steiglitz 1982] Papadimitriou, Ch.; Steiglitz, K.: Combinatorial Optimization: Algorithms and Complexity, Prentice-Hall (1982)

[Rabin 1976] Rabin, M. O.: Probabilistic algorithms, In: *Algorithms and complexity Proc. Sympos., Carnegie-Mellon Univ., Pittsburgh, Pa., 1976.* Academic Press, New York, 21–39 (1976)

[Rabin 1980] Rabin, M. O.: Probabilistic algorithm for testing primality, J. Number Theory **12**, 128–138 (1980)

[Reischuk 1990] Reischuk, R.: Einführung in die Komplexitätstheorie, B. G. Teubner, Wiesbaden (1990)

[Rice 1953] Rice, H. G.: Classes of recursively enumerable sets and their decision problems, Trans. Amer. Math. Soc. **74**, 358–366 (1953)

[Rommelfanger 1994] Rommelfanger, H.: Entscheiden bei Unschärfe: Fuzzy Decision Support-Systeme, Springer, Berlin (1994)

[Rozenberg und Salomaa 1094] Rozenberg, G.; Salomaa, A.: Cornerstones of Undecidability, Prentice Hall, New York, London, Toronto, Sydney, Tokyo, Singapore (1994)

[Rivest et al. 1978] Rivest, R.; Shamir, A.; Adleman, L.: A method for obtaining digital signatures and public-key cryptosystems, Comm. Assoc. Comput. Mach. **21**, 120–12 (1978)

[Salomaa 1996] Salomaa, A.: Public-Key Cryptographie, Springer (1996)

[Stockmeyer und Chandra 1979] Stockmeyer, L. J.; Chandra, A. K.: Intrinsically difficult problems, Scientific American **240**, 5 (1979)

[Shor 1994] Shor, P. W.: Algorithms for quantum computation: discrete logarithms and factoring. In: *35th Annual Symposium on Foundations of Computer Science (Santa Fe, NM, 1994)*, IEEE Comput. Soc. Press, Los Alamitos 124–134 (1994)

[Sipser 997] Sipser, M.: Introduction to the Theory of Computation, PWS Publ. Comp. (1997)

[Solovay und Strassen 1977] Solovay, R.; Strassen, V.: A fast Monte-Carlo test for primality, SIAM J. Comput. **6**, 84–85 (1977)

[Trakhtenbrot 1963] Trakhtenbrot, B.: Algorithms and Automatic Computing Machines, D.C. Heath & Co., Boston (1963)

[Turing 1936] Turing, A.: On computable numbers with an application to the Entscheidungsproblem, In: *Proceedings of London Mathematical Society*, Bd. 42 von *2.*, 230–265 (1936)

[Turunen 1999] Turunen, E.: Mathematics behind Fuzzy Logic. Physica, Heidelberg (1999)

[Vazirani 2001] Vazirani, V.: Approximation Algorithms. Springer (2001)

[Zimmermann 2001] Zimmermann, H.-J.: Fuzzy Set Theory and Its Applications, Kluwer, Boston (2001)

[Zimmermann 1987] Zimmermann, H.-J.: Fuzzy Sets, Decision Making and Expert Systems, Reidel, Dordrecht (1987)

Zeittafel zur Geschichte der Mathematik

Mathematik der Antike

Thales von Milet (624–547 v. Chr.)
Pythagoras (580–500 v. Chr.)
Sokrates (469–399 v. Chr.)
Demokritos (460–371 v. Chr.)
Platon (428–348 v. Chr.)
Aristoteles (384–322 v. Chr.)
Euklid (365–300 v. Chr.)
Archimedes (287–212 v. Chr.)
Ptolemaios (85–169 n. Chr.)
Diophantos (um 250 n. Chr.)

Mathematik des Mittelalters

Al-Kwarizmi (um 800)
Saraf ad-Din at-Tusi (1125–1213)
Fibonacci (1180–1227).

Mathematik der Renaissance   Die Renaissance (Wiedergeburt) geht im 15. Jahrhundert von Florenz aus. In der Malerei und bildenden Kunst entstehen die Meisterwerke von Leonardo da Vinci (1452–1519), Michelangelo Bounarroti (1475-1564) und Raffaelo Santi (1483–1520).

Regiomontamus (1436–1476)
Copernicus (1473–1543)
Adam Ries (1492–1559)
Stifel (1497–1567)
Cardano (1501–1576)
Bombielli (1526–1572)
Vieta (1550–1603)

Mathematik in der Zeit des Rationalismus   Die europäische Geistesgeschichte wird von zwei unterschiedlichen Philosophien geprägt, die wesentlich auf Francis Bacon (Dominanz des Experiments und der Erfahrung) und René Descartes (Dominanz des Denkens und der Ideen) zurückgehen.

Tycho Brahe (1546–1601)
Neper (1550–1617)
Bacon (1561–1626)
Galilei (1564–1642)
Kepler (1571–1630)
Descartes (1596–1650)
Fermat (1601–1665)
Pascal (1623–1662)
Huygens (1629–1695)

Mathematik des Aufklärungszeitalters   Der Hauptvertreter der Aufklärung ist der französische Philosoph Voltaire (1694–1778).

Newton (1643–1727)
Leibniz (1646–1716)
Jakob Bernoulli (1654–1705)
Johann Bernoulli (1667–1748)
Taylor (1685–1731)
Daniel Bernoulli (1700–1782)
Euler (1707–1783)
Lagrange (1736–1813)
Laplace (1749–1827)
Monge (1746–1818)
Legendre (1752–1832)

Mathematik des 19. Jahrhunderts   Die Mathematik des 19. Jahrhunderts, die durch Gauß, Cauchy, Riemann, Lie, Klein und Poincaré wesentlich geprägt wurde, veränderte vollständig das Gesicht der Mathematik (vgl. [Klein 1925]). Im 19. Jahrhundert wurden die Begriffe „Mannigfaltigkeit, Krümmung, nichtkommutative Algebra und Symmetriegruppe" klar von den Mathematikern herausgearbeitet. Diese Begriffe spielen eine zentrale Rolle in Einsteins allgemeiner Relativitätstheorie und in der Quantenphysik des 20. Jahrhunderts.

Fourier (1768–1830)
Gauß (1777–1855)
Bolzano (1781–1848)
Poisson (1781–1840)
Poncelet (1788–1967)
Cauchy (1789–1855)
Möbius (1790–1868)
Lobatschewski (1792–1856)

Abel (1802–1829)
Bólyai (1802–1860)
Jacobi (1804–1851)
Dirichlet (1805–1895)
Hamilton (1805–1865)
Grassmann (1809–1877)
Liouville (1809– 1882)
Kummer (1810–1893)
Galois (1811-1832)
Sylvester (1814–1897)
Boole (1815–1869)
Weierstraß (1815–1897)
Cayley (1821–1895)
Hermite (1822–1901)
Tschebyschew (1821–1894)
Kronecker (1823–1891)

Riemann (1826–1866)
Dedekind (1831–1916)
Maxwell (1831–1879)
Beltrami (1835–1900)

Jordan (1838–1922)
Darboux (1842–1917)
Lie (1842–1899)
Boltzmann (1844–1906)
Max Noether (1844–1921)
Cantor (1845–1918)
Clifford (1845–1879)
Schur (1845–1945)
Picard (1846–1941)
Frobenius (1849–1917)
Klein (1849–1925)

Ricci-Curbastro (1853–1925)
Poincaré (1854–1912)
Bianchi (1856–1928)
Ljapunow (1857–1918)
Hurwitz (1859–1959)
Hilbert (1862–1943)
Hausdorff (1868–1942)
Minkowski (1864–1909)
Élie Cartan(1869–1951)

Hurwitz und Minkowski waren die akademischen Lehrer des jungen Einstein (1879–1955) an der ETH Zürich.

Mathematik des 20. Jahrhunderts Im 20. Jahrhundert findet eine Explosion des mathematischen Wissens statt, wie in keinem anderen Jahrhundert zuvor.

1. Einerseits werden die Erkenntnisse des 19. Jahrhunderts wesentlich vertieft. Das betrifft: Algebra, algebraische Geometrie, Zahlentheorie, Logik, Differenzialgeometrie, Liegruppen und Liealgebren, komplexe Analysis, Theorie der dynamischen Systeme und der partiellen Differenzialgleichungen, Variationsrechnung, harmonische Analysis, Wahrscheinlichkeitsrechnung und mathematische Statistik.

2. Andererseits entstehen völlig neue Gebiete der Mathematik:

   – algebraische Topologie, Differenzialtopologie, homologische Algebra, de Rham-Kohomologie, Kohomologie von Liealgebren, Garbenkohomologie, Theorie der Faserbündel, algebraische und topologische K-Theorie, Quantengruppen und Deformationstheorie für mathematische Strukturen, Hodgetheorie, Theorie der Motive (allgemeine Kohomologietheorie)

   – Maß- und Integrationstheorie, lineare und nichtlineare Funktionalanalysis, Operatoralgebren, nichtkommutative Geometrie,

   – dynamische Optimierung und optimale Steuerung; lineare, konvexe, ganzzahlige Optimierung, Spieltheorie,

   – Wahrscheinlichkeitstheorie (basierend auf der Maßtheorie), stochastische Prozesse und stochastische Integrale, Informationstheorie, Ergodentheorie, Chaostheorie, Bedienungstheorie,

   – Wissenschaftliches Rechnen zur Lösung partieller Differentialgleichungen in Technik und Naturwissenschaften (finite Elemente, Mehrgitterverfahren, Wellenelemente (wavelets), hierarchische Matrizen und Tensorverfahren, Verfahren zur Entschlüsselung der DNA),

- mathematische Biologie, mathematische Physik,

- Wirtschaftsmathematik (mathematische Ökonomie), Finanzmathematik, Versicherungs-mathematik,

- Algorithmik, Informatik und Komplexitätstheorie, Beweistheorie, Computeralgebra, Theorie der biologischen Computer und der Quantencomputer.

3. Um schwierige Probleme zu lösen, werden immer abstraktere Hilfsmittel entwickelt (z. B. die von Alexandre Grothendieck (geb. 1928) geschaffene Theorie der Schemata, die die algebraische Geometrie und die Zahlentheorie unter einem Dach vereint).

4. Die wesentlichen mathematischen Strukturen werden axiomatisch herausgefiltert (z. B. to-pologische Räume, metrische Räume, Mannigfaltigkeiten, Faserbündel, Hilberträume, Ba-nachräume, Gruppen, Ringe, Körper, von Neumann-Algebren, C^*-Algebren, Wahrscheinlich-keitsräume). In diesem Zusammenhang wird um 1950 eine neue Theorie der mathematischen Strukturen geschaffen, die man Kategorientheorie nennt und inzwischen auch von Physikern angewandt wird, um Einsteins allgemeines Relativitätsprinzip auf die Quantengravitation zu übertragen.

Die Hilbertschen Probleme: Auf dem zweiten Weltkongress der Mathematiker in Paris im Jahre 1900 formulierte David Hilbert **dreiundzwanzig**, außerordentlich schwierige mathemati-sche Probleme. Die meisten dieser Probleme konnten im 20. Jahrhundert gelöst werden. Das findet man in den folgenden beiden Büchern:

Yandell, B., The Honors Class: Hilbert's Problems and Their Solvers, Peters Ltd, Natick, Massachusetts (2001).

Odifreddi, P., The Mathematical Century: The 30 Greatest Problems of the Last 100 Years, Princeton University Press, Princeton, New Jersey (2004).

Im Jahre 1994 konnte Andrew Wiles (geb. 1953) die Richtigkeit der **Fermatschen Vermutung** beweisen. Dieses Problem bestand seit über 350 Jahren (vgl. Kapitel 2). Hierzu empfehlen wir das folgende Buch:

Singh, S., Fermats letzter Satz: die abenteuerliche Geschichte eines mathematischen Rätsels. Carl Hanser Verlag, München (1997).

Die Millenniumsprobleme: Im Jahre 2000 fand in Paris zur Erinnerung an Hilberts berühmten Vortrag im Jahre 1900 eine Feier im Amphitheater der Französischen Akademie statt. Dort formulierte das Clay Institute (Cambridge, Massachusetts, USA) sieben Milleniumsprobleme, die folgende Gebiete betreffen:

- algebraische Geometrie (Hodge-Vermutung),

- mathematische Physik (Turbulenz und Quantenfeldtheorie),

- theoretische Informatik (Hauptproblem der Komplexitätstheorie),

- Topologie (Poincaré-Vermutung) und

- Zahlentheorie (Riemannsche Vermutung und Birch–Swinnerton Vermutung).

Diese Probleme werden ausführlich in dem folgenden Buch erläutert:

Devlin, E., The Millennium Problems: The Seven Greatest Unsolved Mathematical Puzzles of Our Time, Basic Books, Perseus, New York (2002).

Für die Lösung jedes dieser Probleme ist ein Preisgeld von einer Million Dollar ausgesetzt.

Die Poincaré-Vermutung und die Ricci-Strömung auf Mannigfaltigkeiten: Eines der Mille-niumsprobleme konnte inzwischen gelöst werden. Der russische Mathematiker Grigori Jakowle-witsch **Perelman** (geb. 1966) bewies in genialer Weise die Poincaré-Vermutung. Diese betrifft die

Charakterisierung der **dreidimensionalen Sphäre** durch topologische Invarianten.[65] Interessant ist, dass Perelman eine physikalisch motivierte Idee benutzte. Auf der Erdoberfläche gibt es eine Wasserströmung der Weltmeere, die durch ein Geschwindigkeitsvektorfeld beschrieben werden kann. Analog ist es möglich, Geschwindigkeitsvektorfelder (Tangentenvektorfelder) auf allgemeinen Mannigfaltigkeiten zu benutzen, um Strömungen auf Mannigfaltigkeiten zu konstruieren. Perelman verwendet die sogenannte **Ricci-Strömung**, um eine vorgegebene dreidimensionale Mannigfaltigkeit mit geeigneten, einfachen topologischen Invarianten in eine dreidimensionale Sphäre stetig zu deformieren. Die entscheidende technische Schwierigkeit besteht darin, dass die Strömung im Laufe der Zeit Singularitäten entwickeln kann, so dass die Strömung zusammenbricht. Diese kritische Situation konnte Perelman durch feinsinnige Überlegungen ausschließen. Wir empfehlen das folgende Buch:

O'Shea, D., Poincarés Vermutung: Die Geschichte eines mathematischen Abenteuers. Fischer, Frankfurt/Main (2007).

Das Erbe von Riemann: Um das qualitative Verhalten komplexwertiger analytischer Funktionen und ihrer Integrale zu verstehen, führte Riemann den Begriff der **Riemannschen Fläche** ein, die eine zweidimensionale Mannigfaltigkeit darstellt. Damit ergab sich das **Programm**, die **Struktur von Mannigfaltigkeiten** zu untersuchen. Ende des 19. Jahrhunderts bewies Poincaré, dass auf einer zweidimensionalen Sphäre (z. B. auf der Erdoberfläche) jedes stetige Geschwindigkeitsfeld mindestens einen Staupunkt besitzt, in dem die Geschwindigkeit verschwindet. Das ist der Prototyp für tiefliegende **Zusammenhänge** zwischen

- der **Topologie** einer Mannigfaltigkeit (gegeben zum Beispiel durch die Eulercharakteristik einer Sphäre) und

- den auf der Mannigfaltigkeit existierenden **analytischen Objekten** (z. B. Geschwindigkeitsfelder oder allgemeinere physikalische Felder, Differentialformen, Integrale).

Diese faszinierende **Entwicklungslinie der Mathematik** begann Mitte des 19. Jahrhunderts mit dem Satz von Riemann–Roch über Riemannsche Flächen. Im Jahre 1953 gelang Friedrich Hirzebruch (geb. 1927) ein Durchbruch, der die algebraische Geometrie und die Topologie der Mannigfaltigkeiten in der zweiten Hälfte des 20. Jahrhunderts revolutionierte und fundamentale Neuentwicklungen der Mathematik veranlasste. Hirzebruch verallgemeinerte den Satz von Riemann–Roch auf komplexe Vektorbündel über komplexen komplexen n-dimensionalen Mannigfaltigkeiten. Das ist der **Satz von Riemann–Roch–Hirzebruch**. Dafür erhielt Friedrich Hirzebruch den Wolfpreis im Jahre 1988 (vgl. [Chern und Hirzebruch 2001]). Diese Entwicklungslinie gipfelte in dem **Atiyah–Singer-Indextheorem**, das im Jahre 1963 von Michael Atiyah (geb. 1929) und Isadore Singer (geb. 1924) bewiesen wurde. Dabei wurde gezeigt,

- dass die Struktur der **Lösungsmengen von elliptischen Differentialgleichungen** (z. B. die stationäre Wärmeleitungsgleichung) auf einer kompakten Mannigfaltigkeit (z. B. einer Sphäre)

- von der **Topologie** der Mannigfaltigkeit abhängt (vgl. Kapitel 19 im Handbuch).

Diese Abhängigkeit kann explizit mit Hilfe topologischer Invarianten beschrieben werden. Das ist ein tiefer Zusammenhang zwischen **Analysis und Topologie**. Sir Michael Atiyah erhielt 1966 die Fieldmedaille, und im Jahre 2003 wurde ihm zusammen mit Isadore Singer der Abelpreis verliehen. Die seit 1936 aller vier Jahre verliehene Fieldmedaille (für Mathematiker unter 40 Jahren) und der im Jahre 2004 ins Leben gerufene Abelpreis für Mathematik sind mit dem Nobelpreis vergleichbar.

---

[65]Die Erdoberfläche ist eine schwach deformierte zweidimensionale Sphäre.

Literatur zur Geschichte der Mathematik

Wußing, H.: 6000 Jahre Mathematik: Eine kulturgeschichtliche Zeitreise. Bd. 1, 2. Springer, Heidelberg (2008)

Scriba, C. und Schreiber, P.: 5000 Jahre Geometrie: Geschichte, Kulturen, Menschen. 2. Auflage. Springer, Heidelberg (2005)

Alten, W. et al.: 4000 Jahre Algebra: Geschichte, Kulturen, Menschen. Springer, Heidelberg (2003)

Sonar, T.: 3000 Jahre Analysis: Geschichte, Kulturen, Menschen. Springer, Heidelberg (2011)

Atiyah, M. und Iagolnitzer, D.: Fields Medalists' Lectures. World Scientific, Singapore (2003)

Chern, S. und Hirzebruch, F. (Hrsg.): Wolf Prize in Mathematics, vols. 1, 2. World Scientific, Singapore (2001)

Harenberg Lexikon der Nobelpreisträger. Harenberg-Verlag, Dortmund (2000)

Klein, F.: Geschichte der Mathematik des 19. Jahrhunderts. Springer, Berlin (1925)

Monastirsky, M.: Modern Mathematics in the Light of the Fields Medals. Peters, Wellersley, Massachusetts (1997)

Zeidler, E.: Gedanken zur Zukunft der Mathematik. In: H. Wußing, 6000 Jahre Mathematik, Bd. 2, pp. 553–586. Springer, Heidelberg (2008)

Biographien bedeutender Wissenschaftler in Mathematik, Informatik und Physik:

Gillispie, C. (ed.): Dictionary of Scientific Biography. Scribner, New York (1970–1980)

Gottwald, S., Ilgauds, H., und Schlote, K. (Hrsg.): Lexikon bedeutender Mathematiker. Leipzig, Bibliographisches Institut (1990)

Kraft, F.: Vorstoß ins Unbekannte: Lexikon großer Naturwissenschaftler. Wiley, Weinheim (1999)

Bell, E.: Men of Mathematics: Biographies of the Greatest Mathematicians of all Times. New York, Simon (1986)

Brennan, R.: Heisenberg Probably Slept Here: The Lifes, Times, and Ideas of the Great Physicists of the 20th Century, Wiley, New York (1997)

von Weizsäcker, C.: Große Physiker: von Aristoteles bis Heisenberg. Carl Hanser Verlag, München (1999)

Wußing, H.: Von Leonardo da Vinci bis Galilei; Mathematik und Renaissance. EAGLE, Leipzig (2010)

Wußing, H.: Von Gauß bis Poincaré: Mathematik und Industrielle Revolution. EAGLE, Leipzig (2009)

Infeld, L.: Wen die Götter lieben. Schönbrunn-Verlag, Wien (1954) (das kurze Leben des Evariste Galois (1811–1832))

Wußing, H.: Adam Ries, 3. erweiterte Auflage. EAGLE, Leipzig (2009)

Wußing, H.: Isaac Newton, 4. Auflage. Teubner-Verlag, Leipzig (1990)

Thiele, R.: Leonhard Euler. Teubner-Verlag, Leipzig (1982)

Wußing, H.: Carl Friedrich Gauß, 6., erweiterte Auflage. EAGLE, Leipzig (2011)

Laugwitz, B.: Bernhard Riemann (1826–1866). Wendepunkte in der Auffassung der Geometrie. Birkhäuser, Basel (1995)

Monastirsky, M.: Riemann, Topology, and Physics. Basel, Birkhäuser (1987)

Tobies, R.: Felix Klein. Teubner-Verlag, Leipzig (1982)

Tuschmann, W. und Hawking P.: Sofia Kovalevskaja. Ein Leben für Mathematik und Emanzipation. Birkhäuser, Basel (1993)

Kanigel, R.: Der das Unendlich kannte: das Leben des genialen Mathematikers Srinivasa Ramanujan, 2. Auflage. Wiesbaden, Vieweg (1999)

Reid, C.: Hilbert. Springer, New York (1970)

Reid, C.: Courant in Göttingen und New York. Springer, New York. (1976)

Regis, E.: Einstein, Gödel & Co. Genialität und Exzentrizität: die Princeton-Geschichte. Basel, Birkhäuser (1989)

Macrae, N.: John von Neumann: Mathematik und Computerforschung – die Facetten eines Genies. Fischer, Frankfurt/Main (1965)

Wiener, N.: Mathematik mein Leben. Fischer, Frankfurt/Main (1965)

Weil, A.: Lehr- und Wanderjahre eines Mathematikers. Birkhäuser, Basel (1993)

Zuse, K.: Der Computer – mein Lebenswerk, 3. Auflage. Springer, Berlin (1993)

Mathematische Symbole

Die folgende Liste umfasst häufig benutzte Symbole.

Logische Symbole

$\mathcal{A} \to \mathcal{B}$	Aus $\mathcal{A}$ folgt $\mathcal{B}$ (d.h., die Aussage $\mathcal{A}$ ist hinreichend für $\mathcal{B}$, und $\mathcal{B}$ ist notwendig für $\mathcal{A}$).
$\mathcal{A} \leftrightarrow \mathcal{B}$	Das Symbol bedeutet: $\mathcal{A} \to \mathcal{B}$ und $\mathcal{B} \to \mathcal{A}$ (d.h., $\mathcal{A}$ ist hinreichend und notwendig für $\mathcal{B}$).
$\mathcal{A} \vee \mathcal{B}$	Es gilt die Aussage $\mathcal{A}$ *oder* die Aussage $\mathcal{B}$.
$\mathcal{A} \wedge \mathcal{B}$	Es gelten die Aussagen $\mathcal{A}$ *und* $\mathcal{B}$.
$\neg \mathcal{A}$	Es gilt *nicht* die Aussage $\mathcal{A}$ (Negation von $\mathcal{B}$).
$\forall x : \ldots$	*Alle* Dinge x besitzen die Eigenschaft "...".
$\exists x : \ldots$	Es *existiert* ein Ding x mit der Eigenschaft "...".
$\exists! x : \ldots$	Es existiert *genau* ein Ding x mit der Eigenschaft "...".
$\square$	Ende eines Beweises; andere Schreibweise „q.e.d." (lateinisch: quod erat demonstrandum - was zu beweisen war)
$x = y$	Das Ding x ist gleich dem Ding y.
$x \neq y$	Das Ding x ist *nicht* gleich dem Ding y.
$x \sim y$	Das Element x der Menge M is äquivalent zu dem Element y der Menge M.
$M/\sim$	Menge der Äquivalenklassen bezüglich der Äquivalenzrelation $\sim$ auf der Menge M
$f(x) := x^2$	$f(x)$ ist *definitionsgemäß* gleich x^2.
$f(x) \equiv 0$	Die Funktion f ist *identisch* gleich 0 (d.h., $f(x) = 0$ für alle x).
$f = \mathrm{const}$	Die Funktion f ist *konstant* (d.h., $f(x)$ nimmt für alle Punkte x den gleichen Wert an).

Mengen

$x \in M$	x ist ein Element der Menge M.
$x \notin M$	x ist nicht ein Element der Menge M.
$S \subseteq M$,	S ist eine Teilmenge von M (vgl. 4.3.1).[1]
$S \subset M, S \subsetneq M$	S ist eine echte Teilmenge von M (d.h. $S \subseteq M$ und $S \neq M$).
$\{x \in M : \ldots\}$	Menge aller Elemente von M mit der Eigenschaft "...".
$\emptyset$	leere Menge

---

[1] Unsere Konvention ist mnemotechnisch so gewählt, dass $S \subseteq M$ bzw. $S \subset M$ den Relationen $s \leq m$ bzw. $s < m$ für reelle Zahlen entspricht.

$M \cup N$	Vereinigung der Mengen M und N (d.h., die Menge aller Elemente, die in M *oder* N enthalten sind)
$M \cap N$	Durchschnitt der Mengen M und N (d.h., die Menge aller Elemente, die in M *und* N enthalten sind)
$M \setminus N$	Differenzmenge (d.h., die Menge aller Elemente von M, die *nicht* zu N gehören)
$A \times B$	kartesische Produktmenge (d.h., die Menge aller geordneten Paare (a, b) mit $a \in A, b \in B$)
2^M	Potenzmenge von M (d.h. die Menge aller Teilmengen von M)
∂M	Rand der Menge M
$\overline{M}$	Abschluss der Menge M ($\overline{M} := M \cup \partial M$)
int M	Inneres (lateinisch: interior) der Menge M (int $M := \overline{M} \setminus \partial M$)
meas M	Maß (measure) der Menge M
card M	Kardinalzahl der Menge M (vgl. 4.4.4.2)
$\aleph$	Aleph (hebräischer Buchstabe)
$\aleph_0$	Kardinalzahl der Menge $\mathbb{N}$ der natürlichen Zahlen (vgl. 4.4.4.3)
$d(x, y)$	Abstand (distance) des Punktes x von dem Punkt y (vgl. 1.3.2)

Abbildungen

$f : X \to Y$	Die Funktion (oder Abbildung) f ordnet jedem Element x von X genau ein Element $f(x)$ von Y zu.
$f : X \subseteq M \to Y$	Dieses Symbol steht für das Symbol $f : X \to Y$ zusammen mit der Zusatzinformation $X \subseteq M$.
$D(f), \text{dom}(f)$	Definitionsbereich der Funktion f (d.h., $f(x)$ ist genau für alle Punkte x in $D(f)$ erklärt)
$R(f), \text{im}(f)$	Wertevorrat (range) oder Bild (image) der Funktion f (d.h., $R(f)$ ist die Menge aller Punkte $f(x)$ mit $x \in D(f)$)
$f(A)$	Bild der Menge A (d.h., $f(A)$ besteht aus genau allen Punkten $f(x)$ mit $x \in A$)
$f^{-1}(B)$	Urbild der Menge B (d.h., $f^{-1}(B)$ besteht aus genau allen Punkten x mit $f(x) \in B$)
I, id	identische Abbildung oder Einheitsoperator (d.h. für die Abbildung $I : X \to X$ gilt $I(x) := x$ für alle $x \in X$)

Zahlen

$\mathbb{N}$	Menge der natürlichen Zahlen $0, 1, 2, \dots$
$\mathbb{N}_+$	Menge der positiven (eigentlichen) natürlichen Zahlen $1, 2, \dots$
$\mathbb{Z}$	Menge der ganzen Zahlen $0, \pm 1, \pm 2, \dots$
$\mathbb{Q}$	Menge der rationalen Zahlen $\dfrac{a}{b}$ $(a, b \in \mathbb{Z}, b \neq 0)$

$\mathbb{R}$	Menge der reellen Zahlen
$\mathbb{C}$	Menge der komplexen Zahlen
$\mathbb{K}$	$\mathbb{K} = \mathbb{R}$ oder $\mathbb{K} = \mathbb{C}$
$\mathbb{R}^n$	Menge der n-Tupel $(x_1, x_2, \ldots, x_n)$, wobei $x_1, x_2, \ldots, x_n$ reelle Zahlen sind
$\mathbb{C}^n$	Menge der n-Tupel $(x_1, x_2, \ldots, x_n)$, wobei $x_1, x_2, \ldots, x_n$ komplexe Zahlen sind
π	Ludolfsche Zahl (sprich: pi); $\pi = 3,14\,159\ldots$
e	Eulersche Zahl; e $= 2,71\,82\,818\ldots$
C	Eulersche Konstante; C $= 0,57\,72\ldots$

Natürliche Zahlen

$n!$	n-Fakultät; $n! = 1 \cdot 2 \cdots n$ $(0! = 1)$
$\binom{m}{n}$	Binomialkoeffizient, $\binom{5}{2} = \dfrac{5 \cdot 4}{1 \cdot 2}$, $\binom{m}{n} = \dfrac{m \cdot (m-1) \cdots (m-n+1)}{n!}$

Ganze Zahlen

$a \in \mathbb{Z}$	a ist ein Element der Menge $\mathbb{Z}$, d.h. a ist eine ganze Zahl.
$a \equiv b \bmod p$	Die ganze Zahl a ist kongruent zur ganzen Zahl b modulo p, d.h., die Differenz $b - a$ ist durch die ganze Zahl p teilbar.

Reelle Zahlen und Grenzwerte

$a < b$	Die reelle Zahl a ist kleiner als die reelle Zahl b.
$a = b$	a ist gleich b.
$a \leq b$	a ist kleiner oder gleich b.
$a \ll b$	a ist wesentlich kleiner als b.
$a \neq b$	a ist ungleich b.
$[a,b]$	abgeschlossenes Intervall, $[a,b] := \{x \in \mathbb{R} : a \leq x \leq b\}$ (d.h., $[a,b]$ ist definitionsgemäß die Menge aller reellen Zahlen x mit $a \leq x \leq b$)
$]a,b[$	offenes Intervall, $]a,b[:= \{x \in \mathbb{R} : a < x < b\}$
$[a,b[$	halboffenes Intervall, $[a,b[:= \{x \in \mathbb{R} : a \leq x < b\}$
$\mathrm{sgn}(a)$	Vorzeichen (sign) der reellen Zahl a (z.B. $\mathrm{sgn}(\pm 2) = \pm 1$, $\mathrm{sgn}(0) = 0$)
$\min\{a,b\}$	die kleinere der beiden reellen Zahlen a und b
$\max\{a,b\}$	die größere der beiden reellen Zahlen a und b
$\sum_{i=1}^n a_i$	die Summe $a_1 + a_2 + \ldots + a_n$
$\prod_{i=1}^n a_i$	das Produkt $a_1 \cdot a_2 \cdots a_n$
$|a|$	Betrag der reellen Zahl a ($|a| := a$, falls $a \geq 0$, sonst $|a| := -a$)
$\inf M$	Infimum der Menge M reeller Zahlen (vgl. 1.2.2.3)
$\sup M$	Supremum der Menge M reeller Zahlen (vgl. 1.2.2.3)

$\lim\limits_{n\to\infty} x_n$ Grenzwert (lateinisch: limes) der reellen Zahlenfolge (x_n) (z.B $\lim\limits_{n\to\infty}\dfrac{1}{n} =$

0; vgl. 1.2.3.1)

$\overline{\lim\limits_{n\to\infty}} x_n$ oberer Grenzwert (lateinisch: limes superior) (vgl. 1.2.4.3)

$\underline{\lim\limits_{n\to\infty}} x_n$ unterer Grenzwert (lateinisch: limes inferior) (vgl. 1.2.4.3)[2]

$|x|$ Euklidische Norm für $x \in \mathbb{R}^n$, $|x| := \sqrt{\sum_{j=1}^n x_i^2}$

$\langle x|y\rangle$ Euklidisches Skalarprodukt für $x, y \in \mathbb{R}^n$, $\langle x|y\rangle := \sum_{j=1}^n x_j y_j$

$f = o(g), x \to a$ Der Quotient $\dfrac{f(x)}{g(x)}$ strebt gegen null für $x \to a$.

$f = O(g), x \to a$ Der Quotient $\dfrac{f(x)}{g(x)}$ ist beschränkt in einer Umgebung des Punktes a (ohne Berücksichtigung des Punktes a).

$f \cong g, x \to a$ Der Quotient $\dfrac{f(x)}{g(x)}$ strebt gegen eins für $x \to a$.

Komplexe Zahlen

i   imaginäre Einheit, $i^2 = -1$

z   komplexe Zahl, $z = x + yi$; x und y sind reelle Zahlen

Re z   Realteil der komplexen Zahl $z = x + yi$, $\operatorname{Re} z := x$

Im z   Imaginärteil der komplexen Zahl $z = x + yi$, $\operatorname{Im} z := y$

$\bar{z}$ konjugiert komplexe Zahl zu der komplexen Zahl $z = x + yi$, $\bar{z} := x - yi$

$|z|$ Betrag der komplexen Zahl $z = x + yi$, $|z| := \sqrt{x^2 + y^2}$

arg z   Argument der komplexen Zahl $z = re^{i\varphi}$, $r := |z|$, $\arg z := \varphi$, $-\pi < \varphi \le \pi$
(vgl. 1.1.2)

$\langle z|w\rangle$ Skalarprodukt in dem Hilbertraum $\mathbb{C}^n$, $\langle z|w\rangle := \sum_{j=1}^n \bar{z}_j w_j$, $z, w \in \mathbb{C}^n$

$|z|$ Norm des Elements z von $\mathbb{C}^n$, $|z| := \sqrt{\langle z|z\rangle} = \sqrt{\sum_{j=1}^n |z_j|^2}$

Elementare Funktionen

Die Eigenschaften der elementaren Funktionen findet man in 0.2.

$\sqrt{x}$ die positive Quadratwurzel aus der positiven reellen Zahl x; z. B. $\sqrt{4} = 2$
($\sqrt{0} = 0$)

$\sqrt[n]{x}$ n-te Wurzel aus x; z. B. $2^3 = 8$ ergibt $\sqrt[3]{8} = 2$

$e^x, \exp(x)$ Exponentialfunktion von x

$\ln x$ natürlicher Logarithmus von x (lateinisch: logarithmus naturalis)

$\log_a x$ Logarithmus von x zur Basis a

$\sin x, \cos x$ Sinus von x, Kosinus von x

$\tan x, \cot x$ Tangens von x, Kotangens von x

$\arcsin x, \arccos x$ Arkussinus von x, Arkuskosinus von x

---

[2]Zum Beispiel gilt $\underline{\lim}_{n\to\infty}(-1)^n = -1$ und $\overline{\lim}_{n\to\infty}(-1)^n = 1$.

arctan x, arccot x Arkustangens von x, Arkuskotangens von x

$\sinh x$, $\cosh x$ Sinus hyperbolicus von x, Kosinus hyperbolicus von x

$\tanh x$, $\coth x$ Tangens hyperbolicus von x, Kotangens hyperbolicus von x

Arsinh x, Arcosh x Areasinus von x, Areakosinus von x

Artanh x, Arcoth x Areatangens von x, Areakotangens von x

Differentiation

$f'(x)$, $\dfrac{df(x)}{dx}$ Ableitung der Funktion f an der Stelle x (vgl. 1.4.1)

f'', $f^{(2)}$ zweite Ableitung der Funktion f

$\dfrac{\partial f}{\partial x}$, f_x partielle Ableitung der Funktion f nach x (vgl. 1.5.1)

$\dfrac{\partial^2 f}{\partial y \partial x}$, f_{xy} zweite partielle Ableitung von f zunächst nach x dann nach y

$\partial_j f$ partielle Ableitung $\dfrac{\partial f}{\partial x^j}$ von f nach x_j

$\partial^\alpha f$ Abkürzung für die partielle Ableitung $\partial_1^{\alpha_1} \partial_2^{\alpha_2} \cdots \partial_n^{\alpha_n} f$, d. h. $\partial^\alpha f(x) := \dfrac{\partial^{|\alpha|} f(x)}{\partial^{\alpha_1} x_1 \partial^{\alpha_2} x_2 \cdots \partial^{\alpha_n} x_n}$ mit $x = (x_1, x_2, \ldots, x_n)$, $\alpha = (\alpha_1, \alpha_2, \ldots, \alpha_n)$ und $|\alpha| = \alpha_1 + \alpha_2 + \ldots + \alpha_n$

df totales Differential der Funktion f (vgl. 1.5.10.1)

$d\omega$ Cartansche Ableitung der Differentialform ω (vgl. 1.5.10.4)

∇ Nablaoperator; $\nabla := \dfrac{\partial}{\partial x}\boldsymbol{i} + \dfrac{\partial}{\partial y}\boldsymbol{j} + \dfrac{\partial}{\partial z}\boldsymbol{k}$

$\boldsymbol{grad}\, T$ Gradient des Temperaturfeldes T; $\boldsymbol{grad}\, T = \nabla T$ (vgl. 1.9.4)

div v Divergenz des Geschwindigkeitsfeldes v; div $v = \nabla v$ (vgl. 1.9.4)

rot v Rotation des Geschwindigkeitsfeldes v; rot $v = \nabla \times v$ (vgl. 1.9.4)

ΔT Laplaceoperator $\Delta := \nabla\nabla$ angewandt auf das Temperaturfeld T; $\Delta T = \nabla(\nabla T) = $ div $\boldsymbol{grad}\, T$ (vgl. 1.9.4)

Integration

$\int f(x)dx$ unbestimmtes Integral; z. B. $\int 3x^2 dx = x^3 + $ const (vgl. 0.9.1)

$\int\limits_a^b f(x)dx$ Integral der Funktion f über das Intervall $[a, b]$ (vgl. 0.9.2)

$\int\limits_M f(x)dx$ Integral der Funktion über die Teilmenge M des $\mathbb{R}^n$ (vgl. 0.1.7)

$\int\limits_M \omega$ Integral der Differentialform ω über die Mannigfaltigkeit M (vgl. 1.7.6)

$\int\limits_M f dF$ Oberflächenintegral der Funktion f; dabei ist dF das Differential des Flächenmaßes auf der Fläche M (vgl. 1.7.7)

Vektoren, Matrizen und lineare Räume

$a + b$	Summe der beiden Vektoren a und b (vgl. 1.8.1)
αa	Produkt des Vektors a mit der reellen Zahl α (vgl. 1.8.1)
ab	Skalarprodukt der beiden Vektoren a und b (vgl. 1.8.3)
$a \times b$	Vektorprodukt der beiden Vektoren a und b (vgl. 1.8.3)
(abc)	Spatprodukt $(a \times b) \times c$
i, j, k	orthonormierte Basisvektoren eines (rechtshändigen) kartesischen Koordinatensystems; diese Vektoren besitzen die Länge eins, sie stehen paarweise aufeinander senkrecht und sind wie Daumen, Zeigefinger und Mittelfinger der rechten Hand orientiert (vgl. 1.8.2).
A^{T}	*transponierte* Matrix zur Matrix A (Vertauschung von Zeilen und Spalten; vgl. 2.1.3)
A^*	*adjungierte* Matrix zur Matrix A (Vertauschung der Zeilen mit den Zeilen und Übergang zu den konjugiert komplexen Elementen; vgl. 2.1.3)
A^{-1}	*inverse* Matrix zu der quadratischen Matrix A (vgl. 2.1.3)
Rang A	Rang der Matrix A (vgl. 2.1.4.4)
det A	Determinante der quadratischen Matrix A (vgl. 2.1.2, 2.3.3.2)
tr A	Spur (trace) der quadratischen Matrix A (vgl. 2.1.3, 2.3.3.2)
δ_{jk}	Kroneckersymbol ($\delta_{jk} := 1$ für $j = k$ und $\delta_{jk} := 0$ für $j \neq k$)
E, I	Einheitsmatrix (vgl. 2.1.3)
span S	die lineare Hülle der Teilmenge S des linearen Raumes L (d. h., span S ist der kleinste lineare Unterraum des linearen Raumes L, der die Menge S enthält; vgl. 2.3.4.1)
$X \oplus Y$	direkte Summe der linearen Räume X und Y (vgl. 2.3.4.3)
$X \times Y$	kartesisches Produkt der linearen Räume X und Y (vgl. 2.4.3.1)
X/Y	Faktorraum des linearen Unterraumes Y von X (bzw. Faktorgruppe oder Faktorring) (vgl. 2.3.4.2)
$a \otimes b$	Tensorprodukt der Multilinearformen a und b (vgl. 2.4.2 im Handbuch)
$a \wedge b$	äußeres Produkt der antisymmetrischen Multilinearformen a und b ($a \wedge b = a \otimes b - b \otimes a$; vgl. 2.4.2.1 im Handbuch)
$X \otimes Y$	Tensorprodukt der linearen Räume X und Y (vgl. 2.4.3.1 im Handbuch)
$X \wedge Y$	äußeres Produkt (Graßmannprodukt) der linearen Räume X und Y (vgl. 2.4.3.3 im Handbuch)

Funktionenräume

$C(G)$ — Menge aller stetigen Funktionen $f : G \to \mathbb{R}$ auf der offenen Menge G des Raumes $\mathbb{R}^n$

$C^k(G)$ — Menge aller stetigen Funktionen $f : G \to \mathbb{R}$, die stetige partielle Ableitungen bis zur Ordnung k besitzen

$C(\overline{G})$ — Menge aller stetigen Funktionen $f : \overline{G} \to \mathbb{R}$

$C^k(\overline{G})$ — Menge aller Funktionen $f : G \to \mathbb{R}$ vom Typ $C^k(G)$, die sich zusammen mit allen partiellen Ableitungen bis zur Ordnung k stetig auf den Abschluss $\overline{G}$ der offenen Menge G fortsetzen lassen

$C^\infty(G)$ — Menge aller glatten Funktionen $f : G \to \mathbb{R}$ auf der offenen Menge G (d. h., f ist stetig auf G und besitzt stetige partielle Ableitungen beliebiger Ordnung auf G)

$C_0^\infty(G)$ — Menge aller Funktionen aus $C^\infty(G)$, die außerhalb irgendeiner kompakten Teilmenge von G gleich null sind

$L_2(G)$ — Menge aller messbaren Funktionen $f : G \to \mathbb{R}$ mit $\int_G |f(x)|^2 dx < \infty$ (Das Integral ist im Sinne des Lebesgueintegrals zu verstehen (vgl. Kapitel 10 im Handbuch)

Griechisches Alphabet

A, α	Alpha		I, ι	Jota		R, ϱ, ρ	Rho
B, β	Beta		K, κ, $\varkappa$	Kappa		Σ, σ, ς	Sigma
Γ, γ	Gamma		Λ, λ	Lambda		T, τ	Tau
Δ, δ	Delta		M, μ	My		Y, υ	Ypsilon
E, ε, ϵ	Epsilon		N, ν	Ny		Φ, φ, ϕ	Phi
Z, ζ	Zeta		Ξ, ξ	Xi		X, χ	Chi
H, η	Eta		O, o	Omikron		Ψ, ψ	Psi
Θ, ϑ, θ	Theta		Π, π	Pi		Ω, ω	Omega

Index

Analysis für den Bachelor in Mathematik

Robert Denk / Reinhard Racke

Kompendium der ANALYSIS - Ein kompletter Bachelor-Kurs von Reellen Zahlen zu Partiellen Differentialgleichungen

Band 1: Differential- und Integralrechnung, Gewöhnliche Differentialgleichungen
2011. XII, 317 S. Br. EUR 24,95
ISBN 978-3-8348-1565-1

Band 1 eignet sich für Vorlesungen Analysis I – III in den ersten drei Semestern.

Das zweibändige Werk umfasst den gesamten Stoff von in der „Analysis" üblichen Vorlesungen für einen sechssemestrigen Bachelor-Studiengang der Mathematik. Die Bücher sind vorlesungsnah aufgebaut und bilden die Vorlesungen exakt ab. Jeder Band enthält Beispiele und zusätzlich ein Kapitel "Prüfungsfragen", das Studierende auf mündliche und schriftliche Prüfungen vorbereiten soll. Das Werk ist ein Kompendium der Analysis und eignet sich als Lehr- und Nachschlagewerk sowohl für Studierende als auch für Dozenten.

Stand: Januar 2012. Änderungen vorbehalten.
Erhältlich im Buchhandel oder beim Verlag.

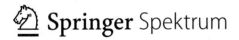 Springer Spektrum

Abraham-Lincoln-Straße 46 | D-65189 Wiesbaden
Tel. +49 (0)6221 / 3 45 - 4301 | springer-spektrum.de

Lineare Algebra für das Bachelor-Studium mit Blick auf moderne Anwendungen und mit MATLAB-Minuten

Jörg Liesen, Volker Mehrmann
Lineare Algebra
Ein Lehrbuch über die Theorie mit Blick auf die Praxis
2012. X, 302 S. mit 24 Abb. (Bachelorkurs Mathematik)
Br. EUR 19,95
ISBN 978-3-8348-0081-7

Lineare Algebra im Alltag - Mathematische Grundbegriffe - Algebraische Strukturen - Matrizen - Die Treppennormalform und der Rang von Matrizen - Lineare Gleichungssysteme - Determinanten von Matrizen - Das charakteristische Polynom und Eigenwerte von Matrizen - Vektorräume - Lineare Abbildungen - Linearformen und Bilinearformen - Euklidische und unitäre Vektorräume - Adjungierte lineare Abbildungen - Eigenwerte von Endomorphismen - Polynome und der Fundamentalsatz der Algebra - Zyklische Unterräume, Dualität und die Jordan-Normalform - Matrix-Funktionen und Differentialgleichungssysteme - Spezielle Klassen von Endomorphismen - Die Singulärwertzerlegung - Das Kroneckerprodukt und lineare Matrixgleichungen - Anhang: MATLAB Kurzeinführung

Eine Einführung, welche die Lineare Algebra aus Anwendungsproblemen motiviert und eine Basis- und Matrizenorientierte Darstellung mit der abstrakten mathematischen Theorie kombiniert. Die Bedeutung der Linearen Algebra für die Entwicklung moderner numerischer Verfahren sowie als grundlegendes Werkzeug im Bereich der reinen Mathematik wird verdeutlicht.

Das Buch ist stark modularisiert und für unterschiedliche Typen von Lehrveranstaltungen geeignet.

Stand: Januar 2012. Änderungen vorbehalten.
Erhältlich im Buchhandel oder beim Verlag.

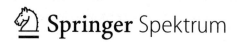 Springer Spektrum

Abraham-Lincoln-Straße 46 | D-65189 Wiesbaden
Tel. +49 (0)6221 / 3 45 – 4301 | springer-spektrum.de

Printing: Ten Brink, Meppel, The Netherlands
Binding: Ten Brink, Meppel, The Netherlands